Gesamtverzeichnis des deutschsprachigen Schrifttums (GV) 1700 – 1910

Bearbeitet unter der Leitung von
Hilmar Schmuck und Willi Gorzny
Bibliographische und redaktionelle Beratung:
Hans Popst und Rainer Schöller

40

Foro - Frar

K · G · Saur München · New York · London · Paris 1981

CIP-Kurztitelaufnahme der Deutschen Bibliothek

Gesamtverzeichnis des deutschsprachigen Schrifttums :
(GV). – München, New York, London, Paris : Saur.
Bd. 1 – 6 bearb. unter d. Leitung von Peter Geils
u. Willi Gorzny.
ISBN 3-598-30000-X

1700 – 1910 / bearb. unter d. Leitung von Hilmar
Schmuck u. Willi Gorzny. Bibliograph. u. red.
Beratung: Hans Popst u. Rainer Schöller

NE: Schmuck, Hilmar [Bearb.]

40. Foro - Frar. - 1981.

Techn. Realisierung und Druck: Norbert Gärtner, Mainz-Kastel
Binden: Karl Schaumann, Darmstadt
Printed in the Federal Republic of Germany
ISBN 3-598-30000-X (Gesamtwerk)

Forordninger, kongelige, og aabne Breve, samt andre ved Trykken bekiendtgiorte Lovbud, tildeels i Udtog og forsynede med Register og Henviisninger. Udgivne af Kolderup-Rosenvinge. XXIV. Deels. 3 u. 4 Hft. Kong Christian VIII. Forordninger for 1846 u. 1847. gr. 8. (S. 571–970.) Kjøbenhavn 848, Deichmann. 3: n. 2/3 ₰ 4: n. 1 ₰

Forrer, Nationalrath, siehe: *Guyer-Zeller*.

Forrer, Carl, s. Forrer, Karl

Forrer, Clara, s. Forrer, Klara

Forrer, Friedrich [pr. Arzt u. Cantonalarzt aus u. zu Dettweiler]: Ueber congenitalen Verschluss des Dünndarms ... Strassburg i. E., Buchdr. Ch. Müh & C., 1895; 30 S. 8.
Strassburg. Med. Fak., Inaug.-Diss. v. 1895

Forrer, J., Appius Claudius. Trauerspiel in 5 Aufzügen. Den Bühnen gegenüber Mscr. Winterthur 869. Steiner. 8. (119 S.) n. 15 *ngr.*

Forrer, J., Hans Waldmann, Burgermeister v. Zürich. Trauerspiel in 5 Aufzügen. [Den Bühnen gegenüber Mscr.] gr. 16. (IV, 130 S.) Winterthur 871. Steiner. n. 1. 50

Forrer, J., Hans Waldmann, Bürgermeister in Zürich. Trauerspiel in 5 Aufzügen. 138 Stn. 12. Zürich, Verlag d. Verf. 1. 50.
1871.

Forrer, J. M., Beitrag zur Geschichte u. Ausbildung der Schutzaufsicht in der Schweiz. Referat für die Versammlung des schweizer. Vereins für Straf- u. Gefängnißwesen. Luzern 870. (Prell.) gr. 8. (33 S.) n. 6 *ngr.*

Forrer, Karl. Untersuchungen über den Phenylessigsäurealdehyd und über das Indirubin. Inaug.-Dissertation. In-8°, 32 S. Winterthur, Druck von J. Kaufmann, 1882.

Forrer, Carl. Untersuchungen über den Phenylessigsäurealdehyd und über das Indirubin. (Zürich) Winterthur, 1882.

Forrer, Clara, Blütenschnee Neue Gedichte. 12. (III, 163 S.) Zürich 895. A. Raustein.
Geb. in Leinw. m. Goldschn. n. 3. 20

Forrer, Clara. Ein Buch für Kinder. Mit Bildern von Ernst Georg Rüegg. 1. und 2. Tausend. II + 62 S. 4. Zürich, Orell Füssli, [1910]. [geb. fr. 4. 50]
Jungbrunnen. Band 1.

Forrer, Clara, Gedichte. 2., verm. Aufl 12. (203 S.) Zürich 893. Fäsi & Beer. n. 2. 70

Forrer, Clara (Frau Clara Holzmann-Forrer), neue Gedichte. (VI, 154 S.) 8. Zürich (908). Artist. Institut Orell Füßli. 2.80; geb. in Leinw. 3. 50

— Jungbrunnen. 1. Bd.: Ein Buch f. Kinder. Mit (z. Tl. farb.) Bildern v. Ernst Geo. Rüegg. 1. u. 2. Taus. (62 S.) Lex. 8. Ebd. (910). Geb. in Halbleinw. 4. —

Forrer, Ludwig, von Winterthur [Kt. Zürich]: Ueber die verschiedenen Formen des Erysipelas. Zür. Orell Füssli Cie Dr (1858) 1 Bl. 74 S., 1 Bl. 8°.
Zürich. Med. Diss. v. 24 Juli 1858.

Forrer, [Ludwig]. Kranken- und Unfallversicherung. Vortrag, gehalten von Herrn Bundesrat F' in der Delegiertenversammlung der freisinnig-demokratischen Partei der Schweiz 30. Januar 1904 in Bern. Stenogramm. 16 S. 8. (Bern, H. Jent, [1904].)

Forrer, L., das Verfahren gegen den Abwesenden im Strafprozess, s. a. Beiträge, Zürcher, zur Rechtswissenschaft.

Forrer, L[udwig]. Das Verfahren gegen den Abwesenden im Strafprozess. Geschichtlich und nach schweizerischem Recht. 128 S. 8. Zürich, Schulthess & Co., 1907.
Ausg. A: Diss. Staatsw. Univ. Zürich ... von L. F'....
Ausg. B: Von Dr. jur. L. F'. (fr. 3. 20.) — Zürcher Beiträge zur Rechtswissenschaft.... [Heft] 18.

Forrer, R.: Les Imprimeurs de Tissus dans leurs relations historiques et artistiques avec les corporations. Strasbourg 1898. 47 S. 3 Tafeln. 8°.
Bern. Phil. Diss. 1897/98.

Forrer, R Über Simulation u. sogenannte Mentalreservation nach römischem Recht. In-8°. VIII, 115 S. Bern. These. 1897.

Forrer, R(obert). Abdrücke von Silberniellen und geätzten Eisenplatten des XV. und XVI. Jahrhunderts (*Umschlag:* Niello Abdrücke). 15 direkte Abdrücke von den alten Originalen in nur 70 numerierten Exemplaren für Sammlungen hrg. IV S. + 15 Tafeln. 4. Strassburg 1904.
(N°. 64.) — Nicht im Buchhandel.

Forrer, (R[obert]). Achmim-Studien. I: Über Steinzeit-Hockergräber zu Achmim, Nagada etc. in Ober-Ägypten und über europäische Parallelfunde. Mit zahlreichen Abbildungen im Text und 4 Tafeln in Lichtdruck. 60 S. 8. Strassburg, Karl J. Trübner, 1901. [M. 4. —]

Forrer, R., s.: Adressbuch d. Museen, Bibliotheken, Sammler u. Antiquare.

Forrer, Rob., die frühchristlichen Alterthümer aus dem Gräberfelde v. Achmim-Panopolis (nebst analogen unedirten Funden aus Köln etc.). Mit 18 Taf., 250 Abbildgn. in Phototypie u. Chromolith., nebst Clichéabbldgn. im Text. gr. 4. (29 S.) Strassburg 893. (Bühl, Konkordia.) Geb. in Leinw. n.n. 35. —

Forrer, R., Bauernfarmen der Steinzeit v. Achenheim u. Stützheim im Elsass. Ihre Anlage, ihr Bau u. ihre Funde. (57 S. m. Abbildgn. u. 4 Taf.) gr. 8. Strassburg 903. K. J. Trübner. n. 3. 60

— von alter u. ältester Bauernkunst, s.: Führer zur Kunst.

Forrer, R[obert]. Von alter und ältester Bauernkunst. Mit einer Tafel und 32 Abbildungen im Text. IV + 43 S. 8. Esslingen, Paul Neff, 1906. (M. 1. —)
Führer zur Kunst. Hrg. von Dr. Herm[ann] Popp. Bändchen 5.

Forrer, R[obert]. Alt-Elsässer Bauernstühle. Separatabdruck aus der Illustrirten Elsässischen Rundschau (Bd. 4, Heft 1, 1902). [Mit 11 Abbildungen.] II + 4 S. 4. Strassburg, J. Noiriel.

Beiträge zur prähistorischen Archäologie u. verwandte Gebiete, s: Antiqua.

Forrer, R., mein Besuch in El-Achmim. Reisebriefe aus Aegypten. 8. (104 S. m. 33 Abbildgn u. 13 Taf.) Strassburg 895. F. Schlesier & Schweickhardt.
Geb. in Leinw. n. 3. 60

Forrer, R[obert]. Der Dépôtfund von Bonneville Strassburg i. E., Ch. Müh & Cie. 1896
Tit., 3 Bl.; 4 Taf. m. 57 Abb. in Lithogr. 8°
S. auch Heyne, M., Fünf Bücher deutscher Hausaltertümer 1901—1903.

Forrer, R[obert]. Alt-elsässische Fasriegel. [Mit 5 Abbildungen.] Aus der Illustrirten Elsässischen Rundschau, Heft 2, Jahrg. 3 (1901). [II + 2 S.] 4. Strassburg, Komm. Noiriel.

Forrer, R[obert]. Unedierte Federzeichnungen, Miniaturen und Initialen des Mittelalters. Mit 50 Tafeln in Lichtdruck und 12 Abbildungen im Text. 30 S. 4. Strassburg, Schlesier & Schweikhardt, 1902. [geb. M. 60. —]
Hergestellt in 150 Exemplaren.

Forrer, R[obert]. Geschichte der Europäischen Fliesen-Keramik vom Mittelalter bis zum Jahre 1900. Mit 107 Tafeln (700 Abbildungen) in Licht- und Farbendruck, nebst 200 Abbildungen im Text. 94 S. 4. Strassburg i. Els., Schlesier & Schweikhardt, Druck von Text und Tafeln durch die Elsässische Druckerei, 1901. [geb. M. 100.—]

— **Geschichte d. Gold- u. Silberschmuckes nach Originalen der Strassburger historischen Schmuck-Ausstellung v. 1904.** (VIII, 55 S. m. 290 Abbildgn.) 4 Strassburg 905. L. Beust. Geb. in Leinw. n. 7.—

Forrer, R[obert]. Die Graeber- und Textilfunde von Achmim-Panopolis Strassburg 1891, Druck von Emil Birkhäuser, Basel
27 S m. 4 Abb ; 16 Taf 4°

— die Gräber- u. Textilfunde v. Achmim-Panopolis. gr. 4. (16 Taf.) Strassburg i/E. 891. R. Forrer, Steinring 1, I. n.n. 35.—
Vergriffen.

Die Heidenmauer von St. Odilien, ihre prähistor. Steinbrüche u. Besiedelungsreste. Von Dr. R[obert] **Forrer.** Mit 120 Ill., Plänen u. Karten v. Kunstmaler C. Spindler, Ingen. J. Heizmann u. vom Verf. *Strassburg: Schlesier & Schweikhardt 1899.* (47 S.) 4° [illegible]

R[obert] Forrer. Ueber Höhlenwohnungen, Donneräxte, Erdwälle und Hexensitze im Graufthal. *Straßburg i. E.: Straßb. Dr. u. Verlagsanst. 1899.* (7 S.) 4° [Umschlagt.] [illegible]

— u. **Paul Gerschel,** 6 Holztafeldrucke u. e. Kupferstich-Incunabel der Sammlung Forrer. 7 photograph. Taf. Fcsms. in Orig.-Grösse, nebst erläut. Text. gr. 4. (7 S.) Strassburg i/E. 891. M. Gerschel, Meisenstr. 3. In Mappe. n.n. 16.—; m. Handkolorit n.n. 24.—

(Forrer, Robert.) Katalog der Ausstellung von Waffen und Militär-Kostümen, Strassburg 20. September — 20. Oktober 1903 ... ([veranstaltet von der] Gesellschaft der Kunstfreunde in Strassburg ...). Teil 1. [Mit vielen Illustrationen und 1 Tafel.] VI + 68 S. 8. (Strassburg, Elsäss. Druck. vorm. G. Fischbach.)
(Sammlung alter Feuergeschütze des Dr. Robert Forrer, Strassburg, darstellend die ... Entwicklung der ältesten Schusswaffen im XIV. und XV. Jahrhundert ... [nebst sonstigen Waffen etc. des gleichen Besitzers].)

— u. Gust. A. **Müller,** Kreuz u. Kreuzigung Christi in ihrer Kunstentwicklung. Mit 12 Taf., 83 Abbildgn. in Phototypie, Lith. u. Zinkogr. gr. 4. (33 S.) Strassburg u. Bühl 893. (Bühl, Konkordia.) Geb. in Leinw. n.n. 24.—

Forrer R und G A Müller, Kreuz u Kreuzigung Christi in ihrer Kunstentwickelung. (33 S 12 T) 4° Strassburg 1894

Die Kunst des Zeugdrucks vom Mittelalter bis zur Empirezeit. Nach Urkunden u. Originaldrucken bearb. von Dr. R[obert] **Forrer.** Mit 81 Taf., 190 Abb. *Strassburg i. E.: Schlesier & Schweikhardt 1898.* (10 S.) 4° [illegible]

Forrer, R[obert]. Unedierte Miniaturen, Federzeichnungen u. Initialen des Mittelalters. Band 2. Mit 63 Tafeln in Lichtdruck und 24 Abbildungen im Text. 18 S. + I + 62 Tafeln. 4. Strassburg i. E. [Selbstverlag] 1907.
Nur in 150 Exemplaren gedruckt. — Nicht im Buchhandel.
[Band 1] *u. d. T.:* **Forrer,** R[obert]. Unedierte Federzeichnungen, Min' und Init' des M'.... Str' 1902.

Forrer, Rob., keltische Numismatik der Rhein- u. Donaulande. Mit 555 Münzabb., 48 Taf. u. Kart. (XI, 873 S.) Lex. 8. Strassburg 908. K. J. Trübner. 24.—

— der Odilienberg, seine vorgeschichtlichen Denkmäler u. mittelalterlichen Baureste, seine Geschichte u. seine Legenden. Mit 30 Abbildgn. u 1 Karte. 12. (VI, 90 S.) Strassburg 899. K. J. Trübner. n. 1.50

— die Pferdetrense in ihrer Formen-Entwicklung, s.: Zschille, R.

Forrer, Robert. Reallexikon der prähistorischen, klassischen und frühchristlichen Altertümer. Mit 3000 Abbildungen [im Text und auf 2 Tafeln]. VIII + 943 S. gr.-8. Berlin & Stuttgart, W. Spemann, (1907). [geb. M. 28.—]

Forrer, R[obert]. Die Schwerter und Schwertknäufe der Sammlung Carl von Schwerzenbach-Bregenz. Mit einer Geschichte von Schwert und Dolch. Hrg. von Dr. R. F', Strassburg. Mit 60 Lichtdrucktafeln und 360 Abbildungen [und vielen Figuren] im Text [sowie] Vignetten von Leo Schnug. VIII + 63 S. fol. Leipzig, Verlag Karl W. Hiersemann; Druck C. Müh & Cie., Strassburg i. E.; Druck der Lichtdrucke J. B. Obernetter, München, 1905. [geb. M. 100.—]

Forrer R[obert]. Römische und Byzantinische Seiden-Textilien aus dem Gräberfelde von Achmim Panopolis Strassburg i E 1891 Druck von Emil Birkhauser Basel
28 S m 7 Abb 17 farb Taf 4°

— römische u. byzantinische Seiden-Textilien aus dem Gräberfelde v. Achmim-Panopolis. Mit 17 Taf.: 120 Abbildgn. in Phototypie u. Chromolith. Nebst Cliché-Abbildgn. im Text. Text u. Taf. auf Cartonpap. gr. 4. (28 S.) Strassburg i/E. 894. R. Forrer, Steinring 1, I. Geb. n.n. 35.

— der Sporn in seiner Formen-Entwicklung, s.: Zschille, R.

– Die Steigbügel in ihrer Formenentwicklung, s. Zschille, Richard

Über Steinzeit-Hockergräber zu Achmim, Naqada etc. in Ober-Ägypten und über europäische Parallelfunde. (Von Dr. R[obert] **Forrer.**) Mit zahlr. Abb. u. 4 Taf. *Strassburg: K. J. Trübner 1901.* (57 S.) 8°
= **Forrer** Achmim-Studien 1. [illegible]

— Urgeschichte d. Europäers, s. a. Spemann's Compendien. 2. Bd.

Forrer, Robert. Urgeschichte des Europäers von der Menschwerdung bis zum Anbruch der Geschichte. Mit mehr als 1500 Abbildungen. VIII + 584 S. 8. Stuttgart, W. Spemann, (1908). [geb. M. 6.—]
(Spemanns Compendien. [Band] 2.)

Forrer, R[obert]. Zur Ur- und Frühgeschichte Elsass-Lothringens, nebst Vor- und frühgeschichtlicher Fundtafel mit 192 Abbildungen in Licht- und Farbendruck. II + 46 S. kl.-fol. Strassburg, K. J. Trübner, 1901. [M. 3.—]

— u. H. **Messikommer,** prähistorische Varia aus dem Unterhaltungsblatt f. Freunde der Alterthumskunde Antiqua, Spezial-Zeitschrift f. Vorgeschichte. II. durchgeseh. Aufl. 1882 II & 1883 I m. 12 Taf. Abbildgn. gr. 8. (6 u. 52 S.) Zürich 1889. Strassburg i/E. R. Forrer, Steinring 1, I. n 4.—

— die Waffensammlung des Hrn. Stadtrath Rich. Zschille in Grossenhain (Sachsen). 236 Taf. in Lichtdr. m. Text v. R. F. Fol. (31 S.) Berlin 894 P. Bette In 2 Halbldr.-Bdn. n. 160.—

Forrer, R[obert]. Die Waffensammlung des Herrn Stadtrath Rich Zschille in Grossenhain (Sachsen) Text von R. Forrer Ausfuhrung und Verlag E Mertens, Berlin [1894]
2 Bde 2°
[I.] Tit., 31 S ; 110 Taf
[II.] Tit., 126 Taf

Forrer, R[obert]. Spätgothische Wohnräume und Wandmalereien aus Schloss Issogne Strassburg i. E., Fritz Schlesier 1896.
11 S ; 12 Taf 4°
Die um 1490 entstandenen Fresken des im Valle d'Aosta gelegenen Schlosses sind wichtig für die Darstellung der Tracht einzelner Stände

— spätgothische **Wohnräume** u. Wandmalereien aus Schloss Issogne. M. 12 Lichtdr.-Taf. v. Manias & Co. gr. 4. (11 S.) Ebd. 896. Geb. in Leinw. n. 14.—

— die Zeugdrucke der byzantinischen, romanischen, gothischen u. spätern Kunstepochen. 57 Taf., 132 Abbildgn. in Farben- u. Lichtdr., nebst Clichéabbildgn. im Text. gr. 4. (44 S.) Strassburg i/E. 894. R. Forrer, Steinring 1, I. Geb. in Leinw. 75.—

Forrer, R[obert]. Die Zeugdrucke der byzantinischen, romanischen, gothischen und spätern Kunstepochen Strassburg 1894, Druck der Aktiengesellschaft Konkordia in Bühl (Baden)
39 S., 2 Bl m. 12 Abb., 57 z. T. farb Taf 4°

Forrer, Robert. Zinn-Cimelien der Sammlung Hofrat Kahlbau. 20 Tafeln in Lichtdruck, zur Erinnerung an den Verstorbenen im Auftrage der Familie hrg. von Dr. R' F'. [Mit Titel-Vignette.] IV S. + 20 Tafeln. 4. Srassburg i. E., (Elsässische Druckerei,) 1908.
Nicht im Buchhandel [beim Hrgbr. geb M. 20.—]

Forrer, Robert s. Zschille, Richard, und Forrer, Robert.

Forrest, J.: Die Konstruktion der Geschützrohre . . ., s. Longridge, J.A.

Forrest, J., u. Ch. Manby, über die Konstruktion der Geschützrohre, s. Manby, Ch.

Forrest, Karl (Eboracensis)
De hydrargyro. Inaug. Diss.
[lt. Dekanatsbuch handschriftlich vorgelegt.]
Dr. med. Giessen 12.12.1844.

Forrest, R. E., eight days, s.: Collection of British authors.

Forrest, Thomas. Reise nach Neuguinea und den moluckischen Inseln . . . a. d. Engl. Hamburg 1782—83. Ü: *Ebeling, Christoph Daniel.* (EngG)

Forrest, Thom., Reise n. Neu-Guinea u. d. moluckisch. Inseln, a. d. Engl. 2 Thle. 8. Hamb. Bohn. 782—93. (1r 22 gr. 2r 18 gr.)

Forrest, Thom., Reise nach Neu-Guinea u. den moluckischen Inseln; aus d. Engl. 2 Thle, mit 1 Karte. 8. Hamb. 782 u. 93. Campe. (Schnuphase in Altenb.) 1 Thlr 16 Gr

Forrester, Mrs.: Although he was a Lord, and other tales, s. Collection of British authors.

Forrester, Mrs., Corisande, s.: Bibliothek der fremden Zungen.

– Dearest, s.a. Collection of British authors.

Dearest. By Mrs. **Forrester.** Copyright ed. In 2 vol. Vol. 1. 2. Leipzig: Tauchnitz 1893. 8°
(Collection of British authors Tauchnitz Ed Vol. 2914/15) [11. 7960

– I have lived and loved, s. Collection of British authors.

– June, s. Collection of British authors.

– The light of other days, s.a. Collection of British authors.

The Light of other days. By Mrs. **Forrester.** Copyright ed. Leipzig: Tauchnitz 1894. 286 S. 8°
(Collection of British authors. Tauchnitz Ed. Vol. 3012.) [11. 8009

– My Lord and my Lady, s. Collection of British authors.

Novellen, s.: Maupassant, Guy de, verbannt.

– Omnia vanitas, s, Collection of British authors.

Forrester, Mrs., once again, s.: Collection of British authors.

– Rhona, s. Collection of British authors.

– Roy and Viola, s. Collection of British authors.

Forrester, Mrs., too late repented, s.a. Collection of British authors.

Too late repented. By Mrs. **Forrester.** Copyright ed. Leipzig: Tauchnitz 1895. 248 S. 8°
(Collection of British authors Tauchnitz Ed Vol 3072.) [11. 8076

– Virginia, s.: Bibliothek der fremden Zungen.

– Viva, s. Collection of British authors.

– of the world, worldly, s.a. Collection of British authors.

Of the World, worldly. By Mrs. **Forrester.** Copyright ed. Leipzig: Tauchnitz 1892. 303 S. 8°
(Collection of British authors. Tauchnitz Ed. Vol. 2841.) [11. 7901

Forrester, Miß Fanny, Begebenheiten in 2 Theilen, aus dem Engl. 8. Hannover, 775. Hellwings. 13 sgl.

Forsach, J. A., Katechismus der elektrischen Telegraphie. Mit 40 in den Text gedr. Abbildgn. (Holzschn.) 8. (X u. 58 S.) Leipzig 852, Weber. n. 1/6 Thlr

Forsach, Joseph —. Handbuch der elektrischen, galvanischen, magnetischen und elektromagnetischen Telegraphie. Ein theoretisch-praktischer Leitfaden zur richtigen Kenntniß der bezüglichen Apparate, Batterien und deren chemischen Prozesse, dann der Einschaltungs-Methoden, nebst einer umfassenden Schilderung der neuesten Erfindungen und Verbesserungen im Gebiete der Telegraphie und des gesammten hierauf Bezug nehmenden Apparatenwesens. Mit besonderer Rücksicht auf den k. k. Staats-Telegraphendienst bearbeitet von —. Mit 45 lithographirten Tafeln. 8. (VI, 162 S.) Wien. Druck und Verlag von Karl Gerold und Sohn. 1854.

Forsbach, Bernhard, Sieglar (Rheinld) Aus d. chirurg. Klinik d. Universität Bonn. Resultate der conservativen Behandlung bei fungöser Kniegelenkentzündung. *Bonn: J. Trapp 1869.* (40 S.) 8°
Bonn, Med Diss v 27 Juli 1868

Forsbach, Max (geb. am 25 Apr. 1854 auf Rott im Siegkr.): Aus d pathol. Institut zu Bonn. — Ueber Hämoglobinurie ... Bonn, Univ.-Buchdr. v. C. Georgi 1883. 33 S. 8.
Bonn, Med. Fak., Diss. v. 21 Juli 1883

Forsbeck, Ludwig (Cleve), De hydrope cerebri acuto. Diss. med. Bln. (Nietack) 22. III. 1833. 36 S. mit Biogr. (M.: C. Groef.) (4.50) 9220
Oppon.: L. v. Wahl, L. Nohl, G. v. Velsen. — Gew.: L. Grossheim.

Forsberg, Ed.

— genaue u. faßliche Anweisung zur Fabrikation der verschied. aromatischen Esprits, wie selbige in Frankreich verfertigt werden. Nebst einer neuen, vortheilhaften Methode zum Destilliren, mit Abbildung der Blase, wie solche beschaffen sein muß. gr. 8. Berlin 837. (Magdeburg, Mazzucchi.) n. 1/3 Thlr

—— genaue u. faßl. Anweisung, 32 Gesundheits-Sirupe zu verfert. von e. sehr erfahr. Conditor aus Paris. gr. 8. (1½ B.) Magdeburg 837, (Mazzucchi.)

Forsberg, Ed., genaue u. faßl. Anweisung, aus ganz ordin. Essig d. feinsten Tafel-Essig, so wie auch aromat. Essige aller Art in jed. Geschäfte u. in jed. Haushaltung mit geringer Mühe u. wenigen Kosten zuzubereiten. gr. 8. (1 B.) Magdeburg 837, Mazzucchi.

Forsberg, Ed., Geheimnisse für Destillateurs, Kaufleute, Gastwirthe, Branntweinbrenner u. Schenker, betreffend die kalte Destillation, oder das Verfertigen aller feinen Liqueure, doppelten Branntweine, des Rums u. der Eau de Cologne aus feinen Oelen. Mit 1 Abbild. der Maschine zum Reinigen des Spiritus. 8. Magdeburg 837. (Mazzucchi.) n. 1/3 Thlr

—— Rathgeber d. schönen Geschlechts u. der Parfümerie-Händler, od. Samml. v. 100 ächt französ. Schönheits- u. Gesundheitsmitteln, deren Ingredienzien u. Zusammenstellungen bis jetzt noch unbekannt sind. 8. (4 B.) Magdeburg 837, (Mazzucchi.)

— allgemeine europäische Staatengeschichte der neuesten Zeit. 1r Bd. Die Geschichte Frankreichs von der ersten Revolution bis zu den Ereignissen im Jahre 1830. Mit 6 Bildn. gr. 8. Berlin ... Richtersche Buchh. n. 1¼ ℛ — 2r Bd. Die Geschichte Englands von dem Aufstande der Colonien in Amerika 1764 bis zum Tode Georg IV. im Jahre 1830. gr. 8. Ebd. ... n. 1½ ℛ

Forsberg, Eduard. Die neuesten Ereignisse Berlins, der Kampf für Freiheit und Recht der denkwürdigen Tage des 18. u. 19 März 1848 Berlin, Selbstverlag 1848. 80 S. 8.

Forsbohm, Karl, neue verbesserte Bienenzucht. Handelt v. Bienenwohngn., vom Ertrage der Bienenzucht, Vermehrg. der Bienenvölker, v. den Königinnen, Racenzucht, Bienen-Krankheiten. Nebst e. Bienen-Kalender. Nach den Grundsätzen der Dzierzon'schen Bienenzucht bearb. 2. verb. Aufl. 8. (VII, 144 S.) Quedlinburg 875. Ernst. 1.50

Forsbohm, Karl, neue verbesserte Bienenzucht. Handelt v. Bienenwohngn., vom Ertrage der Bienenzucht, Vermehrg. der Bienenvölker, v. den Königinnen, Racenzucht, Bienen-Krankheiten. Nebst e. Bienen-Kalender. Nach den Grundsätzen der Dzierzonschen Bienenzucht bearb. 3. Aufl. 8. (VIII, 49 S.) Quedlinburg 886. Ernst. 1.50

[F. u. Ant.] Neue verbesserte Bienenzucht. Vollst. Anleitg z. Erlerng u. vorteilhaftesten Betreibg ders. nach d. Grundsätzen Dr. Dzierzons. Bearb. v. Carl **Forsbohm.** Den Fortschritten d. Zeit gemäss umgearb. u. vervollst. v. C. J. H. Gravenhorst, Bienenwirt in Wilsnack. 4. umgearb. Aufl. (Prämiirt auf d. 19. Wandervers. deutscher u. österr. Bienenwirte zu Halle a. S.) *Halberstadt & Leipzig: Ernst 1895.* (XIII, 160 S.) 1 Bd 8. [96 4618

Forsbohm, Karl, neue verbesserte Bienenzucht. Eine vollständ. Anleitg. zur vorteilhaftesten Betreibg. u. Ausnutzg. der Bienenzucht nach den Grundsätzen des Dr. Dzierzon. 5. gänzlich umgearb. Aufl., neu durchgesehen u. nach den bisher gemachten Fortschritten bis auf die Neuzeit ergänzt v. C. J. H. Gravenhorst. (XI, 160 S. m. Abbildgn. u. 1 Bildnis.) 8. Leipzig (906). Ernst. 1.50

Forsbohm, Karl, fort mit dem unbeweglichen Bau aus der Bienenzucht. Praktischer Rathgeber für junge u. auch für alte Imker, nebst e. Bienenkalender als Anhang Leipzig 870. Matthes in Comm. 8. (107 S.) n. 12½ ngr

Forsboom, B., Kundgebungen des Geistes Emanuel im Orig.-Texte 1890—1897. Gesammelt durch B. gr. 8. (264 S.) München 897. (Wien, Gerold & Co.) n. 10.—

Forsch, Herm. [Pseud.], s. a. O p p e r m a n n, Heinrich Albert

Forsch, Herm., Studentenbilder, oder Deutschlands Arminen und Germanen in den Jahren 1830 bis 1833. 8. Hamburg 835. Hoffmann u. Campe. 1½ ℛ

Försch, J. (Hrsg.), s. A B C des Zeitgeistes.

Forsch, Johann August. Die Gmde d Vernunftglaubigen zu NY. Ihre Grundsatze u Ansichten, Constit, Katechismus, Gesangbuch. NY, 1840

Försch, Johannes

Försch, Joh., die Andacht des Christen Ein kathol. Gebetbuch. Mit 3 Stahlst. Würzburg 866. Stahel. 16. (XVI, 452 S.) n. 18 ngr

Försch, J., die katholische Bischofsweihe. Nach dem römischen Pontificale hrsg. 8. (IV, 60 S.) Würzburg 871. Stahel. - 30

— ein Blick in die Ewigkeit, oder Anleitung zum Gebete für die armen Seelen im Fegfeuer sammt Meß-, Beicht-, Kommunion- u. allen übrigen Gebeten nebst Kreuzweg. Passau 870. Bucher. 16. (IV, 492 S. u. 1 Stahlst.) 12 ngr; geb. à n. 16 ngr, n. 18 ngr u. n. 28 ngr

Försch, J., Blick in die Ewigkeit oder Ruhe der armen Seelen. Anleitung zum Gebete für die armen Seelen im Fegfeuer, sammt Meß-, Beicht-, Kommunion und allen übrigen Gebeten nebst Kreuzweg. 2. Aufl. 16. (XII, 480 S.) Passau 877, Bucher'sche Buchh.

geb. **

geb. in Halbleder mit Goldschn. **

das praktische Brautexamen. Ein Beitrag zur Pastoral. Würzburg 865. Stahel. 8. (VIII, 251 S.) n. 15 ngr

Försch, Joh., das praktische Brautexamen. Ein Beitrag zur Pastoral. 2. Aufl. 8. (VI, 250 S.) Würzburg 884. Bucher. 1.20

Försch, J., das praktische Brautexamen. Ein Beitrag zum Unterrichte für Brautleute. 3. Aufl. 12. (VII, 227 S.) Würzburg 887. Bucher. 1.20

kathol. Krankenfreund. Trost- u. Gebetbuch für Kranke u. Krankenbesucher. Mit 1 Stahlst. Ebend. 866. 8. (XV, 388 S.) n. 16 ngr

— katholischer Krankenfreund. Trost- u. Gebetbuch f. Kranke u. Krankenbesucher. Neue veränd. Aufl. 8. (XII, 318 S.) Ebend. 884. 1.20

das Passionsspiel zu Oberammergau in Bayern. Nach eigener Anschauung u. nach der vorhandenen Literatur als Leitfaden bei den Vorstellungen beschrieben u. hrsg. Bamberg 870. Buchner. 16. (IV, 121 S.) n. 14 ngr

—— die Woche der Andacht. Ein vollständ. kathol. Gebetbuch für die einzelnen Tage der Woche, nebst einem Anh. mit Andachten für die Festtage und die verschied. Verhältnisse und Bedürfnisse des christl. Lebens. 32. (XX und 649 S. mit 1 Stahlst.) Würzburg 867. Stahel'sche Buchh. *

die Woche der Andacht. Ein vollständiges katholisches Gebetbuch für die einzelnen Tage der Woche, nebst e. Anh. mit Andachten für die Festtage u. die verschiedenen Verhältnisse u. Bedürfnisse des christl. Lebens. Würzburg 868. Stahel. 32. (XX, 649 S. u. 1 Stahlst.) n. 16 ngr

Försch, Leo., Skizzen f. Maler, entworfen u. praktisch angewandt. qu. gr. 8. (25 farb. Taf.) Hamburg 891. Boysen & Maasch. In Mappe. n. 4.50

Foerschau, Io., Quaestio iuris et facti hist.-polemica de conciliis s. Rom. Ecclesiae, praesertim oecumenicis. Oppaviae 1732, in 8°.

Forschbach, Joseph, aus Cöln a. Rh.: **Aus d. Kgl. Universitäts-Klinik f. Syphilis u. Hautkrankheiten. Zur Behandlung** der Bubonen nach dem Langschen Verfahren. *Bonn 1903: C. Georgi.* (46 S.) 8°
Bonn, Med. Diss. v. 28. Okt. 1903

Forschelen, Josef [aus Obspringen]: Aus d. med. Klinik zu Bonn. Beiträge zur Kenntnis der Wirkung des Phenacetins.. Siegburg, Druck v. Wilh. Reckinger, 1888; 23 + 1 S. 8°
Bonn Med. Fak., Inaug.-Diss. v. 1. Aug. 1888

Forschen, Das, nach Licht und Recht . . . Berlin 1782. V: *Mörschel, Daniel Ernst.* (ML) 1783 (Ky)

Forschen, das, nach Licht u. Recht in e. Schreib. an Mendelssohn ꝛc. 8. Berlin, Maurer. 785.

Forschepiepe, W., Adress-Buch der Berg- u. Hüttenwerke, Maschinenfabriken, Giessereien u. verwandter Zweige im niederrheinisch-westfälischen Industriegebiet. Mit einer (chromolith.) Uebersichtskarte. 8. (74 S.) Mülheim 881. Bertenburg jr. cart. 1. 50

—— Führer durch die rheinisch-westfälische Bergwerks-Industrie. Mit zahlreichen (eingedr.) Situationsplänen, Profilen, graph. Darstellungen und 1 (lithogr.) Uebersichtskarte. Unter Mitwirkung namhafter Fachmänner hrsg. 8. (IV, 284 S.) Oberhausen 880, Spaarmann. geb. *

— Führer durch die rheinisch-westfälische Bergwerks-Industrie. Mit zahlreichen (eingedr.) Situationsplänen, Profilen, graph. Darstellungen u. einer (lith.) Uebersichtskarte. Unter Mitwirkung namhafter Fachmänner hrsg. 8. (IV, 284 S.) Oberhausen 881. Spaarmann. geb. n. 9. —

„DER FORSCHER". Illustriertes Zentralblatt für deutsche Forschung. Herausgegeben und verlegt vom Bunde deutscher Forscher, Sitz Hannover, Geschäftsstelle Forscherverlag Hannover.

I. Jahrg. 1910. Heft 1—12. Bundesltg. Redaktion u. Verl.: Gg. Aug Grobe, Hannover.

II. Jahrg. 1911. Heft 1—12. Vereinigt mit „Neue Zeitschrift für Mineralogie, Geologie und Paläontologie". Herausgeber: Ferdinand Goebel. Organ der Vereinigung von Freunden der Mineralogie, Geologie und Paläontologie und deren Tausch- und Sammelzentrale. — Mit dem Beiblatt „Der Präparator" (Organ der freien Vereinigung deutscher Präparatoren und Naturaliensammler.) — Hannover — Leipzig — Wien 1911. Verlag: Forscher-Verlag Georg Grote.

III. Jahrg. 1912. Heft 1—12. Vereinigt mit „Neue Zeitschrift für Mineralogie, Geologie und Paläontologie". Organ der Vereinigung von Freunden der Mineralogie, Geologie und Paläontologie und deren Tausch- und Sammelzentrale. — Mit dem Beiblatt „Der Präparator" (Organ der freien Vereinigung deutscher Präparatoren und Naturaliensammler). — Zweites Organ des Deutsch-Oesterreichischen Volksbildungs-Vereins. ib. 1912. —

Forscher, der, auf dem Gesammtgebiete der praktischen Photographie. Hrsg. von Jos. Lemling. 1. Bd. 12 Hefte. (à 2 Bog.) gr. 8. Neuwied 864, Heuser. *

—— dass. — Erfahrungen und Beiträge zur Förderung practischer photograph. Fortschritte von Jos. Lemling. 1866. 2 Halbbde. 8. (VI und 144 S. und 127 S.) Ebendas. 866,67. à Halbbd. 1 Thlr.

Der Redliche Forscher Nos 1 12. Jan 1843 ?
Subtitle Blick auf die Kontroverse zwischen Hrn Stambacher und Hrn Berg vorgehabt am 17, 18 und 19ten Oktober 1842 Druck und Verlag bei Arnold Puwelle Reading, Penn, 1843 The 12 numbers are paged continuously running to 184 pages in all
Reading, PA

Forscher, E., Beitrag zur Lösung der socialen Frage. 8⁰. Bern 1874.

Forscher, H., Beiträge zur Statistik der Jagd. Sonderabdruck der statistischen Monatsschrift. April-Heft. 1910 Gr.-8°. (217 S.) Wien: Frick 1910. K 3.—

Forscherarbeiten auf dem Gebiete des Eisenbetons. 1—7. Heft. Lex.-8. Berlin, W. Ernst & Sohn. n. 27. —

1. Untersuchungen üb die Dehnungsfähigkeit nichtarmierten u. armierten Betons bei Biegungsbeanspruchung. Von Adf. Kleinlogel. Hierzu 1 Taf. (III, 18 S. m. 12 Fig.) 904. n. 4. —
2. Graphostatische Untersuchung der Beton- u. Betoneisenträger. Diss. Von Paul Weiske. (Hierzu 1 Taf.) (III, 18 S. m. 3 Fig.) 904. n. 4. —
3. Die Rolle der Haftfestigkeit im Verbundbalken. Mit vielen Textabbildgn. u. 1 Taf. Nach Vorträgen, geh. im März 1905 im deutschen polytechn. Verein f. Böhmen in Prag u. im sächs. Ingenieur- u. Architekten-Verein in Dresden. Von Fritz v. Emperger. (19 S.) 905. n. 4. —
4. Formänderungsarbeit der Eisenbetonbauten bei Biegung. Von Kazimir Grabowski. Autoris. Ausg. (86 S. m. Abbildgn.) 906. n. 4. —
5. Die Abhängigkeit der Bruchlast vom Verbunde u. die Mittel zur Erhöhung der Tragfähigkeit v. Balken aus Eisenbeton. Von Fritz v. Emperger. Mit 47 Textabbildgn. (VIII, 47 S.) 906. n. 3. —
6. Das Zusammenwirken v. Beton u. Eisen. Eine Abhandlg. auf Grund v. Laboratoriumsversuchen. Von Emil Probst. (VIII, 60 S.) 906. n. 3. —
7. Monolitität der Betonbauten. Von N. A. Shitkewitsch. Mit 60 Textabbildgn. Autoris. Ausg. (III, 116 S.) 906. n. 5. —

Forscherarbeiten auf dem Gebiete des Eisenbetons. 8—12. Heft. Lex. 8. Berlin, W. Ernst & Sohn. 20. 10

Ballcki, Wenzel St. Ritter v., Einflusslinien f. d. Berechnung paralleler Vierendeel-Träger. (VII, 47 S. m. 5 Abb. u. 1 Taf. 910. (Heft 12.) 2. 50

Bosch, Joh. Bapt., Berechng. der gekreuzt armierten Eisenbetonplatte u. deren Aufnahmeträger unter Berücksicht. der Kraftwirkungen nach zwei Richtungen. Mit 32 Textabb. (IV, 50 S.) 908. (Heft 9.) 3. 60

Emperger, Fritz v., Versuche m. Säulen aus Eisenbeton u. m. einbetonierten Eisensäulen in Stuttgart u. in Wien. Mit 94 Abb. u. 7 Taf. Tab. (V, 57 S.) 908. (Heft 8.) 5. —

Ritter, Max, Beiträge zur Theorie u. Berechnung der vollwandigen Bogenträger ohne Scheitelgelenk insbesond. der Brückengewölbe u. der im Eisenbetonbau üblichen biegungsfesten Rahmen. Mit 36 Textabbild. (V, 54 S.) 909. (Heft 11.) 3.

Thullie, Max. Ritter v., Versuche mit exzentrisch belasteten betoneisernen Säulen. Mit 17 Textabb. u. 3 Taf. (V, 71 S.) 909. (Heft 10.) 6. —

Heft 1—7 Ebd. 904—06. 27. —

„Forschet in der Schrift". Ein Monatsheft zur Einführg. in die Schrift. Hrsg. v. H. Großmann. 2. u. 3. Jahrg. 1909 u. 1910 à 12 Nrn. (à ca. 16 S.) 8. Elmshorn, Gebr. Bramstedt. à Jhrg. p 1. 80

Forschmann, Isaac. Analytische Studien über die Anwendung des Ammoniumpersulfates zur Trennung des Mangans von Kupfer und Zink und über einige Methoden zur Trennung der Halogene. Diss. Phil. Bern. 38 S. 8. Frankfurt a. M., Louis Golde, 1907.

Forschner, Karl

Forschner, C., der Arbeiterpräses, s. a. Briefe, soziale.

Forschner, K[arl], Soziale Briefe. [Bd] 1, ff. Mainz 1906 ff. 8⁰. *[Mit Sondertit.]*
1. 1906, 2. 1907

Forschner, C., Johann Falk III. Ein Lebensbild. (61 S.) gr. 8. Mainz 905. (Kirchheim & Co.) n. 1. —

— Die christliche Familie. Briefe f. junge Eheleute u. solche, die es werden wollen, s.: Briefe, soziale.

— Fest- u. Gelegenheitspredigten. (VIII, 392 S.) kl. 8. Mainz 909. Kirchheim & Co. 2.80; geb. in Leinw. 3. 50

— Fürsorge f. die schulentlassene Jugend, s. a. Briefe, soziale.

Forschner, K[arl], Fürsorge für die schulentlassene Jugend. Briefe an e. Freund d. Jugend Mainz 1906. 8⁰.
(Forschner C, Soziale Briefe Bd 1)

Forschner, C, Fürsorge f. die schulentlassene Jugend. 2. Aufl. (XII, 118 S.) 8. Mainz, Kirchheim & Co 1909 1. 50.
Soziale Briefe. Neue Auflage, I.

Geschichte der Pfarrei und Pfarrkirche Sankt Quintin in Mainz von C[arl] Forschner, Pfarrer. Mainz J. Falk 3. Sohne 1905. (VIII, 272 S.) 8° [J.]
[05. 15404]

— Geschichte der Pfarrei u. Pfarrkirche Sankt Quintin in Mainz. (VIII, 272 S. m. 14 Taf.) gr. 8. Mainz 905. (Kirchheim & Co.) n. 4. —

— Der christl. Gewerkschaftsgedanke, s. a. Briefe, soziale.

Forschner, K[arl], Der christliche Gewerkschaftsgedanke. (Briefe an einen Arbeiterfreund) Mainz 1907. 8⁰.
(K. Forschner, Soziale Briefe [Bd] 2.)

Kanzelvorträge über den Modernismus. Von C[arl] **Forschner**. Mainz: Kirchheim & Co. 1908. (VI, 131 S.) 8° [J.] [08. 7931]

— Predigten f. die Sonntage des Kirchenjahres. (1. Jahrg.) 1. u. 2. Aufl. (X, 414 S.) kl. 8. Ebd. 909. 10. 2.80; geb. in Leinw. 3. 50

— †Domdekan Dr. Johann Michael Raich. (15 S. m. 1 Bildnis.) 8. Ebd. 907. — 25

— Vorträge f. Vereins- u. Familienabende, s. a. Briefe, soziale.

Forschner, Ludwig [aus Dienheim (Hessen)]. Ueber Leucoderma syphiliticum . . . Würzburg, A Memminger's Buchdr., 1886; 16 S. 8⁰.
Würzburg, Med. Fak., Inaug.-Diss. v. 1886.

Forschner, Ludwig, über Leucoderma syphiliticum. Diss. Würzburg 1886, Stahelsche Univ.-Buchh. 8⁰. 40 S.

Forschneritsch, A. E., neue Märchen. (Farb.) Bilder v. Jos. Strejz. 1—5. Taus. (69 S.) gr. 8. Straubing (910). C. Attenkofer's Verl. Geb. in Leinw. 3. 50

Forschung, freie, e. Ungelehrten üb. die Wunder der heiligen Schrift. gr. 8. (46 S.) Basel 875. Schneider in Comm. n. — 40

Forschung u. Studium. Eine Sammlg. mathemat. Monograph. f. Studierende, hrsg. v. Gerh. Kowalewski. 1. Heft. gr. 8. Leipzig 910. Veit & Co. 3. —
1. Das Integral u. seine geometrischen Anwendungen. Von Gerh. Kowalewski. (III, 86 S. m. Fig.)

Forschung: Aus Forschung und Technik v National-Zeitung.

Forschung u. Wissenschaft. Allgemein verständl. Abhandlgn. Nr. 3. 8. Wien, Halm & Goldmann. 1. —
3. Die soziale Lehre u. soziale Ethik d. altgermanischen Göttersage. Von Karl Hoffmeister. (36 S.) 908.
Nr. 1 erschien u. d. T.: Kreibig, Jos., Epikur. Ebd. 886. 1.—; u. Nr. 2 u. d. T.: Ehrenstein, Thdr., waren die grossen Denker d. Abendlandes abstinent? 908. —50.

FORSCHUNGEN. Herausgegeben vom Verein für niederdeutsche Sprachforschung.
Bd. I. Norden und Leipzig, 1886. Diedrich Soltau's Verlag. — A. u. d. T.: FERDINAND HOLTHAUSEN, Die Soester Mundart. Laut- und Formenlehre nebst Texten. Gedruckt mit Unterstützung der germanistischen Section des Vereins für Kunst und Wissenschaft in Hamburg. ib. 1886. — 8°.

FORSCHUNGEN Herausgegeben vom Verein für niederdeutsche Sprachforschung.
Bd. II. Norden und Leipzig 1891 Diedr Soltau's Verlag. — A u. d. T Volksmarchen aus Pommern und Rügen. Gesammelt und herausgegeben von ULRICH JAHN Teil 1 Gedruckt mit Unterstützung der germanistischen Section des Vereins fur Kunst und Wissenschaft in Hamburg ib 1891 — 8°
Bd IV ib 1911. — A u d T.. Johannes Cadovius. Müllers Memoriale linguae Frisicae Nach der Jeverschen Originalhandschrift herausgegeben von ERICH KÖNIG Mit 10 Tafeln ib 1911 —
Bd V ib 1892 — A u. d T Die niederlandischen Volksmundarten Nach den Aufzeighnungen (sic!) der Niederlander von HERMANN JELLINGHAUS ib 1892 —
Bd VI ib. 1893 — A. u. d T Niederdeutsche Alliterationen Gesammelt von K SEITZ ib 1893 —

Forschungen auf dem Gebiete der Agrikulturphysik. Unter Mitwirkung von G. Ammon, van Bebbor, Blomeyer etc. Hrsg. von E. Wollny. 1. Bd. 5 Hfte. gr. 8. (VIII, 482 S. m. eingedr. Holzschn., 3 Steintaf. u. 1 chromolith. Karte.) Heidelberg 878. C. Winter. n. 15. —

— dasselbe. 2. Bd. 5 Hfte. gr. 8. (XII, 532 S. m. 1 eingedr. Holzschn. u. 1 Steintaf.) Ebend. 878. 79. n. 19. —

Forschungen auf dem Gebiete der Agrikulturphysik. Unter Mitwirkung von G. Ammon, van Bebber, Blomeyer etc. hrsg. von E. Wollny. 3. Bd. 5 Hefte. gr. 8. Heidelberg 880, C. Winter's Universitäts-Buchh. [1. und 2. Heft. (S. 1—208 mit 1 eingedr. Holzschn. und 3 Stnt.) * ℳ 7,60.; 3. Heft. (S. 209—324 mit 1 eingedr. Holzschn.) * ℳ 4.; 4. und 5. Heft. (X, S. 325—529 mit 2 eingedr. Holzschn.) * ℳ 6,40.]

—— dass. — 4. Bd. 5 Hefte. gr. 8. Ebendas. 881. [1. und 2. Heft. (S. 1—145 mit 1 eingedr. Holzschn.) * ℳ 6.; 3. und 4. Heft. (S. 147—326 mit 4 lithogr. Taf.) * ℳ 7,60.; 5. Heft. (X, S. 327—478 mit 2 eingedr. Holzschn. und 4 lithogr. Taf.) * ℳ 7,40.]

— dasselbe. 5. Bd. 1—4. Hft. gr. 8. (372 S. m. 2 eingedr. Holzschn. u. 1 Steintaf.) Ebend. 882. n. 15. —

Forschungen auf dem Gebiete der Agrikulturphysik. Unter Mitwirkg. v. J. van Bebber, A. Blomeyer, Jos. Böhm etc. Hrsg. v. E. Wollny. 5. Bd. 5. Hft. gr. 8. (IX u. S. 373—510 m. 4. eingedr. Holzschn. u 1 Steintaf.) Heidelberg 882. C. Winter. n. 7. — (5. Bd. cplt.: n. 22. —)

— dasselbe. 6. Bd. gr. 8. (X, 495 S. m. Steintaf.) Ebend. 883. n. 25. —

—— dass. — 7. Bd. 5 Hefte. gr. 8. Ebendas. 884. [1.—3. Heft. (S. 1—268 mit 3 Holzschn. und 1 Stnt.) * ℳ 12.; 4. und 5. Heft. (XII, S. 269—469 mit 3 Holzschn. und 3 Stnt.) * ℳ 10.]

Forschungen auf dem Gebiete der Agrikulturphysik. Unter Mitwirkung von J. van Bebber, A. Blomeyer, J. Böhm etc. Hrsg. von E. Wollny. 8. Bd. 5 Hefte. gr. 8. Heidelberg 885, C. Winter's Universitäts-Buchh. [1. und 2. Heft. S. 1—175 mit 3 Holzschn. und 4 Taf.) * ℳ 9.—.; 3.—5. Heft. (XI, S. 177—433 mit 3 Taf.) * ℳ 13.—.] *

— dasselbe. 9. Bd. 1—3. Hft. gr. 8. (S. 1—258 m. 4 Taf.) Ebend. 886. n. 13. —

Forschungen auf d. Gebiete d. Agrikulturphysik. Unter Mitwirkg v. van Bebber, A. Blomeyer, J. Böhm etc. hrsg. v. E. Wollny. 9. Bd. 4. u. 5. Hft. gr. 8. (XII u. S. 259—454.) Heidelberg 886. C. Winter. à n. 4. — (9. Bd. cplt.: n. 21. —)

—— dass. — 10. Bd. 5 Hefte. gr. 8. Ebendas. [1. und 2. Heft. (S. 1—184 mit 1 Holzschn.) 887. * ℳ 8.—.; 3. Heft. (S. 185—259.) 887. * ℳ 4.—; 4. und 5. Heft. (XI, S. 261—462 mit 1 Holzschn.) 888. * ℳ 9.—.] *

—— dass. — 11. Bd. 5 Hefte. gr. 8. Ebendas. 888. [1. und 2. Heft. (S. 1—179.) * ℳ 8.—.; 3. Heft. (S. 181—298.) * ℳ 5.—.; 4. und 5. Heft. (IX, S. 299—432 mit 9 Taf.) * ℳ 8.—.] *

Forschungen auf dem Gebiete d. Agrikulturphysik. Unter Mitwirkung v. van Bebber, A. Blomeyer, J. Böhm etc. hrsg. von E. Wollny. 12. Bd. 5 Hefte. gr. 8. Heidelb., C. Winter. [1. u. 2. Heft. (S. 1—193 mit 2 Taf.) 889. * 10 —; 3. u. 4. Heft. (S. 195—384 m. 2 Holzschn. u. 2 Taf.) 889. * 10 —; 5. Heft. (S. 385—467 m. 3 Holzschn.) 890. * 4 —.] * 24 —

— dasselbe. 13. Bd. 1.—4. Hft. gr. 8. (380 S. m. 2 lith. Taf.) Ebd. 890. n. 18. —

Forschungen auf dem Gebiete der Agrikulturphysik. Unter Mitwirkg. v. J. van Bebber, J. van Bemmelen, J. Böhm etc. hrsg. v. E. Wollny. 13. Bd. 5. Hft. gr. 8. (IX u. S. 381—476 m. 3 lith. Taf u. 1 Holzschn.) Heidelberg 890. C. Winter. n. 7. — (13. Bd. kplt.: n. 25. —)

—— dass. — 14. Bd. 5 Hefte. gr. 8. Ebd. 891. [1. u. 2. Heft. (S. 1—193 m. 3 Holzschn.) * 9 —; 3. u. 4. Heft. (S. 195—378 m. 5 Holzschn.) * 8 —; 5. Heft. (XI, S. 379—479) * 5 —.] * 22 —

—— dass. — 15. Bd. 5 Hefte. gr. 8. Ebd. 892. [1. u. 2. Heft. (S. 1—162 m. 1 Lichtdr.-Taf.) * 8 —; 3. u. 4. Heft. (S. 163—384.) * 10 —; 5. Heft. (IX, S. 387—490.) * 5 —.] * 23 —

— dasselbe. 16. Bd 5 Hfte. gr. 8. (XII, 501 S. m. 5 Holzschn. u. 3 Taf.) Ebd. 893. 894. n. 24. —

— dasselbe 17. Bd. 5 Hfte. gr. 8. (XI, 495 S. m. 3 Holzschn. u. 1 lith. Taf.) Ebd. 894. n. 24. —

Forschungen auf d. Gebiete d. Agrikulturphysik. Unt. Mitwirkg. v. J. van Bebber, J van Bemmelen, J. Breitenlohner u. a. hrsg. v. E. Wollny. 18. Bd. 5 Hfte. gr. 8. (X, 526 S. m. 3 Holzschn. u. 1 Taf.) Heidelberg 895. C. Winter. n. 25. —

— dasselbe. 19. Bd. 5 Hfte. gr. 8. (XI, 514 S. m. 5 Kurventaf., 4 Holzschn. u. 1 Taf.) Ebd. 896. n. 26. —

— dasselbe. 20. Bd. 5 Hfte. gr. 8. (VIII, 538 S.) Ebd. 897—898. n. 28. —
Erscheint nicht weiter.

Forschungen auf dem Gebiete der Agrikultur-Physik. Hrsg. v. E. Wollny. Register zu Bd. I—XX. Bearb v. A. Rindell. (IV, 142 S.) gr. 8. Heidelberg 906. C. Winter, Verl. n. 8. —

Forschungen, altbayerische. Hrsg. vom histor. Verein v. Oberbayern. I. gr. 8. München (J. J. Lentner). n. 1.80
Die Propstei Elsendorf u. d. Beziehungen des Klosters Admont zu Bayern. Nach archival. Quellen. Von Jac. Wichner. (VII, 95 S.) 899.

— altbayerische. Hrsg. vom histor. Verein v. Oberbayern. II/III. gr. 8. München (J. J. Lentner.) n. 2. —
Geschichte der ländlichen Arbeitsverhältnisse in Bayern. Von Hanns Platzer. (VII, 220 S. m. 2 Tab.) 904.
I. Ebd. 893. n. 1. 80.

— anglistische. Hrsg. v. Johs. Hoops. 1.—11. Hft. gr. 8. Heidelberg, C. Winter, Verl. n. 40. —
1. Intensives and down-toners. A study in English adverbs. By C. Stoffel. (III, 156 S.) 901. n. 4. —
2. Zur Geschichte der altenglischen Präpositionen ‚mid' u. ‚wiđ' m. Berücksicht. ihrer beiderseitigen Beziehungen. Von Erla Hittle. (VII, 184 S.) 901. n. 4. 60
3. Sir Samuel Garth u. seine Stellung zum komischen Epos. Von Thdr. Schenk. (IV, 114 S.) 900. n. 3. —
4. Das Benediktiner-Offizium, e. altengl. Brevier aus dem 11. Jahrh. Ein Beitrag z. Wulfstanfrage. Von Emil Feiler. (VII, 81 S.) 901. n. 2. 40
5. Das Herbarium Apuleii, nach e. frühmittelengl. Fassung hrsg. Von Hugo Berberich. (III, 140 S.) 901. n. 3. 60
6. König Eduard III. v. England im Lichte europäischer Poesie. Von Gust. Liebau. (VIII, 100 S.) 901. n. 2. 80
7. The comparison of adjectives in English in the XV. and the XVI. century. By Louise Pound. (X, 82 S.) 901. n. 2. 40
8. Studien üb. Byron u. Wordsworth. Von F. H. Pughe. (VIII, 167 S.) 902. n. 4. 80
9. Chapters on English printing, prosody, and pronunciation. By Bastiaan A. P. van Dam and Cornelis Stoffel. (1550—1700). (III, 206 S.) 902. n. 5. —
10. Die Gradadverbien im Englischen. Von Eug. Borst. (VII, 170 S.) 902. n. 4. 40
11. Die Sprache der Urkunden aus Yorkshire im 15. Jahrh. Von Ida Baumann. (III, 108 S.) 902. n. 2. 80

— anglistische. Hrsg. v. Johs. Hoops. 12—21. Heft. gr. 8. Heidelberg, C. Winter, Verl. n. 44. 60
Cortelyou, John van Zandt, die altenglischen Namen der Insekten, Spinnen- u. Krustentiere. (VII, 124 S.) 906. (Hft. 19.) n. 3. 60
Gaaf, W. van der, The transition from the impersonal to the personal construction in Middle English. (XIX, 168 S.) 904. (Hft. 14.) n. 5. —
Grimm, Conr., Glossar zum Vespasian-Psalter u. den Hymnen. (VI, 220 S.) 906. (Hft. 18.) n. 4. —
Hargreaves, Alex., A grammar of the dialect of Adlington (Lancashire). (VIII, 121 S.) 904. (Hft. 13.) n. 3. —
Hirst, T. O., A grammar of the dialect of Kendal (Westmoreland) descriptive and historical with specimens and a glossary. (V, 170 S.) 906. (Hft. 16.) n. 4. —
Jordan, Rich., Eigentümlichkeiten des anglischen Wortschatzes. Eine wortgeograph. Untersuchg. m. etymolog. Anmerkgn. (VIII, 131 S.) 906. (Hft. 17.) n. 3. 60
— die altenglischen Säugetiernamen, zusammengestellt u. erläutert. (XII, 212 S.) 903. (Hft. 12.) n. 6. —
Keller, May Lansfield, The Angelo-Saxon Weapon names treated archaeologically and etymologically. (VII, 275 S.) 906. (Hft. 15.) n. 7. —
Köhler, Joh. Jak., die altenglischen Fischnamen. (VII, 87 S.) 906. (Hft. 21.) n. 2. 40
Koeppel, E., Ben Jonson's Wirkung auf zeitgenössische Dramatiker u. andere Studien zur inneren Geschichte des englischen Dramas. (V, 238 S.) 906. (Hft. 20.) n. 6. —

Forschungen, anglistische. Hrsg. v. Johs. Hoops. 22—30. Heft. gr. 8. Heidelberg, Carl Winter. 41. 10
Arundel-Psalter, der altenglische. Eine Interlinearversion in d. Handschrift Arundel 60 d. brit. Museums. Hrsg. u. eingeleitet v. Guido Oess. (VII, 255 S.) 910. (Heft 30) 8. —
Draat, P. Fijn van, Rhythm in English prose (VIII, 145 S.) 910. (Heft 29) 3. 60
Jespersen, Otto, John Hart's pronunciation of English (1569 and 1570). (IV, 123 S.) 907. (Heft 22) 3. 20
Jost, Karl, Beon u. Wesan, e. syntakt. Untersuchg. (VI, 141 S.) 909. (Heft 26) 3. 60
Junius-Psalter, der altenglische. Die Interlinear-Glosse d. Handschrift Junius 27 der Bodleiana zu Oxford. Hrsg. v. Eduard Brenner. (XLII, 194 S.) 908. (Heft 23) 7. 50
Klump, Wilh., die altenglichen Handwerkernamen, sachlich u. sprachlich erläutert. (VIII, 129 S.) 908. (Heft 24) 3. 40
Metzger, Ernst, zur Betong. d. lateinsch-romanischen Wörter im Neuenglischen m. besond. Berücksicht. d. Zeit v. ca. 1560 bis ca. 1600. (VI, 98 S.) 908. (Heft 25) 2. —
Prosa-Leben, das angelsächsische, des hl. Guthlac. Mit Einleitg., Anmerkgn. u. Miniaturen hrsg. v. Paul Gonser. Mit 9 Taf. (VII, 200 S.) 909. (Heft 27) 6. —
Voigt, Edm., Shakespeares Naturschilderungen. (VIII, 146 S.) 909. (Heft 28) 3. 80

Archäologische Forschungen uber die k. Freistadt Oedenburg. 11 S. – Oedenburg kth., Progr. 1854.

Forschungen und Denkwürdigkeiten aus der alten und neuen Geschichte. Ein Buch für Wißbegierde u. Belehrung. 2 Bde. 8. Wien 833. Mechitaristen-Congreg.-Buchh. $1^1/_3$ ꝝ

Forschungen in Ephesos. Veröffentl. v. Österreich. archäol. Institute. (Vorr.: Otto Benndorf) Bd 1. Wien: A. Hölder 1906. 2° [illegible]

Forschungen in Ephesos, veröffentlicht vom österreich. archäolog. Institute. Mit 9 Taf. in Heliograv., e. angehängten (farb.) Karte. 206 Textillustr. 1. Bd. (285 S.) Fol. Wien 906. A. Hölder. Geb. in Leinw. n. 80. —

Forschungen u. Studien, etruskische. Hrsg. v. W. Deecke. 4—6. Hft. gr. 8. Stuttgart 883. 84. Heitz. n. 22. — (1—6: n. 40. —)
4. Beiträge zur Erforschung der etruskischen Sprache v. S. Bugge. 1. Sammlg. (XIII, 265 S.) n. 12. —
5. Die etruskischen Bilinguen. Von W. Deecke. [Der etrusk. Forschgn. 6. Hft.] (VIII, 163 S.) n. 6. —
6. Die etruskischen Beamten- u. Priester-Titel. Von W. Deecke. (XII, 70 S.) n. 4. —

— finnisch-ugrische. Zeitschrift f. finnisch-ugr. Sprach- u. Volkskunde nebst Anzeiger. Unter Mitwirkg. v. Fachgenossen hrsg. v. E. N. Setälä u. Kaarle Krohn, 1. u. 2. Bd à 3 Hfte gr. 8. Helsingfors 901. 902. Leipzig, O. Harrassowitz. à Bd. n.n. 8. —
1. (IV, 260 u. IV, 184 S.) — 2. (VIII, 280 u. 122 S. m. Abb.)

Finnisch-ugrische Forschungen Zeitschrift f finnisch-ugrische Sprach- u Volkskunde unter Mitw. von Fachgenossen hrsg. von E[mil] N[estor] Setälä u Karl Krohn Bd 1 1901. Helsingfors: Red. d Zeitschr (1901 -0?) 8° [illegible]

— finnisch-ugrische. Zeitschrift f. finnisch-ugrische Sprach- u. Volkskunde nebst Anzeiger. Unter Mitwirkg. v. Fachgenossen hrsg. v. E. N. Setälä u. Kaarle Krohn. 3—5. Bd. à 4 Hefte. (VIII, 358 S. m. 1 Karte; VIII, 334 S. m. 1 Karte u III, 140 u. III, 194 S.) gr. 8. Helsingfors 903—906. Leipzig, O. Harrassowitz. à Bd. n.n. 8. —

finnisch-ugrische. Zeitschrift f. finnisch-ugr. Sprach- u. Volkskunde nebst Anzeiger. Unter Mitwirkg. v. Fachgenossen hrsg. v. E. N. Setälä, Kaarle Krohn u. Yrjö Wichmann. 6—8. Bd. à 3 Hefte. (244 u. 87 S. III, 264 u. III, 82 S. m. Abb. u. 244 u. 80 S. m. Abb.) gr. 8. Helsingfors 907—909. Leipzig, O. Harrassowitz. à Bd. nn 8. —

— Frankfurter historische. Mit Unterstützg. der Akademie u. der histor. Kommission d. Stadt Frankfurt a. M. Hrsg. v. Geo. Küntzel. 1—4. Heft. Lex. 8. Frankfurt a. M., J. Baer & Co. 18. 50
Bothe, Frdr., Gustav Adolfs u. seines Kanzlers wirtschaftspolit. Absichten auf Deutschland. (XI, 254 S.) 910. (Heft 4) 7. -
Jung, Rud., die englische Flüchtlingsgemeinde in Frankfurt am Main 1554—1559. (V, 66 S. m. 1 Taf.) 910. (Heft 3) 2. 50
Küntzel, Geo., Bismarck u. Bayern in der Zeit der Reichsgründung. (VII, 114 S.) 910. (Heft 2) 4. —
Schiff, Otto, König Sigmunds italienische Politik bis z. Romfahrt (1410—1431) (VIII, 155 S.) 909. (Heft 1) 5. —

zur Früh- u. Vorgeschichte Europas, v. Gust. Kossinna. 1. Heft. Lex. 8. Würzburg 910. C. Kabitzsch. Subskr.-Pr. 4.40; Einzelpr. nn 5. 50
1. Die Burgwälle des Ruppiner Kreises. Ein Beitrag z. Heimatkunde. Von Wilh. Bartelt u. Karl Waase. Mit 1 Übersichtskarte u. 20 Taf., enth. 27 Lagepläne u. 227 Abbildgn. (III, 65 S.)

— u. Funde. Hrsg. v. Frz. Jostes. I. Bd. 1—5. Heft u. II. Bd. 1—4. Hft. gr. 8. Münster, Aschendorff. nn 24.—
Dickerhoff, Hans, die Entstehung d. Jobsiade. (55 S.) 908. (I. Bd. 3. Hft.) 1.25
Droste-Hülshoff, der Dichterin Annette v., Briefe. Hrsg. u. erläutert v. Herm. Cardauns. Mit Unterstützg. d. Hermann Hüffer-Vereins. (XIII, 443 S.) 909. (II. Bd. 1—4. Hft.) 10.—
Eschmann, Gust., Annette v. Droste-Hülshoff. Ergänzungen u. Berichtiggn. zu den Ausgaben ihrer Werke. (VIII, 176 S.) 909. (I. Bd. 4 Hft.) (Umschl.: 10.) 4.75
Muckenheim, Rob., der Strophenbau bei Annette v. Droste-Hülshoff. (72 S.) 910. (I. Bd. 5. Hft.) nn 1.75
Schneiderwirth, O. F. M., das katholische deutsche Kirchenlied unter d. Einflusse Gellerts u. Klopstocks. (IX, 192 S.) 908. (I. Bd. 1. Hft.) 5.—
Sterzenbach, Th., Ursprung u. Entwicklung d. Sage v. hl. Gral. (III, 46 S.) 908. (I. Bd. 2. Hft.) 1.25

— zur Geschichte Bayerns. Vierteljahrsschrift, hrsg. v. Karl v. Reinhardstöttner. VI. Bd. 4 Hfte. Lex.-8. (334 S.) [Regensburg 897—898. W. Wunderling.] Berlin, H. Bermühler. n. 12.—; einz. Hfte. n. 4.—

Vorh. u. d. T.: Forschungen zur Kultur- und Litteraturgeschichte Bayerns.

— zur Geschichte Bayerns. Vierteljahresschrift, hrsg. v. Karl Reinhardstöttner. VII. u. VIII. Bd. à 4 Hfte. Lex.-8. (XI, 317 u. 11 S. u. XV, 310 u. 15 S.) Berlin 899. 900. H. Bermühler. à Bd. n. 12.—

— dasselbe. IX. u. X. Bd. à 4 Hfte. Lex.-8. (X, 326, 21 u. IV S. u. XIII, 316, 12 u. X S.) Ebd. 901. 902. à Bd. n. 8.—

— zur Geschichte Bayerns. Vierteljahresschrift, hrsg. v. Karl v. Reinhardstöttner. XI. Bd. 4 Hefte. (326 u. 28 S.) Lex.-8. Berlin 903. H. Bermühler. n. 12.—

— dasselbe. Vierteljahrsschrift. Unter Mitwirkg. v. Joh. Friedrich, Walt. Goetz, Herm. Grauert u. a. hrsg. v. Mich. Doeberl u. Karl v. Reinhardstöttner. XII—XIV. Bd. à 4 Hefte. (IV, 355; IV, 320 u. IV, 341 S.) gr. 8. München 904—906. R. Oldenbourg. à Bd. n. 8.—

— zur Geschichte Bayerns. Vierteljahresschrift. Unter Mitwirkg. v. Joh. Friedrich, Walt. Goetz, Herm. Grauert u. a. hrsg. v. Mich. Doeberl u. Karl v. Reinhardstöttner. XV. u. XVI. Bd. à 4 Hefte. (IV, 296 u. IV, 323 S.) gr. 8. München 907. 08. R. Oldenbourg. à Bd. 8.—
Fortsetzg., s.: Archiv, oberbayerisches.

— zur Brandenburgischen und Preußischen Geschichte. Neue Folge der „Märkischen Forschungen" d. Vereins f. Geschichte der Mark Brandenburg. In Verbindg. m. Fr. Holtze, G. Schmoller, A. Stölzel, A. v. Taysen u. H. v. Treitschke hrsg. von R. Koser. 1.—3. Bd. à 2 Hälften. gr. 8. Leipzig, Duncker & Humblot. à Hälfte n. 6.—
1. Bd. (III, IV, 647 S.) 888. n. 12.—. — 2. Bd. (VI, 304, 314 S.) 889. n. 12.—. — 3. Bd. (III, 328, III, VI, 322 S.) 890. n. 12.—.

Vorh. u. d. T.: Märkische Forschungen.

— zur Brandenburgischen u. Preußischen Geschichte. Neue Folge der „Märkischen Forschgn." d. Vereins f. Geschichte der Mark Brandenburg, in Verbindg. m. Fr. Holtze, G. Schmoller, A. Stölzel, A. v. Taysen u. H. v. Treitschke hrsg. v. Rhold. Koser. 4. Bd. 2 Hälften. gr. 8. (III, 322; IV, III, 328 S.) Leipzig 891. Duncker & Humblot. à Hälfte n. 6.—

— dasselbe. Hrsg. v. Alb. Naudé. 5.—7. Bd. à 2 Hälften. gr. 8. Ebd. à Hälfte n. 6.—
5. (III, 352 u. III, IV, 326 S.) 892. — 6. (III, 312 u. III, IV, 301 S.) 893. — 7. (III, 298 u. VII, 338 S.) 894.
Bd. I—VI zusammen genommen bis auf Weiteres n. 48.—.

— z. brandenburg. u. preuß. Geschichte. Neue Folge d. „Märkischen Forschgn." d. Vereins f. Geschichte d. Mark Brandenburg. In Verbindg. m. Fr. Holtze, G. Schmoller u. a. hrsg. v. Alb. Naudé 8. u. 9. Bd. Je 2 Hlftn. gr. 8. Leipzig, Duncker & Humblot. à Hlfte. n. 6.—
8. (III, 314 u. IV, 351 S.) 895.
9. (V, 355 u. IV, XVIII, 286 S.) 896. 97.

— dasselbe. In Verbindg. m. Fr. Holtze, G. Schmoller u. A. Stölzel hrsg. v. Otto Hintze. 10. Bd. u. 11. Bd. 2 Hlftn. gr. 8. Ebd. 898. n. 24.—
10. (VIII, 619 S.) n. 12.—
11. I. II. (III, 289 u. III, 312 S.) à n. 6.—

— zur brandenburgischen u. preußischen Geschichte. Neue Folge der „Märkischen Forschgn." des Vereins f. Geschichte der Mark Brandenburg. In Verbindg. m. Fr. Holtze, G. Schmoller u. A. Stölzel hrsg. v. Otto Hintze. 12.—15. Bd. à 2 Hälften. gr. 8. Leipzig, Duncker & Humblot. à Bd. n. 12.—
12 (III, 324 u. IV, 304 S.) 899. — 13. (III, 328 u. IV, IV, 307 S.) 900. — 14. (III, 374 u. III, 317 u. 29 S.) 901. — 15. (III, 312 u. III 311 S. u. S. 31—52.) 902.

— zur brandenburgischen u. preußischen Geschichte. Neue Folge der „Märkischen Forschgn." des Vereins f. Geschichte d. Mark Brandenburg. In Verbindg. m. Fr Holtze u. G. Schmoller hrsg. v. Otto Hintze. 16.—19. Bd. à 2 Hälften. gr. 8. Leipzig, Duncker & Humblot. à Bd. n. 12.—
16. (III, 344; III, 305 S. u. S. 55—81.) 903. — 17. (IV, 659 S. u. S. 83—106.) 904. — 18. (IV, V, 678 u. 13 S.) 905. — 19. (IV, 317; IV, 318 u 27 S.) 906.

— z. brandenburgischen u. preußischen Geschichte. Neue Folge der „Märkischen Forschgn." des Vereins f. Geschichte der Mark Brandenburg. In Verbindg. m. G. Schmoller hrsg. v. Otto Hintze. 20—22. à 2 Hälften u. 23. Bd. 1. Hälfte. gr. 8. Leipzig, Duncker & Humblot. à Bd. 12.—
20. (IV, 610, 30 u. V S.) 907. — 21. (IV, 335; V, IV, 296 u. 29 S.) 908. — 22. (V, IV, 320 u. IV, 376 u. 25 S.) 909. — 23. I. (V, 322 S.) 910.

Forschungen zur deutschen Geschichte. Hrsg. von der histor. Commission bei der königl. bayer. Akademie der Wissenschaften. 1. Bd. 2 Hefte und 2. Bd. 1. Heft. gr. 8. Göttingen, Dieterich'sche Buchh. [1. Bd. 1. Heft. (168 S.) 860. * 24 Ngr., 2. Heft. (S. 164—410.) 861. * 1 Thlr., 2. Bd. 1. Heft. (S. 1—292.) 861. * 1 Thlr. 6 Ngr.] *

Forschungen zur deutschen Geschichte. Hrsg. von der histor. Commission bei der Königl. Bayer. Akademie der Wissenschaften. 1. Bd. 3. Heft, 2. Bd. 2. Heft und 3.—7. Bd. à 3 Hefte. gr. 8. Göttingen 862—67, Dieterich'sche Buchh. [1. Bd. (VI und S. 411—646.) * 1 Thlr. 6 Ngr., 2. Bd. (III und S. 293—615.) * 1 Thlr. 24 Ngr., 3. Bd. (VII und 607 S. mit 1 Stnt. und 1 lithogr. Karte in 4.) 1. Heft * 1 Thlr., 2. * 24 Ngr., 3. * 1 Thlr. 6 Ngr., 4. Bd. (IV und 609 S.) 1. Heft * 24 Ngr., 2. * 1 Thlr. 6 Ngr., 3. * 1 Thlr., 5. Bd. (618 S. mit 5 Stnt.) 1. Heft * 1 Thlr. 6 Ngr., 2. * 28 Ngr., 3. * 26 Ngr., 6. Bd. (IV und 656 S.) 1. Heft * 28 Ngr., 2. * 28 Ngr., 3. * 1 Thlr. 4 Ngr., 7. Bd. (IV und 640 S.) 1. Heft * 28 Ngr., 2. * 1 Thlr. 6 Ngr., 3. * 26 Ngr.] *
1. Bd. 1. und 2. Heft und 2. Bd. 1. Heft. Ebendas. 1860, 61. * 3 Thlr.

Forschungen zur deutschen Geschichte. Hrsg. von der histor. Commission bei der königl. bayer. Akademie der Wissenschaften. 8.—14. Bd. à Bd. 3 Hefte. gr. 8. (à Heft 160—230 S.) Göttingen 868—74, Dieterich's Verlag. 8.—13. Bd. à * ℳ 9. * 14. Bd. *
1.—7. Bd. Ebendas. 1860—67. * ℳ 63.

— zur deutschen Geschichte. Hrsg. von der histor. Commission bei der königl. bayer. Akademie der Wissenschaften. 15.—19. Bd. à Bd. 3 Hefte. gr. 8. (658; 625; 639; 658; 636 S.) Göttingen 875—79, Dieterich'sche Verlagsh. à Bd. —

— zur deutschen Geschichte. Hrsg. von der histor. Commission bei der k. bayer. Akademie der Wissenschaften. 20.—24. Bd. gr. 8. (636; 637; 673; 635; XLIII, 653 S.) Göttingen 881—84. Dieterich'sche Verlagsh. à Bd. *

— dass. — Sach-Register zu Bd. I—XX. Von Gust. Buchholz. gr. 8. (VI, 44 S.) Ebendas. 880. †

— zur deutschen Geschichte. Hrsg. von der histor. Commission bei der königl. bayer. Akademie der Wissenschaften. 25. und 26. Bd. gr. 8. (587; 661 S.) Göttingen 885, Dieterich'sche Verlagsh. à Bd. * ℳ 10.50. *
Nicht weiter erschienen.

— zur Geschichte des Harzgebietes. Hrsg. v. Harzverein f. Geschichte u. Altertumskunde. I. gr. 8. Wernigerode. Quedlinburg, H. C. Huch. 4. —
1. Die Heimburg am Harz u. ihr erstes Herrengeschlecht, die Herren v. Heimburg. Von Geo. Bode. (VII, 252 S. m. 1 Stammtaf.) 909.

— zur inneren Geschichte Österreichs, hrsg. v. Alfons Dopsch. 1.—3. Heft. gr. 8. Innsbruck, Wagner. Subskr.-Pr. n. 15. —; Einzelpr. n. 18. 75
1. Die Beziehungen v. Staat u. Kirche in Österreich während d. Mittelalters. Von Heinr. Ritter v. Srbik. (XVI, 231 S.) 904. Subskr.-Pr. n. 6. —; Einzelpr. n. 7. 50
2. Das österreichische Landrecht u. die böhmischen Einwirkungen auf die Reformen König Ottokars in Österreich. Von Miloslav Stieber. (IX, 154 S.) 905. Subskr.-Pr. n. 4. 20; Einzelpr. n. 5 25
3. Das Almendregal des Tiroler Landesfürsten. Von Herm. Wopfner. (XV, 170 S.) 906. Subskr.-Pr. n. 4. 80; Einzelpr. n. 6. —

— zur inneren Geschichte Österreichs, hrsg. v. Alfons Dopsch. 4—6. Heft. gr. 8. Innsbruck, Wagner. Subskr.-Pr. 20.50; Einzelpr. 23. 50
Domel, Jaroslav., Geschichte des Fiskalamtes in den böhmischen Ländern. Auf Grund archival. Quellen I. Tl.: Das Fiskalamt des Königr. Böhmen in der älteren Zeit bis zum J. 1620. (XV, 254 S.) 909. (Hft. 5.) Subskr.-Pr. 7.50; Einzelpr. 8. 50
Mayer, Thdr., der auswärtige Handel des Herzogt. Österreich im Mittelalter. Mit Unterstützg. der kais. Akademie der Wissenschaften in Wien. (X, 200 S.) 909. (Hft. 6.) Subskr.-Pr. 7.—; Einzelpr. 8. —
Strobl Ritter v. Albeg, Eduard, das Obersthofmarschallamt Sr. k. u. k. apostol. Majestät. Auf urkundl. Grundlage bearb. Mit Unterstützg. der kais. Akademie der Wissenschaften in Wien. (XIII, 175 S.) 908. (Hft. 4.) Subskr.-Pr. 6.—; Einzelpr. 7. —

— zur Geschichte d. neutestamentlichen Kanons u. der altkirchlichen Literatur. IV. Tl., hrsg. v. Johs. Haussleiter u. Thdr. Zahn. gr. 8. (XVIII, 329 S.) Leipzig 891. A. Deichert Nachf. n. 8. —

—— zur Geschichte d. neutestamentlichen Kanons u. der altkirchlichen Literatur. IV. Tl., hrsg. v. Johs. Haussleiter u. Thdr. Zahn. gr. 8. (XVIII, 329 S.) Lpz. 892, Deichert Nachf. * 8 —
1.—3. Thl. s. XVII. Bd. 2. Abthl. S. 936: Zahn, Thdr.

— dasselbe. V. Tl., hrsg. v Thdr. Zahn. gr. 8. Ebd. 893 n. 13. 50 (1—V.: n. 45. 50)
1. Paralipomena v. Thdr. Zahn. — 2. Die Apologie des Aristides, untersucht u. wiederhergestellt v. R. Seeberg. (III, 137 S.)

— zur Geschichte des neutestamentlichen Kanons u. der altkirchlichen Literatur v. Thdr. Zahn. VI. Tl. u. VII. Tl. 1 Hft. gr. 8. Leipzig, A. Deichert Nachf. n. 16. —
VI. I. Apostel u. Apostelschüler in der Prov. Asien. — II. Brüder u. Vettern Jesu. Von Thdr. Zahn. (IV, 372 S.) 900. n. 10. —
VII. 1. Die altsyrische Evangelienübersetzung u. Tatians Diatessaron, besonders in ihrem gegenseit. Verhältnis untersucht. Von Arth. Hjelt. (VIII, 166 S.) 903. n. 6. —

Forschungen z. Geschichte d. neutestamentlichen Kanons u. d. altkirchl. Literatur, hrsg. v. Thdr. Zahn. VIII. Tl. 1. Heft. gr. 8. Leipzig, A. Deichert Nachf. 6.80
Historische Studien zum Hebräerbrief. I. Tl.: Die ältesten latein. Kommentare zum Hebräerbrief. Ein Beitrag zur Geschichte der Exegese u. zur Literaturgeschichte des Mittelalters. Von Eduard Riggenbach. (X, 243 S.) 907.
VII, 2 ist noch nicht erschienen.

— zur Geschichte Mannheims u. der Pfalz. Hrsg. v. Mannheimer Altertumsverein. I. gr. 8. Leipzig 898. Breitkopf & Härtel. n. 5. —
Geschichte d. Theaters u. d. Musik am kurpfälz Hofe. Von Frdr. Walter. (IX, 375 S. m. 3 Taf.)

— zur Geschichte Mannheims u. der Pfalz. Hrsg. vom Mannheimer Altertumsverein. II.—III. gr. 8. Leipzig, Breitkopf & Härtel. n. 7. 50
II. Geschichte der Stadt Mannheim zur Zeit ihres Ueberganges an Baden. Von Karl Hauck. (IX, 145 S.) 899. n. 2. 50
III. Geschichte der Kupferstechkunst zu Mannheim im 18. Jahrh. Von Max Oeser. Mit 20 Bildern in Buntdr., Lichtdr. u. Autotyp. (X, 110 S.) 900. n. 5. —

— zur Geschichte Mannheims u. der Pfalz, hrsg. vom Mannheimer Alterthumsverein. IV. gr. 8. Leipzig, Breitkopf & Härtel. n. 5. —
Karl Ludwig, Kurfürst von der Pfalz (1617—1680). Von Karl Hauck. (XI, 334 S.) 903.

Forschungen zur Geschichte Niedersachsens. (Hrsg. vom histor. Verein f. Niedersachsen.) I. Bd. 1.—3. Heft. gr. 8. Hannover, Hahn. n. 3. 90
1. Zur Gestaltung der Ordination m. besond. Rücksicht auf die Entwickelung innerhalb der lutherischen Kirche Hannovers. Von Edgar Hennecke. (X, 58 S.) 906. n. 1. 20
2. Zur volkswirtschaftlichen Bedeutung der Lüneburger Saline f. die Zeit von 950—1370. Von Luise Zenker. (VI, 84 S.) 906. n. 1. 50
3. Hannover u. der Zusammenschluß der deutschen evangelischen Landeskirchen im 19. Jahrh. Zugleich ein Beitrag zur Geschichte der kirchl. deutschen Einheitsbeweg. Von Philipp Meyer. Mit 3 Anlagen. (IX, 51 S.) 906. n. 1. 20

— zur Geschichte Niedersachsens. Hrsg. vom histor. Verein f. Niedersachsen. I. Bd. 4—6. Heft. u. II. Bd. 1—5. Heft. gr. 8. Hannover, Hahn. 15. 45
Günther, Frdr., die erste Kommunion auf dem Oberharz. (68 S.) 909. (II. Bd. 2. Hft.) 1. 80
Inventare der nichtstaatlichen Archive der Prov. Hannover. 1. Kreis Alfeld. Bearb. v. H. Hoogeweg. (VI, 73 S.) 909. (II. Bd. 3. Hft.) 2. 50
— Dasselbe. Kreis Gronau. Bearb. v. A. Peters. (V, 80 S.) 909. (II. Bd. 4. Hft.) 2. 75
Kühnel, P., finden sich noch Spuren der Slaven im mittleren u. westlichen Hannover? (V, 47 S. m. 4 Taf.) 907. (I. Bd. 5. Hft.) 1. 20
Ohlendorf, Ludw., das niedersächsische Patriziat u. sein Ursprung. (III, V u. 124 S.) 910. (II. Bd. 5. Hft.) 910. 3. —
Uhl, Bernh., die Verkehrswege der Flußtäler um Münden u. ihr Einfluß auf Anlage u. Entwicklung der Siedlungen. Mit 2 Stadtplänen. (IV, 52 S.) 907. (I. Bd. 4. Hft.) 1. 20
Wesenberg, der Vizekanzler David Georg Strube, e. hannoverscher Jurist des XVIII. Jahrh. Seine staatsrechtl. Anschaugn. u. deren Ergebnisse. (XI, 100 S. m. 1 Bildnis.) 907. (II. Bd. 1. Hft.) 1. 50
Zechlin, Erich, Lüneburgs Hospitäler im Mittelalter. (VIII, 82 S.) 907. (I. Bd. 6. Hft.) 1. 50

Forschungen zur Geschichte Niedersachsens. Hrsg. vom histor. Verein f. Niedersachsen. III. Bd. 1. Heft. gr. 8. Hannover, E. Geibel. 2. —
1. Gau, Grafschaft u. Herrschaft in Sachsen bis zum Uebergang in das Landesfürstentum. Von Rud. Wernebura. (III, 79 S.) 910.

— z. griechischen u. lateinischen Grammatik, hrsg. v. Paul Kretschmer, Frz. Skutsch, Jac. Wackernagel. 1. Heft. 8. Göttingen, Vandenhoeck & Ruprecht. 10.—
1. Die Aoriste bei den attischen Tragikern u. Komikern. Von O. Lautensach. (IV, 309 S.) 911.

Hohenzollerische Forschungen. Jahrbuch f. d. Gesch. d. Deutschen Kaiser- u. preuß. Königshauses (2 ff.: ... f. d. Gesch. d. Hohenzollern, insbes. d. fränk. Zweiges derselben u. seiner Lande). Hrsg. von Dr. Christian Meyer, Kgl. preuß. Archivar zu Breslau. Jg. 1—7. *München: H. Lüstenöder (2 ff.: Selbstverl. d. Hrsg.) 1892—1902.* 7 Bde 8° [J.]
1. 1892. 2. 1893. 3. 1894. 4. 1896. 5. 1897. 6. 1900. 7. 1902.
Forts. s. u. d. T.: Quellen u. Forschungen z. Deutschen insbes. Hohenzollerischen Gesch.
(03. 14893)

— hohenzollerische. Jahrbuch f. die Geschichte des deutschen Kaiser- u. preuss. Königshauses. Hrsg. v. Chrn. Meyer. 1. Jahrg. 2 Halbbde. gr. 8. (VII, 499 S. m. 2 Porträts, 1 Karte u. 4 Abbildgn.) Berlin 891. 892. H. Lüstenöder. 15. —

— dasselbe. Jahrbuch f. die Geschichte der Hohenzollern, insbesondere des fränk. Zweiges derselben u. ihrer Lande. Hrsg. v. Chrn. Meyer. 2. Jahrg. 2 Halbbde. gr. 8. (500 S. m. Stadtplan u. Wappen v. Bayreuth.) München 893. Glückstraße 2. Dr. Chrn. Meyer's Selbstverl. 15. —

— dasselbe. 3. Jahrg. 2 Halbbde. gr. 8. (480 S. m. 1 Bildern.) Ebd. 894. 15.

— hohenzollerische. Jahrbuch f. d. Geschicht d. Hohenzollern, insbesond. d. fränk. Zweiges derselben u. s. Lande. Hrsg. v. Chrn. Meyer. 4. Jahrg. gr. 8. (480 S.) München (Kanalstr. 47) 895. Chrn. Meyer's Selbstverl. 15. —

— dasselbe. 5. Jahrg. gr. 8. (480 S.) Ebd. 897. 15. —

— dasselbe. 6. Jahrg. gr. 8. (1. Hlbbd. 168 S.) Ebd. 898. 15. —

— hohenzollerische. Jahrbuch f. die Geschichte der Hohenzollern insbesond. des fränk. Zweiges derselben u. seiner Lande. Hrsg. v. Chrn. Meyer. 7. Jahrg. gr. 8. (III, 324 S.) München (Rindermarkt 16) 900. 902. Dr. Chrn. Meyer. 15. —

— dasselbe. 8. Jahrg. gr. 8. (1. Halbbd. 170 S.) Ebd. 902. Für vollständig n. 10. —

— hohenzollerische, Fortsetzg., s.: Quellen u. Forschungen zur deutschen insbes. hohenzollerischen Geschichte.

Forschungen des 19ten Jahrh. im Gebiete der Geburtshülfe, Frauenzimmer- u. Kinderkrankheiten, s. Meißner.

— indische, hrsg. v. Alfr. Hillebrandt. 1. Heft. gr. 8. Breslau, M. & H. Marcus. n. 10. —
Die Apokryphen des Ṛgveda (Khilāni) hrsg. u. bearb. von J. Scheftelowitz. (XII, 191 S.) 906.

Forschungen, indische (in zwanglosen Heften), hrsg. v. Alfr. Hillebrandt. 2. u. 3. Heft. gr. 8. Breslau, M. & H. Marcus. 12. 40
Caland, W., die Jaiminiya-Saṃhitā, m. e. Einleitung üb. die Sāmavedaliteratur. (127 S.) 907. (2. Heft) 6. 40
Hilka, Alfons, Beiträge zur Kenntnis der indischen Namengebg. Die altind. Personennamen. (XII, 160 S.) 910. (3. Heft) 6. —

— indogermanische. Zeitschrift f. indogerman. Sprach- u. Altertumskunde. Hrsg. v. Karl Brugmann u. Wilh. Streitberg. Mit dem Beiblatt: Anzeiger f. indogerman. Sprach- u. Altertumskunde. Red. v. Wilh. Streitberg. 1.—3. Bd. à 5 Hfte. gr. 8. (à Hft. ca. 100 S.) Strassburg i/E. 891. 892. K. J. Trübner Verl. à Bd. n. 16.

— dasselbe. 4. Bd. gr. 8. (Forschungen IV, 478 S. m. 1 Taf. u. 1 farb. Karte.) Ebd. 894. n. 16. —
Dieser Bd. erschien als Festschrift f. Aug. Leskien nicht in Hftn.

— indogermanische. Zeitschrift f. indogerm. Sprach- u. Altertumskunde. Hrsg. v. Karl Brugmann u. Wilh. Streitberg. M. d. Beiblatt: Anzeiger f. indogerman. Sprach- u. Altertumskunde, hrsg. v. Wilh. Streitberg. (3 Hfte.) 5.—9. Bd. à 5 Hfte. (à ca. 100 S.) gr. 8. Strassburg 895—898. K. J. Trübner, Verl. à Bd. n. 16. —

— indogermanische. Zeitschrift. f. indogerman. Sprach- u. Altertumskunde. Hrsg. v. Karl Brugmann u. Wilh. Streitberg. Mit dem Beiblatt: Anzeiger f. indogerman. Sprach- u. Altertumskunde, hrsg. v. Wilh. Streitberg. (à 3 Hfte.) 10—13. Bd. à 5 Hfte. gr. 8. Strassburg 899—902. K. J. Trübner. à Bd. n. 16.—; geb. à n. 18. —
10. (IV, 286 S. u. IV, 374 S.) — 11. (IV, 372 u. IV, 274 S.) — 12. (IV, 430 u. IV, 380 S.) — 13. (IV, 311 u. IV, 296 S.)

— indogermanische. Zeitschrift f. indogerman. Sprach- u. Altertumskunde. Hrsg. v. Karl Brugmann u. Wilh. Streitberg. Mit dem Beiblatt: Anzeiger f. indogerman. Sprach- u. Altertumskunde, hrsg. v. Wilh. Streitberg (3 Hefte). 14—20. Bd. à 5 Hefte. gr. 8. Strassburg, K. J. Trübner. à Bd. n. 16. —; geb. in Halbfrz. à n n. 18. —
14. (VI, 558 u. IV, 82 S.) 903. — 15. (IV, 378 u. IV, 283 S.) 903. — 16. (IV, 532 u. IV, 66 S. m. 25 Abb. u. 1 Karte.) 903. 904. — 17. (IV, 507 u. IV, 144 S. m. 15 Abb.) 904. — 18. (IV, 585 u. IV, 88 S.) 905. — 19. (IV, 436 u. IV, 72 S. m. 31 Abb.) 906. — 20. (IV, 393 u. IV, 192 S.) 906.

— dasselbe. 19. Bd. Beiheft. gr. 8. Ebd. Subskr.-Pr. n. 9. —; Einzelpr. n. 10. —
Zum altiranischen Wörterbuch. Nacharbeiten u. Vorarbeiten. Von Christian Bartholomae. (XIII, 287 S.) 906.

— indogermanische. Zeitschrift f. indogerman. Sprach- u. Altertumskunde. Hrsg. v. Karl Brugmann u. Wilh. Streitberg. Mit dem Beiblatt: Anzeiger f. indogerman. Sprach- u. Altertumskunde, hrsg. v. Wilh. Streitberg. 21—27. Bd. à 5 u. Beiblatt 3 Hefte. gr. 8. Strassburg, K. J. Trübner. à Bd. 16.—; geb. in Halbfrz. n 18. —
21. (III, 401 u. III, 200 S. m. 16 Abb.) 907. — 22. (III, 448 u. III, 140 S.) 907. — 23. (III, 438 u. III, 119 S.) 908. — 24. (III, 340 u. III, 224 S.) 909. — 25. Festschrift f. Karl Brugmann, hrsg. v. Wilh. Streitberg. 1. Tl. (VII, 453 u. III, 104 S. m. 1 Bildnis.) 909. 10. — 26. Festschrift f. Karl Brugmann, hrsg. v. Wilh. Streitberg. 2. Tl. (V, 488 u. III, 64 S. m. 1 Taf.) 910. — 27. (III, 382 u. IV, 181 S.) 910.

— dasselbe. 21. Bd. Beiheft. gr. 8. Ebd.
Jacobsthal, Hans, der Gebrauch d. Tempora u. Modi in den kretischen Dialektinschriften. (VI, 148 S.) 907. 4.—; f. Abonnenten 3. 50

— italienische. Hrsg. vom kunsthistor. Institut in Florenz. 1. Bd (XIII, 388 S. m. Abbildgn. u. 3 Taf.) Lex.-8. Berlin 906. B. Cassirer. n. 16. —; geb. n. 19. —

— italienische. Hrsg. vom kunsthistor. Institut in Florenz. 2. Bd. Lex. 8. Berlin 909. B. Cassirer. 16.—; geb. n 19.
Duomo, il, di Firenze. Documenti sulla decorazione della chiesa e del campanile, tratti dall' archivio dell' opera, per cura di Giovanni Poggi. Parti 1—IX. (CXXXVII, 291 S. m. Abb.)

— italienische, zur Kunstgeschichte, hrsg. von A. Schmarsow. 1. Bd. gr. 8. Breslau 890. Schles. Verlagsanstalt. n. 9. —; geb. n. 11. —
S. Martin v. Lucca u. die Anfänge der toskanischen Skulptur im Mittelalter. Von A. Schmarsow. (VI, 253 S. m. Abbildgn. in Lichtdr. u. Holzschn.)

— italienische, zur Kunstgeschichte. Hrsg. v. Aug. Schmarsow. 2. Bd. gr. 8. Breslau 891. Schles. Verlags-Anstalt. n. 8 50; geb. n.n. 10. 50 (1 u. 2.: n. 17. 50; geb. n.n. 21. 50)
Donatello's Kanzeln in S. Lorenzo. Ein Beitrag zur Geschichte der italien. Plastik im XV. Jahrh. v. Max Semrau. (VII, 232 S. m. 4 Lichtdr.-Taf. u. 14 Zinkätzgn.)

— zur Kultur- u Litteraturgeschichte Bayerns. Hrsg. von Karl v. Reinhardstöttner. 1. u. 2. Buch. Lex.-8. München, G. Franz' Verl. à n. 6. —
1. (V, 232 S.) 893. — 2. (III, 267 S. m. 2 Taf.) 894.

Forschungen z. Kultur- u. Litteraturgesch. Bayerns. Hrsg. von Karl Reinhardstöttner. 3.—5. Buch. Lex.-8. (IV, 259, III, 299 u. III, 228 S.) Ansbach 895—897. M. Eichinger. à n. 6. —
D. Fortsetzung erschien u. d. Titel: Forschungen z. Geschichte Bayerns.

Forschungen zur Kunstgeschichte Böhmens. Veröffentl. von der Ges. zur Förderung dt. Wissenschaft, Kunst und Literatur in Böhmen Bd 1—6 — Prag: Calve; (Bd 6: Ges. zur Förderung dt. Wissenschaft, Kunst und Literatur) 1896—1912. 2°

— z. Kunstgeschichte Böhmens. Veröffentl. v. d. Gesellschaft z. Förderg. deutscher Wissenschaft, Kunst u. Litteratur in Böhmen. I. u. II. Fol. Prag, J. G. Calve. In Halbleinw.-Mappe n. 85. —
I. Mittelalterl. Wandgemälde u. Tafelbilder d. Burg Karlstein in Böhmen. Von Jos. Neuwirth. M. 50 Lichtdr.-Taf. u. 16 Abb. i. Texte. (V, 113 S.) 896. n. 60. —
II. D. Bildercyklus d. Luxemburger Stammbaumes aus Karlstein. Von Jos. Neuwirth. M. 16 Lichtdr.-Taf. u. 2 Abb. im Text. (V, 51 S.) 897. n. 25. —

— zur Kunstgeschichte Böhmens. Veröffentlicht v. der Gesellschaft zur Förderg. deutscher Wissenschaft, Kunst u. Litteratur in Böhmen. III u IV. Fol. Prag, J. G. Calve. In Halbleinw.-Mappe n. 95. —
III. Die Wandgemälde im Kreuzgange des Emausklosters in Prag. Von Jos. Neuwirth. Mit 34 Taf. u. 13 Abb. im Text. (VIII, 92 S.) 898. n. 75. —
IV. Beiträge zur Geschichte der Dintzenhofer. Von Hugo Schmerber. Mit 7 Taf. u. 27 Abb. im Texte. (64 S.) 900. n. 20. —
I. u. II. Ebd. 896. 897. n. 85. —.

— kunstgeschichtliche. Hrsg. v. königl. preuss. histor. Institut in Rom. I. Bd. 32,5×23,5 cm. Leipzig 910. K. W. Hiersemann. 15. —
I. Die Manfredbibel. Von Graf zu Erbach-Fürstenau. (XI, 58 S. m. Abb. u. 14 Taf.)

— zur deutschen Landes- u. Volkskunde, im Auftrage u. unter Mitwirkg. der Centralkommission f. wissenschaftl. Landeskunde v. Deutschland hrsg. v. deren Schriftführer Rich. Lehmann. 1. Bd. 8 Hfte. gr. 8. Stuttgart 885. 86. Engelhorn. n. 19. 40
1. Der Boden Mecklenburgs v. E. Geinitz. (32 S.) n. — 80
2. Die oberrheinische Tiefebene u. ihre Randgebirge v. G. Rich. Lepsius. Mit e. (lith.) Uebersichtskarte d. oberrhein. Gebirgssystems. (S. 33—92.) n. 2. —
3. Die Städte der norddeutschen Tiefebene in ihrer Beziehung zur Bodengestaltung. Von F. G. Hahn. (S. 93—168.) n. 2. —
4. Das Münchener Becken. Ein Beitrag zur physikal. Geographie Südbayerns v. Chr. Gruber. Mit 1 Kartenskizze u. 2 Profilen. (S. 169—214.) n. 1. 60
5. Die mecklenburgischen Höhenrücken [Geschiebestreifen] u. ihre Beziehungen zur Eiszeit. Von F. E. Geinitz. Mit 2 Uebersichtskärtchen u. 2 Profilen. (S. 215—310.) 3. 10
6. Der Einfluss der Gebirge auf das Klima v. Mitteldeutschland v. R. Assmann. Mit 10 Profilen u. 7 Übersichtskarten. (S. 311—388.) n. 5. 50
7. Die Nationalitäten in Tirol u. die wechselnden Schicksale ihrer Verbreitung v. H. J. Biedermann. (S. 389—475.) n. 2. 40
8. Poleographie der cimbrischen Halbinsel. Ein Versuch, die Ansiedelgn. Nordalbingiens in ihrer Bedingtheit durch Natur u. Geschichte nachzuweisen, v. K. Jansen. (S. 477—555.) n. 2. —

Forschungen zur deutschen Landes- u. Volkskunde, im Auftrage u. unter Mitwirkg. der Centralkommission f. wissenschaftl. Landeskunde v. Deutschland hrsg. v. deren Schriftführer Rich. Lehmann. 2. Bd. 1. Hft. gr. 8. Stuttgart 886. Engelhorn. n. — 80
Die Nationalitäts-Verhältnisse Böhmens v. Ludw. Schlesinger. (27 S.)

— zur deutschen Landes- u. Volkskunde, im Auftrage der Centralkommission f. wissenschaftl. Landeskunde von Deutschland hrsg. von R. Lehmann u. A. Kirchhoff 2. Bd. 2.—6. Hft. gr. 8. Stuttgart 887. 888. Engelhorn. n. 14. 65 (2. Bd. cplt.: 15. 45)
2. Nationalität u. Sprache im Königr. Belgien. Von K. Brämer. (128 S. m. 1 Karte.) n. 4. —
3. Die Verbreitung u. die Herkunft d. Deutschen in Schlesien. Von K. Weinhold. (88 S.) n. 2. 40
4. Gebirgsbau und Oberflächengestaltung der Sächsischen Schweiz. Von A. Hettner. (111 S. m. 6 Fig., 1 Fig.-Taf. u. 1 Karte.) n. 5. 25
5. Neuere slavische Siedelungen auf süddeutschem Boden. Von H. J. Bidermann. (41 S.) n. 1. 25
6. Siedlungsarten in den Hochalpen. Von F. Löwl. (51 S.) n. 1. 75

Forschungen zur deutschen Landes- u. Volkskunde, im Auftrage der Centralkommission f. wissenschaftl. Landeskunde von Deutschland hrsg. v. A. Kirchhoff. 3. Bd. 5 Hfte. gr. 8. Stuttgart 888. 889. Engelhorn. n. 21. 60
1. Die Verbreitung u. wirtschaftliche Bedeutung der wichtigeren Waldbaumarten innerhalb Deutschlands. Von B. Borggreve. (31 S.) n. 1. —
2. Das Meissnerland v. M. Jäschke. (S. 33—79 m. 1 Fig.-Taf.) n. 1. 90
3. Das Erzgebirge. Eine orometrisch-anthropograph. Studie v. J. Burgkhardt. Mit 1 Karte. (159 S.) n. 5. 60
4. Die Kurische Nehrung u. ihre Bewohner v. A. Bezzenberger. Mit 1 Karte u. 8 Textillustr. (S. 161—300 mit 2 Tab.) n. 7. 50
5. Die deutsche Besiedlung der östlichen Alpenländer, insbesondere Steiermarks, Kärntens und Krains nach ihren geschichtlichen und örtlichen Verhältnissen. Von F. v. Krones. (S. 301—476.) n. 5. 60

— dasselbe. 4. Bd. 5 Hfte. gr. 8. Ebd. 889. 890. n. 19. 70
1. Haus, Hof, Mark u. Gemeinde Nordwestfalens im historischen Überblicke v. J. B. Nordhoff. (35 S.) n. 1. 20
2. Der Rhein in den Niederlanden v. H. Blink. (70 S. m. 1 Karte.) n. 4. 20
3. Die Schneedecke besonders in deutschen Gebirgen. Von F. Ratzel. (S. 107—277 m. 21 Illustr. u. 1 Karte.) n. 8. —
4. Rechtsrheinisches Alamannien, Grenzen, Sprache, Eigenart v. A. Birlinger. (S. 279—398 m. 12 eingedr. Illustr.) n. 4. 80
5. Zur Kenntnis der niederen Tierwelt des Riesengebirges, nebst vergleichenden Ausblicken. Von O. Zacharias. (S. 401—433 m. 6 Illustr.) n. 1. 50

— dasselbe. 5. Bd. 1.—3. Hft. gr. 8. Ebd. 890. n. 5. 30
1. Nährpflanzen Mitteleuropas, ihre Heimat, Einführg. in das Gebiet u. Verbreitung innerhalb desselben von F. Höck. (67 S.) n. 2. 20
2. Über die geographische Verbreitung der Süsswasserfische v. Mitteleuropa v. Erwin Schulze. (16 S.) n. — 50
3. Der Seifenbergbau im Erzgebirge u. die Walensagen. Von Heinr. Schurtz. (82 S.) n. 2. 60

— zur deutschen Landes- u. Volkskunde, im Auftrag der Centralkommission f. wissenschaftl. Landeskunde v. Deutschland hrsg. v. A. Kirchhoff. 5. Bd. 4.—7. Hft. gr. 8. Stuttgart, J. Engelhorn. n. 12. 10
(5. Bd. kplt.: n. 17. 40)
4. Die deutschen Buntsandsteingebiete, ihre Oberflächengestaltung u. anthropogeographischen Verhältnisse v. Emil Küster. (102 S.) 891. n. 3. 20
5. Zur Kenntnis d. Taunus. Von W. Sievers. (55 S. m. 1 farb. Karte.) 891. n. 3. 60
6. Der Thüringer Wald u. seine nächste Umgebung. Von Herm. Pröscholdt. (51 S.) 891. n. 1. 70
7. Die Ansiedelungen am Bodensee in ihren natürlichen Voraussetzungen. Eine anthropogeograph. Untersuchg. v. A. Schlatterer. (III, 69 S. m. 1 Karte.) 891. n. 3. 60

Forschungen zur deutschen Landes- u. Volkskunde, im Auftrag der Centralkommission f. wissenschaftl. Landeskunde v. Deutschland hrsg. v. A. Kirchhoff. 6. Bd. 4 Hfte. gr. 8. Stuttgart, J. Engelhorn. n. 24. 90
1. Die Ursachen der Oberflächengestaltung d. norddeutschen Flachlandes. Von Fel. Wahnschaffe. (166 S. m. 5 Lichtdr.-Taf. u. 25 Textillustr.) 891. n. 7. 20
2. Die Volksdichte der Thüringischen Triasmulde. Von C. Kaesemacher. (60 S. m. 1 farb. Karte.) 892. n. 3. 20
3. Die Halligen der Nordsee v. Eug. Traeger. Mit 3 (farb.) Karten u. 19 Textillustr. (117 S.) 892. n. 7. 50
4. Urkunden üb. die Ausbrüche d. Vernagt- u. Gurglergletschers im 17. u. 18. Jahrh. Aus den Innsbrucker Archiven hrsg. v. Ed. Richter. (96 S. m. 2 farb. Karten.) 892. n. 7. —

— dasselbe. 7. Bd. 5 Hfte. gr. 8. Ebd. n. 28. 80
1. Die Volksdichte im Grossherzogt. Baden. Eine anthropogeograph. Untersuchg. Von Ludw. Neumann. Mit 1 Höhenschichtenkarte u. 1 Volksdichtekarte Badens, 1 : 500,000 (in Farbendr.). (172 S.) 892. n. 9. 40
2. Die Verkehrsstrassen in Sachsen u. ihr Einfluss auf die Städteentwickelung bis zum J. 1500 v. A. Simon. (99 S. m. 1 Karte.) 892. n. 4. —
3. Beiträge zur Siedelungskunde Nordalbingiens. Von Arth. Gloy. (44 S. m. 2 farb. Karten u. 4 Textillustr.) 892. n. 3. 40
4. Nadelwaldflora Norddeutschlands. Eine pflanzengeograph. Studie. Von F. Höck. (56 S. m. 1 farb. Karte. 893. n. 3. —
5. Rügen. Eine Inselstudie v. Rud. Credner. Mit 2 Karten, 3 Lichtdr.-Taf., 8 geolog. u. 6 Höhenprofilen. (III, 122 S.) 893. n. 9. —

— dasselbe. 8. Bd. 6 Hfte. gr. 8. Ebd. n. 26. 50
1. Klimatographie des Königr. Sachsen. 1. Mitteilg. v. Paul Schreiber. (97 S. m. 2 Karten.) 893. n. 4. —
2. Die Vergletscherung des Riesengebirges zur Eiszeit. Nach eigenen Untersuchgn. dargestellt v. Jos. Partsch. (97 S. m. 2 Karten, 4 Lichtdr.-Taf. u. 11 Profilen im Text.) 894. n. 6. —
3. Die Eifel. Von Otto Follmann. (88 S. m. 3 Abbildgn.) 894. n. 3. 20
4. Die landeskundliche Erforschung Altbayerns im 16., 17. u. 18. Jahrh. Von Chrn. Gruber. (77 S. m. 1 Karte.) 894. n. 3. —
5. Verbreitung u. Bewegung der Deutschen in der französischen Schweiz. Von J. Zemmrich. (45 S. m. 1 farb. Karte.) 894. n. 3. 80
6. Das deutsche Sprachgebiet Lothringens u. seine Wandelungen von der Feststellung der Sprachgrenze bis zum Ausgang des 16. Jahrh. Von Hans Witte. (III, 129 S. m. 1 Karte.) 894. n. 6. 50

— z. deutschen Landes- u. Volkskunde, i. Auftr. d. Centralkommission f. wissenschaftl. Landeskunde v. Deutschland hrsg. v. A. Kirchhoff. 9. Bd. 6 Hfte. gr. 8. Stuttgart, J. Engelhorn n. 27. 90

1. Die Art d. Ansiedelung d. Siebenbürger Sachsen. Von Frdr. Teutsch. — Volksstatistik d. Siebenbürger Sachsen. Von Fr. Schuller. (65 S. m. 1 Karte.) 895. n. 4. 80
2. Volkstümliches d. Siebenbürger Sachsen. Von O. Wittstock. — D. Mundart d. Siebenbürger Sachsen. Von A. Scheiner. M. 2 Lichtdr.-Bild. (138 S.) 895. n. 6. 50
3. D. Regenkarte Schlesiens u. d. Nachbargebiete, entworfen u. erläut. v. Jos. Partsch. (41 S. m. 1 farb. Karte.) 895. n. 4. 70
4. Laubwaldflora Norddeutschlands. E. pflanzengeograph. Studie. Von F. Höck. (68 S.) 896. n. 2. 70
5. D. geograph. Verteilg. d. Niederschläge i. nordwestlichen Deutschland Von Paul Moldenhauer. (68 S. m. 1 Karte.) 896. n. 4. —
6. D. Hesselberg am Frankenjura u. s. südl. Vorhöhen. Von Chrn. Gruber. M. 1 Karte, e. hypsograph. Kurve u. 5 Abb. (III, 80 S.) 896. n. 5. 20

— dasselbe. 10. Bd. 4 Hfte. gr. 8. Ebd. n. 25. 90

1. Zur Hydrographie der Saale. Von Willi Ule. (55 S. m. 1 Karte.) 896. n. 4. 50
2. D. Pinzgau. Physikal. Bild e. Alpengaues. Von Wilh. Schjerning. M. 1 Karte, 9 Taf. u. 1 Abb. im Text. (133 S.) 897. n. 8. 80
3. D. Pinzgauer. Von Wilh. Schjerning. M. 2 Lichtdr.-Taf. u. 3 Abb. i. Text. (104 S.) 897. n. 5. —
4. Zur Geschichte d. Deutschtums im Elsass. u. im Vogesengebiet. Von Hans Witte. Mit 1 Karte. (128 S.) 897. n. 7. 60

— dasselbe. 11. Bd. 1.—3. Hft. gr. 8. Ebd. n. 8. 60

1. Magnetische Untersuchgn. im Harz. Von M. Eschenhagen. M. 2 Taf. (20 S.) 893. n. 1. 60
2. Beitrag z. physikal Erforschg. d. baltischen Seen. Von Willi Ule. (52 S. m. 4 Taf.) 898. n. 3. —
3. Zur Kenntniss d. Hunsrücks. Von Fritz Meyer. (34 S. m. 1 farb. Karte.) 898. n. 4. —

Forschungen zur deutschen Landes- u. Volkskunde, im Auftrage der Centralkommission für wissenschaftl. Landeskunde v. Deutschland hrsg. v. A. Kirchhoff. 11. Bd. 4. u. 5. Hft. gr. 8. Stuttgart, J. Engelhorn. n. 18. 40; (11. Bd. kplt. n. 27. —)

4. Die Veränderungen der Volksdichte im nördlichen Baden 1852—1895. Von Carl Uhlig. Mit 3 (farb.) Karten. (122 S.) 899. n. 10. —
5. Entwicklungsgeschichte der phanerogamen Pflanzendecke Mitteleuropas nördlich der Alpen. Von Aug. Schulz. (219 S.) 899. n. 8. 40

— dasselbe. 12. Bd. 5 Hfte. gr. 8. Ebd. n. 39. 80

1. Die Niederschlagsverhältnisse der mittleren Rheinprovinz u. der Nachbargebiete. Von P. Polis. Mit 10 Tab., 9 Karten u. 3 Textillustr. (96 S.) 899. n. 12. —
2. Das Vogtland als orographisches Individuum. Eine Studie zur deutschen Landeskunde. Von Alb. Wohlrab. Mit e. Übersichtskarte, 7 Lichtdrucktaf. u. 12 Textillustr. (89 S.) 899. n. 6. 40
3. Das Ries. Eine geographisch-volkswirtschaftl. Studie. Von Chrn. Gruber. Mit 2 Kartenbeilagen u. 12 Textillustr. (105 S.) 899. n. 10. 50
4. Die Volksdichte der grossherzogl. hessischen Provinz Starkenburg auf Grund der Volkszählg. vom 2. XII 1895. Von Karl Bergmann. Mit 1 Karte. (72 S.) 900. n. 5. 70
5. Die Germanisierung der Rätoromanen in der Schweiz. Volkswirtschaftl. u. nationalpolit. Studien. Von A. Sartorius Frhr. v. Waltershausen. Mit 1 Karte. (110 S.) 900. n. 5. 20

— dasselbe 13. Bd. 6 Hfte. gr. 8. Ebd. n. 32. 40

1. Die Pässe der Sudeten unter besond. Berücksicht. der Zentralsudeten. Von Rob. Fox. Mit e. tabellar. Übersicht u. e. Karte. (88 S.) 900. n. 5. 20
2. Pflanzen der Kunstbestände Norddeutschlands als Zeugen f. die Verkehrsgeschichte unserer Heimat. Eine pflanzengeograph. Untersuchg. Von F. Höck. (64 S.) 900. n. 2.40
3. Die Volksdichte am deutschen Niederrhein. Von Ernst Ambrosius. Mit 2 Kartenbeilagen u. 3 Textillustr. (115 S.) 901. n. 9. 60
4. Die Verbreitg. der halophilen Phanerogamen in Mitteleuropa nördlich der Alpen. Von Aug. Schulz. (92 S.) 901. n. 3. 60
5. Die Volksverdichtung im Reg.-Bez. Aurich. Von Otto Thiele. Mit 1 (farb.) Karte. (66 S.) 901. n. 6. 60
6. Die wichtigsten deutschen Seehandelsstädte. Ein Beitrag zur Geographie deutscher Städte. Von Rud. Reinhard. Mit 3 Beilagen. (82 S.) 901. n. 5. —

— dasselbe. 14. Bd. 1.—3. Hft. gr. 8. Ebd. n. 20. 50

1. Die Besiedlungsverhältnisse des oberösterr. Mühlviertels in ihrer Abhängigkeit v. natürl. u. geschichtl. Bedinggn. Von Alfr. Hackel. Mit 2 Karten. (77 S.) 902. n. 7. 50
2. Versuch e. Darstellg. der Isothermen d. Deutschen Reichs f. Jahr, Januar u. Juli, nebst Untersuchgn. üb. regionale therm. Anomalien. Von Paul Perlewitz. Mit 3 Karten. (72 S.) 902. n. 4. —
3. Wirtschaftsgeograph. Verhältnisse, Ansiedlungen u. Bevölkerungsverteilung im ostfälischen Hügel- u. Tieflande. Von Wilh. Nedderich. Mit 2 Karten. (179 S.) 902. n. 9. —

— zur deutschen Landes- u. Volkskunde, im Auftrage der Central-Kommission f. wissenschaftl. Landeskunde v. Deutschland hrsg. v. A. Kirchhoff. XIV. Bd. 4—6. Heft. gr. 8. Stuttgart, J. Engelhorn. n. 16. 70 (XIV. Bd. vollständig: n. 37. 20)

4. Beiträge zur Siedlungsgeographie des unteren Moselgebietes. Von Wilh. Ademeit. (104 S.) 903. n. 3. 90
5. Niederschlag u. Abfluss in Mitteleuropa. Von Willi Ule. Mit 12 Fig. (82 S.) 903. n. 4. 80
6. Die Bevölkerungsdichte in Südhannover u. deren Ursachen. Von Eduard Wagner. Mit e. Karte. (159 S.) 903. n. 8. —

— dasselbe. XV. Bd. 5 Hefte. gr. 8. Ebd. n. 36. 30

1. Der Rhein u. sein Verkehr m. besond. Berücksicht. der Abhängigkeit von den natürl. Verhältnissen. Von Frdr. Wickert. Mit 2 Karten u. 29 Diagrammen. (148 S.) 903. n. 12. —
2. Die Stellung der Südostlausitz im Gebirgsbau Deutschlands u. ihre individuelle Ausgestaltung in Orographie u. Landschaft. Von Herm. Popig. Mit 1 Karte u. 1 Taf. Profile. (88 S.) 903. n. 7. —
3. Ueber Oberflächengestaltung im Odenwald. Von Fritz Jaeger. Mit 10 Fig. u. 1 Karte. (53 S.) 904. n. 3. 30
4. Orometrie des ostfälischen Hügellandes links der Leine. Von Herm. Wagner. Dazu: Eine Höhenschichtenkarte des ostfäl. Hügellandes links der Leine. (55 S.) 904. n. 4. —
5. Geomorphologie des Flöhagebietes im Erzgebirge. Von Alfr. Rathsburg. Mit 3 Uebersichtskarten. (III, 196 S.) 904. n. 10. —

— dasselbe. XVI. Bd. 1.—4. Hft. gr. 8. Ebd. n. 29. 80

1. Wendische Bevölkerungsreste in Mecklenburg. Von Hans Witte. Mit 1 Karte. (124 S.) 905. n. 3. 40
2. Die wirkliche Temperaturverteilung in Mitteleuropa. Von Emil Sommer. Mit 5 farb. Karten. (42 S.) 906. n. 5. —
3. Entwicklungsgeschichte der gegenwärtigen phanerogamen Flora u. Pflanzendecke der oberrheinischen Tiefebene u. ihrer Umgebung. Von Aug. Schulz. Mit 2 Karten. (119 S.) 906. n. 6. 40
4. Die Geest Ostfrieslands Geologische u. geograph. Studien zur ostfries. Landeskunde u. zur Entwicklungsgeschichte des Emsstromsystems. Von Rud. Bielefeld. Mit 3 Karten, 4 Lichtdr.-Taf. u. 2 Profilen. (173 S.) 906. n. 10. —

— zur deutschen Landes- u. Volkskunde, im Auftrage d. Zentralkommission f. wissenschaftl. Landeskunde v. Deutschland hrsg. v. Fr. G. Hahn. XVI Bd. 5. Heft; XVII. Bd. 4 Hefte; XVIII. Bd. 6 Hefte u. XIX. Bd. 1. u. 2. Heft. gr. 8. Stuttgart, J. Engelhorn Nachf. 88. 30

Curschmann, F., die deutschen Ortsnamen im nordostdeutschen Kolonialgebiet. (93 S.) 910. (Bd. XIX. Heft 2.) 5. —

Firbas, Osk., anthropogeographische Probleme aus d. Viertel unterm Manhartsberge in Niederösterreich. Mit 8 Karten u. 23 Textabb. (III, 96 S.) 907. (Bd. XVI. Heft 5.) 8. —

Grubert, Adam, die Siedelungen am Maindreieck. Mit 2 Textabb. (102 S.) 909. (Bd. XVIII. Heft 1.) 4. —

Martiny, Rud., Kulturgeographie des Koblenzer Verkehrsgebietes. Mit 2 Beilagen. (90 S.) 909. (Bd. XVIII. Heft 5.) 5. 50

Olbricht, Konr., Grundlinien e. Landeskunde d. Lüneburger Heide. Mit 8 Taf. u. 4 Abb. im Text. (647 S.) 909. (Bd. XVIII. Heft 6.) 7. —

Pfeiffer, Hans, die Zusammensetzung der Bevölkerung d. Großherzogt. Baden nach d. Gebürtigkeit auf Grund der Volkszählung v. 1. XII. 1900. Mit 5 Karten. (172 S.) 909. (Bd. XVIII. Heft 3.) 7. —

Reinhardt, Wilh., Volksdichte u. Siedlungsverhältnisse des württembergischen Oberschwabens. Eine anthropogeograph. Studie. Mit 2 (farb.) Karten. (119 S.) 908. (Bd. XVII. Heft 4.) 9. —

Scheu, Erwin, zur Morphologie der schwäbisch-fränk. Stufenlandschaft. Mit 8 Textfig. u. 2 Beilagen. (43 S.) 909. (Bd. XVIII. Heft 4.) 2. —

Schwender, Jak., der Steigerwald. Ein Beitrag zur Geographie Frankens. Mit 2 Karten u. 6 Textabb. (117 S.) 908. (Bd. XVII. Heft 1.) 10. 60

Sölch, Joh., Studien üb. Gebirgspässe m. besond. Berücksicht. der Ostalpen. Versuch e. Klassifikation. Mit 6 Taf. u. 4 Abbildgn. im Text. (155 S.) 908. (Bd. XVII. Hft 2.) 8. —

Solger, Frdr., Studien üb. nordostdeutsche Inlanddünen. (89 S. m. 11 Abb. u. 4 Taf.) 910. (Bd. XIX. Hft. 1.) 5. 60

Weissbach, Frdr., wirtschaftsgeographische Verhältnisse, Ansiedlgn. u. Bevölkerungsverteilg. im mittleren Teile des sächsischen Erzgebirges. Mit 2 (farb.) Karten. (142 S.) 908. (Bd. XVII. Hft. 3.) 10. —

Wolff, Karl, die Terrassen des Saaletals u. die Ursachen ihrer Entstehung. Mit 1 Karte u. 1 Profiltaf. (auf 1 farb. Bl. (86 S.) 909. (Bd. XVIII. Hft. 2.) 6. 60

— landeskundliche, hrsg. v. der geograph. Gesellschaft in München. 1. u. 2. Heft. gr. 8. München 906. (Literarisch-artist. Anstalt.) n. 5. —

1. Studien am Ammersee in Oberbayern. Von Willi Ule. (Mit 1 Kartentaf.) [Aus: „Mitteilgn. d. geogr. Gesellsch. in München".] (64 S.) n. 2. —
2. Der Tegernsee, limnologische Studie. Von Geo. Breu. [Aus: „Mitteilgn. d. geogr. Gesellsch. in München".] (Mit 2 Kartentaf.) (S. 91—196.) n. 3. —

— landeskundliche, hrsg. v. der geograph. Gesellschaft in München. 3—9. Heft. gr. 8. München, Th. Riedel. 14. 40

Aigner, Damasus, O. S. F., das Tölzer Diluvium. Geographisch-geolog. Untersuchgn. auf dem Gebiete der oberbayer. Glazialablagerungen zwischen Loisach u. Schliersach. (158 S. m. Fig., 1 geolog. Karte u. 2 Taf.) 910. (Hft. 7.) 3. —

Bayberger, Frz., zum Problem des Wellheimer Trockentals. [Aus: „Mitteilgn. d. geogr. Gesellsch. in München".] (55 S. m. Fig. u. 1 Karte.) 909. (Hft. 6.) 1. 20

Heller, die Tätigkeit des bayer. topograph. Bureaus in den letzten 10 Jahren. Mit 10 farb. Kartenbeilagen. [Aus: „Mitteilgn. d. geogr. Gesellsch. in München".] (18 S.) 908. (Hft. 3.) 1. —

Kellermann, Chr., die Geschichte d. Binghöhle bei Streitberg. [Aus: „Mitteilgn. d. geogr. Gesellsch. in München".] (17 S. m. 6 Taf.) 908. (Hft. 4.) 1. —

Knauer, Jos., die tektonischen Störungslinien d. Kesselbergs. (25 S. m. Fig., 2 Taf. u. 1 farb. Karte.) 910. (Hft. 9.) 1. 20

Mayr, Max, Morphologie des Böhmerwaldes. (VIII, 123 S. m. Fig., 5 Taf. u. 3 Karten.) 910. (Hft. 8.) 3. —

Mylius, Hugo, die geolog. Verhältnisse des hinteren Bregenzer Waldes in den Quellgebieten der Breitach u. der Bregenzer Ach bis südlich zum Lech. Mit 11 Taf. [Aus: „Mittlgn. d. geogr. Gesellsch. in München".] (96 S.) 909. (Hft. 5.) 4. —

1. u. 2. Heft. Ebd. 906. 5.—

Forschungen auf dem Gebiete der Landwirtschaft. Festschrift zur Feier des siebenzigsten Geburtstages von Prof. Dr Adolf Kraemer. Mit dem Porträt[-Tafel] Kraemers in Photogravüre, einer Karte, 8 Tafeln und 25 Abbildungen im Text. VIII + 404 S. gr.-8. Frauenfeld, J. Huber, 1902. [fr. 10.—]

— zur christl. Litteratur- u. Dogmengeschichte. Hrsg. v. A. Ehrhard u. J. P. Kirsch. I. Bd. 4 Hfte. gr. 8. Mainz, F. Kirchheim. n. 16.—; Einzelpr. n. 20.—

1. Die Lehre v. der Gemeinschaft der Heiligen im christl. Alterthum. Eine dogmengeschichtl. Studie. Von J. P. Kirsch. (VII, 230 S.) 900. n. 7.—
2.3. Pseudo-Dionysius Areopagita in seinen Beziehungen zum Neuplatonismus u. Mysterienwesen. Eine litterarhistor. Untersuchg. Von Hugo Koch. (XII, 276 S.) 900. n. 8.—
4. Eine Bibliothek der Symbole u. theologischer Tractate zur Bekämpfung des Priscillianismus u. westgothischen Arianismus aus dem VI. Jahrh. Ein Beitrag zur Geschichte der theolog. Litterarur in Spanien. Von Karl Künstle. (XI, 181 S.) 900. n. 5.—

— dasselbe. II. Bd. 4 Hfte. gr. 8. Ebd. n. 16.—; Einzelpreis n. 19. 50

1.2. Das Testament unseres Herrn u. die verwandten Schriften. Von F. X. Funk. (XII, 316 S.) 901. n. 9.—; geb. n. 10.—
3. Der hl. Alfons v. Liguori, der Kirchenlehrer u. Apologet des XVIII. Jahrh. Von der theolog. Fakultät der Universität Würzburg approbierte Preisschrift. Von Frz. Meffert. (XVI, 280 S.) 901. n. 7.50; geb. n. 9.—
4. Die Ketzertaufangelegenheiten in d. altchristlichen Kirche nach Cyprian. Mit besond. Berücksicht. der Konzilien v. Arles u. Nicäa. Von Joh. Ernst. (VIII, 94 S.) 901. n. 3.—

Forschungen zur christl. Litteratur- u. Dogmengeschichte. Hrsg. v. A. Ehrhard u. J. P. Kirsch. III. Bd. 1. Hft. gr. 8. Mainz, F. Kirchheim.
Für den Bd. v. 4 Hftn. n. 16.—; Einzelpr. n. 6.—
Die Echtheit der Mahnrede Justins d. M. an die Heiden. Von Wilh. Widmann. (164 S.) 902.

— zur christl. Literatur- u. Dogmengeschichte. Hrsg. v. A. Ehrhard u. J. P. Kirsch. III. Bd. 2.—4. Hft. gr. 8. Mainz, Kirchheim & Co. Einzelpr. n. 14.—

2. 3. Die Trinitätslehre des hl. Hilarius v. Poitiers. Von Ant. Beck. (256 S.) 903. n. 7. 50
4. Die drei Elemente der Eucharistie in den ersten drei Jahrhunderten. Von Aloys Scheiwiler. (VIII, 185 S.) 903. n. 6. 50

— dasselbe. IV. Bd. 4 Hefte. gr. 8. Ebd. n. 16.—; Einzelpr. n. 23.—

1. 2. Die Verfassung der Kirche von den ersten Jahrzehnten der apostolischen Wirksamkeit an bis zum J. 175 n. Chr. (XVI, 405 S. m. 1 Karte.) 904. n. 15.—
3. 4. Die Lehre des hl. Ambrosius vom Reiche Gottes auf Erden. Eine patrist. Studie. Von Joh. Ev. Niederhuber. (XII, 282 S.) 904. n. 8.—

— dasselbe. V. Bd. 4 Hefte. gr. 8. Ebd. n. 16.—; Einzelpr. n. 20.—

1. Die Elemente der Erbsünde nach Augustin u. der Frühscholastik. Von Joh. Nep. Espenberger. (X, 184 S.) 905. n. 6. 50
2. 3. Die Heilslehre des hl. Cyrill v. Alexandrien. Von Eduard Weigl. (XIV, 360 S.) 905. n. 10.—
4. Papst Stephan I. u. der Ketzertaufstreit. Von Joh. Ernst. (X, 116 S.) 905. n. 3. 50

— dasselbe. VI. Bd. (In 5 Heften.) 1. u. 2. Heft. gr. 8. Paderborn, F. Schöningh. Subskr.-Pr. n. 7. 20; Einzelpr. n. 9.—

1. 2. Kommodian v Gaza, e. arelatens. Laiendichter a. d. Mitte des 5. Jahrh. Von Heinr. Brewer, S. J. (IX, 370 S.) 906.

— zur christlichen Literatur- u. Dogmengeschichte. Hrsg. v. A. Ehrhard u. J. P. Kirsch. VI. Bd. 3. u. 4. Heft, VII. Bd. 5 Hefte, VIII. Bd. 1—4. Heft, IX. Bd. 1.—4. Heft u. X. Bd. 1—4. Heft. gr. 8. Paderborn, F. Schöningh. Subskr.-Pr. 78.90; Einzelpr. 96. 50

Adam, Karl, die Eucharistielehre des hl. Augustin. (V, 163 S.) 908. (VIII. Bd. 1. Hft.) Subskr.-Pr. 4.40; Einzelpr. 5. 40

— Der Kirchenbegriff Tertullians. Eine dogmengeschichtl. Studie. (VIII, 229 S.) 907. (VI. Bd. 4. Hft.) Subskr.-Pr. 5.—; Einzelpr. 6. 20

Bilz, Jak., die Trinitätslehre des hl. Johannes v. Damaskus. Mit besond. Berücksicht. des Verhältnisses der griech. zur latein. Auffassungsweise des Geheimnisses. (VIII, 200 S.) 909. (IX. Bd. 3. Hft.) Subskr.-Pr. 5.—; Einzelpr. 6. —

Brewer, Heinr., S. J., das sogenannte Athanasianische Glaubensbekenntnis e. Werk des hl. Ambrosius. Nebst zwei Beilagen: I. Über Zeit u. Verfasser der sogen. Tractatus Origenis u. verwandter Schriften. II. Symbolgeschichtl. Dokumente aus e. Handschrift v. Monza. (V, 194 S.) 909. (IX. Bd. 2. Hft.) Subskr.-Pr. 5.—; Einzelpr. 6. —

Brommer, Ferd., die Lehre v. sakramentalen Charakter in der Scholastik bis Thomas v. Aquin inklusive. Nach gedruckten u. ungedruckten Quellen dargestellt. (XV, 178 S.) 908. (VIII. Bd. 2. Hft.) Subskr.-Pr. 4.60; Einzelpr. 5. 80

Di Pauli, Andr. Frhr. v., die Irrisio des Hermias. (V, 53 S.) 907. (VII. Bd. 2. Hft.) Subskr.-Pr. 1.50; Einzelpr. 1. 80

Graf, Geo., die arabischen Schriften des Theodor Abû Qurra, Bischofs v. Harrân (ca. 740—820). Literarhistor. Untersuchgn. u. Übersetzg. (VIII, 336 S.) 910. (X. Bd. 3. 4. Hft.) Subskr.-Pr. 10.—; Einzelpr. 12. —

Heinrichs, L., die Genugtuungstheorie des hl. Anselmus v. Canterbury, neu dargestellt u. dogmatisch geprüft, zugleich als Jubiläumsschrift zum 800jähr. Gedächtnis des Todestages Anselms (21. IV.). (XII, 173 S.) 909. (IX. Bd. 1. Hft.) Subskr.-Pr. 4.60; Einzelpr. 5. 60

Junglas, Joh. Pet., Leontius v. Byzanz. Studien zu seinen Schriften, Quellen u. Anschaugn. (XII, 166 S.) 908. (VII. Bd. 3. Hft.) Subskr.-Pr. 4.40; Einzelpr. 5. 40

Minges, P. D. Parthenius, O. Fr. Min., das Verhältnis zwischen Glauben u. Wissen, Theologie u. Philosophie nach Duns Scotus. (XII, 204 S.) 908. (VII. Bd. 4. 5. Hft.) Subskr.-Pr. 5.40; Einzelpr. 6. 60

Niederhuber, Joh. Ev., die Eschatologie des hl. Ambrosius. Eine patrist. Studie. (XII, 274 S.) 907. (VI. Bd. 3. Hft.) Subskr.-Pr. 5.40; Einzelpr. 6. 80

Pfättisch, Pat. Ioa. Maria, O. S. B., der Einfluss Platos auf die Theologie Justins des Märtyrers. Eine dogmengeschichtl. Untersuchg., nebst e. Anh. üb. die Komposition der Apologien Justins. (VIII, 190 S.) 910. (X. Bd. 1. Hft.) Subskr.-Pr. 5.—; Einzelpr. 6. —

Poschmann, Bernh., die Sichtbarkeit der Kirche nach der Lehre des hl. Cyprian. Eine dogmengeschichtl. Untersuchg. (X, 191 S.) 908. (VIII. Bd. 3. Hft.) Subskr.-Pr. 4.80; Einzelpr. 6. —

Prumbs, Ant., die Stellung des Trienter Konzils zu der Frage nach dem Wesen der heiligmachenden Gnade. Eine dogmengeschichtl. Abhandlg. (VIII, 127 S.) 909. (IX. Bd. 4. Hft.) Subskr.-Pr. 3. 20; Einzelpr. 4. —

Rogala, Sigism., die Anfänge des arianischen Streites, untersucht. (VII, 115 S.) 907. (VII. Bd. 1. Hft.) Subskr.-Pr. 2.80; Einzelpr. 3. 40

Romeis, Capistran, O. F. M., das Heil des Christen ausserhalb der wahren Kirche nach der Lehre des hl. Augustin. (VIII, 155 S.) 908. (VIII. Bd. 4. Hft.) Subskr.-Pr. 4.—; Einzelpr. 5. —

Weinand, Heinr., die Gottesidee, der Grundzug der Weltanschauung des hl. Augustinus. (VIII, 135 S.) 910. (X. Bd. 2. Hft.) Subskr.-Pr. 3.60; Einzelpr. 4. 50

Forschungen zur neueren Litteraturgeschichte. Hrsg. von Frz. Muncker. I.—VIII. gr. 8. München, C. Haushalter. n 20. 20

I. Nachklänge d. Sturm- u. Drangperiode in Faustdichtgn. d. 18. u. 19. Jahrh. Von Roderich Warkentin. (VII, 101 S.) 896. n. 2. 40

II. Die Patientia. Von H. M. Moscherosch. Nach der Handschrift d. Stadtbibliothek zu Hamburg z. erstenmal hrsg. v. Ludw. Pariser. (V, 120 S.) 897. n. 2. 80

III. Die Brüder A. W. u. F. Schlegel in ihrem Verhältnisse zur bildend. Kunst Von Emil Sulger-Gebing. Mit ungedruckten Briefen u. Aufsätzen A. W. Schlegels. (VII, 199 S.) 897. n. 3 80

IV. Gerhart Hauptmann. Von U. C. Woerner. (V, 82 S.) 897. n. 1. 80; geb. n. 2. 60

V. Studien z. Entstehungsgeschichte von Goethes Dichtg. u. Wahrheit. Von Carl Alt. (VII, 90 S.) 898. Einzelpr. n. 2. —; Subskr.-Pr. 1. 80

VI. D. Byronsche Heldentypus. Von Heinr. Kraeger. (VII, 139 S.) 898. Einzelpr. n. 3. —; Subskr.-Pr. 2. 70

VII. Die deutsche Gesellschaft in Göttingen (1738—1758). Von Paul Otto. (VII, 92 S.) 898. n. 2. —; Subskr.-Pr. 1. 80

VIII. Beiträge zum Studium Grabbes. Von Carl Ant. Pieper. (III, 146 S.) 898. n. 2. 40; Subskr.-Pr. 2. 16

— zur neueren Litteraturgeschichte. Festgabe f. Richard Heinzel. gr. 8. (III, 567 S.) Weimar 898. E. Felber. n. 14. —

Forschungen zur neueren Litteraturgeschichte. Hrsg. v. Frz. Muncker. IV. u. IX.—XXI. gr. 8. Berlin, A. Duncker. Subskr.-Pr. n. 38.40; Einzelpr. n. 46.50

IV. Gerhart Hauptmann. Von U. C. Woerner. 2., verb. u. verm. Aufl. (VII, 122 S.) 901. Subskr.-Pr. n. 1. 70; Einzelpr. n. 2. —; geb. n. 3. —

IX. Laurence Sterne u. C. M. Wieland. Von Carl Aug. Behmer. (V, 62 S.) München 899. Subskr.-Pr. n. 1. —; Einzelpr. n. 1. 20

X. Leo Tolstoj. Eine Skizze seines Lebens u. Wirkens. Von A. Ettlinger. (V, 87 S.) 899. Subskr.-Pr. n. 1. 70; Einzelpr. n. 2. —; geb. in Leinw. n. 3. —

XI. Ferdinand Freiligrath als Uebersetzer. Von Kurt Richter. (V, 106 S.) 899. Subskr.-Pr. n. 2. 25; Einzelpr. n. 2. 70

XII. Goethe's Fortsetzung der Mozartschen Zauberflöte. Von Vict. Junk. (VII, 77 S.) 899. Subskr.-Pr. n. 1. 70; Einzelpr. n. 2. —

XIII. Das deutsche Altertum in den Anschauungen des 16. u. 17. Jahrh. Von Frdr. Gotthelf. (VII, 68 S.) 900. Subskr.-Pr. n. 1. 25; Einzelpr. 1. 50

XIV. Die Sage von Robert dem Teufel in neueren deutschen Dichtungen u. in Meyerbeers Oper Von Herm. Tardel. (V, 82 S.) 900. Subskr.-Pr. n. 1. 70; Einzelpr. n. 2. —

XV. Rameaus Neffe. Studien u. Untersuchgn. zur Einführg. in Goethes Übersetzung des Diderotschen Dialogs. Von Rud. Schlösser. (XI, 292 S.) 900. Subskr.-Pr. n. 6. —; Einzelpr. n 7. 20

XVI. Die Behandlungen der Sage v. Eginhard u. Emma. Von Heinr. May. (IX, 130 S.) 900. Subskr.-Pr. n. 2. 75; Einzelpr. n. 3. 30

XVII. Die Vampyrsagen u. ihre Verwertung in der deutschen Litteratur. Von Stef. Hock. (XII, 133 S.) 900. Subskr.-Pr. n. 2. 85; Einzelpr. n. 3. 40

XVIII. Der einteilige Theater-Wallenstein. Ein Beitrag zur Bühnengeschichte v. Schillers Wallenstein. Von Eug. Kilian. (VII, 100 S.) 901. Subskr.-Pr. n. 2. 25; Einzelpr. n. 2 70

XIX. Friedrich Hebbel's Epigramme. Von Bernh. Patzak. (VIII, 110 S.) 902. Subskr.-Pr. n. 2. 50; Einzelpr. n. 3. —

XX. Die Dichtung des Grafen Moritz v. Strachwitz. Ein Beitrag zur deutschen Litteraturgeschichte. Von A. K. T. Tielo. (XX, 254 S.) 902. Subskr.-Pr. n. 6. 25; Einzelpr. n. 7. 50

XXI. August Friedrich Ernst Langbein u. seine Verserzählungen. Von Hartwig Jess. (VIII, 181 S.) 902. Subskr.-Pr. n. 4. 20; Einzelpr. n. 5. —

— zur neueren Literaturgeschichte. Hrsg. v. Frz. Muncker. XXII—XXXI. gr. 8. Berlin, A. Duncker. Subskr.-Pr. n. 31. 75; Einzelpr. n. 37. 80

Czerny, Joh., Sterne, Hippel u. Jean Paul. Ein Beitrag zur Geschichte des humorist. Romans in Deutschland. (VII, 86 S.) 904. (XXVII.) Subskr.-Pr. n. 1. 85; Einzelpr. n. 2. 20

Driesen, Otto, der Ursprung des Harlekin. Ein kulturgeschichtl Problem. Mit 17 Abbildgn. im Text. (XII, 286 S.) 904. (XXV.) Subskr.-Pr. n. 4. 20; Einzelpr. n. 5. —; geb. in Leinw. n. 6. —

Hanstein, Adalb. v., wie entstand Schillers Geisterseher? (V, 80 S.) 903. (XXII.) Subskr.-Pr. n. 1. 70; Einzelpr. n. 2. —

Kayka, Ernst, Kleist u. die Romantik. Ein Versuch. (VIII, 210 S) 906 (XXXI.) Subskr.-Pr. n. 4. 20; Einzelpr. n. 5. —

Lucerna, Camilla, die südslavische Ballade v. Asan Agas Gattin u. ihre Nachbildung durch Goethe. (VII, 70 S.) 905. (XXVIII.) Subskr.-Pr n. 1. 70; Einzelpr. n 2. —

Schmidt, O. F. M., die Bühnenverhältnisse des deutschen Schuldramas u. seiner volkstümlichen Ableger im 16. Jahrh. (Gekrönte Preisschrift) (X, 193 S. m. 10 Abbildgn.) 903. (XXIV.) Subskr.-Pr. n. 4. 20: Einzelpr n. 5. —

Strich, Fritz, Franz Grillparzers Aesthetik. (VIII, 288 S.) 905 (XXIX.) Subskr.-Pr. n. 5. 50; Einzelpr. n. 6. 60

Tardel, Herm., „Der arme Heinrich" in der neueren Dichtung. (V, 69 S.) 905 (XXX.) Subskr.-Pr. n. 1. 70; Einzelpr. n. 2. —

Unger, Rud., Platen in seinem Verhältnis zu Goethe. Ein Beitrag zur inneren Entwickelungsgeschichte des Dichters. (VIII, 190 S.) 903. (XXIII.) Subskr.-Pr. n. 4. 20; Einzelpr. n. 5. —

Vogt, Osk., „Der goldene Spiegel" u. Wielands politische Ansichten. (XII, 101 S.) 904. (XXVI.) Subskr.-Pr. n. 2.50; Einzelpr. n. 3. —

— zur neueren Literaturgeschichte. Hrsg. v. Frz. Muncker. XXXII—XXXVIII. gr. 8. Berlin-Schöneberg, A. Duncker, Verl. Einzelpr. 39.75; Subskr.-Pr. 33. 20

Alberts, Wilh., Hebbels Stellung zu Shakespeare. (VII, 78 S.) 908. (XXXIII.) Einzelpr. 2.—; Subskr.-Pr. 1. 70

Berend, Eduard, Jean Pauls Ästhetik. (XV, 294 S.) 909. (XXXV.) Einzelpr. 13. 50; Subskr.-Pr. 11. 25

Junentzky, Christian, G. A. Bürgers Ästhetik. (XI, 250 S.) 909. (XXXVII.) Einzelpr. 8.—; Subskr.-Pr. 6. 65

Mücke, Geo., Heinrich Heines Beziehgn. zum deutschen Mittelalter. (VIII, 167 S.) 908. (XXXIV.) Einzelpr. 4.50; Subskr.-Pr. 3. 80

Röhl, Hans, die ältere Romantik u. die Kunst des jungen Goethe. (XI, 164 S.) 909. (XXXVI.) Einzelpr. 5.75; Subskr.-Pr. 4. 80

Sulger-Gebing, Emil, Goethe u. Dante. Studien zur vergleich. Literaturgeschichte. (VII, 121 S.) 907. (XXXII.) Einzelpr. 3.—; Subskr.-Pr. 2. 50

Wegener, Carl Hanns, Hans Assmann Frhr. v. Abschatz. Ein Beitrag zur Geschichte der deutschen Literatur im 17. Jahrh. (X, 84 S. m. 1 Stammtaf.) 910. (XXXVIII.) Einzelpr. 3.—; Subskr.-Pr. 2. 50

— litterarhistorische. Hrsg. von Jos. Schick u. M. Frhrn. v. Waldberg. I.—X. Hft. gr. 8. Weimar, E. Felber. Subskr.-Pr. n. 38. 90; Einzelpr. n. 44. 40

I. Machiavelli and the Elizabethan drama. Von Edward Meyer. (XII, 180 S.) 897. Subskr.-Pr. n. 3. 50; Einzelpr. n. 4. —

II. Friedrich Nicolais Roman „Sebaldus Nothanker". Ein Beitrag z. Geschichte d. Aufklärg. Von Rich. Schwinger. (XIV, 272 S.) 897. Subskr.-Pr. n. 5. 20; Einzelpr. n. 6. —

III. The Countess of, Antonie. By Pembrocke. Edited with introduction by Alice Luce. (VII, 120 S.) 897. Subskr.-Pr. n. 2. 60; Einzelpr. n. 3. —

IV. Benjamin Neukirch, s. Leben u. s. Werke. Ein Beitrag z. Geschichte d. 2. schles. Schule. Von Wilh. Dorn. (X, 140 S.) 897 Subskr.-Pr. n. 2. 60; Einzelpr. n 3. —

V. William Shakespeares Lehrjahre. Eine litterar-histor. Studie von Greg. Sarrazin. (XIII, 232 S.) 897. Subskr.-Pr. n. 4. —; Einzelpr. n. 4. 50

VI. D. deutsche Madrigal, Geschichte s. Entwickelg. b. in d. Mitte d. XVIII. Jahrh. Von Karl Vossler. (XI, 163 S.) 898. Subskr.-Pr. n. 3. —; Einzelpr. n. 3. 50

VII. Robinson u. Robinsonaden. Bibliographie, Geschichte, Kritik. Ein Beitrag z. vergleich. Litteraturgeschichte, im Bes. z Geschichte d. Romans u. z. Geschichte d. Jugendlitteratur. Von Herm Ullrich. 1. Tl. Bibliographie. (XXIII, 248 S.) 898. Subskr.-Pr. n. 8. —; Einzelpr. n. 9. —

VIII. D. Einfluss d. deutschen Litteratur auf d. niederländ. um d. Wende d. XVIII. u. XIX. Jahrh. Von Karl Menne. 1. Tl. Periode d. Übersetzgn.; Fabel- u. Idyllendichtg.; Klopstocks „Messias"; Übersicht üb. d. Drama. (IV, 97 S.) 898. Subskr.-Pr. n. 2. 20; Einzelpr. n. 2. 40

IX. Les échecs amoureux. Eine altfranzös. Nachahmg. des Rosenromans u ihre engl. Übertragg. Von Ernst Sieper. (VII, 251 S.) 898. Subskr.-Pr. n. 5. 20; Einzelpr. n. 6. —

X. D. deutsche Soldatenstück d. XVIII. Jahrh. seit Lessings Minna v. Barnhelm. Von Karl Hayo v. Stockmayer. (XI, 125 S.) 898. Subskr.-Pr. n. 2. 60; Einzelpr. n. 3. —

— litterarhistorische. Hrsg. v. Jos. Schick u. M. Frhr. v. Waldberg. XI.—XXV. Hft. gr. 8. Berlin, E. Felber. Subskr.-Pr. n. 58. 60; Einzelpr. n. 66. 90

XI. Owenus u. die deutschen Epigrammatiker des XVII. Jahrh. Von Erich Urban. (58 S.) 900. Subskr.-Pr. n. 1,40; Einzelpr. n. 1. 60

XII. Poetische Theorien in der italienischen Frührenaissance. Von Karl Vossler. (VII, 88 S.) 900. Subskr.-Pr. n. 1. 70; Einzelpr. n. 2. —

XIII. König Eduard III. v. England u. die Gräfin v. Salisbury. Dargestellt in ihren Beziehgn. nach Geschichte, Sage u. Dichtg., unter eingeh. Berücksicht. des pseudoshakespeareschen Schauspiels „The raigne of King Edward the Third". Von Gust. Liebau. (XII, 201 S. m. 1 Taf. u. 1 Tab.) 900. Subskr.-Pr. n. 4.—; Einzelpr. n. 4. 50

XIV. The Misfortunes of Arthur by Thomas Hughes and others. Ed. with an introduction, notes and glossary. By Harvey Carson Grumbine. (VII, 265 S.) 900. Subskr.-Pr. n. 6.—; Einzelpr. n. 7.—
XV. John Heywood's „The Spider and the Flie". Ein Kulturbild aus dem 16. Jahrh. Von Jak. Haber. (XI, 113 S.) 900. Subskr.-Pr. n. 2.60; Einzelpr. n 3.—
XVI. Die Dramen Victor Hugos. Eine litterarhistorisch-krit. Untersuchg. Von Alb. Sleumer. (XXVI, 368 S.) 901. Subskr.-Pr. n. 7.—; Einzelpr. n. 8.—
XVII. (Johann Gottwerth) Müller v. Itzehoe. Sein Leben u. seine Werke. Ein Beitrag zur Geschichte des deutschen Romans im 18. Jahrh. Von Alb. Brand. (VII, 99 S.) 901. Subskr.-Pr. n. 2.20; Einzelpr. n. 2.40
XVIII. Heliodor u. seine Bedeutung f. die Litteratur. Von Mich. Oeftering. (XII, 176 S.) 901. Subskr.-Pr. n. 3.50; Einzelpr. n. 4.—
XIX. Kyd's, Thom., Spanish tragedy. Hrsg. v. J. Schick. I. Kritischer Text u. Apparat. Mit 4 Fksms. aus alten Quartos. (CIII, 139 S.) 901. Subskr.-Pr. n. 6.20; Einzelpr. n. 7.—
XX. Wort u. Bedeutung in Goethes Sprache. Von A. Ewald Boucke. (XV, 338 S.) 901. Subskr.-Pr. n. 4.50; Einzelpr. n. 5.—
XXI. Immermanns „Kaiser Friedrich der Zweite". Ein Beitrag zur Geschichte der Hohenstaufendramen. Von Wern. Deetjen. (VIII, 216 S.) 901. Subskr.-Pr. n. 3.50; Einzelpr. n. 4.—
XXII. Luigi Pulci and the Morgante Maggiore. By Lewis Einstein, M. A. (VII, 68 S.) 902. Subskr.-Pr. n. 1.70; Einzelpr. n. 2.—
XXIII. Der Refrain in der französischen Chanson. Beiträge zur Geschichte u. Charakteristik des französ. Kehrreims. Von Gust. Thurau. (XXV, 494 S.) 901. Subskr.-Pr. n. 10.60; Einzelpr. n. 12.—
XXIV. Ludwig Tiecks Lyrik. Eine Untersuchung. Von Wilh. Miessner. (XI, 100 S.) 902. Subskr.-Pr. n. 2 20; Einzelpr. n. 2.40
XXV. Der Mannheimer Shakespeare. Ein Beitrag zur Geschichte der ersten deutschen Shakespeare-Übersetzgn. Von Herm. Uhde-Bernays. (X, 90 S.) 902. Subskr.-Pr. n. 1.70; Einzelpr. n. 2.—

Forschungen, literarhistorische. Hrsg. v. Jos. Schick u. M. Frh. v. Waldberg. XXVI.—XXXII. Heft. gr. 8. Berlin, E. Felber. Subskr.-Pr. n. 30.10; Einzelpr. n. 34.20
XXVI. Die niederländischen u. deutschen Bearbeitgn. v. Thomas Kyd's Spanish Tragedy. Von Rud. Schoenwerth. (CXXVII, 227 S.) 903. Subskr.-Pr. n. 7.—; Einzelpr. n. 8 —
XXVII. Heinrich Heines Verhältnis zu Lord Byron. Von Fel. Melchior. (IX, 169 S.) 903. Subskr.-Pr. n 3.—; Einzelpr. n. 3.50
XXVIII. Rahel Varnhagen u. die Romantik. Von Emma Graf. (VI, 106 S.) 903. Subskr.-Pr. n. 2.—; Einzelpr. n. 2.20
XXIX. Die Liebestheorie der Provençalen bei den Minnesingern der Stauferzeit. Eine literarhistor. Untersuchg. Von Anna Lüderitz. (V, 136 S.) 904. Subskr.-Pr. n. 2.60; Einzelpr. n. 3.—
XXX. Nathaniel Lees Trauerspiel Theodosius or the force of love. Von Fritz Resa. (V, 219 S.) 904. Subskr.-Pr. n. 4.—; Einzelpr. n. 4.50
XXXI. John Barclays Argenis. Eine literarhistor. Untersuchg. I. Ausgaben der Argenis, ihrer Fortsetzungen u. Uebersetzungen. Von Karl Frdr. Schmid. (XI, 183 S.) 904. Subskr.-Pr. n. 3.50; Einzelpr. n. 4.—
XXXII. Boeve-Amlethus. Das altfranzös. Epos v. Boeve de Hamtone u. der Ursprung der Hamletsage. Von Rud. Zenker. (XX, 418 S.) 905. Subskr.-Pr. n. 8.—; Einzelpr. n. 9.—

Forschungen, literarhistorische. Hrsg. v. Jos. Schick u. M. Frh. v. Waldberg. 33—43. Heft. 8. Berlin, E. Felber. Subskr.-Pr. 44.20; Einzelpr. 50.—
Aronstein, Ph., Ben Jonson. (X, 278 S.) 906. (Hft. 34.) Subskr.-Pr. 5.40; Einzelpr. 6.—
Eckertz, Erich, Heine u. sein Witz. (VI, 196 S.) 908. (Hft. 36.) Subskr.-Pr. 3.50; Einzelpr. 4.—; geb. in Leinw. 5.—
Klausner, Gertr., die drei Diamanten des Lope de Vega u. Die schöne Magelone. (179 S.) 909. (Hft. 39.) Subskr.-Pr. 3.50; Einzelpr. 4.—
Maurer, Otto, Shelley u. die Frauen. (IV, 168 S.) 906. (Hft. 33.) Subskr.-Pr. 3.—; Einzelpr. 3.50
Mohr, Otto, neue Beiträge zur Lesekunde u. Kritik, insbes. zum „Cäsar Borgia" u. zur „Sophonisba". (154 S.) 909. (Hft. 37.) Subskr.-Pr. 3.—; Einzelpr. 3.50
Neuendorff, B. die englische Volksbühne im Zeitalter Shakespeares nach den Bühnenanweisgn. (VIII, 230 S.) 910. (Hft. 43.) Subskr.-Pr. 4.50; Einzelpr. 5.—
Richards, Alfred E., Studies in English Faust literature. I. The English Wagner book of 1594, ed. with introduction and notes. (176 S.) 907. (Hft. 35.) Subskr.-Pr. 4.—; Einzelpr. 4.50
Schlüchterer, Heinr., der Typus der Naiven im deutschen Drama des 18. Jahrh. Ein Beitrag zur Theatergeschichte. (VII, 125 S.) 910. (Hft. 42.) Subskr.-Pr. 2.60; Einzelpr. 3.—
Schmidt, Karl, Robert Brownings Verhältnis zu Frankreich. (186 S.) 909. (Hft. 38.) Subskr.-Pr. 3.50; Einzelpr. 4.—
Waldberg, Max Frhr. v., Studien u. Quellen zur Geschichte des Romans. I. Zur Entwicklungsgeschichte der „schönen Seele" bei den span. Mystikern. (VIII, 118 S.) 910. (Hft. 41.) Subskr.-Pr. 2.20; Einzelpr. 2.50
Wolff, Emil, Francis Bacon u. seine Quellen. Von der philosoph. Fakultät (1. Sektion der Universität München) gekrönte Preisschrift. 1. Bd. Bacon u. die griech. Philosophie. (XXX, 301 S.) 910. (Hft. 40.) Subskr.-Pr. 9.—; Einzelpr. 10.—

Forschungen, Märkische, herausgeg. von dem Vereine für Geschichte der Mark Brandenburg. 1. Bd. Lex.-8. Berlin 841, Gropius. — dass. 2. Bd. Lex.-8. Berlin 841, Reimarus. n. 2 ℳ

Forschungen, märkische, hrsg. von d. Vereine f. Geschichte d. Mark Brandenburg. 2. Bd. Lex.-8. (24⅝ B., 1 Stnt. u. Titvign.) Berlin 844, Gropius'sche Buchh. *
1. Bd. (Ebendas.) 1841. Hrbgef. Pr. 2 Thlr.

Forschungen, märkische. Hrsg. von dem Vereine für Geschichte der Mark Brandenburg. 3. und 4. Bd. Lex.-8. (VIII und 785 S. mit 8 Kpfrt.) Berlin 845. 50, Ernst und Korn. *
1. und 2. Bd. Ebendas. 1841, 44. * 4 Thlr.

—— märkische. Hrsg. von dem Vereine für Geschichte der Mark Brandenburg. 5—7. Bd. Lex.-8. Berlin, Ernst und Korn. [5. Bd. (III und 279 S.) 857., 6. (III und 235 S. mit 2 Stnt. in Tondr.) 858., 7. (III und 234 S. mit 1 chromolithogr. Plane in gr. Fol.) 861. à Bd. * 2 Thlr.] *
1—4. Bd. Ebendas. 1841—50. * 8 Thlr. 18 Ngr.

—— Märkische. Hrsg. von dem Vereine für Geschichte der Mark Brandenburg. 8.—11. Bd. Lex.-8. Berlin, Ernst und Korn. [8. Bd. (III und 247 S.) 863., 9. (III und 362 S. mit 2 Stnt.) 865., 10. (416 S.) 867., 11. (IV und 296 S. mit 1 Kpfrt.) 867. à Bd. * 2 Thlr.] *
1.—7. Bd. Ebendas. 1841—61. * 14 Thlr. 15 Ngr.

—— märkische. Hrsg. von dem Vereine für Geschichte der Mark Brandenburg. 12. Bd. Lex.-8. (III, 439 S.) Berlin 869, Ernst und Korn. *
1.—11. Bd. Ebendas. 1841—67. * ℳ 67.50.

— märkische. Hrsg. v. dem Vereine f. Geschichte der Mark Brandenburg. 13. Bd. gr. 8. (507 S.) Berlin 876. Ernst & Korn. n. 6.—; (1—13.: n. 79. 50)

— märkische. Hrsg. v. dem Vereine f. Geschichte der Mark Brandenburg. XIV—XVII. Bd. gr. 8. (IV, 246, 322, III, 386 u. IV, 428 S.) Berlin 878—81. Ernst & Korn. à n. 6.— (1—17: n. 103. 50)

— märkische. Hrsg. v. dem Vereine f. Geschichte der Mark Brandenburg. 18. u. 19. Bd. gr. 8. (à ca. 400 S.) Berlin 884. 86. Ernst & Korn. à n. 6.—

— märkische. Hrsg. von dem Vereine für Geschichte der Mark Brandenburg. 20. Bd. gr. 8. (IV, 830 S.) Berlin 887. Ernst & Korn. n. 6.—

—— märkische. Neue Folge, s. Forschungen zur Brandenburgischen und Preußischen Geschichte.

— u. **Mitteilungen** zur Geschichte Tirols u. Vorarlbergs Hrsg. durch die Direktion des k. k. Statthalterei-Archives in Innsbruck v. M. Mayr. 1.—3. Jahrg 1904—1906. à 4 Hefte. (1904. 320 S.) gr. 8. Innsbruck, Wagner. à Jahrg. n. 6.—

— u. **Mitteilungen** zur Geschichte Tirols u. Vorarlbergs. Hrsg. durch d. Direktion d. k. k. Statthalterei-Archives in Innsbruck v. M. Mayr. 4—7. Jhrg. 1907 bis 1910. à 4 Hfte. (IV, 480; IV, 348; IV, 400 u. IV, 334 S.) gr. 8. Innsbruck, Wagner. à Jhrg. 6.—

—— morgenländische. Festschrift Herrn Prof. Dr. H. L. Fleischer zu seinem 50jähr. Doctorjubiläum am 4. März 1874 gewidmet von seinen Schülern H. Derenbourg, H. Ethé, O. Loth, A. Müller, F. Philippi, B. Stade, H. Thorbecke. gr. 8. (310 S.) Leipzig 875, Brockhaus. *

Inhalt:

I. Müller, Aug., das arabische Verzeichniss der Aristotelischen Schriften.

II. Ethé, Herm., Rûdagî's Vorläufer und Zeitgenossen. Ein Beitrag zur Kenntniss der ältesten Denkmäler neupersischer Poesie.

III. Philippi, Friedr. Wilh. Mart., der Grundstamm des starken Verbums im Semitischen und sein Verhältniss zur Wurzel. Ein Beitrag zur vergleichenden Grammatik der semitischen Sprachen.

IV. Derenbourg, Hartwig, le Livre des locutions vicieuses de Djawâlîkî, publié pour la première fois d'après le Manuscrit de Paris.

V. Stade, Bernh., erneute Prüfung des zwischen dem Phönicischen und Hebräischen bestehenden Verwandtschaftsgrades. Ein Beitrag zur morgenländischen Sprachkunde.

VI. Thorbecke, Heinr., Al-'A'šâ's Lobgedicht auf Muhammad.

VII. Loth, Otto, Al-Kindî als Astrolog.

Forschungen, Mythologische. I. Über das Homerische Ithaka. Berlin 1831. V: *Rühle von Lilienstern, Joh. Jacob Otto Aug.* (EngG)

Forschungen, neue, zur Aufhellung des Urchristenthums: Die Jugend- u. Bildungsgeschichte Jesu, [unter historisch-kritischer Beleuchtung der evangel. Traditionen]. Von Imml. P. L., Theologus. Bern 868. Dalp. gr. 8. (IV, 131 S.) n. 12 *ngr.*

—— die neuesten, im Gebiete d. techn. u. ökonom. Chemie, hrsg. v. Otto Linné Erdmann, s. Journal f. techn. u. ökon. Chemie.

Palästinische Forschungen zur Archäologie und Topographie. Hrsg. von Prof. D. Dr. Gustaf Dalman. [Bd. 1.] Leipzig: Hinrichs 1908. 4°

— zur deutschen Philologie. Festgabe f. Rud. Hildebrand zum 13. März 1894. gr. 8. (III, 324 S.) Leipzig 894. Veit & Co. n. 7. 60

Forschungen zur Romanischen Philologie. Festgabe f. Hermann Suchier zum 15. März 1900. *Halle a. S.: M. Niemeyer 1900.* (646, XXXVI S.) 8°

– über das Räthsel der mannmännlichen Liebe. Von Numa Numantius. 2 Hefte. Leipzig 864. Matthes in Comm. gr. 8. n. 17½ *ngr.*

Inhalt: 1. „Vindex." Social-juristische Studien über mannmännliche Geschlechtsliebe. (XII, 28 S.) n. 5 *ngr.* — 2. „Inclusa." Anthropologische Studien über mannmännliche Geschlechtsliebe. (XII, 72 S.) n. 12½ *ngr.*

— über das Räthsel der mann-männlichen Liebe. Von Numa-Numantius. 3—5. Heft. Leipzig 865. Matthes in Comm. gr. 8. n. 1 *ℛ* 12½ *ngr.*

3. Heft: „Vindicta." Kampf für Freiheit von Verfolgung. Criminalistische Ausführungen u. legislatorische Vorschläge ꝛc. (XXIV, 28 S.) n. 7½ *ngr.*

4. Heft: „Formatrix." Anthropologische Studien über urnische Liebe. (XVIII, 66 S.) n. 15 *ngr.*

5. Heft: „Ara spei." Moralphilosophische u. socialphilosophische Studien über urnische Liebe. (XXIV, 95 S.) n. 20 *ngr.*

— zur Religion u. Literatur des Alten u. Neuen Testaments, hrsg. von Wilh. Bousset u. Herm. Gunkel. 1.–8. Heft. gr. 8. Göttingen, Vandenhoeck & Ruprecht. n 36. 80

Bergh van Eysinga, G. A. van den, indische Einflüsse auf evangelische Erzählungen. Mit e. Nachwort v. Ernst Kuhn. (VI, 104 S.) 904. (Hft. 4.) n. 3 —

Dibelius, Mart., die Lade Jahves. Eine religionsgeschichtl. Untersuchg. Mit 13 Abbildgn. im Text. (VIII, 128 S.) 906. (Hft. 7.) n. 3. 60

Gressmann, Hugo, der Ursprung d. israelitisch-jüdischen Eschatologie. (VIII, 378 S.) 905. (Hft. 6.) n. 10. —

Gunkel, Herm., zum religionsgeschichtlichen Verständnis des Neuen Testaments. (VII, 96 S.) 903. (Hft. 1.) n. 2. —

Heitmüller, Wilh., „Im Namen Jesu". Eine sprach- u. religionsgeschichtl. Untersuchung zum Neuen Testament, speziell zur altchristl. Taufe. (X, 347 S.) 903. (Hft. 2.) n. 9. —

Meinhold, Joh., Sabbat u. Woche im Alten Testament. Eine Untersuchg. (V, 52 S.) 905. (Hft. 5.) n. 1. 80

Weiss, Joh., die Offenbarung des Johannes. Ein Beitrag zur Literatur- u. Religionsgeschichte. (III, 164 S.) 904. (Hft. 3.) n. 4. 80

Wrede, W., das literarische Rätsel des Hebräerbriefs. Mit e. Anh. über den literar. Charakter des Barnabasbriefes. (VIII, 98 S.) 906. (Hft. 8.) n. 2. 60

— zur Religion u. Literatur d. Alten u. Neuen Testaments, hrsg. v. Wilh. Bousset u. Herm. Gunkel. 4 u. 9—13. Hft. gr. 8. Göttingen, Vandenhoeck & Ruprecht. 32. 40

Bergh van Eysinga, G. A. van den, indische Einflüsse auf ev. Erzählgn. Mit e. Nachwort v. Ernst Kuhn. 2. verm. Aufl. (118 S.) 909. (Hft. 4) 3. 60

Bousset, Wilh., Hauptprobleme d. Gnosis. (VI, 398 S.) 907. (Hft. 10) 12.

Bultmann, Rud., der Stil der Paulinischen Predigt u. die kynisch-stoische Diatribe. (110 S.) 910. (Hft. 13) 3. 40

Müller, G. H., zur Synopse. Untersuchung üb. d. Arbeitsweise d. Lk u. Mt u. ihre Quellen, namentlich d. Spruchquelle, im Anschluss an e. Synopse Mk—Lk—Mt. (IV, 60 S.) 908. (Hft. 11) 2. 40

Pohlenz, Max, vom Zorne Gottes. Eine Studie üb. d. Einfluss d. griech. Philosophie auf d. alte Christentum. (VIII, 156 S.) 909. (Hft. 12) 5. —

Schmidt, Hans, Jona, e. Untersuchg. z. vergl. Religionsgesch. Mit 39 Abb. im Text. (VIII, 194 S.) 907. (Hft. 9) 6. –

1–3 u. 5–8. Hft. Ebd. 904—06. 33. 80

Reussische Forschungen. (Weida [1908]: H. Aderhold.) (125 S.) 8°

Herrn Archivrat Dr. Berthold Schmidt in Schleiz zu s. 25jähr. Jubiläum d. reuss. Geschichtsforscher ... der Vogtländ. Altertumsforschende Ver. zu Hohenleuben

Reussische Forschungen. (Weida [1910]: Aderholz) 125 S. 8°

— romanische. Organ für roman. Sprachen u. Mittellatein, hrsg. v. Karl Vollmöller. 1. Bd. 1. Hft. gr. 8. (144 S.) Erlangen 882. Deichert. n. 1. 60

— romanische. Organ f. roman. Sprachen u. Mittellatein, hrsg. v. Karl Vollmöller. 1. Bd. 2. u. 3. Hft. gr. 8. (IV, u. S. 145—456.) Erlangen 882. 83. Deichert. à n. 5. — (1. Bd. cplt.: n. 15. —)

—— romanische. Organ für roman. Sprachen und Mittellatein, hrsg. von Karl Vollmöller. 2. Bd. 3 Hefte. gr. 8. Erlangen 885,86, Deichert'sche Verlagsh. Nachf. [1. und 2. Heft. (S. 1—382.) à Heft *ℳ 6.—.; 3. Heft. (IV, (S. 383—638.) *ℳ 8.—.] *

— dasselbe. 3. Bd. 1. Hft. gr. 8. (X, 268 S.) Ebend. 886. n. 8. —

— romanische. Organ f. roman. Sprachen u. Mittellatein. Hrsg. v. K. Vollmöller. 3. Bd. 2. u. 3. Hft. gr. 8. (II u. S. 269—644.) Erlangen 887. [Deichert.] Fritz Junge. à Hft. n. 6. — (3. Bd. cplt.: n. 20. –)

— romanische. Organ f. roman. Sprachen u. Mittellatein. Hrsg. v. Karl Vollmöller. IV. Bd. 3 Hfte. gr. 8. Erlangen, F. Junge. n. 20. —

1. (218 S.) 887. n. 8. —. — 2. (S. 219—332.) 890. n. 4. —. — 3. (III u. S. 333—550.) 891. n. 8. —.

Berichtigung der Angaben in Bd. XXV des Bücher-Lexikons.

— dasselbe. 5. Bd. 2 Tle. gr. 8. Ebd. 889 90. n. 18. —

Festschrift, Konrad Hofmann z. 70. Geburtstage 14. Novbr. 1889 gewidmet von seinen Schülern. (V, 618 S.)

—— dass. — 6. Bd. 1. und 2. Heft. gr. 8. Ebendas. 888. [1. Heft. (S. 1—138.) *ℳ 5.—.; 2. Heft. (S. 139—428.) *ℳ 7.—.] *

1. Bd. Ebendas. 881,82. *ℳ 15.—.; 4. Bd. 2. Heft u. fg. und 5. Bd. noch nicht erschienen.

Forschungen, romanische. Organ für romanische Sprachen u. Mittellatein, hrsg. v. Karl Vollmöller. VI. Bd. 3. Heft. gr. 8. (IV, S. 429—668.) Erlangen 891, Junge. * 7 —

VI. Bd. 1. u. 2. Heft Erlangen, [Deichert.] Ebd. 1888. * 12 —.

— dasselbe. VII. Bd. 4 Hfte. gr. 8. Ebd. n. 17. —

1. (144 S.) 891. n. 4. —. — 2. (S. 145—292.) 892. n. 4. 50. — 3. (S. 293—426.) 892. n. 4. —. — 4. (III u. S. 427—569.) 893. n. 4. 50.

— dasselbe. VIII. Bd. 1. Hft. gr. 8. (244 S.) Ebd. 893. n. 9. —

— romanische. Organ f. roman. Sprachen u. Mittellatein, hrsg. v. Karl Vollmöller. VIII. Bd. 2.—4. Hft. gr. 8. (III u. S. 257—907.) Erlangen 894—896. F. Junge. n. 20. 50 (8. Bd. kplt. n. 28. —)

— dasselbe. IX. Bd. 3 Hfte. gr. 8. (783 S.) Ebd. 896. n. 25. —

— dasselbe. X. Bd. 1.—3. Hft. gr. 8. (5 u. 446 S.) Ebd. 895—897. n. 14. 40

— romanische. Organ f. roman. Sprachen u. Mittellatein, hrsg. v. Karl Vollmöller. XII. Bd. 3 Hfte. gr. 8. (XVI, III u. 931 S.) Erlangen 899. 900. F. Junge. n.n. 34. —

— dasselbe. XIII. Bd. 3 Hfte. gr. 8. (965 S.) Ebd. 902. n. 34. —

— dasselbe. XIV. Bd. 1. Hft. (S. 1—320 d.) gr. 8. Ebd. 902. n. 10. —

— romanische. Organ f. roman. Sprachen u. Mittellatein, hrsg. v. Karl Vollmöller. XIV. Bd. 2. u. 3. Heft. (S. 321—640 u. VIII, 410 S.) gr. 8. Erlangen 903. F. Junge. n. 23. —; (14. Bd. kplt. n. 33. —)

— dasselbe. XV.—XIX. Bd. gr. 8. Ebd. n. 129. 75
XV. (3 Hfte.) (III, 925 S. u. S. 688a—z u. 688α.) 903. 904. n. 30. 25
XVI. (3 Hfte.) (III, S. 1—320 f. u. 321—958.) 903. 904. n. 30. —
XVII. (XVI, 656 S.) 904. n. 25. —
XVIII. (VIII, 494 S.) 905. n. 16. —
XIX. (3 Hfte.) (III, 908 S.) 905. 906. n. 28. 50

— dasselbe. XX. Bd. 1. u. 3. Heft. gr. 8. Ebd. n. 19. 10
1. (S. 1—320 u. 320a—k.) 905. n. 10. 50
3. (S. A—D u. 641—914.) 906. n. 8. 60

— dasselbe. XXI. Bd. 2. Heft. (S. 321-640.) gr. 8. Ebd. 905. n. 10. 50

— dasselbe. XXII. Bd. 1. Heft. (S. 1—310.) gr. 8. Ebd. 906. n. 10. —
XX, 2. u. XXI, 1. u. 3. sind noch nicht erschienen.

— romanische. Organ f. roman. Sprachen, Volks- u. Mittellatein, hrsg. v. Karl Vollmöller. XX. Bd. 2. Heft, XXI. Bd. 1. u. 3. Heft, XXII. Bd. 2. u. 3. Heft, XXIII—XXVII. Bd. u. XXIX. Bd. 1. Heft. Lex. 8. Erlangen, F. Junge. 283. 05
XX. 2. (III u. S. 321—640.) 907. 10.— (XX. Bd., 3 Hefte, kplt. 29. 10)
XXI. 1. 3. (S. 1—320 u. 320a—f u. III. u. S. 641—1112.) 907. 08. 20. 90 (21. Bd. kplt. 37. 40)
XXII. 2. 3. (III u. S. 311—990 m. 1 Taf.) 908. 23. 05 (XXII. Bd. kplt. 33. 05)
XXIII. Mélanges Chabaneau. Festschrift, Camille Chabaneau zur Vollendg. seines 75. Lebensjahres 4. III. 1906 dargebracht v. seinen Schülern, Freunden u. Verehrern. 2 Tle. (XVII, 1117 S. m. 1 Bildnis u. 2 fksm. Taf.) 907. 40 —
XXIV. (III, 620 S.) 907. 20 —
XXV. (3 Hefte.) (III, S. 1—640 q u. 320a—m u. III, S. 641—940.) 908. 33. 50
XXVI. (2 Hefte.) (III, 944 S.) 909. 32. 60
XXVII. (3 Hefte.) (XVI, III u. S. 1—983 u. 624a—d.) 909. 910. 36. —
XXIX. 1. (S. 1—320.) 910. 11. —
Bd. 28 ist noch nicht erschienen.

— sozialgeschichtliche. Ergänzungshefte z. Zeitschrift f. Sozial- u. Wirtschaftsgeschichte. Hrsg. v. Steph. Bauer u. Ludo Mor. Hartmann. 1.—3. Hft. gr. 8. Weimar 897. E. Felber. Subskr.-Pr. n. 10. 10; Einzelpr. n. 12. —
1. Die Geschichte d. Fugger'schen Handlg. in Spanien. Von Konr. Häbler. (X, 237 S.) Subskr.-Pr. n. 4. 20; Einzelpr. n. 5. —
2. Beiträge z. Geschichte d. Pauperismus u. d. Prostitution in Hamburg. Von Gust. Schönfeldt. (VIII, 274 S.) Subskr.-Pr. n. 4. 20; Einzelpr. n. 5. —
3. Üb. d. rechtl. Schutz d. wirthschaftlich Schwächeren in d. röm. Kaisergesetzgebg. Von Ivo Pfaff. (88 S.) Subskr.-Pr. n. 1. 70; Einzelpr. n. 2. —

— socialgeschichtliche. Ergänzungshefte zur Zeitschrift f. Social- u. Wirtschaftsgeschichte. Hrsg. v. Steph. Bauer u. Ludo Mor. Hartmann. IV.—VI. Hft. gr. 8. Berlin, E. Felber. n. 17. —
IV. Schweizer Bauernpolitik im Zeitalter Ulrich Zwinglis. Von Walt. Claassen. (XIII, 168 S. m. Tab.) 899. Subskr.-Pr. n. 4. 50; Einzelpr. n. 5. —
V. VI. Geschichte der russischen Fabrik. Von M. Tugan-Baranowsky. Vom Verf. rev. deutsche Ausg. v. B. Minzès. (VII, 626 S. m. 1 Taf.) 900. n. 12. —

Forschungen zur englischen sprache und litteratur hrsg. von Eugen Kölbing. H. 1. 2. Breslau: M & H. Marcus 1899–1901. 2 Bde 8°
1 — Small, Roscoe Addison: The stage-quarrel between Ben Jonson and the so-called poetasters. 1899.
2 — Weyrauch, Max: Die mittelengl. fassungen d. Sage von Guy of Warwick u. ihre altfranz. vorlage. 1901 [07. 3848]

— staats- u. socialwissenschaftliche. Hrsg. v. Gust. Schmoller. 1. Bd. 5 Hfte. gr. 8. Leipzig 878. 79. Duncker & Humblot. n. 18. —
1. Die Ausbildung der grossen Grundherrschaften in Deutschland während der Karolingerzeit. Von Karl Thdr. v. Inama-Sternegg. (VI, 118 S.) n. 3. 20
2. Die deutschen Städtesteuern, insbesondere die städtischen Reichssteuern im 12. u. 13. Jahrh. Beitrag zur Geschichte der Steuerverfassung des Deutschen Reiches v. Karl Zeumer. (VIII, 162 S.) n. 4. —
3. Beiträge zur Geschichte des französischen Wirthschaftslebens im 11. Jahrh. Von Karl Lampert. (152 S.) n. 4. —
4. Die innere französische Gewerbepolitik von Colbert bis Turgot. Von Henry W. Farnam. M. A. (VIII, 85 S.) n. 2. 40
5. Die Gliederung der Gesellschaft nach dem Wohlstande, auf Grund der neueren amtlichen deutschen Einkommen- u. Wohnungsstatistik. Von Rich. Michaelis. (IX, 134 S.) n. 4. 40

Forschungen, staats- u. socialwissenschaftliche. Hrsg. von Gust. Schmoller. 2. Bd. 5 Hfte. gr. 8. Leipzig 879. Duncker & Humblot. n. 27. —
1. Der Kampf um Gewerbereform u. Gewerbefreiheit in Bayern von 1799—1868. Nebst einem einleit. Ueberblick über die Entwickelung des Zunftwesens u. der Gewerbefreiheit in Deutschland. Von Jos. Kaizl. (VIII, 174 S.) n. 4. 40
2. Die Industrie am Niederrhein u. ihre Arbeiter. 1. Thl. Die linksrhein. Textilindustrie. Von Alph. Thun. (X, 218 S.) n. 6. —
3. Die Industrie am Niederrhein u. ihre Arbeiter. 2. (Schluss-) Thl. Die Industrie des berg. Landes. [Solingen, Remscheid u. Elberfeld-Barmen.] Von Alph. Thun. (VIII, 262 S.) n. 6. —
4. Die schweizerische Allmend in ihrer geschichtlichen Entwickelung vom XIII. Jahrh. bis zur Gegenwart. Von Aug. v. Miaskowski. (XVIII, 245 S.) n. 6. —
5. Ueber das ältere deutsche Münzwesen u. die Hausgenossenschaften, besonders in volkswirthschaftl. Beziehung. Mit einigen bisher ungedr. Urkunden über die Strassburger Hausgenossen. Von Karl Thdr. Eheberg. (VIII, 208 S.) n. 4. 60

— dasselbe. 3. Bd. 1—4. Hft. [Der ganzen Folge 11—14. Hft.] gr. 8. Ebend. 880. 81. n. 26. —
1. Landwirthschaft u. Gewerbe in Mittelrussland seit Aufhebung der Leibeigenschaft. Von Alph. Thun. (IX, 246 S.) n. 6. —
2. Die Strassburger Goldschmiedezunft von ihrem Entstehen bis 1681. Urkunden u. Darstellung. Ein Beitrag zur Gewerbegeschichte des Mittelalters v. Hans Meyer. (XII, 224 S.) n. 6. —
3. Die Effektenbörse. Eine Vergleichung deutscher u. englischer Zustände. Nebst einem Anhang über die Entwickelung des Instituts der beeidigten Handelsmakler in Deutschland während des 19. Jahrh. Von Emil Struck. (X, 244 S.) n. 6. —
4. Geschichte der preussisch-deutschen Eisenzölle von 1818 bis zur Gegenwart. Von Max Sering. (XXIV, 313 S.) n. 8. —

— dasselbe. 4. Bd. 1. Hft. gr. 8. Ebend. 882. n. 4. — Städtefinanzen in Preussen. Statistik u. Reformvorschläge v. Phpp. Gerstfeldt. (VIII, 146 S.)

— staats- u. socialwissenschaftliche. Hrsg. v. Gust. Schmoller. 4. Bd. 2—5. Hft., 5. Bd. 4 Hfte. u. 6. Bd. 1—3. Hft. gr. 8. Leipzig, Duncker & Humblot. n. 57. 60

IV. 2. Fünf Dorfgemeinden auf dem Hohen Taunus. Eine socialist. Untersuchg. üb. Kleinbauernthum, Hausindustrie u. Volksleben v. Glieb. Schnaper-Arndt. Mit 4 Steintaf. u. mehreren in den Text gedr. Fig. (XIII, 322 S.) 882. n. 8. —

3. Die französische Getreidehandelspolitik bis zum J. 1789 in ihrem Zusammenhange m. der Land-, Volks- u. Finanzwirthschaft Frankreichs. Ein Beitrag zur französ. Wirthschaftsgeschichte v. Awetis Araskhaniantz. (X, 166 S.) 882. n. 4. —

4. Der christlich-sociale Staat der Jesuiten in Paraguay. Von E. Gothein. (VIII, 68 S.) 883. n. 1. 80

5. Geschichte der direkten Steuern in Baiern vom Ende d. XIII. bis zum Beginn d. XIX. Jahrh. Ein finanzgeschichtl. Versuch v. Ludw. Hoffmann. (XIV, 220 S.) 883. n. 5. 20

V 1. Das englische Arbeiterversicherungswesen. Geschichte seiner Entwickelg. u. Gesetzgebg. Von Wilh. Hasbach. (XVI, 447 S.) 883. n. 10. —

2. Die Unfall-Gesetzgebung der europäischen Staaten v. T. Bödiker. (VI, 172 S.) 884. n. 4. —

3. Die Entwickelung der ständigen Diplomatie vom 15. Jahrh. bis zu den Beschlüssen v. 1815 u. 1818. Von Otto Krauske. (VI, 245 S.) 885. n. 5. 60

4. Das englische Armenwesen in seiner historischen Entwicklung u. in seiner heutigen Gestalt. Von P. F. Aschrott. (XXI, 450 S.) 886. n. 10. —

VI. 1. Das Manufakturhaus auf dem Tabor in Wien. Ein Beitrag zur österreich. Wirthschaftsgeschichte d. 17. Jahrh. v. Hans J. Hatschek. Mit 2 Plänen u. 1 Abbildg. d. Manufakturhauses. (VIII, 89 S.) 886. n. 2. 80

2. Die Gewinnbetheiligung, ihre praktische Anwendung u. theoretische Berechtigung, auf Grund der bisher gemachten Erfahrgn. untersucht von Heinr. Frommer. (XII, 150 S.) 886. n. 3. 60

3. Die gesetzliche Regelung d. Feingehalts der Gold- u. Silberwaaren. Von T. Bödiker. (VIII, 98 S. m. eingedr. Fig.) 886. n. 2. 60; geb. n. 3. 60

— staats- u. socialwissenschaftliche. Hrsg. v G. Schmoller. 6. Bd. 4. Hft. gr. 8. Leipzig 887. Duncker & Humblot. n. 12. — (6. Bd. cplt.: n. 22. —)
Die deutsche Armengesetzgebung u. das Material zu ihrer Reform. Von E. Muensterberg. (XXVI, 570 S.)

—— dass. — 7. Bd. 4 Hefte. [Der ganzen Reihe 28.—31. Heft.] gr. 8. Ebendas. *

Inhalt:

Heft 1. Losch, Herm., Volksvermögen, Volkseinkommen und ihre Verteilung. (VII, 110 S.) 887. *ℳ 2.60.

» 2. Zakrzewski, C. A., die wichtigeren preussischen Reformen der direkten ländlichen Steuern im 18. Jahrh. (VIII, 93 S.) 887. *ℳ 2.40.

» 3. Schultze, Walther, Geschichte der preussischen Regieverwaltung von 1766 bis 1786. Ein historisch-krit. Versuch. 1. Thl.: Die Organisation der Regie von 1766 bis 1786 und die Reform der Akzise von 1766 bis 1770. (X, 431 S.) 888. *ℳ 9.60.

» 4. Schwartz, Frz., Organisation und Verpflegung der preuss. Landmilizen im 7jähr. Kriege. Ein Beitrag zur preuss. Militär- und Steuergeschichte. (VIII, 200 S.) 888. *ℳ 4.60.

— dasselbe. 8. Bd. 5 Hfte. [Der ganzen Reihe 32—36. Hft.] gr. 8. Ebd. 888. 889. n. 22. —

1. Geschichte d. magdeburgischen Steuerwesens von der Reformationszeit bis ins 18. Jahrh. Nebst Aktenstücken u. statist. Aufstellgn. Von H. Bielfeld. (X, 196 S.) n. 1. 60
2. Das Konsulat d. Meeres in Pisa. Ein Beitrag zur Geschichte d. Seewesens, der Handelsgilden u. d. Handelsrechts im Mittelalter. Von A. Schaube. (XIII, 309 S) n. 7. —
3. Die römische Campagna. Eine socialökonom. Studie v. W. Sombart. (VIII, 183 S.) n. 1. 20
4. Der Prozess gegen Eberhard Danckelman. Ein Beitrag zur brandenburg. Verwaltungsgeschichte v. C. Breysig. (VIII, 116 S.) n. 2. 60
5. Deutsche städtische Getreidehandelspolitik vom 15.—17. Jahrh. m. besond. Berücksicht. Stettins u. Hamburgs. Von W. Naudé. (VIII, 154 S.) n. 3. 60

Forschungen, staats- u. socialwissenschaftliche. Hrsg. v. G. Schmoller. 9. Bd. 5 Hfte. [Der ganzen Reihe 37.—41. Hft.] gr. 8. Leipzig 889. 890. Duncker & Humblot. n. 17. —

1. Der öffentliche Kredit im Mittelalter. Nach Urkunden der Herzogtümer Braunschweig u. Lüneburg. Von A. v. Kostanecki. (VIII, 125 S.) n. 3 —
2. Die Glasindustrie im Hirschberger Thale. Ein Beitrag zur Wirtschaftsgeschichte Schlesiens v. G. Lange. (VIII, 145 S.) n. 3. 20
3. Pforzheims Vergangenheit. Ein Beitrag zur deutschen Städte- u. Gewerbegeschichte v. E. Gothein. (VIII, 85 S.) n. 2. 20
4. Über die gutsherrlich-bäuerlichen Rechtsverhältnisse in der Mark Brandenburg vom 16.-18. Jahrh. Von F. Grossmann. (X, 138 S.) n. 3. 60
5. Ulms Baumwollweberei im Mittelalter. Urkunden u. Darstellg. Ein Beitrag zur deutschen Städte- u. Wirtschaftsgeschichte. Von Eug. Nübling. (X, 207 S.) n. 5. —

—— dass. — 10. Bd. 4 Hefte. [Der ganzen Reihe 42.—45. Heft.] gr. 8. Ebd. * 28 80

1. Simmel, G. Über sociale Differenzierung. Sociologische u. psycholog Untersuchungen. (VII, 147 S.) 890. * 3 60.
2. Hasbach, Wilh. Die allgemeinen philosophischen Grundlagen der von François Quesnay u. Adam Smith begründeten politischen Ökonomie (X, 177 S.) 890. * 4 40.
3. Pringsheim, Otto. Beiträge zur wirtschaftl. Entwickelungsgeschichte der vereinigten Niederlande im 17. u. 18 Jahrh. (VIII, 127 S.) 890. * 2 80
4. Rathgen, Karl. Japans Volkswirtschaft u. Staatshaushalt. (XVI, 785 S. m. 1 farb. Karte v. Japan.) 891. * 18 —.

— dasselbe. XI. Bd. 5 Hfte. [Der ganzen Reihe 46.—50. Hft.] gr. 8. Ebd. n. 20. —

1. Die sociale u. wirtschaftliche Lage der galizischen Schuhmacher. Eine Studie üb. Hausindustrie u. Handwerk, auf Grund eigener Erhebgn. Von Cornelius v. Paygert. (XIII, 193 S.) 891. n. 4. 60
2. Geschichte der preussischen Fabrikgesetzgebung bis zu ihrer Aufnahme durch die Reichsgewerbeordnung. Auf Grund amtl. Quellen bearb. v. Günther K. Anton. (XVI, 202 S.) 891. n. 4. 60
3. Der Friedrich-Wilhelms-Kanal u. die Berlin-Hamburger Flussschiffahrt Zwei Beiträge zur preuss. Strompolitik d. 17. u. 18. Jahrh. v. Konr. Toeche-Mittler. (XII, 155 S.) 891. n. 3. 60
4. Franz v. Meinders. Ein brandenburgisch-preuss. Staatsmann im 17. Jahrh. Von Arth. Strecker. (VIII, 152 S. m. 1 Bildnis.) 892. n. 3. 60
5. Die brandenburgisch-preussische Heeresverfassung unter dem Grossen Kurfürsten. Von Frdr. Frhrn. v. Schroetter. (VI, 157 S.) 892. n. 3. 60

Forschungen, staats- u. socialwissenschaftliche. Hrsg. v. Gust. Schmoller. XII. Bd. 4 Hfte. [Der ganzen Reihe 51.—54. Hft.] gr. 8. Leipzig, Duncker & Humblot. n. 19. 80

1. Die Entwicklung d. bayerischen Braugewerbes im 19. Jahrh. Ein Beitrag zur deutschen Gewerbegeschichte der Neuzeit v. Emil Struve. (X, 291 S.) 893. n. 6. —
2. Untersuchungen zur Geschichte der Kaufmannsgilden d. Mittelalters. Ein Beitrag zur Wirtschafts-, Social- u. Verfassungsgeschichte der mittelalterl. Städte v. Alfr. Doren. (XII, 220 S.) 893. n. 4. 80
3. Das Wohnungsmietrecht u seine sociale Reform. Von K. Schneider. (VI, 170 S.) 893. n. 3. 60
4. Gesindeordnungen u. Gesindezwangsdienst in Sachsen bis zum J. 1835. Eine wirtschaftsgeschichl. Studie v. Rob. Wuttke. (XI, 231 S.) 893. n. 5. 40

— dasselbe. XIII. Bd. 1. u. 2. Hft. [Der ganzen Reihe 55. u. 56. Hft.] gr. 8. Ebd. n. 12. 60

1. Die Organisation der Gesamtstaatsverwaltung Schlesiens vor dem 30jährigen Kriege. Von Fel. Rachfahl. (XII, 482 S.) 894. n. 10. —
2. Über die Verwaltung des Mass- u. Gewichtswesens in Deutschland während des Mittelalters. Von Geo. Küntzel. (VIII, 102 S.) 894. n. 2. 60

— staats- u. socialwissenschaftliche, hrsg. v. Gust. Schmoller. 13. Bd. 3.—5. Hft. (D. ganzen Reihe 57.—59. Hft.) gr. 8. Leipzig, Duncker & Humblot. n. 15. 80 (13. Bd. kplt.: n. 28. 40
3. Die Niederlausitzer Schafwollindustrie in ihrer Entwickelung z. Grossbetrieb u. z. modernen Technik. Von Geo. Quandt. (X, 298 S.) 895. n. 6. 60
4. Vauban, s. Stellung i. d. Geschichte d. Nationalökonomie u. s. Reformplan. Von Frdr. Lohmann. (VII, 172 S.) 895. n. 4. —
5. Geschichte d. Germanisierg. des Herzogth. Pommern od. Slavien b. z. Ablauf d. 13. Jahrh. Von W. v. Sommerfeld. (III, VIII, 234 S.) 896. n. 5. 20

Forschungen, staats- u. socialwissenschaftliche, hrsg. von Gust. Schmoller. 14. Bd. 4 Hfte. (D. ganzen Reihe 60.—63. Hft.) gr. 8. Leipzig, Duncker & Humblot. n. 14. 40
1. Verfassungs- u. Wirtschaftsgeschichte d. Herzogt. Pommern v. 1478—1625. Von Mart. Spahn. (XIX, 202 S.) 896. n. 4. 60
2. Hausgewerbe u. Fabrikbetrieb in d. Berliner Wäsche-Industrie. Von Johs. Feig. (XI, 149 S) 896. n. 3. 20
3. D. polit Charakter v. Matheus Parisiensis. Ein Beitrag z. Geschichte d. engl. Verfassg. u. d. Ständetums im 13. Jahrh. Von Hans Plehn. (XIV, 136 S.) 897. n. 3. 60
4. Die Organisation d. Centralverwaltung in Kleve-Mark vor d. brandenburg. Besitzergreifung im J. 1609. Von Kurt Schottmüller. (X, 121 S) 897. n. 3. —

— dasselbe. 15. Bd. 4 Hfte. (Der ganzen Reihe 64.—67. Hft.) gr 8. Ebd. n. 20. —
1. Baumwollproduktion u. Pflanzungswirtschaft in den nordamerikan. Südstaaten. Von Ernst v. Halle I. Tl. Die Sklavenzeit. M. 1 Karte u. 1 Taf. im Buntdr. (XXIV, 369 S.) 897. n. 9. —
2. Magisterium u. Fraternitas. Eine verwaltungsgeschichtl. Darstellg. d. Entstehg. d. Zunftwesens. Von Rud. Eberstadt. (VI, 242 S.) 897. n. 5. 40
3. Entwicklg. u. Organisation d. Florentiner Zünfte im 13. u. 14. Jahrh. Von Alfr. Doren. (IX, 114 S.) 897. n. 2. 80
4. D. hausindustriellen Arbeiterinnen in d. Berliner Blusen-, Unterrock-, Schürzen- u. Tricotkonfektion. Von Gertrud Dyhrenfurth. (IX, 121 S.) 898. n 2. 80

— dasselbe. 16. Bd. 1.—4. Hft. (D. ganzen Reihe 68.—71. Hft.) gr. 8. Ebd. n. 17. 20
1. Zwei Dörfer d. bad. Rheinebene unter bes. Berücksicht. ihrer Allmendverhältnisse. Eine wirtschaftswissenschaftl. u. politische Studie. Von E. Braunagel. (IX, 86 S.) 898. n. 2. 20
2. Statist. Studien zur Entwickelungsgeschichte d. Berliner Industrie von 1720—1890. Von Otto Wiedfeldt. (XI, 411 S) 898. n. 9. 60
3. Das Mainzer Schiffergewerbe in d. letzten drei Jahrhunderten d. Kurstaates. Von Chrn. Eckert. (IX, 155 S.) 898. n. 3. 80
4. Die Reichs-Versicherungsgesetzgebg. Von T. Bödiker. (58 S.) 898. n. 1. 60

— staats- u. socialwissenschaftliche. Hrsg. v. Gust. Schmoller. XVI. Bd. 5. Hft. (Der ganzen Reihe 72. Hft.) gr. 8. Leipzig, Duncker & Humblot. n. 3. 60; (16. Bd. kplt. n. 21. —)
Die mittlere Lebensdauer in Stadt u. Land. Von Carl Ballod. (VI, 141 S.) 899.

— dasselbe. XVII. Bd. 4 Hfte. (Der ganzen Reihe 73.—76. Hft.) gr. 8. Ebd. n. 22. 40
1. Die finanziellen Beziehungen der florentinischen Bankiers zur Kirche von 12[illegible] bis 1304. Von Geo. Schneider. (X, 78 S.) 899. n. 2. —
2. Das französische Gewerberecht u. die Schaffung staatlicher Gesetzgebung u. Verwaltung in Frankreich vom 13. Jahrh. bis 1581. Ein Beitrag zur Entstehungsgeschichte der vollkommenen Staatsgewalt. Von Rud. Eberstadt. (VII, 459 S.) 899. n. 11. 80
3. Der deutsch-russische Handels- u. Schiffahrtsvertrag vom 20. III. 1894. Von Arth. Human. (VIII, 94 S.) 900. n. 2. 20
4. Beiträge zur preussischen Handwerkerpolitik vom allgemeinen Landrecht bis zur allgem. Gewerbeordnung. v. 1845. Von Hugo Roehl. (XII, 276 S.) 900. n. 6. 40

— dasselbe. XVIII. Bd. 5 Hfte. (Der ganzen Reihe 77.—81. Hft.) gr. 8. Ebd. n. 21. 60
1. Die staatliche Regelung der englischen Wollindustrie vom XV. bis zum XVIII. Jahrh. Von Frdr. Lohmann. (X, 100 S.) 900. n. 2. 60
2. Französische Handelspolitik vom Frankfurter Frieden bis zur Tarifreform v. 1882, dargestellt auf Grund der parlamentar. Annalen. Von Ernst Rausch. (XIV, 200 S.) 900. n. 4. 80
3. Die gewerblichen Genossenschaften Belgiens. Von Jos. Houjansky. (VIII, 93 S.) 900. n. 2. 20
4. Zur Vorgeschichte des Bauernkrieges. Studien zur Verfassungs- u. Wirtschaftsgeschichte vornehmlich Südwestdeutschlands im ausgeh. Mittelalter. Von Wilh. Stolze. (IX, 57 S.) 900. n. 1. 40
5. Rheinschiffahrt im XIX. Jahrh. Von Chrn. Eckert. (III, XIX, 450 S.) 900. n. 10. 60

— dasselbe. XIX. Bd. 6 Hfte. (Der ganzen Reihe 82.—87. Hft.) gr. 8. Ebd. n. 18. 80
1. Geschichte der ostpreussischen Stände u. Steuern von 1688—1704. Von Rob. Bergmann. (X, 216 S.) 901. n. 5. —
2. Die Entwicklung der Arbeitsteilung im Leipziger Gewerbe von 1751—1900. Von Otto Petrenz. (V, 92 S.) 901. n. 2. 20
3. Technik u. Geist des ständisch-monarchischen Staatsrechts. Von Frdr. Tezner. (IX, 102 S.) 901. n. 2. 60
4. Die Entwicklung der menschlichen Bedürfnisse u. die sociale Gliederung d. Gesellschaft. Von B. Gurewitsch. (V, 129 S.) 901. n. 3. —
5. Über die Entwicklung u. heutige Organisation d. Berliner Fleischmarktes. Von Erich Gossner. (VII, 93 S.) 901. n. 2. 40
6. Das österreichische Arbeiter-Krankenversicherungs-Gesetz u. die Praxis. Beobachtungen e. Verwaltungsbeamten. Von Karl Lamp. (V, 161 S.) 901. n. 3. 60

Forschungen, staats- u. socialwissenschaftliche. Hrsg. v. Gust. Schmoller. XX. Bd. 7 Hfte. (Der ganzen Reihe 88.—94. Hft.) gr. 8. Leipzig, Duncker & Humblot. n. 16. 80
1. Der Berliner Effektenhandel unter dem Einflusse des Reichs-Börsengesetzes v. 22. VI. 1896. Von Chr. Knipper. (VII, 102 S.) 902. n. 2. 40
2. Über Wandlungen in d. Volksernährung. Von Alfr. Grotjahn. (VII, 72 S.) 902. n. 1. 60
3. Gutsherrlich-bäuerliche Verhältn. in Ostpreussen während der Reformzeit von 1770 bis 1830 Gefertigt nach den Akten der Gutsarchive zu Angerapp u. Gr.-Steinort. Von Karl Böhme. (VII, 107 S.) 902. n. 2. 60
4. Untersuchungen zur Verfassungsgeschichte d. böhmischen Sagenzeit. Von Hans Schreuer. (XXI, 108 S.) 902. n. 3. —
5. Die sociale Bedeutung der Maschinen in der Landwirtschaft Von Gust Fischer. (V, 66 S.) 902. n. 1 60
6. Die Mannheimer Banken 1870 bis 1900. Beiträge z. prakt. Bankpolitik. Von Fel. Hecht. (V, 153 S.) 902. n. 3. 80
7. Die Entstehung u. Entwicklung der Gedingeordnungen im deutschen Bergrecht. Von Ludw. Bernhard. (V, 74 S.) 902. n. 1. 80

— dasselbe. XXI. Bd. 1.—3. Hft. (Der ganzen Reihe 95.—97. Hft.) gr. 8. Ebd. n. 8. —
1. Das Problem der Zentralisation des schweizerisch. Banknotenwesens. Von Marcel Godet. (V, 86 S.) 902. n. 2. 20
2. Die kaufmännische Krediterkundigung. Von Eug. Sutro. (X, 89 S.) 902. n. 2. 40
3. Die deutschen Eisenzölle 1879—1900. Von Fritz Kestner. (IX, 132 S.) 902. n. 3. 40

— staats- u. sozialwissenschaftliche, hrsg. von Gust. Schmoller. 98.—113. u. 115.—123. Heft. (XXI Bd, 5. u. 6. Heft; XXII. u. XXIII. Bd. à 5 Hefte; XXIV. Bd., 1.—3. u. 5. Heft; XXV. Bd.. 4 Hefte u. XXVI. Bd., 2 Hefte.) gr. 8. Leipzig, Duncker & Humblot. n. 135. 40

Bahr, Rich., Gewerbegericht, Kaufmannsgericht, Einigungsamt. Ein Beitrag zur Rechts- u. Sozialgeschichte Deutschlands im XIX. Jahrh. (XI, 180 S.) 905. (Hft. 110.) n. 4. —
Bothe, Frdr., die Entwickelung der direkten Besteuerung in der Reichsstadt Frankfurt bis zur Revolution 1612—1614. (III, XLIII, 304 u. 215 S.) 906 (Hft. 121.) n. 15. —
Brauns, Heinr., der Übergang von der Handweberei zum Fabrikbetrieb in der niederrheinischen Samt- u. Seiden-Industrie u. die Lage der Arbeiter in dieser Periode. (XII, 256 S.) 906. (Heft 119.) n. 6. —
Claassen, Walt., die soziale Berufsgliederung des deutschen Volkes nach Nahrungsquellen u. Familien. Kritische Bearbeitung der deutschen Berufszählgn. v. 1882 u. 1895. (XV, 164 S.) 904. (Hft. 106.) n. 4. 40
Cleinow, George, Beiträge zur Lage der Hausindustrie in Tula. (X, 132 S.) 904. (Hft. 104.) n. 3. 20
Dyhrenfurth, Gertr., ein schlesisches Dorf u. Rittergut, Geschichte u. soziale Verfassg. (X, 178 S.) 906. (Hft. 117.) n. 4. 20
Engel Reimers, Charlotte, die Berliner Filzschuhmacherei. (III, IX, 84 S.) 906. (Hft. 98.) n. 2. 20

Franke, Bernh., der Ausbau des heutigen Schutzzollsystems in Frankreich u. seine Wirkungen im Lichte der Handelsstatistik (XII, 148 S.) 903. (Hft. 101.) n. 4. —

Frisch, Walth., die Organisationsbestrebungen der Arbeiter in der deutschen Tabakindustrie. (VIII, 352 S.) 905. (Hft. 113) n. 5. 60; für Mitglieder des Tabakarbeiterverbandes n.n. 2. 80

Gottheiner, Elisab., Studien üb. die Wupperthaler Textilindustrie u. ihre Arbeiter in den letzten 20 Jahren. (VII, 96 S.) 903. (Hft. 102.) n. 2. 20

Halle, Ernst v., Baumwollproduktion u. Pflanzungswirtschaft in den nordamerikanischen Südstaaten. 2. Tl. Sezessionskrieg u. Rekonstruktion. Grundzüge e. Wirtschaftsgeschichte der Baumwollstaaten von 1861—1880. (XXVI, 669 S.) 906. (Hft. 120.) n. 15. —; (I u. II n. 24. —)

Hartwig, J., der Lübecker Schoss bis zur Reformationszeit. (Mit e. Vorrede v. G. Schmoller zum 100. Heft der Staats- u. socialwissenschaftl. Forschgn.) (XIII, 237 S.) 903. (Hft. 100.) n. 5. 20

Hochstetter, Frz., die wirtschaftlichen u. politischen Motive für die Abschaffung des britischen Sklavenhandels im J. 1806/1807. (X, 120 S.) 905. (Hft. 116.) n. 3. —

Jaffé, Edg., das englische Bankwesen. (X, 245 S.) 904. (Hft. 109.) n. 5. 60

Jeidels, Otto, das Verhältnis der deutschen Grossbanken zur Industrie m. besond. Berücksicht. der Eisenindustrie. (XII, 271 S.) 905. (Hft. 112.) n. 6. —

Klein, Alb., die zentrale Finanzverwaltung im Deutschordensstaate Preussen am Anfang des XV. Jahrh. Nach d. Marienburger Tresslerbuch. (VIII, 211 S.) 904. (Hft. 107) n. 5. 40

Kreller, Emil, die Entwicklung der deutschen elektrotechnischen Industrie u. ihre Aussichten auf dem Weltmarkt. (VIII, 63 S. m. 1 Taf.) 903. (Hft. 103.) n. 1. 80

Rachel, Hugo, der Grosse Kurfürst u. die ostpreussischen Stände 1640—1688. (XIV, 345 S.) 905. (Hft. 111.) n. 8. 40

Salomon, Alice, die Ursachen der ungleichen Entlohnung v. Männer- u. Frauenarbeit. (VIII, 133 S.) 906. (Hft. 122.) n. 3. 20

Skalweit, Aug., die ostpreussische Domänenverwaltung unter Friedrich Wilhelm I. u. das Retablissement Litauens. (X, 357 S.) 906. (Hft. 118.) n. 8. 20

Takaoka, Kumao, die innere Kolonisation Japans. (X, 106 S.) 904. (Hft. 108) n. 2. 60

Westphal, Max, die deutsch-spanischen Handelsbeziehgn. (V, 88 S.) 903. (Hft. 99.) n. 2. —

Wolff, Jul., die argentinische Währungsreform von 1899. (XVI, 131 S.) 905. (Hft. 115.) n. 3. 40

Wolters, Fritz, Studien üb. Agrarzustände u. Agrarprobleme in Frankreich von 1700 bis 1790. (IX, 438 S.) 905. (Hft. 105.) n. 10. —

Zweig, Emil, die russische Handelspolitik seit 1877. Unter besond. Berücksicht. des Handels üb. die europ. Grenze. (X, 181 S.) 906. (Hft. 123.) n. 4. 80

Heft 114 ist noch nicht erschienen; die Hefte 122 u. 123 erschienen ohne Bandbezeichnung.

— staats- u. sozialwissenschaftliche, hrsg. v. Gust. Schmoller u. Max Sering. 114 u. 124—152. Heft. gr. 8. Leipzig, Duncker & Humblot. 148. 30

Abudjieff, Christo, die Handelspolitik Bulgariens. (155 S.) 910. (Hft. 143.) 4. —

Bernhard, Ernst, höhere Arbeitsintensität bei kürzerer Arbeitszeit, ihre personalen u. technisch-sachlichen Voraussetzungen. (X, 94 S.) 909. (Hft. 138.) 2. 50

Brockhage, Bernh., zur Entwicklung des preussisch-deutschen Kapitalexports. 1. Tl. Der Berliner Markt f. ausländ. Staatspapiere 1816 bis um 1840. (XVIII, 217 S.) 910. (Hft. 148.) 6. —

Bückling, Gerh., die Bozener Märkte bis zum dreissigjährigen Kriege. (VIII, 124 S.) 907. (Hft. 124.) 3. —

Claus, Rud., das russische Bankwesen. (XV, 162 S.) 908. (Hft. 131.) 4. —

Creanga, G. D., Grundbesitzverteilung u. Bauernfrage in Rumänien. 1. Tl. (VII, 207 S. m. 9 Tab.) 907. (Hft. 129.) 5. 40

Dasselbe. 2. u. 3. (Schluss-)Tl. Die v. der Regierg. im J. 1908 durchgeführten Agrarreformen. (VIII, 188 S.) 909. (Hft. 140.) 4.60 (Vollständig: 10 —)

Fajans, W., die russische Goldwährung. (XV, 183 S.) 909. (Hft. 141.) 4 50

Goehts, Paul, Berlin als Binnenschiffahrtsplatz. Mit graph. Darstellgn. (im Text u. auf 2 farb. Taf.) u. 2 (farb.) Karten. (VIII, 183 S.) 910. (Hft. 147.) 7. 50

Grabower, Rolf, die finanzielle Entwicklung der Aktiengesellschaften der deutschen chemischen Industrie u. ihre Beziehungen zur Bankwelt. (XVI, 162 S.) 910. (Hft. 144.) 4. 50

Haneld, Fritz, das englische Gewerkvereinsrecht nach 1870. (VIII, 131 S.) 909. (Hft. 139.) 3. —

Hoffmann, Rabb. Moses, der Geldhandel der deutschen Juden während des Mittelalters bis zum J. 1350. Ein Beitrag zur deutschen Wirtschaftsgeschichte im Mittelalter. (IX, 238 S.) 910. (Hft. 152.) 5. 50

Huth, Herm., soziale u. individualistische Auffassung im 18. Jahrh., vornehmlich bei Adam Smith u. Adam Ferguson. Ein Beitrag zur Geschichte der Soziologie. (XV, 160 S.) 907. (Hft. 125.) 4. 40

Jäger, Geo., das englische Recht zur Zeit der klassischen Nationalökonomie u. seine Umbildung im 19. Jahrh. (VIII, 107 S.) 909. (Hft. 137.) 2. 50

Ionescu, Dimitrie B., die Agrarverfassung Rumäniens, ihre Geschichte u. ihre Reform. (VIII, 132 S.) 909. (Hft. 136.) 3. 50

Kehrl, Konr., das Dorf Schlalach (Kreis Zauch-Belzig), seine Büdner u. ihre landwirtschaftlichen Verhältnisse. (XII, 154 S. m. 7 farb. Taf.) 908. (Hft. 134.) 5. —

Koch, Hans, Geschichte des Seidengewebes in Köln vom 13. bis zum 18. Jahrh. (XV, 124 S.) 907. (Hft. 128.) 3. 20

Lederer, Paul, die Entwicklung der südafrikanischen Union auf verkehrspolitischer Grundlage. Mit graph. Darstellgn. (im Text u. auf 2 Taf.) u. 1 Karte v. Südafrika. (VIII, 165 S.) 910. (Hft. 149.) 5. —

Luther, Gerh., die technische u. wirtschaftliche Entwicklung des deutschen Mühlengewerbes im 19. Jahrh. (Mit Berücksicht. der früheren Entwicklg. u. unter Fortführg. bis auf die neueste Zeit.) (III, IX, 163 S.) 909. (Hft. 114.) 4. —

Neumeister, Wern., die natürlichen Grundlagen f. die Eisenindustrie in Deutschland u. in den Vereinigten Staaten. (IV, 87 S.) 910. (Hft. 150.) 2. —

Petsch, Rhold., Verfassung u. Verwaltung Hinterpommerns im 17. Jahrh. bis zur Einverleibung in den brandenburg. Staat. (XIV, 271 S.) 907. (Hft. 126.) 6. 80

Pfleghart, A., die schweizerische Uhrenindustrie, ihre geschichtliche Entwicklung u. Organisation. (XII, 203 S.) 908. (Hft. 133.) 5. —

Preyer, W. D., die russische Zuckerindustrie. Ein Beitrag zur Lehre v. den Syndikaten. (XIV, 215 S. m. 1 Kurventaf.) 908. (Hft. 135.) 5. 50

Prion, W., das deutsche Wechseldiskontgeschäft. Mit besond. Berücksicht. des berliner Geldmarktes. (XIII, 298 S. m. 1 Taf.) 907. (Hft. 127.) 7. —

Roman, Frederick W., die deutsch. gewerbl. u. kaufm. Fortbildungs- u. Fachschulen u. d. industr. u. kommerziellen Schulen in d. Vereinigten Staaten v. Nord-Amerika. Ein Vergleich. (X, 214 S) 910. (Hft. 151) 5. —

Rothkegel, Walt., die Kaufpreise f. ländl. Besitzungen im Königr. Preuss. v. 1895—1906. (X, 365 S.) 910. (Hft. 146) 10. —

Swart, F., zur friesischen Agrargesch. Mit 1 Karte: Die fries. Landschaften im 13. Jahrh. (XII, 384 S.) 910. (Hft. 145) 10. —

Tarle, Eug., Stud. z. Gesch. d. Arbeiterklasse in Frankreich während d. Revolution. Die Arbeiter d. nation. Manufakturen (1789—1799) nach Urkunden d. französ. Archive. (XV, 128 S.) 908. (Hft. 132) 3. 60

Wagemann, E., britisch-westindische Wirtschaftspolitik. Ein Beitr. zur Beurteilg. moderner Kolonialprobleme. (XV, 175 S.) 909. (Hft. 142) 4. 50

Weigert, Mart., Arbeitsnachweis, Einigungsamt u. Tarifgemeinschaft im Berliner Braugewerbe, ihre Entwicklungsgeschichte u. Wirksamkeit. (XI, 253 S. m. 1 Taf.) 907. (Hft. 130) 6. 80

— stereochemische. Hrsg. v. Wilh. Vaubel. I. gr. 8. München 898. M. Rieger. n. 2. —

D. Benzolkern. Von Wilh. Vaubel. (VI, 78 S. m. Fig.)

— stereochemische. Hrsg. v. Wilh. Vaubel. 1. Bd. 2. Hft. gr. 8. (VII, 79 S. m. Fig.) München 899. M. Rieger. n. 3. —

— theatergeschichtliche. Hrsg. v. Berthold Litzmann. I—IX. gr. 8. Hamburg, L. Voß. n. 30. 40

I. Das Repertoire d. Weimarischen Theaters unter Goethe's Leitung. 1791—1817. Bearb. u. hrsg. v. C. A. H. Burkhardt. (XL, 152 S.) 891. n. 3. 50

II. Zur Bühnengeschichte d. „Götz v. Berlichingen" v. Fritz Winter u. Eug. Kilian. (V, 99 S.) 891. n. 2. 40

III. Der Laufner Don Juan. Ein Beitrag zur Geschichte d. Volksschauspiels. Hrsg. v. Rich. Maria Werner. (VII, 152 S.) 891. n. 3. —

IV. Studien u. Beiträge zur Geschichte d. Jesuitenkomödie u. d. Klosterdramas. Von Jak. Zeidler. I. (121 S.) 891. n. 2. 80

V. Die deutschen Fortunatus-Dramen u. e. Kasseler Dichter d. 17. Jahrh. Von Paul Harms. (VII, 94 S.) 892. n. 2. 40

VI. Gesammelte Aufsätze zur Bühnengeschichte. Von Gisbert Frhrn. v. Vincke. (VIII, 254 S.) 893. n. 5. —

VII. Die Singspiele der englischen Komödianten u. ihrer Nachfolger in Deutschland, Holland u. Skandinavien. Von Johs. Bolte. (VII, 194 S.) 893. n. 5. —

VIII. I. Adam Gottfried Uhlich. II. Holländische Komödianten in Hamburg. (1740 u. 1741.) Von Ferd. Heitmüller. (X, 123 S.) 894. n. 2. 80

IX. Geschichte des Gothaischen Hoftheaters 1775—1779. Nach den Quellen v. Rich. Hodermann. (VIII, 183 S.) 894. n. 3. 50

— theatergeschichtliche. Hrsg. v. Berthold Litzmann. X—XVI. gr. 8. Hamburg, L. Voß. n. 36. 70 (I.—XVI. n. 67. 10)
X. Friedrich Wilhelm Gotter. S. Leben u. s. Werke. E. Beitrag z. Geschichte d. Bühne u. Bühnendichtg. i. 18. Jahrh. v. Rud. Schlösser. (XI, 308 S.) 895. n. 7. —
XI. Johann Friedrich Schönemann u. s. Schauspielergesellschaft. E. Beitrag z. Theatergeschichte d. 18. Jahrh. v. Hans Devrient. (VIII, 398 S.) 895. n. 9. —
XII. Das Danziger Theater im 16. u. 17. Jahrh. Von Johs. Bolte. (XXIII, 296 S.) 895. n. 7. —
XIII. V. Hamburger Nationaltheater z. Gothaer Hofbühne. 1767—1779. 13 Jahre a. d. Entwickelg. e. deutschen Theaterplanes. Von Rud. Schlösser. (VII, 108 S.) 895. n. 2. 60
XIV. D. dramat. Monolog in d. Poetik d. 17. u. 18. Jahrh. u. in d. Dramen Lessings. Von Frdr. Düsel. (XI, 86 S.) 897. n. 2. 40
XV. Die geist. Entwickelung d. deutschen Schauspielkunst im 18. Jahrh Von Hans Oberländer. (IX, 216 S.) 898. n. 5. -
XVI. Das Ifflandische Rührstück, e. Beitrag z. Geschichte d. dramat. Technik. Von Arth. Stiehler. (IX, 167 S.) 898. n. 3. 50

— theatergeschichtliche. Hrsg. v. Berthold Litzmann. XVII. gr 8. Hamburg, L. Voß. n. 3. —
Die Bühnenleitung Aug. Klingemanns in Braunschweig. Mit e. Anh.: Die Repertoire des Braunschweiger Nationaltheaters. Ein Beitrag zur deutschen Theatergeschichte des 19. Jahrh. Von Heinr. Kopp. (V, 105 S.) 901.
I.—XVI. Ebd. 891—898. n. 67. 10.

— theatergeschichtliche. Hrsg. v. Berthold Litzmann. XVIII u. XX. gr. 8. Hamburg, L. Voß. n. 9. —
XVIII. Englische Schauspieler u. englisches Schauspiel zur Zeit Shakespeares in Deutschland. Von E. Herz. Mit 5 Karten. (X, 144 S.) 903. n. 6. —
XX. Die ersten deutschen Uebersetzungen englischer Lustspiele im 18. Jahrh. Von Jac. N. Beam. (X, 96 S.) 906. n. 3. —
I—XVII. Ebd. 891—901. n. 70. 10. — XIX ist noch nicht erschienen.

— theatergeschichtliche. Hrsg. v. Berth. Litzmann. 19., 21. u. 22. Bd. gr. 8. Hamburg, L. Voss. 16. --
Evans, Marshall Blakemore, der bestrafte Brudermord, s. Verhältn. zu Shakespeares Hamlet. (145 S.) 910. (Bd. 19) 5. --
Gross, Edg., die ältere Romantik u. d. Theater. (VIII, 119 S.) 910. (Bd. 22) 4. —
Stahl, Ernst Leop., Jos. v. Auffenberg u. das Schauspiel d. Schillerepigonen. (X, 235 S.) 910. (Bd. 21) 7. —
1—18 u. 20. Bd. Ebd. 891—908. 79. 10

— zur monumentalen Theologie u. vergleichenden Religionswissenschaft. I. Bd. gr. 4. Mainz, F. Kirchheim. n. 15. —; geb. n. 18. —
Die sepulcralen Jenseitsdenkmäler der Antike u. des Urchristentums. Beiträge zur Vita-Beata-Vorstellg. der röm. Kaiserzeit m. besond. Berücksicht. der christl. Jenseitshoffngn. Von Carl Maria Kaufmann. Mit 10 Taf. u. 30 Abbildgn im Text. (XIX, 242 S.) 900.

Forschungen, Urgeschichtliche, in der Umgebung von Wies in Mittelsteiermark. I. Die prähistorischen Denkmale der Umgebung von Wies. Von V. Radimský. II. u. III. Bericht über die in den Jahren 1881, 1882 u. 1883 durchgeführten Grabungen. IV. Schluss-Bemerkungen. Von J. Szombathy. 4. (168 S. mit 6 Tafeln, 32 S. mit 2 Tafeln, und 28 S.) In Comm. Wien: Hölder 1891 5.—

— zur Verfassungs- u. Verwaltungsgeschichte der Steiermark. Hrsg. v. d. histor. Landes-Commission f. Steiermark. I. Bd u. II. Bd., 1. u. 2. Hft. gr. 8. Graz, Styria. n. 16. 80
I. Verfassg. u. Verwaltg. d. Mark u. d. Herzogth. Steier von ihren Anfängen b. z. Herrschaft d. Habsburger. Von Frz. v. Krones. (XXII, 638 S) 897. n. 10. —
II, 1. Die Grafen v. Attems, Freiherren v. Heiligenkreuz, in ihrem Wirken in u. f. Steiermark. Von Frz. Ilwof. M. 2 Portraits u. 3 genealog. Tabellen. (VIII, 216 S.) 897. n. 3. 40
II, 2. Der Huldigungsstreit n. d. Tode Erzherzog Karls II. 1590—1592. Von Joh. Loserth. (VIII. 236 S.) 898. n. 3. 40

— zur Verfassungs- u. Verwaltungsgeschichte der Steiermark. Hrsg. v. der histor. Landes-Commission f. Steiermark. III. Bd., IV. Bd. 2 Hfte. u. V. Bd. 1 Hft. gr. 8. Graz, Styria. n. 28. 75
III. Das Landeswappen der Steiermark. (Entstehung der Landeswappen, Entwicklungsgeschichte des herald. Panthers u. Geschichte des Wappens der Steiermark im Rahmen der bajuwarisch-carantan. Panthergruppe.) Von Alf. Ritter Anthony v. Siegenfeld. Mit 41 Text-Illustr., u. 31 Taf. in Mappe. (XXIII, 440 S. m. 2 Tab.) 900. n. 18. —
IV. 1. Landesfürst, Behörden u. Stände des Herzogth. Steier. 1283—1411. Von Frz. v. Krones. (XII, 270 S.) 900. n. 3. 75
2. Der provisorische Landtag des Herzogth. Steiermark im J. 1848 Von Frz. Ilwof. (VII, 153 S.) 901. n. 3. —
V. 1. Die Anfänge der Bauernbefreiung in Steiermark unt. Maria Theresia u. Josef II. Nach den Akten dargestellt. Von Ant. Mell. Mit 1 Kartenbeilage. (XI, 243 S.) 901. n. 4. —
Bd. I u. II. Ebd. 897. 898. n. 16. 80.

Forschungen zur Verfassungs- u. Verwaltungsgeschichte der Steiermark. Hrsg. v. d. histor. Landes-Kommission f. Steiermark. V. Bd. 2. Heft u. VI. Bd. 2 Hefte. gr. 8. Graz, Styria. n.n. 9. 60
V. 2. Salzburg u. Steiermark im letzten Viertel des 16. Jahrh. Briefe u. Akten aus der Korrespondenz der Erzbischöfe Johann Jakob u. Wolf Dietrich v. Salzburg m. den Seckauer Bischöfen Georg IV. Agricola u. Martin Brenner u. dem Vizedomamte zu Leibnitz. Hrsg. v. J. Loserth. (XLIV, 229 S.) 905. n. 4. 20
VI. 1. Genealogische Studien zur Geschichte des steirischen Uradels. Das Haus Stubenberg bis zur Begründg. der habsburg. Herrschaft in Steiermark. Von J. Loserth. (83 S. m. 8 Taf. u. 4 Stamm-Taf.) 905. n.n. 2. —
2. Die Innerberger Hauptgewerkschaft 1625—1783. Von Ant. v. Pantz. (X, 179 S. m. Abb. u. 1. Taf.) 906. n.n. 3. 40
I.—IV. Bd. u. V. Bd. 1 Hft. Ebd. 897—901. n. 45. 55.

Forschungen zur Verfassungs- u. Verwaltungsgeschichte d. Steiermark. Hrsg. v. d. histor. Landes-Kommission f. Steiermark. VI. Bd. 3. Hft. u. VII. Bd. gr. 8. Graz, Styria. nn 8. 80
VI. 3. Die Land- u. peinliche Gerichtsordnung Erzherzog Karls II. f. Steiermark v. 24. XII. 1574; ihre Geschichte u. ihre Quellen. Von Fritz Byloff. (VII, 111 S.) 907. nn 2. -
VII. Gesch. d. direkten Steuern in Steiermark bis z. Regierungsantritte Maria Theresias. Von Frhr. Frz. v. Mensi. 1. Bd. XV, 516 S.) 910. 6. 80
I—V. Bd. u. VI. Bd. 1, 2. Ebd. 897—906. 55. 15

— der Vernunft in Briefen an denkende Leser. Von F P. Mit 5 Steintaf. Karlsruhe 855. Bielefeld. gr. 8. (31, 147 S.) n. 2 *M*

—— auf dem Gebiete der Viehhaltung und ihrer Erzeugnisse. Hrsg. von C. Petersen und P. Petersen. [Beilage zur Milchzeitung.] 1. Jahrg. 1878. 4 Hefte. gr. 8. (à Heft ca. 48 S.) Bremen, Heinsius. à Heft * *M* 1. *
—— dass. — 2. Jahrg. 1879. 4 Hefte. gr. 8. (à Heft ca. 48 S.) Ebendas. à Heft * *M* 1. *

—— auf dem Gebiete der Viehhaltung und ihrer Erzeugnisse. [Beilage zur Milch-Zeitung, Organ für die gesammte Viehhaltung und das Molkereiwesen.] Hrsg. von C. Petersen und P. Petersen. 9.—16. Heft. gr. 8. (3. Bd. VIII, 395 S.) Bremen 880—85. Heinsius. à Heft * *M* 1. *

—— auf dem Gebiete der Viehhaltung und ihrer Erzeugnisse. [Beilage zur Milch-Zeitung.] Hrsg. von C. Petersen und P. Petersen. 17. Heft. gr. 8. (3. Serie S. 1—47.) Bremen 886, Heinsius Nachf. *
—— dass. — 18. und 19. Heft. gr. 8. (96 S.) Ebendas. 887. à Heft * *M* 1.—. *

VOGTLÄNDISCHE FORSCHUNGEN. (Mit 1 Stammtafel.) (Seiner Exzellenz Herrn General der Infanterie z. D Dr. Curt von Raab, dem hochverdienten Forscher auf dem Gebiete der vogtländischen Geschichte zum siebzigsten Geburtstage 15. Juli 1904 in Dankbarkeit und Verehrung Der K. Sächsische Altertumsverein, Der Altertumsverein zu Plauen i. V., Der Vogtländische Altertumsforschende Verein zu Hohenleuben, Der Geschichts- und Altertumsverein zu Schleiz) Dresden 1904 Wilhelm Baensch. 8°.

Forschungen zur Volkskunde d. Deutschen in Siebenbürgen. Im Auftrage d. Vereins f. siebenbürg. Landeskunde hrsg. v. Adf. Schullerus. 1. Heft. gr. 8. Hermannstadt, W. Krafft. n.n. 1. 20
Vergleichendes Wörterbuch der Nösner (siebenbürgischen) u. moselfränkisch-luxemburgischen Mundart, nebst siebenbürgisch-niederrheinischem Orts- u. Familiennamenverzeichnis, sowie e. Karte zur Orientierung über die Urheimat der Siebenbürger Deutschen. Von Gust. Kisch. (274 S.) 905.

— zur Volkskunde der Deutschen in Siebenbürgen. Im Auftr. d. Vereins f. siebenbürg. Landeskunde hrsg. v. Adf. Schullerus. 2. Hft. gr. 8. Hermannstadt, W. Krafft. — 60 (1 u. 2: nn 1. 80)
Die Schenker Herrenmundart. Von A. Scheiner. (42 S.) 909. — 60

— vorreformationsgeschichtliche. Hrsg. von Heinr. Finke. I u. II. gr. 8. Münster, Aschendorff. n. 17. 50
I. Das Predigtwesen in Westfalen in der letzten Zeit d. Mittelalters. Ein Beitrag zur Kirchen- u. Kulturgeschichte. Von Florenz Landmann. (XV, 253 S.) 900. n. 5. 50
II. Aus den Tagen Bonifaz VIII. Funde u. Forschgn. Von Heinr. Finke. (XIV, 296 u. CCXXIII S.) 902. n. 12. —

Forschungen, vorreformationsgeschichtliche. Hrsg. v. Heinr. Finke. III—V. gr. 8. Münster, Aschendorff. 25. 50
Finke, Heinr., Papsttum u. Untergang d. Templerordens. 1. Bd. Darstellung. (XV, 397 S.) 907. (IV) 8. —
— dasselbe. II. Bd.: Quellen. (VIII, 399 S.) 907. (V) 12. —
Lossen, Rich., Staat u. Kirche in d. Pfalz im Ausgang d. Mittelalters. (XII, 268 S.) 907. (III) 5. 50
I. u. II. Ebd. 900. 902. 17. 50

— über die wahrscheinlichste Weltära zur Klärung der biblischen u. weltgeschichtlichen Chronologie, zur Apologie u. zum Schutz der Bibel. Von K. L. P., Kr. gr. 8. (101 S.) Tübingen 880. Fues. n. 1. 80

—— wissenschaftlich-praktische, auf dem Gebiete der Landwirthschaft. Separatausgabe des Centralblattes für Agrikulturchemie und rationellen Wirthschaftsbetrieb. Hrsg. von Rich. Biedermann. 1.—6. Bd. gr. 8. (XVI, 384; XVI, 384; XXI, 384; XIX, 388; XVIII, 480; XIX, 428 S.) Berlin und Leipzig 872—74, Luckhardt'sche Verlagsh. à Bd. *M. 8. *

—— dass. — 7. Bd. gr. 8. (XIX, 440 S.) Leipzig 875, Schmidt und Günther. *

—— wissenschaftlich-praktische, auf dem Gebiete der Landwirthschaft. Separatausgabe des Centralblattes für Agrikulturchemie und rationellen Wirthschaftsbetrieb. Hrsg. von Rich. Biedermann. 8. Bd. gr. 8. (XIX, 432 S.) Leipzig 876, Schmidt und Günther. +
1.—7. Bd. Ebendas. 1872—75. à Bd. *M 8.

— zivilprozessrechtliche, hrsg. v. Rich. Schmidt. 1—6. Hft. gr. 8. Berlin (-Wilmersdorf), Dr. W. Rothschild. Subskr.-Pr. 13.50; Einzelpr. 16. —
Gerland, Heinr. B., die Einwirkung d. Richters auf die Rechtsentwicklung in England. (VII, 40 S.) 910. (Hft. 6) Subskr.-Pr. 1.—; Einzelpr. 1. 20
Hennerici, Karl, die Zwangsvollstr. in Wertpapiere. (V, VI, 65 S.) 908. (Hft. 3) Subskr.-Pr. 2.—; Einzelpr. 2.50
Himstedt, Heinr., die neuen Rechtsgedanken im Zeugenbeweis d. oberitalienischen Stadtrechtprozesses d. 13. u. 14. Jahrh. (VIII, 150 S.) 910. (Hft. 5) Subskr.-Pr. 4.—; Einzelpr. 4. 50
Kahn, Alfr., die Zwangsvollstreckung in d. literarische u. artistische Urheberrecht. (X, 63 S.) 908. (Hft. 2) Subskr.-Pr. 1.60; Einzelpr. 2.—
Koellreutter, Otto, Richter u. Master. Ein Beitr. z. Würdigg. d. engl. Zivilprozesses. (VII, 96 S.) 908. (Hft. 1) Subskr.-Pr. 2.50; Einzelpr. 3. —
Wangner, Fritz, der Schiedsgutachter. Ein Beitrag zu dessen Begriffsbestimmg. (X, 71 S.) 908. (Hft. 4) Subskr.-Pr. 2.40; Einzelpr. 2. 80

Forschungsberichte

— üb. Lebensmittel u. ihre Beziehungen zur Hygiene, üb. forense Chemie u Pharmakognosie. Unter Mitwirkg. hervorrag. Fachgenossen hrsg. v. Rud. Emmerich, Karl Göbel, Alb. Hilger, Lud. Pfeiffer u. Rud. Sendtner. 1. Jahrg. Novbr. 1893—Octbr. 1894. 13 Hfte. 4. (VII, 553 S. m. Fig.) München, Dr. E. Wolff. n. 20. —

— üb. Lebensmittel u. ihre Beziehungen z. Hygiene, über forense Chemie u Pharmakognosie. Organ der freien Vereinigg. bayer. Vertreter der angewandten Chemie. Hrsg. v. Rud. Emmerich, Alb. Hilger, Ludw. Pfeiffer u. Rud. Sendtner unt. Mitwirkg. v. M. Bauth, Ed. Schar, Wilh. Thörner u. a. 2.—4. Jahrg. 1895—1897. à 12 Hfte. (à ca. 30 S. m. Fig.) 4 München, Dr. E. Wolff. à Jahrg. n. 20. —; einz. Hfte. n. 1. 80

— dasselbe. Fortsetzg., s.: Zeitschrift f. Untersuchg. d. Nahrungs- u. Genussmittel.

Forschungsberichte aus der biologischen Station zu Plön. 1. Thl. gr. 8. Berlin 893. R. Friedländer & Sohn. n. 2. 50
Faunistische u. biologische Beobachtungen am Gr. Plöner See. Von Otto Zacharias. (III, 52 S. m. 1 Taf.)

— dasselbe. 2. Thl. Von Otto Zacharias. Mit Beiträgen v. Willi Ule, Ernst H. L. Krause, Paul Richter etc. Mit 2 lith. Taf., 12 Abbildgn. im Text, 2 Periodicitätstab. u. 1 Karte des ostholstein. Seengebiets. gr. 8. (VII, 155 S.) Ebd. 894. n. 7. —

Forschungsberichte a. d. biologischen Station zu Plön. 3. Thl. M. 2 lith. Taf., 17 Abb. im Text u. 3 Periodicitätstabellen. Hrsg. v. Otto Zacharias. M Beiträgen v. H. Klebahn, E. Lemmermann, Graf Fr. Castracane etc. gr. 8. (VII, 209 S.) Berlin 895. R. Friedländer & Sohn. n. 9. —

— dasselbe. 4. Thl. M. 1 lith. Taf., 45 Abb. im Text u. 1 Tiefenkarte d. Koppenteiche. Mit Beiträgen v. E. Lemmermann, H. Klebahn, F. Kömke, H. Brockmeier, H. Knauthe u. S. Strodtmann. gr. 8. (X, 290 S.) Berlin 896. R. Friedländer & Sohn. n. 12. —

Forschungsberichte a. d. biologischen Station zu Plön. 5. Thl. Mit 4 lith. Taf. u. 14 Abb. im Text. Unt. Mitwirkg. v. W. Hartwig, H. Klebahn, E. Lemmermann, B. Schröder, D. J. Scourfield, Th. Stingelin. gr. 8. (VII, 180 S. m. 1 Tab.) Stuttgart 897. E. Nägele. n. 10. —

— dasselbe. 6. Thl. 2 Abtlgn. gr. 8. Ebd. 898. n. 13. — (I.—VI, 2. n. 53. 50)
1. M. 3 lith. Taf. M. Beiträgen v. Bruno Schröder u. Otto Müller. (III, 87 S.) n. 7. —
2. M. 2 lith. Taf. M. Beiträgen v. W. Hartwig, H. Brockmeier, E. Lemmermann, S. Strodtmann u. J. Gerhardt. (X u S. 89—219.) n. 6. —

Forschungsberichte aus der biologischen Station zu Plön. 7. Tl. Mit 2 Taf. u. 3 Abbildgn. im Text. Hrsg. von Otto Zacharias. Mit Beiträgen von Carl Zimmer, Bruno Schröder, Johs. Meisenheimer etc. gr. 8. (III, 140 S) Stuttgart 899. E. Nägele. n. 8. —

— dasselbe. 8 Tl. Mit 6 Abbildgn. im Text. Von Otto Zacharias. Mit Beiträgen v. W. Knörrich, W. Hartwig, E. Lemmermann etc. gr. 8. (IV, 130 S.) Stuttgart 901. E. Nägele. n. 8. —

Forschungsberichte aus der biologischen Station zu Plön. IX. Tl. Von Otto Zacharias. Mit Beiträgen v. H. Krohn, H. Reichelt u. M. Voigt. gr. 8. (III, 111 S m. 27 Abbildgn. u 2 Taf.) Ebd. 902. n. 8. —; (I—IX. n. 77. 50)

Forschungsberichte aus der biologischen Station zu Plön. X.—XII. Tl. Von Otto Zacharias. gr. 8. Stuttgart, E. Schweizerbart. n. 68. — (Vollständig n. 145. 50)
X. Mit Beiträgen v. O. Amberg, O. Ball, E. Lemmermann u a. (XXII, 335 S. m. 37 Abbildgn. u. 2 Taf.) 903. n. 24. —
XI. Mit Beiträgen v. M. Voigt, Rina Monti, W. Cronheim, E. Lemmermann. (XIII, 311 S. m. Abbildgn. u. 7 Taf.) 904. n. 16. —
XII. Mit Beiträgen von E. Lemmermann, Frau Rina Monti, F. Ruttner u. a. (III, 418 S. m. 34 Abbildgn., 6 Taf. u 3 Tab.) 905. n. 28. —
Fortsetzung s.: Archiv f. Hydrobiologie u. Planktonkunde.

Neuere Forschungsergebnisse und Erfahrungen auf dem Gebiete der landwirtschaftlichen Tierzucht (10 Vorträge, geh. auf dem von d. Landwirtschaftskammer f d Prov. Sachsen .. 1907 veranst. Vortragskursus f. prakt. Landwirte ...) Halle a. S: Landwirtschaftskammer 1907. (79, 20 S.) 8° [J.] [07 9793 3

F v BELLINGSHAUSENS FORSCHUNGSFAHRTEN IM SÜDLICHEN EISMEER 1819—1821 Auf Grund des russischen Originalwerks herausgegeben vom Verein fur Erdkunde zu Dresden Leipzig 1902 S Hirzel 8°

Dritte asiatische Forschungsreise des Grafen Eugen Zichy Bd 1, Hälfte 1 Budapest: V Hornyánszky, Leipzig K W Hiersemann 1900. 4°
[Nebent] Zichy Jenö Gróf harmadik ázsiai utazása K 1, Fele 1 [05 8376

Forschungsreise, 3. asiatische, des Grafen Eugen Zichy. (In deutscher u. ungar. Sprache.) 1. Bd. 2 Hälften u. 2. Bd. gr. 4. Budapest. Leipzig, K. W. Hiersemann. Subskr.-Pr. n. 47. 50; Einzelpr. n. 62 50
1. Herkunft der magyarischen Fischerei. Von Joh. Jankó. Mit e. vorläuf. Berichte des Grafen Zichy. Mit 565 Fig. (635 S.) 900. n. 30. — bezw. n. 37. 50
2. Ergebnisse, zoologische, der 3. asiatischen Forschungsreise des Grafen Eugen Zichy. Red. v. Géza Horváth. Mit 28 Taf. u. 22 Textfig. (XLI, 470 S. m. 28 Bl. Erklärgn.) 901. n. 17. 50 bezw. n. 25. —

Forschungsreise, 3. asiatische, des Grafen Eugen Zichy. (In deutscher u. ungar. Sprache.) 3.—6. Bd. 4. Budapest. Leipzig, K. W. Hiersemann. Subskr.-Pr. n. 90. — (Vollständig, 6 Bde.: n. 152. 50)
3. 4. Archäologische Studien auf russischem Boden. Von Béla Pósta. 2 Tle. (599 S. m. 340 Abbildgn.) 905. n. 50. —
5. Sammlung ostjakischer Volksdichtungen. Heldengesänge mytholog. Inhalts, Götterbeschwörungsformeln u. Bärenlieder in der Einleitg. Regulys Gedächtnis, die Bearbeiter seines Nachlasses u. die ostjak. Volksdichtung. Auf Grund d. Regulyschen Nachlasses u. eigenen Sammlgn. Von Jos. Pápay. Mit Bildnis u. 3 Fcsms. (LXXXII, 281 S.) 905. n. 20. —
6. Forschungen im Osten zur Aufhellung des Ursprunges der Magyaren Geschichtliche Uebersicht u. meine Wahrnehmgn., Erfahrgn. m. besond. Berücksicht der Ergebnisse meiner Expeditionen. Von Graf Eugen Zichy. Mit 106 Abbildgn. (304 S.) 905. n. 20. —

Die Forschungsreise S M S „Gazelle" in den Jahren 1874 bis 1876 unter dem Kommando des Kapitan zur See Freiherrn von Schleinitz Herausgegeben von dem Hydrographischen Amt des Reichs-Marine Amts. Th 1. Der Reisebericht Mit 58 Tafeln Th 2 Physik und Chemie Mit 85 Tafeln Th 3 Zoologie und Geologie Mit 33 Tafeln Th 4 Botanik Mit 38 Tafeln Th 5 Meteorologie Berlin 1888—1890 5 Bde 4°

Forschungsreise, die, S. M. S. „Gazelle" in den J. 1874—1876 unter Kommando d. Frhrn. v. Schleinitz, hrsg. v. d. Hydrographischen Amt d. Reichs-Marine-Amts. 5 Thle. gr. 4. (1. Thl. X, 307 S. m. 58 Taf.; 2. Thl. III, 265 S. m. 85 Taf.; 3. Thl. VI, 322 S. m. 33 Taf.; 4 Thl. XVI, 255 S. m. 38 Taf. u. 5. Thl. 282 S.) Berlin 890. Mittler & Sohn. n. 150. —

Forschungsreise S. M. S. „Planet" 1906/07. Hrsg. v. Reichs-Marine-Amt. 5 Bde. u. 1 Tafelbd. 31×23,5 cm. Berlin 909. K. Siegismund. 25. —
I. Reisebeschreibung. Bearb. d. Lübbert nach d. hinterl. Aufzeichngn. d. verstorb. Kommandanten Kapit.-Leutn. Lebahn, nach Beitr. v. Krämer, Kurtz u. Schweppe. (XVIII, 104 S. m. Abbildgn. u. 1 Karte.)
II. Aerologie. Unter Mitwirkg. v.: Hergesell, Köppen, Kurtz, Lübbert, Maurer, Schlenzka u Schweppe. (IV, 124 S. m. Abbildgn. u. 7 Taf. Mit Anh.: Diagramme z. aerolog. Tagebuch. (18 S.)
III. Ozeanographie v. W. Brennecke. Mit e. Vorwort v. Schott u. e. Abhandlg. üb. stereophotogrammetr. Arbeiten v. Kohlschütter (IX, 154 S.), m. Tafelbd. (43 Taf.)
IV. Biologie v. Graef (198 S. m. 30 Abb., 1 Karte u. 8 farb. Taf.)
V. Anthropologie u. Ethnographie. Beobachtgn. u. Stud. v. A. Krämer. (X, 152 S. m. Abbildgn.) Nebst Anh.: Noten zu den phonograph. Melodien aus Madagaskar u. Indonesien. (12 S.)

Geographische Gesellschaft in Bremen -- Westsibirische Forschungsreise 1876 unter Führung von O. Finsch Catalog der Ausstellung ethnographischer und naturwissenschaftlicher Sammlungen Mit erläuternden Bemerkungen von O FINSCH. Bremen 1877. Druck von Diercksen & Wichlein 8°

Forschungsreisen, neueste, s. W. Keating, auch J. Orley.

Forsell, K. B. J., s. Forssell

af Forsell, Karl, Statistik von Schweden, nach öffentl. Dokumenten. Nach der 2n verm. u. verb. Aufl. übersetzt von A. G. F. Freese. Mit 1 Karte. gr. 8. Lübeck 835. v. Rohden'sche Buchh. $1^{1}/_{3}$ ℳ

af Forsell, Carl, Statistik von Schweden nach öffentl. Documenten. Uebers. von A. G. F. Freese. Neue mit den Zusätzen u. Nachträgen der 4. Aufl. verm. Ausg. (Mit 1 Charte.) gr. 8. Lübeck 835, v. Rohden'sche Buchh. $1^{1}/_{3}$ ℳ

Forselles, Arth. af, über die frühzeitige Diagnose u. Operation des Empyems des Warzenfortsatzes bei Otitis media suppurativa acuta. (III, 112 S.) gr. 8. Helsingfors 905. Leipzig. F. C. W. Vogel. n. 3. —

Forselles, Arth. af, die durch eitrige Mittelohrentzündung verursachte Lateralsinus-Thrombose u. deren operative Behandlung. Lex.-8. (X, 125 S. m. 1 graph. Taf.) Kuopio 893. (Berlin, A. Hirschwald.) n. 6. —

Forskael, s. Forskål

Forskål, Pet., (†...) descriptiones animalium, avium, amphibiorum, insectorum, vermium, quae in itinere orientali observat. Post mortem auctoris ed. Karst. Niebuhr. Adjecta est materia medica Kahiriana etc. 4maj. Kopenh. 775. Schubothe. 1 ℳ 12 ℳ

Forsskal, Peter (Schweden), Dubia de principiis philosophiae recentioris. Götting. (Elias Luzac) 12. VI. 1756. 65 S. (6.—) 9223
Gew.: Sam. Christ. Hollmann, Jo. Dav. Michaelis. — Widm. v. Sam. Christian Hollmann, Joh. Dav. Michaelis.

— dubia in principiis philosophiae recentioris. 4. Götting. 756. Vandenhöck u. R. 3 ℳ

— Flora aegyptiaco-arabica. Post mortem auctor. ed. K. Niebuhr. Accred. tab. Arabiae felicis geogr.-botanica. 4maj. Kopenh. 775. Schubothe. 2 ℳ 12 ℳ

— Icones rerum naturalium, quas in itinere oriental. depinxit, ed. K. Niebuhr, c. fig. 4maj. Kopenh. 776. Schubothe. 5 ℳ

Forskrivter i Engelsk Skrift, udförte og udgivne af Bing & Ferslows lithogr. Etablissement. 4 Hfte. qu. 8. (à 11 lith. Bl.) Kjöbenhavn 844. 47, Bing. (à $^{1}/_{4}$ ℳ) 1 ℳ

Ueber das Holmium von S[ven] Forsling. Mit 1 Textfig. *Stockholm 1902. P. A. Norstedt & söner.* (26 S.) 8°
— Handlingar, K. Svenska Vetenskaps-Akademiens. Bihang. Bd 28, Afd. 2, No 1.

Forsman, C., de Aristarcho lexici Apolloniani fonte. gr. 8. (III, 129 S.) Helsingforsiae 883. (Berlin, Mayer & Müller.) n. 2. 40

Forssell, C., Album pittoresque du Nord. Tableaux des costumes, moeurs et usages des Paysans de la Suède. Imp.-4. (16 color. Taf., 1 Musikbeil- u. 14 Blätter Text.) Londres et Berlin 838. Asher. n. $14^{2}/_{3}$ ℳ

Forssell, Jakob, aus Stockholm: Ueber das Verhalten des Bleis als Anode in Natriumhydroxydlösungen und die Elektrolyse bleioxydhaltiger Natriumhydroxydlösungen. *Halle a. S. 1903: W. Knapp.* (29 S.) 8°
Gießen, Phil. Diss. v. 1903

Forssell, K. B. J.

— Beiträge z Kenntniss d. Anatomie u. Systematik d. Gloeolichenen. Stockh. (paa Omsl. Berl) 1885. 118 S. 4°.

Forsell, K. B. J., Beiträge zur Kenntniss der Anatomie und Systematik der Gloeolichenen. 4. (III, 118 S.) Stockholm 885. (Berlin, Friedländer und Sohn.) *
Aus: Nova acta reg. soc. sc. Ups., besonders abgedruckt.

Forssell K. B. J. Dr. Beiträge zur Mikrochemie der Flechten S. 93 … 219 … Sep. … Separatabdruck

Forsskal, s. Forskål

Forssman, John, Ueber die Ursachen, welche die Wachsthumsrichtung der peripheren Nervenfasern bei der Regeneration bestimmen. Jena 1898. 8:o. (1 bl. + 47 s.)

Forßmann, Th. (Hrsg.), s. Klopstock, Friedrich Gottlieb Der Messias.

Forssmann, Theodor Der Infinitiv im Ostromirschen Evangelium 8 (S. 215—291 = [17 S.])
In: Teil II der Festschrift zur Feier des 350jähr. Bestehens des prot. G. *Strassburg i. Els.* 1888
Nicht im Tauschverkehr
Progr.

Forssmann, Theod. Die Übertragung der griechischen Participialkonstruktionen in dem Ostromirschen Evangelium 19 S.
Progr. Pr. G. *Strassburg* 1877

Forssmann, Th., Die Uebertragung d. griech. Participialconstructionen in dem Ostromirschen Evangelium. Pr. 1878. 19 S. 4° 1.—

Forssmann, T., De infinitivi temporum usu Thucydideo. Diss. 1878. 83 S.

FORSSNER, Gunnar.
Renale Lokalisation nach intravenösen Infektionen mit einer dem Nierengewebe experimentell angepassten Streptokokkenkultur. (Aus der bakteriologischen Abteilung des patologischen Instituts zu Stockholm.) Stockholm 1903. 8 o. (56 s.) (Ur: Nord. med. arkiv, 1902. Afd. 2.)

Forst [Sachl. OW]

* **FORST** oder Abentheuer im Morgenlande. (Mehrfach anstössiger Ritterroman.) 3 Bdchn. Leipzig, bey Christian Gottlob Hilscher, 1794. 8°. (In Berlin in 1 vol.)
1: 160 S. (incl. Tit.) 2: 94 S. (incl. Tit.), 1 leeres Bl. 3: 87 S. (incl. Tit.)

Der **Forst** und das Waldhaus in Wohldorf. Eine Hamburgensie von * * *. Mit einem Vorw. von Carl Borsum u. 1 Specialkt. — Hamburg: Jenichen in Komm. 1884. 36 S. 8°

Forst, der, u. das Waldhaus in Wohldorf. Eine Hamburgensie v. *** Mit e. Vorwort v. Carl Borsum u. e. (lith.) Specialkarte. 8. (36 S.) Hamburg 885. (Jenichen.) n. 1.—; geb. n. 1.50

Forst [Schlagwort]

Forst, s.: Preussen. Messtischblätter. — Sorau.

Forst [Verfasser]

Forst, C., Joh. Stephan von Sandt, der letzte Amtmann zu Köln und Deutz. Als Manuscript gedruckt. Köln 1885. 8.

Forst, Christian Christoph (Langenschwalbach)
Dissertatio inauguralis medica De acidulis Langenschwalbacensibus, Weinbrunnen und Farzbrunnen vocatis.
Giessae 29. März 1790: Braun. 34 S. 4°
pro gradu doctoris legitime obtinendo.

Forst, Eberhard

— der Prozesser. s. a. Volksbücher, neue. 85. Bdchn.

Der Prozesser. Volkserzählung von Eberhard **Forst**. Berlin: Schriftenvertriebsanst. [1905]. (124 S.) 8° [F.]
— Volksbücher, Neue. Bdch. 85. [06, 2730]

Forst, Eberhard, Jürgen Hufelands Versprechen, s.: Immergrün.

Forst, Eduard

Forst, Hauptmann und Batteriechef im Thüringischen Feldartillerie-Reg. Nr. 19. Geschichte des königlich Preussischen Thüringischen Feldartillerie-Regiments Nr. 19 und seiner Stamm-Truppentheile. Zum 25jährigen Bestehen des Regiments auf dienstliche Veranlassung bearbeitet. Mit 1 Bildnis Sr. Majestät des Kaisers und Königs. 8. Berlin 1897.

Forst, Geschichte d. kgl. preuß. Thüring. Feldartillerie-Regts. Nr. 19 u. s. Stamm-Truppentheile. Zum 25jähr. Bestehen d. Regiments auf dienstl. Veranlassg. bearb. Mit e. Bildniß d. Kaisers u. Königs. gr. 8. (VI, 271 S.) Berlin 897. E. S. Mittler & Sohn. n. 4.50; geb. in Leinw. n.n. 6.—

Forst, Egon, Gedichte. 16. (138 S.) Wien 881. Frick. geb. m. Goldschn. n. 4.—

Forst, H., die Chroniken d. Mittelalters, s.: Geschichtsquellen, Osnabrücker.

Forst, H., s.: Correspondenz, polit., d. Grafen Franz Wilhelm v. Wartenberg.

— Dass., s. Wartenberg, Franz Wilhelm von

Forst, H. v., unsere Kasernen. Ein Wort an die Offiziere der kasernirten Truppentheile u. den Reichstag. gr. 8. (77 S.) Hannover 884. Helwing's Verl. n. 1.50

Forst, Hermann (geb. am 8 Okt. 1858 in Koblenz): Ueber Buchanans Darstellung der Geschichte Maria Stuarts. '(Rerum Scoticarum historia l. XVII–XIX)' ... Bonn, Druck v. P. Neusser (1882). 2 Bl., 79 S. 8. ¶ Erschien zugleich selbständig bei Habicht in Bonn.
Bonn, Phil. Fak., Diss. v. 26 Juli 1882

Forst, Herm., über Buchanans Darstellung der Geschichte Maria Stuarts [Rerum Scoticarum Historia I. XVII—XIX]. gr. 8. (79 S.) Bonn 882. Habicht in Comm. n. 1.50

Forst, Herm., das Fürstent. Prüm, s. a. Publikationen der Gesellschaft f. rheinische Geschichtskunde. XII. 4.

Das Fürstentum Prüm von Hermann **Forst**. Mit 3 Karten. *Bonn: H. Behrendt 1903.* (XVIII, 144 S.) 8°
— Erläuterungen z. geschichtl. Atlas d. Rheinprovinz. Bd 4.
— **Publikationen** d. Gesellschaft f. Rhein. Geschichtskunde. 12, 5, 4. [03. 15283]

— **Maria Stuart u. der Tod Darnleys.** gr. 8. (IV, 43 S.) Bonn 894. Habicht. n. 1.—

Forst, Jos., Waldesträume. (68 S. m. 6 Taf.) kl. 8. Krems 907. Wien, H. Kirsch. 1.50

Forst, Karl, Beiträge zur Kenntniss der Hydrobenzoine Inaugural-Dissertation. 8. (47 S.) Bonn 874. (Göttingen, Vandenhoeck & Ruprecht's Verl.) n. — 80

Forst, Lina, Och! ihr Kinner un ihr Leit! Gedichte in nassauischer Mundart. (20 S.) 8. Wiesbaden (908). (R. Bechtold & Co.) — 80

Och! ihr Kinner un ihr Leit! Gedichte in nassauischer Mundart. Von Lina **Forst**. 2. Aufl. Wiesbaden: Selbstverl. [um 1910]. 32 S. 8° [11. 3432]

Forst, O., Führer durch Antwerpen, unter Benutzung von Baedekers Belgien und Holland hrsg. 8. (IV, 96 S. mit 1 chromolithogr. Stadtplan.) Antwerpen 885, Forst. cart.

Ahnen-Tafel seiner Kaiserlichen u. Königl. Hoheit des Durchlauchtigsten Herrn Erzherzogs Franz Ferdinand von Oesterreich-Este. Bearb. v. Otto **Forst**. Wien u. Leipzig 1910. 4°

Forst, Otto, Ahnen-Tafel Sr. k. u. k. Hoh. des durchlaucht. Hrn. Erzherzogs Franz Ferdinand v. Oesterr.-Este. (43 S. m. 33 Taf.) 81×28,5 cm. Wien 910. Hahn & Goldmann. 20.—; geb. in Leinw. 25.—: Fürstenausg. auf van Geldern, geb. in Saffianldr. 50.—

Forst, Peter Josef Hubert Maria von der, aus Münster i. W.: **Beiträge** zur Kenntnis der Doppelcyanide des Kupfers und Quecksilbers. *Würzburg 1904: C. J. Becker.* (80 S.) 8°
Würzburg, Phil. Diss. v. 1904

Forst, Richard. Lehrplan für den deutschen Unterricht. 8 (43 S.)
Progr. Rsch. *Hanau* 1888 (zu 386)

Forst, Robert

Forst, R.: Die Destillation auf kaltem Wege oder die Kunst, Liqueurs, Bittere, Aquavite, Rum, Cognac, Tropfen etc. ohne irgend einen Apparat auf das billigste und von bester Qualität zu fabriziren. Quedlinburg und Leipzig 1862

Forst, Rob., die Destillation auf kaltem Wege, oder: Die Kunst Liqueure, Bittere, Aquavite etc. ohne irgend einen Apparat auf das Billigste und von bester Qualität zu fabriciren. Quedlinburg 862. Ernst. 12. (XII, 63 S.) n. 10 ngr

[F.] Der Spreekönig. Berliner Original-Roman a. d. Gegenw. Von Walram **Forst**. (2 Bde in 1 Bd.) *Berlin: A. W. Hayn's Erben 1896.* (2 Bl., 258 S., 2 Bl., 237 S.) 1 Bd 8. [97. 1875]

Forst, Walram (Carl Wald), d. Spreekönig. Berliner Orig.-Roman aus der Gegenwart. 2 Tle. in 1 Bd. 3. [Umschlag-]Aufl. 8. (258 u. 237 S.) Berlin (896) 897. A. W. Hayn's Erben. n. 2.—

Forst, Walter [pr. Arzt aus Neuwied a. Rh.]: **Fälle von Hydrosalpinx, ihre Entstehungsarten und Symptome... Marburg,** Univ.-Buchdr. '(R. Friedrich)', 1892; 53 S., 1 Bl. 8.
Marburg, Med. Fak., Inaug.-Diss. v. [28. Okt.] 1892

Katalog des reichhaltigen Antiken-Cabinets aus d. Nachlasse d. Reg.-Baumeisters Wilh[elm] **Forst** in Köln. Aegypt., griech., röm. Alterthümer. Versteigerung zu Köln ... 1899 durch J. M. Heberle (H. Lempertz' Söhne)... Köln 1899. Du Mont Schauberg. 16 S. 4°
A12 /1-7

Forst, Wilh., Zurück ins Paradies ist die Lösung des socialen Problems. Die hohenpriesterliche Inthronisation und Sesshaftmachung der Frau als verschwesterte Gattungsspecies in der paradiesischen Stammesfamilie ist die lebendige Religion. 3. Aufl. 8°. Helpenstein, W. Forst, 1909. VIII, 249 S.

Först, Detlef Christian

Först, D. C. Chorgesangschule. Ein methodisch-prakt. Übungs- und Liederbuch f. den Gesangunterricht in Bürger- u. Volksschulen, sowie zum Gebrauche in Präparandenanstalten, höheren Töchterschulen und in den Vorklassen d. Kirchenchöre. 3 Hefte. 8. Kiel 892, Lipsius u. Tischer. cart. * 1 65
1. Unterstufe. (VI, 34 S.) 891. * — 35. — 2. Mittelstufe. (IV, 72 S.) 892. * — 40. — 3. Oberstufe. (IV, 208 S.) 892. * 1 —.

Först, D. C., Chorgesangschule. Ein methodisch-prakt. Übungs- u. Liederbuch f. den Schulgebrauch. (In 3 Hftn.) 2. Hft. Mittelstufe. 2. Aufl. 8. (IV, 72 S.) Kiel 899. Lipsius & Tischer. Kart. n. — 40

Först, D. C., Chorgesangschule. Ein methodisch-prakt. Uebungs- u. Liederbuch f. den Schulgebrauch. Neue Rechtschreibg. (In 3 Heften.) Heft II u. III B. kl. 8. Kiel 905. Lipsius & Tischer. Kart. n.n. — 90
II. Mittelstufe. 4., durchgeseh. Aufl. (IV, 72 S.) n. — 40
III B. Für die Oberstufe der Volksschule. 3., durchgeseh. Aufl. (II, 126 S.) n.n. — 50

Först, D. C., Chorgesangschule. Ein method.-prakt. Übungs- u. Liederbuch f. den Gesangunterricht in Mittel- u. Volksschulen, sowie zum Gebrauche in Präparandenanstalten, höheren Töchterschulen u. in den Vorklassen der Kirchenchöre. Unter- u. Mittelstufe. (32 u. II, 72 S.) kl. 8. Kiel 907. Lipsius & Tischer. Kart. nn — 50

— dasselbe. Oberstufe. 4. Aufl. (II, 126 S.) kl. 8 Ebd. 908. Kart. nn — 50

Först, Johannes, a. Roxheim (Pfalz): **Geschichte der Entdeckung Grönlands von den ältesten Zeiten bis zum Anfang des 19. Jahrhunderts.** Worms a. Rh. 1906: „Wormser Nachrichten". (70 S.) 8° [F.]
Erlangen, Phil. Fak., Ref. Pechuel-Loesche, Diss. 18. März 1907
[Geb. 24. Okt. 74 Roxheim; Wohnort: Lichtenhof-Nürnberg; Staatsangeh.: Bayern; Vorbildung: Gymn. Speyer Reife 95; Studium: München 10 S.; Rig. 23 Juli 06.]

Först, Ottmar

Nekrolog auf Abt Dr. Eugen Gebele. (Chronik des Lyzeums.) — Von P. Ottmar Först, L.-R. u. G.-R. — 1904, Augsburg, Ph. J. Pfeiffer. — P. 54.
Progr. Augsburg bei St. Stephan
K. Lyceum

Nekrolog auf Priester Gebhard Röllinger, K. Gymnasialprofessor, und Dr. P. Narzissus Liebert, K. Lyzeal- und Gymnasialrektor. (Chronik des Lyzeums.) — Von P. Ottmar Först, R.-V. — 1903, Augsburg, Ph. J. Pfeiffer. — P. 52—56.
Progr. Augsburg bei St. Stephan
K. Lyceum

Forstacademie, die, in Tharand. gr. 4. Dresd. 818. Arnold. 2 Rl

Die **Forstarbeiterfrage.** Berlin: Parey 1910. S. 267—338. 8°
(Landarbeit u. Kleinbesitz. H. 10.) [10. 13316 9

Forstarbeiterschaft (Die organisierte) der in oberster Verwaltung des k. k. Ackerbau-Ministeriums stehenden Staats- und Fondsforste. Im Auftrage des k. k. Ackerbau-Ministeriums bearbeitet von Ad. Stengel. 8°. Wien, A. Hölder, 1906. (Mitteil. des k. k. arbeitsstatist. Amtes im Handels-Ministerium, Heft 4.)

Forstarchiv v. Moser u. Gatterer, s. Moser.

Forst- u. Jagd-Archiv, allgemeines, s. Hartig.

Forst- und Jagd-Archiv. Allgemeines, oder Forst- und Jagd-Archiv von und für Preussen. Bd. 1—7. Herausg. von G. L. Hartig. Stuttgart 1816—26. 8

Forst- und Jagd-Archiv von und für Preußen. s. a. Hartig, G. L.

Forst- und Jagd-Archiv von und für Preussen. Hrsg. Georg Ludwig Hartig. - Berlin, Leipzig. Jg. 1-5. 1816-1820.
Forts. s.: Allgem. Forst- u. Jagd-Archiv

Neues Forstarchiv zur Erweiterung der Forst- und Jagd-Wissenschaft und der Forst- und Jagd-Literatur. Hrsg. Christoph Wilhelm Gatterer. - Ulm. Bd. 1-13 (d. ganz. Reihe 18. -30. Bd.). 1796-1807. - (M. n. ersch.)

Die staatliche Forstaufsicht in Österreich. - Wien 1900. 21 S. Hrsg. k. k. Ackerbauministerium

Forst- und Jagdbibliothek; oder nüzliche Aufsätze . . . das gesammte . . . Forst- Jagd- Holz- und Floz-Wesen betreffend . . . Stuttgart 1788. H: *Stahl, Joh. Frdr.* & *Andere.* (BrMm) »1788—89.« H: *Heppe, Chn Wilh. von.* (Engoec)

Forst- und Jagdbibliothek oder nützliche Aufsätze, Bemerkungen und Verordnungen ... das gesammte wirthschaftliche Forst- Jagd- Holz und Floz-Wesen betreffend als eine Fortsetzung des Allgemeinen Ökonomischen Forstmagazins. - Stuttgart. Stück 1-3. 1788-1789. - (M. n. ersch.)
Früher s.: Allgem. ökonom. Forstmagazin

Forst- u. Jagdbibliothek. 3 Stücke. 8. Stuttg. 788 u. 89. Metzler. 1 Rl 18 gl

Deutsche Forst- und Jagdblätter. Zeitschrift für die Gesamtinteressen des deutschen Waldes. - Berlin. 1907-1914. - (M. n. erm.)
Früher s.: Wochenschr. f. Dtsch. Förster

Forst- u. Jagd-Blätter, deutsche. Zeitschrift f. die Gesamt-Interessen des deutschen Waldes. Organ zur Vertretg. des deutschen Försterstandes. Organ des Förstervereins v. Elsaß-Lothringen. Schriftleiter: Fr. Ramhorst. Jhrg. 1907. Juli—Dezbr. 26 Nrn. (506 S.) Lex. 8. Nebst Unterhaltungsbeilage: Wort u. Bild. (à 8 S.) 33,5×24,5 cm. Berlin, (O. Nahmmacher). nn 4. 80
Vgl.: Wochenschrift f. deutsche Förster.

— dasselbe. Organ der Krankenunterstützungs- u. Begräbniskasse deutscher Forstbeamten, des rhein. Gemeinde-Förster-Vereins usw. Schriftleiter: v. Stresow. Jahrg. 1908—1910 à 52 Nrn. (VIII, 1116 u. VIII, 1104 S.) Lex. 8. Nebst Unterhaltungsbeilage: Wort u. Bild. (à 8 S.) 33,5—24,5 cm. Ebd. à Jhrg. nn 9. 60

Forstbotanik. O. O. 18?? V: *Coaz, Joh.* (Cat. d. Stadtbibl. Zürich. Zürich 1864—97.)

Forstburg, Florian R. v. Kratschmer v.
s. Kratschmer v. Forstburg 109 13:70

Forst-Calender, s.a. Forst-Kalender.

Forstcalender oder **Verzeichniss** der Verrichtungen die einem Forstmanne in jedem Monate obliegen. Leipz. 1763. V: *Beckmann, Joh. Gottlieb.* (Engoec) »Leipz. 1772«. V: *Lasperg, Carl Ludwig von* & *Hans Dietr. v. Zanthier.* (Ky) (ML) 2. Aufl. 1781. H: *Grote, Carl Glieb.* (Ky)

Forst-Calender, oder Verzeichniss der Verrichtungen, die einem Forstmann in einem jeden Monat des Jahres vorzüglich obliegen. Verfertigt von Johann Gottlieb Beckmann. - Leipzig 1765 u. 1766

Forst-Calender, oder Verzeichnis der Verrichtungen, die einem Forstmanne in einem jeden Monat des Jahres vorzüglich obliegen. - Leipzig 1772. - 2. Aufl. hrsg. v. Carl G. Grote. ebd. 1781 - 3. Aufl. hrsg. v. C. G. Grote. ebd 1793

— **Calender od. Verzeichn. d. Verrichtung., d. e. Förster oblieg. gr. 8. Leipz. Weidmann. 793.**

— — derselbe. gr. 8. Ulm, Stettin. 798.

— u. Jagd-Calender, s. Leonhardt.

Forst-Catechismus, s. Forst-Katechismus.

Forste — Die fürstlich Alois Liechtenstein'schen — — in den Kronländern Niederösterreich, Mähren, Schlesien, Böhmen und Ungarn. Wien, 1857. Dr. von Keck und Komp. (29 S. 8.)

Förste, G., moderne Ornamente (für Zimmermaler) gr. 4. (20 Taf.) Leipzig 898. (Jüstel & Göttel.)
In Mappe 7. 50

v. Forsteck, Rudolph: e. Sage der Vorwelt. 8. Weißenf. 792. (Baumgärtner). 6 gl

Forsteck, Rudolph von, eine Sage aus der Vorwelt von M. —. 8. Weißenfels, 793. Severin. 8 gl.

Forsteinrichtung auf den Fürst Schwarzenberg'schen Herrschaften und zwar denen der Primogenitur. - Wien 1868

Foerstemann: Bemerkungen über den Gebrauch des Artikels bei Homer.–Salzwedel, Progr. 1861

Förstemann Zur Verständigung über den Unterricht in der Chemie. 6 S.
Progr. Elberfeld 1828

Förstemann, Albrecht (Wilhelm)

Förstemann, Albr.. zur Geschichte d. Aeneasmythus. Litterargeschichtliche Studien. gr. 8. (104 S.) Magdeburg 894. Creutz. n. 2. 80

Förstemann, Albrecht: Über populäre **Metonymien.** *Magdeburg 1898: E. Baensch jun.* (30 S.) 4°
Magdeburg, RG, OP 1898 (275)

Förstemann, Albrecht: Über populäre **Metonymien.** 2. *Magdeburg 1899: E. Baensch jun.* (36 S.) 4° (Forts. d. P.-Beil. 1898.)
Magdeburg, RG, OP 1899 (277)

Förstemann, A. W., De vocabulis quae videntur esse apud Herodotum poeticis. Diss. 1892. 72 S.

Förstemann, Albr. Wilh. De vocabulis quae videntur esse apud Herodotum poeticis. gr. 8. (72 S.) Magdeb. 892, (Creutz). 1 20

Foerstemann, August Theod. (Nordhausen), De jure Mulhusano antiquissimo. Diss. jur. Bln. (Nietack) 27. VII. 1835. 24 S. (4.80) 9131
Oppon.: Aug. Collmann, Eduard Zimmermann, Alex. Scheele.

Förstemann, C. W., Nachrichten über die Familie Förstemann bis zum Jahre 1600. Nordhausen 1889.

Forstemann, E. G., und Mendelssohn, Die von Kaiser Friedrich an seinen Pathen geschenkte silberne Schale jetzt in Weimar. Leipzig 1805

Förstemann, E. Gtth., s. Förstemann, Ernst Günther

Förstemann, Ernst Günther

Förstemann, Ernst Günther: Beiträge zu einer Geschichte der Verfassung der Stadt Nordhausen.
(Besonders abgedruckt aus dem Adreßbuch der Stadt Nordhausen vom Jahre 1846.) Nordhausen (1846). 8°

Förstemann, E. G., Denkschrift zur Feier des 2. Aug. 1852 in Nordhausen. gr. 4. (14 S.) Nordhausen, Förstemann. n. 1/6 ß

Förstemann, E. G. Epistolar. ad M. Andr. Fabricium Chemnic. scriptarum part. (Enth. Briefe Georgs, Jacobs und Blasius Fabricius, nebst vielen anderen.) 26 S. . . . .

Progr. Nordhausen 1839

Förstemann, Ernst Günther. Ueber die Familiennamen in Nordhausen im 13. und 14. Jahrhundert. 12 S.

Nordhausen, Progr. 1851

FÖRSTEMANN Dr. E. G., Die christlichen Geissler-Gesellschaften. Halle 1828. 8°. 328 S. Vergriffen u. selten! (12 Mk., schönes Expl., Friedr. Kluber, c. 1905; 10 Kr., unbeschn., leicht fleckiges Expl., Halm & Goldmann, 1904.)

Förstemann, E. Gtth., d. christl. Geißlergesellschaften. gr. 8. Halle 828. Renger. 1 ß 12 gl

Geschichte der Stadt Nordhausen v. Ernst Günther Förstemann. Lief. 1 Bis zum Jahre 1250. (Mit Urkunden) [Halle] 1827 4° k

urkundl. Gesch. d. Stadt Nordhausen. 1r Bd. Nordhausen vor d. Reformation. 1e Lief. bis zum J. 1250, (2 Abtheil.) Mit 1 Steintaf. gr. 4. Halle 828. (Fr. Ruff). 20 gl

Förstemann, Ernst Günther, urkundliche Geschichte der Stadt Nordhausen bis zum Jahre 1250. (2e Lfrg.) gr. 4. Nordh. 840. Förstemann. n. 1/4 ß (NB. Die 1e Lfrg. erschien 1828 bei Ruff in Halle und kostet n 5/6 ß)

Förstemann, E. G.: Die Gesetzsammlungen der Stadt Nordhausen im 15. und 16. Jahrhundert. Nach den Orig.-Hs. hrsg. Nordhausen 1843.

Förstemann, Ernestus Güntherus: • De mensuris, ponderibus, et pecunia veterum Hebraeorum, Graecorum et Romanorum Dissertatio prima 8 Bl. 4°
Halle-Wittenberg, Phil. Diss v 13. Okt 1820
Geb. [Nordhausen 13 4. 1788]
Verf. hatte außerdem eingereicht seinen gedruckten Aufsatz: Versuch einer Geschichte der christlichen Geißlergesellschaften. d. h solcher Gesellschaften von Christen, in denen die freywillige Geißelung als ein Hauptzweck der Verbindung ausgeübt wurde, nebst einem Anhange über einige mit den Geißlern verwechselte Gesellschaften. Ein Beytrag zur christlichen Kirchen- und Religionsgeschichte. In: Archiv f. alte u. neue Kirchengeschichte Hrsg. v. K. F. Staudlin & H G Tzschirner. Bd 3. Leipzig 1816. S. 117—170, 378—439, 573—665.

— Mittheilungen zu einer Geschichte der Schulen in Nordhausen. 4. Nordhausen 824. (Dörffling in Leipzig.) 1/4 ß

Förstemann, (E. G.,) Mittheilungen zu einer Geschichte d. Schulen in Nordhausen. 4. Nordh. 824, Landgraf.

Foerstemann, E. G., s. a. **Monumenta rerum Ilfeldensium.**

Monumenta rerum Ilfeldensium Ex schedis suis collegit et additis Leuckfeldianis Paedagogio Regio Ilfeldensi sacra saecularia tertia celebraturo exhibuit **E. G. Foerstemann.** Nordhusae 1843 8°

Förstemann, E G., ad monumenta rerum Ilfeldensium edita anno 1843. Additamenta quae Car. Aug Schirlitz fautori suo et amico quum quinque per lustra scholam Nordhusanam rexisset gratulabundus dicavit. Nordhusae 853. Förstemann. gr. 8. (32 S.) 5 ngl

Derf. Nachr. von d. Schulen in Nordhausen vor d. Reformation. 16 S.
Nordhausen, P 1829

— Nachrr. von den Schulen zu Nordhausen vor d. Reformation; u. Erinnerungsblätter für Nordhausen, von 1329—1541. 4. u. 8. Nordh. 829. (Köhne). 4 gl

— s. Rechtsbuch, das alte, der Stadt Mühlhausen.

—— kleine Schriften zur Geschichte der Stadt Nordhausen. 1. (Thl.) gr. 8. (VI und 174 S. mit 1 Stnt.) Nordhausen 855, Förstemann. *

Förstemann, E. G. Die Schulordnung des Gymn. zu N. vom J. 1583. 36 S.
Progr. Nordhausen 1826

Stammbaum der Familie Förstemann, zsgest. von Ernst Gunther Förstemann, fortgeführt von Ernst Wilhelm Förstemann. Dresden 1894. (9 Bl.) quer-8°

Forstemann, E. G. Vertrag bei der dritten Säcularfeier des Todestages Luthers im Gymnasium. 15 S.
Nordhausen, Progr. 1846

— Vortrag geh. im Gymnasium zu Nordhausen am 18. Febr. 1816 mit histor. Anmerkgn. gr. 4. (2 B.) Nordhausen, Förstemann. *
Als d. Programm des Gymnasiums besond. abgedruckt.

— wie man im 15. Jahrhundert Kirchenraub rc. bestrafte, s.: Urkunden.

Förstemann, Ernst Wilhelm

Förstemann, Ernst Wilh., Bibliographie der Familie Förstemann. (IV, 49 S.) gr. 8. Leipzig 906. O. Harrassowitz. n. 1. 50

Förstemann, Ernst, die gräflich Stolbergische Bibliothek zu Wernigerode. gr. 8. (VIII und 167 S.) Nordhausen 866, Förstemann's Verlag. *

Foerstemann, Ernestus: De comparativis et superlativis linguae Graecae et Latinae. Halis (1844): Ploetz. 46 S. 8°
Halle-Wittenberg, Phil. Diss. v. 11. Juni 1844
Geb. [Danzig 18. 9. 1822]
Im Buchhandel Nordhusae: Foerstemann 1844. — Verf. erlebte die Diplomerneuerung 1894 als Geheimer Hofrat, Professor, Oberbibliothekar a. D. in Dresden, in Charlottenburg, und erhielt zum 60jahrigen Dr.-Jubiläum 1904 eine Tabula gratulatoria.

Förstemann, E. Günther, de comparativis et superlativis linguae graecae et latinae. Commentatio. 8maj. Nordhusae 844. Foerstemann. n. 1/4 ℛ

Förstemann, Ernst, aus d. alten Danzig (1820—1840), s.a. Gedanensia. 4.

Aus dem alten Danzig (1820 1840) Von E[rnst] Förstemann. Prof Danzig: L. Saunier 1900. (55 S.) 8° [J.]
— [Gedanensia Bd. 4]

Förstemann, Ernst, über Einrichtung u. Verwaltung von Schulbibliotheken. Nordhausen 865. Förstemann. gr. 8. (33 S.) 6 ngr

Förstemann, E. Zur Entzifferung der Mayahandschriften. I—III. gr. 8. Dresd., (Bertling). à * 1 —; * 8 —
I. Die in rote Kränze eingeschlossenen Zahlen. — Die grossen Zahlen. — Die Kalenderdaten. (14 S.) 887.
II. Blatt 61—64 u. 69—73 der Dresdner Handschrift: 1. Die Reihe, bezw. die Reihen; 2. Die Correcturen oder Kranzzahlen; 3. Die grossen Zahlen; 4. Die Zahlen in den Schlangen bezw. in der Schlange. (19 S.) 891.
III. Schildkröte u. Schnecke in der Mayaliteratur. (8 S.) 892.

Förstemann, E., zur Entzifferung der Mayahandschriften. I—IV. gr. 8. Dresden, (R. Bertling). à n. 1. —
I. (14 S.) 887. — II. (19 S.) 891. — III. Schildkröte u. Schnecke. (8 S.) 892. — IV. Blatt 24 der Dresdner Mayahandschrift. (17 S.) 891.

Förstemann, E., z. Entzifferg. d. Mayahandschriften. V.-VII. gr. 8. Dresden (R. Bertling). à n. 1. —
V. Zu Dresd. 71—73 u. 51—58. (12 S.) 895.
VI. Dresd. 31a—32a. (9 S) 897.
VII. Die Reihe Dresd. 51—58. (12 S.) 898.

Förstemann, E., Erläuterungen zur Mayahandschrift der königl. öffentlichen Bibliothek zu Dresden. Hrsg. auf Veranlassg. der Generaldirektion der kgl. Sammlgn. f. Kunst u. Wissenschaft. gr. 4. (80 S.) Dresden 886. Warnatz & Lehmann. n. 5. —

Förstemann, Ernst (Wilh.), Geschichte des deutschen Sprachstammes. 1. und 2. Bd. gr. 8. Nordhausen, Förstemann's Verlag. [1. Bd. (VII, 618 S.) 874. *ℳ 12.; 2. Bd. (IV, 323 S.) 875. *ℳ 6.] *

— Commentar zur Mayahandschrift der königl. öffentlichen Bibliothek zu Dresden. gr. 8. (IV, 176 S. m. Fig.) Dresden 901. R. Bertling. n. 7. —

— Commentar zur Madrider Mayahandschrift (Codex Tro-Cortesianus). gr. 8. (160 S.) Danzig 902. L. Saunier. 6. —

Förstemann, Ernst, Commentar zur Pariser Mayahandschrift (Codex Peresianus). (32 S.) gr. 8. Danzig 903. L. Saunier. n. 1. 50

Das Leben von Johann Heinrich Förstemann, Bürgermeister der freien Reichsstadt Nordhausen. (1708—1793) Zu s. 100. Todestage von Ernst Wilhelm Förstemann. Dresden 1893: C. Heinrich. (23 S.) 8° [J.]

Das Leben von Carl Wilhelm Förstemann, Superintendenten und Pastor (1777—1845). Von Ernst Wilhelm Förstemann. Berlin 1896: J. Sittenfeld. (15 S.) 8° [J.]

— s.: Mayahandschrift, die, der königl. öffentlichen Bibliothek zu Dresden.

Förstemann, E. W., Mittheilungen aus der Verwaltung der königl. öffentlichen Bibliothek zu Dresden in den J. 1866—1870. gr. 8. (47 S.) Dresden 871. Burdach. n. 1. —

Förstemann, E. W., Mittheilungen aus der Verwaltung der königl. öffentlichen Bibliothek zu Dresden in den J. 1871—1875. Hrsg. auf Veranlassung der Generaldirection der königl. Sammlungen für Kunst und Wissenschaft. gr. 8. (50 S.) Dresden 876, Burdach.

Förstemann, E. W., Mittheilungen aus der Verwaltung der königl. öffentlichen Bibliothek zu Dresden in den Jahren 1876—80. Hrsg. auf Veranlassung der Generaldirection der königl. Sammlungen für Kunst u. Wissenschaft. gr. 8. (50 S.) Dresden 881. Burdach. n. 1. —

Förstemann, Ernst G(ünther), altdeutsches namenbuch. 1. Bd.: Personennamen. 1—9. Lfg. A—Zwival. gr. 4. (XV S. und Spalte 1—1400.) Nordhausen 854—56, Förstemann. à Lfg. ** 1 Thlr. Thlr. **

— altdeutsches namenbuch. 1. Bd. Personennamen. (In 9 Liefg.) 2. Bd. Ortsnamen. 1 — 9. Liefg. Nordhausen 855—58. Förstemann. gr. 4. (1. Bd.: XV S., 1400 Sp.; 2 Bd.: Sp. 1—1440.) Jede Liefg. n. 1 ℛ

Förstemann, Ernst, altdeutsches namenbuch. 2. Bd. Ortsnamen. 10. Liefg. Nordhausen 859. Förstemann's Verlag. gr. 4. (IX, Sp. 1411—1700.) n. 1 ℛ

Altdeutsches Namenbuch von Prof Dr Ernst Förstemann 2. vollig umgearb. Aufl. Bd 1 2 Nordhausen: F. Förstemann (1: Bonn: P. Hanstein) 1872 1901. 2 Bde 4°
1 Personennamen (In 11 Lfgen) 1900(-01) 2 Ortsnamen 1872

— altdeutsches namenbuch. 2. band: ortsnamen 1—4. abth.: 2., völlig neue bearbeitg. gr. 4. (VIII 1739 Sp.) Ebend. 871. 72. à n. 10. —

Förstemann, Ernst. Altdeutsches namenbuch. Band 1: Personennamen. 2., völlig umgearb. aufl. XII S. + 1700 Spalten. 4. Bonn, P. Hanstein, 1900 (*Umschlag: 1901). [erschienen 1900—1901 in 11 Lieferungen à M. 5. —] Lesesaal

—— die deutschen Ortsnamen. gr. 8. (VII und 354 S.) Nordhausen 863, Förstemann's Verlag. *

Förstemann, F. C., Resultate 9jähriger, von Herrn Dr. Rauschenbusch angestellter Wind-Beobachtungen zu Elberfeld, zusammengestellt von —. (Aus. Arch. f Chem. u. Meteorol., B. 1, H. 2) 1830

— Die Temperatur-Verhaltnisse von Elberfeld. (Progr.-Abh.) Elberfeld 1831.

Förstemann, Jos., s.: Briefe an Desiderius Erasmus v. Rotterdam.

Förstemann, Jos., s.: Constitutiones, novae, audientiae contradictarum in curia romana etc.

Foerstemann, Iosephus: De dialecto Hesiodea. Halis Saxonum (1863): Orphanotropheum. 44 S. 8°
Halle-Wittenberg, Phil. Diss. v 14. Aug. 1863
Geb. [Halle a. d. S. 12. 2. 1841]

Foerstemann, Jos., de dialecto Hesiodea. Dissert. inaug. philologica. Halle 864. (Nordhausen, Förstemann's Verlag.) gr. 8. (45 S.) n. 6 ngr.

— Fragment aus e. Stadtbuch d. Altstadt Bernburg (1401—1420). Hrsg. v. F. [Aus: „Neue Mitteilgn. aus d. Gebiet histor.-antiquar. Forschgn."] gr. 8. (39 S.) Halle 897. (E. Anton.) n. — 80

Mitteilungen aus Urkunden und Handschriften der Universitätsbibliothek zu Leipzig. Von Joseph **Förstemann**. 1. Fragmente von Akten zweier Provinzialcapitel der sächsischen Provinz des Dominicanerordens. [Mehr nicht erschienen.] ([Leipzig: B. G. Teubner] 1895.) (S. 15–31.) 8°
Aus. Berichte d. Kgl. Sächs Ges. d. Wiss. Sitzung v. 2. Febr. 1895. [46. 14336 8

Förstemann, Jos., s.: Urkundenbuch d. Stadt Leipzig.

Förstemann, Karl Eduard

Foerstemann, Carol. Eduard., s.: Album academiae Vitebergensis.

Förstemann, Karl Eduard, Archiv f. d. Geschichte d. kirchl. Reformationen, s. Archiv.

Förstemann, K. Ed., Einige Bemerkungen über d. Verfasser d. Lamentationes obscurorum Virorum. Halle (W. Plötz) 1837. 22 S. (3.50) 9132
Gewidm.: Traug. Gotth. Voigtel (Halle) z. 9. VI. 1837.

— Denkmale, dem D. Martin Luther von d. Hochachtung u. Liebe seiner Zeitgenossen errichtet u. zur 3. Säcularfeier des Todes Luthers. gr. 8. Nordhausen 846, Förstemann. n. 2/3 ℛ
— Daraus apart: D. Martin Luthers Tod u. Begräbniß im Jahre 1546. Zur 3. Säcularfeier des Todes Luthers mitgetheilt. gr. 8. Ebend. 846. n. 8 ngl

— s. Jb. Förster, zehn Briefe.

— s. Luther, Mart., sämmtl. Schriften. — Luther's, Dr. M., Testamente. — Melanchthon, Ph., historia de Vita M. Lutheri.

Förstemann, Karl Ed., neue Mittheilungen a. d. Gebiete histor.-antiquar. Forschungen, s. Mittheilungen.

—— Provinzial-Blätter f. d. Provinz Sachsen, s. Provinzial-Blätter.

· - Georg Friedrich Händel's Stammbaum nach Original-Quellen u. authent. Nachrichten aufgestellt u. erläutert. Roy.-Fol. (6½ B.) Leipzig 843, Breitkopf u. Härtel.

Förstemann, Karl Ed., Georg Friedrich Händel's Stammbaum nach Original-Quellen u. authent. Nachrichten aufgestellt u. erläutert. Roy.-Fol. Leipzig 844, Breitkopf u. Härtel. 2/3 ℛ

—— Dr. Martin Luthers Tod u. Begräbniß im Jahre 1546. Z. 3. Säcularfeier d. Todes Luthers mitgetheilt. gr. 8. (5¾ B.) Nordhausen 846, Förstemann. *
Aus: Diss. Denkmale zc, besond. abgedruckt.

—— Urkundenbuch zu d. Gesch. d. Reichstages zu Augsburg im J. 1530. Nach d. Originalien u. nach gleichzeit. Handschriften hrsg. 2 Bde. gr. 8. Halle, Buchh. d. Waisenhauses.
Bd. 1. Von dem Ausgange d. kaiserl. Ausschreibens bis zu d. Uebergabe d. Augsburg. Confession. (36 B.) 833. 2 Thlr. 12 Gr.
„ 2. Von der Uebergabe d. Augsb. Confession b. zu d. Schlusse d. Reichstages. (55½ B.) 835. 3 Thlr. 18 Gr.

– s. Urkundenbuch, Neues, zur Geschichte der evangelischen Kirchen-Reformation.

Förstemann, Paul [Assistenzarzt d. chir. Abteilg am städt. Krankenh. Moabit]: Ueber die durch die Lähmungen von Gehirnnerven gestatteten Rückschlüsse auf den Sitz oder den Verlauf der Basisfrakturen . . . Jena, Frommannsche Hof-Buchdr., 1896; 25 S. 8.
Jena, Med. Fak., Inaug.-Diss. v. [21. Dez.] 1896

Förstemann, Th.: Uebersichtliche Darstellung der wichtigsten Lehren des gemeinen deutschen Lehnrechts mit Angabe der bedeutenderen Abweichungen des preußischen Landrechts. Berlin 1837.

Foerstemann, Thdr., Beitrag zum Verständniß der in Preußen schwebenden Grundsteuerfrage besonders vom Standpunkt des Rechts. Berlin 860. Wagner. gr. 8. (35 S.) n. 6 ngr.

Förstemann, Thdr., das preußische Eisenbahnrecht u. die unter dessen Schutz entstandenen Eisenbahnunternehmungen. Berlin 869. Sacco. gr. 8. (56 S.) n. 10 ngr.

— zur Geschichte der preußischen Monarchie. Kaiserliche privilegia de non appellando für die Reichslande der brandenburgischen Hohenzollern. Königl. polnisches privilegium de non appellando für das Herzogthum Preußen = privilegium Lublinense. Bildung des Höchstgerichts zc. Eine Quellenarbeit. Nordhausen 867. Förstemann. gr. 8. (101 S.) n. 20 ngr.

Förstemann, Th: Principien des preussischen Polizeirechts. Dargestellt und in ihren Grundlagen gepruft Berlin: Hempel 1869.

· - Principien des preußischen Polizeirechts. Dargestellt u. in ihren Grundlagen geprüft. Berlin 870 Hempel gr. 8. (XX, 187 S.) n. 3 ℛ 15 ngr

—— die directen und indirecten Steuern historisch und kritisch beleuchtet. Eine Untersuchung ihres Unterschiedes mit besond. Berücksichtigung des preuß. Steuersystems. gr. 8. (IV und 82 S.) Nordhausen 867, Förstemann's Verlag. *

Förstemann, Thdr. Die directen und indirecten Steuern historisch und kritisch beleuchtet. Eine Untersuchung ihres Unterschiedes mit besond. Berücksichtigung des preuss. Steuersystems. gr. 8°. Nordhausen, Förstemann, 1868.

Förstemann, Wilhelm August

Förstemann, W. A. Ueber die Auflösung quadratischer, kubischer und biquadratischer Gleichungen, bes. mittelst goniometrischer Funktionen. 25 S.

Progr. Danzig 1836

Förstemann, Wlh. A., Beitrr. zu e. einfachen elementar. Behandlung d. Lehre von d. Kegelschnitten, nach geometr. Methode. Mit 2 Figurentaf. 4. Danzig 832. Anhuth. 12 gl

Förstemann, W. A. Beiträge zu einer einfachen elementaren Behandlung der Lehre von den Kegelschnitten nach geometrischer Methode. 35 S.

Progr. Danzig 1833

— Beiträge zu einer einfachen elementaren Behandlung der Lehre von den Kegelschnitten, nach geometrischer Methode. Mit 2 Figurentaf. gr. 4. Danzig 833. (Anhuth.) ½ ℛ

Förstemann, W. A. Bemerkungen über verschiedene Begriffe und Theorieen aus der allgemeinen Größen- und Zahlenlehre. 28 S. . . .

Progr. Danzig 1825

— Bemerkk. über verschied. Begriffe u. Theorien, aus d. allgem. Größen- u. Zahlenlehre. gr. 4. Danzig 826. (Gerhard). 8 gl

Förstemann, W. A. Diskussion der allgem. algebr. Gleichung des 2. Grades zwischen zwei Veränderlichen, oder Untersuchung über die durch eine solche Gleichung bei ihrer Beziehung auf Parallel-Coordinaten in einer Ebene dargestellte Curve. 31 S. .

Progr. Danzig 1831

Förstemann, W. A., über den Gegensatz positiver und negativer Größen. Mit Kupf. gr. 8. Nordh. (Leipzig, Lauffer.) 817. Rthlr.

Förstemann, Guil. L., Inquisitio in plurim. angulor. functiones goniometr., quarum valores per radicos aequat. quadrat. exhiberi possunt. 4maj. Halae, Renger. 820.

Wilhelm August Foerstemann

Lehrbuch der Geometrie, besonders als Hülfsmittel zum Unterrichte an höheren Bildungsanstalten, abgefaßt von Wilhelm August Förstemann. Th.1.2. Danzig: Anhuth 1827-29. 8°

Th.1: Welcher die ebene Elementar-Geometrie enthält. 1827.
Th.2: Welcher die Anwendung der Algebra zur Auflösung geometrischer Aufgaben, die Trigonometrie, Polygonometrie u. Cyclometrie enthält. 1829.

— Lehrbuch d. Geometrie, besonders als Hülfsmittel zum Unterr. d. höhern Bildungsanstalten. 1r Thl., mit 7 Kpft. u. 2r Thl., mit 6 Kpft. gr. 8. Danzig 827 u. 29. Anhuth. (à 1 ℛ 12 gr) 3 ℛ

—— Lehrbuch d. Geometrie, besond. als Hülfsmittel z. Unterr. an höh. Bildungsanstalten. 2. Thl., welcher d. Anwend. d. Algebra zur Auflösung geometr. Aufgaben, die Trigonometrie, Polygonometrie u. Cyclometrie enthält. M. 6 Figtaf. (in 4.) gr. 8. (19 B.) Danzig 829, Anhuth.
1. Thl. Ebendas. 1827. 1 Thlr. 12 Gr.

Foerstemann, Guihelmus Augustus: Theoriae punctorum centralium primae lineae Halae 1817: Baentsch. 28 S., 1 Taf. 8° (4°)
Halle-Wittenberg, Phil. Diss. v. [30. Juni] 1817, nachträglich gedruckt
Geb. [Nordhausen 29. 10. 1791]
Im Buchhandel u. d. T.: Theoria .... Halle: Renger 1818. 4°

— Theoria punctorum centralium primae lineae. 4. Halle 818. Renger. 8 gr

Förstemann, Wilh. Aug., arithmetisches Uebungsbuch, e. Hülfsmittel zu e. zweckmäßigen Unterrichte in der Zahlenrechnung, Buchstabenrechnung und Algebra. gr. 8. Königsberg 834. Gebr. Bornträger. 1 1/2 ℛ

Förstemann, Wilh. Aug., arithmet. Uebungsbuch, ein Hülfsmittel zu e. zweckmäß. Unterr. in d. Zahlenrechnung, Buchstabenrechnung u. Algebra. gr. 8. (32 1/8 B.) Königsberg 835, Gebr. Bornträger.

Förstemann, Wilh. L., s. Förstemann, Wilhelm August

Forsten u. Holzungen, die, im Deutschen Reich, s. a. Vierteljahrshefte zur Statistik des Deutschen Reichs. 1903. II. Erg.-Hft.

Die Forsten und Holzungen im Deutschen Reich nach der Erhebung des Jahres 1900. - Berlin 1903. 143 S., 3 Kt., 2 Tab. - (Vjh. z. Statistik d. Dtsch. Reichs, Ergänzungsh. z. 1903, II)

Die Forsten der Freien- und Hansestadt Lübeck 1854. - Lübeck 1857

Forsten, Eltio Alegondus, Dissert. botanico-pharmaceutico-medica inaug. de Cedrela febrifuga. 4maj. (Mit 1 color. Steintaf.) Lugduni Bataviae 836. van der Hoeck. (Lipsiae, Weidmann.) n. 1 7/12 ℛ

Forsten, Hans, Allerseelen. gr. 8. (7 S.) Dessau 898. B. Baumann. n. — 20

– Ein lustiges Atelier, s.a. Geschichten, Intime.

Ein lustiges Atelier. Scenen aus d. Bohémeleben von Hans Forsten [d. i. S Furstenheim]. Berlin: Berliner Roman-Verl. [1905]. (48 S.) 8° [F.]
— Geschichten, Intime. 72. [05 7334]

– in wilder Ehe, s. Geschichten, Intime.

– Die verschwundene Frau, s. Geschichten, Intime.

– Geld, s.a. Geschichten, Intime.

Geld. Eine Geschichte aus dem Pariser Bohémeleben von Hans Forsten [d. i. S. Furstenheim]. Berlin: Berliner Roman-Verl. [1904]. (48 S.) 8° [F.]
— Geschichten, Intime. 35. [05 7097]

[F.] Unser Kaiser in Palästina. Reise Kaiser Wilhelm II. u. d. Kaiserin Auguste Victoria nach d. gelobten Lande. Der deutschen Jugend erzählt v. Hans Forsten. M. 2 färb. Ill. u. 16 Vollbild nach Momentaufnahmen während d. Kaiserreise. Berlin. Globus [1898]. (2 Bl., 211 S., 10 Taf.) 1 Bd 8. [99 ...]

Forsten, Hans (S. Fürstenheim), unser Kaiser in Palästina. Reise Kaiser Wilhelm II. u. der Kaiserin Auguste Viktoria nach dem gelobten Lande. Der deutschen Jugend erzählt. Mit 2 farb. Illustr. u. 16 Vollbildern nach Momentaufnahmen während der Kaiserreise. 2. Aufl. gr. 8. (212 S.) Berlin (900). Globus-Verlag. Geb. in Leinw. n. 2. —

– Ketten, s. Geschichten, Intime.

— u. Walt. Kronecker, Kinderstimmen. Einakter-Cyklus. gr. 8. (152 S.) Berlin 900. E. Bloch. Kart. n. 3. —

— der russisch-japanische Krieg. Ausg. f. die Jugend. Illustriert v. J. W. Sachs. (218 S. m. 4 Farbdr.) 8. Berlin (905). Schreiter. Geb. in Leinw. 3. —

– Juanitas Rache, s. Geschichten, Intime.

— aus dem Reiche des Bachschisch. Skizzen u. Erzählgn. aus dem Orient. schmal gr. 8. (218 S.) Berlin 901. M. Greyl. n. 2. —; geb. 3. —

– (Hrsg.), s. Theater, Die, der Welt.

— was muss man in Italien gesehen haben? Kurzer Führer durch die Sehenswürdigkeiten u. Kunstschätze Italiens. Zum prakt. Gebrauch hrsg. (40 S.) 8. Berlin 903. H. Steinitz. n. 1. —

— wohin soll ich reisen? Was kann die Reise kosten? Erprobte Reisevorschläge f. kleine u. grosse Vergnügungs- u. Erholungsreisen in Deutschland, Oesterreich, Schweiz, Schweden, Italien. Welt-Ausstellg. Lüttich 1905. 1. Ausg. (56 S.) Berlin (905). P. Speier & Co. n. — 50

Forsten, Hans, die neue Hose. Die Dame v. Maxim. Sein Verhältnis. Ein lustiges Atelier, s.: Bibliothek intimer Geschichten.

Forsten, Hans, die neue Hose, s.: Geschichten, intime.

Forstén, Rudolf, Beiträge zur Kenntniss der oberen Luftströme. Helsingfors 1890.

Forsten, R., disquis. med. cantharid. histor. natur. chem. et medic. exhibens. 8. Strasb. König. 776.

Forsten, Rud., disquis. med. cantharid. hist. natur. chem. et med. exhibens. 4maj. Strassb. 789. König. 12 gr

— Μακροβίωσις seu ars diu vivendi. 4maj. Harderovici 804. (Weigel in Leipz.)

Forsten, Rud., academ. Rede, über d. Vorsicht d. Gesetze, den noch nicht gebornen Menschen auch beim Absterben d. Mutter beim Leben zu erhalten. 8. Stendal 795. Franzen u. Gr. 2 gr

— Sermo acad. pro legum providentia in homine nondum nato etiam extincta matre servando. 4maj. Leipz. 789. (Weidmann). 12 gr

Förstenau, J. Ferstl v., s. Ferstl v. Förstenau.

Förstenberg, Wilh., kgl. sächs. Gesetz betr. d. Vereins- u. Versammlungsrecht, s.: Meinhold's juristische Handbibliothek.

Forsteneichner, A., Naturbilder. Für Jung u. Alt. Mit Orig.-Zeichnungen von H. Küster. Schaffhausen 865. Hurter. gr. 16. (VI, 506 S. m. Holzschn. im Text u. 10 Holzschntaff.) 1 ℛ 7 1/2 ngr

Forsteneichner, A., Naturbilder für Jung und Alt. Mit 17 Abbildungen. 8. Schaffhausen, Fr. Hurter'sche Buchh. 1871. 4. 75

Forsteneichner, A., Naturbilder. Für jung u. alt. 2. Aufl., umgearb. u. besorgt von Otto v. Schaching. gr. 8. (VIII, 544 S. m. Bildnis.) Regensburg 893. Nationale Verlags-Anstalt. n. 3. 20; geb. in Leinw. n. 4. —

Forsteneichner, A., Naturbilder. Für jung u. alt. Umgearb. von Otto v. Schaching. 8. Aufl. (VIII, 527 S. m. Abbildgn. u. Bildnis.) gr. 8. Regensburg 908. Verlagsanstalt vorm. G. J. Manz. n. 3. 20

Forsteneichner, Ant., Primiz-Predigt zur Feier des ersten heiligen Meßopfers des hochw. Herrn Balthasar Daller in Niklasreuth, gehalten am 15. Juli 1860. 2. Aufl. gr. 8. (20 S.) Freysing 861, (Datterer.)

Forstenheim, Anna

Forstenheim, A., Caterina Cornaro. Historisches Dram in 5 Aufzügen. [Den Bühnen gegenüber als Mscr. gedr gr. 8. (84 S.) Wien 875. Wallishausser. n. 2. 4

Forstenheim, A., Manoli. Rumänische Volkssage, erzählt. 12. (102 S.) Wien 883. Konegen. cart. n. 2. —; geb. n. 3. —

Forstenheim, A., die schöne Melusine, s. a. Schwind, Mor. v.

Forstenheim, A., die schöne Melusine. Märchen in 12 Gesängen [zu M. v. Schwind's Aquarellen-Cyclus]. 16. (78 S.) Stuttgart 881. Neff. n. 2. —; geb. m. Goldschn. n. 3. —

— die schöne Melusine. Märchen in 12 Gesängen [zu Moritz v. Schwind's Aquarellen-Cyclus]. 2. Aufl. 16. (82 S.) Stuttgart 883. Neff. n. 1. —; geb. n. 1. 50

Forstenheim, Anna

Prinz Tantalus. Erzahlung. Berlin 1881.

In: Roman-Zeitung, Deutsche. Bd 4.

— Prinz Tantalus. Erzählung. 8. (360 S.) Berlin 882. Janke. 4. 50

Forstenheim, A., der Zauberring d. Herzens. Roman in 3 Bdn. 8. (271, 333 u. 372 S.) Leipzig 889. Friedrich. n. 12. —

Forstenheim, Clara (Frau Clara Kestranek), Amor in Uniform. Novelletten aus Österreich-Ungarns Garnisonen. 8. (52 S.) Berlin 897. Vossische Buchh. 1. —; geb. n. 1. 60

Gedichte von Clara **Forstenheim** [d. i. Kestranek]. Dresden & Leipzig: E. Pierson 1892. (89 S.) 8° [F.] [07. 8687

— Seelenblüten. Gedichte u. Märchen. 8. (171 S. m. Bildn.) Ebd. 895. n. 2. 25; geb. n. 3. —

Forster, die Familie. Erzählung von der Verfasserin der „Margarethe. Ein christlicher Roman von Frauenhand." Halle 860. Fricke. 8. (314 S.) 24 ngr.

Forster, Jos., katholischer Pfarrer zu Hüttenheim. Ein Lebensbild, gezeichnet v. G. J. B. 8. (VIII, 167 S.) Regensburg 886. Verlags-Anstalt. 1. 80

Forster

— s. a. Förster.

Forster, über nervöse Leberkolik. (Neuralgia hepatis s. Colica hepatica non calculosa.) gr. 8. (32 S.) Leipzig 900. F. C. W. Vogel. n. 1. —

Forster, Prof. Dr., Lehrbuch der inneren Heilkunde. Zum Gebrauche der neu errichteten Schulen für Bader im Königreiche Bayern nach Höchstem Auftrage verfaßt. gr. 8. Landshut 839. Palm. 1 1/4 Thlr

Forster, Lehrbuch d. inneren Heilkunde. Zum Gebr. d. neu erricht. Schulen f. Bader im Königr. Bayern rc. gr. 8. (15 1/2 B.) Landshut 839, [v. Vogel'sche Vrlsbuchh.]

Forster, Hauptm. Freiherr v.

— — 2 umgearbeitete Aufl. unter dem Titel: „Die Ursachen und der Verlauf des russisch-türkischen Krieges in Europa in den Jahren 1877—1878. Bis zum Abschlusse des russisch-türkischen Friedens im Februar 1879". Mit 1 Uebersichtskarte und 1 Plan von Plewna. 8. Berlin 1879.

Forster, A., der Welt Anfang und Ende. Oeffentlicher Vortrag gehalten im Cyclus populärer Vorträge der Berner naturforsch. Gesellschaft. Lex.-8. (72 S. mit 1 Spectraltaf.) Bern 874, Huber und Comp.

Forster, A: Ueber Darstellung künstlicher Leuchtsteine. Vortrag. (Bern 1867)

Forster, A. v., die Erzeugnisse der Stempelschneidekunst in Augsburg u. Ph. H. Müller's, nach meiner Sammlung beschrieben, u. die Augsburger Stadtmünzen. (IV, 201 S.) Lex. 8. Leipzig 910. K. W. Hiersemann. 12. —

Forster, A, die Milchkontrole in d. Stadt Plauen i. V. Vortrag, geh. auf d. 10. Hauptversammlg. d. „Vereinigg. öffentl. analyt. Chemiker Sachsens". [Aus: „Ztschr. f. öffentl. Chemie".] gr. 8. (15 S. m. 1 Taf.) Weimar 898. C. Steinert. n. — 50

Forster, A., Parabeln. Aus dem Englischen des Verfassers von Little poems for little people. Mit 10 Holzschn. nach Zeichnungen von Schmelzer. Glogau 861. Flemming. 16. (2 Bl., 169 S.) 15 ngr.

Forster, A. E.: Simony' Arbeiten. Bibliogr. d. Druckwerke. Verz. d hs. Werke u. Photographien im geogr. Inst. d. Wiener Univ u. in and. Wiener Sammlgn bearb. v. Dr. J. Longo u. Dr. A. E. Forster. Wien 1898.
in: Penck, Albrecht: Friedrich Simony
= Abhandlungen, Geographische, hrsg. v. A. Penck. Bd VI H 3. [1898]

Forster, Adf. E., die Temperatur fliessender Gewässer Mitteleuropas, s. a. Abhandlungen, geographische.

Forster, Adolf E. Die Temperatur fliessender Gewässer Mitteleuropas. Mit einer Tafel und 25 Tabellen. Wien 1894. 96 S.
= Geographische Abhandlungen. Bd 5. Heft 4. 8°

Forster Adolf: Die Temperaturverhältnisse fliessender Gewässer in Mitteleuropa.
1893 PN 789 Diss. Wien, Univ. 2352

Forster, Aimé

Forster, A., Bericht über die meteorolog. Beobachtungen der Sternwarte zu Bern f. d. 1872. 23 Stn. 8. mit 1 Tabelle in fol. Bern. 1873.
Separat-Abdr. a. d. Bern. Mittheilungen.

Forster, A. (Prof. Dr.) Das Erdbeben der schweiz. Hochebene v. 27. Januar 1881 (Berner-Beben). In-4°, 30 S. Bern, Haller. 1883. 1 —

Forster, A., das Erdbeben der schweizerischen Hochebene, vom 27. Jan. 1881 [Berner Beben]. gr. 4 (30 S.) Bern 883. Nydegger & Baumgart. n. 1. —

Forster, A[imé]. Die Schweizerischen Erdbeben im Jahre 1882 Zusammengestellt nach den von der schweiz. Erdbebenkommission gesammelten Berichten von Prof. Dr A. F". 4. Bern 1883.

Forster. A[imé]. Die Schweizerischen Erdbeben im Jahre 1883 Zusammengestellt ... von Prof. Dr. A. F". 4. Bern 1884.

Forster. A[imé]. Die Schweizerischen Erdbeben in den Jahren 1884 und 1885 Zusammengestellt nach den von der schweizerischen Erdbebenkommission gesammelten Berichten von Prof. Dr. A. F"... 4. Bern 1884.

[Forster, Aimé.] Zur Erinnerung an Prof. Dr. M(elchior) Knaus. [Separatabdruck aus dem «Bund» 1901, April 9/10.] 8 S. 8. Bern, Jent & Co., 1901.

Forster. [Aimé]. und Grutzner. [Paul]. Gedenkblatt an Prof. Dr. G(abriel) G(ustav) Valentin, Geboren... den 8. Juli 1810, Gestorben zu Bern den 24. Mai 1583. Zwei Reden gehalten von HH. Prof Dr. F' und Prof. Dr. G'. [SA.] 8. Bern 1883.

Forster, A., Jahresbericht über die Thätigkeit der Naturforschenden Gesellschaft i. J. 1872. 9 Stn. 8. Bern. 1873.
Sep.-Abdr. aus den „Mittheilungen" 1872.

FORSTER, A.: Resultate der meteorologischen Beobachtungen an den selbst-registrierenden Instrumenten des Physikalischen Instituts der Universität zu Bern, nebst Publikationen der forstlich-meteorologischen und phänologischen Stationen des Kantons Bern, mitgetheilt vom Kantonsforstmeister Fankhauser. Für die Jahre 1876, 1877. - Bern, Biel 1877 u. 1879

(Forster, A.), Resultate der meteorologischen Beobachtungen an den selbst-registrirenden Instrumenten (der Sternwarte fur das Jahr 1875) des physikal. Institutes fur das Jahr 1876, 77 Jahrbücher des tellurischen Observatoriums 1878, 80. Bern 1876, 77, 81 Biel 1879, 80.
Nebst: (Fankhauser), Beobachtungs-Ergebnisse der im Kanton Bern zu forstlichen Zwecken errichteten meteorologischen Stationen 1875—78, 80. Bern 1875—78, 80

Forster, Prof. A., über den Sternschnuppenfall vom 27. Nov. 1872. 6 pp. in-8. Bern. 1873.
Sep.-Abdr. a. d. Mittheilungen der bern. naturf. Gesellschaft.

Forster, A Uebersicht der schweizer Erdbeben im December 1881 Bern 1882 4.

Forster. A[imé]. Die stundliche Vertheilung des atmosphärischen Niederschlages, abgeleitet aus den Aufzeichnungen der selbstregistrirenden Ombrometer der Sternwarte zu Bern. [Mit 4 Tafeln. SA.] 4. [Zurich 1874.]

Forster, Alb., & Rich. Schmid, die Münzen d. freien Reichsstadt Augsburg von erlangtem Münzrecht (1521) an b. zum Verluste d. Reichsfreiheit (1805), beschrieben nach Originalen. hoch 4. (VI, 50 S. m. 8 Lichtdr.) Augsburg 897. München, Dr. E. Merzbacher. n. 4. 50

Forster, Alfr., eine durch eigentümliche Beziehungen zwischen Planetenentfernungen und Planetenmassen veranlasste neue Hypothese der Entwicklung des Sonnensystems. Vortrag, gehalten auf der 59. Versammlung deutscher Naturforscher und Ärzte in Berlin in der Sektion für Mathematik und Astronomie. gr. 8. (16 S.) Stuttgart 886, Metzler'sche Buchh., Verlag. *

— Studien zur Entwicklungsgeschichte d. Sonnensystems. Mit 5 Fig. gr. 8. (VII, 60 S.) Ebend. 885. n. 2. 60

Forster, Andreas, approb. Arzt aus Masmünster (Ob-Els.): Beiträge zur Kenntniss der Entwicklungsgeschichte des Interparietale. *Stuttgart: E. Nägele 1901.* (S. 99—148.) 8°
¶(Aus: Zeitschrift f. Morphol. u. Anthropol., Bd 4.)
Strassburg, Med. Diss. v. 1901

Forster, A., das Muskelsystem e. männl. Papua-Neugeborenen, s.a. Acta, nova, academiae usw. naturae curiosorum. 82 I.

(Aus d. anat. Inst. in Straßburg.) Beitrag z. vergl. menschl. Anatomie. Das Muskelsystem eines männlichen Papua-Neugeborenen. Von Dr. A[ndreas] Forster, Assist. in Straßburg. Mit 3 Taf. *Leipzig: W. Engelmann in Komm. 1904.* (140 S.) 4°
— Acta, Nova, Academiae Caes. Leopoldino-Carolinae. T. 82, No 1. [04 485]

Forster, Ant., De melancholia. Frcf. ad V. 4°. 1791

Forster, Barth., entlarvter Aberglaube bei Reliquien, Bildern u. andern geweihten Sachen, zur Wiederherstellung d. Christenthums. 8. Münch. (803.)

— von d. Interesse d. röm. Kurie an Ablässen u. Bruderschaften. 8. Münch. 803.

FORSTER, Bill, Anders als die Andern. Roman. Berlin 1904. 8°. (Mk. 5—) (2 Mk. H. Sussenguth, Berlin, 1911)

Forster, C., s.a. Forster, K.

– s.a. Forster, Karl

Forster, s.a. Guide, nouveau, de conversations modernes.

GV40
3

Forster, C., Bellenger, Fischer et Witcomb, nouveau guide de conversations modernes en polonais, français, allemand et anglais ou dialogues usuels et familiers etc. A l'usage des voyageurs et des personnes qui se livrent à l'étude de ces langues. A. u. d. T.: Nowy przewodnik w rozmowach nowoczesnych w języku polskim, francuskim, niemieckim i angielskim etc. — Berlin 855. Behr. 12. (2 Bl., VI, VI, 236, 236 S.) 25 ngl

Forster, Boltz, Bellenger et Fischer, nouveau guide de conversations modernes en Polonais, Russe, Français et Allemand ou dialogues usuels et familiers cont. en outre de nouvelles conversations sur les voyages, les chemins de fer, les bateaux à vapeur à l'usage des voyageurs et des personnes qui se livrent à l'étude de ces langues. Nouvelle édit. 12. (XVIII und 472 S.) Berlin 859, Behr's Buchh.

Forster, C., nouveaux guides de conversations modernes, s. Bellenger. — Fischer. — Guide. — Przewodnik.

— i A. Boltz, nowy przewodnik w rozmowach nowoczesnych w języku polskim i ruskim. Do użytku podróżnych lub osób poświęcających się nauce jednego z tych języków. 12. (IX und 236 S.) Berlin 854, Behr's Buchh.

Forster, C., i A. Boltz, nowy przewodnik w rozmowach nowoczesnych w języku polskim i ruskim. Nowe wydanie. gr. 16. (X und 236 S.) Berlin 865, Behr's Buchh. cart.

— **Boltz, Fischer i Bellenger**, nowy przewodnik w rozmowach nowoczesnych w języku polskim, ruskim, niemieckim i francuskim, czyli rozmowy zwyczajne i poufale powiększone rozmowami etc. Do użytku podróżnych lub osób poświęcających się nauce jednego z tych języków. A. u. d. T.: Новое Руководство для Польскаго, Русскаго, Нѣмецкаго и французскаго Бесѣдование etc. Ebend. 855. 12. (3 Bl., IV, IV, 236, 236 S.) 25 ngl

— i. A. **Boltz**, nowy przewodnik w rozmowach nowoczesnych w języku polskim i ruskim czyli rozmowy zwyczajne i poufale etc. Do użytku podróżnych lub osób poświęcających się nauce jednego z tych języków. A. u. d. T.: Новое Руководство для Польскаго и Русскаго Бесѣдованія etc. Berlin 854. Behr. 12. (2 Bl., VI, 236 S.) 15 ngl

— dass. — W języku ruskim i polskim. Nowe wydanie. gr. 16. (X und 236 S.) Ebendas. 865. cart.

— s.: Sprachenführer, neuer.

E. Forster. Die platonischen Mythen. 50 S. Rastatt, P 1873

Forster, Edm., s.: Aufgaben, die wichtigsten, f. die erste Behandlung der versicherten Verletzten.

— Die klinische Stellung der Angstpsychose. (260 S.) Lex. 8. Berlin 910. S. Karger. 8.—; geb. 9. 60

Forster, Edmund Robert, approb. Arzt aus Strassburg: Versuche über das Verhalten des Muskels, wenn Muskel und Nerv zugleich electrisch durchstromt werden. *Strassburg i. E.: J. Singer 1901.* (24 S.) 8°
Strassburg, Med. Diss. v. 1901

Forster, Eduard, Haar- u. Barttrachten vom Altertum bis zur Gegenwart, s.: Sammlung v. Unterrichtsbehelfen der Münchener Gewerbeschulorganisation.

Forster, Edward. Theoretische und praktische Anweisung zur Geburtshülfe; a. d. Engl. Leipzig 1786. Ü: *Spohr, Carl Heinrich.* (Ky) (MGT)

Forster, Ed., Anweis. zur Geburtshülfe; aus d. Engl. 8. Leipz. 786. Junius. 14 gl

Emanuel Forster. Marci Aurelii Antonini vita et philosophia. 71 S. Rastatt, P 1869

Forster, Ernst. Über Verletzungen der Wirbelsäule und des Rückenmarks durch kleinkalibrige Geschosse. *Kopftitel:* Aus der chirurgischen Abteilung der Kantonalen Krankenanstalt in Aarau. Chefarzt: Dir. Dr. H[einrich] Bircher. 8.
Ausg. A: Diss. Med. [Univ.] Zürich von E' F'.... 44 S. Aarau, G. Keller, 1907.
Ausg. B: Von Dr. med. E' F'. S. 3—44. — 21. Jahresbericht über die Kantonale Krankenanstalt in Aarau ... 1907. Aa', G. K', 1908. (Beilage.)

Forster, Fortunat, Ideen üb. Gebilde der Clausillen, s. Acta n. phys.-med. Acad. Caes. Leopold. Carol. XIX. Prs. II.

Forster, Dr. Fr. Friedrich der Grosse. Geschildert als Mensch, Regent und Feldherr. Eine wahrheitsgetreue Geschichte seines Lebens und seiner Thaten. Dem deutschen Volke gewidmet. 4. Aufl. Mit 130 in den Text eingedruckten Abbild. und einem lithochromirten Titelbild. 8. Berlin 1860.

FORSTER, Franz Joseph (Sonnenhorn): De effectu salium in nutritione. (Titel nach der Urkunde) 29.7.1868 – Urk; F 72; Chr 1868/69,13
Diss. Ingolst.-Landsh.-Mchn.

Forster, Friedrich, von Diessenhofen, Kt Thurgau: Beiträge zur Kenntniss der salpetrigen Säure. – Ueber Umlagerungen. Zür. Orell Füssli Cie Dr. 1876. 52 S., 1 Bl. Ergänzungen u. Errata. 8°
Zürich, Phil. Diss. [v. 26. Jan. 1877]

Forster, Frobenius, Dissertatio de Scripturae sacrae Vulgata editione eiusque authentica. Ratisbonae, 1748, 4°.

Forster, Frob., Meditatio philosophica de mundo mechanico et optimo secundum systema Leibnizio-Wolfianum. Salzburg 1747, 4°.
Rec. Fortges. auserles. Litt. des kath. Teutschl. Bd. 1, Nr. 4, S. 558 Regensburg. Gelehrte Nachricht. 1747, S. 195.

Forster, Georg

— Anrede an d. Gesellschaft d. Freiheit u. Gleichheit. 8. Mainz 793.

Forster, G., Ansichten vom Niederrhein, s. a. Bibliothek der Gesamt-Litteratur d. In- u. Auslandes.

Forster, Geo., Ansichten vom Niederrhein, s. a. Bibliothek der deutschen Nationallitteratur des 18. und 19. Jahrh.

Forster, Geo., Ansichten vom Niederrhein, v. Brabant, Flandern, Holland, England u. Frankreich, s. a. Meyer's Volksbücher.

Forster, Geo., Ansichten vom Niederrhein, v. Brabant, Flandern, Holland, England u. Frankreich, s. a. Universal-Bibliothek.

Forster, G., Ansichten vom Niederrhein, s. a. Volksbibliothek f. Kunst u. Wissenschaft.

Forster, Johann Georg Adam. Ansichten vom Niederrhein . . . Berl. 1791—94. H (Th. 3): *Huber, Ldw. Ferd.* (Ky)

Forster, Jh. Geo. Adm., († d. 12. Jan. 1794.) Ansichten vom Niederrhein, v. Brabant, Flandern, Holland, England u. Frankreich, im April, Mai u. Juni 1790. 3 Thle. (3r Thl. herausg. v. L. F. Huber). Mit Kpf. 8. Berl. 791—94. (1r u. 2r Thl. P A. 800 u. 804.) Voß. 4 ℛ 12 gℊ Velinp. 7 ℛ

Forster, Georg Ansichten vom Niederrhein, von Brabant, Flandern, Holland und Frankreich im April, Mai und Junius. Leipzig 1843. VI. 514 S.
— Forster Sämmtliche Schriften Bd 3 8°.

Forster, J. G. A. Antwort eines freien Mainzers an den Frankfurter, der mit d. Franken Custine gesprochen. 8. Mainz 1792.

— Antwort an den Göttinger Recensenten. 8. Götting. 778.

— s. Anburey, Reisen. — Beitr. z. Kenntniß v. Großbritannien.

— s. Benjowski, Moritz August von: Schicksale u. Reisen.

— s. W. Bligh, Reise. — Briefe über Italien v. J. 1785.

— Briefe u. Tagebücher v. seiner Reise am Niederrhein, in England u. Frankreich im Frühjahr 1790, hrsg. v. Alb. Leitzmann. gr. 8. (XI, 309 S.) Halle 893. M. Niemeyer. n. 6. —

Forster, Joh. Georg Adam: J[oh.] G[eorg] Forster's Briefwechsel; nebst einigen Nachrichten von seinem Leben; hrsg von Th(erese] H[uber]., geb. H(eyne] 2 Teile Leipzig 1829.
Enthält auch verschiedentlich Mitteilungen über den Rosenkreuzer-Zirkel in Kassel.

— Briefwechsel. Nebst einigen Nachrichten v. seinem Leben. Herausg. v. Th. H. geb. H. 2 Thle. gr. 8. Leipz. 829. Brockhaus. 7 ℛ 16 gℊ

Forster, Georg Briefwechsel Leipzig 1843 3 Bde
— Forster Sämmtliche Schriften Bd 7 8 9 8°

Georg Forster's Briefwechsel mit S. Th. Sömmerring. Hrsg. von Herm. Hettner. Braunschweig: Vieweg & Sohn 1877. 3 Bl., 676 S. 8°.
Wichtig als Quelle zur Geschichte der Rosenkreuzerei in Kassel. Berührt auch sonst wiederholt die Freimaurerei.

— s. Cook dritte Entdeckungsreise rc. u. Forster, J. R. u. Geo. Forster.

— Erinnerungen aus d. Jahre 1790 in histor. Gemälden u. Bildnissen. gr. 8. Berl. 793. Voß. 16 gℊ Die Kpf. u. Bildn. 1 ℛ 20 gℊ

FORSTER, Johann Georg Adam 1754 - 1794
Erinnerungen aus dem Jahr 1790 in historischen Gemälden und Bildnissen von D. Chodowiecki, D. Berger, Cl. Kohl, J. F. Bolt und J. S Ringck.
Von Georg Forster.
Berlin Voss. 1793. 238 S. 8°.
Library ov Congress Washington
Daniel Chodowiecki, 1726-1801
Daniel Berger, 1744-1825
Klemens Kohl, 1754-1807
Johann Friedrich Bolt, 1769-1836
J. S. Ringck
Vgl. Baginsky 1164A.

— s. Forster, Johann Reinhold: Bemerkungen über Gegenstände . . .

Forster, Gg., s.: Forsyth, Wilh.

— Geschichte u. Beschreib. d. Brodbaums. Mit 2 Kpf. 4. Cassel 784.

— s. Geschichte, Neue, der See- und Landreisen. Bd. 1.

— s.a. Geschichte der Reisen, die seit Cook . . .

Forster, Georg Geschichte der Reisen, die seit Cook an der Nordwest- und Nordost-Küste von Amerika und in dem nordlichsten Amerika selbst von Meares, Dixon, Portlock, Coxe, Long u. a. m. unternommen worden sind. Mit vielen Karten und Kupfern. Aus dem Englischen mit Zuziehung aller anderweitigen Hülfsquellen, ausgearbeitet von Georg Forster. Th. 1—3 Berlin 1792 3 Bde 8°.

— s. Geschichte des Schiffbruchs und der Gefangenschaft des Herrn von Brisson .

— s. Geschichte der Seereisen und Entdeckungen . . .

Forster (G.). Herbarium australe seu catalogus pl. exsicc. quas in florulae insularum australium . . . Gottingae, 1797. 8°.

— — De jure agnatorum. Diss. jur. Präs. Peter Müller. Jena (Bauhofer) April 1689. 64 Seiten. (5.50) 9227
Widm. v.: N. C. Lyncker, Joh. Wilh. Baier, Präs., Joh. Heinr. Pott, Jo. Jacob Haake (Nördlingen).

— — [Dasselbe.] De jure agnatorum singulari. Germanis: Von gantz besondern Rechten, welche in Succeßions= u. Erbfällen bürgerlicher Reichs= u. Lehn=Güter unter Anverwandten nützlich zu ergreiffen. Jena (Heller) 1760. 84 S. (5.50) Widm. v.: Joh. Heinr. Pott. 9228

Forster, J. G. Adm., s. Kalidos.

Charte von der südlichen Halbkugel nach Maasgabe der neuesten Entdeckungen, mit Bemerkung der Fahrt, welche Capitän Cook im Schiffe Resolution und Capitän Fourneaux im Schiffe Adventure bey ihrer Reise um die Welt während den Jahren 1772 bis 1775. gehalten haben.
Entworfen und gezeichnet von George Forster d. London Soc. d. Wissensch. Mitglied etc. 1 Bl.

— s. Leben Will. Dodds.

Forster, Georg. Lichtstrahlen aus seinen Briefen ꝛc., s. Maier, Elisa.

— frische teutsche Liedlein, s.a. Neudrucke deutscher Litteraturwerke des XV. u. XVI. Jahrh. Nr. 203—206.

Georg Forsters Frische Teutsche Liedlein in fünf Teilen. Abdr. nach den ersten Ausg. 1539, 1540, 1549, 1556, mit d. Abweichungen d. späteren Drucke. Hrsg. von M. Elizabeth Marriage. *Halle a. S.: M. Niemeyer 1903* (XX, 278 S.) 8°
— Neudrucke deutscher Litteraturwerke d. 16. u. 17. Jhs. No 203–206.
(o). 1906 6

Georg Forster. Der zweite Teil der kurtzweiligen guten frischen teutschen Liedlein zu singen fast lustig im mehrstimmigen Tonsatze in Partitur gebracht von Rob. Eitner. Leipzig: Breitkopf & Härtel 1905. (127 S) 2°(4°)
[Der 1. Teil ist nicht herausgegeben.]
— Publikation alterer prakt. u. theor. Musik-Werke. Jg. 33. Bd 29.(o) 1906

– s. Long, J.: Reisen . . .

– s. Magazin, Göttingisches, der Wissenschaften und Literatur.

– s. Morozzo: Schreiben an Macquer . . .

– s. Patriot, Der. Eine Wochenschrift.

– s. Piozzi, Esther Lynch: Bemerkungen auf der Reise . . .

— Diss. inaug. de plantis esculentis insularum Oceani australis. 8maj. Halle 785. . . . A. u. d. T.: de plantis esculentis insularum Oceani australis commentatio botanica. 8maj. Berl. 786. Haude u. Sp. 5 M

Georgii Forster, De Plantis esculentis insularum oceani Australis commentatio botanica. Berolini: Haude & Spener 1786. 80 S. 8°

[Erschien zuerst als Botan.-med.Diss.Halle 1785]

– s. Portlock, R., u. G. Mortimer: Reisen . . .

Georg Forster
1754-1794

Florulae insularum Australium Prodromus. Auctore Georgio Forster. Gottingae 1786: Dieterich. 103 S. 8°

– s. Ramsay, David: Geschichte der amerikanischen Revolution.

Forster, Georg Reise aus Bengalen nach England, durch die nördlichen Theile von Hindostan, durch Kaschemir Afganistan Persien und Russland Aus dem Englischen übersetzt und mit Anmerkungen begleitet von C Meiners Th 1 2 Zürich 1796 u 1800 2 Bde 314 S, 1 Krt., 14, 301 S, 1 Krt. 8°.

— Reise aus Bengalen nach England durch d. nordl. Theile von Hindostan, durch Kaschimir, Afghanistan, Persien u. Rußland, aus d. Engl., mit Anmerkk. v. Chn. Meiners. 2 Bde. gr. 8. Zurich 796—800. Orell. 3 ₰ 8 gl. Dass. franzos., aus d. Engl. gr. 8. Bern 798. Haller. 1 ₰ Strasb. 791. Levrault. 1 ₰ 4 gl.

— — dieselbe franz. a. d. Engl. gr. 8. Berl. Haller. 798.

— — dieselbe franz. a. d. Engl. gr. 8. Strasburg, Levrault. 791.

— Reise um d. Welt, s. a. Jh. Reinh. Forster.

Forster, Georg: Johann Reinhold Forster's und Georg Forster's Reise um die Welt in den Jahren 1772-1775 Leipzig 1843. 2 Bde 466, 456 S.
— Forster Sämmtliche Schriften. Bd. 1 u 2. 8°.

– s. Reuss, Jeremias David: Das gelehrte England.

– s. Robertson, William: Historische Untersuchung . . .

– s. Rochon: Reise nach Madagaskar . . .

Forster, Georg Vorläufige Schilderung des Nordens von Amerika
in Forster Geschichte der Reisen an der Nordwest-Küste von Amerika seit Cook Th 3. Einleitung S 1—88 Berlin 1792. 88 S 8°

— ausgewählte kleine Schriften, s.: Litteraturdenkmale, deutsche, des 18. u. 19. Jahrh.

Forster, Georg. Kleine Schriften: Ein Beitrag z Volker- u Länderkunde, Naturgesch u Philos des Lebens. 6v. Lpz, 1789-97.

— kleine Schriften, e. Beitrag zur Länder- u. Volkerkunde. 6 Thle. (2r—6r Thl. v. L. F. Huber herausg.) 8. Berl. 789—96. (1r N. A. 802.) Voß. 8 ₰ 4 gl. (6r Thl. A. u. d. T.: G. Forsters Schriften polit. Inhalts.)

FORSTER, Johann Georg Adam 1754 - 1794
Kleine Schriften. Ein Beytrag zur Völker- und Länderkunde, Naturgeschichte und Philosophie des Lebens, gesammlet von Georg Forster.
Erster [- Sechster] Theil.
Leipzig: Kummer [- Berlin: Voss]. 1789 [- 1797]. 8°.
Universitäts- und Stadtbibliothek Köln: Bd. 1-5; John Carter Brown Library Providence, R. I.: Bd. 6
Bd. 1, hg. v. Forster; ab Bd. 2 [1794], hg. v. Ludwig Ferdinand Huber, 1764-1804
Palmer.

— kleine Schriften, e. Beytr. z. Völker- u. Länderkunde ꝛc. 6 Thle. 8. Berlin, Voß. 794—802. (1r 1 Rthlr. 4 gr. 2r u. 5r 1 Rthlr. 16 gr. 4r u. 6r 1 Rthlr. 8 gr. 6r 1 Rthlr.)

Forster, Georg Kleinere Schriften Ein Beitrag zur Völker- und Länderkunde, Naturgeschichte und Philosophie des Lebens. Th 1—3. Leipzig 1843 3 Bde
— Forster Sämmtliche Schriften. Bd 4. 5 6. 8°

Forster's, Georg, sämmtl. Schriften. Hrsg. v. dessen Tochter u. begleitet m. einer Charakteristik Forster's v. G. G. Gervinus. 9 Bde. gr. 12. (161¾ B. u. 18 lith. Abbild.) Leipzig 843, Brockhaus.

Inhalt:

Bd. 1., 2. J. R. Forster's u. G. Forster's Reise um die Welt in der J. 1772—75.
" 3. Ansichten vom Niederrhein, von Brabant, Flandern, Holland, England u. Frankreich im April, Mai u. Junius.
" 4—6. Kleine Schriften. 3 Thle.
" 7. Joh. Geo. Forster u. G. G. Gervinus Briefwechsel.
" 8. Briefwechsel.
" 9. Briefwechsel. — Sakontala.

– s. Sparrmann, Andr.: Reisen in Afrika . . .

Forster, J. G. A. Ueber das Verhältniss der Mainzer gegen die Franken. 8. Mainz 1792.

– s. Volney: Die Ruinen.

– s. Zweifel gegen die Entwicklungstheorie.

— Georg Carl (Adv. z. Nürnberg), Comment. de appellationibus ad suprema imperii judicia secundum privilegia et statuta civitatis Norimbergensis. Nbg. u. Altdorf (Gg. Peter Monath) 1789. 38 S., größtenteils deutsch. (5.—) 9229

Forster, H. G., neu invent. Schlosserbüchlein. m. K. Fol. Nürnb. Schneider u. W.

Forster, H. H. (Prof. Dr.) und Grützner (Prof. Dr.) Gedenkblatt an Prof. Dr. G. Z. Valentin. Geboren zu Breslau den 8. Juli 1810, gestorben zu Bern den 24. Mai 1883. Zwei Reden. Kl. in-8°, 16 S. Bern, Haller. — 30
1883.

Forster, Heinr., illustr. Führer durch Weiden. Ein Wanderbuch f. Weiden u. die nördl. Oberpfalz. 2. Aufl. Neubearb. v. e. Weidner Naturfreund. (XV, 271 S. m. 2 Karten, 7 Text- u. 17 Vollbildern.) kl. 8. Weiden 907. G. Taubald. Geb. in Leinw. nn 2. 50

Forster, Heinr., Führer durch Weiden u. Umgebung. 12. (VIII, 158 S. m. 9 Abbildgn. u. 1 Karte.) Weiden 899. G. Taubald. n. 1. 50

Forster, Helene v., die Frau, die Gehilfin des Mannes. Vortrag. 8. (10 S.) Nürnberg 893. J. Ph. Raw. n. — 30

Forster, H. v., Die Frau, die Gehilfin des Mannes. Vortrag. 8°. Nürnberg, Ph. Raw, 1894.

Forster J, Rechenbüchlein mit den neuesten zweifarbigen Zahlbildern und diesen entsprech. Zifferrechenaufgaben 1. Heft: Ausg f. Lehrer. München-Schwabing 1892

Forster, J, Stucco-Decorationen aus Schloss Leopoldskron bei Salzburg. Ein Meisterwerk der Ornamentik aus d. 1. Hälfte d. XVIII. Jahrh. Fol. (32 Lichtdr.-Taf. m. 2 S. Text.) Berlin 897. B. Hessling. In Mappe n. 30. —

Forster, J. u. Voit, E. Studien über die Heizungen in den Schulhäusern Münchens. (S.-A. aus der „Zeitschr. für Biologie", Bd. VIII.) München 1877. 8.

Forster, J.G.A., s. Forster, Georg

Forster, J. M., Beiträge zur Geschichte der St. Michaels-Hofkirche. Ein Gedenkblatt zum 300. Jahrestage der Grundsteinlegg. zum Kirchenbau. [18. April 1583—1883.] 8. (53 S.) München 883. Bartenhauser. n. — 60

Forster, J. M. Festschrift zum 150jährigen Inhaber-Jubiläum des 2. Chevaulegers-Reg. Taxis. Mit Bld. München 1897. 47 S.

Forster, J. M. Die Franzosen vor München i. J. 1796. Mit Abb. München 1896. 94 S.

Forster, J. M., geographisch-historisches Handbuch von Bayern, s.: Götz, Wilh.

Forster, J. M., Vor 50 Jahren. Lola Montez in München. (Separatabdruck aus dem „Neuen Münchener Tagblatt".) Mit Illustr. (München, März, 1898.) Gr. 8°. 16 S. (Mk. 0,10.)

[F.] Prinz Ludwig von Bayern. Biographie u. Reden Sr. Königl. Hoheit des Prinzen Ludwig v. Bayern. Von J. M. Forster. 2. verm. Aufl. *München: E. Pohl 1897.* (122 S., 1 Bl., 1 Portr.) 1 Bd 8. [97. 8011

— Ludwig, königl. Prinz v. Bayern. Ein Lebensbild zum 60. Geburtstage des Prinzen. 8. (96 S. m. Bildnis.) München 894. E. Pohl. n. 1. —

Forster, J. M., der Schäfflertanz in München im Jahre 1886. Mit Holzschnitten. München, J. Marchner. Gr. 8°. Cart.

35 S. — Voran geht (S. 3—5) „Fahnenweihe-Gruss zum Münchener Schäfflertanz im J. 1886" gedichtet von Ernst v. Destouches, gespr. von Frln. Marie Ernst, k. Hofschausp.

Forster, J.M. Geiger-, s. Geiger-Forster

Forster, Innocenz, Methodik zum deutschen Style. Ein Handbuch für Jene, die sich oder Andere im schriftl. Vortrage zweckmäßig bilden wollen. 1r Bd. gr. 8. Wien 836. Pichler. 1/2 ℔

Forster, Jh., zehn Briefe an Johann Schradi, Prediger zu Reutlingen, u. ein Brief seines Sohnes an denselben; aus den Originalen mitgetheilt von Karl Ed. Förstemann. (Aus d. neuen Mittheilungen des Thüring.-Sächs. Vereins abgedr.) gr. 8. Halle 835. (Nordhausen, Förstemann.) 1/8 ℔

Forster, Jh. Andr., die Pflicht des Seelsorgers u. d. Art, sie zu erfüllen. 1r Thl. 8. Augsb. 800. Veith. 1 ℔ 14 gl.

Forster, J. A., die Pflichten des Seelsorgers. 1r Thl. 8. Augsb. Veith. 800.

Forster, Johann Georg Adam, s. Forster, Georg

FORSTER, Johann Nepomuk (Immenstadt): De somno.- Monachii: Wolf (1827). 35 S. 28.12.1827 - Urk; F 59
Diss. Ingolst.-Landsh.-Mchn.

Forster, Johann Reinhold

Forster, J.R. (Mitarb.), s. Abbildungen von Menschen, Thieren, Vögeln, Fischen, Amphibien u. Bäumen.

Johann Reinhold Forster

Abbildungen merkwürdiger Völker und Thiere, nebst einer Beschreibung ihrer Lebensart. Von Johann Reinhold Forster und Georg Simon Klügel. 2. 8. 11. Halle: Dreyssig 1793-[um 1800]. 8°

2: 1795.

8 [u.d.T.]: [Forster, Johann Reinhold u. Georg Simon Klügel:] Abbildungen schöner Bäume und Thiere nebst deren Naturgeschichte. (1799.)

11 [u.d.T.]: [Forster, Johann Reinhold u. Georg Simon Klügel:] Beschreibung merkwürdiger Bäume, Thiere, Vögel und Menschen. [um 1800.]

— Anleit., den Kalk u. den Mörtel so zu bereiten, daß d. damit aufzuführenden Gebäude ungleich dauerhafter seyen. 8. Berl. 782. N. A. 820. Mittler. 8 gl.

— s. Beiträge, Neue, zur Länder- und Völkerkunde.

— s. Beiträge, Neue, zur Kenntniß von Afrika.

— u. Sprengels Beyträge, s. Beyträge.

FORSTER, Johann Reinhold - Matthias Christian SPRENGEL
Beiträge zur Völker und Länderkunde.
Herausgegeben von J. R. Forster und M. C. Sprengel.
Erster [- Vierzehnter und letzter] Theil.
Mit Original-Charten.
Leipzig: Weygand. 1781 [- 1790]. 8°.
Staats- und Universitätsbibliothek Göttingen
Palmer.
Johann Reinhold Forster, 1729-1798
Matthias Christian Sprengel, 1745-1803
Darin u. a. enthalten:
SPRENGEL, Matthias Christian: Neuester Zustand von Connecticut. Aus der General History of Connecticut, by a Gentlemen of the Province. London. 1781. dieser Provinz gezogen, und den besten Beschreibungen von Nordamerica vermehrt. Von M. C. Sprengel [in Bd. 2 [1782], S. 145-204]
CREVECOEUR, Hector St. John de: Beschreibung der beiden zur Provinz Massachusetsbay gehörigen Inseln, Nantucket und Marthas Weinberg in Nordamerika [übers. Auszug aus Letters of an American Farmer; in Bd. 3 [1783], S. 89-132]
[SMITH, John Ferdinand Dalziel:] Nachrichten von Kentucky einer neuen Niederlassung im Innern von Nordamerica an den Grenzen von Carolina und Virginien. [in Bd. 5 [1786], S. 185-266]
JEFFERSON, Thomas. Jeffersons Beschreibung von Virginien.
Aus dem Englischen [nach der Ausg. London 1787; in Bd. 8 [1788], S. 171-277; Bd. 9 [1789], S. 1-130].
Separatdruck von Smyth [Sabin 85251 u. Palmer] konnte nicht gefunden werden.
Bei der von Palmer für die Library of Congress nachgewiesenen Ausg. handelt es sich um die vorliegende. Separatdruck von Jefferson [Sabin 35909 u. Palmer] konnte ebenfalls nicht gefunden werden.
Hector St. John de Crèvecoeur, 1735-1813
Thomas Jefferson, 1743-1826
John Ferdinand Dalziel Smyth
Reihe fortges. v. Sprengel u. G. Forster u. d. T. Neue Beiträge zur Völker- und Länderkunde, 13 Tle., 1790-1793, u. dann v. Sprengel allein u. d. T. Auswahl der besten ausländischen ... Nachrichten zur ... Völker und Länderkunde, 14 Bde., 1794-1800.

Forster's, Johann Reinhold, Bemerkungen über Gegenstände der physischen Erdbeschreibung, Naturgeschichte und sittlichen Philosophie auf seiner Reise um die Welt gesammlet. Uebersetzt und mit Anmerkungen vermehrt von dessen Sohn und Reisegefährten Georg Forster.
Berlin 1783.

— Bemerkk. über Gegenstände d. phys. Erdbeschreibung, Naturgeschichte u. sittl. Philosophie rc. (Aus d. Engl.) übers., mit Anmerkk. u. Zusätzen v. G. Forster. gr. 8. Berl. 783 Haude u. Sp. 1 ℔ 18 gl.

— Bemerkungen üb. Gegenst. d. phys. Erdbeschr., Naturgesch. rc. gr. 8. Halle. (Berlin, Spener.) 785.

Forster, J. R. Bemerkungen auf der Reise um die Welt gesammelt. Uebersetzt und annotirt von G. Forster. Berlin 1783

— Beobachtt. u. Wahrheiten, nebst Lehrsätzen, die einen hohen Stoff von Wahrscheinlichkeit erhalten haben, als Stoff zur künftigen Theorie d. Erde. gr. 8. Leipz. 798. Breitkopf u. H. 8 gl.

— s. Bergius, Bengt: Über die Leckereien.

— u. Geo. Forster, Beschreib. d. Gattungen d. Pflanzen, auf einer Reise nach d. Inseln d. Südsee gesammelt, beschrieben u. abgezeichnet währ. d. Jahren 1772—75. Aus d. Latein. v. Jh. S. Kerner. Mit 17 Kpft. 4. Stuttg. 779. Metzler, 1 ℔ 20 gl.

— Beschreib., Sitten u. Gebräuche v. Völkern rc., s. Abbildd. von Menschen u. Thieren.

Forster, Johann Reinhold, fünf Briefe an ihn, s. Humboldt, Gebr. v.

— s. Brissot de Warville, Jacques Pierre: Neue Reise . . .

— liber singularis de Bysso antiquorum etc. 8maj. Lond. 775. (Haude u. Sp. in Berl.) 16 gl.

— de bysso antiquor. etc. 8. maj. Lond. (Spener, Berl.) 776.

— s. Cavallo, Tiberius: Mineralogische Tafeln . . .

— Charakter, Sitten u. Religion e. merkwürd. Völker, e. Ostergeschenk f. Kinder. 8. Halle 795. Dreyssig.

– s. C o o k , James: Beschreibung seiner zweiten Reise um die Welt.

— descriptio atque delineatio characterum et generum plantarum, quas in itinere ad insulas maris australis ann. 1772—75. coll. c. tabb. 4maj. London 776. (Haude u. Sp. in Berl.) 9 Rthlr

Forster, Joan. Reinold., descriptiones animalium, quae in itinere ad maris australis terras per annos 1772, 1773 et 1774 suscepto collegit, observavit et delineavit. Nunc demum editae auctoritate et impensis Academiae litterarum Regiae Berolinae curante Henr. Lichtenstein. 8maj. Berolini 844, F. Dummler. n. 1½ Rthlr

Johann Reinhold Forster

Enchiridion historiae naturali inserviens...ed. Io[anne] Reinholdo Forster. Halae: Hemmerde & Schwetschke 1788. 224 S. 8°

— Enchiridion historiae naturali inserviens, quo termini et delineat. avium, piscium, insectorum et plantarum adumbrat. etc. 8maj. Halle 788. Schwetschke u. S. 16 gGr

— Epistolae ad J. D. Michaelis de hujus spicilogio geographiae Hebraeorum. Götting. 772. 4.

— epistolae ad J. D. Michaelis. 4. Gotting. 772. Vandenhoeck u. R. 5 gGr

– s. F a b r o n i , Jh. Bapt.: Versuch vom Ackerbau.

– s. F a u n u l a Indica.

— Faunula indica, vid. Latham.

– s. F e r r i è r e s - S a u v e b o e u f , Graf von: Reisen in die Türkei.

– s. F o l l i e , v.: Reisen in die Wüste Sahara.

– s. F r a n k l i n , Will.: Bemerkungen auf einer Reise . . .

Forster, Jh. Reinhold, allgemeine Geschichte d. Entdeckungen u. Schifffahrten im Norden. Mit 3 Karten. gr. 8. Frankf. a. d. O. 782. Mit neuen Original-Karten. gr. 8. Ebd. 784. (Sander in Berl.) 2 Rthlr 4 gGr (Taubert u. Weygand in Leipz. 784.) 2 Rthlr 4 gGr

— allgem. Geschichte d. Schiffahrt u. Entdeck. des Nordens. m. Charten. gr. 8. Frankf. Academ. Handl. 784.

Forster, J. R., Entdeckungen und Geschichte der Schiffahrten im Norden. gr. 8. Hat jetzt Flittner in Frankfurt a. d. O. und Weygand in Leipzig. 784.

Forster, Johann Reinhold Geschichte der Entdeckungen und Schiffahrten im Norden Mit neuen Originalkarten versehen Frankfurt a O. 1784. XXIV, 596 S 8°

Geschichte der See-Reisen und Entdeckungen im Südmeer Bd 1—3 Herausgegeben von J Hawkesworth Bd 4—5 Herausgegeben von J R Forster. Berlin 1774—1780 5 Bde. 4°.

– s. H a m i l t o n , G.: Reise um die Welt.

– s. H a u s n e r , Fr. Wilh.: Phraseologia anglo-germanica.

– s. H e a r n e s , Sam.: Reise vom Fort Prinz Wallis . . .

– s. H u n t e r , Jh.: Reise nach Neu-Sud-Wallis.

— v. Kalk u. Mörtel. 8. Halle. (Berlin, Spener.) 783.

– s. L a f a y e t t e als Staatsmann . . .

– s. L a m e t h e r i e , J. C. de: Theorie der Erde.

– s. L a p e y r o u s e : Entdeckungsreisen.

– s. L e s s e p , v.: Reise von Kamtschatka nach Frankreich.

– s. L e v a i l l a n t , François: Naturgeschichte der afrikan. Vogel.

– s. L e v a i l l a n t , François: Reisen in das Innere von Afrika.

– s. M a g a z i n von merkwürdigen neuen Reisebeschreibungen.

– s. M i c h a e l i s , Jh. Dav.: Spicilegium geographiae Hebraeorum exterae.

— onomatologia nova systematis oryctognosiae vocabulis latinis expressa. Fol. Halle 795. Renger. 2 gGr

– s. P a o l i n i , Fra, da S. Bartolomeo: Reise nach Ostindien.

– s. P a t t e r s o n , Wilh.: Reisen in das Land der Hottentotten u. der Kaffern.

– De p l a n t i s esculentis . . . , s. F o r s t e r , Georg

– s. P o r t l o c k , R., u. Dixon: Reise um die Welt.

– Florulae insularum australium p r o d r o m u s , s. F o r s t e r , Georg

— allgem. Regeln f. d. Aussprache in d. engl. Sprache. Eine Tabelle in Fol. Halle 788. Schwetschke u. S. 2 gGr

— Reise um d. Welt, Lesebuch für d. Jugend. Mit Kpf. 8. Altona 805. Bechtold. 16 gGr ill. 20 gGr

— Reise um d. Welt, oder Cook's zweite Reise. Für d. Jugend bearb. N. Aufl. 8. Magdeb. 820. v. Schütz. Mit ill. Kpf. 20 gGr Mit schwarz. Kpf. 16 gGr

Forster, Johann Reinhold Reise um die Welt während den Jahren 1772 bis 1775 in dem von Seiner itztregierenden Grossbrittannischen Majestät auf Entdeckungen ausgeschickten und durch den Capt. Cook geführten Schiffe „The Resolution" unternommen Beschrieben und herausgegeben von George Forster Vom Verfasser selbst aus dem Englischen übersetzt, mit dem Wesentlichsten aus des Capt. Cooks Tagebüchern vermehrt und durch Kupfer erläutert Bd 1 2 Berlin 1778 u 1780. 2 Bde 451; 467 S 4°

— u. Geo. Forster, Reise um d. Welt während d. J. 1772—75 in d. durch d. Cap. Cook geführten Schiffe, the Resolution. Aus d. Engl. vom Verf. selbst ꝛc. 2 Thle, mit Kpf. gr. 4. Berl. 779, 80. Haude u. Sp. 6 Rthlr Dass., 3 Thle. gr. 8. Ebd. 784. 3 Rthlr 8 gGr (Vergl. auch Geschichte d. Seereisen u. Entdeck. im Südmeer. 5r—7r Bd.)

Johann Reinhold Forster's Reise um die Welt, während den Jahren 1772 bis 1775 in dem durch den Capitain Cook geführten Schiffe the Resolution unternommen. Beschrieben und hrsg. v. **George Forster**. Vom Verfasser selbst aus dem Englischen übersetzt, aus Cooks Tagebüchern und andern Zusätzen für den deutschen Leser vermehrt und durch Kupfer erläutert Bd 1 3 Berlin. 1784 8°

— Reise um d. Welt 1772—775. a. d. Engl. 2 Thle. m. K. gr. 4. Berlin, Spener. 784.

— — dies. 3 Thle. gr. 8. Ebend. 784.

— Reisen d. seit Cook u. andern mehr unternommen worden, s. Geschichte d. Reisen.

– s. R o s e n r i t t e r , Der.

Forster, J. Reinhold, Samml. v. Abhandlungen ökonom. technisch. Inh. 8. Halle, Hemmerde. 784.

Forster, Jh. Reinhold, († d. 9. Dec. 1798.) Samml. v. Abhandll. ökonom. u. technolog. Inhalts. 8. Halle 784. Schwetschke u. S. 10 gGr

— novae species Insectorum. Tom. I. 8maj. Lond. 771. (Compt. f. Litt. in Leipz.) 16 gGr

— novae species Insectorum. Tom. I. 8. maj. Lond. Heydinger. (Compt. f. Litt. in Leipz.) 772.

— zoologiae indicae rarioris spicilegium. Latein. u. deutsch, mit 15 ill. Kpf. Fol. Halle 781. 2e A. 795. Gebauer. 10 Rthlr

Forster, J Rh. Dissertatio de successoribus Ptolemaei VII., Euergetis II, cui et nomen Physcon ab Alexandrinis vulgo dabatur 8 Gottingae 1780

– s. S w i n b u r n e , Heinr.: Reise durch beide Sicilien.

– s. Tableau de l'Angleterre.

– s. Tagebuch einer Entdeckungsreise nach der Sudsee.

– s. Thunberg, Karl Pt.: Reisen in Afrika u. Asien.

— kurze Uebersicht d. Lebens d. Kaiserin v. Rußland, Katharina II. 8. Halle 797.

— von Verbesserung d. Lohgerberei rc. 8. Berl. 781. Haude u. Sp. 3 gr.

Forster, Jh. Reinhold, Allgemeine Vorschläge und Gedanken, wie das Betteln zu verhüten, ein Fond zu schaffen und das Almosen zu vertheilen etc. 8°. Halle 1786.

— allgem. Vorschläge u. Gedanken, wie d. Betteln zu verhüten, e. Fond zu schaffen u. d. Almosen zu vertheilen rc. 8. Halle 786.

– s. White, Jh., u. Will. Bligh: Reisen in die Südsee.

— **Zoologia indica sel.**, auserl. indische Zoologie. c. Tab. aen. illustr. fol. Halae, Gebauer. 795.

Forster, John

—— Charles Dickens' Leben. In's Deutsche übertragen von Friedr. Althaus. [Vom Verf. autoris. Uebersetzung] 3 Bde. gr. 8. Berlin, v. Decker'sche Geh. Ober-Hofbuchdr. ℳ 27.; geb. *

Inhalt:

Bd. 1. 1812—1842. (XVI, 391 S. mit dem Bildniß Charles Dickens' in Stahlst.) 872. ℳ 7,50.; geb. *ℳ 9.

" 2. 1842—1851. (XV, 458 S. mit dem Bildniß Charles Dickens' in Stahlst. und 3 Kpfrst.) 873. ℳ 9.; geb. *ℳ 10,50.

" 3. 1850—1870. (XV, 542 S. mit dem Bildniß Charles Dickens' in Stahlst.) 873. ℳ 10,50.; geb. *ℳ 12.

Forster, John, Charles Dicken's Leben. In's Deutsche übertragen v. Frdr. Althaus. [Vom Verf. autoris. Uebersetzg.] 3 Bde. Mit dem Bildniß Charles Dickens' (in Stahlst.) u. 3 Kpfrst. gr. 8. Berlin 872—75. v. Decker. 27. —; geb. n. 31. 50

1. 1812—1842. (XVI, 391 S.) 7. 50; geb. n. 9. —
2. 1842—1851. (XV, 458 S.) 9. —; geb. n. 10. 50
3. 1850—1870. (XV, 542 S.) 10. 50; geb. n. 12. –

Forster, John, the life of Charles Dickens, s. Collection of British Authors.

—— the life and times of Oliver Goldsmith, s. Collection of British Authors.

Forster, Jos., s.: Archiv f. Hygiene.

— **Bakteriologie u. Hygiene. Rede zum Antritt des Rektorats der Kaiser-Wilhelms-Universität Strassburg. (Rektoratsreden der Universität Strassburg, 1903.) (18 S.) gr. 8. Strassburg 903. J. H. E. Heitz. n. — 80**

Forster, J., Ernährung u. Nahrungsmittel, s. a. Handbuch der speciellen Pathologie u. Therapie.

Forster J, Ernährung und Nahrungsmittel. (Handbuch der Hygiene von Pettenkofer und Ziemssen. I, 1) Leipzig 1882

Forster, Jos[eph], cand med aus Leutkirch (Württemberg). **Über einen Fall von Elephantiasis der Lippe.** *München 1899: J. Schreiber.* (23 S.) 8°
München, Med Diss v. 1899

Forster, Jos., Hülfs-Tabelle, in welcher das Verhältniß des gebrochenen zum ungebrochenen und so rückwärts vom ungebrochenen zum gebrochenen Malze berechnet ist. 16. Sulzbach 846. v. Seidel. ...

— Hülfs-Tabelle, in welcher das Verhältniß des trocknen zum eingesprengten Malze zu ersehen ist. 16. Ebend. ...

— Hülfs-Tabelle behufs der leichtern Uebersicht des straffreien Malzüberschusses in den Mühlen gegen die Pollete. 16. Ebend. ...

— Hülfs-Tabelle behufs der schnellen Uebersicht des Verhältnisses des nach hoher Ausschreibung der königl. Regierung von Oberpfalz rc. dd. 1. October 1844 ad Nr. 22,970 als Maximum bewilligten Kühlgelägers zu 30 Maß per Scheffel Malz. 16. Sulzbach 846, v. Seidel. ...

Forster, J., Massenernährung, s. a. Handbuch der speciellen Pathologie u. Therapie.

— Massenernährung. (Handb d. Hygiene v. Pettenkofer u Z. II, 1, 1) Leipzig 1882

Forster, Jos., die Rose v. Pontevedra. Oper in 1 Act. Handlung u. Musik v. J. F., Verse v. ***. Textbuch. 12. (29 S.) Berlin 893. Exped. d. „Sporn" (Reinh. Strauß). n. — 40

Forster, Josef, Dr, o. Prof d Hygiene u. Bacteriologie. **Warum und was essen wir? Rück- u. Ausblicke in der Ernährungsfrage.** *Strassburg 1901: J. H. E. Heitz.* (32 S.) 8°
Strassburg, Rede am Geburtstage d. Kaisers 1901

Forster, K., s.a. Forster, C.

Forster, K., i A **Boltz**, nowy przewodnik w rozmowach nowoczesnych w jezyku polskim i ruskim. Nowe wydanie Berlin 865. Behr. 16. (X, 236 S.) 20 *ngr.*

W jezyku ruskim i polskim. Nowe wydanie. Ebend. 865. 16 (X, 236 S.) 20 *ngr.*

Forster, Karl

Forster, Carl, prakt. Arzt aus Bern: Aus der dermatologischen Universitäts-Klinik zu Bern. (Direktor: Prof. Dr. Jadassohn.) Beitrag zur Kenntnis des Xeroderma pigmentosum. Berlin 1904. 31 S. 8°. S.-A. a. d. Deutschen Medicinal-Zeitung. Bd. 25. [11. V. 04]
Bern. Med Diss. 1904/1905

Forster, Carl. Beitrag zur Kenntnis des Xeroderma pigmentosum. Diss. Med. Bern von K' F"... . [Sep.-Abdr. aus: Deutsche Medizinal-Zeitung, Jahrg. 25.] *Kopftitel:* Aus der Dermatologischen Universitäts-Klinik zu Bern. ⟨Direktor: Prof. Dr. [Joseph] Jadassohn.⟩ IV +31 S. 8. Berlin, Leonhard Simion Nf., 1904.

Forster, Carl, (von Karlsbad, Oesterreich). Beiträge zur Ueberführung substituirter Thioharnstoffe in Guanidine. [Auch in: Liebig's Annalen der Chemie u Pharm., Bd 175. S. 25—44] Wien Vert Selbstverl. 1874. 1 Bl., 16 S. 8°.
Zürich. Phil. Diss. [v. 7. Juli 1874].

Forster, C., Beiträge zur Ueberführung substituirter Thioharnstoffe in Guanidine. Inaug.-Dissertation, der philos. Facultät in Zürich vorgelegt. 16 Stn. 8 Wien, Druck v. C. Gerold Sohn. 1874.

— Pologne. (Aus „l'Univers pittoresque.") Mit 55 Kpfr., 1 Karte. gr. in 8. Paris 840. Didot Frères (et C.) n. 1 1/4 ℛ

Forster, C. v., die Rückkehr zur Ordnung. Vom Königthum zum Kaiserthum. Politische und philosophische Studien. Aus dem Französ. von Carl Gräfe. Berlin 856. Allgemeine deutsche Verlagsanstalt. 8. (XX, 333 S.) n. 1 ℛ 15 ngr.

Forster, Karl, la tombe de l'empereur. gr. in-8. Paris (et Leipzig) 840 Brockhaus et Avenarius. n. 5/12 ℛ

von **Forster**, Carl [aus Nürnberg]. Ein ungewöhnlich grosser Tumor der Mamma . Erlangen, Druck v. A. Vollrath's k. b. Hofbuchdr., 1891; 28 S. 8°
Erlangen, Med Fak, Inaug-Diss v. 1891

v. Forster, Carl, ein Wort über die Freiheit der Presse. Offener Brief an die Hrn. Abgeordneten der beiden Preuss. Kammern. gr. 8. (16 S.) Berlin 851, Behr. n. 1/12 ℛ

Forster, Carl Theresa, Christkind. Ein Schauspiel in 2 Aufzügen aus dem Verkehrsbeamtenleben. gr. 8. (55 S.) Nürnberg 892. München, Rubinverlag. n. 1. —

Forster, Karol, powstanie narodu polskiego w r. 1830 —1831. Rys historyczny, poparty papierami Generała Hr. Krukowieckiego, przedost. Prezesa Rządu Narodowego. gr. 8. (XXIV, 253 S.) Berlin 873. Behr's Buchh. n. 6 —

Forster, L., s. a. **Bois-Reymond, Lucy de.**

Forster, L. Zur Kenntniss der Muskelspindeln. M. 1 Taf. In-8°. 34 S. Bern. These.
1895.

Forster, Leopold

Forster, L., amtlicher **Bericht** über den 2. internationalen Congress von Thierärzten zu Wien, s. **Bericht.**

Forster, Prof. Dr. L., thierärztliche Instrumenten- und Verbandlehre. (3 Liefgn.) 1. u. 2. Lief. Mit zahlreichen dem Texte eingedr. Holzschn. gr. 8. (320 S.) Wien, Braumüller. 1 fl. 80 kr.
1860.

— thierärztliche Instrumenten- und Verbandlehre. Mit 338 dem Texte eingedr. Holzschn. Ebend. 861. Lex.-8. (X, 490 S.) n. 4 ʀℬ

Forster, L., Compendium der Operationslehre für Thierärzte. Wien 867. Braumüller. gr. 8. (VI, 532 S.) n. 2 ʀℬ 20 ngr.

Forster, Leop., Compendium der thierärztlichen Operationslehre. Wien 864. Braumüller. gr. 8. (1. Hälfte: S. 1—240.) n. 2 ʀℬ 20 ngr.

— Compendium der Pharmacognosie für Thierärzte. Zum Gebrauche der Hörer der Thierheilkunde eingerichtet. Ebend. 869. gr. 8. (V, 297 S.) n. 1 ʀℬ 20 ngr.

Forster L., Compendium d. Pharmacognosie f. Thierärzte 1870. 2.50

— Recept-Taschenbuch für Thierärzte. Wien 866. Braumüller. 16 (VII, 399 S.) n. 1 ʀℬ 20 ngr.

—— Recept-Taschenbuch für Thierärzte. 2. verm. und umgearb. Aufl. 16. (578 S.) Wien 873, Braumüller. *

Forster, M. C., *Dr.* Karlsbad's fünfhundertjährige Jubiläums-Feier. Als Anhang zu den Erinnerungs-Blättern aus der Geschichte Karlsbads v. Dr. Rud. Mannl. *Prag* 1858. *Gotl. Haase S.* 55 S. 8°.
Der Netto-Ertrag ist zum Besten des neu zu errichtenden Karlsbader Siechenhauses bestimmt.

Forster, Med. Dr. M. C. — Das Fremdenhospital für arme Kranke aller Nationen in Karlsbad von — —. 8. (30 S.) Karlsbad. Gedruckt bei Gebr. Franieck. 1854.

Forster, Martin O. [aus London]: I. Ueber das Methylketol. II. Ueber einige Chinolinderivate ... Würzburg, Becker's Univ.-Buchdr., 1892; 27 S. 8.
Würzburg, Phil. Fak. Inaug.-Diss. v. 1892

Forster, Otto

Forster, O., Friedrich I., König in Preußen, s. **Preußens Ruhmes- und Ehrenhalle.**
—— Friedrich Wilhelm der Große, Churfürst von Brandenburg, s. **Preußens Ruhmes- und Ehrenhalle.**

Forster, Otto, Deutschlands frühere Größe und Grenzen, so wie dessen Beraubungen, namentlich durch Frankreich. Leipzig 861. Matthes. gr. 8. (VIII, 86 S.) n. 10 ngr.

Forster, Otto, Italien und seine politische Bedeutung in der Gegenwart. Ueberſicht der Geschichte, Geographie und Statistik Italiens bis zur Gegenwart. 8. (IV und 116 S.) Leipzig 859, C. Schäfer. *

Forster, Otto, Preußens Ruhmes- und Ehrenhalle. Eine Darstellung der Geschichte u. Entwickelung des preußischen Staates in Lebensbeschreibungen seiner gefeiertsten Fürsten, Helden, Staatsmänner, Gelehrten rc., im Vereine mit mehreren preußischen Geschichtsfreunden herausg. Sondershausen 857, 58. Neuse. br. 8 Jede Liefg. n. 5 ngr.
1. Bd. 1. 2 Liefg.: Friedrich Wilhelm der Große, Churfürst von Brandenburg. Mit (lith.) Portr. u. Facsimile. (S. 1—127.)
1. Bd. 3. 4. Liefg. Friedrich I., König in Preußen. Mit (lith.) Portr. u. Facsimile. (S. 128—240.)

Forster, Paul, Mord, Totschlag od. Körperverletzung m. tötlichem Ausgang? Hypothesen zu dem geheimnisvollen Tode des Konitzer Gymnasiasten Winter. (64 S. m. 1 Karte.) 8. Werdohl 905. [W. Scholz.] Leipzig, E. Maerter. n. — 80

Forster, Raymund, approb. Arzt aus Masmünster (O.-E.). **Neue Fälle** von Neurofibromatose. *Strassburg i. E. 1900: Ch. Müh & Co.* (70 S.) 8°
Strassburg, Med. Diss. v. 1900

Die dritte Bewegung unserer Erde. Von Richard **Forster** ... *Wien: Selbstverl. 1903.* (36 S.) 8° 104-0337

Forster, Rich., die dritte Bewegung unserer Erde. (36 S. m. 2 Taf.) Lex.-8. Wien 903. (Szelinski & Co) n. 1. —

Forster, S. v., über Hügelgräberfunde bei Nürnberg. [Aus: „Festschrift zur Begrüssg. d. XVIII. Kongresses der Deutschen Anthropolog. Gesellsch. in Nürnberg".] Lex.-8. (24 S. m. Abbildgn.) Nürnberg 887. Ballhorn. n. 1. —

Forster, T., Ontophilos, ou les derniers entretiens d'un philosophe catholique. gr. in-8. (3 B.) Aix-la-Chapelle 830, (Hensen et Comp.)

— observations sur l'influence des Comètes sur les phénomènes de l'atmosphère. Adressées à M. Arago. 8. Aachen 836. (Roschütz et Comp.) ½ ʀℬ

Forster, Thomas

Forster, Thomas: Beobachtungen über den zufälligen und periodischen Einfluss von besondern Zuständen der Athmosphäre auf die Gesundheit und die Krankheiten der Menschen, insbesondere auf den Wahnsinn. Aus d. Engl. Hrsg. von Ludwig Cerutti. Leipzig 1822. XII, 84 S.

— **Beobachtt. über den zufälligen u. period. Einfluß von besond. Zuständen d. Atmosphäre auf d. Gesundheit u. d. Krankheiten d. Menschen insbesondere auf den Wahnsinn. Aus d. Engl. v. L. Cerutti. 8. Leipz. (822.) Industr.-Compt. 12 K**

Forster, Thomas, Untersuchung über die Wolken und andere Erscheinungen in der Atmosphäre. 2 verbesserte und vermehrte Ausgabe. Nebst mehrern, die Ansicht der Wolken u. s. w. erläuternden Kupfern. Aus dem Englischen. Leipzig 1819.

Forster, Thom., Untersuchungen über d. Wolken u. andere Erscheinungen in d. Atmosphäre. 2e verb. u. verm. Ausg. Mit Kpf. Aus d. Engl. gr. 8. Leipz. (819.) Baumgärtner. 1 ʀℬ 12 K

Forsters, W. H., Anleit. z. Canzley-Styl u. d. Geschäftsgang in d. Preußischen Staaten. gr. 8. Berlin, Oehmigke d. j. 803.

Forster, W. H.: Anleitung zum Canzleistyl u. dem Geschäftsgang in d. preuss. Staaten. *Berlin*, (Sander.) 803. gr. 8. (12 Gr.)

Forster, William, s. a.: **Felseneck, Marie v. — Mancke, Marie.**

Forster, William, Barfüßle. Einer wahren Begebenheit nacherzählt. Für die reifere Jugend. 8. (III, 128 S. m. 1 Farbendr.) Düsseldorf 894. A. Bagel. Kart. n. 1. 30

Forster, William (Frl. Maria Mancke), um Ehre u. Leben, s.a. Weichert's Wochen-Bibliothek, 163 Bd.

Um Ehre und Leben. Orig.-Roman von William Forster [d. i. Maria Mancke]. Mit 3 Vollbild. Berlin: A. Weichert [1904]. (96 S.) 8° [F.]
— Wochen-Bibliothek, A. Weichert's. Bd 163. [ca. 1908

— in Freud u. Leid. Erzählungen f. die Jugend von 8—12 Jahren. Mit 5 Farbendr.-Bildern v. W. Schäfer. 12. (72 S.) Wesel 893. W. Düms. Kart. n. — 50

— in Freud u. Leid. Erzählungen für die Jugend von 8—12 Jahren. Mit 5 Farbendr.-Bildern v. W. Schäfer. 15.—18. Taus. 12. (72 S.) Wesel (899). W. Düms. Geb. — 50

— dasselbe, s.: Düms' Kinderbibliothek.

– Heimgefunden, s.a. Weicherts Wochen-Bibliothek.

Heimgefunden. Originalnovelle von William Forster (aut d. Umschl Förster) [d. i. Maria Mancke]. Mit 3 Vollbild. *Berlin: A. Weichert [1899].* (90 S.) 8° [F.]
— Wochen-Bibliothek, Weichert's. Bd 68 [ca. 770

— d. schönsten Sagen u. Märchen d. Inseln Usedom u. Wollin. N. alten Chroniken bearb. u. hrsg. 8. (III, 89 S.) Swinemünde 895. H. Dehne. n. 1. —

– Unschuldig angeklagt, s.a. Weicherts Wochen-Bibliothek.

Unschuldig angeklagt und Anderes. Krim.-Novellen von William Forster [d. i. Maria Mancke]. Mit 3 Vollbildern. *Berlin: A. Weichert [1900].* (96 S.) 8° [F.]
— Wochen-Bibliothek, Weicherts. Bd 86. [ca. 836

Förster, der. Land- und Forstwirthschaftl. Kalender für Forstschutzbeamte. 1887—1889. Hrsg. von Th. Conrad. gr. 16. (202; 224; 240 S.) Graudenz 886, G. Röthe's Verlag. geb. in Leinw. à Jahrg. geb. in Leder à Jahrg. *

Förster, der. Land- u. forstwirthschaftl. Kalender für Forstschutzbeamte. 1890—1893. Hrsg. v. Th. Conrad. Kleine Ausg. 12. (à Jahrg. ca. 275 S.); gr. Ausg. (à Jahrg. ca. 375 S.) Graudenz, Röthe. geb. in Leinw. à Jahrg. 1 50; in Ldr. à Jahrg. * 2 — Große Ausg. geb. in Leinw. à Jahrg. 1 80; in Ldr. à Jahrg. * 2 30

Förster, der. Land- u. forstwirthschaftl. Kalender f. Forstschutzbeamte. 1895. Hrsg. v. Th. Conrad. Kleine Ausg. 12. (288 u. 7 S.) Graudenz, G. Röthe's Verl. Geb. in Leinw. 1. 50; in Ldr. n. 2. —; große Ausg. geb. in Leinw. 1. 80; in Ldr. n. 2. 30

Förster, der. Land- u. forstwirthschaftl. Kalender f. Forstschutzbeamte. 1899. Hrsg. v. Th. Conrad. Kleine Ausg. 12. (288 S.) Graudenz, G. Röthe's Verl. Geb. in Leinw. 1. 50; in Ldr. n. 2. —; große Ausg. geb. in Leinw. 1. 80; in Ldr. n. 2. 30

Förster, der. Land- u. forstwirtschaftl. Kalender f. Forstschutzbeamte. 1903. Hrsg. v. Th. Conrad. Kleine Ausg. 12. (287 u. Beilage 16 S. m. Abbildgn.) 12. Graudenz, G. Röthe. Geb. in Leinw. 1. 50; in Ldr. n. 2. —; große Ausg. geb. in Leinw. 1. 80; in Ldr. n. 2. 30

Förster, der. Land- u. forstwirtschaftl. Kalender f. Forstschutzbeamte. 1907. Hrsg. v. Th. Conrad. Kleine Ausg. (281 S. m. Abbildgn.) kl. 8. Graudenz, G. Röthe. Geb. in Leinw. 1. 50; in Ldr. n. 2. —; große Ausg. geb. in Leinw. 1. 80; in Ldr. n. 2. 30

Förster, der. Land- u. forstwirtschaftl. Kalender f. Forstschutzbeamte. 1911. Hrsg. v. Th. Conrad. Kleine Ausg. (288 S. m. Abbild.) kl. 8. Graudenz, G. Röthe. Geb. in Leinw. 1.50; in Ldr. 2.—; große Ausg. geb. in Leinw. 1.80; in Ldr. 2. 30

Foerster, Bernhard, eine Schrift zum Andenken u. zur Rechtfertigung. Hrsg. v. deutschen Freunden. Lex.-8. (35 S.) Lpz. 889, [Fritsch] Herm. Beyer. * — 50

Förster, der, von St. Friedrichshausen, eine Novelle von Korn. 8. Offenbach, Brede. 814.

Förster, d. wohlgeübte u. erfahrne, ein Beitr. zu Döbels Jäger-Praktika. gr. 8. Leipz. 785. (Gleditsch). 10 gr.

Förster, d. wohlgeübte u. erfahrne, e. Beytr. z. Döbels Jäger. gr. 8. Leipz. Heinsius. 785. Rthlr. — 10

Förster

— **s. a. Forster.**

Foerster, Anleit. z. Abfassung v. Ehe-Verträgen. (21 S.) Leipz. 1888. Schorpp.

Antrag des Abgeordneten **Förster** bezüglich der zu erlassenden deutschen Gewerbe-Ordnung. Beilage Nr. 1 zum Protokoll der 166. öffentlichen Sitzung vom 8. Februar 1849. o. O. u. J. 4°

Foerster: Drei Aufgaben aus der höheren Geometrie. (1. Berechnung der krummen Oberfläche eines schiefen Kreiscylinders. 2. Berechnung der Oberfläche eines schiefen Kreiskegels. 3. Berechnung des Winkels, welchen nach Abwicklung des Mantels eines schiefen Kreiskegels auf eine Ebene die geraden Begrenzungslinien bilden.) 16 S.u. Fgt.– Wittenberg, Progr. 1859.

Förster, d. allgem. Bestimmungen v. 15. Octbr. 1872, betr. das Volksschulwesen in Preussen, erläutert. 2. Aufl. Berlin 885.

Förster, Beziehungen der Allgemein-Leiden u. Organ-Erkrankungen zu Veränderungen u. Krankheiten des Sehorgans. Mit 3 lith. Taf. u. einem (eingedr.) Holzschn. [Aus: „Gräfe u. Sämisch, Handbuch der Augenheilkunde 7. Bd."] gr. 8. (VIII, 176 S.) Leipzig 877. Engelmann. n. 5. —

Förster. Ueber Brautkassen, in seiner Einleitung in die Cameral-Polizey und Finanzwissenschaften. Halle 1771.

Förster, Darstellung der elementaren Theorie der Maxima u. Minima u. ihre Anwendung. Güstrow 866. (Leipzig, Fritzsche.) 4. (34 S. u. 1 lith. Taf.) n. 10 ngr.

Förster, v., das Feuergruppengefecht, s.a. Feuergruppengefecht, das.

(v. Förster.) Das Feuergruppengefecht nach den Erfahrungen der Kriege, die mit den neuesten Schusswaffen geführt wurden. (IV. 106) 8. M. 1 Taf. Halle 1858. 1,60.

Foerster, Frauenbewegg., s. Lesueur.

Förster, Frauen-Stärke, s. Both's, L. W., Bühnen-Repertoir.

Förster, v., Rittmeister à la suite des Regiments etc. Geschichte des königlich preussischen Ulanen-Regiments Graf zu Dohna (ostpreussisches) Nr. 8 von 1815—1890. Zur Feier des 75jährigen Bestehens des Regiments dargestellt. Mit (4) Karten, (2) Uniformsund (2) Gefechtsbildern und etwa 230 Bildnissen (auf 16 Tafeln) (und 1 Tabelle). 8. Berlin 1890.

Förster, v., Geschichte d. königl. preußischen Ulanen-Regiments Graf Dohna [Ostpreußisches] Nr. 8 von 1815—1890. Zur Feier d. 75jähr. Bestehens d. Regiments dargestellt. Mit Karten, Uniforms- u. Gefechtsbildern u. etwa 230 Bildnissen. gr. 4. (IX, 526 u. Anh. 233 S.) Berlin 890. Mittler & Sohn. n.n. 26. —

Förster, Ges. betr. Vermögenserwerb in kathol. Kirchengemeinden. Text m. Erltgn. Berlin 895.

Förster, Gesichtsfeld-Schema nach F. 50 (lith.) Blatt. qu. schmal Fol. Wiesbaden 894. J. F. Bergmann. In Umschlag. n. 2. —

Förster, Handbuch des formellen Grundbuchrechts. Berlin 900.

Foerster: Ueber die ältesten Herabilder nebst einem Excurs über die Glaubwürdigkeit der kunstgeschichtlichen Angaben des Athenogoras. 35 S.–Breslau M., Progr. 1868

Förster und Baron Pidoll, ein Cavallerie-Regiment im Aufklärungsdienste vor einem grösseren Heereskörper. gr. 8. (48 S. mit 1 lithogr. Plan in Imp.-Fol.) Wien 873, Seidel und Sohn. *
Aus: Oesterreichische Militär-Zeitschrift, besonders abgedruckt.

Die Kreis-Taubstummen-Anstalt für Mittelfranken in Nürnberg. Von Kreisbaurat Förster. — Ansbach: Kgl Reg Verl 1905 V, 83 S. 4°

Förster, die Kreis-Taubstummen-Anstalt f. Mittelfranken in Nürnberg. (VII, 83 S. m. Abbild. u. 6 Taf.) Lex. 8. Ansbach 905. (F. Seybold.) 2. 50

Foerster, (N... N...), Leben und Thaten Friedrichs II. Breslau 1746. 8.

—— Meldungen über Felddienst für die Soldaten der Armee. 8. (32 S.) Berlin 857, Decker'sche geheime Ober-Hofbuchdruckerei.

Förster, aus d. Praxis d. Gemeinde-Verwaltung. Hft. 1—4. Köln 877. a

Förster, A., Kurzgef. Bibelkunde. Ein unterrichtl. Hilfsmittel f. d. Hand erwachs. Schüler. 8. (IV, 152 S.) Leipzig 899. F. Jansa. Geb. n. 1.20

Förster, A., der Holzberechner in der Westentasche. Ausführliche Kubiktabellen für Rundhölzer nach Metermaß. 32. (VIII, 20 S.) Patschkau 888. Buchhol. cart. –30

— Repertorium christiano-classicum. Unser christl. Klassiker-Schatz. Der gebildeten kathol. Welt gewidmet. (44 S.) gr. 8. Augsburg (903). (Maredsons [Belgien]). Dr. A. Förster. n.n. 1. 50

Förster, A., Christian Urhan, e. sonderausgeprägter Kunstfürst u. Heilskämpfer. (188 S.) 8. Maredret (Sosoye) (Belgien) 907. Selbstverlag. 2. —
Sonderabdr. a. „Studien u. Mittlgn. a. d. Benediktinerorden".

Förster, A.: W a s sollen wir lesen? s. F ö r s t e r, Remaclus

Förster, A. G., über d. Bäder bei Landeck u. deren Gebrauch. Mit Kpf. 8. Glatz 805.

Foerster. Adolf [aus Halle a. S.]: Beiträge zur Kenntnis der Pyrogallussäure. . . Halle a. S., Hofbuchdr. v. C. A. Kaemmerer & Co. 1880; [illegible] S. 8°
Halle, Phil. Fak., Inaug.-Diss. v. [illegible] Mai 1880

D e n k s c h r i f t über das zwischen dem Charité-Krankenhause und der Stadt Berlin bestehende Rechtsverhältniß. Im amtl. Auftr. bearb. von Dr. A[dolf] Förster, Geh. Reg. R. Als Ms. gedr. Berlin 1892: Reichsdr. 116 S. 8°

Förster, Adolf Über die Echtheit des vergilischen Culex und einige Textverbesserungen. 17 S Progr. Kg. *Stralsund* 1877.

Förster, A., die preussische Gebühren-Ordnung f. approbirte Aerzte u. Zahnärzte v. 15. Mai 1896. M. Einleitg., Anmerkgn. u. Sachreg. Nebst e. Anh.: D. ärztl. Gebührenanspruch u. s. gerichtl. Geltendmachg. 3., unveränd. Aufl. 8. (80 S.) Berlin 896. R. Schoetz. Kart. n. 1. 50

Förster, A., die preussische Gebühren-Ordnung f. approbirte Aerzte u. Zahnärzte vom 15. V. 1896. Mit Einleitg., Anmerkgn. u. Sachregister. Nebst e. Anh.: Der ärztl. Gebührenanspruch u. seine gerichtl. Geltendmachung. 4. verm. u. verb. Aufl. 8. (V, 86 S.) Berlin 901. R. Schoetz. Kart. n. 1. 80

Förster, A., die preußische Gebührenordnung f. approbierte Ärzte u. Zahnärzte vom 15. V. 1896. Mit Einleitg., Anmerkgn. u. Sachregister. Nebst e. Anh.: I. Der ärztl. Gebührenanspruch u. seine gerichtl. Geltendmachung. II. Gesetz, betr. die Gebühren der Medizinalbeamten, vom 14. VII. 1909. 5. verm. u. verb. Aufl. (VI, 120 S.) 8. Berlin 910. R. Schoetz. Geb. in Leinw. 2. 50

— d. preuß. Gesetzgebg. üb. d. Vermögensverwaltg. i. d. kathol. Kirchengemeinden u. Diözesen, s. a. Taschen-Gesetzsammlung.

Die Preußische Gesetzgebung über die Vermögensverwaltung in den katholischen Kirchengemeinden und Diözesen. Mit Anm. u. Sachreg. von Dr. A[dolf] Förster, Ministerialdir. im Kultusmin. 2., verm. u. verb. Aufl. Berlin: C. Heymann 1907. (VII, 390 S.) 8° [F.]
— Taschen-Gesetzsammlung. No 21. [illegible]

Förster, A., s. Kommentar z. B. G. B.

Förster, A., u. A. Engelmann, die Civilprozeßordnung f. das Deutsche Reich, s. a. Kommentar zum bürgerl. Gesetzbuche u. seinen Nebengesetzen.

Förster, A., die Civilprozeßordnung f. das Deutsche Reich, nebst Einführungsgesetz. Unter besond. Berücksicht. d. preuß. allgemeinen Landrechts erläutert. 1. u. 2. Abth. gr. 8. (XV, 697 S.) Grünberg 884. 85. Weiß' Nachf. à n. 6. —

Förster, A., die Civilprozeßordnung f. das Deutsche Reich, nebst Einführungsgesetz. Unter besond. Berücksicht. des preuß. allgemeinen Landrechts erläutert. 2. Bd. 2 Abthlgn. gr. 8. (IV, 835 S.) Grünberg i/Schl. 886—888. Weiß Nachf. Verl. n. 12. — (cplt.: n. 24. —; geb. n. 27. —)
Wird nur noch gebdn. abgegeben. Herabg. Pr. geb. 15.—.

Die Civilprozessordnung für das Deutsche Reich von Dr. A[dolf] Förster. 2. Aufl. nach d. Stande der vom 1. Jan. 1900 an geltenden Gesetzgebung bearb. von Dr. A[dolf] Förster u. A[rthur] Engelmann. Bd 1, Th 1. *Berlin: C. Heymann 1903.* 8°
= Kommentar z. Bürgerl. Gesetzbuche u. s. Nebengesetzen. 2, 2, Bd 1, Th. 1. [illegible]

Foerster, A[dolf]. Die Zivilprozessordnung für das Deutsche Reich. 2. Aufl. bearb. von A *Engelmann* u R. *Kann* Bd 1. Berlin 1908 8°
(Kommentar z. B G B u. seinen Nebengesetzen. [Tl 8.])

Foerster, A d o l f: Die Zivilprozeßordnung für das Deutsche Reich 3 Aufl. in vollst Neubearb von R[ichard] *Kann*. Bd 1 2 Berlin 1910—1915. 8°

Förster, Alban, s.: Handbuch der Schul-Statistik f. d. Königr. Sachsen.

— Der gegenwärtige Stand des Arbeitsunterrichtes im Deutschen Reiche, im Auftrage des Deutschen Vereins f. Knabenhandarbeit statistisch dargestellt. gr. 4°. Dresden, C. C. Meinhold u. Söhne, 1893.
49 S.

Förster, Anton, a. Bad Kissingen: Kritische Besprechung der Ansichten über die Entstehung von Doppelbildungen. Preisgekrönte Arbeit ⟨1901⟩. Würzburg: A. Stuber 1905. (31 S.) 8°
Würzburg, Med. Fak., Ref. v. Rindfleisch, Diss. v. 19. März 1906
[Geb. 7. Nov 78 Bad Kissingen; Wohnort: Würzburg; Staatsangeh.: Bayern; Vorbildung: Neues Gymn. Würzburg Reife Juli 98. Studium: Würzburg 10 S.; Coll. 7. März 06; Approb 21. Febr 06.]

Förster, Ant., kritische Besprechung der Ansichten üb. die Entstehung v. Doppelbildungen. Von der hohen med. Fakultät zu Würzburg preisgekrönte Arbeit (1901). (31 S.) gr. 8. Würzburg 905. A. Stuber's Vorl. n. 1. 50
Sonderabdruck aus: „Verhandlgn. d. phys.-med. Gesellsch. zu Würzburg".

Foerster, Ant(on) Franc Alb(ert) (geb Landeck 9 6 1795). De spina bifida (Berolini 1820) (30 S) 8°
Berlin, Med Diss v 4 Aug 1820

Förster, Anton Phillipp Günther (Zeitz), De superioritate sacra. Präs. Nic. Christoph Lyncker (Fluhrstädt & Kötschau). Jena (Joh. Dav. Werther) Sept. 1689. 24 Bl. (3.20) 9133

— — Dasselbe. Jena (Werther) 1702. (5.—) 9134

— — Dasselbe. Halle (Hendel) 1735. 40 Seiten. (5.—) 9135

— — Dasselbe. Von der Landes=Hoheit in geistlichen Sachen. o. O. 1738. (5.—) 9136

Foerster, Arnold

Foerster, Arn., Beiträge zur Monographie der Pteromalinen Nees. 1. Hft. gr. 4. Aachen 841, Mayer. 2/3 ₰

Foerster, Arnold, Flora excursoria des Reg.-Bez. Aachen, sowie der angrenzenden Gebiete der belgischen u. holländischen Prov. Limburg. Phanerogamen u. Gefäss-kryptogamen. Nebst Uebersicht der geognost., der oro- u. hydrograph. Verhältnisse dieses Florengebietes. 8. (XXX, 468 S.) Aachen 878. Barth. n. 5. —; geb. n. 6. —

— Monographie der Gattung Pezomachus [Grv.] gr. 8. (244 S.) Berlin 851, Nicolai. n. 1½ ₰

— über die Polymorphie der Gattung Rubus. gr. 8. (28 S.) Ebend. 879. n. 1. 20

Foerster (A.). Ueber die Polymorphie der Gattung Rubus. Aachen, 1880. 8°.

— hymenopterologische Studien. 1. Heft: Formicariae. gr. 4. (74 S.) Aachen 850, ter Meer. *

Foerster, Arn., hymenopterologische Studien. 2. Heft: Chalcidiae und Proctotrupii. gr. 4. (152 S.) Aachen 856, (Benrath und Vogelgesang.) *
1. Heft. Ebendas. 1851. * 25 Ngr.

Förster, Arnold Über den systematischen Wert des Flügelgeäders bei den Insekten und insbesondere bei den Hautflüglern (Hymenoptera). 32 S u. Taf Progr. Rg Aachen 1877

Förster, Aug., Atlas der mikroskopischen pathologischen Anatomie. Leipzig 851. Voss. gr. 4. (1 Bl., 87 S. u. 18 Kpfrtaf.) n. 3 ₰ 10 ngr

— Supplement zum Atlas der mikroskopischen pathologischen Anatomie. Ebend. 856. gr. 4. (VI, 33 S. u. 8 Kpfrtaf.) n. 1 ₰ 10 ngr

Förster, Aug., Atlas der mikroskopischen pathologischen Anatomie. Schluss-Supplement. gr. 4. (X und S. 34—78 mit 10 Kpfrt.) Leipzig 859, Voss. Thlr. *
Das Hauptwerk erschien ebendas. 1854 zum Preis von * 3 Thlr. 10 Ngr., das (1.) Supplement 1856 und kostet * 1 Thlr. 10 Ngr.

Foerster, August, a. Lich: Avoir und être als Hilfsverba beim intransitiven Zeitwort in ihrer Entwickelung vom Alt- zum Neufranzösischen. Darmstadt 1908: G. Otto. (109 S.) 8°
Gießen, Phil. Fak., Ref. Behrens, Diss. v. 19. März 1908
[Geb. 21. Juni 81 Lich; Wohnort: Alzey; Staatsangeh.: Hessen; Vorbildung: Realgymn. Gießen Reife O. 00; Studium: Gießen 3, Berlin 1, Gießen 4 S.; Rig. 18. Juni 07.]

Geschichtliches von den Dörfern des Grünberger Kreises. Aus d. besten vorhandenen Quellen u. eigener Beobachtung u. Erfahrung zusammengestellte Erinnerungsbilder von August Foerster. Grünberg i. Schl E Weller 1905. (313 S.) 8° [3]
Aus Niederschles Tageblatt

— Handbuch der pathologischen Anatomie. 1. (Bd.) A. u. d. T.: Handbuch der allgemeinen pathologischen Anatomie. gr. 8. (X und 410 S.) Leipzig 855, Voss. *

— dass. — II. (letzter Bd.) A. u. d. T.: Handbuch der speciellen patholog. Anatomie. gr. 8. (XVI und 879 S.) Ebds. 854. *

— Handbuch der pathologischen Anatomie. 2. umgearb. Aufl. (In 2 Thln.) 2. Thl.: Handb. der speciellen pathol. Anatomie. Ebend. 862, 63. gr. 8. (XVI, 1096 S.) n. 5 ₰
1. Thl. 2. Aufl. ist noch nicht erschienen.

Foerster, Aug., Handbuch der pathologischen Anatomie. 2. Aufl. 4 Lfgn. gr. 8. Leipzig, Voss. *
Inhalt:
(Bd.) I. (Lfg. 4.) Handbuch der allgemeinen pathologischen Anatomie. (X und 459 S.) 863. * 2 Thlr. 8 Ngr.
» II. (» 1—3.) Handbuch der speciellen pathologischen Anatomie. (VIII und 1096 S.) 863. 1. und 2. Lfg. à * 1 Thlr. 16 Ngr., 3. * 1 Thlr. 28 Ngr.

Foerster, Aug., s.: Landeskunde der Prov. Brandenburg.

Förster, Aug., Lehrbuch der pathologischen Anatomie. Mit 4 Kpfrtaf. In 3 Lfgn. gr. 8. (XXXII u. 584 S.) Jena 850, Mauke. — 2. Aufl. gr. 8. (XII u. 588 S. m. 4 Kpfrtaf.) Ebd. 851. n. 2 ₰

Förster, Aug., Lehrbuch der pathologischen Anatomie. 1. Aufl. 1850. und 2. Aufl. gr. 8. (XII und 588 S. mit 4 Kpfrn.) Jena 852, Mauke. *

— Lehrbuch der pathologischen Anatomie. Mit 4 Kpfrtaf. 3. umgearb. Aufl. 853. (XVI, 544 S.) — 4. Aufl. Jena 856. Mauke. gr. 8. (XVI, 536 S.) n. 2 ₰

— Lehrbuch der pathologischen Anatomie. 5. Aufl. gr. 8. (XVI und 568 S. mit 4 Kpfrt.) Jena 860, Mauke. *

— Lehrbuch der pathologischen Anatomie. 6. Aufl. 1862. und 7., verm. und verb. Aufl. gr. 8. (XVI und 584 S. mit 4 Kpfrt.) Jena 864, [Mauke's Verlag.] *

Förster, Aug., Lehrbuch der pathologischen Anatomie. 8. verm. und verb. Aufl. Nach dem Tode des Verf. hrsg. von Fr. Siebert. (XV, 596 S. mit 4 Kpfrt.) 1868, und 9. verm. und verb. Aufl. gr. 8. (XIII, 610 S. mit 4 Stnt.) Jena 873, Dufft. *

Förster, Aug., Lehrbuch der pathologischen Anatomie. 10. verm. und verb. Aufl. Nach dem Tode des Verf. hrsg. von Fr. Siebert. gr. 8. (XIII, 611 S. mit 4 lithogr. Taf.) Jena 875, [Dufft.] Fischer.

— die wissenschaftliche Medicin und ihr Studium. A. u. d. T.: Grundriss der Encyclopädie und Methodologie der Medicin. gr. 8. (VIII und 224 S.) Jena 856(57,) Mauke. -

— die Missbildungen des Menschen, systematisch dargestellt. gr. 4. (VIII und 171 S. mit Atlas von 26 Stnt. mit Erläuterungen 89 S.) Jena 861, Mauke. *

Förster, Aug., die Missbildungen des Menschen systematisch dargestellt. 2. vollständ. Aufl. gr. 4. (VIII, 171 S. mit Atlas von 26 Stnt. mit Erläuterungen 89 S.) Jena 865, Mauke's Verlag. [Berlin, Oliven.] (*M. 8,40.) *

Förster, Aug., u. Max Gürke, über Torfwolle. gr. 4. (8 S. m. 11 Fig.) Leipzig-R. 899. L. A. Klepzig. n. 1. 60
Sonderabdruck aus: „Zeitschr. f. d. ges. Textil-Industrie".

Foerster, August: Aus dem pharmakologischen Institut zu Greifswald. Untersuchungen über die Wirkung der Tinctura Strychni. *Greifswald 1898: J. Abel.* (43 S.) 8°
Greifswald, Med. Diss. v. 26. März 1898

Förster, Aug., aus Grünbergs Vergangenheit. Gesammelte Bilder zur Geschichte d. Stadt nach vorhand. Chroniken u. sonst. Ueberliefergn. 8. (III, 391 S. m. 2 Abbildgn.) Grünberg 900. W. Levysohn. n. 3. —

Förster, August Heinrich, s.a. Förster, August Herrmann

— — (Altenburg), Tractatus juridico-feudalis, Von Lehn=Stämmen und deren Rechten, Darinnen diese Materie secundum seriem causarum deutlich abgehandelt, durch viele merckwürdige Casus und Observationes practicas nützlich erläutert, und mit verschiedenen beygefügten Praejudiciis bestärcket wird. Aus denen bewährtesten Feudisten zusammen getragen. Altenburg (Joh. Lud. Richter) 1726. 8 Bl., 160 S. (8.—) 9140

— August Heinr. (Coburg), De solutione minoris summae in deductionem majoris vulgo auff Abschlag. / Disp. jur. Präs. Peter Müller. Jena (Bauhofer) Febr. 1685. 14 Bl. mit Widm. v. Präs. (5.—) 9137

— — Dasselbe. Jena (Paul Ehrich) 1711. 36 S. (5.—) 9138

Förster, August Herrmann, s.a. F ó r s t e r , August Heinrich

Förster, A. H. De emancipatione equestri, d. i. Von Wehrhaftmachung. 8. Altenburg 1727.

Förster, Aug. Herrm., v. Lehnstämmen u. deren Rechten. 8. Altenb. (Academ. Buchh. in Jena.) 726.

— **August Wilhelm** (Breslau), De necessitate et usu juris gentium in notitia rerumpublicarum rite adornanda dissertatio. Präs. Ernst Carl Wieland. Lpz. (Carl Tauchnitz) 15. XI. 1809. 64 S. (5.—) 9141

Foerster, Aug Guil *(geb Breslau 10 10 1790)*. De origine atque propagatione donationis ante nuptias apud Romanos Vratislaviae (1812). (51 S.) 4° *(S 1-13 enthält als Einlad-Progr zu dieser Promotion Meister, Joannes Christ. Frid : Legis Centum Capuae unius Legum ex ordine, quas aiebant, damnatarum recitatio novissima)*
Breslau, Jur Diss v 23 Mai 1812

Förster, A. Guil.: Diss. de bonorum possessione etc. P. I. II. —. Pars IIa. etiam sub tit.: De bonorum possessione liberorum praeteritorum contra tabulas parentum Diss. Praemissa est part. I. dissertatio de suis heredibus jure civili aut instituendis aut exheredandis. *Vratislav.*, Max et Comp. 821. 23. 8. (1 Thl. 17 Gr.)

Foerster, Aug. Wilh., Versuch einer physischen Chorographie der Ardennen. Inaugural-Dissertation. gr. 8. (74 S.) Aachen 881. (Bonn, Behrendt.) n. 1. 20

Förster, Augustin

Förster, A., wie erhalte ich e. wirklich flotte Handschrift? Praktische Winke f. jeden Schlechtschreiber. qu. gr. 8. (23 S.) Elberfeld (900). (J. Fassbender.) Kart. n. 1. —

Wie erhalte ich eine wirklich flotte Handschrift? Pract. Winke f. jeden Schlechtschreiber. Hrsg von A[ug] **Förster**, Schreib- u Handelslehrer, Elberfeld *Elberfeld · Selbstverl. [1901]*. (14 Bl) quer-8° [illegible] 6

Förster, B., die Insekten d. „Plattigen Steinmergels" v. Brunstatt, s.: Abhandlungen zur geologischen Specialkarte v. Elsass-Lothringen.

Förster, B R. und R. Hauße, Beobachtungen über die Beschaffenheit und Bewegung der Grubenluft bei den Kgl Steinkohlenwerken im Plauenschen Grunde, sowie Allgemeines über Grubenventilation. Freiberg, 1879 84 S. mit 8 Taf.

Förster, B. R., u. H. **Müller**, Gangstudien aus dem Freiberger Revier, s. Beiträge zur geognost. Kenntniss des Erzgebirges.

Förster, Bernhard

— über nationale Erziehung. Ein Versuch. 2. (Titel-)Aufl. gr. 8. (42 S.) Leipzig (883)886, Fock. *

— über nationale Erziehung. Ein Versuch. 2. Aufl. gr. 8. (42 S.) Halle 886. Hendel. n. 1. —

— zur Frage der „nationalen Erziehung". [Nach e. in den „Bayreuther Blättern" veröffentlichten „Bayreuther Studie" vervollständigt hrsg.] Lex.-8. (42 S.) Leipzig 883. (Th. Fritsch.) n. 1. —

Förster, Bernh., die Frage der Vivisektion im deutschen Reichstage. Ein Stück Kulturkampf. [Aus: „Bayreuther Blätter".] gr. 8. (8 S.) Berlin 882. (F. Lobeck.) n. — 20

Förster, Bernh., deutsche Colonien in dem oberen Laplata-Gebiete m. besond. Berücksicht. v. Paraguay. Ergebnisse eingeh. prakt. Prüfgn., Arbeiten u. Reisen, 1883—1885. Mit e. nach den Angaben d. Verf. gezeichneten (lith.) Karte v. Paraguay u. dem (Holzschn.-)Bildniß m. Facsim. d. Verf. 2. Aufl. gr. 8. (XII, 223 S.) Leipzig 886. Fock. n. 4. —

Förster's, Bernh., Kolonie Neu-Germania in Paraguay. gr. 8. (VIII, 175 S. m. Abbildgn. u. Karten.) Berl. 891, (Actien-Gesellschaft „Pionier"). cart. 2 70

— Dass., s.a. F ö r s t e r , Elisabeth

Förster, B., die deutsche Colonie Neu-Germanien in Paraguay [Süd-Amerika]. Aufruf, Bedinggn. u. Rathschläge f. Ansiedler. Nebst Karte der Colonie. gr. 8. (12 S.) Leipzig 887. [Th. Fritsch.] Fock. — 20

— Olympia. Ein Blick auf den allgemeinen kunst- u. kulturhistor. Werth der Grabgn. am Alpheios. Mit 4 (eingedr.) Abbildgn Lex.-8. (VI, 25 S.) Halle 886. Hendel. n. 1. —

— Parsifal-Nachklänge. Allerhand Gedanken üb. deutsche Cultur, Wissenschaft, Kunst, Gesellschaft, v. Mehreren empfunden, aufgezeichnet v. B. F. 8. (VI, 90 S.) Leipzig 883. (Th. Fritsch.) n. 1. 50

Förster, B., Parcival-Nachklänge. VI. Die sociale Frage. 8°. Leipzig 1883.

— das Verhältniss des modernen Judenthums zur deutschen Kunst. Vortrag, geh. im Berliner Zweigverein des Bayreuther Patronats-Vereins. gr. 8. (IV, 59 S.) Berlin 881. M. Schultze. n. 1. —

— Richard Wagner in seiner nationalen Bedeutung und seiner Wirkung auf das deutsche Culturleben. [2. (Titel-) Aufl. der „Parsifal-Nachklänge".] 8. (IV, 90 S.) Leipzig (883)886, Fock. *

— Richard Wagner als Begründer eines deutschen Nationalstils, m. vergleich. Blicken auf die Kulturen anderer indogerman. Nationen. Ein Vortrag. [Aus: „Bayreuther Blätter".] Lex.-8. (22 S.) Chemnitz 880. Schmeitzner. n. — 75

Förster, Berthold Paul, auf der Studienreise u. andere Novellen. (VII, 227 S.) 8. Dresden 904. E. Pierson. n. 3. —; geb. n. 4. —

Forster, Bill, anders als die Andern. (IV, 460 S.) 8. Berlin 904. H. Schildberger. n. 5. —

Förster, Brix

Förster, B., Deutsch-Ostafrika. Geographie u. Geschichte d. Colonie. gr. 8. (XII, 204 S. m. 1 farb. Karte.) Leipzig 890. Brockhaus. n. 6. —; geb. n. 7. —

Förster, Brix, der Feldzug von 1866 in Südwest-Deutschland. Militärisch-statist. Notizen. Mit Benützung der Feldzugs-Acten der bayer. Armee. München 867. Lindauer. gr. 8. (IV, 31 S.) 9 ngr.

Förster, B., das Leben Emma Förster's, der Tochter Jean Paul's, in ihren Briefen. Hrsg. v. ihrem Sohn B. F. Mit e. Bilde. gr. 8. (VII, 225 S.) Berlin 889. Hertz. n. 4. —; geb. n. 5. —

— die deutschen Niederlassungen an der Guinea-Küste, s.a. Universal-Bibliothek, geographische.

Förster, Brix Die deutschen Niederlassungen an der Guinea-Küste. (Geographische Universal-Bibliothek No 2) Weimar (1885) 36 S 8°

Förster, Brix. Militärisch statistische Notizen zum Studium des Feldzuges von 1866 in Böhmen u. Mähren. (IV. 60.) 8. München 1867. 1.50.

Förster, Brix, Goethes naturwissenschaftliche Philosophie u. Weltanschauung. Mit ausführl. Belegen aus seinen Werken. (VIII, 128 S.) gr. 8. Annaberg 907. Graser's Verlag. 2. 80

Goethes Naturwissenschaftliche Philosophie und Weltanschauung. Mit ausführl. Belegen aus s. Werken. Von Brix **Förster**. Annaberg, Erzgeb.: Graser 1909. (IV, 127 S.) 8° [F.] [illegible]

Förster, B., Skizzen aus Afrika, s.: Universalbibliothek, geographische.

Förster, Bruno, Die Basaltgesteine der Kosel bei Bohm.-Leipa. Mit einer Kartenskizze im Text. Wien 1905: Hollinek. (30 S.) 8° ✦Aus: Jahrbuch der k. k. geol. Reichsanstalt 1905, Bd 55, H. 3 u. 4.

Leipzig, Phil Fak., Ref. Zirkel, Credner, Diss. v. 2. Sept. 1905 [Geb 18 Juli 80 Reichenau, Sachsen; Wohnort: Reichenau. Staatsangeh: Sachsen. Vorbildung Realgymn Zittau Reife O 01, Studium Leipzig 7 S; Rig 6. Dez 04]

Förster, *Bruno* [Oberl. Dr.]: Geologischer Führer für die Umgebung von Mülhausen i. E. m. 1 geolog. Kt. u. 9 Taf. in Lichtdr. Strassburg i/E., Strassb. Druckerei u. Verlagsanst., 1892; 2 Bl., 111 S., 1 Kt., 9 Taf. m. je 1 Erl.-Bl., 1 Bl. 8.
Mülhausen i. E., G, MP 1892 (500)

Förster, Bruno, die Plänermulde östlich v. Alfold [Gronauer Mulde]. Inaugural-Dissertation. gr. 8. (22 S.) Striegau 876. (Göttingen, Vandenhoeck & Ruprecht.) n. — 80

Förster, C., s.a. Förster, K.

– s.a. Förster, Karl Friedrich

– s.a. Forster, Konrad

Förster, C., Abriß der brandenburg-preußischen Geschichte. Für Lehrer u. Schüler bearb. gr. 8. (IV, 63 S.) Leipzig 871. Leuckart. n. — 50

Förster, C. (II.), praktische Anleitung zum Ausstopfen von Thieren, nebst Bemerkungen über die Anlegung von Käfer- und Schmetterlingssammlungen, sowie Herbarien. Nach eigenen langjähr. Erfahrungen mitgetheilt. 8. (46 S.) Osnabrück 887, Meinders.

Förster, C., Arthur u. Mathilde. Eine poet. Erzählg. 12. (37 S.) Riga 888. Nellin & Meldner. n.n. 1. —

Förster, C., Balneotherapie f. praktische Ärzte, nach R. Flechsig's balneolog. Handbuch 1888 u. nach eigenen Erfahrungen seit 1860 zusammengestellt. 12. (IV, 40 S.) Riga 889. (N. Kymmel's Sort.) n. 1. 25

Foerster, C., De locis nonnullis Lysiae. 1827.

Förster, C., medicinischer Taschenkalender f. praktische Aerzte. 1894. Neu bearb. u. hrsg. v. Alb. Behr. gr. 16. (IV S., Schreibkalender u. 92 S. m. 1 Taf.) Riga, Jonck & Poliewsky. Geb. in Leinw. n. 3. 60

Förster, C Chr., s. Förster, Karl Christoph

Förster, C.F., s.a. Förster, Karl F.

– s.a. Förster, Karl Friedrich

Förster, C. F., Gebetsempfindungen in christlichen Liedern üb. Sonn- und Festtags-Episteln. 8. Nürnb. Raw. 806.

— d. Leben im Fleisch, ein Leben im Glauben des Sohnes Gottes. 8. Nürnb. 803. Raw. 4 gr.

— das Leben im Fleisch, ein Leben im Glauben d. Sohnes Gottes. 8. Ebendas. 808.

— geistl. Lieder, auf d. christl. Festtage. 8. Leipz. 803. (Raw in Nürnb.) 10 gr. Hbg. Pr. 4 gr. Dass. 8. Gera 800. Haller. (Lpz., Joachim). 12 gr.

Förster, C. Fr. I.,

FÖRSTER, C. Fr. J., Anweisung zur Tanzkunst. Mit Steinabdr. Breslau, Hentze, 1822. 16⁰.
Bartholomaus p 7.

Förster Anweisung zur Tanzkunst von Forster Mit mehreren Steinabdrucken enthaltend Tanztouren und Musikalien Proskau 1822.
XVI S S 17—102 18 Taf in Lithogr 8°

— Eccossaisen-Lehre, oder d. Kunst, 16 verschied. Eccossaisen mit allen dazu gehörenden Pas u. Touren in kurzer Zeit anständig tanzen zu lernen. Mit 12 Fig. u. 6 chorograph. Zeichnungen. 8. Bresl. 831. Hentze. 8 gr.

Förster, C. Fr. I., Königs-Quadrillen-Lehre, oder die Kunst in einem kurzen Zeitraume 10 verschied. Königs-Quadrillen mit allen dazu gehörigen Pas u. Touren nach der einfachsten und gründl. Methode in Ausführung zu bringen. Mit 12 vollständ. Figuren u. 1 choregraph. Zeichnung. Als 2e Fortsetzung zum Tanzlehrer. 8. Breslau 833. (J. F. Korn.) 1/2 ₰

— d. Tanzlehrer, oder Anweis. zur gründl. Erlernung d. Tanzkunst, zum Selbstunterr. für Freunde d. Tanzes. Mit 24 lithograph. Figuren u. chorograph. Zeichnn.; nebst Anstands- u. Gesundheitslehren. 12. Bresl. 828. Hentze. 1 ₰ 2e Aufl. 12. Ebd. 831. 16 gr. bei Buchheister 1 ₰ 4 gr.

Förster, C. Fr., der Tanzlehrer, od. Anweis. z. gründl. Erlern d. Tanzkunst; z. Selbstunterr. f. Freunde d. (Schön-) Tanzens. M. 24 Taf. vollständ., gut lith. Fig. u. choregraph. Zeichn., nebst Anstands- u. Gesundheitslehren. 1. Aufl. 828. 1 Thlr., 2., wohlf. A. (à 7⅓ B.) 12. Breslau 831, [Hentze.] Thlr.

—— (dass. 1. Forts. u. d. T.:) Ecossaisen-Lehre, od. d. Kunst 16 verschied. Ecossaisen mit allen dazu gehör. Pas u. Touren in kurzer Zeit nach d. einfachsten u. gründl. Methode geschmackvoll u. anständig tanzen zu lernen. M. 12 vollständ. Fig. u. 6 choregraph Zeichn. 8. (5½ B.) Ebds. 833.

—— (dass. 2. Forts. u. d. T.:) Königs-Quadrillen-Lehre, od. d. Kunst in einem kurzen Zeitraume 10 verschied. Königs-Quadrillen mit allen dazu gehör. Pas u. Touren nach d. einfachsten u. gündl. Methode in Ausführ. zu bringen. M. 12 vollständ. Fig. u. 1 choregraph Zeichn. 8. (5½ B.) Breslau 833, (J. Fr. Korn.)

Förster, C.G.J., s. Förster, K.G.J.

Foerster, C. H., Terpsichore. Ein Handbuch bei d. Erlerng. der jetzt beliebten Gesellschafts-Tänze. Nebst Anh. v. Cotillontouren u. Gesellschafts-Regeln. 12. (80 S.) Görlitz 889. Tzschaschel. n. — 80

Förster, Carl, s. Förster, Karl

Förster, Ch., s.: Kriegs-Album.

v. Förster, Chr. Gli., († 1801.) Geschichte von d. Erfindung u. Einführung des Cichorien-Kaffees. 8. Bremen 773. Müller. 3 gr.

Förster, C. G., Gesch. v. d. Erfind. u Einführ. des Cichorienkaffees. 8. Brem. Müller. 775.

Förster, Christ., Hauskirche, od. Erklär. all. Glaubensartikel. 8. Breslau, Pietsch. 728.

— evangel. Krankentrost, oder geistl. Hausapotheke. 8. Breslau, W. G. Korn. 738.

— expedirter Prediger od. Realien n. d. Alphab. 6 Thle. 4. Rostock. 724—35.

Förster, Chrn., Hamburger Bilderbogen 1—6. Hft. qu. Fol. (42 S. m. eingedr. Holzschn.) Hamburg 873. Richter. à n. — 75

Forster, Christ. Friedr Ludw., s. Förster, Ludwig

— **Christian Lebrecht** (Merseburg), De imbecillitate partium corporis solidarum ab imminuta earum cohaesione pendente. Disp. med. Präs. Andreas Elias Büchner. Halle (Joh. Chn. Hendel) 12. VII. 1749. 35 S. (5.—) 9146

Förster, Christ(oph) ⟨1693-1745⟩. Suite mit Ouvertüre in G dur für 2 Violinen, Viola und Violoncell ⟨Streichorch.⟩. (Bearb von Hugo Riemann.) (Partitur, Violine I, II., Viola, Violoncell ⟨Baß⟩.) Leipzig: Breitkopf & Hartel [1906]. (15, 7, 7, 7 S) 4°
= **Collegium** musicum. No 22.
(Breitkopf & Härtel's Kammermusik-Bibliothek. No 1663/1664) [07. 974]

— **Christoph Leonhard** (Stroppa Oelsnico/Schles.), De mandato ad heredes transeunte. Disp. jur. Präs. Heinrich v. Coccejus. Frankfurt/Od. (Joh. Chph. Schwartz) 28. IX. 1713. 50 S. (5.—) 9147

Forster, Gl., die Oberlausitz, s: Bever, D

Förster, Clemens, s. Förster, Klemens

Förster, Conrad, s. Forster, Konrad

Förster, Cornel., Gedächtnis-Training. Systematische Anleitg., e. hervorrag. Gedächtnis zu erlangen. (64 S.) 8. Hamburg (908). Paustian Gebrüder. 1. 20

Förster, D. J., s. Spielmann, der. (Erklärender Text.)

Foerster, E., die Anwendung d. neuen Branntweinsteuer-Gesetzes. Anleitung zum prakt. Gebrauch f. Brennereibesitzer u. Brennereiverwalter. gr. 8. (88 S.) Berlin 887. Parey. cart. n. 2. 50

Förster, E. [Kontopp], die Reform der Branntweinsteuer. gr. 8. (30 S.) Berlin 886. Parey. n. 1. —

Foerster, E., Recept-Taschenbuch. f. Thierärzte. 2. verm. u. umgearb. Aufl. 16. (378 S.) Wien 873. Braumüller. n. 8. —

Förster, E. A., Leitfaden f. den Unterricht in der deutschen Sprache f. Regiments-Schulen. gr. 8. (VI, 42 S.) Dresden 876. Höckner. n. — 60

Förster, E. A., Leitfaden f. den Unterricht in der deutschen Sprache f. Regimentsschulen. 2., verb. Aufl. gr. 8. (VI, 42 S.) Dresden 877. Höckner. n. — 60

Förster, E. Th., s. Förster, Emil Theodor

Die klinische Stellung der Angstpsychose. Von Dr. Edm. **Forster**, Privatd. Berlin: Karger 1910. 260 S. 8° [10. 10431]

Förster, Eduard

Förster, Ed., die allgemeinen Bestimmungen vom 15. Oktbr. 1872, betr. das Volksschul-Wesen in Preußen. Für Seminaristen und Lehrer in Dispositionen und Umrissen erläut. gr. 8. (IV, 127 S.) Berlin 881, Wohlgemuth's Verlag.

Förster, E., die allgemeinen Bestimmungen vom 15. Octbr. 1872, betr. das Volksschulwesen in Preußen. In Dispositionen u. Umrissen erläutert. 2. verm. u. verb. Aufl. 8. (IV, 134 S.) Berlin 885. Wohlgemuth. geb. n. 2. 20

Förster, Eduard gen. Paul, a. Waldbröl: **Über die Einwirkung von Hydrazinen auf Rhodanessigsäure und Rhodanessigester.** Bonn 1908: C. Georgi. (56 S.) 8°
Bonn, Phil. Fak., Ref. Anschütz, Diss. v. 29. Juli 1908
[Geb. 11. Aug. 76 Waldbröl; Wohnort: Bonn; Staatsangeh.: Preußen; Vorbildung: Gymn. Straßburg, Realgymn. Elberfeld Reife O. 98; Studium: Bonn 2, Munchen 3, Bonn 7 S.; Rig. 27. Mai 08.]

Förster, Ed., der Elementar-Zeichner. Ein methodisch geordneter Uebungsstoff für den Zeichen-Unterricht in der Volksschule unter Berücksicht. der Elementarkenntnisse aus der Formlehre. 1.—5. Heft. qu. 4. Weißenburg 873, Wentzel. à Heft * 80 Pf. *

Inhalt:
Heft 1. Das Contourzeichnen mit geraden und gebogenen Linien. (12 Stnt. mit 4 S. Text in 8.)
„ 2. Das geometrische Zeichnen mit Anwendung des Contourschattens. (16 Stnt. mit 4 S. Text in 8.)
„ 3. Geräthe. (12 Stnt.)
„ 4. Fruchtformen und Blumen. (12 Stnt. mit 4 S. Text in 8.)
„ 5. Thierformen. (12 Stnt. mit 4 S. Text in 8.)

Förster, Ed., der Elementarzeichner. Ein methodisch geordneter Uebungsstoff für den Zeichen-Unterricht in der Volksschule unter Berücksicht. der Elementarklasse aus der Formlehre. 6.—8. Heft. qu. gr. 8. (à 8 Stnt. mit 4 S. Text.) Weißenburg 876, Wentzel. à Heft * 80 Pf. *

Inhalt:
Heft 6. Landschaftsskizzen in einfachster Ausführung.
„ 7. Elsässische Landschaftsbilder [Orig.-Zeichnungen].
„ 8. Köpfe.
1.—5. Heft. Ebendas. 1873. à Heft * 80 Pf.

— dasselbe. Vorstufe. 1. u. 2. Hft. qu. gr. 8. (à 32 S.) Ebend. 876. à n.n. — 30

Förster, Ed., der Elementar-Zeichner. Ein methodisch geordneter Uebungsstoff für den Unterricht im Freihandzeichnen. 9 Hfte. qu. 4. (à 12 Bl.) Weißenburg i/Els. 882. Burckardt. à n. — 25

Förster, Ed., deutsche Gedichte für den Geschichtsunterricht. Mit Beziehung auf des Verf. „Hülfsbuch zum Unterricht in der deutschen u. brandenburgisch-preuß. Geschichte" gesammelt u. mit literar. u. histor. Notizen versehen Erfurt 865. Körner. gr. 8. (VIII, 116 S.) n. 12 *ngr.*

Foerster, Ed., Biblische Geschichte, s.: Schollenbruch, H. R.

Förster, Ed., Hülfsbuch zum Unterricht in der deutschen und brandenburgisch-preußischen Geschichte unter Bezugnahme auf die vaterländische Poesie. Für Präparanden-Anstalten, Schullehrer-Seminarien u. andere Lehranstalten bearb. Erfurt 864. Körner's Verlag. gr. 8. (VIII, 208 S.) n. 24 *ngr.*

— Hülfsbuch zum Unterricht in der deutschen u. brandenburgisch preußischen Geschichte. Mit Berücksichtigung der Geschichte der christlichen Kirche u. unter Hinweis auf die vaterländische Poesie bearb. 3. umgearb. u. verm. Aufl. Ebend. 869. gr. 8. (XII, 278 S.) n. 1 *ꝗ*

— Hülfsbuch zum Unterricht in der deutschen u. brandenburgisch-preußischen Geschichte. 4. verb. Aufl. gr. 8. (XII, 257 S.) Leipzig 872. G. Körner. n. 2. 70

Lebensführungen und Amtserfahrungen eines Schulmannes. Von Schulrat Ed(uard) **Förster**, Sem.Dir. a.D. in Straßburg i.E. *Straßburg i.E.: F. Bull 1903.* (175 S.) 8° [F.] [03. 27381]

Foerster, Ed., d. kaiserl. Lehrerseminar z. Straßburg. Festschrift z. Einweihg. d. neuen Seminargebäudes. gr. 8. (232 S. m. 6 Abb.) Breslau 895. F. Hirt. n. 3. —

— deutsches Lesebuch f. höhere Lehranstalten. gr. 8. (XV, 652 S.) Straßburg 878. Schultz & Co. n. 5. —

— deutsches Lesebuch für Lehrer- und Lehrerinnen-Seminarien. 2. verb. Aufl. Mit 15 (eingedr. Holzschn.-)Portr. deutscher Dichter und Schriftsteller. gr. 8. (XVI, 656 S.) Straßburg 882, Schultz und Comp. *

Förster, Ed., deutsches Lesebuch f. Lehrer- u. Lehrerinnen-Seminarien. 3., verb. Aufl. Mit 25 Brustbildern deutscher Dichter u. Schriftsteller. gr. 8. (XVI, 656 S.) Straßburg 887. Straßburger Druckerei u. Verlagsanstalt. n. 5. —; geb. n. 5. 70

Förster, Ed., deutsches Lesebuch f. Lehrer- u. Lehrerinnen-Seminarien. 4., verb. Aufl. Mit 25 Brustbildern deutscher Dichter u. Schriftsteller. gr. 8. (XXIII, 656 S.) Straßburg i. E. 891. Straßburger Druckerei u. Verlagsanstalt. n. 5. —; geb. n. 6. —

— deutsches Lesebuch f. Lehrer- u. Lehrerinnen-Seminarien. 5. Aufl. M. 25 Brustbild. deutscher Dichter u. Schriftsteller. gr. 8. (XXIII, 656 S.) Straßburg 896. Straßburger Druckerei u. Verlagsanstalt. n. 5. —; Einbd. n.n. — 70

— Deutsches Lesebuch f. Lehrer- u. Lehrerinnen-Seminarien. 7. Aufl. Mit 25 Brustbildern deutscher Dichter u. Schriftsteller. gr. 8. (XXIII, 656 S.) Straßburg 902. Straßburger Druckerei u. Verlagsanstalt. n. 5. —; geb. n.n. 5. 70

Deutsches Lesebuch für Lehrer- und Lehrerinnen-Seminarien. Bearb. von Schulrat Ed[uard] **Förster**, Sem.Dir. 8., vielfach verb. u. verm. Aufl. Mit 25 Brustbild deutscher Dichter u. Schriftsteller. Straßburg: Straßb. Dr.- u Verlagsanst. 1904 (XXIV, 693 S.) 8° [F.] [05. 1130]

— deutsches Lesebuch f. Lehrer- u. Lehrerinnen-Seminarien. 9. Aufl. Mit 25 Brustbildern deutscher Dichter u. Schriftsteller. (XXIV, 693 S.) gr. 8. Straßburg 906. Straßburger Druckerei u. Verlagsanstalt. n. 5. —; Einbd. n.n. — 70

— Deutsches Lesebuch f. Lehrer- u. Lehrerinnen-Seminarien. 11. Aufl. Mit 25 Brustbildern deutscher Dichter u. Schriftsteller. (XXIV, 693 S.) gr. 8. Straßburg 908. Straßburger Druckerei u. Verlagsanstalt. 5.—; Einbd. nnn — 70

— deutsches Lesebuch f. d. Mittelklassen der Elementarschulen u. die Vorklassen höherer Lehranstalten. 8. (VIII, 198 S.) Straßburg 878. Schmidt. n. — 80

—— Lesebuch für die Mittelklassen der Elementarschulen in Elsaß-Lothringen. 2.—12. Aufl. gr. 8. (VIII, 200 S.) Straßburg 876—82, Schmidt's Universitäts-Buchh. * geb. **

— Lesebuch f. die Mittelklassen der Elementarschulen in Elsaß-Lothringen. 11. Aufl. gr. 8. (VIII, 200 S.) Straßburg 882. Schmidt. n. — 80; geb. n.n. 1. —

—— Lesebuch für die Mittelklassen deutscher Elementarschulen in Elsaß-Lothringen. 13.—19. Aufl. 8. (VIII, 200 S.) Straßburg 886—888, Schmidt's Universitäts-Buchh. [*80 Pf.] * geb. [**ℳ 1.—.] **

— Lesebuch f. die Mittelklassen der Elementarschulen in Elsaß-Lothringen. 16. Aufl. 8. (VIII, 200 S.) Straßburg 886. Schmidt. n. — 60; geb. n.n. — 80

— Lesebuch f. die Mittelklassen der Elementarschulen in Elsaß-Lothringen. 20. Aufl. gr. 8. (VIII, 200 S.) Straßburg 889. Schmidt. n. — 60; geb. n.n. — 80

— Lesebuch f. die Mittelklassen der Elementarschulen in Elsaß-Lothringen. 22. Aufl. gr. 8. (VIII, 200 S.) Straßburg i/E. 891. F. Bull. n. — 60; geb. n.n. — 80

— Lesebuch f. d. Mittelklassen d. Elementarschulen in Elsaß-Lothringen. 26. Aufl. gr. 8. (VIII, 200 S.) Straßburg 894. F. Bull. Geb. in Halbldr. n.n. — 80

— Lesebuch f. die Mittelklassen der Elementarschulen in Elsaß-Lothringen. 29. Aufl. gr. 8. (VIII, 200 S.) Straßburg 898. F. Bull. Geb. in Halbldr. n.n. — 80

— Lesebuch f. die Mittelklassen der Elementarschulen in Elsaß-Lothringen. 32., verb. Aufl. (VIII, 192 S.) 8. Straßburg 904. F. Bull. Geb. n.n. — 80

Förster, Eduard, Lesebuch f. die Mittelklassen der Elementarschulen in Elsaß-Lothringen. 34., verb. Aufl. (VIII, 192 S.) 8. Straßburg 908. F. Bull. Geb. nn — 80

— kurze Methodik d. Elementarunterrichts auf Grund d. „Allgem. Bestimmgn." v. 15. Oktbr. 1872, betr. d. Volksschulwesen in Preußen. 3., verm. u. verb. Aufl. gr. 8. (IV, 143 S.) Berlin 895. J. A. Wohlgemuth. Geb. in Leinw. n. 2. 20

— kurze Methodik des Elementarunterrichts auf Grund der „Allgem. Bestimmungen v. 15. X. 1872", betr. das Volksschul-, Präparanden- u. Seminarwesen in Preußen. 4. Aufl. gr. 8. (IV, 143 S.) Breslau 901. F. Hirt. Geb. in Leinw. n. 2. 25

— der Normal-Lehrplan f. die Elementarschulen in Elsaß-Lothringen, s.a. Altemöller, W.

—— der Normal-Lehrplan für die Elementarschulen in Elsaß-Lothringen. In Dispositionen und Umrissen erläut. (III, 109 S.) 1880.

— der Normal-Lehrplan für die Elementarschulen in Elsaß-Lothringen. In Dispositionen u. Umrissen erläutert. 2., verb. u. verm. Aufl. gr. 8. (IV, 116 S.) Ebend. 881. n. 1. 60

— der Normal-Lehrplan f. die Elementarschulen in Elsaß-Lothringen. In Dispositionen u. Umrissen erläutert. 3., nach der neuen Ausg. d. Normal-Lehrplanes verb. u. verm. Aufl. gr. 8. (V, 134 S.) Ebend. 883. n. 1. 60

— die Präparandenbildung auf Grundlage des Regulativs vom 2. Octbr. 1854. Eine Handreichung für Präparandenbildner. Breslau 867. Mälzer. gr. 8. (45 S.) n. 6 ngr.

— evangelisches Schulgesangbuch. 50 geistl. Lieder f. den Schulgebrauch, dazu e. Anh., enth.: 1. Biographische Notizen üb. die Dichter nebst Disposition der Lieder u. Angabe bibl. Beweisstellen; 2. den kleinen Katechismus Lutheri m. Spruchbuch. v., nach dem neuen evangel. Gesangbuch f. Elsaß-Lothringen rev. u. verb. Aufl. 8. (64 S.) Straßburg 900. J. H. E. Heitz. n.n. — 60

— Strassburg, die Hauptstadt d. Reichslandes Elsass-Lothringen. Mit 2 Chromotaf., 6 Thonfarbenbildern u. 30 z. Tl. farb. Abbildgn. gr. 8. (95 S.) Ebd. 894. Geb. in Leinw. n. 4. —

— Tabellen zur Geschichte der Pädagogik. Unter besond. Berücksicht. der wichtigsten Erscheingn. auf dem Gebiete der pädagog. Litteratur, für den Selbstunterricht bearb. 1. u. 2. Aufl. gr. 8. (VIII, 83 S.) Ebd. 891. n. 1. 60

— Tabellen zur Geschichte der Pädagogik. Im Anschluß an A. Schorns Geschichte der Pädagogik u. unter besond. Berücksicht. der wichtigsten Erscheingn. auf dem Gebiete der pädagog. Litteratur f. den Seminar- u. Selbstunterricht bearb. 3. Aufl. gr. 8. (VIII, 81 S.) Straßburg 899. F. Bull. Kart. n.n. 1. 70

— das Volkslied in der Volksschule, s.a. Volksschulunterricht, der.

— das Volkslied in der Volksschule. Die Behandlung des sprachlichen Lernstoffes zu Uebungen im mündlichen und schriftlichen Gedankenausdruck für die mittlere und obere Stufe der Volksschule. Breslau 862. Hirt. gr. 8. (VIII, 88 S.) n. 10 ngr.

— das Volkslied in der Volksschule. Erläuterung poet. Sprachstücke f. den Standpunkt der mittleren u. oberen Stufe der Volksschule. 3., umgearb. u. verm. Aufl. Mit 22 Portr. der berühmtesten volksthüml. Dichter (in eingedr. Holzschn.). gr. 8. (VIII, 191 S.) Breslau 879. F. Hirt. n. 2. 80

— Das Volkslied in der Volksschule. Erläuterung poet. Sprachstücke f. den Standpunkt der mittleren u. oberen Stufe in der Volksschule. 4. Aufl. Mit 22 Portr. der berühmtesten volkstüml. Dichter. (200 S.) 8. Breslau 886. F. Hirt. 2.—; geb. 2. 40

—— Vorstufe zum Elementar-Zeichner. Erster Uebungsstoff für den Zeichen-Unterricht in der Volksschule. 3. Heft. qu. 4. (16 Bl.) Weißenburg i. E. 882, Burckhardt. **
1. und 2. Heft. Ebendas. 1876. à ** 30 Pf.

— Vorstufe zum Elementar-Zeichner. Erster Uebungsstoff für den Zeichen-Unterricht in der Volksschule. 3. Hft. qu. 4. (16 Bl.) Weißenburg i/Els. 882. Burckardt. n.n. — 20 (1—3.: n.n. — 80)

—— Weihnacht in Wort und Bild. Ein Blatt unter den Tannenbaum am Christabend. Mit 5 (Holzschn.-)Abbild. zur Weihnachtsgeschichte von Correggio, Poussin, Schongauer, Rubens, Lorenzo da Credi. gr. 8. (VIII, 55 S.) Straßburg 883, (Schmidt's Universitäts-Buchh.) *

— der geistig Zurückgebliebene u. seine Pflege in den ersten Lebensjahren. Allgemeinverständliche Anleitg. f. Eltern. gr. 8. (VII, 79 S.) Dresden 888. (Weiske.) n. 2. —

Förster, Elisabeth, s.a. Förster-Nietzsche

Förster, Elisab., u. G. Hesekiel, Fabelbuch, s.: Hesekiel, George.

Förster, Emanuel Alois

Förster, Em. Al., Anleit. zum Generalbaß. N. Aufl. 4. Leipz., Breitkopf u. H. 1 ⁴⁄₈ 𝔗𝔩

Förster, Em. Al., Anleit. z. Generalbaß. 4. Leipz. Breitkopf. 805.

Förster, Emanuel Alois. Anleitung zum General-Bass. IV., neu durchgesehene u. verm. Aufl. *Wien* 1858. *Artaria & C.* 53 S., 1 Bl. 8°. 1 fl. 30 kr.
Dazu gehört ein Heft mit 160 Noten-Beispielen.

Förster, Emil von: Die Bauwerke der Renaissance in Toskana, s. Förster, Heinrich von

– Dass., s. Gnauth, Adolf

Förster, Emil (geb am 21 Juni 1861 in Zeulenroda Reuss ä. L.): Zur Geschichte der englischen Gaumenlaute ... Halle a. S., Druck v. E. Karras 1884. 2 Bl., 39 S, 2 Bl. 8. ¶ Sonderabdr aus d. Anglia VII 1884 Anz. S 43 ff.
Bonn, Phil. Fak, Diss. v 18 Juli 1884

Foerster, Emil, 100 Rätsel zum geistanregenden Zeitvertreib f. lange Winterabende in Familienkreisen. 12. (V, 56 S.) Torgau 893. P. Schultze. —75

Förster, Emil Theodor

Förster, E. Th., s.: Kolonien, die deutschen.

Reinen Tisch in Sudwestafrika. Lose Blätter z. Geschichte d. Besiedelung von Dr. E[mil] Th[eodor] **Förster.** *Berlin: W. Süsserott 1901.* (48 S.) 8° [Umschlagt F.] [04 1109

Förster, E. Th., die Siedlung am Kilimandjaro u. Meru, s. a. Abhandlungen, koloniale, 12. Heft.

Die Siedlung am Kilimandjaro und Meru von Dr. E[mil] Th[eodor] **Förster.** Berlin: W. Susserott 1907. (16 S.) 8° [Umschlagt F.]
— **Abhandlungen,** Koloniale. H. 12. [08 15236

Förster, Erich, Referendar: Die Ausgleichung unter Mitbürgen und Dritteigentümern nach §§ 774, 1225, 1249, 1143 BGB. Marienberg 1908: Neubert & Mehner. 41 S. 8°
Leipzig, Jur. Diss. v. 12. Dez. 1908
[Geb. 9. Juni 81 Muglenz; Wohnort: Marienberg i. S.; Staatsangeh. Sachsen; Vorbildung. Gymn. Wurzen Reife O 01; Studium: Erlangen 2, Leipzig 7 S.; Rig 6. Febr. 06] [U 09. 2505

Foerster, Erich, Christentum u. Politik, s.: Darf die Religion Privatsache bleiben?

[F.] Das Christentum der Zeitgenossen E. Studie v. Erich **Foerster,** Pfarrer in Frankfurt a. M. *Freiburg i. B., Leipzig & Tübingen. J. C. B. Mohr 1899.* (96 S.: 1 Bl 8.
— **Zeitschrift** f. Theologie u. Kirche. Jg. 9. H. 1. [98 19076

Foerster, Erich, das Christentum der Zeitgenossen. Eine Studie. 2. Abdr. gr. 8. (IV, 96 S.) Tübingen 902. J. C. B. Mohr. n. 1.50
Sonderabdruck aus: „Zeitschr. f. Theologie u. Kirche".

Foerster, Erich, die Entstehung der preußischen Landeskirche unter der Regierung König Friedrich Wilhelms III., nach den Quellen erzählt. Ein Beitrag zur Geschichte der Kirchenbildg. im deutschen Protestantismus. 1. Bd. (XV, 428 S.) gr. 8. Tübingen 905. J. C. B. Mohr. n. 7.60; geb. n.n. 9.—

– Die Entstehung der preußischen Landeskirche unter der Regierung König Friedrich Wilhelms III., nach den Quellen erzählt. Ein Beitrag zur Geschichte der Kirchenbildg. im deutschen Protestantismus. 2. (Schluß-) Bd. (XII, 530 S.) gr. 8. Tübingen 907. J. C. B. Mohr. 10.40; geb. 12.—
Bd. 1. Ebd. 905. 7.60; geb. 9.—

Das Evangelium in der Großstadt, s. a. Predigt-Bibliothek, moderne. VII, 1.

Das Evangelium in der Grossstadt Predigten über sittl. Fragen u. Aufgaben der Menschen von heute von Erich **Foerster** Gottingen: Vandenhoeck & Ruprecht 1909 85 S 8°
(Moderne Predigtbibliothek Reihe 7, H 1) [09 11471 7

Förster, Erich, a. Gleiwitz (Ober-Schlesien): Ueber den Feuchtigkeitsgehalt der Luft in seiner Beziehung zur geographischen Lage des Beobachtungsortes Rostock. Rostock 1905: Adlers Erben. (49 S.) 8°
Rostock, Phil. Fak., Ref. Matthiessen, Diss. v. 8. Apr. 1905
[Geb. 10. Nov. 80 Gleiwitz-Petersdorf, Oberschl.; Wohnort. Rostock; Staatsangeh.: Preußen; Vorbildung: Oberrealsch. Gleiwitz Primareife O. 00; Studium: Charlottenburg T.H. 5, Berlin 1, Rostock 3 S.; Rig. 25. Febr. 05.]

s.: Fragen, praktische, des modernen Christentums.

— Unser Ideal religiöser Gemeinschaft, s.: Ideale, die religiösen, der modernen Theologie.

— Jesus als Kraft, s.: Jesus.

— Jesus u. die männliche Jugend. Eine Predigt, auf Anregg. aus der Gemeinde den evangel. Primanern unserer höheren Lehranstalten u. ihren Eltern dargeboten. (14 S.) 8. Frankfurt a/M. 905. Mahlau & Waldschmidt. n. —20

— Kirche Christi u. Landeskirche, s.: Müller, Karl.

— s.: Kirchen, die evangelischen u. der Staat.

Lebensideale Dargest. von Erich **Foerster,** Pfarrer in Frankfurt a. M. *Tubingen & Leipzig: J. C. B. Mohr 1901.* (VI, 126 S.) 8° [F.] [01 6464

— die Möglichkeit d. Christentums in d. mod. Welt. gr. 8. (IV, 68 S.) Freiburg i/B. 898. J. C. B. Mohr. n. 1.20

— die Rechtslage des deutschen Protestantismus 1800 u. 1900, s. a. Vorträge der theolog. Konferenz zu Gießen. 15.

Die Rechtslage des deutschen Protestantismus 1800 und 1900. Von Erich **Foerster,** Pfarrer in Frankfurt am Main. *Giessen: J. Ricker 1900.* (44 S.) 8° [F.]
— **Vorträge** d. theol. Konferenz zu Giessen. Folge 15. [00 8454

— der Schulantrag. 12 Thesen zur Verständigg. im nationalliberalen Lager. (40 S.) 8. Tübingen 904. J. C. B. Mohr. n. —40

Förster, Erich, aus Eibenstock: **Schwenkung der kursächsischen Politik zur Dritten Partei in den Anfängen Johann Georgs IV.** *Rudolstadt 1904: F. Mitzlaff.* (38 S.) 8°
Leipzig, Phil. Diss. v. 1904

— der evangelische Sinn unserer Kirchenverfassung, s. a. Hefte zur Christlichen Welt. 51.

Der evangelische Sinn unserer Kirchenverfassung. Von Erich **Foerster,** Pfarrer in Frankfurt a. M. (Vorr.: Martin Rade.) *Tübingen: J. C. B. Mohr 1901.* (23 S.) 8°
— **Hefte** z. Christlichen Welt. H. 51 (N. F., H. 1). [01 1980

Die Verfassung der evangelischen Kirche in Deutschland. Vortrag von D. Erich **Foerster,** Pfarrer, Frankfurt a. M. Berlin-Schöneberg: Protestant. Schriftenvertrieb 1910. 12 S 8°
Aus: Protokoll d. 5 Weltkongr f. Freies Christentum u Religiösen Fortschritt Berlin 1910 [10. 17240

— weshalb wir in der Kirche bleiben!, s. a. Hefte zur Christlichen Welt. 54.

Weshalb wir in der Kirche bleiben! Ein Wort z. Verständigung an d. Veranstalter u Besucher d. Landeskirchl. Versammlung in Berlin u. ihre Gesinnungsgenossen in d. deutschen evang. Landeskirchen von Erich Foerster, Pfarrer in Frankfurt a. M. Tubingen: J C. B. Mohr 1905. (IV, 38 S.) 8° [F.]
— **Hefte** z. Christlichen Welt. H. 54. [05. 7770

— das Ziel des Wollens. Predigten, geh. in der deutschen evang.-reform. Kirche zu Frankfurt a. M. gr. 8. (III, 123 S.) Tübingen 902. J. C. B. Mohr. n. 2.20; geb. n. 3.—

Förster, Ermin, Kanzler u. Pabst, od. die 7 Todsünden Deutschlands wider Rom. Eine wahre Historia in 7 Gesängen u. 7 Priesterchören erzählt, auch m. vielen Bildern (in eingedr. Holzschn.) versehen. 3. Aufl. gr. 8. (73 S.) Stuttgart 874. Ulrich. 1. 50

Förster, Ernst, abrégé de l'histoire de l'art. Dresden 864. Wienecke. n. 12 ngr.

Abriss der allgemeinen Kunstgeschichte. Ebend. 864. 16. (96 S.) n. 12 ngr.

Foerster, Ernst: Die Bedeutung der flüssigen Feuerung für Konstruktion, Betrieb und Rentabilität eines transatlantischen Schnelldampfers. Berlin: Schiffbau 1907. 23 S., 3 Taf. 4° ¶ Aus: Schiffbau. Jg. 9. 1907/08.
Berlin, Dr.-Ing.-Diss. v. 18. 10. 1907

Förster, Er., Beiträge zur neuern Kunstgeschichte. Mit 4 Kpfrtaf. gr. 8. Leipzig 835 Brockhaus. 1½ ℞

— Briefe über Malerei in Bezug auf die Königl. Gemäldesammlungen zu Berlin, Dresden u. München. 8. Stuttgart 838. Cotta. ¾ ℞

Foerster, Ern (Augustus Alwin Aemil) (geb Duisburg 28 8 1836): De chlorosi Berolini (1863) (31 S) 8°
Berlin, Med Diss v 19 Aug 1863

Förster, Ernst, Peter v. Cornelius. Ein Gedenkbuch aus seinem Leben u. Wirken, m. Benutzg. seines künstler., wie handschriftl. Nachlasses nach mündl. u. schriftl. Mittheilgn. seiner Freunde u. eigenen Erinnergn. u. Aufzeichngn. 1. u. 2. Thl. Mit Cornelius Bildniß (in Stahlst.) gr. 8. (XII, 496 u. VIII, 578 S.) Berlin 874. G. Reimer. à n. 7. —

— Peter v. Cornelius, s. a. Sammlung gemeinverständl. wissenschaftl. Vorträge.

Förster E, Pv Cornelius. (Samml. gemeinverst. wissensch Vortr. 217) Berlin 1875

Förster, Ernst. Denkmale deutscher Baukunst, Bildnerei und Malerei von Einführung des Christenthums bis auf die neueste Zeit. 12 Bde. Leipzig 1855—1869. 4°.

Förster, Ernst, Denkmale deutscher Baukunst, Bildnerei und Malerei von Einführung des Christenthums bis auf die neueste Zeit. 1—117. Liefg. Leipzig 853—58. T. O. Weigel. gr. 4. Jede Liefg. von 4 S. Text u. 2 Stahlst. n. 20 ngr; Prachtausg. in Fol. n. 1 ℞

-- Denkmale deutscher Baukunst, Bildnerei und Malerei von Einführung des Christenthums bis auf die neueste Zeit. 118—222. Liefg. Leipzig 859—64, T. O. Weigel. gr. 4. Jede Liefg. von 4 S. Text u. 2 Stahlst. n. 20 ngr; Prachtausg. in Fol. n. 1 ℞

Förster, Ernst, Denkmale deutscher Baukunst, Bildnerei u. Malerei von Einführung des Christenthums bis auf die neueste Zeit. 223—300. (letzte) Liefg. (à 2 Stahlst. u. ca. 4 S. Text). Leipzig 865—69. T. O. Weigel. gr. 8. Jede Liefg. n. 20 ngr.; Prachtausg, in Fol. n. 1 ℞

Separat-Ausgaben daraus:
Denkmale deutscher Baukunst von Einführung des Christenthums bis auf die neueste Zeit. 101—135. Liefg. (à 2 Stahlst. u. ca. 4 S. Text). Leipzig 865—69. T. O. Weigel. gr. 4. Jede Liefg. n. 20 ngr.
Denkmale deutscher Bildnerei u. Malerei von Einführung des Christenthums bis auf die neueste Zeit. 101—135. Liefg. (à 2 Stahlst. u. ca. 4 S. Text). Ebend. 865—69. gr. 4. Jede Liefg. n. 20 ngr.

—— **Denkmale deutscher Baukunst von Einführung des Christenthums bis auf die neueste Zeit. 1—72. Lfg. Imp.-4. (144 Stahlst. und 810 S. Text.) Leipzig 857—61, T. O. Weigel. à Lfg. * 20 Ngr.** *

—— **Denkmale deutscher Baukunst von Einführung des Christenthums bis auf die neueste Zeit. 73.—125. Lfg. Imp.-4. (86 Stahlst. und 229 S. Text mit eingedr. Holzschn.) Leipzig 862—67, T. O. Weigel. à Lfg. * 20 Ngr.** *
1.—72. Lfg. Ebendas. 1857—61. * 48 Thlr.

—— **Denkmale deutscher Baukunst von Einführung des Christenthums bis auf die neueste Zeit. 126.—135. Lfg. Imp.-4. (21 Stahlst. und 52 S. Text.) Leipzig 868,69, T. O. Weigel. à Lfg. * ℳ 2. * 6 Bde. 1858—69. (à Bd. * ℳ 50.) cart.** *

Förster, Ernst. Denkmale deutscher Bildnerei und Malerei von Einführung des Christenthums bis auf die neueste Zeit. Herausgegeben von Ernst Förster Leipzig, T O Weigel 1858(—1870)
6 Bde. 2°
I 1858 Tit., 2 Bl., 52 S m 1 Holzschn.; 25 Taf, 1 Bl., 36 S; 25 Taf
II 1860 Tit., 2 Bl., 44 S; 24 Taf, 1 Bl., 65 S m. 1 Holzschn; 24 Taf
III 1861 Tit., 2 Bl., 56 S; 24 Taf, 1 Bl., 44 S; 24 Taf
IV 1863 Tit., 2 Bl., 45 S; 21 Taf, 1 Bl., 48 S; 28 Taf
V 1866 Tit, 2 Bl 44 S; 19 Taf, 1 Bl., 70 S; 30 Taf
VI 1870 Porträt des Verfassers. Tit, 3 Bl., 20 S; 9 Taf 1 Bl 104 S; 41 Taf XLI S Chronolog Übersicht u. Register
Die Taf in Kupferst

—— **Denkmale deutscher Bildnerei und Malerei von Einführung des Christenthums bis auf die neueste Zeit. 1—72. Lfg. Imp.-4. (142 Stahlst., wovon 1 ill., und 288 S. Text.) Leipzig 857—61, T. O. Weigel. à Lfg. * 20 Ngr.** *
Vorstehende zwei Werke sind aus dem Hauptwerk: Denkmale deutscher Baukunst, Bildnerei und Malerei, besonders abgedruckt.

—— **Denkmale deutscher Bildnerei und Malerei von Einführung des Christenthums bis auf die neueste Zeit. 73.—125. Lfg. Imp.-4. (84 Stahlst. und 204 S. Text.) Leipzig 862—67, T. O. Weigel. à Lfg. * 20 Ngr.** *
1.—72. Lfg. Ebendas. 1857—61. * 48 Thlr.
Vorstehende zwei Werke sind aus dem Hauptwerk: Denkmäler deutscher Baukunst, Bildnerei und Malerei, besonders abgedruckt.

—— **Denkmale deutscher Bildnerei und Malerei von Einführung des Christenthums bis auf die neueste Zeit. 126.—135. Lfg. Imp.-4. (19 Stahlst., 1 Chromolithogr. und 55 S. Text.) Leipzig 868,69, T. O. Weigel. à Lfg. * ℳ 2. * 6 Bde. 1858—69. (à Bd. * ℳ 50.) cart.** *

Förster, Ernst. Denkmale Italienischer Malerei vom Verfall der Antike bis zum 16. Jahrhundert. 4 Bde. Leipzig 1870—1882. Fol.

—— **Denkmale italienischer Malerei vom Verfall der Antike bis zum 16. Jahrh. (In 5 Bdn. à 25 Lfgn.) 1.—75. Lfg. Fol. (1. Bd. VIII, 100 S. mit 49 Kpfrt. in Fol. und qu. gr. Fol.; 2. Bd. IV, 86 S. mit 46 Kpfrt.; 3. Bd. 92 S. mit 49 Kpfrt.) Leipzig 869—74, T. O. Weigel. à Lfg. ℳ 2. ; à Bd. ℳ 50.; geb.** *

—— **Denkmale italienischer Malerei vom Verfall der Antike bis zum 16. Jahrh. 76.—89. Lfg. Fol. (4. Bd. S. 1—69 mit 28 Kpfrt.) Leipzig 877—79, T. O. Weigel. à Lfg. ℳ 2.**
1.—75. Lfg. Ebendas. 1869—74. à Lfg. * ℳ 2.

Forster, Ernst, Denkmale italienischer Malerei vom Verfall der Antike bis zum 16. Jahrh. 90.—100. (Schluss-)Lfg. Fol. (4. Bd. VIII, S. 70—146 mit 18 Stahlst.) Leipzig 882, T. O. Weigel. à Lfg. ℳ 2.
1.—89. Lfg. Ebendas. 1869—79. à ℳ 2.; compl. cart. ℳ 200.

— Denkwürdigkeiten aus dem Leben von Jean Paul Friedrich Richter. Zur Feier seines 100 jährigen Geburtstages herausg. 4 Bde. München 863. Fleischmann. 8. (L, 1390 S.) 6 ℞

Foerster, Ernst, a. Hamburg: Die Frauenfrage in den Romanen von George Egerton, Mona Caird und Sarah Grand. (Beiträge zur englischen Literatur neuester Zeit.) 1. Teil. Marburg 1907: R. Friedrich. (VI, 40 S.) 8° ¶ (Erscheint vollst. b. N. G. Elwert, Marburg.)
Marburg, Phil. Fak., Ref. Vietor, Diss. v. 7. Juni 1907
[Geb 2 Apr. 84 Regensburg; Wohnort: Hamburg; Staatsangeh: Hamburg; Vorbildung. Realsch u Oberrealsch Hamburg Reife M 03; Studium: Bern 1, Genf 1, Bern 1, Birmingham 1, Marburg 5 S.; Rig 1 Mai 07]

Foerster, Ernst, die Frauenfrage in den Romanen englischer Schriftstellerinnen der Gegenwart. (V, 78 S.) gr. 8. Marburg 907. N. G. Elwert's Verl. 1. —

Förster, Ernst, Gedichte. Leipzig 854. Brockhaus. 8. (XIV, 199 S.) n. 24 ngr

—— s. Genelli, Bonaventura, Umrisse zum Homer.

Förster, E., Geschichte der deutschen Kunst, s. a. Wolf, das deutsche.

Förster, Ernst Geschichte der deutschen Kunst 5 Thle Von Einführung des Christenthums bis zur Gegenwart Leipzig Weigel 1851-60

Foerster, Ernst Joach., Geschichte der deutschen Kunst. Bd. 1—5. [Mit Illustr.] Leipzig 1860. 12. . . . . (D)
—, — Th 1—3. Mit Stahlst. Leipzig 1851—63 8
A. u. d. T Das deutsche Volk Bd 8—10 21—21

Förster, Ernst. Geschichte der Italienischen Kunst. 5 Bde. Leipzig 1869 -1878. 8°.

— Geschichte der italienischen Kunst. 1. u. 2. Bd. Ebend. 869, 70. gr. 8. (XVI, 351 S.; VIII, 527 S.) 1.: 1 ℛ 24 ngr; 2: 2 ℛ 24 ngr.

— Geschichte der italienischen Kunst. 3. u. 4. Bd. gr. 8. (VIII, 437 u. 425 S.) Ebend. 872. 75. à 6. 75 (1—4.: 27. 30)

—— Geschichte der italienischen Kunst. 5. Bd. gr. 8. (527 S.) Ebendas. 875.
1.—4. Bd. Ebendas. 1869—75. *ℳ 27,30.

— Geschichte der italienischen Kunst. 5. Bd. gr. 8. (527 S.) Ebend. 878. n. 8. 40 (1—5.: n. 35. 70)

— Geschichte der neuen deutschen Kunst. [Separat-Ausg. aus des Verf. Gesammtwerke über deutsche Kunst.] 2 Thle. Leipzig 863. T. O. Weigel. 8. (XVI, 883 S. u. 16 Kpfrtaf.) 4 ℛ

Förster, Ernst, Handbuch für Reisende in Deutschland. Mit 24 Eisenbahnkarten, 11 Städteplänen (lith. in 8. u. 4.) u. 1 Reisekarte (Kpfrst., col. in Fol.). 8. (X u. 644 S.) München 847, Literar.-artist. Anstalt. — 2. verm. Ausg. der 1. Aufl. Mit 28 (lith.) Eisenbahnkarten, 11 (lith.) Städteplanen u. 3 (lith. u. color.) Reisekarten. 8. (X u. 666 S.) Ebd. 850. In Engl. Einb. n. 3 ℛ 18 ngr

— Handbuch für Reisende in Deutschland. 2. verm. Aufl. Mit 15 (in Kpfr. gest.) Eisenbahnkarten (in 4.), 13 (lith.) Städteplanen (in 4. u. gr. 4.) und 1 Karte von Deutschland (Kpfrst. in Fol.). München 853. Literar.-artist. Anstalt. 8. (3 Bl., 685 S.) n. 3 ℛ 20 ngr

—— Handbuch für Reisende in Deutschland. 2., verm. Aufl. 8. (VI und 685 S. mit 15 in Kpfr. gest. Eisenbahnkarten in 4., 13 lithogr. Städteplanen in 4. und 1 Karte von Deutschland in Kpfrst. und Fol.) München 855, Literarisch-artistische Anstalt. *

—— Handbuch f. Reisende in Italien. 1. Aufl. 8. (51⅛ B. u. 10 in Kpfr. u. Stein grav. Pläne. 840., 2. A., gr. 8. (35¾ B. u. 12 in Kpfr. u. Stein grav. Pläne.) München 842, Literar.-artist. Anstalt. à *

Förster, Ernst, Handbuch f. Reisende in Italien. Mit 4 Karten u. 11 Planen. 3. Aufl. gr. 8. (37½ B. u. 1 Reisekarte v. Italien.) München 846, Literar.-artist. Anstalt. *

— - dass. in 4 Abthlgn. Ebds. 846.

—— Handbuch für Reisende in Italien. 4., verb. und verm. Aufl. Mit einem Wegweiser für Leidende von Rud. Wagner. 8. (XIV und 685 S. mit vielen lithogr. Karten und Plänen.) München 848, Literarisch-artistische Anstalt. *

— Handbuch für Reisende in Italien. 5. verb. u. verm. Aufl. Mit einem Wegweiser f. Leidende von Rud. Wagner. Mit vielen (lith.) Karten u. Plänen (in 8., 4. u. Fol.). München 853. Literar.-artist. Anstalt. 8. (VIII, 710 S. u. lith. Karte von Italien in Fol.) n. 3 ℛ 18 ngr

— Handbuch für Reisende in Italien. 6. verb. u. verm. Aufl. Mit vielen (lith.) Karten u. Plänen. (In 4 Abthlgn.) Ebend. 857. 8. n. 3 ℛ 20 ngr
1. Abth. Allgemeiner Theil. (XII, 159 S. u. 1 lith. Karte in Fol.) — 2. Abth. Oberitalien. — 3. Abth. Mittelitalien. (2 Bl., 283 S. u. 10 lith. Karten u. Pläne in 8., 4. u. Fol.) — 4. Abth. Unteritalien u. Sicilien. (2 Bl., 132 S. u. 8 lith. Karten u. Pläne in 8., 4. u. Fol.)

— Handbuch für Reisende in Italien. 7. verb. u. verm. Aufl. Mit vielen Karten u. Planen (in Kpfrst.). München 863. Literar.-artist. Anstalt. 8.
1. Thl.: Reisen nach und in Italien bis Florenz. (X, 151 S. m. 10 Karten u. 5 Planen in 4. u. Fol.) n. 2 ℛ 12 ngr
2. Thl.: Reisen in Mittel- und Unteritalien. (VII, 502 S. m. 5 Karten u. 10 Plänen.) n. 2 ℛ 12 ngr.

- Handbuch für Reisende in Italien. 2 Thle. 8., verb. u. verm. Aufl. München 866. Literar.-artist. Anstalt. 8. Jeder Thl. n. 2 ℛ 12 ngr.
1. Thl.: Reisen nach u. in Italien bis Florenz. Mit vielen (10) Karten u. (19) Plänen (in Kpfrst. in 4. u. Fol.). (XII, 473 S.)
2. Thl.: Reisen in Mittel- u. Unteritalien u. in Sicilien. Mit vielen (16) Planen u. (7) Karten (in Kpfrst. in 4. u. Fol.). (VI, 572 S.)

—— Handbuch für Reisende nach und in Oberitalien. Mit vielen Karten und Plänen. 8. (XII und 216 S. mit 8 in Kpfr. gest. Karten in qu. 4., qu. Fol. und qu. Imp.-Fol. und 11 Stndr.-Pläne in 8., qu. 4., qu. Fol. und qu. Imp.-Fol.) München 857. Literarisch-artistische Anstalt. geb. Thlr. *

FOERSTER, ERN., Insignium somnambulismi spontanei exemplorum enarratio, adjecta phaenomenorum in iis animadversorum, inprimis quod ad sensuum conditionem attinet, consideratione. (Diss. inaug.). Kiliae. 1820. 4. P.

Förster, Ernst. Aus der Jugendzeit. Berlin und Stuttgart. 8°.

Förster, Ernst, aus der Jugendzeit. 8. (XII, 391 S.) Stuttgart 887. [Spemann.] Union. n. 6. —

—— die deutsche Kunst in Bild und Wort. Für Jung und Alt, für Schule und Haus. 85 Lfgn. Fol. (VIII, 344 S. mit 140 Bildtaf. in Stahlst.) Ebendas. 877—79. à Lfg. *ℳ 1,80. * geb. mit Goldschn. *

Förster, Ernst, Leben und Werke des Fra Giovanni Angelico de Fiesole. Regensburg 859. Manz. Lex.-8. (74 S. u. 1 Stahlst.) 24 ngr.

Förster, Ernst Leitfaden zur Betrachtung der *Wand- u. Deckenbilder* des neuen Königsbaues in München. München, in der literar.-artist. Anstalt 1834. 8°. Die ersten Bll. an der oberen Ecke angebess Blau Hsrsb.
VIII S., 1 Bl „Berichtigungen" 82 S (incl 1 Bl 3faches Reg.)

—— Manuel du voyageur en Italie. 4. Edition revue et augmentée d'un guide médical par Rud Wagner. 8. (VI und 668 S. mit 28 Karten und Plänen.) Munich 848, Literarisch-artistische Anstalt. *

Förster, Ernst (II.), Manuel du voyageur en Italie. 5. Edition, entièrement refondue et augmentée d'un guide médical par Rud. Wagner. 8. (VIII und 744 S. mit 30 gest. und lithogr. Karten und Plänen in 8., 4. und Fol.) München 855, Literarisch-artistische Anstalt. *

Förster, E., Mittelalter oder Renaissance? [C. G. Pfannschmidt u. Anselm Feuerbach], s. a. Zeit- u. Streit-Fragen, deutsche.

Förster E, Mittelalter oder Renaissance? (G Pfannschmidt und Anselm Feuerbach) (Zeit- und Streitfragen 173) Berlin 1882

Förster, Ernst. Johann Georg Müller (1822—1849), ein Dichter- und Künstlerleben. (Biographie — Gedichte.) [Mit 1 Illustration und 3 Tafeln.] 8. St. Gallen 1851.

— Johann Georg Müller, ein Dichter- u. Künstlerleben. gr. 8. (VIII u. 363 S. mit 1 Portr., 3 Stahlst. u. 1 Holzschn.) St. Gallen 851, Scheitlin & Zollikofer. n. 1 ℛ 26 ngr

— Johann Georg Müller ein Dichter- und Künstlerleben. 2 (Titel-) Ausg. St Gallen 854. Scheitlin u. Zollikofer. 8. (VIII, 363 S. u. 4 Stahlst.) 1 ℛ

— München. Ein Handb. f. Fremde u. Einheimische, mit besond. Berücksichtigung d. Kunstschätze dieser Residenz-Stadt. M. 1 Grundr. u. 2 Stahlst. 8. (12½ B.) München 838, Literar.-artist. Anstalt.

— München. Ein Handbuch für Fremde u. Einheimische, mit besonderer Berücksichtigung der Kunstschätze dieser Residenz-Stadt. (Mit 1 Grundrisse u. 2 Stahlst.) 8. München 838. Literar.-artist. Anstalt. 1 ₰ — 2e Aufl. Mit Ansichten u. 2 Plänen. Münch. 840. Literar.-artist. Anstalt. n. 1⅓ ₰

— München. Ein Handb. f. Fremde u. Einheimische, m. besond. Berücksichtig. der Kunstschätze dies. Residenz-Stadt. Mit 1 Grundr., 1 Karte d. München-Augsb. Eisenbahn u. 2 Ans. 3. Aufl. 8. (18⅞ B.) München 843, Literar-artist. Anstalt.

— München. Ein Handbuch für Fremde und Einheimische mit besonderer Berücksichtigung der Kunstschätze dieser Residenzstadt. 7. Aufl. Mit einem (lith. u. color.) Plan des Industrie-Ausstellungs-Gebäudes (in qu. 8.). Ebend. 854. 16. (XVI,364 S., lith. Plan von München und 1 lith. Karte.) n. 18 ngr

Förster, Ernst. München. Ein Handbuch für Fremde und Einheimische mit besonderer Berücksichtigung der Kunstschätze. München 1858. 8°.

— Munich. Manuel complet de l'étranger dans cette capitale; avec des details particuliers sur les monumens et les collections d'art qu'elle renferme. Avec 1 plan de la ville et quelques (2) gravures. 8. la même 838. 1 ₰

— Munich. Manuel de l'étranger dans cette Capitale, avec de détails particuliers sur les monuments et les collections d'art, quelle renferme. 2. édit. Avec 1 Plan, 1 Carte et 2 gravures. 8. Ebend. 843. geb. 1½ ₰

— Raphael. 2 Bde. gr. 8. Leipzig 867,68, T. O. Weigel. [1. Bd. (XXIX und 345 S. mit 1 Bildniß Raphaels in Kpfrst.) 2 Thlr. 7½ Ngr., 2. Bd. (XXII und 348 S.) 1 Thlr. 22½ Ngr.]

— Raphael. 2 Bde. Mit einem Bildniß Raphaels (in Kpfrst.). Leipzig 867, 69. T. O. Weigel. gr. 8. (XXIX, 315 S.; XXII, 348 S.) 4 ₰

— Reise durch Belgien nach Paris und Burgund. 8. (VIII und 220 S.) Leipzig 865, T. O. Weigel. *

— s. Jean Paul Fr. Richter, sämmtl. Werke.

— vermischte Schriften. München 862. Fleischmann. 8. 1. Bd.: Reisen in Italien, in England und Schottland. (X, 361 S.) n. 1 ₰ 20 ngr

— vermischte Schriften. 1. Bd.: Reisen in Italien, in England und Schottland. 8. (X und 361 S.) München 862, [Merhoff's Verlag.] *

Foerster, E., die Technik der Weltschiffahrt, s. a. Bibliothek, nautische.

Die Technik der Weltschiffahrt. Von Dr. Ing. E[rnst] Foerster, Hamburg. Mit vielen Textabb. Berlin: K. W. Mecklenburg 1909. 167 S. 8°
(Nautische Bibliothek Bd 6 7) (10. 1900 11

Förster, Ernst: Vergleichende Untersuchungen an Kreiselpumpen. 1905. 57 S., 9 Taf. 8° ¶ Auch bei Trewendt & Granier in Breslau.
Dresden, Dr.-Ing.-Diss. v. 28. 7. 1905

Förster, E., vergleichende Untersuchungen v. Kreiselpumpen. Mit 9 Taf. u. allen Versuchresultaten. (57 S.) 8. Breslau 905. Trewendt & Granier. n. 2. 40

– s. Vasari, G.: Leben der ausgez. Maler.

— Vorschule der Kunstgeschichte. Lex.-8. (XIV und 242 S. mit 269 eingedr. Holzschn.) Leipzig 861, T. O. Weigel. *

— Vorschule der Kunstgeschichte. Mit 269 Holzschn. (im Text.) Leipzig 862. T. O. Weigel. Lex.-8. (XIV, 242 S.) n. 2 ₰ 10 ngr

— die Wandgemälde der St. Georgenkapelle zu Padua, erläutert. Mit 14 Abbild. gr. Imp.-Fol. Berlin 841, Reimer. n. 6 ₰

— Wem gebührt der Kranz? Eine Festgabe bei der Enthüllung der Bavaria. 12. (24 S.) München 850, Kaiser. n. 2 ngr

Förster, Ernst Joachim, s. Förster, Ernst

Förster, Ernst Peter von, s. Förster, Ernst

Förster, Erwin, s. Schiller-Gallerie. Nach Original-Zeichnungen von W. v. Kaulbach.

Förster, (Emil Theodor) Eugen [cand. med. aus Waldbröl]: Aus d. chirurg. Klinik in Bonn. Beiträge zur Verwendung der Röntgen-Strahlen im Dienste der Chirurgie ... Berleburg, Buchdr. v. W. Winckel, 1897; 34 S., 1 Bl. 8.
Bonn, Med. Fak., Inaug.-Diss. v. [9. März] 1897

Förster, F.

– Die lachende Anna und die weinende Anna, s. Both's, L. W., Bühnen-Repertoire.

– Nachbars Äpfel, s. Both's, L. W., Buhnen-Repertoire.

– Jean Baudry, s. Both's, L. W., Bühnen-Repertoire.

Förster, F., Beiträge zu den Gattungen u. Arten der Libellen. (S. 211—235.) gr. 8. Wiesbaden 909. J. F. Bergmann. — 60
Sonderabdruck aus „Jahrbb. d. nass. Ver. f. Naturkde."

– Er hat einen Fehler, s. Both's, L. W., Bühnen-Repertoire.

– Flattergeister, s. Both's, L. W., Bühnen-Repertoire.

Förster, (F.), Gelegenheit macht Diebe, s. Both's, L. W., Bühnen-Repertoir.

– Ein armer Graf, s. Both's, L. W., Bühnen-Repertoire.

– Ich liebe Sie, s. Both's, L. W., Bühnen-Repertoire.

– Die Invaliden der Ehe, s. Both's, L. W., Bühnen-Repertoire.

– Die alten Junggesellen, s. Both's, L. W., Bühnen-Repertoire.

Foerster, F. v., d. Korbweidenkultur u. ihr Wert f. d. Landwirtschaft d. östl. Provinzen Preußens. gr. 8. (45 S.) Berlin 895. P. Parey. n. 1.—

†Förster, F. [A. Trinius], Deutschlands Kriegs- und Friedenshelden, s. a. Geschichte der Einigungskriege 1864. 1866. 1870/71.

Förster, F., Deutschlands Kriegs- u. Friedenshelden. Geschichte der Einigungskriege 1864, 1866, 1870/71. Mit vielen Schlachtplänen u. Uebersichtskarten, zahlreichen Portraits v. Feldherren, Staatsmännern u. verschiedenen anderen Abbildgn. Nach den vorzüglichsten Quellen f. die Mitkämpfer u. das deutsche Volk bearb. 1—26. Lfg. gr. 8. (1. Bd. XII, 462 S. u. 2. Bd. S. 1—528.) Berlin 885. 86. Dümmler's Verl. à n. — 50

Förster, F., Libellen. (Forschungsreise durch Südschoa, Galla u. die Somaliländer von Carlo Frhr. v. Erlanger.) (S. 299—344 m. 1 farb. Taf.) gr. 8. Wiesbaden 906. J. F. Bergmann. n. 1. 80
Sonderabdruck aus: „Jahrbb. d. nass. Ver. f. Naturkde."

— Liebe kann nicht Alles, s. Kühling's, A., Album für Liebhaber Bühnen.

– Ein schwarzer Menschenbruder, s. Both's, L. W., Bühnen-Repertoire.

– Die Neugierigen, s. Both's, L. W., Bühnen-Repertoire.

– Nicht fluchen, s. Both's, L. W., Bühnen-Repertoire.

– Aus der komischen Oper, s. Both's, L. W., Buhnen-Repertoire.

– Die Ordre ist: Schnarchen, s. Both's, L. W., Bühnen-Repertoire.

Förster, Schwager Spürnas, s.: Kühling's, A., Album f. Liebhaber-Bühnen.

– Eine musikalische Tochter, s. Both's, L. W., Bühnen-Repertoire.

Förster, F., kritischer Wegweiser durch die neuere deutsche histor. Litteratur f. Studierende u. Freunde der Geschichte. 12. (58 S.) Berlin 900. J. Räde. n. — 80

– Schlechtes Wetter, s. Both's, L. W., Bühnen-Repertoire.

Förster, F. A. Die erzgebirgische Eisenbahn. Chemnitz 1852.

FÖRSTER, F. Chr. — August und Rosinens Verbindung, eine Hirtengeschichte von — *Förstern.* Liegnitz, o. J. (ca. 1750). 4°. Sehr selten!
Max Weg, Lps., Cat. 52. (1897), no. 1632: Beibd.

Förster, F. W., s. Förster, Friedrich Wilhelm

— **Ferdinand Christoph** (Lauban/Laus.), De refutatione feudi poenae loco imperata. Diss. jur. Präs. Carl Gottlieb Knorr. Halle (Joh. Chr. Grunert) Dez. 1743. 43 S. (5.—) 9148
Gew.: v. Blochmann (Breslau). — Widm. v.: Jac. Gabr. Wolf, Präs., Michael Alberti, Joh. Ehrenfried Zschachwitz, H. C. Alberti, Chn. Sigismund Becker, Chr. Aug. Behr, T. T. Feller, Joh. Gottlieb Volkelt (Laub.), Heinr. Samuel Eggers (Leipzig; dtsch.).

— **Ferd. Rud. Ottomar** (Artern), De paralysi musculi serrati antici majoris. Diss. med.-chir. Halle (Ploetz) 26. X. 1850. 32 S. mit Biogr. (M.: H. Stange.) (4.—) 9149
Oppon.: C. Rumpholz, A. Tornauer. — Gew.: Alexander Thebesius, Carl Rumpholz.

Förster, Fr.

—— Exposition universelle à Vienne 1873. Avec détermination et explication précise de toutes les groupes, pavillons, expositions séparées, restaurations etc. Dessiné d'après nature et des dates officiels. Fol. Ebendas. 873. *
Chromolithogr. *

— Wiener Fremdenführer. Praktischer Wegweiser m. Berücksicht. der Sehenswürdigkeiten u. grossem ausführl. Plane. Mit Hinzugabe vieler praktischer Notizen. 8., sehr verm. Aufl. gr. 16. (XL, 56 S. m. 1 chromolith. Plan in Imp.-Fol.) Ebend. 872. n. 1. 60

—— illustrirter Wiener Fremdenführer. Praktischer Wegweiser mit besond. Berücksicht. der Weltausstellung und aller Sehenswürdigkeiten und grossem ausführl. (chromolithogr.) Plane der Stadt (in gr. Fol.); ferner (lithogr.) Plänen des Weltausstellungspalastes, der Umgebungen, der Semmeringbahn und sämmtl. grösseren Theater (in 4. und gr. Fol.). 10., sehr verm. Aufl. 8. (73 S. mit 7 Holzschntaf.) Ebendas. 873. *

—— dass. — ferner (lithogr.) Plänen der Umgebungen, der Semmeringbahn und sämmtl. grösseren Theater (in 8., gr. 8. und qu. 4.). 11. sehr verm. Aufl. gr. 16. (116 S.) Wien 874, Hölder. geb. *

Förster, Fr., Wiener Fremdenführer. Praktischer Wegweiser mit Berücksichtigung aller Sehenswürdigkeiten u. grossem (chromolith.) Plane der Stadt (in Imp.-Fol.). 12. Aufl. (102 S. m. 1 Holzschn.-Taf.) Wien 878. Hölder. geb. n. 1. 60

Förster, Dr. Fr, Wiener Fremdenführer. Pract. Wegweiser m. Berücksicht. aller Sehenswürdigkeiten etc. mit Plan der Stadt u. Vororte. 14. Aufl. 8. (110 S.) cart. 80 kr.
Wien: Hölder 1881.

Förster, Fr., Wiener Fremdenführer. Praktischer Wegweiser mit Berücksichtigung aller Sehenswürdigkeiten namentlich der Kunstsammlungen, neuestem Plan der Stadt und der Vororte nebst Straßenverzeichniß. 15. revidirte Aufl. 8. (110 S.) cart. 80 kr.
Wien: Holder 1882.

Förster, Fr., Wiener Fremdenführer. Praktischer Wegweiser mit Berücksichtigung aller Sehenswürdigkeiten, namentl. der Kunst-Sammlungen, neuest Plane d Stadt u. d. Vororte nebst Strassen-Verzeichniss 16. revid. Aufl. kl. 8. (110 S) Wien Alfred Hölder 1883.

Förster, Fr., Wiener Fremdenführ. Prakt. Wegweiser mit Berücksicht. aller Sehenswürdigk., namentl. d. Kunstsamml, neuestem Plane d. Stadt u. d. Vororte nebst Strassenverz. 17, verb. Aufl. 8. (117 S.) Ebds., Eleg. 1884.

Förster, Fr., Wiener Fremdenführer. Praktischer Wegweiser m. Berücksicht. aller Sehenswürdigkeiten namentlich der Kunstsammlgn., neuestem Plane der Stadt u. der Vororte nebst Strassenverzeichniss. 18. verb Aufl. 12. (117 S. m. Holzschn.) Wien 886. Hölder. cart. n. 1. 60

— Wiener Fremdenführer. Praktischer Wegweiser m. Berücksicht. aller Sehenswürdigkeiten, namentlich der Kunstsammlungen, neuestem Plane der Stadt und der Vororte nebst Strassenverzeichniss 19. rev. Aufl 12 (117 S) Wien: Hölder 1887.

—— dass. — Praktischer Wegweiser mit Berücksicht. aller Sehenswürdigkeiten, namentlich der Kunstsammlungen, neuestem Plane der Stadt und der Vororte. Uebersichtsplane des Localbahn- und Tramway-Netzes und Strassenverzeichniss. 20. vollständig umgearb. Aufl. 12. (III, 128 S.) Ebendas. 888. geb. *

Förster Fr. Wiener Fremdenführer. Praktischer Wegweiser mit Berücksichtigung aller Sehenswürdigkeiten, namentlich der Kunstsammlungen, neuestem Plane der Stadt u. der Vororte, Uebersichtsplan des Local und Tramway Netzes und Straßenverzeichniß. 21. ergänzte Auflage. 16. (128 S.) geb. —.80
Wien: Hölder 1889.

Förster, Fr., Wiener Fremdenführer. Praktischer Wegweiser, mit Berücksichtigung aller Sehenswürdigkeiten, namentlich der Kunstsammlungen, neuestem Plane der Stadt und der Vororte, Uebersichtsplan des Localbahn- und Tramway-Netzes und Straßen-Verzeichniß. 22. ergänzte Auflage. 8. (128 S.) In Lwd. geb. —.80
Wien: Hölder 1890.

Förster, Fr., Wiener Fremdenführer. 23. verbesserte Auflage m. 1 Tfl. u. 1 Plan. Kl.-8. (147 S.) Lnbd. —.80
Wien: Hölder 1891.

Förster's Wiener Fremdenführer Praktischer Wegweiser mit Berücksichtigung aller Sehenswürdigkeiten, namentlich der Kunstsammlungen, mit neuestem Plane der Stadt, mit Uebersichtspläne des Localbahn- und Tramway-Netzes und Strassen-Verzeichniss. Bearbeitet von Ferd Krähmer. 24. verbesserte Auflage. 8. (147 S.) In Lwd. geb. --.80
Wien: Hölder 1892.

Förster's, Fr., Wiener Fremdenführer. Mit neuestem (farb.) Plane der Stadt, Uebersichtsplan des Lokalbahn- u. Tramway-Netzes u. Strassen-Verzeichniss. Bearb. v. Ferd. Krähmer. 25., verb. Aufl. 12. (IV, 172 S.) Wien 894. A. Hölder. Geb. in Leinw. n. 1.60

Förster's Wiener Fremdenführer Praktischer Wegweiser mit Berücksichtigung aller Sehenswürdigkeiten, namentlich der Kunstsammlungen, neuestem Plane der Stadt, mit Uebersichtsplan des Localbahn- und Tramway-Netzes und Strassen-Verzeichniss. Bearbeitet von Ferd. Krähmer. 26. verbesserte Auflage. 8. (172 S.) In Luwd. geb. –.80
Wien: Hölder 1896.

Förster's Wiener Fremdenführer. Praktischer Wegweiser mit Berücksichtigung aller Sehenswürdigkeiten, namentlich der Kunstsammlungen, neuesten Plane der Stadt, Uebersichtsplan des Local- und Tramway-Netzes nebst Strassenverzeichniss. 27. vollständig umgearbeitete und sehr vermehrte Auflage. 16. (173 S.) Lnwdbd. —.80
Wien: Holder 1897.

Foerster, Fr., guida illustrata di Vienna. Indicatore pratico riguardante spesialmente l'esposizione universale e le cose rimarchevoli, con un grande ed esteso (chromolith.) piano della città (in gr. Fol.) ed i (lith.) piani del palazzo dell' esposizione, dei contorni, della ferrovia del Semmering e dei principali teatri (in Fol.) 16. (XXXXIII, 76 S.) Wien 873. Hölder. n. 2. 40

— illustrated english guide trough Vienna and its environs. With special hints for visitors to the universal-exhibition, a. the curiosities. With a complete (lith.)map of the city (in Imp.-Fol.), further special maps of the exhibition, the environs, the Semmering-railway and the chief theatres (lith. in 4. u. Fol.) 16. (XXXIX, 74 S.) Ebend. 873. geb. n. 2. 40

Förster, Fr., neuester Plan von Wien mit Verzeichniss der vorzüglichsten Sehenswürdigkeiten. 5.—9. sorgfältig revid. Aufl. Fol. Wien 868—74, Hölder. *

—— dass. — 10. sorgfältig revid. Aufl. mit vollständ. Strassen-Verzeichniss. 8. (14 S.) Ebendas. 873. geb. *

Förster's Dr.. Neuester Plan von Wien. Mit Verzeichniss der vorzüglichsten Sehenswürdigkeiten. 15. Aufl. 1882 in 10 Farben. 48 kr. gew. Ausgabe 30 kr. (A. Hölder. Wien).

Foerster's Neuester Plan von Wien mit Verzeichniss der darauf befindlichen Strassen, Gassen und Plätze, sowie Hinweisen auf die vorzüglichsten Sehenswürdigkeiten und öffentlichen Gebäude. 8. (21 S.) Gefalzt —.40
Wien: Hölder 1897.

Förster F, Plan von Wien mit dem Weltausstellungspalast. Wien 1873

—— grosser Situationsplan der Wiener Weltausstellung 1873. Mit genauester Bezeichnung und Erklärung aller Gruppen, Pavillons, Separat-Ausstellungen, Restaurationen und aller wissenswerthen Details. Nach der Natur aufgenommen und mit Benützung officieller Daten hrsg. 1.—8. revid. Aufl. Fol. Ebendas. 873. * 50 Pf.; color. *

— Touristenführer in Wiens Umgebungen. Ein Wegweiser bei allen Ausflügen im Wiener Walde u. den Berg- u. Alpengegenden v. Niederösterreich u. Obersteyermark, im Bereiche der Süd-, West- u. Franz-Josefs-Bahn, das ganze Gebiet v. der Donau bis zum Wechsel, Semmering u. Mürzzuschlag, Mariazell, Hochschwab u. Oetscher umfassend. 8. (110 S.) Ebend. 871. n. 1. 60; m. chromolith. Karte in gr. Fol. n. 2. 60

—— dass. — Von der Donau bis zum Wechsel, Stuhleck, Semmering und Bruck a. d. Mur, Mariazell, Hochschwab, Oetscher und Dürrenstein. 2. umgearb. und erweit. Aufl. 8. (168 S.) Ebendas. 873. *
Mit großer Touristenkarte geb. *

— Touristenführer in Wien's Umgebungen. Ein Wegweiser bei allen Ausflügen im Wiener Walde u. den Berg- u. Alpengegenden v. Niederösterreich u. Obersteiermark im Bereiche der niederösterr. Staatsbahnen, der Süd-, West- u. Franz-Josefs-Bahn. Von der Donau bis zum Wechsel, Stuhleck, Semmering, Mariazell. Hochschwab, Oetscher u. Dürrenstein, 3., umgearb. u. erweit. Aufl. 12. (VIII, 214 S.) Ebend. 881. geb. n. 2. 40; m. chromolith. Karte in qu. gr. Fol. n. 3. —

Förster's Touristenführer in Wien's Umgebungen. Wegweiser bei Ausflügen im Wiener Walde und in den Berg und Alpen Gegenden von Niederösterreich und Obersteiermark. 4. neubearbeitete und vermehrte Auflage. Mit großer Uebersichtskarte und 10 Wegmarkirungskarten in Farbendruck. 8. (VIII, 298 S.) In Leinwd. geb. 2.--
— Ohne Uebersichtskarte 1.70
Wien: Holder 1882.

—— Touristenführer in Wiens Umgebungen. Ein Wegweiser bei allen Ausflügen im Wiener Walde und den Berg- und Alpengegenden von Niederösterreich und Obersteiermark im Bereiche der niederösterreich. Staatsbahnen, der Süd-, West-, Aspang- und Franz Josefs-Bahn. 5. ergänzte Aufl. 12. (VIII, 265 S. mit großer Touristenkarte und 8 Distanzkarten.) Wien 887, Hölder. geb. *M 3.60.; ohne Karte *

Förster's Touristenführer in Wiens Umgebungen. Ein Wegweiser bei allen Ausflügen im Wienerwalde und den Berg- und Alpengegenden von Niederösterreich und Obersteiermark im Bereiche der niederösterr. Staatsbahnen, der Süd-, West-, Aspang und Franz-Josefsbahn. 6. neu bearbeitete und vermehrte Auflage. Mit großer Touristenkarte, ferner 8 Distanz- und Wegmarkirungskarten. 8. (VIII, 272 S.) gebunden 1.80
Wien: Hölder 1889.

—— Touristenführer in Wiens Umgebungen. Wegweiser bei Ausflügen im Wiener Walde u. in den Berg- u. Alpengegenden v. Niederösterreich u. Obersteiermark. 7. Aufl. Mit Übersichtskarte u. 10 Wegmarkirungskarten in Farbendr. 12. (VIII, 298 S.) Ebd. 892. geb. * 4 —; ohne Karte * 3 40

Förster's Touristenführer in Wiens Umgebungen. Wegweiser bei Ausflügen im Wiener Walde und in den Berg- und Alpengegenden von Nieder-Oesterreich und Obersteiermark einschließlich des Gesäuses. 8. vermehrte Auflage. Bearbeitet von Ronniger. Mit 15 Wegmarkirungskarten in Farbendruck. 8. (VIII, 340 S.) In Lwd. geb. 2.10
— Mit einer großen Uebersichtskarte. 8. (VIII, 340 S.) In Lwd. geb. 2.40
Wien: Holder 1893.

Förster's Touristenführer in Wiens Umgebungen. Wegweiser bei Ausflügen im Wiener Walde, im österreichisch-steirischen Alpenlande und in der Wachau. 9. vollständig umgea beitete und vermehrte Auflage. Herausgegeben von K. Ronniger. Mit 15 Wegmarkirungskarten in Farbendruck. (VIII, 315 S.) 8. Geb. Mit Karte 2.60, ohne Karte 2.30
Wien· Holder 1895.

Förster's Touristenführer in Wiens Umgebungen. Wegweiser bei Ausflügen im Wiener Walde, im österreichisch-steirischen Alpenlande und in der Wachau von Karl Ronniger. 10. vollständig neu bearbeitete Auflage. Mit 16 Wegmarkirungs-Karten in Farbendruck und großer Uebersichts-Karte. 8. (XIV, 359 S.) Geb. 2.70, ohne Karte 2.40
Wien. Holder 1898

Förster's, F., Touristenführer in Wiens Umgebungen. Wegweiser bei Ausflügen im Wiener Walde, im österr.-steir. Alpenlande u. in der Wachau. Von Karl Ronniger. 11., neu bearb. u. verm. Aufl. Mit 17 Wegmarkierungskarten in Farbendr. 12. (XIV, 371 S.) Wien 900. A. Hölder. Geb. in Leinw. n. 4. 80; m. 1 großen (farb.) Übersichtskarte n. 5. 30

Förster's Touristenführer in Wiens Umgebungen. 12. Aufl. 8°. (VIII, 389 S. mit 19 Wegmarkierungskarten und grosser Uebersichtskarte) geb. K 5.80, ohne Karte geb. K 5 20. Brieftaschen-Ausgabe mit Karte K 7.—
Wien Holder 1903.

Förster-Ronniger, Touristenführer in Wiens Umgebungen. 13. Aufl. 8°. (VIII, 406 S. mit 19 Wegmarkierungskarten in Farbendruck und neu hergestellter Übersichtskarte) geb. K 6.—, Brieftaschenausgabe K 7 20
Wien: Holder 1905

Förster's, F., Touristenführer in Wiens Umgebungen. Wegweiser bei Ausflügen im Wiener Walde, im österreichisch-steir. Alpenlande u. in der Wachau. Von Karl Ronniger. 14., vollständig durchgeseh. u. ergänzte Aufl. Mit 24 Wegmarkierungskarten in Farbendr. u. großer Uebersichtskarte. (VIII, 412 S.) kl. 8. Wien 906. A. Hölder. Geb. n. 5. 40; Brieftaschenausg. n. 6. 60

Förster's Touristenführer in Wiens Umgebungen. Wegweiser bei Ausflügen im Wiener Walde, im österreich.-steir. Alpenlande u. in der Wachau. Von Karl Ronniger. 15., vollst. durchgeseh. u. ergänzte Aufl. Mit 21 Wegmarkierungskarten in Farbendr. u. großer (farb.) Übersichtskarte. (VIII, 429 S.) kl. 8. Wien 908. A. Hölder. Geb. 5.40; in Brieftaschenausg. 6. 60

Förster, Dr. F., Touristenkarte f sämmtl. Ausflüge in den Umgebungen von Wien. In 8. gefalzt. 5. Aufl. cart. 1 fl.
Wien Holder 1881

Touristen-Karte für sämmtliche Ausflüge in d. Umgebungen Wiens, die Berg- u. Alpengegenden v. Nieder-Oesterreich u Ober-Steiermark im Bereich d. Niederösterr. Staatsbahnen, d. Süd-, West- u Franz Josephs-Bahn. Von Fr. Förster. 6. Auflage. Q.-Folie. Tondruck. Wien, Alfred Hölder. Steif in gr. 12. 60 kr. 1882.

Förster, Fr., Vienna Universal-Exhibition 1873. Ground-Plan with key and exact explanation to all groups, pavilions, exhibition-buildings, restaurants, refreshment-rooms etc. Designed and compiled from official dates. Fol. Wien 873, Hölder. * 60 Pf.; Chromolithogr. *

— Vienne. Guide illustré. Tous les détails désirables relatifs à l'exposition, aux curiosités: etc. Avec un (chromolith.) plan détaillé de la ville (Imp.-Fol.), les plans du palais de l'industrie, des environs, du chemin de fer du Semmering et de tous les principaux théatres (lith. in 4. u. Fol.) 6. Ed. considérablement augmentée. 16. (XXXIX, 74 S.) Ebend. 873. geb. n. 2. 40

Förster, Fr. Carl, aus dem Eisenbahnleben. Historische Erzählungen, Criminalgeschichten u. Humoresken. 1. Bd. 8. (124 S.) Neuhaldensleben 882. Eyraud. n. 1. —

Förster, Fr. W., s.a. Förster, Friedrich Wilhelm

Förster, Fr. W.: Jeanette Schwerin zum Gedächtnis, s. Lange, Helene

Förster, Franz: Preußisches Grundbuchrecht. Berlin 1872.

Förster, Frz., preußisches Grundbuchrecht. gr. 8. (X, 224 S.) Berlin 873. G. Reimer. n. 4. —

Herbipolis versibus descripta a Franc. Foerster. — 1842. Wirceburgi, typ Bonitas. — S. 3–12 [705 Hexam.]
Progr. Lohr.

Förster, F., allgemeine Hypotheken-Ordnung für die gesammten Königl. Staaten vom 20. Decbr. 1783, nebst den dieselbe ergänzenden Gesetzen u. Verordnungen, herausg. mit erläuternden Anmerkungen, unter Berücksichtigung der ergangenen Ministerial-Instruktionen, Rescripte u. der Präjudikate Berlin 855. Decker. gr. 8. (VIII, 576 S.) 2 ℛ

Förster, F., allgemeine Hypotheken-Ordnung für die gesammten königl. Staaten vom 20. December 1783, nebst den dieselbe ergänzenden Gesetzen und Verordnungen, herausg. mit erläuternden Anmerkungen, unter Berücksichtigung der ergangenen Ministerial-Instructionen, Reskripte und der Präjudikate. 2. Aufl. Berlin 861. v. Decker. gr. 8. (VIII, 574 S.) 2 ℛ

— Klage und Einrede nach preußischem Recht. Ihre Natur im Allgemeinen und die Bedingungen ihres Gebrauchs mit Rücksicht auf die einzelnen Rechtsverhältnisse. Breslau 857. Max und Co. gr. 8. (XII, 460 S.) 2 ℛ

Förster, Frz., preußisches Privatrecht. Auf der Grundlage d. Werkes v. F. F. bearb. v. M. E. Eccius. 4 Bde. 6. Aufl. (3. der neuen Bearbeitg.) gr. 8. Berlin, G. Reimer. n. 48. —; geb. n.n. 58. —; in 3 Bde. geb. n.n. 55. 50
1. (XXVIII, 816 S.) 892. n. 15. —; geb. n.n. 17. 50
2. (XIV, 521 S.) 892. n. 9. — ; geb. n.n. 11. 50
3. (XVIII, 612 S.) 892. n. 10. —; geb. n.n. 12. 50
4. (XXIV, 871 S.) 893. n. 11. — ; geb. n.n. 16. 50

Förster, Frz., preuß. Privatrecht. Auf d. Grundlage d. Werkes v. F. bearb. v. M. E. Eccius. 4 Bde. 7. Aufl. (4. d. neuen Bearbeitg.) gr 8. Berlin, G. Reimer. n. 48. —; in 4 Bde. geb. n.n. 58. —; in 3 Bde. geb. n.n. 55 50
I. (XXVIII, 826 S.) 896. n. 15. —; geb. n.n. 17. 50
II. (XV, 531 S.) 896. n. 9. —; geb. n.n. 11. 50
III. (XVIII, 624 S.) 896. n. 10. —; geb. n.n. 12. 50
IV. (XXIV. 887 S.) 897. n. 14 —; geb. n.n. 16. 50

Foerster, F[ranciscus] Quid de reipublicae vi ac natura medio aevo doctum sit Vratislaviae 1847 (53 S.) 8°
Breslau, Jur Fak, Hab.-Schr v 3 Dez 1847

Foerster, F. (II.), der Staatsgedanke des Mittelalters. Ein Vortrag. gr. 8. (32 S.) Greifswald 861, Koch's Verlagsbuchh.

Theorie und Praxis des heutigen gemeinen preußischen Privatrechts auf der Grundlage des gemeinen deutschen Rechts. 1. Bd. 1. Hälfte. Berlin 864. G. Reimer. gr. 8. (VIII, 301 S.) 1 ₰ 10 ngr.

Förster, Frz., Theorie u. Praxis des heutigen gemeinen preußischen Privatrechts auf der Grundlage des gemeinen deutschen Rechts. 1. Bd. 2. Hälfte u. 2. u. 3. Bd. Berlin 865–69. G. Reimer. gr. 8. (XVI, S. 305–790; X, 485 S.; XV, 698 S.) 7 ₰ 15 ngr.

—— Theorie und Praxis des heutigen gemeinen preuß. Privatrechts auf der Grundlage des gemeinen deutschen Rechts. 4 Bde. gr. 8. Berlin, G. Reimer. *

Inhalt:

Bd. 1. Die Einleitung und die Grundbegriffe. Die allgemeine Lehre des Obligationenrechts. 2. Aufl. in 2 Hälften. [1. Hälfte (S. I–VIII, 1–304.) 869. *ℳ 4.; 2. Hälfte (S. IX–XXIV, 305–788.) 869. ℳ 6,50.]; und 3. Aufl. (XXX, 812 S.) 873. *ℳ 11.

" 2. Die besonderen Privatrechte. Die persönlichen Rechte oder die Lehre von den Schuldverhältnissen. 2. Aufl. (X, 480 S.) 869. *ℳ 6,75, und 3. Aufl. (X, 480 S.) 873. *ℳ 7.

" 3. —— dass. — Die dinglichen Rechte oder das Sachenrecht. 2. Aufl. (XV, 703 S.) 870. ℳ 9,50., und 3. Aufl. (XIV, 722 S.) 874. *ℳ 10.

" 4. Das Erbrecht. Das Gesellschaftsrecht und Register. 2. Aufl. in 2 Hälften. [1. Hälfte (IV, S. 1–248.) 871. ℳ 3,50.; 2. Hälfte (X, S. 249–530.) 873. ℳ 4.], und 3. Aufl. (VIII, 524 S.) 874. *ℳ 8.

— dasselbe. 4 Bde. 3. Aufl. gr. 8. (XXX, 812; X, 480; XIV, 722 u. VIII, 524 S.) Ebend. 873. n. 36. —

Förster, Frz., Theorie u. Praxis des heutigen gemeinen preußischen Privatrechts auf der Grundlage des gemeinen deutschen Rechts. 4., veränd. Aufl. Hrsg. von M. E. Eccius. 1. Bd. 1. u. 2. Abth. gr. 8. (XLII, 923 S.) Berlin 880. 81. G. Reimer. n. 15. —

— dasselbe 4., veränd. Aufl. Hrsg. v. M. E. Eccius. 2. Bd. gr. 8. (XIV, 545 S.) Ebend. 882. n. 9. —

Förster, Frz., Theorie u. Praxis d. heutigen gemeinen preußischen Privatrechts auf der Grundlage d. gemeinen deutschen Rechts. 4., veränd. Aufl. Hrsg. v. M. E. Eccius. 3. u. 4. Bd. gr. 8. Berlin, G. Reimer. n. 24. — (cplt.: n. 48. —; 3 Halbfrzbde. n.n. 5. —)
3. (XX, 589 S.) 883. n. 10. —. — 4. (XVI, 915 S.) n. 14. —

Förster, Frz., Theorie u. Praxis d. heutigen gemeinen preußischen Privatrechts. Auf der Grundlage d. Werkes v. F. F. bearb. v. M. E. Eccius. 4 Bde. 5. Aufl. [2. der neuen Bearbeitg.] gr. 8. Berlin 887. 888. G. Reimer. n. 48. —; in 4 Bde. geb. n.n. 58. —; in 3 Bde. geb. n n. 55. 50

1. (XXX, 816 S.)	n. 15. —; geb. n. 17. 50
2. (XV, 510 S.)	n. 9. —; geb. n. 11. 50
3. (XVII, 577 S.)	n. 10. —; geb. n. 12. 50
4. (XXIV, 836 S.)	n. 14. —; geb. n. 16. 50

Foerster, Franz Aug Alex *(geb Breslau 7 7 1819)*. De creditoris pigneraticii praestationibus e praeceptis juris Germanici. Vratislaviae (1843) (41 S) 8°
Breslau, Jur Diss v 23 Mai 1843

Förster, Friedrich

Förster, Friedr., üb. die Antigone des Sophokles, s. Böckh, August.

Förster, Fr., Von der Begeisterung des Preußischen Volkes im Jahre 1813 als Vertheidigung unseres Glaubens, Berlin 1816, 14 S, 8°.

Förster, Fr., von d. Begeisterung d. preuß. Volkes im J. 1813, als Vertheidigung unsres Glaubens. 8. Berl. 816. Maurers Buchh. 4 gl.

Förster, Friedrich. Doktor der Philosophie, k preuss. Lieut. Beiträge zur neueren Kriegsgeschichte. (1807—1813.) (Mit 4 Kupfern.) (2 Bde) 8. Berlin 1816.

— Beitrr. zur neuern Kriegsgeschichte. 2 Bde, mit 4 Kpf. gr. 8. Berl. 816. Maurers Buchh. 3 ₰

— Beschreib. u. Geschichte d. alten Griechenlands u. Italiens in gedrängter Uebersicht. gr. 8. Berl. 818. Maurers B. (Hinnemann in Stolp.) 3 gl.

Förster, Friedrich. Vollständige Beschreibung aller Feste und Huldigungen, welche in Preußen und Baiern zur . Vermählungsfeier des Kronprinzen Friedrich Wilhelm von Preussen . und der . Prinzessin Elisa Ludovika von Baiern statt gefunden haben redigirt von Friedrich Förster Berlin 1824 Im Verlage der Maurerschen Buchhandlung
Tit 1 Bl, 219 S 5 Taf in Lithogr u. kol Kupferst. 4°

Förster, Frdr. Feldmarschall Fürst Blücher von Wahlstatt und seine Umgebung. 8 Leipzig 1821. 6,75.

— d. Feldmarschall Fürst Blücher v. Wahlstadt u. seine Umgebungen. Mit Kpf. gr. 8. Leipz. 818. 2r Abdruck 821. Brockhaus. 2 ₰ 6 gl. Fein P. 3 ₰

(**Förster, Friedr.**), **Briefe eines Lebenden**, s. Briefe.

Foerster. Briefe eines Lebenden. Herausgegeben von F. F. 2 Bde. Berlin 1831. 8°.

– s. Bulwer, Edward Lord Lytton: Die letzten Tage von Pompeji.

Förster, Fr. *Christoph Columbus*, der Entdecker der neuen Welt. Ein Volksbuch zur Belehrung und Unterhaltung. Bearbeitet … von Dr. Fr. Förster. Mit [23] Stahlstichen, [2] Landkarten und [1] Facsimile. Erster [Zweiter, Dritter] Band. Leipzig, … B. G. Teubner. 1842. Kl.-8°. (fast quadrat.) 3 braune, marmor. Pappbde. d. Z. m. roten Rsch. (einige Ecken leicht bestoßen, wenige Fleckchen). Hubsch illustr. ★ 1. Ausgabe, nicht bei Goedeke! 18.—

Förster, Fr., Christoph Columbus, der Entdecker der neuen Welt. Ein Volksbuch zur Belehrung und Unterhaltung. Bearbeitet nach den besten Originalquellen. 12 Liefg. 16. (Mit 23 Stahlst. u. 2 Karten.) Leipzig 842, 43, Teubner. (à 1/4 ₰) 3 ₰ — 2. Stereot.-Ausg. 1.—18. Liefg. Mit 20 Stahlst., 3 Kart. u. 1 Facsimile. 16. Ebd. 846. à n. 4 ngl

Christoph Columbus, d. Entdecker d. neuen Welt. Ein Volksb. z. Belehrung u. Unterhaltung. Bearb. nach d. besten Originalquellen. 1. Aufl. 12 Lfgn. (72½ B., 23 Stahlst. u. 2 ill. Kart.) 842, 43. 3 Thlr., u. 2. Stereotyp-Aufl. 18 Lfgn. 16. (72½ B., 23 Stahlst., 2 Landk., 1 Facsim. u. Ttl. in Stahlst.) Leipzig 846, Teubner. à Lfg. * 4 Ngr. Thlr. *

Förster, (Fr.) Darstellungen aus C. F. Zimmermann's Nachlaß. 1s Heft. Mit dess. Lebensbeschreibung. Fol. Berlin 825, Lüderitz.

Förster, Fr., das Denkmal Friedrichs des Großen. Ein Bericht über die auf Befehl des Königs von dem Prof. Rauch angefertigten Modelle. Vorgetragen am Stiftungsfeste des wissenschaftl. Kunst-Vereins am 15. Oct. 1836. Mit 1 Abbild. Fol. Berlin 837. Kuhr. n. 5/12 ₰ bei Ende in Leipz. 1/3 ₰

Förster, Frdr., Denkwürdigkeiten preußischer Geschichte aus den Befreiungskriegen 1813, 1814, 1815. Berlin 863. Hollstein. 8. (XII, 581 S.) 1 ₰ 15 ngr.

Förster, Dr Fried., Lehrer an der Universitat, Artillerie- und Ingenieur Schule Einleitung in die allgemeine Erdkunde mit einer Vorschule der Feldkunde 4 Berlin 1818.

— Einleit. in d. allgem. Erdkunde, mit e. Vorschule d. Feldkunde. Nebst 12 Bildern u. e. Fluß- u. Gebirgskarte Europas. gr. 4. Berl. 819. 2e A. 820. Christiani. 2 ₰

—— Napoleon's I. russischer Feldzug 1812. 2. Aufl. 4. (131 S.) Berlin 856, Hempel. *

—— Napoleon's I. russischer Feldzug 1812. 3. Aufl. Lex.-8. (134 S.) Berlin 857, Hempel. +

Foerster, Frdr. Friedrich August II, König von Polen und Churfürst von Sachsen, seine Zeit, sein Cabinet und sein Hof. 3 Bde (64½ B) 8 Potsdam 1839 17,00.

Förster, Frdr., Friedrich August II. „der Starke", Kurfürst v. Sachsen u. König v. Polen, geschildert als Regent u. Mensch. (V, 438 S. m. 15 Bildnissen.) gr. 8. Leipzig (909). R. Hartmann. 5. —

Forster, Friedr., Friedrich der Große. Geschildert als Mensch, Regent u. Feldherr. Eine Geschichte d. Preuß. Staates während der Dauer seiner Regierg. (Neue Titel-Ausg. des 2. Bds. v.: Preußens Helden im Krieg u. Frieden.) 15 Lfgn. Lex. 8. (VI u. 484 S. m. 7 Lith. in Tondr.) Berlin 849. 50, Hempel. (à n. 1/6 ß) n. 2 1/2 ß

Förster, Friedr., Friedrich der Große. Geschildert als Mensch, Regent und Feldherr. Eine Geschichte des preuß. Staates während der Dauer seiner Regierung. Lex.-8. (VI und 834 S. mit 16 Stnt.) Berlin 850, Hempel. *
Hat gleichen Inhalt mit des Verf. „Preußens Helden". 3. Bd.

Förster, F, Friedrich der Grosse. Berlin 1852. 8.

Förster, F., Friedrich der Grosse geschildert als Mensch, Regent und Feldherr. 5. Aufl. Mit 130 Holzschn. u. 1 farb. Titelbild. Berlin 1871. 8.

– s. Friedrich Wilhelm I.: Instruktion . . .

—— Friedrich Wilhelm I., König v. Preußen. 3 Bde. u. Urkundenbuch. 2 Bde. gr. 8. (97 1/2 B.) Potsdam 834, Riegel. 7 Thlr., Vlnp.

——, Friedrich Wilhelm I. König v. Preußen. Dargest. nach d. besten Quellen. 3 Bde. (17 Lfgn.) (Neue Ausg.) gr. 8. (97 1/2 B. u. 6 Kpfr.) Potsdam 835, Riegel.

— Friedrich Wilhelm I. König v. Preußen. 3 Bde. Nebst Urkundenbuch 2 Bde. gr. 8. Potsdam 834, 835. Riegel. 7 ß Velinp. 9 3/4 ß — N. Ausg. 1e — 4e Lfrg. Mit 6 Kpfrn. gr. 8. Ebd. 839. à n. 1/3 ß

— Friedrich Wilhelm I., König v. Preußen. Eine Lebensgeschichte nach den besten Quellen bearb. N. A. 5.—17. Liefg. gr. 8. Potsdam 841, Riegel. à 1/3 ß (1.—4. Liefg. ders. Preis.)

—— Gedichte. 1. u. 2. Buch. 8. Berlin 838, Heymann.
A. u. d. Ttln.:
Buch 1. Kriegslieder. Eine Festgabe z. 25jähr. Jubelfeier d. freiwilligen Jäger. (10 1/2 B.) 12 Gr.
„ 2. Romanzen. Erzählungen. Legenden. (21 1/2 B.) 1 Thlr. 8 Gr.

Förster, Dr. Fr. Geschichte der Befreiungskriege 1813, 1814, 1815. Dargestellt nach theilweise ungedruckten Quellen und mündlichen Aufschlüssen bedeutender Zeitgenossen, sowie vielen Beiträgen von Mitkämpfern, unter Mittheilung eigener Erlebnisse. (3 Bde.) 8. Berlin 1856—1861.

—— Geschichte der Befreiungs-Kriege 1813, 1814, 1815. Nach theilweise ungedruckten Quellen und mündlichen Aufschlüssen bedeutender Zeitgenossen sowie vielen Beiträgen von Mitkämpfern dargestellt unter Mittheilung eigener Erlebnisse. 1—13. Lfg. 4. (S. 1—520 mit 1 chromolith. Taf. und 6 lithogr. Karten.) Berlin 856, Hempel. à Lfg. * 5 Ngr. *

Förster, Friedr., Geschichte der Befreiungskriege 1813, 1814, 1815. Nach theilweise ungedr. Quellen und mündl. Aufschlüssen bedeutender Zeitgenossen rc. dargestellt unter Mittheilung eigener Erlebnisse. 14—85. (Schluß-)Lfg. 4. Berlin 857—61, Hempel. [1. Bd. (XIII und S. 521—870 mit 2 Stnt.) 2. (1131 S. und 6 lithogr. Karten.) 3. (XV und 1342 S. mit 2 Stnt.) à Lfg. * 5 Ngr.] *
1—13. Lfg. Ebendas. 1856. * 2 Thlr. 5 Ngr.

—— dass. — 1. Bd. 3. Aufl. (Preußens Helden, 5. Bd. Neuere und neueste preußische Geschichte, 3. Bd.) 4. (XIII und 870 S. mit 1 Chromolithogr., 1 lithogr. Portr., 1 lithogr. Facsimile und 6 lithogr. Planen.) Ebendas. 858. *

— — 1. Bd. [Preußens Helden 5. Bd. Neuere und neueste preuß. Geschichte. 3. Bd.] 3. Aufl. Ebend. 859. Lex.-8. (XIII, 870 S., 3 Lithogr. u. 6 lith. Pläne.) n. 3 ß 20 ngr.

— — 7. Aufl. 1. Bd. (22 Liefgn.) — 2. Bd. (29 Liefgn.) — 3. Bd. 1. Liefg. Ebend. 864. Lex.-8. (1. Bd.: XII, 876 S.; 2. Bd.: XX, 1128 S.; 3. Bd.: S. 1—40 m. Holzschn., 15 lith. Karten u. 1 Lithogr.) Jede Liefg. 5 ngr.

Förster, Fr., Geschichte der Befreiungskriege 1813. 1814. 1815. Dargestellt nach theilweise ungedruckten Quellen u. mündlichen Aufschlüssen bedeutender Zeitgenossen, sowie vielen Beiträgen von Mitkämpfern, unter Mittheilung eigner Erlebnisse. 7. Aufl. 3. Bd. 21—34. (letzte) Liefg. Berlin 865. Hempel. Lex.-8. (XVI, S. 41—1352 m. Holzschn.) Jede Liefg. 5 ngr.

—— Geschichte der Befreiungskriege 1813. 1814. 1815. Mit Benutzung vieler bisher ungedr. Quellen und mündl. Aufschlüsse bedeutender Zeitgenossen. 9. Aufl. Mit vielen Karten, Schlachtplänen und Abbild. Jubel-Pracht-Ausg. (In ca. 70 Lfgn.) 1.—23. Lfg. gr. 8. (1. Bd. XIV, 874 S.; 2. Bd. S. 1—224.) Berlin 888, Dümmler's Verlag.
à Lfg. * 50 Pf. *
1. Bd. *

Förster's, Fr. (I.), Geschichte der Befreiungskriege 1813. 1814. 1815. Mit Benutzg. vieler bisher ungedr. Quellen u. mündlicher Aufschlüsse bedeut. Zeitgenossen. 9. Aufl. m. vielen Karten, Schlachtplänen u. Abbildgn. Jubel-Pracht-Ausg. 24.—70. (Schluß-)Lfg. gr. 8. 2. Bd. (XVI, S. 225—1128); 3. Bd. (XVI, 1352 S.) Berl. 889,90, Dümmler's Verlag. à Lfg. * — 50; * 23 50
1.—23. Lfg. Ebd. 1888. * 11 50; cplt. 1. Bd. * 9 50; 2. Bd. * 12 —; * 3. Bd. * 14 —.

— neuere und neueste Preußische Geschichte. (Seit dem Tode Friedrich II. bis auf unsere Tage.) Mit Benutzung vieler bisher ungedruckter Quellen rc. 3. Aufl. 1—97. Liefg. Ebend. 853—58. Lex.-8. (1. Bd.: 6 Bl., 850 S.; 2. Bd.: 552 S.; 3. Bd.: 870 S.; 4. Bd.: XVIII, 1133 S. u. 13 lith. Taf.; 5. Bd.: S. 1—40.) Jede Liefg. n. 5 ngr.

— neuere preußische u. deutsche Geschichte seit dem Tode Friedrichs des Großen. Mit Benutzung vieler ungedruckter Quellen u. Aktenstücke, sowie mündlicher u. schriftlicher Aufschlüsse bedeutender Zeitgenossen. 5. Aufl. Mit zahlreichen Illustr. in Holzschn. 1—128. Liefg. Ebend. 866—70. gr. 8. (1. Bd.: 911 S.; 2. Bd.: XV, 896 S.; 3. Bd.: XII, 876 S.; 4. Bd.: 1128 S.; 5. Bd.: 1240 S., 4 Lithogr., 7 lith. Karten u. 1 lith. Facsimilie.) Jede Liefg. 5 ngr.

Förster, Fr., neuere preußische u. deutsche Geschichte seit dem Tode Friedrichs d. Großen. Mit Benutzg. vieler ungedruckter Quellen u. Aktenstücke, sowie mündl. und schriftl. Aufschlüsse bedeut. Zeitgenossen. 5. Aufl. Mit zahlreichen Illustr. in Holzschn. 129—131. Lfg. gr. 8. (5. Bd. XVI u. S. 1251—1352) Berlin 870. Hempel. à — 50

—— an dem Grabe des Prof. Hegel, s. Reden.

— Grundzüge d. Geschichte d. preuß. Staats. 2 Thle. gr. 8. Berl. 817—18. Maurers B. 1 ß 4 gr

Förster, Fr., Gustav Adolf. Ein histor. Drama. 8. Berl. 833. (832.) Schlesinger. 1 ß

— Gustav Adolf, histor. Drama. 8. Berlin 833. Schlesinger. 1 ß

— — Ausführliches Handbuch der Geschichte, Geographie und Statistik des Preuß. Reichs. 1r u. 2r Bd. Mit 2 Ansichten des Schlosses Marienburg. gr. 4. Berlin, Christiani. 820. à 2 Rthlr. 8 Gr.

— ausführl. Handbuch d. Geschichte, Geographie, Statistik d. preuß. Reichs. 3r Bd. — A. u. d. T.: Handb. d. Gesch. d. Mark-Brandenburg u. d. dazu gehör. Marken. 1r Bd. gr. 4. Berlin 822, Christiani in Hamb. 3 Rthlr. 12 gr. Alle 3 Thle.

Förster. *Peter Schlemihl's Heimkehr.* Von Friedrich Förster. Mit 16 eigenen Handzeichnungen von Hosemann [in Federlithographie]. Leipzig, Teubner, 1843. VI, 316 S. 12°. Halblederbd. d. Z. 35.—
R 787. Br 91 ★ Erstausgabe dieser von Chamissos Freund Förster, vielleicht nach Andeutung des Dichters, verfaßten Fortsetzung des „Peter Schlehmil". Zu den reizenden Bildern gesellt sich ein schöner, von Nicholls nach Hosemann gefertigter Holzschnitt-Titel. — Einige Fleckchen und leichte Gebrauchsspuren. Einband etwas benutzt, beschriftetes Rückenschildchen neu

— Peter Schlemihl's Heimkehr. Mit 16 (lith.) Handzeichngn. v. Hosemann. 2. Aufl. A. u. d. T.: Peter Schlemihl's wundersame Geschichte. Von Adalb. v. Chamisso. Fortgesetzt v. Frdr. Förster. gr. 16. (VI u. 317 S.) Leipzig 849, Teubner. 1 1/4 ß

Förster, F., Preussens Helden im Krieg und Frieden. Geschichte Preussens seit dem grossen Kurfürsten bis zum Ende der Freiheitskriege. 7 Bde. m. Abbild. Berlin, 1848—61. Lex.-8.

— Preußens Helden im Krieg u. Frieden. 1.—3. Liefg. Mit 2 Lithogr. Lex.-8. Berlin 846, 47, Hempel. à n. 1/6 ℛ

—— Preußens Helden im Krieg u. Frieden. Eine Geschichte Preußens seit d. großen Kurfürsten bis z. Ende der Freiheitskriege. In Biographien seiner großen Männer. (In 16—20 Lfgn.) 1. Lfg. 1. u. 2. Aufl. u. 2—14. Lfg. Lex.-8. (31 B. u. 9 Stnt.) Berlin 846, 47, Hempel. à Lfg. *

—— Preußens Helden im Krieg und Frieden. 15—34. Lfg. Lex.-8. (1. Bd. S. 457—616. und 2. Bd. XII und 484 S. mit 20 Stnt.) Berlin 847—49, Hempel. à Lfg. * 5 Ngr. *

—— dass. — 35—65. Lfg. (III. Abthl. 1. und 2. Bd.: Neuere und neueste preuß. Geschichte. 1—31. Lfg.) Lex.-8. (IV und 880 S., X und S. 1—352.) Ebds. 849—52. à Lfg. * 5 Ngr. *

1—14. Lfg. Ebendas. 1846—47. * 2 Thlr. 10 Ngr.

—— Preußens Helden im Krieg und Frieden. 66—105. Lfg. [III. Abthl. 2. und 3. Bd. und 4. Abthl. 1. Bd.: Neuere und neuste preuß. Geschichte. 32—73. Lfg.] Lex.-8. Berlin 853—56, Hempel. [2. (S. 353—896.) 3. (XI und 870 S.) 4. Abthl. 1. Bd. (S. 1—240 mit 4 Stnt.) à Lfg. * 5 Ngr.] *

1—65. Lfg. Ebendas. 1846—52. * 10 Thlr. 20 Ngr.

—— dass. — 4. Aufl. 1. Abthl. 1. Bd. A. u. d. T.: Friedrich Wilhelm der große Kurfürst und seine Zeit. Eine Geschichte des preuß. Staates während der Dauer seiner Regierung. In biograph. Schilderungen. Lex.-8. (VI und 288 S. mit 1 lithogr. Portr.) Ebds. 855. *

—— Preußens Helden im Krieg und Frieden. 108—164. Lfg. (4. Abthl. 1. und 2. Bd. Neuere und neueste preuß. Geschichte. 74—180. Lfg.) 4. Berlin 857—61, Hempel. [1. Bd. (XVIII und S. 241—1131 mit 3 Stnt. und 6 lithogr. Karten.) 2. (XV und 1342 S. mit 2 Stnt.) à Lfg. * 5 Ngr.] *

Der 2. Bd. dieses Werks erschien auch u. d. T.: Von Elba nach St. Helena. 1—107. (nicht 105, wie im 12. Bd. irrig bemerkt steht) Lfg. Ebendas. 1846—56. * 17 Thlr. 25 Ngr.

— — 2. Bd. 4. Aufl. Ebend. 860. Lex.-8. (XI, 518 S.) n. 2 ℛ 15 ngr.

Inhalt: Friedrich der Große. Geschildert als Mensch, Regent und Feldherr. Eine wahrheitsgetreue Geschichte seines Lebens und seiner Thaten. Mit 130 in den Text gedr. Abbildgn. (Holzschn.) u. 1 lithochrom. Titelbild.

— d. Herrmannsfest, e. dramat. Gedicht, mit Theod. Körners Grab. Fol. Dresd. 815. Arnold. 20 ℊ Dass. nach d. Natur gemalt 1 ℛ 12 ℊ

Förster, Dr. Friedrich. Die Hofe und Cabinete Europa's im XVIII. Jahrhundert. Nebst Urkundenbuch. 1. Bd. (1700—1732.) 2 Bd. 1732—1737 und der kais. Hof Karl VI. nebst Beilage. 3. Bd. Friedrich August II. Konig von Polen und Kurfürst von Sachsen vom Jahre 1689—1723 (3 Bde) 8 Potsdam 1836—1839

— die Höfe und Cabinette Europa's im achtzehnten Jahrh. 1r u. 2r Bd. Nebst Urkundenbuch 1r u. 2r Bd. gr. 8. Potsdam 836. Riegel. 3 1/3 ℛ

— dass. 3r Bd. A. u. d. T.: Friedrich August II. König v. Polen und Kurfürst von Sachsen; seine Zeit, sein Cabinet und sein Hof. gr. 8. Ebd. 839. n. 2 1/3 ℛ (1—3.: n. 5 2/3 ℛ)

— s. Hein, Frz., Psyche.

(Förster, Friedr.,) Jubiläums-Runde d. großen Kurfürsten ic., s. Jubiläums-Runde.

— Friedrichs d. Großen Jugendjahre, Bildung u. Geist. Aus unbekannten Actenstücken, hier zuerst mitgetheilten Briefen u. den Schriften d. Königs dargestellt. Nebst e. Uebersicht d. Regierung Friedrich Wilhelms I. ic. gr. 12. Berl. 822. Schlesinger. 2 ℛ 12 ℊ

Förster, Fr., Friedrichs des Grossen Jugendjahre, Bildung und Geist. . . Nebst einer Uebersicht der Regierung Friedrich Wilhelm I u. einer ausführlichen Recension der Werke Friedrichs des Grossen. (Nebst Beilagen.) Berlin 1823. 8.

— d. König u. seine Ritter, e. Gedicht in Festgesangen ic. gr. 4. Berl. 816. 2e A. 817. Maurers B. 12 ℊ

— — der König und seine Ritter, ein Gedicht in Festgesängen zur Feyer des Friedens- und Ordensfestes zu Berlin am 18ten Januar. 2te Ausg. Mit Vignetten. gr. 4. Ebend. 817.

—— Berliner Conversations-Blatt, s. Conversations-Blatt.

— die Körnerseiche. Drama. 8. Berl. 815.

—— Kunst und Leben. Aus dessen Nachlaß hrsg. von Herm. Kletke. gr. 8. (VII, 239 S.) Berlin 873, Gebr. Paetel. *

Inhalt:
I. Aus der Jugendzeit.
II. Goethe: 1. „Die Weltseele". Ein Vortrag. — 2. Erinnerungen aus Gesprächen mit Goethe.

(Johann Wolfgang von) Goethe's Leben und seine Werke. Von Friedrich Forster. (Berlin. 1868) Siehe in Goethe's Werke Bd. 1 Berlin. (1868.) 8°.

Förster, Frdr., Goethes Leben u. seine Werke, s.: Hempel's Klassiker-Bibliothek.

Förster, F. Leben und Thaten Friedrichs des Grossen, Konigs von Preussen 2 Bde (68 B.) 8. Meissen 1840—41. — 2 Ausg. 2 Bde. 8. Leipzig 1845. 6,75

— Leben u. Thaten Friedrichs des Großen. 1e—16e Lfrg. Mit Steindr. 16. Meißen 840. Goedsche. à 1/8 ℛ color. à n. 1/6 ℛ

— Leben u. Thaten Friedrichs des Großen. 17. u. 18. (letzte) Liefg. Mit 6 Steindr. 16. Meißen 841, Goedsche. à 1/8 ℛ — color. à n. 1/6 ℛ

—— Leben u. Thaten Friedrich's d. Gr. 18 Hfte. 16. (68 1/8 B. u. 46 Stnt.) Meißen 840, 41. [Leipzig, Teubner.] à 1/8 Thlr., col. * 1/6 Thlr., 2 1/4 Thlr., col.

— Leben u. Thaten Friedrichs des Großen, Königs von Preußen. Ein vaterländ. Geschichtsbuch. Mit 52 Bildern. 2 Bde. 2. Stereotyp-Aufl. 16. Ebend. 843. geb. 2 1/4 ℛ — 3. Stereotyp-Ausg. 2 Bde. Mit 12 Stahlst. 16. Ebend. 845. n. 2 ℛ

Förster, Dr. Fr. Ligny und Waterloo (Aus: „Geschichte der Befreiungskriege 1813. 1814, 1815". 7. Aufl. III. Bds. 2. Abth.) Mit 2 Karten und 16 Holzschnitten (im Texte), gezeichnet von Ludwig Loffler. 4. Berlin 1865.

— Ligny u. Waterloo. Wahrheitsgetreue Geschichte des Feldzuges von 1815 nach mündlichen dem Verf. gemachten Mittheilungen von Blücher, Gneisenau, Müffling ic. u. den vorhandenen gedruckten Quellen. Mit Illustr. (Holzschn.) u. Schlachtplänen. 2 Bde. Ebend. 865. Lex.-8. (VIII, 318 S.; IV, 210 S.) 2 ℛ 10 ngr.

—— auserlesene Mährchen, s. Taschenbuch auserles. Mährchen.

— s. a. Marienburg, d. Schloß.

(Förster, Fr.) Das Schloss Marienburg in Westpreussen E. geschichtl. Darstellung. 8 Berlin 1820 0,50

[Förster, F[riedrich.] Die Perle auf Lindahaide Fest-Spiel in Romanzen und lebenden Bildern zur Feier der Vermahlung des Kronprinzen Friedrich von Dänemark mit Herzogin Karoline von Mecklenburg auf dem Grossherzoglichen Schlosse zu Neu-Strelitz dargestellt. Im Juni 1841 Berlin, bei Ferdinand Dummler
16 S.; 7 Taf. in Lithogr. nach Zeichn. von C. Stürmer 4°

Förster, F., die Perle auf Lindahaide. Fest-Spiel in Romanzen u. lebenden Bildern zur Feier der Allerhöchsten Vermählung Sr. Königl. Hoheit des Kronprinzen Friedrich von Danemark mit Ihrer Hoheit der Prinzessin Caroline von Mecklenburg auf dem Großherzogl. Schlosse zu Neu-Strelitz dargestellt. Im Juni 1841. gr. 4. Mit 7 Bildertaf. Neustrelitz u. Neubrandenburg 841. (Berlin, Dümmler.) n. 5/6 ℛ

— s. Pfuel, Ernst von: Der Rückzug der Franzosen aus Rußland.

— Wallenstein's Prozeß vor den Schranken des Weltgerichts u. des k. k. Fiscus zu Prag. Mit einem Urkundenb. bisher noch ungedruckter Urkunden. gr. 8. (26 B., W's. Bildn. u. Facsim.) Leipzig 844, Teubner.

Das Deutsche Bürgerliche Recht. Von Friedrich **Foerster**, Magistratssekr. in Berlin. T. 1. Berlin: Selbstverl. d. Verbandes (d. Gemeinde-Zivil-Supernum.) 1908. 8° [J.]
— **Leitfaden** f. d. Verwaltungsdienst. H. 7. [08. 9464]

– s. Reden, Zwei, b. d. feierl. Bestattung d. Prof. Hegel.

Förster, Fr., zur Reform der höheren Mädchenschule in Preussen, s.a. **Magazin, pädagogisches.**

Zur Reform der höheren Mädchenschule in Preussen. Von Friedrich **Förster**, Dir. in Prenzlau. Langensalza: Beyer 1908. 15 S. 8°
(Padagogisches Magazin.H.326.)

Förster, Frdr., die psychologischen Reihen u. ihre pädagogische Bedeutung, s.a. Magazin, pädagogisches, 287. Hft.

Die psychologischen Reihen und ihre pädagogische Bedeutung. Von Fr[iedr.] **Förster**, [Sem.Lehrer] in Magdeburg. Langensalza: H. Beyer & Sohne 1906. (53 S.) 8°
— **Magazin**, Pädagogisches. H. 287. [07. 3787 8]

— Reisen u. Reise-Abenteuer, z. Belehrung u. zum Vergnügen d. Jugend. Mit 6 Kpfrn. u. 1 Chärtchen breit gr. 8. Berl. 826, Hasselberg.

des großen Kurfürsten Runde u. mitternächtige Heerschau in der Neujahrsnacht 1867. Eine Legende. Ebend. 867. 8. (21 S.) n. 6 ngr.

— d. Runde d. großen Kurfürsten in d. Neujahrsnacht 1822, 27 u. 29. Drei Legenden. 4e Aufl. 8. Berl. 829. (Haude u. Sp.) 11 gr. (Vergl. Runde, d.)

Förster, Fr., des großen Kurfürsten Achte Runde in der Neujahrsnacht 1837. Eine Legende. 8. Berl. 837. Kuhr. n. 1/4 rf bei Ende in Leipzig 1/4 rf

— — **die Sängerfahrt. s. a. Sängerfahrt.**

Sängerfahrt, die. Eine Neujahrsgabe für Freunde der Dichtkunst und Mahlerey. Gesammelt von *Frdr Förster* aus d Osterlande Mit (18) Kpfrn. aus d Danziger Gemälde „Das jüngste Gericht". Berlin, Maurer, 1818. 8° Hersb.
Frontisp (nach Kolbe von Meyer gest.) XX—275 S. Geschätzte Samml., m Beiträgen von L Tieck W v Schütz, Max v Schenkendorf Clem Brentano, Achim v Arnim, Fr Horn A v Chamisso, den Brüdern Grimm dem Herausg u A

– s. Schlachtenruf u. Schlachtengesang . . .

– s. Taschenbuch auserlesener Märchen von Goethe . . .

Förster, Dr Friedr Statistisch-topographisch-historische Uebersicht des preussischen Staates. Mit einer Karte und zwei Stahlstichen 8. Berlin und Leipzig 1838.

— statist.-topograph.-histor. Uebersicht d. preuß. Staats. M. 1 Karte d. preuß. Staats u. 3 Stahlst. gr. 8. (29¾ B.) Berlin 839, Heymann.
Vgl. Preußen's Vorzeit.

— Universität u. Volksschullehrer. Ein Vortrag. (80 S.) gr. 8. Halle 904. H. Schroedel. n. — 60

Förster, Fr., der Unterricht in der deutschen Rechtschreibung v. Standpunkte der Herbartschen Psychologie, s a Magazin, pädagogisches.

Der Unterricht in der deutschen Rechtschreibung vom Standpunkt der Herbartschen Psychologie aus betrachtet. Von F[riedrich] **Forster** in Magdeburg. *Langensalza: H Beyer & Sohne 1901* (41 S.) 8°
— **Magazin**, Pädagogisches. H 172 [01 1903]

Förster, Dr Fr Von Elba nach St Helena 2 Auflage. 1 Abtheilung. Der Wiener Congress 1814 –1815. 2 Abtheilung. Napoleons Rückkehr von Elba nach Frankreich (Mit 2 Karten) (In 1 Bd.) 8. Berlin 1860.

——, Albr. v. Wallenstein ꝛc. ungedruckte eigenhänd. Briefe ꝛc., s. Wallenstein.

— Wallenstein, Herzog von Mecklenburg, Friedland u. Sagan als Feldherr u. Landesfürst in seinem öffentl. u. Privat-Leben. Eine Biographie. Nach des Herzogs eigenhändigen Briefen u. aus den Acten u. Urkunden der geheimen Staats-Archive zu Wien, Berlin, München, und der vornehmsten Landes-Archive des Königr. Böhmen. Mit 1 Tabelle. gr. 8. Potsdam 834. Riegel. 2 rß

– s. Winckelmann, Johann Joachim: Briefe.

— das eine Wort zum 1. Januar 1816. gr. 8. Berl. 816. 2e A. 817. Maurers B. 1 gr.

Förster, Friedrich August

Förster, Frdr. Aug., Für die Gründung einer Armenkinder- und Waisen-Erziehungs- und Rettungs-Anstalt im Amtsbezirke Augustusburg. Eine Aufforderung. gr. 8°. Chemnitz, Defoy, 1851.
19 S.

Förster, Friedr. Aug., Rechenschaftsbericht über die Begründung und Unterhaltung der Armenkinder- und Waisen-Erziehungs- und Rettungs-Anstalt bei Waldkirchen auf die Jahre 1851—57. Chemnitz 858. Focke in Comm. gr. 8. (XXII, 151 S.) nn. 10 ngr

Förster, Friedrich Wilhelm

Foerster, F. W., Die Arbeitslosigkeit und die moderne Wirtschaftsentwicklung. Eine Mahnung zur Vorsicht gegenüber der obligatorischen Arbeitslosenversicherung und dem kommunalen Arbeitsnachweis. 8°. Berlin, Verlag f. ethische Kultur, 1897.

[J.] Die Arbeitslosigkeit und die moderne Wirtschaftsentwicklung. E. Mahng z. Vorsicht gegenüb. d. obligat. Arbeitslosenversicherg u. d. kommunalen Arbeitsnachw. Von Dr. F[riedrich] W[ilhelm] **Foerster**. *Berlin: R. Bieber 1898.* (2 Bl., 52 S.) 1 Bd 8. [98. 1348]

Foerster, F. W., die Arbeitslosigkeit u. d. mod. Wirtschaftsentwicklg. Eine Mahng. z. Vorsicht gegenüber d. obligator. Arbeitslosenversicherg. u. d. kommunalen Arbeitsnachweis. 8. (III, 52 S) Berlin 898. Verlag f. eth. Kultur. n. 1. —

Foerster, Frd. Wilh., ethische Aufgaben i. d. sozialen Beweg. gr. 8. (24 S.) Berlin 895. F. Dümmler's Verl. n. — 60

Foerster, Fr. W., Autorität u. Freiheit. Betrachtungen zum Kulturproblem der Kirche. (XVI, 191 S.) gr. 8. Kempten 910. J. Kösel. 2.50; geb. 3. 25

Foerster, Fr[iedr.] W. Christentum und Klassenkampf. Sozialeth. u. sozialpädagog. Betrachtungen Zürich 1908 8°

Foerster, Fr[iedrich] W[ilhelm]. Christentum und Klassenkampf. Sozialethische und sozialpädagogische Betrachtungen. 296 S. 8. Zürich, Schulthess & Co., 1908. [fr. 4.80]
4.—6. Tausend.

Foerster, Fr[iedrich] W[ilhelm]. Christentum und Klassenkampf. Sozialethische und sozialpädagogische Betrachtungen. 296 S. 8. Zürich, Schulthess & Co., 1909. [fr. 4.80]
7.—10. Tausend.

Foerster, Fr[iedrich] W[ilhelm]: Die Dienstbotenfrage und die Hausfrauen. — Zürich u. Leipzig: Henckell [1898]. 45 S. 8°

Foerster, Frdr. Wilh., Einführung in die Grundgedanken der ethischen Bewegung. gr. 8. (16 S.) Berlin 894. Deutsche Gesellschaft f. eth. Kultur. n. — 30

[F.] Einführung in die Grundgedanken der ethischen Bewegung. 3. Aufl. Aussprüche v. Mitgliedern d. Deutschen Gesellschaft f. ethische Kultur zsgest. im Auftr. d. Gesellschaft. Anh.: Programm d. Ethischen Bundes. [Vf.: Friedr. Wilh. **Förster.**] *Berlin: Verl. f. eth. Kultur 1898.* (15 S.) 1 Bl. 8. [98. 6340

Foerster, Friedrich Wilhelm [aus Berlin]: Der Entwicklungsgang der Kantischen Ethik bis zur Kritik der reinen Vernunft ... [Erschien vollst. 1894 im gl. Verl.] Berlin, Mayer & Müller, 1893; 2 Bl., 75 S. 8.
Freiburg i. B., Phil. Fak., Inaug.-Diss. v. 1893

— der Entwickelungsgang der Kantischen Ethik bis zur Kritik der reinen Vernunft. gr. 8. (III, 106 S.) Berlin 894. Mayer & Müller. n. 2. —

— Staatsbürgerl. Erziehg., s.: Vorträge d. Gehe-Stiftung z. Dresden.

Foerster, F[riedrich] W[ilhelm]. Staatsbürgerliche Erziehung. Vortrag gehalten in der Gehe-Stiftung zu Dresden am 12. März 1910. 60 S. = S. 245—304. 8. Leipzig (und Dresden), B. G. Teubner, 1910. [M. 1. —]
Vorträge der Gehe-Stiftung zu Dresden. Band 2 (1910)

Foerster, Fr[iedrich] W[ilhelm]. Jugendlehre. Ein Buch für Eltern, Lehrer und Geistliche von Dr. Fr. W. F', Privatdozent ... [in] Zürich. XVI + 724 S. 8. Berlin, Georg Reimer, 1904. [M. 5. —, geb. 6. —]
(Die Beispiele erscheinen auch als Sonderausgabe unter dem Titel «Lebenskunde».)

Jugendlehre. Ein Buch f. Eltern, Lehrer u. Geistliche von Dr. Fr[iedrich] W[ilhelm] **Foerster** ... 8. bis 10. Taus. Berlin: G. Reimer 1905. (XVI, 724 S.) 8° [F.] [05 1001 4

Foerster, Fr[iedrich] W[ilhelm]. Jugendlehre. Ein Buch für Eltern, Lehrer und Geistliche von Dr. Fr. W. F', Privatdozent ... [in] Zürich. 11. bis 15. Tausend. XVI + 724 S. 8. Berlin, Georg Reimer, 1906. [M. 5. —, geb. 6. —]
[1.—2. Tausend.] 1904: N 2856. — 3.—10. Tausend. 1904 *f.*

Foerster, Fr. W., Jugendlehre. Ein Buch f. Eltern, Lehrer u. Geistliche. 1.—20. Taus. (à XVI, 724 S.) gr. 8. Berlin 904—906. G. Reimer. n. 5. —; geb. in Leinw. n. 6. —

— Jugendlehre. Ein Buch f. Eltern, Lehrer u. Geistliche. 21—50. Taus. (XVIII, 718 S.) gr. 8. Berlin 907 —10. G. Reimer. 5.—; geb. 6. —

Förster, Frdr. Wilh. Jugendlehre. Ein Buch für Eltern, Lehrer und Geistliche. 21 bis 25. Taus. Berlin, Reimer 1907. [1. Aufl. 1904.]

Jugendlehre. Ein Buch f. Eltern, Lehrer u. Geistliche von Dr. Fr[iedrich] W[ilhelm] **Foerster**, Privatd., Zurich. Berlin: G. Reimer 1910 (1909). XVIII, 718 S. 8° [10. 13155

Foerster, Fr[iedrich] W[ilhelm]. Jugendlehre. Ein Buch für Eltern, Lehrer und Geistliche. 46. bis 50. Tausend. XVIII + 718 S. 8. Berlin, Georg Reimer, 1910. [M. 5.—, geb. 6.—]

Foerster, Fr. W., s.: Kultur, ethische.

Förster, [Friedrich Wilhelm]. Ueber die Lage verantwortlicher Staatsmänner gegenüber den Forderungen des Christentums. Vortrag, gehalten von Privatdozent Dr. F', am 24. Februar, anlässlich der Generalversammlung der Sektion Zurich des Schweiz. Friedensvereins. Separat-Abdruck aus «Der Friede» [Jahrg. 9, 1902, Nr. 13 14 u. 17/18]. 19 S. 8. [Bern, Haller.]

Foerster, Fr[iedrich] W[ilhelm]. Lebensführung. Ein Buch für junge Menschen. VIII + 298 S. 8. Berlin, Georg Reimer, 1909. [geb. M. 5. —]

— Lebensführung. Ein Buch f. junge Menschen. 1—20. Taus. (VII, 298 S.) 8. Ebd. 909. 10. Geb. in Leinw. 5.—

Foerster, Fr[iedrich] W[ilhelm]. Lebenskunde. Ein Buch für Knaben und Mädchen von Dr. Fr. W. F' (Zürich). XII + 375 S. 8. Berlin, Georg Reimer, 1904. [geb. M. 3. —]
[Sammlung von Beispielen aus der «Jugendlehre» desselben Verf.]

Lebenskunde. Ein Buch f. Knaben u. Mädchen von Dr. Fr[iedrich] W[ilhelm] **Foerster.** 3. bis 5. Taus. Berlin: G. Reimer 1904. (XI, 375 S.) 8° [F.] [05 1680

Foerster, Fr[iedrich] W[ilhelm]. Lebenskunde. Ein Buch für Knaben und Mädchen von Dr. Fr. W. F' (Zürich). 15. bis 19. Tausend. XII + 375 S. 8. Berlin, Georg Reimer, 1908. [geb. M. 3. —]
[Sammlung von Beispielen aus der «Jugendlehre» desselben Verf.]

— Lebenskunde. Ein Buch f. Knaben u. Mädchen. 20—25. Taus. (XI, 364 S.) 8. Ebd. 909. Geb. in Leinw. 3. —

Foerster, Fr[iedrich] W[ilhelm]. Schule und Charakter. Beiträge zur Pädagogik des Gehorsams und zur Reform der Schuldisziplin. 213 S. 8. Zürich, Schulthess & Co., 1907. [fr. 3. 80]
1. und 2. Aufl.
[1. und 2. Aufl.] (*Mit* Berichtigungen *am Schluss.*)

Foerster, F[riedr.] W[ilh.], Schule und Charakter. Beiträge z. Pädagogik d. Gehorsams u. z. Reform d. Schuldisziplin. 1.—3. Aufl. Zürich 1907. 8°.

Foerster, Fr[iedrich] W[ilhelm]. Schule und Charakter. Beiträge zur Pädagogik des Gehorsams und zur Reform der Schuldisziplin. 213 S. 8. Zürich, Schulthess & Co. [fr. 3. 80]
3. u. 4. unveränderte Aufl. 1908.
5. unv' Aufl. 1908.

Foerster, Fr[iedrich] W[ilhelm]. Schule und Charakter. Beiträge zur Pädagogik des Gehorsams und zur Reform der Schuldisziplin. 8. Zürich, Schulthess & Co., 1909. [fr. 3. 80]
6., vermehrte Aufl. 239 S.
7. und 8. vermehrte Aufl. 240 S.

Foerster, Fr. W., Schule u. Charakter. Beiträge zur Pädagogik des Gehorsams u. zur Reform d. Schuldisziplin. 10. verm. u. umgearb. Aufl. (428 S.) 8. Zürich 910. Schultheß & Co. 5.40; geb. in Leinw. 6. 20
1.—5. Aufl. 907. 08. (à 218 S.) 3.—

Foerster, Fr[iedrich] W[ilhelm]. Sexualethik und Sexualpädagogik. Referat, erstattet von Dr. Fr. W. F' ⟨Zürich⟩. 8.
In: Sexualpädagogik. Verhandlungen des Dritten Kongresses der Deutschen Gesellschaft zur Bekämpfung der Geschlechtskrankheiten in Mannheim am 24. und 25. Mai 1907, hrg. vom Vorstande der Gesellschaft ≐ Zeitschrift für Bek' der Geschl'.... Band 7. Leipzig, Johann Ambrosius Barth, 1907. [M. 6.—.] S. 214—249. *(vgl. auch S. 268—276:* Diskussion.)

Foerster, Fr[iedrich] W[ilhelm]. Sexualethik und Sexualpädagogik. Eine Auseinandersetzung mit den Modernen von Dr. Fr. W. F', Privatdozent ... an der Universität Zürich. VIII + 97 S. 8. Kempten und München, Jos. Kösel, 1907. [M. 1. —]
(... Erweiterung eines Vortrages, der auf dem diesjährigen Kongresse der deutschen Gesellschaft zur Bekämpfung der Geschlechtskrankheiten in Mannheim gehalten wurde.)

Foerster, Fr[iedrich] W[ilhelm]. Sexualethik und Sexualpädagogik. Eine neue Begründung alter Wahrheiten. 2., vermehrte Aufl. XVI + 239 S. 8. Kempten und München, Jos. Kösel, 1909. [M. 2. 40, geb. 3. —]

— Sexualethik u. Sexualpädagogik. Eine neue Begründg. alter Wahrheiten. 3., verm. Aufl. (XV, 249 S.) gr. 8. Kempten 910. J. Kösel. 3.—; geb. 3. 75
1. Aufl. (VII, 97 S.) 907. 1.—; 2. Aufl. (XV, 239 S.) 909. 2.40; geb. 3 —.

Foerster, Fr[iedrich] W[ilhelm]. Technik und Ethik. Eine kulturwissenschaftliche Studie von Dr. Fr. W. F', Privatdozent ... an der Universität Zürich. 36 S. 8. Leipzig, Arthur Felix, 1905. [M. 1. —]
(Akademische Antrittsrede, in etwas erweiterter Form.)

Foerster, Friedrich Wilhelm [Dr. phil.]: Willensfreiheit und sittliche Verantwortlichkeit. Eine socialpsychologische Untersuchung. Berlin 1898. 54 S. 8°.
Zürich. Phil. Habil.-Schr. 1. 8. 1897/98.

— Willensfreiheit u. sittl. Verantwortlichkeit. Eine sozialpsycholog. Untersuchg. gr. 8. (54 S.) Berlin 898. F. Dümmler's Verl. n. 1.—

Förster, Fritz

Foerster, F., und E. Müller: Alkalichloridelektrolyse unter Zusatz von Fluorverbindungen. Halle a. S. 1904

Foerster, F.: Chronischer Alkoholismus im Kindesalter. Festschrift zur 50jährigen Feier des Bestehens des Stadtkrankenhauses in Dresden-Friedrichstadt. 283 290. Dresden. 1899

Foerster, F: Ueber die Anwendung der Elektrolyse zur Darstellung anorganischer Verbindungen. Berlin 1904

Foerster, Fritz [aus Grünberg i. Schl.]: Beitrag zur Kenntnis der Tautomerie der Thioharnstoffe.... Berlin, Druck v. M. Driesner (1888); 48 S. 8°
Berlin, Phil Fak, Inaug.-Diss. v. 20. Jul. 1888

Foerster, F., Beiträge zur Kenntnis des elektrochemischen Verhaltens des Eisens, s.a. Abhandlungen der deutschen Bunsengesellschaft f. angewandte physikal. Chemie. Nr. 2.

Beiträge zur Kenntnis des elektrochemischen Verhaltens des Eisens. Von F[ritz] Foerster ⟨Aus d. Laborat. f. Elektrochemie .. an d. Techn. Hochschule zu Dresden⟩ Halle a. S.: Knapp 1909. 83 S. 8°
(Abhandlungen d. Deutschen Bunsen-Gesellschaft Nr 2) [09 12468]

Foerster, F: Einige Beobachtungen über Kupferacetatammoniak und Kupferacetatpyridin. Berlin 1892

Foerster, Fritz, s.: Berichte üb. einzelne Gebiete der angewandten physikalischen Chemie.

Foerster, F. Ueber die Bestimmung des Kohlenstoffes im Eisen (Sonder-Abdr. aus der Zeitschrift für anorg. Chemie Band VIII, 1895.)
Hamburg und Leipzig 1895.

– Über die Bestimmung kleiner Mengen von Alkali und die Erkennung der Neutralität des Wassers, s. Mylius, F.

Foerster, F. Ueber die Beurtheilung der Glasgefäße zu chemischem Gebrauche. Berlin 1893 (Mitt. a. d. Physik.-Techn. Reichsanst.)

– Dass., s.a. Mylius, F.

— Elektrochemie wässeriger Lösungen, s.a. Handbuch der angewandten physikalischen Chemie. I.

Elektrochemie wässeriger Lösungen von Dr. Fritz Foerster, Prof. zu Dresden. Mit 121 Abb. Leipzig: J. A. Barth 1905 (XVII, 507 S.) 4°(8°)
— Handbuch d. Angewandten Physikal. Chemie. Bd 1. 05. 9310

Foerster, F., und A. Piguet: Die Elektrolyse des Kaliumacetats. Halle a. S. 1904

– Über die Herstellung und Beurteilung von reinem Platin, s. Mylius, F.

– Über die Herstellung von reinem Platin, s. Mylius, F.

Foerster, F., und A. Piguet: Zur Kenntnis der Elektrolyse des Kaliumacetats. Halle a. S. 1904

Foerster, F., und G. Coffetti: Zur Kenntnis der Elektrolyse von Kupfersulfatlösungen. Halle a. S. 1904

Foerster, F., und A. Piguet: Zur Kenntnis der anodischen Sauerstoffentwicklung. Halle a. S. 1904

Förster, Fritz, Kind u. Alkohol. Öffentlicher Vortrag, geh. im Verein f. Volkshygiene zu Dresden am 17. II. 1903. (S. 5—35.) Lex.-8. Leipzig 904. B. G. Teubner. n. — 80
Sonderabdruck aus: „Gesunde Jugend".

Förster, Fritz, die Mathematik, s.: Kamprath's, Ernst, Schnellunterricht.

Förster, Fritz, die elektrotechnische Praxis. Prakt. Hand- u. Informationsbuch f. Ingenieure, Elektrotechniker, Montageleiter, Monteure, Betriebsleiter u. Maschinisten elektr. Anlagen, sowie f. Fabrikanten u. Industrielle, in 3 Bdn. gemeinverständl. bearb. u. hrsg. 1. u. 2. Bd. 8. Berlin, L. Marcus. Geb. in Leinw. n. 10.50
1. Dynamo-elektrische Maschinen u. Akkumulatoren. (XI, 206 S. m. 60 Fig.) 900. n. 4.50
2. Elektrische Lampen u. elektr. Anlagen. (XII, 240 S. m. 51 Fig.) 901. n. 6.—

– Über die Verbindungen des Kohlenoxydplatins, s. Mylius, F.

Foerster, F: Ueber das chemische Verhalten des Glases. Einwirkung der Lösungen von Alkalien und Salzen auf Glas. Berlin 1892 (Mittheil. a. d. Physik.-Techn. Reichsanst.)

Foerster, F: Die Vorgänge im Eisen-Nickelsuperoxydsammler. 1. Über Nickelsuperoxydelektroden. Halle a. S. 1907

Förster, G. v., Friedrich Wilhelm der Vierte und seine Zeit. Mit (lith.) Portr. u. Facsimile. 1—3. Liefg. Sondershausen 858. Neuse. br. 8. (S. 1—192.) Jede Liefg. n. 5 ngr

Förster, G. v., Friedrich Wilhelm der Vierte und seine Zeit. Mit (lith.) Portr. u. Facsim. 4—8. Liefg. [Preußens Herrscher und Helden. 2. Bd.] Sondershausen 859. Neuse. br. 8. (S. 193—514.) Jede Liefg. n. 5 ngr

Förster, G. v., Friedrich Wilhelm der Vierte und seine Zeit. Mit Portr. und Facs. 8 Lfgn. (Preußen's Herrscher und Helden. 2. Bd. 1—8. Lfg.) br. 8. (514 S. mit 1 Stnt.) Sondershausen 858,59, Neuse. à Lfg. * 5 Ngr. *
Den 1. Bd. von Preußen's Herrscher und Helden bildet Preußens Ruhmes- und Ehrenhalle. 1. Bd.

Förster, G., u. E. Labaite, deutsche Handelscorrespondenz,
— — französ. Handelscorrespondenz,
s.: Taschenbücher d. Handelscorrespondenz.

Förster, G., und E. Labaite, die französische Handelscorrespondenz, s. Cursus, praktischer, des kaufmännischen Briefstyls in den wichtigsten neueren Sprachen.

Foerster, G., u. E. Labaite, Lehrbuch der deutschen Handelscorrespondenz,
— — Lehrbuch der allgemeinen französ. Handelscorrespondenz f. Deutsche,
s.: Cursus, praktischer, d. kaufmänn. Briefstyls.

Förster, G., christliches Vademecum. Aehrenlese für denkende Katholiken. 8. (314 S.) Wien 860. Mayer und Comp. –

– Dass., s.a. Förster, Heinrich

Forster, G. G., New-York über und unter der Erde. Roman. (Nach dem Engl. frei bearb.) Ster.-Ausg. gr. 16. (230 S.) New-York 855. (Philadelphia, Schäfer und Koradi.) *

FÖRSTER, G. R: Der Reichsforst Rettenbach bei Ischl. - Gmunden 1878

Förster, G. R., das forstliche Transportwesen. Darstellung seiner Mittel u. Anstalten m. Rücksicht auf zweckmäß. Auswahl, Einrichtg. u. Benützg. derselben. Mit Atlas v. 40 photolith. Taf. m. 211 Fig. u. 385 Abbildgn. (m. 5 S. Text, qu. Fol. in Mappe). Lex.-8. (XV, 592 S.) Wien 885. Perles. n. 22. —

Förster, G. R., das forstliche Transportwesen. Darstellung seiner Mittel und Anstalten mit Rücksicht auf zweckmässige Auswahl, Einrichtung und Benutzung derselben. 2. Aufl. (Complet in 20 Heften) gr. 8°. Lfg. 1. (S. 1—32.) Wien, Perles. fl. —.60
1887.

Förster, G. R., das forstliche Transportwesen. Darstellung seiner Mittel u. Anstalten mit Rücksicht auf zweckmäß. Auswahl, Einrichtung u Benützung derselben. 2. Aufl. 20 Lfgn. Lex.-8. (528 S. m. Taf.) Wien 888. Perles. à n. 1.—

—— Wildbach und Lawinenverbauung, s. Handbuch der Forstwissenschaft.

Foerster, Geo., in französischer Kriegsgefangenschaft. Persönliche Erlebnisse e. Veteranen von 1870—1871. (48 S.) 8. Berlin 909. L. Simion Nf. 1. —

Foerster, Georg, prakt. Arzt in Festenberg: Aus d. Deutsch. Samariter-Ordens-Stift zu Kraschnitz. Ueber Myoklonie bei Epileptikern. *Leipzig 1903: B. Georgi.* (45 S.) 8°
Leipzig, Med. Diss. v. (16. Nov.) 1903

Förster, Geo., die Vermögensverwaltung in den katholischen Kirchengemeinden. Das Gesetz vom 20. Juni 1875 erläutert durch die Motive u. Allegate, sowie ergänzt durch das Gesetz üb. die Form der Zusammenberufg. v. Kirchengemeinden, vom 23. Jan. 1846, das Gesetz üb. die kirchl. Disziplinargewalt 2c. vom 12. Mai 1873 u. das Gesetz, betr. die Genehmigg. zu Schenkgn. 2c. vom 23. Febr. 1870, u. m. ausführl. Registern versehen. 8. (88 S.) Berlin 876. Grosser. n. 1. —

Förster, Gerhard, Dr. iur.. Das mosaische Strafrecht in seiner geschichtlichen Entwickelung. *Leipzig: Veit & Co. 1900.* (91 S.) 8° ¶ = Ausgewählte Doktordissertationen d. Leipziger Juristenfakultät [No 21].
Leipzig, Jur. Diss. v. 1900
(Nicht für den Austausch)

von Foerster, Günther [aus Breslau]. Über Doppelschadelschüsse bei Selbstmordern . . . . Berlin, Buchdr. v. Gustav Schade (Otto Francke) (1888); 29 + 18. + 1 Bl. 8°
Berlin, Med Fak., Inaug.-Diss. v. 21. Jul. 1888

Foerster, Gust (geb Rosenhain in Schles 3 4 1844) Die Lebercirrhose nach pathologisch-anatomischen Erfahrungen Berlin (1868) (32 S.) 8
Berlin, Med Diss v 31 Juli 1868

Förster, Gust, s: Schaufenster-Plakat, das mod.

Förster, Gustav Hugo [Oberl. Dr.]: Die Sieger in den olympischen Spielen bis zum Ende des 4. Jahrh v. Chr. (Schluss folgt 1892.) Zwickau, Druck v. R. Zückler, 1891; S. 1-30; 4°
Zwickau, G, OP 1891 (543)

Förster, Gustav Hugo [Oberl. Dr.]: Die Sieger in den olympischen Spielen '(II. Tl)'. (Schluss d. P-Beil. 1891.) Zwickau, Druck v. R. Zückler, 1892; 1—32 S. 4.
Zwickau, G, OP 1892 (545)

Förster, Hugo, die Sieger in den olympischen Spielen bis zum Ende des 4. Jahrh. v. Chr. gr. 4. (30 S.) Zwickau 891. (Leipzig, B. G. Teubner.) n. 1. -

— dasselbe. [II. Tl.] Progr. gr. 4. (32 S.) Ebd. 892. n. 1.—

Förster, H., u. F. Pilling, Geschäftsgänge f. den Unterricht in der gewerblichen Buchführung f. Konditoren, s.: Scharf, Th

Förster's, H., vollständige u. leicht verständl. Grammatik der Schleyer'schen Weltsprache Volapük auf e. Visitenkarte. 1.—3. Aufl. 16. (2 S.) Berlin 887. 888. Steinthal. n. — 20

Förster, H., De hellanodicis Olympicis. Diss. 1879. 84 S.

Foerster, H., Mater Dolorosa. Roman. (III, 134 S.) 8. Dresden 904. E. Pierson. n. 2. — ; geb. n. 3. —

— u. H. v. Echtlitz, der Meer u. andere Novellen, s.: Engelin's Roman- u. Novellenschatz. 67. Bd.

Foerster, H., d. Turnübungen b. 8. deutschen Turnfeste zu Breslau v. 22.—24. Juli 1894. Hrsg. i. Auftrage d. Turnausschusses. gr. 8. (VIII, 235 S.) Leipzig 895. E. Strauch. n. 2. 25

Foerster, H, Zeichnung vom Neubau einer Turnhalle in Reichenbach, Reichenbach i. V. 1899, 1 Bl.

Förster, H. A., gemüthliche Reise in das Riesengebirge im Sommer 1846, unternommen v. Förster, Glebke, Grießil u. Kärmel nebst ihren Frauen. Beschrieben u. als Mstr. f. Freunde in Druck gegeben v. F. Aufs Neue hrsg. u. m. e. Nachwort versehen v. Baer. (82 S. m. Bildnis.) gr. 8. Krummhübel (903). (Hirschberg, H. Springer.) n. — 50

Förster, H. C. von, s. Förster, Henriette Clara von

Foerster, H. C. Die Fahnenweihe vom 12. X. 1858 der 3 Bataillons-Fahnen des Grenadier-, I. u. II. Füsilier-Bataillons des K. Landwehr-Regiments der Haupt- und Residenz-Stadt München. Mit 1 Bld. München 1859. 20 S.

Förster, H. H. S. v, einige durch Erfahr. geläuterte Beobacht u. Grundsätze d. Landwirthschaft, Haushalts- u Gartenkunde. 1. Samml. 8 Breslau, 1798 (Korn) — 7½

Foerster, Hans [aus Pirna im Königreich Sachsen]. Beiträge zur Kenntnis des Diphenyltrichlorathans und seiner Homologen. . . Freiburg i. B., Buchdr. v Chr. Stroecker, 1889; 51 S. + 1 Bl. 8°
Freiburg i. B., Phil. Fak, Inaug.-Diss. v. 1889

Achtern Diek. Wat van ohle Veerlanners, un Biller datoo van Hans Förster. Hamburg: Hamburger Verl. [1909]. 71 S. 8° [illegible]

Förster, Hans, achtern Diek. Wat van ohle Veerlanners, un Biller datoo. (71 S.) gr. 8. Hamburg (909). Verlagsanstalt u. Druckerei-Ges. 2. 40

Foerster, Hans, aus Bonn a. Rh.: Ueber Stickstoffabkömmlinge der m-Chlorbenzoesäure. *Heidelberg: Heidelb. Verlagsanst. u. Druckerei 1901.* (38 S.) 8°
Heidelberg, Naturw.-math. Diss. v. 1901

Förster's, Heinr., Abschiedsgabe. Predigten auf die Sonn- u. Festtage, nebst Gelegenheitsreden. 2 Bde. gr. 8. (VI, 334 u IV, 328 S.) Regensburg 880. Manz. n. 7. —

Förster Heinrich Praktische Anleitung zur Kenntniß der Gesetzgebung über Besteuerung des Branntweins und des Braumalzes in den Königlichen Preußischen Staaten, als Handbuch für Gewerbtreibende und Beamte aus amtlichen Quellen bearb. 2., umgearb. u. verm. Aufl. Mit 41 Abb. auf 3 Taf. Berlin Verf. 1830 XXXII, 436, LIX S. -- 51*
--- Dass. 1. Aufl. 1828 -- [Zit. nach dem Vorwort der 2. Aufl.]

Förster, Heinr., prakt. Anleitung z. Kenntniß d. Gesetzgebung üb. Besteuerung d. Branntweins u. d. Braumalzes in d. Kgl. Preuß. Staaten, als Handb. f. Gewerbtreibende u. Beamte aus amtl. Quellen bearb. 2., verm. Aufl. — A. u. d. T.: Der Gewerbebetrieb d. Branntweinbrennerei u. Bierbrauerei, nach seinem gegenwärt. Standpunkte dargest., 2c. M. 41 Abbild. auf 3 Taf. gr. 8. (33 B.) Berlin 830, Reimer.

v. **Förster,** Heinr Die Bauwerke der Renaissance in Toskana nach den Aufnahmen von Adolf Gnauth u Emil v. Förster Text v. Eduard Paulus Wien Fol
(Nur 2 Lfrgn erschien u. enth San Lorenzo, [illegible] Kapelle S Spirito Findelhaus u. Schule S Paolo in Florenz)

– Dass, s.a. Gnauth, Adolf

Foerster, Heinr. Ritter v., die Bauwerke der Renaissance in Toscana. Nach Aufnahmen der Architekten Adf. Gnauth und Emil Ritter v. Foerster und erläut. Texte von Ed. Paulus. 1. und 2. Lfg. Imp.-Fol. (10 S. mit 16 Kpfrt.) Wien 867,68, Expedition der Allgemeinen Bauzeitung. à Lfg. * 4 Thlr. 15 Ngr. *

v. **Förster,** Heinr., die Bauwerke der Renaissance in Toscana. Nach Aufnahmen der Architekten Adf Gnauth u. Emil v. Foerster u mit erläuternd Texte von Ed. Paulus. 1. u. 2 Liefg (à 8 Kpfrtaf mit 10 S. Erklärung) Wien 867, 70 Exped der allgem Bauzeitung. (v. Waldheim.) gr. Fol Jede Liefg n 4 *th* 15 *ngr*

Förster, Heinr., Melchior v. Diepenbrock, s. Diepenbrock, M. v.

Förster, Cardinal-Fürstbischof Melchior v. Diepenbrock, s.: Boenisch, Bruno.

Förster, Heinrich, a. Charlottenburg: Über einen Fall von doppelseitiger congenitaler Cystenniere mit angeborenem Verschluß der Harnröhre. Erlangen 1908: Junge & Sohn. (30 S.) 8°

Erlangen, Med. Fak., Ref. Hauser, Diss. v. 19. Mai 1908

[Geb. 20 Juni 81 Charlottenburg; Wohnort: Coburg; Staatsangeh.: Preußen; Vorbildung. Joachimsth. Gymn. Berlin Reife O. 02; Studium: Berlin 10 S.; Coll 8. April 08; Approb. 17. Juni 07.]

Förster, H., die christliche Familie. 5 Predigten, in der Domkirche zu Breslau geh. 6. (Titel=)Ausg. gr. 8. (VIII, 70 S.) Regensburg 893. Nationale Verlags-Anstalt. n. 1. —

Förster, Heinr., die christliche Familie. 5 Predigten, in der Domkirche zu Breslau geh. 7. Aufl. (VII, 66 S.) gr. 8. Regensburg 904. Verlagsanstalt vorm. G. J. Manz. n. 1. —

Förster, Heinr., Fasten=Hirtenbrief f. das Jubiläumsjahr 1875. 8. (24 S.) Breslau 875. Görlich. n. — 10

Förster, H., „Der Feind kommt, wenn die Leute schlafen." Predigt, geh. am 24. Sonntage nach Pfingsten. Breslau, Hirt, 1844, 12°, 1.—7. Aufl, 20 Pf.

Förster, H., der Feind kommt, wenn die Leute schlafen. Predigt, gehalten am 24. Sonnt. nach Pfingsten. 7. Aufl. gr. 12. Breslau 844, Hirt. n. 1/12 ℛ

Förster, Heinr., Hirtenbrief an den gesammten ehrwürdigen Clerus und alle Gläubigen des Bisthums bei seinem Amts=Antritte erlassen. Breslau 853. Aderholz. gr. 4. (16 S.) n. 3 ngr

Förster, Heinr., Hirtenbrief an den gesammten ehrwürdigen Clerus u. alle Gläubigen des Bisthums Breslau. Gegeben am Tage des heil. Hyacinth 1865. Breslau 865 Aderholz. gr. 8. (16 S.) 2½ ngr.

— gesammelte Hirtenbriefe aus den 25 Jahren 1853—1878. 2 Bde. gr. 8. (VIII, 273 und 278 S.) Ebend. 880. n. 5. 60

— Homilie na niedziele całego roku kościelnego miane w kościele katedralnym. Przełożono z niemieck. przez Gabr. Malinowska. W 2 tomach. Tom. I. gr. 8. (X u. 340 S.) Lissa 848, Günther. 1⅓ ℛ

Förster, H., Homilien auf die Sonntage des kath. Kirchenjahres, gehalt. in d. Domkirche zu Breslau. 2 Bde. gr. 8. Breslau, Hirt. [1. (21¼ B.) 845, 2. (20 B.) 46. à * 1 Thlr. 5 Ngr.] *

Förster, H., gesammelte Kanzelvorträge. 1. u. 2. Thl. A. u. d. T.: Der Ruf der Kirche in die Gegenwart. Zeitpredigten. 2 Bde. (XIV u. 644 S.) Breslau 848, Hirt. — 2. verm. u. verb. Ausg. 2 Bde. gr. 8. (X u. 660 S.) Ebd. 849. — 3. (Titel=)Ausg. 2 Bde. gr. 8. Ebd. 852. (à Bd. 1¼ ℛ) 2½ ℛ

— dies. 3. u. 4. Thl. A. u. d. T.: Predigten auf die Sonntage d. kathol. Kirchenjahres. 2. verb. Ausg. 2 Bde. gr. 8. (1: X u. 292 S. 2: VI u. 294 S.) Ebd. 848. 49. (à 1¼ ℛ) 2½ ℛ

— dies. 5. u. 6. Thl. A. u. d. T.: Homilien auf die Sonntage d. kathol. Kirchenjahres. 2. Ausg. 2 Bde. (in 1 Bd.) gr. 8. (XIV u. 640 S.) Ebd. 849. — 3. verb. Ausg. 2 Bde. gr. 8. (XXII u. 640 S.) Ebd. 851. 2½ ℛ

— dies. Ein Anhang. A. u. d. T.: Die christliche Familie. Fünf Predigten zu Breslau gehalten. 3. Aufl. gr. 8. (VIII u. 60 S.) Ebd. 851. n. ⅓ ℛ (cplt. n. 7⅚ ℛ)

— gesammelte Kanzelvorträge. 3. u. 4. Thl. A. u. d. T.: Predigten auf die Sonntage des katholischen Kirchenjahres in der Domkirche zu Breslau gehalten. 3. verb. 2c. Ausg. 854. — 4. Ausg. Breslau 857. Hirt. gr. 8. (XII, 292; 2 Bl, 306 S.) Jeder Thl. 1 ℛ 7½ ngr

Förster's, Heinr., gesammelte Kanzelvorträge. 6 Thle. u. Anh. gr. 8. Regensburg 878. 79. Manz. n. 19. —

1. u. 2. Predigten auf die Sonntage des kath. Kirchenjahres, geh. in der Domkirche zu Breslau. 5. Ausg. 2 Bde. (302 u. 312 S.) n. 6. —

3. u. 4. Homilien auf die Sonntage des kathol. Kirchenjahres, geh. in der Domkirche zu Breslau. 4., verb. Ausg. 2 Bde. (344 u. 319 S.) n. 6. —

5. u. 6. Der Ruf der Kirche in die Gegenwart. Zeitpredigten auf die Sonntage des kath. Kirchenjahres, geh. in der Domkirche zu Breslau. 4. Ausg. 2 Bde. (338 u. 339 S.) n. 6. —

Anhang. Die christliche Familie. 5 Predigten, in der Domkirche zu Breslau geh. 5. Ausg. (70 S.) n. 1. —

— gesammelte Kanzelvorträge. 4 Tle. gr. 8. Ebd. n. 8. —

1. 2. Predigten auf die Sonntage des katholischen Kirchenjahres, geh. in der Domkirche zu Breslau. 6. Aufl. 2 Bde. (XXVI, 296 u. 311 S.) 900. n. 4. —

3. 4. Homilien auf die Sonntage des katholischen Kirchenjahres, geh. in der Domkirche zu Breslau. 5. Aufl. 2 Bde. (XVI, 335 u. 320 S.) 900. n. 4. —

v. Förster, Heinr., u. H. Becker, die Cathedrale zu Palermo, s. Becker, H.

—— u. J. F. Wolf, Lieder u. Litaneien f. den Lauf des Kirchenjahres. Neue Ausg. 12. (1⅔ B.) Breslau 844, Hirt's Verl.*

—— und J. F. Wolf, Lieder und Litaneien für den Lauf des Kirchenjahres. (Mit Melodien.) Neue Ausg. gr. 12. (36 S.) Breslau 848, Hirt's Verlag.

— Lieder u. Litaneien f. den Lauf d. Kirchenjahres. Mit Melodien von F. J. Wolf. gr. 12. (36 S.) Ebd. 848. — Neue Ausg. gr. 12. (36 S.) Ebd. 851. 3 ngr

— u. J. F. Wolf, Lieder u. Litaneien, welche im Laufe d. Kirchenjahres in der Kathedrale zu Breslau gesungen werden. Auf Veranlassung der hochwürdigen geistlichen Behörde ursprünglich hrsg., neu hrsg. u. verm. durch R. Krawutschke. gr. 8. (IV, 43 S.) Breslau 880. F. Hirt. n. — 50

—— Predigt, geh. am 600jähr. Gedenkfeste des sel. Todes der heil. Landespatronin Hedwig zu Trebnitz den 15. Octbr. 1843. 8. (1 B.) Breslau 844, G. P. Aderholz. *

— Predigt, gehalten am weißen Sonntage, dem Tage der feierl. Consecration des Fürstbischofs von Breslau, Dr. Jos. Knauer, in der Domkirche zu Breslau. 8. Breslau 843, G. P. Aderholz. 1/12 ℛ

—— Predigt, am Tage der feierl. Installation des Fürstbischofs von Breslau v. Diepenbrock in d. Domkirche zu Breslau am 11. Sonnt. n. Pfingsten. 4. Aufl. gr. 8. (1 B.) Breslau 845, Hirt's Verl. *

—— Predigten auf alle Sonntage des kathol. Kirchenjahres, geh. in d. Domkirche zu Breslau. 2 Bde. gr. 8. (48 B.) Breslau 843, Hirt's Verl.

Förster in Breslau, Domkap. u. Domprediger, Rede, gehalten bei der 50jährig. Priester=Jubelfeier des Canonicus 2c. Karl Moser. gr. 8. Glogau 849. Flemming. ⅛ ℛ

— Rede in der ersten öffentlichen Zusammenkunft der 22. Generalversammlung der Katholiken Deutschlands am 9. Septbr. 1872. gr. 8. (13 S.) Breslau 872. Aderholz. n. — 10

— Trauer=Rede auf den Tod des Hochwürdigsten Herrn Cardinals und Fürstbischofs von Breslau Freiherrn Melchior von Diepenbrock, gehalten bei der feierlichen Beerdigung am 26. Jan. 1853. Breslau 853. Aderholz. gr. 8. (20 S.) n. 2 ngr

— Trauerrede auf den Tod Gregors XVI. geh. in d. Domkirche zu Breslau am 26. Juni 1846. gr. 8. (1 B.) Breslau, Hirt's Verl. *

— ein Umblick von der Warte der Zeit. Anhang zur 1. Aufl. der Zeitpredigten: Der Ruf der Kirche in die Gegenwart. gr. 8. (12 S.) Ebd. 849. 3 ngl

– Christliches Vademecum, s. Förster, G.

Förster, Heinr., christliches Vademecum, s. Vademecum.

Förster, Hnr. L., alphabet. Waarenverzeichniß, zum Gebrauch bei Erhebung von Ein-, Aus- u. Durchgangs-Abgaben in d. königl. preuß. u. in den mit dessen Zollsystem vereinten Bundesstaaten. br. gr. 8. Köln 832. Bachem. 1 ₰ 4 gl

— alphabet., nach d. königl. preuß. u. großherz. hess. vereinigten Erhebungsrollen geordnetes, Waarenverzeichniß sämmtl. im Verkehr vorkomm. Handelsartikel, (nebst ausführl. Rechnungs-Tabellen) über d. Erhebung d. Ein-, Aus- u. Durchgangsabgaben; nach authent. Quellen bearbeitet. 4. Darmst. 829. Leske. 1 ₰ 12 gl

— der Weg nach Golgatha und Emaus. Drei Predigten gehalten ꝛc. zu Breslau. Breslau 855. Hirt. gr. 8. (42 S.) n. 7½ ngl

In Sturm und Noth. Erzählung von H[enriette] C[lara] v. Förster. 2. Aufl. Mit Orig.-Ill. *Berlin: C. Freund 1903.* (112 S.) 8° [?]
[1. Aufl. u. d. T. St. Nicolai. Eine Erzählung aus alter Zeit. 1895.] [04 3085

Foerster, Hermann, Dr.: Heimatkunde von Gross-Strehlitz O.-S. (T. 1. Die Natur des Landes.) Gross-Strehlitz 1907: G. Hübner. (14 S.) 4°
Groß-Strehlitz, k. G OP 1907 (259)

Foerster, Hermann: Heimatskunde von Gross-Strehlitz O/S. T. 2. Gross-Strehlitz 1908: Hübner. S. 3—16. 4° ¶[Forts. d. P-Beil. 1907.]
Groß-Strehlitz, k. G P 1908 (275) [S 08. 108

Foerster, Herm., Heimatkunde v. Gross-Strehlitz O.-S. Progr. (14 S. m. 1 Karte.) Lex. 8. Gross-Strehlitz 907. (A. Wilpert). 1.—

Förster, Herm., lustige Schwänke z. Vortrage in heit. Gesellschaft. 12. (63 S.) Köln 896. J. Püttmann. — 30

Foerster, Hermann [aus Ohlau]: Der Magdeburgische Sessionsstreit. . . . Breslau, Buchdr. zum Gutenberg, A. Schreiber, *1890*; 3 Bl., 115 S., 1 Bl. 8°
Breslau, Phil. Fak., Inaug.-Diss. v. 21. Okt. 1890

Foerster, Herm., der Magdeburgische Sessionsstreit. Diss. gr. 8. (115 S.) Breslau 891. (L. Köhler.) n. 1.—

Förster, Herm., welche Gefühle u. Entschließungen müssen die Ereignisse der Gegenwart in uns erwecken? Predigt gehalt. am Sonnt. Lätare 1848 vor d. christ-kathol. Gemeinde in Görlitz. 8. (12 S.) Görlitz 848, Heinze & Co. 1 ngl

Foerster, Hermann *August* [aus Bernburg]: Aus d. pharmakolog. Institut d. Univ. Greifswald. Welche Rolle spielt der Chlorkomponent in der Wirkung des Eisenchlorids? ... Greifswald, Druck v. J. Abel, 1897; 39 S. 8.
Greifswald, Med. Fak., Inaug.-Diss. v. 26. Febr. 1897

Förster, Hermann W., Referendar. Nachschußpflicht bei Aktiengesellschaften. *Göttingen 1903: Dieterich.* (48 S.) 8°
Göttingen, Jur. Diss. v. [11. Juni] 1903

Förster, Herm. W., Nachschusspflicht bei Aktiengesellschaften. Diss. (48 S.) gr. 8. Göttingen 903. (Vandenhoeck & Ruprecht.) n. 1.20

Förster, Hugo, Ausflüge zu Rad in die nähere u. weitere Umgebung Zwickaus. 2. Aufl. (24 S. m. 1 Kärtchen.) 16. Zwickau i/S. (Wilhelmstr. 13), C. A. Günther Nachf. Kart. n.n. — 30

– Die Sieger in den Olympischen Spielen bis zum Ende des 4. Jahrhunderts v. Chr., s. Förster, Gustav Hugo

Förster, J., s. Assassinen, die. Ballet in 3 Acten.

– Ernährung und Nahrungsmittel, s. Pettenkofer, M. von

Förster, J., Kritik der gerühmtesten neueren Destillirgeräthe, nebst einigen interressanten Anhängen, vollstand. Nachricht von den patentirten Schwarz'schen Destillir- u. Einmaisch-Apparaten u. a. Schwarz'schen Erfindungen, d. schnellste Kartoffel-Gahrdampfung, die neueste, fast überall noch als Geheimniß behandelte u. mit bedeut. Honoraren bezahlt werdende Methode der Entfuslung durch die Kohle ꝛc. enthaltend. Nebst 1 Zeichnung. gr. 8. Fulda 835. (Müller.) ⅔ ₰

– Über die Loslichkeit der Kali- und Natron-Gläser in Wasser, s. Mylius, F.

Förster, J. Ch.: Die f. jeden sächs. Unterthan zu wissen nothwendigsten Landesgesetze; vorzügl. z. Gebrauch f. Bürger-, Stadt- u. Dorfschulen. *Leipzig*, Sommer. (1e—2e A. 794..) 3e A. 807. 8. (10 Gr.)

— die vorzugl. sächs. Landesgesetze, welche jeder Unterthan wissen muß. Nebst ein. Anhange von Erbschaften, von Testamenten, von Kauf-, Pacht- u. Miethcontracten u. s. w., auch f. Dorfschulen brauchbar. 8. Leipz. Sommer. 816.

Förster, J. Ch., die vorzügl. königl. sächs. Landesgesetze, welche jeder Unterthan wissen muß. Nebst einem Anh. uber verschiedene Dinge, welche einem Sächs. Unterthan zu wissen nöthig sind. 5te Aufl. 8. Leipzig, Sommer. 817.

Förster, J. T., wann wird das Gedächtniß Dr. M. Luthers unter uns im Segen bleiben? Predigt am 300jährigen Gedächtnißtage des Todes Luthers. gr. 8. Görlitz 846, Heinze u. Comp. n. 2 ngl

Förster, J. W., s. Förster, Johann Wilhelm

Förster, Jacob, die Kunst, die doppelte, sogenannte italien. Buchhaltung durch einen dreimonatl. Lehr-Cursus, ohne Beihülfe eines Lehrers, gründlich zu erlernen. Nebst einer kurzgefaßten Erklärung der hierbei häufigst vorkommenden Ausdrücke. (In 3—4 Liefg.) 1. u. 2. Liefg. 8. Berlin u. Wriezen 844, 45, Literatur- u. Kunst-Compt. ⅓ ₰

Förster, Jacob, die Kunst die doppelte sog. ital. Buchhaltung durch einen 3monatl. Lehr-Cursus auf die kürzeste u. leichtfaßl. Weise ohne Beihülfe eines Lehrers gründl. zu erlernen ꝛc. 1. u. 2. Lfg. gr. 8. (7 B.) Berlin 844, 46, Literatur- u. Kunst-Comptoir.

Förster, Jac., die Kunst die doppelte sogen. ital. Buchhaltung durch einen 3monatl. Lehr-Cursus auf die kürzeste u. leichtfaßl. Weise ohne Beihülfe eines Lehrers zu erlernen. 3 u. 4. Lfg. gr. 8. (S. 73—136.) Berlin 847, Literatur- u. Kunst-Compt. ⅓ ₰ (cplt. ⅔ ₰)

— Jo. Conrad (Berga/Vogtl.), De singularibus quorundam theologorum fatis. Diss. histor. Präs. Jo. Tobias Gleich (Gera). Lpz. (Martin Fulde) 25. I. 1704. 32 S. (5.—) 9154

Förster, Johann Adam

[Lied.] Zur Ehre des [Br.] Georg Wilh. Friedr. Hommel in der ger. und vollk. Loge zur Wahrheit und Frundschaft [!] in Fürth dankschuldigst dargebracht von Joh. Adam Förster. [Fürth] 1809. 2 Bl. 8⁰ [Umschlagtit.]
Ohne Noten: „Wie wichtig war die Stunde ..."

[Lied.] Dem Br. Hommel an seiner Geburtstags-Feier dargebracht von seinem ihn innigst verehrenden Br. Joh. Adam **Förster.** Fürth am 17. Aug. 5809. 2 Bl. 8° [Umschlagtit.]
Tt. 2435. Ohne Noten mit Deklamation: „Wir feiern edler Meister Dir . . ."

Förster, Johann Christian

— Abhandl. über Wunderwerke. 8. Halle, Curt. 761.

Förster, Jh. Chr. I., († d. 10. März 1798) philosoph. Abhandl. über d. Wunderwerke. 8. Halle 761. (Laue in Berl.) 9 gr.

— Andacht. und Gebete für gutgesinnte Christen z. Privaterbauung. 2 Thle. gr. 8. Offenbach, Brede. 792. 95. (à 12 gr.)

Förster, J. C., Andachten u. Gebete f. gutgesinnte Christen z. Privaterbauung. 2 Thle. Neue unveränd. Ausgabe. gr. 8. Offenbach, Brede. 815.

— Anfangsgründe d. prakt. Philosophie. 8. Halle 773. Kummel. 10 gr.

Anfangsgründe d. theoret. Philosophie. 8. Halle 772. Kümmel. 14 gr.

Förster, J. C., Anfangsgr. d. theoret. Weltweisheit. 8. Halle, Kümmel. 772. Rthlr.

— Anweis. d. Weltweish. z. erlernen. 8. Halle, Hemmerde. 761.

— Anweis., d Weltweisheit vernünftig zu erlernen. 8. Halle 761. Schwetschke u. S. 6 gr.

— kurze Anweis. für einen ankomm. Studirenden in Halle. 8. Halle 781.

Auszug aus denjenigen Kurfürstl. Landesgesetzen, die den Unterthanen zu wissen nothig sind, f. Schulen. 8. Leipz. 794. 5e Aufl. 817. (W. Rauck). 10 gr.

Förster, Joh. Chr., Auszug a. denjen. Churf. Sächs. Landesgesetz., die d. Unterthan. z. wiss. nöth. s., f. Schul. 8. Leipz. Sommer. 801.

— s. A. G. Baumgarten, Sciographia.

— Beicht- u. Communionbuch. 8. Leipz. Baumgärtner. 794.

— Beicht- u. Communionbuch. 8. Offenb. 1e u. 2e Aufl. 794. 3e Aufl. 8. Weißenfels 791. Baumgärtner in Leipz. 6 gr. N. A., nach der 4n Aufl. aufs Neue durchges. u. verb. v. G. H. Rosenmüller. 8. Ebd. 822. 8 gr.

— Beschreib. u. Geschichte d. hallischen Salzwerkes. Mit 1 Kpf. gr. 8. Halle 793. Mit n. Tit. 799. Waisenh.-B. 20 gr.

— Charaktere dreier Weltweisen, Leibnitzens, Wolfs u. Baumgartens. 8. Halle... 2e A. 765. Schwetschke u. S. 2 gr.

— — Illustratur colloquium Christi cum Nicodemo, de natura atque usu disciplinae suae, Jo. III, 1—21. Halle (J. Ch. Hendel) 24. XII. 1794. 26 S. (3.—) 9153

Förster, Johann Christian: „Einleitung in die Staatslehre nach Montesquieu", Halle 1765. — Vorh.: UB Bonn — Ka 64.

— Einleit. in d. Staatslehre, nach Montesquieu. 8. Halle 765. Kümmel. 8 gr.

Förster, Jh. Chr. Entwurf der Land-, Stadt- und Staatswirthschaft. gr. 8°. Berlin, Pauli, 1782. Dass. mit n. Titel u. Jahrz. 1793. gr. 8°. Berl., (Sander).

— — dasselbe. 8. Berlin, W. Oehmigke. 793.

- zur Familienerbauung, Predigten über häusl. Angelegenheiten. 2 Bde. 8. Leipz. 788, 91. 2e Aufl. 791, 92. Baumgärtner. 1 rthl. Schreibp. 1 rthl. 8 gr.

— z. Familienerbauung, Predigten über häusliche Angeleg. 2 Bde. 8. Ebend. 790—92. Schreibp.

— — Disputatio de festo sanctorum luminum ex antiquitatibus christianis. Halle (J. Ch. Hendel) 1778. 8 S. (2.50) 9152

Förster, Jh. Chr. II., Fragen über d. Lehrbuch d. christl. Religion, 8. Offenbach 789. (Baumgärtner in Leipz.) 4 gr.

— vollständ. bibl. Geschichte. 2 Thle. 8. Leipz 799 u. 800. (W. Vogel.) 1 rthl. 4 gr.

Förster, J. C., u. Knopf, Braunschweig. Kochbuch. s. Kochbuch.

— u. J. D. Knopf, Braunschweig. Kochbuch für angehende Köche, Köchinnen etc. 2 Thle. 8. Braunschw. 789, 90. 2e A. 800. 3e A. 812. 1 rthl. 16 gr. N. A. unt. d. T.: vollständ. Unterricht in d. Koch- u. Haushaltungskunst. Nebst Anh. über d. Zubereit. d. Speisen für Kranke, über d. Serviren einer Tafel etc. Mit 1 Kpft. 8. Ebd. 817. Schulbuchh. 1 rthl. 18 gr.

Johann Christian Foerster

Gründliches und auf Ersparung angerichtetes Kochbuch für bürgerliche Haushaltungen oder deutlicher Unterricht für junge Frauenzimmer welche einen bürgerlichen Haushalt anständig und dennoch sparsam führen wollen. Nebst einer Anl. zur Bereitung der Speisen für Kranke, zur wohlfeilsten Art Seife zu kochen und wie man in jeder, auch nur kleinen Küche leicht und mit großer Holzersparung blecherne Brat- und Back-Ofen anlegen könne. Alles aus eigenen vieljährigen Erfahrungen mitgetheilt von Johann Christian Förster. Mit 3 Kupfertaf. - Braunschweig: Schulbuchh. 1818. 288 S., 2 Faltbl. 8°

— Lehrbuch d. christl. Religion, nach Anleit. des Katechismus Lutheri. 8. Weißenfels 786. 11e Aufl., mit e. Vorr. v. G. H. Rosenmüller. 823. 12e Aufl., besorgt v. K. G. Bretschneider. 8. Ebd. 831. Baumgärtner. 8 gr.

— Lehrbuch d. christl. Religion, nach Anleit. d. Katechism. Lutheri. 8. Leipzig, Baumgärtner. 806.

— — Lehrbuch der christlichen Religion nach Anleitung des Katechismus Lutheri. 10te Aufl. Mit Luther's Porträt. 8. Leipzig, Baumgärtner. 817.

— Lehrb. d. christl. Religion nach Anleit. d. Katechismus Lutheri. 11e Aufl. Mit Vorrede v. G. H. Rosenmüller. 8. Lpz. 823. Baumgärtner.

Förster, Joh. Chr., Lehrbuch d. christl. Religion nach Anleit. d. Katechismus Lutheri. 12., verb. Aufl.; besorgt v. K. G. Bretschneider. 8. (21 B. u. Luther's Bildn.) Leipzig 831, Baumgärtner.

Förſter, Joh. Chrn., Lehrbuch der chriſtlichen Religion nach Anleitung des Katechismus Lutheri entworfen. Verbeſſert von Karl Glieb. Bretſchneider. 13. [Ster.=]Aufl. 8. (XVI u. 296 S. m. 1 Holzſchn.) Leipzig 851, Baumgärtner. 1/3 ℛ

— — u. (Respond.) **Joachim Friedrich Leisler** (Havelberg/Prignitz), Meditationum de cognatione naturalismi cum fanaticismo. Disp. prior. Halle (Grunert) 16. XII. 1757. 26 S. (4.80) 9151
Widm. (a. d. Respond.) v.: Präs., Paul Ludwig Chrysander (Salzwedel).

— Nachricht von d. berühmten Pädagogen des vor. Jahrh., Wolfg. Ratichius. 8. Halle 782.

— Nachr. v. d. Leb. u. Verdienst Süßmilchs. gr. 8. Berl. Realſch. 768.

— Nachrr. von den Leben u. Verdienſten Süßmilchs. gr. 8. Berl. 768. Reimer. 3 gr

— **Johann Christian** (Halle), Notionem et demonstrationem doctrinae de mundo optimo interspersis insimul ejus vindiciis a recentissimis oppugnationibus. Präs. Johann Friedrich Stiebritz. Halle (Grunert) 30. IX. 1757. 58 Seiten. (5.20) 9150
Widm. v.: Präs., Peter Immanuel Hartmann, Johann Ludwig Schulze (Halle).

— Predigten über d. gewöhnl. Sonn= u. Feſttags=Evangelien des ganzen Jahres. 2 Bde. gr. 8. Weißenf. u. Leipz. 791. 2e A. 793. Baumgärtner. 2 ℛ

— Reviſion d. vorzügl. Veränderung. d. Stadt Halle ꝛc. unt. preuß. Regier. gr. 8. Halle, Curt. 780.

— Reviſion d. vorzügl. Veränderungen d. Stadt Halle in e. Zeitraume von 100 Jahren. gr. 8. Halle 780. (Laue in Berl.) 4 gr

— Ueberſicht d. Geſchichte d. Univerſität Halle in ihrem erſten Jahrhunderte. gr. 8. Halle 794. Waiſenh.=B. 16 gr

— Ueberſ. d. Geſchichte d. Univerſit. Halle. gr. 8. Halle, Waiſenhaus. 799.

— Unterhaltungen mit Gott in den Abendſtunden, auf jeden Tag d. Jahres. 2 Thle. gr. 8. Leipz. 790. 2e A. 801. (W. Vogel). 1 ℛ 8 gr

— Unterhalt. mit Gott in den Morgenſtunden. 2 Thle. gr. 8. Leipz. 795. (W. Vogel). 1 ℛ 8 gr

Johann Christian Foerster

Vollständiger Unterricht in der Koch- und Haushaltungskunst oder gründliche Anweisung für junge Köche und Köchinnen ... Nebst einem Anh. über die Zubereitung der Speisen für Kranke über das Serviren einer Tafel und über die wohlfeilste Art alle Gattungen Federvieh zu mästen. Von Johann Christian Förster. Mit 1 Kupfertaf.- Braunschweig: Schulbuchh. 1817. XII, 756 S., 3 Faltbl. 8°

— — vollſtänd. Unterricht in der Koch= und Haushaltungskunſt. Nebſt Anh. über die Zubereitung der Speiſen fur Kranke, uber das Serviren einer Tafel ꝛc. Mit 1 Kupfr. 8. Ebend. 818.
(Iſt eine Neue Aufl. von Förſter und Knopf Braunſchweigſ. Kochbuch.)

— Vergleichung d. Charactere Leibnitz, Wolf, Baumgarten. 4. Halle, Hemmerde. 765.

Förster, Johann Christian: „Versuch einer Einleitung in die Cameral- Polizey- und Finanzwissenschaft", Halle 1771. Umgearbeitet Berlin 1782 (Joachim Pauli) u. d. T.: „Entwurf der Land-, Stadt- und Staatswirthschaft". Dasselbe mit neuem Titel und Jahreszahl Berlin 1793. — Vorh.: 1. Auflage Preußische Staatsbibliothek Berlin (Signatur Fe 1864), 2. Auflage (1782), ebenda (Signatur Fe 2168).

- Verſuch e. Einleit. in d. Cameral=, Polizei= u. Finanzwiſſenſchaft. 8. Halle 771. Kümmel. 14 gr

(—). **Dem Andenken des Herrn Johann David Förster**, Erb-, Lehn- u. Gerichtsherrn auf Kleinzschocher u. Mockau, wie auch Kauf- u. Handelsherrn zu Leipzig geweiht von der Gesellschaft der XVI Männer, welche in ihm am 8. September 1814 ihren würdigen Senior verlor. Lpz. (Karl Tauchnitz). 4 S. (3.—) 9155

(—). Empfindungen der Trauer am Grabe unsers geliebten Freundes Herrn **Johann David Förster's** auf Kleinzschocher u. Mockau, auch Kauf- und Handelsherrns zu Leipzig, ausgesprochen von der vertrauten Gesellschaft. — Er starb am 8. September 1814. Lpz. (Karl Tauchnitz). 4 S. (3.—) 9156

Förster, Johann Friedrich

— — (Mühlberg/Misn.), De diversis aegrotorum lectis a medico clinico probe observandis. Dissert. med. Präs. Daniel Wilhelm Triller. Wittenbg. (C. Chn. Dürr) 22. VI. 1773. 36 S. (5.—) 9159

— — (Wendelstein/Saubach), Leuteratio quam admisit judex contra legem si prosecutio facta sit inducat nullitatem. Quaestio jur. controv. Präs. Christian Heinr. Breuning. Lpz. (Rumpf) 21. IX. 1771. 8 S. (3.—) 9158

Förster, Johann Georg

— **Jo. Georg** (Heidelberg), Sylloge rerum praecipuarum, tempore Ferdinandi II. imperatoris per Europam gestarum. Präs. Immanuel Weber. Giessen (B. Vulpius' Erb.) Dez. 1713. 72 Seiten. (6.50) 9161

Förſter, Jh. Geo. Juſt., ſ. 1) Chlotar. 2) Karoline v. Rothenburg.

— **Johann Günther** (Altenburg), De salario tutorum et curatorum. Diss. jur. Präs. Lüder Mencke. Lpz. (Fleischer) 31. V. 1694. 18 Blatt. (5.—) 9162

— — Dasselbe. Lpz. (Chn. Emmerich). 14 Bl. (4.80) 9163

— — Dasselbe. Lpz. (Gabr. Trog) 1738. 40 S. (5.—) 9164

Förſter, Joh. Heinr. Karl, Geſchichte der Deutſchen u. der Grundzüge des deutſchen Rechts. 1. Bd. gr. 8. (VIII u. 328 S.) Königsberg 848, Gebr. Bornträger in Comm. n. 1 ℛ 18 ngr

Förſter, Joh. Heinr. Carl, Geſchichte der Deutſchen und der Grundzüge des deutſchen Rechts. 1. Bd. 2. Abthl. A. u. d. T.: Geſchichte des deutſchen Privat-Rechts. 1. Abthl. gr. 8. (VIII und 69 S.) Königsberg 853, Gebr. Bornträger. Thlr. *
1. Bd. 1. Abthl. Ebendaſ. 1848. * 1 Thlr. 18 Ngr.

— daſſ. — 2. Bd. gr. 8. (XII und 578 S.) Berlin 856 (57.) C. Heymann. *

— — Nach den zuverläßigſten Quellen und archivaliſchen Nachrichten für alle gebildeten Stände. 2. Bd. Berlin 857. C. Heymann. gr. 8. (XII, 578 S.) n. 2 ℛ 15 ngr
1. Bd. 856. (Neue Titel-Ausg.) Jetzt Ebend. n. 1 ℛ 15 ngr.

Förster, Johann Wilhelm

Foerster, J. W., de fide Flavii Vegetii Renati. gr. 8. (56 S.) Bonn 878, Strauss. *

Foerster, Ioannes Gvilelmvs ‹geb. am 18 Apr. 1853 in Wermelskirchen Rgbz. Düsseldorf›: De fide Flavii Vegetii Renati ... Bonnae, typ. F. Krveger 1879. 2 Bl., 56 S., 2 Bl. 8. ¶ Teil einer grösseren preisgekrönten Arbeit. — Erschien zugleich selbständig bei Strauss in Bonn.
Bonn, Phil. Fak., Diss. v. 18 Jan. 1879

Foerster, Joannes Guilelmus [Dr.]: Quaestiones Vegetianae. Rheydt, Druck v. Th. Buresch, *1895;* 3—9 S. 4.
Rheydt, OR u. PG, P 1895 (513)

Förster, Johannes

Förster, Johs., u. J. H. **Papsdorf,** behördliche Verordnungen, das Radfahren in Sachsen betr. gr. 16. (41 S.) Leipzig, Th. Weber. n. — 60

Förster Josef: Bemühungen um das Volkslied vor Herder. 24. Marburg R. 04.
Progr.

Foerster, Jos., Harmonie-Lehre. gr. 8. (XVIII, 364 S.) Prag 887. J. Hoffmann's Wwe. n. 7. 60

Foerster, Jos., Harmonie-Lehre. 2., teilweise umgearb. Aufl. (IX, 376 S.) gr. 8. Prag 904. (J. Hoffmann's Wwe.) n. 7. 60

Jessika. Komische Oper in 3 Aufz. ‹nach Shakespeares 'Kaufmann von Venedig'› von J[aroslav] Vrchlicky. Deutsche Bearb von Richard Batka. Musik von Jos. B. **Foerster** Textbuch. Wien-Leipzig: Universal-Ed. [1910]. 42 S. 8°
(Universal-Edition. No 2643) fn. 1970s

Förster Josef: Die Schillerfeier der Anstalt am 9./5. 1905. 14. Marburg R. 05.
Progr.

Förster, Jul., neue, bisher noch nicht bekannte Anweisung, feine, doppelte Liqueure, deren Anfertigung bisher bei einem Zuckergehalt von $1^1/_4$ bis $1^1/_3$ Pfd. 11—12 sgr. kostete, für 6 $6^1/_2$ sgr. herzustellen. 8. Grünberg 813, Levysohn. Beisieg. 1 ℛ

Förster, K., s. **Förster,** C.

Förster, K.G.J. (Red.), s. G e d e n k b u c h an die silberne Jubel-Hochzeitsfeier . . .

Förster, K. G. J., Gesetz der deutschen Sprachentwickelung, od.: Die Philologie u. die Sprachwissenschaft in ihren Beziehungen zu einander u. zum deutschen Geiste. gr. 8. (XII u. 164 S.) Berlin 851, Landsberger. n. $^2/_3$ ℛ

Förster, K. G. J., Programm der deutschen Sprachwissenschaft zur Feier des Geburtsfestes Ihres Allerhöchsten Gönners und Beschützers Seiner Majestät des deutschen Königs Friedrich Wilhelm IV. von Preußen am XV. Octbr. 1853 ausgegeben. Berlin 853. Hayn gr. 4. (20 S.) 15 ngℛ

Förster, K. G. J., Sendschreiben Karl Lachmanns an die Philologen u. deutschen Sprachforscher, ausgegeben an dessen todestage [den 3. märz]. gr. 8. (24 S.) Berlin 852, Th. Grieben. n. 6 ngℛ

Förster, Karl, s.a. F ö r s t e r , Karl August

Förster, Carl (Hrsg.), s. A b d r ü c k e eines vollständ. Kartenspieles.

Foerster, Carl, allgemeine **Bestimmungen** d. Güter- u. Personen-Verkehrs. Ein Handbuch f. Eisenbahnbeamte u. Spediteure. Gültig bei den sämmtl. Eisenbahnen Deutschlands. Zusammengestellt u. erläutert. 16. (80 S.) Leipzig 883. Bergmann. n. — 40

— **Betriebs-Reglement** f. die Eisenbahnen Deutschlands. Vom 11. Mai 1874. In der durch die Beschlüsse d. Bundesraths abgeänderten Fassg. Mit Erläutergn. Ausg. A. [Ohne Anlage D.] gr. 8. (X, 209 S.) Berlin 886. Siemenroth. n. 2. —; cart. n. 2. 25

Foerster (F l i s t e r), Carl: Betriebs-Reglement für die Eisenbahnen Deutschlands. Vom 11. Mai 1874. In der durch die Beschlüsse des Bundesraths abgeänderten Fassung. Mit Erl. Ausg. B. (Mit Anlage D.) Berlin 1886. gr. 8. (X, 238 S.) n. 2. 25; cart. n. 2. 50

— der **Expeditions-Dienst.** Praktisches Handbuch f. deutsche Eisenbahnbeamte u. Spediteure. gr. 16. (168 S.) Nordhausen 884. (Haacke.) n. 1. —

Förster, Karl, Jak. v. Falke u. die deutsche Kunst-Industrie. Lex.-8. (16 S.) München 878. J. A. Finsterlin. — 60

Förster, Karl *L.* [aus Hamburg]: Der Gebrauch der Modi im ahd. Tatian ... Einbeck, Druck v. J. Schroedter, 1895; 4 Bl., 62 S., 1 Bl. 8.
Kiel, Phil. Fak., Inaug.-Diss. v. [20 März] 1895

Förster, Karl, Dr.: Die Gestaltung Nordfrieslands in alter und neuer Zeit. Hamburg 1904: Lütcke & Wulff. (24 S.) 4°
Hamburg, R vor d Lubeckertore P 1904 (853)

Die G n a d e n k i r c h e zur heil. Dreifaltigkeit in Landeshut in den letzten 50 Jahren. Eine kleine Festgabe z. 200j. Jubiläum 1909. (Verf.: Carl Förster, Pastor prim.) Landeshut: Schultze (1909). 40 S. 8°

Förster, Carl, Handwörterbuch der deutschen Stenographie [Gabelsbergersche Methode]. 16. (123 S.) Leipzig 840, O. Wigand. baar n. $^2/_3$ ℛ

Förster, Carl, Catalog der vorzüglichen berühmten Gemäldegallerie d. zu Würzburg verst. Frhrn. v. Zu-Rhein, besteh. aus den vorzüglichsten alten Orig.-Gemälden fast aller Schulen, sowie einigen modernen Gemälden wie z. B. v. Rottmann, Zimmermann etc. gr. 8. (66 S.) München 872. Th. Ackermann in Comm. — 30

Foerster, Karl Kegelschnitte, im besonderen die Ellipse in elementarer Behandlung 23 S u. 2 Taf. Progr. G *Güstrow* 1884.

Förster, Carl, u. Honoré **Maucher,** der kaufmännische Correspondent. Deutsch-Französisch-Englisch Praktisches Handbuch der gesammten Handels-Correspondenz inalphabetisch geordneten Sätzen. Nebst e. Anh. gr. 8. (IV, 487 S.) Hamburg 875. Brücker. 9. —

Foerster, Carl, u. Honoré **Maucher,** der kaufmännische Correspondent. Deutsch-englisch-französisch-spanisch. Praktisches Handbuch der gesammten Handelscorrespondenz in alphabetisch geordneten Sätzen. Nebst Anh., enth. Vocabularien, Waarenlexion, Orts- u. Länder-Verzeichniss, verschiedene Formulare etc. in engl., französ. u. span. Sprache. 2., in Verbindung m. Fachgenossen neubearb. u. bedeutend verm. Aufl. 13 Lfgn. Lex.-8. (IV, 536 S.) Hamburg 877. 78. Brücker. à — 75

Foerster, Carl (II.), und Honoré Maucher, der kaufmännische Correspondent. Deutsch-englisch-französisch-spanisch. Practisches Handbuch der gesammten Handelscorrespondenz in alphabetisch geordneten Sätzen. Nebst Anhang, enth. Vocabularien, Waarenlexicon, Orts- und Länder-Verzeichniss, verschiedene Formulare etc. in engl., französ. und span. Sprache. 2., in Verbindung mit Fachgenossen neubearb. und bedeutend verm. Aufl. 13 Lfgn. Lex.-8. (IV, 536 S.) [Hamburg 878,79.] München, Brücker. à Lfg. 75 Pf.; compl.

Foerster, Carl (III.), und Honoré **Maucher**, der kaufmännische Korrespondent. Praktisches Handbuch der gesammten Handels-Korrespondenz in 5 Sprachen: Deutsch, Englisch, Französisch, Italienisch, Spanisch. 3. neu bearb. und reich verm. Aufl. 4 Bde. oder 48 Lfgn. gr. 8. Fridenau-Berlin 887,88, Brücker. à Lfg. * 50 Pf.; à Bd. *M 6. —. *

Inhalt:

Bd. 1. Deutsch-Englische Handels-Korrespondenz. (VIII, 676 S.)
» 2. Deutsch-Französische Handels-Korrespondenz. (VIII, 676 S.)
» 3. Deutsch-Italienische Handels-Korrespondenz. (VIII, 690 S.)
» 4. Deutsch-Spanische Handels-Korrespondenz. (VIII, 680 S.)

Förster und Maucher, der kaufm. Korrespondent. Deutsch-Englisch, Deutsch-Französisch, Deutsch-Spanisch, Deutsch-Italien. 4 Bde 3 A. Friedenau-Berlin 1889

Foerster, Carl, u. Honoré Maucher, der kaufmännische Korrespondent. Praktisches Handbuch der gesammten Handelskorrespondenz in deutscher, engl., französ., italien. u. span. Sprache. (In 4 Bdn.) I. u. II. Bd. gr. 8. Elberfeld, E. Loewenstein. à n. 6. —
I. Deutsch-Englisch. 4. Aufl. (VIII, 676 S.) (903.)
II. Deutsch-Französisch. 4. Aufl. (VIII, 676 S.) (902.)

Foerster, Carl, u. Honoré **Maucher**, der kaufmänn. Korrespondent. Praktisches Handbuch der gesamten Handelskorrespondenz in deutscher, engl., französ., italien. u. span. Sprache. Deutsch-englisch. 5. Aufl. (VIII, 676 S.) gr. 8. Berlin 908. Neufeld & Henius. 5.—; geb. 6.50

— — dasselbe. Deutsch-französ. Handelskorrespondenz. 5. Aufl. (VIII, 676 S.) gr. 8. Elberfeld (907). Berlin, Neufeld & Henius. 6. —

Foerster, Carl (I.), die Kunst des Sparens. 1. und 2. Aufl. 12. (95 S.) Köln 885,86, Bachem. cart.

Förster C, die Kunst des Sparens. 3. Aufl. (224 S) 16° Köln (1895)

Foerster, Carl (Emma Zapp), d. Kunst des Sparens in Familie u. Haushalt, nebst Wegweiser auf den Pfaden d. Sparsamkeit. 3, bedeutend verm. Aufl. 12. (IV, 224 S.) Köln 896. J. P. Bachem. Kart. n. 1.20

Foerster, Carl (Emma Zapp), die Kunst des Sparens in Familie u. Haushalt, nebst Wegweiser auf den Pfaden der Sparsamkeit. 7. verb. u. 8. Aufl. 12. (à VI, 229 S.) Köln (901). J. P. Bachem. Kart. n. 1.20

Foerster, Carl (Emma Zapp), die Kunst des Sparens in Familie u. Haushalt, nebst Wegweiser auf den Pfaden der Sparsamkeit. 11. Aufl. (230 S.) kl. 8. Köln (906). J. P. Bachem. Kart. n. 1.20

Die Kunst des Sparens in Familie und Haushaltung nebst Wegweiser auf d. Pfaden d. Sparsamkeit. Von Carl Foerster (Emma Zapp). 12. Aufl. Koln a. Rh.: J. P. Bachem 1906. (230 S) 8° [F.] [04. 1090]

Foerster, Karl (Emma Zapp), die Kunst des Sparens in Familie u. Haushaltung nebst Wegweiser auf den Pfaden der Sparsamkeit. 10—15. Tauf. (235 S.) kl. 8. Köln (910). J. P. Bachem. Geb. 1.40

Förster, Carl: Der Nährwert des Rindfleisches bei den gebräuchlichsten Zubereitungsarten. (Aus dem hygienisch-chemischen Laboratorium in der Kaiser-Wilhelms-Akademie für das militärärztliche Bildungswesen.) *Berlin (1897): E. Ebering.* (45 S.) 8°
Berlin, Med. Diss. v. 2. Nov. 1897

– (Red.), s. Wartburg, Die.

Foerster, Carolus Albertus: * Interpretatio Horatii epod. XVI. inde a versu 41 cum annotationibus exhibita. 10 Bl. 8° (4°)
Halle, Phil. Diss. v. 16. März 1817
Geb. [Naumburg (Saale) 20. 2. 1794].

Förster, Karl Alb. Eleon.

— Klara u. Kurt v. Eulenstein. Romant. Dichtung. 8. Riga 822.

— röm. Lebensweise u. Erziehung zu des Horaz Zeit. 8. Riga 826.

Förster, Karl Alb. Eleon, Lieder u. Gedichte. 2 Samml. 8. Riga 822, 29.

Förster, (aus Thüringen), Lieder u. Gedichte. 8. Riga 823. Hartmann. 16 gr.

— d. Tonkunst, besonders d. Hymnodie Einfluß auf d. Menschen Geselligkeit u. Leben. 8. Riga 826.

Förster, Karl August

Förster, (K.,) Abriß d. allg. Literaturgesch. f. Taschenbibl. allg. Deutsche No. 5.

Förster, Karl Aug., Abriß d. allgem. Literaturgeschichte. 4 Bdchn. (6 Abthln.) 8. (48¾ B.) Dresden 828. [Zittau, Birr u. Nauwerck.] 2 Thlr. 6 Gr., hrbgs. Pr.
Aus d. „Allgem. Taschenbibliothek d. mensch. Culturgesch." abgedr.

Förster, Karl Aug., Abriß d. allgem, Literaturgeschichte. 16—46 Bdchen in 6 Abtheill. 8. Dresd. 828—30. Hilscher. 2 Thlr 6 gr. (Auch in d. allgem. Taschenbibl.)

— s. Bibliothek, ausgewählte, der Classiker d. Auslandes, 4. Bd.

— s. Bibl. deutscher Dichter. XI. XII.

Förster, Karl, s. Bibliothek deutscher Dichter XIV.

– s. Dante: Das neue Leben.

Förster, Karl, Gedichte. Herausgeg. v. Ldw. Tieck. 2 Thle. Mit d. Bildnisse des Dichters. gr. 12. Leipzig 843, Brockhaus. n. 3 Thlr

– s. Petrarca: Gedichte.

– s. Petrarca: Sämtliche Canzonen.

Förster, (Carl,) Raphael, e. Cyklus v. Gedichten über Raphaels Gemälde. M. Kpf. gr. 8. Leipz. 827, Göschen 20 gr. fein Papier.

Förster, K. A., Sammlung auserlesener Gedichte für Gedächtniß- und Declamationsübungen. 8. Dresden, Arnold. 819.

Förster, (K. A.,) Sammlung auserlesener Gedichte f. Gedächtniß- u. Redeübungen; nach einer 5fachen Abstufung vom Leichten zum Schwerern geordnet. 2e verb. Aufl 8. Dresden 824. Arnold.

—— Sammlung auserles. Gedichte f. Gedächtniß- u Redeübungen; nach e. fünffachen Abstufung v. Leichten zum Schwerern geord. 3., verm. u. verb. Aufl. 8. (27 B.) Dresden 829, Arnold.

—— Sammlung auserlesener Gedichte f. Gedächtniß- u. Redeübungen, nebst einer fünffachen Abstufung vom Leichten zum Schweren, mit erläut. Anmerkungen. 4., verm. u. verb. Aufl. 8. (27½ B.) Dresden u. Leipzig 843, Arnoldische Buchh. *

Förster, Karl, Sammlung auserlesener Gedichte für Gedächtniß- und Redeübungen. Nach einer fünffachen Abstufung vom Leichten zum Schweren geordnet und mit erläuternden Anmerkungen versehen. 5. verm. u. verb. Aufl. Leipzig 854. Arnold. 8. (XXII, 450 S.) n. 1 Thlr

Förster, Karl Christoph

— s. J. G. Axt, Analecta.

Foerster, C. Chr., Examen locorum Polybii. 8. Lips. Loewe. 755.

Förster, Karl Gph., († d. 10. Juli 1783.) christl. Gesänge für den Privatgebrauch. 8. Altenb. 782. Böhme. 18 gr.

— locos quosdam Polybii a latinis interpretibus Livio, Casaubono et Valsio perperam translatos proponit atque examinat etc., acced. animadverss. J. J. Reiskii ad libellum Plutarchi de tarda numinis ira. 8. Leipz. 755. Löwe. 4 gr.

Förster, Karl F.

Förster, C. F., Reflexionen über Gemälde-Gallerien. gr. 8. (VI und 25 S.) München 866, Ackermann. *

Förster, Carl F., über den Verfall der Restauration alter Gemälde in Deutschland u. Protest gegen das v. Pettenkofer'sche Regenerations-Verfahren. München 870. Merhoff. gr. 8. (IV, 74 S.) 12 ngr.

Förster, Karl Friedrich

Förster, Carl Frdr., unser Blumengarten. Anleitung zur Anlage, Ausschmückung und Unterhaltung des Ziergartens, nebst vollständiger, auf geprüfte Erfahrungen gegründeter Belehrung die Blumenkultur auf die erfolgreichste Weise zu betreiben. Ein zuverlässiger Führer für alle Gartenfreunde und Zimmergärtner. Leipzig 863. Abel. 8. (V, 228 S.) 22½ ngr.

— der prakt. Blumengärtner, s.: Gruner, Heinr.

Förster, C. F., der unterweisende Führer durch die gesammte Zier- u. Nutzgärtnerei. Neu bearb. u. bedeutend verm. v. L. Beißner. 5., sehr verm. Aufl. gr. 8. (VII, 506 S. m. eingedr. Holzschn.) Leipzig 884. Wöller. n. 5. —; Einbd. n.n. — 60

— d. Gärtnerei in ihrem höchsten Ertrage, s. a. dessen Zier- u. Nutzgärtner.

Förster, Carl Friedr., die Gärtnerei in ihrem höchsten Ertrage durch größtmögliche Vereinfachung. Ein Hand- u. Hülfsb. f. Gärtner u. Gartenbesitzer, so wie f. Landwirthe rc. gr. 16. (21¼ B. u. 1 Figurentaf.) Leipzig 845, Wöller.

Förster, Karl Frdr., die naturgemäße u. künstliche Gemüse-, Blumen-, Obst- u. Weinzucht im Freilande u. im Treiblocale in ihren einzelnen ertragreichsten Kultur-Methoden. Praktisches Hand- u. Hülfsbuch für Gärtner, Gartenfreunde, Landwirthe u. überhaupt f. Alle, welche die verschiedenen Kulturpflanzen-Arten, insbesondere aber die Gemüsepflanzen im Freien oder im Frühbeete, Treibhause rc. in erfreulichster Weise behandeln wollen. 5., völlig umgearb. u. sehr verm. Aufl. 8. (VI, 234 S.) Leipzig 878. Wöller. 3. —

—— s. Gruner's, Heinr., unterweisender Monatsgärtner.

Förster, K. Fr., Gott sucht uns in den gegenwärt. Bewegungen auf dem Gebiete des kirchl. Lebens. Eine Predigt. gr. 8. Delitzsch 845. (Halle, Lippert u. Schmidt.) n. 3 ngr.

Förster, Karl Friedr., die Grundbedingungen bürgerl. Wohlfahrt. Eine Predigt, am 10. Sonnt. n. Trinit. d. 4. Aug 1839 üb. Luc. 19, V. 41—48. in d. Kirche zu Lützen gehalten rc. gr. 8. (1 B.) Leipzig, Wienbrack. *

— die Grundbedingungen bürgerl. Wohlfahrt. Eine Predigt. gr. 8. Leipzig 839. Wienbrack. n. 1/12 thlr.

Förster, Karl Fr., Handbuch der Cacteenkunde in ihrem ganzen Umfange. 6 Liefg. (1.—4. Liefg.) 16. Leipzig 845, Wöller. n. 2 thlr.

Förster, Carl Friedr., Handb. d. Cacteenkunde in ihrem ganzen Umfange, od. d. erfolgreichsten, auf d. neuesten Entdeck. gegründ. Kulturangaben, sowie ausführl. u. genaue Beschreib. u. berichtigte Synonymik sämmtl. bis jetzt bekannt gewordener Cacteen etc. 16. Leipzig, 1846. Wöller. (2. —) 1. 15

Förster, Carl Friedr., Handbuch der Cacteenkunde in ihrem ganzen Umfange, nach dem gegenwärt. Stande der Wissenschaft bearb. und durch die seit 1846 begründeten Gattungen und neu eingeführten Arten verm. von Thdr. Rümpler. 2. gänzlich umgearb. Aufl. 16 Lfgn. gr. 8. (XV, 1029 S. durch 150 Holzschn. illustr.) Leipzig 885,86, Wöller. à Lfg. *M 2.—. *

-- die Impfungen, der Triumph der künstlichen Pflanzen-Vermehrung. Populär-wissenschaftliche Zusammenstellung sämmtlicher sogenannter Veredelungsweisen. Ein Leit- und Lehrbuch für Gärtner, Baumzüchter, Landwirthe rc. Mit 103 Illustr. (Holzschn.) Leipzig 861. Payne. gr. 8. (XII, 211 S.) n. 1 thlr.

Förster, C., die Kunstgärtner u. ihre Angelegenheiten in artistischer Hinsicht. Allen edlen Gartenkünstlern gewidmet. 8. Leipzig 836. Glück. 1/8 thlr.

— d. Kunstgärtnerei u. ihre Angelegenheiten in artistischer Hinsicht. Allen edlen Gartenkünstlern gewidmet. 8. Leipzig, 1836. Glück. (fehlt.) — 3¾

— Lasset uns heute mit dem Herrn nach Jerusalem wandeln! Predigt über Luc. 18, 31—43. gr. 8. Delitzsch 842. (Leipzig Wienbrack.) n. 2 ngr.

Förster, Karl Fr., drei Predigten über Röm. 12, 12., Luc. 13, 6—9. u. Offenbar. Joh. 3, 11. zum Besten einer von Brandunglück hart betroffenen Nachbar-Gemeinde, u. deren Wunsche gemäß dem Druck überlassen. gr. 8. Torgau 835. (Wienbrack'sche Buchh.) 1/4 thlr.

— vollständigster immerwährender Taschenkalender für den Blumengarten. Ein belehrender und zuverlässiger Führer für Gärtner und Gartenfreunde bei der Zierpflanzenkultur im Freilande und in den Gewächshäusern, wie auch bei der Pflanzenvermehrung und der Blumentreiberei. Nach den geprüftesten Erfahrungen umfassend und übersichtlich zusammengestellt. 862. (VIII, 68 S.) — 2. Aufl. Leipzig 864. Wöller. 8. (VIII, 64 S.) n. 10 ngr.

Förster, Karl Friedr., die Vortheile der Obstbaumzucht, oder wodurch kann die Obstbaumzucht eine Quelle des Wohlstandes werden? Ein zeitgemäßes Wort zur Beherzigung für alle Diejenigen, welche an dem Gemeinwohle Theil nehmen, oder die Renten ihrer Grundstücke bedeutend erhöhen wollen. gr. 8. Bremen 839. Schünemann. 3/4 thlr.

— der vollständigste immerwährende Wand-Gartenkalender zum bequemen Gebrauch für Gärtner u. Gartenfreunde. Nach genau geprüften Erfahrungen und dem derzeitigen Standpunkte der Gartenkultur umfassend und übersichtlich zusammengestellt. 1. u. 2., unveränd. Aufl. Leipzig, 861. Förster's Selbstverlag. gr. Fol. n. 10 ngr.

Förster, Carl Frdr., der unterweisende Zier- u. Nutzgärtner. Vollständiges Lehr- u. Handbuch des Gartenbau's in allen seinen einzelnen Zweigen u. Verrichtgn. Enthaltend: Practische, auf langjähr. Erfahrgn. begründete Anleitg., alles Erforderliche bei den Anlagen, Culturen u. Treibereien in der Zierpflanzen-, Baum-, Obst-, Wein- u. Gemüsezucht auf die zweckmäßigste u. vereinfachste Weise zu besorgen rc. Für Gärtner u. Gartenfreunde, sowie als Leitfaden f. Gärtnerlehranstalten bearb. Mit Abbildgn. (in Holzschn.) Gänzlich umgearb. u. bedeutend verm. 3. Aufl. des Werkes „die Gärtnerei rc." gr. 16. (XXII u. 196 S.) Leipzig 850, Wöller. 1½ thlr.

Förster, Carl Friedr., der unterweisende Zier- und Nutzgärtner. Vollständiges Lehr- und Handbuch des Gartenbaues nach allen seinen Zweigen und Verrichtungen rc. Für Gärtner, Gartenfreunde und Landwirthe, sowie für Gartenlehranstalten bearb. 4., umgearb. rc. Aufl. Mit eingedr. Abbildgn. (Holzschn.) 1. (allgemeiner) Thl.: Lehrbuch. A. u. d. T.: Der instructive Führer durch das Gesammtgebiet der allgemeinen Vorkenntnisse, Grundregeln und Vortheile zum erfolgreichsten Betriebe der Zier- und Nutzgärtnerei. Theoretisch-praktisches Lehrbuch alles Wissensnöthigen für Gärtner u. Gartenfreunde rc. Leipzig (857.) Wöller. gr. 16. (XV, 419 S.) 1 ₰ 7½ ngr

— — 2. (specieller) Thl.: Hand- und Hülfsbuch. A. u. d. T.: Die naturgemäße und künstliche Gemüse-, Blumen-, Obst- und Weinzucht im Freilande und im Treiblocale in ihren einzelnen ertragreichsten Kultur-Methoden. Practisches Hand- u. Hülfsbuch für Gärtner, Gartenfreunde, Landwirthe und überhaupt für Alle, welche die verschiedenen Kulturpflanzen-Arten, insbesondere aber die Gemüsepflanzen, im Freien oder im Frühbeete, Treibhause rc. in erfreulichster Weise behandeln wollen rc. Ebend. (857.) gr. 16. (VIII, 217 S.) 25 ngr

Förster, Karl Friedrich Max. Ueber die athylirten Orthoamidophenetole und Orthoamidophenole (Jena) Dresden, 1880.

[Foerster, Carolus Godofredus Josephus]: *Ars rhythmica versuum et carminum medii aevi latinorum. 52 Bl. 4° (2°)
Halle-Wittenberg. Phil. Diss v. 13. Dez 1845
Geb. [Brieg 7. 1. 1819]

Foerster, Car. Gust. (geb. Lichtenberg bei Görlitz 2. 7. 1826): De dysenteria [illegible] speciebus. Berolini (1851) (28 S.) 8°
Berlin, Med. Diss. v. 23. Dez. 1851

Foerster, C(ar.) Gust. Ad(olph.) Theod. (geb. Berlin 3. 5. 1798): Quid anatomia praestet [illegible]. Berolini (1821) (75 S.) 8°
Berlin, Med. Diss. v. 14. Aug. 1821

Förster, Klemens

Förster, *Johannes Ernst* **Clemens**: Zur Geographie der politischen Grenze m. bes. Berücks. curvimetrischer Bestimmgn d. sächs. u. schweizerischen Grenze ... Leipzig, *Druck v. A. Wiede,* 1893; 54 S., 1 Bl. 8.
Leipzig, Phil. Fak., Inaug.-Diss. v. [15. März] 1893

Förster, Clemens. Zur Geographie der politischen Grenze. mit besonderer Berücksichtigung curvimetrischer Bestimmungen der sächsischen und schweizerischen Grenze [SA.] 8 *o. O. u. J.* [1891/96].

Forster, Clemens. Zur Geographie der politischen Grenze, mit besonderer Berücksichtigung curvimetrischer Bestimmungen der sächsischen und schweizerischen Grenze.
in Mitteilungen des Vereins für Erdkunde zu Leipzig. 1892 S. 5–54 Leipzig 1893 50 S. 8°

Förster, Konrad

Förster, C., Grundbuchordnung, s.: Turnau, W.

Förster, K, das Liegenschaftsrecht, s.: Turnau, W.

Foerster, L. B., Quaestionis de Platonis Phaedro pars I. Diss. 1869. 88 S.

Förster, L. B., quaestio de Platonis Phaedro. Berlin 869. Ebeling & Plahn. gr. 8. (VI, 46 S.) n. 15 ngr.

Förster, Leberecht Gotthilf [Wirkl. Name], s.a. A l e x i s der Wanderer [Pseud.]

– s. A d e l e und Germeuil.

Förster, L. G., s. H. v. Balzac, sämmtl. Werke, 8.–11. Bd.

Förster, Leb. Gü. Beschreibungen und Bildnisse Napoleons, seiner Familie, Verwandten u. s. w. 8 Ronneburg 1831

– s. B i b l i o t h e k der Meisterwerke des Auslandes.

– s. B l ä t t e r aus der Brieftasche Alexis des Wanderers.

– s. B o t t a , Karl: Geschichte Italiens vom Jahre 1789 bis 1814.

– s. C e r v a n t e s Saavedra, Miguel de: Sämtl. Werke.

– s. F l o r i a n , von: Novellen.

Förster, (L. G.,) Fragmente f. Offiziere leichter Truppen. 8. Berl. 823, Burchhardt.

Förster, Lebr. Gtth., Fragmente für Offiziere leichter Truppen. 8. Berl. 823. (Krause). 20 gr.

Förster, Lebr. Günth., † (Alexis d. Wanderer,) biograph. u. histor. Gemälde. 8. (14 B.) Gera 835, [Greiz,] Schumann.

– s. G e s c h i c h t e der außereuropaischen Staaten Bd. 3. 4.

– s. J a n i n , Jules: Sämtl. Werke. Bd. 3 - 5.

– s. L a u g i e r , A., u. Charpentier: Geschichte Ludwig Philipps.

— Lebensbeschreibungen u. Bildnisse Napoleons, seiner Familie, Verwandten, vertrautesten Marschälle u. Generale. Mit 32 Portr. 8. Ronneburg 834. Weber, jetzt Schumann. 1½ ₰ — 2e Ausg. 8. (Mit 24 lithogr. Portraits.) Gera 837. Schumann. 1½ ₰

– s. M a r d e l l e . – Gérard Mardelle, oder der Murrkopf . . .

– s. M e m o i r e n des Marschall Ney.

– s. M i c h a u d : Geschichte der Kreuzzuge.

– s. N a p o l e o n : Briefe an Josephine . .

– s. N o v e l l e n , 101.

– s. P a i n , Jul.: Die Reise auf gut Gluck.

Förster, Lebr. Günth. Portrait Friedrichs des Grossen. 8. Berlin 1829. — (5 B.) 12 Ilmenau 1832 0,75

— Portrait Friedrichs d. Großen. Nach d. Französ. Mit Titelkpf. 12. Ilmenau 829. Voigt. 6 gr

— Portrait Josephs II., mit seinem Brustbild. 12. Ilmenau 831. Voigt. 6 gr

– s. S a p p h o . Ein romant. Gemälde.

Förster, L(ebr. Günth.) † (Alexis der Wanderer.) biographische u. literar. Skizzen aus d. Leben u. d. Zeit Karl Försters. gr. 8. (33½ B.) Dresden 846, Gottschalck. *

Foerster, L. G. Militärische Taschen-Enzyklopädie. Mit Pl. Leipzig 1827. 311 S.

— militär. Taschen-Encyclopädie. Mit 4 Plänen. 16. Quedlinb. 827. Basse. 1 ₰ 16 gr

– s. V e r r i , Conte Pietro: Drei Nächte im Grabe der Scipionen.

Förster, Leberecht Günther, s. F ö r s t e r , Leberecht Gotthilf

Förster, Leo, der Kampf m. dem Drachen, s.: Schauspieler, der.

— die Rache, s.: Theaterspieler, der. Nr. 4.

Forster, Leopold, thierärztliche Instrumenten- und Verbandlehre. 3 Lfgn. Lex.-8. (X und 490 S. mit 338 in den Text eingedr. Holzschn.) Wien 860. 61, Braumüller's Verlags-Conto. Thlr. 2

Förster, Ludwig

Förster, Christ. Friedr. Ludw., allgem. Bauzeitung, s. Bauzeitung.

Förster, L., Allgem. Bauzeitung. Wien 1836–80 — Text 4°. Atlas Fol. (Von 1874 an Text ebenfalls Fol.)

Förster L. und Demarteau. Beschreibung der Eisenbahn von Olmütz bis Prag Wien 1845

Förster, L., u. A. Demarteau, beschreibende u. malerische Darstellung der k. k. österreich. Staatseisenbahn von Olmütz bis Prag. gr. Lex.-8. (Mit 1 Tab., 26 lith. Taf., 2 Plänen u. 4 Karten.) Wien 845, Förster's artist. Anstalt. n. 3⅓ ℛ

Förster, Lud. Prof., Ueber einige Erziehungsanstalten für verwaiste und verwahrloste Kinder, insbesondere über die Reformschulen zu Ruysselede und Beernem in Belgien. Mit 5 illustr. Beilagen. Neue Aufl. 4. (15 S.) Wien, Förster & Brüder. 1 fl.
1861

Förster, L., Ideen zu äußern Verzierungen an Gebäuden. 2 Hfte. qu. Fol. Wien 826. (Gerold). 2 ℛ

Förster, Ldw. (Chr. Fr. Ldw.), Ideen zur äußern Verzierung von Gebäuden, lithogr. 16–36 Hft. qu. gr. Fol. Wien 833. (Leipzig, R. Weigel.) 3 ℛ

Förster, Ludw., der preisgekrönte Konkurrenz-Plan zur Stadterweiterung von Wien. Verfaßt unter dem Motto: „Der gerade Weg ist der beste." Mit 1 Uebersichtsplane. gr. 4. (15 S. mit 1 Stnt. in Imp.-Fol.) Wien 859, Förster's artistische Anstalt.
Aus: Allgemeine Bauzeitung, besonders abgedruckt.

Förster, Ludw., Literatur- u. Anzeigeblatt f. d. Baufach rc, s. 9. Bd. Literatur- u. Anzeigeblatt.

Förster, Ludwig. Notizen über Ackerbau- und Reformschulen in mehreren Staaten mit einer Darstellung der Reformschulen zu Ruysselede und Beernem in Belgien. *Wien* 1857. 6 S. Querfol. Mit 5 Tafeln.
Abdruck a. d. allgem. Bauzeitung.

Förster, Frl. Luise = Linden, Ada [Autorname].

Förster, Luise, s. a. Linden, Ada.

[F.] Brandkäthe Aus d. Papieren e. Dorfschulmeisters. Von A. Linden (d. i. Luise Förster). *Berlin: J. Gnadenfeld & C. [1897]*. (157 S.) 1 Bd 8. [98 3108

Das Hexenlicht Roman von A. Linden [d. i. Luise Förster]. *Neurode: Zehnpfennig Bibliothek 1904* (120 S.) 8° [F.]
= Zehnpfennig-Bibliothek, Kaufmann's moderne. Jg. 2, Bd 8 [04 …

Das Hexenlicht. Roman von A. Linden [d. i. Luise Förster]. [Neudr.] Neurode, Hamm, Speyer. W. W. Klambt 1906. (125 S.) 8° [F.]
= Zehnpfennig-Bibliothek, Moderne. Jg. 2, Bd 8. [07. 4372 2

[F.] Aus der Stille. Gedichte v. Ada Linden (d. i. Luise Forster). Hrsg. v. Karl Schrattenthal [d. i. Carl Weiss]. *Rheydt: W. R. Langewiesche 1896.* (VIII, 109 S.) 1 Bd 8. [96 3343

Förster, M., Rathgeber für alle Diejenigen, welche an Pollutionen leiden u. sich davon befreien wollen. Nebst Anweisung, das geschwächte Zeugungsvermögen in kurzer Zeit vollkommen zu beseitigen. Ein Hülfsbuch für jedes Alter. 8. Leipzig 834. Magazin für Industrie. ⅜ ℛ

Förster, M., Rathgeber für alle diejenigen, welche an Pollutionen leiden und sich davon befreien wollen. Nebst Anweisung, das geschwächte Zeugungsvermögen in kurzer Zeit vollkommen zu beseitigen. Mit einem Anhange von Mitteln über Impotenz und Unfruchtbarkeit. 2., verm. Aufl. 8. (VII und 72 S.) Quedlinburg 848, Ernst'sche Buchh.

Foerster, M. Jo. Chr, resp Joa. Fr. Leister, De cognatione naturalismi cum fanatismo disputatio prior. 22 pp. Hal. 4°.
1757

Förster, Marie, Briefe aus Südrußland während eines Aufenthalts in Podolien, Volhynien und der Ukraine. 8. (III und 208 S.) Leipzig 856, Brockhaus. *
Aus: Brockhaus' Reise-Bibliothek.

Förster, Marie, Gedichte. 8. (XXIV und 279 S.) Leipzig 857, Brockhaus. * 1 Thlr. 10 Ngr.; geb. *

— die Geschwister. Erzählung für die reifere Jugend. Glogau (856). Flemming. br. gr. 16. (2 Bl., 132 S. u. 4 Lithogr.) 22½ ngr

Förster, Marie, die Geschwister. Erzählung f. die reifere Jugend. Mit 3 (chromolith.) Bildern v. Jul. Scholz. 2. Aufl. 8. (118 S.) Glogau 879. Flemming. cart. 1. 50

— Martin (Brieg/Schles.), De speculo Saxonico fonte jur. Sax. communis vulgo vom Sachsen=Spiegel. Diss. acad. Präs. Eucharius Gottlieb Rink. Altdorf (J. W. Kohles) Okt. 1718. 40 S. mit Widm. v. Präs. (5.—) 9168

Foerster, Mart., Dissertatio academica de Speculo Saxonico fonte juris Saxonici communis Altdorfii 1725 4. . . . . (BRG)

Foerster, Maryan, approb. Arzt aus Posen: Aus d. Hygien. Institut d. Universität Rostock. Kritische und experimentelle Prüfung der Ventilationseinrichtungen im Hygienischen Institut zu Rostock. *Rostock 1902: Adler's Erben.* (29 S.) 8°
Rostock, Med. Diss. v. [20. Apr.] 1902

Förster, Max, British classical authors, s.: Herrig, L.

Förster, Max, English authors with biographical notices. On the basis of a selection by Ludw. Herrig ed. Abridged ed. of Herrig-Förster, British classical authors. (VIII, 336 S. m. 6 Bildnistaf. u. 5 farb. Karten u. Plänen.) gr. 8. Braunschweig 911. G. Westermann.
Geb. in Leinw. 3. 50

Foerster, Max, Balkenbrücken im Eisenbeton, s. a. Fortschritte der Ingenieurwissenschaften. II, 15.

Balkenbrücken in Eisenbeton von Max Foerster, Prof., Dresden. Mit 185 Abb. u. 2 Taf. Leipzig: W. Engelmann 1908. (IV, 204 S.) 4°(8°)
= Fortschritte d. Ingenieurwissenschaften. Gruppe 2, H. 15 [08. 6732

Förster, Max [aus Hamburg]: Beiträge zur Kenntnis des Characters und der Philosophie d'Alemberts ... Hamburg. *J. M. Groth, Buchdr., Elmshorn,* 1892; 96 S. 8.
Jena, Phil. Fak., Inaug.-Diss. v. 1892

Förster, Max, Bêowulf-Materialien zum Gebrauch bei Vorlesgn. zusammengestellt. gr. 8. (11 S.) Braunschweig 900. (G. Westermann.) n. — 50

Beowulf-Materialien zum Gebrauch bei Vorlesungen zsgest. von Max Foerster 2. verm. Aufl. Braunschweig. Westermann 1908 21 S. 8° [10 2060 3

— s.: Beton, armierter.

— Th. Landsberg, G. Mehrtens, die Brücken im allgemeinen, steinerne Brücken, Ausführung u. Unterhaltung der steinernen Brücken, s. a. Handbuch der Ingenieurwissenschaften. II.

Die Brücken im allgemeinen. Steinerne Brücken. Ausführung u. Unterhaltung d. steinernen Brücken. Bearb. von M[ax] Förster, (Prof. in Dresden), Th[eodor] Landsberg, G[eorg] Mehrtens, hrsg von Th. Landsberg, Prof. in Darmstadt, begründet von Dr. Th. Schäffer in Darmstadt u. Ed. Sonne, Prof. 4. verm. Aufl. Mit 192 Textabb., vollst. Sachreg. u. 23 Taf. Leipzig: W. Engelmann 1904 (XII, 415 S.) 4°(8°)
— Handbuch d. Ingenieurwissenschaften T. 2, Bd 1. [07. 13015

Foerster, M: Steinerne Brücken. Leipzig 1904

Foerster, Max, neue Brückenbauten in Oesterreich u. Ungarn, nebst e. Anh.: Die Überbrückg. des Donauthales bei Cernavoda in Rumänien. Mit 193 Textabbildgn. u. 25 lith. Taf. Hrsg. v. der königl. techn. Hochschule zu Berlin. Louis-Boissonet-Stiftg. 1898. gr. Fol. (V, 66 S.) Leipzig 899. W. Engelmann.
In Mappe n. 30. —

Foerster, Max, die schwarze Bruderschaft od. Thron u. Liebe. 20 Lfgn. gr. 8. (960 S.) Berlin 876. Bochmann à — 45

Die Eisenkonstruktionen der Ingenieur-Hochbauten Ein Lehrbuch z Gebr an techn Hochschulen u in d Praxis von Max Foerster, Prof, Dresden. Mit 776 Textabb u 14 Taf. *Leipzig W Engelmann 1902* (VIII, 518 S) 4°(8°)
= Handbuch d Ingenieurwissenschaften Erg Bd

— die Eisenkonstruktionen der Ingenieur-Hochbauten. Ein Lehrbuch zum Gebrauche an techn. Hochschulen u. in der Praxis. Ergänzungsband zum Handbuche der Ingenieurwissenschaften. 6 Lfgn. Lex.-8. Ebd. n. 42. —; geb. in Halbfrz. n.n. 45. —

1. I. Abschn. Das Material, die Beanspruchg. u. Querschnittsbemessg. eiserner Stäbe. II. Abschn. Die Konstruktionselemente in Eisen. (S. 1—112 m. 174 Fig. u. 1 Taf.) 899. Subskr.-Pr. n. 6. —; Einzelpr. n. 8. —
2. II. Abschn. Die Konstruktionselemente in Eisen. Schluss. III. Abschn. Die eisernen Dachkonstruktionen (allgemeine Anordng., Balkendächer). (S. 113—192 m. 132 Fig. u. 5 Taf.) 900. Subskr.-Pr. n. 9. —; Einzelpr. n. 12. —
3. Fortsetzung des III. Abschn. Kragdächer u. Bogendächer. (S. 193—256 m. 79 Fig. u. 4 Taf.) 900. Subskr.-Pr. n. 6. —; Einzelpr. n. 8. —
4. Fortsetzung des III. Abschn. Kuppeldächer, Zeltdächer, Walmdächer u. Föppische Tonnenflechtwerkdächer. (S. 257—320 m. 98 Fig. u. 1 Taf.) 901. Subskr.-Pr. n. 6. —; Einzelpr. n. 8. —
5. Schluss des III. Abschn. Die Eindeckung der eisernen Dächer, architektonische Einzelheiten der eisernen Dachkonstruktionen. IV. Abschn. Freitragende Wellblechdächer, eiserne Fachwerksbauten, massive Decken unter Verwendg. v. Eisen, eiserne Treppen. (S. 321—384 m. 161 Fig. u. 1 Taf.) 902. Subskr.-Pr. n. 6. —; Einzelpr. n. 8. —
6. Fortsetzung u. Schluss des IV. Abschnittes. Freitragende Wellblechdächer, eiserne Fachwerksbauten, massive Decken unter Verwendg. v. Eisen, eiserne Treppen. Anhang. — Tabellen. — Sachverzeichnis. — (VIII u. S. 385—518 m. 131 Fig u. 2 Taf.) 902. Subskr.-Pr. n. 9. —; Einzelpr. n. 12. —

Foerster, M: Die Eisenkonstruktionen der Ingenieur-Hochbauten. Erg. Bd z Handb. d. Ing.-Wissensch. 2. Aufl. Leipzig 1903

Foerster, Max, die Eisenkonstruktionen der Ingenieur-Hochbauten. Ein Lehrbuch zum Gebrauche an techn. Hochschulen u. in der Praxis. Ergänzungsbd. zum Handbuch der Ingenieurwissenschaften. 3., verb. u. verm. Aufl. (X, 674 S. m. üb. 1000 Abbildgn. u. 19 lith. Taf.) Lex.-8. Leipzig 905. W. Engelmann. n. 44. —; geb. in Halbfrz. n.n. 47. —
2. Aufl. (VIII, 550 S.) 903. n. 42. —; geb. n.n. 45. —.

Foerster, M: Die Eisenkonstruktionen der Ingenieur-Hochbauten. Erg. Bd z Handb. d. Ing.-Wissensch. 3. Aufl. Leipzig 1906

— Die Eisenkonstruktionen der Ingenieur-Hochbauten. Ein Lehrbuch zum Gebrauche an techn. Hochschulen u. in der Praxis. Ergänzungsbd. zum Handbuch der Ingenieurwissenschaften. 4., verb. u. stark verm. Aufl. Text u. Atlas. (XIV, 1040 S. m. üb. 1400 Abbildgn. u. 37 Taf.) Lex. 8. Leipzig 909. W. Engelmann. 50.—; in 2 Halbfrzbdn. n 56.

— die Geschichte der Dresdner Augustus-Brücke. Vortrag, geh. in der Aula der königl. sächs. techn. Hochschule zu Dresden am 28. X. 1902. gr. 8. (39 S. m. 16 Abbildgn. u. 1 Taf.) Dresden 902. A. Dressel. n. 1. 60

-- s.: Jahrbuch der deutschen Shakespeare-Gesellschaft.

— Lehrbuch der Baumaterialienkunde, zum Gebrauche an technischen Hochschulen u. zum Selbststudium. 1. Hft. Die natürl. Gesteine. (VI, 118 S. m. 1 Taf.) Lex.-8. Ebd. 903. n. 4. —

— dasselbe. II. Hft. 1. Lfg. Die künstl. Steine. 1. Tl. (IV u. S. 119—246 m. 47 Abbildgn.) Lex.-8. Ebd. 905. n. 5. —

Foerster M, Lehrbuch der Baumaterialienkunde II-VI Leipzig 1903-12

- Das Material u. die statische Berechnung der Eisenbetonbauten, s.a Fortschritte der Ingenieurwissenschaften.

Das Material und die statistische Berechnung der Eisenbetonbauten. Unter besond. Berucks. d. Anwendung im Bauingenieurwesen von Max **Foerster**, Prof zu Dresden. Mit 93 Abb. Leipzig: W. Engelmann 1907. (VI, 248 S.) 4°(8°)
— **Fortschritte** d. Ingenieurwissenschaften. Gruppe 2, H. 13. 07. 11938

Förster, Max [aus Danzig]: Über die Quellen von Ælfric's Homiliae catholicae. I. Legenden ... (Th. II. erscheint in der Anglia.) Berlin, C. Vogt's Buchdr., *1892*; 49 S., 1 Bl. 8.
Berlin, Phil. Fak., Inaug.-Diss. v. 3. Dez. 1892

Förster, Max v., comprimirte Schiesswolle f. militärischen Gebrauch unter besond. Berücksicht. der Schiesswollgranaten. Versuche, ausgeführt u. beschrieben. Mit Illustr. gr. 8. (III, 60 S.) Berlin 886. Mittler & Sohn n. 1. 50

Förster, M. v., Schiesswolle in ihrer militärischen Verwendung. Unter besond. Berücksicht. der neuesten Erfahrungen m. Schiesswollgranaten. Mit 5 Fig.-Taf. gr. 8. (27 S.) Berlin 888. Mittler & Sohn. n. 1. 50

— Versuche m. comprimirter Schiessbaumwolle in der Schiessbaumwollfabrik Wolff & Co., Walsrode, ausgeführt v. deren Leiter, M. v. F. Mit 2 Fig.-Taf. gr. 8. (16 S.) Ebend. 883. n. — 60

Forster, Max Eduard

Zehn Jahre Hamburgischen Vorlesungswesens. Ein Bericht über d. wissenschaftl. Vorlesungen in Hamburg von Ostern 1895 bis Ostern 1905 unter Berucks. d. früheren Zeit, erstattet von Dr [Max Eduard] **Förster**, Rat d. Oberschulbehorde. Hamburg: L. Grafe & Sillem in Komm. 1906. (106 S.) 4°(8°)
Aus. Jahrbuch d Hamburg Wiss Anstalten. 23 1905 06 13400 8

Förster, Mor., Wegweiser f. den Gesangunterricht in 2—8 klass. Volksschulen. gr. 8. (VIII, 312 S.) Leipzig 900. E. Wunderlich. n. 4. —; geb. n. 4. 60

Forster, O Ueber die Entstehung, Fortpflanzung und Vertilgung des Holz-, Haus oder Mauerschwammes. (Referat aus einem Vortrag v. Moder) Dusseldorf 1881

Foerster, O., kleine illustr. Geschichte des Vesuv's unter besond. Berücksicht. seiner Tätigkeit in den letzten zehn Jahren. (100 S. m. Abbildgn., 22 Taf. u. 1 Karte.) kl. 8. Neapel 908. O. Foerster. 1. 50

Förster, O., De hermeneutices archaeologicae principiis. Diss. 1873. 40 S.

Förster, Oskar

Förster, O., Berather in Kauf- u. Hypothekensachen, s.: Erfahrungsschatz, der.

Förster, Osk., tabellar. Berechng. der im Umfange d. kgl. Preuß. Monarchie (m. Ausnahme der Hohenzollernschen Lande u. der Insel Helgoland) zu entricht. Werthstempelbeträge v. mehr als 150 Mark b. incl. 100 000 Mark. Deutsche Reichswährg. M. d. Text des Gesetzes u. d. demselben angef. Tarifs u. alphabet. geordn. Stichwörtern beider. F. sämmtl. kgl. preuß. Behörden, Magistrate, Verwaltungsbeamte, Notare, Rechtsanwälte, Bankiers, Kaufleute, Unternehmer, Lieferanten, Fabrikanten, Hypothekenbanken, Sparkassen, Spar-, Vorschuß- u. Credit-Vereine. gr. 8. (109 S.) Berlin 895. P. Stankiewicz. n. 1. 50

Förster, Osk., Bilder aus der guten alten Zeit. Ein Beitrag zur Förderung d. sittl. u. materiellen Volkswohls. Kulturgeschichtliche Schildergn., besonders aus Mitteldeutschland, u. interessante Vergleiche zwischen sonst u. jetzt vom J. 1800 bis auf die neueste Zeit. gr. 8. (VIII, 182 S.) Weimar 892. (A. Zuckschwerdt.) n 3.

— Darstellung d. Gesetzes, die Unfall- u. Kranken-Versicherung der in land- u. forstwirthschaftlichen Betrieben beschäftigten Personen betr., vom 5. Mai 1886. gr. 8. (68 S.) Weimar 886. Düsseldorf, Schwann. n. 1. 25

Förster O, der Erfahrungsschatz I Berater in Kauf und Hypothekensachen. Leipzig 1884

Förster, Osk., aus der Praxis der Gemeinde-Verwaltung. 1—4. Hft. Für Bürgermeister, Stadträthe, Stadtverordnete rc. gr. 8. (III, 108; IV, 104; III, 99 u. III, 88 S.) Köln u. Neuß 876. Schwann. à n. 1. 50

—— der Ratgeber in Geldsachen. Praktisches Handbuch für Jedermann über Geldsachen aller Art, insbesondere Vermögens-Verwaltung, Kapitalanlage in Wertpapieren, Aktienwesen, Börsenwesen, Verkehr mit Banken und Bankiers, Wechsel- und Checkwesen, Versicherungswesen, Konkurswesen, Kredit, Ehekontrakte, Mitgift, Testamente, Erbschafts-Regulierungen u. s. w., gemeinverständlich dargestellt. gr. 8. (VIII, 333 S.) Leipzig 888, Schorpp. * M 3.—.; geb. * *

Vorstehendes bildet den 2. Bd. von: Erfahrungsschatz, der. — 1. Bd. Ebendas. 1864,85. * M 2.40.; geb. * M 3.50.

Daraus einzeln:

—— praktische Anleitung zur Abfassung von Ehe-Verträgen. Mit einem Anhang: Die Mitgift. Eine Betrachtung für Schwiegereltern und solche, die es werden möchten. (21 S.) * 50 Pf.

—— praktische Anleitung zur Abfassung von Testamenten, sowie Regulierung von Erbschafts-Angelegenheiten. (47 S.) * 75 Pf.

—— das Konkurswesen. Praktische Ratschläge für Gläubiger und Schuldner. Mit einem Anhang: Das Prozeßwesen. (32 S.) * 50 Pf.

—— das Wechsel- und Checkwesen und der Verkehr mit der Reichsbank. Mit einem Verzeichnis sämmtl. Reichsbank-Anstalten. (48 S.) * 50 Pf.

—— Ratgeber in Geldsachen. Praktisches gemeinverständl. Handbuch f. Jedermann über Geldsachen aller Art, insbesondere Vermögens-Verwaltg., Kapitalanlage in Wertpapieren rc. 1. für Österreich bearb. Aufl. von Gust. Lederer. (VIII, 859 S.) 2. verm. Aufl. gr. 8. (VIII, 386 S.) Lpz. 890, Schorpp. 1. Aufl. * 3 —; geb. ** 3 50 2. Aufl. * 3 20; geb. * 4 —

Nur die 1. Aufl. ist für Österreich bearb.

Förster, Osk., Rechte und Pflichten der Betriebsunternehmer u. deren Beamten- und Arbeitspersonals gegenüber den Berufsgenossenschaften. 2. Aufl. gr. 8°. Düsseldorf, Schwann, 1885.
115 S.

—— der Segen der Invaliditäts- u. Altersversicherung. Extra-Ausg. für Fabrikherren, Betriebsunternehmer, Gutsbesitzer u. Arbeitgeber, ingleichen für Arbeiter rc., besonders auch für Gewerbe- u. Arbeiter-Vereine u. Krankenkassen. gr. 8. (32 S.) Weimar 889. (Marburg, Ehrhardt.) * — 50

Osc. Förster, Tabelle zur Berechnung der im Königr. Preußen gesetzlich zu entrichtenden Werthstempelbeträge u. zwar v. Wechseln, Schuldverschreibungen, Actien, Auctionen, Pacht- u. Miethverträgen, Mobiliarkäufen, Assecuranzpolicen, Immobiliarkäufen, Tausch- u. Leibrenten-Contrakten. Die Objecte von 50 Mark bis 60,000 Mark deutscher Reichswährung betr. Der Tabelle sind im Anh. die einschlag. Gesetze u. Verordngn. beigefügt. Für sämmtl. königl. preuß. Behörden, Verwaltungsbeamte, Notare u. s. w. Köln u. Neuß, Schwan. 1875. gr. 8. (II, 46 S.)

Förster, Osk., Tabelle zur Berechnung der im Königr. Sachsen nach dem Gesetze vom 13. November 1876 zu entrichtenden Urkunden-Werthstempelbeträge, sowie der Reichs-Wechselstempelsteuer von 1—60000 Mark. gr. 8. (18 S.) Weimar 877. (Dresden, L. Wolf.) n. — 50

— 20 Tabellen zur Berechnung der Gebühren-Taxe der Rechtsanwälte I. in bürgerlichen Rechtsstreitigkeiten, II. im Urkunden- u. Wechselprocesse, III. im Konkursverfahren, sowie IV. f. Erhebung u. Ablieferung von Geldern u. Werthpapieren, von 1—30,000 Mark, nebst der Gebühren-Ordnung f. Rechtsanwälte. Zum handl. Gebrauch f. prakticir. Juristen, für alle deutschen Civilbehörden, sowie f. Gerichtsvollzieher; ingleichen f. Banken u. Creditinstitute, Aktiengesellschaften, Geschäftsleute, Sparkassen u. Vorschuß-Vereine rc. gr. 8. (39 S.) Düsseldorf 879. Schwann. n. 1. —

— 22 Tabellen zur Berechnung der Gerichtskosten nach 8/10, 6/10, 3/10, 2/10, 1 1/2, 1 1/4, 3/4, 1 5/10, 1 6/10, 1 3/10, 8/10, 3/10, 1/10, bez. 2/10, 1/10, 5/10 u. 1/10 rc. der vollen Gebühr, sowohl in Civil- als in Criminalsachen von 1—30,000 Mark, nebst dem Reichsgesetze u. den Gebührenordnungen zum handl. Gebrauch f. alle deutschen Civil- u. Criminal-Behörden, sowie f. Rechtsanwälte rc., ingleichen für Kaufleute, Industrielle und Gewerbtreibende. gr. 8. (46 S.) Düsseldorf 878. (Weimar, Huckschwerdt.) n. 1. —

— 17 Tarife zur Berechnung der Krankenversicherungs-Beiträge, sowie der Kranken- u. Sterbegelder, welche nach dem am Schlusse angefügten Reichsgesetze vom 15. Juni 1883, die Krankenversicherung der Arbeiter betr., zur Erhebung kommen. Für alle deutschen Verwaltungs-Behörden, besonders f. Bürgermeister, Knappschafts- u. Krankenkassen-Verwalter, Stadtkassirer, Kämmerer, Fabrikherren u. andere Arbeitgeber, sowie f. Arbeiter. 3. Aufl. gr. 8. (33 S.) Weimar 884. Huckschwerdt. n. 1. —

—— 17 Tarife zur Berechnung der Krankenversicherungs-Beiträge, sowie der Kranken- und Sterbegelder, welche nach dem am Schlusse angefügten Reichsgesetze vom 15. Juni 1883, die Krankenversicherung der Arbeiter betr., zur Erhebung kommen. Für alle deutschen Verwaltungsbehörden, besonders für Bürgermeister, Knappschafts- und Krankenkassen-Verwalter, Stadtkassirer, Kämmerer, Fabrikherren und andere Arbeitgeber, sowie für Arbeiter. 4.—6. Aufl. gr. 8. (33 S.) Weimar 885, (Huckschwerdt.) *

Förster, Osk., das projectirte Unternehmen zur Begründung einer Hypotheken-Versicherungs-Gesellschaft ist weder zweckmäßig, noch lucrativ. Durch practische Erfahrungen evident nachgewiesen. Oschatz 858. Oldecop. 8. (35 S.) n. 8 ngr.

Förster, Osc., Vorschläge zur Errichtung einer [illegible] Vereins-Hypotheken-Bank für das Königreich Sachsen. Zur Förderung des städtischen und industriellen Grund-Credits. Oschatz 859. Oldecop. 16. (51 S.) 10 ngr.

Förster O, Vorträge für Gewerbevereine. Heft 1-3. Weimar 1878

—— Vorträge für Gewerbe-Vereine, ingleichen für Lesegesellschaften, Handwerker- und Volksbildungs-Vereine. 1.—4. Heft. gr. 8. (IV, 107; III, 96; IV, 96; IV, 100 S.) Ebendas. 878,79. à Heft * M 1,50. *

—— Vorträge für Gewerbe-Vereine, ingleichen für Lesegesellschaften, Handwerker- und Volksbildungs-Vereine. 5.—7. Heft. gr. 8. (IV, 99; IV, 95; IV, 92 S.) Düsseldorf 880,81, Schwann'sche Verlagsh. à Heft * M 1,50. *

1.—4. Heft. Ebendas. 1878,79. à * M 1,50.

Förster, Osw. Neue Fibel. Erstes Lese- u. Sprachbuch. Mit Bildern v. H. Leutemann. 8. (126 S.) Lpz. 891, Leiner. geb. ** — 60

Förster, Osw., neue Fibel. Erstes Lese- u. Sprachbuch. Mit Bildern v. H. Leutemann. 12. Aufl. gr. 8. (128 S.) Leipzig 894. O. Leiner. Geb. n.n. — 60

— dasselbe. Anh. D. schönsten deutschen Märchen als Lesestoff f. d. 2. u. 3. Schulj., nach Grimm, Bechstein u. A. Godin bearb. M. Bild. v. Ludw. Richter. 4. Aufl. gr. 8. (III, 32 S.) Ebd. 895. n. — 20

— dasselbe. 28. Aufl. (Ausg. m. wend. Anh.) gr. 8. (128 u. 16 S.) Ebd. 897. Geb. n.n. — 85; Anh. allein n.n. — 25

Förster, Osw., Neue Fibel. Erstes Lese- u. Sprachbuch. M. Bildern v. H. Leutemann. 29. Aufl. gr. 8. (128 S.) Leipzig 898. O. Leiner. Geb. in Halbleinw. n.n. — 60; in Halbldr. n.n. — 70

Förster, Osw., neue Fibel. Erstes Lese- u. Sprachbuch. Mit Bildern v. H. Leutemann. 36. Aufl. gr. 8. (128 S.) Leipzig (900). O. Leiner. Geb. n.n. — 60

Förster, Oswald, 21 biblische Geschichten, f. das 1. Schuljahr methodisch bearb. [Ergänzungsheft zu d. Verf. „Erstem Schuljahre".] gr. 8. (IV, 67 S.) Leipzig 883. F. Fleischer. n. — 75

Förster, O., der biblische Geschichtsunterricht in der Elementarklasse evang. Volksschulen. Praktische Anleitung f. Lehrer u. Lehrerinnen. 2., umgearb. Aufl. gr. 8. (V, 120 S.) Leipzig 887. F. Fleischer. n. 1. 20

— der biblische Geschichtsunterricht in der Elementarklasse ev. Volksschulen. Praktische Anleitg. f. Lehrer u. Lehrerinnen. 3., verm. Aufl. gr. 8. (IV, 128 S.) Leipzig 893. F. Fleischer. n. 1. 20

— der bibl. Geschichtsunterricht in der Elementarklasse ev. Volksschulen. Prakt. Anleitg. f. Lehrer u. Lehrerinnen. 4., durchgeseh. Aufl. gr. 8. (VI, 132 S.) Leipzig 897. F. Fleischer, Verl. n.n. 1. 40; geb. n.n. 1. 60

— der biblische Geschichtsunterricht in der Elementarklasse evangelischer Volksschulen. Praktische Anleitg. für Lehrer u. Lehrerinnen. 5. Aufl. gr. 8. (142 S.) Leipzig 901. R. Voigtländer. n. 1. 60; geb. n. 2. —

— d. Mängel d. synthet. Schreiblesemethode u. d. Normalwörtermethode, sow. Skizzierg. e. neuen Leselehrmethode auf psychologischer Grundlage. 8. (26 S.) Leipzig 898. O. Leiner. n. — 50

Förster, Osw., die Mängel der synthetischen Schreiblesemethode u. der Normalwörtermethode, sowie Skizzierung e. neuen Leselehrmethode auf psychologischer Grundlage. 2. verb. Aufl. der Seminar-Jubiläumsschrift. (16 S.) gr. 8. Leipzig 904. O. Leiner. n. — 50

— die schönsten deutschen Märchen, als Lesestoff f. das 2. od. 3. Schuljahr nach Grimm, Bechstein u. A. Godin bearb. Mit Bildern v. Ludw. Richter. Anh. zu F.'s neuer Fibel. gr. 8. (32 S.) Leipzig 893. O. Leiner. n.n. — 25

Förster, Osw., das erste Schulbuch. gr. 8. (80 S. m. eingedr. Holzschn.) Leipzig 873. Fr. Fleischer, geb. n. — 60

— dasselbe m. Anh. gr. 8. (132 S. m. eingedr. Holzschn.) Ebend. 873. geb. n. — 80

Förster, Osw., das erste Schulbuch. [Schreibschrift-Ductus nach Henze.] 2. verm. und verb. und 3. Aufl. 8. (120 S. mit eingedr. Holzschn.) Leipzig 876,78, F. Fleischer. * geb. *

Förster, Oswald, das erste Schulbuch. 4. Aufl. [Schreibschrift-Ductus nach Henze.] 8. (120 S. m. eingedr. Holzschn.) Leipzig 880. F. Fleischer. n. — 75; geb. n. — 90

— dasselbe. 5. Aufl. Nach der neuen Rechtschreibung bearb. gr. 8. (120 u. Begleitwort 4 S. m. eingedr. Holzschn.) Ebend. 881. n. — 75; geb. n. — 90

— dasselbe. 6. Aufl. 8. (120 S. m. eingedr. Holzschn.) Ebend. 882. n.n. — 50; geb. n.n. — 60

Förster, Osw., das erste Schulbuch. 12. Ster.-Aufl. 8. (112 u. 12 S. m. Abbildgn.) Leipzig 893. F. Fleischer. n.n. — 50; geb. n.n. — 60

— d. erste Schulbuch. 13. Ster.-Aufl. gr. 8. (112 u. 12 S. m. Abb.) Leipzig 895. F. Fleischer. Geb. in Halbleinw. n.n. — 60

— das erste Schulbuch. 15. (Ster.-)Aufl. 8. (112 u. 12 S. m. Abbildgn.) Ebd. 900. Kart. n.n. — 60

— das zweite Schulbuch. gr. 8. (94 S.) Ebend. 873. geb. n. — 80

— das erste Schuljahr. Theoretisch-praktischer Lehrgang für Lehrer u. Lehrerinnen, sowie zum Gebrauch in Seminarien. gr. 8. (XII, 276 S.) Ebend. 882. n. 2. 50

— das erste Schuljahr. Theoretisch-prakt. Lehrbuch f. Lehrer u. Lehrerinnen, sowie zum Gebrauche in Seminarien. 2., umgearb. u. verm. Aufl. gr. 8. (XII, 274 S.) Ebend. 884. n. 2. 50

Förster, Osw., das erste Schuljahr. Theoretisch-prakt. Handbuch f. Lehrer der Elementarklassen. 4. Aufl. gr. 8. (VIII, 415 S. m. Abbildgn.) Leipzig 902. R. Voigtländer. n. 3. 60; geb. n. 4. 40

— die 2 ersten Schuljahre. Praktische Anleitg. zur Behandlg. sämmtl. Unterrichtsgegenstände in der Elementarklasse. Nebst e. Vorwort v. K. H. Brösing. gr. 8. (XI, 268 S.) Ebend. 873. 3. —

Förster, Otri(e)d

Foerster, Otfr., Atlas des Gehirns. s.: Wernicke, Carl.

Foerster, Otfrid, Dr., Assist. d. Laborat. d. kgl. psychiatr. Universitätsklinik: Aus d. kgl. Poliklinik f. Nervenkranke in Breslau. **Beiträge** zur Kenntnis der Mitbewegungen. *Jena 1903: (Lippert & Co., Naumburg a. S.).* (32 S.) 8° ¶ (Sep.-Abdr. aus d. 1903 erschienenen Schrift: Die Mitbewegungen bei Gesunden, Nerven- u. Geisteskranken.)
Breslau, Med. Hab.-Schr. v. 6. Aug. 1903
(Nicht für den Austausch)

Förster, Otfried, die Kontrakturen bei den Erkrankungen der Pyramidenbahn. (65 S.) Lex.-8. Berlin 906. S. Karger. n. 1. 60

— die Mitbewegungen bei Gesunden, Nerven- u. Geisteskranken. (V, 53 S.) gr. 8. Jena 903. G. Fischer. n. 1. 50

Foerster, Otfr., die Physiologie u. Pathologie der Coordination. Eine Analyse der Bewegungsstörgn. bei den Erkrankgn. des Centralnervensystems u. ihre rationelle Therapie. gr. 8. (XII, 316 S. m. 63 Fig.) Jena 902. G. Fischer. n. 7. —

21 Sagittalschnitte durch eine Großhirnhemisphäre hergest. u. erl. von Dr. Otfrid **Foerster**, Assist. *Breslau: Psychiatr. Klinik 1903.* (30 S., 21 Taf.) quer-4°
— Atlas d. Gehirns. Abt. 3. [03. 9473 4

Foerster, Otfried [aus Breslau]: Quantitative Untersuchungen ueber die agglutinirende und baktericide Wirkung des Blutserums von Typhus-Kranken und -Reconvalescenten ... (Aus: Zeitschr. f. Hyg. u. Infectionskrankh., Bd XXIV.) Leipzig, Veit & C., 1897; 34 S., 1 Bl. 8.
Breslau, Med. Fak., Inaug.-Diss. v. 20. Mai 1897

— das Wesen der choreatischen Bewegungsstörung, s. a. Sammlung klinischer Vorträge. Nr. 382.

Das Wesen der choreatischen Bewegungsstörung von Otfrid **Förster**, (Breslau). *Leipzig: Breitkopf & Härtel 1904.* (36 S.) 8°
— Sammlung klinischer Vorträge N. F. No 382. [04. 14499

Foerster, Otto. Einige zur aromatischen Gruppe gehörige Derivate des Acetonitrils. Halis Saxonum, 1871.

Foerster, Otto: Einige zur aromatischen Gruppe gehörige Derivate des Acetonitrils. Halis Saxonum [1875]: Hendel (am Schluss: Kanter in Marienwerder). 47 S. 8°
Halle-Wittenberg, Phil. Diss. v. 26. Juli [1875]
Geb. Tilsit 16. 11. 1849. V.

Förster, Otto, Deutschlands frühere Grösse und Grenzen, sowie dessen Beraubungen, namentlich durch Frankreich Leipzig 1861. gr. 8 . . . . (D.; Post.)

Foerster, Otto, Dr. jur. Der **Kreditauftrag**. Eine Studie nach römischem u. neuem bürgerl. Recht. *Leipzig: Veit & Co. 1903.* (216 S.) 8°
Leipzig, Jur. Diss. v. 1903

Alexander Winterberger. Seine Werke, sein Leben mit e. vollst. Verzeichnis der bis jetzt im Druck erschien. Kompositionen. (Verf.: Dr. Otto **Foerster**) Hannover: L. Oertel 1905. (50 S.) 8° [05. 4017

Förster, P., das Haus des Bildhauers, s. a. Esser's, J., Sammlung leicht aufführbarer Theaterstücke. 6. Hft.

Förster, P., das Haus d. Bildhauers. Schauspiel in 1 Aufzug. Aus dem Franz. übers. 12. (31 S.) Paderborn 891. F. Esser. n. — 50

Förster, P. E., üb. die sociale Frage. Zwei Vorträge geh. im Jahre 1871. I. Begriff der socialen Frage. Wesen, Wirkgn. u. Ursachen der socialen Uebel. II. Gegenmittel. gr. 8. (62 S.) Pirna 872. Diller & Sohn in Comm. n. — 50

Förster, Paul, der Fall Ahlwardt in der öffentlichen Meinung u. im Lichte der Wahrheit. Eine Streitschrift gr. 8. (48 S.) Berlin 892. G. A. Dewald. — 30

— dasselbe. 2., veränd. u. verm. Aufl. gr. 8. (52 S.) Ebd. 892. — 30

— dasselbe. 3., veränd. u. um e. Nachwort üb. den Prozeß „Judenflinten" verm. Aufl. gr. 8. (56 S.) Ebd. 893. n. — 50

Förster, Paul, Anti-Roethe! Eine Streitschrift. An die Freunde des humanist. Gymnasiums. (49 S.) gr. 8. Leipzig 907. Teutonia-Verlag. — 60

Foerster, Paulus (Ern. Phil.) *(geb Breslau 21 1 1823)*: De asylis Graecorum part. 1. Vratislaviae 1847 (53 S) 8°
Breslau, Phil Diss v 27 Jan 1847

Förster, Paul, deutsche Bildung, deutscher Glaube, deutsche Erziehung. Eine Streitschrift. (V, 147 S.) 8. Leipzig 906. E. Wunderlich. n. 1. 60; geb. in Leinw. n. 2. —

— Deutsch-sozial. Gedenke, daß du ein Deutscher bist! Einer f. Alle! Alle f. Einen! 6.—10. Tauf. gr. 8. (7 S.) Leipzig 891. [Th. Fritsch.] H. Beyer. — 10

Förster, Paul [Oberl. Dr.]: Der Einfluss der Inquisition auf das geistige Leben und die Litteratur der Spanier. Berlin, Druck v A. W. Hayn's Erben (1890); S. 3–24; 4°
Berlin, k. R (RG), OP 1890 (92)

Förster, P., der Einfluss der Inquisition auf das geistige Leben u. die Litteratur der Spanier. gr. 4. (24 S.) Berlin 890. (Leipzig, Fock.) n. 1. —

Foerster, Paul, approb. Arzt aus Remscheid Zwei Fälle von parenchymatöser Degeneration im Anschluss an Chloroformnarkose. *Bonn 1902: S. Foppen.* (42 S.) 8°
Bonn, Med. Diss. v 17 Mai 1902

Förster, [Paul]. Gedächtnisrede für den verstorbenen Professor Dr. [Richard] Dressel S. 22—24. 4.
Progr. Kgl Kaiser Wilhelms-Realgymn. *Berlin* 1905 (102)

— unsere deutsch-sozialen Grundsätze u. Forderungen. Vortrag, geh. auf dem deutsch-sozialen Parteitage in Breslau. 3.—5. Tauf. 12. (26 S.) Leipzig 892. Dresden, Deutscher Verlag. n. — 20

— dasselbe, s. a. Sammlung deutsch-sozialer Flugschriften.

— der Jude u. die deutsche Frau. Vortrag. 8. (22 S.) Leipzig 892 Dresden, Deutscher Verlag. n. — 20

Foerster, P., Der Jude und die deutsche Frau. (22 S.) Dresden 1894. Deutscher Verlag.

— der Kampf d. deutschen Volkes um sein Dasein. Vortrag. gr. 8. (20 S.) Leipzig 889. Th. Fritsch. n. — 25

— Der Kampf des deutschen Volkes um sein Dasein. Vortrag. gr. 8. (20 S.) Lpz. 889, [Fritsch] Herm. Beyer. * — 25

— die Kunst d. glücklichen Lebens. Mit e. Anh.: Das Lachen. gr. 8. (45 S.) Berlin 890. (Leipzig, Graubner.) n. — 70

Förster, Paul, d. Kunst d. glücklichen Lebens. M. e. Anh.: D. Lachen. (Neue Ausg.) gr. 8. (45 S.) Berlin 895. W. Moeller. n. — 65; geb. n. 1. —

Förster, Paul, die Kunst des glücklichen Lebens. Mit e. Anh.: Das Lachen. Der Rausch, e. Evangelium f. Enthaltsame. Autoritäten. 2. Aufl. gr 8. (91 S.) Berlin (899). W. Möller. n. — 75

— Die Kunst des glücklichen Lebens. Mit e. Anh.: Das Lachen. Der Rausch, e. Evangelium f. Enthaltsame. Autoritäten. 3., neu bearb. Aufl. (100 S. m. Bildnis.) 8. Oranienburg (907). W. Möller. 1.—; geb. 1. 75

1. Pocken und Schutzimpfung. Im Namen d. Deutschen Bundes d. Impfgegner hrsg. von Prof. Dr. Paul Förster. 2. Aufl. 2. Der Welt-Kongress zur Beratung der Impfrage in Berlin am 24. u. 25. Sept. 1899: Bericht – Vorträge – Beschlüsse. 3. Thätigkeit des Deutschen Bundes der Impfgegner. 4. Nachtrag. *Berlin: Deutscher Bund d. Impfgegner 1900.* (XIII, 288 S.) 8° [F.]

Foerster, Paul, spanische Sprachlehre. gr. 8. (XVI, 447 S.) Berlin 880. Weidmann. n. 10. —

— Talmud u. Schulchan-Aruch. Ein Vortrag, geh. am 11. Apr. 1892 zu Breslau. gr. 8. (IV, 54 S.) Breslau 892. Berlin. G. A. Dewald. — 30

— Tierschutz in Gegenwart u. Zukunft. Vortrag, geh. auf dem internationalen Tier- u. Vogelschutz-Kongresse zu Graz am 7. VIII. 1898. 8. (30 S.) Dresden (898). Internationaler Verein zur Bekämpfg. der wissenschaftl. Tierfolter. — 15

Der Vegetarismus als Grundlage eines neuen Lebens von Prof. Dr. Paul Foerster. Hrsg. von d. Gustav Rheinstaedterschen Stiftung. Frankfurt a. M.-Sachsenhausen: Deutscher Vegetarierbund (1909). 24 S. 8°

— der Vegetarismus als Grundlage f. e. neues Leben. 31.—40. Taus. 16. (31 S.) Leipzig 897. K. Lentze. — 10

— der Vegetarismus als Grundlage f. e. neues Leben. (Flugschriften des deutschen Vegetarierbundes.) 41.—50. Taus. 16. (28 S.) Leipzig 900. K. Lentze. n. — 10

Förster, Paul, Kaiser Wilhelm's deutsch-sociales Vermächtnis. Mit einem Anhang: Kaiser Wilhelm im Liede. 8. (66 S. mit Portr.) Leipzig 888, Th. Fritsch. * 80 Pf.; geb. *

Die Vivisektion. Ein Wort z. Verständigung u. Mahnung, gerichtet an die vom 17. bis 24. Juli in Paris versammelten Vertreter d. Tierschutzes von Dr. Paul Förster. *Berlin: Tierschutz-Verein in Comm. 1900.* (16 S.) 8° [Umschlagt. F.]

— die Vivisektion. Ein Wort zur Verständigung u. Mahng., gerichtet an die vom 17. bis 24. VII. in Paris versammelten Vertreter des Tierschutzes. 8. (16 S.) Dresden 900. Internat. Ver. z. Bekämpfg der wissenschaftl. Tierfolter. — 15

— dasselbe, od. Der Mord im Dienste der Wissenschaft, s. a. Licht — Luft — Wasser. 29. Hft.

[F.] Die Vivisektion oder der Mord im Dienste der Wissenschaft. Von Prof. Dr. Paul Förster .. *Berlin W. Möller [1898].* (15 S.) 8.
= Licht – Luft – Wasser Bd 2. H 20.

[F.] Die Vivisektion vom naturwissenschaftl., medizin. u. sittl. Standp. aus beurteilt. Von Dr. Paul Förster. Festschr. gewidm. d. XII. Internat. Tierschutz-Kongr. zu Pest '(18.–22. Juli 1896)' ... *Berlin: W. Möller [1896].* (118 S.) 1 Bd 8.

— die Vivisektion, vom naturwissenschaftl., medizin. u. sittl. Standpunkte aus beurteilt. Festschrift, gewidm. d. XII. internat. Tierschutz-Kongresse zu Pest. (18.—22. VII. 1896.) 3., verb. u. verm., u. 4.—8. Aufl. 12. (120 S.) Berlin 897. W. Möller. n. — 50

— wie stehen wir — wie siegen wir? Rede, geh. am 17. Septbr. 1893. 1. Zehntauf. gr. 8. (16 S.) Berlin 893. SW., Junkerstr. 5/6, Geschäftsstelle der „Antisemit. Vereinigg. f. Norddeutschland". n. — 10

FÖRSTER, Paul E.: Spanische Handels-Politik von 1890–1902.- Mulhausen i.E.: Wenz & Peters (1903). 120 S.
9.7.1903 - Chr 1903/04,14; Jv 1903/04,316
Diss. Ingolst.-Landsh.-Mchn.

Förster, Paul E.: Spanische Handels-Politik von 1890—1902. *Mülhausen i. E. [1903]: Wenz & Peters.* (120 S.) 8° [Umschlagt.]
München, Staatswirtsch. Diss. v. 1903

Förster, R., ophthalmologische Beiträge. gr. 8. (III und 128 S. mit in den Text gedr. Holzschn. und 2 Kpfrt. in gr. 8. und qu. 4.) Berlin 862, Th. C. F. Enslin. *

Förster, [R.], Beziehungen der Allgemein-Leiden und Organ-Erkrankungen zu Veränderungen und Krankheiten des Sehorgans. gr. 8. (VIII, 175 S. mit 3 lithogr. Taf. und 1 eingedr. Holzschn.) Leipzig 877, Engelmann. *
Aus: Handbuch der gesammten Augenheilkunde, besonders abgedruckt.

Förster, R., Feuer in der Mädchenschule, s.: Bloch's, E., Dilettantenbühne. — Kühling's, A., Album f. Liebhaberbühnen.

– (Hrsg.), s. Gesellschaft, Die Schlesische, für vaterländ. Cultur.

Förster, R., die Verbreitung der Cholera durch die Brunnen. gr. 8. (28 S.) Breslau 873. Friedrich. n. — 60

Förster, R. W., über Düngung mit besonderer Rücksicht auf die Hülfsdüngungsmittel, namentlich den peruanischen Guano, nebst einer Einleitung, den Bau u. die Ernährung der Pflanzen, sowie die Bodencultur betreffend. Mainz 855. (S. Jourdan.) 8. (IV, 85 S.) n. 10 ngr

— die Düngung der Weinberge mit Guano und den sonstigen Hilfsdüngungsmitteln, verglichen mit der Düngung mit Stallmist, vom theoretischen und praktischen Standpunkt aus betrachtet. Mainz 856. S. Jourdan. gr. 8. (26 S.) 5 ngr

Förster, Rhard., belustigende u. belehrende Unterhaltungen im Familienkreis, s.: Gretschel's praktische Hausbibliothek. 21. Bd.

Förster, Reinhart

Foerster, Rhart., Handbuch des formellen Grundbuchrechts. Eine Anleitg. zur Bearbeitg. v. Grundbuchsachen, nach Reichsrecht u. nach preuß. Recht. gr. 8. (XX, 353 S.) Berlin 900. H. W. Müller. Kart. n. 7. —

Forster, Reinhold

Förster, Reinh., bequemstes Fremdwörterbuch. (In 12 Liefgn.) 1 u. 2 Liefg. Leipzig 869. Priber. gr. 16. (IV, S. 1—108.) Jede Liefg. 2½ ngr.

Förster, Reinh., bequemstes Fremdwörterbuch. 1.—3. (Titel-)Aufl. br. 8. (IV, 667 S.) Leipzig 869—72, Priber.

Förster, R., bequemstes Fremdwörterbuch. 8. Aufl. br. 8. Leipzig 872. Berlin, Leo. geb.

Förster's, Rhold., Fremdwörterbuch d. deutschen Schrift- u. Verkehrssprache. M. Aussprache-Bezeichng., all. fremdsprach. Wortkürzgn. u. fremdsprach. Zitaten. Neu hrsg. u. m. e. b. auf d. neueste Zeit ergänzten Nachtrag vers. v. Mart. Tiemann. M. e. Anh., enth. internat. Münz-, Maß- u. Gewichtstabellen. 8. (XII, 667 S.) Leipzig 899. O. Drewitz Nachf. 4. —

Schulklassische Verirrungen Von Dr P. Remaclus Förster, O. S. B. *Stuttgart & Wien: J. Roth 1900.* (60 S) 8° [ot. 3840]

Förster, P. Remaclus, O. S. B., Schulklassische Verirrungen. gr. 8. (60 S.) Stuttgart 900. [J. Roth.] München, Allg. Verlags-Gesellschaft. n. 1. 20

Förster, Remaklus, O. S. B., Wallen zu Jesus im Tabernakel, s.: Urban, Christian.

Förster, A., was sollen wir lesen? Ein Leitfaden bei der Auswahl v. Büchern m. e. Einleitg üb. Klassiker. Choice English and American books. Chois de bons livres de langue française. (86 S.) 8. Essen 906. Fredebeul & Koenen. n. — 30

Förster, Rich., s.: Abhandlungen, Breslauer philologische.

Förster, Rich., Analekten zu den darstellungen des raubes u. der rückkehr der Persephone, s.: Philologus.

Foerster, R, Antiochia. S A. 1897. 12 S.

Foerster, Rich., de antiquitatibus et libris manuscriptis Constantinopolitanis commentatio. gr. 4. (35 S.) Rostock 877. (Stiller.) n.n. 2. 50

Förster, R., Arist. oder ein Anderer? S.-A 1877. 10 S.

— die Aula Leopoldina der Universität Breslau. Rede zur Feier des Geburtstages Sr. Maj. des Kaisers u. Königs Wilhelm II., am 27. I. 1899. gr. 8. (30 S.) Breslau 899. M. & H. Marcus. n. 1. —

— Denkmäler, welche sich auf Laokoon beziehen oder bezogen worden sind. Ak. 1889. 10 S. 4°.

Förster, R., Eros. Gel. R. 1893. 16 S.

Foerster, Richard [aus Bonn]: Aus d. psychiatr. Klinik zu Bonn. Eine querulierende Familie ... Bonn, Druck v. K. Drobnig, *1896;* 30 S. 8.
Bonn, Med Fak., Inaug.-Diss. v. [20.] Febr. 1896

— Farnesina-Studien. Ein Beitrag zur Frage nach dem Verhältniss der Renaissance zur Antike. gr. 8. (VII, 142 S.) Rostock 880. Stiller. n. 3. 60

Förster, R[ichard]: Uber Hemeralopie und die Anwendung eines Photometers im Gebiete der Ophthalmologie Breslau 1857 (48 S) 8° *[Im Buchhandel 1857 in Komm bei Gosohorsky in Breslau]*
Breslau, Med Fak., Hab.-Schr v. 28 Juli 1857

Förster, R., über Hemeralopie und die Anwendung eines Photometers im Gebiete der Ophthalmologie. Breslau 857. Gosohorsky in Comm. gr. 8. (48 S.) n. 8 ngr

Foerster, R, Martin Hertz. S-A. 1896. 22 S. —.75

RICHARD FOERSTER, Die Hochzeit des Zeus und der Hera Relief der Schaubert'schen Sammlung in dem K Museum für Kunst und Alterthum in Breslau Programm zum Winckelmannsfeste des Vereines für Geschichte der bildenden Künste und der archaeologischen Section der Schlesischen Gesellschaft in Breslau (Mit 2 Tafeln) Breslau 1867. Druck von Grass, Barth u Comp (W. Friedrich.) 4°.

Foerster, Riccardus *(geb Wreschen in Pos 28 8 1843)*: Wladislaus Jagello II, rex Poloniae et Hungariae 1434—1444, ex fontibus et documentis adhuc ignotis illustratus Vratislaviae (1871) (86 S) 8° *[Im Buchhandel 1871 bei Maruschke & Berendt in Breslau]*
Breslau, Phil Diss v. 26 Mai 1871

Foerster, Riccard, Wladislaus Jagello II. rex Poloniae et Ungariae. 1434—1444 ex fontibus et documentis adhuc ignotis illustratus. Dissertatio inauguralis historica. gr. 8. (IV, 86 S.) Breslau 871. Maruschke & Berendt. n. 1. 20

Das Preussische Königthum und die klassische Kunst. Rede geh. am 18. Jan. z. Feier d. 200jähr. Jub. d. Kongr. Preussen in d. Aula Leopoldina d. Univ. Breslau von Prof. Dr. phil. Richard Foerster. *Breslau: M. & H. Marcus 1901.* (36 S) 8° [ot. 3630]

— das preussische Königthum u. die klassische Kunst. Rede, geh. am 18. I. zur Feier des 200jähr. Jubiläums des Königr. Preussen u. des Geburtstages Sr. Maj. d. Kaisers u. Königs Wilhelm II. in der Aula Leopoldina der Universität Breslau. gr. 8. (37 S.) Ebd. 902. n. 1. —

— Die Kunst des Barock im Musiksaale der Universität Breslau. Rede, geh. am 27. I. 1909 zur Feier des Geburtstages Sr. Maj. des Kaisers im Musiksaale der Universität. (19 S.) 8. Breslau 909. Koebner. — 60

Die Kunst des Barock im Musiksaale der Universität. Rede geh. z. Feier d. Geburtstages S. M. des Kaisers im Musiksaale d. Univ. von Prof. Richard Foerster. Breslau 1909 (Korn). (16 S.) 8° [07 1597 2

Die Kunst in Schleswig-Holstein. Rede zur Feier des Geburtstages Sr. Maj. des Deutschen Kaisers ... Wilhelm II gehalten an der Christian-Albrechts-Universität am 27 Jan 1890 von Prof. Richard **Foerster.** Kiel, Univ. Buchh. (Paul Toeche), 1890; 25 S. 4°

— de Libanii libris manuscriptis Upsaliensibus et Lincopiensibus commentatio. gr. 4. (26 S.) Ebend. 877. n.n. 2. 50

— Eduard Lübbert. [Aus „Biograph. Jahrb. f. Altertumskunde".] gr. 8. (46 S.) Berlin 892. S. Calvary & Co. n. 1. 80

Foerster, Richard, Lucian in der Renaissance. Rede zur Feier des Geburtstages Sr. Majestät des deutschen Kaisers Königs von Preussen Wilhelm, gehalten an der Christian-Albrecht-Universität am 22. März 1886. Kiel 1886, Haeselersche Sort.-Buchh. 8°. 25 S.

Christian Lütjohann. Von Richard Forster. 8°
Separatabdruck aus der Chronik der Universität Kiel für das Jahr 1885/86.

— Mittheilungen über Handschriften des Libanios. S.-A. 1885. 20 S.

Foerster, R., Eine Monodie auf Theodoros Palaiologos. S.-A. O. J. 8 S.

— Otfried Müller. Rede, zum Antritt des Rectorats d. Universität Breslau am 15. X. 1897 geh. gr. 8. (29 S.) Breslau 897. M. & H. Marcus. n. 1. —

Index lectionum in universitate litterarum Vratislaviensi per hiem. a. 1892—93 ... habendarum. -- Praemissa est Choriciana Miltiadis oratio primum edita a Richardo **Foerstero.** *Vratislaviae*, typ. off. univ. '(W. Friedrich)', *1892;* 32 S. 4.

— Duae Choricii in brumalia Justiniani et de Lydis orationes ed. Pr. 1892. 18 S. 4°.

Foerster, R., Duae Choricii orationes nuptiales primum editae. Pr. 1891. 24 S. 4°.

Foerster, Richard: Die klassische Philologie der Gegenwart. Rede zum Antritt des Rektorates der Königlichen Christian-Albrecht-Universität zu Kiel am 5. März 1886 gehalten. Kiel, Univ.-Buchh. (Paul Toeche), 1886; 26 S. 8°.

— de Aristotelis quae feruntur physiognomicis recensendis. 4. (24 S.) Kiel 882. Universitäts-Buchhandlung. n. 1. 20

Diei natalis ... Guilelmi I ... sollemnia ... celebranda indicunt rector et consistorium academicum Universitatis Christianae Albertinae Kiliensis. Inest Richardi **Foersteri** de Polemonis physiognomicis dissertatio. Kiliae libr. acad., ex offic. Schmidtii et Klaunigii, 1886; 1 Bl. + 27 + 1 S. 4°.

Die Physiognomik der Griechen. Rede zur Feier des Geburtstages Königs Wilhelm I. gehalten v. Richard Foerster. Kiel 1884. 8°

Foerster, R., de Apulei quae fertur physiognomonia recensenda et emendanda. [Aus: „Jahrbb. f. class. Philol., 15. Suppl.-Bd."] gr. 8. (S. 557—590.) Leipzig 887. Teubner. n. 1. 20

Foerster, R., De Adamantii physiognomonicis recensendis. S.-A. O. J. 26 S.

— das Portrait in der griechischen Plastik. Rede zur Feier des Geburtstages Sr. Maj. des deutschen Kaisers, Königs von Preussen Wilhelm I., geh. an der königl. Christian-Albrechts-Universität zu Kiel am 22. März 1882. 4. (22 S.) Kiel 882. (Universitäts-Buchhandlung.) n. 1. —

Foerster, Rich. (geb. Lissa in Posen 15. 11. 1825). De pustula maligna. Berolini (1849). (43 S.) 8°
Berlin, Med. Diss. v. 1. Aug. 1849

Psyche. Rede geh. z. Feier d. Geburtst. S. M. d. Kaisers u. Königs Wilhelm II in d. Aula Leopoldina d. Univ. Breslau 1905 von Prof. Richard **Förster.** Breslau 1905: (W. G. Korn). (16 S.) 8° [Umschlagt. J.] [07 1885 2

Foerster, Riccardus. De attractione enuntiationum relativarum qualis quum in aliis tum in Graeca lingua potissimumque apud Graecos poetas fuerit quaestio grammatica et historica. Berolini (1868). (38 S.) 8° *[Ersch. Buchausg. 1868 bei Mitscher & Röstell in Berlin unt. d. T. „Quaestiones de attractione enuntiationum relativarum".]*
Breslau, Phil. Fak., Hab.-Schr. v. 21. [vielmehr 22.] Okt. 1868

quaestiones de attractione enuntiationum relativarum qualis quum in aliis tum in graeca lingua potissimumque apud Graecos poetas fuerit. Berlin 868. Mitscher & Röstell. gr. 8. (118 S.) n. 1 *ℳ*

Diei natalis ... Guilelmi II ... sollemnia ... celebranda indicunt rector et consistorium academicum universitatis Christianae Albertinae Kiliensis. Insunt Richardi **Foersteri** quaestiones physiognomicae. Kiliae, prostat in libraria acad., 1890; 1 Bl. + 17 S. + 1 Bl. 4°

Förster, Rich., der Raub u. die Rückkehr der Persephone in ihrer Bedeutg. f. die Mythologie, Litteratur- u. Kunst-Geschichte dargestellt. gr. 8. (XII, 300 S. m. 2 Steintaf. in qu. 4.) Stuttgart 874. Heitz. n. 8. —

Rede zur Feier des Gedächtnisses Weiland Sr. Majestät des Deutschen Kaisers Königs von Preussen Wilhelm gehalten in der Aula der Christian-Albrechts-Universität am 22. März 1888 von Richard **Foerster,** Prof. d. Altertumswiss. Kiel, Verl. d. Univ.-Buchh. (Paul Toeche), 1888; 1 Bl. + 12 S. 8°

-- Johann Jakob Reiske u. Friedrich der Große. Aus e. zur Feier d. Geburtstages Sr. Maj. d. deutschen Kaisers am 27. Jan. 1891 geh. Rede. gr. 8. (16 S.) Breslau 891. E. Trewendt. n. — 40

— Ueb. den Sarkophag in Wiltonhouse. S.-A. 1875. 8 S. 4°.

— s.: Schwind's, Mor. v., philostratische Gemälde.

Sollemnia piae memoriae ... Guilelmi I ... celebranda indicunt rector et consistorium academicum universitatis Christianae Albertinae Kiliensis. Inest Richardi **Foersteri** de Aristotelis quae feruntur secretis secretorum commentatio. Kiliae, prostat in libraria acad. ex offic. Schmidtii & Klaunigii, 1888; 1 Bl. + 41 + 1 S. 4°

— de translatione latina Physiognomonicorum quae feruntur Aristotelis. gr. 4. (27 S.) Ebend. 884. n. 1. 50

Foerster, Rich., das künstliche Trocknen u. Färben von Immortellen, Blumen, Gräsern u. Moosen. Nach den neuesten Erfahrungen zusammengestellt, mit genauer Culturanweisung für die einzelnen Gewächse u. mit einem Anhang über die Verwendung frischer Blumen versehen. 8. (IV, 92 S.) Quedlinburg 882. Ernst. n. 1. —

Foerster, (Paulus) Riccardus *(geb. Görlitz 2. 3. 1843)*. De attractionis in Graeca lingua usu quaestionum part. 1. De attractionis usu Aeschyleo. Vratislaviae (1866). (48 S.) 8° *[Buchausg. 1867 bei Calvary & Ko. in Berlin, Forts. nach Mitteil. d. Verf. nicht erschienen.]*
Breslau, Phil. Diss. v. 28. Juni 1866

Förster, Rich., de attractionis in graeca lingua usu quaestionum particula I. De attractionis usu Aeschyleo. Dissert. inaug. philolog. Breslau 867. (Berlin, Calvary & Co.) gr. 8. (51 S.) n. 10 *ngr*

— Francesco Zambeccari u. die Briefe des Libanios. Ein Beitrag zur Kritik des Libanios u. Geschichte der Philologie. gr. 8. (VIII, 332 S.) Stuttgart 878. Heitz. n. 10. —

— **Richard Clemens** (Schellenberg), De scarlatina cum tuberculosi complicata. Diss. med. Präs. Carl Siegmund Franz Credé. Lpz. (C. E. Elberti) 15. II. 1859. 20 S. mit Biogr. (M.: E. Liebmann.) (3.50) 9170

Förster, Robert v., a. Münster in Westfalen: Über die Asymmetrie der Ablenkungen und ihren Zusammenhang mit der Asymmetrie der Schwingungen bei einem magnetischen Horizontalintensitätsvariometer. Marburg 1905: R. Friedrich. (35 S.) 8°

Marburg, Phil. Fak., Ref. Richarz, Diss. v. 31. Juli 1905

[Geb. 22. Juni 77 Münster in Westf.; Wohnort Münster; Staatsangeh. Preußen; Vorbildung. Paulinisch. Gymn Münster Reife O 98; Studium. Münster 3, Marburg 6 S., Rig 3 Aug 04]

Förster, Rosa v., Constantinopel. Reise-Erinnerungen. 8. (IV, 106 S.) Berlin 893. R. v. Decker. 1. 50

Förster, Rudolf: Beiträge zur spezielleren Theorie der Riemannschen P-Funktion III. O. Leipzig 1908: Teubner. 50 S. 8°

Leipzig, Phil. Diss. v. 27. Aug. 1908, Ref. Hölder, Rohn

[Geb 25 April 85 Chemnitz; Wohnort. Chemnitz; Staatsangeh: Sachsen; Vorbildung: Gymn. Chemnitz Reife O. 04; Studium: Göttingen 4, Leipzig 4 S.; Rig 17 Juli 08] [U 09. 2959

Foerster, Rudolf, Arzt aus Leipzig Zur **Casuistik** der kombinierten Morphio-Cocain-Psychose. *Kiel 1904: H. H. Peters* (64 S.) 8°

Kiel. Med. Diss. v [30 Juni] 1904

Förster, Rud., blinde Kuh, s.: Gaben, humorist. f. Vergnügungs-Vereine.

Förster, S. v, Encyclopädie der Naturwissenschaften als Leitfaden bei dem Unterricht der gelernten Jäger im stehenden Heere, so wie zu deren Selbstbelehrung ausgearb. Braunsberg 856. Beyer. (Königsberg, Theile.) gr. 8. (XIV, 328 S.) 1 Thlr

— der Felddienst der leichten Infanterie nach ihrer neuen Bewaffnung. Mit 57 lith Zeichnungen u. 5 Plänen auf 19 Taf. Berlin 854. Grobe. (Bergemann.) gr. 8. (3 Bl., 212 S.) n. 1 Thlr 15 ngr

Forster, S. v., über Hügelgräberfunde bei Nürnberg. Lex.-8. (24 S. mit Abbild.) Nürnberg 887, Ballhorn. *

Aus: Festschrift zur Begrüssung des XVIII. Kongresses der Deutschen Anthropologischen Gesellschaft in Nürnberg, besonders abgedruckt.

v. Förster, S., Organisation v. sogenannten Pionier-Sectionen bei den Infanterie-Regimentern. gr. 8. (58 S.) Halle 851, Pfeffer. n. 12 ngr

— die Schützengilden und ihr Königsschießen. Die Entstehung der Schützengilden, ihre Sitten, Gebräuche, Schießwaffen, Scheiben u. Ziele, nebst ausführlicher Anleitung gut und sicher nach allen Scheiben und Zielen mit ihren Schußwaffen zu schießen. 1—4. Aufl. Mit 1 lith. Taf. (in 4). Berlin (856, 57.) Gebauer. (Streerath u. Co.) 8. (2 Bl., 232 S.) 22½ ngr

—— die Schützengilden und ihr Königsschießen oder die Entstehung der Schützengilden, ihre Sitten, Gebräuche, Schießwaffen, Scheiben und Ziele und: Die Kunst gut und sicher nach allen Scheiben und Zielen mit ihren Schußwaffen zu schießen. 1. und 2. Aufl. und 3. (Titel-)Aufl. gr. 8. (IV und 232 S. mit 1 Stnt. in gr. 4.) Berlin 856, Literatur- und Kunst-Comptoir. *.

Förster, S. v.: Die Schützengilden und ihr Königsschießen. Entstehung der Schützengilden, ihre Sitten. 4 Aufl. Berlin 1857. 232 S.

Förster, S. v., die Schützengilden und ihr Königsschießen, die Entstehung der Schützengilden, ihre Sitten, Gebräuche, Schießwaffen, Scheiben und Ziele, nebst ausführl. Anleitung gut und sicher nach allen Scheiben und Zielen mit ihren Schußwaffen zu schießen. 4. (Titel-)Aufl. Mit 1 lithogr. Tafel, welche zahlreiche Geschoßzeichnungen darstellt. gr. 8. (IV und 232 S. mit 1 Stnt. in 4.) Berlin (856)58, [Streerath und Comp.] -

— das Tiraillement im coupirten Terrain nach der Instruction des General v. York, nebst den flüchtigen Vertheidigungs-Einrichtungen der Defiléen. gr. 8. (IV u. 72 S.) Berlin 851, Mittler & Sohn. 12 ngr

Förster, Theodor

Förster, Th., der Altkatholicismus. Eine geschichtliche Studie. gr. 8. (VIII, 149 S.) Gotha 879. F. A. Perthes. n. 2. 40

Förster, Th., Ambrosius, Bischof v. Mailand, s. a. Für die Feste u. Freunde d. Gustav-Adolf-Vereins.

Förster, Th., Ambrosius, Bischof v. Mailand. Eine Darstellg. seines Lebens u. Wirkens. gr. 8. (VIII, 336 S.) Halle 884. Strien. n. 8. —

Förster, Th., Bedeutung u. Gebrauch des apostolischen Bekenntnisses im Kultus m. Bezug auf die neue Agende. gr. 8. (28 S.) Halle 894. E. Strien. — 30

Über unrichtige maurerische Bezeichnungen. Von [Theod.] Förster. [Berlin 1906: Denter & Nicolas.] 1 Bl. 8° [Kopftit.]

Aus: Bbl. 20 (1906) S. 647—648.

Üb. die Verwechselung von Fünfeck u. Pentagramm, Sechseck u. Hexagramm u. den Unterschied von Blei- u. Wasserwage.

Vier Briefe des Feldmarschalls v. Blücher. Mitget. von [Theod.] Förster. [Berlin 1904: Denter & Nicolas.] 2 Bl. 8° [Kopftit.]

Aus: Bbl. 18 (1904) S. 661—663.

Abgedr. in: BrL. 22 (1904—1905) S. 61—62.

cf. Bbl. 17 (1903) S. 22 - 24.

Die Briefe sind an Blüchers Nachfolger im Stuhlmeisteramte der Münsterschen Loge, Br. M. Sprickmann, gerichtet.

Förster, Thdr., Chrysostomus in seinem Verhältniss zur antiochenischen Schule. Ein Beitrag zur Dogmengeschichte. Gotha 869. F. A. Perthes. gr. 8. (XV, 191 S.) n. 1 Thlr 6 ngr

Foerster, Theodorus: De doctrina et sententiis Dionysii Magni episcopi Alexandrini Berolini: Wiegandt & Grieben in Komm 1865. 47 S 8°
[Dazu] Theses. 1 Bl 8°

Halle-Wittenberg, Theol Liz.-Diss v [21 Okt] 1865

Geb. [Lützen 28 1. 1839]

Zur Ergänzung der Geschichte der Loge [zu den drei Balken] in Münster i. W. [Von Theod. Förster. Berlin 1903: Denter & Nicolas.] 1 Bl. 8° [Kopftit.]

Aus: Bbl. 17 (1903) S. 22—24.

Enth. einen frmrischen Brief Blüchers an M. Sprickmann.

Foerster, Th.: Drei Erzbischöfe vor 1000 Jahren. (Claudius von Turin, Agobard von Lyon, Hinkmar von Rheims) Gütersloh 1873.

Förster, Th., drei Erzbischöfe vor 1000 Jahren [Claudius v. Turin, Agobard v. Lyon, Hinkmar v. Rheims.] Ein Spiegelbild f. ihre Epigonen in unseren Tagen. gr. 8. (128 S.) Gütersloh 874. Bertelsmann's Verl. n. 1. 80

Förster, Theodor [aus Moritzburg (Hannover)]: Ein Fall von Placentarpolyp .... Würzburg, Becker's Univ.-Buchdr, [illegible]; 28 S. 8°. Würzburg, Med. Fak., Inaug.-Diss. v. [illegible].

Förster, Theodor, ein Fall von Placentarpolyp. Diss. Würzburg 1886, Stahelsche Univ.-Buchh. 8°. 26 S.

— August Hermann Francke. E. Lebensbild aus d. evang. Kirche Deutschlands. 8. (71 S. m. Bildn.) Halle 898. E. Strien. n. – 80

Förster, Gesangbuch f. evangelische Schulen. 120 der gebräuchlichsten Choräle, nach Text u. Melodieen d. sächs. Provinzial=Gesangbuches zusammengestellt. 8. (VI, 96 S.) Halle 886. Große. n. — 35

Förster, Gesangbuch für evangelische Schulen. 120 der gebräuchlichsten Choräle, nach Text und Melodieen des sächs. Provinzial-Gesangbuches zusammengestellt. 8. (VI, 96 S.) Halle 886, Mühlmann's Verlag. *

— Gesangbuch f. evangelische Schulen. 2., verm. u. verb. Aufl. [11.—20. Tausend.] 8. (VIII, 120 S. Halle a/S. 890. Mühlmann's Verl. n.n. — 40

— dasselbe, mit Text u. Melodieen des sächs. Provinzial=Gesangbuches. 2., verm. u. verb. Aufl. [11.—20. Tausend.] 8. (VIII, 120 S.) Ebd. 890. n.n. — 40; m. Katechismus (8 S.) n.n. — 45

Förster, Th, Gesangbuch f. evang. Schulen, nach Text u. Melodieen d. sächs. Provinzial=Gesangbuches zusammengest. 3. Aufl. (21.—25. Taus.) 8. (VIII, 120 S.) Halle 894. R. Mühlmann's Verl. n. — 40
m. Katechismus (VIII, 120 u. 8 S.) n. — 45

Förster, Th., Gesangbuch für evangelische Schulen, nach Text u. Melodien des sächs. Prov.=Gesangbuches zusammengestellt. 7. Aufl. (41.—43. Taus.) (VIII, 120 S.) 8. Halle 906. R. Mühlmann's Verl. n. — 40; m. Katechismus, (VIII, 120 u. 8 S.) n. — 45

Geschichte der Loge „Zu den drei Balken" in Münster i. W. mit kulturgeschichtlichen Zeitbildern der deutschen Freimaurerei von 1778 bis 1902. Festschrift zur Säcularfeier der Zugehörigkeit der Loge zur Grossloge „Zu den drei Weltkugeln" und der Uebernahme des ersten Hammers durch den Generalleutnant G[ebhard] L[ebrecht] v. Blücher sowie zur Feier des Antritts des 125. Arbeitsjahres von Th[eod.] Förster. Als Hs. gedr. nur f. Frmr. Mit einem Bildn. des Generalleutnants v. v. Blücher. [Nebst Beil.] Berlin: Mittler & S. 1902. IX, 221 S. 8°
Beil.: Logen-Karte von Deutschland im Maurerjahre 1892/93.
Recens: H. 13 (1902) Nr 47.
cf. Bh. 45 (1902) S. 325—327 (Eib); Bbl. 16 (1902) S. 471—474 (A. Erlenmeyer); L. 25 (1902) S. 128 (R. Fischer); BZC. 31 (1902) S. 512—514; ML. 31 (1902—1903) S. 17 (O. Henckel); Z. 33 (1902—1903) S. 242—243; HZC. 36 (1902—1903) S. 31—34; Bbl. 17 (1903) S. 22—24 (Th. Förster).
S. 190—221: Verzeichn. der Mitgl. von 1778 bis 1901.

—— 58 Geschichten des Alten Testaments für Sonntagsschulen. [Kindergottesdienste.] 12. (64 S.) Ebendas. 887. *

— biblische Geschichten Alten u. Neuen Testaments. (Einzelbd. aus: „Falcke, A., u. Förster, Religionsbuch f. evangel. Schulen".] gr. 8. (IV, 107 S.) Halle a/S. 890. H. Schroebel. n. — 60

Förster, Th. 60 Geschichten des Alten Testaments für Sonntagsschulen [Kindergottesdienste]. 2. verm. u. verb. Aufl. 16. (64 S.) Halle 889, Mühlmann's Verlag. * — 15

—— 60 Geschichten des alten Testaments für Sonntagsschulen [Kindergottesdienste]. 4. Aufl. 12. (64 S.) Halle a. S. 892, Mühlmann's Verlag. * — 15; mit Katechismus (8 S.) ** — 45

— 60 Geschichten des Alten Testaments f. Sonntagsschulen (Kindergottesdienste). 5. Aufl. 12. (64 S.) Halle 894. R. Mühlmann's Verl. n. — 15

— 60 Geschichten d. Alten Testaments f. Sonntagsschulen (Kindergottesdienste). 7. Aufl. 12. (64 S.) Halle 897. R. Mühlmann's Verl. n. — 15

Förster, Th., 60 Geschichten des Alten Testaments für Sonntagsschulen (Kindergottesdienste). 8. Aufl. gr. 16. (64 S.) Halle 900. R. Mühlmann's Verl. n. — 15

Sechzig Geschichten des Alten Testaments für Sonntagsschulen ⟨Kindergottesdienste⟩ von D. [Theodor] **Förster**, Superint. 10. Aufl. Halle: R. Mühlmann 1906. (64 S.) 8° [Umschlagt. J.] [illegible]

Förster, 60 Geschichten des Alten Testaments f. Sonntagsschulen (Kindergottesdienste). 11. Aufl. (64 S.) kl. 8. Halle 909. R. Mühlmann's Verl. p — 15

Die vierjährige Hammerführung des Feldmarschall Gebhard Leberecht v. Blücher in der Loge zu den drei Balken in Münster 1802—1806, dargest. nach den Akten und Protokollen vom Br. [Theod.] Förster. Beil. zum Mitglieder-Verzeichniss der St. Johannis-Freimaurer-Loge zu den drei Balken im Or. Münster. Für das Maurerjahr 1895/96. [Münster i. W.: Selbstverl. 1895.] 28 S. 8° [Umschlagtit.]
Abgedr. in: Z. 25 (1895) S. 41—44, 49—55; Foerster, Th.: Gesch. d. L. z. d. drei Balken, Münster. 1902 S. 50—81.
Auszug in: L. 15 (1895) S. 85—89, 93—97.
Recens: Bh. 38 (1895) S. 168 (C. Gotthold); Bbl. 9 (1895) S. 275 (A. W. Sellin).
cf. Al. 21 (1895) S. 87; L. 18 (1895) S. 92—93; BZC. 24 (1895) S. 226—238 (F. Seckt).

— Hülfsbuch f. den Konfirmanden=Unterricht. Ein kurzer Leitfaden auf Grund d. luther. Katechismus f. Konfirmanden. gr. 8. (60 S.) Halle 886. Strien. n.n. — 40

—— Hilfsbuch f. den Konfirmanden-Unterricht. Ein kurzer Leitfaden auf Grund d. luther. Katechismus f. Konfirmanden. 2. Aufl. gr. 8. (52 S.) Halle a. S. 892, Strien. ** — 40

— der Jesuiten=Orden. Zum Gedächtniß d. 21. Juli 1773. Ein Vortrag. 16. (44 S.) Berlin 873. Rauh. — 60

— „Ihr sollt mein Antlitz suchen!" Neun Predigten üb. d. Vater=Unser. 8. (VII, 89 S.) Halle 895. E. Strien. n. 1. —

— s.: Kinderharfe.

— Martin Luther. Sein Leben u. sein Wirken. Dem deutschen Volk u. der deutschen Jugend erzählt. 2. Aufl. gr. 8. (56 S.) Ebend. 883. n. — 40

— Luther, der Prophet unseres Volkes. Predigt, geh. am Luthertage, dem 11. Novbr. 1883 in der Kirche U. L. Frauen in Halle. gr. 8. (11 S.) Ebend. 883. n. — 20

—— eine Papstwahl vor 100 Jahren. Eine Erinnerung aus dem J. 1769. gr. 8. (47 S.) Berlin 869, Wiegandt und Grieben.

— von den Pflichten der Geistlichen. [De officiis ministrorum.] Ein Beitrag zur Pastoraltheologie von Ambrosius, Bischof v. Mailand. Eine Festschrift. gr. 8. (18 S.) Halle 879. Mühlmann in Comm. n. — 50

[F.] Die drei letzten Predigten v. Prof. D. Th[eodor] Förster, ... Kreisschulinsp. in Halle a. S. M. d. Bildnis d. Verewigten. *Halle a. S.: E. Strien 1898* (26 S., 1 Portr.) 1 Bd 8

Förster, Th., evangelische Predigten. Eine Gabe f. die Gemeinde. gr. 8. (IV, 204 S.) Halle 887. Strien. n. 3. —; geb. n.n. 3. 60

— evangelische Predigten. 2. Sammlg. Eine Gabe f. die Gemeinde. gr. 8. (215 S.) Ebd. 892. n. 3. —; geb. in Leinw. n. 3. 60 (1. 2.: n. 6. —; geb. n. 7. 20)

Rede beim Schwesternfeste am 27. Dez. 1903. Von [Theod.] Förster. [Berlin 1903: Denter & Nicolas.] 5 S. 8° [Kopftit.]
Abgedr. in: Bbl. 18 (1904) S. 182—186.
Üb. die Worte: Weisheit leite dich, Sanftmut u. Treue zieren dich, Verschwiegenheit kröne dich.

— Religionsbuch f. evang. Schulen, s.: Falke, R.

Die reale und die ideale Richtung in der Freimaurerei und die Ziele der geplanten Johannis-Grossloge für das deutsche Reich. Von [Theod.] Förster. [Berlin 1900: Mittler & S.] 10 S. 8° [Kopftit.]
Aus: BZC. 29 (1900) S. 128—137.
Recens: L. 23 (1900) S. 72.

— der heilige Rock v. Trier im J. 1844 u. 1891. Ein geschichtl. Rückblick. 1.—4. Aufl. gr. 8. (23 S.) Halle a/S. 891. E. Strien. — 30

— die evangelischen Salzburger u. ihre Vertreibung 1731—1732, s.: Glaube, der evangelische, nach dem Zeugnis der Geschichte.

— Luthers Wartburgjahr, s.a. Schriften f. d. deutsche Volk.

[F.] Luthers Wartburgsjahr. 1521—1522. Von Prof. D. [Theodor] Förster, Superintend. *Halle a. S.: Ver. f. Reformationsgesch.; (Commr. v. M. Niemeyer) 1895.* (35 S.) 1 Bd 8.
— Schriften f. d. deutsche Volk. Hrsg. v. Ver. f. Reformationsgesch. [No] 25.

— über ethische u. ästhetische Weltanschauung. Ein Vortrag. 8. (32 S.) Halle 882. Strien. n. — 50

— dasselbe. 2. Aufl. 8. (32 S.) Ebend. 882. n. — 50

Wie ich das Altersheim in Einbeck gefunden habe. Von [Theod.] Förster. [Berlin 1908: Denter & Nicolas.] 4 S. 8° [Kopftit.]
Aus: Bbl. 22 (1908) S. 582—585.
Abgedr. in: Altersheim f. Frmr „Johannisstift". Bericht üb. die 9. Hauptversamml. 1908 S. 17—19. L. G. Rat Fischer, Gera.

Förster, Thomas

Förster, Th., Erzählung v. s. Reisen in alle 4 Welttheile. 6 Bdch. 12. Weißenfels, Severin. 790—92. (à 9 gr.)
(Dess. 1s u. 2s u. d. Tit.: Beschreib. des chines. Reichs. — 3s—5s Beschr. v. Ostindien. 6s Gesch. von Westindien.)

Förster, Thom., Erzählung von seinen Reisen in alle 4 Welttheile. 6 Bdchen. 12. Weißenf. 790—92. (Weygand in Leipz.) 2 ℛ 6 gr (1s, 2s Bdchen. A. u. d. T.: Beschreib. d. chines. Reichs. 18 gr 3s—5s Bdch. Beschreib. v. Ostindien. 1 ℛ 3 gr 6s B. Gesch. v. Westindien. 9 gr)

Foerster, W., Arete, die nabatäische Christin. Geschichtliche Dichtg. gr. 8. (52 S.) Dresden 893. (Druckerei Glöß.) n. 1.—

Foerster, W., De Rufi breviario eiusque codicibus. S 93-111. Wien Jos. OG., Progr. 1872.

Förster, W., Eurynome. Dramatisches Taschenbuch für das J. 1837. (Inhalt: Der französirte Vetter. Aehnlich oder nicht. Cecilie. Onkel u. Neffe. Ehrensache. Die Wette.) 16. Breslau 837. Friedländer. $1^{1}/_{2}$ ℛ

— d. wirkl. Gefahren d. Lage. Ein öffentl. Vortrag, geh. in Berlin am 9 Dezbr. 1894. gr. 8 (25 S.) Ebd. 895. n. — 50

Foerster, Dr. W., Hauptm. und Adjut. der 3. Artillerie-Inspection. Geschichte des k. preuss. 1. Cürassier-Regiments von dessen Errichtung bis auf unsere Zeit. Nach urkundlichen Quellen, Tagebüchern, Lebensbeschreibungen, Memoiren und einzelnen gedruckten und handschriftlichen Nachrichten, auf Wunsch des Regiments bearbeitet. Mit Lithographien (1 Portrait und 5 Taf. Adjustirungsbilder) und Facsimiles (und 4 Tabellen) gr. 8. Breslau 1841.

Foerster, W., Geschichte d. kgl. preuß. 1. Kürassier-Regiments, von dessen Errichtung bis auf unsere Zeit. Nach urkundl. Quellen, Tagebüchern, Lebensbeschreibungen, Memoiren u. einzelnen gedruckten u. handschriftl. Nachrichten, auf den Wunsch d. Regiments bearb. 5 Lfgn. Lex.-8. ($36^{3}/_{8}$ B., 8 Facsim., 5 Stnt., 2 Tab. u. ill. Ttlbld.) Breslau 812, Graß, Barth u. Comp., Verl. à * $12^{1}/_{2}$ Ngr. col. à *

Foerster, W., Geschichte des Königl. Preuß. Ersten Kürassier-Regiments, von dessen Errichtung bis auf unsere Zeit. Nach urkundl. Quellen, Tagebüchern, Lebensbeschreibungen, Memoiren u. einzelnen gedruckten u. handschriftl. Nachrichten, auf den Wunsch des Regiments bearbeitet. 5 Hefte. Lex.-8. Breslau 842—44, Graß, Barth u. Comp. (à n. $^{5}/_{12}$ ℛ — color. à n. $^{1}/_{2}$ ℛ) $2^{1}/_{12}$ ℛ — color. n. $2^{1}/_{2}$ ℛ

— s. Ros. Koch, Immortellen.

Foerster, W. Lieder aus d. Dresdner Heide. gr. 8. (80 S.) Langebrück-Dresdner-Heide 892. Dresd., (Druckerei Glöß). * 1 —

Foerster, W., Quaest. Horatianae. 2 Tle. Pr. 1869/70. 19, 18 S. 4°. 8.—

Förster, W. A. F., Gedächtnißtafeln der allgem. Geschichte, mit besond. Rücksicht auf Deutschland u. Preußen. gr. 8. Berlin 835. Mittler. $1^{1}/_{2}$ ℛ

Foerster, Walter, approb. Arzt aus Halle a. S.: Ueber **Sarkom** infolge Trauma. *Halle a. S. 1900: Wischan & Wettengel.* (34 S.) 8°
Halle, Med. Diss. v. 16. Juni 1900

Foerster, Wendelin, s. Aiol et Mirabel.

Foerster, W., Die Appendix Probi. S-A 1899. 46 S. m. 1 Taf.

Foerster, Wendelin (Hrsg.), s. Aesop. – Lyoner Yzopet.

Foerster, W., s.: Bernart, Saint, li sermon.

Foerster, Wendelin, s.: Bibliothek, altfranzösische.

Foerster, Wendelin, s.: **Bibliothek**, romanische.

— **Causerie philologique faite à la société Ramond, avec un appendice L'Etymologie de français: Cuistre.** gr. 8. (16 S.) Bagnères-De-Bigorr 898. (Halle, M. Niemeyer.) n. 1. —
Sonderabdruck aus: „Bulletin de la soc. Ramond".

— **Freundesbriefe v. Friedrich Diez.** Progr. gr. 4. (35 S.) Bonn 894. (F. Cohen.) n. 2. —

— **Die Reichenauer Glossen, untersucht.** (S. 518—509.) 8. Halle 907. M. Niemeyer. 1. 60
Sonderabdruck aus „Ztschr. f. roman. Philol."

— s.: **Jehan**, les mervelles de Rigomer.

— s.: **Kristian v. Troves**, Kreo u. Enido.

Förster Wendelin, Dr. Richars li Biaus. Zum ersten male herausgegeben. Wien 1874 A. Hölder.

— u. E. **Koschwitz**, altfranzösisches Übungsbuch zum Gebrauch bei Vorlesungen u. Seminarübungen. 1. Thl.: Die ältesten Sprachdenkmäler. Mit e. Fcsm. gr. 8. (IV, 168 Sp.) Heilbronn 884. Henninger. n. 3. —

Foerster, W., und E. Koschwitz, **altfranzösisches Übungsbuch, zum Gebrauch bei Vorlesungen und Seminarübungen** hrsg. 1. Zusatzheft: Rolandmaterialien, zusammengestellt von W. Foerster. gr. 8. (V, 166 Sp.) Heilbronn 886, Henninger. *
1. Thl. 1884. Ebendas. *ℳ 3.—.

— u. E. **Koschwitz**, altfranzösisches Übungsbuch zum Gebrauch bei Vorlesungen u. Seminarübungen. 1. Tl. Die ältesten Sprachdenkmäler. Mit 2 Steindr.-Taf. 2., vorm. Aufl. gr. 8. (IV S. u. 248 Sp.) Leipzig 902. O. R. Reisland. n. 4. —

Altfranzösisches Übungsbuch zum Gebr. bei Vorlesungen u. Seminarübungen hrsg. von W(endelin) **Foerster** u. E[duard] Koschwitz. Mit 2 Steindrucktaf. 3. Aufl. besorgt von Wendelin Foerster. Leipzig: O. R. Reisland 1907. (V S., 204 Sp.) 8° [07. 10509

Foerster, Wendelin, s.: **Vou, le saint, de Luques.**

— u. Joh. **Trost**, Wistasse le Moine, s.: **Bibliothek, romanische.**

Förster, Wilhelm

Kinsky und Tettau, Frh. v.: **Abschiedsgruss.** Am 28. April 1835 dem Frh. v. Kinsky u. Tettau in aufrichtiger Hochachtung und Liebe gewidmet von der St.·. Joh.·. ▭ zum Tempel der Eintracht im Or. zu Posen. [Unterz.:] W[ilh.] **Förster.** [Posen 1835.] 2 Bl. 4⁰ [Umschlagtit.]
Lied ohne Noten: „Wohl bebt das Herz, wenn in der Scheidestunde . . ."

Foerster, Guilelmus (geb. am 16 Dez. 1832 in Grünberg Schl.): De altitudine poli Bonnensi . . . Bonnae, form. C. Georgii (1854). 2 Bl., 31 S., 1 Bl. 4.
Bonn, Phil. Fak., Diss. v. 5 Aug. 1854

Foerster, Dr. Wilh., Die Anfänge eines neuen socialen Geistes. Ein öffentlicher Vortrag. gr. 8⁰. Berlin, F. Dümmler's Verl., 1894.
28 S.

Foerster, Wilh., Astrometrie od. die Lehre v. der Ortsbestimmung im Himmelsraume, zugleich als Grundlage aller Zeit- u. Raummessung. 1. Heft. Die Sphärik u. die Koordinatensysteme, sowie die Bezeichngn. u. die sphär. Koordinatenmessgn. (160 S.) gr. 8. Berlin 905. G. Reimer. n. 4. —

Foerster, W., und O. Jesse: Aufforderung zu Beobachtungen der leuchtenden Nachtwolken. Berlin 1892

Foerster, Wilh. Die Begründung einer Gesellschaft f. ethische Kultur. Einleitungs-Rede, geh. am 18. Octbr. 1892 zu Berlin. gr. 8. (21 S.) Berl. 892, Dümmler's Verlag. * — 40

— **Beiträge zur Ausgleichung der fundamentalen Ortsbestimmungen am Himmel, s. a. Abhandlungen, astronomische. Nr. 5.**

Beiträge zur Ausgleichung der fundamentalen Ortsbestimmungen am Himmel. Von Prof. Dr. Wilhelm **Foerster**, Dir. d. Sternwarte in Berlin. *Kiel: Astron. Nachrichten 1904.* (45 S.) 4°
— Abhandlungen, Astronomische. No 5. [04 5998

Foerster, Wilh., s. a **Beiträge**, metronomische.

Förster, W., metronomische Beiträge Nr. 1. mit Hülfstafel zur Berechnung von Volumen- u. Gewichts-Bestimmungen, mit Rücksicht auf die Schwankungen der Dichtigkeit des Wassers u. der Luft u. auf die unter dem Einfluss der Wärme stattfindenden Veränderungen der Dimensionen der zu messenden u. zu wägenden Körper. Berlin 870. Moeser. gr. 4. (31 S.). n. 15 ngr

Förster, W., Metronomische Beiträge. Nr. 1. mit Hilfstafeln zur Berechnung von Volumen und Gewichtsbestimmungen, mit Rücksicht auf die Schwankungen der Dichtigkeit des Wassers und der Luft u. die unter dem Einflusse der Wärme stattfindenden Veränderungen der Dimensionen der zu messenden und der zu wägenden Körper. Berlin (Möser). 4°. Nro. 2: Ueber Veränderlichkeit von Platin-Gewichtsstücken. Kritische Untersuchung von Dr. L. Löwenherz mit Benützung von Wägungen der Normal Eichungs-Commission. Berlin 1875. 4⁰. brosch. (38 S.)

Untersuchungen, thermometr. Her. v. W Förster. (Beitr. Metronom. 3) 4° Berlin 1881

[F.] **Foerster,** *Wilhelm* [Prof. Dr., *Dir. d. Kgl. Sternw. zu Berlin]: Belehrung über die vermeintliche Gefahr eines sogenannten Weltunterganges im Jahre 1899.* Coblenz, Buchdr. v. H. L. Scheid, 1897; 29—30 S. 4.
Coblenz, st. RG, P 1897 (491)

—— s. **Bericht** über die Conferenz der europ. Gradmessung.

Förster. Bericht der Special-Commission über die scheinbaren Variationen der Polhöhe 1890 4

-- Bericht der königlichen Sternwarte zu Berlin im J. 1866 erstattet. Berlin 867. Dümmler's Verlhdlg. Lex.-8. (22 S.) n. 5 ngr.

Foerster, W., Bericht der königlichen Sternwarte zu Berlin. Für die J. 1867—1871. gr. 8. Berlin. Dümmler's Verl. n. 1. —
1867. (22 S.) n. — 50. — 1868—1871. (48 S.) n. — 50.

—— und C. **Bruhns**, Bestimmung der Längen-Differenz zwischen den Sternwarten zu Berlin und Leipzig, s. **Bruhns**, C.

— zur Beurtheilung einiger „Zeitfragen", insbesondere gegen die Einführung einer deutschen Normalzeit, s. a. Vorträge u. Abhandlungen, gemeinnützige.

— Zur Beurteilung einiger Zeitfragen, insbesondere gegen die Einführung einer deutschen Normalzeit. Berlin 1881

Die ethische Bewegung in Deutschland am Schluss ihres ersten Jahrzehnts und gegenüber der jetzigen Weltlage. Von Prof. Wilhelm **Foerster**, Berlin. Berlin: Bieber 1903. 27 S. 8° [03. 1. 600

Die ethische Bewegung in Deutschland am Schluss ihres ersten Jahrzehnts und gegenüber der jetzigen Weltlage Von Prof WILHELM FOERSTER, Berlin Berlin 1903 Verlag für ethische Kultur 8°.

Foerster Wilhelm Die Einführung der mitteleuropäischen Zeit Kritische Betrachtungen. (S.-A.) National-Zeitung 1891 No 679) Berlin 1891 8 S 8°

—— s. Encyklopädie d. Naturwissenschaften.

Foerster, Wilh., wissenschaftl. **Erkenntnis** u. sittl. **Freiheit.** Sammlg. v. Vorträgen u. Abhandlgn. (4. Folge.) gr. 8. (V, 282 S.) Berlin 896. F. Dümmler's Verl. n. 4. — (1—4.: n. 17. —)

— **Eröffnung** der Versammlung u. einleitende Darlegung, betr. den ethischen Bund u. die Akademie f. ethische Kultur, s.: **Zusammenkunft,** die Eisenacher, etc.

Foerster, Wilh., zur **Ethik** d. Nationalismus u. der Judenfrage. Vortrag, geh. am 23. Novbr. 1892. gr. 8. (20 S.) Berlin 893. F. Dümmler's Verl. n. — 30

Festgesang. Der vollk.·. u. ger.·. St. Johannis □ Janus im Or.·. zu Bromberg an ihrem 50jährigen Jubelfeste den 10. Dec. 1834 in herzlicher Bruderliebe gewidmet von der St. Johannis □ zum Tempel der Eintracht im Or.·. zu Posen. [Unterz.:] W[ilh.] Förster. [Posen 1834.] 2 Bl. 4⁰ [Umschlagtit.]
Ohne Noten: „Wohl freuet man des Bäumchens sich, . . .“

Festlied am 24sten Juni 1836 gesungen in der ger.·. und vollk.·. St.·. Joh.·. □ zum Tempel der Eintracht im Or.·. zu Posen. [Unterz.:] W[ilh.] Förster. [Posen 1836.] 2 Bl. 4⁰ [Umschlagtit.]
Mit Chor ohne Noten: „Wo ist ein Bund, der liebevoll . . .“

Festrede zur hundertjährigen Jubelfeier der in der Nacht vom 14. zum 15. Aug. 1738 in Braunschweig erfolgten Aufnahme des Durchlauchtigsten Br. Friedrichs des Grossen in den Orden der Freimaurer. In der ger. und vollk. St. Joh.-□ Friedrich zum goldnen Zepter im Or. zu Breslau am 14. Aug. 1838 gesprochen vom Br. W[ilh.] Foerster. Breslau [1838]: Grass, Barth & Co. 16 S. 8⁰ [Umschlagtit.]
Grundsätze u. Unvergänglichkeit des Bundes.

Festrede am 25jährigen Maurer-Jubiläum des Br. Joh. Wendt den 30. Juni 1836, gesprochen vom Br. W[ilh.] Förster. Breslau [1836]: Grass, Barth & Co. 15 S. 8⁰
Üb. den Wert der Zeit u. die Mittel zum Zeitgewinn.

— Die Freude an der Astronomie, s.: **Vorträge u. Abhandlungen,** hrsg. v. der Zeitschrift „Das Weltall“ 20. Hft.

Förster, der Freund der Frauen, s.a. Bloch's, E., Theater-Correspondenz

Förster, Wilh., der Freund der Frauen. Lustspiel in 1 Akt. Neue Bühnen-Einrichtg. v. Mart. Böhm. (20 S.) 8. Berlin (908). M. Böhm. 1.50

Gedächtnisrede auf den Staatssekretär a.D. Wirkl. Geh. R. Exc. Dr. jur. Carl Herzog geh. . . . 1902 von Prof. Wilhelm Foerster. Berlin (1902): Zwiener. 24 S. 8⁰

Paalzow: [Gedicht.] Br. Paalzow am 9ten Nov. 1843. [Unterz.:] W[ilh. Foerster. o. O. [1843]. 1 Bl. [Lithogr. Kopftit.]

— **Geistesfreiheit** u. Gesittung. Ein Beitrag zum socialen Frieden. 2. (Titel-)Ausg. 8. (87 S.) Ebd. 893. n. — 30

Brüderlicher Gruss an die holden Schwestern beim Beginne des Logenkränzchens Posen, den 13. Oct. 1833. [Unterz.:] W[ilh.] Foerster. [Posen 1833.] 2 Bl. 8⁰ [Umschlagtit.]
Lied ohne Noten: „Da muss die Freude siegen, . . .“

Foerster, Wilh., **Himmelskunde** u. Weissagg. gr. 8. (35 S.) Berlin 901. [Dr. J. Edelheim.] Vita. n. 1.—

Foerster, Wilh., **Alexander v. Humboldt.** Eine Gedächtnissrede. gr. 8. (24 S.) Berlin 883. Dümmler's Verl. n. — 60

— s.: **Jahrbuch,** Berliner astronomisches.

— 19. od. 20. Jahrhundert?, s.: **Hirsch,** Gideon M.

— **Kalender** u. Uhren am Ende des Jahrhunderts. 8. (79 S.) Braunschweig 899. G. Westermann. n. 1.50

— **Johann Kepler,** s.a. **Sammlung** gemeinverständl. wissenschaftl. Vorträge.

Förster W Joh Kepler Festrede Berlin 1873.

F[örste]r, W., Joh. Keppler und die Harmonie der Sphären. Vortrag gehalten im wissenschaftlichen Verein zu Berlin am 5 Februar 1862. Berlin 862. Dümmler's Verlhdlg. gr. 8. (12 S.) n. 8 ngr.

Der König und sein Volk. Festlied, am 3ten Aug. 1834 gesungen in der ger. und vollk. □ zum Tempel der Eintracht im Or. zu Posen. [Unterz.:] W[ilh.] Förster. [Posen 1834.] 2 Bl. 4⁰ [Umschlagtit.]
Ohne Noten: „Ein König, der in frommer Brust . . .“

Lebensfragen und Lebensbilder Socialethische Betrachtungen von Dr. Wilhelm **Foerster,** Prof, Berlin *Berlin. J. Edelheim 1902.* (324 S.) 8°

— **Lebensfragen** u. Lebensbilder. Socialethische Betrachtgn. (Neue [Titel-]Ausg.) gr. 8. (324 S.) Berlin [902.] (902). Vita. n. 1.—; geb. in Leinw. n. 2.—

(W FOERSTER,) Mitglieder-Verzeichnis der Mittwochs-Gesellschaft für wissenschaftliche Unterhaltung bis zur 500 Sitzung am 26. Juni 1901. (ab 1901 — Ohne bes Titelblatt) 4°

— **populäre Mittheilungen** zum astronomischen Theil d. königl. preussischen Normalkalenders f. 1872 Auf Veranlassg. d. königl. statist. Bureaus herausg. gr. 8. (32 S.) Berlin 871. Verl. d. k. statist. Bureaus. n. 1.—

-- dasselbe f. 1873. gr. 8. (16 S.) Ebend. 872. 1. 50

— dasselbe f. 1874. gr. 8. (33 S.) Ebend. 873. n. 1. —

— dasselbe f. 1875. gr. 8. (13 S.) Ebend. 874. n. 1. —

— dasselbe f. 1876. gr. 8. (11 S.) Ebend. 875. n. 1. —

Foerster, Wilh., populäre Mittheilungen zum astronomischen Theile des königl. preussischen Normalkalenders für 1877—1880. Auf Veranlassung des kgl. statist. Bureaus hrsg. gr. 8. (16; 24; 18; 19 S.) Berlin, Verlag des kgl. statist. Bureaus. à Jahrg. *

— populäre Mittheilungen zum astronomischen Theile des königl. preussischen Normalkalenders für 1880. Auf Veranlassung des königl. statist. Bureaus hrsg. gr. 8. (19 S.) Berlin 879. Verl. d. k. statist. Bureaus. n. 1. —

- - - populäre Mittheilungen zum astronomischen Theile des königl. preussischen Normalkalenders für 1881—1885. Auf Veranlassung des königl. statist. Bureaus hrsg. gr. 8. (à Jahrg. 18 S.) Berlin, Verlag des k. statist. Bureaus. à Jahrg. *

— populäre Mittheilungen zum astronomischen Theile d. königl. preussischen Normalkalenders f. 1885. Auf Veranlassg. d. königl. statist. Bureau's hrsg. unter Mitwirkg. v. Paul Lehmann. gr. 8. (18 S.) Berlin 884. Verl. d. k. statist. Bureaus. n. 1. —

Foerster, Wilh., populäre Mittheilungen zum astronomischen Theile des königl. preussischen Normalkalenders für 1886 und 1887. Auf Veranlassung des königl. statist. Bureau's hrsg. gr. 8. (9; 7 S.) Berlin, Verlag des k. statist. Bureaus. à Jahrg. *

— u. E. Blenck, populäre Mittheilungen zum astronomischen u. chronologischen Theile d. königl. preußischen Normalkalenders f. 1888—1891. gr. 8. (à ca. 30 S.) Berlin 887—890. Verl. d. kgl. statist. Bureaus. à Jahr n. 1. —

— u. E. Blenck, populäre Mittheilungen zum astronomischen u. chronologischen Theile d. preußischen Normalkalenders f. 1892—1895. [Aus: „Förster u. Lehmann, die veränderl. Tafeln" rc.] gr. 8. (à ca. 30 S.) Berlin 891—894. Verlag d. k. statist. Bureaus. à Jahr n. 1. —

— u. E. Blenck, populäre Mittheilgn. z. astronom. u. chronolog. Theile d. preuß. Normalkalenders f. 1896, 1897, 1898 u. 1899. [Aus: „Förster u. Lehmann, d. veränderl. Tafeln" rc.] gr. 8. (19, 20, 16 u. 46, u. 70 S.) Berlin 895—898. Verlag d. k. statist. Bureaus. à n. 1. —

— u. E. Blenck, populäre Mittheilungen zum astronomischen u. chronologischen Theile des preußischen Normalkalenders f. 1900, 1901 u. 1902. gr. 8. (29, 28 u. 20 S.) Berlin 899—901. Verlag des k. statist. Bureaus. à n. 1. —

— E. Blenck, populäre Mitteilungen zum astronomischen u. chronologischen Theile des preußischen Normalkalenders f. 1904. (27 S.) gr. 8. Berlin 903. Verlag des k. statist. Landesamts. n. 1. —

— — u. E. Blenck, populäre Mitteilungen zum astronomischen u. chronologischen Teile des preußischen Normalkalenders f. 1907. (23 S.) gr. 8. Ebd. 906. 1. —
Für 1906 hrsg. v. Lehmann, P. u E. Blenck.

— s.: Mitteilungen der Vereinigung v. Freunden d. Astronomie u. kosmischen Physik.

Die Mittwochs-Gesellschaft fur wissenschaftliche Unterhaltung bis zu ihrer 500 Sitzung am 26. Juni 1901. Fest-Vortrag von W[ilhelm] Foerster ([Berlin] 1901.) (4 S.) 4° [Kopft.] [illegible]

W FOERSTER, Die Mittwochs-Gesellschaft für wissenschaftliche Unterhaltung bis zu ihrer 500. Sitzung am 26. Juni 1901. Fest-Vortrag (Berlin 1901 Druck von G. Bernstein. Ohne bes Titelblatt) 4°

— Naturwissenschaft u. Ethik, s.: Zusammenkunft, die Eisenacher, etc.

Oelsner, Joh. Wilh.: Der 5. Okt 1790 betrachtet am 5. Oct. 1840. [Von Wilh. Förster.] Breslau [1840]: Grass, Barth & Co. 24 S. 1 Bild. 8°
Schilderung aus J. W. Oelsners Jugend. — Üb. Oelsner s. Allgem. Deutsche Biographie Bd 24 1887 S. 341—343 (Schimmelpfennig).

— Ortszeit u. Weltzeit. Ein Beitrag zur Orientirg. u. Verständigg. gr. 8. (26 S.) Berlin 884. Moeser. n. 1. —

Ueber den Patriotismus des Freimaurers. Am 62sten Stiftungsfeste der ger. u. vollk. St. Joh. □ Friedrich z. goldenen Zepter im Or. zu Breslau den 10. Dez. 1838 gesprochen von W[ilh.] Foerster. Breslau [1838]: Grass, Barth & Co. 16 S. 8° [Umschlagtit.]

Foerster, Wilhelm, Rede über das Zusammenwirken von Bessel, Encke u. Alexander von Humboldt unter der Regierung Friedrich Wilhelms III. Berlin 1894.

Foerster, W., die physikalisch-technische Reichsanstalt. Ein Beitrag zur Verständigung. gr. 8. (16 S.) Berlin 887. Springer. n. — 50

- Sammlung von Hülfsmitteln der Berliner Sternwarte, s. Sammlung.

Förster, W., Sammlung von Hilfstafeln der Berliner Sternwarte. Berlin 1869. 4°.

— Sammlung populärer astronomischer Mittheilungen. gr. 8. (VII, 168 S.) Berlin 878. Dümmler's Verl. n. 3. —

— Sammlung populärer astronomischer Mittheilungen. 2. Folge. gr. 8. (V, 90 S.) Berlin 884. Dümmler's Verl. n. 1. 80 (1. u. 2.: n. 4. 80)

-- Sammlung wissenschaftlicher Vorträge. gr. 8. (V, 197 S.) Berlin 876. Dümmler's Verl. n. 3. —

—— Sammlung von Vorträgen und Abhandlungen. [2. Folge.] gr. 8. (VII, 350 S.) Berlin 887, G. Reimer. * geb. *
1. Folge u. d. T.: Foerster, Wilh., Sammlung wissenschaftl. Vorträge. Berlin 1876, Dümmler's Verlag. * ℳ 3.—.

—— Sammlung v. Vorträgen u. Abhandlungen. [3. Folge.] gr. 8. (VII, 228 S.) Ebd. 890. * 4 —; geb. * 5 —
1. Vortrag u. 2. Folge. Ebd. 1876,87. * 9 —.

Das Schwesternjoch. Den holden Schwestern gewidmet am Sylvester 1832. [Unterz.:] W[ilh.] Förster. [Posen 1832.] 2 Bl. 8° [Umschlagtit.]
Gedicht: „Ich lobe mir ein Schwesternmahl, . . ."

Foerster, Wilhelm (Dir d Kgl Sternwarte / Berlin): Sternschnuppen und „Feuerkugeln" 4 (4 unp S) Progr. Kgl G Nakel 1897

Der Student und die Politik. Vortrag von Prof. Wilhelm Foerster. Berlin 1900: J. S. Preuss. (14 S.) 8° [F] [illegible]

Foerster, Wilhelm. Der Student und die Politik. Vortrag, gehalten auf dem 1. Diskussionsabend der Berliner Finkenschaft. 16 S. 8. Berlin-Bern, John Edelheim, 1901. [M. —. 50]

— der Student u. die Politik. Vortrag, geh. auf dem I. Diskussionsabend d. Berliner Finkenschaft. gr. 8. (16 S.) Berlin 901. [Dr. J. Edelheim.] Vita. n.n. — 50

—— Studien zur Astrometrie. Gesammelte Abhandlungen. gr. 8. (III, 207 S.) Berlin 888, Dümmler's Verlag. *

Förster, W. Studien zur Astronomie Berlin 1888.

— die unveränderlichen Tafeln d. astronomischen u. chronologischen Theils d. königl. preuss. Normalkalenders f. 1872. gr. 8. (123 S.) Berlin 871. Verl. d. k. stat. Bureaus. n.n. 5. —

— dasselbe f. 1873. gr. 8. (V, 108 S.) Ebend. 872. n. 6. 75

—— die unveränderlichen Tafeln des astronomischen und chronologischen Theils des königl. preuss. Normalkalenders. gr. 8. (123 S.) Berlin 873, Verlag des kgl. statistischen Bureaus. *

— dasselbe f. 1875. gr. 8. (105 S.) Ebend. 874. n. 6. 70

— dasselbe f. 1876. gr. 8. (III, 105 S.) Ebend. 875. n. 6. 70

— dasselbe f. 1877. gr. 8. (V, 112 S.) Ebend. 876. n. 6. 75

— die unveränderlichen Tafeln des astronomischen u. chronologischen Theils des königl. preussischen Normalkalenders. Neue, durch einen Nachtrag verm. Aufl. gr. 8. (IV, 131 S.) Berlin 878. Verlag d. k. statist. Bureaus. n.n. 5. —

— u. P. Lehmann, die unveränderlichen Tafeln d. astronomischen u. chronologischen Theils d. königl. preußischen Normalkalenders. gr. 8. (V, 133 S.) Ebd. 891. n.n.n. 4. —

—— die veränderlichen Tafeln des astronomischen und chronologischen Theils des königl. preuss. Normalkalenders für 1873—76. gr. 8. (V, 108; 125; 105; III, 105 S.) Berlin, Verlag des kgl. statistischen Bureaus. 1873 *
1874 **
1875 und 1876 à *

— die veränderlichen Tafeln des astronomischen und chronologischen Theils des königl. preussischen Normalkalenders für 1877. gr. 8. (V, 112 S.) Ebendas. 876. *
— dass. — für 1878. gr. 8. (V, 124 S.) Ebendas. 877. **

— die veränderlichen Tafeln des astronomischen u. chronologischen Theils des königlich preussischen Normalkalenders für 1879. gr. 8. (V, 124 S.) Ebend. 878. n.n. 6. —

— dasselbe für 1880. gr. 8. (V, 125 S.) Ebend. 879. n. 6. 70

—— und P. Lehmann, die veränderlichen Tafeln des astronomischen und chronologischen Theils des königl. preussischen Normalkalenders für 1881—1885. gr. 8. (V, 124; V, 126; V, 116; V, 115; V, 128 S.) Berlin, Verlag des k. statist. Bureaus. à Jahrg. **

— u. P. Lehmann, die veränderlichen Tafeln d. astronomischen u. chronologischen Theiles d. königl. preussischen Normalkalenders f. 1886. gr. 8. (V, 119 S.) Ebend. 885. n.n. 5. —

— dasselbe f. 1887. gr. 8. (V, 119 S.) Ebend. 886. n.n. 5. —

— u. P. Lehmann, die veränderlichen Tafeln d. astronomischen u. chronologischen Theiles d. königl. preußischen Normalkalenders f. 1888—1891. Nebst e. allgemeinen statist. Beitrage v. E. Blenck. gr. 8. (à ca. V, 140 S.) Ebd. 887—890. à Jahr n. 5. —

— — die veränderlichen Tafeln des astronomischen u. chronologischen Theils d. königl. preuß. Normalkalenders f. 1892—1895. Nebst e. allgemeinen statist. Beitrage v. E. Blenck. gr. 8. (V, 172; V, 154; V, 152; V, 154 S.) Ebd. 891—894. à Jahr n.n.n. 5. —

— u. P. Lehmann, d. veränderl. Tafeln d. astronom. u. chronolog. Theils d. kgl. preuß. Normalkalenders f. 1896, 1897, 1898 u. 1899. Nebst e. allgem. statist. Beitrag v. E. Blenck. gr. 8. (V, 153, V, 163, V, 178 u. V, 202 S.) Ebd. 895—898. à n.n.n. 5. —

Foerster, Wilh., u. P. Lehmann, die veränderlichen Tafeln des astronomischen u. chronologischen Theils d. preußisch. Normalkalenders für 1900, 1901, 1902 u. 1903. Nebst e. allgemeinen statist. Beitrage v. E. Blenck. gr. 8. (V, 161; V, 160; V, 152 u. V, 157 S.) Ebd. 899—902. à n n.n. 5. —

— u. P. Lehmann, die veränderlichen Tafeln des astronomischen u. chronologischen Teils des preußischen Normalkalenders f. 1904 u. 1905. Nebst e. allgemeinen statist. Beitrage v. E. Blenck. (V, 159 u. V, 162 S.) gr. 8. Ebd. 903. à n.n.n. 5. —

— — dasselbe f. 1906 u. 1907. Nebst e. allgemeinen statist. Beitrage v. E. Blenck. (Heft II der Kalendermaterialien f. 1906, bezw. 1907.) (V, 158 u. V, 157 S.) gr. 8. Ebd. 905. à n. 6. 80

— Die veränderlichen Tafeln des usw. preußischen Normalkalenders, Fortsetzg., s.: Lehmann, P.

Trauer-Rede dem dankbaren Andenken Sr. Majestät des Hochseeligen [!] Königs von Preussen, Friedrich Wilhelms III. gewidmet. In der ger. u. vollk. St. Joh. ☐ Friedrich zum goldenen Zepter im Or. zu Breslau am 30. Juni 1840 gesprochen vom Br. W[ilh.] Foerster. Breslau 1840: Grass, Barth & Co. 16 S. 8⁰ [Umschlagtit.]

— u. L. Schneider, Truchmann militaire, ou Dictionn. portatif system. etc. A. u. d. T.: d. Kriegsdolmetscher, od. systemat. Wörterbuch der für den Offizier wichtigsten Wörter u. Redensarten in deutscher, französ., span., portugies., engl., poln., russ., neugriech. u. türk. Sprache. 16. Berl. 820. (Hayn). 1 ℛ 12 g̸

Förster, Wilh., erster Unterr. in d. eigentl. Statik oder Geostatik für Militärschulen u. zum Selbstunterricht. Nebst 2 Blätt. lithogr. Fig. gr. 8. Glogau u. Lissa 828. N. Günter'sche B. 10 g̸

— Untersuchungen üb. das Fraunhofer'sche Aequatorial, s. a. Beobachtungen, astronomische, auf der königl. Sternwarte zu Berlin.

— Untersuchungen üb. das Fraunhofer'sche Aequatorial. [Aus: „Anhang d. V. Bds. der Berliner Beobachtungen".] Fol. (20 S.) Ebd. 884. n. 2. —

Förster, W., Dr., Verhandlungen der ersten allgemeinen Conferenz der Bevollmächtigten zur Mittel-Europäischen Gradmessung vom 15. bis 22 Okt 1864 Berlin 1865

Foerster, Wilhelm, Volontar-Arzt an d Univ.-Augenklinik zu Rostock: Versuche über die Beeinflussung der Harnsäure-Ausscheidung mit spezieller Berücksichtigung der Chinasäure und der chinasauren Salze. *Rostock 1900: C. Boldt.* (24 S.) 8° Rostock, Med Diss v. [17. Nov.] 1900

(W FOERSTER) Verzeichniss der in den ersten 500 Sitzungen der Mittwochs-Gesellschaft zu Berlin gehaltenen Vorträge 1863 bis 1901 (ab 1901. —. Ohne bes. Titelblatt) 4°.

Foerster, Wilh., und Gust *Spiller*, Die Volksschule Englands und Deutschlands. Was a. d. Vorgängen in England auf d. Gebiete d. Schulgesetzgebung u. d. Erziehungsreform f. Deutschland zu entnehmen ist. 8°.
Aus Zeitgeist (Berliner Tageblatt) vom 18 Febr 1907

Foerster, Wilh, von der Erdatmosphäre zum Himmelsraum, s. a. Einzeldarstellungen aus den Naturwissenschaften. IV.

Von der Erdatmosphäre zum Himmelsraum von Prof. Dr. Wilhelm Foerster Mit 22 Abb Berlin & Leipzig: H Hillger 1906. (115 S.) 8° [J.]
— Einzeldarstellungen aus d. Naturwissenschaften. 4. (07. 15790

Foerster: Vorschläge, betreffend die künftige Gestaltung der öffentlichen Zeit-Regulirung in Berlin. Nebst einem Gutachten über die für die öffentliche Zeit-Regulirung in Betracht kommenden technischen Einrichtungen mit besonderer Berücksichtigung der in Berlin vorliegenden Verhältnisse, im Auftrage des Direktors der Kgl. Sternwarte erstattet von A Leman. Berlin 1887

— Wahrheit und Wahrscheinlichkeit. Vortrag geh. im wissenschaftl. Verein zu Berlin am 23. Januar 1875. gr. 8. (40 S.) Berlin 875. Dümmler's Verl. n. 1. —

— Weltzeit u. Ortszeit im Bunde gegen die Vielheit der sogenannten Einheits- od. Zonen-Zeiten. gr. 8. (32 S.) Berlin 891. F. Dümmler's Verl. n. — 60

— zuverlässige Zeitangaben u. ihr sozialer Wert, s. a. Sammlung populärer Schriften, hrsg. v. der Gesellschaft Urania.

Zuverlässige Zeitangaben und ihr sozialer Wert. Von Prof. Dr. Wilhelm Foerster in Charlottenburg. Berlin: H. Paetel 1906. (29 S) 4°(8°)
— Sammlung populärer Schriften, hrsg. von d. Urania. No 61. (06. 9906

—— über Zeitmaaße und ihre Verwaltung durch die Astronomie, s. a. Sammlung gemeinverständlicher wissenschaftl. Vorträge, 5. Heft.

— Über Zeitmasse und ihre Verwaltung durch die Astronomie (Sammlung gemeinverständlicher wissenschaftlicher Vorträge 5) Berlin 1866

-- Über Zeitmesssung u. Zeitregelung, s. a. Wissen u. Können.

Über Zeitmessung und Zeitregelung von Dr. Wilhelm Foerster, Prof., Berlin. Leipzig: Barth 1909. 114 S. 8°
(Wissen u. Können Bd 9) (09. 6025

— Zonenbeobachtungen der Sterne zwischen 20 u. 25 Grad nördlicher Declination, s.: Becker, E

Förster, Wlh. Ad., s. Kastor, ...

FÖRSTER, William

(F) Heimgefunden. Originalnovelle von William Förster. Mit 8 Vollbildern. [Weichert's Illustrirter Familienschatz. Bd. 68.] Wien. [1899.] In Comm. Derflinger & Fischer. 8°. 96 S. fl. —.15

Foerster, Wolfg., Prinz Friedrich Karl v. Preußen. Denkwürdigkeiten aus seinem Leben. Vornehmlich auf Grund des schriftl. Nachlasses des Prinzen bearb. u. hrsg. 2 Bde. Lex. 8. Stuttgart 910. Deutsche Verlags-Anstalt. 20. —; geb. 24. —

1. 1828—1864. Mit 4 Bildnissen, 2 Fksms. eigenhänd. Briefe des Prinzen u. 6 Kartenskizzen. 1—10. Aufl. (Je 377 S.) 10. —; geb. 12. —
2. 1866—1885. Mit 4 Bildnissen, 1 Fksm. e. eigenhänd. Briefes des Prinzen u. 12 Kartenskizzen. 7. Aufl. (Je 558 S.) 10. —; geb. 12. —

Foerster, Wolfgang: Prinz Friedrich Karl von Preußen. Denkwürdigkeiten aus seinem Leben. 3. Aufl. Stuttgart und Leipzig
Bd 2 1866—1885. 1910

Foerster, Wolfg., die Heerführung des Prinzen Friedrich Karl in den Tagen des 14.–16. VIII. 1870. gr. 8. (64 S.) Berlin 900. R. Eisenschmidt. n. 1. —

Foerster, Wolfg., zur Vorgeschichte des 16. VIII. 1870. Das Oberkommando der II. Armee vom 12.—16. VIII. 1870, m. 1 Karte. (74 S.) Lex.-8. Berlin 905. R. Eisenschmidt. n. 2. —

Förster-Kontopp, E.

Foerster-Kontopp, der Entwurf e. Gesetzes üb. den Zwischenhandel des Reichs m. Branntwein. (27 S.) gr. 8. Berlin 909. P. Parey. — 50

Förster-Nietzsche, Elisabeth, d. Leben Friedrich Nietzsche's. 1. Bd. gr. 8. (VIII, 369 S. m. Musikbeil., 1 Abb. in 2 Bildn.) Leipzig 895. C. G. Naumann. n. 9. —; geb. n.n. 11. —

— dasselbe. 2. Bd. 1. Abth. gr. 8. (IX, 341 S. m. 1 Bildn.) Ebd. 897. n. 8. —; geb. n. 10. —

Förster-Nietzsche, Elisab., das Leben Friedrich Nietzsche's. II. Bd. 2. Abth. (VI u. S. 345—944 m. 2 Bildnissen.) gr. 8. Leipzig 904. C. G. Naumann. n. 12. 50; geb. n. 14. 50 (Vollständig: Ermäß. Pr. n. 27. —; geb. n.n. 33. —)

Förster, Elisabeth: Dr. Bernhard Förster's Kolonie Neu-Germania in Paraguay. Berlin 1891 175 S., 3 Tf., 3 Krt 8°.

[Förster, Elisabeth, geb Nietzsche]: Dr Bernhard Försters Kolonie Neu Germania in Paraguay Berlin 1891: Aktien Gesellschaft „Pionier". 175 S

– (Hrsg.), s. Nietzsche, Friedrich: Gesammelte Briefe. Bd 2. 3.

Förster-Nietzsche, Elisab., das Nietzsche-Archiv, seine Freunde u. Feinde. (92 S.) gr. 8. Berlin 907. Marquardt & Co. 2. —

Förster-Nietzsche, Elisab., die Philosophie Friedrich Nietzsches, s.: Lichtenberger, Henri.

Förster-Ausbildungsfrage, die, in Deutschland. Verhandlungen üb. das Thema: Welche Anforderungen. sind an die Ausbildg. des Forstschutz- u. Betriebsvollzugspersonals zu stellen? gelegentlich der 10. Hauptversammlg. des deutschen Forstvereins in Heidelberg am 8. IX. 1909. (36 S.) Lex. 8. Neudamm 910. J. Neumann. 1. —

Försterfamilie, die, v. Gruber, m. K. 8. Wien, Sammer. 802.

Förster-Jahrbuch, preußisches, f. 1910, enth. Dienstalterslisten der preuß. Revierförster, Förster u. Försteranwärter einschließlich derjenigen der Hofkammer — die der Anwärter auch f. Elsaß-Lothringen. — Berechnung der Anstellungsaussichten der diesjähr. Forstversorgungsberechtigten, statist. Tabellen, Kalendarium u. a. m. Hrsg. nach amtl. Quellen v. d. Geschäftsstelle der deutschen Forst-Zeitg. Im Anh.: Kalkbrenners Jahrbuch f. Forstbeamte u. Forstanwärter, e. Sammlg. v. allgemeinen Bestimmgn., Entscheidgn. u. Gesetzen. (1. Bd. 1910.) (268 S.) Lex. 8. Ebd. 910. 3. —

Förster-Kalender für d. J. 1891—1893. 1.—3. Jahrg. Hrsg. von Aug. Leuthner. gr. 16. (176; 184; 184 S.) Klagenfurt, Leon sen. geb. in Leinw. à Jahrg. * 2 —

Förster-Kalender für das Gemeinjahr 1894. IV. Jahrg. Herausgegeben v. August Leuthner 16 (224 S. mit Notizblättern.) In Leinwd. gebunden Ebd. 1.—

Förster-Kalender f. d. J. 1895. 5. Jahrg. Hrsg. v. Aug. Leuthner. gr. 16. (240 S.) Klagenfurt, J. Leon sen. Geb. in Leinw. n. 2. —

Förster-Kalender für das Schaltjahr 1896. VI. Jahrgang. Herausgegeben von August Leuthner. 16. (240 S. mit Notizblättern.) In Lnwd. geb. Ebd. 1.—

Förster-Kalender für das Gemeinjahr 1897. VII. Jahrgang. Herausgegeben von August Leuthner. 16. (210 S., mit Notizblättern.) In Lnwd. geb. Ebd. 1.—

Förster-Kalender für das Gemeinjahr 1898. VIII. Jahrgang. Herausgegeben von August Leuthner. 16. (218 S., mit Notizblättern.) In Lnwd. geb. Ebd. 1.—

Förster-Kalender f. d. J. 1899. 9. Jahrg. Hrsg. v. Aug. Leuthner. gr. 16. (248 S.) Klagenfurt, J. Leon sen. Geb. in Leinw. n. 2. —

Förster-Kalender für das Gemeinjahr 1900. X. Jahrgang. Herausgegeben von August Leuthner. Klagenfurt. Leon sen. 8°. 248 S. Geb. fl. 1.—

9436 . . . 06.

Förster-Kalender für das Gemeinjahr 1901. XI. Jahrgang. Herausgegeben von August Leuthner. Klagenfurt. Leon sen. 8°. 252 S. Geb. K 2.—

Förster-Kalender für das Gemeinjahr 1902. XII. Jahrgang. Herausgegeben von August Leuthner. Klagenfurt. Leon sen. 8°. 260 S. Geb. K 2.—

Förster-Kalender f. d. J. 1903. 13. Jahrg. Hrsg. v. Aug. Leuthner. gr. 16. (260 S.) Klagenfurt, J. Leon sen. Geb. in Leinw. 2 —

Försterkalender für das Schuljahr 1904. 14. Jahrg. 8°. (260 S.) Ebd. K 2.—

Förster-Kalender für das Gemeinjahr 1905. 15. Jahrg 16°. (260 S.) Ebd. geb. K 2.—

Försterkalender für das Gemeinjahr 1906. XVI. Jahrg. 8°. (260 S.) Ebd. geb. K 2.—

Förster-Kalender f. d. J. 1907. 17. Jahrg. Hrsg. von Aug. Leuthner. (260 S.) 16. Klagenfurt, J. Leon sen. Geb. in Leinw. n. 2. —

Försterkalender für das Schaltjahr 1908. XVIII. Jahrg. 8°. (260 S.) Ebd. geb. K 2.—

Försterkalender für das Jahr 1909. XIX. Jahrg. 8°. (260 S.) Ebd. geb. K 2 -

Försterkalender für das Gemeinjahr 1910. XX. Jahrg. 8°. (264 S.) Ebd. geb. K 2.—

Förster-Kalender f. d. J. 1911. 21. Jahrg. Hrsg. v. Aug. Leuthner. (III, 266 S.) 16. Klagenfurt, J. Leon sen. Geb. in Leinw. 2. —

Neudammer Försterlehrbuch. Ein Leitfaden für Unterricht und Praxis, sowie ein Handbuch für den Privatwaldbesitzer. - Neudamm 1899. XII, 660 S., 172 Abb., dazu Repetitorium ebd. 1900. 48 S. - 2. Aufl. ebd. 1902. XVI, 712 S., 48 S., m. 192 Abb., dazu Repetitorium ebd. 1902. 48 S. - 3. verm. u. verb. Aufl. ebd. 1908. XIX, 818 S., 203 Abb., 6 Taf., dazu Repetitorium ebd. 1908. 228 S. - 4. Aufl. ebd. 1912. XIX, 818 S., 203 Abb., 6 Taf., dazu Repetitorium ebd. 1912. VII, 229 S. - 5. unv. Aufl. ebd. 1918. - 6. Aufl. ebd. 1919. XXII, 914 S., dazu Repetitorium ebd. 1919. VIII, 177 S. - 7. verm. u. verb. Aufl. ebd. 1922. XXII, 924 S., 211 Abb., 6 Taf., dazu Repetitorium ebd. 1921. VII, 178 S. - 8. verm. u. verb. Aufl. ebd. 1929. XII, 772 S., 362 Abb. - 9. Aufl. u. d. T.: Neudammer forstliches Lehrbuch. Ein Handbuch für Unterricht und Praxis. Neudamm, Berlin 1939. XII, 1007 S., 500 Abb. - 10. völlig umgearb. u. erw. Aufl. hrsg. v. Konrad Rubner. Neudamm 1942. 2 Bd. XII, 798 S. u. VIII, 888 S., m. Abb. - 11. Aufl. hrsg. v. K. Rubner. Radebeul, Berlin 1955. 2 Bd. - 1. Bd.: VII, 830 S., zahlr. Abb. - 2. Bd.: 5. Lieferung Melsungen 1955. 208 S., zahlr. Abb., 6. Lieferung ebd. 1957. S. 209-495

Försterlehrbuch, Neudammer. Ein Leitfaden f. Unterricht u. Praxis, sowie e. Handbuch f. den Privatwaldbesitzer. Bearb. v. A. Schwappach, C. Eckstein, E. Herrmann, W. Borgmann. 2., verm. u. verb. Aufl. 4.—7. Taus. Mit 192 Abbildgn. im Texte u. e. Repetitorium in der Anlage. gr. 8. (XVI, 712 u. 48 S. m. 1 Tab.) Neudamm 902. J. Neumann Geb. in Leinw. u. geh. n. 8. —
1. Aufl. (XII, 660 S.) Ebd. 899. 8. —.

Försterlehrbuch, Neudammer. Ein Leitfaden f. Unterricht u. Praxis, sowie e. Handbuch f. den Privatwaldbesitzer. Bearb. v. A. Schwappach, L. Eckstein, E. Herrmann, W. Borgmann. 3., verm. u. verb. Aufl. 8. bis 12. Taus. Mit 203 Abbildgn. im Texte, 6 farb., 117 Einzeldarstellgn. enth. Insektentafeln, sowie e. Repetitorium in Frage u. Antwort als Anlage. 2 Bde. (XIX, 818 u. VII, 228 S.) 8. Neudamm 908. J. Neumann. Geb. in Leinw. 10. —

Foersterling, Hans *Albrecht* [aus Dresden]: Hydrazinhydrat und Anhydride zweibasischer Säuren ... Kiel, Druck v. Schmidt & Klaunig, 1894; 44 S., 2 Bl. 8.
Kiel, Phil. Fak., Inaug.-Diss. v. [9. März] 1894

Försterling, K[arl]: Über die Reflexion des Lichtes an natürlich aktiven Körpern. Leipzig: Barth 1909. 36 S. 8° ¶(Aus: Annalen d. Physik. Folge 4, Bd 29, H. 9.)
Göttingen, Phil. Diss. v. 24. Mai 1909, Ref. Voigt
[Geb. 23. Apr. 85 Wernigerode; Wohnort: Wernigerode; Staatsangeh.: Preußen; Vorbildung: Gymn. Wernigerode Reife O. 04; Studium: Heidelberg 4, Göttingen 5 S.; Rig. 10. Febr. 09.] [U 09. 1343

Försterling, Karl: Ueber die Verletzungen des Kindes bei der Geburt. *Halle a. S. 1898: Plotz.* (51 S.) 8°
Halle, Med. Diss. v. 21 März 1898

Försterling, Otto, Anakreonradirungen. Fol. (18 Kpfrt.) Breslau 872, R. Hoffmann. à Blatt (*M. 2.) *
cart. *
In Lnwdmappe *

—— dass. — Fol. (9 Kpfrst.) Ebendas. 872. cart. *
In Lnwdmappe cart. *

Försterling, Otto, die schöne Müllerin. Gedichtet von W Muller, comp. von F. Schubert. 20 Orig.-Zeichnungen in Kpfr. radirt von Andorff, Eilers, Grohmann etc. Initialen u. Text gestochen von Peters. Berlin 870. Kuntzmann & Co. Fol. (33 Bll. mit Text.) 12 *ℳ*

— Im Wald Orig.-Radirungen. Berlin 868. Amsler & Ruthardt. Fol. (6 Kpfrtaf.) In Mappe. n. 4 *ℳ*

Försterling, Wilhelm: Casuistische Beiträge zur Kenntnis des Morbus Addisonii. *Berlin (1898): E. Ebering.* (36 S.) 8°
Berlin, Med Diss v. 9 Aug 1898

Förster's, Bernh., Kolonie Neu-Germania in Paraguay. gr. 8. (VIII, 175 S. m. Abbildgn. u. Karten.) Berlin 891. (Actien-Gesellschaft „Pionier".) Kart. n. 2.70

— Dass., s.a. Förster, Elisabeth

(F) **Österr. Försterzeitung.** Offizielles Organ des österr. Forstervereines. 1. Jahrg. 1904. Gr.-8°. erscheint in 12 Nrn. Wien: Mitschke 1904. kompl. K 6.—

Förster-Zeitung, österreichische. Offizielles Organ des österreich. Förstervereins u. dessen Sektionen Wienerwald, Salzkammergut, Salzburg usw. Halbmonatsschrift in Vereins- u. Standesangelegenheiten, f. Forstwirtschaft, Holzhandel, Holzindustrie, Jagd u. Fischerei. Hrsg.: Ad. Ascher u. Raoul Eug. Prumler. Red.: Raoul Eug. Prumler. Fachmännischer Red.: Rud. Schreiber. 6. Jahrg. 1909. 24 Nrn. (à ca. 12 S. m. Abb.) 31×23 cm. Wien, Reichsjagdverlag. 8. —

Zur Salzburgischen Forstfrage, mit besonderer Beziehung auf den in Nr 119 bis 123, 125, 126 und 127 der Salzburger Zeitung und in einer gleichlautenden Broschüre durch den Herrn Landtagsausschuß Fr Peitler veröffentlichten Aufsatz: "Die Forstfrage in Herzogthum Salzburg" - Salzburg 1861

„Forstfragen, als Entwicklung und Beiträge der v. Oppelschen Abthellung der Gehölze in jährliche Gehaue", gemeinschaftlich bearbeitet von Schellig und Markendorf, Meissen 1799

Forstfragen, als Entwickel. u. Beytr. zur Abthell. der Gehölze u. jährl. Gehaue v. K. F. Schellig und J. B. Markendorf. gr. 4. Meißen, Gödsche. 799.

Forst-Geographie u. Forst-Statistik, die, in Bezug auf deren Wichtigkeit, Nutzen u. Behandlung. gr. 8. Gotha 833, Hennings u. Hopf in Erfurt. 1/6 *ℳ*

Forstgesetz, das, s.a. **Gesetze, österreichische.**

Forstgesetz, s.a. **Gesetze u. Verordnungen,** österreichische.

Forstgesetz. - München 1907. 53 S. - (Bayer. Landesges. i. neuester Fassung Nr. 7)

Das Forstgesetz für das Großherzogthum Baden. - Karlsruhe 1834. 68 S. Amtl. Ausg.

Das Forstgesetz für das Großherzogthum Baden vom 15. Nov. 1833 mit den Vollzugsverordnungen und Instruktionen. - Karlsruhe 1836. IV, 357 S., 1 Musterforstkt.

Forstgesetz, das, für das Großherzogthum Baden. Officielle Ausg. 8. 834. 5 gl — dass. mit den Vollzugsverordnungen u. Instruktionen. Nebst lithogr. Zeichenblatt u. Musterforstkarte. gr. 12. Karlsruhe 836. Groos. 1 rf

Forstgesetz für das Großherzogthum Baden nebst den dazu gehörigen Vollzugs-Verordnungen vom 6. März 1845. - Karlsruhe 1846. III, 101 S.

Forstgesetz f. das Großherzogth. Baden nebst den dazu gehörigen Vollzugs-Verordnungen. 8. (7¾ B.) Karlsruhe 846, Braun'sche Hof-Buchh. *

Das badische Forstgesetz in seiner jetzigen Fassung nebst der Vollzugsverordnung zum Gesetz vom 27. April 1854 über die Privatwaldungen sowie der Wirthschaftsordnung der Gemeinde- und Körperschaftswaldungen. - Karlsruhe 1855. 90 S.

Forstgesetz, das bayerische, in der Fassung vom 4. VII. 1896. Anh.: Weidegesetz. Gesetz v. 28. V. 1852 üb. die Ausübg. u. Ablösg. des Weiderechts auf fremdem Grund u. Boden. (Nürnberger Volksausg.) (115 S.) kl. 8. Nürnberg 907. R. Henkelmann. — 60

— das, f. das Königr. Bayern, nebst den allgemeinen Vollzugsvorschriften u. den besonderen in Ansehung der Gemeinde-, Stiftungs- u. Körperschaftswaldungen. Mit einem umfassenden Repertorium. gr. 8. (IV u. 178 S. wovon 30 in qu. Fol.) München 852, Finsterlin in Comm. n. ½ rf

— das, f. das Königr. Bayern. Zusammengestellt aus den Verhandlungen beider Kammern nebst den Vollzugsvorschriften. Mit einem umfassenden Repertorium. Hrsg. von S. Jos. Jandebeur. 6 Lfgn. gr. 8. (VI u. 510 S. m. 16 Tab. in qu. Fol. u. Repertorium. 35 S.) Ebd. 852. (à n. ⅓ rf) n. 2 rf

—— dass. — Zusammengestellt aus den Verhandlungen beider Kammern nebst dem allerhöchst sanctionirten Gesetze und den Vollzugsinstructionen zu solchem. gr. 8. (V und 510 S. mit 10 Tab. in qu. Fol. und 35 S. Repertorium.) (Ebds.) 852. *

— das, für das Königreich Bayern nebst sämmtlichen hiezu erlassenen Vollzugsvorschriften, einschlüßig des Kostenregulatives und der Vorschriften für die periodischen Waldstandsrevisionen in den Gemeinde- und Körperschafts-Waldungen. Mit einem ausführlichen Sachregister. Zusammengestellt von einem königl. Forstbeamten. Würzburg 853. Kellner. gr. 8. (1 Bl., 180 S.) n. 15 ngl

— das, für das Königreich Bayern, nebst den allgemeinen Vollzugs-Vorschriften und den besonderen in Ansehung der Gemeinde-, Stiftungs- und Körperschafts-Waldungen. Mit e. umfassenden Repertorium. 2. Aufl. München 857. Finsterlin. gr. 8. (IV, 178 S. u. Tab. in 4) n. 15 ngl

—— das, für das Königreich Bayern, nebst sämmtl. hierzu gegebenen Vollzugsvorschriften, sowie den hiezu bis auf die Gegenwart erschienenen Ministerialerlassen ꝛc. Mit einem ausführl. Sachregister. Zusammengestellt von einem königl. Forstbeamten. 2., mit sämmtl. Normativ-Entschließungen bearb. Aufl. gr. 8. (194 S.) Würzburg 862, Kellner.

— das, für das Königreich Bayern, in neuer Textirung vom Jahre 1879, nebst den rev. allgemeinen Vollzugs-Vorschriften u. den besonderen in Ansehung der Gemeinde-, Stiftungs- u. Körperschafts-Waldungen. Mit einem umfassenden Nachschlage-Register. Zum Dienstgebrauche für das k. Forstpersonal bestimmt. Kleinere Ausg. gr. 8. (VIII, 116 S.) Augsburg 879. Schmid's Verl. cart. 1. 20

— das, f. das Königreich Bayern [neue Textirung v. J. 1879], nebst den revidirten allgemeinen Vollzugs-Vorschriften u. den besonderen, in Ansehung der Gemeinde-, Stiftungs- u. Körperschafts-Waldungen erlassenen Vorschriften in der jetzt gült. Fassung. Zum Dienstgebrauche f. das k. Forstpersonal bestimmte Handausgabe. 2., mit Rücksichtnahme auf die in Folge der Forstorganisation in den J. 1884 – 1888 erschienenen Bestimmungn. bearb. Aufl. 8. (XIV, 212 S.) Nördlingen 888. München, Beck. cart. n. 2. —

[F.] Das Forstgesetz für das Königreich Bayern. '(Nach d. Ges. v. 17. Juni 1896 in der Textirung v. 4. Juli 1896.)' Nebst d. einschläg. allg. u. bes. Vollzugsvorschriften in jetziger Fassg. Handausg. m. Erl. v. Dr. Hermann Schwaiger, gepr. Rechtspraktikant. *Ansbach: C. Brügel & Sohn 1897.* (VIII, 294 S.) 1 Bd 8. [97 1370

Forstgesetz, das f. d. Königr. Bayern (neue Textirung v. J. 1896), nebst d. revidirten allgem. Vollzugsvorschriften u. d. bes., in Ansehg. d. Gemeinde-, Stiftungs- u. Körperschafts-Waldgn. erlass. Vorschriften in d. jetzt gült. Fassg. Z. Dienstgebr. f. d. k. Forstpersonal bestimmte Handausg. 3., m. Rücksichtnahme auf d. in Folge d. Forstgesetz-Novelle v. 17. VI. 1896 erschien. Bestimmungn. bearb. Aufl. 8. (XIV, 268 S.) München 897. C. H. Beck. Kart. n. 2. —

Forstgesetz f. das Königr. Bayern rechts d. Rheins in der jetzt gültigen Fassung, nebst Vollzugsvorschriften. Textausg. m. kurzen Anmerkgn. f. die Handhabg. des Forstschutzes. 4., neu bearb. Aufl. (VIII, 241 S.) 8. München 904. C. H. Beck. Geb. in Leinw. n. 2. 25

Forstgesetz, das, vom 3. Dezember 1852 und Verordnung des Ministeriums d. Innern vom 15. Dezbr. 1852, die Ausübung des Jagdrechtes betreffend. (Aus d. Tiroler-Bothen abgedr.) Innsbruck 853. Wagner. 8. (16 S.) 3⅓ ngl

Königlich Französisches Forst-Gesetz vom 21. May 1827. - Freiburg i. Br. 1828. 52 S.

Forstgesetz des Kts Freiburg 1850

Forstgesetz, nebst den dazu gehörigen Gesetzen u. Verordnungen. Redactionelle Beilage d. kärntner. Gemeindeblattes. gr. 8. (68 S.) Klagenfurt 886. (Heyn.) cart. n. 2. —

— das, Jagdgesetz und die Vorschriften über den Feldschutz, s. a. Gesetze, oesterreichische.

— das, Jagdgesetz u. die Vorschriften über den Feldschutz, nebst allen darauf bezügl. ergänz. u. erläut. Gesetzen u. Verordnungen. [7., vielfach ergänzte Aufl.] 8. (VIII, 600 S.) Wien 881. Manz. n. 4. —; geb. n. 5. —

Forstgesetz. — Jagdgesetz, — Vorschriften über das Waffentragen, s. a. Taschenausgabe der österr. Gesetze. VIII. Bd.

Das Forstgesetz, Jagdgesetz und die Vorschriften über das Waffentragen und den Feldschutz, nebst allen darauf bezüglichen ergänzenden und erläuternden Verordnungen und Instructionen. - Wien 1861-1863. VIII, 273 S. - Dass. ebd. 1864. - Neuer Abdruck ergänzt bis Ende Mai 1868. ebd. 1868. VIII, 335 S. - (Taschenausg. d. Österr. Ges. Bd. 8) - 5. bis Ende Nov. 1874 erg. Aufl. ebd. 1875. VIII, 330 S. - 6. bis Ende Juni 1877 erg. Aufl. ebd. 1877. VIII, 488 S. - 7. durch einen Anh. erg. Aufl. ebd. 1882. VIII, 506 S. - Ab 8. Aufl. u. d. T.: Gesetze betr. das Forstwesen und den Feldschutz nebst allen ergänzenden und erläuternden Verordnungen mit Hinweisung auf die einschlägigen aus den Entscheidungen des Verwaltungsgerichtshofes ersichtlichen Rechtsgrundsätzen. ebd. 1885. XVI, 668 S. - 9. Aufl. ebd. 1890. XVIII, 850 S. - 10. Aufl. ebd. 1897. 1024 S. - 11. Aufl. ebd. 1906

Forstgesetz, Jagdgesetz, Das, die Vorschriften über das Waffentragen und den Feldschutz nebst allen darauf bezüglichen ergänzenden und erläuternden Verordnungen und Instruktionen. Neuer Abdruck, ergänzt bis Ende Mai 1868. (Manz'sche Gesetzes-Ausgabe. 8. Band.) 8. (VIII und 335 S.) Wien, Manz'sche B. Verl.-Conto. 1 fl. 10 kr., in engl. Lwd geb. 1 fl. 50 kr.
1868

Forstgesetz des Kts Luzern 1835

Forstgesetz, das, vom 28. März 1852. Mit einem ausführlichen Sachregister. Handausg. 8. (XX u. 83 S.) Nördlingen 852, Beck. ⅙ rf

Forstgesetz vom 28. März 1852. Gesetz die Ausübung der Jagd betr. vom 30. März 1850. Zusammengestellt nach Maßgabe der hiezu ergangenen abänd. gesetzl. Bestimmungen u. organisator. Einrichtungen. Mit Sachregistern. Lex.-8. (III, 65 u. 12 S.) Augsburg 879. Rieger. n. 1. —

— dasselbe nach den Abänderungen vom 26. Septbr. 1879. Mit einem Sachregister. 12. (110 S.) Würzburg 879. Stahel. cart. 1. 35

Forstgesetz vom 28. März 1852. Nach den Abänderungen vom 26. März 1879. Mit ausführlichem Sachregister. - Würzburg 1879. 46 S. - (Das Forstwesen i. Bay. Lfg. 1)

Forst- u. Jagdgesetz, d. österr., erläut. 7. Aufl. Wien 881.

Forstgesetz, das revidirte, für die Landestheile rechts des Rheins u. das revidirte Forststrafgesetz f. die Pfalz in der durch die Gesetzgebung vom Jahre 1879 festgestellten Fassung, nebst den zu Ersterem ergangenen allgemeinen Vollzugs-Vorschriften u. den besonderen Vorschriften im Betreffe der Gemeinde-, Stiftungs- u. Körperschafts-waldungen. 8. (212 S.) Bamberg 880. Buchner. 2. 70

Forstgesetz des Kts Wallis 1850 und Forstreglement 1853 Auch franz.

Forstgesetzbuch und Forstordonnanz. - Saarburg 1875. VIII, 115 S.

Die Forst- und Jagdgesetze der preuß. Monarchie, eine vollständige Sammlung u. s. w. Görlitz, 1823.

Die preußischen Forst- und Jagdgesetze mit Erl. hrsg. von O. Oehlschläger, A. Bernhardt [u. a.]. Berlin.

Bd 1. Oehlschläger, O. u. Bernhardt, A.: Gesetz betr. den Forst-Diebstahl vom 15. April 1878. 1878.
„ 2. Oehlschläger, O. u. Bernhardt, A.: Gesetze über 1. Die Verwaltung u. Bewirthschaftung von Waldungen d. Gemeinden u. öff. Anstalten sowie über 2. Schutzwaldungen u. Waldgenossenschaften. 1878.
„ 3. Bülow, K. v. u. Sterneberg, F.: Das Feld- u. Forstpolizei-Gesetz vom 1. April 1880. 1880.
„ 3, Erg.Bd Sterneberg, F.: Die zum Feld- u. Forstpolizei-Gesetz vom 1. April 1880 erlassenen Polizeiverordnungen. 1880.

— 3. Aufl. Bd 1. 1880.
— 4. Aufl. Bd 1. 3. 1886. 95.
— 5. Aufl. Bd 1. 1904.

Forst- u. Jagdgesetze, d. preuss., m. Erläutergn. v. v Oehlschläger, Bernhardt, v. Bülow u. Sterneberg Bd. I—III u. Ergänzgsbd. Berl. 886.
I. Gesetz, betr. Forstdiebstahl v. 15. IV. 78, hrsg. v. Oehlschläger u. Bernhardt. 3. Aufl. 886.
II Gesetze üb. Verwaltg v. Waldungn. sowie Schutzwaldgn. 878.
III. d. Feld- u. Forstpolizeigesetz v 1. IV. 80. 2. Aufl. 880.
Erg.-Bd.: D. z. Feld- u. Forstpolizeigesetz erlass Polizeiverordngn. zusammengest. v. Sterneberg 890.

Forst- und Jagdgesetze, die preußischen, mit Erläuterungen hrsg. von O. Oehlschläger, A. Bernhardt, K. Frhr. v. Bülow und F. Sterneberg. 3. Bd.: Das Feld- und Forstpolizei-Gesetz vom 1. April 1880, mit Erläuterungen hrsg. von K. Frhr. v. Bülow und F. Sterneberg. (VI, 144 S.) 1880; 2. verm. Aufl. (VI, 168 S.) 1880; 3. verm. Aufl. 12. (IV, 178 S.) Berlin 883, Springer. cart. *
1. und 2. Bd. s a Oehlschläger, O., und A. Bernhardt.

Forst- und Jagd-Gesetze, die preußischen, mit Erläuterungen hrsg. von O. Öhlschläger, A. Bernhardt, K. Frhr. v. Bülow und F. Sterneberg. 1. Bd.: Gesetz, betr. den Forstdiebstahl vom 15. April 1878, mit Erläuterungen hrsg. von O. Öhlschläger und A. Bernhardt. 4. verm. Aufl. 12. (V, 138 S.) Berlin 886, Springer. cart. *
2. und 3. Bd. Ebendas. 1878,83. *M 4.40.

Forst- u. Jagd-Gesetze, die preußischen, m. Erläuterungen hrsg. v. O. v. Öhlschläger, A. Bernhard, K. Frhr. v. Bülow u. F. Sterneberg. Ergänzungsbd. zu Bd. 3. 12. Berlin 890. Springer. cart. n. 2. 80
(1—3. u. Ergänzungsbd.: n. 8. 80)
Die zum Feld- u. Forstpolizei-Gesetz v. 1. April 1880 erlassenen Polizei-Verordnungen, zusammengestellt v. F. Sterneberg. (IX, 286 S.)

Forst- u. Jagd-Gesetze, d. preuß., m. Erläutergn. hrsg. v. O. v. Oehlschläger, A. Bernhardt, K. Frhr. v. Bülow u. F. Sterneberg. III. Bd. gr. 16. Berlin 895. J. Springer. Kart. n. 2. —
Das Feld- u. Forstpolizei-Gesetz v. 1. Apr. 1880, m. Erläutergn. hrsg. v. Frhrn. v. Bülow u. F. Sterneberg. 4., verm. Aufl. (VI, 182 S.)

Forst- u. Jagdgesetze, die preußischen, m. Erläutergn. hrsg. v. O. v. Oehlschläger, A. Bernhardt, K. Frhr. v. Bülow u. F. Sterneberg. 1. Bd. 12. Berlin, J. Springer. Kart. n. 2. —
Gesetz betr. den Forstdiebstahl vom 15. IV. 1878, m. Erläutergn. hrsg. Von O. v. Oehlschläger u. A. Bernhardt. 5. verm. Aufl., neu bearb. durch J. Pelzer u. W. Schultz. (VII, 134 S.) 904.

Forst-, Jagd- u. Fischereigesetze, die preußischen. Nach den Entscheidgn. d. Reichsgerichts, resp. d. früheren Obertribunals u. d. Oberverwaltungsgerichts, sowie den ergangenen Ministerial-Verfüggn. 2c. bearb. f. Juristen, Forst-, Polizei- u. Kommunalbeamte, sowie Wald-, Jagd- u. Fischereibesitzer. 12. (II, 194 S.) Neuwied 884. Heuser's Verl. cart. 1, 80

Forstgraf, der, od. Robin Hood u. Marianne. Novelle nach d. Engl. 8. Jena 822. Frommann. 1 ß

Forstgraf

Der Forstgraf, oder Robin Hood und Mariane. Novelle. Nach dem Englischen.
Jena: Frommann 1823. 246 S. 8°

Forsthandbuch, botan., zum Selbstunterr., herausgeg. von Wagner und Hedig. 8. Gießen, Heyer. 801.

Z. Einigkeit: Frohe Forsthaus-Lieder für die geliebten BBr.·. zur Einigkeit und Sokrates zur Standhaftigkeit. [Frankfurt a. M.] o. J. 8 S. 8⁰ [Kopftit.]
4 Gesänge ohne Noten.

Forsthaus Pfeife [Schlagwort]

Forsthaus Pfeife, s.: Sachsen, Karte.

Forsthaus Pfeife, s.: Sachsen. Messtischblätter.

Forstheim, Adolphus (geb. am 6 Dez. 1823 in Düsseldorf): De pertussi ... Bonnae, litt. F. P. Lechneri 1846. 2 Bl., 40 S., 2 Bl. 8.
Bonn, Med. Fak., Diss v. 10 Febr. 1846

Forsthoff, H., ein gefährliches Spiel. Offener Brief an Hrn. Pastor a. D. Dammann in Eisenach. (15 S.) gr. 8. Essen 904. G. D. Baedeker. n. — 25

Forsthoff, Heinrich, Pfarrer: Schleiermachers Religionstheorie und die Motive seiner Grundanschauung. Rostock 1910: Eichemeyer & Fett. 103 S. 8°
Tübingen, Phil. Diss. v. 9. Juli 1910, Ref. Maier
[Geb. 1. Febr. 71 Gruiten; Wohnort: Mülheim a. R.; Staatsangeh.: Preußen; Vorbildung: Gymn. Barmen Reife M. 91; Studium: Bonn 3, Tübingen 1, Straßburg 4 S.; Coll 5. März 10.] [U 10. 4177

Forst- u. Jagd-Jahresbericht, neuester, üb. wichtigere Vorkommnisse u. Veröffentlichungen, bezw. erprobte Fortschritte sowie bewährte Erfahrungen beim Forst- u. Jagdwesen sammt Holzhandelsnachrichten f. d. J. 1901. 1. Jahrg. Jahresschrift. Verf. v. W. Stephan. gr. 8. (140 u. LII S. m. Abbildgn.) Eger 902 J. Kobrtsch & Gschihay. n. 4. —
Erscheint nicht weiter.

Forstinger, Johann

Verzeichniß über Glashauspflanzen, Rosen und der neuesten Georginen, welche bei Johann Forstinger, Hofgärtner im hochgräf. Franz v. Zichy'schen Lustgarten zu Vedröd nächst Tyrnau, um die beigesetzten Preise in C. M. abgegeben werden 8. (24 S.) Tyrnau. Sigmund Winter's Buchdruckerei. 1854.

Forst-Instruction für die Grenz-Regimenter und Bataillons mit Beziehung auf das denselben untergeordnete Waldpersonale B. 4988. ddo 18. November 1839 Fol Wien 1840.

-- — (Neuausgabe.) Fol. Wien 1854

Forst- u. Jagd-Journal, allgem., Zeitblatt f. Forst- u. Landwirthe, Jagdliebhaber, Herrschaftsbesitzer u. Freunde d. Industrie. Hrsg. v. Christph. Liebich. 1—3. Jahrg. 1831—33. à 4 Hfte. Mit Stnt. gr. 4. Prag, Calve. à

— dass. 1r—3r Jahrg. à 4 Hefte. Prag, jetzt Ehrlich. à J. n. 2 ℳ

Forst- u. Jagd-Journal, allgemeines, Zeitblatt für Forst- u. Landwirthe, Jagdliebhaber, Herrschaftsbesitzer ꝛc. Herausg. von Chr. Liebich. 3r—6r Jahrg. 1833—36. Mit Steintaf. gr. 4. Prag. 3r J. Calve. 2 2/3 ℳ 4r - 6r J. Haase Söhne. (à J. 2 2/3 ℳ) 10 2/3 ℳ Fortsetzung s. Forst- u. Seidenbau-Journal.

Forst- u. Seidenbau-Journal, allgemeines, Zeitblatt f. Forst- u. Landwirthe, Jagdliebhaber, Herrschaftsbesitzer u. Freunde der Industrie. Herausg. von Christoph Liebich. (1r Jahrg.) (Des Forst- und Jagd-Journals. 7r Jahrg.) 4 Hefte. gr. 4. Prag 837. (Haase Söhne.) n. 2 2/3 ℳ 1r—6r Jahrg. s. Forst- u. Jagd-Journal.

Schweizerisches Forst-Journal. Hrsg. Schweizerischer Forstverein. - Bern, Lenzburg. Jg. 1-11. 1850-1860.
Forts. s.: Schweizer. Z. f. Forstwes.

Forstkael, s. F o r s k å l

Forst-Kalender, s.a. F o r s t - C a l e n d e r .

BECKMANN, Johann Gottlieb: Forst-Kalender, oder Verzeichniß derer Verrichtungen, die einem Förster in jedem Monate vorzüglich obliegen, auf das Jahr 1764. - Leipzig 1764. - ... auf das Jahr 1765. ebd. 1765. - ... auf das Jahr 1766. ebd. 1766. - ... auf das Jahr 1767. ebd. 1767. - ... auf das Jahr 1768. ebd. 1768

Forstkalender oder Anweisung für die Förster, was sie das ganze Jahr hindurch zu beobachten und zu verrichten haben. - Rastatt 1771. 48 S.

Forst-Kalender, oder Verzeichniß d. Verrichtungen, die einem Förster obliegen. gr. 8. Leipz. ..., 2e A. (besorgt v. K. Gli. Grote) 781. 3e A. 793. Weidmann. 12 gr

Beckmann, J. G.. „Forstkalender, oder Verzeichniss der Verrichtungen, die einem Forstmann obliegen", neu vermehrt von C. G. Grote, Leipzig 1793 (Weidmann).

Forst - u. Jagdkalender

— allgemeiner österreichischer, auf die Jahre 1860—1863. 1—4. Jahrg. Red. von H. C. Weeber. Brünn (Olmütz), Grosse. 16. (1.: 287 S.; 2.: 291 S.; 3.: VIII, 156 S.; 4.: XII, 190 S. m. Holzschn.) 1. 2. u. 4. à n. 28 ngr.; 3.: n. 20 ngr

Vgl.: Weeber (Heinr. C.), Forst- und Jagd-Taschenbuch.

— — auf d. J. 1864 u. 1865. 5. u. 6. Jahrg. Red. von den Lehrern der mährisch schlesischen Forstschule zu Aussee. Ebend. 16. (XII, 212 S.; XII, 180 S. m. Holzschn.) Jeder Jahrg. n. 28 ngr.

—— allgemeiner österreichischer, auf d. J 1861. Redigirt von H. C. Weeber, Forstinspector ꝛc. kl. 8. (291 S. m. eingedr. Holzschn) Olmütz, Neugebauer in Leinw geb. 1 fl. 40 kr

Badischer Forst- und Jagdkalender. - Bühl/Bad. Jg 1-33. 1909-1941.
Forts. s.: Forst- u. Jagdkalender f. Bad u. Elsass

— — bayerischer, 1901. 7. Jahrg. Hrsg. vom „Bayer. Förster-Verein" (anerkannter Verein). 12. (IV, 219 S. u. Schreibkalender.) Neunhof. Post Kraftshof b/Nürnberg, Bayer. Förster-Verein. Geb. in Leinw. n. 2.—

Deutscher Forst- und Jagdkalender Hrsg F Judeich. - Berlin Jg 1-9 (jed. Jg i 2 Tl) 1873-1881 - (Dann aufgeg in: Forst- u Jagdkalender f d Dtsch Reich)

—— —— deutscher, auf die J. 1873—1875. Hrsg. von F. Judeich. à Jahrg. 2 Thle. gr. 16. (XX, 312, 348; XX, 326, 429; CCV, 144, 457 S.) Berlin, Wiegandt, Hempel und Parey. à Jahrg. geb. und geh. * geb. in Leder *

—— —— deutscher, auf die J. 1876—1880. 4.—8. Jahrg. Hrsg. von F. Judeich. à Jahrg. 2 Thle. gr. 16. (XXIV, 312, 359; XXIV, 275, 341; 297, 360; XXIV, 265, 391; XXIV, 265, 403 S.) Berlin, Wiegandt, Hempel und Parey. geb. à Jahrg. *

—— —— deutscher, auf das J. 1881. 9. Jahrg. Hrsg. von F. Judeich. 2 Thle. gr. 16. (XXII, 262; 390 S.) Berlin, [Wiegandt, Hempel und Parey.] Parey. geb. *
Fortsetzung nicht erschienen; wurde vereinigt mit:
Forst- u. Jagdkalender für das Deutsche Reich.

Forst-Kalender, Fromme's österreichischer, für die J. 1881—1885. 9.—13. Jahrg. Redig. von Karl Petraschek. gr. 16. (VIII, 260; VIII, 341; 340; XIII, 184; VIII, 247 S.) Wien, Fromme. Jahrg. 1881—1883 geb. in Leinw. à *
geb. in Ldr. à *
Jahrg. 1884 geb. in Leinw. *
geb. in Ldr. *
Jahrg. 1885 geb. in Leinw. *
geb. in Ldr. *

Forst-Kalender, Fromme's österreichischer, für das J. 1886. Redig. von Karl Petraschek. gr. 16. (VIII, 307 S.) Wien, Fromme. geb. in Leinw. geb. in Leder ℳ 4,20.; in Leder als Brieftasche
Folgende Jahrge., s. Kalendertasche, forstliche.

Forst- und Jagd-Kalender. Hrsg. M. F. G. Leonhardi. - Leipzig. Jg. 1-10. 1794-1803. - (M. n. ersch.)

Forst- und Jagdkalender für das Jahr . . Hrsg. Böhm. Forstver. - Prag. Jg. 1-52. 1859-1910. - (M. n. ersch.)

Forst- und Jagd-Kalender auf die J. 1858—61. Ein Geschäfts- und Dienstbuch für Forstmänner. Hrsg. vom Forst-Vereine Böhmens. Redig. von Joh. Heyrowsky. 2—5. Jahrg. 8. Wien. (Budweis, Hansen.) [2. Jahrg. (XII und 316 S.) 3. (XVI und 252 S. mit 1 Tab. in qu. Fol.) 4. (XVI und 268 S. mit 2 Tab. in qu. Fol. und Imp.-Fol.) 5. (XVI und 282 S.) 2. und 3. Jahrg. à * 1 Thlr. 6 Ngr., 4. und 5. Jahrg. à * 1 Thlr.] *
1. Jahrg. Ebendas. 1856. * 1 Thlr. 6 Ngr.

Forst- und Jagd-Kalender auf das J. 1862. Ein Geschäfts- und Dienstbuch für Forstmänner. Hrsg. vom Forst-Vereine Böhmens. Redig. von Joh. Heyrowsky. 6. Jahrg. 8. (XVI und 515 S.) Wien. Budweis, Hansen. geb. *

Forst- und Jagd-Kalender auf das J. 1865. Ein Geschäfts- und Dienstbuch für Forstmänner. Hrsg. vom Forst-Vereine Böhmens. Redig. von Joh. Heyrowsky. 7. Jahrg. 8. (XVI und 347 S.) Budweis, (Hansen.) geb. *

—— —— dass. — auf das J. 1866. Nach Joh. Heyrowsky redig. von seinen Söhnen Adf. Heyrowsky und Karl Heyrowsky. 8. Jahrg. 8. (XVI und 327 S.) (Ebendas.) geb. *

—— —— dass. — auf die J. 1867 und 1868. Hrsg. vom böhm. Forstvereine. Redig. von Ludw. Schmidl. 9. und 10. Jahrg. 8. (à VIII und 220 S.) Prag, (Reichenecker.) à Jahrg. * *

— — auf d. J. 1867—1871. Herâg. vom böhm. Forstvereine. Red.: Ludw Schmidl. 9—13. Jahrg. (à ca. 200 S.) Prag, Reichenecker in Comm. 8. Jeder Jahrg. n. 25 ngr.

Forst- und Jagdkalender für die J. 1869—1875. Hrsg. vom böhmischen Forstvereine. Redig. von Ludw. Schmidl. 11.—17. Jahrg. 8. (à Jahrg. 200—294 S.) Prag, (André'sche Buchh.) geb. à Jahrg. * *

Forst- und Jagd-Kalender für die J. 1876—1880. Hrsg. vom böhm. Forstverein. Redig. von Ludw. Schmidl. 18.—22. Jahrg. gr. 16. (VIII, 287; VIII, 287; VIII, 309 S. mit 1 Holzschntaf.; VIII, 295 S.) Prag, (Reichenecker.) geb. à Jahrg. * *

Forst- u. Jagd-Kalender f. das gemeine J. 1877. Hrsg. vom böhm. Forstvereine. Red. v. Ludw. Schmidl. 19. Jahrg. gr. 16. (VIII, 287 S.) Prag, André in Comm. geb. n. 2. 80

Forst- und Jagd-Kalender für die J. 1881 und 1882. Hrsg. vom böhm. Forstvereine. Redig. von Ludw. Schmidt. 23. und 24. Jahrg. gr. 16. (315 S. mit 1 lithogr. Eisenbahnkarte; VIII, 348 S.) Prag, (André'sche Buchh.) geb. à Jahrg. **

Forst- und Jagd-Kalender für die J. 1883 und 1884. Hrsg. vom böhm. Forstvereine. Redig. von Jos. Zenker. 25. und 26. Jahrg. 16. (268; VIII, 320 S.) Prag, (André'sche Buchh.) geb. à Jahrg. *

—— —— dass. — für das J. 1885. 27. Jahrg. 16. (CXIX, 202 S.) (Ebendas.) geb. *

Forst- und Jagd-Kalender für das J. 1886. Hrsg. vom böhm. Forstvereine. Redig. von Jos. Zencker. 28. Jahrg. gr. 16. (VIII, 336 S.) Prag, (André.) geb. *

— — für d. J. 1887. Hrsg. vom böhm. Forstvereine. Red. v. Jos. Zenker. 29. Jahrg. gr. 16. (VIII, 330 S.) Prag, (André). geb. n. 3. —

—— —— dass. — für die J. 1888 und 1889. 30. und 31. Jahrg. gr. 16. (à Jahrg. ca. 330 S.) (Ebendas.) geb. à Jahrg. **

—— —— für d. J. 1890—1893. Hrsg. vom böhm. Forstvereine. Redig. v. Jos. Zenker. 32.—35. Jahrg. gr. 16. (337; 337; VIII, 314; VIII, 262 S.) Prag, (André). à Jahrg. geb. * 2 80

Forst- und Jagdkalender für das Jahr 1894. Herausgegeben vom böhmischen Forstvereine. Redigirt von Josef Zenker. 36. Jahrg. Große Ausgabe 16. (281 S. mit Notizblättern.) In Lnwd. geb. Ebd. * 1.40
Kleine Ausgabe 25. Jahrgang. 16. (182 S. mit Notizblättern.) In Lnwd. geb. * — 70

— — für das J. 1895. Hrsg. vom böhm. Forstvereine. Red. v. Jos. Zenker. 37. Jahrg. gr. 16. (VIII, 254 S.) Prag, (K. André). Geb. in Leinw. n.n. 2. 80; kleine Ausg. 26. Jahrg. (VIII, 184 S.) Geb in Leinw. n.n. 1. 40

Forst- und Jagd-Kalender für das Jahr 1897. Herausgegeben vom böhmischen Forst-Vereine. Redigirt von Joh. Rektorys. Kleine Ausgabe. 9. Jahrgang. 16. (203 S., mit Notizblättern.) Geb. In Comm. Ebd. * —.70
— — Große Ausgabe. 39. Jahrg. 1897. 16. (261 S. u. Notizblätter.) In Lnwd. geb. In Comm. * 1.40

Forst- u. Jagd-Kalender f. d. J. 1899. Hrsg. v. böhm. Forstvereine. Red. v. Joh. Rektorys. 41. Jahrg. 12. (VIII, 268 S.) Prag (K. André). Geb. in Leinw. n.n. 2. 50; kleine Ausg 41. Jahrg. (VIII, 184 S.) Geb. in Leinw. n.n. 1. 20

Forst- und Jagd-Kalender für das Jahr 1902. Herausgegeben vom Böhm. Forstvereine. Redigirt von Johann Rektorys. XLIV. Jahrgang. [In Comm.] Řivnáč. 8°. 288 S. Geb. K 2.80

— — für d. J. 1903. Hrsg. vom böhm. Forstvereine. Red. v. Joh. Rektorys. 45. Jahrg. 12. (XII, 266 S.) Prag (F. Řivnáč). Geb. in Leinw. n.n. 2. 80

Forst- und Jagdkalender für das Schaltjahr 1904. 46. Jahrg. 16°. (257 S.) Ebd. geb. * K 2.80

Forst- und Jagdkalender für das Jahr 1905. 47. Jahrg. 16°. (308 S.) Ebd. geb. * K 2.80

Forst- und Jagdkalender für das Jahr 1906. 48. Jahrg. 16°. (267 S.) Ebd. geb. * K 2 80

— — für d. J. 1907. Hrsg. vom böhm. Forstvereine. Red. v. Joh. Rektorys. 49 Jahrg. (VIII, 272 S.) kl. 8. Prag (F. Řivnač). Geb in Leinw. n.n. 2. 80; kleine Ausg. n.n. 1. 40

Forst- und Jagdkalender für das Jahr 1908. 50. Jahrg. 8°. (298 S.) Ebd. geb. K 2.80

Forst- und Jagdkalender für das Jahr 1909. 43. Jahrg. 8°. (289 S.) Ebd. geb. * K 2.80

Forst- u. Jagdkalender für d. J. 1910. Hrsg. vom böhm. Forstvereine. Red. v. Jos. Strachota. 44. (richtig 52.) Jahrg. (VIII, 302 S.) kl. 8. Prag, (F. Řivnáč). Geb. in Leinw. nn 2.80; kleine Ausg. nn 1. 40

Forst- und Jagdkalender für das Jahr 1911. 45. Jahrg. 8°. (328 S.) † Prag: Řivnáč 1910 K 3.20

Forst- u. Jagd-Kalender 1882. 10. Jahrg. [32. Jahrg. d. Schneider u. Behm'schen Kalenders u. 10. Jahrg. d. Judeich'schen Kalenders.] Hrsg. v. F. Judeich u. H. Behm. [In 2 Thln.] 1. Thl. gr. 16. (XLIV, 287 S.) Berlin, Springer. geb. in Leinw. n. 2. —; in Ldr. n. 2. 50

— — dasselbe. 2. Thl. gr. 16. (XII, 513 S.) Ebend. n. 1. 50

— — dasselbe 1883. 11. Jahrg. [33. Jahrg. d. Schneider u. Behm'schen Kalenders u. 11. Jahrg. d. Judeich'schen Kalenders.] Hrsg. v. F. Judeich u. H. Behm. In 2 Thln. 1. Thl. Kalendarium, Wirthschafts-, Jagd- u. Fischerei-Kalender, Hilfsbuch, verschiedene Tabellen u. Notizen. Ausg. A. 7 Tage auf der linken Seite, die rechte Seite frei. gr. 16. (311 S.) Ebend. geb. in Leinw. n. 2. —; in Ldr. n. 2. 50; Ausg. B. auf jeder Seite nur 2 Tage. geb. in Leinw. n. 2. 20; in Ldr. n. 2. 70

—— —— 1886—1889. 14.—17. Jahrg. [36.—39. Jahrg. des Schneider und Behm'schen Kalenders und 14.—17. Jahrg. des Judeich'schen Kalenders.] Hrsg. von F. Judeich und H. Behm. à Jahrg. 2 Thle. gr. 16. Berlin, Springer. [1. Thl. Ausg. A: 7 Tage auf der linken Seite; die rechte Seite frei. (299; 319; 306; 310 S.) geb. in Leinw. à Jahrg. *ℳ 2.—, in Leder *ℳ 2.50.; Ausg. B: Auf jeder Seite nur 2 Tage, geb. in Leinw. à Jahrg. *ℳ 2.20., in Leder *ℳ 2.70.; 2. Thl. (X, 610; X, 627; X, 636; X, 642 S.) à Jahrg. *ℳ 2.—; für Abnehmer des 1. Thls. à Jahrg. *ℳ 1.50.]
Beide Thle., Ausg. A. geb. à Jahrg. *ℳ 3.50. und *
Beide Thle., Ausg. B. geb. à Jahrg. *ℳ 3.70. und *

Forst- u. Jagdkalender 1890—1893. 18.—21. Jahrg. [40.—43. Jahrg. d. Schneider u. Behm'schen Kalenders u. 18.—21. Jahrg. d. Judeich'schen Kalenders.] Hrsg. von F. Judeich u. H. Behm. In 2 Thln. 1. Thl. Ausg. A. 7 Tage auf der linken Seite, die rechte Seite frei. gr. 16. (XLVI, 106, 156; XXXII, 14 S., Schreibkal., 106, 52 S.; XXX, 14 S., Schreibkal., 108, 52 S.; XXXII, 14 S., Schreibkal., 108, 52 S.) Berl., Springer.
geb. in Leinw. à Jahrg. * 2 —; in Ldr. * 2 50
Ausg. B. auf jeder Seite nur 2 Tage. geb. in Leinw. à Jahrg. * 2 20
geb. in Ldr. à Jahrg. * 2 70

Forst- u. Jagdkalender. 1890—1893. 18.—21. Jahrg. [40.—43. Jahrg. d. Schneider u. Behm'schen Kalenders u. 18.—21. Jahrg. d. Judeich'schen Kalenders.] Hrsg. von F. Judeich u. H. Behm. In 2 Thln. 2. Thl. gr. 16. (XII, 657; XII, 660; XII, 668; XII, 708 S.) Berl., Springer. 18.—20. Jahrg. à * 2 —
f. Abnehmer d. 1. Thls. à * 1 50
21. Jahrg. * 3 —; f. Abnehmer d. 1. Thls. * 2 —

Forst- u. Jagdkalender 1895. 23. Jahrg. [45. Jahrg. d. Schneider u. Behm'schen Kalenders u. 23. Jahrg. d. Judeich'schen Kalenders.] Hrsg. v. F. Judeich u. H. Behm. 2 Thle. 1. Thl. Ausg. A. 7 Tage auf der linken Seite, die rechte Seite frei. gr. 16. (XXXVI, 14 S., Schreibkalender, 108 u. 52 S. m. Bildnis u. Karte.) Berlin, J. Springer. Geb. in Leinw. n. 2. —; in Ldr. n. 2. 60; Ausg. B. auf jeder Seite nur 2 Tage, geb. in Leinw. n. 2. 20; in Ldr. n. 2 70; 2. Thl (X, 690 S.) n. 3. —; f. die Abonnenten d. 1. Thls n 2. —

Forst- u. Jagd-Kalender 1899. Begr. v. Judeich u. Schneider. 27. Jahrg. (49. Jahrg. d. Schneider u. Behm'schen Kalenders u 27. Jahrg. d. Judeich'schen Kalenders.) Bearb. v. M. Neumeister u. E. Behm. 2 Thle. 1. Thl. Ausg. A. 7 Tage auf d. linken Seite, d. rechte Seite frei. gr. 16. (XXXIV, 14 S., Schreibkal., 124 u. 52 S. m Karte.) Berlin, J. Springer. Geb. in Leinw. n. 2. —; in Ldr. n. 2. 50; Ausg. B auf jeder Seite nur 2 Tage, geb. in Leinw. n. 2. 20; in Ldr. n. 2 70; 2. Thl. (XI, 758 S.) n. 3. —; f. d. Abnehmer d. 1. Thls. n. 2. —

Forst- u. Jagdkalender 1903. Begründet v. Schneider u. Judeich. 53. Jahrg. (31. Jahrg. des Judeich-Behm'schen Kalenders.) Bearb v. M. Neumeister u. M. Retzlaff. 2. Thle. 1. Thl. Ausg. A. 7 Tage auf der linken Seite, die rechte Seite frei. gr. 16. (XXXII, 14 S., Schreibkalender, 126 u. 52 S.) Berlin, J. Springer. Geb. in Leinw. n. 2. —; in Ldr. n. 2. 50; Ausg. B auf jeder Seite nur 2 Tage, geb. in Leinw. n. 2. 20; in Ldr. n. 2. 70; 2. Tl. (XII, 762 S.) n. 3 —; f. die Abnehmer d. 1. Thls. n. 2. —

Forst- u. Jagdkalender 1907. Begründet v. Schneider u. Judeich. 57. Jahrg. (35. Jahrg. des Judeich-Behm'schen Kalenders.) Bearb. v. M. Neumeister u. M. Retzlaff. 2 Tle. 1. Tl. Kalendarium, Wirtschafts-, Jagd- u. Fischerei-Kalender, Hilfsbuch, verschiedene Tabellen u. Notizen. Ausg. A. 7 Tage auf der linken Seite, die rechte Seite frei. (XXX, 14 S., Schreibkalender, 132 u. 52 S.) kl. 8 Berlin, J. Springer. Geb. in Leinw. n. 2. —; in Ldr. n. 2. 50; Ausg. B auf jeder Seite nur 2 Tage, geb. in Leinw. n. 2. 20; in Ldr. n. 2. 70; 2. Tl. (X, 850 S.) n. 3. —; f. die Abnehmer des 1. Tls. n. 2. —

Forst- u. Jagdkalender 1911. Begründet v. Schneider u. Judeich. 61. Jahrg. (39. Jahrg. des Judeich-Behm'schen Kalenders.) Bearb. v. M. Neumeister u. M. Retzlaff. 2 Tle. 1. Tl. Kalendarium, Wirtschafts-, Jagd- u. Fischerei-Kalender, Hilfsbuch, verschiedene Tabellen u. Notizen. Ausg. A. 7 Tage auf der linken Seite, die rechte Seite frei. (XXX, 14 S., Schreibkalender, 134 u. 52 S.) kl. 8. Berlin, J. Springer. Geb. in Leinw. 2.—; in Ldr. 2.50: Ausg. B auf jeder Seite nur 2 Tage, geb. in Leinw. 2.20; in Ldr. 2.70; 2. Tl. (XII, 844 S.) 3.—; f. die Abnehmer des 1. Tls. 2.

Forst- und Jagd-Kalender für Böhmen auf das Jahr 1857, 1858 u. 1859. Ein Geschäfts- u. Dienstbuch für Forstmänner. Herausg. vom Forst-Vereine Böhmens. Redig. von Joh. Heyrowský. 1—3. Jahrg. Prag. (Budweis, Hansen.) 8. (1 : XII, 238 S. u. 1 Holzschn.; 2.: XII, 316 S.; 3.: XVI, 252 S. u. 1 Tab in Fol.) Jeder Jahrg. nn. 1 ₰ 6 ngr

Forst- und Jagd-Kalender des kärtnerischen Forstvereines für das Gemeinjahr 1898. XIX. Jahrgang. Herausgegeben vom kärntnerischen Forstvereine. 16. (264 S. und Anhang 32 S.) In Comm. In Lnwd. geb. * 1.60
Klagenfurt. Raunecker 1898.

— — d. **kärntnerischen Forstvereines f. d. J. 1898.** 19. Jahrg. Hrsg. v. kärntner. Forstvereine. 12. (264 u. 32 S.) Klagenfurt (F. v. Kleinmayr). Geb. in Leinw. n. 3. 20

Forst- und Jagdkalender des kärntnerischen Forstvereines für das Gemeinjahr 1899. XX. Jahrgang. Herausgegeben vom kärntnerischen Forstvereine. 16. (264 S. und Anhang, 36 S. mit Notizbl.) In Comm. 1.60
Klagenfurt. Leon 1898.

Forst- und Jagd-Kalender des kärntnerischen Forstvereines für das Gemeinjahr 1900. XXI. Jahrgang. Herausgegeben vom kärntnerischen Forstverein. Klagenfurt. Verlag des kärnt. Forstvereines. [In Comm. F. v. Kleinmayr.] 16°. 264. Anhang 36 S. u. Notizblätter. Geb. * fl. 1.60

Forst- und Jagd-Kalender des kärntnerischen Forstvereines für das Gemeinjahr 1901. XXII. Jahrgang. Herausgegeben vom kärntnerischen Forstverein. Verlag des kärnt. Forstvereines. [Klagenfurt. In Comm. v. Kleinmayr.] 16°. 265, 36 S. Geb. K 3.20

Forst- und Jagd-Kalender des kärntnerischen Forstvereines für das Gemeinjahr 1902. XXIII. Jahrgang. Herausgegeben vom kärntnerischenForstverein. Klagenfurt. Verlag des kärntnerischen Forstvereines. [In Comm. F. v. Kleinmayr.] 16°. 270, Anhang 36 S. u. Notizblätter. Geb. * K 3.20

— — **des kärntnerischen Forstvereines f. d. J. 1903.** 24. Jahrg. Hrsg. vom kärntner. Forstvereine. 12. (271 u. 48 S.) Klagenfurt (F. v. Kleinmayr). Geb. in Leinw. n. 3. 20

Forst- und Jagd-Kalender des kärntnerischen Forstvereines für das Gemeinjahr 1903. 24. Jahrg. 16°. (271, 39 S.) †
Klagenfurt: Leon 1902.

Forst- und Jagdkalender des kärntnerischen Forstvereines für das Schaltjahr 1904. 25. Jahrg. 8°. (223, 39 S.) Ebd. K 3.20

Forst- und Jagdkalender des kärntnerischen Forstvereines für das Gemeinjahr 1905. 26. Jahrg. 16°. (40 S.) Ebd. * K 4.—

Forst- und Jagdkalender des kärntnerischen Forstvereines für das Gemeinjahr 1906. 27. Jahrg. 8°. (272, 41 S.) Ebd. K 4.—

— — **des kärntnerischen Forstvereins f. d. J. 1907.** 28. Jahrg. Hrsg. vom kärntner. Forstverein. (274 u. 41 S.) kl. 8. Klagenfurt (J. Leon sen.). Geb. in Leinw. n.n. 4. —

Forst- und Jagdkalender des kärntnerischen Forstvereines für das Schaltjahr 1908. XXIX. Jahrg. 8°. (273, 42 S.) † Ebd. geb. K 4 —

Forst- und Jagdkalender des kärntnerischen Forstvereines für das Jahr 1909. XXX. Jahrg 8°. (273, 46 S.) Ebd. K 4 —

— — **des kärntnerischen Forstvereines f. d. J. 1911.** 32. Jahrg. Hrsg. v. kärntner. Forstverein. (274 u. 49 S.) kl. 8. Klagenfurt. (J. Leon sen.) Geb. in Leinw. nn 4. —

— — für Kärnten. 1. Jahrg. 1880. Hrsg. vom kärnt. Forstverein. 16. (XX, 254 S. m. 1 chromolith. Karte.) (Klagenfurth, Heyn.) geb. n. 3. 20

Forst- u. Jagdkalender für Kärnten f. 1882. Herausgeg. v. kärnt. Fonstvereine. 3. Jahrg. 8. (115 S. m. Tagesnotiz) geb. 1 fl. 60 kr. nur baar. Klagenfurt: Heyn

Forst- und Jagdkalender für die österreichisch-ungarische Monarchie. - Olmütz. Jg. 1-16. 1860-1875 - (M. n. ersch.)

— — für die österr.-ung. Monarchie auf das Jahr 1870. Redigirt an der mährisch-schlesischen Forstschule zu Eulenberg. 11. Jahrgang. kl. 8. (216 S.) Olmüz, Grosse Lwdbd 1 fl. 40 kr.

—— —— für die österreichisch-ungarische Monarchie auf die J. 1870—1872. Redig. an der mährisch-schlesischen Forstschule zu Eulenberg. 11.—13. Jahrg. gr. 16. (IV, 216; VIII, 171; VIII, 168 S.) Ebendas. geb. in Lnwd. *
geb. in Leder *

—— —— dass. — auf die J. 1873—1875. 14.—16. Jahrg. 16. (VIII, 207; XIV, 142; 174 S.) Ebendas.
à Jahrg. geb. in Lnwd. *
geb. in Leder *

—— —— für Oesterreich, auf die J. 1863—68. Redig. an der mähr.-schles. Forstschule zu Aussee. 4.—9. Jahrg. 16. 4. Jahrg. (XII und 190 S. mit eingedr. Holzschn.) 5. (XII und 212 S. mit eingedr. Holzschn.) 6. (XII und 180 S. mit eingedr. Holzschn.) 7. (X und 175 S. mit eingedr. Holzschn.) 8. (VIII und 195 S. mit eingedr. Holzschn.) 9. (VII und 189 S.) Olmütz, Große. In engl. Einb. geb. à Jahrg. *
in Leder geb. 4.—7. Jahrg. à *
8. und 9. Jahrg. à *

—— —— für Oesterreich auf das J. 1869. Redig. an der mährisch-schlesischen Forstschule zu Eulenberg. 10. Jahrg. 16. (VI, 191 S.) Olmütz, Grosse. geb. in Lnwd. *
geb. in Leder *

Forst- und Jagd-Kalender für Preußen auf das Jahr .. - Berlin. Jg 1-22. 1851-1872. Dazu 1860: Repertorium über die ersten 10 Jahrgänge von 1851-1860. Hrsg. F. W. Schneider
Forts s.: Forst- u. Jagdkalender f d. Dtsch. Reich

Forst- u. Jagdkalender f. Preußen auf das J. 1851. Jahrbuch der Fortschritte im Gebiete des Forst- und Jagdwesens. Praktisches Hülfs- u. Notizbuch zum tägl. Gebrauch f. Forstbeamte, Forstgeometer, Forstlehrlinge ꝛc. gr. 16. (LXIV u. 176 S.) Berlin, Springer. Leipzig, Spamer. — auf d. J. 1852 u. 1853. 2 u. 3. Jahrg. Hrsg. v. F. W. Schneider. gr. 16. (2: CIV u. 190 S. 3: CIV u. 178 S.) Ebd. à Jahrg. in Engl. Einb. Pränum.-Pr. excl. Stempel n. 1 ℛ𝓅; Ladenpr. n. 1⅓ ℛ𝓅

Forst- und Jagdkalender für Preußen auf die J. 1854—57, nebst Terminkalender zum täglichen Gebrauch. Jahrbuch der preuß. Forst- und Jagd-Verwaltung und der Forst- und Jagd-Literatur. Vollständiger Personalstatus der königl. preuß. Forst-Verwaltung. 4—7. Jahrg. Hrsg. von F. W. Schneider. 16. Berlin 854—56, Springer. (Leipzig, Spamer.) à Jahrg. Thlr. *

—— —— für Preußen auf die J. 1858—62, nebst Terminkalender zum tägl. Gebrauch. Jahrbuch der preuß. Forst- und Jagd-Gesetzgebung und Verwaltung und der deutschen Forst- und Jagd-Literatur. Vollständ. Personalstatus der königl. preuß. Forst-Verwaltung, des königl. reitenden Feldjäger-Corps ꝛc. 8—12. Jahrg. Hrsg. von F. W. Schneider. 16. Berlin, Springer's Verlag. [8. Jahrg. (CIV und 208 S.) 9. (CIV und 220 S.) 10. (CIV und 216 S.) 11. (CIV und 270 S.) 12. (CIV und 286 S.)] à Jahrg. geb. * in Leder geb. *

—— dass. — Repertorium, s. Schneider, F. W.

—— —— für Preußen auf die J. 1863—68 nebst Terminkalender zum tägl. Gebrauch. Jahrbuch der Preuß. Forst- und Jagd-Gesetzgebung und Verwaltung und der Deutschen Forst- und Jagd-Literatur. Vollständiger Personalstatus der Königl. Preuß. Forstverwaltung, des Königl. reitenden Feldjäger-Corps ꝛc. 13.—18. Jahrg. Hrsg. von F. W. Schneider. à Jahrg. 2 Thle. 16. 13. Jahrg. (CXLIX und 224 S.) 14. (CVI und 265 S.) 15. (XII und 404 S.) 16. (X und 390 S.) 17. (X und 395 S.) 18. (X und 365 S.) Berlin, Springer's Verlag. In engl. Einb. und geh. à Jahrg. * in Leder geb. und geh. à Jahrg. *

— für Preußen auf d. J. 1865—1870, nebst Terminkalender zum täglichen Gebrauch. 15—20. Jahrg. 2 Thle. (à ca. 100 S.) Herausg. von F. W. Schneider. Berlin, J. Springer. 16. Jeder Jahrg. n. 1 ℛ𝓅 2 ngr; Lederbd. n. 1 ℛ𝓅 10 ngr

—— —— für Preußen auf die J. 1869—1872, nebst Terminkalender zum täglichen Gebrauch. Nachrichten über die seit einem Jahre erfolgten Veränderungen, Beförderungen ꝛc. der königl. preuß. Forstbeamten ꝛc. Hrsg. von F. W. Schneider. 16. (XCVI, 282; VIII, 160; 184; VIII, 96; 288; XCVI, 302 S.) Berlin, Springer's Verlag. à Jahrg. geb. in Lnwd. * geb. in Leder *

Forst- und Jagdkalender für das Deutsche Reich. - Jg. 1-28 (2 Tl.). 1873-1910. - (M. n. erm.)
Früher s.: Forst- u. Jagdkalender f. Preussen

— für das deutsche Reich auf d. J. 1873—80. Jhg. 1—8. (23—30. Jhg. des Forst- und Jagd-Kalenders für Preussen.) Herausg. v. F. W. Schneider. Jhg. 9. 1881. Früher herausg. von F. W. Schneider ... fortgef. von H. Behm. — Jhg. 10—23. 1882—95. Herausg. von F. Judeich u. H. Behm. Berlin. 8.

—— —— für das deutsche Reich auf das J. 1873. 1. Jahrg. [23. Jahrg. des Forst- und Jagd-Kalenders für Preußen.] Hrsg. von F. W. Schneider. 2 Thle. 16. (IV, 112; XII, 303 S.) Berlin, Springer's Verlag. geb. in Lnwd. * geb. in Leder *

—— —— dass. — auf das J. 1874. 2. Jahrg. [24. Jahrg. des Forst- und Jagdkalenders für Preußen.] Hrsg. von F. W. Schneider. 2 Thle. 16. (CXXIX, 126; VIII, 323 S.) Ebendas. geb. in Lnwd. * geb. in Leder *

— dasselbe auf d. J. 1875. 3. Jahrg. [25. Jahrg. des Forst- u. Jagdkalenders f. Preußen.] 2 Thle. 16. (CXCIV, 120 u. VIII, 352 S.) Ebend. geb. n. 3. 50; in Leder geb. n. 4. 25

— dasselbe auf d. J. 1876. 4. Jahrg. [26. Jahrg. des Forst- u. Jagd-Kalender f. Preußen.] Früher hrsg. v. F. W. Schneider. Mit Unterstützg. v. prakt. Forstmännern fortgeführt v. H. Behm. 2 Thle. gr. 16. (CCX, 119 u. X, 377 S.) Ebend. In Leinw. geb. n. 3. 50; in Ldr geb. n. 4. 2[illegible]

—— —— dass. — auf das J. 1877. 5. Jahrg. 2 Thle. gr. 16. Ebendas. [1. Thl. (CLXXVIII, 171 S.) * ℳ 2.; 2. Thl. (VIII, 400 S.) * ℳ 1,50.] geb. *

—— —— dass. — auf das J. 1878. 6. Jahrg. 2 Thle. gr. 16. Ebendas. [1. Thl. (CLXXVII, 184 S.) * ℳ 2.; 2. Thl. (VI, 406 S) * ℳ 1,50.] geb. *

—— —— dass. — auf das J. 1879. 7. Jahrg. 2 Thle. gr. 16. Ebendas. [1. Thl. (CLXXII, 182 S.) * ℳ 2.; 2. Thl. (VIII, 428 S.) * ℳ 1,50.] geb. *

—— —— dass. — auf das J. 1880. 8. Jahrg. 2 Thle. gr. 16. Ebendas. [1. Thl. (CLXXII, 76 S.) * ℳ 2.; 2. Thl. (XVI, 464 S.) * ℳ 1,50.] geb. *

—— —— für das Deutsche Reich auf das J. 1881. 9. Jahrg. [31. Jahrg. des Forst- und Jagd-Kalenders für Preußen.] Früher hrsg. von F. W. Schneider. Mit Unterstützung von prakt. Forstmännern fortgeführt von H. Behm. 2 Thle. gr. 16. Berlin, Springer. [1. Thl. (154, 173 S.) geb. in Leinw. * ℳ 2.; in Ldr. * ℳ 2,75.; 2. Thl. (XVI, 483 S.) * ℳ 1,50.] geb. und geh. * ℳ 3,50. und *

—— —— dass. — 1882. 10. Jahrg. [32. Jahrg. des Schneider und Behm'schen Kalenders und 10. Jahrg. des Judeich'schen Kalenders.] Hrsg. von F. Judeich und H. Behm. 2 Thle. gr. 16. Ebendas. [1. Thl. (XLIV, 287 S.) geb. in Leinw. * ℳ 2.; in Ldr. * ℳ 2,50.; 2. Thl. (XII, 513 S.) * ℳ 1,50.] geb. und geh. * ℳ 3,50. und *

—— —— dass. — 1883. 11. Jahrg. [33. Jahrg. des Schneider und Behm'schen Kalenders und 11. Jahrg. des Judeich'schen Kalenders.] 2 Thle. gr. 16. Ebendas. [1. Thl. Kalendarium, Wirthschafts-, Jagd- und Fischerei-Kalender, Hilfsbuch, verschiedene Tabellen und Notizen. Ausg. A. Sieben Tage auf der linken Seite, die rechte Seite frei. (311 S.) geb. in Leinw. * ℳ 2.; in Ldr. * ℳ 2,50.; 2. Thl. (VIII, 574 S.) * ℳ 1,50.] geb. und geh. * ℳ 3,50 und * Ausg. B. auf jeder Seite nur zwei Tage. geb. in Leinw. * geb. in Ldr. *

—— —— dass. — 1884. 12. Jahrg. [34. Jahrg. des Schneider und Behm'schen Kalenders und 12. Jahrg. des Judeich'schen Kalenders.] 2 Thle. gr. 16. Ebendas. [1. Thl.: Kalendarium, Wirthschafts-, Jagd- und Fischerei-Kalender, Hilfsbuch, verschiedene Tabellen und Notizen. Ausg. A. Sieben Tage auf der linken Seite, die rechte Seite frei. (317 S.) geb. in Leinw. * ℳ 2.; in Ldr. * ℳ 2,50.; 2. Thl. (X, 587 S.) * ℳ 1,50.] geb. und geh. * ℳ 3,50. und * Ausg. B. auf jeder Seite nur zwei Tage. geb. in Leinw. * geb. in Ldr. *

—— —— dass. — 1885. 13. Jahrg. [35. Jahrg. des Schneider und Behm'schen Kalenders und 13. Jahrg. des Judeich'schen Kalenders.] 2 Thle. gr. 16. Ebendas. [1. Thl. Ausg. A. Sieben Tage auf der linken Seite, die rechte Seite frei. (317 S.) geb. in Leinw. * ℳ 2.; in Ldr. * ℳ 2,50.; 2. Thl. (X, 598 S.) * ℳ 1,50.] geb. und geb. * ℳ 3,50. und * Ausg. B. auf jeder Seite nur zwei Tage. geb. in Leinw. * geb. in Ldr. *

— — illustr., f. Liv-, Est- u. Kurland. 1896. 1. Jahrg. Bearb. von G. v. Rebellen. gr. 16. (288 S. m. Abb.) Riga (N. Kymmel's Sort.) Geb. in Leinw. n. 3. 50
Weiter nicht erschienen.

— u. Jagdkalender, neuester vollständ., über d. in jedem Monate vorkomm. Geschäfte im Forst- u. Jagdwesen. Nebst Unterricht zum Anbau, u. von den verschied. Eigenschaften, dem technisch-ökonom. u. medicin. Nutzen d. wildwachsenden Holzarten u. der vornehmsten Jagdthiere; auch einem Fischerei-Kalender ꝛc. gr. 4. Ulm 830. Ebner. 15 gr

— Derselbe s. C. W. J. Gatterer.

Forst-Kalender, oesterreichischer, für 1873—1875. 1.—3. Jahrg. Redact.: Karl Petraschek. 16. (VII, 332; VIII, 366; 200 S.) Wien, Fromme. geb. à Jahrg. *

Forst-Kalender, österreichischer, für die J. 1876—1880. 4.—8. Jahrg. Redig. von Karl Petraschek. gr. 16. (204; 216; VIII, 244; VIII, 286; VIII, 287 S.) Wien, Fromme. geb. in Leinw. à Jahrg. * geb. in Leder à Jahrg. *

Forstkalender. Schweizerischer F. Taschenbuch für Forstwesen, Holzgewerbe, Jagd und Fischerei. Jahrg. 1, 1906. Hrg. von Theodor Felber.... [Mit 1 Karte.] VIII + 350 [+ 68] S. 8. Frauenfeld, Huber & Co. [geb. fr. 2.50]

Forstkalender. Schweizerischer F. Taschenbuch für Forstwesen, Holzgewerbe, Jagd und Fischerei. Jahrg. 2, 1907. Hrg. von Theodor Felber.... [Mit 1 Karte.] VIII + 316 [+ 64] S. 8. Frauenfeld, Huber & Co. [geb. fr. 2.50]

Forstkalender. Schweizerischer F. Taschenbuch für Forstwesen, Holzgewerbe, Jagd und Fischerei. Jahrg. 3, 1908. Hrg. von Theodor Felber.... VIII + 248 [+ 48] + II + 22 S. 8. Frauenfeld, Huber & Co [geb. fr. 2.50]

Forstkalender. Schweizerischer F. Taschenbuch für Forstwesen, Holzgewerbe, Jagd und Fischerei. Jahrg. 4, 1909. Hrg. von Theodor Felber.... [Illustriert.] VIII + 247 [+ 48] + II + 22 S. 8. Frauenfeld, Huber & Co. [geb. fr. 2.50]

Forstkalender. Schweizerischer F. Taschenbuch für Forstwesen, Holzgewerbe, Jagd und Fischerei. Jahrg. 5, 1910. Hrg. von Theodor Felber.... [Mit Figuren.] VIII + 248 S. + *Inserate*. 8. Frauenfeld, Huber & Co. [geb. fr. 2.50]

Zwickauer Forst-, Geschäfts- und Schreibe-Kalender für sächsische Forstbeamte - Zwickau 1853 - (M. n ern.)

Forst-, Geschäfts- und Schreibe-Kalender, Zwickauer, für sächsische Forstbeamtete. 1853. Zwickau 853. Thost in Comm. 8. (40 Bl., m Papier durchsch.) 15 ngl

Forst- und Wegekarte des Casseedorfer und Lensahner Forstdistricts. 1 40000 Kiel 1866 Farbendruck 1 Bl Imp-Fol, 58/69 cm Aufgez a Leinen

Forstkarten [Schlagwort]

Forstkarten. Danz, Karte der Oberförsterei Oliva u. der Umgegend bis zur Ostsee. Verb. Aufl. 1897. 33,5 × 21 cm. Farbdr. Mit Text auf der Rückseite. Danzig 897. A. Scheinert. n. — 50

Forstkarten. Danz, Karte der Oberförsterei Oliva u. der Umgegend bis zur Ostsee. 4. Aufl. 34×21,5 cm. Farbdr. Mit Text auf der Rückseite. Danzig 900. A. Scheinert. n. — 50

Forstkarten. Fenner, Rud., Karte der königl. Oberförsterei Wolfgang m. besond. Berücksicht. der Bulau u. den angrenzenden Waldungen. Nach den Karten der königl. preuss. Forstverwaltg. entworfen u. ergänzt; gezeichnet im königl. Forsteinrichtungsbureau, Berlin. 1 : 50,000. 27×54 cm. Lith. Hanau (903). Clauss & Feddersen. n. — 40

Forstkarten. Forstkarte d. Königr. Württemberg. 1 : 35,000. Hrsg. v. dem k. statist. Landesamt, nebst Angabe der Grenzen der Forstämter u. Revierämter nach e. Karte der königl. Forstdirection. Farbendr. u. kolor. 68×51 cm. Stuttgart 890. (J. B. Metzler's Sort.) n.n. 1. 50; m. Flurkartennetz n.n. 2. 50

— Forstrevierkarte vom Glastner Revier I u. II. 1 : 19,413⅓. Lith. Leisnig (894). Th. Fanghänel. n. 1. 10; bunt n. 1. 35
I. 40×54 cm. n. — 60; bunt n. — 75. — II. (Bornaer Wald.) 35×43 cm. n. — 50; bunt n. — 60.

— — vom Timmlitz (I). 3. Aufl. 40×32 cm. Lith. Ebd. 894. n.n. — 50; in Buntdr. n. — 60

Forstkarten. Forstrevierkarte vom Colditzer Wald u. vom Thiergarten. 1 : 19,413⅓. 35×43,5 cm. Lith. Leisnig 894. Th. Fanghänel. n.n. — 50; in Buntdr. n. — 60

— — vom Hochweitzschner u. Wendishainer Wald. 1 : 19,413⅓. 35×43,5 cm. Lith. Ebd. n. — 60; in Buntdr. n. — 75

Forstkarten. Handkarte der kgl. Forsten, Domänen u. Ansiedlungsgebiete. Mit Angabe der Entfernungszahlen der einzelnen Orte v. einander in Kilometern! Rev. v. den zuständ. Behörden. 1 : 100,000. Farbdr. Lissa, O. Eulitz. à — 75; auf Leinw. in Etui à 1. 25
Kreise: Adelnau. 37,5×32,5 cm. (909). — Berent. 42×61,5 cm. (909.) — Birnbaum. 34,5×41 cm. (909.) — Bomst. 44,5×49,5 cm. (909). — Briesen. 38×38 cm. 909. — Bromberg. 59,5×49,5 cm. (909.) — Culm. 41×48 cm. 909. — Czarnikau. 34,5×41 cm. (909.) — Danziger Höhe. 42×30,5 cm. (909.) — Danziger Niederung. 30,5×48,5 cm. (909.) — Dirschau. 44×33 cm. (909.) — Filehne. 39×39 cm. (909.) — Flatow. 43,5×65 cm. (909.) — Fraustadt. 35×33,5 cm. (909.) — Gnesen. 32×44 cm. (909.) — Gostyn. 37×39 cm. (909.) — Graudenz. 34,5×41 cm. (909.) — Hohensalza. 46×48,5 cm. (909.) — Jarotschin. 36×43 cm. (909.) — Kempen. 35×25,5 cm. (909.) — Kolmar i. P. 52×52,5 cm. (908.) — Konitz. 57,5×55,5 cm. (909.) — Koschmin. 35×35 cm. (909.) — Kosten. 35×38,5 cm. (909.) — Krotoschin. 34×43 cm. (909.) — Lissa i. P. 36×50 cm. (909.) — Löbau. 37×53,5 cm. (908.) — Marienwerder. 46×49 cm. (909.) — Meseritz. 45,5×56 cm. (909.) — Mogilno. 46×38 cm. (909.) — Neutomischel. 35,5×31 cm. (909.) — Obornik. 44,5×48,5 cm. (909.) — Ostrowo. 32×32,5 cm. (909.) — Posen-Ost. 42,5×42,5 cm. (909.) — Posen-West. 48,5×34 cm. (909.) — Rawitsch. 28,5×42,5 cm. (909.) — Rosenberg. 43,5×51,5 cm. (908.) — Samter. 50,5×47 cm. (909.) — Schildberg. 33,5×35,5 cm. (909.) — Schlochau. 66×59 cm. 909. — Schmiegel. 38×35,5 cm. (909.) — Schrimm. 30,5×42 cm. (908.) — Schroda. 43,5×34 cm. (909.) — Schubin. 39×53,5 cm. (910.) — Schwerin a. W. 34,5×44,5 cm. (909.) — Schwetz. 53,5×53,5 cm. (909.) — Pr. Stargard. 44×50,5 cm. (909.) Strasburg. 40×63 cm. (908.) — Strelno. 36×34 cm. (909.) — Stuhm. 33×40 cm. (908.) — Thorn. 54×50 cm. 909. — Tuchel. 49×47,5 cm. (909.) — Wirsitz. 40×58,5 cm. (909.) — Witkowo. 30,5×52,5 cm. (909.) — Wongrowitz. 61,5×39 cm. (908.) — Wreschen. 35×36,5 cm. (909.) — Znin. 47,5×38 cm. (908.)

— Hoffmeyer, Fritz, Karte der Forsten Haake, Emme, Kiekeberg, Rosengarten. 1 : 20,000. 1. u. 2. Aufl. 47×84,5 cm. Farbendr. Harburg 894. G. Elkan. n. — 50

— Karte des Kammerforsts im Ostkreise des Herzogt. Altenburg. 1 : 10,000 22×34 cm. Photolith. Leipzig 894. (Altenburg, Schnuphase.) n. — 40

— — von den Waldungen d. Fürstenth. Lippe. 1 : 160,000. [Aus: „Deutsche geograph. Blätter".] Farbendr. 30,5×35 cm. Bremen 891. (v. Halem.) n. — 80

— Limpert, Karte der königl. Oberförsterei Ziegelroda. 1 : 25,000. 51× 45,5 cm. Lith. Mit Text am Rande. Querfurt 895. W. Schneider. n.n. 1. 25

— Müller, P., Karte von dem Fortbestande der Stadt Liegnitz, in den Kreisen Liegnitz u. Lüben. Reducirt u. zusammengetragen von den drei Archivkarten de 1898. 1 : 25,000. 47×52 cm. Lith. Liegnitz 899. (E. Scholz) n. — 60

— Potters, Otto, Plan der Heidelberger Stadtwaldungen nach dem Stand von 1902 auf Grund des städtischen Planmaterials hrsg. 1 : 16,000. 3. Aufl. 41,5×43,5 cm. Farbdr. Heidelberg, O. Potters. n. 1. —; auf Leinw. n. 1. 60

— Plan der Stadtwaldung Eschenberg auf Grundlage der Vermessungen durch das städtische Forstamt. 1 : 10,000. 47×39 cm. Farbdr. Winterthur 906. (Bern, Geograph. Kartenverlag.) n. 1. 20

— Ravenstein, Ludw., Touristenkarte der Main- u. Rheinthal - Waldungen zwischen Frankfurt a. M. u. Darmstadt. 1 : 50,000. (2. Aufl.) 66×58 cm. Farbendr. Frankfurt a/M. 892. L. Ravenstein. n.n. 3. —; auf Leinw. in Leinw.-Umschlag n.n 4. —

— Reichswald, der königl. Oberförsterei Cleve, eingetheilt in 9 Förstereien incl. Tannenbusch. 37 × 29,5 cm. Farbendr. Mit Text am Rande. Cleve (892). Knipping. — 30; auf Leinw. n. — 50

— Reisekarte, forstliche, v. Preussen, gezeichnet von Frhr. v. Rechenberg. 1 : 1,000,000. (Ausg. 1894.) 2 Blatt. 72×66, resp. 78,5×56,5 cm. Farbendr. Leipzig, E. Rust. In Etui. n. 2. 40

Forstkarten. Uebersichtskarte von den Waldungen Preussens, unter Zugrundelegg. der v. d. kartograph. Bureau im königl. Ministerium der öffentl. Arbeiten 1876 hrsg., im Eisenbahn- u. Wegenetz auf die Gegenwart vervollst. Verkehrskarte hergestellt v. d. Forsteinrichtungs-Bureau im königl. Ministerium f. Landwirthschaft, Domänen u. Forsten 1887. Vervollständigt u. berichtigt auf den Zustand v. J. 1896. 1 : 600,000. 8 Blatt à 65 × 50 cm. Farbdr. Berlin 897. J. Springer. n. 20. —; auf Leinw., lackiert u. m. Stäben n.n. 30.—

Forstkasse, die gerettete, od. Schill u. Napoleon. In Sturm u. Noth. Zwei Erzählgn. gr. 16. (63 S.) Mülheim 875. Bagel. n. — 25

Forstcatechismus oder kurzer Unterricht vor jungen Leuten . . . Osnabrück 1775. V: *Voigts, Johann Gerlach Just.* (ML) »1777« (Engoec) oder: *Voet, Joh. Es.* (Ky)

Forst=Katechismus. 8. Hannover, Hahn. 777.

Forst=Katechismus, oder Unterricht im Forstwesen, (v. J. E. Voet). 8. Osnabrück 777. (Hahn in Hannov.) 6 gl

— —, nach dem Forsthandbuch des Herrn von Burgsdorf. gr. 8. Nürnb. Stein. 806.

Förstl, Adam, der alte Glaube und der alte Gott in 25 Abhandlungen. gr. 8. (VI und 306 S.) Salzburg 851, Oberer's sel. Witwe.

Foerstl, Joh[ann] Nep[omuk], Dr., Priester d. Diöz. Regensburg: Das Almosen. Eine Untersuchung über d. Grundsätze d. Armenfürsorge in Mittelalter u. Gegenwart. Paderborn: Schöningh 1909. 48 S. 8° ¶(Ersch. vollst. als Buch ebd.)

München, Theol. Diss. v. 18. Juli 1908, Ref. Walter

(Nur in beschränkter Anzahl für den Austausch)

[Geb. 1 März 81 Furth i. W.; Wohnort: Regensburg; Staatsangeh.: Bayern; Vorbildung: Gymn Regensburg Reife Juli 99; Studium. Innsbruck 8, München 4 S; Rig 18 Juli 08] [U 10 3423

Foerstl, Joh. Nep., das Almosen. Eine Untersuchg. üb. die Grundsätze der Armenfürsorge in Mittelalter u. Gegenwart. (IV, 156 S.) gr. 8. Paderborn 909. F. Schöningh. 3. 40

Förstler, Liederbuch f. Männergesangvereine. Beliebte Männerchöre, ausgewählt v. F. 16. (XVI, 158 S.) Stuttgart 897. J. B. Metzler's Verl. Geb. in Leinw. n. 1. —

Förstler, D., Fragen f. Holzarbeiter, s.: Fragenbuch, gewerbliches.

Förstler, D., Sammlung von Ornamenten zu Stecharbeiten im modernen Styl für Bildhauer, Schreiner und Gewerbschulen. 1. Heft. Uttweil (858.) Uhler. qu Fol. (12 lith. Bl) n 1 ℛ 12 ℊ

Förstler, W., s.: Liederkranz aus Schwaben.

Deutsch-böhmisches Forstlexikon. - Prag 1883. 421 S.

Forst=Fisch= und Jagd=Lexicon. 4 Thle. gr. 8, Stuttg. Metzler. 772–80. (1r, 2r u. 3r Th. 4 Rthlr. 12 gr. 4r Th. 1 Rthlr. 16 gr.)

Forst-, Jagd- und Waidwerkslexikon Langensalza 1759 8

Forst= u. Jagd=Lexikon, illustriertes. Unter Mitwirkung v. Altum, v. Baur, Bühler &c. hrsg. v. H. Fürst. 20 Lfgn. gr. 8. (827 S.) Berlin 887. 888. Parey. à n. 1. — (cplt.: n. 20. —; geb. 23. —)

Forst= u. Jagdlexikon, illustriertes. 2., neubearb. Aufl. Unter Mitwirkg. v. Bühler, Conrad, Eßlinger u. a. hrsg. v. Herm. Fürst. Mit 860 Textabbildgn. (IV, 916 S.) gr. 8. Berlin 903. 904. P. Parey. n. 20. —; geb. in Halbfrz. n. 23. —

Erschien auch in 20 Lfgn. à n. 1. —.

— und Jagdliebhaber, der, oder Archiv zur Verbreitung alles Nützlichen und Wissenswürdigen aus dem Forst= und Jagdfach, herausgeg. von J. W. von Hove. 1r Bd. 8. (Hamm, Schultz u. W. in C.) 820.

Forst- u. Waidmanns Lieblingslieder. gr. 16. (28 S.) Trier 901. F. Lintz. n. — 50

Forst-, die, und Jagdlitteratur der letzten 20 Jahre Alphabetisches Verzeichniß der vorzüglichsten vom Jahre 1840 bis incl. 1859 erschienenen Werke. s. a André, K., die Forst- u. Jagdlitteratur der letzten 20 Jahre

Forst= und Jagd=Literatur, die, der letzten zwanzig Jahre. Alphabet. Verzeichniß der vorzüglichsten, vom J. 1840 bis mit 1859 erschienenen Werke aus den Gesammtgebieten der Forst= und Jagdkunde mit Einbeziehung der hervorragendsten altern Fachwerke und einer kleinen Bildungsbibliothek. Hrsg. von Carl André. Mit Sachregister über die II. und zum Theil III. Abthl. gr. 8. (64 S.) Prag 860, André. *

Forstmagazin

— allgem. ökonomisches, worin Vorschläge u. Versuche für d. Oekonomie enthalten sind, herausg. v. J. Fr. Stahl. 12 Bde. gr. 8. Stuttg. 763—69. Metzler. 9 ℛ Dess. 1r u. 2r Thl. N. Aufl. gr. 8. Ebd. 783. 2 ℛ

Forstmagazin, Neueres, oder Sammlung zerstreuter Forstschriften. Frankf. 1776—79. H: *Franzmadhes, Joh. Mathias Jos. Anton.* (Engoec) (Ky)

Neueres Forstmagazin, Sammlung zerstreuter Forstschriften. Hrsg. Matth. Josef Franzmadhes. 1. Bd. in 2 Abth. - 1. Abth.: V Stücke. - 2. Abth.: Von neuen Aufsätzen, Anfragen, Anzeigen, Preissaufgaben und Preisschriften, die Forstsachen und dahin einschlagende hülfreiche Wissenschaften betreffend, auch von ältern, mittlern und neuern Büchern welche eigentlich das Forstwesen behandeln. - Frankfurt am Mayn 1776 u. 1777. - (M. n. ersch.)

Forst=Magazin, neueres, oder Samml. zerstreuter Forstschriften, (v. J. M. J. A. Franzmadhes). 1e Abthl. 1r Bd. 5 Stcke. 2r u. 3r Bd. u. 2e Abthl. 1r Bd., mit Kpf. 8. Frankf. 776—79. Hermann; a. Gebhardt u. K. 6 ℛ 6 gl

„Neues Forstmagazin" Eine Sammlung zerstreuter Forstschriften Teil 1—3. Herausgeber Teil 2 und 3 Matth. Jos Ant Franzmadhes Frankfurt a M. 1776—1779 (Garbe) — Vorh.: UB Göttingen (unverl) und UB Halle (unverl)

Forstmagazin, neues, od. Samml. zerstr. Forstschriften. 4 Thle. m. K. 8. Frkf. Hermann. (Brönner a. Gebhardt u. Körber.) 777.

Forstmaier, Herm. [Dr. med. Arzt aus Speyer a. Rh.]: Ueber Gewebliche Veränderungen und Neubildungen am Rektum ... Würzburg, Buchdr. d. „Neuen Bayer. Landeszeitg", 1896; 32 S. 8.

Würzburg, Med. Fak., Inaug.-Diss. v. 1896

Forstmair, Fel., Eindrücke, Einfälle und Anmerkungen aus der Reise zur Versammlung deutscher Landwirthe in Hannover. Augsburg 854. (Schmid.) 16. (64 S.) 5 ℊ

Erinnerung an Joh. Bapt. Franz, Benefiziaten und Studienlehrer an der lat. Schule zu Rosenheim. Von Felix Forstmair, Bz u. Zubr. — 1842. Ohne Druckort — 2 III—XII
Progr Rosenheim.

Heranbildung und Unterricht der Jugend außer der öffentlichen Schule. Von Felix Forstmair, Bz u Zubr 1843 Ohne Druckort — 2 III–X
Progr Rosenheim

Kurze Nachricht über Gregor Perndorfer, Kanonikus des ehemaligen Dom- und Regularstiftes Chiemsee und Schulbenefiziaten in Rosenheim. Von Felix Forstmair, Bfz. u. Subr. — 1843. Ohne Druckort — S III—VII.
Progr. Rosenheim.

Forstmann und Berufsjäger - Wien Jg 1-9 1907-1915. - (M n. ersch)

Forstmann, der besorgte, über Verderbniß der Wälder durch Thiere ꝛc. 1s—4s St. gr. 8. Weim. Ind. Comt. 789—99. (1s 12 gr. 2s 18 gr. 3s. 4s à 12 gr.)

Forstmann, Der besorgte eine Zeitschrift über Verderbniss der Wälder durch die Thiere und vorzüglich der Insekten überhaupt, besonders aber der jetzt in Deutschland herrschenden Kiefer-, Tannen- u Birken-Raupen Nr 1—4 Mit Kupfern Weimar 1797—98 8

Forstmann, Der besorgte; eine Zeitschrift über Verderbniss der Wälder durch Thiere . . . Weimar 1798. H: *Lynker von Lützenwick, Jos. Joh. Jac. Freih. von.* (MGT) »1798—99« (Ky) (Adel)

Forstmann, d. besorgte; e. Zeitschrift über Verderbniß d. Wälder ꝛc., (v. J. J. Lynker v. Lützenwick). 4 Stcke. gr. 8. Weim. 798, 99. Industr.-Compt. 2 ß 6 ℊ

* **Forstmann, d. praktische, od. d. Waldökonome, mit K. u. Tabellen. 8. Prag, Krammer. 807.**

— d. prakt., oder d. Waldökonom, mit Kpf. u. Tabb. 8. Prag 817. Krammer. 12 ℊ

Forstmann, Untersuchungen üb. die Austrocknung der Grubenbaue durch grosse Wettermengen u. Versuche m. verschiedenen Mitteln zur Kohlenstaubbekämpfung. (52 S.) Lex. 8. Essen (910). (Verlag des „Glückauf"). 1. 50
Sonderabdr. aus „Glückauf", Berg- u. hüttenmänn. Ztschr.

* **Cogitationes physico-mathematicae de natura atque indole Iridis tam solaris quam lunaris. Publicat. ab *Athanasio Forstmanno.* Biponti. 4. 5 Bog. m. Fig. 1739.**

Forstmann, Christoph Wilhelm

Christ[oph] Wilh[elm] Forstmanns [Forstmann] Ausführlicher Unterricht von zeigenden und schlagenden Taschenuhren, zur Käntniß und Ausbesserung aller vorkommenden Arten derselben. Halle: Waisenhaus 1779. 516 S. 8°

Forstmann, Cph. Wlh., († 1783.) Unterr. von zeigenden u. schlagenden Taschenuhren, zur Kenntniß u. Ausbesserung aller vorkomm. Arten derselben ꝛc. Mit 10 Kpf. gr. 8. Halle 778. Waisenh.-B. 1 ß

Forstmann, Eduard, (K. G. Herloß), Wien, wie es ist. Fortsetz. d. Sitten- u. Charaktergemälde von London u. Madrid. Aus d. Französ. 8. Leipz. 827. Magaz. f. Ind. 1 ß

Forstmann, Fridericus (geb. am 17 Nov. 1798 in Kettwig Rgbz. Dusseldorf): De ieiunio salutari . . . Bonnae, typ. Kupferbergianis (1820). 1 Bl, 22 S. 4. ¶ Am Schluss eine kurze Ansprache d. Präses u. Promotors Chrn Friedr. Harless. — In Komm. bei Marcus in Bonn.
Bonn, Med. Fak., Diss. v. 9 Aug. 1820

***Forstmann,* Fr., de jejunio salutari dissert. 4maj. Bonn 820. Marcus. 6 ℊ**

Forstmann, Frid (geb 15 1 1834). De morbus articularibus Berolini (1857) (31 S) 8°
Berlin, Med Diss v 24 Juli 1857

Forstmann, Gust (geb Werden im Rheinl 2 4 1844) De diabete Berolini (1866) (31 S) 8°
Berlin, Med. Diss. v. 28 Mai 1866

Forstmann, Hans, aus Werden: **Das altenglische Gedicht 'Guthlac der Einsiedler' und die Guthlac-Vita des Felix.** *Halle a. S. 1901: E. Karras.* (26 S.) 8° ¶ (Erscheint vollst. u. d. T.: 'Untersuchungen zur Guthlac-Legende' in: Bonner Beiträge zur Anglistik, H. 12.)
Bonn, Phil. Diss. v. 21. Dez. 1901

Forstmann, H., Untersuchungen zur Guthlac-Legende, s.a. **Beiträge, Bonner. zur Anglistik. 12.**

Untersuchungen zur Guthlac-Legende von Dr. H[ans] Forstmann. *Bonn: P. Hanstein 1902.* (40 S.) 8°
[Ein Teil erschien als Inaug.-Diss. Bonn 1901.]
— Beiträge, Bonner, z. Anglistik. H. 12, (u.) [04. 1333

Forstmann, J. W., De dolore faciei Fothergillii. 62 pp. Duisb. 4°. Salzb. med. chir. Zt. Ergänz IV, 227. *Doering,* I, 161. *Tode,* I, 122. *Usteri,* Rep. 90, p. 447. Deutsch in Neueste Samml. auserl. Abhdl. f. Wundä. VI, p. 147—226.
1790

***Forstmann,* J. G., de dolore faciei Fothergilli. 4. Düsseld. 791. Dänzer. 8 ℊ**

FORSTMANN, JOH. GANGOLF WILH., Aufgesammelte Denkmale der Barmherzigkeit in denen gnädigen Führungen einiger entschlafenen Personen, nebst denen Leichen- oder Gedächtnis-Predigten. Flensburg und Altona. 1759.

Forstmann, Jh. Gangolf Wlh., (†...) Denkmale d. Barmherzigk. Gottes an Entschlafenen, oder Leichenpredigten, 8. Flensb. 759. Korte, 12 ℊ Neuere Denkmale d. Barmherzigkeit, 8. Ebd. 760. Ebd. 20 ℊ Letzte Denkmale d. B. 8. Ebd. 764. Ebd. 18 ℊ

Forstmann, J. G. W., Denkmale der Barmherzigkeit. 3 Thle. 8. 764. Hat jetzt Hammerich in Altona. Hthlr.-

— Evangelienpostille. 4. Ebend. 757.

— sieben Fastenp. u. a. Predigten. 8. Ebend. 760.

FORSTMANN, JOH. GANGOLF WILH., Fasten- und Wochenpredigten über verschiedene Sprüche der Heil. Schrift. Flensburg und Altona. 1760.

— mit Gebet u. Flehen vermischte Gedanken bei dem Lesen d. Geschichte d. letzten Leiden Jesu. 2 Thle, fortges. v. D. Hollaz. 4. Flensb. 761—63. (Hammerich in Alt.) 1 ß 14 ℊ

— Gedanken üb. die Leidensgeschichte. 2 Thle. 4. Ebend. 761—63.

— — Gedanken bey dem Lesen der Geschichte der letzten Leiden Jesu. 2 Thle. 761—63. Hat jetzt Ebend.

Forstmann, J. G. W., die durch das Evangelium von Christo geoffenbarte Gerechtigkeit, die vor Gott gilt; verkündigt in Sonn- u. Festtags-Predigten, herausg. im Jahre 1757. Aufs Neue zum Druck befördert im Jahre 1839. 1. Bd. in 2 Hften. 8. Nürnberg, Raw. 1 ß

Forstmann, Jh. Gangolf Wlh., Nachr. für Sünder in Buß- u. Passionspredigten. 4. Flensb. 757. (Hammerich in Alt.) 10 ℊ

—— sieben Passions-Betrachtungen. Zusammengestellt aus den Schriften des Verf. 8. (82 S.) Ebendas. 871. *
Vgl.: Friedensbotschaft.

Forstmann, J. G. W., Passions-Betrachtungen üb. die sieben Worte Jesu am Kreuz. Ausgezogen aus den Passionspredigten d. Verf. 8. (82 S.) Risky 869. (Neusalz a. O., Lange.) n. — 40

— Passionspredigten. 4. Ebend. 757.

— Reden wie sichs geziemt, nach d. heilsamen Lehre, in 7 Fasten- u. 4 Wochenpredigten, über Sprüche d. heil. Schrift. 8. Flensb. 760. Korte. 16 ℊ

—— dass. 2. Bd., enthalt.: Die allgem. dynamischen Lehren d. Geodynamik, Hydrodynamik u. Aerodynamik. M. 3 Stnt. (in qu. ½ Fol.) gr. 8. (45½ B.) Berlin 834, Reimer.

Lehrgebaude der Mathematik. Von Alexander Frh.v. Forstner. Bd 1.2. Berlin: Reimer 1820. 8°

Bd 1.2= Reine Mathematik. Th.1.2. 1820.
Th.1: Lehrbuch der niederen Arithmetik.
Th.2: Lehrbuch der niederen Geometrie.

— Lehrgebäude d. Mathematik. 1r Suppl.: Bd. A. u. d. T.: Samml. systemat. geordneter u. synthetisch aufgeloseter geometr. Aufgaben, blos betreff. Constructionen auf d. Ebene. Mit 13 Steint. gr. 8. Berl. 824. Reimer, 2 ℛ

— Leitfaden für den Vortrag der Elemente der Astronomie od. der mathemat. Geographie. Für Gymnasien, Militair- u. höhere Bürgerschulen. Mit 1 Tabelle. 8 Berlin 837. Reimer. ⅓ ℛ

Forstner (A. v.), Sammlung systematisch geordneter geometrischer Aufgaben, bloss betreffend Constructionen auf der Ebene. Mit 13 Kupfertaf. Berlin 1823. 8.

— Samml. mathemat. Aufgaben. Mit 1 Kpf. gr. 8. Berl. 819. Reimer. 12 𝔤𝔤

v. Forstner, Frhr. Alex. K. Ph., Samml. neuer arithmetischer u. algebr. Aufgaben in 108 Tafeln. Ein Hülfsmittel für Lehrer in Schulen u. beim Selbstunterrichte. 8. Berl. 819. Mittler. 18 𝔤𝔤

— d. Sphärik, od. Lehrbuch d. sphär. Trigonometrie. Mit 1 Kpft. gr. 8. Berl. 827. Laue. 1 ℛ 6 𝔤𝔤

— die Sphärik, oder Lehrbuch der sphärischen Geometrie u. Trigonometrie. gr. 8. Berlin 827. jetzt Reimer. 1¼ ℛ

Forstner, Alexander Freiherr von, Obrist-Lieutenant a. D., Einige Worte über die anonym erschienene Schrift: die Deutsche Centralgewalt und die Preußische Armee. Berlin, D. Reimer, 1848. 14 S. 8°.

Forstner, Alphons, die künstliche Kühlung. Isolation gegen Feuchtigkeit u. f. Elektrizität. Anleitung zur prakt. Durchführg. derselben f. Produzenten u. Händler m. Lebensmitteln, Bautechniker u. Elektrotechniker. (VII, 251 S. m. 20 Abbildgn.) 8. Wien 903. A. Hartleben. n. 4. —; geb. n. 4. 80

Forstner A, die künstliche Kühlung. (256 S) (Bibliothek Chemisch-technische 267) Wien 1903

Forstner, Anton, pr. Arzt: Von d. Prosektur d. Krankenh. rechts d. Isar. (Prosektur: Oberndorfer.) Statistik über maligne Tumoren. Munchen 1908: Wolf. 35 S. 8°
München, Med. Diss. v. 17. Juli 1908, Ref. v. Bollinger
[Geb. 1 April 79 Mainburg; Wohnort: München; Staatsangeh.: Bayern; Vorbildung: Altes Gymn. Regensburg Reife Juni 00; Studium: München 9 S.; Coll. 17. Juli 08; Approb. 20 Juli 05.] [U 09 3310

Forstner, B., kleine Chronik des Johannisthales in Leipzig zum 25jähr. Jubiläum 1858. Mit Holzschn. (im Text) u. dem Portr. des Hrn. Schellbach (in Holzschn.). Leipzig (858.) Hennings. gr. 8. (22 S.) n. 5 𝔤𝔤

Forstner, Christoph. Staatsbriefe. [Ulm 1773—84.] H: *Volz, Johann Christian.* (MI.)

Forstner, (F.) G., s. Forstner von Dambenoy, Georg Ferdinand

Forstner, Geo. Ferd. v., s. Forstner von Dambenoy, Georg Ferdinand

Forstner, Hugo [app. Arzt aus Vilshofen]: Ueber Sarkom des Mediastinum anticum ... München, k. Hof- u. Univ.-Buchdr. v. Dr. C. Wolf & Sohn, 1893; 24 S., 1 Bl. 8.
München, Med. Fak., Inaug.-Diss. v. 1893

FORSTNER, Johann Baptist (Osterzell): Ueber die Möglichkeit einer Verbesserung der Heilkunst durch das homöopathische Heilsystem.- Mindelheim: Fackler (1846). 16 S.
4.7.1846 - Urk (Titel: De meliorande therapia nostra possibili, ope systematis homoeopathici.); F 66
Diss.Ingolst.-Landsh.-Mchn.

Forstner, M
Der Durchgang der Venus. Roman. Berlin 1880.
In: Roman-Zeitung, Deutsche. Bd 2.

FORSTNER, Mathias (Mainburg): Ueber Diphtheritis und deren Behandlung mit Brom.- München: Wolf 1876. 30 S.
29.7.1876 - Urk (Titel: De diphtheritide bromate curanda.); F 69
Diss.Ingolst.-Landsh.-Mchn.

Forstner, Mina (Wilh. Richter), aus dem Waldviertel, s. a. Volksbücherei.

(F) **Forstner, M., Aus dem Waldviertel. Bilder und Skizzen.** [Volksbücherei. Nr. 184.] 8°. (68 S.) K —.20
Wien: Urban & Schwarzenberg 1907.

Forstner, Rich., der Durchgang der Venus. Roman. 3 Bde. 8. (242; 259; 256 S.) Berlin 880, Janke. *

Forstner von Dambenoy, Georg Ferdinand

Forstner v. Dambenoy, Geo. Fd., physikal.-ökonom. Beschreib. v. Franken. 1r Bd. 8. Schwabach u. Leipz. 791.

— Denkmal d. Erinnerung an d. Verdienste Meyers um den erhöhten Flor d. Landwirthschaft, als eine Herbstblume auf sein Grab gelegt. 8. Oehringen u. Windsheim 800. (Joachim in Leipz.) 3 𝔤𝔤

— d. Dreifelder- u. Wechselwirthschaft, in ihrem wahren Werthe dargestellt. gr. 8. Ulm 819. Ebner. 9 𝔤𝔤

Forstner von Dambenoy, Georg Ferdinand: „Freiheit des Grundeigenthums die Seele des Landbaues! (An die loyalen und wohlwollenden Regierungen Deutschlands gerichtet)", Tübingen 1820. — Vorh.: Preuß. Staatsbibliothek Berlin.

— Freiheit d. Grundeigenthums, d. Seele d. Landbaues. 8. Tübing. 820. Laupp. 6 𝔤𝔤

— fränkischer Haus- u. Wirthschaftskalender auf d. Jahre 1787—1802. 4. Schwabach. Mizler. à 3 𝔤𝔤

Forstner von Dambenoy, G.: „Ideen über die Entbehrlichkeit oder Unentbehrlichkeit einer Landwirthschaftsschule in Württemberg; mit Berücksichtigung der Landwirthschaft unseres deutschen Vaterlandes im Allgemeinen und unsrer Güteradministration insbesondere", Heidelberg 1817 (Oswald).

— einige Ideen über Landwirthschaft. 4. Schwab. 787. Mizler.

— d. Landgeistliche als Landwirth. 8. Tübing. 822. Osiander. 10 𝔤𝔤

— Landwirthschafts-Polizei, ein Ding, das da sein sollte — u. nicht ist, u. Domainenwirthschaft, ein Ding, welches nicht sein sollte u. doch ist. gr. 8. Tübing. 810. Osiander. 8 𝔤𝔤 Dess. Fortsetz. oder nähere Beleuchtung d. Zehent- oder Trift-Zwanges. gr. 8. Ebd. 819. 6 𝔤𝔤

Forstner von Dambenoy, Georg Ferdinand: „Leitfaden zum Vortrage der Landwirthschaftslehre", Tübingen 1820 (Osiander).

— ökonom. Skizzen, oder Dornen im Labyrinthe d. heutigen Oekonomie. 8. Schwabach 788. Mizler. Fortsetzung derselben. 8. Ebd. 788.

Forstner, Geo. Ferd. v., gegenwärt. Zustand d. deutschen Landwirthschaft bey ihren dringendsten Bedürfnissen. An d. loyalen u. wohlwoll. Regierungen Deutschlands gerichtet. gr. 8. (7 B.) Tübingen 829, Osiander.

Förstner, Adam, s. Forstner

Förstner, Alex. von, s. Forstner, Alexander von

Förstner, C.

——s. a. Müller, Johanna.

Foerstner, C., die Festtage d. Kindergartens. Eine Sammlg. der beliebtesten Spiele u. Lieder f. die Kinderfeste im Kindergarten u. in den Elementarklassen der deutschen Schule. gr. 8. (VII, 47 S.) Quedlinburg 883. Vieweg. cart. n. 1. 50

Förstner, C., Heinrich der Löwe. Ein Volksmärchen. 8. (86 S.) Braunschweig 898. A. Limbach. n. 1. 50

Förstner, C., König Hübich. Ein Harzmärchen. 16. (65 S.) Quedlinburg 889. Vieweg. cart. n. 1. 20

— Prinzeß Ilse. Märchen. 12. (40 S.) Halberstadt 890. Schimmelburg. n. — 60

— Neues u. Altes aus dem Sagenkreise d. Vater Brocken. Märchen u. Sagen. 12. (III, 72 S.) Quedlinburg 891. Ch. F. Vieweg. n. 1. —

Förstner, C., aus der Sagen- u. Märchenwelt des Harzes. Zur Unterhaltg. u. Erinnerg. erzählt. 8. (178 S.) Quedlinburg 888. Vieweg. cart. n. 2. 50

Förstner, C., aus der Sagen- u. Märchenwelt des Harzes. Zur Unterhaltg. u. Erinnerg. erzählt. 2. Aufl. 12. (178 S.) Quedlinburg (900). Gr. Lichterfelde, Ch. F. Vieweg. Kart. 1. 50

Förstner, C., aus der Sagen- u. Märchenwelt des Harzes. (2. Bd.) Oberharz. (IV, 187 S. m. 7 Taf.) 8. Quedlinburg (907). H. Schwanecke. Geb. in Leinw. 1. 50

Förstner, C. Fr. J.

— — Eccossaisen-Lehre, oder die Kunst 16 verschiedene Eccossaisen mit allen dazu gehörigen Pas und Touren in kurzer Zeit anständig tanzen zu lernen. Mit 12 Figg. u. 6 choreograph. Zeichnungen. Ebd. 1831. 8°.

— — Der Tanzlehrer oder Anweisung zur grundlichen Erlernung der Tanzkunst, zum Selbstunterricht. 2. Aufl. Mit 24 Tfln. lith. Fig. u. choregraph. Zeichnungen. Ebd. 1831. 12°. (⅔ Rthl.) (2 Mk. 50 Pfg., Expl. im Orig.-Umschl., Rich. Bertling, Dresden, 1892.)
Vorher: Leipzig, Kollmann, 1829. (Bartholomaus p. 8, wo auch das folgende Werkchen).

Forst- u. Jagd-Neuigkeiten, s. a. Neuigkeiten.

Rietsch, F. G. (Herausgeber): „Forst- und Jagdneuigkeiten", Prag 1828 ff.

Anonym: „Weibliche Forstökonomie, oder Anweisung, die Produkte der Wälder, als Thiere, Bäume, Sträucher, Pflanzen und Schwämme in der Haushaltung auf das mannigfaltigste zu benutzen; ein Handbuch für Damen", Posen 1807 (Kühn).

Forstöconomie, Weibliche, oder Anweisung, die Produkte der Wälder . . . auf das mannichfaltigste zu benutzen. Posen 1808. V: *Gürnth, Christiane Dorothea geb. Hentschel.* (MGT) (Ky) (Schl)

Weibliche Forstökonomie oder Anweisung, die Produkte der Wälder, als Thiere, Bäume, Sträucher, Pflanzen und Schwämme in der Haushaltung auf das manigfaltigste zu benutzen. Ein Handbuch für Damen. Von dem Verf. der Gartenökonomie für Frauenzimmer. - Posen, Leipzig 1808

Forstökonomie, weibliche, ein Handbuch für Damen, vom Verf. d. Gartenökonomie für Frauenzimmer (Chr. Dor. Gürnth). gr. 8. Posen 808. Kühn. (Leipz., Joachim). 1 ₰ 8 g/

Forstordnung der Stadt Aarau vom Jahre 1784. - Aarau 1785. II, 95 S.

Forstordnung für den Kt. Aargau vom 17. Mai 1805. - Aarau 1851

— allgemeine, f. d. österr. Staaten, herausg. v. M. J. Schröfl. Mit 1 Kpf. gr. 8. Wien . . . N. A. 815. Gelstinger. 1 ₰

Forst-Ordnung für der Stadt Bern deutsche Lande. - Bern 1786. 4

Forst-Ordnung dess Durchlauchtigsten Fürsten Carls, Marggrafen zu Baaden . . . - Carols-Ruh 1723. 37 S.

Forst-Ordnung des Heil. Röm. Reichs Stadt Dinkelsbühl vom Jahre 1754. - Dinkelsbühl 1754. 28 S.

Gräflich Erbach-Fürstenauische erneuerte Forst-, Wald- und Jagd-Ordnung im Amte Freyenstein vom 19. Februar 1770. - Michelstadt 1770. 52 S.

Erneuerte Forst und Holtz Ordnung des Fürstenthums Hessen-Casselischen Theils vom 1. Juni 1689. Cassel 1721. 35 S.

Erneuerte Forst-, Jagd- und Fischerey-Ordnung der Grafschafft Wittgenstein. Zu jedermanns Wissenschaft und Nachachtung publiciret und zum Druck befördert. - Berleburg 1749

Erneuerte Forstordnung für den Kanton Zürich vom 14. Mai 1807. - Zürich 1808. 26 S.

Forst-Ordnung für die Schlesischen Gebürgsforsten in den Fürstenthümern Schweidnitz, Jauer und dem Goldberg'schen Creyse, Liegnitzischen Fürstenthums, wie auch der Grafschaft Glatz etc. wie auch wegen Einrichtung einer besondern Gebürgs-Forstcommission zu Schmiedeberg, vom 8 Sept. 1777. - Glogau 1777. 59 S.

Fürstliche Hessen-Darmstädtische Forst- und Wald- auch Weidwerks- und Fischerey-Ordnung. - Darmstadt 1724. 48 S.

Forst- und Jagdordnung für die Grafschaft Fridberg-Scheer von 1786. - Buchau 1806

Forst- und Jagd-Ordnung für Westpreußen und den Netz-Distrikt vom 8. October 1805. - Marienwerder 1805. VIII, 52 S.

Fürstabtliche Kemptenische Forst-, Jagd- und Fischereiordnung. - Kempten 1753

Forstordnung, fürstl. Lippische, von 1791. 4. Duisb. Helwing. 791. 28 S.

Luzernische Forstordnung. - Luzern 1764. 11 S.

Fürstlich Mecklenburgische erneuerte und vermehrte Forst- und Holtz-, auch Jagt- und Wild-Ordnung. - Schwerin 1706

Forst-Ordnung für Ost-Preussen u. Litthauen. Berl. 1775. 49, 8 S. Fol.
(De 8 S. er Instruction f. die Land-Messer . . .)

Chur-Fürstlicher Pfaltz Forst- und Wald- auch Weid-Wercks-, Jagd- und Fischerey-Ordnung. - Heydelberg 1711. XXVIII, 148 S.

Forst-Ordnung von Pommern vom 24. Dec. 1777. - Berlin 1777. 54 S.

Forstordnung, Reichsstadt Ulmische. Ulm 1802. V: *Seutter von Lötzen, Johann Georg von.* (MGT)

Reichsstadt Ulmische Forstordnung. - Ulm 1803. 10 Bl., 101 S., Reg.

Hochfürstlichen Reichs-Stift St. Blasische Forst- und Waldordnung vom 25. Februar. - St. Blasien 1766. 14 S.

Hoch-Fürstliche Sachsen-Querfurthische Forst- und Jagd-Ordnung auf Befehl des Fürsten Christian, Herzogs zu Sachsen, Jülich, Cleve und Berg publiciret. - Querfurth 1728

Fürstlich Sächsische Forst- und Wald-, Jagd- und Waidwerks-Ordnung in dem Fürstenthume Weimar und den Jenaischen Landespartien. - Weimar 1775

— Weidwerk- Wald- und Jagd-Ordnung, herz. sächsische, rc. gr. 8. Meiningen, Griesbach. 775.

— Ulmische, u. Instruction f. Jäger, von J. G. v. Seutter. Fol. Ulm, Stettin. 803.

Verbesserte Forst- und Holzordnung der Grafschaft Hanau-Münzenberg vom 21. Jänner 1779. - Hanau 1779. 64 S.

Fürstlich-Waldeckische Forst- und Jagd oder Weidewercks-Ordnung. Revidiret - und vermehret ausgegeben. - Mengeringhausen 1741. 133 S.

Forst- und Waldordnung. Löbl. Stadt Chur. - Chur 1791. 63 S., 1 Tab.

— Wald- Jagd- und Waidwerks-Ordnung im Fürstenthume Weimar. 4. Weimar, Hoffmann. 775.

Herzogl. Sächsische Forst- Weidwerks- Wald- und Jagdordnungen sammt der Chur- und Fürstl. Sächs. Hennebergischen Forst Ordnung vom Jahr 1615. und einem Forstcalender. Zum nützlichen und nöthigen Gebrauch derer Forstbedienten und Jägerey-Verwandten wieder aufgeleget. - Meiningen 1774. 150 S.

Die badische Forstorganisation von 1849 und ihre Gegner. - Karlsruhe 1851. 44 S.

Forstpolizeigesetz, das württembergische, vom 19. II. 1902 (Reg. Bl. S. 61) u. das württemb. Forststrafgesetz vom 2. IX. 1879 (Reg. Bl. S. 277) unter Berücksicht. der Abänderung dieses Gesetzes durch das Gesetz vom 19. II. 1902 (Reg. Bl. S. 37). Mit Erläutergn. u. den Vollzugsvorschriften zum Gebrauch f. Gerichte, Staats- u. Amtsanwaltschaften, f. Verwaltungs- u. Gemeindebehörden, f. Forstschutzbedienstete, sowie f. Privatwaldbesitzer. (XII, 116 S.) 8. Stuttgart 903. W. Kohlhammer. n. 1.20; geb. n. 1.60

Forstpolizei- und Gemeindeforstverwaltung. - Karlsruhe 1856. 23 S. - (Beitr. z. Statistik d. inneren Verwaltg. d. Großherzogth. Baden H. 3)

[F] Das Badische Forstrecht, enth. die auf d. Forstwesen d. Grossherzogthums bezügl. Gesetze, sowie die zu deren Vollzug erlass. wichtigeren Verordngn u. Erlasse nach d. Stande v. 1. Jan. 1898. Nebst e. Anh., d. Jagd- u. Fischereirecht, d. Vogelschutz u. s. w. enth. Hrsg. v. Dr. Karl Asal, Grhzgl. Oberamtmann. *Karlsruhe & Tauberbischofsheim: J. Lang 1898.* (XII, 723 S.) 1 Bd 8. [98 4133

Forstrecht, d. kursächsische, (v. Jh. Aug. v. Lindenau). 8. Lpz. 792.

Forstrecht, Das kursächsische. Leipzig 1802. V: *Lindenau, Joh. August von.* (MGT) »1792« (Ky)

Forstreglement für das kurländische Gouvernement. - Mitau 1805. 74 S.

Des Durchleuchtigsten Fürsten und Herrn, Herrn Ludwig Rudolph, Herzogen zu Braunschweig und Lüneburg ... erneuertes Forst-Reglement am 8. April 1726. - Blanckenburg 1747

Forstrente, die, in Elsaß-Lothringen nach den Ermittlungen f. die Staatswaldungen. Rückgang u. Mittel zur Hebg. derselben. Mittheilungen aus den hierüber erstatteten Berichten der Oberförster. 1. Ergänzungsheft zu den Beiträgen zur Forststatistik v. Elsaß-Lothringen. Hrsg. vom Ministerium f. Elsaß-Lothringen, Abtheilg. f. Finanzen u. Domänen. gr. 8. (VI, 79 S.) Straßburg 886. (Schultz & Co.) n. 2. —

FORSTREUTER: Erlenwirtschaft im Niederungsmoorgebiet der kgl. Oberförsterei Nemonien. - o.O. 1903. 14 S.

Forstreuter: Die Saturation Lamprecht. Magdeburg (1907?)

Forstreuter, Adalb., etwas v. der Seele Jahrmarkt. (106 S.) 8. Strassburg 910. J. Singer. 2. --

Forstreuter, Valentin, aus Szillen: **Organisation der Kohlenindustrie und des Kohlenhandels in Deutschland.** *Berlin: 'Guttenberg' 1902.* (67 S.) 8° [F.] Erlangen, Phil. Diss. v. 13. Mai 1902

Forstrevisions-Protokolle, Nutzungs- und Kulturvorschläge und die Tagegelder-Liquidationen von den Haupt-Forstrevisionen betreffend, dd. Cassel, den 10. März 1851. - Cassel 1851

Forst-Rügen. Von C. A. v. Seckendorf, 1-10 u. K. Slevogt. Th. 1-10 (5 Vol.). Halle u. Leipz. 1799-1804.

Forstrügen. Leipzig 1799-1804. V: *Seckendorf, Chn Adolph Freih. von & Carl Slevogt.* (Engoec)

Forstschule, Die, in Hohenheim, Geschichte und Beschreibung derselben. Stuttgart 1855. V: *Nördlinger, Jul. Simon.* (Privat-Bibl. König v. Hannover. Hann. 1858.)

Die Forstschule in Hohenheim. Geschichte und Beschreibung derselben. Nebst Beil.: Gewächse-Verzeichnis. - Stuttgart 1855. IV, 96 u. 28 S., 1 Kt., 1 Frequenzliste. Hrsg. Land- u. forstwirtsch. Akad. Hohenheim

Forst-Schule, mährisch-schlesische, zu Eulenberg. Cursus 1868—9. Berichte und Abhandlungen. 8. (63 S.) Olmütz, Hölzel in Comm. 1870. 50 kr.

Forst-Schule, die mährisch-schlesische, zu Eulenburg. Cursus 1869/70. Berichte u. Abhandlgn. gr. 8. (III, 65 S.) Olmütz 871. Grosse in Comm. n.n. 1. —

Die Forstschule zur nützlichen Pflege des Waldes. Von einem Liebhaber der Forstcultur. - Esslingen 1814

Forstschule, die, zur nützl. Pflegung d. Waldes. Von e. Liebhaber d. Forstkultur. 8. Eßlingen 812. Fischorff u. K. 6 K

Zur Forstschulfrage. Stenographischer Bericht über die Verhandlungen der baierischen Kammer der Abgeordneten betr. die Forstschulfrage. Aus Anlaß der Freiburger Versammlung deutscher Forstmänner. - Wien 1874. 57 S.

Forstschutz. H. 1. Berlin: Parey 1910. 8°
(Vorträge über Pflanzenschutz. H. 1) [10. 3619

Forst- u. Weideservituten, die, in vier Gemeinden Steiermarks, hrsg. v. Ernst Mischler, s. a. Mitteilungen, statistische, üb. Steiermark. 21. Heft,

Die **Forst- und Weideservituten** in vier Gemeinden Steiermarks. Erhebung durchgeführt v. Statist. Landesamte f. Steiermark unter d. Leitung von Dr. Ernst Mischler, Univ.Prof. Graz: Leuschner & Lubensky 1908. (VIII, 152 S.) 4°(8°)
— **Mitteilungen,** Statist., über Steiermark. H. 21. [05. 17866

Forst- und Jagdspiel, mit Kupf. 8. Berl. Pauli. 809.

Forst- u. Jagdspiel zur angenehmen u. nützl. Unterhalt. f. Kinder, nebst Anweisung u. Beschreibung d. Gegenstände, mit 57 illum. Kupf. Berl. Fr. Pauli. 815.

Forststatistik, s.: Beiträge zur Statistik der innern Verwaltung des Großherzogth. Baden.

Forststatistik im Allgem. K. F. Bauer, Forststatistik der deutschen Bundesstaaten. Leipz. 1842.

—— und Jagd-Statistik, s. a. Jahrbuch, statistisches, des k. k. Ackerban-Ministeriums.

Forst- u. Jagdstatistik 1885 & 1890 nebst e. Anh. üb. Torfstatistik. 1885, 1890, 1910. Wien 1888, 1892, 1913.
(Statistisches Jahrbuch d. k. k. Ackerbau-Ministeriums f. 1885, 1890, 1910) 375

Forst- u. Jagdstatistik f. d. J. 1901—1904. (81, 81, 31 u. 33 S.) Lex.-8. Wien 904—906. (A. Hölder.) à n. — 80
Sonderabdrucke aus: „Statist. Monatsschr."

Forst- u. Jagdstatistik f. d. J. 1906, 1907 u. 1908. (Zusammengestellt im k. k. Ackerbauministerium.) (42, 42 u. 43 S.) Lex. 8. Brünn 908—910. (Wien, W. Frick.) à - 80
Sonderabdr. a.: „Statist. Monatsschr."

Schweizerische *Forststatistik.* 2.—3. Lief. Zür. 4°.
(2. Decoppet Statistik d. Holzverkehrs d. Schweiz mit dem Auslande in den Jahren 1885—1907 1910 81, 89 S. Fig. — 3. Decoppet: Produktion u. Verbrauch v. Nutzholz. A. Einleitung. Lange statistische Angaben üb. die forstlichen Verhältnisse d. Schweiz. 1912. 77 S. 6 kol. Kt.)
[Ogs. m. frank. Tit. og Tekst).

Schweizerische Forststatistik. Hrsg. Eidgen. Inspektion f. Forstwes., Jagd, Fischerei. - Zürich, Bern. Lfg 1. 1907 ff.

Forststatistik. Schweizerische F'... = Statistique forestière suisse.... 4.
Liefg. 1 = 1. livr. Zürich, J. J. Meier, 1908 s. Zusammenstellung. Vorläufige Z'....
Liefg. 2 = 2ème livr. Z', Orell Füssli, 1910 s. Decoppet, M[aurice].

Forst-Statistik des Kanton Thurgau. Ausgearbeitet im Auftrag der Regierung von den Forstmeistern des Kantons Frauenfeld - Frauenfeld 1860. II, 47 S., 15 Beil.

Forst-Statistik des Kantons Zürich, zusammengestellt 1879 durch das Oberforstamt. Winterthur 1880. V: *Landolt, Elias.* (Cat. d. Stadtbibl. Zürich. Zürich 1864—97.)

Forst-Statistik d. Kantons Zürich. Zusammengestellt im Jahre 1879 durch das Oberforstamt. 8. (81 S.) Winterthur 880. (Zürich, Schulthess.) n. — 80

Herzoglich Braunschweigisches Forststraf-Gesetz vom 26. Juli 1837. - 142 §§ und Inhalts-Verzeichnis. In der Gesetz- und Verordnungs-Sammlung No. 25 dd. - Braunschweig 4. August 1837

Forststrafgesetz und Gemeindeordnung für die Pfalz. - München 1907. 80 S. - (Bayer. Landesgesetze i. neuester Fassung Nr. 4)

Forststrafgesetz für das Königreich Hannover. Mit Genehmigung des Königl. Ministerii des Innern veranstalt. Druck. gr. 8. (32 S.) Hannover 847, Helwing. n. 1/6 ₰

Das Forststrafgesetz der Pfalz nebst Vollzugsvorschriften in der gegenwärtigen Fassung. Textausgabe mit Erläuterungen und einem Anhang enthaltend die Bestimmungen über den Wildschaden. - Kaiserslautern 1901. III, 119 S.

Das revidirte Forststrafgesetz für die Pfalz. - Speyer 1871. 139 S.

Revidirtes Forststrafgesetz der Pfalz nach der neuen Textirung desselben auf Grund des Ausführungsgesetzes vom 18. August 1879 zur Reichsstrafprozeßordnung nebst Vollzugsvorschriften. Mit einem umfassenden Nachschlage-Register. - Speyer 1879. 112, XIX S.

Forst-Straf-Gesetz für den Rheinkreis. - Speyer 1832. 64 S. - (Beigedr. Instruction zum Vollzuge des Forststrafgesetzes vom 31. Dez. 1831)

— **das**, f. das Königr. Sachsen nebst den damit in Verbindung stehenden Gesetzen u. Verordnungen aus d. Landtagsverhandlungen erläut. u. mit Anmerkungen versehen von Arthur Baumgarten-Crusius. gr. 8. (X u. 290 S. m. 1 Tab. in qu. Fol.) Leipzig 848, B. Tauchnitz. n. 1 1/3 ₰

Das Königlich Sächsische **Forst-** und Feld**strafgesetz** vom 26. Februar 1909. Mit Erl. hrsg. von Dr. Heinrich v. Feilitsch. Leipzig: Roßberg 1909. VIII, 158 S. 8°
(Juristische Handbibliothek Bd 405) 109 8326

Forst- u. Feldstrafgesetzgebung, die, im Großherzogtum Hessen, s. a. Land- u. Forstwirtschaft. 1. Hft.

Die Forst- und Feldstrafgesetzgebung im Großherzogtum Hessen und zwar: das Forststrafgesetz und das Feldstrafgesetz, beide vom 13. 7. 1904 nebst den zugehörigen Verfahrungsvorschriften. Amtliche Handausgabe mit Sachregister. - Darmstadt 1904. 66 S. - (Land-u. Forstwirtsch. H. 1)- Nachtrag. ebd. 1925. 19 S. - (Samml. v. amtl. Handausg. Nachtr. 28). - Neu bearb. u. d. T.: Die Forst- und Feldstrafgesetzgebung im Volksstaat Hessen und zwar ... (s. oben) ebd. 1932. 107 S. - (Samml. amtl. Handausg. 106)

Forststrafrecht, els.-lothr. Textausg. m. Anmerk. Strassb. 880.

Forst- Jagd- und Fischerey-Straf-Regulativ vom 20. August 1805. Erlassen von Johann Ludwig, Graf v. Wallmoden-Gimborn, Vormund und Regent. - o. O. 1805. 38 S.

Forsttaschenbuch. 1844—1845 u. 1852
s. Neues Taschenbuch für Natur-, Forst- und Jagdfreunde.

Forst- und Jagd-Taschenbuch, s. Weeber, (Heinr. C.).

Forsttaxirung, über, u. Ausmittelung des jährl. nachhaltigen Ertrages. 8. München, Lindauer. 793.

Forstverfassung, die salzburgische. Salzburg 860. Mayr. gr. 8. (20 S.) n. 4 ngr.

Forstverkehrsblatt. Zeitschrift für den gesammten Forstproduktenverkehr, für Forstverordnungen, Forststatistik, Forsttechnik, Forstpflege und zugehörige Fächer. - Charlottenburg, Berlin. Jg. 1-14. 1886-1899. - (M. n. erm.)

Algemeine neue **Forst-** und **Jagd-Verordnung**, für die Aemter Landschaften und Städte in den Herzogthümern Schleswig und Holstein, wie auch für die Herrschaft Pinneberg und Grafschaft Ranzau, mit beygefügten bestimmten Instructionen für alle daselbst angesetzten Ober- und Unter-Forst- und Jagd-Bediente. Friederichsberg, den 2. Julii 1784. Kopenhagen. (1784.) 4° k.

Fürstlich-Lippische *Forstverordnung*. Lemgo 1791. 28 S.

Forstversorgungsliste f. d. kgl. Hofkammer der kgl. Familiengüter, Preußen u. Elsaß-Lothringen f. 1909. Hrsg. nach amtl. Quellen v. d. Geschäftsstelle d. Deutsch. Forst-Zeitg. 15. Jahrg. (116 S.) 8. Neudamm 909. J. Neumann. 2. —

[Umschlagt.] [J.] **Forstversorgungsliste** für Preussen, Elsass-Lothringen und die Kgl. Hofkammer d. Kgl. Familiengüter nach d. Stande v. 1. Aug. 1896. Hrsg. nach amtl. Quellen v. d. Redaktion d. 'Deutschen Forst-Ztg' ... *Neudamm: J. Neumann 1896.* (47 S.) 1 Bd. 8.
196 ⁴⁴⁶

Forstversorgungsliste f. Preußen, Elsaß-Lothringen u. d. kgl. Hofkammer d. kgl. Familiengüter nach d. Stande v. 1. VIII. 1898. Hrsg. n. amtl. Quellen v. d. Red. d. „Deutschen Forst-Zeitg." 5. Jahrg. 12. (53 S.) Neudamm 898. J. Neumann. n. — 50

Forstversorgungsliste f. Preußen, Elsaß-Lothringen u. die kgl. Hofkammer der kgl. Familiengüter nach dem Stande vom 1. VIII. 1902. Hrsg. nach amtl. Quellen v. der Red. der „Deutschen Forst-Zeitg." 9. Jahrg. 12. (65 S.) Neudamm 902. J. Neumann. n. 1. —

Forstversorgungsliste für Preußen, die königl. Hofkammer der königl. Familiengüter u. Elsaß-Lothringen nach dem Stande vom 1. VIII. 1905, nebst e. tabellar. Zusammenstellg. des Lebensalters sämtl. königl. preuß. Revierförster u. Förster nach dem Stande vom 1. VIII. 1905 u. e. Altersliste der forstversorgungsberechtigten Anwärter Preußens in der f. die Ernenng. zu Hilfsförstern maßgeb. Reihenfolge nach dem Stande vom 1. X. 1905. Hrsg. nach amtl. Quellen v. der Red. der „Deutsch. Forst-Zeitg." 12. Jahrg. (90 S.) 8. Neudamm 905. J. Neumann. n. 1. —

Forstverwaltung, die, Badens. Karlsruhe 857. Gutsch. gr. 8. (VII, 171 S. u. 3 Tab. in Fol.) 24 ngr.

Forstverwaltung, üb. die bayerische. Aus dem prakt. Leben entnommen u. der Regierung wie den Ständen gewidmet. gr. 8. (29 S.) Augsburg 849, v. Jenisch & Stage in Comm. n. 4 ngr.

Die Forstverwaltung Bayerns. - München 1844. 167 S., Tab., 1 Kt.

Forstverwaltung, die, Bayerns. gr. 8. Erfurt 845, Hennings u. Hopf. 5/6 ₰

Die Forstverwaltung Bayerns. Beschrieben nach ihrem damaligen Stande vom Königlich Bayerischen Ministerial-Forstbureau. - München 1861. XIX, 531 S., 58 Tab., 1 Kt. - Nachtrag u. d. T.: Forststatistische Mitteilungen aus Bayern. ebd. 1869. 31 S., m. Tab.

Forstverwaltung, die, Bayerns beschrieben nach ihrem dermaligen Stande vom Königlich Bayerischen Ministerial-Forstbureau. Mit 58 in den Text eingedr. statist. Tab. u. 1 (lith.) Karte (in Fol.). München 861. (Finsterlin.) Lex.-8. (XIX, 532 S.) n. 2 ₰ 20 ngr.

Forstverwaltung, die, im Großherzogt. Hessen, s. a. Land- u. Forstwirtschaft. 5. Heft.

Die Forstverwaltung im Großherzogtum Hessen, und zwar 1.)Gesetz, die Forstverwaltung im Grossherzogtum Hessen betr. vom 16. April u. Januar 1905 nebst Ausführungsverordnung vom 10. Juni 1905. 2.)Dienstanweisung über das Zusammenwirken der Forstbehörden und der Gemeindevertretungen bei der Bewirtschaftung der Gemeindewaldungen vom 23. Januar 1907. - Darmstadt 1907. 74 S. Amtl. Handausg. m. Einl., Erl. u. Sachreg. - (Land-u. Forstwirtsch. H. 5)

Der bayerische Forstwart - Herzogenaurach b. Nürnberg. Jg 1-32 1902-1933 - (M. n. ersch.)

Forst-Wege-Karte des Amt's Eutin gez v H. E. Knudsen. Eutin 1858 Farbendruck 1 Bl. Fol., 51/65,2 cm Aufgez. a. Leinwand

Forst-Wege-Karte der Casseedorfer und Lensahner Forstdistricte und des Guldensteiner Forstreviers Gez v W. Otto. Eutin 1856 Farbendruck [illegible] Bl Quer-Fol., [illegible] cm Aufgez a Leinen

Forstwesen, das, in Bayern. 1. und 2. Lfg. 8. Würzburg 879, Stahel'sche Buchh. à Lfg. 60 Pf.
Inhalt:
Lfg. 1. Forstgesetz vom 28. März 1852 nach den Abänderungen vom 26. Septbr. 1876. Mit einem Sachregister. (46 S.)
„ 2. Das revidirte Forststrafgesetz für die Pfalz. Bekanntmachung vom 2. Octbr. 1879. (32 S.)

Forstwesen in Bayern. 3. Lfg. Revidirte Vorschriften zum Vollzug des Forstgesetzes. Bekanntmachung vom 10. Oct. 1879. — Besondere Vollzugs-Vorschriften in Ansehung der Gemeinde-, Stiftungs- und Körperschaftswaldungen. Ministerial-Entschluß vom 29. Juni 1852 und 27. Juli 1862, nebst einem Sachregister. 8. (S. 47—110.) Würzburg 880, Stahel'sche Universitäts-Buchh.
1. und 2. Lfg. Ebendas. 1879. à 60 Pf.

Forstwesen, das, in Bayern. 4. Lfg.: Die Organisation der Staatsforst-Verwaltung. Königl. Allerhöchste Verordnung vom 19. Febr. 1885. 8. (48 S.) Würzburg 885, Stahel'sche Universitäts-Buchh.
1.—3. Lfg. Ebendas. 1879,80. ℳ 1.80.

Forstwesen, Jagd u. Fischerei, s.a. Bibliographie der schweizer. Landeskunde. V, 9 c.

Forstwesen, Jagd und Fischerei. Zusammengestellt durch die Abtheilung Forstwesen . . . Bern 1894—99. H: *Coaz, Joh.* (Berl)

Forstwesen, Jagd und Fischerei. Zsgest. durch d. Abteilung Forstwesen, Jagd u. Fischerei ⟨Oberforstinspektorat⟩ d. Eidgenöss. Dep. d. Innern. (Hrsg.: J. Coaz, Oberforstinsp.) [1—3.] *Bern: K. J. Wyss 1894—99.* 8°
[1.] Forstwesen 1894 [2] Jagd 1899. [3.] Fischerei 1898
— **Bibliographie** d. Schweizer. Landeskunde. Fasc. V 9 c. [illegible]

Forstwesen, Jagd und Fischerei: Forstwesen. Supplement. Zusammengestellt durch die Abteilung Forstwesen, Jagd und Fischerei ⟨Oberforstinspektorat⟩ des Eidgenössischen Departements des Innern. ([Bearb. durch deren] Sekretär W[ilhelm] v[on] Sury. [Mit] Generalregister [zum ganzen Fascikel Forstwesen.) VIII S. + S. 151—231. 8. Bern, K. J. Wyss, 1907. [fr. 1.—]
Ausg. A mit deutschen Titeln. — Bibliographie der Schweizerischen Landeskunde.... Fascikel V 9 c.

DIMITZ, Ludwig (Hrsg.): Österreichs Forstwesen 1848-1888. Denkschrift gewidmet der Erinnerung an die Feier des 40. Regierungsjahres Sr. k. u. k. apostol. Majestät Kaiser Franz Josef I. vom österreichischen Reichsforstverein in Wien. - Wien 1890. VIII, 339 S.

Das Forstwesen auf der Wiener Weltausstellung 1873. Verwerthet für die österreich. Forstwirthe. - Wien 1874. VI, 217 S., 6 Taf. - (Die Bodencultur a. d. Wiener Weltausst. 1873, Bd. 2)

Forstwirth, der, s. Land- und Forstwirth, der.

Forstwirth, österreichischer, für Herrschafts- und Waldbesitzer, Forst- und Landwirthe, Kaufleute, Holzhändler, Fabrikanten, Bau- und Industrie-Unternehmer Eigenthümer und Redakteur: A. Hohenstein. 1. Jahrg. 1861. 36 Nrn. gr. 4. (à 1 Bg. u. ¼—½ Bg. Beilage.) Wien, Förster & Brüder. 7 fl. 80 kr.

Forstwirth, österreichischer. Für Herrschafts- u. Waldbesitzer. Forst- u. Landwirthe, Kaufleute, Holzhändler, Fabrikanten, Bau- u. Industrie-Unternehmer. 2. Jahrg. 1862. Eigenthümer u. Redakteur: A. Hohenstein. 36 Nrn. gr. 4. (à 1 Bgn. u. ½—1 Bgn. Anzeiger) Wien, Selbstverlag. 7 fl. 40 kr.
Mit Postversendung 8 fl.

Forstwirth, oesterreichischer. Für Herrschafts- u. Waldbesitzer, Forst- u. Landwirthe, Kaufleute rc. Red.: A. Hohnstein. 1. u. 2. Jahrg. 1861 u. 62. à 36 Nrn. (à 1½ Bgn.) Wien, Expedition. gr. 4. Jeder Jahrg. n. 5 ₰ 10 ngr.

Der praktische Forstwirt für die Schweiz. - Lenzburg, Davos, Aarau. Jg 1. 1861 ff

Forstwirth, der praktische, für die Schweiz, unter der Redaction einiger schweizer. Forstmänner. 15.—17. Jahrg. 1880—1882. à Jahrg. 12 Nrn. (Bog.) gr. 8. Davos, Richter. à Jahrg. *

—— dass. — unter Redaction von J. Riniker. 18. und 19. Jahrg. 1883 und 1884. à Jahrg. 12 Nrn. (Bog.) gr. 8. Ebendas. à Jahrg. *

Forstwirth, der praktische, für die Schweiz, unter Redact. von J. Riniker. 20. Jahrg. 1885. 12 Nrn. (Bog.) gr. 8. Davos, Richter. *

— dasselbe. 21. Jahrg. 1886. 24 Nrn. (½ B.) gr. 8. Ebend. n. 4. —

Forstwirth, der praktische, für die Schweiz, unter Red. v. E. Baldinger. 22.—25. Jahrg. 1887—1890. à 12 Nrn. (B.) gr. 8. Davos, Richter. à Jahrg. n. 4. —

Forstwirth, der praktische, f. die Schweiz, unter Red. v. Emil Baldinger. 26.—29. Jahrg. 1891—1894. à 12 Nrn. (Bog.) gr. 8. Davos, H. Richter. à Jahrg. n. 4. —

Forstwirth, d. prakt. f. d. Schweiz, unt. Red. v. Emil Baldinger. 30.—33. Jahrg. 1895—1898. à 12 Nrn. (Bog.) gr. 8. Davos, H. Richter. à Jahrg. n. 4. —

Forstwirt, der praktische, f. die Schweiz, unter Red. v. Emil Baldinger. 34.—37. Jahrg. 1899—1902. à 12 Nrn. gr. 8. (à ca. 16 S.) Davos, H. Richter. à Jahrg n. 4. —

Forstwirt, der praktische, f. die Schweiz, unter Red. v. Emil Baldinger. 38.—41. Jahrg. 1903—1906. à 12 Nrn. (IV, 242; IV, 248; IV, 254 u. IV, 264 S.) gr. 8. Davos, H. Richter. à Jhrg. n. 4. —

Forstwirt, der praktische, f. die Schweiz. Offizielles Publikationsorgan des Verbandes schweizer. Unterförster. Unter Red. v. Karl Wanger. 42—46. Jahrg. 1907—1910. à 12 Nrn. (à ca. 20 S.) gr. 8. Zürich (V, Reinhardtstr. 10), Administration. à Jahrg. 4.

Forstwirthschaft, die deutsche. gr. 8. (51 S.) Berlin 883, (R. Pohl.) *
Aus: Politische Gesellschafts-Blätter, besonders abgedruckt.

Forstwissenschaft

— u. Jagdwissenschaft, nach allen ihren Theilen. 15 Thle. gr. 8. Gotha 818—30. Hennings. 57 ₰ 20 gr. (Die einzelnen Abtheill. s. J. M. Bechstein; St. Behlen; C. P. Laurop; J. W. Hoßfeld; J. J. Hoffmann; A. F. Straß; K. F. Schenk; E. S. Unger; J. C. C. Rommerdt; J. S. Hausen.)

die Forst- u. Jagdwissenschaft nach allen ihren Theilen, Ausgearb. von einer Gesellschaft v. Gelehrten. 1r Theil, Forstbotanik, 3te wohlf. Aufl. M. Kpfrn. gr. 8. Gotha, Hennings. 818.

——, —— Ausgearbeitet von einer Gesellschaft von Gelehrten. Th. 1. s. a. J. M. Bechstein, Forstbotanik 3. wohlf. Aufl. Mit Kupff. Gotha 1818. 8.

d. Forst- u. Jagdwissenschaft, nach allen ihren Theilen. 1r Thl. Forstbotanik. 4e verb. Aufl. M. Kpf. gr. 8. Gotha 821, Hennings.

Forst- u. Jagdwissenschaft, die, nach allen ihren Theilen, f. angeh. u. ausüb. Forstmänner u. Jäger. Ausgearb. v. e. Gesellschaft u. hrsg. v. Joh. Matth. Bechstein, fortges. v. Laurop u. nun v. Behlen. I. Thl. — A. u. d. T.: Bechstein's Forstbotanik. 2. Bd., enth.: Forstkräuterkunde, od. Naturgeschichte d. deutsch. Forstkräuter. Hrsg. v. Steph. Behlen u. mitbearb. v. F. A. Desberger. 2 Abthln. Forst-Phanerogamen u. Forst-Kryptogamen enthalt. gr. 8. (126 B.) Gotha 833, Hennings.

Forst- u. Jagd-Wissenschaft, die, rc. 2r u. 4r Thl., s. a. J. M. Bechstein, Forstbotanik u. dess. Forstinsektologie, u. bemerke dabei, daß alle 15 Thle. Verlag von Hennings u. Hopf in Erfurt sind.

— 2ten Thls 1ste Abthlg. niedere allgem. Mathematik, 1r Bd. gr. 8. Ebend. 818.
Auch unter d. Titel:
Hoßfeld, J. W., niedere allgem. Mathematik. 1r Bd.

— 2ten Thls. 2te Abth. Niedere allgem. Mathematik. 2r Bd. gr. 8. Ebend. 820.
Auch unter d. Titel:
Hoßfeld, J. W., niedere allgem. Mathematik. 2r Bd.

— dess. 3r Thl. A. u. d. T.: C. P. Laurop, d. Waldbau. gr 8. 822, Ebend.

—, — Th. 4. s.a. J. M. Bechstein, Forstinsektologie. Mit illum. Kupf Gotha 1819. gr. 8.

— 4ten Thls. 1ste Abth. Forstschutz, 1r Bd. die Waldbeschützungslehre im Allgemeinen. gr. 8, Ebend. 819.

— 4ten Thls 2te Abth. Forstinsektologie, oder Naturgeschichte d. für d. Wald schädlichen u. nützlichen Insecten. Mit 4 illum. Kpfrn. gr. 8. Ebend. 819.

— dass. IV. Thl. Forstschutz. 2. Bd. 1. Abthl. 2., neu bearb. Aufl. — A. u. d. T.: Bechstein's Forstinsectologie (Forstkerfkunde). Neu bearb. v. D. E. Müller. 1. Thl. Allgem. Forstkerfkunde. gr. 8. (8½ B.) Ebds. 829.

Forst- u. Jagdwissenschaft, die, nach allen ihren Theilen f. angeh. u. ausübende Forstmänner u. Jäger. Ausgearb. v. e. Gesellschaft u. hrsg. v. Joh. Matth. Bechstein. 4. Thl. Forstschutz. 2. Bd. 2. Abthl. 2. Aufl. — A. u. d. T.: Bechstein's Forstinsectologie, od. Naturgeschichte d. für d. Wald schädl. u. nützl. Insecten nebst Einleit. in d. Insectenkunde überh. Neu bearb. v. A. F. A. Deßberger. 2. Thl. Beschreibende Forst-Insectenkunde. M. 4 ill. u. 1 schw. Kpfrt. gr. 8. (25½ B.) Gotha 835. Hennings'sche Buchh.

— dess. 5r Thl. Waldbenutzung. A. u. d. T.: die Waldbenutzung f. Forstmänner. gr. 8. Ebd. 821, Ebd.

— dess. 6r Thl. 1r u. 2r Bd. d. prakt. u. forstl. Geometrie. rc. 2 Bde. A. u. d. T.: J. W. Hoßfeld, Mathematik f. Forstmänner rc. 1r u. 2r Bd. gr. 8. Ebd. 821—22.

— dess. 6r Thl. 3r u. 4r Bd. Hoßfeld, Mathematik. 3r u. 4r Bd. gr. 8. Hildb. 823 u. 25, Kesselring.

— dess. 7r Thl. A. u. d. T.: Joh. Hoffmann, die Forsttaxation. gr. 8. Gotha 823, Hennings.

— dess. 8r Thl. 1r Bd. A. u. d. T.: J. J. J. Hofmanns Physik u. Mechanik, für angehende u. ausübende Forstmänner, Kammeralisten u. Oekonomen. 1e Abthl. Mit 11 Kpfrt. gr. 8. Ebd. 824, Ebd.

— dess. 8r Thl. 2r Bd. A. u. d. T.: J. J. J. Hofmann, Physik u. Mechanik f. angehende u. ausüb. Forstmänner rc. 2 Abthl. Mit 10 Kpfrt. gr. 8. Ebd. 824, Ebd.

— dess. 8r Thl. 3r Bd. A. u. d. T.: A. Fr. Strauß, Grundlehren d. allgem. Chemie in Anwend. auf d. Forstwesen. Mit Kpft. gr. 8. Ebd. 824, Ebd.

— dess. 8r Thl. 4r Bd. 1e u. 2e Abthlg. St. Behlen, Lehrbuch d. Gebürgs- u. Bodenkunde. 2 Abthlgg. Mit Kupf. gr. 8. Ebd. 825 u. 26, Ebd.

— dess. 9r Thl. A. u. d. T.: C. P. Laurop, Forstdirektion. gr. 8. Ebd. 823, Ebd.

— 9n Thls. 1ste Abth. Jagdzoologie. gr. 8. Ebend. 820.
Auch unter d. Titel:
Die Jagdwissenschaft nach allen ihren Theilen. 1r Bd.

— 9n Thls 2te Abth. Jagd-Technologie. gr. 8. Ebend. 820.
Auch unter d. Titel:
Die Jagdwissenschaft rc. 2r Band.

— dess. 10r Thl. 1r Bd. A. u. d. T.: Bechstein, Jagdzoologie. Mit Kupf. gr. 8. Ebd.

— dess. 10r Thl. 2r Bd. A. u. d. T.: Bechstein, Jagdtechnologie. Mit Kupf. gr. 8. Ebd.

Bechstein, (J. M.) d. Forst- u. Jagdwissenschaft rc. 10n Thls 3r Bd. Wildzucht u. Wildjagd. A. u. d. T.: d. Jagdwissenschaft rc. 3r Bd. M. 5 Kupf. gr. 8. Gotha 821, Hennings. Rthlr.

— dess. 10r Thl. 4r Bd. A. u. d. T.: J. M. Bechstein, d. Jagdwissenschaft nach allen ihren Theilen; herausg. v. C. P. Laurop. 4r Bd. Mit Kpfrn. u. Bechstein's Bildn. gr. 8. Ebend. 822.

— dess. 11r Thl. A. u. d. T.: K. F. Schenck, Handb. üb. Forstrecht u. Forstpolizey. gr. 8. Ebend. 824.

— dass. XII. Thl. 1. Bd. — A. u. d. T.: Anleitung zu d. Feldmessen u. Aufnehmen. Nach Lacroix bearb. v. Ephr. S. Unger. M. 4 Kpfrt. gr. 8. (14 B.) Ebds. 828.

— dess. 12r Thl. 2r Bd. A. u. d. T.: Joh. Sal. Haußen, theoret. prakt. Anweis. zum Plan- u. Situationszeichnen rc. Mit 7 Kpfrt. gr. 8. Ebend. 822.

— dess. 13r Thl. A. u. d. T.: Rommerdts, Handb. d. Land- u. Wasserbaukunst rc. 1r Bd. die Landbaukunst. Mit 24 Kpft. gr. 8. Ebend. 827.

— dass. XIII. Thl. 2. Bd. — A. u. d. T.: J. Chr. G. Nommerdt, Handbuch d. Land- u. Wasserbaukunst. 2. Bd. Die Wasserbaukunst. M. 7 Kpfrt. gr. 8. (13 B. incl. Tab.) Ebds. 828.

— dess. 14r Thl. A. u. d. T.: St. Behlen, Grundsätze d. Geschäftsstyls. gr. 8. Ebend. 827.

— dass. XV. Thl. — A. u. d. T.: Laurop, Handbuch d. Forst- u. Jagdliteratur. Von d. ältesten Zeiten bis Ende d. J. 1828 systemat. geordn. gr. 8. (29 B.) Ebds. 830.
1. Thl. 1. Bd. 5 Thlr. (3. Bd. wird noch erwartet.) — II. 1. 2. 5 Thlr. 12 Gr. — III. 1 Thlr. 6 Gr — IV. 1. 1 Thlr. (2. Bd. 2. Abthl. wird noch erwart.) — V. 1 Thlr. 16 Gr. — VI. 1. 2. 5 Thlr. 20 Gr. — VII. 1 Thlr. — VIII. 1—4 (od. 5 Abthln.) 7 Thlr. 14 Gr. — IX. 1 Thlr. 4 Gr. — X. 1—4. 12 Thlr. 14 Gr. (5. Bd. wird noch erwart.) — XI. 2 Thlr. 12 Gr. — XII. 2. 1 Thlr. 16 Gr. — XIII. 1. 3 Thlr. 12 Gr. — XIV. 14 Gr. Ebendas. 1818—27. 50 Thlr. 20 Gr.

Bechstein, J. M. und Laurop, C. P. (Herausgeber): „Die Forst- und Jagdwissenschaft in allen ihren Theilen", bearbeitet von einer Gesellschaft von Gelehrten, 15 Teile, in 17 Bden., Gotha 1829 ff. (Hennings).

Behlen, St. von (Herausgeber, „im Verein mit mehreren, in der Literatur des Forst- und Jagdwesens bewährten Männern") „Allgemeine deutsche Forst- und Jagdzeitung", 14 Jahrgänge, Frankfurt a. M. und Bamberg 1825—1838 (Wesché); neue Folge, Jahrgang 1 und 2, je 12 Hefte, ebenda 1839, 1840.

Allgemeine Forst- u. Jagd-Zeitung. Herausg. v. 1825-46 S. Behlen, 1847-94 (efterhaanden) G. W. v. Wedekind, G. Heyer, T. Lorey u. J. Lehr. Jahrg. 1-70 (94 Vol.). Frankf. a. M. 1825-94. 4°.
1825-31 = Jahrg. 1-7. (Alle mgl. Titelbl. undt. 1, 5, 6).
1832-56 = neue Folge Jahrg 1-22 (skulde være 25, men 1845-47 ere fejlagtig betegnede 11-13 ligesom 1842-44).
1857-94 = neue Folge. [D. ganzen Folge] Jahrg. 33-70.
-- Supplemente. Herausg. v. 1-10 G. Heyer, 11-14 T. Lorey [u.] J. Lehr. Bd. 1-14 (7 Vol.). Frankf. a. M. 1858-91. 4°.
(Bd. 14, 1 3 Hefte, se 613 Jahresbericht).
— — z. Jahrg. 1892-94. Sst. 4°, se 613 Jahresbericht.

Supplemente zur Allgemeinen Forst- und Jagd-Zeitung - Frankfurt a. M. Bd. 1-13. 1857-1887.
Forts. s.: Jahresber üb. Veröff. u. wichtigere Ereignisse..

— u. Jagd-Zeitung, allgem., herausg. v. St. Behlen. 1r—8r Jahrg. 1825—32. gr. 4. Frankf. 825—32. (1825—26. à 4 rthl 1827—32. à 4 rthl 16 gl) 34 rthl (Oct.—Dec. 1832. hat Sauerländer in Frkf.) 1 rthl 4 gl

Forst- u. Jagd-Zeitung, allgem., herausg. v. St. Behlen. 1r—3r Jahrg. 825—827. gr. 4. Frankf. Wesché, 825—826. à 4 Rthlr. 827 4 Rthlr. 16 gr.

Forst- u. Jagd-Zeitung, allgem., hrsg. v. Steph. Behlen. 4—8. Jahrg. 1828—32. Jan.—Sept. (à J. 12 Hftc.) gr. 4. Frankfurt a. M., [Wesché'sche Brlsh.] à J.
1—3. Jahrg. 1825—27. Ebendas. 12 Thlr. 16 Gr.

Forst- u. Jagd-Zeitung, allgem., hrsg. v. Steph. Behlen. Neue Folge. Jahrg. 1832. Oct. — Dec. Jahrg. 1833 u. 34 à 12 Hfte. Mit Abbild. gr. 4. Frankfurt a. M., Sauerländer. [832. 1 Thlr. 4 Gr., 33 u. 34 à 4 Thlr. 16 Gr.] Thlr.

Forst- u. Jagd-Zeitung, allgemeine, herausg. v. St. Behlen. (9r—16r Jahrg.) N Folge. Jahrg. 1833—40. Mit lithogr. Zeichnn. u Intelligenzblatt. gr. 4. Frankfurt, Sauerländer. (à J. n. $4^2/_3$ ₰) $37^1/_3$ ₰

Forst- u. Jagd-Zeitung, allgem., hrsg. v. Steph. Behlen. Neue Folge. Jahrg. 1835—42. à 12 Hfte. gr. 4. Frankfurt a. M., Sauerländer. à J. *

Forst- u. Jagd-Zeitung, allgemeine, hrsg. v. Steph. Behlen. Neue Folge. Jahrgang 1843—47. à 12 Hefte. gr. 4. Frankfurt a/M., Sauerländer's Verl. à J. *

Forst- und Jagdzeitung, allgemeine. Hrsg. von G. W. v. Wedekind. Neue Folge. Jahrg. 1848—52. à Jahrg. 12 Hefte. (à ca. 40 S.) Mit Steintafeln. gr. 4. Frankfurt a. M., Sauerländer's Verlag. à Jahrg. *
Vgl. 10. Bd. 1. Abthl. S. 251.

Forst- und Jagd-Zeitung, allgemeine. Herausg. von G. W. v. Wedekind. Neue Folge. Jahrg. 1853—1856. à 12 Hefte (à 5—6 Bgn.) mit lith. Taf. u. in den Text gedr. Abbildgn. Frankfurt a. M., Sauerländer's Verlag. gr. 4. Jeder Jahrg. n. 4 ₰ 20 ℳ

Forst- und Jagd-Zeitung, allgemeine. Hrsg. von Gust. Heyer. (33—38. Jahrg.) Neue Folge. Jahrg. 1857 — 62. à Jahrg. 12 Hefte. (à ca. 40 S. mit Stnt. und eingedr. Holzschn.) gr. 4. Frankfurt a. M., Sauerländer's Verlag. à Jahrg. *

—— daff. — Supplemente. 1. und 2. Bd. à 3 Hefte. 3. Bd. 2 Hefte. hoch 4. Ebendas. [1. Bd. 3 Hefte. (III und 180 S.) 857—59., 1. und 2. Heft. à * 14 Ngr., 3. * 28 Ngr., 2. Bd. 3 Hefte. (185 S. mit eingedr. Holzschn. und 7 Stnt.) 859,60., 1. Heft * 14 Ngr., 2. und 3. à * 28 Ngr., 3. Bd. 2 Hefte. (III und 116 S.) 861. * 1 Thlr. 12 Ngr.] *

Forst- und Jagd-Zeitung, allgemeine. Hrsg. von Gust. Heyer. 39.—43. Jahrg. 1863—67. à Jahrg. 12 Hefte. (à ca. 40 S. mit Stnt.) gr. 4. Frankfurt a. M., Sauerländer's Verlag. à Jahrg. *

—— —— daff. — Supplemente. 4.—6. Bd. à 3 Hefte. hoch 4. Ebendas. 862—68. [4. Bd. (171 S. mit eingedr. Holzschn. und 6 Stnt. in hoch 4., qu. Fol. und qu. Imp.-Fol.) 1. Heft * 28 Ngr., 2. und 3. à * 14 Ngr., 5. Bd. (195 S. mit eingedr. Holzschn.) 1. Heft * 14 Ngr., 2. und 3. à * 28 Ngr., 6. Bd. (III und 190 S. mit eingedr. Holzschn. und 6 Stnt.) 1. und 2. Heft. à * 28 Ngr., 3. * 14 Ngr.] *

Forst- und Jagd-Zeitung, allgemeine. Hrsg. von Gust Heyer. 44.—50. Jahrg. 1868—1874. à Jahrg. 12 Hefte. 4 (à Heft 36—40 S. mit Stnt.) Frankfurt a. M., Sauerländer's Verlag. à Jahrg. *

—— —— daff. — 7. und 8. Bd. à 2 Hefte und 9. Bd. 1. Heft Supplement. hoch 4. (148; 160 S.; S. 1—95 mit 2 Stnt.) Ebendas. 869. à Heft * ℳ 2,80. *
1. Bd.—9. Bd. 1. Heft. * ℳ 50,40.

— dasselbe. 51. u. 52. Jahrg. 1875 u. 1876 à 12 Hfte. hoch 4. (à Hft. 36 S. m. 1. Steintaf.) Ebend. à Jahrg. n. 16. —

— dasselbe. Supplement. 8. Bd. hoch 4. (III, 160 S.) Ebend. 872. n. 5. 60

— dasselbe. Hrsg. v. Gust. Heer. Supplemente. 9 Bd. 2 Hfte. hoch 4. (S. 1—162 m. 2 Steintaf.) Ebend. 873. n. 5. 80 (I—IX, 2.: n. 58. 40)

Forst- u. Jagdzeitung, allgemeine. Hrsg. v. Gust. Heyer. 53. u. 54. Jahrg. 1877 u. 1878. à 12 Hfte. (5 B.) hoch 4. Frankfurt a/M., Sauerländer. à Jahrg. n. 16. —

— — dasselbe. Hrsg. v. Tuisko Lorey u. Jul. Lehr. 55—58. Jahrg. 1879—1882. à 12 Hfte. (5 B.) hoch 4. Ebend. à Jahrg. n. 16. —

— — dasselbe. Supplemente. 10. Bd. Mit 4 lith. Taf. hoch 4. (167 S.) Ebend. 876—78. n. 6. 50

— — 11. Bd. 3 Hfte. hoch 4. Ebend. 879. 80. n. 9. —
1. (52 S.) n. 2. —
2. Die Waldbeschädigungen durch Sturm- u. Schneebruch in den deutschen Forsten während der Jahre 1868—1877. Von Aug. Bernhardt. Mit 20 Tab. u. 5 (lith.) Gebirgsprofilen. (89 S.) n. 4. —
3. Vergleichende Darstellung der Beantragung u. Verrechnung der Material- u. Geld-Erträge u. der Gewinnungskosten in den Staatswaldungen von Preußen, Bayern, Württemberg, Baden u. Hessen. Von Wagener. (S. 143—246.) n. 3. —

Forst- u. Jagd-Zeitung, allgemeine. Hrsg. v. Tuisko Lorey u. Jul. Lehr. 59—62. Jahrg. 1883—1886. à 12 Hfte. (à 4—5 B.) hoch 4. Frankfurt a/M., Sauerländer. à Jahrg. n. 16. —

— — dasselbe. Supplemente. 12. Bd. 1. u. 2. Hft. hoch 4. Ebend. 883. 84. n. 5. 60
1. Heft 1. Ueber Baumtemperatur unter dem Einfluß der Insolation. Von Egon Ihne. Mit 1 (lith.) Taf. (S. 1—10.) — 2. Forst- unndt Waldordnung der Pfaltz graveschafft bey Rhein, wie es allendhalben In, Uff, u. m. den Wäldern, u. gehöltzern, m. dem gebrauch verhawung, u. wieder hayunnge deſſ Holtzes, unnd dann auch unnſerm Wieldbann, Fischereyen unnd was demselben anlanngt, fürohin zun hallten [v. 1580]. Veröffentlicht nach e. im General-Landesarchiv zu Karlsruhe befindl. Abschrift unter Weglassg. der auf die Fischerei bezügl. Artikel v. C. E. Ney. (S. 11—29.) — 3. Ertragsuntersuchungen in Fichtenbeständen. Ausgeführt v. der k. württemberg. forstl. Versuchsstation, bearb. v. Lorey. Mit 7 (lith.) Taf. (S. 30—57.) — 2. Heft Ueber die Kulminationszeit d. Zuwachses bei Bäumen u. Beständen. Von K. Schuberg. Mit 7 (lith.) Taf. (S. 59—93.) Studien üb. das Wasserbedürfniß der Waldbäume. Ein Beitrag zu den naturgesetzl. Grundlagen d. Waldbaues. Von Ebermayer. (S. 94—106.)

Forst- u. Jagdzeitung, allgemeine. Hrsg. v. T. Lorey u. J. Lehr. 63.—66. Jahrg. 1887—1890. à 12 Hfte. (à 4—5 B.) hoch 4. Frankfurt a/M., Sauerländer. à Jahrg. n. 16. —

—— —— daff. — Supplemente. 13. Bd. 2 Hefte. hoch 4. Ebendas. *
Inhalt:
Heft 1. Hoffmann, H., phänologische Studien. — Eichstädtische Forst- und Holz-Ordnung von 1592. — Waldordnungen für den heutigen Forst bei Hagenau von 1361—1518. — Ney, Unholz und unschädlich Holz. (S. 1—48 mit 1 Karte.) 886. * ℳ 2.—.
" 2. Speidel, Emil, Ertrags-Untersuchungen in Forchenbeständen Württembergs. Nach den Aufnahmen der königl. württemberg. Versuchsstation bearb. Mit 4 Taf. — Carl, über die französische Forstverwaltung, namentlich über Vorgänge in derselben im letzten Dezennium. (III, S. 49—120.) 887. * ℳ 3.—.

—— daff. — Supplemente. 14. Bd. 1.—3. Heft u. 1892. hoch 4. Ebd. 889—92. à Heft * 2 60
Jahresbericht über Veröffentlichungen u. wichtigere Ereignisse im Gebiete d. Forstwesens, der forstl. Botanik, der forstl. Zoologie, der Agrikulturchemie u. der Meteorologie für das J. 1888—91. Hrsg. v. Tuisko Lorey u. Jul. Lehr. (IV, S. 1—71; IV, S. 73—160; IV, S. 161—238; IV, 79 S.)

Forst- u. Jagdzeitung, allgemeine. Hrsg. v. Tuisko Lorey u. Jul. Lehr. 67.—70. Jahrg. 1891—1894. à 12 Hfte. (à 4—5 Bog.) hoch 4. Frankfurt a/M., J. D. Sauerländer. à Jahrg. n. 16.

— — dasselbe. Jahrg. 1892, 1893, 1894. Supplemente. hoch 4. Ebd. à n. 2. 60
Jahresbericht üb. Veröffentlichungen u. wichtigere Ereignisse im Gebiete d. Forstwesens, der forstl. Botanik, der forstl. Zoologie, der Agrikulturchemie u. der Meteorologie f. das J. 1891, 1892, 1893. Hrsg. v. Tuisko Lorey u. Jul. Lehr. (IV, 79; IV, 79; IV, 96 S.)

Forst- u. Jagdzeitung, allgemeine. Hrsg. v. Tuisko Lorey. 71.—74. Jahrg. 1895—1898. à 12 Hfte. (à 36 S. m. Abb.) hoch 4. Frankfurt a/M., J. D. Sauerländer. à Jahrg. n. 16. —
Kann auch halbjährlich bezogen werden.

— — dasselbe. Jahrg. 1895—1898. Supplement. hoch 4. Ebd. n. 13. 40
1895. Jahresbericht üb. Veröffentlichgn. u. wicht. Ereignisse i. Gebiete d. Forstwesens, d. forstl. Botanik, d. forstl. Zoologie, d. Agrikulturchemie u. d. Meteorologie f. d. J. 1894. Hrsg. v. Tuisko Lorey. (IV, 78 S.) n. 2. 60
1896. Dasselbe f. d. J. 1895. (IV, 100 S.) n. 3. 60
1897. Dasselbe f. d. J. 1896. (IV, 94 S.) n. 3. 60
1898. Dasselbe f. d. J. 1897. (IV, 94 S.) n. 3. 60

Forst- u. Jagdzeitung, allgemeine. Hrsg. v. Tuisko Lorey. 75.—78. Jahrg. 1899—1902. à 12 Hfte. hoch 4. Frankfurt a/M., J. D. Sauerländer. à Jahrg. n. 16. —
1899. (X, 456 S. m. Abb.) — 1900. (X, 440 S. m. Abb. u. 3 Taf.) — 1901. (XI, 436 S. m. Abb. u. 1 Taf.) — 1902. (IX, 428 S. m. Abb., 1 Porträt u. 5 Taf.)
Wird seit März 1902 v. K. Wimmenauer redigiert.

— — dasselbe. Jahrg. 1899—1902. Suppl. hoch 4. Ebd. à n. 3. 60
Jahresbericht üb. Veröffentlichungen u. wichtigere Ereignisse im Gebiete des Forstwesens, der forstl. Zoologie, der Agrikulturchemie, der Meteorologie u. der forstl. Botanik f. d. J. 1898—1901. Hrsg. von Karl Wimmenauer. (IV, 103; IV, 98; IV, 93 u. IV, 108 S.)
Für 1898—1900 v. T. Lorey herausgegeben.

Forst- u. Jagd-Zeitung, allgemeine. Hrsg. v. Karl Wimmenauer. 79.—82. Jahrg. 1903—1906. à 12 Hefte. Lex.-8. Frankfurt a/M., J. D. Sauerländer. à Jhrg. n. 16 —
79. (X, 456 S. m. 5 Fig. u. 11 Taf.) — 80. (XII, 448 S. m. 39 Fig. u. 1 Taf.) — 81. (VIII, 432 S. m. 10 Fig.) — 82. (VIII, 432 S. m. 22 Fig. u. 2 Taf.)

— — dasselbe. Jahrg. 1903—1906. Suppl. hoch 4. Ebd. à n. 3. 60
Jahresbericht üb. Veröffentlichungen u. wichtigere Ereignisse im Gebiete des Forstwesens, der forstl. Zoologie, der Agrikulturchemie, der Meteorologie u. der forstl. Botanik f. d. J. 1902—1905. Hrsg. v. Karl Wimmenauer. (IV, 109; IV, 93; IV, 87 u. IV, 97 S.)

Forst- u. Jagd-Zeitung, allgemeine. Hrsg. v. Karl Wimmenauer u. Heinr. Weber. 83—86. Jahrg. 1907—1910 à 12 Hefte. (à ca. 36 S.) Lex. 8. Frankfurt a/M., J. D. Sauerländer. à Jahrg. 16. —

— — dasselbe. Jahrg. 1907—1910. Suppl. Lex. 8. Ebd. à 3. 60
Jahresbericht üb. Veröffentlichungen u. wichtige Ereignisse im Gebiete des Forstwesens, der forstl. Zoologie, der Agrikulturchemie, der Meteorologie u. der forstl. Botanik f. d. J. 1906—1909. Hrsg. v. Heinr. Weber. (IV, 100, IV, 89; IV, 107 u. IV, 102 S.) à 3. 60

Bayerische Forst- und Jagdzeitung Organ des Bayerischen Förstervereins. - München Jg 1-31 1894-1924
Forts s.: Bayerische Forst- und Jagdztg. Nachrichtenblatt des .

— — bayerische. Organ d. bayer. Förstervereins. Red.: W. Haas. 1. Jahrg. 1894. 22 Nrn. (à ca. 2 Bog.) gr. 4. Nürnberg, (J. Ph. Raw). n. 8. —
Nr. 1 u. 2 erschienen u. d. T.: Mitteilungen des bayerischen Förstervereins.

— — bayerische. Organ d. bayer. Förstervereins. Red.: W. Haas. 2. Jahrg. 1895. 24 Nrn. (Bog.) gr. 4. Neunhof b. Eltersdorf. (Nürnberg, J. Ph. Raw.) n. 8. —

Deutsche Forst-Zeitung Organ für die Interessen des Waldbaus, des Forstschutzes und der Forstbenutzung - Neudamm Bd 1-48, Nr 47 1886-1933 - (Dann verein m d Dtsch Forstwirt)

Forst-Zeitung, deutsche. Organ f. die Interessen d. Waldbaues, d. Forstschutzes u. der Forstbenutzung. 4.—7. Bd. April 1889—März 1892. à Jahrg. 52 Nrn. (Bog.) Lex.-8. Neudamm, Neumann. à Jahrg. * 4 —; m. der deutschen Jäger-Zeitg. à Jahrg. * 8 — u. m. „Das Waidwerk“ à Jahrg. * 10 —
Nicht mehr im Handel.

— dasselbe. 7.—9. Bd. Jahrg. 1892—1894. à 52 Nrn. (Bog.) Lex.-8. Ebd. à Jahrg. n. 4. —; m. der deutschen Jäger-Zeitg. u. m. „Das Waidwerk“ n. 10. —

Forst-Zeitung, deutsche. Organ f. d. Interessen d. Waldbaues, d. Forstschutzes, d. Forstbenutzg. u. d. Bienenzucht. Amtl. Organ d. Brandversicherungs-Vereins preuß. Forstbeamten ꝛc. Hrsg. u. red. unt. Mitwirkg. hervorrag. Forstmänner. 10. Bd. Jahrg. 1895. 52 Nrn. (Bog.) Lex.-8. Neudamm, J. Neumann. n. 4. —; m. d. deutschen Jäger-Zeitg. u. m. „D. Waidwerk“ n. 10. —

— dasselbe. M. d. Gratisbeilage: „Des Försters Feierabende“. Organ f. d. Interessen d. Waldbaues ꝛc. u. d. Fischerei u. Fischzucht. 11.—13. Bd. Jahrg. 1896—1898. à 52 Nrn. (à 1 Bog. u. 4 S. in gr. 4) Lex.-8. Ebd. à Jahrg. n. 4. —; m. d. deutschen Jäger-Zeitg. u. m. „D. Waidwerk“ à Jahrg. n. 10. —

Forst-Zeitung, deutsche. Mit den Beilagen: „Forstliche Rundschau“ u. „Des Försters Feierabende“. Fachblatt für Forstbeamte u. Waldbesitzer. Amtliches Organ des Brandversicherungs-Vereins preuß. Forstbeamten ꝛc. Hrsg. unter Mitwirkg. hervorrag. Forstmänner. Red.: H. v. Sothen. 14.—17. Bd. Jahrg. 1899—1902. à 52 Nrn. Lex.-8. (à ca. 16 u. 8 S.) Neudamm, J. Neumann. à Jahrg. n. 6. —; m. der deutschen Jäger-Zeitg. u. m. „Das Waidwerk“ à Jahrg. n. 12. —

Forst-Zeitung, deutsche. Mit den Beilagen: „Forstliche Rundschau“ u. „Des Försters Feierabende“. Fachblatt f. Forstbeamte u. Waldbesitzer. Amtliches Organ des Brandversicherungs-Vereins preuß. Forstbeamten usw. Hrsg. unter Mitwirkung hervorrag. Forstmänner. Red.: H. v. Sothen u. seit 1906: Joh. Neumann. 18.—21. Bd. Jahrg. 1903—1906. à 52 Nrn. (VIII, 1240; VIII, 1318; VIII, 1184 u. VIII, 1032 S. m. Abbildgn.) Lex.-8. Neudamm, J. Neumann. à Jhrg. n. 6. —; m. „Das Waidwerk“ n. 8. —; m. „Deutsche Jäger-Zeitg.“ u. „Das Waidwerk“ n. 14. —

Forst-Zeitung, deutsche. Mit den Beilagen: „Forstl. Rundschau“ u. „Des Försters Feierabende“. Fachblatt f. Forstbeamte u. Waldbesitzer. Amtl. Organ d. Brandversicherungs-Vereins preuß. Forstbeamten usw. Hrsg. unter Mitwirkg. hervorrag. Forstmänner. Red. J. V.: Bodo Grundmann. 22—25. Bd. Jahrg. 1907—1910 à 52 Nrn. (1907—09: VIII, 1132; VIII, 1130 u. VIII, 1118 S. m. Abb.) Lex. 8. Neudamm, J. Neumann. à Jahrg. 8. —; m. „Deutsche Jäger-Zeitg.“ u. „Das Waidwerk“ 14.

Deutsche Forst- und Jagdzeitung - Trier Jg 1-9 1886-1893 - (M n ersch)
Früher s : Z. d. dtsch. Forstbeamten

— Deutsche ... red von F Krichler. Jhg. 1—2 1886—87 (Der Zeitschrift für die deutschen Forstbeamten Jhg 15—16) — Red J Vincent Jhg 3—5 1888—90 — Red.: Hammacher. Jhg. 6—9 1890—93 (Der Zeitschrift f. d. d. Forstbeamten Jhg. 17—22) Trier. Lex -8.

Forst- u. Jagd-Zeitung, deutsche. Unter Mitwirkg. bewährter Forst- u. Waldmänner red. v. Frz. Krichler. 1. Jahrg. 1886. [Der Zeitschrift f. die deutschen Forstbeamten 15. Jahrg.] 24 Nrn. ($1^1/_2$ B.) Lex.-8. Trier, Lintz. n. 6. —
s.: Zeitschrift der deutschen Forstbeamten.

— deutsche. Hrsg. unter Mitwirkung bewährter Forst- u. Jagdfreunde. Red.: F. Krichler, H. Vincent, Hammacher. 2.—5. Jahrg. Juli 1886—Juni 1890. [Der Zeitschrift für die deutschen Forstbeamten 16.—19. Jahrg.] à 24 Nrn. ($1^1/_2$ B.) Lex.-8. Trier, Lintz. à Jahrg. n. 6. —

— — deutsche. Hrsg. unter Mitwirkg. bewährter Forst- u. Jagdfreunde. Red.: Hammacher. 6.—8. Jahrg. Juli 1890—Juni 1893. [Der Zeitschrift f. die deutschen Forstbeamten 20.—22. Jahrg.] à 24 Nrn. ($1^1/_2$ Bog.) Lex.-8. Trier, F. Lintz. à Jahrg. n. 6. —

— — dasselbe. 9. Jahrg. Juli—Dezbr. 1893. [Der Zeitschrift f. die deutschen Forstbeamten 23. Jahrg.] 12 Nrn. Lex.-8. (V, 282 S.) Ebd. n. 3. —
Erscheint nicht weiter.

Oesterreichische Forst-Zeitung. Illustrirte Zeitung für Forstwirthschaft und Holzhandel. Jagd und Fischerei. - Wien Jg. 1-12. 1883-1894.
Forts s : Österr. Forst- u. Jagdztg.

Forst-Zeitung, österreichische. Zeitung für Forstwirthschaft und Holzhandel, Jagd und Fischerei. Redig. von Ernst Gust. Hempel. 1. Jahrg. 1883. 52 Nrn. (à Nr. 1—2 Bog.) Fol. Wien, (Gerold's Sohn.) *

—— dass. — Hrsgbr.: Hugo H. Hitschmann. Redact.: Ernst Gust. Hempel. 2. Jahrg. 1884. 52 Nrn. (à Nr. 1—2 Bog.) Fol. (Ebendas.) *

Forst-Zeitung, österreichische. Zeitung für Forstwirthschaft und Holzhandel, Jagd und Fischerei. Hrsgbr.: Hugo H. Hitschmann. Redact.: Ernst Gust. Hempel. 3.—6. Jahrg. 1885—1888. à Jahrg. 52 Nrn. (à Nr. 1—2 Bog.) Fol. Wien, (Gerold's Sohn.) à Jahrg. *

—— österreichische. Zeitung für Forstwirthschaft u. Holzhandel, Holzindustrie, Jagd u. Fischerei. Hrsgbr.: Hugo H. Hitschmann. Redact.: Ernst Gust. Hempel. 7.—10. Jahrg. 1889—1892. à Jahrg. 52 Nrn. (à Nr. 1—2 Bog. m. Abbildgn.) Fol. Wien, (Gerold's Sohn). à Jahrg. * 16 —

— österreichische. Zeitung f. Forstwirthschaft u. Holzhandel, Holzindustrie, Jagd u. Fischerei. Hrsg.: Hugo H. Hitschmann. Red.: Ernst Gust. Hempel. 9.—12. Jahrg. 1891—1894. à 52 Nrn. (à 1—2 Bog. m. Abbildgn.) Fol. Wien, (C. Gerold's Sohn).

Österreichische Forst- undJagdzeitung. Illustriertes Wochenblatt für Forstwirtschaft und Holzhandel, Holzindustrie, Jagd und Fischerei. - Wien Jg 13-37. 1895-1919.
Früher s.: Österr. Forstztg
Forts s.: Wiener Allgem. Forst- u Jagd-Ztg

— — österreichische. (D. österreich. Forst-Zeitg. neue Folge.) Illustr. Wochenblatt f. Forstwirthschaft u. Holzhandel, Holzindustrie, Jagd- u. Fischerei. Hrsg.: Hugo H. Hitschmann. Red.: Jos. E. Weinelt. 13.—16. Jahrg. 1895—1898. à 52 Nrn. (à ca. 1 Bog.) Fol. Wien (C. Gerold's Sohn). à Jahrg. n. 16. —
Zu Bd. XXVII d. Bücherlex. s.: Forst-Zeitung, österr. Kann auch vierteljährlich bezogen werden.

— — österreichische. Illustr. Wochenblatt f. Forstwirtschaft u. Holzhandel, Holzindustrie, Jagd u. Fischerei. Red.: Jos. E. Weinelt. 17.—20. Jahrg. 1899—1902. à 52 Nrn. gr. Fol. (à ca. 8 S.) Wien (C. Gerold's Sohn). à Jahrg. n. 16. —

— — österreichische. Illustriertes Wochenblatt f. Forstwirtschaft u. Holzhandel, Holzindustrie, Jagd u. Fischerei. Hrsg.: Rob. Hitschmann u. Hugo Hitschmann. Red.: G. Eisenmenger. Mitred.: A. Künzl. 21.—24. Jahrg. 1903—1906. à 52 Nrn. (IV, 448; IV, 456; IV, 446 u. IV, 456 S.) Fol. Wien (C. Gerold's Sohn). à Jhrg. n. 16. —
Jhrgge. 1903 u. 1904 sind noch v. J. E. Weinelt redig.

— — österreichische. Illustr. Wochenblatt f. Forstwirtschaft u. Holzhandel, Holzindustrie, Jagd u. Fischerei. Hrsg.: Rob. Hitschmann u. Hugo Hitschmann. Red.: A. Künzl. 25—28. Jahrg. 1907—1910 à 52 Nrn. (IV, 442; IV, 464; IV, 484 u. IV, 498 S.) 47×32 cm. Wien (C. Gerold's Sohn). à Jahrg. 16.

Sudetendeutsche Forst- und Jagdzeitung - Bodenbach/Elbe, Teplitz-Schönau Jg. 1-38. 1901-1938 - (M n. ersch)

Försvarsskrift af Magnus Stenbock. På latin fol. Wismar 1713.

Forsyth, Andrew Russell

Forsyth, A. R., Lehrbuch der Differential-Gleichungen. Mit e. Anh.: Die Resultate der im Lehrbuche angeführten Übungsaufgaben enthaltend, hrsg. v. H. Maser. Autoris. Übersetzg. gr. 8. (XIX, 742 S.) Braunschweig 889. Vieweg & Sohn. n. 14. —

Theorie der Differentialgleichungen von Dr. Andrew Russell Forsyth, Prof. zu Cambridge. Autor. deutsche Ausg. von H. Maser. Th. 1. Exacte Gleichungen u. d. Pfaff'sche Problem. [Mehr nicht erschienen.] *Leipzig: B. G. Teubner 1893.* (XII, 378 S.) 8° 14 M.

Forsyth Major, C. J., voir: *Stefani, C. de.*

Forsyth, T. D., Ost-Turkestan u. das Pamir-Plateau nach den Forschungen der brit. Gesandtschaft 1873 u. 1874, s.a. Petermann's, A., Mittheilungen aus Justus Perthes' geographischer Anstalt.

(Forsyth, T. D): Ost-Turkestan und das Pamir-Plateau nach den Forschungen der Britischen Gesandtschaft unter Sir T. D Forsyth 1873 und 1874 Bearbeitet nach dem offiziellen „Report of a mission to Yarkund in 1873, under command of Sir T. D Forsyth, . with historical and geographical information, regarding the possessions of the Ameer of Yarkund. Calcutta, 1875." Mit einer Karte. Gotha 1877. (II), 76 S
= Ergänzungsheft zu Petermann's Geographischen Mittheilungen. No 52. 8°.

Forsyth, Wilhelm, s. Forsyth, William

Forsyth, William, Geschichte der Gefangenschaft Napoleons auf St. Helena. Nach den Briefen u. Tagebüchern des Generallieutenants Sir Hudson Lowe u. bisher ungedruckten Urkunden. Aus dem Engl. von Jul. Seybt. 2 Bde. Leipzig 853. Amelang's Verlag. gr. 8. (VI, 395; VIII, 367 S.) 2 ℛ 15 ngℛ

FORSYTH, William: Über die Krankheiten und Schäden der Obst- und Forstbäume, nebst der Beschreibung eines von ihm erfundenen und bewährten Heilmittels. - Mainz, Leipzig 1791. A. d. Engl. übers. v. Georg Forster. - 2. Aufl. m. Anm. v. J. L. Christ. Frankfurt 1801. 59 S.

Forsyth, Wlh., über d. Krankheiten u. Schäden d. Obst- u. Forstbäume; aus d. Engl. v. Geo. Forster. gr. 8. Mainz 792. Fischer. (Leipz., Joachim). 4 K Dass. 2e Aufl., mit Anmerk. v. J. W. Christ. gr. 8. Frankf. 796. Guilhaumann. 5 K Dass. ins Französ. übers. v. Graf. M. J. v. d. Borg: Observations relatives aux maladies. defauts et accidents de toute espèce d'arbres fruitiers etc. 8. Dorpat 792.

— — dass. m. Anm. von J. C. Christ. gr. 8. Frankf. Guilhauman. 802.

— üb. d. Kultur u. Behandl. d. Obstbäume, enth. e. vollstand. Beschreib. e. neuen Methode, Bäume z. beschneiden u. z. ziehen. Aus d. Engl. v. Adph. Heinr. Meineke. Mit 13 Kpf. gr. 8. Berlin, 1804. Nicolai. 2. —

— Observations sur les arbres fruitiers, trad. de l'angl. 8. Leips. Hartknoch. 797.

Fort mit de Berjerwähr! Es leben de Soldaten! Druck von Brandes u. Schultze. 1 Bl. Fol.
Flugblatt. Berlin, 1848/49.

Fort mit dem Branntwein! Hamburg 1886. 8 S. 8°.

— m. dem Duell! Für Officiere v. e. Officier. 8. (38 S.) Wien 901. H. Kirsch. n. — 80

— m. dem Militarismus! Ein Mahnwort an die Reichstagswähler gegen die Militär-Vorlage. 8. (32 S.) Berlin 893. Buchhdlg. d. „Vorwärts". n. — 15

Fort mit dem Reichsgericht in Strafsachen, v. Gemis, s.: Sammlung Juristenspiegel. I.

— m. d. alten Parteien. E. Mahnruf a. d. Reichstag. gr. 8. (6 S.) Heidelberg 895, vorm. Weiß' Sort. n. — 20

Fort m. den Aerzten in d. Geburtshülfe. E. Mahnruf an alle Väter u. Mütter! Von Simplex. gr. 8. (14 S.) Leipzig 898. Hygieia-Verl. n. — 50

Fort m. d. Aerzten i. d. Geburtshilfe. gr. 8. (14 S.) Leipzig 898. [Hygiela-Verl.] E. Kunze n. — 50; erm. Pr. n. — 30

Fort mit den Geschwornen. Ein freies u. offenes Wort üb. die Mängel der Geschwornengerichte von einem preußischen Juristen. gr. 8. (20 S.) Berlin 852, Hayn. 1/12 ℳ

— m. den Jesuiten! Ein Weckruf an alle denkenden Deutschen. gr. 8. (16 S.) Freiburg i/B. 891. Fehsenfeld. n. — 10

— m. d. Kadettenkorps. Von ***. 3. Aufl. (v. Unsere Kadettenkorps.) gr. 8. (49 S.) Leipzig 895. W. Friedrich. n. 1. —

Fort m. den Liberalen! Auf zu den Wahlen! Ein Büchlein f. jeden ächten Patrioten u. Steuerzahler. 4. Aufl. 8. (32 S.) Paderborn 876. Bonifacius-Druckerei. — 20

Fort m. der Ansteckungstheorie. E. off. Wort an d. Bekenner d. Naturheilverfahrens. Beigegeben sind: Ein aufklär. Wort z. Ansteckungstheorie. Von Spohr, u. D. Naturärzte u. d. Bacillenlehre v. Adf. Graf Zedtwitz. [Aus: „Naturärztl. Sprechstunden".] gr. 8. (98 u. 20 S.) Nürnberg 895. (F. Korn.) — 75

Fort m. der Eisenbahnreform! Keine Betriebsmittelgemeinschaft! Keine Personentarifreform auf preuß. Grundlage! Ein Weckruf an das bad. Volk u. seinen neugewählten Landtag. Von Ferrovlarius. (51 S.) gr. 8. Heidelberg 906. Heidelberger Verlagsanstalt u. Druckerei. n. — 80

— m. der geistlichen Lokalschulinspection. Zur Abwehr v. e. Praktiker. 8. (16 S.) Wittenberg 893. P. Wunschmann — 30

Fort mit der Heimarbeit! Ein Mahnwort an die Lithographen Deutschlands. 8⁰. Berlin, Herm. Müller, 1907.

— mit der Influenza (Grippe, Katarrh, Schnupfenfieber). Praktische Rathschläge zur schnellen Beseitigg. d. Leidens, durch langjähr. Erfahrung erprobt v. e. Landarzte. 8. (7 S.) Breslau 890. (Max & Co.) — 30

Fort m. der Censur in der bildenden Kunst! Eine Reformschrift gegen das Juryweſen unserer großen Kunst-Ausstellgn. Künstlern u. Kunstfreunden gewidmet v. C. B. u. H. W. gr. 8. (19 S.) Düsseldorf 893. E. Lintz. n. — 50

Fort mit der Zunft! Gebt uns das Gewerbe frei in Stadt und Land. Wismar 1868. V: *Dürnberg, Chn.* (Bachmann, Mecklenburg. Güstrow 1889 S. 299.)

Fort mit der Zunft! Gebt uns das Gewerbe frei in Stadt u. Land. Ein Wort zur rechten Zeit von e. Vaterlandsfreunde, F. v. W. Wismar 868. Hinstorff. 8. (21 S.) 3 ngr.

Fort mit Griechisch u. Latein? Von e. Laien. gr. 8. (30 S.) Karlsruhe 890. Reiff. n. — 50

— m. jeder Schulbibel. V. e. Freisinnigen. gr. 8. (15 S.) Hamburg 895. H. Seippel. — 30

Fort mit Schaden! Humoristische u. witzige Recepte zum Vertreiben der Langeweile, Hypochondrie, Schwermuth 2c. gesammelt von Hans Possenreißer. 5. Aufl. Neuwied 866. Heuser. 8. (93 S.) 6 ngr.

— mit Schaden! Humoristische u. witz. Recepte zum Vertreiben der Langweile, Hypochondrie, Schwermuth 2c. Allen H'ringefallenen ehrfurchtsvoll zugeeignet. Gesammelt im Jahre d. Krach's. 9., sehr verm. Aufl. 16. (95 S.) Neuwied 877. Heuser's Verl. — 60

— mit uns. Marine? V. e. Reichsfreunde. gr. 8. (16 S.) Berlin 895. E. S. Mittler & Sohn. — 30

Fort, le, s.a. Le Fort.

le Fort, Frhr., kritische Blicke auf die deutsche Kavallerie nach den letzten Feldzügen. gr. 8. (80 S.) Berlin 873. Mittler & Sohn. n. 1. 50

Fořt H.: Der Obstbau im Tätigkeitsgebiete d. böhm. Sektion d. Landeskulturrates f. das Königreich Böhmen ... Prag 1904. 39 S. 4 Tvl. P.

Fort, Henri, petite grammaire suédoise avec de nombreux exercices de traduction, de lecture et de conversation. (Méthode Gaspey-Otto-Sauer.) gr. 8. (IV, 176 S.) Heidelberg 900. J. Groos. Geb. in Leinw. n. 2.—

— elementary Swedish grammar, combined with exercises, reading lessons and conversations. (Method Gaspey-Otto-Sauer.) gr. 8. (IV, 169 S.) Ebd. 900. Geb. in Leinw. n. 2. —

— kleine schwedische Sprachlehre. (Methode Gaspey-Otto-Sauer.) gr. 8. (IV, 166 S.) Ebd. 900. Geb. in Leinw. n. 2. —

Fort, Henri, kleine schwed. Sprachlehre. (Methode Gaspey-Otto-Sauer.) 2. Aufl. (VI, 181 S.) 8. Heidelberg 909. J. Groos. Geb. in Leinw. 2. —

Fořt, Dr. Josef, Canalisirung der Moldau und Elbe von Prag nach Aussig. Gr.-8. (41 S.) Prag: Řivnáč 1894. * —.50

Fořt, Jos., Stromschaufahrt Prag-Aussig, v. dem Prager Stadtrathe, dem Elbevereine in Aussig u. den Handelskammern in Prag u. Reichenberg gemeinschaftlich veranstaltet am 21. Octbr. 1894. Kanalisirung der Moldau u. Elbe v. Prag nach Aussig. Eine orientier. Skizze, auf Anregg. des die Stromfahrt veranstalt. Executiv-Ausschusses verf. v. F. gr. 8. (41 S. m. 1 Karte.) Prag 894. (F. Řivnáč.) n. 1. —

Fořt, Jos., das Zollwesen im Getreideverkehr. Lex.-8. (16 S.) Wien 899. (M. Perles) n. — 80
Sonderabdruck aus: „Geschichte d. öst. Land- u. Forstwirtschaft u. ihrer Industrien 1848—1898".

Fort, K. D.

Fort, C. D., kurze u. leichtfaßl. Anweisung zur Berechn. d. Decimalbrüche, angewendet auf d. neuen sächs. Münzen u. Gewichte, nebst 28 Rechnungsvortheilen u. ausführl. Tabellen üb. Preisbestimmungen nach d. neuen sächs. Münzsystem 2c. 8. (5⅛ B.) Leipzig 841, [Wöller.]

— kurze u. leichtfaßl. Anweisung zur Berechnung der Decimalbrüche, angewendet auf die neuen sächs. Münzen u. Gewichte, nebst 28 Rechnungsvortheilen u. ausführl. Tabellen über Preisbestimmungen nach dem neuen sächs. Münzsystem 2c. 8. Leipzig 841, Lehnhold'sche Buchh. 3/8 ℳ — 2. Aufl. 8. Leipzig 842, Wöller. 1/4 ℳ — Hieraus ist abgedruckt: Tabellen z. Berechnung der neuen sächs. Münzen u. Gewichte, nebst den Vergleichungen mit Conventionsgeld, Preuß. Courant u. altem Gewicht 2c. Ebend. 842. 1/6 ℳ — 2. Aufl. 8. Ebend. 842. 1/8 ℳ

Fort, C. D., 3000 systemat. geord. Aufgaben mit 3274 Rechnungsfragen zu d. „Lehrbuche d. Rechnenkunst f. Schulen." Mit Stereot. gedr. 1. Abdr. (9¼ B.) 6 Gr., 2., bericht. Abdr. (13¼ B.) 8. Leipzig (834), Fort.

Fort, C. D., die einfache u. doppelte Buchhaltung in ihrer Anwendung auf gewerbliche Unternehmungen. Ein Leitfaden für den Unterricht an Gewerbeschulen u. zum Selbstunterricht für Handwerker, Fabrikanten u. Gewerbtreibende aller Art ꝛc. Mit besond. Berücksichtigung aller nur denkbaren Fälle in den verschied. Gewerben durch Beispiele u. Formulare erläutert. gr. Lex.-8. Leipzig 841, Wöller. n. 5/6 ß — 2. Stereotyp-Aufl. schmal gr. 4. Ebend. 843. 1 1/4 ß

—— die vereinfachte doppelte Ital. Buchhaltung, od. d. doppelte Buchhalt. nach e. neuerfund. vereinfachten Form, welche die Vorzüge gewährt: daß solche bei aller Vollständigkeit u. Vollkommenheit d. doppelten Italien., unendl. kürzer u. vermöge dieser Kürze noch übersichtl. ist, als diese, auch auf jedes Geschäft mit leichter Mühe angewendet werden kann. gr. 4. (8 1/4 B.) Dresden 832, (Grimmer.)

—— Handbuch zur Erklärung u. Berechnung d. Wechselpreise, enthalt. e. Samml. Wechselcourszettel sämmtl. in- u. außer-europäischen Handelsplätze, deren vollständ. Erklärung ꝛc. gr. 8. Dresd. 821. (Leipz., Focke). 1 ß

Fort, (C. D.,) Handbuch zur Erklärung u. Berechnung der Wechselpreise, enthalt e. Samml. Wechselcourszettel sämmtl. in- u. außer-europäischen Handels-Plätze, deren vollständ. Erklärung ꝛc. gr. 3. Dresden 821, Hilscher.

Fort, C. D.: „Handbuch zur Erklärung und Berechnung der Wechselpreise", Dresden 1825 (Hilscher). — Vorh.: Bücherei der Handelskammer Magdeburg.

— allgem. Hülfsbuch beim Einkaufen u. Verkaufen aller Waaren. Nebst Erklärung u. Berechnung d. Münzen, Wechselcourse, Maße u. Gewichte ꝛc. 1r Thl. 8. Dresd. 826. (Grimmer). 18 gr.

— allgem. Hülfsbuch beim Einkaufen u. Verkaufen aller Waaren. Nebst Erklärung u. Berechnung d. Münzen, Wechselcourse, Maaße u. Gewichte ꝛc. 8. Dresden 826, Hilscher.

—— allgem. Hülfsbuch beim Einkaufen u. Verkaufen aller Waaren. Nebst Erklär. u. Berechn. d. Münzen, Wechselcourse, Maaße u. Gewichte; auch Anweis. üb. solche Dinge, welche im tägl. Leben oft vorkommen. 2. Ausg. 8. (25 B.) Quedlinburg 840, Ernst'sche Buchh.

— allgemeines Hülfsbuch beim Einkaufen u. Verkaufen aller Waaren. Nebst Erklärung u. Berechnung der Münzen, Wechselcourse, Maaße u. Gewichte ꝛc. 2. Ausg. 8. Quedlinburg 842. Ernst. 1/3 ß

—— Lehrbuch d. Rechnenkunst f. Kaufleute, f. Lehrer sowie zum Selbstunterr. 1. Aufl. 835. 1 1/2 Thlr., 2., unveränd. A. 8. (à 21 1/4 B.) Leipzig 841, [Melzer.]

Fort, (C. D.,) Lehrbuch d. prakt. Rechenkunst, f. Kaufleute. 1r Thl. gr. 8. Dresden 821, Hilscher. Rthlr.

—— Lehrbuch d. Rechnenkunst f. Schulen, zum Gebr. d. Lehrers u. d. Schüler. Mit Stereot. gedr. 8. (12 1/4 B.) Leipzig (833), Fort.

—— vollständ. Lehrbuch d. gesammt. Buchhaltungskunde in ihren verschied. Methoden, f. Alle, welche dieser Wissenschaft zu ihrem Geschäft bedürfen, od. sich in ders. vervollkommnen wollen. 1. Aufl. 836, 37. * 3 Thlr., 2., unveränd. wohlf. Ausg. gr. 4. (à 31 1/4 B.) Leipzig 841, Melzer.

Fort, C. D., s. Nelkenbrecher der Jüngere.

—— Resultate d. 3000 systemat. geordn. Aufgaben zu d. „Lehrbuche d. Rechnenkunst." Mit Stereot. gedr. (Nur f. Lehrer bestimmt.) 8. (3 1/4 B.) Leipzig (834), Fort.

—— Tabelle üb. d. verschied. Werthe d. Louisd'ors u. Ducaten in Sächs. Gelde u. Preuss. Cour., wenn d. Cours gegen Sächs. Geld bekannt ist, so wie d. Preuss. Thlr. in Sächs. Gelde u. d. Sächs. Thlr. in Preuss. Cour. 2., verm. Aufl. Lith. gr. Fol. (Leipzig 833, Fort.)

—— Tabellen zur Berechn. d. neuen sächs. Münzen u. Gewichte, nebst d. Vergleichungen mit Conventionsgeld, preuß. Cour. u. altem Gewicht ꝛc. 8. (2 1/2 B.) Leipzig 841, [Wöller.]
Aus dess., kurze u. faßl. Anweisung z. Berechn. d. Decimalbrüche ꝛc., besond. abgedruckt.

—— Tabellen zur Berechnung der neuen sächsischen Münzen u Gewichte, nebst den Vergleichungen mit Conventionsgeld, Preuß. Courant u. altem Gewicht ꝛc. 2. Aufl. 8. (2 1/2 B.) Leipzig 842, Wöller.
Aus: Dess. Anweisung z. Berechnung der Decimalbrüche ꝛc., besond. abgedruckt.

Fort, Karl

Fort, C. Der Weinbau im Kgr. Bohmen. o.O 1891. -- [Zit. nach BJ]

Fort, Carl: Der Weinbau im Königreiche Böhmen. Kurze Darstellung der böhmischen Weincultur und Kellerwirthschaft. Verf. anlässlich der Veranstaltung einer collektiven Weinbau-Ausstellung in Böhmen .... Hrsg. von dem Weinbauvereine für das Königreich Bohmen unter Beihilfe des Landeskulturrathes. Melnik 1891: Jelen. 32 S. -- ÖNB*

Fort, L., Briefsteller, s.: Campe, G. W.

Fort, L., deutscher Courier, s. Courier.

Fort, Louis, s. Dumas, A., der Chevalier von Maison. — Dumas, A., die beiden Dianen. — de Kock, P., neueste Romane, 1.—17. Bd. — de Kock, Hnr., der König der Studenten. — Museum. Bibliothek der neuesten u. besten Romane d. Auslandes. N. F. 1. Bd. — Rabou's, Charl., Werke. — Soulié, Fr., ausgewählte Romane, 2. Serie, 4.—11. Buch. — Soulié, Fr., neueste u. beste Romane. — dess. Geheimnisse der Provinz. — dess. ausgew. Romane.

Fort, Ludwig, theoretische und praktische Anweisung zur doppelten Buchhaltung, hauptsächlich für den Grosshandel der Binnenstädte. Gründlich u. fasslich erläutert u. durch zweimonatliche Führung eines Waarengeschäfts, verbunden mit Commissions-, Speditions-, Participations- u. Wechselgeschäften nebst Inventur u. Bücherabschluss praktisch dargestellt. Für Lehrer und Lernende, sowie zum Selbstunterricht. 854. n. 1 ß 10 ngr — 2. Aufl. Leipzig 856. Arnold. br. 8. (X, 215 S.) n. 1 ß

Fort, Ludw., theoretische u. praktische Anweisung zur doppelten Buchhaltung, hauptsächlich für den Grosshandel der Binnenstädte. Gründlich u. fasslich erläutert u. durch zweimonatliche Führung eines Waarengeschäfts, verbunden mit Commissions-, Speditions-, Participations- u. Wechselgeschäften nebst Inventur u. Bücherabschluss praktisch dargestellt. Für Lehrer u. Lernende, sowie zum Selbstunterricht. 3. Aufl. 862. -- 4. verb. Aufl. herausg. von Wilh. Ortelli. Leipzig 864. Arnold. gr. 8. (XVI, 255 S.) 1 ß

— theoretisch-practische Anweisung zur kaufmännischen Correspondenz und zur Abfaßung anderer geschäftlicher Aufsätze. Mit zahlreichen Beispielen aus allen Geschäftsverhältnissen des Kaufmanns. Ebend. 854. gr. 8. (XX, 508 S.) 2 ß

— theoretisch praktische Anweisung zur kaufmännischen Correspondenz u. zur Abfassung anderer geschäftlicher Aufsätze. Mit zahlreichen Beispielen aus allen Geschäftsverhältnissen des Kaufmanns. 3. Aufl. 862. (XX, 508 S.) 2 ß — 4. verb. Aufl. Leipzig 864. Arnold. Lex.-8. (XX, 423 S.) 1 ß 22 1/2 ngr.

Fort, Ludwig [Ubers.]
s. Arlincourt, V. d': Die Verlobten des Todes. 1850.

Fort, Ludw., allgemeiner deutscher Briefsteller. Sammlung von Mustern zur Abfassung von Briefen und anderen schriftl. Aufsätzen über alle Fälle des gewöhnl. Lebens. Nebst einem Abriß der deutschen Grammatik und einem erklär. Verzeichnisse der am häufigsten vorkommenden und nicht allgemein bekannten Fremdwörter. gr. 16. (VIII und 192 S.) Leipzig 851(52,) Falk.

—— das Courszettelbuch. Erklärung der Wechsel- und Geldcourse sämmtl. deutscher und der wichtigsten ausserdeutschen Wechselplätze, nebst genauer Anweisung alle Course auf die leichteste und schnellste Art zu berechnen. Mit den nöthigen Erklärungen über Course und Courszettel überhaupt, eine Anweisung zur Rechnung mit Decimalbrüchen und zur Discontrechnung und einer Tabelle über die Münzwährungen. Durchgängig nach den neuesten, jetzt wirklich bestehenden Einrichtungen. 1. Aufl. 1851. * 1 Thlr. 10 Ngr. und 2. (wohlf.) Aufl. br. gr. 8. (VI und 268 S.) Leipzig 856, Arnoldische Buchh.

Fort, Ludwig [Übers.]
s. Dumas, A.: Agenor und die Maurin. 1849.

Fort, Ludwig [Übers.]
s. Dumas, A.: Caesarine. 1851.

Fort, Ludwig [Übers.]
s. Dumas, A.: Der Vicomte von Montgomery. 1849.

Fort, Ludw., allgemeiner deutscher Familien- u. Geschäfts-Briefsteller f. alle Vorkommnisse d. Lebens. Mit e. Verzeichnisse gebräuchl. Fremdwörter. 5. Aufl. gr. 16. (VIII, 136 S.) Leipzig 872. F. Voigt. n. 1. —

Fort, Ludwig [Übers.]
s. Féval, P.: Der Wald von Rennes. 1846.

— Geschäftsschlüssel für Kaufleute, Fabrikanten, Oeconomen, Agenten, Mäkler 2c. Enthltd.: zuverlässige u. auf die neuesten gesetzl. Bestimmungen gegründete Nachweisung über alle Münzen, Maaße u. Gewichte Europas 2c. nebst Vergleichung derselben gegen einander. Bautzen 853. Reichel. 8. (40 S.) 6 ngr

— Hand-Lexicon der gesammten kaufmännischen Wissenschaften. Praktisches Contor-Nachschlagebuch üb. alle Verhältnisse d. Handels u. Verkehrwesens. Unter Mitwirkg. bewährter Fachmänner in 6. Aufl. durchgängig neu bearb. v. L. F. Huber. 1—15. Lfg. 8. (1. Bd. 626 S. u. 2. Bd. S. 1—324.) Leipzig 875. 76. Arnold. à n. — 50

Fort, Ludw., Hand-Lexicon der gesammten kaufmännischen Wissenschaften. Praktisches Contor-Nachschlagebuch über alle Verhältnisse des Handels u. Verkehrswesen. Unter Mitwirkung bewährter Fachmänner in 6. Aufl. durchgängig neu bearb. v. F. Huber. 16—19. (Schluss-) Lfg. gr. 8. (2. Bd. S. 321—581.) Leipzig 877. Arnold. à n. — 50

— dasselbe. 6., durchgängig neu bearb. Aufl. 2. Abdr. 2 Bde. gr. 8. (626 u. 581 S.) Ebend. 879. 6. —; in 1 Bd. geb. n. 7. —; in Bibl.-Bd. n. 8. —

—— die Handlungswissenschaft, s. Bohn, Friedr., die Handlungswissenschaft.

— kleine Hülfs-Bibliothek für die Geschäftspraxis des Kaufmanns u. für das Gewerbsleben. Zugleich Supplem. zu andern handelswissenschaftl. Werken. 6 Bdchn. Leipzig 856, 857. Wöller. gr. 16. 3 Thlr
1. Bdchn.: Die Decimalbruchrechnung. Gründliche Anweisung zum Rechnen mit Decimalbrüchen u. ihrer vortheilhaften Anwendung bei den kaufmännischen Rechnungen 2c. (VIII, 160 S.) 15 ngr
2. Bdchn.: Das Contocorrent. Gründliche Anweisung zur Anfertigung aller Arten von Contocorrenten (mit u. ohne Zinsen) u. von Rechnungsauszügen, nebst Erklärung derselben 2c. (IX, 85 S.) 12 ngr
3. Bdchn.: Die Waaren-Calculation. Gründliche Anweisung zur richtigen Anfertigung aller Arten von Calculationen u. fingirten Berechnungen (Conto finti), durch zahlreiche, praktische Beispiele erläutert. (VI, 109 S.) 15 ngr
4. Bdchn.: Der kaufmännische Geschwindrechner. Sichere Anweisung zur leichtesten u. schnellsten Umrechnung des Preises einer kleinen Gewichts-, Maaß- u. Zahleinheit nach dem einer größeren oder umgekehrt 2c. (XI, 103 S.) 15 ngr
5. Bdchn.: Die Lehre vom Gelde. Geschichte, Technik und gegenwärtiger Stand des deutschen Münzwesens, so wie alphabet. geordnete Darstellung der jetzigen Münzverhältnisse aller civilisirten Länder, mit Angabe des Werthes aller Münzen 2c. Nebst der Münchener und allgem. deutschen Münz-Convention von 1837 und 1838 und dem Wiener Münz-Vertrage von 1857. Verfaßt von Ludw. Fort, u. nach des Verf. Tode bearb. von Jac. Sim. Meyer. (4 Bl., 175 S.) 18 ngr
6. Bdchn.: Der kluge Speculant. Darstellung der bewährtesten Erfahrungs-Grundsätze der Kunst, richtig zu speculiren überhaupt, sowie Unterricht über das, was bei Speculation auf Waaren, Actien, Staats- u. andere Papiere insbesondere 2c. zu thun u. wahrzunehmen ist, um zu besonderer Wohlhabenheit zu gelangen. Nebst bequemen Hülfstabellen zur Zinseszins-, Renten- u. Zeitrechnung 2c. Von Jac. Sim. Meyer. (4 Bl., 133 S.) 15 ngr

—— und F. S. Nigris, der österreichische Kaufmann, s. Kaufmann.

— Lehrbuch der kaufmännischen Rechenkunst f. Handels- und Realschulen sowie zum Selbstunterricht für Kaufleute, Buchhändler etc. Nach den Forderungen u. Ergebnissen prakt. Erfahrung bearb., u. unter Berücksichtigung der neuesten Münz-, Maass- u. Gewichtsverhältnisse m. mehr als 1800 Uebungsaufgaben u. deren Resultaten versehen. gr. 8. (X u. 526 S.) Grimma 851, Verlags-Comptoir. n. 1 Thlr 6 ngr

Fort, Ludw.: Lehre vom Gelde, s. Fort, L., und J. S. Meyer: Kleine Hülfsbibliothek.

— neueste Münzkunde. Abbildung u. Beschreibung d. jetzt coursirenden Gold- u. Silbermünzen m. Angabe ihres Gewichts, Feingehalts, ihrer Geltung u. ihres Werthes. [Nebst e. Gratiszugabe f. die Subscribenten: „die Münzverhältnisse der einzelnen Staaten."] 1—4. Lfg. gr. 8. (S. 1—96. 12 Taf. in Congrevedruck nebst 13 Bl. Erklärung.) Leipzig 851, E. Schäfer. (à n. 1/3 Thlr) n. 1 1/3 Thlr (Fortsetzung siehe: Münzkunde.)

—— Resultate der Uebungsaufgaben zu dem Lehrbuch der kaufmännischen Rechenkunst. gr. 8. (27 S.) Grimma 851, Verlags-Comptoir.

—— Universal-Lexikon, neuestes, der gesammten kaufmänn. Wissenschaften, s. a. Universal-Lexikon, neuestes.

Fort, Ludw., neuestes Universal-Lexikon der gesammten kaufmännischen Wissenschaften. Im Verein mit mehreren Gelehrten und prakt. Kaufleuten in 4. Aufl. durchgängig neu bearb., verb. und verm. von L. F. Huber. 2 Bde. in 19 Lfgn. Lex.-8. (VIII und 715 S., 803 S.) Leipzig 864—66, Arnoldische Buchh. à Lfg. 7 1/2 Ngr.

—— dass. — Für Kaufleute, Fabrikanten und überhaupt jeden Geschäftsmann. Im Verein mit mehreren Gelehrten und prakt. Kaufleuten in 4. Aufl. durchgängig neu bearb., verb. und verm. von L. F. Huber. 2 Bde. Neue Ster.-(Titel-)Ausg. Lex.-8. (VIII und 1518 S.) Ebendas. 864—66.

— neuestes Universal-Lexicon der gesammten kaufmännischen Wissenschaften. Im Verein m. mehrerrn Gelehrten u. prakt. Kaufleuten in 5. Aufl. durchgängig neu bearb., verb. u. verm. v. L. F. Faber. Neue wohlfeile Ster.-Ausg. 2 Bde. Lex.-8. (715 u. 803 S.) Ebend. 872. 4. 80

— Deutsches Wechselbuch od. prakt. Unterricht über die Wechselbriefe m. vorzügl. Berücksicht. der allgem. deutschen Wechselordnung u. einem Abdrucke derselben. Ein Handbuch f. Jedermann. 8. (IV u. 204 S.) Leipzig 849, Haendel. — 2. Ausg., verm. m. einem Verzeichnisse der sämmtl. in den verschiedenen deutschen Staaten erschienenen Einführungsgesetze u. nachträgl. Bestimmungen. 8. (IV u. 236 S.) Ebd. 850. 21 ngr

—— deutsches Wechselbuch, oder prakt. Unterricht über die Wechselbriefe, nach der allgem. deutschen Wechselordnung und Nachweisung über Alles, was man beim Wechselverkehr zu wissen und zu beobachten hat. Nebst den in den Einführungsgesetzen der verschied. deutschen Staaten enthaltenen Bestimmungen, Formularen aller Art von Wechseln und einem vollständ. Wortregister. Ein Handbuch für jeden Geschäftsmann. 3., vielfach verb. und verm. Aufl. 8. (VIII und 280 S.) Leipzig 851(55,) Haendel. Thlr.

— kleines kaufmännisches Wörterbuch. Oder: Erklärung aller im Land- u. Seehandel, so wie im kaufmännischen Verkehre überhaupt vorkommenden eigenthümlichen Wörter und Ausdrücke. Für angehende Kaufleute. 2. Aufl. Quedlinburg 854. Basse. gr. 8. (1 Bl., 59 S.) 10 ngr
Separatabdruck aus: Heinze's allgem. kaufmänn. Briefsteller.

Fort, Osmar, Andeutungen zur Geschichte der Differential-Rechnung. Einladungsschrift zu d. von Seiten der naturw. Gesellschaft zu Dresden veranstalteten Feier d. 200. Geburtstages d. Freih. Gottf. Wilh. v. Leibnitz, am 21. Juni 1846. gr. 8. Dresden 846. (Walther'sche Hofbuchh.) n. 6 ngl

Fort, O., und O. Schlömilch, Lehrbuch der analytischen Geometrie. 2 Thle. Mit in den Text gedr. Holzschn. gr. 8. Leipzig 855, Teubner. à Thl. 1 Thlr. 7½ Ngr.
Inhalt:
Thl. 1. Analytische Geometrie der Ebene von O. Fort. (VII und 237 S.)
- 2. Analytische Geometrie des Raumes von O. Schlömilch. (VII und 258 S.)

Fort, O., u. O. **Schlömilch**, Lehrbuch der analytischen Geometrie. 2 Thle. 2. Aufl. Mit in den Text gedr. Holzschn. Leipzig 863. Teubner. gr. 8. 2 ₰ 22½ ngr.
1. Thl.: Analytische Geometrie der Ebene von O. Fort. (VII, 218 S.) 1 ₰ 7½ ngr.
2. Thl.: Analytische Geometrie des Raumes von O. Schlömilch. (VIII, 286 S.) 1 ₰ 15 ngr.

Fort, O., u. O. **Schlömilch**, Lehrbuch der analytischen Geometrie. 2 Thle. 3. Aufl. Mit in den Text gedr. Holzschn. gr. 8. Leipzig 872. Teubner. n. 9. —
1. Analytische Geometrie der Ebene v. O. Fort. (VIII, 260 S.) n. 4. —
2. Analytische Geometrie d. Raumes v. O. Schlömilch. (VIII, 286 S.) n. 5. —

Fort, O., u. O. **Schlömilch**, Lehrbuch der analytischen Geometrie. 1. u. 2. Thl. 4. Aufl. Mit in den Text gedr. Holzschn. gr. 8. Leipzig 877. Teubner. n. 9. —
1. Analytische Geometrie der Ebene von O. Fort. (VIII, 259 S.) n. 4. —
2. Analytische Geometrie des Raumes von O. Schlömilch. (VIII, 286 S.) n. 5 —

Fort, O., und O. Schlömilch, Lehrbuch der analytischen Geometrie. 1. Tl.: Analytische Geometrie der Ebene von O. Fort. 5. Aufl., besorgt von R. Heger. gr. 8. (VIII, 260 S. mit in den Text gedr. Holzschn.) Leipzig 883, Teubner. *
2. Tl. Ebendas. 1877. *ℳ 5.

Fort, O., u. O. **Schlömilch**, Lehrbuch der analytischen Geometrie. 1. u. 2. Tl. 5. Aufl. besorgt v. R. Heger. gr. 8. Leipzig, Teubner. n. 9. —
1. Analytische Geometrie der Ebene v. O. Fort. Mit Holzschn. (VIII, 260 S.) 883. n. 4. —
2. Analytische Geometrie d. Raumes v. O. Schlömilch. Mit Holzschn. (VIII, 304 S.) 886. n. 5. —

Fort, O., u. O. **Schlömilch**, Lehrbuch der analytischen Geometrie. 1. Tl. Analytische Geometrie der Ebene v. O. Fort. 6. Aufl., besorgt v. R. Heger. gr. 8. (VIII, 264 S. m. Holzschn.) Leipzig 893. B. G. Teubner. n. 4. —

Fort, O., u. O. **Schlömilch**, Lehrbuch d. analyt. Geometrie. 2. Tl. Analyt. Geometrie d. Raumes v. O. Schlömilch. 6. Aufl. Bearb. v. R. Heger. gr. 8. (VIII, 338 S. m. Holzschn.) Leipzig 898. B. G. Teubner. n. 5. — (kplt.: n. 9. —)

Fort, O., u. O. **Schlömilch**, Lehrbuch der analytischen Geometrie. 1. Tl. Analytische Geometrie der Ebene v. O. Fort. 7. Aufl., besorgt v. R. Heger. (XVII, 268 S. m. Holzschn.) gr. 8. Leipzig 904. B. G. Teubner. n. 4. —; geb. in Leinw. n. 4. 80

— Rechnungsvortheile beim Gebrauche des Leipziger Courszettels, oder Anleitung zur schnellsten Berechnung der Geld- u. Wechselpreise. Nebst einigen Tabellen über die Preise der Louisd'or, der Ducaten u. des Conventionsgeldes. gr. 8. Dresden 841. (Leipzig, Fr. Fleischer.) n. 6½ ngl

Historiske Fortællinger fra alle Lande. Udg. af H. D. Hansen [formodentlig L. J. Flamand], ɔ: Altonas Ildspaasættelse og Brand ved General Stenbock 1712. (32 S. ufuldendt).

Fortbau, über den, des Cölner Doms. 8. Basel 842, Schneider. ¼ ₰

Fortbau, der, der Weißenfels-Geraer Zweigbahn u. seine Consequenzen für die Thüringische- u. Werra-Eisenbahn. Dargestellt von einem Geschäftsmann. Eisenach 862. Bärecke in Comm. gr. 8. (31 S.) 7½ ngr.

Für den **Fortbestand** des deutschphilologischen (Realien-)Lehrfachs – Deutsch, Geschichte, Erdkunde – an unsern realistischen Schulen. Bayerische Preßstimmen nebst einigen Zeitungsaufsätzen als Beiträge f. jetziges u. späteres Urteil (Hrsg.: Ludwig Frankel.) München: Kellerer 1910. 31 S. 8°

Fortbestand (Der) des Zunftwesens ein National-Unglück. gr. 8°. München, Lentner, 1860. 16 S.

Fortbildner, der. Z. Belehrg. f. d. Angehör. d. Kaufmanns- u. Handwerkerstandes. Hrsg. unt. Mitwirkg. hervorrag. Fachleute v. Hugo Gruber. 1. Jahrg. März 1895 bis Febr. 1896. 36 Nrn. (à ca. 1 Bog.) gr. 4. Berlin, H. Larsen. n. 3. 20

Fortbildung, über d., der Elementarlehrer. 8. Würzb. 824. Etlinger. 3 gl

Fortbildung, freie. Blätter z. Belehrg. u. Unterhaltg. f. Jung u. Alt. 1. Bd. Mai 1897—April 1898. 24 Nrn. (Bog.) gr. 4. Leipzig, E. Volkening. n. 4. —

Fortbildung, die hauswirtschaftl., der weibl. Jugend. Fortbildungsschule der Frauenhülfe in Rheydt, s. a. Schriften d. Frauenhülfe

Die hauswirtschaftliche **Fortbildung** der weiblichen Jugend. Fortbildungsschule d. Frauenhülfe in Rheydt. Potsdam: Stiftungsverl [1910]. 24 S. 8°
(Schriften d. Frauenhülfe 7.)

Zur **Fortbildung** des Lehrers. Anregungen u. Winke. Hrsg. von Seminarl Alfred Pottag H. 1. Berlin: Gerdes & Hödel 1908. 8°

Die **Fortbildung** der Lehrerin. Hrsg. unter Mitw. d. Oberlehrerinnen: Elise Graumann [u. a.] (Vorr.: Gertrud Weber in Wiesbaden.) Leipzig & Berlin: B. G. Teubner 1906. (VIII, 232 S.) 8° [F.]

Fortbildungs-Bibliothek für Leser aller Stände. 1. u. 2. Bd. Stuttgart 859. Egersdorff. 16. Jeder Bd. 12 ngr.
1. Bd.: Der Mensch nach seinen physischen, intellectuellen, moralischen u. socialen Bezügen. Mit besonderer Berücksichtigung der Bedürfnisse des praktischen Lebens. Gemeinfaßlich dargestellt von C. Eble. (VIII, 157 S.)
2. Bd.: Die Atmosphäre, ihre Beschaffenheit, ihre Eigenschaften u. Erscheinungen. Gemeinfaßlich geschildert mit besonderer Berücksichtigung der Bedürfnisse des praktischen Lebens, von J. Baumbach. Mit 6 Holzschn. (VIII, 167 S.)

Fortbildungsblätter, bayerische. Monatsschrift f. die erwachsene bayer. Jugend. Hrsg. v. L. Göhring u. Ösk. Bache. 1. Jahrg. Apr. 1891—März 1892. 12 Nrn. (1½ Bog. m. Abbildgn.) gr. 8. Wittenberg, R. Herrosé. à Nr. — 15

— dasselbe. 2. Jahrg. Mai 1892—Febr. 1893. 10 Nrn. (1½ Bog. m. Abbildgn.) gr. 8. Ebd. à Nr. — 15
Erschien nicht weiter.

— deutsche. Hrsg. v. Osk. Bache. 1. Jahrg. Apr. 1890—März 1891. 12 Nrn. (à 1—1½ Bog.) gr. 8. Ebd. à Nr. — 15

— dasselbe. Monatsschrift f. die erwachsene deutsche Jugend. 2. Jahrg. Apr. 1891—März 1892. 12 Nrn. (1½ Bog. m. Abbildgn.) gr. 8. Ebd. à Nr. — 15

— dasselbe. 3.—5. Jahrg. Mai 1892—Febr. 1895. à 10 Nrn. (1½ Bog. m. Abbildgn.) gr. 8. Ebd. à Nr. — 15

Fortbildungsblätter, deutsche. Monatsschrift f. d. erwachs. deutsche Jugend Hrsg. v. Osk. Pache. 6. Jahrg. Mai 1895 bis April 1896. 10 Hfte. (à ca. 24 S.) gr. 8. Wittenberg, R. Herrosé. à Hft. — 15
Weiter nicht erschienen.

Fortbildungsblätter, französische, f. deutsche Verkehrsbeamte. Hrsg. v. Paul Blaschke. 1. Jahrg. April 1899—März 1900. 12 Nrn. gr. 8. (96 S.) Leipzig, Luckhardt's Buchh. f. Verkehrswesen. n. 3. —

Fortbildungshefte, prakt., f. Stenographen. Übungs- u. Diktierbücher z. schnellen Erreichg. hoh. Schreibfertigkeit. 1. u. 2. Hft. gr. 8. (à 32 S.) Hannover 898. L. Voss. à n. — 15

Fortbildungs-Schule, die. Monatsschrift zur Beförderg. des Fortbildungsschulwesens in Stadt u. Land. Hrsg. v. E. Kannegießer. 1. Jahrg. 1874. 12. Nrn. (B.) gr 8. Brandenburg, Müller. n. 1. 20

— dasselbe. 2. Jahrg. 1875 12. Nrn. (B.) gr. 8. Ebend. n. 2. —

— dasselbe. Hrsg. v. Rud. Todt. 3. Jahrg. 1876. 12 Nrn. (à 1—1½ B.) gr. 8. Ebend. n. 2. —

Fortbildungs-Schule, die. Monatsschrift zur Beförderung des Fortbildungsschulwesens in Stadt und Land. Hrsg. von E. Kannegießer. 1. Jahrg. 1874. 12 Nrn. (Bog.) gr. 8. Rathenow, Haase. *

Fortbildungs-Schule, die. Monatsschrift zur Beförderung des Fortbildungsschulwesens in Stadt und Land. Hrsg. von E. Kannegießer. 2. Jahrg. 1875. 12 Nrn. (Bog.) gr. 8 Rathenow, (Haase.) *

—— dass. — Monatsschrift zur Beförderung des Fortbildungsschulwesens. Hrsg. von Rud. Todt. 3. Jahrg. 1876. 12 Nrn. (à 1—1½ Bog.) gr. 8. Brandenburg, Müller. *
Nicht weiter erschienen.

Fortbildungsschule, die. Organ f. das gesamte deutsche Fortbildungsschulwesen, hrsg. unter Mitwirkg. vieler Schulmänner u. Nationalökonomen v. O. Pache. 1.—3. Jahrg. 1887—1889. à 24 Nrn. (B.) gr. 8. Leipzig, Peter. à Jahrg. n. 4. 80

— dasselbe. 4. Jahrg. 1890. 24 Nrn. (B.) gr. 8. Ebd. n. 2. 80

Fortbildungsschule, die. Organ f. das gesamte deutsche Fortbildungsschulwesen, hrsg. unter Mitwirkg. vieler Schulmänner u. Nationalökonomen v. Osk. Pache. 5. u. 6. Jahrg. 1891. 1892. à 12 Nrn. (Bog.) gr. 8. Leipzig, E. Peter. à Jahrg. n.n. 2. 80
Wurde von 1893 ab mit der Deutschen Fortbildungsschule, R. Herrosé's Verlag in Wittenberg, vereinigt.

Fortbildungsschule, die. Zeitschrift f. d. Fortbildgs.-, Fach- u. Gewerbeschulwesen. Organ des sächs. Fortbildungsschulvereins u. seiner Unterverbde. Schriftleitung: B. Germer u. A. Kohl. 1—3. Jahrg. 1907—1909 à 24 Nrn. (IV, 136; II, 146 u. II, 148 S.) 31,5×23,5 cm. Leipzig, A. Hahn. à Jahrg. 2. —

— dasselbe. Schriftleitung: Hugo Steinert. 4. Jahrg. 1910. 24 Nrn. (IV, 286 S.) gr. 8. Ebd. 2. 70

Fortbildungsschule, badische. Monatshefte zur Belehrg. u. Unterhaltg. der Schüler u. Schülerinnen der Fortbildungsschule. Hrsg. unter Mitwirkg. v. Lehrern u. Schulfreunden v. L. Schindler. 1. Jahrg. Oktbr. 1886—Septbr. 1887. 12 Hfte. (B.) gr. 8. Baden-Baden, Sommermeyer. n.n. 1. 20

— badische. Monatshefte zur Belehrg. u. Unterhaltg. der Schüler u. Schülerinnen der Fortbildungsschule. Hrsg. unter Mitwirkung von Lehrern u. Schulfreunden von L. Schindler. 2.—4. Jahrg. Oktbr. 1887—Septbr. 1890. à 12 Hfte. (B.) gr. 8. Baden-Baden, Sommermeyer. à Jahrg. n. 1. 20

Fortbildungsschule, badische. Monatshefte zur Belehrg. u. Unterhaltg. der Schüler u. Schülerinnen der Fortbildungsschule. Gegründet v. L. Schindler u. fortgeführt v. R. Riegel unter Mitwirkg. v. Lehrern u. Schulfreunden. 5.—8. Jahrg. Oktbr. 1890—Septbr. 1894. à 12 Hfte. (à ca. 1 Bog.) gr. 8. [Baden-Baden, Sommermeyer.] Emmendingen, A. Dölter. à Jahrg. n. 1. 20

Fortbildungsschule, badische. Monatshefte z. Belehrg. u. Unterhaltg. d. Schüler u. Schülerinnen d. Fortbildungsschule. Gegr. v. L. Schindler u. fortgeführt v. R. Riegel unt. Mitwirkg. v. Lehrern u. Schulfreunden. 9. Jahrg. Oktbr. 1894 bis Septbr. 1895 12 Hfte. (Bog.) gr. 8. Emmendingen, Druck- & Verlagsgesellschaft vorm. A. Dölter. n. 1. 20

— dasselbe. 10—12. Jahrg. April 1896 bis März 1899. à 12 Hfte. (Bog. m. Abb.) gr. 8. Ebd. à Jahrg. n. 1. 20

Fortbildungsschule, badische. Monatshefte zur Belehrg. u. Unterhaltg. der Schüler u. Schülerinnen der Fortbildungsschule. Gegründet v. L. Schindler u. fortgeführt v. R. Riegel unter Mitwirkg. v. Lehrern u. Schulfreunden. 13—16. Jahrg. 1899—1902. à 12 Hfte. gr. 8. (à ca. 16 S. m. Abbildgn.) Emmendingen. [Druck- u. Verlagsgesellschaft vorm Dölter.] Bonndorf, Spachholz & Ehrath. à Jahrg. n. 1. 20

Fortbildungsschule, badische. Monatshefte zur Belehrg. u. Unterhaltg. der Schüler u. Schülerinnen der Fortbildungsschule. Leitung v. A. Ott. 17.—20. Jahrg. April 1903—März 1907. à 12 Nrn. (à ca. 16 S.) gr. 8. Bonndorf, Spachholz & Ehrat. à Jhrg. n. 1. 80; geb. n. 2. 20

— badische. Monatsheft zur Belehrg. u. Unterhaltg. d. Schüler u. Schülerinnen der Fortbildungsschule. Leitg. v. Th. Reinfurth. 21—24. Jahrg. April 1907—März 1911 à 12 Nrn.) 21—23. Jahrg. (VI, 164; VI, 204 u. VI, 284 S.) gr. 8. Bonndorf, Spachholz & Ehrat. à Jahrg. 1. 80

— brandenburgische. Organ des brandenburg. Fortbildungsschulverbandes. (Abtlg. d. Lehrer-Verbandes d. Prov. Brandenburg u. Unterverband des preuß. Fortbildungsschulvereins.) (Unentgeltl. Beilage zur „Preuß. Schulzeitg.") Red.: Ernst Witte. 5. Jhrg. 1910. 24 Nrn. (à ca. 8 S.) 36,5×25,5 cm. Liegnitz, C. Seyffarth. 2. —

— die deutsche. Centralorgan f. das nationale Fortbildungswesen. Organ d. „Verbandes der Freunde u. Lehrer deutscher Fortbildungsschulen" u. d. „Verbandes der Lehrer an den Fortbildungsschulen im Reg.-Bez. Cassel". Unter Mitwirkg. v. Arnold, Backes, Ernst u. A. hrsg. v. Osk. Pache. 1.—3. Jahrg. 1892—1894. à 12 Nrn. (à ca. 1½ Bog.) gr. 8. Wittenberg, R. Herrosé. à Jahrg. n. 2. 80

— die deutsche. Centralorgan f. d. nation. Fortbildungswesen. Organ d. „Verbandes d. Freunde u. Lehrer deutscher Fortbildungsschulen" u. d. „Verbandes d. Lehrer an d. Fortbildungsschulen im Reg.-Bez. Cassel". Unt. Mitwirkg. v. Arnold, Backes, Ernst u. A. hrsg. v. Osk. Pache. 4—7. Jahrg. 1895—1898. à 12 Nrn. (à 1—2 Bog.) gr. 8. Wittenberg, R. Herrosé. à Jahrg. n. 2. 80
Kann auch vierteljährlich bezogen werden.

— die deutsche. Centralorgan f. das nationale Fortbildungsschulwesen. Organ des „Deutschen Vereines für das Fortbildungsschulwesen" u. d. „Verbandes d. Lehrer an den Fortbildungsschulen im Reg.-Bez. Cassel". Unt. Mitwirkg. v. Arnold, Backes, Ernst u. A. hrsg. v. Osk. Pache. 8. u. 9. Jahrg. 1899 u. 1900. à 12 Nrn. gr. 8. (IV, 384 u. IV, 388 S.) Wittenberg, R. Herrosé. à Jahrg. n. 2. 80

— dasselbe. Centralorgan f. das nationale Fortbildungswesen. Organ des „Deutschen Vereines für das Fortbildungsschulwesen" u. seiner Zweigvereine. Hrsg. von Osk. Pache. 10. u. 11. Jahrg. 1901 u. 1902. à 12 Nrn. gr. 8. (IV, 388 u. IV, 392 S.) Ebd. à Jahrg. n. 3. 20

— die deutsche. Centralorgan f. das nationale Fortbildungswesen. Organ des „Deutschen Vereines f. das Fortbildungsschulwesen" u. seiner Zweigvereine. Hrsg. u. red. v. Osk. Pache. 12. Jahrg. 1903. 12 Nrn. (IV, 396 S.) gr. 8. Wittenberg, R. Herrosé. n. 3. 20

— dasselbe. Organ des deutschen Vereins f. das Fortbildungsschulwesen u. seiner Unterverbände f. Altona, Berlin, Brandenburg usw. Hrsg. u. red. v. Osk. Pache, v. Juni 1906 ab: Scharf. 13.—15. Jahrg. 1904—1906. à 24 Nrn. (IV, 596; IV, 588 u. IV, 602 S.) gr. 8. Ebd. à Jhrg. n. 6. —

— die deutsche, gegründ. v. Osk. Pache. Organ d. deutschen Vereins f. d. Fortbildungsschulwesen, Hauptorgan des preuß. Fortbildungsschulvereins, Organ des sächs. u. des oldenburg. Fortbildungsschulvereins usw. Hrsg. v. deutschen Verein f. das Fortbildungsschulwesen. Red.: Scharf. 16—19. Jahrg. 1907—1910 à 24 Nrn. (592, 588, 576 u. 590 S.) gr. 8. Wittenberg, R. Herrosé. à Jahrg. 6. —

Fortbildungsschule, die gewerbliche. Blätter zur Förderung der Interessen derselben in der Schweiz. Zürich 1885

— die gewerbliche. Blätter zur Förderg. der Interessen derselben in der Schweiz. Organ der Spezialkommission d. schweiz. gemeinnütz. Gesellsch. f. gewerbl. Fortbildungsschulen u. der Fachkommission d. Pestalozzianums in Zürich. Red.: O. Hunziker; Fr. Graberg; W. Krebs. VII. Bd. 1891. 12 Nrn. (à ca. 3/4 Bog.) gr. 8. Zürich, Artist. Institut Orell Füssli, Verl. n. 2. 70
Erscheint nicht weiter. Früher als Beilage zum Schularchiv erschienen.

— die gewerbliche. Zeitschrift f. die Interessen der fachl. u. allgemeinen gewerbl. Fortbildungsschulen. Schriftleiter: Rud. Mayerhöfer. 1. u. 2. Jahrg. 1905 u. 1906. à 10 Nrn. (IX, 240 S. m. 53 Abb. u. VIII, 248 S. m. 29 Abb.) Lex.-8. Wien, A. Pichler's Wwe. & Sohn. à Jhrg. n. 5. —

— die gewerbliche. Zeitschrift f. d. Interessen der fachl. u. allgemeinen gewerbl. Fortbildungsschulen. Schriftleiter: Ludw. Reindl. 3—6. Jahrg. 1907—1910 à 10 Nrn. (VI, 234; VI, 240; VIII, 232 u. VIII, 228 S.) Lex. 8. Wien, A. Pichler's Wwe. & Sohn. à Jahrg. 5. —

Fortbildungsschule, die, des Handwerkers. Hrsg. von Aegid. Müller. 1. und 2. Bdchn. 8. Weimar 867, Voigt. à Bdchn. 15 Ngr.
Inhalt:
Bdchn. 1. Müller, Aegid., Lehrbuch der Geometrie für Handwerker-Fortbildungsschulen und zum Selbstunterrichte für Baubeflissene, Techniker und Mechaniker. (VIII und 111 S. mit 2 Steint., enth. 89 Abbild. in qu. Fol.)
" 2. —— Lehrbuch der Rechenkunst für Handwerker-Fortbildungsschulen und zum Selbstunterricht. (VIII und 112 S. mit 1 Tab. in Imp.-Fol.)

—— die, des Handwerkers. Hrsg. von Aegid. Müller. 3. Bdchn.: Lehrbuch des deutschen Styls für Handwerker-Fortbildungsschulen und zum Selbstunterricht. Von Aegid. Müller. Nebst 2 Anh., welche Regeln für die Rechtschreibelehre und Erklärungen der gebräuchl. Fremdwörter enthalten. 8. (VIII, 107 S.) Weimar 868, B. F. Voigt.
1. und 2. Bdchn. Ebendas. 1867. ℳ 3.

Fortbildungs-Schule für Jedermann insbesondere für Handwerker u. Gewerbtreibende. Ein Handbuch der unentbehrlichsten Kenntnisse aus den verschiedenen Gebieten des praktischen Wissens. 2. Aufl. 1—8. Thl. Berlin 862—64. Seehagen. gr. 8. 4 ₰ 26 ngr.
1. Allgemeiner deutscher Sprachlehrer u. Briefsteller. Mit einem kurzgefaßten Fremdwörterbuch. Herausg. von H. Bohm. 5. Aufl. (316 S.) 20 ngr.
2. Naturkräfte u. Menschenarbeit. Praktische Belehrungen über Natur u. Gewerbekunde sowie über die Geschichte der Erfindungen. Bearb. von W. Wackernagel. 5. verb. Aufl. (VIII, 312 S.) 20 ngr.
3. Neuer Adam Riese. Allgemeiner deutscher Rechenlehrer. Bearb. von A. Böhme. 2. Aufl. (314 S.) 20 ngr.
4. Praktisches Lehrbuch zum Selbst-Unterricht im Buchführen u. in der Einrichtung der Bücher. Von Sigm. Salomon. 4. Aufl. (79 S.) 6 ngr.
5. Der französische Sprachlehrer. Eine Anleitung zum Selbstunterricht in der französ. Sprache. Bearb. von W. Reetzke. 2. verb. Aufl. (234 S.) 15 ngr.
6. Der englische Sprachlehrer. Eine Anleitung zum Selbstunterricht in der englischen Sprache nach bewährtester Methode. Bearb. von Fr. Dörre. 2. Aufl. (156 S.) 10 ngr.
7. Erd-, Länder- u. Völkerkunde. Ein praktisches Handbuch der mathematischen, physikalischen u. politischen Geographie mit besonderer Bezugnahme auf die Geschichte u. Kultur der Länder, Sitten u. Gebräuche ihrer Bewohner rc. Mit einem genauen über 7000 Namen umfassenden Register. Bearb. von C. E. J. Amelung. (VIII, 472 S.) 1 ₰
8. Der praktische Rathgeber für Gewerbtreibende, Land- u. Hauswirthschaften. Eine Sammlung von 1560 Vorschriften u. Erfahrungen, Recepten u. Mittheilungen. Nach den neuesten Quellen u. unter Berücksichtigung eigener Erfahrungen zum praktischen Gebrauch bearb. von K. Halbaur. (396 S.) 25 ngr.
(Neue Ausgabe von: „Handwerker-Schule.")

— für Jedermann insbes. für Handwerker u. Gewerbtreibende. Ein Handbuch der unentbehrlichsten Kenntnisse aus den verschiedenen Gebieten des praktischen Wissens. [Der „Handwerker-Schule" 4. Aufl.] 30. Liefg. Berlin 865. Seehagen. gr. 8. (9. Bd.: 80 S.) 5 ngr.

(Neue Aufl.) Ebend. gr. 8.
1 Thl.: Bohm, H., allgemeiner deutscher Sprachlehrer u. Briefsteller. Ein Rathgeber bei allen Fragen der Rechtschreibung, Grammatik u. Stylistik. Zur Selbstbelehrung für Jedermann. 6—8. Aufl. 865—70. (320 S.) 20 ngr.
3. Thl.: Böhme, A., neuer Adam Riese. Allgemeiner deutscher Rechenlehrer. Eine Unterweisung zum Selbstunterricht für Jedermann, insbes. für Handwerker u. Gewerbtreibende bearb. 3—5. Aufl. 865—70. (314 S.) 20 ngr.
4 Thl.: Salomon, Siegm., praktisches Lehrbuch zum Selbst-Unterricht im Buchführen u. in der Einrichtung der Bücher. Für Handwerker u. Kaufleute. 3—7. Aufl. 865—70. (79 S.) 7½ ngr.
6. Thl.: Dörre, Fr., der englische Sprachlehrer. Eine Anleitung zum Selbstunterricht in der engl. Sprache nach bewährter Methode. 3. Aufl. 865. (156 S.) 10 ngr.
7. Thl.: Amelung, C. E. J., Erd-, Länder- u. Völkerkunde. Ein praktisches Handbuch der mathematischen, physikalischen u. politischen Geographie mit besonderer Bezugnahme auf die Geschichte u. Kultur der Länder, Sitten u. Gebräuche ihrer Bewohner rc. Mit einem genauen über 7000 Namen umfassenden Register. 2. Aufl. 865. — 3. Aufl. 869. (XII, 470 S.) 1 ₰
9. Thl.: Dörre, Fr., der Musiklehrer. Das Nothwendigste zum Verständniß der Musik für Jedermann, insbes. für Musikschüler u. Mitglieder von Gesangvereinen, die sich durch Singen, Spielen oder Hören e. wahren Musikgenuß verschaffen wollen. 865. (80 S.) 7½ ngr.

— für Jedermann, insbesonders f. Handwerker u. Gewerbtreibende. Ein Handbuch der unentbehrlichsten Kenntnisse aus den verschiedenen Gebieten d. pract. Wissens. Unter Mitwirkg. der Herren W. Steinert, H. Bohm, W. Wackernagel rc. Hrsg. v. Osw. Seehagen. 3. u. 4. Thl. gr. 8. Berlin 871. 75. Seehagen. 2. 75

3. Neuer Adam Riese. Allgemeiner deutscher Rechenlehrer. Eine Unterweisg. zum Selbstunterricht f. Jedermann insbesondere f. Handwerker u. Gewerbtreibende bearb. v. A. Böhme. 6. Aufl. Neubearbeitung nach der neuen deutschen Maß- u. Gewichtsordng. (314 S.) 2. —

4. Praktisches Lehrbuch zum Selbst-Unterricht im Buchführen u. in der Einrichtg. der Bücher. Für Handwerker u. Kaufleute bearb. v. Siegm. Salomon. 9. nach der Markwährg. umgearb. Aufl. (79 S.) — 75

— die ländliche. Unter Mitwirkg. namhafter Fachmänner hrsg. v. G. Kälker. 1. Jahrg. April—Dezbr. 1905. 9 Nrn. (216 S.) gr. 8. Leipzig, H. Voigt. n. 3. —

— dasselbe. 2. Jahrg. 1906. 12 Nrn. (284 S.) gr. 8. Ebd. n. 4. —

— die ländliche. Unter Mitwirkung namhafter Fachmänner hrsg. v. G. Kälker. 3—6. Jahrg. 1907—1910 à 12 Nrn. (à ca. 24 S.) gr. 8. Leipzig, H. Voigt. à Jahrg. 4. —

Fortbildungsschule (Die ländliche) im **Dienste der Wohlfahrtsarbeit.** Vorträge **und Verhandlungen** auf dem 2. Tage **der 13. Hauptversammlung** des deutschen **Vereins für ländliche** Wohlfahrts- und **Heimatpflege am 25.** Febr. 1909. (Aus: „Land".) 8⁰. Berlin, Deutsche Landbuchhdlg., 1909.

— die, des Militäranwärters. Ein prakt. u. sicherer Führer zum Bestehen d. Prüfgn. f. den unteren u. mittleren Reichs-, Staats- u. Kommunaldienst. (Post-, Eisenbahn-, Gerichts-, Grenzaufseher-, Steuer-, Regierungs- u. Magistratsdienst.) Hrsg. v. A. Heyn unter Mitwirkg. erfahrener Schulmänner. II. Jahrg. 1909 u. 1910. 48 Nrn. (à ca. 24 S.) gr. 8. Berlin, Verlag Fortbildungsschule des Militäranwärters. à Jahrg. 4. —

— die ostdeutsche. Monatsschrift f. das gesamte Fortbildungsschulwesen. Organ des schles. Fortbildungsschulvereins u. seiner Zweigvereine u. des Vereins Königsberg. Fortbildungsschullehrer. Schriftleitung: Geo. Mantel. 1—3. Jahrg. 1908—1910. à 12 Nrn. (200, 190 u. 202 S.) Lex. 8. Breslau, Priebatsch. à Jahrg. 6. —

Fortbildungsschule, Schweizerische. Organ für das gesamte schweizer. Fortbildungsschulwesen. 1. Jahrg. (24 N⁰; Nov. 1890 — Okt. 1891). Red. von *C. Führer.* N⁰ 1. Gr. in-8⁰. 20 S. Zürich, J. Ehrsam-Peter. Jährlich 4 —
Für Deutschland Mk. 4 —

Fortbildungsschule, die unterfränkische. Unter Mitwirkung mehrerer Freunde des Fortbildungsschulwesens in zwanglosen Heften hrsg. von Frdr. Mann. Gruppe A. Nr. 1 u. 2. gr. 8. Würzburg 880—82. Stahel. n. 1. 20
Skizze der Geschichte, Organisation u. Statistik d. unterfränkischen polytechnischen Zentral-Vereins u. seiner Schulen. Entworfen von Carl Maier. Nebst Vorw. d. Hrsg. u. e. (chromolith.) Kärtchen. 1. u. 2 Thl. (VI. 18 u. 14 S.)

— dasselbe. Gruppe B. Nr. 1—11. gr. 8. Ebend. 880—82. n. 7. 40
1. Der geometrische Unterricht an Fortbildungsschulen. Von Frdr. Mann. Mit 4 (eingedr.) Xylogr. Nebst Vorwort d. Hrsg. (VI, 20 S.) n. — 50
2. Ueber den Unterricht in der Chemie an Fortbildungsschulen von Thdr. Koller. (41 S.) n. — 50
3. Ueber den Unterricht in der Algebra an Fortbildungsschulen. Von Frdr. Mann. (18 S.) n. — 35
4. Der Unterricht in der mathematischen Geographie an Fortbildungsschulen. Von G. Effert. (26 S. m. 6 eingedr. Holzschn.) n. — 40
5. Leitfaden für den Unterricht in der Staatskunde an Fortbildungsschulen. Von Karl Gareis. (56 S.) n. — 60., Einzelausg. n. — 70
6. Lehrgang der Arithmetik. Von Heinr. Schwager. (VIII, 82 S.) n. — 85
7. Lehrgang für den Unterricht in den Elementen d. Freihandzeichnens. Bearb. von Phpp. Heußler. 1. Tl. (11 S. m. 6 Steintaf.) n. — 60
8. — Dasselbe. 2 Tl. (15 S. m. 46 Steintaf.) n. 1. 70
9. — Dasselbe. 3. Tl. (8 S. m. 12 Steintaf.) n. — 70
10. Auflösungsresultate der [in Gruppe C. Nr. 3 der Unterfr. Fortbildungssch. enth.] Aufgaben aus d. Gebiete des Gewerbebetriebes von W. Heß. (15 S.) n. — 40
11. Lehrgang für den Unterricht in der Erdkunde von M. Stöger. 1. Tl.: Deutschland. (64 S.) n. — 80

Fortbildungsschule, die unterfränkische. Unter Mitwirkung mehrerer Freunde des Fortbildungsschulwesens in zwanglosen Heften hrsg. von Frdr. Mann. Gruppe C. Nr. 1—12. gr. 8. Würzburg 880—82. Stahel n. 7. 35
1. 2. Planimetrie für Fortbildungsschulen. Von Frdr. Mann. 2 Tle. Mit 78 Fig. auf 3 lith. Taf. (VI, 43 u. 26 S.) n. 1. 30
3. Aufgaben aus dem Gebiete des Gewerbebetriebs. Für Fortbildungsschulen gesammelt von Wilh. Heß. (15 S.) n. — 40
4. Algebra für Fortbildungsschulen. Von Frdr. Mann. 1. Tl. Mit e. Fig.-Taf. (21 S.) n. — 40
5. Mathematische Geographie f. Fortbildungsschulen. Von G. Effert. (20 S. m. 6 eingedr. Holzschn.) n. — 35
6. Der Geschäfts-Stil f. die Hand des Fortbildungsschülers. Bearb. von Joh. Ev. Haselmeyer. (28 S.) n. — 50
7. Aufgaben aus der Arithmetik. Von Heinr. Schwager. (IV, 63 S.) n. — 70
8. Lehrgang f. den Unterricht in den Elementen des Freihandzeichnens. Bearb. von Phpp. Heußler. (Ohne Text.) 1. Tl. (6 Steintaf.) n. — 50
9. — Dasselbe. 2. Tl. (46 Steintaf.) n. 1. 60
10. — Dasselbe. 3. Tl. (12 Steintaf.) n. — 60
11. Algebra. Von Frdr. Mann. 2. Tl. (22 S. m. 1 Taf.) n. — 40
12. Leitfaden f. Erdkunde von M. Stöger. 1. Tl.: Deutschland. (45 S.) n. — 60

— dasselbe. Gruppe D. Nr. 1—9. Ebend. 880—82. n. 3. 45
1. Aus öffentlichen Vorträgen von Frdr. Mann. Mit 2 (eingedr.) Xylogr. Nebst Vorwort d. Hrsg. (VI, 20 S.) n. — 50
2. Ueber Zeitmaß u. Kalender. Vortrag v. Heinr. Schwager. (17 S.) n. — 40
3. Ueber die Kurzsichtigkeit des menschlichen Auges. Vortrag von Bäuerlein. (17 S.) n. — 40
4. Ueber die Naturanschauung verschiedener Zeiten, namentlich des griechischen Altertums, d. Mittelalters u. der Gegenwart. Vortrag von Frdr. Mann. (23 S.) n. — 40
5. Ueber den Einfluß der Witterung auf die Gesundheit im Allgemeinen u. über Erkältungskrankheiten insbesondere. Vortrag von Ottmar Hoffmann. Mit 1 lith. Taf. (19 S.) n. — 35; Einzelausg. n. — 40
6. Ueber Handfertigkeitsunterricht u. Hausfleißvereine. Vortrag von Otto Wolf. (20 S.) n. — 30; Einzelausg. n. — 40
7. Auszüge aus Vorträgen an Vereinsabenden. 1. Mann: Naturwissenschaftliche Betrachtungen über e. Schiller'sches Wort. 2. Effert: Die Eigenbewegungen der Fixsterne. (16 S.) n. — 25

8. 2 Vorträge aus der würzburgisch-fränkischen Geschichte. Geh. von Jos. Ev. Haselmayer. (44 S.) n. — 60
9. Oberthür u. das Gewerbe der Gegenwart. Vortrag von Frdr. Mann. (13 S.) n. — 25

Fortbildungs-Schule für deutsches Volk und deutsche Jugend, eine Zeitschrift für's Leben zur wissenschaftl. Bildung und Unterhaltung. Redig. von Joh. Aug. Schilling. 1. Jahrg. 1864. 24 Hefte. (à 3—4 Bog.) gr. 8. Augsburg, (Kranzfelder'sche Buchh.)

—— dass. — Redig. von A. Büschl. 2. Jahrg. 1865. 24 Hefte. (à 3—4 Bog.) gr. 8. (Ebendas.)

—— dass. — Redig. von A. Büschl und A. Reichensperger, unter Mitwirkung mehrerer namhafter deutscher Gelehrten, Novellisten und Dichter. 3. und 4. Jahrg. 1866 und 1867. à Jahrg. 12 Hefte. gr. 8. (à Heft 48 S.) (Ebendas.) à Jahrg. *

Die westfälische Fortbildungsschule. Hrsg. im Auftr. d. Vereins z. Förderung d. Fortbildungsschulwesens in d. Prov. Westfalen. (Für d. Schriftleitung verantwortl. H[ermann] Gehrig.) [1.] 1904/05. Münster i. W. 1904: J. Bredt. 8° [F.] [04. 5338 6]

— die westfälische. Organ d. Vereins zur Förderg. des Fortbildungsschulwesens in der Prov. Westfalen. Schriftleitg.: Oberg. 4—6. Jahrg. 1908—1910. à 12 Hefte. (à ca. 20 S.) 8. Münster, J. Bredt. à Jahrg. 8. 50

Die Fortbildungs- und Fachschulen in den größeren Orten Deutschlands. Unter Mitw. von Vertretern d. gewerbl. Schulwesens hrsg. durch B. Germer, Fortbildungsschuldir. *Leipzig: A. Hahn 1904.* (VI, 458 S.) 8° [04. 2639]

Fortbildungsschulen, d. kaufmännischen, zu Berlin. Übersicht üb. d. Entstehg. u. Entwickelg., sow. d. gegenwärt. Organisation d. kaufmänn. Fortbildungsschulen: I. Inselstr. 2—5, II. Dorotheenstr. 13—14, III. Elisabethstr. 57/58. Festschrift z. Feier d. 10jähr. Bestehens d. Anstalten am 1. Octbr. 1895, hrsg. v. Kuratorium d. „kaufmänn. Fortbildungsschulen zu Berlin". gr. 8. (152 S.) Berlin 895. H. Spamer. 1. 50

Der Fortbildungsschüler. 4. Folge. 10. Jahrg. 1890. (10 N°). Hrsg. von *P. Gunzinger, J. Lehmann, J. Pfister, F. von Arx, B. Wyss.* N° 1. In-8°. 16 S. Solothurn, Gassmann Sohn. Jährl. 1 -

Fortbildungsschülerin, die. Illustrirtes Lehrmittel für Mädchen-Fortbildungsschulen, obere Arbeitsschulen, sowie zur privaten Weiterbildung junger Töchter und deren Vorbereitung auf den häusl. Beruf. Bearb. von fachkund. Frauen. Red.: Frau Gunzinger-Kaiser. 1. Jahrg. 5 Nrn. 8. (80 S.) Solothurn 888, (Buchh. Jent.) cart. *

Fortbildungsschülerin, die. Illustrirtes Lehrmittel f. Mädchen-Fortbildungsschulen, obere Arbeitsschulen etc. 2. u. 3. Jahrg. 1889 u. 1890. à Jahrg. 5 Nrn. 8. (à Jahrg. 80 S.) Solothurn, (Petri). cart. à Jahrg. * — 80
Nicht weiter erschienen.

Fortbildungsschulgesetz, das, als Gefahr f. Industrie u. Handwerk. Protestschrift gegen regierungsseitige Bestrebgn. u. öffentl. Erklärgn. des Herrn Dr. v. Seefeld, Geh. Ober-Regierungsrat u. vortr. Rat im Ministerium f. Handel u. Gewerbe in Sachen der Fortbildungsschulen. Hrsg. v. dem v. Bund d. Handwerker eingesetzten Ausschuss f. d. Fortbildgs.- u. Fachschulwesen. (39 S.) 8. Berlin 909. C. Pataky. — 50

Fortbildungsschul-Strafen, die, als Rechtsirrtum auf Grund v. Entscheidgn. des kgl. Kammergerichts. Für Industrie u. Handwerk hrsg. v. d. Red. d. „Metall-Technik". (19 S.) 8. Berlin (909). C. Pataky. — 50

XI DEUTSCHER FORTBILDUNGSSCHULTAG vom 6—8 Oktober 1910 zu Breslau. (Schriften des Deutschen Vereins für das Fortbildungsschulwesen (Eingetr Verein) Nr 28) Magdeburg 1910 Creutz'sche Verlagsbuchhandlung 8°

Fortbildungsschulwesen, das gewerbliche. (Schriften des Vereins für Sozialpolitik 15) Leipzig 1879

Kaufmännisches Fortbildungs-Schulwesen Veröffentl. von d. Handelskammer f. d. Herzogth. Braunschweig. 1. 2. *Braunschweig (1896): A. Limbach.* 2 Bde 8° [F]
1. Berichte u Verhandlungen aus der am 4 u 5. Okt 1895 zu Braunschweig stattgehabten Versammlung
2 Der gegenwärtige Stand d kaufmänn Fortbildungs-Schulw. in d Staaten … Zsgst … von Dr. [Rich] Stegemann, Syndikus
—[Veröffentlichungen d. Deutschen Verbandes f. d. Kaufmännische Unterrichtswesen. Bd 1. 2.] [96. 1009]

Fortbildungs-Schulwesen, kaufmännisches. I u. II. gr. 8. Braunschweig 896. Verlag d. kaufm. Unterrichtswesens. n. 9. —
I. Berichte u. Verhandlgn. aus d. am 4. u. 5. Oktbr. 1895 zu Braunschweig stattgehabten Versammlg. Veröffentl. v. d. Handelskammer f. d. Herzogth. Braunschweig. (VIII, 136 S.) n. 3. —
II. D. gegenwärt. Stand d. kaufmänn. Fortbildungs-Schulwesens in d. Staaten: 1. Königr. Preußen. 2. Königr. Bayern. 3. Königr. Sachsen. 4. Königr. Württemberg. 5. Großherzogth. Baden. 6. Großherzogth. Hessen. 7. Großherzogth. Mecklenburg. 8. Großherzogth. Sachsen-Weimar. 9. Großherzogth Oldenburg. 10. Herzogth. Braunschweig. 11. Herzogth. Sachsen-Meiningen. 12. Herzogth. Sachsen-Altenburg. 13. Herzogth. Sachsen-Koburg-Gotha. 14. Herzogth. Anhalt. 15. Fürstenth. Schwarzburg-Sondershausen. 16. Fürstenth. Reuß ä. L. 17. Reichsland Elsaß-Lothringen. 18. Hansestädte Hamburg, Bremen, Lübeck. Ausland: 1. Belgien. 2. Frankreich. 3. Großbritannien. 4. Niederlande. 5. Norwegen. 6. Oesterreich-Ungarn. 7. Schweiz. 8. Schweden. 9. Vereinigte Staaten v. Nord-Amerika. Zusammengest. i. Auftr. d. Handelskammern zu Braunschweig, Bremen, Dortmund Frankfurt a/O., Halberstadt, Hannover, Hildesheim, Leipzig, Liegnitz, Offenbach a./M., Oppeln, Osnabrück, Würzburg, Zittau, Aeltesten d. Kaufmannschaft z. Magdeburg u. d. Stadtmagistrats in Dortmund v. Stegemann. (VI, 436 S.) n. 6. —

Fortbildungsschulzwang f. jugendliche weibl. Handlungsgehilfen u. Lehrlinge, s.a. Schriften des kaufm. Hilfsvereins f. weibl. Angestellte zu Berlin. Nr. 3.

Fortbildungsschulzwang für jugendliche weibliche Handlungsgehilfen und Lehrlinge. Mit e. Anh. enth. Aeusserungen d. Geh. Oberreg R Simon, d. Stadtr. Sombart, d. Handelskammer zu Düsseldorf, ferner Eingaben d. kaufmänn. Vereine f. weibl. Angestellte an d. Reichstag … *Berlin: (Hilfsver.) 1903.* (24 S.) 8° [F]
— Schriften d. kaufmänn. Hilfsvereins f. weibliche Angestellte zu Berlin. No 3. [03. 2870]

Fortbildungsschulzwang f. jugendliche weibl. Handlungsgehilfen u. Lehrlinge, s.a. Schriften des kaufm. Verbds. f. weibl. Angestellte.

Fortbildungsschulzwang für jugendliche weibliche Handlungsgehilfen und Lehrlinge Mit e. Anh., enth Ausführungen des Geh Oberreg.R. (Oskar) Simon, d Stadtrats [Karl Max] Sombart u. d. Handelskammer zu Düsseldorf. 2. veränd. Aufl. Berlin 1905: (G. Chasté). (16 S) 8° [F]
— Schriften d. kaufmänn. Verbandes f. weibl. Angestellte. No 3 [05. 14017]

Fortbildungswesen, das gewerbliche, s. a. Schriften des Vereins für Socialpolitik.

Fortbildungswesen, Das gewerbliche. 7 Gutachten und Berichte, veröffentlicht vom Verein für Socialpolitik. Leipzig 1879. 8.
Ist Schriften d. Ver. f. Soc.-Pol. II. 15 . . . . (HC.; D)

Fortdauer, die, im Jenseits. Beleuchtung der christl. Unsterblichkeitslehre u. ihrer sittlichen Rückwirkungen vom Standpunkt der Enthüllungen. Vom Verf. v.: Jesus der Essäer ꝛc. 8. (48 S.) Leipzig 851, Kollmann. 1/3 ℳ

Fortdauer u. Zustand d. Menschen nach dem Tode. Ein Buch f. unser Zeitalter. 8. Leipz. 805. Seeger. 1 ℳ

Forte, Luigi, italien. Lesebuch f. höh. Handels- u. Realschulen, s.a. Ziehen's kaufm. Reallesebücher. IV.

Forte L. italienisches Lesebuch f. höhere Handels- u. Realschulen. (250 S) Frankfurt 1899

Fortelle, Leben Beaumont, s. Leben.

Fortenbach, H., s.: Zeitschrift f. d. freiwill. Gerichtsbarkeit u. d. Gemeindeverwaltg.

Forte-Piano, das, einzelner Abdruck dieses Artikels aus dem Universal-Lexicon der Tonkunst. Lex.-8. Stuttgart 835. Köhler. 1/4 ℳ

Fortepiano, Das, und seine Vorgänger. Zürich [1861]. V: *Stierlin, Leonhard.* (Cat. d. Stadtbibl. Zürich. Zürich 1864—97.)

Fortepianoschule, nach Mozart, Bach u. Clementi. gr. 8. Hamb. 805. (Herold jun.) 1 ℛ 6 ℊ

Forteresses, les, des frontières franco-allemandes et la question de la fortification de Suisse. Considérations de stratégie géographique par un officier de la milice [traduit de l'allemand]. gr. 8. (31 S. m. 1 lith. u. color. Karte.) Zürich 880. Schmidt. n. — 80

Fortescue, John, de laudibus legum Angliae, e. Gespräch aus d. 15. Jahrh. üb. d. Vorzüge d. engl. Rechts, aus d. Lat. übertr v. Walt. Parow. Progr. 4. (33 S.) Berlin 898. R. Gaertner. n. 1. —

— üb. d. Regierung Englands, s.a. Sammlung ält. u. neuerer staatswissenschaftl. Schriften d. In- u. Auslandes.

Über die Regierung Englands. Von Sir John **Fortescue.** Übs. u. hrsg. v. Dr. Walter Parow. *Leipzig: Duncker & Humblot 1897.* (1 Bl., 69 S.) 1 Bd 8.
— **Sammlung** älterer u. neuerer staatswiss. Schriften d. In- u. Auslandes. No 10. [97 4013]

FÖRTHER, Rebbe Mousis (ps.). — Mordje und Esterleben, oder a Sou waren ünsere Leut zün Zeiten Ohosverüs. Ane komische Oprette in funf Aufz. Gelehrt von *Rebbe Mousis Förther.* In Mousik gesetzt von *Rebbe Laib Zimbeler.* De Dekorations von anen ünbekanten Mohler. Söll weren gespielt on ünser jüdisch Fastelobend genannt Pürim. 1817.
Harpf's Leihbibl.-Cat., Königsb. i. Pr., Nr. 13391. — Weller, Lex. Ps. p. 203.

Forthuber, Ignatz, Supernaturalisten und Nationalisten. Langs Kirchenblätter 1833, Bd. 2 S. 548 ff.

Forthuber, Richard, a. Kaiserslautern: **Das Recht der Ufereigentümer.** Nach dem Entwurf eines Wassergesetzes für das Königreich Bayern. Würzburg 1907: H. Stürtz. (59 S.) 8°
Würzburg, Jur. Fak., Ref. Mayer, Diss. v. 16. Jan. 1907
[Geb. 18. Sept. 82 Kaiserslautern; Wohnort: Kaiserslautern; Staatsangeh.: Bayern; Vorbildung: Gymn. Speyer Reife Juli 01; Studium: Paris 1, Würzburg 7 S.; Rig. 20. Dez. 06.]

Forti, A., photographisches Exercitium f. angehende Amateure ohne jede photographischen Vorkenntnisse. Praktische Anleitg., auch ohne Lehrer die Photographie selbst zu erlernen. 12. (V, 41 S.) Dresden 892. (Halle a/S., H. Peter.) n. — 75

Forti, Achilles, Sylloge Myxophycearum, s.: De-Toni, J. Bapt., sylloge Algarum.

Fortia, de, Agricola, Oeuvres morales de François, Duc de la Rochefoucault; suivies d'observations. 8, Basle. (Tourneysen, Cassel) 798.
Vel. Pap.

Fortia de l'Iles, Alph. Touss. J. A. M. M. (Cte de,) Voyage de deux Français en Allemagne, Danemark, Suède, Russie et Pologne fait en 1790—92. Vol 1—5. Berne 1793. gr 8

Fortia, de, d'Urban, s. Urban.

Fortification, die, in kurzer Darstellung u. im Anhalt an die genetische Skizze des Lehrstoffs für den Unterricht dieses Gegenstandes auf den königl. Kriegsschulen bearb. 3. sehr verb. Aufl. Potsdam 870. Stein's Verlag. gr. 8. (228 S.) n. 21 ngr.

Fortifikation, die, in kurzer Darstellung u. im Anhalt an die „genet. Skizze" f. den Gebrauch jüngerer Officiere u. Officier-Aspiranten bearb. Mit Zeichngn. (Holzschn.) im Text. 4. sehr verb. Aufl. gr. 8. (255 S.) Potsdam 873. Stein. n. 3. —

Fortifications, les, en Suisse. Canevas de la conférence publique donnée à Friburg le 21 février 1880 à la demande de la section de la société des sous-officiers. gr. 8. (86 S.) Bern 880. Dalp. n. — 60

Förtig. J. (Red.), s. Wagenbauer-Zeitung, Deutsche.

Fortiguerra, Nik., Richardett; e. komisches Heldengedicht; aus d. Italien. übersetzt v. C. C. Heise. 1r Thl. gr. 8. Berl. 808. Dümmler. 1 ℛ 12 ℊ

-- Dass., aus d. Italien. übers. (v. Schmit). 2 Bde. 8. Liegnitz 783, 84. Siegert. 20 ℊ

— Ricciardetto. Aus d. Italien. 2 Thle. 8. 783, 84. jetzt Heymann in Berlin. 5/6 ℛ

— Dass., übers. v. J. D. Gries. 3 Thle. 8. Stuttg. 831—33. Löflund. 3 ℛ

Fortiguerra, Niccolò, Richardett, ein Rittergedicht. Uebersetzt v. J. D. Gries. 3 Thle. 8. Stuttgart 831—33. Löflund, ist d. Pr. 5 ℛ jetzt (Beck u. Fränkel) nur 2½ ℛ

Fortiguerra, Nic., Richardett, ein Rittergedicht. Uebers. von J. D. Gries. 3 Thle. 2. Aufl. Stuttgart 859. Beck. (Cammerer.) 8. (X, 1077 S.) 1 ℛ 15 ngr.

Fortinguerra, Niccolo. Ricciardetto; a. d. Ital. Liegnitz 1783—85. Ü: *Schmit (Schmid), Friedrich.* (Ky) (MGT)

Fortis, Alberto. Beschreibung des Thales Ronca im Veronesischen Gebiet; a. d. Ital. Heidelberg 1779. Ü: *Weber, Friedrich August.* (MGT) »1780« (Ky)

— Beschreib. d. Thales Ronca im Veronesischen Gebiete; aus d. Ital. (v. F. A. Weber). Mit Kpf. 8. Heidelb. 780. Braun. 16 ℊ

Fortis: Briefe zweier ausländischer Mineralogen über den Basalt, s. Dolomieu, Deodat de

Fortis, .., Lettres sur les Morlaques, av. fig. 8. Bern, Typogr. Soc. 8 ℊ

Fortis, A. Reise in Dalmatien. A. d. ital. Bern 1776. Ü: *Werthes, Frdr. August Clemens.* [?] (Herold. Werthes. Münster i. W. 1898. S. 180.)

— Reise nach Dalmatien. 2 Bde, mit Kpf. gr. 8. Bern 797. Typogr. Soc. 2 ℛ

— Reise zu den Morlacken. Mit Kpf. 8. Ebd. 792. Ebd. 9 ℊ

Fortis, A. Mineralogische Reisen durch Calabrien und Apulien . . . a. d. Ital. Weimar 1788. Ü: *Schulz, Joachim Chph Friedrich.* (Ky) (MGT) (ML) (BrMm)

— mineralog. Reisen durch Calabrien u. Apulien; aus d. Italien. (v. Fr. Schulz). Weimar 788. Hoffmann. 8 ℊ

— Voyage en Dalmatie, av. fig. 8. Bern 778. Typogr. Soc. 2 ℛ 8 ℊ

Fortitudo et Constantia Godefridi Bullionii dramate exhibita. Viennae 1715. V: *Pichler, Joseph.* (Jes)

Fortitudo, Ferdinandi Principis Regii Lusitaniae, Christiana De Lazaraquii Tyrannide triumphans . . . S. l. 1722. V: *Bard, Adam.* (Jes)

Fortitudo Leonina in vtraque fortvna Maximiliani Emmanuelis, V B ac Sup Palat Ducis Comitis Palatini Rheni Secundum Heroica Majorum suorum Exempla Herculeis Laboribus Repræsentata, Eidemque Post Felicissimum Suum Suorumque in Patriam Reditum Demississimé D D D Ab Universa Societatis Jesu per Superiorem Germaniam Provincia Anno CIↃIↃCCXV [1715], Monachii Apud Mariam Susannam Jæklinin, Joannis Jaeklini Hæredem Per Sebastianum Hauser
Titelkupfer Tit 14 Bl 232 + 124 S m 65 Kupferst 16 Taf in Kupferst 2°
Stecher der Taf And Matth Wolffgang u F J Spätl die letzten 25 eingedr Abb gez u gest von C Remshardt

Fortitudo leonina in utraque fortuna Maximiliani Emanuelis. Mit 15 Kpf in Fol. u. 65 Vign. gr. Fol. Münch., Lindauer. 8 ₰ 8 gr

Fortlage, Arnold, Anton de Peters, s. a. **Studien** zur deutschen Kunstgeschichte.

Fortlage, Arnold: Anton de Peters, ein Kölnischer Künstler des XVIII. Jahrhunderts. Strassburg 1909: Heitz. 69 S. 8°
¶ (Ersch. mit Abb. in: Studien zur Deutschen Kunstgeschichte.)
Bonn, Phil. Diss. v. 29. Juli 1909, Ref. Clemen
[Geb 20 Febr 78 Burgsteinfurt; Wohnort: Cöln; Staatsangeh.: Preußen; Vorbildung Gymn Krefeld Reife O 97; Studium: Bonn, Berlin, Zürich, München, Bonn, Berlin; Rig. 3 Juni 08] [U 09. 396

Anton de Peters. Ein kölnischer Künsler d. XVIII. Jahrhunderts. Von Arnold **Fortlage**. Mit 33 Taf. Strassburg: Heitz 1910. VIII, 69 S. 8°
[Erschien als Inaug Diss Bonn 1909]
(Studien z deutschen Kunstgeschichte H. 122) [10. 9464

Fortlage, C., Darstellung u. Kritik der Beweise fürs Dasein Gottes. gr. 8. Heidelberg 840, Groos. n. 1²/₃ ₰

Fortlage, C., über d. Denkweise d. ältesten Philosophen 4. Heidelb. 829. (Winter). 6 gr

Fortlage, C., Aurelii Augustini doctrina de tempore, ex libro XI. Confessionum depromta, Aristotelicae, Kantianae aliarumque theoriarum recensione aucta, et congruis hodiernae philosophiae ideis amplificata. Heidelberg (Carl Groos) 1836. 60 S. (5.—) 9233

— s. Gesänge christl. Vorzeit.

—— die Lücken d. Hegelschen Systems d. Philosophie. Nebst Andeutung d. Mittel, wodurch e. Ausfüllung ders. möglich ist. Allen Freunden u. Kennern dieses Systems z. Beurtheil. u. Verständigung vorgelegt. gr. 8. (8½ B.) Heidelberg 832, Groos.

— philosophische Meditationen über Plato's Symposion. gr. 8. Heidelberg 835. Groos. 1⅓ ₰

Fortlage, C., griechische Musik, Rhythmik u. Metrik, s. Griechenland.

— Friedrich Rückert u. seine Werke. Frankfurt a. M. 867. Sauerländer. 8. (VII, 182 S.) n. 25 ngr

— das musikalische System der Griechen in seiner Urgestalt. Aus den Tonleitern des Alypius zum ersten Male entwickelt. Mit 2 Tab. (Fol.) gr. 4. (VI u. 140 S.) Leipzig 847, Breitkopf & Härtel. 2½ ₰

—— Vorlesungen üb. d. Geschichte d. Poesie, gehalt. zu Dresden u. Berlin im J. 1837. gr. 8. (28⅛ B.) Stuttgart u. Tübingen 839, Cotta'sche Buchh.

Fortlage, C.: Vorträge ..., s. Fortlage, Karl

Fortlage, Frz. Arn., s. *Gnomicorum.*

Fortlage, Henry (geb. am 10 Nov. 1857 in Cleveland Ohio): Ueber die Compensatorische Hypertrophie der Glomeruli bei Nephritis interstitialis ... Bonn, Univ.-Buchdr. v. C. Georgi 1884. 33 S., 1 Bl. 8.
Bonn, Med Fak., Diss. v. 16 Jan. 1884

Fortlage, J. H. B., das Friedensfest zu Osnabrück, d. 24. Juli 1814. 4. Hannov. 814. Hahn. 8 gr

Fortlage, J. H. B., De occasione opere Lysippi. Pr. 1820. 19 S. 4°.

Fortlage, I. H. B., De praeceptis Horatianis ad artem beati vivendi spect. Pr. 1835. 4°. 6.—

Fortlage, J. H. B., Programma. — Praemissae sunt quaestiones de ordine trium Olynthiacarum orationum. Pars I. Scripsit C. G. A. Stueve. 4. (1½ B.) Osnabrugi 830, (Rackhorst.)

Fortlage, Karl, Beiträge zur Psychologie als Wissenschaft aus Speculation u. Erfahrung. gr. 8. (XV, 488 S.) Leipzig 875. Brockhaus. n. 8. —

Fortlage, C(arl), genetische Geschichte der Philosophie seit Kant. gr. 8. (X und 488 S.) Leipzig 852, Brockhaus.

Fortlage, Karl, System der Psychologie als empirischer Wissenschaft aus der Beobachtung des innern Sinnes. 2 Thle. Leipzig 855. Brockhaus. gr. 8. (XXII, 491; XIV, 490 S.) Jeder Thl. 2 ₰ 15 ngr

Fortlage, C., acht psychologische Vorträge. 1. Aufl. (VII, 347 S.) 1869, und 2. Aufl. gr. 8. (VII, 331 S.) Jena 872, Dufft. *

sechs philosophische Vorträge. Jena 869. Mauke's Verlag. gr. 8. (VII, 238 S.) n. 1 ₰ 10 ngr

— sechs philosophische Vorträge. 2. Ausg. gr. 8. (VII, 238 S.) Jena 872. Dufft. n. 4. -

—— vier psychologische Vorträge. gr. 8. (VI, 186 S.) Jena 874, Dufft. *

Fortlage, L., de vett. Romanorum orationibus funebribus. Osnabr. 1789. 4.

Fort Louis — im Rhein zwischen Strassburg und Philippsburg gelegen. G. Bodenehr fec. et exc. A. V. ohne M. 1 Bl.

Fortmann, Adolf: Quaestiones in Lucanum metricae. Gryphiae 1909: Adler. 60 S. 8°
Greifswald, Phil. Diss. v. 31. Juli 1909, Ref. Hosius
[Geb 29 Apr 83 Borken (Westf); Wohnort: Borken; Staatsangeh.: Preußen; Vorbildung: Gymn Koesfeld Reife O 03; Studium: Münster 3, Berlin 1, München 1, Greifswald 5 S; Rig 22 Febr 09] [U 09. 1523

Fortmann, Fritz [aus Bremervörde]: Über Cystenbildungen in den ableitenden Harnwegen. Zürich 1900. 40 S. 1 Taf. 8°.
Zürich Med. Diss. 1899 1900

Fortmann, Georg *Nicolaus* [aus Bremervörde]: Über Methylanthranilsäure und einige daraus entstehende Chinazolinderivate ... Berlin, A. W. Schade's Buchdr., 1895; 26 S., 1 Bl. 8.
Leipzig, Phil. Fak., Inaug.-Diss. v. [17. Juli] 1895

Fortmann, H., Chronik d. St. Jacobi-Kirche. Mit e. Vorworte d. Hrn. Pastor Rentzel; nebst 2 Abbildd. d. Kirche, wie sie war u. sein wird. 8. Hamb. 825. Herold. 16 gr

Fortmann, Heinrich

— Denkwürdigkeiten aus der Menschen- u. Völkergeschichte. Vom Beginne der christl. Zeitrechnung bis auf die neueste Zeit. Ein Lesebuch für alle Stände. 2. mit Bildern verm. Ausg. 40 Hefte oder 7 Bde. gr. 8. (Mit 8 Kupf.) Leipzig 844, 45, Kollmann. 4⅔ ₰ — NB. Die 1. Aufl. erschien unter d. T.: Gallerie der anzieh. u. merkwürd. Begebenheiten der Weltgeschichte.

Fortmann, Heinr., Denkwürdigkeiten aus d. Religions- u. Kirchengeschichte. Zur angenehmen u. nützl. Unterhalt. f. d. Jugend u. ihre Freunde. 2 Bdchn. (à 4 Hfte.) gr. 12. (24 1/6 u. 21 1/2 B.) Münster 841, 42, Deiters. à H. 1/4 Thlr.

— Gallerie der merkwürdigsten u. anziehendsten Begebenheiten aus der Weltgeschichte, vom Beginn d. christl. Zeitrechnung bis zum Westphälischen Frieden. Dargestellt mit steter Beibehaltung des Fadens der allgem. Weltgeschichte nach der Zeitfolge, u. eingeleitet durch die Geschichte der Deutschen von ihrem Ursprunge bis auf Karl d. Großen. Nebst den Lebensbeschreibungen der berühmt. Männer u. Frauen aus jener Zeit. Ein Lesebuch für Jedermann. 1e—16e Lfrg. (od. 3 Bde.) Mit 3 Kpfr. u. 1 Stahlstich. gr. 8. Leipzig 836—38. Kollmann. (à 5 Sgr) 3 1/3 Thlr — Neuere Geschichte. 1e—12e Lfrg. gr. 8. Ebd. 838—40. (à 5 Sgr) 2 1/2 Thlr

— Gallerie der merkwürd. u. anziehendsten Begebenheiten aus der Weltgeschichte, vom westphäl. Frieden bis auf die neueste Zeit rc. Ein Lesebuch für Jedermann. — Neuere Geschichte. 13.—23. (letzte) Liefg. gr. 8. Ebend. 841—43. à 6 1/2 Ngr

— Geschichte der christl. Kirche für die erwachsene kathol. Jugend u. für jeden Gebildeten, zum Gebrauche für Schule und Haus, wie auch für angehende Theologen. gr. 8. Oldenburg 835. Schulzesche Buchh. (Berndt.) 1 1/4 Thlr

— Geschichte d. teutschen Kirchentrennung od. sogen. Reformation, nebst e. Uebersicht d. gleichzeit. Religionsveränderungen außerhalb Teutschland, f. Leser aller Stände. 8. (9 1/4 B.) Münster 835, Coppenrathsche Buchh.

— kurze Geschichte der teutschen Kirchentrennung oder sogenannten Reformation, nebst einer Uebersicht der gleichzeitigen Religionsveränderungen außerhalb Teutschland, für Leser aller Stände. 8. Münster 836. Coppenrath. 1/2 Thlr

Fortmann, H., Geschichte d. allgem. Kirchenverbesserung u. d. daraus hervorgegang. neuen Staatsformen in Hamburg. Auf Veranlassung d. 800jähr. Jubelfeier d. Hochlöbl. Collegiums d. Ehrbaren Hrrn. Oberalten zusammengetr. 8. (1. Bd.) Hamburg 828, (Herold.)

— Geschichte des teutschen Volkes, mit besond. Rücksicht auf die kirchl. Entwicklungen, für Schulen. gr. 8. Oldenburg 837. Schulze. 1 7/8 Thlr

— Handbuch der teutschen Geschichte für Schulen. Ein frei bearbeiteter Auszug aus des Verfass. größerem Werke. gr. 8. Wesel 838. Becker. 7/12 Thlr

— über das Verhältniß der Geschichte zur Philosophie. Eine historisch-philosoph. Abhandlung. 8. Münster u. Hamm 831. (Wundermann.) 5/12 Thlr — 2e Aufl. Wesel 840. Prinz. 1 Thlr

Fortmann, Heinr., über das Wesen u. die Bedeutung der histor. Entwicklungen. Ein Beitrag zur Philosophie der Geschichte. 2e ganz umgearb. Aufl. gr. 12. Wesel 840. Prinz. 1 Thlr

Fortmann, H[ermann Heinrich] (Vechta)
Abriß der Oldenburgischen Geschichte bis auf unsere Zeit. Oldenburg: Stalling 1836. 137 S.
(Hat handschriftlich zur Promotion vorgelegen.)
Dr. phil. Giessen 26.5.1836. vorh. LB Oldenb.

Fortmann, Hugo, approb. Arzt aus Cloppenburg i. Oldenb.: Aus d. chirurg. Universitäts-Klinik in Kiel. Über retropharyngeale Lymphosarkome nebst Mitteilung eines Falles von Lymphosarkoma colli et pharyngis. *Kiel 1902: Schmidt & Klaunig.* (21 S.) 8°
Kiel, Med. Diss. v. [29. Jan.] 1902

Förtmeyer, H., theoretisch-practische Anleitung zum Erlernen der doppelten italienischen Buchführung. Hamburg 865. (Grüning.) gr. 8. (80 S.) n. 12 Ngr

Fortmüller, Ludwig [aus Aplerbeck (Westf.)]: Stoffwechsel des Kaninchen unter dem Einfluss von Alkohol ... Würzburg, P. Scheiner's Buchdr., 1897; 51 S. 8.
Würzburg, Med. Fak., Inaug.-Diss. v. 1897

FORTNER, Joseph (Wallersdorf): Ueber erste Hilfe bei mechanischen Verletzungen.- München: Wolf 1881. 27 S.
5.7.1881 - Urk (Titel: De auxilio primo in curandis laesionibus mechanicis adhibendo.); Chr 1881/82,7
Diss.Ingolst.-Landsh.-Mchn.

Fortner, M., fromme Kinder. Legenden u. Erzählgn. f. die liebe Jugend. Mit 2 Stahlst. 16. (VIII, 250 S.) Mainz 870. Kirchheim. n. 2. —

Fortner, M., fromme Kinder. Legenden u. Erzählgn. f. die liebe Jugend. Gesammelt u. hrsg. 2. Aufl. Mit 2 Stahlst, 16. (VIII, 250 S.) Mainz 888. Kirchheim. cart. n. 2. —

Fortner Max Über einige Derivate der p-Kresotinsäure S 110 IIb 771 . . . vgr
Separatabdruck

— Über Kondensation von Fluoren mit Benzoylchlorid S 111 IIb 741 . . . . vgr
Separatabdruck

Fortner, Max, a. Mühldorf a. Inn.: Palladiumkatalyse des Wasserstoffsuperoxyds. Ludwigshafen am Rhein 1904: J. Waldkirch & Co). (31 S.) 8°
Heidelberg, Naturw.-math. Fak., Ref. Curtius, Diss. v. 28. Dez. 1904
[Geb. 1. Apr. 71 Freising; Wohnort: Ludwigshafen a. Rh.; Staatsangeh.: Bayern; Vorbildung. Ein.-freiw. Zeugn., Apothekerapprobation; Studium: Erlangen 1, München 5, Heidelberg 8 S.; Rig. 5. März 04.]

— Über 2-Benzoylfluoren und über Reten S 113. IIb 78 . vgr
Separatabdruck

Fortner Paul Über einige Derivate des Isochinolins (mit 1 Textfigur) S 102 IIb. 131 vgr
Separatabdruck

— Notiz über das Cinchotenin S 104. IIb 19 . . . vgr.
Separatabdruck

— und Skraup Zdenko H Über propionylierte Schleimsäureester S 103 IIb 110 vgr
Separatabdruck

Förtner, Rudolf, approb. Arzt aus München: Aus d. chirurg. Klinik zu Kiel. Zur Kasuistik der Pseudarthrosenoperation. *Kiel 1904: H. Krause.* (14 S.) 8°
Kiel, Med. Diss. v. [15. Juli] 1904

Fortolfi, Rythmimachia, rec. R. Peiper. S. A. s. a. 59 S.

Fortong, W., s.: Adreß-Buch, Greifswalder.

Fortoul, G., s. Fortoul, José Gil.

Fortoul, José Gil., Historia constitucional de Venezuela. Tomo I. La colonia. — La independencia. — La gran Colombia. (XI, 570 S.) gr. 8. Berlin 907. C. Heymann. n. 12. —

Fortoul, José Gil, historia constitucional de Venezuela. Tomo II. La oligarquía conservadora. La oligarquía liberal. (XII, 558 S.) Lex. 8. Berlin 909. C. Heymann. 12. —

Fortoul, L., Miss Alda, s. Houssaye, A., les romans Parisiens.

Fortpflanzung, über d. mögliche, d. Metalle durch analoge Mittel ihrer Auflösung. Aus d. Nachlasse eines Hermetikers. 8. Berl. 826. L. Oehmigke. 16 Gr

H., Fortpflanzungsfähigkeit der Bastarde aus Lachs und Forelle. 1892 München

Fortran, Hnr. Edw., Skizzen, kleine Geschichten, Anekdoten u. Biographien. 8. Berl. u. Leipz. 788. Kohler. 12 Gr

Fortsch, Volkszählung, siehe Beiträge zur Statistik v. Hessen.

Förtsch, Thongefässe d. Bronzezeit aus d. Prov. Sachsen. [Aus: „Zeitschr. f. Naturwiss."] gr. 8. (3 S. m. 1 Lichtdr.-Taf. u. 1 Bl. Erklärgn.) Leipzig 896. C. E. M. Pfeffer. n. — 40

Foertsch, August Friedrich

— — Tractatus de jure liberorum circa bona parentum secundum jus Lubecense. Wismar u. Bützov (Jo. Andr. Berger & Jac. Boedner) 1774. 68 S. (5.—) 9176

Foertsch, August Friedrich (Lübeck). De sumendo supplicio in loco ubi crimen perpetratum est ad L. 28. § 15. D. de poenis. Diss. jur. Präs. Jo. Ernst Schroeter. Jena (Marggraf) 10. IV. 1756. 36 S. (5.—) 9175
Widm. v.: Präs., Joh. Wunderlich, Jo. Nic. Sibeth (Lübeck), Christian Nicolaus Carstens (Lübeck).

Förtsch, C., s.a. Förtsch, Karl

Förtsch, C., Emendationes Valerianae. 3 Tle. Pr. 1855—70. 28, 40, 34 S. 4°. 4.—

Förtsch, C. Emendationes Valerianae. 28 S.
Naumburg, Progr. 1855

Förtsch, C.: Emendationum Valerianarum particula tertia. 33 S.– Naumburg, Progr. 1870.

Förtsch, C. F. G. Quaest. Tullianae. (de Nat. deor. III. 35 u. 10; I. 5. Divin. I. 19. Ep. fam. 9, 6; de Off. I. [3 St.]) 17 S.
Progr. Naumburg 1837

Förtsch, C.F.G. Quaestionum Tullianarum particula altera. 17 S. [De div. I, 7, 12. I. 13, 22. I, 16, 28. I, 17, 30. I, 19, 36. I, 20, 40. I, 21, 42. I, 23, 46. I, 26, 55. I, 52, 119. I, 53, 121. II, 9, 22. II, 10, 25. II, 18, 42. II. 25, 54. II, 26, 57. II. 32, 60. II. 36, 77. II, 39, 82. II, 41, 85. II, 47, 99. II, 64, 133. Tusc. IV, 9, 21.]
Naumburg, Progr. 1846

Foertsch, Chr. A., Trauerrede auf das Absterben des wohlehrw. Herrn Carl Chr. Roodt Predigers der deutschen Gemeinde zu Stockholm, gehalten in der Freimaurerloge z. Fruchthorn in Lubeck den 14. Juli 1780. 8. 16 S.

Förtsch, Gottl. Wolfg., Alter u. Herrlichkeit des Christenthums. 8. Jena. 715.

— Betr. v. d. Seligkeit der geistl. Armen. 8. Frankfurt (Eurich in Leipz.) 745.

— extrah. biblisch. Lexicon a. Lutheri Schriften. 4. Dresd 724.

Förtsch, Herm., famos!, s.: Müthling, Paul.

Förtsch, Herm., durch Schlemanns Geist, s.: Auer's Theaterbiblioth.

Förtsch, J. Chr. K.

– s.a. **Bilder aus d. Familienleben.**

Förtsch, J. Chr. K., lehrr. Bilder aus d. Familienleben. Mit e. Vorr. v. J. C. Dolz. Nebst Ttlkpfrn. 2 Bdchn. in 3 Abthln. 8. Leipzig, [Günz.] [1. (15 B.) 830. 15 Gr., mit ill. Kpfrt. 20 Gr.; 2. (26¼ B.) 831. 1 Thlr., m. 2 ill. Kpfrt. 1 Thlr. 8 Gr.] 1 Thlr. 15 Gr., ill.

Förtsch, J. Chr. Karl, lehrreiche Bilder aus dem Familienleben in Erzählungen für die Jugend. Mit einer Vorrede v. J. C. Dolz. 3 Thle. Mit 14 color. Kupf. 2. Ausg. 8. Leipzig 842. Krappe. geb. 2 ℛ

– s.a. **Buch, ein, für d. Winter, u. jetzt hinzu: (v. J. Chr. K. Förtsch).**

Förtsch, J. Chr. K., ein Buch für den Winter. Ein Beitrag zur erheiternden u. belehr. gesellschaftl Abendunterhaltungen. 8. Leipzig ... Günz. ½ ℛ

—— ein Buch f. den Winter. Ein Beitrag zu erheiternden u. belehr. gesellschaftl. Abendunterhaltungen. 2. Ausg. 8. (11½ B. u. 1 ill. Kpfr.) Leipzig 842, Krappe.

— die Familie Eytelwein u. ihre Schicksale zu den Zeiten des zweiten u. dritten schlesischen Krieges. Ein kleiner histor. Roman zur belehrenden Unterhaltung für die Jugend. (Mit 4 illum. Bildern.) gr. 12. Berlin 841, Gropius. ⅔ ℛ

— Familien-Scenen aus dem wirklichen Leben. Zur belehrenden Unterhaltung der Jugend gewidmet. 8. Leipzig 837. Weinedel. 1 ℛ

— eine Fibel nach der Lautirmethode. 8. Leipzig 841, Volckmar. n. $^1/_{12}$ ℛ

— Hülfsbuch für die Lehrer u. Lehrerinnen an Kleinkinder-Verwahranstalten u. Elementarklassen. gr. 8. (Mit 1 Figurentafel.) Leipzig 841, Schreck. ½ ℛ

Förtsch, J. Chr. K., ein Jahr auf d. Lande. Oder d. Landleben mit seinen Freuden in allen Jahreszeiten f. d. Jugend aus d. Stadt. gr. 12. Leipz. 832. Volckmar. 1 ℛ 3 ℊ

— Ein Jahr auf dem Lande. Oder: Das Landleben mit seinen Freuden in allen Jahreszeiten für die Jugend aus der Stadt. (Ausg. mit ill. Titelkpfr.) gr. 12. Leipzig 833. (Günz.) 1 ℛ

— Ein Jahr auf dem Lande. Oder: das Landleben mit seinen Freuden in allen Jahreszeiten für die Jugend in der Stadt. 2. Ausg. Mit 5 col. Kupf. gr. 12. Leipzig 842, Krappe. 1 ℛ

— Licht u. Schatten in d. Leben guter Menschen. Mit 1 Steindruck. 8. Leipzig 835. (Günz.) ⅓ ℛ

—— Licht u. Schatten in d. Leben guter Menschen. 1. Aufl. (6¾ B. u. 1 ill. Stnt.) 835. ⅓ Thlr., 2. Ausg. (6¾ B. u. 4 col. Kpfrt.) 8. Leipzig 842, Krappe.

— Johann Christian Pohle, der Heidenbekehrer in Ostindien. Ein unterhaltendes, Geist u. Herz bildendes Buch für die Jugend. Mit Titelbilde. 8. Leipzig 836. Günz. 1⅓ ℛ

——, Johann Christian Pohle, d. Heidenbekehrer in Ostindien. Ein unterhalt., Geist u. Herz bildendes Buch f. d. Jugend. 1. Aufl. (17 B. u. Ttlbld.) 830. 1⅓ Thlr., 2. Ausg. 8. (17⅛ B. u. 6 col. Kpfr.) Leipzig 842, Krappe.

— Skizzen aus dem Leben u. den Schicksalen guter Menschen. Zur Belehrung u. Ermunterung für die Jugend u. zur Unterhaltung für Erwachsene. Mit Titelkpfr. gr. 12. Leipzig 833. Schaarschmidt. 1½ ℛ — 2r Thl. Mit 1 ill. Steindr. 8. Ebd. 835. (Günz.) 1⅙ ℛ jetzt beide Theile. 2 ℛ

—— Skizzen aus d. Leben u. den Schicksalen guter Menschen. Zur Belehrung u. Ermunterung f. d. reifere Jugend. 2 Thle. 2. Ausg. 8. (32 B. u. 10 ill. Kpfr.) Leipzig 842, Krappe.

— Tagebuch des Wissenswerthen aus der allgemeinen Menschen- u. Völker-Geschichte. 1s—12s Heft. Januar — Decbr. gr. 8. Leipzig 837—39. Wienbrack 4 ℛ

Förtsch, J. G. W., Rede am Grabe der Frau A. D. Johanna Müller geb. Brandt, am 14. März 1867 gehalten. Schweinfurt 867. Giegler. 8. (10 S.) n. 2 ngr.

Förtsch, J. G. Wlh., Predigt am Erndtefeste 1836, am 18. p. Trin. als am Sonntage nach dem schrecklichen Brande im Markt Redwitz. gr. 8. Wunsiedel (u. Hof) 836. Grau. $^1/_{12}$ ℛ

Foertsch, Innocentius, Puncta theologica de religione ss. patrum aliorumque illustrium virorum auctoritate corroborata et omnibus religionis amatoribus oblata. Monachii 1797, 8°, 76 pp.

Förtsch, J., **synopsis doctrinae de possibilitate, convenientia, necessitate, existentia, utilitate et interprete divinae revelationis. 4. Amberg 782.**

— Theses de incarnatione verbi divini. 8. Freising. 795.

Historische Nachrichten von dem Schlosse Saaleck. **Aus Urkunden** und Chroniken gesammelt und in Druck gegeben v. **Johann** Friedrich Förtsch. o. O. 1817. 8°.

Die Rudelsburg. Urkundlich beschrieben v. Johann Friedr. Förtsch. Mit 1 Kupfer. o. O. 1818 8°.

Förtsch, Karl, nach dem Hagelschlag am 28. Juli 1872. Predigt geh. in der Filialkirche Reichenberg. 8. (13 S.) **Würzburg 872. Stuber.** n. — 20

Foertsch, Carolus: Commentatio critica de locis nonnullis Lysiae et Demosthenis. Lipsiae (1827): Teubner. 65 S 8°

Halle-Wittenberg, Phil. Diss. v. 30. Apr. 1827

Geb. [Golssen (Lausitz; Kr Luckau) 17. 10. 1805]

Verf. erlebte die Diplomerneuerung 1877 als Gymnasial-Direktor a D. in Jena.

— s. Lysiae orationes.

Miscellanea quaedam ad Grammaticam et Lexicographiam Latinam pertinentia Scrips Carolus Foertsch, IV Class schol lat praeceptor — 1849 Augustae Vind typis Wirthianis — S 1 – 11
Progr. Augsburg

Foertsch, Carolus. Observationes criticae in Lysiae orationes Halis Saxonum (1829)· Orphanotropheum 80 S 8°

Halle-Wittenberg, Phil Hab-Schr. v 12 Mai 1829

Im Buchhandel Leipzig: Hartmann 1829.

Foertsch, Car., Observationes criticae in Lysiae orationes. 8 maj. (6 B.) **Lipsiae 829, (Nauck.)**

Förtsch, Karl, s. Ger. Jo. Voss, Aristarchus.

Foertsch, M., de judicandi aequitate in dissensu circa sacra. I—II. Jen. 1705. 4.

Förtsch, M., de peregrinationibus religiosis judaico-ethnico-pontificiis. *Jen.* 1705. 4.

Foertsch, Michael [Praes.], s. Camerarius, Joseph: Collatio de oeconomia evangelica n. t. cum Henrico Hammondo . . . ad Rom. I. vers. 17.

*__Förtschius,__ Mich., comm. de pactis hominum cum Diabolo circa abditos in terra thesauros effodiendos. Lips. 741. 4.

Förtsch, Nic. Alban, († d. 2. Mai 1813.) **historia ecclesiae christianae antiquissimae etc. 8maj. Würzb. 805. (Göthe in Leipz. 4 ℳ id. lib. 8. Rudolst. 805. (Hildebrandt in Arnst.) 6 ℳ**

— — idem lib. 8. Rudolst. Klüger. 805.

— theses ex universa theologia. 8. Würzb. 797.

— Versuch e. Lebensgeschichte Jh. Bapt. Deppisch. 8. Würzb. 801. (Wesché in Frankf.) 4 ℳ

— s. Worin sind d. guten Erziehungsanstalten rc.

Förtsch, O., Abschiedspredigt am 20. Sonntage nach Trinitatis, gehalten in der Stadtkirche zu Weimar. gr. 8. (15 S.) Weimar 875, Böhlau.

—— und v. Gerok, zwei Festpredigten, bei der 39. Hauptversammlung des Evangel. Vereins der Gustav-Adolf-Stiftung in Eisenach am 8. und 9. Septbr. 1885 gehalten. 1.—3. Aufl. gr. 8. (23 S.) Leipzig 885, (Hinrichs'sche Buchh. Verlag.) **

Förtsch, O., Führer durch Halle a. d. S., s.: Genzmer E.

Förtsch, O., das Gebet des deutschen Volkes vor dem Kampfe. Predigt am allgemeinen Bettage aus Anlaß des Krieges den 7. Sonntag nach Trinitatis 1870 in der Stadtkirche zu Weimar gehalten. gr. 8. (16 S.) Weimar 870, Böhlau. *

— s.: Mitteilungen a. d. Prov.-Museum der Prov. Sachsen.

Förtsch, O., Predigt, geh. zur Jahresfeier d. Hauptvereins der Gustav-Adolf-Stiftg. im Herzogth. S.-Meiningen zu Heldburg am 10. Aug. 1887. gr. 8. (11 S.) Hildburghausen 887. (Gadow & Sohn.) — 30

Förtsch, Oscar [aus Naumburg a/S.]: Die Entstehung der ältesten Werkzeuge und Geräthe . . . Halle a S., Gebauer-Schwetschke'sche Buchdr., 1892; 2 Bl., 59 S., 2 Taf. 8.

Halle, Phil Fak, Inaug-Diss v 5 März 1892

Förtsch, Otto, Berneck, Kurort m. Bade-Anstalten, Sommerfrische u. Standort zu Ausflügen in das bayerische Fichtelgebirge u. obere Mainthal f. Kurgäste, Sommerfrischler, Touristen u. Einheimische. Mit 1 (lith.) Karte u. 1 Ansicht v. Berneck (in Holzschn.). 2. verb. u. verm. Aufl. 8. (VII, 153 S.) Reichenbach i/V. 884. Haun & Sohn. cart. n. 1. 50

Foertsch, Otto, Berneck, Kurort u. Sommerfrische m. Bade-Anstalten, bester Standort zu Ausflügen in das bayer. Fichtelgebirge u. obere Mainthal. Für Einheimische zur Kenntnis des Städtchens, seiner Entwicklg. u. Geschichte; f. Kurgäste u. Touristen zur Orientierg., zum Führer u. Ratgeber. Mit 1 Karte u. verschiedenen Ansichten. 3., verm. Aufl. 8. (XV, 128 S.) Reichenbach 894. Haun & Sohn. Geb. n. 1. 50

Foertsch, Otto, Berneck, Molkenkurort m. Badeanstalten, Sommerfrische u. Standort zu Ausflügen in das bayer. Fichtelgebirge u. obere Mainthal f. Kurgäste, Touristen u. Einheimische. Mit e. (lith.) Karte (in qu. 4.) u. e. Ansicht v. Berneck, (in Holzschn.) 8. (145 S.) Reichenbach 874. Haun & Sohn. geb. n. 1. 70

Foertsch, Otto, Kurort u. Sommerfrische Berneck (Bade-Anstalten), bester Standort zu Ausflügen in d. bayer. Fichtelgebirge u. obere Mainthal. Für Einheimische zur Kenntnis des Städtchens, seiner Entwicklung u. Geschichte; f. Kurgäste u. Touristen zur Orientirung, zum Führer u. Ratgeber. Mit 1 Karte u. verschied. Ansichten. 4. verb. u. verm. Aufl. 8. (XV, 180 S.) Reichenbach (901). Haun & Sohn. Geb. n. 1. 50

Foertsch, P. J., de Oppiano poëta Cilice. Lips. 749. 4.

Förtsch, Paul Jak., († d. 30. Nov. 1801.) Anweis. zu erbaul. Predigten. 8. Götting. 757. Bußigel. 14 ℳ

— Entwurf einer katechet. Theologie. 8. Götting. 758. Vandenhöck u. R. 10 ℳ

— Paul Jacob, Legum Charondae fragmenta sectio altera. Götting. (J. H. Schulze) 17. IX. 1769. 4 S. (1.—) 9178

— — Dasselbe. III. Götting. (Schulze) 2. I. 1770. 6 S. (1.—) 9179

— Nachricht von den Lebensumständen eines Schulmeisters, Hirschel Markus. 8. Götting. 771. Vandenhöck u. R. 3 ℳ

— Samml. von Predigten. 8. Götting. 754. Helwing in Hannov. 9 ℳ

Förtsch, R. Essay on the character and style of John Dryden. Demmin, Pg., 1865. 24 S. 4. **Progr.**

Foertsch, Richard

Förtsch, R., u. M. Caspar, elsaß-lothringisches Baurecht, enh. eine systematische Darstellung der auf Bauten bezüglichen Vorschriften des öffentlichen u. Privatrechts sowie eine Zusammenstellung der zugehörigen Gesetze u. Verordnungen in deutscher Uebersetzung. 8. (X, 394 S.) Straßburg 879. Astmann. n. 8. —

[J.] **Foertsch,** Richard [Oberl.]: Ein Beitiag zu der französischen Wiedergabe unserer Fremdwörter. (And. Tit.: Zusammenstellung solcher der latein. Sprache entlehnten deutschen Fremdwörter, deren Wiedergabe im Französischen e. ganz andere Ausdrucksweise erfordert, als d. latein. Stammwort vermuten lässt.) (Aus d. 2. Th. v: „Die Fremdworter d. deutschen Sprache . . . Braunschweig 1889".) Cassel, Druck v. L. Doll, 1891; 23 S. 4°

Cassel, Neue R, OP 1891 (395)

Förtsch, R., der code pénal in Elsaß-Lothringen nach Einführg. d. deutschen Strafgesetzbuches. Mit e. Einleitg. u. erläut. Anmerkgn. 8. (51 S.) Straßburg 874. Schmidt. n. 1. —

Förtsch, R., vergleich. Darstellg. d. Code civil u. d. bürgerl. Gesetzbuches f. d. Deutsche Reich, s. a. Darstellung, vergleich., d. bürgerl. Gesetzbuches f. d. Deutsche Reich u. d. Landesrechte.

Vergleichende Darstellung des Code civil und des Bürgerlichen Gesetzbuches für das deutsche Reich. Von R[ichard] Förtsch, Reichsgerichtsr. *Berlin: O. Liebmann 1897.* (XI, 309 S.) 1 Bd 8.
= Buchka, G., Förtsch, R., & Leske, F.: Vergl. Darstellung d. Bürgerl. Gesetzb. f. d. Deutsche R. u. d. Landesrechte. Bd II. 97 6016

Vergleichende Darstellung des Code civil und des Bürgerlichen Gesetzbuches für das Deutsche Reich. Von R[ichard] Förtsch, Reichsgerichtsr. 2., unveränd. Aufl. *Berlin O Liebmann 1899* (XII, 370 S) 8° [3. u. Aufl.]
= Buchka, G. v.: Vergl. Darstellung d. Bürgerl. Gesetzb. f. d. Deutsche R. u. d. Landesrechte. Bd 2. 99. 10818

Förtsch, R., s.: Darstellungen, vergleichende, des bürgerl. Gesetzbuches f. das deutsche Reich u. d. Landesrechte.

— u. A. Leoni, Einführungsgesetz zum Reichsstrafgesetzbuch für Elsaß-Lothringen vom 30. Aug. 1871. Mit Erläuterungen. [Aus: „Rüdorff's Kommentar zum Strafgesetzbuch f. das Deutsche Reich".] gr. 8. (27 S.) Berlin 877. Guttentag. n. — 60

Foertsch, R., die Fremdwörter der deutschen Sprache, ihre Erklärg., Verdeutschg. u. Aussprache, ihre Abstammung, ihre durchgäng. Wiedergabe im Französischen, ihre Einteilung nach Wortarten, ihre zeitgemäße Schreibweise. Grössere Ausg. gr. 8. (XXXII, 285 S.) Braunschweig 889. Schwetschke & Sohn. n. 4. —; kleinere Ausg. (XXVII, 179 S.) n. 2. —

Förtsch, R. Gesetz, betr. die Gesellschaften m. beschränkter Haftung. Vom 20. April 1892. Erläutert. gr. 8. (VIII, 189 S.) Lpz. 892, Roßberg. * 4 —; geb. ** 5 50
—— dass. — s. Puchelt, E. S., Komment. z. allgem. dtschn. Handelsgesetzb.

— Gesetz, betr. die Gesellschaften m. beschränkter Haftung in der am 1. I. 1900 in Wirksamkeit tretenden Fassung. Erläutert v. F. 2. Aufl. gr. 8. (VI, 236 S.) Leipzig 899. Roßberg'sche Verlagsbuchh. n. 4.—; geb. n. 5.—

— Gesetze, betr. d. privatrechtl. Verhältnisse d. Binnenschiffahrt u. d. Flößerei. V. 15. Juni 1895. Handausg. m. d. ergänz. Vorschriften d. Gewerbeordng. u. d. Handelsgesetzbuchs, sow. Registern. 12. (VIII, 82 S.) Leipzig 895. Roßberg. Kart. n. 1. 20

— Gesetze aus der Zeit von 1886—1890, s.: Sammlung der in Elsaß-Lothringen geltenden Gesetze.

— Kommentar zum allgemeinen deutschen Handelsgesetzbuch, s.: Puchelt, Ernst Sigism.

— d. Reichsgesetze, betr. d. privatrechtl. Verhältnisse d. Binnenschiffahrt u. d. Flößerei, v. 15. Juni 1895, nebst d. ergänz. Vorschriften d. Gewerbeordng. u. d. Handelsgesetzbuchs, erläut. gr. 8 (VIII, 376 S.) Ebd. 896. n. 7. —; geb. in Leinw. n. 8. —

— die Reichsgesetze, betr. die privatrechtlichen Verhältnisse der Binnenschiffahrt u. der Flößerei, in der am 1. I. 1900 in Wirksamkeit tretenden Fassung, nebst den ergänz. Vorschriften der Gewerbeordng. u. des Handelsgesetzbuchs, erläutert. 2. Aufl. gr. 8. (VIII, 453 S.) Ebd. 900. n. 8. —

— s. a. Sammlung d. in Elsaß-Lothringen gelt. Gesetze.

— u. A. Leoni, Sammlung der in Elsaß-Lothringen neben dem Strafgesetzbuche in Geltung gebliebenen französ. Strafgesetze. Mit Erläutergn. u. Sachreg. hersg. 1. Thl. Presse, Fischerei, Jagd, Forstgesetze, Feldpolizei, Vereins- u. Versammlungsrecht m. Erläutergn. hrsg. 8. (XI, 210 S.) Straßburg 875. Trübner. n. 3. —

— — Sammlung der in Elsaß-Lothringen in Geltung gebliebenen französischen Strafgesetze, m. Erläuterungen u. Sachregistern hrsg. 2. Thl. [Schluß.] 8. (XI, 432 S.) Straßburg 876. Trübner. n. 6. — (cplt.: n. 9. —)

Förtsch-Leoni, Sammlg. der in Els.-Lothr. noch gelt. französ. Strafges., m. Erläut. 2 Bde. Strassburg 877. (I. Vergriffen!)

— u. Gunzert, Schöffenbüchlein f. Els.-Lothr. Dtsch. u. franz. Strassb 880.

Förtsch, Siegfried, prakt. Arzt a. Weissagk, Kr. Luckau: Ueber die Behandlung von Aortenaneurysmen mit Gelatineinjektionen. Leipzig 1907: B. Georgi. (30 S.) 8°
Leipzig, Med. Fak., Ref. Curschmann. Diss. v. 25. April 1907
[Geb. 13. Juni 68 Weissagk; Wohnort: Steglitz-Berlin; Staatsangeh.: Preußen; Vorbildung: Gymn. Treptow Reife O. 91; Studium: Berlin 1, Halle 5, Berlin 4 S; Coll. 14. Mai 07; Approb. 4. Juli 05.]

Fortschreitung d. Künste u. Wissenschaften im 19. Jahrhundert; e. satyr. Gedicht. gr. 8. Hamb., Herold jun. 12 ⅓

Fortschritt: Der Fortschritt
s. a. Progress

Fortschritt, der. Eine Zeitung, hrsg., unter Mitwirkung mehrer freisinniger Männer, von H. Neubürger. 1. Jahrg. 1848. Mai — Decbr. 70 Nrn. und 2—4. Jahrg. 1849 — 51. à 104 Nrn. (½ Bog.) gr. 4. Dessau, Neubürger. [1. Jahrg. * 2 Thlr., 2—4. Jahrg. à * 2 Thlr. 20 Ngr.] *
Der 1. Jahrg. wurde von H. Neubürger, der 2—4. Jahrg. von J. G. Schmidt herausgegeben.

Fortschritt, der. Zeitschrift für Deutschland's Handel, Gewerbe u. Landwirthschaft. Hrsg. von dem deutschen National-Vereine f. Handel u. Gewerbe. Red.: F. Kirchhof. 1—3. Jahrg. 1850—1852 à 48 Nrn. gr. 4. (Bog.) Leipzig. (Reichenbach.) 1 u. 2. Jahrg. à n. 3 ℳ 3. Jahrg. n. 4 ℳ

Fortschritt, der. Zeitschrift für Deutschland's Handel, Gewerbe und Landwirthschaft. Herausg. von dem deutschen Nationalverein für Handel, Gewerbe u. Landwirthschaft. Red.: F. Kirchhof. 4. u. 5. Jahrg. 1853 u. 54. à 48 Nrn. (à 1 Bgn.) Leipzig, Büreau des deutschen National-Vereins für Handel etc. gr. 4. Jeder Jahrg. n. 4 ℳ 15 ngr

— der. Zeitschrift für Handel, Gewerbe u. Landwirthschaft. Herausg. vom Bureau für Handel, Gewerbe u. Landwirthschaft. Red.: F. Kirchhof. 6—15. Jahrg. 1855—64. à 48 Nrn. (à 1 Bgn.) Leipzig, (Kollmann.) 4. Jeder Jahrg. n. 4 ℳ

— Zeitschrift für Handel, Gewerbe u. Landwirthschaft. Hersg. vom Bureau für Handel, Gewerbe u. Landwirthschaft. Red.: F. Kirchhof. 16. Jahrg. 1865. 48 Nrn. (à 1 Bgn.) Leipzig, (Kollmann.) 4. n. 4 ℳ

—— der. Zeitschrift für Handel, Gewerbe und Landwirthschaft. 20. Jahrg. Juli — Decbr. 1869. 26 Nrn. (Bog.) gr. 4. Leipzig, Baensch. *

— Zeitschrift für Landwirthschaft, deren Handel u. Gewerbe. 21. Jahrg. 1870. 52 Nrn. (à 1 Bgn.) Ebend. gr. 4. n. 4 ℳ

— Zeitschrift f. Landwirthschaft, deren Handel u. Gewerbe. 22—24. Jahrg. (1871—1873.) à 52 Nrn. (B.) gr. 4. Dresden Baensch. à Jahrg. n. 12. —

Fortschritt, der. Pariser Moden-Intelligenz-Blatt. Zur Belehrung und Unterhaltung für Schuhmacher, Gerber und Lederhändler. Redig. von Charles Vincent. Uebers. von F. C. Peterssen. 1. und 2. Jahrg. 1857 und 1858. à Jahrg. 12 Nrn. (Bog.) Imp.-4. Mit lithogr. Modenzeichnungen ꝛc. Leipzig, (Spamer.) [1. Jahrg. * 5 Thlr. 10 Ngr., 2. * 4 Thlr.] Thlr. *

—— Muster- und Moden-Zeitung für Schuhmacherarbeit. Deutsche Ausgabe des Innovateur, Moniteur de la cordonnerie. Mit vielen Abbild.: Patronen und Modellen. Hrsg. von Charles Vincent. Uebersetzt von F. C. Peterssen. (Neue Folge.) Jahrg. 1859. 12 Nrn. (Bog.) gr. 4. Leipzig, Spamer. *
Ist nicht fortgesetzt worden.

Fortschritt, der. Allgemeines Wochenblatt für Stadt und Land. Unter Mitwirkung von Herm. Becker, J. Frese, Mor. Hartmann ꝛc. hrsg. von Ludw. Walesrode. Jahrg. 1862. April bis Dezbr. 39 Nrn. (Bog.) Imp.-4. Mit Beilagen. Berlin, M. Hirsch. *

—— dass. — Hrsg. von Ludw. Walesrode. 2. Jahrg. 1863. 52 Nrn. (Bog.) Imp.-4. Berlin, (Mecklenburg.) *

Fortschritt, der, nebst der Beilage: Die Eisenbahn-Zeitung. Organ für Bank- u. Börseninteressen, für Handel, Industrie, Gewerbe ꝛc. HerSg.: A. J. Stoffella. Red.: A. Magner. 1—3. Jahrg. 1866—1868. à 52 Nrn. (à 2 Bgn.) Wien, Schlieper. Fol. Jeder Jahrg. n. 6 *fl*

— Illustrirte österreichisch-ungarische Eisenbahn-Zeitung. Central-Organ für Volkswirthschaft u. Technik. 4. u. 5. Jahrg. 1869 u. 1870. à 52 Nrn. (à 2 Bgn. m. Holzschn.) Ebend. Fol. 4.: n. 6 *fl*; 5.: n. 4 *fl* 15 *ngr*

— der. Illustrirte österreichische-ungarische Eisenbahn-Zeitung. Central-Organ f. Volkswirthschaft u. Technik. Hrsg.: A. J. Stoffella. Red.: Ant. Magner. 6. Jahrg. 1871. 52 Nrn. (2 B. m. eingedr. Holzschn.) Fol. Wien, (Schlieper.) n. 13. 50

— dasselbe. 7. u. 8. Jahrg. 1872 u. 1873 à 52 Nrn. (à 1—2 B. m. eingedr. Holzschn.) Fol. Ebend. à Jahrg. n. 15. —

— Organ für deutsche, französische, englische u. amerikanische Herrenmoden. Hrsg. von G. A. Müller, H. Klemm u. F. A. Schmidt. Jahrg. 1867. 12 Nrn. (à 1 Bgn. mit 1 color. Modekpfr. u. lith. Schnitt-Taff.) Dresden, Exped. d. europ. Modezeitung. Fol. n. 5 *fl*

—— der. Neue landwirthschaftliche Dorf-Zeitung. Hrsg. von Otto Schönfeld. 1. und 2. Jahrg. 1869 und 1870. à Jahrg. 24 Nrn. (à ½ Bog.) gr. 4. Breslau, (Korn.) à Jahrg. *

—— dass. — 3. Jahrg. 1871. 52 Nrn. (½ à Bog.) gr. 4. Ebendas. Forts. s. u. d. T.: Feiertag des Landwirths. *

—— dass. — Organ des kaufmännischen Vereines in Zürich. 1.—3. Jahrg. 1872—1874. à Jahrg. 12 Nrn. (à 2 Bog.) Fol. Zürich, Herzog. à Jahrg. *

Fortschritt, der. Organ des kaufmänn. Vereines in Zürich. 4. und 5. Jahrg. 1875 und 1876. à Jahrg. 12 Nrn. (à 2 Bog.) Fol. Zürich, Herzog's Verlag. à Jahrg. *

—— dass. — 6. und 7. Jahrg. 1877 und 1878. à Jahrg. 24 Nrn. (à 1½—2 Bog.) hoch 4. Ebendas. à Jahrg. *

—— dass. — Offizielles Publikationsmittel des schweizer. Vereins junger Kaufleute und des Vereins schweizer. Geschäftsreisender. 8. Jahrg. 1879. 24 Nrn. (à 1½—2 Bog.) hoch 4. Ebendas. *

Fortschritt, der. Organ des kaufmänn. Vereines in Zürich. Offizielles Publicationsmittel des schweizer. Vereins junger Kaufleute und des Vereins schweizer. Geschäftsreisender. 9. Jahrg. 1880. 24 Nrn. (à Nr. 1½—2 Bog.) hoch 4. Zürich, Herzog's Verlagsh. *

—— dass. — Offizielles Publikationsmittel des schweizer. Vereins junger Kaufleute. 10.—13. Jahrg. 1881—1884. à Jahrg. 24 Nrn. (à Nr. 1½—2 Bog.) hoch 4. Ebendas. à Jahrg. *

Fortschritt, der. Organ des kaufmänn. Vereins in Zürich. Offizielles Publikationsmittel des schweizer. kaufmänn. Vereins. 14.—17. Jahrg. 1885—1888. à Jahrg. 24 Nrn. (à Nr. 1½—2 Bog.) hoch 4. Zürich, Herzog. à Jahrg. *

Fortschritt, der. Organ d. kaufmänn. Vereins in Zürich. Offizielles Publikationsmittel d. schweizer. kaufmänn. Vereins. 16.—19. Jahrg. 1887—1890. à 24 Nrn. (à 1½—2 B.) hoch 4. Zürich, Herzog. à Jahrg. n. 4. 50

Fortschritt, der. Organ d. kaufmänn. Vereins in Zürich. Zentral-Organ d. schweizer. kaufmänn. Vereins. 20. Jahrg. 1891. 24 Nrn. (Bog.) hoch 4. Zürich, E. Leemann. n. 3. 60

— dasselbe. Red.: Th. Bernet. 21. u. 22. Jahrg. 1892. 1893. à 24 Nrn. (Bog.) hoch 4. Ebd. à Jahrg. n. 4. 50

— dasselbe. Red.: Rud. Stähli. 23. Jahrg. 1894. 24 Nrn. (Bog.) hoch 4. Ebd. n. 4. 50

Fortschritt, der. Central-Organ d. schweiz. kaufmänn. Vereins. Verlegt v. kaufmänn. Verein Zürich. Red.: Rud. Stähli. 24. u. 25. Jahrg. 1895—1896. à 24 Nrn. (à ca. 108.) hoch 4. Zürich (E Leemann). à Jahrg. n. 4. 50

Der **Fortschritt.** Zentral-Organ des Schweizer. kaufmänn. Vereins. Red. von *Rud Stähli*. 26. Jahrg. 1897. 24 Nos. Gr. in-4º. Zürich, Ed. Leemann. Jährlich 4 —; Weltpostverein 5 40

-- dasselbe, Fortsetzg., s.: **Centralblatt**, schweiz. kaufmännisches.

--- Volkswirthschaftlich-politische Zeitschrift. Eigenthümer und Hrsgbr.: Ignatz Mandl. 7.—11. Jahrg. 1880—1884. à Jahrg. 24 Nrn. (Bog.) gr. 4. Wien, Administration. à Jahrg. **
1 Jg. 1873

Fortschritt. Zeitung für landw. Genossenschaftswesen. Jg.1,1873 - 17,1890. Offenbach a.M., Reichsverband der dt. landw. Genossenschaften 1873-90.
Forts. u.d.T.: Deutsche landwirtschaftliche Genossenschaftspresse.

Fortschritt, der. Wochenschrift für soziale Reform und vaterländische Politik. Jahrgang 2-5. Pforzheim 1874-77

Fortschritt, der. Centralorgan für die praktische u. commercielle Pharmacie und medicinische Notizen. Erscheint den 5. und 20. jeden Monats. Redacteur: Apotheker B. Reber in Genf. Genf, R. Burkhardt. 1885. Jährlich 5 —

Der Fortschritt. I. Jahrgang. Nº 24.
Inhalt: Pharmaceutisch-chemische Rundschau. — Industrielles. — Miscellen. — Literatur. — Fragekasten.

Fortschritt, der. Central-Organ für d. practische u. commercielle Pharmacie u. medizinische Notizen. Red. *B. Reber*. II. Jahrg. Alle 14 Tage. In-8º. Genf. 1886. jährl. 5 —

Fortschritt, der. Centralorgan für die praktische u. commercielle Pharmacie und Medicinische Notizen. — **Le Progrès.** Organe central de pharmacie pratique, d'industrie pharmaceutique et Notices médicales. — Redaktor: *B. Reber*, Genf. III. Jahrg., 1887. 24 Nrn. gr. in-8º. Genf, Administration des Fortschritt. Jährlich 5 —

Fortschritt, der. Zeitschrift für Pharmacie und Therapie. — Le Progrès. Journal de Pharmacie et de Thérapie. Redaktoren: *B. Reber*, Apothcker, und Dr. med. *A. Wyss*. IV. Jahrg. 1888. 24 Nrn. gr. in-8°. Genf, Administration des Fortschritt. Jährlich 5 —

— der. Zeitschrift f. Pharmacie u. Therapie. — Le progrès. Journal de pharmacie et de thérapie. Rédacteurs: B. Reber et A. Wyss. 4. Jahrg. 1888. 24 Nrn. (2 B.) hoch 4. Genf, Ch. Pfeffer's Buchdr. n. 4. —

—— der. Zeit- und Streit-Schrift für Literatur, Musik und bildende Künste. Mit Beilage: Münchener Dramaturgische Blätter. 1. Jahrg. 1887. [24 Nrn.] gr. 8. München, Fritsch.
Nur 3 Nrn. erschienen. — Vgl.: Blätter, Münchener dramaturgische.

Fortschritt: Der Fortschritt
① Freisinniges Organ für den Kanton Solothurn ③ Solothurner Volksfreund (II) ⑤ 1. 1 1894—25 6 1910 ⑥ 2° ⑦ Wochenblatt, wöchentlich 2× (ab Nr 15 bis Nr. 23 vom Jahre 1896, anläßlich der Maiwahlen) ⑧ Solothurn. Zepfel ⑨ Illustriertes Unterhaltungsblatt «Schweizerland» ⑩ eine Redaktionskommission ⑪ Dr Robert Marti, Fürsprecher, Cajetan Binz, Reallehrer, Gotthold Peter, Lehrer, Walter Walker, Bezirkslehrer, Wilfried Walker, Obergerichtsschreiber, Eugen Büttiker, Regierungsrat ⑫ freisinnig-demokratisch ⑬ BGSZ 1060 ⑭ So Z, St, Be L, O. S

Fortschritt. Journal f. Bekleidungs-Fachwissenschaft. Hrsg.: J. H. Voss. 9. Jahrg. 1894. 12 Nrn. (Bog. m. Schnittbog. u. farb. Modebildern.) gr. 4. Hamburg, J. H. Voss. Ausg. A. m. 2 grossen Modentableaux n. 12. —; m. 2 Taschenalbums n. 13. 20; halbjährlich n. 6. 60; m. 1 Taschenalbum n. 7. 10; Ausg. B., Tableaux m. Goldrand u. auf feinem Pap. n. 18. —; m. 2 Taschenalbums n. 19. 50; halbjährlich n. 9. 50; m. 1 Taschenalbum n. 10. 10; Ausg. C. ohne Modentableaux n. 7. 60; m. 2 Taschenalbums n. 8. 70; Ausgabe D. m. kleineren Tableaux n. 9. —; vierteljährlich n. 2. 60

— der. Zuschneide-Lehrbuch f. alle Ober- u. Ueberkleider nach Proportion sowohl, wie n. direkten Körpermaassen. Schnittbogen 1898. 12 Bog. Imp.-Fol. Dresden 898. Expedition d. europ. Modenzeitg. n. 2.40

Fortschritt, der. Zuschneide-Lehrbuch f. alle Ober- u. Ueberkleider. (1. Bd. Schnittaufstellung nach directen Körpermaassen.) gr. 8. (318 S. m. Abbildgn.) Dresden (899). Expedition d. Europ. Modenzeitg. Kart. n. 6.—

Fortschritt. Liberales Wochenblatt. Hrsg. u. Red.: Alfr. Scheel. 1. Jahrg. April—Dezbr. 1906. 39 Nrn. (à ca. 8 S.) 4. München, E. Reinhardt. n. 3. —

Fortschritt. Liberales Wochenblatt. Red.: W. Blumtritt. 2. Jahrg. 1907. 52 Nrn. (Nr. 1. 8 S.) München, E. Reinhardt. Vierteljährlich 1. —; einzelne Nrn. —. 10.

Fortschritt. Liberal. Wochenblatt. Hrsg.: Karl Kohl. 2—5. Jahrg. 1907—1910 à 52 Nrn. (3—5. Jahrg. 420, 476 u. 508 S.) 31×23 cm. München (Finkenstr. 8/0 r), Fortschritt-Verlag. à Jahrg. 4. —

Fortschritt. Halbmonatsschrift f. Politik, Volkswirtschaft u. Marinefragen. Hrsg.: J. Leonhart. Red: W. Lass. 1. Jahrg. Juli—Dezbr. 1907. 12 Nrn. (Nr. 1. 32 S.) 8. Kiel, Lipsius & Tischer. Vierteljährlich 2. 50; einzelne Nrn. —. 50.

Fortschritt, Halbmonatsschrift f. Politik, Volkswirtschaft u. Marinefragen. Hrsg.: J. Leonhart. 2. Jahrg. 1908. 24 Nrn. (Nr. 1. 30 S.) 8. Kiel, Verlag des Fortschritt. Vierteljährlich 2. 50; einzelne Nrn. —. 50.

Fortschritt Halbmonatsschrift f. Politik, Volkswirtschaft u. Marinefragen. Hrsg.: J. Leonhart u. P. Hamburger. 3. Jahrg. 1909. 24 Hefte. (13 u. 14. Heft. 64 S) 8. Berlin, F. Sommer. Vierteljährlich 2. 50; einzelne Hefte —. 50.

Fortschritt, der. Nachrichten der Mittelstands-Vereinigg. im Königr. Sachsen. Red.: L. Fahrenbach. Oktbr. 1908—Septbr. 1909. 12 Nrn. (Nr. 1. 24 S. m. 2 Taf) Lex-8. Leipzig, Geschäftsstelle „Der Fortschritt". 1. 20.

Fortschritt, der. Nachrichten der Mittelstands-Vereinigg. im Königr. Sachsen. Red. L. Fahrenbach. 3. Jahrg. 1909/10. 12 Nrn. (Nr. 1. 32 S. m. 2 Taf.) Lex.-8. Leipzig, Geschäftsstelle „Der Fortschritt". 1. 20.

Fortschritt, Der. Nachrichten der „Mittelstandsvereinigung im Königreich Sachsen. Red. L. Fahrenbach. V. Jahrg. 1911/12. Lex.-8. Leipzig, Der Fortschritt. 1. 80.

— der. Heimatsblatt f. d. sächs. Volk. Red.: Ludw. Fahrenbach. 4. Jahrg. Oktbr. 1910—Septbr. 1911. 12 Nrn. (à ca. 24 S. m. Taf.) Lex. 8. Leipzig-Co. (Waisenhausstraße 3), Geschäftsstelle „Der Fortschritt". 1. 80

Der Deutsche Fortschritt: 1874?—1875?
Weekly. Place of publication varies: Monroe, Iowa, 1874 Circulation: 1875, 450 (est.); Edited & published by C. W. Werner, 1874—75.
Newton, IA

Der Deutsche Fortschritt: Feb 1876—? Ackley, IA
Weekly Edited & published by C. W. Werner.

[Fortschritt.] Deutschlands industrieller Fortschritt Gratis-Beilage der „Industrie", Tageszeitung fur Kohlen-, Kali- und Erz-Bergbau. Jg 1 (1908, Juli u. ff) Berlin, 1908 u. ff.

—— der, im Judenthume. Organ für die gesammten Interessen des reinen Judenthums: Für die Gemeinde, Synagoge, Schule, Familie und die Wissenschaft. Hrsgbr. und Redact.: J. Baum. 6. Jahrg. 1885. 24 Nrn. (à Nr. 2 Bog.) Fol. Lobositz. (Leipzig, Scholtze.) *
Nicht weiter erschienen. — Frühere Jahrge. erschienen im Selbstverlag des Herausgebers. 1.Jg. 1880

— d. notwendige, d. heut. nachreformator. Christentums. Eine unparteiische evang. Allianzschrift v. W. F. 8. (35 S.) Frankfurt a/M. 896. J. Schergens. n. —40; erm. Pr. n. —30

Fortschritt, Der, und das conservative Princip in Oesterreich. Leipzig 1844. V: *Schuselka*, *Franz*. (EB)

Fortschritt, Der, und das conservative Princip in Österreich. V (nicht): *Schuselka*, *Franz*. V: *Sporschil*, *Johannes* (?). (Bibl, Victor, Die n.-ö. Stände im Vormärz. Wien 1911. S. 48. Anmerk.)

Fortschritt, der, u. das conservative Princip in Oesterreich. In Bezug auf die Schrift: „Oesterreichs Zukunft". Von Dr. S. 12. Leipzig 844, Ph. Reclam jun. 1 ß

— der, in Russland u. seine Zukunft. Alte Ratschläge zur neuen Begutachtg. (In russ. Sprache.) (191 S.) 8. Leipzig 904. E. L. Kasprowicz. n. 2. 50

— der, der Socialdemokratie. Eine Beleuchtg. ihres Programm-Entwurfs. gr. 8. (23 S.) Leipzig 891. J. G. Findel. n. — 50

— sozialer. Hefte u. Flugschriften f. Volkswirtschaft u. Sozialpolitik. Unter Mitwirkg. erster Sachkenner f. Gebildete aller Kreise geschrieben. Nr. 1—37 u. 40—84. 8. Leipzig, Fel. Dietrich. à Nr. n. — 15; von Nr. 51 an à n. — 25; f. die Reihe v. 10 Nrn. n. 1. 20; bezw. n. 1. 50
Achelis, Th., Rechtsentstehung u. Rechtsgeschichte. 2. Taus. (16 S.) 904. (Nr. 17.) n. — 15
Agahd, K., Kinderarbeit u. Kinderschutz. (Mit Text des Kinderschutzgesetzes.) 2. Taus. (15 S.) 904. (Nr. 4.) n. — 15
Bilder aus der deutschen Heimarbeit. Hrsg. v. der literar. Kommission der deutschen Heimarbeitsausstellg. 2. Taus. (31 S.) 906. (Nr. 63. 64.) n. — 50
Blum, Hans, die Sozialpolitik Bismarcks. (16 S.) 904. (Nr. 11.) n. — 15
Bossen, A., das Land der sozialen Reformen (Neu-Seeland). (35 S.) 906. (Nr. 66. 67.) n. — 50
— verwirklichte Versuche der Vervollkommnung der Gesellschaft. (24 S.) 906. (Nr. 75. 76.) n. — 50
Borgius, Handelspolitik u. Handelsverträge. (31 S.) 905. (Nr. 31. 32.) n. — 30

Cohn, Ludw., unsere Blinden. Darstellg. u. Kritik des deutschen Blindenwesens, nebst e. Würdigg. des Blinden als erwerbstät. Mitglied der menschl. Gesellschaft. Nach eigenen Erfahrgn. u. Beobachtgn. (16 S.) 904. (Nr. 27.) n. — 15

Colze, Leo, die Heilsarmee u. ihre soziale Arbeit. (16 S.) 905. (Nr. 33.) n. — 15

Damaschke, Adf., Alkohol u. Volksschule. — Der Lehrer u. die soziale Frage. 5. Taus. (16 S.) 904. (Nr. 24.) n. — 15

— Joh. Heinr. Pestalozzi u. Adf. Diesterweg. 2 Mahner zur Sozialreform. (16 S.) 906. (Nr. 59.) n. — 15

Esche, F. A., sind unsere Wanderarmen arbeitsscheu? (Beiträge zur Beurteilg. der Vagabondage.) (16 S.) 906. (Nr. 60.) n. — 25

Faßbender, Mart., die Allmende, nach sozial-ethischen u. volkswirtschaftlichen, betriebstechnischen u. sozialpolitischen Gesichtspunkten betrachtet. Nach e. Vortrag, geh. in der Generalversammlg. des „Deutschen Vereins f. ländl. Wohlfahrt- u. Heimatpflege" am 14. 11. 1905 im Künstlerhause in Berlin. (16 S.) 905. (Nr. 45.) n. — 15

Fried, Alfr. H., die Friedensbewegung, was sie will, u. was sie erreicht hat. (16 S.) 905. (Nr. 35.) n. — 15

— die Nobelstiftung. Ihre Einrichtgn. u. ihre Bestimmgn. (32 S.) 906. (Nr. 69. 70.) n. — 50

Fürth, Henriette, weitere Beiträge zu Kinderarbeit u. Kinderschutz. (29 S.) 906. (Nr. 61. 62.) n. — 50

— die wirtschaftliche Funktion u. soziale Stellung des Handelsstandes. (15 S.) 906. (Nr. 73.) n. — 25

Galandauer, Karl J., sexuelle Jugendaufklärung. (15 S.) 905. (Nr. 40.) n. — 15

Gaulke, Joh., Kapital u. Kapitalismus. (24 S.) 904. (Nr. 18.) n. — 15

— die Prostitution. (16 S.) 905. (Nr. 36.) n. — 15

Gilman, N. P., Lohnfrage u. Lohnformen. (16 S.) 906. (Nr. 71.) n. — 20

Gottheiner, Elisab., die gewerbliche Arbeiterinnenfrage. (16 S.) 905. (Nr. 56.) n. — 25

Hoffmann, Max, ländliche Wohlfahrtspflege. (Mit Geleitwort v. Heinr. Sohnrey.) (16 S.) 904. (Nr. 26.) n. — 15

Hoermann, Frz., der deutsche Wald in seiner wirtschafts- u. kulturgeschichtlichen Bedeutung. (12 S.) 906. (Nr. 68.) n. — 25

Just, A., die evangel. Arbeitervereine. (15 S.) 906. (Nr. 81.) n. — 25

Katscher, Leop., Abbe's „Carl Zeiss-Stiftung" in Jena. (16 S.) 905. (Nr. 34.) n. — 15

— einträgliche Arbeiterfreundlichkeit. Zeitgemäße Mahnrufe. Unter Mitwirkg. v. Budgett Meakin, A. C. Pigou u. „Julianus" hrsg. 5. Taus. (32 S.) 905. (Nr. 57. 58.) n. — 50

— die Gewinnbeteiligung. (Mit besond. Berücksicht. Deutschlands.) (32 S.) 904. (Nr. 28. 29.) n. — 30

— die Siedlungsgenossenschaft als Lösung der Arbeiterfrage. (16 S.) 905. (Nr. 51.) n. — 25

— die sogenannten „Sozial-Museen". [Museen f. Arbeiterwohlfahrt u. Sozialpolitik u. das Pariser „Musée social" als Vorbild.] (16 S.) 904. (Nr. 14.) n. — 15

— japanische Wirtschafts- u. Sozialpolitik. (16 S.) 904. (Nr. 8.) n. — 15

Kellen, T., Arbeiter-Bildungsvereine. (16 S.) 904. (Nr. 20.) n. — 15

Kollenscher, Max, Heimarbeit. (20 S.) 906. (Nr. 79.) n. — 25

Leixner, Otto v., zum Kampfe gegen den Schmutz in Wort u. Bild. Ein Mahnwort u. e. Aufruf. 1. u. 2. Aufl. (1.—12. Taus.) (20 S.) 904. (Nr. 10.) n. — 15

Linzen-Ernst, Clara, die Arbeiterin u. die Arbeitskammern. Im Auftrage der Zentralstelle f. Arbeiterinnenorganisation des Verbandes fortschrittl. Frauenvereine. (15 S.) 905. (Nr. 46.) n. — 15

Lüders, Else, Arbeiterinnenorganisation u. Frauenbewegung. 2. Aufl. (12 S.) 904. (Nr. 30.) n. — 15

Müller, Geo., die kommunale Sozialpolitik u. die Handlungsgehilfen. (16 S.) 905. (Nr. 37.) n. — 15

Neve, Osk., die deutschen Arbeiter-Fachverbände. (15 S.) 906. (Nr. 65.) n. — 25

Ostwald, Hans, die deutschen Herbergen. (16 S.) 904. (Nr. 22.) n. — 15

— unsere armen Wandernden — u. wie sie unterstützt werden. Auch e. Beitrag zur Arbeitslosenfrage. (16 S.) 904. (Nr. 5.) n. — 15

Pappritz, Anna, die Errichtung v. Wöchnerinnenheimen u. Säuglingsasylen — e. soziale Notwendigkeit, e. nationale Pflicht! (26 S.) 904. (Nr. 12. 13.) n. — 30

Pfannkuche, freie öffentliche Bibliotheken u. Lesehallen. 2. Taus. (16 S.) 904. (Nr. 21.) n. — 15

Reeves, William Pember, das politische Wahlrecht der Frauen in Australien. Deutsch v. Romulus Grazer. Mit Vorwort v. Leop. Katscher. (23 S.) 904. (Nr. 15. 16.) n. — 30

Salomon, Alice, die deutschen Arbeiterinnenschutzgesetze. (15 S.) 906. (Nr. 77.) n. — 15

Schaertlin, G., Fürsorge f. Arbeitslose, besonders die Frage e. Versicherung gegen Arbeitslosigkeit. (16 S.) 904. (Nr. 9.) n. — 15

Schiller, F., die Fürsorgeerziehung Minderjähriger. (14 S.) 906. (Nr. 74.) n. — 25

Schirmacher, Käthe, die amerikanischen Kindergerichte nach dem Bericht des Jugendrichters Lindsey in Denver. (16 S.) 906. (Nr. 78.) n. — 25

Schmelzer, Fritz, durch Staatshilfe zur Selbsthilfe. Ein Beitrag zur Pensions- u. Hinterbliebenen-Versorgg. der Privatbeamten. (32 S.) 906. (Nr. 82. 83.) n. — 50

Schomerus, Frdr., Halbtagsschicht statt Ganztagsschicht f. verheiratete Fabrikarbeiterinnen. 2. (Umschlag: 1.) Taus. (16 S.) 906. (Nr. 72.) n. — 25

Schreiber, Adele, Settlements. (Ein Weg zum sozialen Verständnis.) (16 S.) 904. (Nr. 23.) n. — 15

Schulz, M. v., Koalitionsrecht! 2. Taus. (15 S.) 904. (Nr. 2.) n. — 15

Seidel, A., unsere Kolonien, was sind sie wert, u. wie können wir sie erschließen? Ein Kolonialprogramm. 1.—10. Taus. (79 S.) 905. (Nr. 41—44.) n. — 60

Als Nachdruck aus dem Handel gezogen.

Sombart, Werner, warum interessiert sich heute jedermann f. Fragen der Volkswirtschaft u. Sozialpolitik? (16 S.) 904. (Nr. 1.) n. — 15

Sydow, Geo., Sozialgesetzgebung u. Sozialreform in Deutschland. (16 S.) 904. (Nr. 19.) n. — 15

Timmermann, W., was will die Bodenreform? Wodurch erstrebt sie e. Besserg. der Wohnungsverhältnisse? (Mit Vorwort v. A. Damaschke.) 3. Taus. (15 S.) 904. (Nr. 3) n. — 15

Tolstoj, Graf Leo, die große soziale Sünde. (Was f. das russ. Volk u. f. alle Völker das Notwendigste ist.) Deutsch v. Marie Brumm. Mit e. Vorwort v. Adf. Damaschke. (31 S.) 905. (Nr. 54. 55.) n. — 50

Totomjanz, W., über die wirtschaftlichen Aufgaben der städtischen Verwaltung. (16 S.) 906. (Nr. 84.) n — 25

Unold, J., wie das Wahlrecht war, wie es ist, u. wie es, zumal in den deutschen Einzelstaaten, werden soll! (36 S.) 904. (Nr. 6. 7.) n. — 30

Visser, S. J., die Rechtspflege in den Kulturstaaten. Wünsche üb. die Reform des Prozeßverfahrens. (12 S.) 906. (Nr. 80.) n. — 25

Wegner, Marie, die Lage der Landarbeiterinnen. (32 S.) 905. (Nr. 52. 53.) n. — 50

Welczeck, A. v., die (deutsche) Frau in der öffentlichen Armen- u. Waisenpflege. Auf Grund der vom Verband fortschrittl. Frauenvereine veranstalteten Umfrage vom 12. 11. 1901. (16 S.) 904. (Nr. 25.) n. — 15

Wilke, Thdr., Vorteile aus der Invalidenversicherung (Unfall- u. Krankenkasse) f. den Versicherten. (32 S.) 905. (Nr. 47. 48.) n. — 30

Zepler, Margarete N., Volkshochschulen. (32 S.) 905. (Nr. 49. 50.) n. — 30

— sozialer. Hefte u. Flugschriften f. Volkswirtschaft u. Sozialpolitik. Unter Mitwirkg. erster Sachkenner f. Gebildete aller Kreise geschrieben. Nr. 35 u. 85—100. 8. Leipzig. Oetzsch-Gautzsch, Fel. Dietrich. 4. 15

Dullo, Alice, die Aufgaben der bürgerl. Frauen in der Arbeiterinnenbewegung. (16 S.) 907. (Nr. 95.) — 25

Fried, Alfr. H., die Friedensbewegung, was sie will u. was sie erreicht hat. 2. verb. Aufl. 5—8. Taus. (16 S.) 907. (Nr. 35.) — 15

Hahn, Geo., Ernst Abbe als Sozialpolitiker. (32 S.) 906. (Nr. 85. 86.) — 50

Herzfelder, Henriette, die gemeinsame Erziehung der Geschlechter. (40 S.) 907. (Nr. 92. 93.) — 50

Katscher, Leop, das heutige britische Gewerkvereinswesen. (12 S.) 907. (Nr. 96.) — 25

— Sozialsekretäre u. Fabrikpfleger. Unter Mitwirkg. v. Budgett Meakin, Maud Nathan u. Geo. Hahn hrsg. (16 S.) 907. (Nr. 91.) — 25

Kollenscher, Max, Rechtsfähigkeit der Berufsvereine. (16 S.) 907. (Nr. 94.) — 25

London, J., Munizipalsozialismus in England. (28 S.) 907. (Nr. 97. 98.) — 50

Most, Otto, Arbeiterfrage u. Arbeiterpolitik im Gewerbe. (32 S.) 907. (Nr. 99. 100.) — 50

— Friedrich List, der Bismarck des deutschen Wirtschaftslebens († 30. XI. 1846). (16 S.) 906. (Nr. 87.) — 25

Ortloff, Herm., die Bekämpfung der Konsumvereine. Der Wahrheit die Ehre! (55 S.) 907. (Nr. 88—90.) — 75

Fortsetzung s.: Kultur u. Fortschritt.

Fortschritt der Zeit : 1871 · Milwaukee, WI

Published … monthly 1872 … by Dr. Koss

Fortschritt der Zeit · 1874 → New York, NY

- Zeitgeist, Toleranz, Christl. Nächstenliebe, Glaubensfreiheit, Lehrfreiheit. Eine Fortsetzung der Schrift: Ansicht eines Laien über die Frage: Was ist das Essentielle des Christenthums? gr. 8. Magdeb. 845, Falckenberg u. C. 3 ngl

Fortschritt-Bibliothek. 1., 3. u. 4. Heft. 8. München, Buchh. Nationalverein. à Heft — 20

Fischer-Landsberg, Ernst, landwirtschaftl. Zeitfragen. (20 S.) 910. (Heft 3.)

Hübsch, Karl, u. Karl Kohl, der bayer. Jungliberalismus u. die Einigungs-Frage. Reden. (22 S.) 910. (Heft 1.)

Peruß, F., eine soziale Studienfahrt nach England. (15 S.) 910. (Heft 4.)

Heft 2 ist noch nicht erschienen.

Fortschritte d. Ackerbaues in England. Aus d. Engl. (Aus d. Minerva abgedruckt. 8. Jena 828. Bran. 6 gl

— die, der Arbeitsstatistik in den wichtigsten Staaten, s. a. Beiträge zur Arbeiterstatistik. Nr. 1.

Die **Fortschritte** der amtlichen Arbeitsstatistik in den wichtigsten Staaten. Bearb. im Kais. Statist. Amt, Abt. f. Arbeiterstatistik. T. 1. 2. Berlin: Heymann 1904–08. 8°
1 Vereinigte Staaten von Amerika, Großbritannien u. Irland, Frankreich, Belgien, Oesterreich, Deutsches Reich 1904
2 Italien, Spanien, Niederlande, Schweden, Norwegen, Dänemark, Schweiz, Ungarn, Rußland u. Nachtrag z. 1. T. 1908
(Beiträge z. Arbeiterstatistik Nr 1. 7.) [10. 14671

Fortschritte auf dem Gebiete der Architektur. Ergänzungshefte z. Handbuch der Architektur. Nr. 1—5. Lex.-8. Darmstadt 894. A. Bergsträsser Verl. n. 10. —
1. Die Gasofen-Heizung f. Schulen. Von Gust. Behnke. Ergänzungsheft zu Thl. IV, Halbbd. 6, Hft. 1. (24 S. m. 7 Abbildgn.) n. 1. 60
2. Verglaste Decken u. Deckenlichter. Von Adf. Schacht u. Ed. Schmitt. Ergänzungsheft zu Thl. III, Bd. 2, Hft. 3. (46 S. m. 76 Abbildgn.) n. 2. 40
3. Ueber die praktische Ausbildung der Studirenden des Baufaches während der Studienzeit. Vorträge, geh. vor der XI. Wanderversammlg. des Verbandes deutscher Architekten- u. Ingenieur-Vereine zu Strassburg am 25. Aug 1894 v. G. Barkhausen u. W. H. Lauter. Ergänzungsheft zu Thl. I, Bd. 1, 1. Hälfte des „Handbuchs der Architektur“ (27 S.) n. 1.—
4. Hochschulen (Universitäten u. technische Hochschulen) m. besond. Berücksicht. der indirecten Beleuchtung v. Hör- u. Zeichensälen. Von Ed. Schmitt. Ergänzungsheft zu Thl. IV, Halbbd. 6, Hft. 2 des „Handbuchs der Architektur“ (66 S. m. 47 Abbildgn. u. 1 Taf.) n. 3.
5. Heizung, Lüftung u. Beleuchtung der Theater u. sonstiger Versammlungssäle. Von Herm. Fischer. Ergänzungsheft zu Thl. III, Bd. 4 des „Handbuchs der Architektur“. (38 S. m. 35 Abbildgn.) n. 2. —

Fortschritte auf d. Gebiete d. Architektur. Ergänzungshefte z. Handbuch d. Architektur. Nr. 6—11. Lex.-8. Stuttgart, A. Bergstraesser. n. 36. 80
(1—11.: n. 46. 80)
6. Sociale Aufgaben d. Architektur. I. D. Architektur soc. Wohlfahrts-Anstalten. Von Thdr. Goecke. Ergänzungsheft z. Thl. IV, Halbbd. 5, Hft. 1 u. 2 d. „Handbuchs d. Architektur“. (52 S. m. 35 Abb.) Darmstadt 895. n. 2. 40
7. Naturwissenschaftl. Institute d. Hochschulen u. verw. Anlagen. Von Ed. Schmitt. Ergänzungsheft zu Thl. IV, Halbbd. 6, Hft. 2 d. „Handbuchs d. Architektur“. (71 S. m. 110 Abb. u. 1 Taf.) Darmstadt 895 n. 4. 60
8. D. Volksschulhäuser in d. verschied. Ländern. I. Volksschulhäuser in Schweden, Norwegen, Dänemark u. Finnland. Von Carl Hinträger. Ergänzungsheft zu Thl. IV, Halbbd. 6, Hft. 1 d. „Handbuchs d. Architektur“. (179 S. m. 270 Abb.) Darmstadt 895. n. 10. —
9. D. Sprache d. Ornaments. Von Zdenko Schubert v. Soldern. Ergänzungsheft zu Thl. I, Bd. 3 d. „Handbuchs d. Architektur“. (33 S. m. 57 Abb.) 896. n. 1. 80
10. Entwässerungs-Anlagen amerikan. Gebäude. Von Paul Gerhard. Ergänzungsheft zu Thl. III, Bd. 5 d. „Handbuchs der Architektur“. (227 S. m. 441 Abb. u. 2 Farbdr.) 897. n. 15. —
11. D. städt. Schwimmbad z. Frankfurt a/M. Von Carl Wolff. Ergänzungsheft zu Thl. IV, Bd. 5, Hft. 3 d. „Handbuchs der Architektur“. (III, 26 S. m. 16 Abb. u. 4 Taf.) 897. n. 3. —

Fortschritte auf dem Gebiete der Architektur. Ergänzungshefte zum Handbuch der Architektur. Nr. 12. Lex.-8. Stuttgart 901. A. Bergsträsser. n. 21. —
Die Volksschulhäuser in den verschiedenen Ländern. II. Volksschulhäuser in Oesterreich-Ungarn, Bosnien u. der Hercegovina. Von Carl Hinträger. Ergänzungsheft zu Thl. IV, Halbbd. 6, Hft. 1 des „Handbuchs der Architektur“. (IV, 380 S. m. 631 Abbildgn.)
Nr. 1—11. Ebd. 894—897. n. 46. 80.

Fortschritte der Architektur. Ergänzungshefte zum Handbuch der Architektur 12. 13. Stuttgart 1901. 04

Fortschritte auf dem Gebiete der Architektur. Ergänzungshefte zum Handbuch der Architektur. Darmstadt; von Nr 11 ab: Stuttgart
Nr 13 Die Volksschulhäuser in den verschiedenen Ländern. 3. Volksschulhäuser in Frankreich. Von C. Hinträger. (Erg. H. zu T. IV Halbbd 6 H. 1) 1904

Fortschritte der Hamburger Armen-Anstalten . . . [Braunschweig 1797.] V: *Eschenburg, Johann Joachim.* (MGT)

Fortschritte, die auf dem Gebiete der Astronomie. 1870—1872. [Aus: „Vierteljahres-Revue der Naturwissenschaften“ hrsg. v. Herm. J. Klein.] 8. (66 S.) Leipzig 874. Mayer. n. 1. —

— dasselbe. Nr. 2. 1873—1874. 8. (102 S.) Ebend. 875. n. 1. 40

— dasselbe. Nr. 3. 1875. 8. (148 S.) Ebend. 876. n. 2. —

Fortschritte, die, auf dem Gebiete der Astronomie. Nr. 4. 1876. [Aus: „Vierteljahres-Revue der Naturwissenschaften“.] 8. (136 S.) Köln 877. Mayer. n. 2. —

— dasselbe. Nr. 6. 1880. 8. (82 S.) Ebend. 881. n. 1. 40

— dasselbe. Nr. 7. 1881. 8. (140 S.) Ebend. 882. n. 2. —

Fortschritte, die, der Astronomie. Nr. 8—11. [Aus: „Revue d. Naturwissenschaften“.] 8. Leipzig, Mayer. n. 7. 80
8. 1882. (113 S.) 883. — 9. 1883. Mit Sachregister üb. Nr. 6—9. 1880—1883. (112 S.) 884. — 10. 1884. (121 S.) 885. à n. 2. —. — 11. 1885. (112 S.) 886. n. 1. 80

Fortschritte, die, der Astronomie. Nr. 12—14. [Aus: „Revue der Naturwissenschaften“.] 8. Leipzig, E. H. Mayer. à n. 2. —
12. 1886. (112 S.) 887.
13. 1887. Mit Sachregister zu Nr. 10—13. [1884—1887.] (139 S.) 888.
14. 1888. Mit Sachregister. (172 S.) 889.

Fortschritte im Bau der Betriebsmittel. s.: Organ f. die Fortschritte des Eisenbahnwesens.

— im Bau der Brown, Boveri-Parsons-Dampfturbine. (37 S. m. Abbildgn.) Lex. 8. Baden (Schweiz) 909. (Berlin, J. Springer.) 4. —

Fortschritte der Blattern-Impfung in dem Fürstenthum Minden in den Jahren 1790—92. [Minden 1792.] V: *Opitz, Rud. Carl Frdr.* (Verz. d. Büchersamml. d. Friedr.-Wilh.-Inst. Berl. 1890.)

— die, der Botanik. Nr. 1. [Aus: „Vierteljahres-Revue der Naturwissenschaften“.] 8. (146 S.) Ebend. 879. n. 2. 20
Fritz v. Wettstein. (Hrsg.)

— dasselbe. (Nr. 2.) [Kryptogamen.] 8. (188 S.) Ebend. 880. n. 2. 20

— dasselbe. Nr. 3. 1879—80. 8. (74 S.) Ebend. 881. n. 1. 20

— die, der Botanik. Nr. 4—6. [Aus: „Revue der Naturwissenschaften“.] 8. Ebend. n. 6. 85
4. 1881—82. Mit Sachregister üb. Nr. 1—4. 1875—82. (140 S.) 883. n. 2. 20. — 5. 1883. (144 S.) 884. n. 2. 25. — 6. 1884. (153 S.) 885. n. 2. 40

— die, der Botanik. Nr. 7. 1885—86. Mit Sachregister zu Nr. 5—7. 1883—1886. [Aus: „Revue der Naturwissenschaften“.] 8. (236 S.) Ebd. 887. n. 4. —

— die, der Chemie. Nr. 2. 1879—80. [Aus: „Revue der Naturwissenschaften“.] 8. (89 S.) Ebend. 881. n. 1. 40
Vorh.u.d.T.: Die Fortschritte auf dem Gebiete der technischen Chemie.
" " " " " " theoretischen " .

— dasselbe. Nr. 3. 1881. 8. (120 S.) Ebend. 882. n. 2.

— die, der Chemie. Nr. 4—7. [Aus: „Revue der Naturwissenschaften“.] 8. (175 S.) Ebend. n. 13. —
4. 1882. Mit Sachregister üb. Nr. 1—4. 1872—1882. (175 S.) 883. n. 2. 80. — 5. 1883. (157 S.) 884. n. 2. 60. — 6. 1884—85. (214 S.) 885. n. 3. 60. — 7. 1886. (244 S.) 886. n. 4. —

— die, der Chemie. Nr. 8—10. [Aus: „Revue der Naturwissenschaften“.] 8. Ebd. 888. à n. 4. —
8. 1887. Mit Sachregister zu Nr. 5—8. [1883–1887.] (268 S.) 888.
9. 1888. Mit Sachregister. (231 S.) 889.
10. 1889. Mit Sachregister. (419 S.) 890.

Die **Fortschritte** der anorganischen Chemie in den Jahren 1892–1902. Bearb. von Privatd. Dr. [Emil] Baur [u. a.] (In 6 Lfgn.) *Stuttgart: F. Enke 19(02–)03.* (XXIV, 1023 S.) 8°

— Handbuch d. anorganischen Chemie. Bd 4. 1903. 12

— der **Chemie, Physik und physikalischen Chemie.** Neue Folge des physikalisch-chem. Centralblattes, unter Mitwirkung zahlreicher Fachgenossen hrsg. v. Herm. Grossmann. 1. Bd. 1909. 9 Nrn. (IV, 886 S.) Lex. 8. Leipzig, Gebr. Borntraeger. nn 16. —

— dasselbe. 2. Bd. 1910. (Nr. 1. 48 S.) Lex. 8. Ebd. nn 16. —
Vergl.: Zentralblatt, physikalisch-chemisches.

— die, auf dem Gebiete der technischen Chemie. Nr. 1. 1874—76. [Aus: „Vierteljahres-Revue der Naturwissenschaften".] 8. (288 S.) Ebend. 877. n. 4. —

— die, auf dem Gebiete der theoretischen Chemie. 8. (70 S.) Leipzig 874, Mayer. *

— die, auf dem Gebiete der theoretischen Chemie. [Aus: „Vierteljahres-Revue d. Naturwissenschaften v. Herm. J. Klein."] 8. (70 S.) Ebend. 874. n. 1. —

— die, des Darwinismus. Nr. 3. 1875—78. [Aus: „Vierteljahres-Revue der Naturwissenschaften".] 8. (136 S.) Ebend. 879. n. 2. —
Nr. 1 und 2, s. Spengel, J.W.

— dasselbe. Nr. 4. 1879—82. Mit Sachregister über Nr. 1–4 [1872—82]. 8. (63 S.) Ebend. 882. n. 1. —

— die, d. Darwinismus. Nr. 5. 1882—83. [Aus: „Revue d. Naturwissenschaften".] 8. (115 S.) Ebend. 884. n. 1. 80

Fortschritte, Deutschlands, der Kohlen- und Eisen-Industrie in ihrer Abhängigkeit von den Eisenbahnen. Düsseldorf 1868. V: *Mulvany, W. T.* (CBH)

— in d. Eisongiessoroi-Praxis. Hrsg. v. W. Kirchnor. gr. 8. (IV, 120 S. m. Fig.) Berlin 898. Vorlag d. Eisonzoitg. n. 4. —

Die Fortschritte des Eisenhüttengewerbes in der neueren Zeit, herausgegeben von C. Hartmann. Bd. I—VI. Leipzig, 1858—1863.

— dor angewandton **Elektroohemie** u. der Acotylen-Industrie im J. 1898. Von Frz. Peters. 8. (VIII, 412 S. m. 63 Abbildgn.) Ebd. 899. n. 6. —

— dor **Elektrotoohnik.** Vierteljährliche Berichte üb. die neueren Erscheingn. auf dem Gesammtgebiete der angewandten Elektricitätslehre m. Einschluss d. elektr. Nachrichten- u. Signalwesens. Unter Mitwirkung von M. v. Dolivo-Dobrowolsky, M. Kiliani u. E. Pirani hrsg. v. K. Strecker. 1. Jahrg. Das J. 1887. 4 Hfte. gr. 8. (IV, XI, 840 S. u. Literatur-Nachträge S. XV—XL m. Illustr.) Berlin 888. Springer. n. 20. —

— dasselbe. 2. Jahrg. Das J. 1888. 4 Hfte. gr. 8. (VIII, 764 S. u. S. XLI—LXVII m. Illustr.) Ebd. 888—890. n. 22. —

— dasselbe. 3. Jahrg. Das J. 1889. 1.—3. Hft. gr. 8. (S. 1—554.) Ebd. 890. à n. 5. —

— der **Elektrotechnik.** Vierteljährliche Berichte üb. die neueren Erscheingn. auf dem Gesammtgebiete der angewandten Elektricitätslehre m. Einschluss d. elektr. Nachrichten- u. Signalwesens. Mit Unterstützg. d. Reichs-Postamtes, der Herren Siemens & Halske in Berlin, Schuckert & Co. in Nürnberg u. der allgemeinen Elektricitätsgesellschaft in Berlin, unter Mitwirkg. v. Borns, Grawinkel, Heim etc. hrsg. v. Karl Strecker. 3. Jahrg. Das J. 1889. 4. Hft. gr. 8. (VIII u. S. 555—797 u. LIII S.) Berlin 891. J. Springer. n. 8. — (1889 kplt.: n. 23. —)

— dasselbe. 4. Jahrg. Das J. 1890. 4. Hfte. gr. 8. (VII, 894 u. LVIII S.) Ebd. 891. 892. n. 26. —
1.—3. Hft. à n. 6. —. — 4. Hft. n. 8. —.

— dasselbe. 5. Jahrg. Das J. 1891. 4 Hfte. gr. 8. (VIII, 858 u. XXXVIII S.) Ebd. 892. 893. n. 26. —
1.—3. Hft. à n. 6. —. — 4. Hft. n. 8. —.

— dasselbo. 6. Jahrg. Das J. 1892. 1.—3. Hft gr 8. 384 S.) Ebd. 893. 894. n. 17. —
1. Hft. n. 5. —. — 2. u. 3. Hft. à n. 6. —.

— d. **Elektroteohnik.** Vierteljährl. Berichte üb. d. neueren Erscheingn. auf d. Gesammtgebiete d. angew. Elektricitätslehre m. Einschl. d. elektr. Nachrichten- u Signalwesens. M. Unterstützg. d. Reichs-Postamtes, d. Herren Siemens & Halske in Berlin, d. Elektricitäts-Aktiengesellschaft vorm. Schuckert & Co. in Nürnberg u. d Allgem. Elektricitätsgesellschaft i. Berlin, unt. Mitwirkg. v. Döhn, Kahle, Licht etc. hrsg. v. Karl Strecker. 6. Jahrg. Das J. 1892. 4. Hft. gr. 8. (VIII, S. 605—878 u. XXX S.) Berlin 894. J. Springer. n. 9. — (6. Jahrg. kplt.: n. 26. —)

Fortschritte d. **Elektrotechnik.** Unt. Mitwirkg. v. Borns, Breisig, Döhn u. a. hrsg. v. Karl Strecker u. Karl Kahle. 7. Jahrg Das J. 1893. 4 Hfte. gr. 8. (VIII, 941 u. XXIX S.) Ebd. 895. n. 27. —

— dasselbe, hrsg. v. Karl Kahle. 8. Jahrg. Das J. 1894. 4 Hfte. gr. 8. (VII, 647 u. XIX S.) Ebd. 896. 97. n. 25. —

— dasselbe. 5. [Patent-]Hft., bearb. v. Borns. gr. 8. (177 S.) Ebd. 896. n. 5. —

— dasselbe. Unt. Mitwirkg. v. Bauch, Bombe, Borns u. a. hrsg. v. Karl Strecker. 9. Jahrg. Das J. 1895. 4 Hfte. gr. 8. (VIII, 764 u. XI S.) Ebd. 897—898. n. 28. —

— dasselbe. 5. (Patent-)Hft. bearb. v. Borns. gr. 8. (159 S.) Ebd. 897. n. 5 —

— der **Elektrotechnik.** Vierteljährliche Berichte üb. die neueren Erscheingn. auf dem Gesammtgebiete d. angewandten Elektricitätslehre m. Einschluss d. elektr. Nachrichten- u. Signalwesens. Unter Mitwirkung v. Bombe, Borns, Boy u. a. hrsg. v. Karl Strecker. 10. Jahrg. Das J. 1896. 4 Hfte. gr. 8. (VIII, 827 S., XXIV u. XV S.) Berlin 900. J. Springer. n. 25. —
Hft. 5. Ebd. 898. n. 5. —.

— dasselbe. 10. Jahrg. Das J. 1896. 5. (Patent-) Hft., bearb. v. Borns. gr. 8. (174 S.) Ebd. 898. n. 5. —
Hft. 1—4 erscheinen später.

— dasselbe. Hrsg. v. Karl Kahle. 11. Jahrg. Das J. 1897. 5 Hfte. [5. (Patent-)Hft.] gr. 8. (VII, 1024 S.) Ebd. 897—898. n. 30. —

— dasselbe. 12. Jahrg. Das J. 1898. 1. u. 2. Hft. gr. 8. (493 S.) Ebd. 898. à n. 7. —

— dasselbe. Mit Unterstützg. der Allgemeinen Elektricitäts-Gesellschaft in Berlin, der Elektricitäts-Aktien-Gesellschaft vorm. Schuckert & Co. in Nürnberg u. v. Siemens & Halske, A.-G. in Berlin unter Mitwirkung v. Bombe, Borns, Breissig u. a. hrsg. v. Karl Kahle. 12. Jahrg. Das J. 1898. 3. u. 4. Hft. gr. 8. (VIII, S. 495—1078 u. XV S.) Ebd. 899. n. 17.—
Hft. 1—2. Ebd. 898. n. 14.—.

— dasselbe. 13 Jahrg. Das J. 1899. 4 Hfte. gr. 8. (VII, 1044 u. XII S.) Ebd. 899. 900. n. 31.—
1.—3. Hft. à n.n. 7.—. — 4. Hft. n. 10.—.

— dasselbe. Im Auftrage u. m. Unterstützg. des elektrotechn. Vereins, sowie m. Unterstützg. zahlr. hervorrag. elektrotechn. Firmen unter Mitwirkung von Bombe, Borns, Breissig u. a. hrsg. v. Karl Strecker. 14. Jahrg. Das J. 1900. 4 Hfte. gr. 8. (VIII, 1258 u. XII S.) Ebd. 901. 902. n. 34.—
1. u. 2 Hft. à n. 8.—. — 3. n. 7.—. — 4. n. 11.—.

— dasselbe. 15 Jahrg. Das J. 1901. 1.—3. Hft. gr. 8. (S. 1—668.) Ebd. 901. 902. à n. 6.—

— der Elektrotechnik. Vierteljährliche Berichte üb. die neueren Erscheingn. auf dem Gesammtgebiete der angewandten Elektricitätslehre m. Einschluss d. elektr. Nachrichten- u. Signalwesens. Im Auftrage u. mit Unterstützg. des elektrotechn. Vereins, sowie m. Unterstützung zahlreicher hervorrag. elektrotechn. Firmen unter Mitwirkg. v. Bombe, Borns, Breisig u. a. hrsg. v. Karl Strecker. 15. Jahrg. Das J. 1901. 4. Heft (VIII u. S. 669—1030 u. XII S.) gr. 8. Berlin 902. J. Springer. n. 10.— (1901 kplt. n. 28.—)

— dasselbe. 16. Jahrg. Das J. 1902. 1. Hft. gr. 8. (248 S.) Ebd. 902. n. 7.—

— dasselbe. 16. Jahrg. Das J. 1902. 2.—4. Heft. (VIII, S. 249—1206 u. XII S.) gr. 8. Ebd. 903. n. 26.— (1902 kplt. n. 33.—)

— dasselbe. Im Auftrage u. m. Unterstützg. des elektrotechn. Vereins sowie m. Unterstützg. zahlreicher hervorrag. elektrotechn. Firmen unter Mitwirkg. von Borns, Breisig, Eales u. a. hrsg. von Karl Strecker. 17. Jahrg. Das J. 1903. 4 Hfte. (VIII, 1264 u. VIII S) gr. 8. Ebd. 904. n. 34.—
1. n. 7.—; 2. u. 3. à n. 8.—; 4. n. 11.—.

— dasselbe. Im Auftrage u. m. Unterstützg. des elektrotechn. Vereins sowie mit Unterstützg. zahlreicher hervorrag. elektrotechn. Firmen unter Mitwirkg. von Borns, Breisig, Giebe u. a. hrsg. von Karl Strecker. 18. Jahrg. Das J. 1904. 4 Hefte. (VIII, 1185 u. VI S.) gr. 8. Ebd. 904. 905. n. 33.—
1—3. à n. 7.—; 4. n. 12.—;

— dasselbe. 19. Jahrg. Das J. 1905. 4 Hefte. (VIII, 1164 u. V S.) gr. 8 Ebd. 905. 906. n. 32.—
1—3. à n. 7.—; 4. n. 11.—.

der Elektrotechnik. Vierteljährliche Berichte üb. die neueren Erscheingn. auf dem Gesamtgebiete der angewandten Elektrizitätslehre m. Einschluss d. elektr. Nachrichten- u. Singnalwesens. Im Auftrage u. m. Unterstützg. des elektrotech. Vereins sowie m. Unterstützg. zahlr. hervorrag. elektrotechn. Firmen unter Mitwirkg. v. Borns, Breisig, Giebe u. a. hrsg. v. Karl Strecker. 20—23. Jahrg. Die J. 1906—1909. à 4 Hefte. gr. 8. Berlin, J. Springer. 169.—
20. Jahrg. 1906. (VIII, 1265 u. V S.) 906/07. 37.—
21. Jahrg. 1907. (VIII, 1150 u. V S.) 908. 43.—
22. Jahrg. 1908. (VIII, 1503 u. IV S.) 909. 45.—
23. Jahrg. 1909. (VIII, 1477 u. IV S.) 909/10. 44.—

— dasselbe. 24. Jahrg. Das Jahr 1910. 1. Heft. (S. 1—315.) gr. 8. Ebd. 910. 9.—

Fortsetzung erste Geschichte Vakzination
Erste Fortsetzung der Geschichte der Vaccination in Böhmen, auf hohen Befehl herausgegeben von der in Schutzpockenimpfungsanstalten niedergesetzten königl. medicinischen Polizeycommission. Prag: 1805

s.: Geschichte der Vaccination in Böhmen. Erste Fortsetzung.

JB 5.070

Fortschritte in Explosivstoffen Hrsg von der Dynamit-Akt.-Ges., vorm. A. Nobel & Co. Hamburg, 1893 30 S.

— der naturwissenschaftlichen Forschung. Hrsg. v. Abderhalden. 1. u. 2. Bd. Lex 8. Wien 909. Urban & Schwarzenberg. 22.50; geb. n. 26.50
1. (VII, 306 S. m. 47 Abb.) 910. 10.—; geb. n 12.—
2. (III, 364 S. m. 72 Abb. u. 4 Taf.) 911. 12.50; geb. n 14.50

Fortschritte der naturwissenschaftlichen Forschung. Hrsg. von Prof. Dr. E[mil] Abderhalden. Bd 1. Berlin, Wien Urban & Schwarzenberg 1910. 4° [illegible] 7

Fortſchritte, über die, der Forſteinrichtung in Bayern, aus zuverläſſigen Quellen. Aus der „Zeitſchrift für d. Forſt- u. Jagdweſen in Bayern, von St. Behlen“ beſonders abgedr. gr. 8. Erfurt 842, Hennings u. Hopf. 1/3 ₰

— die, auf dem Gebiete der Geographie. Nr. 1. 1872—1873, und Nr. 2. 1873—74. 8. (85; 60 S.) Leipzig 874,75, Mayer. à Nr. *M. 2,40. *

— der Geographie und Naturgeſchichte. Ein Jahrbuch in wöchentl. Liefg. herausgeg. v. L. Fr. v. Froriep. (1. Jahrg.) gr. 4. Weimar 846, Landes-Induſtrie-Compt. 3 ₰

Fortſchritte der Geographie u. Naturgeſchichte. Ein Jahrbuch, gegründet v. L. Fr. v. Froriep, vom 2. Bde. an fortgeführt v. R. Froriep unter Mitred. des H. Otto Schomburgk. 2—5. Bd. gr. 4. (2. Bd. Mit 2 Taf. in Steindr. u. eingedr. Holzſchn. Nr. 16—30. 246 S. 3. Bd. Mit 1 Taf. in Steindr. u. eingedr. Holzſchn. Nr. 31—45. 246 S. 4. Bd. Mit 1 col. Karte in Steindr. u. eingedr. Holzſchn. Nr. 46—60. 246 S. 5. Bd. Mit 1 Muſikbeilage u. eingedr. Holzſchn. Nr. 61—75 216 S.) Weimar 847. 48, Landes-Ind.-Compt. à Bd. 3 ₰ (5 Bde. cplt. 15 ₰)

— die, auf dem Gebiete der Geologie No. 1. u. 2. [Aus: „Klein's Revue der Naturwiſſenſchaften“.] 8. (144 S.) Ebend. 875. 76. à n. 2.—
1. 1872—1873. (144 S.) — 2. 1874—1875. (141 S.)

— die, auf dem Gebiete der Geologie. Nr. 3. 1876—77. [Aus: „Vierteljahres-Revue der Wiſſenſchaften“.] 8. (203 S.) Ebend. 878. n. 3.—

— daſſelbe. Nr. 4. 1878—79. 8. (235 S.) Ebend. 880. n. 3.60

— daſſelbe. Nr. 5. 1880. 8. (120 S.) Ebend. 881. n. 2.—

— daſſelbe. Nr. 6. 1881. 8. (165 S.) Ebend. 882. n. 2.6

— die, der Geologie. Nr. 7. u. 8. [Aus: „Revue d. Naturwiſſenſchaften“.] 8. Ebend. n. 5.60
7. 1882. Mit Sachregiſter üb. Nr. 5—7. 1880-82. (190 S.) 884. n. 3.—. — 8. 1883—84. (164 S.) 886. n. 2.60

Fortschritte der praktischen Geologie. Hrsg. von M. Krahmann. 1. Bd (1893—1902). Berlin, 1903. 410 S mit 136 Karten.
Bildet zugleich das Inhaltsverzeichnis zur „Zeitschrift für praktische Geologie“.

Fortschritte der praktischen Geologie und Bergwirtschaft. Zugleich Register zur Zeitschrift für praktische Geologie. Bd. 2 (1903 bis 1909). Berlin, 1910. 486 S. mit 184 Karten.

— die, der öffentlichen Gesundheitspflege. Organ f. die pract. Interessen der Aerzte, der Ingenieure, Architekten, Verwaltungsbeamte u. Fabrikbesitzer. Red: Wilh. Hanauer. 1. Jahrg. IV. Quartal. Oktbr.—Decbr. 1892. 4 Hfte. gr. 8. (à Hft. ca. 32 S m. Abbildgn.) Frankfurt a/M., Jaeger's Verlag. n. 1. 70
1. Jahrg. I—III. Quartal: Verlag der Fortschritte der öffentlichen Gesundheitspflege in Frankfurt a/M.

— dasselbe. 2. u. 3. Jahrg. 1893. 1894. à 12 Hfte. gr. 8. (à Hft. ca. 32 S.) Ebd. à Jahrg. n. 6. 80

— die, der öffentl. Gesundheitspflege. Monatsschrift f. d. prakt. Interessen d. Aerzte, Verwaltungsbeamten, Ingenieure, Architekten u. Fabriksbesitzer. Offizielles Organ d. Vereins f. öffentl. Gesundheitspflege in Frankfurt a/M. Red.: Wilh. Hanauer. 4. u. 5. Jahrg. 1895—1896. à 12 Hfte. (à ca. 24 S.) gr. 8. Frankfurt a/M., Jaeger's Verl. à Jahrg. n. 6. 80

— Großbrittaniens, s a Callender, J. T.

Fortschritte, Gross-Britanniens, in der Staatskunst oder unpartheyische Geschichte der Missbräuche bey der Regierung des brittischen Reichs. Cöln 1796. V: *Callender, Jac. Thomson.* (schles)

Fortschritte, Gross-Britanniens, in der Staats-Kunst. Edinburgh, Philadelphia u. London 1796. V: *Callender, Jac. Thomson.* (schles)

— d. Hydrotherapie. Festschrift z. 40jähr. Doctorjubiläum v. W. Winternitz, unt. Mitwirkg. v. S. Baruch, S. Baum, B. Buxbaum etc. hrsg. v. A. Strasser u. B. Buxbaum. M. Bildniss v. Winternitz in Lichtdr. u. 19 Holzschn. gr. 8. (IV, 330 S.) Wien 897. Urban & Schwarzenberg. n. 8. —; geb. n. 10. —

— der Industrie. Wochenschrift f. sachgemässe Besprechgn. neuer Erfindgn. u. Patente aus allen Industriezweigen. Red.: G. F. Henning. 1. Jahrg. 1894. Oktbr.—Decbr. 13 Nrn. (à ca. 2 Bog. m. Abbildgn.) gr. 4. Berlin, P. Werther. n. 3. —

— der Industrie. Wochenschrift für sachgem. Besprechgn. neuer Erfindgn. u. Patente aus all. Industriezweigen. Red.: G. F. Henning. 2. Jahrg. 1895. 52 Nrn. (2 Bog.) gr. 4. Berlin, A. Klarbaum. n. 12. —

— dasselbe. 3. Jahrg. Jan.—Juli 1896 Red.: Paul Werther. 26 Nrn. (à 2 Bog.) gr. 4. Ebd. n. 6. —
Weiter nicht erschienen.

Fortschritte der Industrie. 1894 und 95. 4° Leipzig 1894 95

— d. Ingenieurwissenschaften. I. Gruppe. 1. u. 2 Hft. Lex.-8. Leipzig 896. W. Engelmann. n. 5. 60
1. Druckluft-Gründungen. Von Conradin Zschokke. M. 42 Textfig. u. 4 Zeichnungstaf. (III, 46 S.) n. 3. 60
2. D Grundbau unt. Ausschl. d. Druckluftgründgn. Als Ergänzg. d 1. Bds. d Handbuchs d. Ingenieurwissenschaften, Kap. VII bearb. v Gust. Meyer. M. 43 Textfig. (VI, 60 S.) n. 2. —

— der Ingenieurwissenschaften. II. Gruppe. 1.—3 Hft. Lex.-8. Leipzig, W. Engelmann. n. 15. —
1. Fortschritte im Meliorationswesen. Bearb v. Aug. Hess (IV, 70 S. m. 20 Fig. u 2 Taf.) 892 n. 1. —
2. Seekanäle Strommündungen. Seehäfen. Als Ergänzg. des 3. Bds. des Handbuchs der Ingenieurwissenschaften. 3. Abtlg. bearb. v. Ludw. Franzius, Geo. Franzius, Rud Rudloff (VI, 139 S. m. 42 Fig. u. 5 Taf.) 891 n. 6. —
3. Die eisernen Stemmthore der Schiffsschleusen. Von Thdr. Landsberg. (IV, 135 S. m. 169 Fig.) 894. n. 5. —
Die 1. Gruppe erscheint später.

— dasselbe. II. Gruppe. 4—7. Hft. Lex.-8. Ebd. n. 17. — (1—7.: n. 32 —)
4. Strassenbau. Als Ergänz. d. 1. Bds. d. Handbuchs d. Ingenieurwiss. Kap. VI bearb. von Leo v. Willmann. (VII, 144 S. m. 21 Fig.) 895. n. 4. —
5. Bewegliche Brücken. Von Wilh. Dietz. M. 100 Textfig. (VII, 132 S.) 897. n. 5. —
6. D. Regulierg. geschiebeführ. Wasserläufe, bes. d. Oberrheines durch eiserne Leitwerke, Grundschwellen u. Buhnen, bearb. v. Alb. Doell. (VI, 107 S. m. 33 Fig.) 896. n. 3. —
7. Gewölbte Brücken. Von Karl v. Leibbrand. M. 18 Textfig. u. 3 Zeichnungstaf. (IV, 99 S.) 897. n. 5. —

— der Ingenieurwissenschaften. 2. Gruppe. 8. u. 9. Hft. Lex.-8. Leipzig, W. Engelmann. n. 19. —
8. Assanierung, die, der Städte in Einzeldarstellgn. Hrsg. im Verein m. Hygienikern u. Ingenieuren des In- u. Auslandes v. Th. Weyl. I. Bd. 1. Hft. Die Assanierung v. Paris. Von Th. Weyl. Mit 51 Textfig. u. 3 Plänen (X, 65 S.) 900. n. 6. —
9. dasselbe. 1. Bd. 2. Hft. Die Assanierg. v. Wien. Bearb. f. den techn. Tl. v. Paul Kortz unter Mitwirkung v. H. Schneider u. H. Goldemund; f. den medizinal-statist. Tl. v. Alois Grünberg unt. Mitwirkg. v. Alfr. Freund. Mit e. Vorwort v. Frz. Berger u. A. Löffler. Hrsg. v. Th. Weyl. Mit 76 Textfig. u. 14 Taf. (IX, 191 S.) 902. n. 13. —
1.—7. Hft. Ebd. 892—897. n. 32. —.

— der Ingenieurwissenschaften. II. Gruppe. 10.—12. Heft. Lex.-8. Leipzig, W. Engelmann. n. 32. —
10. Assanierung, die, der Städte in Einzeldarstellungen. Hrsg. im Verein m. Hygienikern u. Ingenieuren d. In- u. Auslandes v. Th. Weyl. 1. Bd. 3. Hft. Die Assanierg. von Zürich. Bearb. v. Bühler, Alf. Bertschinger, J. Fluck, H. Peter, G. Fr. Rothpletz, H. Schatzmann, V. Wenner, E. Wüst. Mit e. Vorwort von Th. Weyl. Hrsg. v. Th. Weyl. Mit 41 Textfig. u. 10 Taf. (X, 120 S.) 903. n. 10. —
11. Dasselbe. 1. Bd. 4. Heft. Die Assanierg. v. Cöln. Bearb. von Adam, Czaplewski, Encke, Hesse, Itach, Kühnau, Prenger, Steuernagel, Th. Weyl. Mit e. Vorworte des Hrsgs. Hrsg. v. Th. Weyl. Mit 67 Abbildgn. im Text u. 37 Taf. (XIII, XII, 310 S.) 906. n. 20. — (I. Bd. kplt. 49. —)
12. Formeln u. Versuche üb. die Tragfähigkeit eingerammter Pfähle. Von Philipp Krapf. Mit 8 Abbildgn. im Text u. 2 Zeichnungstaf. (III, 28 S.) 906. n. 2. —
Hft. 1—9. Ebd. 892—902. n. 51. —.

Fortschritte der Ingenieurwissenschaften. II. Gruppe. 13. bis 24. Heft. Lex. 8. Leipzig, W. Engelmann. 68. 40
Assanierung, die, der Städte in Einzeldarstellungen. Hrsg. im Verein m. Hygienikern u. Ingenieuren des In- u. Auslandes v. Th. Weyl. II. Bd. 1. Heft. Die Assanierg. v. Köbenhavn. Bearb. v. A. Berg, A. Bjerre, St. Friis u. a Hrsg. v. Th. Weyl. Mit 108 Abbildgn. im Text u. 21 Taf. (XII, 196 S.) 907. (Heft 14.) 15. —
- dasselbe. II. Bd. 2. Heft. Die Assanierg. v. Düsseldorf. Bearb. v. G. Brix, W. Frhr. v. Engelhardt, C. Geusen u. a. Hrsg. v. Th. Weyl. Mit 90 Abbildgn. im Text u. 8 Taf. (XI, 178 S.) 908. (Heft 17.) 14. —
Beyer, Kurt, Eigengewicht, günstige Grundmasse u. geschichtliche Entwickelung des Auslegeträgers. Mit 70 Fig. im Text. (VIII, 132 S.) 908. (Heft 19.) 6. —
Elsner, Alex., die Behandlung und Verwertung von Klärschlamm. (VIII, 87 S.) 910. (Heft 24.) 3. 60
Foerster, Max, Balkenbrücken in Eisenbeton. Mit 185 Abbildgn. im Text u. 2 Taf. (VI, 204 S.) 908. (Heft 15.) 7.—; geb. in Leinw. 8. —
Das Material u. die statische Berechnung der Eisenbetonbauten. Unter besond. Berücksicht. der Anwendg. im Bauingenieurwesen. Mit 93 Abbildgn. im Text. (VII, 248 S.) 907. (Heft 13.) 6. —
Leiner, Frz., der Gehängebau. (VIII, 81 S. m. 28 Abb.) 909. (Heft 21.) 2. 40
Platzmann, Ferd., über den Querschnitt der Staumauern. Mit 53 Fig. im Text u. 2 Taf (VI, 63 S.) 908. (Heft 20.) 2. 40
Postuvanschitz, Fritz, rechnerische Bestimmungen u. Auswertung der Elastizitätsellipse in ihrer Anwendung auf die Bodenträger. (IV, 94 S. m. 72 Fig. u. 3 Taf.) 910. (Heft 22.) 5. —
Schachenmeier, Wilh., über mehrfache elastische Gewölbe. Eine theoret. Untersuchg. üb. die stat. Wirkungsweise der Übermauerg. bei weitgespannten Gewölben, e. Beitrag zur Theorie der Nebenspannungen gewölbter Brücken. (X, 84 S. m. 43 Abb.) 910. (Heft 23.) 3. —

Schmeitzner, Rud., Grundzüge der mechanisch. Abwässerklärung. Mit 37 Fig. im Text u. 2 Taf. (V, 64 S.) 908. (Heft 16.) 2. 40
Speck, Art., Beitrag zur Geschichte u. Theorie der Schwebefährbrücken. Mit 38 Abb. im Text. (47 S.) 908. (Heft 18.) 1. 60

— dasselbe. III. Gruppe. 1. Heft. Lex.-8. Ebd. n. 5. —
Schutz der Eisenbahnen gegen Schneeverwehungen u. Lawinen. Von E. Schubert. Mit 103 Abbildgn. u. e. Atlas v. 38 Abbildgn. (V, 62 S.) 903.

Fortschritte der Jugend- und Schulsparkassen ... Frankf. a. O. 1883. V: *Senckel, Ernst.* (Kat. d. stat. Bureaus Dresden 1890.)

— der deutschen Klinik, hrsg. v. Fel. Klemperer, s.: Klinik, die deutsche. 1. Erg.-Bd.

— der Krankenpflege. Red. von C. Heimann u. H. Grundke. 1. 2. Jahrg. 1889. 1890. à 12 Nrn. (B. m. Illustr.) gr. 4. Berlin, Fischer's medicin. Buchhandlg. à Jahrg. n. 5. —
Wurde am 1. Januar 1891 mit „Illustr. Monatsschrift der ärztl. Polytechnik" vereinigt, unter Beibehaltung beider Titel. Abonnementspreis für beide Blätter, welche nur zusammen abgegeben werden, v. 1. Jan. 1891 ab, à Jahrg. n. 10. —

— der Krankenpflege. Unter Mitwirkg. von Frdr. v. Esmarch, Pfeiffer, Rupprecht, Kessler u. Sander hrsg. v. Caes. Heimann u. Herm. Grundke. — Illustrirte Monatsschrift f. ärztl. Polytechnik Unter Mitwirkg v. A. Schreiber, Egbert Braatz, Sigfried Levy u. A u. d. Universal-Vereins der Verfertiger chirurg. Instrumente, orthopäd. Apparate u. Bandagen hrsg. v. Gust. Bock. 13.—16. Jahrg. 1891—1894. à 12 Hfte. gr. 8. (à Hft. ca. 40 S.) Berlin, Fischer's medicin. Buchh. à Jahrg. n. 10. —

— d. Krankenpflege, Fortsetzg., s.: Zeitschrift f. Krankenpflege.

Fortschritte, Die, des Lichts in Baiern. Briefe und andere Aufsätze. Nebst Zugaben über eine idealistische Wolke, welche neuerlich dort aufgestiegen ist. Deutschland 1805. V: *Salat, Jakob.* (BMarsch 225)

Fortschritte, die, des Lichts in Bayern rc. (Fortsetz. d. Schr.: Die Aufklär. in Bayern im Contraste m. d. Verfinst. im ehemaligen Hochst. Augsburg rc.) 8. Ulm, Wohler. 805.

— der Medicin. Unter Mitwirkg. hervorrag. Fachmänner hrsg. v. Carl Friedländer. 1—4. Bd. Jahrg. 1883—1886. à 24 Nrn. (2½ B.) gr. 8. Berlin, Fischer's med. Buchh à Jahrg. n. 30. —

— der Medicin. Begründet v. C. Friedländer. Unter Mitwirkg. hervorrag. Fachmänner red. v. H. Unverricht u. C. Weigert. 5.—7. Bd. Jahrg. 1887—1889. à 24 Nrn. (2½ B.) gr. 8. Ebd. à Jahrg. n. 20. —

— dasselbe, hrsg. v. C. J. Eberth u. H. Unverricht. 8 Bd. Jan.—März 1890. 6 Nrn. (2½ B.) gr. 8. Ebd. n. 5. —

— dasselbe, hrsg. v. H. Curschmann u. C. J. Eberth. 8. Bd. Apr.—Decbr. 1890. 18 Nrn. (2½ B.) gr. 8. Ebd n. 15. —

— der Medicin. Begründet v. Carl Friedländer. Unter Mitwirkg hervorrag. Fachmänner hrsg. v. H. Curschmann u Eberth. 9.—11. Bd. 1891—1893. à 24 Nrn (2½ Bog.) gr. 8. Ebd. à Jahrg. n. 20. —

— dasselbe. Hrsg. v. Eberth u. O. Vierordt. 12. Bd. 1894. 24 Nrn. (2½ Bog.) gr. 8 Ebd. n. 20. —

— d. Medicin. Begr. v. Carl Friedländer. Unter Mitwirkg. hervorrag. Fachmänner hrsg. v. Eberth u. A. Goldscheider. 13.—16. Bd. 1895—1898. à 24 Nrn. (à ca. 3 Bog.) gr. 8. Berlin, Fischer's medicin. Buchh. à Jahrg. n. 20. —
Kann auch vierteljährlich bezogen werden.

— der Medicin. Begründet v. Carl Friedländer. Unter Mitwirkg. hervorrag. Fachmänner hrsg. v. Eberth u. A. Goldscheider. 17. Bd. 1899. 47 Nrn. gr. 8. (XXXXVIII, 1040 S. m. 2 Taf.) Berlin, Fischer's medicin. Buchh. n. 20. —

— dasselbe. 18. Bd. 1900. 52 Nrn. gr. 8. (XXXXIV, 1040 S.) Ebd. n. 20. —

Fortschritte der Medicin. Unter Mitwirkg. hervorrag. Fachmänner hrsg. v. A. Goldscheider u. Herm. Strauss. 19. u. 20. Jahrg. 1901 u. 1902. à 36 Nrn. gr. 8. (XLVI, 1108 u. LVI, 1238 S.) Berlin, Fischer's medicin. Buchh. à Jahrg. n. 20. —

— der Medicin. Unter Mitwirkg. hervorrag. Fachmänner hrsg. v. M. Litten u. W. Guttmann. 21. u. 22. Jahrg. 1903 u. 1904. à 36 Nrn. (XVI, 1248 u. XVI, 1312 S.) gr. 8. Berlin [Fischer's medic. Buchh.]. Leipzig-G., M. Gelsdorf. à Jhrg. n. 20. —

Fortschritte der Medizin. Unter Mitwirkg. hervorrag. Fachmänner hrsg. v. M. Litten u. W. Guttmann. 23. u. 24. Jahrg. 1905 u. 1906. à 36 Nrn. (XXX, 1104 u. XXX, 1070 S.) Lex.-8. Leipzig-Gohlis, M. Gelsdorf. à Jhrg. n. 20. —

— der Medizin. Unter Mitwirkg. hervorrag. Fachmänner hrsg. v. G. Köster, M. Matthes, L. v. Criegern. Schriftleitung: Rigler. 25. u. 26. Jahrg. 1907 u. 1908. à 36 Nrn. (à ca. 32 S.) Lex. 8. Eberswalde, M. Gelsdorf. à Jhrg. 20. —

— dasselbe. 27. u. 28. Jahrg. 1909 u. 1910. 36 bezw. 52 Nrn. (XXXV, 1892 u. XL, 1664 S.) Lex. 8. Leipzig, G. Thieme. à Jhrg. 10. —

Fortschritte der Medizin. Jetzt: Halle, C. Marhold.

— die, auf dem Gebiete der Meteorologie. Nr. 1—3. [Aus: „Vierteljahres-Revue der Naturwissenschaften hrsg. v. Herm. J. Klein."] 8. Leipzig 874. Mayer. n. 3. 80
1. 1872. (65 S.) n. 1. —. — 2. 1873. (90 S.) n. 1. 20. — 3 1874—1875. (116 S.) n. 1. 60.

— die, auf dem Gebiete der Meteorologie. Nr. 4. 1876. [Aus: „Vierteljahres-Revue der Naturwissenschaften".] 8. (128 S.) Ebend. 877. n. 1. 60

— dasselbe. Nr. 5. 1877—79. Nebst einem vollständ. Sachregister über die Jahrgänge 1872—1879. 8. (126 S.) Ebend. 879. n. 2. —

— dasselbe. Nr. 6. 1880. 8. (150 S.) Ebend. 881. n. 2. —

— dasselbe. Nr. 7. 1881. 8. (123 S.) Ebend. 882. n. 2. —

— die, der Meteorologie. Nr. 8—11. [Aus: „Revue d. Naturwissenschaften".] 8. Leipzig, Mayer. n. 7. 60
8. 1882. Mit Sachregister üb. Nr. 6—8. 1880—82. (140 S.) 883. n. 2. —. — 9. 1883. (76 S.) 884. n. 1. 20. — 10. 1884. (127 S.) 885. n. 2. —. — 11. 1885. Mit Sachregister üb. Nr. 9—11. 1883—85. (148 S.) 886. n. 2. 40

— die, der Meteorologie. Nr. 12—14. [Aus: „Revue der Naturwissenschaften".] 8. Leipzig, E. H. Mayer. à n. 2. —
12. 1886. (191 S.) 887.
13. 1887. Mit Sachregister zu Nr. 12—13. [1886—1887.] (144 S.) 888.
14. 1888. (216 S.) 890.

FORTSCHRITTE DER MINERALOGIE, KRISTALLOGRAPHIE UND PETROGRAPHIE. Herausgegeben im Auftrag der Deutschen Mineralogischen Gesellschaft von Dr G. LINCK.
Bd 1. Mit 53 Abbildungen Jena 1911 Verlag von Gustav Fischer 8°
Bd. 2. Mit 13 Abbildungen. ib. 1912. —

— des engl. Missionswerkes in d. ersten Viertel d. 19. Jahrhunderts. gr. 8. Basel 825. Neukirch. 12 gr

Fortschritte d. evangel. Missionswerkes in d. ersten Viertel d. 19n Jahrh. gr. 8. Basel 826, Neukirch.

Fortschritte, die, der Naturwissenschaft in biographischen Bildern. Bearbeitet von mehreren Gelehrten. Berlin 856. Vosselmann. gr. 8.
1. Heft: Nicolaus Copernicus. Sein Leben u. seine Lehre. (2 Bl., 68 S.) n. 15 ngr
2. Heft: Johannes Keppler. Sein Leben u. seine wissenschaftliche Bedeutung. (2 Bl., 122 S.) n. 20 ngr
3. Heft: Galileo Galilei. Sein Leben u. seine Bedeutung für die Entwickelung der Naturwissenschaft. (2 Bl., 76 S.) n. 15 ngr
4. Heft: Leopold v. Buch. Sein Leben u. seine wissenschaftl. Bedeutung. (2 Bl, 99 S.) n. 15 ngr

Fortschritte, neuere, in Wirtschaftsbetrieb u. Bodenkultur, s.a. Arbeiten d. deutschen Landwirtschafts-Gesellschaft.

Neuere Fortschritte in Wirtschaftsbetrieb und Bodenkultur. 13 Vorträge, geh. auf dem von d. Deutschen Landw.-Gesellsch. veranstalt. 4. Lehrgange f. Wanderlehrer zu Eisenach v. 11–17. April 1901. *Berlin 1901: O. Thiele.* (IV, 309 S.) 8° [F.]
= Arbeiten d. Deutschen Landwirtsch.-Gesellschaft. 64.

Neueste *Fortschritte* in der Chemie u. ihrer Anwendung auf Agricultur. Reden, gehalten bei dem öffentlichen Festmahle, welches Professor Liebig zu Glasgow, d. 11. October 1844, gegeben wurde. Aus. d. Engl. Braunschw. 1845. 54 S. P.

— d. neuesten, oder d. gute Geschmack im Sticken, mit 32 Kpf. gr. 4. Leipz., Tauchnitz. 2 ß 12 gr

Fortschritte, Die neuesten, in der Erkenntnis der Entwickelungsgeschichte des Judenthums und der Entstehung des Christenthums. [Breslau 1867.] V: *Geiger*, *Abraham*. (KatDMG)

— die neuesten, in den Gewerben. Eine Zusammenstellung aller während der letzten Jahre in den verschiedensten Zweigen der techn. Gewerbe gemachten Erfindungen und Verbesserungen. 1.—3. Thl. gr. 8. Leipzig 868, Deckmann. [Berlin, Mode's Verlag.] à Thl. * 1 Thlr. *
Inhalt:
Thl. 1. Wendt, O., die neuesten Fortschritte in der Bierbrauerei. Eine Beschreibung der neuesten Malzdarren und Brauanlagen, der bewährtesten Verfahrungsweisen zur Reinigung des Wassers, der vortheilhaftesten Aufbewahrungsarten des Eises ꝛc. sowie aller sonst. in den verschied. Zweigen der Brauerei gemachten neuesten wichtigen Erfindungen und Verbesserungen. Nach den besten Quellen und eigener Anschauung bearb. (VIII und 192 S. mit in den Text gedr. Holzschn.)
" 2. Frohwein, Friedr., die neuesten Fortschritte in der Färberei und dem Zeugdruck. Eine Zusammenstellung aller während der letzten Jahre in der Färberei und dem Zeugdruck gemachten Erfahrungen, Erfindungen und Verbesserungen ꝛc. Nach den besten Quellen und eigenen Versuchen. (X und 189 S. mit in den Text gedr. Holzschn.)
" 3. Vicat, Eman., die neuesten Fortschritte in der Ziegel- und Cementfabrikation. Eine Beschreibung der neuesten Maschinen zur Darstellung von Ziegel- und Thonröhren, der neuern Brennöfen für Ziegel und Kalk ꝛc. sowie überhaupt aller während der letzten Jahre gemachten, für die Besitzer von Ziegeleien, Kalkbrennereien und Cementfabriken wichtigen Verbesserungen, Erfindungen und Neuerungen. Nach den besten in- und ausländischen Quellen in übersichtl. Weise zusammengestellt. (VI und 198 S. mit in den Text gedr. Holzschn.)

— die neuesten, auf dem Gebiete des gewerblichen Lebens und der Fabrikation. Enth.: Chemische Fabriken und Produkte. Feuerzeuge und Phosphor. Die gezogenen Feuerwaffen in ihrer neuesten Vervollkommnung ꝛc. Hrsg. unter Mitwirkung einer Anzahl Gelehrter und Fachmänner. br. 8. (VI und 314 S. mit 5 Tondr.-Bildern und 150 in den Text gedr. Abbild. in Holzschn.) Leipzig 865, Spamer.
Aus: Das Buch der Erfindungen, Gewerbe und Industrien. Suppl.-Bd., besonders abgedruckt.

— die neuesten, d. Steinkohlen-Bergbaues. Hrsg. von Carl Hartmann. Mit 12 (lith.) Taf. Abbildgn. (in 8. u. qu. Fol.) gr. 8. (VIII u. 181 S.) Quedlinburg 859, Basse. 1⅓ ß

Fortschritte, Die, der Obstkultur. [Kiel 1832.] V: *Hansen*, *Ernst Friedrich*. (NN)

Fortschritte, oekonomische. Wochenschrift des Neuesten, Nützlichsten und Wissenswürdigsten aus dem Bereiche der Haus-, Land- und Forstwirthschaft, des Garten-, Wein- und Obstbaues, sowie der landwirthschaftl. Gewerbe. Hrsg. von einem Vereine von Männern der Wissenschaft und Praxis. 1. und 2. Jahrg. Octbr. 1866 bis Septbr. 1868. à Jahrg. 24 Nrn. (Bog.) gr. 8. Erlangen, Besold. à Jahrg. *

— oekonomische. Wochenschrift für die Anwendung der Ergebnisse der naturwissenschaftl. Forschungen auf den gesammten Pflanzenbau, die Thierzucht, die land- und forstwirthschaftl. Gewerbe und die Hauswirthschaft. Hrsg. von Phil. Zöller. 3. und 4. Jahrg. Oktbr. 1868—Septbr. 1870. à Jahrg. 24 Nrn. (Bog.) gr. 8. Erlangen, Besold. 3. Jahrg. *
4. Jahrg. *

Fortschritte, ökonomische. Wochenschrift f. die Anwendg. der Ergebnisse der naturwissenschaftl. Forschgn. auf den gesammten Pflanzenbau, die Thierzucht, die land- u. forstwirthschaftl. Gewerbe u. die Hauswirthschaft. Hrsg. v. Phil. Zöller. 5. u. 6. Jahrg. 1871. u. 1872. à 12 Nrn. (à 2 B.) gr. 8. Erlangen, Besold. à Jahrg. n. 6. —

— die, der Physik im Jahre 1845. Dargestellt von der physikal. Gesellschaft zu Berlin. I. Jahrg. Red. v. G. Karsten. 1. Abth. Allgemeine Physik u. Akustik. gr. 8. (XII u. 160 S.) Berlin 847, G. Reimer. ⅚ ß — 2. Abth. gr. 8. (S. X—XXXII u. 161—622.) Ebd. 847. 2½ ß (I. 1. 2.: 3⅙ ß)

Fortschritte, die, der Physik im J. 1846. Dargestellt von der physikal. Gesellschaft zu Berlin. 2. Jahrg. Redig. von G. Karsten. gr. 8. Berlin 848, G. Reimer.

— dass. — der Physik im J. 1847. Dargestellt von der physikal. Gesellschaft zu Berlin. 3. Jahrg. Redig. von Dems. 2 Abthlgn. gr. 8. Ebds.
Abthl. 1. Allgemeine Physik, Akustik, Optik und Wärmelehre. (S. 1—320.) 849. 1 Thlr. 15 Ngr.
" 2. Elektricitätslehre und Meteorologie. (XLIV und S. 321—703.) 850. 2 Thlr.

— dass. — der Physik im J. 1848. Dargestellt von der physikal. Gesellschaft zu Berlin. 4. Jahrg. Redig. von Dems. gr. 8. (XXX und 474 S.) Ebds. 852.
1. Jahrg. (2 Abthlgn.) Ebendas. 1846—47. 3 Thlr. 5 Ngr.

Fortschritte, die, der Physik im J. 1849. Dargestellt von der physikal. Gesellschaft zu Berlin. 5. Jahrg. Redig. von W. Beetz und G. Karsten. gr. 8. (XXIV und 500 S.) Berlin 853, G. Reimer.

— dass. — in den J. 1850 und 1851. Redig. von A. Krönig und W. Beetz. 6. und 7. Jahrg. 1. Abthl. Enthaltend: Allgemeine Physik, Akustik und Optik. gr. 8. (558 S.) Ebds. 854.

— dass. — 2. Abthl. Enthaltend: Wärmelehre, Elektricitätslehre, Meteorologie und physikal. Geographie. gr. 8. (LVI und S. 561—1201.) Ebds. 855.

— — im Jahre 1852. 8. Jahrg. Redig. von A. Krönig. 1. Abth. Enthltd.: Allgem. Physik, Akustik, Optik und Wärmelehre. — 2. Abth. Enthltd.: Elektricitätslehre u. Physik der Erde. Ebend. 855. gr. 8. (LXXII, 794 S.) 4 ß 7½ ngr

Fortschritte, die, der Physik in den Jahren 1853—1855. IX.—XI. Jahrg. Redig. von A. Krönig. Berlin 856—58. G. Reimer. gr. 8. (IX.: XLIV, 753 S. 4 ß; X.: L, 814 S. 4 ß; XI.: LXXVI, 834 S. 4 ß 10 ngr) 12 ß 10 ngr

— — im Jahre 1856. XII. Jahrg. Redig. von A. Krönig. 1. u. 2. Abth. Ebend. 858. gr. 8. (LXX, 826 S.) 4 ß 15 ngr

— die, der Physik im J. 1857. Dargestellt von der physikal. Gesellschaft zu Berlin. XIII. Jahrg. Red. von A. Krönig u. O. Hagen. 1. Abth. Enth.: Allgemeine Physik, Akustik, Optik u. Wärmelehre. — 2. Abth. Enth.: Elektricitätslehre u. Physik der Erde. Berlin 859, 60. G. Reimer. gr. 8. (XLIV, 628 S.) 3 ℛ 5 ngr.

— — im J. 1858. XIV. Jahrg. Red. von O. Hagen. (2 Abthlgn.) Ebend. 860. gr. 8. (XLVIII, 735 S.) 3 ℛ 22½ ngr.

— — im J. 1859—1861 u. 1862. 1. Abthlg. XV—XVIII. Jahrg. Red. von E. Jochmann. Ebend. 862—64. gr. 8. (15.: LXXVIII, 806 S.; 16: LX, 928 S.; 17.: LX, 810 S.; 18.: S. 1—381.) XV.: 4 ℛ 10 ngr.; XVI.: 4 ℛ 22½ ngr.; XVII.: 1 ℛ 5 ngr.; XVIII. 1.: 1 ℛ 25 ngr.

Fortschritte der Physik im J. 1862. Dargestellt von der physikalischen Gesellschaft zu Berlin. 18. Jahrg. Redig. von E. Jochmann. 2. Abth. Berlin 864. G. Reimer. gr. 8. (LVI, S. 383—856.) 2 ℛ 15 ngr.

— — im J. 1863. 19. Jahrg. Redig. von Emil Jochmann. Ebend. 865. gr. 8. (LVI, 747 S.) 4 ℛ

— — im J. 1864. 20. Jahrg. Ebend. 867. gr. 8. (LXI, 950 S.) 5 ℛ

— dass. — im J. 1865. 21. Jahrg. 2 Abthlgn. Redig. von H. Kiessling und A. Kundt. gr. 8. Ebendas. 867,68. [1. Abthl. (S. 1—384.) 1 Thlr. 25 Ngr., 2. Abthl. (LII und S. 385—764.) 2 Thlr. 5 Ngr.]
Vgl. XIII. Bd. 1. Abthl. S. 309. — Jahrg. 1—21 kosten 79 Thlr. 20 Ngr.

— im J. 1866. 22. Jahrg. Redig. von G. Quincke, B. Schwalbe u. Wangerin. Ebend. 870. gr. 8. (LVI, 584 S.) 3 ℛ 5 ngr.

— die, der Physik im J. 1867. Dargestellt v. der physikal. Gesellschaft zu Berlin. 23. Jahrg. Red. v. G. Quincke u. B. Schwalbe, gr. 8. (LII, 656 S.) Berlin 870. G. Reimer. n. 10. 50

— dass. — im J. 1868. 24. Jahrg. Redig. von B. Schwalbe. 2 Abthlgn. gr. 8. Ebendas. 872.
Inhalt:
Abthl. 1. Allgemeine Physik, Akustik und Optik. (S. 1—384.) ℳ 5,50.
» 2. Wärmelehre, Elektricitätslehre, Physik der Erde. (LXVIII, S. 385—792.) ℳ 7.

— dass. — im J. 1869. 25. Jahrg. 2 Abthlgn. gr. 8. Ebendas. 873.
Inhalt:
Abthl. 1. Allgemeine Physik, Akustik und Optik. (IV, S. 1—456.) ℳ 7.
» 2. Wärmelehre, Elektricitätslehre, Physik der Erde. (LXXVII, S. 457—1083.) ℳ 10,50.

— dass. — im J. 1870. 26. Jahrg. 2 Abthlgn. gr. 8. Ebendas. 874. *
Inhalt:
Abthl. 1. Allgemeine Physik, Akustik, Optik. (IV, S. 1—448.) ℳ 7.
» 2. Wärmelehre, Electricitätslehre. (LXXIV, S. 449—1021.) *ℳ 10.

— dass. — Namen- und Sach-Register zu Bd. I—XX. Bearb. von W. Barentin. gr. 8. (III, 500 S.) Ebendas. 872. *
1.—21. Jahrg. Ebendas. 1846—68. ℳ 239.

— die, der Physik im J. 1871. Dargestellt von der physikal. Gesellschaft zu Berlin. Redig. von B. Schwalbe. 27. Jahrg. 2 Abthlgn. gr. 8. Berlin, G. Reimer.
Inhalt:
Abthl. 1. Allgemeine Physik, Akustik und Optik. (IV, S. 1—512.) 875. ℳ 8.
» 2. Wärmelehre, Elektricitätslehre, Physik der Erde. (LXXXVI, S. 513—1146.) 876. ℳ 11.

— dass. — im J. 1872. Dargestellt von der physikal. Gesellschaft zu Berlin. Redig. von B. Schwalbe. 28. Jahrg. 2 Abthlgn. gr. 8. Ebendas.
Inhalt:
Abthl. 1. Allgemeine Physik, Akustik, Optik, Wärmelehre. (IV, S. 1—480.) 876. ℳ 7,50.
» 2. Wärmelehre, Elektricitätslehre, Physik der Erde. (XCVII, S. 481—1296.) 877. ℳ 14,25.

— dass. — im J. 1873. Dargestellt von der physikal. Gesellschaft zu Berlin. Redig. von B. Schwalbe. 29. Jahrg. 2 Abthlgn. gr. 8. Ebendas. 877.
Inhalt:
Abthl. 1. Allgemeine Physik, Akustik, Optik. (S. 1—564.) ℳ 9.
» 2. Wärmelehre, Elektricitätslehre, Physik der Erde. (C, S. 565—1289.) ℳ 13,50.

— dass. — im J. 1874. Dargestellt von der physikal. Gesellschaft zu Berlin. Redig. von B. Schwalbe und Neesen. 30. Jahrg. 2 Abthlgn. gr. 8. Ebendas.
Inhalt:
Abthl. 1. Allgemeine Physik, Akustik, Optik. (S. 1—664.) 878. ℳ 10,50.
» 2. Wärmelehre, Elektricitätslehre, Physik der Erde. (CXVI, S. 665—1523.) 879. ℳ 15,75.

— dass. — im J. 1875. Dargestellt von der physikal. Gesellschaft zu Berlin. Redig. von Neesen. 31. Jahrg. 2 Abthlgn. gr. 8. Ebendas.
Inhalt:
Abthl. 1. Allgemeine Physik, Akustik, Optik, Wärmelehre. (S. 1—440.) 879. ℳ 7.
» 2. Wärmelehre, Elektricitätslehre, Physik der Erde. (CIV, S. 441—1203.) 880. ℳ 13,50.

— die, der Physik im J. 1876. Dargestellt von der physikal. Gesellschaft zu Berlin. Redig. von B. Schwalbe. 32. Jahrg. 2 Abthlgn. gr. 8. Berlin, G. Reimer.
Inhalt:
Abthl. 1. Allgemeine Physik, Akustik, Optik. (VI, S. 1—687.) 880. ℳ 11.
» 2. Wärmelehre, Elektricitätslehre, Physik der Erde. (CXVI, S. 689—1636.) 881. ℳ 16,50.

— dass. — im J. 1877. Dargestellt von der physikal. Gesellschaft zu Berlin. Redig. von B. Schwalbe. 33. Jahrg. 3 Abthlgn. gr. 8. Ebendas.
Inhalt:
Abthl. 1. Allgemeine Physik, Akustik. (IV, S. 1—408.) 881. ℳ 7.
» 2. Optik, Wärmelehre, Elektricitätslehre. (S. 409—1096.) 882. ℳ 10,50.
» 3. Physik der Erde. (CXXVIII, S. 1097—1675.) 882. ℳ 10,50.

Fortschritte, die, der Physik im J. 1878. Dargestellt von der physikal. Gesellschaft zu Berlin. Redig. von Neesen. 34. Jahrg. 3 Abthlgn. gr. 8. Berlin, G. Reimer.
Inhalt:
Abthl. 1. Allgemeine Physik, Akustik. (IV, S. 1—348.) 883. ℳ 7.
» 2. Optik, Wärmelehre, Elektricitätslehre. (S. 349—876 und Verhandlungen IV, S. 49—74.) 884. ℳ 11.
» 3. Physik der Erde. (CXL, S. 877—1391.) 884. ℳ 12.

— dass. — im J. 1879. Redig. von Neesen. 35. Jahrg. 1. Abthl.: Allgemeine Physik, Akustik. gr. 8. (S. 1—335 und Verhandlungen IV, S. 1—67) Ebendas. 885.
2. und 3. Abthl. noch nicht erschienen.

— die, der Physik im J. 1879. Dargestellt von der physikal. Gesellschaft zu Berlin. 35. Jahrg. Redig. von Neesen. 2. und 3. Abthl., enth. Optik, Wärmelehre, Elekricitätslehre und Physik der Erde. gr. 8. (CXX, S. 337—1503; Verhandlungen der physikal. Gesellschaft 1885: IV, 93 S.) Berlin 886, G. Reimer. *
35. Jahrg. 1. Abthl. Ebendas. 1885. *ℳ 8.—; 36. Jahrg. 3 Abthlgn. 1882,83. *ℳ 34.—.

— dass. — im J. 1880. Redig. von Neesen. 36. Jahrg. 3 Abthlgn. gr. 8. Ebendas.
Inhalt:
Abthl. 1. Allgemeine Physik, Akustik. (VI, S. 1—368 und Verhandlungen S. 1—80.) 882. ℳ 7.
» 2. Optik, Wärmelehre, Elektricitätslehre. Redig. von Neesen. (CLI, S. 369—1249; Verhandlungen 1882: IV, S. 81—112, und 1883: S. 1—48. 883. ℳ 17.
» 3. Physik der Erde. Redig. von B. Schwalbe. (634 S.) 883. ℳ 10.

Fortschritte, die, der Physik im J. 1881. Dargestellt von der physikal. Gesellschaft zu Berlin. Redig. von Neesen. 37. Jahrg. 3 Abtlgn. gr. 8. Ebendas. *

Inhalt:

Abtl. 1. Allgemeine Physik, Akustik. (IV, 364 S.) 885. *ℳ 7.—.
» 2. Neesen, F., Optik, Wärmelehre, Elekricitätslehre. (XCVIII, S. 365—1237.) 887. *ℳ 18.—.
» 3. Schwalbe, B., Physik der Erde. (XLV, 788 S.) 887. *ℳ 16.—.

—— dass. — im J. 1882. Dargestellt von der physikal. Gesellschaft zu Berlin. Redig. von F. Neesen und E. Rosochatius. 38. Jahrg. 3 Abthlgn. gr. 8. Ebendas. *

Inhalt:

Abthl. 1. Physik der Materie. (LX, 399 S.) 887. *ℳ 9.—.
» 2. Neesen, F., und E. Rosochatius, Physik des Aethers. (XLVII, 761 S.) 888. *ℳ 15.—.
» 3. Schwalbe, B., Physik der Erde. (XLVII, 792 S.) 888. *ℳ 16.—.

— dasselbe, im J. 1883. 3 Abthlgn. gr. 8. Ebd. 889. 890. n. 47. —
1. Physik der Materie. Red. von Rosochatius. (LXIV, 459 S.) n. 9. —
2. Physik des Aethers. Red. von E. Rosochatius und B. Schwalbe. (LVIII, 1055 S.) n. 21. —
3. Physik d. Erde. Red. v. B. Schwalbe. (L, 850 S.) n. 17.—

Fortschritte, die, der Physik im J. 1884. Dargestellt v. der physikal. Gesellschaft zu Berlin. 40. Jahrg. 3 Abthlgn. gr. 8. Berlin 890. G. Reimer. n. 50. —
1. Physik d. Materie. Red. v. E. Budde. (LXV, 538 S.) n. 11. —
2. Physik d. Aethers. Red. v. E. Budde. (LVI, 1057 S.) n. 21. —
3. Physik d. Erde. Red. v. B. Schwalbe. (IV, 920 S.) n. 16. —

—— dass. — im J. 1885. 41. Jahrg. 3 Abthlgn. gr. 8. Ebd. 891. * 51 —
1. Physik der Materie. Redig. v. E. Budde. (LXVI, 533 S.) * 11 —.
2. Physik des Aethers. Redig. v. E. Budde. (L, 895 S.) * 18 —.
3. Physik der Erde. Redig. v. B. Schwalbe. (LXIII, 1113 S.) * 22 —.

—— dass. — im J. 1886. 42. Jahrg. 3 Abthlgn. gr. 8. Ebd. 892. * 54 —
1. Physik der Materie. Redig. v. E. Budde. (LXX, 608 S.) * 13 —.
2. Physik des Aethers. Redig. v. E. Budde. (XLVIII, 890 S.) * 17 —.
3 Physik der Erde. Redig. v. B. Schwalbe. (LXXVII, 1177 S.) * 24 —.

— dasselbe im J. 1887. 43. Jahrg. 3 Abthlgn. gr. 8. Ebd. 893. n. 48. —
1. Physik d. Materie. Red. v. E. Budde. (LXVIII, 585 S.) n. 13. —
2. Physik d. Aethers. Red. v. E. Budde. (LIII, 836 S.) n. 18. —
3. Physik d. Erde Red. v. Assmann. (LVIII, 815 S.) n. 17. —

— dasselbe im J. 1888. 44. Jahrg. 1. u. 2. Abthlg. gr. 8. Braunschweig 894. F. Vieweg & Sohn. n. 50. —
1. Physik d. Materie. Red. v. Rich. Börnstein. (LXII, 479 S.) n. 20. —
2. Physik d. Aethers. Red. v. Rich. Börnstein. (XLV, 809 S.) n. 30. —

— die, der Physik im J. 1888. Dargest. v. d. physikal. Gesellschaft zu Berlin. 44. Jahrg. 3. Abth. gr. 8. Braunschweig 894. F. Vieweg & Sohn. n. 30. — (1.—3.: n. 80. —)
Physik der Erde. Red. v. Rich. Assmann. (L, 771 S.)

Fortschritte, die, d. Physik im J. 1889. Dargest. v. d. physikal. Gesellsch. z. Berlin. 45. Jahrg. 3 Abthlgn. gr. 8. Braunschweig 895. F. Vieweg & Sohn. n. 82. 50
1. Physik der Materie. Red. v. Rich. Börnstein. (LXVIII, 580 S.) n. 22. 50
2. Physik des Aethers. Red. v. Rich. Börnstein. (XLIX, 821 S.) n. 30. —
3. Physik der Erde. Red. v. Rich. Assmann. (LVII, 793 S.) n. 30. —

— dasselbe im J. 1890. 46. Jahrg. 3 Abthlgn. gr. 8. Ebd. n. 80. —
1. Physik der Materie. Red. v. Rich. Börnstein. (LXVII, 523 S.) 896. n. 20. —
2. Physik des Aethers. Red. v. Rich. Börnstein. (XLIV, 781 S.) 897. n. 30. —
3. Kosmische Physik. Red. v. Rich. Assmann. (LIV, 780 S.) 896. n. 30. —

— dasselbe im J. 1891. 47. Jahrg. 3 Abthlgn. gr. 8. Ebd. 897. n. 73. —
1. Physik der Materie. Red. v. Rich. Börnstein. (LXIV, 418 S.) n. 18. —
2. Physik des Aethers. Red. v. Rich. Börnstein. (XLII, 752 S.) n. 30.—
3. Kosmische Physik. Red. v. Rich Assmann. (XLVII, 621 S.) n. 25. —

— dasselbe im J. 1892. 48. Jahrg. 3 Abthlgn. gr. 8. Ebd. 898. n. 75. —
1. Physik der Materie. Red. v. Rich. Börnstein. (LXVI, 449 S.) n. 20. —
2. Physik des Aethers. Red. v. Rich. Börnstein. (XLIII, 778 S.) n. 30. —
3. Kosmische Physik. Red. v. Rich. Assmann. (L, 597 S.) n. 25. —

— dasselbe im J. 1893. 49. Jahrg 3 Abthlgn. gr. 8. Ebd. 895. n. 75. —
1. Physik der Materie. Red. v. Rich. Börnstein. (LXX, 562 S.) n. 20. —
2. Physik des Aethers. Red. v. Rich. Börnstein. (LIV, 900 S.) n. 30. —
3. Kosmische Physik. Red. v. Rich. Assmann. (XLIV 727 S.) n. 25. —

— dasselbe im J. 1894. 50. Jahrg. 3 Abthlgn. gr. 8. Ebd. n. 77. 50
1. Physik der Materie. Red. v. Rich. Börnstein. (LXXIV, 600 S.) 895. n. 22. 50
2. Physik des Aethers. Red. v. Rich. Börnstein. (XLV, 853 S.) 896. n. 30. —
3. Kosmische Physik. Red. v. Rich. Assmann. (LI, 716 S.) 895. n. 25. —

— dasselbe im J. 1895. 51. Jahrg. 3 Abthlgn. gr. 8. Ebd. 896. n. 75. —
1. Physik der Materie. Red. v. Rich. Börnstein. (LXVII, 510 S.) n. 20. —
2. Physik des Aethers. Red. v. Rich. Börnstein. (XLVII, 843 S.) n. 30. —
3. Kosmische Physik. Red. v. Rich. Assmann. (LIV, 686 S.) n. 25. —

— dasselbe im J. 1896. 52. Jahrg. 3 Abthlgn. gr. 8. Ebd. 897. n. 71. —
1. Physik der Materie. Red. v. Rich. Börnstein. (LXX, 476 S.) n. 20. —
2. Physik des Aethers. Red. v. Rich. Börnstein. (XLIX, 820 S.) n. 30. —
3. Kosmische Physik. Red. v. Rich. Assmann. (XLV, 581 S.) n. 21. —

— dasselbe im J. 1897. 53. Jahrg. 1. Abth. gr. 8. Ebd. 898. n. 23. —
Physik der Materie. Red. v. Rich. Börnstein. (LXXIII, 573 S.)

— dasselbe. Namenregister nebst e. Sach-Ergänzungsreg. zu Bd. XXI (1865) bis XLIII (1887) unt. Berücksicht. d. in d. Bdn. I—XX enthalt. Autorennamen. Bearb. v. B. Schwalbe. 2 Hälften. gr. 8. (XXII, 1094 S.) Berlin 897. 98. G. Reimer. n. 54. —

— die, der Physik im J. 1897. Dargestellt von der physikal. Gesellschaft zu Berlin. 53. Jahrg. 2. u. 3. Abth. gr. 8. Braunschweig 898. F. Vieweg & Sohn. n. 53. —; (kplt. n. 76. —)
2. Physik d. Aethers. Red. v. Rich. Börnstein. (LII, 912 S.) n. 32. —
3. Kosm. Physik. Red. v. Rich. Assmann. (XLV, 566 S.) n. 21. —

— dasselbe. Namen-Register nebst e. Sach-Ergänzungsregister zu Bd. XLIV (1888) bis LIII (1897). Unter Mitwirkg. von E. Schwalbe bearb. von G. Schwalbe. (XVIII, 1043 S.) gr. 8. Braunschweig 903. F. Vieweg & Sohn. n. 60. —

— dasselbe im J. 1898. 54. Jahrg. 3 Abthlgn. gr. 8. Ebd. 899. 900. n. 82. —
1. Physik d. Materie. Red. v. Rich. Börnstein. (LXXVI, 694 S.) n. 26. —
2. Physik d. Aethers. Red. v. Rich. Börnstein. (LIV, 984 S.) n. 34. —
3. Kosm. Physik. Red. v. Rich. Assmann. (XLIII, 586 S.) n. 22. —

— dasselbe im J. 1899. 55. Jahrg. 3 Abthlgn. gr. 8. Ebd. 900. n. 80. —
1. Physik d. Materie. Red. v. Rich. Börnstein u. Karl Scheel. (LXXVIII, 693 S.) n. 26. —
2. Physik des Aethers. Red. v. Rich. Börnstein u. Karl Scheel. (LIII, 935 S.) n. 34. —
3. Kosm. Physik. Red. v. Rich. Assmann. (XLIV, 544 S.) n. 20. —

— dasselbe im J. 1900. 56. Jahrg. 3. Abthlgn. gr. 8. Ebd. 901. n. 60. —
1. Physik d. Materie. Red. v. Karl Scheel. (XXXVI, 857 S.) n. 15. —
2. Physik d. Aethers. Red. v. Karl Scheel. (LII, 794 S.) n. 27. —
3. Kosm. Physik. Red. v. Rich. Assmann. (XLVIII, 472 S.) n. 18. —

— dasselbe im J. 1901. 57. Jahrg. 3 Abthlgn. gr. 8. Ebd. 902. n. 71. —
1. Physik d. Materie. Red. v. Karl Scheel. (XXXIX, 421 S.) n. 17. —
2. Physik d. Aethers. Red. v. Karl Scheel. (LXIV, 810 S.) n. 30. —
3. Kosm. Physik. Red. v. Rich. Assmann. (LVIII, 610 S.) n. 24. —

— dasselbe im J. 1902. Halbmonatliches Litteraturverzeichniss, red. v. Karl Scheel u. Rich. Assmann. 1. Jahrg. 24 Nrn. (à ca. 40 S.) gr. 8. Ebd. n. 4. —

— die, der Physik im J. 1902. Dargestellt von der deutschen physikal. Gesellschaft. 58. Jahrg. 3 Abtlgn. gr. 8. Braunschweig 903. F. Vieweg & Sohn. n. 80. —
1. Physik der Materie. Red, v. Karl Scheel. (XL, 496 S.) n. 20. —
2. Physik des Aethers. Red. v. Karl Scheel. (LIV, 906 S.) n. 34. —
3. Kosmische Physik. Red. v. Rich. Assmann. (LXVIII, 680 S.) n. 26. —

— dasselbe im J. 1903. 59. Jahrg. 3 Abtlgn. gr. 8 Ebd. 904. n. 78. —
1. Allgemeine Physik, Akustik, physikalische Chemie, red. v. Karl Scheel. (XLVIII, 691 S.) n. 26. —
2. Elektrizität u. Magnetismus, Optik des gesamten Spektrums, Wärme. Red. von Karl Scheel. (XLVI, 675 S.) n. 26. —
3. Kosmische Physik. Red. von Rich. Assmann. (LXIV, 581 S.) n. 26. —

— dasselbe im J. 1904. 60. Jahrg. 3 Abtlgn. gr. 8. Ebd. 905. n. 90. —
1. Allgemeine Physik, Akustik, physikalische Chemie, red. v. Karl Scheel. (L, 765 S.) n. 30. —
2. Elektrizität u. Magnetismus, Optik des gesamten Spektrums, Wärme. Red. v. Karl Scheel. (LII, 810 S.) n. 32. —
3. Kosmische Physik, Red. v. Rich. Assmann. (LXV, 638 S.) n. 28. —

— dasselbe im J. 1905. 61. Jahrg. 3 Abtlgn. gr. 8. Ebd. 906. n. 88. —
1. Allgemeine Physik, Akustik, physikalische Chemie, red. v. Karl Scheel. (XXXIX, 670 S.) n. 28. —
2. Elektrizität u. Magnetismus, Optik des gesamten Spektrums, Wärme. Red. v. Karl Scheel. (XL, 714 S.) n. 30. —
3. Kosmische Physik, Red. v. Rich. Assmann. (LXXIII, 658 S.) n. 30. —

— dasselbe, Literaturverzeichnis, Fortsetzg., s.: Literaturverzeichnis, halbmonatliches.

— die, der Physik im J. 1906. Dargestellt von der deutschen physikal. Gesellschaft. 62. Jahrg. 3 Abtlgn. gr. 8. Braunschweig, F. Vieweg & Sohn. 94. —
1. Enth. Allgemeine Physik, Akustik, physikal. Chemie, red. v. Karl Scheel. (XXXIX, 714 S.) 907. 30. —
2. Elektrizität und Magnetismus. Optik des gesamten Spektrums, Wärme. Red. v. Karl Scheel. (XLII, 727 S.) 907. 32. —
3. Kosmische Physik. Red. v. Rich. Assmann. (LXXII, 641 S.) 907. 32. —

— dasselbe im J. 1907. 63. Jahrg. 3 Abtlgn. gr. 8. Ebd. 92. —
1. Allgemeine Physik, Akustik, physikalische Chemie, red. v. Karl Scheel. (XXXVI, 614 S.) 907. 28. —
2. Elektrizität u. Magnetismus des gesamten Spektrums, Wärme. Red. v. Karl Scheel. (XLIV, 714 S.) 908. 32. —
3. Kosmische Physik. Red. v. Rich. Assmann. (LXXIV, 604 S.) 908. 32. —

— dasselbe im J. 1908. 64. Jahrg. 3 Abtlgn. gr. 8. Ebd. 94. —
1. Allgemeine Physik, Akustik, physikalische Chemie, red. v. Karl Scheel. XXXII, 573 S.) 909. 28. —
2. Elektrizität u. Magnetismus. Optik d. ges. Spektrums, Wärme. Red. v. Karl Scheel. (XLIII, 676 S.) 909. 34. —
3. Kosmische Physik, red. v. Rich. Assmann. (LXVII, 500 S.) 909. 32. —

Fortschritte, die, der Physik im J. 1909. 65. Jahrg. 3 Abtlgn. g. 8. Braunschweig, F. Vieweg & Sohn. 93. —
1. Allgemeine Physik, Akustik, physikalische Chemie, red. v. Karl Scheel. (XXX, 507 S.) 910. 27. —
2. Elektrizität u. Magnetismus. Optik des gesamt. Spektrums, Wärme. Red. v. Karl Scheel. (XLIII, 654 S.) 910. 34. —
3. Kosmische Physik, red. v. Rich. Assmann. (LXXI, 584 S.) 910. 32. —

— die, auf dem Gebiete der Physik. 1872—1873. [Aus: „Vierteljahres-Revue der Naturwissenschaften hrsg. v. Herm. J. Klein."] 8. (122 S.) Leipzig 874. Mayer. n. 1. 50

— dasselbe. Nr. 2. 1874—1875. 8. (152 S.) Ebend. 875. n. 2. 40

— die, auf dem Gebiete der Physik. Nr. 3. 1876—78. [Aus: „Vierteljahres-Revue der Naturwissenschaften".] 8. (160 S.) Ebend. 878. n. 2. 60

— dasselbe. Nr. 4. 1879—80. Mit Sachregister über Nr. 1—4 [1872—1880]. 8. (204 S.) Ebend. 881. n. 3. —

— dasselbe. Nr. 5. 1880—81. 8. (121 S.) Ebend. 882. n. 2. — (1—5.: n. 11. 50)

— die, der Physik. Nr. 6—9. [Aus: „Revue der Naturwissenschaften".] 8. (194 S.) Ebend. n. 8. 80
6. 1881—82. (194 S.) 882. n. 3. —. — 7. 1882—83. Mit Sachregister üb. Nr. 5—7. 1880—83. (124 S.) 884. n. 2. —. — 8. 1884. (192 S.) 885. n. 2. —. — 9. 1885. (111 S.) 886. n. 1. 80

— die, der Physik. Nr. 10—12. [Aus: „Revue der Naturwissenschaften".] 8. (188 S.) Ebd. n. 8. —
10. 1886. Mit Sachregister zu Nr. 8—10. [1884—1886.] (110 S.) 887. n. 2. —
11. 1887. Mit Sachregister. (228 S.) 888. n. 3. —
12. 1888. Mit Sachregister. (188 S.) 889. n. 3. —

— auf d. Gebiete d. Röntgenstrahlen. Unter Mitwirkg. von v. Bramann, v. Bruns, Curschmann etc. hrsg. v. Deycke u. Albers-Schönberg 1. u. 2. Bd. à 6 Hfte. (à ca. 50 S. m. Fig. u. Taf.) hoch 4. Hamburg 897—898. L. Gräfe & Sillem. à n. 30. —

— auf dem Gebiete der Röntgenstrahlen. Unter Mitwirkg. von v. Bramann, v. Bruns, Curschmann u. a. hrsg. v. Albers-Schönberg. 3.—6. Bd. à 6 Hfte. hoch 4. Hamburg 899—902. L. Gräfe & Sillem. à Bd n. 30. —
3. (VIII, 230 S. m. Abb. u. 26 Taf.) — 4. (VII, 268 S. m. Abb. u. 24 Taf.) — 5. (VIII, 363 S. m. Abb. u. 21 Taf.)

— dasselbe. 1.—9. Ergänzungsband. Archiv u. Atlas der normalen u. patholog. Anatomie in typ. Röntgenbildern. hoch 4. Ebd. Kart. n. 152. —
1. Die Entwicklung des menschl. Knochengerüstes während des fötalen Lebens, dargestellt an Röntgenbildern. Von Jos. Lambertz. Mit 46 Röntgenbildern auf 9 Taf. u. 20 Fig. im Text u. 1 lith. Taf. (V, 82 S.) 900. n. 12. —
2. Die angeborenen Verbildungen der oberen Extremitäten. Von Geo. Joachimsthal. Mit 33 Röntgenbildern auf 8 Taf. u. 24 Fig. im Text. (V, 40 S.) 900. n. 9. —
3. Die angeborene Luxation des Hüftgelenkes. Von Max Schede. Mit 44 Röntgenbild. auf 5 Taf. (26 S.) 900. n. 8. —
4. Die topographische Anatomie der oberen Extremitäten. (Ellbogengelenk v. R. Jedlička. — Hand- u. Schultergelenk v. G. Kratzenstein u. W. Scheffer.) (15 u. 7 S. m. 14 Taf. u. 2 Bl. Erklärgn.) 900. n. 10 —
5. Die Fracturen u. Luxationen der Finger u. des Carpus, die Fracturen des Metacarpus u. der Vorderarmknochen. Von M. Oberst. Mit 192 Röntgenbildern auf 22 Taf.) (IV, 36 S.) 901. n. 20. —
6. Die röntgenologische Diagnostik der Erkrankungen der Brusteingeweide. Von Guido Holzknecht. Mit 60 Abbildgn. im Text u. 50 Röntgenbildern auf 8 Taf. (IX, 229 S.) 901. n. 25. —
7. Die Schussverletzungen. Von Schjerning, Thöle u. Voss. Mit 72 Abbildgn. im Text u. 34 Taf. (XIII, 160 S.) Fol. 902. n. 40. —
8. Die angeborenen Verbildungen der unteren Extremitäten. Von Geo. Joachimsthal. Mit 62 Röntenbildern auf 9 Taf. u. 52 Abbildgn. im Text. (VII, 66 S). hoch 4. 902. Kart. n. 12. —
9. Die Entwickelung der Knochen der Extremitäten von der Geburt bis zum vollendeten Wachsthum. Von Wilms u. C. Sick. Obere Extremität v. W., untere Extremität v. S. Mit 99 Röntgenbildern auf 16 Taf. (15 u. 9 S. m. Abbildgn. u. 16 Bl. Erklärgn.) 902. n. 16. —

— auf dem Gebiete der Röntgenstrahlen. Unter Mitwirkg. von v. Bramann, v. Bruns, Cowl u. a. hrsg. von Albers-Schönberg. 7.—10. Bd. à 6 Hefte. (VIII, 354; VIII, 458; VIII, 411 u. VIII, 387 S. m. Abbildgn. u. 28, 16, 26 u. 31 Taf.) hoch 4. Hamburg 903—906. L. Gräfe & Sillem. à Bd. n. 30. —

— dasselbe. 10.—18. Ergänzungsbd. Archiv u. Atlas der normalen u. patholog. Anatomie in typ. Röntgenbildern. hoch 4. Ebd. Kart. n. 67. —

10. Die Diagnose des Nierensteins mit Hilfe der neueren Untersuchungsmethoden. Von O. Rumpel. Mit 50 Röntgenbildern auf 10 Taf. u. 9 Abbildgn. im Text. (35 S.) 903. n. 11. —
11. Die Schädelbasis im Röntgenbilde, nebst e. Anh.: Über die Nähte, Gefässfurchen u. traumat. Fissuren des Schädels. Von Arth. Schüller. Mit 8 Taf., 8 zugehörigen Skizzenblättern u. 30 Abbildgn. im Text. (VII, 78 S.) 905. n. 14. —
12. Die normale u. pathologische Anatomie des Hüftgelenks u. Oberschenkels in röntgenographischer Darstellung. Von Alban Köhler. Mit 12 Taf. u. 35 Abbildgn. im Text. (VII, 151 S.) 905. n. 22. —
13. Die Entwickelung der knöchernen Wirbelsäule. Von Béla Alexander. Mit 42 Röntgenbildern auf 20 Taf. u. 14 Orig.-Zeichngn. im Text. (VII, 49 S. m. 20 Bl. Erklärgn.) 906. Kart. n. 20. –

1.—9. Erg.-Hft. Ebd. 900—902. n. 152. —

— auf dem Gebiete der Röntgenstrahlen. Unter Mitwirkg. von v. Bramann, v. Bruns, Czerny u. a. hrsg. v. Albers-Schönberg. 11—16. Bd. à 6 Hefte. (16 Bl. 1. Heft. 76 S. m. Abbildgn. u. 6 Taf.) 30,5×21 cm. Hamburg 907—10. L. Gräfe & Sillem. à Bd. 30.

— dasselbe. Litteratur-Register 1897—1907. (21 S. Lex. 8. Ebd. 907. 1. -

— dasselbe. 14—23. Ergänzungsbd. Archiv u. Atlas d. normalen u. patholog. Anatomie in typ. Röntgenbildern. 30,5×21 cm. Ebd. Geb. in Halblw. 155.

Bircher, Eug., die Entwicklung u. der Bau des Kretinenskeletts im Röntgenogramme. Mit 121 Röntgenogrammen auf 12 Taf., 21 Abbildgn. u. 4 Schriftproben im Text. (VII, 156 S.) 909. (Bd. 21) Kart. 24.
Fraenkel, Eug., die Möller-Barlowsche Krankheit. Mit 1 farb. u. 5 photograph. Taf. (VIII, 42 S. m. 6 Bl. Erklärgn.) 908. (Bd. 18) Kart. 10.
u. Alex. Lorey, die Rachitis im Röntgenbild. Mit 45 Röntgenbildern auf 12 Taf. (16 S. m. 12 Bl. Erklärgn.) 910. (Bd. 22) Geb. in Halbleinw. 11.
Goldammer, F., die röntgenologische Diagnostik der Erkrankungen des Magendarmkanals. Mit 44 Röntgenbildern auf 11 Taf. u. e. Vorwort v. H. Kümmell. (38 S.) 907. (Bd. 15) Kart. 11. -
Hahn, R., u. Deycke-Pascha, Knochensyphilis im Röntgenbild. Mit 84 Bildern auf 10 Taf. (V, 44 S.) 907. (Bd. 14) Kart. 11. --
Haenisch, G. Fed., Röntgendiagnostik des uropoetischen Systems. Mit 24 Handzeichngn. u. 51 Röntgenbildern auf 16 Taf. (48 S. m. 16 Bl. Erklärgn.) 908. (Bd. 20) Kart. 15.
Jaksch, R. v., u. H. Rotky, die Pneumonie im Röntgenbilde. Mit 50 Röntgenbildern auf 10 Taf. u. 10 Skizzenblättern. (20 S.) 908. (Bd. 19) Kart. 11. -
Rauenbusch, Ludw., die Spondylitis tuberculosa im Röntgenbilde. Mit 22 Röntgenbildern auf 11 Taf. u. 11 Skizzenblättern. (V, 16 S.) 908. (Bd. 17) Kart. 11. --
Rumpel, O., über Geschwülste u. entzündliche Erkrankungen der Knochen im Röntgenbild. Mit 140 Bildern auf 23 Taf. u. 2 Textfig. (VIII, 49 S.) 908. (Bd. 16) Kart. 34. --
Wendt, E., die Verletzungen des Ellenbogengelenks im Röntgenogramm m. besond. Berücksicht. der Frakturen des unteren Humerusendes. (Aus dem Krankenhause „Bergmannstrost" [Geheimrat Oberst] zu Halle a. S.) Mit 179 Röntgenbildern auf 18 Taf. (38 S.) 910. (Bd. 23) Geb. in Halbleinw. 17.-

1—13. Erg.-Hft. Ebd. 900—906. 219. —

— die, des deutschen Schiffsbaues unter besond. Berücksicht. der Entwicklung der Flotte des Norddeutschen Lloyd. (Hrsg. v. der Lloyd-Zeitg.) — The progress of German shipbuilding. (VIII, 463 S. m. Abbild. u. 11 [9 farb.] Taf.) 31,5×25 cm. Berlin 909. Hobbing & Co. 5.—; geb. in Leinw. n 6.—; in Prachtbd. n 8. –

Fortschritte (Die) des Staatsbahngedankens. 8°. Altona 1882.

— der Strassenhygiene. 1. Hft. Abhandlungen v. W. Assmann, B. Roehrecke u. Weyl. Hrsg. v. Th. Weyl. gr. 8. (V, 92 S. m 40 Abb.) Jena 901. G. Fischer. n. 3. 60

Fortschritte der Strassenhygiene Abhandlungen von ... Hrsg. von Dr Th[eodor] Weyl, Privatd. in Charlottenburg *Jena: G. Fischer 1901.* 4°(8°) [illegible]

— der Technik. Neue Folge des früher im kaiserl. Patentamt bearb. Repertoriums der techn. Journal-Literatur. Jahrbuch des internat. Instituts f. Techno-Bibliographie. 1. Jahr. 1909. (81 u. 2493 S.) Lex. 8. Berlin (910). Bibliograph. Zentral-Verlag. 40. —
Vergl.: Repertorium der techn. Journal-Literatur.

Fortschritte der Technik. Jahrbuch des Internationalen Institutes für Techno-Bibliographie. (Neue Folge des Repertorium für technische Journalliteratur) 1909 2 Bände, 1910 7 Bände. Berlin 1910-11

— der Technik des deutschen Eisenbahnwesens in den letzten Jahren, s.: Organ f. die Fortschritte des Eisenbahnwesens. 13.

FORTSCHRITTE DER THEERFARBEN-INDUSTRIE UND VERWANDTE INDUSTRIEZWEIGE, von P. Friedländer: Theil I (1877–87); II (1887–90); III (1890–94). Berlin, 1888–96 +

— die auf dem Gebiete der Urgeschichte. Nr. 1—3. [Aus „Vierteljahres-Revue der Naturwissenschaften hrsg. v. Herm. J. Klein."] 8. (96 S.) Ebend. 874—76. n. 4. 20
1. 1871—1873. (96 S.) n. 1. 20. — 2. 1874. (140 S.) n. 1. 80. — 3. 1875. (144 S.) n. 1. 80.

— die, auf dem Gebiete der Urgeschichte. Nr. 4. 1876—77. [Aus: „Vierteljahres-Revue der Naturwissenschaften".] 8. (136 S.) Köln 878. Mayer. n. 2. —

— dasselbe. Nr. 5. 1878—79. Mit Sachregister über Nr. 4/5. 1871—79. 8. (132 S.) Ebend. 880. n. 2. —

— dasselbe. Nr. 6. 1880. 8. (95 S.) Ebend. 881. n. 1. 60

— dasselbe. Nr. 7. 1881. 8. (114 S.) Ebend. 882. n. 1. 80
(1—7.: n. 12. 20)

— die, der Urgeschichte. Nr. 8 u. 9. 1882. Mit Sachregister üb. Nr. 6—8. 1880—82. [Aus: „Revue der Naturwissenschaften".] 8. (144 S.) Leipzig, Mayer. à n. 2. —
8. 1882. Mit Sachregister üb. Nr. 6—8. 1880—82. (144 S.) 883. — 9. 1881—84. (120 S.) 885.

— die, der Urgeschichte. Nr. 10. 11. [Aus: „Revue der Naturwissenschaften".] 8. (89 S.) Leipzig, E. H. Mayer. n. 3. 60
10. 1885—1886. (73 S.) 886. n. 1. 60
11. 1887—1888. Mit Sachregister zu Nr. 9—11. (89 S.) 889. n. 2. —

— der Veterinär-Hygiene, unter Mitwirkg. u. Leitg. v. Arndt, V. Babes, Beck u. a. Hrsg. u. red. v. Profé. 1.—4. Jahrg. April 1903—März 1907. à 12 Hefte. (848, 328, 288 u. 288 S.) Lex.-8. Berlin, L. Marcus. à Jhrg. n. 12. —

Fortschritte der Veterinär-Hygiene Red.: Dr. O[skar] Profé, Cöln. Jg. 1–4 Berlin: L. Marcus 1904–07. 4 Bde 4°
1 1903/04 1904 u s f. bis 4. 1906/07 1907. [illegible]

Fortschritte, weitere, f. den Amateur-Photographen, s.: Miniatur-Bibliothek. Nr. 447. 448.

Fortschritte, Die, der national-ökonomischen Wissenschaft in England ... Leipzig u. Altenburg 1817. H: *Müller, Ritter von Nittersdorf, Adam Heinrich.* (Ky) (BrVV)

Fortschritte, die, der national-ökonomischen Wissenschaft in England während des laufenden Jahrhunderts. Eine Sammlung deutscher Uebersetzungen der seit dem Jahre 1801 bis jetzt erschienenen bedeutendsten parlament. Rapports, Flug- und Streitschriften, Recensionen etc., welche zu Förderung der staatswissensch. Theorie beygetragen haben. 1s Bdchn. (Besorgt von Adam Müller). gr. 8. Leipzig, Brockhaus. 817.

Fortschritte, die, der berg- u. hüttenmännischen Wissenschaften in den letzten 100 Jahren, s.a. Festschrift zum 100jährigen Jubiläum der Bergakademie Freiberg.

Die Fortschritte der berg- und hüttenmännischen Wissenschaften in den letzten 100 Jahren Freiberg, 1867. 146 S.

- der mathematischen Wissenschaften in Monographien. Hrsg. v. Otto Blumenthal. 1. Heft. Lex. 8. Leipzig 910. B. G. Teubner. 2. 40
2 Abhandlungen üb. die Grundgleichungen der Elektrodynamik. Von Herm. Minkowski. Mit e. Einführungswort v. Otto Blumenthal. (82 S.) 910.

Der Fortschritts Freund : 1869- Chicago, IL

Fortschrittsgedanken 8. (8 S.) Leipzig 894. Zangenberg & Himly — 15

Fortschritts-Kalender Belletristisches Jahrbuch für 1862. Herausg. von S. Winternitz und J. Schnitzer. 1. Jahrg. kl. 8. (102 S.) Wien, Friedrich. 40 kr.

Fortschrittsmänner, die, der Gegenwart. Eine Weihnachtsgabe für Deutschlands freisinn. Männer u. Frauen. Hrsg. v. Rob. Blum. 8. (137 S.) Leipzig 648, Blum & Co. (jetzt: Matthes). 18 ngr

Fortschrittspartei, die, in der bayerischen Abgeordnetenkammer 1863. Nördlingen 863. Beck. gr. 8. (56 S.) 6 ngr

—— die, und ihre Bestrebungen in der Militairfrage. Von einem alten Soldaten. gr. 8. (IV und 79 S.) Berlin 865, Mittler und Sohn.

die, in Erlangen in den J. 1864—1866, ihre Konsequenz u. Ueberzeugungstreue. Ein Beitrag zur Kenntniß der national-liberalen Partei in Deutschland überhaupt. Nürnberg 869. Zeh. gr. 8. (32 S.) 1 ngr

Fortschritts-Tagebuch. 7. Aufl. Fol. (50 S.) M.-Gladbach 875. Hoster. n. 1. 40

Fort Scott Herold : Jahrgang 1, no. 1—9, Apr 3 – May 29, 1890
Independent weekly. Published a "Beilage," each 2 pages. Opposed to "Prohibitionsflugel, der in der republikanischen Partei uberwiegend ist, auf demokratischer Seite selten." Continued as Pittsburg Herold (Pittsburg, Kans.). Edited & published by Burkhardt & Muser
Fort Scott, KS

Fortsetzung der Abänderungen u. Zusätze zu der Wahlcap. Josephs II. mittelst Darlegung der an kaiserl. Maj. Leopolds II. erlassenen kurfürstl. Collegialschreiben. 790. 8.

Fortsetzung, abgenöthigte, d. Anti-Saint-Nicäse, s. a. Anti-St.-Nicäse.

Fortsetzung, abgenöthigte d. Anti-Saint-Nicaise, als Beleucht. des Kryptokatholicism. des Hrn. Stark. 8. Leipzig, Jacobäer. 788.

Fortsetzung der Abhandlung über die Moralität der Schauspiele des Hrn. v. Kotzebue. [Fulda u. Nürnberg 1792.] V: *Schmid, Christian Heinrich.* (MGT)

Fortsetzung der gegründeten Anmerkungen über die von Russischer Seite in der Warschauer u. Königsberger Zeitung publicirten Relation von der Bataille bey Zorndorf d. 25. Aug. 1758. Nebst einem Schreiben des Russischen Generals en Chef Herren Grfn von Fermer, und der von des en Chef commandirenden Gen.-Lieut. Herrn Grafen von Dohna Exc. darauf erlassenen Antwort. 4. (8 S.)

Fortsetzung des curieusen Antiquarii. Hamburg [1711]. [1742]. V: *Berckenmeyer, Paul Rud.* (Gk)

FORTSETZUNG der lehrreichen Auszüge aus der heiligen Schrift für Freunde wahrer Menschenbildung zunächst für christliche Religions-Lehrer Von dem Verfasser derselben Pesth 1820 Joh. Th Trattner 15 S - 8°

Fortsetzung des ernsthaften und vertraulichen Bauren-Gesprächs gehalten zu S. [Berlin] 1758. V: *Decker, Georg Jakob.* (StadtBiblBerlin XII, S. 41)

Fortsetzung der Beschreibung merkwürdiger Antiquitäten, welche bey Lunneren . . . sind gefunden worden. Zürich 1742. V: *Sulzer, Johann Georg.* (ML)

— Briefe e. Landmanns über Viehseuchen, s. Briefe.

Fortsetzung, Erste [zweyte und dritte], der Briefe über die neueste Maurer-Revolution in Wien. An einen Freymaurer zur anerkannten Unschuld in P[rag]. [Wien ca 1785]. V: *Kratter, Franz.* (Grolig, Die Freimaurer-Bibliothek in Brünn. Wien 1908. S. 45.)

— d. Briefe e. Reisenden während seines Aufenthalts in München. 8. Leipz. 779. (Wienbrack). 6 gr

Fortsetzung einiger verrätherischer Briefe von Historie und Kunst. Frankfurt 1783. V: *Hüssgen, Heinrich Sebastian.* (Ky)

— einiger verräth. Briefe von Historie u. Kunst, (v. H. S. Hüßgen). 8. Frankf. 783. (Leipz., Wienbrack). 6 K

Fortsetzung der vertraul. Briefe an einen deutschen Staatsmann über personelle u. wissenschaftl. Zustände in Verwaltung, Lehrweise, Vertretung u. Ausübung der Medicin. Aus d. Papieren e. Verstorbenen. gr. 8. Cassel 846, Hotop. 1/2 ß

Fortsetzung von David Cranzens neuen Brüder-Historie. Barby 1791. V: *Hegner, Johann Conrad.* (MGT) »Zweite Fortsetzung . . . 1804« (MGT)

Fortsetzung von David Cranzens Brüder-Historie. *Barby 1791. (6), 390, (42) S.*

Fortsetzung von David Cranzens Brüder-Historie. *Dritte Abschnitt.* Von Synodo 1782 bis zum Synodo 1789. *Barby: Conrad Schilling 1804. (8), 339 S.*

Fortsetzung von David Cranzens Brüder-Historie. *Vierter Abschnitt.* Von Synodo 1789 bis zum Synodo 1801. *Gnadan 1816. 3—752 S.*

Fortsetzung der Gottfridischen Chronik ... Frankf. a. M. 1745. V: *Buri, Heinrich Wilhelm Anton.* (MGT)

Fortsetzung der im Jahre 1835 herausgegebenen Chronik der Stadt Meiningen. Meiningen 1885. V: *Schaubach, A.* (BMarsch 707)

Fortsetzung. Die F' ([der] Chronik) des Regino. Nach der Ausgabe der Monumenta Germaniae übersetzt von Dr. Max Büdinger 8. Berlin 1857.
Die Geschichtschreiber der deutschen Vorzeit X Jahrhundert. Band 1

Fortsetzung, Erste, [zum Codex Augusteus] oder neuvermehrtes Corpus Juris Saxonici ... Leipzig 1772. H: *Bennigsen, Rudolph Christian.* (EngJ)

Fortsetzung, Zweite, des Codicis Augustei oder anderweit vermehrtes Corpus juris Saxonici ... Leipzig 1805—06. H: *Fleck, Ferd. Gotth.* & *Carl Chn Kohlschütter.* (MGT) (EngJ)

Fortsetzung der Critischen Dichtkunst Worinnen die Poetische Mahlerey ... abgehandelt wird. Zürich 1740. V: *Breitinger, Joh. Jacob.* (GGr) (Waniek, Gottsched. Leipz. 1894. S. 365.)

Fortsetzung und Ergänzungen zu C. G. Jöchers allgemeinem Gelehrten-Lexikon. A—K. Leipz. 1784. V: *Adelung, Joh. Chph.* (Kläbe, Neuestes Gel. Dresden. Leipz. 1796.)

Fortsetzung der zu Regensburg gemachten Erklärungen.
1. Churpfälzische Erklärung.
2. Aeusserung des österreichischen Ministers an verschiedene Gesandte.
3. Chursächsische weitere Erklärung.
4. Erklärung des Churpfälzisch baierischen Gesandten. Regensburg 1778. 8.

Zweyte Fortsetzung der zu Regensburg und anderswo gemachten Erklärungen.
1. Substanzantwort des Wiener Hofes an den Hof zu Berlin.
2. Kaiserl. Königl. Gesandtschaftsäusserung abgelegt in Curia den 10. April 1778. Regensburg 1778. 8.

Fortsetzung, Erste, des kurz verfaßten Inhalts der heiligen Bücher des neuen Testaments ... Breslau 1782. H: *Franz, Ignaz.* (Kat. d. Druckschr. üb. Breslau. Breslau 1903. S. 297.)

Fortsetzung, Erste, der kurzen Vorstellung, der gegenwärtigen Kriegsbegebenheiten in Deutschland, welche sich zwischen denen Kriegführenden Armeen zugetragen. O. O. 1759. V: *Rizzi Zannoni, J. A.* (BiblPort)

Fortsetzung des Erweises, dass die G*ttschedianische Secte den Geschmack verderbe ... Berlin 1744. V: *Pyra, Immanuel.* (Waniek, Pyra. Leipzig 1897. S. 116.)

Fortsetzung der Wochentlich-herauskommenden Freytags-Zeitung
v Ordinari Wochen-Zeitung (Zh)

Fortsetzung der Freymüthigen Gedanken oder Grundsätze, die bey Einführung dieses Systems u umgänglich zu beobachten nöthig sind. Worinnen zugleich von der Getraidzehent im Geströhe, von der Kontribution, von der Unterthänigkeit, von Laudamnen und von der Leibeigenschaft gehandelt wird. V: *Sack, Jos. Wenzel.* (WrZtg 1781, Beil. bei Nr. 31) (BiblPort)

Fortsetzung der Geschichte des k. k. Husaren-Regiments Fürst Franz zu Liechtenstein Nr. 9 für die Jahre 1866—70... Wien 1882. V: *Siebert, Jos.* (KA)

Fortsetzung der Geschichte der seit 358 Jahren in Breslau befindlichen Stadtbuchdruckerei. Vom Jahre 1804—62. Breslau 1863. V: *Friedrich, A.* & *C. Friedrich.* (Kat. d. Druckschr. üb. Breslau. Breslau 1903. S. 347.)

Fortsetzung der Cameral Actenmässigen Geschichts-Erzehlung ... O. O. 1774. V: *Hoffmann, Gfr. Dan.* (Holz)

Fortsetzung des Evangelischen Handbüchleins. Dresden 1730. V: *Cauderbach, Immanuel Heinrich.* (Myl)

Fortsetzung der Monathlichen Haus-, Kunst- und Lust-Schul
v Nutzliche und erbauliche Haus-, Kunst- und Lust-Schul.

Fortsetzung zum Catalog der Stadtbibliothek Zürich, enthaltend den Zuwachs von 1864—96. Zürich 1896—97. V: *Escher, Herm.* & *Wilh. v. Wyss.* (Zuwachsverz. d. Bibliotheken in Zürich 1898 ff.)

KLATSCH-MENSCHER-GESPRACHS, Des, Fortsetzung. Leipzig 4°.
So im O. M. V. 1732. F 1b. Höchst selten!

Fortsetzung der Kriegs- und Sieges-Lieder der Preussen über die Siege bey Lowositz und Lissa. Berlin 1758. V: *Gleim, Joh. Wilh. Ludwig.* (GGr)

Fortsetzung der zur See gebrochenen Macht der Cron Frankreich durch die combinirte Engel u Holland See-Armada 4. Leipzig 1701.

Nördliche Fortsetzung der Topographischen Karte von Schwaben. Herausgegeben von C. L. P. Eckhart, grossh. hess. Ober-Finanz Rath und A. Hirsch, hess. Steuer-Commissär. Lithographie der J. H. Cotta'schen Anstalt in München. 1:86,400. (Bis jetzt 4 Bl.)

Fortsetzung Des flüchtigen Paters, Worinnen Der bezauberten Welt aus den Propheten Daniel und der Offenbahrung St. Johannis Ein neues Licht aufgestecket wird... Amsterdam [Jena] 1742. V: *Fitzner, Heinrich.* (CLZür Forts. I)

Die Fortsetzung des Präcisions-Nivellements ausgeführt im Jahre 1899. Separat-Abdruck aus den „Mittheilungen des k u. k. militär-geographischen Institutes". XIX. Bd. Wien. 1900. Verlag des k. u. k. militär-geographischen Institutes. In Comm. R. Lechner (Wilh. Müller). Gr.-8°. Paginirt: 194—216. K —.80

Fortsetzung, die, des Präcisions-Nivellements, ausgeführt im J. 1900. gr. 8. (S. 96—121 m 1 Fig.) Wien 901. (R. Lechner's Sort.) n.n. — 80
Sonderabdruck aus: „Mittheilgn. d. militär-geogr. Institutes."

Fortsetzung des Prologi, anstatt der Opera Sancio dabey vorzustellen. O. O. 1730. V: *König, Joh. Ulrich von.* (schr)

Fortsetzung der Reflexion uber den in Deutschland neu zu errichtenden Landsturm. o. O. (1814). 4°.

Fortsetzung der Reise eines Engländers durch einen Theil von Ober-Schwaben und der Schweiz. Amsterdam und Stockholm 1794 *s.* [Geiger, Carl Ignaz].

Fortsetzung gesammelter Schriften zum Vergnügen und Unterricht. Wien 1769. V: *Stephanie, Christian Gottlob.* (System. Verzeichniss ... Bücher, welche bei Aug. Gräffer ... Wien 1780. S. 558) (BiblPort)

Fortsetzung meiner ökonomischen Skizzen, oder Dornen im Labyrinthe der heutigen Ökonomie. Schwabach 1788. V: *Forstner, Georg Ferdinand von.* (MGT)

Fortsetzung des Successions-Streites in das gräfl. Kaunitz'sche Primogenitur-Fideicommiss in Mähren. Sequestrations-Verhandlung. *Brünn* 1858. Buchdr. v. *R. Rohrer's Erben.* 72 S. 4°. Nicht ber.

Fortsetzung Der heutigen Unruhen. Von Separatisten .. *s.* [Kyburz, Abraham].

Fortsetzung der abgenöthigten Vertheidigung des schönen Geschlechtes und zwar wider die zweyte Scherz-Rede des Herrn M. Jacob Wilhelm Blaufuss, welche unter der Aufschrift, die Vorzüge der Manns-Personen vor dem Frauen-Zimmer in der Galanterie in der teutschen Gesellschaft in Jena öffentlich 1745 gehalten worden. Vor die vernünftigen Verehrer des schönen Geschlechtes herausgegeben von einem ehrlichen Teutschen. Frankfurth u. Leipzig [Jena] 1747. V: *Trautmann, Gottfr. Friedr. Amandus.* (BGE I³, 378)

FORTSETZUNG DES VERZEICHNISSES der in den Schriften der Schlesischen Gesellschaft für vaterländische Cultur von 1864 bis 1876 incl. enthaltenen Aufsätze, geordnet nach den Verfassern in alphabetischer Folge. Breslau. s. a. — 8°.

Fortsetzung des Verzeichnisses der Ausreisser des dritten Schweizer-Regiments in Kaiserlich-Königlich Französischen Diensten. (Bern, den 1ten October 1807.) 8. *o. O.*

FORTSETZUNG DES VERZEICHNISSES des unter dem Protectorate Ihrer Königlichen Hoheit der Frau Kron-Prinzessin Friedrich Wilhelm stehenden Museums schlesischer Alterthümer zu Breslau. Breslau. Juli 1869. Druck von Robert Nischkowsky. 8°.

Fortsetzung der Vorarbeiten für eine Grundwasserversorgung. O. O. 1897. V: *Scholtz, Alfred von.* (Kat. d. Druckschr. üb. Breslau. Breslau 1903. S. 124.)

(Fortsetzung der Vorlage vom 24 Juli 1848 das Bürgerwehrgesetz betreffend) Einer hohen preußischen National-Versammlung erlauben wir uns in Verfolg unserer Vorlage vom 24 Juli 1848 — Die Vertrauensmänner der Berliner Wehrmannschaften. Druck von C Jahnke. 2 Bl. Fol
Flugblatt. Berlin, 4. Aug. 1848

Fortsetzung der Weiberverschwörung von Vanbrugh. [Leipzig 1789.] V: *Schmid, Christian Heinrich.* (MGT)

Fortsetzung, Weitere, der zufälligen Gedanken eines Privati über die Komitial-Deliberanda. Wetzlar 1788. V: *Haas, Damian Ferdinand.* (MGT)

Fortsetzung, Zweite, der Beobachtungen und Versuche über verschiedene neuere Pflanzen ... Riga [1805]. V: *Berens, Reinhold von.* (R-N)

Fortsetzung, Zweyte, des gründlichen Beweises der altdeutschen hergebrachten Fränkischen Erbfolgs-Ordnung. O. O. 1764. V: *Heuschkel, Joh. Melchior.* (ML) (Holz)

Fortsetzungen. Die F' des Cosmas von Prag. Nach der Ausgabe der Monumenta Germaniae übersetzt von Georg Grandaur. 0 Leipzig 1895.
Die Geschichtsschreiber der deutschen Vorzeit. XII Jahrhundert. Band 14 a

Fortsetzungen, Nachahmungen u. Travestien, die, v. Lessing's „Nathan der Weise", hrsg. v. Heinr. Stümcke, s.a. Schriften der Gesellschaft f. Theatergeschichte. 4. Bd.

Die Fortsetzungen. Nachahmungen und Travestien von [Gotthold Ephraim] Lessings 'Nathan d Weise'. Hrsg. von Heinrich Stumcke. *Berlin: Gesellsch. f. Theatergesch 1904.* (LVI, 246 S) 8° [F]
— Schriften d Gesellschaft f. Theatergeschichte. Bd 4

Fortuna, od. merkwürd. Reisebegebenheiten zu Wasser u. zu Lande; s a. Mennier, F. H.

— od. nur her, wer ein Kreuzerchen hat! Ein Gesellschaftsspiel. 8. Nürnb. Bieling. 814.

— ein Taschenbuch f. d. J. 1824 — 28, herausgeg. v. F. X. Told. 1r — 5r Jahrg. Mit Kupf. 16. Wien 824—28, Tendler u. v. M. 824 u. 25, à 1 Rthlr. 8 gr. 826 u. 27, 1 Rthlr. 12 gr. 827, 1 Rthlr. 16 gr.

Fortuna. Ein Taschenbuch f. d. J. 1829—31. Hrsg. v. Frz. X. Told. 6—8. Jahrg. Jeder m. 6 Kpfr. 16. (25½, 17½ u. 23 B.) Wien, Tendler. à
1—5. Jahrg. 1824—28. Ebendas. hrbgf. Pr. à 1 Thlr.

— Taschenbuch für das Jahr 1838. Herausg. von Franz Xav. Told. Neue Folge. 1r u. 2r Jahrg. Jeder mit 6 Kupfer- u. Stahlst. 16. Wien 837. u. 839. Tendler. Geb. mit Goldschn. à n. 2 Thlr

—— Taschenbuch f. d. J. 1838 u. 1810. Hrsg. v. Franz Xav. Told. Neue Folge, 1. u. 2. Jahrg. Jed. m. 6 Kpfr.- u. Stahlst. 16. (21½ u. 25½ B.) Wien, Tendler u. Schäfer. à *

Fortuna, ein Neujahrsgeschenk für .... Hg.: M. J. Landau. (1825).
Prag. Goed. VIII, 116, 276.

— oder die Kunst, wie man mit 150 bis 300 Gulden jährlich 1000 bis 1500 Gulden, und mit 50 bis 100 jährlich 150 bis 300 Gulden gewinnen kann. Vorher folgt: Große Sammlung, worin man alle gehabten Träume nachsuchen, deren Bedeutungs-Nummern ersehen u. in allen Zahlen-Lotterien sein Glück am Leichtesten machen kann. Aus d. Welschen ins Deutsche übers. u. mit viel 100 neuen Wörtern, Anmerkk., Warnungen etc. vermehrt u. an d. öffentliche Licht gestellt. Neue verm. u. verb. Aufl. 8. Deutschland 837. (Regensburg u. Landshut, Manz.) Verklebt ½ Thlr

Fortuna. Ziehungslistenblatt aller verloosbaren Börsen-Effecten an den europäischen Geldmärkten. Jahrg. 1865 und 1866. à Jahrg. 52 Nrn. (Bog.) Fol. Hamburg, Expedition. à Jahrg.

Fortuna, ein neues Gesellschaftsspiel, m. 5 Charten. Berl. Fr. Pauli. 812.

— Ein neues Gesellschaftsspiel Mit 5 ill. Karten u. 8 Würfeln. Nebst Erklärung. 18. (Berlin 839. Kecht.) In Etui n. ¼ Thlr

Glückstädtische Fortuna. (Glückstadt.) 1835. 4°.

Glückstädtische (1860 ff.: Glückstädter) Fortuna. — Glückstadt: Augustin. 8° u. 4°

Fortuna des Hauses u. der Toilette. Deutschlands Frauen und Jungfrauen gewidmet v. Lina ******. 1836. 12 Hfte. gr. 8. (Augsburg, Magazin f. kathol. Theologie. 4 Thlr

Fortuna d. Hauses u. d. Toilette. Deutschlands Frauen u. Töchtern gewid. v. Lina ******. 1. Jahrg. 1836. 1—6. Lfg. M. 11 Taf. Abbild. gr. 8. (14¾ B.) München, (Finsterlin.) *

—— dass. Jahrg. 1836. (12 Hfte.) gr. 8. Augsburg, (Kreuzer.) *

Fortuna u. österr.-ungar. Capitalist. Finanzielles Fachblatt u. authent. Anzeiger der gezogenen Nummern u. Restanten aller österreich. u. ausländ. Lose, sowie aller im Inlande vorkomm. Staats- u. sonst. öffentl. Obligationen, Prioritäten, Pfandbriefe, Actien etc. Red.: Alfr. Bloch. 33. Jahrg. 1899. ca. 26 Nrn. gr. 4. Wien-Floridsdorf (I, Hauptstr. 13), 1. Floridsdorfer Literaturinstitut. Für Österreich n. 3.40; für Deutschland n. 4.70

Fortuna, Neue. Authentischer Verlosungs-Anzeiger und finanzieller Rathgeber. 1.—7. Jahrg. 1878—1884. (Erscheinen unregelmässig.) à Nr. 1 Bog. Fol. Wien, Expedition. à Jahrg. ' '

— neue. Finanzielles Organ nebst authent. Verlosungsanzeiger m. der Beilage: „Illustrirtes Familienblatt". Hrsg.: Alb. Weisz. Red.: A. K. Perschak. 22. Jahrg. 1899. 26 Nrn. gr. Fol. (à ca. 8 S. u. 4 S. in gr. 4.) Ebd. Für Österreich n. 3.—; f. Deutschland n. 4.—

Fortunander [Pseud.], s. Liesner, Christian

Fortuna s Launen, eine Sammlung wirklicher Begebenheiten, 8. Daselbst, 796. Derselbe. 15 sgl.

Fortunas Launen, eine Samml. wirkl. Begebenheiten. 8. Weißenf. ... Leipz. 811. (Hinrichs). 16 gl

Fortunat. — Fortunat, s.a. Fortunatus.

Fortunat mit dem Seckel u. Wünschhütlein, s. Hausfreund, der Leitmeritzer.

Fortunat und seine Söhne. (Mit Zeichnungen von Franz Stassen.) Berlin. Fischer & Franke [1901]. (27 Bl.) 8° [J.]
— Jungbrunnen. 25–27. [illegible]

— dasselbe, s.a. Jungbrunnen.

— dasselbe m. dem Glücksseckel u. dem Wunschhütlein, s.a Unterhaltungsbibliothek f. Jung u. Alt. 4. Bd.

Fortunat und seine Söhne mit dem Glückssäckel und dem Wunschhütlein. Erzählungen f. Jung u. Alt. Mit vielen Ill. *Essen Ruhr. Fredebeul & Koenen [1899].* (122 S.) 8° [J.]
— Unterhaltungsbibliothek f. Jung u. Alt. Bd. 4. [illegible]

Fortunat, Sprecher v. Berneng, Historie d. Unruhen in d. Freistaate gemeiner drei Bünde; aus d. Latein. v. H. L. Lehmann. 2 Thle. 8. Chur 773. Erste Fortset. 8. Ebd. 780.

Fortunat, Undine. Ein schönes Märchen. Neu erzählt. Mit 1 (color.) Titelkpfr. 16. (64 S.) Mannheim 849, Grohe. n. ⅓ Thlr

Fortunatus. — Fortunatus, s.a. Fortunat.

Fortunatus.

1699,* Frankfurt a. M., 8°. Jüdisch-Deutsch.
Steinschneider, Catalogus Nr. 3924 und Serapeum X (1849), Nr. 189 (Anno 1696, Druckfehler).

1787, Frankfurt und Leipzig, 8°
Huber, S. 4.

1838, Linz, 8°

o. J.* Frankfurt und Leipzig, 8°.
Berlin, zusammen mit Octavian, 7 weiße Meister und Magelona. Heyses Bücherschatz, Nr. 1710.

Fortunatus mit seinem Glückssäckel, mit seinem Wünschhütlein u. mit seinen zwei Söhnen. Eine unterhaltende Historie mit Abenteuern. Neuerdings erzählt von dem Herausg. der oberösterr. u. salzburg. Volkssagen etc. 8. Linz 838. Huemer. ⅙ Thlr

Fortunatus | mit seinem | Seckel und Wünsch- | Hütlein. | Wie er dasselbe bekommen, und ihm damit ergan- | gen, in einer überaus lustigen | Lebens-Beschreibung | vorgestellet. | (Mit gnädigster Genehmigung.) | (Fig.: *Fortuna*, 76 × 57) | Reutlingen, | bei Justus Fleischhauer.
o. J., 160 S., 162 × 95, 28 Fig. im Text, etwa 56 × 76.
UB Tü Dk XI. 236 und StB Ulm BB 904.
Eine Bearbeitung von Ottmar F. H. Schönhuth erschien später bei Fleischhauer und Spohn – Ashton S. 124–137 (Text und Fig.). – Görres TVb Nr. 11, S. 71–82. – Heitz-Ritter Nr. 161–173 und S. 53. – Van den Bergh S. 128–132. – J. Zacher: Fortunatus. In: Allgemeine Encyclopädie von Ersch und Gruber, 1. Sekt., 16. Teil, Leipzig 1847, S. 178–187. – Fortunatus. Ein Volksbuch aus dem Jahre 1509. Neuausgabe mit den Holzschnitten der Erstausgabe. Hrsg. von Gerhard Schneider und Erwin Arndt. Berlin: Verl. d. Nation 1963. – Francesco Delbono: Il »Volksbuch« tedesco, Arona 1961, S. 71–138.

FORTUNATUS mit seinem Sackel und Wunschhutlein, eine alte Geschichte. (Bearbeitg. des alten Volksbuchs, stellenw. frei). Wien 1787, bey Joh. Dav. Horling 8° XXIV, 244 S
Wurde unterdruckt

Fortunatus und seine Söhne, eine Zauber-Tragödie, aufgeführt im Jahr 1600 vor der Königin Elisabeth; aus d. Engl. des Thom. Decker von F. W. V. Schmidt; mit einem Anhang ähnlicher Mährchen dieses Kreises und einer Abhandlung über die Geschichte des Fortunatus. 8. Berlin, Voß. 819.

Fortunatus u. seine beiden Söhne m. dem Glücksäckel u. Wunschhütlein. Volkssage neu erzählt v. G. B. Dom. 8. (56 S.) Urfahr-Linz 878. Kraußlich. — 20

Fortunatus u. seine zwei Söhne, m. dem Glücks-Seckel u. Wünschhütlein. Eine gar merkwürd. u. anmuth. Historie neu erzählt f. Jung u. Alt. gr. 16. (63 S.) Reutlingen 874. Enßlin & Laiblin. n. — 20

Fortunatus, s.: **Vademecum, e. lustiges, f. Lotteriespieler.**

Fortunatus, Venantius, Moselgedichte, s.: **Ausonius**, Decimus Magnus.

Fortunatus, Moselgedichte, s.: **Hessel, Karl**, die ältesten Mosellieder.

Fortunatus, Moselgedichte, s.: **Mosellieder**, die ältesten.

Fortunatus, V., opera pedestria, s. **Monumenta** Germ. histor. auct. antiq. tom. IV, 2.

Fortunati opera poetica, s. **Monumenta** Germ. histor. auct. ant. tom. IV, 1.

Fortune's, Rob., Wanderungen in China waehrend der Jahre 1843 – 1845 nebst dessen Reisen in die Theegegenden China's und Indiens 1848—1851. Aus dem Engl. uebers. von Jul. Thdr. Zenker. Mit (13) Kpfrn. und Karten (in gr. 8. und qu. gr. 4.). Leipzig 854. Dyk. Lex.-8. (3 Bl., 414 S.) 2 ß 15 ngr

— dreijährige Wanderungen in den Nord-Provinzen von China. Nach der 2. Aufl. aus dem Engl. übers. von E. A. W. Himly. Göttingen 853. Vandenhoeck u. Ruprecht. gr. 8. (IV, 308 S.) n. 1 ß 10 ngr

Fortunens Reise am Neujahrsmorgen, (v. G. K. Claudius). 8. Leipz. 796.

Fortuyn, H. J. W. Droogleever, Arzt, aus Rotterdam: Über Krankhafte Mitbewegungen des Oberlides bei Bewegungen des Kiefers und des Augapfels. *Leiden 1899: E. Ijdo.* (51 S.) 8°
Freiburg i. B., Med. Diss. v. 1899

Fortwängler, C., Handbuch für Pferdebesitzer. Praktische Anleitungen zum Ankauf, zur Pflege u. zum Brauchen der Pferde. Wien 864. Dirnböck. Lex.-8. (IV, 60 S.) 24 ngr

Fortwängler, C., Handbuch für Pferdebesitzer. Praktische Anleitungen zum Ankauf, zur Pflege u. zum Brauchen der Pferde. 2. Aufl. Wien 864. Dirnböck. Lex.-8. (IV, 60 S.) 20 ngr.

(5.) **Fortwängler**, C., Handbuch für Pferdebesitzer. Praktische Anleitungen zum Ankaufe, zur Pflege und zum Brauchen der Pferde. 2. Aufl. gr. 8. 1866. (IV u. 59 S.) Wien, Dirnböck. (Dr. ...) 80 kr.

Fortwängler, Jos., Menschen im Leben u. Treiben des Alltags, s.: **Bürckner**, Rich.

Der Fort Wayne Demokrat: Aug 1856 – 1858 Fort Wayne, IL
Weekly, but issued irregularly. Continued as INDIANA STAATS-ZEITUNG.

Fort Wayne Demokrat: 1876 – 1877
Democratic daily evening except Sunday. Edited by Dr. U. Hermann, & published by Fred. Schaad.
Fort Wayne, IL

Fort Wayne Tagblatt: Feb 1876 – ?
Republican daily, evening. Also published a SONNTAGSBLATT of 4 pages. For weekly edition, see INDIANA VOLKSFREUND. Edited & published by Rudolph Worch.
Fort Wayne, IL

Fort Worth Anzeiger: Mar 14, 1889—1919
Weekly. Republican, 1889—98, Independent, 1899—1919. Circulation: 1900, 1150, 1910, 1600, 1915, 1500. Edited & published by Alex. Glitky, 1889—1915, edited by T. H. Müller, & published by Fort Worth Anzeiger Co., 1916—19.
Fort Worth, TX

Forum, das. Hrsg.: Herm. Strauß. 1. Jahrg. März—Dezbr. 1906. 41 Hefte. (à ca. 32 S.) 8. Halberstadt, Verlag des Forum. n. 15. —

Forum, das. Hrsg.: Gust. Morgenstern. Red.: Joach. Weichert. 4. Jahrg. 1910. 24 Nrn. (480 S.) 31,5×22 cm. Wien. R. Lechner & Sohn. 10. —

Forum: Christlich-jüdisches Forum
v Mitteilungsblatt der christlich-jüdischen Arbeitsgemeinschaft i. d. Schweiz - Bulletin de l'Association judéo-chrétienne de travail en Suisse

An das **Forum** Europa's. Aufruf des am 4. Juni 1894 zu Bukarest abgeh. National-Meeting's d. Bürger d. Kgr. Rumänien in Angelegenheit d. rumän. Frage in Ungarn u. Siebenburgen. *Bukarest: C. Göbl 1894.* (136 S.) 1 Bd 8. ... 5

Forum der Journal-Literatur. Berlin 1831. H: *Gutzkow, Carl Ferdinand.* (Ky) (EE)

Forum d. Journal-Literatur. Eine antikrit. Quartalschrift. Herausg. (v. Karl Gutzkow). 1r Bd., 1s, 2s Heft. 8. Berl. 831. Logier. à 18 gr 1 ß 12 gr

—— der Kritik im Gebiete d. Geschichte u. ihrer Hülfswissenschaften. In Begleitung v. Blättern f. Kunst u. Wissenschaft überhaupt. Hrsg. v. Fr. Wachter. 1. Bd. (3 Abthln.) u. 2. Bd. 1. Abthl. gr. 8. Altenburg, [Pierer.] [1. 1. (7½ B.) 827., 2. (9½ B.), 3. (8 B.) 829.; 2. 1. (9½ B.) 830. à 16 Gr.]

— d. Kritik im Gebiete d. Wissenschaften, s. F. Wachter.

Forum für Medicinalangelegenheiten im Interesse des Gemeinwohls und des ärztl. Standes. Redakt.: Halla. 1. Jahrg. 1848. 19 Nrn. und 2. Jahrg. 1849. 20 Nrn. Lex.-8. Prag, [André.] à Jahrg. *

Forum f. Medicinalangelegenheiten im Interesse d. Gemeinwohls u. d. ärztl. Standes. Red.: Halla. 1. Jahrg. 1848. 19 Nrn. 2. Jahrg. 1849. 20 Nrn. Lex. 8. (½ Bog.) Prag, Borrosch & André. à Jahrg. n. ⅔ ß (Nr. 1—6 wurden der Vierteljahrsschrift f. prakt. Heilkunde gratis beigelegt.)

Forum Romanum a Bunsenio, Quastio, Prellero et a. restitutum annotavit. Ed. de Muralto. (1 Bl. in Kupferstich.) qu. gr.-4. Petropoli 846. (Hamburg, Meissner.) n. ⅙ ß — Vergl. **Memorabilia** et mirabilia Romae.

Forum Romanum, das, u. d. Via Sacra, nebst den umliegenden Monumenten, nach den neuesten Untersuchungen. Nach d. Italien. v. Chr. Müller. Mit 1 Steindr. gr. 8. Stuttg. 824. v. Cotta. 18 gr

— über das, d. administrativ contentiosen Sachen. 8. Ulm 822. Ebner. 6 gr

Forum der Woche
v. National-Zeitung.

Forwerk, Frdr. Aug., Geschichte u. Beschreibung der königl. katholischen Hof- u. Pfarrkirche zu Dresden. Nebst einer kurzen Geschichte der kathol. Kirche in Sachsen vom Religionswechsel des Churfürsten Friedrich August I. an bis auf unsere Tage. Nach Urkunden, Aktenstücken u. andern glaubwürd. Quellen bearb. Eine Denkschrift zu der am 29. Juni 1851 stattfindenden 100jähr. Jubelfeier der Einweihung der kathol. Hofkirche zu Dresden. gr. 8. (XIV u. 186 S. m. 1 Tab. in gr. Fol.) Dresden 851, Janssen in Comm. n. ½ ß

Forwerk, Ludw., Gedächtnißreden für Se. Maj. den im Herrn entschlafenen Allerdurchlaucht. Herrn Friedrich August II., König von Sachsen, gehalten. Dresden (854). (Jansen.) gr. 8. (19 S.) n. 4 ngr

Forwerk, Martin

Forwerg, Mart., Blattformen. Systematische u. vergleich. Darstellung in natürl. Grössen. gr. Fol. (8 Chromolith.) Dresden 879. Meinhold & Söhne. n. 4. —

——— Bluethenformen . . . 12 Tafeln, *etc.* Dresden, 1879. fol.

Forwerg, Mart., Blüthenformen. Systematische und vergleich. Darstellung in natürl. Grössen. gr. Fol. (12 Chromolithogr.) Dresden 880, Meinhold und Söhne. *

Forwerg, Mart., Fruchtformen. Systematische u. vergleich. Darstellg. in natürl. Grössen. gr. Fol. (8 Chromolith.) Dresden 883. Meinhold & Söhne. n. 6. —

Forwerg, Martin, bacc. jur., Referendar in Dresden: Gesetzeszustimmung und Bewilligung im Königreiche Sachsen. Borna-Leipzig 1907: R. Noske. (VIII, 69 S.) 8°
Leipzig, Jur. Fak., Diss. v. 18. Febr. 1907
[Geb. 10. Nov. 83 Dresden; Wohnort: Dresden; Staatsangeh.: Sachsen; Vorbildung: Wettiner Gymn. Dresden Reife O. 01; Studium: Heidelberg 1, Leipzig 6 S.; Rig. 29. Juli 04.]

——— Kleiner Handatlas der Pflanzenkunde. Blatt und Bluethe . . . 20 Tafeln, *etc.* Dresden, 1879. 8°.
Reduced diagrams from the preceding.

Forwick, Karl, ausführlicher methodischer Lehrgang der deutschen Kurzschrift zum Schul-, Privat- u. Selbstunterricht. gr. 8 (VIII, 44 z. Tl. autogr. S.) Annen 891 (Minden, C. Marowsky.) n.n 1 25

Forwick, Karl, method. Lehrgang f. d. Schul- u. Selbstunterr. in d. deutschen Kurzschrift nach d. Entwurfe v. 1895. 8. (16 S.) Annen 895. (Leipzig, J. H. Robolsky.) n. — 50; Schreibaufg. dazu, enthalten im Lehrgang v. 1891 (S. 28—41) n. — 40

— systemat. Leitfaden u. Systemurkunde der deutschen Kurzschrift nach dem Entwurf v. 1895. 8. (8 S.) Ebd. 895. n.n. - 20

— briefl. Unterricht in der deutschen Kurzschrift. 5 Lehrbriefe. 8. (20 S.) Ebd. 896. n. 1. —

Fosbery, Stimmen des Trostes f. bekümmerte u. angefochtene Christenherzen. Aus dem Engl. übers. von Hedwig Freiin v. Zedlitz. gr. 8. (XX, 288 S.) Leipzig 883. Hinrichs' Verl. geb. m. Goldschn. n. 7. —

Foscarini, M., Gesandtschaftsberichte an den venezianischen Staat über den Zustand der savoyschen Macht im Jahr 1743. Aus dem Ital. von F. Hurter. 8. St. Gallen, Huber. 817.

Foscolo, Ugo

Foscolo, U., letzte Briefe des Jacopo Ortis, s.a. Bibliothek klass. Romane u. Novellen des Auslandes, 16r Bd.

Foscolo, U., die letzten Briefe des Jacopo Ortis, s.a. Universal-Bibliothek.

Foscolo, Ugo, letzte Briefe d. Jacopo Ortis. Aus dem Italien. übers. v. Frz. Zschech. 16. (174 S.) Leipzig 871. Dyk. n. - - 40

Foscolo's, Ugo, Gedicht v. den Gräbern [Dei sepolcri], übersetzt v. Paul Heyse. [Aus: „Mag. f. d. Lit. d. Ausl."] 8. (28 S.) Leipzig 880. Friedrich. n. 1. —

Foscolo, s. Heyse, Paul. Italien. Dichter.

— lo ultime lettere di Jacopo Ortis, s.: Biblioteca d'autori italiani.

Foscolo, Ugo, s. J. Ortis, letzte Briefe.

Fose, Erdbeschreibung. gr. 8. Leipz. Schmidt.

— Staatskunde, gr. 8. Ebend.

Fosgraff, Aug. Adolph (Halle), De scriptura sacra. Disp. prima. Präs. Sigism. Jac. Baumgarten. Halle (Jo. And. Bauer) 3. IV. 1739. 36 S. mit Widm. v Präs. (5.—) 9236

Bieten die Heydrich'schen Melobesien-Arbeiten eine sichere Grundlage? Von M[ikal] **Foslie**. Trondhjem 1901: Aktietr. (25 S.) 8°
— **Skrifter**, Kgl Norske Videnskabers Selskabs 1901, No 2. 105 676 9

Antarctic and subantarctic Corallinaceae by M[ikal] **Foslie**. With 2 pl. Stockholm: Lith. Inst. d. Generalstabs; Berlin: A. Asher & Co. 1907. (16 S.) 4°(8°)
— **Ergebnisse**, Wissenschaftl., d. schwed. Sudpolar-Expedition 1901–1903. Bd 4, Lfg 5. 107 9343

Foslie, M., üb. die Laminarien Norwegens. Mit 10 (lith.) Taf. gr. 8. (112 S.) Christiania 884. Dybwad. n. 6. —

Foslie, M., die Lithothamnien, s.: Südpolar-Expedition, deutsche.

Fosonus, J. B., siehe: Acta sanctorum.

Foß Zur Erklarung Deutscher, vorzüglich Uhlandscher Gedichte. 36 S.
Berlin, Fr. W., Progr. 1849

Foss: zur Geschichte des Perikles. 9 S. – Elbing, Progr. 1864.

Foss, s: Veröffentlichungen, Görbersdorfer, aus Brehmer's Heilanstalt f. Lungenkranke.

Foß. Die Versorgung der deutschen Operations-Truppen während des Feldzuges gegen Dänemark vom Jahre 1849 in den Herzogthümern Holstein, Schleswig und in Jütland. (Berlin 1866.) 8°. (Aus: Zeitschr. f. Preuß. Gesch. u. Landeskunde.)

Foss v (Red.), s. Zeitschrift für preussische Geschichte und Landeskunde

Foss, Bernh. Anleitung zum Übersetzen aus dem Deutschen ins Lateinische. 40 S. 8 Progr. Rpg Altenburg 1880

Foss, Bernh., Anleitung zum Uebersetzen aus dem Deutschen in das Lateinische. 8. (32 S.) Luckenwalde 874. Schultze. n. — 50

Foß, Bernh., Anleitung zum Uebersetzen aus dem Deutschen in das Lateinische. 2. Aufl. gr. 8. (40 S.) Altenburg 880. Bonde. n. — 50

Foss, Bernhardvs (geb am 11 Mai 1837 in Altenburg). De loco in qvo Promethevs apvd Aeschylvm vinctvs sit ... Bonnae, form. Carthavsianis (1862). 2 Bl., 54 S., 1 Karte. 8. ¶ Erschien zugleich selbständig bei Cohen & Sohn in Bonn.
Bonn, Phil. Fak., Diss. v. 21 März 1862

Foss, Bernh., de loco in quo Prometheus apud Aeschylum vinctus sit. Accedit tab. lith. Bonn 862. Cohen & Sohn. gr. 8. (50 S.) n. 12 ngr.

Foß, Erich: Aus d. Universitatsohrenklinik zu Jena. Drei Falle von Hirnabszeß nach akuter Otitis media mit Streptococcus mucosus als Erreger. Jena 1909: Kämpfe. 32 S. 8°
Jena, Med. Diss. v. 11. Nov. 1909, Ref. Wittmaack
[Geb. 28. Febr. 77 Swinemunde; Wohnort: Jena; Staatsangeh.: Preußen; Vorbildung: Gymn Naumburg Reife O. 95; Studium: Leipzig 1, Munchen 2, Leipzig 3, Berlin 4, Munchen 1, Berlin 2, Wurzburg 1, Munchen 2, Jena 4 S.; Coll 31 Juli 09; Approb 11 Aug 09] [U 10 2288

Foss, Ernst, aus Altenburg Die 'Nuits' von Alfred de Musset. T. 1. *Berlin (1902): E. Ebering.* (50 S.) 8° ¶ (Erscheint vollst in Berliner Beitrage zur german u roman Philol.)
Berlin, Phil Diss v 23 Juli 1902

Foss, Ernst, die „Nuits" v. Alfred de Musset, s.a. Beiträge, Berliner, z. german. u. roman. Philolog. XXIII.

Die 'Nuits' von Alfred de Musset Erläuterungen zu denselben von Ernst Foss. Dr phil. *Berlin. E. Ebering 1902* (175 S.) 8°
[Ein Teil erschien als Inaug.-Diss. Berlin 1902.]
— Beiträge, Berliner, z. german. u. roman. Philologie Roman. Abt No 13

Foss, H.: Über den Abt Hilduin . . ., s. F o s s, Rudolf

Foß, Heinr. Ed., Abschiedsrede gehalten zu Friedland ꝛc., s. Reden u. Gesänge ꝛc.

Foss, Hnr. Ed., Commentatio critica, qua probatur, declamationes duas Leptineas a Jacobo Morellio et ab Angelo Maio repertas non esse ab Aristide scriptas. 4maj. Altenburgi 842. (libr. Schnuphase.) n. 1/3 ꝑ

— Epistola ad Jul. Mützellium de critica in emendando Curtio recte exercenda. 4. Altenb. 846. (Helbig.) n. 1/3 ꝑ

Foss, Henricus Eduardus: Commentationis de Gorgia Leontino particula Halae (1828): Gebauer. 38 S 8°
Halle-Wittenberg, Phil Diss. v. 28 Juni 1828
Geb [Elbing 5.11 1805]
Preisschrift des Hall philol Seminars v. 1826. — Auch als S 1—38 in des Verf · De Gorgia Leontino commentatio Interpositus est Aristotelis de Gorgia liber emendatius editus Halis Saxonum. Hemmerde 1828. VI, 185 S. 8°

Foss, H. Ed., de Georgia Leontino Commentatio. Interpositus est Aristotelis de Georgia liber emendatius editus. 8maj. Halle 828. Schwetschke u. S. 18 ꝑ

Foss, Heinrich Eduard, 35. Nachricht von dem Friedrichs-Gymnasium zu Altenburg a. d. Schuljahr Ostern 1841—42. Einlad.-Schrift z. d. v. 14. bis 18. III. 1842 i. d. Aula d. Josephinum stattfind. Schulfeierlichkeit. Altenbg. (Hofbuchdruckerei). 24 S. mit Schülerverz. (3.—) 9237

Foss, Hnr. Ed., de Theophrasti notationibus morum commentat. I—III. 4maj. Halle 834, 35. et 37. Schwetschke et Sohn. (à 1/2 ꝑ) 1 1/2 ꝑ

Foss, H. E., De Theophrasti notationibus morum IV. Pr. 1861. 85 S. 4°.

—— Quaestiones criticae [de Taciti Agric. c. 6. hist. I. c. 30. Sophoclis Oedip. Col. v. 553 sq.], quibus interposita est disputat. histor. de praetoribus Romanis, qui sub imperatoribus fuerunt. 4. (6½ B.) Altenburgi 837, (Helbig.)

Foss, H. E., Quaestiones criticae (de Taciti Agric. 6 hist. I, 30. Sophoclis Oedip. Col. v. 553 sq.), quibus interposita est disputatio historica de praetoribus Romanis, qui sub imperatoribus fuerunt. Pr. 1837. 51 S. 4°.

Foss, H. E., Quaestiones Curtianae. Pr. 1851. 50 S 4°.

Foss, Henr. Ed., Quaestiones Curtianae. 4. (50 S.) Altenburg 852, Jacob in Comm. n. 5/12 ꝑ

— Rede zur Entlassung von sechzehn Abiturienten, gehalten am 22. März 1839. gr. 8. Altenburg 839. Schnuphase. n. 1/8 ꝑ

Foß, Heinr. Ed., zwanzig Schulreden. Nach seinem Tode hrsg. v. Bernh. Foß. gr. 8. (VIII, 240 S.) Leipzig 877. Teubner. n. 5. —

Foss, Curt [pr. Arzt]. Beitrag zur Casuistik der Spina bifida. . . . Königsberg i. Pr., Druck v. M. Liedtke, 1889; 66 S | 2 Bl. u. 2 Taf. 8°
Königsberg, Med. Fak., Inaug.-Diss. v. 18. Jan. 1889

Foss, Curt. Beitrag zur Casuistik der Spina bifida. Diss. gr. 8. (65 S. m. 2 Taf.) Königsb. 889, (Koch). * 1 —

Foss, L Ob. in Vor. 8 ü 1863.
Schul-/Univ.-Schrift

— dass., s.a. F o s s, R.

Foss, Max

Foß. Marine-Kunde. Mit Abb. ꝛc. 2. Aufl. Stuttgart 1890. 627 S.

Marine-Kunde Eine Darstellung d Wissenswerten auf d Gebiete d Seewesens von Kapitan z. See a. D. [Max] Foss Mit 517 Ill., Karten u Planen. *Stuttgart, Berlin, Leipzig. Union [1901].* (XX, 627 S) 4°(8°)

Marine-Kunde. Eine Darstellung des Wissenswerten auf d. Gebiete d. Seewesens von Kapitän z. See a. D. [Max] Foss. 2. Aufl. *Stuttgart, Berlin, Leipzig: Union [1901].* (XX, 627 S.) 8° [ℑ]

Foß, M., Marine-Kunde. Eine Darstellg. des Wissenswerten auf dem Gebiete des Seewesens. Mit 425 Abbildgn., Karten u. zweifarb. Plänen, sowie 4 mehrfarb. Taf.: Rangabzeichen u. Flaggen. 6., vollständig umgearb. u. bis auf die Gegenwart fortgeführte Aufl. (XVI, 496 S.) Lex. 8. Stuttg. (908). Union. Geb. in Leinw. 10. —

Foß, M: Marinekunde. 7. Aufl. Stuttgart, Borlin und Loipzig 1909

Marine Kunde. Eine Darstellung d. Wissenswerten auf d. Geb. d. Seewesens; von Kapit. z. See a. D. M[ax] Foss Mit 425 Abb., Kt u Pl., sowie 4 Taf. 8 vollst umgearb u bis auf d Gegenwart fortgef Aufl Stuttgart, Berlin, Leipzig · Union [1909] XVI, 496 S 8°

Foss, Max, Seegeschichten, s.a. **S c h u l z e ' s Zehnpfennigbücher.**

Seegeschichten. Von Kapitan z. S. [Max] Foß-Berlin. (Berlin: F. Schulze [1904]) (16 S.) 8° [Umschlagt. Text stenogr.]
= Zehnpfennigbucher, Schulzes. No 34.

Der Seekrieg. Von Max Foß, Kapitän z. See a. D. *Berlin: Boll & Pickardt 1904.* (IV, 420 S.) 8°

Foss, R., die Anfänge der nordischen Mission mit besond. Berücksicht. Ansgars. 2 Thle. 4. (26; 22 S.) Berlin 882, 83, [Weidmann'sche Buchh.], Gaertner's Verlag. à Thl. *M 1. *

— Attila in der Geschichte u. Sage, s.a. Geschichts-Bilder für Jugend u. Volk.

Foß, R., Attila in der Geschichte u. Sage. (103 S. m. 3 Taf.) kl. 8. Gütersloh (910). C. Bertelsmann Sep.-Kto. —60; geb. in Halbleinw. —70; in Bibliotheksbd. — 80

Foss, R Beiträge zur altattischen Geschichte. 23 S. [Attica. — Untersuchungen über die Quellen der athenischen Geschichte]
Progr. Luisst. Rg *Berlin* 1876

Foss, R., Benedikt v. Aniano, s.a. Petri, üb. den naturhistorisch-chemischen Unterricht an den höheren Lehranstalten.

Foss, R Benedikt von Aniane S 15 – 34 Luisst Rg *Berlin* 1881
Progr.

— Bilder aus der Karolingerzeit. Mit e. (chemigr.) Bilde. 8. (VIII, 169 S.) Gütersloh 883. Bertelsmann. n. 2. —; geb. n. 2. 60

F o s s, R., die Mark Brandenburg. Ein Beitrag zur Lösung der Frage: Wie ist der Unterricht in der brandenburgisch-preuss. Geschichte mit dem geograph. Unterrichte zu verbinden? gr. 8. (36 S. mit 5 Karten-Skizzen auf 1 Stnt. in Fol.) Berlin [Leipzig] 873, Gülker und Comp.
Aus: Central-Organ für die Interessen des Realschulwesens, besonders abgedruckt.

Foss, R., die Mark Brandenburg. Ein Beitrag zur Lösg. der Frage? Wie ist der Unterricht in der brandenburgisch-preuss. Geschichte m. dem geograph. Unterrichte zu verbinden? Mit 5 Karten-Skizzen (auf e. Steintaf. in Fol.) [Aus „Central-Organ f. die Interessen d. Realschulwesens".] gr. 8. (36 S.) Bielefeld 873. Gülker & Co. n. 1. —

Foß, R., Gustav Freytags Fabier, s.: Klassiker, d. deutschen, erläut. u. gewürd. f. höh. Lehranstalten, sowie z. Selbststudium.

Foß, R., die Geschichte des deutschen Volkes, s.a. Hermann, K. H.

Foß, R., Geschichte des Deutschen Volkes. Eine Erläuterung zu K. H. Hermann's 15 großen Bildern unter gleichem Titel. Gotha 854. J. Perthes. Lex.-8. (8 Bl., 533 S.) 3 ℳ
Vgl.: Hermann, die Geschichte des Deutschen Volkes.

Foß, R., Grundriß der brandenburgisch-preußischen Geschichte, s.: Voigt, F.

— Grundriß der Geschichte für die mittleren Classen höherer Lehranstalten. Mit 11 Tab. gr. 8. (VII und 197 S. mit 9 S. Tab.) Berlin 855, Gaertner. *

Foß, R., Grundriß der Geschichte für die mittleren Classen höherer Lehranstalten. 2., verm. u. verb. Aufl. Berlin 864. Gaertner. gr. 8. (VII, 210 S.) n. 18 ngr.

— Grundriß der Geschichte für die mittleren u. oberen Classen höherer Lehranstalten. 3., verm. u. verb. Aufl. Ebend. 869. gr. 8. (216 S.) n. 18 ngr.

— Lebensbilder a. d. Zeitalter d. Reformation, s.: Schriften f. d. deutsche Volk.

— Leitfaden der Geographie. 8. (80 S.) Berlin 867, Gaertner. cart. *

Foß, R., Leitfaden der Geographie. 2. Aufl. 8. (80 S.) Berlin 870, Gaertner. cart. *

— Leitfaden der Geographie. 3. Aufl. gr. 8. (82 S.) Berlin 883. Gaertner. cart. n. — 80

— Leitfaden der Geschichte. Ebend. 868. 8. (71 S.) n. 8 ngr.

— Leitfaden der Geschichte. 2. Aufl. 8. (72 S.) Berlin 877. Gaertner. cart. n. — 80

— Leitfaden der Geschichte. 3. Aufl. gr. 8. (76 S.) Ebend. 883. cart. n. — 80

— kurzer Leitfaden d. deutschen Geschichte unt. Hinweis auf d. Lesestücke, welche im Tertia- u. Sekunda-Kursus des deutschen Lesebuches v. Hopf u. Paulsiek enthalten sind. M. Bezug auf d. neuen Lehrpläne bearb. gr. 8. (32 S.) Berlin 895. E. S. Mittler & Sohn. n. — 35

— deutsches Lesebuch, s.: Hopf, J., u. K. Paulsiek, deutsches Lesebuch f. höhere Lehranstalten.

— Ludwig der Fromme vor seiner Thronbesteigung. Berlin 858. Th. Enslin in Comm. gr. 4. (3 Bl., 48 S.) n. 12 ngr.

– Proben der Poesie u. Prosa d. 16., 17. u. 18. Jahrh., s. Hopf, J., u. K. Paulsiek: Deutsches Lesebuch f. höhere Lehranstalten.

— geographische Repetitionen. gr. 8. (215 S.) Berlin 870, Gaertner. *

Foß, R., Ludwig Uhland. Ein öffentlicher Vortrag. Berlin 863. Hertz in Comm. gr. 8. (38 S.) n. 6 ngr.

– dass., s.a. Foss, L.

— Wie ist der Unterricht in der Geschichte mit dem geographischen Unterricht zu verbinden? Dargestellt an der Darstellung der Mark Brandenburg. Eine Anleitung für Lehrer und reifere Leser. 2. verb. mit neuen Karten verseh. Aufl. 8. (48 S. mit 1 Stnt. in qu. 4) Berlin [Leipzig] 874, Gülker und Comp. *

— wie ist der Unterricht in der Geschichte mit dem geographischen Unterricht zu verbinden? Dargelegt an der Darstellung der Prov. Pommern. Eine Anleitung für Lehrer und reifere Schüler. 2. Heft. gr. 8. (III, 48 S.) [Leipzig] Bielefeld 876, Gülker und Comp.
1. Heft ebendas. 1874. n. ℳ 1.

Foss, Richard

Foß, R., zur Carlssage. Berlin 869. Gaertner in Comm. 4. (31 S.) n. 8 ngr.

Foss, Rudolf Bericht über Gründung und Wachstum der Schule zur Feier des fünfzigjährigen Bestehens derselben zusammengestellt. 4 (24 S.) Progr. Luisenstädt Rg. Berlin 1886
Nicht im Tauschverkehr.

Foss, Rudolf [Prof. Dr., Dir.]: I. Kirchen-reformatorische Bestrebungen im 9. Jahrhundert. (Claudius v. Turin.) II. Zur Reformationsgeschichte von Genf. Berlin, R. Gaertner, 1893; 26 S. 4.
Berlin, Luisenstadt RG, OP 1893 (98)

Foss, Rudolfus: De Carolo Calvo. Halis (1844): Ruff. 60 S. 8°
Halle-Wittenberg, Phil. Diss. v. 3. Apr. 1844
Geb. [Danzig 31. 10 1822]
Verf. erlebte die Diplomerneuerung 1894 als Geheimer Regierungsrat und Realgymnasialdirektor a. D. in Schöneberg b. Berlin.

Foß, R., Erinnerungen e. Schulmannes, s.a. Gedanensia.

Erinnerungen eines Schulmannes Aus d. alten Danzig (1822–1841). Von Prof. R[udolf] **Foss**. *Danzig: L. Saunier 1902.* (87 S.) 8° [F.]
= Gedanensia Bdch. 5. [illegible]

— d. deutsche Gebirgsland. E. geograph. Skizze. gr. 8. (V, 85 S.) Berlin 895. E. S. Mittler & Sohn. n. 1. —

Foss, Rudolf Über den Abt Hilduin von St Denis und Dionysius Areopagita. 4 (21 S.) Progr Luisenstädt Rg *Berlin* 1886 (92)

Foss, H., üb. den Abt Hilduin v. St. Denis u. Dionysius Areopagita. gr. 4. (21 S.) Berlin 886. Gaertner. n. 1. —

– Karl der Große, s.a. Geschichts-Bilder für Jugend und Volk.

[F.] Karl der Grosse. Von Prof. Dr. R[udolf] **Foss**, Geh. Reg.-R. M. Ill. nach Originalzeichngn v. Waldemar Friedrich, Karl Römer u. G. Sundlead. 2. Aufl. *Gütersloh: C. Bertelsmann [1897].* (103 S.) 1 Bd 8.
= Nieritz, G. Jugendbibliothek. No 61. [98 1077]

— Leben u. Schriften Agobards, Erzbischofs v. Lyon, s.a. Beiträge z. Förderg. christl. Theologie.

Foss, Rudolf: Leben und Schriften Agobards, Erzbischofs v. Lyon. *Gütersloh 1897.*
in: Schlatter, Adolf: D. Tage Trajans u. Hadrians
= Beiträge z. Förderung christl. Theologie. Jg. 1. H. 3. [97. 6736]

Foss, Rudolf Zur Reformationsgeschichte von Genf. [A.] Progr. 4. Berlin 1893.)

— das norddeutsche Tiefland. Eine geograph. Skizze. gr. 8. (V, 98 S.) Berlin 894. E. S. Mittler & Sohn n. 1. —

Foss, Walther, Gerichtsreferendar: Die Gestaltung der Schädenprozesse nach § 287 der Reichs-Zivilprozessordnung unter besonderer Berücksichtigung der Rechtsprechung des Reichsgerichts. Eisenach 1909. VIII, 65 S. 8°
Göttingen, Jur. Diss. v. 15. Febr. 1909, Ref. v. Hippel
Geb. 27 Apr. 86 Naumburg a. S., Wohnort: Ilfeld, Staatsangeh.: Preußen; Vorbildung: Gymn. Naumburg Reife O. 05, Studium: Leipzig 1, Berlin 3, Göttingen 2 S. Rig. 4 Nov. 08.] [U 09. 1273]

Fossati, (Giovanni Antonio Lorenzo) (Hrsg.):

s.: System, Das Gallsche, der Schädellehre (Cranioscopie). Über die Fähigkeiten und Kräfte des Menschen und die Verrichtungen des Gehirns. Nach den letzten von Dr. (Franz Joseph) Gall kurz vor seinem Tode gemachten Beobachtungen. 2...verm.und verbess.Aufl. Leipzig: o.J.

JB 4.185

Fossati, Hans, e. Strauß aus dem k. k. österreichischen u. k. italienischen Hof-Blumen-Salon Fossati. 8. (112 S.) Wien 884. Rosner. n. 2. 40; geb. n. 3. 60

Fosse, la

— Abhandl. v. wahr. Sitze d. Rotzes b. d. Pferden. 8. Halle, Gebauer. (a. Breslau, W. Korn) 752.

— — dass. 8. Frkf. Varrentrapp. 754.

Fosse, la, Dictionnaire d'Hippiatrique etc. 2 Tom. 8. Francf. Varrentrapp. 776.

— Handbuch z. Gebrauch der Pferdeärzte. 8. Hannover, Helwing. 785.

— Lehrbegriff der Pferdearzneykunst. a. d. Franz. von Knoblauch. 4 Thle. m. Kupf. gr. 8. Prag, Widtmann, 787.

Fosse, la, geschw. franz. Sprachmeister. 8. Wien, Schrämbl sch. 810.

Fosse, I. C. la, Iconologie, nouvelle histor. ou attributs hiéroglyphes. av. fig. 8. Amsterd. Bruder et S. 810.

Fosse, J. C. de la, s.: Vorbilder der Kunsttischlerei.

Fossé, M.

— s. auch Lafosse.

Fossé, M., Gedanken vom Gebrauch d. Mannschaften beim Angriff u. Vertheidigung kleiner Posten; aus d. Französ. v. H. J. Krebs. Mit 11 Planen. gr. 4. Kopenh.... N. A. 805. Schubothe. 2 ℛ 16 g/

Fossée. In Erfahrung gegründete Gedanken vom Gebrauch der Mannschaften, die jungen Officieren anvertraut werden, bei Angriff und Vertheidigung kleiner Posten. Aus dem Franz. von H. J. Krebs. 12. Kopenhagen und Leipzig 1789.

— — In Erfahrung gegründete Gedanken vom Gebrauche der Mannschaften, die jungen Officieren anbetrauet werden, bei Angriff und Vertheidigung kleiner Posten. Aus dem Französischen übersetzt von Heinr. Joh. Krebs, k. dänischer Professor und Capitain im k. Artillerie-Corps. 12. Kopenhagen und Leipzig 1799.

Fossé, Précis sur la défense, relative au service de campagne. 18. Paris et Strasb. Treuttel et Würz. 802.

Fossek, Wilhelm

Bestimmung des Kohlensäuregehaltes der Luft in Schulzimmern (mit 1 Taf.) S. 95. II. [illegible] . . vgr
Separatabdruck

Fossek, Dr. Wilhelm, Allgemeine anorganische Chemie. (Einführung in das Studium der Pharmacie I. Band.) Mit 33 Holzschnitten. (Gr.-8. (XII, 299 S.) Wien. Deuticke 1891. 3.60

Darstellung [illegible] Isobutyraldehyds. S. 88. II. [illegible] . vgr
Separatabdruck

Über ein dem Hydrobenzoin analoges Derivat des Isobutyraldehyds. S. 88. II. [illegible] vgr
Separatabdruck

FOSSEK, W.
Einführung in das Studium der Pharmacie. Vol. I: Allgemeine und anorganische Chemie. Vol. II: Organische Chemie. Vol. III: Pharmaceutische Botanik und Pharmacognosie. Vol. IV: Pharmaceutische Operation und Utensilien in Verbindung mit Physik. Wien, 1891. 4 vols., 8vo. Ill.

Fossek, Wilh., Einführung in das Studium der Pharmacie. 1. Bd. Allgemeine u. organ. Chemie. gr. 8. (XII, 299 S. m. 33 Holzschn.) Wien 892. F. Deuticke. n. 6. —

— Einwirkung von Phosphortrichlorid auf Aldehyde. Vorläufige Mitteilung. S. 89. II. [illegible] . . . . . vgr
Separatabdruck

Fossek, Wilhelm. Über Kondensationsprodukte des Isobutyraldehydes. S. 84. II. 649 . vgr
Separatabdruck

— Vorläufige Mitteilung über einige neue Derivate des Isobutyraldehyds. S. 88. II. [illegible] . . . . vgr
Separatabdruck

— Über Oxyphosphinsäuren. 1. Abhandlung. S. 90. II. 700 . . . vgr.
— — 2. Abhandlung. S. 93. II. 100 . . . . vgr
Separatabdruck

Synthese zweiwertiger Alkohole durch Einwirkung von alkoholischem Kali auf Gemenge von Aldehyden. Vorläufige Mitteilung. S. [illegible] II. [illegible] vgr
Separatabdruck

Fossel, Viktor

— s.: Zur histor. Biologie der Krankheitserreger.

Fossel, Vict. Geschichte d. allgemeinen Krankenhauses in Graz. Festschrift zur Feier d. 100jähr. Bestandes der Anstalt. Hrsg. vom steiermärk. Landes-Ausschusse. gr. 8. (VII, 187 S.) Graz 889, (Leuschner u. Lubensky). * 2 20

Fossel, Viktor (Red.), s. Mittheilungen des Vereines der Aerzte in Steiermark.

Fossel, Vikt., Studien zur Geschichte der Medizin. (VII, 191 S.) Lex. 8. Stuttgart 909. F. Enke. 6. —

Fossel, Vict., Volksmedicin und medicinischer Aberglaube in Steiermark. Ein Beitrag zur Landeskunde. 1. und 2. unveränd. Aufl. gr. 8. (VI, 172 S.) Graz 885,86, Leuschner und Lubensky. *

Fosser, A., Walther v. der Vogelweide, s.: Broschüren, Frankfurter zeitgemäße.

Fosser, O., Johs. Thdr. Laurent u. seine Verdienste um die katholische Kirche, s.: Broschüren, Frankfurter zeitgemäße.

Fossi, Ferd., Catalogus codicum Saec. XV. impressorum, qui in bibl. Magliabechiana Florentiae adservantur. Florent. 793-95. 5 Tom. f. Lips. 801. 3 Tom. f. 12 rthl.

— — idem liber. III Tmi. Fol. Strasbourg Levrault. 793.

Fossi, F., Catalogus codicum Saeculo XV. impressor. qui in Biblioth. Magliabechia Florentiae adserv. III Tmi. Fol. Lps. Gleditsch. 802.

Foßler, J., prakt. Anleitung zur Taktschreibmethode in deutscher u. engl. Schrift. qu. 4. (45 Taf., IV u. 11 S. Text u. 1 Vorstechmaschine auf Carton.) Karlsruhe 847, Braun. ⁵/₆ ℛ — Sämmtl. Taf. ohne Text. n. ²/₃ ℛ — einzelne Blätter. n. ¹/₄ ℛ — 21 Bl. deutsche Vorschriften. n. ¹/₃ ℛ — 18 Bl. engl. Vorschr. n. ¹/₃ ℛ — Die Vorstechmaschine. n. ¹/₂₄ ℛ

Foßler, J., die Arithmetik in systematisch geordneten Aufgaben für Schulen und zur Selbstbelehrung bearb. (1. Thl.) 1. und 2. Abthl. gr. 8. Karlsruhe 865, Müller'sche Hofbuchh. *
Resultate dazu *

Inhalt:

Abthl. 1. Die vier Rechnungsarten mit unbenannten und gleichbenannten ganzen Zahlen. (VIII und 64 S.) * 4 Ngr.; Resultate dazu. (15 S.) * 2 Ngr.

" 2. Die vier Rechnungsarten mit benannten ganzen Zahlen. (VIII und 84 S.) * 6 Ngr.; Resultate dazu. (26 S.) * 4 Ngr.

— — 2. Thl.: Angewandtes oder Geschäftsrechnen. 3 Abthlgn. Karlsruhe 868. Groos. gr. 8. n. 13 ngr.;
Auflösungen u. Resultate dazu n. 20 ngr.
1. Abth.: (IV, S. 1—70.) n. 5 ngr.; Auflösungen. (VIII, S. 1—65.) n. 8 ngr. — 2. Abth. (S. 71—131.) n. 4 ngr.; Auflösungen (S. 67—128.) n. 8 ngr. — 3. Abth. (S. 135—182.) n. 4 ngr.; Auflösungen (S. 129—159.) n. 4 ngr.

Foßler, J., die Arithmetik in systematisch geordneten Aufgaben für Schulen und zur Selbstbelehrung bearb. Aufgaben zum Kopfrechnen. 1. Abthl. gr. 8. (III, 52 S.) Karlsruhe 870, Groos. *
Auflösungen dazu (IV, 55 S.) *

—— dass. — 1. Thl. 2. Abthl.: Die vier Rechnungsarten mit benannten Zahlen. 2. Aufl., nach dem Metermaaß umgearb. gr. 8. (71 S.) Karlsruhe 872, Gutsch. *
Resultate dazu. 8. (15 S.) *

Fosßler, J., s. Lieder, zweistimmige, für Schulen.

— die 4 Rechnungsarten der Decimal- od. zehntheiligen Brüche, als Vorbereitg. zu den 4 Rechnungsarten m. benannten Zahlen. Für Schulen u. zum Selbstunterricht bearb. gr. 8. (16 S.) Ebend. 872. — 30

Foßler, J., praktisch methodische Schulvorschriften in systematisch geordneten Uebungen zur leichten u. gründlichen Erlernung der deutschen u. englischen Schrift. Carlsruhe 859. Braun. qu. 4. (40 lith. Bl.) n. 22½ ngr.

— Verwandlung der badischen Maaße in das Meter-Maaß u. umgekehrt. In systematisch geordn. Aufgaben f. Schulen u. zur Selbstbelehrg. bearb. gr. 8. (35 S.) Karlsruhe 872. Gutsch. n. — 20

Foest, Eduard (geb Heiligenstadt auf d Eichsfelde 27 1 1829) De anchylosibus Berolini (1854) (32 S.) 8°
Berlin, Med Diss v 23 Aug 1854

Föst, Hans

Föst, der Dienst der Trains im Kriege. (XIV, 275 S.) gr. 8. Berlin 908. Vossische Buchh. 5.70; geb. 7.—

Föste, Karl [Oberl. Dr.]: Zur Theologie des Berthold von Regensburg. Zwickau, Druck v. R. Zückler, 1890; 1 Bl., 37 S. 4°
Zwickau, G, OP 1890 (540)

Föste, Carl Herm., die Reception Pseudo-Isidors unter Nicolaus I. u. Hadrian II. Ein Beitrag zur Geschichte der falschen Dekretalen. gr. 8. (39 S.) Leipzig 881. Böhme. — 75

Foster, Anna Eine Erzählung für ältere Schulkinder. Aus dem Engl. Bremen 867. Verlag d. Tractathauses. 16. (VIII, 79 S.) n. 5 ngr.

Foster, Anna. A. d. Engl. (79 S.) Bremen 1870. Traktathaus.

Foster, Mrs., Handbuch der gesammten europäischen Literaturgeschichte bis auf die neueste Zeit, nach der 3. Aufl. des engl. Orig. f. deutsche Frauen bearb., u. m. berichtigenden u. ergänzenden Zusätzen versehen v. Ed. Geibel. gr. 16. (IV u. 601 S.) Grimma 851, Verlags-Comptoir. In Engl. Einb. n. 2 ₰

— heil. Reden üb. wichtige Glaubens- u. Lebenslehr. a. d. Engl. 8. Götting. u. Jena, Cuno. 739.

Foster, Arthur Malcolm: Beiträge zur Kenntnis der Bromderivate des m-Kresols. *Marburg 1898. (R Friedrich).* (39 S.) 8°
Marburg, Phil Diss v [28 Juni] 1898

Foster, B., s.: Birket Foster-Album.

Foster, Birket, u. A. Hornung, goldne Sommerzeit, Traum voll Herrlichkeit! Illustrationen v. B. F., Verse v. A. H. 4. (20 S.) Fürth 891. G. Löwensohn. Kart. n. 2.50

Foster, Eduard

Foster, Ed., theoret. u. prakt. Anweis. zur Geburtshülfe; aus d. Engl. (v. K. H. Spohr). 8. Leipz. 786. (Brockhaus). 18 gl.

Foster, Eduard, theoret. u. prakt. Anweis. zur Geburtshülfe. a. d. Engl. 8. Leipz. Gleditsch. 786

Foster, Frank Hugh (Springfield, Mass. USA.), The doctrine of the transcendent use of the principle of causality in Kant, Herbart and Lotze. Diss. philos. Lpz. (Ackermann & Glaser) 1882. 63 S. mit Biogr. (4.80) 9240

Foster, G. G., Celio, oder New-York über und unter der Erde, s. Bibliothek, amerikanische.

Foster, Herbert H.: Über den amerikanischen Versuch, die englische Sprache auf den Philippinen-Inseln durch die Schule einzuführen. Eine vergleichende Studie im Lichte d. Kulturbewegung u. d. Schulpolitik. Jena 1908: B. Vopelius. (84 S.) 8°
Jena, Phil. Fak., Ref. Rein, Diss. v. 28. Febr. 1908
[Geb. 15. Febr. 75 Huron; Wohnort: Oddaur-Kansas; Staatsangeh.: Vereinigte Staaten; Vorbildung: High School Auburn (New York) 92; Studium: Cornell-Univ 8, Jena 3 S; Rig. 15 Juni 07.]

Miniature **Painters** British and Foreign. With some account of those who practised in America in the 18. century. By J J. **Foster**. Ill by num. examples selected from celebrated collections. In 2 vols. Vol. 1 2. *London · Dickinsons 1903.* 2 Bde 2° (03 1560)

FOSTER, Jacob, Betrachtung uber die ausnehmende Schande einer herrschenden Lasterhaftigkeit. Aus d Englischen. Berlin 1747. 8°. Selten!

Foster, James. Betrachtungen über die vornehmsten Stücke der natürlichen Religion . . . a. d. Engl. Leipzig 1751—53. Ü: *Spalding, Johann Joachim.* (MGT) (Ky) (ErGr) (JL) »vorzüglichsten« (ErschDL)

Foster, Jak., Betrachtt. uber d. vornehmsten Stücke d. natürl. Religion u. d. gesellschaftl. Tugend; aus d. Engl. (v. J. J. Spalding). 2 Thle. 8. Leipz. 751. Weidmann. 1 ₰

Jac. **Foster**'s Betrachtt. üb. d. vorzügl. Stücke d. natürl. Religion u. gesellschaftl. Tugenden, a. d. Engl. (v. J. Jo. **Spalding**). *Lpz.*, Weidmann. B. 751-53. 2 Thle. 8° 1 ß

Foster, J. Reden über wichtige Wahrheiten der Christlichen Religion; a. d. Engl. Leipzig 1750. Ü: *Sucro, Johann Georg & Joh. Joach. Spalding.* (ML)

— Reden über wichtige Wahrheiten d. christl. Religion; aus d. Engl. 5 Thle, mit e. Vorrede v. Aug. Fr. Wilh. Sack. 8. Leipz. 750—52. Weidmann. 1 ₰ 14 gl.

Foster, James P., Geschichte der Entstehung u. juristischen Gestaltung der öffentlichen Domainen in den Vereinigten Staaten von Nord-Amerika. gr. 8. (68 S.) Berlin 877. Puttkammer & Mühlbrecht. n. 1.60

Foster, James P (geb Flushing N Y 31 8 1848) Die Public Lands der Vereinigten Staaten von Nord-Amerika Berlin 1877 (68 S) 8°
Berlin, Jur Diss v 19 Apr 1877

Foster, M., u. Francis M. Balfour, Grundzüge der Entwickelungsgeschichte der Thiere. Deutsche autoris. Ausg. v. N. Kleinenberg. Mit 71 (eingedr.) Holzschn. gr. 8. (XX, 267 S.) Leipzig 876 Engelmann. n. 6.

Foster, M., Lehrbuch der Physiologie. Autoris. deutsche Ausg. v. N. Kleinenberg. Mit einem Vorwort von W. Kühne. Mit 72 (eingedr.) Holzschn. gr. 8. (XI, 672 S.) Heidelberg 881. C. Winter. n. 16. —

Foster, M., Physiologie, s.a. **Elementarbücher, naturwissenschaftl.**

— Physiologie Deutsche Ausg. v. Osc. Schmidt. Mit (Holzschn.-)Abbildungen. 12. (VIII, 136 S.) Straßburg 882. Trübner. cart. n. — 80

Foster, M., Physiologie. Deutsche Ausg. v. Osc. Schmidt. (Naturwissenschaftliche Volksbücher Nr. 10.) 2., unveränd. Aufl. 12. (VIII, 136 S. m. Abbildgn.) Straßburg i/E. 890. Trübner Verl. cart. n. — 80

Foster M. Physiologie. Deutsche Ausgabe v. J R Ewald. 3 A. (136 S) Strassburg 1898

Foster, T. Gregory, Judith, s.a. **Quellen u. Forschungen zur Sprach- u. Culturgeschichte der germanischen Völker.**

Foster, *Thomas* Gregory [of Univ. Coll., London]: Judith. Studies in metre, language and style, with a view to determining the date of the oldenglish fragment a. the home of its author ... Strassburg, K. J. Trübner, 1892; IV, 67 S. 8.
Strassburg, Phil. Fak., Inaug.-Diss. v. 1892

Foster, Wilhelm, appr. Arzt aus Fara d'Adda (Italien) Zur Kenntnis der Hemmungsmißbildungen der unteren Korperhalfte. *Freiburg i. B.: Speyer & Kaerner 1903.* (40 S.) 8°
Freiburg i B., Med. Diss v. 1903

Foster Kirk, John s. Kirk, John Foster.

Birket **Foster-Album.** Eine Auswahl der schönsten Holzschn. nach Zeichnungen von Birket Foster, in Holz geschn. von Gebr. Dalziel, J. Cooper, E. Evans u. A. Mit deutschem Text hrsg. von Geo. Scherer. gr. 4. (171 S. mit eingedr. Holzschn.) München 880, Stroefer. geb. mit Goldschn.

Foszlan, s. Ibn-Foszlan.

Foth, C. (Red.), s. Gärtner-Zeitung, Allgemeine deutsche.

Foth, Ernst, Tierarzt a. Elbing: Aus dem Veterinärinstitut der Universität Leipzig. Prof. Dr. Eber. Untersuchungen über einen im Jahre 1903 in der Umgebung von Leipzig beobachteten Ausbruch von Schafpocken. Berlin 1907: E. Ebering. (68 S.) 8°
Leipzig, Phil. Fak., Ref. Eber-Kirchner, Diss. v. 11. Mai 1907
[Geb. 11. Febr. 79 Ellerwald, Kr. Elbing, Westpr.; Wohnort: Schoenwiese, Ostpr.; Staatsangeh.: Preußen; Vorbildung: Realgymn. Elbing Reife O. 97; Studium: Tierärztl. Hochsch. Berlin 4, Munchen 1, Berlin 3, Univ. Leipzig 3 S.; Rig. 6. Jan. 07.]

Foth, G., Anleitung zum Brennereibetrieb, s.: **Delbrück, M.**

Foth, Georg. Ueber o-Nitro-p-Toluidin-m-Sulfonsäure. Greifswald, 1885.

Vergärung und Alkoholertrag der Kartoffelmaischen von Dr. Georg Foth Berlin: P. Parey 1905 (IV, 51 S.) 8° [F.] [05 3668

Foth, Hans Karl von: Über abnorme Lage der männlichen Keimdrüsen mit besonderer Berücksichtigung des Kryptorchismus. Leipzig: O. Wigand 1910. 89 S. 8° ¶ (Im Buchh. ebd.)
Leipzig, Med. Diss. v. 8. Dez. 1910, Ref. Trendelenburg
[Geb 23. April/6 Mai 87 Kischinew; Wohnort: Kischinew; Staatsangeh. Rußland; Vorbildung: Gymn. Kischinew Reife Juni 05; Studium. Leipzig 10 S.; Rig. 19. Dez 10.] [U 11. 3012

Foth, H[ermann]: Brustseuche, Wildseuche, Milzbrand bei Thieren.
Aus: Lubarsch-Ostertag: Ergebnisse d. Allgemeinen Pathologie u. pathologischen Anatomie d. Menschen u. d. Thiere. Jg. 1, Abt. 1. 1896.

Foth, Hermann [commiss. Grenzthierarzt in Oderberg]: Ueber die Gewinnung eines festen Malleïns und über seine Bedeutung für die Diagnose der Rotzkrankheit ... Berlin, R. Schoetz, 1896; 48 S., 1 Bl. 8.
Greifswald, Phil Fak., Inaug.-Diss. v. 21. Mai 1896

Foth, Karl

Foth, K., die französische Metrik für Lehrer u. Studirende in ihren Grundzügen dargestellt. gr. 8. (XI, 52 S.) Berlin 879. Springer. n. 1. 40

Foth, Karl Zur französischen Metrik. 28 S. Progr. *Ludwigslust* 1879.

Foth, *Karl* Der französische Unterricht auf dem Gymnasium. 8 (155 S.) Progr. G. Friderico-Francisceum *Doberan* 1887 (599)

Foth, K., der französische Unterricht auf dem Gymnasium. Auch e. Reformschrift. gr. 8. (155 S.) Leipzig 887. Fock. n. 1. 80

Foth, K., die Verschiebung lateinischer Tempora in den verschiedenen Sprachen, s.a. **Studien, romanische.**

Foth, Karl: Die Verschiebung lateinischer Tempora in den romanischen Sprachen. (Separat-Abdruck aus den Romanischen Studien, hrsg. von Ed. Boehmer, Heft VIII.) Strassburg, Karl J. Trübner. London, Trübner & Comp., 1876. 8. 38 S.

Foth, Max, das Drama in seinem Gegensatz zur Dichtkunst. Ein verkanntes Problem der Ästhetik. 1. Bd. Die Stellg. des Dramas unter den Künsten. gr. 8. (V, 170 S.) Leipzig 902. G. Wigand. n. 3. —

Foth, R., Anfangsgründe der Zahlen-Lehre m. bes. Berücksicht. der im prakt. Leben vorkomm. Rechnungsarten. Ein durch die wichtigsten Erklärgn. u. Berechngn. aus der Raumgrößenlehre erweiterter Abdr. d. ersten Theiles der Anfangsgründe der Zahlen- u. Raumgrößen-Lehre. Im Auftrage der königl. General-Inspection verfaßt. 2. verm. Aufl. gr. 8. (VIII, 106 S. m. eingedr. Holzschn.) Hannover 873. Meyer. n. 1. 20

—— Anfangsgründe der Zahlen- und Raumgrößen-Lehre. Im Auftrage der königl. General-Inspection der Artillerie zum Gebrauch als Leitfaden bei dem mathemat. Unterrichte in den preuß. Artillerie-Brigade- resp. Regiments-Schulen, sowie zur Benutzung beim Selbstunterrichte verfaßt. gr. 8. (VIII, 272 S.) Hannover 871, Meyer. *

—— dass. — Im Auftrage der königl. General-Inspection der Artillerie zum Gebrauch als Leitfaden bei dem mathemat. Unterrichte in den Regiments-Schulen der Artillerie, sowie zur Benutzung beim Selbstunterrichte verfaßt. 2. verm. Aufl. gr. 8. (X, 104 S. mit eingedr. Holzschn.) Ebendas. 873. *

Foth, R., Anfangsgründe der Zahlen- und Raumgrößen-Lehre. Im Auftrage der königl. preuß. General-Inspektionen der Artillerie zum Gebrauche als Leitfaden bei dem mathemat. Unterrichte in den Regiments-Schulen der Artillerie, sowie zur Benutzung beim Selbstunterrichte bearb. 3. Aufl. gr. 8. (XII, 284 S. mit 135 in den Text gedr. Holzschn.) Hannover 888, Meyer. *

Foth, R., Anfangsgründe der Zahlen- u. Raumgrößen-Lehre. Zum Gebrauche als Leitfaden bei dem mathemat. Unterricht in den Regiments-Schulen der Artillerie, sowie zur Benutzg. beim Selbstunterrichte. 4. Aufl. gr. 8. (XII, 293 S. m. 135 Holzschn.) Hannover 894. C. Meyer. n. 2. 50; geb. n.n. 2. 80

[F.] Anfangsgründe der Zahlen- und Raumgrössen-Lehre. Im Auftr. d. früh. Kgl. Preuss. Gen.-Insp. d. Artill. ... z. Gebr. als Leitfaden bei d. mathem. Unterr. in d. Reg.-Schulen d. Artill., sowie z. Benutzg. beim Selbstunterr. bearb. v. R. **Foth,** Feuerwerks-Major a. D. M. 135 in d. Text gedr. Holzschn. 5. Aufl. *Hannover [u.] Berlin. C. Meyer 1899.* (XIII S., 1 Bl., 304 S.) 1 Bd 8. [99. 1163

Foth, R., Anfangsgründe der Zahlen- u. Raumgrößen-Lehre. Im Auftrage der früheren kgl. preuß. General-Inspektion der Artillerie u. m. Zustimmg. der jetzigen königl. preuß. General-Inspektion der Fußartillerie zum Gebrauche als Leitfaden bei dem mathemat. Unterrichte in den Regiments-Schulen der Artillerie sowie zur Benutzg. beim Selbstunterrichte bearb. Durchgesehen u. berichtigt v. A. Müller. 6. Aufl. (XV, 303 S. m. 140 Abb.)8. Hannover 911. C. Meyer. Geb. in Halbleinw. 3.50

— Leitfaden f. den Unterricht im Rechnen. Zum Gebrauch in Regimentsschulen sowie zum Selbstunterrichte. Ein durch die wichtigsten Erklärgn. u. Berechngn. aus der Raumgrößenlehre erweiterter Abdruck d. ersten Theiles der Anfangsgründe der Zahlen- u. Raumgrößen-Lehre, im Auftrage der königl. General-Inspection der Artillerie. 3. verm. u. verb. Aufl. gr. 8. (VIII, 208 S.) Ebend. 874. n. 1. 60

[Lied.] Zur Geburtsfeier Ihro Königlichen Hoheit, der Frau Grossherzogin von Hessen, unserer allgeliebten Landesmutter, am 15ten Febr. 1818. In tiefster Verehrung geweiht von der □ Johannes der Evangelist zur Eintracht, im Morgen zu Darmstadt. [Unterz.: Joh. Peter Karl Wilh.] Foeth. Darmstadt 1818: [Stahl]. 4 Bl. 4°
Mit Chor ohne Noten: „Strenge will der Maurer Sitte, . . .“

Wirken im Maurerleben, der ehrw. Loge Johannis [!] zur Eintracht im Aufgange zu Danzig [!] gewidmet von [Joh. Peter Karl Wilh.] Foeth. [Zwischentit.]
in: Razen, F. J.: Mrischer Blüthenkranz. 2 (1823) S. 119—162; 2. Aufl. 1841; 3 (1830) S. 179—220; 2. Aufl. 1841.
Reden, Berichte, Abhandl., Gedichte, Lieder ohne Noten.

Die neun Worte der Weihe gesprochen in der g.·. u.·. v.·. Loge Ludewig zur Eintracht im Or.·. von Mainz, bei der Doppelfeier der Gedächtnisses der Installation besagter Loge, und der Wiedergenesung des Durchlauchtigsten Landesvaters, am 8ten April 5821, von Br.·. [Joh. Peter Karl Wilh.] Foeth. Mainz 1821: v. Zabern. 4 Bl. 8° [Umschlagtit.]
Tt. 2030. Gedicht: „Neun Worte nenn' ich Euch deutungsvoll, . . .“ u. anschliessende kurze Betrachtung.

Fothergill, Ant., Abhandl. über d. Natur d. Krankheit, die durch den Biß eines tollen Hundes veranlaßt wird. Aus d. Engl. übersetzt. Mit e. Vorrede v. C. Werner. gr. 8. Wien 810. Beck. 10 gr

dass., s.a. Fothergill, John

Fothergill. Abhandlung üb. die Natur d. Krankheit, die durch den Biß eines tollen Hundes veranlaßt wird. gr. 8. Wien, Beck. 811.

Fothergill, Anthony: Neue Untersuchung über die Hemmung der Lebenskraft beym Ertrinken, Ersticken u.s.f. In Beziehung auf die nächste Ursache des Todes, den Werth der vorgeschlagenen Mittel und das beste Heilverfahren. (A new Inquiry into the suspension of vital action; being an attempt to concentrate into a more luminous point of view the scattered rays of science,...to elucidate the proximate cause, to appreciate the present remedies, and to point out the best method of restoring animation. Dt.) Übers.von Christian Friedrich Michaelis. 176 S., gbd.

Leipzig: Supprian 1796

JB 5.228

Fothergill, A., neue Unters. über Hemmung d. Ertrinken rc. a. d. Engl. gr. 8. Leipz. Mittler. 796.

Fothergill, A(nthony): Versuch Schiffbruchleidende Seefahrer zu erhalten, als Beantwortung folgender, von der k.Humanitätsgesellschaft in London aufgeworfenen Preisfragen: "1.Welche sind die besten Mittel Seefahrer vor dem Schiffbruche zu bewahren? 2.das Schiff flott zu erhalten? 3.der Schiffsmannschaft Hülfe zu leisten zur Zeit eines heftigen Sturmes, wenn Boote es nicht wagen können derselben beyzustehen?" Übers.(aus dem Englischen), mit Zusätzen bereichert...(nebst) Anhang des Hrsg. 115 S., gbd.
Wien: typ.Schmidt (1804)
in: Poppe, Johann Heinrich Moritz: Beantwortung der...Preisfragen... 1804

JB 5.233

Fothergill, A(nthony): Winke über die Rettungsmittel bei plötzlich gehemmter Lebenskraft. (A preservative Plan or hints for the preservation of persons exposed to those accidents which suddenly suspend or extinguish vital action... Dt.) Nebst Zusätzen, enthaltend Bemerkungen über die Rettung Scheintodter und einige merkwürdige Rettungsfälle... Übers.und mit einigen Anmerkungen begleitet von Christian August Struve. 83 S., gbd.

Breslau, Hirschberg u.Lissa: Korn 1800

JB 5.229

Fothergill, J., borderland, s.: Collection of British authors.

Fothergill, J., Kith and Kin, — made or marred and „one of three“, } s.: Collection of british authors.

Fothergill, J., peril, s.: Collection of British authors.

— probation, — the first violin. } s. Collection of British Authors.

—— the Wellfields, s. Asher's Collection of English Authors.

Fothergill, J. M., therapeutisches Hilfsbuch zur rationellen Behandlg. in der internen Praxis. Für Aerzte u. Studirende. Autoris. Uebersetzg. v. I. Krakauer. 12. (IV, 156 S.) Wien 888. Urban & Schwarzenberg. geb. n. 3. —

— die Leberdyspepsie u. Biliosität, ihre Ursachen u. Behandlg., s.: Klinik, Wiener.

Fothergill, Jessie, der Konzertmeister. Aus dem Engl. ins Deutsche übers. von Emma v. Sichart. (346 S.) gr. 8. Frankenthal 903. L. Göhring & Co. n. 4. —; geb. n. 5. —

Fothergill, (John): Abhandlung über die Natur der Krankheit, die durch den Biß eines tollen Hundes veranlaßt wird. (The Case of a hydrophobia, with additions... Dt.) Nebst einem Briefe des Grafen (Friedrich) Berchtold an den Verfasser. Aus dem Englischen übers. Mit einer Vorrede (versehen und hrsg.) von Karl Werner. 77 S., gbd.

Wien: Beck 1810

JB 5.192

– dass., s.a. Fothergill, Ant.

— diätet. Bemerkk. über d. idiopath. Kopfschmerzen, s. Feyjoo, Diätetik.

— Gesundheitsregeln, s. Feyjoo, Diätetik.

Fothergill, J., sämmtl. medicin. u. philos. Schriften. a. dem Engl. u. Latein. 2 Bde. m. Anmerk. u. K. 8. Altenburg. (Acad. Buchh. in Jena.) 785.

Fothergill, Jh., sämmtl. medicin. u. philosoph. Schriften; aus d. Engl. u. Latein., mit Anmerkk. v. J. F. L. Cappel. 2 Bde, mit Anmerkk. u. Kpf. gr. 8. Altenb. 785. (Hennings in Neisse). 2 ₰ 6 gl

Fothergill, (John): Sämtliche medizinische und philosophische Schriften. (A complete Collection of the medical und philosophical works. Dt.) Nach den neuesten Ausgaben aus dem Engl.u.Lat.übers. Bd 1-2, gbd., Abb.

Altenburg: Richter 1785

JB 2.225

Foethke, Ernst, a. Königsberg: Anwendung des erweiterten Euklidischen Algorithmus auf Resultantenbildungen. Königsberg i. Pr. 1907: Hartung. (75 S.) 8°

Königsberg, Phil. Fak., Ref. Meyer, Diss. v. 7. Febr. 1907

[Geb. 4. Juli 82 Eichenstein b. Allenstein; Wohnort: Königsberg i. Pr.; Staatsangeh.: Preußen; Vorbildung: Oberrealsch Königsberg Reife O 02; Studium. Königsberg 9 S; Rig 9 Jan 07.]

Maison Fœtisch Frères, Editeurs de Musique, à Lausanne (Suisse). Catalogue des œuvres musicales publiées par la maison.... — Catalog des Musikalien-Verlages.... — Catalogo.... — Catalogue of.... II + 18 p. 4. Lausanne, G. Vaney-Burnier, [1901].

Fotografie, venti, del campo santo di Genova. In-4°. Zürich, Art. Inst. Orell Füssli Verlag, 1892 7 50

Fotografien aus dem ungarischen Reichstage. Pest 869. Grill gr 8. (191 S.) n. 1 ₰

v. FÖTRANSBERG, Ant.: Theoret. u. prakt. Anleit. zur Erlangung d. dingl. Rechte u. Führung der Dienst-, Gewähr- u. Vormerkbücher. *Wien,* (v. Mösle u. Braumüller.) 791. gr. 8. (1 Thl.)

v. FÖTRANSBERG, Ant.: Prakt. Beobb. üb. das vorgeschrieb. Verfahren b. Abhdll. d. Verlassensch. *Wien,* Rötzl. 805.) 2e verm. A. *Klagenf.* 812. 8. (20 Gr.)

Fotsch, W., Denkwürdigkeiten aus der Neuen Welt. Ein Beitrag zum 400jähr. Jubiläum der Entdeckg. Amerikas. 2 Bde. gr. 8. (VIII, 365 u. VIII, 367 S.) Bremen 890. 891. Verlag d. Traktathauses. Geb. in Leinw. à n. 4.—

Fotsch, W Denkwurdigkeiten aus d neuen Welt; ein Beitrag zum 400-jhr Jubilaum d Entdeckung Amerikas. 2v in 1. Cincinnati, 1891.

Fotsch, W., Glaubenshelden, geschild. v. Standpunkt d. vollen Heils in Christo. gr. 8. (XV, 678 S.) Cincinnati 893. Bremen, Verlag des Traktathauses. Geb. 4.—

Fotsch, W., von Krippe u. Kreuz zum Thron. Charakterzüge aus dem Leben u. der Zeit Jesu, sowie der vier Hauptapostel. 8. (XII, 716 S.) Basel 889. [Detloff.] Reich. n. 4. 80

Foetterle, Franz

Foetterle, Fr Geologischer Atlas des osterreichischen Kaiserstaates. Die zum deutschen Bunde gehorigen k. k Kronlander. Gotha. 1860—1864 Folio

Foetterle's, Frz., geologischer Atlas des österreichischen Kaiserstaats. Die zum Deutschen Bunde gehörigen k. k. Kronländer. 1. Liefg. Gotha 860. J. Perthes. gr. Fol. (4 lith. Bl.) n. 4 ₰

Foetterle, F. Bericht uber die geologische Aufnahme des südlichen Mähren. (Aus d. Jahrb. d k k geol Reichsanst.) Wien 1853. 4

— II Bericht uber die in den Jahren 1856 u. 1857 im westlichen Mähren ausgefuhrte geol Aufnahme. (Aus dem Jahrb. der k. k geol Reichsanstalt.) Wien. 1858 4

Foetterle Fr. Bericht über die Durchstechung der Landenge von Suez an die k. k. geogr Gesellschaft, von der hiezu gewählten Commission. (Aus d. Mitth. dieser Gesellsch. Jahrg. I Heft 2) Wien. 1857. 8

Fötterle. F. Bericht uber die im Herbste des Jahres 1850 im östl Galizien vorgenommenen geogn. Untersuchungen (Aus d. Jahrb. d k k geol Reichsanstalt) Wien 1851 4.

Foetterle, Fr.: Coup d'oeil géologique . . . , s. Hauer, Fr. de.

Foetterle. F. Der Eisenbahnbau am Semmering am Schlusse des Jahres 1850. (Aus d. Jahrb d. k. k. geol Reichsanst) Wien. 1850 4

Foetterle, Franz (Red.), s. Mittheilungen der k.k. geographischen Gesellschaft in Wien.

Foetterle, F., und F. v. Hauer, geologische Uebersicht der Bergbaue der österreichischen Monarchie, s. Hauer, F. v.

Foetterle, Franz: Die geologische Uebersichtskarte des mittleren Theiles von Süd-Amerika. Mit einem Vorwort von W. Haidinger. Wien 1854. VIII. 22 S. 1Krt. 8°.

Foetterle, Frz., Uebersichtskarte des Vorkommens, der Production u. Circulation des mineralischen Brennstoffes in der österreichischen Monarchie im J. 1868. An der k. k. geolog. Reichsanstalt unter Mitwirkung von H. Höfer entworfen. Wien 870. Beck. (1 lith. Bl. in gr. Fol. u. 34 S. Text. [Aus dem Jahrbuche der k. k. geol. Reichsanst.]) n. 2 ₰ 20 ngr.

Foetterle, Frz., Uebersichtskarte des Vorkommens, der Production und Circulation des mineralischen Brennstoffes in der oesterreichischen Monarchie im J. 1868. An der k. k. geolog. Reichsanstalt unter Mitwirkung von H. Höfer entworfen. Fol. (Mit 84 S. Text.) [Aus dem Jahrbuche der k. k. geolog. Reichsanstalt.] Wien 870, Hölder. . *

Foetterle, Franz: Das Vorkommen, die Production und Circulation des mineralischen Brennstoffes in der österreichisch-ungarischen Monarchie im Jahre 1868. ([S.-A.] Jahrbuch der k k Geologischen Reichsanstalt 1870 No. 1 S 65—92) Wien 1870. 28 S 8°

Föttinger, Hermann

Foettinger, H., Berechnung u. Konstruktion der Schiffsmaschinen u. -Kessel, s.: Bauer, G.

Föttinger, H: Die neuesten Konstruktionen des Torsionsindikators und deren Versuchsergebnisse. Berlin (1904) (Ms. gedr.)

Föttinger, H: Die neuesten Konstruktionen des Torsionsindikators und deren Versuchsergebnisse. Berlin 1905 (Aus: Jahrbuch d. Schiffbautechn. Ges. 1905)

Föttinger, Hermann: Effektive Maschinenleistung und effektives Drehmoment, und deren experimentelle Bestimmung. ⟨Mit besonderer Berücksichtigung großer Schiffsmaschinen⟩. 1904. 32 S. 4° ¶ Auch in: Mitteilungen über Forschungsarbeiten auf d. Gebiete d. Ingenieurwesens. H. 25. 1905.
München, Dr.-Ing.-Diss. v. 12. 1. 1904

Föttinger, H., Effektive Maschinenleistung und effektives Drehmoment, und deren experimentelle Bestimmung (mit besonderer Berücksichtigung großer Schiffsmaschinen) Berlin, 1905. 57 S mit 52 Abb u 1 Taf

Fouard, C., der hl. Petrus u. die ersten Jahre des Christentums. Autoris. Übersetzg. v. Emil Prinz zu Öttingen-Spielberg. (444 S.) gr. 8. Würzburg (910). Göbel & Scherer. 7. 50

Foucar, Georg, aus Frankfurt a M Über einige Semicarbazone der Fettreihe. *München 1898: V. Höfling.* (45 S.) 8°
München, Phil Diss v 1898

Foucard Cesare *Esposta e commento del capitolare dei visdomini al Fondaco dei Tedeschi a Venezia* 8 22 23 . . . gr.
Separatabdruck

Foucart, George, s.: Sphinx.

Foucart, P., de collegiis scenicorum artificum apud Graecos. Lex.-8. (106 S.) Paris 874. Klincksieck. n. 2. 80

(Foucauld, R. de.) Relation des manœuvres du corps de la garde de S. M. le Roi de Prusse 1851. (Berlin 1851.) 8°.

Foucault, Comte de, Mémoire sur un Radeau dont les propriétés suppléent à l'insuffisance de tous les moyens employés à la guerre, pour le passage des grands fleuves. 8. Prag, Widtmann (u. Tourneysen in Cassel). 797. Rthlr.

Fouché, Joseph, Duc d' Otranto. Denkwürdigkeiten. A. d. Franz. Darmstadt 1825. Ü: *Dambmann, Georg Peter.* (Ky)

Fouché, Joseph, Herzog v. Otranto, Denkwürdigkeiten. Aus d. Französ. (v. G. P. Dambmann). 8. Darmst. 825. Leske. 3 ₰

Foucher: Das Heerwesen, s. Levy

Foucher, P., die Erzieherin, s. Theater-Repertoir, Wiener.

Foucher, P., eine Geächtete, s. Both's, L. W., Bühnen-Repertoir.

Mona Lisa, oder: Das Abenteuer in Florenz. Schauspiel in 5 Akten. Nach dem Französischen der Herren Paul Foucher und Régnier von Adalbert Prix. Wien, 1856. Druck von M. Lell. Als Manuskript gedruckt. (55 S. 8.)

Foucher, Paul, une Rivale, Drame, s. **Ancelot.**

Foucher, Paul, une rivale, s. Théâtre franç. mod., nouv. Suite.

Foucher, Paul, ein Vermächtniß. Roman. Autoris. deutsche Uebertragg. v. Ludw. Wechsler. 8. (254 S.) Höchst 898. W. Graf. n. 3.—

Foucher, Paul, e. Vermächtniß. Roman. Autoris. deutsche Uebertragg. v. Ludw. Wechsler. 8. (254 S.) Höchst 898. Stuttgart. K. Daser. n. 3.—

Foucher, Victor, Assises du royaume de Jérusalem, (textes française et italien) conférées entre elles, ainsi qu'avec les lois des Francs, les capitulaires, les établissements de S.-Louis et le droit Romain, suivies d'un précis historique et d'un glossaire, publiées sur un manuscrit tiré de la Bibliothèque de Saint-Marc de Venise. Tome I., 1re et 2e Part. gr. in-8 Rennes. (Leipzig, Brockhaus et Avenarius. (à n. $1^1/_3$ ₰) $2^2/_3$ ₰

Foucher, Victor Adrien (Hrsg.), s. Assises, The great, holden in Parnassus by Apoll and his assessours.

Foucher de Careil, Graf Alex., Hegel und Schopenhauer, ihr Leben und Wirken. Mit Autorisation des Verf. aus dem Französ. übers. von J. Singer. Mit einer Vorrede von Rob. Zimmermann. gr. 8. (L, 417 S.) Wien 888, Konegen. *

Foucher de Careil, Graf A., über den Nutzen einer Ausgabe der vollständigen Werke von Leibnis in seiner Beziehung zur Geschichte Oesterreichs und der Gründung einer Gesellschaft der Wissenschaften in Wien. Mit Anmerkungen von Jos. Bergmann. Lex.-8. (26 S.) Wien 858, (Gerold's Sohn.) * *
Aus: Sitzungsberichte der k. Akademie der Wissenschaften, Jahrg. 1857, besonders abgedruckt.

FOUCHERY, Gaston. Im Chambre séparée. Sittenroman Dresden, Dresdener Roman-Verlag (um 1908). (= Geheimnisvolle Bibliothek Bd. 27.), 8°.
Verb. d. Ldg. Dresden V. A. 217/08.

Oraison funèbre de très haut et très-puissant Seigneur Louis-Marie Foucquet Comte de Gisors. Prononcée le 9. Aout 1758, dans l'Eglise Cathédrale de Metz par le R. P. Charles, de la Compagnie de Jésus A Metz, Et se vend chez J. Th. Trattner, Imprimeur et Libraire de la Cour a Vienne. 1758 4. 39 S.

de Foudras, Marquis, Gräfin Alvinzi. Roman. 4 Bdchn. in 2 Thln. 8. Stuttgart 846, Hallberger. 1 ₰ 6 ngl

Foudras, v., s. Bibliothek, europäische.

Foudras, der Chevalier von Estagnol, s. Lese-Cabinet, neues belletristisches.

— — Bonaparte's zweiter Feldzug in Italien, im Frühjahre 1800. 8. Herbstmesse 1800.

— s. Hausbibliothek, Illustrirte.

v. Foudras, Marquis, Jagd u. Liebe in Spanien, od. Diana u. Venus, siehe: Lese-Cabinet, belletristisches, 647—654. Lfg.

Foudras, Marquis v., e. großer Komödiant, s.: **Collection Hartleben.**

— ein großer Komödiant, s. Lese-Cabinet, Neues belletristisches.

Foudras, v., (Weiberlaune,) eine Laune einer großen Dame, s. Bibliothek, europäische. — Lese-Cabinet, belletristisches.

de Foudras, ein abenteuerliches Leben, s.a. Lese-Cabinet, neuestes belletristisches.

de Foudras ein abenteuerliches Leben Roman. [Deutsch von W. B.] Mit Illustr. Wien 865. Geitler. 8. (376 S. u. 4 Holzschn.) n. 21 ngl

Foudras Marquis v. Siehe Lese-Kabinet, belletristisches. Liefg. 685—692 oder Bd. 311—314 (310.)

— die reuige Magdalena, siehe: Lese-Cabinet, belletristisches, 572—579. Lfg.

— eine alte Maitresse, siehe: Bibliothek, Europäische, 720—722. Bd.

– der Malteser, s. Lese-Cabinet, Neues belletristisches.

— die Memoiren eines Königs, siehe: Bibliothek, Europäische, 636 - 638. Bd.

— u. X. v. Montepin, Mignonne, siehe: Bibliothek, Europäische, 643—645. Bd.

Foudras, Marquis de, les misères dorées. (Gabriel de Bonnecourt.) 4 Vols. (Bibliothèque choisie. Vol. 421—424.) 16. (687 S.) Naumburg (861)62, Paetz.

– d. Nacht der Rächer, s. Collection Hartleben.

— die Nacht der Rächer, siehe: Lese-Cabinet, belletristisches, 685—692. Lfg.

– u. X. v. Montepin,

— — Pivoine, siehe: Bibliothek, Europäische, 641 u. 642. Bd.

— die Räubernacht, siehe: Bibliothek, Europäische, 811—814. Bd.

– die Pariser Raubvögel, s. Lese-Cabinet, Neues belletristisches.

—— und X. v. Montepin,

—— die Ritter vom Landsknecht, siehe: Bibliothek, Europäische, 585—588 u. 603—605. Bd.

— und Montépin, die Ritter des Landsknecht, s. Hausbibliothek, illustrirte.

– dass., s. Lese-Cabinet, Belletristisches, 469 - 474. 476 - 479. 490 - 496 Lfg.

— arme Therese, siehe: Lese-Cabinet, belletristisches, 530—533. Lfg.

– die Gräfin Ulrike, s. Lese-Cabinet, Neues belletristisches.

—— une vie aventureuse. 4 Vols. (Bibliothèque choisie. Vol. 744—747.) 16. (623 S.) Naumburg 865, Pätz.

—— dass. — s.a. Lese-Cabinet, neuestes belletristisches.

— Weiberlaune, siehe: Bibliothek, Europäische, 435 u. 436. Bd.

— und Guéroult, der Capitain Zamore, s. Lese-Cabinet, neues belletristisches.

Fougeraux, d'Angerville, Siebmacherkunst, od. Verfertig. der Pergamentsiebe, a. d. Franz. v. Halle. m. K. gr. 4. Berl. Pauli. 790.

– dass., s.a. Fougeroux d'Angerville

Fougère, J.

Fougère, Die Kunst, aus jedem Zweikampfe lebend und unverwundet zurückzukehren, selbst wenn man niemals Unterricht im Fechten gehabt und es auch mit dem größten Schläger oder Schützen der Welt zu tun hätte, aus dem Franz. übers., Leipzig 1826, 82 S., 8°.

Fougère, J. Fechtmeister, d. Kunst, aus jedem Zweikampfe lebend u. unverwundet zurückzukehren, selbst wenn man niemals Unterricht im Fechten gehabt, u. es auch mit dem größten Schläger oder Schützen d. Welt zu thun hatte. In 10 Vorlesungen. Aus d. Französ. 8. Leipz. 829. Rein. 8 gr.

* HAUPTSTADT, Die, der Gallier oder das neue Babylon. Aus d Französ. (des *Fougeret de Montbron*) übers., und mit Anmerk. begleitet (von Joh. Lud. Köhler). (2 Thle.) Plurima in Paucis. — Vignette. — Ulm, 1761. Auf Kosten der Bartholomaischen Handlung. — *A. E.*: Ulm, gedruckt bey Christian Ulrich Wagner, Canzley-Buchdruckern, und der Herzogl. deutschen Gesellschaft in Helmstadt Mitglied. 8⁰. (In Berlin: Rg 3574, mit 2 Beibdn)
Ziemlich zahm. 136 fortl. gez. S. (incl. 2 Titeln). S. 137—183: Das Anti-Babylon, oder Antwort an den Verfasser der Hauptstadt der Gallier. (Aus d. Franzos. des Chev. *Ange Gondar*.)
Orig.: *(Fougeret de Montbrun)* La Capitale des Gaules, ou la Nouvelle Babilonne. Partie 1. Nouvelle édition. („Plurima in paucis.") Imprimé en France, chez Va-de-bon Coeur, chantre des Armées du Roy. M.DCC.LX. (1760.) Pet. in-8⁰. 40 pp. — 2de partie. A. Bagdat (!) 1759. p. 41—138 (ci-incl. 1 titre séparé). Ouvrage condamné (Éd. I. La Haye (Genève) 1759. 12⁰. II.) — (*Ange Gondar*, Chev.) Anti-Babylone, ou réponse à l'auteur de la Capitale des Gaules. A. Londres. M DCC.LX. (1760.) p. 139—180.

Fougeroux d'Angerville, die Siebmacherkunst, oder Verfertigung d. Pergamentsiebe; aus d. Französ. v. J. S. Halle. Mit 2 Kpf. gr. 4. Berl. 790. Pauli. 4 gr. (Aus d. Schaupl. d. Künste 18r Bd. abgedr.)

– dass., s.a. Fougeraux d'Angerville

Fougeroux de Bondaroy

Fougeroux, de Bonderoy, die Böttcherkunst; aus d. Französ., mit Kpf. gr. 4. Berl. 763. Unzer in Königsb. 16 gr.

Fougeroux, de Bondaroy, d. Böttgerkunst. a. d. Frz. m. K. gr. 4. Königsb. Hartung. 765.

— Kunst, den Schiefer aus den Steinbrüchen zu brechen, zu spalten rc. Aus d. Französ., mit Kpf. gr. 4. Berl. 763. (Glogau, C. F. Günther). 16 gr.

— Duhamel u. Gallon, Kunst, Mauer- u. Dachziegel zu streichen; aus d. Französ. Mit Kpf. gr. 4. (Glogau, C. F. Günther). 1 Thlr. 12 gr.

— Kunst, d. vergoldete u. versilberte Leder zu verfertigen; aus d. Französ., mit Kpf. gr. 4. Berl. 763. (Glogau, C. F. Günther). 10 gr.

Fouillée, Mad. Alfr., s.a. Bruno, G.

Les enfants de Marcel par G. Bruno (d. i. Mme Alfred Fouillée). In Auszugen mit Anm z. Schulgebr. hrsg. v. Dr Hans Strohmeyer, Oberl. zu Steglitz. [Nebst] Anm. u. Worterb *Bielefeld & Leipzig: Velhagen & Klasing 1898.* 3 Bde 8°
= Sammlung. Velhagen & Klasings, franz u engl Schulausgaben. Prosateurs franç Lfg 116 B. 1898

Fouillée, Alfr., der Evolutionismus der Kraft-Ideen, s.: Bücherei, philosophisch-soziologische. III.

Francinet p. G. Bruno [d. i. Mme Alfred Fouillée]. Z. Schulgebr. im Ausz. hrsg. v. Dr. Walther Wullenweber, Oberl. in Berlin. [Nebst] Anhang [&] Wörterbuch. *Bielefeld & Leipzig: Velhagen & Klasing 1896.* 3 Bde 8.
[Text.] (IV, 134 S.) Anh. Anmerkgn (38 S.) Wörterb. (65 S.)
— Sammlung, Velhagen & Klasings, französ. u. engl. Schulausgaben. Prosateurs franç. Lfg 107 B. 1896

Livre de lecture et d'instruction pour l'adolescent p. G Bruno (d. i. Mme Alfred **Fouillée**). Im Ausz. m Anm z. Schulgebr. hrsg. v. Dr. Fr(anz) Auler, Oberl. ... zu Barmen. M. 17 Abb. [Text] Anm. *Bielefeld & Leipzig: Velhagen & Klasing 1898.* 2 Bde 8.
[Text] (IV, 123 S.) Anm (18 S.)
— **Sammlung**, Velhagen & Klasings, französ. u. engl Schulausgaben. Prosateurs franç. Lfg 115. [Ausg.] B. [98 7857]

Livre de lecture et d'instruction pour l'adolescent par G Bruno (d i Mme Alfred **Fouillée**). Im Ausz mit Anm z Schulgebr. hrsg. v Dr Fr(anz) Auler, Oberl zu Barmen Mit 17 Abb [Nebst] Anm u Worterb *Bielefeld & Leipzig: Velhagen & Klasing 1898.* 3 Bde 8°
— **Sammlung**, Velhagen & Klasings, franz u engl Schulausgaben Prosateurs franç Lfg 115 B [98 7857]

Le tour de la France par deux enfants p G. Bruno (d. i. Mme [Alfred] **Fouillée**). Im Ausz. m Anm. z. Schulgebr. hrsg. v. Dr. A[lois] Muhlan, Oberl. . . zu Glatz M. 1 Kt. v Frankreich. [Nebst] Worterb. *Berlin: Friedberg & Mode 1898.* 2 Bde 8.
Tour (IV, 70 S., 1 Kt) Worterb (41 S.)
— **Bibliothèque** française à l'usage d. ecoles. No 29. [98 9516]

Fouinet, Ernest, Allan le jeune déporté à Botany-Bay. 16. ($10^1/_2$ B.) Stuttgart 840, Erhard.

—— le même. — Mit sprachwissenschaftl. Noten u. e. Wörterbuche. gr. 12. (10 B. u. Titlkpfr.) Leipzig 839, Baumgärtners Buchh.

— le même. Mit sprachwissenschaftl. Noten u. e. Wörterbuche gr. 12. Leipzig 840 Baumgärtner. $^1/_2$ ℛ

— Robinson im Eismeere. Aus d. Franz. übers. v. Ed. Freiesleben. Mit 6 ill. Kpfr. 8. Leipzig 836. Fischer u. Fuchs. $1^1/_4$ ℛ

—— Robinson im Eismeere. A. d. Franz. übers. v. Ed. Freiesleben. M. 6 (ill.) Kpfr. 8. (15 B.) Leipzig 836, [Serig.]

— le Robinson des Glaces, dédié à S. M la Reine des Français. Mit sprachwissenschaftl. Noten u. e. Wörterbuche. Mit Titelkpfr. gr. 12. Leipzig 839 Baumgärtner. $^1/_2$ ℛ

—— le Robinson des glaces. 16. (11 B.) Stuttgart 841, Erhard.

Foulché-Delbosc, R., s.: Echo de l'Espagnol parlé. — Echo der französischen Umgangssprache. — Echo of spoken French. — Echo de l'Italien parlé. — Eco della lingua francese parlata.

— s **Ekko. — Eko.**

Foullon, Heinrich von

— Über Gesteine und Minerale von der Insel Rhodus S 100 I 18 . —.60
Separatabdruck

Foullon, H. B, üb. Gesteine u. Minerale v. der Insel Rhodus. [Aus: „Sitzungsber. d. k. Akad. d. Wiss."] Lex.-8. (33 S.) Wien 891. (F. Tempsky.) n. — 60

Foullon, H. Baron v., Untersuchung der Meteorsteine v. Shalka u. Manbhoom. [Aus: „Annalen d. k. k. naturhistor. Hofmuseums".] Lex.-8. (14 S.) Wien 888, Hölder. n. — 80

Foullon, Heinr. Baron v., über die mineralogische und chemische Zusammensetzung des am 16. Febr. 1883 bei Alfianello gefallenen Meteorsteines. Lex.-8. (11 S.) Wien 883, (Gerold's Sohn.) $^1/_4$
Aus. Sitzungsberichte der k. Akademie der Wissenschaften, besonders abgedruckt.

Foulquier, ..., traité sur le commerce de la républ. de Zuric. gr. 4. Zurich 753. Orell. 2 ℛ

Found dead, s. Collection of British Authors.

Fouqué, Baronin de la Motte, Reinhold. Eine Erzählung aus dem wirklichen Leben. 2 Bde. Berlin 865. Reichardt & Zander. 8. (381 S.) n 1 ℛ

Fouqué, de la Motte, Albertine, s. Fouqué, Fr., Gedichte.

Fouqué, Friedrich de la Motte

Fouqué, Frdr., s. a.: Motte-Fouqué, de la.

Fouqué, Fr. de la Motte, Glatz, Pichler *rc.* **Abendunterhaltung. s. Abendunterhaltung.**

— Abfall u. Buße, oder die Seelenspiegel. Ein Roman aus der Gränzscheide des 18. u. 19. Jahrhunderts. 1.—3. Buch. 8. Berlin 844, Th. Enslin. $3^1/_2$ ℛ

Fouqué de la Motte, Fr. Baron, Alboin der Longobardenkönig. 8. Leipz. 813. Weygand. 1 ℛ 8 ℊ

— s. Andersen, H. C., Bilderbuch ohne Bilder.

— wunderbare Begebenheiten des Grafen Alethes v. Lindenstein. 2 Thle. 8. Leipz. 817. Gr. Fleischer. 2 ℛ 8 ℊ

– s. Soph. Bernhardi.

— Betrachtt. über Zinken, Griechen u. Türkengriechen. gr. 8. Berl. 822. Maurer'sche B. 4 ℊ

— — Bildersaal, altsächsischer *rc.* **s. Bildersaal.**

— altsächsischer Bildersaal. 4 Thle. 8. Nürnb 818—20. Schrag. 9 ℛ 12 ℊ Hbg. Pr. 4 ℛ 18 ℊ (I. Hermann, ein Heldenspiel. 2 ℛ II. Welleda u. Ganna. 3 ℛ 6 ℊ III. Schön-Irsa mit ihrer weißen Kuh. 1 ℛ IV. Die vier Brüder von d. Weserburg. 3 ℛ 6 ℊ)

– s. Blätter, Berlinische

– s. Blomberg, A. v.: Hinterlassene Schriften.

Fouqué, Friedr., Bar. de la Motte, Jakob Böhme. Ein biograph. Denkstein. 8. (9 B.) Greiz 831, Henning.

Briefe v. Friedrich de la Motte **Fouque** an Adolph Wagner. *Berlin: Litteraturarchiv-Gesellsch (1898).* (1 Bl, 87 - 114 S.) 8.
— **Mittheilungen** aus d. Litteraturarchiv in Berlin. 1898. [II 9.] [98 10345]

— die zwei Brüder. Trspl. 8. Tübing. 817. v. Cotta. 18 ℊ

— Don Carlos, Infant von Spanien. Trspl. in 5 A., nach Schiller. 8. Danzig 823. (Ewert). 1 ℛ

Fouqué, (Fr. de la Motte,) Don Carlos, Infant von Spanien; ein Trauerspiel. Mit einer Zueignung von Fr. v. Schiller. 8. Danzig 824, Albertl.

— s. Cervantes, la Numancia.

– s. Chamisso: Gesch Pet. Schlemuhls.

— Corona, ein Rittergedicht in 3 Büchern. gr. 8. Tübing. 814. v. Cotta. 2 ℛ Schrbp. 2 ℛ 16 ℊ Velinp. 4 ℛ

—— **Denkschrift** üb. Friedrich Wilhelm III., König von Preußen. Eine biographische Mittheilung. 16. (5 B.) Nordhausen 842. [Leipzig, Schäfer.]

— Denkschrift über Friedrich Wilhelm d. Dritten, König v. Preußen. Eine biogr. Mittheilung. 16. Nordhausen 842, Schmidt. $^1/_4$ ℛ

Fouquet, de la Motte, Denkwürdigkeiten, s.a Denkwürdigkeiten.

Fouqué, de la Motte Denkwürdigkeiten aus dem Leben des preussischen Generals de la Motte Fouqué, nebst dessen Briefwechsel mit Friedrich II A d Franz von G. A. Büttner 2 Bde. 8. Berlin 1788 4,50

Fouque, de la Motte, Frhr. K Pr. Gener. d. Inf., Denkwürdigkeiten, dessen merkwürdigen Briefwechsel. 2 Thle. Nebst Portr. des Gen. von D. Birger. 8. Berlin 788. (Leipzig, Fr. Fleischer.) 1½ Thlr.

— u. Karoline, dramat. Dichtungen für Deutsche. (A. u. d. T.: Neue vaterländ. Schauspiele). (Enth.: Alf u. Yngwi; Trspl. — Die Irmensäule; Trspl. — Die Runenschrift; Schspl. — Die Heimkehr des großen Kurfürsten. — Die Famile Hallersee). gr. 8. Berl. 813. (Dümmler). 2 Thlr.

— dramatische Dichtungen f. Deutsche (Alf u. Yngwi, Trauerspiel. — Die Irmensäule, Trauersp. — Die Runenschrift, Schausp. — Die Heimkehr d. großen Churfürsten, u. die Familie Hallersen.) gr. 8. Berlin, Dümmler. 814.

— — dasselbe, d. beid. letzten Stücke apart, Schauspiele f. Preußen. gr. 8. Ebend. 814.

v. Fouqué, (Friedrich de la Motte,) Bertrand Dü-Guesclin. Ein historisches Sittengedicht in 4 Büchern, mit erläuternden Anmerkungen. 3 Thle. 8. Leipz. 821, Gerh. Fleischer.

— Eginhardt u. Emma. Schspl. in 3 A. 8. Nürnb. 811. Schrag. 9 gGr.

— Ritter Elidouc. Eine altbretannische Sage. 3 Thle. 8. Leipz. 822, Hartmann.

— Ritter Elidouc. Eine altbretannische Sage. 3 Thle. 8. Leipz. 822. (Lehnhold). 3 Thlr. 8 gGr.

- Erdmann u. Fiammetta. Novelle. 8. Berlin 822, Schlesinger.

— Erdmann u. Fiametta. Novelle. 8. Berl. 826. Schlesinger. 1 Thlr. 20 gGr.

Fouqué's, Frdr. Baron de la Motte, Erzählungen, s.a. Siegfried's illustrirte Mädchenbücher.

— Erzählungen. 8. Danzig 832. Ewert. 1 Thlr.

— Erzählungen u. Novell. gr. 8. Danzig 833. Ewert. 1 Thlr.

— — und Fr. Perthes, Etwas über den deutschen Adel, s.a Etwas.

Fouqué, Baron Fr. de la Motte, u. Fr. Perthes, Etwas über d. deutschen Adel, in Briefen; nebst Beilagen aus Möser's u. F. L. v. Haller's u. Rehberg's Schriften. 8. Hamb. 819. Perthes u. B. 1 Thlr. 4 gGr.

— die Fahrt in die neue Welt. — Und: das Grab der Mutter, von Alexis dem Wanderer. 8. Quedl. 824, Basse.

— Fahrten des Isländers Thiodolf's. 2 Thle. 8. Hamb. 815. (Campe). 3 Thlr.

Fouqué, Frdr. Baron de la Motte, die Fahrten Thiodolfs des Isländers. Ein Ritterroman. 2. Aufl. 2 Thle. gr. 12. (441 S.) Hamburg 848, A. Campe. (Leipzig, Brockhaus.) 1½ Thlr.

— Fata Morgana, Novelle. 8. Stuttg. 830. Hoffmann. 12 gGr.

—— Fata Morgana, Novelle. 8. (6¼ B.) Stuttgart 830, [Weise.]

Fouqué, (Fr., Baron de la Motte) Feierlieder eines Preußen, im Herbste 1823. 8. Berlin 824, Herbig.

— — Frauentaschenbuch. s. Frauentaschenbuch.

— Karls des Großen Geburt u. Jugendjahre, ein Ritterlied. 8. Nürnb. 816. Schrag. 1 Thlr. 3 gGr. Schrbp. 1 Thlr. 8 gGr.

— Gedichte. 1r Bd. Gedichte aus d. Jünglingsalter. gr. 8. Stuttg. 816. v. Cotta. 1 Thlr. 12 gGr. Schrbp. 1 Thlr. 18 gGr. Velinp. 2 Thlr. 2r Bd. Gedichte aus dem Mannesalter. gr. 8. Ebd. 817. 1 Thlr. Schrbp. 1 Thlr. 16 gGr. Velinp. 2 Thlr. 3r Bd. Romanzen u. Idyllen. gr. 8. Ebd. 818. 2 Thlr. Schrbp. 2 Thlr. 6 gGr. Velinp. 2 Thlr. 16 gGr. 4r Bd. gr. 8. Ebd. 820. 2 Thlr. 8 gGr. Schrbp. 2 Thlr. 16 gGr. Velinp. 3 Thlr. 4 gGr. 5r Bd. Gedichte aus d. Mannesalter. Mit 1 Musikbeil. Ebd. 827. 2 Thlr. 8 gGr. Schrbp. 2 Thlr. 16 gGr.

— Gedichte vor u. während des Feldzugs 1813. 12. Berl. ... 2e A. 814. Dümmler. 4 gGr.

— — dieselben. 1r Bd. Jünglingsgedichte. 8. Tübingen, Cotta. 815. Druckp. Schreibp.

— geistl. Gedichte. Herausgeg. v. Albertine Baronin de la Motte Fouqué. Mit e. Vorwort v. H. Kletke. 16. Berlin 846, Adolf u. Comp. n. ½ Thlr.

Fouqué, Friedr. de la Motte, geistliche Gedichte. Mit einem Vorwort von H. Kletke. 2. verm. Aufl. Berlin 858. Adolf u. Co. 16. (VI, 190 S.) n. 22½ Ngr.

— — Gefühle, Bilder und Ansichten. Sammlung kleiner prosaischer Schriften. 1s und 2s Bdchen. 8. Leipzig, Gerhard Fleischer. 819. à 1 Rthlr. 12 Gr.

— u. Fr. Laun. Aus d. Geisterwelt. Geschichten, Sagen u. Dichtungen. 2 Samml. Mit 2 Kpf. 8. Erfurt 819. Keyser. Schrbp. 3 Thlr.

— Chamisso wundersame Geschichte Peter Schlemühls, m. K. 8. Nürnb. Schrag. 814.

— Geschichte d. Jungfrau v. Orleans ꝛc. s. Geschichte.

— s. Gespräch zweier Edelleute über den Adel.

— Göthe u. Einer seiner Bewundrer. Ein Stück Lebensgeschichte. gr. 8. Berlin 840. Alex. Duncker. ½ Thlr.

— der Held d. Nordens, s.a. Stecher, Ch., deutsche Dichtung f. die christliche Familie u. Schule.

— der Held des Nordens. 3 Thle. 8. Berl. 810. (Dümmler). 2 Thlr.

— Heldenspiele. gr. 8. Stuttg. 818. (Inhalt: 1) Baldur d. Gute, Heldenspiel in 6 Abentheuern. 2) Helgi, d. Hundingstödter, Heldenspiel in 4 Abentheuern. 3) Helgi, d. Huddingenheld, Heldenspiel in 2 Abentheuern). 2 Thlr. 8 gGr. Schrbp. 2 Thlr. 16 gGr. Velinp. 3 Thlr. 4 gGr.

— s. Hoffmann, Er.: Wanderlieder.

Fouqué, Baron Fr. de la Motte, Jäger u. Jägerlieder. Ein kriegerisches Idyll. 8. Hamb. 818. Fr. Perthes. 16 gGr.

— s. Jahrbüchlein deutscher Gedichte.

— d. Jahreszeiten. Eine Vierteljahrsschrift für romant. Dichtungen. 4 Hefte. 8. Berl. 811—15. (1r Hft. 811. 4e A. 826. 1 Thlr. 2r u. 3r Hft. à 16 gGr. 4r Hft. 1 Thlr. 12 gGr.) 3 Thlr. 20 gGr.

Fouqué, Frdr. Baron de la Motte, e. kriegerisches Idyll. 2. Aufl. 8. (VII, 79 S.) Gotha 871. F. A. Perthes. n. 1. —

— s. B. S. Ingemann, drei Erzahlungen.

— Joseph u. seine Geige. — Kaiser Karl V. Angriff auf Algier. Zwei Nov. gr. 8. Potsdam 845, Horvath'sche B. 1⅔ Thlr.

— Kinder-Mährchen, s. C. W. Contessa.

Fouqué, Frdr. Baron de la Motte, s.: Kindermärchen.

— der Pappenheimer Kurassier. Scenen aus der Zeit des 30jähr. Krieges. (Gedicht. – Supplement zu dessen ausgewählten Werken.) 16. Nordhausen 842, Schmidt. 5/12 ℛ

—— der Pappenheimer Kürassier. Scenen aus d. Zeit des 30jähr. Krieges. (Gedicht. — Supplem. zu dess. ausgewählten Werken.) 16. (12½ B.) Nordhausen 842. [Leipzig, Schreck.]

— der Pappenheimer Kürassier. Scenen aus den Zeiten des dreißigjahrigen Krieges. 2. (Titel-) Aufl. Bautzen (853). Reichel. 16. (VI, 193 S.) n. 10 ngr

— aus d. Leben Friedrich Wilhelm III., Koniges v. Preußen. Biogr. Mittheilung. 2. Aufl. 16. Leipzig 846, Berger. ¼ ℛ

Fouqué, de la Motte Lebensbeschreibung des koniglich preussischen Generals der Infanterie Henri August Baron de la Motte-Fouqué. (32½ B) 8 Berlin 1824 8,00.

— Lebensbeschreibung des Königl. Preuß. Generals der Infant. Heinr. Aug. Baron de la Motte Fouqué. Mit 1 Plan des Treffens v. Landshut. gr. 8. Berlin 824. (Förstner.) 2⅔ ℛ

— Lebensbeschreibung d. königl. preuß. Generals d. Infanterie, Heinr. Aug. de la Motte Fouqué. Mit 1 Plan. gr. 8. Berl. 824. Schüppel. 2 ℛ 16 gGr

— Lebensgeschichte. Aufgezeichnet durch ihn selbst. gr. 8. Halle 840. Schwetschke u. Sohn. 2 ℛ

— der Leibeigne. Schspl. in 5 Akten. 8. Berl. 820. Schlesinger. 1 ℛ 8 gGr

— wilde Liebe; ein Ritterroman. 2 Thle. 8. Leipz. 822, Hartmann.

— wilde Liebe. Ein Ritterroman. 2 Thle. 8. Leipz. 823. (Lehnhold). 2 ℛ

FOUQUE, L. M., Von der Liebes-Lehre. Hamburg 1837. 8°. 48 S. (3 Mk., Expl. in der Orig.-Br., Edm. Meyer, Berlin, 1909:)
Philosophischen Inhalts.

— von der Liebes-Lehre. 8. Hamburg 837. Fr. Perthes. ¼ ℛ

— Liebesrache. Trspl in 3 A. 8. Leipz. 817. Gr. Fleischer. 16 gGr

— geistl. Lieder. 1s Bdchen. 8. Leipz. 823. Tauchnitz. 8 gGr

Fouqué, Baron Friedr. de la Motte, christlicher Liederschatz zur Erbauung für Jung und Alt. Gesammelt aus dem nachgelass. Tagebuche des Verf. Hrsg. von Albertine Baronin de la Motte Fouqué. 16. (X und 320 S.) Berlin 862, Kastner. * 1 Thlr. 10 Ngr.; geb. mit Goldschn. *

— Mandragora. Eine Novelle. 8. Berl. 827. Sander. 1 ℛ 12 gGr

Mémoires du baron de la Motte Fouqué, général d'infantérie prussienne, dans lesquels on a inserré sa correspondance intérressante avec Frédéric II, roi de Prusse. A Berlin. Chez François de la Garde. 1788. 2 vols. 8°. *Mit dem Bildniss Fouqué's, gestochen von D. Berger.*
In Bd. I. 52 Briefe des Königs; in Bd. II. 63 Briefe des Königs.

— der Mensch d. Südens u. d. Mensch d. Nordens. Sendschreiben, in Bezug auf d. gleichnamige Werk des Hrn. v. Bonstetten, an den Frhrn. Al. v. Humboldt. 8. Berl. 829. Vereinsbuchhandl. 15 gGr

– s Moore, Th., Lalla Rukh.

— — der Mord Augusts von Kotzebue. Freundes Ruf an Deutschlands Jugend. gr. 8. Berlin, Maurersche Buchhandlung. 820.

— u. W. Neumann, d. Musen; e. nordische Zeitschrift. Jahrg. 1812, 13 u. 14. 8. Berl., Dümmler. 8 ℛ

Fouqué, F. Baron de la Motte, s.: National-Litteratur, deutsche.

— Ondine. Conte traduit de l'Allemand par la Baronne Albertine de la Motte-Fouqué née Tode. Avec 8 estampes imprimées à l'huile. Leipzig 857. Matthes. gr. 4. (4 Bl., 105 S.) n. 6 ℛ 15 ngr; in engl. Einbd. 10 ℛ; in Sammetbd. n. 13 ℛ 10 ngr

— Ondine. Conte. Traduit de l'allemand par la baronne Albertine de La Motte-Fouqué. Leipzig 863. Fr. Fleischer. 16. (VIII, 164 S.) n. 1 ℛ

— — Arrangé pour les classes supérieures des écoles. Avec un dictionnaire français-allemand et français-anglais. Ebend. 863. 16. (IV, 188 S.) n. 24 ngr

FOUQUÉ. *Ondine*. Conte . . . traduit de l'Allemand par la Baronne Albertine de la Motte-Fouqué née Tode. Avec 8 estampes imprimées à l'huile chez J. G. Bach. Leipzig, H. Matthes [ca. 1880]. 4 Bll. 105 SS und 8 meist farb. Tafeln. Gr.-4°. Violetter, gold- u. blindgepr. Or Leinenbd mit farbigem, in d. Vorderdeckel eingelassenem Medaillonbild, Goldschnitt. 24.—
Prachtausgabe auf starkem Papier. — Einbandrucken leicht beschädigt

– s. Pape, S. C.: Gedichte.

— die Pilgerfahrt. Trspl. in 5 A. 8. Nürnb. 816. Schrag. 1 ℛ 3 gGr Schrbp. 1 ℛ 8 gGr

— s. Pique-Dame.

– s. Planitzer, J. C.: Die Lehre von den Übergängen.

— der Refugié, od. Heimath u. Fremde, ein Roman aus der neuern Zeit. 3 Thle. gr. 12. Gotha 824. Hennings. 5 ℛ

— u. Karol. de la Motte, Reise-Erinnerung. 2 Thle. 8. Dresd. 823. Arnold. 2 ℛ 12 gGr

— kleine Romane. 6 Thle. (1r Thl. Der Todesbund. 2e A. 815. 1 ℛ — 2r Thl. Erzählungen. 2e A. 815. 1 ℛ 12 gGr — 3r—6r Thl. Neue Erzählungen. 4 Thle. 814—819. 5 ℛ 20 gGr) 8. Berl., Dümmler. 8 ℛ 8 gGr

— s. Romanenbibliothek.

– s. Romanzen v. Thale Roncevall.

– s. Rousseau, J. B.: Spiele d. Muße.

Fouqué, Baron Fr. de la Motte, E. F. W. P. v. Rüchel, General d. Königl. Preuß. Infanterie. Militair. Biographie. 2 Thle. 8. Berlin 828. jetzt Heymann. 2⅓ ℛ

— Ernst Fr. Wlh. Ph. v. Rüchel, königl. preuß. Generals d. Infanterie, militär. Biographie. 2 Thle. 8. Berl. 828. Maurers B. 2 ℛ 8 gGr

— Ruf an deutsche Frauen. 12. Berlin, Dümmler. 814. Rthlr.

— die Saga von den Gunbaugur, genannt Drachenzunge u. Rafn den Skaldn. 3 Thle, mit 3 Kpf. 8. Wien 826. Pichler. 2 ℛ 16 gGr

— d. Sängerkrieg auf d. Wartburg. Ein Dichterspiel. 8. Berl. 828. Herbig. 1 ℛ 12 gGr

— Sängerliebe. gr. 8. Tüb. 816. v. Cotta. 1 ℛ 12 gGr Schrbp. 1 ℛ 16 gGr

Fouqué, de la Motte, Fr. Baron, Schauspiele f. Preußen. (Enthalt.: Die Heimkehr des großen Kurfürsten. — Die Familie Hallersee). gr. 8. Berl. 813. (Dümmler). 1 ℛ

— — vaterländische (brandenburgische) Schauspiele. gr. 8. Berl. Dümmler. 811.
(Enth. Waldner d. Pilger, Markgraf von Brandenburg. Trauersp. in 5 Aufzügen. — Die Ritter und die Bauern. Schausp. in 3 Aufzügen.)

(——) Sendschreiben üb. d. neuesten Begebenheiten, s. Sendschreiben.

– s. Serena.

— Sigurd d. Schlangentödter; ein Heldenspiel in 6 Abentheuern. 4. Berl. 808. Dümmler. 1 ℛ 12 gGr

— Sintram und seine Gefährten. Braunschweig 857. Schwetschke u. Sohn. 16. (192 S.) n. 20 ngr

— Sintram u. seine Gefährten. Eine nord. Erzählg. nach Albr. Dürer. (Titel-Ausg. des VII. Bds. der ausgewählten Werke.) 12. (192 S.) Braunschweig 894. C. A. Schwetschke & Sohn. n. 2. —; geb. n. 2. 80

Fouqué, Baron Fr. de la Motte, Sophie Ariele. Eine Novelle. 8. Berlin ... (A. Förstner.) 1 1/6 rf

— Sophie Ariele. Eine Novelle. 8. Berl. 825. Schüppel. 1 rf 4 gr

— Hieronymus v. Stauf. Trspl. in 5 A. 8. Berl. 819. Schlesinger. 1 rf 6 gr

— s. Stunden, Für müßige.

Fouqué, Fr. Baron de la Motte, u. A. von Helwig Taschenbuch d. Sagen u. Legenden, s. Taschenbuch.

— Thassilo. Vorspl. 8. Berl. 815. Duncker u. H. 4 gr

— Preußische Trauer-Sprüche u. Huldigungs-Grüße für das Jahr 1840. (Gedichte.) 8. Halle 840, Gr. Anton. 1/4 rf

— Undine

— dass. — s.a. Bibliothek der Gesamt-Litteratur des In- und Auslandes.

— Undine, s.a. Collection of German Authors.

— dasselbe. s.a. Elzevier-Ausgaben, illustr. 23.

— s.a. Hausbibliothek, kleine, für die Jugend.

— dass. — s.a. Kindermärchen.

— dasselbe. s.a. Meisterwerke unserer Dichter.

— Undine, s.a. Meister des Märchens.

— s.a. Meyer's Volksbücher.

— dasselbe, s.a. Mode's Opern-Text-Bibliothek.

— dasselbe, s.a. Novalis, Werke.

— dasselbe, s.a. Reclam's Novellen-Bibliothek.

— dasselbe, s.a. Reuter's Bibliothek f. Gabelsberger-Stenographen.

— dasselbe, s.a. Schaffstein's Volksbücher f. die Jugend.

— dasselbe, s.a. Volksbücher, Wiesbadener.

— Undine, e. Erzählung. Mit 20 Kpf. 2e Aufl. 8. Berl. 814. Dümmler. 1 rf

— Dass. ins Italien. übers. (von Glo. Hnr. Ad. Wagner). 8. Leipz. 816. Joachim.

— — In zwanzig Umrissen gezeichnet vom Grafen Clary, gestochen von L. Schnorr. 4. Leipzig. Göschen. 816.

— — Undine. In Umrissen dargestellt von C. F. Schulze. gr. 4. Nürnberg, Campe. 818.

— Undine. Eine Erzählung. 7. Aufl. 16. (187 S.) Berlin 848, Dümmler's Vrlgsh. *

— dass. — 8. Orig.-Aufl. 8. (136 S.) Ebds. 851. *

— Undine. Eine Erzählung. 9. Aufl. mit Holzschn (im Text) nach Zeichnungen von Adalb. Müller, ausgeführt von A. Gaber. Berlin 855. Dümmler's Verlhdlg. 4. (XXXII, 2 Bl., 129 S., 1 Holzschnitttaf. u. Facsim. in Holzschn.) n. 2 rf; geb. n. 2 rf 20 ngr

— — Edition spéciale pour la France. Avec des notes explicatives par Charles Fournel. Ebend. 855. 8. (2 Bl., 192 S.) n. 20 ngr

— Undine. Eine Erzählung. 10. Aufl. 16. (164 S. mit 1 Stahlst.) Berlin 857, Dümmler's Verlagsh. geb. *

— Undine. Eine Erzählung. 11. Aufl. Berlin 859. Dümmler's Verlhdlg. 16. (145 S.) n. 10 ngr; geb. n. 17½ ngr

— dass. — 12. Aufl. mit (eingedr.) Holzschn. nach Zeichnungen von Adalb. Müller. Lex.-8. (XXXVIII und 129 S.) Ebendas. 860. geb. *

Fouqué, Frdr. de la Motte, Undine. Eine Erzählung. 13. Aufl. Berlin 864. Dümmler's Verlhdlg. 16. (150 S. u. 1 Stahlst.) geb. n. 1 rf

— — 14. Aufl. Ebend. 865. 16. (145 S.) n. 10 ngr; geb. n. 15 ngr

— Undine. Eine Erzählung. 16. Aufl. 16. (105 S.) Berlin 869, Dümmler's Verlag. 30 Pf.; mit Goldschn. *

— dass. — 17. Aufl. gr. 8. (IV, 119 S. mit 60 eingedr. Holzschn. nach Zeichnungen von Adalb. Müller.) Ebendas. 870. *
geb. mit Goldschn. *

— dass. — (Volks-Ausg.) 18. und 20. Aufl. 16. (105 S. mit 1 Holzschntaf.) Ebendas. 870. cart. *

— dasselbe. 21. Aufl. Mit 60 (eingedr.) Holzschn. nach Zeichngn. v. Adalb. Müller. gr. 8. (120 S.) Ebend. 874. geb. m. Goldschn. n. 3. —

— dasselbe. Mit Illustr. v. C. Röhling dem Jüngeren, in Holz geschn. v. G. Cloß. 4. (85 S. m. eingedr. Holzschn. u. Holzschntaf.) Berlin 874. Grote. n. 7. —; geb. m. Goldschn. n. 10. 50

— dasselbe. Diamant-Ausg. Mit Illustr. (Holzschntaf. u. eingedr. Holzschn.) v. C. Röhling dem Jüngeren. 32. (II, 113 S.) Ebend. 874. geb. m. Goldschn. n. 2. 50

— Undine. Eine Erzählung. 22. Aufl. 16. (105 S. m. 1 Holzschntaf.) Berlin 877. Dümmler's Verl. n. — 50

— dasselbe. 23. Aufl. 16. (164 S. m. 1 Stahlst.) Ebend. 879. geb. m. Goldschn. n. 1. 50

— dasselbe. Mit 12 Bildern (in Photogr.) nach Gemälden v. Leop. Bode. gr. Fol. (30 S.) Frankfurt a/M. 879. Keller. geb. m. Goldschn. 54. —

— dasselbe. 24. Aufl. Mit 60 (eingedr.) Holzschn. nach Zeichnungen v. Adb. Müller, ausgeführt v. A. Gaber. gr. 8. (VI, 120 S.) Ebend. 881. geb. m. Goldschn. n. 3. —

— dass. — Eine Märchen-Dichtung. Illustr. von Jul. Höppner. Fol. (55 S. mit eingedr. Vignetten und 7 Chromolithogr.) Wandsbeck 884, Seitz. geb. mit Goldschn. *

Fouqué, Friedr. Baron de la Motte, Undine. Eine Erzählung. 25. Aufl. 16. (105 S.) [Berlin 885, Dümmler's Verlag.] Gütersloh, Bertelsmann. *
Ausg. mit 1 Holzschn., cart. *

— dass. — 8. (88 S. mit Bild des Verf.) Halle 886, Hendel. geb. mit Goldschn. *

— dasselbe. 26. Aufl. Mit 60 Holzschn. nach Zeichngn. v. Adb. Müller, ausgeführt v. A. Gaber. gr. 8. (131 S.) Gütersloh 887. Bertelsmann. cart. n. 2. 20; geb. n. 3. —

— dasselbe. Eine Erzählg. gr. 16. (110 S.) Leipzig 889. Fock. geb. m. Goldschn. n. 1. —

Fouqué, Friedr. Baron de la Motte. Undine. Eine Erzählg. 12. (110 S.) Lpz. 892, Knaur. geb. in Leinw. m. Goldschn. * 1 20

— dass. — 16. (78 S.) Lpz. 892, Versandt-Bureau (W. Fiedler). geb. m. Goldschn. * — 60

— dasselbe. 12. (64 S.) Leipzig 893. Greßner & Schramm. Kart. n. — 50

Fouqué, F. Baron de la Motte, Undine. Eine Erzählg. 16. (143 S.) Leipzig 894. W. Fiedler. Geb. m. Goldschn. n. 1. 20

Fouqué, Frdr. Baron de la Motte, Undine. Eine Erzählg. Illustr. v. Carl Röhling. 3., gänzl. umgearb. Aufl. gr. 4. (VI, 74 S) Berlin 899. G. Grote.
Geb. in Leinw. m. Goldschn. 6.—

— dasselbe. Erzählung. 12. (131 S.) Halle 900. H. Gesenius. Geb. in Leinw. m. Goldschn. n. 2.—

Fouqué, Friedrich de La Motte: Undine. Eine Erzählung. Neue Pracht-Ausg. hrsg. von Karl Macke. Berlin [1909].
in: Müller v. Königswinter, Wolfg. Dichtungen e. rhein. Poeten. [illegible]

— der Verfolgte; Rittersage. 3 Thle. 8. Berl. 821. Schlesinger. 4 ß 8 ℊ

— — Wahrheit und Lüge. Eine Reihe politisch-militär. Betrachtungen in Bezug auf den Vendéekrieg nach dem Werke: Memoires de Mad. la Marquise de Laroche Jaquelin, écrites par elle même. 8. Leipzig, Cnobloch. 820.

— über d. sogenannten falschen Waldemar. 8. Berl. 811. Dümmler. 2 ℊ

— die Welt-Reiche zu Anfange d. Jahres 1835. Eine Bilder-Reihe. (Gedichte.) 8. Halle 835. Anton. 1/3 ß — dass. zu Anfange d. Jahres 1836. 8. Ebd. 836. 1/4 ß — dass. zu Anfange d. Jahres 1837. 8. Ebd. 837. 1/4 ß — dass. zu Anfange d. Jahres 1838. 8. Ebd. 838. 1/4 ß — dass. zu Anfange d. Jahres 1839. 8. Ebd. 839. 1/4 ß (1–5. 1 1/3 ß)

— die Welt-Reiche in den Jahren 1839—1840. Eine Bilder-Reihe. (Gedichte. 6. Liefg.) 8. Ebend. 841. 1/4 ß (1.–6.: 1 7/12 ß)

— Werke, s.a. Klassiker-Bibliothek, goldene.

(Friedrich B. de la Motte-) Fouqués Werke. Auswahl in 3 Tlen. Hrsg., mit Einl. u. Anm. versehen von Walther Ziesemer. T. 1–3 [in 1 Bd.] Berlin, Leipzig, Wien, Stuttgart: Bong [1908]. 8°
1. Gedichte. Erzählungen. Hrsg. u. mit e. Lebensabriß versehen
2. Der Held d. Nordens. 3. Der Zauberring.
(Goldene Klassiker-Bibliothek.) [illegible]

—— ausgewählte Werke. Ausg. letzt. Hand. 12 Bde. 16. (137 B.) Halle 841, Schwetschke u. Sohn *
A. u. d. Titln.:
Bd. 1—3. Der Held d. Nordens. 3 Thle.
„ 4—6. Der Zauberring. Ein Ritterroman. 3 Thle.
„ 7. Sintram u. seine Gefährten.
„ 8. Undine. Eine Erzählung.
„ 9—12. Novellen, Erzählungen, Schauspiele u. Gedichte. 4 Thle.

Fouqué, Friedr. de La Motte, ausgewählte Werke. Ausg. letzter Hand. 4—8. Bd. A. u. d. T.: Der Zauberring. Ein Ritterroman. 3 Thle. (Neue Ausg.) gr. 16 (VIII und 620 S.) Braunschweig 855, Schwetschke und Sohn. *

– s.a. Wort, Auch ein, üb. d. neueste Zeit.

— auch ein Wort üb. die neueste Zeit, nebst einigen Beilagen. 8. Berl. Dümmler. 815. geh.

—— der Zauberring, s.a. Meyer's Volksbücher.

— der Zauberring. 3 Thle. 2e A. gr. 8. Nürnb. 816. Schrag. 2 ß 12 ℊ Schrbp. 3 ß

— der Zauberring. Ein Ritterroman. 3 Thle. (Neue Ausg.) Braunschweig 865. Schwetschke & S. 16. (VII, 620 S.) n. 1 ß 15 ngr

Fouqué, Friedr. Baron de la Motte, Zeitung f. d. deutsch. Adel, s. Zeitung.

— die Zwerge s.a. Pellegrin.

— die Zwerge, ein dramat. Spiel. Neue Aufl. 8. Berl. Dümmler. 815. geh.

Fouqué, Karoline de la Motte

Fouqué, Caroline Bar. de la Motte, Blick auf Gesinnung u. Streben in d. J. 1774—78, s. Blick.

Fouqué, Karol. Auguste, Baronin de la Motte, Briefe üb. Berlin im Winter 1821. 8. Berl. 822. Schlesinger. 10 ℊ

— Briefe üb. die griechische Mythologie f. Frauen, mit 4 Tafeln. 8. Berl. Dümmler. 812.

— Briefe über d. neugriech. Mythologie für Frauen, mit 4 Tafeln. 8. Berl. 812. Dümmler. 2 ß

— Briefe über Zweck u. Richtung weibl. Bildung. 12. Berl. 811. Dümmler. 12 ℊ (A. u. d. T.: Taschenbuch f. denkende Frauen für 1811.)

Fouqué, Karoline Baronin de la Motte, kleine Erzählungen, s.a. Bibliothek d. Romane 3te Lieferung.

(Fouqué, Karoline Freiin de la Motte) Ott 234/4
Kleine Erzählungen. Von der Verf. des Rodrich, der Frau des Falkensteins, der Briefe über weibliche Bildung.
Berlin: Hitzig 1811. 234 S. 8°

— neueste gesammelte Erzählungen. 2 Bde. 8. Berl. 824. Schlesinger. 2 ß 18 ℊ

— Fragmente aus dem Leben d. heutigen Welt. 8. Berl. 827. Schlesinger. 1 ß 8 ℊ

— die Frau des Falkensteins. 2 Bdchen. A. u. d. T.: kleine Romanbibliothek f. Damen. 1e Liefer. 8. Berl. 810.

Fouqué, (Caroline, Baronin de la Motte) die Frauen in der großen Welt. Bildungsbuch beim Eintritt in das gesellige Leben. 8. Berlin 826, Schlesinger.

— Frauenliebe, e. Roman. 3 Thle. gr. 8. Nürnb. 818. Schragg. 2 ß 18 ℊ

— die beiden Freunde. 3 Thle. 8. Berl. 824. Schlesinger. 3 ß 12 ℊ

— die blinde Führerin. 8. Berl. 821. Schlesinger. 1 ß 12 ℊ

Fouqué, Caroline de la Motte. *Die früheste Geschichte der Welt.* Ein Geschenk für Kinder von Caroline Baronin de la Motte Fouqué geb. v. Briest Erster [— Dritter] Theil [in 1 Band]. Leipzig, G. Fleischer d. Jung, 1818 4 Bl. 149, 263, 271 S., 3 Kupfer von Schnorr von Carolsfeld und 2 Geschichtstabellen. 8°. Pappband d. Z. 15.—
Goed. VI, 133, 31. ★ Erste Ausgabe. Die Verf. war die Frau des Dichters Fouqué. Die hübschen Titelkupfer sind von Eßlinger nach Schnorr gestochen. Stempel a. d. Titel

— über deutsche Geselligkeit, in Antwort auf d. Urtheil d. Frau v. Stael. 8. Berl. 814. Wittig. 4 ℊ

— Heinrich u. Marie. 3 Thle. 8. Jena 820. Schmid. 4 ß 12 ℊ

— das Heldenmädchen aus der Vendée. 2 Thle. 8. Leipz. 816. Gr. Fleischer. 2 ß

– die Herzogin von Montmorency. 3 Thle. 8. Leipzig 822, Hartmann.

— die Herzogin v. Montmorenci. 3 Thle. 8. Leipz. 822. (Lehnhold). 3 ß 16 ℊ

v. Fouqué, Karol. de la Motte, geb. v. Briest, Bodo v. Hohenried. Ein Roman neuerer Zeit. 3 Bde. 8. Berl. 825. Schlesinger. 3 ß 16 ℊ

— Ida, e. Roman. 3 Thle. 8. Berl. 820. Schlesinger. 4 ß 12 ℊ

v. Fouqué, Karol. de la Motte, geb. v. Briest, Lodoiska u. ihre Tochter. 3 Bdchen. 8. Leipz. 820. Ernst Fleischer. 3 ß 12 ℊ

—— Resignation. 2 Thle. 8. (49 B.) Frankfurt a. M. 829, [Fr. Wilmans Brlsh.]

(—) Roderich. 8. Berl. 807. (Dümmler). 2 ß 12 ℊ

— kleine Romane u. Erzähll. 2 Thle. 8. Jena 820. Schmid. 4 ß

— Ruf an d. deutschen Frauen. 12. Berl. 812. Dümmler. 2 ℊ

Fouqué, de la Motte, K. A., Schauspiele. 8. Manh. 806. Schwan u. G. 1 ß

—— der Schreibtisch, od. alte u. neue Zeit. Ein nachgelass. Werk. gr. 12. (12 B.) Köln 833, Bachem.

—der Spanier u. der Freiwillige in Paris. 8. Berl. 814. Nicolai. 20 gl

—Valerie; die Sinnesänderung u. der Weihnachtsbaum. 3 Erzählungen. 8. Berl. 827. Herbig. 20 gl (A. u. d. T.: Weihnachtsgabe.)

v. Fouqué, (Caroline de la Motte,) Vergangenheit u. Gegenwart; ein Roman in Briefen. 8. Berlin 822, Schlesinger. Rthlr.

—die Vertriebenen. Novelle aus d. Zeiten der Königin Elisabeth v. England. 3 Thle. 8. Leipz. 823. (Lehnhold). 3 rthl

—Edmunds Wege u. Irrwege. 3 Thle. 8. Leipz. 815. Gr. Fleischer. 2 rthl 16 gl

— Weihnachtsgabe. 8. Berlin 826, Herbig.

— Weihnachtsgabe. 8. Berl. 827, Herbig.

Fouquerolle, Claudius Felix von (Strassburg), De tutoribus aneclogistis. Diss. jur. Präs. Jeremias Eberhard Linck. Strassbg. (Wilh. Schmuck) Aug. 1733. 15 S. (4.—) 9241

Fouquet, Alb., über Hautkrankheiten u. deren Behandlung im Bade Creuznach. Creuznach 861. Voigtländer. 8. (3 Bl., 104 S.) n. 15 ngr

Fouquet, Alb., über Hautkrankheiten und constitutionelle Syphilis, mit besond. Berücksichtigung ihrer Behandlung im Bade Creuznach. 2., umgearb. und verm. Aufl. 8. (III und 138 S.) Creuznach 865, Voigtländer. *

Fouquet, Alb., Was wirken die Quellen von Creuznach bei der Behandlung der constitutionellen Syphilis? Eine Skizze. gr. 8. (18 S.) Creuznach 870, Voigtlaender. *

Fouquet, D., fouilles à Dahchour, s.: Morgan, J. de.

Fouquet, Mad. de, nützl. Arzneyb. f. alle Krankh. 8. Dresden, Walther. 708.

[Marie] de Fouquet [Recueil de remèdes faciles et domestiques. Deutsch:] sehr nützliches Artzney-Buch [Arzneibuch], welches auff alle inn-u.eusserliche Zufälle,...die allerleichtesten u. bewährtesten Medicamenta, meistentheils Hauß-Mittel in sich hält,... Mit vielen herrlichen Secretis, u. einer bequemen Diaet...verm.; samt e. Tractat von der Milch-Cur. Aus dem Franz. ins Teutsche übers. Dresden: Winckler 1708. 749 S. 8°

Fouquet, Guil. Gerh. Albert (geb. Wetzlar 5. 3. 1821): De hypertrophia cordis. Berolini (1843). (29 S.) 8°
Berlin, Med. Diss. v. 14. Juli 1843

Fouquet de Beaurepaire, Samuel: Beschreibung der allernutzlichsten und nothwendigsten Arznei-Mittel zur Heilung der Pferde. o. J.
(Delcampe: Die edle Reitkunst. Thl 2.)

Fouquet de la Motte: Denkwurdigkeiten, s. Fouqué de la Motte, Friedrich

Fouquier, de Maisemy, Vortheile e. schwächl. Körperbaues s. a. Vortheile.

Fouquier de Maissemy, ..., über d. Vortheile e. schwächl. Körperbaues. Aus d. Französ. v. J. G. Knebel. 8. Görlitz 803. (Anton in Halle). 10 gl

Four, Lud. du, Annales Arsacidae. 4. Argent. 732.

Fourago, J. P., De colica pictonum. 44 pp. Herbipoli. 4°.
Frank, Delect. op. med. Ticini 1787, III, 256—293.

Allgemeines Fourage- und Grasungs-Reglement für sämtliche zur Fourage-Lieferung verpflichtete Kgl. Provinzien. (Mit) Anh. Berlin 1788–90. 4°

Fourbonnois, Sätze u. Beobacht. a. d. Oekonomie. a. d. Fr. 2 Thle. gr. 8. Wien, Trattner. 767.

Fourcroix, s.a. Fourcroy

Fourcroix, Enfans élevés dans l'ordre de la Nature. 12. Bern, Haller. 775.

— — le meme liv. 18. Bern, Soc. Typ. 781.

— die Erziehung der Kinder in Ordn. der Natur. 2 Thle. 8. Lübeck, Iversen. 781.

— — dass. 8. Leipz. Gleditsch. 781.

Fourcroix de Ramecourt, d. Kunst d. Kalkbrennens. Aus d. Französ. gr. 4. Königsb., Kanter. 1 rthl 20 gl

Fourcroy, s.a. Fourcroix

Fourcroy, Elémens de Chymie et d'Hist. nat. av. Tab. V Vol. 8. Paris. (Sommer in Leipz.)

— — le même. V Vol. 8. Strasb. Levrault.

Fourcroy, ..., enfans elèves dans l'ordre de la nature. 12. Bern 775. Haller. 18 gl le même. 18. Bern 781. Typograph. Soc. 20 gl

— d. Erziehung d. Kinder in Ordnung d. Natur. Aus d. Französ. v. K. Fr. Cramer. 2 Thle. 8. Lübeck 781. Iversen. (Brockhaus in Leipz.) 18 gl

Fourcroy, Antoine François de

[Antoine François] de Fourcroy's [L'Art de reconnaitre et d'employer les medicamens dans les maladies... Deutsch:] Anweisung zur Kenntniß und Anwendung der Arzneymittel, in den Krankheiten, denen der menschliche Körper unterworfen ist. Aus dem Franz. übers. [Übers.: Karl Heinrich Spohr] Th.(1.)2. Stendal: Franz & Grosse 1789–90. 8°

Fourcroy, (Antoine François) de: Anweisung zur Kenntniß und Anwendung der Arzneymittel, in den Krankheiten, denen der menschliche Körper unterworfen ist. (L'Art de connoitre et d'employer les médicamens dans les maladies qui attaquent le corps humain. Dt.) Th.1 - 2, gbd.

Stendal: Franzen & Grosse 1789 - 1790

JB 1.369

— chemische Beobacht. u. Versuche; nach d. Französ., herausg. v. C. W. G. Hebenstreit. Mit Kpf. 8. Leipz. 785. Weygand. 1 rthl

— philosophische Chemie, oder Grundwahrheiten d. neuen Chemie; aus d. Französ. v. J. S. T. Gehler. 8. Leipz. 796. (W. Vogel). 12 gl

— Handbuch der Naturgeschichte und der Chemie mit erläuternden Anmerkungen und einer Vorrede vorsehen von Johann Christian Wiegleb. Ins deutsche übersetzt von Ph Loos. Erfurt, 1788–1791. 4 vols., 8vo.

— Handbuch d. Naturgeschichte u. Chemie. Aus d. Französ. v. Ph. Loos, mit Anmerkt. v. J. Ch. Wiegleb. 4 Thle. gr. 8. Erfurt 788—91. Keyser. 4 rthl 16 gl

[La Philosophie chimique. Deutsch:] Chemische Philosophie oder Grundwahrheiten der neuern Chemie auf eine neue Art geordnet von A[ntoine] F[rançois de] Fourcroy. Aus d. Franz. übers. von Johann Samuel Traugott Gehler. Leipzig: Crusius 1796. VIII, 182 S. 8°

Fourcroy, A. F. C. de. System der Chemie in tabellarischer Ordnung. A. d. Franz. Wien 1800. Ü: *Heidmann, Joh. Anton.* (Ky)

v. Fourcroy, A. F., System d. Chemie in tabellar. Ordnung. 1r Heft. Aus d. Französ. (v. J. A. Heidmann). gr. 4. Wien 800. Heubner. 1 rthl 12 gl

Fourcroy, A F., System der theoretischen und practischen Chemie Herausgeg von Dr Christ Gotthold Eschenbach Leipzig 1801 Fol

— System d. theoret. u. prakt. Chemie, in 24 Tabellen; aus d. Französ., bearb. v. C. G. Eschenbach. gr. Fol. Leipz. 802. Hinrichs. 2 ß 12 gl

— System d. chemischen Kenntnisse rc. im Auszuge; aus d. Französ. v. Aug. Fr. Wolff. 4 Bde. gr. 8. Königsb. 800—803. (Kummer in Leipz.) 10 ß Schrbp. 12 ß 12 gl

— — dass. im Ausz. 4 Bde. gr. 8. Königsb. Nicolovius. 800—3. (1r 2 Rthlr. 2r 2 Rthlr. 12 gr. 3r 2 Rthlr. 4 gr. 4r 3 Rthlr. 8 gr.)

Schrbp.

Fourcroy, A. F. C. de. System der chemischen Kenntnisse und Darstellung ihrer Anwendung . . . a. d. Franz. Braunschweig 1801. Ü (5. Th.): *Wiedemann, Chn Rud. Wilh.* (Ky)

— System d. chemischen Kenntnisse u. Darstell. ihrer Anwendung auf d. Erscheinen d. Körper. 1r u. 5r Thl., aus d. Französ. (5r übersetzt v. Chr. R. W. Wiedemann). gr. 8. Braunschw. 801. Vieweg. (1r 1 ß 5r 1 ß 4 gl) 2 ß 4 gl

FOURCROY, ANTOINE FRANÇOIS DE
System des chemischen Kenntnisse und Darstellung ihrer Anwendung auf die Erscheinungen der Natur und zu den Zwecken der Kunst. Aus dem französischen von einer Gesellschaft teutscher Gelehrten. Braunschweig, 1801. Vols. I and V, 8vo.

— synoptische Tabellen d. Chemie; aus d. Französ. v. Görres. Roy.-Fol. Andernach 802. (Heroldjun. in Hamb.) 1 ß 8 gl; in 24 Tafeln 2 ß

Fourcroy, A. F., synoptische Tabellen über den ganzen Umfang der Chemie. gr. Fol. 800. Jetzt Verl. von Herold d. j. in Hamburg.

Fourcroy, A. F. C. de. Synoptische Tabellen über den ganzen Umfang der Chemie . . . Koblenz 1801. Ü: *Görres, Jac. Jos.* (BrMm)

— Uebersicht der Chymie in zwölf Tabellen. Französisch und Deutsch. Herausgegeben von Johann Anton Heidmann. Wien, 1801. 4to.
The first part was issued in 1800 with the title System der Chemie.

Fourcroy, A F, Untersuchungen über das Platinerz und Ankündigung eines neuen darin enthaltenen Metalls (Zusammengestellt von A F Gehlen) (Aus Neues Allg Journ der Chemie, 2 B, 3. H, 15 Beiträge zur Chemie metallischer Substanzen)

Fourcy, H. Histoire de l'école polytechnique (516) 8. Paris, Berlin 1828

de Fourcy, L. Lehrbuch der descriptiven Geometrie Deutsch von Bünau. Chemnitz, 1845.

Fourcy, Lefébure de, M. Vincent u. L. F. Ritter, neun Abhandlungen üb. d. Algebra u. Analysis, s. Abhandlungen.

Die Ahrensammlerin. Oper in 3 Akten von Arthur Bernède u. Paul de Choudens. Musik von Felix **Fourdrain.** [Textbuch] Deutsch von Otto Neitzel. Bonn, Köln [usw.]: Ahn copyr 1908. 47 S. 8°
Ahns Text-Bibliothek. Nr 152.) [11. 1159]

Die Engelspitzen [La Legende du Point d'Argentan] Legende in 1 Aufz von Henri Cain und A[rthur] Bernède Musik von Felix Fourdrain. Deutsch von Henriette Marion Berlin, Köln, Leipzig Ahn 1906. 23 S. 8°
(Ahns Operntext-Bibliothek Nr 12,) [09 9130]

Fouré(-Loffler), P., Album comique de la poésie française, s a Album.

Fouré, P., Album comique de la poésie française. Berlin 854. Grobe. (Bergemann.) 16. (2 Bl., 286 S.) 25 ngl; geb. 1 ß 10 ngl

—— la France lyrique, s.a. France, la, lyrique.

Fouré-Loeffler, Mme Pauline, la France lyrique. Album des meilleures poésies lyriques des auteurs français. Brunswic 853. Leibrock. 16. (2 Bl., XXXVI, 586 S.) 1 ß 6 ngl; geb. 1 ß 20 ngl

Fouré, Pauline, la France lyrique. Album des meilleures poésies lyriques des auteurs français. 3. Edit. 16. (XXXIV und 586 S.) Braunschweig (861)62, Leibrock. Thlr. * geb. *

Fouré, Pauline, la France lyrique. Album des meilleures poésies lyriques des auteurs français. 4. éd., entièrement refondue et augmentée par Otto Kamp. 12. (XXXII, 441 S.) Gütersloh 882. Bertelsmann. n. 3. 60; geb. n. 5. —

Fourer, E., die tägliche Kommunion, s.: Barbe, Ed.

Fourer, Eugenius: Ephemerides Caesarianae rerum inde ab ineunte bello Africano usque ad extremum bellum Hispaniense gestarum . . Bonnae, typ. Petri Hauptmanni, 1889; 48 S. + 1 Bl. 8°
Bonn, Phil. Fak., Inaug.-Diss. v. 9 März 1889

Fourer, E., ephemerides Caesarianae rerum inde ab ineunte bello africano usque ad extremum bellum hispaniense gestarum. gr. 8. (48 S.) Bonn 889. Hanstein. n. 1. 20

Fouret, Kochbuch, s. Picard.

Fourier, J J Analytische Theorie der Wärme Deutsche Ausgabe von B Weinstein. Berlin 1884.

— dass., s.a. Fourier, M.

Fourier, Jean Bapt. Jos. Baron, die Auflösung der bestimmten Gleichungen, s.a. **Ostwald's, W., Klassiker der exakten Wissenschaften.**

Die Auflösung der bestimmten Gleichungen (Analyse des équations déterminées) Von Jean Baptiste Joseph Bon **Fourier** Paris 1831 Übers. u. hsg. von Alfred Loewy Mit 18 Fig *Leipzig: W. Engelmann 1902.* (VI, 263 S.) 8°
— Klassiker, Ostwald's, d exakten Wissenschaften No 127 [illegible]

Fourier, Karl, die gesellschaftl. u. industrielle neue Welt mit ihren Vortheilen in Vergleich der seitherigen Civilisation. Im Geiste ihres Stifters. Von einem seiner Schüler dargestellt. Aus d. Franz. übers. v. Evander. gr. 8. Heidelberg 835. Gutmann. 3/4 ß

Fourier, M., théorie analytique de la chaleur. Nouv. éd. 5 livrs. 4. (XXII, 639 S. m. 2 Steintaf.) Breslau 883. Koebner. à n. 8. —

— analytische **Theorie** der Wärme. Deutsche Ausg. v. B. **Weinstein.** Mit 21 in den Text gedr. Holzschn. gr. 8. (XXXII, 476 S.) Berlin 884. Springer. n. 12. —; geb. n. 13. 20

– dass., s.a. Fourier, J. J.

Fourier, Petrus, Bild einer vollkommenen Ordensfrau od. praktische Anleitung für Ordenspersonen zur Heiligung der täglichen Handlungen im Leben u. Sterben. Hrsg. v. Frz. Vogl. 16. (XXXVI, 320 S.) Regensburg 881. Pustet. n. 1. —

Fourieroffizier, der. Anleitung f. die quartiermach. Offiziere in Bezug auf den Fourierdienst bei Märschen u. Transporten. gr. 8. (VII, 79 S.) Berlin 876. Mittler & Sohn. n. 1. 50

Fourieroffizier, der. Anleitung f. die quartiermach. Offiziere bei Märschen u. Transporten. 2. Aufl. gr. 8. (VI, 61 S.) Berlin 890. Mittler & Sohn. n. 1. 40

Fourman, Fritz, aus St. Johann a. Saar, approb. Arzt: Aus d. Universitäts-Frauenklinik zu Bonn. Wovon ist das Gewicht der Neugeborenen abhängig? *Bonn 1901: C. Georgi.* (68 S.) 8°
Bonn, Med. Diss. v. [1.] März 1901

Fourman, Ludwig [Dr. jur. Referendar]: Das pactum de mutuo dando ... St. Johann a. d. Saar, Druck d. Pecheur'schen Buchdr., 1896; 63 S. 8.
Erlangen, Jur. Fak., Inaug.-Diss. v. 1896

Fourmann, Jakob: Über die Überlieferung und den Versbau des Mystère de S. Bernard de Menthon. Erlangen 1911: Junge. 37 S. 8° ¶ (Soll vollst. ersch. in: Roman. Forschungen.)
Straßburg, Phil. Diss. v. 19. Dez. 1910, Ref. Hoepffner
[Geb. 19. Dez. 86 Feterchen; Wohnort: Feterchen; Staatsangeh.: Elsaß-Lothringen; Vorbildung: Gymn. Montigny Reife M. 06; Studium: Straßburg 1, Genf 1, Straßburg 7 S.] [U 11.4287

Fourmestraux, E., Étude sur Alexandre II. Lex.-8. (III und 255 S.) Leipzig (861)62, Franck'sche Verlagsbuchh. *;

Fourmois, Th., s. les **Délices** de Spa.

Fourmont, Aug., s. 1) *Almanac* royal de Westphalie. 2) Fragen u. deren Beantwortung. 3) Instruktion über den Notariatswechsel.

Fourmont, Claude Louis.

Historische und geographische Beschreibung der Gegend um Heliopolis und Memphis; a. d. Franz. Nürnberg 1782. Ü: *Schad, Georg Frdr. Cas. von.* (Ky)

Fourmont. Historische und Geographische Beschreibung der Gegend um Heliopolis und Memphis. Mit Kupfern. Aus dem Französischen übersetzt, und mit einigen Anmerkungen, auch vollständigem Register versehen von G. F. C. Schad. Nürnberg und Leipzig 1782. 8°.

Fourmont, F., histor. u. geograph. Beschreib. d. Gegend um Heliopolis u. Memphis; aus d. Französ. (v. G. F. C. v. Schad). Mit Kpf. gr. 8. Nürnb. 782. Bauer u. M. 18 gl.

Fourneau [wirkl. Name], s. Xanrof, Léon [Pseud.]

Fourneaux, Reise um d. Welt, s. Cook's Tagebuch.

Fourneaux, Emil, die Appretur der Baumwollengewebe, s. Depierre, Josef.

Fournel, Charles, Ballades et Lais. Avec une préface par Paul Ackermann. 8. Berlin 844, Asher et Co. n. 1 rf

Fournel, Charl., ombres et rayons. Poésies. 16. (8 B.) Francfort s. M. 840. [Leipzig, Gebhardt et Reisland.]

Fournel, Charles, ombres et rayons. Poésies. 16. Francfort a/M. 840 Fréd. Wilmans. 3/4 rß

Fournel, J., l'art du fumiste, ou moyens employés par l'auteur pour empêcher de fumer les cheminées, poêles et calorifères dans les maisons d'habitation et les monuments publics. Avec 12 planches. 4. Liège 847. (Leipzig, Brockhaus.) n. n. 3 rß

Fournel, J., Zimmeröfen u. Camine, s. a. Schauplatz, neuer, der Künste rc. 150 Bd.

Fournel J, Zimmeröfen und Zimmerkamine neuester Zeit. 2. Auflage. Deutsch von A Schultz (Schauplatz der Künste und Handwerke 150) Weimar 1859

Fournel, J., die zweckmäß., holzersparende Zimmeröfen, s. Schauplatz d. Künste u. H., 150. Bd.

Fournel, Vict., les contemporains de Molière. Recueil de comédies, rares ou peu connues jouées de 1650 a 1680. Avec l'histoire de chaque théatre, des notes et notices biographiques, bibliographique et critiques. Tomi 3. Théatre du Marais. gr. 8. (XL, 572 S.) Paris 875. Didot & Co. n. 6. --

Die katholische Charitas in Berlin dargest. von Lic. Heinrich **Fournelle,** Caplan. *Berlin: Germania 1900.* (IV, 309 S.) 8° [F] [04. 3634

Leitsätze für die Behandlung der Arbeiterfrage. Hrsg. von d. Generalsekretariat d. Verbandes d. kath. Arbeitervereine (Sitz Berlin). [Verf. Lic. Heinrich **Fournelle**] Berlin 'Arbeiter' 1904 (83 S.) 8° [F] [05. 480

XXIV maurerische Gesänge mit Begleitung des Pianoforte, in Musik gesetzt von P[eter] J[ak.] Fournes. Leipzig: Selbstverl. [1811]. 50 S. quer 2° [Stich.]
Text abgedr. in: Sammlung v. Maurergesängen f. d. L. z. d. 3 Bergen, Freyberg. 1816 S. 1—60.
Kl. 1637.

[Forts. 1 u. d. Tit.:]
XII Maurer-Gesänge mit Begleitung des Pianoforte, comp. von P[eter] J[ak.] Fournes. Forts. 1. Leipzig: Selbstverl. [1819]. 32 S. quer 2° [Stich.]

[Forts. 2 u. d. Tit.:]
Zwölf Maurer-Gesänge mit Begleitung des Pianoforte, in Musik gesetzt von P[eter] J[ak.] Fournes. Forts. 2. Gera: Scherbarth [1819]. 30 S. 2° [Stich.]
(Op. 15.)

Wo ist es gut? von L[ouis] Seichter, comp. von P[eter] J[ak.] Fournes. o. O. u. J. 6 S. 2° [Lithogr.] [Kopftit.]
Mit Noten für Gesang u. Pianoforte.

Fournet, J. Die Erzgänge und ihre Beziehungen zu den Eruptivgesteinen. Uebersetzt von B. Cotta. Dresden 1846

Fournet, J., die Erzgänge u. ihre Beziehungen z. d. Eruptiogesteinen, nachgewiesen im Departement de l'Aveyron, frei übers. u. m. vergl. Bemerkungen üb. die sächs. Erzgänge versehen v. B. Cotta. gr. 8. (6 B. u. 5 Figurentaf.) Leipzig 846, Arnoldische Buchh. *

Fournet, J., die Metamorphose der Gesteine, nachgewiesen in den westl. Alpen. Aus dem Franz. übers. von W. Vogelgesang. Mit einem Vorw. v. B. Cotta. Mit 1 lith. Tafel (in 4.) u. 1 Holzschn. gr. 8. (VIII u. 100 S.) Freiberg 847, Engelhardt. n. 2/3 rß

—— Vereinfachung d. Lehre v. den Gängen, übers. u. mit vergl. u. erläut. Bemerkungen versch. v. H. Müller. M. e. Vorw. v. B. Cotta. gr. 8. (7 3/4 B. u. 6 Stat.) Freiberg 846, Engelhardt. *

Fournier — Anfangslied bei der Feier des Rektoratswechsels. Oktbr. 1827. Te Deum (bei demselben). 2 S.
Progr. Berlin K. 1827

Fournier — Aphorismes sur l'eloquence. 12 S.
Progr. Berlin C.F. 1839

Fournier. De belli servilis causis et origine. Berolini 1838.

Fournier, ..., la langue française et l'orthographie enseignée par principes etc, ou Grammaire française etc. 8. Braunschw. 814. Pluchart. 8 gl.

Fournier — Notices historiques sur le college françois. 7 S.
Progr. Berlin C.F. 1839

Fournier — Notices et observations sur l'éducation et l'instruction publique chez les Grecs. 34 S.
Berlin, C. F., P 1833

Fournier — Ode an den abgehenden Direktor Palmié. 2 S.
Progr. Berlin C.F. 1837

Fournier, eine Partie Piquet, s. a. Theater, das, des Auslandes.

Fournier, e. Parthie Piquet, s.a. Universal-Bibliothek.

Fournier und Meyer. Eine Partie Piquet. Lustspiel in Einem Akt von — —. (Bühnenmanuscript) 8. (Falz. 24 S.) Wien. Druck von U. Klopf sen. und Alex. Eurich. 1855.

Fournier Réponse aux adieux de Mr. le directeur Palmié. 8 S.

Progr. Berlin C.F. 1837

Fournier, A., von d. Engeln. Predigt. gr. 8. (1 B.) Berlin 829, (Logier.)

Fournier, A., s.: Musée, le, de l'Hôpital Saint-Louis.

—— die sieben letzten Worte Jesu. Eine Charfreitags-Betrachtung. gr. 8. (1 B.) Berlin 829, (Logier.)

Fournier, Alfr., kann ich geheilt werden? Aut. Übers. v. Buraczyński. (87 S.) kl. 8. Wien 909. J. Šafář. 1.—

Fournier, A., die öffentliche Prophylaxe der Syphilis. Übers. v. E. Lesser. gr. 8. (IV, 68 S.) Leipzig 888. F. C. W. Vogel. n. 1.—

Fournier, Alfr., die Prophylaxe der Syphilis durch ihre Behandlg. Lex.-8. (37 S.) Berlin (900). S. Karger. n. 1.20
Sonderabdruck aus: „Dermatolog. Zeitschr."

Fournier, Alfr., für unsere Söhne, wenn sie 18 Jahre alt werden. Einige ärztl. Ratschläge. Mit Erlaubnis des Autors aus dem Franz. übertr. u m. e. Einleitg. versehen v. Ludw. Falk. (42 S.) gr. 8. Berlin 903. O. Coblentz. n. — 50

Sekundäre Spätsyphilis (Syphilis secondaire tardive). Von Prof. Alfred Fournier. Autor. Übers. von Dr. Bruno Sklarek. Mit 5 Taf. Berlin Springer 1909. XI, 143 S. 8° [illegible]

Fournier, Alfr., Syphilis u. Ehe. Vorlesungen, geh. im Hospital Saint-Louis. Ins Deutsche übertr. v. P. Michelson. Autoris. Ausg. gr. 8. (XII, 216 S.) Berlin 881. Hirschwald. n. 5.—

— Die Syphilis der ehrbaren Frauen. Vortrag in der Pariser Akademie der Medizin. Deutsch v. Gaston Vorberg. (36 S.) 8. Wien 907. F. Deuticke. — 80

— die Syphilis, e. soziale Gefahr. Deutsch v. Gaston Vorberg. (Flugschrift der französ. Gesellschaft zur Bekämpfg. der Geschlechtskrankheiten. [Société française de prophylaxie sanitaire et morale].) (IV, 82 S.) gr. 8. Leipzig 905. F. Dietrich. n. — 60

— Hereditäre Syphilis, deren Prophylaxe u. Therapie. Autoris. deutsche Übersetzg. v. Edg. Neumann. Mit 18 Abbild. u. e. Nachwort üb. Ehrlich-Hata 606. (IV, 80 S.) kl. 8. Dresden 910. Th. Steinkopff. 2.50

Fournier, Alfr., die Vererbung der Syphilis. Im Einvernehmen m. dem Verf. bearb. v. Ernst Finger. gr. 8. (X, 177 S.) Wien 892. F. Deuticke. n. 5.—

— Vorlesungen üb. Syphilis hereditaria tarda. Übers. u. bearb. v. Karl Körbl u. Max v. Zeissl. gr. 8. (X, 414 S. m. 31 Holzschn.) Ebd. 894. n. 10.—

— was hat der Vater seinem 18jährigen Sohne zu sagen? Ratschläge e. Arztes an die heranreif. Jugend, aus dem Franz. übers. v. C. Ravasini. (41 S.) 8. Triest 903. [F. H. Schimpff.] Stuttgart, J. H. W. Dietz Nachf. n. — 60

Fournier, A., Was hat der Vater seinem 18jährigen Sohne zu sagen? Ratschläge eines Arztes an unsere heranwachsende Jugend. 8°. (48 S.) Triest. Schimpff 1903. K —.60

— dasselbe. (Neue Aufl.) (32 S.) 8. Stuttgart 905. J. H. W. Dietz Nacht. n. — 50

Zur Abwehr. Ein Nachtrag zu den 'Oesterreichischen Geschichtslügen' von Dr. August Fournier, Prof. zu Prag. Wien: F. Tempsky; Leipzig: G. Freytag 1897. (17 S.) 8° [illegible]

Fournier, Aug., Bethanien. Dreizehn Homilien über das eilfte Kapitel des Evangeliums Johannis. gr. 8. Berlin 837. Duncker u. Humblot. 1 1/6 ℛ

—— Etwas vom Heilswege des Christen, s. Zeugnisse.

Fournier, Aug., von d. Flüchtigkeit d. menschl. Lebens. Predigt üb. Psalm 39, V. 5 u. 6, gehalt. am 12. Sonnt. Trinit. 1842. gr. 8. Berlin 843. (Wohlgemuth.) n. 1/12 ℛ

— Fürchtet Gott: ehret d. König. Predigt, gehalt. am 18. Oct. 1840. gr. 8. Berlin 841, Wolff u. Comp. 1/12 ℛ

Fournier, Aug., Gentz u. Cobenzl. Geschichte der österreich. Diplomatie in den J. 1801—1805. Nach neuen Quellen. gr. 8. (XII, 311 S.) Wien 880. Braumüller. n. 5.—

— s.: Gentz u. Wessenberg.

Fournier, Aug., Handel und Verkehr in Ungarn und Polen um die Mitte des 18. Jahrh. Ein Beitrag zur Geschichte der österreich. Commerzialpolitik. Lex.-8. (165 S.) Wien 887, (Gerold's Sohn.) *

— Handel und Verkehr in Ungarn und Polen um die Mitte des XVIII. Jahrhunderts. Ein Beitrag zur Geschichte der österreichischen Kommerzialpolitik. Ar 69. 47 [illegible]
Separatabdruck

Fournier, A., Handel u. Verkehr in Ungarn u. Polen um die Mitte d. 18. Jahrh. Ein Beitrag zur Geschichte der österreich. Commercialpolitik. [Aus: „Archiv f. österr. Geschichte".] Lex.-8. (165 S.) Wien 887. (Tempsky.) n. 2.60

— Eine amtliche Handelsreise nach Italien im Jahre 1754. Ein neuer Beitrag zur österreichischen Kommerzialpolitik. Ar 73. 221 [illegible]
Separatabdruck

—— eine amtliche Handlungsreise nach Italien im J. 1754. Ein neuer Beitrag zur Geschichte der oesterreich. Commerzialpolitik. Lex.-8. (52 S.) Wien 888, (Tempsky. — Leipzig, Freytag.) *
Vorstehende zwei Schriften sind aus: Archiv für österreichische Geschichte, besonders abgedruckt.

Fournier, A., die Hörer des Worts müssen Thäter des Worts werden. Predigt, bei der 36. Stiftungsfeier der Preuß. Haupt-Bibel-Gesellschaft, gehalt. am 9. Oktbr. 1850 zu Berlin. gr. 8. (12 S.) Berlin 850, Wohlgemuth's B. (W. Schultze) in Comm. n. 2 ngr

Fournier, Aug., Abt Johann v. Viktring u. sein Liber certarum historiarum. Ein Beitrag zur Quellenkunde deutscher Geschichte. gr. 8. (XII, 154 S.) Berlin 875. Vahlen. n. 3.60

—— der heidelberger Katechismus, s. a. Katechismus.

Fournier, A., der Heidelberger Katechismus. Neuer Abdr., mit Bibelsprüchen zum Gebrauch beim Confirmanden-Unterricht hrsg. 3. Aufl. 866. — 4., unveränd. Aufl. Berlin 870. Wohlgemuth. 8. (55 S.) n. 5 ngr

Fournier, A., der Heidelberger Katechismus. Neuer Abdr., mit Bibelsprüchen, zum Gebrauch beim Confirmanden-Unterricht. 5. Aufl. Nebst einem Anh.: Einiges aus der Kirchengeschichte. 8. (53 S.) Berlin 879. Wohlgemuth. n. — 50

Fournier, A., der Heidelberger Katechismus. Neuer Abdr., m. Bibelsprüchen, zum Gebrauch beim Konfirmanden-Unterricht hrsg. Nebst e. Anh.: Einiges aus der Kirchengeschichte. 6. Aufl. 8. (55 S.) Berlin 890. Wohlgemuth. n. — 50

Fournier, A., der Heidelberger Katechismus. Neuer Abdr., m. Bibelsprüchen, zum Gebrauch beim Konfirmanden-Unterricht, hrsg. 7., unveränd. Aufl. Nebst e. Anh.: Einiges aus der Kirchengeschichte. gr. 8. (48 S.) Breslau 902. F. Hirt. Geb. n.n. — 65

Fournier, Aug., der Congress v. Châtillon. Die Politik im Kriege v. 1814. Eine histor. Studie. gr. 8. (X, 397 S.) Wien 900. F. Tempsky. n. 16. —

Manifest einer nicht geheimen, sondern sehr öffentlichen Verbindung ächter Freunde der Wahrheit, Rechtschaffenheit und bürgerlichen Ordnung, an ihre Zeitgenossen. [Verf.: Aug. Fournier, Adolf Frh. v. Knigge, Aloys Blumauer.] Wien 1795. 70 S. 8°

Kl. 3480. Grundsätze, Zweck u. Mittel einer patriot. Verbindung zur Bekämpfung aller Unterdrückung der Vernunft, zur Herstellung des Friedens u. brüderlichen Duldung.

Fournier, Aug. Napoleon I., s. a. Wissen, das, der Gegenwart.

Fournier, Dr. August, Prof. an der deutschen Universität Prag. Napoleon I. Eine Biographie. (3 Bde.)
8. Leipzig, Prag 1886—1889.

Fournier, Aug., Napoleon I. Eine Biographie. 1. Bd.: Von Napoleons Geburt bis zur Begründg. seiner Alleinherrschaft üb. Frankreich. 8. (XII, 241 S. m. chemigr. Portr.) Prag 886. Tempsky. — Leipzig, Freytag. n. 1.—

Fournier, Aug., Napoleon I. Eine Biographie. 3 Bde. 2., umgearb. Aufl. 8. Wien, F. Tempsky. — Leipzig, G. Freytag. Geb. in Leinw. n. 17. —
I. Von Napoleons Geburt bis zur Begründg. seiner Alleinherrschaft über Frankreich. (XII, 328 S.) 904. Geb. n. 5. —
II. Napoleons Kampf um die Weltherrschaft. (VII, 407 S.) 905. Geb. n. 6. —
III. Die Erhebg. der Nation u. Napoleons Ende. (V, 443 S.) 906. Geb. n. 6. —

Osterreich und Preussen im XIX. Jahrhundert. Ein Vortrag von August Fournier. Wien & Leipzig: W. Braumuller 1907. (34 S.) 8° [07. 3373

—— Predigten über die christl. Glaubenslehre. gr. 8. (544 S.) Berlin 847, J. A. Wohlgemuth.

— Predigten über die christliche Glaubenslehre. 2., wohlf. Ausg. Ebend. 869. gr. 8. (IV, 542 S.) n. 22½ ngr.

—— die Schwierigkeit der Sündenerkenntniß. Predigt. 8. (1 B.) Berlin 843. [Wolff u. Münster.]

Fournier, August. Historische Studien und Skizzen. I Zur Entstehungsgeschichte der pragmatischen Sanction (1703—1713) II Maria Theresia. (Zum 29 November 1880.) III. Gerhard van Swieten als Censor. IV. Joseph der Zweite. (Eine biographische Skizze.) V. Die Mission des Grafen Saint-Julien im Jahre 1800 VI Illuminaten und Patrioten VII Aus Süddeutschlands Franzosenzeit. (Briefe eines geheimen Agenten vom Jahre 1806) VIII. Zur Geschichte des Tugendbundes. IX Julie v Krüdener X. Ueber Auffassung und Methode der Staatshistorie. (Ein akademischer Vortrag)
8 Prag und Leipzig 1885.

Fournier, Aug., historische Studien u. Skizzen. gr. 8. (VII, 360 S.) Prag 885 Tempsky. — Leipzig, Freytag. n. 8. —

— Historische Studien u. Skizzen. 2. Reihe. (VIII, 361 S.) 8. Wien 908. W. Braumüller. 8. —

Fournier, Aug., Gerhard van Swieten als Censor. Nach archival. Quellen. Lex.-8. (82 S.) Wien 877, (Gerold's Sohn.) *

Aus: Sitzungsberichte der k. Akademie der Wissenschaften, besonders abgedruckt.

Fournier August, Dr. Gerhard van Swieten als Zensor. Nach archivalischen Quellen. S. 84. 87 . . . . 1 20
Separatabdruck

— zur Textkritik der Korrespondenz Napoleons I. (140 S. m. 5 Taf.) gr. 8. Wien 903. (C. Gerold's Sohn.) n. 5. 40

Sonderabdruck aus: „Archiv f. österr. Gesch."

— Zur Textkritik der Korrespondenz Napoleons I. (mit 5 Taf.) Ar. 93. 41 . . . 5 40
Separatabdruck

—— was der Herr an unsern Vätern gethan hat. Predigt zum Gedächtniß der Reformation und der Aufnahme der reformirten Flüchtlinge aus Frankreich in die churbrandenburgischen Lande gehalten am 4. Novbr. 1849. gr. 8. (14 S.) Berlin 849, J. A. Wohlgemuth. *

Fournier, A., Was Gott von uns fordert u. Christus für uns thut. Predigt gehalten am 1. Sonntag nach Epiphanias, den 8. Januar 1860. Berlin 860. (W. Schultze.) gr. 8. (15 S.) n. 3 ngr.

—— Wie Christus seine Gläubigen führt. Predigt, gehalten am Sonnt. den 11. Juli 1852. V post Trin. gr. 8. (15 S.) Berlin 852, (W. Schultze.) *

Fournier, Aug., wie wir zu Bosnien kamen. Eine hist. Stud. (VIII, 96 S.) gr. 8. Wien 909. C. Reisser's Söhne. 2. —

— s. Zeugnisse, evangel., für christl. Wahrheit.

Fournier, Charl., le premier livre des petits enfants ou exercices de lecture et leçons de morale, suivies de petites histoires intéressantes pour le premier âge. 4. édition. Leipzig 862. Wilfferodt. 16. (174 S. u. 1 Holzschn.) n. 16 ngr.

Fournier, D., Beobachtt. über d. schleichende u. auszehrende Fieber; aus d. Französ. 8. Leipz. 782. Weygand. 6 gl.

Beitrage zur Diagnostik der Syphilis hereditaria tarda [Recherche et diagnostic de l'heredo-syphilis tardive] Von Dr. Edm[ond] Fournier Übers von Dr Karl Ries Mit 108 Abb. Leipzig Barth 1908 IV, 238 S 8° A 14 7.50 II

Fournier, H [Übers.]
s. Hugo, V.: Sämtliche Werke. 1835 - 1839.

Fournier, M. L., Handbuch d. Syphilis, oder Bemerkk. über d. Gift, d. Wirkungen rc. d. venerischen Krankheit. Aus d. Franzôs. v. G. Wendt. 8. Leipz. 820. Magaz. f. Industr. 18 gl.

FOURNIER, Marc (Jean-Louis, né en 1818), Geheimnisse von Rußland. Aufschlusse uber die russische Politik nach den Notizen eines alten Diplomaten. Aus d. Franzos. Regensburg, G Jos. Manz, 1844. 12°. 158 S. (incl. 4 S. Vorst.).

– dass., s.a. Fournier, Marc N.

Struensee oder die Konigin und der Gunstling. Nach dem Französischen der Herren [Marc Jean Louis] Fournier und Arnould v P. J. L. . . . Bd. 1—2 Mit je 1 Titelkpfr Ilmenau 1835. 8°

Fournier, Marc N.

— u. D'Ennery, Bajazzo, siehe: Bühnen-Repertoir, No. 146.

Fournier, Marc. N., Davis, s. Répertoire du Théâtre franç.

– Davis, un secret, s. Théâtre franç. moderne par Louis, V. Série, Nr. 9.

Fournier, Marc N., das Ehrenwort. Schauspiel, siehe: Bühnen-Repertoir, No. 120.

Fournier, Marc N., Geheimnisse v. Rußland. Aufschlüsse üb. die russische Politik nach d. Notizen eines alten Diplomaten. Aus d. Französ. 8. Regensburg 844, Manz. 1/2 ₰

– dass, s.a. Fournier, Marc Jean Louis

— Geheimnisse e. polit. Spions, s.a. Bibliothek, Europäische, 72. 99—100 u. 420. Bd.

— Geheimnisse e. polit. Spions. Aus d. Französ. 1., 2. Thl. 8. Grimma 845, 46, Verlags-Compt. à n. 1/2 ₰

— u. Terrier, ein Englisches Gesetz, siehe: Bühnen-Repertoir, No. 151.

— Jacquart, der Menschenfreund, siehe: Theater, das, des Auslandes, 42. Lfg.

— et Arnould, une Mariage à rompre, s. Répertoire du Théâtre franç., 2. Série, No. 1.

Fournier, Marc N., Jeanne Mathieu, siehe: Répertoire du théâtre Français à Berlin, Nr. 373.

— mit einander aufgewachsen, siehe: Theater, das, des Auslandes, 46. Lfg.

— et Clairville, l'ombre d'un amant. s. Répertoire du Théâtr. fr., No. 249.

– un roman intime, s. Répertoire du Théâtre franç.

– un roman intime, s. Théâtre franç. moderne par Louis, V. Série, Nr. 9.

— die Schauspielerin, siehe: Theater, das, des Auslandes, 8. Lfg.

— un secret, drame. s. Répertoire du Théâtre franç.

— les souvenirs de la Marquise de V***, s. Théâtre franç. mod. Sér. V.

– s. Theater des In- u. Auslandes. 1.Bd. 3. Hft.

– Tiridate, ou comédie et tragédie, s. Répertoire du Théâtre franç.

Fournier, N., l'Homoeopathie, Comédie, s. Répertoire du Théâtre français. No. 169.

Fournier, N., la vita indipendente, s. Emporeo drammatico.

Fournier, Narcisse

Fournier, N
s. Arnould, Auguste: Alexis Pétrowitch. 1835.

Fournier, Nicolaus Everdt (Mosa-Traj.), De jure ΠΡΟΤΙΜΗΣΕΩΣ. Disp. jur. Rector Pet. Burmann. Leyden (Conr. Wishoff) 11. VIII. 1719. 34 S. (5.—) 9242
Gew.: Stephen u. Johann Wilbrennink (Arnheim), Anton Schulting. — Widm. v.: Heinrich v. Bruyn. — Tit.-Bild v. F. Bleyswyck.

Fournier, Thdr., Rom u. die Campagna. Neuer Führer fur Reisende. Nebst allgemeinen Bemerkungen fur Patienten von Fel. Kunde. 2 Thle. Mit 2 (lith.) Plänen u. 1 (lith. u. color.) Karte (in 4. u. Fol.). Leipzig 862. Seemann. 8. 8. (XVI, 408 S.) n. 2 ₰

Fournier, Thdr., Rom u. die Campagna. Neuer Führer für Reisende. 2 Thle. Mit 2 (lith.) Plänen u. 1 (lith.) Karte (in 4. u. Fol.). 2. verb. u. verm. Aufl. Mit e. Anh. „Ueber den Gebrauch frischer Luft im Süden" von Fel. Kunde. Leipzig 865. Seemann. 8. (VIII, 431 S.) n. 2 ₰ 7½ ngr.

Auf der Birsch. Bruche aus meinem Jagerleben. Vom 'Wilden Jäger' [d. i. Walter Fournier]. Mit Textabb. Berlin: P. Parey 1898 (180 S.) 8° [F.] [04 13693]

Auf der Birsch. Brüche aus meinem Jägerleben. Vom 'Wilden Jäger' [d. i. Walter Fournier]. 2. Aufl. Mit Textabb. Berlin: P. Parey 1905. (IV, 207 S.) 8° [F.] [06. 3183]

Auf flüchtigem Jagdroß in Deutsch-Südwest-Afrika. Jagd- u. Reisebilder vom 'Wilden Jäger' [d. i. Walter Fournier]. Mit Textabb. Berlin: P. Parey 1902. (VII, 224 S.) 8° [F.] [04 13694]

Vom Jagen, Trinken und Lieben. Erinnerungen aus meinem Jägerleben vom 'Wilden Jäger' [d. i. Walter Fournier]. Mit Abb. Cothen Schettler 1900. 250 S. 8° [09 1114]

Fournier d'Albe, E. E., die Elektronentheorie. Gemeinverständliche Einführg. in die mod. Theorie der Elektrizität u. des Magnetismus. Autoris. Übersetzg. v. J. Herweg. (VII, 332 S. m. 35 Fig.) gr. 8. Leipzig 908. J. A. Barth. 4.80; geb. in Leinw. 5.60

— Zwei neue Welten. Die Infra-Welt. Die Supra-Welt. Deutsch v. Max Iklé. (197 S. m. Fig. u. 1 Taf.) 8. Ebd. 909. 3.20; geb. in Leinw. 4.—

Fourniture de Calligraphie. 16. (12 Bl. in Etui.) Berlin 846. (Riess.) *

Fourrière, E., Homers Entlehnungen aus dem Buche Judith. Autoris. Übersetzg. v. Frz. Endler. gr. 8. (VI, IV, 96 S.) Warnsdorf 891. (Teplitz, E. Becker.) n. 1. —

Foussier, E., neue Vorlagen f. Tapezierer u. Decorateure. 3 Serien. Fol. (à 25 Farbendr.-Taf.) Berlin 894. Hessling & Spielmeyer. In Mappe. à n. 40. —
1. Fensterdecorationen, Portièren etc. — 2. Die Decoration v. Bettbehängen. — 3. Sitzmöbel in verschiedenen Stylarten.

Foustka, Břetislav, die Abstinenz als Kulturproblem m. besond. Berücksicht. der österreichischen Völkerstämme. (17 S.) 8. Wien 908. Brüder Suschitzky. -- 30
Sonderabdruck aus „Der Alkoholgegner".

Fout, Fred'k W., die schwersten Tage des Bürgerkrieges v. 1864 u. 1865. Der Feldzug unter Schofield u. Thomas gegen Hood in Tennessee. — Die Schlachten v Franklin u. Nashville. Erinnerungen. Hrsg. v. Alb. E. Fout. gr. 8. (317 S. m. 30 Abb. u. Karten u. Bildnis.) Chicago (902). (Koelling & Klappenbach.) Geb. in Leinw. n. 8. —

de Fouvent, ..., Mythologie grecque, latine et slavonne, suivi d'un traité sur le chamanisme, le lamanisme, et l'ancienne religion des differentes peuples soumis à la Russie. 1 Vol. gr 8. Braunschw. 817. Pluchart. 20 gr

— précis de l'histoire de Russie depuis Rurik jusqu'à la mort de l'impératrice Catherine II. gr. 8. Braunschw. 814. Pluchart. 1 ₰

Institut internat. de statist Ce que c'est que la richesse d'un peuple et comment on peut la mesurer par A[lfred] de Foville Berlin 1903. J. Sittenfeld (16 S) 8° [05 3630 B]

Fovrer, E., Ephemerides Caesarianae rerum inde ab ineunte bello Africano usque ad extremum bellum Hispaniae gestarum. Diss. 1889. 48 S. 1.50

Fowe, Anton Ferd: Dissertatio animadversiones in anatomiam pathologicam sistens Berolini 1813 (24 S) 8° * Nachgelıefert von dem am 4 Mai 1813 promovierten Verf
Berlin, Med Diss v 4 Mai 1813

Fowelin, C., s.: Dichtungen, schwedische.

Fowelin, Carol., de causa mortis post nervos vagos dissectos instantis. Dissertatio inauguralis physiologica. gr. 8. (39 S. m. 1 lith. Taf. in qu. Fol.) Dorpati Liv. 851. (Mitaviae, Reyher.) n. 21 ngr

Fowelin, Gust. Ruhld, († d. ... April 1828.) Diss. inaug. med. generalia quaedam de exanthematibus sistens. 8. Dorpat 818

Fowelin, Harald, a. Goldingen (Kurland): Ein Beitrag zur Lehre von der Leukämie. Borna-Leipzig 1907: R. Noske. (138 S.) 8°
Breslau, Med. Fak., Ref. v. Strümpell, Diss. v. 27. Juli 1907
[Geb. 6. März 80 Goldingen, Kurland; Wohnort: Dorpat; Staatsangeh.: Rußland; Vorbildung: Gymn. Riga Reife Mai 00; Studium: Dorpat 10, Breslau 4 S.; Rig. 20. Juli 07.]

Fowler, Ellen Thorneycroft, the Farringdons, s.a. Collection of British authors.

The Farringdons. By Ellen Thorneycroft Fowler [d. i. Mrs. Alfred Laurence Felkin]. Copyright ed. In 2 vol. Vol. 1. 2. Leipzig: Tauchnitz 1900. 8°
(Collection of British authors. Tauchnitz Ed. Vol. 3433/4.) [11. 8338

Fowler, Ellen Thorneycroft (Mrs. Alfr. Felkin), Miss Fallowfield's fortune, s.a. Collection of British authors.

Miss Fallowfield's Fortune. By Ellen Thorneycroft Fowler (Mrs. Alfred [Laurence] Felkin). Copyright ed. Leipzig: Tauchnitz 1910. 344 S. 8°
(Collection of British authors Tauchnitz Ed. Vol. 4163) [11. 8520

– fuel of fire, s.a. Collection of British authors.

Fuel of fire By Ellen Thorneycroft Fowler [d. i. Mrs Alfred Laurence Felkin]. Copyright ed. Leipzig: Tauchnitz 1902. 327 S. 8°
(Collection of British authors. Tauchnitz Ed. Vol. 3616.) [11. 8468

– and Alfr. Laurence Felkin, Kate of Kate Hall, s.a. Collection of British authors.

Kate of Kate Hall. By Ellen Thorneycroft Fowler (Mrs. A[lfred] L[aurence] Felkin) and Alfred Laurence Felkin. Copyright ed. In 2 vol. Vol. 1. 2. Leipzig: Tauchnitz 1905. 8°
(Collection of British authors. Tauchnitz Ed. Vol. 3787/8.) [11. 8989

Fowler, Ellen Thorneycroft (Mrs. Alfr. Laurence Felkin), Place and power, s.a. Collection of British authors.

Place and power. By Ellen Thorneycroft Fowler (Mrs. Alfred Laurence Felkin). Copyright ed. In 2 vol. Vol. 1. 2. Leipzig: Tauchnitz 1903. 8°
(Collection of British authors Tauchnitz Ed. Vol. 36867.) [11. 8528

– ein gewagtes Spiel, s.: Engelhorn's allgemeine Roman-Bibliothek. XXII. 9. 10.

– in subjection, s.a. Collection of British authors.

In Subjection. By Ellen Thorneycroft Fowler (Mrs. Alfred Laurence Felkin). Copyright ed. In 2 vol. Vol. 1. 2. Leipzig: Tauchnitz 1906. 8°
(Collection of British authors. Tauchnitz Ed. Vol. 3902/3.) [11. 8575

– a double thread, s.a. Collection of British authors.

A double Thread. By Ellen Thorneycroft Fowler [d. i. Mrs. Alfred Laurence Felkin]. Copyright ed. In 2 vol. Vol. 1. 2. Leipzig: Tauchnitz 1899. 8°
(Collection of British authors. Tauchitz Ed. Vol. 3376/7.) [11. 8288

Fowler, G. H., s.: Bericht üb. die wissenschaftlichen Leistungen im Gebiete der Entomologie.

Fowler, G. Herbert [berkeley fellow of the Owens college, Manchester]: The anatomy of the Madreporaria. II.... London, print. by J. E. Adlard, 1886; 1 Bl. + 18 S. u. 1 Taf. 8°.
Leipzig, Phil. Fak., Inaug. Diss. v. 17. Sept. 1886.

Fowler, G. Herbert, the anatomy of the Madreporaria. II. Diss. Leipzig 1886, Gustav Fock. 8°. 18 S. mit einer Taf.

Fowler, Georg, drei Jahre in Persien u. Reiseabentheuer in Kurdistan. Uebers. v. C. Richard. 2 Thle. Lex.-8. (36¾ B.) Aachen 842, Mayer.
Vgl.: Lebens- u. Kriegsbilder aus Asien.

Ueber Appendicitis. Von Dr. George R. Fowler, Prof. ... an d. New-Yorker Polyklinik ... Autoris. Uebs. a. d. Engl. (v. Max Pannwitz). M. 35 Abb. im Text u. 5 Taf. M. e. Geleitwort v. Prof. Dr. A[lbert] Landerer in Stuttgart. *Berlin: S. Karger 1896.* (XII, 128 S., 5 Taf., 1 Erl.-Bl.) 1 Bd 8. [97 1497

Fowler, Haroldvs N(orth) (geb. am 25 Febr. 1859 in Westfield Mass.): Panaetii et Hecatonis librorvm fragmenta collegit praefationibvs illvstravit ... Bonnae, typ. C. Georgi (1885). 1 Bl., 66 S. 8.
¶ Erschien zugleich selbständig bei Cohen & Sohn in Bonn.
Bonn, Phil. Fak., Diss. v. 11 Aug. 1885

Fowler, John

Fowler, J., & Co.: Beschreibung und Catalog von Fowler's Patent Straßen-Locomotiven usw. Magdeburg und Berlin (1897?)

Fowler, J., & Co.: Die Haide-Cultur und andere extra tiefe Rajolungen mittelst Fowler's Dampfpflug. Magdeburg (1897?)

Fowler, J., & Co.: Jll. Catalog über Dampfpflüge. Magdeburg und Berlin (1897?)

Fowler, John, u Co in Magdeburg Fowler's Strassen-Locomotiven fur militarische Zwecke qu 8 (Magdeburg 1901.)

Fowler, Lydia, der Liebling d. Hauses [das Kind] u. seine Erhaltg. 8 Vorlesgn. üb. Verdaug., Blutumlauf u. Athmg. gr. 8. (96 S.) Berlin 875. Grieben. n. 1. 20

– dasselbe, s.a. Gesundheit, Wohlstand u. Glück — Gut, das höchste.

Fowler, O. S., Liebesstunden, s.a. Gesundheit, Wohlstand u. Glück. — Gut, das höchste.

– die Mutterschaft od. das Tragen u. Stillen der Kinder. Mit Bemerkgn. üb. weibl. Erziehg. u. Schönheit. Mit e. Anh.: Ueber die Erziehg. der Kinder im Allgemeinen. Mit Abbildgn. (eingedr. Holzschn.) gr. 8. (IV, 176 S.) Schwelm 874. (Berlin, Grieben.) n. 3. —

– dasselbe, s.a. Gesundheit, Wohlstand u. Glück. — Gut, das höchste.

Fowler, Rich., über thier. Elektricität, s. Al. Monro.

Fowler, Rich., Experiments and obs. relative to the influence lately discovered by M. *Galvani*, and commonly called animal electricity. 176 pp. Edinb. and Lond. 8°. Deutsch, Lpz. 1795. Salzb. med. chir. Zt. 1794, I, 292.
1793

Fowler, Th., Bemerkk. über d. Kur des hitzigen u. chronischen Rheumatismus; aus d. Engl. gr. 8. Bresl. 785. J. F. Korn. 16 gr

Fowler, Th., Bemerk. über d. Cur des hitz. und chron. Rheumatismus. a. d. Engl. gr. 8. Breslau, Korn d. ält. 795. Rthlr.

Fowler, W. Warde, s.: Anthropologie, die, u. die Klassiker.

Fownes, Georg (London)
On the equivalant of carbon.
[In: Phil. Mag. 15, 1839, S. 62-65.]
[Zur Promotion eingereicht.]
Dr. phil. Giessen 4.8.1841.

Fox, Miss Louise, oder Reise einer jungen Engländerin . . . Leipzig 1792. V: *Naubert, Christiane Benedicte Eug. geb. Hebenstreit.* (EK) (Ky) (MGT)

Fox, Miß Louise, oder Reise einer jungen Engländerin durch einige Gegenden von Deutschland, mit 1 Kupf. 8. Leipzig, 792. Weygand. 27 sgl.

Fox mit d. wächsernen Nase. 8. Leipz. 805. H. Richter. 18 gl.

Fox, die Asymmetrie des Gesichtes bei menschlichen Embryonen, s. **Mittheilungen** aus dem embryologischen Institute der k. k. Universität in Wien.

Fox, Charles James

Fox, Karl Jak.; in seinem polit., literar. u. Privatleben dargestellt, nach d. 4ten Ausg. des engl. Originals seiner Lebensbeschreibung. 8. Leipz., Joachim. 1 Thlr Dass. französ. gr. 8. Ebd. 2 Thlr

— Geschichte d. frühern Regierungszeit Jakob II. Aus d. Engl. v. D. W. Soltau. gr. 8. Hamb. 810. (Campe). 1 Thlr 12 gl.

— Geschichte d. früh. Regierungszeit James II. a. dem Engl. v. Soltau. gr. 8. Hamb. Hoffmann. 810.

Fox, Charles James, aus Boston, Mass., U. S. A.: **Napoleon Bonaparte and the siege of Toulon.** *Washington 1902: Law Reporter Company.* (VII, 114 S.) 8°
Heidelberg, Phil. Diss. v. 1902

Einenkel, Theod Die von Charles James Fox zum Zwecke der Abschaffung des Sklavenhandels am 18 Febr. und 15. März 1796 sowie am 10. Juni 1806 im englischen Unterhause gehaltenen drei Reden übersetzt und mit Einleitung versehen 34 S. Progr. *Schneeberg* 1881

Fox, Charles James John

Fox, Chas. J. J., on the coefficients of absorption of the atmospheric gases in distilled water and sea water, s.: Publications de circonstance du conseil permanent international pour l'exploration de la mer. Nr. 41, 44.

Fox, Charles J. J., On the determination of the atmospheric gases dissolved in sea-water, s.: Publications de circonstance du conseil permanent international pour l'exploration de la mer.

Fox, Charles J(ames) J(ohn), B. Sc. ⟨Lond.⟩ aus London: **Aus d. Chemischen Institut d. Universität Breslau. Über die Wechselwirkung zwischen Salzen und Schwefeldioxyd in wässriger Lösung.** Mit 9 Fig. im Text. *Leipzig: W. Engelmann 1902.* (31 S.) 8° ¶(Aus: Zeitschrift f. physikal. Chemie, Bd 41, H. 4.)
Breslau, Phil. Diss. v. 5. Aug. 1902

Fox Jr., **Frederick** [aus Portland, Maine. U. S. A.]: Ueber Diorthodichlortolanderivate. . . . Leipzig-Reudnitz, Druck v. Max Hoffmann, 1890; 27 S. + 1 Bl. 8°
Leipzig, Phil. Fak., Inaug.-Diss. v. 11. Aug 1890

Fox, Frdr. B., Cölibat u. Volksgewissen! Ein Protest wider Rom. 3. Aufl. 8. (40 S.) Leipzig (901). [C. Minde.] Wurzen, Wurzner Verlagscomptoir. — 60

Fox, George. Aufzeichnungen u. Briefe des ersten Quäkers. In Auswahl übers. v. Marg. Stähelin. Mit e. Einführg. v. Paul Wernle. (XX, 324 S.) gr. 8. Tübingen 908. J. C. B. Mohr. 5.—; geb. 6. 40

Fox, Gustav (Hrsg.), s. Schleswig-Holstein Album.

Fox, Henricus Hawes (Bristol)
De insania sive mania. Inaug. Diss.
[lt. Dekanatsbuch handschriftlich eingereicht.]
Dr. med. Giessen 30.7.1844.

Fox, John, allgemeine Geschichte d. christlichen Marterthums, bestehend in einer vollständ. u. glaubwürd. Nachricht von dem Leben, Leiden u. glorreichen Tode der Martyrer, sowohl aus der ersten Christl. als auch der nachfolgenden Protestant. Kirche in allen Theilen der Welt v. der Geburt unsers Erlösers, bis zu den spätesten Zeiten der religiösen Verfolgungen. Durchaus verb. u. verm. m. vielen wichtigen Nachrichten üb. die spätern Verfolgungen der wehrlosen Taufsgesinnten, u. Andern, in Deutschland, u. üb. die vor wenigen Jahren vorgefallenen Religions-Bedrängnisse in Frankreich. gr. 12. (934 S. m. 1 Stahlst. u. eingedr. Holzschn.) Philadelphia 851. (Schäfer & Koradi.) n. 4 Thlr

Fox, John, allgemeine Geschichte des christlichen Marterthums, bestehend in einer vollständ. und glaubwürd. Nachricht von dem Leben, Leiden und glorreichen Tode der Martyrer, sowohl aus der ersten christl. als auch der nachfolgenden protestant. Kirche in allen Theilen der Welt von der Geburt unsers Erlösers bis zu den spätesten Zeiten der religiösen Verfolgungen. Neue Aufl. gr. 8. (934 S. mit 1 Stahlst. und eingedr. Holzschn.) Philadelphia 863, Schäfer und Koradi. In Leder geb.

Fox, J. und J. Milner, das christliche Märtyrerthum s. a. Märtyrerthum.

Fox, Jh., u. J. Milner, d. christl. Märtyrerthum, oder Gesch. von d. Leben, Leiden u. dem Tode d. christl. Märtyrer rc. Aus d. Engl. (v. J. A. Bergk). 2 Thle, mit 14 Kpf. gr. 8. Leipz. 817, 18. Baumgärtner. 3 Thlr 8 gl.

Fox, Kurt, u. Wenigenjena: Beiträge zur Kenntnis der Färbevorgänge. Jena 1906: A. Kämpfe. (36 S.) 8°
Jena, Phil. Fak., Ref. Vongerichten, Diss. v. 4. Mai 1906
[Geb 28. Sept 73 Lesnitschwo, Rußland; Wohnort: Jena; Staatsangeh: Sachsen-Weimar; Vorbildung: Gymn. Eisenach Reife O 01; Studium: Jena 9 S.; Rig. 27. Nov. 05.]

Fox, Milton, aus München: **Kondensation von aliphatischen Aldehyden mit Malonsäure und Cyanessigsäure bei Gegenwart organischer Basen.** *Heidelberg 1903: J. Hörning.* (39 S.) 8°
Heidelberg, Naturw.-math. Diss v. 1903

Fox, Milton G[eorge], Cincinnati, U. S. A.: Ueber die elektromotorische Kraft einiger geschmolzener Halogen-Schwermetallketten. Zürich 1907. 59 + 1 S. 8°. [14. XI. 06.]
Basel Phil Diss. 1906/1907.

Fox, Milton G(eorge). Ueber die elektromotorische Kraft einiger geschmolzener Halogen-Schwermetallketten. Diss. Phil. Basel. [Mit Figuren.] 60 S. 8. Zürich, J. Leemann, 1907.
Ausg. A: ... von Milton G. Fox.... — *Ausg. B:* ... von M(ilton) G. Fox...

Fox, Robert

Fox, Rob., Landeskunde v. Schlesien. (IV, 112 S. m. 38 Abbildgn. auf 24 Taf. u. 5 Karten.) gr. 8. Breslau (909). Priebatsch. 2.50; geb. in Leinw. 3.—

Fox, Rob, die Pässe der Sudeten unter besond. Berücksicht. der Zentralsudeten, s.a. **Forschungen zur deutschen Landes- u. Volkskunde. XIII. 1.**

Die **Pässe** der Sudeten unter bes. Berucks d. Zentralsudeten. Von Dr. Robert **Fox** in Breslau. Mit e. tabell. Übersicht u. e. Karte. *Stuttgart: J. Engelhorn 1900.* (88 S.) 8°
= Forschungen z. deutschen Landes- u. Volkskunde Bd 13, H 1.

Fox, Robert, in Breslau. Die **Sudetenpässe,** mit einer tabellarischen Übersicht. *Stuttgart 1900: Union.* (30 S.) 8° ¶(Aus: Forschungen zur deutschen Landes- u. Volkskunde, Bd 13, H. 1. — Der Schluss erschien ebenda.)
Breslau, Phil. Diss. v. 15. Febr. 1900

Fox, Sam., Beobachtungen üb. die mit dem Namen d. Bleichsucht bezeichnete Störung d. gesammten Gesundheit des Weibes, u. Beweis, daß deren Ursache v. Geschlechte durchaus unabhängig ist. Aus d. Engl. übers. u. mit Anmerk. begleitet von Rud. Herrm. Groß. 8. Leipzig 841, Reclam. 5/12 Thlr

Fox, W.: Analyse und Würdigung der Rede des Demosthenes für Klesiphon vom Kranze. Zs. 105 S. 4°–Feldkirch, Progr. 1863, 1866

Fox, Wilh., S. J., die Kranzrede des Demosthenes, das Meisterwerk der antiken Redekunst, mit steter Rücksicht auf die Anklage d. Aeschines analisiert u. gewürdigt. gr. 8. (XII, 365 S.) Leipzig 880. Teubner. n. 5. 60

Foxwell, H. S., Geschichte der sozialistischen Ideen in England, s.: Bibliothek der Volkswirtschaftslehre. XVII. XVIII.

Foy, K., Lieder vom goldenen Horn. 8. (IX, 186 S. m. Ornamenten.) Leipzig 888. Liebeskind. n. 3. —; geb. in Leinw. n.n. 4. —

Foy, Karl, Lautsystem der griechischen Vulgärsprache. gr. 8. (VIII, 146 S.) Leipzig 879. Teubner. n. 3. —

Foy, Karl, Der Purismus bei den Osmanen [S A aus Mittheilungen aus dem Seminar fur orientalische Sprachen 1898. Westasiatische Studien] Berlin 1898

Foy, Karl, die Sprache der türkischen Turfan-Fragmente in manichäischer Schrift. I. I. Einleitung. (15 S.) Lex.-8. Berlin 904. (G. Reimer.) n. — 50
Sonderabdruck aus: „Sitzungsber. d. preuss. Akad. d. Wiss."

Foy, K., Studien zur Lautlehre des Vulgärgriechischen Diss. 1879. 33 S.

Foy, Maxim. Sebast.

— — Geschichte des Kriegs auf der pyrenäischen Halb-Insel, unter Napoleon. Aus dem Französischen übertragen und mit Erläuterungen versehen durch den Oberst Chev. Puttrich, ehem. General-Stabs.-Officier bey der franz. Armee in Spanien; anjetzt in kgl sächs. Civil-Diensten. (4 Bde.) 8. Leipzig 1827.

Foy, (General), Geschichte d. Kriegs auf d. pyrenäischen Halbinsel unter Napoleon. Aus d. Französ. 4 Bde. gr. 12. Stuttg. 827. Brodhag. 6 ß

— dass. übers. v. Chev. Puttrich. M. 1 Bildn. 1r Thl. 1e u. 2e Abtheilung. u. 2r Thl. gr. 8. Leipz. 827, Hinrichs. à Thl. 1 Rthlr. 4 gr.

— dass. französ. 4. Voll. in 18. Brüssel 827, (Frank, Leipz. Hinrichs).

Foy, Maxim. Sebast., Geschichte d. Kriegs auf d. pyrenä. Halbinsel unt. Napoleon, begleitet v. e. polit.-militair. Schilderung d. kriegführ. Mächte. A. d. Franz. übertr. u. mit Erläutern. versehen durch (Karl) Puttrich. 3. Thl. gr. 8. (23 B.), Leipzig 828, Hinrichs. Thlr.

Foy, Maxim. Sebast., Geschichte d. Kriegs auf d. pyrenä. Halbinsel unter Napoleon, rc. 4. (letzt.) Thl. Aus d. Franz. übertr. u. mit d. Fortsetz. d. Kriegsbegebenheiten bis z. J. 1814 vermehrt v. F. A. Rüder. M. 1 ill. Charte d. Halb-Insel. gr. 8. (21½ B.) Ebds. 828.
1. u. 2. Bd. Ebendas. 1827. 2 Thlr. 8 Gr.

Foy, W., s.: Ethnologica.

Foy, W., s.: Festschrift, Whitley Stokes gewidmet.

— Lanzen v. d. Hervey- od. Austral-Inseln. [Aus: „Abhandlgn. u. Berichte des kgl. zoolog. u. anthropolog.-ethnograph. Museums zu Dresden".] Imp. 4. (4 S. m. 1 Lichtdr.-Taf.) Berlin 898. R. Friedländer & Sohn. n. 2. 80

— d. Mangianenschrift v. Mindoro, s.: Meyer, A. B.

— ethnograph. Miscellen, s.: Meyer, A. B.

— u. O. Richter, zur Timor-Ornamentik, s.: Abhandlungen u. Berichte des königl. zoolog. etc. Museums zu Dresden.

Foy, Willy

Foy, W., Bronzepauken aus Südost-Asien, s.: Meyer, A. B.

Fuhrer durch das Rautenstrauch-Joest-Museum (Museum f. Volkerkunde) der Stadt Coln Von Dr W[illi] **Foy**. Coln 1906: M. Dumont-Schauberg (220 S) 8°
[Umschlagt] Festgabe z. Eroffnung d Rautenstrauch-Joest-Museums (08. 9067

Fuhrer durch das Rautenstrauch-Joest-Museum (Museum f. Volkerkunde) d. Stadt Coln Von W[illy] **Foy**. 2. Aufl. Coln 1908: Kolner Verlagsanst. (258 S) 8° (08. 13994

Foy, Willy *Karl Max Emil* [aus Leipzig]: Die königliche Gewalt nach den altindischen Rechtsbüchern, den Dharmasûtren und älteren Dharmaśâstren ... [Erschien vollst. 1895 bei H. Haessel in Leipzig.] Leipzig, Druck v. G. Kreysing, 1895; 1 Bl., 37 S. 8.
Leipzig, Phil. Fak., Inaug.-Diss. v. [20. Juli] 1895

— die königl. Gewalt n. d. altind. Rechtsbüchern, d. Dharmasûtren u. ält. Dharmaśâstren. gr. 8. (VII, 94 S.) Leipzig 895. H. Haessel. n. 3. —

— Schwerter v. der Celébes-See. Ueber den Namen Celébes, s.a. Publikationen a. d. königl. ethnogr. Museum zu Dresden. XII.

W[illy] Foy: Schwerter von der Celebes See. Mit 6 Taf. in Lichtdr. Anh Ueber den Namen Celébes *Dresden: Stengel & Co. 1899.* (IV, 17 S.) gr. 2°
= Publicationen aus d. Königlichen Ethnogr. Museum zu Dresden. Bd 12. (99. 8043

— Tanzobjekte vom Bismarck-Archipel, Nissan u. Buka, s.a. Publikationen a. d. königl. ethnogr. Museum zu Dresden. XIII.

W[illy] Foy: Tanzobjekte vom Bismarck-Archipel, Nissan und Buka. Mit Taf. u. Textill. *Dresden: Stengel & Co. 1900.* (VII, 40 S.) gr. 2°
= Publikationen a. d. Königl. Ethnogr. Museum zu Dresden. Bd 13. (00. 7902

Foyer. Heiteres Feuilleton aus 55 Jahrgängen d. „Signale f. d. musikal. Welt". 1842—1897. M. e. Orig.-Handzeichng. von C. v. Piloty. gr. 8. (III, 251 S.) Leipzig 898. B. Senff. n. 2. 50; geb. in Leinw. n. 3. —

Foyer: Le Foyer et les Champs
v Le Sillon romand.

Foyn, N J Wolken-Beobachtungen in Norwegen 1896 1897 Herausgegeben von dem Norwegischen Meteorologischen Institut Christiania 1900 XIII 114 S 4°

Foytzik, Fr.: Abhandlung über Homers Einheit, Vaterland, Zeitalter und Sprache. S. 24-32 – Triest, Progr. 1852

Fra Diabolo

— s. auch Gargiulo.

Fra-Diabolo. 8. Mannheim, Schwan u. G.

Fra Diabolo, Banditenhauptmann und Heerführer der Calabresen. 2 Theile. 2te Aufl. 8. Hamburg, (Herold.) 821.

Fra Diabolo, Banditenhauptmann u. Heerführer der Calabresen; der merkwürdigste Revolutionär seiner Zeit. 2 Thle. 8. Hamb. 821. 2e A. 823. Herold. 1 ß.

— od. Bruder Teufel, General d Calabresen u. Räuberhauptmann. 2 Thle. 8. Hamb. Vollmer. 810. (1r 20 gr. 2r 14 gr.)

Fra Diavolo oder die Räuber in den Abruzzen. Schauspiel in drei Aufz. Von E. Scribe für Kinder-Theater bearbeitet. Wien [1900]. V: *Neidl, Julius.* (EB)

Fra Diavolo, der große Räuber u. Banditen-Häuptling, u. seine Gefangennahme in dem Gasthause zu Terracina. Nach einer wahren Begebenheit aus dem 19. Jahrh. von J. Ellinger dem Volke erzählt von G. u. B. Dom. 8. (56 S.) Urfahr-Linz 878. Kraußlich. — 20

Fra Paolina Minorita, Trattato de regimine Rectoris, pubblicato (con una introduzione) da A. Mussafia. 8. Vienna 868, Tendler und Comp. [Frankfurt a. M., Baer und Comp.] (ℳ 8.)

Frae-Rex, Johann Karl

Frae, Rex, Anweisung zum Satteln u. Packen, daß kein Pferd gedrückt wird. 8. Berlin, Molius. 790.

Frae-Rex, [Johann Karl]: Gründliche Anweisung zum Satteln und Packen, dass kein Pferd gedrückt werde. Berlin 1791. 77 S.

— Handbuch f. Bäcker-, Brauer-, Branntweinbrenner- und Mühlenmeister. 4. Berlin, Unger. 790.

Frae-Rex, (Carl,) nützl. Handb. f. alle Bäcker, Brauer rc., nebst einem Anhange für die Müller auf dem Lande. 4. Berlin 790, (Nauck).

Fraas, C., s. F r a a s , Karl

Fraas, Eberhard [aus Stuttgart]: Die Asterien des Weissen Jura von Schwaben und Franken. Mit Untersuchungen über die Structur der Echinodermen und das Kalkgerüst der Asterien. . . . (Sep.-Abdr. aus: Palaeontographica Bd. XXXII.) Stuttgart, E. Schweizerbart'sche Verlagsh. (E. Koch), 1886; 1 Bl. + S. 229–261 + 2 Bl. u. 2 Taf. 4°.
München, Phil. Fak., Inaug.-Diss. v. 1886

Fraas, Eberh., das kryptovulcanische Becken v. Steinheim, s.: Branco, W.

Fraas, E., Beweis f. die Richtigkeit unserer Erklärung des vulcan. Ries bei Nördlingen, s.: Branco, W.

— die **Entwicklung** der Erde u. ihrer Bewohner, m. Schichtenprofilen, Leitfossilien u. landschaftlichen Rekonstruktionen, dargestellt auf 7 farb. Taf. à 81 × 109 cm. Mit Text. (67 S. m. Abbildgn.) gr. 8. Stuttgart (906). K. G. Lutz. n. 33. —; auf Leinw. m. Stäben n. 50. 50; einzelne Taf. n. 5. —; bezw. n. 7. 50; Text allein n. 1. —

— **Führer** durch das kgl. Naturalien-Kabinett zu Stuttgart. I. Die geognost. Sammlg. Württembergs im Parterre-Saal, zugleich e. Leitfaden f. die geolog. Verhältnisse u. die vorweltl. Bewohner unseres Landes. (82 S. m. Abbildgn. u. 8 Taf.) 8. Stuttgart 903. E. Schweizerbart. n n. — 50

Fraas, Eberh., Geologie in kurzem Auszug f. Schulen u. zur Selbstbelehrung, s. a. Sammlung Göschen.

Fraas (Eberhard). Geologie in kurz. Auszug f. Schul. u. zur Selbstbelehr. zsgest. M. 16 Abb. u. 4 Taf. mit 51 Fig. 3. verb. Aufl. 5. Abdr. Leipzig 1910. 122 S.
(Samml. Göschen. 13.)

— s.: **Jahreshefte** d. Vereins f. vaterländ. Naturkunde in Württemberg.

— die **Ichthyosaurier** der süddeutschen Trias- u. Jura-Ablagerungen. Imp.-4. (81 S. m. 14 Taf. u. 14 Bl. Erklärgn.) Tübingen 891. Laupp. n. 40. —

— die **Labyrinthodonten** der schwäbischen Trias. [Aus: „Palaeontographica".] gr. 4. (158 S. m. 17 Taf. u. 17 Bl. Erklärgn.) Stuttgart 889. Schweizerbart. n. 40. —

— Die Lagerungsverhältnisse bunter Breccie, s.: B r a n c a , W.

Die Meer-Crocodilier ⟨Thalattosuchia⟩ des oberen Jura unter spec. Berücks. von Dacosaurus u. Geosaurus. Von E[berhard] **Fraas**. *Stuttgart: E. Schweizerbart 1902.* (71 S.) 4°
— Palaeontographica. Bd 49, Lfg 1. [illegible]

— die **Meer-Crocodilier** (Thalattosuchia) des oberen Jura unter specieller Berücksicht. v. Dacosaurus u. Geosaurus. (71 S. m. 8. Taf. u. 8 Bl. Erklärgn.) 4. Stuttgart 902. E. Schweizerbart. n. 20. —
Sonderabdruck aus: „Palaeontographica".

— das vulcan. Ries bei Nördlingen, s.: Branco, W.

— Die Spongitarien des norddeutschen Kreide-Gebirges. (Mit 19 Stat. Abbild.) Cassel 1861 gr. 1

— Aus dem S u d e n , s. F r a a s , Oskar

Fraas, Eberhard. Scenerie der Alpen. Mit über 120 Abbildungen im Text und auf [8] eingehefteten Tafeln sowie einer Uebersicht-karte der Alpen. 8. Leipzig 1892.

— **Scenerie** der Alpen. Mit üb. 120 Abbildgn. im Text u. auf Taf., sowie 1 Uebersichtskarte der Alpen. gr. 8. (VI, VIII, 325 S.) Leipzig 892. Chr. Herm. Tauchnitz, früher T. O. Weigel Nachf. n. 10. – ; geb. n. 12. —

Die Schwäbischen Trias-Saurier nach d. Material d. Kgl. Naturalien-Sammlg in Stuttgart zsgest. M. Abb. d. schönsten Schaustucke. Von Prof. Dr. Eberhard **Fraas**, Conservator . . . zu Stuttgart. Festgabe des Kgl. Natur.-Cabinets in Stuttgart z. 42. Vers. d. Dtsch. geol. Gesellsch in Stuttgart, Aug. 1896. M. 6 Taf. u 10 Fig. *Stuttgart: E. Schweizerbart 1896.* (18 S., 6 Taf. m. je 1 Erl.-Bl.) 1 Bd 4.
— Mittheilungen aus d. Kgl. Naturalien-Cabinet zu Stuttgart. No 5.
(97 308

— die Triaszeit in Schwaben. Ein Blick in die Urgeschichte an der Hand v. R. Blezingers geolog. Pyramide. gr. 8. (40 S. m. Abbildgn.) Ravensburg (900). O. Maier. n. 1.20

— Urgeschichte Württembergs, s.: Schlitz, A.

— das **Wendelstein-Gebiet**. (Aus: „Geognost. Jahreshefte".) Lex.-8. (35 S. m. 1 farb. Karte.) Cassel 891. Th. Fischer. n. 4. —

— **neue Zeuglodonten aus dem unteren Mitteleocän vom Mokattam bei Cairo, s. a. Abhandlungen, geologische u. paläontologische. N. F. VI. 3.**

Neue Zeuglodonten aus dem unteren Mitteleocän vom Mokattam bei Cairo. Von Prof. Dr. E[berhard] **Fraas**. Mit 3 Taf. *Jena: G. Fischer 1904.* (24 S.) 4°
— Abhandlungen, Geologische u. palaeontol. N. F. Bd 6, H. 3. [illegible]

Fraas, Eduard, pr. Tierarzt: Aus d. pharmakol. Inst. d. Tierärztl. Hochsch. zu Stuttgart. ⟨Vorstand: Uebele.⟩ Ueber Purgen ⟨Phenolphtalein⟩ als Abführmittel und seine Verwendung in der Tierheilkunde. Stuttgart 1909: Enzig. 46 S. 8°
Gießen, Veterinär-Med. Diss. v. 2. Mai 1909, Ref. Geppert
[Geb. 15. Aug. 84 Hausen; Wohnort: Ergenzingen; Staatsangeh.: Württemberg; Vorbildung: Realgymn. Schwäb.-Gmünd Reife Juli 03; Studium: Stuttgart Tierärztl. Hochsch. 7 S.; Rig. 12. März 09.] [U 09. 1144

Fraas, Erwin *Leopold* [aus Posen '(Preussen)']: Ueber Elasticität von Gelatine-Lösungen ... M. 4 Fig. ... Leipzig, J. A. Barth, 1894; 23 S. 8.
Erlangen, Phil. Fak., Inaug.-Diss. v. 25. Juli 1894

Fraas, H., Abriß einer Ackerbau-Chemie für mittlere u. untere landwirthschaftliche Fortbildungsschulen, zugleich Leitfaden beim Unterricht. Augsburg 869. Schmid. 8. (127 S.) n. 8 ngr

Fraas, H., Abriß e. Ackerbau-Chemie f. mittlere u. untere landwirtschaftliche Fortbildungsschulen, zugleich Leitfaden beim Unterricht. 2. rev. Aufl. 8. (127 S.) Augsburg 874. Schmid's Verl. — 90

FRAAS, Josef (Regensburg): Ueber zwei Fälle von Chorioiditis ossificans.- München: Wolf 1884. 17 S. 24.10.1884 - Urk (Titel: De chorioiditide ossificante.); Chr 1884/85,20
Diss. Ingolst.-Landsh.-Mchn.

Fraas, Prof. Dr. Karl, Die Ackerbaukrisen und ihre Heilmittel. Ein Beitrag zur Wirthschaftspolitik des Ackerbauschutzes. gr. 8°. Leipzig, Brockhaus, 1866. (IX, 255 S.)

Carl Fraas, Bavaria rediviva! Ein Beitrag zur Lehre vom Völkeruntergang durch Bodenerschöpfung.
Auseinandersetzung mit J. v. Liebig.
München 1865.

Fraas, Karl Dr. „Beitrag zur Geschichte europäischer Kulturpflanzen". pg. 3—8. 4°. Wittwe Muller.
Freising, Progr. 1842/43

Dr. C. Fraas, Amtlicher Bericht über die XVI. Versammlung deutscher Land- und Forstwirthe zu Nürnberg im August und September 1853.
München 1854.
Die Nürnberger Wanderversammlung war die 2. in Bayern stattgefundene. Der Herausgeber Carl Fraas war Geschäftsführer dieser Versammlung.

Fraas, C., Buch der Natur für Landwirthe oder landwirthschaftliche Naturkunde. München 860. Literar.-artist. Anstalt. gr. 8. (X, 448 S. m. Holzschn. u. 1 Tab. in 4.) n. 1 ß 10 ngr

Fraas, C., Dorfgeschichten. Ein Lesebuch für landwirthschaftl. Fortbildungsschulen. gr. 8. (IV, 94 S. mit 1 Tab. in qu. 4) München 869, Ad. Ackermann. cart. *

— Dorfgeschichten. Ein Lesebuch für landwirthschaftliche Fortbildungsschulen. München 869. Fleischmann. gr. 8. (IV, 94 S. u. 1 Tab. in 4.) n. 10 ngr

— — Landwirthschaftliches Lesebuch zur Unterhaltung mit landwirthschaftlicher Belehrung für Jung u. Alt, insbes. für landwirthschaftl. Fortbildungsschulen. II. München 870. Gummi. gr. 8. (121 S.) n. 12 ngr

—— dass. — Landwirthschaftliches Lesebuch zur Unterhaltung mit landwirthschaftl. Belehrung für Jung und Alt, insbesondere für landwirthschaftl. Fortbildungsschulen. II. 1. Ausg. 1870. *M 1,20., und 2. Ausg. gr. 8. (121 S.) München 874, Beck. cart. *
Inhalt:
Der Receptenglrl. — Zur rechten Zeit. — Laub macht das Feld taub. — Der seltene Heuschreck. — Des Teufels Zwirn.

Fraas, C., die künstliche Fischerzeugung nach den Erfahrungen der künstlichen Fischzuchtanstalt des General-Comité des landwirthschaftlichen Vereins von Bayern an der k. Central-Thierarzneischule zu München. 854. (80 S. u. 2 lith. Taf.) — 2. Aufl. München 854. Literar.-artist. Anstalt. gr. 8. (84 S. u. 2 Kpfrtaf.) n. 16 ngr

C. Fraas, Fortschritte der künstlichen Fischerzeugung. München 1856.
(Ins Englische übersetzt 1857 durch Thomas Ashworth.)

— Geschichte der Landbau- u. Forstwissenschaft, s. Geschichte der Wissenschaften in Deutschland.

FRAAS, Carl: Geschichte der Landbau- und Forstwissenschaft. Seit dem sechzehnten Jahrhundert bis zur Gegenwart. - München 1865. XII, 668 S. - (Gesch. d. Wiss. i. Dtschl Neuere Zeit Bd. III)

Fraas, (C.), Geschichte der Landwirthschaft, oder: geschichtliche Uebersicht der Fortschritte landwirthschaftl. Erkenntnisse in den letzten 100 Jahren. Gekrönte Preisschrift. gr. 8. (IV und 612 S.) Prag 851—52, Calve'sche Brlgsh. *

Fraas, C., Geschichte der Landwirthschaft, od.: Geschichtliche Uebersicht der Fortschritte landwirthschaftl. Erkenntnisse in den letzten 100 Jahren. Gekrönte Preisschrift. 2 Hlftn. gr. 8. (IV u. 612 S.) Prag 852, Calve. (à n. 2 ß) n. 4 ß

Fraas. Geschichte der Landwirthschaft. Prag 1859

—— historisch-encyklopädischer Grundriß der Landwirthschaftslehre. Lex.-8. (IV und 208 S.) Stuttgart 848, Franckh'sche Brlgsh.
Aus: Encyklopädie, neue, der Wissenschaften und Künste rc., besonders abgedruckt.

—— Klima und Pflanzenwelt in der Zeit, ein Beitrag zur Geschichte beider. gr. 8. (XX und 137 S.) Landshut 847, Krüll'sche Universitäts-Buchh. —

—— Landwirthschaft, s. Encyklopädie, neue, der Wissenschaften und Künste rc.

— Die Landwirtschaft in Bayern, s. Wolfangen

Fraas: Landwirthschaftslehre. [Stuttg. 1847]. 208 S.
[Neue Encyclopädie d. Wissenschaften u. Künste. 1. Bd. 2].

Fraas, C., landwirthschaftliches Lesebuch zur Unterhaltg u. landwirthschaftl. Belehrg. f. Jung u. Alt, insbesondere f. landwirthschaftl. Fortbildungsschulen. [Zugleich 2. Bd. der Dorfgeschichten.] gr. 8. (121 S.) München 874. Beck. (?) n. 1. —

— die Natur der Landwirthschaft. Beitrag zu einer Theorie derselben. 2 Bde. Mit Holzschn. (im Text) u. (lith.) farbigen Bildern. München 857. Literar.-artist. Anstalt. gr. 8. n. 4 ß 4 ngr
1. Bd.: Grundzüge des landwirthschaftlichen Pflanzenbaues nach den Ergebnissen der Naturforschung wissenschaftlich geordnet. (1 Bl., X, 435 S. u. 6 Taf.) n. 2 ß 8 ngr
2. Bd.: Grundzüge der landwirthschaftlichen Thierproduktion nach den Ergebnissen der Naturforschung wissenschaftl. geordnet. (VIII, 387 S.) n. 1 ß 26 ngr

— Bayern's Rinderracen, Schläge und Stämme. Der XVI. Versammlung deutscher Land- und Forstwirthe zu Nürnberg als Fest-Album gewidmet. In Abbildungen von B. Adam u. mit Text. München 853. (Palm.) gr. 4. (1 Bl., 24 S. m. Holzschn. im Text u. 10 lith. Taf. in Farbendr.) n. 1 ß 26 ngr

— die Rindviehracen Deutschlands, deren Schläge u. Stämme übersichtlich u. als Anh. zur „Schule d. Landbaues" zusammengestellt. Mit 6 color. Abbildgn. gr. 8. (30 S.) München 852, Literar.-artist. Anstalt. n. 16 ngr

Carl Fraas, Die Schranne. München 1862.
Das erste Blatt der 1. Marktberichterstattung für den b. Bauern, erlosch nach wenigen Jahrgängen.

— die Schule des Landbaues oder leichtfaßl. Unterricht in der Landwirthschaft f. Ackerbauschulen, Dorfschulen u. zum Selbstunterrichte auf besond. Anregung u. m. Unterstützung d. landwirthschaftl. Vereins in Bayern hrsg. Mit vielen (86 eingedr.) Holzschn. u. 17 color. Abbildgn. von Getreidepflanzen (auf 8 Holzschntaf.) gr. 8. (XII u. 407 S.) München 851, Literar.-artist. Anstalt. — 2. Aufl. gr. 8. (XII u. 430 S. m. z. Theil col. Holzschn.) Ebd. 852. n. 1 ß 18 ngr

— die Schule d. Landbaues od. leichtfaßl. Unterricht in der Landwirthschaft f. Ackerbauschulen, Dorfschulen, landwirthschaftl. Fortbildungsschulen u. zum Selbstunterrichte. 5. Aufl. Mit vielen (eingedr.) Holzschn. u. 17 color. Abbildgn. (auf 8 Steintaf.) v. Graspflanzen. gr. 8. (XII, 453 S.) Stuttgart 871. Cotta. n. 4. 80

Carl Fraas, Der Segen der Arbeit oder Geschichte des Bauern Georg Frühauf, der seinen Namen verdient. Munchen 1861
Ausführlich besprochen in Nr. 1005, 1861/VI.

FRAAS, Karl (Mersbach): De smilaceis Brasiliensibus. (Titel nach der Urkunde) 1.8.1834 - Urk: F 61
Diss. Ingolst.-Landsh.-Mchn.

Fraas, C., Synopsis plantarum florae classicae, oder: Uebersichtl. Darstellung der in den class. Schriften d. Griechen u. Römer vorkommenden Pflanzen, nach autoptischer Untersuchung im Florengebiete entworfen u. nach Synonymen geordnet. gr. 8. München 845, Fleischmann. 1 1/3 ß

FRAAS, Carl: Synopsis plantarum Florae Classicae. Übersichtliche Darstellung der in den Schriften von Griechen und Römern vorkommenden Pflanzen. - Berlin 1870. 359 S.

Fraas: Veterinärwesen, Das, Bayerns, s. Adam, Th.

— Der Wert der Waldstreu für den Wald, s. Krohn, Fr.

— Wie wird Waldstreu entbehrlich? 5. Aufl. München 857. Palm. gr. 8. (21 S. m. Holzschn. im Text.) n. 2 1/2 ngr

— das Wurzelleben der Kulturpflanzen u. die Ertragssteigerung. Nebst 1 (lith.) Tab. (in Fol.), die Bewurzelungssysteme der Kulturpflanze, insbesond. für landwirthschaftliche Lehranstalten u. Fortbildungsschulen. Leipzig 870. Kormann. gr. 8. (VII, 55 S.) n. 25 ngr.

— das Wurzelleben der Kulturpflanzen u. die Ertragssteigerung. 2. Ausg. gr. 8. (V, 55 S. m. 1 Steintaf. in Imp.-Fol.) Berlin 872. Wiegandt, Hempel & Parey n. 2. —

Fraas, Oskar

Fraas, O. Die Albwasser-Versorgung des Kongreich Württemberg Stuttgart 1872 4

Fraas, Osc., **Aötosaurus ferratus Fr.**, s. a. Festschrift zur Feier des 400jährigen Jubiläums der Eberhard-Karls-Universität zu Tübingen.

Fraas (O.) Aëtosaurus ferratus Fr. Die gepanzerte Vogel-Echse aus dem Stubensandstein bei Stuttgart. (Festschrift zur Feier des 400jährigen Bestehens der Eberhard Karls-Universität zu Tübingen, 1877. — Zugleich Sep.-Abdr. Württemb. Naturw. Jahresh. 1877, H. 3.) Stuttgart 1877. Fol. Mit 3 Tafeln.

Fraas, O. Beiträge zu der Palaeotherium-Formation 1850?

— geognostische **Beschreibung** v. Württemberg, Baden u. Hohenzollern. Mit Bezugnahme auf die geognostische Wandkarte von Württemberg, Baden u. Hohenzollern im Maasstab 1 : 280,000. gr. 8. (XXXIV, 217 S.) Stuttgart 882. Schweizerbart. n. 5. —

Fraas, O. Diplobum bavaricum 4

Fraas, Osc., **Württembergs Eisenbahnen** mit Land u. Leuten an der Bahn. gr. 8. (XXII, 208 S.) Stuttgart 880. Schweizerbart. n. 4. 40; geb. n. 5. —

Fraas O, zur Erinnerung an Karl Deffner. Stuttgart 1878

Fraas, Osc., die **Fauna v. Steinheim**. Mit Rücksicht auf die miocenen Säugethier- u. Vogelreste d. Steinheimer Beckens. Mit 11 (lith.) Taf. gr. 4. (54 S. u. 11 Bl. Taf.-Erklärgn.) Stuttgart 870. Schweizerbart. n. 8. —

—— s. Hohentwiel, Beschreibung und Geschichte.

— die alten **Höhlenbewohner**, s. a. Sammlung gemeinverständl. wissenschaftl. Vorträge.

Fraas O. die alten Höhlenbewohner (S wiss Vortr. 168) Berlin 1872

Fraas, [Oscar]. Geognostische Horizonte im weissen Jura [A] 8 ([Stuttgart] 1858)

– (Hrsg.), s. Jahreshefte des Vereins für vaterlandische Naturkunde in Württemberg.

Fraas, O. Juraschichten am Hermon 1877

Fraas, Osk., das **todte Meer**. Ein Vortrag im Königsbau, gehalten am 6. April 1867. Stuttgart 867. J. F. Steinkopf. gr. 8. (22 S.) 6 ngr.

Fraas, Osc., die nutzbaren Minerale Württembergs. Stuttgart 860. Ebner & Seubert. gr. 8. (VIII, 208 S. m. Holzschn.) n. 21 ngr.

—— drei **Monate** am Libanon. 1. und 2. Aufl. gr. 8. (IV, 108 S.) Stuttgart 876, Levy und Müller. *

– Naturgeschichte für Schule und Haus, s. Rebau, H.

— aus dem **Orient**. Geologische Beobachtungen am Nil, auf der Sinai-Halbinsel u. in Syrien. Stuttgart 867. Ebner & Seubert. gr. 8. (VIII, 222 S. m. Holzschn. u. 4 lith. Taff.) n. 1 ℛ 14 ngr.

— aus dem **Orient**. 2. Thl. Geologische Beobachtungen am Libanon. Mit 6 (lith.) Taf. u. 9 (in den Text gedr.) Holzschn. gr. 8. (VI, 136 S.) Stuttgart 878. Schweizerbart. (à) n. 4. 40

Fraas, O. Über bessäuterme Pentacrinites 1850?

Fraas, Osc., die geognostische **Profilirung** der württembergischen Eisenbahnen. Hrsg. v. dem königl. statistisch-topograph. Bureau. I. Lex.-8. Stuttgart 883. (Auc.) n.n. 2. 50

Einleitung. I. Die Hauptbahn von Stuttgart nach Ulm. II. Die Schwarzwaldbahn von Zuffenhausen nach Calw. Mit 2 Profilen in Farbendr. (16 S.)

Fraas, Osc., die geognostische Profilirung der württembergischen Eisenbahnlinien. Hrsg. vom königl. statist. Landesamt. 2.—4. Lfg. Lex.-8. Stuttgart, (Kohlhammer.) **

Inhalt:

Lfg. 2. III. Die obere Neckarbahn von Plochingen nach Villingen. IV. Die obere Donaubahn von Rottweil nach Immendingen. (18 S. mit 2 Profilen in Farbendr.) 884. **ℳ 2.50.

» 3. V. Die Remsbahn von Stuttgart nach Nördlingen. VI. Die Kocherbahn von Heilbronn zur Landesgrenze. (16 S. mit 2 Profilen in Farbendr.) 885. **ℳ 2.50.

» 4. VII. Die Gäu- und Kinzigbahn von Stuttgart nach Schiltach. (12 S. mit 1 Profil in Farbendr.) 888. **ℳ 1.50.

1. Lfg. Stuttgart 1883, (Auc.) **ℳ 2.50.

Fraas, O., die geognostische **Profilirung** der württembergischen Eisenbahnlinien. Hrsg. vom königl. statist. Landesamt. 2.—4. Lfg. Lex.-8. Stuttgart. (München, Liter.-artist. Anstalt Theod. Riedel.) n.n. 6. 50 (1—4.: n.n. 9. —)

2. III. Die obere Neckarbahn v. Plochingen nach Villingen. IV. Die obere Donaubahn von Rottweil nach Immendingen. (18 S. m. 2 Profilen in Farbendr.) 884. n.n. 2. 50

3. V. Die Remsbahn von Stuttgart nach Nördlingen. VI. Die Kocherbahn von Heilbronn zur Landesgrenze. (16 S. m. 2 Profilen in Farbendr.) 885. n.n. 2. 50

4. VII. Die Gäu- u. Kinzigbahn v. Stuttgart nach Schiltach. (12 S. m. 1 Profil in Farbendr.) 888. n.n. 1. 50

— dasselbe, s. a. **Verwaltungs-Bericht** der k. württ. Verkehrsanstalten.

—— die geognostische **Sammlung** Württembergs im Erdgeschoss des königl. Naturalien-Cabinets zu Stuttgart. Ein Führer für die Besucher derselben und zugleich ein Führer durch die geognost. Schichten des Landes. 2. Aufl. 8. (IV, 62 S.) Ebendas. 877. **

Die 1. Aufl. war nicht im Handel.

— die geognostische **Sammlung** Württembergs im Erdgeschoss d. Königl. Naturalien-Kabinets zu Stuttgart. Ein Führer f. die Besucher derselben u. zugleich e. Führer durch die geognost. Schichten d. Landes. 3. Aufl. gr. 8. (IV, 47 S.) Stuttgart 887. Schweizerbart. n.n. — 50

— die **Nördlinger Schlacht** am 27. Aug. 1634. Mit 1 topograph. (lith.) Karte d. Schlachtfeldes (in 4.). Nördlingen 869. Beck. gr. 8. (IV, 45 S.) n. 14 ngr.

Fraas, Osc. Squatina acanthoderma. Der Meerengel von Mosplingen (Aus der Zeitsch. d. deutsch. geol. Gesellsch.) Berlin. 1854 8.

— u. Eberh. **Fraas**, aus dem Süden. Reisebriefe aus Südfrankreich u. Spanien. gr. 8. (VII, 76 S.) Stuttgart 886. Schweizerbart. n. 2. —

—— vor der **Sündfluth**. Eine Geschichte der Urwelt. 11 Lfgn. Lex.-8. (XIV und 512 S. mit vielen Abbild. ausgestorbener Thiergeschlechter und urweltl. Landschaftsbilder, eingedr. Holzschn. und 8 Holzschntaf. in Buntdr. und 1 lithogr. und ill. Karte in gr. 4.) Stuttgart 865,66, Hoffmann'sche Verlagsh. à Lfg. 10 Ngr.

Fraas, Oscar. Vor der Sundfluth! Eine Geschichte der Urwelt. Mit vielen Abbildungen [wovon 25 Tafeln] ausgestorbener Thiergeschlechter und urweltlicher Landschaftsbilder [sowie 2 Karten]. 8 Stuttgart 1866.

—— Vor der **Sündfluth!** Eine populäre Geschichte der Urwelt. Mit vielen Abbild. ausgestorbener Thiergeschlechter und urweltl. Landschaftsbilder. 3. unveränd. (Titel-)Aufl. 20 Lfgn. gr. 8. (XIV, 512 S. mit eingedr. Holzschn., 22 Holzschntaf. in Tondr. und 1 chromolithogr. Karte in qu. 4.) Stuttgart (866)69,70, Hoffmann'sche Verlagsh. à Lfg. 40 Pf.

— vor der Sündfluth. Eine Geschichte der Urwelt. Mit vielen Abbildgn. ausgestorbener Thiergeschlechter u. urweltlicher Landschaftsbilder. 866. 3 ℳ 20 ngr. — Neue unveränd. (Titel-) Aufl. Stuttgart 870. Hoffmann. gr. 8. (XIV, 512 S. m. Holzschn. im Text, 8 Holzschntaff. in Farbendr. u. 1 lith. Karte in 4.) 2 ℳ 20 ngr.

— unser schwäbischer Untergrund u. das Stuttgarter Bohrloch, s. a. Jugend- u. Volks-Bibliothek, illustrirte.

Fraas O, unser schwäbischer Untergrund und das Stuttgarter Bohrloch. (Neue illustrierte Jugend- und Volksbibliothek I, 5) Stuttgart 1875

Fraas, O Versuch einer Vergleichung des deutschen Juras mit dem französischen und englischen 1850

Fraas, Osc Versuch einer Vergleichung des schwäbischen Jura mit dem französischen und englischen (Aus den württemberg naturwissensch Jahresheften) Stuttgart 1850 8

Fraas O, Vorschlag z. Zweck d. Erbohrung v. Trinkwasser f. d. Stadt Stuttgart. Stuttgart 1864

Geognostische Wandkarte von Württemberg Baden und Hohenzollern, von O. Fraas Stuttgart, 1894.

— Wandtafeln zur Geologie u. Prähistorie. 4 (lith. u. color.) Taf., enth. die vier Weltenalter in geolog. Profilen u. Landschaften mit einer prähistor. Tafel, die Steinzeit darstellend. Nebst Hilfstabellen zum Studium der Geognosie. 2. Aufl. Imp.-Fol. Nebst Text. gr. 8. (IV, 55 S.) Stuttgart 880. Ulmer. In Mappe. n. 7. 50

Fraas O, geolog Wandtafeln. (4 Bl) auf Pappe mit Textheft. Ravensburg 1871

— geologische Wandtafeln f. den Anschauungs-Unterricht. Die 4 Weltenalter in geolog. Profilen u. Landschaften nebst Hilfstabellen zum Studium der Geognosie. Chromolith. Imp.-Fol. (4 Bl.) Stuttgart 872. Ulmer. n. 5. 60; auf Leinw. n. 10. —

— dasselbe. Text. gr. 8. (45 S.) Ebend. 871. n. — 40

— Wandtafeln zur Prähistorie, die Steinzeit darstellend. Lith. Imp.-Fol. Mit erklär. Texte. gr. 8. (9 S.) Ebend. 880. In Mappe. n. 1. 50

—— Wandtafeln zur Prähistorie, die Steinzeit darstellend. Lithogr. Imp.-Fol. Mit erklär. Texte. gr. 8. (9 S.) Ebendas. 881. In Mappe *

FRAASS, BERNHARD. Ueber Elektrolyse einiger substituirter organischer Sauren. (Bern) München, 1892.

Fraass, K., die vom 1. X. 1900 ab gültigen Bestimmungen üb. die Besteuerung des Branntweins m. Beschränkung auf die abgefundenen Materialbrennereien, nebst Anh., enth. 1. die Vorschriften üb. die steuerfreie Ausfuhr v. Branntwein u. Branntweinfabrikaten; 2. die Bestimmgn. üb. den Verkehr m. Branntwein zwischen Elsass-Lothringen u. den anderen Staaten des deutschen Zollgebiets. Bearb. f. Elsass-Lothringen. 2. Aufl. m. Ergänzungsheft. (X, 210 S.) 8. Metz 903. (G. Scriba.) n. 2. 50

Fraass, Otto, s.: Mitteilungen, litterar., f. Juristen u. Verwaltungsbeamte.

Fraass, Otto [Dr.]: Die Verletzung der Ehre und § 193 des Reichsstrafgesetzbuches ... *München, Druck v. J. Marchner, 1894;* 1 Bl., 77 S. 8.
Erlangen, Jur. Fak., Inaug.-Diss. v. 1894

Fraatz, Friedrich Wilhelm

Fraatz, Fr. Wlh., s. Geschichte d. Kirche v. Utrecht.

Fraatz, Friedrich Wilhelm. Leidensgeschichten der Märtyrer.. Klgft., Leon, 1805. 2 Tle.

Fraatz, Fr. Wlh., Leidensgeschichte d. Märtyrer aus den ersten Jahrhunderten, nach d. Latein. d. D. Ruinart. 2 Thle. gr. 8. Klagenfurt 805. (Salzb., Mayr). 1 ℳ 20 gr.

Fraatz, Fr Wlh, der Seelsorger in verschiedenen Verhältnissen, bei Kranken u. Sterbenden. 8. Grätz 804. Kienreich. 1/4 ℳ

— Unterhaltungen mit Gott. Ein Gebet- u. Erbauungsbuch für alle im Geiste u. in der Wahrheit betende Christen. 8. Augsb. 798. Wagner. 8 gr.

— über d. Verhalten d. Seelsorgers am Kranken- u. Sterbebette. Nebst beygefügten Andachtsübungen für Kranke. Augsb. 799. Wagner. 8 gr. N. Ausg. u. d. T.: der Seelsorger am Kranken- u. Sterbebette etc. 8. Grätz 804.

Fraatz, Otto, De linguae Syriacae recentissimae indole et structura cum antiquiore comparatis Gottingae 1863.

Fraatz, Paul, cand. phil. a. Hamburg: **Darstellung der syntaktischen Erscheinungen in den angelsächsischen Waldere-Bruchstücken.** Rostock 1908: C. Boldt. (70 S.) 8°
Rostock, Phil. Fak., Ref. Lindner, Diss. v. 25. Mai 1908
[Geb. 10. Juni 82 Hamburg; Wohnort: Rostock; Staatsangeh.: Hamburg; Vorbildung: Realgymn. Hamburg Reife M. 00; Studium: Kiel 6, Rostock 5 S.; Rig. 19. Mai 08.]

Fraatz, P., Darstellung der syntaktischen Erscheingn. in den angelsächs. Waldere-Bruchstücken. (70 S.) 8. Rostock 908. G. B. Leopold. 1. —

Fraatz, Wilh. Chr. Fr., Festpredigt. Am 6. Aug. 1864 zur Feier der Vollendung des Ernst-August-Stollens gehalten in der Kirche zu Clausthal. Clausthal, Grosse. gr. 8. (15 S.) n. 2 ngr.

Fraatz, Wlh. Christ. Fr., Die Offenbarung menschl. Schwäche u. Niedrigkeit neben göttlicher Kraft u. Hoheit in der Leidensgeschichte Jesu Christi. Passionspredigten. gr. 8. Göttingen 838. Vandenhöck u. Ruprecht. 1/3 ℳ

— s. Chr. Fr. Ruperti, Predigten. — Dess. Die kirchl. Vorlesungen.

Fraaz, Friedrich Wilhelm, s. Fraatz

Fraas, Wilhelm [app. Arzt aus Augsburg]: Ueber ophthalmologische Symptome bei Schädelbasisfrakturen ... München, Buchdr. v. M. Ernst, 1892; 17 S. 8.
München, Med. Fak., Inaug.-Diss. v. 1892

Fraeb, Emil, approb. Arzt aus Hanau: **Beitrag zur Frage der traumatischen Psychose.** *Leipzig 1903: B. Georgi.* (37 S.) 8°
Leipzig, Med. Diss. v. (6. Febr.) 1903

Fraeb, Walter, Referendar am Königlichen Landgericht zu Hanau a. M.: Beitrag zur Lehre von dem Parteibegriff und der Parteivertretung im modernen Strafverfahren. Hanau a. M. 1905: G. Heydt Nachf. (61 S.) 8°
Marburg, Jur. Fak., Ref. Traeger, Diss. v. 11. Juli 1905
[Geb. 8. Aug. 79 Hamburg; Wohnort: Hanau; Staatsangeh.: Preußen; Vorbildung: Gymn. Hanau Reife O. 99; Studium: Marburg 1, Berlin 1, München 1, Berlin 1, Marburg 2 S.; Rig. 25. Juli 02.]

Fraeb, Walt., Beitrag zur Lehre v. dem Parteibegriff u. der Parteivertretung im modernen Strafverfahren. Diss. (III, 64 S.) 8. Hanau 905. (Clauss & Feddersen.) n.n. 1. —

Fracassini, Antonio: De febribus.

s.: Fracassini, A.: Opuscula pathologica. Lipsiae: 1758

JB 1.805

Fracassini, Antonio: De malo hypochondriaco.

s.: Fracassini, A.: Opuscula pathologica. Lipsiae: 1758

JB 1.805

Fracassini, Ant., opuscula pathol. de febribus et de malo hypochondriaco. 4. Greifsw. Mylius. 767.

Fracassini, Ant., opuscula patholog. de febribus et de malo hypochondriaco. 4. Greifsw. 758. (Brockhaus in Leipz.). 16 gr Mylius in Berl. 20 gr

Antonio Fracassini

Antonii Fracassini [Fracassini]Opuscula pathologica alterum de febribus (Tractatus de febribus) alterum de malo hypochondriaco (Naturae morbi hypochondriaci eiusque curationis mechanica Investigatio). Recusa eum ind. Lipsiae: Weitbrecht 1758. 424 S. 8°

Fracassini, Antonio: Tractatus de febribus.

s.: Fracassini, A.: Opuscula pathologica. Lipsiae: 1758

JB 1.805

Fracastoro, Girolamo

Fracastoro, Hieron., drei Bücher v. den Kontagien, den kontagiösen Krankheiten u. deren Behandlg., s.a. Klassiker der Medizin.

Hieronymus **Fracastoro.** Drei Bücher von den Kontagien, den kontagiösen Krankheiten und deren Behandlung (De contagionibus et contagiosis morbis et eorum curatione libri 3) ⟨1546⟩. Übers. u. eingeleitet von Prof. Dr. Viktor Fossel. Leipzig: J. A. Barth 1910. 128 S. 8°
(Klassiker d. Medizin. Bd 5) [10. 17634

Fracastor's, Girolamo, Gedicht v. der Syphilis od. v. der Franzosenseuche. Im Versmass des latein. Urtextes übers. v. Heinr. Oppenheimer. gr. 8. (III, 43 S.) Berlin 902. A. Hirschwald. n. 1.—

Fracastorii, Hier., Syphilis sive morbus gallicus. Carmen ad opt. edit. fidem edid. notis et prolegomenis ad historiam morbi gallici facientibus instruxit Lud. Choulant. 16 maj. (5 B.) Lipsiae 830, Voss.

Fracastoro's, Girolamo, Syphilis oder gallische Krankheit. Mit deutscher Uebersetzung von Thdr. Lenz. A. u. d. T.: Hieronymi Fracastorii Syphilis sive morbus gallicus. Carmen, denuo ed. et in versus germanicos vertit Thdr. Lenz. gr. 8. (VIII, 62 S.) Leipzig 881. O. Wigand. — 75

Fracastoro's, Girolamo, sämmtliche poetische Werke. Aus dem Lateinischen zum ersten Male im Versmaße des Originals, ins Deutsche übertragen von Alphons Channeville u. A. Mit biographischer Einleitung u. dem Bildnisse des Dichters (in Stahlst.). Hamburg 858. (Altona, Verlagsbüreau.) 8. (216 S. u. 1 Lithogr.) n. 1 ₰

Frachet, E.: Ill. Preislisten über Mergel-Hebe-Apparate usw. Königsberg i. Pr. (1897?). Fol.

Frachnii, C. M., Numophylacium orientale Pototianum etc. gr. 8. Casani. (Rigae, Hartmann.) 815.

Fracht, bunte. qu. 4. (10 S. m. z. Tl. farb. Bild.) Fürth 895. (Leipzig, W. Opetz.) — 50

Frachtenverkehr, der deutsche, s. a. Storm's Kursbuch.

Frachtenverkehr, der deutsche. Frachten-Ergänzg. zu Storms Kursbuch fürs Reich. (8. verm. u. verb. Aufl.) (192 S.) kl. 8. Leipzig 904. C. G. Röder. n. 2.—

Frachtgeschäft, das, d. Eisenbahnen, kritisch beleuchtet. 1. u. 3. A. 4° Dresden 1860

Frachtgeschäft, das, der Eisenbahnen, kritisch beleuchtet aus Anlaß der bevorstehenden dritten u. letzten Lesung des Entwurfs eines allgemeinen deutschen Handelsgesetzbuchs, Titel V, Buch III. lautend: „Vom Frachtgeschäft;" eine Gegenschrift des Handelsstandes zu Dresden u. des Fabrik- u. Handelsstandes zu Chemnitz gegen die Denkschrift der Eisenbahnverwaltungen vom 12. Decbr. 1859 ꝛc. 3., vervollständ. Aufl. Dresden 860. Meinhold & Söhne. gr. 4. (83 S.) 7½ ngr.

Frachtgeschäft, das, der Eisenbahnen. Die Uebelstände des Verkehr-Betriebes der Eisenbahnen kritisch beleuchtet von einem Fachmanne. 1. Thl. gr. 8. (14 S.) Wien 861, (Seidel's Buchh.) *

Fracht-Tarif für den directen Güterverkehr Berlin's, der Ostbahn und der Berlin-Stettiner Eisenbahn mit sämmtlichen Stationen Deutschlands, Oesterreichs und den grössern Stationen Polen's, Frankreich's Belgien's und der Niederlande. In alphabet. Ordnung nach amtl. Quellen zusammengestellt von Louis Glokke. 1859. 1. Jahrg. gr. 16. (... S.) Berlin, Huber's Verlag.

— dass. — 1861. 3. Jahrg. gr. 16. (55 S.) Berlin, Adolf und Comp. *

Frachttarife für den Transport von Steinkohlen u. Kokes nach den Rheinhäfen Hochfeld, Duisburg u. Ruhrort. [Rheinische, Bergisch-Märkische u. Köln-Mindener Bahn.] 8. (15 S.) Duisburg 879. Mendelssohn. — 50

Frack, des Commis Voyageur letzter, oder Plusike's Leiden im Gasthof zur rothen Laterne. Cöln 859. (Berlin,) Nelte, Völtje & Co. 8. (16 S.) n. 2⅓ ngr.

Frack und Crinoline. Lustspiel in zwei Aufz. Gmünd 1859. V: *Breitschwert, Otto v.* (Ky)

Frack und Crinoline. Lustspiel in 2 Aufzügen. (Von A. v. Breitschwert.) Gmünd 859. (Stuttgart, Sonnewald.) gr. 8. (15 S.) 4 ngr.

Frackrock, Gust., (Psdn.) das Tagebuch eines alten Junggesellen, s. Mann, der junge feine.

Fraction

— s. a.: Fraktion.

Fraction, die, der Antisemiten im Reichstage. Von W. Kr(etzer). gr. 8. (63 S.) Berlin 890. Höppner. n. — 60

Fraction, die, des Centrums. (Katholische Fraction.) In 12 Briefen. Gewidmet den kathol. Wählern in Preußen. gr. 8. (44 S.) Mainz 861, Kirchheim.

Die Fractionen im Hause der Abgeordneten 11 Leg Per, Sess 2 1871/72 ff. (Nicht offiziell) Berlin (1871) ff 8°
11 Leg Per Sess 2, 1871/72
Sess 3 1872/73
12 Leg Per Sess 1, 1873-1874 1874
14 Leg-Per Sess 1 1879-80 1879
Sess 2 1880-81
Sess 3 1882
15 Leg-Per Sess 2, [illegible] Abgeschl am 22 Nov [illegible]
Sess 3, [illegible] Abgeschl am 31 Jan [illegible]

Fraczkiewicz, A.

— Kwestya etruska w swietle najnowszych badan. S. A. 1900. 21 S.

Fraczkiewicz, A., De sex primis numeralibus Etruscis. S. A. O. J. 8 S. m. 1 Taf.

Frad v. Fradeneck, Const. Alb. Ant., über Thierquälerei in sittlich-religiöser, rechtlicher u. legislativer Beziehung. gr. 8. Klagenfurt 845, Sigmund. n. ¼ ₰

Frad v. Fradeneck, Constantin Albert. Ueber Thierquälerei. Klgft., Sigmund (Liegel; typ. Strauß & Sommer in Wien), 1845. 56 S.

Frad von Fradeneck, Constantin Albert. Ueber das Vorkommen von Kuhpocken an Kuhen. Klgft., v. Kleinmayr, 1841. 56 S.

Fradelle, U., die einsame Pyramide, s.: Hoall, J. H.

Frademann, Friedrich, a. Bremervörde: Die Entwicklung der latein. Lautverbindung qu (— k + u) im Französischen. Kiel 1904: H. H. Peters. (88 S.) 8°
Kiel, Phil. Fak., Ref. Körting, Diss. v. 3. Dez. 1904
[Geb. 15. März 81 Bremervörde, Prov. Hannover; Wohnort: Bremervörde; Staatsangeh.: Preußen; Vorbildung: Gymn. Bremerhaven Reife O. 00; Studium: Marburg 3, Berlin 1, Kiel 5 S.; Rig. 9. Juli 04.]

Fraedrich, Daniel

Grabrede für Dr Paul von Gizycki, Stadtschulinsp in Berlin, geh 1908 durch Superint [Daniel] **Fraedrich** Mit e. kurzen Lebenslauf d Verstorbenen [von Theo Wagner] Berlin Gerdes & Hodel [1908] 15 S 8° Im 8926

Frädrich, D, u. **P. Zauleck**, Leitfaden f. den Katechumenen- u. Konfirmanden-Unterricht. 8. (IV, 128 S.) Bremen 885. Heinsius. n. — 80

Frädrich, D., u. **P. Zauleck**, Leitfaden f. d. Katechumenen- u. Konfirmanden-Unterricht. 3. Aufl. gr. 8. (IV, 163 S.) Bremen 896. Leipzig, M. Heinsius Nachf. n. 1.—; kart. n. 1.20

— u. **P. Zauleck**, Leitfaden f. den Katechumenen- u. Konfirmanden-Unterricht. 4. Aufl. (IV, 200 S.) 8. Leipzig 908. M. Heinsius Nachf. Kart. 1.50

Fraedrich, Friedrich: Untersuchungen über Schillers „Wallenstein". Berlin, R. Gaertner, 1895; 20 S. 4.
Berlin, Leibniz-G, OP 1895 (61)

Fraedrich, Gustav

Fraedrich, G., Ferdinand Christian Baur, der Begründer der Tübinger Schule, als Theologe, Schriftsteller u. Charakter. Preisgekrönt v. der Karl-Schwarz-Stiftg. (XIX, 383 S.) gr. 8. Gotha 909. F. A. Perthes. 8. —

Fraefel, A(nton). Im Schatten des Kreuzes. Gedenkblatt zu meinem silbernen Pfarrjubiläum in Schennis am Feste des hl. Sebastian 1910. [Illustriert.] II + 120 S. 8. Uznach, K. Oberholzer, [1910]. [fr. 1.50]

Fraefel, A., Sionsklänge. Freie, dichter. Ueberarbeitg. der hl. Psalmen. (XIV, 804 S.) gr. 8. Schennis (903.) (Feldkirch, F. Unterberger.)
Geb. in Halbleinw. m. Goldschn. n. 3.75

Fraefel, A[nton]. Sionsklänge. Freie, dichterische Ueberarbeitung der hl. Psalmen. Mit bischöflicher Druckbewilligung. [Mit Titelbild.] XVI + 304 S. 8. (Uznach, K. Oberholzers Buchdr.) — *Aufdruck:* Feldkirch ⟨Vorarlberg⟩-Buchs ⟨St. Gallen⟩-Lindau ⟨Baiern⟩, F. Unterberger, 1904 —. [geb. M. 3.75]

Fräfel, J. Jac.

Fräfel, J. J., experimentelle u. klinische Untersuchungen üb. den Einfluss der Antipyretica auf die Zahl der rothen Blutkörperchen. Aus dem Institut f. experimentelle Pharmakologie in Bern. Inaug.-Diss. gr. 8. (42 S.) Bern 889. (Huber & Co.) n. — 80

Fräfel, J. Jac. Experimentelle u. klinische Untersuchungen üb. den Einfluss der Antipyretica auf die Zahl der rothen Blutkörperchen. Aus dem Institut f. experimentelle Pharmakologie in Bern. Diss. gr. 8. (42 S.) Bern 889, (Körber). * — 80

Frag u. Antwort, e., von zweien Brüdern, was f. e. seltsames Tier zu Nurnberg gewesen im Reichstag nächst vergangen, geschickt v. Rom zu beschauen das deutsch Land, hrsg. v. Otto Clemen, s.: Flugschriften aus den ersten Jahren der Reformation. I. 5.

FRAG: Ob der Mönchstand Gott gefällig, und der Welt nutzlich sey, mit einem sichern Ja beantwortet, wider lieblose Mönchenfeinde. O. O. 1771. 8⁰.
Seiner Zeit in Oesterreich verboten.

Frag: Ob Herr Joseph Anton v. Bandel von jemand mit Recht verachtet ward? Mit einem sichern Nein beantwortet. Augsburg 1765. V: *Doberschitz, Laurenz.* (KY 2/59) (Guppenberger S. 31) (BIBLPORT)

Frag und Antwort (Theologische), ob die Tracht der sogenannten Reifröck erlaubt, und christlichen Weibspersonen wohl anständig sey. Augsburg 1739. 8⁰.
Citirt Jul. Krone. — Sehr rar!

Frägard, De vita et dispositione carminum Homeri. Griphisw. 797. 4.

Frag- und Kundschafts-**Blath**. – Wöchentliches Frag- und Kundschaffts-Blath. –
Mannheim. – 2.IX.1741–3.V.1790.
Fortges. u.d.T. : Mannheimer Intelligenzblatt.

Frag(-Blatlein): Frag- und Anzeigungs-Blätlein von Basel
v Avis-Blattlein Dienstags

Frag- und Anzeigungs**blatt** . – Darmstädter Frag- und Anzeigungsblatt. –
4.IV.1785–16.X.1803.
Vorh. u. d. T.: Darmstädtisches Frag- und Anzeigungs-Blättgen.
Fortges. u. d. T.: Darmstädtisches Frag- und Anzeige-Blatt.

Frag- und Anzeige-**Blatt**. – Darmstädtisches Frag- und Anzeige-Blatt. –
17.X.1803–3.VI.1810.
Vorh. u. d. T.: Darmstädter Frag- und Anzeigungsblatt.
Fortges. u. d. T.: Darmstädtisches allergnädigst privilegirtes Frag- und Anzeige-Blatt.

Frag- und Anzeige- **Blatt**. – Darmstädtisches allergnädigst privilegirtes Frag- und Anzeige-Blatt. –
4.VI.1810–5.I.1817.
Vorh. u. d. T. : Darmstädtisches Frag- und Anzeige-Blatt.
Fortges. u. d. T.: Allergnädigst privilegirtes Darmstädtisches Frag- und Anzeige-Blatt.

Frag- und Anzeige**blatt**. – Allergnädigst privilegirtes Darmstädter Frag- und Anzeigeblatt. –
26.IX.1835–31.XII.1873.
Vorh. u. d. T.: Allergnädigst privilegirtes Darmstädtisches Frag- und Anzeige-Blatt.
Fortges. u. d. T.: Darmstädter Tagblatt.

Frag- und Anzeige-**Blatt**. – Allergnädigst privilegirtes Darmstädtisches Frag- und Anzeige-Blatt. –
6.I.1817–25.IX.1835.
Vorh. u. d. T.: Darmstädtisches allergnädigst privilegirtes Frag- und Anzeige-Blatt.
Fortges. u.d. T.: Allergnädigst privilegirtes Darmstädter Frag- und Anzeigeblatt.

Frag- und Anzeige-**Blatt**. – Privilegirtes Offenbacher Frag- und Anzeige-Blatt. –
1799 ? – 3. VII. 1834.
Vorh. u.d.T.: Privilegirtes Real-, Frag- und Anzeige-Blat.
Fortges. u.d.T.: Wochenblatt.

Frag- und Kundschafts-**Blatt**. – Wochentlich Zweybrücker Frag- und Kundschafts-Blatt. –
6. IX. 1763 – 31.XII. 1785.
Fortges. u.d.T.: Zweybrücker Zeitung.

Frag- und Anzeigungs-**Blättgen**. – Darmstädtisches Frag- und Anzeigungs-Blättgen. –
1.X.1739–3.IV.1785.
Fortges. u. d. T.: Darmstädter Frag- und Anzeigungsblatt.

Fragbuch f. angeh. Artilleristen rc. 8. Berlin, Gädicke. 805.

Fragbuch, geometr., oder Anleit. zu der Geometrie rc. m. K. 8. Frankf. Gebhardt. 799.

— zum Gebrauch der Jugend in Nordkarolina, s. Velthusen.

ALLGEMEINES Frag-Büchlein / in Drey Schulen ordentlich / eingetheilet. / Mit beygesetzten Gesängern, / und nutzbarem Bericht Oedenburg 1781 Gedruckt bey Johann Joseph Sieß 192 S - 137 mm

Frag- und Antwortbüchlein über Allerlei, was dem deutschen Volke besonders Noth thut. Für den deutschen Bürger und Bauersmann. Teutschland 1819. V: *Schulz, Wilhelm Friedrich.* (Hessische Biographien. Hgbn. von Herman Haupt. Darmstadt 1918. I, 412.)

Frag- und Antwortbüchlein über Allerlei, was im deutschen Vaterlande besonders Noth thut. Für Bürgers- u. Bauersmann. (von Wlh. Schulz.) 8. Deutschland 819.

Frag- und Antwortbüchlein über allerley, was im deutschen Vaterland besonders Noth thut . . . [Frankf.] 1819. V: *Schulz, Wilhelm.* (MGT) (Ky) (Wr) (HS)

Zentralverband d. Maurer Deutschlands. Zur **Frage** der Akkordarbeit. Hamburg: Zentral-Verb. 1907. 94 S. 8° [o. 6244]

Frage, e. aktuelle, der Revolution. (In russ. Sprache.) (59 S.) 8. Berlin 908. H. Steinitz. n. 1.50

Frage und Antwort von dem Glaubens-Bekenntnisse der Römisch-Catholischen Kirche. Leipzig 1718. V: *Weise, Christian.* (Myl)

N. Zur Frage über die Anwendung des Feuers in der Defensive der Infanterie. Sonder-Abdruck aus der „Allgemeinen Militär-Zeitung". 8 Darmstadt und Leipzig 1884.

Frage, Aufgelöste, ob der König in Schweden Carolus XII. den Ungläubigen wieder die Christen Hülfe leisten . . . könne? O. O. 1710. V: *Mayer, Johann Friedrich.* (Myl)

—— eine, des letzten Augenblickes. Von R. . . 8. (16 S.) Pest, Lauffer & Stolp. 30 kr.
1861.

Frage, die, des Augenblickes. Pfingsten 1861. Von A. gr. 8. (19 S.) Wien, Braumüller. 30 kr.

Frage (Zur) der Ausführung der land- u. forstwirthschaftlichen Arbeiter-Unfall-Versicherung in Preussen. Von einem berufsgenossenschaftlichen Fachmann. gr. 8⁰. Prenzlau, Mieck, 1888.

Frage, Zur, des Waldenburger sowie des Wildenschwerter Bahnanschlusses. Von einem Soldaten. (Als Manuscript gedruckt) 8. Wien 1864.

Zur Frage üb. d. Bau von Local- (Secundär-)Bahnen. Danzig 877.

Frage, die, der Befestigung von Wien. Beleuchtet von e. Fachmanne. Wien 867. Manz. gr. 8. (14 S.) n. 6 ngr.

Zur Frage über die Behandlung der Selbstmordfälle von Versicherten bei den Lebensversicherungsanstalten. 1869.

Zur **Frage** der Berufsvormundschaft. Bericht über d. erste Beratung Deutscher Berufsvormünder zu Frankfurt a. M. 1906 erstattet v. Ständigen Ausschuß. Dresden: O. V. Böhmert 1906. (XII, 90 S.) 8° [J.] [o6. 15006]

Frage (Zur) der Besteuerung der Actiengesellschaften in Oesterreich. Eingabe der Handels- und Gewerbekammer in Prag an die k. k. Ministeriums des Handels und der Finanzen. gr. 8⁰. Prag, F. Rivnáč, 1900.

Zur **Frage** der staatlichen Bierbesteuerung in Deutschland. (Hrsg.: Der Steuerausschuß d. Deutschen Brauerbundes. Berlin: P. Parey 1904.) (51 S.) 4° [Kopft. J]
— **Tageszeitung** f. Brauerei. Jg. 2. No 255, Beil. [o3. 4333]

Frage, die, über weibliche Bildung, erörtert auf der 9. allgemeinen deutschen Lehrer-Versammlung zu Frankfurt a. M. am 2. u. 3. Juni 1857. Nach stenographischen Berichten. (Abdr. aus der „Didaskalia.") Frankfurt a. M., Auffarth in Comm. gr. 8. (10 S.) n. 5 ngr.

(F) **Zur Frage deutscher Bisthümer in Böhmen.** Gr.-8°. (106 S.)
Prag: Calve 1902.

Zur **Frage** deutscher Bisthümer in Böhmen. Ein Wort z. Aufklärung u. Beruhigung aus d. Mitte d. deutschen Clerus Böhmens. 2. Aufl. *Prag: J. G. Calve 1902.* (106 S.) 8° [J] [o2. 4403]

— **die böhmische.** Ein Juniusbrief an Europa u. den k. k. Reichskanzler Frhrn. v. Beust. 1. u. 2. Aufl. Bautzen 868. (Leipzig,) Schmaler & Pech. gr. 8. (56 S.) n. 10 ngr.

Zur Frage der Börsen-Speculation. Gr.-8. (15 S.) —.30
Wien: Frick 1895.

Frage, Die brennende, der Zeit. Der Standpunkt der Zionswächter . . . Braunschw. 1858. V: *Blasius, Joh. Hnr.* (Ky)

—— die brennende, der Zeit. Der Standpunkt der Zionswächter im Kampfe gegen die Naturforscher. (Von J. H. Blasius.) gr. 8. (16 S.) Braunschweig 858, Vieweg und Sohn.

Frage, Die, der Brutto-Einnahmen des Gotthardunternehmens. Luzern 1878. V: *Düggeli, C.* (BSchwLk V, 9 h) (Cat. d. Stadtbibl. Zürich. Zürich 1864—97.)

Frage (Zur christlich-socialen). 1. u. 2. Heft. 16⁰. Düsseldorf, Schwann, 1871. I. Was hat die Kirche für die Arbeit gethan? Zusammengestellt von H. Witte II. Sociale Phrasen u. Schlagwörter. Zusammengestellt von H. Witte.

Zur dänisch-deutschen Frage. Von einem deutschen Gesammt-Staatsmann. Kopenhagen 1858. 8°

Zur Frage der Deportation nach den deutschen Kolonien. Joachim Graf Pfeil gegen Prof Bruck. Berlin 898.

— die deutsch-dänische. Eine Darstellung für die Mitglieder des englischen Parlaments. Hamburg 863. O. Meißner. gr. 8. (VIII, 64 S.) 10 ngr.

die deutsch dänische u. skandinavische. Berlin 861. J. Springer. gr. 8. (35 S.) 6 ngr.

Frage, die deutsche, vom österreich. Gesichtspunkte betrachtet. gr. 8. (16 S.) (Leitmeritz 850, Medau.) 2 ngr.

Frage, die deutsche, von A. B. Hamburg 859. Nestler & Melle. (Lühršen.) gr. 8. (30 S.) n. 5 ngr.

Frage die deutsche. Deren Entwickelg. u. Lösg. Rück- u. Vorschau e. Unparteiischen. gr. 8. (IV, 45 S.) Leipzig 871. Serig. - - 75

— die deutsche, u. das Großherzogthum Baden. [Abdruck aus Kolatschek's „Stimmen der Zeit."] Freiburg im Br. 861. Herder. gr. 8. (15 S.) 1½ ngr.

Frage, Die deutsche, und die Preussischen Kammern. [1849.] V: *Merckel, Wilhelm von.* (wen S. 190)

— die deutsche, u. die deutschen Mittel- u. Kleinstaaten. [Abdr. aus der Karlsruher Zeitung.] Karlsruhe 859. Braun. gr. 8. (IV, 47 S.) n. 5 ngr.

— die deutsche, und die Allgemeine Zeitung. gr. 8. (82 S.) Leipzig 857, [Henning's'sche Buchh.] *

— die deutsche, u. die Allgemeine Zeitung. Leipzig 859. Hennings. (Wolf.) gr. 8. (32 S.) n. 5 ngr.

Zur deutschen Frage I Die versuchte Wiederherstellung des Bundestags Berlin, F. Schneider u Comp 1850 33 S 8

Zur deutschen Frage. Mitgetheilt von einem Mitgliede der II. Kammer an seine Collegen. Leipzig, H. Matthes, 1850. II, 26 S. 8°.

Zur Frage d. Differentialzölle beim Abschluss neuer Handelsverträge Berlin 1890 8°

Frage, eine drängende. Die Thronfolge in Braunschweig, s.a. Briefe, politische.

[J.] Eine drängende Frage: Die Thronfolge in Braunschweig. *Braunschweig: A. Limbach 1893.* (15 S.) 1 Bd 8.
— Briefe, Politische. [No 1.] 97 5139

— die, von d. gemischten Ehen, s.a. Beleuchtung d. Verhandll. üb d. gemischten Ehen.

Frage, Die, von den gemischten Ehen ... O. O. 1831. V: *Moy, Ernst v.* (sch)

Frage! (Die eine). (Weises Gesetz, sociales Glück; — keine Frage.) gr. 8°. Leipzig, Fr. Fleischer, 1842.

Frage (Zur) der Einführung des Tabakmonopols im Deutschen Reiche. 8°. Frankfurt 1877.

Frage, Eine laengst entschiedene, über die obersten Episcopalrechte der protestantischen Kirche ... Nürnberg 1823. V: *Feuerbach, Paul Johann Anselm von.* (wa) (EngJ) (GGr) (winer)

— eine längst entschiedene, über d. obersten Episcopalrechte der protestant. Kirche, von Neuem erörtert von F** gr. 8. Nürnb. 823. Riegel u. W. 10 gr.

Handelskammer zu Hannover. Zur **Frage** der Errichtung einer Handelshochschule in Hannover *Hannover: Handelskammer 1900.* (72 S.) 8° [J.] 10 6164

Betrifft: DIE FRAGE DER ERRICHTUNG EINER TECHNISCHEN REICHSBEHÖRDE (Vergl Reichstagsverhandlungen vom 14 Januar 1901 25 Sitzung] (Berlin, Deutsches Druck- und Verlag-haus (G m b H)) (Ohne bes Titelbl) 4°

ZUR FRAGE DER ERRICHTUNG EINER REICHSHANDELSSTELLE (Reichshandelsmuseum) Sonderabdruck aus dem stenographischen Bericht über die Verhandlungen der Generalversammlung des Bundes der Industriellen vom 10 Oktober 1898 Berlin (1898) Druck von J Harrwitz Nachflg (C Th Kehrbach) 8°

— die, der geistlichen Erziehung in der Diöcese Rottenburg, [mit geschichtlicher Einleitung]. Von e. Priester der Diöcese. Sigmaringen 869. Tappen. gr. 8. (47 S.) n. 5 ngr.

Frage (Zur) der Erziehung der industriellen Classen in Oesterreich. 8°. Wien 1876.

Frage, Europens: Wie bin ich mit allen meinen Künsten und Wissenschaften so tief unter einem Abentheurer gefallen, dass er meine Welt zum zweytenmal bestürmte ... [Nürnb.] 1815. V: *Paulsen, Nicolaus.* (Ky) (MGT)

Frage. Zur F' der obligatorischen Feuerversicherung in der Schweiz. [Hrg. von der Vereinigung von in der Schweiz arbeitenden Feuerversicherungs-Gesellschaften.] 14 S. 8. [Basel, Franz Wittmer, 1909.]

Zur finnischen **Frage**. Allerhöchst eingesezte Commission z. Ausarbeitung e. Projectes von Regeln f. d. Ordnung d. Erlasses von Gesetzen allgemeinstaatlicher Bedeutung, die Finnland betreffen. Abt. 2. St.Petersburg 1910: (Gosudarstv. tip.). 4°(8°) 10. 11176 2

Zur **Frage** der Fleischversorgung der Provinz Ostpreußen. Gutachten d. Vorstandes d. Landwirthschaftskammer f. d Prov. Ostpreußen. Königsberg i. Pr.: Ostpreuß. Zeitungs- u. Verl.-Dr. 1898. (40 S.) 8° [J.]
— [Arbeiten d Landwirtschaftskammer f. d. Prov Ostpreußen. No 3.] 98. 1490

Frage an die Herrn Freymaurer? [Unterz.:] E. Hamburg 1792: Meyerhoff. 4 S. 8° [Umschlagtit.]
Kl. 532. Gedicht.

Frage (Zur) der „stehenden Gefälle" in Schleswig-Holstein. Gutachten, abgegeben für die Aemter Bordesholm, Neumünster, Reinbeck und Cismar von A. Haenel u. W. Seelig. Kiel 1871.

— geht d. sechste Gebot noch die liebe Christenheit an? 8. Hof, Grau. 785.

Frage (Zur) über Gewerbe-Freiheit in Bayern. Von einem Gewerbetreibenden in München. 2. Aufl. gr. 8°. München, Weiss, 1860.

Zur handelspolitischen Frage. Aufsätze aus dem »Preussischen Wochenblatt«. Berlin 1852.

— die Hannoversche, u. die Hannoversche Geistlichkeit. (Aus dem „Politischen Journal" December-Heft 1838 besond. abgedruckt.) gr. 16. (Hamburg 839. Hoffmann u. Campe.) n. ½ gr.

Frage: Hat der Religios Ursache zu klagen, wenn man ihn aus seinem Kloster jagt. [Zug] 1786. V: *Weber, Gotthard.* (AarK)

— die, hat Gott Alles bestimmt? und untersucht. 3 Thle. 8. Nordhausen 751. Groß. 6 gr.

Frage, Hat Heinrich Zschokke eine Nationalgeschichte ... schreiben können ... Kosmopolis. Kautzopolis [Landshut] 1818. V: *Träger, Joh. Andr.* (wr) (AarF)

Frage: Hat Herr H. Zschokke eine Nationalgeschichte für Baiern schreiben können und wollen? Nebst einigen Bemerkungen über den 4ten Bd. seiner Chronique scandaleuse baierischer Geschichten vom Magist. Schwarzrock. 8. (München, Giel in C.) 819.

Frage (Ueber die) eines deutschen Heimathsrechtes. 8^6. Stuttgart 1864.

Frage, zur, der Her-tellg einer Bibliographie der schweiz. Landeskunde. Bern 1890.

Zur Frage der Herstellung eines Justizgebäudes und eines weiteren humanist. Gymnasiums in München. Mit Plan. München (188*). 24 S. 8⁰. Cart.

Zur **Frage** der **Herstellung** von Ziegeln großen Formats durch Handstrich im Vergleich zur maschinellen Pressung. Gutachtl. Aeußerung d. Deutschen Vereins f. Thon-, Cement- u. Kalkindustrie E.V. Zsgest. vom Vorstande. *Berlin 1902: R. F. Funcke.* (22 S.) 8° [Ant. u. F.] [03. 14894

— die „Holsteinische", s. Portfolio, Holsteinisches.

Die h o m o s e x u e l l e Frage vom Standpunkt der Humanität und Gerechtigkeit aus betrachtet. (Arlon 1898: F. Goetz.) (14 S.) 8⁰ [Kopft.]

Frage, Hundert und eine, an denkende Evangelienleser unter den Laien ... Leipzig 1850. V: *Korn (Kohn), Friedrich.* (Ky) (WBL) (ZU)

— hundert u. eine, an denkende Evangelienleser unter den Laien, zugleich beantwortet von dem Fragsteller (Fr. Korn, pseud.: Nork). gr. 8. (XX u. 140 S.) Leipzig 850, Brandstetter. 24 ngr

Frage eines Jesuiten an die protestierenden Bischöfe Dr. Stroßmayer x., wie an den Stiftspropst Dr. Döllinger u alle gegen die Unfehlbarkeit des Papstes sich erhebenden Theologen: „Wollt u. könnt ihr die ganze christliche Kirche zur Lüge machen?!!!" Hamburg, Hoffmann u Campe. 1870, 8°, 21 S., 50 Pf

Der boshafte Pseudo-Jesuit, der schwerlich noch auf offenbarungsgläubigem Standpunkte steht, aber mit der Lehre u. Sprache der Kirche sich wohl vertraut zeigt, verhehlt nur mit Mühe seine wahre Absicht bezüglich der gestellten Frage Litt Handw 1870, S. 141

Frage, die, d. neuen Infanterie-Exercir-Reglements, beantwortet v. „e. jüngeren Infanterie-Offizier". gr. 8. (48 S.) Hannover 884. Helwing's Verl. n. 1. 20

— die, e. besonderen Innung (Zwangsinnung) f. das Zimmergewerbe in Gross-Berlin nach allgem. u. den besonderen, f. die hiesigen Verhältnisse massgebenden Gesichtspunkten kritisch beleuchtet vom Vorstand der Innung: Bund der Bau-, Maurer- u. Zimmermeister zu Berlin. (30 S.) 8. Berlin (SW. 68, Kochstr. 3) 908. Inng.: Bund der Bau-, Maurer- u. Zimmermeister. — 40

Zur Frage der Inspizierung der Schießausbildung. Gr.-8° (9 S.) K —.80
Wien: Seidel 1910.

§ Über die Frage: Ist das Band der Ehe sogar unauflöslich, als es die Kanonisten vorgeben? O. O. 1773. 8⁰. (In München: J. Can. P. 536, 1, und noch 4 Expll.)

Frage: Ist der Papst befugt, ohne Einwilligung der Bischöffe einem teutschen Reichsfürsten die Erlaubniss zu ertheilen, die in dessen Lande gelegene Güter der katholischen Geistlichkeit zu besteuern? O. O. [ca. 1790]. V: *Wreden, Carl Joseph von.* (MGT) (HS)

Frage: Ist d. Gerichtsbark. d. Päbstl. Nunzien in Deutschl. d. Reichsgesetzen u. d. Reichsverfass. gemäss? 787. 4.

— ist die Gerichtsbarkeit der päbstl. Nuntien in Deutschland den Reichsgesetzen zuwider? 4. München, Lindauer. 787.

Frage: Ist die Kaiserin von Russland Garant des Westphälischen Friedens? Frankf. u. Leipz. 1791. V: *Roth, Johann Richard von.* (OA) S. a. »Ist«.

— über die, ist's Frankreichs Vortheil, seinen Besitz bis an den Rhein auszudehnen rc.? gr. 8. Berl. 795. Unger. 8 gr

Ueber die Frage: ist es Frankreichs Vorteil, seine Besitzungen bis an den Rhein auszudehnen rc. Aus d. Französ. Frankfurt 1795. 80 S.

— über die, ist's möglich, aus Metallen ohne Gold und Silber ein ächtes Gold und Silber hervorzubringen, gr. 8. Prag 794. Herrl. 4 gr

FRAGE. Über die — ist's möglich aus Metallen ohne Gold u. Silber ein achtes Gold u. Silber hervorzubringen. Hessl. Prag 1794

Frage, ist es nicht Pflicht, ernstlich an eine Religionsvereinigung zu denken? V: *Herchenröder.* (Neueste Sammlung j. Schriften, Bd. 37 [Brille auf der Nase, S. 8]) (BIBLPORT)

Frage, Die: Ist es nothwendig, die alten Kirchengesänge zu verbessern? ... Dessau 1782. V: *Kinderling, Johann Friedrich August.* (MGT) (Adel)

— ist es nützlich, außer d. N. Testamente einen Auszug aus d. Alt. Test. beim Unterr. d. Jugend zu gebrauchen? 8. Dessau 783. Gelehrte B. 4 gr

Frage.– Auf die Frage: I s t es rathsam, Missethäter durch Geistliche zum Tode vorbereiten ... zu lassen? s H i p p e l , Theodor von

— die italienische, im Jahre 1859. (Aus der Civiltà cattolica.) Augsburg 859. Doll. gr. 8. (32 S.) 6 ngr

Frage, Die, kann ein prostantischer Christ ... zur römisch-katholischen Kirche übertreten? ... Regenburg 1845. V: *Wilke, Christian Gottlob.* (ZU) (Th)

Frage, die: Kann ein protest. Christ mit gutem Gewissen zur römischkathol. Kirche übertreten? freimüthig u. gewissenhaft beantwortet v. e. protest. Theologen. gr. 8. Regensburg 845, Manz. 5/12 rf

Frage, Katechetische, ob und in wie fern der Widerspruch gegen das Christenthum ... eine abscheuliche Absurdität sey? Frankf. u. Leipz. 1755—57. V: *Dietz, Johann Gotthard von.* (ML) (R-N)

Frage, die, der Klösterzulassung in Württemberg. Beitrag zur Parität nach den „grünen Heften". Von e. Freunde der Klosterkutten zur sachgemäßen Beurtheilg. f. alle gerecht u. billig Denkenden. gr. 8. (V, 64 S.) Stuttgart 888. Süddeutsche Verlagsbuchhandlung. — 60

Frage, die, der Knaben-Handarbeit auf dem 8 Lehrertag zu Berlin. Berlin 1890

Die Frage von der Kniebeugung der Protestanten von der religiösen u. staatsrechtlichen Seite erwogen Sendschreiben an einen Landtagsabgeordneten. I. u II. München, Palm, 1843, gr. 8°, 1 Mk.
Recens Hist-pol Blätter Bd 11, S. 368—73

Frage von der Kniebeugung der Protestanten . . . erwogen . . . München 1844. V: *Döllinger, Joh. Jos. Ign. v.* (Th)

Frage, die Cölner, geprüft nach rheinischen Gesetzen v. e. Rheinländer. Glossen z. d. Schrift eines „practischen Juristen.“ *Frkf.*, (Hermann.) 838. gr. 8. (10 Gr.)

Frage, Die confessionelle, innerhalb der Norddeutschen Missions-Gesellschaft . . . Hamb. 1844. V: *Krabbe, Otto Carsten.* (schr)

Frage, die confessionelle, innerhalb der norddeutschen Missions-Gesellschaft u. die allgem. Versammlung mecklenburg. Missionsfreunde zu Rostock. gr. 8. (6½ B.) Hamburg 844, Meißner.*

Frage: Können ledige Katholiken nach protestantischen Gesetzen vom Bande geschiedene Protestanten eheligen . . . ? Freyburg 1804. V: *Kübel, Matth.* (Th) (schmal)

Zur konstitutionellen Frage im Tessin, aus amtl. Urkunden beleuchtet und dargestellt von S. Z. Bern, K. J. Wyss. 1877.

Frutische über Rechtgläubigkeit u. Ketzerei. 8. Wien 794. Doll. 12 Kr.

Frage, Die croatische, und Österreich. Wien 1848. V: *Rosenfeld, Carl Ludwig Freiherr.* (WBL)

— die kroatische, u. Oesterreich. gr. 8. (31 S.) (Wien 848, Gerold) 3 Ngr

— die kroatische, und Oesterreich. gr. 8. (31 S.) (Wien 849, Gerold, Verlag.)

— die kurhessische. Mainz 862. Kirchheim. gr. 8. (92 S.) n. 10 Ngr

Frage, die, der Curpfuscherei in der Berliner Medicinischen Gesellschaft. [Aus: „Deutsche med. Wochenschr.“] Mit einer Einleitung u. einem Nachtrag hrsg. von Paul Boerner in Berlin. gr. 8. (VIII, 110 S.) Berlin 880. Fischer. n. 1. 50

Frage, Zur, der Legalisierung eines Normals der elektromotorischen Kraft. Berlin 1904 (Mitteil. a. d. Physik.-Techn. Reichsanst.)

Leichenverbrennung, Zur Frage der.* Betrachtung der vorgeschlagenen Verbrennungsarten von einem praktischen Techniker. Winterthur. Bleuler, Hansheer u. Comp. 1875. 8°.

– die Luxemburger. [Aus der Trier'schen Zeitg.] 8. (26 S.) Trier 871. Lintz. -- 30

Zur Frage des Mehl- und Kleienzolls Anhaltspunkte zu deren Beurteilung zusgestellt vom Bayer Zweigverein vom Verbande deutscher Müller [München 1901]

Frage: Mogte Pabst Pius VII nicht hochst wichtige Grunde wirklich... gehabt haben, da Er dem Freiherrn [Ignaz Heinrich] von Wessenberg die Bischofliche Wurde zu Konstanz zu ertheilen verweigerte..? Beantwortet durch die Denunziations-Schrift des Badischen Herrn Geheimenrath- Gartler...: aus sicherer Quelle dem Publikum zur Rechtfertigung des heil. Vaters mitgetheilt von einem Freunde der Wahrheit. 8. Mainz 1818.

— möchte Papst Pius VII. nicht höchst wichtige Gründe wirklich, wie er vorgab, gehabt haben, da er dem Freih. v. Wessenberg die bischöfl. Würde zu Constanz zu ertheilen verweigerte, oder so lange verzögert? Beantwortung durch d. Denunciationsschrift des badischen Geh. Raths Gärtler etc. gr. 12. Mainz 818. (Müller.) 12 Kr.

— die, der schweizerischen Nationalbühne. Mit Berücksicht. der in Deutschland auf dem Gebiete der Volksbühne gemachten Anreggn. u. Erfahrgn. u. der Geschichte der schweizer. Volksbühne. Von Helveticus. gr. 8. (64 S.) Bern 892. K. J. Wyß. n. 1. —

Frage, die nationale. E. Beitrag z. Orientierg. 8. (47 S.) Brixen 898. Buchh. d. kath.-polit. Preßvereins. n. — 20

Zur nationalen Frage. Nr [1]—3. Trebnitz '08. 4°

— die Neuenburger, od. der König v. Preußen u. die eidgenöss. Tagsatzung. gr. 16. (62 S.) Grimma 848, Verlags-Comptoir. ¼ Thlr

— die neuenburger. Bemerkungen eines bejahrten Deutschen zunächst für seine unbefangenen Landsleute. 8. (62 S.) Basel 857, (Bahnmaier's Verlag.) *

— die Neuenburger. Bemerkungen eines bejahrten Deutschen zunächst für seine unbefangenen Landsleute. Basel 857. Schabelitz. (Amberger.) 8. (1 Bl., 62 S.) n. 6 Ngr

Frage, Neuere: Wie stehts in Bender? Was macht der König in Schweden? Ist er todt oder lebet er noch? Curiosenburg 1712. Mit Porträt Karls XII. 84 S. 8°. Pp. 18.—
Im Herbst 1711 erschienene Schrift von einem Anhänger Karls XII Abdruck der Manifeste Friedrichs IV. von Dänemark, Friedrich Augusts von Polen, Peters des Großen und der schwedischen Regierung zur Pommerschen Frage. Fordert die Pommern auf, auf der Seite Schwedens auszuharren. Am Schluß ein 10 Strophen langes Huldigungsgedicht auf Karl XII.

R.: „Ueber die Frage: Ob Bergbau und Hüttenbetrieb in Schlesien seit den letzten 30 Jahren vortheilhaft gewesen ist? Eine Vorlesung“, Berlin und Stettin 1810. — Vorh.: Preuß. Staatsbibliothek Berlin

— über die, ob Bergbau u. Hüttenbetrieb in Schlesien seit d. letzten 30 Jahren vortheilhaft gewesen ist; v. R. 8. Berl. 810. Nicolai. 5 Sgr

— ob Christus allein wahrer Gott sey? verdeutscht v. Barth beantw. gr. 8. Halle, Gebauer. 775.

Frage: ob der Abtey Eberach in Franken das Prädikat Reichsunmittelbar rechtmässig gebühre . . . ? O. O. 1786. V: *Montag, Eugen.* (MGT) (Ky) (BB)

— ob der Abtei Eberach in Franken das Prädikat Reichs unmittelbar rechtmäßig gebühre etc. ? (v. Eug. Montag.) Fol. ohne Druckort. 786. (Wesche in Frankf.) 1 Thlr 12 Kr.

— ob d. Katechismus v. d. Geisterlehre ein kathol. Katechismus sei? 8. Augsb. 775. M. Rieger. 2 Kr.

Frage, ob der Catechismus von der Geisterlehre ein katholischer Catechismus sey. Augsb. 776. 8.

Frage, ob der Mönchsstand Gott gefällig und der Welt nützlich sei? [Salzb.] 1771. V: *Lidl, Ildephons.* (Ky) (Hr)

— ob der Mönchsstand Gott gefällig u. d. Welt nützlich sey? Beantw. mit ja (v. J. Lidl). 8. (Salzb.) 771. Mayr. 8 Kr.

Frage, ob die Abstellung der Feiertage bei jetzmaligen Weltverlaufe christlich und zu billigen sei. 1772. V: *Pschaider, P. Clarentius.* (H. F. Wagner, Anonymes und Pseudonymes in der Salzburger Literatur 1910, S. 5—6)

— ob die Priester den Bischöfen an Gewalt u. Würde nicht gleich sind? 8. Augsburg 789. M. Rieger. 1/12 ℛ

— über die: ob die Publikation v. Berichten üb. die bürgerschaftl. Verhandlungen nach den Gesetzen als verboten u. strafbar zu behandeln sei? Bericht der am 19. Jan. 1848 von dem Vereine hamburg. Juristen mit der Prüfung des obigen Gegenstandes beauftragten Commission, nebst einem Vorworte. gr. 8. (21 S.) Bremen 848, Heyse. n. 1/12 ℛ

— ob d. Religion u. Kirche z. Seligkeit nothwendig sey. 8. Augsb. Wolf. 788.

Die Frage, ob die Seelen der Thiere Verstand haben? in einer Gesellschaft guter Freunde untersucht. ([Hrsg.:] Johann Heinrich Winkler [1703-1770]) Leipzig: Breitkopf 1742. 96 S. 8°

Frage: Ob ein Römisch-katholischer Fürst und Herr, welcher einen Evangelischen Fürsten und Landesherrn in politicis succediret . . . iurisdictionem ecclesiasticam . . . gleichermassen in subditos acatholicos exerciren könne. O. O. 1758. V: *Kraus, Joh. Baptist.* (Lindner) (MI.)

Frage: ob man die Zeit der Bekehrung wissen müsse. O. O. [17??]. V: *Töpfer, Heinrich August.* (MI.)

Frage ob man mit gutem Gewissen . . . den Jesuiten-Orden vertilgen könne . . . A. d. Franz. Freistadt 1773. Ü: *Rauch, Leo.* (Jes)

— —, Die: Ob und warum der Ehestand ein Wehestand sei? untersucht von *J. B. A.* Hrsg. von T. E(isler). O. O. 1730. 8°. (1 Mk. L. Rosenthal, 1888.)

— ob wohl Joseph II. bei seinen Lebzeiten an Erwählung e. röm. Königs gedenken dürfe? 8. Berl. 786. (v. Mosle in Wien). 16 ℊ

Frage, Offene, über den allgemeinen Rabbiner-Verband Deutschlands. Straßburg 1899. V: *Rosenbaum, Sandor.* (EB)

Frage (Zur) der Organisation des Kleingewerbes und des genossenschaftlichen Creditwesens wider den Druck des Geldmonopols. Fragmente, dem süddeutschen Bank- und Handels-Blatt entnommen u. dem Deutschen Reichstage zu Ostern 1879 gewidmet. gr. 8°. Leipzig, Georgi in Comm., 1879.

—— die orientalische, s. Conversations-Hefte, illustrirte.

— die orientalische, s. Ostafievo.

Frage, die orientalische. In Briefen eines russischen Veteranen von 1812. Hrsg. von P. Ostafievo. 2 Thle. 8. (194 und 171 S.) Breslau 856, Kern. à Thl. 1 Thlr.

— die orientalische, oder Napoleon III. u. der Prinzregent von Preußen. Stuttgart 860. (Fischhaber.) gr. 8. (48 S.) 6 ngr.

Die orientalische Frage bis zum Beginn des Krimkrieges. Vom 2. Dez. 1852 bis z. 14. Dez. 1854. *Berlin: E. S. Mittler & Sohn 1902.* (XIX, 591 S. 8°
→ Manteuffel, Otto Frh. v.: Preussens auswärtige Politik. Bd 2

— die orientalische, und das deutsch-englische Bündniß. Keine Denkschrift aber eine Schrift zum Denken. Geschrieben von Anfang Februar bis Anfang März 1853. Berlin 853. Besser's Verlhdlg. gr. 8. (III, 106 S.) n. 17 1/2 ngr

Frage, Die orientalische, das ist die deutsche Frage. Von e. Staatsmanne. Dresden 1908. 8°.

Frage, Die orientalische, Das ist die deutsche Frage. Von einem Staatsmanne. Dresden 1909. V: *Schuchardt, Ottomar.* (EB)

Frage, die orientalische, das ist die deutsche Frage. Von e. Staatsmanne. (89 S.) 8. Dresden 909. v. Zahn & Jaensch. 1.50

Frage, Die Orientalische, das ist Russische. Hamb. 1843. V: *Schuselka, Franz.* (WFM)

Die orientalische, das ist russische Frage. Hamburg, Hoffmann und Campe 1843. 86 S. 8.

Die orientalische Frage der deutsch-evangelischen Kirche. Bern, Chr. Fischer 1843. 112 S. 8.

— die orientalische, u. ihre Lösung. Mit 17 Porträts (in Holzschn.) der hervorragendsten Staatsmänner u. Heerführer, 2 Plänen von Konstantinopel u. dem Bosporus (in Holzschn.) u. einer (lith. u.) color. Zukunftskarte der Türkei u. (chromolith.) Uebersichtskarte des Schwarzen Meeres (aus der Vogelschau). 16. (64 S.) Leipzig 877. Payne. n. — 50

— die Orientalische, und die Deutsch-Babylonische Sprachverwirrung. Für Zeitungsleser, nicht für Staatsmänner. Hamburg 855. Kittler. gr. 8. (31 S.) n. 4 ngr

— die orientalische, u. der große Zukunftskrieg. Eine politisch-militär. Studie. gr. 8. (62 S.) Marburg i/H. 889. Verlag d. „Reichsherold". n. 1.50

Zur orientalischen Frage, oder: Soll die sozialist. Arbeiterpartei türkisch werden? Ein Mahnwort an die deutsche Sozialdemokratie, von H. L. 8°. Zürich, Verlagsmagazin. 1878.

— die österreichische, s.: Hammer-Schriften.

—— die österreichische, verhandelt im Parlament in Frankfurt, s. Vaterlands-Bibliothek. 5. Thl.

— die, der Ostseeprovinzen. (Russisch.) gr. 8. (86 S.) Leipzig 882. Brockhaus. n. 1.50

— patriotische. 8. Erfurt, Beyer.

Frage und Antwort, Eine patriotische, eines Mitgliedes der neu errichteten Gesellschaft zur Beförderung der ungarischen Sprache zu Ofen . . . Pest 1790. V: *Horváth, Adam.* Ü: *Radlinger, Joh.* (Pk)

Philippi Frage und des Kämmerers Antwort. Apost. Gesch. C. 8. — 29. 31. Schleswig. 1838.

Frage, Politische, ob ein weislich regierender Landesfürst über die Gassnerischen Kuren ... gleichgültig sein kann. 1775. V: *P. Reisach, C. R.* Vgl. Euphor 28 (1927) (3. Heft: Schubart, S. 2, Anm. 7.) (DARP)

— politische, ob e. weislich regierender Fürst über die Gaßnerischen Kuren ohne Nachtheil seinen Unterthanen noch länger gleichgültig seyn kann? 8. Augsburg, Stage. 775.

— über die Polnische. 8. Paris 831. (Leipz. Michelsen u. a. Brockhaus). 4 gl.

Die polnische Frage. Das Central Comite des polnisch demokratischen Vereins an das deutsche Volk bei Gelegenheit des von Seiten des General-Prokurators des königlichen preußischen Gerichts in Berlin abgefaßten Anklage Aktes gegen die polnischen Einwohner des Großherzogthums Posen wegen seiner Bestrebungen, Polens Existenz in ihren Grenzen vor dem Jahre 1772 wieder herzustellen. O. O. (1847) 15 S. 8.

— die polnische, vom deutschen Standpunkte betrachtet. Von einem deutschen Staatsmann. Leipzig 855. O. Wigand. gr. 8. (1 Bl., 54 S.) n. 10 ngr.

Frage, die polnische. Historische Beiträge zu ihrer Lösg. v. e. Eingeweihten. gr. 8. (III, 105 S.) Breslau 890. Wohlfarth. n. 2. —

— die polnische, in Bezug auf Preußen und das deutsche Reich. gr. 8. (68 S.) Thorn 885, E. Lambeck. *

— d. polnische, in Russland. Off. Brief e. poln. Edelmanns an d. russ. Publicisten. (In russ. Sprache.) gr. 8. (III, 91 S.) Leipzig 896. E. L. Kasprowicz. n. 2. —

— d. Portugiesische, nach d. Journal de Commerce v. 28. Febr. 1832. gr. 8. Berl. 832. Stuhr. 4 gl.

— die Posener. gr. 8. (16 S.) Leipzig 848, Hartmann. (Berlin, Mittler.) 3 ngr.

Frage. Die Frage eines deutsch-niederländischen Postvereins. Mit genauer Berechnung der finanziellen Wirkungen für die beiderseitigen Postverwaltungen. Anhang: Ein Postverein mit der Schweiz. II + 28 S. 8. Berlin, Gose & Tetzlaff, 1900/1901. [M. —. 60]

⊙ Zur Frage der Prägravation der Herzogthümer Schleswig-Holstein. Hiezu eine autographirte Beilage mit 3 Tabellen. Kiel. 1864. 4°

Zur **Frage** der Reform der Telefongebühren. Eingabe d. Vereins Berliner Kaufleute u. Industrieller u. d. Zentral-Ausschusses Berliner kaufmänn., gewerbl. u. industr. Vereine an d. Staatssekr. d. Reichspostamts. Berlin: Puttkammer & Mühlbrecht 1908. (40 S.) 8° [F.]
— **Veröffentlichungen** d. Vereins Berliner Kaufleute u. Industrieller. H. 2. (08 324)

— die, der Regulirung des Wienflusses, von einem neuen Standpunkte beleuchtet von einem k. k. Officier. Mit 3 (autogr.) Skizzen. gr. 8. (5 S.) Wien 882. (Seidel & Sohn.) n. 1. —

Frage, Die, der Reichseisenbahnen vor dem volkswirtschaftlichen Congresse. [Dresden 1876.] V: *Böhmert, Vict.* (Kat. d. stat. Bureaus. Dresden 1890.)

Zur *Frage* üb. die Reinheit d. Race d. Orlow'schen Träberpferdes. Aus d. Russ. übers. v. P. Jessen. Wien 1873. 142 S.

die religiöse, u. die Arbeiter. Eine Stimme aus der Social Demokratie. Leipzig 869. Thiele's Buchdruckerei. 8. (16 S.) 1½ ngr.

Frage (Die religiöse) und das arbeitende Volk. Motto: Die Arbeiter sind der Fels, auf dem die Kirche der Gegenwart gebaut werden soll. F. Lassalle. 8°. Leipzig, Kommiss.-Verlag von R. E. Höhme, s. a.

Frage (Zur) der Reorganisation unserer politischen und finanziellen Verwaltung. Offenes Sendschreiben an Seine Excellenz den Herrn Staatsminister Grafen Richard Belcredi. 8°. Prag, Grégr u. Dattel, 1866.

Zur Frage über die Richtung der linksrheinischen Eisenbahn. (St. Goar 1856.) 8°.

— die römische, auf der ersten spanischen Katholiken-Versammlung (Madrid im April u. Mai 1889). Reden, geh. v. Sanchez de Castro, Torres Aguilar Amat u. Alejandro Pidal. Genehmigte Uebersetzg. v. E. Vogel. gr. 8. (V, 85 S.) Köln 889. Bachem. n. 1. —

Zur römischen **Frage**. 1. Ueber die Basis der Vereinbarung zur Lösung der römischen Frage. 2. Das glückliche Resultat der Conferenz über die römische Frage (Novelle) — Reudnitz: Förster 1868. 31 S. 8°

Frage, Die rumänische, in Siebenbürgen und Ungarn. Replic der rumänischen academischen Jugend Siebenbürgens und Ungarns zu der von der magyarischen academischen Jugend veröffentlichten Antwort auf die Denkschrift der Studirenden der Universitäten Rumäniens. Wien 1892. V: *Popovici, Aurel C.* (Berl 1918, S. 185)

Frage, Die Savoyer. Denkschrift an Preussens Staatsmänner. Weimar 1860. V: *Biedermann, Friedr. Carl.* (Hauptcat. d. Univ.-Bibl. Tübingen. F, S. 64.)

- die Savoyer. Denkschrift an Preußens Staatsmänner von einem deutschen Patrioten. 1. u. 2. Aufl. Weimar 860. Böhlau. gr. 8. (42 S.) 6 ngr.

Die Schleswig-Holsteinische **Frage.** (Recension vom Staats- und Erbrecht des Herzogthums Schleswig. Kritik des Commissions-bedenkens etc. v. N. Falck etc. Hamburg. 1846

Frage, Die Schleswig-Holsteinische. Kopenh. 1851. V: *Baggesen, Carl.* (Collin, Anonymer. Kiobenh. 1869.)

Frage, üb. die Schleswig-Holsteinische. Eine Stimme aus der Schweiz. 1851. gr. 8. (49 S.) Kopenhagen 852, Reitzel. (Leipzig, Lorck.) n. 8 ngr.

Frage, die schleswig-holsteinische u. die dänisch-deutsche. Kopenhagen am Sylvesterabend 1863. gr. 8. (130 S.) Wien, typ.-lit.-art. Anstalt. 40 kr. 1864.

— die Schleswigsche. Eine histor. Betrachtung als Beitrag zur Lösung des Knotens v. einem Schleswiger. gr. 8. (31 S.) Kopenhagen 848, Reitzel. n. ⅙ rf.

Frage, Eine schöne, von einem Bawren, Wie er einen Pfaffen gefragt hab, ettlicher Artikel halben. O. O. u. J. V: *Sendler, Veltin.* (GGr)

— die sexuelle, od.: Die Bekämpfg. e. konventionellen Lüge. Aus den Papieren e. evangel. Geistlichen. 6. Aufl. 8. (31 S.) Zürich (902). Verlags-Anstalt. n. — 50

— —, sind Ordensgeistliche und Nonnen .... dem Staate mehr nützlich als schädlich? Wien 1782. 8°.
Taussig, Prag, Cat. 5, Nr. 275, Beibd.

Zur **Frago** der öffentlichen Sittenlosigkeit. 1. Referat d. Gen.Superint D. [Johannes] Hesekiel zu d. Antragen d Synodal-Commission, den Kampf gegen d öffentl. Unsittlichkeit betr 2 Petition d Central-Ausschusses f. inn Miss an d. Kgl Preuß Staatsministerium, betr Maßnahmen gegen d öffentl Sittenlosigkeit *(Berlin): Central-Ausschuß f. inn. Miss. 1892.* (8, 8 S.) 8° [F.] [illegible]

Sittliche **Frage:** Warum mussten die Konigin von Dannemark Carolina Mathildis, und die Grafen Johann Friedrich von Struensee und Enewold von Brandt in Kopenhagen arretiret, erstere von ihrem Gemahle geschieden, und letztere zum Tode verurtheilet und hingerichtet werden? Von einem danischen Zuschauer grundlich beantwortet Elisäum [d i: Hamburg] 5777 [d i 1773] 8°

Frage, Sittliche, warum mussten die Konigin Car. Mathildis und die Grafen v. Struensee und v. Brandt arretirt .... werden? Elisäum, beim Grafen von Struensee und Brandt. Nirgendheim 1773.
So bei Weller, fing. Dr. I. p. 106.

— soll das Christenthum aus d. Welt verbannt werden, weil ein verunglückter Autor rc. dazu d. Vorschlag macht, oder Prüfung d. Schrift: Ueber d. Bedurfniß e. Reformation d. Priesterstandes. gr. 4. Landsh. 811. Weber in Münch. 4 gl.

Frage: Soll ich ein Mönch werden? beantwortet ... Regensb. 1835. V: *Lidl, Ildephons.* (Th)

Dies., s.a. Frage eines jungen Theologen ... .

— soll man walzende Grundstücke unter fremder Gerichtsbarkeit als Pertinenzien zu e. Hauptgute erklären dürfen oder nicht? Beantw. von e. Gerichtshalter im Regenkreise. gr. 8. Landsh. 826. Thomann. 3 gl.

Frage. Zur F" der Sonderbesteuerung der Grossbazare im Kanton St. Gallen. Eingabe an die Regierung des Kantons St. G' seitens der gewerblichen Vereine. Besteuerungs-Vorschläge. II + II + 15 S. 8. St. Gallen, Honegger, 1906.

Frage, Die soziale. Ansprache an den Handwerker und Arbeiter. Hsg. vom Berliner Gewerbe-Verein. Berlin 1863. V: *Rasche, Fr.* (Lager-Kat. Joseph Baer & Co., Frankfurt a. M. No. 552, S. 240.)

— die sociale. Ansprache an die Handwerker u. Arbeiter. Herausg. vom Berliner Gewerbe-Verein. Berlin 863. (Th. Grieben.) 8. (16 S.) n. 2½ ngr.

— die sociale, beleuchtet durch die „Stimmen aus Maria-Laach". 1.—8. Hft. 8. Freiburg i/B., Herder. n. 6 35
1. Die Arbeiterfrage u. die christlich-ethischen Socialprincipien. Von Thdr. Meyer. (IV, 125 S.) 891. n. 1. —
2. Arbeitsvertrag u. Strike. Von Aug. Lehmkuhl. (III, 56 S.) 891. n. — 50
3. Die Ziele der Socialdemokratie u. die liberalen Ideen. Von Mich. Pachtler. (III, 76 S.) 892. n. — 70
4. Die sociale Noth u. der kirchliche Einfluß. Von Aug. Lehmkuhl. (III, 80 S.) 892. n. — 70
5. Das Privatgrundeigenthum u. seine Gegner. Von Vict. Cathrein. (IV, 93 S.) 892. n. — 80
6. Die sociale Frage u. die staatliche Gewalt. Von Aug. Lehmkuhl. (III, 76 S.) 893. n. — 70
7. Internationale Regelung der socialen Frage. Von Aug. Lehmkuhl. (IV, 34 S.) 893. n. — 35
8. Liberalismus, Socialismus u. christliche Gesellschaftsordnung. Von Heinr. Pesch. 1. Thl. Einige Grundwahrheiten der christl. Gesellschaftslehre. 1. Hälfte. (IX, 194 S.) 893. n. 1. 60

— die sociale, beleuchtet durch d. „Stimmen aus Maria-Laach". 1.—11. Hft. gr. 8. Freiburg i/B., Herder. n. 10. 75
1. Die Arbeiterfrage u. d. christl.-ethischen Socialprincipien. Von Thdr. Meyer, S. J. 3., verm. Aufl. (IV, 136 S.) 895. n. 1. —
2. Arbeitsvertrag u. Strike. Von Aug. Lehmkuhl, S. J. 3., verm. u. verb. Aufl. (III, 62 S.) 895. n. — 50
3. D. Ziele d. Socialdemokratie u. d. liberalen Ideen. Von Mich. Pachtler, S. J. 3. Aufl. (III, 76 S.) 895. n. — 70
4. D. sociale Noth u. d. kirchl. Einfluß. Von Aug. Lehmkuhl, S. J. 3., verm. u. verb. Aufl. (III, 88 S) 896. n. — 70
5. Das Privatgrundeigenthum u. s. Gegner. Von Vict. Cathrein, S. J. 3., durchges. Aufl. (IV, 96 S.) 896. n. — 80
6. D. sociale Frage u. d. staatl. Gewalt. Von Aug. Lehmkuhl, S. J. 3., verm. u. verb. Aufl. (III, 80 S) 896. n. — 70
7. Internat. Regelg. d. socialen Frage. Von Aug. Lehmkuhl, S. J. 3. Aufl. (X, 34 S.) 896. n. — 35
8. Liberalismus, Socialismus u christl. Gesellschaftsordng. I. Der christl. Staatsbegriff. Von Heinr. Pesch, S. J, 2. Aufl. (XI, 194 S.) 898. n. 1. 60
9. Dasselbe. 1. Thl. Ein. Grundwahrheiten d christl. Gesellschaftslehre. 1. Hälfte, Schluß. (III u. S. 195—392.) 896. n. 1. 60
10. 11. Dasselbe. 2. Hälfte. (IX u. S. 393—732.) 896. n. 2. 80; (1. Tl. [2. Bd. d. ganzen Sammlg.] kplt.: n. 6 —; geb. n. 7. —)

— dasselbe, beleuchtet durch die „Stimmen aus Maria-Laach". 9.—17. Hft. gr. 8. Freiburg i/B., Herder. n. 13. 90 (2. Bd. [Hft. 8—11.] n. 6. 40; geb. in Leinw. n. 7. 40; 3. Bd. [Hft. 12—16.] n. 7. 60; geb. in Leinw. n. 8. 80)
9. Liberalismus, Socialismus u. christliche Gesellschaftsordnung. Von Heinr. Pesch, S. J. 1. Thl. II. Das Privateigenthum als sociale Institution. 2. Aufl. (III u. S. 195—418.) 900. n. 1. 80
10. 11. Dasselbe. 1. Thl. III. Freiwirtschaft od. Wirtschaftsordng.? 2. Aufl. (III u. S. 419—772.) 901. n. 3. —
12. 13. Dasselbe. 2. Thl. Die philosoph. Grundlagen des ökonom. Liberalismus. 1. u. 2. Aufl. (IV, 395 S.) 899. n. 3. —
14.—16. Dasselbe. 3. Thl. (Schluß.) Der moderne Socialismus. 1. u. 2. Aufl. (IV, 601 S.) 900. n. 4. 60; (kplt. n. 13. 60)
17. Die Frauenfrage. Von Vikt. Cathrein, S. J. (VI, 164 S.) 901. n. 1. 50

— die soziale, beleuchtet durch die „Stimmen aus Maria-Laach". 1.—4. Heft. gr. 8. Freiburg i/B., Herder. n. 3. 50
1. Die christlich-ethischen Sozialprincipien u. die Arbeiterfrage. Von Thdr. Meyer. 4., verb. Aufl. (VII, 142 S.) 904. n. 1. 30
2. Arbeitsvertrag u. Streik. Von Aug. Lehmkuhl, S. J. 4., verb. Aufl. (III, 63 S.) 904. n. — 60
3. Die Ziele der Sozialdemokratie u. die liberalen Ideen. Von Mich. Pachtler, S. J. 4. Aufl. (III, 76 S.) 904. n. — 80
4. Die soziale Not u. der kirchliche Einfluß. Von Augustin Lehmkuhl, S. J. 4. Aufl. (III, 92 S.) 905. n. — 80

— die soziale, beleuchtet durch die „Stimmen aus Maria Laach". 5. u. 17. Heft. 8. Freiburg i/B., Herder. 4.—; geb. in Leinw. 4. 90
Cathrein, Vikt., S. J., die Frauenfrage. 3., umgearb. u. verm. Aufl. (VIII, 240 S.) 909. (Hft. 17.) 2.40; geb. 2. 90
— Das Privatgrundeigentum u. seine Gegner. Eine krit. Auseinandersetzg. m. den agrarsozialist. Theorien v. Emile de Laveleye u. Henry George. 4., gänzlich umgearb. u. verm. Aufl. (VIII, 162 S.) 909. (Hft. 5.) 1.60; geb. 2.

— die sociale, od. die Armen u. die Reichen. Aus dem Franz. übers. v. A. F. 2. Taus. 12. (15 S.) Bonn 893. J. Schergens. n. — 10

— die sociale. Ein Beitrag zur Lösung derselben vom Standpunkte der gesunden Vernunft. Von e. Oesterreicher. gr. 8. (III, 82 S.) Dresden 894. E. Reißner. n. 1. —

— die soziale. Versuch zur Lösg. der sozialen Frage durch prakt. Christenthum, v. H. K. gr. 8. (13 S.) München 900. A. Schupp. n. — 50

— die sociale, des Adels u. ihre Lösung. Programm f. e. freiweltl. Hochstift. Von Salvatores. gr. 8. (32 u. 14 S.) Wien 894. L. Weiß. n.n. — 85

Frage (Die sociale), ihre Bedeutung und ihre Lösung. Von Dr. A. J. N. S. gr.-8°. Wien, Lehmann u. Wentzel, 1871.

— die sociale, eine Erziehungsfrage. Staatsmännern, Lehrern u. Führern des Volks zur Prüfung vorgelegt. 8. (42 S.) Leipzig 882. Roßberg in Comm. n. — 60

— die soziale, im Vordergrunde! od. die 3 Hauptfordrgn. der Arbeiter an den Staat: Arbeit f. jeden Müßigen, Brod f. jeden Invaliden, freier Unterricht für jedes Arbeiter-Kind, in ihrer Ausführbarkeit nachgewiesen v. einem Tuchfabrikanten. Im Septbr. 1848. 8. (21 S.) Grünberg 848, Weiß in Comm. 1½ ngr

— die sociale, auf dem Lande, s. a. Arbeiterbibliothek, Berliner.

Frage (Die soziale) auf dem Lande. I. Die Lage der ländlichen Lohnarbeiter in Preussen. Von Paul Kampffmeyer. II. Der Ruin des ländlichen Kleinbetriebes durch die wirthschaftliche Grossproduktion. Von ***. (Berliner Arbeiterbibliothek, Serie 1, Heft 11.) 8°. Berlin 1889.

— die sociale, u. die preußische evangelische Landeskirche. Zur Steuer der Wahrheit! II. Kor. 13, 8. 1. Hft. 8. (17 S.) Bern 891. K. J. Wyß. n. — 40

— die sociale, im Lichte d. Christenthums. Wochenblatt f. das deutsche Volk. 1. Jahrg. Juli—Decbr. 1876. 26 Nrn. (B.) gr. 4. Amberg, Habbel. n. 2. 40

— die sociale, im Lichte des Christenthums. Wochenblatt für das deutsche Volk. 2. u. 3. Jahrg. 1877 u. 1878. à 52 Nrn. (B.) hoch 4. Amberg, Habbel. à Jahrg. n. 4. —

„Die sociale **Frage** und die Logen." Von C. E. [Frankfurt a. M. 1898: Mahlau & Waldschmidt.] 8 S. 8° [Kopftit.]
Aus: Bh. 41 (1898) S. 75—77.

— die soziale, u. ihre Lösung. Von einem Kaufmann. gr. 8. (11 S.) Berlin 878. Kortkampf. — 15

— die sociale, nebst Vorschlägen zu ihrer Lösung. gr. 8. (32 S.) Stuttgart 872. Wittwer. n. — 50

Frage (Zur socialen). Natürliche Grenzen. gr.-8°. Bonn, Weber's Verlag, 1873.

Frage, Die spanische. Aus dem Französ. Berlin 1837. Ü: *Brassier de St. Simon, Jos. von.* (RUSSELL XVI, I, 2, 1854)

— die Spanische, oder Wer ist von Rechtswegen König von Spanien? Aus d. Franz. des Generals D.r....t. gr. 8. Berlin 837. Nicolaische Buchh. ½ ngr

Frage (Zur) der Württembergischen Staats- und Gemeindesteuer-Reform. 8°. Stuttgart 1877.

Frage, Die, der Steuern. Berl. 1849. V: *Jouffroy, C. G.* (RUSSELL XVI, I, 2, 1854)

— die, der Steuern u. die Abstimmung in der Sitzung der 2. Kammer am 25. Septbr. 1849. gr. 8. (15 S.) Berlin 849, Nicolai. 1/12 ngr

Frage (Zur) der Tabaksteuer. Ein Beitrag zu deren Lösung. 8°. Duisburg 1873.

Zur **Frage** der Techniker. Hrsg. vom Zentral-Verein d. aus höheren Gewerbeschulen hervorgegangenen Techniker. Gr.-8°. (23 S.) K —.40
Wien: Spielhagen & Schurich 1902.

— eines jungen Theologen: Soll ich ein Mönch werden? Beantwortet durch einen kathol. Pfarrer, der d. Mönche genau kennt. Herausg. von dem Verf. der Gebet- u. Andachtsbücher „Schritte zur vollkomm. Liebe Gottes" rc. 8. Regensburg u. Landshut 835. Manz. ⅓ ngr

Dies., s.a. F r a g e : Soll ich . . .

Frage, Die, von der Todesstrafe. Versuch einer historischen Darstellung der verschiedenen Auffassungen. Bremen 1869. V: *Groos, Gisb.* (Kat. der ständ. Bibl. Stuttg. 1907. S. VIII). *Mehring, v.* (ENGG)

— die, von der Todesstrafe. Versuch einer historischen Darstellung der verschiedenen Auffassungen. Zur Orientirung über den gegenwärtigen Stand der Frage insbesondere für praktische Theologen. Bremen 869. Müller. gr. 8. (120 S.) n. 16 ngr

— die türkische, oder die 6. Zornschale, von einem Laien. gr. 8. (30 S.) Stuttgart 877. (Metzler's Verl.) n. n. — 40

— die ungarische, österreichisch gedacht. gr. 8. (III, 110 S.) Amberg 877. Habbel. 1. 50

— die ungarische, in ihrem wahren Lichte. Mühlhausen 862. Rode's Buchdr. gr. 8. (18 S.) 3 ngr

Frage, Die ungarische, im wahren Lichte. Pesth 1864. V: *Zay von Csömör, Karl Graf.* (WBL)

Frage, Unversprochene, von Veremund v. Lochstein. O. O. [17??]. V: *Zacherl. Anselm.* (Lindner)

— verbeß. genealog., enth. den Zust. der hoh. Häus. von Europa rc. im Jahre 1746. 12. Berlin, Nicolai. 746.

— die, von der Verfassungsmäßigkeit der 2. Kammer beim außerordentlichen Landtage von 1847 im Königr. Sachsen. gr. 8. (8 S.) Leipzig 847, Vogel. n. 2 ngr

Frage, Zur, der Verkohlung von Torf nach dem System Schooning & Fritz. Patent-Inhabern: Deutsche Torfkohlen-Gesellschaft m. b. H. Berlin (1901)

Frage (Zur) der Verstaatlichung des Versicherungswesens. 8°. Wien, Sallmayer, 1885.

— die,: Vom wem kommt alle Gewalt im Staate; u. wie soll sie gebraucht werden? Beantwortet v. einem Bewohner der östlichen Schweiz. gr. 8. (64 S.) St. Gallen 850, Huber & Co. n. 8 ngr

[J.] Zur **Frage** der naturhistorischen Vorbildung der Mediciner. Von Einer Anzahl jüngerer Aerzte ... *Wien: C. Gerold's Sohn 1896.* (19 S.) 1 Bd 8. [90. 23:3

— die, der englischen Waffenausfuhr. gr. 8. (32 S.) Gotha 871. F. A. Perthes. n. — 80

Frage: Wann u. wie sind Reichsstände verpflichtet, in die in ihren Landen befindliche Festungen Reichstruppen zur Besatzung aufzunehmen u. das landesherrl. Festungscommando einem General der Reichsarmee zu überlassen? (21) 12. Frankfurt 1794.

— wann u. wie sind Reichsstände verpflichtet, in die in ihren Landen befindl. Festungen kaiserl. oder and. Reichstruppen zur Besatzung einzunehmen rc.? 8. Frankf. a. M. 797. Andreä. 2 gl

— —: Was bedeuten die Heuschrecken? Eccho(!): Schröcken! d. i. moralische (stellenw. recht derbe) Kirchweyhpredigt. Saltzburg 1751. 4°. 22 S. (3 Mk. Völcker, c. 1905.) Rar!

Frage, Die, was fehlet mir doch? Matth. XIX. v. 20 beantwortet. Hermannstadt 1705. H: *Teutsch, Andreas.* (Trausch)

— die,: Was fehlt mir noch? Oder: Anweisung zu einem thätigen Christenthume. Herausg. von dem christl. Vereine im nördl. Deutschland. 12. Halle 837. Waisenhausbuchh. n. 5 gl

Frage, die: Was fehlt mir noch? Oder: Anweisung zu e. thät. Christenthume. Nebst e. Anh. v. Gebeten. 12. Aufl. gr. 16. (187 S.) Eisleben 873. Christl. Verein im nördl. Deutschland. Geb. — 60

Frage was ist der Erzbischof? mit verschiedenen bes. in die deutsche Kirchenstatistik u. das deutsche Kirchen-Staats-Recht einschlagenden Fragen vermehrt. Neue Aufl. o. O. 1785.

— was ist der Erzbischof? 8. Manh. 786. Löffler. 10 gl

— — dies. 8. Mannheim, Schwan u. Götz.

Frage was ist die Freimaurerei? ... Augsb. 1784. 1785. V: *Grotter, Franz.* (Kl)

— was ist ein Pasquill? beantwortet a. d. peinl. Hals-Gerichts-Ordnung Kaiser Karls d. V. 8. Quedlb., Ernst. 791.

Frage: Was ist Freimaurerei? Zur aufrichtigen Warnung jünger. und unerfahrener Personen sich von dieser Secte zu hüten. Beschrieben von Aa R. P. F. G. [O. O.] 1784. Neue Aufl. Augsb. 1785. V: *Grotter, Fz.* (Journal f. Freymaurerei. Wien 1784/7, Jg. I, Bd. 3, S. 227—228) (L. Abafi, Gesch. d. Freim. IV/176) (M. Grolig, Die Freimaurer-Bibl. Wien 1908. Nr. 86) (Biblport)

Frage: Was können diejenigen Besseres hoffen ... die den ... Wunsch äussern: »Wenn doch nur einmahl die Franzosen ins Teutschland kämen« ... Augsburg 1795. V: *Plersch, Rob.* (Ky) (BB) (MGT)

— was können diejen. Besseres hoffen, als sie wirklich haben, die d. thörichten Wunsch äußern: „Wenn doch nur einmal die Franzosen in's Deutschland kämen!“ v. Pl*** (R. Plersch). 8. Augsb. 795.

— was von der Beleuchtung in Ehesachen zu halten? 8. Augsb. Klett. 771.

Frage, Die, einer neuen Kufsteiner Wasserleitung. Kufstein 1892. V: *Praxmarer, Joseph.* (Margr)

— die, der Wasserstraßen s. Preußen u. das Deutsche Reich, s.: Briefe e. alt. Politikers an e. Freund. Nr. 1.

Zur Frage des Oesterreichischen Weinexportes. Amtliche Consularberichte über die Verhältnisse des Weinhandels in den bedeutenderen Handelsplätzen. Hrsg. von der k.k. Landwirthschafts-Gesellschaft in Wien. Wien Braumüller 1868. XXVI, 95 S., mit 2 Taf. -- ÖNB*

Frage, Die wälschtirolische. Erörterungen und Ansichten ... Innsbruck 1866. V: *Schneller, Christian.* (Margr) (Charm. Weg 117.)

· die wälschtirolische. Erörterungen u. Ansichten mit Beziehung auf die materiellen, geistigen u. politischen Verhältnisse. [Aus d. Tiroler-Bothen.] Innsbruck 866. Wagner. 8. (56 S.) u. 5 ngr

Frage, wer hat Recht: die alte, oder die neue, von der alten gespaltete Kirche. O. O. [17??]. V: *Kraus, Johann Baptist.* (ML) (Lindner)

— die: Wer ist Protestant? mit Bezug auf d. neuest. Streitschriften v. Pistorius u. Müller gegen König, beantwortet. 2. Aufl. 8. Halberstadt 845. Lindequist u. Schönrock. 1/12 ℔

Frage, Die wichtige, ob das wider die Thorner Anno 1724 zu Warschau gefällte Urtheil ... dem Olivischen Frieden widerstrebe? ... O. O. 1725. V: *Hannenberg, Gottfried.* (Jes)

Frage, Wichtige, was ist die Kirche? unpartheyisch entworfen ... 1782. V: *Ruthner.* (Behrisch, Die Wiener Autoren. 1784.)

Die wichtigste Frage und die richtigste Antwort. *(Cassel: J. G. Onck u. Nachf. [um 1900].)* (8 S) 8° [Kopit 3.]
= [Traktate d. Christl Traktat-Gesellschaft] Neue Serie No 10]
[... 4

— wie könnte am leichtesten d. Unterhalt d. Schullehrer hergestellt oder wenigstens hinlänglich verbessert werden? beantwort. v. e. Local-Schulinspektor des Regenkreises. Sulzb. 822. v. Seidel. 2 gl

— wie sieht es gegenwärtig im Reiche Gottes aus? nebst Antwort u. etwas mehr als Alltägl. über Freimaurerei. 8. Marb., Krieger. 2 gl

— wie wird der Antichrist aussehen — blau oder grün? 8. Wien, Gerold. 781.

Zur Frage der Wiedereröffnung der Schiffahrt auf dem mittleren Neckar. Herausg. v Kgl. Württ. Ministerium d. Innern u d. Handels- u Gew.-Kammer. 4° Stuttgart 1889

A., E. v.: Zur Frage des Wildschadenersatzes. Ein ernstes Wort in später Stunde. - Hannover 1891. 19 S.

Frage, über die, wird Antwerpen wieder so bedeutend werden, als es ehemals war? Mit vorzügl. Rücksicht auf Holland, England, die Hansestädte u. insond. auf Hamburg. 8. Hamb. 802. Schmidt. 6 gl

— wird durch die Freiburger Beiträge das älteste Christenthum u. die neueste Philosophie befördert? 8. Augsburg 792. M. Rieger. 1/8 ℔

Frage, Die: Wohin? In Bezug auf die landständischen Verhältnisse der Preußischen Monarchie, vom Gesichtspunkte praktischer Ausführbarkeit betrachtet. Berl. 1843. V: *Canitz, Carl Ernst Wilhelm Freih. von.* (Russell II, 1, 333)

— die: Wohin? In Bezug auf die landständischen Verhältnisse der Preuß. Monarchie, vom Gesichtspunkt prakt. Ausführbarkeit betrachtet. gr. 8. Berlin 843. Dümmler. 2/3 ℛ

— —, Eine, der Zeit: Casernirte oder freie Prostitution? Dresden 1890. 8⁰. (Bibl. der Gehestiftg., Dresden.) (50 Pfg. A. Bielefeld, 1892.)

Zur Frage der Centralisation oder Decentralisation in Österreich. Eine Stimme aus Mähren. Vom Verfasser der „Vertraulichen Briefe aus Wien". Wien, Jasper, Hügel u. Manz, 1850. II, 54 S. 8⁰.

—— die, der Zollvereinigung Deutscher Staaten. Beleuchtet v. e. Badischen Gewerbsmann. gr. 8. (2 B.) Heidelberg 831, Winter.

Frage, Zur, eines Zukunfts-Exercier-Reglements für die Infanterie. Von einem älteren Infanterie-Officier. gr. 8. Berlin 1884.

FRAGEBOGEN, betreffend die von der Delegirten-Versammlung des „Central-Verbandes deutscher Industrieller" in Köln beschlossenen Enquête in der Währungsfrage (Eisleben (1885) Druck von Ernst Schneider.) (Ohne bes. Titelbl.) 8⁰.

Fragebogen der volkswirtschaftlichen Gesellschaft für Mitteldeutschland, zur Sammlung von Material bezüglich des Nothstandes im Sächsischen Obererzgebirge. O. O. 1863. V: *Mehnert, Carl & Andere* (Bibl. d. stat. Bureaus Dresden 1890.)

Fragebogen zum Handgebrauch f. Wähler, so wie auch f. Abgeordnete zur Gewissenserforschung v. X. Quidam. 16 (36 S.) Köln 876. Bachem. — 30

Fragebogen betr. die Reform d. borsemässigen Terminhandels mit landwirtschaftl. Erzeugnissen. *[Wien 1900]: (K. k. Hof- u. Staatsdr.)* (6 S.) 4⁰ [Kopft. F.]

FRAGEBOGEN zur Sammlung der volkstümlichen Überlieferungen im Königreich Sachsen und in den angrenzenden Gebieten. — (Leipzig. Druck von Hesse & Becker Ohne bes Titelbl.) 8⁰.

Fragebogen und Schema zur Verfertigung einer Elsässer Grammatik nebst Sprachenkarte für Elsaß und Deutsch-Lothringen. Straßb. 1873. V: *Liebich, L.* (Mz)

Fragebögen, ethnographische, der Anthropologischen Gesellschaft in Wien. 1. Südslaven. Von Frdr. S. Krauss. 8. (VI, 48 S.) Wien 884. Hölder. n. 1. —

Fragebuch für angehende Artilleristen, zum Selbstunterricht. 8. Berl. 805. Gädicke. (Penning in Greis). 6 gr.

Fragebuch f. die Drogisten-Gehilfen-Prüfungen des Deutschen Drogisten-Verbandes v. 1873. E. V. Hrsg. v. dem Deutschen Drogisten-Verband v. 1873. E. V. 3. Aufl. (89 u. XIV S.) 8. Berlin (909). H. Meusser. Kart. 1. 50

Fragebuch der Geburtskunde für die Hebamme in den Königl. Preuß. Staaten, mit einem clin. Anhang. 8. Berlin 840. Th. Enslin. 1 ℛ

Fragebuch der Geburtskunde für die Hebammen in den Königl. Preussischen Staaten. 2. Ausg. Berlin 1850. V: *Schmidt, Jos. Herm.* (Ky)

Fragebuch für Kinder über das Alte Testament. gr. 16. (215 S. mit eingedr. Holzschn.) Cincinnati 857(60.) (Philadelphia, Schäfer und Koradi.) *

—— für Kinder über das Neue Testament. gr. 16. (185 S. mit eingedr. Holzschn.) Philadelphia 857(60), Schäfer und Koradi. *

Fragebuch für Kinder über das neue Testament. Bremen 867. Verlag des Tractathauses. 16. (IV, 106 S.) n. 4 ngr.

Fragebücher des Zinnendorfischen Systems. [Rudolstadt ca. 1805—1806.] H: *Schröder, Friedr. Ludw.* (wolfstieg II, 546)

Fragekasten, der landwirthschaftlich-technische. Redig. von Gumprecht. 1. Jahrg. April — Decbr. 1856. 9 Nrn. (à 1 Bgn.) Berlin, R. Kühn. 4. n. 18¾ ngr

Fragekasten, der landwirthschaftlich-technische. Redig. von Gumprecht. 2. und 3. Jahrg. 1857 und 1858. à Jahrg. 12 Nrn. (Bog.) 4. Berlin 857, R. Kühn's Verlagsbuchh. *

Fragen. Acht F. Den löbl. Gotts-hauß-Pundt betreffendt / Erörteret durch einen frey- und wahrheit liebenden Pundts-genossen. 4. *o. O.* 1700.

Agrarpolitische Fragen. (Nationallib. Programm. — D. landwirthschaftl. Nothlage. — D. preuss. Staatsrath.) . . *Berlin: Centralbur. d. nationallib. Partei 1895.* (1 Bl., 23 S.) 1 Bd 8.
— Flugschriften d. nationalliberalen Partei. Stück 15.

Fragen und Antworten, Allgemeine in Gottes Wort gegründete, christlicher Lehre, nach Anleitung des Catechismi D. Luthers . . . Hersfeld 1772. V: *Becker, Johann Gottfried.* (ML) (Stri)

Fragen und Räzeln, Anmuthige, Wie auch Lehr- und Sinn-reiche Beantwort- und Aufflösung Allerhand so wohl Theolog.- als Philosoph.-Histor.- und Philologischer —. Vor diesem . . . . in Latein. Sprach beschrieben, nachmahls aber in d. Teutsche übers. durch J. F. N. P. M F. Mit Titelkpfr. Franckfurt a. M., b. A. O. Fabern. 4⁰. (In Berlin:, Xh 12, 775.)
M. M. V. 1675. B 4 b.

— — Dasselbe. Ebd. 1730. 4⁰.
Rüdiger's cat. univers. p. 14.

Fragen ohne Antwort oder Katechismus der Weisen. Meiningen 1784. V: *Pfranger, Joh. Georg.* (JL)

Fragen und Antwort über die Baselschen Angelegenheiten. Burgdorf 1832 s. Tscharner, ([Johann] Fried[rich]) von, und Kasthofer, Carl.

— ohne Antworten, od. Materialien zum Denken, von H**. 8. Jena, Voigt. 813.

Fragen und Antworten zur Auseinandersetzung . . . des kurzen Unterrichts im Christenthum. Altona 1812. V: *Witt, Joh. Gotter.* (Bruun, Bibl. Danica I, 269.) (Collin, Anonymer. Kiobenh. 1869.)

— u. Antworten aus Gmelins Brief an Hofmann, über d. thierischen Magnetismus. 8. Nördl. 788. Beck. 4 gr.

— u. Antworten über d. Garnison u. Felddienst f. d. Soldaten d. K. Preuß. Infanterie. 3e Aufl. 12. Magdeb. 830. (Rubach). 4 gr.

Fragen u. Antworten über die biblische Geschichte im 1. Buch Mose. Zum Confirmations-Unterricht. 2e Aufl. gr. 8. Tübingen 847. Osiander. 1 1/2 gr.

— u. Antworten über d. sogenannten 5 Hauptstücke. 8. Manh. 785. Schwan u. G. 1 gr.

— u. Antworten zu den sechs Hauptstücken des kleinen Catechismus M. Luther's, siehe a. Löhe, Haus-, Schul- u. Kirchenbuch.

— u. Antworten zu den 6 Hauptstücken d. kleinen Katechismus Dr. M. Luthers. Besond. Abdr. aus W. Löhe's Haus-, Schul- u. Kirchenbuch. 1. Thl. gr. 8. Stuttgart 846, S. G. Liesching. n. 1/6 Thlr.

Fragen und Antworten zum Gebrauch bey öffentlichen Catechisationen . . . Heidelb. 1814. V: *Sachs, Johann Gotthelf Friedrich.* (MGT)

— u. Antworten üb. den Katechismus d. christl. Lehre f. die evangelisch-protestant. Kirche im Großherzogth. Baden. 8. Heilbronn 842, Classische Buchh. 1/4 Thlr.

—— u. Antworten üb. den Katechismus der christl. Lehre f. d. evangel.-protestantische Kirche im Großhrzgth. Baden. 8. (7 B.) Heilbronn 842, [Landherr.]

—— und Antworten zum Cotillon. 32. (60 Blatt.) Grimma 869, Heun. ℳ 1,50.; feine Ausg.

Fragen u. Antworten zum Cotillon. Grimma 870. Heun. 32. (60 Bll.) 15 ngr.; feine Ausg. 1 Thlr.

Fragen u. Antworten über Religionsangelegenheiten, veranlaßt durch die protest. Säkularfeier. Herausgeg. von einem Dorfpfarrer. Mainz, Kirchh., 1818, 8°.

— u. Antworten über Religions-Angelegenheiten, veranlaßt durch d. protestant. Säcularfeier. 8. Mainz 818. Müller. 6 gr.

— und Antworten a. d. Strafgesetzbuch. 8. Wien, Binz. (in Comm. b. Liebeskind in Leipz.) 809.

— u. Antworten zum theoret. Unterricht f. K. Preuß. Ulahnen-Regimenter. Wesel, Becker. 2 gr.

— u. Antworten üb. die Valuta-Regulirung. gr. 16. (27 S.) Wien 892. Manz. n. — 20

— einige, veranl. durch Fichte's Appellation ꝛc. 8. Helmstädt, Fleckeisen. 799.

Fragen und deren Beantwortung, welche als Fortsetzung der Instruction über das Notariatswesen dienen können. Cassel 1810. V: *Fourmont, Aug.* (Ky)

— u. deren Beantwortung, welche als Fortsetzung d. Instruktion üb. d. Notariatswesen dienen konnen (v. A. Fourmont). Französ. u. deutsch, Cahier 1—3. gr. 8. Cassel 810.

— u. Bemerkk., veranlaßt durch d. v. Hrn. Claus Harms herausg. Streitschrift. gr. 8. Meiningen 819. Keyßner. 2 gr.

FRAG- und Anzeigungs-Nachrichten, Berlinische, 1737, bis 1739. (Bibl. d. Vereins für die Geschichte Berlins) Höchst selten.

Fragen, die Deutschland gegenwärtig bewegenden großen, u. das Verhältniß der Fortschrittspartei zu denselben. Reichhaltiges Material zur Beurtheilung der Wirthschaftspolitik des Reichskanzlers, sowie ein Beitrag zur Naturgeschichte der Fortschrittspartei. Bearb. im Wahlkreise des fortschrittl. Abgeordn. Eug. Richter-Hagen. gr. 8. (95 S.) Hagen 882. Risel & Co. n. 1. 50

Fragen, brennende. Hrsg. von †Thom. Frey [Th. Fritsch.] Redact.: Rob. Habs. In zwangloser Folge. Nr. 1—20. (à Nr. 1/2 Bog.) gr. 8. Leipzig 886, Th. Fritsch. pro 10 Nrn. [* 80 Pf.] * Einzelne Nrn. à [* 10 Pf.] *

—— dass. — Hrsg. von †Thom. Frey. Nr. 21—30. (à Nr. 1/2 Bog.) gr. 8. Ebendas. 887. *

—— dass. — 4. Serie. Nr. 31—40. (à Nr. 1/2 Bog.) gr. 8. Ebendas. 888. [* 60 Pf.] *

Fragen, brennende. Hrsg. v. Thomas Frey. Nr. 1—37. gr. 8. (à 8 S.) Leipzig 885—890. Th. Fritsch. n. 1. 50; einzeln à — 5

1. Deutsche National-Untugenden, od. Weshalb kommt der Deutsche trotz seiner Fähigkeiten zu Nichts? Ein Wort an Väter, Mütter, Lehrer u. Erzieher. 4. Aufl.
2. Wie wird man Millionär? 15. Aufl.
3. Wo ist unser Geld geblieben! 7. Aufl.
4. Wer regiert heute? u. Welcher Partei schließe ich mich an? 5. Aufl.
5. Nützen od. schaden uns die Zeitungen? 4. Aufl.
6. Republik od. Monarchie? 3. Aufl.
7. Liberalismus, Freiheit u. Reaction. 3. Aufl.
8. Warum ist der Deutsche im Auslande verhaßt? 5. Aufl.
9. Was will der „Fortschritt"? 4. Aufl.
10. Woran erkennt man den wahren deutschen Michel? 4. Aufl.
11. Immer mehr Fortschritt — immer mehr Arbeit u. Elend. 4. Aufl.
12. Gold-Währung od. Doppel-Währung? 3. Aufl.
13. Antisemitismus u. Socialdemokratie? 3. Aufl.
14. Jüdische Mysterien. Damaskus — Lutscha — Tisza Eslar — Skurz. 4. Aufl.
15. Ein Disput üb. die Judenfrage? 4. Aufl.
16. Urtheile hervorragender Männer üb. d. Judenthum. 4. Aufl.
17. Weitere Urtheile üb. das Judenthum. 3. Aufl.,
18. Neuere Urtheile üb. die Juden. I. 6. Aufl.
19. — dasselbe. II. 4. Aufl.
20. Zum Verständniß d. Juden-Charakters.
21. Die Güter-Schlächterei in Hessen. Ein Mahnruf an das deutsche Volk v. Reichstags-Abgeord. Dr. Böckel. 5. Aufl.
22. Rede Bismarck's üb. die Judenfrage. 3. Aufl.
23. Frankreich unter Juden-Herrschaft. [La France juive.] 3. Aufl.
24. Die menschlichen Rassen u. die ältesten Völker.
25. Wie macht der Jude das Geschäft? 13. Aufl.
26. Ein Wort an die deutsche Frau. 4. Aufl.
27. Am Sterbebett d. entschiedenen Liberalismus. 3. Aufl.
28. Die ersten Culturen u. Religionen. I.
29. Was lehrt der Talmud. 3. Aufl.
30. Die ersten Culturen u. Religionen. II.
31. Arier u. Semiten. 5. Aufl.
32. Die Vorläufer der Bibel.
33. Fragen u. Antworten üb. das Juden-Thema. I. 3. Aufl.
34. Die Juden d. Alterthums.
35. Aphorismen zur Judenfrage.
36. Der Kornwucher an der Börse u. die Ursachen d. Nothstandes der Landwirthschaft. I. 3. Aufl.
37. — dasselbe. II. (Schluß.)

Fragen, brennende. Hrsg. v. Thom. Frey. Nr. 1—37. gr. 8. (à Nr. 8 S.) Lpz., [Fritsch.] Herm. Beyer. * 1 50; einzeln à Nr. — 5

1. Deutsche National-Untugenden, od. Weshalb kommt der Deutsche trotz seiner Fähigkeiten zu Nichts? 4. Aufl. 887. — 2. Wie wird man Millionär? 6.—15. Aufl. 888—90. — 3. Wo ist unser Geld geblieben! 7. Aufl. 890. — 4. Wer regiert heute? u. Welcher Partei schließe ich mich an? 5. Aufl. 887. — 5. Nützen od. schaden uns die Zeitungen? 7. Aufl. 890. — 6. Republik od. Monarchie? 3. Aufl. 887. — 7. Liberalismus, Freiheit u. Reaction. 10. Aufl. 891. — 8. Warum ist der Deutsche im Auslande verhaßt? 5. Aufl. 890. — 9. Was will der „Fortschritt"? 4. Aufl. 887. — 10. Woran erkennt man den wahren deutschen Michel? 5. Aufl. 891. — 11. Immer mehr Fortschritt — immer mehr Arbeit u. Elend. 4. Aufl. 887. — 12. Gold-Währung od. Doppel-Währung? 3. Aufl. 887. — 13. Antisemitismus u. Socialdemokratie? 3. Aufl. 887. — 14. Jüdische Mysterien. Damaskus — Lutscha — Tisza Eslar — Skurz. 4. Aufl. 887. — 15. Ein Disput üb. die Judenfrage? 4. Aufl. 887. — 16. Urtheile hervorragender Männer üb. das Judenthum. 4. Aufl. 890. — 17. Weitere Urtheile üb. das Judenthum. 3. Aufl. 890. — 18. Neuere Urtheile üb. die Juden. I. 6. Aufl. 889. — 19. Dass. II. 4. Aufl. 887. — 20. Zum Verständniß d. Juden-Charakters. 885. — 21. Die Güter-Schlächterei in Hessen. Von Böckel. 5. Aufl. 887. — 22. Rede Bismarck's üb. die Judenfrage. 3. Aufl. 887. — 23. Frankreich unter Juden-Herrschaft. [La France juive] 3. Aufl. 887. — 24. Die menschlichen Rassen u. die ältesten Völker. 4. u. 5. Aufl. 891. — 25. Wie macht der Jude das Geschäft? 9—13. Aufl. 889. — 26. Ein Wort

an die deutsche Frau. 4. Aufl. 888. — 27. Am Sterbebett d. entschiedenen Liberalismus. 3. Aufl. 887. — 28. Die ersten Culturen u. Religionen. I. 886. — 29. Was lehrt der Talmud? 4. Aufl. 889. — 30. Die ersten Culturen u Religionen. II. 886. — 31. Arier u. Semiten. 6. Aufl. 889. — 32 Die Vorläufer der Bibel. 887. — 33. Fragen u. Antworten üb. das Juden-Thema. I. 3. Aufl. 888. — 34. Die Juden d. Alterthums. 886. — 35. Aphorismen zur Judenfrage. 888. — 36. Der Kornwucher an der Börse u. die Ursachen d. Nothstandes der Landwirthschaft. I. 4. Aufl. 889. — 37. Dass. II. (Schluß.) 888.

— brennende. Hrsg. v. Thomas Frey. Nr. 6, 7, 10, 14, 24 u. 29. gr. 8. Leipzig, [Th. Fritsch]. H. Beyer. à — 5
6 Republik oder Monarchie? 5. Aufl. (8 S.) 891.
7. Liberalismus, Freiheit u. Reaction. 10. Aufl. (8 S.) 891.
10. Woran erkennt man den deutschen Michel? 6. Aufl. (8 S.) 891.
11 Rathselhafte Morde. 1. Aufl. (8 S.) 892.
21. Die menschlichen Rassen u. die altesten Völker. 4. u. 5. Aufl. (8 S.) 891.
29. Was lehrt der Talmud? 4. Aufl. (8 S.) 891.

Fragen, brennende, Fortsetzung s.: Meyenberg, A.

Fragen, brennende. 1. Heft. gr. 8. Luzern, Räber & Co. n. — 90
Die Pflicht der Anteilnahme der Katholiken an Wissenschaft u. Kunst. Von A. Meyenberg. (92 S.) 905.

— brennende, in reglementarischer Form. Mit in den Text gedr. Abbildgn. gr. 8. (XX, 131 S.) Berlin 881. Mittler & Sohn. n. 2. 40

Fragen, brennende kirchliche, f. die gläubige Gemeinde beantwortet. 1. u. 2. Heft. 8. Helmstedt, J. C. Schmidt. (Nur direkt.) 1. —
Boehmer, Jul., Christentum u. Religionsgeschichte. (51 S.) 909. (Hft. 2.) — 60
— Das Reich Gottes in Schrift u. Kirchengeschichte. [Aus: „Ev. Kirchenztg."] (32 S.) 908. (Hft. 1.) 40

— die brennenden, der Gegenwart. Wochenzeitschrift Red.: Chr. Steffen. Nr. 1. (12 S.) 4. Berlin 906. Leipzig, O. Weber.) n. — 10
Fortsetzung erscheint nicht.

— bundesrechtliche, actenmäßig dargestellt. gr. 8. (VIII u. 334 S.) Halle 851, (Braunschweig) Schwetschke & Sohn. 1 ℛ 21 ngl

— an d. Hrn. Rath Campe u. sn. Commentator. 8. Braunschw. 787. Schulbuchh. 1 ℛ

— einige, an evangel. Christen, beantwortet v. e. Bekenner d. Augsb. Confession. 12. Grünberg 845, Levysohn. n. 1 ngl

Fragen, D. J. C. W. kurtze, . . . , s. Fragen, D. Joh. Christian Wächtlers . . .

— f. Dampfkesselwärter. Hrsg. vom Magdeburger Verein f. Dampfkesselbetrieb in Magdeburg. 12. (24 S. m. 1 Fig.) Braunschweig 893. (Magdeburg, Creutz.) n.n. — 50

Fragen, deutsche, von einem Deutschen. Darmstadt 860. Bernin. gr. 8. (54 S.) 6 ngr.

Fragen, die beherzigt zu werden verdienen, von einem Zürcherischen Landmann. Herausgegeben mit einigen Anmerkungen von J. K. Lavater. Zürich 1794. V: *Meili, Hs Hnr.* (Cat. d. Stadtbibl. Zürich. Zürich 1864—97.)

Fragen, Drei, über das Abendmahl. Ansprache . . . Bonn [1892]. V: *Lohmann, Joh. Bapt.* (Berl)

Fragen, Drei, in Bezug auf Herrn Appert und das Allgemeine Krankenhaus . . . Hamb. 1850. V: *Julius, Nicolaus Heinrich.* (schr) (A)

Fragen, drei, in Bezug auf Hrn. Appert u. das Allgemeine Krankenhaus, nebst einer Antwort auf diese Fragen, v. einem Arzte. gr. 8. (IV u. 32 S.) Hamburg 850, Perthes-Besser & Mauke. n. 3 ngl

Fragen, drei, zum Eide. Eine kurze Abhandlung für Jedermann aus dem Volke von K. A. A. Chemnitz 868. Send. 8. (20 S.) 3 ngr.

Fragen, Drey, von den Gaben des heiligen Geistes. [Zürich 1769.] V: *Lavater, Joh. Casp.* (Cat. d. Stadtbibl. Zürich. Zürich 1864—97.)

— drei, eines Gläubigen an die Philosophie u. Politik. gr. 8. (55 S.) Buchholz 830, Adler. n. 5/12 ℛ

FRAGEN 3 interessante – als ein Aufschluß zu den neueren Anstalten in den österreichischen Staaten Die Medizin und Chirurgie betreffend o V., o O 1788 1 vol 56 S

Drei Fragen an die Confirmanden, zur Ablegung ihres Glaubensbekenntnissen. 2. Abdruck. U. St. 1838. (U. Titelbl.). P.

– drei, in Sachen des evangel. Vereins d. Gustav-Adolf-Stiftung, allen Freunden des Vereins u. insbesond. allen Theilnehmern an der bevorstehenden Hauptversamml. zu Frankfurt a/M. Zur Prüfung vorgelegt. gr. 8. Frankfurt a/M. 843, Sauerländer. n. 1/6 ℛ

Fragen, Drei, an die Verfasser der Freyburger Beyträge . . . Augsburg 1789. V: *Christmann, Franz Xaver.* (MGT)

— drey, an d. Verfasser d. Freyburger Beyträge z. Beförd. d. altest. Christenth. 8. Augsb. Wolf. 789.

Fragen, drey, zur Vertheidigung der Hexerey. I. Ob Pater *Angelus März* die Rede des P. Don *Ferdinand Sterzinger* gründlich, u. II. bescheiden widerleget habe? III. Und ob wohl diese akadem. Rede dem heil. Kreutze von Scheyrn in der That nachtheilig sey? Mit einem sichern *Ja* beantwortet, und dem P Angelus März selbst dedicirt von *J. F. Z.* (Motto aus Horaz.) O. O Gedr im Jahre 1767. 4°. Beibd. Verspottung des erzdummen Pater März. 18 S — Selten! Verf. Bremb?

— drei wichtige handelspolitische. Vorträge, geh. im Verein: „Vereinigte Berliner Kaufleute u. Industrielle" zur Wahrnehmung ihrer Interessen [nach stenograph. Aufnahme]. 1. Die jetzige Handelspolitik in Deutschland: Hr. Reichstagsabgeordneter Ludw. Loewe. 2. Die Entwickelung unseres Eisenbahnwesens [mit Beziehung auf die Verstaatlichung der Eisenbahnen u. auf Sekundärbahnen]: Hr. Reichstagsabgeordneter Rickert. 3. Referat u. Debatte über den Antrag des deutschen Handelstages wegen Unificirung der deutschen Handelskammern u. Corporationen [Central-Handelskammer]: Referent Hr. Hugo Lissauer. gr. 8. (88 S.) Berlin 880. (Bohne.) n. 1. —

Fragen, Drey wichtige, über das Hexen-System. O. O. 1767. V: *Breml* (BGE III[a], 195)

Fragen, Drey wichtige, über das Hexensystem von einem gesunden unverrückten Kopfe diesseits der Donau. O. O. 1767. V: *Premb.* (BGE[a] 3/195 »Bremb«) (Fieger: Ferdinand Sterzinger, S. 135) (Zauberbibl. Nr. 19) (Biblport)

Fragen, Drey: I Wie entstund die heutige *Freydenkerey, Maurerey* etc.? II. Wie verbreitete sie sich so sehr? III Wie kann sie unterdrücket werden? In eben so vielen Kapiteln beantwortet, und anderen zum beantworten übergeben von einem katholischen Patrioten Deutschlands. O O. (In Bayern gedr.?) MDCCXCV. (1795) 8°. Hldrb.
XII—186 S Nicht häufig Unter den Mitteln zur Unterdrückung nennt der liebenswürdige „Patriot" die „baldmöglichste Wiederherstellung des Jesuiten-Ordens"!

Fragen, Drei, I. Wie entstund die heutige Freidenkerei, Maurerei? . . . Augsburg 1795. V: *Stattler, Bernh.* (KL)

Fragen, Drey. I. Wie entstund die heutige Freydenkerey, Maurerei etc.? II. Wie verbreitete sie sich so sehr? III. Wie kann sie unterdrücket werden? In eben so vielen Kapiteln beantwortet und anderen zum beantworten übergeben von einem kathol. Patrioten Deutschlands. [Augsburg] 1795. V: *Stattler, Benedikt.* (KL 3477) (Wolfstieg I, 200)

— drei, wie entstand die heutige Freidenkerei, Maurerei ꝛc. 8. Augsb. 795. Rieger. 10 gl

— dreyhundert interess., f. d. Bedürfnisse der gegenwärt. Zeit ꝛc. Leipz. Bruder u. Hoffmann. -

— 300 interessante, f. d. Bedürfnisse d. gegenwärtigen Zeit, deren Auflösung in d. Bibel nachgewiesen wird. Neue Aufl. 4. Elberf. 817. (Schönian). 3 gl

Fragen, dreißig, gerichtet an alle theolog. Fakultäten, Consisterien u. protestant. Geistliche Deutschlands, um deren ruhige, gründl. u. bald. Beantwortung gehorsamst gebeten wird, von G. v. C. 8. (1 B.) Leipzig 841. (Schreck.) •

Fragen, drei und dreißig, über die Unterscheidungslehren der evangelischen und katholischen Kirche für Schüler vom 12. bis 14. Jahre mit Anmerkungen für die Lehrer. Stuttgart 854. Scheitlin. gr. 8. (IV, 48 S.) 4 ngr

— 33, über die Unterscheidungslehren der evangelischen u. katholischen Kirche für Schüler vom 12—14. Jahre, mit Anmerkungen für die Lehrer. 4. Aufl. 8. (48 S.) Stuttgart 882. Buchh. der Evangel. Gesellschaft. n. — 20

— 33, üb. die Unterscheidungslehren der evangelischen und katholischen Kirche. Für Schüler vom 12. bis 14. Jahre. Mit Anmerkgn. f. Lehrer. 5. Aufl. gr. 8. (64 S.) Stuttgart 889. Buchhandlg. der Evangel. Gesellschaft. n. — 20

— 33, üb. d. Unterscheidungslehren d. evang. u. kathol. Kirche. Für d. Religionsunterr. M. Anmerkgn. f. den Lehrer. 6. Aufl. 12. (64 S.) Stuttgart 898. Buchh. d. Evang. Gesellschaft. n. — 20

Frag- und Anzeigen.- Dreßdnische Frag- und Anzeigen. –
7.I.1783–5.I.1795.
Vorh. u. d. T.: Dresdnische Wochentliche Frag- und Anzeigen.
Fortges. u. d. T.: Dresdener Anzeigen.

Frag- und Anzeigen. – Dresdnische Wöchentliche Frag- und Anzeigen. – 9. V. 1752 – 31. XII. 1782.
Vorh. u. d. T.: Wöchentl. Dreszdnische Frag- und Anzeigen.
Fortges. u. d. T.: Dreßdnische Frag- und Anzeigen.

Dritthalbhundert kurzweilige Fragen sammt derer Antwort, womit man die melankolischen Mucken vertreiben und die lange Zeit sehr kurz machen kann Frankfurt und Leipzig O. J.
Curt Friedreich S. 202 ohne Formatsangabe.

Dritthalbhundert | kurzweilige Fragen samt deren Antwort. | Womit man die melancholischen Mucken vertreiben, und die lange Zeit sehr kurz machen kann. Mit gnädigster Genehmigung | Reutlingen, | bei Jakob Noi Enßlin. o. J., 23 S., 16⁰ 100
StB Ulm BB 925.

— — Dasselbe, tit.: Dritthalb hundert kurzweilige Fragen, Samt dero Antwort. 1769. 8⁰ (75 cts. Franz Hanke, Zurich, 1871; jetzt theurer!)

Fragen, Einfältige, von der Haushaltung und den Wegen Gottes aus der heil. Schrift. Halle 1712. V: *Loesecke, Christoph Albrecht.* (Adel)

Fragen, Einfältige, eines Layenbruders über die Bremische Prüfung der Lavaterischen Meynung von der Glaubenskraft. Frankf. u. Leipz. 1776. V: *Obereit, Jacob Hermann.* (ML) (Ky)

— einfältige, e. Laienbruders über d. Bremische Prüfung d. Lavaterschen Meinung von d. Glaubenskraft (v. J. H. Obereit). 8. Frankf. u. Leipz. 776.

— der Elementargeometrie. Aufsätze v. U. Arnaldi, E. Baroni, R. Bonola u. a. Gesammelt u. zusammengestellt v. Federigo Enriques. Deutsche Ausg. v. Herm. Fleischer. II. Tl. Die geometr. Aufgaben, ihre Lösg. u. Lösbarkeit. (XII, 348 S. m. 135 Fig.) gr. 8. Leipzig 907. B. G. Teubner. Geb. in Leinw. 9. —
Der I. Tl. ist noch nicht erschienen.

—— in Beziehung auf d. Entwurf e. Schweizerischen Bundesverfass. v. e. Gesellsch. Eidgenossen. 8. (¼ B.) Zürich. 832, Schultheß

— und Antworten, erbaul., 8. Stendal, Franzen. 803. -

Fragen und Erinnerungen über vaterländische Gegenstände. [Altona 1795.] V: *Niemann, August Chn Hnr.* (MGT)

Fragen, Einige, zur Erläuterung des Dresdner Katechismus. Waldenburg [1767]. V: *Lange, Caspar Gottlob.* (ML)

Fragen an manche Erzähler von Mordscenen. [Halle 1794.] V: *Streithorst, Johann Werner.* (ML)

Fragen f. die medicinische Facultäts-Prüfung an den königl. bayer. Universitäten. gr. 8. (24 S.) Würzburg 872. Stahel. n. - - 40

Fragen zur Feststellung buchhändlerischer Geschäftsgebräuche. Berlin 1836. V: *Enslin, Theodor Christian Friedrich.* (Russell VII, 2, 1227)

Frag- und Anzeige–Nachrichten. – Frankfurter Frag- und Anzeige-Nachrichten. – Frankfurt am Main. – 30. III. 1792 – 20. X. 1806. Vorh. u.d.T.: Frankfurter Frag- und Anzeigungs-Nachrichten. Fortges. u.d T.: Intelligenzblatt der freien Stadt Frankfurt.

Frag- und Anzeigungs-Nachrichten. – F r a n k f u r t e r Frag- und Anzeigungs-Nachrichten.– Frankfurt/Main. – 2. I.1779 – 29.III.1792.
Vorh. u. d. T.: Ordentliche Wöchentliche Franckfurter Frag- und Anzeigungs-Nachrichten.
Fortges. u. d. T.: Frankfurter Frag- und Anzeige-Nachrichten.

⊙ Freimuthige, aber bescheidene **Fragen** und Bemerkungen, veranlasst durch die von Archidiaconus Claus Harms herausgegebene Streitschrift Von einem Anhalt-Dessauischen Prediger. Meiningen. 1819. 8°

— freymuthige, wie dem im Argen liegenden Schulwesen überhaupt, insbesondere aber in dem K. Preuß. Antheile der Oberlausitz durchgreifend abgeholfen werden könne. gr. 8. Görlitz, Anton (in Comm.) 816. -

— freimüthige, wie d. im Argen liegenden Schulwesen überhaupt, insbesond. aber in d. K. Pr. Antheile Oberlausitz abgeholfen werden könne. gr. 8. Görlitz 817. (Anton in Halle). 6 gr. und Dresd., Arnold. 4 gr.

Fünf Fragen, vorgelegt der Lehrerversammlung in Rendsburg : 29. und 30. September 1818. o. O. u. J. 1 Bl. 4°

— 50, an u. für Hauslehrer u. solche, die es werden wollen. Ganz besonders nöthig aber auch für Alle, welche Hauslehrer halten. 8. Neust. 829. Wagner. 9 gr.

Fragen und Gedanken, Einige, der Beherzigung aller deutschen Brüder . . . O. O. 1782. V: *Bode, Joh. Joachim Christoph.* (Kl)

Fragen und Gedanken, Einige, der Beherzigung aller Deutschen BBr. des mit der Frey Mrey verbundene J. Ordens, besonders derer, welche an der Direction dieses Ordens mittel- oder unmittelbar Theil haben, vorgelegte —. (Weimar 1782) V: *Bode, Joh. Joachim Christoph* (kl 2315) (wolfstieg II, 534)

Fragen über Liturgische Gegenstände . . . Hamb. 1792. V: *Wolfrath, Friedrich Wilh.* (Bruun, Bibl. Danica I, 565.)

— üb. liturgische Gegenst. m. besond. Rücks. a. d. schleswig. holst. Verf. rc. a. d. Nachl. d. Consist. R. Lange in Altona, v. F. W. Wolfrath herausg. 8. Hamb. 793.

* — üb. liturgische Gegenstände mit besond. Rücksicht auf die Schleswig-Hollstein. Verfass. aus dem Nachlaß des Consist. Rath Lange in Altona, herausgeg. von F. W. Wolfrath. 8. Hamb. (Leipz. Gleditsch.) 794.

Fragen der Gegenwart, aufgestellt und beantwortet von dem vaterländischen Vereine zu Sagan. Sagan, P. H. Raabe u. Sohn, 1848. 36 S. 8°.

Fragen des modernen Geisteslebens. Dargest. u. beantwortet in 9 Vorträgen von Oberstlt. a. D. U[lrich] v. Hassell [u. a.]. Berlin: Ostdeutscher Jünglingsbund 1910. 147 S. 8° [11. 9781

— des modernen Geisteslebens. Dargestellt u. beantwortet in 9 Vorträgen von U. v. Hassell, Hauser, Kühn, Hoennicke, Sawory, Schwebel, Raak, Kulemann, Kaltwasser. (VIII, 147 S.) 8. Berlin 910. Buchh. des ostdeutschen Jünglingsbundes. 1.80

— an Gelehrte über d. Kanon. 8. Berl. 781. Schneider. 4 gr.

— gelöste u. ungelöste, aus dem akademischen Leben der Gegenwart. Aufsätze üb. das Verbindungswesen, Mensur u. Duell, sowie üb. verschiedene hervorrag. Ereignisse in der akadem. Beweg. der Gegenwart. Hrsg. v. der Redaktion der Akadem. Monatshefte. I. Reihe. gr. 8. (IV, 123 S.) Stuttgart 886. Bonz' Erben. n. 2. —

Fragen, Genealogische, vom jetzigen Zustande der Hohen Häuser in Europa . . . Frankf. u. Leipzig 1729. V: *Feustking, Johann Heinrich, Johann Georg Hocheisen & Joh. Friedrich Schimmer.* (Myl)

Fragen aus der alten und neuen Geographie von C. W. O. O. (ca. 1700). V: *Weise, Christian.* (Jöch)

— über d. allgem. Gerichtsordnung. gr. 8. Wien 804. Beck. 16 gr.

Fragen aus der biblischen Geschichte für die Jugend und christliche Haushaltungen . . . 2. Aufl. Duisburg 1786. V: *Janson, H. F.* (MGT) (Ky)

— aus d. biblischen Geschichte f. d. Jugend rc. nach d. Heidelberg. Katechismus (v. . . . Janson). gr. 8. Duisb. . . . 2te A. 786. Meyer in Lemgo. 9 gr.

Fragen über die Geschichte Jesu. München 1829. V: *Ernsdorfer, Bernh.* (Ky)

— einige, an Gottesleugner, s.: Volksaufklärung.

die großen, um Kirche u. Staat. München 868. Lentner. gr. 8. (43 S.) 7½ ngr.

— die großen, des Lebens, beleuchtet m. Aussprüchen großer Denker. Hrsg. auf Veranlassg. des Canisius-Preßvereines f. d. Diözese Leitmeritz v. J. G. (In 4 Lfgn.) 1. Lfg. (S. 1—96.) 16. Warnsdorf (906) A. Opitz. n. — 40

die großen, des Lebens, beleuchtet m. Aussprüchen großer Denker. Von J. G. (Zwanglose Broschüren. Hrsg.: A. Herdach.) 2—4. (Schluß-)Lfg. (S. 97—384.) 16. Warnsdorf (906. 07). A. Opitz. à — 40

Fragen über Veremunds von Lochstein G r ü n d e . . . , s. F r a g e n , Verschiedene, über . . .

Grundsätzliche F r a g e n über die Neuordnung der geschäftlichen Angelegenheiten des Vorschuss- u. d. Sparvereins zu Weimar. Weimar 1902.

Frag- und Anzeigungs-Nachrichten. – H a n a u e r Wochentliche Frag- und Anzeigungs-Nachrichten. 29.I.1750-12.I.1764.
Vorh. u.d.T.: Wochentliche Hanauer Frag- und Anzeigungs-Nachrichten.
Fortges.u.d.T.: Hessen-Hanauer Wochentliche Frag- und Anzeigungs-Nachrichten.

Fragen des Handwerks 1 Die Innungen auf Grund des Handwerksgesetzes vom 26.7.97. (150 S) — 2 Innungsausschusse, Handwerkskammern, Innungsverbände und Innungs-Unterstutzungskassen. (184 S) Berlin 1901

Fragen über die VI. Hauptstücke des kleineren Catechismi Lutheri . . . Altdorf 1719. V: *Ludwig, Johann Christoph.* (will)

— an die Heimat. Hrsg. vom Bund f. Schulreform in Hamburg, Arbeitsgruppe f. Heimatpflege. 1. Heft. 8. Hamburg, Boysen & Maasch. — 60
Was uns das Gängeviertel erzählt. Von Paul Bröcker. (32 S. m. Abbildgn.) (910.) — 60

Fragen, Die, des Herrn. 2. Aufl. Basel 1894. V: *Sarasin, Hans.* (zuwzür 1910)

Frag- und Anzeigungs-Nachrichten. – Hessen-Hanauer Wochentliche Frag- und Anzeigungsnachrichten.–
19.I.1764–17.I.1765.
Vorh.u.d.T.: Hanauer Wochentliche Frag- und Anzeigungsnachrichten.
Fortges. u.d.T.: Privilegirte Hanauer Wochen-Nachricht.

— u. Antworten, 100, üb. die christliche Heilslehre f. den Unterricht erwachsener Personen. gr. 16. (18 S.) St. Louis, Mo. (902). (Zwickau, Schriften-Verein.) n.n. — 25

Fragen, Einige, an Jeden, der sie beantworten kann . . . Dorpat 1806. V: *Ewers, Johann Phil. Gustav von.* (R-N)

— indiskrete, u. Antworten an die Sozialdemokratie. (Von Rud. Lebius.) (40 S.) gr. 8. Berlin 906. Reichsverband gegen die Sozialdemokratie. n. — 30

Fragen, Infanteristische, und die Erscheinungen des Boerenkrieges. Wien 1903. V: *Conrad v. Hötzendorf, Frz Freih.* (KA)

— infanteristische, u. die Erscheinungen des Boerenkrieges. von F. C. v. H. (III, 103 S. m. Fig. u. 2 Taf.) gr. 8. Wien 903. L. W. Seidel & Sohn. n. 2. 40

Fragen über den Inhalt des Berlinischen Taschenbuchs für Kinder . . . Berlin 1786. V: *Splittegarb, Carl Friedrich.* (MGT) (Ky)

— über d. Inhalt d. Berl. Taschenbuchs f. Kinder. (Von K. F. Splittegarb.) 8. Berl. 786

— innere, von einem Reichsfreunde. gr. 8. (40 S.) Baden-Baden 877. Wild. n. — 40

— jüdische. Sammlung v. wissenschaftl. Arbeiten aus dem Seminar des Vereines zionist. Hochschüler Theodor Herzl in Wien. (Buchschmuck v. Osk. Rosenfeld.) (VIII, 147 S.) 8. Wien (909). (R. Löwit.) 2. —

Fragen, Katechetische, zu eigenem Nachdenken und gründlichen Verständniss der christlichen Lehre . . . Bern 1789. V: *Masse, Friedrich.* (MGT)

— an d. Katechumenen, nach d. Grundlehren d. Luther. Katechismus. 8. Nürnb. 805. Lechner. (v. Ebner). 3 𝒦

— an Kinder: eine Einleitung zum Unterricht in der Religion. gr. 8. Zürich ... (Leipzig, Fr. Fleischer.) 1/3 ß

— an Kinder, e. Einl. z. Unterr. in der Rel. d. Ascetisch. Gesellsch. in Zürich. gr. 8. München, Fleischmann. 800.

— an Kinder, nebst Einleit. zum Unterr. in d. Religion v. d. ascet. Gesellsch. in Zürich. gr. 8. Zürich 807. Geßner. 8 𝒦

Fragen für Kinder über Begebenheiten aus der evangelischen Geschichte . . . Oettingen 1788—92. V: *Feneberg, Joh. Mich.* (MGT) (Ky) »Dünkelsbühl 1793.« V: *Sailer, Joh. Mich.* (Jes)

— für Kinder, über Begebenheiten aus d. evangel. Geschichte zur Weckung d. Nachdenkens über dieselben. Von e. aufrichtigen Kinderfreunde M. F. (J. M. Feneberg). 3 Hfte. 8. Oettingen 788—92. N. Aufl. 8. Oettingen 800. (Joachim in Leipz.) 16 𝒦

Fragen f. Kinder, üb. Begebenheiten aus d. evangelischen Geschichte. Neue Aufl. Halle. (Furth, Korn in Comm.) 815.

Fragen an Kinder über die deutsche Geschichte. Regensburg, Wetzlar, Frankfurt [Leipzig] 1806. V: *Dyck, Joh. Gfr.* (Ky) (Wr)

— an Kinder über d. deutsche Geschichte (v. J. G. Dyck). 8. Leipz. 806. Dyck. 1 ß

Fragen, Die kirchlichen, der Gegenwart. Aphorismen und Thesen . . . Bielefeld 1850. V: *Möller, Arnold Wilhelm.* (Zu)

— die kirchlichen, der Gegenwart. Aphorismen u. Thesen den Gliedern der bevorstehenden Westfäl. Provinzial-Synode zur Beherzigung brüderlich dargeboten von einem Deputirten Pfarrer. gr. 8. (23 S.) Bielefeld 850, Velhagen & Klasing. 1/12 ß

Fragen, Die kirchlich-politischen, bei der eidgenössischen Bundesrevision von 1871 . . . Aarau 1871. V: *Keller, Aug.* (BSchwLk V, 10 e γ.)

— die kirchlich-politischen, bei der eidgenössischen Bundesrevision v. 1871. Eine Denkschrift m. Revisionsanträgen d. Vollziehungskomités der Volksversammlg. in Langenthal an die hohe schweizer. Bundesversammlg. gr. 8. (251 S.) Aarau 871. Sauerländer. n. 2. —

— über d. dermalige Kriegs- u. Friedensgeschäft mit Frankreich. 8. Nürnb. 796. Stein. 8 𝒦

— kritische, über Rechtgläubigkeit u. Ketzerei. Von e. Vetter d. Thom. Freykirch. 8. (ohne Ort.) 794. (Wien, Doll.)

Fragen und Antworten, Kurze, für den ersten Unterricht in der christkatholischen Religion. Landshut 1828. V: *Kraus, Joseph.* (Ky) (GGr)

— u. Antworten, kurze, f. d. ersten Unterricht in d. christl. Religion (v. Jos. Kraus). 12. Landsh. 828. Thomann. 1 𝒦

Fragen, Kurze, aus der Geographia sacra. Leipzig 1703. V: *Hübner, Johann.* (Myl)

Fragen, Kurtze, aus der alten und neuen Geographie, auf den ryswickeschen Friedensschluss gegründet . . . Leipz. 1863. V: *Hübner, Johann.* (Schr)

Fragen, Kurze, aus der Geschichte von dem Religions-Frieden bey Gelegenheit des 200jährigen Jubel- und Friedensfestes zum Besten der Schul-Jugend zu Frankfurt a. M. aufgesetzet. [Frankfurt a. M.] 1755. V: *Schirmer, Johann Michael.* (StBFrankf I, 49)

Fragen, Kurze, über die Christliche Glaubens-Lehre. Nach Heil. Schrift-Zeugniss beantwortet ... Philadelphia 1784. V: *Schultz, Chph.* (BrMm)

— kurze, aus d. Kirchengeschichte d. A. u. N. Testaments. 8. Leipz. 760. Barth. 3 gl.

Fragen, Kurze, aus der Kirchen-Historie des Neuen Testaments ... 4. Fortsetzung, 3ter Theil. Jena u. Weissenfels 1754. V: *Mylius, Johann Christoph.* (ML)

— kurze, a. d. Kirchenhistorie A. u. N. Testam. 8. Leipz. Barth. 760.

Fragen, Kurze, von den Reichs-Vicariis. Zerbst 1711. V: *Wächtler, Joh. Chn.* (Pütter, Litt. d. Teutsch. Staatsr. Gött. 1773—91. III, 835.)

Fragen, Eines einfältigen Laienbruders einfältige, über die Bremische Prüfung der eigentlichen Meinung Lavaters von der Glaubenskraft, mit einem Sendschreiben an den Herrn Prüfer. Frankfurt u. Leipzig 1786. V: *Obereit, Jacob Hermann.* (GGr IV, 3. Aufl.) S. a. II, 3746.

— des Lebens. 1—5. 8. Berlin, Verlag f. Volkshygiene u. Medizin. 1. 90
Martin, A., die Pflege u. Ernährung der jungen Mutter. (16 S.) 909. (Nr. 2.) — 80
— Die Pflege u. Ernährung des Neugeborenen. Mit 1 Tab. f. künstl. Ernährg. nach M. Ebert. (16 S.) (908.) (Nr. 1.) — 30
— Verhalten u. Pflege der werdenden Mutter. (16 S.) 909. (Nr. 4.) — 30
Meißner, Paul, hygienische Grausamkeiten gegen Kinder. (31 S.) 909. (Nr 3.) — 50
Zinn, W., über Gesundheitsschäden bei täglichen Gewohnheiten. (Nach e. Vortrage.) (31 S.) 909. (Nr. 5.) — 50

— d. öffentl. Lebens. Hrsg. v. Karl Schneidt u. Rich. Wrede. (I. Jahrg.) 12 Hfte. gr. 8. Berlin 896. Kritik-Verlag. à n. — 50
1. D. Börse u. ihre volkswirthschaftl. Bedeutg. Von Spectator. (16 S.)
2. Raoul Pictets Theorie v. Leben. Von Ernst Gystrow. [Aus: „Die Kritik".] 1.—4. Tausend. (14 S.)
3. Staatsrath, Kammer u. Volk. Von J. M. v. Rascher. 1.—4. Taus. (13 S.)
4. Röntgens Entdeckg Von K. F. Jordan. [Aus: „Die Kritik".) 1. 4. Taus. (19 S.)
5. Friedrich Nietzsche als Theologe u. als Antichrist. Von Geo. Runze. 4. Taus. (22 S.)
6. Frauenmoral u. Herrenhalbheit. Off. Schreiben an Käthe Schirmacher, Verfasserin d. Schrift: „Herrenmoral u. Frauenhalbheit". Von Adb. v. Hanstein. [Aus: „Die Kritik".] 1.-4. Taus. (15 S.)
7. D Grundlage d. phys. Welt. Von Eug. Dreher. [Aus: „Die Kritik".] 1.–4. Taus. (16 S.)
8. Vom alten u. mod. Sturm u. Drang. Von M. Spanier. 1.- 4. Taus. (16 S.)
9. Die Reaktion in d. Bildg. d. preuß. Volksschullehrerstandes. Von Ant. Szymanski. 6. Taus. (16 S.)
10. D. bleib. Ergebnisse d. neuern litterar. Beweg. in Deutschland. Von Eug. Wolff. Vortrag in d. v. deutschen Schriftsteller-Verband veranst. litterar. Kongreßsitzg. auf d. Berliner Rathhaus am 6. IX. 1896. 4. Taus. (15 S.)
11. D. genossenschaftl. Ordng. d. Wirthschaft. Von H. Krecke. (26 S.)
12. Deutschland e. Rechtsstaat? Von Hoerenz. 1.—6. Taus. (16 S.)

— dasselbe. II. Jahrg. 1.—9. Hft. gr. 8. Ebd. 897. à n. — 50
1. D. ält. Umsturzparteien. Von Fritz Specht. 1.—4. Taus. (21 S.)
2. Ibsens Zeit- u. Streitdramen. Vortrag, geh. in d. Abthlg. f. Litteratur u. Kunst d. Lese- u. Redehalle d. deutschen Studenten in Prag. Von Rich. Pick. (12 S.)
3. D. Einzelrichterthum. Von Eug. Josef. 1.—4. Taus. (13 S.)
4. Von neuer Kunst. Von Ed. Engels. (14 S.)
5. Frühehe u. Heirathskonsens. E. neue Lösg. d. Uebervölkerungsfrage. Von Carl Thdr. Schulz. 1.—4. Taus. (III, 18 S.)
6. Ethnologie u. Ethik. Von Th. Achelis. 1.—4. Taus. (12 S.)
7. Jugendsport. Von L. Fürst. 1.—4. Taus. (10 S.)
8. D. Entwickelungstendenz d. Mittelstandes i. 19. Jahrh. Von Heinz Starkenburg. 1.—4. Taus. (14 S.)
9. D. Weltzug d. Kultur. Von Rittner. 1.—4. Taus. (24 S.)

* **FRAGEN**, Einige, An das Liebes-Orackel (sic!) Ergangene, Und dessen ertheilte Antworten ans Licht gestellet, durch Einen, der sie selbst gehoret. Gedruckt in Lieblings-Stadt. 1730. 4°. (In Berlin: Yi 1201, no. 21.)

— der Militärluftschiffahrt. (5 S.) gr. 8. Wien 906. C. W. Stern. — 50
Sonderabdruck aus „Die militär. Welt".

Fragen, moderne ärztliche, auf sozialem Gebiete. Von Dr. A. gr. 8. (48 S.) Leipzig 899. W. Friedrich. n. 1. —

Fragen an Naturforscher, Weltweise und Theologen 1774. O. O. 1774. V: *Lavater, Joh. Caspar.* (BSchwLk V, 5, 1/1) (ZuwZür)

Fragen an Naturforscher, Weltweise und Theologen. [Zürich] 1774. V: *Lavater, Johann Kaspar.* (schstr S. 103)

— aus der Naturlehre. Entworfen im Anschlusse an das „Realienbuch" [II. Tl. v. „Deutsches Lesebuch"]. 8. (16 S.) München 885. Exped. d. k. Zentral-Schulbücher-Verlages. n.n. — 10

Fragen, Neue versprochene, an Veremund von Lochstein und seine Lobredner von der geistlichen Freyheit ... [Strasb.] 1767. V: *Ganser, Benno.* (ML) (BrMm)

— nothwendige u. heilsame. u. deren kurze Beantwortung u. Erklärung aus der heil. Schrift. Zur Begründung u. Befestigung im Glauben f. evangelisch-luther. Christen, besonders Konfirmanden. 12. (55 S.) Schreiberhau 852. (Breslau, Dülfer & Geiser.) n. 3 ngl.

Fragen, Offene, an Herrn Dr. E. Hannak. [Wien 1888.] V: *Müller, C.*[?] (EB)

Frag- und Anzeigungs-Nachrichten. – Ordentliche Wochentliche Franckfurter Frag- und Anzeigungs-Nachrichten. –
Frankfurt a.M.– 16.IV.1743 – 1.I.1779.
Vorh. u. d. T.: Wochentliche Franckfurter Frag- und Anzeigungs-Nachrichten.
Fortges. u. d. T.: Frankfurter Frag- und Anzeigungs-Nachrichten.

—— pädagogische. 1.—3. Heft. gr. 8. [Frankfurt a. M., Zimmer'sche Buchh.] Heilbronn, Gebr. Henninger. *
Inhalt:
Heft 1. Schlosser, G., über nationale Erziehung. (36 S.) 872. * 50 Pf.
" 2. Schäfer, G. D., über das Lügen und die Erziehung zur Wahrhaftigkeit. (33 S.) 876. * M 1.
" 3. Finger, F. Aug., Briefe über Konfessionsschulen und konfessionelle: Religionsunterricht. (40 S.) 876. * M 1.

— pädagogische. 4. Hft. gr. 8. Heilbronn 878. Henninger. n. 1. — (1—4.: n. 3. 50)
Die moderne Schulgesetzgebung. Vortrag in der evangelischen Lehrer-Conferenz zu Frankfurt a/M. v. Karl Strack. (32 S.)

— patriotische. 8. Erfurt (Otto). 3 ℊℊ

Patriotische Fragen an Deutschlands Reichs- und Bundestag zu Frankfurt. I. Wer soll Kaiser seyn? II. Wo soll der Deutschen Kaiser wohnen und Reichstag halten? München, G. Franz, 1848. 8 S. 8°.

— an Philidor, ein Anhang zum Immanuel, vom Verf. d. Immanuel. gr. 8. Hirschb. 808. Resener. 12 ℊℊ .

Fragen, Politische, und Antworten für das Landvolk uber Constitution, Preßfreiheit u. Nationalgarde. Klgft., Leon, 1848. 14 S.

Politische Fragen, ob ein weislich regierender Landesfürst über die Gaßnerischen Kuren ohne Präjudiz seiner Unterthanen noch länger gleichgültig seyn kann. 775. 8.

Fragen, Einige, an die Nordische Post, gestellt von dem Herausgeber der Livländischen Beiträge 18./30. November 1867. Berlin 1868. V: *Bock, Wold. v.* (Winkelmann, Bibliotheca Livoniae historica. 2. Aufl. S. 632 f.) (Russell VII, 1, 637)

· einige, an die nordische Post, gestellt von dem Hersgbr. der Livländischen Beiträge. Berlin 868. Stilke & van Muyden. 8. (19 S.) n. 2½ ngr.

Fragen. Praktische F' des modernen Christentums. Fünf religionswissenschaftliche Vorträge von Pfarrer Lic. (G[ottfried]) Traub, Pfarrer (Carl) Jatho, Prof. Dr. Arnold Meyer (-Zürich), Privatdozent Dr. (Fr[iedrich]) Niebergall und Pfarrer D. theol. (Erich) Förster. Hrg. von Professor Dr. Heinrich Geffcken. VIII + 126 S. 8. Leipzig, Quelle & Meyer, 1907. [M. 1.80, geb. 2.20]

S. 46—76: Wie erziehen wir unsere Kinder zur wahren Frömmigkeit? von Professor Dr. Arnold Meyer (-Zürich).

Fragen. Praktische F' des modernen Christentums. Fünf religionswissenschaftliche Vorträge von Pfarrer Lic. G[ottfried] Traub, Pfarrer K(arl) Jatho, Professor Dr. Arnold Meyer (Zürich), Professor Dr. F(riedrich) Niebergall und Pfarrer D theol. E(rich) Förster. Hrg. von Prof. Dr. Heinrich Geffcken. 2. Aufl. [Mit Vignetten.] 160 S. 8. Leipzig, Quelle & Meyer, 1909. [M. 2. 50, geb. 2. 80]

S 63—98: Wie erziehen wir unsere Kinder zur wahren Frömmigkeit? Von Professor Dr. Arnold Meyer

— schwebende, auf dem Gebiete des kaufmännischen Unterrichtswesens f. weibliche Angestellte, s a. Veröffentlichungen des deutschen Verbandes f. das kaufmännische Unterrichtswesen. 39. Bd.

Schwebende Fragen auf dem Gebiete des kaufmannischen Unterrichtswesens fur weibliche Angestellte. Berichte erstattet in d Sitzung d. Abt f. weibl Angestellte zu Braunschweig, 1908. Leipzig: B G. Teubner [1908]. (56 S.) 8°
— Veröffentlichungen d. Deutschen Verbandes f. d. Kaufmannische Unterrichtswesen. Bd 39. [08. 18464

— sechs, über die beabsichtigte Aenderung in der Einrichtung der Verwaltung. Karlsruhe 861. Groos. gr. 8. (30 S.) 3 ngr.

56 Fragen an einen Freimaurer über Inhalt und Form der Freimaurerei, beantwortet von einem Freimaurer. Regensburg [1852]: Demmler. 20 S. 8° [Umschlagtit.]

Abdr. von Frage 34—56 in: FZ. 6 (1852) S. 222 bis 224.

Tt. 1546. Besprochen werden Lehre, Pflichten u. Kunst der Frmrei.

* — —, Sechs u. siebentzig Curieuse u. auserlesene, von Jungfern, belangend ihr Recht u. Beschaffenheit .... Nebst dem Weltlichen Jungfräulichen Tugend-Spiegel ..... von Einem Patron Des Loblichen Frauen-Zimmers Mit Titelkpf. Franckfurt u Leipzig, In der Stockischen Buchh Anno 1736 8° (In Berlin Yz 841.)

Satyren in Prosa 8 Bll. Vorst, 144 u. 16 SS. Der Anhang fruher einzeln gedruckt — Das Buch wird schon im O. M V. 1717. K 2a von demselb Verleger angekundigt — Rep ib 1732. 8° 11 Bog Mit Titelkpf (In Munchen Anthr 38c) (12 Mk E Frensdorff, 1907)

— — Dasselbe Ibid. 1738 8°

— — Dasselbe. Ander Theil, von denen Miscellaneis Curiosis. Mit Titelkpf. Franckfurt, bey Phil. Wilh Stock, Anno 1736. 8°

8 Bll Vorst u 157 S (Pagination oft unrichtig)

Fragen, Einige, so zum Christenthum nöthig. Berlin 1716. V: *Porst, Joh.* (Myl)

—— und Antworten, sociale, 1—6. Heft. gr. 8. Bremen 878,79, Nordwestdeutscher Volksschriften-Verlag. à Heft * 30 Pf.*

Inhalt:
Heft 1. Klassenkampf. (28 S.)
" 2. Das socialdemokratische Zukunftsreich. (27 S.)
" 3. Umsturz oder Fortschritt? (23 S.)
" 4. Eigenthum und Erbrecht. (40 S.)
" 5. Feierabend und Ruhetag. (30 S.)
" 6 Das allgemeine Stimmrecht. (21 S.)

—— —— sociale. 7.—12. (Schluß-)Heft. 8. Bremen 880, Nordwestdeutscher Volksschriften-Verlag. à Heft * In 1 Hefte *

Inhalt:
Heft 7. Sparsamkeit. (31 S.)
" 8. Die Pariser Commune. (31 S.)
" 9. Arbeit und Lohn. (36 S.)
" 10. Die englischen Gewerkvereine. (29 S.)
" 11. Die deutschen Genossenschaften. (24 S.)
" 12. Von billiger Nahrung und Arznei. (36 S.)
1.—6. Heft. Ebendas. 1878,79. à * 30 Pf.; in 1 Heft * M 1,50.

— sociale, u. Bildungs-Fragen aus höheren Ständen, in zwanglosen Hftn. 1. Hft. gr. 8. Greifswald 890. Abel. n. 1. 20

Die Organisation der Bildung wider die Beherrschung der Gesellschaft durch das Geld. Ein Aufruf zur prakt. Lösg. e. socialen Problems von Bernh. Frhrn. v. Bothmer. (62 S.)

Fragen (Socialpolitische) aus der Gegenwart. Broch. 1 u. 2. gr. 8°. Frankfurt a. M., Keller, 1861.

1) Die Grundlagen der modernen Politik. Von W K.
2) Bäuerliche Anliegen. Von W. G. v. R. L.

— einige an d. Staatsverbesserer aller Zungen u. Auflösung d. vorgekomm. Frage: Haben wir Preußen eine Verfassung? 8. Halle 831. Kümmel. 4 ℊℊ

Fragen über Stellung u. Bewegung einer Kompagnie u. eines Bataillons. Nach dem sächs. Exerzier-Reglement. Mit Kpf. Dresden 1809. 130 S.

— über Stellungen u. Bewegungen einer Compagnie u. e. Bataillons f. junge Leute. m. K. gr. 8. Dresden, Walther. 809.

— die strafrechtlichen, der Gegenwart. Von e. süddeutschen Juristen 1. Stück. gr. 8 (159 S.) Heidelberg 817, Groos. n 26 sf

Fragen u. Antworten, 1352 biblische, zu den 2 mal 52 biblischen Geschichten d. Calwer Verlagsvereins f. Familien u. Sonntagsschulen. 3., gänzlich umgearb. Aufl. 12. (VI, 148 S.) Basel 882. Richm. geb. n. 1. —

—— an alle kathol. Theologen Deutschlands in Betreff d. Hermesianismus, aufgestellt v. sogen. mehreren Katholiken in d. Aschaffenburger Kirchenzeitung v. 1832. Nr. 15 u. 16, beantw. v. e. Hermesianer, d. kein Aschaffenburger-Kirchenzeitungs-Katholik ist (Clem. Aug. v. Droste-Hülshoff), nebst Fragen an d. sogen. mehr. Katholiken u. an alle vernünft. Menschen, von Dems. gr. 8. (4½ B.) Bonn 832, Habicht.

Fragen, Etliche zu dieser Zeit nicht unnütze, über einige Schrift-Stellen, welche von den Liebhabern der lautern Wahrheit deutlich erörtert zu werden gewünschet hat ein Wahrheit-forschender in America ... Philadelphia 1742. V: *Zinzendorf u. Pottendorf, Nic. Ldw. Graf v.* (Seidensticker, German Printing in America. Philad. 1893.)

—— über d. ersten Unterricht v. Gott f. d. lieben Kleinen. Ein Lehr- u. Lesebüchlein. 82. (1 B.) Straubing 831, Schorner.

— zum Unterricht über die Heilswahrheiten nach dem Leitfaden des Heidelberger Katechismus. 8. Meurs 837. (Rhein. Schul-Buchh.) n 1/8 ₰

— unvorgreifl., d. Verf. des im Mai zu Basel erschienenen neuen Entschädigungsplans zur nähern Prüfung vorgelegt von e. warmen Freunde seines deutschen Vaterlandes 2c. (v. Konr. Jos. v. Bachem). 4. Deutschl. (Basel u. Rastädt) 798.

Fragen an die Väter und Vorgesetzten der Eleven der Handlungsakademie über deren Aufwand. [Hamb. 1778.] V: *Büsch, Johann Georg & Christoph Daniel Ebeling.* (schr) (CBH)

Fragen betr. die Verbreitung der Trunksucht. Karlsruhe 1895. 4 S. 8⁰.

— einige, an d. ungenannten Verf. d. Schrift: „Auch zufällige Fragen bei Errichtung v. Lessings Denkmals." gr. 8. Gotha 817. Becker. 2 gl.

Fragen über mehrere für das höhere Alterthum wichtige Verhältnisse im heutigen Griechenland ... Berlin 1825. V: *Müller, Gfr.* (EngG) »1827« (Ky)

Fragen über mehrere f. d. höhere Alterthum wichtige Verhältnisse im heutigen Griechenland, beantw. von e. Philhellenen (Gf. Müller). Nebst Beschreib. seiner Reise durch Morea nach Athen. Aus d. Alten commentirt u. herausgeg. v. (K. H.) Fr. Kruse. Mit 2 Kart. gr. 8. Berl. 827. Dunker u. H. 1 ₰

Verschiedene Fragen über Veremunds v. Lochstein [d. i. Pet. v. Osterwalds] Grunde sowohl für, als wider die geistliche Immunitat in zeitlichen Dingen. Strasburg 1766.

Fragen über Veremunds von Lochsteins Gründe ... a. d. Franz. O. O. 1767. V: *Ganser, Benno.* (EB)

Fragen, Verschiedene, über Veremund v. Lochsteins (Peter v. Osterwald's?) Gründe für und wider die Immunität in geistlichen Dingen. Strassb. [Augsb.] 1767. V: *Zacherl, Anselm.* (Lindner) »1766« V: *Ganser, Benno.* (Wr) (Ky)

— verschied., über Veremunds v. Lochstein Gründe für u. wider die geistl. Immunität, nebst den neu verfertigten Fragen (v. B. Ganser). 4. Straßb. 767. Wolf in Augsb. 8 gl.

Fragen, Viele, und keine Antwort, aber doch einige Winke ... Augsb. 1807. V: *Christmann, F. Xav.* (Fr) (Ky) (MGT)

viele, u. keine Antwort, aber doch einige Winke; oder Etwas über d. deutsche Konkordat, v. F. X. Ch. (Christmann). 8. Augsburg 807.

Fragen, Vier, beantwortet von einem Ostpreussen. Mannh. 1841. V: *Jacoby, Johann.* (Dn) (CBH) (EngJ)

Fragen (Vier) beantwortet von einem Ostpreussen (Jacoby). gr.-8⁰. Mannheim, H. Hoff, 1841.

Fragen, Vier, beantwortet von einem Ostpreussen. Nebst der Erkenntniss des Ober-Appellations-Senats des Kammergerichts in der wider den Dr. Johann Jacoby geführten Untersuchung. Leipzig 1863. V: *Jacoby, Johann.* (KGBerlin I, 1671) (stadt biblBerlin XII, S. 178)

— vier, beantwortet von einem Ostpreußen. Nebst dem Erkenntniß des Ob. Appell.-Senats des Kammergerichts in der wider den Dr. Johann Jacoby geführten Untersuchung. Leipzig 863. O. Wigand. gr. 8. (2 Bl., 98 S.) n. 10 ngr.

— vier, über land- u. volkswirthschaftliche Interessenvertretung in Preußen. Berlin 870. Scheller in Comm. gr. 8. (28 S.) n. 5 ngr.

Fragen (Vier) über land- und volkswirthschaftl. Interessenvertretung in Deutschland. (Aus: „Deutsche landwirtschaftl. Zeitung".) gr. 8⁰. Berlin, Scheller in Comm., 1872.

— vier, eines Oesterreichers. 8. Leipzig 844, Ph. Reclam jun. 1 ₰

Vier Fragen, veranlaßt durch die Verordnungen vom 3 Febr 1847 u beantwortet von einem Preußen Leipzig, O. Wigand 1847 31 S. 8.

— vier, veranlaßt durch die Verordnungen v. 3. Febr. 1847 u. beantwortet von e. Preußen. 2. Aufl. Nebst e. Anhang, eine zweite Beantwortung der 4. Frage enthaltend. gr. 8. (39 S.) Leipzig 847, O. Wigand. 6 ngr.

— die vier: Welch' Zeit ist es im Preuß. Staate? Was haben wir? Was brauchen wir? Was wollen wir? prakt. beleuchtet an dem Scheine der Gegenwart u. vorgelegt dem Preuß. Volke u. seinen Vertretern von Freimund Lichtfreund. gr. 8. (21 S.) Posen 848, Gebr. Scherk. 4 ngr.

—— die vier: Welch' Zeit ist es im preuß. Staate? Was haben wir? Was brauchen wir? Was wollen wir? prakt. beleuchtet an dem Scheine der Gegenwart und vorgelegt dem preuß. Volke und seinen Vertretern von Freimund Lichtfreund. gr. 8. (24 S.) Posen 849, Gebr. Scherk.

— der Volksgesundheit in Nordhausen. Eine Werbeschrift. Vereinsprogramm f. 1908/9. Hrsg. vom Verein f. Gesundheitspflege zu Nordhausen. (27 S.) 8. Nordhausen (908). (C. Haacke.) — 30

Fragen der Volksgesundheit in Nordhausen. Eine Werbeschrift. Hrsg. v. Verein f. Gesundheitspflege zu Nordhausen. Nordhausen Verein 1908. 32 S. 8⁰.
(Programm d. Verein f. Gesundheitspflege [in Nordhausen] [illegible]) [illegible]

— in Betreff d. Vorlesungen über d. Staatswissenschaft f. d. 1ste Semester. 8. Wien 807. Gerold. 6 gl.

D. Joh. Christian W ä c h t l e r s . . .

Fragen, D. J. C. W. kurtze, von denen Reichs-Vicariis. Zerbst 1711. V: *Wächtler, Joh. Chn.* (Holz)

Fragen in Bezug auf Göthe's Wanderer. [Dorpat 1818.] V: *Morgenstern, Carl von.* (R-N)

Fragen: 1) wegen eines krebsartigen Wasser-Insects . . . [Riga 1787.] V: *Brotze, Johann Christoph.* (R-N)

— **wasserwirtschaftliche.** 7 Aufsätze, hrsg. vom Verein f. Verbesserg. der Wasserstandsverhältnisse in Mittelfranken A. V. in Nürnberg aus Anlass der 25. Hauptversammlg. des Vereins. (VII, 61 S. m. Abbildgn.) gr. 8. München 909. R. Oldenbourg. 1. —

Frag- und Anzeigen. — W e i m a r i s c h e Wöchentliche Frag- und Anzeigen. –
5. I. 1760 – 31. XII. 1800.
Vorh. u.d.T.: Wöchentliche Weimarische Anzeigen.
Fortges. u.d.T.: Weimarisches Wochenblatt.

— wichtige, d. gegenwärtigen Zustand d. holländ. Staats betreff. Aus d. Holländ. 8. Berl. 788. Vieweg in Braunschw. 2 gGr

— die wichtigsten, der G e g e n w a r t in Staat u. Kirche. Zur Würdigg. d. wahren u. falschen Liberalismus in Staat u. Kirche. Offenes Sendschreiben an den deutschen Reichstag v. e. Theologen. gr. 8. (210 S.) Altona 871. Hammerich. n. 3. —

DIE ZUR ZEIT WICHTIGSTEN WIRTSCHAFTSPOLITISCHEN FRAGEN für den Bund der Landwirte (Berlin Buchdruckerei Wilhelm Issleib) 8°.

Fragen zur Wiederholung der praktischen Sprachdenklehre von Raimund Jakob Wurst. Coblenz 1845. V: *Kretzer, J. Th.* (Ky)

— zur Wiederholung d. prakt. S p r a c h d e n k l e h r e v. Raim. Jak. Wurst (v. J. Th. Kretzer.) 2. Ausg. 12. Coblenz 845, Hölscher. 1/3 Thlr

— d. Wirkungen d. Gnade betreffend; zur Erläuterung d. freundschaftl. Unterredungen über diese Materie. 8. Halle 771. Waisenh.-B. 3 gGr

FRAG- und Anzeigungs-Nachrichten 1745, W ö c h e n t l i c h e B e r l i n i s c h e, ferner Nr. 25 vom 20. Juni 1757. (Ebend)

Frag- und Anzeigen. — W ö c h e n t l i c h e Dreszdnische Frag- und Anzeigen. –
1. VII.1749–8. V.1752.
Vorh. u. d. T.: Wöchentlicher Dreszdnischer Frag- und Anzeiger.
Fortges. u. d. T.: Dresdnische Wöchentliche Frag- und Anzeigen.

Frag- und Anzeigungs-Nachrichten . — W o c h e n t l i c h e Franckfurter Frag- und Anzeigungs-Nachrichten.–
Frankfurt a. M. – 5.I.1722 – 9.IV.1743 ["Blättchen"].
Fortges. u. d. T.: Ordentliche Wochentliche Franckfurter Frag- und Anzeigungs-Nachrichten.

Frag- und Anzeigungs-Nachrichten. — W o c h e n t l i c h e Hanauer Frag- und Anzeigungs-Nachrichten.–
25.IX.1725–22.I.1750.
Fortges. u.d.T.: Hanauer Wochentliche Frag- und Anzeigungs-Nachrichten.

Frag- und Anzeigen. – W ö c h e n t l i c h e Jenaische Frag- und Anzeigen. –
1.? V. 1752 – 27.XII.1862.
Fortges. u.d.T.: Jenaische Wöchentliche Anzeigen.

Frag- und Anzeigen. – W ö c h e n t l i c h e Jenaische Frag- und Anzeigen. –
1763 Nr. 11 – 26.XII.1770.
Vorh. u.d.T.: Jenaische Wöchentliche Anzeigen.
Fortges. u.d.T.: Jenaische Wöchentliche Polizey- und Commercien-Nachrichten.

Frag- und Anzeigen. – W o c h e n t l i c h e Jenaische Frag- und Anzeigen. –
1771 Nr. 2 – 1778 Nr. 6.
Vorh. u.d.T.: Wöchentliche Jenaische Polizey- und Commercien-Nachrichten.
Fortges. u.d.T.: Jenaische Wöchentliche Anzeigen.

— —, W o h l b e d a c h t e, worauf ein kurzer Reim wird seine Antwort sagen. 1. u. 2. Hundert. Berlin, Henning, 1753. 12°. In V e r s e n. 9 Bog. — Cat Meissner III Das e r s t e Hundert auch im Cat. Monath I. Nrnb. 1782 p 781 fur 12 xr offerirt

— der Z e i t. 1. Hft. A. u. d. T.: Zur Universitätsfrage, oder: Die freie Entwickelung d. protestant. Universität. Von Thdr. Mundt. gr. 8. Berlin 844, Simion. n. 1/3 Thlr

— zeitbewegende. I–XII. gr. 8. Leipzig 883. 84. G. Wolf. n. 7. 75

I. Das Schächten. Streitschrift gegen den jüd. Schlachtritus. Von J. St. (VI, 23 S.) n. — 50
II. Die Poesie in der Arbeit. Von Felix A g r i c o l a. (23 S.) n. — 50
III. Studentenpflicht u. Studentenrecht. Ein Wort an die deutsche Studentenschaft v. Hugo M ü n s t e r b e r g. (23 S.) n. — 50
IV. Was soll m. Elsass-Lothringen werden? Von M. M a a s s. (82 S. m. 1 lith. Kartenskizze.) n. 1. —
V. Die Ueberfüllung d. Juristenstandes. Von e. jungen Juristen der Reichslande. (24 S.) n. — 50
VI. Der edle Liberalismus u. sein gefährlichster Gegner. Von Alfr. Graf A d e l m a n n. (25 S.) n. — 50
VII. Die moderne Kultur u. die Frauen. Eine soziale Studie v. P e d e r z a n i - W e b e r. (48 S.) n. — 75
VIII. Der Eid u. die Eidesfrage in Deutschland. Von A. R e i c h e n b a c h. (56 S.) n. — 75
IX. Die 22 wichtigsten Fragen üb. das Reichs-Krankenkassengesetz vom 15. Juni 1883, f. Arbeitgeber u. Arbeitnehmer beantwortet v. G a l l u s. Mit Tabellen. (14 S.) n. — 50
X. Ueber Fortschritt in der Musik. Von Aug. R e i s s m a n n. (20 S.) n. — 75
XI. Der Christ u. die Zeitung. Von Rud. R e i n h o r s t. 2. Aufl. (31 S.) n. — 50
XII. Das Geld der Zukunft. Von Akin K á r o l y. 2. Aufl. (54 S.) n. 1. —

Fragen. Zeitgemässe religiöse Fragen. Nr. 1. 8. Zürich, Caesar Schmidt, 1902. [fr. —. 75]
s. a. Leander.

— zeitgemäße r e l i g i ö s e. Nr. 1. gr. 8. Zürich 902. C. Schmidt. n. — 60
Der Beichtstuhl, wie er vertheidigt wird u. wie er ist, die Gründe „für u. wider" zur Selbstbeurtellung erörtert. Neubearbeitung der gleichnam. ungedr. Handschrift des Pfarrers J. Feik in Graz. Mit Zugrundelegg. der jüngst erschien. Vertheidigungsschrift des hw. Prinzen Max zu Sachsen. Von L e a n d e r. (65 S.)

Fragen, zwei, aus B ö h m e n. 8. Leipzig 844, Ph. Reclam jun. 1 1/2 Thlr

Fragen, Zwei, aus Böhmen. Leipzig 1845. V: *Schirnding, Ferdinand Leopold Graf von.* (Heidler, J. Čechy a Rakousko. V Praze 1920. S. 17)

Zwei Fragen aus Böhmen. — Lpg: Reclam 1845. VIII, 238 S.

Fragen, Zwei brennende, in Osterreich. O. O. 1852. V: *Hartig, Franz Graf.* (Mitth. Dr. H. Friedjung).

— zwei brennende, in Oesterreich. März 1852. gr. 8. (IV u. 86 S.) Wien 852, Manz. 16 ngr

Fragen, zwei, an Christus u. zwei Fragen an s. Jünger. Sendschreiben e. Aeltesten an d. Gemeinschaften Christi. gr. 8. (69 S.) Stuttgart 896. Greiner & Pfeiffer. n. — 60

— zwei, in Betreff der Fortdauer der Personal-Union zwischen Dänemark u. den Herzogthümern Schleswig-Holstein. gr. 8. (12 S.) Kiel 848, Schröder & Co. n. 3 ngr

— zwei, der Gegenwart. Beantwortet vom handelswissenschaftl. Verein in Leipzig. gr. 8. (16 S.) Leipzig 848, Jurany (jetzt: Kittler). 2 ngr

Zwei Fragen an Herrn Held und seine Parthei Druck von E Litfaß 1 Bl. Fol
Flugblatt. Berlin, 17. Mai 1848.

Fragen, Zwo: Ist unser Landklerus schon, was er seyn soll . . . München 1802. V: *Furtner (Furthner), Ant.* (Kn) (MGT)

— zwei, 1) Kann d. evangel.-protestant. Kirche überhaupt ihrem Princip nach fortschreiten? 2) Ist insbesondere d. evangel.-protestant. im Großherzogth. Baden wirklich fortgeschritten? Beantw. von d. Verfassern d. Prüfung d. neuen badischen Landes-Katechismus. 8. Calw 831. (Heidelb., Groos). 3 gr

— —, Zwo, das häussliche Leben betreffend. Leipzig, Heinsius, 1777 8°.
Cat Monath I Nurnb. 1782 8°. p 780

Zwei Fragen aus dem Lehnrecht. 1. Kann ein Lehens-Herr . . . durch Clauseln, die er dem Expectanz-Brief einverleibt, dem Beanwarteten Eigenthum und Besiz, od dingliche Rechte übertragen? 2. Macht der Consens des Vasallens in eine Anwartschaft, letztere in Ansehung des succedirenden Agnatens verbindlich? Nebst 3. einer Widerlegung des Nachtrags zur Rechtsausführung der Herren Grafen von der Schulenburg und 4. einer Beleuchtung des Giesser rechtlichen Gutachtens vom Monath April 1778. o. O. u. J.

Fragen, Zwey, aus dem Lehenrecht . . . O. O. 1778. V: *Zwierlein, Chn Jac. von.* (Holz)

Zwei Fragen über den Nutzen und die Nothwendigkeit der Mannsklöster, bes. der Mendikantenkloster, im allgem. u. insbes in Rücks. des Fürstenthums Münster. Dortmund 1818.

— zwei, über d. Nutzen u. d. Nothwendigkeit d. Mannsklöster, besonders d. Mendikantenklöster im Allgemeinen u. insbesondere in Rücksicht d. Fürstenthums Münster. gr. 8. Hamm 818, Wundermann. 8 gr Hba. Pr. 4 gr

zwei, der auswärtigen Politik Preußens u. Deutschlands, beantwortet von einem Altmärker. Halle 867. Mühlmann. gr. 8. (27 S.) n. 5 ngr

Fragen, Zwei, betreffend den Staats-Gerichtshof. Wien 1893. V: *Ott, Emil.* (EB)

Fragen, Zwei, aus dem amerikanischen Universitätsleben. [Bern 1896.] V: *Vetter, Theodor.* (Cat. d. Stadtbibl. Zürich. Zürich 1864—97.)

Fragen, Zwo wichtige, bisher unerörterte Biblische, zum erstenmal gründlich beantwortet . . . Lindau am Bodensee [Frankfurt] 1773. V: *Goethe, Joh. Wolfgang von.* (MGT) (WR) (GGR)

Fragen, Zwei. Wie können die grossen Naturanlagen im Menschen für Nützlichkeit und Glück in der Welt vor dem schädlichen Einfluß bewahrt werden . . . Breslau 1836. V: *Wendt, Joh.* (Verz. d. Büchersamml. d. Friedr.-Wilh.-Inst. Berlin 1890.)

— zwei, Wie können die großen Naturanlagen im Menschen für Nützlichkeit und Glück in der Welt vor dem schädlichen Einfluß bewahrt werden, den Uebervölkerung u Demoralisirung durch Mißbrauch der Freiheit auf sie haben müssen? — u. wie u. in welcher Richtung müssen die Lehren unserer Religion für Gemeinsinn, Familienleben, Erziehung, Unterricht, Beispiel, Selbstleitung u. Besserung durch die Strafen wirken, wenn sie als die einzigen dazu brauchbaren Mittel, jenem erhabenen Zwecke für alle Menschen, damit keiner verloren gehe, entsprechen sollen! — Beantwortet von e. Familienvater. gr. 8. Breslau 836. Graß, Barth u. Comp. 1 1/3 ggr

Fragen, 200, üb. Beschaffenheit, Mängel, Bedingungen u. s. w., die man beim Besichtigen u. Miethen v. Wohnungen sonst leicht vergißt. Ein unentbehrl. Handbuch f. alle Wohnungsmiether. 8. (IV, 42 S.) Berlin 891. Fried & Co. Kart. n. — 50

250 kurzweilige Fragen, samt deren Antwort. Frankfurt und Leipzig 1802 8°.
Brentano's Bibl. p 153

Fragen, Zwey und sechszig catechetische, zum nöthigen Unterricht von dem Jubelfeste Augustanae Confessionis . . . Leipzig 1730. V: *Gauhe, Johann Friedrich.* (ML) (Adel)

Zwölf Fragen an den Verfasser der Marginalien zu der Schrift Ansicht der ständischen Verfassung der preußischen Monarchie von E F d B Breslau J. Max u Comp 1823. 28 S 8

Fragenbuch, gewerbliches. Herausgegeben von der Königlich Württembergischen Zentralstelle fur Gewerbe und Handel. 5 Hefte
1. Karmarsch K, Fragen fur Eisen und Stahlarbeiter. 2 Ausgabe. Berlin 1871
2. Karmarsch K, Fragen fur verschiedene Metallarbeiter Berlin 1871
3. Förster D, Fragen fur Holzarbeiter. Gera 1877
4. Gunzenhauser C, Fragen für Bauhandwerker. Gera 1878
5. Karmarsch K, Fragen a d. Mathematik, Mechanik, Physik, Chemie etc. Berlin 1872

Fragenbuch, gewerbliches. Hrsg. v. der königl. württemberg. Centralstelle f. Gewerbe u. Handel. Durchgesehen v. Karl Karmarsch. 2. u. 5. Hft. gr. 8. Berlin 871. 72. Gera, Kohler. n. 2. 20 (1. 2. u. 5.: n. 3. 20)
2. Fragen f. verschiedene Metallarbeiter. (108 S.) n. 1. 20
5. Fragen aus der Mathematik, Mechanik, Physik, Chemie, gewerbl. Schrift-, Rechnungs- u. Buchführg. (III, 53 S.) n. 1. —
Heft 3 u. 4. sind noch nicht erschienen.

Fragenbuch, gewerbliches. Hrsg. von der königl. württemberg. Centralstelle für Gewerbe und Handel. 3. Heft: Fragen für Holzarbeiter. Verfaßt von D. Förstler. Durchgesehen von Karl Karmarsch. gr. 8. (75 S.) Gera 876, Köhler's Buchh. *
1., 2. und 5. Heft. Ebendas. 1867—72. *M 3,20 Vgl.
Karmarsch, K., gewerbliches Fragenbuch. Das 4. Heft ist noch nicht erschienen.

Fragensteller, Der in die katholische Schule geführte, über den Katechismus von der Geisterlehre. Gedruckt im Jahre 1775. V: *Sterzinger, Franz.* (WBL 38/313) (BIBLPORT)

Fragesteller, Der in der katholischen Schule geführte, über den Katechismus der Geisterlehre. Augsburg 1775. V: *Sterzinger, Ferdin.* (KY) (BB)

Fragepuncte

Frag-Puncten und unmasgebliche Gedanken von einigen der Absicht der Acker-Academie gemäßen mitzutheilenden Nachrichten und vorzunehmenden Versuchen, welche an dem zwoten Versamlungstage den 12. Julii 1763 in Erwägung gezogen, und zur näheren Untersuchung denen Mitgliedern derselben aufgegeben worden sind Flensburg. (1763.) 4° k.

Fragepuncte und unmasgebliche Gedanken von einigen der Absicht der Acker-Academie gemässen mitzutheilenden Nachrichten . . . Flensburg [1763]. V: *Lüders, Phil. Ernst.* (Bruun, Bibl. Danica III, 766.)

Fragepunkte für die Ausschüsse der Gewerbtreibenden und Arbeiter, s. **Bericht** über die Berathungen ꝛc.

Fragepunkte, Die, für die Valuta-Enquête-Commissionen... [Wien 1892.] V: *Hammer, Eduard.* (WFM)

FRAGER, Der, oder die Thorheit der Liebe, Ein Lustspiel 1747 O. O 8°.
W v. Maltzahn III p 535

Frag- und Anzeiger. – Wöchentlicher Dreszdnischer Frag- und Anzeiger. –
Dresden. – 5.XII.1740–30.VI.1749
Vorh. u. d. T.: Der Königl. Pohln. Churfl. Sächsischen Residentz Stadt Dreßden Wöchentlicher Anzeiger oder Nachricht.
Fortges. u. d. T.: Wöchentliche Dreszdnische Frag- und Anzeigen.

Milchwirtschaftlicher Verein im Allgäu, Frageschema zur Alpeninspektion. Weitnau 1890.

o. N., Frageschema zur Stallinspektion.
Weitnau [um 1890].

Frageschule, s. **a Interrogando discite linguas.**

Frageschule. Anleitung zur Verarbeitg. des Inhalts v. Kron, le petit Parisien, Kron, en France, Hecker, il piccolo italiano, Kron, little Londoner, Kron, English daily life. 12. (14 S.) Karlsruhe (901). J. Bielefeld. n. — 10

Frage- u. Antwort-Spiel v. E. E. 16. (32 S.) Hof 897. F. Tholemann. — 20

Frage- und Antwort-Spiel für heitere gesellige Kreise. In Enveloppe —.10
Joachimsthal: Friedrich 1891.

Fragespiel, histor., üb. d. vorzügl. Ereignisse in unserm deutschen Vaterlande bis auf unsere Zeit. Nürnb., Bieling. 16 gr

Fragesteller, s. Fragensteller.

Fragestücke, kurze, zu den Evangelien des Kirchenjahres. Breves quaestiones in evangelia Dominicalia et dies festos totius anni pro schola principali Wirtembergensi per Helenoram Ducissam Wirtembergensem 1566. Hrsg. u. m. e. Einleitg. versehen v. F. Franke. gr. 8. (VIII, 70 S.) Friedenau-Berlin (899). Buchh. der Goßner'schen Mission. n. — 75

Fragestücke christlicher Lehre nach dem Bekenntniß der evangelischen Kirche (auf Grund des Biblischen Spruchbuches für die Schulen des Herzogthums Anhalt). Cöthen 1877. V: *Heine, Gerhard.* (HHBD IV, 23)

Fragestücke christlicher Lehre nach dem Bekenntniß der evangelischen Kirche. [Auf Grund des bibl. Spruchbuches f. die Schulen d. Herzogth. Anhalt.] 8. (44 S.) Köthen 877. Schettler's Verl. n. — 40

— etliche, den **Methodismus** betr. 8. (16 S.) Stuttgart 880. Buchh. der Evangel. Gesellschaft. n. — 5

Fragezeichen. Basel 1885. V: *Erismann, Oskar.* (zuwzür 1912)

Fragezeichen, humoristisches. Sein oder Nichtsein, das ist die Frage! Eine Volksschule der lach. Philosophie in 6 Katechismen. gr. 16. (71 S.) Leipzig 877. Mutze. n. 1.–

— dasselbe. Eine Volksschule der lachenden Philosophie in 6 Katechismen von **Herm. Görwitz.** 2. Bdchn. 16. (VII, 72 S.) Ebend. 878. n. — 50

Frag- u. Antwortkarte f. lustige Gesellschaften. Bestehend in 48 Fragen u. 48 Antworten. In Futter. Pirna, Friese. 81.

Fraglehre für Seefahrtschulen. 3., verm. Aufl. vom Katechismus der Steuermannskunst. 8. (306 S. m. 1 chromolith. Flaggenkarte.) Bremen 879. Heinsius. n. 5.—

Fraglehre für Seefahrtschulen Von A Brensing, A Beimpohl, Th Niebour und H Romberg 3 vermehrte Auflage des Katechismus der Steuermannskunst Mit einer Flaggenkarte Bremen 1880

Fragmens d'Architecture gothique, Ouvrage aussi interessant qu'utile et instructive pour les architectes et amateurs de l'architecture, par Grohmann. 2 Cah. avec 24 Pl. Fol. Leipz., Baumgärtner. 6 ₰

— de l'histoire de l'Indostan. 8. Bern 776. Typogr. Soc. 12 gr

— — le même l. 8. Londres. 776.

— de **lettres** originales de Mad. Charl. Elisabeth de Bavière veuve de Mons. frère de Louis XIV. II Vol. 12. Mayence, Kupferberg.

— — les mêmes. II Vol. 12. Paris. (Sommer à Leipz.)

— **militaires,** extraits des campagnes du Maréchal Prince C. de Ligne. gr. 8. Weimar, Ind. Compt. 810.

— relatifs à la religion de Zoroastre, extraits des manuscrits persans de la bibliothèque du Roi. gr. 8. Stuttg u. Tubing. 830. v. Cotta. 20 gr

— d'un **Roman** philosophique de Mr. Haller sur les principes d'un bon Gouvernement. 8. Bern. Typog. 790.

— des **Voyages** dans toute la Russie av. beaucoup de fig. et cartes. II Vol. 4. ibid. 791.

Fragment Berichtigung Geschichte
Fragment zur Berichtigung der (Monika) Mutschlerischen Geschichte. 31 S., gbd.

O.O.: 1781

JB 6.585

Fragment aus der Beschreibung einer gewissen Insel. [Leipzig 1779.] V: *Sturz, Helfrich Peter.* (Arch. f. Litt. VII, 65.)

— aus d. 71. Buche d. röm. Geschichten d. Dio Cassius, in latein. Uebersetzung aufgefunden unter d. Handschriften d. Vatikan. Bibliothek zu Rom von Angelo Majo, u. nach d. Original in's Deutsche übersetzt. gr. 8. Braunschw. 832. Vieweg. 6 gr.

Fragment sur les Colonies en général et sur celles des Anglais en particulier, trad. de l'Angl. 8. Basel 778. (Neukirch). 10 gr.

— - - le même. 8. Basle. Flick. 778.

Fragment sur les Colonies en général et sur celles des Anglois en particulier trad. de l'angl. 8. Lausanne, Pott. 779.

Fragment zur jetzigen Diabolomachie. [Dresden 1778.] V: *Hasche, Joh. Chn.* (MGT)

Fragment einer Epistel über die Fehde des Tages. O. O. [1832]. V: *Nissen, Lorenz.* (NN)

Fragment der aristotelischen Erziehungskunst ... Aarau 1806. V: *Evers, E. Jacob A.* (MGT) (AarK)

Fragment über den Feldzug des Churfürsten von Bayern und des Marschalls v. Villars 1703. Breslau 1771. 4°.

Fragment, Das fünfte, selbst aus Gotthold Ephraim Lessings viertem Beytrage zur Geschichte und Litteratur ... Halle 1785. V: *Reimarus, Herm. Sam.* (Syst. Verz. d. Lessing-Litt. Wolf. 1889.)

Fragment, Gereimtes, aus einem Journale von einer nicht ungereimten Bereisung des Glatzer Gebirges im August 1797. Bresslau u. Freyberg [1797]. V: *Vater, Carl Frdr. Wilh. August.* (Nent)

Fragment, Ein, aus dem letzten Gesange von Reinecke Fuchs. [Berlin] 1871. V: *Zedner, Joseph.* (Magaz. für die Litt. des Auslandes 1871, Nr. 44.) (Isr. Wochenschr. 1871, II. Jg., Nr. 51, S. 409.)

Fragment zur Geschichte der Denkart und Sitten der alten Schweizer ... Luzern 1779—81. V: *Balthasar, Joseph Anton Felix von.* (EngG)

Fragment einer Geschichte der Georg Augustus-Universität zu Göttingen. Göttingen 1787. V: *Hollmann, Samuel Christian.* (MS)

Fragment aus der Geschichte von Granada. [Weimar 1780.] V: *Seckendorf, Carl Sigm. Freih. von.* (ML)

Fragment der Geschichte und Meynungen eines Menschensohnes. Eisenach 1787. V: *Göchhausen, Ernst August Anton von.* (Ky) (MGT) »Fragmente« (Kl)

— d. Geschichte u. Meinungen eines Menschensohnes (v. A. A. v. Gochhausen). 8. Eisenach 787. (Bärecke). 18 gr.

Fragment der Gesch. u. Meinungen ein. Menschensohns. 8. Eisenach, Wittekind. 787.

Fragment zu der Geschichte üb. das Primarschulwesen in unserem berner. Vaterlande. Oder: Was haben die Regierungen vor 1831 für's Volksschulwesen gethan, was hat die v. 1831 geleistet, was diejenige v. 1846 u. was könnte die gegenwärt. Regierung v. 1850 im Primarschulwesen thun u. leisten? Dem neuen Erziehungsdirektor von 1850 gewidmet. Von Einem Berner Primarlehrer. 8. (24 S.) Bern 850, Huber & Co. 3 ngr.

Fragment eines Gesprächs über die letzte Rathsherrnwahl in Rostock ... Rostock 1785. V: *Ditmar, Frdr. Ernst.* (MGT)

Fragment über *Hohenschwangau mit seinen histor. Wandgemalden.* O. O. 1836. Kl. 8°. Cart. *)
47 S (incl Tit u 5 Bll poet. Widmung „Seinem Königl Regenerator) — Selten!

Fragment über Konstantinopel und seine Umgebungen, nebst einer lithographierten Ansicht [Tafel] der Stadt und des Hafens. Hrg. von Gebr. Eglin in Luzern. 8 (Luzern) *o. J.* [1820.30].

Das Mainzer Fragment vom Weltgericht, der älteste Druck mit d. Donat-Kalender-Type Gutenbergs. A. Philol. Studien z Text u. z. Druck von Prof. Dr. Edward Schröder in Göttingen B. Typogr. u. zeitl. Stellung von Dr Gottfried Zedler in Wiesbaden. C. Technische Untersuchung d. Weltgerichts-Druckes u seiner Typen von Heinrich Wallau in Mainz. Mit 1 Taf. in Lichtdr. *Mainz: Gutenberg-Gesellsch. 1904.* (36 S.) 4°
— Veröffentlichungen d. Gutenberg-Gesellschaft. 3. 1.

Fragment des mémoires inédits du Comte de Haugwitz, Ministre d'Etat et du cabinet de S. M. le Roi de Prusse. 8. (1½ B.) Jena 837, Bran.
Aus der: Minerva, abgedruckt.

FRAGMENT, Merkwürdiges, aus dem 16. Jahrhundert. Ein Beitrag zu den Cölibatsanekdoten von einem ungenannten Zeitgenossen. Lateinisch u. deutsch. O. O. 1786. Kl. 8°. 48 Seiten. (6 fl. Gilhofer & Ranschburg, Wien, c. 1888.)
Sehr seltenes Schriftchen, angebl. nach e in Innsbruck verborgen gehaltenen Manuscript a. d. 15. Jahrh.

Fragment, merkwürdiges, d. 16. Jahrhh., lateinisch u. deutsch. Wien 786. Wucherer. 5 gr.

Fragment über die Mode. Prag. V: *Hebenstreit von Streitenfeld, Carl.* (WBL VIII/182) (BiblPort)

Fragment, das Muratorische, u. die monarchianischen Prologe zu den Evangelien, hrsg. v. Hans Lietzmann, s.a. Texte, kleine, f. theologische u. philologische Vorlesgn. u. Übungen 1.

Fragment, das muratorische, u. die monarchianischen Prologe zu den Evangelien. (Kleine Texte u. theolog. Vorlesgn. u. Übgn.) Hrsg. v. Hans Lietzmann. 8. (16 S.) Bonn 902. A. Marcus u. E. Weber. n. — 30

Dass. 2. Aufl. Ebd. 1908.

Fragment der Naturmoral, oder Betrachtungen über die natürlichen Mittel der Glückseligkeit . . . Berlin 1782. V: *Irwing, Carl Franz von.* (MGT)

Fragment einer zweiten Neuje-uitenpredigt *s.* [Reithard, Johann Jacob]

Fragment d'une notice bibliographique sur les traductions françoises des auteurs Grecs et Latins. [Berlin 1827.] V: *Reclam, Guillaume Henri.* (BrMm)

Fragment von der Reformationsgeschichte der christlichen Theologie . . . Ulm 1779. V: *Sailer, Johann Mich.* (Jes)

Fragment einer bergmänn. Reise nach Freiberg im Erzgebirge. 8. Flensb. 786. (Hammerich in Altona). 3 gl

Fragment einer Reise nach St. Domingo. Rastadt 1788. V: *Ring, Friedrich Dominik.* (MGT)

Fragment einer alten Reisebeschreibung des Magisters Sincerus an seinen Freund in Schwaben Dr. Silentius mit 7 Beylagen. O. O. 1773—1774. V: *Herel, Joh. Frdr.* (BGE II², 345)

Fragment einer alten Reisebeschreibung des Magisters Sincerus an seinen Freund in Schwaben Doctor Sintenis 1773 bis 1774. V: *Herel, Joh. Fch.* (BGE², II/345) (BiblPort)

— e. Reisegeschichte. 8. Leipz... R. A. 807. (W. Nauck.) 12 gl

Dass., s.a. Fragmente...

Fragment von Schwänzen, ein Beytrag zu den Physiognomischen Fragmenten. O. O. 1783. V: *Lichtenberg, Georg Christoph.* (Mn)

Fragment, Solons des Gesetzgebers, wie Zeus die Welt richtet . . . Hamb. 1789. V: *Leppentin, Chph Nic.* (Schr)

— e. Urkunde d. ältesten livländ. Geschichte, s.a. Ditl. v. Alnpeke.

— einer Urkunde der ältesten livländischen Geschichte, in Versen. Aus der Orig.-Handschrift mit Erläuterungen und einem Glossar versehen von Dr. L. Bergmann. gr. 4. Riga, Hartmann. 818.

Fragment des deutschen epos: Wilhelm von Brabant. O. O. 1796. V: *Dienstmann, Rud. v.* H: *Bauschek, Casp. Joh.* (Goovaerts, Ecrivains de l'ordre de Prémontré. I. Bruxelles 1899.)

Fragment der Zeit . . . Strassburg 1886. V: *Trautmann-Rosa, F.* (EB)

Fragmenta, annalium Iburgensium. Bruchstücke von Annalen des Klosters Iburg. Nach einer Handschrift des 12. Jahrhunderts zum erstenmale herausg. von Ludw. Perger. Aus der Zeitschrift für vaterländische Geschichte und Alterthumskunde abgedr. Münster 857. Regensberg in Comm. gr. 8. (21 S.) n. 4 ngr

Fragmenta **arabica.** E codicibus Mss. Parisinis nunc primum, publicis sumtibus, edidit S. G. R. Henzius. 8maj. St. Petersb. 828. (Leipz. Kummer). 1 ꝛβ 8 gl

Fragmenta auguralia ed. H. Galetschky. Pr. 1875. 14 S. 4°.

Fragmenta Burana. Hrsg. von Wilhelm Meyer aus Speyer, Prof. in Gottingen. Mit 15 Taf. *Berlin: Weidmann 1901.* (190 S.) 4°
Aus: Festschrift z. Feier d. 150j. Bestehens d. Kgl. Ges. d. Wiss. zu Gottingen 1901
fol. 12965

Fragmenta carminis lat. de bello Actiaco sive Alexandrino etc. ed. J. F. Kreyssig. Lips. Barth. 814.

(**Fragmenta.**) — Carminum Epicorum, Germanicorum, Nederlandicorum saeculi XIII. et XIIII. id est Waleweini, Parthenopaei et Makaris sive potius Aioli fragmenta. E codd. mss. edid. Ferd. Deycks. Münster 859. Regensberg in Comm. 4. (39 S.) n. 10 ngr.

— e cod Palimpsesto eruit Maius. Berol. 824. (2. 25)

Cod. Gregoriani et Cod. Hermogeniani fragmenta. Ad XXV. libb. Msceptor. et priorum editt. fidem recognovit et annotat. crit. instruxit Gust. Haenel. *Bonn.* 835. — ad XXXVI. libb. Msceptor. etc. *ib.* 837. 4.

— Comicorum Graecorum. Colleg. et dispos. Aug. Meineke. Vol. I. Et s. tit.: Historia crit. Comicorum Graec. 8maj. Berolini 839. Reimer. 3⅓ ꝛβ

— Vol. II. Et. s. tit.: Fragmm poetarum. Comoed. Antiquae. Prs. I. et II. 8maj. ibid. 839, 40 6⅚ ꝛβ

Fragmenta Comicorum Graecorum. Collegit et disposuit Aug. Meineke. Vol. III. — Et. s. t.: Fragmenta Poetarum Comoediae mediae. 8maj. Berolini 840, Reimer. 3¾ ꝛβ — Vol. IV. — Et. s. t.: Fragmenta Poetar. Comoediae novae. 8maj. ibid. 841. 4⅓ ꝛβ (I—IV. 18¼ ꝛβ)

Fragmenta, comicorum graecorum. Collegit et disposuit Aug. Meineke. Vol. V. II Partes. Et. s. t.: Comicae dictionis index. Composuit Henr. Jacobi. II Partes. Praemissa sunt ad fragmenta comicorum addenda et corrigenda. gr. 8. (CCCLXXVII und 1223 S.) Berlin 857, G. Reimer.
Vol. 1—4. Ebendas. 1839—41. 18 Thlr. 7½ Ngr.

Fragmenta comicorum Graecorum collegit et disposuit Aug. Meineke. Ed. minor. 2 partes. gr. 8. (I: XXIV S. u. S. 1—656.—II: S. 657—1284.) Berolini 847, G. Reimer. 6 ꝛβ

Comicorvm graecorvm fragmenta. Ed. Georgivs Kaibel Vol. I. Fasc. I *Berolini: Weidmann 1899* 8
— Fragmenta, Poetarum graecorum Vol. VI. Fasc. I. (8) 1906

Fragmenta Eupolideo versu conscripta coll. F. V. Fritsche. Pr. 1855. 22 S. 4°.

Fragmenta evangelica, quae ex antiqua recensione versionis Syriacae novi testamenti [Peshito dictae] a Gul. Curetono vulgata sunt, graece reddita textuique syriaco editionis Schaafianae et graeco Scholzianae fideliter collata. Pars I. Matthaei cap. I. I—VIII. 22. et X. 32. — XXIII. 25. Marci cap. XVI. 17—20. Curante J. R. Crowfoot. gr. 4. (VIII, 47 S.) London 871. Williams & Norgate. n. 5. —

—— evangelii Lucae et libri Genesis, ed. A. F. C. Tischendorf, s.a. Monumenta sacra inedita.

— evangelii Lucae et libri Genesis ex tribus codd. graecis quinti sexti octavi saeculi, uno palimpsesto ex Libya in museum Britannicum advecto, altero celeberrimo Cottoniano ex flammis erepto, tertio ex Oriente nuperrime Oxonium perlato. Addita sunt et Novi et Veteris Testamenti fragmenta similia nuperrime in codd. sex antiquissimorum reliquiis inventa. Nunc primum eruit atque edid. Aenoth. F. Const. Tischendorf. Lipsiae 857. Hinrichs. gr. 4. (XXXVII, 322 S. u. 1 lith. Schrifttaf.) n. 16 ℛ
(Monumenta sacra inedita. Nova collectio. Vol. II.)

— et excerpta metrica, s.: Grammatici latini.

— gothica selecta ad fidem codicum Ambrosianorum Caroluni Vaticani ed. Andr. Uppström. Upsala 861. (Stockholm, Bonnier.) gr. 8. (XIV, 48 S.) n. 16 ngr.

Grammaticae romanae fragmenta collegit recensuit Hyginus Funaioli. Vol 1. Lipsiae: B. G. Teubner 1907. 8°
(Bibliotheca script. graec. et rom. Teubneriana.) [illegible]

Fragmenta, Historiae naturalis, ex ostentis, prodigiis et monstris... Gottingae 1784—85. V: *Heyne, Christian Gottlob.* (MGT) (EBHN)

Fragmenta historicorum arabicorum. Tom. I., cont. partem tertiam operis Kitâbo 'l-Oyun wa 'l-hadâïk fi akhbâri 'l-hak'âïk, quem ediderunt M. J. de Goeje et P. de Jong. Leiden 869. Brill. 4. (VIII, 410 S.) nn. 4 ℛ 18 ngr.

— historicorum arabicorum. Tomus II., continens partem VI. operis Tadjâribo 'l-Omami, auctore Ibn Maskowaih, cum indicibus et glossario, quem ed. M. J. de Goeje. gr. 4. (X, 361 S.) Leiden 872. Brill. n.n. 12. 80 (I. u. II.: n.n. 26. 60)

— Historicorum Graecorum Hecataei, Charonis, Xanthi, Hellanici, Pherecydis, Acusilai, Antiochi, Philisti, Timaei, Ephori, Theopompi, Phylarchi, Clitodemi, Phanodemi, Androtionis, Demonis, Philochori, Istri, Apollodori Bibliotheca cum fragmentis. Auxerunt, notis et prolegomenis illustr., indice pleniss. instrux. Car. et Theod. Mulleri. Acced. Marmora Parium et Rosettanum, hoc cum Letronii, illud cum C. Mulleri commentariis. (Scriptorum Graecorum Bibliotheca. Vol. XI.) gr. Lex.-8. (Mit 2 lith. Schrifttafeln.) Parisiis 841, Firmin Didot (Fratres et soc.) n. 5½ ℛ

Fragmenta historicorum Graecorum collegit, disposuit, notis et prolegomenis illustr. indicibus instrux. Car. Müllerus. Vol. II. Accedunt fragmenta Diodori Siculi, Polybii et Dionysii Halicarnassensis e cod. Escorialense nunc primum edita. 8maj. (XLII und 631 S.) Parisiis 848, Didot fratres. Thlr. *

—— id. — Vol. III. 8maj. (729 S.) Ibid. 849. *

—— id. — Vol. IV. Accedunt addenda et indices locupletissimi auctorum, titulorum, rerum nominumque. (Bibliotheca scriptorum graecorum. Vol. XXXVI.) 8maj. (III und 856 S.) Ibid. 851. *
Vol. I. Ibid. 1842. * 5 Thlr. 15 Ngr.

Historicorum Graecor. antiquiss. fragmenta. Colleg. emend. explicuit Fr. Creuzer. Hecataei Historica, itemque Charonis et Xanthi omnia. Heidelb. 806. 8. 1 rthl. 6 gr.

Fragmenta historicorum graecorum ant. commendat. Creuzeri. 8. maj. Heidelberg, Mohr. 806.
Schreibn.

— idiunculárum. 8. Frankf. 800. (Arnold in Dresd.) 2 ℛ

—— juris antejustiniani quae dicuntur Vaticana. Post Ang. Maium et Aug. Bethmann-Hollweg recognovit Th. Mommsen. Adjectum est codicis Vaticani specimen. 12. (XXIV und 144 S. mit 1 Stnt. in qu. Fol.) Bonn 861, Marcus. *

Fragmenta jur. civ. Antijustinianei Vaticana, e Cod. rescripto ab A. Majo edita recogn., commentario tam critico tum exegetico, nec non quadruplici appendice instrux. Al. A. de Buchholtz. *Regiomont.*, Bornträger 828. 8. (2 Thl.)

Fragmenta leg Serviliae repetundarum ex tabb. aereis prim. conjunx., restituit, illustrav. C. A. C. Klenze. *Berl.* 825. 4.

Fragmenta, Legum Locris a Zeleuco scriptarum. Gottingae 1767—68. V: *Heyne, Chn Gottlob.* (MGT)

Legum XII. tabularum fragmenta cum variar. lect. delectu, paraphrasi et indicatis singulor. fragmentor. fontibus. Praelect. in usum edid. C. Zell. *Freiburgi*, Fried. Wagner. 825. 4. (15 Gr.)

Fragmenta quaedam lexici in scriptores Novi Testamenti. Gottingae 1818. V: *Pott, Dav. Jul.* (Hauptkat. d. Univ.-Bibl. Tübingen. G. Nachtr. 15.)

Fragmenta libri VII. geographicorum Strabonis Palatino-Vaticana. Novis curis emend. et illustr. Theoph. Lucas Frid. Tafel. 4. Tubingae 844, Laupp. n. ½ ℛ

— ex Lib. XCI. historiar. Tit. Livii Patav. ed. P. I. Bruns. fol. Lps. Göschen 773.

Fragmenta librorum Sibyllinorum, quae apud Lactantium reperiuntur. Veterum libror. tam editor. quam scriptorum auctoritate emend. C. L. Struve. Regiom. 817. 8. 12 gr.

Fragmenta locor. ex jure Rom. Antejustinianeo ab incerto scriptore collector. quae dicuntur Vaticana. Edid. Ang. Majus, recogn. A. Bethmann-Hollweg. Acc. indd. et cod. Ms. Vaticani spec. (Mit 1 lith. Schrifttaf. in gr. 4.) *Bonn*, Marcus. 833. 12maj. (18 Gr.)

Mulierum Graecarum, quae oratione prosa usae sunt, Fragmenta. Gr. et lat. c. notis ed J. C. Wolf. Lond. et Hamb. 739. 4. 2 rthl.

—— Oratorum Romanor., ab Appio inde Caeco et M. Porcio Catone usque ad Q. Aurelium Symmachum. Collegit atque illustr. Henr. Meyerus. Edit. II. et emendatior. 8maj. (41⅛ B.) Turici 842, Orellii, Fuesslini et soc.

(Fragmenta.) Philosophorum graecorum collegit, recensuit, vertit, annotationibus et prolegomenis illustravit, indicibus instruxit. Fr. Guil. Aug. Mullachius. Poeseos philosophicae caeterorumque ante Socratem philosophorum quae supersunt. [Bibliotheca scriptorum graecorum. Vol. 50.] Paris 860. Didot & Co. Lex.-8. (XXXI, 575 S.) n. 4 ℛ

Fragmenta philosophorum graecorum collegit, recensuit, vertit; annotationibus et prolegomenis illustravit, indicibus instruxit Fr. Guil. Aug. Mullachius. Vol. II. Pythagoreos, sophistas, cynicos et Chalcidii in priorem Timaei Platonici partem commentarios continens. (Bibliotheca scriptorum graecorum. Vol. 51.) gr. Lex.-8. (XCV und 439 S. mit 4 Stnt.) Paris 867, Didot frères, fils et Comp. *
Vol. I. Ebendas. 1860. * 4 Thlr.

-- philosophorum graecorum collegit, recens. vertit, annotationibus et prolegomenis illustr., indicibus instr. Fr. Guil. Aug. Mullachius. Paris 868. Didot & Co. Lex.-8.
Vol. II.: Pythagoreos, Sophistas, Cynicos et Chalcidii in priorem Timaei Platonici partem commentarios continens. (XCV, 439 S. u. 4 lith. Taff.) n. 4 ℛ

Fragmenta philosophorum graecorum, collegit, recensuit, vertit, annotationibus et prolegomenis illustravit, indicibus instruxit Fr. Guil. Aug. Mullachius. Vol. III, Platonicos et Peripateticos continens. Lex.-8. (V, 579 S.) Paris 881. Didot & Co. n.n. 12. — (I—III.: n n. 36. —)

Fragmenta et picturae Vergiliana codicis Vaticani 3225, s.: Codices e Vaticanis selecti. I.

— scenicae Romanorum poesis, recens. Otto Ribbeck. Vol. II A. u. d. T.: Comicorum latinorum praeter Plautum et Terentium reliquiae. Lipsiae 855. Teubner. gr. 8. (XX, 413 S.) n. 3 ℳ

— scaenicae Romanorum poësis, secundis curis rec. Otto Ribbeck. Vol. 1. et 2. gr. 8. Leipzig 871. 73. Teubner. n. 23. -
Vol. I. Tragicorum Romanorum fragmenta. (LXXIX, 368 S.) n. 9 –
Vol. II. Comicorum Romanorum praeter Plautum et Terentium fragmenta. (CXXXXI, 508 S.) n. 11. -

Fragmenta scaenicae Romanorum poesis, tertiis curis recognovit Otto Ribbeck. Vol. I et II. 8. Leipzig, B. G. Teubner. n. 9. —
I. Tragicorum fragmenta. (VIII, 335 S.) 897. n. 4. --
II. Comicorum romanorum praeter Plautum et Syri quae feruntur sententias fragmenta recognovit R. (VIII, 393 S.) 898. n. 5. —
(Bibliotheca scriptorum Graec. et Rom. Teubneriana)

Index lectionum in academia Rostochiensi sem. hib. a 1890/91 ab d. XV m. Oct. publice privatimque habendarum Inedita poetarum graecorum fragmenta Ricardus Reitzenstein praemisit. *Rostochii*, typ. acad. Adlerianis, *1890*; 22 S 4°

– 2. Ebd. 1891. 28 S.

– 3. Ebd. 1892. 32 S.

P o e t a r u m graecorum fragmenta. Auct. Vdalrico de Wilamowitz-Moellendorff collecta et edita. Vol. VI. Fasc. I. [Die anderen Bände erscheinen später.] Berolini: Weidmann 1899. 8°.

P o e t a r u m Philosophorum fragmenta. Ed. Hermannus Diels. Berolini: Weidmann 1901. (VIII, 270 S.) 8° = Fragmenta, Poetarum graecorum. Vol. 3, Fasc. 1.

Fragmenta poetarum romanorum, collegit et emendavit Aemilius Baehrens. (Poetae latini minores. Vol. VI.) gr. 8. (427 S.) Leipzig 886. Teubner. 4. 20

— poetarum scenicorum graecorum, s. Sophocles.

—— poetarum scenicorum graecorum quorum integra opera supersunt. Edid. Frid. Henr. Bothe. E. s. t.: Aeschyli dramatum fragmenta recens. et annotatione instr. Frid. Henr. Bothe. Smaj. Lipsiae 844, libr. Hahniana.

Poetriarum octo, Erinnae etc. fragmenta. Gr. et lat. cura J. C. Wolfii. Hamb. 734. 4. 1 rthl.

—— sacra palimpsesta, ed. C. Tischendorf, s. Monumenta sacra.

Fragmenta sacra palimpsesta sive fragmenta cum Novi tum Veteris Testamenti ex quinque codd. graecis palimpsestis antiquissimis nuperrime in Oriente repertis. Addita sunt fragmenta psalmorum papyracea et fragmenta evangelistariorum palimpsesta, item fragmentum cod. Friderico-Augustani. Nunc primum eruit atque edid. Aenoth. F. Const. Tischendorf. Lipsiae 855. Hinrichs. Imp.-4. (24 Bl., 278 S. u. 3 lith. Facsimile von Handschriften.) n. 16 ℳ
(Monumenta sacra inedita. Nova collectio. Vol. I.)

Stoicorum veterum fragmenta coll Ioannes ab Arnim Vol 2 *Lipsiae: B G Teubner 1903* 8

Fragmenta XII. tabb. ex restitutione J. N. Funccii, ad optima antiquitatis monumenta dilig. expr., c. perspicua paraphr. in us. lect. acad. recudi fecit Ge. Ad. Juncker. *Gott.* 756. 8.

Fragmenta, Veteris T e s t a m e n t i ab Origine recensiti, apud Syros servata quinque. Praemittitur Epiphanii de mensuris et ponderibus liber nunc primum integer et ipse syriacus. Paulus de Lagarde edidit. Gottingae 1880.

Fragmenta Veteris T e s t a m e n t i ex versione Aethiopici interpretis ut et alia quaedam opuscula Aethiopica ex Aethiopica lingua in Latinam transtulit eaque cum praefatione nunc demum edita ad N. T. Aethiopici Latinam translationem . . . appendicis instar edidit Christophorus Augustus Bodius. Guelpherbyti 1755.

Fragmenta, Theognidis, Archilochi, Solonis et aliorum.

Editio Th. Gaisfordii aucta. Lipsiae 1823. H: *Dindorf*, *Wilhelm*. (Ky)

— Theognidis, Archilochi, Solonis, Simonidis, Mimnermi, Callim, Tyrtaei, Phocylidis, Naumachii, etc. (Mit Anmerk. v. Brunck, Gaisford, Blomfield, Dindorf u. A. — aus Poetae min. graeci besonders abgedr.) gr. 8. Leipz. 823. Kühn. 2 ℳ 16 ℛ

—— **Theotisca**, versionis antiquissimae evangel. S. Matthaei et aliquot homiliarum. E membranis Monseensibus bibliothecae palatinae Vindobon. edid. Steph Lad. Endlicher et Hoffmann Fallerslebensis. (M. 1 fac-simile.) 4 maj. (6½ B.) Vindobonae 834, (Gerold.)
Ist auf Kosten d. Verf. gedruckt u. nicht allgemein in den Buchhandel gekommen.

—— theotisca versionis antiquissimae evangelii S. Matthaei et aliquot homiliar. E membranis Monseensibus bibliothecae palatinae Vindobonensis edider. Steph. Endlicher et Hoffmann Fallerslebensis. Edit. II. aucta et emend. cur. Jo. Ferd. Massmann. gr. Lex.-8. (4 B. u. 1 lith. Schrifttaf.) Viennae 841. libr. Beck.

Fragmenta Vaticana ed. Bethmann Hollweg. Bonn 833.

Vaticana juris Romani fragmenta, Romae nuper ab A. Majo detecta et edita, typis mandaverunt ephemeridum, quae Themidis nomine publicantur, editores. *Par.* December 823. — Abgedruckt unter dem s. Titel: Edit. castig. *Lipsiae*, (Klinkhard.) 825. 8. (12 Gr.)

Fragmenta versionis graecae Rotharis Longobardorum Regis. Ex Cod Paris. Gr. 1384. Primus ed. Car. Ed. Zachariae. 8maj. Heidelberg 835 Osswald. 3/8 ℳ

—— versionis graecae legum Rotharis longobardor. regis. Ex Cod. Paris. gr. 1384. Primus ed. Car. Ed. Zachariae. 8maj. (5 B.) Heidelbergae 835, [C. F. Winter.]

Fragmenta versionis latinae Antehieronymianae prophetarum Hoseae, Amosi et Michae e codice Fuldensi eruit, atque adnotationibus criticis instruxit Ernest. Ranke. 4maj. (IV und 52 S. mit 1 Stnt. in Fol.) Marburgi 856, libr. Koch.

— versionis latinae antehieronymianae prophetarum Hoseae, Amosi, Michae, aliorum e cod. mscr. eruit, atque adnotationibus criticis instruxit Ernest. Ranke. Fasc. II. Accedit tab. lapidi incisa. Marburg 858. Koch. (Sipmann.) gr. 1. (126 S.) n. 1 ℳ

Fragmente. [Mecklenburg 1801.]

V: *Karsten*, *Frz Chn Lorenz* (?). (Bachmann, Mecklenburg. Güstrow 1889. S. 224.)

— — (Romane). 2 Bde. Mit Kupf. Giessen, Tasché und Muller, 1804. 8°. (2 Rthl.)

Fragmente, 2 Thle. m. farb. Abdrücken v. Gubitz. kl. 8. Gießen; Tasché u. Müller, 804. Rthlr.

Fragmente. Eine Sammlg. Aphorismen, Gedichte ꝛc. v. H. L. 8. (VIII, 99 S.) Jena 887. Mauke. n. 1. 60

— Antidemocrat. gr. 8. Leipz. Schmidt. 797.

— u. Antifragmente, s. J. C. Döderlein.

Fragmente und Antifragmente. Zwey Fragmente eines Ungenannten ... mit Betrachtungen darüber ... Nürnberg 1778—79. V: *Reimarus*, *Herm. Sam.* (Betrachtungen): *Döderlein*, *Joh. Christoph.* (Syst. Verz. d. Lessing-Litt. Wolfenb. 1889.) (ML) (Ky) (BB) (GGr)

Fragmente u. Antifragmente; zwei Fragmente e. Ungenannten, aus Lessings Beitr. zur Litt. abgedruckt mit erläut. Anmerkk. (v. J. C. Döderlein). 1r Thl. 3e A. u. 2r Thl. 2e A. 8. Nürnb. 782. Eichhorn. (a. Lauffer in Leipz.) 1 ꝛß 12 gr

Fragmente, antischleswig-holsteinische, auf Verfügung des academ. Senats zu Kopenhagen hrsg. v. A. F. Krieger. 1. Hft. Von dem Institut der Gesammtbelehnung u. dessen Anwendg. auf das Herzogth. Holstein, eine staatsrechtl. Abhandlg. Von J. E. Larsen. Aus d. Dänischen übers. v. Ed. Lehmann. gr. 8. (96 S.) Kopenhagen 848, Reitzel. (Leipzig, Lorck) ½ ꝛß — 2. Hft.: Danevirke, der alte Gränzwall Dänemarks gegen Süden, ein geschichtl. Beitrag zur wahren Auffassung der Schleswigschen Frage v. J. J. A. Worsaae. Aus dem Dänischen übers. von A. Courländer. [Nebst e. (lith. u.) illum. Sprachkarte über die jütländ. Halbinsel u. einer (lith.) Karte über Südschleswig.] gr. 8. (88 S.) Ebd. 848. 12 ngr — 3. Hft.: Die englisch-französ. Garantie des Herzogthums Schleswig im J. 1720 der Krone Dänemark geleistet, erörtert v. Grimur Thomsen. Aus d. Dänischen übers. von A. Courländer. gr. 8. (133 S.) Ebd. 848. 17 ngr — 4. Hft.: Schleswigs innere Verbindg mit Dänemark. Von C. Paulsen. — Actenstücke zur Aufklärung der Lebensverhältnisse der Herzogthümer. Mitgetheilt von H. Knudsen. 1. Sammlg. gr. 8. (96 S.) Ebd. 848. 19 ngr — 5. Hft.: Ueber die Constitutio Waldemari. Von E. C. Werlauff. — Actenstücke zur Aufklärung der Lebensverhältnisse der Herzogthümer. Mitgetheilt v. H. Knudsen. 2. Sammlg. gr. 8. (111 S.) Ebd. 848. 17 ngr — 6. Hft.: Ueber die Sprache u. Volksthümlichkeiten im Herzogth. Schleswig oder Südjütland, von C. F. Allen. [Nebst e. (lith. u.) illum. Sprachkarte vom Herzogth. Schleswig.] gr. 8. (173 S.) Ebd. 848. ⅚ ꝛß — 7. Hft.: I. Uebersicht der Begebenheiten, Verhandlungen u. Uebereinkünfte, die seit dem Jahr 1459 das staatsrechtl. Verhältniß des Herzogth. Schleswig zu Dänemark u. Holstein bestimmt haben, v. H. M. Velschow. 1. Abth. II. Ueber die Aufhebung des Socialnexus der holstein. u. schleswigschen Ritterschaft v. C. Paulsen. (IV u. 163 S.) Ebd. 852. n. 11/12 ꝛß (1—7: 1 11/12 ꝛß)

Fragmente aus Amors geheimen Archiv. Mit 2 Vign. 8. Leipz. 798. Andrä. 14 gr

§ — — aus Amors geheimen(!) Archive. Mit Vignette (J. F. Schroter fec.). Leipzig in der von Kleefeldschen Buchhandlung 1798. 8⁰. 176 S. (3 Mk. G. Priewe, 1895; 2 Mk. 50 Pfg., „mit 2 Vign.“, Oskar Richter, Lpz., vor 1890.)

Fragmente zur Arznei- und Naturkunde und Geschichte ... Frankf. 1780—82. V: *Berchelmann*, *Joh. Philipp.* (stri) (EngM) (call) »Hamburg« (Ky)

— zur Arznei-Naturkunde u. Gesch. (v. Jh. Ph. Berchelmann). 4 Thle. 8. Hamb. 780, 82. (Herold jun.) 22 gr

— z. Arzney-, Naturkunde u. Gesch. 4 Thle. 8. Hamburg, Vollmer. 788

— ästhetische, über d. Schöne, besonders in bildenden Künsten. 8. Berl. 794. Matzdorf. 10 gr

Fragmente aus dem historischen Atlas. Nürnberg 1743—50. V: *Hasianus.* (Kat. d. Bibl. d. k. Preuß. gr. Generalstabes. Berlin 1878.)

Fragmente zur nützlichen Ausfüllung leerer Stunden ... Leipzig 1776. V: *Trinius*, *Johann Anton.* (Ky)

— zur Ausfüllung leerer Stunden od. vergnügender Zeitvertreib. 8. Leipz. 776. Compt. f. Liter. 6 gr

Fragmente über Basedow. [Berl. 1790.] V: *Neuendorf*, *Carl Glieb.* (ML) (MGT)

Fragmente militärischer Betrachtungen über die Einrichtung des Kriegswesens in mittleren Staaten, in der Musse des Friedens angestellt. 8. Frankfurt und Leipzig 1780.

Fragmente militärischer Betrachtungen über die Einrichtung des Kriegswesens in mittleren Staaten. Frankf. a. M. 1780. V: *Estorf*, *Emmerich Otto August v.* (Ky) (ML)

Fragmente und militärische Betrachtungen über die Einrichtung des Kriegswesens in mittleren Staaten. Frankfurt a. M. 1780. V: *Scheither*, *Georg Heinrich Albrecht von.* (ADB)

— militär. Betrachtt. üb. d. Einrichtung d. Kriegswesens in mittlern Staaten, (v. Emm. Otto A. v. Estorf). gr. 8. Frankf. 780. (Hahn in Hannov.) 12 gr

Dies., s.a. Fragmente, Militairische.

Fragmente von politischen, economischen und moralischen Betrachtungen... Kopenh. 1784. V: *Talbitzer*, *C. H.* (Bruun, Bibl. Danica. I, 1071.) (Collin, Anonymer. Kiobenh. 1869.)

— e. neu entdeckten Bibel. 8. (82 S.) Zürich 888. Verlags-Magazin. n. 1. —

Fragmente zur Bildung des menschlichen Herzens, als ein Beytrag zur Menschenkenntniss ... Linz 1785. V: *Kinigl*, *Leopold Graf von.* (MGT) (Ky)

— zur Bildung d. menschl. Herzens, als e. Beitrag zur Menschenkenntniß v. L. G. K. (Graf L. v. Kinigl). 2 Bde. 8. Linz 785.

Bode, Joh. Joachim Christoph: **Fragmente** zur Biographie des verstorbenen Geheimen Raths Bode. Mit zuverlässigen Urkunden. Rom, auf Kosten der Propaganda. [Giessen: Krieger] 1795. 157 S. 8°

Kl. 3481. Berührt auch Bodes Verdienste um Frmrei u. Illuminatismus. — Üb. J. J. Chr. Bode s. Allgem. Deutsche Biographie Bd 2 1875 S. 795—796 (Hettner).

— zur Biographie d. Rath Bode's in Weimar. 8. Marb. 795. Krieger. 6 K

Fragmente aus den Briefen eines jungen Gelehrten an seinen Freund. [Hamburg 1791.] V: *Müller, Johannes von.* »1798—1800« (MGT) (Stri)

— v. Briefen gemeinnütz. Inh., s. Sintenis.

Fragmente von Briefen gemeinnützigen Inhalts ... Zerbst 1800. V: *Sintenis, Chn Frdr.* (ErschDL)

Fragmente aus den Briefen eines Reisenden aus Liefland. O. O. 1805., V: *Rennenkampff, Carl Jacob Alexander von.* (R-N) (Ky) (EngG) (BrMm)

— aus d. Briefen e. Reisenden aus Liefland, (v. K. J. A. v. Rennenkampff). 8. o. O. (Götting.) 806. (Dietrich). 12 K

Fragmente aus einem Briefwechsel über ein Paar der neuesten Versuche, die Ausleger der religiösen Urkunden zu vereinbaren oder doch zur Verträglichkeit zu stimmen. [Altona 1797]. V: *Francke, Gg Samuel.* (I.S)

— eines Briefwechsels, enth. Rügen über Neuerungsf. u. Widersprüche, nebst Bemerkk. über d. Begriff d. Krankheitsursachen nach d. Brownschen System. gr. 8. Leipz. 802. Hinrichs. 4 K

Fragmente aus dem vertraulichen Briefwechsel zweier Patrizier von Bern. Bern 1831 s. a. [Appenzeller. J L].

Fragmente aus dem vertraulichen Briefwechsel zweyer Patrizier von Bern. Bern 1831. V: *Appenzeller, J. Conr.* (Cat. d. Stadtbibl. Zürich. Zürich 1864—97.)

Fragmente, christlich-palästinische, aus der Omajjaden-Moschee zu Damaskus, hrsg. v. Frdr. Schulthess, s. a. Abhandlungen der königl. Gesellschaft d. Wissenschaften zu Göttingen. Phil.-histor. Klasse. N. F. VIII. 3.

Christlich-Palästinische **Fragmente** aus der Omajjaden-Moschee zu Damaskus Bearb. u. hrsg von Friedrich Schulthess. Mit 5 Taf. Berlin: Weidmann 1905. (138 S) 4°
— Abhandlungen d Kgl Gesellschaft d Wissensch. zu Gottingen. Phil.-hist Kl. N. F. Bd 8, No 3. [05 573]

FRAGMENTE aus der Chronique scandaleuse von Paris, vor und wahrend der Revolution. Mit gestoch. Titel u (freiem) TKpf Jerusalem, b Moses u. Comp. (Wien, Schaumburg). 1803. 8°. XVI—251 SS. Rar! (10 Mk Scheible; 10 Mk. Frdr Kluber, 1898, 16 Max Harrwitz, 1906)
Interessant zur Geschichte französischer Sittenverderbniss, vornehmlich unter Louis XIV, der Regentschaft und Louis XV.

Fragmente in der erzählenden Dichtart von verschiedenem Inhalt ... Zürich 1754. V: *Bodmer, Johann Jacob & Chph Martin Wieland.* (vetter) (Ky) (MI.) (GGr) »1755« (Bächtold, Litt. d. Schweiz. Frauenf. 1892. S. 188.)

— in d. erzählenden Dichtart v. verschied. Inhalt, (v. J. J. Bodmer). 4. Zurich 754. Orell. 8 K

— in d. erzählend. Dichtart. v. versch. Inhalte rc. 4. Zürich. 755.

Fragmente der alten hochschottländischen Dichtkunst ... A. d. Engl. Hamb. 1764. Ü: *Engelbrecht, Johann Andreas.* (Schr) (MGT) (Ky)

— d. alten hochschottländ. Dichtkunst, nebst einigen andern Gedichten Ossian's; aus d. Engl. (v. J. A. Engelbrecht). 8. Hamburg 764.

Fragmente zur Ehre Friedrichs des Einzigen und der Preussischen Monarchie. O. O. [ca. 1790]. V: *Scheler, Eugen Carl Ludwig von.* (MGT)

Fragmente die neue Einrichtung des Johanneums in Hamburg ... betreffend. Germanien [Altona] 1803. V: *Janssen, Joh. Anton Rudolph.* (Schr)

— d. neue Einrichtung d. Johanneums in Hamburg betreffend. 8 German. 803. (Hammerich in Altona). 14 K

— z. Encyclopädie des Schönen, als e. Hülfsbuch des Elementarwerks, a. d. Winkelmannisch. Grunds. gezog. 8. Prag, Mangold. 780.

Fragmente, (griechische) epische u. elegische, bearb. v. W. Schubart u. U. v. Wilamowitz-Moellendorf, s. a. Klassikertexte, Berliner. V.

Epische und elegische **Fragmente** bearb. von W[ilhelm] Schubart u. U(lrich) v. Wilamowitz-Moellendorff. Mit e. Beitrage von F[ranz] Buecheler. Mit 2 Lichtdrucktaf. Berlin: Weidmann 1907. (VII, 136 S.) 4°(8°)
— **Klassikertexte**, Berliner. H. 5, Hälfte 1. [07 4435]

Fragmente aus der Erdbeschreibung, Geschichte und Mythologie des Alterthums. Frankf. u. Leipz. 1779. V: *Steinhauer, Johann Peter.* (Ky) (Stri) (MGT)

Fragmente in Beziehung auf d. preuss. Erklärung an die allgemeine Reichsversammlung in Betreff des zu Basel am 5. April 1795 geschlossenen Friedens u. die dawider erschien. Anmerkgn. (112.) Erlangen 1795. 1,00.

— in Beziehung auf d. Kön. Preuß. Erklärung in Betreff d. mit Frankreich geschlossenen Friedens. 8. Erlang. 795. (Palm). 8 K

— der Aristotonischen Erziehungskunst. (v. E. A. Evers). gr. 8. Aarau 806, Christen, (Zürich, Geßner). 12 gr.

Fragmente zur Aristotonischen rc. lies: Aristotelischen Erziehungskunst rc.

— für u. wider d. Freimaurerei, (v. Konr. Frdr. Uden). 8. Berl. 782. Mylius. 8 gr

Fragmento, finanziello v. Aug. Zang. Hrsg. u. Red.: Carl Föls. Jahrg. 1873. 52 Nrn. (B.) gr. 4. Wien, Braumüller. n. 16. —

Fragmente eines Gebetes an Amor. Frankf. u. Leipz. 1774. V: *Opiz, Johann Ferdinand.* (GGr) (MGT)

Fragmente einiger Gedanken des musikalischen Zuschauers die bessere Aufnahme der Musik in Teutschland betreffend. Gotha 1767. V: *Dressler, Ernst Christoph.* (ML) (Ky) (BrMm)

— einiger Gedanken d. musikal. Zuschauers, d. bessere Aufnahme d. Musik in Deutschland betreffend, (v. E. C. Dreßler). gr. 4. Gotha 767. Ettinger. 16 gr

Fragmente, Uiber den Geist der Aufklärung . . . gesammelte. Wien 1796. V: *Heinzmann, Joh. Georg.* (EB)

— über Silberschlags Geogenie. 1r Thl. gr. 4. Bresl. 783. Löwe. 1 rthl 12 gr

Fragmente, Geographische, über die Grafschaft Feldkirch in Voralberg . . . [Leipzig 1803.] V: *Brandenstein, Joh. von.* (MS)

Fragmente, Gesammelte Litterarische, eine Wochenschrift. Wien 1776. V: *Rosalino, Franz de Paula.* (Ky)

— aus d. ältern Geschichte, zum Zeitvertreib. 8. Hamb. 772. Buchenröder. 8 gr

Fragmente zur Geschichte der Bader, Barbiere . . . in der freien Reichsstadt Nürnberg. Nürnb. 1792. V: *Koth, Joh. Ferd.* (Choulant)

Fragmente, zur Geschichte der Denkungsart ... der alten Schweizer. Luzern 1781 s. [Balthasar, Joseph Anton Felix von].

Fragmente zur Geschichte der Denkungsart und der Sitten der alten Schweitzer ... Luzern 1779-81. V: *Balthasar, Joseph Anton Felix von.* (Ky) (MGT)

Fragmente zur Geschichte der Denkungsart und der Sitten der alten Schweizer. Als Neujahrsgeschenke der Luzernischen Jugend gewidmet. 1779 und 1780. Neue Aufl. Luzern 1781. V: *Balthasar, Joseph Anton Felix von.* (BSCHWL V, 5, S. 15)

— d. Geschichte, Erdbeschreibung u. Mythologie d. Alterthums, (v. Jh. Pt. Steinhauer). 8. Marb. 774. Krieger. 10 gr

— — aus der Geschichte eines liebenden Jünglings. Fur Empfindsame. Mit Titelvignette von Endner. Halle, 1778, verlegt und gedruckt bey J. C. Hendel. Kl. 8°. 175 S. (12 Mk Leo Liepmannssohn, 1906)

Goedeke. IV. S. 655, 40 Seltene erste Ausgabe. Es ist bekannt, welche Fulle von empfindsamer Literatur durch Goethe's Werther verursacht wurde Auch dieses seltene Stück bildet ein Glied dieser langen Kette. Vgl. Tsch. Merkur 1778. April. S. 84.

— — Dasselbe. Mit Titelvignette u. 2 Kupfern. Zweite verbesserte Auflage. Halle, 1781, bey Johann Christian Hendel. Kl. 8°. (7 Mk. 50 Pfg., stark gebr. Leihbibl.-Expl., der Vorige; 2 Mk. 50 Pfg., ebenso, Adolf Weigel, 1906.)

Titelblatt, 255 S. u. 1 S. Verbess. — Fehlt bei Goedeke.

Fragmente aus der Geschichte der Klöster und Stiftungen. Schlesiens . . . Breslau [1811]. V: *Rathsmann, A. J.* (Nent)

Fragmente aus der Geschichte der Kloster und Stiftungen Schlesiens von ihrer Entstehung bis zur Zeit ihrer Aufhebung im November 1810 Breslau, gedruckt und im Verlage bei Graß und Barth [1811] Tit 3 Bl 656 S 41 Taf in kol Kupferst 8°

— aus d. Geschichte d. Klöster u. Stiftungen Schlesiens, von ihrer Entstehung bis z. Zeit ihrer Aufhebung im Nov. 1810. Mit 41 Abbildd. Bresl. 812. Graß, Barth u. C. 3 rthl

Fragmente aus der Geschichte von Köln. Aus Urkunden, Manuscripten, gleichzeitigen Schriftstellern u. s. f. von Z. B. Köln o. J. V: *Bach, Zum.* (StBKöln I, 209)

Fragmente einer Geschichte der Kriegskunst. [Gotha 1776—77.] V: *Siegfrieden, Johann Gottlieb.* (MGT)

Fragmente zur Geschichte der letzten Lebenstage des verstorbenen Herzogs von Braunschweig. [Leipzig 1808.] V: *Pockels, Carl Friedrich.* (MGT)

Fragmente zur Geschichte der Stadt und Universität Leipzig. Leipz. 1787. V: *Köhler, Johann Friedrich.* (Adel) (Ky) (MGT) (MS)

— zur Geschichte d. Stadt u. Universität Leipzig, (v. J. F. Köhler). 8. Leipz. 787. Beer. (Wienbrack). 7 gr

Fragmente zur Geschichte der schweizerischen Maurerei Der dritten im O von Basel im J. 5840 abzuhaltenden allgemeinen schweizerischen Maurerversammlung von der Berner Werkstatte vorgelegt. (Redigirt von G. Valentin.) Bern, Haller. 1840. 8. VIII. 37 S.

— z. Geschichte d. Menschheit und Charaktere d. Völker. 8. Leipz. Graff.

— zur Geschichte d. Menschheit u. Charaktere d. Völker. 8. Leipz. (Wienbrack). 8 gr

Fragmente zur mineralogisch und botanischen Geschichte Steyermarks und Kärnthens. Klagenfurth u. Laibach 1783. V: *Hohenwarth, Siegmund von.* (BrMm)

— zur mineralog. u. botan. Geschichte von Steyermark u. Kärnthen. 1s Hft. Mit Kpf. 8. Klagenf. 783. (Kummer in Leipz.) 5 gr

Fragmente Zur Mineralogisch u. Botanischen Geschichte Steyermarks u. Karnthens. Klagenfurth u. Laibach, Wallisser & Korn, 1783. 83 S. (Verf.: G. v. Hohenwart u. C. v. Ployer.)

— aus d. neuern Geschichte Frankreichs. 8. Frankf. 797. Pech. (W. Nauck in Leipz.) 16 gr

Fragmente aus der neusten Geschichte des politischen Gleichgewichts in Europa. Leipzig 1804. V: *Gentz*, *Frdr. von.* (Wr) (GGr)

Fragmente zur Solmsischen Geschichte. Leipz. u. Dresden 1785. V: *Solms-Wildenfels und Tecklenburg, Friedr. Ludw. Graf von.* (ML) (Ky) (BrMm)

— zur Salmsischen Geschichte. Mit Vign. gr. 4. 785. (Leipz., Hinrichs). 1 rthl 12 gr

Fragmente aus d. Geschichte d. Preßfreiheit im Breisgau. 8. Frburg, Fr. Wagner. 3 gr

Fragmente aus der Geschichte und Statistik der Preussischen Monarchie ... [Halberstadt 1800.] V: *Niemann*, *Johann Friedrich.* (MGT)

Fragmente zur Geschichte der Zärtlichkeit ... Frankf. 1778. V: *Miller*, *Johann Martin.* (BGE)

• — — zur Geschichte der Zärtlichkeit aus den Briefen eines Liebenden. (Zahmer Roman.) Frankfurt a. M., b. Joh. Phil. Reiffenstein. 1778. 8°. (2/3 Rthl. Scheible; 3 Mk. Jos. Baer & Co.)
O. M V. 1778, S. 421.
— — Dasselbe. 2. Aufl., mit e. Anhang vermehrt. Mit TKpf. nach Chodowiecki. Leipzig 1780. 8°. (4 Mk. Baer.)

Fragmente, Geschichtliche und naturhistorische, zur Unterhaltung und Belehrung ... Osnabrück 1798—99. V: *Abel*, *Johann Joseph.* (ML) & *Georg Friedrich Christian Wendelstaedt.* (GGr) (Ky)

— geschichtl. u. naturhistor., zur Unterhaltung u. Belehrung für Jung u. Alt aus allen Ständen, (von Jh. Jos. Abel u. G. F. C. Wendelstadt). 2 Bdchn. 8. Osnabrück 798—99. Andrä in Leipz. 16 Bdchn. 12 gr 2 rthl .. gr

— geschichtliche, und das ungarische Staatsleben neuerer Zeit. 2 Thle. (Mit 1 Tab.) Leipzig 846, K. F. Köhler. 2 2/3 rthl

Fragmente einiger Gespräche eines dänischen Bürgers mit einem Ausländer über Processe, Erziehung ... Flensburg u. Leipzig 1796. V: *Ambrosius*, *Eduard.* [?] (Bruun, Bibl. Danica. I, 1057.) (Collin, Anonymer. Kiobenh. 1869.)

— etlicher Gespräche eines dänischen Bürgers über Processe, Erziehung, Adel, Bauern, Bürger rc. 2 Stcke. 8. Flensb. 796 u. 97. (Hammerich in Altona). 12 gr

— üb. d. Glückseligkeit des Menschen u. ihre Beförderungsmittel rc. 8. Leipz. Feind. (a. Gleditsch.) 799.

Fragmente aus einer Goethe-Bibliothek ... Leipzig [1849]. H: *Hirzel*, *Salomon.* (BrMm)

— griechische, in Prosa u. Poesie. Gesammelt, übersetzt und erläutert von K. Dilthey. 16 Heft. Fragmente der sieben Weisen, ihrer Zeitgenossen u. der Pythagoreer. gr. 8. Darmstadt 835. Jonghaus. 2/3 rthl

Fragmente, Hinterlassene, zum zweyten Theil des Laokoon. Berlin 1792. V: *Lessing*, *Gotthold Ephraim.* (Less 89)

Fragmente syrischer und arabischer Historiker herausgegeben und übersetzt von Friedrich Baethgen [= Abhandlungen für die Kunde des Morgenlandes VIII, 3] Leipzig 1884

— histor., oder Samml. interessanter seltener u. wenig bekannter Thatsachen u. Begebenheiten. 8. Prag 802. Widtmann. 16 gr

— u. **Essays**, histor., üb. d. Entstehg. d. Genfer Konvention u. d. Roten Kreuzes. (Nach alten u. neuen authent. Quellen.) [Aus: „Der Samariter".] gr. 8. (80 S.) München 896. Seitz & Schauer. n. 1. —

Fragmente. Historische F" und Essays über die Entstehung der Genfer Konvention und des Roten Kreuzes. Nach alten und neuen authentischen Quellen. [Mit 1 Porträt-Tafel. Neue Aufl. in Prachtausgabe.] 96 S. kl.-4. München, Seitz & Schauer, [1905]. [M. 3.50, geb. 5. —]

(8) u. **Essays,** histor. 905. (KBl. 33.) Jetzt: Heidelberg, J. Hörning.

— histor.- genealog., v. adel. Häusern, s. Wochenschrift f. d. Noblesse.

Fragmente, Historisch-philosophische und statistische, mehrentheils die Oesterreichische Monarchie betreffend. Leipz. u. Klagenf. 1786. V: *Friedel*, *Johann.* (MGT) (Karajan) (Ky)

— histor.-philosoph.- u. statistische, d. österr. Monarchie betreffend, (v. Jh. Friedel). 8. Klagenfurt 786. Wallifer. (W. Vogel in Leipz.) 16 gr

Dies., s.a. Friedel, Johann

Fragmente über Italien. Aus dem Tagebuche eines jungen Deutschen. Tübingen u. Stuttg. 1798—99. V: *Stegmann*, *Carl Joseph.* (NN) (EngG) (MGT) (ADB)

— über Italien, aus d. Tagebuche eines jungen Deutschen, (von .. Hagmann). 2 Bde. 8. Tübing. 798 u. 99. v. Cotta. 2 rthl 16 gr

Fragmente über Italien. In Briefen an einen Freund. Cöln 1811. V: *Uxkull-Gyllenband*, *Carl Friedrich Emich Freih. v.* (ADB)

— für Jünglinge, a. d. Brieftasche eines Weltbürgers. 8. Frankf. 791. Gebhardt u. K. 12 gr

Fragmente, Juristische. Göttingen 1802. V: *Seidensticker*, *Joh. Ant. Ldw.* (ADB XXXIII, 630) (Mitth. OLGR. Dr. A. Thöl.)

Fragmente, Juristische. Göttingen 1802. V: *Seidenstücker, Johann Anton Ludwig.* (MGT) (Schz) (Ky)

— juristische, (v. J. A. L. Seidenstücker). 1r u. 2r Thl. 12. Göttingen 802. Dieterich. 2 ₰

Fragmente, Katechetische, ein Vademecum für Stadt- und Landgeistliche. Mainz 1807. V: *Niedermayr, Franz Xav.* (Ky)

— katechetische, ein Vademecum f. Stadt- u. Landgeistliche. 8. (Landsh. 807. Krüll.) 6 gr.

— katechetische, ein Vademecum für Stadt- u. Landgeistliche, (von Fr. X. Niedermayr). gr. 8. Mainz 807. Krüll in Landsh. 9 gr.

— zur Kenntniß d. neuesten Bücher in den schönen Wissenschaften. 4 Thle. 8. Hamb. 783–85. Herold. 20 gr.

Fragmente vornicänischer Kirchenväter aus den Sacra parallela. Hrsg. von Karl Holl. Leipzig: J. C. Hinrichs 1899. (XXXIX, 241 S.) 8° = Texte u. Untersuchungen z. Geschichte d. altchristl. Literatur. 20, 2. (N. F. Bd. 5, H. 2.)

— klassische, s. Provence, A. J. G. v.

Fragmente, Kleine, für Denkerinnen . . . Isny 1788. V: *Ehrman, Marianne geb. von Brentano.* (ML) (Ky) (GGr)

Fragemente über Codification der Provinzial-Rechte. Berlin 1836.

Fragmente vom 30jährigen Krieg, betreffend das Schicksal der Stadt Calw. Tübingen 1793. V: *Andreae, Valentin.* Ü: *Leppichler, Just. Andr.* (Ky) (Pr)

— a. d. dreyßigjährig. Kriege, betr. d. Schicksal d. St. Calw. 8. Tüb. Heerbrand. 793.

— vom dreißigjähr. Kriege, betreffend d. Schicksal d. Stadt Calw. (Eine Uebersetz. v. Val. Andreä Threni Calvenses, v. J. A. Leppichler.) 8. Tübing. 793. (Osiander). 8 gr.

Fragmente über die Kriegskunst, nach Gesichtspunkten der militarischen Philosophie (Donation Liechtenstein) 8 St Petersburg 1809.

Fragmente uber die Kriegskunst, nach Gesichtspunkten der militarischen Philosophie 8 St. Petersburg 1813

— uber d. Kriegskunst, nach Gesichtspunkten d. militär. Philosophie. gr. 8. Braunschw. N. unveränd. Ausg. 815. Pluchart. 16 gr.

Fragmente aus dem Oestreichischen Kriegsreglement . . . Frankf. u. Leipz. [Berlin] 1783. H: *Hennert, Carl Wilhelm.* (Ky) (ML)

— aus d. österr. Kriegsreglement, hrsgg. (v. K. W. Hennert). 8. Frankf. u. Leipz. 783. Nicolai in Berl. 14 gr.

Fragmente zur Cultur der Religion und zur Bildung der Bürger. Freyb. 1783. V: *Sulzer, Anton.* (Der Freimüthige. Ulm u. Freiberg 1783. Bd. III, S. 322.) (Nova Eccles Friburgensis Bibliotheca 1775/1783, Bd. VII, S. 476/478.) (BiblPort)

Fragmente über Kultur der Religion und Bildung der Bürger . . . Freyburg 1783. V: *Sulzer, Joh. Anton.* (Ky) (MGT)

— zur Kunde d. Staatsverfassungs-Gesch. d. deutschen Reichs. 8. Manh. 797. Schwan u. G. 6 gr.

Fragmente über einige neuere Kunstwerke in Briefen eines reisenden Layen. Cöln 1824. V: *Uxkull-Gyllenband, Carl Friedrich Emich Freih. v.* (ADB) (Tübz 5, 8)

Fragmente eines Laien über den Gehorsam, die Schrift und Tradition . . . [München 1829.] V: *Reisach-Steinberg, Alois Eustach Graf.* (WBL)

Fragmente eines Laien zur Verständigung mit frommen u. wohldenkenden Gegnern der hl. röm.-kath. Kirche über einige Hauptpunkte der bestehenden Differenzen. Neue theol. Zeitschr. v. Pletz. Jahrg. I (1828), Bd. 1.

a) Vom Gehorsam u. zwar vom Gehorsam u. von d. Unterwürfigkeit gegen die sichtbare Kirche Christi. S. 65—78. b) Von der Schrift und Tradition S. 196—203

Fragmente über meine politische Laufbahn im Canton Zürich 1796—1804. O. O. 1804. V: *Studer, Alois.* (Zuwachsverz. d. Bibliotheken in Zürich 1898 ff.)

— aus dem Leben. I Ueber die Furcht vor dem Mysticismus. Von Erasmus Tiresias. — Ueber Predigerwahlen. Ulrich Obscurus an E. Tiresias. A. m. d. Umschlagstit.: Extractus Portfolii. I. et II. gr. 8. Hamburg 836. (Hoffmann u. Campe.) à 1/4 ₰

— dies. III. Arabische Briefe vom Fürsten Peregrine Pickel. — Die Rede auf dem Mahlberge. A. m. d. Umschlagstit.: Extractus Portfolii. III. gr. 8. Ebd. 837. 1/4 ₰

— aus d. activen Leben d. K. Baier. Staatsministers Grafen von Montgelas. gr. 8. 819. (Münch., Fleischmann.) 3 gr.

— aus d. häusl. Leben d. Bürgers Klugmann u. d. Landmanns Fröhlich; oder über d. Glückseligkeit d. Bürgers u. Landmanns, (v. Jh. Ludwig). 8. Nürnb. 799. Bauer u. M. 12 gr.

— aus J. Kants Leben; e. biograph. Versuch. 8. Königsb. 802.

— über Rousseau's Leben, Charakter u. Schriften. 8. Wien 782. Gerold. 6 gr.

— — aus dem Leben eines Schauspielers. Erster (einziger) Theil. Königsberg 1801. 8°. 283 S. (6 Mk. E. Frensdorff, 1904.)

Iffland gewidmet. — Fehlt Kayser unter Romanen.

Fragmente aus dem Leben eines Schauspielers. Königsberg 1801. V: *Huray.* (Hdschr. Mitth. von Gustav Gugitz, Wien.) (BiblPort)

— aus d. Leben eines Schauspielers. 8. Königsb. 801. Univers. Buchh. 1 ₰

— aus d. Leben u. Wandel e. Physiognomisten, (v. Jh. Chr. Wlh. Müller). 8. Halle 790. Franke. 1 ß 6 gl

— a. d. Leben u. Wandel e. Physiognomisten, e. Pendant z. Musäus Reisen. 8. Halle, Franke. 790.

Fragmente aus dem Leben der heutigen Welt, von Caroline de la Motte Fouqué. 8. Berlin, Schlesinger. 821.

Fragmente aus der Lebensgeschichte eines Principals. [Gotha 1783.] V: *Fischer, Joh. Carl Chn.* (MGT)

Fragmente zur Lebensgeschichte und dem letzten Tage des Brs Leopold, Herzogs von Braunschweig-Lüneburg, abgelesen in der Loge zu den drey vereinigten Herzen im Or. zu [Graz] bey Aufstellung seiner Büste. o. O. 1785. 10 Bl. 8⁰ [Kupfertit.]
Recens: WJ. 2, 4 (1785) S. 218—219.
Kl. 1362. Selten.

Fragmente einer Lederhandschrift enthaltend Mose's letzte Rede an die Kinder Israel mitgetheilt und geprüft von Hermann Guthe Leipzig 1883

— f. d. Gebiet d. prakt. Lebens-Philosophie rc. 8. Leipz Bruder u. H. 808.

— lehrreiche, über d. Glückseligkeit d. Menschen u. ihre Beförderungsmittel rc. 8. Leipz. 799. (Brockhaus). 5 gl

— üb. e. dreyfachen Lehrpunkt d. Dresdner Katechism. 8. Hamb. 778.

— eines Lehrsystems im Zeichnungsunterricht, m. Kpf. 8. Wien 783. Hartmann. 20 gl

— für Leser aus allen Ständen, über Religion rc. 8. Leipz. 785. Weygand. 6 gl

Fragmente, Litterarische. Graz 1784—85. V: *Schink, Joh. Frdr.* (GGr)

— üb. die neue deutsche Literatur, s. Literatur.

Fragmente aus der Literaturgeschichte der Perser; a. d. Latein. ... Wien 1783. V: *Reviczky von Revisnye, Carl Baron.* Ü: *Friedel, Johann.* (Ky)

— (griechische) lyrische u. dramatische, bearb. v. W. Schubart u. U. v. Wilamowitz-Moellendorff, s. a. Klassikertexte, Berliner. V, 2.

Lyrische und dramatische **Fragmente**. Bearb. von W[ilhelm] Schubart u. U[lrich] v. Wilamowitz-Moellendorff. Mit 6 Lichtdrucktaf. Berlin: Weidmann 1907. (II, 160 S.) 4⁰(8⁰)
= Dichterfragmente, Griechische. Hälfte 2.
= **Klassikertexte**, Berliner. H. 5, Hälfte 2 [07. 11036]

— für denkende gefühlvolle Mädchen. 8. Bregenz 802. Brentano. 6 gl

Fragmente in Sterne's Manier; nach der zweyten Ausgabe des Englischen Originals übersetzt. Leipzig 1800. Ü: *Wilhelmi, Aug.* (= *Aug. Wilh. Meyer*). (MGT)

— in Sterne's Manier. Ein Seitenst. zu Yorick's empfindsamen Reisen, aus d. Engl. übers. v. A. Wilhelmi (A. W. Meyer); m. 3 Kpf. 8. Leipz. 800. (W. Nauck). 16 gl

— — dass. übers. v. Wilhelmi. 8. Leipz. Sommer. 800.

— — dasselbe engl. Ebend.

— in Yorick's Manier, aus d. Engl. m. Kpf. 8. Lond. 800. Montag u. W. in Regensb. 20 gl

— medicin., a. d. Verlassensch. des Knigge rc. 8. Riegensb. Montag. 788.

— über Menschenbildung aus d. vorzüglichsten Schriftstellern älterer u. neuerer Zeit. 8. Ulm 817. Stettin, a. Ebner. 1 ß 12 gl

Fragmente, Militairische. Betrachtungen über die Einrichtungen des Kriegswesen in mittleren Staaten. Frankf. u. Hannover 1780. V: *Estorff, Emerich Otto August von.* (Pr)

Dies., s.a. Fragmente militärische Betrachtungen ...

— militairische, in Beziehung auf d. kl. Krieg d. leichten Truppen, m. Plans. gr. 8. Leipz. Hinrichs.

— militair., als Zugabe z. erst. Aufl. d. Abhandl. üb. d. kl. Krieg. gr. 8. Berlin, Himburg. 802.

Fragmente, Militärische, vorzüglich in Beziehung auf den kleinen Krieg und leichte Truppen. Berlin 1802. V: *Valentini, Georg Wilhelm Freiherr von.* (ADB 39, 466)

— militär., vorzügl. in Bezug auf d. kl. Krieg u. leichte Truppen. Mit 7 Pl. gr. 8. N. Aufl. Leipz. 811. Hinrichs. 1 ß

Fragmente, Moralische, zur Kenntniss des Menschen. Frankfurt a. M. 1782. V: *Kindleben, Chn Wilh.* (Ky) (ML)

Fragmente aus Vogts Nachlass. Mainz 1791. H: *Dietler, Wilhelm.* (MGT)

— — Nachr. u. Abhandll. zur Beförderung d. Finanz-, Polizei- u. Oekonomie- u. Naturkunde. 3 Stcke. m. Kpf. gr. 8. Berl. 788—91. Maurers B. 1 ß 4 gl

* Fragmente der Frau von Neckar. mit 1 farbigten Abdrucke. 2 Thle. 8. Gießen, Müller. 804.

Fragmente, Neue, zur Kenntniss des Menschen in Briefen. Frankf. u. Leipz. 1782. V: *Günderode gen. von Kellner, Friedrich Justinian Freih.* (ML) (Ky) (BrMm)

— — neue, zur Kenntniß d. Menschen, in Briefen. 8. Frankf. 782. (Eichenberg). 12 gl

Fragmente eines alten freimüthigen Officiers über die Veredlung der Soldaten ... Königsberg 1798. V: *Diericke, Otto Frdr. von.* (Ky) (ErschDL)

— eines alten Offiziers über d. Veredlung d. Soldaten, (v. O. F. v. Diericke). 1r Thl. 8. Königsb. 798. (Michelsen in Leipz.) 1 ß 8 gl

— eines alten Officiers über die Veredlung der Soldaten. 1r Thl. 8, Königsb. Nicolovius. 798.

Schreibv.

— über die Organisation u. die Geschäfte des Generalstabes. gr. 8. Braunschweig 817. (Leibrock.) 1/4 Rthlr

— über d. Organisation u. d. Geschäfte d. Generalstabes. gr. 8. Braunschw. 817. Pluchart. 6 ggr

Fragmente aus Österreich. Mannheim 1839. V: *Pipitz, Franz Ernst.* (WBL)

—— aus Oesterreich. Hrsg. v. F. E. P. 16. (20¼ B.) Mannheim 839, Hoff.

- aus d. Papieren d. Mag. Voxhorn. 8. Memming. 790. Seyler. 4 ggr

— a. mein. Papieren, s. Forberg.

Fragmente aus meinen Papieren. Jena 1795. V: *Forberg, Frdr. Carl.* (MGT) 1796 (Ky)

— aus meinen Papieren, (v. Fr. Karl Forberg). 8. Jena 796. Voigt. 6 ggr

Fragmente aus dem Gebiete der experimentellen Pathologie. Hrsg. v. S. Stricker. 1. Hft. gr. 8 (III, 44 S.) Wien 891 F. Deuticke. n. 80

— patriot. u. militär., mit 2 ill. Plänen. 8. Leipz. 790. (Brockhaus). 6 ggr

Fragmente, patriotische und militarische. 8. Mit 2 Plan. Leipzig 1792

FRAGMENTE - zur Philosophie des 18. Jahrhunderts. Ghelen. Wien 1781-82

Fragmente zur Philosophie des achtzehnten Jahrhunderts. Leipzig 1782. V: *Hammersdörfer, Carl.* (ML) Celle (Ky)

Fragmente z. Philosophie d. 18. Jahrh. 8. Celle 782. Richter. 6 ggr

— a. d. Philosophie d. Lebens in Brief. u. Gespr. zwisch. Hermogen u. Lucil. 1r Theil. 8. Wien, Kleinmayer, (auch Gräff in Leipz.) 792.

— — dieselben. 8. Leipz. (Kaulfuß in Wien.) 792.

[illegible]

— für das Gebiet der prakt. Philosophie rc. 2te Aufl. 8. Ist Verl. von Büschler in Elberfeld.

Fragmente, Philosophische, über die praktische Musik. Wien 1787. V: *Smith, Amand Wilhelm.* (C. L. Gerber, Hist.-Biogr. Lex. d. Tonkünstler. Leipzig 1790. II/527) (BiblPort)

Philosophische Fragmente über den Teufel. Frkf. u. Lpz. 792. 8.

— philosoph., über d. Teufel u. d. Versuch Jesu in d. Wüste. 8. Berl. 792. Lange. 3 ggr

— philosoph.-physikal., über Geogenie. 1r Thl. nebst Beil. gr. 4. Bresl. 783 u. 84. J. F. Korn. (1r Thl. 1 Thlr 12 ggr Beil. 20 ggr) 2 Thlr 8 ggr

— geistl. Politik. 8. Hunab. 782. Fleischer. 4 ggr

Fragmente über das neuere teutsche, wie auch ältere . . . Postwesen. Frankf. u. Leipz. 1786. V: *Cotta, Christian Friedrich.* (Pütter, Litt. d. Teutsch. Staatsr. Gött. 1773—91. IV, 446.)

Fragmente des Lausitzischen Privatrechts nebst einigen Fragmenten des Lausitzischen Lehnrechts und peinlichen Rechts entworfen von e. Mitglied der ökonom.-physikal. Gesellschaft in Oberlausitz. Frankfurt u. Leipzig 1779.

Fragmente aus Flammhorst's Propyläen zu e. Imperatorik. 2. Hft. gr. 4. (6½ B.) Nürnberg 833, (Stein.) - Thlr.

—— dass. 3. Hft. — A. u. d. T.: Nürnberg. Ein polit.-militair. Fragment. gr. 4. (4⅓ B.) Erlangen 834, Blaesing. 1. Hft., s. Aus Flammhorst's Imperatorik.

Fragmente aus der Punktations- und Accentlehre der hebräischen Sprache, s. Frensdorf, Sal.

— des Lausitzischen Rechts. gr. 8. Frankf. 779. Walther in Dresd. 6 ggr

Fragmente zur Reformationsgeschichte der Theologie. Ulm 1779. V: *Sailer, Joh. Mich.* (Th)

— von Kaiser Karl d. Großen u. Joseph II. Regierungen. 8. Tübing. 781. (Osiander). 2 ggr

— e. bergmannischen Reise nach Freyberg im Erzgebirge. 8. Flensb. (Christiani, Schleswig.) 786.

— e. Reisegesch. 8. Leipz. Sommer. 807.

Dies., s.a. Fragment ...

— aus d. Reise-Tagebuche d. türk. Sultans über Deutschland im Jahr 1827, aus d. türk. Handschriften übersetzt. 12. Stuttg 828. Brodhag. 12 ggr

Fragmente aus dem Reisetagebuche des türkischen Sultans uber Deutschland im Jahre 1827. Stuttgart, Franckh, 1828. 8° 72 S.
S. 30ff uber Henriette Sontag.

— über Religion u. Gottesdienst. 8. Frankf. u. Leipz. 783. Krieger. 5 ggr

Fragmente über die Religion des Zoroaster. Aus dem Persischen übersetzt und mit einem Kommentar versehen, nebst dem Leben des Zerdust aus Dauletschahs Biographien der Dichter von Joh Aug. Vullers Mit einem Vorworte von H Windischmann. Bonn, Habicht, 1831, gr. 8°, 3,50 Mk.
Zeitschr. f. Philos. u. kath. Theol. 1833, Heft 5 S. 121-5

Fragmente, russische. Beiträge zur Kenntniß des Staats u. Volkslebens in seiner historischen Entwickelung. Eingeleitet u. herausg. von Frdr. Bodenstedt. 2 Bde. Leipzig 862. Brockhaus. gr. 8. (XXXIV, 701 S.) n. 3 Thlr 20 ngr

Fragmente über Schafzucht, Wollhandel und Wollmärkte in Böhmen . . . Prag 1828. V: *Löhner, Jos. Edler v.* (NN) (Engoec)

— über Schafzucht, Wollhandel u. Wollmärkte in Böhmen. Von [illegible]. (Mit [illegible]) gr. 8. Prag 828. Calve. 12 ggr

Fragmente uber die Schweiz. Stuttgart 1804 s. [Holder, C H].

— über d. Schweiz, geschrieben im Juni 1803. 8. Stuttg. 804. Steinkopf. 8 gr

Fragmente einer apokryphischen Sibylle über apokalyptische Mysterien. O. O. [17??]. V: *Hamann, Joh. Georg.* (SJL)

Fragmente, Sonderbare, aus den päpstlichen Rechten . . . O. O. 1788. V: *Link, Friedrich Carl Christian.* (Ky) (ML)

Fragmente, Sonderbare, aus den päpstlichen Rechten. Fürsten zur Beherzigung, Blindgläubige zur Aufhellung, allen zur Lehre oder Belustigung. O. O. [Coburg] 1788. V: *Link, Friedr. Karl Chr.* (Ky 3/564; 2/247 »Coburg 1789«) (Hauptvogel 22/2601) (Klüber 124/373) (L. Rosenthal 70/8478) (BiblPort)

— sonderbare, aus d. päpstl. Rechte. 8. Coburg 789. (Riemann). 16 gr

Fragmente für Spatziergänger, vom Verfasser der romantischen Gemählde. Leipzig 1789. V: *Müller, Joh. Ernst Frdr. Wilh.* (GGr) (Ky) (MGT) S. a. Nr. 3836.

— für Spaziergänger, vom Verfass. der romant. Gemälde (Er. Müller). 8. Leipz. 789. Beygang. 9 gr

Fragmente für Spaziergänger und Naturfreunde. O. O. [ca. 1795]. V: *Müller, Johann Ernst Friedrich Wilhelm.* (Ky) (MGT) S. a. Nr. 3837.

— f. Staatenwohl u. Völkerglück, siehe: Germanikus.

Staatsrechtliche Fragmente Zur Orientirung bei den großen Fragen des Tages. Darmstadt, G W. Küchler, 1848. 16 S 8°

Fragmente wichtiger Schweizer-zenen s. [Orelli. Heinrich Z von].

-- wichtiger Schweizerscenen von d. alten Zürcher Kriege an bis jetzt, in Verbind. mit Moral, (v. J. H. v. Orell). 8. Zug 791.

Fragmente wichtiger Schweitzerscenen von dem alten Zürcherkrieg an bis itzt . . . Zug 1792. V: *Orell, Joh. Heinr. von.* (MGT) (Ky) (AarK)

Fragmente aus dem Tagebuche eines preussischen Artilleristen Mit illum Titelkpfr. Berlin 1793. 8°. (3 Mk. Ferd Schoningh, Osnabr, 1904.) Sehr selten!

4 Bll. u 168 S. Darin eingehende Schilderung der Unsitten von Land und Leuten, bei Gelegenheit der preussischen Invasion in Preussisch-Polen, in den Jahren 1790—92.

— aus d. Tagebuche e. Preuß. Artilleristen. 8. Berl. 793. (Dümmler). 14 gr

Fragmente aus dem Tagebuche eines Fremden mehrentheils während dessen Aufenthalt in einigen dänischen Staaten gesammlet . . . Kopenh. 1800. V: *Essen, A. von.* (Bruun, Bibl. Danica. II, 596.) (Collin, Anonymer. Kiobenh. 1869.)

— aus d. Tagebuche eines Fremden wahrend dessen Aufenthalt in d. dän. Staate. Mit 1 Kpf. 8. Kopenhag. 800. Brummer. 1 rthl 16 gr

—— aus dem Tagebuche e. alten Gartners, s. Hake, Ad. v.

— aus d. Tagebuche e. Geistersehers, (v. K. Ph. Moritz u. K. F. Klischnig). 8. Berl. 786. (Reimer). 8 gr

Fragmente aus dem Tagebuche eines Geistersehers . . . Berlin 1787. V: *Moritz, Carl Philipp.* (ML) (Kl) (JL) (GGr) & *Carl Frdr. Klischnig.* (Ky)

— aus d. Tagebuche e. Menschen u. Christen, (v. Klem. Alo. Baader). 8. Nordl. 791. Beck. 12 gr

Fragmente aus dem Tagebuche eines Menschen und Christen . . . Strasburg u. Leipzig [Nördlingen] 1791. V: *Baader, Clemens Alois.* (Wr) (MGT) (Ky) (NN)

Fragmente aus dem Tagebuche eines reisenden Neufranken . . . Frankf. u. Leipz. 1798. V: *Becker, Johann Nicolaus.* (Ky) (MGT)

— aus d. Tagebuche e. reisenden Neufranken, (v. J. N. Becker). 8. Frankf. 798. (Gnobloch in Leipz.) 18 gr

Fragmente aus dem Tagebuche eines reisenden Preussen während seines Aufenthaltes zu Neufchatel . . . Königsberg 1807. V: *Röckner, Chn Glieb.* (EngG)

Fragmente aus dem Tagebuche eines preuß. Regimentsschreibers von d. Begebenheiten d. 14. Oct. 1806. 8. Hamb. Hofmann u. Campe. 807. Rthlr.

Fragmente aus dem Tagebuche während einer Reise in die Levante. [Wien] 1837. V: *Schwarzenberg, Friedrich Fürst von.* (EB)

Fragmente aus dem Tagebuche während einer Reise in die Levante. Gedr. als Manuskript von 1837. Wien, 1856. Druck von Leopold Grund. (150 S. 8.)

Fragmente, taktische. Ein Versuch über die Fechtweise der Infanterie von H. H. Speyer 869. Lang. 8. (VI, 113 S.) 15 ngr

— — aus dem Traumbuch eines weisen Mannes, der die Gabe hat Traume auszulegen Nicht zum Behuf des Aberglaubens, sondern zu einer heilsamen Warnung vor Thorheit (fur) die, so einer Warnung bedurfen. (Hlzsch.-Vign. u. Leiste) Zurich, bei Orell, Gessner, Fussli u. Cie 1781. 8°. Zahm. 100 S (incl Tit, 17 S Vorr, 1 S Inh der XVI. Träume).

—— des wolfenbüttelschen Ungenannten, s. Lessing, G. E.

Fragmente des Wolfenbüttelschen Ungenannten . . . Berl. 1784. V: *Reimarus, Hermann Samuel.* (EE)

— des Wolfenbüttelschen Ungenannten. Herausg. von G. E. Lessing. 4e Aufl. gr. 8. Berlin 835. Sander. 1½ ℛ︀

Fragmente des Wolfenbüttelschen Ungenannten. Hrsg v. Ghold. Ephr. Lessing. 5. Aufl. gr. 8. (VIII, 332 S. m 1 Bildn.) Berlin 895. G. Reimer. n. 3. —

Fragmente aus d. Gebiete d. öffentl. Unterrichts. Anh.: Briefe pädagogischen Inhalts. gr. 8. (4¼ B.) Düsseldorf 842. [Leipzig, Fr. Fleischer.]

— aus d. Gebiete d. öffentl. Unterrichts. Anhang: Briefe pädagog. Inhalts. gr. 8. Düsseldorf 842, Schreiner. ⅓ ℛ︀

Fragmente, Unveränderte, aus dem Tagebuche eines Beobachters seiner selbst . . . Leipzig 1773. V: *Lavater, Joh. Caspar.* (AarK) (JL) (MGT)

Fragmente, Unveränderte, aus meinem Tagebuch. Schaffhausen 1775. V: *Harder, Johann Christian.* (MGT) (Ky)

Fragmente über das Verhältniß der Gewohnheitsrechte zu Gesetzbüchern. In bes. Bez. auf die Verpflichtung der Descendenten, Laudemien von Rustical Stellen zu entrichten. Berlin 1829.
(S.-A. a.: Jahrbücher der Preuß. Gesetzgebung. H. 65)

— aus d. Verlassenschaft Diderots u. Herault-Sechelles. 12 Leipz. 797. (W. Rauck). 16 gℓ

FRAGMENTE über die Verschiedenheit der Einwohner Wiens und ihren moralischen Karakter. I (einz.) Bdchn. (die Geistlichkeit betreffend). Wien, 1781. 8°
L. c. no. 4304.

— e. Versuchs z. Abhandl. üb. d. in Mecklenb. ꝛc. gefundenen Alterthumsstücke. gr. 4. Neustrelitz, Albanus, 802.

Fragmente eines Versuchs zur Abhandlung über die in Mecklenburg und den angrenzenden Ländern gefundenen Altertumsstücke. Rostock 1802. V: *Rudolphi, J.* (Bachmann, Mecklenburg. Güstrow 1889. S. 178.)

Fragmente Versuch Delikatesse

Fragmente zu einem Versuche über weibliche Delikatesse von M.F. 30 S.(S.105-134), gbd.
Leipzig: Jacobäer 1793
in: Carlisle, Howard Countess of: Für junge Frauenzimmer sich und ihre künftigen Männer glücklich zu machen. Aus dem Englischen. 2.Aufl. 1793

Fragmente eines Versuchs über mittelbare und unmittelbare Offenbarung . . . Dessau 1783. V: *Weland, Jacob Christian.* (Ky) (MGT)

— eines Versuchs über Offenbarung, (v. J. Chr. Weland). 8. Dessau 783. (Barth in Leipz.) 4 gℓ

— e. Versuchs über Offenbar. 8. Dessau, (Barth in Lpz.) 787.

Fragmente, Versuche u. Kleinigkeiten. (Sammtlich in Versen.) Frankfurth u. Leipzig 1765. Kl. 8°. Zahm
Titel (mit Bordure) u. 258 S. (incl. 2 Bll. poet. Zuschr. u. 2 Bll Vorr.).

— die, der Vorsokratiker. Griechisch u. deutsch v. Herm. Diels. (X, 601 S.) gr. 8. Berlin 903. Weidmann, n. 15. —; geb. in Leinw. n. 16. 50

— dasselbe. 2. Aufl. 1. Bd. (XII, 466 S.) gr. 8. Ebd. 906. n. 10. —; geb. n. 11. 50

— die, der Vorsokratiker. Griechisch u. deutsch v. Herm. Diels. II. Bd. 2 Hälften. (VIII u. S. 467—864.) gr. 8. Berlin, Weidmann. 20. —
1. (VIII u. S. 467—864.) 907. 10. —
2. Wortindex, verf. v. Walth. Kranz. Nebst e. Nachtrag zum ganzen Werk v. Herm. Diels. (XVI, 684 Sp.) 910. 10.—; geb. 11. 50

— über die Schwarzb.-Rudolstädtische Waldgegend. Ein Beitrag zur wahren Würdigung der gegenwärt. Verhältnisse und einige Andeutungen u. Winke zur Verbesserung u. Aufhülfe der materiellen Zustände v. e. unstudirten Waldbewohner (v. Vater in Oberweißbach). 8. (32 S.) Rudolstadt 851, Renovanz in Comm. 3 ngℓ

Fragmente über Deutschlands . . . Welthandel . . . München 1840. V: *Hormayr zu Hortenburg, Joseph Freih. von & Arnold Duckwitz.* (GGr) (BrMm)

Fragmente über Deutschlands u. insonderheit Bayerns Welthandel u. üb. d. Freiheit d. Ströme. I—III. gr. 8. (8 B.) München 840, 41, Franz. à ⅙ Thlr.
I. II. Weser. III. Morgenland u. Donau.

Fragmente über *Deutschlands u. insonderheit Bayerns Welthandel*, und über die Wichtigkeit des einzigen, ganz deutschen Stromes, der Weser. 3 Stucke (in 1 Bdchn.) Stück 1: O. O. July 1840. St. 2—3 (m. etw. verand. Tit.: . . . Welthandel u. über die Freiheit der Ströme): München, Gg. Franz, 1840—41. 8° Cart., unbeschn.

Fragmente, Widersprechende, neuerer Philosophen aus ihren Schriften; a. d. Franz. Wittenberg 1778—81. Ü: *Brunn, Leopold Ludwig Wilhelm.* (Ky) (MGT)

— widersprechende, neuerer Philosophen, aus ihren Schriften, (aus d. Französ. v. L. Ldw. W. Brunn). 4 Thle. 8. Wittenb. 778—81. Zimmermann 2 ℛ︀ 6 gℓ

(F) Zeitpolitische Fragmente. Liberius Wetowski. Ein Sommernachts-Begebnis. Wien und Leipzig. 1900. Konegen. Gr.-8°. 63 S. K 1.—

Fragmente, Zwei, aus dramaturgischen Skizzen über Hrn. und Mad. Fleck auf dem Breslauischen Theater. [Breslau] 1799. V: *Heinrich, Carl Frdr.* (LS)

Fragmentengeist, Campen's. Hamburg 1788. V: *Voss, Chn Daniel.* (Ky)

Fragments des anciennes chroniques d'Alsace. I. Lex.-8. Strassburg i/E. 887. Agentur v. B. Herder. n.n. 8.—
La petite chronique de la cathédrale. — La chronique Strasbourgeoise de Sébald Büheler. Fragments recueillis et annotés par l'abbé L. Dacheux. (149 S.)

— dasselbe. II. Lex.-8. Strassburg i/E. 890. Noiriel. n. 10. —
Les collectanées de Daniel Specklin, chronique Strasbourgeoise du 16. siècle. Fragments recueillis par R. Reuss. (IV, 585 S.)

Fragments et Ephémérides de l'histoire de la réaction patricienne-conservatrice—ultramontaine de 1850 à 1854 dans le Canton de Berne. ⟨E.⟩ 8. Bienne 1884.
Ed A: 56 p — Ed B: 87 p.

Fragments sur Hérodote et la Sibérie. [Berlin 1834.] V: *Erman, Ad.* (BrMm)

Fragments historiques et géographiques sur la Scythie, la Sarmatie et les Slaves. (3 Bde) 4. Brunswic. 1795.

Fragments du Journal de Lady Willoughby, concernant sa vie privée et les terribles événements du règne de Charles I. Traduit de l'anglais au profit des pauvres par C. S. breit 8. Berlin 846, Asher et C. n. 1½ ℛ

Fragments in the manner of Sterne. With fine Engravings. 8. Leipz. 800. (W. Nauck). 12 ℊ

Fragments in the manner of Sterne. With fine Engravings. 8. Leipz. Sommer. 800.

Fragments in the manner of Sterne. A new edition. With fine Engravings. 16. Leipz. Sommer. 816.

Fragments, Mes. Paris (?) 1758. V: *Lamberg, Maximil. Jos. Graf.* (GGr VII/9, Nr. 2/2) (WBL 14/44) (BiblPort)

Fragments relatifs à la religion de Zoroastre, extraits des manuscrits persans de la bibliothèque du roi. Paris 1829. (Herausgegeben von Julius Mohl.) Stuttgart u. Tübingen, v. Cotta, 1830, gr. 8°.

Fragmentsammlung der griech. Ärzte. Hrsg. v. M. Wellmann. 1. Bd. gr. 8. Berlin 901. Weidmann. n. 10. —
Fragmente, die, der sikelischen Ärzte Akron, Philistion u. des Diokles v. Karystos. Hrsg. v. M. Wellmann. (VIII, 254 S.)

Fragmentum, Clytaemnestrae, Tragoedie Sophocli in Codd. adscriptae; nunc primum in Germania editum. Jena 1806. H: *Eichstädt, Heinrich Carl Abraham.* (MGT)

Fragmentum, das, Fantuzzianum, hrsg. v. Gust. Schnürer u. Diomedes Ulivi, s. a. Studien, Freiburger historische, II.

Das **Fragmentum** Fantuzzianum neu hrsg. u. kritisch untersucht. Ein Beitrag z. Geschichte d. Entstehung d. Kirchenstaates von Gustav Schnürer u. Diomedes Ulivi. Mit 2 Kupfer-Autotyp. Freiburg (Schweiz): O. Gschwendt 1906. (VIII, 128 S.) 8°
Kap 1. u. 2 erschienen zuerst als Ulivis Inaug.-Diss. Freiburg (Schw)
— Studien, Freiburger Historische. 2.

Fragmentum de jure fisci edid. Paul. Krueger. Leipzig 868. Teubner. gr. 8. (22 S. u 2 lith. Taff. in Fol.) n. 16 ngr.

Fragmentum Legis Romanae in aversa etc. vide Marezoll, G. Th. L.

Fragmentum lexici rhetorici post Dobreum emendatius edidit et adnotat. illustr. Maur. Herm. Ed. Meierus. 4maj. Halae 844, Schwetschke et fil. n. ⅓ ℛ

Fragmentum medicum graecum a Conr. Bursian editum. 8. (14 S.) Jena 873. Neuenhahn. n. — 40

— Petronii ex bibliothecae St. Galli antiq. manuscripto excerptum illust. Lallemandus in 12. Paris et Cassel Turneysen. (Levrault in Strasb.) 800.
Schreibp.

— Sexti Pomponii. Fragmenta veteris Juris consulti etc. s. a. *Ulpiani fragmenta.*

Fragmentum Sexti Pomponii. Fragmenta veteris Jurisconsulti ut quibusdam videtur Iulii Paulli de jure fisci. Acced. fragmentum Herennii Modestini. Cura Ed. Böcking. 16. (1 B.) Bonnae 831, Marcus.
Ist auch „Ulpiani Fragmenta c. Böcking" als Anhang beigegeben.

Fragmentum Pragense Evangel. S. Marci, vulgo autographi ed. lat. crit. recens. a Jos. Dobrowsky, c. fig. 4maj Prag 778. Gerle. 10 ℊ

Fragmentum Graecae scriptionis de musica. E codicibus ed. ab J. F. Bellerman Pr. 1840. 26 S. 4°. 1

Fragmentum de venae sectione. Gr. et lat. edid. C. G. Gruner. Jen. 779. 8.

Fragnière, Et. Essai sur Töpffer. (Sep.-Abdruck aus „Gymnasiallehrerheft" XVI.) Gr. in-8°, 16 S. Aarau, Sauerländer. 1893.

(Fragnière. E[tienne. et] Koller. A[dolphe]) Géographie de la Suisse avec un abrégé d'histoire nationale. Ouvrage ([rédigé à l'origine] par Aug[uste] Egger.) adopté par la Direction de l'Instruction publique pour les écoles du Canton de Fribourg 5e éd., revue et considérablement augmentée ([par] Et. F' [et] A. K'). [Couverture illustrée] 8. Fribourg (1880).
Editions antérieures v. Egger. Auguste

Fragnière. E[tienne]. et Koller. A[dolphe] Géographie de la Suisse et Abrégé d'histoire nationale. Ouvrage adopté... pour les écoles du Canton de Fribourg. 6e éd... revue et corrigée par Et. F' et A. K'... [Couverture illustrée] 8. Fribourg (1883)

Fragnière. E[tienne]. et Koller. A[dolphe]. Géographie de la Suisse et Abrégé d'histoire nationale. Par Et. F' et A. K'... Ouvrage adopté... pour les écoles du Canton de Fribourg 7e éd., revue et corrigée 8 Fribourg 1892.

Fragoletta oder die Revolution in Neapel und Paris im Jahre 1799. . . . A. d. Franz. Stuttg. 1830. V: *Latouche, Henri de.* (BGE)

Fragoletta, oder d. Revolution in Neapel u. Paris im Jahre 1799. Ein histor. Gemälde (v. H. de Latouche). A. d. Franz. 2 Thle. gr. 12. (31 B.) Stuttgart 830, [Brodhag.]

Fragosa, Bapt., regimen reipubl. christianae in III Tom. divisum. Fol. Genevae. (Weidmann in Lpz.) 737.

— idem liber, III Tom. fol. Col. Allobr. (Wolf in Augsb.) 737. 1

de Fragoso, J. P., Beschreib. aller Amalgamir- u. Schmelzarbeiten an d. Halsbrücke bei Freyberg, m. Kpf. 4. Dresd. 800. Walther. 18 ℊ

de Fragoso, J. P. de Siqueira, description abrégée de tous les travaux tant d'amalgamation que des fonderies qui sont en usage etc. de Halsbruck près de Freyberg, av. fig. 4. Dresd. 800. Walther. 18 ℊ

Fragoso, I. P. de Siqueira, Description abrégée de tous les Travaux tant d'Amalgamation que de Fonderies qui sont en usage etc. de Halsbruck près de Freyberg. av. fig. 4. Dresd. Walther. 800.

Frag-Puncten, s. Fragepunkte.

Fragspiel, s.a. Fragespiel.

Frag- u. Antwortspiel in 108 Blättern f. gemischte Gesellschaft. In Futteral. Salzb. Oberer.

— — mit 50 Karten. Ulm, Jacob Ebner.

— — mit 100 Karten. 16. Ebend.

— — in 300 Karten, in einer Kapsel. Leipz. Indust. Comt. 811.

— — neues in 60 Blättern komischer Figuren, d. sich 900 Mal verändern lassen. In Futter. Nürnb. Campe.

— — — in 60 Blättern Figuren, welche man 900 Mal verändern kann. 16. Ulm, Jacob Ebner.

Frag- u. Antwortspiel, beliebtestes, od. Punktirbuch d. alten Omar Tsasmir. Zur angenehmen Unterhaltg. in gesell. Kreisen, sowie f. Jedermann. 12. Aufl. 32. (21 S.) Quedlinburg 871. Ernst. — 10

Frag- u. Antwortspiel, geograph. 1e Abthl. Europa. Mit Text u. 150 Karten. Leipz. 820. Magaz. f. Indust. 1 ₰ 4 gr

Fragspiel, historisches, über die vorzügl. Ereignisse in unserm deutschen Vaterlande. m. Sp. Tafeln. Leipz. G. Fleischer. 808.

Frag- und Antwortspiel, Historisches, zur Unterhaltung und Belehrung für Kinder. Dorpat 1831. V: *Schultz, Carl Alexius.* (R-N)

— neues, in 150 Fragen u. Antworten. (Kärtchen.) qu. 32. Schwäb. Hall 811, Haspel. 1/6 ₰

— neues histor.-geograph.-statist., zum Nutzen u. Vergnügen für d. Jugend. Mit 2 Steindr. (in Fol.) 2te gänzlich umgearb. u. sehr vermehrte Aufl. (viele gedruckte Kärtchen.) Bresl. 832. Pelz. In Etuis 12 gr

— — neuestes in 3600 Veränderungen. Nordhausen, Nitzsche. 815.

Frag- u. Antwort-Spiel, neuestes, in 80 Blättern. qu. 32. Erfurt 842, Bartholomäus. n. 1/6 ₰

— — neuestes, f. gesellige Kreise. 64. (60 Taf.) Reutlingen 874. Enßlin & Laiblin. — 60

Frag- und Antwortspiel, neuestes, für gesellige Kreise. 128. (60 Bl.) Reutlingen 875, Enßlin und Laiblin's Verlagsh. In Futteral

Frag- u. Antwort-Spiel, scherzhaftes. Mehr als 260 erheiternde Fragen u. Antworten enthaltend. 16. (31 S.) Breslau 847, Verlags-Comptoir. 1 1/2 ngr

— unterhaltendes, zum Scherz f. junge Leute. 12. (21 S.) Leisnig 852. (Leipzig, H. Fritzsche.) 1 1/2 ngr

Fragstein, A. v.: Die Berufswahl unserer Töchter. Ein Ratgeber für die Wahl des weiblichen Lebensberufs. — Wittenberg: Herrosé 1885. VIII, 343 S. 8°

— „was soll der Junge werden?" Ein Ratgeber bei der Wahl d. Lebensberufs auf dem gewerbl. Gebiete. Für Eltern, Vormünder, Lehrer u. Freunde v. d. Volkes Wohl hrsg. Preisgekrönt durch den „Verein f. das Wohl der aus der Schule entlassenen Jugend" u. das Kuratorium der „Diesterweg-Stiftung". gr. 8. (308 S.) Berlin 885. Oehmigke's Verl. n. 1. 50

— dasselbe. 2. Aufl. gr. 8. (308 S.) Ebend. 886. n. 2. —

Fragstein, A. v., was soll der Junge werden? Ein Ratgeber bei der Wahl d. Lebensberufes auf dem gewerbl. Gebiete. 3 (Titel-)Aufl. gr. 8. (308 S.) Berlin 893. L. Oehmigke's Verl. n. 2. —

Fragstein, A. v., was sollen wir bronnen? Eine Studie zu Nutz u. Frommen jeder Haushaltung, ob gross, ob klein. gr. 8. (III, 96 S.) Leipzig 882. R. Lincke. n. 1. 80

Fragstein, A. v., was wollen wir bronnen? Eine Studie zu Nutz u. Frommen jeder Haushaltg., ob gross, ob klein. 2. Aufl. 8. (III, 96 S.) Leipzig 884. R. Lincke. n. 1. 20

Fragstein, Alfons von *(geb Kittnowko bei Graudenz 18 7 1845).* Ueber innere Hernien nebst einem Fall von Invagination des Dickdarms verbunden mit einer Hernia mesocolica transversa Breslau 1869. (21 S.) 8°

Breslau, Med Diss v 12 Aug 1869

Fragstein v. Niemsdorf, F., die Entwässerung der Linkuhnen-Seckenburger Niederung in der Prov. Ostpreussen. [Aus: „Ztschr. f. Bauwesen".] Imp.-4. (16 S. m. 8 Taf.) Berlin 889. Ernst & Korn. n. 5. —

Fragsteller, s. Fragensteller.

Fragstücke, Die aller-christlichsten, oder Catechismus Ludovici XIV, worinnen die Zufälle dieses Potentatens, die Beschaffenheit des spanischen Successions-Wesens, und der vermuthliche Ausgang des itzigen Krieges erläutert. Cölln, Pierre Marteau, 1706. 40 S. 4°. Kart. 15.—

Frahm, Einrichtungen für die mechanische Handhabung von Erzen, Kohlen und Koks auf der Pariser Weltausstellung. (16 S) (Düsseldorf 1901)

Frahm, Ad. P.

Frahm, A. P., Hülfsbuch z. Behandlg. d. f. d. Schule wichtigsten Kirchenlieder, nebst e. Anh., enth. e. Übersicht üb. d. christl. Kirchenjahr. gr 8. (III, 83 S.) Altona 894. J. Harder, Verl. n. 1. 20

Frahm, A. P., Hülfsbuch zur Behandlg. der f. die Schule wichtigsten Kirchenlieder, nebst e. Anh., enth. e. Übersicht üb. das christl. Kirchenjahr. 2., verm. Aufl. gr. 8. (VII, 107 S.) Altona 901. J. Harder Verl. n. 1.60; geb. n.n. 2. —.

Frahm, A. P., Hülfsbuch zur Behandlung der f. die Schule wichtigsten Kirchenlieder nebst e. Anh., enth. e. Übersicht üb. das christl. Kirchenjahr. 3., durchgeseh. Aufl. (VII, 107 S.) gr.8. Altona 909. J. Harder Verl. 1.60; geb. n 2. —

Frahm-Koldenbüttel, Dethlef, das Brutgeschäft, — kurze Charakteristik einiger Hühner-Rassen,	f.: Universal-Bibliothek f. Thierfreunde.

Frahm, E., praktische Behandlung der Geographie in Bürger- u. Volksschulen. (A.) Das Deutsche Reich. Mit e. Begleitworte v. Gäbler zu Roßwein. gr. 8. (VII, 166 S.) Parchim 889. Wehdemann. n. 2. —

Frahm, E., praktische Behandlung der Geographie in Bürger- u. Volksschulen. 2. Tl.: Die nicht zum deutschen Reiche gehör. Länder Europas. gr. 8. (IV, 194 S.) Parchim 890. H. Wehdemann. n. 2. — (1. 2.: n. 4. —)

Frahm, E., die Besoldung der Lehrer in dem Domanium, der Ritterschaft u. den Städten Mecklenburg-Schwerins. 8. (55 S.) Parchim 875. Wehdemann. n. — 60

— die Geschichte der Rehnaer Schule von ihrer Gründg. im J. 1570 etwa bis zum J. 1871. Auf Grund der bezügl. Acten dargestellt. gr. 8. (VI, 145 S.) Rehna 871. (Wismar, Hinstorff.) n. 1. 50

— Gesetze, Verordnungen u. Entscheidungen, betr. das gesammte Volksschulwesen in Mecklenburg-Schwerin. gr. 8. (VI, 174 S.) Parchim 876. Wehdemann in Comm. n. 3. —

Frahm, E., Gesetze, Verordnungen u. Entscheidungen, betr. das gesamte Volksschulwesen in Mecklenburg-Schwerin, nebst einigen Entscheidgn. d. Reichsgerichts betr. Züchtigungsrecht der Lehrer x. 2., stark verm. Aufl. gr. 8. (VI, 276 S.) Parchim 884. Wehdemann. n. 4. 50

— Gesetze, Verordnungen u. Entscheidungen, betr. das gesamte Volksschulwesen in Mecklenburg-Schwerin. Nachtrag gr. 8. (III, 55 S.) Ebd. 893. n. 1. —
(Hauptwerk u. Nachtrag: n. 5. 50)

Frahm, E., Gesetze, Verordnungen u. Entscheidungen betr. das gesamte Volksschulwesen in Mecklenburg-Schwerin, nebst einigen Entscheidgn. üb. das Züchtigungsrecht der Lehrer. 3., stark verm. Aufl. gr. 8. (IV, 511 S.) Parchim 901. (H. Wehdemann.) n. 6. —; Einbd. n.n.n. — 60;
2. Nachtrag zur 2. Aufl. allein (III, 191 S.) n. 2. 50

— Leitfaden f. den Geschichts-Unterricht in mecklenburgischen Volksschulen. 8. (46 S.) Wismar 876. Hinstorff. n. — 30

— Schulgeographie. Ausg. A. gr. 8. (III, 38 S.) Ebend. 884. n. — 30

— dasselbe. Ausg. B. gr. 8. (III, 63 S.) Ebend. 884. n. — 60

— dasselbe. Ausg. C. gr. 8. (III, 120 S.) Ebend. 884. n. 1. —; Einbd. n.n. — 20

Frahm, E., Schulgeographie. Ausg. C. 2. verb. Aufl. gr. 8. (121 S.) Parchim 886, Wehdemann. *

—— Schulgeographie. Ausg. A. u. B. gr. 8. Ebd. 891. [A. 2. Aufl. (52 S.) 889. * — 30; B. 2. Aufl. (82, 16 S.) 891. * — 60.] * — 90

— Schulgeographie. Ausg. A. 2. Aufl. gr. 8. (52 S.) Ebd. 890. n. — 30

— Schulgeographie. Ausg. A. 3. Aufl. gr. 8. (51 u. 8 S.) Ebd. 893. n. — 30

— dasselbe. Ausg. C. 3., verb. Aufl. gr. 8. (IV, 118 S.) Ebd. 895. n. 1. —

Frahm, E., Schulgeographie. Ausg. B. 3. Aufl. gr. 8. (82 S.) Parchim 895. H. Wehdemann. n. — 60

— Schulgeographie. Ausg. A. 5. Aufl. gr. 8. (52 u. 8 S.) Ebd. 901. n. — 30

— dasselbe. Ausg. B. 4. Aufl. gr. 8. (84 u. 16 S.) Ebd. 901. n. — 60

— dasselbe. Ausg. B. 5. Aufl. (88 u. 16 S.) gr. 8. Ebd. 904. n. — 60

Frahm, E., Schulgeographie. Ausg. A. 6. Aufl. (52 u. 8 S.) 8. Parchim (906). H. Wehdemann. n. — 30

Frahm, G., die Kultur der Blumenzwiebeln, s.: Timm, H.

Frahm, H., Beschr. einer neuen Methode, veralt. Geschwüre d. unt. Gliedmaßen z. heilen. 8. Hamb. Bohn. (auch Hammerich in Altona.) 793.

Frahm, H.: Beschreibung einer neuen Methode, veraltete Geschwure der untern Gliedmaßen zu heilen. Altona: Kaven 1794. 67 S. 8°

Frahm, H., († ...) Beschreib. e. neuen Methode, veraltete Geschwure d. untern Gliedmaßen zu heilen. 8. Hamb. 794. (Campe). (Hammerich in Altona.) 4 gl.

Ueber die Bedeutung der griechischen Opfer v. Heinrich Frahm. Ratzeburg 1863 4° Gymn.-Progr.

Frahm, J., üb. den Transport u. das Verladen der Steinkohlen. Mit 4 Kpfrtaf. [Aus: „Ztschr. f. Bauwesen".] Imp.-4. (18 S. m. eingedr. Fig.) Berlin 887. Ernst & Korn. n. 4. —

As noch de Trankrüsel brenn'. Spaßige Geschichten von Ludwig Frahm. Hamburg: Bendschneider (1910). 80 S. 8° [illegible]

Frahm, L., die Doppeleiche. Schleswig-Holsteins Land u. Volk im Dichterwort. Unter Mitwirkg. heim. Schriftsteller hrsg. gr. 8. (XVI, 192 S.) Lübeck 888. (Oldesloe, Meyer.) cart. n. 4. 25; geb. m. Goldschn. n. 5. —

Die Doppeleiche Schleswig-Holsteins Land und Volk im Dichterwort Unter Mitwirkung heimischer Schriftsteller hrgg v. Ludw. Frahm. Selbstverlag (Rethwischfeld bei Oldesloe). 1888. 8°.

Auf Heimathpfaden Neue Dichtungen v Ludwig Frahm. Mit Original-Illustrationen vom Verfasser (Poppenbüttel) 1888 8°

Frahm, Ludw., Lebensbilder der Heldengeister u. Altmeister, der verdienstvollsten u. hervorragendsten Männer Schleswig-Holsteins. 1. Bd., 58 Lebensbilder m. 25 Portr. enth. gr. 8. (XII, 196 S.) Poppenbüttel b/Hamburg 892. (Oldesloe, L. H. Meyer.) n. 2. 40; kart. n. 3. —; geb. in Leinw. m. Goldschn. n 3. 60

Nordseestrand und Inselland Eine Anthologie v Ludwig Frahm und Ingwer Petersen. Garding 1886 8°

Frahm, L., u. J. Petersen, Nordseestrand u. Inselland. Eine Anthologie. 8. (VIII, 180 S. m. Holzschn.) Garding 886. Lühr & Dircks. geb. n. 2. 50

— norddeutsche Sagen von Schleswig-Holstein bis zum Harz. 7 Lfgn. gr. 8. (VIII, 808 S. m. Illustr.) Altona 889. 890. Reher. n. 3. —; geb. n. 4. —

Norddeutsche Sagen von Schleswig-Holstein bis zum Harz Hrsg. v Ludwig Frahm. Mit 31 Abbildungen im Text und 1 Farbendruck-Bild Altona und Leipzig 1890

Frahm, Ludw., Stormarn u. Wandsbek. Ein Hand- u. Hausbuch der Heimatkunde. (VII, 248 S. m. Abb. u. 1 farb. Karte.) gr. 8. Poppenbüttel 907. (Hamburg, J. Kriebel.) nn 2.—; kart. nn 2. 50

– dasselbe. Kleine Ausg. der Heimatkunde. (16 S. m. 1 Karte.) gr. 8. Ebd. 907. — 50

— u. Fdr. Sundermann, Klaus Störtebeker in Sang u. Sage. gr. 8. (56 S.) Reinfeld 885. (Hamburg, Nolte.) n. 1. —

—— und Friedr. Sundermann, Klaus Störtebeker in Sang und Sage. gr. 8. (56 S.) Reinfeld 885. (Hamburg, Herold'sche Buchh.) *

Frahm, Paul, diss. de jodii natura et usu medico. 8. Dorpat 823.

Frahm, Wilh., üb. die Erzeugung der Curven 3. Classe u. 4. Ordnung. Inaugural-Dissertation. gr. 8. (43 S.) Tübingen 873. Fues. n. 1. —

Frahm, Wilh., über die Erzeugung der Curven dritter Classe und vierter Ordnung. Inaugural-Dissertation. gr. 8. (43 S.) Tübingen 876, Fues'sche Sortimentsh. *

Frahm, Willy, approb. Arzt aus Diedenhofen (Lothr.): Aus d. med. Klinik zu Marburg. 4 Fälle von Glioma cerebri. *Marburg 1900: C. L. Pfeil.* (57 S.) 8°
Marburg, Med. Diss. v. 30. März 1900

Fraehn, Christian Martin von

— s. Aegyptus.

de Baschkiris quae memoriae prodita sunt ab Ibn-Foszlano et Jacuto. gr. 4. St. Petersb. 822. Acad. d. W.

— Beitr. zur muhammed. Münzkunde a. St. Petersburg, oder Auswahl seltener u. merkwürdiger, bis dahin unbekannter muhammedan. Münzen aus d. Kabinet d. Colleg.-Assess. G. Pflug, mit 1 lithograph. Tafel. gr. 4. Berl. 819. Reimer. 1 ℛ

— Beschreib. e., größtentheils noch unbekannten Silbermünzen d. Samaniden u. Buwaihiden. 4. Kasan 808. (In arab. Sprache geschr.)

— de Chasaris. Excerpta ex script. arab. Part. I. gr. 4. St. Petersburg 822. 12 ℊ

— d. Chospoen-Münzen d. frühern arab. Chalifen. Eine Ehrenrettung d. Arabers Makrisy. 4. Mitau 822.

— Erklärung arab. Münzen. (In arab. Sprache.) 4. Rostock, Stiller. 6 ℊ

— Progr. I. II. De nummorum Bulgharicorum forte antiquissimo lib. II. Accedit hujus aliorumque aliquot Musei Fuchsiani, qui data occasione illustrantur, nummorum tabula aenea. 4. Kasan 816.

— — Für Freund der Numismatik [St Petersb Ztg 1811, No 80] 1°.

— die beiden auf L reimenden Gedichte, d. eine v. Schanfara, d. andere v. Tughray. 8. Kasan 814. (Arabisch.)

Pamatische Gedichte (in arab. Sprache). 8. Kasan 817. (Stiller in Rostock). 6 ℊ

Fraehn, Ch. M Ueber alte süd-sibirische Graeberfunde mit Inschriften von gewissem Datum [SA aus dem IV. Bande der MAP. VI Série] St Petersburg 1837 4

— über alte Süd-Sibirische Gräberfunde, mit Inschriften von gewissem Datum. Mit 1 Kpfrtaf. gr. 4. St. Petersburg 837. (Leipzig, Voß.) n ⅓ ℛ

— Heftiger, oder ein Siebentheil d. Kur'ans. 8. Ebend. 817. 1 ℛ 12 ℊ

— s. Ibn-Foszlan Berichte.

— — der Kur'an in arab. Sprache — siehe Kur'an.

— Progr. de Arabicorum etiam auctorum libris vulgatis crisi poscentibus emaculari exemplo posito historiae Saracenicae Elmacini. 4maj. Kasan 815. (Rost., Stiller). 20 ℊ

Fraehn, Chrstn. Mart. v., Miscellen aus d. Gebiete der orientał. Litteratur. gr. 8. (7⅞ B. u. 1 Stnt.) St. Petersburg 840. (Leipzig, Voss.)

— Antiquitatis Muhammedanae Monumenta varia. Part. I et II. c. III tabb. aen. 4maj. St. Petersb. 820—22. Academ. d. W. 2 ℛ 8 ℊ

— — Die Münzen der Wolga-Bulgharen aus dem X. Jahrhundert n Chr [SA aus MAP VIme Série Tome I] (Petersburg 1830) 1

Fraehn, Chrstn. Mart. v., die Münzen d. Chane v. Ulus Dschutschi's od. v. d. goldenen Horde, nebst denen verschied. and. Muhammedanischen Dynastien im Anh.; aus d. ehemal. Samml. d. Hrn. etc. C. v. Fuchs zu Kasan, jetzt d. Kais. Universität daselbst gehörig. In kurzen Andeutn. u. Nachweisn. M. 18 Kpfrtaf. u. 4 Vign. gr. 4. (12½ B.) St. Petersburg 832. (Leipzig, Voss.)

— d. muhammed. Münzkabinet d. asiat. Museums d. kais. Akademie d. Wiss. in St. Petersb. Vorläuf. Bericht. A. u. d. Tit.: Ueber d. asiat. Museum d. k. Akad. in St. Petersb. 2r vorläuf. Bericht. gr. 8. St. Petersburg 821. Akademie d. W. 1 ℛ (NB. Der 1e Bericht befindet sich in d. Beilage z. Petersburg. Zeitg. 1819. N. 91.)

— — Das orientalische Münzkabinet der grossherzoglichen Universität Rostock, in einer skizzirten Uebersicht und mit Aushebung der Merkwürdigkeiten desselben. St Petersburg 1812.

Frähn, Chr. Mart., de academiae imperialis scientiar. petropol.-museo nummario muslemico; prolusio prior. 4maj. Petersb. 818. (Halle, Hemmerde u. S.) 1 ℛ

v. Frähn, Chr. Mart., de academiae scientiarum museo numari muslemico. Part. I. 4maj. St. Petersburg 818. (Voss in Leipzig.) u d. Pr. nur n. ½ ℛ

Fraehn, Ch. M, Ibn-Abi-Jakub el-Nedim's Nachricht von der Schrift der Russen im X. Jahrhundert n. Chr. kritisch beleuchtet. [Aus MAP., VI. Série, T III] St.-Petersbourg 1836

— Numi Muhammedani, qui in Acad. Imper. Scient. Petropolitanae Museo Asiatico asservantur. Auspiciis Acad. digessit, interpretatus est, prolegom. et commentario palaeographico philolog.-historico, additisque notabilior. tabb. aen. Tom. I. Et s. t.: Recensio nummorum Muhammed. in Acad. Imp. Scient. Petropol. 4maj St. Petersb. 826. (Cnobloch in Leipz.) 14 ℛ 14 ℊ

— de Musii Sprewitziani Mosquae numis Kuficis nonnullis antehac ineditis, qui Chersonesi humo eruti esse dicuntur, commentationes duae, plura eaedem ut numismaticae ita geographiae et historiae Asiaticae capita obscuriora illustr. 4 maj. Petropoli 1825, (Halae Hemmerde u. S.)

— Numophylacium orientale Pototianum leviter adumbravit. 8maj. Kasan u. Riga 817. (Stiller in Rost.) 1 ℛ

Fraehn, Ch. M., Opusculorum posthumorum pars I. imagine (lith.) beati ornata. Edidit Bernh. Dorn. Et. s. t.: Nova supplementa ad recensionem numorum Muhamedanorum academiae imp. scient. Petropolitanae additamentis editoris aucta, subjunctis ejusdem de Fraehnii vita, operibus impressis et bibliotheca relationibus. Edidit Bernh. Dorn. Lex.-8. (XX und 451 S. mit eingedr. Holzschn.) Petropoli 855. (Lipsiae, Voss.) **

Fraehnii, Chr. M., opusculorum postumorum pars II. Adnotationes in varia opera numismatica continens. Ed. P. Dorn. gr. 8. (XLII, 468 S.) St. Petersburg 877. Leipzig, Voss' Sort. n. 6. 50 (I. u. II.: n. 12. 50)

— de titulorum et cognominum honorificorum, quibus Chani Ordae Aureae usi sunt, origine, natura atque usu. 4maj. Kasan 814. (Rostock, Stiller). 12 ℊ

— — de Titulorum et cognominum honorificorum quibus Chani Hordae Aureae usi sunt origine, natura atque usu. 4mai. 816. Casan, (Rostock, Stiller.)

— Progr. De origine vocabuli Rossici Деньги (pecunia). 4maj. Ibid. 816. 16 ℊ

Rede bei Gelegenheit d. Feier d. Einnahme v. Paris, gehalten d. 10. Mai 1814 &c. (Mit gegenüber stehender russ. Uebersetzung vom Gener. Gelgreno.) 4. Kasan 814.

— Sammlung kleiner Abhandlungen, die Muhamedanische Numismatik betreffend. Mit 2 Kpfrtaf. gr. 8. Leipzig 839. Voß. n. 1¼ ℛ

neue Sammlung kleiner Abhandl. die Muhamedan. Numismatik betreffend. gr. 8. (Mit 1 lith. Taf.) Leipzig 844, L. Voß. n. 1⅓ ℛ

— de quibusdam Samanidarum et Buidarum nummis Schedinsma e lingua arabica in latinam vertit Frz. Erdmann. Subjuncta tabula aere expressa. 8maj. Gottingen 816. Dieterich. 8 ℊ

— Pr. Curarum exegetico-criticarum in Nehemiam Prophetam specimen. 4. Rostock 807. Stiller. 4 gl.

Frähn, Chr. Mrt., novae symbolae ad rem nummariam Muhammedan. ex museo Pflugiano atque Manteufeliano Petropoli, nec non Nejelowiano Kasani c. V tabb. aen. äniaj. Petersb. 819. Mayer. (Halle, Schwetschke u. S.) 1 ℳ

— syntagma de Drachmis aliquot Semanidicis et Buidicis maximam partem ad hunc diem ignotis, arabice. 4. Kasan 808. (Leipz., Serig). 18 gl. Hrbg. Pr. 8 gl.

Fraehnii, C. D., Syntagma de drachmis etc. 4. Casan. (Hartmann in Riga.) 810.

— — Topographische Uebersicht der Ausgrabungen von altem arabischen Gelde Russland nebst chronologischer und geographischer Bestimmung des Inhalts der verschiedenen Funde [Tire du BAP T IX No 202] St Petersburg 1841

Frähn's, Ch. M., topographische Uebersicht d. Ausgrabungen von altem arabischen Gelde in Rußland, nebst chronolog. u. geograph. Bestimmung des Inhaltes der verschied. Funde. gr. 8. St. Petersburg 841. (Leipzig, Voß.) n. 1/3 ℳ

Fraehn, Ch M. Uber die ehemalige mongolische Stadt Ukek im Suden von Saratow und einen dort unlangst gemachten Fund St-Petersbourg 1836] [= MAP. VI. Ser T III p 73 ff. 4°

Fraehn, Ch. M. Uber ein merkwurdiges Volk des Kaukasus, die Kubetschi [Tire d. BAP T IV No 3 et 4] [St Petersburg 1838]

Frahne, Hans Heinrich

Frahne, H. H. Ein Beitrag zur Kenntniss der Sulfone. Berlin, 1898.

Frahne, Hans Heinrich: Ein Beitrag zur Kenntnis der Sulfone. *Berlin (1898): G. Schade.* (64 S.) 8°
Berlin, Phil. Diss. v. 16. Juli 1898

Frahne, Kurt

Frahne, Curt: Die Textilindustrie im Wirtschaftsleben Schlesiens. Ihre wirtschaftlichen und technischen Grundlagen, historisch-ökonomische Gestaltung und gegenwärtige Bedeutung. Tübingen: H. Laupp 1905. (XII, 273 S.) 8°
Tübingen, Staatsw. Fak., Ref. v. Schönberg, Diss. v. 22. Dez. 1904
[Geb. 30. Aug. 78 Landeshut, Schlesien; Wohnort: Landeshut; Staatsangeh.: Preußen; Vorbildung: Realgymn. Landeshut Reife O. 97; Studium: Heidelberg 1, Tubingen 5 S.; Rig. 22. Dez. 04.]
(Nicht für den Austausch)

Frahnert, zum Schulgebrauch des Properz. [Programm der latein. Hauptschule zu Halle für das Schuljahr 1873—1874.] 4. (67 S.) Halle, Buchh. des Waisenhauses. *

Frahnert, Zum Sprachgebrauch des Properz. Pr. 1874. 36 S. 4°.

Frahnert, Friedrich Wilhelm: •De locis nonnullis ad theoriam superficierum secundi ordinis pertinentibus. 7 Bl. 4° (2°)
Halle-Wittenberg, Phil Diss v 11. Febr. 1857
Geb. [Merseburg 4. 7 1835]

(Frahnert, *Wilhelm*) Demonstratio nova theorematis omnem functionem algebraicam rationalem integram unius variabilis in factores reales primi vel secundi gradus solvi posse quam pro obtinendis summis in philosophia honoribus inclito philosophorum ordini Academia [!] Juliae Carolinae exhibuit Carolus Fridericus Gauss. Helmstadii apud C G Fleckeisen MDCCLXXXXIX Übersetzt von W F 4 (25 S, 1 Taf).
In Festschriften z Begrüßung der XL Philolog-Vers
G u Rg *Gand:* 1889
Nicht im Tauschverkehr
Progr.

Fraidl, Frz., die Exegese der siebzig Wochen Daniels in der alten u. mittleren Zeit. gr. 4. (III, 160 S.) Graz 883. Leuschner & Lubensky. n. 6. —

Fraihofern, s. Frohnhofer.

Frain, Konr.: Karte vom Regierungs-Bezirk Trier. Abgeth. in 12 Kreise u. 192 Bürgermeistereien nebst dem Fürstenthum Lichtenberg, welches gegenwärtig der Krone Preußen angehört. Trier 1834.

Fraipont, G., die Blume u. ihre decorativen Anwendungen. Fol. (32 Taf. m. III S. Text.) Plauen (901). Ch. Stoll. In Mappe n. 12. 80

Fraipont, G., farbige Blumen-Ornamentik. 20 Taf. gr. 4. Plauen (904). Ch. Stoll. In Halbleinw.-Mappe n. 16. —

Fraipont, J., le genre Polygordius, s.: Fauna u. Flora d. Golfes v. Neapel u. der angrenzenden Meeres-Abschnitte.

Aktiengesellschaft für Fabrikation Reishauer'scher Werkzeuge in Zürich. Fraiser-Preis-Liste. [Illustriert.] II + 23 S. 8. (Zürich, Art. Institut Orell Füssli, [1901].)

Meine Auffassung der Zellenlehre. Akad. Vortrag von P[aul] Fraisse. Leipzig: Seele 1898. 36 S. 8° [illegible] 7

Fraisse, P., die Fische des Maingebietes von Unterfranken u. Aschaffenburg. gr. 8. (19 S.) Würzburg 880. Stahel. n. — 60

— über Zähne bei Vögeln. Vortrag, geh. in der physikalisch-medizin. Gesellschaft am 13. Dezbr. 1879. 2. Aufl. gr. 8. (11 S.) Ebend. 880. n. — 60

Fraisse, Paul, die Regeneration v. Geweben u. Organen bei den Wirbelthieren, besonders Amphibien u. Reptilien. Mit 3 (lith.) Taf. gr. 4. (VIII, 164 S.) Cassel 885. Fischer. cart. n. 16. —

Fraisse, Paul Hermann Skizzen von den balearischen Inseln Aus der Wandermappe eines Naturforschers Mit 4 Vollbildern Leipzig 1898 65 S 8°

Fraissinet, Charles, Méthode Fraissinet ou l'art d'obtenir les oeufs de vers à soie, au plus haut point de perfection, et de les faire éclore de la manière la plus convenable. gr. 8. Potsdam 819, (Berlin), Janke. Verklebt. 1/2 ℳ

Fraissinet, Edm., die volkswirtschaftliche Bedeutung der Privatflüsse u. Bäche f. die Industrie u. Landwirtschaft. gr. 8 (IV, 59 S.) Leipzig 891. W. Engelmann. n. 1 50

Fraissinet, Edm., s.: Bodenkultur u. Wasserwirtschaft.

— der kultur-technische Dienst zur Abwendung v. Wasserschäden u. zur Nutzbarmachung der Privatgewässer im landwirtschaftl., gewerbl. u. sanitären Interesse d. Königr. Sachsen. gr. 8. (40 S.) Dresden 891. G. Schönfeld's Verl. n. — 80

— Hilfe geg. d. wirtschaftl. Notlage durch günst. Verteilg. d. Bevölkerung. Vorschläge u. Mittel hierzu, erört. v. F. 8. (32 S.) Dresden 895. (C. Hoffmann.) — 60

Fraissinet, E., landwirtschaftliche Meliorationen u. Wasserwirtschaft. Ihre Erfolge im Ausland u. in Deutschland u. die Organisation d. kulturtechn. Dienstes im Königr. Sachsen. Mit e. Vorwort v. V. Böhmert. gr. 8. (IV, 114 S.) Dresden 890. G. Schönfeld's Verl. n. 2. 40

— Meliorations-Projekt m. Rentabilitätsberechng. f. 111 ha Heuschlag d. Hofgutes Liwa in Livland (Russische Ostseeprovinzen). Erläutert an e. d. Praxis entnomm. Beispiele u. 2 lith. Plänen. gr. 8. (32 S.) Gießen 897. Selbstverlag. n.n. 1. 50

Fraisslich, Johannes Nathanael (Danzig), De jure fisci landsassiorum. Diss. jur. Präs. Christian Heinrich Freiesleben. Lpz. (Imman. Titius) 9. VIII. 1720. 24 S. (4.80) 9251

FRAKNÓI, WILHELM Thomas Bakocs als Patriarch von Constantinopel In Lit Ber Ung Jg 2 1878, S 547-555
- Dass SA Budapest 1878 Carl Knoll Academ Buchhändler 8 S - 8°

Fraknói, Wilh., Melanchton's Beziehungen zu Ungarn. Deutsch v. Adf. Dux. 8. (46 S.) Budapest 874. (Leipzig, Haessel.) — 75

Fraknói, Wilh., s.: Chronica Hungarorum.

— Papst Innocenz XI. (Benedikt Odescalchi) u. Ungarns Befreiung v. der Türkenherrschaft. Auf Grund der diplomat. Schriften des päpstl. Geheim-Archivs. Aus dem Ung. übers. v. Pet. Jekel. gr. 8. (VII, 288 S.) Freiburg i/B. 902. Herder. n. 4. 50

Fraknói, Wilh., Mathias Corvinus, König v. Ungarn. 1458—1490. Auf Grund archival. Forschgn. bearb. Mit Genehmigg. d. Verf. aus dem Ungar. übers. Mit 1 Titelbild in Farbendr., 48 Illustr. u. 8 Fcsms. Lex.-8. (XVI, 316 S.) Freiburg i/B. 891. Herder. n. 7. —; geb. in Leinw. n. 9. —

FRAKNÓI, WILHELM Trauungs-Rede bei der Vermählungsfeier von Eugen Herz und Ilse Kestranek in Wien am 14 März 1908 von Wilhelm Fraknói Budapest 1908. Franklin 14 S - 4°

FRAKNÓI, WILHELM Trauungs-Rede bei der Vermählungsfeier von Wilhelm Kestranek und Mizzi Lenk Budapest 1893 Franklin 10 S - 4°

Fraknói, Wilh., Ungarn u. die Liga v. Cambray 1509—1511. Nach unbenützten Quellen. Deutsche Ausg. gr. 8. (96 S.) Budapest 883. Kilian. n. 3. —

— Ungarn vor der Schlacht bei Mohács. [1524—1526.] Auf Grund der päpstl. Nuntiaturberichte. Autoris. Übersetzg. aus dem Ung. v. J. H. Schwicker. gr. 8. (VIII, 314 S.) Budapest 886. Lauffer. n. 6. —

Fraktion

— s. a.: Fraction.

Fraktion, sozialdemokratische, d. deutschen Reichstags, s.: Arbeitervertreter, die, im deutschen Reichstag.

Fraktur-Alphabete, 2, u. Ziffern, z. Behufe d. Lesenlernens der Kinder. Lithogr. auf 3 Bgn. farb. Papier. Fol. 832. (Nördl., Beck.) 1½ Thl

Fraktur-Alphabete u. Ziffern, zum Behufe des Lesenlernens d. Kinder. Fol. Nördlingen 838. Beck'sche Buchh. 1½ Thl

Frambach, Jh. Hnr., die Belagerung von Hamburg im Jahr 1216. Trspl. 8. Hamb. 810. Nestler u. M. 12 Thl

— Betrug durch Heuchelei; e. Schspl. in 5 Aufz. 8. Köln 792.

— Menschenwerth. Schspl. 8. Wesel 791. (Leipz., Gleditsch). 8 Thl

Frambach, K. H., Hauptabellen z. schnellen u. sichern Wechsel-Arbitrage-Berechnung, mit beigefügter Berechnung d. Gold-Course. gr. 4. Leipz. 818. Kum. 3 ß

— — der Hamburgische Preiscourant mit seinen Usancen als Rabatt, Thara u. s. w. 4. Leipzig. (Berlin, Christiani.) 820.

Frameri, Nanette et Lucas, ou la Paysanne curieuse. 8. Berl., Rottmann. 6 Thl

Framery, N. E., Medea, s.: Mode's Opern-Text-Bibliothek.

Framhein, Ernst: Cessibilität der Konventionalstrafe ... Erlangen, k. b. Hof- u. Univ.-Buchdr. v. F. Junge, 1895; VIII, 66 S. 8.
Erlangen, Jur. Fak., Inaug.-Diss. v. 1895

Framholtz, Bertha (Paul Ehrentraut), im Joch d. Ehe. Lust. Geschichten. 8. (VII, 124 S.) Berlin 898. Freund & Jeckel. 1. —

Framm, F., die Ergebnisse der Jahresprüfungen der Vereinszemente in den J. 1902—1907. (Mitteilungen aus dem Laboratorium des Vereins deutscher Portland-Zement-Fabrikanten.) (18 S. m. 8 Tab.) gr. 8. Berlin 908. Tonindustrie-Zeitg. 1. 60
Sonderabdruck aus „Tonindustrie-Zeitg."

Framm, *Friedrich* [aus Wismar]: Ueber die Einwirkung des Sulfurylchlorid auf einige Imidverbindungen '(Piperidin, Carbazol, Succinimid)', speciell über das Sulfopiperidid ... Rostock, C. Boldt'sche Hof-Buchdr., 1895; 55 S. 8.
Rostock, Phil. Fak., Inaug.-Diss. v. [13. März] 1895

Framm, Hans [approb Arzt aus Rostock i/M.]: Ueber Ovariotomien mit Einschluss von acht an der Würzburger Universitätsfrauenklinik beobachteten und von Herrn Prof. Dr. Nieberding operirten Fällen .... Würzburg, k. Universitätsdr. v. H. Stürtz, 1887; 36 S. 8°
Würzburg. Med. Fak., Inaug. Diss. v. 1887

Framm, Hans: Quomodo oratores Attici sententiis usi sint. Lipsiae 1912: Noske Bornensis. 57 S. 8°
Straßburg, Phil. Diss. v. 31. Juli 1909, Ref. Keil
[Geb. 15. Febr. 86 Wismar; Wohnort: Straßburg; Staatsangeh.: Mecklenburg-Schwerin; Vorbildung: Gymn. Wismar Reife O. 05; Studium: Göttingen 2, Straßburg 5 S.] [U 12. 6748

Fran, Fr. I., Georgii, seu Gregorii Cyprii, Patriarchae Constantinopolit. Vita. 8. maj. Wien, Gerold. 764.

— Dass., s.a. Frani

Franc, Johannes Bartholomaeus: Praxis geometrica universalis oder allgemeine Lehre vom Feld-Messen . . . Augspurg: Nepperschmid 1705. 399 [vielm. 309] S., 31 Taf. 8° [Kupfert.:] Franker, Johannes Bartholomaeus: Praxis geometrica universalis.

Franc, Léon. Nouvelles preuves de l'indigénat des Celtes dans le Bas-Valais, tirées de son patois. 8.
Ed. D. (Mél. Soc. Helvet. St-Maurice [Vol.] 1.) Fribourg 1896.
La 1re partie a paru sous le titre de: Notice sur un celt découvert à Vérossaz et Nouvelles preuves ... *dans* Revue de la Suisse catholique 12e année, Numéro 4. Fribourg 1881

Franc-Nohain [Autorname] = **Le Grand, Maurice.**

França, Ernesto Ferreira

França, Ern. Ferreira, chrestomathia da lingua Brazilica, s. Bibliotheca, linguistica.

—— **Lindoya. Tragedia lyrica em 4 actos. 16. (119 S.) Leipzig 859, Brockhaus' Sortiment und Antiquarium. * geb. ***

Francais, les, moeurs contemporaines. Nouvelle souscription pour l'étranger. Tome I. Livr. 1 à 4. gr. Lex.-8. (3 Lithogr. u. mehrere Holzschn.) Paris et Leipzig 841, Brockhaus et Avenarius. à n. 1/3 ß — Color. à n. 7/12 ß

Les Français. Costumes des principales provinces de la France dessinés d'après nature par Gavarni, H. Emy, Pauquet, Ferogio, R. Pelez, Loubon, P. Saint-Germain, etc. Lithographiés par M. A. Coindre. Paris, L. Curmer . 1842
Tit. in kol. Lithogr.; 32 Taf. in Lithogr., davon 16 kol. 16 Bl. Text 2°
Jede Tafel doppelt, schwarz und koloriert

Text auch deutsch und italienisch

Français, le. Revue consacrée à l'enseignement de la langue française en Allemagne, Autriche-Hongrie et Russie. Gérant: **Lacroix.** 17. année 1897. 12 nrs. (à ca. 2 Bog.) hoch 4. Paris. Berlin, S. Cronbach. n 4. —

— dasselbe. L'enseignement à l'étranger. Gérant: **Lacroix.** 18. année 1898. 12 nrs. (à ca. 2 Bog.) hoch 4. Ebd. n. 4. —; einz. Nrn. n. — 50
Kann auch vierteljährlich à n. 1. 25 bezogen werden.

Le **Français** en Allemagne Méthode simple et facile pour parler de suite l'Allemand à l'aide d'une prononciation figurée très ingénieuse. Bonn: C. Georgi [1897]. (32 S) 8° [Umschlagt.]
— **Kuntzé**, Méthode Polyglotte. [1.] 105 170

Le Français en Angleterre Methode simple et facile pour parler de suite l'Anglais à l'aide d'une prononciation figurée très ingénieuse. Methode Polyglotte Kuntzé . . *Bonn: C. Georgi [1898]* (41 S) 8
— Kuntze, Polyglott [No 21]. 1.9 8840

Le **Français** en Angleterre. Méthode simple et facile pour parler de suite l'Anglais à l'aide d'une prononciation figurée tres ingénieuse. Bonn: C. Georgi [1898]. (41 S.) 8° [Umschlagt.]
— **Kuntzé**, Méthode Polyglotte. [2.] 105 173

Le **Français** en Espagne. Méthode simple et facile pour parler de suite l'Espagnol à l'aide d'une prononciation figurée très ingenieuse. Bonn: C. Georgi [1897]. (32 S.) 8° [Umschlagt.]
— **Kuntzé**, Méthode Polyglotte. [3] 105 174

Le **Français** en Grece. Méthode simple et facile pour parler de suite le Grec à l'aide d'une prononciation figurée très ingénieuse. Bonn: C. Georgi [1900]. (32 S.) 8° [Umschlagt]
— **Kuntzé**, Méthode Polyglotte. [4.] 105 175

Le **Français** en Italie Méthode simple et facile pour parler de suite l'Italien à l'aide d'une prononciation figurée très ingénieuse Bonn: C Georgi [1897] (32 S.) 8° [Umschlagt]
— **Kuntzé**, Méthode Polyglotte. [6.] 105 177

Le Français aux Pays-Bas Méthode simple et facile pour parler de suite le Hollandais à l'aide d'une prononciation figurée très ingénieuse Méthode Polyglotte Kuntzé . *Bonn: C. Georgi [1898].* (32 S.) 8° [Umschlagt]
— Kuntzo, Polyglott [No 22] 1.9 8840

Le **Français** aux Pays-Bas Méthode simple et facile pour parler de suite le Hollandais à l'aide d'une prononciation figuree très ingénieuse. Bonn: C. Georgi [1898]. (32 S) 8° [Umschlagt.]
— **Kuntzé**, Méthode Polyglotte. [5.] 105. 176

Le **Français** en Pologne. Méthode simple et facile pour parler de suite le Polonais à l'aide d'une prononciation figurée très ingénieuse. Bonn: C. Georgi [1900]. (24 S.) 8° [Umschlagt.]
— **Kuntzé**, Méthode Polyglotte. [56.] 105. 206

Le **Français** en Roumanie Methode simple et facile pour parler de suite le Roumain à l'aide d'une prononciation figurée très ingénieuse. Bonn C. Georgi [1898]. (31 S) 8° [Umschlagt]
— **Kuntzé**, Méthode Polyglotte [7.] 105 178

Le **Français** en Russie Methode simple et facile pour parler de suite le Russe à l'aide d'une prononciation figurée très ingénieuse. Bonn C. Georgi [1897] (32 S.) 8° [Umschlagt]
— **Kuntzé**, Méthode Polyglotte. [8] 105 179

Le Français en Suede Méthode simple et facile pour parler de suite le Suédois à l'aide d'une prononciation figurée très ingénieuse Méthode Polyglotte Kuntzé . . *Bonn C. Georgi [1898]* (32 S.) 8° [Umschlagt]
— Kuntzo, Polyglott [No 23] 1.9 8843

Le **Français** en Suede Méthode simple et facile pour parler de suite le Suédois à l'aide d'une prononciation figurée très ingénieuse. Bonn C. Georgi [1898] (32 S.) 8° [Umschlagt]
— **Kuntzé**, Méthode Polyglotte [9.] 105 180

Le **Français** en Turquie. Méthode simple et facile pour parler de suite le Turc à l'aide d'une prononciation figurée très ingénieuse. Bonn: C. Georgi [1900] (23 S) 8° [Umschlagt.]
— **Kuntzé**, Méthode Polyglotte [57.] 105. 207

FRANCASMONTI, S (ps), Silvio Utolini, das (!) Schrecken Unter-Italiens Eine Raubergeschichte 1833.
Weller, Lex Ps. p. 205

Francasmonti S., Silvo Utolini, das Schrecken Unter-Italiens. Eine Räubergeschichte. 8. Nordhauf. 833. Fürst. 1 ℛ

Francavilla, Statuen u. Reliefs in der Aula der Universität in Genua, s.: Giovanni da Bologna.

France [Sachl. OW]

France, la, Journal périodique, s. Courtin, Charles.

France, la, par Lady Morgan, ci-devant Miss Owenson. 2 Vol. 3me édition. 8. Paris, Treuttel et W. 818.

France, la. Vues de ses monuments et de ses sites les plus remarquables. Collection de gravures sur acier avec texte explicatif et descriptif par W. Duckett. Tom. I. (16 Nrn.) 1. Normandie. Lex.-8. (XVI und 256 S. mit 64 Stahlst.) Darmstadt 865—67, Lange. à Nr. * 10 Ngr. *

—— dass. — Édition de luxe, sur papier de Chine. 16 Nrn. 4. (XXXII und 256 S. mit 64 Stahlst.) Ebendas. 865—67. à Nr. * 20 Ngr. *

France, la. Vues de ses monuments et de ses sites les plus remarquables. Collection de gravures sur acier avec texte explicatif et descriptif par W. Duckett. 15 livrs. Darmstadt 866. Lange. Lex.-8. (240 S. u. 45 Stahlst.) n. 5 ℛ; chines. Pap. in 4. n. 10 ℛ

France, la. qu. 12. (28 Taf. in Photographie-Imitation.) Leipzig 889. Fr. Pfau. In Leinw.-Decke. n. — 75

France, la. Revue mensuelle. Hrsg. v. H. P. Junker. 1. Jahrg. 1901. 12 Nrn. gr. 8. (à ca. 96 Sp. m. Abbildgn.) Leipzig, B. G. Teubner. 6. 60; m. „The English world" 11. —

— dasselbe. 2. Jahrg. 1902. 6 Nrn. gr. 8. (à ca. 80 Sp. m. Abbildgn.) Ebd. n. 3. 60; m. „The English world" n. 6. —
Mehr nicht erschienen.

La France et son armée en 1870, par un officier-général de l'armée de Metz. Leipzig. 1871. 8°.

France classique, la, s.a. Fénélon, Télémaque. — Bernardin de St. Pierre, Paul et Virginie. — J. J. Rousseau, les Confessions. — Voltaire, hist. de Charles XII. — Voltaire, hist. de Russie. — Racine, Oeuvres. — Lafontaine, Fables. — Molière, Oeuvres.

France, la, classique. 16. Leipzig, B. Tauchnitz jun.
Inhalt:
Fénélon, Aventures de Télémaque. (25 B.) 845. 9 Ngr.
Lafontaine, Fables. (23¼ B.) 845. 9 Ngr.
Mollière, Oeuvres. Tom. I—IV. [1. (22¾ B.) 9 Ngr., 2. (28¼ B.) 12 Ngr., 3. (26¼ B.) 9 Ngr., 4. (29¾ B.) 846. 12 Ngr.] 1 Thlr. 12 Ngr.
Racine, Oeuvres dramatiques. Tom. I et II. (52¼ B.) 845. à 12 Ngr.
Rousseau, les confessions. 2 Tom. (48¼ B.) 845. 24 Ngr.
Saint-Pierre, Paul et Virginie ou la chaumiere indienne. (10¾ B.) 845. 6 Ngr.
Voltaire, Histoire de Charles XII. (16 B.) 845. 7½ Ngr.
—— Histoire de Russie sous Pierre le Grand. (20¾ B.) 845. 9 Ngr.

France, la, classique. Numa Pompilius second roi de Rome. Par Florian. 16. (211 S.) Leipzig 849, B. Tauchnitz. ⅓ ℛ

France, la, classique. Elisabeth et Claire d'Albe par. Mme. Cottin. 16. (VIII und 224 S.) Leipzig 850, B. Tauchnitz jun.

France, la, classique. Chefs-d'oeuvre de P. Corneille précédés de sa vie par Fontenelle. 2 Vols. gr. 16. (VI und 983 S.) Leipzig 852, B. Tauchnitz.

France classique, la. La Henriade par Voltaire. Leipzig 859. B. Tauchnitz. 16. (153 S.) 6 ngr

La France en 83 Departements Suivant les decrets de 1790. (ca 1 : 2 100000) Augsbourg 1791 1 Bl. Fol zusammengefaltet in 4°.

dramatique, la. 1. Série. Oeuvres dramatiques de J. Racine. Texte collationnée sur les éditions originales, avec les variantes et accompagné de remarques par A. Braeutigam. Leipzig 867—69. Hartknoch. 8. Jede Liefg. n. 5 ngr.
I.: Iphigénie en Aulide. (68 S.)
II.: Esther. (66 S.)
III.: Athalie. (91 S.)

France, dramatique, la. 2. Série. Choix des pièces d'auteurs contemporaines. Texte soigneusement revu et accompagné de remarques par A. Braeutigam et C. Brandon. Leipzig 867—69. Hartknoch. Jede Liefg. n. 6 ngr.
I.: Scribe et Legouvé, les doigts de fée. (112 S.)
II.: Scribe, le verre d'eau ou les effets et les causes. Comédie en 5 actes. (94 S.)
III.: Melesville et Duveyrier, Michel Perrin. (92 S.)
IV.: Scribe et Legouvé, les contes de la reine de Navarre. Texte revu etc. par C. Brandon. (180 S.)

France, la, dramatique. Choix de pièces d'auteurs contemporains. Texte soigneusement revu et accompagné de remarques par A. Braeutigam, C. Brandon et O. Knauer. 2. Serie. 5. livr. 8. Leipzig 872. Hartknoch. n. — 75 (II, 1—5.: n. 3. 15)
Julius Sandeau. Mademoiselle de la Seiglière. Par O. Knauer. (163 S.)

France, la, dramatique. Texte soigneusement revu et accompagné de remarques par A. Braeutigam, C. Brandon et O. Knauer. Série II. Livr. 1 et 2. 8. Leipzig 880. Wartig's Verl. à n. — 50
1. Les doigts de fée par Scribe et Legouvé. 2. éd. (112 S.)
2. Le verre d'eau par Scribe. 3. éd. (94 S.)

France et Europe. Six lettres ... Berlin 1849. V: *Forster, Charles de.* (Ky) (BrMm)

— et Europe. Six lettres tirées du portefeuille d'un homme politique. gr. 8. (95 S.) Berlin 849, Behr. n. ²/₃ ₰

la France et l'Europe sous le gouvernement de Bonaparte. 8. Marb. 819. Krieger. 3 gr

France, la, litér. s. Ersch, Art. Frankreich.

France, la, lyrique, s. Fouré-Loeffler.

—— la, lyrique. Album des meilleurs poésies lyriques des auteurs français. Par Pauline Fouré-Löffler. 16. (XXXVI und 586 S.) Brunsvic 853, Leibrock.

France, La, d'après nature Ouvrage très utile pour bien se mettre au fait des intrigues des ministres de la cour de Versailles contre l'auguste maison d'Autriche. 8 Cologne 1747.

la France reconciliée av. l'humanité. (A. u. d. T.: Anecdotes républicaines.) T. I. 12. Braunschw. 797. (Hinrichs in Leipz.) 16 gr

— la, réconciliée av. l'humanité (a. unt. d. Tit.) Anecdotes republicaines). T. I. 12. Braunschw. (Tourneysen, Cassel). (a. Levrault in Strasb.) 797. Rthlr.

— régicide et parricide. Poème en 3 chants. 4. Manh. 793. Schwan u. G. 12 gr

France [Schlagwort]

France — Carte générale des Postes de — avec les Postes de Communication en Flandre, Haynaut, Artois, Alsace, Lombardie etc. Mis au jour par les Heritiers de Homann. Norimbergae 1758? 1: 2,000,000. 1 Bl.

France — Carte des Lieues de — Dressee par A. J. A. Heunisch, avec une carte Generale des postes et un tableau statistique. Lithographiee par F. Muller, Carlsruhe und Baden in der D. R. Marx'schen Buchhandlung. Ohne Maasstab. 1: 7,000,000 circa. 1 Bl.

France — Tres nouvelle Carte du Royaume de — divisé en toutes ses Provinces et Gouvernements, dressée sur une nouvelle Observation astronomique faite aux environs du Globe; assujetie aux mémoires du feu M. Cassini de Thury dans toute la France, mise au jour par J. A. B. Rizzi Zannoni de Padoue, Prof. de Mathématiques, aux Dépens des Héritiers de Homann. Norimbergae 1764. 1,200,000 1 Bl.

France — Les routes exactes des Postes du Royaume de — Matth. Seutter excudit Aug. Vindel. 1: 2,500,000. 1 Bl.

France [Verfasser]

France, A. de (Schiffsfähnrich), Abd-el-Kader, der furchtbare Bekämpfer der Franzosen in Algier. 2 Bde. Quedlinburg und Leipzig 1840. 8°. (4 Mk. Alfr. Lorentz, Lpz., 1905.)
Mit Gräuelthaten ärgster Art, besonders an Frauen verübt.

de France, A., Abd-el-Kader, Emir von Maskara, der furchtbare Bekämpfer der Franzosen in Algier; oder: Fünf Monate der Gefangenschaft bei den Arabern. 2 Bde. 8. Quedlinburg 840. Basse. 2¹/₆ ₰

France, Anatole, Anno zwei u. andere Novellen. Einzig berecht. Übersetzg. aus dem Franz. v. F. Gräfin zu Reventlow. 8. (145 S.) München 902. A. Langen. n. 2.—; geb. n. 3.—

— Bienchen. Einzig autoris. Übers. aus dem Franz. Umschlagzeichnung u. Illustr. v. With. Schulz. 8. (160 S.) Ebd. 900. n. 3.—; geb. n. 4.—

France, A., Sylvester Bonnard und sein Verbrechen, s. Collection Spemann.

— Die Bratküche zur Königin Pedauque. Roman. Übers. u. eingeleitet v. Paul Wiegler. 1. u. 2. Aufl. (XVII, 305 S.) 8. München (907). R. Piper & Co. 4.—; geb. in Leinw. 6.—

France, Anatole, Crainquebille. Erzählung. Einzig autoris. Übersetzg. v. Gertr. Savić. (87 S.) 12. Leipzig (908) Berlin, H. Seemann Nachf. n. 1.—

— Le crime de Sylvestre Bonnard, hrsg. v. Karl Schmidt, s. a. Prosateurs français. 146. Lfg.

la crime de Sylvestre Bonnard. Par A[natole] France. Mit Anm. [= Anhang] z. Schulgebr. hrsg. von Dr. Karl Schmidt, Oberl. zu Berlin. [Nebst] Wörterbuch. *Bielefeld & Leipzig: Velhagen & Klasing 1904.* 3 Bde 8°
— Sammlung, Velhagen & Klasings, franz. u. engl. Schulausgaben. Prosateurs franç. Lfg 146 B. (04 b159

Le crime de Sylvestre Bonnard, membre de l'institut. Für den Schulgebrauch hrsg. v. Léon Wespy. (VI, 93 S.) 8. Leipzig 908. G. Freytag. — Wien, F. Tempsky. Geb. 1.60; Wörterbuch (36 S.) Kart. — 40

— das rote Ei u. anderes. Einzig berecht. Übersetzg. aus dem Franz. 8. (V, 144 S.) Ebd 900. n. 2.—; geb. n. 3.—

France, Anatole, Erzählungen des Jacques Tournebroche. Novellen. (Autoris. Verdeutschg. von Frdr. v. Oppeln-Bronikowski.) (IV, 161 S.) 11. 8. Berlin 910. H. Bondy. 3.—; geb. 4.—

— Auf dem weißen Felsen. Roman. Deutsch v. Gertr. Piper. (Umschlagzeichnung v. Rich. Winckel.) (223 S.) 8. München (910). R. Piper & Co. 3.—; kart. 4.50

France, Anatole, Blaubart's sieben Frauen, s. a. **Bibliothek Bondy.**

Blaubarts sieben Frauen u. andere wunderbare Geschichten [Les sept Femmes de Barbe-Bleue et autres contes merveilleux]. Erzählungen (von Anatole **France**). (Autor. Verdeutschung von Friedrich v. Oppeln-Bronikowski.) Berlin: Bondy 1910. 190 S. 8°
(Bibliothek Hans Bondy. Bd 5.) [11. 7031

Anatole **France**. Der Garten des Epikur [Le jardin d'Épicure]. Autor. Übers von Olga Sigall. Minden i. W.: J. C C. Bruns 1906. (197 S.) 8° [F.] [06. 8456

— **der Gaukler unserer Lieben Frau u. anderes.** Einzig berecht. Übersetzg. aus dem Franz. v. F. Gräfin zu Reventlow. 8. (V, 172 S.) Ebd. 901. n. 2.50; geb. n. 3.50

France, A., neue Gedichte. (37 S.) 8. Straßburg 908. J. Singer. — 75

— **Die Insel der Pinguine.** (Deutsch v. Paul Wiegler. Das Bildnis des Autors nach der Radierg. v. Anders Zorn. Die Zeichng. des Titels u. Einbds. v. Rich. Winckel. 1. u. 2. Aufl. (Je 391 S.) 8. Ebd. (909). 4.—; geb. in Leinw. 6.—

— **Komödiantengeschichte.** Roman. Einzig berecht. Uebersetzg. aus dem Franz. v. Heinr. Mann. (275 S.) 8. München 904. A. Langen. n. 2.50; geb. n. 3.50

— **die rote Lilie.** (Le lys rouge.) Autoris. Übersetzg. aus dem Franz. v. F. Gräfin zu Reventlow. 1. u. 2. Aufl. 8. (à 337 S.) Ebd. 899. n. 4.—; geb. n. 5.—

Pages choisies, hrsg. v. J. F. Le Bourgeois, s.: **Schulbibliothek** französischer u. englischer Prosaschriften.

— Revolutionsgeschichten, s.: **Bibliothek Langen**, kleine.

— Der Statthalter v. Judäa u. anderes, s.: **Bibliothek Langen**, kleine.

— **Thais.** Roman. Deutsch v. Fel. Vogt. (Das Vasenbild des Titelblattes aus: Furtwängler-Reichhold, griech. Vasenmalerei.) (235 S.) 8. München (909). R. Piper & Co. 3.—; geb. in Leinw. 4.50

France, Charles A., Lieder e. Lothringers. (32 S.) 8 Leipzig 905. Modernes Verlagsbureau. n. — 75

France, Hect., aus dem Reiche des Haschisch u. andere Erzählungen. Algerische Sittenschildergn., übers. v. P. (V, 111 S.) gr. 8. Dresden 902. Moewig & Höffner. n. 1.—; geb. in Leinw. n. 2.—

Ⓑ **France, Hect.,** aus d. Reiche d. Haschisch. 902. (KBL 31.) Jetzt: Dresden, M. Fischer.

France, Raoul Heinrich

Bilder aus dem Leben des Waldes von R[aoul] H **Francé**. Mit zahlr Naturaufnahmen u 2 Kunstbeil. Stuttgart Kosmos (1908) 93 S 8° [08 ...

Francé, R. H., Bilder aus dem Leben des Waldes. Mit zahlr. Naturaufnahmen u. 2 Kunstbeilagen. 1—3. Aufl. (93 S.) 8. Stuttgart (909). Franckh. 1.—; geb. 1.80

— D. Bildungswert d. Kleinwelt, s. a. **Bibliothek**, mikrologische. 1.

Der Bildungswert der Kleinwelt. Gedanken über mikroskop. Studien von R[aoul] H. **Francé**. Mit zahlr. Ill. u. 1 Taf. Stuttgart: Franckh 1907. (45 S) 8° [F.]
Aus: Francé: Das Leben d. Pflanze. Bd 3
— [**Mikrokosmos.** Bd 1, H. 3/4, Beilage] [08 17881

— s.: **Bücherei**, naturwissenschaftliche.

— **Denkmäler der Natur.** Mit 20 Abb. v. H. Dopfer, G. Dunzinger, E. Pfenninger u. C. Winkler. 1—30. Taus. (79 S.) 8. Leipzig (910). Th. Thomas Verl. 1.—; geb. 1.60

— s.: **Elementarkurs** der Mikrologie.

Francé, Raoul, s.: Fauna, die, d. Balatonsees.

Unsere Feldfrüchte, s.: **Natur**, die deutsche, in Monatsbildern.

— s.: **Jahrbuch** f. Mikroskopiker.

Katalog der mikrologischen Zentralbibliothek in München. Bearb u hrsg von R[aoul] H **Francé**. Stuttgart Deutsche Mikrolog Gesellsch [1909] 32 S 8° [09 8835

— **Katalog** der mikrologischen Zentralbibliothek in München. Bearb. u. hrsg. im Auftrage der deutschen mikrolog. Gesellschaft. (32 S.) 8. Stuttgart (909). (Franckh). nn — 50

— s.: **Kleinwelt**, die.

— **Die Kleinwelt des Süßwassers.** Ein Lehr- u. Lesebuch. (160 S. m. 322 Fig. auf 50 Taf. u. Textabbildgn.) 8. Leipzig 910. Th. Thomas. 2.—; geb. n 2.80

Francé, R H: Das Leben der Pflanze. Stuttgart
Abt. 1. Das Pflanzenleben Deutschlands und seiner Nachbarländer. Bd 1. 2. 1906—1907
Abt. 2. Floristische Lebensbilder
Bd 1. 2. 1908—1911
Bd 3. Bearb. von Adolf Koelsch. 1912
Abt. 3. Entwicklungsgeschichte der Pflanzenwelt. Pflanzengeographie. Die Pflanzenwelt der Tropen. Von W. Gothan, R. Pilger u. H. Winkler. 1913
Abt. 4. Die Pflanzen und der Mensch.
Bd 1. Garten. Feldwirtschaft. Obstbau. Waldwirtschaft. Von W. Lange u. a. 1913
Bd 2. Verwertung der pflanzlichen Produkte. Von H. Brüggemann u. a. 1913

Francé, R. H., das Leben der Pflanze. Mit zahlreichen Abbildgn. im Text, Karten u. Taf. in Schwarz- u. Farbendr. I. Abtlg.: Das Pflanzenleben Deutschlands u. seiner Nachbarländer. (In 26 Lfgn.) 1. Bd. Mit 200 Abbildgn. im Text, 8 farb. u. 15 schwarzen Taf. sowie 1 Karte nach Zeichngn. v. H. Bäuerle, R. H. Francé, F. Hollenberg, R. Oeffinger u. A., sowie nach Photographien v. H. Dopfer, H. Fischer, H. Hinterberger, A. Kotzsch u. a. 1—22. Lfg. (1. Bd. VIII, 564 S. u. 2. Bd. S. 1—384 m. 16 Taf.) Lex.-8. Stuttgart (905. 906). Franckh. à n. 1.—

— **Das Leben der Pflanze.** Mit zahlreichen Abbildgn. im Text, Fksms., Karten u. Taf. in Schwarz- u. Farbendr. I. Abtlg.: Das Pflanzenleben Deutschlands u. seiner Nachbarländer. 23—48. Lfg. (2. Bd. VII u. S. 385—596 m. 11 Taf.: 3. Bd. IX, 526 S. m. 24 Taf. u. 4. Bd. S. 1—352 m. 19 Taf.) Lex. 8. Stuttgart (907—10). Franckh. à Lfg. 1.—; (Bd. 2 u. 3 geb. in Halbfrz. à 15.—)

dasselbe. 53. Lfg. (V. Bd. 1. Lfg., bearb. v. Ad. Koelsch.) (S. 1—32 m. 2 farb. Taf.) Lex. 8. Ebd. (910). 1.—
Lfgn. 49—52 sind noch nicht erschienen.

— dasselbe. II. Abtlg.: Floristische Lebensbilder. (In 39 Lfgn.) 1—22. Lfg. (3. Bd. IX, 526 S. m. Abb. u. 27 Taf. u. 4. Bd. S. 1—352 m. 16 Taf.) Lex. 8. Ebd. 908—10. à Lfg. 1.—; auch in Halbbdn. à 6.50

— Die Lichtsinnesorgane der Algen, s. a. **Monographien** zum Ausbau der Entwicklungslehre.

Die Lichtsinnesorgane der Algen. Von R[aoul] H. **Francé** in München. Mit 1 Taf u. 35 Textzeichn. Stuttgart: Kosmos 1908. (79 S.) 8°
— **Francé**: Studien z. Ausbau d. vegetat Reizphysiologie. 1
(Monographien z Ausbau d Entwicklungslehre) [08 11743

— **das Liebesleben der Pflanzen.** Mit Abbildgn. v. F. Hollenberg, R. Oeffinger u. A. u. 3 Farbendr.-Taf. v. F. Bergen u. H. Planck. 1—4. Aufl. (Je 85 S.) 8. Ebd. (906). n. 1.—; geb. n. 2.—

— Das Liebesleben der Pflanzen. Mit Abbildgn. v. F. Hollenberg, R. Oeffinger u. a. u. 8 Farbendr.-Taf. v. F. Bergen u. H. Planck. 5—15. Aufl. (87 S.) 8. Stuttgart (907—09). Franckh. 1.—; geb. 2. —

Das Liebesleben der Pflanzen von R[aoul] H. Francé. Mit Abb. von ... u. 3 Farbendrucktaf. von F. Bergen u. H. Planck. 15. Aufl. Stuttgart: Kosmos [1908]. (84 S.) 8° [F.]

— s.: Mikrokosmos.

— Die Natur in den Alpen. Mit zahlreichen Naturaufnahmen v. H. Dopfer, G. Dunzinger, J. Iseli. 1—44. Taus. (84 S.) 8. Leipzig 910. Th. Thomas. 1.—; geb. 1. 60

— s.: Natur-Bibliothek.

— der Organismus der Craspedomonaden. Im Auftr. der kön. ung. naturwissenschaftl. Gesellsch. beschrieb. (M. 78 Orig.-Zeichngn.) (Ungarisch u. deutsch.) gr. 8. (VIII, 248 S.) Budapest 897. (F. Kilián Nachf.) Geb. in Leinw. n. 6. —

Francé, R. H. Das Pflanzenleben Deutschlands und seiner Nachbarländer. Band 1. Mit 200 Abbildungen im Text, 8 farbigen und 15 schwarzen Tafeln, sowie einer Karte, nach Zeichnungen von H. Bäuerle, R. H. Francé, F. Hollenberg, R. Öffinger u. A., sowie nach Photographien von H. Dopfer ... u. A. II + VIII + 564 S. gr.-8. Stuttgart, Kosmos, Gesellschaft der Naturfreunde, Geschäftsstelle: Franckh'sche Verlagsh., 1906. *(cpl. 2 Bde.* geb. à M. 15.—)

Das Leben der Pflanze. [Von] R. H. Francé. ... Abteilung I: Das Pflanzenleben D' und s' N'. Band 1. *(cpl. in 8 Bänden, von je 13 Liefg.* à M. 1.—, geb. à M. 15. –)

Darin insbes. S. 58. 123. 131. 143. 146. 157. 198/213. 299 f. 506 f. 513. 521. 533. 536. 548/56 etc. die Schweiz *betr.*

Das Pflanzenleben Deutschlands und seiner Nachbarländer von R[aoul] H. Francé. Mit Abb., Taf. sowie 1 Karte. Bd 1. 2. Stuttgart: Kosmos 1906–07. 2 Bde 8°

= Francé: Das Leben d. Pflanze. Abt. 1.

— Pflanzenpsychologie als Arbeitshypothese der Pflanzenphysiologie. (108 S. m. 26 Abbildgn.) gr. 8. Stuttgart 909. Franckh. 3.—; geb. 4. —

— das Sinnesleben der Pflanzen. Mit zahlreichen Orig.-Zeichngn. des Verf. 1—8. Aufl. (à 90 S.) 8. Ebd. (905. 906.) n. 1. —; geb. n. 2. —

— Das Sinnesleben der Pflanzen. Mit zahlreichen Orig.-Zeichngn. des Verf. 9—17. Aufl. (90 S.) 8. Ebd. (907—09). 1.—; geb. 2. —

Das Sinnesleben der Pflanzen. Von R[aoul] H. Francé. Mit zahlr. Orig.-Zeichn. d. Verf. 18. Aufl. Stuttgart: Kosmos [1908] (90 S.) 8° [F.]

— Der heutige Stand der Darwin'schen Fragen. Eine Wertg. der neuen Tatsachen u. Anschaugn. 2., völlig umgearb. u. verm. Aufl. v.: Die Weiterentwicklg. des Darwinismus. Mit zahlr. Abbildgn. u. 4 Bildnissen. (VII, 168 S.) gr. 8. Leipzig 907. Th. Thomas. 3.60; geb. 4. 50

Francé, R. H., Streifzüge im Wassertropfen. Mit zahlreichen Orig.-Zeichngn. des Verf. u. e. Farbendr.-Taf. 1—12. Aufl. (90 bezw. 98 S.) 8. Stuttgart 907. Franckh. 1. —; geb. 2. —

Studien zum Ausbau der vegetativen Reizphysiologie. Von R[aoul] H. Francé in München. 1. Stuttgart: Kosmos 1908. 8°
(Monographien z. Ausbau d. Entwicklungslehre)

— Wege zur Natur, s. a. Bibliothek, mikrologische.

Wege zur Natur. Eine Einführung in mikroskop. Studien f. Anfänger von R[aoul] H. Francé. Mit 50 Abb. Stuttgart: Franckh 1909. 42 S. 4°(8°)
(Mikrologische Bibliothek. Bd 1)
(Mikrokosmos. 2. Gratisbeigabe zu Bd 2.)

— die Weiterentwickelung des Darwinismus, s. a. Vorträge u. Abhandlungen, gemeinverständliche darwinistische. 12. Heft.

Die Weiterentwickelung des Darwinismus. Eine Wertung d. neuen Tatsachen u. Anschauungen. Von R[aoul] H. Francé, München. Mit 53 Abb. Odenkirchen: W. Breitenbach 1904. (136 S.) 8° [F.]
= Vorträge, Gemeinverständliche Darwinist., u. Abhandl. H. 12.

Francé, Raoul, der Wert der Wissenschaft. Freie Gedanken e. Naturforschers. gr. 8. (III, 162 S.) Dresden 900. C. Reissner. n. 3. —; geb. n. 4. —

Francé, Raoul, der Wert der Wissenschaft. Freie Gedanken e. Naturforschers. 2. [Titel-]Ausg. (IV, 162 S.) gr. 8. Dresden [900] 906. C. Reissner. n. 3. —

— Der Wert der Wissenschaft. Aphorismen zu e. Natur- u. Lebensphilosophie. Titelblatt-Entwurf v. Willy Werner. 3. umgearb. Aufl. (157 S.) 8. Zürich 908. A. Bürdeke. 3.—; geb. in Leinw. 4. —

Francé, R[aoul] H. Der Wert der Wissenschaft. Aphorismen zu einer Natur- und Lebensphilosophie von R. H. F' (München). Titelblatt-Entwurf von Willy Werner-Berlin. 3. umgearbeitete Aufl. 157 S. kl.-4. Zürich und Leipzig, Th. Schröter, 1908. [geb. fr. 5. —]

[1. Aufl.] u. 2. [Titel-]Ausg. Dresden 1900 u. 1906.

s.: Zeitschrift f. den Ausbau der Entwicklungslehre.

France, Seravia, s. Thalhaus, F.

Francesca Carrara, v. Verf. d. Romans: „Dichtung u. Wahrheit" 2c. A. d. Engl. v. G. W. Geisler. 3 Bde. 1. Aufl. 835. 3½ Thlr., 2. Ausg. gr. 16. (à 60½ B.) Bremen 837, Geisler.

Francescatti Antonio, Manuale di Storia per gli istituti magistrali. Wien 1907. Schulbücherverlag. Ganzleinwand geb. K 1.80.

Franceschetti, Denkschrift über d. Ereignisse, welche d. Tode Joachim I, Königs beider Sicilien, vorangegangen sind. Nebst beigefügter Privatcorrespondenz d. Verf. mit d. Königin, Gräfin von Lipano. Aus d. Franz. gr. 12. Darmst. 826, Leske. 20 Ngr

Franceschi, Enr. Luigi, in città e in campagna, hrsg. v. Rich. Ackermann, s.: Sammlung mod. italien. Autoren.

Franceschi R, volkswirtschaftliche Studien über Alexandrien und das untere Nilthal. Wien 1873

Franceschi, R., volkswirthschaftliche Studien üb. Alexandrien u. das untere Nil-Thal. Ein Beitrag d. k. k. Central-Consulates u. der österreichisch-ungar. Colonie in Egypten zur additionellen Ausstellg. d. Welthandels. Mit Bezug auf die ausgestellten Muster. Unter Anregg. d. Ritter v. Schlegel. gr. 8. (IV, 264 S.) Wien 874. (F. Meyer.) n. 4. 60

Franceschini. Irreguläre Truppen der österr. Armee. Wien 1849. 2 farb. Bl. 2°

(Franceschini, Friedrich.) Die Adjustirung der Armee Oesterreich-Ungarns mit Berücksichtigung der bis zum Monate März 1877 erschienenen hohen Vorschriften (gez. und lithogr. von Friedrich Franceschini.) Wien [um 1877], Haupt & Czeiger
19 Taf. in kol. Lithogr. 2°
Unvollständig. 3 Taf. fehlen

Franceschini, G[irolamo]. Carroussel zur Anwesenheit J. J. K. K. Majestäten in Prag den 5. Juni 1854 [Wien 1854]
Titelbild in kol. Lithogr., lithogr. Tit. 3 Bl. Text, 25 Taf. in kol. Lithogr. 13.5. 4° gr. 2°
Die Lithogr. von V. Katzler nach Zeichn. von G. Franceschini. Die Musik komponiert von F. W. Swoboda.
Das Carroussel Nachahmung eines Turniers in Grätz im Jahre 1572 zu Ehren der Vermählung des Herzogs Carl von Steiermark mit Maria von Bayern

Franceschini, Gerolamo, s. Panorama aller Völker Europa's.

Franceschini, Gerolamo. Zeichnungen zur Vorschrift über die Uniformirung der Beamten und Diener der k. k. Staats- und Privat-Eisenbahnen. Entworfen und gezeichnet von Gerolamo Franceschini [Wien um 1870]
9 Taf. in farb. Lithogr. 4°
S. auch Klemm, Der Talar der Justizbeamten 1865

Franceschini, Rob., die Biologie als selbständige Wissenschaft, s. a. Sammlung gemeinverständlicher wissenschaftlicher Vorträge.

Franceschini R, die Biologie als selbständige Wissenschaft. (Sammlung gemeinverständlicher wissenschaftlicher Vorträge N F 157) Hamburg 1892

Franceschini, Rob, woher u. wohin? Gesammelte Aufsätze. 1. Aus meiner Romanwelt. — 2. An den Bewußtseinspforten. — 3. Vor u. nach dem Einschlafen. — 4. Die Lebensmaschine. — 5. Woher u. wohin. Nebst e. Vorwort v. Ernst Mach u. e. biograph. Einleitg. v. Adf. Gelber. gr. 8. (XX, 461 S. m. Bildnis.) Dresden 901. C. Reißner. n. 5. —; geb. n. 6. —

Robert Franceschini Woher und wohin? Gesammelte Aufsätze. Nebst e. Vorw. von Prof Dr Ernst Mach u e biogr Einl von Adolf Gelber Dresden & Leipzig: Reissner 1901 (1902) XX, 461 S. 8°

Francesco, Abbate in Catania. Drama in 4 Aufzügen. Nach e. sicilian. Novelle v. St. P. Holst.: „die Geliebte Bellini's.“ Nebst e. altsicilian. Matrosengesang m. Noten. Metrisch frei bearb. v. Arthur. Als Mscr. gedr. gr. 8. (28 S.) Dresden 871. (Schöpff.) n. — 75

Francesco der kühne Räuberchef in Calabrien . . . Quedlinburg 1828. V: *Aniello, Seb.* (GGr) V: *Barda, J. H. (= J. H. Böckel).* (Ky)

Francesco, der kühne Räuberchef in Calabrien, od. die bestraften Rebellen rc., vom Verfass. der Ritter mit der goldenen Binde (J. H. Barda). 2 Thle. 8. Quedlinb. 828. Basse. 2 ₰ 4 ℊ

Francesco d'Assisi, s. Franciscus Assisias

Lautrecho, eine italienische Dichtung des **Francesco Mantovano** aus d. Jahren 1521—23. Hrsg. v. Hermann Varnhagen. Nebst e. Gesch. d. französ. Feldzuges gegen Mailand i. J. 1522. *Erlangen: F. Junge 1896.* [S. I—XII, 1—38 erschien als Erlanger Universitäts-Progr. 1894.] (IV, CVIII, 40 S.) 1 Bd 4.

Onkel Cohn Characterbild in 1 Act. Von A. Francesco *Berlin M Bohm [1901].* (16 S) 8° [ǒ]

Francesco, A., Onkel Cohn. Characterbild in 1 Act. gr. 8. (16 S.) Berlin (902). M. Böhm. 1. 50

Gelogen, wie gedruckt! Schwank in 1 Akt von A. Francesco *Berlin: M. Bohm [1901]* (16 S) 8° [ǒ]

— **gelogen, wie gedruckt!** Schwank in 1 Akt. gr. 8. (16 S.) Ebd. (902). 1. 50

— **der Wunderdoctor.** Lustspiel in 2 Akten. 8. (23 S.) Ebd. (892). 2. —

Francesco, Frieda, die Potsdamer Hanne, s. Schatz deutscher Volkserzählungen.

— die **Potsdamer Hanne,** s.: **Volksbücher,** deutsche.

Francesco, F., die Potsdamer Hanne, s.: **Vom Jahrmarkt d. Lebens.**

Francesco, F., der Geiger Mickwausch, s.a. **Hausbibliothek** christlicher Erzählungen.

Francesco, Frieda, der Geiger **Mickwausch.** Erzählung aus dem Wendischen. 8. (142 S.) Norden 877. Soltau. 1. 60

— auf schwankem Seil, s.: **Familien-Bibliothek.**

Francesconi, Felice —. Alla città di Praga dopo l'incendio del 20. febbrajo 1855, che ridusse in cenere una parte della Reggia. Cantata di — —. Musica del maestro Gordigiani. An die Stadt Prag nach dem Brande vom 20. Februar 1855, wodurch ein Theil der Hofburg in Asche gelegt wurde. Cantate von — —. Musik von Gordigiani. Uebersetzt von N. N. und Julius Gundling. Městu Praze po požáru 20 února 1855, ktery v popol obrátil částku stkvostného královského hradu. Kantata — —. Překlad Vaceslava Hanky. Hudba od Gordigiani. Praga. 1855. Coi tipi di Caterina Gerabek. (11 Bl 8.)

Franceson, C. F., Bibliothèque française, ou choix de morceaux étendus des meilleurs ouvrages, et même d'ouvrages entiers des auteurs classiques français des deux derniers siècles etc., comp. de remarques historiques et critiques. Tom. I. Prose. gr in-8. Berl. 836. Reimer. $1^1/_4$ ₰ — Tome II. Poésie. gr. in-8. Ebd. 837. $1^5/_{12}$ ₰

Franceson, C. F., nuevo Diccionario portatil de las lenguas Española y Alemana, tan completo como los mejores de tamaño mayor y en el cual se ha seguido la nueva ortografia sanc. por la Real Academia Españ. desde el año de 1815. II Tom. 16. Leipsique, Fr. Fleischer. [1. Spanisch-Deutsch. (54 B.) 829., 2. Deutsch-Spanisch. (48 B.) 833.]

Franceson, C. F. Essai sur la poesie dram. des Grecs. (Ueb. d. dram. Kunst d. Griechen im Allg., dann üb. Aeschyl. u. Sophokl.) 29 S.

Progr. Berlin, C.F., 1831

Franceson, C. F., essai sur la question de l'originalité de Gil Blas, ou nouvelles observations critiques sur ce roman. Leipzig 857. Fr. Fleischer. gr. 8. (1 Bl., 111 S.) n. 20 ℊ

Franceson, C. F., Essai sur la Question si Homère s'est servi de l'écriture dans la composition de ses ouvrages, et si le deux poëmes de l'Iliade et de l'Odyssée sont en entier de lui seul? gr. 12. Berlin, Nauck. 818. Schreibpap.

— über d. Roman Gil Blas, oder Beantwortung d. Frage: ist Le Sage d. ursprüngl. Verfass. d. Gil Blas? 8. Berl. 823. Voß. 10 ℊ

— Grammatik d. ital. Sprache. gr. 8. Berl. 822. Voß. 1 ₰ 8 ℊ

— **Grammatik** der italienischen Sprache nach einem neuen Systeme bearbeitet. 2. verb. u. verm. Aufl. Ebend. 853. gr. 8. (XII, 402 S.) 1 ₰ 10 ℊ

— **Grammatik d. spanischen Sprache.** gr. 8. Berl. 822. Voß. 1 ₰ 8 ℊ

Franceson, C. F., Grammatik der span. Sprache, nach ein. neuen System bearb. 2., verm. u. verb. Aufl. gr 8. (25⅓ B.) Leipzig 842, Fr. Fleischer.

Franceson, C. F., Grammatik der spanischen Sprache nach e. neuen Systeme bearb. 3. verm. u. verb. Aufl. gr. 8. (XII u. 401 S.) Leipzig 850, Fr. Fleischer. $1^1/_2$ ₰

—— Grammatik der spanischen Sprache nach einem neuen System bearb. 4., verm. und verb. Aufl. gr. 8. (XII und 402 S.) Leipzig 855, Fr. Fleischer.

—— vollständiges praktisches **Lehrbuch** der spanischen Sprache für den ersten Unterricht in 9 Lectionen oder Lehrgängen besonders für den Selbstunterricht eingerichtet. gr. 12. (IV und 140 S.) Leipzig 849, Fr. Fleischer.

Franceson, F. C., mélanges de littérature et de philosophie. Idée générale de la littérature et des différents époques de son histoire. Progr. des Französ. Gymn. Berlin 1836. 4°. 19 S.

—— Schul- u. Reise-Taschenwörterbuch d. span. u. deutsch. Sprache. 2 Bde. in 1 Bd. Stereot.-Ausg. 16. (51 B.) Leipzig 846, Fr. Fleischer.

Franceson, C. F., Schul- u. Reise-Taschenwörterbuch Auszug aus dem „Wörterbuch der spanischen u. deutschen Sprache." — Nuevo diccionario portátil para las escuelas y los viajantes. Stereot.-Ausg. Leipzig 868. F. Fleischer. 16. (VI, 807 S.) n. 1 ℛ 10 ngr.

Franceson, C. F., Schul- u. Reise-Taschenwörterbuch der spanischen u. deutschen Sprache. Auszug. Nuevo diccionario partátil. Ster.-Ausg. Neue Aufl. 2 Bde. gr. 16. (III, 807 S.) Leipzig 871. F. Fleischer. n. 4. —

Franceson, C. F. Specimen glossarii vocabulorum Germanicorum, quae in linguas recentiores, a lingua latina ortas, illata et recepta sunt. Berlin, franz. G., 1832. 16 S. 4. Progr.

— franz. Sprachkursus. Zum Behuf d. höhern Ausbildung im Schreiben dieser Sprache und der Vervollkommnung des Styls, oder Sammlung von Materialien zum Uebersetzen aus dem Deutschen ins Franz., mit einem fortlauf. Commentar u. beständ. Hinweisung auf des Verf. franz. Sprachlehre. gr. 8. Berlin 834. Reimer. ¾ ℛ

Franceson, C. F., franz. Sprachlehre 2 Thle. 2te verb. Aufl. gr. 8 Berl. Realschulbuchh. 814.

— neue französ. Sprachlehre f. Deutsche. 2 Thle. gr. 8. Berl. 808. 5e verb. Aufl. 828. Reimer. (1 r 9 g 2 r 6 g) 15 g

— — neue französische Sprachlehre für Deutsche, zum Gebrauch in Schulen rc. 2 Thle. 3te unveränd. Aufl. gr. 8. Berlin, Reimer. 821.

—— neue franz. Sprachlehre f. Deutsche. Für Schulen u. den Selbstunterr. 2 Thle. 5., verb. Aufl. ... 828., 6. T. ... gr. 8. Berlin 833, Reimer. [1. 8 Gr., 2. 6 Gr.]

Franceson, C. F., neue französ. Sprachlehre f. Deutsche. Zum Gebr. in Schulen u. beim Selbstunterr. 2 Thle. 7., verm. u. verb. Aufl. gr. 8. (26½ B.) Berlin 844, G. Reimer. Thlr.

—— Taschenwörterbuch der spanisch-deutschen und deutsch-spanischen Sprache. Ster.-Ausg. Neue Aufl. 2 Thle. 16. (VI, 807 S.) Ebendas. 880. geb. in Leinw.

Franceson, C. F., Tesoro de la lengua y literatura castellana, ó coleccion de piezas escogidas de autores clásicos de los mejores siglos, con notas críticas y literarias. — Prosa. gr. 8. (19¼ B.) Leipsique 840, Fr. Fleischer. Thlr.

— s.: Theater, Spanisches.

— la Tia fingida, s. F. A. Wolf, literar. Analekten. Supplem.

— neues Spanisch-Deutsches u. Deutsch-Span. Wörterbuch. Nach d. neuesten, seit 1815 v. d. span. Academie sanktion. Orthographie. 2. verm. u. verb. Aufl. 2 Thle. fl. breit 8. Leipzig 846, Fr. Fleischer. n. 3 ℛ

— neues Spanisch-Deutsches und Deutsch-Spanisches Wörterbuch. Nach den neuesten, seit 1815 von der Spanischen Academie sanctionirten Orthographie. 2., sehr verm. u. verb. Aufl. 1. Thl. Spanisch-Deutsch. — 2. Thl. Deutsch-Spanisch. Ebend. (858). 16. (VII, 854; VI, 746 S.) n. 3 ℛ

Franceson, C. F., neues spanisch-deutsches u. deutsch-spanisches Wörterbuch. — Nuevo diccionario de las lenguas española y alemana. — 2 Thle. 3., sehr verm. u. verb. Aufl. Leipzig 862. Fr. Fleischer. gr. 16. (XIII, 1495 S.) n. 3 ℛ

Franceson, C. F., neues spanisch-deutsches u. deutsch-spanisches Wörterbuch. 3., sehr verm. u. verb. Aufl. 5. Abdr. 2 Thle. 8. (VI, 801 u. 694 S.) Leipzig 879. F. Fleischer. n. 9. —

Franceson, C. F., neues spanisch-deutsches und deutsch-spanisches Wörterbuch. 2 Thle. 3. sehr verm. und verb. Aufl. 4.—6. Abdr. 8. Leipzig 880—84, F. Fleischer. *
geb. in Leinw. *

Inhalt:
Thl. 1. Spanisch-deutsch. (801 S.) *ℳ 6.; geb. in Leinw. *ℳ 6,75.
„ 2. Deutsch-spanisch. (694 S.) *ℳ 6.; geb. in Leinw. *ℳ 6,75.

Franceson, C. F., neues spanisch-deutsches u. deutsch-spanisches Wörterbuch. 3., sehr verm. u. verb. Aufl. 2 Thle. 12. Leipzig 897. F. Fleischer, Verl.
Geb. in Leinw. n. 10. 50
1. Spanisch-Deutsch. 7. Abdr. (VI, 801 S.) (889.)
2. Deutsch-Spanisch. 8. Abdr. (694 S.)

Franceson, C. F., neues spanisch-deutsch. u. deutsch-spanisches Wörterbuch. 3. Aufl. 2 Thle. 12. Leipzig 897. [F. Fleischer.] P. E. Lindner. Geb. n. 10. 50
1. Spanisch-Deutsch. 7. Abdr. (VI, 801 S.)
2. Deutsch-Spanisch. 8. Abdr. (694 S.)

Franceson, C. F., neues spanisch-deutsches u. deutsch-spanisches Wörterbuch. 3., sehr verm. u. verb. Aufl. 9. Abdr. 2 Tle. (VI, 801 u. 694 S.) kl. 8. Leipzig 906. P. E. Lindner. Geb. in Leinw. n. 10. 50

Francke, Aug. Guil. Sam.: Versuch üb. d. qualificirte Geständniss im Civilprocess. *Kiel*, Universitäts-Buchh. 832. gr. 8. (10 Gr.)

Francheci, Carlo di, Fürst der Banditen im Teufelsthale. Pirna 1810. V: *Ziegler, Thomas.* Nach »Heinsius« (an) muss jedoch bereits 1806 erschienen sein.
(Hdschr. Mitth. von Friedrich Müller, München.) (BiblPort)

Francheci, Carlo di, Fürst der Banditen im Teufelsthale. 4 Bde. m. K. 8. Pirna, Friese. 810.

Francheci, Carlo di, Fürst der Banditen im Teufelsthale. 13. Aufl. Leipz. 1841—42. V: *Ziegler, Thomas.* H: *Siefer, Robert.* (Ky)

Franches-Montagnes. Les F^{s}-M^{s} et le Clos du Doubs. Guide illustré. II + 42 [+ *Annonces* 38] p. 8-obl. (Delémont, Boéchat, 1904.)

Franchet, Adrien

Franchet, A., Mutisiaceae japonicae, s. a **Mémoires** de l'herbier Boissier. Nr. 14.

Mutisiaceae japonicae a Dom. Faurie collectae e herbariis Musei Parisiensis et Dom. Drake de Castillo expositae auctore A[drien] **Franchet.** *Genève & Bâle: Georg & Cie 1900.* (3 S.) 8°
— **Mémoires** de l'Herbier Boissier. No 14.

Franchetti, Augusto s Minucci, Tommaso, e Franchetti, Augusto.

Franchetti, Leopoldo, u. Sidney Sonnino, Sizilien im J. 1876. Berechtigte Uebersetzg. v. F. S. 2 Tle in 1 Bde. (VII, 251 u. VIII, 280 S.) 8. Dresden (906). C. Tittmann. n. 4. —

de Francheville, Andr. du Fresne, († d. 4. Juni 1803.) Gesch. d. letzten Feldzüge u. Staatsunterhandlungen Gustav Adolphs in Deutschland, aus d. Französ. m. Kpf. gr. 8. Götting. 794. Vandenhöck u. R. 2 ℛ 12 g

— s. Histoire des dern. campagnes de Gustave Adolphe.

de Francheville, Dufresne. La Mort de Gustave Adolphe. (36) 4. avec 1 plan Breslau 1799

— Particularités et Anecdotes de Louis XIV. Mit e. Vorrede u. französ. Sprachbemerkk. hrsg. (v. J. Eph. Wollbeding). 8. Magdeb. 779.

Francheville, Joseph du Fresne de

v. Francheville, Jos. du Fresne, († d. 9. Mai 1781) Bombyx oder d. Seidenwurm; aus d. Französ. (v. F. M. Bicrordt). 8. Augsb. 769. v. Jenisch u. St. 5 gl.

— le Bombyx, ou le ver à soye; Poëme en six livres, sur le mûrier, le ver et la soye. 12. Berl. 754.

Franchi, I., origine d'una gran casa bancaria, s.: Biblioteca moderna italiana.

Franchi de' Cavalieri, s. Cavalieri, Pio Franchi de'.

Franchi de' Cavalieri, Pio, S. Agnese nella tradizione e nella leggenda, s.: Quartalschrift, römische, f. christl. Alterthumskunde. 10. Suppl.-Hft.

— Gli atti dei ss. Montano, Lucio e compagni, s.: Quartalschrift, römische, f. christl. Alterthumskunde.

— s.: Catalogus codicum hagiographicorum graecorum.

Specimina codicum Graecorum Vaticanorum coll. Pius Franchi de'Cavalieri et Iohannes Lietzmann. Bonnae: Marcus & Weber 1910. XVI S., 50 Taf. 4°
(Tabulae in usum schol. ed. sub cura I. Lietzmann. [1])

Franci orationes. 8. Amstelod.

Franci Ant., synopsis annal. Societat. Jesu in Lusitania. ab anno 1540. ad. 1725. Fol. Augsb. 726.

Franci, I. Bart., Prax. geom. oder Lehre v. Feldmess. m. K. 4. Augsb. 710.

Franci, Sebast., de Pythagora ejusque symbolis disputatio commentario illustrata a Frider. Latendorf. gr. 4. (26 S.) Suerini 869. Berlin, Calvary und Comp. *

Francia Orientalis [Schlagwort]

Franciae Orientalis — Ducatus — seu Sac. Rom. Imperii Principatus et Episcopatus Herbipolensis vulgo Wurzburgensis cum omnibus suis Officiis et pertinentiis Geographice exhibitus a Joh. Bapt. Homann. 1:360,000. 1 Bl.

Francia, Dr., s. *Rengger* et Longchamps, essais histr.

Francillon, l'amour de la patrie, sermon prononcé à Genève. 8. Lausanne. Pott. 766.

Francillon, Cyprien, la conversation française nebst Schlüssel zum „Français pratique". (VI, 352 S.) 8. Leipzig 906. Renger. Geb. in Leinw. 5. —

— Le correspondant français ou l'art de la correspondance commerciale à l'usage des écoles et de l'enseignement privé renfermant: 159 modèles de lettres commerciales, 159 plans de sujets à traiter. (VIII, 232 S.) gr. 8. Hannover 908. Hahn. Geb. 2. 40

— Le Français amusant. Eine Sammlg. v. Anekdoten, Erzählgn. u. Witzen m. Anmerkgn. u. e. Wörterverzeichnis. (VII, 184 S.) kl. 8. Cöthen 909. O. Schulze Verl. 1.55; geb. in Leinw. 1. 80

— Le Français de tous les jours. Verbes irréguliers à l'usage des écoles et de l'enseignement privé, contenant 31 exercices de conversation, 33 exercices sur homonymes et proverbes, — 45 exercices divers, 105 récits ou anecdotes. (XVI, 356 S.) 8. Köln 908. M. Du Mont-Schauberg. Geb. in Leinw. 3. —

Francillon, Cyprien, Le français pratique in 33 Lektionen, aus dem tägl. Leben zum Schul- u. Privatunterricht, enth. 98 Aufgaben im Französischen, 61 Aufgaben im Deutschen, 114 Sprechübgn. im Französischen, 37 zusammenhäng. Stücke im Französischen. 1. Tl. Mit 1 Karte v. Frankreich u. 1 mehrfarb. Monumentalplan v. Paris. (VIII, 344 S.) gr. 8. Leipzig 906. Renger. Geb. n. 4. —

— Un mois en France. (VII, 210 S.) 8. Hannover 910. C. Meyer. 2.—; geb. n 2. 25

— Par-ci, par-là. Causeries à l'usage des écoles et de l'enseignement privée pour faciliter l'étude de la langue parlée. (IV, 400 S) 8. Ebd. 907. Geb. n. 4. —

Francillon, R. E., queen Cophetua, s.: Asher's collection of english authors.

Francillon, R. E., Königin Kophetua. Autoris. deutsche Ausg. 3 Bde. 8. (271, 223 u. 346 S.) Berlin 885. Burmester & Stempell. n. 8. —

— one by one etc., s.: Asher's collection of English authors.

Francillon, R. E., in der zwölften Stunde, s.: Familien-Bibliothek.

Francini, Johann Anton, nobilis de Curti (Pettau / Steiermark), De vicariis imperii et eorum potestate. Diss. jur. publ. Giessen (E. H. Lammers) 18. V. 1734. 23 S. (3.—) 9254

Franciosi, Franc. Xav. Begründung und Übung der Andacht, zum heiligsten Herzen Jesu . . . A. d. Franz. Paderborn 1876. Ü: *Berlichingen, Adolph v.* (so) (Jes)

Franciosi, Frz. Xav. de, Begründung und Uebung der Andacht zum heil. Herzen Jesu, mit einem Anhang über die Andacht zum unbefleckten Herzen Mariä und einer kleinen Sammlung von Andachtsübungen und Ablaßgebeten zu diesen heiligsten Herzen. Nach der 4. Aufl. mit Gutheißung des hochw. Verf. übers. von einem Mitgliede der Gesellschaft Jesu. 8. (VIII, 239 S.) Paderborn 876, Junfermann'sche Buchh. *

Franciosi, Pet., San Marino. Kurze geograph. u. geschichtl. Schilderg. der Republik, verf. zum Gebrauche der Elementarschulen, in's Deutsche übertr. v. Frz. Pohlutka. gr. 8. (48 S.) Wien 894. Manz. n. 1. —

Franciosini, Lor., Grammatica Spagnuola ed Italiana. 2 Parti in 12. Venezia. 816. (Vienna, Volke.) *

Francis et Coster, Comme ça vient, et comme ça passe gr. 8. Rudolst. 811. Hofbuchh. 4 gl.

Montez (?), Lola. u. ihre politische Stellung in München Nach e engl. Berichte eines gewissen *Francis*) u. mit e. Vorw. d. deutschen Herausgebers München 1848. Druck der Joh. Deschler'schen Offizin. Gr. 8°. Cart 16 S. Aus „Fraser's Magazine", abgedr. in Galignani's „Messenger" (engl in Paris erscheinendes Journal), vom 19. Jan 1848 Selten!

Francis, Francis E. [B. Sc. aus Chester (Engl.)]: Über o-Amidobenzyl-o-Toluidin, o-Amidobenzyl-m-Chloranilin und ihre Derivate ... Erlangen, k. b. Hofbuchdr. v. A. Vollrath, 1894; 28 S. 8.
Erlangen, Phil. Fak., Inaug.-Diss. v. 1894

Francis, G. H., Ansichten und Politik des Viscount Palmerston, s. Ansichten. — Bibliothek, neue politische.

Notes by the way with memoirs of Joseph Knight and the Rev. Joseph Woodfall Ebsworth. By John Collins **Francis**. London & Leipsic: Unwin 1909. VI, XLIII, 340 S. 8° [illegible]

Francis, Jos., Ingenieur in New-York. Die Verwendung von dünnen Metallplatten eigenthümlicher Form und Fabrication zum Bau von Boten und Militair-Transport-Wagen, Dach-Constructionen etc. Mit 2 Tafeln Abbildungen. 8. Hamburg 1858.

Francis, M. E, the duenna of a genius, s. a Collection of British authors.

The Duenna of a genius. By M. E. **Francis** [d. i. Mary E. Blundell]. Copyright ed. Leipzig: Tauchnitz 1899. 295 S. 8°
(Collection of British authors. Tauchnitz Ed. Vol. 3368.) [illegible]

— ihr Sorgenkind, s.: Fehsenfeld's Romansammlg. I. 18. 19.

[FRANCIS, Philip] 1740 - 1818
Briefe über den jetzigen Zustand von Großbritannien.
Erster Band welcher die Briefe des Junius enthält
Frankfurt-Leipzig. 1776. 16, 232 S. 8°.
[2. Titelblatt. Die Briefe des Junius, nach der zwoten ächten und vermehrten Ausgabe, aus dem Englischen übersetzt. Mietau-Leipzig: Hinz. 1776.]
Bayerische Staatsbibliothek München
Engl. Ausg. Basel 1795, s. Nr. 685.
Francis als Autor nicht völlig gesichert. Erste Ausg. der Junius-Briefe London 1769-1772.
Übers. v Julius August Remer, 1738-1803

[FRANCIS, Philip] 1740 - 1818
Junius.
Basel: Tourneisen. 1795. XXXI, 432 S. 8°.
Zentralbibliothek Zürich
Engl. Ausg. Zuerst erschienen London 1769-1772
Dt. Ausg. 1776, s. Nr. 91.
Francis als Autor nicht völlig gesichert.

Francis, Renée, die Schule d. Kleidermachens. gr. 4. (III, 43 S. m. 42 Fig.) Wien 896. Gesellsch. f. graph. Industrie. Kart. n. 2. 50

Francis, Renée, Die Schule des Kleidermachens nach dem Systeme der Wiener Mode. Mit zahlreichen Abbildungen. 4. (42 S.) 1.50
Wien: Wiener Mode 1896.

Francis, William (London)
Chemische Untersuchung der Kokkelskorner (Semina cocculi ind.).
[In: Annalen der Chemie u. Pharmacie, Bd 42 (1842) 254.]
Dr. phil. Giessen 11.4.1842.

Francisca oder die Verkettung des Schicksals. Leipzig 1815. V: *Curtius, Amalie geb. Kretzschmar.* (SCHL)

Francisca und Aenneli. Ein Roman . . . Altona 1813. V: *Ahlefeld, Charl. Soph. Luise Wilh.* (KY) (MGT)

Franciscaner-Kloster, Das ehemalige, zu Mautern in Steiermark. Beiträge zu einer Geschichte desselben. Graz 1890. V: *Wichner, Jacob.* (JOANSTYRA)

Franciscaner-Orden in Westphalen. [Lemgo 1790.] V: *Springer, Joh. Christoph Friedrich von.* (MI.) (stri) (MGT)

Franciszeen. Eine Samml. v. Anekdoten, Charakterzügen, Erinnerungen u. merkw. Momenten aus d. Leben u. der Regierung des hochsel. Kaisers Franz I. in poet. Bearbeitungen von verschied. Schriftstellern. Herausgeg. v. C. F. Müller. gr. 12. Wien 844, Stöckholzer v. Hirschfeld. 1 ℔

Francisci, O. S. B., Breviarium, exhibens univers. Theologiam moralem. IV Vol. 4. Augsb. Wolf. 733.

— Scholasticum personae pro foro pol. et sol. Breviarium. IV Vol. 4. ibid. 733.

Francisci, Erasmus

— Germania, d. i. Bericht von Austrasien, Lotharingen rc. 8. Magdb. 708.

— Hahnengeschrey od. Aufmunterung z. Bekehr. 8. Nrnb.

— Jerusalem in s. Herrlichk. üb. Evangelia. 4. Lpz.

— — Die Brennende Lampen der Klugen . . . Anjetzo durch Angiessung mehrern Oels (oder Hinzuthuung unterschiedlicher neuer Bedencken und Sinn-Bilder) Von Neuem ausgefüllt. Nürnberg, Adelbulner für W. M. Endter, 1701. Kl. 8°. 14 Bl. 1231 S. *Mit prächtigem doppelseit. Kupfertitel u. 44 emblemat. Kupfern.* Leicht beschäd. Ld. d. Z. m. Rv 420.—

§ **FRANCISCI**, Erasm. (eigentl. *Finx*, 1627—1694), Der Hollische Proteus Oder Tausendkünstige Versteller, vermittelst Erzehlung der vielfältigen Bild-Verwechslungen Erscheinender Gespenster, Werffender und poltrender Geister, Gespenstischer Vorzeichen der Todesfälle, wie auch Händel, Possen und Aufzüge dieses verdammten Schauspielers und für den menschlichen Lebens-Geist angesehenen Betriegers, nebst Beweis, dass es wirklich Gespenster gebe etc. Mit TKpf. Nürnberg 1690. 8°. 24 Bl., 1118 S., 23 Bl. (8 Mk. Baer & Co., 1888.)

Franciscus, E., Der höllische Proteus, Erzählung erscheinender Gespenster, werffender Geister rc. 1120 S. Nürnb. 4°.
1708

— — (Dasselbe Werk, in späterer Ausgabe.) Der hollische Proteus. Nurnberg, Endters Erben, 1725. Kl. 8°. 23 Bl. 1120 S. 23 Bl. Pgt. d. Z. Name a. d. Titel. 300.—
H.-G III, 198

— höllisch. Proteus v. Gespenstern. Nürnb. Raspe. 725.

— — Schau-Bühne, Die lustige, von allerhand Curiositäten, darauf viel nachdenckliche Sachen, sonderbare Erfindungen, merckwürd. Geschichte, Sinn- u. lehrreiche Discursen, auch zuweilen anmuth. Schertz-Reden u. Erzaehlgn. furgestellet werden. Nürnberg, Endter, 1663. 8°. (4 Mk. Jos. Baer & Co., 1888.)
§ — — Dasselbe. Bd. 1. Ebd. 1702 8°. (In München: H. misc. 108.)

— lust. Schaubühne allerhand Curiositäten. 3 Theile. 8. Nrnb. Endters. 702.

Francisci, Erasmi, Wohl d. sel. Ewigkeit für die Verächter d. Eitelkeit. m. K. 8. Nrnb. Stein. 71.

— Wehe d. Ewigkeit für die Verächter der Gnadenzeit. 8. Ebend.
mit K.

Francisci, Martin, Grab- und Ehrenmale oder Abdankungsreden. 8. Görl. Laurentius. 701.

Francisci, Seb. v. Altdorf, Himmelsfackel, oder Betr. v. Leben Jesu Christi. 2 Thle. 4. Augsb. Wolf. 705.

Francisco. Berlin 1802. V: *Buchholz, Paul Ferd. Friedrich.* (KY) 1801 (GGr)

Francisco Conrado, Celsissimo et Reverendissimo S. R. J. Principi, Episcopo Constant. . . . S. l. 1751. V: *Knoll, Joach.* (AArF)

Franciscus Assisias

(Franziscus.) — St. Franzisci Blütengärtlein, das ist wundersame Thaten und erbauliche Reden des lieben Herrn Sanct Franciscus und etwelcher seiner heiligen Gesellen. Zu deutsch an's Licht gestellt durch Frz. Kaulen. Mainz 860. Kirchheim. gr. 8. (XIX, 349 S.) 1 ℳ

— s.: **Blütenkranz.**

Franz von Assisi. I cantici. Die Lieder. Frankf. a. M. 1842. H & Ü: *Schlosser, Joh. Frdr. Heinr.* (Th) (Kn) & *Eduard von Steinle.* (BrMm)

Franziskus v. Assis, Leben, Regel und die kleinen Werke, s. Sammlung der vorzüglichsten mystischen Schriften aller katholischen Völker.

FRANZISKUS VON ASSISI Seraphisches-Liebs-Band Das ist Ein kurtz - doch gründlich - die Einsetz-Fortpflantzung / Regel und Abläß hochlöbl Ertz-Bruderschaft der Strick-Gürtel des H Seraphischen Vatters FRANZISCI Preßburg Johann Paul Royer (1725). (10) 252 S 1 t - 132 mm

- Dass Preßburg 1764 J. M Landerer 84 S - 8°

Franciscus von Assisi, des heiligen, Lieder. — A. u. d. T.: I Cantici di San Francesco d'Assisi. (Deutsch u. Italienisch.) Lex.-8. (M. Bildn.) Frankf. a/M. 842. Andreaeische B. 1 ℳ

Francesco d'Assisi, S., cantici. — Die lieder des heiligen Franciscus von Assisi. Mit beigefügtem revidirtem urtexte in's deutsche übertr. von J. F. H. Schlosser. Nebst einer Radirung von E. Steinle. 2. (Titel-) Ausg. Mainz (842) 854. Kirchheim. 8. (2 Bl., 140 S.) n. 20 ℳ

- Lieder. Ins Deutsche übertr. v. J. F. H. Schlosser. (Geschrieben v. Rud. Koch.) (38 S.) Lex. 8. Jena 910. E. Diederichs. Geb. in Seide 30. —

Francisci, S., Assisiatis, et S. Ant. Paduani, opera omnia, c. de la Haye, fol. Pedep. (Mayr, Salzb.) 735.

S. Francisci Assis et *Antonii Paduani* Opera, studio et labore P. de la Have 3 Tomi. Fol. Aug. Vind. 1739. (Butsch) 5 fl. 24 kr.
Sein Ruhm als Wunderthäter ist weit größer, als der Ruhm seiner Gelehrsamkeit.

Francisci Assisiatis opera omnia secundum editionem Lucae Waddingi Hiberni, fratris minoris, denuo ed., cantica ejus a H. Chifellio et Jac. Lampugnano latine et utraque a Frid. Schlossero germanice reddita recepit, vitam a S. Bonaventura concinnatam textu recognito adjecit Joh. Jos. v. der Burg. gr. 12. (XII u. 429 S. m. 1 Stahlst.) Coloniae 849, Heberle. 11/12 ℳ in Engl. Einb. m. Goldschn. n. 1 5/6 ℳ

Franciscus Assisiensis, Opuscula, s.: **Bibliotheca Franciscana ascetica medii aevi.**

(FRANZ VON ASSISI) Regula / und Testament / sambt denen / Constitutionibus / der Mindern Brüder des heiligen / Francisci Ordens / die Capuciner genannt Pressburg 1735 Druck Johann Paul Royer (2) 116 (22) S - 207 mm

Franziskus v. Assisi, des hl., Schriften. Neue deutsche Übersetzg., nebst Einleitg. u. Anmerkgn. v. Maternus Rederstorff, O. F. M. (216 S. m. Bildnis.) kl. 8. Regensburg 910. F. Pustet. —70; geb. in Leinw. 1. —

Francisc. de Paula, Dissertatio de initio 70 hebdomadum Dan. 9 una cum corollariis ex s. Scriptura etc. Straubing, 1783, 8°

Franciscus Salesius

Anleitung zum gottseligen Leben [Philothea]. Von Franz v. Sales [**Franciscus** Salesius]. Ein kernhaltiger Auszug von A. Lohmüller. Schweidnitz P Fromsdorf [1904] (58 S.) 8° [03 4681]

Franz von Sales, d. heil., Brief an d. Erzbischof v. Bourgos, Andr. Fremiot, üb. d. Weise zu predigen; übers., mit e. Vorerinnerung u. mit Anmerkn. begl.; als e. Beitr. zur nähern Vorbereit. f. künft. Prediger, insbesond. f. seine Schüler, v. Sigismund. 8. (8¾ B.) Sitten 834. (Augsburg, Kollmann.)

Franz von Sales. 12 Bücher von der Liebe Gottes; a. d. Latein. 4. Aufl. Augsburg 1771. Ü: *Obladen, Peter.* (MGT)

Franciscus de Sales. Filotea. Poslovenil F Rup. V Celovcu, St. Hermagoras-Druck., 1880 256 S.

Franciscus de Sales. Filoteja alj prijasna roka poboshno shivéti Pregledal ino priporozhil A. Slomšek V' Zelovzi, Leon, 1842. 357 S — 2 natis. 1851. 351 S.

Sales, heil. Franz von —. Die wahre und echte Frömmigkeit. Auszüge aus den Werken des — —. Nach dem Französischen bearbeitet. Erstes Bändchen. Wien, 1856. Druck von Anton Schweiger. Verlag von Mayer und Komp. (IV, 276 S. 8.)

Franz von Sales. Introductio ad vitam devotam. Ratisbonae 1875. H: *Schneider, Joseph.* (Jes)

Franz von Sales. Kern christlicher Sittenlehren . . . a. d. Franz. Augsburg 1778—86. Ü: *Hillinger, Wallfried.* (Ky)

FRANZ VON SALES Kurzer Lebens-Begriff des heilgen Francisci Salesii Tyrnau 1753 o Dr 21 - 16°

Franz von Sales. Philothea, übersetzt. Neue Aufl. Wien 1830. Ü: *Silbert, Joh. Pet.* (Schmal)

—— Philothea, od.: Anleit. zu e. frommen Leben. Ein Erbauungsbuch f. alle Stände. Nach d. neuen Ausg. d. Brignon. A. d. Franz. neu übers. v. d. Hrsgeb.: „Lombez, üb. d. innern Frieden." Mit Ttlkpfr. gr. 12. (20 B.) Landshut 834. [Regensburg, Manz.]

Franz von Sales. Philothea oder Anleitung zu einem gottseligen Leben. A. d. Franz. Nach der Ausgabe des P. Brignon neu bearbeitet . . . Augsburg 1838. Ü: *Brugg, Frdr. Wilh.* (Ky)

Franz von Sales. Philothea, nach der Ausgabe des P. Brignon ... 2. Aufl. Regensb. 1840. Ü: *Dätzl, G. A.* (Th)

Franziskus von Sales —. Philothea, oder: Anleitung zu einem frommen Leben. Aus dem Französischen des heiligen — —. Nach der letzten Ueberarbeitung des heiligen Verfassers neu übersetzt von weiland J. P. Silbert. 3. Auflage. 8. (XVI, 296 S.) Wien. Druck und Verlag der Mechitharisten-Kongregations-Buchhandlung. 1854.

Philothea oder Anleitung zum gottseligen Leben. Vom hl. Franz v. Sales [**Franciscus Salesius**], Kirchenlehrer. Nebst e. Zugabe d. gewöhnl. Andachten aus den Schriften d. hl. Franz v. Sales. Verb. Ausg. von J B Kempf, Hosp.-Pfarrcurat, Mainz. *Einsiedeln, Köln: Benziger & Co. [um 1902].* (576 S.) 8° [F] [04 1424]

Philothea oder Anleitung zum gottseligen Leben von dem heil. Franziskus von Sales [**Franciscus Salesius**]. Übers. von Dr. F X Müller, kath Priester. Nebst e vollst. Gebetbuch. *Düsseldorf: L. Schwann [1903].* (636 S.) 8° [F]

Philothea oder Anleitung zu einem frommen Leben von d. heiligen Franz von Sales [**Franciscus** Salesius]. Aus d. Franz. übers. von e. Priester d. Erzdiöz. Köln. Nebst e. Anh von Gebeten. 2., verb. Aufl. Paderborn: Bonifacius-Dr. [1906]. (517 S.) 8° [F.]

Des heil. Franz von Sales Philothea oder Anleitung zum gottseligen Leben. 16°. (VIII, 675 S.) geb. K 1.40
Graz: Styria 1907.

Franz von Sales [Franciscus Salesius]: Philothea oder Anleitung zu e gottseligen Leben Aus d. Französ. übers. u. mit e. Anh. der notwend. Gebete vers. von Dr. D. J. Becker. 4. Aufl. Saarlouis: Hausen 1908. 605 S. 8° [10. 10264 B

Philothea oder Anleitung zu einem gottseligen Leben [Introduction à la vie dévote]. Von d. heil. Kirchenlehrer Franz v. Sales [Franciscus Salesius]. Aus d. Franz. übers. u. mit e. Anh. d. notwend. Gebete vers. von Dr. D[amian] J[ohannes] Becker. 4. neuverb. Aufl Saarlouis: Stein 1910. 672 S. 8° [11. 6964

Franz von Sales. Philothee oder Anleitung zum andächtigen Leben . . . aus dem Franz. Bamb. u. Würzb. 1785. Ü: *Heyde, Johann Daniel.* (ML)

Hl. Franz von Sales Philothee. oder Anleitung zum Andächtigen Leben. Nach der neuesten Uebersetzung des . . . JOH. BRIGNON ins deutsche ubersetzt. Bamberg & Wurzburg 1786 *Mit gestoch Portrat, de Mayr sc.* Hubscher Ldbd. d. Z. mit hübscher Blindpressung auf Deckeln und Rucken, Goldschnitt (Kanten leicht berieb.).
Fromm 9916 (Ausg. von 1791). Scheint eine Neubearbeitung der Verdeutschung von 1699 zu sein. Das frz. Original erschien 1608.

Franz von Sales. Sämmtliche Reden auf alle Festtage des Jahres; a. d. Franz. Salzburg 1777. Ü: *Mösl, Vitus.* (Ky)

S MAXIMILIANO, EMANUEL a, OCARM — S. FRANZ VON SALES. Lehr-, Geist- und Eiffer-volle Send Schreiben vom H Francisco von Sales weyland Fursten und Bischoff zu Genff, In Sieben Buchern . aus dem Frantzosischen in das Deutsche ubersetzet . . . von einem Ordens-Priester der W. W. EE. baarfubigen PP Carmelitern Bayrischer Provintz. Augsburg, J. J. Mauracher, 1751. 4°. 9 (statt 10) Bl. 1160, 136 S. 1 (leeres) Bl. Beschädigter und benutzter und etwas gelockerter Pbd d. Z.
Fromm 10617 Erste deutsche Ausgabe der Name des Übersetzers findet sich in der Approbation des Ordensprovinzials

FRANZ VON SALES. Neun,Tägige Übung zur grösseren Ehre des Allerhöchsten und zur Beförderung der Verehrung seines getreuen Dieners Heiligen Francisci von Sales, Fürsten und Bischof zu Genff in der Kirchen deren WW EE PP Cappucinern zu Pressburg von einer Gottliebenden Seele und eifrigen Verehrer diesses grossen Heiligen ausgestellet, mit anmüthigen Gebetern zur Andacht mit nützlichen Lehrstücken zur Nachfolge, für jeden Tag eingerichtet. Pressburg 1758 174, (2) S 11 - 8°

FRANZ VON SALES Neun-Tägige Übung, zur grösseren Ehre des . Heiligen Francisci von Sales, in der Kirche deren WW EE PP Capucinern zu Pressburg von einer Gottliebenden Seele Pressburg 1770 174 S 11 - 8°

Franciscus Solanus

FRANZ VON SOLANO. Kurtzer Lebens-Begriff des heiligen Francisci Solani, Patron der Haubt-Stadt Lima in dem Königreich Peru, des h Ordens S Francisci der strengeren Observanz, welcher an Schickung Gottes in dem Jahr 1726 . . In die Zahl der Heiligen ist einverleibt worden Welcher Außzug dessen kurtze Lebens-Verfassung zu andächtiger 8 tägigen angestellten Solennität in Pressburg, und gantzer hungarischer Provintz in Druck verfertiget anno 1727 Pressburg, gedruckt bey Johann Paul Royer 64 S - 8°

Franciscus Bartholus de Assisio, Tractatus de indulgentia S. Mariae de Portiuncula Nunc primum integre ed. Paul Sabatier. Accedunt varia documenta, inter quae duo sancti Francisci Assisiensis opuscula hucusque inedita, et dissertatio de operibus fr. Mariani de Florentia, quae a pluribus saeculis delituerant nunc autem feliciter inventa. gr. 8. (CLXXXIV, 204 S.) Paris 900. Fischbacher. n. 9. 60

Franciscus Josephus I. Imp. Austr., s. F r a n z Joseph I.

Franciscus Ser. v. Rüdesheim, O. Cap., Gedenkbüchlein. Beherzigungen f. jüngere Ordensleute nach zurückgelegtem Noviziate. Bearb. nach Kasp. Druzbicki, S. J. (88 S.) 16. Saarlouis 907. F. Stein Nachf. n. — 40; geb. in Leinw. n. — 60

Franciscus v. Rüdesheim, P., O. Cap., Handbüchlein f. Ordensvorsteherinnen. (247 S. m. 1 Farbdr.) 16. Saarlouis 909. F. Stein Nachf. Geb. in Leinw. 1.60

Franciscus Xaverius

Briefe des großen Indianerapostels, des heil. Frz. X a v e r. Uebers. u. erklärt v. J. Brug. 3 Bde. od. 6 Hefte. gr. 8. Lichtlers in Neuw. 2 Thlr. — 3 fl. 30 kr.
Siehe auch A r e y b e r g's Briefe der Missionare des Jesuitenordens.

Franciscus, ges. Briefe, s. a. Xaverius.

Franz Xaver (Jasso). Gesammelte Briefe . . . Augsburg 1794. Ü: *Eglauer, Anton.* (SO) (Jes)

— — gesammelte, des heil. Franziskus X a v e r i u s, als Grundlage d. Missionsgeschichte. 3 Thle. Mit Kupfern. 8. Augsb. 1794, N. Doll. 1¾ Thlr. — 2 fl.

FRANZ XAVER Unterricht von den Zehen-Freytägen des Heiligen Francisci Xaverii. Tyrnau 1764 o Dr. 21 120 mm

Franciscus, Gabr., Joseph gibt sich seinen Brüdern zu erkennen. Drama aus der Trilogie: „Der ägypt. Joseph". Aus dem Latein. übers. v. Matthäus Schwägler. 8. (67 S.) Riedlingen 893. (Ulrich.) n. 1. 10

FRANCISCY, Ludovicus: Controversia de tribus capitulis. — (1887) 119 S. 4° (Handschr.) Diss. 397
Diss. Wien, Univ.

FRANCISKA oder d i e A b e n t h e u e r d e s G r a f e n v o n S. Deutschland 1800. Sehr selten!
Weller, fing. Dr.

Franciska, Grillen, ein Sträußchen Erzähln. u. Geschichten. M. 1 Kpfr. 8. (15 B.) Nürnberg 818, Zeh.

FRANCISKOVIĆ, Josephus: Quaenam dogmata ex antiquis monumentis artis christianae praeprimis ex picturis catacumbarum demonstrari possunt. — (1906) 105 S. 4° (Handschr.) Diss. 866
Diss. Wien, Univ.

Franciskus, s. F r a n c i s c u s

Franck, Joh., v. Guben, quellenmäßige Beiträge zu der Geschichte seines Lebens u. seiner Dichtungen, s.: J e n t s c h, H.

Franck — s. a. Frank.

Franck, Diss. delineatio anat. et physiol.-pathol. consensus nervi trigemini. Jen. 4°. Salzb. med. chir. Zt. 1801, IV, 407.

1798

Erlauterungen zu dem Project einer schmalspurigen Eisenbahn von Rendsburg nach Itzehoe. Bearb. v. Regierungsbaumeister **Franck.** Anliegend 1 Lageplan und 1 Uebersichtskarte. Kiel. 1889. 4°.

Franck, ..., s. H o o d, T h o m., Eugen Arams Traum.

Franck, Membre de la Société Asiat. de Paris, מדמר לשון עברי Nouv. méthode pour apprendre la langue hebraïque. gr. in-8. (Mit 21 Tabellen.) Paris et Strasbourg 834. Levrault. 1½ ℳ

Franck, Die letzte Rede des Perikles (nach Thucyd. II, 60—64). Pr. 1861. 27 S. 4°. 1.50

Franck, Schwäb. Hall, städtisches Soolbad, s.: S c h m i d, R.

Franck, Dr., s. Taschenbuch dramat. Originalien.

– T a x e der Arzneimittel . . . , s. K ü b l e r

Franck, die geburtshülfl. u. gynäkolog. Untersuchungen. 2., verm. u. verb. Aufl. gr. 8. (32 S.) Neuwied 894. Leipzig, M. Spohr. n. 1. —

Franck, A., s.a. F r a n k , Andr.

— Beweggründe zur Buße u. Besserung, aus Vernunft, Bibel u. den Kirchenvätern geschöpft. gr. 8. Frankf. 825. Jäger. 12 gr.

Buß- u. Fastenpredigten üb. d. Hindernisse d. Bekehrung. gr. 8. Frankf. 827. Jäger. 16 gr.

Franck, A., die Kabbala, oder die Religions-Philosophie der Hebräer. Aus d. Französ. übers., verb. u. verm. v. Ad. Gelinek. Mit 1 Abbild. gr. 8. Leipzig 844, Hunger. 2 ₰

— Sichtung d. Henhöfer'schen Glaubensbekenntnisses u. d. Schrift Otto's: d. Katholik u. Protestant. 8. Passau 824. Pustet in Regensb. 18 ₰

Franck, Adam Christoph (Treffurt / Hess.), De sententiis interlocutoriis et earum revocatione. Disp. jur. Marburg (Ph. Casp. Müller) 23. III. 1722. 23 S. (4.—) 9256

Franck, Adolf, approb. Arzt aus Berlin u. ehem. Volontärassist. an d. Klinik: **Aus d. Kgl. Universitäts-Klinik u. Poliklinik f. Augenkranke (Prof. Dr. Eversbusch) in München. Klinische Studien über Irisatrophie.** Mit 6 Abb. auf 2 Taf. *Wiesbaden: J. F. Bergmann 1903.* (58 S.) 8°
München, Med. Diss. v. 1903

Franck, Albin, e. gnädiges Jahr d. Herrn. Denk- u. Dankschrift, z. Erinnerg. a. d. J. 1894 d. Kirchgemeinde Pohlitz-Raasdorf dargeboten. gr. 8. (28 S. m. 1 Ansicht.) Greiz 895. (E. Schlemm.) n.n. — 25

Franck Alfred Ritter von Bericht über die Auffindung eines uralten Leichenfeldes bei Kettlach, unweit Gloggnitz und über einige andere bemerkenswerte Fundstücke Ar 12 85 . . . . . . vgr.
Separatabdruck

Franck, Alfred, Medizinalprakt.: Aus d. II. gynaekol. Klinik in München. Dir.: Amann. Ueber das Vorkommen von Carcinom in Ovarialdermoiden. München 1909: Kastner & Callwey. 47 S. 8°
München, Med. Diss. v. 21. Jan. 1910, Ref. Döderlein
[Geb. 20. April 83 Hof a. S.; Wohnort: Hof; Staatsangeh.: Bayern; Vorbildung: Gymn. Hof Reife Juli 01; Studium: München 5, Kiel 2, München 3 S.; Coll. 21. Jan. 10; Approb. 31. Dez. 09.] [U 10. 3503

— **Augustin Heinrich** (Porta/Misnicus), De incremento, vel alluvione, vel fluminis vi, fundo feudali adjecto, tributis sexagenarum haud obnoxio. Präs. Christian Gottlob Einert. Lpz. (Langenheim) 21. XII. 1772. 24 S. (4.—) 9257
Gew.: Chn. Lebr., Gottl. Friedr. u. Joh. Es. Krebel (Brüder). — Widm. v. Präs.

Franck, Bernh. Matth., De curandis hominum morbis epitome. Mannh. 8°.
1788

Franck, C., s. Franck, Konrad

Franck, C. F., Untersuchungen üb. die Luxationen des Oberarms. Mit 4 Taf. gr. 8. Tübingen 842, Laupp'sche B. 5/6 ₰

Franck, C. L., s. Franck, Karl Ludwig

Franck, Carl, s. Franck, Karl

— **Christian Gottlob** (Wittenberg), De genio natalium praeside. Comment. antiquaria posterior. Präs. Johann Christian Henrici. Wittbg. (A. Ch. Charisius) 26. II. 1783. 22 S. (4.—) 9282

— **Christoph** (Marienberg), De quibusdam cessionibus necessariis. Disp. jur. Präs. Joh. Böhme u. Quirin Schacher. Lpz. (Gregor Ritzsche) 30. VI. 1642. 10 Bl. (5.—) 9258

— Disp. theol. de communione sub utraque specie. Kilonii. 1702. 4. [Resp. Gottl. Päpke].

— Brevis et liquida demonstratio deitatis Christi, ex immotis S. Literarum fundamentis deducta. Opus posthumum, ed. a Wolfg. Cph. Franckio. Kilonii. 1705. 4.

FRANCK, CPH.

— Disp. theol. de numero sacramentorum N. T. et de natura sacramenti. Kilonii. 1701. 4. P. [Resp. Balth. Gerh. Hannekenius].

Franck, E., über die Bildung der Beschlüsse des engeren Raths und des Plenums der deutschen Bundesversammlung durch Stimmenmehrheit u. Stimmeneinheit. Ein bundesrechtl. Versuch. Mainz 857. Wirth u. Co. Lex.-8. (3 Bl., 127 S.) 1 ₰

Franck, E., die Kunstbutterfrage, insbesondere Entstehung, Einführung und wirthschaftliche Bedeutung des Margarins. Erläut. nach den Erfahrungen eines Fachmannes. gr. 8. (V, 93 S.) Frankfurt a. M. 887, (Jaeger'sche Buchh.) *

Franck, Ernst [aus Freiburg i. Br.]: Über Ammoniumbasen von Azinen und einige Derivate des βPhenyl αβNaphtylendiamins ... Freiburg i. B., Univ.-Buchdr. v. Ch. Lehmann, 1893; 47 S. 8.
Erlangen, Phil Fak., Inaug.-Diss. v 1893

Franck, Ernst, aus Stralsund: **Der Primat der praktischen Vernunft in der frühnachkantischen Philosophie.** *Erlangen 1904: E. Th. Jacob.* (71 S.) 8°
Erlangen, Phil. Diss. v. 13. Juli 1904

Franck, Erwin [aus Tilsit]: **Aus d. chirurg. Klinik zu Bonn. Ein Fall von ruptura urethrae mit Bildung einer persistirenden Recto-Urethral-Fistel. . . .** Bonn, Univ.-Buchdr. v. Carl Georgi, 1890; 38 S. + 1 Bl. 8°
Bonn, Med. Fak., Inaug.-Diss. v. Febr. 1890

Franck, F. H., die Ansprüche d. unehelichen Kindes u. der unehelichen Mutter, nach den in den einzelnen deutschen Staaten u. in Oesterreich gelt., hierauf bezügl. gesetzl. Bestimmgn. systematisch dargestellt. 8. (VII, 68 S.) Cassel 890. Brunnemann. n. 1.50

— **Franz Philipp,** Synopsis juris ecclesiastici publici et privati. Erfurt (Nonne) 9. XI. 1779. XVI, 60 S. (3.—) 9260

Franck, Frid (Mich) (geb Coblenz 27 12 1820) De arthritide
Berolini (1845) (33 S) 8°
Berlin, Med Diss v 29 Jan 1845

— **Friedrich Albert** (Breslau), De musices effectibus in hominem sanum et aegrotum. Diss. med. Bln. (Nietack) 30. V. 1835. 44 S. mit Biogr. (M.: Kalkstein.) (4.50) 9261
Oppon.: V. Wichura, G. Kahle, L. Preuss. — Gew.: M. A. Wessely.

Franck, Fritz

Franck, zweckmäßige Behandlung des Stalldüngers, s.: Schneidewind. W.

Franck-Oberaspach, Fritz, Düngung u. Düngemittel, s.a. Bibliothek der gesamten Landwirtschaft.

Düngung und Düngemittel. Von Dr. Fritz **Franck**-Oberaspach. Hannover: M. Jänecke 1908. (VII, 129 S.) 8° [3]
= **Bibliothek** d. gesamten Landwirtschaft. Bd 12. [08. 10931 7

Franck, Fritz, aus Oberaspach i. Württ.: **Die Veränderungen in den Betriebsgrössen und Anbauverhältnissen sowie in der Viehhaltung der württembergischen Landwirtschaft in der 2. Hälfte des 19. Jahrhunderts.** *Halle a. S. 1902: K. Pritschow.* (100 S.) 8°
Jena, Phil. Diss. v. (3. Aug.) 1901

Franck, G. v., Gedichte. gr. 12. (7 B.) Wien 828, Sollinger.

v. Franck, Ritter G., König Eduard's Söhne, s. Delavigne.

Franck, G. C. Th., s. Francke, Georg Karl Theodor

Franck, G. J., Anselm von Canterbury. gr. 8. Tübingen 842, Osiander. n. 1 ₰

Franck, Georg

— Diss. med. de excretione cutanea. Kiliæ. 1731. 4. P. [Resp. Gottl. Henr. Kannegiesser].

FRANCK, Geo. — Tractatio quâ lupanaria, vulgo Huren-Häuser, ex principiis medicis improbantur auctore *Georgio Franco.* Halae Magdeb. 1743. Kl. 4⁰. 23 pp.

6 fr. Techener; 15 fr. Claudin, Paris; 3 Mk. Oskar Rauthe, Friedenau-Berlin, 1908. — Zuerst gedr. Heidelbergae 1674. 4⁰. 3 Bogen. (Auct. Davids. no. 5173.) Gay III. p. 72 ungenau.

Krunitz, Oek. Enc. Th. XXVI. Berl. 1782. Gr. 8⁰. S. 689 (in dem umfassenden Artikel „Hure" citirt).

FRANCK, GEORG (autor), Medicina firmis certisque fundamentis innixa. Kiliæ. 1722. 4. P. [Præs. Georg Gottlob Richter].

Franck, Georg, Referendar: Die Rechtsmängelhaftung beim Kaufe beweglicher Sachen nach römischem, gemeinem und bürgerlichem Recht. Greifswald 1907: F. W. Kunike. (51 S.) 8°

Greifswald, Jur. Fak., Ref. Weismann, Diss. v. 8. Juni 1907

[Geb. 11. Jan. 83 Greifenhagen; Wohnort: Stettin; Staatsangeh.: Preußen; Vorbildung: Stadtgymn. Stettin Reife M. 01; Studium: Halle 1, Marburg 1, Berlin 1, Greifswald 3 S.; Rig. 4. Febr. 05.]

FRANCK, GEORG, Diss. med. inaug. de usu frictionum in medicina. Kiliæ. 1725. 4. P. [Præs. Car. Frid. Luther]. (U. B.).

Franck, Georg Ludwig (Straßburg)
Dissertatio inauguralis medica exhibens animadversiones in medicamenta quaedam composita et praeparata officinalia.
Giessae [28.] Dez. 1778: Braun. 20 S. 4⁰
pro gradu doctoris.

Franck, Georg Samuel, s. Francke

Franck, Gustav [aus Gross Freden]: Ueber Kalkablagerungen in den Nieren ... Göttingen, Druck d. Dieterich'schen Univ.-Buchdr., 1891; 32 S. 8.
Göttingen, Med. Fak., Inaug.-Diss. v. [21. Apr.] 1891

Franck, Gust., üb. Kalkablagerungen in den Nieren. Diss. gr. 8. (32 S.) Göttingen 891. (Vandenhoeck & Ruprecht.) n. — 80

Franck, Gust., Missionsharfe. Gedichte. 2. Aufl. 8. Berlin 845, Wohlgemuth. n. ¼ ₰

v. Franck, Gust., Mittheilungen aus den Papieren e. Wiener Arztes. Mit 1 Titelkpfr. 8. Leipzig 846, Vereins-Verlagsbuchh. 1½ ₰

v. Franck, Gust., Mittheilungen aus den Papieren e. Wiener Arztes. Wahre Begebenheiten. 2. unveränd. (Titel-)Ausg. Mit 1 Titelkupfr. 8. (340 S.) Leipzig (846) 851, Costenoble. n. 21 ngr

— s. Zeitschrift, Wiener, f. Kunst, Literatur rc.

Franck, Gustava, die flüssige Luft, s. a. Theater, kleines.

Die flüssige Luft. Lustspiel in 1 Aufz. von Gustava Franck. Paderborn: B. Kleine [1904]. (24 S.) 8° [5.]
= Theater, Kleines. II 147. '05 13640

Franck, H. A., de sacris Eleusiniis, cum sacris christianis non comparandis. Erf 1772. 4.

Franck, Hans, Thieß u. Peter. Roman. (Den Titel zeichnete R. A. Pinner.) (306 S.) kl. 8. Berlin 910. Oesterheld & Co. 3.50; geb. in Leinw. 4.50

Franck, Heinrich, Prof. Dr.: Blütenbiologie in der Heimat. Dortmund 1907: C. L. Krüger. (34 S.) 8°
Dortmund, G P 1907 (428)

Franck, Heinr., Blütenbiologie in der Heimat. (34 S.) 8. Leipzig 907. Quelle & Meyer. — 80

Franck, Heinrich: Die Ernährung der Pflanzen. Dortmund 1909: Lensing. 22 S. 8°
Dortmund, st. G P 1909 (468) [S 09. 108

Franck, H., Flora der näheren Umgebung der Stadt Dortmund. 8. (IX, 149 S.) Dortmund 886. Köppen. cart. n. 1. 25

Franck, H., Flora der näheren Umgebung der Stadt Dortmund. 2., verm. Aufl. gr. 8. (V, 171 S.) Dortmund 890. Köppen. cart. n. 1. 50

Franck, H., Flora d. näh. Umgebung d. Stadt Dortmund. 3. Aufl. 8. (XVIII, 168 S.) Dortmund 897. Köppen. Geb. in Leinw. n. 1. 50

Franck, Heinr. Ein Problem aus der Wellentheorie. 12 S. u Taf. Progr. OR. *Oldenburg* 1879

— **Heinrich Gottlob** (Shleiz), De extensis piarum caussarum privilegiis. Präs. Ern. Gottfr. Christian Klügel. Wittbg. (E. G. Eichsfeld) 16. VI. 1761. 32 S. (5.—) 9262

Franck, Herbert, Referendar aus Chemnitz: Zur Lehre von der stillen Gesellschaft. *Borna-Leipzig 1903: R. Noske.* (VIII, 65 S.) 8°
Leipzig, Jur. Diss. v 1902

Franck, Herbert, Referendar: Über den für Voraussetzungen und Umfang der Verurteilung maßgebenden Zeitpunkt nach römischem und heutigem Recht. Breslau 1907: Breslauer Genossenschafts-Buchdruckerei. (61 S.) 8°

Breslau, Jur. Fak., Ref. Fischer-Leonhard, Diss. v. 7. Aug. 1907

[Geb. 17. Aug. 82 Breslau; Wohnort: Dresden; Staatsangeh.: Preußen; Vorbildung: Hl.-Kreuz-Gymn. Dresden Reife O. 00; Studium: Freiburg i. B. 1, Lausanne 1, München 1, Berlin 1, Leipzig 1, Breslau 3 S.; Rig. 29. Nov. 05.]

Franck, Hermann Grundriſs der evangelischen Glaubenslehre für die oberen Klassen des Gymnasiums. 26 S *Demmin* 1878. **Progr.**

Franck, H., Grundriß der evangelischen Glaubenslehre für die oberen Klassen des Gymnasiums. gr. 8. (40 S.) Demmin 878. Freund. n. 1. —

— dasselbe. 2. Aufl. gr. 8. (40 S.) Ebend. 879. n. — 50

— Hülfsbuch für den evangelischen Religionsunterricht in Gymnasien. 2 Abteilungen. gr. 8. Leipzig 880. 81. Teubner. n. 3. 60
1. Für die unteren u. mittleren Klassen. (IV, 378 S.) n. 2. 40
2. Für die oberen Klassen. (VI, 182 S.) n. 1. 20

— das evangelische Kirchenlied in Pommern. 1. u. 2. Aufl. gr. 8. (39 S.) Demmin 877. 78. Freund. n. 1. —

Franck: Johann Knipstro. Ein Lebensbild aus der Pommer'schen Reformationsgeschichte. 47 S.–Pyritz. Progr. 1863

— Gotthard Ludwig Kosegarten. Ein Lebensbild. Nebst e. Bildnis Kosegartens, gest. v. A. Krauße. 8. (IX 467 S.) Halle 887. Buchh. d. Waisenhauses. n. 6. —

Franck, H., Paulus vom Rode. Ein Beitrag zur pommerschen Reformations-Geschichte. [Aus den Baltischen Studien.] Stettin 868. (v. d. Nahmer.) gr. 8. (62 S.) n. 15 ngr

Franck, Hermann: Aus d. Psychiatr. u. Nervenklinik zu Kiel. Zur Symptomatologie der eitrigen Meningitis. Kiel 1910: Schmidt & Klaunig. 23 S. 8°
Kiel, Med. Diss. v. 6. Aug. 1910, Ref. Siemerling
[Geb. 12. April 85 Marsdorf; Wohnort: Marsdorf; Staatsangeh.: Preußen; Vorbildung: Stadt-Gymn. Stettin Reife O. 04; Studium: Jena 2, Kiel 3, Berlin 2, Kiel 3 S.; Coll. 8. Juni 09; Approb. 1. Juli 10.] [U 10. 2436

Franck, Hermine, das Manuscript der Tante. Ein Lebensbild aus dem Anfange dieses Jahrhunderts. Erlangen 862. Bläsing. 8. (IV, 134 S.) 18 ngr.

Franck, Holm, aus Freiberg i. S.: **Streptokokkeninvasion.** *Würzburg 1895 [vielm. 1901/02]: A. Boegler.* (19 S.) 8°
Würzburg, Med. Diss. v. 1895

Franck, [Hugo] [Gedächtnisrede auf den in der Nacht vom 27 zum 28. September 1908 verstorbenen Professor Gustav Hellgrewe.] S. 17—19. 4.
Kgl Friedrich-Wilhelms-Gymn u Kgl. Vorschule *Berlin* 1909 (66) Progr.

Franck, J., antiquarische Bemerkungen zu e. Studienordnung der lateinischen Rathsschule zu Landau in der Pfalz vom J. 1432. 4. (24 S.) Landau 874. Lang. n. 1. —

Franck, J. Chr. (Hrsg.), s. Sigonius, C · De antiquo jure pop. Rom.

Franck, J. P., s. Frank, Johann Peter

Franck, J. R. v., Enzian. Jagd- u. Jägerbilder aus Steiermark's Bergen. gr. 8. (89 S.) Wien 894. (A. W. Künast.) n.n. 2. —; geb. in Leinw. n.n. 3. 60

Franck, J. R. v., auf warmer Fährte. Jagd- u. Jägerbilder aus Steiermarks Bergen. 8. (99 S.) Wien 890. Künast. n. 2. —; feine Ausg. geb. n. 3. 60

Franck, J. R. v., auf warmer Fährte. Jagd- u. Jägerbilder aus Steiermarks Bergen. 2. Aufl. (V, 100 S.) 8. Wien 904. Gerold & Co. n. 2. —

Franck, J. R. v., österreichisches Jagdbuch. 12. (48 S. m. Fig.) Berlin 898. P. Parey. n. 1. —

— d. großmächtig Weidmann. Ein Lesebuch f. hirschgerechte Jäger. M. 9 Taf. Abb. gr. 8. (VIII, 72 S.) Ebd. 898. n. 2. 50

Franck, J. W., geistliche Melodieen, s. Engel, D. H.

Franck, Jakob

Friedrich Schiller's **Bedeutung** für die Freimaurerei. **Vortrag zum 119. Geburtstage Schillers gehalten am 10. Nov. 1878** im Saalbau zu Neustadt a. Haardt bei den beiden pfälzischen ger. u. vollk. St. Joh. Logen „Zur Freimüthigkeit a. Rh." zu Frankenthal & „Barbarossa zur Deutschen Treue" zu Kaiserslautern von J[ak.] **Franck.** Auf Wunsch beider Logen dem Druck übergeben. Neustadt a. Hdt. [1878]: Ziegler. 19 S. 8⁰ [Umschlagtit.]

Zeichnung zum Johannis-Feste den **23. Juni 1878** in der Loge zur „Freimüthigkeit am Rhein" von dem Br J[ak.] **Franck.** [Frankenthal 1878: Göhring & Co.] 8 S. 8⁰ [Umschlagtit.]
Üb. Übelstände im Mrbunde; Mahnung, vom Scheine zur Wahrheit durchzudringen.

Franck, James, a. Hamburg: **Über die Beweglichkeit der Ladungsträger der Spitzenentladung.** (Berlin 1906: G. Schade.) (50 S.) 8°
Berlin, Phil. Fak., Ref. Drude, Diss. v. 30. Juni 1906
[Geb. 26 Aug. 82 Hamburg; Wohnort: Berlin; Staatsangeh.: Hamburg; Vorbildung. Wilhelm-Gymn. Hamburg Reife O. 02; Studium: Heidelberg 2, Berlin 6 S.; Rig. 21. Mai 06]

Franck, Jeremias Lorenz
Disputatio inauguralis de appellato adhaerente.
Giessae Hass. [14.] Juli 1707: Vulpius. 21 S. 4⁰
pro summis utriusque juris honoribus ... consequendis.

Franck, Jo. Chr.: „Institutiones juris cambialis ex legibus cambialibus diversarum gentium indole negociationis moribus campsorum ac jure communi nova methodo collectae", Halle 1728. — Ed. 2, Jenae 1737, vorh Bibl. des Kammergerichts Berlin — Ff. 1708² —. Ed. 3, c. praef. H. Brokes, Frankfurt und Leipzig 1751, vorh Büch. der Industrie- und Handelskammer Leipzig.

— **Jo. Daniel Marianus,** Observationes juris cameralis. Tübingen (Fues) Aug. 1766. 20 Seiten. (4.—) 9269

Franck, Joachim E.: Aus dem Institut für Wirtschaftslehre des Landbaues der Kgl. Universität Breslau. **Untersuchungen über den Begriff des umlaufenden Betriebskapitals und seine Verwendbarkeit für die Ermessung des Kapitalbedarfes des Landwirts.** Merseburg 1906: F. Stollberg. (VIII, 97 S.) 8°
Breslau, Phil. Fak., Ref. Holdefleiß, Diss. v. 30. April 1906
[Geb. 9. Juli 78 Lubeck; Wohnort: Hohewarte bei Lubeck; Staatsangeh.: Lubeck: Vorbildung: Gymn. Katharineum Lubeck Reife O. 01; Studium: Jena 7. Halle 1, Breslau 3 S.; Rig. 8. März 06]

— **Johann** (Mecklenburg), Abyssus mysteriorum et beneficiorum, sive nova sed vera et orthodoxa interpretatio oraculi Esaiani cap. IX v. VI. Lpz. (Imm. Titius) 1703. 24 S. (5.—) 9264
Deutsche Widm. v.: Adolph Friedrich Dermann (Strelitz/Meckl.).

Franck's, Jh., geistl. Lieder. Nach d. Ausg. letzter Hand unveränd. herausgeg. v. Jul. Leop. Pasig. Nebst e. Anh. dazugehör. Originalmelodien. 8. Grimma 846, Gebhardt. 12 ngr

— **Johann Christian** (Wittenberg), De fideicommisso sub caussa conditionaliter concepta relicto. Präs. Ernst Martin Chladen. Wittbg. (B. E. G. Eichsfeld) Juli 1765. 24 S. (4.—) 9285

— — Ad jurisprudentiam Tiberii Claudii imperatoris. Comment. jur. Wittbg. (C. Ch. Dürr) 13. VIII. 1770. 28 S. (4.—) 9286

Franck, Joh. Christian: De cultus idiolatrici veterum Germanorum origine et incrementis, s. Ayrmann, Christoph Friedr. [Praes.]

— — u. (Bruder) **August Gottlieb Franck(e)**, Quatenus acquisitio possit omitti. Diss. jur. Wittbg. (C. Ch. Dürr) 30. XII. 1776. 23 S. (4.—) 9287

Franck, Johann Christoph

Gründliche Beantwortung, der unt. d. Nahmen e. nach Engelland reisenden Passagiers unlängst heraus gekommenen Untersuchung vom Kobold, darinnen die falsche Aussagen, mit welchen derselbe sowohl d. H. Geheimd. Rath *Thomasium* als Joh. *Welstern* ohne allen Grund zu diffamiren gesucht, deutlich entdecket, wie auch d. *Thomas*ischen Lehrsätze vom Laster d. Zauberey wider dessen ungegründete Einwürffe zulänglich behauptet werden. Amst. 1720. 4°.

Franck, Joh. Christoph: De succi nutritii in plantis circuitu, s. Verdries, Joh. Melchior [Praes.]

— — **Dominio rei filiofamilias favore in patrem donatae patri vulgo sed perperam tributo. Halle (bibliopolii novi) 1717. 56 S. (3.50)** 9266

-- **Johann Christoph** (Strassburg), De jure adimplementi literarum cambialium honoris caussa. Vom Recht der Acceptation und Zahlung der Wechsel=Briefe per honore. Diss. jur. Präs. Christian Thomasius. Halle (Chph. Andr. Zeitler) 24. IV. 1715. 90 S. (6.50) 9265

— — Problema jurid. de successione liberorum matri in tutore ipsis petendo negligenti hodierno jure non adimenda. Halle (novi bibliopolii) 1718. 90 S. (6.—) 9267

— **Joh. Christoph,** Triga opusculorum varias juris civilis materias pertractantium olim separatim editorum nunc vero in unum collectorum. Halle (Luderwald) 1747. 90, 56, 80 S. (8.—) 9288
I. De successione liberorum matri in tutore ipsis petendo negligenti hodierno jure non adimenda. II. De dominio rei filiofamilias favore in patrem donatae patri vulgo sed perperam tributo. III. Vindiciae verborum postremorum § ult. I. de nuptiis.

— **Johann Friedrich** (Bredenfeldo/Meckl.), Operculo arcae foederis propitiatorio. Präs. Johann Christoph Wichmannshausen. Wittbg. (Schroeder) 9. XI. 1720. 56 S. (5.50) 9270

Franck, Johann Georg

— — (Halle), De dominio et ejus natura in genere intuitu juris Germanici privati. Dissert. jur. Präs. Christian Thomasius. Halle (Salfeld) 16. VI. 1721. 22 S. (4.50) 9272

— — Dasselbe. 1730. (4.50) 9273

Franck, Johann Ludwig, s. Franck, Ludwig

— **Joh. Melchior** (Sonneborn/Gotha), De saevitia. Präs. Peter Müller. Jena (Nis) Mai 1692. 88 S. (6.—) 9276

— — Dasselbe. Jena (Paul Ehrich) 1719. (6.—) 9277

Franck, Johann Peter

s.: **Frank,** Johann Peter

— **Johann Philipp** (Hof), De restitutione in integrum ex clausula praetoris generali ultra casus absentiae non extendenda. Sect. I/II. Erlangen (Ellrodt) 30. IX. 1785. 76 S. (5.50) 9278
Respond. v. Tl. II (ab S. 35): Heinrich Christoph Büttner (Ansbach).

Franck, Johannes

Franck, Johs., nothgedrungene Beiträge zur Etymologie Eine Abrechng. m. Jan te Winkel. gr. 8 (49 S.) Bonn 893. F. Cohen. n. 1. —

— **Erklärung der deutschen Wörter in den Kölner Schreinsurkunden des 12. Jahrh., s.: Publikationen der Gesellschaft f. rhein. Geschichtskunde.**

Franck, J., Flandrijs, s.: Quellen u. Forschungen zur Sprach- u. Culturgeschichte d. germanischen Völker.

Franck, Johannes: Ueber das mittelniederländische Gedicht Flandrijs. (Separat-Abdruck aus den Quellen und Forschungen zur Sprach- und Kulturgeschichte der germanischen Völker, hrsg. von Bernhard ten Brink, Wilhelm Scherer, Elias Steinmeyer, XVIII. Heft. S. 1—60.) Strassburg, Karl J. Trübner London, Trübner u. Comp., 1876. 8. 60 S.

Altfränkische Grammatik, s.a. Grammatiken der althochdeutschen Dialekte. II.

Altfränkische Grammatik. Laut- u. Flexionslehre von Dr. J[ohannes] **Franck**, Prof. Göttingen: Vandenhoeck & Ruprecht 1909. (VII, 271 S.) 8°
— **Grammatiken** d. althochdeutschen Dialekte. Bd 2. [illegible] 2

Franck, Jos., mittelniederländische Grammatik m. Lesestücken u. Glossar. gr. 8. (X, 282 S.) Leipzig 883. T. O. Weigel. n. 7. —

Franck, Johs., mittelniederländische Grammatik m. Lesestücken u. Glossar. 2., neubearb Aufl. (XII, 295 S.) gr. 8. Leipzig 910. Ch. H. Tauchnitz. Geb. in Leinw. 10. —

Franck, J., Hexenwahn, s. Hansen.

Franck, Johs., Untersuchung der Geschichte des Wortes Hexe, s.: Hansen, Jos., Quellen u. Untersuchungen zur Geschichte des Hexenwahns.

Wie die Stadt Bonn von der Königl Staats-Eisenbahn-Verwaltung behandelt wird. [Verf.: Prof **Johannes Franck**, Bonn.] *Bonn 1902: C. George* (10 S.) 4° [Umschlagt. F] [illegible] 5

Das Wörterbuch der rheinischen Mundarten. Von Prof. Dr. J[ohannes] **Franck**. [Nebst] Anleitung z. Sammlung d. Stoffes f. e. rhein. Wörterbuch. Trier 1908: Lintz. 39, 19 S. 8°
Aus Westdeutsche Zeitschrift f. Geschichte u. Kunst 1908 H 1 [illegible] 5

Franck, Jos., s. Franck, Johannes

Franck, K., der Eingang in das Heilige. Zwölf Predigten üb. das Gebet. gr. 8. (IV, 107 S.) Berlin 892. Wiegandt & Grieben. n. 1. 50

Franck, K., Friede auf Erden. Sociale Zeitpredigten. 8. (V, 216 S.) Berlin 888. Wiegandt & Grieben. n. 2. 25

Franck, K., Grundwahrheiten der Religion in Vorträgen. 8. (VI, 108 S.) Gotha 874. F. A. Perthes. n. 1. 60

Franck, K., aus dem innern Heiligthum. Ausgewählte Psalmen, der Gemeinde zur Erbaug. dargeboten. 8. (IV, 301 S.) Berlin 883. Wiegandt & Grieben. n. 3. —

— Luthers Vermächtniß an die Gegenwart. Ein Vortrag. 8. (36 S.) Ebend. 884. n. — 50

— die christliche Wahrheit, f. das Verständniß der Gegenwart dargestellt in Vorträgen. gr. 8. (V, 411 S.) Ebend. 884. n. 4. —

— aus beiden Welten. Sechs Predigten, als Erinnerungsgabe seinen lieben Stralsunder Zuhörern dargeboten. gr. 8. (IV, 83 S.) Ebd. 888. n. 1. —

Franck, K. G., Predigten. gr. 8. Berl. 827. Reimer. 16 gl

Franck, K. L., s. Franck, Karl Ludwig

Franck, Karl, am Feldwege. Gedichte. gr. 16. (VIII, 232 S.) Mainz 878. v. Zabern. n. 3. —; geb. m. Goldschn. n. 4. —

Zu Jesu **Füssen**. Ein Jahrgang Predigten über freie Texte von K[arl] **Franck**, Konsist.R. a. D. *Halle a. S.: R. Mühlmann 1900.* (415 S.) 8° [F] [illegible] 3

Franck, Karl, kann e. Christ Socialdemokrat sein? Vortrag, in der v. der socialdemokrat. Partei einberuf. Volksversammlg. in Danzig am 6. IX. 1900 geh. 8. (23 S.) Halle 901. R. Mühlmann's Verl. n. — 20

Die Kunstdenkmäler des Kreises Heinsberg ... bearb. von Karl **Franck**-Oberaspach u. Edmund Renard. Mit 7 Taf. u 116 Abb. Dusseldorf: L. Schwann 1906. (VI, 171 S.) 4°(8°)
— **Kunstdenkmäler**, Die, d. Rheinprovinz Bd 8, 3. [illegible] 3

Franck-Oberaspach, Karl, u. Edm. Renard, die Kunstdenkmäler des Kreises Jülich, s. a **Kunstdenkmäler**, die, der Rheinprovinz. VIII. 1.

Die Kunstdenkmäler des Kreises Jülich. Im Auftr. d. Provinzialverb. d. Rheinprov. bearb. von Karl **Franck**-Oberaspach u. Edmund Renard. Mit 13 Taf. u. 156 Abb. *Düsseldorf: L. Schwann 1902.* (VI, 243 S.) 4°
— **Kunstdenkmäler** d. Rheinprovinz. Bd 8, 1. [illegible] 3

Franck, Karl, aus Oberaspach i. Württ.: **Der Meister der Ecclesia und Synagoge am Strassburger Münster.** Mit 5 Taf. *Düsseldorf 1901: L. Schwann.* (47 S.) 8° ¶ (Erscheint vollst. ebenda. — Erweit. Teil einer gekr. Preisschr.)
Strassburg, Phil. Diss v. 1901

Franck-Oberaspach, Karl, der Meister der Ecclesia u. Synagoge am Strassburger Münster. Beiträge zur Geschichte der Bildhauerkunst des 13. Jahrh. in Deutschland, m. besond. Berücksicht. ihres Verhältnisses zur gleichzeit. französ. Kunst. (X, 115 S. m. 21 Abbildgn. u. 12 Taf.) gr. 8. Düsseldorf 903. L. Schwann. n. 5. —

Franck, K., „weide meine Lämmer". Die hl. Geschichte, d. Jugend erz. u. erklärt i. 120 Kinderpredigten. 4 Lfgn. gr. 8. (VIII, 336 S.) Halle 897. R. Mühlmann's Verl. à n. 1. — (kplt. geb.: n. 5. —)

Wie wird's sein? Dichtung u. doch Wahrheit aus d. anderen Welt von Karl **Franck.** (Kons.R.). *Halle a. S.: R. Mühlmann 1901.* (183 S.) 8° [F.] [illegible]

Wie wird's sein? Dichtung u. doch Wahrheit aus d. anderen Welt von Karl **Franck.** [Konsist.R. a. D.]. 2. Aufl. *Halle a. S.: R. Mühlmann 1901.* (183 S.) 8° [F.] [illegible]

Franck(e), Carl Gottlob (Rector), De Marone, scientissimo similitudinis architecto disserit simulque patronos . . ad aud. declamat. III in scholae Pirnensis invit. Friedrichstadt (Gotth. Aug. Gerlach) 15. IV. 1776. 16 S. (3.—) 9281

Franck, Carl H. H., der Elbe-Trave-Canal. Mittheilungen üb. denselben. Mit 2 Karten. Lex.-8. (III, 51 S.) Lübeck 886. Schmersahl. n. 2. —

Franck, Carol. Herm. Henr., de bodmeria secundum jus per se nec non secundum jus germanicum, hanseaticum, borussicum, danicum etc. Lübeck 862. Dittmer. gr. 8. (XV, 395 S.) n. 2 [illegible]

Franck, Karl Ludwig

Franck, K. L., Bemerkk. über stillschweigende Hypotheken. gr. 8. Frankf. a. M. 822. Sauerländer. 6 gr.

— geschichtl. Darstell. d. Währschafts-Transscriptions-Hypotheken- u. Restkaufschillingswesens in Frankfurt a. M. 8. Frankf. a. M. 818. (Bronner). 12 gr.

— topograph. Ueberblick d. Stadt Frankfurt a. M., nach ihren Quartieren etc. gr. 8. Frankf. a. M. 821. Sauerländer. 12 gr. Velinp. 16 gr.

Franck, C. Ludw.: Uebersicht d. Hypotheken-Wesens zu Frankfurt a. M., od. systemat. Darstell. d. Vorschriften u. Erfordernisse z. rechtsgült. Veräusserung u. gerichtl. Transcription der in genannt. Stadt u. ihrer Gemarkung geleg. Immobilien, u. des hierbei, sowie bei d. Bestell., Uebertrag. u. Aufheb. gerichtl. Schuld- u. Pfandverschreibb. einzuhalt. Verfahrens, entworfen. 2e abgeänd. u. verm. Aufl. *Frankf.*, Brönner. 837. gr. 8. (1 Thl. 8 Gr.)

— einige Worte über d. sicherste Anlage d. Kapitalien unter gewissen hierzu nöthigen Erfordernissen. 8. Frankf. a. M. 823. (Brönner). 4 gr.

Franck, Konrad

Franck, Conrad [pr. Arzt]: Ueber die zeitlichen Verhältnisse des reflectorischen und willkürlichen Lidschlusses. . . . Königsberg in Pr., Druck v. M. Liedtke, 1889; 34 [sic! statt 35] S. + 2 Bl. 8°
Königsberg, Med. Fak., Inaug.-Diss. v. 22. März 1889

Franck, C., üb. die zeitlichen Verhältnisse d. reflektorischen u. willkürlichen Lidschlusses. Inaug.-Diss. gr. 8. (34 S.) Königsberg 889. (Gräfe & Unzer.) n.n. 1. —

Franck, Louis [aus Altona (Elbe)]: Ein Fall von doppelter Lippen-Kiefer-Gaumenspalte mit Defect des os intermaxillare und des Vomer ... Würzburg, P. Scheiner's Buchdr., 1896; 47 S. 8.
Würzburg, Med. Fak., Inaug.-Diss. v. 1896

Franck, Louis, wie soll ich mich photographiren lassen? Ein wohlgemeinter Rath zur Erzielg. guter Photographien. 16. (8 S.) Düsseldorf 883. Schmitz & Olbertz. n. — 25

Franck, Ludw., kleine vergleichende Anatomie der Hausthiere. Zum Gebrauche f. landwirthschaftl. Lehranstalten, Thierarzneischulen u. zum Selbststudium. Mit 238 Holzschn. nach Orig.-Zeichngn. gr. 8. (VII, 394 S.) Stuttgart 883. Schickhardt & Ebner. n. 8. —

Franck, Ludw., e. Beitrag zur Rassekunde unserer Pferde. Vortrag, geh. zum Schlusse d. Sommersemesters 1874 an der Central-Thierarzneischule München. [Aus: „Landwirthschaftl. Jahrbücher."] gr. 8. (19 S.) Berlin 875. Wiegandt, Hempel & Parey. n. 1. —

Franck, Ludw., Handbuch der Anatomie der Hausthiere. Mit besonderer Berücksichtigung des Pferdes An Stelle der 3. Aufl. der Leyh'schen Anatomie u mit Benutzung der Holzschn. derselben. Mit zahlreichen Holzschn. (im Text) nach Orig.-Zeichnungen 1. Hälfte. Stuttgart 870. Ebner & Seubert. gr. 8. (S. 1—400.) n. 2 [illegible] 15 [illegible]

— Handbuch der Anatomie der Hausthiere. Mit besond. Berücksicht. d. Pferdes. An Stelle der 3. Aufl. der Leyh'schen Anatomie u. m. Benützg. der Holzschn. derselben. Mit zahlreichen (eingedr.) Holzschn. nach Orig.-Zeichngn. 2. Hälfte. gr. 8. (S. 401—1068.) Stuttgart 871. Ebner & Seubert. n. 14. 10 (cplt.: n. 21. 60)

— Handbuch der Anatomie der Hausthiere. Mit besond. Berücksicht. d. Pferdes. 2. gänzlich umgearb. Aufl. Mit 478 (eingedr.) Holzschn. nach Orig.-Zeichngn. gr. 8. (VIII, 1118 S.) Ebend. 883. n. 21. 60

Franck, Ludw. Handbuch der Anatomie der Haustiere m. besond. Berücksicht. d. Pferdes. 3. Aufl., durchgesehen u. ergänzt v. Paul Martin. 1.—7. Lfg. gr. 8. (1. Bd. VIII, 798 S. m. Abbildgn.; 2. Bd. S. 1—160 m. Abbildgn.) Stuttg. 891,92, Schickhardt u. Ebner. à Lfg. * 4 —; * 28 —

Franck, Ludw., Handbuch der Anatomie der Haustiere m. besond. Berücksicht. des Pferdes. 3. Aufl. Durchgesehen u. ergänzt v. Paul Martin. 8 Lfgn. gr. 8. (1. Bd. VIII, 798 S., 2. Bd. V, 508 S. m. Abbildgn.) Stuttgart 891—893. Schickhardt & Ebner. à Lfg. n. 4. —

— 3. Aufl. Durchges. u. erg. von Paul Martin. Bd 1. 2. Mit Abb. 1894.

Franck, L., Handbuch der Anatomie der Haustiere, neue Aufl., s: Martin, Paul, Lehrbuch der Anatomie.

— Handbuch der thierärztlichen Geburtshülfe. Mit 119 in den Text gedr. Holzschn. Lex.-8. (VIII, 607 S.) Berlin 876. Wiegandt, Hempel & Parey. n. 14. —

Franck, L., Handbuch der tierärztlichen Geburtshilfe. 2. Aufl., neu bearb. v. Ph. Göring. Mit 114 in den Text gedr. Holzschn. gr. 8. (XII, 556 S.) Berlin 887. Parey. geb. n. 12.—

— Handbuch der tierärztlichen Geburtshilfe. 3., neubearb. Aufl., hrsg. v. Ph. Göring. gr. 8. (X, 579 S. m. 117 Holzschn.) Berlin 893. P. Parey. Geb. in Leinw. n. 12.—

— Handbuch der tierärztlichen Geburtshilfe. 4., vollst. neubearb. Aufl., hrsg. v. M. Albrecht u. Ph. Göring. gr. 8. (IX, 667 S. m. 206 Abbildgn.) Berlin 900. P. Parey. Geb. in Leinw. n. 12.—

Franck L.: Handbuch d. tierärztlichen Geburtshilfe. 4. vollst. neubearb. Aufl., herausg. v. M. Albrecht u. P. Göring. Berl. 1901 (o: 1900). 677 S. Fig.

Franck, Lud., de peste, dysenteria et ophtalmia aegyptiaca, cum tabula lithogr. quae structuram nosocomii pro pestiferis in oriente repraesentat. 8maj. Viennae, Schaumburg. 820.

— — kleinere Schriften, medizinisch-praktischen Inhalts. Aus dem Französ. übersetzt von Dr. C. F. Rinkolini. 8. Brünn, Gastl. 817. -

Franck, Ludwig: Statistische Untersuchungen über die Verwendung der Farben in den Dichtungen Goethe's. Giessen 1909: v. Münchow. 74 S. 8°
Gießen, Phil. Diss. v. 24. Febr. 1909, Ref. Groos
[Geb. 24. Jan. 83 Burkhards; Wohnort: Schotten; Staatsangeh.: Hessen; Vorbildung: Gymn. Gießen Reife O. 03; Studium: Gießen 4, Lausanne 1, Gießen 3 S.; Rig. 28. Nov. 08.] [U 09. 1300

Franck, Ludwig (Red.), s. Zeitschrift, Deutsche, für Tiermedizin und vergleichende Pathologie.

Franck, Ludwig [app. Arzt]: Zusammenstellung pathologischer Befunde bei Influenza. . . . München, Buchdr. v. M. Ernst, 1890; 38 S., 1 Bl. 8°
München, Med. Fak., Inaug.-Diss. v. 1890

Franck, M., deutsche Künstler-Gallerie. gr. 4. 2½ Bgn. Text u. 80 lithograph. Bildnisse. Münch. 818. (Lindauer). 4 ℳ 12 ℛ

Franck, Marie, mit Gott u. durch eigene Kraft. Aufzeichnungen aus dem Tagebuch eines jungen Mädchens. Mit Initialen, Kopfleisten u. 5 Tonbildern. gr. 8. (VIII, 178 S.) Leipzig 879. Spamer. n. 3. —; geb. n. 4. —

—— Rosy, s. Bibliothek für unsere Frauen.

Franck, Mathilde, schwäbisch Gmüet. Gedichte in schwäb. Mundart. 12. (VIII, 144 S.) Stuttgart 894. A. Bonz & Co. n. 1. 50; geb. in Leinw. n. 2. 40

Franck, Mathilde, mitten im Leben. Gedichte. 8. (VII, 138 S.) Dresden 901. E. Pierson. n. 2.50; geb. n. 3.50

Franck, Mathilde, Reacht isch worde. Eine Erzählung in schwäb. Mundart. 8. (III, 172 S.) Stuttgart 897. A. Bonz & Co. n. 1. 80; geb. in Leinw. n. 2.80

Melchior **Franck** und Valentin Haußmann. Ausgewählte Instrumentalwerke. Hrsg. von Franz Bölsche. Leipzig: Breitkopf & Härtel 1904. (XV, 174 S.) 2°(4°)
— **Denkmäler** deutscher Tonkunst. Folge 1. Bd 16. [05 1971

Franck, Octavio, Referendar. Über den Umfang und die rechtliche Bedeutung des Zubehörs nach dem Bürgerlichen Gesetzbuch des Deutschen Reichs. *Rostock 1899: C. Boldt.* (70 S) 8°
Rostock, Jur. Diss. v. [29. Juni] 1899

Franck, Otto, approb. Arzt aus Flensburg: Weitere Erfahrungen über die Behandlung der perforierenden, infizierten Augapfelverletzungen mit hohen Quecksilbergaben. *Hamburg: L. Voß 1904.* (32 S.) 8°
Greifswald, Med. Diss. v. 11. Maerz 1904

Franck, Paul, cand. prob. u. Vicar an d. Realsch. in Oschatz: Über die Flächeninhalte und Bogenlängen von Fusspunktkurven und Rollkurven. *Meissen 1899: C. E. Klinkicht & Sohn.* (57 S.) 8°
Leipzig, Phil. Diss. v. [13. Nov.] 1899

Franck, Paul, die weiße Schwalbe. Eine geschichtl. indian. Erzählg. 12. (63 S.) Reutlingen 892. R. Bardtenschlager. — 25

— Peter Anton (Trier), Censura principii jurisdictio supremorum imperii tribunalium in causis ecclesiasticis protestantium non magis, quam catholicorum fundata. Rector Friedrich Carl Joseph Frh. v. Ehrthal. Mainz 1771. 8 Bl., 216 S. (6.50) 9280

(Franck, Pet. Jos.): Etwas über die Wahlcapitulationen in den geistl. Wahlstaaten. *Frkf.* 788. 8.

Franck, Philipp (Darmstadt)
Beiträge zur Kenntniß der Hirntuberkulose.
Giessen: Bekker in Darmstadt 1849. 56 S.
Diss. med. im Juni 1849. vorh. 26. 11. Δ.
„Thesen" in Δ.

Franck, R., Kinderleben, s.: Timm, F.

FRANCK, Reinhold (Tübingen): Historische Studie über das künstliche Auge.- München: Grassl 1883. 25 S.
20.11.1883 - Ort (Titel: De oculi artificialis historia.); Chr 1883/84,13
Diss.Ingolst.-Landsh.-Mchn.

Trio (No 2, Es-dur) für Pianoforte, Violine und Violoncello von Richard Franck. Op. 32. *Berlin: Schlesinger [1902].* (59, 15, 11 S.) 4° [04. 4468

Franck, Robert, Referendar: Die Rechtsstellung des mittelbaren Besitzers. Hamburg 1910: v. Have. 44 S. 8°
Heidelberg, Jur. Diss. v. 12. Aug. 1910, Ref. Gradenwitz
[Geb. 6. Sept. 85 Hamburg; Wohnort: Hamburg; Staatsangeh.: Hamburg; Vorbildung: Gymn. Rostock Reife M. 05; Studium: Genf 2, München 2, Berlin 1, Jena 2 S.; Rig. 25. Juli 10.] [U 10. 1864

Franck, Rud., englisches Konversationsbuch f. Anfänger. Methode Kordgien. 12. (V, 88 S.) Hamburg 899. (C. Boyson.) Kart. n. 1. —

Franck, Salomo, Epistolisches // Andachts= // Opffer /// In // Geistlichen CANTATEN // Uber // Die Sonn= und Fest=Tages // Episteln durch das gantze Jahr // angezündet // Von // Salomon Francken /// Fürstl. Sächsis. Gesamten Ober= Consi- //storial-Secretario in Weimar. // Weimar und Jena/ // Bey Johann Felix Bielcken. // 1718. - 119 S.
B. S. T. 8°.21o.

- - , Salomon Franckens /// Fürstl. Sachsen-Weimarischen gesammten // Ober=Consistorial-Secretarii, // Heliconische // Ehren= Liebes= // Und // Trauer=Fackeln. // Weimar und Jena /// Bey Johann Felix Bielcken. // 1718. - Titelblatt und 2o6 Seiten.
B. S. T. 8°.2o9.

Franck's, S., geistliche Lieder, s. Sänger, geistliche, der christl. Kirche deutscher Nation.

- - , Salomon Franckens // Fürstl. Sachß. gesamten Ober=Consistorial-//Secretarii in Weimar /// Teutsch=redender // PHAEDRUS, // Oder // Deßen // in teutsche Poesie ubersetzte// Sinn= und Lehr= //reiche Fabeln. // Jena /// Verlegt Christian Pohl / 1716. - 1o3 S.
B. S. T. 8°.2o7/3.

Franck, Salomo, Salomo Franckens /// Fürstl. Sachß. gesamten Ober=Consistorial- // Secretarii in Weimar /// Geist= // und // Weltliche // Poesien. // JENA /// Bey Johann Felix Bielcken. // 1711. - 16 Blatt (nicht paginiert)Titelkupfer Titelblatt, Vorrede und Lobgedichte. - 764 S.
Auf dem Einbanddeckel steht in Golddruck:
COLLEGIO GÖRL.
POETICO
OFFERT
J. G. R.
1 7 1 9.
B. S. T. 8°.2o7/1.

Frank, Salom., geist- u. weltliche Poesien. 8. Jena. 716.

- - , Salomon Franckens // Furstl. Sachsen-Weimarischen Gesamten // Ober-Consistorial-Secretarii // Evangelische // Seelen-Lust // In einem // Von der Furstl. Weimarischer // hof-Capelle // musicirten // Jahr-Gange // über die // Sonn- und Fest-Evangelia // vorgestellet. // JENA /// bey Christian Bohlen. 1716. - 128 S.

B. S. T. 8^{c}.207/2.

Franck, Sebastian. Paradoxa. Eingeleitet von W Lehmann. Hrg. von Heinrich Ziegler. (Mit Buchausstattung von F[ritz] H[ellmut] Ehmke [und 1 Porträt].) IV + XL + 372 S. 8. Jena, Eugen Diederichs, 1909. ([M. 9. 50,] auf Büttenpapier geb. in Leder M. 20. —)

Frank, Sebast., Sprüchwörter, Erzähll. u. Fabeln d. Deutschen. Herausg. u. erläutert v. Bernh. Guttenstein. 8. Frankf. a. M. 831. Brönner. 18 gl

Franck's, Seb., erste namenlose Sprichwörtersammlung v. J. 1532 in getreuem Abdruck, m. Erläutergn. u. cultur- u. literargeschichtl. Beilagen v. Fr d r. Latendorf. gr. 8. (VII, 368 S.) Pösneck 876. Latendorf n. 7. 20

Franck, Selmar, die Riviera von Livorno bis Marseille, s.: Grieben's Reisebücher.

Franck, Sigmund (geb. am 29 Aug. 1849 in Neuss): Ueber Emplastrum Hydrargyri gegen Syphilis ... Bonn, Druck v. C. Georgi 1873. 30 S., 1 Bl. 8.

Bonn, Med. Fak., Diss. v. 2 Aug. 1873

Franck, U., ein Vampyr, s. Theater-Repertoir, Wiener.

Franck, Victor. Vide: Samson-Himmelstjerna, H. v.

Franck, W., Anleitung f. Gewerbtreibende zur Erhaltung der Richtigkeit der Meß- u. Wägegeräte. 8. (29 S.) Köln 888. (Roemke & Co.) cart. n. — 60

Franck, W., Anleitung f. Gewerbetreibende zur Erhaltung der Richtigkeit der Meß- u. Wägegeräte. 2. Aufl. 12. (29 S.) Köln 890. Roemke & Co. Geb. n. — 50

Franck, W. Die Behandlung der Medoc u. der andern rothen Weine .... Hamburg 1825. -- [Zit. nach dem Realkatalog der DSB, 1 Kriegsverlust]
2. Ausg. u. d. T.: Franck Die Medoc- und die andern rothen und weissen Weine.... 1845. --
Bibliotheca oeconomica 1826 -- Heinsius 1826. -- Kayser 1826.

Franck, (W.,) Behandl. d Medoc u. d. andern rothen Weine in d. Departement d. Gironde. Uebers. v. e. Deutschen. gr. 8. Hamb. 826, (Herold.)

Franck, W., Behandlung d. Medoc u. d and. rothen Weine in d. Departement d. Gironde. Uebers. v. e. Deutschen. 2., u. verm. Aufl. gr. 8. (10½ B. u. 6 Tab.) Hamburg 829, (Herold.) Vgl. Frank, Frannt.

Franck, W.: Beiträge zur Geschichte der Turniergesellschaften nach archivalischen Quellen. Frankfurt a. M 1861. 36 S. Sonderdr. aus: Mitteil. d. Ver. f. Geschichte u. Altertumskunde. Bd. 2. Nr. 1

TINCTORIUS. — Franck, W., Der Hexenprozess gegen den Fürstenbergischen Registrator, Obervogteiverweser und Notar Math. Tinctorius und Consorten zu Hüfingen. Sittenbild aus den 1630er Jahren. Freiburg 1870. 8°. (60 Pfg. Stoll u. Bader, Freiburg i. B., 1891.)

Franck, W., die Medoc- u. die andern rothen u. weissen Weine des Departements der Gironde. Nebst e. Uebersicht d. übrigen französ. Weine. Vom Verf. bevorw. Uebersetzg. aus d. Französ. der 2., umgearb. u. verm. Ausg. gr. 8. (17⅛ B. u. 4 Tab.) Stargard 845, Weber.
Vgl. Frank.

Franck, W., die Medoc- u. die andern rothen u. weissen Weine des Departementes der Gironde. Nebst e. Uebersicht der übrigen franzos. Weine. 3. m. e. Register verm. Aufl. gr. 8. (VIII u. 282 S. m. 4 Tab. in qu. 4) Magdeburg 848, Baensch. 1⅓ ℛ

Franck, Walther: Über das Ölsäureozonid und seine Zersetzungsprodukte. Hamburg 1910: Franck. 33 S. 8°
Kiel, Phil. Diss. v. 12. Mai 1910, Ref. Harries
[Geb. 26. Sept. 87 Hamburg; Wohnort: Hamburg; Staatsangeh.: Hamburg; Vorbildung: Oberrealsch. vor d. Holstentor Hamburg Reife O. 06; Studium: München 4, Kiel 3 S.; Rig. 18. Dez. 09.] [U 10. 2498

Franck, Wilh., die Burgen der hessischen Bergstraße, ihre Geschichte, Anlage u. Sagen. Mit 1 lith. Taf. Grundrisse (in Fol.). Heppenheim 868. (Darmstadt, Kichler.) 8 (50 S.) 7½ ngr.

Franck, W. Der deutsche Burgenbau. (Trier 1881.) 8°. (Aus: Monatsschr. f. d. Gesch. Westdeutschlands.)

WILHELM FRANCK, Geschichte der ehemaligen Reichsstadt Oppenheim am Rhein. Nach urkundlichen Quellen bearbeitet. Darmstadt, 1859 Auf Kosten und im Verlag des historischen Vereins für das Grossherzogthum Hessen 8°

Franck, Wilh., Geschichte der ehemaligen Reichsstadt Oppenheim am Rhein. Nach urkundlichen Quellen bearb. Darmstadt 859. (Jonghaus.) gr. 8. (XXV, 560 S.) n. 2 ℛ 10 ngr

Franck, Wilh., die Landgrafschaften d. heiligen römischen Reichs. Eine rechtsgeschichtl. Studie nach urkundl. Material gr. 8. (XIII, 195 S.) Braunschweig 873. Wreden. n. 1. —

Franck, W., Wild- und Rheingraf Otto Ludwig und seine Familie. Darmstadt 1870. 8.

Franck, Wilhelm, pract. Arzt: Aus d. pathol. Institut zu Greifswald. Untersuchungen über pathogene Hefe. *Greifswald 1902: J. Abel.* (29 S.) 8°
Greifswald, Med. Diss. v. 25. Juli 1902

Franck, Willy: Über sterische Hinderung bei Derivaten des Nitroresorcindimethyläthers. 1908. 62 S. 8° ¶ Vgl. Berichte d. Deutschen Chem. Gesellschaft. Jg. 40. 1907.
Stuttgart, Dr.-Ing.-Diss. v. 19. 12. 1907

Franck, Willy, Referendar a. Königsberg i. N.: Die Vererbung eines Handelsgeschäfts. Borna-Leipzig 1905: R. Noske. (VIII, 46 S.) 8° [J.]
Erlangen, Jur. Fak., Ref. Binder, Diss. v. 9. Nov. 1905
[Geb. 26. Nov. 80 Königsberg i. N.; Wohnort. Höxter, Westf.; Staatsangeh.: Preußen; Vorbildung: Gymn. Höxter Reife O. 00; Studium: Berlin 7 S.; Rig 27. Juli 05.]

Franck von Franckenau, s.a. F r a n k e n a u

Franck von Franckenau, Georg

Francke von Franckenau, G., Von der Auferweckung der Pflanzen, Menschen und Thiere aus ihrer Asche. A. d. Lat. v. Chr. *Nehring.* Lpz. 8°.

1716

Franck von Franckenau, Georg: Flora Francica aucta oder vollständiges Kräuter-Lexicon, ins Deutsche übers. (von Christoph von Hellwig.) 5. Aufl. 712 S., gbd., Abb.

Leipzig: Groß 1753
Anhang: Franck von Franckenau, G.: Deutsches Wörterbuch aller bekannten Kräuter, Bäume, Stauden, Blumen, Wurzeln etc. 1753

JB 27

– F l o r a francica rediviva, oder Kräuter-Lexikon, worinnen der vornehmsten Kräuter, Bäume, Blumen und Wurtzeln etc. ... beschrieben werden. Vormahls lat. ed., nachgehends ... ins Teutsche übers., u. bey dieser andern Aufl. um 3 Th. verm. von Johann Gottfried Thilo. Leipzig: Martini 1716. 640 S. 8°

Franck von Franckenau, Georg: De palingenesia sive resuscitatione artificiali plantarum, hominum et animalium e suis cineribus liber singularis...iam revisus, emendatus nec non commentario...illustratus a Jo(hann) Christian Nehring. 296 S., gbd.

Halae: Du Serre 1717

JB 987

FRANCKENAU, Georg. Franck de, Satyrae medicae XX, quibus acced dissertationes VI, varii simulque rarioris argumenti, una cum oratione de studiorum noxa, editae ab autoris filio Georg. Frider. Franck de Franckenau. Lipsiae 1722. Kl. 8⁰. 612 pp. (10 Mk. Rich. Bertling, Dresden, 1903.) Selten!

Franck von Franckenau, Georg: Deutsches Wörterbuch aller bekannten Kräuter, Bäume, Stauden, Blumen, Wurzeln etc. 136 S., gbd.

Leipzig: Groß 1753
(Franck von Franckenau, G.: Flora Francica aucta oder vollständiges Kräuter-Lexicon. 5.Aufl. Anhang)

JB 27/Anh.

Franck-Marperger, Paul, a. Heidelberg: **Hypertrophische Lebercirrhose mit chronischem Ikterus. (Hanot'sche Krankheit.)** Heidelberg 1907: H. Dörr. (29 S.) 8⁰
Heidelberg, Med. Fak., Ref. Czerny, Diss. v. 1907
[Geb. 3. März 78 Heidelberg; Wohnort: Heidelberg; Staatsangeh.: Baden; Vorbildung: Realgymn. Mannheim Reife M. 01; Studium: München 2, Heidelberg 8 S.; Coll. 23. Nov. 06; Approb. 2. Apr. 07.]

Franck von Steigerwald, Veronus [Pseud.], s. Pistorius, Ge. Tob.

Franck v. Wichera, Emilie, im Märchenlande. Eine Sammlg. Märchen. Mit 3 vierfarb. u. 3 schwarzen Vollbildern, 50 Textbildern u. sonst. Buchschmuck v. Helene Greinert. (III, 186 S.) 8. Altenburg 907. St. Geibel. Geb. in Leinw. 3.—

Francke.– August Hermann Francke.

—— s. Becker.

Francke, August Hermann, s. Charaktere, christliche.

— (dessen Biographie) s. Gallerie merkw. Menschen. 6s.

Francke. August Hermann F. (1663–1727): Njbl. Waisenh. Zurich 1859 — SA. Zurich 1859 — Basel 1881 s. [Hofmeister, Diethelm].

Francke, Aug. Herm., neue Beiträge zu dessen Geschichte, s. Kramer, G.

Francke, Aug. Herm., deutsche Geschichts- und Lebensbilder, s. Stein, Armin.

Francke, August Hermann, s. Stemmler, Hermann.

(Francke August Hermann F. geb. 1663. gest. 1727.) Njbl. Hulfsges. Zurich 1853 s. [Wyss, Conrad von].

Francke, August Hermann, oder: Macht des Gebetes und Gottvertrauens, s. Familien-Bibliothek, kleine.

Francke, August Hermann, oder: Macht und Segen des Gebetes und Gottvertrauens... Breslau [1854]. V: *Koch, Rosalie.* (Ky)

Francke, August Hermann, ein christliches Lebensbild. Zürich 1859. V: *Hofmeister, Dieth.* (Cat. d. Stadtbibl. Zürich. Zürich 1864—97.)

Francke, August Hermann. Ein Lebensbild, s. Kramer, Gust.

— Ein Lebensbild. 8. (72 S.) Stuttgart 876. Buchh. d. evangel. Gesellschaft. n. — 35

– s.a. Erinnerungsfeier...

Francke, August Hermann. Erinnerungs-Feier an A. H. Francke's Eintritt in das Pfarramt St. Georgen am Sonntage Estomihi 1692, nebst allen gehaltenen Reden u. Ansprachen, hrsg. v. G. Knuth. 8. (III, 79 S.) Halle a/S. 892. Buchh. d. Waisenhauses. n. — 80

Francke, A. H. Ein Vater der Waisen. Berlin [1897]. V: *Boit, W.* (Berl)

Francke

— s. a. Franke.

Francke, Archiv für die civilistische Praxis, s. Archiv.

Francke: Beiträge zur Würdigung der Klopstock'schen Oden. 20 S.– Warendorf, Progr. 1871.

Francke: Frauenliteratur, s. List

Francke, die Stadt Lüneburg vor u. in dem dreissigjährigen Kriege. gr. 8. (84 S.) Lüneburg 882. (Herold & Wahlstab.) n. 1. —

Francke, Diss. de tussi convulsiva per totum fere annum 1796 Erfordiae grassante. Erf. 4⁰.
1797

Bücher-Verzeichnis — Catalogue de Livres A. Francke vormals — ci-devant Schmid & Francke, Bern ..., Buch-, Kunst- & Landkarten-Handlung.... 1902/03. [Mit Illustrationen und Beilagen.] IV + 288 (+ *Beilagen zus.* 34) S. 8. ([Bern, Stämpfli & Cie.,] November 1902.)
Forts. u. d. T.: Weihnachts- und Neujahrs-Katalog.

Bücher-Verzeichnis = Catalogue de Livres A. Francke ..., Bern ..., Buch-, Kunst- & Landkarten-Handlung.... 1903/04. [Illustriert.] IV + XXXII + 252 S. 8. (Bern, Stämpfli & Cie.)

Bücher-Verzeichnis = Catalogue de livres A. Francke ..., Bern.... 1904–1905. [Illustriert.] IV + XXIV + 272 [+ *Beilagen* 18] S. 8. (Bern, Stämpfli & Cie.)

Bücher-Verzeichnis = Catalogue de Livres A. Francke ..., Bern.... 1905/06. [Illustriert.] IV + XXXII + 304 [+ *Beilagen* 12] S. 8. (Bern, Stämpfli & Cie.)

Bücher-Verzeichnis = Catalogue de Livres A. Francke..., Bern.... Neue Folge. Jahrg. 5. 1906/07. [Illustriert.] IV + XXXII + 292 [+ 16] S. 8. Bern, Stämpfli & Cie.

Bücher-Verzeichnis = Catalogue de livres A. Francke..., Bern.... Neue Folge. Jahrg. 6. 1907/08. [Illustriert.] IV + XXXII + 296 [+ 12] S. 8. Bern, Stämpfli & Cie.

Bücher-Verzeichnis = Catalogue de livres A. Francke ..., Bern.... Neue Folge. Jahrg. 8. 1909/10. [Illustriert.] IV + XXXII + 292 [+ 4] S. 8. Bern, Stämpfli & Cie.

Francke, A. Die alpine Literatur des Jahres 1882. (Sep.-Abdruck aus d. Jahrb. d. S. A. C. Bd. XVIII.) In-8⁰, 24 S. Bern, Dalp. 1883.

Francke, A., alcoholometrische Tafeln zur Reduction der spirituösen Flüssigkeiten v. Gewicht auf Gemäß u. v. Gemäß auf Gewicht so wie zur richtigen Bestimmung der Gradstärken u. d. Werths derselben, berechnet f. Zollgewicht u. Braunschweig. Gemäß. Aufgestellt zum prakt. Gebrauche f. Steuerbeamte, Apotheker, Chemiker, Brennereibesitzer 2c. gr. 8. (66 S.) Braunschweig 852. (Leibrock.) n. 1/2 ℛ

Verlags-Katalog von A. **Francke** vormals Schmid & Francke, Bern. 1831. 1906. Bern 1906: Büchler & Co. (XVI, 80 S.) 8° [F.]

Francke, A. H., s.a. F r a n c k e , August Hermann

– s.a. F r a n c k e , Hermann

— s.a. M i t t a u , Ad. (Pseud.)

Francke, A. H., hohes Lied auf König Friedrich Wilhelm IV. Ihm und Seinem Volke gewidmet. 8. (44 S.) Halle 849, Mühlmann. 6 ngl

Francke, A. L., christliches Album. Ein Gedenkbuch mit Gottes Wort u. mit religiösen Betrachtungen auf jeden Tag des Jahres. Mit Titelbild (Lichtdr.): Der segnende Christus nach Thorwaldsen. gr. 8. (VI, 371 S.) Minden 882. Bruns. geb. mit Goldschn. n. 6. —

– Dr. Martin Luthers A u f e n t h a l t in Torgau. Torgau, Schul-/Univ.-Schrift 1865. 12 S. 4°

Francke, A. L. Gesch. des Friedrichs Gymn. zu H. 80 S. 8. . . . .
Progr. Herford 1840

Francke, A. L. Über das Princip der Erziehung, namentlich auf Gymnasien. 16 S. . . . .
Torgau, Progr. 1845

Francke. Ueber den deutschen Unterricht auf dem Gymnasium, besonders in den beiden obern Klassen. 16 S.
Torgau, Progr. 1854

Francke, A. W. S., s. F r a n c k e , August Wilh. Sam.

Francke, Adf., mathematische Grundlagen der Wirthschaftslehre. gr. 8. (51 S.) Berlin 892. W. Ernst & Sohn. n. 2.—

Francke, Adf., die Jettenhöhle bei Bad Herzberg a. Harz Eine Harzerzählg. (94 S.) 8. Leipzig (904). B. Francke. n. 1. 50; geb. in Leinw. n. 2. 25

— der Juessee bei Bad Herzberg a. Harz. Ein Harzgedicht. (86 S. m. 1 Abbildg.) gr. 8. Ebd. (903). n. 1. 50; geb. in Leinw. n. 2. 25

Francke, Adf., d. elastische Linie d. Balkens. [Aus: „Zeitschr. f. Bauwesen".] gr. 8. (33 S. m. 6 Abb.) Berlin 895. W. Ernst & Sohn. n. 1. 60

— die Steinkirche bei Bad Herzberg a. Harz. Ein Harzgedicht. (183 S. m. 1 Abbildg.) 8. Ebd. (904). n. 2. 75; geb. in Leinw. n. 3. 50

— die Teufelsnacht auf Burg Scharzfels. Eine Harzerzählg. (90 S.) 8. Ebd. (905). n. 1. 50; geb. in Leinw. n. 2. 25

Francke, Adf., Vorschriften u. Ratschläge f. Sachverständige, Boniteure u. Gutachter aller Gewerbe, sowie die deutsche Gebührenordnung f. Zeugen u. Sachverständige m. Erklärungen dazu, unter Anführg. der einschläg. Paragraphen der Zivilprozeßordng., der Reichsgewerbeordng., der Strafprozeßordng., des Strafgesetzbuches, des Gerichtsverfassungsgesetzes, des Patentgesetzes, des Gerichtskostengesetzes u. der Gebührenordng. f. den prakt. Gebrauch, verwendbar f. alle Gewerbe u. in allen Bundesstaaten des Deutschen Reiches. (67 S.) 12. Hagen 903. O. Hammerschmidt. Kart. n. 1. 20

Francke. Alexander. Bosco & Basodino. Eine Ferienwanderung im September 1899. Mit vier Illustrationen [wovon 2 Tafeln]. SA. 8 Bern 1900.

Francke. A[lexander]. Das Melchthal. Ein Alpenidyll. (Tagebuchblätter.) SA. 8. Bern 1889.

Francke. A[lex[ander]). Reisebilder aus Italien (*Umschlag* Italienische R.) SA. 8. Bern 1898.

Francke. A[lexander]. Septembertage in den Alpen. [Mit Figuren.] SA. 8. Bern 1891.

(Francke, Alexander.) Ferdinand Springer, 1846–1906. ([Mit Porträt-Tafel. Nekrolog von] A' F", Bern.) Sonderdruck aus dem Offiziellen Adressbuch des Deutschen Buchhandels. II + XXIII S. 8. Leipzig, Börsenverein der Deutschen Buchhändler, (1907).

Francke, Alfr., Trommel-Schule. Eine leicht fassl. Anweisung zu einer method. Ausbildung der Tambour-Chöre in der Armee. qu. gr. 8. (74 S.) Berlin 887, Mittler und Sohn. *

Francke, Andreas August: De aneurysmatum C u r a t i o n e . Halae 1817: Grunert. 23 S. 8°. Halle, Med. Diss. v. 1817.

Francke, Arthur [pract. Arzt aus Neukloster (Mecklenburg)]: Ein Fall von Osteom der Nasenhohle .... Würzburg, Druck d. Stahel'schen Buchdr., 1887; 18 S. 8°
Würzburg, Med. Fak., Inaug.-Diss. v. 1887

Francke, Arth. Friedrich Wilhelm IV. 16. Berlin 1850.

Francke, Arthur, aus Strelitz i. M.: **Über einige Condensationsproducte aromatischer Thionylamine mit secundären und tertiären Aminen, sowie über die Einwirkung von Thionylchlorid auf einige substituierte p-Phenylendiamine.** *Rostock 1898: Adler's Erben.* (37 S.) 8°
Rostock, Phil. Diss. v. [27. Juli] 1898

(— —) Dem geliebten Bruder August Francke bei seiner Vermählungsfeier mit Demoiselle Louise Wilhelmine Boese gewidmet von dessen Geschwistern. Dresden (C. L. F. Ramming) 25. IV. 1819. 4 S. (3.50) 9290

Francke, Aug., d. Altarfest d. evangel. Christen. Antworten auf d. Zweifel redlicher Gemüther an d. Sacramente d. heil. Nachtmahls. 8. Dresd. 827. Wagner. 18 gl

Francke, Aug., das Altarfest des evangel. Christen. Antworten auf die Zweifel redlicher Gemüther an dem Sacramente des heil. Nachtmahls, nebst e. Anhange von Selbstbetrachtungen bei dem Genusse desselben. Ein Communionbuch für Freunde eines vernünftigen Gottesdienstes. 2e neu durchgesehene Aufl. 8. Dresden 834. Wagner. 3/4 ℛ

— gottesdienstl. Erinnerungen in Predigten, deren Druck gewünscht worden. Seinen fleißigen Zuhörern geweihet. gr. 8. Dresden 833. Wagner. 3/4 ℛ

Francke, Aug., De fide Christo habenda, cui, ut salutem hominibus afferat, sacrorum consulant ministri. Comment. theol. Erlangen. Dresden (C. G. Gärtner) o. J. 46 S. (4.50) 9289
Gew.: Christoph Friedrich v. Ammon.

— Geschichte d. bibl. Offenbarungsglaubens. 1. Bdchn. 8. ... Dresden 830. [Zittau, Birr u. Nauwerck.] 9 Gr., hrbgf. Pr.

– Geschichte d. bibl. Offenbarungsglaubens. 1s Bdchn. 8. Dresd. 832. Fischer. 9 gl

Francke, Aug., die Grundlehren der Religion Jesu, nach dem Principe des evang. Protestantismus ermittelt u. systematisch entfaltet. gr. 8. (VIII u. 207 S.) Leipzig 848, Fr. Fleischer. 1 ℛ

— Jesus Christus d. Heilige Gottes auf Erden; frommen Christen ein Gruß zu Weihnachten, in evangel. Gemälden. gr. 12. Bresl. 823. Schöne. 21 gl

— das Leben Jesu. Nach den evangel. Bruchstücken in geordnet. Zusammenhange dargestellt. (Mit 12 Stahlstichen, 1 Karte von Palästina u. verziertem Titel in Golddruck.) In 6 Lfrgg. gr. 4. Leipzig 838, 39. Wunder. Subscr.-Pr. n. 5⅓ ₰

Francke, Aug., das Leben Jesu. Nach d. evangel. Bruchstücken in geord. Zusammenhange dargest. 6 Lfgn. 1. Aufl. 838, 39., u. 2., stereotyp. Ausg. (12 Lfgn.) gr. 4. (à 32½ B., 12 Stahlst., 1 Karte, u. verziert. Ttl. in Golddr.) Leipzig 841, [Hartung.] à *

—— dass. — 3. stereotyp. Aufl. 16. (16⅛ B.) Ebds. 842.

Francke, Aug., das Leben Jesu. Nach den Evangel. Bruchstücken in geordnetem Zusammenhange dargestellt. Mit 12 Stahlst. 2. stereotyp. Ausg. 1.—12. Liefg. gr. 4. Leipz. 841, Wunder. n. 4 ₰ — 3. stereotyp. Ausg. 16. Ebd. 842. ¾ ₰

Francke (Aug.), Nachklänge aus dem Gotteshause. 4 Predigten. Nach stenograph. Niederschriften ꝛc. in Druck gegeben von einigen seiner dankbaren Zuhörer. Dresden 854. (Am Ende.) 8. (31 S.) n. 7½ ngl

— Predigt vor der feierl. Eröffnung d. Versammlung d. Volksvertreter des Königr. (Sachsen) am 17. Jan. 1849. gr. 8. (23 S.) Dresden 849, Walther'sche Hofbuchh. n. 4 ngl

— Predigt vor der feierl. Eröffnung d. Versammlung d. Volksvertreter des Königr. Sachsen am 26. Nov. 1849 zu Dresden gehalten. 8. (16 S.) Dresden 849, Gottschalck.. 3 ngl

— Predigt z. 23. p. Trin. 1844, als am Geburtstage Luther's. gr. 8. Dresden 844, Gottschalck. $^{1}/_{12}$ ₰

— Predigten zum Aufbau der Behausung Gottes im Geiste, aus den letzten Jahren einer 27jährigen Amtsführung und aus seinem Nachlasse herausg. (von Schmalz). Leipzig 857. Breitkopf u. Härtel. gr. 8. (XVI, 524 S.) 1 ₰ 22½ ngl

— 3 Predigten vom Lichte in Jesu, nebst einer Abschiedspredigt als Zugabe. gr. 8. Dresd. 825. Wagner. 6 gl

— zwei Predigten über Eph. III., 14—IV., 6. gr. 8. Dresden 838. Grimmer. ⅙ ₰

—— zwei Predigten üb. Eph. III, 14—IV, 6. gr. 3. (1½ B.) Dresden 838, [R. u. W. Kori.]

— über Reform der Verfassung der evang. Kirche im Königr. Sachsen. gr. 8. (30 S.) Leipzig 848, Fr. Fleischer. n. 4 ngl

Francke, Aug., u. Max Kaufmann, „Spleen", s. a. Bloch's, Ed., Theater-Korrespondenz.

[Ant. u. J.] 'Spleen!' (A. d. Umschl.: Mister Druffs Brautwerbung oder: Spleen!) Schwank in 1 Akt — nach e. vorhand. Stoff — v. August Francke u. Max Kaufmann ... *Berlin: E. Bloch [1896].* (29 S.) 1 Bd 8.
= Theater-Korrespondenz, Eduard Blochs No 284. [96 8338

—— über d. pflichtmäß. Treue evangel. Christen geg. ihr kirchliches Glaubensbekenntniß. Zwei Predigten z. Feier d. 3. Jubelfestes d. Uebergabe d. Augsb. Bekenntnisses, am 25. u. 27. Juni 1830. 8. ... Dresden, Wagner.

—— unter welchen Voraussetzungen wäre es denkbar, daß d. christl. Religionspartheien zu Einem Ganzen sich verbänden? Predigt zu Ehren d. Jubelfestes d. evangel. Kirche gehalten u. auf mehrseit. Verlangen d. Druck überlassen. gr. 8. (1 B.) Dresden 830, [Grimmer.]

— Unter welchen Voraussetzungen wäre es denkbar, daß die christl. Religionsparteien zu Einem Ganzen sich verbänden? Predigt zu Ehren d. Jubelfestes d. evangel. Kirche gehalten u. auf mehrseit. Verlangen dem Druck überlassen. gr. 8. Dresd. 830. Hilscher. 2 gl

— Was mag in dem Schmerze trösten, einen theuren Beruf aufgeben zu müssen? Predigt über 1. Cor. 4, 1—5. zum 12. p. Trin. 1854 ꝛc. Dresden, Am Ende in Comm. gr. 8. (14 S.) nn. 2½ ngl

—— weil ihr Kinder seyd, hat Gott gesandt den Geist seines Sohnes in eure Herzen. Drei Predigten f. d. Zeit religiös. Bewegung. gr. 8. (2½ B.) Dresden 845, Gottschalck.

— über d. Werth, welchen d. äußerl. Dinge d. Religion nach den Grundsätzen d. Evangeliums haben, 3 Predigten. gr. 8. Dresd. 827. Wagner. 4 gl

— Worauf darf die evangel. Kirche hinweisen, um sich gegen die Verdächtigung zu verwahren, als hege sie einen Geist d. Feindseligkeit gegen die Staatsgewalt? Predigt am Reformationsfest 1849. gr. 8. (16 S.) Dresden 849, Gottschalck. n. 2 ngl

Francke, August Hermann

— Anmerk. üb. einige Betrachtungen heil. Schrift. 8. Krft.

— Anweisung, recht u. Gott wohlgefällig zu beten. 24. Halle, .. 10e Aufl. 755. Waisenh. B. 2 gl

— ein Artikel über d. Menschenfurcht, zur Pflanzung der wahren Gottesfurcht. 8. Wesel.., Prinz. ⅙ ₰

Francke's, Aug. Herm., grosser Aufsatz, hrsg. v. W. Fries. Festschrift zum 200jähr. Jubiläum der Universität Halle. gr. 8. (XII, 70 S.) Halle 894. Buchh. des Waisenhauses. n. 2.—

Franke, Aug. Herm., Betrachtungen üb. die hohepriesterl. Gebete Jesu. 8. Halle, Waisenh. 738.

Francke's, Aug. Herm., Briefe an den Grafen Heinrich XXIV. j. L. Reuß zu Köstritz u. seine Gemahlin Eleonore aus den J. 1704—1727, als Beitrag zur Geschichte des Pietismus hrsg. v. Berth. Schmidt u. Otto Meusel. (IV, 170 S. m. 2 Taf.) gr. 8. Leipzig 905. Dürr'sche Buchh. n. 3.—; geb. n. 4.—

Francke, Aug. Herm., vier Briefe, zur 2. Säcularfeier seines Geburtstages herausg. von G. Kramer. Halle 863. Buchh. des Waisenhauses. gr. 8. (IV, 82 S.) n. 10 ngl

— Bußpredigten. 2 Thle. 4. Halle, Waisenh. 745.

Francke's, Aug. Herm., Buß-Predigten, darin aus verschied. Texten heil. Schrift deutlich gezeiget wird, wie nicht nur Unbekehrte zur wahren Buße gelangen, sondern auch die, so bekehret sind, in tägl. Buße u. Gottseligkeit leben u. wandeln sollen. Neue unveränd. Ausg. (In 3 Lfgn.) 2 Bde. 4. (1: 257 S. 2: XIV u. 298 S.) Halle 847. 49, Buchh. des Waisenhauses. (à Lfg. 12 ngl) 1 ₰ 6 ngl

— Christus d. Kern heil. Schrift. 12. Ebend. 735.

— Christus s. scripturae nucleus. 8. ibid. 724.

— Collegium pastorale üb. Hartmanni pastorale evangel. 2 Thle. 8. Ebend. 741—43. (1r 9 gr. 2r 10 gr.)

— Epicedia. fol. ibid.

— Erklär. d. 139. Ps. 8. Ebend. 758.

Franke, Aug. Herrm., (†...) Erklärung des 119. Psalms. Mit e. Vorrede hrsgg. v. Gli. Aug. Franke. 8. Halle 764. Waisenh. Buchh. 12 gl

— Erklär. der Psalmen Davids. 2 Thle. 4. Ebend. 730. 31. (1r 1 Rthlr. 8 gr. 2r 1 Rthlr. 16 gr.)

Francke, August Hermann, hrsg. v. Just. Balzer. s.: Velhagen u. Klasing's Sammlung pädagogischer Schriftsteller. 9.

— Fußtapfen des noch lebenden und allwalt. Gottes. 8. Ebend. 709.

Frank, Aug. Herm. Segensvolle Fusstapfen des noch lebenden Gottes: Bericht vom Waisenhause zu Glaucha. 8. *Halle,* Waisenhaus. 1709

— Gedächtniß- und Leichen-Predigten ꝛc. 4. Ebend. 723.

Francke, Aug. Herm., d. hl. u. sichere Glaubensweg e. evang. Christen. 8. (8 S.) Stuttgart 896. Buchh. d. Evang. Gesellschaft. n. — 02

– Glaubensweg u. Lebens-Regeln, nebst seinen geistl. Liedern u. kurzer Lebensbeschreibg. aufs neue hrsg v. Rud. Eckart. (92 S.) kl. 8. Gotha 909. Missionsbuchh. P. Ott. — 75; geb. n 1.20

— idea studiosi theologiae etc. 8. ibid. 725.

— Idea studiosi theologiae, deutsch. 12. Halle... 5e A. 758. Waisenh. B. 3 gl.

Francke's, Aug. Herm., Instruktion f. Pädagogen, was sie bei der Disciplin wohl zu beachten, s. a Schriften hervorrag. Pädagogen f. Seminaristen u. Lehrer. 2. Hft.

— Instruktion f. die Präzeptoren, was sie bei der Disziplin wohl zu beachten, s. a Schriften hervorragender Pädagogen f. Seminaristen u. Lehrer. 2. Hft.

— Instruktion f. d. Präzeptoren, was sie bei d. Disciplin wohl zu beachten, übersichtl. geordn. u. m. Anmerkgn. vers. v. Jul. Romeiks. gr. 8. (40 S.) Breslau 894. F. Hirt. n. – 50

[August Hermann] Franckes Instruktion für die Präzeptoren, was sie bei der Disciplin wohl zu beachten, übersichtl. geordn. u. mit Anm. vers. von Julius Romeiks, Schulr. zu Gumbinnen. 2 Aufl. *Breslau: F. Hirt 1902.* (40 S.) 8° [F.]
— Schriften hervorragender Pädagogen. H. 2. [03. 3.47]

[August Hermann] Franckes Instruktion für die Präzeptoren, wie sie bei der Disziplin wohl zu beachten, übersichtlich geordnet u. mit Anm. vers. von Julius Romeiks 3. Aufl. Breslau: F. Hirt 1904. (39 S.) 8° [F.]
— Schriften hervorragender Pädagogen H. 2 [05. 15602]

[August Hermann] Franckes Instruktion für Präzeptoren, was sie bei der Disziplin wohl zu beachten, übersichtlich geordnet u. mit Anm. vers. von Julius Romeiks. 4. Aufl. Breslau: Hirt 1909 39 S. 8°
(Schriften hervorragender Pädagogen H. 2) [09. 18484 2]

— introductio general. in Psalterium Dav. 8. ibid. 738.

— introductio in Psalterium gen. et special. 4. ibid. 734.

— introd. generalis et specialis in psaltrum Davidis cura G. A. Franke. 4. ibid. 734.

— introductio ad lectionem prophetar. 8. Halle, Waisenh. 724.

— Catechismus-Predigten. 8. Ebend. 758.

Franke's, Aug. Herm., Lebensregeln. 16. Quedlinburg 845, Franke. 1/12 ℔

— schriftmäßige Lebensregeln. 8. Leipz. 762. (Brockhaus). 2 gl.

Franke, Aug. Herm., schriftmäßige Lebens-Regeln. gr. 16. Neu-York 854. (Philadelphia, Schäfer und Koradi.) *

Franke, Aug. Herm., schriftmäßige Lebens-Regeln. Neu-Ruppin 859. Bergemann. 16. (63 S.) 5 ngr

Francke's, Aug. Herm., schriftgemäße Lebensregeln, wie man sowohl bei, als auch außer der Gesellschaft die Liebe u. Freundlichkeit gegen den Nächsten u. die Freudigkeit eines guten Gewissens vor Gott bewahren, u. im Christenthum zunehmen soll. 9. Aufl. 8. (48 S.) Stuttgart 878. Buchhandlung der Evangelischen Gesellschaft. n. — 18

Francke, Aug. Herm., schriftmäßige Lebensregeln. 10. Aufl. 8. (48 S.) Stuttgart 887. Buchh. der Evang. Gesellschaft. n. — 20

[F.] Schriftmässige Lebens-Regeln v. August Hermann Francke. *Elberfeld: 'Bethesdaverein' [1895].* (62 S., 1 Bl.) 1 Bd 8. [94 3136]

— schriftmäß. Lebens-Regeln. 16. (62 S.) Neuruppin 896. F. W. Bergemann. — 15

August Hermann Franckens ... Lectiones Paraeneticae, Oder Oeffentliche Ansprachen An die Studiosos Theologiae auf der Universitat zu Halle In dem so genannten Colegio Paraenetico ... (Der I.-VII. Theil) Nach des sel. Mannes Tode mit einer Vorrede heraus gegeben von Gotthilf August Francken ... Halle, im Waysen-hause, 1726-36.

— lectiones paraeneticae od. öffentl. Anspr. an d. Studios. theol. z. Halle. 7 Thle. 8. Ebend. 730—46. (1r 2r 4r 5r à 4 gr. 5r 5 gr. 6r 5 gr. 7r 7 gr.)

—— hohes Lied auf König Friedrich Wilhelm IV. Ihm und seinem Volke gewidmet. 8. (44 S.) Halle 849, Mühlmann.

— manuductio ad lectionem scripturae sacrae. 12. ibid. 709.

— methodus studii theolog. 8. ibid. 723.

Franke. Nachricht von dem Waisenhause zu Halle. *Halle.* 1709

Franckii, Aug. Herm., Nachricht von dem Zustand des Waysenhauses. 8°. Halle, Waysenh., 1707.

[...]rratio de orphanotropheo Glauchensi. Ebend. 863. gr. 4. (VIII, 27 S.) n. 10 ngr

— Nicodemus. Ein Tractat über d. Menschenfurcht, z. Pflanzung d. wahren Furcht Gottes, allen Christen, besond. aber d. Kirchen- u. Schullehrern gewidmet. 6e A. 8. Halle 826. Waisenh. Buchh. 3 gl.

— praelectiones hermenevticae. 8. ibid. 723.

— Predigten von Advent bis zu Ostern. 8. Ebend. 738.

Francke, August Hermann. Predigten zum Aufbau der Behausung Gottes im Geiste, aus den letzten Jahren einer 37jährigen Amtsführung gehalten ... Leipzig 1857. H: *Schmalz, Mor. Ferd.* (zu)

— Predigten über die Sonn- und Festtags-Episteln. 4. Ebend. 711.

Francke's, Aug. Herm., Predigten über evangel. u. epistolische Texte vom ersten Advent bis zum dritten Ostertage. Aus bisher ungedruckten Handschriften herausg. von Emil Francke. Nebst e. Vorw. v. A. Tholuck. gr. 8. Leipzig 838. Kummer. 17/8 ℔

— Predigten und Tractätlein. 4 Bde. 12. Ebend. 723.

— programmata. 8. ibid. 714.

August Hermann Franckens ... Offentliche Reden über die Paszions-Historie, wie dieselbe vom Evangelisten Johanne ... beschrieben ist, gehalten von Esto mihi bis Ostern 1716. In dem Waysenhause zu Glaucha an Halle. Editio III. Halle, Gedruckt und verlegt im Waysenhause, 1733.

August Hermann Franckens ... Offentliche Reden über die Passions-Historie, wie dieselbe vom Evangelisten Marco ... beschrieben ist, gehalten Von Esto mihi bis Ostern 1712 In dem Wäysenhause zu Glaucha an Halle. Dritte Edition. Halle, Gedruckt und verlegt im Wäysenhause, 1724.

- öffentl. Reden üb. d. Passionshistorien, aus d. Evangel. Marci. 4e A. 8. Halle 751. Waisenh.-Buchh. 4 gl.

Francke, A. H., Schriften üb. Erziehung u. Unterricht, s.: Bibliothek, pädagog.

—— pädagogische Schriften, s.a. Bibliothek pädagogischer Classiker.

— dasselbe, s.a. Sammlung der bedeutendsten pädagogischen Schriften aus alter u. neuer Zeit.

Francke, A(ugust) H(ermann): Pädagogische Schriften. Nebst der Darst. seines Lebens u. seiner Stiftungen hrsg. v. G. Kramer. 2., durchges. u. vervollst. Ausg. — Langensalza: Beyer 1885. LXXXV, 456 S. 8° (H. Beyer's Bibliothek päd. Klassiker. 11.)
1. Aufl. 1876.

— wichtigste pädagogische Schriften, s.a. Sammlung der bedeutendsten pädagogischen Schriften. 8. Bd.

August Hermann Franckes wichtigste pädagogische Schriften. Hrsg. u. mit e. Einl. vers. von Dr. Johannes Gansen. 2. Aufl. bearb. von Dr. [Adolf] Kreisel, Sem.Dir. Mit d. Bildn. A. H. Franckes. Paderborn: F. Schöningh 1905. (145 S.) 8° [F.]
— Sammlung d. bedeutendsten pädag. Schriften. Bd 8.

— de Scopo vet. et nov. testam. 8. ibid. 713.

Sonn-, Fest- u. Aposteltags-Predigten, darinnen die zum wahren Christenthum gehörigen vornehmsten Lehren behandelt sind. Aufs neue hrsg. vom ostpr. evang. Gebets-Verein in Berlin. (LX, 1004 S. m. Bildnis.) Lex.-8. Tilsit 902. (Berlin, Deutsche ev. Buch- u. Traktat-Gesellschaft.) Geb. in Halbfrz. n. 9. —

— Sonn- Fest- und Aposteltags-Predigten über die Evangelia. 4. Ebend. 746.

— Sonn- und Festtags-Predigten über die Evangelia. 8. Ebend. 745.

— kurze Sonn und Festtags Predigten, darinnen vornehmlich zum wahren, lebendigen, kraftvollen und in guten Früchten sich beweisenden Glauben die nöthige Aufweckung und Anweisung gegeben wird. Ebend. 860. gr. 8. (653 S.) n. 1 ℛ

— neue Sonn- und Festtags-Predigten üb. die Evangelia. 4. Ebend. 716.

Sontags-Predigten über die Ordentliche Evangelische Texte des gantzen Jahrs, darinnen die Vornehmsten und nöthigsten Stücke des wahren Christenthums grundlich und auffs deutlichste abgehandelt sind von August Hermann Francken ... Halle, in Verlegung des Wäysenhauses 1700.

— über einige Stellen der heiligen Schrift. 8. Halle, Renger. 700.

— Stiftungen z. Besten vaterloser Kinder, hrsg. v. J. L. Schulze, G. Chr. Knapp u. A. H. Niemeyer. 1 Bde. a 4 Stcke. 8. Halle 792—98. Waisenh.-Buchh. 4 ℛ

Der von Gott in dem Wäysenhause zu Glaucha an Halle ietzo bey nahe für 600. Personen Zubereitete Tisch ... kürtzlich beschrieben mit angehangten Zwey Erweckungs-Reden, Deren die erste Anno 1699. bey Einweihung des damaligen kleineren Speise-Saals, Die andere Anno 1711. bey Einweihung des grossen Saals gehalten worden, von August Hermann Francken ... Halle, in Verlegung des Wäysenhauses. 1722.

— kurzer u. einfältiger Unterricht, s.a. Universal-Bibliothek.

— **kurzer u. einfältiger Unterricht, s.a. Neudrucke pädagogischer Schriften.**

August Hermann Francke. Kurzer und einfältiger Unterricht. Mit e. Einl. hrsg. von Albert Richter. *Leipzig: R. Richter [aufgekl. / Brandstetter] 1892.* (87 S.) 8°
— Neudrucke pädagogischer Schriften. 10.

—— kurzer und einfältiger Unterricht, wie die Kinder zur wahren Gottseligkeit und christlichen Klugheit anzuführen sind, s.a. Bibliothek, pädagogische.

— kurtzer u. einfältiger Unterricht, wie die Kinder zur Wahren Gottseligkeit u. Christlichen Klugheit anzuführen sind, zum Behuf Christlicher Informatorum entworffen. Neu hrsg. nach der Ausg. vom. J. 1748 v. O. Frick. 8. (XVIII, 120 S.) Halle 889. Buchhandlg. d. Waisenhauses. — 75

August Hermann Francke (Kurtzer u. einfältiger Unterricht, wie die Kinder zur Wahren Gottseligkeit u. Christlichen Klugheit anzuführen sind). Für d. Gebr. an Seminaren hrsg. von Justus Baltzer, Dir. zu Halle a. S. Mit 6 Abb. u. 1 Pl. d. Franckeschen Stiftungen. Bielefeld & Leipzig: Velhagen & Klasing 1906. (XXX, 80 S.) 8° [F.]
— Sammlung, Velhagen & Klasings, pädag. Schriftsteller. Lfg 9.

Frank, Aug. Herm. Oeffentliches Zeugniſs von dem Werke, Worte und Dienste Gottes in dem Waisenhause zu Glauchu. 3 Thle. 4. *Halle*, Waisenhaus. 1703

— Zeugniß v. Werke und Dienste Gottes. 4. Ebend. 739.

— s.: Zeugnisse v. Christo dem Gekreuzigten.

Francke, Aug. Ludw., chronologische Uebersicht der allgemeinen Weltgeschichte zum Auswendiglernen für Schüler höherer Lehranstalten. Leipzig 853. Hübner. 16. (2 Bl., 84 S.) 7½ ngr

Francke, Aug. Ludw., chronologische Uebersicht der allgemeinen Weltgeschichte für Schüler höherer Lehranstalten. 2. Aufl. 16. (VIII und 96 S.) Leipzig (861)62, Hübner.

Francke, Aug. Ludw., chronologische Uebersicht der allgemeinen Weltgeschichte für Schüler höherer Lehranstalten. 2 Aufl. Leipzig 862. Hübner. (Torgau, Jacob.) 16. (VIII, 96 S.) 7½ ngr

Francke, Aug. Guil. Sam., de edicto praetoris urbani praesertim edicto perpetuo. Disput. 4. (5¼ B.) Kiliae 830, (libr. Universit.)

—— **Versuch üb. d. qualificirte Geständniss im Civilprocess. gr. 8. (6½ B.) Kiel 832, Universitäts-Buchh.**

Francke, Aug. Wlh. Sam., der gemeine Deutsche u. Schleswig-Holstein. Civilprozeß, dargestellt. 1r Thl. gr. 8. Hamb. 839. Perthes, Besser u. Maucke. (Kiel, Schwer's Wwe.) 2⅓ ℛ

Francke, A. W. S., der gemeine Deutsche u. Schleswig-Holsteinische Civilprozeß. 2. Thl. gr. 8. Hamburg 843, Perthes-Besser u. Mauke. 2⅔ ℛ — 1., 2. Thl. 2. verm. u. verb. Aufl. gr. 8. Ebend. 844. (u. Kiel, Schwers.) (1. 2⅓ ℛ — 2. 2⅔ ℛ) 5 ℛ

Francke, Bernh., die Berggesetzgebung des Königreichs Sachsen. Die im Königreich Sachsen bezügl. des Bergwesens derzeit gelt. gesetzl. Bestimmungen, unter Beifügung von Anmerkungen und einem Register zusammengestellt. gr. 8. (VIII, 152 S.) Leipzig 888, Roßberg'sche Buchh. *

Francke, B., Entwurf eines allgemeinen deutschen Gesetzes über Schuldverhältnisse, bearb. von den durch die Regierungen von Oesterreich, Bayern, Sachsen 2c. hierzu abgeordneten Commissaren u. im Auftrage der Commission hrsg. Dresden 866. Höckner. gr. 8. (XII, 214 S.) n. 1 ℳ

Francke, Bernh., das bürgerliche Gesetzbuch f. das Königreich Sachsen, nebst der Gerichtsordng. u. anderen hiermit in Verbindg. steh. Landesgesetzen. [Aus: „Die Gesetzgebg. d. Kgr. Sachsen".] gr. 8. (XV, 238 S.) Leipzig 886. Roßberg. cart. n. 5. —

Francke, B., das bürgerliche Gesetzbuch f. d. Kgr. Sachsen, nebst d. Gerichtsordng. u. anderen hiermit in Verbindung steh. Reichs- u. Landesgesetzen. Nebst Verweisgn. auf die einschlag. späteren landes- u. reichsgesetzl. Vorschriften u. auf die Parallelstellen hrsg. Mit e. alphabet. Register. 2., verm. Aufl. 8. (XXIII, 644 S.) Leipzig 888. Roßberg. n. 5. —; geb. in Leinw. n.n. 5. 70; in Halbfrz. n.n. 6. 20

Francke, Bernh., das bürgerliche Gesetzbuch f. das Königr. Sachsen, nebst der Gerichtsordng. u. anderen hiermit in Verbindg. steh. Reichs- u. Landesgesetzen. Nebst Verweisgn. auf die einschlag. späteren landes- u. reichsgesetzl. Vorschriften u. auf die Parallelstellen hrsg. Mit e. alphabet. Register. 3., durchges. Aufl. 8. (XXIII, 682 S.) Leipzig 892. Roßberg. n. 5. — ; geb. in Leinw. n.n. 5.70; in Halbfrz. n.n. 6. 50

[F] Die Gesetzgebung des Königreichs Sachsen seit dem Erscheinen der Gesetzsammlung im J. 1818 bis z. Gegenwart. Verzeichniss der sämmtl. ... Erlasse, unter Abdr. der jetzt noch gült. Bestimmgn . zsgest. v. Dr. Bernhard Francke, K.S. Oberlandesgerichtsr. Bd 1—3. (In 29 Lfgn.) *Leipzig: Rossberg 18(81)—96.* 3 Bde 8.
1. Die J 1818—1850 enth. 18(81—)84 (1 Bl., 843 S.)
2. Die J 1851—1870 enth 18(84—)88 (1 Bl., 1170 S.)
3. Die J 1871—1890 enth 18(88—)96 (1 Bl., 1577 S.) [97 3-28]

Francke, Bernh., die Gesetzgebung des Königreichs Sachsen seit dem Erscheinen der Gesetzsammlung im Jahre 1818 bis zur Gegenwart. Verzeichniß der sämmtlichen in der Gesetzsammlung, der Sammlung der Gesetze u. Verordnungen u. dem Gesetz- u. Verordnungsblatte für das Königreich Sachsen enthaltenen Erlasse, unter Abdruck der jetzt noch gültigen Bestimmungen, nebst Verweisungen auf die einschlagenden späteren landes- u. reichsgesetzlichen Vorschriften. (In ca. 10 Lfgn.) 1. u. 2. Lfg. gr. 8. (256 S.) Leipzig 881. 82. Roßberg. à n. 2. 40

— die Gesetzgebung d. Königr. Sachsen seit dem Erscheinen der Gesetzsammlung im J. 1818 bis zur Gegenwart. Verzeichniß der sämmtl. in der Gesetzsammlg., der Sammlg. der Gesetze u. Verordngn. u. dem Gesetz- u. Verordnungsblatte f. das Königr. Sachsen enthaltenen Erlasse, unter Abdruck der jetzt noch gült. Bestimmgn., nebst Verweisgn. auf die einschlag. späteren landes- u. reichsgesetzl. Vorschriften. 3—14. Lfg. gr. 8. (1. Bd. S. 257—843 u. 2. Bd. S. 1—144.) Leipzig 883—86. Roßberg. à n. 2. 40

— die Gesetzgebung des Königr. Sachsen seit dem Erscheinen d. Gesetzsammlg. im J. 1818 bis zur Gegenwart. Verzeichniß der sämmtl. in d. Gesetzsammlg., d. Sammlg. der Gesetze u. Verordngn. u. dem Gesetz- u. Verordngs.-Blatte f. das Königr. Sachsen enthaltenen Erlasse, unter Abdruck der jetzt noch gültigen Bestimmgn., nebst Verweisgn. auf d. einschlag. späteren landes- u. reichsgesetzl. Vorschriften. 15.—22. Lfg. gr. 8. (2. Bd. S. 945—1170; 3. Bd. S. 1—768.) Ebd. 888—890. à Lfg. n. 2.40 (1. Bd. geb. n. 18. —; 2. Bd. geb. n. 25. —)

— die Gesetzgebung des Königr. Sachsen seit dem Erscheinen der Gesetzsammlung im J. 1818 bis zur Gegenwart. Verzeichniß der sämmtl. in der Gesetzsammlg., der Sammlg. der Gesetze u. Verordngn. u. dem Gesetz- u. Verordnungsblatte f. das Königr. Sachsen enth. Erlasse, unter Abdruck der jetzt noch gült. Bestimmgn., nebst Verweisgn. auf die einschlag. späteren landes- u. reichsgesetzl. Vorschriften. 23.—27. Lfg. gr. 8. (3. Bd. S. 769—1376.) Leipzig 891—893. Roßberg. à n. 2. 40

Francke, Bernh., d. Gesetzgebung d. Königr. Sachsen s. d. Erscheinen d. Gesetzsammlung i. J. 1818 b. z. Gegenwart. Verzeichniß d. sämmtl. in d. Gesetzsammlung, d. Sammlg. d. Gesetze u. Verordngn. u. d. Gesetz- u. Verordnungsblatte f. d. Königr. Sachsen enth. Erlasse, unt. Abdruck d. jetzt noch gült. Bestimmgn., nebst Verweisgn. auf d. einschlag. spät. landes- u. reichsgesetzl. Vorschriften. 28. u. 29. Lfg. gr. 8. (3. Bd. S. 1377—1577.) Leipzig 896. Roßberg. à n. 2. 40 (kplt. in 3 Bde. geb.: n.n. 77. —)

Francke, B., die Gesetzgebung des Königr. Sachsen, neue Ausg., s.: Gesetzgebung.

Francke, (Albin) Bruno (geb Zauch 12 1856) Keratitis neuroparalytica quae ad hominem pertinet Berlin (1883) (30 S.) 8°
Berlin, Med Diss v 5 Juli 1883

Francke, Bruno [aus Frankfurt a/Oder]: Ueber das m-Dimethyltetrachlor-o-diketo-R-Hexenhydrat und seine Umwandlungsprodukte ... Marburg, Univ.-Buchdr. v. J. A. Koch, 1894; 55 S., 1 Taf. 8.
Marburg, Phil. Fak., Inaug.-Diss. v. [9. Apr.] 1894

Francke, C., Elementarbuch d. engl. Sprache z. Gebrauch bei dem Unterricht auf Schulen, besond. Gymnasien. 8. Bernburg 846, Gröning'sche Buchh. 1/4 ℳ

Francke, C: Gasbehälter für die Kgl. Geschützgießerei Spandau, erbaut im Jahre 1903 Bremen 1903

Francke, C. L., s. Francke, Karl Ludwig

Francke, C. L. W., s. Francke, Karl Ludwig Wilhelm

Francke, Carl, s. Francke, Karl

Francke, Christian Ernst

— — De legato rei commercio exemtae. Exercit. jur. Präs. Carl Heinrich Geisler. Wittbg. (C. Ch. Dürr) 17. VII. 1788. 25 S. mit Widm. v. Präs. (4.—) 9296

— Christian Ernst (Wittenberg), De obligatione accessoria, principali quoad effectus civiles summota, nonnunquam valida. Comment. jur. Präs. Johann Christian Francke. Wittbg. (C. Ch. Dürr) 22. VIII. 1786. 23 S. mit Widm. v. Präs. (3.50) 9295

Francke, Christian Friedrich

— — Corruptam per quaestiones infinitas eloquentiam. Präs. Johann Friedrich Hiller. Tl. I. Wittenbg. (Jo. Tzschidrich) 12. IX. 1788. 32 S. mit Widm. v. Präs. (4.—) 9298
Tl. II s. Kranold, Th. P.

Francke, Christian Friedrich (Präs.), s. Ferber, Karl Wilhelm: Imaginem ingenii ... Lutheri in emendatione sacrorum conspicuam.

— Christian Friedrich (Wittenberg), De immortalitate animi Homerica. Comment. philos. Präs. Johann Christian Henrici. Wittbg. (Jo. Chph. Tzschidrich's Wwe.) Okt. 1786. 28 S. (4.50) 9297

— — **Notae historicae conditioni cognoscendae primorum christianorum in primis Romanorum cum Paulus ad eos scriberet servientes. Präs. Franz Volkmar Reinhard. Wittbg. (Tzschiedrich) 13. XII. 1791. 39 S. (4.20)** 9299
Gew.: Christoph Gottlob v. Burgsdorff.

Francke, Christian Gottfried

— — **(Vogtland), Observationes ad processum possessorii summarissimi. Präs. Gebhard Christian Bastineller. Wittbg. (J. D. Scheffler) 12. IV. 1736. 32 S. (4.80)** 9301

— **Christian Gottfried** (Marienau/Vogtl.), **Omnem culpam in negotiorum gestorum judicio praestari. Präs. Christoph Lud. Crell. Wittbg. (Schlomach) April 1733. 28 S. (4.80)** 9300

C[hristoph] J[ohann] F[rancke]: Als der hoch-ehrwürdige . [Gratulation zur Erlangung d. ordentl. Professorenwurde auf Wolffgang Christoph **Francke**, Prof. d. Theol., 19. Aug. 1712.] — Kiel (1712): Reuther. 2 Bl. 4°

Prorector et senatus academiae Kiloniensis, ad funus ... [Einladung d Prorektors und Senats d. Universität Kiel zum Begräbnis des Christophorus **Francke**, Prof. d. Theol , † 11. Febr. 1704] — Kiloni (1704): Reuther. 4 Bl. 4°

Der weyland Magnificus ... [Trauergedicht zur Beerdigung, von Pastor Burchardis sämptlichen Tischgenossen, auf Christophorus **Franck[e]**, Prof. d. Theol , † 11. Febr. 1704, beigesetzt am 24. Febr. 1704.] — Kiel (1704): Reuther. 2 Bl. 4°

Francke, E.: G e d a n k e n über Erziehung und Bildung im Allgemeinen. Spremberg, Schul-/Univ.-Schrift 1867. 14 S. 4°

Francke, E. De oratione, rerum naturae picturaeque imitatrice. Weilburg, G., 1854. 24 S. 4. Progr.

Francke, E. C., Historie der Grafschaft Mansssfeld nebst einer ausführlichen geneal.-histor. Beschreibung der Manssfeldischen Grafen und Herren. Leipzig 1723. 4.

Francke. E. C.. Scidae Horatianae. Pr. 1865. 82 S. 4°.

Francke, Eduard Herm. (geb. Merseburg 12. 12. 1822): De natura contagii. Berolini (1846). (31 S.) 8°
Berlin, Med. Diss. v. 26. März 1846

Francke, Emil, des Herrn Allmacht u. Hülfe. Predigt am 4. Sonnt. nach Epiph. (zu Rogasen) gehalt. 8. (IV u. 12 S.) Schneidemühl 848, Eichstädt 3 ngr

— s. Fenger, J. Fd., Geschichte d. Trankebarschen Mission. —

Francke, Emil, s. A. H. Francke, Predigten.

— s. Grundtvig, N. F. S., vom wahren Christenthum.

—— der kleine Katechismus Dr. Martin Luthers in Frage und Antwort erläutert und mit Bibelsprüchen versehen. 8. (138 S.) Rogasen 856, Francke'sche Schulbuchh.

Francke, Em., 50 evangelisch-lutherische Confirmations-Zeugnisse, versehen mit passenden Bibelsprüchen und denselben entsprechenden Stellen aus Dr. Martin Luthers Schriften. Breslau (853). Gelser. 4. n. 15 ngr

— Lehrbuch der christl. Religion, nach Ordnung d. lutherischen Katechismus auf bibl. u. kirchl. Grunde. Bevorwortet von Consistorialrath Dr. Rudelbach. gr. 8. Leipzig 844, Gebhardt u. Reisland. 3/4 rthl

Francke, Emil, die Lehre v. heil. Abendmahl. Für Theologen u. Nichttheologen kurz dargestellt. 8. Leipzig 843, Binder. (Bamberg.) n. 1/3 rthl

— Johannes Ronge im Lichte des Evangeliums. Ein Wort ans deutsche Volk. gr. 8. Glauchau 845, Cramer. n. 1/6 rthl

Francke, Emil, Vorlesungen aus der Geschichte des 18. Jahrhunderts. Leipzig 865. Dörffling & Franke. 8. (VIII, 408 S.) n. 1 rthl 20 ngr

— Zeugnisse des Worts. 12 Zeitpredigten. gr. 8. (VIII u. 134 S.) Leipzig 847, C. L. Fritzsche. n. 1/2 rthl

Francke, Erich, a. München: Zur Kenntnis der Oxydation des Hydrazins und Hydroxylamins. (Berlin 1907: G. Schade.) (48 S.) 8°
Berlin, Phil. Fak., Ref. Gabriel, Diss. v. 2. März 1907
[Geb. 10. Dez. 81 München; Wohnort: Berlin; Staatsangeh.: Bayern; Vorbildung: Prinz-Heinrichs-Gymn. Berlin Reife M. 00; Studium: München 7, Freiburg i. B. 1, Berlin 3 S.; Rig. 14. Febr. 07.]

Francke, Ernst

— der internationale Arbeiterschutz, s. a. Zeit- u. Streitfragen, neue. I, 2.

Der internationale Arbeiterschutz. Vortrag geh. in d. Gehe-Stiftung zu Dresden 1903 von Ernst **Francke**. *Dresden: v. Zahn & Jaensch 1903.* (36 S.) 8° [F.]
= Zeit- u. Streit-Fragen, Neue, hrsg. von d. Gehestiftung. II, 2.

Francke, Ernst, s.: Bibliothek der Rechts- u. Staatskunde.

Francke, Ernst: Der Grossbetrieb der Schuhmacherei in Bayern ... Stuttgart, Druck d. Union Deutsche Verlagsges., 1893; 58 S. 8.
München, Staatswirtsch. Fak., Inaug.-Diss. v. 1893

— **Die Hausindustrie in der Schuhmacherei Deutschlands. Schriften d. Vereins f. Socialpol., Bd. 87. gr. 8°. Leipzig 1899.**

Francke, Ernst, s.: Praxis, soziale.

Francke, Ernst, die Schuhmacherei in Bayern, s. a. Studien, Münchener volkswirtschaftliche.

Francke, Ernst. Die Schuhmacherei in Bayern. Ein Beitrag zur Kenntnis unserer gewerblichen Betriebsformen. Stuttgart, Cotta'sche Buchhdlg 1893.
XII — 250 S 8°
(Münchener Volkswirtschaftliche Studien Hrsg von Lujo Brentano u. Walther Lotz Erstes Stück.)

Francke, Eva, für uns. jungen Frauen. E. nützl. Nachschlagebuch f. Frauen in bestimmten Zeiten. M. Anh.: D. Aufziehen d. Kindes. gr. 16. (III, II, 174 S. m. Titelbild.) Neisse 898. J. Graveur's Verl.
Geb. in Leinw. n. 2. 50

Francke, F., Wand-Bilder-Atlas der wichtigsten Arznei- u. Giftpflanzen Mittel-Europas, s. Wand-Bilder-Atlas.

Francke, F. A., Geschichte der sächsischen Armee, s.: Schuster, O.

Francke, F. E., u. M. **Querl**, Vade mecum f. allopath. u. homöopath. Aerzte, oder Anweisung die vorzugl. Krankheiten sowohl allopath., als homöopath. zu curiren. br. 8. (XVI u. 292 S.) Leipzig 847, (Berlin) Gebauer. 1 1/4 rthl

Francke, F. H., Katalog der landwirthschaftlichen Landes-ausstellung zu Döbeln vom 6. bis 10. Septbr. 1877, nebst (autogr.) Uebersichtsplan u. vollständigem Namen- u. Sachverzeichniß. Nach den Anmeldungen u. den Berichten der Commissionen zusammengestellt. gr. 8. (VIII, 134 S.) Leipzig 877. H. Voigt. n. 1. —

Francke, F. J. C., De sensu proprio quo Aristoteles usus est iis argumentandi modis, qui recedunt ab ejus perfecta syllogismi forma. Hab. 1824. 22 S. 4°.

Francke, F. W., christl. Vernunftkatechismus f. Schulen. 8. Berl. 806. Franke. 4 ggr

Francke, Fr.

F. **Francke**: Philosophie u. Leben, od.: Ist es e. Traum, auf e. dauernden Frieden in u. mit d. Philos. zu hoffen? Ein Beitr. z. Beförd. d. Stud. d. philos. Anthropol. *Berl.*, Reimer. 831. gr 8° 18 gl

Francke, Frz., s. Bibliothek d. ausl. Lit. f. Medicin. 2r Bd.

— **Franz** (Eilenburg), De sede et caussis vesaniae. Diss. med.-psychol. Lpz. (J. B. Hirschfeld) 18. V. 1821. 44 S. (4.50) 9303
Gew.: Friedr. Ludw. Kreysig.

Francke, Friedrich: Zur Geschichte der Realschule. (Umschlagtitel Städtischen Realschule zu Gardelegen.) S. 3—41. 8.
Städt. Realschule mit latein. Nebenabteilungen von Sexta bis Quarta *Gardelegen* 1901 (285) **Progr.**

Francke, Friedr., zur Gründungsgeschichte von Johanngeorgenstadt. Mittheilungen aus archivalischen Quellen. Nebst den bei der 200jährigen Jubelfeier am 23. u. 24. Febr. 1854 gehaltenen kirchlichen Vorträgen herausg. Schneeberg 854. (Goedsche.) gr. 8. (68 S., 2 lith. Facsimiles u. Anhang XXIV S.) nn. 7 1/2 ngl

Francke, Frdr., Dr. Martin Luthers Kirchenpostille, s.: Luther's Kirchenpostille.

F. **Francke**: das selbstständ. u. reine Leben d. Gefühls, als d. Geistes ursprünglichen Urtheils, im Gegensatz u. Kampf m. d. Träumen v. Absoluten b. d. Scholastikern u. Neuplatonikern unserer Tage. Auch unt. d. Tit.: Zur Theorie u. Kritik d. Urtheilskraft. *Lpz.*, Klinkhardt. 838. gr 8° 1 ß 16 gl

Francke, Frdr., das gute klare Recht der Freunde der anthropolog. Vernunftkritik, siehe: Abhandlungen der Fries'schen Schule. 2. Hft.

Francke, *Friedrich* Vorbemerkungen über die Umwandlung des Realprogymnasiums in eine lateinlose Realschule 4 (S. 3—4) **Progr** Rprg *Gardelegen* 189[illegible] (263)

[F.] **Francke**, *Friedrich* [Dir.]: Vorbemerkungen uber die Umwandlung des Realprogymnasiums zu einer lateinlosen Realschule. [= P-Beil. 1893.] Gardelegen, Druck v. J. Könecke, *1894*; 3—4 S. 4.
Gardelegen, RPG, OP 1894 (263)

Francke, G., Sammlung der bauernrechtlichen Entscheidungen d. Oberappellations-, Appellations- u. jetzigen Oberlandes-Gerichts zu Celle aus den J. 1860—1884. 2., durch die Entscheidgn. der letzten 5 Jahre verm. Aufl. gr. 8. (VIII, 137 S.) Celle 885. Capaun-Karlowa. n. 3. —

— Sammlung der Entscheidungen des Oberappellations- u. Appellations-Gerichts zu Celle, welche im Gebiete des bäuerlichen Erbrechts u. ehelichen Güterrechts in der Zeit von 1860 bis 1879 incl. ergangen sind. gr. 8. (VIII, 112 S.) Celle 880. Capaun-Karlowa. n. 2. —

— Sammlung der Entscheidungen des Oberappellations-, dann Appellations-, jetzt Oberlandes-Gerichts in Celle, welche im Gebiete des hannoverschen Partikularrechts [mit Ausschluß des Bauernrechts] in der Zeit von 1860 bis 1880 ergangen sind. gr. 8. (VII, 161 S.) Ebend. 881. n. 3. —

Francke, G. C. F., s. Francke, Georg Karl Theodor

Francke, G S., s. Francke, Georg Samuel

Francke, Georg, approb. Arzt aus Müglenz: Die Hasenscharten der chirurgischen Poliklinik und des Anscharhauses zu Kiel 1896—1900. Ein Beitrag zur Statistik d. Hasenscharten. *Kiel 1900: P. Peters.* (35 S.) 8°
Kiel, Med. Diss. v. [17. Mai] 1900

Merkbuch für Ziegenhalter. Im Auftr. d. Kommission z Förderung d. Ziegenzucht im Landkreise Coln hrsg. von G[eorg] **Francke**, Kreistierarzt, Coln. Berlin: R. Schoetz 1908. (31 S.) 8° [F.] [08. 16730]

Francke, G., Merkbuch f. Ziegenhalter. Im Auftrage der Kommission zur Förderg. der Ziegenzucht im Landkreise Cöln hrsg. 2. Aufl. (32 S.) 8. Berlin 909. R. Schoetz. p — 50

Francke, Georg, Kgl. Kreistierarzt in Cöln: Über die Ursachen, weshalb die Glykogen-Analyse bei Anwendung verdünnter Kalilauge zu niedrige Werte geliefert hat. (Aus dem physiologischen Institut der Universität zu Bonn. Prof. Pflüger.) Bonn 1909. 38 S. 8°. [6. III. 09.]
Bern Vet.-med. Diss. 1908/09

Francke, Georg. Über die Ursachen, weshalb die Glykogen-Analyse bei Anwendung verdünnter Kalilauge zu niedrige Werte geliefert hat. Diss. Vet.-Med. Bern. *Kopftitel:* Aus dem physiologischen Institut der Universität zu Bonn.... 38 S. 8. Bonn, Arthur Broch. 1909.

— **Georg Christoph** (Altsted/Saxo), Actuarius peccans in possessorio summariissimo. Präs. Gustav Heinrich Mylius. Lpz. (Trog) 10. XI. 1740. 8 S. (3.—) 9304

Francke, Geo. Karl Thdr., rerum divinarum e disciplina christiana adumbratio. In usum scholar. 8maj. Hamb. 830. Nestler u. Melle. 5 gl

Franck, G. C. Th., Exercitationum Niebuhrianarum lib. I. De urbis origine. 4. (5 B.) Flensburgi 841. (Kiliae, Bunsow.) * -
Vgl. Frank, Frannk, Franque.

— Lehrbuch d. reinen Elementar-Mathematik, zunächst f. d. beiden Classen Schleswig-Holstein. Gelehrtenschulen. Mit 28 Steindruckt. gr. 8. Hamb. 833 (832). Nestler u. Melle. 1 ß

— Prolegomena in Ciceronis orationes Varrinas de provinciarum Roman. forma atque administratione. 8maj. Hildesh. 823. Gerstenberg.

Ge[illegible] Car[illegible] Th[illegible] Franckii D[illegible] Romanarum [illegible] Prolego[illegible] Ma[illegible] Ciceronis [illegible] Verrinas Commentat[illegible] Kiliensi oblata [illegible] summus in philosophia honoribus Wittenbergae 1823 8

Franck, G. C. Th., de tribuum, curiarum atque centuriarum ratione. Disput. critica. 8maj. Schlesw. 824. Taubstumm.-Inst. 18 gl

— de tribuum curiarum atque centuriarum ratione disputatio critica. 8. ibid. 841. n. 2/3 ß

— Der Skalde. Hamburg. U. A. [1839].

Francke, G. C. Th., der Skalde. (Gedichte) gr. 8. (9 1/2 B. u. lith. Tit. m. Vign.) Hamburg 839. Nestler u. Melle.

—— genealog. Tafeln z. Geschichte d. Scandinavischen u. mit ihnen verwandten Völker, aus d. Originalquellen geschöpft u. mit vollständ. Nachweisung ders. u. krit. Andeutn. begleitet. 1. Lfg. Roy.-Fol. (6 B.) Flensburg 834, (Korte-Jessen.) 1 Thlr. 12 Gr., Vlnp.

— Uebersicht d. Religionsgeschichte f. Schulen. 8. Hamb. 839. Nestler u. Melle. 7 gl

Georg Carl Theodor **Francke**s Versuch einer Beantwortung der Frage: Wie soll die Straussische Ansicht von Christenthum aufgefasst und widerlegt werden? Flensburg 1845 8° Gymn.-Progr

Francke, G. C. Th., Versuch einer Beantwortung der Frage: Wie soll die Straußische Ansicht vom Christenthum aufgefaßt u. widerlegt werden? 8. Hamb. 846, Restler u. Melle. ½ ₰

[illegible] Francke. [illegible]

Francke, Georg Samuel

Unpartheyische Anmerkungen zu des Herrn Archidiakonus Claus Harms 95 Satzen von einem freymuthigen Beobachter des Geistes der Zeit [d. i.: Georg Samuel Francke] Hamburg. 1817. 8°.

— Beantwort. d. Preisfr.: Quinam sunt notabiliores gradus, per quos philosophia practica etc. 8. Altona 801.

G. Sm. Francke's Beantw. d. — Preisfrage: welche hauptsächl. Stufen hat d. prakt. Philos. v. d. Zeit an, da man angefangen hat, sie systemat. zu behandeln, durchlaufen müssen, ehe sie die Gestalt bekommen hat, die sie heut. Zeit besitzt — e. gekr. Preisschr. *Alt.*, Hammerich. 801. 8° 18 ₰

— s. Betracht. ic. über d. Krieg mit Dänemark. — G. Coopmann Vers.

Franke, G. S., über Ciceros 2ten tusculan. Dialog. 8. Schlesw. (Neven. A.) (a. Köhler. in Leipz.) 796. 4 thlr. -

(Pr.) über Cicero's 2ten tusculan. Dialog. 8. Schlesw. 796. (Leipz., Köhler). 3 ₰ 1e u. 2e Fortsetzung. 8. Ebd. 796, 97. (NB. Das unter Cicero Aufgeführte fällt demnach weg.)

— Doctrina de operationibus Spiritus divini in Scriptura Sacra tradita tantum abest, ut cum natura hominis ratione ac libertate præditi pugnet, ut potius et naturæ humanæ et Dei majestati admodum conveniat. Kiliæ. 1810. 4. P.

Franke, Geo. Sam., über d. Eigenschaften d. Analysis u. d. analyt. Methode in d. Philosophie. 8. Berl. 805. (Mucker). 10 ₰

G. Sm. Francke üb. d. Eigenschaften d. Analysis u. d. analyt. Methode in d. Philos.; e. Abhandl., welcher v. d. kön. Akad. d. Wiss. z. Berlin d. Preis zuerkannt word. ist. *Berl.*, Unger. 805. gr 8° 8 ₰

— Entwurf einer Apologetik d. christl. Religion gegen d. deistischen Gegner, z. Andenken an d. 3e Jubelfest d. hergestellten evangel. Wahrheit. 8. Altona 817. Hammerich. 1 ₰ 8 ₰

— Entwurf einer theolog. Encyklopädie, nebst einer Reihe von Abhandl. üb. mehrere wichtige, damit zusammenhängende Gegenstände. 1r Bd. Theolog. Encyklopädie selbst. 8. Altona 819. Hammerich. 2 ₰ 12 ₰

— Theologische Encyclopädie, nebst einer Reihe von Abhandlungen über mehrere damit zusammenhängende Gegenstände. 1. Bd. Theologische Encyklopädie. Altona. 1819. (Desuden et Titelblad: Theologische Encyclopädie. Sm. St. o. A.). (Mere udkom ikke).

— Virtutis Confessionis Augustanæ brevis expositio. Kiliæ. 1830. 4. P. (Univ.-Progr.).

— über d. Gehalt u. philosoph. Charakter d. 3. u. 4. Tusculan. Dialogs nach d. gegeb. Grundrissen. 8. Husum 805.

G. Sm. Francke's Grundr. d. Vernunfttheologie; e. Prodromus zu sm. Entw. e. Apologetik d. chr. Rel. *Alt.*, Hammerich. 824. 8° 12 ₰

Franke, Geo. Sam., Diss. de historia dogmatum Arminianorum. 8maj. Kiel 813. Hesse. 16 ₰

Frank, G. Sam., historia dogmatum Arminianorum. 8maj. Chilonii. Bibliopolium Academ. 814.

— erster Jahresbericht d. Kieler Bibel-Vereins in d. General-Versamml. desselben am 10. Juli 1816 abgelegt. 8. Kiel 816.

[—] Einige Ideen über das Verhältnisz der Religion zur Sittlichkeit, in einigen Briefen. Veranlaszt durch die von den Directoren des Stolpischen Legats in Leiden für das J. 1789 bekant gemachte Preisfrage: An sunt officia etc. Kiel. U. A. P.

— institutiones psychologiae empiricae et logicae breviter delineatae. 8. Altona 802. (Kiel 812. Hesse.) 20 ₰

— Institutiones psychologiae empiricae et logicae brev. delin. in usum inprim. Scholar. 8maj. ibid. 814.

— einige Kanzelreden. 8. Schlesw. 793. (Hammerich in Altona). 1 ₰ 6 ₰

De meritis religionis Christianae de doctrina de animae humanae immortalitate atque omnino de spe vitae post mortem aeternae scripsit Georg Samuel Francke. Kiliae Holsatorum. (1840) 4°

Francke, G. S., s. Mitarbeiten, theologische.

— **Georg Samuel,** Num felicitatis, qua olim usae sunt universitates litterariae Germaniae, aliquis resideat usus et fructus. Kiel (Ch. Fr. Mohr) 6. III. 1815. 18 S. (4.—) 9283
Handschr. Widm. d. Verf.

Orationes tempore rectoratus gesti in Academia Kiliensi a die inde VI. m. Martii A 1815 usque ad diem V m. Martii A proximi. habitae a G(eorgio) S(amuelo) **Franckio.** Kiliae. 1816. 8°

Auch u d. T.:

1. Num felicitatis, qua olim usae sunt universitates litterariae Germaniae, aliquis resideat usus et fructus. Oratio, qua munus rectoris . . . adiit Georgius Samuel **Franckius.** Kiliae. 1815 8°

2: De natura et caussis laetitiae communis Daniae et ducatuum Slesvici et Holsatiae in felici inauguratione regni Friderici VI. Oratio . . . habita a G(eorgio) S(amuelo) **Franckio.** Kiliae. 1816 8°

3· Rückblick auf das verfloßne letzte Jahr des Königs Friedrichs des Sechsten und freudige Aussicht in die Zukunft. Rede . . geh v. G(eorg) S(amuel) **Franke.** Kiel (1816) 8°

4 Memorabilia quaedam ex anno rectoratus praeterito enarrantur Oratio, qua magistratum academicum . . in . . Christophorum Henricum Pfaffium . transtulit G(eorgius) S(amuel) **Franckius.** Kiliae 1816 8°

— commentat. quaedam theologicae de librorum V. T. in institutione populi praestantia et usu. 4. Schlesw. 788.

Preisschrift über d. hauptsächl. Stufen d. prakt. Philosophie. gr. 8. Altona 808. Hammerich. 18 ₰

— Quaedam de meritis religionis christianæ de animæ humanæ immortalitate atqve omnino de spe vitæ post mortem æternæ. Kiliæ Holsat. 1840. 4. P. (Univ.-Progr.).

— de ratione, qua est critica philosophia ad interpret. libror. imprimis sacror. 8. ibid. 794.

— über d. neuern Schicksale d. Spinozismus u. seinen Einfluß auf d. Philosophie: gr. 8. Kiel 808. Hesse. 16 gl

G. Sm. **Francke** üb. d. neuen Schicksale d. Spinozismus u. s. Einfl. auf d. Philos. überh. u. d. Vernunfttheol. insbes.; e. gekrönte Preisschr. *Kiel*, akad. B. 811. gr 8° 16 gl

— u. J. G. Witt, Unterr. in den nöthigsten Sachkenntnissen für die bürgerl. Jugend. 2 Thle. n. 3. Aufl. m. K. 8. Schleswig. (Gräff, Lpz.) 792. 93.

(dess. 1r Thl. Unterr. von den Geschöpfen der Erde. 2r Unterr. in geograph. hist. mathem. rc. Kenntn.)

[—] Versuch einen Streit zwischen Middleton und Ernesti über den philosophischen Character der Ciceronianischen Bücher von der Natur der Götter zu entscheiden. Eine Folge von 5 Abhandlungen. Altona und Lpz. 1799. — Samme Bog med Titel: Geist und Gehalt der Ciceronianischen Bücher von der Natur der Götter, nebst einer Zugabe ergänzender Zusätze des Verfassers. Altona. 1806.

Versuch über die von der Königlich-Dänischen Gesellschaft der Wissenschaften zu Kopenhagen im Jahre 1805 bekannt gemachte Preisfrage: „Quaenam fuere recentiore ac recentissimo aevo fata Spinocismi si tamen verus est, qui hodie a quibusdam perhibetur Spinozismus Nocuitne an praefuit rei philosophicae in universum et speciatim Philosophiae de Deo?" Oder, über die neuern Schicksale des Spinozismus und seinen Einfluss auf die Philosophie überhaupt und die Vernunfttheologie insbesondere. Eine Schrift, welche den für 1805 ausgesetzten Preis erhalten hat, verfasst v. Georg Samuel **Francke.** Schleswig. 1808. 8°

Francke, Georg Samuel: V e r s u c h einer kurzen historisch-kritischen Uebersicht der Lehren und Meinungen unserer vornehmsten neuen Weltweisen von der Unsterblichkeit der menschlichen Seele. [Verf.: Georg Samuel Francke.] Leipzig & Altona: Kaven 1796. XXIV, 144 S. 8°

FRANCKE, GEO. SAM., Ueber die Vorzüge und Mängel unsers Zeitalters für den studirenden Jüngling; eine Rede bei dem Antritt des Rectorats an der Stadtschule zu Husum gehalten. Schleswig. 1788. P.

FRANCKE, GERHARD. Ueber Hesperidin und Bergapten. Erlangen, 1881.

FRANCKE, GOTTHILF AUGUST. Neunundsiebenzigste [bis Vier und achtzigste] Continuation Des Berichts der Königlich-Dänischen Missionarien in Ost-Indien. 6 Teile in 1 Band. Halle, Verl d Waisenhauses, 1756/58. 4°. Vortitel und 6 Haupttitel; S. 156—330 (Vorreden) und S 996—1759 (Text), 38 Bl. Register. Alterer HPgtbd. (= Band VII, 2 des ganzen Werkes). 90.—

— **Gotthilf August** (Halle), De statu ecclesiarum apostolicarum, earum praecipue, ad quas Paulus epistolas suas scripsit. Diss. theol. Präs. Johann Franz Budde. Jena (J. F. Ritter) 10. II. 1720. 72 S. (6.—) 9305
Gew.: Joh. Carl Grf. z. Solms u. Tecklenburg (Baruth). — Widm. v. Präs.

— — Dasselbe. Ed. II. (6.—) 9306

— **Gottlob Christian** (Wittenberg), De damnis ex quibusdam nimiis obstetricum et nutricum laboribus metuendis. Wittbg. (C. Ch. Dürr) 23. IV. 1784. 24 S. (4.20) 9307

Francke, H., Arnold v. Brescia u. seine Zeit, nebst e. Anhang üb. d. Stiftung d. Paraklet bei Nogent an d. Seine. gr. 8. Zürich 825. Geßner. 1 ₰ 8 gl

Franckii, H. G., — Catalogus librorum H. G. Fr. Graiz 784. 3 P. 8.

Francke, H. G., die Kreuzotter. Naturgeschichte u. Fang derselben. Mit besond. Berücksicht. der Bißwunden-Behandlg. gemeinverständlich dargestellt. gr. 8. (22 S. mit 1 farb. Taf. u. 4 Holzschn.) Dresden 889. v. Grumbkow. n. — 75

Francke, H. Hugo A. [aus Dresden]: Die allgemeinen Grundsätze bei der Bildung wissenschaftlicher Mineralnamen als erstes Capitel von des Verfassers Abhandlung „Über die mineralogische Nomenclatur." . . . Merseburg, Druck v. Fr. Stollberg, 1880; VI + 138. + 1 Bl. 8°
Leipzig, Phil. Fak., Inaug.-Diss. v. 30. Dez. 1880

Francke, H. H. A., über die mineralogische Nomenclatur. Eine ausführl. Erörterung der f. die Bildung wissenschaftl. Mineralnamen in Betracht komm. Grundsätze u. Regeln. gr. 8. (XII, 124 S.) Berlin 890. Friedländer & Sohn. n. 4.—

Francke, Hans, die Zwangsvollstreckung, s.: Vorträge üb. Gesetzeskunde u. Verwaltung. 34. Hft.

Francke, Heinr., über d. histor. Bedeutung d. 50jähr. Regierung Sr. Kgl. Hoheit d. Großhrzgs. Friedrich Franz v. Mecklenburg-Schwerin. (Eine Biographie. A. d. mecklenburg. Jubel-Almanach.) 16. (4¼ B. u. Bildn) Wismar 837, Schmidt u. v. Cossel's Rathsbuchh.

Francke, Heinr., der böotische Bund. gr. 8. (2½ B) Wismar 843, Schmidt u. v. Cossel's Buchh.
Vgl. Franke

— zur Geschichte Trajan's u. seiner Zeitgenossen. gr. 8. Güstrow 837. Opitz u. Frege. 3¼ ₰ — 2e Ausg. gr. 8. Quedlinburg 840. Ernst. 3 ₰

Francke, Heinrich, Gerichtsreferendar a. St. Johann a. d. Saar: Die Handlungsvollmacht. Borna-Leipzig 1904: R. Noske. (VII, 76 S.) 8° [J.]
Leipzig, Jur. Fak., Diss. v. 22. Nov. 1904
[Geb. 7. Juli 81 St. Johann; Wohnort: St. Johann; Staatsangeh.: Preußen; Vorbildung: Gymn. Saarbrücken Reife O. 99; Studium: Genf 1, Marburg 4, Bonn 3 S.; Rig. 3. Aug. 03.]

Francke, Hnr., Mecklenburgs Noth u. Kampf vor u. in dem Befreiungskriege, nach Handschriften und gedruckten Urkunden dargestellt. 1e — 6e Lfrg. 8. Wismar 834, 35. Schmidt u. von Cossel's Rathsbuchh. 2 ₰

Mecklenburgs Noth und Kampf vor und in dem Befreiungskriege Zur Feier des funfzigjahrigen Regierungsjubilai des Großherzogs Friedrich Franz des Ersten von Mecklenburg-Schwerin dargest v Heinrich **Francke.** Mit 1 Karte Wismar 1835 8°

— s. Saint-Hilaire, E. M., die Adjudanten Napoleons. — Dess. das Hotel der Invaliden.

Francke (Heinrich), Studien über Cordillerengesteine. (Inaugural-Dissert. Leipzig.) Apolda 1875. 8.

— **Heinrich Benjamin** (Greussen/Schwarzburg), De processu inhibitivo in foris Saxonicis. Diss. jur. Präs. Johann Salomon Brunnquell. Jena (Müller) 10. VIII. 1726. 50 S. mit Widm. v. Präs. (5.—) 9308

RAUSSE, J. H. (d. i. *Heinr. F. Francke*), Der Stern der Liebe, hrsg. vom Verfasser der Reisescenen aus zwei Welten (vor 1851).
Weller, Lex. Ps. p. 871, Anon.-Lex. IV. p. 122 (nach Kayser u. Engelmann).

— **Heinrich Gottlieb,** Domino Friedrich Christian Ludwig v. Stein (Mühsitz, Hasala) ducis Saxo-Vinar. a consil. aulae . . gratul. et quaestion. an aliqua inter ecclesiam et rempublicam intercedat differentia brev. expendit. Lpz. (Schede) o. J. 6 Bl. (2.—) 9309

— — De Johannis Georgii I. Saxoniae electoris summa cura conservandi puritatem doctrinae evangelicae. Lpz. (Langenheim) 5. III. 1778. 16 Seiten. (2.50) 9323

— — De fatis methodo fine et objecto juris publici Sac. Rom. Imp. celeberrimorum aliquot scriptorum collectio. I. Christ. Gottl. Buder, Diatriba de fatis doctrinae juris publici in academiis maxime Germaniae. II. Joh. Heinr. Feltz, Schediasma de methodo juris publici S. R. I. III. Joh. Schilter, Dissertatio de fine et objecto juris publici. — Praemissa est notitia uberior variorum juris publici systematum. Lpz. (Gabr. Trog) 1739. 52, 68 S. (6.—) 9312

— — u. (Respond.) **Adam Ludwig Gebauer** (Dresden), De fatis politicae imperialis. Lpz. (Langenheim) 14. X. 1762. 24 S. (3.50) 9317

— — De foedere Caesareo novennali disserit. Lpz. (Langenheim) 18. II. 1768. 16 S. (3.—) 9319

— — De gravaminibus nationis Germanicae Norimbergensibus adversus curiam Romanam ab erroribus scriptorum vulgaribus liberatis epistola ad virum Johann Erhard Kapp. Lpz. (Langenheim) Nov. 1731. 31 S. (4.80) 9310

Francke, Heinrich Gottlieb (Hrsg.), s. Hoffmann, Johann Wilhelm, u. Heinrich Obercamp: De re diplomatica lucubrationes.

— — De jure vicariorum imperii de feudis imperio apertis dispon. brev. diss. Lpz. (Langenheim) 8. V. 1718. 20 S. (3.50) 9316

— — De lite exemtionis Gleichensis. Lpz. (Langenheim) 1776. 12 S. (2.—) 9321

Nachrichten über die Familie Francke in Weida. Zsgest. von Prof. Dr. Heinrich Gottlieb **Francke** in Rochlitz i. S. Nr. 1. Weida (1907): Thomas & Hubert. 8°

— — De nexu foederum perpetuae unionis inter Augustam domum Austriacam Poloniaeque regnum. Lpz. (Langenheim) 2. V. 1748. 50 Seiten. (5.—) 9314

— — Supplementum dazu. Lpz. (Langenheim) 1772. 16 S. (1.—) 9315

Vitriarius, Phil. Reinh.: De adminiculis juris publici Romano-Germanici commentatio. Praemissa est notitia subsidiorum juris publici maxime litteraria auctore Henr. Gottl. Francke. Lipsiae 1740.

— — De ortu et praecipuis mutationibus senioratus in serenissima ducum Saxoniae gente Ernestina usitati disserit. Lpz. (Langenheim) 22. II. 1776. 12 S. (2.—) 9322

Francke, Heinr. Glieb., die Porphyre d. Burgstalles u. d. Trasohke b. Wechselburg im Königr. Sachsen. Festschrift zu d. im Septbr. 1898 stattfind. Einweihg. d. neuen Gebäudes d. städt. Realschule zu Rochlitz verf. u. überreicht. gr. 8. (36 S. m. 2 Abb.) Rochlitz 898. (B. Pretzsch Nachf.) n. 1.50

— — Praefationem varii generis observationibus refertam et scriptores de S. R. I. territoriis. Lpz. (C. Ch. Langenheim) 1743. 44 S. (3.50) 9313
(Nur Vorwort zu Mich. Heinr. Gribner u. Burc. Gotthelf Struve; De dominio directo in alieno territorio.)

— — Singularia quaedam historico-litteraria. Lpz. (Langenheim) 1768. 12 S. (2.50) 9320
Gustavus Adolphus Rex Suecorum maxim. singul. erga evangelico-reformatam, quam vocant, relig., favoris inique postulatus ac defensus. — De Galeazzi Gualdi Priorati vita Ferdinandi III. imperat.

Francke, Heinrich Gottlieb: „De culto ac neglecto iterum in academiis studio politico necessariaque illius instauratione breviter disserit . . . .", Lipsiae 1762. — Vorh.: Preußische Staatsbibliothek Berlin, UB Halle.

— — De culto ac neglecto iterum in academiis studio politico necessariaque illius instauratione brev. diss. Lpz. (Langenheim) 1762. 15 Seiten. (3.—) 9318

— — Triscamerarius Sac. Rom. Imp. e diplomatibus restitutus, ejus officii in aulis veterum Germaniae regum ac imperatorum nobilissimi pristina indoles et tituli exinde in huc usque diem reliqui dignitas illustrata. Acced. diplomata nonnulla ac prooemii loco notitia scriptorum de officiis S. R. I. aulicis. Lpz. (Langenheim) 1736. 40 S. (5.—) 9311

— **Heinrich Leopold** (Eilenburg) u. (Bruder) **August Francke** (Eilenburg), Diss. qua potiora doctrinae de morbis animi capita novo examini submittuntur. Lpz. (Jo. Fried. Fischer) 19. VI. 1811. 36 Seiten. (4.50) 9324
Gewidm.: Friedr. Ludw. Kreysig, Jo. Friedr. August Eisfeld.

— — De noctis efficacia in mutando morborum decursu. Comment. med. Lpz. (J. Fr. Fischer) 6. IX. 1811. 30 S. (3.50) 9325

Francke, Henry, a. Hamburg: Die rechtliche Natur des Berichtigungsanspruches (§ 894 B.G.Bs.). München 1907: Knorr & Hirth. (32 S.) 8°
Jena, Jur. Fak., Ref. Danz, Diss. v. 7. Sept. 1907
[Geb. 24. Dez. 83 Hamburg; Wohnort: Hamburg; Staatsangeh.: Hamburg; Vorbildung: Wilhelms-Gymn. Hamburg Reife M. 03; Studium: Leipzig 1, München 2, Jena 3 S.; Rig. 30. Juli 07.]

Francke, Herm., Aufgabensammlung für den Unterricht in der deutschen Sprache, geordnet nach drei Lehrstufen. 3. und 4. nach der neuen Orthogr. umgearb., verb. und verm. Aufl. (80 S.) 1873,81. * 50 Pf.; 5. verb. und verm. Aufl. gr. 8. (80 S.) Weimar 884, Böhlau.

Francke, H., Aufgabensammlung f. den Unterricht in der deutschen Sprache, geordnet nach drei Lehrstufen. 6., verb. Aufl. gr. 8. (80 S.) Weimar 889. Böhlau. n. — 60

Francke, Herm., Aufgabensammlung f. den Unterricht in der deutschen Sprache, geordnet nach 3 Lehrstufen. 7., verb. Aufl. gr. 8. (80 S.) Weimar 893. H. Böhlau. n. — 60

Francke, Herm., Aufgabensammlung f. d. Unterr. in d. deutschen Sprache, geordnet n. 3 Lehrstufen. 8., verb. Aufl. gr. 8. (83 S.) Weimar 896. H. Böhlau's Nachf. n. — 60

Francke, Herm., Aufgabensammlung f. den Unterricht in der deutschen Sprache, geordnet nach drei Lehrstufen. 9., unveränd. Aufl. gr. 8. (88 S.) Weimar 899. H. Böhlau's Nachf. n. — 60

Francke, Herm., Aufgabensammlung f. den Unterricht in der deutschen Sprache, geordnet nach 3 Lehrstufen. 11., nach den Regeln der neuen Orthographie veränd. Aufl. (84 S.) 8. Weimar 906. H. Böhlau's Nachf. — 60

Francke, Herm., Blüthen im Winter. Eine einfache Gabe. Querfurth 855. Schmid. 8. (109 S.) n. 15 ngr

Der Frühlings- und Wintermythus der Kesarsage. Beiträge z. Kenntnis d. vorbuddhist. Religion Tibets u. Ladakhs von A. H. Francke (früheres Titelblatt: H. Franke) [Hermann **Francke**], Missionar in Khalatse. Helsingfors: Soc. Finno-Ougrienne 1900–1902. 2 Bde 8°
[Sonderl. 1.] Der Frühlingsmythus. 1900. [2.] Der Wintermythus. 1902
= **Toimituksia**, Suomalais-ugrilaisen seuran. 15, 1. 2.

— ein Frühlingstraum. Gedicht in sieben Gesängen. Mit 1 Stahlst. 1. u. 2. unveränd. Aufl. Leipzig 853. Baumgärtner. 16. (VII, 119 S.) 1 ß

— das Goethe-Nationalmuseum in Weimar, s.: Keil, Rob.

Francke, Herm., Hilfsbüchlein für die Orthographie und Interpunktion. 8. (32 S.) Weimar 879, Böhlau.

Francke, Herm., s.: **Kschemondra,** Ekasringa.

Francke, Herm., Kyffhausen. Gedichte. Querfurth 859. Schmid. 16. (133 S.) n. 15 ngr

— deutsches Leben. Cyclus von 14 Gesängen mit verbindender Declamation. Breslau 861. Leuckart. 8. (22 S.) n. 2 ngr

— vaterländisches Lesebuch, s. Lesebuch, vaterländisches.

— vaterländisches Lesebuch. 1. u. 2. Thl. gr. 8. Ebend. 879. 82. n.n. 1. 5
1. Für die Unterstufe. Mit 32 Bildern, nach Zeichnungen von B. Woltze, in Holz geschn. von K. Oertel. 17., umgearb. Aufl. (IV, 116 S.) n. — 45
2. Für die Mittelstufe. 11., umgearb. Aufl. (192 S.) n.n. — 60

Francke, Herm., Material für den Unterricht in der Grammatik, Orthographie u. Interpunktion. Zum Gebrauche für Schulen, sowie zum Selbstunterrichte. 3., nach der neuen Orthographie umgearb. Aufl. gr. 8. (VI, 384 S.) Weimar 881. Böhlau. n. 3. —

Francke, A. H., die Mitarbeit der Brüder-Mission bei der Erforschg. Zentral-Asiens, s.: Hefte zur Missionskunde. Nr. 4.

— Preußenwort und Preußenschwert! Neue vaterländische Gedichte. Halle 859. Fricke. 8. (16 S.) 3 ngr

— A. Merseburg u. K. Zenker, Rechenbuch f. Volksschulen. Neue Bearbeitg. d. „Volkstümlichen Rechenbuches". 4 Hfte. gr. 8. Weimar 886. Böhlau. n.n. 1. 90
1. Bearb. v. A. Merseburg. (80 S.) n.n. — 45. — 2. Bearb. v. A. Merseburg. (88 S.) n.n. — 50. — 3. (18 S.) n.n. — 30. — 4. (112 S.) n.n. — 65

— A. Merseburg u. K. Zenker, Rechenbuch f. Volksschulen. Neue Bearbeitung des „Volkstümlichen Rechenbuches". 4 Hfte. 2. Aufl. Umgearb. nach d. Ministerial-Verordng. vom 25. April 1887. gr. 8. Weimar 887. 888. Böhlau. n.n. 1. 90
1. Merseburg, A., der Zahlraum 1—100. (80 S.) n. — 45
2. — Der Zahlraum 1—1000. Der unbegrenzte Zahlraum. (88 S.) n.n. — 50
3. Die Grundrechnungen mit mehrfach benannten Zahlen u. Einführgn. in die Decimalrechnung. (48 S.) n.n. — 30
4. Francke, H., u. K. Zenker, gemeine Brüche u. Decimalbrüche, Regeldetri, Prozentrechngn., Gesellschafts-, Mischungs- u. Raumrechnung, Quadrieren u. Kubieren, sowie Ausziehen der Quadrat- u. Kubikwurzel. (112 S.) n.n. — 65

— u. K. Zencker, Rechenbuch f. Volksschulen. Resultate. 4. Hft. gr. 8. (80 S.) Ebd. 887. n. 1. 20

— A. Merseburg u. K. Zenker, Rechenbuch f. Volksschulen. Neue Bearbeitg. d. „volkstüml. Rechenbuchs". 1. u. 2. Hft. Bearb. v. A. Merseburg. gr. 8. Weimar, H. Böhlau. n.n. — 95
1. 3., im amtl. Auftrage überarb. Aufl. (80 S.) 891. n.n. — 45
2. 4., im amtl. Auftrage überarb. Aufl. (87 S.) 892. n.n. — 50

— — — dasselbe. Neubearbeitg., s.: Heiland, F., u. K. Muthesius.

— Seid einig, einig, einig! Patriotische Gedichte. Halle 859. Lippert. gr. 8. (15 S.) 3 ngr

— kurz zusammengefaßter Stoff f. d. Unterricht in der Geschichte Thüringens. gr. 8. (20 S.) Weimar 884. Huschke. n.n. — 25

— Thüringen. Kurz zusammengefaßter Stoff für den Unterricht in der Geographie u. Geschichte Thüringens. 2., verm. Aufl. gr. 8. (32 S.) Weimar 888. Huschke. n.n. — 50

— Thüringen. Kurz zusammengef. Stoff f. den Unterr. in d. Geographie u. Geschichte Thüringens. 3., verb. u. verm. Aufl. 8. (43 S.) Weimar 899. A. Huschke Nachf. n. — 60

Francke, Herm. (II.), das beichtväterliche Verhältniß des Geistlichen zum Geistlichen. Ein Scherflein zur Seelsorge unter Seelsorgern. Als ein ehrfurchtsvoller Gruß aus der Ephorie Rochlitz bei der 50jähr. Amtsjubelfeier des Hrn. geh. Kirchen- und Schulraths Dr. Conr. Benj. Meißner am 21. Novbr. 1854 dargebracht. gr. 4. (12 S.) Leipzig 855, (Thomas.) *

Francke, Herm., **Wegemesser** f. das Herzogth. Oldenburg. Bearb. i Auftr. d. grossherzogl. Staatsministeriums auf d. Cataster- u. Vermessungs-Bureau. gr. 8. (III, 104 S.) Oldenburg 875. A. Littmann. n. 1. —

— **Weimar u. Umgebung,** s. a. **Huschke's,** Alex., illustrierte Städteführer v. Thüringen.

Francke, Herm., **Weimar u. Umgebung.** 3., verb. u. verm. Aufl. 8. (VI, 150 S. m. Abbildgn. u. 1 Plan.) Weimar (900). A. Huschke Nachf. n. 1. —

Francke, A. H., der Wintermythus der Kesarsage, s: **Mémoires** de la société finno-ougrienne. XV. 2.

— **Imanuel Ehrenfried** (Bischofswerda), Spec. contin. caput juris controvers. ad Julianum in cap. XXVIII. D. de vulgar. et pupillar. substitut. Präs. Christian Heinr. Breuning. Lpz. (Langenheim) 23. I. 1768. 8 S. (2.—) 9326

FRANCKE, JOACH. (autor), Diss. med. inaug. de calore ac frigore corporis humani atque modo agendi remediorum refrigerantium et calefacientium. Jenae. 1751. 4. [Praes. Georg Erh. Hamberger].

Francke, Joach. Herm. Frz., das Verhältniß der Kirchenpatrone u. Eingepfarrten in Rücksicht auf die Bedürfnisse des Kircheninstituts, wie dasselbe durch die Constitution vom 27. Dec. 1834 u. durch die landesherrl. Declaratorverordnung vom 21. April 1842 festgestellt ist. Ein Beitrag zum Mecklenburg-Schwerin. Kirchenrechte. Mit 6 Anlagen. 4. Schwerin 836. Kürschner. (Berlin, Pahn.) 1/3 ß

Francke, Johann

— — de vera antiquorum acetosella, ejusdemque virtute contra febres malignas, petechiales et pestem ipsam Aug. Vindel 1717 12.

Jo. Francke herba alleluja botanice considerata, ex veterum ac recentiorum decretis. Ulm 1709. 12.

Francke, Johann Christian

— — s. a. **Franke**

— — **Summos in utr. jure honores viro Georg Heinrich Pfotenhauer (Delitzsch). Wittbg., 7. V. 1805. 12 S. mit Biogr. P.'s. (M.: C. F. Vogel.) (2.—)** 9329
De justis limitibus exceptionis fornicationis.

— **Johann Christian,** De religione judicis in consiliis ad amicam litis compositionem suppeditandis disserit et memoriam viro Gottlob Christian Klügel (Wittenberg) summi in jure honor. ante quinquaginta annos. Wittbg. (C. Ch. Dürr) o. J. 14 S. (1.50) 9328

— — De religione judicis in jurejurando de credulitate caute exigendo. I. Wittbg. 1814. 16 S. mit Biograph. v. Theophil Ernst Pinder (Adorf/Vogtl.; M.: J. W. Liebhold). (2.50) 9331

— — Summos in utr. jure honores viro Christian Wilh. Wiesand (Wittenberg). Wittbg. (Ch. H. Grässler) 5. VII. 1810. 15 S. mit Biogr. W.'s. (M.: C. F. Nitzsch.) (2.50) 9330

— **Johann Georg** (Hersfeld/Hess.), De allegatione caussae criminalis, pro coloranda caussa civili facta, et coram supremis imperii tribunalibus proposita, connexitatem non operante, nec illorum jurisdictionem fundante. Diss. jur. Marburg (Ph. Cas. Müller) Sept. 1757. 28 S. (4.80) 9332
Gew.: Leop. Phil. Ludw. v. Haller, Joh. Ad. v. Vulte, Gg. Heinr. Schaeffer, Maxim. v. Münchhausen, Joh. Phil. Kleinschmidt. — Widm. v.: Jac. Val. Conr. Wachs.

— **Johann Gottlieb** (Weissenfels), De residuis. Präs. Augustin Leyser. Wittbg. (E. G. Eichsfeld) März 1739. 31 S., z. Tl. dtsch. (4.80) 9333

Francke, Joh Val., s.a. Frank, J. V.

Francke, Jh. Val., **Callinus seu quaestionis de origine carminis elegiaci tractatio critica. Accedunt Tyrtaei reliquiae cum prooemio et critica annotatione.** 8maj. Altona u. Leipz. 816. Hammerich. 1 ₰

— über ein Einschiebsel Tribonians beim Ulpian, die Verbannung nach d. großen Oase betreffend. gr. 8. Kiel 819. (Leipz., Hartmann) 11 gr.

Francke, J. V., Uber ein Einschiebsel Tribonians bei Ulpian, die Verbannung nach der grofsen Oase betreffend. Leipz. 820. 8. 11 gr.

Francke, Jh. Val., Examen criticum D. Junii Juvenalis vitae. 8. Altona u. Leipz. 820. Hammerich. 14 gr.

— die Goldmünze d. Bauduin in St. Petersburg, erläutert ꝛc. 8. Dorpat 824.

Francke, Joh. Val., Griechische u. Lateinische Inschriften, s. Inschriften.

(—), Schreiben an Prof. Heinrich in Kiel uber eine Recension in der Hallischen allg. Literaturzeitung. U. St. [Kiel]. 1816. P. (U. B.)

Francke, Jo Val., de vita D. Junii Juvenalis quaestio. Fol. Dorpati 827. (Severin.) 1/2 ₰

Francke, Jo. Val., de vita D. Iunii Iuvenalis quaestio altera. Fol. (7 B.) Dorpati 827. (Severin.)

— **Johann Wilhelm (Breitenbach/Hessen), De transsubstantiatione testamentorum judicibus haud permissa. Dissert. jur. Marburg (Ph. C. Müller) 2. II. 1758. 46 S. (5.—)** 9334

Francke, Iulius, Monasteriensis: **De manumissionibus Delphicis.** *Monasterii Guestf. 1904: I. Bredt.* (50 S.) 8°
Münster, Phil. Diss. v. [23. Apr.] 1904

Francke, Jul., s. Saint René-Taillandier, die polit. Lage Deutschlands. — Scribe, E., die Sirene.

Francke, Karl

Francke, Carl, approb. Arzt aus Halle a. S.: **Arteriell-venöses Aneurysma.** *Erlangen 1900: E. Th. Jacob.* (46 S.) 8°
Erlangen, Med. Diss. v. 10. Juli 1900

Francke, K., Armin, der Cherusker. Geschichtliches Drama in 5 Aufzügen aus den J. 14—23 n. Chr. gr. 16. (69 S.) München 892. G. Wilhelm. n. 1. 80; geb. in Leinw. n. 2. 40

Francke, Dr. K.* Begräbnis oder Feuerbestattung. Rede, geh. 19. Okt. 1891. München 1892, Wilhelm.

Francke, Karl, trockene Blumen. Dichtgn. 2. Aufl. (72 S.) 8. München 907. A. Ackermann's Nachf. 1. 50

—— **Die Cholera u. die Massregeln gegen ihre Verbreitung.** Lex.-8. (11 S.) Ebd. 892. * 1 —

Francke, Karl, die Grundsätze des Naturforschers u. Arztes. 12. (VII, 39 S.) München 900. Seitz & Schauer. n. — 60

Francke, Karl, Hauptsätze eines Naturforschers u. Arztes. gr. 8. (71 S.) München 895. J. Lindauer. n. 1. 50; geb. in Leinw. n. 2. 50

—— **Die menschliche Haut.** Rede. Lex.-8. (22 S.) Ebd. 892. * 1 —

Mein Instrumentarium der inneren Medizin von Dr. Karl **Francke**, Arzt in München. ⟨Mit 28 Abb.⟩ Rixdorf: Koch [übergeklebt: Berlin, Berge] 1910. 32 S. 8° [10 11662

Francke, Carl [pr. Arzt aus Harburg]: **Über Konkrementbildung im Nierenbecken ... Leipzig, Druck v. A. Edelmann, Univ.-Buchdr.,** *1896;* 23 S. 8.
Leipzig, Med Fak, Inaug-Diss. v. 21 Jan. 1896

— aus dem Leben. 12. (78 S.) Ebd. 903. n. 1. —; geb. in Leinw. m. Goldschn. n. 1. 50

Francke, Karl, aus dem Leben. 2. Aufl. (119 S.) 12. Glogau 903. Berlin, C. Flemming. Geb. in Leinw. m. Goldschn. n. 1. 50

—— **Das Leben der Zelle.** Rede, geh. auf der 64. Versammlg. der Gesellschaft deutscher Naturforscher u. Ärzte zu Halle a. S. am 22.—25. Septbr. 1891. gr. 8. (9 S.) Lpz. 892. — Münch., Wilhelm. * 1 —

— Die Neuralgien, ihre Diagnose durch Algeoskopie u. ihre Heilung durch bestimmte Alkohol-Einspritzungen, s.: Abhandlungen, Würzburger, aus d. Gesamtgebiet d. prakt. Medizin. X, 4.

— **die Orthodiagraphie. Ein Lehrbuch f. Aerzte. (V, 96 S. m. 75 Abbildgn. u. 3 Tab.) gr. 8. München 906. J. F. Lehmann's Verl. n. 4. —; geb. n. 5. —**

FRANCKE, Karl (Coburg): Quomodo mutetur numerus globulorum rubrorum in sanguine hominis com... tum laborantis et phthisi pulmonum et morbis sanguinis. (Titel nach der Urkunde)
28.7.1882 - Urk: Chr 1882/83.17
Diss.Ingolst.-Landsh.-Mchn.

Der Reizzustand. Physiolog. Experimental-Untersuchungen. Mit 158 Abb. Von Dr. Karl **Francke**, Spezialarzt f. innere Leiden. *München: Seitz & Schauer 1900.* (VIII, 151 S.) 4°(8°) [10794

— **die Schwankungen der Reizzustands-Grösse, d. i. der Intensität, bezw. des Umfangs des Lebens im menschlichen Körper. Experimental-Untersuchgn. Fol. (36 S. m. 93 Abbildgn.) Leipzig 893. G. Thieme. n. 15. —; geb. in Leinw. n. 16. —**

Die Syphilis, ihr Wesen und ihre Heilung. Ein Handbuch f. Ärzte von Dr. Karl **Francke**, Arzt in München. Mit 16 Abb. Rixdorf: Koch [übergeklebt: Berlin: Berge] 1910. VII, 114 S. 8° [10. 1188]

— naturwissenschaftliche Vorträge. Nr. I—VII u. X. Lex.-8. München, G. Wilhelm. n. 6. 50
I. Das Leben der Zelle. (9 S.) 892. n. 1. —
II. Begräbniss oder Feuerbestattung. (16 S.) 893. n. 1. —
• III. Die menschliche Haut. (22 S.) 892. n. 1. —
IV. Die Cholera u. die Massregeln gegen ihre Verbreitung. (11 S.) 892. n. 1. —
V. Geist u. Seele u. deren Selbständigkeit. (13 S.) 894. n. — 50
VI. Reizzustand u. Therapie. (10 S.) 894. n. — 50
VII. Unsere Kranken u. Schwachen müssen so gut wie irgend möglich ernährt werden. [Aus: „Medicin. Neuigkeiten".] (10 S.) 894. n. — 50
X. Fieber u. Entzündung sind einheitliche Begriffe. (15 S. m. 4 Abbildgn.) 894. n. 1. —

— naturwissenschaftliche Vorträge. Nr. VIII, IX, XI u. XII. gr. 8. Ebd. n. 5. 90
VIII. Einige neue Eigenthümlichkeiten v. festen Körpern, besonders v. Metallen. Mit 10 Abbildgn. (15 S.) 899. n. 1. —
IX. Die geformten Bestandtheile des menschlichen Blutes. Mit 1 Taf. u. 4 Abbildgn. (24 S.) 900. n. 1. —
XI. Die Algeoskopie, die Prüfung auf Druckschmerz bei den Erkrankungen der Organe der Brusthöhle, e. wicht. Untersuchungsmethode. Mit 24 Abbildgn. (22 S.) 900. n. 1. 50
XII. Die Sphygmographie in der Praxis. Mit 64 Abbildgn. (44 S.) 900. n. 2. 40

— dasselbe. II. Bd. Nr. 1 u. 2. Lex.-8. Ebd. à n. — 80
1. Die Aerzte u. die medizinischen Fakultäten. (16 S.) 902.
2. Die Reizlehre in der wissensch. Krankenpflege. (14 S.) 902.

— die menschliche Zelle. Grundzüge ihres Daseins u. ihrer Gesundheitspflege — Cellular-Biologie u. Cellular-Hygiene. gr. 8. (XVI, 746 S. m. 2 farb. Taf. u. 40 Abbildgn.) Leipzig 891. G. Thieme. n. 10. —; geb. in Leinw. n. 11. —

Francke, Karl Bernh., die Psychologie u. Erkenntnisslehre des Arnobius. Ein Beitrag zur Geschichte der patrist. Philosophie. gr. 8. (82 S.) Leipzig 878. Böhme. n. 1. 20

Francke, Carolus Aemilius •Adumbratio Psalmi quadragesimi quinti 12 Bl. 2°
Halle-Wittenberg, Phil. Diss v. 29. Aug. 1836
Geb. [Gehofen (Kr. Sangerhausen) 31. 3. 1811]
In seinem Lebenslauf im Progr d Rats- u. Friedr.-Realschule Cüstrin 1863 lautet sein Name Franke.

— Carl Friedrich (Potsdam), De variolis. Dissert. phys.-pathol. Bln. (Brüschck) 24. VII. 1829. 45 S. mit Biogr. (M.: M. C. Sebastian.) (4.50) 9291
Oppon.: E. Gabler, A. Seidler, C. Hercke. — Gew.: Dr. med. Wolff (Berlin).

— Carl Gottlob, Historia femoris exarticulati. Diss. med.-chir. Lpz. (B. G. Teubner) 1835. 32 Seiten. (4.—) 9292

Francke, Karl Ludwig

— method. Anleitung für den Unterricht im Zeichnen, zum Gebrauch in Elementarschulen u. höheren Bildungsanstalten, auch zum Selbstunterricht in den Anfangsgründen des perspectiv. Zeichnens. Mit e. Vorworte von F. A. W. Diesterweg u. 12 Kpfrtaf. 8. Berlin 833. Schüppel. 1 ₰ — 2r Thl. A. u. d. T.: Method. Anleitung für d. Unterricht im Blumen-, Landschafts-, Kopf- u. Thierzeichnen etc. Mit 13 Kpfrtaf. 8. Ebd. 835. $1\frac{1}{2}$ ₰

— theoretisch-prakt. Anleitung zum ersten Unterricht im Zeichnen, für den Schul- u. Privatgebrauch. Nebst 60 in Kupfer gestoch. Vorlegeblättern, neu entworfen u. in zweckmäß. Stufenfolge geordnet. gr. 8. Berlin 839. Amelang. $1\frac{1}{2}$ ₰ — 2s u. letztes Hft. Mit 52 in Kupfer gestoch. Vorlegeblätt. Krummlinige Figuren. gr. 8. Ebd. 839. $1\frac{1}{2}$ ₰

Francke, Karl Edw., die Elemente der Perspektive u. Schattenlehre in Beziehung auf Naturzeichnen und Aufnehmen ganzer Gegenden im Freien. Für den Schul- u. Selbstunterricht u. als Anleitung zum leichteren Verstehen größerer Werke über Perspektive bearb. Mit 5 Kpfrtaf. gr. 8. Berlin 836. Schüppel. $\frac{2}{3}$ ₰

Francke, Karl Edw., biblische Gedichte. 8. Berlin 840. Besser. n. $\frac{5}{6}$ ₰

Francke, C. L., der denkende Zeichner, oder gründl. u. faßl. Anweisung, Naturgegenstände richtig aufzunehmen u. Vorlegeblätter mit Nutzen nachzeichnen zu können. Mit 32 (lith.) Taf. qu. 4. Berlin 845, Schultze. n. $1\frac{1}{3}$ ₰

Francke, Karl Ludwig Wilhelm

Francke, C. L. W., Bemerkungen über den Sprachgebrauch des Shakespeare. Progr. des Gymn. Bernburg 1837. 8°. 32 S.

Francke, C. L. W., griech. Elementarbuch, s. Elementarbuch.

Francke, C. L. W., De loco oeconomici Xenophontei. Pr. 1834. 28 S.

Francke, C. L. W. Probe aus einem Commentar zu Shakespeare's Hamlet. Bernburg, G., 1848. Progr.

Francke, Karl Edw. Wlh., s. Shakspeare's Macbeth.

Francke, Karl Moritz

Francke, Bemerkungen zur Schrift des Herrn Prof. Dr. P. Jessen über das Asyl Hornheim. Kiel 862. Schröder & Co gr. 8. (30 S.) n. 5 ngr

Francke, Karl Moritz. Morbus Dithmarsicus. Dissert. inaug. 8 maj. Kiliae 838. (Universitäts-Buchh.) n. $\frac{1}{3}$ ₰

Die Beschwerden der Herzogthümer Schleswig-Holstein und Lauenburg gegen die dänische Gesammt-Verfassung vom 2. Oct. 1855 [v. Carl Philipp **Francke**]. Aus der Minerva von Bran. Juliheft 1856. besonders abgedruckt. Jena. 1856. 8°.

— Carl Siegfried (Dresden), De jure singulorum controverso. Präs. Heinrich Gottlieb Francke. Lpz. (Stopffel) Mai 1755. 42 S., tlws. dtsch. (5.—) 9293
Gew.: Heinr. v. Brühl (Forst . .). — Widm. v. Präs.

— Carl Sigismund (Wittenberg), Selecta juris dotalitii capita. Präs. Christoph Heinrich v. Berger. Wittbg. (Wwe. Gerdes) 22. V. 1723. 40 S. (4.80) 9294

[**Francke**, Kuno.] Deutsche Arbeit in Chile. Festschrift des dtsch. wissensch. Vereins zu Santiago zur Centenarfeier der Republik Chile. 2 Bde. Santiago 1910. 1913.

Francké, Kuno. De hymni in Cereris homerici compositione, dictione, aetate. 28 S. ~~Progr~~ G. *Kiel* 1881

— de hymni in Cererem Homerici compositione, dictione, aetate. 4. (28 S.) Kiel 881. (Lipsius & Tischer.) n. 1. —

Francke, Kuno, zur Geschichte der lateinischen Schulpoesie des XII. u. XIII. Jahrh. gr. 8. (107 S.) München 879. Literar.-artist. Anstalt. n. 3. 60

Francke, Kuno, die Kulturwerte der deutschen Literatur in ihrer geschichtlichen Entwicklung. (In 4 Bdn.) 1. Bd. Die Kulturwerte d. deutschen Literatur d. Mittelalters. (XV, 293 S.) 8. Berlin 910. Weidmann. Geb. in Leinw. 6. —

--Goethe's Vermachtnis an A Mem addr del at the Goethe mem celeb in NY and Cleveland NY, 1907.

Francke, L., Deutschlands Getreidehandel und Getreidepreise. Unter Benutzung der Jahresberichte der deutschen Handelskammern und kaufmännischen Korporationen dargestellt (A. d Zschr. d. k. preuss. statist Bur. Jhg. 1887.) Berlin 1887. 4

Francke, Leo: Studien zu Hölderlins Odendichtung mit Berücksichtigung des Einflusses älterer und neuerer Muster. T. 1. Breslau: Freund 1910. 44 S. 8° ¶(Vollst. im Selbstverl.)

Breslau, Phil. Diss. v. 10. Sept. 1910, Ref. Koch

[Geb. 29. April 83 Weimar; Wohnort: München; Staatsangeh.: Sachsen-Weimar; Vorbildung: Gymn. Weimar Reife O. 01; Studium: Jura Breslau 2, Leipzig 6, Dijon 1, Lyon 1, Phil. Berlin 4, Halle 2 S.; Rig. 30. Juli 10.] [U 11.709

Francke, M., Die Waschkauen auf den Steinkohlenbergwerken des Oberbergamtsbezirks Dortmund Berlin, 1894. 16 S. mit 8 Taf

Francke, O., s.: Freundesgaben f. Carl August Hugo Burkhardt.

Francke, O. Das 5 thuring Infanterie-Regim No 94 [Grossherzog von Sachsen], 22 Division, im Feldzuge gegen Frankreich 1870 u 1871 (XI 372) 8 M. 1 Kte, 11 Plan Weimar 1872 7,00.

Francke, Otto

Francke, O., die Belagerung u. Beschießung Stralsunds durch den Großen Kurfürsten u. die damit zusammenhängenden Ereignisse in u. bei der Stadt. Eine Gedächtnißschrift zum 11. Octbr. 1878. 8. (III, 84 S.) Stralsund 878. Bremer. n. — 75

Francke, O. Die kriegerischen Ereignisse in und bei Stralsund 1678. (Stettin 1868.) 8°. (Aus: Balt. Studien.)

— Stralsunds äußere Erscheinung zu Ende des 15. Jahrh. [Aus dem pommerschen Jahrbuch.] Stralsund 869. Hingst. gr. 8. (34 S.) n. 6 ngr.

Francke, Otto, aus Stralsunds Franzosenzeit. Ein Beitrag zur Geschichte dieser Stadt. Stralsund 870. Bremer. 8. (IV, 102 S.) n. 20 ngr.

Francke, Otto, Herder u. das Weimarische Gymnasium, s. a. Sammlung gemeinverständlicher wissenschaftlicher Vorträge.

Francke O, Herder und das Weimarische Gymnasium. (Sammlung gemeinverständlicher wissenschaftlicher Vorträge N F 183) Hamburg 1893

Francke, O. Die Kriegsbegebenheiten in und bei Stralsund 1678. Stralsund 1868

Francke, Otto Regesten zur Geschichte des Gymnasiums zu Weimar 4 (44 S) **Progr.** Wilhelm-Ernstisch G *Weimar* 1888 (636)

Francke, Otto, Terenz u. die lateinische Schulcomoedie in Deutschland. gr. 8. (157 S.) Weimar 877. Böhlau. n. 3. —

Francke, Otto, das Verfestungsbuch der Stadt Stralsund, s. a. Geschichtsquellen, hansische.

D. Verfestungsbuch v. Stralsund, hrsg. v. Francke, m. e. Einl. v. Frensdorff. Halle 875.

Francke, Otto, über Goethe's Versuch, zu Anfang unseres Jahrhunderts die römischen Komiker Plautus und Terenz auf der weimarschen Bühne heimisch zu machen. gr. 8. (26 S.) (Berlin 887.) Leipzig, Hettler. *
Aus: Zeitschrift für vergleichende Litteraturgeschichte, besonders abgedruckt.

Francke, P. H. M., die Leichtathletik. — Skilaufen, s. a. Lehrmeister-Bibliothek.

Francke (P. M H). Die Leichtathletik. 36 S. m. Abb. Lehrmeister-Bibliothek no. 28, 29. kl. 8°. Leipzig, 1910. M. —.40

Francke (P. M. H.). Skilaufen. (31 S. m. Abb.) (Lehrmeister-Bibliothek n°. 26). kl. 8°. Leipzig. 1910. M. — 20

Francke, R., dunkle Glaubenswege. Erzählung aus der Zeit der Hugenotten-Verfolggn. (256 S.) 8. Barmen (905). E. Biermann. Geb. in Leinw. n. 2. 80; m. Goldschn. n. 3. 80

Francke, R., Kostenordnung, siehe Handbibliothek, jur.

— der eiserne Landgraf, s.: Bibliothek vaterländischer Sagen u. Erzählungen. VI.

Francke, Reinhard, Belustigungen der Dorfjugend. Ein Bilderbuch f. erwachsene Knaben. Mit 12 (lith. u.) color. Bildern. qu. gr. 4. (8 S.) Leipzig 817, Winter. 27 ngr.

— Charakterbilder. Kleine Erzählungen für Knaben. Mit 9 (lith. u.) color. Bildern. Ebend. (856.) br. 8. (40 S.) 15 ngr.

Francke, Rhrd., das Büchlein Werngesehen. Ein Geschenk für kleine Mädchen. Mit 8 (lith. u.) color. Bildern. Leipzig (857.) A. Winter. 16. (2 Bl., 75 S.) 15 ngr.

Francke, Reinh., das Büchlein Gerngesehen. Ein Geschenk für kleine Mädchen. qu. 16. (III und 75 S. mit 8 lithogr. und ill. Bildern in Tondr.) Leipzig 858, A. Winter.

—— Kleinkinder-Lesebuch. br. 8. (40 S. mit 12 lithogr. und ill. Bildern. Leipzig 855, A. Winter.

— Kleinkinder-Lesebuch. Mit 12 (lith. u.) color. Bildern. Ebend. (856.) br. 8. (40 S.) 15 ngr.

— Lesesporn. Mit 9 (lith. u.) color. Bildern. Ebend. (856.) br. 8. (38 S.) 15 ngr.

—— Sittenbüchlein für kleine Leute. 8. (57 S. mit ill. Stnt.) Leipzig 849, Winter.

—— Was Fritz werden will. Plauderstoffe. br. 8. (63 S. mit 10 lithogr. und ill. Bildern.) Leipzig 855, A. Winter. –

–– Was Fritz werden will. Plauderstoffe. Mit 10 (lith. u.) color. Bildern. Ebend. (856.) br. 8. (63 S.) 22½ ngr.

Erläuterungen zu Skirnisfor ⟨Skirnir's Fahrt⟩ oder Im Reiche Wotans. Pantomime u. Ballet nach d 'Edda' von Richard Francke. *Berlin: O Weinthal [1900].* (16 S) 8°

Francke, Rich., Skirnisför (Skirnir's Fahrt) od. im Reiche Wotans. Pantomime u. Ballet nach der „Edda". Erläuterungen. 8. (9 S.) Berlin (900). O. Weinthal. — 80

Skirnisför ⟨Skirnir's Fahrt. La demande de Skirnir. Skirnir's drive⟩ oder im Reiche Wotans. Pantomime & Ballet nach d. Edda von Richard **Francke.** *Berlin: O. Weinthal 1900.* (51 S.) 4°

Francke, Richard L., Referendar: Die vertragsmäßige Vermögensübernahme nach dem Bürgerlichen Gesetzbuch unter Berücksichtigung des früheren Rechtes. Borna-Leipzig 1908: Noske. XI, 120 S. 8°

Erlangen, Jur. Diss. v. 2. Okt. 1908, Ref. Siber

[Geb. 11. Apr. 86 St. Johann a. d. S.; Wohnort: St. Johann: Staatsangeh.: Preußen; Vorbildung: Gymn. Saarbrucken Reife O. 04; Studium: Genf 1, Berlin 2, Freiburg i. B. 1, Bonn 2 S; Rig 22. Juli 08.] [U 09. 680

Francke, Rudolf

Festschrift zur 55. Haupt-Versammlung des evang. Vereins der Gustav-Adolf-Stiftung vom 22.–25. Sept. 1902 zu Cassel. Im Auftr. d. Festausschusses hrsg. von R. **Francke** *(Kassel: E. Röttger) 1902.* (64 S.) 8° [Umschlagt J.]

Führer durch die Umgegend von Carlshafen Mit 2 Karten. Hrsg. von R[udolf] **Francke** *Carlshafen 1899: 'Carlshafener Zeitung'.* (72 S) 8° [J.]

Ist die Einführung des Wanderarbeitsstättengesetzes für den Reg.-Bez. Cassel zu empfehlen? Von Pfarrer R[udolf] Francke, Cassel. o. O. (1907). (12 S.) 8° [Kopft. F.]

Francke, R., Ist die Einführung des Wanderarbeitsstättengesetzes für den Reg.-Bez. Cassel zu empfehlen? 8⁰. Cassel 1908.

Karte der Oberweser-Gegend nebst einer Specialkt. v. Carlshafen u. Umgegend Aus mehr. and. Kt. f. Touristen zsgest. v. R. Francke-Carlshafen. Massst.. 1.75000. [Nebst] Beilage. *(Carlshafen): Im Selbstv. d. Vfs. Aubeldt.-Anst. v. C. F. Kaiser Köln-Lindenthal. 1896.* 1 Ktnbl. gr. 2 (□) 1 Bl 4.(8)

Francke, Rud., die französische Colonie in Karlshafen, s.: Geschichtsblätter d. deutschen Hugenotten-Vereins.

Francke, Rud., die christliche Liebestätigkeit in Kurhessen. (488 S.) gr. 8. Kassel (904). F. Lometsch. Geb. in Leinw. n. 5.—

Genealog.-biograph Nachrichten von den direkten Vorfahren des Diakonus Matthaeus Muller und seiner Nachkommenschaft. Erz. von Paul Rudolf **Francke**. (Als Ms. gedr.) (Köln a. Rh. 1907: Heyer & Schmitz.) (9 Bl) 4°(8°)

Francke, Rud., die Rätsel der Geheimwissenschaft. („Okkultismus".) Ein Wort der Aufklärg. u. Mahng. an alle Freunde gesunden evangel. Christentums, insbesondere an seine Amtsbrüder. (80 S.) 8. Berlin-Großlichterfelde 910. E. Runge. 1.50

— um des Glaubens willen. Erzählung aus der Zeit der Hugenotten-Verfolgn. 8. (174 S.) Karlshafen 894. (Kassel, E. Röttger.) Kart. n.n. 1.20

Die Versammlungen im Casseler Blaukreuzhause in nüchterner Beleuchtung. Von Pfarrer R[udolf] **Francke** in Cassel. Cassel (1907): E. Röttger. (39 S.) 8° [F.]

Francke, Rutger Heinrich, s. F r a n c k e n

F r a n c k e , S.. „Nummophylacii Wilhelmo Ernestini, quod Vinariae fulget, rariores bracteati nummique", Vinariae (1723). — Vorhanden: Com Bibl Hamburg.

— **Salomo Gotthelff** (Niebra/Vogtl.), De relegalis. **Präs. Augustin v. Leyser. Wittbg. (E. G. Eichsfeld) April 1744. 22 S., tlws. dtsch. (3.50)** 9337

Francke, Th. Kurzgefasste Geschichte des Franckenlandes u dessen Hauptstadt Wurtzburg. 8. Franckfurt 1755

Francke, Theodor: Der Begriff der verlorenen und der gefundenen Sache. Borna-Leipzig 1909: Noske. VIII, 53 S. 8° Jena, Jur. Diss. v. 21. Sept. 1909, Ref. Thon
[Geb. 10. März 76 Berlin; Wohnort: Berlin; Staatsangeh.: Preußen; Vorbildung: Sophien-Gymn. Berlin Reife O. 96. Studium: Berlin 8 S.; Rig. 4 Aug. 09.] [U 10. 2236

Francke, Thdr., Murmeleien. Humoristisch-närr. Kleinzeug. gr. 8. (79 S.) Aachen (899). M. Jacobi's Nachf. 1.—

Francke, Vict., die konservative Behandlung der Hüftgelenkserkrankungen. Diss. gr. 8. (16 S. m. 1 Taf.) Berlin 893. (C. Skopnik.) —30

Francke, W. Th., s. F r a n c k e , Wilhelm Chr.

Francke, Walther Über die Echtheit der Friedensrede des Andokides 14 (S 3—11) Progr. G u Rpg *Greifswald* 1888 (125).

Francke, Walth., d. Krankenpflegerin. Forderungen, Leistgn., Aussichten i. dies. Beruf, s. a Frauenberufe. 6.

Francke, Walther: Die Krankenpflegerin. Forderungen, Leistungen, Aussichten in diesem Berufe. — Leipzig: Kempe 1899. 47 S. 8° (Frauen-Berufe. [6.])

Francke, Waltherus De Andocidis oratione, quae est de pace Halis Saxonum 1876: Ploetz. 35 S. 8°
Halle-Wittenberg, Phil. Diss. v. 9 Dez. 1876
Geb. Zeitz 14. 10. 1853 V.
Vom Verf. ersch. spater deutsch: Ueber die Echtheit der Friedensrede des Andokides. Greifswald 1888: Kunike. 14 S. 4° Gymn.-Progr.

Francke, Wilh.: Civilistische Abhandlungen. Göttingen 1826.

1. Ueber die lex Cincia.
2. Beitrag z Lehre von d. Pfandklage, vornehml. zur Revision der Lehre von dem für eine naturalis obligatio haftenden Pfande.
3. Ueb d. vertragsmäß. Bestellg d. Servituten.
4. Grundzüge der Lehre d. Röm Rechts von der Collation.

Francke, Wlh., civilist. Abhandlungen. gr. 8. Götting. 826. Vandenhöck u. R. 1 ₰

Francke, Wilh.: Beiträge zur Erläuterung einzelner Rechtsmaterien. Abth. 1. [einz.] Göttingen 1828.

— Beitrr. zur Erläuterung e. Rechtsmaterien. 1e Abthl. gr. 8. Götting. 828. Dieterich. 18 gr

Francke, W.: Die Entscheidungen ausländischer Gerichte über bürgerliche Rechtsstreitigkeiten in ihrer Wirksamkeit nach Deutschem Reichsrecht. Berlin 1884.
(S.-A. a.: Zeitschrift f. dt. Civilprozeß Bd 8)

Francke, W., die Entscheidungen ausländischer Gerichte üb. bürgerliche Rechtsstreitigkeiten in ihrer Wirksamkeit nach deutschem Reichsrecht. gr. 8. (III, 129 S.) Berlin 884. C. Heymann's Verl. n. 2.—

— Grundriß zu Vorlesungen über die Pandecten. 8. Jena 839. Cröker. 1/6 ₰

— — **Index scholarum publice privatimque in universitate litterarum Jenensi p. hiemen 1836. — Praefat. est D. H. C. A. Eichstad [über Erasmus v. Rotterdam]. Jena (Bran). 17 S. (2.50)** 9342

Francke, W., exegetisch-dogmatischer Commentar über den Pandectentitel de Hereditatis Petitione. 2 Abthlgn. gr. 8. (IV und 438 S.) Göttingen 864, Dieterich'sche Buchh. à Abthl. * 1 Thlr. *

— die Nachfolge in Braunschweig als Frage d. Rechts, s. a. Zeit- u. Streit-Fragen, deutsche.

Francke W, die Nachfolge in Braunschweig (Zeit- u Streitfragen 207) Berlin 1884

— — **Observationum de jure legatorum et fideicommissorum sectio I. Jena (Croeker) 19. III. 1832. 16 S. (3.—)** 9340

— **Wilhelm** (Lüneburg), **De pignore pro naturali debito obligato. Comment. jur. Götting. (C. E. Rosenbusch) 1824. 48 S. (4.50)** 9339

— d. Recht d. Notherben u. Pflichttheilsberechtigten. Eine civilist. Abhandl. gr. 8. Götting. 831. Dieterich. 2 ₰ 16 gr

Francke, Wilh., Sein u. Schein. Roman. 8. Leipzig 840. Kollmann 1 ...

— s. v. Sor. Napoleon in Belgien.

— — In virum Joh. Heinr. Franz (Lobenstein) summos in utr. jure honores. — De manumissorum successione spec. I. Jena (Schreiber) 22. XII. 1834. 17 S. mit Biogr. F.'s. (M.: M. Raue.) (2.50) 9341

Francke, Guil., de manumissorum successione specimen I—III. Smaj. (3½ B.) Ienae 836. (libr. Crocker.) *

Francke, Wilhelm Chr.

Fur die Bauforderungen. Ubersicht, Kritik, Gegenentwurf. Von [Wilhelm] Ch. Francke, O.L.-Ger.R. a. D Hannover: Helwing 1908. (67 S.) 8° ...

Francke, W. Ch. (Hrsg.), s. a. Dienstboten-Edikt, Das, f. d. Herzogtum Lauenburg ...

Francke, W. Ch., das Dienstboten-Edikt f. das Herzogt. Lauenburg vom 22. XII. 1732, wie es v. Neujahr 1900 an gilt, nebst den zubehör. Gesetzen m. Verzeichnissen u. Bemerkgn. hrsg. 12. (54 S) Lübeck 899. Lübcke & Nöhring. Kart. n. — 60

Francke, Oberlandesg.-R. a. D. W. Ch., Das Dienstboten-Edikt f. d. Herzgt. Lauenburg vom 22. Dezember 1732, wie es von Neujahr 1900 an gilt, nebst den zubehörigen Gesetzen mit Verzeichnissen und Bemerkungen herausgegeben. (54 S.) Lübeck 1899. E. Schmersahl Nachf. Kart.

Francke, Wilhelm Chr (Hrsg.), s. a Dienstbotenordnung, Die Hamburger ....

— die Hamburger Dienstboten-Ordnung vom 7. XII. 1898 nebst den zubehörigen Gesetzen, wie sie von Neujahr 1900 an gelten, m. Bemerkgn. u. Verzeichnissen hrsg. 12. (74 S.) Hannover 899. C. Meyer. Kart. n. — 75

Francke, Wilhelm Chr. (Hrsg.), s. a Dienstbotenordnungen, Die Hannoverschen, ...

— die hannoverschen Dienstboten-Ordnungen, wie sie v. Neujahr 1900 an gelten, nebst den zubehör. Gesetzen. Hrsg. in 4 Heften m. Verzeichnissen u. Bemerkgn. 12. Ebd. 899. Kart. à n. — 50
1. Die Dienstboten-Ordnung der Reg.-Bezz. Hannover, Hildesheim u. Lüneburg. (56 S.)
2. Die Dienstboten-Ordnung des Reg.-Bez. Stade. (61 S.)
3. Die Dienstboten-Ordnung des Reg.-Bez. Osnabrück. (64 S.)
4. Die Dienstboten-Ordnung des Reg.-Bez. Aurich. (64 S.)

— die Gesinde-Ordnung f. den lübeckischen Freistaat, wie sie v. Neujahr 1900 an gilt, nebst den zubehör. Gesetzen m. Bemerkgn. u. Verzeichnissen hrsg. 8. (58 S.) Lübeck 899. Lübcke & Nöhring. Kart. n. — 60

Die Gesinde-Ordnung vom 8 November 1810, wie sie von Neujahr 1900 an Geltung hat, nebst den zubehor. Ges. mit Verz u Bemerk. hrsg von W[ilh] Ch[r] Francke, Oberlandesger R. a. D *Hannover & Berlin. C. Meyer 1899.* (90 S.) 8° [...] ...

Die Gesinde-Ordnung fur die Herzogthumer Schleswig und Holstein, wie sie von Neujahr 1900 an gilt, nebst den zubehorigen Gesetzen mit Verzeichnissen und Bemerkungen hrgg v. W. Ch. Francke. Kiel und Leipzig. 1900. 8°.
Umschlag: Neue Gesinde-Ordnung für Schleswig-Holstein. gultig vom 1. Jan. 1900 an.

— dasselbe f. die Herzogthümer Schleswig u. Holstein, wie sie von Neujahr 1900 an gilt, nebst den zubehör. Gesetzen, m. Verzeichnissen u. Bemerkgn. hrsg. 8. (47 S.) Kiel 900. Lipsius & Tischer. Kart. n. 1. —

— die Konkurs-Ordnung u. das sogenannte Anfechtungs-Gesetz, s.: Schwann's Handausgaben deutscher u. preuß. Gesetze. Nr. 10.

Francke, Wilh. Ch., die Nebenparteien der deutschen Civilprozeßordnung, nebst der Rechtskraft Dritten gegenüber. gr. 8. (IV, 136 S.) Göttingen 882. Vandenhoeck & Ruprecht's Verl. n. 2. 80

— der Offenbarungseid im Reichsrecht. Eine wissenschaftl. Abhandlg. aus dem Gebiete d. prakt. Civilprozeßrechts. gr. 8. (VIII, 116 S.) Berlin 885. Vahlen. n. 2. —

— das Recht des Kaufmanns. Einführung in das neue deutsche Handelsrecht auf Grund des Handelsgesetzbuchs u. der übr. neuen handelsrechtl. Gesetze. Gemeinverständlich f. den gesamten Handelstand dargestellt. (Dr. Ludw. Huberti's moderne kaufm. Bibliothek.) gr. 8. (VIII, 156 S.) Leipzig (901). Dr. L. Huberti. Geb. in Leinw. n. 2. 75

— Tierhalterhaftung. Die besond. Haftg. des Tierhalters u. des Tieraufsichtspflichtigen nach dem bürgerl. Gesetzbuch, dargestellt f. Juristen u. Nichtjuristen. (VIII, 91 S.) gr. 8. Ebd. 911. 2. 50

Francke von Franckenau, s. Franck von Franckenau

Francke-Roesing, Charlotte, die Rosenkette. Verse. (140 S.) 8. Köln 906. P. Neubner. Geb. 3. 50

Franckel, A., s. Fränckel

Franckel, Adf., Wiener Gräber. (Gedicht.) gr. 16. (31 S.) Leipzig 849, O. Wigand. n. ⅓ *ß*

Franckel, Adf., der Tannhäuser. Weimar 854. Böhlau. 8. (3 Bl., 341 S.) n. 2 *ß* 10 *ngl*

Franckel, Otto, die Bestimmungen d. österreichischen Rechtes gegen unehrbaren Wettbewerb [Concurrence déloyale]. gr. 8. (64 S) Wien 884. Manz. n. 1. —

Franckel, Otto, e. Vorschlag f. die Neugestaltung d. Civilprocesses in Oesterreich. [Aus: „Zeitschr. f. d. Privat- u. öffentl. Recht".] gr. 8. (76 S.) Wien 892. Manz. n. 1. 60

Fränckel, s. a. Fränkel.

Fränckel, A., s. Nachtigal's, Gust., Reisen in der Sahara und im Sudan.

Franckel, A., ärztlicher Rathgeber zur Verhütung und Heilung der Harn- und Geschlechtskrankheiten. Für Kranke u. Erzieher. Berlin 856. (Leipzig, Friese.) 8. (3 Bl., 142 S.) nn. 15 *ngl*

Fränckel, A., ärztlicher Rathgeber zur Verhütung und Heilung der Harn- und Geschlechtskrankheiten. Für Kranke und Erzieher. 2., verb. und verm. Aufl. Inhalt: Onanie, Pollutionen, Impotenz ꝛc. 8. (VII und 145 S.) Berlin 857, Fränckel's Selbstverlag. * *

Fränckel, A., ärztlicher Rathgeber zur Verhütung u. Heilung der Harn- u. Geschlechtskrankheiten. Für Kranke u. Erzieher. 7. verb. u. verm. Aufl. Berlin 866. Fränckel's Selbstverlag. 8. (VII, 145 S.) 20 *ngr.*

Fraenckel, Alfred: Der einphasige kompensierte Nebenschlussmotor mit besonderer Berücksichtigung des regelbaren Nebenschlussmotors von E. Arnold und J. L. la Cour. Berlin: Springer 1908. 82 S. 8°
¶ Auch in: Arbeiten aus d. Elektrotechn. Institut d. Großherzogl. Technischen Hochschule Fridericiana zu Karlsruhe 1908—1909. 1909.
Karlsruhe, Dr.-Ing.-Diss. v. 20. 7. 1908

Fraenckel, A., die asynchronen Wechselstrommaschinen, s.: Arnold, E. u. J. L. La Cour.

Fraenckel, Anna, die Hausfrau in Küche und Speisekammer, s. Hausbücher.

Fraenckel, Anna, der praktische Hausfreund. Ein Ratgeber zur zweckmäß. Einrichtg. u. Verschönerg. der Häuslichkeit. Gründliche Belehrgn., im Verein m. Fachmännern hrsg. 2 Bde. Mit vielen Abbildgn. 12. Stuttgart 884. Gundert. à n. 2. —; geb. à n.n. 2. 75
1. Wohnung u. Ernährung. (X, 312 S.) — 2. Gesundheitspflege u. Erholung. (X, 326 S.)

—— die dankbarsten Zimmerpflanzen, s. Hausbücher.

Fraenckel, Ascher (geb Frankfurt a O 1803) De organorum generationis deformitate rarissima Berolini Maurer (1825) (20 S.) 4°
Berlin, Med Diss v 9 Nov 1825

Fränckel, Aug., der Arzt f. Auswanderer od. Anleitg. sich gegen die schädl. Einflüsse des Klimas fremder Zonen zu schützen u. sowohl die dort einheimischen, als auch alle sonst häufig vorkommenden Krankheiten ohne ärztl. Beistand zu heilen. Unter vorzugsweiser Berücksicht. der Auswanderer. gr. 16. (VIII u. 175 S.) Berlin 849, Hempel. $^1/_2$ ß

—— und Ravoth, Uroscopie oder vereinfachtes Verfahren, den Harn in Krankheiten chemisch und mikroscopisch zu untersuchen und semiotisch zu deuten. Nebst Angabe des erforderlichen, leicht zu beschaffenden Apparats. Für pract. Aerzte. gr. 8. (VII und 56 S. mit 1 Stnt.) Berlin 850, Hempel. *

FRAENCKEL, C, und R. PFEIFFER.
Mikrophotographischer Atlas der Bakterienkunde. Berlin, 1889–90. 8vo. Ill.

Fränckel, C., die Dampf-Wäsche, od. auf eigene Erfahrung begründete Anweisung, schmutzige Wäsche ohne Seife, mit bedeutender Ersparniß an Zeit u. Kosten durch Dampf zu reinigen. Hrsg. im Verein mit ein. erfahrnen Chemiker u. Techniker. M. 1 Abbild. d. Dampf-Apparats. 12. ($^1/_2$ B.) Oldenburg 843, Fränkel.
Vgl Fränkel.

Fränckel, C. G. H., der wohlmein. Rathgeber, ein Noth- u. Hülfsbuch f. d. Bürger u. Landmann, enthalt. e. Auswahl d. vorzügl., durchaus bewährt gefund., Mittel u. Rathschläge aus d. Gebiete d. Haus- u. Landwirthschaft, Arznei- u. Thierheilkunde ꝛc. aus d. vorzügl. Werken geacht. deutscher u. französ. Schriftsteller gesammelt. 2 Bde. 8. Oldenburg. (Leipzig, Kayser.) [1. (10 B.) 832. 12 Gr., 2. (11 B.) 833. 9 Gr.] Thlr.
Vgl. Fränkel, Frenkel.

Fränckel, C. G. H., der wohlmeinende Rathgeber, ein Noth- u. Hulfsbuch für den Bürger u. Landmann, enthaltende. Auswahl d. vorzüglichsten, durchaus bewährt gefundenen, Mittel u. Rathschlage aus d. Gebiete d. Haus- u. Landwirthschaft, Arznei- u. Thierheilkunde ꝛc., aus d. vorzügl. Werken geachteter deutscher u. französ. Schriftsteller gesammelt. 2e Aufl. 8. Oldenb 832. (Hamb., Nestler u. Melle). 12 gl

Fränckel, C. G. H., der wohlmeinende Rathgeber, ein Noth- u. Hülfsbuch f. d. Bürger u. Landmann, enth. e. Auswahl d. vorzügl., durchaus bewährt gefund., Mittel u. Rathschläge aus d. Gebiete d. Haus- u. Landwirthschaft, Arznei- u. Thierheilkunde u. m. a. Fächern, aus d. vorzügl. Werken geacht. deutscher u. französ. Schriftsteller gesammelt. 2 Thle. 4. u. 5. Ausg. 8. (à 21 B.) Oldenburg in Holstein 839, 41, Fränckel. à
Vgl. Fränkel.

Fränckel, David Hirschel, Dankpredigt über den gr. Sieg, welchen Se. Maj. unser König d. 5 Dec. 1757. über die . . . Macht der Oesterr. Kriegsvölcker bey Leuthen in Schlesien erfochten. Ins Deutsche übersetzt (Mit 2 Anmerkungen.) Berlin 1757. 4.
— Dasselbe, Frankfurt 1758 4.

Fränckel, E.

— der bewährte Arzt f. Unterleibskranke, s. Schröder's, ... Dr., neuer prakt. Hausarzt.

Fränckel, E., der bewährte Arzt für Unterleibskranke. Nach bewährten Ansichten u. prakt. Erfahrungen. gr. 12. Hamburg 840. Niemeyer. $^1/_4$ ß

Fränckel, E., der bewährte Arzt f. Unterleibskranke. Nach bewährten Ansichten u. prakt. Erfahrungen. 2. Aufl. gr. 12. Hamburg 841. Niemeyer. $^1/_4$ ß

Fränckel, E., der bewährte Arzt f. Unterleibskranke, guter Rath u. sichere Hülfe für Alle, welche an Magenschwäche, schlechter Verdauung u. den daraus entspringenden Uebeln ꝛc. leiden. Nach bewährten Ansichten u. prakt. Erfahrgn. [Mit dem Umschlagstitel: Rathgeber für Unterleibskranke.] 8. Aufl. 12. (18 S.) Hamburg 848, G. W. Niemeyer. — 9. Aufl. 12. (48 S.) Ebd. 848. — 10. Aufl. 12. (48 S.) Ebd. 848. — 11. Aufl. 12. (48 S.) Ebd. 850. — 12. Aufl. 12. (48 S.) Ebd. 851. $^1/_4$ ß

Fraenckel, Felix, a. Neapel: Ueber die Existenzgebiete der Ferrosulfat-Hydrate. Heidelberg 1905: K. Rössler. (58 S.) 8°
Heidelberg, Naturw.-math. Fak., Ref. Curtius, Diss. v. 1. Aug. 1905
[Geb. 13. Mai 78 Neapel; Wohnort: Straßburg i. E.; Staatsangeh.: Preußen; Vorbildung: Falk-Realgymn. Berlin Reife O. 97; Studium: Berlin 4, Leipzig 3, Heidelberg 4 S.; Rig. 4. Mai 05.]

Fraenckel, Friedrich Victor (Naumburg), De perjuro judiciale juramentum non deferente. Diss. jur. Präs. Heinrich Brokes. Wittbg. (Eichsfeld) 10. IV. 1737. 14 S. (4.—) 9243

Fraenckel, Joh. Casp. (Fürth, Francus): Dissertatio inauguralis chemica sistens novum s y s t e m a solutionis immersivae. Basel, med. Diss. 1777.

Fraenckel, Paul: Über die Dauerresultate der vaginalen Totalexstirpation bei Carcinoma uteri. (Aus der Berliner Kgl. Universitäts-Frauenklinik.) *Berlin (1898): G. Schade.* (45 S.) 8°
Berlin, Med. Diss. v. 9 Aug 1898

Francken, Corn. Mar.

Francken, C. M., commentationes Lysiacae. Utrecht 865. Kemink & S. gr. 8. (VIII, 214 S.) n. 1 ß 15 ngr

Francken, C. M, Ad Taciti libros posteriores. 8.-A. 1889. 15 S.

Francken, C. M., Ajacis Sophocleae metra. Groningae 857. (Leipzig, Thomas.) 8. (2 Bl., 29 S.) n. 12 ngr

Francken, C. M, Ciceronis oratio pro Caelio. Gel. 1880. 29 S.

Francken, Corn. Mar., Oratio de linguae litterarumque latinarum studio hoc tempore non negligendo quam habuit die VII m. Februarii anni MDCCCLVI, quum in Acad. Groning. litt. hum. et philos. theor. professionem solemni ritu susciperet. 8maj. (IV und 42 S.) Leovardiae 856. G. T. N. Suringar.

Francken, Corn. Mar., Disputatio critica de antiquarum Aeschyli interpretationum ad genuinam lectionem restituendam usu et auctoritate. 8maj. Trajecti ad Rhenum 845, Kemink et fil. n. 1 ß XVI, 150 S.

Francken, C. M., De Lucani versibus propter Vossianum 2 B et Montepessulanum suspectis. Gel. 1890. 18 S —.90

Francken, Ferdinand, Ein Beitrag zur Lehre von der Blutgerinnung im lebenden Organismus und ihren Folgen Diss Dorpat 8°. 68 pp.
1870.

Francken, Gotthilf August (Hrsg.), s. A r n d , Johann: Sechs Bücher vom wahren Christenthum.

Francken, Gotthilf August (Hrsg.), s. B e r i c h t der Königlich-dänischen Missionarien.

Francken, Karl Heinrich Josef

Francken, Car. Henr Jos., Dissert. literaria inaug., exhibens Fragmm. M. Ter. Varronis, quae inveniuntur in libris S. Augustini de civitate Dei. 8 maj. Leyden 836. van Leeuwen. (Leipzig, Weidmann.) $1^1/_4$ ß

Francken, Osk., die grundlegenden Entscheidungen d. deutschen Reichsgerichts auf dem Gebiete d. rheinischen Civilrechts, s.a. Apt, Max, die grundlegenden Entscheidungen d. deutschen Reichsgerichts.

Francken, Osk.: Die grundlegenden Entscheidungen des deutschen Reichsgerichts a. d. Geb. des Rheinischen Civilrechts. Fur das Studium u. die Praxis bearb Berlin 1893.
(Die grundlegenden Entscheidungen d. dt. Reichsgerichts hrsg. von Apt. Bd 2)

Francken, Oscar [Gerichtsref. aus Aachen]: Die Liquidation der Offenen Handelsgesellschaft in ihrer Entwicklung im französischen Recht.... Stuttgart, Verl. v. Ferdinand Enke, 1890; 48 S. 8°
Berlin, Jur. Fak., Inaug.-Diss. v. 5 Aug. 1890

— **Rutger Heinrich** (Düsseldorf), De jure venationum. Positiones jurid. Altdorf (Heinr. Meyer) 27. I. 1700. 20 S. (4.—) 9344
Widm. v.: Adam Balthasar Werner, Heinrich Hildebrand.

Francken, W., Führer f. das Nordseebad Scheveningen, die Stadt Haag u. Umgebung. Mit Ansichten, Karte der Stadt u. Umgebg., Eisenbahnkarte u. e. ärztl. Abhandlg. üb. die Seekur. 10. amtl. Ausg. 8. (132 S.) Haag (900). Gebr. Bollinfante. n. 1.—

Francken, W., über die Seekur, s.: Woerl's Reisehandbücher. Führer f. das Nordseebad Scheveningen.

Francken-Sierstorpff, Gräfin, Jakob, das Dohlenkind. Eine Geschichte f. große u. kleine Kinder, hrsg. u. ihren Neffen gewidmet v. e. kinderlieb. Tante. (22 S. m. 11 Vollbildern.) gr. 4. Breslau (903). (Leipzig, Fritzsche & Schmidt.) Kart. n. 2.50

Jakob, das Dohlenkind. Eine Geschichte f. große u. kleine Kinder hrsg ..., von e. kinderliebenden Tante. [Verf.: Gräfin Francken-Sierstorpff.] [Breslau: Schletter 1903] (11 Bl., 11 Bildertaf.) 4° [ß] [04.1906 2

Franckenau, Georg Franck von, s. Franck von Franckenau

Franckenberg

- s. auch Frankenberg.

Franckenberg, Abraham [mutmaßl. Verf.], s. Geheimniss, Das, der Bossheit von dem Greuel der Verwüstung.

Franckenberg, F. L. v., Europäischer Herold. 2 Bde. Leipzig 1705. fol.

Franckenberg, Georg Mathaeus (Rothenberg/Hess.), De effectu rei judicatae adversus eos, qui in lite on fuerunt. Diss. jur. Marburg (Müller) 10. V. 1770. 42 S. (4.50) 9345

v. Franckenberg, H., Geschichte des preußischen Staates bis zum zweiten Pariser Frieden im J. 1815. Zum Gebrauch für Regiments- u. Bataillons-Schulen sowie als Leitfaden beim Unterricht an die Soldaten der Armee Berlin 863. (Schweigger.) gr. 8. (VII, 79 S.) n. 10 ngr

— Geschichte des preußischen Vaterlandes. Bis auf unsere Tage fortgeführt von G. Becker. 3. verb. Aufl. Ebend. 865. 16. (164 S.) n. 10 ngr

v. Franckenberg, Hans, Versuch einer Darstellung der politischen Verhältnisse der La Plata Staaten u. besonders der Republik Uruguay mit Rücksicht auf eine Kolonisation derselben. Buenos Aires 866. (Cöln, Bädeker.) gr. 8. (III, 175 S.) n. 1 ꝛc 15 ngr

Franckenberg, Wilhelm [Pseud.], s. Ludolf, Georg Melchior von

v. Franckenberg-Ludwigsdorff, Betrachtungen über das Bajonettfechten und den bisherigen Betrieb desselben in der Armee. Ein Vortrag, gehalten zur Anregung der Besprechung im Officier Corps. Berlin 861. Mittler & Sohn in Comm. 8. (20 S.) 3 ngr

Winke für Vorfechter und Solche, die es werden wollen, über den Betrieb des Bajonettfechtens. Frankfurt a. M. 863. Boselli in Comm. 8. (30 S.) n. 4 ngr

Franckenberg-Ludwigsdorff, Frdr W. von, Schilderung denkwürdiger deutscher Zustände seit d. J 1806. Göttingen 1858.
—. — wie oben bis Neujahr 1865 4. Aufl. Hannover 1865. 8. . . . . (1)

Franckenberg-Ludwigsdorff, H. v., Erinnerungen an das Schwarze Corps, welches Herzog Friedrich Wilhelm v. Braunschweig-Oels im Jahre 1809 errichtete. Aus dem Tagebuche eines Veteranen. Braunschweig 859. Schwetschke & Sohn. 8. (78 S.) 9 ngr

Franckenberg-Ludwigsdorff, M. v., Das Fleurettiren oder Stoßfechten als Vorübung fur das Hiebfechten und Bajonettiren, m. Abb., Münster u. Münden 1845, 44 S., 3 Taf., 8°.

v. Franckenberg-Ludwigsdorff, M., das Fleurettiren oder Stoßfechten, als Vorübung f. d. Hiebfechten u. Bajonettiren. Mit 3 Figurentaf. 8. Münster 845, Wundermann. 1/4 ꝛc

v. Franckenberg-Ludwigsdorff, Mor. Notizen über die Familie der Grafen Freiherrn und Herrn von Franckenberg-Proschlitz, Ludwigsdorff und Lüttwitz. 8. Darmstadt 1877.

Franckenberger

— **Jo. Georg** (Schweinfurt), De quaestione juris: an et quatenus acceptatio necessaria sit in donationibus? Diss. jur. Präs. Hieronymus Friedr. Schorch. Erfurt (Hering) 19. IX. 1741. 23 S. (4.80) 9348

Franckenfeld, Ludwig Georg (Helmstedt), De historiae ejusque nominis abusu. Präs. Johann Wolfgang Kipping. Helmstedt (Leukard) April 1745. 86 S. (6.50) 9349

Franckenfeldt, Ludw. Julius Urban (Wolfenbüttel), De cautelis notariorum. Diss. acad. Präs. Jo. Wilhelm Goebel. Helmstedt (P. D. Schnorr) 17. VI. 1724. 24 S. (4.80) 9350

Franckenstein, Geo. Aug. Heinr. Karl Arbogast Frhr. v. u. zu, Gedächtnißrede auf ihn, s.: Stamminger, J. B.

Franckenstein, s.a. Frankenstein

Franckenstein, C. v. Die Schiessbaumwolle, ihre chemisch-physikalischen Eigenschaften und Wirkung etc. nebst einer praktischen Anleitung zur Erzeugung der Schiesswolle und Gewebe, im Kleinen und im Grossen etc. 8. Gratz 1847.

(Franckenstein, Chrn Frdr.,) Frea Germanorum restituta, expulsa Graecorum Venere O. O. o. J. 4. . . . . (1)

Franckenstein, H., Beschreibung einer neu erfund., höchst einfachen u. erprobten Maschine, welche sich selbst umtreibt, mit geringen Kosten das leistet, was man durch Wind, Wasser, Dampf, Pferde ꝛc. gewöhnlich bewirkt, und die Kraft besitzt, zwei Gänge einer jeden Mühle zu treiben. Mit 1 Abbildung. 8. Sondershausen 836. (Eupel.) Verklebt n. 1/3 ꝛc

Franckenstein, Jac. Aug. [Praes.], s. Dinglinger, Joh. Conr.: De juribus singularibus circa Judaeos maxime in Germania.

— — **De dolo in bellis illicito.** Lpz. (Schede) 6. IX. 1721. 8 Bl. (2.50) 9361

— — **Oratio inaug. de jure legationum dubio, ex controversiis recentioribus.** Lpz. (Schede) 10. IX. 1721. 19 S. (4.—) 9362

— **Jacob August** (Leipzig), De titulo fraternitatis. Diss. secund. Lpz. (Schede) 15. IV. 1716. 36 S. (5.—) 9357
Gew.: Joh. Dietr. v. Schoenberg (Wilsdruff, Limpach).

— — De usu Albinagii in Germania. Dissert. jur. Erfurt (Joh. Heinr. Grosch) 25. IX. 1719. 36 S. (5.—) 9358
Gew.: Ludwig Alexander v. Seebach (Gr.- & Kl.-Vahner, Gierstädt).

— — Dasselbe. 1731. 39 S. o. W. (4.80) 9359

— — Dasselbe. Lingua vernacula: Von denen Rechten u. Freyheiten der Teutschen von welchen die auswärtig=gebohrnen ausgeschlossen sind. Jena (J. B. Heller) 1748. 56 S. (5.—) 9360

Franckenstein, Klemens

Fortunatus. Oper in 4 Aufz. Dichtung von Jakob Wassermann. Musik v. Clemens **Franckenstein.** *Berlin: A. Deneke [1901].* (132 S.) 4° [01. 4805

Franckenstein, Wilh[elm], a. Hannover: Ueber das 4-Methyl- und 4-Aethyl-Anilopyrin. Rostock 1906: H. Winterberg. (49 S.) 8°
Rostock, Phil. Fak., Ref. Michaelis, Diss. v. 14. Febr. 1906
[Geb. 6. Sept. 80 Holzminden; Wohnort: Hannover; Staatsangeh.: Preußen; Vorbildung: Realgymn. Osterode bis O. 01; Studium: T.H. Braunschweig 6, Univ. Rostock 3 S.; Rig. 8. Febr. 06.]

Das Frohlockende Franckfurt a. d. O. Enthält eine umständliche Nachricht auf was Art das grosse Fest über den zwischen des Königes in Preussen, der Römischen Kayserin und des Königs von Polen Maj d. 25. December 1745 zu Dresden geschlossenen Frieden im Jenn. 1746 begangen worden. Frankfurt a. d. O. 4.

Franckfurt a. d. O. --- , Das // Itzleoende // Franckfurt // An der // Oder /// Bey instehendem // Jubel=Jahr // 1706. // Zu finden bey Johann Völckern. - 57 Seiten, doch beginnt die Paginierung auf Seite (3) gleich mit 8.
B. S. T. 8°.436/3.

Franckh's Sprachbücher. Biblioteko Esperanta. Nr. 1 bis 3. 8. Stuttgart, Franckh. n. 3. 80
1. Lehrbuch der internationalen Hilfssprache „Esperanto". Mit Wörterbuch in Esperanto-Deutsch u. Deutsch-Esperanto. Von Alfr. H. Fried. 2. verb. u. verm. Aufl. (91 S.) 905. n. 1. 25
2. Esperanto in 20 Lektionen. Vollständiges Lehr-, Übungs- u. Lesebuch zur Erlerng. der internationalen Hilfssprache. Von Herm. Jürgensen. (130 S.) 905. n. 1. 25
3. Dasselbe. Schlüssel. (63 S.) 905. n. — 80

Franckh's Sprachbücher. Biblioteko Esperanta. Nr. 1, 2 u. 4. 8. Stuttgart, Franckh. à 1. 25
Franckh's Esperanto-Sprachführer. Enth.: Vollständ. Taschenwörterbuch Esperanto-Deutsch u. Deutsch-Esperanto, e. Abriss der Grammatik u. zahlr. Übgn. u. Beispiele z. Konversation in d. internat. Hilfssprache. (142 S.) 908. (Nr. 4)
Fried, Alfr. H., Lehrbuch der internat. Hilfssprache „Esperanto". Mit Wörterbuch in Esperanto-Deutsch u. Deutsch-Esperanto. 6. verb. u. verm. Aufl. (91 S.) 908. (Nr. 1)
Jürgensen, Herm., Esperanto in 20 Lektionen. Vollständiges Lehr-, Übungs- u. Lesebuch zur Erlerng. d. internat. Hilfssprache. 4. Aufl. (130 S.) 906. (Nr. 2)

Franckh, F. G. F C. Schlosser, Geheimrath und Professor der Geschichte in Heidelberg als wortbrüchiger Autor vor den Richterstuhl der öffentlichen Meinung geladen Stuttgart, Franckh 1843. 44 S 8.

Franckh, F. G., F. C. Schlosser, Geh. Rath u. Prof. zu Heidelberg, als wortbrüchtiger Autor vor d. Richterstuhl der öffentl. Meinung geladen. 8. Stuttgart 844, Franckh. 1/2 ß

Franckh, Rudolf, Lic. theol., Pastor: Zur Frage nach dem Einfluss des Babylonisch-Assyrischen auf die religiöse Terminologie der Hebräer. Eine kritische Untersuchung zu 35 alttestamentl. Hauptbegriffen. Göttingen 1908: Huth. 66 S. 8°
Tübingen, Phil. Diss. v. 9. Dez. 1908, Ref. Seybold
[Geb. 13. Nov. 76 Berlin; Wohnort: Oranienburg; Staatsangeh.: Preußen; Vorbildung: Königstädt. Gymn. Berlin Reife M. 95; Studium: Berlin 6, Greifswald 1 S.; Coll. 9. Juli 08] [U 09. 3953

Franckh, Rud., s.: Philotesia.

Franckh, die Prophetie in der Zeit vor Amos, s.a. Beiträge zur Förderung christlicher Theologie. IX. 1.

Die Prophetie in der Zeit vor Amos. Ein Versuch z. alttestamentl Religionsgeschichte. Von Lic. **Franckh,** Pastor in Oranienburg. (Gütersloh: C. Bertelsmann 1905.) (S. 27–86) 8° [F.]
— **Beiträge** z. Förderung christl. Theologie. Jg 9, H. 1, [2.] [05. 3748

Franckh, Rudolf, aus Berlin, cand. rev. min.: Theologische Thesen ... zur Erwerbung des Grades eines Lizentiaten der Theologie ... *Berlin (1903): G. Schade.* (2 Bl.) 4°
Berlin, Theol. Thes. v. 18. Juni 1903

— Welchen Sinn hat das Leben? (28 S.) kl. 8. Oranienburg. (908). W. Möller. — 50

— dasselbe, s.a. Möller's, Wilh., Bibliothek f. Gesundheitspflege u. Volksaufklärung usw.

Franckhen, Amalie v., die Diphtheritis, deren Entstehen, Wesen u. Heilg. N. langjähr. Beobachtg. 8. (12 S.) Görlitz (896). R. Rother. n. — 50

[F.] Die Diphtheritis, deren Entstehen, Wesen und Heilung. Nach langjähr. Beobachtg v. Amalie v. **Franckhen,** Görlitz ... *(Görlitz): Selbstv.; (Dr. d. A.-G. Gorlitzer Nachr. u. Anzeiger) [1897].* (12 S.) 1 Bd 8. [97. 3346

Franckhen, Amalie v., die Kunst Damenkleider zu fertigen oder gründl. Anweisung zum Maßnehmen, Zuschneiden und Zusammensetzen der Damenkleider nach dem Centimeter-Maß. Zum Selbstunterricht hrsg. 8. (32 S. mit eingedr. Holzschn.) Sprottau 862, Werner.

Franckhen, Amalie v., Lehrbuch f. Anfertigung der echten Smyrna-Knüpfteppiche in leichtester Weise. Herausgefunden u. festgestellt. 2. Aufl. gr. 8. (8 S. m. 4 Abbildgn. u. 1 Lichtdr.) Görlitz 890. R. Rother. n. 1.—

— das Schneidern. Anleitg. z. leichten Selbsterlerng. d. Zuschneidens u. Anfertigens gutsitz. Kleider m. 21 Zeichngn. 5 Aufl. gr. 8. (24 S. m. 1 Schnittbog.) Ebd. (896). n. 1.—

[F.] Das Schneidern. Anleitg z. leichten Selbsterlerng d. Zuschneidens u. Anfertigens gutsitzender Kleider m. 21 Zeichngn v. Amalie v. **Franckhen,** Görlitz. 5. Aufl. *(Görlitz): Dr. v. H. Gretsel [1897].* (24 S, 1 Beil.) 1 Bd 8. [98. 6012

Franckhen, Amalie v., das Schneidern. Anleitung zur leichten Selbsterlerng. des Zuschneidens u. Anfertigens gutsitz. Kleider, m. 21 Zeichngn. (auf 1 Taf.). 6. Aufl. (32 S.) 8. Goldschmieden (908). (Leipzig, Fritzsche & Schmidt.) 1. 20

— Universal-Taillen-Schnitt-Schablone f. alle vorkommenden Grössen v. 48 cm. bis 116 cm. obere Taillenweite. (1 autogr. Bl.) 59×75 cm. Ebd. (908). In Umschlag — 50

Franckhen, J., orientalische Kunst-Handarbeiten u. deren Anwendung als moderne Salon-Handarbeiten f. Damen, sowie zur Einführung als Haus-Industrien zum lohnenden Erwerb f. Jedermann. 8. (82 S.) Görlitz o. J. (R. Rother.) — 50

Franckius, s. Franck

— s. Francke

Francklen, A. Über Derivate des Phenpropylamins Zürich 1885.

Francklin, W. Geschichte Shah Allums, Kaisers von Hindostan vom Jahre 1758—1794. A. d. Engl. von Sprengel. Leipzig 1800.

FRANCKREICH siehe Frankreich.

Francksen, August, aus Ruhwarden (Grossh. Oldenburg): Ueber Derivate des Phenpropylamins. (Zur. o. Dr. 1883) 47 S. 8°.
Zürich, Phil. Diss. [v. 10. Dec. 1883].

Francksen, Bernhard [app. Arzt, aus Ruhwarden]: Ueber die Complication der Leukaemie mit Tuberkulose ... Göttingen, Druck d. Dieterichschen Univ.-Buchdr., 1892; 33 S. 8.
Göttingen, Med Fak., Inaug.-Diss. v. [17. Febr.] 1892

Francksen, Bernh., üb. die Complication der Leukaemie m. Tuberkulose. Diss. gr. 8. (33 S.) Göttingen 892. (Vandenhoeck & Ruprecht.) n. — 80

Franc-Maçon, Le, dans la république, ou réflexions apologiques sur les persécutions des Francs-Maçons ... Francf. et Leipzig 1746. V: *Steinheil, Phil. Friedrich.* (SJL)

La Franc-Maçonnerie de nos jours. Réponse aux attaques des Ultramontains. Trad. de l'allemand et publié par la loge Fidelité et Prudence à Genève. 24 pp in-8. Genève et Bâle, H. Georg. 1873. --. 60

Les Franc-Macons [!], oder das Geheimniss der Hrn. Freymaeurer. [Regensburg 1770.] 1 Bl. 4°.
Theater-Zettel. Facsimile-Wiedergabe in: BayrBbl. 10 (1909/10) Nr. 2. Beilage. Vgl. W. 41904.

Franc-Moutagnard: Le Franc-Montagnard
① Feuilles d'annonces du Jura Journal agricole, industriel et commercial Organe des intérêts économiques, agricoles, industriels et commerciaux du Jura Journal d'Annonces pour la Suisse (dès 12 12 1902) Journal de renseignements et d annonces (dès 29 11 1907) et son supplément bimensuel la Revue Suisse d Elevage et d'Hippisme Nouveaux changements du soustitre le 19 12 1925, le 10 1 1928, le 21 1 1928, le 21 12 1929 Organe de défense économique des Franches-Montagnes, de la Courtine et des Clos-du-Doubs (dès 31 12 1940) ⑤ 10 12 1898 (cont) ⑥ in-2° ⑦ bihebdomadaire, 3× par semaine (dès 23 12 1910) ⑧ Saignelégier Alcide Grimaitre, Franc-Montagnard S A (dès 1932) ⑨ La Revue suisse d'élevage et d hippisme (dès 1925), La Revue jurassienne (dès 1926) La Revue Suisse des Marchés Agricoles (1928—1929), Le Paysan suisse (1928--1929 paraît à Brugg Supplement de divers journaux agricoles) ⑩ Alcide Grimaitre P Aubry-Froidevaux (dès 1932) ⑪ Alcide Grimaitre, Abel Arnoux, rédacteur de la Croix fédérale, collaborateur Abbé Ed Grimaitre ⑫ neutre en politique ⑬ BGSZ 1 (no 6380), 961, 973, Le Franc-Moutagnard no 1 du 10 12 1898, no 4127 du 15 12 1931, no 4437 du 5 1 1932, 1938, numéro spécial du Cinquantenaire ⑭ Be L, St

Franco vom Rhein, die Reise nach Amerika, s. **Reise,** die, nach Amerika.

Franco, A. G., De auditu. Hal. 4°. 1765

Franco, Bargildus. Disquisitio de Ducatu et Judicio provinciali Episcopatus Wirceburgensis ... S. l. 1778. H: *Montag, Eugenius.* (MGT)

Franco, Giuseppe, die Geister der Finsterniß. Geschichtliche Erzählg. üb. die Praktiken d. heut. Spiritismus. [Mit Erlaubniß d. Verf. aus der Civiltà cattolica frei in's Deutsche übertr.] 4. (196 S.) Augsburg 886. Literar. Institut v. Dr. M. Huttler. n. 1. —

Franco, J. J., die neuen Kreuzfahrer, s.: **Bibliothek** f. die reifere christliche Jugend.

Franco, Joh. Jos.

Franko, Joh. Jos., die kluge und die thörichte Jungfrau. Ein Zeitbild aus unserem Jahrh. Mit Autoris. des Verf. übersetzt von F. X. Schumacher. 2 Bde. 8. (VIII, 392; 502 S.) Mainz 873, Kirchheim.

Franco, Joh. Jos., Simon Petrus u. Simon Magus. Mit Autorisation des Verf. deutsch bearb. von Frz. Xav. Schumacher. Mainz 869. Kirchheim. gr. 8. (VIII, 167 S.) 12 ngr.

Franco, Secondo, das päpstliche Dekret „Quemadmodum omnium", die Aufhebung der Gewissensrechenschaft u. a. betr., erklärt u. begründet. Aus dem Ital. übers. u. m. e. Anh. u. Anmerkgn. versehen v. Max Huber. Für Oberinnen, Obere, die nicht Priester sind, u. Klosterbeichtväter. 1. u. 2., verb. Aufl. gr. 8. (IV, 126 S.) Regensburg 892. F. Pustet. n. 1. 20

Franco, Sekundus, Gebet- und Betrachtungsbuch zum allerheiligsten Herzen Jesu. Aus der 8. italien. Ausg. übers. von Joh. Pircher. Mit den tägl. Andachtsübungen. 16. (XVI und 598 S. mit 1 Stahlst.) Innsbruck 865, Vereins-Buchh.

Franco, Secondo. Vollständiges Gebet- und Betrachtungs-Buch für Verehrer des Heiligsten Herzens Jesu ... Mainz 1861. Ü: *Fugger-Glott, Herm. v.* (SO)

Franco, S., vollständiges Gebet- und Betrachtungsbuch für Verehrer des heiligsten Herzens Jesu. Uebersetzt von einem Mitgliede der Gesellschaft Jesu. Mit 1 Stahlst. Mainz 861. Kirchheim. 16. (XXIV, 410 S.) n. 15 ngr.

Franco, S., vollständiges Gebet- und Betrachtungsbuch für Verehrer des heiligsten Herzens Jesu. Aus dem Italien. frei bearb. 2., verm. Aufl. Mit 1 Stahlst. Mainz 861. Kirchheim. 16. (VIII, 448 S.) n. 15 ngr.

Franco, Secondo, vollständiges Gebet- u. Betrachtungsbuch für Verehrer des heiligsten Herzens Jesu. Deutsch bearb. von Herm. Jos. v. Fugger-Glött. 3. Aufl. 865. — 4., umgearb. Aufl. Mit 1 Stahlst. Mainz 870. Kirchheim. 16. (VII, 508 S.) n. 15 ngr.

—— dass. — Deutsch bearb. von Herm. Jos. v. Fugger-Glött. 5., umgearb. Aufl. gr. 16. (VIII und 504 S. mit 1 Stahlst.) Mainz 867, Kirchheim. *

Franco, S., vollständiges Gebet- u. Betrachtungsbuch f. Verehrer d. heiligsten Herzens Jesu. Deutsch bearb. von Herm. Jos. v. Fugger-Glött. 5. Aufl. Mit e. Stahlst. 16. (VII, 508 S.) Mainz 873. Kirchheim. n. 1. 80

Franco, Secondo, vollständiges Gebet- u. Betrachtungsbuch f. Verehrer des heiligsten Herzens Jesu. Deutsch bearb. v. Herm. Jos. v. Fugger-Glött, S. J. 6. Aufl. Mit 1 Stahlst. gr. 16. (VIII, 504 S.) Mainz 878. Kirchheim. n. 1. 80

Franco, S., S. J., vollständiges Gebet- u. Betrachtungsbuch f. Verehrer des heil. Herzens Jesu. Nach F. deutsch bearb. v. Herm. Jos. Graf Fugger-Glött, S. J. 7. Aufl. (VIII, 471 S. m. 1 Stahlst.) kl. 8. Mainz 905. Kirchheim & Co. n. 1. 80; geb. in Halbldr. n. 2. 80; in Leinw. n. 3. —; m. Goldschn. n. 3.20; in Ldr. n. 4.—

Franco, S., Handbuch populärer Antworten auf die am meisten verbreiteten Einwendungen gegen die Religion. Ein vollständiges Verzeichniß aller religiösen, politischen u. socialen Irrthümer unserer Zeit. Mit besonderer Rücksicht auf den Syllabus vom 8. Dezbr. 1864, bearb. u. mit Noten u. Sachregister verm. von Sincerus. 2 Bde. 866. (VIII, 824 S.) — 2. nach der 5. Aufl. des Orig. verm. u. verb. Aufl. Wien 870. Mayer & Co. gr. 8. (XIV, 835 S.) n. 2 *ℳ*

— **Handbuch** populärer Antworten auf die am meisten verbreiteten Einwendungen gegen die Religion. Ein vollständ. Verzeichniß aller religiösen, polit. u. socialen Irrthümer unserer Zeit. Mit besond. Rücksicht auf den Syllabus vom 8. Dezbr. 1864, bearb. u. m. Noten u. alphabet. Sachregister verm. v. Sincerus. 3., nach der 5. Aufl. d. Orig. verm. u. verb. Aufl. 2 Bde. 8. (X, 410 u. 424 S.) Wien 874. Mayer & Co. n. 6. —

— praktische Rathschläge für Eltern zur christlichen Erziehung ihrer Kinder. Mit Genehmigung d. Verf. übers. gr. 16. (XI, 246 S.) Ebend. 878. 1. 20

Francofordia hart am Lindenumschatteten Grünborn Und im Gewühle der Stadt, Quellen sulphurischer Kraft. O. O. 1835. V (Analyse): *Fresenius, Carl Remigius.* H: *Wöhler.* (Linde, Nassauer Brunnenlitt. Wiesbaden 1883.)

Franco-Gallia. Kritisches Organ f. französ. Sprache u. Litteratur. Hrsg. v. Adf. Kressner. 1.—3. Jahrg. 1884—1886. à 12 Hfte. gr. 8. (à Hft. ca. 32 S.) Wolfenbüttel, Zwissler. à Jahrg. n. 8. —

Franco-Gallia. Kritisches Organ f. französ. Sprache u. Litteratur. Hrsg. v. A. Kressner. 4.—7. Jahrg. 1887—1890. à 12 Hfte. gr. 8. (à Hft. ca. 40 S.) Wolfenbüttel, Zwissler. à Jahrg. n. 8. —

Franco-Gallia. Kritisches Organ f. französ. Sprache u. Litteratur. Hrsg. v. Adf. Kressner. 8.—11. Jahrg. 1891—1894. à 12 Nrn. (2 Bog.) hoch 4. Wolfenbüttel, J. Zwissler. à Jahrg. n. 8. —

Franco-Gallia. Krit. Organ für französ. Sprache u. Litteratur. Hrsg. v. Adf. Kressner. 12.—14. Jahrg. 1895—1897. à 12 Nrn. (à 2 Bog.) hoch 4. Wolfenbüttel, J. Zwissler. à Jahrg. n. 8. —
Weiter nicht erschienen.

François de Neuchâteau, v. Neuchâteau.

François de Sales, s. Franciscus Salesius

François de Sales s. Sales, François de.

(François, v.) Aus dem Feldzuge 1866 in Österreich. Zur Erinnerung für das 3. Pos. Inf. R. Nr. 58 Glogau (1866). 8°.

Francois, le mauvais sujet, ou la malédiction d'un père. Imitée de l'allemand. 12. (Mit 2 Lith.) Strasbourg 841, Vve Levrault. geb. 1/8 ₰ — Color. 6 1/4 ₰

François, ..., Tabellen zur Verwandlung d. alten Maße in d. neuen, u. d. neuen in d. alten. 8. Straßb., Levrault. 1 ₰ 18⅔

Verhalten des Soldaten im Gefecht. Wörtl. Auszüge aus Exerzir-Reglement, Felddienst-Ordnung, Schiess-Vorschrift, Feldpionier-Vorschrift, Feldbefestigungs-Vorschrift u. Kriegs-Artikeln. (Verf.: v. **François**) 2. Aufl. *Spandau: A. Lampel 1900.* (48 S.) 8° [F] [00. 11368]

François, v., Vorschläge zur Reform üb. das Militair-Pensions-Gesetz vom 27. Juni 1871. gr. 8. (III, 43 S.) Görlitz 886. Vierling. n. 1. —

Der Hottentotten-Aufstand. Studie über d. Vorgänge im Namalande, v. Jan. 1904 bis z. Jan. 1905 u. d. Aussichten d. Niederwerfung d. Aufstandes von [Alfred] v. **François,** Generalmajor. Berlin: E. S. Mittler & Sohn 1905. (IV, 94 S.) 8° [F] [05. 11130]

François, Arth. v., bes. Bestimmungen über d. Versicherungspflicht d. Hausgewerbetreibenden d. Tabakfabrikation u. d. Textilindustrie als Anh. z. d. Erläutergn. d. Alters- u. Invaliditätsgesetzes f. Versicherte u. Arbeitgeber z. Gebr. f. Hausgewerbetreibende u. deren Auftraggeber. 8. (16 S.) Berlin 895. M. Priber. n. — 10

François, Arth. v., Erläutergn. d. Alters- u. Invaliditätsgesetzes z. prakt. Gebrauch f. d. Arbeitgeber. Pflichten u. Rechte derselben. 5. Aufl. (32. u. 33. Taus.) 8. (15 S.) Ebd. 895. n. — 10

[F.] Erläuterungen des Alters- und Invaliditätsgesetzes z. prakt. Gebr. f. d. Arbeitgeber. Pflichten u. Rechte ders. Von Arthur v. **François,** Kontrollbeamter d. Versichergs-Anstalt Sachsen-Anhalt. 7. Aufl. . . *Berlin: M. Priber 1895.* (16 S.) 1 Bd 8. [98. 8038]

— Erläutergn. d. Alters- u. Invaliditätsgesetzes z. prakt. Gebr. f. d. Versicherten. Pflichten u. Rechte derselben. Was haben dieselben zu thun, um sich ihren Anspruch auf Rente zu sichern? Verfahren bei Rentenansprüchen unt. bes. Berücksicht. d. n. Beendigg. d. Uebergangsperiode — 1. Jan. 1896 — f. d. Erlangg. d. Invalidenrente gült. Bestimmgn. Rückerstattg. v. Beiträgen. (50.—60. Taus.) 8. (19 S.) Berlin 896. M. Priber. n. — 10

François, Arth. v., Erläuterungen des Invalidenversicherungs-Gesetzes vom 13. VII. 1899 zum praktischen Volksgebrauch. Pflichten u. Rechte der Versicherten u. Arbeitgeber. Sicherung der Anwartschaft auf Rente. Verfahren bei Rentenansprüchen. Rückerstattung v. Beiträgen. (16 S.) 8. Salzwedel 903. Selbstverlag. n. — 40

François, C von, s. François, Kurt von

François, Carl, s. François, Karl

François, Daniel, s. Gumprecht, Otto, musikalische Lebens- und Charakterbilder.

François, G., der Handel, s.: Bibliothek d. sozialen u. polit. Wissenschaften Frankreichs.

François, G., der Handel, s.: Wissenschaften, d. sozialen u. politischen, Frankreichs.

François, H., pauvres gens! Für d. Schulgebrauch hrsg. v. P. Schlesinger. (120 S.) 8. Leipzig 908. G. Freytag. — Wien, F. Tempsky. Geb. 1. 20; Wörterbuch. (32 S.) — 30

François, H., Pauvres Gens! Herausg. von Prof. P. Schlesinger. [Freytags Sammlung französischer und englischer Schriftsteller.] 8°. (120 S.) geb. K 1.50
Wien: Tempsky 1908. Hierzu Wörterbuch K —.40

François, H. v, Nama u. Damara. Deutsch-Süd-West-Afrika. Lex.-8. (IV, 334 u. XXVIII S. m. Abb., Taf. u. 2 Karten.) Magdeburg 895. E. Baensch jun. Geb. in Leinw. 12. —
Erschien auch in 10 Lfgn. à n. 1. —.

François, H., Scènes de la révolution française, erkl. v. A. Mühlan, s.: Gerhard's französische Schulausgaben.

François, Henriette

A travers les journaux français, s. a Prosateurs français 155. Lfg.

A travers les journaux français. Mit Anm. z. Schulgebr. hrsg. von Mme H(enriette) **François.** [Nebst] Commentaire. Bielefeld & Leipzig: Velhagen & Klasing 1904. 2 Bde 8°
— **Sammlung,** Velhagen & Klasings, franz. u. engl. Schulausgaben. Prosateurs franç. Lfg 155 B. [05. 3148]

— **dasselbe** s. a Velhagen & Klasing's Sammlung französischer u. englischer Schulausgaben Nr. 10.

A travers les journaux français. Éd. à l'usage des écoles annotée par Mme H[enriette] **François.** [Nebst] Commentaire. Bielefeld & Leipzig: Velhagen & Klasing 1904. 2 Bde 8°
— **Sammlung,** Velhagen & Klasings, franz. u. engl. Schulausgaben. Reformausgaben. No 10. [05. 3151]

François, Mme Henriette, Fantaisies et contes, hrsg. v. Bertha Breest, s. a Prosateurs français 124. Lfg.

Fantaisies et contes von Mme Henriette **François.** Ausgew. u. z. Schulgebrauch hrsg. von Bertha Breest, Lehrerin zu Berlin. [Nebst] Anm. u. Wörterbuch. *Bielefeld & Leipzig: Velhagen & Klasing 1901.* 3 Bde 8°
— Choix de nouvelles modernes. 5
— **Sammlung,** Velhagen & Klasings, französ. u. engl. Schulausgaben. Prosateurs franç. Lfg 124 B [01. 1066]

— **un voyage forcé,** hrsg. von Bertha Breest, s. a Prosateurs français. 123. Lfg.

Un voyage forcé von Mme Henriette François Zum Schulgebr hrsg. von Bertha Breest, Lehrerin zu Berlin. [Nebst] Anm. u. Worterbuch. *Bielefeld & Leipzig. Velhagen & Klasing 1901.* 3 Bde 8°
= Choix de nouvelles modernes 4
— Sammlung, Velhagen & Klasings, franzos u. engl. Schulausgaben Prosateurs franç Lfg 123 B. [oi. 1066]

François, Hermann von

François, v., Feldverpflegungsdienst bei den höheren Kommandobehörden. Mit Genehmigg. des königl. Kriegsministeriums u. des Chefs des Generalstabes der Armee hrsg. 2 Tle. gr. 8. Berlin 906. E. S. Mittler & Sohn. n. 9. —; geb. u.n. 11. 35
1. Vormarsch. 2. durchgeseh., durch e. Sachregister erweit. Aufl. Mit 4 Karten u. 2 Anlagen in Steindr. (VII, 120 S.) n. 3. 80; geb. n. 4. 80
1. Aufl. (VII, 114 S.) 104. n. 3. 60; geb. n. 4. 60.
2. Stillstand d. Operationen u. Rückzug. Mit 6 Kartenbeilagen in Steindr. (XI, 204 S.) n. 5. 40; geb n. 6. 75

François, v., Feldverpflegungsdienst bei den höh. Kommandobehörden. Mit Genehmigg. d. königl. Kriegsministeriums u. des Chefs des Generalstabes der Armee hrsg. 2. Tl. Stillstand der Operationen u. Rückzug. 2. Aufl. Mit 6 Kartenbeilagen in Steindr. (XIV, 250 S.) gr. 8. Berlin 909. E. S. Mittler & Sohn. 6. —; geb. 7.25 (Kplt.: 9.80; geb. 12.05)

— der Verpflegungsoffizier. Sein Dienst im Felde u. seine Vorbildg. im Frieden. (18 S.) gr. 8. Ebd. 905. n. — 60
Sonderabdruck aus: „Feldverpflegungsdienst bei d. höh. Kommandobehörden".

François, v. Der Verpflegungsoffizier. Sein Dienst im Felde und seine Vorbildung im Frieden. Berlin 1905. 8°.
Dass. 2. Aufl. 1907.

— Der Verpflegungsoffizier. Sein Dienst im Felde, seine Vorbildg. im Frieden u. die Verwendg der Feldküchen. 3., auf Grund d. neuesten Bestimmgn. vollständig umgearb. u. verm. Aufl. (IV, 53 S.) gr. 8. Ebd. 909. 1. 20

François, Karl

François, Carl, a. Malaucourt: Nierensteine beim Weibe und ihre Komplikation mit der Schwangerschaft. Straßburg i. E. 1906: C. Muh. (34 S.) 8°
Straßburg, Med. Fak., Ref. Fehling, Diss. v. 5. Febr. 1906
[Geb 14 Dez 74 Malaucourt, Kr Château-Salins; Wohnort. Delme, Lothr.; Staatsangeh : Elsaß-Lothringen; Vorbildung: Lyzeum Metz Reife S. 95; Studium: Straßburg 2, Freiburg i. B 1, Straßburg 6 S; Coll. 18 Jan 06; Approb 17. Nov 05]

François, Karl v. Ein Soldatenleben, s. a. Schwartzkoppen, Clotilde v.

François, Karl v., Ein deutsches Soldatenleben. Nach hinterlass. Memoiren von Clotilde v. Schwartzkoppen. Mit Portr. (in Stahlst.) 8. (280 S.) Schwerin 873. Hildebrand. n. 4. —

Karl von François Ein Soldatenleben. Nach hinterlassenen Memoiren von Clotilde v. Schwartzkoppen 4. u. 5. Aufl. Mit 1 Bildnis. Berlin: Fresenschmidt 1910 247 S 8° [oa 1561]

François, Kurt v., Ästhetik. 1. Tl.: Ästhetische Psychologie. I. Der Funktionzweck u. die allgem. Form der ästhet. Auffassungsweise. (103 S.) gr. 8. Gr.-Lichterfelde 908. Kahlenberg & Günther. 2. —; Büttenausg. 5. —

François, C. v, Deutsch-Südwest-Afrika. Geschichte der Kolonisation bis z. Ausbruch d. Krieges m. Witbooi April 1893. Lex.-8. (XI, 223 S. m. 14 z. Tl. farb. Skizzen.) Berlin 899. D. Reimer. n. 8. —; geb. in Halbleinw. n. 10. —

François, C. v., die Erforschung des Tschuapa u. Lulongo. Reisen in Centralafrika. Mit 33 Abbildungen, 12 Kartenskizzen u. 1 Uebersichtskarte. gr. 8. (XIV, 220 S.) Leipzig 888. Brockhaus. n. 6. —; geb. n. 7. 50

François, Curt v. Im Innern Afrikas, s. Wissmann, Herm. v.

François, Curt v., Kolonisationssystem, Monopolgesellschaften u. Bodenfrage in unseren Kolonien, s. a. Zeitfragen, kolonialpolit.

François, Kurt v. Kolonisationssystem Monopolgesellschaften und Bodenfrage in unseren Kolonien Sudwestafrikan Finanzpolitik von *.* Berlin [1909] 8° *[Umschlagtit.]*
(Kolonialpolit. Zeitfragen 2)

Kriegführung in Süd-Afrika Von C[urt] v François, Major a D *Berlin: D Reimer 1900.* (57 S) 8° [J u Ant] [oa 3330]

Lehren aus dem Sudafrikanischen Kriege für das deutsche Heer Von [Kurt] v. François, Major a D. Mit 8 Skizzen. *Berlin E. S. Mittler & Sohn 1900.* (71 S) 8° [J] [oa 8687]

v. François, C und Grenfell, G Die Nebenflüsse des mittleren Congo, Lulongo, Tschuapa, Mobanci u A 1 : 2 000 000 Gotha 1886 1 Bl c A

v. François, C Originalkarte der Itineraraufnahmen und Erkundigungen im Stromgebiet des Kassai 16 Juni 1884 bis 17 Juli 1885 1 2 000 000 Gotha 1886 1 Bl c A Sch

v. François, C Skizze des Hinterlandes von Togo 1 : 1 300 000 (Berlin 1890) 1 Bl L H

— Staat od. Gesellschaft in unseren Kolonien? s. a. Streitfragen, soziale. 10. Hft.

Staat oder Gesellschaft in unseren Kolonien? Referat erstattet i d 11 Hauptversamml d 'Bundes d Deutschen Bodenreformer' Von Curt v François, Major a D *Berlin J Harrwitz Nachf [1901]* (16 S) 8° [J]
— Streitfragen, Soziale H 10

v. François, C Uebersichtskarte von dem Hinterlande des Deutschen Schutzgebiets Togo 1 : 2 225 000 Berlin (1888) 1 Bl c A. Sch

François, Louise von, und Meyer, Conrad Ferdinand. L' von F' und C' F' M'. Ein Briefwechsel. Hrg. von Anton Bettelheim. X + 285 S. 8. Berlin, Georg Reimer, 1905. [M. 5. —]

—— Erzählungen. 2 Bde. gr. 8. Braunschweig 871, Westermann. *
Inhalt:
Bd. 1. Geschichte einer Häßlichen. — Glück. (289 S.)
„ 2. Der Erbe von Saldeck. — Florentin Kaiser. — Hinter dem Dom. (331 S.)

François, Louise v., e. Formalität. Erzählung. 2. Aufl. 8. (71 S.) Berlin 884. Janke. n. — 50

—— zu Füßen des Monarchen, s. Collection Spemann.

— Geschichte der preußischen Befreiungskriege in d. J. 1813 bis 1815. Ein Lesebuch f. Schule u. Haus. gr. 8. (295 S.) Berlin 873. Janke. 3. 75

François, Marie Luise von
Hellstadt. Erzahlung. Berlin 1873.
In: Roman-Zeitung, Deutsche. Bd 4.

François, Louise v., Hellstädt u. andere Erzählungen. 3 Bde. 8. (299, 286 u. 319 S.) Berlin 874. Janke. 12. —

— Hellstädt. Erzählung. 2. Aufl. 8. (196 S.) Ebend. 884. 1. 50

François, Luise v., Phosphorus Hollunder; zu Füßen d. Monarchen, s. a. Collection Spemann.

Phosphorus Hollunder. Zu Füssen des Monarchen von Louise v. François. Stuttgart: Spemann [1881]. VIII, 91 S. 8°
(Deutsch. Hand- & Haus-Bibl. 1. Collection Speman.)
TB. 395. Der Held der 1. Erzählung ist ein Frmr. Zu „Füssen d. Monarchen" ist nicht mrisch.

— das Jubiläum u. andere Erzählungen, s: Collection Spemann.

François, Luise v., Judith, die Kluswirtin, s.a. Romane, moderne, aller Nationen.

Luise v. François. Judith, die Kluswirtin. *Stuttgart, Berlin, Leipzig: Union [1900].* (213 S.) 8° [F]
= Romane, Moderne, aller Nationen. 2. [oL 13072]

— dasselbe, s.a. Collection Spemann.

— Judith, die Kluswirthin. Novelle. (Neue Ausg.) 8. (249 S.) Stuttgart 883. Krabbe. n. 1. —

— der Katzenjunker. 8. (212 S.) Berlin 879. Paetel. n. 4. —

— Fräulein Muthchen u. ihr Hausmaier, s.: Volksbücher, Wiesbadener.

François, Marie Luise von
Fräulein Muthchen und ihr Hausmaier. Stuttgart 1859.
In: Hausblätter. Bd 4.

François, Marie Luise von Ott 2164
Natur und Gnade. Nebst anderen Erzählungen. Von L. von François. Bd 1-3.
Berlin: Janke 1876. 8°

— Natur u. Gnade, nebst anderen Erzählgn. 3 Bde. 8. (263, 267 u. 203 S.) Ebend 876. n. 12. —

v. François, Luise, ausgewählte Novellen. 2 Bde. Berlin 868. F. Duncker. gr. 8. (522 S.) n. 1 Thlr. 20 ngr.

— der Posten der Frau. Lustspiel in 5 Aufzügen. 8. (IV, 123 S.) Stuttgart 882. Spemann. n. 2. 60

François, Marie Louise von
Die letzte Reckenburgerin. Roman. Berlin 1870.
In: Roman-Zeitung, Deutsche. Bd 4.

— die letzte Reckenburgerin. Roman. 2 Bde. 8. (270 u. 267 S.) Ebend. 871. 6. —

— dasselbe. 2. Aufl. 8. (VIII, 392 S.) Ebend. 872. n. 4. 50

— dasselbe. 3. Aufl. 2 Thle in 1 Bde. 8. (VIII, 348 S.) Ebend. 873. n. 3. —

— die letzte Reckenburgerin. Roman. 4. Aufl. 2 Thle. in 1 Bde. Mit dem Bildniß der Verf. (Holzschn.-Taf.). gr. 8. (402 S.) Berlin 878. Janke. n. 4. —

François, Louise v., die letzte Reckenburgerin. Roman. 5. Aufl. 2 Thle. in 1 Bd. 8. (403 S.) Berlin 888. Janke. n. 4. —

— die letzte Reckenburgerin. Roman. 6. Aufl. 2 Tle. in 1 Bde. 8. (403 S.) Ebd. 895. n. 4. —; geb. n. 5. —

— die letzte Reckenburgerin. Roman. 7. Aufl. 2 Tle. in 1 Bde. 8. (403 S.) Berlin 900. O. Janke. n. 4. —

François, Louise v., die letzte Reckenburgerin. Roman. 8. Aufl. 2 Tle. in 1 Bde. (403 S.) 8. Berlin 904. O. Janke. n. 4. —

Die letzte Reckenburgerin. Roman von Louise v. François. 9. Aufl. 2 T. in 1 Bd. Berlin. Janke 1909. 402 S. 8°
(Bibliothek August Scherl Bd 515) [io 13902]

— Stufenjahre eines Glücklichen. (Roman.) 2 Thle. 1. u. 2. Aufl. 8. (404 u. 366 S.) Leipzig 877. Breitkopf & Härtel. 9. —

François, Marie Louise von
Frau Erdmuthens Zwillingssohne. Roman. Berlin 1872.
In: Roman-Zeitung, Deutsche. Bd 3.4.

François, Louise v., Frau Erdmuthens Zwillingssöhne. Roman. 2 Bde. 8. (292 u. 283 S.) Berlin 873. Janke. 9. —

François, Louise v., Frau Erdmuthens Zwillingssöhne. Roman. 2. Aufl. 8. (300 S.) Berlin 891. Janke. n. 2. —

Francoise's, Mlle., hundert Recepte. Bearb. u. m. e. Vorworte versehen v. Mary Brandes. 8. (110 S.) Düsseldorf 886. F. Bagel. geb. n. 2. —

Franculini, B., Clericus romanus contra nimium rigorem munitus duplici libro. 8maj. Augsb. 796. (Rieger). 1 Thlr.

Francolm, J. A., d. Grundzüge d. Religionslehre aus d. zehn Geboten entwickelt. 8. Neust. 820. Wagner. 12 kr.

Francolm, J. A., das rationale Judenthum. 8. Breslau 840. Friedländer. 1 2/3 Thlr.

— s. Kinderfreund, Breslauer.

Francolm, J. A., die mosaische Sittenlehre, z. Gebr. beim Religionsunterr. f. Lehrer u. Schüler dargest. 1. Aufl. Breslau 831, Aderholz, 2., umgearb. A. (à 23 1/2 B.) 8. Breslau 832, (Schulz u. Comp.) à

— d. mosaische Sittenlehre, zum Gebrauch beim Religionsunterrichte für Lehrer u. Schüler dargestellt. gr. 8. Bresl. 831. Mit Jahrz. 832. (Schulz u. C.) 1 Thlr. 16 ngr.

Francolm, J. A., s. Synagogengebete, die.

— Worte eines Juden, nach beendeter Landestrauer um d. König Friedrich Wilhelm III. an seine christl. Brüder gerichtet. gr. 8. Breslau 840. Aderholz. 1/6 Thlr.

Francomonte, Florianus de (Pseud.), s. Beer, Johann

Franconia [Sachl. OW]

Franconia, Beiträge z. Geschichte, Topographie u. Literatur v. Franken, s.a. Büttner.

Franconia. Beyträge zur Geschichte, Topographie und Litteratur von Franken. Ansbach 1813. V: *Büttner, Heinr. Christoph.* (MGT) (Ky) (BrMm)

Franconia, Beitr. zur Geschichte, Topographie u. Literatur von Franken, (v. H. C. Büttner). 2 Bde. 8. Ansb. 813. Gassert. 1 Thlr. 8 ngr.

Franconia. Illustrirte Zeitschrift für Geschichte, Kunst, Alterthums- und Volkskunde Frankens. 1. Bd. Jahrg. 1882/83. 12 Nrn. (à Nr. ca. 1 Bog. mit eingedr. Holzschn.) gr. 4. Rothenburg o. d. T., Klein's Verlag. *
— — dass. — 2. Bd. 1884. 3 Nrn. (à Nr. ca. 1 Bog. mit eingedr. Holzschn.) gr. 4. Ebendas. *
Nicht weiter erschienen.

Franconia sacra. Geschichte u. Beschreibg. des Bisth. Würzburg. Begonnen v. J. B. Stamminger, fortgesetzt v. Aug. Amrhein. 4. u. 5. Lfg. gr. 8. Würzburg (B. Bauch.) n. 6. —
4. Das Landkapitel Mellrichstadt. Von Mich. Müller. 1. Abth. (200 S.) 899. n. 2. 50
5. Dasselbe. 2. Abth. (VIII u. S. 201—501.) 901. n. 3. 20
1.—3. unt. d. Titel: Stamminger, J. B., Franconia sacra. 888—897. n. 8. 80.

Franconiae Postarum Tabulam hanc geographicam etc. Sacram esse cupiunt. Editores et servi humillimi Homanniani Heredes. Norimbergae Ao. 1759. Ohne M.
2 Bl

Franconia [Schlagwort]

Franconiae — Circuli — Pars orientalis et potior, pars occidentalis et minor novissime delineata per J. Bapt. Homann. Norimbergae 1712? Das 2te Blatt führt den Titel: Electoratus Moguntinus, ut et Palatin. Infer. Hassiae et fluminis Moeni aliqua pars exhibens simul Occid. Circ. Franconiae partes nimiru infimam part: Episc. Würtz. etc. Geogr. exhibitus conante J. B. Homanno. 1 Bl 1: 450,000. 2 Bl.

Franconicus — Circulus — in quo continentur Episcopat. Würzburgensis Bambergensis, et Aichstadiensis, Status Equitum Teutonicorum. Ducat. Coburgensis, Marchionat. Culmbac. Baruth etc. accurate delineatus per Mattheum Seutter Aug. Vind. 1728. 1: 450,000. 1 Bl.

Francos, teusch Frances, siehe Johann Christian Troemer.

Francotte, H., L'organisation de la cité Athénienne et la reforme de Clisthènes. S.-A. 1892. 127 S. 2.—

Francotte, Henri, la polis grecque, s.a. Studien z. Gesch. u. Kultur des Altertums. 1, 3. 4.

La polis grecque. Recherches sur la formation et l'organisation des cités, des ligues et des confédérations dans la Grèce ancienne. Par Henri **Francotte**, Prof., Liège. Paderborn: F. Schöningh 1907. (VIII, 252 S.) 8°
— **Studien** z. Geschichte u. Kultur d. Altertums. Bd 1, H. 3/4.

Francotte, X., die Diphtherie. Ihre Ursachen, ihre Natur u. Behandlg. Gekrönte Preisschrift. Unter Mitwirkg. d. Verf. nach der 2. Aufl. übers. v. M. Spengler. Mit 10 Abbildgn. im Text u. 8 (lith.) Taf. gr. 8. (VIII, 308 S.) Leipzig 885. Veit & Co. n. 6. —

Sonate (E moll) von François **Francœur** (1698-1787). Bearb. von Alfr. Moffat. (Berlin: N. Simrock 1899.) (10 S.) 4° [Kopft.]
— **Meisterschule** d. alten Zeit. No 6.

Francoeur, L. B.

— Elementar-Lehrbuch d. Mechanik. Aus d. Französ. nach d. 4ten Aufl., mit erläut. Anmerk. u. Zusätzen v. W. Opelt. Mit 8 Kpft. gr. 8. Dresd. 825. Arnold. 3 ℳ

— Elementar-Lehrbuch der Mechanik. Aus d. Franz. m. erläut. Anmerkgn. u. Zusätzen v. W. Opelt. 2. (Titel-)Ausg. gr. 8. (VI u. 161 S. mit 8 Kupfertaf. in 8. u. 4.) Leipzig (825) 850, Arnold. 18 ngr

Francoeur, L. B., Lehrbuch d. reinen Mathematik. 1r Bd. 1e u. 2e Abtheil. Arithmetik u. Algebra; aus d. Französ., mit Anmerk. u. Verbess., übers. v. K. F. Degen. gr. 8. Kopenh. 815. Bonnier. 1 ℳ 4 gr

Francoeur L B Lehrbuch der Mechanik Deutsch v W. Oppelt 2 A Leipzig 1850.

Francoeur, L. B., vollständ Lehrkurs der reinen Mathematik. Nach der 4n verb. u. verm. Origin.-Ausg. (1837) aus d. Franz. übersetzt, mit Anmerkt. u. Zusätzen versehen von Edm. Külp. 1r Bd. 1s Buch, enthalt. die Arithmetik. gr. 8. Bern u. Chur 838. Dalp. 1/2 ℳ — 1r Bd. 2s Buch, enthalt. die niedere Algebra. gr. 8. Ebd. 838. 7/12 ℳ — 1r Bd. 3s Buch: Die Elementar-Geometrie. Mit 6 Steintaf. gr. 8. Ebd. 840. 7/8 ℳ — 1r Bd. 4s Buch: Die analyt. Geometrie in der Ebene. Mit 4 Steintaf. gr. 8. Ebd. 839. 1 ℳ — 2r Bd. 1e Abthl.: Höhere Algebra. Mit 1 Steintaf. gr. 8. Ebd. 840. 2 ℳ

**Francoeur, L. B., vollständ. Lehrkurs der reinen Mathematik. Nach d. 4. verb. u. verm. Orig.-Ausg. (1837) aus d. Französ. übers., mit Anmerk. u. Zusätzen versehen von Edmund Külp. 1. Bd. 1. u. 2. Buch, enthalt. die Arithmetik, die niedere Algebra. 2. Ausg. gr. 8. Bern u. Chur 843, Dalp. 1 1/6 ℳ — 2. Bd. 1. Buch, enthalt. die höhere Algebra. Mit 1 Steintaf. gr. 8. Ebend. 841. 2 ℳ
— dass. 2. Bd. 2. Buch, enthalt. die analytische Geometrie im Raume. Mit 1 Steintaf. gr. 8. Ebend. 842. 1 ℳ — 2. Bd. 1. u. 2. Buch. 2. Ausg. enth. die höhere Algebra. Die analyt. Geometrie im Raume. Mit 2 lith. Taf. gr. 8. Ebend. 845. 3 ℳ — 2. Bd. 3. Buch. 1. u. 2. Abthl., die Differential- u. Integralrechnung. Mit 2 Steintaf. gr. 8. Ebend. 843. (I. 1 1/3 ℳ — II. 3/4 ℳ) — 2. Bds. 4. Buch, enth.: Die Variations- u. Differenzrechnung. Mit 1 Kupfertaf. (Schluß des Gesammtwerkes.) gr. 8. Ebend. 846. 1 1/3 ℳ 1. u. 2. Bd. compl. 9 11/12 ℳ**

Francoeur, L. B., vollständ. Lehrkurs der reinen Mathematik. Nach der neuesten Orig.-Ausg. aus d. Franz. übers., mit Anmerkgn. u. Zusätzen versehen v. Edm. Külp. 1. Bd. 1. Buch, enth.: die Arithmetik. 2. Aufl., bearb. v. Phil. Fischer. gr. 8. (XII u. 143 S.) Bern 851, Dalp. n. 18 ngr — 1. Bd. 2. Buch, enth: die niedere Algebra. 2. Aufl bearb. v. Phil. Fischer. gr. 8. (VI u. 144 S) Ebd. 852. n. 18 ngr. — 1. Bd. 3. Buch, enth.: die Elementar-Geometrie. Mit 5 Kpfrtaf. (in qu. 4) 2. Aufl., bearb v. Phil. Fischer. gr. 8. (VIII u. 168 S.) Ebd. 850. n. 1 ℳ 2 ngr — 2. Bd. 3. Buch, enth.: die Differential- u. Integralrechnung. Mit 2 Kpfrtaf. (in qu. 4.) 2. Ausg. gr. 8. (382 S.) Ebd. 850. n. 2 ℳ 2 ngr

— traité élémentaire de méchanique. IV. édit. II Vols, av. planches. gr. 8. Braunschw. 815. Pluchart. 2 ℳ 8 gr

Francourt, Geschichte d. Sophie, aus d. Frz. 8. Frkf. (Felsecker in Nürnb.) 768. Rthlr.

Francs-Maçons, les suisses, à leurs concitoyens. In-8°, 15 p. Berne, Paul Haller. — 25
1886.

Franctireur: Le Franctireur (Be).
① Journal humoristique ⑤ 8. 5 1886—17 3 1892 ⑦ paraissant à des dates indeterminées ⑧ Porrentruy Société Typographique ⑨ Société Typographique ⑫ politique-satirique ⑪ BGSZ 961, 973.

Francus, Diss. Cursus dysuriae ad stranguriam vergentis resolutus. Heidelb. 4°.
1786

Francus, Ge., Satyrae medicae viginti et diss. edente filio Ge. Friderico. Lps. 8°.
1722

Francus, Jac. Sammlung von insgesamt 87 der unter dem Namen Jacobus Francus erschienenen „Relationes historicae" (Halbjahrsrelationen) aus den Jahren 1605 bis 1747. Meist Frankfurt a. M. Mit 94 Kupfertafeln, meist doppelblattgroß oder in Folio. 4°. 5 Pgtbde., 4 Ppbde., Rest br. 850.—
Vgl Schottenloher. S. 230 ff.

Frandsen, E., Reinhaltung der Stadtluft durch Schwemmsystem mit Ueberdruck und durch Reformen bei Verschluss, Spülung und Ventilation des Canal-Systems. gr. 8. (IV, 18 S.) Wien 881, Lehmann und Wentzel. *
— — dass. — 2. Aufl. gr. 8. (64 S.) Wien 881, [Lehmann und Wentzel.] Spielhagen und Schurich. *

Frandsen, Edwardt, s.: Abstinentenfreund, der.

— Der Alkohol und seine Wirkungen. Wien 1894.

Frandsen, Edvardt, Grammatik des Universal-Latein (Neulatein). 1. Tl. (Formenlehre). (47 S.) 8. Wien 902. Philanthrop. Verlagsanstalt v. E. Frandsen. n. 1. —

Frandsen, Edvard, s.: Kosmopolitus, Etfra.

— lateinisches Völker-Friedens-Wörterbuch in allen Sprachen. Ausg. für die österreich.-ungar. Monarchie. Deutsch — lateinisch — italienisch — kroatisch — magyarisch — polnisch. 1. Lfg. (37 S.) 8. Ebd. 901. n. — 80

— weisse Rasse sei auf Deiner Hut! Ein Sammelwerk üb. die wichtigsten Lebensfragen, namentlich üb. die sexuelle, worunter Aussprüche v. bewährtesten Forschern, z. B. Leo Tolstoi. (IV, 397 S.) 8. Ebd. 902. n. 2. —

Frandsen, Ed. Ein ernstes Wort Wien 1894.

Frandsen, Ernest., Arteriae subclaviae dextrae originis abnormis ac decursus casus. Dissertatio inauguralis medica. 4maj. (14 S.) Kiliae 854, (Libr. academica.) Thlr. *

Frandsen, Peter Schreiner

— Vipsanius Agrippa. Eine histor. Untersuchung über dessen Leben u. Wirken. Mit Agrippa's Bildniß. gr. 8. Altona 836. Aue. 1 1/3 ℛ

Frandsen, P. S., d. unumschränkte Dänemark, d. Land d. Freiheit. Rede bei d. Feier d. königl. Geburtsfestes am 28. Januar 1830. gr. 8. Altona 830. Aue. 10 gℛ

Geschichte der Gelehrtenschule zu Rendsburg bis 1830 v. Peter Schreiner Frandsen. Rendsburg. 1857. 4°. Gymn.-Progr.

Haruspices. Commentatio inauguralis quam ... vulgavit auctor Petrus Schreinerus Frandsen. Danus. Berolini 1823. 8°

Frandsen, Peter (Dänemark), Haruspices. Berlin (Maurer; Druck: Hayn) 1823. XII, 60 Seiten. (5.—) 9364

Frandsen, P. S., C. Cilnivs Maecenas. Eine histor. Untersuchung über dessen Leben u. Wirken. gr. 8. Altona 843, Hammerich. 1 1/3 ℛ

Frandsen, P. S., Mithridates VI. Eupater, König v. Pontus. I Geschichte d. M. bis zum eigenen Regierungsantritt. Pr. 1847 89 S. 4°. 1.20

FRANDSEN, P[T.] S[CHREINER], Ueber die Politik des Marius Agrippa in Bezug auf die römische Staatsverfassung. Altona. 1835. 4. P. (Skoleprogr.).

Zu der öffentlichen Prüfung der Schüler des Real-Gymnasiums zu Rendsburg ... ladet ein Peter Schreiner Frandsen. 1856—70. Rendsburg. 1856—70 4°.

— s. Säcularfeier des Kgl. Christianeums. 1839.

Frandsen, P. S., die Staatserbfolge in den vormals Schauenburgischen Antheil v. Holstein, erörtert. gr. 8. (IV u. 115 S.) Hamburg 850, Perthes-Besser & Mauke. n. 18 ngr

Frandsen, P. S., über den Werth einer Verfassung. Rede bei der Feier des Königl. Geburtsfestes am 28. Jan. 1834. gr. 8. Altona 834. Aue. 1/3 ℛ

Franciosi, Frz. Xav. de, Begründung u. Uebung der Andacht zum hl. Herzen Jesu, m. e. Anh. üb. die Andacht zum unbefleckten Herzen Mariä u. e. kleinen Sammlg. v. Andachtsübgn. u. Ablaßgebeten zu diesen heiligsten Herzen. Nach der 4. Aufl. m. Gutheißg. d. hochw. Verf. übers. v. e. Mitgliede der Gesellschaft Jesu. 8. (VIII, 239 S.) Paderborn 876. Junfermann. n. 1. 20

Frangenheim, J. F., Katechismus in kurzen Fragen u. Antworten über d. ersten Grundwahrheiten d. christkathol. Religion. 12. Köln 821. J. G. Schmitz. 4 gℛ

Frangenheim, J. M., Anleitung zur Perspektive, s.: Handbuch der Baukunde.

Frangenheim, J. M., praktische Anwendungen der Linear-Perspective. 1 Blatt gr. Fol. nebst Text. Fol. (4 S.) Berlin 880. Polytechn. Buchh. In Kapsel. n. 2. —

— methodischer Leitfaden der Linear-Perspektive f. höhere Lehranstalten. Mit 100 (eingedr.) Holzschn.-Illustr. gr. 8. (X, 70 S.) Braunschweig 880. Schwetschke & Sohn. n. 1. 60

Frangenheim, Paul, die chirurgisch wichtigen Lokalisationen des Echinokokkus, s. a. Sammlung klinischer Vorträge 419/424.

Die chirurgisch wichtigen Lokalisationen des Echinokokkus. Von Paul Frangenheim, Altona. Leipzig: Breitkopf & Härtel 1906. (92 S.) 8° = Sammlung klinischer Vorträge N. F. No 419/420.

— die chirurgisch wichtigen Lokalisationen der tierischen Parasiten m. Ausnahme des Echinokokkus, s. a. Sammlung klinischer Vorträge Nr. 424.

Die chirurgisch wichtigen Lokalisationen der tierischen Parasiten mit Ausnahme des Echinokokkus von Paul Frangenheim, Altona. Leipzig: Breitkopf & Härtel 1906. (31 S.) 8° [Umschlagt.] = Sammlung klinischer Vorträge. No 424.

Frangenheim, Paul, Arzt aus Coblenz: Über stieltorquierte Ovarialtumoren. *Berlin (1903): G. Schade.* (30 S.) 8°
Berlin, Med. Diss. v. 29. Mai 1903

Frangenheim, Paul Rud[olf]: Die Fortführung der Firma bei dem Erwerbe eines bestehenden Handelsgeschäfts unter Lebenden. Pretzsch ⟨Elbe⟩ 1910: Höffler. 51 S. 8°
Leipzig, Jur. Diss. v. 4. Juni 1910
[Geb. 8. Okt. 82 Buenos Aires; Wohnort: Buenos Aires; Staatsangeh.: Argentinien; Vorbildung: Colegio Nacional Buenos Aires Reife O. 00; Studium: Berlin 3, Halle 2, Leipzig 1 S.; Rig. 16. Febr. 07.] [U 10. 2701

Frangeš, Otto, aus Agram: Die Buša. Eine Studie über das in d. Königreichen Kroatien u. Slavonien heimische Rind. Mit 5 Taf. u. 1 Karte. *Agram 1902: C. Albrecht.* (VI, 142 S.) 8°
Leipzig, Phil. Diss. v. [29. Jan.] 1903

Frangeš, S., Prof., Ein sicheres Schutzmittel gegen die Phylloxera vastatrix. 8° (15 S.) Agram, L. Hartmann fl. — 20.
1887.

Franges, Simon, Prof. Haus Habsburg-Lothringen. (Mit 20 Taf. Portraits) Fol. (Wien 1891)

Frangides, Johannes [aus Tiristassis (Constantinopel)]: Über Complication der Geburt mit Geschwülsten der inneren Sexualorgane. E. glücklicher Fall v. Sect. caes. nach Porro wegen Uterusfibromyom aus Geh.-R. Kaltenbach's Klinik ... Halle a. S., Hofbuchdr. v. C. A. Kaemmerer & C., 1893; 39 S., 1 Bl. 8.
Halle, Med. Fak., Inaug.-Diss. v. 14. März 1893

Frangopol, Dumitru: Zur Kenntnis der Naphtensäuren des rumänischen Erdöls. 1910. 84 S. 8°
München, Dr.-Ing.-Diss. v. 18. 11. 1910

Frani, Fr. J., Georgii seu Gregorii Cypri, Patriarch. Constantinopolit. vita. 8maj. Wien 764. Gerold. 12 gℛ

– Dass., s.a. Fran

Franić, Dragutin, d. Lage auf der Balkanhalbinsel zu Beginn des 13. Jahrh., s. a. Mitteilungen, wissenschaftl., aus Bosnien u. d. Hercegovina.

Franič, Dragutin, Die Lage auf der Balkanhalbinsel zu Beginn des 13. Jahrhunderts. Lex.-8. (34 S.) * —.35
Wien: Gerold 1898.

Franieck, Gebr., Auskünfte über Karlsbad und dessen Umgebung im Jahre 1838. Zur schnellen Uebersicht alphabetisch geordnet. gr. 12. Mit 3 Tabb., 1 Ansicht und 1 Karte. Karlsbad 838. Gebr. Franieck. (Leipz., Liebeskind.) 5/12 ℛ, ohne Karte 1/6 ℛ

Franieck. Der Führer in Karlsbad und der Umgebung. 6. Auflage. Mit einem Anhange: Geschichtliche Notizen über Karlsbad vom Jahre 1325 bis 1852. Von Gebr. Franieck. Karlsbad 1853. 8. (70 und 94 S. 1 Bild.) Karlsbad, Gebr. Franieck 1853.

Franieck, Gebr. Geschichtliche Notizen über Karlsbad vom Jahre 1325 bis 1852. — Aus Urkunden und den verläßlichsten Quellen geschöpft. Herausgegeben von . . . 16. (94 S.) Karlsbad, Dr. der Gottlieb Haase Söhne in Prag 1853.

FRANIZ, U. T., Der römisch katholischen Geistlichkeit eheloser Stand. Utrecht (Gel. Buchhandlung in Dessau). 1783.
Weller, fing. Dr.

Frank, Geheimrat Professor Dr. v. Ein Wort dankbarer Erinnerg. f. s. Schüler u. Verehrer. [Erweit. Sonderdr. aus: „Korrespondenzbl. d. bayer. Geistlichkeit".] (Von Ed. Rupprecht) gr. 8. (22 S.) Rothenburg o. T. 894. J. P. Peter. — 30

Frank, der Familie, Geschichte, oder Liebe ist ein wunderlich Ding. 2 Thle. 8. Hamb. Herold. 781.

Frank, die Familie, Geschichte. 2 Thle. 8. Hamb. 782. Herold. 2 ß

Frank, der Familie Geschichte, oder Liebe ist ein wunderlich Ding, 2 Theile, 8. Hamburg, 787. Herold. 2 Rthl.

— — dass. neue Ausg. s. Schwesterliebe.

Frank, Joh. Peter, zur Erinnerung an ihn, s. Bamberger, H. v.

Frank und Frei: 1870? St. Louis, MO
Continued from Din Vrume.

Frank, s.a. Franck

– s.a. Francke

Festzeichnung zur Feier des 22. März 1877 Geburtstag Sr. Majestät Kaiser Wilhelm I, Allerdurchlauchtigsten Br.·.s und Protectors unseres Bundes in der Loge „Zur Freimüthigkeit am Rhein" im Or.·. zu Frankenthal vorgetragen von Frank. Frankenthal [1877]: Göhring. 12 S. 8⁰ [Umschlagtit.]
Preisrede auf Deutschland u. seine Herrscher.

Frank's Führer durch die chemische, chemisch-technische und pharmaceutische Literatur vom Jahre 1850—1882. Wien 1883

Frank, Grundprinzip der Arbeiterversicherungsgesetzgebung. Eine sozialpolit. Studie. Fürth 894.

Frank, ..., Hindernisse d. Obstbaumzucht in Baiern. 8. Stadtamhof 808. Daisenberger. 4 gr.

Frank, Ein glückliches Leben. Erinnerungen an F. W. Smith von s. Mutter erzählt. 8. Basel, C. F. Spittler. 1875. 1. 80

Frank, Recht d. Nachfolge in Meiergüt. d. Fürst. Lünebg. Hann. 862.

Frank, ..., s. Rückblick auf die Feldzüge von 1805 bis 1815.

Frank, Dr. Streiflichter auf die letztverflossene Session des bayrischen Landtags. Würzburg 1876. 8⁰ 64 S.

Frank. Ueber den Substantivsatz. Tilsit, R., 1852. **Progr.**

Frank A.: Über die Anwendung d. Kalidüngmittel auf verschiedenen Culturen ... Magdeb. 1869. 8 S. P.

Frank A: Ueber Desinfection von Abtrittsgruben. Vortrag. Berlin 1885

Frank, A., üb. die Grundlagen f. die industrielle Entwicklung Ostpreussens, s.: Lutze, O., die Wasserverhältnisse Ostpreussens.

Frank, A., das Staßfurther Kali, sein Vorkommen u. seine Beziehung zur Landwirthschaft sowie zur Frage der Bodenerschöpfung. Zwei Vorträge gehalten im landwirthschaftl. Verein des Fürstenth. Halberstadt. Halle 866. Hendel. gr. 8. (28 S.) 7½ ngr.

FRANK, A.
Die Stassfurter Kaliindustrie auf der Wiener Ausstellung. Braunschweig, 1875. 8vo.

Frank, A., prakt. Lehrbuch d. mod. französ., deutschen u. rumän. Conversation, s.a. Kunst, die, d. Polyglottie.

Frank, A., Praktisches Lehrbuch der modernen französischen, deutschen und rumänischen Conversation mit systematischem Vocabularium. 8. (VIII, 182 S.) [Bibliothek der Sprachenkunde, 57. Theil.] Gebdn. 1.10
Wien: Hartleben 1898.

Frank, A., deutsches Liederbuch für die turnende Schuljugend. 32. (IV, 140 S. m. Portr. des Kaisers Wilhelm in Holzschn.) Ohrdruf 877. Stadermann jr. cart. n. — 30

Frank, A., Progr. quatuor de origine linguae primaevae. Erford. 785 sqq. 4.

Frank, A., generelles Projekt zur Verhütung d. Ueberschwemmung in Nürnberg, s.: Frauenholz, W.

Frank, A., Sichtung des Henhöferischen Glaubensbekenntnisses, wie auch des Lindlischen Glaubensbekenntnisses u. der Schrift Otto's: Der Katholik u. der Protestant. 8. Regensburg 824. (Augsburg, Kollmann.) 3/4 ß

Frank, A: Über Verwerthung der norddeutschen Moore insbesondere für elektrische Kraftstationen. Vortrag. Berlin 1897

Frank, A: Wie ist der Verarmung des Bodens an Kali abzuhelfen? Vortrag. Magdeburg 1864

Frank, A. B., s. Frank, Albert Bernhard

Frank, (A. L. F. T.,) der Bischof u. die Ritter. 8. Berlin 824, Cavisel.

Frank, A. L. F. T., d. Bischof u. d. Ritter. Eine ächte Sage aus Altdeutschland. 8. Berl. 824. Cawitzel. 18 gr.

Frank, A. L. F. T., der Bischof u. die Ritter. 8. Berl. 824. (Rücker). 18 gr.

Frank, A. R., s. Frank, Albert

Frank, A(braham), aus Galatz (Rumänien): Ein Fall von Tabes dorsalis mit dem Symptomenkomplex der Bulbärparalyse. *Berlin 1901: S. Scholem.* (31 S.) 8⁰
Berlin, Med. Diss. v. 23. Juli 1901

Frank, A., aus dem Leben der Geisteskranken. Gemeinverständliche Darstellg. der Geisteskrankheiten. Ihre Geschichte, Symptome, Ursachen, Verhütg. u. s. w. gr. 8. (IV, 102 S.) Berlin 900. H. Bermühler. n. 1. 20

Frank, A., aus dem Leben der Geisteskranken. 2. Aufl. (IV, 102 S.) gr. 8. Berlin 903. H. Bermühler. n. 1.20

Frank, Ad., Kaiser Friedrich u. sein Schützling. Historische Erzählg. aus den Tagen des Unvergeßlichen f. d. deutsche Jugend. Mit Farbendr.-Illustr. nach Orig.-Aquarellen v. Wilh. Hoffmann. gr. 8. (243 S.) Berlin 893. Leipzig, O. Drewitz Nachf. Kart. 3

Frank, Ad., Kaiser Friedrich u. sein Schützling. Histor. Erzählg. a. d. Tagen des Unvergeßlichen f. die deutsche Jugend. Mit farb. Abbildgn. nach Orig.-Aquarellen. 2. Aufl. gr. 8. (243 S.) Leipzig (899). O. Drewitz Nachf. Geb. in Leinw. 3. —

Frank, A., der Rattenfänger v. Hameln. Historische Erzählg. f. die deutsche Jugend. Mit Illustr. in Farbendr. nach Aquarellen v. Marie Koch. gr. 8. (261 S.) Berlin 889. Drewitz Nachf. cart. 5. —

— der Rattenfänger v. Hameln. Historische Erzählg. f. die deutsche Jugend. Mit Illustr. in Farbendr. nach Aquarellen v. Marie Koch. 2. Aufl. gr. 8. (261 S.) Ebd. 893. Kart. 4. 50

Frank, Adolf, Assistent am patholog. Institut d. Univ. Jena: Ein seltener Ausgang der multiplen cartilaginären Exostosen. Sangerhausen 1905: A. Schneider. (32 S.) 8°
Jena, Med. Fak., Ref. Riedel, Diss. v. 9. Juni 1905
[Geb. 3. Juni 79 Arnstadt; Wohnort: Arnstadt; Staatsangeh.: Schwarzb.-Sondershausen; Vorbildung: Gymn. Erfurt Reife O. 98; Studium: Bonn 4, Jena 6 S.; Coll. 7. Nov 04; Approb. 14. Juli 03.]

Frank, Adolf [aus Göttingen]: Beitrag zur Lehre von der Behandlung der Lungenschwindsucht ... Göttingen, Druck d. Univ.-Buchdr. v. W. F. Kästner, 1894; 76 S. 8.
Göttingen, Med. Fak., Inaug.-Diss. v. [28. Febr.] 1894

Frank, Adph., über die Fabrication des Rohzuckers und die dabei stattfindenden Verluste. Inaug.-Dissert. Berlin 862. (Magdeburg, Schäfer.) gr. 8. (48 S. u. 4 Tab. in Fol.) n. 20 *ngr.*

Frank, Adf., im Freien beim Schneien. gr. 4. (12 S. m. eingedr. Illustr. u. 9 Chromolith.) Berlin 884. Drewitz. geb. 3. —

— Kindes Lieblingstiere. Mit Orig.-Bildern v. Landseer, Cooper, Herring rc. gr. 4. (12 S. m. eingedr. Illustr. u. 9 Chromolith.) Ebend. 884. geb. 3. —

Frank, Alb., die Berechnung der Kanäle u. Rohrleitungen nach e. neuen einheitlichen System mittels logarithmo-graphischer Tabellen. Mit 9 Taf. u. 11 in den Text gedr. Fig. gr. 4. (VI, 48 S.) München 886. Oldenbourg. geb. n. 7. —

— s.: Organ f. d. Fortschritte d. Eisenbahnwesens.

Frank, Alb., die Widerstände der Locomotiven u. Bahnzüge, der Wasser- u. Kohlenverbrauch, sowie der Effect der Locomotiven. Neue durch Zusätze erweit. Aufl. der durch den Verein deutscher Eisenbahn-Verwaltgn. prämiirten Abhandlg. Mit 2 lith. Taf. gr. 8. (74 S.) Wiesbaden 886. Kreidel. n. 2. 80

FRANK, Albert (München): Einige Bemerkungen über Gehirnkrankheiten und insbesondere über Hyperaemia cerebri infantum.- München: Franz 1869. 15 S.
3.8.1868 - Urk (Titel: De hyperaemia cerebri infantum.); F 72; Chr 1868/69,13
Diss. Ingolst.-Landsh.-Mchn.

Frank, Albert, aus Stassfurt: Ueber die Darstellung des Natrium- und Calciumsalzes der hydroschwefligen (unterschwefligen) Säure durch Elektrolyse. *Berlin (1899): E. Ebering.* (59 S.) 8°
Berlin, Phil. Diss. v. 1 Juli 1899

Frank, A[lbert], Referendar: Die Eingemeindung von Vororten in Städte. Lauenburg i. P.: Roese 1908. 72, V S. 8°
Rostock, Jur. Diss. v. 10. Sept. 1908, Ref. Hübner
[Geb. 3. Sept. 81 Zoppot; Wohnort: Danzig; Staatsangeh.: Preußen: Vorbildung: Städt. Gymn. Danzig Reife M. 00; Studium: München 4, Halle 2 S.; Rig. 2. Juni 08] [U 09. 3657

Frank, Alb., Erinnerungen ernster u. heiterer Art an den Eisenbahn-Betrieb im Kriege 1870/71. 8. (VII, 126 S.) Wiesbaden 899. C. W. Kreidel. n. 1. 80; geb. n. 2. 70

Frank, Alb., die Erkenntnis Gottes durch d. Natur. (85 S.) gr. 8. Hannover 907. C. Meyer. — 60

Gedächtnissrede zur Feier des 100. Geburtstages Seiner Majestät des hochseligen Kaiser Wilhelms des Grossen geh. am 22. März 1897 in der Königlichen Technischen Hochschule zu Hannover vom Rektor Prof. **Albert Frank.** 1897. 10 S. 8° *H**

Frank, Albert [approb. Arzt aus Kaiserslautern (Pfalz)]: Die Stricturen der Urethra mit besonderer Berucksichtigung ihrer Behandlung .... München, K. Hof- u. Univ.-Buchdr. v. Dr. C. Wolf & Sohn, 1887; 29 S. 8°.
München, Med. Fak., Inaug.-Diss. v. 1887.

Frank, Albert, die Stricturen der Urethra mit besonderer Berücksichtigung ihrer Behandlung. Diss. München 1887, A. Buchholz. 8°. 29 S.

Frank, Albert Bernhard

Frank, A. B., Aufforderung z. allgem. Kampf gegen d. Fusicladium — od sog. Schorfkrankheit d. Kernobstes, s. a. Flugblätter d. kaiserl. Gesundheitsamtes. 1.

Aufforderung zum allgemeinen Kampf gegen die Fusicladium- oder sog. Schorfkrankheit des Kernobstes. Von Prof. Dr. [Bernh.] **Frank**-Berlin. *Berlin: P. Parey [1899].* (2 Bl.) 8° [Kopft. F.]
= Biolog. Abtheilung d. Kais. Gesundheitsamts. **Flugblatt** No 1.] [... 1899

Aufforderung zum allgemeinen Kampf gegen die Fusicladium- oder sog. Schorfkrankheit des Kernobstes ... von Prof. Dr. [Bernhard] **Frank.** Neu bearb. von Reg.R. Dr. [Rudolf] Aderhold. 2., völlig umgearb. Aufl. (Berlin: P. Parey 1902.) (4 S.) 8° [F.]
= Kais. Gesundheitsamt. Biolog. Abtheilung. **Flugblatt** No 1. [... 9

Aufforderung zum allgemeinen Kampf gegen die Fusicladium- oder sog. Schorfkrankheit des Kernobstes. (1. Aufl., Juli 1901 ersch., von Prof. Dr. [Albert Bernhard] **Frank.**) Neu bearb. von Geh. Reg.R. Dir. Dr. [Rudolf] Aderhold. 3. Aufl. (Berlin: P. Parey) 1905. (4 S.) 8° [Kopft. F.]
= Kais. Biolog. Anstalt f. Land- u. Forstwirtschaft. **Flugblatt.** No 1. [... 3

Frank, A. B., Beiträge zur Pflanzenphysiologie. I. Ueber die durch Schwerkraft verursachten Bewegungen von Pflanzentheilen. II. Ueber die Entstehung von Intercellularräumen der Pflanzen. gr. 8. (VIII, 167 S. mit 2 Holzschn. und 5 lithogr. Taf.) Leipzig 868, Engelmann. *

Frank, A. B., s.: Bibliotheca botanica.

— u. Frdr. Krüger, üb. den direkten Einfluss der Kupfer-Vitriol-Kalk-Brühe auf die Kartoffel-Pflanze, s.: Arbeiten der deutschen Landwirtschaftsgesellschaft.

— d. Entwickelg. u. Ziele d. Pflanzenschutzes. Festrede, geh. zur Feier des Geburtstages des Kaisers am 26. Jan. 1896. gr. 8. (16 S.) Berlin 896. P. Parey. n. — 50

— die Fritfliege. Plakat in Farbendr. 38,5×46 cm. Ebd. 895. n.n. — 50

— die Fusicladium od. Schorfkrankheit des Kernobstes. Hrsg. v. der biolog. Abteilg. des kaiserl. Gesundheitsamtes. Plakat m. Text u. farb. Abbildgn. gr. Fol. Berlin (899). P. Parey. n.n. — 50

Frank, B., über Gnomonia erythrostoma, die Ursache einer jetzt herrschenden Blattkrankheit der Süsskirschen im Altenlande, nebst Bemerkungen über Infection bei blattbewohnenden Ascomyceten der Bäume überhaupt. [Vorläufige Mittheilung.] gr. 8. (6 S.) Berlin 886, Borntraeger. *
Aus: Berichte der deutschen botanischen Gesellschaft, 1886, IV, 6, besonders abgedruckt.

Frank, A. B., Grundzüge der Pflanzenphysiologie. Mit 22 (eingedr.) Holzschn. gr. 8. (VIII, 132 S.) Hannover 882. Hahn. n. 2. —

— s.: Jahresbericht d. Sonderausschusses f. Pflanzenschutz.

— Kampfbuch geg. d. Schädlinge uns. Feldfrüchte. Für prakt. Landwirte bearb. M. 46 Textabb. u. 20 Farbendr.-Taf. gr. 8. (VIII, 308 S. m. 20 Bl. Erklärgn.) Berlin 897. P. Parey. Geb. in Leinw. n. 16. —

—— die jetzt herrschende Krankheit der Süsskirschen im Altenlande. [Aus dem pflanzen-physiolog. Institute der königl. landwirthschaftl. Hochschule in Berlin.] gr. 8. (36 S. mit 2 Taf.) Berlin 887, Parey. *
Aus: Landwirthschaftliche Jahrbücher, besonders abgedruckt.

—— die Krankheiten der Pflanzen. Ein Handbuch für Land- und Forstwirthe, Gärtner, Gartenfreunde und Botaniker. Mit 149 in den Text gedr. Holzschn. 2 Hälften. gr. 8. Breslau, Trewendt. [1. Hälfte. (VIII, S. 1—400.) 880. *M 10.; 2. Hälfte. (IX, S. 401—844.) 881. *M 8.] *
geb. *

-- die Krankheiten der Pflanzen. Ein Handbuch f. Land- u. Forstwirte, Gärtner, Gartenfreunde, Obstbauer u. Botaniker. 2., verb. u. verm. Aufl. 1.—4. Lfg. gr. 8. (1. Bd. Die durch organische Einflüsse hervorgerufenen Krankheiten. XII, 344 S. m. 34 Holzschn. u. 2 Bd. S. 1—48.) Breslau 894. 895. E. Trewendt. à 1. 80
(1. Bd. kplt.: n. 6. —; geb. n. 7. —)

— d Krankheiten d. Pflanzen. E. Handbuch f. Land- u. Forstwirte, Gärtner, Gartenfreunde, Obstbauer u. Botaniker. 2., verb. u. verm. Aufl. 5.—12. (Schluß-) Lfg. gr. 8. (2. Bd. Die durch pflanzl. Feinde hervorgeruf. Krankheiten. XI u. S. 49—574 u. 3. Bd. Die durch tier. Feinde hervorgeruf. Krankheiten. IX, 363 S. m. Holzschn.) Breslau 895. 96. E. Trewendt.
à 1. 80 (2. Bd. kplt.: n. 10. 80; geb. n. 12. —; 3. Bd. kplt.: n. 7. 20; geb. n. 9. —; kplt. 3 Bde.: n. 24. —; geb. n. 28. —
Der 2. Bd. erschien auch u. d. T.: D. pilzparasitären Krankheiten d. Pflanzen, u. d. 3. Bd. u. d. T.: D. tierparasitären Krankheiten d. Pflanzen.

Lehrbuch der Botanik, nach dem gegenwärt. Stand der Wissenschaft bearb. 2 Bde. gr. 8. Leipzig, W. Engelmann. n. 26. —; geb. n.n. 30. —
1. Zellenlehre, Anatomie u. Physiologie. (X, 669 S. m. 227 Abbildgn. in Holzschn.) 892 n. 15. —; geb. n.n. 17. —
2. Allgemeine u. spezielle Morphologie. Nebst e. Sach- u. Pflanzennamen-Register zum I. u. II. Bd. (VI, 431 S. m. 417 Abbildgn. in Holzschn.) 893. n. 11. —; geb. n.n. 13. —

—— Lehrbuch der Pflanzenphysiologie m. besond. Berücksicht. der Kulturpflanzen. gr. 8. (XI, 242 S. m. 52 Textabbildgn.) Berl. 890, Parey. geb. * 6 —

— Lehrbuch d. Pflanzenphysiologie m. bes. Berücksicht. der landwirtschaftl. Kulturpflanzen. 2., neubearb. Aufl. gr. 8. (VII, 205 S. m. 57 Abb.) Berlin 896. P. Parey. Geb. in Leinw. n. 6. —

Frank, A. B., analytischer Leitfaden f. d. ersten wissenschaftlichen Unterricht in der Naturgeschichte, s.: Leunis, Johs.

—— s. Leunis, Johs., Schul-Naturgeschichte.

— u. F. Krüger, Monilia-Krankheit d. Kirschbäume. Fol. (1 Farbdr. m. Text an der Seite.) Ebd. 898. n.n. — 50

-- Pflanzenkrankheiten, s. Handbuch der Botanik.

-- Pflanzenkunde f. niedere u. mittlere Landwirtschaftsschulen u. verwandte Unterrichtsanstalten. gr. 8. (VI, 170 S. m. 133 Holzschn.) Hannover 894. Hahn. Geb. in Leinw. n. 2. 50

-- u. Paul Sorauer, Pflanzenschutz. Anleitung f. den prakt. Landwirt zur Erkenng. u. Bekämpfg. der Beschädiggn. der Kulturpflanzen. 8. (III, 128 S. m. 40 Abbildgn. u. 5 farb. Taf.) Berlin 892 P. Parey. Kart n. 3. —

— u. Paul Sorauer, Pflanzenschutz, s. a. Anleitungen f. d. prakt. Landwirt.

[F.] Pflanzenschutz. Anleitg f. d. prakt. Landwirt z. Erkenng u. Bekämpfg d. Beschädiggn d. Kulturpflanzen. Im Auftr. d. Dtsch. Landw.-Gesellsch.. ... bearb. v. Dr. A[lbert] B[ernh.] Frank, Prof. ... zu Berlin. u. Prof. Dr. Paul Sorauer ... M. 43 Abb. u. 6 farb. lith. Taf. 2. Aufl. *Berlin: (Deutsche Landwirtsch.-Gesellsch.); Dr. d. Halleschen Ztg. Halle a. S. 1896.* (4 Bl., 168 S., 6 Taf.) 1 Bd 8.
— Anleitungen f. d. praktischen Landwirt. No 6. [96 6479]

— u. Paul Sorauer, Pflanzenschutz, neue Aufl. s.: Sorauer, Paul, u. Geo. Rörig.

— Pflanzen-Tabellen zur leichten, schnellen u. sichern Bestimmung der höheren Gewächse Nord- u. Mittel-Deutschlands nebst zwei besonderen Tabellen zur Bestimmung der deutschen Holzgewächse nach dem Laube, sowie im blattlosen winterlichen Zustande. Mit 44 in den Text gedr. Holzschn. Leipzig 869. Weissbach. gr. 8. (XXVIII, 176 S.) n. 1 ℛ︀

Frank, A. B., Pflanzen-Tabellen zur leichten, schnellen u. sichern Bestimmung der höheren Gewächse Nord- u. Mittel-Deutschlands, nebst 2 besond. Tabellen zur Bestimmung der deutschen Holzgewächse, nach dem Laube, sowie im blattlosen, winterl. Zustande. 2. Ausg. Mit 44 in den Text gedr. Holzschn. 8. (XVIII, 176 S.) Leipzig 874. Schmidt & Günther. geb. 2. —

— Pflanzen-Tabellen zur leichten, schnellen u. sichern Bestimmung der höheren Gewächse Nord- u. Mittel-Deutschlands, nebst 2 besonderen Tabellen zur Bestimmung der deutschen Holzgewächse nach dem Laube, sowie im winterlichen Zustande u. eine Uebersicht über das natürliche System. 3., verb. u. verm. Aufl. Mit vielen (eingedr.) Holzschn. 8. (XXXII, 235 S.) Leipzig 877. Schmidt & Günther. n. 2. 40

— dasselbe. 4., verb. u. verm. Aufl. Mit vielen (eingedr.) Holzschn. 8. (XXXVI, 238 S.) Ebend. 881. n. 2. 40; cart. n. 2. 65; geb. n. 3. —

—— Pflanzen-Tabellen zur leichten, schnellen u. sichern Bestimmung der höheren Gewächse Nord- u. Mittel-Deutschlands, nebst zwei besonderen Tabellen zur Bestimmg. der deutschen Holzgewächse nach dem Laube, sowie im winterl. Zustande u. e. Uebersicht üb. das natürl. System. 5. u. 6. verm. u. verb. Aufl. 8. (XXXVI, 238 S. m. vielen Holzschn.) Lpz. 891,92, Schmidt u. Günther. * 2 40; cart. * 2 65; geb. * 3 —

Frank, A. B., Pflanzen-Tabellen zur leichten, schnellen u. sicheren Bestimmung der höheren Gewächse Nord- u. Mitteldeutschlands. 8. verm. u. verb. Aufl., neu hrsg. von G. Worgitzky. (XXXVI, 238 S. m. Abbildgn.) 8. Leipzig 903. H. Schmidt & C Günther. n. 2. 40; kart. n. 2. 65; geb. n. 3. —

Frank, B. Ueber die Pilzsymbiose der Leguminosen. Lex.-8. (118 S. m. 12 Taf.) Berl. 890, Parey. * 5 —
Aus: Landwirthschaftl. Jahrbb., besonders abgedruckt.

-- die Reinigung der Felder v. den Pflanzenüberresten nach der Ernte als wichtiges Schutzmittel gegen Pflanzenschädlinge, s. a. Flugblätter des kaiserl. Gesundheitsamtes. Nr. 2.

Die Reinigung der Felder von den Pflanzenüberresten nach der Ernte als wichtiges Schutzmittel gegen Pflanzenschädlinge. Von Prof. Dr. [Bernh.] Frank *Berlin: J. Springer 1899.* (3 S.) 8°
— Kais. Gesundheitsamt Biolog Abtheilung Flugblatt No 2. [99 ...]

Die Reinigung der Felder von den Pflanzenüberresten nach der Ernte als wichtiges Schutzmittel gegen Pflanzenschädlinge. (1. Aufl., Aug. 1899 ersch., von Geh. R. Prof. Dr. [Albert Bernhard] Frank.) Neu bearb. von Geh. Reg.R. Dir. Dr. [Rudolf] Aderhold. 2. Aufl. (Berlin: P. Parey) 1905. (3 S.) 8° [Kopft. F.]
— Kais. Biolog. Anstalt f. Land- u. Forstwirtschaft. Flugblatt. No 2. [05 ...]

—— die natürliche wagerechte Richtung von Pflanzentheilen und ihre Abhängigkeit vom Lichte und von der Gravitation. gr. 8. (III, 95 S. mit 1 lithogr. Taf. in qu. 4.) Leipzig 870, Weissbach. [Schmidt und Günther.] *

— die San José-Schildlaus. Aspidiotus perniciosus Comst. Im Auftrage des kgl. preuß. Ministeriums für Landwirtschaft, Domänen u. Forsten bearb. Plakat. 46 × 38 cm. Farbdr. Berlin (898). P. Parey. n.n. — 50

— u. F. Krüger, Schildlausbuch. Beschreibung u. Bekämpfg. der f. den deutschen Obst- u. Weinbau wichtigsten Schildläuse. Bearb. f. die Praxis Mit 59 Textabbildgn. u. 2 Farbendr.-Taf. gr. 8. (VIII, 120 S.) Berlin 900. P. Parey. n. 4. —

Frank: Synopsis der drei Naturreiche, s. Synopsis

— Tabello zur Bostimmung dor doutschen Holzgowächso nach dem Laubo 1. 2. Aufl. gr. 8. (14 S.) Ebend. 877. — 30

Frank, A., u. J. Gruber, Tabollo zur Bostimmung dor in Deutschland wild wachsendon Holzgowächso [Bäumo u. Sträuchor] f. angoh. Botaniker, Forst-Eloven, Lehror, Touriston otc. 8. (VIII, 32 S.) Wion 879. Höldor in Comm. n. 1. —

FRANK (A.), & J. GRUBER . . . Tabelle zur Bestimmung der in Deutschland wildwachsenden Holzgewächse. Wien 1880 8.

Frank, A. B., Untersuchungen über die Ernährung der Pflanze mit Stickstoff und über den Kreislauf desselben in der Landwirthschaft. Aus dem pflanzenphysiolog. Institute der königl. landwirthschaftl. Hochschule in Berlin. gr. 8. (137 S. mit 4 lithogr. Taf.) Berlin 888, Parey. *
Aus: Landwirthschaftliche Jahrbücher, besonders abgedruckt.

Frank B. u. Otto R.: Untersuchungen üb. Stickstoff-Assimilation in der Pflanze. 1891. [Rostr. Saml.].

— **u. A. Tschirch,** Wandtafeln für den Unterricht in der Pflanzenphysiologie an landwirthschaftl. u. verwandten Lehranstalten. 1. u. 2. Abth. à 10 Farbendr.-Taf. Imp.-Fol. Mit Text. gr. 8. (19 S.) Ebd. 889. 890. In Mappe. à Abth. n.n. 30. —

— u. A. **Tschirch,** Wandtafeln f. den Unterricht in der Pflanzenphysiologie an landwirtschaftlichen u. verwandten Lehranstalten. 3.—6. Abth. à 10 Farbendr.-Taf. à 76×62 cm. Mit Text. gr. 8. (S. 21—39.) Ebd. 890—891 In Mappe. à n.n. 30. —

— der Weizenhalmtödter (Ophiobolus herpotrichus). Hrsg. v. der biolog. Abtheilg. des kaiserl. Gesundheitsamtes. (Farb.) Plakat.) Berlin (900) P. Parey. — J. Springer. (Auslieferung durch P. Parey.) n.n. — 50

— die Zwergcikade (Jassus sexnotatus) Tafel m. farb. Abbildgn. 38,5×46 cm Berlin 894 P. Parey n.n. — 50

Frank, Albin

Frank, Alb., der Glan-Donnersberger Viehschlag in seiner Heimath. 8. (VIII, 78 S.) Kaiserslautern 886. Crusius. n. — 80

Frank, Alex., catalogus generalis. (Medikamente, Spezialitäten, Verbandzeuge, chirurg. Instrumente u. sämtl. Mineralwässer.) gr. Fol. (IV, 328 S.) Fünfkirchen 900. (Leipzig, Internat. Gewerbebuchh.) Geb. n. 20. —

Frank, Alfons, Handbuch f. Vormundschaftswesen, unter besond. Berücksicht. der preuß. Ergänzungs- u. Ausführungsvorschriften. (VIII, 285 S.) kl. 8. Leipzig 910. C. E. M. Pfeffer. Geb. in Leinw. 5. 75

— Die Maschinenindustrie u. ihre Gefährdung durch die Rechtsprechung. (16 S.) 8. Freiburg i/B. 907. J. Bielefeld. — 60

Verkehrsleben und Rechtsentwickelung. Ein Vorschlag z. einfacheren u volkstumlicheren Gestaltung von Verfassung u. Verfahren d. Gerichte. Von Dr. Alfons **Frank**, Amtsger.R. a. D Freiburg (Baden). J. Bielefeld 1907. (14 S.) 8° [ʒ] 07 4511

Frank, Alfred, a. Bad Dürkheim: Aus d. Kgl. chirurg. Univ.-Kinderklinik in München. Prof. Dr. Herzog. Ein Fall von angeborenen Fibromen am Finger nebst Beiträgen zur Kasuistik der Fingertumoren. Berlin: R. Trenkel 1907. (30 S.) 8°
München, Med. Fak., Ref. v. Bollinger, Diss. v. 27. Febr. 1908
[Geb. 27. Juli 82 Bad Durkheim; Wohnort: Bad Durkheim; Staatsangeh.: Bayern; Vorbildung: Gymn. Neustadt a. H Reife Juli 01; Studium Heidelberg 2, Wurzburg 3, Straßburg 1, Berlin 1, Munchen 3 S., Coll. 27 Febr 08; Approb. 14. Febr 08]

Frank, Alfred, aus Halle a S.: Casuistik von mehrfach an derselben Person vorgenommener Sectio caesarea. *Freiburg i. B.: Speyer & Kaerner 1899.* (45 S.) 8°
Freiburg i. B, Med. Diss v 1899

Frank, Andr., s.a F r a n c k , A.

— Bewegsgründe zur Buße u. Besserung, aus Vernunft, Bibel und den Kirchenvätern geschöpft. gr. 8. Frankfurt 825, Jäger.

— Buß- u. Fastenpredigten über die Hindernisse d. Bekehrung. gr. 8. Frankf. 827. Jäger.

Frank, Andr., Geschichte u. Bedeutung d. Ablasses im Allgemeinen, so wie des Jubiläums insbesondere. Nebst Anleit., sich d. Jubel-Ablasses theilhaftig zu machen. 8. Frankf. 826. (Jäger). 3 ℊℊ

Frank, Andr., Kampf d. Liebe u. Freiheit. Trspl. in 4 Aufz. 8 Frankf. 825. (Mainz) Stenz. 6 ℊℊ

— d. Mann zweier Weiber, oder Liebenswürdigkeit u. Macht weiblicher Tugend. Ein interessantes, meistens histor.-moral. Familiengemälde in 3 A. 8. Frankf. 826. (Mainz) Stenz. 6 ℊℊ

Frank, [Anton] Ansprache des Directors S 8. 8
Staats-Gymn mit deutscher Unterrichtssprache *Prag-Altstadt* 1901
Progr.

Frank Dr. A.: Uber Sch. Begriff des Sittlich-Schönen. Ein Beitrag zur Förderung der Lectüre des Dichters an unseren Gymn. 20. Reichenberg 85.
Progr

Frank, Ant., üb. Schiller's Begriff d. Sittlich-Schönen. Ein Beitrag zur Förderg. der Lectüre d. Dichters an unseren Gymnasien. gr. 8. (22 S.) Wien 886. (Pichler's Wwe. & Sohn.) n. — 50

Frank, [Anton]: Regierungsrath Dr Johann Konrad Hackspiel [† 6 Jan 1901] S 42—43 8.
Staats-Gymn mit deutscher Unterrichtssprache *Prag-Altstadt* 1901
Progr.

Frank Dr. Anton: Das Ideal und das Leben von S c h i l l e r. (15). Reichenberg 90.
Progr.

Frank Dr. Anton: Phil Dr. Joh. K n i e s c h e k. (6). Reichenberg 92
Progr.

Frank, Ant., der Lehrplan u. die Instruktionen für den Unterricht an den Gymnasien in Österreich als psychologische u. ethische Einheit. (III, 145 S.) gr. 8. Prag 904, J. G. Calve. n. 3. —

[illegible]
Progr.

Frank, Ant., Weise, sich zu üben in heil. Unterhaltung mit Gott; aus d. Französ. 8. Augsb. 770. Wolff. 12 ℊℊ

Frank, A[ntonio]: Beitrage zur Lehre von den Schädelsarkomen. Rostock 1909: Adler. 56 S. 8°
Rostock, Med. Diss. v. 18. Juni 1909, Ref. Müller
[Geb 2. Mai 83 Andernach; Wohnort: Rostock; Staatsangeh.: Preußen; Vorbildung. Gymn Soest Reife O 03; Studium: Bonn 2, Gießen 3, Munchen 1, Berlin 1, Rostock 3 S.; Coll. 20. Febr. 09; Approb. 21. Juni 09.] [U 09. 3713

Frank, Arnold, ein Blick in d. Himmel. (16 S.) 8. Herrnhut 906. Missionsbuchh. n. — 10

Frank, Arnold, ein Blick in d. Himmel u. and. Ansprachen. (VII, 150 S.) 8. Hamburg (907). Missionshaus „Jerusalem". — Elmshorst, Gebr. Bramstedt. Geb. 1. 50

Frank, Arnold, der Zehntenbund. Ein Aufruf zur innern Mission gegen die Socialdemokratie. gr. 8. (35 S.) Stuttgart 879. Krabbe in Comm. n. — 50

Frank, Arnold, Zeugen aus Israel. 8. (80 S. m. Bildnissen.) Hamburg (902). (Leipzig, Ev. luth. Zentralverein f Mission unter Israel.) — 50

Frank, Arthur, approb. Arzt aus Königshütte O.S.: **Über Gesichts- und Stirnlagen.** 21 Gesichts- u. Stirnlagen aus d. Frauenklinik zu Greifswald. *Greifswald 1903: H. Adler.* (46 S.) 8°
Greifswald, Med. Diss. v. 14. Febr 1903

Frank, Arthur: Friedrich Heinrich Jacobis Lehre vom Glauben. Eine Darstellung ihrer Entstehung, Wandlung und Vollendung. Halle a. S. 1910: Kaemmerer. XII, 143 S. 8°
Halle, Phil. Diss. v. 1. Aug. 1910, Ref. Ebbinghaus †, Menzer
[Geb. 29. Jan. 77 Magdeburg; Wohnort: Magdeburg; Staatsangeh.: Preußen; Vorbildung: König-Wilhelms-Gymn. Magdeburg Reife M. 97; Studium: Theol. u. Phil. Greifswald 2, Straßburg 2, Halle 4 S.; Rig. 4. Aug. 09]
[U 10. 1728

Frank, Aug., der subjektive Thatbestand des Deliktes der Sachhehlerei, s.a. Abhandlungen, strafrechtl.

Der subjektive Thatbestand des Deliktes der Sachhehlerei nach § 259 d. R.-St.-G.-B. Von August **Frank** †, Rechtsprakt. in Würzburg. *Breslau Schletter 1899.* (57 S.) 8°
— Abhandlungen, Strafrechtliche. H. 25 [or 1617 2

Frank, d. Thatbestand des Delikts der Sachhehlerei Breslau 900

Frank, August [Secundar-Arzt des Cölner Bürger-Hospitals] Ueber die Veränderungen am Circulations-Apparate bei Bleikolik. Bonn, Druck von J. F. Carthaus (1875). 8. 20 S.

Frank, August Hermann, s. Francke

Frank, B., s.a. Frank, Albert Bernhard

Frank, B., zweiter Bericht über das heilgymnastische und orthopädische Institut zu Braunschweig. Braunschweig 860. G. C. E. Meyer sen. gr. 8. (2 Bl., 15 S.) 3 ngr

Frank, B., die Lehren des griechischen Arztes Galen über die Leibesübungen. Nach den Quellen dargestellt. [Aus d. neuen Jahrb. für Turnkunst.] Dresden 868. Schönfeld in Comm. 8. (35 S.) n. 8 ngr

Frank B.: Versuch einer Schilderung d. Winkel-Verhältnisse d. Schadels, d. Kopfes u. d. Kopfstellung d. Haustiere u. Vorschläge zu einer Horizontalen. Diss. (Bern). Bad Kissingen 1910. 80 S. 1 Tvl.

Frank, Béla L., die orientalische Frage. (52 S.) kl. 8. Wien 905. J. Eisenstein & Co. n. — 60

Frank, Benj., de combustione spontanea humani corporis. Commentatio histor. physiolog. et medico-forensis praemio regio ornata. 4maj. Gottingae 841, libr. Dieterich. n. ½ Thlr

Frank, Benny [pr. Arzt aus Neuss a. Rh.]: Statistik der Lungenschwindsucht in der medizinischen Klinik zu Freiburg i./B. ... Crefeld, Druck v. H. Mahler, 1895; 35 S. 8.
Freiburg i. B., Med. Fak., Inaug.-Diss. v. 1895

Frank, Bernhard, s. Frank, Albert Bernhard

Frank, Bruno, Gedichte. 3. Aufl. (117 S.) kl. 8. Heidelberg (907). C. Winter, Verl. 2.—; geb. in Leinw. 3.—

— Die Nachtwache. Roman. (218 S.) 8. Ebd. 909. 4.—; geb. 5. —

Frank, Bruno, aus der goldenen Schale. Gedichte. (IV, 64 S.) kl. 8. Heidelberg 905. C. Winter Verl. Kart. n. 1. —

— im dunkeln Zimmer. (72 S.) 8. Ebd. 906. n. 1. —

Frank, C., s.a. Frank, Karl

– s.a. Frank, Kurt

Frank, C., die Freischaar in den Karpathen. Roman aus der 1n Hälfte des 18. Jahrh. 2 Thle. 8. Quedlinb. 828. Basse. 2 Thlr 4 gr

(Frank, C.): „Die Juden und das Judenthum wie sie sind. Dargestellt aus ihren eigenen Schriften als die erklärten Feinde des Christenthums und der reinen Sittlichkeit, ihrer Geschichte, ihren Schriften und der Erfahrung gemäss erkannt als offene und geheime Störer des bürgerlichen und moralischen Wohlstandes christlicher Staaten", Köln a. Rh. 1816. — Vorh.: Com. Bibl. Hamburg.

BIBLIOTHEK FÜR VOLKS- UND HEIMATKUNDE — Sonderheft zu den „Deutschen Gauen" C. FRANK, Kaufbeuren: SACHREGISTER für die Bände I—V der Deutschen Gaue und die Hefte 1—37 der Bibliothek für Volks- und Heimatkunde (Ohne bes. Titelbl.) 8°

Frank, C. A. Untersuchungen über die Farben der Blüten Tübingen

Frank, C. F., s.a. Francke, Chr. Fr.

— Brief an die Römer, s. Paulus.

Frank, C. F., Notae historicae conditioni cognoscendae, primor. christianor. imprimis romanor. cum Paulus ad eos scriberet, servientis. 4. Lps. Hertel. 792.

Frank, Charles Franç., Sammlung der vorzüglichsten Aufgaben aus der Mathematik u. Physik, den französ. Abiturienten gestellt u. mit einigen Lösungen hersg. Nach der 3. Aufl. übers. von F. Flade. Mit 23 Holzschn. (im Text.) Halle 865. Schmidt. 8. (3 Bll., 130 S.) n. 15 ngr

Frank, Chr., kurze methodisch-praktische Anleitg. zum fertigen Kopf- u. Tafelrechnen. Ein Vorbereitungs-, Unterstützungs- u. Nachübungsbüchlein mit vielen mehrfach mündlich u. schriftlich aufgelösten Beispielen u. Uebungsaufgaben für deutsche Mittel- u. Oberklassen, Latein- u. Gewerb-, Privat- u. Sonntagsschüler u. Schullehrlinge zum Schul- u. Selbstunterrichte. 8. (IV u. 76 S.) Bayreuth 850. (Buchner.) n. ⅙ Thlr

Frank, Chr., kurzer katechet. Unterricht in der Reformationsgeschichte zur Vorbereitung d. Schüler oberer Klassen auf das Reformationsfest. 8. Bayreuth 846, Grau. n. 1/12 Thlr

— kurzer katechet. Unterricht in der Reformationsgeschichte zur Vorbereitung der Schüler oberer Klassen auf das Reformationsfest. 8. (36 S.) Bayreuth 847, Grau. n. 1/12 Thlr

Frank, Christian: Ueber Derivate der Hydrazinisobuttersäure. *München 1898: V. Höfling.* (40 S.) 8°
München, Phil. Diss. v. 1898

* **FRANK**, Chrn. (ps.?), Der blinde Heidelmeier oder seltsame Geschichte eines Einaugigen. (Interess., oft erotischer Abenteurer-Roman.) 2 Thle. Mit 2 gestoch. Titeln und 2 Titelkpfrn. (unsign., welche dem Berliner Expl. fehlen) Leipzig 1798—99 bey Joh. Benj. Georg Fleischer in Commission. 8°. 264+302 S. Sehr selten!

— — Dasselbe, titulo: Die Colonisten auf Vermont. 2 Thle. Giesen (so!) bey Tasché und Müller 1806. 8°.

Frank, Christian (Reddighausen)
Die Heilung des Gesichtsschmerzes durch Neurotomie nach neueren Beobachtungen.
Giessen: Keller 1858. 62 S. u. 2 Bl. Thesen.
Diss. med. 12.6.1858. vorh. 26. 7. 11.

Frank, Chrn., die Heilung des Gesichtsschmerzes durch Neurotomie nach neueren Beobachtungen. Inaug.-Dissert. Giessen 858. Ricker. gr. 8. (62 S.) n. 10 ngr

Frank, Dav., Beschr. des alten und neuen Meklenburgs in 19 Büchern. 4. Rost. Koppe (a. Stiller.) 753. (Wird complett f. 6 Rthlr. gegeben.)

Frank, Dav., Beschreib. d. alten u. neuen Mecklenburgs in 10 Büchern, nebst Hauptregister. 4. Rostock 753. (Stiller). 7 Thlr 12 gr

Frank, Dorotheus, Beiträge zur Verbesserung unserer Erwerbs- und Verdienstquellen. 1. Bd. A. u. d. T.: Umschau auf dem landwirthschaftlichen Gebiete des Thüringer Waldes im Herzogthum Gotha. Eine gekrönte Preisschrift über die Zustände und die Hebung der landwirthschaftl. Verhältnisse vor dem Thüringer Walde. Gotha 856. Thienemann. gr. 8. (VIII, 111 S.) n. 16 ngr

Frank, E., Erläuterungen z. Johannes-Passion v. J. S. Bach. 8. (19 S.) Hannover 885. [A. Nagel.] L. Oertel. — 25; erh. Pr. n. — 50

— dasselbe zur Matthäus-Passion v. J. S. Bach. Den Ausführenden u. Zuhörenden dargeboten. gr. 8. (32 S.) Ebd. 884. n. — 30

Frank, E., Erläuterungen zur Missa solemnis v. L. van Beethoven. Den Ausführenden u. Zuhörenden dargeboten. gr. 8. (16 S.) Hannover 891. Ad. Nagel Verl. n. — 25

Frank E., über Maschinentorfgewinnung. Schussenried

Frank, E. Ueber Maschinen-Torfgewinnung. Berlin 1881

Frank, E. . (uber die von ihm entdeckte Pfahlbaustation bei Schussenried [Württemberg]. Hiezu Taf. I. II. [A.] 8. ([Stuttgart] 1876.)

Frank, E., die Pfahlbaustation Schussenried. Mit einer (lith. u. color.) Karte u. einer (lith.) Ansicht. [Aus: „Schriften des Vereins für Geschichte des Bodensee's".] Lex.-8. (20 S.) Lindau 877. Stettner in Comm. n. 1. —

Frank, C. Fr., methodische Schreib-Schule für den Schul- und Selbstunterricht. 2 Hefte. qu. 4. Rudolstadt 857, Müller'sche Buchh. Thlr. * -

Inhalt:
Heft 1. Deutsche Schrift. (IV S. und 28 lithogr. Bl.) * 15 Ngr.
" 2. Lateinische Schrift. (20 lithogr. Bl.) * 12½ Ngr.

Frank, C. Fr., methodische Schreib-Schule für den Schul- und Selbstunterricht. 2 Hefte. Rudolstadt 859. Müller. n. 27½ ngr.

Inhalt: 1. Deutsche Schrift. (IV S. u. 28 lith. Bl.) n. 15 ngr. — 2. Lateinische Schrift. (20 lith. Bl.) n. 12½ ngr.

Frank, C. G., Abhandlung von Holzsparenden Stubenöfen. s. Abhandlung.

Frank, Eberh. (Mart. Weber), d. deutsche Volksschulwesen vor u. n. d. Reformation, s. a. Broschüren, Frankfurter zeitgem.

[F.] Das deutsche Volksschulwesen vor und nach der Reformation. E. Beitrag z. deutschen Schulgesch. Von Eberhard Frank. *Frankfurt a. M.: A. Foesser Nachf. 1896.* (32 S.) 8.
— Broschüren, Frankfurter zeitgemässe. N. F. Bd 17. H. 5.

Frank, Ed., der Betrieb auf den englischen Bahnen. Mit 6 Taf. gr. 8. (III, 92 S.) Wien 886. Hartleben. n. 2. —

Frank, Edgar: Untersuchungen über das Kuhländer Rind. *Merseburg 1903: F. Stollberg.* (48 S.) 8°
Breslau, Phil. Diss. v. 12. Mai 1903

Frank, Edm., das Hutzelmännlein. Märchen m. Gesang u. Tanz in 6 Bildern u. e. Vorspiele m. freier Benützg. der Erzählg. Eduard Mörikes sowie noch andere Sagenstoffe. (100 S.) 8. Stuttgart (906). M. Kielmann. 2. —

FRANK, Eduard
(F) Lehrbuch der Geburtshilfe für Hebammen. Von Dr. Eduard Frank. Mit 49 Abbildungen. Wien und Leipzig. 1900. Deuticke. Gr.-8°. IV, 236 S K 6.—

Frank, Eduard, approb. Arzt aus Kirchenlamitz: Naevi pigmentosi disseminati bei hochgradigem, stetig zunehmendem Hydrocephalus eines neugeborenen Kindes. *München 1903: C. Wolf & Sohn.* (27 S.) 8°
München, Med. Diss. v. 1903

Frank, Eduard [aus Mainz]: Ueber die Operation complicirter Fibromyome des Uterus insbesondere über die Entwickelung von Hautemphysem nach der Operation. Mainz, Hofbuchdruckerei von Joh. Wirth, 1880. 8. 27 S.

Frank, Emil, das Bridge u. das Whist-Spiel. Leichtfaßliche Anleitg. zu ihrer gründl. Erlerng. (92 S.) 8. Berlin (906). H. Steinitz. n. 1. 50

Frank, Emil, das Bridge- u. das Whist-Spiel. Leichtfaßl. Anleitg. zu ihrer gründl. Erlerng. 2. Aufl. (92 S.) 8. Berlin (909). H. Steinitz. 1. 50

— Dat swore Frauenlieden, s. a. Vereinstheater, neues, Nr. 16.

Dat swore Frauenlieden. Posse in 4 Akten. Von Emil Frank. Essen-Ruhr: Fredebeul & Koenen [1910]. 36 S. 8°

Frank, Emil, das Skatspiel. E. Anleitg. zur gründl. Erlerng. d. Skatspiels nach d. neuesten Regeln. 8 (64 S.) Berlin 897. H. Steinitz. n. — 80

— Sietenjans Söhne u. andere westfälische Erzählgn. (336 S.) 8. Essen (909). Fredebeul & Koenen. 4.—; geb. in Leinw. 5. —

Frank, Emil [aus Ramin (Pommern)]: Zur Statistik und Behandlung der Querbrüche der Patella .... Greifswald, Druck v. F. W. Kunike (1887); 82 S. 8°
Greifswald, Med. Fak., Inaug.-Diss. v. 22 Aug 1887

— Die Zeit der schweren Not. Roman aus dem Münsterlande. (280 S.) kl. 8. Münster 910. Universitäts-Buchh. F. Coppenrath. Geb. in Leinw. 4. —

Frank, Er. Fr., († d. 8. März 1822.) Handbuch für Schullehrer zur leichtern Uebersicht ihrer Pflichten u. d. zweckmäß. Methode für jede Art d. Unterrichts. 8. Hannov. 802. Hahn. 9 gl.

Frank, Erich [aus Annawerk bei Coburg]: Ein seltener Fall von Sarkomatose der Rippen mit Metastasen in der Leber ... München, Druck v. F. Bickel, 1893; 25 S. 8.
München, Med. Fak., Inaug.-Diss. v. 1894

Frank, Erich, a. Breslau: Über den genuinen orthostatischen Typus. (Genuine orthostatische Albuminurie). Straßburg i. E. 1908: Müh & Cie. (75 S.) 8°
Straßburg, Med. Fak., Ref. Moritz, Diss. v. 14. Juli 1908
[Geb. 28. Juni 84 Berlin; Wohnort: Wiesbaden; Staatsangeh.: Preußen; Vorbildung: Konig-Wilhelm-Gymn. Breslau Reife O. 02; Studium: Breslau 10 S.; Coll. 4. Juni 08; Approb. Mai 07.]

Frank, Ernst Beiträge zur Geschichte der Zauberflöte. Mannheim 1875.

Frank, E., Geschichte d. Schützen-Gilde in Prenzlau. N. amtl. Quellen bearb. 12. (72 S.) Prenzlau 896. A. Mieck. Kart. n. 1. —

Frank, Ernst [aus Köln]. Polyneuritis und Geistesstörung. ... Köln a. Rh., Kölner Verl.-Anst. u. Druckerei, A.-G., 1890; 48 S. + 1 Bl. 8°
Bonn, Med. Fak., Inaug.-Diss. v. [28 Jul.] 1890

Frank, E. Polyneuritis und Geistesstörung 8° 48 S Tübingen 1890

Frank, Ernst, Rede, zur Säcularfeier d. Advocatenvereins in Altenburg, den 25. Oktbr. 1890 geh. gr. 8. (15 S.) Altenburg 890. Bonde's Verl. n. — 30

Frank, Ernst, die Sklaven-Aufstände des Altertums, s. a. Sammlung gesellschaftswissensch. Aufsätze. 16.

Frank, Ernst, die Sklaven-Aufstände d. Altertums. Vom sozialen Gesichtspunkte aus dargestellt. 1. u. 2. Aufl. 8. (52 S.) München 893. Verlag der „Münchner Post" (Ed. Schmid). n. — 60

Die Sklaven-Aufstände des Altertums. Vom sozialen Gesichtspunkte aus dargest. von Ernst Frank. 2. Aufl. *München. M Ernst 1902* (52 S.) 8° [F.]
— Sammlung gesellschaftswiss. Aufsätze. H 16

Frank, Ernst, Vademekum f. M. d. R. sowie andere Parlamentarier u. solche, die es werden wollen. In zwanglosen Verslein verf. (93 S.) 8. Dresden (906). E. Pierson. n. 1. —; geb. n. 2. —

Frank, Ernst Ludw., Gleichheit eines in der Taufgnade stehenden rc. Kindes m. d. Engeln. 4. Rost. 756.

Frank, Ernst R. W., die gonorrhoische Erkrankung der Vorsteherdrüse. (7 S.) gr. 8. Leipzig 906. Verlag der Monatsschrift f. Harnkrankh. n. — 60
Sonderabdruck aus: „Monatsschr. für Harnkrankh. u. sex. Hygiene".

Frank, Erwin, die Ehebrecherin. Roman nach dem Franz. (96 S.) 8. Neuweißensee (905). E. Bartels. 1. —

— eine schöne Sünderin. Roman nach dem Franz. (96 S.) 8. Ebd. (905). 1. —

Frank, Eug., über Desinfection von Abtrittsgruben. Vortrag, gehalten in der Deutschen Gesellschaft für öffentl. Gesundheitspflege zu Berlin. Mit einer sich anschliessenden Diskussion. gr. 8. (18 S.) Berlin 885, Grosser. *

FRANK, EUGEN. Ueber Monochlormilchsaure und deren Ueberführung in Glycerinsäure. Würzburg, 1880.

Frank, Euseb. Chr., Hist. d. Grafsch. Mansfeld. 4. Lpz. 723.

Frank, F.: Über Herkommen und Chemie des Kautschuks, s. Markwald, E.

Frank, F., Münzen, Maße und Gewichte aller Länder der Erde zurückgeführt auf deutsche. Ein Buch für Geschäftsleute, Geistliche und Lehrer als Rathgeber in der Gemeinde, für Zeitungsleser rc. 8. (IV und 92 S.) Langensalza 855(56,) Schulbuchhandlung des thüringer Lehrer-Vereins.

Frank, F., u. H. Martens, Rechenbuch f. Gewerbe- u. Bauschulen, sowie f. gewerbliche Fortbildungsschulen. gr. 8. (V, 137 S. m. 52 Fig.) Dresden 893. G. Kühtmann. n. 2. —; kart. n. 2. 20

Frank, F., u. H. Martens, Rechenbuch f. Gewerbe- u. Bauschulen, sow. f. gewerbl. Fortbildungsschulen. 2., verb. u. verm. Aufl. gr. 8. (VI, 161 S. m. 52 Fig.) Dresden 897. G. Kühtmann. n. 2. 40; geb. n. 2. 60

Frank, F. u. H. Martens, Rechenbuch f. Gewerbe- u. Bauschulen, sowie f. gewerbl. Fortbildungsschulen. 3. Aufl. gr. 8. (VI, 161 S. m. 52 Fig.) Dresden 900. G. Kühtmann. n. 2. 40; geb. n. 2. 60

Frank, F., u. H. Martens, Rechenbuch f. Gewerbe- u. Bauschulen sowie f. gewerbliche Fortbildungsschulen. 12. Aufl. (VI, 163 S. m. 52 Fig.) gr. 8. Leipzig 909. H. A. L. Degener. Kart. 2. 80

Frank, F. X., (Handelsgärtner), prakt. Belehrung d. Hortensia mutabilis, nebst ihren Varietäten. 8. Penig 810.

Frank, F. H. R., s. Frank, Franz Hermann Reinhold von

Frank, F. W., untrügl. Heilung u. Verhütung der Hämorrhoiden, nach den neuesten Erfahr. d. berühmt. Aerzte. Ein Handbuch zur Selbsthülfe. gr. 12. Leipzig 842. (Polet.) 1/2 ₰

Frank, Felix

Frank, der Entwurf e. preußischen Wassergesetzes, s.: Arnim-Schlagenthin, Graf v.

Frank, F., Gesetze betreff. Wasserrecht u. Wasserpolizei im Preuß. Staate. Textausg. mit Anmerkgn., sowie mit zugehör. Entscheidgn. der Gerichts- u. Verwaltungsbehörden. Zugleich Ergänzungsbd. zu dem Werke: Wasserrecht u. Wasserpolizei im Preuß. Staate von Arnold Nieberding. Lex.-8. (XI, 368 u. 79 S.) Breslau 888. Korn. n. 7. —

Frank, Fel., Normen üb. die internationalen Rechtsbeziehungen auf dem Gebiete des Zivil- u. Strafrechtes u. üb. den Rechtshilfeverkehr m. dem Auslande, s.: Bloch, Alfr.

Frank, Ferd., im Banne d. Föhn, s.: Volks- u. Jugend-Bibliothek.

Frank, Ferdinand [pracf. [sic!] Arzt aus Schlesien]: Beitrag zur Kenntnis der typischen Bauchdecken-Fibrome .... Greifswald, Druck v. Julius Abel, 1887; 42 S. 8°.
Greifswald, Med. Fak., Inaug.-Diss. v. 29. Jul. 1887.

Frank, Ferdinand, Beitrag zur Kenntniss der typischen Bauchdecken-Fibrome. Diss. Greifswald 1887, Jul. Bindewald. 8°. 42 S.

— die Berücksichtigung der Individualität in der Schulerziehung, s.a. Lehrer-Bibliothek, kleine.

Frank, F., Berücksichtigung d. Individualität in der Schulerziehung. (20 S.) Znaim 1892. Fournier u. Haberler.

Frank, Ferd., in d. Dachstube, s.: Jessen's, A. Ch., Volks- u. Jugend-Bibliothek.

— ein Edelmann in der Hütte, s.: Volks- u. Jugend-Bibliothek.

Frank, Ferd., praktische Erziehungslehre. Ein Hilfsbuch zunächst für den Unterricht an Bildungscursen für Kindergärtnerinnen u. an höh. Mädchenschulen, sowie zur Selbstbelehrg. gr. 8. (VI, 211 S.) Wien 900. Manz. n. 2. 40

Frank, Ferd., Kaiser Franz Josef I. Eine Festschrift zur Feier des 60jähr. Regierungsjubiläums unseres Monarchen. (32 S. m. 15 Abb. u. 1 farb. Titelbilde.) kl. 8. Wien 908. A. Pichler's Wwe. & Sohn. nn — 20

— Geschichte der Pädagogik, s.: Zenz, Wilh.

Frank, Ferd., Grundriß d. Naturgeschichte f. allgemeine Volksschulen, s.: Rothe, Karl.

— Enzyklopädisches Handbuch der Normalien f. das österreichische Volksschulwesen m. Einschluss der Lehrerbildung u. gewerblichen Fortbildungsschulen. Zur Orientierg. f. die Schulpraxis u. Schulverwaltg. zusammengestellt. (XVI, 434 S.) gr. 8. Wien 910. A. Pichler's Wwe. & Sohn. 8. —

— Vict. Zwilling u. Jul. Zappert, Handbuch f. naturgem. Kindererziehung. E. prakt. Wegweiser f. Eltern, Erzieher u. Lehrer. gr. 8. (VII, 327 S.) Leipzig 897. J. Klinkhardt. n. 3. —

— Praktisches Hilfsbuch f. den naturgeschichtlichen Unterricht, s.: Rothe, Karl.

— s.: Jahrbuch, pädagogisches.

— Logik u. Unterricht, s.: Zenz, Wilh.

— Naturgeschichte, s.: Hinterwaldner, Joh. Max.

— Naturgeschichte f. Bürgerschulen, s.: Rothe, Karl.

— Der Ortsschulrat u. sein Wirken. Ein Handbuch f. den Gebrauch der Ortsschulräte. Ausg. f. das Erzherzogt. Niederösterreich. (Mit e. Anh. üb. Wien.) (VIII, 188 S.) gr. 8. Wien 910. A. Pichler's Wwe. & Sohn. 3. —

— Wilh. Bauhofer u. Joh. Max Hinterwaldner, Tier- u. Pflanzenkunde, nebst e. Anh.: „Der menschl. Körper u. dessen Pflege", s.a. Realienbücher f. österreichische allgemeine Volksschulen. IV.

Frank, Ferdinand, Wilh. Bauhofer u. Joh. Max Hinterwaldner: Tier- u. Pflanzenkunde nebst einem Anh.: „ Der menschliche Körper u. seine Pflege" für österr. allg. Volksschulen. Wien: Tempsky 1904.

— deutsche Volksbücher, s.a. Jessen's, A. Ch., Volks- u. Jugend-Bibliothek. Nr. 117.

FRANK, Ferdinand
(F) Deutsche Volksbücher. Für die Jugend bearbeitet von Ferdinand Frank. II. Bändchen. Die vier Haimonskinder. Herzog Ernst. (A Ch. Jessen's Volks- und Jngend-Bibliothek. CXVII. Bd.) Wien. [1899.] Pichler. 8°. 104 S. mit 1 Tafel. Geb. fl. —.35

— dasselbe, s.a. Pichler's Jugendbücherei.

(F) **Frank,** F., Deutsche Volksbücher. 1. Bd. [Pichlers Jugendbücherei. Bd. 63.] 8°. (95 S.) geb. K 1.—
Wien: Pichler 1909.

(F) **Frank,** F., Deutsche Volksbücher. 2. Bd. [Pichlers Jugendbücherei. Bd. 64.] 8°. (106 S.) geb. K 1.—
Wien: Pichler 1909.

Frank, Ferd., deutsche Volksbücher. Für die Jugend bearb. (200 S. m. 6 Vollbildern.) kl. 8. Wien 910. A. Pichler's Wwe. & Sohn. Geb. in Leinw. 2. 50

— die österr. Volksschule v. 1848—1898. V. histor. u. systemat. Standpunkte aus dargest. gr. 8. (IV, 138 S.) Wien 898. A. Pichler's Wwe. & Sohn. n. 2. 40

Frank, Fr., s.a. Frank, Friedrich

Frank, Fr., Auf zum hl. Antonius! od.: d. wahre Verehrg. d. hl. Antonius v. Padua. gr. 16. (208 S. m. 1 Stahlst.) Würzburg 898. F. X. Bucher. n. — 50; geb. in Leinw. n. — 75

— auf zum Herzen Jesu! Abhandlungen, Vorträge u. Predigten üb. das göttl. Herz Jesu. Jahrg 1876. 12 Hfte. (à 2—2½ B.) 8. Würzburg 876. Woerl. 2. 40

Frank, Fr., Auf, zum Herzen Jesu! Abhandlungen, Vorträge und Predigten über das göttliche Herz Jesu. 1.—3. Jahrg. 1877—1879. à Jahrg. 12 Hefte. (à 2—2⅓ Bog.) 8. Würzburg, Woerl. à Jahrg.

Frank, Fr., die Bußdisciplin der Kirche von den Apostelzeiten bis zum 7. Jahrh. Mit einer Vorrede von Hergenröther. 8. (X und 959 S.) Mainz 867, Kirchheim.

Frank, Fr., die Bußdisciplin der Kirche von den Apostelzeiten bis zum 7. Jahrh. Mit einer Vorrede von Hergenröther. Mainz 868. Kirchheim. 8. (X, 959 S.) 2 ₰

— ein fürstlicher Büßer. Zur Erbauung u. Belehrung für Groß u. Klein. Paderborn 869. Junfermann. 16. (67 S.) n. 4 ngr.

Frank, Fr., der unerschöpfliche Gnadenborn der Christenheit. Betrachtungen üb. die vom apostol. Stuhle genehmigte Herz Jesu-Litanei nebst e. Anh. v. Gebeten. 12. (VII, 512 S.) Würzburg (900). F. X. Bucher. 3. —

Frank, Fr., die weltliche Herrschaft d. Papstes u. der 20. Septbr. 1870. Acht brennende Fragen der Gegenwart, aus der Vergangenheit beantwortet. 8. (134 S.) Paderborn 871. Junfermann. — 75

— ein Kirchenstreit aus alten Tagen. Ebend. 869. 16. (93 S.) n. 5 ngr.

Frank, Fr., die geistliche Kommunion. Ein Büchlein f. Alle, die nach der christl. Vollkommenheit streben. (III, (52 S.) gr. 16. Würzburg (903). F. X. Bucher. n. — 40

— die Kunst, gut zu sterben. Nach der Schrift des Kardinals Rob. Bellarmin: „De arte bene moriendi" bearb. (VII, 268 S.) 16. Ebd. 905. Geb. in Leinw. n. 1. —

Frank, Fr., Leichenreden, welche der kath Kirche u dem apostolischen Stuhle schon gehalten worden sind, zusammengestellt Paderborn, Junfermann, 1870, 8°, 56 S, 30 Pf

— Leichenreden, welche der kathol. Kirche u. dem apostol. Stuhle schon gehalten worden sind, zusammengestellt. 2. Aufl. 8. (56 S.) Paderborn 871. Junfermann. — 30

— das bittere Leiden d. heiligsten Herzens Jesu. Fromme Lesgn. f. die Verehrer des göttl. Herzens Jesu in gesunden u. kranken Tagen. Mit 1 Farbendr.-Bild u. vielen Abbildgn.) gr. 8. (IV, 1287 S.) Regensburg 899. 900. Verlagsanstalt vorm. G. J. Manz. 10. 80; geb. in Leinw. n. 13. -
Erschien auch in 27 Hftn. à — 40.

— katechetischer Unterricht üb. d. allerheil. Altarssakrament zunächst f. Erstkommunikanten, d. aber auch Erwachsene m. Nutzen gebrauchen können. Neueste Aufl. gr. 16. (109 S.) Ebd. 897. Kart. n. — 40

Frank, Fr., katechetischer Unterricht üb. das allerheiligste Altarssakrament zunächst f. Erstkommunikanten, den aber auch Erwachsene m. Nutzen gebrauchen können. 2. verm. u. verb. Aufl. (154 S.) 16. Würzburg 910. F. X. Bucher. — 70; geb. — 85

— katechetischer Unterricht üb. das hl. Buß-Sakrament zur Vorbereitung des Verstandes u. des Herzens f. Erstbeichtende. gr. 16. (VIII, 131 S.) Würzburg (902). F. X. Bucher. n. — 80; geb. n. 1. —

— dasselbe üb. die hl. Kommunion, zunächst f. Erstkommunikanten, den aber auch Erwachsene m. Nutzen gebrauchen können. 12. (IV, 188 S.) Ebd. (901). Geb. n. 1. —

— dasselbe üb. das hl. Meßopfer zunächst f. Erstkommunikanten, den aber auch Erwachsene m. Nutzen gebrauchen können. 12. (188 S.) Ebd. (900). n. — 80

— dasselbe üb. d. hl. Sakrament d. Firmung f. Firmlinge. Neueste Aufl. gr. 16. (83 S.) Ebd. 897. — 80

— die marianischen Vesperpsalmen für Ordensfrauen erklärt. Ebend. 870. (IV, 252 S. u. 1 Stahlst.) n. 12 ngr.

— auf der Warte! Zeitgemäße Studien u. Betrachtgn. 1. u. 2. 8. (121 S.) Ebend. 874. 75. à — 60
1. Schwarze Wolken. (121 S.)
2. Das Kreuz. (78 S.)

— dasselbe. 3. Es gilt der Mutter. 8. (100 S.) Würzburg 876. Wörl. — 75

Frank, Fr., Was ist der Gebetsapostolat? Eine wichtige zeitgemäße Frage, kurz und bündig beantwortet. 8. (40 S.) Paderborn 872, Junfermann'sche Buchh. *

Frank, Fr. A., s. Frank, Friedrich Anton

Frank, Fr. Ed., methodische Schreibschule für den Schul- und Selbstunterricht. 2. veränd. Aufl. qu. 4. (16 Stnt.) Frankenhausen 880, Werneburg. *

Frank, Fr. Ed., methodische Schreibschule für den Schul- u. Selbstunterricht. 3., verb. Aufl. mit neuer Orthogr. qu. 4. (16 Steintaf.) Hannover 881. Helwing's Verl. n. 1. —

Frank, Fr. H. R., s. Frank, Franz Hermann Reinhold von

Frank, Franz: Ueber Derivate des Crotonaldehyds und den Methylglycerinaldehyd. *Berlin (1902): E. Ebering.* (39 S.) 8°
Berlin, Phil. Diss. v. 8. März 1902

Frank, Franz: Über dauernde Erwerbsbeschränktheit im Anschluss an Kopfverletzungen. Erlangen 1909: Junge. IV, 87 S. 8°
Erlangen, Med. Diss. v. 27. Jan. 1909, Ref. v. Kryger
[Geb. 24. Mai 81 Lichtenfels; Wohnort: Lichtenfels; Staatsangeh.: Bayern; Vorbildung: Gymn. Bamberg Reife Sommer 01; Studium: Erlangen 4, Würzburg 1, München 2, Erlangen 3 S.; Coll. 14. Jan. 08; Approb. 12. Febr. 08.]
[U 09. 769

Frank, f.: Litteraturbericht, pädagog.

Frank, Frz., die Schul- und Kinderfeste im Mittelalter, s. Broschüren, Frankfurter zeitgemäße.

Frank Franz, Deutsche Sprachübungen. Ausgabe für fünfklassige Volksschulen, in denen jeder Klasse ein Schuljahr entspricht. I. Heft. Für die II. Klasse. Mit 39 Abbildungen von Marianne Frimberger. Wien 1908. F. Tempsky. K — .25

Frank, Frz., deutsche Sprachübungen. Ausg. f. fünfklass. Volksschulen, in denen jeder Klasse e. Schuljahr entspricht. 4 Hefte. 8. Wien, F. Tempsky. Kart. nn 1. 65
I. Für die 2. Klasse. Mit 39 Abbildgn. v. Marianne Frimberger. (23 S.) 909. Kart. nn — 25
II. Für die 3. Klasse. Mit 27 Abbildgn. v. Marianne Frimberger. (30 S.) 909. Kart. nn — 30
III. Für die 4. Klasse. Mit 30 Abbildgn. v. Marianne Frimberger. (40 S.) 909. Kart. nn — 50
IV. Für die 5. Klasse. Mit 36 Abb. (83 S.) 910. Kart. nn — 60

Frank, Franz Armin Reinhold, s. Frank, Franz Hermann Reinhold von

—, **Franz Eduard** (Wurzen), De colica saturnina. **Diss. med. Lpz.** (Staritz) 22. IX. 1835. 52 S. (4.50) 9366
Gew.: Christian Theophil Wendler (Wurzen). Friedr. Leberecht Mudre (Machern).

Frank, Franz Hermann Reinhold von

Frank, Fr. H. R., über die kirchliche Bedeutung der Theologie A. Ritschl's. Conferenzvortrag. Nebst zwei Beigaben. gr. 8. (III, 77 S.) Leipzig 888. Deichert Nachf. n. 1. 20

Frank, Fr. H. R., das Christenthum und die Frauen. Ein Vortrag. 12. (64 S.) Gütersloh 868, Bertelsmann's Verlag. *

Frank, F. H. R., Christenthum u. Volksthum im Lichte d. Weihnachtsfestes, s.: Vorträge, sechs, geh. zum Besten der Herberge zur Heimat in Nürnberg.

Frank, Fr. H. R. v., Geschichte u. Kritik d. neueren Theologie, insbesondere der systematischen, seit Schleiermacher. Aus dem Nachlass des Verf hrsg. v. P. Schaarschmidt. gr. 8. (VI, 350 S.) Leipzig 894. A. Deichert Nachf. n. 5. 60

Geschichte und Kritik der neueren Theologie, insbesondere d. systematischen, seit Schleiermacher. Von Fr[anz] H[ermann] R[einhold] von Frank, † ... Prof. .. in Erlangen. Aus d. Nachlass d. Vfs hrsg. v. P(aul) Schaarschmidt, Pastor in Zeschwitz ... 3. rev., m. e. Beitrag üb. d. Frank'sche Theologie v. Prof. D [Reinhold] Seeberg verm. Aufl. M. d. Bildn. d. Verf. *Erlangen & Leipzig: A. Deichert Nachf. 1898.* (VIII, 369 S., 1 Portr.) 1 Bd 8.

Frank, Fr. H. R. v., Geschichte u. Kritik der neueren Theologie, insbes. der systematischen, seit Schleiermacher. Bearb. u. bis zur Gegenwart fortgeführt v. R. H. Grützmacher. 4. Aufl. (X, 532 S.) gr. 8. Leipzig 908. A. Deichert Nachf. 8.50; geb. n 10. —

—— aus dem Leben christlicher Frauen. Drei Vorträge. 16. (IV, 164 S.) Gütersloh 873, Bertelsmann's Verlag. *

— über die Lebensmacht der Gnadenmittel im Sinne lutherischer Lehre. Vortrag. [Sonderdr.] 8. (30 S.) Ebd. 890. n. — 50

— üb. die Lebensmacht der Gnadenmittel im Sinne lutherischer Lehre. Vortrag, geh. in Hannover am 8. Oktbr. 1890. [Aus: „Neue kirchl. Zeitschr."] gr. 8. (30 S.) Ebd. 891. n. 50

Frank, F. H. R., ad ecclesiasticam de satisfactione Christi doctrinam observationes aliquot dogmaticae. Erlangen 859. Blaesing. (Deichert.) gr. 8. (21 S.) 3 ngr.

Frank, Frans Armin Reinhold, Ad ecclesiasticam de satisfactione Christi doctrinam observationes aliquot dogmaticae. Erlangen (Th. Blaesing; Druck: Junge & S.) 12. XI. 1859. 25 S. (4.—) 9365

Frank, Franz Herm. Reinh., ad ecclesiasticam de satisfactione Christi doctrinam quid redundaverit ex lite Osiandrica. gr. 8. (51 S.) Erlangen 859, Blaesing.

Frank, Fr. H. R., Rede, beim Antritt d. Prorektorats der königl. bayer. Friedrich-Alexanders-Universität Erlangen am 4. Novbr. 1882 geh. 4. (15 S.) Erlangen 882. Deichert. n. — 60

Frank, Fr. H. R., evangelische Schulreden gehalten im Friedrichsgymnasium zu Altenburg. Altenburg 856. Schnuphase. gr. 8. (VIII, 110 S.) n. 15 ngr

Dogmatische Studien von D. Fr[anz] H[ermann] R[einhold] Frank. Erlangen & Leipzig: A. Deichert Nachf. 1892. (135 S.) 8° [F.]

Frank, Fr. H. R., System der christlichen Gewissheit. 1. Hälfte. Erlangen 870. Deichert. gr. 8. (X, 464 S.) n. 1 ℛ 22 ngr.

— System der christlichen Gewissheit. 2. Hälfte. gr. 8. (V, 429 S.) Erlangen 873. Deichert. n. 8. —; (cplt.: n. 13. 20)

Frank, Fr. H. R., System der christlichen Gewissheit. 2. Hälfte. 2., durchweg verb. Aufl. gr. 8. (X, 444 S.) Erlangen 881. Deichert. n. 8.

— System der christlichen Gewissheit. 1. Hälfte. 2. durchweg verb. Aufl. gr. 8. (X, 530 S.) Ebend. 884. n. 8. —

— System der christlichen Sittlichkeit. 1. Hälfte. gr. 8. (VII, 448 S.) Ebend. 884. n. 7. —

Frank, Fr. H. R., System der christlichen Sittlichkeit. 2. Hälfte. gr. 8. (VIII, 496 S.) Erlangen 887, Deichert-sche Verlagsh. Nachf. *
1. Hälfte. Ebendas. 1884. *ℳ 7.—.

— System der christlichen Wahrheit. gr. 8. (VII, 495 u. VI, 474 S.) Ebend. 878. 80. n. 16. —

— System der christlichen Wahrheit. 2. verb. Aufl. gr. 8. (X, 525 u. VIII, 517 S.) Ebend. 885. 86. n. 16. —

System der christlichen Wahrheit. Von Dr. Fr[anz] H[ermann] R[einhold] v. Frank, Prof. in Erlangen. 3. verb. Aufl. Hälfte 1. 2. Erlangen & Leipzig: A. Deichert Nachf. 1894. 2 Bde 8°

—— die Theologie der Concordienformel historisch-dogmatisch entwickelt und beleuchtet. 1. und 2. (Thl.) gr. 8. Erlangen, Blaesing. *
Inhalt:
Thl. 1. Die Artikel vom summarischen Begriff der Lehre von der Erbsünde und vom freien Willen. (VIII und 240 S.) 858. * 25 Ngr.
» 2. Die Artikel von der Gerechtigkeit des Glaubens, von den guten Werken, vom Gesetz und Evangelium und vom dritten Brauch des Gesetzes. (405 S.) 861. * 1 Thlr. 18 Ngr.

— — III. Die Artikel vom heiligen Abendmahl, von der Person Christi und von der Hollenfahrt Christi. Ebend. 863. gr. 8. (454 S.) n. 1 ℛ 22 ngr.

- die Theologie der Concordienformel historisch-dogmatisch entwickelt u. beleuchtet. IV.: Die Artikel von den kirchlichen Mitteldingen, von der ewigen Vorsehung u. Wahl Gottes u. von den ausserkirchlichen Häretikern. Ebend. 865. gr. 8. (VI, 427 S.) n. 1 ℛ 18 ngr.

— zur Theologie A. Ritschl's. 3., wesentl. erweit. Aufl. 8. (IV, 118 S.) Ebd. 891. n. 2. —

· Vademecum f. angehende Theologen. 8. (IV, 367 S.) Ebd. 892. n. 4. 60; geb. n. 5. 50

Frank, Franc. Phil., De combinatione primatus Petri cum episcopatu in una ecclesia. Mainz 1784. 4°.

Frank, Frz. Ph., († d. 22. April 1810.) synopsis juris ecclesiastici publici et privati. 4. Erfurt 779.

Frank, Franz Xaver: Ein Fall von intrauterin entstandener Invagination ⟨Intussusception⟩ des Darms mit Abstossung des nekrotisch gewordenen Intussusceptums und Ausgang in Heilung. Erlangen 1910: Junge. 19 S. 8°
Erlangen, Med. Diss. v. 14. Juni 1910, Ref. Seitz
[Geb. 9. März 68 Aufkirch; Wohnort: Sonthofen; Staatsangeh.: Bayern; Vorbildung. Gymn. Dillingen Reife 88; Studium: München 10 S.; Coll. 17. Mai 10; Approb. 18. Mai 94] [U 10 798

Frank Friedrich: Goethes „Faust" I. Teil im alten Wiener Burgtheater.
1908 PN 2567 Diss Wien, Univ. 273

Frank, Fr., die Herz-Jesu-Litanei, dem christl. Volke in Predigten erklärt. gr. 8. (IV, 404 S.) Dülmen 890. Laumann. n. 4. —

Frank, Fr., Die Kirche u. die Juden. Regensburg, Verl.-Anst. 1891, 3. Aufl., 88 S., 1 Mk.

Frank, Frdr., die Kirche u. die Juden. Eine Studie. 1. u. 2. unveränd. Aufl. gr. 8. (III, 79 S.) Regensburg 892. Nationale Verlags-Anstalt. n. 1. —

dasselbe. 3., neu durchgeseh., m. e. Kapitelinhaltg. verseh. Aufl. gr. 8. (VIII, 88 S.) Ebd. 893. n. 1. —

Frank, Dr. Frdr., Der Klerus und der Bauernstand. Eine sozialgeschichtliche Studie. (Aus: „Theologisch-prakt. Monatsschrift".) gr. 8°. Passau, R. Abt, 1892. 39 S.

Die Knechtschaft des Subalternbeamtentums in Baden. Ein Beitrag z. Revision d. Beamten-Gesetzes von Friedrich Frank, Arbeitersekr. in Frankfurt a. M. Charlottenburg: Rau [1907]. 49 S. 8°

Frank, Frdr., die Liebesseufzer zum göttlichen Herzen Jesu, in Predigten erklärt. gr. 8. (IV, 406 S.) Paderborn 886. F. Schöningh. n. 3. 50

— die Liebesseufzer zum göttlichen Herzen Jesu, in Predigten erklärt. 2. (Titel-)Aufl. gr. 8. (VIII, 406 S.) Paderborn 889. F. Schöningh. n. 2. 80

Die Litanei vom süßen Namen Jesu in Betrachtungen dem christl. Volke erkl. von Dr. Fr[iedrich] **Frank,** bischöfl. geistl. Rat. (Hrsg.: M[ichael] Weippert.) Paderborn: Junfermann 1906. (IV, 478 S.) 8° [F.] [06. 2374]

— der Ritualmord vor den Gerichtshöfen der Wahrheit u. der Gerechtigkeit. 2. Aufl. gr. 8. (VIII, 327 S.) Ebd. 901. n. 2. —

Frank, F., Nachträge zu: „Der Ritualmord vor den Gerichtshöfen der Wahrheit u. Gerechtigkeit". I. Die letzten Schlupfwinkel des Ritualmord-Aberglaubens. II. Der Ritualmord-Aberglaube in den letzten Zügen. III Das Leichenbegängnis des Ritualmord-Aberglaubens. (100 S) gr. 8. Regensburg, Verlagsanstalt vorm. G. J Manz. 1902. 1. —

Die Schächtfrage vor der Bayerischen Volksvertretung. Von Dr. Friedr. **Frank,** Landtags-Abgeordn. 2. Aufl. *Würzburg 1894: L. Woerl.* (46 S.) 8° [F.] [01. 1706]

— die Schächtfrage vor der bayerischen Volksvertretung 3. Aufl. gr. 8. (46 S.) Würzburg 894. (L. Woerl.) n. 50

Frank, Friedr., Die Schächtfrage vor der bayerischen Volksvertretung. Würzburg, Woerl, 1894, 6. Aufl, gr. 8°, 46 S., 50 Pf.

Frank, Friedr. Ant., faßl. Anweisung zur Zeichnung der Netze für Erd- u. Himmelskugeln, so wie für gewöhnl. Projectionsarten der Planisphären, Welt-, Land- u. Sternkarten. Mit 2 (3) lithogr. Taf. u. 1 Tab., aus der Jeder, bloß mittelst eines Zirkels u. Maßstabes, die gewöhnl. Arten der Planisphären oder Halbkugeln verzeichnen kann. 8. Laibach 839. Edl. von Kleinmayr. 5/12 ∦

— stereograph. Entwurf d. gestirnten Himmels, vom Nordpol bis zum 40sten Grad südl. Abweichung. 1 lithogr. Bl. in gr. Fol. Nebst Anweis. zum richtigen Gebrauch. 8. Grätz 828. Kaiser. (Weygand in Leipz.) 1 ∦ 2 ℊ

Frank, Friedrich Anton, Calendariographie oder grundlicher Unterricht in der Kalender-Wissenschaft Grätz 1828

Frank, Fr. A., Calendographie, od.: gründl. Unterr. in d. Kalender-Wissenschaft. M. 2 Zeichn. Nebst e. deutl. Anweis., wie e. jeder an e. wie immer gestellten senkrechten Mauer ohne Mühe e. genaue Sonnenuhr verzeichnen, u. auch beim Mondenscheine an selber d. wahre Stunde d. Nacht erkennen könne. 4. (15 B.) Grätz 828, Kaiser.

Frank, Fr. A., Calendographie, oder gründl. Unterricht in d. Kalenderwissenschaft. Mit 2 Zeichnungen. 4. Grätz 828. (Weygand in Leipz.) 14 ℊ

—— der schnelle u. sichere Rechner, mittelst d. Neper'schen Rechnungsstäbchen. Zum bequemen Gebr. eingerichtet, erläut. u. mit Beispielen belegt. 4. (1 B. u. 23 lith. Kärtchen.) Grätz 828, Kaiser.

Frank, ..., (Prof.), der schnelle u. sichere Rechner, mittelst d. Neper'schen Rechnungsstäbchen. Zum bequemen Gebrauche eingerichtet, erläutert u. mit Beispielen belegt. Mit 23 lithograph. Kärtchen. 4. 828. (Leipz., Weygand). 5 ℊ

— d. immerwährende Wandkalender, oder kurzgefaßte Zeitrechnungstabelle, mittelst welcher man für jedes Jahr einen vollständigen Kalender mit einem Blick vor Augen hat. Imp.-Fol. Laibach 828. (Leipz., Weygand). 12 ℊ

Frank, Frdr. Glieb. Chrph., Grundlage eines fruchtbringenden, analytischen deutschen Sprachunterrichts. Ein Vorbereitungs-, Unterstützungs und Nachübungsbüchlein in Fragen und Antworten zur Aneignung einer richtigen Sprech- u. Schreibweise für die deutsche Jugend in Stadt u. Landschulen, Privat Instituten u. für Schulpräparanden. Bayreuth 861. (Grau.) 8. (IV, 76 S.) n. 5 ngr.

Frank, Fritz [aus Klötze]: **Abbau des Theobromins. Berlin** 1897. 51 + 1 S. 8°.
Basel. Phil. Diss. 1897/98.

Frank, Fritz, die Errichtung geburtshilflicher Polikliniken an Hebammenschulen. Ihre Bedeutg. f. die Ausbildg. der Hebammen u. f. die allgemeine Hygiene. (46 S.) gr. 8. Berlin 904. S. Karger. n. 1. —

Frank, Fritz, über Herkommen u. Chemie des Kautschuks, s.: Marckwald, Ed.

Frank, Fritz, s.: Neisser, A., stereoscop. medicin. Atlas.

Frank, Fritz, üb artificiellen Prolaps behufs Heilung hoher Fisteln etc. [Aus: „Festschrift der Gesellsch. f. Geburtshilfe u. Gynäkol."] gr. 8. (15 S.) Wien 891. A. Hölder. n. — 60

Frank, Fritz (Darmstadt)
Untersuchungen über die Frauenmilch bei Icterus.
Giessen: W. Keller 1879. 30 S.
Diss. med. 3.12.1879. vorh. 26. 7.

Frank, Fritz [aus Köln a. Rh.]: Aus d. Kgl. medicin. Klinik zu Bonn. Verengerung und Verschluss der oberen Hohlvene ... Köln, Druck v. M. Kohn, 1895; 2 Bl., 50 S., 1 Bl. 8.
Bonn, Med. Fak., Inaug.-Diss. v. [8.] März 1895

Frank, G., kurzgefaßte Belehrung über Pflege u. Erhaltung der Gesundheit, sowie Verhaltungsmaßregeln in Krankheiten u. Unglücksfällen bis zur Ankunft des Arztes. Zum Gebrauche in Elementarschulen, wie zum Selbstunterricht. 12. (32 S.) Mainz 880. Kirchheim. — 25

Frank, Ritter G., Gedichte. gr. 12. Wien 828. Sollinger. 20 ℊ

Frank, G., d. gold. Hochzeit, s.a. Kleinkindergarten.

Die goldne Hochzeit. Erzahlung von G. **Frank.** Berlin: Schriftenvertriebsanst. 1897. (16 S.) 8° [F.]
= **Kleinkindergarten.** No 29. [05 6079]

FRANK, G. v. Mittheilungen aus den Papieren eines Wiener Arztes. Mit einem Kupfer. Leipzig 1846. 8°. 340 S. [B. VII, 441.]

– Dass., s.a. Franck, Gustav von

Frank, G., über das Recht der Nachfolge in Meiergüter des Fürstenthums Lüneburg und der Grafschaft Hoya. Hannover 862. C. Rümpler. gr. 8. (2 Bl., 80 S.) n. 10 ngr.

Frank, G., im Schnee, s.: Kleinkindergarten. Nr. 42.

Frank, G. v., König Eduard's Söhne. Trauersp., s. Delavigne.

Frank, G. A., über die Fabrik-Einrichtung u. Gussstahl-Fabrikation nach Bessemer's Methode. [Aus: „Gläser's Annalen für Gewerbe u. Bauwesen".] 8. (27 S.) Berlin 879. Polytechn. Buchh. in Comm. n.n. — 75

Frank, G. C. Th., s. Francke, Georg Karl Theodor

Frank, G. Chr., kurzer Unterricht in der Tonsetzkunst od. Leitfaden zur Selbstbelehrg. f. Schulpräparanden, prakt. Musiker, Klavierspiel. Damen u. sonst. Musikdilettanten behufs correcten Klavierspiels, Komponirens, Präludirens u. Fantasirens. 8. (IV, 94 S.) Leipzig 873. Stoll. n. 1. —

FRANK, G. Franz (Rischheim; Kallstadt): De deformationibus congenitis in genere et cordis in specie.- Monachii: Giesser 1839. 20 S.
25.6.1838 - Urk; F 64
Diss. Ingolst.-Landsh.-Mchn.

Frank, G. Sam., s. F r a n c k e , Georg Samuel

Frank, Georg

s.a. Franck von Franckenau, Georg

Frank, Geo, d. Bedeutung d. Bakterien im Haushalte der Natur. Vortrag, geh. i. d. Generalversammlg. d. nassauischen Vereins f. Naturkunde am 13. Decbr. 1894 in Wiesbaden. [Aus: „Jahrbb. d. nass. Vereins f. Naturkde."] gr. 8. (11 S.) Wiesbaden 895. J. F. Bergmann. n. — 60

Frank, Georg: Beiträge zu den bei Lustmorden vorkommenden Verletzungen! (Berlin: Trenkel) 1909. 14 S. 8°
Berlin, Med. Diss. v. 14. Mai 1909, Ref. Flügge
[Geb. 23. Juli 80 Berlin; Wohnort: Berlin; Staatsangeh.: Preußen; Vorbildung: Gymn. Köslin Reife O. 03; Studium: Berlin 3, Rostock 2, Berlin 1, Kiel 1, Berlin 1, Rostock 2 S.; Coll. 13. Mai 09; Approb. 10. Mai 09.] [U 09. 48

Frank, Geo., zwei Beiträge zur Histogenese des Milzbrandes, s.: F e s t s c h r i f t zum 60. Geburtstage v. Robert Koch.

Frank, Georg (Reddighausen)
Ueber entzundliche Epiphysenlösung, eine Krankheit der Entwicklungsjahre.
Giessen: W. Keller 1861. 28 S.
Diss. med. 11.3.1861. vorh. 26. 7. 11.

Frank, Georg: Eine Methode der Phosphorsäurebestimmung. Heppenheim a. d. Bergstr. 1910: Otto. 22 S. 8°
Gießen, Phil. Diss. v. 19. Febr. 1910, Ref. Naumann
[Geb. 25. Nov. 83 Heppenheim a. d. Bergstr.; Wohnort: Heppenheim; Staatsangeh.: Hessen; Vorbildung: Realgymn. Darmstadt Reife O. 01; Studium: Gießen 4, München 1, Gießen 5 S.; Rig. 16. Dez. 09.] [U 10. 1277

Frank, Gotth. Aug., A b h a n d l. über Stellen der heiligen Schrift. 8. Halle, Waisenh. 764.

— p r o g r a m m a t u m pentas. 8. ibid. 755.

— P s a l t e r i u m hebraic. 8. ibid. 738.

Frank, Gottlieb, Regierungsass., Sekr. d. Stadtschultheißenamts: Das Eingemeindungsrecht in Württemberg. Borna-Leipzig 1908: Noske. 100 S. 8°
Tübingen, Staatsw. Diss. v. 6. Okt. 1908, Ref. Fleiner
(Nur in beschränkter Anzahl für den Austausch)
[Geb. 4. April 81 Gröningen, O.-A. Crailsheim; Wohnort: Stuttgart; Staatsangeh.: Württemberg; Vorbildung: Gymn. Ludwigsburg Reife 99; Studium: Tübingen 5, Leipzig 1, Tübingen 2 S.; Coll. erlassen 9. Juli 08.] [U 09. 3974

† **Frank**, Glieb. [E. Freyburger], das Kätterli aus dem Wiesenthal. Erzählung. 1. und 2. Ausg. 8. (III, 126 S.) Heidelberg 880,81, C. Winter's Universitäts-Buchh. cart. *

Frank, Gli. Rich., Ueber die Anwendung der allgemeinen Gewerbefreiheit auf die pharmaceut. Gewerbe, und die Beurtheilung der Zulässigkeit neuer Apothekeranlagen. 12°. Berlin, Ldw. Oehmigke, 1814.

— über d. Rinderpest u. d. Mittel, sie zu heilen u. auszurotten. Mit 1 Kpft. gr. 8. Berl. 802. Mottmann. 1 Rthl 4 gGr
208 S.

Altona mit Umgebungen Nach d. Natur gez. u. lith. v. Gustav Frank. Berlin o. J. [gegen 1860] 1 Bl. Fol. 52/72 cm

Frank, Gustav [approb. Arzt]: Ein Beitrag zur Behandlung der Pyaemie. Wimpfen, C. Dieterich'sche Buchdruckerei, 1877. 8. 30 S.

Frank, Gust., die k. k. evangelisch-theologische F a c u l t ä t in Wien von ihrer Gründung bis zur Gegenwart. Zur Feier ihres 50jähr. Jubiläums verf. gr. 8 (III, 73 S.) Wien 871. Braumüller. n. 1. —

Geschichte des Rationalismus und seiner Gegensätze von D. Gustav **Frank**, Prof. in Wien. Leipzig: Breitkopf & Härtel 1875. (VI, 410 S.) 8° [F.]
— **Frank**: Geschichte d. Protestant. Theologie. Th. 3. [07. 7339

Frank, Gust., G e s c h i c h t e der protestantischen Theologie. (In 3 Thln.) 1. Thl. Von Luther bis Joh. Gerhard. Leipzig 862. Breitkopf & Härtel. gr. 8. (XII, 428 S.) 2 Rthl 10 ngr.

Frank, Gust., Geschichte der protestantischen Theologie. 2. Thl. Von Georg Calixt bis zur Wolff'schen Philosophie. Leipzig 865. Breitkopf & Härtel. gr. 8. (IX, 410 S.) 2 Rthl 10 ngr.

— Geschichte der protestant. Theologie. 3. Thl. Von der deutschen Aufklärg. bis zur Blüthezeit d. Rationalismus 1750—1817. A. u. d. T.: Geschichte d. Rationalismus u. seiner Gegensätze. gr. 8. (VII, 410 S.) Leipzig 875 Breitkopf & Härtel. 8. — (1—3: 22. —

Frank, Gust., Geschichte d. protestantischen Theologie. 4. Tl. Die Theologie des 19. Jahrh. Aus dem Nachlasse hrsg. u. m. e. Lebensabriß des Verf. versehen v. Geo. Loesche. (LII, 571 S. m. Bildnis.) gr. 8. Leipzig 905. Breitkopf & Härtel. n. 9. —; geb. in Halbfrz. n. 10. 50
1.—3. Tl. Ebd. 862—875. n. 9. —.

Frank, Gust., de Luthero rationalismi praecursore. Orationem quam ad memoriam Augustanae confessionis habuit adauctam nunc et expolitam sed oratoria tractatione destitutam publici juris facit. 8maj. (34 S.) Lipsiae 856(57,) Breitkopf und Härtel.

Johann M a j o r der Wittenberger Poet. Ein Beitrag zur Geschichte der protestantischen Theologie u. des Humanismus im 16. Jahrhundert. [Abgedr. aus der Zeitschrift für wissenschaftl. Theologie.] Halle 863. Pfeffer. gr. 8. (47 S.) n. 10 ngr.

Frank, Gust., Mann u. Weib in u. ausserhalb der Ehe. (25 S.) 8. Berlin (903). H. Schildberger. n. 1. —

Mann und Weib in und außerhalb der Ehe. Von Dr. Gustav **Frank**. 4. Aufl. Berlin: H. Schildberger [1904]. (25 S.) 8° [04. 15388 11

— **Gustav**, De Matthiae Flacii Illyrici in libros sacros meritis. Comment. theol. Lpz. (Breitkopf & Härtel) o. J. (Mitte 19. Jahrh.) 32 S. (4.—) 9367

Frank, Gust., Mysticismus und Pietismus im 19. Jahrh., s. T a s c h e n b u c h, historisches.

Die Theologie des neunzehnten Jahrhunderts von D. Gustav **Frank**, Prof., Wien. Aus d. Nachl. hrsg. u. mit e. Lebensabriß d. Verf. versehen von Prof. Dr. Georg Loesche. Mit d. Bildn. d. Verf. Leipzig: Breitkopf & Härtel 1905. (LII, 571 S.) 8° [F.]
— **Frank**: Geschichte d. protestant. Theologie. T. 4. [06. 7947 8

— die Jenaische Theologie in ihrer geschichtlichen Entwickelung. Eine Festgabe. Ebend. 858. gr. 8. (V, 137 S.) 20 ngr.

Frank, Gust., das Toleranz-Patent Kaiser Joseph II. Urkundliche Geschichte seiner Entstehung u. seiner Folgen. Säcular-Festschrift d. k. k. evangel. Ober-kirchenrathes A. C. u. H. C. in Wien. gr. 8. (IV, 168 S.) Wien 882. Braumüller. n. 2. —

Frank, H., Aufgaben zum Gebrauche beim Rechenunterricht. — Materialien, s.: S c h e l l e n.

Frank, H., die geheimnisvolle Braut, s.: E u ß l i n ' s interessante Bibliothek.

Frank H, J Heinemann, L Reich, Musterblätter für die Uhrenschildmaler des Schwarzwaldes. (24 T) fol Hüfingen 1851

Frank, H. Siehe: *Reform.*

— s. R e f o r m b l ä t t e r , Schweizerische.

Frank, Hans, A m o r Triumphator. Novellen. (175 S.) 8. Karlsruhe (907). F. Gutsch. 1.50; geb. 2. —

— Moll-Akkorde. Novellen. (191 S.) 8. Ebd. (909). 1.50; geb. in Leinw. 2. —

Frank, Henr (geb Kosten 8 11 1819) De causis febrium intermittentium Berolini (1843) (30 S) 8°
Berlin, Med. Diss v 16 Febr 1843

Frank, Heinrich, Referendar: **Vergleich der actio Publiciana mit der Klage aus § 1007 des bürgerlichen Gesetzbuches.** *Köln 1903: Kohn & Co.* (84 S.) 8°
Freiburg i. B., Rechts- u. staatswiss. Diss. v. 1903

Frank, Heinr., Vergleich der actio Publiciana m. der Klage aus § 1007 des bürgerl. Gesetzbuches. (82 S.) gr. 8. Köln 903. (Bonn, L. Röhrscheid.) n. 1. —

Frank, Hnr. Aug., († d. 28. Febr 1802.) philoseph. Betrachtt. über den Styl. 8. Gotha 774. Ettinger. 4 gr.

Frank, Hnr. Aug., De Chaucis, veterum Germanorum populis, regnandi consiliis commendabilibus ad Taciti Germaniam c. 35. Erfordiae 1794. 4.

— vom Einfluß d. Kriegs in d. Tugend. 8. Frankf. u. Lpz. 762.

— Geschichte des 1756 entst. Kriegs.

Frank, Hnr. Aug., Ausführliche Geschichte des 1756 entstandenen Krieges, wobey die Schriften und Urkunden — — angeführet werden. Stück 3. Frankfurt u. Leipzig 1759. 8.

— Heinr. Aug., De publicorum salariorum apud Romanos ratione ad paneg. vern. in gymnasio. Erfurt (Gradelmüller) 24. IV. 1792. 8 Seiten. (2.50) 9368
Jo. Gottfr. Jac. Sinnhold, Jo. Hieron. Christ. Brückner, Hieron. Ludw. Wilh. Völkner, Jo. Ern. Müller, Heinr. Rud. Schorch, Jo. Jac. Bernhardi (sämtlich Erfurt).

— Von den öffentlichen und Privatspielen der alten Teutschen und ihrer dabei sich auszeichnenden Treue und Redlichkeit nach dem Tacitus Erfurt 1791 4

Frank, Hnr Aug, Über die Worte des Tacitus Germania c. 19 plus ibi boni mores valent etc. durch eine Parallele zwischen den Römern und Teutschen in Ansehung der Tugend und Keuschheit erläutert. Erfurt 1789 4 . . . . [illegible]

Frank, Hnr. Aug., über d. Worte d. Tacitus de Germania cap. XIX. plus ibi boni mores valent etc. gr. 4. Erfurt 789. Keyser. 3 gr.

Frank, Heinrich Gottlieb, s.a. F r a n k e

Frank, Heinr. Gottl., Nachricht v. d. Beschaffenheit eines Reichstages. 8. Regensb. Montag. 761.

— Wahlcapitulation u. Reversales Francisci I. 8. Lpz. Lotzich. 767.

Frank, Hekt., Culturbilder aus Italiens halbvergangener Zeit. Plaudereien. 2., wohlfeilere (Titel-)Ausg. gr. 8. (VII, 436 S.) Leipzig 894 O. Wigand. 3. -

Frank, Hekt., italienische Plaudereien. gr. 8. (VII, 436 S. Leipzig 876. O. Wigand. n. 7. -

Frank, Hekt., aus d. Vatican, s.: Kennst du das Land?

Frank, Helene Meyer-
s. Meyer-Frank. A 12 7717

Frank, Henner, Harold, der Zigeunerkönig, s.: Bellebaum, Herm.

Frank, Henry, a. New-York: **Ueber Kohlenoxyselenid COSe und einige Derivate desselben. Heidelberg 1907: Hörning & Berkenbusch.** (38 S.) 8°
Heidelberg, Naturw.-math. Fak., Ref. Curtius, Diss. v. 6. Aug. 1907
[Geb. 4 Mai 80 Brooklyn; Wohnort. Heidelberg; Staatsangeh.: Vereinigte Staaten; Vorbildung: Bachelor of science Columbia Univ. New-York 03; Studium: T.H. Munchen 1, Univ. Heidelberg 5 S.; Rig. 6. Nov. 06.]

[Frank, Henry]: Das heutige Philadelphia. *Ein illustrirter Führer durch alle oeffentliche Gebäude, Institute, Eisenbahnen, sowie Plätze von Interesse.* Nebst einer vollständigen Liste aller bedeutenden deutschen Gesellschaften und Vereine, *und einer Karte von Philadelphia. Philadelphia, Pa.: Herausgegeben von Henry Frank 1885. 96 S. ill.*

Frank, Herm., das Abendland u. das Morgenland. Eine Zwischenreichbetrachtg. gr. 8. (VII, 184 S. m. 1 Kartenskizze) Leipzig 901. H. Seemann Nachf. n. 2.50

Frank, Herm., Girardus. Drama in 4 Akten. (III, 58 S.) 8. Dresden 908. E. Pierson. 1. -

Frank, Herman(n)

Frank, Hermann: Ueber Autolysine im Blute bei Infektionskrankheiten. Berlin 1909: Schumacher. 35 S. 8° ¶(Aus: Zeitschr. f. klin. Medizin. Bd 67.)
Würzburg, Med. Diss. v. 21. April 1909, Ref. v. Leube
[Geb. 26 Okt 81 Wurzburg; Wohnort: Wurzburg; Staatsangeh.: Bayern; Vorbildung. Gymn Wurzburg Reife Juli 01; Studium: Würzburg 11 S.; Coll 22. Juli 08; Approb 5 Nov. 07] [U 09. 4110

— Herman (Wikoline/Schles.), Beitrag zur Erkenntniss des Sufismus nach Ibn Haldun. Diss. philos. Lpz. (W. Drugulin) 1884. 54 S. mit Liter. u. Biogr. (4.50) 9369

Frank, Hermann, aus Bräunlingen: **Über den Einfluss des Härtens, Abschreckens und der Temperaturcyklen auf das magnetische Moment und den Temperaturkoeffizienten permanenter Stahlmagnete.** *Freiburg i. B.: Speyer & Kaerner 1899.* (42 S.) 8°
Freiburg i. B., Phil Diss. v. 1899

Frank, Hermann [app. Arzt aus Hannover]: Aus d. patholog.-anatom. Laboratorium d. städt. Krankenhauses I zu Hannover. '(Prosector Dr. Stroebe.)' Ein Fall von Cholesteatom der weichen Hirnhäute ... Hannover, Buchdr. v. H. Höltje, 1897 ([Umschlagt.:] Marburg. 1897); 36 S. 8.
Marburg, Med. Fak, Inaug.-Diss. v. 8. Apr. 1897

Frank, Hermann [app Arzt aus Giessen]: Aus d. geburtshülfl.-gynaekolog. Klinik zu Giessen. Das Fibromyom des collum uteri. .. Giessen, C. v. Münchow, Univ.-Druckerei [illegible]; 35 S u 1 Taf 8°
Giessen, Med. Fak., Inaug.-Diss v [illegible]

Frank, Herm., Grundriss der Chirurgie f. Studierende u. Ärzte. 1. Thl. Die allgemeine Chirurgie. gr. 8. (XII, 302 S.) Stuttgart 893. F. Enke. n. 6. --

Frank, Herm., s.: Klinik, Berliner.

Frank, Hermann. Knospen und Blüten. [Gedichte.] IV + 56 S. 8. Aarau, H. R. Sauerländer & Co., 1905. [fr. 1. 40]

Frank, Hermann: Ueber das p-Nitrobenzolazoresorcin, einige seiner Derivate sowie sein physikalisch-chemisches Verhalten als Farbstoff. 1907. 78 S. 8°
Stuttgart, Dr.-Ing.-Diss. v. 19. 12. 1906

Frank, Hermann. Weltkinder. Gedichte. 70 S. 8. Zürich, J. Rüegg, 1906. [fr. 1.50]

Frank, Hermine, Familiensilhouetten. Freie Uebertragung u. Bearbeitung der „little foxes" by Mrs. H. Beecher Stowe. Frankfurt a. M. 870. Alt in Comm. 16. (232 S.) n. 24 ngr.

Bücher-Verzeichnis der Loge Zur edlen Aussicht in Freiburg i. B. 1908. [Zsgest. von Hugo Frank.] [Nebst] Nachtr. 1. Bayreuth [1908—1910]: Mühl 8° [Umschlagtit.]
Verz. 44 S. [1908]; Nachtr. 1 vom 1. Juli 1910 S. 45—67. [1910.]

Frank, Hugo: Einführung in die Infinitesimalrechnung. Berlin, Druck v. A. W. Hayns Erben, *1895*; 3—26 S. 4.
Berlin, k. Friedrich-Wilhelms-G u. k. VS, OP 1895 (56)

Antiquarische Bemerkungen zu einer Studienordnung der lateinischen Rathsschule zu Landau in der Pfalz vom Jahre 1432. — Von Dr. J. Frank, Subr. — 1874. Speier, Dan. Kranzbühler. — S. 5—24°.
Progr Edenkoben (Pfalz), Isol. lat. Schule

Frank, J., der praktische Eisenbahnbeamte. Ein Handbuch für Verwaltungsräthe, Directoren u. Eisenbahnbeamte, sowie für solche, die es werden wollen, oder sich mit den bewährtesten Einrichtgn. der Eisenbahnen vertraut zu machen beabsichtigen. gr. Lex. 8. (VIII u. 360 S. mit 1 lith. Taf. in gr. Fol.) Magdeburg 851, Baensch. n. 1³/₁ ₰

Frank, J., Führer durch die Umgebungen Wiens. Beschreibung der lohnendsten Ausflüge in der näheren u. weiteren Umgebg. Wiens bis in die Gegend v. Znaim u. Horn im Norden, Melk u. Admont im Westen, Eisenerz, Mürzzuschlag u. Aspang im Süden, Oedenburg u. Pressburg im Osten f. die Zeit von 4 Stunden bis zu 2 Tagen. 12. (VIII, 187 S. m. 1 farb. Karte.) Wien 892. A. Hartleben. In Leinw. kart. n. 1.80

Frank, J., Führer durch die Umgebung Wiens. Beschreibung der lohnendsten Ausflüge bis in d. Gegend v. Znaim u. Horn im Norden, Melk u. Admont im Westen, Leoben u. Aspang im Süden, Oedenburg u. Pressburg im Osten f. die Zeit von 4 Stunden bis zu 2 Tagen. Mit 9 Wegmarkirungskarten in Farbendr. u. 1 Uebersichtskarte. 2., umgearb. u. verm. Aufl. 12. (VIII, 220 S.) Wien 902. A. Hartleben. Kart. n. 2.70

Frank, J., Führer durch die Umgebung Wiens. Beschreibung d. lohnendsten Ausflüge bis in die Gegend v. Znaim u. Horn im Norden, Pöchlarn u. Admont im Westen, Leoben u. Aspang im Süden, Ödenburg u. Pressburg im Osten f. die Zeit von 4 Stunden bis zu 2 Tagen. Mit 12 Wegmarkierungskarten in Farbendruck u. 1 Übersichtskarte. 3., verm. u. durchgeseh. Aufl. (VIII, 226 S.) kl. 8. Wien 906. A. Hartleben. Geb. n. 3.—

Frank, J., Führer durch die Umgebung Wiens. Beschreibung der lohnendsten Ausflüge bis in die Gegend v. Znaim u. Horn im Norden, Pöchlarn u. Admont im Westen, Leoben u. Aspang im Süden, Ödenburg u. Pressburg im Osten f. die Zeit von 4 Stunden bis zu 2 Tagen. Mit 13 Wegmarkierungskarten in Farbendr. u. 1 Übersichtskarte. 4., verm. u. durchgeseh. Aufl. (VIII, 232 S.) kl. 8. Wien 909. A. Hartleben. Geb. 3.60

Frank, J. (Hrsg.):

s. a. Magazin für die physiologische und klinische Arzneimittellehre und Toxikologie. Bd 1-4. Leipzig: 1845-54.

JB 6.166

Frank, J., Magazin für physiolog. u. klinische Arzneimittellehre u. Toxikologie. 1. Bd. 4 Hfte. gr. 8. Leipzig 845, 46, Baumgärtner. 3 ₰ 6 ngl

Frank, J., Rosen m. Dornen. Gedichte. gr. 8. (IV, 104 S.) Dresden 890. Pierson. n. 2.—

Zeichnung Zum Johannis-Feste. Den 23. Juni 1878. In der Loge „zur Freimüthigkeit am Rhein" [in Frankenthal]. Von J. **Frank.** 8 S. 8°. [Umschlagtit.]

Frank, J. A., Uebersicht d. Hindernisse, d. d. Obtbaumzucht in Bayern noch entgegen stehen etc. 8. Augsburg u. Stadtamhof, 1808. Daisenberger. — 5

Frank, J. F., das Christenthum u. die Frauen. Ein Vortrag. Gütersloh 868. Bertelsmann. 16. (40 S.) n. 5 ngr.

Frank, J. F. C., 2 Predigten nach einem sehr unglücklichen Brande. 8. Jena, Cröcker. 791. •

Frank, J. Ge., s. Frank, Joh. Georg

Frank, J. P., die Apotheke für das Haus, oder die Volksarzneimittel in ihrer naturgem. Anwendung bei den verschiedenart. Krankheitsfällen. Ein treuer Rathgeber für Kranke. 8. Blaubeuren 839. Mangold'sche Buchh. ¹/₆ ₰

Frank, J. P., neueste Hausapotheke mit mehr denn Tausend der anerkannt. u. besten Arzneimittel zur Linderung u. Heilung in den verschiedenart. Krankheitsfällen. Nebst Hufeland's Haus- u. Reiseapotheke. 2. verm. Aufl. gr. 12. Blaubeuren 842. Mangold'sche Buchh. ¹/₄ ₰

Frank, J. P., neueste Hausapotheke mit mehreren Tausenden der anerkannt besten Volksarzneimittel zur Linderung und Heilung in den verschiedenartigsten Krankheitsfällen. Nebst Hufeland's Haus- u. Reiseapotheke. 3., sehr verm. Aufl. Stuttgart 864. Lubrecht & Co. 8. (IV, 80 S.) 7½ ngr.

Frank. J. P., der einzig sichere Wegweiser zur Hülfe f. alle Kranke. Dem leid. vielgequälten Menschengeschlecht aus wärmster Liebe dargebracht. Nebst e. Anh.: Das Turnen als Schutz- u. Heilmittel f. körperl. Leiden beider Geschlechter v. Hellmuth Steudel. 8. (XI, 76 S.) Berlin 873. Eutrich. n. — 6

Frank, J. P., der einzig sichere Wegweiser zur Hülfe für alle Kranke. Dem leidenden vielgequälten Menschengeschlecht aus wärmster Liebe dargebracht. Nebst einem Anhang: Das Turnen als Schutz- und Heilmittel für körperliche Leiden beider Geschlechter von Hellmuth Steudel. 8. (XI, 76 S.) Schwelm 873, Wortmann. *

Frank, J. P., der einzig sichere Wegweiser zur Hülfe für alle Kranke. Dem leid. Menschengeschlecht dargebracht. Nebst einem Anhang: Das Turnen als Schutz- u. Heilmittel für körperl. Leiden beider Geschlechter v. Hellmuth Steudel. 2. (Titel-)Aufl. 8. (XI, 76 S.) Leipzig 877. Grieben. n. — 50

Frankl, J. A. von, Enzian. Jagd- und Jägerbilder aus Steiermarks Bergen. Gr. 8. (89 S.) In Comm. 1. , elegant in Lnwd. geb. 1.80
Wien: Kunast 1894.

Frankl, J. A. von, Auf warmer Fährte. Jagd- und Jägerbilder aus Steiermarks Bergen. Gr. 8. (99 S.) * 1.—, geb. 1.80
Wien: Kunast 1890.

Frank, J. V., s. a. Francke, Joh. Val.

Frank, J. V., Callius sive quaestionis de origine carminis elegiaci tractatio critica. 8maj. Altonae, Hammerich. 816. Rthlr.

— — Examen criticum D. Junii Juvenalis vitae. gr. 8. Ebendas. 820. •

Frank, Jakob [aus Forchheim]: Über Anus praeternaturalis mit Obliteration des peripheren Darmendes ... Würzburg, P. Scheiner's Buchdr., 1894; 29 S. 8.
Würzburg, Med. Fak., Inaug.-Diss. v. 1894

Frank, J(akob) (Übers.):

s.: Desruelles, H(enri) M(arie) Joseph: Briefe über die venerischen Krankheiten und deren zweckmäßigste Behandlung... (Lettres écrites du Val-de-Grace sur les maladies vénériennes. Troisième édition. Dt.) Leipzig: 1848

JB 4.697

Frank, Jac (geb Fraustadt 18 3 1818) De hepate molluscorum. Adjunctis observationibus nonnullis de ratione qua bilis in Helice et Astaco formari videatur Berolini (1844) (28 S) 8°

Berlin, Med Diss v 23 Marz 1844

Frank, Jak., gefundene Lieder. (57 S.) 8. Straßburg 909. J. Singer. 2.- -

Frank, Ign., Principia juris civilis Hungarici. II T. 3maj. Pesth 829. Wigand. 3 Rthlr 12 gr

Frank, Ign.: Spec. elaborand. institut. juris civilis Hungarici; cont. I. Praecognita. II. Doctrinam de donatione regia. *Cassoviae*, Wigand. 824. 8maj. (18 Gr.)

— Specimen elaborand. institut. juris civilis Hungarici; cont. I. Praecognita. II. Doctrinam de donatione regin. 8 maj. Pesth 824. Wigand. 18 gr

Frank, Jo. Casp., Diss. sistens delineationem anat. et phys.-patho logicam consensus n. trigemini. 33 pp. Jen. 4°. Salzb. med. chir. Zt. 1801, IV, 407.

1799

Frank, Joach., philosophische Abbildung d. Arzneyerkenntniß u. d. Arzneyverständigen. 8. Altona, Iversen. 754.

Frank, Ioh., artificium artis Abichtianae. Rost. 713.

— Janus mysticus oder Betrachtungen der mystischen Theologie. 8. Rost. 723.

— Systema ethices divinae c. aliis tract. 4. Brandenburg. 714.

Frank: Einzelne Z u g e aus dem Leben und Wirken der Habsburgischen und Habsburg-Lothringischen Herrscher. 13 S – Wien ak.G., Progr. 1854.

Jahres-Bericht über das k. k. akademische Gymnasium in Wien während des Schuljahres 1853/54. rc. 4. (30 S.) Wien. Druck von Karl Gerold und Sohn.

Inhalt: Einzelne Züge aus dem Leben und Wirken der Habsburgischen und Habsburg-Lothringischen Herrscher, von Prof. Joh. Frank. — Schulnachrichten.

de Frank, Joan Albert (geb Hechingen 5 11 1830) De staphyloraphia Berolini (1854) (31 S) 8°

Berlin, Med Diss v 26 Aug 1854

Frank, Jh. Bapt. Aug., d. Judenmessias, wie er seyn soll z. geschildert rc. 8. Augsb. 791.

Frank, Ioh. Chr., institutiones juris cambialis ex legibus cambialibus nova methodo collectae, cum indice copioso, 8. Lips. 741

— — Idem liber. 8. Francf. Eslinger. 751.

— de successione liberorum matri in tutore ipsis petendo. 4. ibid. 718.

— tenebrae lucidae s. discritica sacra. 4. Lps. 710.

— trigu opusculorum varias juris civilis materias pertractantiam 4. Halae. 717.

— vitae tripartitae ICtorum veterum a B. Rutillo, Io. Bertrando et G. Grotio conscriptae. 4. ibid. 718

Frank, Joh. Fr.

— Handbuch für d. Gebetsübung u. Hausandacht d. Christen. 4 Thle. 8. Nürnb. 790—93. Schneider u. W. 1 Rthlr 4 gr (2r Thl. a. u. d. T.: Beicht- u. Communionbuch f. evangel. Christen. 791.)

— Handbuch für die Gebetsubung u. Hausandacht der Christen. 4 Thle. 8. Nürnberg, Weigel. 791—93. (1–III. 20 gr., IV. 8 gr.)

Frank, Jh. Fr., († d. 23. Juli 1812) Samml. von Bibelsprüchen u. erbaul. Liederversen. 8. Nürnb. 810. Felßecker. 2 gr

JOHANN FRIEDRICH FRANK Dem Andenken des zu früh verewigten Herrn Johann Christoph Friedrich Seidel, bestverdienten Diakons bey St Egidien und Mitglieds des Nurnbergischen Blumenordens im Namen der Gesellschaft gewidmet Nurnberg, im Julius 1795. 4°.

JOHANN FRIEDRICH FRANK, Denkmal der Freundschaft zween würdigen Männern Herrn Johann Daniel Lugenheim, Doktorn der Rechte . . und Herrn Konrad Meierlein, bestverdientem Pfarrer zu Kraftshof, als Mitgliedern des Nürnbergischen Blumenordens über ihrem frühen Grabe im Namen der Gesellschaft schuldig errichtet Nurnberg, im Dezember 1789 4°

— Johann Friedrich. (Reichenschwand/Noricus), Memoria Michaelis de Kaden syndici Norimbergensis et ordinum imp. protestantium ad imp. Carolum V. legati. Präs. Georg Andreas Wille. Altdorf (Meyer) 3. V. 1773. 32 S., tlws. dtsch. mit Widm. v. Präs. (5.—) 9370

Frank, Joh. Georg

— astronomische Grundberechnung der biblischen Geschichte des Volks Gottes u. d. alten Völker. 8. Dessau, Gelehrt. Buchh. (a. Gräff in Leipz.) 783.

— astronomische Grundberechnung d. bibl. Geschichte d. Volks Gottes u. d. alten Völker. 8. Dessau 783. Gelehrt. B. (Wienbrack in Leipz.) 1 Rthlr 8 gr

— poetische Kinderthеologie, od. Kern d. heil. Schrift, in Gestalt eines Glaubensbekenntnisses. 8. Götting. 745. N. Aufl. 774. Vandenhöck u. R. 10 gr

Frank, Jh. Geo., († d. 20. Jan. 1784.) praelusio chronologiae fundamentalis. 4maj. Götting. 774. Vandenhöck u. R. 12 gr

— novum systema chronolog. fundamentalis, qua omnes anni ad solis et lunae cursum accurate describi et novilunia designari possunt etc. Fol. Gotting. 778. Vandenhöck u. R. 2 Rthlr 12 gr

Frank, Johann Peter. Abhandlung über eine gesunde Kindererziehung. Leipzig 1794. Ü: *Gruber, Johann Gfr.* (ErschDL) (EngM)

— Abhandl. über eine gesunde Kindererziehung, nach medicin. und physischen Grundsätzen, f. sorgsame Eltern, besonders f. Mütter, denen ihre u. ihrer Kinder Gesundheit am Herzen liegt. Aus d. Latein. v. Jh. Gf. Gruber. 8. Leipz. 794. 2e Aufl. (803.) Baumgärtner. 12 gr

— Abhandlung üb. eine gesunde Kindererziehung, nach medicinischen u. physischen Grundsätzen, für sorgsame Eltern, besond. f. Mutter, denen ihr und ihrer Kinder Gesundheit am Herzen liegt, aus dem Latein. 8. Leipzig, Baumgärt. 802.

— Abhandl. von d. gallichten Larven einiger Kinderkrankheiten, nebst Finke's Abhandl. von d. anomal. Gallenkrankheiten. 8. Hamb. (Herold jun.) 21 gr

— Abhandl. v. d. gallichten Larven einiger Krankheiten, nebst Finke's Abhandl. v. d. anomalischen Gallenkrankheiten. 8. Hamburg, Vollmer.

v. Frank, Jh. Pet., († d. 24. April 1822) drei z. Medicinalwesen gehörige Abhandll. Aus d. Latein. v. S. K. Titius. Mit 1 Kpf. 8. Leipz. 794. (Brockhaus). 12 gr

[Teils. Deutsch.] Johann Peter Franks [Frank] Drey zum Medicinalwesen gehörige Abhandlungen: 1. Entwurf zur Einrichtung einer klinischen Schule; 2. Entwurf zur Errichtung eines medicinisch- chirurgischen Collegiums zu Pavia; 3. Apothekerordnung für die oesterreichische Lombardie. Aus d. Ital. ([Übers.:] Salomo Constantin Titius.) Leipzig: Feind 1794. XXVI, 132 S. 8°.

Frank, Joh. Pet., 3 zum Medicinalwesen gehörige Abhandlungen ꝛc. v. Titius übersetzt. 8. Leipzig. (Gleditsch.) 794.

— Apparatus medicaminum ad usum nosocomii Ticinensis. 8. Ticini 790.

Frank, Joh. Pet., Behandlung d. Krankheiten d. Menschen. A. d. Lat. übers. v. J. F. Sobernheim. Mit e. Vorw. v. C. W. Hufeland. 10 Thle. gr. 8. Berlin, Fincke.

Thl. 1. Fieber. (9¼ B.) 830. 16 Gr.
- 2. Entzundungen. (13 B.) 830. 20 Gr.
- 3. Akute Krankheiten. (11¼ B.) 830. 16 Gr.
- 4. Chronische Hautausschläge. (7¼ B.) 830 12 Gr.
- 5 Profluvien. Serös-lymphatische Ausflusse, Schleimflüsse. (11¼ B.) 830. 18 Gr.
- 6. Profluvien. Blutflusse. (14 B.) 831. 22 Gr.
- 7. —— Gemischte Aufsätze. (7¼ B.) 831. 12 Gr.
- 8. Retentionen. Luftförmige u. seröse Retent. Pneumatose. Wassersucht. Harnverhaltung. (25 B.) 833. } 4 Thlr
- 9. —— Schleimig-lymphat. Retent. (18½ B.) 833. }
- 10. —— Blut- u. Fettverhaltungen; Retent. fremdart. Stoffe. (18 B.) 834. }

Frank, Johann Peter: Behandlung der Krankheiten des Menschen. (De curandis hominum morbis epitome. Dt.) Übers. von J(oseph) F(riedrich) Sobernheim. Bd 1 - 4, gbd.

Berlin: Fincke 1835

JB 2.216

—— dass. 4 Bde. gr. 8. (32¾, 26½, 20⅝ u. 25⅝ B.) Ebds. 835.
Diese Ausg. unterscheidet sich nur dadurch von der vorhergehenden, dass sie im Satz enger gehalten wurde u. deshalb einen etwas geringern Umfang einnimmt.

Frank, Joh. Pet., Behandlung d. Krankheiten d. Menschen, a. d. Lat. übers. v. J. F. Sobernheim. — Register. Sowohl f. d. 1. Aufl. in 10 Bdn. als f. d. 2. in 4 Bdn. passend. gr. 8. (2½ B.) Berlin 835, [Röse.]
Das Hauptwerk Ausg. in 10 Bdn. 830—34., Ausg. in 4 Bdn. 835. Ebendas. à 8 Thlr. 20 Gr.

— Biographie, von ihm selbst geschrieben. 8. Wien 802. Schaumburg u. C. 20 gr

Frank, Johann Peter: Biographie. 174 S., gbd., Abb.

Wien: Schaumburg 1802
(Gesundheits-Taschenbuch für das Jahr 1802)

JB 6.053

— sermo academicus de civis medici in republica conditione atque officiis ex lege praecipue erutis. 8maj. Pavia 785.

Jo. Petr Frank de civis medici in republica conditione atque officiis ex lege praecipue erutis. Ticini 1785. 4.

— s. Cullen, synopsis.

— delectus opusculorum medicorum. XI Voll. 8maj. Papiae 785—93. (Weidmann. in Leipz.) 10 Rthl. (Vol. IV. auch bei List in Berl. 3 Rthl.) (Vol. I. II. 8maj. Leipz. 790. 91. Schneider. 2 Rthl. Nachdruck.)

— — idem liber, antehac in Germaniae diversis academiis editorum. Vol. 1–4. 8. Lipsiae, Schneider. (auch Sommer, Linke.) 790–91. (à 12 gr.)

— epistola invitatoria ad eruditos de communicandis. 8. Manh. 776. Schwan u. G. 2 gr

Frank, Johann Peter: De curandis hominum morbis epitome. Lib. 7: Editionem curavit et praefatus est Joseph Eyerel. Lib. 1 - 7, gbd.

Vol. 1 - 5: Mannhemii: Schwan & Goetz 1792 - 1807
Vol. 6/1: Tubingae: Cotta 1811
Vol. 6/2 - 3: Viennae: Schaumburg 1820 - 1821
Vol. 7: Viennae Austriae: Doll 1805

JB 2.211

— de curandis hominum morbis epitome juxta ejus praelectiones in clinico Vindobonensi habitus a nonnullis suorum auditorum edita. Lib. I — VII. 8maj. Wien 810. Al. Doll. 6 Rthl. 16 gr id. lib. Lib. V. Part. II. et Lib. VI. VII. a II Part. Ed. II. correct. 8maj. ibid. 821—24. 4 Rthl. 8 gr

Frank, I. P., de curandis hominum morbis epitome praelectonibus acad. dicata. Libri VIi de Retentionibus Pars II. 8maj. Vindob., Schaumburg. 820.

— — idem liber. Libri VIi de retentionibus. Pars III. 8maj. Ibid. 821.

Frank, (J. P.,) de curandis hominum morbis, epitome, juxta ujus praelect. in clinico Vindobon. babitas a nonnullis suorum auditorum edita Liber V. Part. II. et Lib. VI. VII. à 2 Part. Ed. II. correct. 8 maj. Viennae 821—24, Al Doll.

— — de curandis hominum morbis epitome etc. Libri I - VII. Viennae, Aloys. Doll. (Lips., Liebeskind in c.) (nicht 16 Rthlr).

Frank, Johann Peter: Klinische Erklärungen auserlesener Beobachtungen, welche er zur Erläuterungen seines Werkes über die Heilung der Krankheiten des Menschen aus seinen akademischen Tagebüchern gesammelt hat. (Interpretationes clinicae observationum selectarum... Dt.) Übers. von Heinr(ich) Karl Aug(ust) Heimreich. 350 S., gbd.

Kiel: Universitäts-Buchhandlung 1835

JB 2.217

— de periodicarum affectionum ordinandis familiis. 8. Ticini 791.

— s. Frank, Joseph: Heilart an der klin. Lehranstalt zu Pavia.

— s. Frank, Joseph: Ratio . . .

— Grundsätze über d. Behandl. d. Krankheiten d. Menschen, unter Aufsicht d. Verfass. aus d. Latein. übersetzt (v. Jh. G. Morbeck). 6 Bde. gr. 8. Manh. 793—807, Schwan u. G. 5 Rthl. 16 gr 7r Bd. 1e Abthlg. gr. 8. Stuttg. 811. v. Cotta. 2 Rthl. 18 gr N. Ausg. 9 Bde. gr. 8. Manh. 829—31. Schwan u. G. Subscript. Pr. 9 Rthl. Ladenpr. 11 Rthl. 10 gr

Frank, J. P. Grundsätze über die Behandlung der Krankheiten des Menschen . . . a. d. Latein. Mannheim 1794—95. Ü: *Morbeck, Johann Georg.* (MGT) ›1793—1807‹ (Ky)

Frank, Johann Peter: Grundsätze über die Behandlung der Krankheiten des Menschen, zu akademischen Vorlesungen bestimmt. (De curandis hominum morbis epitome. Dt.) Unter eigner Aufsicht des Herrn Verfassers aus dem Lateinischen übers. Buch 1 - 2, 4 - 5/1-2, gbd.

Mannheim: Schwan & Götz 1794 - 1807

JB 2.212

— Grundsätze über die Behandl. d. Krankheiten d. Menschen, zu academischen Vorlesungen bestimmt, unt. Aufs. d. Verf. a. d. Latein. übers. 6 Bde. gr. 8. Mannh. Schwan u. G. 794–807. (I. v. d. Fiebern, 13 gr. II. v. d. Entzündungen 21 gr. III. von den hitzigen Ausschlägen (Exanthemata.) 20 gr. IV. von den Unreinen od. langw. Hautausschlägen. (Impetigines.) 20 gr. V. von den Ausflussen (profluvia.) 1r Thl. 22 gr. VI. od. d. 5ten Buchs v. d. Ausflussen. 2r Thl. 1 Rthlr. 16 gr.)

Frank, Joh. Pet., Grundsätze üb. d. Behandlung d. Krankheiten d. Menschen, zu akadem. Vorlesn. bestimmt. 9 Bde. A. d. Lat. übers. (1—6. Bd. unt. eigener Aufsicht d. Verf.) Neue Ausg. gr. 8. (207 B.) Mannheim 829, 30, Schwan u. Götz. Thlr.

Bd. 1. Von den Fiebern. (Febres.) 12 Gr.
» 2. — — Entzündungen. (Inflammationes.) 20 Gr.
» 3. — — akuten Hautausschlägen. (Exanthemata.) 20 Gr.
» 4. — — chron. Hautausschlägen. (Impetigines.) 20 Gr.
» 5.] » 6.] — — Ausflüssen. (Profluvia.) 2 Thle. 2 Thlr. 16 Gr.
» 7.] » 8.] — — Zurückhaltungen. (Retentiones.) 1. u. 2. Thl. [1. 2 Thlr., 2. 1 Thlr. 18 Gr.] 3 Thlr. 18 Gr.
» 9. — — — 3. Thl. Nebst Nervenkrankh. (Neuroses.) 2 Thlr.

Frank, Johann Peter: Grundsätze über die Behandlung der Krankheiten des Menschen, zu akademischen Vorlesungen bestimmt. (De curandis hominum morbis epitome. Dt.) Unter eigener Aufsicht des Verfassers aus dem Lateinischen übers. Neue verbess. Ausg. Buch 1 - 5/1, 6/1 - 7, gbd.

Mannheim u. Leipzig: Schwan & Götz 1830 - 1831

JB 2.214

— Grundsätze über d. Behandlung der Krankheiten d. Menschen, zu akadem. Vorlesungen bestimmt. 9 Bde. 3e vollständ. Ausg. gr. 8. Mannheim 839. Schwan u. Götz. n. 6 ₰

Frank, Joh. Peter, Grundsätze üb. d. Behandlung der Krankheiten d. Menschen, zu akadem. Vorlesungen bestimmt. Unter eigener Aufsicht d. Verf. aus d. Latein. übers. 9 Bde. 4. Ausg. gr. 8. (210¾ B.) Mannheim 844, Schwan- u. Götzische Hofbh.*

Bd. 1. Von den Fiebern (Febres)
» 2. Von den Entzündungen (Inflammationes.)
» 3. Von den akuten Hautausschlägen (Exanthemata).
» 4. Von den chronischen Hautausschlägen (Impetigines).
» 5., 6. Von den Ausflüssen (Profluvia). 2 Thle.
» 7—9. Von den Zurückhaltungen (Retentiones). 3 Thle. Nebst dem Fragmente des 7. Buches, von den Nervenkrankheiten (Neuroses), als Anhang.

— discursus acad. de circumscribendis morborum historiis. 8. Ticini 792.

FRANK, Johann Peter (Stellvertr.): De hypopyo.- Landishuti: Storno 1826. 21 S.,1 Bl.
30.8.1826 - Urk; F 99
Diss. Ingolst.-Landsh.-Mchn.

Interpretationes clinicae observationum selectarum, quas ex diariis suis academicis ad proprias epitomen de curandis hominum morbis illustr. coll. Joannes Petrus Frank. (1.) Tubingae: Cotta 1812. 8°
(11) 1812.

Johann Peter Frank über gesunde Kindererziehung nach medizinischen und physikalischen Grundsätzen... 2., durchaus verb., ... u.e. Anh. über Krankheiten der Kinder, u. ihre Behandlung während derselben, verm. Aufl. von J[ohann] G[ottfried] Gruber. Leipzig: Baumgärtner 1803. 112 S. 8°

— über gesunde Kindererziehung nach medicinischen und physikalischen Grundsätzen v. J. G. Gruber. 8. Wien, Aloys Doll. 803.

- oratio inaug. de instituendo ad praxim medico. 4. Götting. 784.

Medizinalwesen. 1r—3r Bd. gr. 8. Wien, Schaumburg und C. 817 — 19.

— s. Meyer, Karl Josef: Sammlung praktischer Beobachtungen.

v. Frank, Jh. Pet., de Neurosibus libri VII. II Voll. 8. August. Taurin. 819.

Frank, Ioh. Pet., Observationes quaedam medico-chirurgicae. gr. 4. Erfurt, Keyser. 783.

Frank, Jh. Pt., de medicina clinica opera omnia varii argumenti minora. Diligenter recognita, mendis purgata, indicibus locuplet. et vita I. P. Frankii instructa edidit Guil. Sachs. Vol. I. Fasc. I. II. Vol. II. Fasc. I—IV. 8maj. Regiomontii 844, 45, Libraria Universitatis. à Fasc. ½ ₰

Frank, Johann Peter: Opuscula medici argumenti antehac seorsim edita nunc collecta. 275 S., gbd.

Lipsiae: Fritsch 1790

JB 2.210

— Opuscula medici argumenti. 8maj. Leipz. 790. Hahn. 16 gr.

— Opuscula medica minora. gr. 8. Lipsiae, Fritsch. (Hahns V. H.) 790.

Frank, Johann Peter: Opuscula posthuma, videlicet: I. Dissertatio de clavis pedum caute secandis. II. Oratio academica de vita brevi arte vero longa Hippocratis. III. Interpretationum clinicarum fragmentum. IV. Epitomes de curandis hominum morbis pars. Ab Joseph (Frank) filio nunc primum edita. 312 S., gbd., Abb.

Viennae: Schaumburg 1824

JB 2.218

v. Frank, Jh. Pt., specielle Pathologie u. Therapie. Nach der latein. Urschrift von Jos. Fr Sobernheim. Beantwortet von C W. Hufeland. 3e Ausg., vielfach berichtigt u. mit Pet. Frank's auserwählten Heilformeln verm. Mit dem Bildnisse Pet. Frank's. gr. Lex.-8. Berlin 839, 40. Ende. (Förstner.) Subscr.-Pr. n. 6 ₰ (Der Ladenpreis beträgt 8 ₰)

Frank, Jh. Pt., specielle Pathologie u. Therapie. Nach dem latein. Urschrift von Jos. Fr. Sobernheim. Bevorwortet v. C. W. Hufeland. 3. Ausg. 2. Bd. gr. Lex.-8. Berlin 841, Förstner. n. 2½ ₰ Complet n. 6 ₰

— plan d'école clinique, ou méthode d'enseigner la pratique de la médicine dans un hôpital acad. gr. 8. Wien 780. Beck. 5 gr.

— Plan d'école clinique, ou méthode d'enseigner la pratique de la médicine dans un hôpital académique. gr. 8. Vien. Wappler et Beck. 790.

Frank, J. P. Akademische Reden vom Volks-Elende . . . A. d. Latein. Marb. 1794. Ü: *Döring, Sebastian Joh. Ldw.* (Ky)

— akadem. Reden vom Volks-Elende, einer furchtbaren Mutter d. Krankheiten. Aus d. Latein. (v. S. J. L. Döring). 8. Marb. 794. Krieger. 3 gr.

— kleine Schriften, medicinisch-praktischen Inhalts, a. d. Latein. v. J. Eyerel. gr. 8. Wien, Aloys Doll. 800.

— kleine Schriften, medicinisch=praktischen Inhalts, a. d. Latein. v. Eyerel. gr. 8. Wien. (Liebeskind in Leipz.) 800.

— kleine Schriften praktischen Inhalts; aus d. Latein. v. J. Eyerel. gr. 8. Wien 797. (Al. Doll). 1 ₰

Frank, Johann Peter: Kleine Schriften praktischen Inhalts. Aus dem Lateinischen übers. von Joseph Eyerel. 379 S., gbd.

Wien: von Schmidbauer 1797

JB 6.572

— s. Sendschreiben eines Arztes.

— oratio acad. de signis morborum ex corporis situ partiumque positione petendis. 8. Edinb. 788.

Johann Peter Frank, System einer vollständigen medicinischen Polizey. Bd 1-4. Mannheim: Schwan 1779-88. 8°

Bd 1: Von Fortpflanzung der Menschen u. Ehe-Anstalten, von Erhaltung u. Pflege schwangerer Mütter, ihrer Leibesfrucht u. d. Kind-Betterinnen in jedem Gemeinwesen. 1779.
Bd 2: Von der außerehelichen Zeugung, dem gefliessentlichen Mißgebähren u. andern Mißhandlungen der unehelichen Kinder, von d. physischen Erziehung der Neugebohrnen bis zum erwachsenen Bürger. 1780.
Bd 3: Von Speise, Trank und Gefäßen. Von Mäßigkeitsgesetzen, ungesunder Kleidertracht, Volksergözlichkeiten. Von bester Anlage, Bauart u. nöthigen Reinlichkeit menschlicher Wohnungen. 1783.
Bd 4: Von Sicherheits-Anstalten, in so weit sie das Gesundheitswesen angehen. 1788.

— System einer vollständ. medicin. Polizei. 4 Bde. gr. 8. (Manh. 779 - 88.) 1r [illegible] Bd. 2e A. 784. 804. Schwan u. G. 8 ₰ 4 gr. Dass. (übers. von F. X. v. Wasserberg.) 4 Bde. Wien 787. (Nachdruck.) 5r Bd. gr. 8. Stuttg. 813. b. Cotta. 2 ₰ 12 gr. 6r Bd. 1—3e Abthl. [illegible] Civilbeamtenwesen. 1r—3r Bd. gr. 8. Wien 817—19. Schaumburg u. C. 9 ₰ 12 gr.

Frank, Johann Peter: System einer vollständigen medicinischen Polizey. Bd 1 - 4: 3. verbess. Aufl. Suppl-Bd 2 - 3: Nach den hinterlassenen Papieren des... Verfassers hrsg. von Georg Christian Gotthilf Voigt. Bd 1 - 6, Suppl.-Bd 1 - 3, gbd., Abb., Tab.

Bd 1 - 4: Wien: typ. v. Trattnern 1786 - 1790
Bd 5: Tübingen: Cotta 1813
Bd 6/1 - 3: Wien: Schaumburg 1817 - 1819
Suppl.-Bd 1: Tübingen: Cotta 1812
Suppl.-Bd 2 - 3: Leipzig: Kühn 1825 - 1827

JB 5.433 a,b

Frank, J. P. System einer vollständigen medicinischen Polizei. Wien 1787. Ü: *Wasserberg, Franz Xav. von.* (Ky) »Wien 1780—27« (Suppltbd. 2. 3.) H: *Voigt, Gg Christian Gotthilf.* (BrMm)

- — Dasselbe. (Nachdruck.) 15 Bde. Frankenthal 1791—94 8°. (9 Mk. G. Priewe, Heringsdorf, 1895; Bd. 1—2: 3 Mk 50 Pfg. A Bielefeld, Carlsruhe, 1891.)

Johann Peter Frank, System einer vollständigen medicinischen Polizey. Bd 1-13. Frankenthal: Verl. der Gegelischen Buchdruckerey 1791-94. 6 Bde 8°

Bd 1-3: Von Fortpflanzung der Menschen u. Ehe-Anstalten, von Erhaltung u. Pflege schwangerer Mutter, ihrer Leibesfrucht u. der Kind-Betterinnen in jedem Gemeinwesen. 1791.
Bd 4-6: Von der außerehelichen Zeugung, dem gefliessentlichen Mißgebähren u. andern Mißhandlungen der unehelichen Kinder, von d. physischen Erziehung der Neugebohrnen bis zum erwachsenen Bürger. 1791-92.
Bd 7-9: Von Speise, Trank, u. Gefäßen. Von Mäßigkeitsgesetzen, ungesunder Kleidertracht, Volksergötzlichkeiten. Von bester Anlage, Bauart u. nothigen Reinlichkeit menschlicher Wohnungen. 1792-93.
Bd 10-13: Von Sicherheits- Anstalten, in so weit sie das Gesundheitswesen angehen. 1793-1794.

Frank, Johann Peter: System einer vollständigen medicinischen Polizey. Bd 3 - 15, gbd., Abb., Tab.

Frankenthal: Gegel 1791 - 1814
(Auserlesene Sammlung der besten Medicinischen und Chirurgischen Schriften, Bd 42 - 50, 55 - 58)

JB 6.665

Johann Peter Francke [Frank] System einer vollständigen medizinischen Polizey [Ausz.] In e. freyen Ausz. mit Berichtigungen, Zusätzen u. e. bes. Einl. von Joh[ann] Christ[oph] Fahner. Berlin: Vieweg 1792. 582 S. 8°

Frank, Johann Peter: System einer vollständigen medicinischen Polizey. Neue Aufl. Bd 1 - 3, gbd.

Mannheim: Schwan & Götz 1804

JB 5.434

— Supplement=Bände z. medicin. Polizei. 1r Bd. gr. 8. Stuttg. 812. b. Cotta. 1 ₰ 4 gr. 2r Bd. nach d. hinterlass. Papieren d. Verf. herausg. v. G. Chr. Ghf. Voigt. 8. Leipz. 825. Kühn. 2 ₰ Schrbp. 3 ₰ Velinp. 4 ₰

— Supplementbände zur medicin. Polizei, od. Samml. verschied., in diese Wissensch. einschlag., eigener Aufsätze. 3. Bd. 8. (51½ B.) Leipzig 827, [T. O. Weigel.] 3 Thlr., Schrbp.
1. Bd. Stuttg. 812, Cotta. 1 Thlr. 4 Gr.; 2. Bd. Leipz. 825, [T. O. Weigel.] 2 Thlr., Schrbp. 3 Thlr. —
Dess., System e. vollständ. med. Polizey rc. 4 Bde. gr. 8. Mannheim 781—83, Schwan u. Göz. 8 Thlr. 4 Gr., 5. Bd. Stuttg. 813, Cotta. 1 Thlr. 4 Gr., 6. Bd. (3 Abthl.) Wien 817—19, Schaumburg u. Comp. 9 Thlr. 12 Gr.

— Traite sur la maniere d'elever sainement les enfan; trad. de l'Allemand. p. M. Bohrer. 8. Strassb. 799. Konig 20 gr.

— traité sur la science de l'explication des mines théoriq: et pratique trad. p. Schreiber. II Vol. gr. 4. Paris et Strasburg. König. 778.

Frank, J. P., Untersuch. üb. d. Krankh. des Rückgraths u. Rückgratmarkes. Lpz. 8°. Ausz Lpz. 1806.

1793

Frank, Jh. Phil., († d. 7. April 1792) diss. inaug. de restitutione in integrum ex clausula praetoris generali ultra casus absentiae non extrahenda. Sect. I. II. 4. Erl. 785.

— s. T. G. Schettberger: Anweisung rc.

Frank, Johann Philipp: „System der landwirthschaftlichen Polizey, besonders in Hinsicht auf Teutschland, nach den besten Verordnungen, Vorschlagen und Anstalten", 3 Teile, Leipzig 1789 bis 1791 — Vorh. Com Bibl Hamburg

— System d. landwirthschaftl. Polizei, besonders in Hinsicht auf Deutschland, nach d. besten Verordnn., Vorschlägen u. Anstalten. 3 Thle. gr. 8. Lpz. 789—91. (W. Vogel). 3 ₰ 8 gr.

Frank, Johannes, approb. Arzt aus Neuß: Aus d. Universitäts-Augenklinik zu Gießen. Ein Beitrag zur intraokularen Anwendung des Jodoforms bei intraokularen Eiterungen. *Gießen 1904: v. Münchow.* (44 S.) 8°
Gießen, Med. Diss. v. 1904

Frank, Joseph

— acta instituti clinici caesar.. Vilnensis 1.. Lips. Kühn.

Frank, Joseph: Acta instituti clinici Caesareae Universitatis Vilnensis. Annus 1 - 6, gbd., Tab.

Lipsiae: { Annus 1: Schaefer 1808
Annus 2 - 6: Kuehn 1808 - 1812

JB 2.223

Frank, Joseph: Anleitung zur Kenntniss und Wahl des Arztes für Nichtärzte. 112 S., gbd.

Wien: Schaumburg 1800

JB 5.535

— Annalen d. klinischen Anstalt d. Univers. Wilna, übers. v. Joh. Meyer. 1r u. 2r Bd. Jahrg. 1810. 8. Berl., Rücker. 1 ꝛc. 12 gl.

Frank, Joseph: Brief an einen Freund über verschiedene Punkten der Arzneikunst, welche auch interessant für Nichtärzte sind. (Lettera ad un amico sopra diversi punti di medicina... Dt.) Übers.von M(elchior) A(dam) Weikard. 56 S., gbd.

Heilbronn: Classische Buchhandlung 1796

JB 6.576

— Erläuterungen d. Brownschen Arzneilehre. gr. 8. Heilbr. 796. 2e A. 803. Claß. 1 ꝛc. 8 gl.

Frank, Joseph: Erläuterungen der Brownischen Arzneylehre. 176 S., gbd.

Wien: Öhler 1797

JB 2.565

Frank, Joseph: Erläuterungen der Brownischen Arzneylehre. 176 S., gbd.

Wien: Öhler 1798

Josef Frank
1771-1842

Erläuterungen der Erregungstheorie von Joseph Frank. Eine 2. durchaus neu bearb. Aufl. des im Jahr 1797 u.d.T.: Erläuterungen der Brownischen Arzneilehre erschienenen Werkes. Heilbronn: Claß (1802). X,374 S. 8°

Josef Frank
1771-1842

Erläuterungen der Erregungstheorie. Von Joseph Frank. Eine 2. durchaus neu bearb. Aufl. des im Jahr 1797 u.d.T.: Erläuterungen der Brownischen Arzneilehre erschienenen Werkes. Heilbronn am Neckar & Rothenburg ob der Tauber: Claß 1803. IX,388 S. 8°

(Frank), Joseph (Ed.):

s.: Frank, Johann Peter: Opuscula posthuma... Viennae: 1824

JB 2.218

Frank Dr. Josef: Geschichte der Anstalt 9. 8. 7. 11. Czernowitz Mädch. Lyz. 02—05.
Progr.

— Gesundheits-Taschenbuch f. d. J. 1803. Mit Jenners Bildn. 8. Wien, Heubner. 1 ꝛc.

Frank, Jos. Über J B. Louis de Gresset und seinen „Mechant" S 35—58 8 Progr. *Nikolsburg* 1876.

— Grundriß der Pathologie nach den Gesetzen der Erregungstheorie, mit erläuternden Zusätzen und Anmerkungen nach seinen Vorlesungen bearbeitet. gr. 8. Wien, Anton Doll. (Liebeskind in Leipz.) 803.

— Grundsätze d. Erregungstheorie. gr. 8. Heilbr. 803. Claß. 1 ꝛc. 8 gl.

—— Grundsätze d. gesammten prakt. Heilkunde. Ein Handb. f. Lehrer u. f. Lernende. Nach d. neuesten Originalausg. übers. v. G. Chr. G. Voigt. 1. Thl. — A. u. d. T.: Geschichtl. u. literär. Uebersicht d. prakt. Heilkunde nebst Einleit. in d. Klinik. — 2. Thl.: Die Fieberlehre. gr. 8. (38 B.) Leipzig 828, Kühn.

Frank, Jos., Grundsätze d. gesammt. prakt. Heilkunde. Ein Handb. f. Lehrer u. f. Lernende. Nach d. neuesten Origausg. übers. v. Geo. Chrstn. Gthl. Voigt. 1—9. Thl. gr. 8. Leipzig, [T. O. Weigel.] 16 Thlr. 11 Gr., Schrbp. Thlr.

A. u. d. Ttln.:

Thl. 1. Uebersicht d. Geschichte u. Lit. d. prakt. Heilkunde nebst Einleit. in d. Klinik. (13½ B.) 828. 21 Gr., Schrbp. 1 Thlr. 6 Gr.
" 2. Die Fieberlehre. (24½ B.) 828. 1 Thlr. 12 Gr., Schrbp. 2 Thlr.
" 3—5. Die Hautkrankheiten. 3 Thle.
Thl. 1. Die Hautkrankheiten im Allgem. u. d. Ausschlagsfieber 1. Hälfte. (11½ B.) 829. 2 Thlr., Schrbp. 3 Thlr.
" 2. Der Ausschlagsfieber 2. Hälfte. (41¼ B.) 830. 2 Thlr. 18 Gr., Schrbp. 4 Thlr.
" 3. Die chronischen Ausschläge. (29 B.) 830. 1 Thlr. 20 Gr., Schrbp. 2 Thlr. 18 Gr.
" 6—9. Die Nervenkrankheiten. 1—4. Thl.
Thl. 1. Die Nervenkrankheiten im Allgem. u. d. Gehirnkrankheiten 1. Hälfte. (30½ B.) 832. 2 Thlr., Schrbp. 3 Thlr.
" 2. Der Gehirnkrankheiten 2. Hälfte. (20½ B.) 834. 1 Thlr. 12 Gr., Schrbp. 2 Thlr. 6 Gr.
" 3. Die Krankheiten d. Rückgrates u. d. einzelnen Nerven. (16¼ B.) 841. 1 Thlr. 8 Gr., Schrbp. 2 Thlr.
" 4. Die Krankheiten, welche aus verschied. Theilen d. Nervensystems ohne Unterschied entspringen. (32½ B.) 842. 2 Thlr. 16 Gr., Schrbp. 4 Thlr.

— Grundsätze d. gesammten prakt. Heilkunde. Ein Handbuch für Lehrer u. f. Lernende. Nach der neuesten Originalausg. übers. v. Geo. Chr. Ghilf. Voigt. 1. Thl. — A. u. d. T.: Geschichte u. Literatur d. prakt. Heilkunde, nebst Einleitung in die Klinik. gr. 8. Leipzig 842. T. O. Weigel. 7/8 ꝛc.

— dass. 2. Thl. — A. u. d. T.: Die Fieberlehre. Ein Handbuch f. Lehrer u. f. Lernende. gr. 8. Ebend. 843. 1½ ꝛc.

— dass. 3.—5. Thl. — A. u. d. T.: Die Hautkrankheiten im Allgemeinen u. die Ausschlagsfieber. — Die chronischen Ausschläge. gr. 8. Ebend. 843. 6 7/12 ꝛc.

— dass. 6. u. 7. Thl.: Die Nervenkrankheiten 1. u. 2. Thl. Die Nervenkrankheiten im Allgem. u. d. Gehirnkrankheiten. gr. 8. Ebend. 843. 6.—9. Thl. 7½ ꝛc. 1.—5. 8 ꝛc. 28¾ ngl.

Frank, Joseph: Handbuch der Toxicologie, oder der Lehre von den Giften und Gegengiften. Nach den Grundsätzen der Brownschen Arzneylehre und der neuern Chemie bearbeitet. 144 S., gbd.

Wien: Schaumburg 1800

JB 1.233

Frank, Joseph: Handbuch der Toxicologie, oder der Lehre von den Giften und Gegengiften. 2.verbess.und durch zahlreiche Anmerkungen bereicherte Aufl. 230 S., gbd.

Wien: Schaumburg 1803

JB 1.234

— Handbuch d. Toxikologie od. d. Lehre von d. Giften u. Gegengiften. gr. 8. Wien 800. 2te Aufl. 816. Schaumburg. 1 ꝛc.

Frank, Joseph: Heilart an der klinischen Lehranstalt zu Pavia. (Ratio instituti clinici Ticinensis... Dt.) Übers.von Friedrich Schäfer. 404 S., gbd., 1 Taf., 2 Tab.

Wien: Camesina 1797

JB 2.221

— Heilart d. klinischen Anstalt zu Pavia; mit einer Vorr. v. J. P. Frank; a. d. Latein. mit prakt. Bemerkk. v. Fr. Schäffer, gr. 8. Wien 797. (Heubner). 1 ß 20 gr.

— de l'influence de la revolution française sur la médicine pratique. 8. Wilna 814.

Frank, Joseph: Über die Lehre von Brown an Herrn Brugnatelli. (Lettera sulle Elementa medicinae di Brown. Dt.) Aus dem Italiänischen von M(elchior) A(dam) Weikard. 72 S., gbd.

Frankfurt am Main: Andreä 1796
(Geschichte der Brownischen Lehre in drey Aufsätzen. 3)

Frank, Jos., mémoire sur l'origine et la nature de la plique Polonoise, lu a la seance privée de l'université imperiale de Vilna le 15. Janv. 1814. 8. Wilna 814.

Frank, Jos. Zur Satyre ménippée. Eine kritische Studie. 31 S. 8. Progr. *Nikolsburg* 1880

Frank, Jos., satyre Ménippée de la vertu du catholicon d'Espagne et de la tenue des estats de Paris. Kritisch rev. Text m. Einleitg. u. erklär. Anmerkgn. gr. 8. (C, 255 S.) Oppeln 284. Franck. n. 10. —

Frank, Josef, aus Jüchen: Ueber Nasenplastik. *Bonn 1902: J. Trapp.* (49 S.) 8°
Bonn, Med. Diss. v. 17. Dez. 1902

Frank, Jos., das Nuntium. Separat-Votum. gr. 4. (23 S.) Agram 899. (L. Hartman.) n.n. — 60

Frank Dr. Josef: Organisationsstatute und Lehrpläne (f. Mädchenlyzeen). 31. Czernowitz. Mädchenlyz. 02. Progr.

— Praxeos medicae universae praecepta. Pars I. Vol I. II. 8maj. Lips. Kühn. 811—16. (1r 2 Rthlr. 4 gr. 2r 3 Rthlr. 12 gr.)

Frank, Jos., Praxeos medicae universae praecepta. Pars II. Vol. I. Sectio I. continens doctrinam de morbis systematis nervosi in genere et de iis cerebri in specie, cum Tab. aenea. 8maj. Lipsiae, Kühn. 818.

— — idem liber. Pars II. Vol. I. Sect. II, continens doctrinam de morb. columnae vertebralis, singulorum nervorum aliisque ex variis systematis nervosi partibus ortum habentibus nec non oculorum, aurium, narium et cavitatum nasalium. 8maj. Ibid. 821.

Frank, Joseph: Praxeos medicae universae praecepta. Pars I - II/1: editio altera. Pars I - III, gbd., Abb.

Lipsiae: { Pars I - III/2,1: Kuehn 1821 - 1841
Pars III/2,2: Weigel 1843 }

JB 2.224

Frank, (I.,) Praxeos medicae universae praecepta. Partis I. Editio II denuo elaborata. Vol. I. Sect. I. cont. Conspectum historiae et literaturae medicinae practicae, introduct. ad studium clinicum et doctr. Febrium intermittentium. 8mai. Lips. 826. libr. Kühn.

— id. lib. Part. I. Editio II. denuo elaborata. Vol. I. Sect. II. cont. doctrinam febrium continuarum, morborum cutis in genere etc. gr. 8. Leipz. 826, Kühn.

— id. lib. Part. I. Vol. II. Sect. I. doctrin. pestis ephemerae sudatoriae anglicae. gr. 8. Leipz. 827, Kühn.

— id. lib. Part. II. Vol. II. Sect. I. continens doctrin. de morbis laryngis, tracheae et corp. thyreodei thecae thoracicae plaurae mediastini thymi et pulmonum. 8maj. Lips. 823. Kühn.

— id. lib. Part. II. Vol. II. Sect. II. cont. doctrinam de morbis diaphragmatis, pericardii, cordis, arteriarum, venarum et animi deliquiorum. 8 maj. Lips. 824, Kühn.

Frank, Ios., Praxeos medicae universae praecepta. Pars I. Vol. II. Sect. II., Vol. III. Sect. I. II. Pars II. Vol. I. Sect. I. Edit II. emend. et aucta. et Pars III. Vol. I. Sect. I. II. 8 maj. Lipsiae, Kühn.

Pars I. Vol. II. Sect. II., cont.: Doctrinam typhi et febris flavae. (27¼ B.) 828. 2 Thlr.
- I. Vol. III. Sect. I.: Doctr. scarlatinae, morbillorum, rubeolae, variolarum, varicellae, variolae truncatae, zosteris et exanthematis mercurialis. (23¼ B.) 829. 1 Thlr. 18 Gr. — Sect. II. Doctr. de morbis cutis chronicis. (33 B.) 829. 2 Thlr. 8 Gr.
- II. Vol. I. Sect. I. Doctr. de morbis systematis nervor. in gen. et de iis encephali in specie. C. tab. aen. (in Fol.) (58¾ B.) 832. 4 Thlr.
- III. Vol. I. Sect. I. Doctr. de morbis cavitatum oris. (44¼ B.) 833. 3 Thlr. 18 Gr. — Sect. II. Doctr. de morbis pharyngis, oesophagi et ventriculi. (45 B.) 835. 3 Thlr. 18 Gr.

Früher erschienen:
Pars I. Vol. I. Sect. I. Edit II., cont.: Conspect. histor. et literar. med. pract., introduct. ad stud. clinic. et doctrin. febrium intermittent. 1826. 1 Thlr. 20 Gr. — Sect. II.: Doctr. febr. continuar., morbor. cut. in gen., illamque peticular., miliar., bullar., urticar., erysipel., furunc., anthracis et carbunc. 1826. 2 Thlr. 8 Gr.
- I. Vol. II. Sect. I. Edit. II.: de peste et de ephemera sudatoria angl. 1827. 1 Thlr. 12 Gr.
- II. Vol. I. Sect. II.: de morb. column. vertebr. singulor. nervor. aliisque ex var. system. nervor. partib. ort. habentib. nec non ocul., aur., nar. et cavitat. nasal. 1821. 5 Thlr.
- II. Vol. II. Sect. I.: de morb. laryng., tracheae et corp. thyreoidei, thecae thoracicae pleurae, mediastini, thymi et pulmon. 1823. 4 Thlr. 12 Gr. — Sect. II.: de morb. diaphragm., pericard., cord., arter., ven. et animi deliqu. 1824. 8 Thlr. 8 Gr. Ebendas. Zusammen 36 Thlr. 2 Gr.

Frank, Jos., Praxeos medicae universae praecepta. Partis II. edit. II. emend. et aucta. Vol. I. Sectio II., Fasc. I., cont. Doctrinam de morbis columnae vertebralis et singulorum nervorum aliisque ex variis systematis nervosi partibus ortum habentibus. 8m. Lipsiae 841. (T. O. Weigel.) 3⅔ ß

— id. liber Partis III. Vol. II., Sectio I., cont. Doctrinam de morbis tubi intestinalis. Quam exposuit Consil. Aulae intimis Fr. Aug. Benj. Puchelt. 8maj. ibid. 841. 3¾ ß

— id. liber Part. III. Vol. II. Sect. II. Fasc. I., cont. doctrinam de morbis systematis hepatici et pancreatis. 8maj. ibid. 843. 2¼ ß — (Partis I—III. Vol. II. Sect. II. Fasc. I. 30⁵⁄₁₂ ß)

Frank, Jos., die Quote Kroatiens. Eine Studie über das finanzielle Verhältniss zwischen Kroatien u. Ungarn anlässlich der bevorstehenden Verhandlungen der Regnicolar-Deputationen. gr. 8. (42 S.) Agram 879. (Wien, Manz.) n. — 80

Frank, Joseph: Ratio instituti clinici Ticinensis a mense Januario usque ad finem Junii anni MDCCXCV. 301 S., gbd., 1 Taf., 4 Tab.

Viennae: Camesina 1797

JB 2.220

— ratio instituti clinici Ticinensis a mense Januario usque ad finem Junii anni 1795 quam reddit. praefat. J. P. Frank. 8maj. Wien 797. Heubner. 1 ß

— Reise nach Paris, London, und einem großen Theile des übrigen Englands und Schottlands in Beziehung auf Spitäler, Versorgungshäuser, übrige Armen-Institute, medicinische Lehranstalten und Gefängnisse. 2 Thle. m. 1 Kpf. u. 7 Tabellen. gr. 8. Wien, Camesina. 804—5. (1r 2 Rthlr 8 gr. 2r 2 Rthlr.)

— Reise nach Paris, London u. einem großen Theile des übrigen Englands u. Schottlands in Beziehung auf Spitäler, Versorgungshäuser, übrige Armen-Institute, medicin. Lehranstalten u. Gefängnisse. 2 Thle. m. 1 Kpf. u. 7 Tabb. gr. 8. Wien 804 u. 5. Heubner. 4 ß 8 gr. 2e Ausg. 816. gr. 8. Ebd. 3 ß

Josef Frank
1771 - 1842

Reise nach Paris, London, u. einem grossen Theile des übrigen Englands und Schottlands in beziehung auf Spitaler, Versorgungshauser, ubrige Armen- Institute, medizinische Lehranstalten u. Gefangnisse. Von Joseph Frank. 2., unverand. Ausg. Th.1.2. Wien: Camesina'sche Buchh. 1816. 8°

Frank, J. Übersicht der bayer. Armee u. Benennung der verschiedenen Abteilungen derselben nach ihren bisherigen Inhabern. Mit 1 Beil. Augsburg 1844. 72 S.

Frank, Jos., Uebersicht d. K. Bayer. Armee u. Benennung d. verschied. Abtheil. derselb. nach ihren bisherigen Inhabern. 12. (Mit 1 Tab.) Augsburg 845, Kreuzer u. Comp. 6 ngl

— Vorschrift über die Abhaltung von Reifeprüfungen. 7 ibd. 02. Progr.

Frank, Jos. C., Rastadts Flora. 8. Heidelb. 830. (Winter). 18 gl

Frank, Joseph Salomon

— s. J. M. Arejula. Darstellung.

— Observationes medicinales circa res gestas in clinico instituto nosocomii Vindobon. 8maj. Wien 797. Beck. 14 gl

Frank, Joseph (Franz) Salomon: Observationes medicinales circa res gestas in clinico instituto nosocomii Vindebonensis anno MDCCXCVI. 166 S., gbd.

Viennae Austriae: Wappler 1797

JB 2.338

— Surrogate f. mehrere ausländ. Arzneimittel. Ein Beitrag zur Beantwortung d. auf höchsten Befehl an d. Aerzte ergangenen Aufforderung. 8. Wien 809. Ant. Doll. 8 gl

Frank, Joseph (Franz) Salomon: Versuch einer theoretisch-praktischen Arzneymittellehre nach den Grundsätzen der Erregungstheorie. 351 S., gbd.

Wien: Doll 1802

Frank, Jos. Sal., Versuch e. theoret.-prakt. Arzneimittellehre, nach d. Grundsätzen d. Erregungstheorie. gr. 8. Wien 802. 2e Aufl. 804. Ant. Doll. 1 rß 4 gl

Frank, Josepha, der Trompeter v. Baden, e. Badener Roman. (320 S.) 8. Wien (903). [Österreich. Verlagsanstalt.] Baden b. Wien, C. Zwehmüller. n 2.60

Zum Besten der schleswig-holsteinischen Krieger! Für Schleswig-Holstein: nochmals zu den Waffen! Aufruf an Deutschlands Volk und Throne v. Julius Frank. Berlin o. J. (1848 oder 1864?) 1 Bl. Fol. gef. in 4°

Frank, Jul., Erzherzog Johann von Oesterreich der deutsche Reichsverweser, u sein bisheriges Verhaltniß zum teutschen Volke. Nach glaubwürdigen Quellen mitgetheilt. gr. 16. (32 S.) Leipzig 847, Matthes n. ⅙ rß

Frank, Jul., Erzherzog Johann von Oesterreich der deutsche Reichsverweser, und sein bisheriges Verhältniß zum deutschen Volke. Nach glaubwürdigen Quellen mitgetheilt. gr. 16. (32 S.) Leipzig 848, Matthes. *

Frank, J., [Denkschrift zum 300jährigen Jubiläum der „Adolfshütte" (Frank'sche Eisenwerke) bei Dillenburg 27 August 1607—1907 Dusseldorf, [1907] 8 S mit 5 Abb

Zum Jubilaum der Adolfshutte bei Dillenburg <27. Aug 1607—1907> (Verf.. Julius Frank) — Düsseldorf (1907). Bagel. 8 S 4" [Umschlagt] 38 A

Frank, Julius: Die Frankenhäuser Mundart. *Halle a. S. 1898: E. Karras.* (65 S.) 8°
Leipzig, Phil. Diss. v. [27. Aug.] 1898

Frank, Julius [pr. Arzt aus Pirmasens]: Über Tuberculose des Penis ... Strassburg i. E., Buchdr. C. & J. Goeller, 1897; 35 S. 8.
Strassburg, Med. Fak., Inaug.-Diss. v. 1897

Frank, K., Die Sklavenaufstände des Altertums. Vom socialen Gesichtspunkte aus dargestellt. 2. Aufl. 8°. München, Ernst, 1902. (Sammlung gesellsch. Aufsätze, 16.)

Frank, Karl

FRANK, Carl (Aachen): Ueber Angina pectoris und Sclerose der Coronararterien.- München: Ernst 1884. 33 S.
6.8.1884 - Urk (Titel: De angina pectoris deque sclerosi arteriarum coronarium.); Chr 1884/85,19
Diss.Ingolst.-Landsh.-Mchn.

Frank, Karl [app. Arzt aus Erlangen]: Beitrag zur Lehre von der Metastasenbildung beim Carcinom ... Erlangen, k. b. Hof- u. Univ.-Buchdr. v. F. Junge, 1893; 30 S. 8.
Erlangen, Med. Fak., Inaug.-Diss. v. Febr. 1893

Frank, Karl [pr. Arzt aus Marburg ([übergeklebt:] pr. Arzt aus Reddighäuser-Hammer bei Battenberg)]: Aus d. Univ.-Augenklinik zu Marburg. Klinische und pathologisch-anatomische Beiträge zu den Erkrankungen der Hornhaut: Chronische periphere Furchenkeratitis '(indolentes Randfurchengeschwür)', ulcus rodens, Pneumococcenophthalmie und atypischer Frühjahrskatarrh. M. 3 Abb. im Text ... Marburg, Univ.-Buchdr. '(C. L. Pfeil)', 1890; 59 S. 8.
Marburg, Med. Fak., Inaug.-Diss. v. 3. Aug. 1890

Frank Karl: Bemerkungen zur Chronologie der Pentekontaetie. 20. Mähr. Schönberg 91. Progr.

Frank, Karl, babylonische Beschwörungsreliefs, s.a. Studien, Leipziger semitistische. III, 3.

Babylonische Beschworungsreliefs. Ein Beitrag z. Erklarung der sog. Hadesreliefs. Von Karl Frank, Dr. phil. Mit 5 Abb. u. 4 Taf. Leipzig: J. C. Hinrichs 1908. (IV, 94 S.) 8°
= Studien, Leipziger semitistische. 3, 3 [08 1394

Frank, Carl: Der Besitzwille nach dem Bürgerlichen Gesetzbuch. *Bonn 1898: C. Georgi.* (62 S.) 8°
Bonn, Jur. Diss. v. 13. Juni 1898

Frank, C., d. Besitzwille n. d. bürgerl. Gesetzbuch. gr. 8. (60 S.) Bonn 898. Röhrscheid & Ebbecke. n. 1.50

Frank, Karl, a. Nürnberg: Bilder und Symbole babylonisch-assyrischer Götter. Leipzig 1906: A. Pries. (32 S.) 8°
(Aus: Leipziger semitistische Studien Bd 2, H. 2.)
Leipzig, Phil. Fak., Ref. Zimmern, Fischer, Diss. v. 8. Febr. 1906
[Geb. 7. Febr. 81 Nurnberg, Wohnort: Nurnberg; Staatsangeh.: Bayern; Vorbildung: Altes Gymn. Nurnberg Reife Juli 01; Studium: Munchen 2, Leipzig 3, Berlin 1, Leipzig 2 S.; Rig. 18 Juli 05.]

Frank, Karl, Bilder u. Symbole babylonisch-assyrischer Götter, s. a. Studien, Leipziger semitistische. II. 2.

Bilder und Symbole babylonisch-assyrischer Götter von Karl Frank, Dr. phil. Nebst e. Beitrag uber d. Göttersymbole d. Nazimaruttaš-Kudurru von H[einrich] Zimmern. Mit 8 Abb. Leipzig: J. C. Hinrichs 1906. (44 S.) 8°
= Studien, Leipziger semitistische. 2, 2. [06 9109

Frank, Karl Georg: Über den Einfluß tiefer Temperaturen auf das Brechungs- und Zerstreuungsvermögen durchsichtiger Körper. Köln 1905: Kölner Verl.-Anst. u. Druck. A.-G. (55 S.) 8°
München, Phil. Fak., Ref. Rontgen, Diss. v. 20. März 1905
[Geb. 5. Marz 72 Sarstedt, Wohnort: Sarstedt; Staatsangeh.: Preußen; Vorbildung: Realgymn. Hildesheim Reife M. 98; Studium: Munchen T.H. 1, Munchen Univ. 5 S.; Rig. 27. Juli 01.]

Frank Karl, k. Hofspediteur Stuttgart, Erinnerungsblätter an das 50jährige Geschäftsjubiläum 1845-1895 (31 S 2 T) Stuttgart 1895

Frank, Karl, Geographie und Statistik der österreichisch-ungarischen Monarchie für die VII. Klasse der Realschulen. Wien 1902. Alfred Hölder. Preis, geheftet 1 K 18 h, gebunden 1 K 68 h.

Frank, Karl, Geographie u. Statistik der österr.-ung. Monarchie f. die VII. Klasse der Realschulen. (IV, 99 S.) gr. 8. Wien 903. A. Hölder.
Geb. in Leinw. n. 1. 50

Frank, Karl [pr. Arzt u. bezirksärztl. Stellvertr. zu Obermoschel]: Incarceration und Strangulation eines Leistenbruches durch pseudoligamentöse Stränge ... Würzburg, A. Boegler'sche Buchdr., 1894; 28 S. 8.
Würzburg, Med. Fak., Inaug.-Diss. v. 1894

Der Meister der Ecclesia und Synagoge am Straßburger Münster. Beiträge z. Geschichte d. Bildhauerkunst d. 13. Jhs in Deutschland, mit bes. Berucks. ihres Verhältnisses z. gleichzeitigen franz. Kunst. Von Dr. Karl **Frank**-Oberaspach. Mit 12 Taf. u. 21 Abb. *Düsseldorf, L. Schwann 1903.* (X, 115 S.) 8°
Ein Teil erschien als Inaug.-Diss. Straßburg 1901

Frank, Karl, landwirtschaftlicher Obstbau. (38 S. m. Abbildgn.) 8. Mähr.-Neustadt 906. (A. Reinelt.) n. — 50

Frank, Karl: Ueber die Pathologie der Zahnpulpenpolypen Würzburg, Etlinger's Buchdr., 1893; 26 S., 1 Bl. 8.
Würzburg, Med. Fak., Inaug.-Diss. v. 1893

Frank, Karl, die Politik der Zukunft vom deutschen Standpunkt. Würzburg 858. (Etlinger.) gr. 8. (37 S.) 6 *ngr.*

Frank Karl: Schillers „Prinzessin von Zelle" und Heyses „Graf Königsmark". 12. Mähr. Schonberg 91.
Progr.

Frank, Carl, der Schauspieler-Beruf. Ein ernstes Wort f. jene jungen Leute, welche beabsichtigen, sich dem Theater zu widmen. gr. 8. (7 S.) Wien 891. (Leipzig, Literar. Anstalt A. Schulze.) n. — 40

Frank, Karl, Seelenwanderungen. Novelletten. (VII, 72 S.) 8 Dresden 903. E. Pierson. n. 1.60; geb. n. 2.50

Musikalische Skizzen von Karl **Frank** Danzig: H. Lau in Komm. 1906 (61 S.) 8° [F] 10

Frank, Karl, Tierzuchtlehre in Katechismenform. (VIII, 46 S. m. 16 Abb.) gr. 8. Hannover 910. M. & H. Schaper. 1. 20

— der Versöhnungsengel, s.: Henning, Paul.

— ringende Welten. Neue Gedichte. (61 S.) 8. Leipzig 905. Verlag f. Literatur, Kunst u. Musik. n. 1. —

Frank, K(arl): Über die Zusammensetzung der Kuhmilch. *Mährisch-Schönberg 1901: F. Slawik.* (52 S.) 8° [F.]
Leipzig, Phil. Diss. v. [17. Sept.] 1901

Frank, Kurt, Medicinalpraktikant a. Köln: Über die Ausbreitung der Erkrankung des Zentralnervensystems bei der Korsakow'schen Psychose. Straßburg i. E. 1907: C. Müh & Cie. (52 S.) 8°
Straßburg, Med. Fak., Ref. Wollenberg, Diss. v. 31. Jan. 1908
[Geb. 29. Aug. 84 Cöln; Wohnort: Cöln; Staatsangeh.: Preußen; Vorbildung: Friedrich-Wilhelm-Gymn. Cöln Reife O. 02; Studium: Heidelberg 2, Kiel 1, Freiburg i. B. 2, Munchen 1, Berlin 2, Straßburg 2 S.; Coll. 7. Nov. 07; Approb. Juni 07.]

Frank, Curt [aus Gottingen]: Ueber den uneigentlichen Niessbrauch an korperlichen Sachen. . . . Gottingen, Druck d. Univ.-Buchdr. v. W. Fr. Kästner, 1889; 2 Bl. + 48 S. 8°
Gottingen, Jur. Fak., Inaug.-Diss. v. 20. Jun. 1889

Frank, C., über den uneigentlichen Niessbrauch an körperlichen Sachen. Inaug.-Diss. gr. 8. (48 S.) Göttingen 889. (Vandenhoeck & Ruprecht's Verl.) n. 1. 20

Frank, L., Gurken sind auch Compott, s. Gedichte u. Scherze in jüdischer Mundart.

Frank, L., Liberalismus u. Mittelstand. Hrsg. vom Landesverband der liberalen Vereine Württembergs. (III, 43 S.) 8. Heilbronn (910). (München, Buchh. Nationalverein.) — 40

Frank L., Liberalismus und Mittelstand. 2 Auflage. (44 S) München 1910

Frank, Leonhard, Apotheker aus Delmenhorst: Über m-p-a-Tribromchinolin sowie über o-m-p-a-Tetrabromchinolin. *Freiburg i. B. 1900: H. Epstein.* (51 S.) 8°
Freiburg i. B., Phil. Diss. v. 1900

Frank, Louis: Ueber Pyrrolidonderivate. (Berlin 1909: Ebering.) 43 S. 8°
Berlin, Phil. Diss. v. 15. Dez. 1909, Ref. Gabriel
[Geb. 2. Juni 86 Leipzig; Wohnort: Essen a. R.; Staatsangeh.: Sachsen; Vorbildung: Oberrealsch. Essen Reife O. 05; Studium: Berlin 9 S.; Rig. 18. Nov. 09.] [U 10. 152

Frank, Louis, [J.H.] Keifer [vielmehr: Keiffer] u. Louis Maingie: Die Versicherung der Mutterschaft [L'Assurance maternelle; 1897]. Aus d. Französ. übers. v. Nina Carnegie Mardon. — Leipzig: Seemann 1902. XIV, 101 S. 8°

Frank, Ludwig: Abhandlung über den Handel mit Negern zu Cairo, und über die Krankheiten, welchen sie bey ihrer Ankunft daselbst unterworfen sind. (Mémoire sur le commerce des nègres au Caire, et des maladies auxquels ils sont exposés en y arrivant. Dt.) Übers.von Ernst Karl Rincolini. 23 S.(S.93 - 115), gbd.

Brünn u.Olmütz: Gastl 1817

Frank, Ludw., die jugendl. Arbeiter u. ihre Organisationen. (32 S.) 8. Berlin 906. Buchh. Vorwärts. n. — 50

Frank, Ludwig: Bericht ueber 225 Schädelfrakturen ⟨1897—1907⟩ mit Nachuntersuchungen aus dem städtischen Krankenhause zu Nürnberg. Tübingen 1910 Laupp. 31 S. 8° ¶(Aus: Beiträge z. klin. Chirurgie. Bd 68, H. 3.)
Würzburg, Med. Diss. v. 1. Aug. 1910, Ref. Enderlen
[Geb. 18. Okt. 84 Wurzburg; Wohnort: Nurnberg, Staatsangeh.: Bayern; Vorbildung: Neues Gymn Wurzburg Reife Juni 03; Studium: Wurzburg 1, Tubingen 1, Wurzburg 4, Berlin 1, Wurzburg 3 S.: Coll. 11. Nov 09; Approb. 31. Dez 08.] [U 10 4340

Frank, Ludwig. Brandstiftungen. Psychiatrisch-klinische Beiträge zur Strafrechtspflege. Diss. Med. Bern. Separatabdruck aus der «Schweizerischen Zeitschrift für Strafrecht», Jahrg. 19, 1906. 86 S. 8. Bern, Stämpfli & Cie., 1906.

Frank, Ludwig. Brandstiftungen. Psychiatrisch-klinische Beiträge zur Strafrechtspflege. Separatabdruck aus der «Schweizerischen Zeitschrift für Strafrecht», Jahrg. 19, 1906. 86 S. 8. Bern, Stämpfli & Cie., 1906.
Ausg. B. — *Ausg. A:* Diss. Med. Bern.

Frank, Ludwig, Dr.: Über die Entwicklung der Innungen in Baden. *(Offenburg) 1899: (A. Geck).* (58 S.) 8°
Freiburg i. B., Rechts- u. staatswiss. Diss. v. 1899

Frank, Ludw., zur Erlösung vom Wahn. Betrachtungen über Glaubensfragen, — der Fluch in der Religion der Liebe, } s.: Volksschriften zur Umwälzung der Geister.

Frank, Ludw., zur Geschichte d. Päpste, s.: Volksschriften z. Umwälzg. d. Geister.

Frank, Ludw., u. Gust. Hecht, Gesetz üb. die Sicherung der Bauforderungen, s. a. Sammlung deutscher Gesetze.

Frank, Ludw. u. Hecht, Gust.: Gesetz über die Sicherung der Bauforderungen vom 1. Juni 1909. Textausg. mit Einl., Anm. u. Sachreg. Mannheim u. Leipzig 1909.

Frank, Ldw., († d. 19. März 1825) Memoire sur le commerce des Negres au Caire et sur les maladies, auxquelles ils sont sujets en y arrivant. 8. Strassb. 802. König. 9 gl.

— de peste, dysenteria et ophthalmia aegyptiaca, cum tabula lithogr. quae structuram nosocomii pro pestiferis in oriente repraesentat. 8maj. Wien 820. Schaumburg. 1 Thlr.

Frank, L[udwig]. Die Psychanalise, ihre Bedeutung für die Auffassung und Behandlung psychoneurotischer Zustände. Vortrag, gehalten in der Versammlung schweizerischer Psychiater in Zürich am 21. November 1909. 48 S. 8. München, Ernst Reinhardt, 1910. [M. 1.—]

— **Ludwig** (Harzgerode/Anh.), De ptyalismo. Diss. med. Bln. (Ferd. Nietack) 22. X. 1831. 32 S. mit Biogr. (M.: A. Meyer.) (4.20) 9371
Oppon.: D. Meyer, M. L. Auerbach, H. W. Berend. — Gew.: H. Curtze, Levin Frank (Vater).

Frank, Ludwig: Sammlung kleiner Schriften medizinisch-praktischen Inhalts. (Collection d'opuscules de médecine pratique. Dt.) Nebst einer Abhandlung über den Negerhandel zu Cairo. (Mémoire sur le commerce des nègres au Caire... Dt.) Übers. von Ernst Karl Rincolini. 116 S., gbd.

Brünn u. Olmütz: Gastl 1817

Frank, L[udwig]. Die Trinkergesetzgebung in der Schweiz. Separatabzug aus den «Schweiz. Blättern für Wirtschafts- u. Socialpolitik». Heft 11, Jahrg. 9, 1901. ... 10 S. 8. Bern, C. Sturzenegger.

Frank, Ludw., s.: Volksschriften z. Umwälzung d. Geister.

Frank, Ludwig, appr. Arzt: Wirkung des Blutdrucks und Blutdruckmessung bei der Arteriosklerose. Freiburg i. B.: Speyer & Kaerner 1908. 32 S. 8°
Freiburg i. B., Med. Diss. v. 1908, Ref. Bäumler
[Geb. 10. Nov. 83 Freienwalde a. O.; Wohnort: Freiburg i. B.; Staatsangeh.: Preußen; Vorbildung: Gymn. Freienwalde Reife M. 02; Studium: Berlin 1, Freiburg i. B 1, Berlin 8 S.; Coll. 30. Juli 08; Approb. 14. Febr. 08.]
[U 09. 919

Frank, Ludwig Friedrich

Frank, L. Fr. (Fr. L. Meißner), der Arzt als Hausfreund, oder freundl. Belehrungen eines Arztes an Väter u. Mütter bei allen erdenkl. Krankheitvorfällen in jedem Alter. gr. 8. Leipz. 823. 2e A. 825. 3e A. 827. 4e A. 829. 5e A. 831. Fr. Fleischer. 18 gl.

Der Arzt als Haus-Freund oder freundliche Belehrungen eines Arztes an Vater u. Mütter bei allen erdenklichen Krankheitsvorfällen... Von Ludwig Friedrich Frank. 4., durchgangig verm. u. verb., auch durch e. Anh. bereicherte Aufl. Leipzig: Fleischer Braunschweig: Schulbuchh. in Komm. 1829. VIII, 296 S. 8°

Frank, Ldw. Fr., der Arzt als Hausfreund, oder freundl. Belehrungen eines Arztes an Väter u. Mütter bei allen erdenkl. Krankheitsvorfallen in jedem Alter rc. 6e verm. u. verb. Aufl. gr. 8. Leipzig 837. Fr. Fleischer. 3/4 Thlr. — 7e Aufl. gr. 8. Ebd. 840. 3/4 Thlr.

Frank, Ludw. Friedr., der Arzt als Hausfreund oder freundliche Belehrungen eines Arztes an Väter und Mütter bei allen erdenklichen Krankheitsvorfallen in jedem Alter. Ein treuer und allgemein verständlicher Rathgeber für alle diejenigen, welche sich selbst belehren wollen, oder sich nicht gleich ärztlichen Raths erfreuen können. 8. verb. Aufl. Leipzig 854. Fr. Fleischer. gr. 8. (X, 314 S.) 22 1/2 ngr.

Frank, M., die Cholera-Epidemie in München in dem Jahre 1873/74, nach amtl. Quellen dargestellt. Mit 2 (lith.) Taf. (in Fol. u. qu. gr. Fol.) gr. 8. (XVI, 295 S.) München 875. lit.-artist. Anstalt. n. 8. —

Frank, die Cholera-Prophylaxis in München. Beleuchtung u. Beantwortg. der Brochüre d. Herrn v. Pettenkofer: „Künftige Prophylaxis gegen Cholera nach den Vorschlägen in dem amtl. Berichte d. kgl. bayer. Bez.- u. Stadtger.-Arztes Dr. Frank". gr. 8. (IV, 53 S.) München 875. lit.-artist. Anstalt. n. 1. 20

Frank, Dr. M. (k. Bez.- u. Stadtgerichtsarzt in München), ueber die *Gesundheits-Verhältnisse Münchens*. Ein offenes Sendschreiben an Hrn. *John Murray* (Herausg. eines engl. Reisehandbuches für Süddeutschland). München, M. Pössenbacher'sche Buchdr., 1870. 8°. Cart.*)
21 S. Lat Lett.

Frank (k. Bez.- u. Stadtger.-Arzt): Verzeichniss d. Sanitäts-Personales, d. Sanitats-Anstalten u. deren Attribute in Munchen f. d. J. 1875. 24 S.

– Dasselbe f. d. J. 1880. 14 S. 4°

Frank, Martell

— pract. Anleitung z. Erkenntniß u. Behandlung d. Ohrenkrankheiten; mit 156 in den Text eingedr. Holzschn.; nach fremden u. eigenen Erfahrungen bearb. Lex.-8. Erlangen 845, Enke. n. 2 1/3 Thlr.

FRANK, Martell (Wurzburg): Beitrag zur nichtmercuriellen Behandlung der Syphilis.- München: Giesser 1837. 14 S.
22.6.1837 - Urk; F 63
Diss. Ingolst. Landsh.-Mchn.

Frank, Martell, über öffentliche Gesundheitspflege. Auszug aus dem Berichte über eine im Jahre 1854 im Auftrage des hohen Staatsministeriums d. Innern unternommene Reise nach Belgien u. Frankreich zum Behufe der Kenntnissnahme dortiger medizinal-polizeilicher Einrichtungen. München 854. Franz. gr. 8. (2 Bl., 103 S.) n. 10 ngr.

—— systematisches Lehrbuch der gesammten Chirurgie, s.a. Taschen-Encyclopädie.

Frank, Martell., systematisches Lehrbuch der gesammten Chirurgie enthaltend die chirurg. Krankheiten, chirurg. Anatomie, ausserlich gebrauchten Arzneimittel, Operations-, Instrumenten-, Maschinen- u. Verbandlehre. In 2 Bdn. m. etwa 400 eingedr. Holzschn., zum Gebrauch f. Studirende, prakt. Aerzte u. Wundarzte, nach dem neuesten Standpunkte dieser Disciplinen bearb. I. u. II. Bd. 2 Abthlgn. Lex. 8. (I: 558 S. II: IV u. 928 S.) Erlangen 849—52, Enke. (I: n. 3 Thlr. 11 ngr. II. 1: n. 2 Thlr. II. 2: n. 3 Thlr.) n. 8 Thlr. 11 ngr.

— uber den gegenwart. Standpunkt der objectiven otiatrischen Diagnostik. Eine der hohen medizin. Facultat der Ludwigs-Maximilians-Universitat „pro facultate legendi" vorgelegte Inaug.-Abhandlg. gr. 8. (62 S.) Munchen 849, Fleischmann. n. 12 ngr.

Frank, Martell, Taschen-Encyclopädie der pract. Chirurgie, Geburtshülfe, Augen- u. Ohrenheilkunde, enthalt. die Beschreib., Symptome, Diagnose, Behandlungsweise, Operationen, Indicationen u. Contraindicationen sämmtl. d. Chirurgie, Geburtshilfe, Augen- und Ohrenheilkunde betreff. Krankheitsformen u. dahin einschlagende Gegenstände für Aerzte, Wundärzte und Studirende. 16. Würzburg 842, Stahel. n. 3 1/6 Thlr. — 2. Ausg. 16. Ebd. 846. geb. n. 2 Thlr. 12 ngr.

—— Taschen-Encyclopädie der practischen Chirurgie, Geburtshülfe, Augen- und Ohrenheilkunde; enth. die Beschreibung, Symptome, Diagnose, Behandlungsweise, Operationen etc. für Aerzte, Wundärzte und Studirende. 2., verm. und verb. Aufl. gr. 16. (IV und 947 S.) Würzburg 854, Stahel'sche Buchh. *

Frank, Martell, Taschen-Encyclopädie der practischen Chirurgie, Geburtshülfe, Augen- und Ohrenheilkunde, enthaltend die Beschreibung, Symptome, Diagnose etc. sämmtl. die Chirurgie, Geburtshülfe und Augen- und Ohrenheilkunde betreffenden Krankheitsformen und die dahin einschlagenden Gegenstände für Aerzte, Wundärzte und Studirende. 3., verm. und verb. Aufl. 16. (VII und 957 S.) Würzburg 858, Stahel'sche Buchh. geb. *

Frank, Martell: Klinische Taschen-Encyclopaedie... nebst einem Anhange als Recepttaschenbuch sämmtlicher Arzneimittel. 813 S., gbd.

Stuttgart: Krabbe 1840

JB 1.633

— klinische Taschen-Encyclopädie, enthalt. die Symptome, Diagnose, u. Therapie mit Receptformeln f. sämmtl. innere Krankheiten alphabet. geordnet, nebst e. Anhange rc. 2. verm. u. verb. Aufl. 16. Stuttgart 843, Krabbe. n. $2^1/_6$ ₰

— Taschen-Encyclopadie der medicin. Klinik, enth. die speciellen Symptome, Diagnose u. Therapie mit Receptformeln fur sammtl. innere Krankheiten alphabet. geordn., nebst e. Anh. als Recepttaschenbuch sammtlicher Arzneimittel, mit besond. Rucksicht auf d. neueren u. neuesten; f. prakt. Aerzte u. Studirende 3. aufs Neue vielfach verm. u. verb. Aufl. hoch 32. (VIII u. 968 S.) Stuttgart 817, A. Krabbe. — 4. aufs Neue vielfach verm. u. verb. Aufl. 8. (VIII u. 768 S.) Ebd. 851. In Engl. Einb. n. $2^2/_3$ ₰

Frank, Martell, Taschen-Encyclopädie der medicinischen klinik. enthltd. die speciellen Symptome, Diagnose u. Therapie mit Receptformeln für sämmtliche innere Krankheiten, alphabetisch geordnet, nebst einem Anhang als Recepttaschenbuch sammtl. Arzneimittel für prakt. Aerzte und Studirende. 5. Aufl 855. (VIII, 797 S.) — 6., vielfach verb. Aufl. Stuttgart 858. Krabbe. 16 (VIII, 792 S.) n. 2 ₰ 20 ngr

Frank, Martell, Taschen-Encyklopädie der medicinischen Klinik, enth. die speciellen Symptome, Aetiologie, Diagnose, Prognose, Therapie und sämmtliche Arzneimittel für alle innere Krankheiten. Für practische Aerzte u. Studirende. 7. umgearb. Aufl. Stuttgart 862. Krabbe. 16. (XII, 755 S.) n. 2 ₰ 20 ngr.

Frank, Martell, Taschen-Encyklopädie der medicinischen Klinik, enth. die speciellen Symptome, Aetiologie, Diagnose, Prognose, Therapie und sämmtl. Arzneimittel für alle innere Krankheiten. Für prakt. Aerzte und Studirende. 8. umgearb. Aufl. schmal 12. (XVI, 715 S.) Stuttgart 869, Krabbe. [Braunschweig, Wreden.] geb. *

— s: Taschen-Encyclopadie der medicinischen Wissenschaften.

Frank, Mathias ‹geb. im März 1804 in Krefeld›: De imaginationibus . . . [Bonnae], typ. H. Knirenschildi (1829). 18 S., 1 Bl. 4.
Bonn, Med. Fak., Diss. v. 8 Apr. 1829

Frank, Max: Beiträge zur Kenntnis der krystallographischen Eigenschaften einiger Verbindungen des Aethylendiamins. Leipzig: W. Engelmann 1910. S. 346—362. 8° ¶(Aus: Zeitschrift f. Krystallogr. u. Mineral. Bd 47, H. 4.)
Würzburg, Phil. Diss. v. 16. Febr. 1910, Ref. Beckenkamp
[Geb. 22. März 78 Wurzburg; Wohnort: Würzburg; Staatsangeh.: Bayern; Vorbildung: Altes Gymn. Würzburg bis Juli 95; Studium: Berlin 1, Würzburg 9 S.; Rig. 17. Dez. 09.] [U 10. 4385

Frank, Max, & Co., Eröffnung des Simplontunnels. Ausstellung in Mailand 1906. „Offizieller" Führer. (224 S. m. Abbildgn. u. Plänen.) 8. Mailand (906). (Leipzig, Woerl's Reisebücher-Verl.) n. 1. —

Frank, Max, kaufmänn. Handbuch des Photographen. (VIII, 232 S.) gr. 8. Halle 910. W. Knapp. 8. —

Frank, Max, d. thermoelektrostat. Potential. Untersuchgn. üb. d. Art d. Beziehg. zw. Wärme u. Elektrizität. gr. 8. (49 S.) München 895. J. A. Finsterlin Nachf. n. 1. 50

Frank, Max [aus Walldorf i. Herzogth. S. Meiningen]: Ueber die Structur der Gelenkmäuse. . . . Würzburg, Druck d. Ferdinand Rohrl'schen Buchdr., 1890; 20 S. 8°
Erlangen, Med. Fak., Inaug.-Diss. v. 20. Febr. 1890

Frank, Max [Gerichtsref.]: Die kasuelle Tötung in den Volksrechten. . . . Berlin, Buchdr. v. G. Schade, *1890;* 67 S. 8°
Berlin Jur. Fak., Inaug.-Diss v. 11. Okt. 1890

Frank, Michel, aus Schwetzingen: Elektrochemische Reduktion von fetten Nitrokörpern und Nitraminen, von aromatischen Nitrosokörpern und Nitrosaminen. *Gießen 1903: Bruhl.* (47 S.) 8°
Gießen, Phil. Diss. v. 1903

Frank, Moses, aus Roedelsee i. Bayern: Aus d. Bonner chirurg. Klinik. Ueber Trachealstenosen und deren Behandlungsmethoden. *Bonn a. Rh. 1902: S. Foppen.* (47 S.) 8°
Bonn, Med. Diss. v. 18. Juli 1902

(Frank, O.) Das Buch von der Weltpost. Von Veredarius. (Pseud.) 3. Aufl. Berlin 1894. 2°. (1. Aufl. 1884.)

Frank, Othmar

— Andenken an Ildeph. Schwarz, Benedikt. Biblioth. u. Prof. zu Banz. 8, Bamb. u. Würzb. 795.

— Bemerkk. über d. morgenländ. Handschriften d. Bibliothek in München. gr. 8. Münch. 814. (J. Lindauer). 18 gr bei Franz das. 20 gr

— Bemerkungen üb. die morgenländ. Handschriften d. Bibliothek in München. gr. 8. Münch. Lindauer. 815.

—— Über das Bild des Weltbaumeisters Wisvakarman in einem Felsentempel bei Illora in Indien. Philos. Abhandlung der bayer. Akad. d. Wiss. zu München. 1835, Bd. 12, 1.

Frank, O., Chrestomathia Sanskrita, quam ex codicibus MSS. adhuc ineditis Londini exscripsit, atque in usum tironum versione, expositione, tabulis grammaticis etc. München, Verf. 820. (Ebend., Thienemann). auf ord. Papier Feineres Papier

Frank, (O.,) Chrestomathia Sanscrita, quam in usum tironum versione, expositione, tabulis grammaticis etc. Pars II. 4 maj. München 821, (Lips. Fr. Fleischer.) 5 Rthlr. Beide Theile

—— Über ein Denkmal der indischen Mythologie nach einer indischen Zeichnung mit einem Stahlstiche.
(Abh. Akad. d. Wiss. Munchen. 15 (1838)).

— Fragmente e. Versuchs üb. dynamische Spracherzeugung nach Vergleichungen d. persisch., ind. u. deutschen Sprachen u. Mythen. gr. 8. Nürnb. 816. Stein. 20 gr

Frank, **Othm., Vjdcaranam schôstratshusk, Grammatica Sanscrita, nunc primum in Germania edidit. 4 maj. München 823. (Leipz., Fr. Fleischer.) 9 ₰**

— Grammatica Sanscrita, nunc primum in Germania edidit. 4 maj. Wirceburgi 823, (Lips. Fr. Fleischer.)

—— Über einige indische Idole des k. Antiquariums zu München u. zwei indische Köpfe in der Glyptothek Sr. Majestät des Königs.
(Abh. Akad. d. Wiss. Munchen. 15 (1838)).

— d. Licht vom Orient. 1r Thl. gr. 8. Bamb. 808. (Nürnb., Stein.) 1 ₰

Frank, Othm De Persidis lingua et genio Commentationes phaosophico-persicae. Norimbergae 1809

— de Persidis lingua et genio, commentationes Phavsophico-Persicae. 8 maj. Nürnb. 810. Stein. 2 ₰

Frank, Othmar, Der biblische Orient. München, Fleischmann, 1820, 8°, 1,50 Mk.

— Persien u. Chili als Pole d. physischen Erdbreite u. Leitpunkte z. Kenntniß d. Erde, in e. Sendschreiben an d. Hrn. Alex. von Humboldt. Mit Anh. 8. Nürnb. 813. Schrag. 15 gr

Frank, Othmar, die Philosophie d. Hindu. s. Sadananda.

—— Die Philosophie der Hindu, Vädanta Sara von Sadananda, sanskrit u. deutsch zum erstenmal übersetzt u. mit Anmerkungen u. Auszügen aus den Scholien des Rama Krishna-Thirtha begleitet. München, akadem. Verlag, 1835, 4°.

Frank, Othm., die Philosophie der Hindu. Vaedanta-Sara von Sadananda, Sanskrit u. teutsch zum ersten Mal übersetzt und mit Anmerkk. und Auszügen aus den Scholien des Rama-Krishna-Tirtha begleitet. gr. 4. München 835. (Leipzig, Fr. Fleischer.) $3^1/_3$ ₰

— Novum scripturae Hindorum specimen, quod adparatu typographia-lithographico nunc denuo instructo etc. 4. u. Fol. Würzb 823. (Leipz., Fr. Fleischer.)

Frank, Othmar, Über die indlichen Verwandtschaften im Ägyptischen, besonders in Hinsicht auf Mythologie.
(Abh. Akad. d. Wiss. Munchen. 18, 1 (1841)).

— Vjasa. Ueber Philosophie, Mythologie, Literatur u. Sprache der Hindu. Eine Zeitschrift. 1r Bd. 4 Hfte. gr. 4. Munchen 826. (Leipz., Fr. Fleischer). 4 ℔ 12 ℊ

Frank, Othmar, Vjäia (Yaja). Über Philosophie, Mythologie, Litteratur u. Sprache der Hindu. Ztschr. über Sprache, Philos. u. Mythol. München u. Leipzig Bd. 1 (1826), Heft 1; Bd. 2 (1830), Heft 3.

Frank, Otto [Dr.]: Zur Dynamik des Herzmuskels … München, Druck v. R. Oldenbourg, 1895; 70 S. 8.
München, Med. Fak., Hab.-Schr. v. 1895
(Nicht für den Austausch)

[F.] Der Kyffhäuser. Sammlg vierstimm. Mannerchöre f. Krieger-, Militär- u. and. patriot. Vereine. Hrsg. v. Otto **Frank.** [Part. u. 4 Stimmen.] *Berlin: W. Moeser [1893--96].* 5 Bde 8.
[Part] [1893] (3 Bl, 286 S.)
I Tenor. [1896] (170 S) II Tenor [1896] (168 S)
I Bass [1896] (170 S) II Bass [1896] (168 S) 97 921

Frank, Otto, Carl v. Voit. Gedächtnisrede geh. in der öffentl. Sitzg. der k. Akademie der Wissenschaften am 9. III. 1910. (32 S.) Lex. 8. München 910. G. Franz' Verl. 1.

— s.: Zeitschrift f. Biologie.

Frank, Otto Rudolf, Rechtsprakt.: Rechtswirkungen der Einigung ohne Eintragung und der Eintragung ohne Einigung im Gebiet des Immobiliarsachenrechtes nach B.G.B. Mannheim 1909: Katz. 52 S. 8°
Heidelberg, Jur. Diss. v. 3. Juni 1909, Ref. Schröder
[Geb 12 Sept 83 Nürnberg; Wohnort. Mannheim, Staatsangeh: Baden, Vorbildung Gymn. Mannheim Reife M 01; Studium Berlin 2, Heidelberg 2, Straßburg 1, Heidelberg 2 S; Rig 18 Dez 08] [U 09 1780

Frank, Paul [Cand. med. aus Stassfurt]: Beobachtungen über Keratitis nach Influenza. … Berlin, Druck v. Leonhard Simion, 1890; 28 S. 8°
München, Med. Fak., Inaug.-Diss v. 1890

Frank, Paul, Devotion. Eine Symphonie. (122 S.) kl. 8. Wien 907. P. Knepler. 1. 50

Frank, Paul, Geschichte des Alterthums. [Weltgeschichte, 1. Bdchn.] Für Schule u. Haus faßlich dargestellt. Leipzig 864. Merseburger. 16. (VIII, 286 S.) 12 ngr.

Frank, Paul, Geschichte d. Alterthums. [Weltgeschichte 1. Bdchn.] Für Schule u. Haus faßlich dargestellt. 2. Aufl. gr. 16. (VIII, 256 S.) Leipzig 874. Merseburger. 1. 20

— Geschichte der Deutschen für Schule und Haus. Leicht faßlich u. in gedrängter Kürze dargestellt. 2 Bdchn. Ebend. 861. 16. 10½ ngr.
Inhalt: 1. Aeltere und Mittlere Geschichte. (IV, 159 S.) 4½ ngr. — 2. Neuere und neueste Geschichte. (IV, 190 S.) 6 ngr.

Frank, Paul, Geschichte der Deutschen für Schule u. Haus. Leicht faßlich u. in gedrängter Kürze dargestellt. 2 Aufl. 3 Bdchn. Leipzig 868. Merseburger. 16. Jedes Bdchn. 6 ngr.
1. Bdchn.: Aeltere u. mittlere Geschichte. (IV, 150 S.) — 2. Bdchn.: Neuere Geschichte. (IV, 114 S.) — 3. Bdchn.: Neueste Geschichte. (IV, 162 S.)

Frank, Paul, Geschichte der Deutschen für Schule u. Haus. Leicht faßlich u. in gedrängter Kürze dargestellt. 1. Bdchn. Aeltere u. mittlere Geschichte. 3. Aufl. 16. (IV, 159 S.) Leipzig 877. Merseburger. — 60

Frank, Paul, Geschichte der Kunst, dargestellt in ihren Hauptperioden. 2 Bdchn. 8. (VIII und 395 S.) Leipzig 864, Merseburger.

— Geschichte des Mittelalters. [Weltgeschichte, 2. Bdchn.] Für Schule u. Haus faßlich dargestellt. Ebend. 865. 16. (IV, 264 S.) 12 ngr.

— Geschichte des Mittelalters. [Weltgeschichte, II. Bdchn.] Für Schule u. Haus faßlich dargestellt. 2. Aufl. gr. 16. (IV, 236 S.) Ebend. 878. 1. 20

— Geschichte der Tonkunst. Ein Handbüchlein für Musiker u. Musikfreunde. In übersichtlicher, leichtfaßlicher Darstellung. Leipzig 863. Merseburger. 8. (VI, 282 S.) 18 ngr.

— Geschichte der Tonkunst. Ein Handbüchlein für Musiker u. Musikfreunde. In übersichtlicher, leichtfaßlicher Darstellung. 2., verm. Aufl. Ebend. 870. 8. (VI, 301 S.) 22½ ngr.

— Geschichte der Tonkunst. Ein Handbüchlein f. Musiker u. Musikfreunde. In übersichtlicher, leichtfaßlicher Darstellung. 3., verm. Aufl. 8. (VI, 219 S.) Ebend. 878. 2. 25

— Geschichte der neueren Zeit. [Weltgeschichte, 3. Bdchn.] Für Schule u. Haus faßlich dargestellt. Ebend. 867. 16. (VI, 233 S.) 9 ngr.

Frank, Paul, Geschichte der neueren Zeit. [Weltgeschichte, III. Bdchn.] Für Schule u. Haus faßlich dargestellt. 2. Aufl. gr. 16. (IV, 208 S.) Leipzig 879. Merseburger. — 90

— Geschichte der neuesten Zeit [Weltgeschichte, 4. Bdchn] Für Schule u. Haus faßlich dargestellt. Ebend. 867. 16. (IV, 219 S.) 9 ngr.

— Grundzüge der französischen Literaturgeschichte In leichtfaßlicher gedrängter Darstellung herausg. Ebend 869. 16. (IV, 233 S.) n. 10 ngr.

Frank, Paul, Grundzüge der französischen Litteraturgeschichte von der ältesten Zeit bis auf die Gegenwart. In gedrängter Darstellg. hrsg. 2., umgearb. Aufl. gr. 16. (IV, 272 S.) Leipzig 886. Merseburger. n. 1. —

Frank, Paul. Grundzüge der griechischen Litteraturgeschichte in leichtfasslicher Darstellung. Leipzig 1868. Ü: *Merseburger, Carl.* (cb)

Grundzüge der griechischen Litteraturgeschichte in leichtfaßlicher Darstellung. Nebst Proben griech. Dichtgn. in deutscher Übersetzg. 2., verb. Aufl. gr. 16. (VIII, 200 S.) Leipzig 886. Merseburger n. 1. —

Frank, Paul. Grundzüge der römischen Litteraturgeschichte, fasslich dargestellt. Leipz. 1868. Ü: *Merseburger, Carl.* (cb)

Frank, Paul, Grundzüge der römischen Litteraturgeschichte. Nebst Proben röm. Dichtgn. in deutscher Übersetzg. Gedrängt u. faßlich dargestellt. 2. Aufl. gr. 16. (VII, 183 S.) Leipzig 886. Merseburger. n. 1. —

Frank, Paul, Handbüchlein der deutschen Literaturgeschichte. In leicht faßlicher, gedrängter Darstellung herausg. Ebend. 860. 16. (VIII, 253 S.) n. 10 ngr.

— Handbüchlein der deutschen Literaturgeschichte. In leichtfaßl., gedrängter Darstellung. 2. Aufl. 16. (VIII und 261 S. Leipzig 865, Merseburger.

— Handbüchlein der deutschen Literaturgeschichte. In leichtfaßl. gedrängter Darstellung hrsg. 3. Aufl. 1869, und 4. Aufl. 16. (VIII, 265 S.) Leipzig 871, Merseburger. *

— Handbüchlein der deutschen Literaturgeschichte. In leichtfaßl., gedrängter Darstellg. hrsg. 5. Aufl. 16. (VIII, 260 S.) Ebend. 871. n. 1. —

Frank, Paul. Handbüchlein der deutschen Litteraturgeschichte. In leichtfasslicher gedrängter Darstellung. 6. Aufl. Leipz. 1879. H: *Merseburger*, *Carl.* (cb)

— Mythologie der Griechen und Römer. Zur Belehrung u. Unterhaltung, sowie zum Gebrauche in Lehranstalten, leichtfaßlich dargestellt. Mit 60 Abbildgn. Ebend. 862. 8. (VIII, 240 S. u. 22 lith. Taf.) 1 ℳ

— Mythologie der Griechen u. Römer. Zur Belehrung u. Unterhaltung, sowie zum Gebrauche in Lehranstalten, leichtfaßlich dargestellt. Mit 60 Abbildgn. 2. Aufl. Ebend. 870 8. (VIII, 240 S. u. 22 lith. Taff.) 22½ ngr.

Frank, Paul, Ref. in Wattenscheid: Die Pflichten der Mitglieder einer Gesellschaft mit beschränkter Haftung, nach dem Gesetze vom 20. April 1892, in der Fassung der Bekanntmachung vom 20. Mai 1898. Wattenscheid 1906: C. Busch. (VII, 65 S.) 8°
Leipzig, Jur. Fak., Diss. v. 10. Aug. 1906
[Geb. 22. Febr 84 Bremerhaven; Wohnort: Bad-Oeynhausen; Staatsangeh.: Preußen; Vorbildung: Friedr.-Gymn. Herford i. W. Reife O. 02; Studium: Jena 1, Leipzig 3, Bonn 2 S.; Rig. 1 Aug. 05.]

— Friedrich Schiller. Sein Leben und Wirken. Einfach dargestellt u. den Verehrern des großen Dichters gewidmet. Mit (8 lith.) Abbildgn. Ebend. 862. 8. (VI, 150 S.) 15 ngr.

— Taschenbüchlein des Musikers. Enthaltend: eine vollständ. Erklärung der in der Tonkunst gebräuchl. Fremdwörter, Kunstausdrücke und Abbreviaturen, sowie die Anfangsgründe des Musikunterrichts und manches Wesentliche aus der Theorie. Für Musiker und Freunde der Tonkunst hrsg. 1. Aufl. 1858. und 2., verb. Aufl. 16. (XVI und 123 S.) Leipzig 859, Merseburger.

— Taschenbüchlein des Musikers. Enth.: eine vollständ. Erklärung der in der Tonkunst gebräuchl. Fremdwörter, Kunstausdrücke und Abbreviaturen, sowie die Anfangsgründe des Musikunterrichts und manches Wesentliche aus der Theorie. Für Musiker und Freunde der Tonkunst hrsg. 4. Aufl. 1862. und 5. Aufl. 16. (XVI und 123 S.) Leipzig 866, Merseburger.

— Taschenbüchlein des Musikers. 1. Bdchn. Enthltd.: eine vollständige Erklärung der in der Tonkunst gebräuchlichen Fremdwörter, Kunstausdrücke u. Abbreviaturen, sowie die Anfangsgründe des Musikunterrichts u. manches andere Wissenswerthe. Für Musiker u. Freunde der Tonkunst hrsg. 5. Aufl. 866. — 6. Aufl. 868. — 7. Aufl. Ebend. 870. 16. (XVI, 132 S.) 4⅓ ngr.

— Taschenbüchlein des Musikers. 1. Bdchn. enth. eine vollständ. Erklärung der in der Tonkunst gebräuchl. Fremdwörter, Kunstausdrücke und Abbreviaturen, sowie die Anfangsgründe des Musikunterrichts und manches andere Wissenswerthe. Für Musiker und Freunde der Tonkunst. 6.—9. Aufl. 16. (XVI, 132 S.) Leipzig 868—75, Merseburger.

— Taschenbüchlein des Musikers. Enth.: eine vollständige Erklärung der in der Tonkunst gebräuchl. Fremdwörter, Kunstausdrücke und Abbreviaturen, sowie die Anfangsgründe des Musikunterrichts und manches andere Wissenswerthe. Für Musiker und Freunde der Tonkunst. 9. Aufl. [3. unveränd. Abdr.] 878; 10. Aufl. gr. 16. (XVI, 132 S.) Ebendas. 879.

— Taschenbüchlein des Musikers. 1. Bdchn. Enth.: eine vollständige Erklärung der in der Tonkunst gebräuchlichen Fremdwörter, Kunstausdrücke u. Abbreviaturen, sowie die Anfangsgründe des Musikunterrichts u. manches andere Wissenswerthe. Für Musiker u. Freunde der Tonkunst hrsg. 11. Aufl. 16. (XVI, 132 S.) Ebend. 882. — 45

— Taschenbüchlein des Musikers. (1. Bdchn.) Enthaltend: eine vollständ. Erklärung der in der Tonkunst gebräuchl. Fremdwörter, Kunstausdrücke und Abbreviaturen, sowie die Anfangsgründe des Musikunterrichts und manches andere Wissenswerthe. Für Musiker und Freunde der Tonkunst hrsg. 12. und 13. unveränd. Aufl. (XVI, 132 S.) 1884,86; 14. Aufl. gr. 16. (XIV, 122 S.) Ebendas. 887.

Frank, Paul. Taschenbüchlein des Musikers. 1. Bdchn. 15. u. 16. Aufl. gr. 16. (XIV, 122 S.) Lpz. 890,91, Merseburger. — 45
1. Eine vollständige Erklärung der in der Tonkunst gebräuchlichen Fremdwörter, Kunstausdrücke u. Abbreviaturen, sowie die Anfangsgründe des Musikunterrichts ꝛc.
2. Bdchn. u. d. T.: Frank, Paul. Kleines Tonkünstlerlexikon. Ebd. 1886. * 1 —.

Frank, Paul, Taschenbüchlein des Musikers. 1. Bdchn. gr. 16. Leipzig 893. C. Merseburger. — 45
Eine vollständige Erklärung der in der Tonkunst gebräuchlichen Fremdwörter, Kunstausdrücke u. Abbreviaturen, sowie die Anfangsgründe des Musikunterrichts u. manches andere Wissenswerthe. Für Musiker u. Freunde der Tonkunst hrsg. 17. Aufl. (XIV, 122 S.)

Frank, Paul, Taschenbüchlein d. Musikers. 1. Bdchn. gr. 16. Leipzig 898. C. Merseburger. — 45; geb. in Leinw. — 75
E. vollst. Erklärg. d. in d. Tonkunst gebräuchl. Fremdwörter, Kunstausdrücke u. Abbreviaturen, sow. d. Anfangsgründe d. Musikunterrichts u. manches and. Wissenswerthe. Für Musiker u. Freunde d. Tonkunst hrsg. 19. Aufl. (XIV, 122 S.)

Frank, Paul, Taschenbüchlein des Musikers. 1. u. 2. Bdchn. gr. 16. Leipzig, C. Merseburger. 2.05; geb. in Leinw. 2.75
1. Eine vollständige Erklärung der in der Tonkunst gebräuchlichen Fremdwörter, Kunstausdrücke u. Abbreviaturen, sowie die Anfangsgründe des Musikunterrichts u. manches andere Wissenswerthe. Für Musiker u. Freunde der Tonkunst hrsg. 20. Aufl. (XIV, 122 S.) 901. — 45; geb. — 75
2. Kleines Tonkünstlerlexikon. Enth. kurze Biographien d. Tonkünstler früherer u. neuerer Zeit. Für Musiker u. Freunde der Tonkunst hrsg. 10., rev. u. verm. Aufl. (IV, 400 S.) 902. n. 1. 60; geb. in Leinw. n. 2. —

Taschenbuchlein des Musikers Enth : e. vollst Erklärung der in d Tonkunst gebräuchl. Fremdwörter, . . sowie d Anfangsgrunde d Musikunterrichts ... hrsg von Paul **Frank** 22 Aufl Leipzig: C Merseburger 1906 (XIV, 125 S) 8° [F]
[Umschlagt.:] Frank: Musikal Fremdwörterbuch (Taschenbuch d Musikers) [07 3371]

— kleines Tonkünstlerlexikon. [Taschenbüchlein des Musikers. 2. Bdchn.] Enthaltend: kurze Biographien der hauptsächlichsten Tonkünstler früherer u. neuer Zeit. Für Musiker u. Freunde der Tonkunst herausg. Ebend. 860. 16. (IV, 172 S.) 6 ngr.

— kleines Tonkünstlerlexikon. Enth.: kurze Biographien der hauptsächlichsten Tonkünstler früherer und neuerer Zeit. Für Musiker und Freunde der Tonkunst hrsg. 3., verm. Aufl. 16. (IV und 238 S.) Leipzig 865, Merseburger.

— kleines Tonkünstlerlexikon. Enthltd.: kurze Biographien der hauptsächlichsten Tonkünstler früherer u. neuer Zeit. Für Musiker u. Freunde der Tonkunst. 3. Aufl. 865. — 4. verm. Aufl. Ebend. 869. 16. (IV, 246 S.) 9 ngr.

— kleines Tonkünstlerlexikon. Enth.: kurze Biographien der hauptsächlichsten Tonkünstler früherer u. neuer Zeit. Für Musiker u. Freunde der Tonkunst. 5. verm. Aufl. gr. 16. (267 S.) Ebend. 873. n. 1. —

— kleines Tonkünstlerlexikon. Enth.: kurze Biographien der hauptsächlichsten Tonkünstler früherer und neuer Zeit. Für Musiker und Freunde der Tonkunst. 6. verm. Aufl. gr. 16. (IV, 284 S.) Ebendas. 878.

— kleines Tonkünstlerlexikon. Enth.: kurze Biographieen der hauptsächlichsten Tonkünstler früherer u. neuerer Zeit. Für Musiker u. Freunde der Tonkunst hrsg. 7., verm. Aufl. 12. (IV, 276 S.) Ebend. 881. n. 1. —

— kleines Tonkünstlerlexikon. Enth. kurze Biographieen der Tonkünstler früherer und neuerer Zeit. Für Musiker u. Freunde der Tonkunst hrsg. 8. Aufl. 12. (IV, 295 S.) Ebend. 886. n. 1. —

— kleines Tonkünstlerlexikon. Enth kurze Biographieen d. Tonkünstler früherer u. neuerer Zeit. Für Musiker u. Freunde d. Tonkunst hrsg. 9., rev. u. verm. Aufl. gr. 16. (IV, 305 S.) Ebd. 895. n. 1. —; geb. in Leinw. n. 1. 35

Frank, Paul. Kleines Tonkünstlerlexikon. Enthaltend kurze Biographien der Tonkünstler früherer und neuerer Zeit. Für Musiker und Freunde der Tonkunst hrg. 10., revidierte und vermehrte Aufl. IV + 404 S. 8. Leipzig, Carl Merseburger, 1902. (br. M. 1.60, geb. M. 2.—)
(Taschenbüchlein des Musikers. Bändchen 2.)

Frank, Paul, kleines Tonkünstlerlexikon. Enth. kurze Biographien der Tonkünstler früherer u. neuerer Zeit. Für Musiker u. Freunde der Tonkunst hrsg. 11., rev. u. verm. Aufl., bearb. v. Carl Kipke. (Taschenbüchlein des Musikers. 2. Bdchn.) (IV, 505 S.) kl. 8. Leipzig 910. C. Merseburger. 2.—; geb. in Leinw. n 2. 50

— **Weltgeschichte.** Für Schule und Haus faßlich dargestellt. 4 Bdchn. 16. Leipzig, Merseburger.
Inhalt:
Bdchn. 1. Geschichte des Alterthums. (VIII und 286 S.) 864. 12 Ngr
„ 2. Geschichte des Mittelalters. (IV und 264 S.) 865. 12 Ngr.
„ 3. Geschichte der neueren Zeit. (VI und 233 S.) 867. 9 Ngr.
„ 4. Geschichte der neuesten Zeit. (IV und 219 S.) 867. 9 Ngr.

— Weltgeschichte. Für Schule und Haus faßlich dargestellt. 2. und 3. Bdchn. 2. Aufl. gr. 16. Ebendas.
Inhalt:
Bdchn. 2. Geschichte des Mittelalters. (IV, 236 S.) 878. ℳ 1.20.
„ 3. Geschichte der neueren Zeit. (IV, 208 S.) 879. 90 Pf.
1. und 4. Bdchn. Ebendas. 1874,67. ℳ 2,10.

Frank, Paul A., a. Köln a. Rh.: Über Salze und Doppelsalze des Zirkoniums. (Berlin 1907: G. Schade.) (62 S.) 8°
Berlin, Phil. Fak., Ref. Nernst, Diss. v. 27. Juli 1907
[Geb. 3. Nov. 82 Cöln a. Rh.; Wohnort: Budapest; Staatsangeh.: Ungarn; Vorbildung: Gymn. Budapest Reife M. 00; Studium: Berlin T.H. 1, Univ. 7 S.; Rig. 18. Juli 07.]

Frank, Paul Georg: Über Paedatrophie. *Freiburg i. B.: Speyer & Kaerner 1898.* (18 S.) 8°
Freiburg i. B., Med. Diss. v. 1898

Frank, Petrus (geb. Aachen 24. 4. 1826). De pustula maligna. Berolini (1848). (32 S.) 8°
Berlin, Med. Diss. v. 14. Aug. 1848

Frank, Peter Ant.

— s. Fr. Wlh. Cosmann. — Etwas über Wahlcapitulation.

v. **Frank**, Freih. Pet. Ant., († d. 12. Nov. 1818.) Grundbetrachtungen über Staat u. Kirche, nach natürl. Rechtsgrundsätzen in Anwendung auf Deutschland. gr. 8. Mainz 784. (Schäfer in Frankf.) 12 gGr.

— s. A. v. Reclam, Betracht.

Frank, Peter Jos., Siebenbürgens hervorragende Bestimmung als Industrie-Land. Hermannst. 01 868. Frant & Dreßnandt. gr. 8. (VIII, 166 S.) n. 25 ngr.

Frank, Pet. Jos., Gegenwart u. Zukunft der Siebenbürger Sachsen. Eine volkswirtschaftl. Studie. gr. 8. (X, 368 S.) Hermannstadt 892. (Michaelis & Seraphin.) n 4 —

Frank, Pet. Paul, bunte Briefe über die hermesische Frage. Enth. Briefe an den Hrn. Dr. Kloth, den Verf. der von den Zinnen des Kölner Doms rufenden Stimme, u. Herrn Dr. Myletor. 8. Siegen u. Wiesbaden 845, Friedrich's Verlagsbuchh. 9 ngr.

Frank, Peter Paul (J. W. J. Braun), Krieg u. Frieden. Oder der Hermesianismus u. seine Gegner. Sechs Sendschreiben an Rat ꝛc. Deycks zu Opladen. Siegen u. Wiesbaden, Friedrichs Verlag, 1844, 8°, 1. u. 2. Aufl.

— Krieg u. Frieden. Od.: der Hermesianismus u. seine Gegner. Sechs Sendschreiben an Hrn. Rath u. Notar Deycks. Nebst ein. klassischen Abhandl. üb. die Verleumdung. 1. u. 2. Aufl. 8. (à 5½ B.) Siegen 844, Friedrich'sche Vrlgsb. à
Aus: Deutsches Bürgerblatt ꝛc., besond. abgedruckt.

— drei Sendschreiben an den Verf. d. Schrift: „Die letzten Hermesianer u. ihr Anwalt.“ Ein Wort der Verständigung. 8. (2 B.) Siegen 844, Friedrich'sche Vrlgsb.

Frank, Philipp (geb. Manchester in Engl. 14. 7. 1830). De contractura et ancylosi articulationis genu et coxae ischemique B. Langenbeckii methodo violenta extensione sanandis. Berolini (1853). (50 S.) 4°
Berlin, Med. Diss. v. 2. Juni 1853

Frank Philipp. Zur Differentialgeometrie der Brachistochronen (mit Anwendungen auf Hydrodynamik und Variationsrechnung). S. 123. IIa. 65 K — 60
Separatabdruck

Frank Philipp. Die Integralgleichungen in der Theorie der kleinen Schwingungen von Fäden und das Rayleigh'sche Prinzip. S. 117. IIa. 29 . . . . . „ — 60
Separatabdruck

Frank, Philipp, die Integralgleichungen in der Theorie der kleinen Schwingungen v. Fäden u. das Rayleigh'sche Prinzip. (20 S.) gr. 8. Wien 908. (A. Hölder). — 60
Sonderabdruck aus: „Sitzungsber. d. k. Akad. d. Wiss.“

— Die Stellung des Relativitätsprinzips im System der Mechanik und der Elektrodynamik. S. 118. IIa. 61 . . . . . . „ 1 95
Separatabdruck

Frank, Philipp, die Stellung des Relativitätsprinzips im System der Mechanik u. der Elektrodynamik. (74 S.) gr. 8. Wien 909. (A. Hölder.) 1. 95

— und Rothe Hermann. Über eine Verallgemeinerung des Relativitätsprinzips und die dazugehörige Mechanik. S. 119. IIa. 65 . „ — 50
Separatabdruck

— u. Herm. **Rothe**, über e. Verallgemeinerung des Relativitätsprinzips u. die dazugehörige Mechanik. (16 S.) gr. 8. Ebd. 910. — 50
2 Sonderabdrucke aus „Sitzungsber. d. k. Akad. d. Wiss.“

Frank, Rhard., über den Aufbau des Schuldbegriffs, s. a. Festschrift f. die juristische Fakultät in Giessen.

Frank, Reinh.: Über den Aufbau des Schuldbegriffs. Giessen 1907.

Frank, R., s. Darstellung, vergl., d. deutschen u. ausländ. Strafrechts.

Frank, **Rhard.**, die neueren Disciplinargesetze der deutschen evangelischen Landeskirchen. Systematisch dargestellt. [Aus: „Festgaben der jurist. Fakultät zu Marburg“.] gr. 8. (44 S.) Marburg 890. Elwert's Verl. n. 1. 20

Strafrechtliche Fälle zur mündlichen Behandlung. Von Dr. Reinhard Frank. *Gießen: C. v. Münchow 1894.* (16 S.) 8° [5] (04 6.6 8

Frank, Rhard., Strafrechtl. Fälle z. mündl. Behandlg. 2., umgearb. Aufl. gr. 8. (24 S.) Gießen 897. J. Ricker. n. — 80

Frank, Strafrechtliche Fälle zur mündlichen Behandlung. 3. Aufl. Giessen 900.

Frank, Rhard., strafrechtliche Fälle zum akadem. Gebrauch. 3., erweit. Aufl. gr. 8. (IV, 40 S) Gießen 901. J. Ricker. n. 1. —

— Strafrechtliche Fälle zum akademischen Gebrauch. 4., umgearb. Aufl. (50 S.) 8. Gießen 908. A. Töpelmann. Kart. 1. 40

— **Freiheitsstrafe**, Deportation und Unschädlichmachung. E. Wort z. Verständigg. Vortrag, geh. auf d. Jahresversammlg. d. Gefängnis-Gesellschaft f. d. Prov. Sachsen u. d. Herzogt. Anhalt am 27. Juni 1894. [Aus: „Jahrbb. f. Kriminalpolitik u. inn. Mission“.] gr. 8. (25 S.) Ebd. 895. n. — 60

Frank, Rhard., der Kampf um e. deutsches Auslieferungsgesetz unter besond. Berücksicht. des Gesetzes der freien Stadt Frankfurt vom 6. VI. 1866. (51 S.) 8. Berlin (905). R. v. Decker. n. — 60

— das Strafgesetzbuch f. das Deutsche Reich nebst dem Einführungsgesetze, hrsg. u. erläutert. 2., neu bearb. Aufl. gr. 8. (X, 511 S.) Leipzig 901. C. L. Hirschfeld. n. 9. —; geb. n. 11. —

— das Strafgesetzbuch f. das Deutsche Reich nebst dem Einführungsgesetze, hrsg. u. erläutert. 3. u. 4., neu bearb. Aufl. (VIII, 543 S.) gr. 8. Leipzig 903. [C. L. Hirschfeld] Tübingen, J. C. B. Mohr. n. 9. 40; geb. n. 11. —

Das Strafgesetzbuch f. das Deutsche Reich nebst dem Einführungsgesetze, hrsg. u. erläutert. 5—7., neu bearb. Aufl. 4 Lfgn. (VIII, 671 S.) gr. 8. Tübingen 907. 08. J. C. B. Mohr. 10.—; geb. in Halbfrz. 12. —

— die Wolff'sche Strafrechtsphilosophie u. ihr Verhältniss zur criminalpolitischen Aufklärung im XVIII. Jahrh. gr. 8. (86 S.) Göttingen 887. Vandenhoeck & Ruprecht's Verl. n. 2. —

Frank, Reinhard: Studien zum Polizeistrafrechte. *Giessen 1897: v. Münchow.* (20 S.) 4°
Giessen, Progr. z. Ludwigstage am 25. Aug 1897

— Vergeltungsstrafe u. Schutzstrafe. Die Lehre Lombrosos. Zwei Vorträge. (41 S.) 8. Tübingen 908. J. C. B. Mohr. — 80

Vollendung u. Versuch, s.: Darstellung, vergleichende, des deutschen u. ausländischen Strafrechts.

Frank, Rhard., Naturrecht, geschichtliches Recht u. sociales Recht. gr. 8. (III, 32 S.) Leipzig 891. C. L. Hirschfeld. n. — 80

B) — Naturrecht. 891. (KBL 27.) Jetzt: Tübingen, J. C. B. Mohr.

— s.: Pitaval, der, der Gegenwart.

— Raub, s. Darstellung d. Strafrechts.

s.: Raub u. Erpressung usw.

Frank. Reinhard [Gerichtsreferendar in Göttingen]: Des Regnerus Engelhard peinliches Recht. – Ein Beitrag zur Kenntniss und Beurteilung der Wolff'schen Rechtsphilosophie ... *Leipzig, Druck v. Hesse & Becker* (1887); 2 Bl + 51 S. 8°.
Marburg, Jur. Fak., Inaug.-Diss. v. 8. Jan. 1887.

Frank, Reinhard, des Regnerus Engelhard peinliches Recht. Ein Beitrag zur Kenntniss und Beurteilung der Wolffschen Rechtsphilosophie. Diss. Marburg 1887, N. G. Elwertsche Univ.-Buchh. 8°. 54 S.

Frank, R., Schuldbegriff, s. Festschrift Giessen.

Frank, Rhard., das Strafgesetzbuch f. d. Deutsche Reich nebst d. Einführungsgesetze, hrsg. u. erläut. gr. 8. (X, 474 S.) Leipzig 897. C. L. Hirschfeld. n. 8. 60; geb. n. 10. 60

Frank, Richard [aus Esslingen]: Ueber Beckentumoren .... Berlin, Buchdr. v. Knoll u. Wölbling (1886); 68 + 4 S. 8°.
Berlin, Med. Fak., Inaug.-Diss. v. 27. Jul. 1886.

Frank, Richard, über Beckentumoren. Diss. Berlin 1886, Mayer & Müller. 8°. 68 S.

Frank, Richard: Beitrag zur Aetiologie der Bronchiektasie. *München 1897: Kastner & Lossen.* (31 S.) 8°
München, Med. Diss. v. 1898

Frank, Rich., das Hauptlehrer-Amt. Eine krit. Studie. gr. 8. (24 S.) Wittenberg 887, Herrosé Verlag. *
Vgl.: Galander, Adf., Entgegnung.

Frank, Rudolf. Beiträge zur Anwendung der Dialyse in gerichtlich-chemischen Untersuchungen. (Bern) Wien, 1885.

Frank, Rud., Richard Dehmel, s.: Hesse's, Max, Volksbücherei.

Frank, Rud., Entwurf zu einer Synodal- u. Presbyterialverfassung f. d. Großherzogthum Hessen. gr. 8. (VIII u. 21 S.) Gießen 848, Ferber. n. 1/6 ₰

Frank, Rud., Erinnerungen in Predigten. gr. 8. Gießen 843, Ricker'sche Buchh. n. 1 ₰

Frank, Rud., Vincenz Fettmilch. Eine historische Erzählung aus der Geschichte der freien Stadt Frankfurt a. M. [1612 —1616.] Leipzig 861. Dehme. 8. (VIII, 213 S.) n. 28 ngr

s.: Goethe, Joh. Wolfg. v., f. Jungens.

Frank, Rud., üb. die Radicaloperation v Leistenhernien. gr. 8. (32 S. mit 8 Abbildgn.) Wien 893. J. Šafář. n. 1. —

Frank, Rudolf, a. Mainz: Die Rechts- und Geschäftsfähigkeit in der Geschichte des internationalen Privatrechts. Gießen 1908: v. Münchow. (71 S.) 8°
Gießen, Jur. Fak., Ref. Biermann, Diss. v. 19. Mai 1908
[Geb. 16. Sept. 86 Mainz; Wohnort: Mainz; Staatsangeh.: Hessen; Vorbildung: Herbst-Gymn. Mainz Reife M. 04; Studium: München 2, Zürich 1, Heidelberg 1, Berlin 1, Gießen 3 S.; Rig. 26. Febr. 08.]

Frank, Rud., Suchet in d. Schrift! Zwei Predigten zur 300jährigen Jubelfeier der Luther'schen Bibelübersetzung u. zu einem wohlthät. Zwecke bestimmt. gr. 8. Darmstadt 835. Heyer's Buchh. (Jonghaus) 1/6 ₰

— üb. die angeborene Verschliessung d. Mastdarmes u. die begleitenden inneren u. äusseren angeborenen Fistelbildungen. gr. 8. (88 S. m. 51 Abbildgn.) Ebd. 892. n. 3. —

Frank, S. Th., der prakt. Bäcker od. vollständ. u. faßl. Anweisung, schmackhaftes u. nahrhaftes Brot aus jeder Fruchtgattung u. mit jedem übl. Gährungsmittel zu erzeugen. Ein Hülfsb. f. Bäcker u. Haushaltungen. Nebst ein. Aufsatze üb. Gemeindebackereien u. einigen geschichtl. Bemerkungen. gr. 8. (17½ B. u. 1 Stnt.) Stuttgart 814, Cotta'sche Buchh.
Vgl. Frand

Frank, Salomo, s. Franck

Frank, Sebastian, s.a. Franck

Frank, Sebastian, s. Haggenmacher, O.

Frank, Sebast., de Pythagora ejusque symbolis disputatio commentario illustrata a Frider. Latendorf. Schwerin 869. (Berlin, Calvary & Co.) 4. (26 S.) n. 10 ngr

Frank, Siegfr., das Grundprinzip der Arbeiterversicherungsgesetzgebung. Eine sozialpolit. Studie. gr. 8. (34 S.) Fürth 892. G. Rosenberg. n. — 75

Frank, Siegfried [Rechtspraktikant am K. Amtsger. Fürth]: Der Rechtscharakter der durch die deutsche Sozialgesetzgebung geschaffenen Unterstützungsansprüche.... Halberstadt, H. Meyer's Buchdr., 1891; 48 S. 8°
Erlangen, Jur. Fak., Inaug.-Diss. v. 1891

Gesellenzeichnung. Von Sigism. Frank. [Stuttgart] o. J. 1 Bl. 4° [Kopftit.]
Gedicht üb. die Gesellenfragen: „Wenn man mich frägt, ob ein Maurer ich bin, so lautet die Antwort . . .“

Frank, Stanislaus: Ueber Epityphlitis im Kindesalter nebst einem kasuistischen Beitrag. München 1909: Ernst. 40 S. 8°
München, Med. Diss. v. 9. Juli 1909, Ref. v. Bauer
[Geb. 1. Nov 83 Warschau; Wohnort: Warschau; Staatsangeh. Rußland; Vorbildung. Gymn. Warschau-Praga Reife Mai 04; Studium: Bonn 4, München 6 S.; Rig. 9 Juli 09] [U 09. 3311

FRANK, Stephanus: De indissolubilitate sacramenti matrimonii. — (1895) 115 S. 8° (Handschr.) Diss. 536
Diss. Wien, Univ.

Frank, T., Attraction of mood in early latin. Diss. 1904. 59 S.

Frank, Th., üb. Diphtheriebehandlung m. Heilserum. Vortrag, geh. am 20. Novbr. 1894. gr. 8. (16 S.) Potsdam 894. (R. Frank.) n. — 60

Frank, Th., Wert u. Bedeutung der deutschen Reformation in religiöser u. weltl. Beziehung. (23 S. m. 1 eingedr. Bildnis.) kl. 8. Berlin (910). Rehtwisch & Langewort. — 20

Frank, *Georg* Theodor [pr. Arzt aus Ober-Schlesien]: Über die Abtragung der oberen Extremität samt der Scapula '(Amputatio interscapulo-thoracica nach P. Berger)' nebst Beschreibg zweier Fälle aus d. Greifswalder Chirurg. Klinik ... Greifswald, Druck v. J. Abel, 1895; 2 Bl., 46 S., 1 Taf. 8.
Greifswald, Med. Fak., Inaug.-Diss. v. 3. Aug. 1895

Frank, Theodor [app. Arzt aus Güstrow, Mecklenburg]: Ueber Diagnostik und Therapie der Tubenerkrankungen. ... Freiburg i. B., Oberrhein. Genoss.-Buchdr., 1888; 29 S. + 1 Bl. 8°
Freiburg i. B., Med. Fak., Inaug.-Diss. v. 1888

Gabriele | die Tochter des Indianer-Häuptlings | oder seltsame | Abenteuer zweier Liebenden. | Eine spannende Erzählung | aus dem Leben | von Theodor Frank. (= *Nro.* 152). Kol.: Druck und Verlag von Rob. Bardtenschlager, Reutlingen.
o. J. (1882), 64 S., 165 × 109, U.-Fig.: *»Gib ihm den Todesstoß!« schrieen die Neger ihm zu. ...*, 106 × 96.
LBS d. D. oct K 3325.

Frank, Thdr., Gabriele, die Tochter d. Indianer-Häuptlings od. ſeltſame Abenteuer zweier Liebenden. Eine ſpan. Erzählg. aus dem Leben. 8. (64 S.) Reutlingen 883. Bardtenſchlager. — 25

Frank, Theodor [aus Siegelsbach]: Zur Casuistik der Urachustumoren ... Würzburg, Becker's Univ.-Buchdr., 1893; 16 S. 8.
Würzburg, Med. Fak., Inaug.-Diss. v. 1893

Frank, Theodor [aus Mannheim]: Cultur und chemische Reizerscheinungen der Chlamydomonas tingens. (Mit einer Tafel.). (S.-A. aus der „Botan. Zeitung". Bd. 62.) Leipzig 1904. 40 S. 8°. [21. VI. 04.]
Basel Phil Diss 1903/1904.

Frank, Theodor. Cultur und chemische Reizerscheinungen der Chlamydomonas tingens. Diss. Phil. Basel. Mit einer Tafel. ([Sep.-Abdr. aus:] Botanische Zeitung, Jahrg. 62.) 40 S. kl.-4. (Leipzig, Breitkopf & Härtel,) 1904.

Frank, Thdr., häusl. Morgen- u. Abendopfer, in Geſängen, nach d. vier Jahreszeiten geordnet. Mit 1 Titelk. A. u. d. T.: Taſchenb. f. häusl. Andacht in Morgen- u. Abendgeſängen 2c. gr. 12. Nürnb. 814. Bauer u. R. 16 gr. 2e Aufl. verm. durch Feſtgeſänge v. G. E. Roth. mit 1 Titelk. gr. 12. Ebd. 823. 16 gr.

Frank, Th., häusliche Morgen- und Abendopfer, in Geſängen, nach den vier Jahreszeiten geordnet. Mit 1 Titelk.
Auch unter dem Titel:
Taſchenbuch für häusl. Andacht in Morgen- und Abendgeſängen u. ſ. w. gr. 12. Nürnberg, Bauer und Raspe. 820.

Frank, (Th.,) häusl. Morgen- u. Abendopfer in Geſängen nach den 4 Jahreszeiten geordnet. 2e Aufl. verm. durch Feſtgeſänge v. G. E., mit 1 Titelkupfer. gr. 12. Nürnberg 823, Bauer u. R.

Frank, Theodor [app. Arzt aus Darmstadt]: Ueber syphilitische Tumoren der Nase ... Strassburg i. E., Buchdr. C. Goeller, 1894; 27 S., 2 Bl. 8.
Strassburg, Med. Fak., Inaug.-Diss. v. 1894

Frank, Theoph., Geſch. d. Frankenlandes u. deſſen Hauptſtadt Würzburg. 8. Frankf. 755. (Schäfer). 12 gr.

— Theophil Richard Lippehna / Neumark), De phthisi purulenta. Diss. med.-chir. Erlangen (Hilpert) 19. V. 1796. 58 S. (4.50) 9372
Gew.: Carl Georg Heinrich Grf. v. Hoym (Dyrenfurt ..).

Frank, Tob., kurze Beſchreibung d. 4 Monarchien, nämlich der Chaldäiſchen, Perſiſchen, Griechiſchen u. Römiſchen. gr. 8. Nürnberg, Endter. 727.

Frank, Ulrich [Pseud.], s.a. W o l f f, Ulla [Wirkl.Name]

Frank, Ulr. (Ulla Wolff), adlig. Roman. 8. (237 S.) Berlin 895. H. Steinitz. n. 3. 50

Frank, Ulr., Rechtsanwalt Arnau. Roman. 8 (250 S.) Berlin 891. Freund & Jeckel. n. 3. —

Frank, U., weltliche Beichte. 8. (148 S.) Leipzig 887. Friedrich. n. 3. —

Frank, Ulr. (Frau Ulla Wolff). ſ. a. Berlinerin, die.

FRANK, Ulrich. Die Berlinerin. Bilder und Geſchichten von Georg Ebers, Georg Engel, Franzos, Max Grube, Max Kretzer, Moszkowski, Rodenberg, Stettenheim, Stinde, Heinz Tovote, J. Trojan, Ernſt v. Wildenbruch, E. v. Wolzogen, Fedor von Zobeltitz. Mit 90 Illuſtrationen von Friedrich Stahl. Berlin 1897. 8°.

— Simon Eichelkatz u. anderes. (269 S.) 8. Breslau 903. Berlin, S. Schottländer's ſchleſ. Verlagsanſtalt. n. 3. —; geb. n. 4. —

— Margarete Eilert. Roman. 8. (151 S.) Berlin 898. Freund & Jeckel. n. 2. —

— die Einſiedlerin. Roman. (421 S.) 8. Ebd. 905. n. 3. —; geb. n. 4. —

Frank, Ulr. (Ulla Wolff-Frank), Frauen v. heute. Roman. 2. Aufl. (260 S.) 8. Berlin (908). H. Steinitz. 3. —

— die Frühlingsgnade. Novellen. 8. (VII, 136 S.) Ebd. 897. n. 2. —

Frank, Ulr. (Ulla Wolff), geſtern u. heute, ſ. a. Bibliothek, naturaliſtiſche. 28. Bd.

— geſtern u. heut. Roman. 8. (178 S.) Berlin 896. H. Steinitz. n. 2. —

— der Kampf ums Glück. Roman. 8. (296 S.) Berlin 888. Freund & Jeckel. n. 3. —

— Der Kampf ums Glück. Roman. 6. Aufl. (318 S.) 8. Ebd. (907). 3. —

Frank, U., der Herr College. Schauſpiel in 4 Akten. Bühnen gegenüber Mſcr. gr. 8. (31 S.) Berlin 876. Lowitſch in Comm. n. 1. —

— daſſelbe. gr. 16. (82 S.) Wien 876. Wallishauſſer. n. 2. 40

— die Lene. Roman. (Umſchlag: 2. Aufl.) (164 S.) 8. Berlin 903. C. Freund. n. 2. -

— zwei Novellen. (Frau Ottilie. — Bettlers Heim.) 8. (VII, 182 S.) Ebd. 890. n. 2. —

— beim Patriarchen. — Die Toten. (296 S.) 8. Breslau 903. Berlin, S. Schottländer's ſchleſ. Verlagsanſtalt. n. 3. —; geb. n. 4. —

— ſollen Damen allein reiſen u. andere Novellen. 8. (155 S.) Ebd. 892. n. 2. —

— der Stern. Roman. (293 S.) 8. Berlin (905). A. Schall. n. 3. —; geb. n. 4. —

— ein Vampyr, ſ.: Theater-Repertoir, Wiener.

Frank, U., Waldgeheimniß. Ein ſociales Märchen. 12. (111 S.) Norden 880. Fiſcher Nachf. geb. m. Goldſchn. n. 3. —

Frank, U., das Wunderkind. Erzählung. 8. (179 S.) Halle 884. Abenheim. n. 2. 50

—— ſ. Zehnpfennig-Bibliothek Nr. 2.

Frank, Ver., s. F r a n k von Steigerwald, Veronus

Frank, Vera: Aus d. Chir. Klinik d. Kgl. Charité. Beitrag zur Kasuistik der diabetischen Gangraen. (Berlin 1910: Blanke.) 42 S. 8°
Berlin, Med. Diss. v. 4. März 1910, Ref. Hildebrand
[Geb. 22. Juli 84 Orenburg; Wohnort: Petersburg; Staatsangeh.: Rußland; Vorbildung: Mädchengymn. Orenburg Reife 02; Studium: Zurich 8, Berlin 2 S.; Rig. 1. März 10.] [U 10. 34

Frank, Vict., s. a: Samson-Himmelstjerna, H. v.

— russisches Christenthum. Dargestellt nach russ. Angaben. 2. (Titel-)Ausg. (v. F., russ. Selbstzeugnisse I.). gr. 8. (XII, 367 S.) Paderborn 894. F. Schöningh. n. 5. —

Frank, V., Rußland, seine Hilfs- u. Machtmittel. gr. 8. (76 S.) Paderborn 888. F. Schöningh. n. — 80

— russische Selbstzeugnisse. I. Russisches Christenthum. Dargestellt nach russ. Angaben. gr. 8. (XII, 367 S.) Ebd. 889. n. 5. —

Frank, W.

— s. Bellarmin, des ehrwürd. Cardinals, zwölf Homilien 2c.

— Deutschland in Amerika. Das einzig rechte Ziel aller deutschen Auswanderer. 8. Cassel 839. Luckhardt. 1/2 ℔

Frank, W., Eisenbetonbau. Kurzgefasstes Lehrb. unter besond. Berücksicht. der Bedürfnisse d. Praxis. (VII, 210 S. m. 101 Abb.) gr. 8. Stuttgart 911. K. Wittwer. Geb. in Leinw. 4. 80

Frank, W., zwei Erzählungen. I. Eine Standhafte. — II. Nemesis. gr. 8. (260 S. Frankfurt a/M. 890. (Kauffmann.) n. 2. 25

— Gedanken e. Katholiken bei d. neuen Gestaltung seiner kirchl. Verhältnisse im Großherz. Baden. Als Antwort auf d. Frage: „Brauchen d. Katholiken im Badischen nun auch Jesuiten, Klöster u. Missionäre?" gr. 8. Heidelb. 827. (Groos). 6 gr.

Frank, W. Geschichte der ehemal. Reichsstadt Oppenheim a./Rh. (XXV 560) 8 Darmstadt 1859 7,00.

Frank, W., 1. Gutachten über den neuen Augsburg. Katechismus 2c. gr. 8. Heidelberg 837. Oßwald. 1 1/2 gr.

Frank, W. (II.), Gutachten üb. d. neuen augsburger Katechismus 2c. gr. 8. (1/2 B.) Heidelberg 837, [C. F. Winter.] Thlr.
Vgl. Franck, Frannk, Franque.

Frank, W., die Macht d. Liebe. Erzählg. gr. 8. (197 S) Frankfurt a/M. 896. A. Kauffmann. n. 2. —

— der Rabbi u. s. Sohn, s.: Universal-Bibliothek, jüdische.

Frank, W., alphabetisches Sachregister zum Reichs-Gesetz-Blatte für das Kaiserthum Oesterreich, umfassend alle in diesem Blatte aufgenommenen Gesetze und Verordnungen für den Zeitraum der J. 1864—1868, mit besond. Ersichtlichmachung des Zusammenhanges und genauer Angabe der ganz oder theilweise erfolgten Außerkraftsetzung, Vervollständigung und Berichtigung derselben. gr. 4. (III, 78 S.) Prag 869, Bellmann's Verlag. *

Frank, W. III., d. Schiffbruch d. Sabalva im indischen Ocean. A. d. Engl. gr. 8. Stralsund 821. Löffler. 8 gr.

— Schriften vermischten Inhalts. 8. (VII, 165 S.) Frankfurt a/M. 896. J. Kauffmann. n. 2. —

— eine Standhafte, s.: Universal-Bibliothek, jüdische.

Frank, W., der technische Telegraphendienst, s.: Rabbas.

Frank, W. Ueber die Zusammensetzung der Kuhmilch. Leipzig, 1901.

Frank, W., der Zweifler. Roman. 8. (297 S.) Frankfurt a/M. 892. A. Kauffmann. n. 2. 60

Frank, Walt., Englisch, s. a. Schülerbibliothek, goldene. 4. Bd.

Englisch. Für Schüler d. Untertertia ... u. Abiturienten sowie Schülerinnen höh. Schulen. Regeln u. Grundsätze in leicht fassl. Form an .. Satzbeisp. erl. Bearb. von Dr. Walter Frank. Kattowitz & Leipzig: C. Siwinna [1907] (67 S.) 8° [07. 16980 2
— Schülerbibliothek, Goldene. Bd 4.

Frank, W(erner), approb. Arzt aus Slawentzitz: Die Durchblutung der Hornhaut. *Rostock 1902: Adler's Erben.* (42 S.) 8°
Rostock, Med. Diss. v. [20. Okt.] 1902

Frank. Wilh., kurze Anleitung zum Sachunterricht in Verbindung mit der biblischen Geschichte und dem Religions-Unterrichte. Nebst einiger Orientirung für die Volksschullehrer und jeden Heilsbegleriqen. Heidelberg 851. Rieger. 8. (42 S.) 5 ngr

Frank, W[ilhelm], Reg.-Bauführer: Über die analytische Bestimmung der elastischen Verrückungen von Fachwerken und vollwandigen Trägern mit Anwendung auf die Berechnung von statisch unbestimmten Systemen. 1901. 58 S. 4°
Stuttgart, Dr.-Ing.-Diss. v. 22. 2. 1901

Frank, Wilhelm, approb. Arzt aus Trier: Aus d. Psychiatr. u. Nerven-Klinik zu Kiel. Über Chorea gravidarum. *Kiel 1904: H. Fiencke.* (33 S.) 8°
Kiel, Med. Diss. v. [12. März] 1904

Die Corpus Christi-Kirche in Berlin wie sie ward und ist, dargest. von Wilhelm Frank, Erzpriester in Berlin. (Berlin): Selbstverl. 1904. (40 S.) 8° [Ant u. F.] [05. 98

— s. Emilie im einfachen Stande.

Emilie im vierfachen Stande als Kind, Jungfrau, Gattin und Mutter (von *Wilhelm Frank*). 2 Bde. Leipzig, Seeger, 1802. 8°.
Vorr. unterz.: Wilhelm Frank, gen. P. — Der Roman enth. in Theil 2 „Emilie als Gattin u. Mutter" zieml. freie u. verfängliche Erörterungen. — Anon.-Lex. II. p. 21 (nach Meusel, Kayser u. Krusche).

— — Dasselbe. Neue mit 4 Kpf. von Jury verschönerte Ausgabe. Leipzig, Seeger, 1803. 8°. (2 2/3 Rthl.)

— — Dasselbe. Nachdruck. 2 Bde. 2te verbess. Aufl. Reutlingen 1804, bei Joh. Jak. Mäcken. Gr. 8°. VI—254 u. 253 SS.

Frank, Wilh., s.: Fels u. Sand. — Gespräche über Protestantismus.

Friedhof und Friedhof-Kapelle ‹Kreuzkirchlein› d. St.-Pius- und St. Hedwigs-Gemeinde in Hohenschonhausen. Ein geschichtl. Rückblick vom Geistl. R. Wilhelm Frank. 3 Abb. Berlin: Selbstverl. 1907. (37 S.) 8° [F.] [07. 11286

—— Gespräche über Protestantismus und Katholicismus von Dan. Schenkel, einfach besprochen, s. Gespräche.

Katholische Mädchen, vereinigt Euch! Ein Wort d. Aufmunterung z. Bildung kath. Arbeiterinnenvereine in Verbindung mit d. geschichtl. Darstellung d. kath. Arbeiterinnen-Vereins 'Pius' in Berlin von Wilhelm Frank, Erzpriester in Berlin. (Berlin: Selbstverl. 1904) (28 S.) 8° [F.] [05. 99

Kreuz und Quer durchs Mittelmeer. Reiseschilderungen von Wilhelm Frank, M. d. R. Berlin: Sonntagsglocken 1906. (207 S.) 8° [F.] [06. 8619

— Kreuz u. quer durchs Mittelmeer. Reiseschildergn. 2. Aufl. (V, 212 S. m. 57 Abb.) kl. 8. Breslau 909. F. Goerlich. Geb. in Leinw. 2. —

Frank, Wlh., wunderbares Leben u. Abentheuer J. v. Loyola. 2 Thle. 8. Leipz. 802 u. 803. Kühn. 2 ℔ 10 gr.

Frank, Lehrbuch der Schulgesundheitspflege. (VII, 227 S. m. 1 farb. Taf.) kl. 8. M. Gladbach 909. A. Riffarth. Geb. in Leinw. 1. 35

Lehrbuch der Schul-Gesundheitspflege von Wilhelm Frank. 2. verb. Aufl. M. Gladbach: Riffarth 1909. X, 234 S. 8° [10. 3315

Ueber das adriatische Meer hin und her. Reise-Eindrucke, geschildert von Wilhelm Frank, M. d. R. Mit 59 Ill. Berlin: Sonntagsglocken [1907]. 110 S. 8°

Frank, Wilh., über das adriatische Meer hin u. her. Reise-Eindrücke. (111 S. m. 59 Abb.) gr. 8. Berlin (908). Verlag d. Sonntagsglocken. 1. 60

Frank, Wilh., Katholischer Nachklang auf die geschichtliche Darstellung des Rücktrittes der Herrn Grafen Chr. E. u. Gottfr. v. Benzel-Sternau Zu einiger Orientierung für gebildete Christen, die keine Theologen sind Katholik 1827, Bd. 26 S. 165–202
Auch separat. Mainz, Kirchh., 1827, gr. 8°, 80 Pf. (Vergriffen.)

Frank, W., kathol. Nachklang auf d. geschichtl. Darstell. d. Rücktritts d. Hrn. Grafen Chr. E. u. Gtfr. v. Benzel-Sternau. Zu einiger Orientirung f. gebild. Christen, d. keine Theologen sind. Mit e. Beil. (A. d. „Katholiken" abgedr.) gr. 8. (2½ B.) Speyer 827. (Leipzig, Hinrichs.)

Rosen und Dornen in der Berliner Seelsorgsarbeit, in zwanzigjähriger Tätigkeit (1887–1907) gesammelt u. dargest von Wilhelm **Frank**, Domkapitular Breslau, Selbstverl 1909 94 S. 8° [09 6813

— Rosen u. Dornen in der Berliner Seelsorgsarbeit in 20jähr. Tätigkeit (1887—1907), gesammelt u. dargestellt. (96 S. m. 3 Bildnissen.) 8. Breslau 909. Müller & Seiffert. 1. —

Frank, Wilhelm: Die Ruptur des musculus quadriceps femoris. Heidelberg 1910: Hörning. 17 S. 8°
Heidelberg, Med. Diss. v. 18. Juli 1910, Ref. Völcker
[Geb. 30. Aug. 85 Mainz; Wohnort: Mainz; Staatsangeb.: Preußen; Vorbildung: Gymn. Mainz Reife O. 03; Studium. Munchen 2, Freiburg i. B. 3, Munchen 1, Heidelberg 1, Berlin 2, Munchen 2 S.; Coll. 28. Juni 10; Approb. 15. Febr. 10.] [U 10. 2054

Frank, Wilh (geb Trier (10 9 1846)) Theses Berlin (1870) (2 Bl) 8°
Berlin, Med Thes v 25. Juli 1870

Frank, Wilh., von Hamburg zum Nordkap u. nach Spitzbergen, s.: Woerl's. Leo. Reisehandbücher.

— Werdegang e. katholischen Pfarrgemeinde in Berlin. Gedenk-Blätter an die Vollendg. der ersten 15 Jahre der St. Pius-Pfarrgemeinde 1. 1. 1889 bis 31. 12. 1903. (161 S. m. 3 Bildnistaf.) gr. 8. Breslau (904). (G. P. Aderholz.) n. 2. 50; geb. n. 3. —

An Sankt Theresias Wiege und Grabe Avila u Alba, zwei ehrwurdige Stätten auf span Boden Mit 26 Ill Dargest von Wilhelm **Frank**, Domkapitular. (Breslau) Selbstverl 1909. 32 S 8° [09 17703

— An Sankt Theresias Wiege u. Grabe. Avila u. Alba, zwei ehrwürd. Stätten auf span. Boden. (32 S. m. 26 Abb.) 8. Breslau 909. (Goerlich & Coch.) 1. –

Frank, Willy, wie gelangt man zum Erfolg? Anleitung f. jedermann zum Vorwärtskommen durch eigene Kraft. (64 S.) 8. Berlin (904). H Steinitz. n. 1. —

Frank, Wolf [pr. Arzt aus Busenberg '(Rhein-Pfalz)']: Über ein Enchondrom in den Weichteilen des Fingers ... Strassburg i. E., Buchdr. C. & J. Goeller, 1896; 22 S., 1 Bl., 2 Taf. 8.
Würzburg, Med. Fak., Inaug.-Diss. v. 1896

Frank, Wolfgang: Beiträge zur Geologie des südöstlichen Taunus, insbesondere der Porphyroide dieses Gebietes. *Marburg 1898: C. Munchow Ges ...*, 3, S mit Taf. u. Kt 8°
Marburg, Phil Diss v [1] Mai 1898

Frank, Wolfg., Fürst Bismarck u. nicht seine Leute während des parlamentarischen Kriegs. Zeitgeschichtliche Spaziergänge. 8. (VIII, 240 S.) Leipzig 882. Thiel. n. 3. —

Frank, X., alle vorzügl. öffentl. geprief. Mittel gegen d. Cholera, gesammelt u. herausgeg. zum Gebrauch f. Jedermann. gr. 8. Leipz. 831. Berger. 3 gl.

Frank de Frankenau, G. F., resp. **Buchwald**, De morbo comitiali. 64 pp. Hal. 4°. 1720

Frank-Kamenetzky, Albert [aus Wilna (Russland)]: Bromide des Isopentans. Karlsruhe 1899. 49 S. 1 Taf. 8°.
Basel. Phil. Diss 1898/99

Frank-Kamenetzky, Chatzkel: Über Haematoma vulvae. Halle a. S. 1909: Kaemmerer. 67 S. 8°
Halle, Med. Diss. v. 4. Aug. 1900, Ref. Veit
[Geb. 12. Okt. 83 Wilna; Wohnort: Wilna; Staatsangeb.: Rußland; Vorbildung: Reichs-Realsch. Wilna Reife Juni 02, Ergänzungsprüf. Bjelgorod Juni 08; Studium: Med. Königsberg 2, Phil. Berlin 2, Halle 6, Med. Halle 4 S.; Rig. 30. Juli 09.] [U 09. 1603

Frank-Kirchbach, Tuschzeichnungen zu Bulwer's Erzählung: Die letzten Tage v. Pompeji, s.: Schatzkammer deutscher Illustratoren.

Frank v. Lichtenstein, Jh. Stn., († 1796), s. a *Lapide* lucido.

Frank O'Donnell, s.: Bibliothek f. die reifere christliche Jugend.

Frank von Steigerwald, Veronus [Pseud], s.a. Pistorius, G. Tobias [Wirkl.Name]

Frank, Ver., Res furciferorum, so die Diebe, ihre Captur, Inquisition, Tortur u. Strafe betreffen. 4. Augsburg. 728.

Frank v. Talfingen, Geo., Abendläuten. Ein Drama in 2 Aufz. (IV, 74 S.) 8. Dresden (907). E. Pierson. 1. 50

Fränk, Bar, Qöntres chüt ham-meschulläsch ... Regeln, die in der Synagoge zu beobachten sind. Wien 1829.

Handbuch der Baumwoll-Industrie. Von Ernst **Fränk**. Mit 40 Ill. Warnsdorf 1906: Strache [übergekl.: Berlin: Verl. f. Textil-Industrie]. VII, 188 S. 8° [II. 808

Fränk, Ernst, Schuss-Verbrauchs-Tabellen f. Baumwoll-Gewebe. qu 4. (X, 350 S.) Wien 893. (R. Lechner's Verl.) Geb. in Leinw. n. 20. —

FRANKAU, August: Untersuchungen über die Beziehungen der physikalischen Bodeneigenschaften zu einander und zur mechanischen Bodenanalyse. - Straubing 1909. 46 S.- Diss. Techn. Hochsch. München 1909

Frankau Julia 1908 [wirkl Name]
s Danby, Frank [Pseud] [08 911

FRANKE, Friedrich und Wilhelm, oder Lebensskizzen meiner Vorfahren, besonders fur Eheleute und Erzieher Bdchn. 1. (einz.). Dorpat u. Riga, beym Commerzienrath W. C. A. Muller, 1805. 8°.
118 S. Harmloses Opus — Nicht bei Kayser unter Romanen, 1827, aber 1836, S 44.

Franke, Friedrich u. Wilhelm; od. Lebensgeschichte meiner Vorfahren. 1r Thl. 8. Riga 805. Meinshausen. 8 gl.

Franke

— s. a. **Franck(e)**.

— s. a. **Francke(n)**.

Franke, ..., s. Archiv für die civilist. Praxis.

Franke, Einige Bemerkungen allgemeiner Natur zum Turnbetriebe an unseren höheren Lehranstalten (Gymnasium, Jg. 11, Nr 9, 1893, Sp 314/8), 3 S., Gr.-8°.

Franke, Betrachtungen über die Darstellungsweise der ersten griechischen Declination. Göttingen 866. Vandenhoeck & Ruprecht. 4. (IV, 46 S.) n. 12 ngr.

Franke, De primo Eumenidum Aeschyli cantico et nonnullis, qui antecedunt, dialogi versibus commentatio. Pr. 1875. 31 S. 4°. 2.—

Franke, d. Eidesleistung d. Juden. 2 Ausg. Dresden 847.

Franke, Elementarbuch 2c., s. Elementarbuch.

Franke, d. Entscheidgn. ausländ. Gerichte über bürgerl. Rechtsstreitigkeiten in ihrer Wirksamkeit nach deut. Reichsrecht. Berlin 884.

Franke's bayer. Haus-Kalender f. Stadt u. Land — Jung u. Alt. 1898. 4. (80 S. m. Abb., 1 Wandkal. u. 1 Farbdr.) München, C. Haushalter. n. — 30

— Haus- u. Familien-Kalender, Fortsetzg., s.: Haus- u. Familien-Kalender, illustr

— Münchener Haus-Kalender f. Jung u. Alt. 1898. 4. (80 S. m. Abb., 1 Wandkal. u 1 Farbdr.) Ebd. n. —30

Franke (Bearb.), s. Hoffmann: Der Feld-Kanonier.

Franke, — s. Journal f. Prediger.

Franke: De incerti auct. Itinerario Alexandri M. comm. 17 S.–Neisse, Progr. 1868

Franke's königl. sächs. concessionirter vaterländischer Kalender 1903. 57. Jahrg. Mit 4 Gratisbeilagen: 1 Buntdruck-Bild, 1 Wand- u. 1 Portemonnaie-Kalender, 1 Markt-Verzeichnis. 4. (64 S. m. Abbildgn.) Dresden-Blasewitz, Gustav Adolf-Verlag. — 50
Vergl.: Kalender, königl. sächs. concession.

Franke's königl. sächs. concessionierter vaterländischer Kalender 1907. 61. Jahrg. Mit 4 Gratisbeilagen: 1 Buntdr.-Bild, 1 Wand- u. 1 Taschen-Kalender, 1 Markt-Verzeichnis. (48 S. m. Abbildgn.) gr. 8. Dresden-Blasewitz, Gustav Adolf-Verlag. n. — 50

Franke's königl. sächs. concessionirter vaterländ. Kalender 1911. 65. Jahrg. Mit 4 Gratisbeilagen: 1 Buntdr.-Bild, 1 Wand- u. 1 Taschen-Kalender, 1 Markt-Verzeichnis. (81 u. 16 S. m. Abb.) gr. 8. Dresden-Blasewitz, E. Leonhardi. — 50

Franke, die Krankheiten der menschlichen Geschlechtsorgane. Eine allgemein verständl. Darstellung. 2.—5. Tausend. 12. (83 S.) Guben 889. Sallis (durch Th. Thiele in Berlin). 1.50

Franke's Phantom. Anatomisch-physiolog. Atlas d. Menschen m. Berücksicht. chirurg. u. geburtshilfl. Operationen. 116 farb. Taf. in Holzkapsel m. Stellvorrichtg. 176×61 cm. Mit 1 Taf. mikroskop. Präparate. 83× 56 cm auf Pappe. Mit Index v. Paul Krause. gr. 8. (46 S.) Berlin 891. R. Kühn. n. 150.—

Franke, praxis geometrica. 4. Ausg.

– (Hrsg.), s. Praxis, Soziale.

Mittler, Ernst Siegfr.: Rede gehalten bei der Beerdigung des [Br.] Ernst Siegfr. Mittler zu Berlin am 14. April 1870 von **Franke.** Als Hs. f. Angehörige u. Freunde. Berlin [1870]: Mittler & S. 9 S. 8° [Umschlagtit.]
Üb. Mittler s. Allgem. Deutsche Biographie Bd 22 1885 S. 35—36 (Toeche).

Franke: Ueber die Stimmberechtigung des böhmischen Königs bei Rudolf I. Königswal. 20 S. – Gr. Glogau kth., Progr. 1864.

Franke, De usu particulae utique apud L. A. Senecam. Gol. 1861. 4 S. 4°.

Das sächsische Vogtland von Major **Franke** u. Das Saaletal von Dir. Prof. [Franz Woldemar] Albert. (Maasst. 1:100,000. 6. Aufl.) Plauen: A. Kell [1906]; (Lith. W. Greve, Berlin). (1 Kartenbl. 74×64 cm.) 8° [kol.] [Umschlagt:] Karte d. Vogtlandes u. angrenz Gebiete . . mit Angabe d. . . . markierten Wege. [a. 1906]

Franke, ..., die Winterabende am Kamin. 1r Thl. 8. Eisenach 804. Bärecke. 12 gr

Franke, Dr., s. Zeitschrift f. protestant. Geistliche.

Franke, A., Handbuch der Buchbinderei, s.: Bauer, C.

Franke, A., die Kunstgriffe beim Schnellrechnen. Praktische Fingerzeige f. alle, welche Prozent-, Zins-, Zinseszins-, Renten- u. verschiedene andere Rechngn. schnell u. sicher auszuführen wünschen. 8. (III, 52 S.) Leipzig 891. Schorpp. n. 1.—

Franke, A., unentbehrliches Lehrbuch der deutschen Sprache für Diejenigen, welche sich auf eine leichte u. faßliche Weise ausbilden wollen, so wie auch zum Elementar-Unterricht anwendbar. 8. (136 S.) Berlin 817, Literatur- und Kunst-Comptoir. 1/4 Thlr.

Franke, A., Nicht nach Canossa! Eine Erzählung aus den jüngsten Tagen. 1.—5. Aufl. gr. 16. (64 S.) Regensburg 872, Pustet.

— Priesterthum od. Hochzeit, s.: Zeitgeist, der.

Franke, A., Tabellen zur Berechnung der Anzahl Kannen und Volumprocente absoluten Alkohols, welche in einer nach dem Gewichte angegebenen Spiritusmenge enthalten sind. Berechnet f. die Grade 75 — 92 incl. des Alkoholometers v. Tralles. 12. (21 S.) Dresden 852, Arnold. n. 6 ngr

Franke, A., Tabellen z. Berechng. d. in dem Gewichte v. Spiritus enthaltenen Anzahl Quartiere u. Volum-Procente absoluten Alkohol. Berechnet f. die Alkohol-Grade v. 75% bis incl. 92% nach d. Alkoholometer v. Tralles, u. zwar auf Grundlage des Preuß. od. Kölnischen Handels-Gewichts f. Preuß., Hannov. u. Braunschweigische Quartiere. 2. Aufl. 8. (IV u. 55 S.) Braunschweig 848, Leibrock in Comm. n. 1/3 Thlr.

Franke, A., alcoholometrische Tafeln zur Reduction der spirituösen Flüssigkeiten von Gewicht auf Gemäß und von Gemäß auf Gewicht so wie zur richtigen Bestimmung der Gradstärken und des Werths derselben, berechnet für Zollgewicht und braunschweig. Gemäß. Aufgestellt zum prakt. Gebrauche für Steuerbeamte, Apotheker, Chemiker, Brennereibesitzer rc. gr. 8. (66 S.) Braunschweig 852, (Leibrock.) Thlr. *

Franke, A., alcoholometrische Tafeln zur Reduction der spirituösen Flüssigkeiten von Gewicht auf Gemäß und von Gemäß auf Gewicht rc., berechnet für Braunschweigisches Gemäß und Br. Handelsgewicht. Aufgestellt zum prakt. Gebrauche für Steuerbeamte, Apotheker, Chemiker rc. Ausgabe Nr II. Braunschw. Gemäß und Br. Handelsgewicht. Braunschweig 853. Leibrock. gr 8. (68 S.) n. 15 ngr

— — Ausgabe Nr. III. Für Zollgewicht und Preußisches Gemäß. Ebend. 853. gr. 8. (68 S.) n. 15 ngr

— — Ausgabe Nr. IV. Für Preußisches Gewicht und Preußisches Gemäß. Ebend. 853. gr. 8. (68 S.) n. 15 ngr

— — Ausg. Nr. VII. Sächsisches Gem. und Leipz. Kramer-Gew. Ebend. 853. gr. 8. (68 S.) n. 15 ngr

Franke, A., alcoholometrische Tafeln zur Reduction der spirituösen Flüssigkeiten von Gewicht auf Gemäß und von Gemäß auf Gewicht so wie zur richtigen Bestimmung der Gradstärken u. des Werthes derselben, berechnet für Sächsisches Gemäß u. Sächsisches [Zoll-]Gewicht. Aufgestellt zum praktischen Gebrauche für Steuerbeamte, Apotheker, Chemiker, Brennereibesitzer rc. 2. Aufl. der Ausg. Nr. 7 für Sächs. Gemäß u. Sächs. [Zoll-]Gewicht. Braunschweig 859. Leibrock. gr. 8. (64 S.) n. 15 ngr
Zu gleichem Preise auch Ausgaben dieser Tafeln zur Reduction von Braunschweigischem Gemäß auf Zollgewicht. — Braunschweigisches Gemäß auf Handelsgewicht. — Neues Preußisches Gemäß auf Zollgewicht.

Franke, A., alkoholometrische Tafeln zur Reduction der spirituösen Flüssigkeiten von Gewicht auf Gemäß und von Gemäß auf Gewicht so wie zur richtigen Bestimmung der Gradstärken und des Werthes derselben, berechnet für Zollgewicht und preuß. Gemäß. Aufgestellt zum prakt. Gebrauch für Steuerbeamte, Apotheker, Chemiker rc. 3., umgearb. und verm. Aufl. gr. 8. (64 S.) Braunschweig 864, Leibrock. *

Franke, A., d. Verfertigg. aller Art Papp- u. Galanterie-Arbeiten. E. vollst Anleitg. z. Herstellg. dieser Arbeiten. 5. Aufl. v. C. F. Leischner's Papp- u. Galanterie-Arbeiten, in vollst. Neubearbeitg. hrsg. M. e. Atlas v. 10 Foliotaf., enth. 165 Abb. gr. 8. (X, 114 S.) Weimar 897. Leipzig, B. F. Voigt. 3.75

Franke, A. H., kritisch-exegetisches Handbuch über die Briefe an die Philipper, Kolosser und Philemon, s. Meyer, H. A. W., kritisch-exegetischer Kommentar.

Franke, A. H., heiliger u. sicherer Lebensweg eines evangel. Christen. 8. 835. Zürich, Hanke. 1 ngl

Franke, A. H., deutsche Psalmen. Geistliche Lieder u. Gedichte. 8. (XII, 327 S.) Gotha 889. F. A. Perthes. geb. n. 5. —

Franke, A. H., deutsche Psalmen. Geistliche Lieder u. Gedichte. 2. [Titel-]Aufl. 8. (XII, 325 S.) Gotha [889]. 899. F. A. Perthes. Geb. in Leinw. n. 3. —

Franke, A. H., das alte Testament bei Johannes. Ein Beitrag zur Erklärg. u. Beurtheilg. d. johanneischen Schriften. gr. 8. (IV, 316 S.) Göttingen 885. Vandenhoeck & Ruprecht's Verl. n. 6. —

Franke, A. L., die 6 Jungfrauen. Ein Mährchen f. Jung u. Alt. 12. Stuttgart 846, Rommelsbacher. 1/8 ngl

Franke, A. Otto: Die Sarvasammata-Çikshâ mit Commentar, herausgegeben, übersetzt und erklärt .... Göttingen, Druck d. Dieterichschen Univ.-Buchdr., 1886; 1 Bl. + XVI + 43 + 1 S. 8°.
Göttingen, Phil. Fak., Inaug.-Diss. v. 29. Jul. 1886.

Franke, A. O., die Sarvasammata-Çikshâ m. Commentar, hrsg., übersetzt u. erklärt. Inaug.-Diss. gr. 8. (XVI, 43 S.) Göttingen 886. Vandenhoeck & Ruprecht's Verl. n. 2. —

Was lehrt uns die Ostasiatische Geschichte der letzten 50 Jahre? Vortrag von Dr [A.] O[tto] **Franke**, Legat Sekr. (Berlin: D. Reimer 1905) (S 91-114) 8°
= Abteilung Berlin-Charlottenburg d Deutschen Kolonial-Gesellschaft. **Verhandlungen** 1903 1905 Bd 8, H 4 [illegible]

Franke, Ad., die Reptilien u. Amphibien Deutschlands. Nach eigenen Beobachtungen geschildert. Mit einem Vorwort v. Rud. Leuckart. 8. (X, 174 S.) Leipzig 881. Veit & Co. n. 2. —

Franke, Adolf, u. Moritz Kohn

— — Die Darstellung [illegible] durch Einwirkung [illegible] organischer Verbindungen. S 114 [illegible] Hb [illegible] vgr
Separatabdruck

– u. Moritz Kohn

— — Die Darstellung [illegible] durch Einwirkung [illegible] organischer Verbindungen. S 110 IIb [illegible] vgr
Separatabdruck

— Über die Einwirkung [illegible] auf [illegible] Aldehyde. 1. Mitteilung S 109 IIb [illegible] vgr
Separatabdruck

— Über die Einwirkung von Hydrazinhydrat auf das Isobutyraldol S 107 IIb [illegible] vgr
Separatabdruck

— und **Hankam** O Die Einwirkung von Natriummalonester auf 1,10-Dibromdekan S 119 IIb [illegible] vgr
Separatabdruck

— Über die Einwirkung [illegible] alkoholischem Natron auf Isobutyraldehyd S 105 IIb [illegible] vgr
Separatabdruck

— Über die Einwirkung [illegible] auf das Propandiol 2-Methyl-2-oxy. Ein Analogon der Reaktion [illegible] in der Fettreihe S 109 IIb [illegible] vgr
Separatabdruck

— und **Pollitzer** [illegible] Über die Einwirkung von ultravioletten Strahlen auf Aldehyde S 122 IIb [illegible] vgr
Separatabdruck

Franke, Adf., Generalregister, s.: Monatshefte f. Chemie.

Franke Adolf Dr Über das aus dem Isobutyraldehyd entstehende Glykol und dessen Derivate S 105 IIb [illegible] vgr
Separatabdruck

— Über ein dem Pinakon [illegible] Azetal S 110 IIb [illegible] vgr
Separatabdruck

– u. Leopold Kohn

— — Über Isobutylidenoxyd [illegible] S 108 IIb [illegible] vgr
Separatabdruck

— und **Kohn** Leopold Die Kondensationsprodukte des Isobutyraldehyds. Experimentelle Revision der Literatur S 107 IIb [illegible] vgr
Separatabdruck

Franke, Adf., im Männerheim. Einiges üb. die innere Mission. (32 S.) gr. 8. Brackwede 909. Dr. W. Breitenbach. — 60

— und **Wozelka** Hermann Über die Polymerisation einiger Aldehyde der Reihe $C_nH_{2n}O$ S 121 IIb [illegible] vgr
Separatabdruck

— Über Propandiol-1,2-Methyl-2-Brom S 109 IIb [illegible] vgr
Separatabdruck

— und **Klein** Artur Über Propandiol-2-Methyl-1,2-Brom. 2. Mitteilung. Ein Beitrag zur Kenntnis der Friedel-Craftsschen Reaktion (mit 1 Textfigur) S 121 IIb [illegible] vgr
Separatabdruck

— und **Kohn** Moritz Dr Über eine Synthese alkylierter Glutarsäuren aus Glykolen. 1. Mitteilung Synthese der α-Methylglutarsäure S 111 IIb [illegible] vgr
Separatabdruck

– u. Moritz Kohn

— — Über eine Synthese alkylierter [illegible] und alkylierter Piperidine aus Glykolen. 1. Mitteilung S 111 IIb [illegible] vgr
Separatabdruck

— Über die Umlagerung des Bisisopropylazimethylens in ein Pyrazolinderivat (4,4-Dimethyl-5-Isopropylpyrazolin) (mit 1 Textfigur) S 108 IIb [illegible] vgr
Separatabdruck

— und **Klenberger** O Untersuchungen über die Bildung vielgliedriger Ringsysteme S 121 IIb [illegible] vgr
Separatabdruck

— Über das abnormale Verhalten einiger 1,3-Dibrom- und 1,3-Dioxyparaffine S 122 IIb [illegible] vgr
Separatabdruck

Franke, Ad*olph* [aus Langen]: Die elektrischen Vorgänge in den Fernsprechleitungen und -Apparaten. ... Berlin, Verl. v J. Springer, 1891; 26 S., 1 Bl. 8°
Berlin, Phil. Fak., Inaug.-Diss. v 11 Aug. 1891

– u. Moritz Kohn

— — Über eine Kondensierende Wirkung des [illegible] S 113 IIb [illegible] vgr
Separatabdruck

Franke, Albert, Referendar aus Neiße: Zur **Lehre** vom mittelbaren Besitz, insbesondere das gegenseitige Verhältnis des Besitzmittlers und des mittelbaren Besitzers. *Rybnik O/S. 1903: M. Bartels.* (56 S.) 8° [J.]
Breslau, Jur Diss v 28 Okt. 1903

Franke, Alex. Rud., Specialkarte vom sächsischen Vogtland. 1 : 100,000. Chromolithogr. Imp.-Fol. Planen 876, Kell. *

Franke, Alfred: (Experimentelle Beiträge zur Temperatur-Abhängigkeit der Dielektricitätskonstanten flüssiger Körper.) ... Bunzlau, C. A. Voigt's Buchdr., 1893; 31 S., 1 Taf. 8.
München, Phil. Fak., Inaug.-Diss. v. 1893

Franke, Alfredus, Lipsiensis: De **Pallada** epigrammatographo. *Lipsiae 1899: Hesse & Becker.* (100 S.) 8°
Leipzig, Phil. Diss. v. [20. Dez.] 1899

Franke, Alfr., de Pallade epigrammatographo. Diss. gr. 8. (101 S.) Leipzig 899. (E. Gräfe.) n. 2. —

Franke, Ant., Unterhalt. mit Gott. a. d. Fr. 8. Augsb. Wolf. 770.

Franke, Armin, Dämon Alkohol. Ein Kulturbild in 8 Abthlgn. 8. (64 S.) Villach 883. (Rudolstadt, Hartung & Sohn.) n. 1. —; geb. n.n. 1. 75

Franke, A. Damon Alkohol. Kulturbild in 8 Abt. Rudolstadt 1883. 64 S. Mk. 1.—. Dasselbe, Mürzzuschlag (Steiermark) 1889.

Franke, Armin, das Buch d. Liebe. gr. 16. (29 S.) Graz 898. (München, F. C. Mickl.) — 25

Franke, A., Episteln an Gesinnungsgenossen [Anhänger u. Freunde der natürl. Lebensweise]. Ein Weihegeschenk. 8. (191 S.) Berlin 890. Breitkreuz. n. 1. 50; geb. n. 2. 50

Franke, Armin (Frz. Brizel), Friedenheim. Große Oper in 3 Aufzügen. Textbuch. 8. (47 S.) Graz (899). (München, F. C. Mickl.) n. — 20

—— Die vier Jahreszeiten. 12. (98 S.) Berl. 889, Bohne. geb. * 1 50

Aus: Franke, Armin. Sarkophagie, besonders abgedruckt.

Franke, Armin, Merksprüche f. Jung u. Alt. 2., stark verm. Aufl. (3.—6. Tauf.) gr. 16. (58 S.) Berlin 892. M. Breitkreuz. n n. — 15

— die Religion d. Menschheit od. D. natürl. Schöpfungsgeschichte. E. neue Weltanschaug. f. alle n. Wahrheit streb. Menschen. gr. 8. (V, V, 98 S.) Ebd. 899. n. 1. —

— die Sarkophagie od. das Fleisch-Essen. Ein Spiegelbild der Menschheit in 2 Abtlgn. 8. (250 S.) Ebd. 892. n. 3. —; geb. in Leinw. n. 4. —

— praktische Seelenlehre. (In 4 Lfgn.) 1. u. 2. Lfgn. 12. (S. 1—72.) Lorch 902. K. Rohm. à n. — 40

Franke, Armin (Frz. Brizel), praktische Seelenlehre. 3. u. 4. Lfg. (S. 73—136.) 12. Lorch 903. K. Rohm. à n. — 40 (vollständig geb. n. 2. —)

FRANKE, Arno (Wechselburg): Ueber einen Fall von primaerem Larynxcarcinom.- Muenchen: Wolf 1884. 28 S. 17.7.1884 - Urk (Titel: De carcinomate laryngis primario.); Chr 1884/85,19
Diss.Ingolst.-Landsh.-Mchn.

Franke, Arthur, prakt. Arzt. Beitrag zur Kenntnis der abdominalen Fettgewebsnekrose. *Doberan 1903: H. Rehse & Co.* (36 S.) 8°
Rostock, Med. Diss. v. [25. Apr.] 1903

Franke, Arthur, der preuß. Elementarschüler, das ist: Unentbehrl. Lehrbuch f. Volksschulen, zum Elementarunterrichte d. Kinder. 8. Berlin 844, Liter.- u. Kunst-Compt. 1/4 ₰

Der Gang des Christen nach Bethlehem. Predigt. gr. 8. Berlin 842, Wolff u. Comp. 1/12 ₰

- s. Grundsteine zur Luthers-Stiftung.

— lieber Vater, liebe Mutter, lieber Großvater, liebe Großmutter, lieber Onkel, liebe Tante! Bitte! Bitte! Schenke mir dies hübsche Buch mit den allerliebsten Bildern und den schönen Geschichten. Ein neues Bilder- u. Lesebuch f. Knaben v. 5—10 Jahren. Mit 10 col. Bildern. gr. 16. Ebend. 844. geb. 7/12 ₰

— dass. Für Mädchen v. 5—10 Jahren. gr. 16. (5 B. u. 10 ill. Bild.) Berlin 844, Literatur u. Kunst Compt.

— „Das Osterfest ist das Fest des verklärten Grabes." Predigt am ersten heil. Osterfeiertage 1842. gr. 8. Berlin 842, Krause. 1/6 ₰

— der goldene Spiegel. Ein Lese- u. Bilder-Buch f. Knaben u. Mädchen von 6—11 Jahren. Mit 16 col. Abbild. qu. 16. Berlin 844, Literatur- u. Kunst-Compt. geb. 1/2 ₰

Franke, August

Franke, Augustus [Osnabrugensis]: De caesuris septenariorum trochaicorum Plautinorum et Terentianorum ... Halis Sax., *Druck v. J. G. Kisling in Osnabrück,* 1893; 30 S., 1 Bl. 8.
Halle, Phil. Fak., Inaug.-Diss. v. [24. Aug.] 1893

Franke, Aug. (Friedland/Schles.), De curialibus Romanis, qui fuerint regum tempore, brevi praemissa de curiarum origine quaestione, com. part. I. Diss. Breslau (Rob. Lucas) 9. II. 1853. 36 S. mit Biogr. (M.: J. Miclis.) (3.50) 9373
Oppon.: J. Schneider, A. Hoefig, J. Kleineidam.

Franke, A. De curialibus Romanis qui fuerint regum tempore commentat. pars II. 17 S.
Glogau, Kath., Progr. 1859

Franke, Aug., das Futurum im Griechischen. Sprachwissenschaftlicher Versuch. [Abgedr. aus dem Osterprogramm des köngl. Gymnasiums zu Lingen.] Gottingen 861. Dieterich. 1. (31 S.) n 10 ngr

Franke, A. [Prof. Dr.]: Übungsstücke zum Übersetzen aus dem Deutschen ins Lateinische für obere Gymnasialklassen. I. Neisse, Druck v. F. Bär, 1889; S. 1—14; 4°
Neisse, k. kath. G, OP 1889 (187)

— **August Eduard** (Zwenkau), De catalepsi. Diss. med. Bln. (Aug. Petsch) 13. IX. 1830. 32 S. mit Biogr. (M.: v. Kalckreuth.) (4.—) 9374
Oppon.: G. Meyer, F. Reishaus, E. Rudolph. — Gew.: Grf. Fried. v. Kalckreuth.

(—). **Frankens** Stiftungen am Begräbnißtage ihres zweiten Gründers d. 9. VII. 1828. 4 S. (1.50) 9375

Franke, August Hermann, s.a. Francke

Franke, Avg. Herm. (geb. am 30 Aug. 1853 in Gütersloh): Theses theologicae ... ad obtinendvm gradvm licentiati S. S. theologiae ... Bonnae, typ. C. Georgi (1878). 2 Bl. 8.
Bonn, Ev.-theol. Fak., Thes. v. 5 Aug. 1878

Franke, Aug. Herm. Ed., der Herr mein Psalm! Eine Sammlg. geistl. u. gelegenheitl. Dichtgn. 16. (XIII, 210 S.) Altenburg 874. Bonde. n. 3. —

Franke, August Carl [aus Mühlhausen in Thür.]: Die Radikaloperationen der Hernien bei Kindern ... Leipzig, Druck v. Grübel & Sommerlatte, 1892; 29 S. 8.
Leipzig, Med. Fak., Inaug.-Diss. v. 8. März 1892
(Nicht f. d. Austausch)

Franke, Aug. Carl, die Radikaloperation der Hernien bei Kindern. Diss. gr. 8. (29 S.) Leipzig 892. (Borka a/W., B. Feigenspan.) n. — 80

Franke, B, Die Berggesetzgebung des Konigreichs Sachsen. Die im Königreiche Sachsen bezuglich des Bergwesens derzeit geltenden Bestimmungen, unter Beifugung von Anmerkungen und einem Register. Leipzig, 1868. 162 S

Franke, B., Religionsvorträge nach christlichen Grunds. 8. Lpz. Rabenhorst. 800.

Franke, B., Untersuchungen über Schlagwetter. Leipzig, 1888 49 S. mit Abb.

Franke, B. B., Gedichte eines Ungenannten, s. Gedichte.

Franke, Bernh., der Ausbau des heutigen Schutzzollsystems in Frankreich, s. a. Forschungen, staats- u. socialwissenschaftliche. XXII. 1.

Franke B, der Ausbau des heutigen Schutzzollsystems in Frankreich und seine Wirkungen (148 S) (Staatswissenschaftliche Forschungen XXII, 1) Leipzig 1901

Franke, Bernhard. Der Ausbau des heutigen Schutzzollsystems in Frankreich und seine Wirkungen im Lichte der Handelsstatistik. XII + 148 S. 8. Leipzig, Duncker & Humblot, 1903. [M. 4. —]

Staats- und socialwissenschaftliche Forschungen, hrg. von Gustav Schmoller und Max Sering. Band 22. Heft 1. ⟨Der ganzen Reihe Heft 101.⟩... .
Darin S. 22. 46—57. 64 f. 86 f. 96 f. etc. die Schweiz *betr.*

Franke, Bernhard, aus Münster ⟨Westf.⟩: Die Entwicklung der französischen Landwirtschaft unter der Herrschaft des gegenwärtigen Schutzzollsystems. *Berlin 1903: (Pierer in Altenburg).* (19 S.) 8° ¶[Erschien vollst. 1903 als: Schmollers Staats- u. socialwiss. Forschungen, Bd 22, H. 1 u. d. T.: Der Ausbau d. heutigen Schutzzollsystems in Frankr. ...]
Berlin, Phil. Diss. v. 11. März 1903

Franke, Bruno. Chemische Abhandlungen. 1.—3. Heft. gr. 8. Lpz., (Fock). [1. u. 2. Heft. (S. 1—90 m. 1 Taf.) 889. à * 1 —; 3. Heft. (S. 91—134.) 890. * 1 20.] * 3 20
1. u. 2. Heft erschienen u. d. Namen O. Br. Franke.

Franke, Bruno, exacte Principien der Chemie. gr. 8. (28 S.) Leipzig 891. G. Fock. n. — 60

Franke, C., s.a. Franke, Karl

— s.a. Franke, Klemens

Franke, C. Der Cid, Tragödie von Corneille. Uebersetzung. Sagan, G., 1868. 27 S. 4. Progr.

Franke, C. Das französische Imparfait und Parfait défini des Indicatif verglichen mit den entsprechenden Zeitformen der lateinischen und griechischen Sprache. 25 S.

Sagan, Progr. 1852

Franke, C., Joh. Bakium orationem I. in L. Catilinam a Cicerone male abiudicasse demonstrat. Pr. 1888. 24 S. 4°. 1.—

Franke, C., Jesu Moral u. der Jesuiten Moral. 8. (16 S.) Leipzig 891. J. G. Findel. n. — 20

Franke, C. De natura Chori in Sophoclis Oedipo tyranno. 16 S.

Sagan, Progr. 1849

Franke, C. Ueber die Pietat. 10 S.

Sagan, Progr. 1858

Franke's, C., vollständiger Schul-Atlas der neuesten Erdkunde in 23 (lith.) Karten, gest. von Th. König. Berlin 861. Drawert. qu. 4. n. 20 ngr

Franke's, C., vollständiger Schul-Atlas der neuesten Erdkunde in 23 (lith.) Karten, gest. von Th. König. (Neue Ausg.) Berlin 867. F. Betlge. qu. 4. 15 ngr

Franke, C., Sprachentwickelung der Kinder u. der Menschheit. Lex.-8. (48 S.) Langensalza 899. H. Beyer & Söhne. n. 1. 20
Sonderabdruck aus: „Encyklopäd. Hdb. d. Pädagogik."

Franke, C. Welche Fehler kann man bei der Wahl der Themen zu deutschen Aufsätzen machen? 16 S.

Sagan, Progr. 1855

Franke, C. A., s. Franke, Karl August

Franke, C. Ch. L., s. Franke, Karl Chr. Lebr.

Franke, Carl, s. Franke, Karl

Franke, Chr. Fr., s.a. Frank, C. F.

Franke, **Chr. Fr., (†d. 25. März 1794) Notae historicae conditioni cognoscendae, primor. christianor. imprimis romanor., cum Paulus ad eos scriberet, servientes. 4. Lpz. 792. Hertel. 4 gl**

— s. Paulus, Briefe an d. Römer.

Franke, Chr. W., s. Arrestant, der.

— s. Kleinigkeiten, Dramatische.

Franke, Chr. W., s. Conversations-Lexicon.

— s. Wer nicht wagt . . .

Franke, Christian, Vademecum. Oder die römisch-katholische Lehre von der Anthropologie. Für angehende Theologen. Gießen, Ricker, 1860, gr 8°. 65 S. 1. u 2. Aufl., 1 Mk

— Christian Daniel (Weyda/Vogtl.), Observationes singulares ad pandectas lib. II. tit. II. et tit. IV, Exercit. jur. spec. VI. Präs. Fried. Gottlieb Zoller. Lpz. (Loeper) 19. III. 1781. 16 Seiten. (3.—) 9376

— Christian Wilhelm (Leipzig), De hierarchia consensu ordinum in Imperio Romano-Germanico reformanda. Präs. Christ. Gottlob Biener. Lpz. (Saalbach) 23. V. 1787. 16 S. mit Widm. v. Präs. (3.50) 9377

Franke, Christoph Friedrich

Franke, Cph. Fr., christlicher Bettempel, oder Samml. v. Gesängen an allen Morgen u. Abenden im Frühling, Sommer, Herbst u. Winter, an hohen Festtagen u. a. wichtigen Gelegenheiten. gr. 12. Quedlinburg 842, Ernst'sche B. 1/2 ₰

Franke, Chrph. Frdr., christl. Bettempel od. 85 Morgen- u. Abend-Gesänge zur häusl. Andacht rc. 2. (Titel-)Aufl. 12. (X u 179 S.) Quedlinburg 848, Ernst. 1/3 ₰

Franke, Diedr., schmiedeeiserne Gitter. (48 Taf. m. Titelbl.) 89×29 cm. Stuttgart (909). J. Hoffmann. In Mappe 20. —

FRANKE, E
Anilin- (Die) und Alizarin-Färberei bearbeitet für die Hutbranche. Berlin, 1896. 8vo.

Franke, E., e. Beitrag z. Kenntniss d. Tuberculose d. Augapfelbindehaut, s.: Festschrift zur Feier d. 80jähr Stiftungsfestes d. ärztl. Vereins z. Hamburg.

Franke, E., Chemie der Küche für Töchterschulen, sowie zum Selbstunterrichte. 859. (IV, 100 S.) — 2. verb. u. verm. Aufl. Eisleben 860. Reichardt. gr. 8. (IV, 107 S.) 7½ ngr

Franke, E., Chemie der Küche für Töchterschulen sowie zum Selbstunterrichte. 3. umgearb. u. verm. Aufl. Eisleben 870. Reichardt. gr. 8. (164 S.) 15 ngr

Franke, E., die Chemie der Küche, auf Grundlage der allgemeinen Chemie für höhere Töchterschulen, sowie zum Selbstunterricht dargestellt. 4. verb. und verm. Aufl. gr. 8. (VIII, 160 S.) Eisleben 883, Mähnert's Verlag. *

Franke, E., die Chemie der Küche auf Grundlage der allgemeinen Chemie, für höhere Mädchenschulen, sowie zum Selbstunterricht, mit besond. Berücksicht. der Gesundheitspflege dargestellt. 5., verm. Aufl. gr. 8. (VIII, 176 S. m. 21 Abbildgn.) Sangerhausen 890. Franke. cart. n. 1. 75

Franke, E, d. Chemie d. Küche, auf Grundlage d. allgem. Chemie, m. bes. Berücksicht. d. Gesundheitspflege f. d. Mädchenschule u. d. Haus dargest. 6. Aufl., unt. Bezugnahme auf d. minister. Bestimmgn. üb. d. Mädchenschulwesen in Preussen v. 31. Mai 1894 durchges. u verm. v. A. Kollmann. gr. 8 (VIII, 174 S.) Leipzig 895. A. Franke. n. 1. 60; geb. n. 1. 80

Franke, E., die Chemie der Küche auf Grundlage der allgemeinen Chemie, m. besond. Berücksicht. der Gesundheitspflege f. die Mädchenschule u. das Haus dargestellt. 7., verb. u. verm. Aufl., hrsg. v. A. Kollmann. (VII, 169 S. m. 26 Abbildgn. u. 1 farb. Taf.) gr. 8. Leipzig (903). B. Franke. n. 1. 25; geb. n. 1. 50

Franke, E., die Chemie der Küche auf Grundlage der allgemeinen Chemie, m. besond. Berücksicht. der Gesundheitspflege f. die Mädchenschule u. das Haus dargestellt. 8., verb. u. verm. Aufl., hrsg. v. A. Kollmann. (VII, 167 S. m. 28 Abb. u. 1 farb. Taf.) 8. Leipzig (907). B. Franke. 1.25; geb. 1. 50

— Hilfsbüchlein beim Gebrauch der vierzig Kirchenlieder in Schulen. 8. (26 S.) Eisleben 858, Kuhnt'sche Buchh.

— Jugendlust. Eine Sammlung heiterer Spiele für die Jugend, im Freien und im Zimmer zu spielen, nebst einem Anhange von Räthseln, Charaden und Melodien zu den Liederspielen. Eisleben 853. Reichardt. gr. 16. (87 S.) n. 8 ngr

Franke, G., Leben, Wirken u. Ermordung des Abgeordneten der deutschen Nation Robert Blum. Nach Mittheilungen von ihm selbst u. nach den besten Quellen bearb. Ein Volksdenkmal. 8. (32 S.) Gera 848, Kanitz. — 2. Aufl. 8. (32 S.) Ebd. 848. — 3. Aufl. 8. (32 S.) Ebd. 848. 3 ngr

— Louis Napoleon [Napoleon II., des Kaisers Neffe] erster Präsident der Republik Frankreich. Sein Leben, seine Abentheuer u. seine Erhebung auf den Präsidentenstuhl. Nach d. Franz. des Eug. Laity, L. Blanc ꝛc. u. nach Originalbriefen Louis Napoleons frei bearb. 8. (32 S.) Ebd. 848. 3 ngr

Franke, E., der Pemphigus u. d. essentielle Schrumpfung der Bindehaut des Auges. Eine klinisch-krit. Studie. gr. 8. (VII, 111 S.) Wiesbaden 900. J. F. Bergmann. n. 3. 60

Franke, E. Special-Catalog uber Bedarfsartikel fur die Accumulatoren-Industrie. Abth. 2. Blei-Gießerei. Berlin 1899

Franke, E. M. A., Diccionario mercantil en Español y Aleman. A. u. d. T.: Spanisch-deutsches mercantilisches Wörterbuch. 16. (VI und 245 S.) Leipzig 857, Hübner. *

Franke, E M. A., Spanisch-Deutsches mercantilisches Wörterbuch. A. u. d. T.: Diccionario mercantil en español y aleman. Leipzig 857. Hübner. 16. (3 Bl., 215 S.) n. 1 ℛ

Franke, Ed., Skizzen aus dem Leben. Erzahlungen. 1. Thl. Cassel 853. Hotop. 16. (2 Bl., 231 S.) 15 ngr

Franke, Edm. Über die geographische Lage und Entwickelung der Stadt Beuthen in Oberschlesien 20 S. *Beuthen O/S.* 1877. Progr.

Franke, Edm., über die geographische Lage u. Entwickelung der Stadt Beuthen in Oberschlesien. gr. 4. (20 S.) Beuthen 877. Görlich & Coch. n. 1. —

Franke, Edmundus *(geb Oppeln 21 4 1841)* De eo, quo Silesiae ducatus saeculo XIV. cum regno Bohemiae fuerint conjuncti, nexu feudali Opoli (1865). (40 S.) 8°

Breslau, Phil Diss v 1 Mai 1865

Franke, E. Quelles sont les différences essentielles entre les poëtes classiques et les romanciers? Beuthen, G., 1874. 16 S. 4.
Progr.

Franke, Edm., quelles sont les différences essentielles entre les poëtes classiques et les romanciers. 4. (16 S.) Beuthen 874. Goerlich & Coch. n. — 75

Franke, Edm., französische Stilistik. Ein Hilfsbuch f. den franz. Unterricht. 1. u. 2. Tl. gr. 8. (XVI, 167 u. IV, 144 S.) Oppeln 886. Franck. à n. 3. —

Franke, Edm., französ. Stilistik. E. Hilfsbuch f. d. französ. Unterricht. 2, durchges. u. verb. Aufl. gr. 8. (XVIII, 344 S.) Berlin 898. W. Gronau. n. 7. —

— französisches Uebungsbuch für die mittleren Klassen höherer Lehranstalten. gr. 8. (VIII, 166 S.) Leipzig 877. Teubner. n. 2. —

Franke, E., Uebungsbuch zum Uebersetzen aus dem Deutschen in's Französische, s.: Wentzel, H.

— Uebungsbuch für den französischen Unterricht in den unteren Klassen höherer Lehranstalten, sowie für den Gebrauch von Lehrer-Seminarien, Mittel- u. Bürgerschulen. gr. 8. (IV, 144 S.) Ebend. 876. 1. 80

Franke, E., Verordnungen, betr. das Volksschulwesen im Reg.-Bez. Posen. Aus amtl. Material zusammengestellt u. bearb. gr. 8. (174 S.) Breslau 900. F. Hirt. Geb. in Halbleinw. n. 3. 50

Franke, E., Verordnungen, betr. das Volksschulwesen im Reg.-Bez. Posen. Aus amtl. Material zusammengestellt u. bearb. 2., neubearb. Aufl. (VI, 332 S.) gr. 8. Breslau 905. F. Hirt. Geb. in Halbleinw. n. 5. 50

— über das Wesen u. die Bedeutung d. deutschen Kaiserreiches. Festrede zum 76. Geburtstage Sr. Maj. unseres allergnädigsten Kaisers u. Königs Wilhelm I. am 22. März 1873 in der Aula d. Gymnasiums zu Beuthen O. S. gr. 8. (16 S.) Oppeln 874. Reisewitz. — 30

Franke, Edm. Wie lassen sich beim französischen Unterricht in der Prima die vorgeschriebenen dreiwöchentlichen Extemporalien am ergiebigsten ausnützen? Mit einem Anhang: Wie sind die deutschen Participien zu übersetzen? 16 S. Progr. *Beuthen O/S.* 1884

Franke, Egyd. Gtthlf., († d. 16. Juli 1794) s. Abhandlung v. holzspar. Stubenöfen.

Franke, E.G.(Hrsg.), s. Abhandlungen von Holz sparenden Stubenöfen.

Franke, Elisab., s.: Hinter dem Schleier!

Lizun. Eine junge Christengemeinde in China und eine Kindergemeinde in Deutschland. Eine Erzählung f. kleine Missionsfreunde u. solche, die es werden wollen, von Elisabeth **Franke**. (Berlin: Berliner ev. Missionsgesellsch. [1906]) (17 S.) 8° [Kopft. F.]
— **Missionsschriften** f. Kinder. No 52. [06. 7561]

— Sagt's ihnen niemand?, s. a. Urban's christl. Volksbücher.

Sagt's ihnen niemand? Eine Erzählung aus d. Zigeunerleben von Elisabeth **Franke**. Striegau: Th. Urban 1907. (67 S.) 8° [F]
— **Volksbücher**, Urbans Christliche. No 17. [07. 11790]

— Jesu Schäflein. Eine Kindergeschichte. (56 S.) kl. 8. Neumünster (907). Vereinsbuchh. G. Ihloff & Co. — 80

— Taib u. Burawelya, s.: Cox, A. C.

— In den Wan-Bergen, s.: Urban's christl. Volksbücher.

Franke, Emil

Franke, E., praktische Anwendung v. F.'s Initialen- u. Schriftheften. (1. Hft.) qu. gr. 8. (24 Steintaf.) Zürich 889. Orell Füssli Verl. n. 2. —

Franke, Emil, Referendar in Berlin: Begriff und Besonderheiten des Fixhandelskaufes. Borna-Leipzig 1904: R. Noske. (IX, 77 S.) 8°
Leipzig, Jur. Fak., Diss. v. 12. Dez. 1904
[Geb. 2. Marz 80 Oranienburg; Wohnort: Berlin; Staatsangeh.: Preußen; Vorbildung: Wilhelmsgymn. Berlin Reife O. 00; Studium: Marburg 2, München 1, Berlin 4 S.; Rig. 4. Aug. 04.]

Franke, *August* Emil [aus Forst i. L.]: Beiträge zur elektrischen Leitfähigkeit von Salzen und Säuren in wässriger Lösung ... (Aus: Zeitschr. f. physik. Chem., Bd XVI Heft 3.) Leipzig, W. Engelmann, 1895; 34 S., 1 Bl. 8.
Leipzig, Phil. Fak., Inaug.-Diss. v. [30. März] 1895

[F.] **Franke,** Emil: Bildung und Erziehung. Hirschberg, Druck v. A. Ike, 1896; 3—16 S. 4.
Hirschberg, k. G., OP 1896 (191)

Franke, Emil, Bildung u. Erziehung. Progr. gr. 8. (23 S.) Leipzig 896. Buchh. G. Fock. n. — 60

Franke, Emil, Holzschrift-Monogramme. qu. gr. 8. (22 Bl.) Zürich 891. Artist. Institut Orell Füssli, Verl. n. 2.—

Franke, Emil, neue Initialen. 1—4. Hft. qu. gr. 8. (à 12 z. Thl. farb. Steintaf.) Zürich 884. 85. Orell Füßli & Co. Verl. à 1. 50

— neue Initialen. 5.—12. Hft. qu. gr. 8. (à 12 Chromolith.) Ebd. 886—888. à Lfg. n. 1. 60

— das neue Monogramm. qu. gr. 8. (20 Taf.) Ebend. 885. n. 2.—

— Das neue Monogramm. (20 T) qu 8° Zürich (1887)

Franke, E. Le nouveau monogramme universel. (En 3 cahiers). Ier cahier. In-8°. 56 p. Zürich, Art. Inst. Orell Füssli. 1893. 5 —

Franke's, Emil, Monogramm-Triaden, zerlegbar in 3 Monogramme à 2 Buchstaben u. je „3 Initialen" v. origin. Formen. qu. gr. 8. (35 farb. Taf. m. 1 Bl. Text.) Zürich 895. Art. Institut Orell Füssli, Verl. n. 3.—; erm. Pr. n. 2.—

Franke, E. 298 Monogramm-Vorlagen zur Feinstickerei 30 Bl. In quer Lex. 8°. Zürich, Art. Institut Orell Füssli. 3 50 1892.

— Nouveautés calligraphiques. 1re à 3e cahier. In-8° obl. à 12 ff. Zurich, ibidem. à 1 50 1888.

—— kalligraphische Novitäten. 1.—3. Heft. qu. gr. 8. (à Heft 12 Bl.) Ebendas. 888. à Heft *M 1.50. *

— kalligraphische Novitäten. 1.—3. Hft. qu gr. 8. (36 Taf.) Ebd. 889. à Hft. n. 1.50
Französ. Ausg. zu gleichem Preise.

— deutsche Renaissance-Initialen, nach alten stylvollen Mustern vereinfacht u. dem prakt. Gebrauche angepaßt f. Gold-, Bunt- u. Weißstickerei u. vielfach verwendbar bei Posamentieren, Dekorateuren, Ciseleuren, Bildschnitzern rc. qu. Lex.-8. (24 farb. Bl.) Ebd. 892. n. 2.60

— Rondo-Monogramme f. Stickerei-Zwecke. qu. Lex.-8. (24 Taf.) Ebd. 891. n. 2.—

— neue Schriftvorlagen f. Industrie u. Handwerk. 1—4. Hft. qu. gr. 8. (à 24 Bl.) Ebend. 884. à n. 1.60

— neue Schriftvorlagen f. Industrie u. Handwerk. Federzeichnungen. 2. u. 4. Hft. 3. Aufl. qu. gr. 8. (à 24 Taf.) Ebd. 894. à n. 1.60

— neue Schriftvorlagen f. Industrie u. Handwerk. Federzeichngn. 1. u. 3. Hft. 3. Aufl qu. gr. 8. (à 24 farb. Taf.) Ebd. 896. 94. à n. 1.50

Franke, Emil, neue Schriftvorlagen für Industrie u. Handwerk. Federzeichnungen. 4. Hft. 4. Aufl. qu. gr. 8. (24 farb. Taf.) Zürich (898). Art. Institut Orell Füssli. n. 1.50

— Serpentin-Schrift. Vorlagen f. Maler, Graveure, Lithographen etc. Prachtbuchstaben f. Fein- u. Farbenstickerei. qu. gr. 8. (13 Taf.) Ebd. 895. n. 1.—; erm. Pr. n. —80

— Serpentinschrift. (13 T) Zurich (1898)

Franke, E. Spécimen des écritures modernes pour arts et métiers. Cahier 1 et 2. Qu. in-4°. Zürich, Orell Füssli & Cie. à 2 —

Franke, E. Spécimen des écritures modernes pour arts et métiers. Cahiers 3 et 4. Qu. Gr. in-8°. Zurich, Orell Füssli & Cie. à 2 — 1893.

Franke, Emil, neues Stickerei-Monogramm. qu. Lex.-8. (52 Taf.) Zürich 891. Artist. Institut Orell Füssli, Verl. n. 3.80

— das neue Universal-Monogramm. 1.—3. Hft. qu. gr. 8. Ebd. à n. 4.40
1. 2. (à 56 farb. Taf.) 892. 893. — 3. (61 farb. Taf.) 894.

Franke, Emil Untersuchungen über den Raum und sein Verhältnis zu den Dingen 15 S Progr. Hirschberg 1885

Franke, Ernst

— Der internationale Arbeiterschutz. Vortrag. gr. 8°. Dresden, v. Zahn u. Jaensch, 1904. (Neue Zeit- u. Streitfragen, Heft 2.)

Franke, Ernst, Dr. I. Assistenzarzt d. chir. Universitätsklinik: Aus d. Rostocker chir. Universitätsklinik. Dir.: W. Müller. Zur Bakteriologie der akuten und chronischen Appendizitis mit besonderer Berücksichtigung des peritonealen Exsudats. Leipzig: Vogel 1908. 28 S. 8° ¶(Aus: Dtsch. Zeitschr. f. Chirurgie. Bd 96.)
Rostock, Med. Hab.-Schr. v. 1908 [U 09. 3777

Franke, Ernst, aus Hannover: Behandlung und Ausgänge von 44 Depressionsfracturen am Schädel aus der chirurgischen Universitätsklinik zu Berlin. *Berlin (1901): G. Schade.* (30 S.) 8°
Berlin, Med. Diss v. 14. Juni 1901

Franke, Ernst, neue Einteilung d. Schriften. qu. Lex.-8. (4 Blatt.) München (900.) G. D. W. Callwey. n. —50

Franke, Ernst, neue Einteilung der Schriften. (3 Bl. m. 2 S. Text in Leporelloform.) qu. 8. München (905). G. D. W. Callwey. n. —50

Franke, Ernst: Ueber die Einwirkung von Sulfonsäurechloriden auf o-Amidobenzamid ... Leipzig, J. A. Barth, 1891; 32 S. 8.
Rostock, Phil. Fak., Inaug.-Diss. v. [23. Juli] 1891

Franke, Ernst: Untersuchung über Le Mistere de la conception et nativite de la glorieuse vierge Marie avecques le mariage d'icelle la nativite passion resurrection et ascension de nostre sauveur et redempteur Iesucrist jouee a Paris l'an de grace mil cinq cens et sept. Greifswald 1909: Adler. 68 S. 8°
Greifswald, Phil. Diss. v. 2. März 1910, Ref. Stengel
[Geb. 10. April 87 Marienwerder; Wohnort: Greifswald; Staatsangeh.: Preußen; Vorbildung: Gymn. Marienwerder Reife O. 05; Studium: Freiburg 1 H. 3, Greifswald 5 S.; Rig. 28. Juli 09.] [U 10. 1613

Franke, Erwin

Franke E, Kaffee, Kaffeekonserven und Kaffeesurrogate. (221 S) (Bibliothek Chemisch-technische 297) Wien 1907

Franke, Erwin, Kaffee, Kaffeekonserven u. Kaffeesurrogate. Darstellung des Vorkommens u. der Zubereitg. v. Bohnenkaffee, der Erzeugg. v. Konserven aus Kaffee u. der verschiedenen Kaffeesurrogate aus Feigen, Getreide, Malz usw. (VIII, 221 S. m 32 Abbildgn.) 8. Wien 907. A. Hartleben. n. 3.—; geb. n. 3.80

Das Frettchen (Mustela furo). Seine Zucht, Pflege u. Dressur z. Jagd auf Kaninchen. Prakt. Winke f. Besitzer u. Züchter von Frettchen. Von Ewald Franke. 2., vollst. umgearb., verb. u. verm. Aufl. Mit vielen Abb. Neudamm: J. Neumann 1907. (54 S.) 8° [ℑ]
(J. Neumanns Jagdliche-Kynologische Büchersammlung.) [08. 11744

Franke, Ewald, appr. Tierarzt a. Gottesberg: Aus d. Kgl. Institut f. experimentelle Therapie in Frankfurt a. M. (Direktor: Geh. Med.-Rat Prof. Dr. P. Ehrlich.) Therapeutische Versuche bei Trypanosomenerkrankung. Jena: G. Fischer 1905. (38 S.) 8°
Gießen, Med. Fak., Ref. Olt, Diss. v. 30. Aug. 1905
[Geb. 19. Jan. 79 Gottesberg; Wohnort: Gottesberg; Staatsangeh.: Preußen; Vorbildung: Gymn. Waldenburg Reife O. 99; Studium: Berlin Tierärztl. Hochsch. 8 S.; Rig. 16. Mai 05.]

Franke, F.

— Der gnomische Aorist der Griechen S.-A 18? 83 S.

Franke, F. Die Elemente der Stereometrie. Hannover, 1653.

Franke, F. Die Elemente der ebenen und sphärischen Trigonometrie. Hannover, 1854.

Franke, F.(Hrsg.), s. E l e o n o r e , Herzogin v. Württem - berg: Kurze Fragestücke zu den Evangelien des Kirchenjahres.

Franke, F., hundert Fabeln, s. Fables.

Franke, F., s. Fables, one hundred.

— Disputatio de legum formulis, quae in Demosthenis Aristocratea reperiuntur. Pr. 1848. 13 S. 4°. 2.—

Franke, F., s.: Fragestücke, kurze, zu d. Evangelien d. Kirchenjahrs.

— Lectionum Aeschinearum part. II. Pr. 1867. 24 S.

Franke, F., Prolegomena in Demosthenis orationem de falsa legatione. Pr. 1846. 36 S. 4°. 2.—

— Quaestiones Aeschineae. Pr. 1841. 17 S. 4°.

Franke, F., Specimen novae editionis Aeschinis. Pr. 1838. 82 S. 4°.

Franke, F., De Aeschinis Timarch. § 35. Pr. 1859. 36 S. 4°.

Franke, F. A., Schattenriß eines großen Reformators od. Dr. Anton Theiner nach seiner Stellung in d. Wissenschaft u. im Leben. gr. 8. Glatz 846, Hirschberg. 1/2 ℞

Franke, F. F., Gebete, Lieder u. Gedichte. Angehängt ist e. Uebersetz. d. Sittensprüche Cato's. 8. (17 B.) Dresden u. Leipzig 838, Arnoldische Buchh. *

—— dess. — Beiträge zur Erbauung in Kirche, Schule u. Haus. 2., verb. u. verm. Aufl. 8. (19½ B.) Leipzig 839, Hinrichssche Buchh.

Franke, F. W., s.a. F r a n k e , Friedrich Wilhelm

– s. A n w e i s u n g , allerlei Flächen . . . auszumessen und zu berechnen.

Franke, F. W. (Jh. Chr. Sommer), gründl. Anweis. z. Verbess. d. Ackerbaues durch Bethuigung d. Unkrauts. Nebst kurzer Beschreib. d. mehrsten Unkrautarten. 8. Leipz. 825. Mag. f. Ind. 6 gr. Hbd. Pr. 4 gr.

Franke, F. W., Beschreibung der Hoburger Berge, genannt die Hoburger Schweiz, eine Stunde von Wurzen entfernt, nebst ihren Umgebungen, Alterthümern u. Merkwürdigkeiten. Mit 1 Abbild. Wurzen 838. (Leipzig, Magazin für Ind.) 1/4 ℞

– s. U n t e r w e i s u n g , wie auf eine leichte und sichere Art Kalkstein . . . aufzufinden und zu gewinnen sind.

Franke, F. W., christl. Vernunft=Katechismus für Schulen. 8. Berlin Franke. 806.

Franke, Fel., die chirurg. Behandlung des Magengeschwürs, s. a. Sammlung klinischer Vorträge.

Die chirurgische Behandlung des Magengeschwürs von **Felix Franke.** (Braunschweig). *Leipzig: Breitkopf & Härtel 1900.* (34 S.) 8°
= Sammlung klinischer Vorträge. N. F. No 270. [.. 46-4

Franke, Fel., über chronische Influenza, s.: Klinik, medizinische. 1909. Beiheft 10.

Franke, Felix, phrases de tous les jours. 8. (IV, 60 S.) Heilbronn 886. Henninger. n. — 80; Ergänzungsheft [Übersetzg. u. Anmerkgn.] (IV, 56 S.) n. — 80

Franke, F., phrases de tous les jours. 2. éd. 8. (IV, 60 S.) Heilbronn 888. [Gebr. Henninger.] Leipzig, Reisland. n. — 80

—— dass. — Ergänzungsheft [Übersetzung und Anmerkungen]. 1. und 2. Aufl. 8. (IV, 56 S.) Ebendas. 886,88. *

— dasselbe. Ergänzungsheft. 2. Aufl. 8. (IV, 56 S.) Ebd. 889. n. — 80

Franke, Fel., phrases de tous les jours. 4. éd. 8. (IV, 60 S.) Leipzig 891. O. R. Reisland. n. — 80

—— dass. — Ergänzungsheft. 3. Aufl. gr. 8. (IV, 56 S.) Ebd. 891. * — 80

— dasselbe. Ergänzungshft. 4. Aufl. gr. 8. (IV, 56 S.) Ebd. 894. n. — 80

Franke, Fel., phrases de tous le jours. 7. ed. 8. (IV, 60 S.) Leipzig 896. O. R. Reisland. n. — 80; kart. n. 1. —

— dasselbe. Ergänzungsheft. 5. Aufl. 8. (IV, 56 S.) Ebd. 897. n. — 80

— dasselbe. Ergänzungsheft. 6. Aufl. (IV, 56 S.) 8. Ebd. 902. n. — 80

Franke, Fel., Phrases de tous les jours. Dialogues journaliers avec transcription phonétique. 9. éd. (IV, 60 S.) 8. Leipzig 906. O. R. Reisland. n. — 80; kart. n. 1. —

— die praktische **Spracherlernung,** auf Grund der Psychologie u. der Physiologie der Sprache dargestellt. 8. (39 S.) Ebend. 884. n. — 60

— die praktische **Spracherlernung,** auf Grund der Psychologie u. der Physiologie der Sprache dargestellt. 2., verb. Aufl., bevorw. v. O. Jespersen. 8. (V, 37 S.) Leipzig 890. Reisland. n. — 60

— d. prakt. **Spracherlernung,** auf Grund d. Psychologie u. d. Physiologie d. Sprache dargest. 3., m. d. 2. gleichlaut. Aufl., bevorwort. v. O. Jesperson. 8. (43 S.) Ebd. 896. n. — 60

Franke, Fel., die prakt. Spracherlernung, auf Grund der Psychologie u. der Physiologie der Sprache dargestellt. 4. m. der 2. u. 3. gleichlaut. Aufl. Bevorwortet v. O. Jespersen. (43 S. m. Fig.) 8. Leipzig 908. O. R. Reisland. — 60

Franke, Ferdin Bemerkungen zur „chanson de Roland". 7 S Progr. *Brilon* 1879

Franke, Fr.

— s. **Aeschinis Oratio in Timarchum.** — **Demosthenis orationes Philippicae novem.** — **Génie, F., die Jesuiten u. die Universität.** — **Libri symbolici.** — **Luther's, Dr. M., Kirchenpostille.** — **Luther's, M., Predigten über d. Evangelien.**

- F, De particulis negantibus linguae Graecae. 3 Teile. I. De *οὐ* et *μή* etc. II De *οὔτε* et *οὐδέ*. III. Accred. de Aeschinis Timarch. § 35 disputatio. Pr. 1832, 33. 1859. 81, 28, 36 S. 4°.

—— de particulis negantibus linguae graecae comment. I. (Im Programm v. Aug. Schick.) 4 maj. (6¼ B.) Rintelii 832, (Osterwald.)

—— comment. II. De usu particularum *ουδε* et *ουτε*. 4 maj. (3¾ B.) Ibid. 833.

***Franke,* Fr., Commentationum de Cyclope Euripidis criticarum et grammaticarum Spec. I. 4.** Rinteln 829. (Osterwald). 9 gr.

Franke, Fr. Aug. (J. Chr. Sommer), genealog.=histor. u. statist. Handb. f. Zeitungsleser u. zum Handgebrauch rc. Ge sorgfält. durchgesehene u. bis Ende Octbr. 1826. berichtigte u. bedeutend verm. Ausg. 8. Leipz. 826. 7e A. 827. 8e A. 828. 9e bis 829 verm. Aufl. (W. Nauck). 18 gr.

†Franke, Fr. A., (Joh. Chr. Sommer,) genealog., geograph., statist. u. histor. Handbuch auf d. J. 1828—30, f. Zeitungsleser, u. zum Hausgebrauche. Oder ausführl. Genealogie aller Europ. u. einiger Ausser-Europ. Regenten, u. d. lebenden Familienmitglieder ihrer, u. vieler and. in Deutschland, Frankreich, ꝛc. begüterten fürstl., gräfl., ꝛc. Häuser. Nebst Anhang. 7—9. Jahrg. 8. (10 B.) Leipzig, [Nauck.] [7. 8. (à 9 B.) à 12 Gr., 9. (10 B.) 18 Gr.]
1—6. Jahrg 1822—27. Ebendas. à 12 Gr.

Franke, Francisc. Chr. Fr., († ...) gab heraus: Abbild. u. Beschreib. naturhistor. Gegenstände, 17 Hfte., s. Abbildung.

— s. ferner: 1) L. A. Baumann, Elementarunterricht. 2) Giftpflanzenbuch. 3) Handwerker, d. junge. 4) Verfall des Buchhandels.

Franke, Franz: Ueber die Augenheilkunde des Celsus. *Berlin (1898): E. Ebering.* (29 S.) 8°
Leipzig, Med. Diss. v. 16. Juli 1898

Franke, Franz, die Beytragspflicht der Eingepfarrten zum Bau und Unterhalt der kirchl. Gebäude. 4. Rostock, Stiller. 816.

Kalender, Vaterländischer Allgemeiner Schreib-, Haus- und Wirthschafts- — für das Jahr 1854. Für jeden Staatsangehörigen des Beamten-, Bürger- und Bauernstandes, insbesondere für Gemeindeorgane und Geschäftsmänner. Zusammengestellt von Franz Franke. In Betreff des astronomischen Theiles bearbeitet von Dr. Adalbert Kunesch. Der Kirchenkalender ist von dem fürst-erzbischöflichen Konsistorium revidirt. 2. Jahrgang. 4. Prag. Druck und Verlag der E. Vetterl'schen Buchdruckerei.

Franke, Franz [aus Jena]: Ueber die Condensation von Acetessigester und βNaphtylamin. . . . Jena, Druck v. B. Engau, 1891; 27 S. 8°
Jena, Phil. Fak., Inaug.-Diss. v. 1891

Franke, Frz., üb. die Condensation v. Acetessigester u. β-Naphtylamin. Diss. gr. 8. (27 S.) Jena 891. (Rudolstadt, H. Dabis.) n. — 40

Franke, Franz: Mathäus von Krakau (Bischof von Worms 1405—1410). Sein Leben, Charakter und seine Schriften zur Kirchenreform. Greifswald 1910: Abel. 135 S. 8°
Greifswald, Phil. Diss. v. 10. Okt. 1910, Ref. Bernheim
[Geb. 7. Nov. 83 Osnabrück; Wohnort: Osnabrück; Staatsangeh.: Preußen; Vorbildung: Gymn. Karolinum Osnabrück Reife O. 06; Studium: Münster 1, Berlin 2, Greifswald 5 S.; Rig. 5. Juli 10.] [U 11. 1678

— — über die Verbindlichkeit der Eingepfarrten. 4. Ebend. 806.

— **Friedrich** (Bunzlau / Schles.), De avium encephali anatome. Diss. med. Bln. (J. F. Starcke) 2. V. 1812. 43 S. (4.50) 9378
Gew.: Joh. Georg Franke (Vater).

Franke, Friedr., Aufgaben zum Uebersetzen in d. Griech. nach Buttmann's Grammatik. gr. 8. (13½ B.) Leipzig 810, Einhorn.

Franke, Friedr., Aufgaben z. Uebersetzen in d. Griechische nach den Grammatiken v. Buttmann, Kühner u. Krüger. 1. u. 2. Cursus. 2., verb. u. veränd. Aufl. gr. 8. (10½ B.) Leipzig 815. [Brandstetter.]

—— dass. 3. Cursus. 2., verb. u. veränd. Aufl. gr. 8. (9¼ B.) Ebds. 815.

Franke, Friedr., Aufgaben zum Uebersetzen in das Griechische nach den Grammatiken von Buttmann, Kühner und Krüger. 1. und 2. Cursus. 3., verb. Aufl. gr. 8. (XIV und 153 S.) Leipzig 855, Brandstetter.

— — 3. Cursus. 3. verm. Aufl. Ebend. 857. 8. (2 Bl., 172 S.) 17½ ngr.

Franke, Friedr., Aufgaben zum Uebersetzen in das Griechische nach den Grammatiken von Buttmann, Kühner und Krüger. 1. und 2. Cursus. 4., verb. Aufl. gr. 8. (XIV und 153 S.) Leipzig 858, Brandstetter.

Franke, Frdr., Aufgaben zum Uebersetzen in das Griechische nach den Grammatiken von Buttmann, Kühner u. Krüger. 1. u. 2. Cursus. 5. verb. Aufl. Leipzig 862. Brandstetter. gr. 8. (XIV, 153 S.) 12 ngr.

—— dass. — 3. Cursus. 4., verm. Aufl. gr. 8. (212 S.) Ebendas. 865. —

Franke, Frdr., Aufgaben zum Uebersetzen in das Griechische nach den Grammatiken von Buttmann, Kühner u. Krüger. 1. u. 2. Cursus. 6. Aufl. 866. — 7. bericht. Aufl. Leipzig 870. Brandstetter. gr. 8. (XVI, 152 S.) 12 ngr

Franke, Frdr., Aufgaben zum Uebersetzen in das Griechische nach den Grammatiken v. Buttmann, Kühner u Krüger. 3. Cursus. 5. verb. Aufl., besorgt v. Rich Franke. gr. 8. (III, 212 S.) Leipzig 872. Brandstetter 1. 75

Franke, Friedr., Aufgaben zum Uebersetzen in das Griechische nach den Grammatiken von Buttmann, Kühner und Krüger. 1. und 2. Cursus. 7. bericht. Aufl. 1870. M 1,20., und 8. bericht. Aufl., besorgt von Rich. Franke. gr. 8. (XVI, 152 S.) Leipzig 874, Brandstetter.

Franke, Frdr., Aufgaben zum Übersetzen in das Griechische nach den Grammatiken v. Buttmann, Kühner, Krüger, Koch u. Curtius. 1. u. 2. Kurs. 9., bericht. Aufl., besorgt v. Rich. Franke. gr. 8. (XVI, 151 S.) Leipzig 879. Brandstetter. n. 1. 30

— dasselbe. 3. Kurs. 6., verb. Aufl., besorgt v. Rich. Franke. gr. 8. (III, 211 S.) Ebend. 881. 2.

Franke, F., neue Briefe aus Baden-Baden. 8. (53 S.) Karlsruhe 888. Gebr. Vollmann. n. 1. 20

— Chrestomathie aus römischen Dichtern für mittlere Gymnasial-Classen. Mit erklär. Anmerkungen und beständ. Hinweisungen auf die Grammatiken von Zumpt, Siberti und Schulz. gr. 8. Leipzig 845, Steinacker. 12 ngr

—— Chrestomathie aus römischen Dichtern für mittlere Gymnasial-Classen. Mit erklärenden Anmerkungen und beständ. Hinweisungen auf die Grammatiken von Zumpt, Siberti und Schulz. 2., verb. Aufl. gr. 8. (X und 162 S.) Leipzig 860, Brandstetter. *

— Chrestomathie aus römischen Dichtern für mittlere Gymnasial-Classen. 3., verb. Aufl. Ebend. 866. gr. 8. (VIII, 161 S.) n. 12 ngr

— Chrestomathie aus röm. Dichtern f. mittlere Gymnasial-Classen. 4. vielfach bericht. Aufl., besorgt v. Rich. Franke. gr. 8. (XII, 164 S.) Ebend. 872. n. 1. 20

Franke, Friedr., Chrestomathie aus römischen Dichtern für mittlere Gymnasial-Classen. 5. vielfach bericht. Aufl., besorgt von Rich. Franke. gr. 8. (XII, 164 S.) Leipzig 877, Brandstetter. *

— Chrestomathie aus römischen Dichtern f. mittlere Gymnasial-Classen. 6., vielfach bericht. Aufl., besorgt v. Rich. Franke. gr. 8. (XII, 164 S.) Ebend. 882. n. 1. 40

Franke, Frdr., Chrestomathie aus römischen Dichtern f. mittlere Gymnasial-Klassen. 7. Aufl., besorgt v. Rich. Franke. gr. 8. (XII, 160 S.) Leipzig 886. Brandstetter. n. 1. 40

Franke, Frdr., Chrestomathie aus römischen Dichtern f. mittlere Gymnasial-Klassen. 8., vielfach bericht. Aufl., besorgt v. Rich. Franke. gr. 8. (XII, 160 S.) Leipzig 891. F. Brandstetter. n. 1. 40

Franke, Frdr., Chrestomathie aus röm. Dichtern f. mittl. Gymnasialklassen. 9., vielf. bericht. Aufl., besorgt v. Rich. Franke. gr. 8. (XII, 159 S.) Leipzig 897. F. Brandstetter. n. 1. 40

Franke, Frdr., Chrestomathie aus römischen Dichtern f. mittlere Gymnasial-Klassen. 10. mehrfach bericht. Aufl., besorgt v. Rud. Schellhorn. (XII, 159 S.) 8. Leipzig 905. F. Brandstetter. n. 1. 40; geb. n.n. 1. 70

—— de decretis Amphictyonum quae apud Demosthenem reperiuntur. Commentatio. gr. Lex.-8. (1¼ B.) Lipsiae 844. [Brandstetter.] * — 5

Franke, Fr., de decretis Amphictyonum quae apud Demosthenem reperiuntur. Commentatio. gr. Lex.-8. Lipsiae 844, Einhorn. n. 1/6 ₰

Franke, Frdr., J. F. Herbart. Grundzüge seiner Lehre. (VIII, 176 S.) kl. 8. Leipzig 909. G. J. Göschen. 1.50; geb. in Leinw. 2. —

— — Jahresbericht über d. Kgl. Sächs. Landesschule Meißen, womit zugleich z. Feier d. Stiftungstages einlad. — Voran geht: Ad. Peters, General Dietrich v. Miltitz, sein Leben u. sein Wohnsitz. Nebst 4 noch ungedruckten Briefen an ihn von Novalis u. ein. Facsimile von dessen Handschrift. Meissen (C. E. Klinkicht & S.) 3. VII. 1863. 54 S. mit Schulnachr. (Namen.) (5.—) 9380

Franke, Frdr., prakt. Lehrbuch d. deutschen Geschichte, } s.: Franke, Th.
— dasselbe, d. sächs. Geschichte, }

— — Memoriam anniversariam dedicatae ante hos 312 annos scholae regiae Afranae. — Praemissa est Carl Heinr. Graf, de templo Silonensi commentatio ad illustrandum locum Jud. XVIII, 30 sq. scripta. Meissen (C. E. Klinkicht & S.) 5. VII. 1855. 52 S. mit Schulnachrichten. (Namen.) (4.20) 9379

Franke, Frdr., Schulwörterbuch. Als Hilfsbuch f. den deutschen Unterricht nach Reihen u. Familien geordnet u. m. e. Regelbuche versehen. gr. 8. (VI, 106 S.) Leipzig 892. E. Wartig's Verl. Geb. n.n. 1. 20

Franke, Friedrich Wilhelm

Franke, F. W., Theorie u. Praxis des harmonischen Tonsatzes. Hand- u. Lehrbuch f. den Unterricht u. das Studium der Theorie der Musik. gr. 8. (VIII, 144 S.) Köln 898. H. vom Ende. n. 3.—; geb. n. 4.—

Franke, Frid Guil Ferd Augustus (geb Berlin 29 12 1833) De eclampsia parturientium Berolini (1859). (32 S) 8°
Berlin, Med Diss v 4 Nov 1859

Franke, G., ABC der Baukunst für Bauunternehmer und Hausbesitzer. Eine Anweisung und Belehrung um zweckmäßig, wohlfeil und gut zu bauen. 7 Hefte. gr. 8. (IV und 330 S. mit eingedr. Holzschn.) Halle 868, Knapp. à Heft 6 Ngr.

Franke G, ABC der Baukunst für Bauunternehmer u Hausbesitzer Halle 1869

—— ABC der Baukunst für Bauunternehmer und Hausbesitzer. gr. 8. Ebendas. 870.

Franke, G., Abhandl. üb d. zweckmässige Einrichtung d. Treibhäuser z. frühen Treibereien. Eine gekrönte Preisschrift. Mit 8 ill. Kpf. gr. 8. Halle, 1825. (Knapp's Verl.) 1. 15

Franke, G., Abhandl. über d. zweckmäßige Einrichtung d. Treibhäuser z. frühen Treibereien. Eine gekrönte Preisschrift. Mit 8 fein ill. Kpft. gr. 8. Halle 825. Kümmel. 1 ₰ 12 ℊ Schrbp. 2 ₰

Franke, G. (Hrsg.), s. Akademie der Wissenschaften f. Dtschld's Männer und Frauen.

— der Bau u. die Einrichtung der Treibhäuser, welche zur Frühtreiberei bestimmt sind. Eine Abhandlung. Mit 8 color. Kpfrn. (in 4.) 2. Aufl. Ebend. 865. gr. 8. (20 S.) 1 ₰

Franke, G., Der Bau u. die Einrichtung der Treibhäuser, welche zur Frühtreiberei bestimmt sind. 3. Aufl. Mit 8 Kpfrtfln. Halle 1873. Fol.

— der Bau u. die Einrichtung der Treibhäuser, welche zur Frühtreiberei bestimmt sind. 3. Aufl. Mit 8 Kpfr-taf. (in 4.) gr. 8. (20 S.) Leipzig 873. Knapp. n. 3. —

Franke, G., der Bau und die Einrichtung der Treibhäuser, welche zur Frühtreiberei bestimmt sind. 3. Aufl. gr. 8. Halle 873. Leipzig, Spohr.

Franke, G., der Bau der Gewölbe, s.: Menzel, C. A

—— der practische Bautischler. Ein Handbuch für Tischler, Architecten, Bau-, Maurer- und Zimmermeister und Bauunternehmer. gr. 8. (IV, 205 S. mit 300 eingedr. Holzschn.) Halle 870, Knapp's Verlag. *

Franke, G., Handbuch der Brikettbereitung. 2 Bde. Lex. 8. Stuttgart, F. Enke. 30.—; geb. 33. —
I. Die Brikettbereitg. aus Steinkohlen, Braunkohlen u. sonst. Brennstoffen. (XVI, 658 S. m. 255 Abb. u. 9 Taf.) 909. 22.—; geb. 23. 60
II. Die Brikettbereitg. aus Erzen, Hüttenerzeugnissen, Metallabfällen u. dgl., einschliessl. der Agglomerierg. Nebst Nachträgen. (VIII, 216 S. m. 79 Abb. u. 4 Taf.) 910. 8.—; geb. n 9. 40

Franke, G., gesegnete Mahlzeit, s.: Bloch's, E., Theater-Gartenlaube.

—— die Meisterprüfung der Bauhandwerker. Eine Zusammenstellung der darauf bezügl. Bestimmungen nach preuß., sächs. und baierischem Gesetze, nebst einer Erörterung über alle Fragen, welche bei der Prüfung in Betracht kommen. gr. 8. (IV und 142 S.) Halle 867, Knapp. *

Franke, G., Quaestiones Agathianae. Diss. 1914., 41 S. 2.—

Franke, G., Rathgeber für Bauherren u. Hausbesitzer. Eine Anweisung u. Belehrung, zweckmässig, wohlfeil u. gut zu bauen. gr. 8. (III, 203 S.) Leipzig 877. Spohr. n. 5. —

Im Schnee Erzählung von G. Franke. *Berlin: Schriftenvertriebsanst. 1900.* (16 S.) 8° [J]
— Kleinkindergarten. No 42. [ca. 1903]

– Dass., s.a. Frank, G.

—— kleine Skizzen und Entwürfe für Architekten und Bauhandwerker. 1. Heft. br. 8. (4 S. mit 6 Bl. Abbild. in Holzschn.) Halle 867, Knapp.

Franke, G., über Versuche m. Acetylen-Beleuchtung in Bergwerken. Vortrag, geh. in der Sitzg. d. preuss. Stein- u. Kohlen-Fall-Commission am 29. III. 1901. gr. 4. (15 S.) Berlin 901. W. Ernst & Sohn. n. 1. —
Sonderabdruck aus: „Zeitschr. f. d. Berg-, Hütten- u. Salinen-Wesen im preuss. Staate".

Franke, G. R., über die Rinderpest, und die Mittel sie zu heilen. m. K. gr. 8. Berlin, Rottmann.

Franke, Georg, Arzt: Aus d. Bresl. chirurg. Universitäts-Klinik (Geh. Med.-Rat Prof. Dr. von Mikulicz-Radecki). Anus praeternaturalis und Anus perinealis bei Atresia ani. *Breslau 1903.* (38 S.) 8°
Breslau, Med. Diss. v. 24. Apr. 1903

Franke, G., Bild e. Steinkohlen-Bergwerkes u. Braunkohlen-Tagebaues. 80×45 cm. Farbdr. Nebst Erläuterg. 4. (7 S.) Berlin (901). Deutsches Verlagshaus Bong & Co. n. 1. —

Franke, Geo. Herm., über d. Entwicklung d. Dinge. Eine Evolutionspsychologie. (92 S.) gr. 8. Berlin 911. E. Hofmann & Co. 2. 50

— Eine Untersuchung des menschl. Geistes. (IV, 282 S.) gr. 8. Liegnitz 908. Th. Kaulfuss. 4. —

Franke, Georg Karl Theodor, s. Francke

Franke, Georg Samuel, s. Francke

Franke, Gotthlf. Aug., († d. 2. Sept. 1769) theolog.-histor. Abhandll. über verschied. Stellen d. heil. Schrift ꝛc. 8. Halle 764. Waisenh.-Buchh. 14 gr

— Anzeige u. Berechnung d. Beitrr., welche d. Gemeinden d. durch Krieg leidenden Predigern u. Schullehrern geschenkt. 4. Halle 762. Waisenh.-Buchh. 2 gr

Franke, G.A. (Hrsg.), s. Arnd, Johann: Fünf Bücher vom wahren Christenthum.

— Denkschreiben an d. Gemeinde wegen d. Beitrags z. Nothdurft derer Prediger u. Schullehrer, welche durch feindl. Drangsale in Elend gesetzt. 4. Halle 761. Waisenh.-Buchh. 2 gr

Franke, Gustav

Franke, G., Tabelle zur Berechnung der Beitragswochen für die J. 1891 bis 1915 zum Invalidenversicherungsgesetz. Taschenformat-Ausg. 12. (51 S.) Halle 900. E. Strien. n. — 75; Plakatformat, f. d. J. 1901—1915. gr. Fol. n. — 60

Tabelle zur Berechnung der Beitragswochen für die Jahre 1901 bis 1915 zum Invalidenversicherungsgesetz Aufgest. von G[ust.] Franke *Halle a. S.: E. Strien [1900]* (1 Bl. 50 × 84 cm.) quer-gr. 2° [Kopft.] [… 1873

Franke, G., Tabelle z. Berechnung d. Beitragswochen f. d. Invaliditäts- u Altersversicherg. gr. Fol. Halle 895. E. Strien. — 60

Franke, Gust., statistische Tabelle aller Länder der Erde. Leipzig 869. Minde. 16. (17 S.) 2 ngr

— Tafeln z. Feststellg. d. Rentensteigerungen f. d. Invaliditäts- u. Altersversicherung. gr. 8. (11 S.) Ebd. 895. n. 1. —

Franke, H.: Über die Bewegung rotirender Kreisel. Jena, Diss. 1874.

Franke, H., die einfache Buchführung, f. die Schuhbranche bearb. [Aus: „F., der Schuhindustrielle, 4. Aufl."] gr. 8. (16 S.) Artern 892. H. Franke. n. 1. —

Franke, H., die Dinge im Orient. Deutsche Mahnungen u. Betrachtungen. gr. 8. (55 S.) Leipzig 878. Schilling. n. 1. —

Franke, H. (II.), Fach-Notiz-Kalender mit Maasbuch für Schuhmacher, Schäftefabrikanten, Zuschneider, Stepper und Lederhändler auf das J. 1887. Bearb. von H. Franke. 12. (XXXV, 95 S.) Leipzig, Stauffer. cart.
Nicht weiter erschienen.

Die Flüchtlinge der Wildn Erzählung von H Franke *Berlin A Weichert [1900]* (62 S.) 8° [δ]
— Indianer- u Volksbibliothek 108

Franke, H., der Frühlingsmythus der Kesarsage, s.: Mémoires de la société finno-ougrienne. XV.

— das Construiren der Schuh- u. Stiefelmodelle, sowie das Serienschneiden nach Franke's System. Der Text ist ergänzt durch 33 lith. Taf. m. 276 Modellzeichngn. [Aus: „F., der Schuhindustrielle, 4. Aufl."] gr. 8. (31 S.) Ebd. 892. Kart. n. 2. 50; geb. n. 3. —

— Maassbuch. schmal 8. (48 Blatt Formulare.) Ebd. 893. In Wachstuch. n. — 80; 64 Blatt n.n. 1. —; 96 Blatt n.n. 1. 50

— neue Maaßscala. [Aus: „F., der Schuhindustrielle, 4. Aufl."] gr. 8. (37 S.) Ebd. 892. n.n. 1. 75

— der Normalleisten u. Marschstiefel. gr. 8. (31 S. m. 14 Abbildgn. u. 1 farb. Taf.) Ebd. 892. n. 2. 50; geb. n. 3. — u. n. 3. 50

Podręcznik dla Polaków i Niemców w obrębie Niemiecko-Polskim. Taschenbuch f. Polen u. Deutsche im deutsch-polnischen Gebiet... von H. Franke. Charlottenburg: R. Münch 1904. (31 S.) 8°

— der Schuhindustrielle. Fachwissenschaftliches, prakt. Lehrbuch f. alle Interessenten der Schuhmacherei, der Schuh- u. Schäftefabrikation, sowie Leistenschneiderei u. Lederhandel. 4. Aufl. Lex.-8. (II, 264 S. m. Illustr. u. vielen Tafeln.) Artern 892. (Leipzig, Th. Stauffer.) Geb. n. 12. 50

—— die Schuhmacherei. Praktisch und theoretisch behandelt als Lehr- und Handbuch für Schuhmacher und Fachschulen, sowie Schuh- und Schaftfabrikanten und Lederhändler. Hierzu ein Atlas von 24 Taf. mit circa 200 Zeichnungen, Portraits, anatom. Zeichnungen und Modellen. 2. verm. und verb. Aufl. gr. 8. (VII, 237 S.) Artern 885. (Leipzig, Stauffer.) *

—— dass. — Lehr- und Handbuch für Schuhmacher, Fachschulen, Fabrikanten und Händler. Hierzu ein Atlas von 24 Taf. mit ca. 280 Abbild., Portraits, anatom. Zeichnungen und Modellen. 3. verm. und verb. Aufl. gr. 8. (VI, 282 S.) (Ebendas.) 887. *
cart. * M 9.—; geb. *

Franke, H., Taschenbuch f. Polen u. Deutsche im deutsch-polnischen Gebiet. (31 S.) 8. Charlottenburg 904. R. Münch. n. — 30

Franke, H., aus alten Unstruttagen, s. a. Aus dem Unstrutthale. 5. Hft.

Aus alten Unstruttagen. Romant. Erzählung aus d. 5. u. 6. Jahrh. Von H. Franke. *Langensalza: Wendt & Klauwell 1903.* (112 S.) 8° [F.]
— Unstrutthale, Aus dem. H. 5.

Franke, H., der Vortrag d. liturgischen Gesanges. Ein Handbuch f. evangel. Geistliche. gr. 8. (VI, 62 S.) Leipzig 891. C. Klinner. n. 1. 50

— das Zeichnen im Handwerk. Speciell f. die Schuhbranche ausgearb. u. durch 78 Zeichngn. u. Vorlagen ergänzt. [Aus: „F., der Schuhindustrielle, 4. Aufl."] gr. 8. (8 S. m. 3 Taf.) Artern 892. H. Franke. Kart. n. 1. —

Franke, H. G. W., Rede bei d. Fahnenweihe d. bremisch-hanseatischen Legion. 8. Brem. Heyse. 814.

Franke, H. Gf. Bhrd., über Declamation. 2 Thle. 8. Götting. 789 u. 94. Dieterich. 1 ₰ 4 gr

— Rede bei d. Fahnenweihe d. Bremer Hanseat. Legion. 8. Bremen 814. Heyse. 2 gr

Religionsvorträge nach christl. Grundsätzen. 8. Leipz. 800. Rabenhorst. 1 ₰

[F.] Bismarck-Lieder v. Hans Franke. *(Dresden: H. Henkler's Buchdr. [1895].)* (13 S.) 1 Bd 8.

Franke, Hans: Die pflanzlichen Gerbstoffe. Übersicht über Vorkommen, Eigenschaften, Gewinnung u. Anwendung d. wichtigeren pflanzlichen Gerbstoffe. Magdeburg: Verf. (1909). 65 S. 8⁰.

Franke, Hans, Master Jahn, } s.: Lustspiele, turnerische.
— kuriert, }

Franke, Hans, approb. Arzt aus Dresden-Radebeul: ⟨Münchener Med. Klinik 1890 1900.⟩ Statistische Mitteilungen über die 'Tabes dorsualis'. *München 1902: C. Wolf & Sohn.* (29 S.) 8°
München, Med. Diss. v. 1902

Franke, Hans, Palm. Verein jüngerer Buchhändler zu München. Die Geschichte seines zehnjähr. Bestehens. Zum 10. Stiftungs-Feste am 4. Febr. 1884 zusammengestellt. Mit e. Titelbilde (in Lichtdr.): Das Palm-Denkmal in Braunau. gr. 8. (XXI, 81 S.) München 884. Verlag d. „Palm". n.n. 2. —

Franke, Hans, approb. Arzt aus Stendal: Über einseitige Sinnestäuschungen. *Freiburg (Baden) 1903: E. Kuttruff.* (34 S.) 8°
Freiburg i. B., Med. Diss. v. 1903

Franke, Hans, Referendar: Verjährungsfrist und gesetzliche Befristung. Zeulenroda 1908: Oberreuter. IV, 41 S. 8°
Jena, Jur. Diss. v. 15. Sept. 1908, Ref. Danz
[Geb. 26. März 83 Zeulenroda; Wohnort: Greiz; Staatsangeh.: Reuß j. L.; Vorbildung: Gymn. Schleiz Reife M. 03; Studium: Jena 3, Leipzig 3, Jena 4 S.; Rig. 7. Juli 08.] [U 09. 2086

— unterm Weihnachtsbaum, s.: Lustspiele. Nr. 7.

— der Wunderdoktor, } s.: Lustspiele, turnerische.
— aus stürmischer Zeit, }

Franke, Heinrich, s.a. Franke, Julius Heinrich

Franke, Heinrich: Ueber die Heilbarkeit des Diabetes mellitus. Halle (1873) Plötz 28 S. 8°
Halle-Wittenberg, Med. Diss. v. 29 Okt. 1873
Geb. Rosenburg (Kr. Kalbe) 26. 11. 1847 V

Franke, Hnr. Gf. Bernh., s. H. Bredenkamp, kurzer Abriß.

Franke, Heinrich Gottlieb, s.a. Frank

Franke, H. G., neue Beyträge z. d. Geschichte d. Staats- Lehn- und Privatrechte der Lande des Chur- und Fürstl. Hauses Sachsen. 1r Thl. gr. 8. Academ. Bchhdl. in Jena, 767.

Franke, Hnr. Gli., († d. 14. Sept. 1781) neue Beitrr. z. Gesch. d. Staats-, Lehn- u. Privatrechte d. Lande d. Kur- u. fürstlichen Hauses Sachsen. 1r Thl. gr. 8. Jena 767. (Hennings in Neiße). 18 gl.

– (Hrsg.), s. Gundling, N. Hi: De emtione uxorum, dote et morgengaba

Franke, Hnr. Glieb, Gut. Hyl. votum solenne veterum quorundam Germanorum. Lipsiae 1727. 4 . . . . (D.)

— [illegible] s. Kamprath, [illegible] — [illegible] Eph. Crenfiq. Beitr. — [illegible]

Franke, H. Gli.: Nachrr. von der neuesten Beschaffenh. eines Reichstags im heil. R. R.; nebst Ch. Gf. Oertel's Verzeichniss d. Reichsstände u. s. w. *Regensb.*, Montag. 761. 4. (1 Thl.)

— s. [illegible] sammt aller Reichs- [illegible] — [illegible] corpus juris. — [illegible] diplomatica — [illegible] Joh. u. Jag- [illegible]

– Wahlcapitulation u. Reversales Francisci I. 8. Leipz. 745. verm. 762. Eurich. 12 gl.

Franke, H. Gli.: Ihr. Röm. kaiserl. Maj. Francisci Wahlcapitulation, sammt einer Vorrede, wie auch einem Register, zum Gebrauche seiner Herrn auditorum in den collegiis jrs. publ. herausg. v. u. s. w. *Leipzig*, Born. (Eurich). 746. 8. — 2. Ausg. *Ebend.* 762. 8. (12 Gr.)

Franke, Herman(n)

Franke, Herm., Aufgabensammlung für den Unterricht in der deutschen Sprache, geordnet nach 3 Lehrstufen. 861 (72 S.) n. 1 ngr — 2. verb. u. verm. Aufl. Weimar 868. Böhlau. 8. (80 S.) n. 5 ngr

Franke, Hermann [aus Langensalza]: Über Bedeutung, Inhalt und Alter des ‚Sepher Hajjaschar' .... Halle a/S., Druck v. Ehrhardt Karras, 1887; 41 + 1 S. + 1 Bl. 8°.
Halle, Phil. Fak., Inaug.-Diss. v. 5. März 1887.

Franke, Herm. (I.), über Bedeutung, Inhalt und Alter des ‚Sepher Hajjaschar'. Beitrag zur Geschichte der hebr. Litteratur. gr. 8. (41 S.) Leipzig 887, Fock. *

Franke, Hermann [pr. Zahnarzt aus Berlin]: Beitrag zur Entwickelung bösartiger Geschwülste auf dem Boden alter syphilitischer Narben ... Würzburg, P. Scheiner's Buchdr., 1894; 28 S. 8.
Würzburg, Med. Fak., Inaug.-Diss. v. 1894

Bibelglaube, Christusglaube, Erlösungsglaube. 3 Vorträge von Dr. H[ermann] **Franke**, Pastor, Liegnitz. Liegnitz: Weist 1906. 38 S. 8° [illegible]2

Franke, Herm., Christentum u. Darwinismus in ihrer Versöhnung. 8. (XI, 128 S.) Berlin 901. A. Duncker. n. 2. —; geb. in Leinw. n. 3. —

Ⓑ Franke, Herm., Christentum u. Darwinismus. 901. — Herr, bin ich's? 902. (xBZ 31.) Jetzt: Berlin, A. Glaue.

Franke, Herm., Einrichtung v. Handelsklassen an Mittelschulen. (Handelskammern, Handelsschulen, Mittelschulen.) (16 S.) 8. Posen 905. Merzbach. n. — 30

Franke, Herman [Mitarb.]
s. **Geyer,** Moritz: Geschichte des Friedrichsgymnasiums zu Altenburg seit 1789.

Franke, Herm., Handbuch der Musik. Für Musiker u. Musikfreunde, Musiklehrende u. Lernende. Glogau 867. Flemming. 8. (VII, 394 S.) 27 ngr

Handelskammern, Handelsschulen, Mittelschulen. Einrichtung von Handelsklassen an Mittelschulen. Von Hermann **Franke**, Rektor in Posen. Posen. Merzbach 1905. (16 S.) 8° [J.] [07. 4470]

'Herr, bin ich's?' 7 Passionsbetrachtungen in Charakterbildern aus d. Leidensgesch. gezeichnet von Dr. phil. Hermann **Franke**, Pfarrer [illegible] Buchstedt. *Berlin: A. Duncker 1902.* (56 S.) 8° [J.] [illegible]

Franke, Hermann: Die Lehre von den positiven und negativen Zahlen für den Schulunterricht dargestellt. 16 S. *Schleusingen* 1884
Progr.

Franke, Herm., das erste Lern-Buch, s. Lern-Buch.

Franke, Herm., vaterländisches Lesebuch, s. Lesebuch, vaterländisches.

Franke, Herm., vaterländisches Lesebuch. 1. Thl. 4., verb. Aufl. 8. (IV und 84 S. mit eingedr. Holzschn.) Weimar 856, Böhlau. *
Vgl.: Lesebuch.

Franke, Herm., vaterländisches Lesebuch. 1. Thl. 1. Abth. 6. Aufl. 860. - 7. Aufl. Weimar 863. Böhlau. 8. (91 S. m. Holzschn.) n. 2½ ngr.

— — 1. Thl. 2. Abth. 3. verm. u. verb. Aufl. Ebend. 861. 8. (208 S.) n. 4½ ngr

—— vaterländisches Lesebuch. 1. Thl. 1. und 2. Abthl. 8. Weimar 863—67, Böhlau. [1. Abthl. 7.—10. Aufl. (94 S. mit eingedr. Holzschn.) ** 2½ Ngr., 2. Abthl. 4. und 5. Aufl. (216 S.) ** 5 Ngr.] **.

—— das Lesebuch in der Volksschule, s. Bräunlich, A.

Franke, Herm., das zweite Weimarische Lesebuch; bevorwortet v. Hanschmann. 8. (VIII u. 181 S.) Leipzig 851, Leiner. n. 8 ngr

- Material für den Unterricht in der Grammatik, Orthographie und Interpunktion. Zum Gebrauche in Schulen, sowie zum Selbstunterrichte. Ebend. 863. gr. 8. (VII, 248 S.) n. 24 ngr

Franke, Herm., Material f. den Unterricht in der Grammatik, Orthographie u. Interpunktion. Zum Gebrauch f. Schulen, sowie zum Selbstunterricht. 2. verb. u. verm Aufl. gr. 8. (VI, 336 S.) Weimar 872. Böhlau. n. 2. 80

— Christl. Monismus. Ein Versuch. (58 S.) gr. 8. Dresden 908. C. L. Ungelenk. — 60

Franke, Hermann, Prof. Dr.: Die **Naturwissenschaften** im neunzehnten Jahrhundert. Festrede zum 27. Jan. 1899. *Meiningen (1900): Keyssner.* (S. 3—16.) 4°
Schleusingen, k. Hennebergisches G, OP 1900 (266)

Franke, Herm., die Neuordnung des Mittelschulwesens in Preußen v. 3. II. 1910 u. die Mittelschulen in der Prov.-Hauptstadt Posen. Vortrag, geh. im Ortsverein Posen f. das mittlere Schulwesen. (15 S.) 8. Posen 910. (E. Rehfeld.) — 30

Franke, Herm. (II.), Isaak's Opferung, Kirchen-Oratorium, s. Breitkopf und Härtel's Text-Bibliothek, Nr. 279.

—— Preußenwort und Preußenschwert! Neue vaterländ. Gedichte. br. 8. (16 S.) Halle 859, Fricke.

Franke, Herm Sätze aus der neueren Geometrie — 80 S. — Altenburg — G — (643).

Franke, Hermann: Kants Stellung zu den Gottesbeweisen im Zusammenhange mit der Entwicklung seines kritischen Systems. Breslau 1908: Fleischmann. 164 S. 8°
Breslau, Phil. Diss. v. 11. Sept. 1908, Ref. Baumgartner
[Geb 16 Aug 83 Martinsberg; Wohnort. Stanowitz, Kr. Striegau; Staatsangeh.: Preußen, Vorbildung: Gymn Schweidnitz Reife M. 02; Studium: Breslau 9 S; Rig 13 Mai 08] [U 09 593

Franke, Hermann, Kammergerichtsreferendar: Die unrichtige Uebermittlung von Boten-Erklärungen und ihre rechtlichen Folgen nach bürgerlichem Recht (§§ 120—122). Berlin 1908: W. Pilz. (79 S.) 8°
Heidelberg, Jur. Fak., Ref. Endemann, Diss. v. 1908
[Geb 19. Jan 78 Berlin; Wohnort. Berlin; Staatsangeh.: Preußen; Vorbildung: Friedrichs-Wendersches Gymn. Berlin Reife M 96; Studium: Berlin 8 S; Rig 19. Dez 07]

Franke, Herman, (Prof Dr.) **Übungen** und Aufgaben zur mathematischen Erd- und Himmelskunde. Fur die Prima zsgest. *(Altenburg 1903: Pierer.)* (S. 1—27.) 4° [J. u. Ant.]
Altenburg, Friedrichs-G, OP 1903 (784)

Franke, Herm., Uebungen u. Aufgaben zur mathematischen Erd- u. Himmelskunde. Für die Prima zusammengestellt. Progr. (27 S.) gr. 4. Altenburg 903. (Schnuphase.) n. 1. —

Franke, Hermann, Tierarzt: Aus d. chir. Klinik d. Tierärztl. Hochsch. zu Dresden. Ueber das Vorkommen von Tylomen bei den Haussaugetieren mit besonderer Berücksichtigung der Pferde und Rinder. Mit 7 Abb Dresden 1910: Franke. 62 S. 8°
Leipzig, Veterinär-Med. Diss. v. 21. Febr. 1910, Ref. Röder
[Geb. 3. Sept 82 Saalfeld a. S; Wohnort: Bunzlau; Staatsangeh.: Sachsen-Meiningen; Vorbildung. Realgymn Saalfeld Reife O. 03; Studium: Dresden Tierarztl. Hochsch 12 S.; Coll. 5. Marz 10; Approb. 29. Mai 09.] [U 10. 2967

Franke, H. (I.), die deutschen Zoll- und Steuerstellen. Alphabetisches Verzeichniß sämmtl. Zoll- und Steuerstellen des deutschen Zollgebiets [einschließlich Luxemburgs], mit Angabe der denselben hinsichtlich der Zölle, Reichssteuern und Übergangsabgaben beigelegten Abfertigungsbefugnisse, soweit letztere nicht lediglich für den betreffenden Hauptamtsbezirk von Bedeutung sind. Auf Grund amtl. Materials hrsg. gr. 4. (VIII, 118 S. mit 2 Taf.) Berlin 885, Selbstverlag, W., Wilhelmplatz 1. [Mit 2 Nachträgen von 1886,87.] *

Franke, H., die deutschen Zoll- u. Steuerstellen. Alphabetisches Verzeichniß sämmtl. Zoll- u. Steuerstellen des deutschen Zollgebiets [einschließlich Luxemburgs], mit Angabe der denselben hinsichtlich der Zölle, Reichssteuern u. Uebergangsabgaben beigelegten Abfertigungsbefugnisse, soweit letztere nicht lediglich für den betreff. Hauptamtsbezirk von Bedeutung sind. Auf Grund amtl. Materials hrsg. 2., neu bearb. Aufl. Lex.-8. (X, 166 S.) Berlin 889. (Puttkammer & Mühlbrecht.) n. n. 6. —

Franke, H., die deutschen Zoll- u. Steuerstellen. Alphabetisches Ämter-Verzeichniß. 2. Aufl. 1. u. 2. Nachtrag. Lex.-8 Berlin, (Puttkammer & Mühlbrecht). n. 3. — (Hauptwerk m. 1. u. 2. Nachtrag: n.n. 9. —)
1. (22 S.) 891. n. 1. —. — 2. (52 S.) 894. n. 2. —.

Die deutschen Zoll- und Steuerstellen Alphabet Verzeichnis sämmtl Zoll- u. Steuerstellen d. deutschen Zollgebiets (einschl. Luxemburgs), mit Angabe der denselben hinsichtl. d. Zölle, Reichssteuern u. Übergangsabgaben beigelegten Abfertigung befugnisse 3. vollst neubearb Aufl. Auf Grund amtl Material hrsg. v. H. Franke, Rechnungsrat im Reichsjustizamt *Berlin Selbstv 1898* (IV, 175 S.) 8 [J.] ...

Franke, H, d. deutschen Zoll- u. Steuerstellen. Alphabet. Verzeichniß sämmtl. Zoll- u. Steuerstellen d. deutschen Zollgebiets (einschließl Luxemburgs), m. Angabe d. denselben hinsichtl. d. Zölle, Reichssteuern u. Uebergangsabgaben beigel Abfertigungsbefugnisse, soweit letztere nicht ledigl. f. d. betreff. Hauptamtsbezirk v Bedeutg. sind. 3., vollst. neubearb. Aufl. Auf Grund amtl. Materials hrsg gr 8. (XI, 175 S. m. 1 Tab.) Berlin 898. (Puttkammer & Mühlbrecht.) n.n. 7. —

Franke, H., die deutschen Zoll- u. Steuerstellen. 3. Aufl. 1. u. 2. Nachtrag zu dem alphabet. Ämter-Verzeichniß. gr. 8. Berlin (902). (Puttkammer & Mühlbrecht.) n.n. 2. 25; m. d. Hauptwerk zusammen bezogen unentgeltlich.
1. (19 S.) n.n. — 75. — 2. (32 S.) n.n. 1. 50.

Die deutschen Zoll- und Steuerstellen. Alphab. Verzeichnis samtl. Zoll- u. Steuerstellen d. deutschen Zollgebiets (einschließl. Luxemburgs) mit Angabe d. ... Abfertigungsbefugnisse . . 4, vollst neu bearb. Ausg. Auf Grund amtl Materials, hrsg. v. H[ermann] **Franke**, Geh Rechn R Berlin: Selbstverl. 1906. (VI, 245 S) 8° [J.] [06. 9098

Franke, H., die deutschen Zoll- u. Steuerstellen. Alphabetisches Verzeichnis sämtl. Zoll- u. Steuerstellen des deutschen Zollgebiets (einschließl. Luxemburgs), m. Angabe der ihnen hinsichtlich der Zölle, Reichssteuern u. Uebergangsabgaben beigelegten Abfertigungsbefugnisse, soweit letztere nicht lediglich f. den betr. Hauptamtsbezirk v. Bedeutg. sind. 4. vollständig neubearb. Ausg. Auf Grund amtl. Materials hrsg. (VII, 246 S) gr. 8. Berlin (906). (Puttkammer & Mühlbrecht.) n.n. 7. 20

Franke, H, Die deutschen Zoll- u. Steuerstellen. (4. Aufl) 2. Nachtrag zu dem alphabet. Aemter-Verzeichnis. (57 S) Lex.-8. Berlin '08, Puttkammer & Mühlbrecht. 1. 40.

— dasselbe. (4. Aufl.) 1—3. Nachtrag zu dem alphabet. Aemter-Verzeichnis. (71 S.) Lex. 8. Ebd. (909.) nn 1. 80

Die deutschen Zoll- und Steuerstellen. Alphabet Verzeichnis sämtl. Zoll- u. Steuerstellen d deutschen Zollgebiets (einschl. Luxemburgs) ... 5. vollst. neubearb. Ausg. Auf Grund amtl. Materials hrsg. von H[ermann] **Franke**, Geh. Rechn R. Berlin: Selbstverl. 1910 VI, 270 S. 8° [10. 14063

Franke, H., die deutschen Zoll- u. Steuerstellen. Alphabet. Verzeichnis sämtl. Zoll- u. Steuerstellen des deutschen Zollgebietes (einschl. Luxemburgs), m. Angabe der ihnen hinsichtlich d. Zölle, Reichssteuern u. Übergangsabgaben beigelegten Abfertigungsbefugnisse, soweit letztere nicht lediglich f. den betreff. Hauptamtsbezirk v. Bedeutg. sind. 5. vollst. neubearb. Ausg. Auf Grund amtl. Materials hrsg. (VI, 270 S.) gr. 8. Berlin 910. (Puttkammer & Mühlbrecht). nn 7. 20

Adressbuch der Stadt Haynau in Schlesien. Bearb auf Grund amtl. Unterlagen von Polizei-Insp [**Hugo**] **Franke** u. Polizei-Assist. [Hermann] Frenzel *Leipzig: Kuhnel [1900].* (140 S.) 8° [J.]
(Kuhnels Städte-Adress- u Auskunftsbücher) [01 8031

Franke, Hugo, was muß man v. der Kunstgeschichte wissen? gr. 8. (80 S.) Berlin (899). H. Steinitz. n. 1. —

Franke, Hugo, was muß man v. der Kunstgeschichte wissen? 2., umgearb. u. verm. Aufl. (80 S.) 8. Berlin (905). H Steinitz. n. 1. —

Franke, J. F. A., Schnee-Krystalle beobachtet in Dresden 1845 und 1846. Auf Veranlassung der Gesellschaft Isis in Dresden erläutert durch Hans **Bruno Geinitz**. (Abdr. aus der Fest-Schrift zur Feier des 25jahr. Bestehens der Isis.) Dresden 860. Kuntze. Lex.-8. (12 S. u. 6 lith. Taf.) n. 10 *ngr.*

Franke, J. H., s.a. Franke, Julius Heinrich

– s.a. Franke, Julius Hermann

Franke, J. H., technische Anleitung zu den trigonometrischen Netz- u. Koordinaten-Rechnungen in der Kataster- u. Forst-Vermessung. gr. 8. (VIII, 170 u. 64 S. m. Taf.) München 889. Th. Ackermann's Verl. n. 7. —

Franke, J. H., s.: Bestimmung d. geograph. Längenunterschiedes zwischen Leipzig u. München.

FRANKE, J. H., Eine Brautnacht. Nach der hinterlassenen Aufzeichnung eines Unglücklichen. Dresden, o. J. (c. 1895). 8°. (Mk. 3—.) (1 Mk. B Seligsberg, Bayreuth, 1911.)
Nicht im Handel

— die Dreiecksnetze 4. Ordnung als Grundlager geodät. Detail-Aufnahmen zu techn. od. staatswirthschaftl. Zwecken. Ein Handbuch f. Geometer, Ingenieure u. Ingenieur-Geographen. Mit e. Vorwort v Carl Maxim. Bauernfeind. gr. 8. (XII, 262 S. m. eingedr. Holzschn.) München 871. Grubert. n. 4. —

— die Erziehung durch die Kunst u. den nationalen Gedanken, s. Staat, der neue. II. 1.

Franke, J. H., die Grundlehren der trigonometrischen Vermessung im rechtwinkligen Koordinatensystem. Mit vielen Fig. im Text u. 7 lith. Taf. gr. 8. (XVI, 464 S.) Leipzig 879. Teubner. n. 12. —

Franke, J. H., die Koordinaten-Ausgleichung nach Näherungsmethoden in der Klein-Triangulirung u Polygonalmessung. Mit e. Aufstellg. u. Vergleich. v. Fehlergrenzen f. die Hauptoperationen der trigonometr. Katastervermessg. gr. 8. (VIII, 156 S. m. eingedr. Fig. u. 1 Steintaf.) München 884. Grubert. 3. 60

FRANKE, J. H. Der Mädchenſpiegel. Ein Ratgeber in delikaten oder geheimen Angelegenheiten des weiblichen Geſchlechts. Zürich u. Leipzig, Magazin für Kunſt und Wiſſenſchaft (1893).
[E. II, 361.]
Verb. d. Ldg. Koln G. Ia. M. 12/98.

— die trigonometrische Punktbestimmung im Netz-Anschluss. Mit besond. Rücksicht auf e. rationelle Fehler-Ausgleichg. gr. 8. (VIII, 69 S.) Ebend. 875. n. 1. 60

Franke, J. Val.: Ueb. die Einschiebsel des Tribonian b. Ulpian, die Verbannung nach der grossen Oase betreffend. *Kiel,* Hartmann. 819. gr. 8. (12 Gr.)

Franke, J. V., über ein Einschiebſel Tribonians beym Ulpian, die Verbannung nach der großen Oaſe betreffend. gr. 8. Kiel. (Leipzig, Hartmann). 819.

Iris. Gedichte von Ilse **Franke.** Hamburg: W. Gente [1905]. (169 S.) 8°
Ind. 3373 II

Franke, Ilse, Iris. Gedichte. (VII, 146 S.) 8. Berlin 906. E. Fleiſchel & Co. n. 2. —; geb. n. 3. —

Franke, Ilse, Lebenskunſt. 800 Aphorismen m. Anh. (XVI, 159 S.) 8. Leipzig (908). Theoſoph. Verlagshaus.
2.—; geb. n 3. —

Lebenskunst 800 Aphorismen mit Anh. von Ilse Franke Leipzig: Vollrath [1908] XVI, 159 S 8°
IoJ 4562 II

Franke, Joach., († d. 28. April 1808) philoſoph. Abbild. d. Arzneierkenntniß u. d. Arzneiverſtändigen. 8. Altona 754. Iverſen. 5 Pf.

— Verſuch in Betrachtt. über d. Entſtehungsart d. Erdbebens. 8. Schleswig. 756.

Franke, Joach. Herm. Frz., die Beitragspflicht d. Eingepfarrten zum Bau u. Unterhalt d. kirchlichen Gebäude. 4. Roſtock 816. Stiller. 1 ßl

— über d. Verbindlichkeit d. Eingepfarrten, zum Bau u. Unterhalt d. Kirchen-, Pfarr- u. Küſtergebäude beizutragen. 4. Schwerin 806. (Roſtock, Stiller). 1 ßl

Franke Joh.: Die Gewässer in Krain und ihre nutzbare Fauna. 21 und Karte. Laibach R. 92.
Progr.

Franke, Joan Adolph Bernard (geb Landsberg a W 20 8 1821)
De variola et vaccina Berolini (1845) (44 S) 8°
Berlin, Med Diss v 18 Jan 1845

Franke, Jh. Chr., († d. 5. Dec. 1822) commentatio de veritate delecti in quaestione capitis caute eruenda. 8. Wittenb. 784.

— Johann Christian (Wittenberg), De pecuniae deterioris atque melioris exaequatione praesertim in mutuo. Diss. jur. natur. polit. Präs. Johann Daniel Titius. Wittbg. (E. G. Eichsfeld) 18. V. 1763. 32 S. (3.50) 9382

— Johann Christian Gottlob (Muskau/Laus.), Doctrinae de inflammatione brevis expositio. Präs. Ernst Platner. Lpz. (Weinedel) 23. XII. 1806. 36 S. (4.50) 9383
Gew.: Joh. Georg Grf. v. Einsiedel (Seidenberg).

Wahrlieb's (d. i. *Joh. Christoph Franke*) deutliche Vorstellung der Nichtigkeit derer vermeynten Hexereyen und des ungegründeten Hexenprocesses. Nebst Beantwortung der unter dem Nahmen eines nach Engelland reisenden Passagiers herausgekommenen Untersuchung vom Kobold, etc. Mit Titelkpfr. Amsterdam (Halle, Neue Buchhandlg.) 1720. 4°. (8 Mk. Völcker. 1905.)

— Johann Georg (Eisleben), De intercessione pro debitore mortuo. Präs. Christoph Ludw. Crell. Wittbg. (Scheffler) Mai 1754. 32 S. (4.50) 9384

Franke, Jh. Mich., († d. 19. Juni 1775) ſ. *Catalogus* Bibl. Bunavianae etc. u. ſetze hinzu: (v. Jh. Mich. Franke).

Franke Johann Nepomuk Über geometrische Eigenschaften von Kräfte- und Rotationssystemen in Verbindung mit Linienkomplexen S 84 II 7? — 40
Separatabdruck

Franke, Joh. N., über geometrische Eigenschaften v. Kräfte- u. Rotationssystemen in Verbindung m. Linien-complexen. [Aus: „Sitzungsber. d. k. Akad. d. Wiss."] Lex.-8. (25 S.) Wien 881. (Gerold's Sohn.) n. — 40

Franke, Johannes

Franke, J., die Abgabe d. Pflichtexemplare v. Druckerzeugnissen mit besond. Berücksicht. Preussens u. des Deutschen Reiches, s.a. Sammlung bibliothekswissenschaftlicher Arbeiten.

Franke, d Abgabe der Pflichtexemplare von Drucksachen Berlin 889

Franke, Johannes: De Militis gloriosi Plautinae compositione. Weidae Thur. 1910: Thomas & Hubert. 84 S. 8°
Leipzig, Phil. Diss. v. 8. Nov. 1910, Ref. R. Heinze, Lipsius
[Geb. 2. Marz 86 Lengenfeld i. V.; Wohnort: Leipzig; Staatsangeh.: Sachsen; Vorbildung: Furstensch. Grimma Reife O. 06; Studium: Greifswald 1, Leipzig 7 S.; Rig 14 Juni 10.] [U 11. 3196

Franke, Johannes, aus Magdeburg Ueber die Einwirkung von Aluminiumchlorid und Aether auf Brenzcatechin, sowie über einige Derivate des m-Diäthylphenols. *Heidelberg 1903: J. Hörning.* (35 S.) 8°
Heidelberg, Naturw.-math. Diss. v. 1903

Franke, Johs., eine ernste Gefahr f. unsere Bibliotheken, s.: Herzberg, W., Schutz unsern Geistesdenkmälern.

Franke, Johannes: Über Lotze's Lehre von der Phanomenalitat des Raumes. Erfurt 1884 Cramer 54 S. 8°
Halle-Wittenberg, Phil. Diss. v. [26 Sept.] 1884
Geb. Weddersleben bei Quedlinburg 9. 6. 1861 V
Im Buchhandel Erfurt (Leipzig: Fock) 1884

Franke, Johs., üb. Lotze's Lehre von der Phänomenalität d. Raumes. Inaugural-Dissertation. gr. 8. (54 S.) Erfurt 884. (Leipzig, Fock.) n. 1. 20

Franke, Johs., der Leihbetrieb der öffentlichen Bibliotheken u. das geltende Recht. (62 S.) gr. 8. Berlin 905. F. Vahlen. n. 1. 50

Franke, Johannes, Kammergerichtsreferendar in Berlin: Sind Einwendungen des Anfechtungs-Gegners im Anfechtungs-Verfahren außerhalb des Konkurses zulässig, welche sich gegen die im Vorprozeß zwischen Anfechtendem und Schuldner rechtskräftig festgestellte Forderung richten? Bamberg 1906: P. Franke. (48 S.) 8° [F.]
Heidelberg, Jur. Fak., Ref. Buhl, Diss. v. 13. Aug. 1906
[Geb. 25. März 81 Berlin; Wohnort: Berlin; Staatsangeh.: Preußen; Vorbildung: Gymn. z. Grauen Kloster Berlin Reife M 01; Studium: Berlin 7 S.; Rig 3. Juli 06]

Franke, Johannes, appr. Arzt, Assistenzarzt b. Feldart.-Reg. Nr. 18: **Über Sturzgeburt und ihre forense Bedeutung.** Berlin 1909: G. Schade. 29 S. 8°
Berlin, Med. Diss. v. 22. Dez. 1909, Ref. Bumm
[Geb. 20 Nov. 83 Oranienburg, Wohnort: Frankfurt a. O.; Staatsangeh.: Preußen, Vorbildung: Joachimsth. Gymn. Berlin Reife O. 03, Studium: Berlin K. W. A. 10 S.; Coll. 20 Dez. 09, Approb. 19 Juni 09.] [U 10.35

Franke, Johannes, approb. Arzt aus Wisseck: **Acute Vergiftung nach Phosphorleberthran.** *Halle a. S. 1901: C. A. Kaemmerer & Co.* (39 S.) 8°
Halle, Med. Diss. v. 23 Febr. 1901

Franke, Johannes (geb. Berlin 20. 12. 1858): Ueber das Vorkommen von Coccobacteria septica (Billroth) im menschlichen Körper mit besonderer Berücksichtigung der Fälle, in welchen eine Präexistenz der Keime angenommen werden muss. Berlin (1879). (31 S.) 8
Berlin, Med. Diss. v. 15. Nov. 1879

Franke, J(oseph), Dir. Dr.: **Bemerkungen zu den schriftlichen Arbeiten nach Maßgabe der Lehraufgaben von 1901 und Plan dieser Arbeiten am Kgl. Gymnasium zu Neustadt O.-S.** *(Neustadt O.-S. 1901: R. Reichelt.)* (S. 3—16.) 4°
Neustadt O.-S., k. G., P. 1903 (233)

Franke, J[oseph], Dir. Dr. [**Kurzer Bericht** über seine Einführung als Direktor der Anstalt.] *Patschkau 1900: E. Hertwig.* (S. 14—15.) 4°
Patschkau, st. kath. G., P. 1900 (214)

Franke, Josef (Architekt) Beschreibung des Gymnasialgebäudes (mit einem Vorwort über die Baugeschichte und einem Nachwort über den künstlerischen Schmuck von A[nton] Führer) S. 33–38. 4. **Progr.** Kath. Gymn. Dionysianum *Rheine* 1910 (488)

Silius Italicus Franke, Joseph De Sili Italici Punicorum figuris 1 (S. 21–60)
In Festschrift d. 43. Versammlung d. Phil. u. Schulmänner dargeboten von d. höh. Lehranstalten Kolns. Bonn 1895.
Progr. (Städt. Rg. mit G.-Parallelkl. u. Vsch. *Koln*)

Franke, Iosephus, Saxo: **Res metrica Aetnae carminis.** *Marpurgi Catt. 1898: H. Bauer.* (55 S.) 8°
Marburg, Phil. Diss. v. [14. Sept.] 1898

– (Hrsg.), s. Tacitus, Cornelius: Tacitus 1896-97

Franke, Josephus [Guestfalus]: De Tib. Silii Italici Punicorum tropis. . . . Monasterii Guestfalorum, ex typogr. Aschendorffiana, 1889; 128 S. + 2 Bl. 8°
Münster, Phil. Fak., Inaug.-Diss. v. [27. Febr.] 1889

Franke, J., de Tib. Silii Italici Punicorum tropis. Commentatio philol. gr. 8. (128 S.) Münster i/Westf. 889. (Leipzig, Fock.) n. 1. 50

Franke, Jos., das preußische höhere Unterrichtswesen nach der neuen Ordnung. Uebersichtliche Zusammenstellg. aller Erlasse u. Verordgn. seit dem 1. Jan. 1880. gr. 8. (VI, 74 S.) Köln 894. J. P. Bachem. n. 1. —

Franke, Jul., Beschreibung der Königlich Preußischen Provinz Sachsen. Für Volksschulen. Mit 1 (lith. u. color.) Karte (in 4.) Schweidnitz 859. Heege. gr. 8. (VIII, 87 S.) n. 8 ngr.

Franke, Jul., 3 Wandkarten zum Gebrauch beim Unterricht in der Physik. Nach den besten Hülfsmitteln. (Mit Text u. d. T.: Begleiter rc. 8. VI u. 223 S.) Fol. (36 Bl.) Schweidnitz 847, Heege. n. 4 rf.

Franke, Jul., Zusammenstellung d. zu Eisenbahn-Güter-Sendungen erforderl. Frachtbrief-Formulare, Deklarationen, statist. Anmeldescheine, Uebergangsscheine, Zoll-Begleitscheine II, nebst e. kurz gefassten Auszuge d. Bestimmgn. d. im deutschen wie internat. Verkehr v. Transport gänzl. ausgeschloss. od. nur bedingungsweise zugelass. Güter. Für Fabrikanten, Grossisten, Spediteure u. Eisenbahn-Beamte. 8. (66 S.) Köln 894. A. Ahn. n. 1. —

Franke, J[ulius] H[einrich]. **Betrachtungen über die schöpferischen Kräfte des göttlichen Weltgeistes im Natur- und Menschenleben.** ([Von] J. H. Franke ⟨H[einrich] Wortmann⟩ [in] Zürich ⟨Schweiz⟩.) 8 S. 4. (Leipzig, Oswald Schmidt, [1902].)

– Bis zum Wahnsinn, s. Unterhaltungs-Bibliothek für Jedermann

Franke, J. H. (H. Wortmann), frisches Blut u. neues Leben. Eine neue Lebens- u. Heillehre f. solche, welche an e. aus Blut- u. Säfteverderbnis hervorgegangenen chron. Krankheit leiden. (2. Aufl.) (111 S.) 8. St. Gallen 905. Konstanz, Hygien. Verlag. n. 1. 50
1. Aufl. (47 S.) 903. n. — 50.

Franke, J[ulius] H[einrich]. **Blut und Rasse als Träger natürlicher Heil- und Lebenskraft.** Von J. H. F" ⟨H[einrich] Wortmann⟩ [früher in Zürich]. [Illustriert.] 79 S. 8. Dresden, Verlag des Magazins für Kunst und Wissenschaft ⟨H. Wortmann⟩, [1906].

FRANKE-WORTMANN. Brautnacht Ein Wegweiser zum Eheglück und ein Pfadfinder für jene, die das Paradies verloren Berlin W 30, Berliner Verlagsinstitut (um 1910) 8°.
Verb. d. Ldg. Wiesbaden 6. J. 1386/11

Franke, J. H. (H. Wortmann), das Buch der Liebe od. das Geschlechtsleben in seinem ganzen Umfange. Mit ca. 1000 Illustr. u. anatom. Abbildgn. Eine naturwissenschaftl. u. naturhistor. Darstellg. seines Liebes- u. Geschlechtslebens. 1.—5. Bdchn. gr. 8. Glarus. Säckingen, H. Wortmann. n. 3. 75
1. Die Schönheit d. Weibes. Seine körperl., geist. u. ästhet. Reize, sowie die Kunst, dieselben zu erhalten u. zu pflegen, vom wissenschaftl. Standpunkt betrachtet u. geschildert. (95 S.) 891. — 75
2. 3. Der Mann u. das Weib. (255 S.) 891. n. 1. 50
4. 5. Das Weib als Jungfrau. (304 S. m. 1 Bild.) 892. n. 1. 50

Franke, J. H. (H. Wortmann), der Buchhandel u. d. Presse als e. Quelle d. Irreführg. u. d. moral. Vergiftg. d. Volkes. Eine populär-wissenschaftl. Darstellg. gr. 8. (96 S.) Zürich u. Säckingen 896. H. Wortmann. 2. —

— (H. Wortmann). Der Buchhandel u. die Presse als e. Quelle der Irreführung u. der moralischen Vergiftung des Volkes. Populär wissenschaftl. Darstellg. Zürich u. Säckingen 897.

(Franke, J[ulius] H[einrich].) Erläuterungen und Nachträge zum Neuen Programm des Geistesbundes vereinigter Wahrheitsforscher. ([Von] J. H. Franke <H[einrich] Wortmann>.) 32 S. 8. (Zürich, H. Wortmann, [1902].)

— der Erlösungsgedanke, dargelegt an d. Leitfaden d. gegensätzl. Wechselbeziehgn. zwischen Körper u. Geist, Gefühl u. Verstand od. Einbildungskraft u Denkkraft. 1. Hft. gr. 8. (S. 1—80.) Ebd. 896. 1

Franke, J[ulius] H[einrich]. Erlösungsgedanken oder Die Gottheit in dem Einheitsprinzip der Natur- und Geisteswelt. Von J. H. F' <H[einrich] Wortmann>. Teil 1. II + 159 + IV + IV S. 8. Zürich, Verlag Lebenskunst und Lebenswissenschaft, (1908). [fr. 3.40]

– Erziehung, s. Staat, Der neue.

– Die Geheimnisse der Prostitution u. ihre Genossen, s. Unterhaltungs-Bibliothek für Jedermann.

Franke, J. H., Gicht u. Rheumatismus sowie verwandte Krankheitszustände, deren wahre Natur, Ursachen u. gründl. Heilung durch e. leichtes u. schnelles Heilverfahren. Zum Besten aller derartig Leidenden hrsg. 8. (100 S.) Berlin 872. Entrich. n. — 75

Franke, Jul. Heinr., Gicht und Rheumatismus sowie verwandte Krankheitszustände, deren wahre Natur, Ursachen und gründl. Heilung durch ein leichtes und schnelles Heilverfahren. Zum Besten aller derartig Leidenden hrsg. 8. (100 S.) Schwelm 872, Wortmann. *

(Franke, J[ulius] H[einrich].) Glaubet an die Menschheit. ([Von] J. H. F' <H[einrich] Wortmann>.) 8 S. 4. ([Zürich und St. Ludwig, H. Wortmann,] 1903.)

Franke, Jul. Heinr. (H. Wortmann), 1. Die Grundbedingungen einer höheren sittlichen Staats- und Gesellschaftsordnung. gr. 8°. Zürich und Säckingen, H. Wortmann, 1896/97.

— d. Grundbedingungen e. höh. sittl. Staats- u. Gesellschafts-Ordnung. (In 5—6 Hftn.) 1. u. 2 Hft. gr. 8. (96 S.) Ebd 896. 97. à — 75

— die Grundgedanken meiner Einheitslehre. gr. 8. (24 S) Ebd. 896. — 25

— d. Grundgesetze d. sittl. Weltordnung in ihren Beziehgn. z. Religion sow. z. Staats- u. Rechtsleben. Als Eingabe an d. kgl. preuß. Justizministerium in Berlin hrsg. hoch 4. (128 S.) Leipzig-R. Ebd. 896. 8. —

Franke, J. H. (H Wortmann), die Heilkraft des Obstes u. seine Anwendung zur Erhaltung der Gesundheit u. f. die Unterstützung der Reinigungs- u. Heilprozesse bei chronischen Krankheiten. (48 S.) St. Gallen (902). Konstanz, Hygien. Verlag. n. — 60

—— die naturgemäße Heilweise, oder Anleitung zur Ausübung dieser allein richtigen zur wahren Gesundheit führenden Heilkunst. gr. 8. (VIII, 120 S.) Berlin 871, Grieben. geb. *

—— dass. — Volksthümlich dargestellt. gr. 8. (VIII, 120 S.) Schwelm 872, Wortmann. *

die naturgemäße Heilweise. Volkstümlich dargestellt. 2. Aufl. (VI, 124 S.) gr. 8. Berlin (904). Deutsches Druck- u. Verlagshaus. n. 1. —

— Hygiene der Liebe u. Ehe od. Ratgeber f. das Geschlechtsleben des Menschen. (124 u. IV S. m. 1 Tab.) 8. St. Gallen 904. Konstanz, Hygien. Verlag. n. 3. —

Franke, J[ulius] H[einrich]. Hygiene der Liebe und Ehe, oder Ratgeber für das Geschlechtsleben des Menschen. Von J. H. F' (H[einrich] Wortmann). [2. Ausgabe.] IV + 125 + III S. 8. Konstanz <Baden>, Hygienischer Verlag <C. Wortmann> (Buchdr. J. Spälti, Glarus), [1906]. [M. 3. —]
1. Ausgabe. 1904.

— der Hypnotismus u. Lebensmagnetismus als Heilmittel. (176 S.) gr. 8. St. Ludwig (903). Konstanz, Hygien. Verlag. n. 2. —

—— die Krankheiten der Brustorgane, des Halses und der Luftwege, deren wahre Natur, Ursachen und gründl. Heilung durch ein neues Heilverfahren. 8. (74 S.) Schwelm 872, Wortmann. *

— üb. d. Kulturwerth d. Religion v Standpunkt d. Kunst. gr. 8. (64 S.) Zürich 896. H Wortmann. n. 1. —

—— der kranke Magen und die schlechte Verdauung als die Grundursachen vieler Krankheiten, wie Appetitlosigkeit, Magenschwäche, Magenkrampf ꝛc., deren wahre Natur, Ursachen und gründl. Heilung durch ein neues naturgemäßes Heilverfahren. 8. (87 S.) Schwelm 872, Wortmann. *

Franke, J. H., der kranke Magen und die schlechte Verdauung als Grundursachen vieler Krankheiten, wie Appetitlosigkeit, Magenschwäche, Magenkrampf, Leibesverstopfung, Hämorrhoiden u. s. w. Deren wahre Natur, Ursachen und gründl. Heilung durch ein einfaches, naturgemäßes Heilverfahren. 3. Aufl. Neubearb. von Gust. Voigt. 8. (39 S.) Leipzig 888, Th. Grieben. *

Franke, J. H., der kranke Magen (der schwache, der verdorbene Magen, der akute u. chron. Magenkatarrh, Magenerweiterg., Magengeschwür, Magenkrebs u. Magenkrampf). Deren Natur, Ursachen u. Bekämpfg. durch einfache, naturgemäße Heilfaktoren. 4. Aufl. Neubearb. u. erweitert v. Magn. Hirschfeld. 8. (40 S) Leipzig (900). Th Grieben. n. — 75

Franke, J[ulius] H[einrich]. Manneskraft oder Heilung sexueller Schwächen. Von J. H. F'-Wortmann. 160 S. 8. Leopoldshöhe <Baden> und Glarus <Schweiz>, Hygienischer Verlag C. Wortmann, 1905. (M. 3. —)

Franke-Wortmann, J. H., die Nähr- u. Heilkraft des Obstes, s.: Kühner, A.

— Naturbilder aus der Kultur- u. Sittengeschichte der Menschheit älterer u. neuerer Zeit. gr. 8. (200 S. m. 56 Illustr.) Zürich 894. Säckingen, H. Wortmann. 1. 50

—— Naturdiät-Gesundheit. Aphorismen. 8. (IV, 147 S.) Berlin 874, Grieben. *

— Naturwissenschaft u. Philosophie als Einheitslehre i. Dienste d. prakt. Lebens. (In 5—6 Hftn.) 1. Hft. gr. 8. (48 S.) Ebd. 896. — 75

— d. Parteigeist als d Urquelle menschl. Elends. (Große Ausg.) gr. 8. (220 S.) Ebd. 896. 2. 50

— dasselbe. (Kleine Ausg.) gr. 8. (51 u. 45 S.) Ebd. 896. — 60

— Pfuscher u. Verbrecher in d. Medizin u. Naturwissenschaft. gr. 8. (64 S.) Ebd. 896. n. 1. —

— Psychologie d. geschlechtl Lebens. Dargest. durch Klarlegg. d. Organisations-Prinzipien d. schöpf. Sinnlichkeit bei d. Bildg. v. Rechts- und Sittlichkeitsgefühlen. (In 2 3 Hftn.) 1. Hft. gr. 8. (32 S.) Ebd. 896. — 60

— üb. d. Ursachen d. körperl., geist. u sittl. Entartung d. Menschengeschlechts. Als Entwurf m. Vertheidigung gegenüber d. Staatsanwaltschaft u. vor d. Gerichte hrsg. hoch 4. (192 S.) Berlin 894. Ebd. 8. —

— die Verfälschung u. Vergiftung der Nahrungs- u Genußmittel. Gemeinverständl. Belehrgn. auf der Grundlage der allgemein gült. Nährsalz-Theorie. (24 S.) gr. 8. Ebd. (904). n. — 50

Franke, J[ulius] H[einrich]. Über die freiwillige Verhütung der Empfängnis, oder Schlussstein zu Hygiene der Liebe und Ehe. Von J. H. F" ⟨H[einrich] Wortmann⟩. IV + 36 S. 8. Leopoldshöhe ⟨Baden⟩, Leipzig und Glarus ⟨Schweiz⟩, Hygienischer Verlag ⟨C. Wortmann⟩ (Buchdr. J. Spälti, Glarus), 1904. [M. 1.50]

— d. Weltordnung u. ihre Naturwunder i. Lichte philosoph. Betrachtg. 1. Hft. hoch 4. (24 S.) Ebd. 896. 1. 20

— wie werde ich willensstark, energisch, geistig verjüngt u. schaffensfroh? Ein Rathgeber f. alle Diejenigen, welche an e. Ueberreizg. des Nervensystems leiden. (I. u. II. Tl.) gr. 8. Ebd. 903. n. 3. 70
I. (Neue Aufl.) (112 S.) 1. 20. — II. (176 S.) 2. 50.

Franke, J[ulius] H[einrich]. Wie werde ich willensstark, geistig verjüngt, energisch und schaffensfroh? Ein Ratgeber für alle diejenigen, welche an einer Überreizung und Schwächung des Nervensystems leiden. Von J. H. F"-Wortmann. IV + 131 S. 8. Leopoldshöhe ⟨Baden⟩ u. Glarus ⟨Schweiz⟩, Hygienischer Verlag ⟨C. Wortmann⟩, 1905. [M. 2. 50]

— die Wissenschaft vom physischen, geistigen u. sozialen Leben auf der Grundlage einer einheitlichen Weltanschauung in ihren Grundzügen dargestellt. gr. 8. (IV, 236 S.) Berlin 880. Wortmann. n. 4. —

Franke, J H, die Wissenschaft vom physischen, geistigen u. sozialen Leben auf der Grundlage einer einheitl. Weltanschauung in ihren Grundprinzipien dargestellt Berlin 1881. 8°. Eleg Hfrzb.
4 Bll. u. 236 S

—— die Wissenschaft vom physischen, geistigen und sozialen Leben auf der Grundlage einer einheitlichen Weltanschauung. Ein ärztl. Wegweiser zur Kunst vernunftgemäßen Lebens in gesunden und kranken Tagen. gr. 8. (IV, 236 S.) Berlin 882, Wortmann'sche Buchh. *

Franke, Julius Hermann

Franke, J. H., Geodät. Punktkoordinirung in sphär. Kleinsystemen. Vergleich. Entwickelgn. im einheitl. Koordinatensystem d. bayer. Landesvermessg. gr. 8 (VI, 80 S. m. 1 Karte.) München 898. Th. Ackermann. n. 2. 40

Franke, K., biblische Geschichten, s.: Koebrich, Fr.

Franke, K., u. P. Niemann, einheitliches Religionsbuch f. evangelische Schulen mit einfachen Verhältnissen, enth.: Biblische Geschichte, Katechismus m. Erläutergn., Kirchengeschichte, Beschreibung des Hl. Landes, Beschreibung des christl. Kirchenjahres u. der Ordng. des Gottesdienstes, Gebete, Sprüche, Kirchenlieder u. Psalmen. Mit 8 Ortsansichten u. 2 Karten. (X, 240 S.) gr. 8. Gotha 904. E. F. Thienemann. n.n. 1. 10; geb. in Halbleinw. 1. 40

— — dasselbe. (Ausg. B f. Taubstummenanstalten m. e. Anh.: Fragen zu bibl. Geschichten.) (X, 240 u. 43 S.) gr. 8. Ebd. 904. Geb. in Halbleinw. n. 1. 80

Franke, Karl

Adreßbuch fur den Landkreis Liegnitz. Einwohnerzahl ohne Gewahr 42 500. Nach amtl Quellen bearb. von Carl Franke. *Liegnitz: E. Scholz Nachf. 1904.* (178 S.) 8° [F.]

Franke, Carolus [Marchicus]: De nominum propriorum epithetis Homericis .... Gryphiswaldiae, *Jenae typ. Frommanni (H. Pohle)*, 1887; 1 Bl. + 60 S. + 1 Bl. 8°.
Greifswald, Phil. Fak., Inaug.-Diss. v. 5. Jan. 1887.

Franke, Carolus, de nominum propriorum epithetis Homericis. Diss. Greifswald 1887, Jul. Bindewald. 8°. 60 S.

Franke, Karl (II.), de nominum propriorum epithetis homericis. Dissertatio inauguralis philologica. gr. 8. (60 S.) Gryphiswaldiae 887. (Jena, Pohle.) *

Franke, Karl, aus Zerbst ⟨Anhalt⟩: Ueber einen akut verlaufenden Fall von Diabetes mellitus, veranlasst durch eine Pankreasverletzung (Pankreatitis haemorrhagica). *Berlin 1902: A. Lehmann.* (28 S.) 8°
Leipzig, Med. Diss. v. (6. März) 1902

Franke, Car., Fasti Horatiani. Acc. epistola Car. Lachmanni. 8maj. (15¼ B.) Berolini 839, Besser. *

Franke, Karl, Fibel. Realmethode in ihrer einfachen Gestalt. 8. (VIII, 103 S.) Berlin 881. Issleib. cart. — 60

Franke, Carolus: De Ovidii Fastorum fontibus capita tria. Halis Sax. 1909: Wischan & Burkhardt. 70 S. 8°
Halle, Phil. Diss. v. 29. März 1909, Ref. Wissowa
[Geb 30. Juli 85 Gr.-Dungen b Hildesheim; Wohnort: Halle a. S.; Staatsangeh.: Preußen; Vorbildung: Gymn. Andreanum Hildesheim Reife O. 05; Studium: Freiburg i. B. 1, Halle 7 S.; Rig. 3. Febr. 09.] [U 09. 1645

Franke, Carl, Griechische Formenlehre f. die untern u. mittlern Gymnasial-Classen bearb. gr. 8. (VI u. 166 S.) Berlin 847, Springer. ½ n$

Franke, Carl, griechische Formenlehre für die unteren und mittleren Gymnasialclassen. 2. (von A. Kirchhoff) neu durchgeseh. Aufl. Berlin 859. J. Springer. gr. 8. (VIII, 166 S.) n. 15 ngr.

Franke, Carl, griechische Formenlehre für die unteren und mittleren Gymnasial-Classen bearb. 3. Aufl. 1865. und 4. Aufl. gr. 8. (VIII und 166 S.) Berlin 868, Springer's Verlag. *

– Dass. 4. Aufl. Ebd. 1867.

Franke, Carl, griechische Formenlehre für die unteren und mittleren Gymnasial-Classen. 5. Aufl. 1870, und 6. Aufl. gr. 8. (VIII, 166 S.) Berlin 871, Springer's Verlag. *

Franke, Carl (I.). Griechische Formenlehre, s. a. Bamberg, Alb. v. Griechische Schulgrammatik.
Vgl.: Wesener, P. Griech. Elementarbuch.

—— griechische Formenlehre. Bearb. von Albert v. Bamberg. 7. Aufl. 1872. *M 1,50., und 8. und 9. durchgeseh. Aufl. gr. 8. (X, 128 S.) Ebendas. 873,75. +

— dasselbe. 10. durchgeseh. Aufl. gr. 8. (X, 128 S.) Ebend. 876. n. 1. 60

Franke's, Carl, griechische Formenlehre. Bearb. von Alb. v. Bamberg. 11. u. 12., durchgeseh. Aufl. gr. 8. (X, 128 S.) Berlin 877. 78. Springer. n. 1. 60

Dr. Carl Franke's Griechische Formenlehre. Bearb. von Albert v. Bamberg. 24. Aufl. *Berlin: J. Springer 1894.* (XIV, 154 S.) 8° [F.]
— Bamberg, Albert v.: Griech. Schulgrammatik. 1. [03. 1136 8

[F.] Dr. Carl Franke's Griechische Formenlehre Bearb. v. Dr. Albert v. Bamberg, Hzgl. Sachs. Oberschulr. . zu Gotha. 26. durchges. Aufl. *Berlin: J. Springer 1897.* (XVI, 154 S.) 1 Bd 8
— Bamberg, Albert v.: Griech. Schulgrammatik. Tl 1. [98 708

Dr Carl Franke's Griechische Formenlehre Bearb. von Dr Albert von Bamberg, Dir. zu Gotha. 27 durchges Aufl *Berlin J. Springer 1899.* (XVI, 154 S.) 8 [F.]
– Bamberg, Griech Schulgrammatik 1 1

Dr. Carl Franke's Griechische Formenlehre. Bearb. von Dr Albert v. Bamberg, Dir. zu Gotha. 28 durchges. Aufl *Berlin: J. Springer 1900.* (XVI, 154 S) 8° [F.]
— Bamberg, Albert v.: Griech. Schulgrammatik. 1. [00. 8944

Dr. Carl Franke's Griechische Formenlehre. Bearb von Dr. Albert v. Bamberg, Dir. zu Gotha. 29. durchges. Aufl. Berlin: J. Springer 1903. (XVI, 154 S) 8° [F.]
— Bamberg, Albert v. Griechische Schulgrammatik. 1. [03. 4179

Franke, Carl [aus Zeitz (Prov. Sachsen)]: Ueber die Giftwirkungen der Calcium-Salze. . . . Würzburg, Anton Boegler'sche Buchdr, 1889; 22 S. 8°
Würzburg, Med. Fak., Inaug.-Diss. v. 1889

Franke, Carl, die Brüder Grimm. Ihr Leben u. Wirken, in gemeinfaßl. Weise dargestellt. 8. (III, 176 S.) Dresden 899. C. Reißner. n. 2. 40; geb. n. 3. —

Franke, Carl, Grundzüge der Schriftsprache Luthers. Versuch einer histor. Grammatik der Schriftsprache Luthers. [Gekrönte Preisschrift.] gr. 8. (XV, 307 S.) Görlitz 888, Remer. *
Aus: Neues Lausitzer Magazin, besonders abgedruckt.

Franke, Karl (I.), Heimatskunde von Westfalen. 8. (VIII, 100 S. mit 1 chromolithogr. Karte.) Bielefeld 887, Helmich. cart. *

Franke, K., Heimatskunde v. Westfalen. 2. (Titel-)Aufl. 8. (IX, 100 S. m. 1 chromolith. Karte.) Bielefeld 889. Helmich. cart. n. — 50

Franke, Karl, Hans Knudsen, der Begründer der Krüppelfürsorge, s.: Für Feste u. Freunde der inn. Mission.

Franke, Karl, appr. Arzt: Aus d. Anatomie München. Über die Lymphgefässe des Dickdarms. Mit 1 Taf. Leipzig: Veit 1910. 24 S., 1 Taf. 8° ¶(Aus: Archiv f. Anatomie u. Physiol. Jg. 1910. Anat. Abt.)
München, Med. Diss. v. 6. Okt. 1906, Ref. Rückert
[Geb. 29 Nov. 79 Driburg; Wohnort: Driburg; Staatsangeh.: Preußen; Vorbildung: Gymn. Höxter Reife O. 00; Studium: München 10 S.; Coll. 6. Okt. 06; Approb. 20. Sept. 06.] [U 11. 3633

— Medicinal-Schematismus der graduirten u. diplomirten Ärzte . . . Österreich-Ungarns, s. Hassenberger, E. Ludwig

Franke, Carl. De praefectura urbis capita duo. 35 S.
Berlin, J. G., Progr. 1850

— Reinheit u. Reichtum der deutschen Schriftsprache, gefördert durch die Mundarten. gr. 8. (VIII, 142 S.) Leipzig 890. Teubner. n. 2. 80

Franke, Karl [pr. Arzt aus Gera]: Ueber Senkung und Vorfall der Gebärmutter während der Schwangerschaft und Geburt ... Jena, Frommannsche Hof-Buchdr., 1892; 69 S. 8.
Jena, Med. Fak., Inaug.-Diss. v. [1 Mai] 1892

Franke, Karl, üb. Senkung u. Vorfall der Gebärmutter während der Schwangerschaft u. Geburt. Diss. gr. 8. (69 S.) Jena 892. (H. Pohle.) n. 1. —

Franke, Karl Stoicismus und Christentum Eine religionsphilosophische Abhandlung 12 S. Progr. Breslau 1876.

Franke, Karl, Stoicismus u. Christenthum. Eine religionsphilosoph. Abhandlg. gr. 4. (12 S.) Breslau 876. Trewendt & Granier. n. — 40

Franke, Carol. De via, qua Hannibal in Galliam ad Alpes progressus est, annotationes ad Livii historias. libr. XXI. 12 S.
Sagan, Progr. 1842

Franke, Karl, Westfalen. Eine Heimatskunde. 2., umgearb. Aufl. 8. (101 S. m. 1 farb. Karte.) Bielefeld 893. A. Helmich. n.n. — 45; geb. n. — 60; Karte allein n.n. — 10

Worte in der Loge zu den drei Degen im Or. zu Halle bei der Todtenfeier ihres verewigten Br. Ernst Friedr. Germar am 5. Aug. 1853 gesprochen von K[arl] Franke. (Ms. f. Brr.) [Halle 1853: Gebauer-Schwetschke.] 16 S. 8° [Umschlagtit.]
Abgedr. in: A. 7 (1853—1854) S. 183—206; Abdr. von S. 3—14 in: FZ. 7 (1853) S. 363—368. Tt. 939. Lebenslauf von E. F. Germar.

Franke, Karl August

Franke, C. A., die Buchdruckerkunst. Praktisches Handbuch f. Setzer, Drucker, Korrektoren, Stereotypeure u. Galvanoplastiker, auf Grund eigener Erfahrgn. u. unter Mitwirkg. namhafter Fachmänner hrsg. v. Max Müller. 6. vollständig neu bearb. Aufl. Mit 97 Textabbildgn. u. e. Korrektur-Schema. (VIII, 338 S.) Lex.-8. Leipzig 904. B. F. Voigt n. 7. 50

Franke, C. A., Handbuch der Buchdruckerkunst, s. a. Schauplatz, neuer, der Künste und Handwerke. 220. Bd.

Franke CA. Handbuch der Buchdruckerkunst 3 und 4 Auflage (Schauplatz der Kunste und Handwerke 220) Weimar 1863. 67

Franke, Carl Aug., Handbuch der Buchdruckerkunst. Nach eignen Erfahrgn. u. denen anderer namhafter Buchdrucker bearb. 5. Aufl. in vollständ. Neubearbeitg., hrsg. v. R. Wagner. gr. 8. (X, 261 S.) Weimar 886. B. F. Voigt. 4. —

Franke, C. A., Katechismus der Buchdruckerkunst, s. a. Weber's, J. J., illustr. Katechismen.

Franke, C. A: Katechismus der Buchdruckerkunst und der verwandten Geschaftszweige. 3. Aufl. Leipzig 1872

Franke, Carl Aug., Katechismus der Buchdruckerkunst. 4., verm. u. verb. Aufl., bearb. v. Alex. Waldow. Mit 42 in den Text gedr. Abbildungen u. Taf. (in Holzschn.). 8. (XII, 218 S.) Leipzig 879. Weber. geb. n. 2. 50

— Katechismus der Buchdruckerkunst. 5., verm. u. verb. Aufl., bearb. v. Alex. Waldow. Mit 43 in den Text gedr. Abbildgn. u. Taf. 8. (XII, 238 S.) Leipzig 886. Weber. geb. n. 2. 50

Franke, Carl Aug., Katechismus der Buchdruckerkunst, 6. Aufl., s.: Waldow, Alex.

Franke, Karl Chr. Lebr.

Franke, K. Ch. Leb., de diei dominici apud veteres Christianos celebratione. 8maj. Halle 826. Fr. Ruff. 9 gr.

(Franke, K. Ch. L., Dr. theol.,) Freimaurerische Festreden gehalten in der Loge z. d. 3 Degen in Halle von dem Redner. Halle Schwetschke. 1840 8 IV, 123 S

Franke, Karl Chr. Lebr., Geschichte der Hallischen Reformation, mit steter Berücksichtigung d. allgem. deutschen Reformationsgeschichte. Eine Festschrift zur 300jähr. evangel. Jubelfeier der Stadt Halle. gr. 8. Halle 841, Schwetschke u. Sohn. Velinp. n. $1^1/_3$ ß

(——) zur dritten Jubelfeier d. Einführung d. Kirchen-Reformation in d. Stadt Halle. Für d. evangel. Schuljugend. gr. 8. (1 B.) Halle 841, Schwetschke u. Sohn.

Franke, K. Ch. Leb., was den Schmerz um unsre in d. Herrn Vollendeten zu stiller Ergebung u. heil. Freude erhebe. Predigt, an d. jährl. Todtenfeste d. 20. Nov. 1831 gehalten. gr. 8. (1 B.) Halle 831, Schwetschke u. Sohn.
Vgl. Francke.

Franke, Karl Fr Herm Sätze aus der neueren Geometrie Für den Schulunterricht bearbeitet. 30 S Progr. G. *Altenburg* 1878.

Franke, Karl Gl., († d. 24. April 1799) die Religion in Gesängen. 8. Pirna 779.

— s. Seidel, Kasp., tirocinium.

Franke, Karl Glob, Der obersächsische Dialekt. Leisnig 1884. 4
Progr. Realsch. Leisnig. . . . . [illegible]

Franke, Karl Ludwig. Die Elemente der Perspektive und Schattenlehre in Beziehung auf Naturzeichnen und Aufnehmen ganzer Gegenden im Freien. Mit 5 Kupfertafeln. Berlin 1836. 8°.

Franke, Karl Wilhelm

Franke, Carolus Guilelmus: * Quaestiones criticae, exegeticae, metricae de versibus viginti cantico primo antecedentibus, quibus Umbra Clytaemnestrae Furias dormientes alloquitur, atque de cantico ipso Eumenidum tragoediae Aeschyleae. 56 S. 2°
Halle-Wittenberg, Phil. Diss. v. 8. April 1870
Geb [Jauer 15 5. 1844]
Ersch. u. d. T.: De primo Eumenidum Aeschyli cantico et nonnullis, qui antecedunt, dialogi versibus commentatio Liegnitz 1875 Krumbhaar. 31 S. 4° Ev. Gym., Progr.

Franke, Klemens

Franke, Clemens: Beiträge zur Geschichte Johanns II von Hennegau-Holland . . Aus: Westdeutsch Zeitschr f. Gesch. u Kunst Ergänzungsh. V. 1889. Trier, Fr. Lintz'sche Buchh., 1889: 1 Bl. 90 S. 8°

Leipzig, Phil Fak., Inaug.-Diss v 5 Okt. 1889

Franke, C. (II.). Beiträge zur Geschichte Johanns II. v. Hennegau-Holland. Diss. 8. (89 S.) Lpz. 889, Fock. * 1 20
—— dass. — s.a. Zeitschrift, westdeutsche, f. Geschichte u. Kunst.

Franke, Konrad

Franke, Conr., der Blendzwang. Zur Frage d. Schließens od. Verhängens der Schaufenster an Sonn- u. Feiertagen. Gekr. Preisschrift des internat. Bundes f. Sonntagsfeier. (28 S.) 8. Leipzig 910. J. C. Hinrichs' Verl. p — 50

Franke, Conrad, Referendar: Relative Unwirksamkeit als Folge relativer Veräußerungsverbote. Ein Beitr. z. Erlauterung der Paragraphen 135/136 des Bürgerlichen Gesetzbuches. Zwickau 1909: Förster & Borries. VIII, 56 S. 8°
Leipzig, Jur. Diss. v. 18. Sept. 1909
[Geb. 1. Juli 84 Dresden; Wohnort: Schirgiswalde; Staatsangeh.: Sachsen; Vorbildung: Vitzthumsches Gymn. Dresden Reife O. 03; Studium: Leipzig 9 S.; Rig. 30. Juni 07.] [U 10. 2702

Franke, Konstantin

Franke, Constantin: Anschauung in der Trigonometrie. Waldenburg i. Schlesien, P. Schmidt's Druckerei (1890); 16 S., 1 Taf. 8°
Waldenburg in Schlesien, st. ev. G, OP 1890 (208)

*Franke (Constantin) Katalog der Schuler-Bibliothek (I II bis D) des Gymnasiums zu Waldenburg i Schl 1905 [statt 1906] 44 S 8 Progr. Staedt Ev Gymn Waldenburg i Schl 1906

Franke, L. W. Rede zur Entlassung der Abiturienten, 28. Sept. 1833. (Enth. allg. Ermahnungen in Rücksicht des Universitätslebens und der künft. Bestimmung.) 8 S. . . . .

Progr. Liegnitz R. 1833

Franke, L. W. Ueber die Reise zur Universität. 20 S. . . . .
Progr. Liegnitz R. 1826

Franke, L. W., über Reise z. Universität. 8. Liegnitz 827. Kuhlmey. 6 ℊ

Franke, Laurenz, Kritische Beleuchtung der vom evang Pfarrer Krause gegen die kath. Kirche u ihr Oberhaupt gerichteten Anschuldigungen Leipzig. Jackowitz. 1839. gr 8°. 1.50 Mk

Franke, Laur., krit. Beleuchtung der von dem evangel. Pfarrer C. W. A. Krause gegen die kathol. Kirche u. ihr Oberhaupt gerichteten Anschuldigungen. Demselben als eine Erwiederung auf sein Sendschreiben gewidm. gr. 8. Leipzig 839. Rostock u. Jackowitz. ½ ℊ

—— Sendschreiben an d. Hrn. Pastor Jäkel zu Dobrzyca, Verf. d. ausführl. evangel. Katechismus f. evangel. Konfirmanden aus allen Ständen. In Liebe u. Wahrheit verfaßt u. Dems. gewidmet. 8. (1 B.) Posen 836, Heine.

— s. A. Stimmel, Lucifer oder Hesperus.

Franke, Carolus Christianus Lebrecht: De diei dominici apud veteres Christianos celebratione [Praeses:] Aug Herm Niemeyerus. Halae 1826 Ruff. VI, 63 S 8°

Halle-Wittenberg, Theol Hab.-Schr v 22 Apr 1826

Geb Steinzig (Neumark) 24 11 1796 V

Im Buchhandel Halle. Ruff 1826 Verf erlebte das 50jahrige Lehr-Jubilaum 1876 als Superintendent a D, Oberpfarrer und außerordentlicher Professor der Theologie in Halle

Franke, Leop., Anleitung zur Anlage u. Behandlung der patentirten Reinigungs-Maschine fur d. Papiermasse. Mit Steindr. gr. 8. Gottingen 835. Vandenhoeck u. Ruprecht, (jetzt Franke in Quedlinburg). ⅓ ℊ

Franke, [illegible]
[illegible]
[illegible]
[illegible]

Franke, M., ein Ausflug auf den Aetna, s. Abhandlungen der naturforschenden Gesellschaft zu Görlitz.

Franke, M. Beiträge zur Morphologie u. Entwicklungsgeschichte d. Stellaten. Mit 1 Tafel. In-4°. 30 S. Bern. These. 1897.

Franke, Max *(geb Kutschlau bei Schwiebus in d Mark 22 10 1857)*. Beiträge zur Kenntniss der Wurzelverwachsungen Breslau (1881) (36 S) 8° [Z u Ant] *[Im Buchhandel 1881 bei Köhler in Breslau.]*

Breslau, Phil Diss v 19 Marz 1881

Franke, Max, Beiträge zur Kenntniss der Wurzelverwachsungen. Inaugural-Dissertation. gr. 8. (36 S.) Breslau 881. (Köhler.) n. 1. —

Franke, Max Ueber einige neue Derivate des Chlorpseudocumols, Mono- und Dibrommesitylens. . Rostock, Univ.-Buchdr. v. Adler's Erben, 1891, 41 S 8°

Rostock, Phil Fak, Inaug Diss v [12 Jun] 1891

Franke, Max, aus Leipzig: **Zur Kenntnis der Morpholinderivate und eine Synthese des 2-Methyl-Naphto-Morpholins.** *Rostock 1898: C. Hinstorff.* (42 S.) 8°
Rostock, Phil Diss v [24 Okt] 1898

Franke, Max, Leitfaden f. den mineralogisch-chemischen Anfangsunterricht auf höheren Schulen. Den neuen Lehrplänen gemäß bearb. gr. 8. (87 S. m. 138 Fig.) Breslau 893. F. Hirt. n. 1. —

– Naturgeschichte und Naturlehre, s. Schmeil, Otto

Franke, M., Naturlehre, s. a. Franke, M., u. O. Schmeil, Realienbuch Nr. 17.

Naturlehre Von Dr M[ax] **Franke,** Stadtschulrat in Magdeburg Mit zahlr Abb. 2., verm. u verb Aufl. 41.-60. Taus. d. Gesamtwerkes Leipzig & Berlin: B. G. Teubner 1907. (IV, 86 S.) 8° [F.]
= Franke. Realienbuch No 17. [07. 10109

Franke, M., u. F. Roßbach, Pflanzenkunde. Nach dem naturwissenschaftl. Unterrichtswerke v. O. Schmeil auf Grund der neuen Lehrpläne f. d. höh. Mädchenschulwesen v. 12. XII. 08 bearb. (Schmeils naturwissenschaftl. Unterrichtswerk. Naturkunde f. höh. Mädchenschulen u. Studienanstalten.) 4 Hefte. 8. Leipzig, Quelle & Meyer. Kart. 3. 50

1. Klasse VII. Mit 9 mehrfarb. Taf. sowie zahlr. Textbildern nach Orig.-Zeichngn. (37 S.) 909. Kart. - 80
2. Klasse VI. Mit 10 mehrfarb. Taf. sowie zahlr. Textbildern nach Orig.-Zeichngn. (69 S.) 909. Kart. 90
3. Klasse V. Mit 7 mehrfarb. Taf. sowie zahlr. Textbildern nach Orig. Zeichngn. (90 S.) 909. Kart. 1.
4. Klasse IV. Mit 4 mehrfarb. Taf. sowie zahlr. Textbildern nach Orig. Zeichngn. (61 S.) 909. Kart. 80

Realienbuch hrsg. von Dr. M[ax] **Franke,** Stadtschulr. in Magdeburg, u. Prof. Dr. O[tto] Schmeil, Rektor a. D., unter Mitw. von R[ichard] Lehmann, Lehrer in Magdeburg, u. P. Lorenz, Stadtschulinsp. in Hanau. Mit zahlr. Abb. nach Originalzeichn. von W. Heubach u. A. Wagner, sowie mit 5 Geschichtskarten. Ausg. A. Leipzig & Berlin: B. G. Teubner 1906. (Getr. Pag.) 8° [F.] [06 3140

Dr. M[ax] **Franke** u Dr. O[tto] Schmeil. Realienbuch. No 1. 2., verm. u verb. Aufl. Leipzig & Berlin: B G. Teubner 1907. 8° [F.] [07. 8884

(M[ax]) **Franke**-(O[tto]) Schmeil. Realienbuch. 3., verm u. verb Aufl No 1 Leipzig & Berlin · B G Teubner 1907. 8° [F.] [08 103

— u. O. Schmeil, Realienbuch Nr. 1—5, 11—13, 15—18, 21—29, 51 u. 52. gr. 8. Leipzig, B. G. Teubner. nn 31. 65.

Franke, M., Naturlehre. Mit zahlreichen Abbildgn. 2., verm. u. verb. Aufl. 41—60. Taus. des Gesamtwerkes. (IV, 86 S.) 907. (Nr. 17.) Geb. — 60

— u. O. Schmeil, Realienbuch, hrsg. unter Mitwirkg. von R. Lehmann u. P. Lorenz. Mit zahlreichen Abbildgn. nach Orig.-Zeichngn. v. W. Heubach, A. Wagner u. K. Bauer, sowie mit 5 farb. Geschichtskarten. Ausg. A f. evangel. Schulen. 5., verm. u. verb. Aufl. 143—178. Taus. des Gesamtwerkes. (VIII, 142, 132, 121 u. 90 S.) 909. (Nr. 1.) Geb. nn 2. —

— — dasselbe. Ausgabe A f. evangel. Schulen m. Geschichte d. Altertums v. H. Schoenborn. (VIII, 36, 142, 132, 121 u. 90 S.) (909.) (Nr. 4.) Geb. nn 2. 20

dasselbe, hrsg. unter Mitwirkg. v. R. Lehmann, P. Lorenz u. Th. Szymanski. Mit zahlr. Abbildgn. nach Orig.-Zeichngn. v. W. Heubach, A. Wagner u. K. Bauer, sowie m. 5 farb. Geschichtskarten. Ausg. A f. kathol. Schulen. 5., verm. u. verb. Aufl. 143—178. Taus. des Gesamtwerkes. (VIII, 142, 132, 121 u. 90 S.) 909. (Nr. 2.) Geb. nn 2.

— dasselbe. Ausg. A f. kathol. Schulen mit Geschichte des Altertums v. H. Schoenborn. (VIII, 36, 142, 132, 121 u. 90 S.) (910.) (Nr. 5.) Geb. nn 2. 20

— — dasselbe. Ausg. A f. simultane Schulen. 3., verm. und verb. Aufl. 61—90. Taus. des Gesamtwerkes. (VI, S. 5—136, 128, 121 u. 88 S.) 907. (Nr. 3.) Geb. nn 2.

— — dasselbe. Realienbuch, hrsg. unter Mitwirkung von R. Lehmann u. P. Lorenz. Mit zahlr. Abb. nach Orig.-Zeichngn. v. W. Heubach, A. Wagner u. K. Bauer. Ausg. B f. evang. Schulen. (VII, 288 S.) 907. (Nr. 21.) Geb. nn 1. 25

— — dasselbe. Ausg. B f. evangel. Schulen, m. 5 farb. Geschichtskarten. (VII, 288 S.) 907. (Nr. 27.) Geb. nn 1. 15

dasselbe. Ausg. B f. evangel. Schulen m. Anh. z. alten Geschichte. (VII, 36 u. 288 S.) 908. (Nr. 24.) Geb. nn 1. 15

— dasselbe. Ausg. B für kathol. Schulen, m. Kartenanh. (VII, 288 S.) 907. (Nr. 28.) Geb. nn 1. 45

— — dasselbe. Ausg. B f. simultane Schulen. (VII, 288 S.) 907. (Nr. 29.) Geb. nn 1. 15

— dasselbe. Ausg. [B] f. das Königr. Sachsen. Bearb. von G. Oehmichen. Mit e. Bilderanh. (VIII, 288 u. 8 S.) 908. (Nr. 51.) Geb. nn 1. 25

— dasselbe. Ausg. [B] f. das Königr. Sachsen. Bearb. v. R. Oehmichen. Mit Karten u. Bilderanh. (VIII, 288 u. 8 S.) 908. (Nr. 52.) Geb. nn 1. 45

dasselbe, hrsg. unter Mitwirkg. v. R. Lehmann, P. Lorenz u. Th. Szymanski. Mit zahlr. Abbildgn. nach Orig.-Zeichngn. v. W. Heubach, A. Wagner u. K. Bauer. Ausg. B für kathol. Schulen. (VII, 288 S.) 907. (Nr. 22.) Geb. nn 1. 25

— — dasselbe. Ausg. B f. simultane Schulen. (VII, 288 S.) 907. (Nr. 23.) Geb. nn 1. 25

— dasselbe. Ausg. B f. kathol. Schulen m. Anh. z. alten Geschichte. (VII, 36 u. 288 S.) 908. (Nr. 25.) Geb. nn 1. 45

— dasselbe. Ausg. B für simultane Schulen m. Anh. zur alt. Geschichte. (VII, 36 u. 288 S.) 908. (Nr. 26.) Geb. nn 1. 45

Lehmann, R., Erdkunde. Mit zahlr. Abbildgn. nach Orig.-Zeichngn. v. W. Heubach. 2., verm. u. verb. Aufl. 41—60. Taus. des Gesamtwerkes. (IV, 124 S.) 907. (Nr. 15.) Geb. — 80

Lorenz, P., Geschichte. Mit zahlr. Abb. nach Orig.-Zeichngn. v. A. Wagner sowie m. 5 farb. Geschichtskarten. Für evang. Schulen. 2., verm. u. verb. Aufl. 41—60. Taus. d. Gesamtwerkes. (II, 136 S.) 907. (Nr. 11.) Geb. nn 1. —

Lorenz, P., u. Th. Szymanski, Geschichte. Mit zahlr. Abbildgn. nach Orig.-Zeichngn. v. A. Wagner, sowie m. 5 farb. Geschichtskarten. Für kathol. Schulen. 2., verm. u. verb. Aufl. 41—60. Taus. des Gesamtwerkes. (136 S.) 907. (Nr. 12.) Geb. nn 1. —

— — dasselbe. Für simultane Schulen. 2., verm. u. verb. Aufl. 41—60. Taus. des Gesamtwerkes. (II u. S. 5—136.) 907. (Nr. 13.) Geb. nn 1.

Schmeil, Naturgeschichte. Mit zahlr. Abbildgn. nach Orig.-Zeichngn. v. W. Heubach. 3., verm. u. verb. Aufl. 61—90. T. des Gesamtwerkes. (IV, 121 S.) 907. (Nr. 16.) Geb. nn 70

— u. M. Franke, Naturgeschichte u. Naturlehre. Mit zahlreichen Abbildgn. nach Orig.-Zeichngn. v. W. Heubach. 3., verm. u. verb. Aufl. 61—90. Taus. des Gesamtwerkes. (VI, 121 u. 88 S.) 907. (Nr. 18.) Geb. nn 1.

Franke, Max: Styrylaminverbindungen. Verhalten quartärer Styrylammoniumverbindungen gegen nascierenden Wasserstoff. 1909. 52 S. 8⁰ ¶ Ausz. in: Archiv d. Pharmazie. Bd 247.
Braunschweig, Dr.-Ing.-Diss. v. 8. 2. 1909

— — Tierkunde. Nach dem naturwissenschaftl. Unterrichtswerke v. O. Schmeil auf Grund der neuen Lehrpläne f. das höh. Mädchenschulwesen v. 12. XII. 08 bearb. (Schmeil's naturwissenschaftl. Unterrichtswerk. Naturkunde f. höh. Mädchenschulen u. Studienanstalten.) 1—3. Heft. 8. Ebd. Kart. 2. 40

1. Klasse VII. Mit 3 mehrfarb. Taf. sowie zahlr. Textbildern nach Orig.-Zeichngn. (48 S.) 909. Kart. 80
2. Klasse VI. Mit 6 mehrfarb. Taf. sowie zahlr. Textbildern nach Orig.-Zeichngn. (52 S.) 909. Kart. — 80
3. Klasse V. Mit 4 mehrfarb. Taf. sowie zahlr. Textbildern nach Orig.-Zeichngn. (48 S.) 909. Kart. — 80

Franke, M., u. A. Witzig, Tierkunde. Nach d. naturwissensch. Unterrichtswerke v. O. Schmeil auf Grund der neuen Lehrpläne f. d. höh. Mädchenschulwesen v. 12. XII. 08 bearb. (Schmeil's naturwiss. Unterrichtswerk. Naturkunde. f. höh. Mädchenschulen u. Studienanstalten. 1—3. 5. u. 6. Heft. 8. Leipzig, Quelle & Meyer. Geb. 4. 40

1. Klasse VII. Mit 3 mehrfarb. Taf., sowie zahlr. Textbildern nach Orig.-Zeichngn. 3. Aufl. (50 S.) 910. Geb. — 80
2. Klasse VI. Mit 8 mehrfarb. Taf., sowie zahlr. Textbildern n. Orig.-Zeichngn. 3. Aufl. (72 S.) 910. Geb. — 80
3. Klasse V. 3. Aufl. Mit 6 mehrfarb. Taf., sowie zahlr. Textbildern nach Orig.-Zeichngn. (60 S.) 910. Geb 1.
5. Klasse III. Mit 4 mehrfarb. Taf., sowie zahlreichen Textbild. nach Orig.-Zeichngn. (108 S.) 910. Geb. 1. —
6. Klasse II. Mit 3 mehrfarb. Taf., sowie zahlr. Textbildern nach Orig.-Zeichngn. (87 S.) 910. — 80

— u. H. Bongardt, Tierkunde u. Besprechung einiger Mineralien. Nach dem naturwissenschaftl. Unterrichtswerke v. O. Schmeil auf Grund der neuen Lehrpläne f. das höh. Mädchenschulwesen v. 12. XII. 08 bearb. (Schmeil's naturwissenschaftl. Unterrichtswerk. Naturkunde f. höh. Mädchenschulen u. Studienanstalten.) 4. Heft. 8. Leipzig, Quelle & Meyer. Geb. — 80

4. Klasse IV. Mit 4 mehrfarb. Taf., sowie zahlr. Textbildern nach Orig.-Zeichngn. (42 S.) 909. Geb. — 80
Heft 1—3 s.: Franke, M., u. F. Roßbach.

Franke, O., s.a. Franke, Rudolf Otto.

Franke, O., das 5. Thüringsche Infanterie-Regiment Nr. 94 [Großherzog v. Sachsen] 22. Division im Feldzuge gegen Frankreich 1870 u. 1871. Ein Beitrag zur Regimentsgeschichte. Mit e. (lith.) Uebersichtskarte (in qu. gr. Fol.) u. 11 (lith.) Schlacht- u. Gefechtsplänen (in gr. 8., qu. 4 u. qu. Fol.), gezeichnet v. des Barres. gr. 8. (XI, 372 S.) Weimar 872. Böhlau. n. 7. —

Franke, O. B., s. Franke, Bruno.

Franke, Otto

Franke, O., Beiträge aus chinesischen Quellen zur Kenntnis der Türkvölker u. Skythen Zentralasiens. (111 S.) Lex.-8. Berlin 904. (G. Reimer.) n. 4. 50
Sonderabdruck aus: „Abhandlungen der preuss. Akad. der Wiss., Anh."

Franke, O., Beschreibung des Jehol-Gebietes in der Prov. Chihli. Detail-Studien in chines. Landes- u. Volkskunde. Mit 1 Karte u. 16 Illustr. gr. 8. (XV, 103 S.) Leipzig 902. Dieterich. n. 8. —; geb. n. 9. —

Franke, Otto. Das Rote Buch von Weimar, s. Geschichtsbibliothek, thüringisch-sächsische.

Franke, Otto, de artificiosa carminum Catullianorum compositione. Adjectum est H. Useneri de Catulli carmine LXVIII epimetrum. Berlin 866. Calvary & Co. 8. (IV, 66 S.) n. 15 ngr.

(Franke, Otto u. Ferdinand Seelmann u. Emil Weyhe) Festschrift des Herzogl. Gymnasiums und Realgymnasiums zu Dessau 1885. I. Verzeichnis der Lehrer der Herzogl. Hauptschule resp. der aus derselben hervorgegangenen Anstalten (1785—1885) Von O. F. 1 (S. 3—8). II. Verzeichnis der Primaner der Herzogl. Hauptschule, resp. des Herzogl. Gymnasiums (1785—1885) von F. S. und E. W. 1 (S. 9—28). 1885.
Progr. Friedrichs-G. u. Rg. *Dessau* (1886 zu 622)

Franke, Otto Festschrift des Herzogl Gymnasiums und Realgymnasiums zu Dessau 1885 Geschichte der Herzogl Hauptschule zu Dessau 1785—1856 Nebst einem Anhange. I Zur Geschichte der Anstalt von 1856—1885 II Verzeichnis der seit dem Jahre 1785 veröffentlichten Programm-Abhandlungen, Schulordnungen, Reden und dergl 8 (2 Bl 129 S., 2 Abb) Progr. Friedrichs-G u Rg *Dessau* 1885
Nicht im Tauschverkehr

Franke, Otto, Geschichte der herzogl. Hauptschule zu Dessau. 1785—1856. Nebst e. Anh.: I. Zur Geschichte der Anstalt von 1856—1885. II. Verzeichniss der seit dem J. 1785 veröffentlichten Programm-Abhandlgn., Schulordngn., Reden u. dergl. Mit 2 Abbildgn. [Festschrift d. herzogl. Gymnasiums u. Realgymnasiums zu Dessau 1885.] gr. 8. (V, 129 S.) Dessau 885. (Baumann.) n. 2. —

— hat es e. Land Kharoṣṭra gegeben? (11 S.) Lex.-8. Berlin 905. (G. Reimer.) n. — 50
Sonderabdruck aus: „Sitzungsber. d. preuss. Akad. d. Wiss."

Franke, Otto Zu Homers Ilias B 455—483 20 S. *Wernigerode* 1878
Progr.

— u. R. Pischel, Kaschgar u. die Kharoṣṭhī. (I. u. II.) (13 u. 11 S.) gr. 8. Berlin 903. (G. Reimer.) à n. — 50
Sonderabdruck aus: „Sitzungsber. d. preuss. Akad. d. Wiss."

— die Rechtsverhältnisse am Grundeigentum in China. (VIII, 104 S.) gr. 8. Leipzig 903. Dieterich. n. 3. —

Franke, Otto, d. gewandte Statspieler. Prakt. Leitfaden z. gründl. Erlerng d. Statspiels in allen s. Feinheiten m. sämtl. Spielregeln. 8. (80 S. m. Abb.) [Berlin 895. Aug. Schultze's Verl.] Braunschweig, Frdr. Euler's Verl. n. 1. —

Franke, Otto, der gewandte Statspieler. Praktischer Leitfaden zur Erlerng. des Statspieles in allen seinen Feinheiten. Mit Anh.: Kegel- u. Würfelspieler. 14. Aufl. (96 S.) 8. Berlin 910. F. Euler. 1. —

— geistige Strömungen im heutigen China, s.: Verhandlungen der deutschen Kolonial-Gesellschaft. VII. I.

Geistige Strömungen im heutigen China Vortrag (geh in d Abt Berlin-Charlottenburg d. Deutschen Kolonial-Gesellsch) von Dr O Franke (*Berlin · D Reimer 1904*) (29 S) 8
= Abteilung Berlin-Charlottenburg d Deutschen Kolonial-Gesellschaft. Verhandlungen 1903 04, H 1

-- Eine chinesische Tempelinschrift aus Idikutšahri bei Turfan (Turkistan). Übers. u. erklärt. (92 S. mit 1 Taf. u. 1 Bl. Erklärgn.) Lex. 8. Berlin 907. (G. Reimer.) Kart. 5. 50
Sonderabdr. aus „Abhandlgn. d. preuss. Akad. d. Wiss."

— was lehrt uns die ostasiatische Geschichte der letzten 50 Jahre?, s.: Verhandlungen der deutschen Kolonial-Gesellschaft.

Franke, P., & Co., Machine works: Catalogue of improved machinery for manufacturing confectionery, bonbons etc. 7. ed. Leipzig-Plagwitz 1898

Franke, P., & Co., Maschinenfabrik Katalog uber Maschinen und Einrichtungen zur Bonbonfabrikation. 8. Ausg Leipzig-Plagwitz (1908?)

Franke, P. Karl, Hans Knudsen, der Begründer der Krüppelfürsorge. »Für Feste u. Freunde der Inneren Mission. Bilder u. Bildnisse aus der christl. Liebesthätigkeit. Gesammelt u. herausg. v. M. Hennig.« (16 S.) Berlin 1901. Buchh. d. ostdeutschen Jünglingsbundes.

Franke, Paul [aus Osnabrück]: Geschichte der Elektrotherapie in der Augenheilkunde ... Berlin, C. Vogt's Buchdr., *1894;* 26 S., 3 Bl. 8.
Berlin, Med. Fak., Inaug.-Diss. v. 6. März 1894

Franke, Paul, aus Berlin: Die Lage der industriellen Arbeiter und die Wirkungen der Arbeiterschutzgesetzgebung in der Provinz Brandenburg. (Nach d. Berichten d. Gewerbeaufsichtsbeamten.) *Berlin 1902: G. Schade.* (VIII, 208 S.) 8°
Tübingen, Staatswiss. Diss. v. 1902
(Nicht für den Austausch)

Franke, P., Die Lage der industriellen Arbeiter u. die Wirkung der Arbeiterschutzgesetzgebung in der Provinz Brandenburg. Dissert. 8⁰. Tübingen 1902.

Franke, Paul [app. Arzt aus Bad Harzburg]: Über Pemphigus ... Leipzig, A. Warnecke, *1896;* 22 S., 1 Bl. 8.
Leipzig, Med. Fak., Inaug.-Diss. v. 4. Aug. 1896

Der Wurzelmann. Ein Weihnachtsspiel in 3 Aufz. Dichtung von Ernst Heinrich Bethge, Musik von Paul **Franke.** [Nebst] Textbuch. Magdeburg: C. E. Klotz [1906]. 1 Bd 4°, 1 Bd 8°

Der Wurzelmann. Ein Weihnachtsspiel in 3 Aufz. von Ernst Heinrich Bethge. Musik von Paul Franke. [Textbuch.] Magdeburg: Klotz [1908]. 28 S. 8⁰

Der Wurzelmann Ein Weihnachtsspiel in 3 Aufz. von Ernst Heinrich Bethge. Musik von Paul Franke. [Textbuch.] Magdeburg: Klotz [1910] 28 S. 8°

Franke, Paul *Gerhard* [app. Arzt aus Barmen]: Aus d. chirurg. Klinik zu Kiel. Über die Operation nach Heineke bei narbiger Pylorus- und Duodenalstenose ... Kiel, Druck d. »Nord-Ostsee-Zeitg«, 1894; 15 S, 8.
Kiel, Med. Fak., Inaug.-Diss. v. [24. Apr.] 1894

Franke, Pet.

Franke, P., Unterr. zur Erzeugung d. Blumen im Winter. 8. Leipz. 781. (Kaven in Altona). 12 gr.

Franke, Pet., Unterricht in d. Erzeugung d. Blumen z. Winterszeit etc. 8. Wertheim, 1781. (Hamburg, Herold.) — 15

Franke, R., & Co.: Auszugliste uber Widerstände fur Meßzwecke. Hannover 1903

Franke, R., Zur Frage uber die Zusammensetzung von Ilias B 1—483. 2 Tle. Pr. 1864 und 1870. 18. 22 S. 4°. à 1.20

Franke, R. M., Schul- u. Kindergebete. Eine Sammlung der beliebtesten u. schönsten Gebete. Zum tägl. Gebrauche bestimmt. (55 S.) 8. Lissa 903. F. Ebbecke. n. — 50

Franke, Rich., Assur. Eine Episode aus d. sündfluthl. Zeit. 12. (4 B.) Leipzig 844, Weidmann'sche Buchh.
Vgl. Francke.

Franke, Rich., d. Brief d. Apostels Paulus an die Christen in Rom. Eine Übersetzg. in uns. Deutsch. gr. 8. (30 S.) Chemnitz 898. C. Strauß. — 40

Franke, Rich., disputationis de Iliadis B., 1—483 pars II. Leipzig 870. (Hinrichs.) 4. (22 S.) n. 12 ngr.

Franke, Richard, Referendar: Die Haftung des Unternehmers für Sachmängel des Werkes in den Fällen des § 651 Abs. 1 BGB. Borna-Leipzig 1909: Noske. VIII, 49 S. 8°
Leipzig, Jur. Diss. v. 16. Aug. 1909
[Geb. 10. Jan. 83 Bautzen; Wohnort: Chemnitz i. S.; Staatsangeh.: Sachsen; Vorbildung: Gymn. Plauen i. V. Reife O. 01; Studium: München 1, Leipzig 8 S.; Rig. 11. Juli 05.] [U 10. 2703

Franke, Richard: Aus d. chemischen Institut d. Universität Breslau. 'Ueber Kondensationen einiger Aldehyde mit 2,5 Dimethylpyrazin. *Breslau 1904: H. Fleischmann.* (46 S.) 8°
Breslau, Phil Diss v. 27. Mai 1904

Franke, Richard: Mikroskopische Untersuchungen über maligne Tumoren der Vulva und Vagina mit besonderer Berücksichtigung des Carcinoms. (Aus der Kgl. Univ. Frauenklinik zu Berlin. Direktor: Geh. Med. Rat Prof. Dr. R. Olshausen.) *Berlin (1898): E. Ebering.* (112 S.) 8°
Berlin, Med. Diss. v. 24. Mai 1898

Franke, Rob., die kgl. sächs. Kostenordg. f. Rechtsanwälte u. Notare, s.: Handbibliothek, Leipziger jurist.

Franke, Rudolf [aus Hannover]: Apparat und Methoden zur Bestimmung der magnetischen Induktion in Eisensorten .. Rostock, Druck v. A. Grimpe in Hannover, 1896; 36 S. 8.
Rostock, Phil. Fak., Inaug.-Diss. v. [24. Juli] 1896

Franke, Rud., der geschickte Ballordner. Ein Handbüchlein für Arrangement und Leitung von Polonaise, Kontre-Tanz, Quadrille à la cour, Mazurka und Kottillon. 16. (60 S.) Köln 888, Püttmann.

Franke, Rudolf Otto

Franke, R. Otto, die indischen Genuslehren mit d. Text d. Liṅgânuçâsan's d. Çâkaṭâyana, Harṣavardhana, Vararuci, nebst Auszügen aus den Commentaren d. Yakṣavarman (zu Ç.) u. d. Çabarasvâmin (zu H.) u. m. e. Anh. üb. die ind. Namen. gr. 8. (156 S.) Kiel 890. Berlin, Gose & Tetzlaff. n. 9. —

Franke, R. O., die indischen Genuslehren mit dem Text d. Liṅgânuçâsan's d. Çâkaṭâyana, Harṣavardhana, Vararuci, nebst Auszügen aus den Commentaren d. Yakṣavarman (zu Ç.) u. d. Çabarasvâmin (zu H.) u. m. e. Anh. üb. die ind. Namen. gr. 8. (156 S.) Kiel 890. Haeseler's Verl. n. 9. —

(6) **Franke,** O. (R. Otto), d. indischen Genuslehren. 890. (KBL 31.) Jetzt: Rixdorf, M. Umlauf.

— Geschichte u. Kritik der einheimischen Pâli-Grammatik u. -Lexicographie. gr. 8. (V, 99 S.) Strassburg 902. K. J. Trübner. n. 4. —

Franke, R. Otto, s. Hemacandra's Liṅgânuçâsana.

— Franke, R Otto, Die casuslehre des Pāṇini verglichen mit dem gebrauch der casus im Pali und in den Açoka-inschriften [SA aus dem XVI. bande der BB [Gottingen 1890]

Franke, R. Otto [aus Wickerode in Thüringen]: Hemacandra's Lingânuçâsana mit Commentar und Uebersetzung .... Göttingen, Druck d. Dieterichschen Univ.-Buchdr. W. Fr. Kaestner, 1886; XVII + 23 + 74 S. u. 1 Bl. 8°.
Göttingen, Phil. Fak., Inaug.-Diss. v. 1886.

Pāli und Sanskrit in ihrem historischen und geographischen Verhältnis, auf Grund d. Inschriften u. Münzen dargest. von Dr. R[udolf] Otto **Franke,** Prof., Konigsberg. *Strassburg: K. J. Trübner 1902.* (VI, 176 S.) 8°

Erlebnisse aus den Kriegsjahren 1870/71 von Samuel **Franke,** ehem. Unteroff. im Oldenburg. Inf.-Reg. No 91. *Berlin: Selbstverl. 1903.* (62 S.) 8° [J]

Franke, St. M. A(rthur), die heilige Cäcilia. Eine Schrift für das kathol. Volk. 16. (44 S. mit 1 Stnt.) Villingen 854, Förderer.

Franke, St. M. A., Omni die. Vollständiges St. Marien-Buch für fromme Christgläubige jedes Standes und Alters in 7 Abthlgn. enth. mehr als 100, zum Theil sehr umfangreiche Andachtsübungen: Morgen- und Abendandachten, Bittseufzer während des Tages etc. 18 Lfgn. 8. (859 S. mit 12 Chromolithogr.) Berlin 870, L. J. Heymann. à Lfg. 50 Pf. geb. in Leder mit Goldschn.

Franke, St. M. Arthur. Friedrich Wilhelm IV. Eine Schrift für das deutsche Volk. Berlin, Brandes u. Schultze 1850. 234 S. 8.

Franke, St. M. A(rthur), Friedrich Wilhelm IV. Eine Schrift f. das deutsche Volk. gr. 16. (235 S.) Berlin 850. (Stuhr'sche Sort.-B.) n. 1 ℛ

— die Heiden — unsere Richter! Predigt, am 3. Sonnt. nach dem Feste der Erscheinung 1847 zu Berlin gehalten. gr. 8. (16 S.) Berlin u. Münster 847, Aschendorff. n. 1/12 ℛ.

— die heilige Aebtissin Hildegard. Eine Schrift für das kathol. Volk. 16. (48 S. mit 1 Stnt.) Villingen 854, Förderer.

— die Homiletik der Neuzeit. Was soll in der Gegenwart gepredigt werden? Eine mit vielen Zitaten u. Beispielen versehene homilet. Schrift f. den jüngeren Klerus. 8. (XII u. 139 S.) Schaffhausen 851, Hurter. 12 ngr

— die katholische Leichenrede. Eine reichhaltige Materialiensammlung für den jüngeren Clerus. Augsburg 856. Kollmann. 8. (1 Bl., 98 S.) 12 ngr

— „die kathol. Mission" u. „die Heiden — unsere Lehrer!" 2 Missionspredigten. gr. 8. (54 S.) Berlin u. Münster 847, Aschendorff. n. 1/6 ℛ

Franke, St. M. A., Perlen der Andacht. Vollständiges Gebet- und Erbauungsbuch für kathol. Christen. Größtentheils entnommen aus den Schriften des heil. Bernhard, heil. Franz von Sales, heil. Benedikt, heil. Augustinus etc. 18 Hefte. 8. (862 S. mit 18 Chromolithogr.) Stuttgart 881, Süddeutsche Verlagsbuchhandlung. à Heft 50 Pf.

— die katholische Predigt. Predigt, am ersten heil. Pfingsttage 1851 auf der Missionsstation Rixdorf, bei Berlin, gehalten. gr. 8. (16 S.) Berlin 851, Brandes & Schultze. n. 3 ngr

— die katholische Predigt. Predigt am ersten heil. Pfingsttage auf der Missionsstation Rixdorf bei Berlin gehalten. 2. Aufl. gr. 8. (18 S.) Villingen 854, Förderer.

— patriotische Predigten, gehalt. vor den kathol. Gemeinden zu Nauen u. Stargard, in Pommern, 1848 u. 1849. (In 4 Hftn.) 1. Hft. 8. (S. 1–92) Ebd. 850. n. 5/12 ℛ

— der schmerzhafte Rosenkranz. Predigt, an dem Passionssonnt. 6 April 1851 zu Berlin gehalten. gr. 8. (18 S.) Berlin 851. (Stuhr'sche Sort.-B.) n. 1/12 ℛ

Franke, St. M. A(rthur), homiletische Schriften. 3. Bd. A. u. d. T.: Dr. Joh. Em. Veith der große Homilet. Ein Beitrag zur Homiletik der Gegenwart. 8. (X und 134 S.) Augsburg 850, Kollmann'sche Buchh. Thlr.
1. und 2. Bd. vgl.: Fenelon, Homiletik. — Sales, Frz. v., Homiletik.

— die weltliche Souveränität des apost. Stuhles. Predigt am Sonntage Cantate — 28. April 1850 — zu Nauen gehalten. gr. 8. (22 S.) Berlin 850, Brandes & Schultze. n. 3 ngr

— katholische Stimmen. Predigten, zu Berlin u. in seiner Umgebung gehalten. (In 3 Bdn.) 1. Bd. gr. 8. (XXVIII u. 433 S.) Schaffhausen 848, Hurter. n. 1 1/6 ℛ

— die Lehnin'sche Weissagung, kein Zeugniß gegen, sondern für Se. Majestät Friedrich Wilhelm IV. u. für Preußen's gesegnete Zukunft. Nebst einem Schlußworte über Friedrich Wilhelm IV. 2. verm. Aufl. 8. (29 S.) Berlin 851, Brandes & Schultze. n. 6 ngr

Franke, Th., der Arbeitsunterricht in der Volksschule, s.a. Zur Volksschulpädagogik.

Der Arbeitsunterricht in der Volksschule. Ein Beitrag z. zeitgemäßen Ausbau d. Volksschule. Von Th. **Franke** in Wurzen. Langensalza: Beltz 1910. 35 S. 8°
(Zur Volksschulpädagogik. H. 15.)

Franke, Th., die Bedeutung der historischen Kritik der Bibel f. die Methodik, s. a. Bausteine zur Volksschulpädagogik.

Die Bedeutung der historischen Kritik der Bibel für die Methodik. Von Th. **Franke** Zwickau: Zückler 1892 71 S. 8°
(Bausteine z. Volksschulpädagogik H. 5,6) [11 6550

— Staatskundliche Belehrungen in Volks- und Fortbildungsschulen, s. a. Zur Volksschulpädagogik.

Staatskundliche Belehrungen in Volks- und Fortbildungsschulen. Von Th. **Franke** in Wurzen. Langensalza: Beltz 1910. 20 S. 8°
(Zur Volksschulpädagogik H. 11) [11. 6193

Franke, Th., Bilder aus der Wirtschaftskunde v. Deutschland. Ein Beitrag zur Kulturgeographie Deutschlands. Für die Hand des Lehrers bearb. gr. 8. (85 S.) Dresden 901. A. Huhle. Kart. n. 1.20

— Bilder aus der Wirtschaftskunde v. Deutschland. Für den Gebrauch in Fortbildungs- u. Fachschulen bearb. 2., erneuerte, verm. u. verb. Aufl. (120 S.) 8. Dresden 908. A. Huhle. 1.30

— die Entwicklungsgeschichte des sittlichen Gefühls u. die Pädagogik, s.: Sammlung pädagogischer Vorträge.

— Fremdwörterbuch f. landwirtschaftliche Schulen. Mit e. Vorworte v. H. Weineck. 2. verb. Aufl. (VI, 56 S.) gr. 8. Leipzig 904. H. Voigt. n. — 60
1. Aufl. (50 S.) 903. n. — 50.

Der Kampf um den Religionsunterricht. Kulturwissenschaftliche Grundlegg. des Religionsunterrichts. (96 S.) gr. 8. Leipzig 909. E. Merseburger. 1.20; geb. 1.50

Franke, Th., praktisches Lehrbuch der alten Geschichte. Für die Volks- u. Bürgerschule, Mittel- u. Töchterschule in anschaulich-ausführl. Zeit- u. Lebensbildern bearb. (V, 114 S.) gr. 8. Leipzig 906. E. Wunderlich. n. 1.60; geb. n. 2.—

Franke, Th., prakt. Lehrbuch d. deutschen Geschichte. F. d. Volksschule in anschaulich-ausführl. Zeit- u. Lebensbild. bearb. 2. Tle gr. 8. Leipzig, E. Wunderlich. n 7.60; geb. n. 8.80
1. Urzeit u. Mittelalter. (V, 273 S.) 896. n. 2.80; geb. n. 3.40
2. Neuzeit. Hrsg. v. Frdr. Franke. (VII, 485 S.) 897. n. 4.80; geb. n. 5.40

— praktisches Lehrbuch der deutschen Geschichte. Für die Volksschule in anschaulich-ausführl. Zeit- u. Lebensbildern bearb. 1. u. 2. Tl. gr. 8. Leipzig 900. E. Wunderlich. n. 8.—; geb. n. 9.20
1. Urzeit u. Mittelalter, 2., verb. u. verm. Aufl. (VI, 336 S.) 900. n. 3.20; geb. n. 3.80
2. Neuzeit. 2., verb. Aufl. (VII, 527 S.) 901. n. 4.80; geb. n. 5.40

— praktisches Lehrbuch der deutschen Geschichte. Für die Volks- u. Bürgerschule, Mittel- u. Töchterschule in anschaulich-ausführl. Zeit- u. Lebensbildern bearb. I. u. II. Tl. gr. 8. Ebd. n. 8.—; geb. n. 9.20
I. Urzeit u. Mittelalter. 3., verb. u. verm. Aufl. (VIII, 362 S.) 901. n. 3.20; geb. n. 3.80
II. Neuzeit. 3., verb. u. verm. Aufl. (VI, 512 S.) 906. n. 4.80; geb. n. 5.40

Praktisches Lehrbuch der deutschen Geschichte. Für die Volks- u. Bürgerschule, Mittel- u. Töchterschule in anschaulich ausführl. Zeit- u. Lebensbildern bearb. 2 Tle. gr. 8. Leipzig, E. Wunderlich. 8. ; geb. 9.20
I. Urzeit u. Mittelalter. 4., verb. u. verm. Aufl. (VIII, 308 S.) 908. 3.20; geb. 3.80
II. Neuzeit. 4., verb. u. verm. Aufl. (VII, 532 S.) 910. 4.80; geb. 5.40

— prakt. Lehrbuch d. sächs. Geschichte. Für d. Volksschule bearb. Voll. u. hrsg. v. Frdr. Franke. gr. 8. (VI, 192 S.) Ebd. 898. n. 2.—; geb n. 2.40

— Praktisches Lehrbuch der sächsischen Geschichte. Für d. Volks- u. Bürgerschule bearb. 2., verb. Aufl. (IV, 212 S.) gr. 8. Ebd. 907. 2.—; geb. 2.40

— praktisches Lehrbuch der deutschen Rechtschreibg. Lautgemäßer Lehrgang in 8 Stufen nebst Uebungsaufgaben u. Diktaten. Für Volks- u. Bürgerschulen bearb. (124 S.) 8. Leipzig 906. A. Hahn. n. 1.30; geb. n. 1.70

— Lehrkunde der deutschen Rechtschreibung. Unter Berücksicht. der Versuchsforschg. u. der neuesten Bestrebgn. f. eigne Fortbildg. u. zu Prüfungszwecken bearb. (160 S.) gr. 8. Langensalza 910. J. Beltz. 2.40; geb. 2.90

— Das beobachtende Merken, s. a. Zur Volksschulpädagogik. 1. Hft.

Das beobachtende Merken Von Th. **Franke** in Wurzen. Langensalza Beltz 1910. 22 S. 8°
(Zur Volksschulpädagogik H. 1.) [10. 4455 a

— Niederschriften im Anschluß an Lesestücke. Zur Uebg. der Rechtschreibg. u. Pflege des Ausdrucks bearb. (XII, 203 S.) gr. 8. Leipzig 906. E. Wunderlich. n. 2.—; geb. n. 2.50

— Präparationen f. den Unterricht in Staats- u. Bürgerkunde in Volks-, Bürger- u. Fortbildungsschulen, s. a. Ratgeber f. deutsche Lehrer u. Erzieher.

Präparationen für den Unterricht in Staats- und Bürgerkunde in Volks-, Bürger- und Fortbildungsschulen. Von Th. **Franke**, Wurzen. Langensalza: Beltz 1910. 155 S. 8°
(Ratgeber f. Deutsche Lehrer u Erzieher. Reihe 1. Bd 3) [11. 5396

Franke, Th., „25 Jahre Protestantenverein!" Ein Laien-Zeugniß, d. i. schlichtes u. offenes Wort, gesprochen in dem seit 50 Jahren besteh. Vereine Ev.-luth. Glaubensgenossen „zur Förderung christl. Erkenntniß im Volke u. Ausübg. christl. Armen- u. Krankenpflege in Dresden". gr. 8. (38 S.) Dresden 889. (A. Naumann.) n. — 40

— Rechtschreibübungen f. Volks- u. Bürgerschulen, s.: Hemprich, K.

Franke, Th., richtig Deutsch! Ein Führer durch die Schwierigkeiten unserer Muttersprache sowie e. Ratgeber f. alle Fälle schwank. Sprech- u. Schreibweise, unter besond. Berücksicht. kaufmänn. Sprachsünden, nebst e. m. vielen wortgeschichtl. Erklärgn. versehenen Verdeutschungsbuche u. e. Verzeichnis der fremden Abkürzgn. u. Neuergn. der Rechtschreibg. Als Hilfs- u. Nachschlagebuch f. Kaufleute u. kaufmänn. Schriftführer bearb. u. m. Aufgaben versehen. (Dr. Ludw. Huberti's moderne kaufmänn. Bibliothek.) (X, 164 S.) 8. Leipzig (903). [Dr. L. Huberti.] Verlag d. mod. kaufmänn. Bibliothek. Geb. in Leinw. n. 2.75

— prüfende Satzdiktate üb. alle rechtschreiblichen Schwierigkeiten. Zu prakt. Gebrauch übersichtlich geordnet u. auf drei Stufen verteilt. (98 S.) 8. Dresden 906. A. Huhle. n. 1.20

— Praktisches Schulwörterbuch f. gehobene Bürgerschulen, Mittel- u. Töchterschulen. (96 S.) 8. Dresden 908. A. Huhle. — 50

— Schwierigkeiten u. Schwankungen des deutschen Sprachgebrauchs. Hilfsbuch f. den deutschen Sprachunterricht auf der Oberstufe gehobener Bürgerschulen, an Fortbildungsschulen u. Fachschulen. (76 S.) gr. 8. Ebd. 903. n. — 75

Deutsche Sprachlehre. Praktisches Lehrbuch f. Volks- u. Bürgerschulen, in 3 Stufen bearb. (VI, 160 S.) gr. 8. Meißen (907). Sächs. Schulbuchh. 2.— ; geb. 2.40

— Sprichwörter, Sinnsprüche u. geflügelte Worte als Diktatstoffe. Gesammelt u. zu schulgemäßem Gebrauch geordnet. (64 S.) 8. Ebd. 905. n. —80

— Deutsche Staats- u. Bürgerkunde. Für den Gebrauch an gehobenen Bürger-, Fortbildungs- u. Fachschulen bearb. (126 S.) 8. Dresden 909. A. Huhle. 1.60

— Die Zwickauer Thesen im Lichte unterrichtswissenschaftlicher Beurteilung. Zur Klärg. religionsunterrichtl. Grund- u. Vorfragen u. zur Verständigg. auf religionsunterrichtl. Streitgebiete. (80 S.) 8. Langensalza (910). J. Beltz. 90

— Übungsschule f. Rechtschreibung u. Sprachlehre, Wortbildung u. Ausdruck. Im Anschluß an d. Sachunterricht f. Volks- u. Bürgerschulen in 5 Hftn. bearb. gr. 8. Leipzig 901. Dürr'sche Buchh. n.n. 1.15
I. 2. Schulj. (24 S.) n.n. —15. — II. 3. Schulj. (32 S.) n. —20. — III. 4. Schulj. (32 S.) n. —20. — IV. 5. u. 6. Schulj. (64 S.) n. —30. — V. 7. u. 8. Schulj. (65 S.) n. —30.

— Uebungsschule für Rechtschreibung u. Sprachlehre, Wortbildung u. Ausdruck. Im Anschluß an den Sachunterricht f. Volks- u. Bürgerschulen in 5 Heften bearb. (Neue Aufl.) gr. 8. Leipzig 903. Dürr'sche Buchh. n.n. 1.15
I. 2. Schulj. (24 S.) n.n. —15. — II. 3. Schulj. (32 S.) n. —20. — III. 4. Schulj. (32 S.) n. —20. — IV. 5. u. 6. Schulj. (64 S.) n. —30. — V. 7. u. 8. Schulj. (66 S.) n. —30

Franke, Th., neuzeitliche Weltgeschichte der Weltmächte. Ein Beitrag z. Verständnis d. Gegenwart. Für d. Lehrer an Volks- u. Bürgerschulen, Mittel- u. Töchterschulen, sowie an Fortbildungs- u. Fachschulen u. höh. Lehranstalten bearb. (VII, 176 S.) gr. 8. Leipzig 908. E. Wunderlich. 2.—; geb. 2.50

Die Würze des Lebens, Volksstuck mit Gesang in 4 Akten (6 Bild.) von Th. Franke. Musik vom Capellmeister H Groth. *Altona [1900]. H. W. Kahner.* (62 S) 8° [F]

— Zeit- u. Lebensbilder aus d. alten Geschichte. Wiederholungsbuch f. die Hand der Schüler. gr. 8. (28 S.) Dresden 899. A. Huhle. n. —20

— Zeit- u. Lebensbilder aus der alten Geschichte. Wiederholungsbuch f. die Hand der Schüler. 2., durchgeseh. Aufl. (28 S.) 8. Dresden 905. A. Huhle. n. —20

— Zeit- u. Lebensbilder aus der deutschen u. sächsischen Geschichte. Wiederholungsbuch f. die Hand der Schüler gr. 8 (64 S.) Dresden 894. A. Huhle. n. —40

— Zeit- u. Lebensbilder aus d. deutschen u. sächs. Geschichte. Wiederholungsbuch f. d. Hand d. Schüler. 2., verm. u. verb. Aufl. gr. 8. (80 S) Dresden 896. A. Huhle. n. —40

— dasselbe aus d. deutschen u. sächsischen Geschichte. Wiederholungsbuch f. die Hand der Schüler. 5., verm. u. verb. Aufl. gr. 8. (96 S.) Ebd. 902. n. —40

— dasselbe aus der deutschen u. sächsischen Geschichte. Wiederholungsbuch f. die Hand der Schüler. 7., verb. Aufl. (96 S.) 8. Ebd. 905. n. —40

— Zeit- u. Lebensbilder aus der deutschen u. sächs. Geschichte. Wiederholungsbuch f. die Hand der Schüler. 11. u. 12. Aufl. (96 S.) 8. Dresden 910. A. Huhle. —40

Franke, Traugott

Franke, T., die Elemente der ebenen Geometrie. Nebst vielen Aufgaben. Mit 4 (lith.) Figurentaf. (in 4.) 2. verm. Aufl. Hannover 853. Helwing. gr. 8. (2 Bl., 159 S.) n. 22½ ngr

Franke, T., die Elemente der ebenen Geometrie. Nebst vielen Aufgaben. Mit 4 (lith.) Figurentaf. (in 4.) 3. verb. Aufl. Hannover 860. Helwing. gr. 8. (IV, 159 S.) n. 22½ ngr

— die Elemente der Stereometrie. Nebst vielen Aufgaben. Mit 3 (lith.) Figurentaf. (in 4.) 2. verm. Aufl. Ebend. 853 gr. 8. (VI, 165 S.) n. 22½ ngr

— die Elemente der ebenen und sphärischen Trigonometrie. Nebst vielen Aufgaben. Mit 1 Kpfrtaf. (in 4.) 2. verm. Aufl. Hannover 854. Helwing. gr. 8. (VI, 146 S.) n. 22½ ngr

Franke, Traug., die Elemente d. Zahlenlehre in System u. Beispielen. 1. Thl. Die Zahlen-Verbindungen u. Zahlen-Veränderungen. gr. 8. (6¼ B.) Dresden u. Leipzig 840, Arnoldische Buchh.

Franke, T., die Elemente der Zahlenlehre. 2. völlig umgearb. Aufl. gr. 8. (X u. 439 S.) Leipzig 850, Arnold. n. 1⅔ ℛ

Franke, T., die Elemente der Zahlenlehre. 3. (Titel-)Ausg. gr. 8. (X und 439 S.) Leipzig (850)64, Arnoldische Buchh.

— Handbuch der üblichsten fremden Wörter, zum Gebrauche für deutsche Bürger- u. Volksschulen bearb. 8. Leipzig 836. Reclam. ¼ ℛ

Franke, T., Lehrbuch der descriptiven Geometrie. 1. Hft. Darstellung des Punctes, der Linie u. der Ebene nach der Parallel-Projection. Mit 8 (lith.) Taf. in 4. gr. 8. (VIII u. 88 S.) Leipzig 849, Teubner. ¾ ℛ

— kurzes Lehrbuch der Zahlenrechnung, zunächst für Bürger- u. Volksschulen. 8. Leipzig 836. Reclam. ¼ ℛ

— Lehrbuch der höheren Mathematik, enth. die Differential- u. Integral-Rechnung, Variations-Rechnung u. analytische Geometrie. Nebst vielen Beispielen. Mit 3 (lith.) Figurentaf. (in qu. Fol.) gr. 8. (XVI u. 760 S.) Hannover 851, Hahn. 4 ℛ

Franke, Traug., die Rechnung mit Dezimalbrüchen, in besond. Beziehung auf das neue sächs. Münz- u. Gewicht-System. gr. 8. Dresden u. Leipzig 841. Arnold. 1/12 ℛ

Franke, Traug., die Rechnung mit Decimalbrüchen, in besond. Beziehung auf das neue sächs. Münz- u. Gewicht-System. 2. verb. Aufl. gr. 8. Dresden u. Leipzig 841, Arnoldische Buchh. 1/12 ℛ — 25 Exemplare n. 1½ ℛ

Die polytechnische Schule als Grundlage aller technischen Fachschulen Sachsens von T[raugott] Franke und J[ohann] A[ndreas] Schubert, Prof. an d. techn. Bildungsanstalt zu Dresden. 1849. 30 S. 8°
Dr

— u. J. A. Schubert, die polytechnische Schule als Grundlage aller techn. Fachschulen Sachsens. gr. 8. (30 S.) Dresden 849. (Adler & Dietze.) n. 4 ngr

—— technologisches Wörterbuch, s.a.Beil. — Wörterbuch, technologisches.

Franke: Technologisches Wörterbuch in deutscher, französischer und englischer Sprache. Wiesbaden
Bd. 2 Englisch-deutsch-französisch 1855

Franke, Ulrich, aus Zerbst (Anhalt): Über **Isomerisierung cyklischer Ketone.** *Hildesheim 1903: A. Lax.* (92 S.) 8°
Göttingen, Phil. Diss. v. [4. März] 1904

Franke, W.: Civilistische Abhandlungen. *Gött.*, Vandenhoeck u. Ruprecht. 826. gr. 8. (1 Thl.)

Franke, W., Anleitg. z. Säbelfechten. gr. 16. (IV, 46 S. m. 7 photogr. Abb.) Bern 897. Emil Baumgart. Kart. n.n. — 80

Franke, W.: Das Recht d. Notherben u. Pflichttheilsberechtigten. Eine civilist. Abhandl. *Gött.*, Dieterich. 831. gr. 8. (2 Thl. 16 Gr.)

Franke, Walter: *Ansprache bei Übernahme des Direktorats* 4 (S 16—19) **Progr.** Rsch *Bitterfeld* 1899

Franke, Walter: *Bericht über seine Einführung als Direktor.* 4 (S 16—20) **Progr.** Rsch *Bitterfeld* 1899

Franke, Gualtherus. De malo coxae senili. Halis Saxonum (1856): Gebauer-Schwetschke. 34 S 8°
Halle-Wittenberg, Med Diss. v 10 Nov. 1856
Geb Halle a. d S 6. 8 1834 V.

Franke, Walter: Quellen und Chronologie zur Geschichte Romualds von Camaldoli und seiner Einsiedlergenossenschaften im Zeitalter Ottos III. Halle a. S. (Berlin: Ebering 1910. VIII, 68 S. 8° ¶ (Vollst. u. d. T.: Romuald v. Camaldoli u. s. Einsiedlerkolonien, in: Histor. Studien.)
Halle, Phil. Diss. v. 10. Nov. 1910, Ref. Lindner
[Geb. 13. Juli 85 Mutschau; Wohnort: Delitz; Staatsangeh.: Preußen; Vorbildung: Landessch. Pforta Reife O. 04; Studium: München 1, Leipzig 3, Halle 3 S.; Rig. 10. Mai 10.] [U 11. 1820

Franke, W[alther], Dir.: **Algernon Charles Swinburne als Dramatiker.** *Bitterfeld (1900): A. Schencke.* (26 S.) 4° [F.]
Bitterfeld, R, OP 1900 (279)

Franke, Walther [pract. Arzt aus Gera]: Ueber Sympathicus-Reflexe beim Frosch .... Halle a. S., Hof-Buchdr. v. C. A. Kaemmerer & Co., 1886; 63 + 1 S. + 1 Bl. 8°.
Halle, Med. Fak., Inaug.-Diss. v. 18. Nov. 1886.

Franke Walther, ueber Sympathicus-Reflexe beim Frosch. Diss. Halle 1886, Lippertsche Buchh. 8°. 63 S.

Franke, Gualtherus. De versione fetus in pedes pelvi angusta. P prior historica. Halis 1861: Gebauer-Schwetschke. 40 S. 8°
Halle-Wittenberg. Med. Hab.-Schr. v. 14. Sept 1861
Im Buchhandel Halle: Pfeffer 1861 — Ersch. in deutscher Bearb. und verm. um 2 Kritische Beiträge zur Lehre ... u. d. T.: Die Wendung auf die Füsse beim engen Becken Halle: Pfeffer 1862. IV. 118 S

Franke, Walther, de versione fetus in pedes pelvi angusta. Pars prior historica. Halle 861. (Pfeffer.) gr. 8. (3 Bl., 40 S.) n. 10 *ngr.*

— die Wendung auf die Füsse beim engen Becken. Ein historisch-kritischer Versuch. Ebend. 862. gr. 8. (IV, 118 S.) n. 20 *ngr.*

Franke, Walter: Das Wesen des Patriotismus und seine Behandlung in der Dichtung. (Schulrede.) *Halle (Saale)*, *Gebauer-Schwetschke'sche Buchdr., 1895;* 33—48 S. 4.
Halle a. S., st. OR, OP 1895 (276)

Franke, Wlh., s. Raymond, M., Henriette.

Franke, Wilhelm: Der Stil in den epischen Dichtungen Walter Scotts. (Berlin: Mayer & Müller 1909.) VII, 128 S. 8° ¶ (Ersch. auch als Buch ebd.)
Berlin, Phil. Diss. v. 9. Okt. 1909, Ref. Brandl
[Geb. 15. März 84 Berlin; Wohnort: Berlin; Staatsangeh.: Preußen; Vorbildung: Luisenstädt. Oberrealsch. Berlin Reife O. 03; Studium: Berlin 2, Freiburg i. B. 1, Berlin 9 S.; Rig. 13. Mai 09.] [U 10. 153

Franke, Wilh., der Stil in den epischen Dichtungen Walter Scotts. (VII, 128 S.) gr. 8. Berlin 909. Mayer & Müller. 3.

Franke, Wlh., de manumissorum successione specimen I. — III. 8 maj. Jena 836. (Cröker.) ⅓ ₰

100 Jahre im Dienste der Kunst. Erinnerungsgabe d. Firma O. Felsing aus Anlass d. 100 jähr. Bestehens d. Kupferdruckerei. Mit Text von Willibald Franke. Berlin: Felsing 1897. 163 S. 2°

Franke, Willib., s.: Kupferstichkabinet, das.

— das radirte Werk des **Jean-Pierre Norblin de la Gourdaine.** Beschreib. Verzeichniss e. Sammlg. sämmtl. Blätter dieses Maler-Radirers m. vielen bisher unbekannten Plattenzuständen u. e. Orig.-Zeichngn 8. (55 S.) Leipzig 895. K. W. Hiersemann. n. 4. —

Franke & Riegel, Kosten-Anschläge f. Bau- u. Möbeltischlerarbeiten. Beispiele, Tabellen nebst Anh. Der Jetztzeit gemäss bearb. (Einbd.: Facit!) (68 S.) 32,5×20,5 cm. Dresden (908). (C. Heinrich.) Kart. 4. 50

Franke & Riegel, neuzeitliche Möbel. Ein prakt. Vorlagenwerk m. 20 farb. Taf. Enth. 84 Möbelentwürfe zu modernen Zimmereinrichtgn. Im genauen Massstab 1 : 10 gezeichnet. Mit perspektiv. Übersichtsskizzen u. Beigabe e. Kostenaufstellg. zu d. betreffenden Möbeln. Fol. Nebst Text. (12 S.) Lex.-8. Dresden (905). (C. Heinrich.) n. 15. —; in Mappe n. 16. —

— — moderne **Schnitzereimotive,** enth. auf 20 Taf. 150 naturgross gezeichnete Motive f. Schnitzereien zur Ausschmückg. v. Möbeln u. Bauarbeiten. Orig.-Kreidezeichngn. f. Architekten, Zeichner, Bildhauer, Tischlermeister, Schulen. Entworfen, gezeichnet u hrsg. 47×61 cm. Ebd. (905). In Mappe n. 15. —; geb. in Leinw. in halber Grösse n. 16. —

Franke & Riegel, moderne Schnitzereimotive. Jetzt: Berlin, M. Spielmeyer.

Franke und Riegel, moderne Schnitzerei-Motive. (20 T) fol Berlin (1907)

— — Neue **Schnitzerei-Motive.** 20 Doppeltaf. m. 145 naturgross gezeichn. Motiven f. Schnitzerei zur Ausschmückg. v. Möbeln u. Bautischlerarbeiten. 47×60,5 cm. Berlin (908). M. Spielmeyer. In Mappe, 47×31 cm, 18. —

— — **Skizzen-Mappe** modern. Bautischler-Arbeiten. 2. Aufl. (60 Taf. m. II S. Text.) 41×31,5 cm. Ebd. (908). In Mappe 28. —

Franke-Schievelbein, Gertrud: Der Damenfeind. Ein Menschenkenner. 2 Novellen. Leipzig: Reclam [1908]. 117 S. 8° (Universal-Bibliothek. 5030.)

Franke-Schievelbein, Gertr., der Damenfeind. Ein Menschenkenner, s. a. Universal-Bibliothek.

Franke-Schievelbein, Gertr., der **Gottüberwinder.** Roman. 8. (300 S.) Berlin 902. [F. Fontane & Co.] E. Fleischel & Co. n. 3. 50; geb. n. 5. —

Franke-Schievelbein, Gertrud, d. Hungersteine. Roman. 8 (275 S.) Berlin 899. F. Fontane & Co. n. 3. —; geb. n. 4. —

— Kunst u. Gunst. Roman. 8. (419 S.) Ebd. 895. n. 5. —

[F.] Liebeswerben. Roman v. Gertrud Franke-Schievelbein. *Berlin: F. Fontane & C. 1897.* (2 Bl., 418 S.) 1 Bd 8. [97 331

Franke-Schievelbein, Gertrud, Ri. Roman. 8. (273 S.) Berlin 893. F. Fontane & Co. n. 3.50; geb. n. 5. —

— Rotdorn. Novellen. 8. (VII, 251 S.) Ebd. 894. n. 3. —; geb. n. 4. —

Franke-Schievelbein, Gertr., die Sehnsüchtigen. Roman. (342 S.) 8. Berlin 903. E. Fleischel & Co. n. 5. —; geb. n. 6. 50

Stark wie das Leben. Roman von Gertrud Frauko-Schievelbein. *Berlin: F. Fontane & Co. 1900.* (366 S.) 8° [F.] [00 11058

Der Unkenteich. Roman von Gertrud Franke-Schievelbein. *Berlin: F. Fontane & Co. 1901.* (242 S.) 8° [F.] [01. 3136

Franke-Wortmann, J. H., s. F r a n k e , Julius Heinrich

Frankel, s a. F r a n k l

Frankel, A., das Ofner Kaiserbad in historischer, technischer und medicinischer Hinsicht. Ein Hilfsbuch f. Heilsuchende. 2. verm. u. verb. Aufl. Pest 853. (Geibel.) 8. (74 S.) 7½ ngr

F r a n k e l, A. Das Ofner Kaiserbad in historischer, technischer und medizinischer Hinsicht. Ein Hilfsbuch für Heilsuchende. 2. Auflage. 8. (72 S.) Pesth, Emil Müller, 1853.

Frankel, A., die natürlichste Radical-Cur der Verstopfungen, schlechten Verdauung u. s. w. Gegründet auf die wirkl. Art u. Weise der Ernährung des menschlichen Körpers, nach engl. Orig. bearb. u. f. das Volk bestimmt. 12. (42 S.) Gratz 852, Dirnböck & Mühlfeith. 8 ngr

— die natürlichste Radical-Cur der Verstopfungen, schlechten Verdauung u. s. w. Gegründet auf die wirkliche Art und Weise der Ernährung des menschlichen Körpers, nach englischen Originalien bearb. 2c. Neue (Titel-) Aufl. Gratz (852) 855. Mühlfeith. 16. (42 S.) 6 ngr

Frankel, Bernh., die Schwangerschaft. Rathschläge für Frauen zur Erhaltung der Gesundheit und Linderung der Beschwerden während derselben. 2. (Titel-)Ausg. 8. (88 S.) Berlin (865)69, Mode's Verlag.

– dass., s.a. F r ä n k e l

Frankel, G., die Wirkung der Cylinderlinsen, veranschaulicht durch stereoskopische Darstellung des Strahlengangs. 8 (lith.) stereoskop. Ansichten, gezeichnet u. erläutert v. G. F. qu. gr. 8. (9 S. deutscher u. französ. Text.) Wiesbaden 888. Bergmann. n. 1. —

Frankel, Heinr., 24 kritische Stunden u. and. Erzählungen u. Humoresken. qu. 12. (III, 122 S.) Wien 898. M. Breitenstein. n. 1. 80

Frankel, Ludwig August: Mozart's M a n e n , s. F r a n k l , Ludwig August

Frankel, Z., Dr. Bernhard Baer. Ein Lebens- und Zeitbild. Mit (lith.) Portr. u. Facsim. Breslau 863. Schletter. gr. 8. (IV, 96 S.) n. 1 ℛ 10 ngr

Frankel, Z., der gerichtliche Beweis nach mosaisch-talmudischem Rechte. Ein Beitrag z. Kenntniss des mosaisch-talmud. Criminal- u. Civilrechts. Nebst einer Untersuchung üb. d. preuss. Gesetzgebung hinsichtl. des Zeugnisses d. Juden. gr. 8. (34½ B.) Berlin 846, Veit u. Comp.

Frankel, Z., die Eidesleistung d. Juden in theolog. u. histor. Beziehung. gr. 8. (11¼ B.) Dresden u. Leipzig 840, Arnoldische Buchh.

— die Eidesleistung der Juden in theolog. u. histor. Beziehung. gr. 8. Berlin 840. Stange. ⅞ ℛ

Frankel, Z., die Eidesleistung der Juden in theolog. u. histor. Beziehung. 2. mit einem Anh. verm. Ausg. gr. 8. (XII u. 234 S.) Leipzig 847, Arnold. 1 ℛ

— über den Einfluss der palästinischen Exegese auf die alexandrinische Hermeneutik. gr. 8. (X u. 354 S.) Leipzig 851, Barth. 1½ ℛ

Frankel, Z., Einleitung in den Jerusalemischen Talmud. (Hebräisch.) gr. 8. Breslau 870, Preuss und Jünger.

Frankel, Z., Einleitung in den Jerusalemischen Talmud. (In hebr. Sprache.) Breslau 870. Schletter. gr. 8. (IX, 315 S.) n. 2 ℛ

Frankel, Z., Entwurf einer Geschichte der Literatur der nachtalmudischen Responsen. Breslau 1865. [= Jahresbericht des jüdisch-theologischen Seminars „Fraenckel'scher Stiftung".]

—— Entwurf einer Geschichte der Literatur der nachtalmudischen Responsen. gr. 8. (96 S.) Breslau 865, Schletter'sche Buchh. *

Frankel, Z., Grundlinien des mosaisch-talmudischen Eherechts. [= Jahresbericht des jüdisch-theologischen Seminars „Fraenckel'scher Stiftung".] Breslau 1860. 4°

Frankel, Z., Grundlinien des mosaisch-talmudischen Eherechts. gr. 4. (48 S.) Leipzig 860, (Hunger.) *

Frankel, Z., Darchê ham-Mischnâ. Hodegetica in Mischnam librosque cum ea conjunctos Tosefta, Mechilta, Sifra, Sifri. Pars I: Introductio in Mischnam. Lipsiae 1859.

—— Hodegetica in Mischnam librosque cum ea conjunctos Tosefta, Mechilta, Sifra, Sifri. Pars I.: Introductio in Mischnam. (In hebräischer Sprache.) gr. 8. (X und 343 S.) Leipzig 859, Hunger. *

—— Hodegetik in die Mischna. Zusätze und Register zu: Einleitung in die Mischna. Text hebräisch. gr. 8. (III und 68 S.) Leipzig 867, Hunger. *

—— der Judeneid vor den preussischen Kammern. gr. 8. (10 S.) Breslau 861, Schletter'sche Buchh.

Frankel, Z., s.: Monatsschrift f. Geschichte u. Wissenschaft des Judenthums.

—— die Prüfungen Israels. Predigt, geh. am Sabbat Pekude, den 4. März 1843. 8. (1 B.) Dresden u. Leipzig. (Arnoldische Bh.)

—— Rede bei d. Grundsteinlegung d. neuen Synagoge zu Dresden, d. 21. Juni 1838. (28. Siwan 5598), gehalten. gr. 8. (1½ B.) Dresden u. Leipzig 838, Arnoldische Buchh. *

— — Ueber palästinische und alexandrinische Schriftforschung. [Programm zur Eröffnung des jüdisch-theologischen Seminars zu Breslau „Fraenckel'sche Stiftung".] Breslau 1854. 4°.

—— histor.-krit. Studien zu d. Septuaginta. Nebst Beiträgen zu d. Targumim. I. Bd. I. Abthl. — A. u. d. T.: Vorstudien zu d. Septuaginta. gr. 8. (18⅓ B.) Leipzig 841, Vogel. *

Frankel, Z., zu dem Targum der Propheten. gr. 8. (48 S.) Breslau 872. Schletter. n. 2. —

— f. Zeitschrift für die religiösen Interessen d. Judenthums.

Fränkel, s.a. F r ä n c k e l

Fränkel, Materialien zu metr., namentl. hexametr. Uebungen im Lateinischen. Pr. 1850. 28 S. 4°. 1.20

Fraenkel, Oberbau u. Gleisverbindungen, s.: B l u m , A.

Fränkel (Red.), s. R e c h t s - S c h u t z.

Fraenkel, A., Anleitg. z. chem.-techn. Analyse, s.: U l z e r , F.

Fränkel, A., De condicione, iure, iurisdictione sociorum Atheniensium Diss 1878. 79 S 2 —

Fraenkel, A., u. G. Troje, üb. die pneumonische Form der acuten Lungentuberculose. Klinische u. pathologisch-anatom. Mittheilgn. aus der inneren Abtheilg. des städt. Krankenhauses am Urban in Berlin. [Aus: „Zeitschr. f. klin. Medicin".] Lex.-8. (140 S. m. 3 farb. Taf.) Berlin 894. A. Hirschwald. n. 6. —

F r a e n k e l , A., s. T r a u b e , L., gesammelte Beiträge zur Pathologie und Physiologie.

Fraenkel, A., u. J. Geppert, üb. die Wirkungen der verdünnten Luft auf den Organismus. Eine Experimental-Untersuchg. Mit 1 Taf. in Kupfrdr. u. 2 (eingedr.) Holzschn. gr. 8. (V, 113 S) Berlin 883. Hirschwald. n. 3. —

Fraenkel, Adolf [aus Wien]: Über o-Amidotriphenylmethan . Wien, Im Selbstverl. d. Verf, Druck v. Johann N. Vernay, 1887; 22 S. 8°
Erlangen, Phil. Fak., Inaug.-Diss. v. 1887

Fränkel, Alb., Göthe und der Fürst von Dessau. Sondershausen 864. Neuse, 8. (16 S.) 5 ngr.

—— u. L. Köppen, berliner Skizzen, s.a. Skizzen.

FRÄNKEL, A., u. L. K o p p e n , B e r l i n e r S k i z z e n. Bilder u. Charakteristiken aus dem Leben der Gesellschaft. 3 Thle. Mit Abbildungen (2 Lithogr.). (1. Zwei geheimnißvolle Personen. — Das Schenkmadchen. — Malwine. 2.: Die Familie des Trunkenbolds. — Die drei Schwestern. — Er hat sein Glück gemacht. 3.: Aus dem modernen Bürger- und Handwerkerleben) Berlin, bei Rieß, o. J. (1846). 8° (In Hamburg, Bibl. d. „Harmonie", Nr. 3805.) (3 Mk. 50 Pfg. Kuhl, Berlin, ca. 1885; 6 Mk. Sudd. Antiqu , Munchen, 1907)
Vergriffen u. selten!

Diagnostik und allgemeine Symptomatologie der Lungenkrankheiten in Vorlesungen f. Arzte u. Studierende. Von Prof Dr **Albert Fraenkel**, Berlin *Wien & Leipzig: Urban & Schwarzenberg 1890* (XIV, 370 S) 8°
— **Fraenkel** Pathologie u. Therapie d. Krankheiten d. Respirationsapparates. Bd 1. [illegible]

Fraenkel Albert (geb. Frankfurt a. O. 10. 3. 1848) Ein Fall von Addison'scher Krankheit Berlin (1870) (30 S) 8°
Berlin, Med Diss v 13 Juni 1870

Fraenkel, Albert [app. Arzt aus Neustadt-Haardt]: Ueber einen Fall von Oberschenkelsarcom . . . München, Druck v. M. Ernst, 1889; 30 S 8°
Würzburg, Med Fak., Inaug.-Diss v. 1889

(F r a e n k e l , Albert.) Ueber die Furcht vor Tuberkulose. (Vortrag am 26. März 1904 im Metzer Verein für Volksgesundheitspflege gehalten. [Nachgedruckt aus] der «Deutschen Revue»...) Separatabdruck aus den Basler Nachrichten, der Nummern 184... [bis] 189 vom 8.—13. Juli 1904 24 S. 8. ([Basel,] Basler Berichthaus, [1904].)

Fraenkel, Alb., über die Furcht vor Tuberkulose. (16 S.) gr. 8. Badenweiler (909). Kurbuchh. — 75
Sonderabdruck aus „Deutsche Revue".

Fränkel, Albert, das moderne Judenthum, die Frankfurter Reformfreunde und die neue Zeit. Ein Beitrag zur Kritik religiöser u. socialer Zustände d. Gegenwart. gr. 8. Reutlingen 844, Mäcken, Sohn. 3/8 ℛ

Spezielle Pathologie und Therapie der Lungenkrankheiten. Handbuch f. Ärzte u. Studierende. Von Prof Dr. **Albert Fraenkel**, Dir. in Berlin. Mit 59 Abb. u. 12 Taf. *Berlin & Wien: Urban & Schwarzenberg 1904.* (XIV, 980 S) 8°
— **Fraenkel**: Pathologie u. Therapie d. Krankheiten d. Respirationsapparates. Bd 2. [illegible]

Fraenkel, Alb., spezielle Pathologie u. Therapie der Lungenkrankheiten. Handbuch f. Aerzte u. Studierende. 2 Hälften. (XVI, 980 S. m. 59 Abbildgn. u. 12 farb. Taf.) gr. 8. Wien 904. Urban & Schwarzenberg. n. 25. —; geb. n.n. 27. —
Bildet den II. Bd. der Pathologie u. Therapie des Respirationsapparates.

F r a e n k e l, Alb. Pathologie u. Therapie der Krankheiten des Respirationsapparates. I. Bd.: Diagnostik u. allgemeine Symptomatologie der Lungenkrankheiten in Vorlesungen f. Aerzte u. Studirende. gr. 8. (XIV, 370 S.) Wien 890, Urban u. Schwarzenberg. * 10 —

Pathologie und Therapie der Krankheiten des Respirationsapparates Von Prof Dr **Albert Fraenkel** Bd 1. 2. *Wien & Leipzig (2. Berlin & Wien): Urban & Schwarzenberg 1890–1904* 2 Bde 8°
1 — Diagnostik u. allgemeine Symptomatologie d. Lungenkrankheiten 1890
2 — Spezielle Pathologie u. Therapie d. Lungenkrankheiten 1904 [illegible]

Fränkel, Albert Gustav Nachtigals Reisen in der Sahara und im Sudan Nach seinem Reisewerk dargestellt Zweite Auflage Leipzig 1887

Fraenkel, Alex., einige Betrachtungen über den ärztlichen Beruf, zugleich e. Beitrag zur Frage der Vorbildg. zum medizin. Fakultätsstudium. (39 S.) 8. Wien 907. W. Braumüller. n. — 80

Fränkel Alexander: Bevölkerungs- und Wirtschafts-Verhältnisse im Stryj- und Oporgebiet.
II. 1909 PN 2641 Diss. Wien, Univ. 2407

F r a e n k e l , Alex., über die kriegs-chirurgischen Hilfeleistungen in der ersten und zweiten Linie, s.a. K l i n i k , Wiener.

Fraenkel, Al. Ueber die kriegschirurgischen Hilfeleistungen in der ersten und zweiten Linie Wien 1857

— s.: W o c h e n s c h r i f t , Wiener klinische.

Fränkel, Alfred, approb Arzt. Ueber **Lungengangrän.** *München 1902: C. Wolf & Sohn.* (40 S.) 8°
München, Med. Diss. v 1902

Fraenkel, Alfred, Gerichtsreferendar: Die rechtliche Natur des Ehrenschutzes. Breslau: M. & H. Marcus 1907. (36 S.) 8° ¶ (Erscheint vollst. u. d. T.: „Der Schutz der Ehre nach Bürgerlichem Recht" in: Studien z. Erläuterung d. Bürgerlichen Rechts.)
Breslau, Jur. Fak., Ref. Gretener-Schott, Diss. v. 21. Dez. 1907
[Geb. 5. Sept. 82 Laurahutte, Kr. Kattowitz; Wohnort: Breslau; Staatsangeh.: Preußen; Vorbildung: Gymn Kattowitz Reife O. 00; Studium: Breslau 1, Berlin 1, Freiburg i. B. 1, Breslau 3 S.; Rig. 17. Juli 03.]

Fraenkel, Alfr., der Schutz der Ehre nach bürgerl. Recht, s.a. S t u d i e n zur Erläuterung des bürgerl. Rechts.

Der Schutz der Ehre nach bürgerlichem Recht von Dr. Alfred **Fränkel**. Breslau: M. & H. Marcus 1908. (109 S.) 8°
— **Studien** z. Erlauterung d. bürgerl. Rechts H. 27. [illegible]

Fränkel, Frau Anna, u. Heinr. Fränkel, der Skat verdirbt den Charakter! 1.—3. Aufl. gr. 8. (32 S.) Berlin 888. Walther & Apolant, Verl. n. — 50

[F.] Das Familienrecht des Bürgerlichen Gesetzbuchs für das Deutsche Reich unter Ausschluss des Vormundschaftsrechts. F. d. prakt. Gebr. dargest. v. Arnold Fraenkel, Rechtsanw. *Hannover: Helwing 1898.* (X, 240 S.) 1 Bd 8. [98 11787

[F.] Das Miet- und Pachtrecht, nach dem Bürgerlichen Gesetzbuch für das Deutsche Reich. Z. prakt Gebr. bearb. v. Arnold Fränkel, Rechtsanw. *Berlin: O. Liebmann 1897.* (VIII, 139 S.) 1 Bd 8. [97. 6061

Fraenkel, *Arnold Siegfried Thorald Julian* [aus Copenhagen]: Die Volkswohnungsfrage in den modernen Grossstädten ... Leipzig, Druck v. C. W. Vollrath, *1891;* 74 S., 1 Bl. 8.
Leipzig, Phil. Fak., Inaug.-Diss. v. [20. Okt.] 1891

Fraenkel, Arthur [pr. Arzt aus Cörlin (Persante)]: Ueber einen Fall von Lebercirrhose. . . . Berlin, Buchdr. v. G. Schade, *1890;* 31 S. 8°
Berlin, Med. Fak., Inaug.-Diss. v. 14. Okt. 1890

Fränkel, Arth., Flore u. Blanchefleur. Kulturhistorische Erzählg. f. die Jugend. 8. (VIII, 192 S.) Halle 894. Buchh. d. Waisenhauses. 2. 70; geb. in Kaliko n. 3. 40

Fränkel, Arth., Kulturbilder aus d. „Freien“ Schweiz. Skizzen u. Erfahrgn. n. elfjähr. Berufsthätigkeit. gr. 8. (V, 547 S.) Straßburg 897. Schlesier & Schweikhardt. n. 6. —

Fränkel, Arth., die schönsten Lustspiele der Griechen und Römer, zur Einführung in die antike Komödie nacherzählt und erläutert. 8. (VIII, 365 S. mit 1 Stahlst.-Bildnis des Aristophanes und 1 Plan des griech. Theaters.) Halle 888, Buchh. des Waisenhauses. *

— der Nachbar im Osten. Cultur- und Sittenbilder aus Rußland. 2 Bde. 8. (IV, 236; VIII, 256 S.) Hannover 888, Helwing's Verlag. à Bd. * M 4.—. *

Fränkel, Arth. Der Nachbar im Osten. Cultur- u. Sittenbilder aus Rußland. 3. (Schluß-)Bd. 8. (IV, 196 S.) Hannov. 889, Helwing. * 3 50
1. u. 2. Bd. Ebd. 1888. [* 8 —] * 5 —.

Fränkel, Arth., die Quellen der Alexanderhistoriker. Ein Beitrag zur griechischen Litteraturgeschichte u. Quellenkunde. Lex.-8. (VIII, 471 S.) Breslau 883. Kern's Verl. n. 12. —

Fränkel, Arthur, Sokrates und Kleon bei Aristophanes. Eine kulturhistorische Studie. Schaffhausen 1886
Progr.

Fränkel, Arth., Studien zur römischen Geschichte. 1. Heft: Der Amtsantritt der römischen Consuln während der Periode 387—532 d. St. — Das Verhältniss des römischen Kalenders zum julianischen während des Zeitraums 440—552 d. St. gr. 8. (VIII, 136 S.) Breslau 884, Kern's Verlag. *

Fränkel, Arth. (Professor in Schaffhausen). Studien zur römischen Geschichte. Hft. I. Gr. in-8°. Breslau, Kern's Verlag. 1893. 6 70

Fränkel, A., Rußlands Verhältniß zu Deutschland u. Rußlands wirthschaftliche u. militärische Zustände. gr. 8. (87 S.) Hannover 887. Helwing's Verl. n. 1.—

Fränkel, Arthur: Die Wirkung der Narcotica auf die motorischen Vorderhornzellen des Rückenmarkes. *Berlin (1898): G. Schade.* (29 S.) 8° ¶ (Aus einer von der Berliner medicinischen Fakultät gekrönten Preisarbeit.)
Berlin, Med. Diss. v. 5. Aug. 1898

Fränkel, B., s.: Archiv f. Laryngologie u. Rhinologie.

Fränkel, B., Gefrierdurchschnitte zur Anatomie der Nasenhöhle. (In 2 Hftn.) 1. Hft. Fol. (8 S. m. 6 Taf.) Berlin 890. Hirschwald. n. 9. —

Fränkel, B., Gefrierdurchschnitte zur Anatomie der Nasenhöhle. 2. Hft. Fol. (S. 9—14 m. 11 Taf. in Photograv.) Berlin 891. A. Hirschwald. n. 16. —
(kplt.: n. 25. —)

Fränkel, B. Der Kehlkopfkrebs, seine Diagnose u. Behandlung. gr. 8. (56 S. m. 1 Lichtdr.-Taf.) Lpz. 889, G. Thieme. * 2 50
Aus: Deutsche medicin. Wochenschr., besonders abgedruckt.

— s.: Schemata, 100, zum Einzeichnen laryngoskopischer Befunde.

— s.: Tuberculosis.

— Des jungen Goethe schwere Krankheit Tuberkulose, keine Syphilis. (16 S.) Lex. 8. Leipzig 910. J. A. Barth.
Sonderabdruck aus „Ztschr. f. Tuberkulose“. —80

— s.: Zeitschrift f. Tuberkulose u. Heilstättenwesen.

Fränkel, Bernhard (Hrsg.), s. Handbuch der Krankheiten des Respirations-Apparates.

Fränkel, B., Handbuch der Krankheiten des Respirations-Apparates, s. Handbuch der speciellen Pathologie und Therapie.

Fränkel, Bernh., die Schwangerschaft. Rathschläge für Frauen zur Erhaltung der Gesundheit u. Linderung der Beschwerden während derselben. 865. — 2. Ausg. Berlin 869. Mode. 8. (88 S.) 12½ ngr.

– dass., s.a. Frankel

Deutsches Central-Komite z Errichtung von Heilstätten f. Lungenkranke. Der Stand der Tuberkulose-Bekämpfung in Deutschland. Denkschrift, dem Internat. Tuberkulose-Kongreß in Paris 1905 vorgelegt v. Deutschen Central-Comité z Errichtung von Heilstätten f. Lungenkranke. Hrsg. von Prof. Dr. B[ernhard] Fränkel. Berlin: Central-Komite 1905. (XVI, 431 S.) 4°(8°) [05. 4407

Abdruck einzelner Artikel aus der 1. Auflage der Johannes von Schröderschen Topographie des Herzogthums Schleswig von 1837, zusammengestellt mit Abdrucken derselben Artikel aus W. Lessers Topographie des Herzogthums Schleswig von 1853, zur gefälligen Vergleichung für Unparteiische (v. C. Fränkel. Oldenburg in Holstein. 1853) 8°. Bei: Topographie des Herzogthums Schleswig. Von Johannes von Schröder 2. Aufl. 8°.

Fraenkel, C., de inferiorum locorum enunciationibus quarum altera ab altera eodem modo apta est. Dorpati 853. (Glaeser.) gr. 8. (4 Bl., 134 S.) 22½ ngr.

Fränkel, C., Lateinisches Lesebuch für Anfänger in öffentlichen u. Privat-Schulen, sowie beim Einzelunterrichte. 1 Curs.: Initia Romae. gr. 8. (160 S.) Dorpat 848, Karow. (Gläser.) 12 ngr.

— Nachträge und Berichtigungen zu F. Ellendt's Commentar über Ciceronis de oratore libr. I. 1. Heft. Dorpat 855. (Glaeser.) gr. 8. (1 Bl., 51 S.) n. 8 ngr.

Fränkel, C., Nachträge und Berichtigungen zu Friedr. Ellendt's Commentar über Cic. de oratore libr. I. (Schluss), II. (2. Fortsetzung.) gr. 8. (S. 51—128.) Dorpat 856, (Gläser's Verlag.) *

Fränkel, C., Nachträge und Berichtigungen zu Frdr. Ellendt's Commentar über Cic. de oratore lib. I. (Schluss.) II. Pr. 1856. 78 S. 1.80
— — lib. III, cap. 1—20. Pr. 1857. 102 S. 2.25
— — lib. III. cap. 21—85. Pr. 1859. 108 S. 2.25
— — lib. III. cap. 86—61. Pr. 1860. 92 S. 2.—

— dess. — Ueber Cic. de oratore libr. III. cap. 21—85. (Zugleich als Kritik des bezeichneten Abschnittes der Schrift in der Schulausg. von Piderit. 1859.) (3. Fortsetzung.) gr. 8. (108 S.) Ebendas. 859. *

—— dass. — Ueber Cic. de orat. III. cap. 36—61. (Zugleich als Kritik des bezeichneten Abschnittes der Schrift in der Schulausg. von Piderit 1859.) (4. Fortsetzung.) gr. 8. (92 S.) Ebendas. 860. *
1. Heft. Ebendas. 1856. * 8 Ngr.

— Studien und Kritiken über den Text der Schriften Ciceros. Einleitung und de repbl. I. 7. 12 bis 8. 18; de oratore I, c. 1 bis 6. Pr. 1862. 88 S. 2.—

Fränkel, C. G. H., die Dampf-Wäsche, oder auf eigene Erfahrung begründ. Anweisung, schmutzige Wäsche ohne Seife, mit bedeut. Ersparniß an Zeit u. Kosten durch Dampf zu reinigen. Herausgeg. im Verein mit e. erfahrnen Chemiker u. Techniker. Mit 1 lith. Abbild. 12. Oldenburg 843, Fränkel. (Leipzig, Brauns.) 1/3 ℔

Fränkel, C. G. H.: „Der wohlmeinende Rathgeber; ein Noth- und Hülfsbuch für den Bürger und Landmann, enthaltend eine Auswahl der vorzüglichsten, durchaus bewahrten Mittel und Rathschläge aus dem Gebiete der Haus- und Landwirthschaft, Arzneiund Thierheilkunde, aus den vorzüglichsten deutschen und französischen Werken geachteter Schriftsteller gesammelt", 2. Auflage, Oldenburg 1832 (Hamburg, Nestler und Meller in Komm.); 4. Auflage 1840.

Fränkel, C. G. H., der wohlmeinende Rathgeber, ein Noth- u. Hülfsbuch für den Bürger u. Landmann, in 3 Abthll. (1r Bd.) 3e Aufl. u. 2r Bd. Oldenburg 833. (Leipzig, Beyer) (I, 1/2 ℔, II. 1/2 ℔) 7/8 ℔ — 4e Ausg. 2 Thle. 8. Ebd. 839. Fränckel. (Leipzig, Lehnhold'sche Buchh.) 2/3 ℔, bei Klönne in Wesel (à 1/2 ℔) 1 ℔

— der wohlmeinende Rathgeber, ein Noth- u. Hülfsbuch für d. Bürger u. Landmann. 2. Thl. 5. Aufl. 8. Ebd. 841. 1/3 ℔

Fraenkel, Carl, s. F r a e n k e l , Karl

Fränkel, D. M., l'Accusation. Poëme. 4. (1 B.) Berlin 840. [Stange. ?]

Fränkel, D. M., le Combat. Un poëme. gr. in-4. Berlin 838 Bechtold et Hartje. n 1/6 ℔

[**Fraenkel**, Daniel: • Commentatio de locis prophetae Habakkuk.] 99 S 8° (4°)
Halle-Wittenberg, Phil Diss. v. 17. Nov. 1853
Geb. [Sorau 13. 10 1822]
Titel fehlt. Im Diplom statt locis: libro.

Fränkel, Dav.

Fränkel, D., gemeinnützige Blätter f. Wissenschaft, Schule ꝛc., s. Blätter.

— die erste Einrichtung d. jüdischen Schule zu Dessau. 8. Dessau 802.

— d. Lage d. Juden in d. ältern u. neuern Zeit. Ein Wort d. Trostes u. d. Vermahnung. 8. Dessau 808.

— s. Mose, d. 5 Bücher, übersetzt v. Mos. Mendelssohn.

Fränkel, Dav., Nachricht von d. jüdischen Haupt- u. Freischule in Dessau. 8. Dessau 804. (Martini in Leipz.) 8 gl.

Fränkel, Dav., s. Sulamith, e. Zeitschrift.

Fraenkel, Diederich Heinr. (Cap. d. Gut. Hoffnung), Vita et opiniones Helmontii. Diss. med. Lpz. (Staritz) 6. VI. 1837. 32 S. (4.20) 9244
Gew.: Sigfried Fraenkel (Vater), Joh. Chn. Aug. Clarus, Pet. Heinr. Polemann.

Fränkel, E. (med. pract. aus Russland): Der abnorme Hochstand des Gaumens in seinen Beziehungen zur Septumdeviation und zur Hypertrophie der Rachendachtonsille. Basel 1896. 59 S. 8°. Mit 1 Tafel.
Basel. Med. Diss. 1896/97.

Fränkel, Eduard, Referendar: Das Darlehen und die irreguläre Hinterlegung. Eine Streitfrage d. gemeinen Rechts u. ihre endgültige Lösung im Bürgerlichen Gesetzbuch u. Neuen Handelsgesetzbuch. *Berlin 1899: Fraenkel & Stroh.* (IV, 56 S.) 8°
Erlangen, Jur. Diss v 1899

Fränkel, Elieser, s. K l e i n , Elieser

Fränkel, Else, Tristan. Tagebuchblätter einer Glücklich-Unglücklichen. (132 S.) 8. Dresden (906). E. Pierson. n. 2. —; geb. n. 3. —

Fraenkel, Emanuel: Athetose bei Tabes dorsalis. *Berlin (1898): E. Ebering.* (38 S.) 8°
Berlin, Med. Diss v. 12. Juli 1898

Fränkel, Emil: Das jüdische Eherecht nach dem Reichscivilehegesetz vom 6. Februar 1875. München, Th. Ackermann, k. Hof-Buchh., 1891; 8 Bl., 128 S. 8°
München, Jur. Fak, Inaug.-Diss. v. 1890

Fraenkel, Erich, a. Breslau: Über die Vertreibung der Bernhardiner aus Breslau. Urkundliche Beiträge zur Geschichte der Franziskaner in Schlesien. Breslau 1905: R. Nischkowsky. (34 S.) 8° [F.] ¶ (Erscheint vollständig in: Zeitschrift für Geschichte Schlesiens.)
Breslau, Phil. Fak., Ref. Kaufmann, Diss. v. 21. Dez. 1905
[Geb. 27 Juni 82 Breslau, Wohnort: Breslau; Staatsangeh.: Preußen: Vorbildung: König-Wilhelms-Gymn. Breslau Reife 01; Studium: Breslau; Rig. 6 Dez 05.]

Fraenkel, Ernst, die Appendicitis in ihren Beziehungen zu den Erkrankungen der weiblichen Sexualorgane, s. a. Sammlung klinischer Vorträge.

Die Appendicitis in ihren Beziehungen zu den Erkrankungen der weibl. Sexualorgane von Ernst Fraenkel, (Breslau) (Nach e. Vortr. in Hamburg.) *Leipzig. Breitkopf & Härtel 1901.* (S 535-588.) 8°
= Sammlung klinischer Vorträge. N F. No 323

Fraenkel, Ernst, d. Appendicitis in ihren Beziehgn. z. Geburtshilfe u. Gynaekologie, s. a. Sammlung klin. Vorträge.

Die Appendicitis in ihren Beziehungen zur Geburtshilfe und Gynäkologie v. E[rnst] Fraenkel, (Breslau). *Leipzig: Breitkopf & Härtel 1898.* (30 S.) 8.
= Sammlung klinischer Vorträge. N F. No 229.

Fraenkel, Ernst, klinische Beiträge zur Pathologie u. Therapie der weiblichen Sterilität, s. a. Sammlung klinischer Vorträge.

Klinische Beiträge zur Pathologie und Therapie der weiblichen Sterilität von Ernst Fraenkel, Breslau. Leipzig. Breitkopf & Härtel 1907. (42 S) 8°
= Sammlung Klinischer Vorträge N. F. No 460. 461.

Fränkel, Ernestus (geb. Breslau 5. 5. 1844) De carcinomate oesophagi Vratislaviae 1866 (34 S) 8°
Breslau, Med Diss, nachgeliefert von dem am (16 Juni) 1866 auf Thesen promovierten Verf

Fraenkel, Ernst, a. Berlin: Griechische Denominativa in ihrer geschichtlichen Entwicklung und Verbreitung. Buch 1. (Göttingen 1905: E. A. Huth.) (71 S.) 8° ¶ (Erschien vollst. 1906 im Verlage von Vandenhoeck & Ruprecht in Göttingen.)
Berlin, Phil. Fak., Ref. W. Schulze, Diss. v. 9. Dez. 1905
[Geb 16 Okt 81 Berlin, Wohnort. Berlin; Staatsangeh. Preußen, Vorbildung: Askanisches Gymn. Berlin Reife M 99; Studium. Berlin 1, Bonn 3, Berlin 8 S; Rig. 10. Juli 05.]

Fraenkel, Ernst, griechische Denominativa in ihrer geschichtlichen Entwicklung u. Verbreitung. (VI, 296 S.) gr. 8 Göttingen 906. Vandenhoeck & Ruprecht. n. 8. —

Fränkel, E., über die Diagnose u. Behandlung der Extrauterinschwangerschaft in den ersten Monaten, s.: Klinik. Berliner.

Fränkel, Ernst, Diagnose und operative Behandlung der Extrauterinschwangerschaft, s. Sammlung klinischer Vorträge.

—— zur Diagnostik und Therapie gewisser Erkrankungen der mittleren und unteren Nasenmuscheln, s. Sammlung klinischer Vorträge.

Fränkel, Ernst. Extrauterinschwangerschaft, s. Klinik, Berliner.

Fraenkel, Ernst, Geschichte der griechisch. Nomina agentis auf -τήρ, -τωρ, -της (τ), s.a. Untersuchungen zur indogermanischen Sprach- u. Kulturwissenschaft.

Geschichte der griechischen Nomina agentis auf -τήρ, -τωρ, -της (-τ-). Von Ernst **Fraenkel**. T. 1. Straßburg: Trubner 1910. 8°
(Untersuchungen z. indogerman. Sprach- u. Kulturwissenschaft 1.) [10 12097

Fraenkel, Ernst, Hygiene des Weibes. Gesundheitslehre f. alle Lebensalter. Den Müttern u. Erzieherinnen gewidmet. (IV, 290 S. m. 25 Abbildgn.) 8. Berlin 903. O. Coblentz. n. 5. —; geb. n. 6. —

— über missed labour u. missed abortion, s.a. Sammlung klinischer Vorträge. Nr. 351.

Über missed labour und missed abortion. Von Ernst **Fränkel**, Breslau. *Leipzig: Breitkopf & Härtel 1903.* (52 S.) 8°
= Sammlung Klinischer Vorträge N. F. No 351. [03. 5280

Fraenkel, Ernst, a. Schweidnitz i. Schles., z. Zt. Ass.-Arzt an der medizin. Univ.-Poliklinik in Heidelberg: Ueber acute seröse Meningitis. Heidelberg 1905: J. Hörning. (40 S.) 8°
Heidelberg, Med. Fak., Ref. Vierordt, Diss. v. 1905
[Geb. 9. Marz 80 Waldenburg i. Schlesien; Wohnort: Heidelberg; Staatsangeh.: Preußen; Vorbildung: Gym. Schweidnitz Reife O. 98; Studium: Freiburg i. B. 1, Breslau 4, Munchen 1, Berlin 1, Heidelberg 2 S.; Coll. 3. Marz 05; Approb. 9 Febr. 03.]

Fränkel, Ernst. Ueber Placentarsyphilis. Ein Beitrag zur Pathologie der Placenta. Breslau 1873. (54 S., 2 Taf.) 8°
(*Aus Archiv f. Gynäkol. Bd 5 [1873]*)
Breslau, Med. Fak., Hab. Schr. v. 17 März 1873

Fränkel, Ernst: Die Salomonsche Probe und der Nachweis von Hämolysinen im Magensaft beim Magenkarzinom. Beitrag zur Frühdiagnose d. Magenkarzinoms. Breslau 1910: Breslauer Genossensch.-Buchdr. 34 S. 8°
Breslau, Med. Diss. v. 27. Juni 1910, Ref. Minkowski
[Geb. 20 Juni 86 Oberglogau; Wohnort: Breslau; Staatsangeh.: Preußen; Vorbildung: Gymn. Neustadt O. S. Reife O. 04; Studium: Freiburg i. B. 1, Breslau 5, Munchen 1, Breslau 2, Freiburg i. B. 1 S.; Coll. 14. Febr. 10; Approb. 22 Juni 10.] [U 10 564

— Tagesfragen d. operativen Gynäkologie. Beobachtgn. u. Ergebnisse d. operativen Thätigkeit i. d. J. 1893—1896. gr. 8. (VI, 130 S.) Wien 896. Urban & Schwarzenberg. n 8. —

— allgemeine Therapie der Krankheiten der weiblichen Geschlechtsorgane. [Aus: „Lehrb. der allg. Therapie u. der therapeut. Methodik".] gr. 8. (S. Bd. III u. S. 513—666 m. 82 Holzschn.) Wien 899. Urban & Schwarzenberg. n. 4. —

Fraenkel, Ernst [aus Leobschütz (Schles.)]: **Untersuchungen über das α.β.Dimethylchinolin** ... Breslau, Druck v. Grass, Barth & C., 1896; 42 S., 1 Bl. 8.
Freiburg i. B., Phil. Fak., Inaug.-Diss. v. 1896

Fraenkel, Ernst, prakt. Arzt aus Breslau: **Versuche über die Verhinderung der Wasserresorption durch Mucilaginosa.** *München 1898: Kastner & Lossen.* (26 S.) 8°
München, Med. Diss. v. 1899

Ueber Vorstellungs-Elemente und Aufmerksamkeit. Ein Beitrag z. experiment. Psychologie. Mit 40 Kurven auf 4 Taf., 6 S. Zeichnungen e. schwachsinnigen Versuchsknaben .. von Dr. phil. Ernst **Fränkel**. Augsburg: Th. Lampart in Komm. 1905 (254 S.) 8° [07. 17608 II

Fraenkel, Eug., üb die sogenannten Bodnarschen Aphthen. [Aus: „Jahrbb. d. hamburg. Staatskrankenanstalten" 3. Bd.] gr. 8. (15 S. m. 1 farb. Taf.) Hamburg 894. L. Voss. n. 1. 50

Fraenkel, Eug., s.: Arbeiten üb. Infektionskrankheiten.

Fraenkel, Eug., mikrophotographischer Atlas zum Studium der pathologischen Mykologie des Menschen. (In 2 Bdn.) 1. Bd. (In 5 Lfgn.) gr. 8. Hamburg, L. Gräfe & Sillem. n. 25. —; geb. in Leinw. n. 27. —
1. Tuberkelbacillus. (19 Photogramme auf 9 Taf. m. 22 S. Text.) 900. n. 6. —
2. Leprabacillus. (16 Photogramme auf 7 Taf. m. Text S. 23—40.) 900. n. 4. —
3. Bacillus der Beulenpest. (14 Photogramme auf 7 Taf. m. Text S. 41—58.) 900 n. 4. —
4. Bacillus influenzae u. Bacillus diphtheriae. (20 Photogramme auf 10 Taf. m. Text S. 59—86.) 900. n. 6. —
5. Bacillus typhi abdominalis u. Vibrio cholerae asiaticae. (1. Bd III u. S. 87—112 m. 8. Taf.) 901. n. 5. —

Fraenkel, Eug., und M. **Simmonds**, die ätiologische Bedeutung des Typhus-Bacillus. Untersuchungen aus dem Allgemeinen Krankenhause zu Hamburg. gr. 8. (III, 69 S. mit 3 Farbentaf.) Hamburg 886, Voss. *

Fraenkel, Eug., Beitrag zur Lehre v. d. Uterustuberkulose (papilläre Cervixtuberkulose), s.: Jahrbücher d. hamburg. Staatskrankenanstalten.

—, M. Simmonds u. G. Deycke, Cholera-Leichenbefunde. [Aus: „Jahrbb. d. hamburg. Staatskrankenanstalten" 3. Bd.] gr. 8. (26 S.) Ebd. 894. n. 1. 50

— üb. Gasphlegmonen. gr. 8. (VII, 56 S. m. 3 farb. Taf.) Ebd. 893. n. 4. —

— Die Möller-Barlowsche Krankheit, s.a. Fortschritte auf dem Gebiete der Röntgenstrahlen. 18. Erg.-Bd.

Die Möller-Barlowsche Krankheit von Eug. **Fraenkel** Mit 1 farb. u. 5 photogr. Taf. Hamburg: L. Grafe & Sillem 1908. (42 S.) 4°
= Archiv u. Atlas d. normalen u. pathol. Anatomie in typischen Röntgenbildern. [18.]
= **Fortschritte** auf d. Gebiete d. Röntgenstrahlen. Erg. Bd 18. [08. 3886

Fraenkel, Eugen (*geb. Neustadt in Oberschles. 28. 9. 1853*). Zur Pathologie des Hals-Sympathicus. Breslau 1874. (38 S.) 8°
Breslau, Med. Diss. v. 17 Juli 1874

— u. Alex. **Lorey**, die Rachitis im Röntgenbild, s.a. Fortschritte auf dem Gebiete der Röntgenstrahlen.

Die Rachitis im Röntgenbild. Von Prof. Dr. Eugen **Fraenkel** u. Dr. Alexander Lorey. Mit 45 Röntgenbild. auf 12 Taf. Hamburg: Grafe & Sillem 1910. 10 S. 4°
(Archiv u. Atlas d. normalen u. pathol. Anatomie in typischen Röntgenbildern [22.])
(Fortschritte auf d. Gebiete d. Röntgenstrahlen. Erg. Bd 22.) [10 4846

Pathologisch-anatomische Tafeln nach frischen Praparaten ... Unter Mitw. v. Alfred **Kast** weiterhrsg. von Eugen Fränkel und Theodor Rumpel. Lfg 1–26. Leipzig (1892–[1910]). 2° A 12 7518

Fraenkel, Eug., u. Thdr. Rumpel, pathologisch-anatomische Tafeln nach frischen Präparaten aus den Hamburger Staatskrankenhäusern, mit erläuterndem anatomisch-klinischem Text. Unter Mitwirkg. v. Alfr. Kast. 17. Lfg. (4 farb. Taf. m. II, 4 S. Text.) 44,5×32 cm. Wandsbek (905). Kunstanstalt (vorm. G. W. Seitz). Subskr.-Pr. à n. 4. —; einzelne Taf. n. 1. 50
Die früh. Lfgn. s. u.: Rumpel, Thdr.

Fraenkel, Eug., u. Thdr. Rumpel, pathologisch-anatomische Tafeln nach frischen Präparaten aus den Hamburger Staatskrankenhäusern, mit erläuterndem anatomisch-klinischem Text. Unter Mitwirkg. v. Alfr. Kast. 18.—26. (Schluss-)Lfg. (36 farb. Taf. m. 12, 10, 16, 12, 12, 16, 16, 12 u. 20 S. Text.) 44,5×32 cm. Leipzig, Dr. W. Klinkhardt. Subskr.-Pr. à 5.—; einzelne Taf. n 1.50; (kplt. i. M. 140.—).

Fraenkel, Eug., u. Th. Rumpel, patholog.-anatom. Tafeln. Jetzt: Leipzig, Dr. W. Klinkhardt.

— maligne Tumoren d. Chorionepithels (sogen. deciduale Sarkome), s.a. Sammlung klin. Vorträge.

Maligne Tumoren des Chorionepithels. '(Sogenannte deciduale Sarkome.)' Von Eugen Fraenkel (München). *Leipzig: Breitkopf & Härtel 1897.* (36 S.) 8.
— Sammlung Klinischer Vorträge. N. F. No 180. [97 9749

Fraenkel, Eugen [app. Arzt aus Bamberg]: Untersuchungen über Decidua circumflexa und ihr Vorkommen bei Tubenschwangerschaft. '(Gekr. Preisschrift.)' ... '(M. 2 lithogr. Taf.)' ... (Aus: Arch. f. Gynäkol., Bd. XLVII.) Berlin, gedr. bei L. Schumacher, 1894; 52 S., 2 Taf. 8.
München, Med. Fak., Inaug.-Diss. v. 1895

Fränkel, Faiwel

Fränkel, F., Buckle u. seine Geschichtsphilosophie, s.a. Studien, Berner, zur Philosophie u. ihrer Geschichte.

Fränkel, Faiwel. [Henry Thomas] Buckle und seine Geschichtsphilosophie. 8. Bern, Scheitlin, Spring & Cie., 1906.
Ausg. A: Diss. Phil. Bern ... von Faiwel Fr'. IV + 118 + *Errata* 1 S.

Ausg. B: Von Dr. F. Fr'. IV + 118 S. [fr. 1.50.] — Berner Studien zur Philosophie und ihrer Geschichte.... Band 50.

Fraenkel, Felix [approb. Arzt aus Ratibor]: Ein Fall von doppelseitigem, völlig latent verlaufenen Nebennierentumor und gleichzeitiger Nephritis mit Veränderungen am Circulationsapparat und Retinitis .... Berlin (Druck u. Verl. v. Georg Reimer), 1888; 22 S. 8°.
Freiburg i. B., Med. Fak., Inaug.-Diss. v. 1888.

Fränkel, Felix [app. Arzt aus Berlin]: Über das konstante Vorkommen eines zur Coli-Gruppe gehörigen Bacillus im Weissbrotteige ... Würzburg, Buchdr. d. „Neuen Bayer. Landeszeitg", 1896; 21 S., 1 Bl. 8.
Würzburg, Med. Fak., Inaug.-Diss. v. 1896

Fränkel, Ferd., pikante Blätter. (Großstädtische Licht- u. Schattenbilder. Nach der Natur aufgenommen. Nr. 1 u. 2. gr. 8. (à 16 S. m. Abbildgn.) München 891. Münchener Verlags-Institut, F. Braunbeck. à — 10

— Gedenkschrift zum 300jähr. Jubiläum d. Münch'ner Hofbräuhauses. 1589. Seine Geschichte u. Entstehung, Grundrechte u. Statuten, Lieder u. Sagen, was sich alldort zugetragen, sowie sein humorist. Fremdenbuch. 16. (57 S.) München 889. Münchner Handelsdruckerei u. Verlagsanstalt, M. Poessl. In 8.-Umschlag in Form e. Bierkrügels. n. — 50

— kleine Geheimnisse v. München. Großstädtische Licht- u. Schattenbilder. Nach der Natur aufgenommen. Nr. 1. gr. 8. (16 S. m. Abbildgn.) München 891. Münchener Verlags-Institut, F. Braunbeck. — 10

FRANKEL, München, wie es isst, trinkt und lacht nebst dem Oktoberfest. 2 Hfte. Munchen 1859--63. (40 Pfg. Ed. Fischhaber, 1886.)

Fränkel, Ferd., Munchen wie es isst, trinkt, weint u lacht. Lokal-Scherze. Heft 1. Mit * illustr. Bildern. 2. Aufl. München 1863. Druck von C. R. Schurich. Kl 8°. 16 S. Cart.*)

Fränkel, Ferd., München wie es ißt, trinkt, weint und lacht. Lokal-Scherze. 1.—9. Heft. 1. und 2. Heft 3. Aufl., 3. Heft 4. Aufl. 8. (à 16 S. mit eingedr. Holzschn.) München 865, (J. A. Finsterlin.) à Heft $2\frac{1}{2}$ Ngr.

Fränkel, Ferd., Friedrich Schiller als Mensch und Dichter. Ein Lebensbild in vier Abtheilungen. München 863. (J. A. Finsterlin.) 16. (104 S.) n. 10 ngr.

Fränkel, Ferd., Volks-Schauspiele. 1. Bdchn. Der Goldsee. Originalposse in 3 Abthlgn. — Der Schwärzer u. sein Deandl. Original-Charakterbild aus dem bayer. Hochlande m. Gesang u. Tanz in 3 Akten. — Adelheid die Soldatenbraut od.: Die Beterin an der Mariensäule. Schauspiel in 5 Abthlgn. gr. 16. (216 S.) München 852, Franz. 18 ngr.

—— und Ludw. Thürmayer, Volks-Schauspiele. 16. (III und 219 S.) München 864, (J. A. Finsterlin.) *

Fränkel, Fr. Hieron.

Fränkel, F. Hieron., zur Geschichte der Medicin in den Anhalt'schen Herzogthümern. Dessau 858. Neubürger. 8. (104 S.) 15 ngr

Fränkel, Fr. Hieron., Skizze d. Entwurfs zur Medizinal-Ordnung für die Herzogth. Anhalt-Dessau u. Köthen. Nach dem Grundsätze der Selbstverwaltung bearb. gr. 8. (X u. 57 S.) Dessau 849, Fritsche. ⅓ rf

Fraenkel, Franz (Carl) (geb. Magdeburg 16. 12. 1847). De [illegible] pro Polystrato habita. Commentatio ad amplissimi philosophorum ordinis universitatis Fridericianae [illegible] Caput I. Berolini (1869). (40 S.) 8°
Berlin, Phil. Diss. v. 12. Aug. 1869

Fraenkel, Fridericus. Angina diphtheritica. Dessaviae (1864). Neubürger 31 S. 8°
Halle-Wittenberg, Med. Diss. v. 11. Nov. 1864
Geb. Jessnitz (Anhalt) 9. 11. 1840. \

Fraenkel, Fried. (Heinr.) (geb. Magdeburg 6. 8. 1845). De natura et indole hypothecariae successionis ex jure Romano. Berolini (1867). (60 S.) 8°
Berlin, Jur. Diss. v. 9. Aug. 1867

Fraenkel, Fritz, approb. Arzt: Die Behandlung der Tuberkulose mit Zimmtsäure. *Naumburg a. S.: Lippert & Co. 1899.* (44 S.) 8°
Heidelberg, Med. Diss. v. 1899

Fraenkel, Fritz, approb. Arzt aus Cosel O.S.: Aus d. Kgl. med. Klinik zu Breslau. ⟨Direktor: Geh. Medicinalrat Prof. Dr. Kast.⟩ Ein Beitrag zur Therapie des Morbus Addisonii mit Nebennierenpräparaten. *Berlin 1900: G. Schade.* (39 S.) 8°
Breslau, Med. Diss. v. [18. Sept.] 1900

Fraenkel, G., s. Gesangbuch, Israelitisches.

Fränkel, G. H. Frdr., bibliotheca medicinae militaris et navalis. Beiträge zur Literatur der Militär- u. Schiffsheilkunde. I. Inaugural-Abhandlungen. Theson. Programme. gr. 8. (IV, 66 S.) Glogau 876. (Berlin, Gutmann.) n. 1. —

Fraenkel, Georg, Referendar: Zum Begriff des Handelsgeschäfts. Eine Kritik des § 343 des Handelsgesetzbuchs vom 10. Mai 1897. Northeim [1907]: W. F. Kassebeer. (39 S.) 8°
Göttingen, Jur. Fak., Ref. Ehrenberg, Diss. v. 24. Sept. 1907
[Geb. 19. Mai 86 Greiz (Reuß ält. Linie); Wohnort: Hannover; Staatsangeh.: Preußen; Vorbildung: Leibniz-Sch. Hannover Reife O. 04; Studium: Berlin 2, München 1, Berlin 1, Göttingen 2 S.; Rig. 29 Juli 07.]

Fraenkel, Georg, appr. Arzt a. Berlin, Volontär-Arzt am städt. Rudolf Virchow-Krankenhaus: Beiträge zur manuellen Lösung der Placenta. Würzburg 1907: P. Scheiner. (40 S.) 8°
Würzburg, Med. Fak., Ref. Hofmeier, Diss. v. 28. Okt. 1907
[Geb. 2. Sept. 80 Berlin; Wohnort: Würzburg; Staatsangeh.: Preußen; Vorbildung: Askanisches Gymn. Berlin Reife O. 00; Studium: Berlin 5, Würzburg 5 S.; Coll. 15. März 07; Approb. 3 Febr. 07.]

Fraenkel, Geo., Hetralin, e. wirksames Mittel gegen Cystitis u. Pyelitis. (11 S.) gr. 8. Leipzig 904. Verlag d. Monatsschrift f. Harnkrankh. n. — 60
Sonderabdruck aus: „Monatsschrift f. Harnkrankh. u. sex Hygiene".

Fraenkel, Georg, aus Breslau: Niedere Mythologie im mittelhochdeutschen Volksepos. T. 1. *Breslau 1903: H. Fleischmann.* (42 S.) 8° ¶(Soll vollst. erscheinen.)
Breslau, Phil. Diss. v. 23. Febr. 1903

Fraenkel, Gerhard, Referendar am Landgericht Breslau: Die unrichtige Erklärungsübermittlung auf telegraphischem Wege. Borna-Leipzig 1908: R. Noske. (VIII, 32 S.) 8° [F.]
Breslau, Jur. Fak., Ref. Schott-Meyer, Diss. v. 18. Mai 1908
[Geb. 5. Juli 80 Gleiwitz; Wohnort: Breslau; Staatsangeh.: Preußen; Vorbildung: Gymn. Gleiwitz Reife O. 02; Studium: Breslau 3, Berlin 2, München 1 S.; Rig. 17. Dez. 07.]

Fränkel, Günter, Referendar: Die Hauptunterschiede in der Aufrechnungsbefugnis bei der societas des gemeinen Rechts und der Gesellschaft des deutschen bürgerlichen Rechts. Borna-Leipzig 1907: R. Noske. (X, 68 S.) 8°
Breslau, Jur. Fak., Ref. Meyer-Schott, Diss. v. 12. Dez. 1907
[Geb. 11. März 85 Loewen; Wohnort: Glogau; Staatsangeh.: Preußen; Vorbildung: Gymn. Glogau Reife O. 04; Studium: Freiburg i. B. 1, Berlin 2, Breslau 3 S.; Rig. 3. Juni 07.]

Fraenkel, Gust (geb Kosel 24 8 1837): De morbis coeci et processus vermiformis. Berolini (1860) (32 S.) 8°
Berlin, Med Diss v 4 Aug 1860

Fraenkel, Gustavus *(geb Cosel in Oberschles 2 8 1832)*: De myelomalacia Vratislaviae (1856). (33 S.) 8°
Breslau, Med Diss v 21 Mai 1856

Fraenkel, Gust Bernard. (geb Elberfeld 17 11 1836) Nonnulla de perityphlitide cum viso reperto Berolini (1859) (31 S.) 8°
Berlin, Med Diss v 16. Juli 1859

Fraenkel, Hedwig: Untersuchungen über Bz-Jodchinoline und ihre Derivate. Freiburg i. B.: Speyer & Kaerner 1908. 37 S. 8°
Freiburg i. B., Phil. Diss. v. 1909, Ref. Gattermann
[Geb. 13. Juni 81 Berlin; Wohnort: Berlin; Staatsangeh.: Preußen; Vorbildung: Sophien-Realgymn. Berlin Reife O. 05; Studium: Freiburg i. B. 3, München 1, Freiburg i. B. 3 S.; Rig. 15. Nov. 08.] [U 09. 1003

Fränkel, Heinr., die tägliche Arbeitszeit in Industrie u. Landwirthschaft m. besond. Bezugnahme auf deutsche Verhältnisse. gr. 8. (76 S.) Leipzig 882. Duncker & Humblot. n. 1. 60

Fränkel, Heinr. (Ghibellinus), gegen Bellamy. Eine Widerlegg. d. sozialist. Romans „Ein Rückblick aus dem Jahre 2000" u. d. sozialist. Zukunftsstaates überhaupt. 1.—10. Aufl. gr. 8. (40 S.) Würzburg 891. A. Stuber's Verl. n. — 50

-- dasselbe. 11. u. 12. Aufl. gr. 8. (52 S.) Ebd. 891. n. — 50

— e. Frage an das französische Volk: Ist der Verrath der Kultur an die Barbarei e. Thatsache? 1. u. 2. Aufl. gr. 8. (33 S.) Weimar 892. H. Weißbach. n. — 50

Fränkel, Heinr., poet. Hausschatz des deutschen Volkes, s.: Wolff.

Fränkel, Heinr. (Ghibellinus), der Kampf gegen die Margarine. Mit besond. Berücksicht. der Anträge des „Bundes der Landwirthe". 1.–6. Aufl. gr. 8. (48 S.) Weimar 894 R. Wagner Sohn. — 75

— die gegenwärtige Lage der deutschen Seifenindustrie u. der Weg zur Gesundung. Ein Gutachten, zugleich vom Standpunkte des Gemeinwohls aus. gr. 8. (16 S.) Würzburg 891. A. Stuber's Verl. n. — 40

—— Das Marschunglück von Azmannsdorf. 1. u. 2. Aufl. gr. 8. (29 S.) Gotha 891, Glaeser. ** — 25

— das Marschunglück v. Azmannsdorf, auf Grund der Zeugenaussagen wahrheitsgemäß geschildert, u. die Verhütg. derart. Vorkommnisse f. die Zukunft. gr. 8. (29 S.) Gotha 891. E. Glaeser. n.n. — 25

-- starker Tabak! Die geplante ungeheuerl. Erhöhg. der Tabaks-Besteuerg, zur Aufklärg. f. Jedermann an der Hand der Thatsachen beleuchtet. 1.—20. Taus. gr. 8. (36 S.) Würzburg 893. A. Stuber's Verl. n. — 50

Fraenkel Henr (geb 20 2 1831) De ulceribus ventriculi Berolini (1856) (28 S.) 8°
Berlin, Med Diss v 31 Marz 1856

Fränkel H, ein neuer Weg zur sittlichen und geistigen Hebung des Volkes. 4. und 5 Auflage. Berlin 1889

—— **Ein neuer Weg zur sittlichen u. geistigen Hebung d. Volkes. 6. Aufl. gr. 8. (23 S.) Berl. 889, Simion.** * — 50

- wie erhalten wir uns gesunde Füße? Wie sparen wir bei der Fußbekleidung? Ist den Schuhmachern noch zu helfen? Drei wicht. Fragen, zur Beherzigg. f. Jedermann auf Grund der wissenschaftl. Forschgn. beantwortet. 1.—10. Taus. 12. (32 S.) Berlin 894. L. Simion n. -- 20

— Wohlfahrtseinrichtungen für die Fabrikarbeiter im Handelsbezirk Leipzig. Im Auftrage bearb. (Aus: „Arbeiterfreund".) gr. 8°. Berlin (Leipzig, Breitkopf) 1883.

Fränkel, Heinr., Wohlfahrtseinrichtungen f. die Fabrikarbeiter im Handelskammerbezirk Leipzig. Im Auftrage bearb. gr. 8. (35 S.) Berlin 883. (Leipzig, Breitkopf & Härtel) — 30

Fraenkel, Heinrich Walter, a. Hirschberg i. Schles.: Zur chemischen Kinetik des Diazoessigesters. Heidelberg 1906: K. Rössler. (58 S.) 8°
Heidelberg, Naturw.-math. Fak., Ref. Curtius, Diss. v. 26. Okt. 1906
[Geb. 21. Dez. 79 Hirschberg i. Schl.; Wohnort: Heidelberg; Staatsangeh.: Preußen; Vorbildung: Gymn. Hirschberg Reife O. 00; Studium: Leipzig 6, Heidelberg 4 S.; Rig. 17. Juli 06.]

Fraenkel, *Friedrich* Herbert [Referendar]: Die Regula Catoniana. '(Ihr Wesen u. ihre Entwickelg m. bes. Berücks. d. Frage, ob u. inwieweit sie noch im justinian. Recht gegolten hat.)' ... *Berlin, Druck: A. Loewenthal, 1897;* 4 Bl., 33 S., 1 Bl. 8.
Berlin, Jur. Fak., Inaug.-Diss. v. 3. Febr. 1897

— **Hieronymus** (Dessau), De generatione morborum. Diss. med. Bln. (Brüschck) 26. IX. 1831. 32 S. mit Biogr. (4.—) 9245
Oppon.: Gerlach, Baschwitz, Lippman. — Gew.: Franz Olberg, E. D. A. Bartels.

Fränkel, Hieron., das homöopath. System in seinem Zusammenhange mit der Geschichte der Medicin u. dem jetzigen Zeitgeiste, in Folge prakt. Prüfung desselben dargestellt. 8. Leipzig 833. Kohler. 1 ...

Fraenkel, J., Beleuchtung des sensationellen Preßprozesses gegen Salo Fraenkel, früher Redakteur des „Berliner Börsen-Couriers". gr. 8. (45 S.) Wilstegiersdorf 882. Jacob in Comm. n. — 60

Fränkel, J., kurzes Repetitorium der Geschichte der Philosophie. Mit Zugrundelegg. der Werke v. Brandis, K. Fischer, Gomperz u. A. gearb. [Breitenstein's Repetitorien Nr. 60.] 8. (112 S.) Wien 894. M. Breitenstein. n. 1. 35

— Deutschlands Staats-Lotterien u. die hierauf bezügliche Gesetzgebung. Eine juristische Abhandlung über die gesammte Lotterie-Materie zum Nachweise, daß die alten Strafverbote durch die Reichsgesetzgebung aufgehoben sind. 8. (15 S.) Berlin 878. Germania. — 30

Fränkel, J., Werth u. Einträglichkeit der Feder-Vieh-Zucht. Vortrag gehalten in der Monatsversammlung des ornithologischen Vereins Fürth am 14. Mai 1878. gr. 8. (8 S.) Fürth 878. (Kühl.) — 30

Fränkel, J. A., die Cultus-Ordnung der Juden in Preußen, vorgeschlagen in Uebereinstimmung mit anderen Jüdischen Theologen u. dargestellt. gr. 8. Frankfurt a/O. 842, Harnecker u. Comp. n. 1/6 ℛ

Fränkel, J. C., Adresse an d. Einwohner in Malaga u. in andern Pestgegenden, zur Verhütung u. Heilung d. Pest u. aller bösartigen Fieber. 8. Hamb. 804. Perthes u. B. 4 gGr

— Erörterung d. Fieberparoxysmus u. d. Entscheidungstage. 8. 8. Hamb. 815. (Campe). 6 gGr

Fraenkel, Jacques [aus Ostrowo in Posen]: Ueber die Einstellungen des Kopfes bei engem Becken und die hohe Zange ... Strassburg i. E., Buchdr. C. Gœller, 1892; 37 S., 2 Bl., 20 Tab. 8.
Würzburg, Med. Fak., Inaug.-Diss. v. 1892

Fränkel, James, approb. Arzt aus Berlin: Experimentelle Untersuchungen über den Einfluß der Eiweißstoffe und des Fettes auf die Verdauung der Kohlehydrate. (Aus d. Laboratorium d. Hrn Prof. Dr. J. Müller, Würzburg.) *Würzburg 1903: C. J. Becker.* (40 S.) 8°
Würzburg, Med. Diss. v. 1903

Fränkel, Ignaz [aus Würzburg]: Einwirkung von Acetaldehyd auf bernsteinsaures Natrium bei Gegenwart von Essigsäure-Anhydrid.... Strassburg, Univ.-Buchdr. v. J. H. Ed. Heitz (Heitz & Mündel), 1889; 49 S. 8°
Strassburg, Math.-Naturw. Fak., Inaug.-Diss. v. 1889

Fränkel, Johann Max, s. Fränkel, Max

Fränkel, Jonas, s.: Aus der Frühzeit der Romantik.

Fränkel, Jonas (Hrsg.), s. Fruhzeit, Aus der, der Romantik.

— s: Goethe's, Joh. Wolfg. v., Briefe an Charlotte v. Stein.

— Marginalien zu Goethes Briefen an Charlotte von Stein. (25 S.) 8. Jena 909. E. Diederichs. 1.—

(Fränkel, Jonas.) Karl Spitteler. 8.
In: Die Zukunft. Herausgeber: Maximilian Harden. Jahrg. 16. Nr. 23. 7. März 1908 Berlin, Verlag der Z', 1908. M. —.50. S. 331—343.

— Wandlungen d. Prometheus, s.a. Universitätsschriften, Berner.

Fränkel, Jonas. Wandlungen des Prometheus. Antrittsvorlesung, gehalten am 6. November 1909 von Dr. J' F', Privatdozenten für neuere deutsche Literatur. 36 S. 8. Bern, Max Drechsel, 1910. [fr. 1. 80]
Berner Universitätsschriften. ... Heft 2.

Fraenkel, Jonas [aus Dabrowa, Galizien]: Zacharias Werners Weihe der Kraft. Eine Studie zur Technik des Dramas. [Ersch. vollst. als Bd. 9 der Beiträge zur Aesthetik herausg. von Theodor Lipps und Richard Maria Werner.] Hamburg und Leipzig 1904. 63 + 1 S. 8°. [22. VII. 02.]
Bern Phil. Diss 1903/1904

Fränkel, Jonas, Zacharias Werners Weihe der Kraft, s.a. Beiträge zur Aesthetik. IX.

Zacharias Werners Weihe der Kraft. Eine Studie z. Technik d. Dramas. Von Dr. Phil. Jonas Fränkel. *Hamburg & Leipzig: L. Voß 1904.* (X, 141 S.) 8°
— Beiträge z. Ästhetik. 9

Fränkel, Jos. E, die Zukunft des Silbers, s.a. Sammlung gemeinverständlicher wissenschaftlicher Vorträge.

Fränkel JE, die Zukunft des Silbers (Slg wiss Vortr. NF 191) Hamburg 1891

Fraenkel, [illegible] Beiträge zur Kenntniss der [illegible] Berlin (1873) [illegible] 8°
Berlin, Med Diss v. 25 Aug 1873

Fränkel, Karl (Bearb.), s. Apparate und Transportwagen zur Verwertung und Beseitigung von Tierkadavern und Schlachthofkonfiskaten.

— u. Rich. **Pfeiffer**, mikrophotographischer Atlas der Bakterienkunde. 1.—8. Lfg. gr. 8. (à 5 Taf. m. 5 Bl. Erklärgn.) Ebd. 889. 890. à Lfg. n. 4.—

— u. Rich. **Pfeiffer**, mikrophotographischer Atlas der Bakterienkunde. 9.—15. (Schluss-)Lfg. gr. 8. (34 Taf. m. 34 Bl. Erklärgn.) Ebd 891. 892. à n. 4.—

— dasselbe. 2. Aufl. 1.—12. Lfg. gr. 8. (61 Taf. m. 61 Bl. Erklärgn.) Ebd. 893. 894. à n. 4.—

— u. Rich. **Pfeiffer**, mikrophotograph Atlas d. Bakterienkunde. 2. Aufl. 13.—15. (Schluss-)Lfg. gr. 8. (15 Lichtdr.-Taf. m. 15 Bl. Erklärgn. u. XVI S. Text.) Berlin 895. A. Hirschwald. à n. 4.—; (kplt. geb. n. 62.—)

— u. **Klostermann**, Bericht üb. die Untersuchung v. Nahrungsmitteln etc. im hygienischen Institut zu Halle a S. f. die Zeit v. 1. IV. 1898 bis 30. III. 1900. gr. 8. (16 S.) Leipzig 901. F. Leineweber. n. — 70

FRÄNKEL, C und KLOSTERMANN
Bericht über die Untersuchung von Nahrungsmitteln etc. im Hygienischen Institut zu Halle a S für die Zeit vom 1 April 1898 bis 30 März 1900 Leipzig 1902 8vo.

— — dasselbe f. die Zeit vom 1. IV. 1900 bis 30. III. 1901. gr. 8. (24 S.) Ebd. 903. n. — 70
Sonderabdrucke aus: „Gesundheit".

— Pfeiffer u. Witt, mustergültige Einführg. des Torfstuhlverfahrens in kleineren u. mittleren Städten, m. e. Einleitg. v. P. Hillmann, s.a. Arbeiten der deutschen Landwirtschafts-Gesellschaft.

Mustergültige Einführung des Torfstuhlverfahrens in kleineren und mittleren Städten. Bericht über Erledigung eines mit Unterstütz d Herrn Minist f Landwirtschaft von d Deutschen Landwirtschafts-Ges erlassenen Preisausschreibens, erstattet von d Preisrichtern Prof Dr [Karl] Fraenkel-Halle a S, Prof Dr [Theodor] Pfeiffer Breslau, u Stadtbaurat (Martin) Witt-Graudenz Mit Einl von Dr P[aul] Hillmann-Berlin u. e Anh über d Torfstuhlverfahren in schwed Städten von Dr (Hjalmar) v Feilitzen-Jonkoping *Berlin Deutsche Landw-Ges. 1902* (76 S) 8° [5]
— Arbeiten d Deutschen Landwirtsch -Gesellschaft H 74 [illegible]

Fraenkel, Carl, Gesundheit u. Alkohol, s.a. Veröffentlichungen des deutschen Vereins f. Volks-Hygiene. 4. Hft.

Gesundheit und Alkohol. Vortrag geh. zu Berlin von Prof. Dr. Carl **Fraenkel** aus Halle a. S. 1. Aufl. *München & Berlin: R. Oldenbourg 1903.* (47, VIII S.) 8° [F.]
— Veröffentlichungen d. Deutschen Vereins f. Volks-Hygiene. H. 4.

Fraenkel, Carl, Grundriss der Bakterienkunde. 1. und 2. Aufl. gr. 8. (VI, 374 S.) Berlin 887, Hirschwald. *

— dasselbe. 3. Aufl. gr. 8. (VIII, 515 S.) Ebd. 890. n. 10.—

Fraenkel, Carl, Grundriss der Bakterienkunde. 3. Aufl. 2. unveränd. Abdr. gr. 8. (VIII, 515 S.) Berlin 891. A. Hirschwald. n. 10.—

— Mäßigkeit od. Enthaltsamkeit? Eine Antwort der deutschen medizin. Wissenschaft auf diese Frage, im Auftrage des deutschen Vereins gegen den Mißbrauch geist. Getränke veröffentlicht. (IV, 90 S.) gr. 8. Berlin (903). Mäßigkeits-Verlag. n. 1.—; kart. n. 1.20

Fraenkel, Carl, s.: Rundschau, hygienische.

— Schutzimpfung u Impfschutz. Rede, z. Feier d. Geburtstages d Kaisers u. Königs am 27. Jan. 1895 im Namen d. Universität Marburg geh. gr. 8. (27 S.) Marburg 895. N. G. Elwert's Verl. n. — 50

— **Untersuchungen an e. Rieselfeld, s.: Festschrift zum 60. Geburtstage v. Robert Koch.**

Fraenkel, C. (Hrsg.), s. Verhandlungen des Vereins der Aerzte zu Halle a. S.

— Vortrag a. d. Gebiete d. Hygiene, s.: Rubner, Max.

— das Wesen u. die Bekämpfung der Tuberkulose. Kurze Belehrg., hrsg. vom Deutschen Central-Komite zur Errichtung von Heilstätten für Lungenkranke. (24 S.) 8. Berlin (W. 9., Eichhornstr. 9) 905. Deutsches Central-Komite zur Errichtung v. Heilstätten f. Lungenkranke. Nicht im Handel.

Das Wesen und die Bekampfung der Tuberkulose von C[arl] **Fränkel** in Halle a. S Kurze Belehrung hrsg. v. Deutschen Central-Komite z. Errichtung von Heilstatten f. Lungenkranke. Berlin 1905: (Trowitzsch & Sohn). (31 S.) 8°

Fränkel, Karl: Die keimtotende Wirkung des Torfmulls, s. Stutzer, Albert

Fränkel, die keimtötende Wirkung des Torfmulls, s.: Vogel, J. H.

Die praktischen Ziele und Aufgaben der Bacteriologie v Carl **Fraenkel**. Siehe in Drei Vortrage aus dem Gebiete der Hygiene Leipzig 1895. 8°

Fraenkel, Curt, aus Berlin: Über den **Gefäßbündelverlauf** in den Blumenblättern der Amaryllidaceen. *Jena: G. Fischer 1903.* (36 S.) 8°
Heidelberg, Naturw.-math. Diss. v. 1903

Fränkel, Kurt, aus Neustadt (Schlesien): **Zur Kenntnis des Dihydroisoindols (o-Xylylenimin).** *Berlin (1899): G. Schade.* (33 S.) 8°
Berlin, Phil. Diss. v. 21. Juli 1899

Fränkel, Leo, polnische Juden, s. Härzberg-Fränkel.

Fraenkel, Leonh., s. a. Führer, offizieller, durch d. sächs.-thüring. Industrie- u. Gewerbe-Ausstellung.

Offizieller Führer durch die Sächsisch-Thüringische Industrie- und Gewerbe-Ausstellung, Leipzig 1897. Mit Ill., Karten u. Pl. Im Auftr. d. geschäftsführenden Ausschusses bearb. von Leonhard **Fraenkel**, Redakt. (2. Aufl.) *Leipzig: (G. L. Daube & Co.) 1897.* (107,54 S.) 8° .—3

Fränkel, (Ludwig), Arznei od. Wasser? Dem nichtärztl. Publikum beantwortet. 8. (110 S.) Magdeburg 848, Baensch. 12 ngl

— — (Leobschütz), **Ueber die Behandlung der Ankylosen des Ellenbogengelenkes. Diss. med.-chir. Bln. (G. Schade [O. Francke]) 20. II. 1892. 44 S. mit Biogr. (4.—)** 9247
Oppon.: Bruck, Siecke, Kramm.

Fränkel, Ludw., die Behandlung der Fieber, fieberhaften Hautausschläge und der primären Syphilis mit Wasser. Dargestellt und durch Krankheitsfälle erläutert. Berlin 853. (Leipzig) Veit u. Co. 8. (144 S.) 20 ngl

— ärztliche Bemerkungen über die Anwendung des kalten Wassers in chronischen Krankheiten. I. Chronische Krankheiten des Verdauungsapparates. Mit 4 Ansichten der Ebersdorfer Wasser-Heilanstalt. gr. 8. Berlin 840. Forstner. n. 7/12 ℛ

Fränkel, Ludwig Dr. „Adolf Ebert der Literarhistoriker". Zugleich ein Beitrag zur Geschichte der Neueren Philologie. I. Teil. pg. 2—27. 8°. Carl Gerber.
München, Progr. 1905/06

Fränkel, Ludwig Dr. „Adolf Ebert der Literarhistoriker". II. Teil. pg. 2 bis 36. 8°. Carl Gerber.
München, Progr. 1907/08

—— Encyklopädie d. prakt. Medicin, s. Encyklopädie.

Fränkel, Ludw(ig) (Übers.):

s.: Guthrie, G(eorge) J(ames): Ueber Gehirnaffektionen in Folge von Kopfverletzungen. (On Injuries of the head affecting the brain. Dt.) Leipzig: 1844

JB 4.559

— Handbuch fur d. Erkenntniß u. Heilung der Kinderkrankheiten. Nach Evanson, Maunsell, Baron u. Berton frei u. mit steter Berücksichtigung der neuesten Erfahrungen deutscher Aerzte bearbeitet. Vollständig in 4 Lfrgg. gr. 8. Berlin 838. Forstner. (à 7/8 ℛ) 3½ ℛ

Fränkel, Ldw., Handwörterbuch der Frauenkrankheiten mit Einschluß der Geburtsstörungen. Nach den berühmtesten Gynäkologen Deutschlands, Frankreichs u. Englands. gr. 8. Berlin 839. Veit u. Comp. 3½ ℛ

— prakt. Heilmittellehre fur die Krankheiten des kindl. Alters. 16. Berlin 837. Veit u. Comp. n. 1 ℛ — 2e verm. u. verb. Aufl. 8. Ebd. 840. 1 ℛ

Fränkel, Ludwig: Practische Heilmittellehre für die Krankheiten des kindlichen Alters. 2. verm. und verbess. Aufl. 310 S., gbd.

Berlin: Veit 1840

JB 4.120

— Compendium der Physiologie d. Menschen. Zum Gebrauche f. Studirende. gr. 8. Berlin 814, Vossische B. n. 1⅓ ℛ

— Ludwig Uhland's Leben u. Werke, s.: Meyer's Volksbücher.

— die specielle Physiologie. Ein kurzgefaßtes Handbuch für angehende prakt. Aerzte u. Wundärzte. gr. 8. Berlin 839. Forstner. 1½ ℛ

Fraenkel, Ludov. (geb. Corlin 1825): De resorptione vasorum lymphaticorum adjunctis nonnullis experimentis. Berolini (1847). (26 S.) 8°
Berlin, Med. Diss. v. 31. März 1847

Fränkel, Ludwig, Dr.: Shakespeare und das Tagelied. Ein Beitrag zur vergleichenden Litteraturgeschichte der germanischen Völker. Hannover: Helwing 1893. 47 S. 8° ¶ Nur Abschnitt I, 1 u. III, 3; im Buchh. vollst.
Stuttgart Te. II., Hab.-Schr. v. 9. 6. 1893

Fränkel, Ludw., Shakespeare u. das Tagelied. Ein Beitrag zur vergleich. Litteraturgeschichte der german. Völker. gr. 8. (V, 132 S.) Hannover 893. Helwing's Verl. n. 3.—

Fraenkel, Ludwig, Dr. med.: **Vergleichend histologische Untersuchungen über das Vorkommen drüsiger Formationen im interstitiellen Eierstocksgewebe (glande interstitielle de l'ovaire). Breslau 1905: Bresl. Genoss.-Buchdr. (64 S.) 8° ¶ (Aus: Archiv f. Gynäkol., Bd 75.)**
Breslau, Med. Fak., Hab.-Schr. v. 16. Mai 1905
(Nicht für den Austausch)

Fränkel, Ludwig: Untersuchungen zur Stoff- und Quellenkunde von Shakespeares „Romeo and Juliet." Ein Beitrag zur vergleichenden Litteraturgeschichte. I. Teil. . . . Berlin, Druck v. A. Haack, 1889; 2 Bl + 40 S. + 2 Bl. 8°
Leipzig, Phil. Fak., Inaug.-Diss. v. 6. Febr. 1890

— **Ludwig (Berlin), De aquae frigidae usu externo in morbis internis. Diss. med. Bln. (Brüschck) 8. II. 1830. 48 S. mit Biogr. (M.: F. Ries.) (4.—)** 9246
Oppon.: W. Grattenauer, U. v. Halem, L. Marcus. — Gew.: M. L. Fraenkel (Vater).

Fränkel, Ludwig, Referendar, Hamburg: **Die unbestellte Ware.** *Jena 1902: B. Vopelius.* (IX, 89 S.) 8°
Jena, Jur. Diss. v. (10. Dez.) 1901

Fränkel, Ldw., das Wesen u. die Heilung der Hypochondrie. Nebst einer Beleuchtung der Dr. M. Strahl'schen Schrift: „Ueber den Einfluß der Kaltwasserkuren auf die verschied. Formen der Unterleibs-Krankheiten." gr. 8. Berlin 842. Förstner. 5/6 ℛ

Fränkel, M., kurzgefasste Arzneimittellehre. Ein Repetitorium f. Studierende u. Aerzte. (VI, 254 S.) 8. Würzburg 906. A. Stuber's Verl. Kart. n. 4.—

Fränkel, M., s.: Ergebnisse, die, der Ausgrabungen zu Pergamon.

(Fränkel, M.): „Randglossen zu einem Aufsatze im allgemeinen Anzeiger der Deutschen über die Juden in Deutschland", (Dresden) 1815. — Vorh.: Com. Bibl. Hamburg.

Fraenkel, M. O. (Bearb.), s. Lombroso, Ces.: Der Verbrecher.

Fränkel, Maim.

— s. a. M. Fredau.

Fränkel, Dr. Maim., Trifolium, über Prophetismus, Zahlensymbolik u. Bücherreiz. gr. 8. Hamb. 832. Fr. Perthes. 16 gl

Fraenkel, Manfr., die Bedeutung der Langerhans'schen Inseln in ihrer Stellung zum übrigen Pankreasgewebe u. ihre Beziehung zum Diabetes, s.: Abhandlungen, Würzburger aus dem Gesamtgebiet der prakt. Medizin. VIII, 11.

Fraenkel, Manfred: **Ein Fall von Eklampsie mit foetaler Mißbildung (aus der Universitäts-Frauenklinik Freiburg i. B. Direktor: Geh. Med.-Rat Prof. Dr. Hegar).** *Berlin (1903): L. Wechselmann.* (52 S.) 8°
Freiburg i. B., Med. Diss. v. 1903

— Wert der doppelhändigen Ausbildung f. Schule u. Staat m. Berücksicht. der Vorteile der Steilschrift. Nebst e. praktisch-didakt. Tl. „Zur doppelhänd. Ausbildg." v. F. Tromnau. (III, 150 S. m. 33 Abbild. u. 3 Taf.) gr. 8. Berlin 910. R. Schoetz. 4.—; geb. in Leinw. b 5. —

— **Marcus** (Braunschweig), **De ophthalmia Aegyptiaca. Diss. med.-pathol. Bln. (Ferd. Nietack) 9. XII. 1831. 32 S. mit Biogr. (M.: R. Levin.) (4.20)** 9248
Oppon.: L. Meyer, M. Saulson, J. Meyer.

Martin **Fraenkel.** Aus meiner Amerikazeit. Exot. Abenteuer. (Stuttgart: Selbstverl. [um 1910].) 96 S. 8° [illegible]

Fraenkel, Mart., General-Katalog für Apotheken. Ein Führer durch die Apothekenräume zur schnellen Auffindg. der Arzneimittel. (II, 100 S.) Fol. Berlin 903. Selbstverlag des deutschen Apotheker-Vereins. Kart. n. 4. —

Fraenkel, Mart., General-Katalog f. Apotheken. Ein Führer durch die Apothekenräume zur schnellen Auffindg. der Arzneimittel. 2. neubearb. u. vervollständ. Aufl. (138 S.) 33,5×21 cm. Berlin 908. Selbstverlag des deutschen Apotheker-Vereins. Kart. 5. —

Fraenkel, Martin [aus Berlin]: Zur Kenntniss des Trimethylen-p-tolyldiamin nebst Anhang Ueber γ-Jodpropylamin ... Berlin, O. v. Holten, Kunst- u. Buchdr., 1897; 37 S., 1 Bl. 8.
Erlangen, Phil. Fak., Inaug.-Diss. v. 21. Juli 1897

Fraenkel, Max, gesamte **Anatomie** f. Zahnärzte, in Vorträgen bearb. (Einbd.: Die zahnärztl. Prüfungsaufgaben.) 8. (VI, 197 S.) Leipzig 903. H Hartung & Sohn. Geb. n. 3. —

(3) **Fraenkel.** Max. Anatomie f. Zahnärzte. 903.
(KBL 31.) Jetzt: Würzburg. C. Kabitzsch.

— Bander, Gelenke u. Muskeln, s.: **Fick,** Rud.

Fränkel, Max, Beiträge zur griechischen Epigraphik aus Handschriften. (10 S.) gr. 8. Berlin 903. (G. Reimer.) n. — 50
Sonderabdruck aus: „Sitzungsber. d. preuss. Akad. d. Wiss."

Fränkel, Max, Epigraphisches aus Aegina. [Aus: „Abhandlgn. d. Akad. d. Wiss. zu Berlin".] gr. 4 (38 S.) Berlin 897. (G. Reimer.) n. 2. –

Fränkel, *Johann* Max [pr. Arzt aus Berlin]: Ein Fall von Hernia inguinalis externa directa superficialis. . . . Greifswald, Druck v. J. Abel, 1891; 23 S., 1 Taf 8°
Greifswald, Med Fak, Inaug.-Diss v. 14 März 1891

Fränkel, Max, die attischen Geschworenengerichte. Ein Beitrag zum attischen Staatsrecht. gr. 8. (VI, 112 S.) Berlin 877. G. Reimer. n. 1. 60

— eine **Inschrift** aus Argos. [Aus: „Sitzungsber. d. preuss. Akad. d. Wiss."] gr. 8. (10 S.) Berlin 898. (G. Reimer.) n. — 50

Fränkel, Max, Ernst Fabricius u. Carl Schuchhardt, d. Inschriften v. Pergamon, s.: **Altertümer** v. **Pergamon.**

Fraenkel, Max, s: **Inscriptiones** graecae Aeginae usw.

— Die Muskeln des menschlichen Armes, s.: **Frohse,** Fritz.

Fraenkel, Max, a. Hamburg: Aus dem pathologischen Institute des allgemeinen Krankenhauses Hamburg-Eppendorf. Über Orchitis fibrosa. Kiel 1905: A. F. Jensen. (25 S.) 8°
Kiel, Med. Fak., Ref. Heller, Diss. v. 17. Apr. 1905
[Geb. 7. Jan. 82 Hamburg; Wohnort: Hamburg; Staatsangeh.: Hamburg; Vorbildung: Wilhelm-Gymn Hamburg Reife O 00; Studium: Freiburg i B. 4, Kiel 1, Berlin 2, Kiel 2 S.; Coll 24 März 05; Approb. 23 Febr. 05.]

— die 20 **Prüfungsaufgaben** der allgem. Pathologie. (Pathologische Vorträge f. das Staatsexamen.) 8. (IV, 72 S.) Ebd. 901. In Leinw. kart. n. 1.80

! – **Prüfungsaufgaben.** 1901.
Jetzt: Würzburg: C Kabitzsch.

— die **Samenblasen** des Menschen m. besond. Berücksicht. ihrer Topographie, Gefässversorgung u. ihres feineren Baues. gr. 4. (21 S. m. 4 lith. Taf.) Berlin 901. A. Hirschwald. Kart. n. 8.—

— anatomische **Vorträge** f. das Staatsexamen. 1.—3. Tl. 8. Leipzig, H. Hartung & Sohn. Kart. n. 8. —
1. 2. Die 20 histologischen u. osteologischen medizinischen Staatsexamens-Vorträge m. Berücksicht. der zahnärztl. Prüfungsaufg. Umfassende Repetitorien f. das Physikum. (VII, 42 u. V, 221 S.) 902. n. 5. —
3. Die 20 splanchnolog., neurolog., angiolog. Vorträge des medizin. Staatsexamens m. Berücksicht. der topograph. u. entwicklungsgeschichtl. Verhältnisse. Umfassendes Repetitorium f. das Physikum. (1. Bd.) (VIII, 141 S.) 903. Kart. n. 3. —

— anatomische **Vorträge** f. das Staatsexamen. III. Tl. Die 20 splanchnolog., neurolog., angiolog. Vorträge des medizin. Staatsexamens m. Berücksicht. der topograph. u. entwicklungsgeschichtl. Verhältnisse. Umfassendes Repetitorium f. das Physikum. 2. Bd. Die 20 splanchnolog. Vorträge des medizin. Staatsexamens. 2. Abtlg. Vortrag 6—13. (IV, 187 S.) 8. Leipzig 903. [H. Hartung & Sohn.] Würzburg, A. Stuber's Verl. Kart. n. 2. —

Fraenkel, Maximil.: De verbis potioribus, quibus opera statuaria Graeci notabant. Lipsiae 1873 (42 S.).

— **Mendel** (Brodyanus), **De observatione in arte medica. Diss. med. Lpz. (Staritz) 28. X. 1836. 32 S. (4.—)** 9249
Gewidm.: Schaye u. Sara Fraenkel (Eltern), Ludw. Bernh. Georg Lippert.

Fraenkel, Meyerus *(geb Schneidemühl 1 2 1809)* De penitiori dentium humanorum structura observationes Vratislaviae (1835) (20 S, 1 Taf) 4°
Breslau, Med Diss v 1 Okt 1835

Fraenkel, Maur (geb Dessau 1815) Diocles Carystii fragmenta quae supersunt Berolini (1840) (31 S) 8°
Berlin, Med Diss v 30 Mai 1840

Fränkel, Mor., s. **Frauen-Machsor.** — **Gebete,** die, der Israeliten.

Fränkel, Moritz, und Max Ring, (israelit.) Gedichte. gr. 12. Leipzig 839. Haltenoch. 1 ß

— s. **Machsor** mikol moade hachana.

Fränkel, Mor., Physiologie des Menschen, siehe: **Taschen-Encyclopädie** der medicinischen Wissenschaften.

— s. **Stutzen** des Judenthums.

Fraenkel, Nahum Norbert, aus Krakau Zur Kenntniss des Thiodiphenylamins Zur Zurcher u. Furrer Dr 1885 63 S. 8°.
Zurich. Phil. Diss [v 13. Juli 1885].

Fraenkel Oskar von Über einige neue Verbindungen des Iridiums und Rhodiums S 122 Hb 1877 vgr
Separatabdruck

Fränkel, Paul, appr. Arzt a. Berlin: Beitrag zur Casuistik der Prostatasarcome im kindlichen Alter. Leipzig 1906: B. Georgi. (59 S.) 8°
Leipzig, Med. Fak., Ref. Trendelenburg, Diss. v. 21. März 1906
[Geb 15. Sept. 78 Berlin; Wohnort: Berlin; Staatsangeh.: Preußen; Vorbildung: Konigstadt. Gymn Berlin Reife M. 97; Studium: Berlin 6, Freiburg i. B 1, Straßburg 2 S; Coll. 21. März 06; Approb. 21. Juli 02.]

Fränkel, Paul: Über die Entstehung von Stiftungen nach gemeinem Recht und bürgerlichem Gesetzbuch. *Berlin 1898: G. Schade.* (50 S.) 8°
Erlangen, Jur. Diss. v. 28. Jan. 1898

Fraenkel, Philipp: Der Anfang des verbrecherischen Versuchs im Gegensatz zu den Vorbereitungshandlungen. Berlin (1875): Jacoby. 34 S. 8°
Halle-Wittenberg, Jur. Diss. v. 20. März 1875
Geb (Trampe bei Neustadt-Eberswalde 27. 9. 1850)

Fränkel, Ranudo, aller Anfang ist leicht. Kurze Geschichten für artige Kinder. 1. Aufl. (16 S. mit 7 ill. Stnt.) 852. und 2., verm. Aufl. gr. 4. (20 S. mit 8 ill. Stnt. in Tondr.) Stuttgart 856, Chelius.

Fränkel, Ranudo, aller Anfang ist leicht. Kurze Geschichten für ganz kleine artige Kinder. 852. (16 S. u 7 col. Lithogr.) — 2. verm. Aufl. Mit 8 bunten (lith.) Bildern. Stuttgart 857. Chelius. gr. 4. (20 S.) 22½ ngr

Fränkel, Ranudo, Aller Anfang ist leicht. Kurze Geschichten für ganz kleine artige Kinder. 3. Aufl. Mit (8 lith. u.) color. Bildern. Stuttgart 859. Chelius. gr. 4. (20 S.) 22½ ngr

Fränkel, Ranudo, Aller Anfang ist leicht. Kurze Geschichten für ganz kleine artige Kinder. 4. Aufl. Mit (8 lith. u.) color. Bildern. Stuttgart 866. Chelius. 1. (20 S.) 22½ ngr

Fränkel, Ranudo, Aller Anfang ist leicht. Kurze Geschichten für ganz kleine artige Kinder. 5. Aufl. gr. 4. (20 S. mit 8 Chromolithogr.) Stuttgart 875, Chelius. [Leipzig, Berndt.] geb.

Fränkel, Ranudo, aller Anfang ist leicht. Kurze Geschichten f. ganz kleine art. Kinder. 5 Aufl. Mit (8) schönen (lith. u.) kolor. Bildern. gr. 4. (20 S.) Leipzig 877. Berndt. 2. 50

—— das Buch der Kinderfreuden. Schön ill. Bilder mit Text in Prosa und Versen. qu. gr. 8. (8 Stnt. und 9 S. Text.) Stuttgart 854, Chelius.

— das Buch der Kinderfreuden. Schön color. Bilder mit Text in Prosa und Versen 854. — 2. Aufl. Stuttgart 858. Chelius qu gr. 8. (8 Bl. Text u. 8 Lithogr.) 15 ngr

— das Buch der Kinderfreuden. 8 (lith. u.) color. Bilder mit Text in Prosa u. Versen. 3. Aufl. Ebend. 869. qu. 4. (16 S.) 10 ngr

— das Buch der Kinderfreuden. Schön (lith.) u. color. Bilder m. Text in Prosa u. Versen. 3. Aufl. qu. gr. 8. (16 S. m. 8 Bildern.) Ebend. 877. n. 1. —

— kleine Geschichten von Otto u. Anna für ganz kleine Kinder. Mit 20 (lith.) bunten Bildern. Stuttgart 854. Chelius. gr. 8. (22 S.) 15 ngr

—— kleine Geschichten von Otto und Anna für ganz kleine Kinder. 1. Aufl. 1854. und 2. Aufl. gr. 8. (22 S. mit 20 lithogr. bunten Bildern.) Stuttgart 856, Chelius.

Fränkel, R. *Erstes Lesebuch.* Leichte Erzählungen für artige Kinder von Ranudo Fränkel. Stuttgart, R. Chelius, 1853. 16 S u. 6 [statt 7] prächtige handkolor. Lithographien von Rigal. Gr.-4°. In rot und graugrün gedr. lith. Or.Karton m. Leinenrücken. 22.—
Prächtig illustriertes, seltenes Werk. Das erste Textblatt ebenso wie Tafel 4 fehlen.

— erstes Lesebuch. Leichte Erzählungen für ganz kleine artige Kinder von 3 bis 6 Jahren. 2. Aufl. Mit 8 (lith.) bunten Bildern. Ebend. 859. gr. 4. (18 S.) 22½ ngr

— erstes Lesebuch. Leichte Erzählgn. f. ganz kleine art. Kinder von 3 bis 6 Jahren. 4. Aufl. Mit 8 bunten Bildern. hoch 4. (18 S.) Ebend. 872. geb. 2. 25

— Otto und Anna. Ganz kleine Geschichten für die kleinsten Kinder. 2. Aufl. Mit 20 bunten Bildern (auf 10 lith. Taf.). Ebend. 857. gr. 8. (23 S.) 15 ngr

— Otto und Anna. Ganz kleine Geschichten für die kleinsten Kinder. 3. Aufl. Mit 20 bunten Bildern (auf 10 lith. Taf.). Ebend. 859. gr. 8. (23 S.) 15 ngr

— Otto u. Anna. Ganz kleine Geschichten für die kleinsten Kinder. 1. Aufl. Mit 20 bunten Bildern (auf 10 lith. Bll.) Ebend. 868. gr. 8. (23 S.) 15 ngr

Fränkel, Ranudo, Otto u. Anna. Ganz kleine Geschichten für die kleinsten Kinder. 5. Aufl. Mit 20 bunten Bildern (10 color. Steintaf.). gr. 8. (24 S.) Leipzig 882. Berndt. geb. 1. 75

— Thierfabeln für ganz kleine Kinder von 3—6 Jahren. Mit (8 lith. u.) color. Bildern. Ebend. 866. 4. (16 S.) 22½ ngr

— Thier-Fabeln für ganz kleine Kinder von 3—6 Jahren. 2. Aufl. Mit 8 schön kolor. (lith.) Bildern. gr. 4. (16 S.) Ebend. 878. cart. 2. 50

Fränkel, Richard, Referendar: Die Abtretbarkeit der Forderungsrechte bei den Glossatoren. Berlin 1906: W. Pilz. (76 S.) 8°
Marburg, Jur. Fak., Ref. Leonhard, Diss. v. 20. Juli 1906
[Geb. 17. Febr. 82 Berlin; Wohnort: Berlin; Staatsangeh.: Preußen; Vorbildung: Kölln. Gymn. Berlin Reife M. 00; Studium: Berlin 1, München 1, Berlin 4 S.; Rig. 11. Juni 06.]

Fraenkel, Robertus *(geb Breslau 20 5 1835)*: De Arabum elephantiasi in partibus genitalibus observationes duae maxime memorabiles, addita analysi microscopica Vratislaviae (1857). (45 S., 1 Taf) 8°
Breslau, Med Diss v 12 Sept. 1857

Fränkel, Rudolf, a. Leipzig: Montaignes Stellung zum Staat und zur Kirche. Leipzig 1907: C. Scheidemann. (71 S.) 8°
Leipzig, Phil. Fak., Ref. Birch-Hirschfeld u. Wülker, Diss. v. 24. Juli 1907
[Geb. 13. Jan. 82 Leipzig; Wohnort: Leipzig; Staatsangeh.: Sachsen; Vorbildung: Thomasch. Leipzig Reife O. 01; Studium: Leipzig 10 S.; Rig. 21. Dez. 06.]

Fraenkel, Rud (geb. Oberglogau 4 12 1838): De syphilide cutanea Berolini (1861) (36 S.) 8°
Berlin, Med Diss. v 28 Dez. 1861

Fraenkel, S., Uebersicht üb. d. f. Kesselbesitzer u. Maschinenbauanst. wicht. Bestimmungen d. Dampfkessel-Gesetzgebg. Nach d. in Preußen gelt. Verordngn. u. Ausführungsbestimmgn. zusammengest. Juli 1897. Plakat. 68,5 × 48,5 cm. Charlottenburg (897). F. Kortkampf. — 75; auf Pappe 1. 50

Fraenkel, S. Is., Hagiographa poster. denom. Apocrypha, s. Hagiographa.

Fränkel, S. J., u. M. J. Bresslau, Ordnung d. öffentl. Andacht 2c., s. Ordnung.

Fraenkel, Samuel *(geb Ostrowo in Pos 28 4 1849)*: Zur Casuistik der Osteomyclitis[!] acuta spontanea diffusa. Breslau (1873). (31 S.) 8°
Breslau, Med Diss. v 3 Apr 1873

FRAENKEL, SECKEL ISAAC, Schutzschrift des zu Hamburg erschienenen Israelitischen Gesangbuchs für die Mitglieder des Neuen Tempelvereins nebst einer Beleuchtung des Rabbinismus. Hamburg. 1819. P.

Fraenkel, Siegfried, Referendar: Die Bedeutung des § 854 Abs. 2 des Bürgerlichen Gesetzbuches für den Erwerb von Besitz, Eigentum und Pfandrecht an beweglichen Sachen. Breslau 1910: Neumann. 48 S. 8°
Breslau, Jur. Diss. v. 16. Juli 1910, Ref. Schott, Fischer
[Geb. 16. Dez. 87 Gr.-Strehlitz; Wohnort: Breslau; Staatsangeh.: Preußen; Vorbildung: Elisabeth-Gymn. Breslau Reife O. 06; Studium: Heidelberg 1, Breslau 5 S.; Rig. 27. Juli 09.] [U 10. 484

Fränkel, Siegfried, Referendar: Der Einfluß des bewußten Willensmangels auf die Rechtsgeschäfte nach dem Bürgerlichen Gesetzbuche unter Berücksichtigung der geschichtlichen Entwicklung (§§ 116, 117 Abs. 1 und 118). Borna-Leipzig 1907: R. Noske. (IX, 77 S.) 8°
Breslau, Jur. Fak., Ref. Leonhard-Fischer, Diss. v. 18. April 1907
[Geb. 3. Sept. 82 Königshütte; Wohnort: Königshütte; Staatsangeh.: Preußen; Vorbildung: Kgl. Gymn. Königshütte Reife O. 01; Studium: Freiburg i. B. 1, Berlin 1, Heidelberg 1, Breslau 3 S.; Rig. 29. Juli 04.]

Fraenkel, Siegmund Beiträge zur Erklärung der mehrlautigen Bildungen im Arabischen. Leiden. E. J. Brill. 1878 8. IV, 49 S.

— und **Kelly** Agnes Beiträge zur Konstitution des Chitins S 110 Hb 1147 vgr
Separatabdruck

— Darstellung und Konstitution des Histidins S 112 Hb 78 vgr.
Separatabdruck

Fraenkel, Siegm., die aramäischen Fremdwörter im Arabischen. Eine von „het Provinciaal Utrechtsch Genootschap van Kunsten en Wetenschappen" gekrönte Preisschrift. gr. 8. (XXII, 327 S.) Leiden 886, Brill. **

Fränkel Siegmund Über die Spaltungsprodukte des Eiweißes bei der Verdauung 1 Mitteilung Über eine neue Methode der Darstellung der Deuteroalbumose S 106 Hb 433. vgr.
— — 2 Mitteilung Über die Reindarstellung der sogenannten Kohlehydratgruppe des Eiweißes S 107 Hb 819 vgr
Separatabdruck

und **Langstein** Leo Über die Spaltungsprodukte des Eiweißes bei der Verdauung 3 Mitteilung Über das sog. Amphopepton S 110 Hb 28 vgr
Separatabdruck

— und **Wogrinz** A Über das Tabaksaroma Vorläufige Mitteilung S 111 Hb 43 vgr
Separatabdruck

Fraenkel, Sigismundus De vocabulis in antiquis Arabum carminibus et in Corano peregrinis Lugduni Batavorum. E. J Brill 1880 (VI, 27 S.) 8°
Breslau, Phil Fak., Hab.-Schr v. 9. März 1880

Fraenkel, Siegm., d. tugendhafte u. kluge Wittwo, s.: Abhandlungen, germanistische.

Fraenkel, Sigismund

Fraenkel, Sigism., Album litéraire offert aux jeunes gens. Nouv. Série. à 5 Feuilletons. 16. (à 6 B.) Berlin 840, Klemann. à ¼ Thlr.
Vgl. Album litéraire.

— und G. F. Burckhardt, Anthologie engl. Prosaisten, s.a. Anthologie.

— u. G. F. **Burckhardt,** Anthologie englischer Prosaisten des 18. u. 19. Jahrh. Deutsch bearb. als Handbuch zum Uebersetzen ins Englische. Nebst einem Anh. aus deutschen Klassikern. Neue (Titel-)Ausg. 12. (VIII u. 284 S.) Ebd. (837) 852. n. ⅓ ℛ

— und G. F. Burckhardt, Anthologie englischer Prosaisten des 18. und 19. Jahrhunderts. Deutsch bearb. als Handbuch zum Uebersetzen ins Englische. Nebst einem Anhang aus deutschen Klassikern. Neue (Titel-)Ausg. 12. (VIII und 284 S.) Berlin 852, Klemann. *

— Anthologie franz. Prosaisten, s.a Anthologie.

Fränkel, Siegesm, Anthologie französ Prosaisten des 18. u. 19 Jahrh. Deutsch bearb. als Handbuch zum Uebersetzen ins Französische. Nebst e. Uebersicht der wichtigsten Regeln der franz. Syntax (Trésor de Règles). 1r Cursus. Mit 2 Tabb. gr. 8. Berlin 835. Klemann. ⅞ ℛ — 2e verb. Aufl. 838. ½ ℛ — 2r Cursus. Mit e. Anhange aus deutschen Classikern. gr. 8. Ebd. 836. ⅚ ℛ — 2e verb. u. verm. Aufl. 8. Ebd. 840. ⅔ ℛ

Fränkel, Siegesm., **Anthologie** französ. Prosaisten des **XVIII. u. XIX. Jahrh. Bearb. als Handbuch zum Uebers. ins Franz. 1. Cursus. 3. verb. u. verm. Aufl. 8. Berlin 841, Klemann. ½ ℛ geb. 7/12 ℛ — 4. verb. Aufl. 8. Ebd. 845. ½ ℛ**

Fränkel, Siegesm., Anthologie franz. Prosaisten d. 18. u. 19. Jahrh. Bearb. als Handb. zum Uebersetzen ins Französische. 1. Curs. 4., verb. Aufl. 8. (13½ B.) Berlin 845, Klemann.

— dies. 2. Cursus. Nebst e. Anhange aus deutschen Classikern. 3. verb. Aufl. 8. Ebend. 845. ⅔ ℛ

Fränkel, Siegism., Anthologie franz. Prosaisten des XVIII. u. XIX. Jahrh. Bearb. als Handbuch zum Uebersetzen ins Französische. 1. Cursus. 5. [m. der 4. gleichlaut.] Aufl. 8. (IV u. 188 S.) Berlin 848, Klemann. ½ ℛ — 2. Cursus. 4. [m. der 3. gleichlautende] Aufl. 8. (VI u. 266 S.) Ebd. 850. ⅔ ℛ (1 u. 2. 1⅙ ℛ)

Fränkel, Sigism., Anthologie französischer Prosaisten des 18. u. 19. Jahrhunderts. Bearbeitet als Handbuch zum Uebersetzen ins Französische. 1. Cursus. 6. Aufl. 854. (2 Bl., 172 S.) — 2 Cursus. 5. Aufl. Berlin 858. Klemann. 8. (IV, 185 S.) Jeder Cursus 15 ngr.

— — 2. Cursus. 6. Aufl. Ebend. 860. 8. (IV, 167 S.) 15 ngr.

Fränkel, Siegesm., Anthologie aus französischen Prosaisten des 18. und 19. Jahrhunderts. Als Handbuch zum Uebersetzen aus dem Deutschen ins Französische. 1. Kursus. 7. Aufl. Mit einem Vorwort von M. Strack. 8. (VII und 143 S.) Berlin 861, Klemann.

Fränkel, Siegism., Anthologie aus französischen Prosaisten des 18. und 19. Jahrh. Als Handbuch zum Uebersetzen aus dem Deutschen ins Französische. 1. Cursus. 8. Aufl. Neu bearb. von S. Fränkel und M. Strack. 8. (VIII und 143 S.) Berlin 863, Klemann. 12 Ngr.; geb.

— dass. — 2. Cursus. 6. Aufl. Neu bearb. von S. Fränkel und M. Strack. 8. (IV und 167 S.) Ebendas. 863.

Fränkel's, (Siegism.), Anthologie aus französischen Prosaisten des 18. und 19. Jahrh. zum Uebersetzen aus dem Deutschen ins Französische. 1. Cursus. 9. Aufl. von M. Strack. 8. (VIII, 136 S.) Berlin 869, Klemann. ℳ 1,20.; geb.

Fränkel's, S., **Anthologie** aus französischen Prosaisten d. 18. u. d. 19. Jahrh. zum Uebersetzen aus dem Deutschen ins Franz. 2. Cursus. 7. Aufl. v. M. **Strack.** gr. 8. (IV, 148 S.) Berlin 872. Klemann. 1. 50

— Bibliothek der Jugendschriften, s. Bibliothek.

Fraenkel, Sigism (geb Glogau 1800) De cinchonio et chinino eorumque salibus Berolini (1828) (41 S.) 8°
Berlin, Med Diss v 8 Febr 1828

— Cours de Leçons. Samml. französ. Lesestücke aus d. alten u. neuern Literatur. In fortschreit. Reihefolge u. mit untergelegten grammatikal. Erläutern. Nebst e. französ.-deutsch. Wörterbuch. 1. u. 2. Curs. gr. 12. Berlin 840, Heymann. [1. (12½ B.) * ⅓ Thlr., 2. (9½ B) * ⅓ Thlr.] *

— Cours de Leçons. Samml. franz. Lesestücke aus d. alten u. neueren Literatur. Nebst e. reichhalt. deutsch-franz. Wörterb. 1. Curs. 2., verm. u. verb. Aufl. 8. (24 B.) Berlin 843, Heymann.

Fränkel, Siegesm., Cours de Leçons etc. 2. Curs. In fortschreitender Reihefolge u. m. unterlegten grammat. Erläuterungen. 2., verb. u. verm. Aufl. 8. (16½ B.) Ebds. 845. Thlr.

— Cours de Leçons. Sammlung franz. Lesestücke aus der alten u. neuen Literatur. In fortschreit. Reihefolge u. mit untergelegten, grammatikal. Erläuterungen. 1. Curs. 3. verb. Aufl. Nebst einem vollständigen franz.-deutschen Wörterbuch f. beide Cursus. 12. (224 u. 175 S.) Berlin 848, Heymann. 21 ngr. — Das Wörterbuch einzeln 6 ngr.

— Cours de Leçons. Sammlung unterhaltender und belehrender Lesestücke aus der französischen Literatur des 18. u. 19. Jahrhunderts mit grammatikalischen u. wissenschaftlichen Erläuterungen. In methodischem Lehrgange geordnet u. herausg. Nebst einem vollständigen französisch-deutschen Wörterbuch für beide Cursus. 1. Cursus. 4., bedeutend verm. u. verb. Aufl. Berlin 856. E. Heymann. 8. (VIII, 218, 76 S.) 24 ngr.

Fränkel, Sigism., und M. **Strack,** cours de leçons. Methodisch geordnete Sammlung von Lesestücken aus der französischen Literatur für die mittleren und oberen Classen höherer Unterrichts Anstalten. 3. Aufl. 1. Curs. 1. u. 2. Abschnitt. — 2. Curs. 1. u. 2. Abschn. Ebend. 862. 8. (VIII, 111; VI, 101; VI, 126; VIII, 111 S.) Jeder Abschn 9 ngr.;
Wörterbuch dazu (176 S.) 6 ngr.

— und M. Strack, Cours de leçons. Methodisch geordnete Sammlung von Lesestücken aus der französ. Literatur für die mittleren und oberen Classen höherer Unterrichts-Anstalten. 2 Curse à 2 Abschnitte. 8. Berlin 872, Imme's Verlag. [1. Curs. 1. Abschn. 5. Aufl. (VIII, 111 S.) ℳ 1,50.; 2. Abschn. 5. Aufl. (VI, 104 S.) 90 Pf.; 2. Curs. 1. Abschn. 3. Aufl. (VI, 126 S.) 90 Pf.; 2. Abschn. 3. Aufl. (VIII, 114 S.) 90 Pf.]
Wörterbuch dazu. (176 S.)

Fränkel's, Siegismund, Cours de leçons. Methodisch geordnete Sammlung von Lesestücken aus der französ. Litteratur für die mittleren und oberen Classen höherer Unterrichts-Anstalten. 6. Aufl. Neu bearb. von M. Strack. 1. Cursus. Für die mittleren Classen. 1. Abschnitt. 8. (VIII, 112 S.) Berlin 876, [Imme], Vichteler und Comp.

s Cas, Delavigne, Louis XI.

— und Adph. Goultier, dialogues allemands et français. Gespräche über alle Gegenstände der Conversation. 1. Thl. Grammatische Phrasen in Gesprächsform zur Einübung der französischen Grammatik mit Hinweisung auf die wichtigsten etymologischen u. syntactischen Regeln. 3. Aufl. Berlin 863. C. Heymann. 8. (VIII, 176 S.) 10 ngr

—— Dialogues franç.-allemands. Franz.-deutsche Gespräche üb. alle Theile der Conversation mit Berücksichtig. der Phraseologie, der Gallicismen u. Germanismen ꝛc. Neue verb. Ausg. des Handb. d. Conversation. I. Thl. Phraseologie. 12. (7⅓ B.) Berlin 845, Heymann.

—— dass. 2. Thl. Gallicismen, Germanismen, Sprichwörter u. andere Uebungen. 12. (12 B.) Ebds. 845.

— esquisses de la Révolution française choisies dans les auteurs français et arrangées en ordre chronologique (1789—1814). Ebend. (856). gr. 8. (IV, 236 S.) 15 ngr
Neuer Titel zu dessen: Tableaux de l'hist. de France. Tome III. 1813.

Fränkel, Siegesm., Formenlehre der franz. Sprache. 8. Berlin 839. Klemann. ⅙ ₰

— Formenlehre der französ. Sprache. 2. verb. u. verm. Aufl. 11. 8. Berlin 842, Klemann. ⅙ ₰ — geb. n. 6¼ ngr

— Formenlehre der französischen Sprache. 3. [m. der 2. gleichlaut.] Aufl. 8. (64 S.) Berlin 851, Klemann. ⅙ ₰

— Handbuch der Conversation in französ. und deutscher Sprache. Enthalt. eine reichhaltige Phraseologie, Gespräche, Gallicismen, Germanismen ꝛc. I. Abtheil.: Phraseologie. gr. 12. Berlin 841, Fernbach jun. 5/12 ₰

— dass. II. Abtheil.: Vorübungen, Gespräche, Gallicismen, Germanismen, Sprichwörter ꝛc. gr. 12. Ebd. 841. geb. ½ ₰

— dass. Neue verb. Ausg. unt. d. T.: Dialogues français-allemands. Französ.-deutsche Gespräche ꝛc. 1. Thl.: Phraseologie. 12. Berlin 845, Heymann. ⅓ ₰

— dass. 2. Thl. Gallicismen, Germanismen, Sprichwörter u. andere Uebungen. 12. Ebend. 845. ½ ₰

— französisch-deutsche u. deutsch-französ. kaufmännische Correspondenz, bestehend in einer Samml. von Orig.-Briefen zum Gebrauche für Handlungsschulen und dem Kaufmannsstande sich Widmende. 1. Cursus: Vorbereitung zum kaufmännischen Style. gr. 8. Berlin 842, Logier. ¾ ₰

Fränkel, Siegesm., französisch-deutsche u. deutsch-französische kaufmännische Correspondenz ꝛc. 2. Cursus. Weitere Ausbildung im kaufmänn. Style. Nebst einem Wörterbuche. gr. 8. Berlin 842, Logier. ¾ ₰

— Französisch-deutsche u. deutsch-französische kaufmännische Correspondenz, bestehend in einer Sammlung v. Original-Briefen zum Gebrauche f. Handlungsschulen u. dem Kaufmannsstande sich Widmende. Neue (Titel-) Ausg. 2 Thle. 6 Lfgn. gr. 8. (1: 203 S. 2: 156 u. 67 S.) Berlin (842) 850, Logier. (à ¼ ₰) 1½ ₰

—— französisches Lesebuch für die unteren Klassen in Gymnasien, Realschulen und höheren Töchterschulen. Gänzlich umgearb. und neu hrsg., auch durchweg mit deutschen Uebungsstücken versehen von K. Brunnemann. 1. und 2. Thl. 5. Aufl. 8. (VIII, 153; X, 103 S.) Berlin 875, Imme's Verlag.

—— französisches Lesebuch für die untern Schulklassen, nebst einer Beigabe von deutschen Uebungsstücken zum Uebersetzen ins Französische. Eine Fortsetzung zu des Verf. prakt. Vorübungen. 4., verb. und bedeutend verm. Aufl. 8. (VI und 194 S.) Berlin 856(57,) C. Heymann. *

—— Lesebuch f. d. ersten Unterr. in d. französ. Sprache. 1. Aufl. (6 B.) 840., 2., verm. u. verb. Aufl. gr. 12. (7½ B) Berlin 842, Heymann. à

— Lesebuch für den ersten Unterricht in der französ. Sprache. 2. verm. u. verb. Aufl. In 2 Abschnitten. gr. 12. Berlin 842, Heymann. ¼ ₰ — 3. verm. u. verb. Aufl. In 2 Abschn. 8. Ebend. 846. 8 ngr

— Musée de lectures. Auswahl v. Mährchen, Erzählungen, Allegorien, Theaterstücken etc. moral. u. religiösen Inhalts, aus d. neuesten franzos. Schriftstellern; zur Bildung der weiblichen Jugend. gr. 16. (VI u. 226 S.) Berlin 851, Hempel. In Engl. Einb. n. ⅚ ₰

— Musterstücke aus englischen Classikern. Deutsch zum Rückübersetzen ins Englische. 2. gänzlich umgearb. u. erweiterte Aufl. der „Bilder aus der britischen Geschichte" von Fränkel und Burckhardt. Berlin 853. Hempel. 8. (VIII, 367 S.) n. 22½ ngr

— pictures of the history of England selected from the most celebrated English historians and other authors and arranged in chronolog. order. In 3 parts. I. from the period of the ancient Britons to the accession of Henry of Lancaster (1399.) gr. 8. Berlin 843, Jonas Verlagsh. ½ ₰

Fränkel's französische Schulgrammatik. 2. Thl. Die wichtigsten Regeln der französischen Syntax. 4., verb. Aufl. Von M. Strack. 8. (III und 96 S.) Berlin 867, Klemann. * geb. *

—— französische Schulgrammatik. 1. Thl.: Formenlehre der französ. Sprache. 4. verb. Aufl. von M. Strack. 8. (51 S.) Berlin 872, Klemann. 50 Pf.; cart. *

— französische Schulgrammatik v. M. Strack. 1. u. 2. Thl. 8. Berlin 873. 74. Klemann. n. 1. 50
1. Formenlehre der französ. Sprache. 4. verb. Aufl. (51 S.) n. — 50; cart. n. — 60
2. Die wichtigsten Regeln der franz. Syntax. Trésor de règles. 5. verb. Aufl. (100 S.) cart. n. 1. —

—— Stufenleiter. Uebungen zum Uebersetzen in's Französische. (Als Vorschule zu d. Verf. Anthologie franz. Prosaisten d. 18. u. 19. Jahrh.) 1. Curs. 1. u. 2., verb. Aufl. u. 2—4. Curs. 8. (35 B.) Berlin 839, Klemann. à ⅓ Thlr.

— Stufenleiter. Uebungen zum Uebersetzen ins Französ. (Als Vorschule zu des Verfassers Anthologie französ. Prosaisten des 18. u. 19. Jahrhunderts.) 1. Cursus. 2. verb. Aufl. 8. Ebend. 841. (à) ⅓ ₰ — geb. 5/12 ₰ — 3. verb. Aufl. 8. Ebend. 845. ⅓ ₰ — 2. Cursus. 2. verb. Aufl. 11. 8. Ebend. 842. (à) ⅓ ₰ — geb. (à) 5/12 ₰ — 3. Cursus. 2. verb. u. verm. Aufl. 8. Ebend. 843. ⅓ ₰ — 4. Cursus. 2. verb. u. verm. Aufl. 8. Ebend. 844. ⅓ ₰

—— Stufenleiter. Uebungen z. Uebersetzen in's Französische. (Als Vorschule zu d. Verf. Anthologie französ. Prosaisten des 18. u. 19. Jahrh.) 1. Curs. 8. Berlin, Klemann. [1. Curs. 3. Aufl. (9 B.) 845, 2. 2. Aufl. (9 B.) 41, 3. 2. Aufl. (9 B.) 43, 4. 2. Aufl. (8½ B.) 44. à 10 Ngr.]

— Stufenleiter. Uebungen zum Uebersetzen in's Französ. [Als Vorschule zu des Verf. Anthologie franz. Prosaisten des 18. u. 19. Jahrh.] 1. Cursus 4. [m. der 3. gleichlaut.] Aufl. 8. (VI u. 137 S.) Berlin 848, Klemann. ⅓ ₰ — 2. Cursus. 3. [m. der 2. gleichlaut.] Aufl. 8. (IV u. 140 S.) Ebd. 848. ⅓ ₰ (1—2. ⅔ ₰)

— Stufenleiter. Uebungen zum Uebersetzen in's Französische. (Als Vorschule zu des Verf. Anthologie französischer Prosaisten des 18. u. 19. Jahrhunderts.) 1. Cursus. 5. (mit der 3. u 4. gleichlautende) Aufl. Berlin 854. Klemann. 8. (VI, 137 S.) 10 ngr

Fränkel's Stufenleiter. Erste Uebungen im Uebersetzen aus dem Deutschen ins Französische. Neu bearb. von S. Fränkel und M. Strack. 1. und 2. Cursus. Zur Einübung der Formenlehre. 8. (VIII und 149 S.) Berlin 861, Kleemann. geb. *

—— dass. — 3. und 4. Cursus. Zur Einübung der Syntax. 8. (XII und 147 S.) Ebendas. 861. geb. *

—— Stufenleiter. Erste Uebungen im Uebersetzen aus dem Deutschen ins Französische. 2. Aufl. der neuen Bearbeitung von M. Strack. 1. und 2. Cursus. Zur Einübung der Formenlehre. 8. (IV, 140 S.) Berlin 872, Klemann.

—— Tableaux de l'histoire de France, choisis dans les auteurs franç. et arrangés en ordre chronologique. 3 Tom. gr. in-8. Berlin, Klemann. à Tom.
Tome 1. Depuis les temps les plus reculés jusqu'a l'an 1841. (13 B.) 842.
2. Les années 1461—1789. (13 B.) 842.
3. Depuis 1789 jusqu'a l'an 1811. (15 B.) 843.

— tableaux historiques choisis dans les auteurs français (Anquetil. Barante. Capefigue. Al. Dumas. Jay. Lacretelle. Lamartine etc.) et réunis à un cours complet de l'histoire de France continuée jusqu'à nos jours. Berlin 854. Klemann. gr. 8. (IV, 340 S.) 22½ ngr

—— Tableaux historiques choisis dans les auteurs français et réunis à un cours complet de l'histoire de France. Nouvelle édit. gr. 8. (IV und 340 S.) Berlin 865, Klemann.

—— Trésor de Règles. Nebst 2 Tab. gr. 8. (5½ B.) Berlin 835, [Klemann.]

—— Trésor de règles. Die wichtigsten Regeln der französ. Syntax. 2., umgearb. Aufl. 8. (7½ B.) Berlin 842, Klemann.

— trésor de règles. Die wichtigsten Regeln der französischen Syntax. 3. verb. Aufl. Berlin 855. Klemann. 8. (IV, 92 S.) 10 ngr

Fränkel, Siegesm., Trésor de règles. Die wichtigsten Regeln der französ. Syntar. 3., verb. Aufl. 8. (IV und 92 S.) Berlin 856, Klemann. Thlr.

—— prakt. Vorübungen zur Erlernung d. französ. Sprache, als Einleitung zum theoret. Unterricht. 8. (9 B.) Berlin 845, Heymann.

Fränkel, Sigm., die Arzneimittel-Synthese auf Grundlage der Beziehungen zwischen chemischem Aufbau u. Wirkung. Für Aerzte u. Chemiker. gr. 8. (XVI, 559 S.) Berlin 901. J. Springer. Geb. in Leinw. n. 12.—

Die Arzneimittel-Synthese auf Grundlage der Beziehungen zwischen chemischem Aufbau und Wirkung. Für Aerzte u. Chemiker. Von Dr. Sigmund Fränkel, Dozent, Wien. 2., umgearb. Aufl. Berlin: J. Springer 1906. (XX, 761 S.) 8° [illegible]

Fränkel, Sigm., deutsche Auszüge aus d. vorzügl. engl. Schriftstellern, zum Uebersetzen ins Englische. 1r Bd. 8. Berl. 823.

Fränkel, Sigm., descriptive Biochemie m. besond. Berücksicht. der chemischen Arbeitsmethoden. Mit e. Spektraltaf. (XII, 640 S.) Lex. 8. Wiesbaden 907. J. F. Bergmann. 17.—

Fraenkel, Sigm., s.: Blätter, Wiener medizinische.

Fränkel, (S.,) Gefühle u. Betrachtt. am Tage d. Eröffnung des neuen israelit. Gottesackers zu Berlin am 29. Junius. gr. 8. Berlin 827, Hold.

— Praktischer Leitfaden der qualitativen u. quantitativen Harnanalyse (nebst Analyse des Magensaftes) f. Aerzte, Apotheker u. Chemiker. (VIII, 88 S. m. 5 Taf. u. 5 Bl. Erklärgn.) 8. Wiesbaden 904. J. F. Bergmann. Geb. in Leinw. n. 2.40

— Praktischer Leitfaden der qualitativen u. quantitaven Harnanalyse (nebst Analyse des Magensaftes) f. Ärzte, Apotheker u. Chemiker. 2. umgearb u. erweit. Aufl. (VIII, 101 S. m. 6 Taf. u. 6 Bl. Erklärgn.) 8. Wiesbaden 909. J. F. Bergmann. Geb. in Leinw. 2.60

FRÄNKEL, Simon (Zülts/Schles.): De opio. (Titel nach der Urkunde)
1.7.1837 - Urk; F 63
Diss Ingolst -Landsh -Mchn.

Fränkel W. Die ungünstige Belastung von Bogenträgern mit zwei Gelenken 1875 4

Fränkel, W., bewegliche Brücken, s.a. Handbuch der Ingenieurwissenschaften.

Fränkel W. Bewegliche Brücken 1880.

Fränkel W. Der Dehnungszeichner 1881 4.

Fränkel W. Die ungünstige Einstellung eines Systems von Einzellasten auf Fachwerkträgern 1876 4

Fraenkel, W, uber die Einwirkung rollender Lasten auf nicht versteifte Hangebrucken. Jena 4 20 p u. 1 Tafel. 1867
Schul-/Univ.-Schrift

Fränkel, W., der Eisenbahnbau, s. Handbuch für specielle Eisenbahn-Technik.

Frankel, W. Theorie des Bogenfachwerkes. 1875 4

Fränkel, W. Theorie des einfachen Sprengwerkes 1876 4

Frankel, W. B., das Bekenntniß des Proselyten. — Das Unglück der Juden und ihre Emanzipation in Deutschland. gr. 8. Elberfeld 841, Hassel. ½ ß

Fränkel's, W. B., Buch über die Flechten. Ihre Behandlung und radikale Heilung, sowie die Behandlung der chronischen Hautkrankheiten. (Für Aerzte und Laien.) 3. (Titel-) Ausg. (Abdr. d. unveränd. 2. Aufl.) Wiesbaden (840) 855. Friedrich. 8. (XVI, 92 S) 10 ngr

Fränkel, W. B., die Flechten u. ihre Behandlung. 8. Elberf. u. Barmen 830. Weise. 8 gr

Fränkel, W. B., die Flechten und ihre Behandlung. 2e verm. Aufl. 8. Elberfeld 840. Löwenstein u. Comp. ½ ß

— die Flechten, ihre Behandlung u. radikale Heilung. Abermals 2. verm. Aufl. 8. Siegen u. Wiesbaden 844, Friedrichs V. ⅓ ß

—— über d. wichtigsten Gegenstände d. ehelichen Lebens. gr. 16. (12 B.) Elberfeld 829, Weise.

— die Rabbiner-Versammlung und der Reform-Verein. Letzte Auflösung der Judenfrage. gr. 8. Elberfeld 844, Hassel. 6¼ ngr

—— die Unmöglichkeit der Emanzipation der Juden im christl. Staate. Als Entgegnung historisch nachgewiesen. gr. 8. (13 B.) Elberfeld 842, Hassel.

Fraenkel, Walter, Kammergerichtsref. aus Berlin: Die Delikte der Nötigung, Bedrohung und Erpressung in ihrem Verhältnis zu einander. Ein Beitrag zu den §§ 240, 241 u. 253 d. Deutschen Reichs-Strafgesetzbuches. *Greifswald 1901: J. Abel.* (53 S.) 8° [Ant. u. F.]
Greifswald, Jur. Diss. v. [11. Febr.] 1901

Fraenkel, Walt., die Delikte der Nötigung, Bedrohung u. Erpressung in ihrem Verhältnis zu einander. gr. 8. (53 S.) Berlin 901. Struppe & Winckler. n. 1.50

Fränkel, Walter [aus Chemnitz]: Ein Fall von Poliomyelitis mit gleichzeitiger Alteration der weissen Substanz ... Freiburg i. B., Buchdr. H. Epstein, 1894; 32 S., 1 Bl. 8.
Freiburg i. B., Med. Fak., Inaug.-Diss. v. 1894

— Wilhelm (Breslau), De asthmate. Dissert. med. Bln. (Friedlaender) 11. VII. 1834. 29 S. mit Liter. u. Biogr. (M.: E. Fraenckel.) (4.—) 9250
Oppon.: A. Moser, H. Schweitzer, J. W. Falk. — Gew.: S. Guttentag (Breslau).

— u. Rud. Heyn, Atlas d. Bauwesens. 19 Taf. in Stahlst. nebst erläut. Text. [Separat-Ausg. aus der 2. Aufl. d. Bilder-Atlas.] qu. Fol. (52 S.) Leipzig 874. Brockhaus. n. 6. —; geb. n. 8. 50

Fränkel, Wilh., Construction eiserner Fachwerkträgerbrücken. gr. 4. (22 S. mit 6 lithogr. Taf. in qu. Fol.) Leipzig 869, Felix. *
Aus: Der Civilingenieur, besonders abgedruckt.

Fraenkel, Guilelmus *(geb Stubendorf in Oberschles 1 8 1826)*
De magnetismo animali Vratislaviae (1849) (30 S) 8°
Breslau, Med Diss v 7 Sept 1849

Fraenkel, Guilelmus (geb. am 10 Sept. 1833 in Koblenz): De pyaemia ... Bonnae, typ. C. Krüger 1854. 28 S., 1 Bl. 8.
Bonn, Med. Fak., Diss. v. 22 Aug. 1854

Fränkel, Wilh., Schiebebühnen u. Drehscheiben, s: Vorträge üb. Eisenbahnbau.

Fraenkel, Wolfgangus Bernhardus (geb. am 11 Nov. 1795 in Bonn): De laqueis arteriarum deligationi inservientibus prope ad nodum revinctum resecandis ... Bonnae, typ. P. Neusseri (1824). 1 Bl., 32 S., 2 Bl. 4.
Bonn, Med. Fak., Diss. v. 4 Aug. 1824

Fränkel, Z., s Frankel, Z.

Franken [Sachliches OW]

Franken, die, in Egypten unter Bonaparte, mit 1 Plan, 1 Karte u. 1 Abbild. 8. Manh., Schwan u. G. 6 gr.

Die Franken in Egypten unter Bonaparte. 8. M. 1 Pl. 1 Krte. Mannheim 1799. 0,75.

Franken vor dem Lüneviller Frieden (den 9. Februar 1801) nach seinen physischen, gewerblichen, wissenschaftlichen, politischen und örtlichen Verhältnissen ... Nürnberg 1802. V: *Bundschuh, Johann Kaspar.* (BMarsch 628)

Franken, v. dem Lüneviller Frieden d. 9. Febr. 1801. nach seinen physisch-gewerbl. wissenschaftlichen politischen u. örtlichen Verhältnissen. gr. 4. Nürnberg, Grattenauer. 802.

— vor den Lüneviller Frieden d. 9. Febr. 1801, nach ihren physisch-gewerbl., wissenschaftl., polit. u. örtl. Verhältnissen. gr. 4. Nürnb. 802. (Lauffer in Leipz.) 1 ℛ

Das gerochene Franken wegen der von denen Königl. Preuss. Truppen zu zweymalen unternommenen widerrechtlichen und feindlichen Ueberziehung des Fränkischen Crayses. (Mit Anmerkungen.) Frankenhausen 1758. 4. (20 S.)

Franken — Das ehemalige Herzogthum — Ohne Titel. Im vierten Theil reducirt von Kaspar Lefsl und Joseph Pickl, Technische Wasserbauschuler, revidirt von T. Green. 1: 100,000 circa. 1 Bl. Handzeichnung.

Franken, Die, und Karl der Grosse ... Berlin 1793. V: *Seidel, Günther Carl Friedrich.* (ML) (Ky) (Pr)

— die, u. Karl d. Große; Geschenk eines deutschen Vaters an seine Söhne. (v. G. K. F. Seidel). 12. Berl. 793. Nauck. 5 gr.

Franken, des jungen, eines Genies Leiden, 8. München, 777. Körber. 5 sgl.

— die, u. ihre Nachahmer, s. Wahrheit, bittere.

Die Franken und ihre Nachahmer. 2 Thle. Ebd. 1799.
Weller, fingierte Druckorte. — Beides sehr selten!

Franken, die, und ihre Nachahmer, (d. a. d. Titel: bittere Wahrheiten! Französischer Unfug in Niedersachsen, vorzüglich in Hamburg u. dasigen Gegenden! durch neufränkische Apostel verbreitet.) 8. Altona. (Brummer in Copenhag.) 799.

Franken, Nettchens fünfzig, ein Roman. Leipz. 1799. V: *Müller, Carl Ludwig Methusalem.* (NN) (MGT) (GGr)

Franken niemahls im Bayrischen Nordgau ... O. O. 1764. V: *Schütz, Hnr* (ML) (Pütter, Litt. d. Teutsch. Staatsr. Gött. 1773—91. IV, 260.)

Franken, die, im Peloponnes, s. Analekten der mittel- und neugriechischen Literatur.

Franken, Wirtembergisch. Zeitschrift des historischen Vereins für das wirtembergische Franken. Küngelsau und Mergentheim 1866 ff. H: *Schönhuth, Ottmar Frdr. Hnr.* (Tübz 8, 23.)

WÜRTTEMBERGISCH FRANKEN. Neue Folge. I. — Beilage vom historischen Verein für das württembergische Franken zu den württembergischen Vierteljahrsheften für Landesgeschichte (Mit 1 Tafel.) Schw. Hall. 1882. Druck von E. Schwend. 4°.

WÜRTTEMBERGISCH FRANKEN Neue Folge. II. — Die Stiftskirche zu Öhringen von ERNST BOGER. — Beilage vom historischen Verein für das württembergische Franken zu den Württembergischen Vierteljahrsheften für Landesgeschichte. (Mit Tafeln) Schw. Hall. 1885. Druck von E. Schwend. 4°.

WÜRTTEMBERGISCH FRANKEN. Neue Folge.
III. Zur älteren Geschichte des Klosters Komburg von GUSTAV BOSSERT. Vereinsgabe des Historischen Vereins für das Württ. Franken. Schw. Hall. 1888. Druck von E Schwend 4°.
IV. Beilage zu den Württembergischen Vierteljahrsheften für Landesgeschichte vom Historischen Verein für Württemb. Franken. (Mit 1 Tafel.) ib. 1892. —
V. Beilage zu den Württembergischen Vierteljahrsheften für Landesgeschichte vom Historischen Verein für Württemb Franken. Mit 2 Tafeln. ib 1894. — 8°.
VI Beilage zu den Württembergischen Vierteljahrsheften für Landesgeschichte vom Historischen Verein für Württembergisch Franken. ib. 1897. — A u. d. T.: FESTSCHRIFT zum fünfzigjährigen Jubiläum des Histor. Vereins f. Württ. Franken Beilage zu den Württembergischen Vierteljahrsheften für Landesgeschichte vom Historischen Verein für Württemb. Franken. Mit 4 Porträts. ib 1897. —
VII. Beilage zu den Württembergischen Vierteljahrsheften für Landesgeschichte vom Historischen Verein für Württemb Franken ib. 1900. —
VIII Beilage zu den Württembergischen Vierteljahrsheften für Landesgeschichte vom Historischen Verein für Württemb Franken (Mit 1 Tafel) ib. 1903. —
IX Beilage zu den Württembergischen Vierteljahrsheften für Landesgeschichte vom Historischen Verein für Württemb Franken. (Mit 1 Tafel.) ib. 1906. —
X Beilage zu den Württembergischen Vierteljahrsheften für Landesgeschichte vom Historischen Verein für Wurttemb Franken. (Verzeichnis der Bücher, Schriften und Urkunden des Historischen Vereins für das Württembergische Franken. Schwab Hall 1910) ib. 1910. —

Franken [Schlagwort]

Franken, s. a. Thüringen. Petters, Hugo.

Franken — Charte von — gezeichnet von F. L. Güssefeld. Nach den neuesten Verfassungen eingerichtet und herausgegeben von Homanns Erben. Nürnberg 1808. 1: 530,000. 1 Bl.

Franken — Charte von — oder von den ehemals zum Frankischen Kreis gehorig gewesenen und andern angranzenden Ländern. Nach ihrer jetzigen neuerlichen Eintheilung von C. T. Hammer, Major. Nürnberg bei Homanns Erben 1813. 1: 420,00. 1 Bl.

Franken — Karte vom ehemaligen — oder dem Mayn- und Rezat-Kreis des Königreichs Bayern, den Grofsherzogthumern Frankfurth und Würzburg nebst den angrenzenden Staaten, von Joh. Leonhard Späth, Professor in Munchen. Nurnberg bey A. G. Schneider und Weigel 1811. 1: 450,000. 1 Bl.

Franken — Special-Charte der Lander in — von Anspach, Nurnberg, Bamberg, Wurzburg, Coburg, Bayreuth, obere Pfalz, bis an die sachsischen Gränzen. Nach Original-Zeichnungen und grossern Maasstab entworfen von Joannes Roppelt. Nurnberg bey Schneider und Weigel 1805. 1: 190,000. 4 Bl.

Franken [Verfasser]

Franken, Schattenbilder aus d. Reiche d. Militarismus. Ein Beitrag z. Militärjustiz-Reform. Nach eig. Erlebnissen aufgezeichn. u. d. Oeffentlichkeit unterbreitet. gr. 8. (95 S.) [Crefeld 897. Selbstverl.] Zülich, C. Schmidt. 1. —

Franken. Ziel und Methode des englischen Unterrichts auf Realschulen. Danzig, Petrischule, 1874. Progr.

Franken, A. [Oberl.]: Rumänische Volksdichtungen. *Danzig, Druck v. A. W. Kafemann*, 1889; 41 S. 8°
Danzig, RG zu St. Petri u. Pauli, OP 1889 (44)

Franken, A., rumänische Volkslieder u. Balladen, im Versmasse der Orig.-Dichtgn. übers. u. erläutert. 8. (VII, 160 S.) Danzig 889. Kafemann. n. 2. —; geb. n.n. 3. —

Franken, Alex., Geschichte des französischen Pfandrechts. [Germanistische Untersuchungen.] 1. Bd. A. u. d. T.: Das französische Pfandrecht im Mittelalter. 1. Abth. Das Engagement u. sein Verhältniss zu der sogenannten älteren Satzung des deutschen Rechts. gr. 8. (XII, 340 S.) Berlin 879. Weidmann. n. 9. —

Franken, (Franz) Alexander (geb Düsseldorf 7 10 1847): De principali interventione et oppositione tertii Gallici processus. Berolini (1874) (70 S.) 8°
Berlin, Jur Diss v 12 Okt 1874

Franken, Alex. Vom Juristenrecht. Ein Beitrag. gr. 8. (22 S.) Jena 889, Fischer. * — 75
Aus: Festgabe d. jurist. Facultät in Jena zum 50jähr. Doctorjubiläum Rud. v. Gneist's, besonders abgedruckt.

—— Lehrbuch des deutschen Privatrechts. 3 Lfgn. gr. 8. Lpz., Duncker u. Humblot. [1. Lfg. (VIII, S. 1—144.) 889. * 2 80; 2. Lfg. (S. 145—304.) 889. * 2 80; 3. Lfg. (S. 305—480.) * 3 40.] * 9 —

Franken, Alex., Lehrbuch des deutschen Privatrechts in 1 Bde. gr. 8. (XII, 630 S.) Leipzig 894. Duncker & Humblot. n. 11. —; geb. n. 13 —

— Romanisten u. Germanisten. Zwei Vorträge. gr. 8. (III, 52 S.) Jena 882. Fischer. n. 1. 20

Franken, Aug., Möglichkeit u. Grundlagen e. allgemeinen Psychologie im besond. der Tierpsychologie, s. a. Magazin, pädagogisches.

Möglichkeit und Grundlagen einer allgemeinen Psychologie, im besondern der Tierpsychologie. Von Aug. **Franken**, Bielefeld. Langensalza: Beyer 1910. 98 S. 8°
(Pädagogisches Magazin. H. 413.) III. 9549

Franken, Constanze von, s. Franken, Konstanze von

Wie erlangt und wie erhält man sich ein gutes Gedächtnis? Von Erich Franken *Berlin: H. Steinitz (1901)*. (116 S.) 8° [F] [illegible] 392

Franken, F. M. v., Ernstes u. Heiteres aus der Pfalz. Erzählungen. (V, 276 S.) 8. Kaiserslautern 908. J. J. Tascher. 4. –; geb. 4. 50

Franken, Franz [aus Dornick]: Aus d. med. Klinik zu Bonn. Zwei Fälle von Sclerodermia diffusa ... Bonn, Hauptmann'sche Buchdr., 1892; 45 S., 1 Bl. 8.
Bonn, Med. Fak., Inaug.-Diss. v. [26 Febr.] 1892

Franken, H., die Kinderhorte u. deren erziehliche Bedeutg. m. besond. Berücksicht. dieser Einrichtung in Köln, s. a Abhandlungen, pädagogische.

Franken, H., Die Kinderhorte. (14 S.) Bielefeld 1891. A. Helmich.

Franken, Herm., An meine Parteifreunde. Sept 1908. Gelsenkirchen (1908). 8°.

Johann Barthol. Franken's praxis geometrica universalis, oder allgemeine Lehre vom Feldmessen nebst einer Zugabe einiger Geomet. Algebraischen Lust- und Kunst-Rechnung, mit vielen nöthigen Kupfer-Figuren versehen. Augspurg. Jac. Eberh. Geiger. 4. (16 ggr.) 1711.

Franken, Jos., Sehnsucht. Lieder der Liebe, gedichtet. 8. (VI, 49 S.) Dresden 902. E. Pierson. n. 1. —; geb. n. 2. —

Franken, Konstanze von

Franken, Constanze v., s. a.: Stöll, Helene.

— der Hauspoet. Neuestes Universalbuch der Wünsche u. Gratulationen, Begrüßgn., Festspiele f. 1 u. mehrere Personen, Aufführgn. in Kostüm, Ansprachen u. Widmungen zu allen festl. Gelegenheiten, Ereignissen u. Feierlichkeiten f. jedes Alter. Nebst: Stammbuch u. Albumversen, In- u. Aufschriften, Begleitversen zu Geschenken, Glückwunsch-Telegrammen, Prologen, patriot. Gedichten, poet. Toasten u. Vorträgen, Grabschriften u. Nachrufen rc. 8. (VII, 450 S.) Ebd. 894. n. 3. —; geb. in Leinw. n.n. 3. 75

— der Hauspoet im Freundeskreise. Wünsche u. Widmgn. der Freundschaft. Stammbuch- u. Albumverse, Gedichte f Begrüßg., Abschied u. Genesg., Begleitverse zu Geschenken, Tischkarten-Verse, Begrüßungs- u. Glückwunsch-Telegramme, Verse f. eine Scherzlotterie, Gedichte f. das Fremdenbuch, In- u. Aufschriften, Grabschriften u. Nachrufe rc. [Aus: „F., der Hauspoet".] 12. (VI, 146 S.) Ebd. 894. n. 1. 50

— der Hauspoet als Gratulant u. Festredner zu Familienfesten, Jubiläen u. patriotischen Feiern. Enth.: Poetische Glückwünsche u. Ansprachen, ernste u. heitere Lieder, Aufführgn. u. Festspiele f. 1 u. mehrere Personen, zu Neujahr, Weihnachten, Sylvester, Geburts- u. Namenstagen, Taufe, Konfirmation, Jubiläen v. Personen u. Vereinen, patriot. Gedenktagen rc. [Aus: „F., der Hauspoet".] 12. (VIII, 144 S.) Ebd. 894. n. 1. 50

— der Hauspoet als Hochzeitsgratulant u. Vergnügungsrat. Enth.: Kranz- u. Schleiergedichte, Begrüßungsgedichte f. das Brautpaar, Aufführgn. f. 1 u. mehrere Personen in Kostümen; ernste u. heitere Gedichte, Trinksprüche, leb. Bilder u. andere Aufführgn. zu grünen, silbernen u. goldenen Hochzeiten rc. [Aus: „F., der Hauspoet".] 12. (V, 160 S.) Ebd. 894. n. 1. 50

Franken, Constanze v., Katechismen, s.: Hesse's, Max, illustrierte Katechismen.

Franken, Constanze v. (Helene Stöll), Katechismus d. weibl. Erwerbs- u. Berufsarten, s. Hesse's, Max, illustr. Katechismen.

– Katechismus d. Haushalts, s. Hesse's, Max: Illustr. Katechismen.

Franken, Constanze v. Katechismus der Toilettenkunst, s. a. Hesse's, Max, illustrierte Katechismen.

FRANKEN, Konstanze v., Katechismus der Toilettenkunst und des guten Geschmackes. Leipzig 1891. 8°. (Kr. 3.—) (2 Kr. Gilhofer & Ranschburg, 1908.)

Franken, Constanze v. (Helene Stöll), Katechismus d. guten Tones u. der feinen Sitte, s.: Hesse's, Max, illustr. Katechismen. Nr. 22.

— der gute Ton f. die Kinderwelt. Illustriert v. L. Burger. 4. (III, 47 S.) Leipzig 890. M. Hesse. geb. n. 3. —

Franken, Constanze v., was wollen wir spielen? Allerlei Gesellschaftsspiele. Bewegungsspiele im Freien u. im Zimmer, Pfänderspiele, Such- u. Ratspiele, Gedächtnisspiele, Schreibspiele, Fragespiele, vermischte Spiele. Nebst 51 Pfänderauslösgn. 12. (92 S.) Stuttgart 894. Levy & Müller. n. 1 20

— Was wollen wir spielen? Allerlei Gesellschaftsspiele, Bewegungsspiele im Freien u. im Zimmer, Pfänderspiele, Such- u. Ratspiele, Gedächtnisspiele, Schreibspiele, Fragespiele, vermischte Spiele. Nebst 51 Pfänderauslösgn. 2. Aufl. (92 S.) kl. 8. Ebd. (908.) Kart. 1. 20

– Wie gratuliere ich? s. Hesse's, Max: Illustr. Katechismen.

— wie mache ich mich beliebt? Die Kunst zu gefallen. 1. u. 2. Aufl. 8. (à VIII, 246 S.) Stuttgart (902). Levy & Müller. n. 2. 40; geb. in Leinw. n.n. 3. —

Franken, Constanze v., wie schreibe ich meine Briefe? Von der Kunst des Briefschreibens. Zum Gebrauche f. jedermann, insbesondere f. junge Mädchen. Nebst e. Auslese v. 100 der schönsten u. neuesten Stammbuch- u. Albumverse. 8. (IV, 317 S.) Stuttgart 893. Levy & Müller. n. 3. 50; geb. in Leinw. n. 4. 50

— wie schreibe ich meine Briefe? Von d. Kunst d. Briefschreibens. E. Handbuch m. Musterbriefen u. s. w. f. d. verschied. Anlässe u. Vorkommnisse, z. Gebr. f. jedermann. Nebst e. Auslese v. mehr als 100 d. schönsten u. neuesten Stammbuch- u. Albumverse. 2. Aufl. 8. (IV, 362 S.) Stuttgart 896. Levy & Müller. n. 3. 50; geb. in Leinw. n. 4. 50

- Wie schreibe ich meine Briefe? Von der Kunst des Briefschreibens. Ein Handbuch m. Musterbriefen usw. f. die verschiedensten Anlässe u. Vorkommnisse, zum Gebrauche f. jedermann. Nebst e. Auslese v. mehr als 100 der schönsten u. neuesten Stammbuch- u. Albumverse. (Billige Volksausg.) 3. Aufl. (IV, 362 S.) kl. 8. Stuttgart (908). Levy & Müller. Geb. in Leinw. 3.

— wovon soll ich reden? Die Kunst der Unterhaltung. Nebst e. Anh.: 100 Gesellschaftsspiele, 50 Pfänderauslösungen. 8. (IV, 304 S.) Stuttgart 894. Levy & Müller. n. 3. 50; geb. in Leinw. n.n. 4. 50

— wovon soll ich reden? D. Kunst d. Unterhaltg. Ein prakt. Handbuch m. Anleitgn., Musterbeispielen (Zwiegespräche u. s. w.) f. d. verschied. Anlässe u. Vorkommnisse i. mod. gesellschaftl. Leben u. Verkehr, f. Damen u. Herren. Nebst e. Anh.: 100 Gesellschaftsspiele, 50 Pfänderauslösgn. 2. Aufl. (VIII, 337 S.) Ebd. 896 n. 3. 50; geb. in Leinw. n 4. 50

— Wovon soll ich reden? Die Kunst der Unterhaltg. Ein prakt. Handbuch m. Anleitgn., Musterbeispielen (Zwiegesprächen usw.) f. die verschiedensten Anlässe u. Vorkommnisse im modernen gesellschaftl. Leben u. Verkehr, f. Damen u. Herren. Nebst e. Anh.: 100 Gesellschaftsspiele, 50 Pfänderauslösgn. (Billige Volksausg.) 3. Aufl. (VIII, 337 S.) kl. 8. Stuttgart (908). Levy & Müller. Geb. in Leinw. 3. —

Franken, Lieuwe, aus Niebert, Niederlande: **Beitrag** zur Geschichte der niederländischen Stempelsteuer. Kap. 5. *'s-Gravenhage: M. Nijhoff 1900.* (32 S.) 8° ¶ (Erschien vollst. in niederländischer Sprache u. d. T.: Geschiedenis van het Nederlandsche Recht van Zegel.)
Bonn, Phil. Diss. v. 7. [vielm.: 6.] Juli 1900

* **FRANKEN,** M. Jos, Die Galopade, wie sie getanzt werden soll, eine vollstandige Anweisung zum Selbstunterrichte in diesem Lieblingstanze. Koln, Pappers u. Kohnen, 1829 16⁰ (5 Sgr Heberle, Coln, c. 1870)
— — Dasselbe 2. Aufl. Ebd 1831 16⁰.
Bartholomaus p 8

— s. auch Franken.

Franken, Otto [app. Arzt aus M.-Gladbach]: Aus d. Kgl. Augenklinik zu Kiel. Fälle von geheilter sympathischer Ophthalmie ... Kiel, Druck v. Schmidt & Klaunig, 1893; 28 S., 2 Bl. 8.
Kiel, Med. Fak., Inaug.-Diss. v. [11 März] 1893

Franken, Paul [Pseud.], s. Frankl, Siegfried

Fränken, Carl, Elberfeld: Der Staat und die Hypothekenbanken in Preußen. Leipzig 1904: J. B. Hirschfeld. (IV, 47 S.) 8° ¶ (Ersch. vollständig als 1. Heft der Abhandlungen aus dem staatswissenschaftlichen Seminar zu Münster i. W.)
Münster, Jur. Fak., Ref. v. Heckel, Diss. v. 25. Sept. 1904
[Geb. 20. Sept. 78 Elberfeld; Wohnort: Munster i. W.; Staatsangeh.: Preußen; Vorbildung: Gymn. Barmen Reife O. 99: Studium: Berlin 3, Bonn 1, Munster 2 S.; Rig. 12. Juli 04.]

Fränken, Carl, der Staat u. die Hypothekenbanken in Preussen, s.a. Abhandlungen aus dem staatswissenschaftlichen Seminar zu Münster i. W. 1. Hft.

Der Staat und die Hypothekenbanken in Preußen Von Dr. Carl Franken. *Leipzig. C. L. Hirschfeld 1904* (IV, 88 S.) 8°
= Abhandlungen aus d. staatswiss. Seminar zu Munster i. W. H. 1. 1904 4.-.

Frankenau [Schlagwort]

Frankenau, s.: Geologische Karten. Preussen. 116.

Frankenau [Verfasser]

— s.a. Franck von Franckenau

Frankenau, Dr. ..., Pyrmont u. seine Gesundbrunnen im Sommer. 8. Leipz. 798. (Wienbrack). 18 gr

Frankenau, Pyrmont und s. Gesundbrunnen im Sommer. 8. Leipzig, Gräff. 799.

Frankenau, Georg. Frz., flora francica aucta, od. Kräuterlexicon. 8. Züllichau, Frommann. 766.

— de palingenesia, revis. a Nenning, 4. Lipsiae, Weidmann. 717.

— Satyrae medicae XX. 8. ibid. 722.

Frankenau, Gerard Ernst von, Sacra Themidis Hispanae Arcana, jurium legumque ortus, progressus, varietates & observantiam, cum praecipuis glossarum, commentariorumque, quibus illustrantur, autcoribus, & fori Hispani praxi hodierna. Hannover (Nicol. Foerster) 1703. 23 Bl., 206 S. u. Tit.-Bild (Möller sc.). (10.—) 9387
Otto Sperling (Kopenhagen), Ad auctorem epistola; desgl. v. Samuel Reyher (Kiel).

— biblioth. Hispan. hist. geneal. - heraldica. 4. Lipsiae, Weidmann. 724.

Frankenau, M. D., die öffentl. Gesundheits-Polizei unter einer aufgeklärten Regierung. gr. 8. Kopenh. 804. (Brummer). 1 Rthl. 6 gr

Frankenbach, C. J., aus dem Soldatenleben. Ein Malbuch f. die Jugend. Aus der Sammlg. „Das deutsche Malbuch". 2 Sorten. (Je 8 [4 farb.] Bl.) 18,5×26 cm. Mainz (907). J. Scholz. à —50; in 1 Bd. kart. 1.

Frankenbach, Friedrich Wilhelm, Dr., Dir.: Die **Anwendung** trimetrischer Punktkoordinaten auf die merkwürdigen Punkte des Dreiecks. *Liegnitz 1899: C. Seyffarth.* (39 S.) 8° ¶ (Soll fortges. werden.)
Liegnitz, st. Wilhelms-R, P 1899 (239)

Frankenbach, Friedrich Wilhelm. [Bericht über die Weihefeier des Erweiterungsbaues der Oberrealschule.] S 11—14. 4.
Städt. Ober-Realschule i. E. (Wilhelmsschule) *Liegnitz* 1910 (325).
Progr.

Frankenbach, Friedrich Wilhelm: Lineare Erzeugung der Kegelschnitte und auf ihr beruhende Ableitung der Kegelschnittsgleichungen. Liegnitz 1909: Krumbhaar. 49 S. 8°
Liegnitz, st. OR i. E, Wilhelms-S P 1909 (319) [S 09. 109

Frankenbach, Fr. W., lineare Erzeugung der Kegelschnitte u. auf ihr beruhende Ableitung der Kegelschnittsgleichungen. Ein Beitrag zur Lehre v. den Kurven 2. Ordng. zum Gebrauch an Realanstalten. (49 S. m. Fig.) 8. Liegnitz 909. H. Krumbhaar. 1. —

Frankenbach, Friedrich Wilhelm [Dr. Dir.]: Die Harmonikalen der Mittelpunkte der Berührungskreise eines Dreiecks in Bezug auf dasselbe. (Vgl. P-Beil. 1889. 91.) Liegnitz, Druck v. C. Seyffarth, 1895; 31 S. 8.
Liegnitz, st. Wilhelms-R, P 1895 (231)

Frankenbach, Friedrich Wilhelm, Dr., Dir.: Die den merkwürdigen Punkten des Dreiecks entsprechenden einbeschriebenen und umbeschriebenen Kegelschnitte. Eine analytische Betrachtung unter Anwendung homogener Koordinaten. *Liegnitz 1903: R. Wagner.* (44 S.) 8°
Liegnitz, st. Wilhelms-R, P 1903 (268)

Frankenbach, F. W.: Ueber ein neues Coordinatensystem. 1869. 8⁰. Diss. Rostock.

Frankenbach, Friedrich Wilhelm [Dr. Rekt.]: Die dem Dreieck einbeschriebenen Kreise. Liegnitz, Druck v. C. Seyffarth, 1891; 28 S. 8°
Liegnitz, st. HB (Wilhelms-S), P 1891 (220)

Frankenbach, Fr. W., Lehrbuch der Mathematik f. höhere Lehranstalten. 1. u. 3. Tl. gr. 8. Liegnitz, Krumbhaar. n. 2.10
1. Die Planimetrie. Mit 178 Fig. u. zahlr. Uebungsbeispielen. (VII, 155 S.) 889. n. 1.50
3. Die ebene Trigonometrie. Mit 19 Fig. u. zahlr. Uebungsbeispielen. (VI, 44 S.) 887. n. —60

Frankenbach, Friedrich Wilhelm [Dr.]: Das dem Dreieck einbeschriebene Quadrat. Liegnitz, Druck v. A. Niegisch, 1889; 20 S. 8°
Liegnitz, st. HB (Wilhelms-S), OP 1889 (214)

Frankenbach, Carl Otto Heinrich, Gerichtsrefer.: Die Rechtsstellung von neutralen Staatsangehörigen in kriegführenden Staaten. Borna-Leipzig 1910: Noske. 37 S. 8° ¶(Ersch. vollst. als: Arbeiten aus d. jur.-staatswiss. Seminar d. Univ. Marburg. H. 12.)
Marburg, Jur. Diss. v. 7. Juni 1910, Ref. Schücking
[Geb. 27. Febr. 85 Wiesbaden; Wohnort: Wiesbaden; Staatsangeh.: Preußen; Vorbildung: Gymn. Wiesbaden Reife O. 04; Studium: München 2, Heidelberg 1, Berlin 1, Marburg 2 S.; Rig. 28. Febr. 10.] [U 10. 3299

Frankenbach, Carl Otto Heinr., die Rechtsstellung von neutralen Staatsangehörigen in kriegführenden Staaten, s.a. Arbeiten aus dem juristisch-staatswissenschaftl. Seminar der königl. Universität Marburg.

Die Rechtstellung von neutralen Staatsangehorigen in kriegführenden Staaten. Von Dr. Carl Otto Heinrich **Frankenbach**, Gerichtsref. Marburg a. L.: Ebel 1910. 141 S. 8°
[Erschien z. T. als Inaug.-Diss.]
(Arbeiten aus d. jurist.-staatswiss. Seminar d. K. Univ. Marburg H. 12) 10. 9947 4

Frankenbach, W. Die ebene Trigonometrie. Leipzig 1887.

Frankenbacher, Alexander [aus Stuttgart]: Bildungsprozesse von aromatischen Thioanhydroverbindungen.... Heidelberg, Univ.-Buchdr. v. J. Hörning, 1891; 38 S. 8°
Heidelberg, Naturw.-math. Fak., Inaug.-Diss. v. [16. März] 1891

Frankenberg i. H. [Schlagwort]

— s. a.: **Preussen.** Messtischblätter.

Frankenberg i/H. Brohmer, C., Handkarte des Kreises Frankenberg i/H. (Hessen-Nassau). Nach amtlichen Quellen gezeichnet. 1:100,000. 46,5×89,5 cm. Farbdr. Frankenberg (909). F. Kahm. —60

Frankenberg i. Sa. [Schlagwort]

Frankenberg, s. a. Chemnitz, Umgeg.

— s. a.: Sachsen. Karte. Messtischblätter.

Frankenberg-Hainichen, s.: Geologische Karten. Spezialkarte (Sachsen).

Frankenberg. Plan der Stadt Frankenberg. 1:4,100. 54×41 cm. Farbdr. Frankenberg (902). C. G. Rossberg. n. —70

Frankenberg i. Sa. Plan der Stadt Frankenberg. 1:4100. 54×41 cm. Farbdr. Frankenberg (908). C. G. Rossberg. nn —50

Frankenberg [Verfasser]

— s.a. Franckenberg

Frankenberg, Adolf, kurzgefaßte Darstellung e. naturgemäßen Erziehungsweise kleiner, noch nicht schulfähiger Kinder, nebst Plan, ausgeführt in e. dazu neubegründ. Anstalt in Dresden. 8. (Mit 1 Tab.) Dresden u. Leipzig 840. Arnold. 1/6 ℛ

Frankenberg, Adf., der Kindergarten als Berufsschule f. Jungfrauen. Ein Plan zur Bildung junger Mädchen nach dem 14. Jahre. gr. 8. (18 S. m. 1 Tab. in qu. Imp. 4.) Dresden 848, Arnold. — Walther'sche Hofbuchh. gratis.

Frankenberg, Ad., Plan zu einer häuslichen Lehr- u. Erziehungsanstalt nebst Gedanken, Erfahrungen und Vorschlägen über eine frühzeitige u. naturgemäße Erziehung. 8. Dresden u. Leipzig 845, Arnoldische B. 6 ngl

Zur Geschichte der Leinen-Industrie der Stadt und ehemaligen Herrschaft Cottbus. Von A[ugustin] **Frankenberg** (I. 1.) Cottbus [Verein f. Heimatkunde] 1903. 8°
Aus Cottbuser Anzeiger
(Aus dem alten Cottbus.) A 12 9957

Frankenberg, Egbert von

Frankenberg, Egb. v., die geistigen Grundlagen der Theaterkunst. (118 S.) 8. Weimar 910. G. Kiepenheuer. 2.50

Frankenberg, Egbert v., Schwarzrotgold. Roman aus dem XIX. Jahrh. (120 S.) gr. 8. Wiesbaden (904). R. Bechtold & Co. n. 2.—; geb. n. 3.—

Frankenberg, Egbert v., „Der Welt holdester Wahn". 8. (102 S.) Dresden 902. E. Pierson. n. 2—; geb. n. 3.—

— im Widerstreit der Geister. Roman-Cyklus in 2 Bdn. 8. (VII, 252 u. V, 221 S.) Ebd. 903. n. 7.—; geb. n. 9.—

Frankenberg, Franz, approb. Arzt aus Ahrbergen i. Hannover: Über zwei Fälle von Sinusthrombose nach Otitis media. *Greifswald 1900: J. Abel.* (27 S.) 8°
Greifswald, Med Diss. v. 6. Aug. 1900

Frankenberg, Fred Graf, Kriegstagebücher v. 1866 u. 1870/71. Hrsg. von Heinr. v. Poschinger. gr. 8. (XII, 439 S.) Stuttgart 896. Deutsche Verlags-Anstalt. n. 5.—; geb. n.n. 6.—

— dasselbe. 3., wohlf. Aufl. gr. 8. (XI, 350 S.) Ebd. 897. n. 2.50; geb. in Leinw. n. 3.—

Frankenberg, H. v.

Frankenberg, H. v., die berufliche u. fachliche Ausbildung in der Armenpflege, s.: Levy, Alb.

Frankenberg, H. v., Betrieb von Fabriken, s.: Zimmermann, F. W. R.

Frankenberg, H. v., das braunschweigische Gesinderecht, nach d. Vorschriften d. abgeänderten Gesindeordnung v. 16. VIII. 1899 bearb. 1. u. 2. Tausend. 8. (à 112 S.) Braunschweig 900. B. Goeritz. n. 1.—; geb. in Leinw. n. 1.25

Frankenberg, Hanns, die gemischten u. reinen Hypothekenbanken in Deutschland, s.a. Wirtschafts- u. Verwaltungsstudien m. besond. Berücksicht. Bayerns. 39.

Frankenberg, Hanns: Die gemischten und reinen Hypothekenbanken in Deutschland. Naumburg a. S. 1910: Lippert. VI, 109 S. 8° ¶(Ersch. auch als: Wirtschafts- u. Verwaltungsstudien m. bes. Berücks. Bayerns. 39.)
Würzburg, Jur. Diss. v. 28. Juni 1910, Ref. G. v. Schanz
[Geb. 20 Juli 86 Bielitz; Wohnort: Greiz; Staatsangeh.: Reuß j. L.; Vorbildung: Gymn. Greiz Reife O. 05; Studium: Berlin 2, Leipzig 2, Würzburg 5 S.; Rig. 1 Dez. 09] [U 10. 4292

Die gemischten und reinen Hypothekenbanken in Deutschland. Von Dr. Hanns **Frankenberg.** Leipzig: Deichert 1910. VIII, 100 S. 8°
(Wirtschafts- u. Verwaltungsstudien mit besond. Berücks. Bayerns 39) 10. 9773

Frankenberg, Herm. v.

Frankenberg, v., d. deutsche Arbeiterversicherung, s.a. Sammlung gemeinverständl. wissenschaftl. Vorträge.

Frankenberg, H. v., Die deutsche Arbeiterversicherung. Vortrag, gehalten am 9. Dez. 1897 zum Besten des Gustav-Adolph-Vereins im Altstadt-Rathhause zu Braunschweig. Sammlung gemeinverständl. wissensch. Vorträge, N. F. Heft 292. 8°. Hamburg 1898.

— u. Ernst Krug, die Beratung Bedürftiger in Rechtsangelegenheiten, s.a. Schriften des deutschen Vereins für Armenpflege u. Wohltätigkeit. 70. Hft.

Die Beratung Bedürftiger in Rechtsangelegenheiten. Berichte von H[erm.] v. **Frankenberg**, Stadtrat in Braunschweig, u. Ernst Krug, Vorsteher d. Stadt. Auskunftsbur. in Mühlhausen i. E. *Leipzig: Duncker & Humblot 1904.* (128 S.) 8° [F.]
— **Schriften** d. deutschen Vereins f. Armenpflege u. Wohltätigkeit H. 70.
104 14 H

Frankenberg, Herm. v., aus dem Leben. Gedichte. (VII, 104 S.) kl. 8. Braunschweig 909. A. Hafferburg. Kart. 1. —

Frankenberg, [Herrmann] v.: Der Schutz der Frauen- und Kinderarbeit in Deutschland. Vortr., geh. z. Besten d. Gustav-Adolf-Frauenvereins 1901. — (Braunschweig: Appelhans 1901.) 20 S. 8°
Aus: Neues Braunschweig. Schulblatt. 1901.

— Das Staats- u. Verwaltungsrecht des Herzogt. Braunschweig, s. a. **Bibliothek** des öffentl. Rechts. 4. Bd.

Frankenberg, Herm. v. Das Staats- und Verwaltungsrecht des Herzogtums Braunschweig. Hannover 1909. 8°
(Bibliothek d. Öffentl. Rechts, hrsg. von F. Scholz u. Storck. Bd. 4.)

— die Stellung des deutschen Arbeiters nach dem bürgerl. Gesetzbuche, s. a. **Sammlung** gemeinverständlicher wissenschaftlicher Vorträge.

Die Stellung des deutschen Arbeiters nach dem Bürgerl. Gesetzbuche. Vortrag geh. zu Braunschweig 1900 von Stadtrat [Herm.] v. **Frankenberg**, Braunschweig. *Hamburg: Verlagsanst. u. Dr. 1901.* (37 S) 8° [F.]
— **Sammlung** gemeinverständl. wiss. Vorträge. N. F. Ser. 15. H. 360.
[01 385]

Frankenberg, J. G., Musarion, satyr.-histor. Inhalts im Volkston. 4. Bresl. 790.

Frankenberg, J. H.: Ohnmaassgebliche Gedanken üb. d. Emigrationsrecht wegen der Religion. *Lpz.* 734.

Frankenberg, Ier., Praxis moderna juris. 4. Lipsiae, Enrich. 715.

Frankenberg, Jer.: Illustrium materiarum juris praxis moderna, pluribus locis denuo aucta, das ist: Auserlesene . . . Rechts-Spruche, wie dieselbige nach denen Kayserl., Pabstl., Sachs., jetzigen Oesterreich., ingleichen nach den Marckischen Constitutionibus abgefasset, vor dem aus des Carpzovii [u. a.] Schrifften mehr zusammen gezogen, anjetzo aber . . . verm. Franckfurt u. Leipzig 1719.

Frankenberg, Iohannes: Studiorum Aristoteleorum specimen. (Pars prior.) *Berlin: R. Gaertner 1899.* (21 S.) 4°
Berlin, Konigstädt G, OP 1899 (59)

Frankenberg, Johs., Studiorum Aristoteleorum specimen. Progr. 4. (21 S.) Berlin 899. [R. Gaertner.] Weidmann. n. 1. —

Frankenberg, Jos. Graf v., s.: Jagd- u. Reise-Erlebnisse.

Frankenberg, Jos. Graf v., der gerechte Weidmann. Alphabetisch geordnetes Hülfsbuch für Jäger und Jagdfreunde. 8. (X, 172 S.) Breslau 881, Schletter'sche Buchh. *

Rückblicke auf Kultur und Geschichte des Adels in Schlesien. Vortrag geh. 1907 zu Breslau von Karl v. **Frankenberg**, Oberlt. (Neudamm 1907: J. Neumann) (19 S) 8° [F.]
Aus Deutsches Adelsblatt Jg 1907
[07 6518 2]

Frankenberg's, Curt v., Luftschiffahrts-Kalender 1911. (Abreißkalender.) (123 Bl. m. farb. Abbildgn.) gr. 8. Berlin, Herm. Walther. 2. —

Frankenberg, Louise, schwesterliche Winke über die erste Erziehung. Besonders für Mütter und Kindergärtnerinnen mitgetheilt. 16. (112 S. nebst einem Titelbilde in Holzschn. von Ludw. Richter.) Leipzig 855, Löschke. *

Frankenberg, L., Schwesterl. Winke über die erste Erziehung. (112 S.) Greiz 1855. Löschke.

Frankenberg, M. L., Ueber die Veränderungen, welche die Höhe des Quecksilbers in Haarröhren mit der Temperatur erleidet. (Aus. Poggendorff's Ann., Bd. LXXV.)

Frankenberg, Paul, Erlebnisse e. Marienthalers. Eine Erzählung f. die liebe Jugend. Mit 4 Farbendr.-Bildern. gr. 8. (102 S.) Mainz 886. Kirchheim. geb. 3. —

Frankenberg, Paul. Drei tiroler Kinder in Freud' u. Leid, s. Bibliothek f. die reifere christliche Jugend.

Frankenberg, Paul v., Kaiser Wilhelm II. Reise nach Jerusalem. Für d. reif. Jugend bearb. M. 4 Farbendr.-Bild. u. Aquarellen u. 2 Vollbildern v. H. G. Herrmann. gr. 8. (III, 238 S.) Berlin 899. J. Gnadenfeld & Co. Geb. n. 3. 50

Frankenberg, R. v., Die Gymnastik als Mittel der Ausbildung für den preußischen Soldaten, m. besond. Bezugnahme auf die Schrift: „Anleitung zur Militär-Gymnastik von E. v. Olberg", Berlin 1845, 24 S., 8°.

v. **Frankenberg**, R., die Gymnastik als Mittel der Ausbildung für den Preuß. Soldaten, mit besond. Bezugnahme auf die Schrift: „Anleitung zur Militair-Gymnastik v. E. v. Olberg." gr. 8. Berlin 845, Th. Enslin. 3 ngl

Frankenberg, Richard: Über hereditären Nystagmus. Göttingen 1909: Hofer. 31 S. 8°
Göttingen, Med. Diss. v. 16. Juli 1910, Ref. Eichelberg, Cramer
[Geb. 8 Okt. 83 Höxter. Wohnort Höxter. Staatsangeh. Preußen; Vorbildung: Gymn. Höxter Reife O. 04; Studium: Göttingen 2, Freiburg i. B. 1, Göttingen 2, München 2, Göttingen 3 S.; Coll. 22 Juli 09; Approb. 19 Juli 10.]
[U 10 1373]

Frankenberg, Siegm., Annalen der Gesammtmedicin, s. **Annalen**.

Frankenberg, Siegm., Behandlung d. Frauenkrankheiten, s. **Colombat** von Isère.

— s. 1) **Behandlung**, die, des Krebses. 2) **Bibliothek** englischer Lustspieldichter.

Frankenberg, Siegmund (Übers.):

s.: Civiale, (Jean): Die Krankheiten des Blasenhalses und der Prostata. (Maladies du col de la vessie et de la prostate. Dt.) Leipzig: 1843

JB 3.775/2

Frankenberg, Siegmund (Übers.):

s.: Civiale, (Jean): Die Krankheiten des Blasenkörpers. (Maladies du corps de la vessie. Dt.) Leipzig: 1844

JB 3.775/3

Frankenberg, Siegmund (Übers.):

s.: Civiale, (Jean): Die Krankheiten der Harn- und Geschlechtsorgane. (Traité pratique sur les maladies des organes génito-urinaires. Dt.) Bd 1 - 3. Leipzig: 1843 - 1844

JB 3.775

Frankenberg, Siegmund (Übers.):

s.: Civiale, (Jean): Die Krankheiten der Harnröhre. (Maladies de l'urètre. Dt.) 2.bedeutend verm.Aufl. Leipzig: 1843

JB 3.775/1

– s. Colombat v. Isère: Behandlung d. Frauenkrankheiten.

– s. Fergusson, W., Handbuch.

Frankenberg, Siegm., Geschichte der Heilkunst u. der Heilschwärmerei. Zur Belehrung u. Aufklärung für alle Stände. 8. (XXVIII u. 390 S.) Leipzig 848, Kollmann. 1 ℛ

—— Jeschurun 2c., s. Jeschurun.

Frankenberg, Siegm., Dr. Landolfi und seine neue Heilmethode gegen den Krebs und die krebsartigen Krankheiten. Nach zuverlässigen Beobachtungen und eigenen Anschauungen für das ärztliche und nichtärztliche Publikum beleuchtet. gr. 8. (IV und 52 S.) Dessau 854. (Leipzig, A. Winter.) *

Frankenberg, Siegmund (Übers.u.Bearb.):.

s.: Larroque, J(oseph) B(rice) de: Das typhöse Fieber hinsichtlich der verschiedenen Formen... (Mémoire sur la fièvre typhoide, sur les diverses formes... Dt.) Leipzig: 1841

JB 5.103

— das wahre Lebensbuch f. den Bürger u. Handwerker, f. den Landmann u. Arbeiter, sowie f. deren Frauen u. Kinder. Ein treuer Führer in Allem, was Leib u. Leben schützt u. nützt 2c. 8 (XXXII u. 368 S.) Ebd. 848. 2/3 ℛ

– s Lisfranc, J., operative Medizin.

Frankenberg, Siegmund (Übers.u.Bearb.):

s.: Louis, P(ierre) C(harles) A(lexandre): Das typhöse Fieber in anatomischem, pathologischem und therapeutischem Bezuge (Recherches anatomiques, pathologiques et thérapeutiques sur la maladie connue sous les noms gastro-entérite, fièvre putride, adynamique, ataxique, typhoide etc... Seconde édition augmentée. Dt.) Th.1. Leipzig: 1842

JB 5.105

—- der Missionär od. d. Wahnes Doppelgänge. Ein Roman 3 Bde. 8. (15¼ B.) Leipzig 840. [Hamburg, Engel.] 3½ Thlr., hrbgs. Pr.

Frankenberg, Siegm., der Missionär oder d. Wahnes Doppelgänge. Ein Roman. 3 Bde. 8. Leipzig 840. Meißner. 3½ ℛ

Frankenberg, Siegm., der Missionär, oder des Wahnes Doppelgänge. Roman. 3 Bde. 8. Leipzig 846, Berger. 2½ ℛ

—— der Missionär, oder des Wahnes Doppelgänge. Roman. 3 Bde. 8. (726 S.) Leipzig 847, Berger's Buchh.

– s Tanquerel des Planches, die gesammten Bleikrankheiten.

Frankenberg, W.

— d Datiorg. d. Psalmen Salomos, s.a.Zeitschrift f. d alttestamentl. Wissenschaft.

Die Datierung der Psalmen Salomos. E. Beitr. z. jud. Gesch v. Lic. th. W. Frankenberg. *Giessen: J. Ricker 1896.* (2 Bl., 97 S.) 1 Bd 8.
= Beihefte z. Zeitschrift f.d. alttestamentl. Wissenschaft [No]1. (96 708)

Frankenberg, Werner von

Frankenberg, v., auf Posten a. Siegesdenkmal zu Berlin, s.a. Fest-Aufführungen f. Kriegervereine 2c.

Auf Posten am Siegesdenkmal zu Berlin Zum 27 Jan 1897. Von [Werner] v Frankenberg, Lt im 2. Garde-Reg zu F. *Berlin · Schriftenvertriebsanst. 1897.* (7 S) 8° [F]
= Festaufführungen f Kriegervereine II 3 (00. 1186)

Frankenberg, Wilhelm [Pseud.], s. Ludolf, Georg Melchior [wirkl. Name]

Frankenberg, Wilhelm: Die Composition des deuteronomischen Richterbuches. '(Richter II, 6—XVI)' ... Marburg, Univ.-Buchdr. '(R. Friedrich)', 1895; 1 Bl., 72 S., 1 Bl. 8.
Marburg, Theol. Fak., Inaug.-Diss. v. 11. Mai 1895

Frankenberg, Wilh., d. Composition d. deuteronom. Richterbuches (Richter II, 6–XVI), nebst e. Kritik v. Richter XVII–XXI. gr. 8. (IV, 81 S.) Marburg 895. N. G. Elwert's Verl. n. 1. 60

— die Sprüche, s.: Handkommentar z. Alten Testament.

Frankenberg u. Ludwigsdorf, Egbert v., anhalt. Fürsten-Bildnisse. M. Genehmigg. d. Herzogs hrsg. I. Bd. gr. 4. (IV S. u. 107 Bl. ill. Text m. 103 Lichtdr.-Taf. u. 2 Stammtaf.) Dessau 895. R. Kahle. Geb. in Leinw. n 14. —; Prachtausg. n.n. 25. —
Erschien auch in 10 Lfgn. à n. 1.40.

— dasselbe. II. Bd. gr. 4. (VI S. u. 23 Bl. ill. Text m. 40 Lichtdr.-Taf.) Ebd. 896. Geb. in Leinw. n. 10. —; Prachtausg. n. 16. —
Erschien auch in 7 Lfgn. à n. 1. —.

Frankenberg u. Ludwigsdorf, Jos. Graf v., s.a. Lederstrumpf.

LEDERSTRUMPF (= Joseph Karl Friedrich Graf v. FRANKENBERG u. LUDWIGSDORF): Der Fuchs, Seine Jagd und sein Fang nach den Erfahrungen des Verfassers. - Breslau 1880. 60 S., 1 Taf. - 2. verm. u. verb. Aufl. ebd. 1905. 128 S. Hrsg. Red. Dtsch Jäger-Ztg. - 4. Aufl ebd. 1920. 112 S.

v. Frankenberg-Ludwigsdorff, H. Erinnerung an das schwarze Corps, welches Herzog Friedrich Wilhelm v Braunschweig-Oels 1809 errichtete (78) 8 Braunschweig 1859 0,90

Frankenberg-Ludwigsdorff, Mor. v., Notizen über die Familie der Grafen, Freiherrn und Herrn v. Frankenberg-Proschlitz, Ludwigsdorff und Lüttwitz. gr. 4. (VIII, 162 S. mit genealog. Tab. und 2 chromolithogr. Wappentaf.) Darmstadt 878, Würtz'sche Buchh.

Frankenberg-Ludwigsdorff, M. v., Notizen über die Familie der Grafen, Freiherren und Herren von Frankenberg-Proschlitz, Ludwigsdorff und Lüttwitz. Mit geneal. Tab. u. 2 chromolithogr. Wappentfln. Darmstadt 1878. 4. — Nachtrag dazu. Darmstadt 1887. Nicht mehr im Handel; der Rest der Exemplare im Besitze des Verfassers.

Sololied zur Festloge am 14. Januar 1900. [Unterz.:] Fr[ankenberger]. Kulmbach [1900]: Bayer. 1 Bl. 8⁰. [Kopftit.]
Ohne Noten: „Du Meister über Sternen" ...

Frankenberger, A., Entwicklung u. Moral. (220 S.) 8. Berlin (907). Gose & Tetzlaff. 4.50; geb. 5. 50

Frankenberger, F. O., & Co.: Import amerikanischer Hickory-Wagen und Pferde-Geschirre Catalog fur 1896. Hamburg (1896)

Frankenberger, Geo. Anton

Frankenberger, Geo. Ant., zwölf Fastenpredigten aus dem Nachlasse hrsg. von Jos. Hopf. gr. 8. (III und 132 S.) Würzburg 856, Stahel'sche Buchh. *

Frankenberger, G. Ant., zwölf Predigten, aus dem Nachlasse herausg. (von Jos. Hopf). Würzburg 856. Stahel. 8. (2 Bl., 132 S.) n. 12 ngl

Frankenberger, Heinr., Anleitung zur Instrumentirung zunächst für Kantoren, Schullehrer und Alle, denen die Aufführung von Kirchenmusiken auf dem Lande obliegt, auch für Seminaristen und zur Selbstbelehrung verfaßt. Langensalza 854. Schulbuchhdlg. d. Thür. Lehrervereins. gr. 8. (VIII, 32 S. u. 6 lith. S. Musikbeilagen in 4.) 9 ngl

Frankenberger, Heinr., Harmonielehre in gedrängter Darstellung. gr. 8. (VIII und 64 S.) Erfurt 860, Körner's Verlag. *

Frankenberger, Heinr., Harmonielehre in gedrängter Darstellung. Erfurt 861. Körner's Verlag. gr. 8. (VIII, 64 S.) n. 15 ngr

Frankenberger, Heinr., u. Jul. Kaiser, Liederbuch f. Schulen. Enth. 120 Lieder m. 109 zwei- u. dreistimm. Weisen. 8. (VI, 114 S.) Sondershausen 873. Eupel. n. — 60

Frankenberger, Heinr., und Jul. Kaiser, Liederbuch für Schulen. 2. und 3. verb. Aufl. 8. (IV, 114 S.) Sondershausen 881,83, Eupel.

Frankenberger, Joh. Bapt., Joseph Schnall aus der Congregation d. allerheiligsten Erlösers. Ein Lebensbild. gr. 8. (66 S. m. 1 Portr.) München 891. R. Abt. n. 1. —

Frankenberger, Julius, a. Jena: Jane Austen und die Entwicklung des englischen bürgerlichen Romans im achtzehnten Jahrhundert. Weimar 1910: Wagner. VI, 117 S. 8°
Jena, Phil. Diss. v. 18. Mai 1910, Ref. Keller
[Geb. 31. Juli 88 Bürgel; Wohnort: Bürgel; Staatsangeh.: Sachsen-Weimar; Vorbildung: Realgymn. Weimar Reife O. 07; Studium: Jena 7 S.; Rig. 26 Febr. 10] [U 10. 2334

Frankenburg, L. (ps.), Der Jager vom Jagdschloss Mayerling. Historischer Roman aus der Gegenwart. Druck und Verlag von A. Wolf in Dresden (1889).
In Oesterreich verboten.

Frankenburg, R. Der Jäger vom Jagdschloß Meyerling. Histor. Roman aus der Gegenwart. 80 Hefte. gr. 8. (1916 S. m. 80 Holzschn.-Taf.) Dresd. 889—91, Ad. Wolf. à Heft — 10; 8 —

Frankenburg, Rob., d. Käthchen v. Heilbronn. Romant. Erzählg. 100 Hfte. 8. (3196 S. m. farb. u. schwarz. Bild.) Dresden 896. R. H. Dietrich. à — 10

Frankenburger, aus der Praxis des Lebens, s.a. Grenzfragen, juristisch-psychiatrische. I. 8.

Aus der Praxis des Lebens. Von Justizrat Frankenburger in München. *Halle a. S.: C. Marhold 1904.* (S. 20–27.) 8°
— Grenzfragen, Juristisch-psychiatrische Bd 1, H. 8, 2 [04 10166

Die Nurnberger Medicinische Gesellschaft und Poliklinik 1878 1902 (Verf. A[lex.] Frankenburger) *Nürnberg G. P. J. Bieling-Dietz 1902.* (34 S.) 4° (8°) [02 13163

Frankenburger, Alexander [aus Nürnberg]: Über Carbolgangrän. Experimentelle Untersuchungen. ... Nürnberg, *Druck v. C. Brügel & Sohn in Ansbach*, 1891; 2 Bl., 48 S. 8°
Erlangen, Med. Fak., Inaug.-Diss. v. 8. Dez. 1890

Frankenburger, Alex., üb. Carbolgangrän. Experimentelle Untersuchg. Diss. gr. 8. (43 S.) Nürnberg 891. (Leipzig, G. Fock.) n. 1. —

Frankenburger, Heinr., Handelsgesetzbuch f. d. Deutsche Reich (m. Ausn. d. Seerechts) nebst d. Einführungsgesetze. Handausg. m. Erläutergn., Anh. u. ausführl. Sachreg. 8. (VIII, 482 S.) München 898. J. Schweitzer, Verl. Geb. in Leinw. n. 4. —

Frankenburger, Heinr., Handelsgesetzbuch f. das Deutsche Reich (mit Ausnahme des Seerechts) nebst dem Einführungsgesetze. Handausg. m. Erläutergn. u. Sachregister. 2., vollst. umgearb. Aufl. 8. (X, 724 S.) München 901. 902. J. Schweitzer Verl. n. 7. 60; geb. n. 8. 60
Erschien auch in 4 Lfgn. (1 u. 2 à n. 1. —; 3 n. 3. —; 4 n. 2. 60).

Frankenburger, Heinr. Das Reichsgesetz, betr. die Kommanditgesellschaften auf Aktien u. die Aktiengesellschaften. Text-Ausg. m. Anmerkgn. u. Sachregister. 16. (VII, 152 S.) Münch. 889, Schweitzer. cart. * 1 50

Frankenburger, Max, Beiträge zur Geschichte Wenzel Jamnitzers u. seiner Familie, s.a. Studien z. deutschen Kunstgeschichte.

Beiträge zur Geschichte Wenzel Jamnitzer's und seiner Familie. Auf Grund archivalischer Quellen hrsg. von Max Frankenburger. *Strassburg: J. H. E. Heitz 1901.* (VIII, 95 S.) 8°
— Studien z. deutschen Kunstgeschichte. H. 30. [01 3636

Frankenburger & Ottenstein: Ill. Preisliste der Victoria-Fahrrad-Werke. Nurnberg 1897

Frankenfeld, Ed. Ueber den Einfluss des Weines auf die Civilisation. Nach einer Vorlesung des Professors Babrius in Bordeaux bearb. und seinem Hause Lynch frères in Bordeaux gewidmet. Hannover Grimpe 1879. 35 S. -- 7°

Frankenfeld, Ed., die Weine unseres Jahrhunderts in der Gironde. Eine Zusammenstellung der Weinernten der Jahre 1800 bis 1877, bearb. nach authentischen Berichten der Cours de l'Intendance de Bordeaux. gr. 8. (32 S.) Hannover 878. Hahn. n. — 50

Frankenfeld, Johann Heinr. Albert (Celle), De discrimine nudae divisionis et testamenti parentum inter liberos. Diss. jur. Gôtting. (Joh. Gg. Rosenbusch) 28. IX. 1792. 40 S. (4.80) 9388
Gew.: Johann Heinr. Wanzel.

Frankenfelder, August [aus Würzburg]: Historische Elemente in der Oper und ihre ästhetische Bedeutung ... Würzburg, Becker's Univ.-Buchdr., 1896; 73 S., 1 Bl. 8.
Würzburg, Phil. Fak., Inaug.-Diss. v. 1896

Frankenhausen [Schlagwort]

Frankenhausen, s.: Preussen. Messtischblätter.

Frankenhausen, s.: Thüringen. Gräf.

Frankenhaeuser, F., die Nerven der Gebaermutter u. ihre Endigung in den glatten Muskelfasern. Ein Beitrag zur Anatomie u. Gynaekologie. Mit 8 (lith. u. color.) Taff. Abbildgn. Jena 867. Mauke's Verlag. gr. Fol (IV, 84 S.) n. 5 ₰ 10 ngr

Frankenhäuser, Fritz [app. Arzt aus Jena]: Sieben Fälle von Mediastinaltumoren ... Jena, Frommannsche Buchdr., 1891; 1 Bl., 35 S., 8 Bl. 8.
Jena, Med. Fak., Inaug.-Diss. v. [26. Okt.] 1891

Frankenhäuser, Fritz, die physiologischen Grundlagen u. die Technik der Elektrotherapie, s.a. Therapie, physikalische, in Einzeldarstellungen. 7. Hft.

Die physiologischen Grundlagen und die Technik der Elektrotherapie. Bearb. von Dr. Fritz Frankenhäuser, Privatd., Berlin. Mit 150 Textabb. Stuttgart: F. Enke 1906. (120 S.) 8°
— Therapie, Physikalische, in Einzeldarstellungen. H. 7. [07 5985

Frankenhäuser, deutsche Klimatik, s.: Dove, Karl.

Frankenhäuser, Fritz, d. Leitung d. Electricität i. lebenden Gewebe, auf Grund d. heut. physikal.-chem. Anschaugn. f. Mediciner dargest. 8. (IX, 52 S. m. 14 Fig.) Berlin 898. A. Hirschwald. n. 1 20

Frankenhäuser, Fritz, das Licht als Kraft u. seine Wirkungen, auf Grund der heut. naturwissenschaftl. Anschaugn. f. Mediciner dargestellt. gr. 8. (XIII, 74 S. m. 8 Abbildgn.) Berlin 902. A. Hirschwald. n. 2. —

— die Wärmestrahlung, s.a. Abhandlungen, zwanglose, aus dem Gebiete der Elektrotherapie u. Radiologie. 2. Hft.

Die Wärmestrahlung, ihre Gesetze und ihre Wirkungen. Von Dr. Fritz Frankenhäuser, Privatd. Leipzig: J. A. Barth 1904. 50 S. 8°
(Zwanglose Abhandlungen aus d. Gebiete d. Elektrotherapie u. Radiologie H. 2) [11. 2991

Frankenhäuser, Const., Untersuchungen über den Bau der Tracheo-Bronchial-Schleimhaut. Inaugural-Dissertation. [Mit einer lith. Taf.] gr. 8. (120 S.) St. Petersburg 879. (Dorpat, Karow.) n. 2. 40

Frankenheim, M L.

— Ueber die Abhängigkeit einiger Cohäsions-Erscheinungen flüssiger Körper von der Temperatur (Aus Poggend Ann, Bd LXXII, 1847)

Frankenheim, M. L., populaire Astronomie ohne Hülfe d. Mathematik, in zwanzig Vorlesungen u. m. Zusätzen versehen. Mit Kpf. u. Kart. 8. Braunschw. 827. 2e A. 829. Vieweg. 1 ℛ 20 gl

— Die Ausdehnung einiger flüssiger Körper durch die Wärme

— Ueber das Entstehen und das Wachsen der Krystalle nach mikroskopischen Beobachtungen (Aus Poggendorff's Ann, Bd CXI)

Frankenheim, M L, Ueber die Isomerie bei dem salpetersauren Kali und dem kohlensauren Kalk

Frankenheim, M. L., zur Krystallkunde. 1. Bd.: Charakteristik der Krystalle. Nebst 1 Steintaf. Leipzig 869. Barth. gr. 8. (VII, 214 S.) n. 1 ℛ 20 ngr.

Frankenheim, M. L, die Lehre von der Cohäsion, umfassend die Elasticität der Gase, die Elasticität und Cohärenz der flüssigen u. festen Körper u. die Krystallkunde, nebst vielen neuen Tabb. über alle Theile der Cohäsionslehre, insbesond. über d. Elasticität u. d. Festigkeit. gr. 8. Bresl. 835. Schulz u. Comp. 3½ ℛ

— Ueber das Magnetisiren der Stahlstäbe (Poggendorff's Ann, Bd CXXIII)

Frankenheim, M. L., System d. Krystalle, s. Acta n. phys.-med. Acad. Caes. Leopold. Carol. XIX. Prs. II.

Frankenheim, M. L. System der Krystalle. (Aus den Act. Acad. nat. cur. Vol XIX) Breslau 1842. 4

Frankenheim, M L (geb Braunschweig 29 6 1801)' De theoria gasorum et vaporum meditationes Berolini (1823) (42 S) 8°
Berlin, Phil Diss v 29 Marz 1823

Frankenheim, M. L, Ueber die geographische Verbreitung der Acanthaceen

Frankenheim, M. L., Völkerkunde. Charakteristik u. Physiologie der Völker. gr. 8. (VIII u. 559 S.) Breslau 852, Trewendt & Granier. 2⅓ ℛ

— Ueber das Volumen des Wassers bei verschiedenen Temperaturen, nach Is Pierre's Beobachtungen

— Ueber die in der galvanischen Kette an der Grenze zweier Leiter entwickelte Wärme oder Kälte (Poggend Ann., Bd. XCI)

Frankenheim, M[auritius] L[udovicus]. De crystallorum cohaesione Vratislaviae (1829). (45 S) 8°
Breslau, Phil Fak, Antr-Progr als außerord Prof v 8 Aug 1829

Frankenheim, M[oritz] L[udwig]: Krystallisation und Amorphie. Breslau (1852) (42 S) 8° [F. u Ant.] *[Abgedr in Journ f d prakt Chem Bd 54, 1851, Auszug in Chem-Pharmaceut Central-Blatt Jg 23 1852]*
Breslau, Phil Fak, Antr-Progr als ord Prof v 5 Jan 1852

Franken-Kalender 1903. 16. Jahrg. 4. (80 S. m. Abbildgn.) Würzburg, F. M. Richter. — 40

Franken-Kalender 1906. 19. Jahrg. (76 S. m. Abbildgn.) Lex.-8. Würzburg, F. M. Richter. n. — 40

Franken-Kalender 1911. 24. Jahrg. (84 S. m. Abbildgn.) Lex. 8. Würzburg, F. M. Richter. — 40

Frankenland, Das ganze, mit seinen Gräntzen in 68 Land-Charten; nebst Lexicon über alle Oerter. Nürnberg 1737. V: *Eimmart, Georg Chr.* (Bibl. d. Germ. Nat. Mus. Nürnberg 1855.)

Frankenreich [Schlagwort]

Frankenreich, s.: Geschichtskarten. Sammlung.

Frankenrepublik, Die. Briefe über Frankreichs gegenwärtigen Zustand, und über den Feldzug von 1793, mit besonderer Rücksicht auf das Elsass. Von einem Augenzeugen. 8. 1794.

Frankenrepublik, die, Briefe über Frankreichs gegenwärt. Zustand, mit den Feldzügen v. 1793. 8. Frankf. 794. Varrentrapp. 12 gl

Frankens, Aug. Herrm., Biographie. Mit Bildn. gr. 8. Chemnitz 823. Starke. 8 gl

Frankensoldat, Ein, an die Mainzer Bürger. Mainz 1793. V: *Rougemaitre, C. J.* (BMarsch 117)

Frankenstein [Sachliches OW]

Frankenstein, Georg Arbogast Frhr. v. u. zu, s. Fäh, Jak. — Stamminger, J. B.

Frankenstein [Schlagwort]

Frankenstein, Kreis, s.: Breslau, Reg.-Bez.

Frankenstein, s.: Glatz. Hansi, G.

Frankenstein, Kreis, s.: Kreiskarten.

Frankenstein [Verfasser]

— s. a. Franckenstein

Frankenstein's Lunar- u. Solarlicht, siehe: Notizen. — Werner

Frankenstein, A., Nordlandfahrt bis Spitzbergen mit der „Auguste Victoria" der Hamburg-Amerika-Linie 1903. Illustrierte Schildergn. (V, 159 S.) gr. 8. Leipzig 904. Frankenstein & Wagner. Geb. in Leinw. n. 4. 50

Frankenstein, Adolphus *(geb Landeshut in Schles 9 12 1831)*. De fistula vesico-vaginali. Vratislaviae (1855). (32 S) 8°
Breslau, Med Diss v 8 Febr 1855

Frankenstein, E. Gf., Erläut. üb. v. Pufendorfs Einleit. z. Hist. d. vorn. Reiche u. St. ans Licht gest. v. Ayrmann. 2 Thle. 8. Hamb. Brand. 744.

Frankenstein, Ernst, Referendar aus Berlin: Die Judikatsklage des römischen Rechts und ihre Fortentwickelung im gemeinen und heutigen Recht. *Rostock 1903: C. Hinstorff.* (102 S.) 8°
Rostock, Jur. Diss. v. [18. Mai] 1903

Frankenstein, P. Fr. Reginald Maria, O Praed, Regel- u Gebetbüchlein für die Terziaren d. heil. Dominicus Mit den Tagzeiten der allerseligsten Jungfrau und den Gedächtnissen sämmtlicher Heiligen und Seligen d. Prediger-Ordens 16 (VIII, 131 S. mit 1 Stahlst.) Wien, Mayer & Co. geb. n — .70 *1887.*

FRANKENSTEIN, Frank. Eine moderne Salome. (= Was man nicht laut erzählt, Heft 8.) Berlin, E. Stangen (um 1905). 8°.
Verb. d. Ldg. Breslau 7 J. 1076/07.

Frankenstein, H s. Familienbibliothek, Schweizer. Nr. 77.

Frankenstein, Hans, appr. Arzt a. Karlsruhe: Beitrag zur Kenntnis der Acanthosis nigricans. Karlsruhe (1904): Badische Druckerei. (25 S.) 8°
Heidelberg, Med. Fak., Ref. Erb, Diss. v. 27. Dez. 1904
[Geb 14. Jan. 82 Essen, Wohnort: Karlsruhe; Staatsangeh.: Baden; Vorbildung. Gymn Karlsruhe Reife Juli 99; Studium: Heidelberg 4, München 2, Berlin 1, Heidelberg 2 S.; Coll 17. Nov. 04; Approb. 15. Juli 04.]

Frankenstein, Hermine, der Erbe des Hauses. Roman. [Aus: „Neues Münch. Tagblatt".] gr. 8. (202 S.) München 890. Schuh & Co. 1. —

Frankenstein, Hermine, Alwyns erste Frau. Die Stiefmutter, s.: Enßlin's Roman- & Novellenschatz.

— Das Geheimnis der Blinden. Roman, nach dem Engl. frei bearb. (322 S.) kl. 8. Regensburg (910). J. Habbel. Geb. in Leinw. 2. —

— e. düsteres Geheimniß. Roman. [Aus: „Neues Münch. Tagblatt".] gr. 8. (218 S. m. Abbildgn.) Ebd. 890. 1. —

— das Gespenst der Marquise. Roman. [Aus: „Neues Münch. Tagblatt".] gr. 8. (208 S. m. Abbildgn.) Ebd. 890. 1. —

— Ein verhängnisvoller Irrtum, s.: Enßlin's interessante Bibliothek.

Frankenstein, Hermine, dämonische Mächte. Roman m. Benutzg. e. engl. Idee. 2 Bde. 8. (306 u. 296 S.) Breslau 893. Schles. Verlags-Anstalt. n. 8. —; geb. n. 10.

— Eine geheime Mission, s.: Braun's Novellen u. Roman-Sammlung.

-- Vera, s.: Enßlin's interessante Bibliothek.

— Unter schwerem Verdacht. Roman, nach dem Engl. frei bearb. (357 S.) kl. 8. Regensburg (910). J. Habbel. Geb. in Leinw. 2. —

Frankenstein, J. A., historisches Theater v. England. 8. Leipz. Vogel. 725.

— historisches Theater v. Portugal. 8. Ebendaselbst. 725.

Frankenstein, Jac. Aug.: De Titulo fraternitatis. [Resp.:] Joh. Sigm. Griebner. Lipsiae (1715): Schedius. 64 S. 4°

Leipzig, Phil. Diss. v. 14. Dez. 1715.

Selten. S. 42 handelt von dem Namen der Fratrum Roseae Crucis.

Frankenstein, Johannes von, der Kreuziger. Hrsg. von Ferd. Khull, s. Bibliothek des litterarischen Vereins in Stuttgart, Bd. 160.

Frankenstein, Josef, approb. Arzt aus Landeshut: **Die Häufigkeit, die Indikationen und Resultate der Zangenentbindungen an der Leipziger Universitäts-Frauenklinik vom Jahre 1887—1899.** *Leipzig 1901: B. Georgi.* (30 S.) 8°

Leipzig, Med. Diss. v. (6 Apr.) 1901

Frankenstein, Isidor [aus Soldau]: Beitrag zur normalen und pathologischen Anatomie des Praeputium penis . . Freiburg i. B., Buchdr. H. Epstein, 1891: 28 S., 1 Bl. 8°

Freiburg i. B., Med. Fak., Inaug.-Diss. v. 1891

Frankenstein, K., d. Einrichtgn. d. deutschen Hausbesitzer-Vereine z. Besten ihrer Mitglieder. Im Auftr. d. Centralverbandes d. Haus- u. städt. Grundbesitzer-Vereine Deutschlands hrsg. M. e. Anh.: D. Centralverband d. Haus- u. städt. Grundbesitzer-Vereine Deutschlands. gr. 8. (125 S.) Berlin 896. Deutscher Verlag n. 1. —

K. Frankenstein, Die Verhältnisse der Landarbeiter, geschildert auf Grund der v. Ver. f. Sozialpolitik veranstalteten Erhebungen.

K. Frankenstein: Thüringen, Sachsen, Hessen und B.

Leipzig 1892.

Frankenstein, K. (Hrsg.), s. Vocke, Wilh.: Die Grundzuge der Finanzwissenschaft.

Frankenstein, K. (Hrsg.), s. Zeitschrift für Litteratur und Geschichte der Staatswissenschaften.

Frankenstein, Karl von

Frankenstein : Broschüre über galvanische Vergoldung und Versilberung, s. Roessler

v. Frankenstein, Carl, allgemeiner historisch-statistisch-topographischer Fabriks-Bilder-Atlas der österreichischen Monarchie. (Beilage zum innerösterr. Industrie-Blatte.) 1842. 12 Liefg. M. lith. Taf. gr. 4. Grätz 842, Kienreich. n. $6^2/_3$ ₰

– dass. 2. Jahrg. 1843. 12 Liefg. u. lith. Taf. gr. 4. Ebend. 843. n. $6^2/_3$ ₰ — 3. 4. J. 1844, 1845. à $6^2/_3$ ₰

v. Frankenstein, Karl, Tabellar. Grundriß d. Agricultur-Chemie u. Agronomie, nach d. neuesten Stande der Naturwissenschaften, mit Benutzung der neuesten und besten Hülfsquellen. 2 Thle. gr. 4. Grätz 837. Kienreich. $2^1/_2$ ₰

Frankenstein, Carl v., tabellar. Grundriss d. Agriculturchemie u. Agronomie, nach d. neuesten Stande d. Naturwissenschaften, mit Benütz. d. neuesten u. besten Hülfsquellen. 2 Thle. (6 Hfte.) gr. 4. Grätz, Kienreich. à H. * $^7/_{12}$ Thlr. Thlr.

Thl. 1. (od. 1—3. Hft.) Agriculturchemie. (20 B.) 837.
- 2. (od. 4—6. Hft.) Agronomie. ($19^1/_2$ B.) 839.

—— Industrie u. Gewerbsblatt, s. Industrieblatt.

Frankenstein, (Carl v.), einfache hydroelectrische Contact-Vergoldung u. Versilberung, od.: allereinfachste, schnellste u. wohlfeilste galvanische Vergoldung u. Versilberung ohne Apparat auf nassem Wege f. jed. Gewerbsmann anwendbar. Mit mehreren Abbildgn. und in Natura vergold. u. versilb. Metall-Blechen. Lex.-8. Grätz 842, Kienreich's Verlags-Compt. *

—— Neujahrsblumen u. Gratulations-Pillen. Bestehend in vermischten Sinngedichten, ernsten u. scherzhaften Inhalts. 1. Samml. Jahr 1837. 8. Grätz, Kienreich.

Vgl. dess., der Zeitgeist.

-- die Schießbaumwolle, ihre chem.-physikal. Eigenschaften u. Wirkung. Nebst Anleit. z. Erzeugung d. Schießbaumwolle etc. Mit Holzschn. 16. Graz 846. (Leipz., G. Wigand.) n. $^1/_2$ ₰

Frankenstein, C(arl) v., die Schießbaumwolle, ihre chemisch-physikal. Eigenschaften und Wirkung. Nebst Anleitung zur Erzeugung der Schießwolle. 16. (72 S. mit Holzschn.) Graz 847. (Leipzig, G. Wigand.) *

—- Terpsichore. Neuer Ball- u. Masken-Almanach f. Freunde d. gesell. Vergnügens u. d. heitern Conversation. M. 7 artist. Beiln. u. 12 Alpen-Quadrillen, nebst Musik v. Ed. Eichler. 16. (13 B.) Grätz 840, Ludewig. (Leipzig, Hunger.) *

— Terpsichore. Neuer Ball- und Masken-Almanach für Freunde des gesell. Vergnügens u. der heitern Conversation. Mit 7 artist. Beilagen u. 12 Alpen-Quadrillen, nebst Musik von Ed. Eichler. 16. Leipzig 840. (P. Baumgärtner; Ludewig's Verlag in Grätz.) n. 2 ₰

– s. Werkzeugtafeln.

— der Zeitgeist. Oder: Wie sieht es im Jahre 1838 aus? Dramatisirte Humoreske. Eine Neujahrsgabe. Als 2e Samml. der Neujahrsblumen. Mit 1 Lithographie. gr. 8. Grätz 838. Kienreich. $^1/_3$ ₰

Vgl. dess., Neujahrsblumen.

Frankenstein, Kuno, die Arbeiterfrage in der deutschen Landwirtschaft. Mit besond. Berücksicht. der Erhebgn. des Vereins f. Sozialpolitik üb. die Lage der Landarbeiter. gr. 8. (III, 826 S.) Berlin 893. R. Oppenheim. n. 6. —

Frankenstein, Kuno, d. Arbeiterschutz, s. Theorie u. Politik, s. a. Hand- u. Lehrbuch d. Staatswissenschaften.

Der Arbeiterschutz. Seine Theorie u. Politik v. Dr. Kuno **Frankenstein**, Doc. an d. Humboldt-Akad. in Berlin. *Leipzig: C. L. Hirschfeld 1896.* (X, 384 S.) 1 Bd 8.
= Hand- u. Lehrbuch d. Staatswissenschaften. Abt. 1. Bd 14.

Frankenstein, Kuno, Die Arbeitervereine in Deutschland und ihre gesetzliche Regelung. (Vierteljahresschr. f. Staats- u. Volksw., V, 1896.)

Frankenstein, Kuno, Bevölkerung und Hausindustrie im Kreise Schmalkalden seit Anfang dieses Jahrhunderts, s.aBeiträge zur Geschichte der Bevölkerung in Deutschland seit dem Anfange dieses Jahrhunderts.

Frankenstein, Kuno [Dr.]: Bevölkerung und Hausindustrie im Kreise Schmalkalden seit Anfang dieses Jahrhunderts Ein Beitrag zur Socialstatistik und zur Wirthschaftsgeschichte Thüringens.... (= Beiträge zur Geschichte der Bevölkerung in Deutschland ... Hg. v. Fr. J Neumann. II.) Tubingen, Verl. d. H Laupp'schen Buchh., 1887; XI + 283 + 1 S 8°.
Tübingen, Staatsw Fak., Inaug.-Diss. v. 1887.
(Nicht für den Austausch)

— Bibliographie d. Arbeiterversicherungswesens im Deutschen Reiche. [Zum grössten Tl. aus: „Zeitschr. f. Litt. u. Geschichte d. Staatswissenschaften".] Lex.-8. (VI, 42 S.) Leipzig 895. C. L. Hirschfeld. n. 1. 50

— die deutsche Fabrikinspektion, ihre Thätigkeit im J. 1890 u. ihre Reform. [Aus: „Annalen d. Deutschen Reichs".] Lex.-8. (III, 72 S.) München 892. G. Hirth. n. 1. 50

Frankenstein, Kuno, d. deutsche Fabrikinspektion, ihre Thätigkeit i. J. 1890 u ihre Reform. Lex.-8. (III, 72 S.) München 892. [Hirth.] J. Schweitzer Sort. n. 1. 50

— s.: Hand- u. Lehrbuch d. Staatswissenschaften.

Frankenstein, Kuno: Die Lage der Arbeiterinnen in den deutschen Grossstädten. — Leipzig: Duncker & Humblot 1888. 48 S. 8°
Aus: Schmollers Jahrbuch f. Gesetzgebung. Jg. 12, H. 2.

Frankenstein, Kuno, die Lage d. bäuerlichen Grundbesitzes in Deutschland u. die Reform unserer Agrargesetzgebung. Ein Beitrag zur Lösg. der Agrarfrage. 8. (III, 145 S.) Jena 885. Döbereiner. n. 2. —

— Die Lage des bäuerlichen Grundbesitzes in Deutschland und die Reform unserer Agrargesetzgebung. Ein Beitrag zur Lösung der Agrarfrage. 8°. Jena, Döbereiner, 1886.

— Materialien zur Beurtheilung der Eisenbahnpolitik u. des Eisenbahntarifwesens in Russland. gr. 8. (63 S.) Berlin 894. G. Schuhr. n. 2. —

— Zur Organisation der amtlichen Lohnstatistik im Deutschen Reiche. gr. 8. (90 S.) Lpz. 889, Duncker u. Humblot. * 2 —

— Produktion u. Konsumtion i. d. Volkswirtschaft, s.: Lehr, Jul.

— s.: Vierteljahrsschrift f. Staats- u. Volkswirtschaft.

-Volksheime und Vereine für Volkswohl als Mittel zur Ausgleichung der gesellschaftlichen Gegensätze. gr. 8°. Jena 1890.

Frankenstein, Dr. Kuno. Vide: Zeitschr. für Agrarpolitik.

Frankenstein, Kurt, approb. Arzt: Zum Bau der normalen Uterusschleimhaut. *München 1900: Kastner & Lossen.* (55 S.) 8°
München, Med. Diss. v. 1900

Frankenstein, L von: „Tabellarischer Umriss der Agriculturchemie und Agronomie, oder Lehre von der Natur und ihrer Zusammensetzung der Körper, Kenntniss des Bodens, dessen Classification, Düngung und chemischen Bodenverbesserung nach dem neuesten Standpunkt der Naturwissenschaften", 2 Teile, je drei Hefte, Grätz 1837, 1839 (Kienreich)

Frankenstein, Lothar, Assistenzarzt: 3 Fälle von Ovarialtumorenbildung nach Exstirpation des myomatösen Uterus. Beitrag z. Frage d. Konservierung d. Ovarien. Leipzig 1908: Georgi. 42 S. 8°
Leipzig, Med. Diss. v. 22. Okt. 1908, Ref. Zweifel
[Geb. 5. Jan. 78 Breslau; Wohnort: Berlin; Staatsangeh.: Preußen; Vorbildung: Gymn. Breslau Reife O. 97; Studium: Freiburg i. B. 1, Munchen 1, Breslau 8 S.; Coll. 29. Okt. 08; Approb. 29. März 02.] [U 09 2777

Frankenstein, Ludwig (Hrsg.), s. Monatshefte, Musikbibliographische.

Frankenstein, Ludwig, s.: Richard Wagner-Jahrbuch.

Frankenstein, Max [aus Crone a. d. Brahe (Kr. Bromb.)]: Ueber Arbeitsparesen an den untern Extremitäten ... Berlin, C. Vogts Buchdr., *1897;* 30 S., 1 Bl. 8.
Berlin, Med. Fak., Inaug.-Diss. v. 14. Jan. 1897

Frankenstein, Selmar [pr. Arzt]: Über periauriculäre Entzündungen und Abscessbildungen bei Otitis media purulenta ... Königsberg i. Pr., Druck v. M. Liedtke, 1895; 2 Bl., 45 S., 2 Bl. 8.
Königsberg, Med. Fak., Inaug.-Diss. v. 2. Febr. 1895

Frankenstein, Selmar, üb. periauriculäre Entzündungen u. Abscessbildgn. bei Otitis media purulenta. Diss. gr. 8. (44 S.) Königsberg 895. (W. Koch.) n. 1. —

Frankenstein, Walter: Das beneficium excussionis nach gemeinem Rechte und die Einrede der Vorausklage nach dem Rechte des Burgerlichen Gesetzbuches. Heidelberg 1909: Rössler & Herbert. 36 S. 8°
Heidelberg, Jur. Diss. v. 1. Febr. 1909, Ref. Bekker
[Geb. 9. März 74 Landeshut; Wohnort: Berlin; Staatsangeh.: Baden; Vorbildung: Gymn. Lorrach; Studium: Breslau 5, Freiburg i B. 6 S.; Rig. 16. Dez 08] [U 09. 1790

Frankenstein, Wilhelm, aus Karlsruhe i. Baden: Beiträge zur Kenntnis der Aconsäure und der Itaconsäure. *Königsberg i. Pr. 1899: H. Jaeger.* (61 S.) 8°
Königsberg, Phil Diss v. 4 Aug. 1899

Frankensundern, die Cigarre auf dem Altar des Vaterlandes. Sachliche Erörtergn. zur Tabak-Steuer-Vorlage. Nebst e. kurzen Abfertigg. des „Starken Tabak" v. Heinr. Fränkel. gr. 8. (34 S.) Frankfurt a/O. 893. H. Andres & Co. — 50

Frankenthal [Sachliches OW]

Frankenthal oder Vierzehn Heiligen, ein Taschen- und Andachtsbuch für dahin Reisende, mit 3 Kupf. und 1 Chärtchen. 8. Nurnberg, Riegel und W.
Ohne das Andachtsbuch

Frankenthal oder Vierzehn Heiligen. Nürnberg 1819. 8°

Frankenthal [Schlagwort]

Frankenthal, Bez., s.a. Pfalz.

Frankenthal — Gegend zwischen — und Mannheim. Ohne Titel. 1: 15,000. 1 Blatt Handzeichnung.

Frankenthal [Verfasser]

Frankenthal, A(dolph) L[evy]. Die rätselhafte Fahne im historischen Museum zu Bern ⟨Schweiz⟩. Die versuchte Lösung der Inschrift als Sammelwerk [hrg.] von A. L. F". [Mit 1 Abbildung.] II + 54 S. 8. Zürich, Typ. G. v. Ostheim, [1907].

Frankenwald [Schlagwort]

Frankenwald, s.: Fichtelgebirge. — Hof. — Thüringen.

Frankenwald, s.: Hand- u. Reisekarten. 24.

Frankenwald, s.: Steben.

Frankforter, George Bell [aus Amerika]: Beitrag zur Kenntniss des Narceïns ... Berlin, B. Berkowitz' Buchdr., *1893;* 55 S., 1 Bl. 8.
Berlin, Phil. Fak., Inaug.-Diss. v. 31. Mai 1893

Frankfurt [Sachliches OW]

Frankfurt, s.a. Archiv für Frankfurts Geschichte. — Battonn, J. G.

Frankfurt, s.a. F r a n c k f u r t

Frankfurt u. Berlin. Ein Wort zur Verständigung (v. Alex. Heinr. Freih. v. Arnim). 8. (24 S.) Frankfurt a. M. 848, Brönner. 3 *ngr* (— 2. Aufl. siehe: v. Arnim, A. H.)

Frankfurt und Berlin. Ein Wort zur Verständigung. Von v. Arnim. 1. Aufl. 8. (24 S.) 3 Ngr. und 2., mit einem Vorworte über den gegenwärt. Stand der Frage verm. Aufl. gr. 8. (32 S.) Frankfurt a. M. 848, Brönner.

Frankfurth am Mayn, Das florirende, oder Wahrh. u. eigentliche Abbildung der freyen Reichs-, Wahl- und Handel-Stadt. Augsb. 1738. V: *Kleiner, S. & J. A. Pfeffel.* (Gilhofer a 111/74) (BiblPort)

FRANKFURT in den Jahren 1795, 96 und 97, in Briefen an S (Skandalschrift) London. 8°. Rar! (6 Mk List u Francke Lpz., c. 1882, jetzt theurer!)

Frankfurt im Jahre 1848. Frankfurt a. M: Goar in Komm. 12 Bl. quer-4° [illegible]

Frankfurt im Jahre 1855 mit einigen Rückblicken in die Vergangenheit von L v. L. Frankfurt a. M. 856. Boselli. gr. 8. (36 S.) n. $5^1/_2$ *ngr*

Frankfurt a. M. Plan der Stadt nebst einem Fuhrer für Freunde, s.a. B r o c k h a u s Reise-Atlas.

Frankfurt am Main. Ein Führer für Fremde. Deutsch u. französisch. Mit 4 Stahlst. qu. 8. Frankf. ... Schmerber. $^5/_6$ *rf*

FRANKFURT AM MAIN. Seine Geschichte, Sehenswürdigkeiten und Verkehrsmittel. Den Theilnehmern an der zu Frankfurt vom 11 — 15. September 1881 stattfindenden General-Versammlung des Gesammt-Vereins der deutschen Geschichts- und Alterthums-Vereine überreicht vom Fest-Comité Mit einem Plane Frankfurt a M Druck von Rupert Baumbach. 8°

Frankfurt a. M. Rathgeber für Einheimische und Fremde. Sommerfahrpläne 1887 und 1888, und Winterfahrpläne 1888/89. 128. (IV, 128; IV, 132: 140 S.) Frankfurt a. M., Reitz und Köhler. à Heft

Frankfurt am Main. Rathgeber für Einheimische u. Fremde. Sommerfahrpläne 1889. 128. (153 S.) Frankfurt a/M. 889. Reitz & Koehler. — 25

Frankfurt am Main. Rathgeber für Einheimische u. Fremde. Sommerfahrpläne 1892. 128. (159 S.) Frankf. a. M. 892, Reitz u. Koehler. — 25
Erscheint alljährlich 2 Mal: Sommer- u. Winter-Ausgabe

Frankfurt am Main. Rathgeber f. Einheimische u. Fremde. Sommerfahrpläne 1893. 64. (159 S.) Frankfurt a/M. 893. Reitz & Koehler. — 25

Frankfurt am Main. Rathgeber f. Einheim. u. Fremde. Sommerfahrpläne 1895. 64. (160 S.) Frankfurt a/M. 895. Reitz & Köhler. — 25

Frankfurt a. M. Die schönsten Bauwerke, Denkmäler, Ansichten u. s. w. (25 Bromsilber-Photogr.) qu. 8. Berlin-Steglitz 904. Neue photograph. Gesellschaft.
In Leinw.-Mappe 12. 50; einzelne Blatt — 50

Frankfurt am Main 1886—1910. Ein Führer durch seine Bauten. Den Teilnehmern an der Wanderversammlg. des Verbandes deutscher Architekten- u. Ingenieur-Vereine gewidmet vom Frankfurter Architekten- u. Ingenieur-Verein 1910. (260 S. m. Abbild., 5 [3 farb., davon 2 eingedr.] Plänen, eingedr. Grundrissen u. 1 eingedr. Karte.) gr. 8. Frankfurt a/M. (Bockenheimer Anlage 3) 910. (A. Askenasy.)
Geb. in Halbleinw. nn 5. —

Frankfurt a.M. — Bamberg. Führer für Reisende auf der Eisenbahn von Frankfurt a.M. nach Bamberg, s. B r o c k h a u s Reise-Atlas.

Frankfurt a/M. u. seine Bauten, hrsg. vom Architekten- u. Ingenieur-Verein. gr. 8. (VIII, 628 S. m. eingedr. Illustr. u. 12 Taf.) Frankfurt a/M. 886. (Alt.) geb. n. 27. —

Frankfurt am Main u. seine Bauten, hrsg. vom Architekten- u. Ingenieur-Verein. Frankfurt a.M. (Selbstverlag des Vereins.) 1886. 8°

Frankfurt a. Main in topographischer, historischer und statistischer Hinsicht. Ein Führer für Fremde und Einheimische. Frankfurt a. M. 1854. V: *Foltz-Eberle, Eduard.* (EngG)

Frankfurt a. Main im Jahre 1855 mit einigen Rückblicken in die Vergangenheit. Frankfurt a. M. 1856. V: *Leonhardi, Ludwig Johann Friedrich August Freih. von.* (EngG)

Frankfurt a. M.-Mainz-Heidelberg. Führer für Reisende auf den Eisenbahnen zwischen Frankfurt a. M., Mainz und Heidelberg, } s. Brockhaus Reise-Atlas.

Frankfurt a. M. im Portemonnaie u. Eisenbahn-Kursbuch f. Mittel- u. West-Deutschland. Sommer 1876 u. Winter 1876/77. 128. (X, 191 u. VIII, 192 S.) Kassel 876. Grobel. à n. — 30

Frankfurt a. M. im Portemonnaie und Eisenbahn-Kursbuch für Mittel- und West-Deutschland. Sommer 1877 und Winter 1877/78. 128. (X, 216; 224 S. mit lithogr. Eisenbahnkarte in 8.) Kassel, Grobel. à Heft *

—— dass. — Sommer 1878 und Winter 1878/79. 128. (à Heft 210 S. mit lithogr. Eisenbahnkarte in 8.) Ebendas. à Heft *

—— dass. — Sommer 1879 und Winter 1879/80. 128. (254; 270 S. mit lithogr. Eisenbahnkarte in 8.) Ebendas. à Heft *

— im Portemonnaie od. in der Westentasche, Führer f. Einheimische u. Fremde. Neueste Winterfahrpläne 1882/83. 128. (129 S. m. 1 lith. Plan.) Frankfurt a/M. 883. Mahlau & Waldschmidt. n.n. — 25

Frankfurt am Myn, eine Fr. Reichs zu der Wahl und Cronung der Romischen Kaiser Bestimmte und weit Beruhmte florisante Handel Stadt. Verlegt von M. Seutter Rom. Kaiserl. Geogr. Augsburg 1728? Ohne M. 1 Bl.

Frankfurt a/M., die freie Stadt, nebst ihren Umgebungen. Ein Wegweiser für Fremde u. Einheimische. Mit (5) Stahlst. 8. Frankfurt a/M. 843, Hermann'sche Buchh. n. $^5/_6$ *rf*

Frankfurt a. M. und der Taunus Mit 1 Pl. u. 1 Karte *Berlin: A. Goldschmidt 1902–03.* (32 S.) 8° [F. u. Ant.]
Aus Der Rhein 23 Aufl
— **Reisebücher,** Griebens. Bd 31. [03 1340 II

Frankfurt a./M. und der Taunus. Mit 2 Karten. Berlin: A. Goldschmidt 1904–05. (30 S.) 8° [F. u Ant.]
Aus. Der Rhein. 24 Aufl
— **Reiseführer,** Griebens. Bd 31. [04. 5300

Frankfurt a. M. und der Taunus. Mit 2 Karten Berlin: A. Goldschmidt 1906–07. (35 S.) 8°
Aus Der Rhein. 25 Aufl
— **Reiseführer,** Griebens. Bd 31. [07 8501

Frankfurt a. M. und der Taunus. Mit 3 Karten. Berlin: A Goldschmidt 1908–09 (39 S.) 8°
Aus 'Der Rhein'. Führer 26 Aufl
— **Reiseführer,** Griebens. Bd 31. [08 15575

Frankfurt a. M. und der Taunus Mit 3 Kt. Berlin A. Goldschmidt 1910–11. 38 S 8°
Aus. Der Rhein 27 Aufl
(Griebens Reiseführer Bd 31) [10 51°4

Frankfurt am Main und seine Umgebung. Ein Führer für Fremde. Dieser praktische Fremdenführer enthält alles Sehenswerthe der Stadt und ihrer Umgebungen, genaue Angabe der Spaziergänge &c., nebst einer Uebersicht des Abgangs und der Ankunft der Eisenbahnen und Dampfschiffe. Frankfurt a. M. 855. Boemel. 8. (2 Bl., 38 S. u. Plan in Holzschn.) n. 4 *ngl*

— **u. Umgebungen,** s.a. **Grieben's Reise-Bibliothek.**

Frankfurt am Main und Umgebungen. Prakt. Wegweiser. 4. Aufl. neu bearb. v. M[ax] F. Sebaldt. M. neuem Pl. v. Frankf. u. neuer Kt. v. Frankfurts Umgebgn. *Berlin: A. Goldschmidt 1896.* (49 S., 1 Bl., 8 S., 1 Pl., 2 Kt.) 1 Bd 8.
— **Reisebücher,** Griebens. Bd 31. [96. 6383

— **u. Umgebungen.** Prakt. Wegweiser m. neuem Plane d. Stadt. 12. (IV, 82 S.) Frankfurt a/M. 896. A. Vaternahm. — 80

Frankfurt am Main in seinen hygienischen Verhältnissen und Einrichtungen. Festschrift zur Feier des 50jähr. Doctor-Jubiläums des Hrn. Geh. San.-Rath Dr. Georg Varrentrapp. Hrsg. von Collegen, Freunden und Mitbürgern des Jubilars. Redig. von Alex. Spiess. gr. 8. (XII, 488 S. mit 20 lithogr. und Lichtdr.-Taf.) Frankfurt a. M. 881, Mahlau und Waldschmidt. geb.

Frankfurt a. M., Vorschlag zur Begrundung einer mitteleuropaischen Gradmessung I, II Frankfurt a M 1861

Frankfurt am Main, wie es ist. In historisch-statistischer . . . Beleuchtung und Darstellung . . . Leipzig 1831. V: *Wild, Carl Andr.* (EngG)

Frankfurt am Main wie es ist. In histor.-statist., scientifisch u. artist., speculat. u. volksthümlich-charakterist. Beleuchtung u. Darstell., ernst u. humorist. gehalten; freisinnig bearb. 8. (17 B.) Leipzig 831, Zirges.

— wie es ist. In historisch-statist., scientischer u. artist., speculat. u. volksthumlich charakterist. Beleuchtung &c. 8. Leipzig 831. (Melzer.) 1 1/4 ; 5

Frankfurt a.O. – Berlin – Stettin. Führer für Reisende auf den Eisenbahnen zwischen Frankfurt a.O., Berlin und Stettin, s. Brockhaus Reise-Atlas.

Frankfurt a. O.-Breslau-Posen. Führer für Reisende auf den Eisenbahnen zwischen Frankfurt a. O., Görlitz, Breslau und Posen, s. **Brockhaus' Reise-Atlas.**

Pharus-Plan **Frankfurt** a M. (Nach amtl. Materialien hergestellt Kleine Ausg) Maaßst 1:10,200 [Nebst] Führer durch Frankfurt a M. ... *Berlin. Pharus Verl [1903]* (1 Kartenbl 49×37 cm, 19 S.) 8° [kol] [04 0507

Pharus-Plan **Frankfurt** a/O. nebst Umgebung. Maßst. 1:14,200. [Mit 5 Nebenkarten.] (Mit Führer durch d. Stadt u Umgebung.) Berlin: Pharus-Verl. [1905]. (1 Kartenbl. 72×49 cm, 10 S.) 8° [lith.] [kol.] [06. 3576

Frankfurt Die Reichsstadt F im Bund der Eidgenossen. (Wiesbaden 1862) s. (R[ossel]. C[arl]).

Frankfurt und der Taunus Mit 2 Kartenbeil *Berlin: A. Goldschmidt 1900.* (32 S.) 8°
Aus Der Rhein 22 Aufl
— **Reisebücher,** Griebens Bd 31. [00. 8680

Frankfurt wie es leibt und lebt . . . Frankf. a. M. 1838—40. V: *Sauerwein, Wilhelm.* (EE)

Frankfurt wie es leibt u. lebt. Erste bis dritte Ansicht. Vom Verf. des Gräff &c. 8. Frankfurt a. M., Körner. à 1/3 Thlr.
1. Der Gemüsemarkt. (2 1/2 B.) 838.
2. Die Bernemer Kerb. (2 1/4 B.) 839.
3. Der 18. Octower. (4 1/4 B.) 840.

In Frankfurter Mundart. **Frankfurt** wie es leibt und lebt. Der Graff wie er leibt und lebt, Der Graff im Grunen, Der Gemußmarkt, Die Bernemer Kerb, Der 18. Oktower, Der Prorector. Frankfurt a. M., J. Strauß 1909. (Getr. Pag) 8° [Umschlagt. F.] [08. 17868

Frankfurt a. M. [Schlagwort]

— s. a.: **Deutschland.** Kürschner-Pelp. Uebersichtskarte. — **Europa.** Liebenow.

— s. a. **Heimatskärtchen.** 30.

– s. a.: **Höchst.** — **Rheinprovinz,** Liebenow, W.

— s. a.: **Pharus-Städte-Atlas.** — **Preussen.** Messtischblätter.

— s. a **Radfahrerkarten.** Freytag. Mittelbach. Ravenstein. Strassenprofilkarte.

— s. a. **Westentaschen-Sammlung.**

Frankfurt a. M.—Baden-Baden, s.: **Automobilkarten.** Automobil-Tourenkarte.

Frankfurt a. M.—Basel, s.: **Automobilkarten.** Mittelbach.

Frankfurt a. M.—Bonn, s.: **Automobilkarten.** Automobil-Tourenkarte.

Frankfurt a. M.—Eisenach, s.: **Automobilkarten.** Automobil-Tourenkarte.

Frankfurt a. M.—Hannover, s.: **Automobilkarten.** Mittelbach.

Frankfurt a. M.—Karlsruhe, s.: **Automobilkarten.** Pharus-Auto-Strecke.

Frankfurt a. M.—Coblenz, s.: **Automobilkarten.** Automobil-Tourenkarte.

Frankfurt a. M.—Köln, s.: **Automobilkarten.** Automobil-Tourenkarte. Mittelbach. Pharus-Auto-Strecke.

Frankfurt a. M.—Luxemburg, s.: **Automobilkarten.** Automobil-Tourenkarte.

Frankfurt a. M.—Metz, s.: **Automobilkarten.** Automobil-Tourenkarte.

Frankfurt a. M.—Nürnberg, s.: **Automobilkarten.** Automobil-Tourenkarte. Mittelbach. Pharus-Auto-Strecke.

Frankfurt a. M.—Strassburg, s.: **Automobilkarten.** Automobil-Tourenkarte.

Frankfurt a. M.—Stuttgart, s.: **Automobilkarten.** Automobil-Tourenkarte. Pharus-Auto-Strecke.

Frankfurt a. M.—Weimar, s.: **Automobilkarten.** Mittelbach.

Frankfurt — Abbildung der kayserlichen Freyen Reichs-, Wahl- und Handelstadt — am Mayn mit ihrem Gebiet und Grantzen, vorgestellt von Joh. Bapt. Homann in Nurnberg 171:? 1 : 65,000. 1 Bl.

Frankfurt a. M. Atlas, graphisch-statistischer, v. Frankfurt a. Main. Im Auftrage des Magistrats hrsg. durch das statist. Amt. Serie I. Taf. 1 bis 10 (Bevölkerg.) nebst Uebersichtsplan üb. die baul. Entwickelg. der Stadt. (22 S. Text.) qu. Fol. Frankfurt a/M. 903. (J. D. Sauerländer.) n. 5. —

— Beckmann-Plan, neuester, v. Frankfurt a. M. 1 : 12,500. 47.×58,5 cm. Farbdr. Mit Strassenverzeichnis. (15 S.) schmal 8. Stuttgart (906). W. Seifert. n. — 50

Frankfurt a. M. Beckmann-Plan, neuester, von Frankfurt a. M. in mehrfarb. Ausführg. (Neue Ausg.) 1 : 12,500. 39,5×56 cm. Mit Strassenverzeichnis. (14 S.) 8. Stuttgart (909). W. Seifert. — 50

Frankfurt a/M. Düssell, Herm., Rechtskarte des Oberlandesgerichtsbez. Frankfurt a/M. (m. Ausschluss der hohenzollernschen Lande). 1:160,000. 68,5×74 cm. Farbdr. Nebst Erläutergn. Hrsg. v. O. Sayn. 4. (VIII, 104 S.) Wiesbaden 902. C. W. Kreidel. n. 5. —

Frankfurt am Mayn — Geometrischer Grundriss von —. Geometrisch aufgen. gez. und herausgegeben von C. F. Ulrich, Architect et Ingenieur-Geographe. Gestochen von C. Felsing, Hofkupferstecher zu Darmstadt, und in dessen Druckerey gedruckt Frankfurt a. M. 1811. 1 : 5,200. 1 Bl.

Frankfurt a. M. — Petrographische Karte der Gegend zwischen —, Giesen, Fulda u. Hammelburg. Bearb. v. R. Ludwig 1852. Darmstadt, Jonghaus & Venator. 1:33,333. Nebst Text u. 1 Bl. Profilansichten. 1 Bl.

Frankfurt a/M. Karte des Frankfurter Stadtwaldes u. nächste Umgebung. 1 : 33,333. 5. Aufl. Oestlicher Thl. Farbendr. 24×25,5 cm. Frankfurt a/M. 891. Jaeger's Verl. n. — 50

— — dasselbe. Westlicher Thl. Farbendr. 24×31,5 cm. Ebd 891. n. — 50

— Monumental-Plan v. Frankfurt a/M. Hrsg. im Auftrage der städt. Schuldeputation. Bildschmuck v. J. G. Mohr. 1 : 1750. 155×207 cm. Farbdr. Frankfurt a/M. (908). L. Ravenstein. Auf Leinw. m. Stäben 25. —

Frankfurt am Main — Panorama der freien Stadt — aufgenommen von dem Thurme der Deutsch-Haus-Kirche in Sachsenhausen. Einem hohen Senat ehrfurchtsvoll gewidmet vom Zeichner und Herausgeber. Nach der Natur gezeichnet von F. J. Ehemant. Radirt v. E. Rauch. In Aquatinta ausgeführt von F. Jugel und bilsom. Gedruckt von Felsing in Darmst. Schrift gest. v. Bach in Frankf. Herausgegeben und verlegt von Carl Jugel in Frankf. a. M. (18 3). o. M. 1 Bl.

Frankfurt a. M. Pharus-Plan. Frankfurt a. M. 1 : 10,200. 69,5×87,5 cm. Farbdr. Grosse Ausg. Mit illustr. Führer Frankfurt u. seine Umgebung. (Neue Ausg.) (XXII, 19 S. m. 1 Entfernungstaf.) 8. Berlin, Pharus-Verlag. n. 1. —

— — dasselbe. Kleine Ausg. 37,5×50 cm. Farbdr. Nebst: Führer durch Frankfurt a. M. m. dem Hinweis auf den Pharus-Plan Frankfurt a. M. (19 S.) 8. Ebd. n. — 60

— Pharus-Plan v. Frankfurt a/M. 1 : 10,200. 70×87 cm. Farbdr. Nebst: Führer durch Frankfurt a/M. 8. (19 S.) Berlin (902). Pharus-Verlag. n. 1. —

Frankfurt a/M. Plan, geometrischer, von Frankfurt a/Main. 1 : 2000. Hrsg. im Auftrage d. Magistrats v. Tiefbau-Amt. 33 Blatt à 57 × 86 cm. Lith. Frankfurt a/M. 892/94. L. Ravenstein. à n.n. 6. —; kplt. in Leinw.-Mappe n.n. 208. —

Frankfurt a. Main — Alignements-Plan von — von Aug. Ravenstein. 1,250. In 16 Bl. Geogr. Inst. in Frankfurt a. M. 1866.

Frankfurter Gebietes — Plankarte des —. 25,000. Von Aug. Ravenstein. Frankfurt a/M. 1853. 1 Bl.

— Ravenstein, Fr. Aug., Karte der Umgegend von Frankfurt am Main. Unter Zugrundlage der grosshz. u. kurf. hess. Generalstabs-Aufnahmen sowie der neuen herz. nass. trigonometr. Ortsbestimmungen, amtl. Mitteilgn. üb. das landgräfl. hess. Amt Homburg u. eigener Aufnahmen des Frankfurter Gebietes u. Recognoscirgn. bearb. 1 : 100,000. (Neue Aufl.) 50×61,5 cm. Farbdr. Ebd. (908). 1. 50

— dasselbe. Mit Entfernungsangaben u. Tourenverzeichnis (auf der Rückseite). 1 : 100,000. 7. Aufl. 50×61,5 cm. Farbdr. Ebd. (908). Auf Leinw.-Pap. 3. —

— Ravenstein's, Hans, Monumental-Plan v. Frankfurt am Main. Hrsg. im Auftrage der städt. Schuldeputation. 1 : 7000. (Neue Ausg.) 38,5×51,5 cm. Farbdr. Mit Führer u. Strassenverzeichnis. (20 u. 2 S.) gr. 8. Ebd. (910) — 75

— — Monumental-Schulplan v. Frankfurt a/M. 1 : 7000. Gezeichnet v. Hans Ravenstein. 41,5×55 cm. Farbdruck. Ebd. (910). — 25

— — Plan v. Gross-Frankfurt a. M. m. Vororten. 1 : 12,500. 68×81,5 cm. Farbdr. Mit Strassenverzeichnis. (6 S.) gr. 8. Ebd. (910). 1. 50

— — Reit-, Fahr- u. Wanderkarte für die Waldungen zwischen Frankfurt a/M. u. Langen. (Im Auftrage u. m. Unterstützg. des Verschönerungsvereins Frankfurt a/M. E. V. gezeichnet.) 1 : 35,000. 46,5×64 cm. Farbdr. Ebd. (910). Auf Leinw. 2. 50

— — Schulwandplan v. Frankfurt a/M. 1 : 5000. 171×119 cm. Farbdr. Ebd. (908). Auf Leinw. m. Stäben 25. —

Frankfurt a. M. Ravenstein's, Hans, Wandkarte der Umgegend v. Frankfurt a/Main. 1 : 50,000. 127×152,5 cm. Farbdr. Frankfurt a/M. (908). L. Ravenstein. Auf Leinw. m. Stäben 20. —

Frankfurt a. M., Stadt. Ravenstein, Ludw., Alignement-Uebersichtsplan Frankfurt a. M. u. Bockenheim. 1 : 10,000. 2. Aufl. Chromolithogr. gr. Fol. Frankfurt a. M. 887. Ravenstein. n. 3. —

— — Karte vom Stadt- und Landkreis Frankfurt a. M. 1 : 50,000. Chromolith. qu. gr. Fol. Ebd. 886. n. 2. 50; auf Leinw. n. 3. —

Frankfurt a. M., Stadt. Ravenstein, Ludw., Karte der Umgegend von Frankfurt a. M. Unter Zugrundlage der grossherzogl. u. kurfürstl. hess. Generalstabs-Aufnahmen, sowie der neuen herzogl. nassauischen trigonometr. Ortsbestimmungen, amtl. Mittheilungen über das landgräfl. hess. Amt Homburg u. eigenen Aufnahmen des Frankfurter Gebietes u. Recognoscirungen bearb. 1 : 100,000. Revid. 1887. Lithogr. u. color. Imp.-Fol. Frankfurt a/M., Ravenstein. Auf Leinw. in Etui. 4. —

— Ravenstein, Ludw., Markierungskarte v. Frankfurter, Offenbacher u. Schwanheimer Wald. Hrsg. unter Mitwirkung der Verschönerungs-Vereine zu Frankfurt a/M. u. Offenbach a M. 1 : 12,500. (4. Aufl.) 34×77,5 cm. Farbdr. Ebd. (908). Auf Lw.-Pap. 1. 20

— — geometrischer Plan von Frankfurt a. M. 1 : 2500. 6. Aufl. 9 Blatt. Chromolith. Fol. Ebd. 887. n. 18. —; aufgezogen n. 21. —; m. Stäben n. 24. —

— Ravenstein, Ludw., Polizei-Revier-Plan v. Frankfurt a. M. u. Bockenheim. 1 : 10,000. 63,5×52 cm. Lith. Frankfurt a/M. 891. L. Ravenstein n.n. 3. —

— — Special-Plan v. Frankfurt a. M., nebst Bockenheim u. Bornheim. 1 : 5000. 4 Blatt. Neue Ausg. rev. bis 1887. Chromolith. Imp.-Fol. Ebd. 887. n. 18. —; auf Leinw. n. 21. —; m. Stäben n. 24. —

— — Strassenplan v. Frankfurt a. M. u. Bockenheim. Ausg. 1894. 58,5×46 cm. Farbendr. Nebst Strassenverzeichniss. gr. 8. (8 S.) Ebd. 894. In Umschlag. n.n. 1. 50

— — Wandkarte der Umgebung von Frankfurt a/M. 1 : 50,000. 4 Blatt. Farbendr. Imp.-Fol. Ebd. 890. n. 14. —; auf Leinw. m. Stäben n. 20. —

Frankfurt — Umgegend von —. Vom grossh. hess. Generalstab. 25,000. Darmstadt 1862 — 65. 4 Bl.

— Wanderkarte von Frankfurt a/M. u Umgebung. Nach den neuesten Generalstabsaufnahmen. 1 : 60,000. 54 × 70 cm. Farbdr. Frankfurt a/M. 898. R. Ecklin. n. 1. 70; auf Leinw. n. 2. 20

— Wanderkarte v. Frankfurt a/M. u. Umgebung. Nach d. neuesten Generalstabsaufnahmen. 1 : 60000. (2. Aufl.) 54,5×70,5 cm. Farbdr. Ebd. (908). Auf Leinw.-Pap. 1. 50

Frankfurt, Kreis. Wollweber, V., Kärtchen d. Stadt- u. Landkreises Frankfurt f. d. Heimatkunde. 1 : 133,133. 3. Aufl. Chromolith. qu. 4. Frankfurt a/M. 889. Jaeger's Verl. n.n. — 15

Frankfurt, Kreis. Wollweber, V., Karte d. Stadt- u. Landkreises Frankfurt, f. die Heimatkunde gezeichnet. 1 : 133,333. 4. Aufl. Farbendr. 18×21 cm. Frankfurt a/M. 892. Jaeger's Verl. n.n — 15

— Wollweber, V., Karte vom Stadt- u. Landkreis Frankfurt a. M., f. die Heimatkunde gez. 1 : 110 000. 28,5×29,5 cm. Farbdr. Frankfurt a/M. (905). Kesselring. n.n. — 15; auf Leinw. n.n. — 30

— — Plan der Stadt Frankfurt a/M., f. die Heimatkunde bearb. 1 : 15,000. 35,5×43,5 cm. Farbdr. Ebd. (905). n.n. — 25; auf Leinw. n.n. — 50

Frankfurt a. O. [Schlagwort]

Frankfurt a. O., s. a. Deutschland. Karte (Abt. Preussen). — Lebus. — Radfahrerkarten. — Spezialkarten.

— s. a.: Deutschland. Uebersichtskarte. — Europa. Liebenow.

— s. a.: Europa. Uebersichtskarte. — Geologische Karten. Preussen. 121. — Radfahrerkarten. Mittelbach. Ravenstein.

Frankfurt a/O. Liebenow, W., Spezialkarte des Reg.-Bez. Frankfurt a/O. für Reise, Bureau u. Verkehr. [Aus: „Karte v. Mittel-Europa".] 1 : 300,000. 75,5×64 cm. Farbdr. Frankfurt a/M. (902). L. Ravenstein. In Decke n. 3. —; auf Leinw. in Decke n. 4. 50

Frankfurt a/O., Reg.-Bez. Liebenow's, W., Specialkarte des Reg.-Bez. Frankfurt a. O., f. Reise, Bureau u. Verkehr. 1 : 300,000. (Volksausg.) 75,5×64 cm. Farbdr. Frankfurt a/M. (904). L. Ravenstein. n. 1. 50

Frankfurt a/O., Reg.-Bez. Nowack, Karte des Reg.-Bez. Frankfurt (Oder). 1 : 300,000. (Neu rev. Ausg. 1896.) 76 × 66 cm. Kpfrst. u. kolor. Berlin 896. S. Schropp. n. 3. —

Frankfurt a. O. Nowack, Specialkarte von dem Reg.-Bez. Frankfurt. a. O. 1 : 300,000. Revid. 1888. Kpfrst. u. color. Imp.-Fol. Berlin, Schropp. n. 3. —

Frankfurt a/O., Stadt. Pharus-Plan Frankfurt a/O. nebst Umgebung. 1 : 14,200. 51×74 cm. Farbdr. Nebst Führer durch Frankfurt a. Oder zum Pharus-Plan Frankfurt a. Oder. (11 S.) 8. Frankfurt a/O. (905). Trowitzsch & Sohn. n. — 75

Frankfurt [Verfasser]

Frankfurt, S[alomon], aus Wilna (Russland). Ueber die Zusammensetzung der Samen und etiolierten Keimpflanzen von Cannabis sativa und Helianthus annuus. [S. A. aus. Die landwirtschaftl. Versuchs-Stationen — Nobbe. Bd 43, S. 143—182]. Merseburg F. Stollberg Dr. [Berl. Parey] 1893 3 Bl., 40 S. 8°.
Zurich, Phil. Diss [v. 30. Nov. 1893]

Frankfurter, Albert [aus Stuttgart]: Zur Pathologie und Therapie der Perityphlitis und Appendicitis ... Strassburg i. E., Buchdr. C. Goeller, 1893; 48 S. 8.
Strassburg, Med. Fak., Inaug.-Diss. v. 1893

Frankfurter Arnold: Maimonides Commentar zum Tractate Edujot.
II. 1906 PN 2065 Diss. Wien, Univ. 2893

Frankfurter, L., Trauerrede auf Ihre kaiserl. Hoheit die höchstselige Frau Erzherzogin Hildegarde, gehalten in der Synagoge zu Zablocie am 12. April 1864. Auf Verlangen dem Drucke übergeben. 8. (7 S.) Wien 864, Herzfeld und Bauer. *

Frankfurter, Mor., s. a. Maimûni's, Mose ben, Mischnah-Kommentar zum Traktat Kethuboth.

Frankfurter, Moritz [aus Szobotist, Ungarn]: Mose ben Maimûni's Mischnah-Kommentar zum Traktat Kethuboth (Abschnitt III, IV und V.) Arabischer Urtext auf Grund von zwei Handschriften zum ersten Male herausgegeben mit verbesserter hebräischer Uebersetzung des Jacob ibn Abbasi, Einleitung, deutscher Uebersetzung, nebst kritischen und erläuternden Anmerkungen. Berlin 1903. 36 + 20 S. 8°. [16. II. 04.]
Bern Phil Diss 1903/1904

Frankfurter, Moritz. Mose ben Maimûni's Mischnah-Kommentar zum Traktat Kethuboth. 〈Abschnitt 3, 4 und 5.〉 Arabischer Urtext auf Grund von zwei Handschriften zum ersten Male hrg. mit verbesserter hebräischer Uebersetzung des Jacob ibn Abbasi, Einleitung, deutscher Uebersetzung, nebst kritischen und erläuternden Anmerkungen. Diss. Phil. Bern. 36 + 20 S. 8. Berlin, H. Itzkowski, 1903.
Teil 2: Text, mit hebr. Titel: «... von Mose Frankfurter ...».

Frankfurter, Naphthali

Frankfurter, N., Denkrede auf Dr. Gabriel Riesser. Gehalten am 2. Mai 1863 im Neuen israelitischen Tempel Hamburg 863. B. S. Berendsohn. gr. 8. (11 S.) n 1 ...

Frankfurter, Naphthali, die göttliche Erziehung in unserm Leben. Predigt über 5 Mose 8, 5, am 12. Juni 1841 (23 Sivan 5601), als am Sabbath nach der Grundsteinlegung zum neuen, von Herrn Sal. Heine zum Gedächtnisse seiner Gattin, der sel. Betty Heine, gestifteten israelitischen Krankenhause. (Dem Druck übergeben von d. Direction des Neuen Israelit. Tempels.) gr. 8. Hamburg 841. (Berendsohn.) n. 1/8 ₰

-- u. G. **Salomon**, Festpredigten zur 25jähr. Jubelfeier des Neuen Israelit. Tempelvereins am 17. u. 18. Octbr. 1843. gr. 8. Hamburg 843, Geber. n. 1/6 ₰

-- Gott mit uns! Worte der Beruhigung nach dem großen Brande, welcher Hamburg vom 5. bis 8. Mai heimgesucht hat. Gesprochen im Neuen Israelitischen Tempel. 2. Aufl. gr. 8. Hamburg 842. (Restler u. Melle.) baar 1/8 ₰

— s. **Israels Erbauungsstunden.**

Frankfurter, lasset uns festhalten an unsrem Glauben. Ein Wort der Kräftigung und der Abwehr, gesprochen als Schlußpredigt am Versöhnungstage 5619 (den 18. Septbr. 1858) im Neuen Israelitischen Tempel zu Hamburg. 1—3. Aufl. Hamburg 858. B. S. Berendsohn. 8. (15 S.) n. 1 ngl.

— u. G. Salomon

— — die letzte u. die erste Predigt, beim Scheiden aus dem alten Tempel, und bei der Einweihung des neugebaueten Gotteshauses. 8. Hamburg 844, Berendsohn. n. 1/4 ₰

— **Predigten.** I. Abtheil. — A. u. d. T.: Predigten, gehalten im Neuen Israelitischen Tempel zu Hamburg. gr. 8. Hamburg 842, Berendsohn. n. 1/2 ₰

Frankfurter, N. Stillstand und Fortschritt. Zur Würdigung der Partheien im heutigen Judenthum. Mit besonderer Rücksicht auf das Gebetbuch nach dem Gebrauche des neuen israelitischen Tempels. Hamburg, Berendsohn. 1841. 31 S. 8.

—— die Verantwortlichkeit des Volkslehrers im jetzigen Israel. Eine Predigt, üb. 4. Mos. 18, 1., geh. im neuen israelit. Tempel am 17. Febr. 1844. (28. Schebat 5604). gr. 8. (1 B.) Hamburg. (Berendsohn.)

Frankfurter, Oskar

Frankfurter, O., Elements of Siamese grammar with appendices. gr. 8. (X, 141 u. II S.) Bangkok 900. (Leipzig, K. W. Hiersemann.) Geb. in Leinw. n.n. 16.—

Frankfurter, Osk., über die epenthese von j (ι) Ϝ (υ) im griechischen. gr. 8. (48 S.) Hamburg 879. Hoffmann & Campe Sort. n. 1. —

Frankfurter, Oscar, Die rechtlichen und wirtschaftlichen Verhältnisse in Siam. Berlin 1896.

Frankfurter, Richard, Kammergerichtsref. aus Bielitz in Österreich: **Wann ist eine Sache mittels einer strafbaren Handlung erlangt?** ⟨§ 259 R. St. G.⟩ *Dessau 1898: H. Franke.* (35 S.) 8°
Erlangen, Jur. Diss. v. 19. Febr. 1898

Von gekrönten Häuptern. Ein Novellencyclus von Richard Otto **Frankfurter.** Berlin: Oesterheld & Co. 1906. (200 S.) 8° [F.] 07 6977

Das Heil der Hohe. Roman von Richard O[tto] **Frankfurter.** Berlin: Oesterheld & Co. 1908. (315 S.) 8° [F.] 08. 14871

Richard O. **Frankfurter.** Wenn die Welt anders wär'. Grotesken. Berlin: Oesterheld 1909. 173 S. 8° 09. 18231

Frankfurter, S., Neue und revidirte Inschriften aus Ungarn, Steiermark, Krain und Kärnten. S.-A. 1887. 17 S. —.80

— Das Nötigste v. der Satzlehre. Ein Hilfsbüchlein f. Militär-Anwärter. (16 S.) 8. Wesel 905. Fincke & Mallinckrodt. —40

Frankfurter, S., Register, s. a. **Mitteilungen,** archäologisch-epigraphische, aus Oesterreich-Ungarn.

Frankfurter, S., Register zu den archaeologisch-epigraphischen Mittheilungen aus Oesterreich-Ungarn. Jahrg. I—XX. Gr.-8°. (XII, 188 S.) Wien: Hölder 1902. K 14.—

Bibliotheksschenkungen. Eine Anregung von Dr. S[alomon] **Frankfurter,** Wien, u. Zustimmungs-Briefe. Wien 1907: (C. Fromme). (19 S.) 8°
Erw. aus: Pädagog. Zeit. 1905, 18. Jan. 08. 1336

Frankfurter, S., unrichtige Büchertitel. Mit e. Exkurs üb. hebr. Büchertitel. (24 S.) 8. Wien 906. (Gerold & Co.) n. — 60
Sonderabdr. a.: „Mittlgn. d. österr. Ver. f. Bibliothekswesen".

— **Das altjüdische Erziehungs- u. Unterrichtswesen** im Lichte moderner Bestrebungen. Vortrag, geh. in der 868. Vollversammlg. der „Wiener pädagog. Gesellschaft" am 8. IV. 1909. (IV, 41 S.) gr. 8. Wien 910. A. Pichler's Wwe & Sohn. 1. -
Verb. u. erw. Sonderabdr. aus: „Pädagog. Jahrb."

— dasselbe. 3. u. 4. (verb.) Aufl. (IV, 41 S.) gr. 8. Wien 910. R. Löwit. — 90

Frankfurter Salomon: De Epistularum auctorumque quae a scriptoribus histor. Aug. proferuntur fide atque autoritate.
1882 PN 280 Diss. Wien, Univ. 680

— **Führer durch Carnuntum,** s.: **Kubitschek,** Jos. Wilh.

Eine Jubiläums-Stiftung für die Wiener Universitäts-Bibliothek. Von Dr. S[alomon] **Frankfurter,** Kustos. Wien: Österr. Ver. f. Bibliothekswesen 1909. 16 S. 8° [Umschlagt.]
Aus: Mitteilungen d. Österr. Ver. f. Bibliothekswesen. Jg. 12, H. 4. 09. 1100

Frankfurter, Salom., s. a. **Maimûni's,** Mose ben, Mischnah-Kommentar zum Traktat Kethuboth.

Frankfurter, Salomon [aus Szobotist, Ungarn]: **Mose ben Maimûni's Mischna-Kommentar zum Traktat Kethuboth (Abschnitt I. u. II.) Arabischer Urtext auf Grund von zwei Handschriften zum ersten Male herausgegeben mit verbesserter hebräischer Uebersetzung des Jacob ibn Abbasi, Einleitung, deutscher Uebersetzung, nebst kritischen und erläuternden Anmerkungen.** Berlin 1903. 40 + 16 S. 8°. [18. VI. 02.]
Bern Phil. Diss. 1903/1904.

Frankfurter, Salomon. Mose ben Maimûni's Mischna-Kommentar zum Traktat Kethuboth. ⟨Abschnitt 1 und 2.⟩ Arabischer Urtext auf Grund von zwei Handschriften zum ersten Male hrg. mit verbesserter hebräischer Uebersetzung des Jacob ibn Abbasi, Einleitung, deutscher Uebersetzung, nebst kritischen und erläuternden Anmerkungen. Diss. Phil. Bern. 40 + 16 S. 8. Berlin, H. Itzkowski, 1903.
Teil 2: Text, mit hebr. Titel.

s.: **Mitteilungen des Vereins der Freunde des humanistischen Gymnasiums.**

— die **Mittelschulreform** in Preussen u. das österreichische Mittelschulwesen. Mit e. vergl. Zusammenstellg. der Lehrpläne u. e. tabellar. Übersicht der Stundenpläne. gr. 8. (87 S.) Wien 893. A. Hölder. n. 1.80

Frankfurter, S., die Organisation d. höh. **Unterrichts in Österreich.** [Aus: „Baumeister's Handb. d. Erziehungs- u. Unterrichtslehre f. höh. Schulen".] gr. 8. (III, 76 S) München 897. C. H. Beck. n. 2.40

Die Qualification für den staatlichen Bibliotheksdienst in Oesterreich. Vortr. geh. im oesterr. Ver. f. Bibliothekswesen in Wien am 19. Febr. 1898 v. Dr. S[alomon] **Frankfurter,** Scriptor d. K. K. Univ.-Bibliothek in Wien. *Wien: A. Hölder 1898.* (31 S.) 1 Bd 8, 98. 5779

— die **Berliner Schulreform-Conferenz.** [4.—17. Decbr. 1890.] Referat. [Aus: „Zeitschr. f. die österr. Gymnasien".] gr. 8. (IV, 62 S.) Wien 891. Gerold & Co. n. 1.—

— Graf Leo Thun-Hohenstein. Biograph. Skizze. [Aus: „Allg. Deutsche Biographie".] gr. 8. (III, 83 S. m. 1 Bildn.) Leipzig 895. Duncker & Humblot. n. 1 60

— Graf Leo Thun-Hohenstein, Franz Exner u. Hermann Bonitz. Beiträge zur Geschichte der österreich. Unterrichtsreform. gr. 8. (VIII, 168 S. m. 1 Abbildg. u 3 Lichtdr.-Taf.) Wien 893. A. Hölder. n. 3.60

- Verlauf u. Ergebnisse der Mittelschulenquete des Unterrichtsministeriums 21—25. I. 1908 u. andere Beiträge zur Geschichte der österr. Mittelschulreform. (XVII, 216 S.) gr. 8. Wien 910. C. Fromme. 5. —

[FRANKFURTER-MENDELSSOHN, MOSES]: Likōbōd ... R. Jishāk Berneys |: Velkomstdigt til I. Berneys ved hans Tiltrædelse som Rabbiner i Hamburg. Altona [5]582 (ɔ: 1822) :|. 10 S. Upag.

Frankfurth, Adolf, a. Marburg: Ueber Benzyl-ortho-para- und meta-Kresol. Marburg 1906: Köster & Schell. (45 S.) 8°
Marburg, Phil. Fak., Ref. Zincke, Diss. v. 26. Okt. 1906
[Geb 19 Dez 80 Duisburg a. Rh; Wohnort: Marburg; Staatsangeh.: Preußen; Vorbildung: Gymn Marburg Reife O. 01; Studium: Marburg 4, Muenchen 1, Marburg 4 S.; Rig. 17. Jan 06.]

Frankfurth, Ernst, das arbeitslose Einkommen. Eine Skizze. (38 S.) gr. 8. Arosa 906. F. Junginger-Hefti. n. 1. —

Frankfurth, Ernst, aktive Währgspolitik, s.: Gesell, Silvio.

Frankfurth, Hermann, Dr.: Augustin und die Synode zu Diospolis. Berlin: Weidmann 1904. (35 S.) 4°
Berlin, Sophien-RG OP 1904 (110)

Frankfurth, Hermann: Gregorius de Montelongo. Ein Beitrag zur Geschichte Oberitaliens in den Jahren 1238—1269. *Marburg 1898: (R. Friedrich).* (VIII, 111 S.) 8°
Marburg. Phil Diss v [26 Mai] 1898

Gregorius de Montelongo. E. Beitrag z. Gesch. Oberitaliens in den J. 1238—1269. Von Hermann **Frankfurth,** Dr. phil. *Marburg: N. G. Elwert 1898.* (VIII, 111 S) 1 Bd 8. [98. 7063

Frankfurther, Max (geb Berlin 19 10 1853): Ueber Apoplexia canalis spinalis Berlin (1879) (38 S) 8°
Berlin, Med Diss v 6 Marz 1879

Frankhauser, F., Die Drahtseilriese mit besond. Berücksichtigung der Holztransport-Einrichtung im kleinen Schlierenthal, Kanton Unterwalden. Im Auftrag der Forstdirektion des Kantons Bern entworfen. Mit 16 lith. Tafeln. Bern 1872. 4°.

Frankhauser, Fritz, s.: Regesten der Markgrafen v. Baden u. Hachberg.

-- s.: Siegel der badischen Städte.

Frankhauser, J.

— Zur Erklarung der Saftleitung im Holzteile der Gefässpflanzen. Bern 1889. Progr.

Frankhauser, K., die Emanzipierten. Lustspiel in 3 Akten. (90 S.) 8. Straßburg 904. J. H. E. Heitz. n. 2. —

Frankhauser, K., Liebe u. Leben. Moderne Gedichte. 2. veränd. Aufl. 8. (80 S.) Straßburg 900. J. H. E. Heitz. n. 1.50

— ungezogene Lieder. (71 S.) 8. Ebd. 904. n. 1.50

— altklassische Lyrik. Freie, moderne Nachbildungen. 8. (63 S.) Ebd. 899. n. 1.50

— Opfer der Liebe. Ein Trauerspiel in 5 Akten. 8. (80 S.) Ebd. 900. n. 1.50

-- Prinzipien der Aesthetik. (126 S.) 11. 8. Ebd. 904. n. 2.50

— der Herr Professor. Lustspiel in 5 Aufzügen. 8. (108 S.) Ebd. 901. n. 2.—

— Qualen. 6 Novellen. (67 S.) 8. Ebd. 904. n. 1.50

Frankhauser, Karl [Oberprimaner]: *Festgedicht zur Feier des Geburtsfestes Sr. Maj. des Kaisers.* Hagenau, F. Gilardone'sche Buchh., *1891;* S. 23 24; 4°
Hagenau, G u. R, MP 1891 (506)

FRANKI, Antonius: De Bogomilis. — (1877) 98 S. 4° (Handschr.) Diss. 342
Diss. Wien, Univ.

Frankiewicz, Dr. F. A., Conversations-Buch mit 4 Sprachen. deutsch, rumänisch, russisch, bulgarisch, für Reisende u. Kaufleute. kl. 8°. (55 S.) In Comm Wien, Pražák Baar fl. 1.—. 1886.

— — Sprachführer der deutschen, serbischen, russischen u. bulg. Sprache Besonders geeignet für Reisende nach Bosnien, Herzegowina, Kroatien, Dalmatien, Serbien, Montenegro, Bulgarien u Russland. kl. 8°. (55 S.) In Comm. Ebd. Baar fl. 1.—. 1886.

Frankini, Paulini, oder Täuschung der Leidenschaft und Freuden der Liebe. Leipz. 1788. V: *Naubert, Christiane Benedicte Eug. geb. Hebenstreit.* (EE) (Ky)

Frankini, Pauline, oder Täuschungen der Leidenschaften und Freuden d. Liebe, m. K. 8. Lpz. Weygand. 788.

Frankini, Pauline, oder Täuschungen der Leidenschaft und Freuden der Liebe, 8. Leipzig, 789. Weygand. 1 Rthl.

Fränkische Schweiz [Schlagwort]

— s. a. Alpen. Michel, Chr. — Alt-Gallien. — Atlanten. Sydow. — Eisenbahnkarten. — Europa. Kiepert, R. — Hand- u. Reisekarten. 36. — Italien. Leuzinger, R. — Militärkarten.

Fränkische Schweiz, s. a. Nürnberg. Schwarz, A.

Fränkische Schweiz. Karte der Fränkischen Schweiz u. Umgebung. Zusammengestellt aus Sectionen der Gradabtheilungskarte d. Deutschen Reiches v. topogr. Bureau des k. bayer. General-Stabes. 1 : 100,000. 29 × 38 cm. Lith. Ueberdr. München 895. (Literar.-artist. Anstalt.) n. 1.20

— Spezialkarte der fränkischen Schweiz in Farbendr. 1 : 50,000. 48,5 × 49,5 cm. Erlangen (892). Th. Blaesing. In Karton — 60

Fränkische Schweiz. Spezialkarte der fränkischen u. Hersbrucker Schweiz. Mit den Wegmarkierungen des fränk. Schweiz-Vereins. 1 : 100,000. 59×51,5 cm. Farbdr. Wunsiedel (904). G. Kohler. Auf Leinw. in Futteral n. 1.50

Fränkische Schweiz. Spezialkarte der fränkischen u. Hersbrucker Schweiz. Mit den Wegmarkierungen des fränk. Schweiz-Vereins. 2. rev. Aufl. 1 : 100,000. 58,5×50 cm. Farbdr. Wunsiedel (907). G. Kohler. 1.20; auf Leinw. n 1.60

— Touristen-, Rad- u. Motorfahrer-Karte der fränkischen Schweiz u. der angrenzenden Gebiete des Franken-Jura. 1 : 300,000. 38×29 cm. Farbdr. Erlangen (909). Th. Krische. — 75

— Übersichtskarte der fränkischen Schweiz. (Umschlag: Touristen-Karte der Fränk. Schweiz u. ihrer Vorberge.) 1 : 100,000. 56×53,5 cm. Farbdr. Erlangen 908. Th. Blaesing. 1. —

Fränkische Schweiz – Die — nebst Umgegend bis Bayreuth, Forchheim und Erlangen. Nach der top. Karte des K. b. Generalstabs bearb. von H. Kiepert 80.000. Berlin 1857, bei Reimer. 1 Bl.

Fränkischen Stiftungen, die, in ihrem Ursprunge, Fortgange u. gegenwärtigen Zustande. Eine summar. Uebersicht v. 1694—1819. (v. Aug. [illegible]) Mit [illegible] Badn. 4. Halle 819. [illegible] 10 ½.

Fränkischer Kreis [Schlagwort]

Fränkische Kreis — Der — von F. L. Gussefeld. Nurnberg bei denen Homännischen Erben 1782. 1:530,000. 1 Bl.

Fränkische Kreis — Der — nebst den angranzenden Ländern, nach vielen bisher noch nicht benutzten Handzeichnungen einzelner Gegenden und andern vorzüglichen Hülfsmitteln mit Sorgfalt verzeichnet, und nach den neuesten Länder-Vertheilungen geordnet von C. F. Hammer, Hauptmann u. Kassier des Fraenkischen Kreises Nurnberg in der Homannischen Handlung 1804. Gest. von Carl Friedr. Lochner Nurnberg 1805. 1. 420,000. 1 Bl.

Fränkischen Kreises — District des — um Nurnberg 1799. C. F. Lochner sc. 1: 275,000. 1 Bl.

Fränkischen Craisses — Erster und gröster Theil des ganzen Hochlobl. — in welchem die Bisthumer Bamberg, Wirzburg und Aichstett, die Marggr. Culmbach und Onolzbach etc. mit vorgestellt werden von J. G. Homann, Norimbergae 1712? (Ost-Franken.) 1: 450,000. 1 Bl.

Franklen, C. C. W., Anweis. alle venerische Krankheiten zu heilen rc. 8. Quedlinb. Basse. 811.

v. Frankken, C. C., Anweis., alle venerische Krankheiten gründl. u. schnell zu heilen rc. 8. Quedlinb. 811. Basse. 8 gl

Frankl, David Bernhard. Biographische Skizzen von W. Manuscript für Freunde. Wien [1859]. V: *Frankl, Ritter von Hochwart, Ludwig August* oder *Wilhelm Frankl* [?]. (EB)

Frankl, s.a. Frankel

Frankl, Gottes Friedensgruß an seine Getreuen. Predigt, am Vorabend des Versöhnungstages 5640 [26. Septbr. 1879] geh. in der neuen Synagoge der jüdischen Gemeinde in Berlin. gr. 8. (15 S.) Berlin 879. Hempel. n. — 40

Frankl, Adf., nur gemütlich! Heitere Geschichten u. Gestalten aus der Oststeiermark. (235 S.) kl. 8. Graz 904. Deutsche Vereinsdruckerei u. Verlagsanstalt. Geb. in Leinw. n. 2. 20

Frankl, Adf., nur gemütlich! Heitere Geschichten u. Gestalten aus der Oststeiermark. 2. Tausd. (235 S.) kl. 8. Graz 904. Deutsche Vereins-Druckerei u. Verlagsanstalt. 1. 36

Lachende Wahrheiten. 300 Epigramme von Adolf **Frankl.** (Vorr.: P[etri] K[ettenfeier] Rosegger.) Wien, Pest, Leipzig: A. Hartleben 1893. (VII, 104 S.) 8° [F] [07 8688

Frankl, Em., d. Anilin- u. Alizarin-Färberei, bearb. f. d. Hutbranche. gr. 8. (44 S.) Berlin 896. Deutsche Hutmacher-Zeitung. n.n. 12. —

Die Anilin- und Alizarin-Färberei bearbeitet für die Hutbranche. Von Em. Frankl ... *Berlin: Hasse & Dreher [1896].* (44 S.) 1 Bd 8. [97 ...

Frankl, Frz., die Holz- u. Spielwaren-Hausindustrie im böhmischen Erzgebirge; deren Hebung u. Exportförderung. (16 S. m. Abbildgn.) gr. 8. Brüx 905. A. Kunz. n. — 50

Frankl Friedrich: Quaestiones ad Flavii Josephi libros pertinentes qui vulgo „κατ' Ἀπίωνος„ nominantur. D. Piaristengymnasium in Nikolsburg, 1910.
1910 PN 2883 Diss Wien, Univ. **1666**

Frankl J, die Holzfourniere auf der Wiener Weltausst. 1873. Wien 1876

Frankl, J. J., achtzig prakt. Kopfrechnungs-Beispiele, sammt den dazu gehör. Grund- u. Lehrsätzen rc. 8. Klattau 821. Enders in Prag. 18 gl

FRANKL, Johann Jacob (Oberammergau): De diagnosi pericarditis quaedam.- Buchl: Giesser 1839. 16 S.
26.5.1838 - Urk; P 64
Diss.Ingolst.-Landsh.-Mchn.

Frankl, J(oseph) Ad(am)

Frankl, J. Ad., de la cure aux eaux et de l'emploi convenable des eaux minérales en boisson et en bain. gr. 8. (VIII u. 75 S.) Prague 818, Kronberger & Rziwnatz. Leipzig, T. O. Weigel. n. 16 ngl

Frankl, Jos., kurzgefasste Darstellung Marienbad's. Festschrift zum 50jähr. Jubiläum des Kurortes. Mit 1 (lith.) geognost. Karte der Umgegend des Kurortes. Leipzig 868. F. Fleischer. gr. 8. (31 S.) n. 15 ngr

— die Gefangnissreform. gr. 8. (30 S.) Wien 851, Gerold. n. 7 ngl

Frankl, J(oseph) Ad(am): Marienbad, seine Heilquellen und Umgebungen. 175 S., gbd.

Prag: Kronberger & Weber 1837

JB 2.823

Frankl, J. Ad., Marienbad, seine Heilquellen u. Umgebungen. gr. 8. (11¼ B.) Prag 837, [Kronberger u. Rziwnatz.]

— aphoristische Mittheilung über Wirkung der Heilquellen und speciell jener Marienbads. gr. 8. (19 S.) Wien 850, Gerold, Verlag. *

Frankl, Dr. Josef —. Ueber die Verwendung der Kurfonde in den Badeorten Böhmens. Von —. Der Ertrag ist der Begründung eines Logirhauses für Kurbrauchende k. k. Beamte minderer Diätenklasse gewidmet. Wien, 1856 Druck von L. C. Zamarski. In Kommission von Franz Leo. (14 S. 8.)

Frankl, J. Ad., ärztliche Winke für Brunnen- u. Badegäste. 8. Berlin 836. Schlesinger. ½ ₰

Frankl, L.A. (Hrsg.), s. Achawa

Frankl, Lothar, u. Ernst Freund, üb. Schwund in der Skelettmuskulatur. [Aus dem anatom. Institute in Wien.] [Mit 2 (lith.) Taf.] [Aus: „Sitzungsber. d. k. Akad. d. Wiss."] Lex.-8. (24 S.) Wien 883. (Gerold's Sohn.) n. 1. —

Frankl Lothar und Freund Ernst Über Schwund in der Skelettmuskulatur (mit 2 Taf.) S 88 III 115 . 1 —
Separatabdruck

Frankl, Ludw., zur Kommassirungsfrage in Oesterreich. gr. 8. (53 S.) Wien 876. Hartleben. 1. 25

Frankl, Ludw. Die neuen Steuervorlagen vom Standpunkte des Landwirthes und Grundbesitzes. Sep.-Abdr. aus der „Wiener Landwirthschaftl. Zeitung". gr. 8°. Wien, Mor. Perles, 1883.

Frankl, Ludw. Die Verstaatlichung der Grundrente. Eine Skizze der Reformbewegg. im Deutschen Reiche. [Archiv f. Landwirthschaft 15.] gr. 8. (67 S.) Wien 891, (Gerold's Sohn). * 2 —

Frankl, Ludwig August

Frankl, Ludw. Aug., Ahnenbilder. Leipzig 864. Lemer. 8. (VIII, 148 S.) 15 ngr

Frankl, Ludw. Aug. Friedrich v. Amerling. Ein Lebensbild. Mit Portr., 1 Anh. u. e. Charakteristik d. Künstlers v. C. v. Lützow. gr. 8. (VIII, 204 S.) Wien 889, Hartleben. * 3 —; geb. * 4 —

Frankl, L. A., Friedrich von Amerling; Lebensbild. Mit Portr. etc. Wien 1898. 8.

Frankl, Ludw. Aug., Bericht über die Erwerbung von sieben Racenschädeln während einer Reise im Oriente. (Aus dem XXVIII. Bande, Nr. 6, Seite 463 des Jahrganges 1858 der Sitzungsberichte der mathem.-naturw. Classe der kaiserlichen Akademie der Wissenschaften besonders abgedruckt.) Wien 1858.

Frankl, Ludw. Aug., zur Biographie Franz Grillparzer's. 8. (91 S.) Wien 883. Hartleben. 1. 50

— dasselbe. 2. verm. Aufl. 8. (97 S. m. Portr.) Ebend. 884. n. — 90

— zur Biographie Friedrich Hebbel's. 8. (76 S. m. Portr.) Ebend. 884. n. — 90

— Zu Lenau's Biographie. Wien 854. Keck. 8. (3 Bl., 142 S.) n. 1 ℛ

Frankl, Ludw. Aug., zur Biographie Nikolaus Lenau's. 2. verm. Aufl. 8. (VIII, 144 S. mit dem autotyp. Portr. des Dichters.) Wien 885, Hartleben. *

— zur Biographie Ferdinand Raimund's. 8. (60 S. m. chemitvp. Portr.) Ebend. 884. n. — 90

Frankl, Ludw. Aug., Briefwechsel m. Anastasius Grün, s.: Grün, Anastasius.

— s. Byron, Parisina.

— Christoforo Colombo, s. a. National-Bibliothek, deutsch-österreichische.

Frankl, Ludw. Aug., Christoforo Colombo. Romant. Gedicht. Lex.-8. ($7^1/_8$ B. u. Bildn.) Stuttgart 836, [Scheible, Rieger u. Sattler.]

Frankl, Ldw. Aug., episch-lyrische Dichtungen. gr. 12. Wien 834. Sollinger. $1^1/_3$ ℛ

—— Episches u. Lyrisches. Neue Sammlg. 8. (X, 227 S. m. Portr.) Stuttg. 890, Bonz u. Comp. * 3 —; geb. * 4 —

Frankl, Ludw. Aug., Erinnerungen, s. a. Bibliothek deutscher Schriftsteller aus Böhmen. 29. Bd.

Erinnerungen von Ludwig August Frankl. Hrsg. von Stefan Hock. Mit 3 Bildn., 1 Abb. u. 1 Facs. Prag, Calve 1910. XVI, 390 S. 8°
(Bibliothek deutscher Schriftsteller aus Böhmen. Bd 29.) (10. 3114

— Gedichte. 8. Leipzig 840. (Brockhaus.) $1^1/_6$ ℛ

Frankl, Ludw. Aug., lyrische Gedichte. 5. Aufl. 8. (320 S.) Wien 881. Hartleben. n. 3. 60

Frankl, Ludw. Aug., zur Geschichte der Juden in Wien. I. Der alte Judenfreithof. gr. 8. (26 S.) Wien 847. (Greß.) 9 ngr

— Zur Geschichte der Juden in Wien. Der alte Freithof. Der Tempelhof. Wien 853. Sollinger. (Zamarski.) 8. (VIII, 78 S.) 15 ngr

—— Gmunden im Liede. 8. (101 S.) Gmunden 892, (Mänhardt). * 1 —

Frankl, Ludw. Aug., Gmunden im Liede. Gesammelt v. L. A. F. 2., verm. Aufl. 12. (VII, 108 S.) Gmunden 893. (E. Mänhardt.) n. 1. —

— Gusle. Serbische Nationallieder. br. 8. (XXIV u. 127 S.) Wien 852, Wenedikt. 1 ℛ

—— das Habsburglied. Lex.-8. (15 B. u. Titvign.) Wien 832, (Wallishausser; Beck.)

Frankl, Ludw. Aug., Helden- und Liederbuch. 16. (VIII und 416 S.) Prag 861, Kober. * 1 Thlr. 18 Ngr.; geb. *.

—— Helden- und Liederbuch. 2., verm. Aufl. 16. (XVI und 416 S. mit 1 Stahlst.) Prag 863. (Hamburg, Richter.) * geb. mit Goldschn. *

Frankl, Ludw. Aug., Hippokrates und die Cholera. Trimeter und Knittelvers. 16. (40 S.) Wien 854, Sallmeyer und Comp. *

Frankl, Ludw. Aug., Hippokrates und die moderne Medizin. Satyre in Trimetern und Knittelversen. 1—4. abermals verm. Aufl. Wien 853. Hügel. 16. (VIII, 59 S.) 10 ngr

— — 1. Thl.: Die Aerzte. 5. Aufl. Ebend. 854. 16. (VIII, 53 S.) n. 12 ngr

— — 2. Thl.: Die Charlatane. 1. u. 2. Aufl. Ebend. 854. 16. (1 Bl., 69 S.) n. 12 ngr

— — 3. Thl.: Hippokrates und die Cholera. 1. Aufl. 854. (40 S.) n. 8 ngr — 2. stark verm. Aufl. Wien 854. Sallmayer u. Co. 16. (64 S.) n. 12 ngr

Frankl, L. A. Hippokrates und die moderne Schule. Trimeter u. Knittelvers. 12. (38 S.) Wien, Jaspers Witwe u. Hügel, Dr. v. U. Klopf u. A. Führich, 1853.

— Andreas Hofer im Liede. Mit Orig.-Urkunden, bis nun unbekannten Nachweisen u. Porträten Hofer's m. seiner Gattin 8. (XII, 171 S.) Innsbruck 884. Wagner. n. 1.20

— Nach Jerusalem! 2 Thle. Leipzig 858. Baumgärtner. 8. (IX, 441; VIII, 516 S.) 2 ℛ 18 ngr
Inhalt: 1. Thl.: Griechenland, Kleinasien, Syrien. — 2. Thl.: Palästina.
Vgl. auch: Schriften, herausg. vom Institut zur Förderung d. israelitischen Literatur.

—— dass. — 3. Thl. A. u. d. T.: Aus Egypten gr. 8. (VIII und 355 S.) Wien 860, Typographisch-literarisch-artistische Anstalt. *

— Nach Jerusalem! Reise in Griechenland, Kleinasien, Syrien, Palästina. Ins Ebräische übers. von M. E. Stern. Wien 860. (Leipzig, Haessel.) gr. 8. (XVI, 506 S.) 1 ℛ

—— Nach Jerusalem! Reise in Griechenland, Kleinasien, Syrien, Palästina. In's Ebräische übersetzt von M. E. Stern. gr. 8. (510 S.) Wien, Knöpflmacher. 1860. 1 fl. 50 kr.

Frankl, Ludw. Aug. — Inschriften des alten jüdischen Friedhofes in Wien. Beitrag zur Alterthumskunde Oesterreichs von — —. Wien, 1855. Druck von Adalbert della Torre. (124 S. 4 Bl. XXIV. 8.)

Frankl, L. A., Don Juan de Austria, s. a. National-Bibliothek, deutsch-österreichische.

Frankl, Ldw. Aug., Don Juan d'Austria. Heldenlied. gr. 12. Leipzig 846, Weber. n. 2 ℛ

—— moderne Klassiker, s. Klassiker.

Frankl, Ludw. Aug., tragische Könige. Epische Gesänge. 8. (VIII, 246 S.) Wien 876. Hölder. n. 5. 20

— s.: Lenau u. Sophie Löwenthal.

—— Libanon, s. a. Libanon.

— Libanon. Ein poetisches Familienbuch. Wien 855. Zamarski. 8. (1 Bl., 299 S.) n. 1 ℛ 5 ngr

Frankl, Ludw. Aug. — —. Libanon. Poetisches Familienbuch. Von — —. Zweite, vermehrte und verbesserte Auflage. Wien, 1855. Druck und Verlag von L. C. Zamarsky. (Vorm. J. P. Sollinger.)

— Libanon. Ein poetisches Familienbuch. 3. verm. Aufl. Wien 864. Pichler. (Leipzig, Liebeskind.) 8. (XVI, 178 S.) 1 ℛ 10 ngr

Frankl, Ludw. Aug., Libanon. Ein poetisches Familienbuch. 4. Aufl. Wien 867. Pichler & S. 8. (XVI, 478 S.) 1 ℛ 10 ngr; geb. 1 ℛ 18 ngr

Frankl, Ludw. Aug. — Lieder, den Zöglingen des Handwerk-Vereines in Wien gewidmet von — —. Wien. Druck von L. C. Zamarski. (6 Bl. 8.)
1856

— Mozarts Manen! Zu Mozarts 100. Todestag [5. Decbr. 1891]. 8. (16 S.) Wien 891. C. Daberkow. n. — 50

— Medizin und Mediziner, in Knittelversen. Satyre. (7 Ausg.) Wien 861. Hügel. 16. (122 S.) n. 6 ngr.

— der Primator. Gedicht in 7 Gesängen. Prag 861. Kober. (Hamburg, J. P. F. E. Richter.) 8. (64 S.) n. 8 ngr.

— Rachel. Romantisches Gedicht. Lex.-8. (2 B. u. verz. u. farbig gedruckt. Ttl.) Wien 842. (Leipzig, Kummer.) *

— Sagen aus dem Morgenlande. (Gedichte.) br. gr. 8. Leipzig 834 Leo. $^{3}/_{4}$ rf, jetzt $^{3}/_{8}$ rf

— König Salomo, s.: National-Bibliothek, deutsch-österreichische.

— Schiller, Beethoven und Göthe in Karlsbad. 8. (16 S.) Karlsbad 862, Franieck. *

— s. Sonntags-Blätter.

— gesammelte poetische Werke. 3 Bde. 8. Ebendas. 880. geb. in Leinw. *M 11,50.; in Halbfrz.

Inhalt:
Bd. 1. Lyrische Gedichte. (320 S.)
" 2. 3. Epische Gedichte. (300; 332 S.)

Frankl, Ludw Aug., Nach der Zerstorung. Hebraische Elegien In hebraischer Nachbildung von Max Letteris Wien 1856

FRANKL, MARTIN Rede bei Gelegenheit der Primizfeier des Herrn Anton Feldhofer Eisenstadt 1827 o Dr 22 S - 8°

FRANKL MARTIN Der Markt Thundolskirchen und seine Pfarrherren Wien 1843 Gedr bei den Patres Mechitaristen 40 S - kl. 8°

FRANKL, MARTIN Trauerrede bei Gelegenheit der feierlichen Seelenmesse für den Herrn Anton Juranits, weil Bischof zu Raab gesagt den 11 Oct 1837 Wesprim 1837 Bey Aloys Szammer, 18 S - 4°

Frankl, O, Das allgemeine [österreichische] Berggesetz und seine Reform Wien, 1897 6 S

Frankl, O, Der Freischurf. Studie aus dem osterreichischen Bergrechte. Prag, 1885 42 S.

Frankl, O. (Hrsg.), s. Lelewer, Georg: Grundriß des Militarstrafrechts.

Frankl, O., Streitfragen aus dem [österreichischen] Bergrechte Wien, 1899 7 S.

FRANKL, Oskar
Beiträge zur Lehre vom Descensus testiculorum von Dr. Oscar Frankl. (Mit 5 Tafeln und 24 Textfiguren.) (Aus den Sitzungsberichten der kaiserl. Akademie der Wissenschaften in Wien. Mathem.-naturw. Classe; Bd. CIX. Abth. III. April 1900.) (Wien. 1900. In Comm. Gerold's Sohn. Gr.-8°. 158 S. K 5.40

Frankl, Osc., gestürzte Götzen. 3 dramat. Skizzen. (95 S.) 8. Dresden (906). E. Pierson. n. 1. 50

— die physikalischen Heilmethoden in der Gynäkologie. Nebst e. Vorwort von Frz. v. Winckel. (VII, 216 S. m. 62 Fig.) Lex.-8. Wien 906. Urban & Schwarzenberg. n. 6. —; geb. n. 7. 50

— die Hydrotherapie in der Gynäkologie u. Geburtshilfe, s.: Schweinburg, Ludw., Handbuch der allgem. u. spez. Hydrotherapie.

Frankl, Osk., der Jude in den deutschen Dichtungen des 15., 16. u. 17. Jahrh. Diss. (144 S.) gr. 8. M.-Ostrau 905. R. Papauschek. n. 2. —; geb. n. 3. —

Frankl, Oskar Christian Weise's Lustspiele Ein Beitrag zum deutschen Schuldrama am Ausgange des 17. Jahrhunderts. S 3—38. 8 K. k. deutsches Staats-Gymn *Olmutz* 1908. Progr

— über Missbildungen der Gebärmutter u. Tumoren der Uterusligamente, im Lichte embryologischer Erkenntnisse, s.a. Sammlung klinischer Vorträge, Nr. 363.

Uber Mißbildungen der Gebärmutter und Tumoren der Uterusligamente, im Lichte embryologischer Erkenntnisse. Von Oscar Frankl, Wien. *Leipzig: Breitkopf & Härtel 1903.* (32 S.) 4°(8°)
= Sammlung klinischer Vorträge. N. F. No 363 [04. 803

— das runde Mutterband. (43 S. m. 20 Fig., 3 Taf. u. 3 Bl. Erklärgn.) gr. 4. Wien 902. (A. Hölder.) n. 5. — Sonderabdruck aus: „Denkschr. d. k. Akad. d. Wiss."

Frankl, C., Das runde Mutterband. [Besonders abgedruckt aus: Bd. 74 der Denkschr. d. math.-naturw. Klasse d. kaiserl. Akad. d. Wissensch.] 4°. (ill. 43 S. mit 3 Tafeln.) † K 5.—
Wien: Gerold 1903.

Frankl, Osk., s.: Rundschau, gynaekologische.

Friedrich Schiller in seinen Beziehungen zu den Juden und zum Judentum. Oskar Frankl. Mahr.-Ostrau: R. Papauschek; Leipzig: R. Hoffmann 1905. (60 S.) 8° [05. 6487

Friedrich Schiller in seinen Beziehungen zu den Juden und zum Judentum Oskar Frankl 2 unverand Aufl Mahr.-Ostrau Papauschek, Leipzig Hoffmann 1905 60 S 8°(4°) [05 1915 II

Frankl, Otto, die Formerfordernisse der Schenkung nach österreichischem Rechte. 8. (III, 171 S.) Graz 883. Leuschner & Lubensky. n. 3. —

Frankl, Otto (Hrsg.), s. Grundriss des österreichischen Rechts.

Frankl, O., der Concurs der offenen Handelsgesellschaft nach österreichischem Rechte. 8. (IV, 78 S.) Leipzig 890. Freytag. n. 3. —

Frankl, Otto, der Concurs der offenen Handelsgesellschaft nach österreichischem Rechte. gr. 8. (IV, 78 S.) Prag 891. Tempsky. — Leipzig, Freytag. n. 3. —

Frankl, Otto, zur Revision d. österr. Concursrechts. [Aus: „Jurist. Vierteljahrsschr."] gr. 8. (III, 130 S.) Wien 896. Manz. n. 3. —

— s.: Vierteljahrsschrift, juristische.

— s.: Zeitschrift f. das gesamte Handelsrecht u. Konkursrecht.

Frankl, P. F., Fest- u. Gelegenheits-Predigten. 1877—1887. Aus dessen schriftl. Nachlasse hrsg. gr. 8. (VI, 291 S.) Berlin 888. Simion. n. 5. —

Frankl, P. F., u. S. Maybaum, geistliche Reden, geh. am 28. Jan. 1884 an der Bahre d. Reichstagsabgeordneten Eduard Lasker. gr. 8. (20 S.) Berlin 884. Jacobsthal. n. — 60

— Studien üb. die Septuaginta u. Peschito zu Jeremia. gr. 8. (38 S.) Breslau 873. Skutsch. n. 1. —

Frankl, Paul: Beiträge zur Geschichte der süddeutschen Glasmalerei im 15. Jahrhundert. Strassburg 1911: Heitz. 100 S. 8° ¶(Vollst. u. d. T.: Die Glasmalerei d. 15. Jhs. in Bayern u. Schwaben, als: Studien z. dtsch. Kunstgesch. H. 152. 1912. Teilw. auch in: Jahrbuch d. kgl. preuss. Kunstsammlungen. Bd 33, H. 1.)
München, Phil. Diss. v. 13. Juli 1910, Ref. Riehl, Wolters
[Geb. 22. April 78 Prag; Wohnort: Prag; Staatsangeh.: Österreich; Vorbildung: Deutsches Staats-Obergymn Prag Reife Juli 96; Studium: Baufach Techn. Hochschulen München 4, Karlsruhe u. Berlin zus. 6, Phil. München Univ. 5 S; Rig. 13 Juli 10.] [U 12. 3829

Frankl, Ph., Quellen zur Geschichte der Geonim. (15 S.) gr. 8. Frankfurt a/M. 909. (J. Kauffmann.) — 80
Sonderabdruck aus „Jahrb. d. jüd.-lit. Gesellsch."

Frankl, Philipp [aus Cseszto, Ungarn]: Der Friede von Szegedin und die Geschichte seines Bruches. Leipzig 1903. 96 S. 8°. [15. I. 03.]
Bern, Phil Diss 1903/1904.

Frankl, Philipp, der Friede von Szegedin u. die Geschichte seines Bruches. (96 S.) 8. Leipzig 904. Buchh G. Fock. n. 1. 50

[Frankl, Pincus Friedrich]: • Beiträge zur Kunde des „Galam" und der muslimischen Secten. Nach den im Codex 41 Warner der Leydner Universitäts-Bibl. erhaltenen Schriften des Abu-Jakub (Jussuf) Al-Bazir. III, 106 S 4°

Halle-Wittenberg, Phil. Diss. v. 28. März 1871

Geb. [Ung.-Brod (Mähren) 24. 2 1848]

Vom Verf ersch.: Ein Mutazilitischer Kalâm aus dem 10. Jh. Als Beitrag zur Geschichte der Muslimischen Religions-Philosophie nach handschriftl. Quellen der Bibliotheken in Leyden u. St. Petersburg. Wien: Gerold in Komm. 1873. 58 S. Lex. 8°

Aus: Sitzungsberichte der k. Akad. der Wissenschaften. Phil.-hist. Klasse Bd 71. Wien 1872. S. 169—224.

Frankl, P. F., e. Mutazilitischer Kalâm aus dem 10. Jahrh. Als Beitrag zur Geschichte der Muslimischen Religions-Philosophie nach handschriftl. Quellen der Bibliotheken in Leyden u. St. Petersburg. [Aus „Sitzungsbericht." der k. Akad. der Wiss.] Lex.-8. (58 S.) Wien 873. Gerold's Sohn in Comm. n. 1. —

Frankl P. F., Dr. Ein mutazilitischer Kalâm aus dem X. Jahrhundert, als Beitrag zur Geschichte der muslimischen Religionsphilosophie nach handschriftlichen Quellen der Bibliotheken in Leyden und St. Petersburg. S. 71 ... ngr Separatabdruck

Frankl, Siegfried

Einer von der roten Fahne. Die Tragödie e. Arbeiters von Paul Franken [d. i. Siegfr. **Frankl**] *Berlin O Harbinger 1895* (127 S.) 8° [S] [...]

Frankl, Siegfr., Lotti u. Compagnie. Ein Drama in 2 Aufzgn. 8. (49 S.) Berlin 897. Schweizer & Mohr. n. 1. 20

Franken, Paul, Radler-Latein u. and. Radler-Humoresken. schmal 8. (112 S.) Berlin 899. F. Gnadenfeld & Co. n. 1. —

Frankl, W., s. a. Handels- u. Fabrik-Lexikon f. d. Königr. Bayern.

Frankl W, Handels- und Fabriks-Lexikon für das Kgr. Bayern. München 1871

Frankl, Wilhelm, Zur Reform der Gewerbe-Gesetzgebung. Vortrag gehalten im Wiener politischen Vereine „Freisinn" am 7. Jänn. 1876. (Als Mscrpt. gedr.) Nicht im Buchhandel. 8°. Wien, Selbstverl., 1876.

Frankl, Wilh. Maria, Grundzüge der allgem. Wirklichkeitstheorie. (VII, 39 S.) 8. Dresden 905. E. Pierson. n. 1. —

Geschichte der Juden in Kremsier mit Rücksicht auf die Nachbargemeinden. Nach Orig.-Urkunden dargest. von Rabbiner Dr. Ad(olf) **Frankl-Grün** 1. 1–3. *Breslau. S. Schottlaender (2. 3: J. Kauffmann, Frankfurt a. M. in Comm.) 1896–1901* 3 Bde 8°
1 (1322–1849) 1896 2 (1848–1898) 1898
3 Nachträge. Archivalien. Die Gegenwart. 1901 [...]

Frankl-Grün, Ad., Geschichte der Juden in Kremsier m. Rücksicht auf d. Nachbargemeinden. Nach Orig.-Urkunden dargest. 2 Thle. gr. 8. Frankfurt a/M. (J. Kauffmann). n. 7. —
1. (1322–1849.) (201 S.) Breslau 896. n. 3. —
2. (1848–1898.) (V, 179 S.) 898. n. 4. —

Frankl-Grün, Ad., Geschichte der Juden in Kremsier m. Rücksicht auf die Nachbargemeinden. Nach Orig.-Urkunden dargestellt. 3. Thl. Nachträge. Archivalien. Die Gegenwart. gr. 8. (IV, 171 S.) Breslau 901. (Frankfurt a/M., J. Kauffmann.) n. 4. —
1. u. II. Thl. Ebd. 896. 898. n. 7. —.

Frankl-Hochwart, Bruno v. (Hrsg.), s. Briefwechsel zwischen Anastasius Grün und Ludwig August Frankl

Frankl-Hochwart, Lothar von

Frankl-Hochwart, L. v., Akroparästhesien, s.: Bernhardt, M., die Erkrankungen der peripherischen Nerven.

– Akroparästhesien, s. Pathologie, Spezielle, und Therapie.

– d. nervösen Erkrankgn d. Blase, s.a. Pathologie, Spezielle, und Therapie

Die nervösen Erkrankungen der Blase. Von Dr. L[othar] v. **Frankl-Hochwart**, Priv.-Doc. . . , u. Dr. O[tto] Zuckerkandl, Priv.-Doc. . . an d. Wiener Univ. M. 15 Abb. *Wien: A. Holder 1898.* (3 Bl., 127 S.) 1 Bd 8.
= **Pathologie, Specielle, u. Therapie.** Bd 19. Th. u. H. 1. [...]

– die nervösen Erkrankgn. d. Geschmacks u. Geruchs, d. Tetanie, s.a. Pathologie, Spezielle, und Therapie.

Frankl-Hochwart, L. v.: Die nervösen Erkrankungen des Geschmacks und Geruchs. Die Tetanie. Wien 1897. IV, 207 S.
(Specielle Pathologie u. Therapie. Hrsg. von H. Nothnagel. Bd XI, 2, Abt. 4.)

Die nervösen Erkrankungen des Geschmackes und Geruches von Prof. Dr. L[othar] v. **Frankl-Hochwart** 2., gänzl. umgearb. Aufl. Mit 14 Abb. Wien & Leipzig: A. Holder 1908 (IV, 96 S.) 8° [...]

Die nervösen Erkrankungen der Harnblase. Von Dr. L[othar] v. **Frankl-Hochwart** u. Dr. O[tto] Zuckerkandl. 2., umgearb. Aufl. Mit 13 Abb. Wien: A. Holder 1906. (VIII, 137 S.) 8° [...]

— zur Kenntnis der Pseudosklerose. (Westphal-Strümpell.) (47 S. m. 1 farb. Taf.) gr. 8. Wien 903. F. Deuticke. n. 2. —
Sonderabdruck aus: „Arbeiten a. d. neurolog. Inst. an der Wiener Univ."

– s.: Pathologie u. Therapie, spezielle.

– der Ménière'sche Symptomencomplex, s.a. Pathologie, Spezielle, und Therapie.

Frankl-Hochwart, Dr. L. v., Der Ménière'sche Symptomencomplex. Die Erkrankungen des inneren Ohres. (Specielle Pathologie und Therapie. XI. Band. II. Theil, 3. Abthlg.) (Gr.-8. (VI, 122 S.) Wien: Alfred Holder 1895. 1.80

Der Ménière'sche Symptomenkomplex von Prof. Dr. L[othar] v. **Frankl-Hochwart** 2. umgearb. Aufl. Mit 6 Fig. Wien. A. Holder 1906 (IX, 101 S.) 8°
– **Pathologie**, Spezielle, u. Therapie. Bd 11, H. 2. [...]

Frankl-Hochwart, Loth. v., die Tetanie. Aus der medicin. Klinik d. Hrn. Prof. Nothnagel in Wien. gr. 8. (VIII. 134 S.) Berlin 891. Hirschwald. n. 3. —

— Die Tetanie der Erwachsenen. 2., vielfach umgearb. Aufl. (VII, 141 S.) Lex. 8. Wien 907. A. Hölder. 3. 80

NACH fünfhundert Jahren in Wien. Knittelverse (von *Ludwig August Frankl* Ritter *von Hochwart*). Leipzig 1865.
Anon.-Lex. V. p. 215 (Eigenbericht).

Fränkl's, D., bautechnischer Bezugs-Katalog. Sammel-Zirkulare v. Kunsthandwerk f. Architektur, Dekoration u. Bau-Ingenieurwesen. 6. Jahrg. Ausg. 1904. (II, 132 S. m. Abbildgn.) 4. Berlin, H. Paetel. n. 3. —

Fränkl, D., einheitl. Hôtelrechnungsführung. Schemat. Darstellg. e. pract. Systems. gr. Fol. (2 S.) Hamburg 895. (O. Meissner's Verl.) 1. —

— Taschenkurier m. Hotel-Tarif. Adressbuch deutscher Gasthöfe. qu. 12. (X, 149 S.) Hamburg 896. Verlagsanstalt u. Druckerei. n. 1. —

Fraenkl, Prof. Dr. E., Tagesfragen der operativen Gynäkologie (VI, 130 S.) Geh. 1.80
Wien: Urban & Schwarzenberg 1896.

Fränkl, Ernst, Augsburg: Über Vorstellungs-Elemente und Aufmerksamkeit. Ein Beitrag zur experimentellen Psychologie. Mit 40 Kurven auf 4 Tafeln, 6 Seiten Zeichnungen eines schwachsinnigen Versuchsknaben, 1 Figurentafel mit 8 Figuren, 1 Figur im Text und 63 Tabellen. Augsburg 1905. 247 S. 8°. [7. VII. 04.]

Bern Phil Diss 1904/1905.

Fränkl, Ernst. Ueber Vorstellungs-Elemente und Aufmerksamkeit. Ein Beitrag zur experimentellen Psychologie. Diss. Phil. Bern. Mit 40 Kurven auf 4 Tafeln, 6 Seiten Zeichnungen eines schwachsinnigen Versuchsknaben, 1 Figurentafel mit 8 Figuren, 1 Figur [*d. i.* Figuren] im Text und 63 Tabellen [im Text]. X + 247 [+ 2] S. 8. Augsburg (Theodor Lampart) 1905.

Fränkl, Carl [aus Gleiwitz (Oberschlesien)]: Ueber die verschiedenen Extractions-Methoden bei nachfolgendem und vorangehendem Kopfe . . . . Würzburg, Druck d. Bonitas-Bauer'schen Buchdr., 1888; 39 S. 8°

Würzburg, Med. Fak., Inaug.-Diss. v. 1888

Fraenkl, Siegm., Dichtungen. (VIII, 252 S. m. Bildnis.) 8. Dresden 904. E. Pierson. n. 3. —; geb. n. 4. —

Los von der Theaterzensur! Von Victor **Fraenkl**, Rechtsanw. *Berlin: F. Wunder 1903.* (24 S.) 8° [F]

Fraenkl, Vict., der jetzige Stand des Rechtsfalls Ziethen. Unter Beifügg. v. Briefen Ziethens quellenmäßig dargestellt. gr.8. (102 S.) Wiesbaden 902. Ch. Limbarth. n. 1.50

Frankland, Sir Ed. Berlin 1901. V: *Wislicenus, Joh.* (Zuwachsverz. d. Bibliotheken in Zürich 1898 ff.)

Frankland, Edward. Ueber die Isoliring des Aethyls. Marburg, 1849.

Frankland, Edward P(ercy): Gewinnung von Diamminosäuren aus Desoxyxanthinen. Würzburg 1908: Staudenraus. 58 S. 8°

Würzburg, Phil. Diss. v. 9. Nov. 1908, Ref. Tafel

[Geb. 5 Jan 84 London; Wohnort: London; Staatsangeh.: Großbritannien; Vorbildung: King Edward's VI Grammar School Reife O. 03; Studium: Cambridge 8, Würzburg 4 S.; Rig. 27. Juli 08.] [U 09. 4162

Frankliew, ..., s. Freundin, die, und Lehrerin der weiblichen Jugend.

Deutsche Franklin ca 1827 Chambersburg, PA

Der Deutsche Franklin · Jan ? 1835 – 1837?

Weekly. Established as Whig paper, in 1836 became Democratic, supported Van Buren and Johnson. Sub title: Ein demokratisch republikanisches Volksblatt zur Unterhaltung und Belehrung für Bauern und Handwerker. Follows Der Wahrheitsfreund. Edited & published by Benjamin Boffinger

Cincinnati, OH

Franklin, der Held d. nördl. Eismeeres. 5. Aufl. Neu bearb. v. C. Schumann. 8. (VI, 262 S. m. Illustr.) Leipzig 890. Spamer. n. 4. —; geb. n. 5. —

Franklin, der Held d. nördlichen Eismeeres. Franklins Nordfahrten u. ihre Folgen, Entdeckg. der nordwestl. Durchfahrt durch M'Clure u. Auffindg. der letzten untergegangenen Franklin-Expedition durch M'Clintock. 5. Aufl. Neu bearb. v. Const. Schumann. gr. 8. (VI, 262 S. m. Text-Abbildgn. u. 4 Farbendr.) Leipzig 891. Spamer. n. 4. —; geb. n. 5. —

Franklin, d. Held d. nördl. Eismeeres. Franklin's Nordfahrten u. ihre Folgen, Entdeckg. d. nordwestl. Durchfahrt durch M'Clure u. Auffindg. d. Überreste d. letzten untergegangenen Franklin-Expedition durch M'Clintock. 6. [Titel-]Aufl. (Neubearb. v. Const. Schumann.) gr. 8. (VI, 262 S. m. Abb. u. 1 Farbendr.) Leipzig (891) 896. O. Spamer. n. 3. —; geb. in Leinw. n. 3. 60

Franklin, der Held des nördlichen Eismeeres. Franklin's Nordfahrten u. ihre Folgen, Entdeckung der nordwestl. Durchfahrt durch M'Clure u. Auffindung der Überreste der letzten untergegangenen Franklin-Expedition durch M'Clintock. 7. [Titel-]Aufl. (Neubearb. v. Const. Schumann.) (VI, 262 S. m. Abbildgn. u. 1 Farbdr.) 8. Leipzig [891] (904). O. Spamer. n. 3. —; geb. in Leinw. n. 3. 60

Franklin, der Philosoph und Staatsmann. Berlin 1787. V: *Meyen, Johann Jacob.* (Russell XVI, I, 2, 1862).

Franklin, f.: Archiv f. die civilistische Praxis.

Franklin, Gedichte. Eine Sammlung ernster, heiterer u. politischer Dichtungen. gr. 8. (127 S.) Hamburg 882. (Nolte.) n. 2. —; geb. n. 3. —

Franklin, ..., Gesch. Schah Allums, Kaisers v. Hindostan von 1758 — 1794. Mit Kart.; aus d. Engl., mit Zusätzen und Anmerkk. v. M. C. Sprengel. gr. 8. Leipz. 800. Mittler. 22 gl

Franklin, A., s. Franklin, H. A

Dictionnaire historique des arts, métiers et professions exercés dans Paris depuis le treizième siècle par Alfred **Franklin** Avec une préf. de M. E[mile] Levasseur. Paris & Leipzig: Welter 1906. XXVI, 856 S. 4°(8°) 10 3356 7

Franklin, Alfr., dictionnaire des noms, surnoms et pseudonymes latins de l'histoire litéraire du moyen âge [1100 à 1530]. Lex.-8. (X, 683 S.) Paris 875. Didot. & Co. n. 8. —

Guide des savants, des litterateurs et des artistes dans les bibliothèques de Paris. Par un vieux bibliothécaire. (Verf.: Alfred **Franklin**) Paris, Leipzig: H Welter 1908 (VII, 219 S.) 8° 06 3360

Franklin, Alfr., les sources de l'histoire de France. Notices bibliographiques et analytiques des inventaires et des recueils de documents relatifs à l'histoire de France. gr. 8. (XVII, 681 S.) Paris 877. Didot & Co. n.n. 24. —

Franklin, Benjamin

Franklin. Abbildung eines rauchverzehrenden Sparofens. Leipzig. 1803

FRANKLIN, Benjamin 1706 - 1790
Auszug der Anmerkungen zum Unterricht derjenigen Europäer, die sich in Amerika niederzulassen gesonnen sind, von dem letztlich verstorbenen berühmten Dr. Franklin.
o. O u. J. [1791]. 8 S. 8°.
Niedersächsisches Staatsarchiv Wolfenbüttel
Auszugsweise Übers. v. Remarks for the information of those who wish to become settlers, 1784
Vollständige dt. Ausg. 1786.
Franz. Ausg. 1795 [unselbständig]
Erschienen im Zusammenhang mit dem Auswanderungsprojekt der Genesee-Association.

Franklin, Benjamin, autobiography, hrsg. von C. Mayer, s.a. Authors, English, 48. Lfg.

Franklin's, Benj., autobiography, s.a. Authors, standard american.

Franklin's, B., autobiography, s.a. Bibliothek der englischen Literatur.

Franklin, Benj., autobiography, s.a. Bibliothek gediegener u. lehrreicher Werke der englischen Litteratur.

Franklin, Benj., Autobiography, s.a. Dürr's Collection of standard American authors.

Franklin, Benjamin, autobiography. gr. 16. (192 S.) Leipzig 887. Gressner & Schramm. n. — 80

— dasselbe. Students' Tauchnitz edition. Mit deutschen Erklärgn. v. K. Feyerabend. 1. 2. Tl. Leipzig, B. Tauchnitz n. 2. 20; cart. n. 2. 40

1. Die Jugendjahre [1706—1730]. (XXIV, 118 S.) 888. n. 1. —; cart. n. 1. 10

2. Die Mannesjahre [1731—1757]. Mit e. Beigabe: The way to wealth. (XX, 187 S.) 889. n. 1. 20; cart. n. 1. 30

FRANKLIN, Benjamin 1706 - 1790
Bericht für diejenigen, welche nach Nord-Amerika sich begeben, und alldort ansiedeln wollen.
Aus dem Englischen des berühmten Doktors Benjamin Franklin
[von Jean Rodolphe Vautravers].
Hamburg: Albers. 1786. 48 S. 8°.
Stadtbibliothek Schaffhausen
Übers. v. Remarks for the information of those who wish to become settlers
London 1784.
Übersetzerangabe in zwei Briefen v. J. R. Vautravers an J. Adams, 7. Dez. 1791 u. an G. Washington, 6. Juni 1792 [Library of Congress, Presidential Papers Microfilm, George Washington Papers, Reel 101, 102].
Weitere dt. Ausg. 1791 [gekürzt],
Franz. Ausg. 1795 [unselbständig].
Frankfurt-Leipziger Meßkatalog, Ostermesse 1786, S. 260, Sabin 25515 u.
Palmer: alle ohne Übers.; Palmer mit Verlagsangabe Herold
Jean Rodolphe Vautravers [z. T. auch Valltravers], 1723-

Franklin, Benj., Bericht für Diejenigen, so sich nach Nordamerika begeben wollen; aus d. Engl. 8. Hamb. 786. Herold. 2 gl

[FRANKLIN, Benjamin] 1706 - 1790
Beschreibung der neu erfundenen pensilvanischen Camine oder Oefen, worinnen ihre Beschaffenheit und Wirkung erklärt, auch die Gemächlichkeit und der Nutzen mittelst dieser Oefen die Zimmer besser, als auf alle andere Manieren zu heitzen, erwiesen, imgleichen die Art und Weise gezeigt wird, wie man sie setzen und am besten gebrauchen sollte. Nebst einem Kupferstich, worauf alle Theile der Maschine sehr deutlich abgezeichnet sich befinden.
Aus dem Englischen und Holländischen ins Deutsche übersetzt.
Gotha: Ettinger. 1794. 56 S. 8°.
Stadtbibliothek Mainz
Übers. v. Beschryving van de nieuw uitgevonden Pensilvanische Schoorsteenen, Leiden 1746. [Vgl. P. L. Ford, A List of Books, Written by, or Relating to Benjamin Franklin, 1886, Nachdr. New York 1968, S. 23].

Sabin 59913 u. Palmer: ohne Verfasser.

Franklin, B., Beschr. e. rauchverzehrend. Sparofens rc. verbess. v. Voreux m. K. gr. 4. Leipz. Hinrichs. 802.

— Beschreib. eines rauchverzehrenden Sparofens, verbess. v. Voreux, mit Kpf. gr. 4. Leipz. 803. Hinrichs. 6 gl

Franklin, Benjamin: Briefe von der Elektricität. (New Experiments and observations on electricity. Dt.) Übers. von J. C. Wilcke. Anmerkungen und Anhang. 354 S., gbd., Abb.

Leipzig: Kiesewetter 1758

JB 218

— Briefe von d. Elektricität; aus d. Engl. 8. Stockholm 758. Kiesewetter. 7 gl

— Correspondance choisie, suivie de ses mémoires, publiés par son petit-fils W. Temple Franklin, trad. en Français. gr. 8. Strassb. 817. Treuttel et W. 2 ℛ

— Gleichniß von der Glaubensduldung. Dessau 855. Neubürger. gr. 8. (8 S.) n. 5 ℛ

—— alte Goldbriefe. Neu hrsg. zum Nutzen u. Frommen d. Jugend. 1., u. 2., verm. Aufl. (à 2 B.) gr. 12. Coburg (833), Riemann. à 4 Gr., Blnp.

FRANKLIN, Benjamin 1706 - 1790
Die sittliche Haus-Apotheke oder bewährte Mittel, sich zu einer festen moralischen Gesundheit zu bringen, und sich darinn lebenslang zu erhalten. Aus den Papieren des berühmten amerikanischen Gelehrten und Staats-Mannes Franklin gezogen, und jungen Leuten beyderley Geschlechtes aus den besten Absichten gewidmet und zugewiesen.
[A. d. Engl.]
Wien. Schuender. 1800. 21 S. 8°.
American Philosophical Society Library Philadelphia
Übers. eines Auszugs aus Franklins Autobiography.
Übrige vollständigere Ausg. 1792, 1794 [unselbständig] u. 1796.

[FRANKLIN, Benjamin] 1706 - 1790
Merkwürdiger Americanischer Haushaltungs Calender, eingerichtet auf die itzige Zeiten.
[A. d. Engl.]
Boston in Neu-England. 1771. 24 S. 8°.
Library Company of Philadelphia
Annual Report of the Library Company of Philadelphia for the Year 1959 [Philadelphia 1960], S. 25-26: Erste deutsche Übersetzung von Franklins Way to Wealth. Angabe Boston fiktiv; Verlagsort mit aller Wahrscheinlichkeit in Deutschland.
Weitere Ausg. 1777.

Franklin's, Benj. Jugendjahre, s. a. Volksschriften

FRANKLIN, Benjamin 1706 - 1790
Benjamin Franklin's Jugendjahre, von ihm selbst für seinen Sohn beschrieben und übersetzt von Gottfried August Bürger.
Berlin Rottmann. 1792. 214 S. 8°.
Staats- und Universitätsbibliothek Göttingen
Übers. v. Franklins Autobiography.
Weitere dt. Ausg. 1794 [unselbständig], Ephrata, Pa. 1796 u. 1800 [kleiner Auszug].
Franz. Ausg. Mémoires sur la vie privée de M. Franklin, écrits par lui-même & addressés à son fils, Hamburg-Leipzig. P. F. Fauche & Gräff, 1791 [Frankfurt-Leipziger Meßkatalog, Ostermesse 1791, S. 169] konnte nicht gefunden werden
Sabin 25517. Baginsky 1127. Palmer.
Gottfried August Bürger, 1747-1794

§ **KUNST,** Die, sich durch Träume glücklich zu machen. Aus d. Französ. (des *Benjamin Franklin*, 1706—90) übersetzt. Breslau u. Leipzig, Joh. Ernst Meyer, 1775. 8°. 238 SS. Selten! (In Munchen: Phys. m. 125) (3 Mk. I. Rosenthal, 1886; 5 Mk. Scheible, 1886.)

Orig. (in Munchen. Ph. sp. 38m). L'art de se rendre heureux par les songes, c'est à dire en se procurant telle espèce de songes que l'on puisse désirer conformément à ses inclinations. Francf. et Lps. 1746. 8°. (Attribué à Benj. Franklin) (1 fl 20 xr. Ö W Taussig, Prag, Cat 5.)

· (Bj. **Franklin**): d. alten Richards Kunst reich u. glücklich zu werden. *Philad.* 801. 16° 4 gl

— Leben, von ihm selbst, s. a. Geschichts-Bibliothek f. Volk, 3.

— Leben, englisch, s. a. Life, the.

Franklin's, Benjamin, Leben, s. a. Universal-Bibliothek Nr. 2247 und 2248.

— Leben, beschrieben für das Volk. gr. 8. Eigenthum des württemberg. Volksschriften-Vereins. Ulm 845, Heerbrandt u. Th. 1/6 Rthlr.

— Sein Leben, v. ihm selbst beschrieben. Mit e. Vorw. v. Berthold Auerbach u. e. historisch-polit. Einleitg. v. Frdr. Kapp. Nebst dem Bildnisse Franklin's (Holzschntaf.) 8. (496 S.) Stuttgart 876. Auerbach. n. 8. —

— Sein Leben, von ihm selbst beschrieben. Mit einem Vorwort von Berth. Auerbach u. einer historisch-polit. Einleitung von Frdr. Kapp. Nebst dem Bildnisse Franklin's (in Holzschn.). 2., unveränd. (Titel-)Aufl. 8. (496 S.) Berlin 877. Auerbach. n. 6. —; geb. n. 7. 50

— dasselbe. 3., unveränd. Aufl. 8. (292 S.) Ebend. 882. n. 3. —; geb. m. Goldschn. n.n. 4. —

—— Leben und Schriften, s. a. Bildungs-Halle.

— Leben u. Schriften, nach der von seinem Enkel W. T. Franklin, veranstalt. neuen London. Ausg., mit Benutzung des bei derselben bekannt gemachten Nachlasses u. früherer Quellen zeitgemäß bearbeit. v. A. Binzer. 4 Thle. gr. 12. Kiel 829. Univers.=B. 3 ℛ 18 gGr. (vergl. Biographien f. d. Jugend.)

—— Leben u. ausgewählte Schriften in 1 Bde. 16. (30 B.) Leipzig 838. [Berlin, Klemann.]

— Leben u. ausgewählte Schriften in Einem Bande. kl. 16. Leipzig 838. G. Wigand. 1 ℛ

Franklin, Benjamin. A letter to Mr Alphonsus le Roy, at Paris Containing sundry maritime observations. At Sea, on board the London Packet August 1785 (Transactions of the American Philosophical Society held at Philadelphia, for promoting useful knowledge Vol. 2 Philadelphia 1786) (Nachbildung des Originaldrucks.) [Berlin 1892] 4 S., 1 Krt. 8°.

Franklin, Benj., s.a. Life, the, of Benjamin Franklin.

— life, s.a. Schulbibliothek, französische u. englische.

Franklin, Benjamin. — The life of Benj. Franklin written by himself, to wich are added essays, a some anecdotes of or by the same author. Mit e Wörterbuche. Zum Schul- u. Privatgebrauch. 2 Aufl., durchgeseh., verm. u. m. Anmerkgn. v. D Jüngling. 8. (XV, 239 S.) Carlsruhe 871. Creuzbauer. n. 2. —

Franklin, B., üb. Luftelektricität, s.: Winkler, J. H.

— Manuel de philosophie pratique, pour servir de suite à la Science du bon homme Richard. 12. Par. et Strasbourg König. 795.

FRANKLIN, Benjamin 1706 - 1790
Das Mittel reich zu werden, deutlich erwiesen in einer Vorrede eines alten Allmanachs aus Pensylvanien. Die sich betittelt: der vormals arme nun wohlhabende Richard.
Durch Herrn Benjamin Franklin.
Aus dem Englischen übersetzt.
Wien: Baumgartner. 1777. 31 S. 8°.
American Philosophical Society Library Philadelphia
Übers. v. Way to Wealth
Weitere Ausg. 1771.
Ausg. La Science du bonhomme Richard, Basel: C. A. Serini, 1778 [Frankfurt-Leipziger Meßkatalog, Michaelismesse 1778, S. 582] konnte nicht gefunden werden.

—— zuverläss. Mittel reich zu werden, s. Hufeland, Ch. W.

Franklin, Benjamin. Opinions a. Conjectures, concern. the Properties a. Effects of the electrical Matter (1749). [Nebst] 3 Letters to Peter Collinson. *Berlin 1898.*
in: Luftelektricitat, Ueber. 1746—1753
= **Neudrucke** v. Schriften u Karten ub Meteorologie u Erdmagnetismus. No 11. [98 ...]

FRANKLIN, Benjamin 1706 - 1790
Über das Rauchen der Kamine und der Schornsteine, in einem Schreiben des Herrn Dr. Benjamin Franklin an den Herrn Dr. Ingenhauß in Wien, aus dem Englischen übersetzt und mit Anmerkungen versehen von P. H. C. B[rodhagen].
Hamburg. Bohn. 1788. 116 S. 8°.
Universitätsbibliothek Tübingen
Übers. v. Observations on the Causes and Cure of Smoky Chimneys ... in a Letter to Dr. Ingen-Housz, Philadelphia 1787.
Frankfurt-Leipziger Meßkatalog, Michaelismesse 1787, S. 705, Kayser, II, 252 u. B. M. Victory, Benjamin Franklin and Germany, New York 1915, S. 160: mit geringfügigen Titelabweichungen.
Jan Ingenhousz, 1730-1799
Peter Heinrich Christoph Brodhagen, 1753-1805

— der arme Richard, s. Handschriften, 84.

— goldnes Schatzkästlein, oder Anweis., wie man thätig, verständig, beliebt werden kann. 8. Leipz. 826, Expedit. d. europ. Aufsehers.

— goldnes Schatzkästlein, oder Anweis., wie man thätig, verständig, beliebt rc. werden kann. Herausg. v. Dr. Bergk. 1s, 2s Bdchen. 8. Leipz. 827, 33. Expedit. d. europ. Aufseh. (à 9 gGr.) 18 gGr.

—— Schatzkästlein, od. Anweis., wie man thätig, verständig, beliebt, wohlhabend, tugendhaft, religiös u. glücklich werden kann. Ein unentbehrl. Rathgeber f. Jung u. Alt in allen Verhältnissen d. Lebens. Hrsg. v. J. A. Bergk. 2 Bdchn. 8. Leipzig, Exped. d. Europ. Aufsehers. [1. 2., verm. Aufl. (7½ B.) 834. 12 Gr., 2. (7 B.) 833. 9 Gr.]

— goldenes Schatzkästlein, oder Anweisung, wie man thätig, verständig, beliebt, wohlhabend, tugendhaft, religiös u. glückl. werden kann. Herausg. v. Dr. Bergk. 1s u. 2s Bdchn. 2e verm. u. verb. Aufl. 8. Leipzig 834, 38. Dr. Bergk, jetzt Ernst in Quedlinburg. 5/6 ℛ — 3e Ausg. Ebd. 839. 5/6 ℛ

—— dass. — (Ins Böhmische übertr. v. F. K. Kampelik.) 8. (13 B.) Wien 838, (Bendikt's sel. Wwe.)

— goldnes Schatzkästlein, oder Anweisung, wie man thätig, verständig, beliebt, wohlhabend, tugendhaft, religiös u. glücklich werden kann. Herausgeg. von Dr. Bergk. 2 Bdchn. 3. durchges. Aufl. 12. Quedlinburg 843, Ernst. 2/3 ℛ

Franklin's goldenes Schatzkästlein oder Anweisung, wie man thätig, verständig, beliebt, wohlhabend, tugendhaft, religiös u. glücklich werden kann. Ein Rathgeber für Jung u. Alt in allen Verhältnissen des Lebens. Hrsg. v. Bergk. 2 Bdchn 3. (Titel=) Aufl. 8. (XXXIV u. 190 S.) Quedlinburg (841) 850, Ernst. 2/3 ℛ

Franklin, B. Schreiben an Ingenhous über das Rauchen der Kamine und Schornsteine . . . Hamburg 1788. Ü: *Brodhagen, Peter Heinrich Christian.* (Ky) (MGT)

— Schreiben an Ingenhous üb. d. Rauchen d. Kamine u. Schornsteine; aus d. Engl. (v. Pt. H. C. Brodhagen). Mit 1 Kpf. 8. Hamb. 788. (Campe). 9 gGr.

— — Schreiben an Ingenhouß über das Rauchen der Camine. 8. 788. Ist jetzt Verlag von Hoffmann und Campe in Hamburg und der Preis

FRANKLIN, Benjamin 1706 - 1790
Benjamin Franklins Kleine Schriften meist in der Manier des Zuschauers, nebst seinem Leben.
Aus dem Englischen von G[eorg]. Schatz.
Erster [- Zweyter] Theil.
Weimar: Industrie-Comptoir. 1794. 8°.
Universitäts- und Stadtbibliothek Köln
Übers. d. Autobiographie u. übriger Schriften verschiedener Ausg.
Übrige Ausg. seiner Autobiographie 1792, 1796 u. 1800 [kleiner Auszug].

Sabin 25520. Baginsky 1221. Palmer.
Georg Schatz, 1763-1795

— — Dasselbe. 2. Aufl. Mit Portrait. Ebd 1802. 8°

Franklin's, Benj., kleine Schriften und Engels Lebensweisheit des alten Witt, oder die Kunst reich und glücklich zu werden. 8. Rotweil, Herder. 821. Ritblr. -

— kleine Schriften, u. Engels Lebensweisheit d. alten Witt, oder d. Kunst, reich u. glücklich zu werden. gr. 8. Rotweil 822. Herder. 4 gGr.

Franklin, Benjamin. Nachgelassene Schriften und Correspondenz ... A. d. Engl. Weimar 1817—19. H: *Wagner, Gottlob Heinr. Adolph.* (MGT)

— — nachgelassene Schriften und Correspondenz, nebst seinem Leben. Aus dem Engl. Mit Fr. Portrait. 1r und 2r Bd. gr. 8. Weimar, Industrie-Cptr. 817 u. 818. (1r Bd. 2 Rthlr. 2r Bd. 1 Rthlr. 12 Gr.)
(Schreibpap. 1r Bd. 2 Rthl. 12 Gr. 2r Bd. 2 Rthl.)

— — 3r und 4r Bd. auch unter dem Titel: Franklins Leben. 2 Bde. gr. 8. Ebend. 819. à 1 Rthlr. 18 Gr.
Schreibpap. à 2 Rthlr. 6 Gr.

— — 5r Bd. Aufsätze vermischten Inhalts. gr. 8. Ebend. 819
Schreibpap.
(Das ganze Werk vollständig. 1r bis 5r Bd. Druckp. 8 Rthlr. 6 Gr. Schreibpap. 10 Rthlr. 12 Gr.)

— — Sprichwörter des alten Heinrich und Engels Lebensweisheit des alten Witt, oder die Kunst, reich und glücklich zu werden, ein Taschenbuch für Jedermann. 12. Berlin Dieterici. 819. -

— Sprüchwörter des alten Heinrich u. Engels Lebensweisheit des alten Witt, oder d. Kunst, reich u. glücklich zu werden, ein Taschenbuch für Jedermann. 12. Berl. 819. Mittler. 6 gl

—— Tagebuch. Ein sicheres Mittel, durch moral. Vollkommenheit thätig, verständig, beliebt, tugendhaft u. glückl. zu werden. Entworfen im J. 1730 u. nach 100 Jahren als e. Denkmal f. d. Nachwelt an d. Licht gestellt. 8. (8½ B.) Eschwege 830, Hoffmann.

— Tagebuch. 8 Eschwege 830. Wohlfeilere Ausg. 8. Cassel, Krieger's Verlagsbuchh. 1/4 ℛ, Schreibp. 1/2 ℛ

— Tugendübungen, guter Rath an Handwerker, Mittel, reich zu werden ꝛc. 8. Wien 819. Mayer. 8 gl

FRANKLIN, Benjamin 1706 - 1790
Der Weg zum Glück, Oder: Das Leben von Dr. Benj. Franklin.
Beschrieben von ihm selbst.
[A. d. Engl.]
Ephrata. Mayer. 1796. 135 S. 8°.
New York Public Library
Übers. v. Franklins Autobiography.
Frühere Ausg. 1792, 1794 [unselbständig] u. 1800 [kleiner Auszug].

Franklin, Benj., der Weg zum Reichthum. 12. Erfurt 841 Hennings u. Hopf. 1/24 ℛ

Franklin, Benj., der Weg zum Reichthum. Neu bearb. nebst einer Biographie des berühmten Verf. von G. A. B. Berlin 861. Grothe. 16. (58 S.) 6 ngr

Franklin, Benj., der Weg zum Reichtum. 16. (16 S.) Ansbach 894. M. Eichinger. n. — 6

Franklin, Benj., des armen Richard Weg zum Reichthum. Aus dem Engl. von C. F. Liebetreu. Berlin 866. A. Jonas. 8. (7 S.) 1 ngr

Bj. **Franklin**'s sichrer Weg, zu e. festen moralischen Gesundheit zu gelangen u. sich darin lebenslang zu erhalten; a. dessen Papieren gezogen, z. Besten junger Leute beiderlei Geschlechts. *Wien*, Kupfer u. Wimmer. 811. 8° 4 gl

— sicherer Weg zu einer festen moral. Gesundheit zu gelangen u. sich darin lebenslang zu erhalten. gr. 8. Wien 812. Wimmer. 4 gl

FRANKLIN, Benjamin 1706 - 1790
Des Herrn D. Benjamin Franklin's ... sämmtliche Werke.
Aus dem Englischen und Französischen übersetzt. Nebst des französischen Übersetzers, des Herrn Barbey Dubourg, Zusätzen, und mit einigen Anmerkungen versehen von G. T. Wenzel.
Dresden· Walther. 1780. 3 Bde. 8°.
Universitäts- und Stadtbibliothek Köln
Übers. v. Oeuvres de B. Franklin, Paris 1773.
Die v. B. M. Victory, Franklin and Germany [Philadelphia 1915], S. 161 genannte zweibändige dt. Ausg. London 1793 [konnte nicht gefunden werden] u. dürfte eine Verwechslung mit d. engl. Ausg., 2 Bde., London 1793, sein. Frankfurt-Leipziger Meßkatalog, Ostermesse 1780, S. 845· Bd. 1, Michaelismesse 1780, S. 971: Bd. 2 u. 3. Sabin 25581. Baginsky 645. Palmer.
Gottfried Traugott Wenzel, 1747-
Jacques Barbeu du Bourg, 1709-1779

sämmtl. Werke. Nebst dessen Lebensbeschreibung. 32. Hamburg 845, Schuberth u. Co. n. 1/2 ℛ

— freier Wille, ein Werk für denkende Menschen, über d. Macht d. Zufalls. 8. Leipz. 787. 2e A. 811. (v. Mösle in Wien). 20 gl

— Works. 16. Nürnb., Campe. 1 ℛ

Franklin, Benj., **Works** (Campe's edition). schmal gr. 12. Nürnberg and New-York 835. Campe and Comp. 3/4 ℛ

Franklin, C., erweitertes Lehrgebäude d. Elektricität. gr. 8. Wien 790. Rehm. 8 gl

Franklin, C. H., Zucker-Else, s. a. Dreyer's Bibliothek moderner Schriftsteller. 1. Bd.

C. H. Franklin Zucker-Else *Berlin. D. Dreyer & Co [1902]* (63 S.) 8° [5]
— Bibliothek, Dreyer's, moderner Schriftsteller Bd 1

Franklin, E., die Amateur-Photographie unter besond. Berücksicht. der Moment- u. Blitzlicht-Aufnahmen. 1.–3. Aufl. gr. 8. (32 S. m. Fig.) Frankfurt a/M. 892. H. Bechhold. n. 1. —

Franklin, E., d. Amateur-Photographie unt. bes. Berücksicht. d. Moment- u. Blitzlicht-Aufnahmen. (5. Aufl.) gr. 8. (35 S. m. Abb.) Frankfurt a/M. 895. H. Bechhold. n. 1. —

— „Blitzlicht". Kurze u. allgem. verständl. Anleitg. z. Photographieren m. Magnesium, Aluminium u. elektr. Licht unt. Berücksicht. v. combiniertem Tages- u. künstl. Licht. 8. (IV, 30 S. m. Fig.) Frankfurt 896. H. L. Brönner. 1. —

Franklin, Edg., der meergrüne Wandschirm, s.: Engelhorn's allgemeine Roman-Bibliothek.

Franklin, H. A. A few observations on Shakespeare and his „Merchant of Venice". Frankfurt a. M., Handelssch., 1867. 37 S. Progr.

Franklin, Henry A., the form of daily prayers, according to the custom of the German and Polish Jews. With a new translation in prose and verse. 2. ed. 8. (VIII, 625 S.) Frankfurt a/M. 885. Kauffmann. 3. —

Franklin, John, letture tedesche. Deutsche Lese-Übungen f. techn. Institute unter Zugrundelegg. der neuen Orthographie. 8. (XX, 164 S.) Zürich u. Como 885. Meyer & Zeller. n. 2. —

Franklin, Jh., Reise an den Küsten des Polarmeeres in d. J. 1819—22., s. Bibliothek d. Reisebeschreibb. 36r Bd.

— Dass., ins Deutsche übersetzt u. für d. Jugend bearb., s. F. Heldmann, Jugendbibl.

— Dass., e. andere Uebersetzung. (Aus d. ethnogr. Archiv besond. abgedr.) gr. 8. Jena 824. Bran. 1 ℛ 6 gl

— dass. ins Deutsche übersetzt u. für die Jugend bearb. 2 Bdchen, mit Kupf. u. Charte. 16. Darmst. 827, Leske.

— 2e Reise 2c., s. n. Bibliothek d. Reisebeschreibb. 51r Bd.

Franklin, Jonathan, la vie des animaux. Histoire naturelle biographique et anecdotique des animaux. Ouvrage entièrement nouveau, traduit de l'anglais par A. Esquiros. 5 Séries. gr. 12. Leipzig 859. 60, A. Dürr. [1. Serie. * 2 Thlr. 10 Ngr., 2—5. Serie. à * 1 Thlr. 5 Ngr.]

Inhalt:

Série 1. Mammifères. 2 Vols. 562 S.)
» 2. Oiseaux. (379 S.)
» 3. Reptiles. Le monde des eaux (vue générale.) (327 S.)
» 4. Poissons. Mollusques. (340 S.)
» 5. Le monde des métamorphoses. Crustacés. Insectes. Vers. Animaux rayonnés. (389 S.)

Franklin, Edw Aug., s. Morgenblatt.

Franklin, Otto, Albrecht Achilles u. die Nürnberger. 1449—1453. Ein akadem. Festvortrag. Berlin 866. Mittler & S. gr. 8. (69 S.) n. 12 ngr

Franklin, Otto, Beiträge zur Geschichte der Reception des römischen Rechts in Deutschland. Hannover 863. C. Rümpler. gr. 8. (VI, 186 S.) n. 1 Thlr.

Franklin, Otto, Geschichte u. System des deutschen Privatrechts. Ein Grundriss zu Vorlesungen. gr. 8. (III, 98 S.) Tübingen 878. Fues. n. 1. 80

— dasselbe. 2., verm u. umgearb. Aufl. gr. 8. (V, 181 S.) Ebend. 882. n. 4. —

Franklin, Otto. De justitiariis curiae imperialis. Vratislaviae 1860 (XVI, 127 S.) 8° *(Im Buchhandel 1860 bei Korn in Breslau.)*
Breslau, Jur Fak Hab Schr v 21 Apr 1860

— de justitiariis curiae imperialis. Commentatio juris germanici. Breslau 860. Korn gr. 8. (XVI, 127 S.) n 20 ngr.

Franklin, Otto, das königl. Kammergericht vor dem Jahre 1495. gr. 8. (91 S.) Berlin 871. Guttentag. n. 1. 50

Franklin, Otto Observationes ad articulos quosdam constitutionis pacis quam Fridericus II imperator publicavit Moguntiae a 1235 Berolini (1852) [illegible] 4°
Berlin, Jur Diss v 4 Nov 1852

Franklin, Otto, die deutsche Politik Friedrichs I. Kurfürsten v. Brandenburg. Aus den Quellen dargestellt. Eine gekrönte Preisschrift. gr. 8. (XVI u. 228 S.) Berlin 851, Decker. 1⅓ Thlr.

— Rechtssprüche des Reichshofes im Mittelalter Hannover 1870 8 . . . [illegible]

— das deutsche Reich nach Severinus v. Monzambano. Rectoratsrede. gr. 8. (27 S.) Greifswald 872. Bindewald. — 75

Franklin, Otto, Das Reichshofgericht im Mittelalter Geschichte — Verfassung Verfahren — Rechtsprechung. In 2 Bden Bd 1. Geschichte Bd. 2 Verfassung Weimar 1867- 69 8 . . . . [illegible]

— das Reichshofgericht im Mittelalter. Geschichte. Verfassung. — Verfahren. — Rechtsprechung. 2 Bde. Weimar 867, 69. Böhlau. gr. 8. (VIII, 388 S.; X, 384 S.) n. 4 Thlr. 10 ngr.

— sententiae curiae regiae. Rechtssprüche des Reichshofes im Mittelalter. Hannover 870. Hahn. gr. 8. (XVI, 148 S.) n. 1 Thlr.

Franklin, Otto, magdeburger Weisthümer für Breslau. Ein Beitrag zur Geschichte des deutschen, insbesondere des magdeburger Rechts. gr. 8. (IV und 36 S.) Breslau 855(56,) Korn. Thlr. *

Franklin, Otto, die freien Herrn u. Grafen v. Zimmern. Beiträge zur Rechtsgeschichte nach der Zimmerischen Chronik. gr. 8. (VII, 173 S.) Freiburg i/Br. 884. Mohr. n. 5. —

Franklin, W., s. Ramarupa, der Prinz.

Franklin, W. Temple, Leben Benj. Franklin's, s. B. Franklin, auch dess. Correspondance.

Franklin, Will., Bemerk. auf einer Reise von Bengalen nach Persien, in d. J. 1786 u. 87. Mit e. Gesch. v. Persien. Aus d. Engl., mit Anmerkl. v. Jh. R. Forster. gr. 8. Berl. 790, auch 795. Voß. 12 gGr. (vergl. Magazin merkw. Reisebeschreibb.)

Franklin, Geo., Versuch e. neuen Lehre von den vornehmsten Gegenständen d. deutschen Sprachlehre. gr. 8. Regensb. 778. Montag u. W. 1 Thlr.

Franklin Courier: 1870(—) Franklin, MO
Edited & published by Mr Heine.

Franklin-Expeditionen u. ihr Ausgang, s. a. Buch, das, der Reisen.

Franklin-Expeditionen, die, u. ihr Ausgang, s. e. Feierstunden, malerische.

Franklin-Expeditionen, die, und ihr Ausgang. Entdeckung der nordwestlichen Durchfahrt durch Mac-Clure sowie die Auffindung der Ueberreste von S. J. Franklin's Expedition durch Kapitän M. Klintock. 2. Aufl. Leipzig 1867. 8°.

Franklin, die Franklin-Expedition und ihr Ausgang. Leipzig 1873. 8.

Franklin-Expeditionen, die, u. ihr Ausgang. Entdeckung der nordwestlichen Durchfahrt durch Mak Clure, sowie Auffindung der Ueberreste von Sir John Franklin's Expedition durch Kapitän Sir Leopold M'Clintock. 4. Aufl., durchgesehen von Fr. Kiesewetter. Mit 80 Text-Illustr., 4 Tondrucktaf., mehreren Kartenumrissen, sowie einer (lith.) Karte der nordamerikanischen Polarländer. gr 8. (VIII, 280 S.) Leipzig 879. Spamer. n. 4. —; geb. n. 5. —

Franklinowa Pokladnice. Wydana Františkem K. Kampeliskim. (Franklin's Schatzkästlein. Ins Böhmische übertragen von F. K. Kampeliki.) 8. Wien 838. Wenedikt. n. ⅔ Thlr.

Franklin'sche Ofen, d., vervollkommnet v. Darnot u. Schmidt. Aus dem Französ. v. Eschenbach. Mit Kpf. gr. 4. Leipz. 808. Hinrichs. 8 gGr.

Frankly . . . Die Wanderungen, von seiner Schwester herausgegeben. A. d. Engl. Leipz. 1773. Ü: *Weisse*, *Christian Felix.* (MGT) (BrMm)

Frankly, Wanderungen; von seiner Schwester herausgegeben. Aus d. Engl. (von C. F. Weise.) 4 Bde. 8. Leipz. Weidmann. (Ir u. IIr 1779 12 gr. IIIr u. IVr 1777. 12 gr.) Rthlr.

Frankly u. seiner Schwester, Wanderungen. Aus d. Engl. (von Chr. F. Weiße). 4 Bde. 8. Leipz. 777—79. Weidmann. 1 Thlr.

Franknói, s. Fraknói

Franko, Giuseppe, s. Franco

Franko, Joh. Jos., s. Franco

Franko, Ivan, eine ethnologische Expedition in das Bojkenland. Mit 84 Abbildgn. im Text u. auf Taf. I—III. (S. 17–49.) Lex.-8. Wien 905. (Gerold & Co.) n. 1. —
[Aus dem I./II. und III./IV. Heft des XI. Jahrg. der „Zeitschrift für österr. Volkskunde" abgedruckt.]

Franko Iwan: Der Roman von Barlaam und Josaphat, sowie die darin enthaltene Parabel von dem Einhorn (Der Mann im Brunnen) und ihre slawische Bearbeitung.
1893 PN 778 **Diss.** Wien, Univ. 2673

[Aut. u. Kleinruss.] Galizisch-ruthenische Volkssprichwörter Gesamm., red. u. erkl. von Ivan Franko. Bd 1–3. Galičko-ruśki narodnī prypovidki. Zibrav, uporjadk. i pojasniv Ivan **Franko**. T. 1–3. L'vov: Nauk. Tov. im. Ševčenka 1901–1910. 8°
1. (A-Dity). 1901–05 2. (Dīti-Pjat'). 19(07–)08 3. (Rabunok-Jačmiń). 19(09–)10
(Etnografičnī Zbirnik T. 10 16. 23 24 27. 28.) [11. 1917

Franko, Secondo, s. Franco, Secondo.

Franko, Sekundus, s. Franco.

Franko-Germanus, s.: Frankreichs Versündigungen an Kirche u. Christenheit.

Frankiović, Franjo, Hrvatska početnica za obće pučke škole. Wien 1896. K. k. Schulbücher-Verlag. (Min.-Erl. vom 28. December 1895, Z. 30215.) Geb. .36
1896.

Frankreich [Sachliches OW]

Frankreich. Für die Jugend u. ihre Freunde, s. a. Wanderer.

FRANKREICH! Erste Weissagung des Sehers Arajah, des Sohnes Thorahim. Jerusalem (XVIII. Jahrh.). Rar!
Weller, fing. Druckorte.

Frankreich. Geschichte und Politik.
Druckblätter. 8. u. 4., in Mappe.
Druckblätter, fol., in Mappe.

Frankreich. Eindrücke u. Betrachtgn. aus der Zeit d. marokkan. Streitfalls. Von Leuconius. (Renatus.) (36 S.) 8. Cassel (907). (Buchdr. Gutenberg.) 1. —

Frankreich. Zolltarifierung v. Waren, die im Tarif nicht aufgeführt sind. Aus: „Deut. Handels-Archiv". (21 S) Lex.-8. Berlin, E. S. Mittler & Sohn. 1910. —. 60.

Frankreich und Algier . . . München 1837. V: *Hallberg-Broich, Theod. Hub. Freih. von.* (EE)

Frankreich. — Algier vom Eremiten v. Gauting (General Frhr. von Hallberg). 8. München 837. Franz. n. 1 ℛ

Frankreich u. die französische Armee. Ein Sattelbuch f. den Feldgebrauch. 14. Aufl. 12. (48 S. m. 1 Taf.) Leipzig 887. C. H. Mayer. cart. n. 1. 20

— dasselbe. 15., umgearb. Aufl. 12. (56 S m. 8 Chromolith.) Ebd. 888. cart. n. 1. 20

Frankreich, Das mit der Menschheit ausgesöhnte; a. dem Franz. Lobenst. 1798. Ü: *Behr, Christian August.* (KY)

— das mit d. Menschheit ausgesöhnte; aus d. Französ. (v. C. A. Behr). 1r Thl. 8. Lobenst. 798. Illgen. 12 gr.

— nach seiner neuen Begrenzung u. militär. Eintheilung. Fol. Leipz. 803. (Brockhaus). 12 gr.

Frankreich, belletristisches, des 19. Jahrhunderts. Romane von Abbé ***, About, Achard, Aimard ꝛc. Einzig berechtigte deutsche Uebersetzung. 25 Bde. Wien 1868 Tendler & Co. (Leipzig, Zauder.)
1. 2. Bd.: Feuillet, Oct., Graf Camors. 2 Bde. (385 S.) 1 ℛ
3. Bd.: About, Edm., der Ehrlose. (318 S.) 1 ℛ
4. 5. Bd.: Sand, Geo., die letzte Liebe. 2 Bde. (354 S.) 1 ℛ
6. Bd.: de Lamartine, A., Antoniella. (216 S.) 15 ngr.
7—10. Bd.: de Montepin, X., der Marquis d'Espinchal. 4 Bde. (812 S.) 2 ℛ
11. 12. Bd.: Ulbach, L., die Fledermaus. 2 Bde. (398 S.) 1 ℛ
13. Bd.: de Kock, H., der Curiositätenhändler. (209 S.) 15 ngr.
14. Bd.: Achard, A., die Jagd nach dem Ideal. (200 S.) 15 ngr.
15—17. Bd.: der Dorfpfarrer. Roman von Abbó ***. 3 Bde. (618 S.) 1 ℛ 15 ngr.
18—20. Bd.: Ponson du Terrail, die Judas-Söhne. 3 Bde. (501 S.) 1 ℛ 15 ngr.
21. Bd.: Achard, A., Yerta Slovoda. (200 S.) 15 ngr.
22. 23. Bd.: Champfleury, die schöne Pauline. (376 S.) 1 ℛ
24. 25. Bd.: Aimard, Gust., die Baudoux. 2 Bde. (376 S.) 1 ℛ

Frankreich und Deutschland. Ein Basrelief . . . Göttingen 1803. Hannover 1804. V: *Sonnenberg, Franz Anton Joseph Ignaz Maria Freiherr von.* (KN) (MGT)

— u. Deutschland, ein Basrelief an d. Wiege d. Jahrh. 4. Hannov. Helwing. 803.

Frankreich und Deutschland. Eine Stimme aus dem deutschen an das französische Volk. Besonderer Abdruck aus der Mainzer Zeitung (Leitartikel in Nr. 211—216 vom 11.—17. September 1868). Mainz 1868. V: *Hieronymi, Hch. Aug. Wilhelm.* (Hessische Biographien, hgbn. von Herman Haupt. Darmstadt. II/3 [1924], S. 251)

FRANKREICH nach seinen naturlichen Eigenschafften Oder das entlarffte Franckreich. Frankfurt und Leipzig 1748. 4°. 3 Bll., 118 S, 1 Bl. (4 Mk. 50 Pfg., Hlwd., E. Frensdorff, 1910.)

— nach s. natürl. Eigenschaft. 4. Wien, Kraus. 745.

Frankreich, Das Entlarvte, oder Das entdeckte Project von der Europäischen Universal-Monarchie, nebst einer zum Anhang beygefugten Ode auf die Weltbezwinger. Im Haag. 1745 4°. 36 S

Frankreich und die Franzosen. (Beiheft 4 zum Militair-Wochenblatt.) 8. Berlin 872, Mittler und Sohn. *

— d. gelehrte, s. Ersch.

Frankreich, das heutige, s. a. Broschüren, Frankfurter zeitgemäße.

Das heutige Frankreich. Von *.*. *Hamm: Breer & Thiemann 1903.* (28 S.) 8° [F.]
— Broschüren, Frankfurter Zeitgemäße. Bd 23, H. 3. [03. 13964

Frankreich im Jahr 1795 [1796, 1797, 1798 . . . —1802]; aus den Briefen teutscher Männer in Paris. Altona 1795 —1802. H: *Poel, Peter, Johann Friedrich Reichardt & Andere.* (Adel) (Ky) (MGT)

Frankreich im Jahr 1795. Aus den Briefen deutscher Männer in Paris. [PT. POEL, JOH. FRIEDR. REINHARD o. fl.]. Mit Belegen. 1795. 1—3. Bd. (1—12. St.). 1795. — 1796. 1—3. Bd. (1—12. St.). 1796. — 1797. 1—2. Bd. (1—12. St.). 1797. — 1798. 1—2. Bd. (1—12. St.). 1798. — 1799. 1—2. Bd. (1—12. St.). 1799. — 1800. 1—3. Bd. (1—12. St.). 1800. — 1801. 1—3. Bd. (1—12. St.). 1801. — 1802. 1—3. Bd. (1—12. St.). 1802. — 1803. 1—3. Bd. (1—12. St.). 1803. — 1804. 1—3. Bd. (1—12. St.). 1804. — 1805. 1—2. Bd. (1—4. 6—10. St.). 1805—06. Altona. (M. Musikbilag).

Frankreich im J. 1795—1802. Ein Journal (herausg. v. Pt. Poel u. A.). gr. 8. Lübeck, Niemann. (à 4 Thlr) 32 Thlr Dass., im J. 1804 u. 5. Hamb., (Campe). 8 Thlr

Frankreich in den Jahren 1842—53. Altenburg (853). Pierer. 32. (1 Bl., 198 S.) 6 ngr

Frankreich immer das Alte unter der neuen Republik od. Eindrücke u. Erinnerungen aus Frankreich im J. 1850 u. der kurz vorhergehenden Zeit. 8. (XVIII u. 318 S.) Berlin 851, A. Duncker. 1½ Thlr

— das junge. Kurze Übersicht üb. den von Friedrich v. Oppeln-Bronikowski geh. Vortragszyklus, s.: Mitteilungen der literarhistor. Gesellschaft Bonn. 1907. 1. Sonderheft.

— unter Karl V. 1520; vor d. Revolution 1790; u. Frankreichs Größe im J. 1813. gr. 4. Leipz. 814. Hinrichs. 4 gr

Frankreich — Das Konigreich — Eingetheilet nach der Grosse aller Provinzien, und derselben Zugehorungen, wobey ein gutes Theil von Teutschland, Hispanien, und Niederland. Zu finden bey Joh. Hoffmann in Nurnberg Hipschmann sculps. 1 : 2,100,000. 1 Bl.

Frankreich — Das ganze Konigreich — Nach seinen zwolf vornehmsten Provinzen grundrichtig vorgestellet. 1 : 2,375,000. 1 Bl.

— n. d. dazu genommenen Ländern n. e. hist. geograph. Gemälde d. Staats und illum. Landchart. e. Geogr. Spiel. 8. Leipzig, J. B. G. Fleischer.

Frankreich mit der anliegend Landtschafft. Coln, durch Petrum Ouerradt. 1: 5,500,000. 1 Bl.

Frankreich u. der 16. Mai 1877. Eine Studie von R. v. K. gr. 8. (54 S) Berlin 877. Vahlen. n. — 80

— unter dem Neffen seines Onkels. Vom Verf. v.: „Frankreich immer das Alte unter der neuen Republik." gr. 8. (IV u. 176 S.) Berlin 852, Hertz. n. 1 Thlr

Frankreich und Oesterreich und was ihr Conflict für Europa bedeutet. 1. u. 2. Aufl. Berlin 859. Heinicke. gr. 8. (115 S.) n. 15 ngr

Frankreich mit Piemont, Schweiz, Baden, Württemberg, Rheinprovinz, Hessen und Belgien 1 : 1 200 000. Weimar 4 Bl c L. H

Frankreich vor der Revolution in Beziehung auf Regierung, Sitten und Stände . . . A. d. Franz. . . . Braunschweig 1795. V: *Senac de Meilhan, Jean Bapt.* Ü: *Venturini, Carl Heinrich Georg.* (Ky) (EngG)

— vor d. Revolution, in Beziehung auf Regierung rc.; aus d. Französ. (v. G. v. Venturini). gr. 8. Braunschw. 795. Thomas. (P. Rauck in Leipz.) 1 Thlr

Frankreich vor dem Richterstuhl Europas oder die Frage der Gränzen. Trier 1860. V: *Grün, Carl Theod. Ferd.* (Mitth. d. Verlagsbuchh. J. Lintz, Trier.) (Tübz 8, 19) (ADB 49, 586). (Cat. der ständ. Bibl. Stuttg. 1907, S. 454).

Frankreich vor dem Richterstuhle Europa's oder die Frage der Gränzen. Trier 860. Lintz. gr. 8. (62 S.) 9 ngr

— u. Rußland, oder Doppelherrschaft in Europa. 8. Götting. 807. Dieterich. 4 gr

Frankreich u. Russland od. Darstellung des grossen Kampfes. (X. 225.) 8. Berlin 1814.

— u. Rußland; od. Darstellung d. großen Kampfes. Eine Sammlung d. wichtigsten Materialien z. neuesten Geschichte d. europäischen Continents, von L. Lüders; Verf. d. Schrift: Europas Palingenesie. 1r Bd. 1te Abthl. Ursachen des Kampfs. Vorbereitungen. Ausbruch. Mit 1 Holzschn. in Tuschmanier von F. W. Gubitz. gr. 8. Berl. N. Societ. Verlagsbuchh. 814 u. 15. (1r 1 Rthlr. 8 gr. 2r 1 Rthlr. 12 gr.)

— und Rußland. Die orientalische Frage. Februar 1854. Straßburg, Berger-Levrault. gr. 8. (15 S.) 2 ngr

— u. Schlesien. 8. Leipz. 793. (Wienbrack). 4 gr

Frankreich u. seine Stellung zu den anderen europäischen Mächten vor Ausbruch d. Krieges im J. 1870. gr. 8. (49 S.) Wien 871. Gerold's Sohn in Comm. n. 1. --

Frankreich in den letzten Tagen des Juli 1830 mit besonderer Rücksicht auf Paris. Stuttgart 1830. V: *Gfrörer, August Friedr.* (EB) V: *Mährlen.* (Ky)

— in den letzten Tagen d. Juli 1830, (v. Dr. Mährlen). Mit 3 Portr. gr. 12. Stuttg., Schweizerbart. 6 gr (vergl. Gesch. uns. Tage. Außerord. Heft. Nr. 1.)

Frankreich mit besonderer Rucksicht auf die Unebenheiten; im Maasstabe von 1 : 2,000,000 abgebildet von Heinrich Berghaus etc. Berlin, im Magazin fur Kunst, Geographie und Musik 1824. Die Situation gestochen von I. C. Richter. Das Terrain gestochen von H. Brose. 1 2,000,000. 1 Bl.

— nach seiner jetzigen Verfassung, verglichen mit d. vormaligen. Mit 1 Karte. gr. 8. Straßb. 791. Treuttel u. W. 1 Thlr 8 gr

Frankreich, das sich vor Europas Richterstuhle vertheidigende, ꝛc., s. a. Das ꝛc.

— das sich vor Europens Richterstuhle vertheidigende, nebst den Reden von (v.) Chateaubriand, Fitz-James, Benj. Constant u. A. 8. Leipz. 831. Glück. 3 gl.

Frankreich, Das vertheidigte, oder Berichtigung des Kriegs- und Friedenrechts der Franzosen. Berlin 1816. V: *Paalzow, Christian Ludwig*. (MGT) (Ky) (WA)

— d. vertheidigte, od. Berichtigung d. Kriegs- u. Friedens-Rechts d. Franzosen, (v. C. L. Paalzow). 8. Berl. 816. Schöne. 1 Thlr 8 gl. 821. hbg. Pr. 1 Thlr

— wage nicht zu viel! Worinnen dessen nimmerruhende Monarchische Anschläge, weitaussehende Messures. u. verschiedenes Vornehmen; auch zum Theil die politischen Intriguen an denen Höfen in Europa, deroselben Staats-Ziel, Fortgang u. Hindernisse, auch was dieselbe noch endlich vor einen Ausgang gewinnen möchten, nebst vielen curieusen Denckwürdigkeiten, unpartheyisch beschrieben werden. Franckfurt u. Leipzig 1686. 8. (69 S.) Berlin 887. Dressel. n. 1. 50

— wie es war u. wie es gegenwärtig ist, ein unentbehrl. Handbuch f. Politiker u. Zeitungsleser, mit 5 color. Karten. Deutsch u. französ. qu. Fol. Leipz. 815. Magaz. f. Ind. 1 Thlr Hbg. Pr. 16 gl.

Frankreich an der Zeitwende. (Fin de siècle) ... Hamburg 1895. V: *Kuhn, Herm. Nic.* (Berl) (Rothsch)

Frankreich a. d. Zeitwende. (Fin de siècle.) Von *** (Herm. Kuhn). gr. 8. (III, 379 S.) Hamburg 895. Verlagsanstalt u. Druckerei. n. 4. —

Frankreich [Schlagwort]

— s. a. Alpen. Michel, Chr.

— s. a.: Atlanten. Stieler.

— s. a.: Eisenbahnkarten — Europa. Noordhoff. — Hand- u. Reisekarten. 86. 92. 93.

— s. a.: Europa. Kiepert. — Generalkarten. Flemming. — Länderkarten. — Schulwandkarten.

Frankreich — Atlass von — in hundert und sechs und zwanzig Landkarten nach Cassini, Capitaine und Chanlaire. Wien 18[illegible]. Im von Reilly'schen Verschleiss Comptoire. Verschiedene Massstäbe. 125 Bl.

Frankreich. Bamberg's, Karl, Schulwandkarte von Frankreich. 1 : 800,000. 12 Blatt. Chromolith. gr. Fol. Berlin 887. Chun. n. 10. —; auf Leinw. in Mappe n. 16. —; m. Stäben n. 17. 50

Frankreich. Bamberg, Karl, Schulwandkarte von Frankreich. 1 : 800,000. 4., rev. Aufl. 12 Blatt à 47,5 × 35 cm. Farbdr. Berlin 898. C. Chun. n. 10. —; auf Leinw. in Mappe n. 16. —; m. Stäben n. 17. 50

Frankreich. Bamberg's, Karl, Schulwandkarte von Frankreich. 1 : 800,000. 4. rev. Aufl. (Ausg. m. rot markierten polit. Grenzen.) 12 Blatt à 47,5×35 cm. Farbdr. Berlin 899. C. Chun. 12. —; auf Leinw. in Mappe n. 16. —; m. Stäben n. 17. 50

Frankreich. Bamberg's, Karl, Schulwandkarte v. Frankreich. 1 : 800,000. 7. verb. Aufl. 12 Blatt à 47,5× 35,5 cm. Farbdr. Berlin (905). C. Chun. n. 10. —; auf Leinw. in Mappe n. 16. —; m. Stäben n. 17. 50

Frankreich. Bamberg's, Karl, Schulwandkarte v. Frankreich. 1 : 800,000. 8. verb. Aufl. (Physikal. Ausg.) 12 Blatt à 47,5×35,5 cm. Farbdr. Berlin (907). C. Chun. 10.—; auf Leinw. m. Stäben 17.50; m. polit. Grenzen 12.—; aufgez. 17. 50

— Diercke, C., Schulwandkarte v. Frankreich. 1 : 900,000. 137,5×162,5 cm. Farbdr. Braunschweig (909). G. Westermann. Auf Leinw. m. Stäben u. Riemen 20. —

— Freytag, G., Generalkarte v. Nordost-Frankreich u. den Rheinländern. Unter Mitwirkg. von A. Steinhauser bearb. 1 : 800,000. Chromolith. u. color. qu. gr. Fol. Mit Beikarte: Umgebung v. Paris. 1 : 250,000. Chromolith. qu. gr. 4. Wien, Artaria & Co. n. 2. 40; auf Leinw. in Carton n. 4. —

— Gaebler, E., Schulwandkarte von Frankreich. 1 : 1,000,000. 4 Blatt à 57 × 78 cm. Farbdr. Leipzig 897. G. Lang. n. 12. —; auf Leinw. in Mappe od. m. Stäben n. 18. —

— Gaebler, Eduard, Schulwandkarte von Frankreich 1 : 100,000. 2. verb. Aufl. 4 Blatt à 57×78 cm. Farbdr. Leipzig (902). G. Lang. n. 12. —; auf Leinw. m. Stäben n. 18. —

— Gaebler, Eduard, Schulwandkarte v. Frankreich. 1 : 1,000,000. 3. durchgesch. Aufl. 4 Blatt à 57,5 78,5 cm. Farbdr. Leipzig (906). G. Lang. n. 12. —; auf Leinw. m. Stäben n. 18. —

— Gaebler, Eduard, Wandkarte v. Frankreich. 1 : 1,000,000. 4. Aufl. 4 Blatt à 57×78 cm. Farbdr. Leipzig (910). G. Lang. 13.—; auf Leinw. m. Stäben 18. —

Frankreich — Neueste Generalkarte von — Verfasst von Herrn Cassini de Thury etc. Neu herausgegeben von F. A. Schrämbl. 1790. Im eigenen Verlage. 1 : 680,000. 6 Bl.

Frankreich — Die Granzen von — und Spanien an dem Ocean und in dem Mittelmeer. 1 : 1,2[illegible]0,000 2 Bl

— Handtke, F., General-Karte v. Frankreich 1 : 1,700,000. 14. Aufl. Nach den neuesten Materialien rev. u. ergänzt im kartograph. Institut der Verlagshandlung. Chromolith. Imp.-Fol. Glogau 889. Flemming. n. 1. 50; auf Leinw. in Kaliko-Karton n. 3. —

Frankreich. Handtke, F., General-Karte v. Frankreich. 1 : 1,700,000. 18. Aufl. Farbendr. 66×79 cm. Glogau 892. C. Flemming. n. 1. 50

— Handtke, F., Generalkarte v. Frankreich. 1 : 1,700,000. 19. Aufl. 66 × 79 cm. Farbendr. Glogau 894. C. Flemming. n. 1. 50

Frankreich — Karte von — in XVI Blättern. Nach Cassini und dem Atlas National, wie auch nach des H. O. C. Büsching Erdbeschreibung und den besten Hülfsmitteln entworfen von D. F. Sotzmann etc. Berlin im Verlage der königl. Preuss. Academ. Kunst- und Buchhandlung. 1 : 1,000,000. 16 Bl.

Frankreich — Charte von — nach Cassini, Chanlaire, [illegible], Mentelle, und den zuverlässigsten astron. Beobachtungen entworfen und gezeichnet von M. G. F. I. Seidel, Diakon bey St. Aegidien in Nürnberg. Bey Christoph Fembo. Neue Ausgabe 18[illegible]4. 1 : 1,940,000 2 Bl.

Frankreich — Karte von — mit der neuesten Departements-Eintheilung und Begrenzung nach Cassini und Capitaine, und den neuesten astronomischen Berichtigungen in 6 Blättern entworfen von J. F. Kusterer. 1815. Verlegt in Wien bey Tranquillo Mollo. 1 : 1.440,000. 6 Bl.

Frankreich — Historisch politische Charte von — nach seiner Begrenzung am 1ten Janner 1792; nach seiner allmaligen Vergrösserung bis zum Jahre 1812, und der gegenwartigen Grenzbestimmung zufolge des Pariser Friedens vom 30. May 1814. Gezeichnet von J. M. F. Schmidt. Berlin bei Simon Schropp et Comp. 1814. 1 : 2,500,000. 1 Bl.

Frankreich — Neue Charte von — nach seinen Departements und Districten und einigen angrenzenden Ländern, gezeichnet unter der Aufsicht von G. S. [illegible] Herausgegeben in Leipzig bey J. B. Klein, Kunsthändler 1792. 1 : 2,100,000. 1 Bl.

Frankreich — Neueste Charte von — Eingetheilet in seine alten und neuen Departements. Nurnberg bey Homanns Erben. Verbessert und vermehrt 1807. 1 : 2,100,000. 1 Bl.

— **Noordhoff, R.**, Reliefkarte von Frankreich. 1 : 1,600,000. 2. Aufl. 82×61 cm. Farbdr. Leipzig (906). K. F. Koehler. n. 3. —

— **O'Grady's** Uebersichtskarte vom nordöstlichen Frankreich nebst Grenzländern. 1 : 1,000,000. Chromolith. gr. Fol. Cassel 887. Fischer. n. 2. —

— **Reichel, Geo.**, carte de France, d'après la carte murale de Sydow-Habenicht adaptée à l'enseignement du français. 1 : 750,000. 9 Blatt à 49,5×56 cm. Farbdr. Gotha (902). J. Perthes. n. 10. —; auf Leinw. in Mappe n. 15. —; m. Stäben n. 18. — u. lackiert n. 21. —

— Uebersichtskarte. Wiedergabe der Reymann-schen Karte des nordöstlichen Frankreich nach dem Stande v. 1870. 1 : 200,000. 69×101,5 cm. Photolith. u. Steindr. Berlin (907). R. Eisenschmidt. 1. —

— **Vogel, C.**, Karte von Frankreich in 4 Blättern. 1 : 1,500,000. [Aus: „Stieler's Hand-Atlas".] Kpfrst. u. color. qu. Fol. Mit Text. 8. (90 S.) Gotha 889. J. Perthes. Auf Leinw. in Carton. n. 6. —

Frankreichs histor. Bauten. E. Sammlg. französ. architekton. Meisterwerke v. XI. Jahrh. b. zur Jetztzeit. 120 Lichtdr.-Taf. 10 Lfgn. gr. 4. (à 12 Taf) Berlin 896. B. Hessling. à n. 3. 60 (kplt. in Mappe: n. 36. —)

Frankreichs Geschichte von d. ersten Gründung dieser Monarchie bis zu d. gegenwärt. Umänderung. Aus d. Engl. 3 Bde. gr. 8. Würzb. 792. Stahel. 3 ⅔ 8 ℊ

Frankreichs neues Gesetzbuch v. Verbrechen u. Strafen. 8. Leipz. Kobler. 798.

Frankreich's Gesetze üb. das Moratorium aus den J. 1830, 1848, 1870 u. 1871. Von dem k. k. oesterreich. Justizministeriums zur Veröffentlichg. mitgetheilt. gr. 8. (32 S.) Wien 871. Manz. n. — 60

Frankreichs Kriegsbereitschaft. Eine Studie über die Entwickelung des französ. Heeres seit 1871 und deren heut. Stand, illustrirt durch Bilder aus den diesjähr. Herbstmanövern von einem preuß. Offizier. 1.—4. Aufl. gr. 8. (111, 114 S.) Berlin 883, 84, Wilhelmi.

— polit. Lage u. Verhältnisse gegen Europa; aus d. Französ. gr. 8. Leipz. 801. (Rinnere in Halle). 1 ℊ

Frankreichs Offensiv- und Defensivkraft mit besonderer Beziehung auf Deutschland dargestellt. Als Mscr. gedr. München 860. (Augsburg, Rieger.) Lex.-8. (VIII, 94 S. u. 2 lith. Karten in 4. u. Fol.) n. 1 ⅔ 25 ngr.

— kühnste u. thätigste Patrioten, von Zusammenberufung d. Notablen bis zur jüngsten Revolution durch Bonaparte; aus d. Französ. gr. 8. Nürnb. 800. Bauer u. M. 16 ℊ

Frankreich's Revolution von 1848, s.: Revolutionen, die, der Gegenwart.

— jüngste Revolution. Gedrängte Zusammenstellung der Ereignisse zu Paris in den Tagen des Febr. 1848. 16. (18 S.) Crossen 848, Range. n. 2 ngr

— Revolution u. Constitution im Zusammenhange, (a. K. Frohn). 8. Frankf. u. Leipz. 792.

Frankreichs Schlachtschwert, schartig zwar, doch scharf. Von e. deutschen Stabsoffizier (Hübner). (III, 110 S.) 8. Leipzig 907. Dieterich. 1. 20

— monarch. Staatsverfass. im Kampfe m. s. Regierung. herausg. v. J. G. Dyk. gr. 8. Leipzig, Dyk. 798.

— neue Staatsverfassung. 8. Straßb. 790. König. 8 ℊ

—'s Streitkräfte u. Stärke der in d. verschiedenen Feldzügen d. Revolutions-Kriege v. 1792 bis 1815 aufgestellten Armeen. Nach offic. Berichten u. d. bewährt. Quellen bearb. gr. 8. (5¾ B.) Leipzig 831, Lehnhold.

— Verfahren gegen Amerika. 8. Hamb., Perthes u. B.. 9 ℊ

— polit. Verhältnisse zum übrigen Europa, vorzügl. zu Preußen u. Oesterreich, (v. A. G. J. Rebmann). 8. Altona 796. 2e A. 797. Bechtold. 9 ℊ 3e A., s. Rebmann.

Frankreich's Versündigungen an Kirche u. Christenheit (843—1904). Von Franko-Germanus. 1. u. 2. Aufl. (Je III, 235 S.) 8. München 904. J. Roth. n. 2. 20

— natürliche und künstliche Vertheidigungsmittel, mit Anwendung der neuesten Grundsätze über Fortification, bei einem Kriege Deutschlands gegen Frankreich. Von Mr. Leipzig 860. Gebel. gr. 8. (VIII, 153 S.) n. 26 ngr.

Frankreichs neue Wechselordnung, herausg. v. Fr. Grattenauer. gr. 8. Berl. 808. Amelang. 16 ℊ

— Zolltarif, Handels-Verträge und Schifffahrts-Abgaben. Leipzig 861. Hübner. (Iserlohn, Baedeker.) gr. 4. (21 S.) n. 20 ngr.

— gegenwärt. polit. u. ökonomischer Zustand. gr. 8. Frankf. u. Leipz. 796. Levrault. 14 ℊ

— gegenwärt. Zustand, nach seinem Umfange 1792 betrachtet rc. gr. 8. Wien 814. Kosmogr. Bureau. 16 ℊ

Frank's Sieg u. die Nie's. Nach dem Engl. 16. (96 S.) Cleveland 871. (Philadelphia, Schäfer & Koradi.) geb. n. 1. —

Franksmann, C. F. W., Beleuchtung des Ronge'schen Schreibens an den Bischof Arnoldi zu Trier. 2. Aufl. gr. 8. Kiel 845. (Bünsow.) 6¼ ngr

Franlott, L., s.: Marga.

Franner, Babette, geb. Weinzierl, die Wiener exquisite Küche. Ein zuverläss. Hand- u. Nachschlagebuch f. Hausfrauen u. Köchinnen m. besond. Berücksicht. der Hôtel-, Restaurations-, Herrschafts- u. bürgerl. Küche. gr. 8. (XX, 279 S.) Wien 893. (Mor. Stern.) Geb. in Leinw. n. 5 —

Franner, Babette, geb. Weinzierl, die Wiener exquisite Küche. Ein zuverläss. Hand- u. Nachschlagebuch f. Hausfrauen u. Köchinnen m. besond. Berücksicht. der Hotel-, Restaurations-, Herrschafts- u. bürgerl. Küche. 2., bedeutend verm. Aufl. (XXV, 327 S.) gr. 8. Wien 906. (Mor. Stern.) Geb. in Leinw. n. 5.—

Frank, M., Beschreibung d. beiden Hauptbrücken üb. d. Donaustrom u. üb. d. Innfluss in Passau. M. 2 lith. Taf. gr. 4. (2½ B.) Passau 835, Ambrosi.

Frank, M., Beschreibung d. Contumaz-Anstalten im kgl. bayer. Unterdonau-Kreise, insbesond. jener auf d. Mariahilfberge bei Passau, mit Plänen (auf 1 lith. Bl. in Fol.) gr. 8. (1½ B.) Passau 832, Ambrosi.

Franos Vindobonensis. Gr.-8. (VI, 385 S.) Wien: Hölder 1893. 5.—

Franque, Arn. von

Franque, v: Das Delirium tremens (Enthält Angaben über Verbreitung des Alkoholismus in Hessen-Nassau) München 1859

Franque, Arn. v., das Delirium tremens. Der medicinischen Facultät zu München pro venia legendi vorgelegt. Wiesbaden 859. Roth. gr. 8. (121 S.) n. 20 *ngr.*

— über hysterische Krampfe und hysterische Lahmungen. München 861. Lentner. gr. 8. (VI, 57 S.) 15 *ngr.*

von Franqué, Arnold [Arzt aus München]: Geschichte der Totalexstirpation des Uterus ... Würzburg, kgl. Universitätsdr. v. H. Stürtz, 1892; 52 S. 8.
Würzburg, Med. Fak., Inaug.-Diss. v. 1892

Franque, Henr., amiae calvae anatomiam descrips. tabulaque illustr. gr. Fol. (14 S.) Berlin 848, Dümmler. n. 1 *ß*

Franque, Henr (geb Elsterm) Afferuntur nonnulla ad Amiam calvam (Lin) accuratius cognoscendam Berolini (1847) (12 S) 2°
Berlin, Med Diss v 29 Sept 1847

Franque, Henricus, Afferuntur nonnulla ad amiam calvam (Lin) accuratius cognoscendam Berlin 1857

Franque, J. Benedikt von

Franque, J. B., der Bau d. menschl. Körpers, Handbuch f. Volksschullehrer. M. 1 anatom. Atlas v. 17 Taf. (lith. gr. Fol.) gr. 8. (12 B.) Frankfurt a. M. 832, Sauerländer.

v. Franque, J. B., der Bau des menschlichen Körpers. Handbuch f. Volksschullehrer. Mit e. anatom. Atlas v. 17 (Kpfr.-) Taf. (in Fol.) 2. Aufl. gr. 8. (XX u. 156 S.) Frankfurt a. M. 850, Sauerländer. n. 2⅓ *ß*

Franque, J. Bdkt., Geschichte der Seuchen, welche in dem Herzogthume Nassau seit dem Ende des vorigen Jahrh. unter den Hausthieren geherrscht haben. Mit 10 Tabb. gr. 8. Frankfurt 834. Sauerländer. 1⅓ *ß*

Franque, J. B. v., die (Heilquellen) Kurorte d. Hrzgth. Nassau im J. 1837—1839. gr. 8. Berlin, Klemann. [837. (6¾ B. u. 1 Stnt.) 838. ½ Thlr., 38. (9½ B.) 839. ⅔ Thlr., 39. (16¼ B.) 840. 1 Thlr.]
Aus den: Jahrbüchern f. Deutschlands Heilquellen u. Seebäder von v. Graefe u. Kalisch, Jahrg. 1835—40, abgedruckt.

— s. Jahrbücher, medicinische, f. d. Herzogth. Nassau.

— d. Lehre von d. Körperbaue, d. Krankheiten u. d. Heilung d. Hausthiere, für Landleute bearb., aus Auftrag d. Herzogl. Nassauischen Landesregierung. gr. 8. Wiesb. 825. 2e Aufl. 832. Schellenberg. 1 *ß* 8 *gr*. Hbg. Dr. 1 *ß*

Franque's Lehre von dem Körperbaue, den Krankheiten u. der Heilung der Hausthiere. Zum Gebrauche beim Unterrichte an landwirthschaftlichen Lehranstalten, sowie zum Selbstunterrichte für Landwirthe. Als 3. verb. u. verm. Aufl., herausg. von Ph. Groll. Leipzig 861. G. J. Purfürst. gr. 8. (XV, 318 S.) n. 1 *ß* 15 *ngr.*

— d. Seuche unter den Füchsen u. andern Raubthieren in den J. 1823—26, nebst Bemerkk. über d. ursprüngl. Wuthkrankheit d. Thiere. 8. Frankf. 827. Guilhaumann. 21 *K*

Franque, J. B. v., die Thermalquellen zu Ems. Ein Beitr. zur näheren Kenntniss dieser Heilkräfte. M. 6 Lithogr. u. 3 Tab. 8. (13½ B.) Wiesbaden 841, Hassloch'sche Bh. Thlr.
Vgl. Franck, Frank.

Franque, J. B. v., die Thermalquellen zu Ems. Ein Beitrag zur näheren Kenntniss ihr. Heilkräfte. 2., verm. Aufl. Mit 1 Ansicht, 4 Tab. u. 4 lith. Beilagen. (Nebst 1 Situationskarte der Mineral-Quellen u. der benachbarten Blei- u. Silbergruben. gr. 8. (10½ B.) Wiesbaden 844, Scholz.

Franque, M., volksthümliche Geschichte Pius IX. Stuttgart 857. Scheible. 16. (112 S.) 3½ *ngr*

Franqué, Otto v., die Abtreibung der Leibesfrucht vom Standpunkte der lex ferenda, s. Horch, Hermann

— Beitrag zu den Unglücksfällen bei geburtshilflichen Operationen u. ihrer gerichtsärztl. Begutachtung, s.a. Sammlung klinischer Vorträge.

Beitrag zu den Unglücksfällen bei geburtshilflichen Operationen und ihrer gerichtsärztlichen Begutachtung. Von Otto v **Franqué** Leipzig Barth 1909 27 S 8°
(Sammlung Klinischer Vorträge Nr 524) Inv. 6274

von Franqué, Otto [aus Würzburg]: Beiträge zur Kenntnis der Muskelknospen. . . . Würzburg, Verl. & Druck d. Stahel'schen k. Hof- & Univ.-Buch- & Kunsth., 1890; 2 Bl. + 30 S u. 1 Taf. 8°
Würzburg, Med. Fak., Inaug.-Diss. v. 1890

Franqué, O. v., Beiträge zur Kenntnis der Muskelknospen. [Aus: „Verhandlgn. d. physikal.-medicin. Gesellsch. in Würzburg".] gr. 8. (30 S. m. 1 lith. Taf.) Würzburg 890. Stahel. n. 2.—

von Franqué, Otto [Dr., I. Assistenzarzt an d. kgl. Univ.-Frauenklinik Würzburg]: Anatomische und klinische Beobachtungen über Placentarerkrankungen ... Stuttgart, Druck d. Union Deutsche Verlagsges., 1894; 1 Bl., 56 S., 2 Taf. 8.
Würzburg, Med. Fak., Hab.-Schr. v. 1894
(Nicht für den Austausch)

Franqué, Otto v., Cervix u. unteres Uterinsegment. Eine anatom. Studie. gr. 8. (IV, 191 S. m. 9 Fig u. 2 farb. Taf.) Stuttgart 897. F. Enke. n. 7.—

Franqué, Otto v., die Entstehung u. Behandlung der Uterusruptur, s.: Abhandlungen, Würzburger, aus dem Gesamtgebiet der prakt. Medizin. II. 1.

Franqué O. v., s Grenzfragen.

— Uterusabscess u. Metritis dissecans, s.a. Sammlung klinischer Vorträge.

Uterusabscess und Metritis dissecans von Otto v. Franqué, (Würzburg). *Leipzig: Breitkopf & Härtel 1901.* (S. 433–478) 4°(8°)
— Sammlung klinischer Vorträge. N. F. No 316.

Franque, Otto v., der Vorfall der Gebärmutter in anatomischer und klinischer Beziehung. Mit 7 lith. Taf. Würzburg 860. Stahel. gr. 4. (70 S.) n. 2 *ß*

Franquet, E. v., Schaupöbel. Stuck, Klinger, Exter, v. Hofmann ꝛc. „Die künst. Heroen der Rumpelkammer". Glossen zum Streit der Alten u. Jungen. gr. 8. (82 S.) Leipzig 893. M. Spohr. n. — 50

Franqueville, Ch. de, Eisenbahn-Konkurrenz u. Eisenbahn-Fusionen in England. Auszug aus dem Werke: „Du régime des travaux publics en Angleterre", übers. v. Vict. Wilke u. hrsg. von Wilh. v. Nördling. Lex.-8. (X, 75 S. m. 1 chromolith. Karte der engl. Eisenbahnen in gr. Fol.) Wien 875. Lehmann & Wentzel. n. 4.—

Franquini, Baronesse von

BEYTRAG zur Geschichte der Frauenzimmer im 18. Jahrhundert, oder merkwürdige Begebenheiten der Fräulein Sophie. Aus den Schriften der Frau Baronessin von Franquini gezogen. Frankfurt a. M., Reiffenstein, 1781. 8°. 357 S. (8 Mk. Hugo Streisand, Berlin, 1908.

FRANQUOIR, Th. — Verbotener Briefwechsel, oder Th. Franquoirs Denkwürdigkeiten. Aus d. Französ. 2 Thle. Deutschland (Jena, Akadem. Buchh.) 1796. 8°. (12 Mk. A. Bielefeld, 1911.)
Weller, fing. Dr. p. 164

Franquoy, Die Fabrikation der künstlichen Brennstoffe insbesondere der gepressten Kohlenziegel oder Briquettes. Uebertragen und bearb. von Dr. Th. Oppler. Mit 6 Steintfln. Berlin 1864. 8°.

Franscini, Stefano. Neue Statistik der Schweiz . . . a. d. Italien. übersetzt . . . Bern 1848—51. Ü: *Schneider.* (AarK)

Franscini, Steph., neue Statistik der Schweiz. Nach der 2. gänzl. umgearb. Ausg. aus d. Ital. übers. u. m. Anmerkgn. v. e. schweizer. Staatsmanne versehen. 2 Bde. gr. 8. (I: XXXII u. 298 S. II: XIV u. 577 S. m. 1 lith. u. color. Karte in gr. Fol.) Bern 848. 49. (Dalp.) (à n. 2 ℛ) n. 4 ℛ — Nachtrag aus der italien. Handschrift übers. gr. 8. (XVIII u. 372 S. m. 1 Tab in qu. gr. 4.) Ebd. 851. n. $1^2/_3$ ℛ (compl. herabges. Preis: n. 4 ℛ)

Franscini, Stefano, Statistik d. Schweiz. Bearb. v. G. Hagnauer. gr. 8. Aarau 820. Sauerländer. 1 ℛ 12 gr weiß P. 1 ℛ 20 gr

Franscini, Stefano, Statistik d. Schweiz. Bearb. v. G. Hagnauer. gr. 8. (27½ B.) Aarau 829, [Sauerländer, Wrlsbuchh.] 1 Thlr. 12 Gr., weiß Pap. Thlr.

— — Statistic de la Suisse La Suisse géographique, industrielle et agricole par . . . . et par une société de géographes et publicistes suisses etc. 8. Berne, Leipsig, Paris 1855.

Franscini, Stef., der Kanton Tessin, s. a. Gemälde d. Schweiz, 18. Bd.

Franscini, Stefano. Der Canton Tessin, historisch, geographisch, statistisch geschildert Beschreibung aller in demselben befindlichen Berge, Seen, Flüsse, Heilquellen, Städte, Flecken, merkwürdigen Dörfer, so wie der Schlösser, Burgen und Klöster.... Ein Hand- und Hausbuch... von St. F. Nach der italienischen Handschrift [übersetzt] von G[ottlieb] Hagnauer. [Umschlag illustriert.] 8. St. Gallen und Bern 1835.
Historisch-geographisch-statistisches Gemälde der Schweiz Heft 18.

(Fransecky, v.) Die Ereignisse vor Fredericia vom 7. Mai bis zum 6. Juli 1849. Berlin (1853). 8°. (Bh. z. M. W. B.)

(Fransecky, v.) Die Gefechte bei Missunde und bei Friedrichsstadt. Berlin 1851. 8°. (Bh. z. M. W. B.)

(Fransecky, v.) Die Schlacht bei Idstedt. Berlin 1851. 8°. (Bh. z. M. W. B.)

Fransecky, Eduard von

v. Fransecky, Denkwürdigkeiten. Hrsg. von v. Bremen. Bielefeld 900.

Fransecky, des preußischen Generals der Infanterie Ed. v., Denkwürdigkeiten. Hrsg. u. nach anderen Mitteilgn. u. Quellen ergänzt von Walt. v. Bremen. Mit zahlreichen Illustr., z. Tl. nach eigenen Handzeichngn. des Generals, Plänen u. Skizzen. gr. 8. (XVI, 588 S.) Bielefeld 901. Velhagen & Klasing. n. 10.—; geb. in Leinw. n. 12.—; in Halbfrz. n. 13.—

Fransecky, H. v., Hauptm und Compagnie-Chef im 1. rheinischen Inft.-Reg. Nr 25. Geschichte des 1. rheinischen Inft.-Reg. Nr. 25 von 1857—1883, als Fortsetzung der Reg.-Geschichte bearbeitet. Mit Illustrationen, Skizzen und 1 Uebersichtskarte. (3 Taf., 1 Karte.) gr. 8. Berlin 1884.

Fransecky, v., Geschichte d. 1. Rheinischen Infanterie-Regiments Nr. 25 von 1857 bis 1883, als Fortsetzung der Regimentsgeschichte bearb. Mit Illustr. (1 Holzschn., 1 Lichtdr. u. 1 color. Steintaf.), (eingedr.) Skizzen u. 1 (lith.) Uebersichtskarte. gr. 8. (VI, 305 S.) Berlin 884. Mittler & Sohn. n. 7.50

v. Fransecky, Carl Otto, Gedichte. Darmstadt 865. Würtz. 16. (VIII, 184 S.) n. 20 ngr

v. Fransecky II., E., Geschichte des Königl. Preuß. 16n Infanterie-Regiments. Mit 1 Tabelle. 8. Münster 834. Wundermann'sche Buchh. ¾ ℛ

Franson, F., die Himmelsuhr od. das prophetische Wort, m. Einleitg., 3 Uebersichtstabellen u. e. Diagramm. Aus dem Schwed. übers. v. L-n. 8. (VIII, 208 S.) Barmen (897). Deutsche China-Allianz-Mission. Kart. n. 2.50; geb. in Leinw. n. 3.50

Franson's, F., Reise um d. Welt. 1892—1895. Hrsg. v. d. deutschen China-Allianz-Mission, Barmen. gr. 8. (111 S. m. Abb.) Barmen 896. (Elberfeld, J. Faßbender.) n. —75; kart. n. 1.—

Franssen, G., Quaestionis de scholiorum Euripideorum in poetae verbis restituendis auctoritate et usu specimen. Diss. 1872. 68 S.

Franssen, Georg [Oberl. Dr.]: Zur Überbürdungsfrage. Hagen, Buchdr. v. G. Butz, 1880; 1 Bl., 11 S. 4°
Hagen, RG u. G, OP 1880 (349)

Franssen, Jacob *Hubert* [aus Köln]: Aus d. med. Klinik zu Bonn. Ueber die Anwendung des Koch'schen Heilverfahrens auf der medicinischen Hilfsklinik (Städtisches Contagienhaus). . . . Bonn, Hauptmann'sche Buchdr., 1891; 28 S., 1 Bl. 8°
Bonn, Med. Fak., Inaug.-Diss. v [30.] Mai 1891

Franty, W, s. Krok.

Frantz

— s. a. **Franz(en).**

Frantz: Abhandlungen zur Lehre von der Exekutions-Intervention. Mannheim 1889.

1. Die rechtliche Stellung des Gerichtsvollziehers.
2. Die rechtliche Natur der Interventionsklage (actio negatoria).
3. Die Existenz dieser Klage im Gebiete des französischen Rechts.
4. Entschädigungs-Anspruch des Eigentümers, dessen Sachen zu Gunsten des betreibenden Gläubigers bei dem Schuldner gepfändet u. versteigert worden sind.

Frantz, Abhandlungen zur Lehre v. der Exekutions-Intervention. gr. 8. (52 S.) Mannheim 889. Nemnich. n. 1.50

Frantz, A., das kirchliche Amt und der Pastor. Dessau 858. Baumgarten u. Co. gr. 8. (VIII, 82 S.) n. $12^1/_2$ ngr

Frantz, A., Andeutungen über die Pseudodoxie der Naturwissenschaft. Magdeburg 867. Berger. gr. 8. (VIII, 170 S.) $22^1/_2$ ngr

— die Auferstehung der Todten nach 1. Cor. 15. Eine Ostergabe. Magdeburg 867. Heinrichshofen. gr. 8. (120 S.) 15 ngr

Frantz, A., der Beruf der Geistlichen. Synodal-Predigt über Römer Cap. 10. V. 16. 17. 8. Eisleben 834. Reichardt. 1/8 ℛ

—— Betrachtungen üb. d. Offenbarung d. Johannes. 3 Bde. gr. 8. Quedlinburg, Basse. à 1 Thlr.
Bd. 1. Die sieben Briefe an d. sieben Gemeinden in Asien. (19½ B.) 838.
" 2. Die sieben Siegel. (19¼ B.) 839.
" 3. Des Feindes Untergang, des Reiches Aufgang. (13½ B.) 840.

Frantz, A., kleine Bibliothek christl. Erbauungsschriften, s. Bibliothek.

— Blätter aus der Geschichte des geistl. Standes. gr. 8. Quedlinburg 838. Basse. 3/4 ℛ

Frantz, A., Blicke in die Schattenseite unserer Zeit. Ein Beitrag zur Würdigung unserer Zeit u. zur Beurtheilung ihrer Erscheinungen. gr. 8. Brandenburg 843, Müller. n. 1/3 ℛ

Frantz, A., die liberale Doctrin u. die Societät. Blicke auf Saat u. Frucht. gr. 8. (XV, 259 S.) Berlin 885. Wiegandt & Grieben. n. 2. 50

Frantz, A., s. Festgabe, Kieler.

— das Gebet für die Todten in seinem Zusammenhange mit Cultus und Lehre, nach den Schriften des heiligen Augustinus. Eine patristische Studie. Nordhausen 857. Büchting. gr. 8. (2 Bl., 176 S.) 24 ngr

Alte Geschichte (oriental. Völker, Griechen u. Römer). Für Quartaner ... u. Abiturienten. Bearb. von Prof A. Frantz. Kattowitz & Leipzig: C. Siwinna [1907]. (108 S.) 8°
— Schülerbibliothek, Goldene. Bd 6. [07. 16902 2]

Frantz, A., Geschichte d. Kupferstichs. Ein Versuch. 8. (307 S.) Magdeburg 883. Creutz. n. 6. —

Geschichtsdaten Für Sextaner ... u. Abiturienten. Bearb. von Prof. A. Frantz. Kattowitz & Leipzig: C. Siwinna & Phönix-Verl. [1906]. (94 S.) 8°
— Schülerbibliothek, Goldene. Bd 21. [07. 16931 2]

Frantz, A., der kirchliche Gottesdienst. Ein Büchlein f. evangel. Christen. 16. (82 S.) Strehlen 890. Affer. — 30

Griechisch. Für Untertertianer ... u. Abiturienten. Bearb von Prof. A. Frantz. Kattowitz & Leipzig: C. Siwinna [1906]. (100 S.) 8°
— Schülerbibliothek, Goldene Bd 1. [07. 16917 2]

Frantz. A. Die Haftbarkeit und Entschädigungspflicht bei den Verunglückungen des Bergbaues besonders in Preußen vom Standpunkte der Gesetzgebung und Volkswirtschaft betrachtet Jena, 1869 46 S

Frantz, A., die Inspiration, insonderheit die Verbalinspiration der heiligen Schrift. gr. 8. (IV, 181 S.) Gotha 886. Behrend. n. 2. 40

— Johannes der Täufer. Betrachtungen nach der heiligen Schrift. 8. Eisleben 841. (Reichardt.) n. 1/2 ℛ

— der kleine Katechismus, in Dr. Martin Luthers Wort u. Weise ausgelegt. 8. Eisleben 842, Reichardt. n. 1/6 ℛ

Frantz, A., Luthers Katechismus — e. Schulbuch f. unsere Kinder, s.: Zeit- u. Streitfragen, pädagogische.

Frantz, A., Kunst u. Literatur. Gesammelte Vorträge. Mit Genehmigg. d. Verf. hrsg. v. A. Roeper. gr. 8. (V, 199 S.) Berlin 888. M. Hartmann. n. 3. 60; geb. n. 5. —

Frantz, A., Kunst u. Litteratur. Gesammelte Vorträge. Mit Genehmigg. d. Verf. hrsg. v Adb. Roeper. 2. Bd. gr. 8. (III, 208 S.) Leipzig 891. H. Oesterwitz Nachf. n. 3. 60 (1. 2.: n. 7. 20)

Lateinisch. Für Sextaner .. u. Abiturienten. Bearb. von Prof. A Frantz. Kattowitz & Leipzig: C. Siwinna [1907] (94 S) 8°
— Schülerbibliothek, Goldene Bd 2. [07. 16918 2]

— über Leben und Krankheit der Pflanzen. Allen denkenden Freunden der Natur und Landwirthschaft zur Erwägung dargeboten. Sondershausen 856. Eupel. gr. 8. (VIII, 130 S.) 21 ngr

Frantz, A., Lehrbuch d. Kirchenrechts. gr 8. (XII, 322 S.) Göttingen 887. Vandenhoeck & Ruprecht's Verl. n. 6. —; geb. n. 7. 20

— historischer Novellen-Cyclus. 1. Bd. 8. Berlin 883. Adf. Klein. 3. —
Holländer u. Batta. Nach den Erlebnissen e. Reisenden auf Sumatra, aus dessen Papieren nacherzählt. — Der letzte Majordomus. Historisch-novellist. Bilder aus dem Frankenreiche. (224 S.)

Frantz, A., s. Pensionär, der.

— die Prätensionen der exacten Naturwissenschaft beleuchtet und mit polemischen Glossen wider Hrn. Prof. Dr. Schleiden begleitet. Nordhausen 858. Büchting. gr. 8. (136 S.) 20 ngr

Frantz, A., die Rechtfertigung durch den Glauben. Homiletische Auslegung der Epistel St. Pauli an die Galater. Zum Gebrauch in Bibelstunden wie bei Hausandachten. Dessau 860. Baumgarten & Co. gr. 8. (XI, 265 S.) 27 ngr

Frantz, A. Die Reform d preuß Medizinal-Verfass. v. Standp. d. Wundärzte. Magdeburg 1847

— Repetitionen f. die lateinische Grammatik. Vorbereitung zur Versetzg. 1. Heft: Pensum f. Sexta. (20 S.) gr. 8. Wolfenbüttel 905. J. Zwißler. n. — 30

— Schul-Andachten. 1. Hft. gr. 8. (VI, 57 S.) Leipzig 889. Teubner. n. — 80

— Schul-Andachten. 2. Hft. gr. 8. (VIII, 64 S.) Leipzig 891. B. G. Teubner. n. — 80 (1. 2.: n. 1. 80)

Frantz, A., Schul-Andachten. 3. (Schluß-)Hft. gr. 8. (XII, 120 S.) Leipzig 895. B. G. Teubner. n. 1. 60 (kplt. in 1 Bd: n. 3.—)

— s.: Schülerbibliothek, goldene.

s. Testament, d. Neue.

Frantz, A., F. A. B. Westermeier, weil. Superint. der Ephorie Wolmirstedt. Past. zu Elben rc. Seinem Andenken u. seinen Freunden gewidmet. Vortrag in der Herbst-Conferenz d. Pastoral-Vereins der Provinz Sachsen in Gnadau den 4. Octbr. 1870 geh. gr. 8. (IV, 63 S.) Schönebeck 871. Berger. n. 1. —

—— ein Wort über Katechismus, u. über Luthers Katechismus im Besondern. 8. (2 B.) Eisleben 842, Reichardt.

Frantz, Adf., die höchsten Adelsgeschlechter im Leben wie im Tode. Eine statistische Untersuchung über Geburten, Eheschließung u. Lebensdauer in den Familien der höchsten Aristokratie. gr. 8. (59 S.) Berlin 881. Adf. Klein. n. 2. —

Frantz, Adf., das Preußische Armenwesen nach den Gesetzen, Verordnungen, Ministerial-Verfügungen rc. für Gemeinde-Vorstände, Beamte und jeden Gebildeten dargestellt und erläutert Magdeburg 855. Fabricius. gr. 8. (2 Bl., 148 S.) n. 15 ngr

Frantz, Adolf: Über die Aufgaben der Erziehung in höheren Schulen. Strehlen 1901: T. Esler. (20 S.) 4°
Strehlen, Schl, k. G, OP 1901 (223)

— Beruf u. Berechtigung Deutschlands u. Frankreichs zu Production u. Absatz von Eisen u. Stahl. gr. 8. (24 S. m. 1 Tab. in Fol.) Breslau 877. Kern's Verl. — 75

Frantz, Adf., die Beschäftigung der Frauen u. Mädchen beim Bergbau unter Tage. [Aus der „Zeitschrift d. oberschles. berg u. hüttenmänn. Vereins."] Berlin 869. Kortkampf in Comm. 4. (24 S.) 12 ngr.

Frantz, Adf., Dampfkessel-Anlage u. Betrieb nach der neuesten Gesetzgebg. Deutschlands u. Oesterreichs dargestellt u. erläut. gr. 4. (26 S.) Waldenburg i. Schl. 872. Knorrn. n. 1. —

Frantz, Adph., das katholische Directorium des Corpus Evangelicorum. Nach handschriftlichen Quellen dargestellt. gr. 8. (VIII, 180 S.) Marburg 880. Elwert's Verl. n. 4. —

— zum Entwurf einer Proceß-Ordnung in bürgerlichen Rechtsstreitigkeiten für den preußischen Staat. Bescheidene Randglossen über Schiedsgerichte, Advocatenzwang 2c. Quedlinburg 865. Basse. gr. 8. (56 S.) 10 ngr.

Frantz, *Leo* Adolph [aus Halle a. S.]: Ein Fall von Paranoia mit konträrer Sexualempfindung ... Berlin, C. Vogts Buchdr., *1895;* 30 S., 1 Bl. 8.
Berlin, Med. Fak., Inaug.-Diss. v. 29. Okt. 1895

— und Enno Schumann, General-Register der Herrschaften, Ritter- und anderer Güter der Preussischen Monarchie mit Angaben über Areal, Ertrag, Grundsteuer etc. Ein Hand- u. Hülfsbuch für Guts- u. Grundbesitzer, Güterhändler etc. 1. u. 2. Liefg. Berlin 863. Gsellius. gr. 8. n. 1 $\mathscr{P}$ 12½ ngr.
Inhalt: 1. Provinz Brandenburg. (117 S.) n. 20 ngr. — 2. Provinz Sachsen. (121 S.) 22½ ngr.

— Gesetz üb. die Handelskammern vom 24. Febr. 1870, hrsg. u. erläutert. gr 16 (63 S.) Berlin 875. C. Heymann's Verl. n. — 80

Frantz, Adolf: Österreichs Gymnasien. *Strehlen (1898): T. Erler.* (23 S.) 4°
Strehlen i. Schl., k. G. P 1898 (216)

— Die Haftpflicht der Eisenbahn-, Bergbau- und Fabrik-Unternehmer. Vom Standpunkte der Gesetzgebung, Volkswirthschaft und Statistik, mit besond. Rücksicht auf Versicherungsanstalten, Knappschaftsvereine etc. gr. 8°. Beuthen, 1872. (Berlin, Kortkampf.) 24 S.

— Holzdiebstahl und Holzberechtigung, nach den gesetzlichen Bestimmungen. Für Polizeirichter, Polizeianwälte, Forstbeamte, Waldeigenthümer und Holzberechtigte. Quedlinburg 853. Basse. Lex.-8. (68 S.) 10 ngr

FRANTZ, Ad.: Holzdiebstahl und Holzberechtigung in Preussen nach den gesetzlichen Bestimmungen. Für Polizeirichter, Polizeianwälte, Forstbeamte... - Quedlinburg. Leipzig 1853. 67 S.

Frantz, Adph., s.: Jhering, Rud. v., Festgabe.

— die Juden vom Standpunkte der christlichen Sittlichkeit, Geschichte, Staats- u. Gesellschaftspolitik betrachtet, s: Beiträge, wissenschaftliche, zur Judenfrage.

Frantz, Adolph. Die evangelische Kirchenverfassung in den deutschen Städten des 16. Jahrhunderts Halle 1876: Gebauer-Schwetschke 68 S. 8°
Halle-Wittenberg, Jur Diss. v. 22 Jan 1876
Geb [Ringleben b Frankenhausen (Schwarzb-Rudolst.) 14. 10 1851] Deutsche Übersetzung einer lateinischen 1873 gekrönten Hallischen jur. Preisschrift — Im Buchhandel in Leipzig bei Opetz VI, 68 S. — 2 veränd Aufl Ebda 1878 VII, 101 S.

Frantz, Adph., die evangelische Kirchenverfassung in den deutschen Städten d. 16. Jahrh. Gekrönte Preisschrift u. Inaugural-Dissertation. gr. 8. (VI, 68 S.) Halle 876. (Leipzig, Opetz.) n. 1.

— die evangelische Kirchenverfassung in den deutschen Städten des 16. Jahrhunderts. 2., veränd. Aufl. gr. 8. (VII, 101 S.) Leipzig 878. Opetz. 2. —

Frantz, Adph., Lehrbuch des Kirchenrechts. gr. 8. (XII, 322 S.) Göttingen 887, Vandenhoeck und Ruprecht's Verlag. * geb. *

— Lehrbuch d. Kirchenrechts. 2., verm. u. verb. Aufl. gr. 8. (XII, 342 S.) Göttingen 892. (Vandenhoeck & Ruprecht.) n. 6. —; geb. n. 7. —

Frantz, Ad., Lehrbuch des Kirchenrechts. 3. verm. u. verb. Aufl. gr. 8. (XII, 346 S.) Göttingen 899. Vandenhoeck & Ruprecht. n. 6. —; geb. in Leinw. n. 7. —

Frantz, Adf., die Lehrer-Gehalts-Regulirung und das Unterrichts-Gesetz in Preußen. Historisch und staatswissenschaftl. beleuchtet für Preußens Volksschullehrer, ihre Freunde und Gegner. gr. 8. (III und 66 S.) Hamburg 861, Hoffmann und Campe.

Frantz, Adph., d. Litteratur d. Kirchenrechts 1884–1894, s.a. Litteraturbericht, jurist., 1884–1894.

Frantz, Litteraturbericht üb d Kirchenrecht 1884—1894. Lpzg. 896.

— der einjährige freiwillige Militärdienst u. der Militärdienst der Theologen, Schulamts-Aspiranten u. Candidaten nach dem neuesten Stande der bezüglichen Gesetzgebung. Zum Gebrauch für die betreffenden Militärdienstpflichtigen, wie deren Eltern, Vormünder 2c. Liegnitz 867. Krumbhaar. 8. (2 Bll., 39 S.) 7½ ngr.

— historischer Novellen-Cyclus. 1. Bd.: Holländer und Batta. Nach den Erlebnissen eines Reisenden auf Sumatra, aus dessen Papieren nacherzählt. — Der letzte Majordomus. Historisch-novellist. Bilder aus dem Frankenreiche. 8. (224 S.) Berlin 883, Adf. Klein.

— Oesterreich, Preußen, Deutschland und die Schweiz. Handbuch der Statistik nach den neuesten und besten Quellen bearb. 4 Lfgn. gr. 8. (XVI und 805 S.) Breslau 863,64, Korn. à Lfg. * 25 Ngr. *

Frantz, Adph., die Patronats-Befugnisse in Bezug auf den Gemeinde-Kirchenrath nach § 6 der Kirchengemeinde- u. Synodal-Ordng. vom 10. Septbr. 1873. gr. 8. (VII, 86 S.) Marburg 883. Elwert's Verl. n. 1. 20

Frantz, Adolph, das Projekt e. Reichskonkordats nach den Wiener Konferenzen 1804–1806, s.a. Festgabe der Kieler Juristen-Fakultät, Albert Hänel dargebracht.

— das Projekt e. Reichs-Concordats u. die Wiener Konferenzen v. 1804. [Aus: „Jhering. Festgabe f. ihn".] gr. 8. (58 S.) Kiel 892. Lipsius & Tischer. n. 1. 80

— der Rechtsschutz bezüglich seiner Kosten im Deutschen Reiche, mit statist. Tabellen. gr. 8. (16 S.) Berlin 883, Adf. Klein. *

Ad. Frantz, Samml. der den Bergbau u. Hüttenbetrieb betr. polizeil. Vorschriften f. den Ob.-Bergwerksbezirk Breslau. Beuthen, Wylezol u. C. (Feist.) 1875.

Frantz, Ad., der Preußische Staat. Handbuch der Statistik, Verfassung und Gesetzgebung Preußens. Für die gebildeten Stände, insbesondere für alle Beamte, Lehrer 2c. 2 Bde. Ebend. 853—55. Lex.-8. (VIII, 1083; VII, 535 S) 5 $\mathscr{P}$
1. Bd.: Statistik, Verfassung und Verwaltung des preuß Staates. Nach den neuesten Quellen dargestellt.
2. Bd.: Gesetzgebung des Preuß. Staates. Zusammenstellung der in den ältern Gesetzbüchern und in der Gesetz-Sammlung enthaltenen Gesetze und Verordnungen 2c.

— der preußische Staat. Handbuch der Statistik, Verfassung und Gesetzgebung Preußens. Für die gebildeten Stände 2c. 1. Bd. gr. 8. (Statistik, Verfassung und Verwaltung des preuß. Staates. Nach den neuesten Quellen dargestellt. (VIII und 1083 S.) Quedlinburg 854, Basse.

—— dass. — 2. Bd. gr. 8. (Gesetzgebung des preuß. Staates.) Zusammenstellung der in den ältern Gesetzbüchern und in der Gesetz-Sammlung enthaltenen Gesetze und Verordnungen, nebst den ergänzenden und erläuternden Ministerialverfügungen, Entscheidungen der höchsten Gerichtshöfe ꝛc. (VII und 535 S.) Ebds. 855.

— Preußens Staats-Domänengüter nach Umfang, Werth und Ertrag dargestellt und beurtheilt. Jena 864. Fr. Frommann. gr. 4. (2 Bl., 44 S.) 18 ngr.

— Preußens Staats-Domänengüter nach Umfang, Werth u. Ertrag dargestellt u. beurtheilt. 2. Ausg., vermehrt durch e. Nachtrag, enthltd. die von 1861—1867 eingetretenen Veränderungen. Jena 868. Fr. Frommann. 4. (2 Bll., 44, 13 S.) 18 ngr; Nachtrag apart 7½ ngr.

Frantz, Adf., Deutschlands, namentlich Oberschlesiens Steinkohle in Concurrenz m. der englischen, besonders auch als Exportartikel. Eine national-politisch-wirthschaftl. Untersuchg. gr. 8. (51 S.) Beuthen 876. (Görlich & Coch.) n. 1. 20

— das preußische Stempelwesen nach dem neuesten Stande der Gesetzgebung. Ein Hand- u. Hülfsbüchlein für Staatsbürger jedes Standes u. Berufes. Mit alphabetischem Sachregister. 866. — 2., durch das Wechselstempelsteuer-Gesetz im norddeutschen Bunde verm. Ausg. Quedlinburg 870. Basse. gr. 8. (VIII, 76 S.) 10 ngr.

Frantz, A., der Preußische Strafprozeß nach den positiven Gesetzen u. den legislatorischen Quellen, unter Anführung sämmtl. ergänzenden Gesetze, Verordnungen, Ministerialverfügungen u. Entscheidgn. d. Königl. Ober-Tribunals dargestellt u. erläutert. 2 Hfte. gr. 8. (XII u. 610 S.) Quedlinburg 852, Basse. (1 : 1 ꝛf 2 : 1⅙ ꝛf) 2⅙ ꝛf

— der preußische Strafprozeß nach den positiven Gesetzen und legislator. Quellen, unter Anführung sämmtlicher ergänzenden Gesetze, Verordnungen, Ministerialverfügungen und Entscheidungen des K. Ober-Tribunals und mit besonderer Berücksichtigung des Archivs für Preuß. Strafrecht (herausg. durch Goltdammer) dargestellt und erläutert. 2., verm. u. verb. Aufl. Ebend. 855. gr. 8. (1 Bl., X, 739 S.) 2 ꝛf 15 ngr.
Hieraus abgedruckt:

— — Supplementheft zur 1. Ausg. Ebend. 855. gr. 8. (2 Bl., S. 597—937.) 10 ngr.

— Tabellen der Gewerbe-Statistik der Staaten des deutschen Zollvereins mit Beachtung der Mainlinie. Brieg 867. Gebhardi. gr. 1. (13 S.) n. 10 ngr.

— allgemeine Uebersicht der Production, d. Absatzes u. d. Verbrauchs der Oberschlesischen Steinkohlengruben im J. 1873. Zusammengestellt nach den Special-Nachweisgn. gr. Fol. (4 Tabellen.) Berlin 874. C. Heymann's Verl. n. 1. 50

— Uebersicht der Eisen-Industrie u. d. Eisen-Verkehrs Deutschlands in den J. 1860—1869. Nach den amtl. Publicationen zusammengestellt. Imp.-Fol. (1 Bl.) Leipzig 871. Baumgaertner. n. — 50

Frantz, Dr. Ad., Uebersicht der Eisenindustrie und des Eisenverkehrs Deutschlands in den Jahren 1860—69. Nach den amtlichen Publikationen zusammengestellt. (Eine Foliotfl. auf Leinwand.) Leipzig 1872. 8°.

— die höheren Unterrichtsanstalten Deutschlands mit Rücksicht auf ihre Berechtigung, Frequenz u. ihre Etats. Statistisches Suppl. zu der Schrift: „Beiträge zum deutschen Unterrichtswesen". gr. 8. (71 S.) Berlin 882. Adf. Klein. n. 1. 80

— die Wahlberechtigung der Geistlichen bei den kirchlichen Gemeindewahlen. 8. (IV, 89 S.) Ebend. 885. n. — 60

—— der preußische Civil-Prozeß nach den Gesetzen, Verordnungen, Ministerialverfügungen, Entscheidungen des königl. Obertribunals und mit Berücksichtigung der legislatorischen Materialien dargestellt und erläutert. Ein Handbuch für Juristen, auch jeden Beamten und Bürger. gr. 8. (VIII und 795 S.) Magdeburg 856, Fabricius.

-- der Preußische Civil-Prozeß nach den Gesetzen, Verordnungen, Ministerialverfügungen ꝛc. dargestellt u. erläutert. Ein Handbuch für Juristen, auch jeden Beamten und Bürger. Ebend. 857. gr. 8. (2 Bl., 795 S.) 3 ꝛf

Frantz, (Alex.), Bericht üb. die am 29. u. 30. Aug. 1849 zu Leipzig gehalt. Conferenz v. Gliedern u. Freunden der luther. Kirche, auf den Grund der Protokolle erstattet. [Abdr. aus der „Zeitschrift f. die gesammte luth. Theologie u. Kirche," 1850. 1. Hft.] gr. 8. (29 S.) Leipzig 849, Dorffling & Franke. n. 4 ngr.

Frantz, (Alex.), das Glaubens-Bekenntniß. Grundzüge zur dogmat. Theologie. gr. 8. (246 S.) Magdeburg 817, Falckenberg u. Co. 18 ngr.

— das Missionswerk. Predigt zur Feier des Missions-Festes in Halle d. 24. Jun. 1846 gehalten. gr. 8. Magdeburg 846, Falckenberg u. Co. n. $^{1}/_{12}$ ꝛf

—— das Missionswerk. Predigt, zur Feier des Missions-Festes in Halle den 24. Juni 1846 gehalten. gr. 8. (16 S.) Magdeburg 847, Falckenberg und Comp. *

Frantz, Alex. v. (Danzig), Observ. quaedam de gregarinis. Diss. phys.-zootomica. Bln. (Gust. Schade) 5. IX. 1846. 36 S. mit Biogr. (M.: A. E. Ritt.) (4.—) 9390
Gew.: Carl Theod. Ernst v. Siebold. — Oppon.: A. Hein, C. Schwalb, R. Virchow.

— drei Predigten bei Veränderung des Wirkungskreises gehalt. gr. 8. (44 S.) Halle 847, Colditz. ⅛ ꝛf

Frantz, Alex., der Sohn der Sünde, siehe: Corso, 1. Bdchn.

Frantz, Alfred [pr. Arzt aus Rockenhausen]: Die häufigsten Gebärmutterblutungen während der Geburt. Nach Beobachtungen und Erfahrungen aus der ärztlichen Praxis. . . . Würzburg, Becker's Univ.-Buchdr., 1890; 48 S. 8°
Würzburg, Med. Fak., Inaug.-Diss. v. 1890

Frantz, C. A., Samml. d. Verordnn. u. Rescripte, den Papier-Stempel im Königr. Baiern betreff. gr. 4. Würzb. 827. Stahel. 21 gl.

Frantz, Cl., s.a. Frantz, Klamer Wilhelm

Frantz, Cl., der kleine Asmus. Kern u. Summa aus den Werken des Wandsbecker Boten. 8. (42 S.) Bleicherode 877. Busch. n. — 60

Frantz, Cl., Blicke und Winke in die Kinderstube. Treuen Müttern wohlmeinend dargeboten. Nordhausen 863. Büchting. 16. (IV, 116 S.) 10 ngr.

— geistliche Gedichte in Drommeten- u. Flötenton. Christliches Erbauungsbuch für alle Zeiten. 2. Aufl. gr. 16. (158 S.) Ebend. 877. n. 1. 50; geb. n. 3. —

Frantz, Cl., Motto's zu den sonn- und festtägl. Episteln. Biblische Gedichte. 12. (155 S.) Mühlhausen 847, (Danner.) *

— Motto's zu den sonn- u. festtäglichen Episteln. Biblische Gedichte. 2. Aufl. gr. 16. (144 S.) Ebend. 877. n. 1. 50; geb. n. 3. —

Frantz, Cl., Stimmen aus Zion auf einer Wanderung durch Kanaan. Religiöse Gedichte. 12. Mühlhausen 846. (Danner.) n. ⅓ ꝛf

Frantz, Cl., d. Evangeliums Verkündigung in Deutschland vor Karl dem Großen. 8. (VI, 138 S.) Gotha 870. F. A. Perthes. geb. n. 1. 20

Franz, Cl., der Wunderstein. Romant Gedicht in 5 Gesängen. gr. 12. Quedlinburg 837. Basse. 5/6 Thlr

Frantz, *Emil* [Pr. Arzt aus Saarwerden '(U.-Els.)']: Beitrag zur Lehre von der Dermatitis herpetiformis ... Bischweiler, Buchdr. v. F. Posth, 1894; 47 S. 8.
Strassburg, Med. Fak., Inaug.-Diss. v. 1894

Frantz, Erich, das heilige Abendmahl d. Leonardo da Vinci. Mit 1 (Lichtdr.-)Abbildg. nach dem Stich d. Rafael Morghen. gr. 8. (83 S.) Freiburg i/Br. 885. Herder. n. 1. 40

Frantz, Erich, Fra Bartolommeo della Porta. Studie üb. die Renaissance. gr. 8. (XV, 258 S.) Regensburg 879. Manz. n. 3. 50

Frantz, E., Geschichte der christlichen Malerei. 1.—6. Lfg. gr. 8. (1. Thl. X, 575 S.) Freiburg i/Br. 887. Herder. n. 8. 50

— dasselbe. 7. Lfg. gr. 8. Ebd. 888. n. 2. —
Bilder zum 1. Thl.: Von den Anfängen bis zum Schluß der roman. Epoche. (44 Taf. m. 2 S. Text.) Einzelpr. n. 3. —

Frantz, Erich. Geschichte der christlichen Malerei. 8.—12. Lfg. gr. 8. (2. [Schluß-]Thl. Von Giotto bis zum Tode Raffaels. S. 1—480.) Freib. i. Br. 891,92, Herder. à Lfg. * 1 50; * 7 50
1.—7. Lfg. Ebd. 1887,88. * 11 —.

Frantz, Erich, Geschichte der christlichen Malerei. 8.—17. (Schluß-)Lfg. gr. 8. Freiburg i/B. 891—894. Herder. n. 17. 50 (kplt.: n. 80. —; geb. in Leinw. n. 89. —)
8.—16. (2. Thl.: Von Giotto bis zur Höhe des neueren Stils. III, V, 950 S.) à n. 1. 50; 2. Thl. kplt.: n. 13. 50; geb. in Leinw. n. 16. 50
17. Bilder zur Geschichte der christlichen Malerei. 109 einfache u. 7 Doppel-Taf. 2. Thl. (72 Taf. m. 7 S. Text.) n. 4. —; f. Nicht-Abonnenten der Lieferungsausg. n. 5. —.
1 u. 2.: n. 8. —; geb. in Halbfrz. n. 10. 50)

Frantz, Erich, Handbuch der Kunstgeschichte. Mit Titelbild u. 893 Abbildgn. im Text. gr. 8. (XII, 448 S.) Freiburg i/B. 900. Herder. n. 9. —; geb. in Halbfrz. n. 11. —

— die Kunst im neuen Jahrhundert, s.a. Broschüren, Frankfurter zeitgemäße. XXII. 3.

Die Kunst im neuen Jahrhundert Von Dr. Erich Frantz, Prof., Breslau
Hamm i W · Breer & Thiemann 1902 (S. 65-108) 8° [5]
= Broschüren, Frankfurter zeitgemässe N F Bd 22, H 3

— Sixtus IV. u. die Republik Florenz. gr. 8. (XXIV, 529 S.) Ebend. 880. n. 8. —

Frantz, Fr., s. Kirchenblatt, protestantisches.

— s. Morgenröthe, die protestant.

Frantz, Friedrich Theodor

Frantz, Fr. Th., Briefe an einen Zweifler üb. die Religion. gr. 8. (VI u. 188 S.) Landau 849, Kaußler in Comm. n. 18 ngr

— das ächte Glaubensbekenntniß unseres Herrn Jesu Christi. Ein Beitrag z. Verständigung u. Einigung der Christen. gr. 8. (VIII u. 72 S.) Ebd. 847. 1/4 Thlr

Frantz, Friedr. Theod., mein Glaubensbekenntniß. Zunächst meiner Gemeinde, zugl. aber auch d. ganzen protestant.-evang. Kirche in d. Pfalz, so wie d. ganzen Christenheit. gr. 8. (3/4 B.) Landau 846. (Kaußler.)
Aus d. protestant. Kirchenblatt aus d. Pfalz besond. abgedruckt.

— Gott ist mein Licht! Lobgesang im Glaubenskampf. qu. 4. Landau 846, Kaußler. n. 4 ngr

— der Rationalismus, seine Berechtigung u. Bedeutung in der protestantisch-evangel. Kirche überhaupt u. insbesond. in der evangel. Kirche der Pfalz. Eine durch das dritte Sendschreiben des Herrn Hofrathes Fr. Thiersch veranlaßte Erörterung. gr. 8. Landau 844. (Kaußler.) n. 1/6 Thlr

— die Offenbarung in der Natur. 8. (XX u. 218 S.) Ebd. 852, in Comm. n. 3/4 Thlr

— Sendpredigt oder Sandpredigt? das heißt: eine an die protest. Gemeinde zu Ingenheim zugleich auch an Joh. Ronge gerichtete, maskirte, sogen. „Sendpredigt" über die Gottheit Jesu. gr. 8. Landau 846, Kaußler. 3 ngr

— von der Gottheit Jesu steht nichts in der Bibel. gr. 8. (VIII u. 206 S.) Ebd. 848, in Comm. n. 18 ngr

Frantz, Fr. Th., Pfarrer zu Ingenheim, Wollt ihr dem Vaterlande helfen? Zuruf an Alle, die das Vaterland lieben. Speyer, G. L. Lang, o. J. 31 S. 8°.

— wollt ihr dem Vaterlande helfen? Zuruf an Alle, die das Vaterland lieben. gr. 8. (31 S.) Speyer 849, Lang. 4½ ngr

Franz, Gf., († 1812,), s. Koch u. Köchin.

Frantz, Gust., der christliche Glaube in Lehre, Bekenntniß und Lied. Ein evangelischer Wegweiser für Katechumenen so wie auch für erwachsene Anfänger im wahren Christenthume. Berlin 858. Küntzel u. Beck. 8. (2 Bl., 236 S.) n. 15 ngr

—— die christliche Lehre nach dem Lehrbegriff der evangelischen Kirche für Konfirmanden und Konfirmirte. 8. (VI und 146 S.) Berlin 861, [Beck.] *

— geistlicher Liederkranz, oder Auswahl von 100 evangelischen Kernliedern, zum Gebrauch für Kirche, Schule und Haus. Ebend. 861. 8. (VI, 90 S.) 1½ ngr

Frantz, H., Johannes Huß. Ein Gedicht in neun Abtheilungen. Schwelm (854). Scherz. 16. (167 S.) n. 1 Thlr

Frantz, Hermann

— das statistische Waaren-Verzeichniß, ergänzt nach d. amtl. Waaren-Verzeichniß. gr. 4. (97 S. u. Tekturen 2 Bl. in Fol.) Hamburg 897. Pontt & v. Döhren. Geb. n. 3. —; Uebersichtstabellen. Fol. (2 S.) n.n. — 25

Frantz, Herm., vereinfachtes Waaren-Verzeichniß zum Zolltarif. Handbuch f. die zollamtl., zoll- u. handelsstatist. Deklarirg., Abfertigg. u. statist. Behandlg. v. Waaren, zum Gebrauch f. Zoll- u. Steuerbehörden, Beamte, Kaufleute, Spediteure, Zolldeklaranten u. Gewerbetreibende auf Grund amtl. u. wissenschaftl. Quellen bearb. u. hrsg. 2. unverb. Aufl. gr. 4. (97 S.) Hamburg 898. (Leipzig. Hachmeister & Thal.) Geb. n. 3. —; 1. Nachtrag nebst Tekturen. (10 u. 2 S.) n. — 80; Übersichtstabellen. Fol. (2 S.) n.n. — 25; aufgez. n.n. — 50

Frantz, vereinfachtes Waaren-Verzeichniss z Zolltarif. 2. Aufl. Leipzig 899 3 —; 1. Nachtrag nebst Tekturen. —.80; Uebersichtstabellen

Frantz, Jean, Blüthen aus Rheinbaiern u. Rheinhessen. Eine Samml. lyr. Gedichte u. Poesien. gr. 8. ... Zweibrücken 829, Ritter.

—— der Triumph d. Reformation. Ein lyrisch-didact. Gedicht, d. Freunden d. Wahrheit u. d. Menschheit gewidmet. 2. Aufl. gr. 8. ... Zweibrücken 827, Ritter.

Frantz, Ignatius, Dissertatio super illo Jos. 10, 12: Sol contra Gabaon ne movearis, ubi quaeritur, an Scriptura repugnet astronomorum sententiae in systemate Copernicano. Olmütz, 1755.

Frantz, Johann

Frantz, Jh., Friedenspalmen auf den Leichenhügel des Herrn Georg Fr. Wilh. Schultz, Dr. der Theol., K. Bayer. Consistorialrath ꝛc. Mit analoger Berücksichtigung einiger düstern Zeichen uns. lichtvollen Zeit. gr. 8. Speyer 842, Lang. 1¾ Ngr.

Frantz, Joh., die Kriege der Scipionen in Spanien 536—548 a. u. c. gr. 8. (V, 77 S.) München 883. Th. Ackermann's Verl. n. 1. 60

— Johann Elias (Reuss-Plauen'scher Secretär; Gera), De tutela feudali, ejusque differentiis ab allodiali. Diss. jur. Präs. Hieronymus Friedrich Schorch. Erfurt (Joh. Chph. Hering) 4. I. 1745. 22 S. (4.80) 9393

— — Dasselbe. Jena (Heller) 1752. 32 S. (4.50) 9394

Frantz, Johann Michael, s. F r a n z .

Frantz, Jos., d. Lehrbuch d. Metaphysik f. Kaiser Josef II., s.: **Jahrbuch** f. Philosophie u. spekulat. Theologie.

Frantz, K. H. A., Methodik des ersten Unterrichts auf d. Piano-Forte, besonders fur Haus- u. Privatlehrer geschrieben. Mit 2 Musikbeilagen. 8. Halle 833. Schwetschke u. Sohn. ⅓ Thlr.

Frantz, Carl Andr., die Reform der Preuß. Medicinal-Verfassung vom Standpunkte der Wundärzte betrachtet u. im Auftrage der 3. Generalversamml. des Norddeutschen Chirurgen-Vereins bearbeitet. gr. 8. (VIII u. 201 S.) Magdeburg 847, Baensch. n. ⅔ Thlr.

— das Wundfieber. Beitrag zu einer Monographie desselben. [Abdr. aus d. III. Bd. der Zeitschrift des deutschen Chirurgen-Vereins.] gr. 8. (106 S.) Ebd. 849. ½ Thlr.

Frantz, Klamer Wilhelm

Frantz, Klam. Wlh., Anweis. zum Moduliren, für angeh. Organisten u. Dilettanten d. Musik, in Beispielen dargestellt. gr. 4. Leipz. 828. Breitkopf u. H. 18 gr.

— Choralbuch; enthalt. d. bekannt. u. vorzügl. Choräle d. protest. Kirche Deutschlands, mit reinen Melodien ꝛc. 4. Halberst. 811. Vogler in Potsd. 1 Thlr. 6 gr.

Frantz, Klamer Wilh., Choralbuch f. Organisten zum Gebrauch beim öffentl. Gottesdienste, enth. die gebrauchlichsten der alten Kernmelodieen der evangel. Kirche Deutschlands, mit ausgeschrieb. Harmonieen, Vor- u. Zwischenspielen. qu. 4. (XII u. 199 lith. S.) Halberstadt 818, Frantz. 2½ Thlr.

Frantz, Clamer Wilh., Choralbuch für Organisten zum Gebrauch bei dem öffentlichen Gottesdienste, enthaltend die gebräuchlichsten der alten Kirchenmelodieen der evangel. Kirche Deutschlands, mit ausgeschriebenen Harmonieen, Vor- und Zwischenspielen. 2., wohlf. (Titel-)Ausg. qu. 4. (VIII und 254 S.) Halberstadt 855(56,) Frantz. *

—— über den in den evangelischen Kirchen einführenden rhythmischen Choralgesang und die Mängel, woran unser jetzige Choral leiden soll. Eine Zeitfrage, Geistlichen, Cantoren, Organisten und kirchlich gesinnten Laien zur Beurtheilung polemisch-irenisch beantwortet. gr. 8. (37 S.) Quedlinburg 852, Basse.

—— 96 alte u. unbekannte Choralmelodieen. Mit Bemerkn. Ein Beitr. z. Verbesser. d. Kirchengesangs u. zweckmäss. Einricht. d. Choral- u. Gesangbücher. gr. 8. (2 B. u. 2½ B. Musikbeil.) Quedlinburg 831, Basse.

Frantz, Klamer Wlh., über Einrichtung eines allgem. deutsch-evangelischen Kirchen-Choralbuches. gr. 8. Quedlinburg 839. Basse. ⅓ Thlr.

Frantz, Clamer Wilh., die Gedächtnisstage der Apostel des Herrn und ihre Bedeutung für die evangel. Kirche. Eine bescheidene Vorlage. 8. (81 S.) Halberstadt 854, Frantz. Thlr.

—— Geschichte des Bisthums, nachmaligen Fürstenthums Halberstadt, von seiner Gründung ums J. 800 bis zur Aufnahme in die Provinz Sachsen im J. 1816 für Gebildete aller Stände hrsg. gr. 8. (VI und 299 S. mit 4 lithogr. Portr.) Halberstadt 853, Frantz.

— Geschichte der geistlichen Liedertexte vor der Reformation mit besonderer Beziehung auf Deutschland. Ebend. 853. 8. (2 Bl., 220 S.) 18 Ngr.

—— Geschichten und Zustände aus der Vorzeit Mühlhausens bis zur Auflösung der freireichsstädtischen Verfassung 1803. gr. 8. (XV und 183 S. mit 4 Stnt. in Tondr.) Mühlhausen 856, (Danner.) *

Blnp. *

— über d. ältern Kirchen-Choräle, durch Beispiele erläutert. 8. Quedlinb. 818. Basse. 12 gr.

Frantz, Cl. (Clamer Wilh.), Matthäi 13, 52. Begleiter in den Religionsunterricht. 110 kleine Predigten. Langensalza (857). Schulbuchhdlg. des Thür. Lehrervereins. 8. (2 Bl., 172 S.) 12 Ngr.

— Matthäus 13, 52. Vademecum f. Haus, Schule, Kirche. 2. verb. Aufl. gr. 8. (IV, 206 S.) Quedlinburg 870, Basse. 2. —

— Tabellen über d. alte, mittlere, neue u. neueste Geschichte. Fol. Halberst. (805.)

— über Verbesserung d. musikal. Liturgie in d. evangel. Kirchen. gr. 8. Halberst. 819. Vogler in Potsd. 5 gr.

— — Versuch einer Geschichte des Marien- und Annen-Cultus in der katholischen Kirche. 8. (IV und 202 S.) Halberstadt 854, Frantz.

— Vorschläge zur Verbesserung d. musikal. Theils d. Kultus. 8. Quedlinb. 817. Basse. 5 gr.

—— die Zustände der christlichen Kirche in den ersten sechs Jahrhunderten. Ein Büchlein für Freunde der Kirche zur Rückschau aus der Gegenwart. gr. 8. (III und 118 S.) Halberstadt 856, Frantz. *

Frantz, Konstantin

Frantz, Constantin, Abfertigung der nationalliberalen Presse nebst e. höchst nöth. Belehrg. üb. den Ultramontanismus. 8. (64 S.) Leipzig 873. Roßberg. n. 1. —

Frantz, Const., deutsche Antwort auf die orientalische Frage. gr. 8. (VII, 106 S.) Leipzig 877. Bidder. n. 2. —

— Aufruf zur Begründung e. föderativen Partei, s.: Blätter f. deutsche Politik u. deutsches Recht.

Frantz, Const., literarisch-politische Aufsätze, nebst einem Vorwort über die Verdienste des Fürsten Bismarck, und einem Nachwort über deutsche Politik. gr. 8. München 876. Augsburg, Haugg. *

— literarisch-politische Aufsätze, nebst e. Vorwort üb. die Verdienste d. Fürsten Bismarck, u. e. Nachwort üb. deutsche Politik. gr. 8. (XLIII, 420 S.) München 876. Literar. Institut v. Dr. M. Huttler. n. 5

—— der Bankrott der herrschenden Staatsweisheit, s. a. Blätter für deutsche Politik.

— der Bankrott der herrschenden Staatsweisheit. gr. 8. (71 S.) München 874. Augsburg, Kranzfelder in Comm. n. 1. —

Frantz, Constantin, Bismarckianismus und Friedricianismus. München 1873 8°

— Bismarkianismus u. Friedricianismus. gr. 8. (34 S.) Augsburg 874. Kranzfelder in Comm. n. — 40

—— dass. — s.a. Bismarckianismus und Friedricianismus, s.a. Broschüren, politische.

— Blätter f. deutsche Politik u. deutsches Recht. Gesammelte Aufsätze aus den J. 1873—75. gr. 8. (482 S.) München 880. Augsburg, Literar. Institut v. Dr. M. Huttler. n. 3. —

— dasselbe, s.a. Blätter f. deutsche Politik u. deutsches Recht.

Frantz, C., Preußische Blätter. 1. Hft. Octbr.: Ueber d. gegenwärt. Lage d. Staates. gr. 8. (16 S.) Berlin 848, Schneider & Co. in Comm. n. 1/12 ₰ — 2. Hft. Novbr.: Die Hypothekenbanken. gr. 8. (16 S.) Ebd. 848, in Comm. n. 1/12 ₰ — 3. Hft.: Preußen, Oestreich u. Deutschland. gr. 8. (36 S.) Ebd. 848, in Comm. n. 1/6 ₰

Frantz, C., Preußische Blätter. Erstes Heft. October. Ueber die gegenwärtige Lage des Staates. Berlin, Selbstverlag, 1848. 16 S. 8°.

- - Broschüren politische.

— das neue Deutschland. Beleuchtet in Briefen an e preuß. Staatsmann. gr. 8. (VIII, 460 S.) Leipzig 871 Roßberg. n. 3. —

Frantz, C., der dänische Erbfolgestreit und die Bundespolitik. Berlin 861. F. Schneider. (Stilke & v. Muyden.) 8 (63 S.) n. 10 ngr.

Frantz, Const., der dänische Erbfolgestreit und die Bundespolitik. 8. (63 S.) Berlin 864, [W. Weber.] *

Frantz, Constantin, Die Ereignisse in Amerika in ihrer Rückwirkung auf Deutschland. Berlin 1861 8°

(Frantz, Constantin).[1]) Die Erneuerung der Gesellschaft und die Mission der Wissenschaft. Berlin, C. G. Brandis, 1850. VI, 68 S. 8°.

— der Föderalismus, als das leitende Princip f. die sociale, staatl. u. internationale Organisation, unter besond. Bezugnahme auf Deutschland, kritisch nachgewiesen u. constructiv dargestellt. gr. 8. (VIII, 444 S.) Mainz 879. Kirchheim. n. 6. —

(Frantz, Constantin),[1]) Von der deutschen Föderation. Berlin, F Schneider u. Comp., 1851. 123 S 8°.

— über Gegenwart u. Zukunft d. Preuß. Verfassung. gr. 8. Halberstadt 846, Frantz. n. 2/3 ₰

Frantz, Constantin, die Genesis der Bismarck'schen Aera und ihr Ziel, s.a Blätter für deutsche Politik.

— die Genesis der Bismarck'schen Aera u. ihr Ziel. gr. 8 (30 S.) München 874. literar. Institut v. Dr. M. Huttler — 60

Cst. Frantz: Grundzüge d. wahren u. wirkl. absoluten Idealismus. *Berl.*, Hermes. 843. 1 ₰ 12 gl

— s. Hegel's Philosophie in Auszügen ꝛc.

— die preußische Intelligenz u. ihre Grenzen, s.a. Blätter f. deutsch Politik u. deutsches Recht.

Frantz K, die preussische Intelligenz und ihre Grenzen. München 1874

Franz, Const., die Constitutionellen, s.a. Constitutionellen.

(Frantz, Constantin),[1]) Die Constitutionellen. Berlin, F. Schneider u. Comp., 1851. 87 S. 8°. 2. und 4. Aufl.

Frantz, Constantin. Kritik aller Parteien Berlin, Ferd. Schneider 1862. X 319 S. 8

—— Kritik aller Parteien. gr. 8. (X und 320 S.) Berlin 862, [W. Weber.] *

— u. A. H. Beyer, Lehrbuch z. Vorbereitg. auf d. Examen als Actuar, s.: Beyer, A. H.

Frantz, Const., Louis Napoleon, s.a. Louis Napoleon.

(Franz, Const.) Louis Napoleon, vom Verfasser „Unsere Politik". 8 Berlin 1852

(Frantz, C) Der Militärstaat In Anwendung auf den Militärstaat: Preussen 2. Auflage. 8. Berlin 1859.

– der Nationalliberalismus u. die Jugendherrschaft, s. Blätter für deutsche Politik und deutsches Recht.

Frantz, Constantin, die Naturlehre des Staates als Grundlage aller Staatswissenschaft. Leipzig 870. C. F. Winter. gr. 8. (XIX, 460 S.) n. 1 ₰ 20 ngr.

— die Philosophie der Mathematik. Zugleich ein Beitrag zur Logik und Naturphilosophie. gr. 8. Leipzig 842, Hartung. 1½ ₰

— Schelling's positive Philosophie, nach ihrem Inhalt, wie nach ihrer Bedeutung für den allgemeinen Umschwung der bis jetzt noch herrschenden Denkweise, für gebildete Leser dargestellt. 1. allgemeiner Thl. gr. 8. (XVI, 275 S.) Köthen 879, Schettler's Verlag. *

Frantz, Const., Schelling's positive Philosophie, nach ihrem Inhalt, wie nach ihrer Bedeutung für den allgemeinen Umschwung der bis jetzt noch herrschenden Denkweise, für gebildete Leser dargestellt. 2. allgemeiner Thl.: Die Philosophie der Mythologie. gr. 8. (VIII, 190 S.) Köthen 880, Schettler's Verlag. *

—— dass. — 3. abschließ. Thl.: Die Philosophie der Offenbarung, nebst Charakteristik und Würdigung der ganzen positiven Philosophie. gr. 8. (VI, 304 S.) Ebendas. 880. *
1. Thl. Ebendas. 1879. *ℳ 5.

— Philosophismus und Christenthum, s. Blätter für deutsche Politik und deutsches Recht.

(Frantz, Constantin),[1]) Polen, Preußen und Deutschland. Ein Beitrag zur Reorganisation Europas Halberstadt, R Frantz, 1848 48 S. 8°.

Frantz, Constant., u. Ottom. Schuchardt, die deutsche Politik der Zukunft. (1. Bd.) gr. 8. (331 S.) Celle. Hannover u Celle 899. Schulbuchh. n. 4.—; ermäß. Pr. n. 2. 50
Fortsetzung s.: Schuchardt, Ottom.

B) Frantz, Const., u. O. Schuchardt, d. deutsche Politik d. Zukunft. 899. (KBL 31.) Jetzt: Dresden, (v. Zahn u. Jaensch).

—— unsere Politik, s.a. Politik.

(Frantz, Constantin),[1]) Unsere Politik. Berlin, F Schneider u Comp, 1850. 70 S. 8°.

Frantz, C(onstant.), die Politik der Zukunft. 8. (30 S.) Berlin 858, F. Schneider. *
Aus der „Berliner Revue" besonders abgedruckt.

—— die Quelle alles Uebels. Betrachtungen über die preuß. Verfassungskrisis. gr. 8. (VII und 255 S.) Stuttgart 863. Cotta'sche Buchh. *

(Frantz, Constantin) Quid faciamus nos? 2 Aufl. Berlin, F. Schneider 1858. 2 Bl. 108 S. 8.

—— die nationalliberale Rechtseinheit und das Reichsgericht, s.a. Blätter für deutsche Politik. — Broschüren, politische.

— die natinalliberale Rechtseinheit u. das Reichsgerich gr. 8. (50 S.) Leipzig 873. Roßberg. n. — 6

— die Religion d. Nationalliberalismus. gr. 8. (VI 264 S.) Leipzig 872. Roßberg. n. 3. -

-- drei und dreißig Sätze vom deutschen Bunde. Berlin 861. F. Schneider. (Stilke & v. Muyden.) gr. 8. (IV, 151 S.) n. 16 ngr.

- die Schattenseiten des norddeutschen Bundes vom preußischen Standpunkte betrachtet. Eine staatswissenschaftliche Skizze. Berlin 870. Stilke & van Muyden. gr. 8. (76 S.) n. 15 ngr.

—— die Staatskrankheit, s.a. Staatskrankheit, die.

Die Staatskrankheit (v C. Frantz). Berlin 1852 8°

— die sociale Steuerreform als die conditio sine qua non, wenn der socialen Revolution vorgebeugt werden soll. 1. u. 2. Aufl. gr.8. (VIII, 206 S.) Mainz 881. Kirchheim. n. 3. —

Cst. Frantz: speculat. Studien. 1s H. Ueb. d. Freiheit. 2s H. Ueb. d. Atheismus; m. besond. Bezugnahme a. L. Feuerbach. *Berl.*, Hermes. 843-44. gr 8° 16 u. 20 gl

Frantz, d. Untergang d. alten Parteien u d. Parteien d. Zukunft. Berl. 877.

— der Untergang der alten Parteien u. die Parteien der Zukunft. gr.8. (IV, 206 S.) Berlin 878. Verlagshandlung (F. Graf Behr). n. 3. —

—— unsere Verfassung, s.a. Verfassung.

(Frantz, Constantin) Unsere Verfassung Berlin, Schneider u. Co. 1851. 280 S. 8

Frantz, Const., Versuch über die Verfassung der Familie. Ein Mittel gegen den Pauperismus. gr. 8. Berlin 844, Hermes. 1/4 Thlr

—— Vorschule zur Physiologie der Staaten. br. 8. (IV und 344 S.) Berlin 857, F. Schneider. *

— Wahlaufruf an die Föderalisten. gr.8. (30 S.) Leipzig 877. Bidder. n. — 50

—— Was soll aus Elsaß-Lothringen werden? s a Blätter für deutsche Politik.
—— dass. — s.a. Broschüren, politische.

— was soll aus Elsaß-Lothringen werden? gr. 8 (32 S.) Augsburg 874. Kranzfelder in Comm. n. — 40

— in Weltpolitik unter besond. Bezugnahme auf Deutschland. (In 3 Abthlgn.) 1. u. 2. Abth. gr.8. (VIII, 162 u. 178 S.) Chemnitz 882. Schmeitzner. à n. 2. 50

Frantz, Const., die Weltpolitik unter besond. Bezugnahme auf Deutschland. 3. (Schluß-)Abth. gr. 8. (222 S.) Chemnitz 883. Schmeitzner. n. 3. 60 (cplt.: n. 8. 60)

-- die Wiederherstellung Deutschlands. Berlin 865. F. Schneider. (Weber.) gr. 8. (VIII, 476 S.) n. 2 Thlr

— Zwischenbemerkungen zur Judenfrage, s.: Beiträge, wissenschaftliche, zur Judenfrage.

Frantz, Leo Adolph, s. F r a n t z , Adolph

Frantz, Lucas [Prös.] u. Conr. Heinr. Seiffart (Alsfeld) [Resp.]
Dissertatio inauguralis juridica de commodis et incommodis ex adhaesione appellationis in partes litigantes redundantibus, occasione pr. legis fin C de Appell.
Giessae [15.] Juni 1719 vidua J R Vulpii. 47 S 4°
pro summis in utroque jure honoribus ... obtinendis

Frantz, Ludwig (kgl. Lehrer der Mechanik) „Das Lothen des Messings". pg 3—8 4°. C. Georges
Landau, Progr. 1849/50

[F.] Frantz, Ludwig [Rechtspraktikant]: Die rechtliche Stellung des Handlungsreisenden ... München, J. Schweitzer, 1892; 3 Bl., 73 S. 8.
Erlangen, Jur. Fak, Inaug-Diss. v. 1892

Frantz, M. S., bibl. Militärgeschichte zum gemeinnütz. Gebrauch sowohl fur d. Wehr- als Nahrstand, vorzugl. zur Bildung d. Kriegszöglinge. 8. Prag 817. Widtmann. 16 gl.

Frantz, Otto *Hugo Julius* [app. Arzt aus Eutin]: Aus d. patholog. Institut zu Kiel. Ein Fall von Hernia diafragmatica congenita. ... Kiel, Druck v. L. Handorff, 1891; 13 S., 1 Bl. 8°
Kiel, Med Fak, Inaug-Diss. v. [25 März] 1891

Frantz, Otto, e. Fall v. Hernia diafragmatica congenita. Diss. gr. 8. (13 S.) Kiel 891. (Gnevkow & v. Gellhorn.) n. — 80

— Otto Albert (Passendorf), De phlebitide. Diss. med. Halle (Ploetz) 29. VII. 1837. 40 S. mit Biogr. (4.20) 9396
Oppon.: L. Levin, S. Jacobsthal.

Frantz, Otto Albertus De phlebitide Halae (1837): Ploetz. 39 S. 8°
Halle-Wittenberg, Med Diss v. 29. Juli 1837
Geb Passendorf bei Halle a d S 13 7 1814 V

Frantz, Peter Norbert, a. St. Wendel ⟨Rheinprovinz⟩: Avitus von Vienne ⟨ca. 490—518⟩ als Hierarch und Politiker. Greifswald 1908: H. Adler. (144 S.) 8°
Greifswald, Phil. Fak., Ref. Bernheim, Diss. v. 28. März 1908
[Geb. 5. Juni 81 Nohn, Kr. Trier; Wohnort: St. Wendel; Staatsangeh.: Preußen; Vorbildung. Gymn. Diedenhofen Reife M. 03; Studium. Münster 5, Greifswald 3 S.; Rig. 3. Aug 07.]

Frantz, Richard, Dr: Über die Auflösung der kubischen Gleichungen. *Magdeburg 1901: E. Baensch jun.* (S. 1—24.) 4°
Magdeburg, Pd zum Kloster U. L. Fr., OP 1901 (257)

Frantz, Richard [aus Magdeburg]: Ein Beitrag zur Theorie der Centralbewegungen. ... Rostock, *Druck v. E. Baensch jun. in Magdeburg*, 1889; 26 S. + 2 Bl. 8°
Rostock, Phil. Fak, Inaug.-Diss v. 8 Okt. 1889

Frantz, Richard [Dr.]: Über die Bewegung eines materiellen Punktes auf Rotationsflachen. Magdeburg, Druck v E. Baensch jun., 1891; S. 1—20, 1 Taf. 4°
Magdeburg, Pd z Kloster Unser Lieben Frauen, OP 1891 (233)

Frantz, Richard [aus Otterberg '(Rhein-Pfalz)']: Aus d. pharmacolog. Institut d. Univ. Würzburg. Ueber das Verhalten des Aethers im thierischen Organismus ... Würzburg, Druck d. Stahel'schen k. Hofbuchdr., 1895; 24 S. 8.
Wurzburg, Med Fak, Inaug-Diss v 1895

Frantz, Theodor

Frantz, Thdr., Abrüstung? Eine historisch-polit. Studie. gr. 8. (51 S.) Mannheim 899. T. Löffler. n. 1. 20

— darf das Reichstags-Wahlrecht abgeändert werden? Eine historisch-polit. Studie. (IV, 84 S.) gr. 8. Bamberg (903). Handelsdruckerei u. Verlagsh. n. 1. 20

Frantz, Th., die gesetzlichen Eigentumsbeschränkungen nach französisch-badischem u. Reichsrecht. gr. 8. (VIII, 228 S.) Freiburg i/Br. 887. J. C. B. Mohr. n. 6. —

Eigentumsvorbehalt und wesentlicher Bestandteil, mit Rucksicht auf die Maschinenindustrie. Von Dr Th[eodor] Frantz, Rechtsanw., Mannheim. (Mannheim 1907.) (51 S) 8° [08. 1142]

Frantz, Th., Eigentumsvorbehalt u. wesentlicher Bestandteil, m. Rücksicht auf die Maschinenindustrie. (51 S.) 8. Mannheim (908). (Dr. H. Haas.) 1. 50

Der große Kampf zwischen Kaisertum und Papsttum zur Zeit des Hohenstaufen Friedrich II. Von Dr jur. Th. Frantz, Mannheim. *Berlin: C. A. Schwetschke & Sohn 1903.* (VIII, 205 S.) 8° [n. 1.60 Ø

— das Rechtsverhältnis v. Staat u. Kirche insbesondere: Trennung v. Staat u. Kirche. (46 S.) gr. 8. Frankfurt a/M. 905. Neuer Frankfurter Verlag n. — 80

Frantz, Thdr., Themistokles u. d. attische Marine. (Eine Flottenfrage im Altertum.) gr. 8. (67 S.) Mannheim 898. F. Nemnich. n. 1. 20

Frantz, Theodor: Untersuchungen über die vier stereoisomeren Säuren C_6H_9-CH= CH-C_6H_4-CH- CH-C_6H_{14}-COOH. Heidelberg 1910: Zöller. 51 S. 8°
Heidelberg, Naturw.-math. Diss. v. 23. Juli 1910, Ref. Curtius
[Geb. 16. Mai 84 Mannheim; Wohnort: Mannheim; Staatsangeh.: Baden; Vorbildung: Realgymn. Mannheim Reife Juli 04; Studium: Heidelberg 10 S.; Rig. 27. April 10.] [U 10. 2191

Frantz, Werner Adf., bergmännisches Wörterbuch, s.: Dannenberg, F.

— u. Jul. Dannenberg, hüttenmännisches Wörterbuch. Verzeichniß u. Erklärung der beim Hüttenbetriebe vorkommenden techn. Ausdrücke. Nach dem neuesten Stande der Wissenschaft, Technik u. Gesetzgebung bearbeitet. 8. (VIII, 333 S.) Leipzig 882. Felix. n. 5. —

Frantz, W. A., und J Dannenberg: Hüttenmannisches Worterbuch. Leipzig 1883

Frantz, Gulielmus [Rhenanus]: De comoediae atticae prologis. . . . Augustae Trevetorum, ex offic. typogr F. Lintz, 1891; 2 Bl, 71 S. 8°
Strassburg, Phil Fak, Inaug-Diss. v 1891

Fraentzel, Oskar

Fraentzel, O., Handbuch der Krankheiten des Respirations-Apparates, s.: Handbuch der speciellen Pathologie u. Therapie.

Fraentzel, Osc (Max Victor) (geb Mesentz 4 3 1838) De sclerotico-chorioideitide posteriore Berolini (1860) (43 S) 8°
Berlin, Med Diss v 15 März 1860

Fraentzel, O., Vorlesungen üb. die Krankheiten des Herzens. I. Die idiopath. Herzvergrösserga. gr. 8. (XII, 252 S.) Berlin 889. Hirschwald. n. 6. —

Fraentzel, Osc., Vorlesungen üb. die Krankheiten d. Herzens. II. III. gr. 8. Berlin, A. Hirschwald. n. 10. — (kplt.: n. 16. —)
II. Die Entzündgn. d. Endocardiums u. d. Pericardiums. gr. 8. (X, 283 S.) 891. n. 7. —
III. (VIII, 108 S.) 892. n. 3. —

Frantzen, Herzog zu Sachsen Engern und Westphalen, s. Franz.

Frantzen, die „Leben Jesu"-Bewegung seit Strauß (Nach Uhlhorn, Luthardt, B. Weiß u. A.) Vortrag. 8. (23 S.) Jurjew (Dorpat) 898. (E. J. Karow.) n. — 40

Frantzen, A., zur Mechanik d. Magens beim Brechacte. Inaug.-Diss. gr. 8. (58 S. m. 1 Taf.) Dorpat 887. (Karow.) n. 1. —

Frantzen, J. J. A. A., kritische Bemerkungen zu Fischart's Übersetzung v. Rabelais' Gargantua, s.a. Studien, alsatische.

Frantzen, J. J. A. A. [Gymnasiall. in Amsterdam]: Kritische Bemerkungen zu Fischarts Übersetzung von Rabelais' Gargantua ... (= Alsat. Stud. III.) Strassburg, K. J. Trübner, 1892; 1 Bl., 1 kl. Bl., 86 S., 1 Bl. 8.
Strassburg, Phil. Fak., Inaug.-Diss. v. 1892

Katalog der Kunst-Sammlung des Herrn Vicars Johannes Frantzen, † zu Eller bei Dusseldorf, etc. ... Versteig zu Koln 1900 durch J M Heberle (H. Lempertz' Sohne). *Köln 1900: M DuMont Schauberg.* (38 S.) 4°(8°) [n. 1.n. 5

Katalog einer reichhaltigen Sammlung von Gemälden neuerer und älterer Meister, dabei der Nachlass des Herrn Vicars Johannes Frantzen, † zu Eller bei Dusseldorf, etc. Versteig. zu Köln ... durch J. M. Heberle (H. Lempertz' Sohne). *Köln 1900: M. DuMont Schauberg.* (42 S.) 4° [n. 1.n. 5

Frantzen, M. Einfältige Lehr-Betrachtungen und kurtzgefasstes Glaubersbekenntnis des gottseligen Lehrers Michael Frantzen. Germantown: Saur, 1770. HSP

Frantzen, Paul, aus Hüls: Über die Behandlung komplizierter Frakturen der Extremitäten. *Bonn 1901: C. Georgi.* (32 S.) 8°
Bonn, Med. Diss. v. 8. Aug. 1901

Frantzen, W, Übersicht der geologischen Verhaltnisse bei Meiningen nach den Realschulprogrammen des Hofrats H Emmrich und nach eigenen Beobachtungen bearb Berlin, 1882 32 S

Frantzen, Wilhelm, Gerichtsref. u. Bacc. iur. aus Hoerde i. W.: Die Wirkungen der Todeserklärung auf dem Gebiete des Familienrechts. Nach d. Bürgerl. Gesetzbuche. *Borna-Leipzig 1903: R. Noske.* (IX, 84 S.) 8°
Leipzig, Jur. Diss. v. 1903

Frantzich, Conrad

— — De vera misanthropia. Diss. moralis. Präs. Peter Ahlwardt. Greifswald (A. F. Röse) 22. IV. 1766. 11 S. (4.50) 9398
Gew.: Andr. Forssen (Glöthenod), Andr. Knös (Winklöl), Andr. Boström, Joh. Gillberg, Svenon Elg (Wenersburg), Joh. Wennergren (Leverne), Andr. Forssen (Tunhem), Magnus Warel (Tengene), Magnus Brissman (Rada).

Frantzich, Conrad (Westro-Gothus), **De origine artis scribendi. Specim. acad. Präs. Elias Trägard. Greifswald (A. F. Röse) 22. XI. 1765. 16 S. (4.50)** 9397
Gewidm.: Eric Lybecker, Anders Woldich Frantzich samt Fru Rebecca Stegeman. — Widm. v.: O. Warholm.

Frantzius, A.v. (Hrsg.), s. Aristoteles: Vier Bücher über die Theile der Tiere.

Frantzius, A. v., s. Versammlung, Die 3. Allgemeine, der deutschen Gesellschaft für Anthropologie.

Frantzius, A von, Dr, Versuch einer wissenschaftlichen Begrundung der klimatischen Verhaltnisse Central-Amerikas (Aus. Zeitschr d Gesellsch f. Erdk, Bd III)

Frantzius, Alexander de · Analecta ad Ophridii versatilis historiam naturalem Vratislaviae (1849) (19 S 1 Taf) 8°
[Tauschexemplare auch ohne die Tafel]
Breslau, Med Fak, Hab-Schr v 11 Aug 1849

de Frantzius, Alexand (geb Danzig 10 6 1821) Observationes quaedam de Gregarinis Berolini (1846) (35 S) 8°
Berlin, Med Diss v 5 Sept 1846

de Frantzius, Julius (geb Bauditten in Ostpr 9 1 1831) De diabete mellito Berolini (1858) (31 S) 8°
Berlin, Med Diss v 5 Okt. 1858

Frantzius, J. v., das Soolbad Kreuznach-Münster a. St., f. Aerzte bearb., nebst e. Anh. für Kurgäste. 8. (VII, 142 S.) Kreuznach 881. Voigtländer's Sort. in Comm. n. 1. 50

Frantzius, d. Soolbäder Kreuznach u. Münster a/St. 2. Aufl. 8. (V, 112 S.) Kreuznach 896. (R. Voigtländer's Sort.) n. 1. 20

Die Soolbäder Kreuznach u. Münster a. St. v. San.-Rath Dr. [Julius] v. Frantzius in Kreuznach. 2. Aufl *Kreuznach: Kommr. v G. Barth: (Dr. v. F. Wohlleben) 1896.* (3 Bl., 112 S.) 1 Bd 8. [n. 1.20

Frantzius, J. v., das Soolbad Münster am Stein bei Kreuznach. 1. Aufl. (VI, 105 S. mit 1 Stahlst.) 1869. * ℳ 1., und 2. Aufl. 8. (V, 110 S.) Kreuznach 870, Voigtländer. *

Frantzkius, Ge.: „Tractatus novus et plenus de laudemiis", Coloniae Agripp. 1723. — Vorh.: Bibl. des Kammergerichts Berlin

Frantzky, Fr. Jos. Th., Bürgertreue, Vers. e. Gesch. d. patriot. Verhältn. d. Bürg. Brünns v. J. 1421. m. illum K. 8. Leipz. Mein. 798.

Frantzky, G., resolutiones variae jurid. Cpl. 721.

* **FRANTZOSE**, Der Galante und Beliebte, Oder Merck- und bewunderns-würdige Begebenheiten, Einer reisenden Standes-Person, so derselben theils in Franckreich, theils in denen vornehmsten Städten Italiens begegnet, Wegen ihrer besondern Seltenheit, aus dem Frantzös. ins Teutsche übers. Und mit dazu dienlichen (Titel-) Kupffer (sic!) versehen von J. G. D. Anno 1724. O. O. (Vorr. dat. Dresden.) 8°. 215 SS.
Selten, wie die folgende Ausgaben.
— — Dasselbe. Mit Titelkpfr. Franckfurt u. Leipzig 1744. 8°. 220 SS.
— — Dasselbe. Ibid. 1745. 8°.
— — Dasselbe. Ibid. 1746 8°.

* **FRANTZOSS**, Der Allzeit-lustige, Welcher vermittelst der Erzehlung Vieler hin u. wieder vorgegangenen lächerlichen Geschichten der Teutschen Nation, Bey müssigen Stunden, melancholischer Beschaffenheit des Gemuths u. in Gesellschaften, so wohl die sonst Langweilige Zeit zu verkurtzen, als auch die vorgenomne Lustbarkeit zu unterhalten, erbietig u. vermögend ist. Nebst angehängten kurtzweiligen Begebenheiten des Hertzogs von R**** (Roquelaure). Aus d. Frantzös. ubers von Conr. Chrn Jungmann. Weissenburg, Bey Jobst Athanasius Sauer. (Nürnb., Seiz.) 1731. 12°.
TKpf., 312 SS. Enth. 63 Gesch. u. von S. 225- ab Roquelaure's (s. denselb.) Begebenheiten.
* — — Dasselbe. Ibid. 1732. 12°.
— — Dasselbe. Ibid. 1733. 12°. (2 Mk. Scheible; jetzt theurer!)
— — Dasselbe. Colmar 1731. 12°. (In Stuttgart.)

Franul v. Weißenthurn, Johanna, das letzte Mittel, s.: National-Bibliothek, deutsch-österreichische.

Franuś, dobry, i zły Kostuś, przez tłumacza Genowefy etc., s. Schmidt, Christoph v.

Franz [Sachliches OW]

— oder der Philosoph auf dem Schaffot. 2 Thle. 8. Halberstadt, Groß. 790.

— — neue Aufl. dess. s. Wall, Franz, od. d. Philosoph a. d. Schaffot.

— od. d. Tugend belohnt sich selbst; eine Familiengeschichte in 2 Thlen. 8. Presb. Mahler. 790.

— Adolph v. Nassau. Nationaltrspl. in 5 A. 8. Frankf. 799. (Schäfer). 16 gl.

Franz von Alm und seine Familie. Elbing 1786. V: *Grüner, Christoph Siegmund.* (Ky)

Franz von Alm und seine Kinder. Ein Familiengemälde unsers Zeitalters. Kein Roman. Zeitraum von 1760 bis 1782. Berlin 1787. V: *Grüner, Christoph Sigmund.* (BGE I², 52) Vgl. II, 3954.

Franz u. Amalie, od. d. wohlthät. Brüderschaft. 8. Weissenfels, Severin. (Baumgärtner in Lpz.) 798.

— und Pater Ambrosius, eine wahre (zahme) Kloster-Geschichte. 2 Bde. Leipzig 1825. 8°. 256 u. 332 S.
Fehlt Kayser unter Romanen.

Franz u. Anna. Eine Geschichte aus dem Volksleben erzählt v. Frater Hilarius (E. Fentsch). Mit 1 Kpfrst. gr. 16. (59 S.) Darmstadt 849, Lange. n. 1/12 ℛ

Franz von Assis, Ritter des Franziskanerordens oder Geschichte der Männer ohne Hosen. O. O. 1805. V: *Güntherode, Carl Freih. v.* (Hdschr. Mitth. von Gust. Gugitz, Wien.) (BGE², II/353) (BIBLPORT)

Franz von Assis, Stifter des Franziskanerordens, oder Geschichte der Manner ohne Hosen. O. O. 1805. 8°.
Auction Frhr v Lindenthal Lpz 1859. p. 345

Franz v. Assis, Stifter d. Franziskaner-Ordens, oder Geschichte d. Männer ohne Hosen. 8. Gera 805. Heinsius. 1 ℛ 12 gl.

Franz Bernhard, der Heilige genannt; eine pragmatische Geschichte. Quedlinburg 1794—95. V: *Schlüter, Frdr.* (Ky) (MGT)

Franz I., Kaiser v. Oesterreich, (v. Adm. Muller). gr. 8. Lpz. 815. Brockhaus. 6 gl. (Aus den Zeitgenossen besond. abgedr.)

Franz der Erste, Kaiser von Oesterreich. Wien u. Leipzig 1816. V: *Müller Ritter von Nittersdorf, Adam Hnr.* (BrVV) (Ky) (Hr) (Pr) (WBL)

Franz von Sales, Der heilige, Bischof von Genf. Regensburg 1820. V: *Euperg, B.* (Russell IX, 712)

Franz von Sales, Der heilige, ein Vorbild für katholische Geistliche. München 1819. V: *Buchfelner, Sim.* (Ky)

Franz, Xaver, der Heil., zur Nachahmung christl. Tugend und Vollkommenheit in 10 Betrachtungen vorgestellt. 8. Augsburg 787. M. Rieger. 5 gl.

Franz I., Kaiser v. Oesterreich u. seine Zeit. gr. 8. Brüssel 846, Vogler. 2 ℛ

Franz, Graf zu Weissenstein, eine deutsche Novelle aus den Papieren d. Hrn. v. F. 8. Berlin, Schöne. 818.

Franz Joseph I., Kaiser, s. a d'Albon, Eug. Baron. — Erler, Jos., d. Kaisers Ehrentag. — Kaiser, der, u. Wien. — Kriegsherr, unser allerhöchster. — Thronreden. — Wächtler, W. — Zeissberg, Heinr. Ritter von. — Zöhrer, Ferd.

Franz Josef I. Ein Bild seines Lebens. Zur Feier der silbernen Hochzeit Ihrer Majestäten entworfen v. einem österreich. Schulmann. Mit 8 (Holzschn.-)Illustr. 20. Aufl. gr. 16. (32 S.) Wien, Pichler's Wwe. & Sohn. — 30

Franz Josef I. Ein Bild seines Lebens. (20) 8 Wien 1879

Franz Joseph I. Eine Gedenkschrift zum 40jährigen Regierungsjubiläum unseres Kaisers. M.-Ostrau [1888]. V: *Waneck, Adolph.* (EB)

Franz Joseph I., Kaiser. Ein Rückblick anlässlich des 60jährigen Regierungsjubiläum ... Bozen 1908. V: *Aichinger, Karl.* (margr)

Kaiser. Ein Rückblick anläßlich des 60 jähr. Regierungsjubiläums. (24 S. m. 1 Bildnis.) gr. 8. Bozen 908. Tyrolia. — 20

Franz Josef I. Eine Gedenkschrift zum 60 jähr. Regierungsjubiläum. Mit zahlreichen Illustr. aus dem Leben unseres Kaisers, der Wiener Jubiläumsfeierlichkeiten u. des Huldigungsfestzuges. (111 S.) gr. 8. Neutitschein (908). R. Hosch. 1. —

Franz Joseph I., der Kaiser, und Europa. Aus dem Französ. Naumburg 861. (Leipzig, Gerhard.) gr. 8. (23 S.) 5 ngr

Mit kritischen Aphorismen herausg. von E. Zander. Frankfurt a. O. 861. Zander's Selbstverlag. gr. 8. (29 S.) 5 ngr

Franz Josef I., Kaiser, u. die Jesuiten, s. a. Streitschriften, freundschaftliche. Nr. 71.

Kaiser Franz Josef I. und die Jesuiten Von F. Sch. D. *Barmen: D. B. Wiemann [1901]*. (28 S.) 8° [3]
— Streitschriften, Freundschaftliche. No 71.

Unser Kaiser Franz Josef I. Festschrift zum 60jährigen Regierungsjubiläum. Separatausgabe Gr.-8°. (ill. 72 S.) K 1. 0
Wien Eichinger 1908

Franz Joseph I. und seine Zeit. Cultur-histor. Rückblick auf d. Francisco-Josephin. Epoche. Unter d. höchsten Protectorate ... Erzherzogs Franz Ferdinand u. unter Mitw. hervorragender Hof- u. Staatswürdenträger, Militärs ... hrsg. v. I[gnaz] Schnitzer Bd 1. *Wien: R. Lechner; München: C. Fritsch (1898)*. gr. 2.

— u. seine Zeit. Culturhistorischer Rückblick auf die Francisco-Josephin.-Epoche. Unter dem Protectorate Sr. k. u. k. Hoh. des Erzherzogs Franz Ferdinand u. unter Mitwirkung hervorragendster Hof- u. Staatswürdenträger, Militärs, Politiker, Gelehrten, Schriftsteller, Künstler u. Persönlichkeiten aus der Gesellschaft hrsg. v. J. Schnitzer, 2 Bde. gr. Fol. (480 u. 510 S. m. 485 Textabbildgn., 2 radierten Titel- u. 1 Wappenbl., 1 Farbdr., 1 Lichtdr. u. 41 Taf. in Radierg. u. Heliograv.) Wien 898 R. Lechner's Sort. Geb. in Leinw. n.n. 850. —

Franz Joseph, seine Feldherren rc., s. Lorck's Zeithefte.

Franz u. Louise; od. Argwohn u. Liebe. Lustsp. 8. Freyberg, Craz. 787.

Franz, Meister. Erlebniß von Fr. v. D. 16. (198 S.) Berlin 852, Simion. 1/2 ℛ

Franz, Kaiser, und Metternich. Ein nachgelassenes Fragment. Leipz. 1848. V: *Hormayr zu Hortenburg, Joseph Freih. von.* (CBH) (Pr)

Franz, Kaiser, u. Metternich. Ein nachgelassenes Fragment. gr. 8. (161 S.) Leipzig 848, Weidmann. 24 ngr

Franz und Minna oder die Launen der Liebe; Posse in drei Aufzügen. Schwerin 1788. V: *Tilly, Johann Baptist.* (MGT) (Ky)

— u. Minna, od. d. Launen d. Liebe. Posse (v. Jh. Baptist Tilly). 8. Schwerin 788, Bödner. 7 gr

— u. Rosalie, od. d. Krämerzwist von Langbein, m. K. 8. Berlin, Schüppel. 808.

Franz von Rotenfels. Freie Bestimmung zum Kleinstädter. Leipz. 1780. V: *Goué, Aug. Siegfried von.* (VLBS VI, 151.) (ML) (Ky)

Franz Traugott; eine lehrreiche Kindergeschichte, (v. F. M. Vierthaler). 8. Salzb. 792. 2e A. 799.

Franz, Vater, (1758 bis 1817). Ein Büchlein für Alt und Jung in Anhalt. Zur Erinnerung an den 20. October 1858. Dessau 1858. V: *Rasmus, Gustav.* (HHBD Anhaltina I, 72) V: *Würdig, Louis.* (Russell III, 820)

Franz, Vater. (1758—1817.) Ein Büchlein für Alt und Jung in Anhalt. Zur Erinnerung an den 20. Octbr. 1858. Dessau 858. Baumgarten u. Co. 8. (40 S.) 3 ngr

— Wall, od. der Philosoph auf dem Schaffot, (v. K. W. Rehkopf). 2 Thle. 8. Halberst. 790. Groß. 16 gr Neue Aufl. 8. Leipz. 807. (Rauck). 16 gr

Franz Weissenbach und Leopold Wangenheim, oder Gesch. zweyer Musensöhne. 8. Berlin. Schöne. 816.

Franz von Werden; ein Roman. Penig 1802. V: *Nicolai, Carl Ldw.* (Ky)

Franz [Verfasser]

Franz von Assisi, s F r a n c i s c u s von Assisias

Franz von Sales
s. **Franciscus** Salesius.

Franz von Sales, s. Sales.

Franz von Solano, s. F r a n c i s c u s Solanus

K. K. **Fürst Franz zu Liechtenstein** 9. Husaren-Regiments geschichtl. Skizze a. d. Feldzuge 1864 gegen Dänemark. (99.) 8. Chrudim 1866.

Franz I Kaiser von Ö s t e r r e i c h .

Franz II., Charakterzüge. Ofen, Universitäts Buchhdl.

— Kaiser, Gesetze u. Verfassungen im Justizfache. Vom J. 1792 — 97. Fol. Prag, Kronberger u. W. 6 ℛ

Franz II. polit. Gesetze u. Verordnn. f. d. östr., böhm. u. galliz. Erbländer, auf allerhöchst. Befehl u. unt. Aufs. d. Directorii herausg. *Wien*. 58 Bde. 792—831.

„Franz II politische Gesetze und Verordnungen für die österreichischen, böhmischen und galizischen Erbländer, auf allerhöchsten Befehl und unter Aufsicht des Directorii herausgegeben", 29 Bände, Wien 1793 bis 1809.

Franz II., polit. Gesetze u. Verordnungen für d. österr., böhm. u. galliz. Erbländer, auf allerhöchsten Befehl u. unter d. Aufsicht d. höchsten Hofstellen herausgegeben. 16 Bde. gr. 8. Wien 800. (Heubner). 10 ℛ 16 gr

Franz I., Kaiser v. Österr.: Ich verlasse meine Hauptstadt und begebe mich zu den tapfern Vaterlandsvertheidigern, welche zum Schutze der Monarchie auf der Gränze versammelt stehen... 3 S.

Wien: 1809

JB 6.432

Franz II., Kaiser: ...Ordnung, bey ansteckenden Krankheiten...Strafgesetze, nach welchen ...vorzugehen seyn wird. 7 S.

Wien: 1805

JB 6.431

Franz Herzog zu S a c h s e n , Engern und Westphalen.

Kirchen-Ordnung des Frantzen, Hertzogen zu Sachsen, Engern und Westphalen, wie es in dero Landen, mit Christl. Lehre ... hinfüro gehalten werden soll. Zum Ersten mahle 1585 ... gedruckt. Ratzeburg 1862.
— [Dasselbe.]

Franz Ferdinand v. Oesterreich-Este, s.a. **Tagebuch m. Reise um d. Erde.**

(**Franz Ferdinand d'Este,** Seine k. u. k. Hoheit Erzherzog.) Tagebuch meiner Reise um die Erde. 1892—1893 (Mit 6 Karten und zahlreichen Abbild. im Text) (2 Bde) 8. Wien 1895—1896.

[Wappen F. u. F.] | Franz-Georg-Karl, | Graf des Heiligen Romischen Reichs, von Met-|ternich-Winneburg, Ritter des Goldenen Vliesses, ... (Verordnung betreffend die französischen Emigranten) ... Gegeben zu Brussel ... den 5ten April 1793. ... (Am Ende:) Lutzemburg, | Bey der Wittib J. B. Kleber, ... 1793. |
3 S., 4° (335 x 205 mm).

Franz Joseph, Bischof von Linz, Erlaß an den Clerus der Diözese Linz anläßlich der Publication der confessionellen Gesetze. Mit deutscher Uebersetzung der in diesem Erlasse vorkommenden lateinischen Stellen. Linz 868. Danner. gr. 8. (28 S.) 3 *ngr.*

Franz Josef I. Kaiser von Österreich.

Franciscus Josephus I. Imp. Austr. Handschreiben an den Statthalter v. Kärnthen Freih. v. Schloißnigg. Klgft., v. Kleinmayr, 1856. 1 Bl.

Kaiserworte. Festschr. z. funfzigj. Reg.-Jub. S. k. u. k.-Apostol. Maj. **Franz** Joseph I, Kaiser v. Oesterreich ... Hrsg. v. L. K. Nolston. *Wien: L. W. Seidel & Sohn 1898.* (XXIV, 425 S., 2 Portr.) 1 Bd 4.(8.) [98. 1900]

Franciscus Josephus I. Imp. Austr. Manifest vom 20. Okt. 1860. Patent vom 26. Febr. 1861. Klgft., Leon, (1861). Quart. 35 S.

Franz Joseph I, Seiner Majestat des Kaisers von Oesterreich. Reise nach Russland im Monate Februar 1874 gr. 8 Wien 1874.

Franz Ludwig, Fürstbischof v. Bamberg ꝛc., die Pflichten der Aeltern, Kost- u. Quartierleute gegen die studierende Jugend. Landesväterlicher Erlaß u. Ermahnung. Neu hrsg. u. bevorwortet von Frz. Jos. Adph. Schneidawind. 3. Aufl. gr. 8. (VIII u. 11 S.) Aschaffenburg 831, Pergay in Comm. 1/8 *rf*

Franz Stephan von Lothringen-Toscana Eine Denkschrift des Grossherzogs (nachmaligen Kaisers) ... aus dem Jahre 1742 Von Dr J. **Schwerdfeger.** (Aus dem „Archiv für österreichische Geschichte", Bd LXXXV, II Hälfte. S 359 separat abgedruckt) 8 Wien 1898.

Franz Xaver, s.: **Edelreis, das.**

Franz Xaver, s. Franciscus Xaverius

Franz

— s. a. **Frantz.**

Franz, die Berufswahl der Frau. Zusammenstellung der Erfordernisse zur Ausbildung als wissenschaftl. od. techn. Lehrerin, Erzieherin, Kindergärtnerin, Diaconissin, Krankenpflegerin, Telegraphistin, Künstlerin ꝛc. Mit Angabe über Dauer u. Kosten der Vorbildung u. voraussichtl. Erträge der einzelnen Berufsarten. 8. (IV, 197 S.) Görlitz 877. Remer. n. 1. 60

Franz, Onkel, s. a. **Billy's Erdengang.**

Billy's Erdengang. Eine Elephantengeschichte f. artige Kinder. Verse von Onkel **Franz.** Mit vielen lustigen Bild. von Paul Haase. Berlin: Globus-Verl. [1904]. (32 S.) 4° [04 8643]

Franz, .., s. Biographien aus d. allgem. Geschichte.

Franz, Drei-Ahren u. die Vogesen zw. Münster- u. Kaysersberger-Thal bis z. Strasse Sulzern-Urbeis, s.: **Streifzüge u. Rastorte im Reichslande.**

Er, sie und ich auf der Greifswalder Oie, eine Erzählung von *Franz* vom 1 Sept Berlin 1835 8° (3 Mk Taussig, 1900)
Mit Gedichten vermischt Selten!

Franz, die sociale Frage u. Vorschläge. 2., verb. Aufl. 12. (38 S. m. 1 Bildnis.) Mariann-Hill 892. (Wien, H. Kirsch.) n. — 20

Franz, ..., (Rath in Gera), Gedichte. 8. Gera 816.

Franz, Gerichtsvollzieher-Gebührenwesen in Elsaß-Lothringen. gr. 8. (V, 264 S.) Straßburg 902. Straßburger Druckerei u. Verlagsanstalt. n. 6. —; geb. n. 6. 80

Franz, die formbedürftigen Geschäfte des Reichs-Privatrechts. (VII, 48 S.) Lex. 8. Leipzig 907. Dieterich. 1.20; kart. 1. 50

— polit. Gesetze u. Verordnungen. 16 Bde. gr. 8. Wien, Camesina. 800.

Franz, Onkel, s.: Juck u. Schlau, die beiden Affen.

Franz, Katechismus der kathol. Religion für Schule und Haus. gr. 12. (132 S.) Augsburg 848. (Passau, Ambrosi's Buchh.) *

— s.: **Kater Murr.**

Franz. *Kinderlust.* Erzählungen, Sagen und Mährchen ... Vermehrter Abdruck aus dem „Buche fur Kinder". Mit neuen Originalzeichnungen von F. Koska. Breslau, F. Hirt [1841]. 3, 88 Bl., lithogr. Titel mit reizender figurl. Umrahmung, 3 Lithogr. auf aufgewalztem Chinapapier u. 1 Lithogr. im Text. 8°. Etw. benutzter Hlwd. d. Z. 22.—
★ 1. Ausgabe, mit sehr reizvollen Illustr. R. 1150. — Etw. fleckig.

Franz. *Kindertheater.* Schauspiele, Dramen, Lust- und Festspiele. Von Agnes Franz. Besonderer und vermehrter Abdruck aus dem „Buche für Kinder". Mit [5] neuen Originalzeichnungen von F. Koska. Breslau, Ferd. Hirt [1841]. 84 ungez. Bl. 8°. Hellgrauer Or.Karton m. typograph. Verzierungen. 18.—
R 1152 ★ Erstausgabe in dieser Form. Enth. 10 Spiele, darunter das hübsche Lustspiel: Neckerhauschen und Rubenzahl, ferner einen Einakter: Fra Diavolo oder des Kindes Gebet usw — Vorzugl Illustrationen (3 ganzseit Lithogr auf montiertem Chinapapier und 2 halbseit Bilder) — Einige leichte kleine Flecken, Einband unbedeut abgenutzt.

Franz (I.), die deutsche Landwirthschaft, ihre Nothlage und ihre Hülfsmittel. gr. 8. (64 S. mit 1 Taf.) Berlin 886, Parey. *
Aus. Landwirthschaftliche Jahrbücher, besonders abgedruckt.
Vgl.: Struvy-Wokollen und A. Struvy-Worlack, die Nothlage der Landwirthschaft.

Franz, d deut. Landwirthschaft, ihre Nothlage u. ihre Hülfsmittel. Berl. 887.

Franz, ..., (Dr.,) Naturgeschichte der Säugethiere, zur Belehrung für die Jugend. Mit 40 Steint., enthaltend 87 naturgetreue Abbildungen. 8. Magdeburg 842, Baensch. geb. n. 1/2 *rf* — Illum. 7/8 *rf*

Das deutsche Notariat nach Reichsrecht. Von Dr. **Franz,** I. Staatsanw., Colmar i. E. Leipzig: Dieterich 1907. (XII, 400 S.) 8° [F.] [07. 7890]

Franz, das Notariat in Elsaß-Lothringen. Sammlung der darauf bezügl. Gesetze, Verordngn. u. Verfüggn. m. Anmerkgn. Mit französ. Uebersetzg. gr. 8. (VIII, 621 S.) Straßburg 884. Schultz & Co. n. 12. —

— das Notariat in Elsaß-Lothringen. Sammlung der darauf bezügl. Gesetze, Verordngn. u. Verfüggn 1. Thl. gr. 8. Ebd. 901. n. 6. —
Das Notariatsgebühren-Gesetz vom 4. XII. 1899, nebst Anh., enth. die die Führg. des Gebührenregisters betr Bestimmgn, m. Erläutergn. (VI, 273 S.)

— Notariat u. freiwillige Gerichtsbarkeit in Elsass-Lothringen. Nördl. 887.

— Notariatsgesetz vom 26. Dezbr. 1873 u. Tarif der Notariats-Gebühren. 2. Aufl. Strassburg i E. 889.

Franz Oelbilder und atherische Oele. Leipzig 1890

Franz, Schöps, R. Gellert, die Praxis des kaufmännischen Geschäfts. 2. wohlfeile (Titel-)Ausg. gr. 8. (VIII, 470 S.) Leipzig (866)69, O. Wigand.

Franz u. Schubart, a. Hofmanns 4 Predigt. a. d. sel. Laurent. v. Brundisi. 4. Breslau, Korn d. ält. 784.

— Rathgeber bei der Wahl des Berufs. Handbuch für Eltern, Vormünder und junge Leute, welche über die Anforderungen der verschiedenen Berufsarten, zu denen eine bestimmte wissenschaftl. Vorbildung verlangt wird, ihren Gang und ihre muthmaßl. Kosten sich Aufklärung verschaffen wollen. Hrsg. nach amtl. Quellen und Gutachten von Sachverständigen. 8. (IV, 330 S.) Ebendas. 877.

Franz, der Rathgeber bei der Wahl d. Berufs. Handbuch f. Eltern, Vormünder u. junge Leute, welche über die Anforderungen der verschiedenen Berufsarten, zu denen e. bestimmte wissenschaftl. Vorbildung verlangt wird, ihren Gang u. ihre muthmaßl. Kosten sich Aufklärung verschaffen wollen. Hrsg. nach amtlichen Quellen u. Gutachten v. Sachverständigen. 2., durch einen Nachtrag vervollständ. Ausg. 8. (IV, 362 S.) Görlitz 879. Remer. n. 3. —; Nachtrag ap. (31 S.) n. — 40

— dasselbe. 3., durch einen neuen Nachtrag bis 1881 vervollständ. Ausg. 8. (IV, 416 S.) Ebend. 881. n. 3. —

Franz (H.), der Rathgeber bei der Wahl des Berufs. Handbuch für Eltern, Vormünder und junge Leute, welche über die Anforderungen der verschiedenen Berufsarten, zu denen eine bestimmte wissenschaftl. Vorbildung verlangt wird, ihren Gang und ihre muthmaßl. Kosten sich Aufklärung verschaffen wollen. Hrsg. nach amtl. Quellen und Gutachten von Sachverständigen. 3. durch einen neuen Nachtrag bis 1881 vervollständ. Ausg. (IV, 416 S.) 1881; 4. völlig umgearb. Aufl. 8. (X, 356 S.) Görlitz 883, Remer. *

Franz, Rathgeber bei der Wahl d. Berufs. Handbuch f. Directoren höherer Schulanstalten, sowie Eltern u. Vormünder, welche sib. die Anforderg. der verschiedenen Berufsarten, zu denen e. bestimmte wissenschaftl. Vorbildg. verlangt wird, ihren Gang, ihre muthmaßl. Kosten u. ihre jetzigen Aussichten sich Aufklärg. verschaffen wollen. Hrsg. nach amtl. Quellen u. Gutachten v. Sachverständigen. 5., verm. Aufl. 8. (X, 383 S.) Görlitz 888. Remer. n. 3. —

Franz, s.a Rechtsprechung des Oberlandesgerichts Colmar i. Els. in Strafsachen.

— Rechtsprechung d. Oberlandesgerichts Colmar i. Els. in Strafsachen. Im Auftrage der kaiserl. Oberstaatsanwaltschaft hrsg. 1. Oktbr. 1879 bis Ende 1885. gr. 8. (112 S) Ebend. 886. n.n. 2. 60

Franz, Rechtsprechung d. Oberlandesgerichts Colmar i. Els. in Strafsachen. Im Auftrage der Kaiserl. Oberstaatsanwaltschaft hrsg. Jan. 1886 bis Ende 1890, nebst Gesammt-Inhaltsverzeichniß f. die Zeit vom 1. Oktbr. 1879 bis Ende 1890. gr. 8. (74 S.) Straßburg 891. Straßburger Druckerei u. Verlagsanstalt. n. 1. 80

Franz, Rechtsprechung d. Oberlandesgerichts Colmar i. Els. in Strafsachen. Im Auftr. d. kaiserl. Oberstaatsanwaltschaft hrsg. (3. Hft) Jan. 1891 bis Ende 1895, nebst Gesammt-Inhaltsverzeichn. f. d. Zeit vom 1. X. 1879 bis Ende 1895. gr. 8. (99 S.) Straßburg 897. Straßburger Druckerei u. Verlagsanstalt. n. 2. 50

Franz, Rede üb. d. sogenannten Heherrauch im J. 1783. 4. München. Lentner. 787.

— zur Reform d. Notariats in Elsaß-Lothringen. gr. 8. (44 S.) Ebend. 886. n. 1. —

— d. Reichs-Gebührenordnung f. Gerichtsvollzieher erläutert. gr. 8. (IV, 110 S.) Ebd. 902. n. 3. —; kart. n. 3. 50

— Sammlung v. Predigten, Gelegenheitsreden u. Ansprachen. Zusammengereiht v. e. Verehrer d. hochwürdigsten Herrn. gr. 8. (103 S.) Natal 890. (Wien, H. Kirsch.) n. 1. 20

Franz (Hrsg.), s. Schule des Kaufmanns.

Franz, Onkel, d. moderne Struwwelpeter. Lustige Geschichten. Mit vielen (farb.) Bildern v. Herm. Frenz u. J. O. Boetius. 4. (31 Bl.) Berlin (901). Globus-Verl. Geb. n. 1. 40

Franz, Ueber das Verhaltniß von Warme und Licht im Spektrum. 15 S. Berlin, G. K., Progr. 1856

— elsaß-lothringisches Verkehrssteuer- u. Stempelrecht in systematischer Darstellung. (VIII, 213 S.) gr. 8. Straßburg 905. Straßburger Druckerei u. Verlagsanstalt. n. 5. 50; geb. n. 6. —

— die allerhochste Verordnung, betr. d. Disziplin d. Notariats, v. 17. März 1886 nebst Ausfuhrungs-Verfüggn. Strassburg 887.

Franz, die Wahl d. Berufs. Handbuch f. Directoren höher. Schulanstalten, Eltern, Vormünder ꝛc. Uebersicht ü die verschiedenen Berufsarten, zu denen e. bestimm wissenschaftl. Vorbildg. verlangt wird, ihren Gang ihre muthmaßl. Kosten. Hrsg. nach amtl. Quellen Gutachten v. Sachverständigen. gr. 8. (III, 275 S Görlitz 876. Remer. n. 5.

Franz, A., das Buch der Religionen. Nach christl. u. jüd. Quellen bearb. gr. 8. (V, 186 S.) Stuttgart 889. Pfautsch & Co. n. 2. —

— das Judentum u. sein Verhältnis zu anderen Religionen. Nach christl. u. jüd. Quellen bearb. 2. Aufl. gr. 8. (V, 136 S.) Stuttgart 890. Brennwald. n. 2. —

Franz, A., der deutsche Krieg von 1870 gegen den Erbfeind. Seine Entstehung u. sein Fortgang bis zu den neuesten Ereignissen. 1—4. Heft. Berlin 870. E. Beck. gr. 8. (2 Bll., S. 1—308.) Jedes Heft n. 5 ngr

Franz, A., der deutsche Krieg v. 1870 gegen den Erbfeind. Seine Entstehg. u. sein Fortgang bis zu den neuesten Ereignissen. 5—7. (Schluß-) Hft. gr. 8. (S. 309—580 m. 1 Chromolith. in qu. Imp. 4.) Berlin 870. E. Beck. à n. — 50

Franz, A., üb. Leben u. Krankheiten d. Pflanzen. gr. 8. Sondershausen, 1856. Eupel. — 21

[F.] Der gute Ton oder wie man sich in guter Gesellschaft bewegt. E. Ratgeber f. feine Lebensart ... v. A. Franz. *Berlin: Neufeld & Henius [1897].* (IV, 154 S., 1 Bl.) 1 Bd 8.
— Volksbibliothek, Neufelds. Bd 8. [97. 1250]

Franz, A., der gute Ton od. wie man sich in guter Gesellschaft bewegt E. Ratgeber f. feine Lebensart u. taktvolles Benehmen. 2. Aufl. 8. (IV, 155 S.) Berlin 898. Neufeld & Henius. 1. —

Franz, A., der gute Ton od. wie man sich in guter Gesellschaft bewegt. Ein Ratgeber f. feine Lebensart u. taktvolles Benehmen. 3. u. 4. Aufl. 8. (à IV, 155 S.) Berlin (900. 902). Neufeld & Henius. 1. —

Franz, A., der gute Ton od. wie man sich in guter Gesellschaft bewegt. Ein Ratgeber f. feine Lebensart u. taktvolles Benehmen. 6. Aufl. (IV, 155 S.) 8. Berlin (907). Neufeld & Henius. 1. —; geb. 1. 50

Franz, A., das preußische Zwangserziehungs-Gesetz vom 13. März 1878 u. seine Reformbedürftigkeit, s.a. Broschüren, Frankfurter zeitgemäße.

Franz, A., Das preussische Zwangserziehungs-Gesetz vom 13. März 1878 und seine Reformbedürftigkeit. (28 S.) Frankfurt a. M. 1894. Foesser Nachf.

Franz A. R.: Die Sudeten. Bau und Gliederung des Gebirges. 30. 24 und Skizze. Leipnik R. 01. 02. Progr.

Franz, Ad. W., Gedanken v. d. Falschheit im menschlich. Leben. 8. Leipzig. Fritsch. 754.

— allgem. Gesch. d. Welt u. Nat. d. Staaten d. Kirche ꝛc. 1r Thl. 8. Berlin. Voß. 765.

— krit. Geschichte d. Lehre v. d. Unsterblichk. d. Seele ꝛc. 8. Lübeck, Schmidt. 747.

— Widerlegung d. Schr.: l'homme machine etc. 8. Leipz. Hilscher 748.

Franz, Adalbert

Franz, Adb., der Prager Sct. Nothburga-Frauen-Verein zur christlichen Erziehung v. Waisenmädchen. Ein Beitrag zur Geschichte der Prager Humanitätspflege. Mit dem (Lichtdr.-) Portr. der Vereinspräsidentin I. Durchl. der Prinzessin Eleonore zu Thurn-Taxis. gr. 8. (37 S.) Prag 886. Dominicus. n. 1. 20

Franz, Adolph

Franz, Adph., M. Aurelius Cassiodorius Senator. Ein Beitrag zur Geschichte der theolog. Literatur. gr. 8. (VIII, 137 S.) Breslau 872, Aderholz' Buchh.

Franz, Adph., Johannes Baptista Baltzer. Ein Beitrag zur neuesten Geschichte der Diöcese Breslau. gr. 8. (VI, 188 S.) Breslau 873. Aderholz. n. 3. —

Franz, Adph., die kirchl. Benediktionen im Mittelalter. 2 Bde. (XXXVIII, 646 u. VII, 764 S.) gr. 8. Freiburg i/B. 909. Herder. 30.—; geb. in Kunstdr. 33.—

Franz, Adph., die gemischten Ehen in Schlesien. Festschrift, hrsg. von der Görres-Gesellschaft zur Pflege der Wissenschaft im kathol. Deutschland. Lex.-8. (VIII, 152 S.) Breslau 878. Aderholz. n. 3. —

— Heinrich Förster, Fürstbischof v. Breslau. Ein Lebensbild. gr. 8. (32 S. m. e. Holzschntaf.) Neiße 875. Huch. n. — 60

—— das katholische Kirchenvermögen. Ein Wort an die kathol. Kirchengemeinden. 8. (28 S.) Neiße 875, Huch.

Franz, Adph., die Messe im deutschen Mittelalter. Beiträge zur Geschichte der Literatur u. des religiösen Volkslebens. gr. 8. (XXII, 770 S.) Freiburg i/B. 902. Herder. n. 12.—

— Drei deutsche Minoritenprediger aus dem XIII. u. XIV. Jahrh. (XVI, 160 S.) gr. 8. Ebd. 907. 3.60; geb. in Leinw. 5.—

Franz, Adph., der Magister Nikolaus Magni de Jawor. Ein Beitrag z. Litteratur- u. Gelehrtengeschichte d. 14. u. 15. Jahrh. gr. 8. (XII, 269 S.) Freiburg i/B. 898. Herder. n. 5.—

Franz, Adph., das Rituale v. St. Florian aus dem 12. Jahrh. Mit Einleitg. u. Erläutergn. hrsg. (XII, 207 S. m. 5 farb. Taf.) Fol. Freiburg i/B. 904. Herder. n. 8.—

Franz, Adolph Friedr. Ferdin. (Trarbach), Comment. de bromii effectibus prima pars experimenta nonnulla in animalibus instituta adumbrans. Diss. med. Halle (Baentsch) 31. XII. 1827. 45 S. mit Biogr. (M.: D. S. Arnold.) (4.20) 9401
Gew.: Pet. Krukenberg, Phil. Friedr. Franz (Irmenach).

Franz, Agnes, Andachtsbuch für die Jugend reifern Alters. Enthalt.: Gebete für junge Christen vor der Zeit ihrer Einsegnung u. nach derselben. Mit 1 Stahlstich. 8. Essen 838, Bädeker. 1¼ ℛ

Franz, Agnes, Angela. Eine Geschichte in Briefen. 4 Bdchn. gr. 12. (40⅔ B.) Essen 831, Bädeker.

— Buch für Kinder. 2 Thle. Für das zartere u. reifere Alter. Parabeln, Fabeln, Sprüchwörter, kleine dramatische Spiele, Mährchen, Erzählungen, Räthsel, Charaden, Dramen, Lust- u. Festspiele. Mit Originalzeichnungen von F. Koska. gr. 8. Breslau 840. Hirt. 2⅚ ℛ

Franz, Agnes, Buch für Kinder. Parabeln, Sprichwörter, Räthsel, Erzählungen, Mährchen, Lust- u. Festspiele, Dramen. Mit Origin.-Zeichn. v. Koska. 2 Bde. gr. 8. Breslau 841, Hirt. geb. 2⅚ ℛ — chines. Pap. 3 ℛ

Franz, Agnes, Buch der Kindheit u. Jugend. Ein Familienschatz. Letzte Bearbeitung des „Buches f. Kinder"; neu redigirt, wesentlich bereichert u. verbessert. Mit 4 (lith. u.) color. Abbildgn. nach Ferd. Koska's Orig.-Zeichngn. 8. (VIII u. 344 S.) Breslau 850, Hirt. 1½ ℛ

FRANZ, AGNES. *Buch fur Mädchen.* Von Agnes Franz. Mit vier [hand]colorirten [lithogr.] Abbildungen nach FERDINAND KOSKA's Originalzeichnungen. Breslau, F. Hirt [1850]. VI, 157 S. — Vorgebunden: FRANZ, ALEXANDER. Christfestsgaben. Erzahlungen für die reifere Jugend. Mit 4 sauberen Stahlstichen [gestochen v. C. TROMMEL u. a.]. Berlin, Lindow [c. 1850]. 2 Bl. 156 S. — Kl.-8°. Pappbd. d. Z. mit Rsch. 25.—
I Rumann 1149 ★ Erste Ausgabe — II. Erzahlungen v Franz u. Cornelius Lehmann — Name auf beiden Titeln Etwas fleckig Einband bestoßen

—— der Christbaum. (Gedicht.) 1., u. 2., unveränd. Aufl. (à 1 B.) 8. Wesel 829, 30, Klönne. à

— Cyanen. (Gesammelte Erzählungen.) 1s u. 2s Bdchn. 12. Essen 833, 34. Bädeker. 1¾ ℛ

—— Cyanen. (Erzählungen.) 1. u. 2. Bdchn. gr. 12. Essen, Bädeker. [1. (12½ B.) 833., 2. (11¼ B.) 835. à 21 Gr.]

Franz, (Agnes,) Erzählungen u. Sagen rc., s. **Sammlung v. Romanen. 3r Bd.**

— Führungen. Bilder aus dem Gebiete des Herzens u. der Welt. gr. 12. Essen 840. Bädeker. ⅔ ℛ

— Gebete für Kinder. Mit 1 Stahlstich u. Titelvign. gr. 12. Essen 838. Badeker. 5/12 ℛ

— Gedichte. 2 Thle. 8. Hirschb. 826. Krahn. 2 ℛ

— Gedichte. 1e u. 2e Sammlung. 2e Aufl. gr. 12. Essen 837. Bädeker. 3 ℛ (NB. Die Besitzer der 1n Aufl., welche 1826 bei Krahn in Hirschberg erschien, können auch die 2e Samml., welche d. neueren Dichtungen enth., zu 1½ ℛ apart erhalten.)

— Glycerion. Samml. kleiner Erzähll. u. Romane. 8. Bresl. 824, Max u. C.

— Kinderlust. Erzählungen, Sagen u. Mährchen. Mit neuen Originalzeichn. v. F. Koska. gr. 8. Ebend. 841. 1½ ℛ

—— Kinderschatz. Parabeln, Fabeln, Sprichwörter, Sittensprüche, Gedichte, Räthsel u. Charaden. Mit neuen Origzeichn. v. F. Koska. gr. 8. (5¼ B. o. P.) Breslau 841, Hirt.
Vermehrter Abdruck aus: Deren, Buch f. Kinder.

—— Kindertheater. Schauspiele, Dramen, Lust- u. Festspiele. Mit neuen Origzeichn. v. F. Koska. gr. 8. (11 B. o. P.) Breslau 841, Hirt.
Vermehrter Abdruck aus: Deren, Buch f. Kinder.

— s. Ref. Koch, das Blumenkörbchen.

— Eine Lebensskizze. Mit d. Bilde des Verf. gr. 8. Ebend. 846. n. ⅓ ℛ

Franz, A., Liederborn. Sammlung vierstimm. gemischter Chöre. 1.–5. Heft. 12. Breslau 880, Hientzsch. [1. Heft. 1. und 2. revid. Aufl. (96 S.) 60 Pf.; 2. Heft. (96 S.) 60 Pf.; 3. Heft. (96 S.) 60 Pf.; 4. Heft. (93 S.) 60 Pf.; 5. Heft. (124 S.) M 1,20.]

— literarischer Nachlaß. Herausgeg. von Julie v. Großmann. (In 4 Bdn.) Bd. I. Gedichte. 8. Berlin 845, v. Puttkammer. ⅚ ℛ

Franz, Agnes, literarischer Nachlaß rc. Bd. II. Novellen. 8. Berlin 845, v. Puttkammer. 1¼ ℛ

— dass. Bd. III. A. u. d. T.: Polterabendscherze u. Spenden für Familienfeste. 8. Ebend. 845. ¾ ℛ — IV. Bd. A. u. d. T.: Agnes Franz's Leben u. briefl. Nachlaß. 8. Ebend. 845. 1¾ ℛ

— Parabeln. 8. Wesel 829. 2e A. 831. Klönne. 1 ℛ 12 gr

— Parabeln. 2e unverand. Ausg. 8. Wesel 834. Klönne. 1½ ℛ, jetzt A. Prinz daselbst u. der Pr. nur 1⅛ ℛ

Franz, Agnes, Parabeln. Mit einem Vorworte von Ottilie Wildermuth. 1. Aufl. Soest 862. Schulbuchhandlung. 8. (XV, 208 S.) n. 1 ℳ

—— neue Sammlung v. Parabeln. M. 1 Stahlst. gr. 12. (10 B.) Essen 841, Bädeker. 1 Thlr., in Silberdr.-Umschl. u. m. Goldschn. *
Veränderter Abdruck aus: Deren, Buch f. Kinder.

— Stundenblumen. Eine Samml. Polter-Abend-Scenen und andere Festgedichte. gr. 12. Essen 833. Bädeker. 5/12 ℳ

Franz, Agnes, Niederrheinisches Taschenbuch für 1834. 8. Wesel 834. Klönne. 1 ℳ

Franz, Agnes, Hirt's Theater für die Jugend, s. Jugend-Bibliothek, neue illustrirte.

— Vermächtniß an die Jugend. Mit Vign. u. Original-holzschn., 6 Kupf. u. d. Bilde der Dichterin. gr. 8. Breslau 845, Hirt. geb. 2 ℳ

—— Volks-Sagen. 8. (19 B.) Wesel, Klönne.

—— deutsche Volkssagen. (Wohlf. Ausg.) 8. (18¾ B.) Wesel 838, Klönne. *
Die 1. Aufl. erschien 1830.

—— das gestörte Winzerfest, s. Jahrbuch deutscher Bühnenspiele.

Franz, Alb., Raum u. Zeit. Ein philosoph. Programm z. Aufhebg. u. z. Abschluss d. transcendental-idealist. Philosophie. gr. 8. (IV, 11 S.) Leipzig 896. (E. Heitmann.) n. — 50

Franz, Albin (Hrsg.), s. Grabbe, Christian Dietrich: Werke.

Franz, Albin, Johann Klaj, s. a. Beiträge zur deutschen Literaturwissenschaft.

Franz, Albin, a. Gera: Johann Klaj. Ein Beitrag zur deutschen Literaturgeschichte des 17. Jahrhunderts. (Teildruck.) Marburg 1907 [J. A. Koch]. (IV, 78 S.) 8° ¶(Erscheint vollst. als: „Beiträge zur deutschen Literaturwissenschaft" b. N. G. Elwert, Marburg (1908).)
Marburg, Phil. Fak., Ref. Elster, Diss. v. 30. Nov. 1907
[Geb. 18. Nov. 83 Gera; Wohnort: Marburg; Staatsangeh.: Reuß j. L.; Vorbildung: Realgymn. Gera Reife O. 02; Studium: Leipzig 2, München 1, Marburg 6 S.; Rig. 28. Nov. 06.]

Johann Klaj. Ein Beitrag z. deutschen Literaturgeschichte d. 17. Jhs. Von Dr. Albin **Franz**. Marburg: N. G. Elwert 1908. (XI, 204 S.) 8°
[Ein T. erschien als Inaug.-Diss. Marburg 1907.]
— **Beiträge** z. deutschen Literaturwissenschaft. No 6 Kr 1930

Franz, Alexander

Franz, Alex., das illustrirte ABC in Sittensprüchen f. Gemüth u. Herz der lieben Kinder. 16. (31 S. m. color. Holzschn.) Berlin 852, Lindow. ¼ ℳ

— Bilder aus dem Leben. Erzählungen f. die reifere Jugend. Mit 1 Titelkpfr. 8. (IV u. 160 S.) Berlin 851, Lindow. ½ ℳ

—— das Buch der Erzählungen und Bilder für junge Leser. 4. (24 S. mit 6 ill. Stnt.) Berlin 850, Lindow.

—— Christfestsgaben. Erzählungen für die reifere Jugend. 8. (III und 156 S. mit 4 Stahlst.) Berlin 850, Lindow.

Franz, Alex., Epheublätter, siehe: Bibliothek ausgewählter Romane u. Novellen, 1. Bd.

Franz, Alex., Haideblumen, s. Hausbibliothek ausgew. Unterhaltungsschriften.

Franz, Alex., die Kolonisation des Mississippitales bis zum Ausgange der französischen Herrschaft. Eine kolonialhistor. Studie. (XXIV, 464 S. m. 1 Karte) gr. 8. Leipzig 906. G. Wigand. n. 10.—

—— neue Mährchen der Jugend erzählt. 8. (III und 156 S. mit 4 Stahlst.) Berlin 851, Lindow.

—— die Mark und Berlin unter den Hohenzollern. In historisch-romant. Erzählungen. I. (Bd.:) Des Waffenschmieds Töchterlein. 1. und 2. Lfg. 8. (S. 1—128 mit 1 Holzschn.) Berlin 851, Lindow. à Lfg. 3 Ngr.

Franz, Alexander [aus Rolla (Missouri)]: Ostfriesland und die Niederlande zur Zeit der Regentschaft Albas 1567—1573 ... (Enth. nur: Der Feldzug Ludwigs v. Nassau i. J. 1568.) Berlin, Mayer & Müller, 1893; 2 Bl., 37 S., 1 Bl. 8.
Berlin, Phil. Fak., Inaug.-Diss. v. 6. März 1893

Franz, A., Ostfriesland u. d. Niederlande z. Zeit d. Regentschaft Albas 1567—1573. [Aus: „Jahrb. d. Gesellsch. f. bild. Kunst u. vaterl. Altertümer zu Emden".] gr. 8. (294 S. m. 1 Karte.) Emden 895. W. Schwalbe. n. 4.—

— die Republikaner, siehe: Novellen-Sammlung, 20 u. 21. Bdchn.

— der Störenfried. Ein Warnungsbild, der Jugend aufgestellt. Mit 1 color. Titelbilde. 16. (63 S.) Ebd. 852. ¼ ℳ

— Verzage nicht! Eine Erzählung zum Nutzen u. Vergnügen f. junge Leser. Mit 1 color. Titelbilde. 16. (63 S.) Ebd. 852. ¼ ℳ

—— Weihnachtsbilder. Eine Festgabe für Kinder. 8. (III und 64 S. mit 4 ill. Stnt.) Berlin 851, Lindow.

[Ant. u. Chines.] **Franz,** Alfredus *Rudolphus* [Saxo]: Libri qui Poenitentiae adhortationes quibus ducamur in tao-ch'ang clementiâ auctore inscribitur vol. primum in linguam Latinam conversum et commentario instructum ... Vindobonae, typ. expr. A. Holzhausen, 1895; 2 Bl., 74 S., 1 Bl. 8.
Berlin, Phil. Fak., Inaug.-Diss. v. 21. März 1895

Franz, Alois, kunstarchäologische Aufnahmen aus Mähren. 100 Taf. gr. 4. (9 S. Text) Brünn 894. R. Knauthe. n. 8. 50

Franz, Alois Rud., österreichische Staats-Verrechnungskunde. Systematisch dargestellt. gr. 8. (X, 379 S.) Prag 892. (G. Neugebauer.) n.n. 8. —

Franz, Al. Rud. Oesterreichische Staats-Verrechnungskunde. Systematisch dargestellt. gr. 8°. Prag, G. Neugebauer, 1892. 2. Aufl. gr. 8°. Ebd. 1897.

Franz, Alois Rud, Österreichische Staats-Verrechnungskunde. Systemat. dargest. 2., verb. u. vervollst. Aufl. gr. 8. (XIV, 400 S.) Prag 898. (G. Neugebauer). n.n. 8. —

— d. Vermögensverwaltungs-Rechnung. gr. 8. (VI, 88 S.) Ebd. 896. n. 2. 50

Franz, [Alwine]: Bericht über das 50jährige Jubiläum der höheren Mädchenschule zu Lüdenscheid, verbunden mit der 25jährigen Gedenkfeier ihrer Selbständigkeit und der Einweihung des neuen Schulanbaues am ... 23. April 1908. Lüdenscheid 1910: Tilgenkamp & Ruhl. S. 14—18. 4°
Lüdenscheid, st. HM P 1910 [183] [S 10. 115

Franz, Ans. Blutiger Schauplatz des Krieges. 4. Prag 1745.

Franz, Anton: Der Tod Alexanders des Großen nach den Ephemeriden, nebst einer Untersuchung über die Quellen, aus denen Arrian und Plutarch die Ephemeriden schöpften.
1893 PN 896 Diss Wien, Univ. 766

Franz, A[nton] R[ichard]: Grillparzers Ansichten über die zeitgenössische deutsche Literatur. Allgemeiner Teil. S. 3—14. S. II. Teil. S. 3—23. 8.
K. k. Staatsgymn. mit deutscher Unterrichtssprache *Troppau* 1907. 1908.
Progr.

Franz, A. R., die zweite Landessprache an den deutschen Mittelschulen der Sudetenländer. Rede auf der Versammlg. des Vereines „Deutsche Mittelschule f. Nordmähren" in Neutitschein am 14. VI. 1908. (9 S.) gr. 8. Aussig (908). (Troppau, O. Gollmann.) - 30

Franz, Arnold, vierzehn Wein- u. Wonnelieder. gr. 12 Berl. 826. Riemann. (Jonas). 6 gGr.

Franz, Arthur, appr. Arzt a. Stade: Aus d. inneren Abteilung des städt. Augustahospitals zu Coeln: Fortgesetzte Beobachtungen des Blutdrucks bei Herzkranken. Wilhelmshaven (1906): A. Heine. (26 S.) 8°
Kiel, Med. Fak., Ref. Quincke, Diss. v. 16. Aug. 1906
[Geb. 26. Sept. 78 Stade; Wohnort: Wilhelmshaven; Staatsangeh.: Anhalt; Vorbildung: Städt. Gymn. Aschersleben Reife M. 00; Studium: Tubingen 4, Berlin 3, Tubingen 3 S.; Coll 23. Juni 06; Approb. 28. Febr. 00.]

Franz, Arthur, aus Berlin: [1.] Ueber eine Chlorgalactonsäure. [2.] Abbau des Isosaccharins. *Berlin (1902): E. Ebering.* (29 S.) 8°
Berlin, Phil. Diss. v. 6. Aug. 1902

Franz, Arthur: Das literarische Porträt in Frankreich im Zeitalter Richelieus und Mazarins. Leipzig 1905: W. Fugmann. (57 S.) 8° ¶(Erscheint vollst. im Verlage v. W. Gronau, Berlin, Leipzig, Chemnitz.)
Leipzig, Phil. Fak., Ref. Birch-Hirschfeld, Köster, Diss. v. 30. Dez. 1905
[Geb. 20. Aug. 81 Dresden Wohnort: Leipzig; Staatsangeh. Sachsen; Vorbildung: Wettiner Gymn Dresden Reife O. 01; Studium: Lausanne 1, Leipzig 6 S; Rig. 17. Febr 05.]

Franz, Arth., das literarische Porträt in Frankreich im Zeitalter Richelieus u. Mazarins. Mit 1 Beilage. Diss. (VI, 57 u. 32 S.) gr. 8. Chemnitz 906. W. Gronau. n. 2. —

Franz, August (geb Langenbielau in Schles 24 5 1852): Ueber intermittirende Haemoglobinurie. Breslau 1877 (34 S.) 8°
Breslau, Med Diss v 31 Juli 1877

Franz, Aug[ustin]: Ein Historikerfragment aus Oxyrhynchus. S 3—34 8
Staats-Gymn. mit deutscher Unterrichtssprache *Prag-Altstadt* 1910
„Das Ergebnis der Untersuchung spricht eher gegen als für Theopomp."
Progr.

Franz, B., u. J. Schmahl, Möbel-Journal. 1. Jahrg. 1. Lfg. fl. 4. (10 Steindruckt.) Mainz 843. (Halenza.) n. 1/3 Thlr. - color. n. 1/2 Thlr.

Franz, B., Recept-Taschenbuch eines alten Branntweinbrenners. 12. Leipzig 844, Berger's Buchh. 1/2 Thlr.

Franz, B. B., s. Möbel-Journal, Mainzer.

Franz, C., die Behandlung Verunglückter bis zur Ankunft d. Arztes. In Stichwörtern zusammengestellt nach 10 Vorträgen. 16. (16 S.) Schleiz 888. Lämmel. n. —40

Franz, C., zwei Bräute, s.: Bachem's Novellen-Samml.

Folge mir nach! Für Gesunde u. Kranke, zum Trost, zur Aufmunterung u. zur Ermahnung! Von C. Franz (Reiseprediger, in Bergen *Kassel: E. Röttger (1899).* (24 S.) 8° [F.]

Franz, C., folge mir nach! Für Gesunde u. Kranke, zum Trost, zur Aufmunterg. u. zur Ermahng.! 12. (24 S.) Kassel (899) E. Röttger. n. —20

Franz, C., d. Postraub in d. Subach, begangen von 8 Straßenräubern, von denen 5 am 17. Oct. 1824 zu Gießen durch das Schwert zum Tode gebracht worden sind. 8. Marb. 825. Garthe. 6 gGr.

Franz, C. F., die Raumlehre, mit Rücksicht auf die Bestimmung der preußischen Regulative faßlich und praktisch für Volksschulen behandelt. Berlin 855. Wiegandt u. Grieben. gr. 8. (1 Bl., 136 S.) n. 12 1/2 Ngr.

Illustrierter Führer durch Seebad Försterei. Von E. Franz. Mit 8 Abb. Memel: Siebert 1910 19 S. 8° 10

Franz, Eduard: Die Erdkunde im Gymnasialunterricht seit dem ersten Normallehrplane 4 (S 3—20)
Progr. Kgl kath G *Sagan* 1900 (217

Franz, Eduard, Prof. Dr.: Die Erdkunde im Gymnasialunterricht seit dem ersten Normallehrplane. *Sagan (1900): C. Koeppel.* (S. 3—20.) 4°
Sagan, K. kath. G, OP 1900 (217)

Franz, Edu Das Patriarchat Jerusalem im Jahre 1099. Ein Beitrag zur Geschichte des ersten Kreuzzuges. 16 S Progr. *Sagan* 1885

Franz, Eduardus (geb Langenbielau in Schles 22 3 1835): De morbis nonnullis in abdomine imprimis in epigastrio eorumque diagnosi Vratislaviae (1858). (38 S) 8°
Breslau, Med Diss v 17 Aug 1858

Franz, Eduard (geb Langenbielau in Schles 1. 11 1852): Papst Paschalis II. Th. 1. Breslau 1877. (46 S) 8° *[Forts nach Mitteil. d. Verf bis 1904 nicht erschienen]*
Breslau, Phil Diss v 28 Juni 1877

Franz, Emma

—— Helenens Fehler. Von der Verfasserin von Adelaide Lindsay. Aus dem Engl. frei übersetzt. 8. (152 S.) Wien 867, Pichler's Wwe. und Sohn. cart. *

Franz, E., ein falsches Herz, s. Familien-Bibliothek.
—— Nelly Jenner,

Franz, Emma, treue Liebe, s. Familien-Bibliothek.

Franz, Emma, s.: Pelzeln, Marie Edle v.

Franz, Emma, des kleinen Albert Reue. 8. (130 S. mit 1 Holzschntaf.) Wien 865, Pichler's Wwe. und Sohn. (Leipzig, Liebeskind.) cart. 20 Ngr.; mit 8 ill. Holzschntaf.

—— das Schneekatherl, s. Bachem's Novellen-Sammlung.

—— Felice Silvani, s. Familien-Bibliothek.

– die Stimme des Gewissens, s. Familien-Bibliothek.

Franz, Erich: Beiträge zur Kenntnis der Portulacaceen und Basellaceen. Mit 43 Fig. im Text. Halle a. S. 1908: (Breitkopf & Härtel, Leipzig). 50 S. 8° ¶(Aus: Botan. Jahrbücher f. Syst. Bd 42, Beibl. 97.)
Halle, Phil. Diss. v. 30. Jan. 1909, Ref. Noll
[Geb. 16. Nov. 84 Merseburg; Wohnort: Merseburg; Staatsangeh.: Preußen; Vorbildung: Gymn Merseburg Reife O. 04; Studium: Kiel 1, Halle 1, Jena 1, Halle 7 S.; Rig 2. Juni 08.] [U 09, 1646

Franz, Erich: Beiträge zur Titurelforschung. Leipzig 1904: Jul. Klinkhardt. (52 S.) 8° ¶[Erschien auch als philos. Diss. von Göttingen.]
Geestemünde, R OP 1904 (391)

Franz, Erich, Beiträge zur Titurelforschg. Diss. (52 S.) 8. Leipzig 904. (Göttingen, Vandenhoeck & Ruprecht.) n. 1. 20

Franz, Ernst, Religion, Illusionen, Intellektualismus. Ein Bau- u. Zimmerplatz der Weltanschaug. gr. 8. (III, 140 S.) Cöthen 900. O. Schulze, Verl. n. 2. —

Franz, Ernst, Religion, Illusionen, Intellektualismus. Ein Bau- u. Zimmerplatz der Weltanschauug. 2. Aufl. (III, 140 S.) gr. 8. Cöthen 903. O. Schulze Verl. n. 2. —

Franz, Ernst Rudolph: Zur Wurdigung der sectio alta. Halle (1869) Plotz 29 S. 8°
Halle-Wittenberg Med Diss v 13 Juli 1869
Geb Herzberg (Kr. Schweinitz) 28. 5 1826 V

Franz, F.

Mnemotechnik im Bürgerlichen Gesetzbuch. Von Dr. jur. F. Franz. *Berlin: O. Liebmann 1903.* (38 S.) 8° [F.]

Franz, F., Mnemotechnik im bürgerlichen Gesetzbuche nebst Einführungsgesetz, Handelsgesetzbuch u. Strafgesetzbuch, m. e. Anh.: Mnemotechnik in den Prozeßgesetzen. 2., gänzlich umgearb. u. verm. Aufl. (IV, 95 S.) 8. Berlin 908. O. Liebmann. 1. 80

Franz, F., im Zaubergarten. Roman. 8. (350 S.) Leipzig 879. Abel. n. 4. —

Franz, F. G., der Bund der schwarzen Ritter, s.: Jugend-Bibliothek, deutsche.

— Galgen-Humor. Eigenes, Nach- u. Mitempfundenes, sowie vom Galgen Gefallenes. 8. (100 S.) Berlin 894. [S. Frankl.] Neufeld & Henius. n. 1. —

Franz, F. G., s. Gigerlstreiche.

— wahre Liebe. Schwank in 1 Akte. 8. (31 S.) Berlin 893. [S. Frankl.] Neufeld & Henius. n. 1. —

— neue Märchen, s.: Jugend-Bibliothek, deutsche.

— Baron Mikosch im J. 2000. Ein Rückblick auf 1893. 8. (96 S.) Berlin 894. [S. Frankl.] Neufeld & Henius. 1. —

Franz, F G . Tirol ‹Vorarlberg› (in der Westentasche). Ein Geleit- und Gedenkbuch. Mit zahlreichen Illustrationen und 1 Uebersicht-karte .... 8. [Zurich] o. J. [1893/97].

Franz, F. G., Tirol (Vorarlberg). E. Geleit- u. Gedenkbuch. Enthält alles Wichtige f. Kurgäste u. Touristen. 32. (IV, 203 u. IX S. m. Abb. u. 1 Karte.) Zürich 897. (C. Schmidt.) n. — 80; geb. n. 1. —

Franz, F. M., Bau- u. feuerpolizeiliche Vorschriften im Großh. Baden, s.: Schlusser.

Franz, Fr., Beiträge zur Photographie der Blutspektra, s.: Rost, E.

Franz, Fr., Hülfstabellen beim Rechnen, für Jedermann. 4. Erfurt 806. Müller. 8 gr.

Franz, Fr., Don Quixote und Eulenspiegel. Ein Taschenbuch für Jedermann, zur angenehmen u. humorist. Unterhaltung. 4 Hfte. 16. Sangerhausen 839 Rohland. n. 1/3 ℔

Franz, Fr., Don Quixote u. Eulenspiegel. Ein Taschenbuch für Jedermann zur angenehmen, humorist. Unterhaltung, enthalt.: launige Gedichte, Gesellschaftslieder, Anekdoten rc. 2. verm. u. verb. Aufl. 4. Hfte. 16. Sangerhausen 843, Rohland; Halle, Colditz'sche Buchh. n. 1/3 ℔

— allgemeine Rechnentabellen, vorzügl. f. Accise-Contr. b. preuß. Staaten. 4. Erfurt 806. Müller. 8 gr.

Franz Fr.: Mythologische Studien. 61, 63. Villach 80 u. Wien IV. 88. Progr

Franz, F., Mythologische Studien. I. Pr. 1880. 67 S.
— — II. 1888. 65 S

Franz, Franz

Franz, Frz., Notariat und freiwillige Gerichtsbarkeit in Elsaß-Lothringen. gr. 8. (44 S.) München 887, Beck'sche Buchh. *
Aus: Deutsche Notariatszeitung, besonders abgedruckt.

Franz, [Frz.]. Das Notariatsgesetz vom 26. Dezbr. 1873 u. d. Tarif der Notariats-Gebühren. gr. 8. (83 S.) Straßb. i. E. 889, Straßburger Druckerei u. Verlagsanstalt. * 1 50; cart. * 1 80
Aus: Franz, Frz. Das Notariat in Elsaß-Lothringen, besonders abgedruckt.

—— Rechtsprechung des Oberlandesgerichts Colmar i. Els. in Strafsachen. Im Auftrage der kaiserl. Oberstaatsanwaltschaft hrsg. 1. Oktbr. 1879 bis Ende 1885. gr. 8. (112 S.) Straßburg 886, Straßburger Druckerei und Verlagsanstalt, vorm. Schultz und Comp., Verlag. **

—— Rechtsprechung d. Oberlandesgerichts Colmar i. Els. in Strafsachen. Im Auftrage der Kaiserl. Oberstaatsanwaltschaft hrsg. Jan. 1886 bis Ende 1890, nebst Gesammt-Inhaltsverzeichniß f. die Zeit v. 1. Oktbr. 1879 bis Ende 1890. gr. 8. (74 S.) Ebd. 891. * 1 80

—— zur Reform des Notariats in Elsaß-Lothringen. gr. 8. (44 S.) Ebendas. 886. *

—— die allerhöchste Verordnung, betr. die Disziplin des Notariats, vom 17. März 1886 nebst den dazu erlassenen Ausführungs-Verfügungen. Im Auftrage der kaiserl. Oberstaatsanwaltschaft hrsg. gr. 8. (55 S.) Straßburg 887, Straßburger Druckerei und Verlagsanstalt, vorm. Schultz und Comp., Verlag. *

Franz, Franz Xaver

Franz, Frz. Xav., C. Ss. Red.: Maria hilft immer u. überall. Dargest. in e. Cyklus v. Zeitpredigten zu Ehren d. Mutter v. d. immerwähr. Hilfe. gr. 8. (VI, 124 S.) Münster 897. Alphonsus-Buchh. 1. 50

Franz, Frz. Xav., die Mutter der Barmherzigkeit. Eine Hilfsquelle f. die Nöten unserer Zeit, allen Christen, besonders den Verehrern unserer lieben Frau v. der immerwähr. Hilfe dargeboten, durch Beispiele erläutert u. m. e. Anh. v. Gebeten versehen. 16. (VIII, 349 S. m. 1 Farbendr.) Münster 894. Alphonsus-Buchh. Geb. n. 1. —

— d. Mutter d. Barmherzigkeit. E. Hülfsquelle f. d. Nöten uns. Zeit, allen Christen, insbes. d. Verehrern Uns. Lieben Frau v. d. immerwähr. Hülfe dargeboten, d. Beispiele erläut. u. m. e. Anh. v. Gebeten vers. 3., verb. Aufl. 16. (IX, 389 S. m. 1 Farbendr.) Ebd. 896. Geb. in Leinw. n. 1. —

Franz, Frz. Xav., C. Ss. R., die Mutter der Barmherzigkeit. Eine Hilfsquelle f. die Nöten unserer Zeit, allen Christen, besonders den Verehrern unserer lieben Frau v. der immerwähr. Hilfe dargeboten, durch Beispiele erläutert u. m. e. Anh. v. Gebeten versehen. 5. Aufl. (336 S. m. farb. Titelbild.) 16. Münster (904). Alphonsus-Buchh. Geb. in Leinw. n. 1. —

Franz, Friedrich: Beiträge zum Nachweis und zur Kenntnis des Erdnußöles. 1910. 47 S. 8°
München, Dr.-Ing.-Diss. v. 20. 12. 1909

Franz, Friedrich, approb. Arzt aus Stettin: Ueber den die Blutgerinnung aufhebenden Bestandtheil des medicinischen Blutegels. *Leipzig 1903: J. B. Hirschfeld.* (29 S.) 8°
Göttingen, Med. Diss. v. [12. Juni] 1903

Franz, Frdr., über den die Blutgerinnung aufhebenden Bestandtheil des medicinischen Blutegels. Diss. (29 S.) gr. 8. Leipzig 903. (Göttingen, Vandenhoeck & Ruprecht.) n. — 80

Franz, Frdr., die Chronica pontificum Leodiensium. Eine verlorene Quellenschrift d. XIII. Jahrh. Nebst einer Probe der Wiederherstellung. gr. 8. (VI, 63 S.) Strassburg 882. Trübner. n. 1. 50

Franz, Friedrich Die Schlacht bei Montlhéry. Ein Beitrag zur Geschichte Karls des Kühnen. 4 (16 S)
Progr. Luisenstädt. Oberrsch. *Berlin* 1893 (117)

Franz, Friedrich [Dr.]: Die Schlacht bei Montlhéry. E. Beitr. z. Gesch. Karls d. Kühnen. Berlin, R. Gaertner, 1893; 16 S. 4.
Berlin, Luisenstädt. OR, OP 1893 (117)

Franz, Friedrich Christian

Franz, Fr. Chr., Staatswirthschaftliche Abhandlungen über ältere und neuere Magazin- und Versorgungsanstalten etc., nebst 4 Tab. gr. 8°. Hof, Grau, 1805.

Franz, Fr. Chr. II., prakt. Anleit. zur rationellen Rindviehzucht, mit Andeutung dessen, was d. Landwirth in dieser Hinsicht zu beobachten hat. (Aus Putsche Encyklopädie abgedr.) Mit 3 Kpft. 8. Leipz. (831.) Baumgärtner. 1 ₰ 12 gl.

– s. a. Annalen d. deutschen Academie.

Franz, F. Chr., Annalen d. deutsch Akademie 2 Stck 8. Leipzig, F. C. W. Vogel. 791

— prakt. Anweis. zur Vervollkommnung d. Viehzucht. gr. 8. Dresd. 824. (Gerold in Wien). 2 ₰ Hbg. Pr. 1 ₰

Franz, (F. Ch.,) prakt. Anweisung zur Vervollkommnung d. Viehzucht. gr. 8. Dresden 824, Hilscher.

— Aufruf an d. Polizei-, Forst- u. Schulbehörden zur Verhütung d. unnützen Verfolgung solcher Thiere, deren sich d. Natur zur Erhaltung d. Gleichgewichts bedient. 8. Dresd. 816. Walther. 4 gl.

— Beantwort. d. Fr.: Wie dem Holzmangel vorzubeugen sei? 8. Leipz. 795. Göschen. 1 ₰ 8 gl.

— über d. zweckmäßige Begießen u. Wässern in Gärten, Gewächshäusern u. im Freien. Ein Taschenbuch für Gärtner rc. gr. 12. Meißen 832. Goedsche. 14 gl.

Franz, Friedr. Christ., üb. d. zweckmässige Begiessen u. Wässern in Gärten, Gewächshäusern u. im Freien. Ein Taschenb. f. angehende Gärtner, Gartenliebhaber u. Landwirthe. gr. 12. Meissen, 1832. (Leipzig, Jackowitz.) (— 17½) — 7½

—— über d. zweckmäß. Begießen u. Wässern in Gärten, Gewächshäusern u. im Freien. Ein Taschenb. f. angeh. Gärtner, Gartenliebhaber u. Landwirthe. gr. 12. (7½ B.) Meißen 832. [Leipzig, Vetter u. Rostosky.]

Franz, Fr. Chr. II., topograph.-statist. Beiträge zur Kenntniß der Lehdenverhältnisse, besonders aber zur richtigen Beurtheilung der Ablösung, Zerschlagung und Zusammenlegung der Grundstücke im Königr. Sachsen. gr. 8. Dresden 834. Grimmer. 3/8 ₰

Franz, Fr. Chr. I., Biographien aus d. allgem. Geschichte, zu Begründung d. histor. Unterr. in Schulen. Letztes Werk d. Verf. 8. Stuttg. 828. (Löflund u. S.) 1 ₰ Schrbp. 1 ₰ 4 gl.

– Einleit. in d. Handlungserdbeschreibung. 1r Thl. Europa. 8. Frankf. a. M. 788. Varrentrapp. 1 ₰

Franz, Fr. Chr. I., tabellar. Einleit. in d. europ. Handlungsgeographie. 4. Frkf. a. M. 784.

FRANZ, Friedrich Christian: Erfahrungen und Vorschläge, dem Nutz- und Bauholze, durch gewisse Vorrichtungen und bewährt gefundene Hülfsmittel, die zu seiner eigenthümlichen Bestimmung nöthige Härte und Haltung zu geben, auch den Wurmfrass, das Springen und Schwinden des Holzes möglichst zu verhüten. – Dresden 1814. 112 S., 1 Tab. – A. u. d. T.: Praktisches Handbuch für Forst- und Bauleute, insbesondere aber für Künstler und Handwerker, welche in Holz arbeiten. In forstwirthschaftlich-physikalisch-technologischer Hinsicht bearbeitet. Walther.

— über d. zweckmäß. Erziehung, Fütterung u. Behandl. d. z. Veredlung u. Mästung bestimmten Hausthiere. gr. 8. Dresd. 821. (Gerold in Wien). 1 ₰ Hbg. Pr. 12 gl.

— über die zweckmäß. Erziehung, Fütterung u. Behandlung d. z. Veredlung u. Mästung bestimmten Hausthiere. gr. 8. Dresden 822. Hilscher.

FRANZ, Friedrich Christian: Freymüthige Gedanken über die Gebrechen unserer heutigen Forst- und Landwirthschaft und die Mittel zu ihrer Verbesserung ... – Leipzig 1801. 138 S. Fleischer.

s. a. Geographie v. Würtemberg.

— kleine Geographie von Wirtemberg. 8. Tübingen, Cotta. 796.

Franz, (F. C.) Grundr. d. Erdbeschreib., s. Grundriß.

s. a. Handbuch d. Erdbeschreib. v. Europa.

— Handbuch d. Erdbeschr. v. Europa, bes. v. Deutschl. 8. Stuttgart, Steinkopf. 804.

FRANZ, Friedrich Christian 1751 –
Ueber die Kultur der Amerikaner. Eine Rede am Geburtsfeste Seiner Durchlaucht des regierenden Herrn Herzogs zu Wirtemberg den 11. Febr. 1788. vor dem versammelten Hofe im großen Hörsaale der hohen Karlsschule gehalten von Friedrich Christian Franz ...
Stuttgart: Erhard. 1788. 48 S. 8°.
Stadt- und Universitätsbibliothek Bern
Palmer.

— über d. Kultur d. Amerikaner. 8. Stuttg. 788. Löflund. 3 gl.

FRANZ, Friedrich Christian 1751 –
Lehrbuch der Länder- und Völkerkunde in zween Theilen.
Erster [- Zweeter] Theil.
Stuttgart: Erhard. 1788 [- 1790]. 8°.
Stadtbibliothek Wuppertal-Elberfeld

— Lehrbuch d. Länder- u. Völkerkunde. 2 Thle gr. 8. Stuttg. 788–90. Löflund. 1 ₰ 16 ₰

— französ. Lesebuch für junge Leute, die sich d. Handel widmen. gr. 8. Frankf. 794. Varrentrapp. 16 gl.

— üb. ält. u. neuere Magazin- u. Versorgungsanstalt. rc. u. 4 Tab. gr. 8. Hof, Grau. 805.

— Maßregeln zur Begründung d. Nationalwohlstandes u. Völkerglücks. gr. 8. Dresd. (805.) Arnold. 1 ₰ 12 gl.

— Maasregeln z. Begründung d. Nationalwohlstandes und Völkerglücks. gr. 8. Dresden, Arnold. 810.

— üb. d. Rettungsmittel des durch d. Raupenfraß betr. Holzes. 8. Leipz. Mittler. 798.

– s. J. B. Schaul, italien. Grammatik.

Franz, Friedrich Christian Schutzmittel für unsere Forsten, Fluren und Garten, mit Berücksichtigung des Wein- und Hopfenbaues, gegen die Angriffe der ihnen schadlichen Thiere und die sie bedrohenden Krankheiten und Unfalle, erl. durch Aufzahlung der Mittel zu ihrer Vertilgung. Leipzig Teubner 1840. X, 446 S. -- F 1°

Franz, F. C. Schutzmittel gegen schädliche Thiere Leipzig 1840

— d. Spreewald in physikal.-statist. Hinsicht. gr. 8. Görlitz 800. (Anton in Halle). 1 ₰

Franz, Fr. Christian I „Allgemeine Uebersicht der Produkte, Industrie und Handlung in Europa", Frankfurt a. M 1788.

— Uebersicht d. allgem. Geschichte, besond. neuerer Zeiten. Mit Tabellen. 8. Stuttg. 804. Löflund. 1 ₰

— Ueber s. d. allgem. Geschichte rc. m. Tabell. 8. Stuttg. Steinkopf. (auch Löflund.) 804.

— erster Versuch e. tabellar. Einleit. in d. Handlungserdbeschreibung. 4. Stuttg. 784.

Franz, F Christian I: „Versuch eines Leitfadens zu Vorlesungen über die Geschichte der Erfindungen", Stuttgart 1795.

— Versuch über d. Rettungsmittel des durch den Raupenfraß betroff. Holzes. 8. Leipz. 798. Mittler. 5 gl.

— Vorschläge zur Erhöhung des Nationalwohlstandes und Völkerglücks. Ein Versuch zur allgem. Beherzigung und zur Veredelung der unteren Volksklassen, in besond. Hinsicht auf Landeskultur u. Nationalindustrie anwendbar. gr. 8°. Dresden, Arnoldsche B., 1806.

Franz, F. C.: „Vorschläge zur Erhöhung des Nationalwohlstandes und Volkerglücks, ein Versuch zur allgemeinen Veredlung der untern Volksklassen", Dresden 1806 (Walther)

— ökonom.-physikal. Vorschläge zur Kultur d. Sand- u. Sumpfbodens, wie auch zum Einhegen u. zur zweckmäß. Verwendung u. Benutzung solcher Grundstücke. Mit Angabe der für jede dieser Bodenarten schicklichen Gräser u. Pflanzen. Für Landwirthe, Gärtner u. Forstbeamte. gr. 8. Dresden 835. Grimmer. ' s ŋf'

Franz, G., sein Rätsel u. andere Novellen. (III, 96 S.) 8. Cöthen 906. P. Schettler's Erben. n. 2. —

Franz, G. F. (Resp.): De Scytharum νοσῳ θηλειᾳ ..., s. Bosius, E. G. (Praes.)

Franz, Georg Die Auswandg d Dten nach Tex, Na und Ungarn Eine Mahnung an d Nation Munich, 1844

Franz, Georg, aus Berlin Ueber Reduktion des o-Aethoxyazobenzols und des o-Toluolazophenetols. *Berlin (1899): E. Ebering.* (45 S.) 8°
Berlin, Phil Diss v 15 Marz 1899

Franz, Gerhard

Franz, Gerh. Ueber den Bedeutungswandel lateinischer Worte im Französischen. gr. 4. (30 S.) Dresd. 890. (Lpz., Fock.) * 1 —

Franz, Gerhard [Dr.]: Über den Bedeutungswandel lateinischer Wörter im Französischen. Dresden, Rammingsche Buchdr., 1890; S. 1—30; 4°
Dresden, Wettiner G, OP 1890

Franz, Gerh., Predigten auf d. Festtage d. Herrn, d. Mutter Gottes u. and. Heiligen. 1r u. 2r Jahrg. 8. Augsb. 802. Daisenberger. 2 ℳ 4 gl

— s. Predigten auf alle Sonntage.

Franz, G., (Prediger), wie unseres Volkes fromme Freude beim Rückblick auf d. 40jähr. Regierung seines Kaisers sich würdig ausspricht? Predigt über Matthäus XXII, 21.; am 4. März 1832 in dem Bethause d. evangel. Gemeinde H. C. in Wien gehalten. gr. 8. Wien 832. Wallishauser. 3 gl

Franz, Gottfried, *k. k. Consistorialrath, Superintendent u. erst. Prediger.* Der Heidelberger Katechismus unter dem Kurfürsten Friedrich III. von der Pfalz von *Ursinus* und *Olevian* verfasst, im Auszuge mit den Beweisstellen der heil. Schrift für die Confirmanden der Wiener evang. reform. Gemeinde herausgegeben. *Wien* 1858. Druck von *C. Gerold's S.* VIII. 116 S. 8°.

Franz, Gust., Buchführung f. Blumengeschäfte nach dem neuen Handelsgesetzbuch. gr. 16. (16 S.) Erfurt 900. (Leipzig, H. Voigt.) n. — 80

Franz, Gustav, a. Marktheidenfeld (Unterfranken): Die Gastro-Enterostomie und ihr Einfluß auf die motorischen und sekretorischen Funktionen des Magens bei gutartiger Pylorus-Stenose. Würzburg 1906: A. Borst. (34 S.) 8°
Würzburg, Med. Fak., Ref. v. Leube, Diss. v. 12. Juli 1906
[Geb. 29. Dez. 76 Marktheidenfeld; Wohnort: Meiningen; Staatsangeh.: Bayern; Vorbildung: Altes Gymn. Würzburg Reife Juli 97; Studium: Würzburg 10 S.; Coll. 9. Mai 06; Approb 13 März 03.]

Franz, Gust. Mor., Abschiedspredigt am 12. Sonntage nach Trinitatis in der Hauptkirche zu Annaberg. geh. gr. 8. (6 S.) Annaberg 873. Graser. — 30

— das Kollatur-Recht üb. die geistlichen Lehne i. Vortrag geh. in der Diözesan-Versammlg. zu Annaberg am 19. April 1871. gr. 8. (15 S.) Annaberg 871. Rudolph & Dieterici. n. — 30

Franz, H., Bericht üb. die in der Zeit vom 15. Octbr. 1870 bis Anfang April 1871 im Großherzogth. Sachsen-Weimar geübte Wanderthätigkeit erstattet an die landwirthschaftl. Centralstelle f. das Großherzogth. Sachsen-Weimar-Eisenach u. den Verein zur Beschaffg. u. Unterhaltg. v. Wanderlehrern. 2. Aufl. gr. 8. (59 S.) Jena 872. Deistung. n. — 50

Franz, H., einfache landwirthschaftliche Buchführung. Bearb. im Auftrag der landwirthschaftl. Centralstelle f. das Großherzogth. Sachsen. 4., neu bearb. Aufl. Ausg. A. f. den Jahresbedarf kleinerer Wirthschaften. Fol. (85 S.) Weimar 893. (Leipzig, Rein'sche Buchh., Sep.-Cto.) Kart. n. 2. 50; Ausg. B. f. mittlere Wirthschaften. (145 S.) n. 3. 50; Ausg. C. f. größere Wirthschaften. (219 S.) n. 4. 50

Franz, H., kleine Buchführung f. den schlichten bäuerlichen Betrieb, entworfen unter Beirath v. A. Paulssen. Fol. (19 S.) Weimar 899. H. Böhlau's Nachf. n.n. 1.20

Franz, H. Thomas Chatterton. Berlin, Handelssch., 1859. 40 S. Progr.

Franz, H., am 1. Mai, s.: Familien-Bibliothek.

Franz, H. A. Collection of American Popular Songs and Ballads. Berlin, Handelssch., 1867. 36 S. 4. Progr.

Franz, H. C., 10 leichte Männergesänge für Fest- und Sonntage des Kirchenjahres. Erfurt 863. Körner's Verlag. 4. (32 S.) n. 12 *ngr.*

Franz, Heinr. Oberkalkulator Fritze, seine Lieben u. die verregnete Bergpartie. Illustr. v. F. Laskowski. gr. 8. (83 S.) Straßb. i. E. 890, Straßburger Druckerei u. Verlagsanstalt. * 1 50

Franz, Heinr., Gedichte. 16. (84 S.) Kiel 898. Lipsius & Tischer. n. — 70; geb. in Leinw. n. 1. 25

Franz, Heinrich: Peter von Amiens. Ein Bild aus d. ersten Kreuzzuge. Hofgeismar, Druck d. Hof-Buchdr. v. L. Keseberg, 1891; S. 3—6; 4°
Hofgeismar, RPG, OP 1891 (413)

Franz, Heinr., kaufmännisches Schnellschönschreiben. Methodisch geordnete Uebungshefte f. Fortbildungs- u. Handelsschulen sowie zum Selbstunterricht. 1. u. 2. Heft. Lex. 8. Saarbrücken, C. Schmidtke. 1. 35
1. Deutsche Schrift. (I, 40 S.) (910.) — 60
2. Lateinische Schrift. (I, 44 S.) (910.) — 75

Franz, Herb., Franz v. Guise. Eine Tragödie. (150 S.) 8. Dresden (909). E. Pierson. 2. 50

Franz, Herb., Don Juan. Eine Tragödie. (122 S.) 8. Dresden 904. E. Pierson. n. 2. —

Franz, Herb., Lexikon der richtigen Aussprache. Hilfsbüchlein zur allgemeinen Bildg. f. Jedermann. (145 S.) 16. Leipzig (906). A. H. Payne. n. — 50

Franz, Herm. (I.), Bericht über die in der Zeit vom 15. Octbr. 1870 bis Anfang April 1871 im Großherzogth. Sachsen-Weimar geübte Wanderthätigkeit erstattet an die landwirthschaftl. Centralstelle für das Großherzogth. Sachsen-Weimar-Eisenach und den Verein zur Beschaffung und Unterhaltung von Wanderlehrern. 1. Aufl. (53 S.) 1871, und 2. Aufl. gr. 8. (59 S.) Jena 872, Deistung. †

Franz, Herm., s. Blessington, die beiden Freunde.

Franz, Herm., Britannia, s. Britannia.

Franz, H. Buchführung f. den kleineren Landwirth, bearb. im Auftrag der landwirthschaftl. Centralstelle f. das Großherzogth. Sachsen. 3. verb. Aufl. Ausg. B. Fol. (125 S.) Weimar 888, Hofbuchbinder Krehan. geb. ** 3 —

Franz, H., Landwirtschaftl. Buchführung, entworfen i. Auftr. d. landwirtschaftl. Centralstelle f. d. Großherzogth. Sachsen. 5., neu bearb. Aufl. Ausg. A. Fol. (100 S.) Weimar 897. H. Böhlau's Nachf.
Kart. n.n. 2. 50; Ausg. B. 40 Bog. n.n. 3. 50

Franz, Herm., der praktische Düngerwirth. 3., verb. Aufl. 8. (III, 68 S.) Berlin 877. Parey. n. 1. —

Franz, Hermann, Der Gesellschaftstanz, n. Anh.: Dtsch Erklärung u. Beschreibung d. einzelnen Tanzfiguren, 2. neu bearb. Aufl., Rostock 1884, 63 S., 16°.

— die angeblich vom Staatsminister Delbrück verfaßte Schrift Deutschlands Getreideverkehr m. dem Auslande vor dem Forum der Kritik. Eine populäre Studie über das tägliche Brod. 1. u. 2. Aufl. gr. 8. (68 S.) Berlin 879. Springer. n. 1. —

— u. Aug. Boltz, Handbuch der englischen Literatur, siehe: Boltz, Aug.

— die Kartoffel als Saatgut. Eine Beleuchtung der prakt. Probleme des Kartoffelbaues. Mit e. lith. Taf. (in qu. Fol.). 8. (171 S.) Berlin 878. Parey. n. 4. —

Franz, Herm., der deutsche Landbau, seine Vergangenheit u. seine gegenwärtige Lage im Industrie- u. Handelsstaat. [Aus: „Weimar. Zeitg."] gr. 8. (40 S.) Weimar 875. (Dittmar.) n. — 60

Franz, H., 30 Jahre Landwirtschaft in Thüringen. Ein Rechenschaftsbericht, erstattet an das großh. sächs. Staatsministerium, Departement des Innern. Als Zeitbild landwirtschaftl. Bestrebgn. gewidmet allen Mitarbeitern am Werke prakt Förderg. der Landwirtschaft u. Denen, die seine Freunde sind. gr. 8. (64 S.) Weimar (900). (H. Böhlau's Nachf.) n n. — 50

— die Landwirtschaft in Thüringen u. ihre Entwickelg. in d. letzten 50 Jahren. Ein Geschichtsabriß deutscher Landwirtschaft u. statist. Hilfs- u. Handbuch f. prakt. Landwirthe, Behörden, Unterrichtsanst. u. landwirthschaftl. Vereine. gr. 8. (XV, 354 S.) Berlin 896. P. Parey. n. 4. —

— Normal-Buchführung f. den mittleren Landwirth. In 6. Aufl. neu festgestellt unter Beirath v. A. Paulssen. Fol. (97 S.) Ebd 899. Kart. n n. 2. 50; Ausg. zu 40 Bog. n.n. 3. 50; Übungsheft dazu. (41 S.) n.n. 1.—; Wirthschaftsbuch dazu. (39 S.) n.n. 1.20

Franz, H., Normal-Buchführung f. den mittleren Landwirt. 7. Aufl., bearb. v. M. Güntz. (52 S.) 35×25 cm. Weimar 910. H. Böhlau's Nachf. Geb. 2.

Franz, Herm., the English Reader, or a choice collection of pieces in prose and verse from the best authors. gr. 8. Zeitz 845, Schieferdecker. 3/4 ℛ

— Rindviehzucht u. -Nutzung, s.: Bücherei, landwirtschaftliche. 4. Bd.

Franz, Herm., the english spelling-book. Intended as an introduction to the reading of the english language. For the use of foreigners. 8. (IV u. 96 S.) Berlin 848, A. v. Schröter. — 2. edition, revised and considerably enlarged. 8. (IV u. 131 S.) Berlin 851, Schneider & Co. n. 1/2 ℛ

Franz, Herm., the English spelling book. Intended as an introduction to the reading of the English language. For the use of foreigners arranged. 3. edit. Berlin 858. F. Schneider. 8. (2 Bl., 131 S.) n. 10 ngr

Franz, Herm., the English spelling-book and first reader. Intended as an introduction to the reading of the English language. For the use of foreigners arranged. 4. edit. revis. et considerably enlarged. Berlin 869. Weber. 8. (IV, 156 S.) n. 10 ngr

Franz (H.). Studien an der Kartoffelknolle. Goett. 1873. 8°.

Franz, Hermann, a. Karlsruhe: Studien zur kirchlichen Reform Josephs II. mit besonderer Berücksichtigung des vorderösterreichischen Breisgaus. Kap. 1. II. Freiburg im Breisgau: Herder 1908. (48 S.) 8° [F.] ¶ (Erscheint Sommer 1908 vollst.)
Freiburg i. B., Phil. Fak., Ref. Finke, Diss. v. 1908
[Geb. 16. März 85 Karlsruhe; Wohnort: Karlsruhe; Staatsangeh.: Baden; Vorbildung: Gymn. Karlsruhe Reife 03; Studium: Freiburg i. B. 7 S.; Rig 19 Juli 07.]

s. Trollope, Leben u. Sitte in Nordamerika.

— English Vocabulary, Kleines Vocabelbuch u. Erste Anleitung zum englisch Sprechen. Berlin 857. Herbig. 16. (64 S.) n. 4 ngr

— english vocabulary. Kleines Vocabelbuch und erste Anleitung zum englisch Sprechen. 1. Aufl. 1857. und 2. Aufl. 16. (64 S.) Berlin 861, Herbig. * 4 Ngr.; cart. *

· English vocabulary. Kleines Vocabelbuch u. erste Anleitung zum englisch Sprechen. 3. Aufl. Berlin 865. Herbig. 16. (64 S.) n. 4 ngr; cart. 5 ngr

Franz, Herm., english vocabulary. Kleines Vocabelbuch u. 1. Anleitg. zum Englisch Sprechen. 7. Aufl. 16. (64 S.) Berlin 875. Herbig. n. — 40; cart. n. — 50

Franz, Herm. (H.), English Vocabulary. Kleines Vokabelbuch und erste Anleitung zum englisch Sprechen. 8. Aufl. 16. (64 S.) Berlin 878, Herbig. · 40 Pf.; cart. *

Franz, Herm., first english vocabulary. Kleines Vokabelbuch u. erste Anleitung zum englischen Sprechen. 9. Aufl. 12. (64 S.) Berlin 882. Herbig. n. — 40; cart. n. — 50

Franz, Herm., first English vocabulary. Kleines Vokabelbuch u. erste Anleitg. zum englisch Sprechen. 10. Aufl. 12. (64 S.) Berlin 886. Herbig. n. — 40; cart. n. — 50

Franz, H., first English vocabulary. Kleines Vokabelbuch u. erste Anleitung zum englisch Sprechen. 11. Aufl. 12. (64 S.) Berlin 889. Herbig. n. — 40; cart. n. — 50

Franz, Herm., first English vocabulary. Kleines Vokabelbuch u. erste Anleitg. zum englisch Sprechen. 13. Aufl. 12. (64 S.) Berlin 894. F. A. Herbig. n. — 40; kart. n. — 50

Franz, Herm., First English vocabulary. Kleines Vokabelbuch u. erste Anleitg. z. englisch Sprechen. 14. Aufl. 12. (64 S.) Berlin 898. F. A. Herbig. n. — 40; kart. n. — 50

Franz, Herm., First English vocabulary. Kleines Vokabelbuch u. erste Anleitung zum Englisch sprechen. 15. Aufl. 12. (64 S.) Berlin 902. F. A. Herbig. n. — 40

Franz, Herm., First English vocabulary. Kleines Vokabelbuch u. erste Anleitg. zum Englisch sprechen. 16. Aufl. (64 S.) kl. 8. Berlin 907. F. A. Herbig. — 40; kart. — 50

— die Wirksamkeit, die Aufgaben u. die Erfolge der im Großherzogth. Sachsen eingeführten landwirthschaftlichen Centralstelle. gr. 8. (63 S.) Weimar 874. Dittmar's Buchh. n. 1. —

Franz, Hugo (geb Iserlohn 5 8 1838) De aphasiae natura Berolini (1864) (32 S) 8°
Berlin, Med Diss v 7 Okt 1864

Franz, J., Anleitung zu e. einfachen Buchführung f. Privat- u. Gemeindewaldungen mittleren bis kleinen Umfangs, m. e. Abriß der Buchführg. der preuß. Staatsforstverwaltg., zum Gebrauch f. Waldbesitzer, ausüb. Forstmänner, Gutsverwalter, Rechnungsführer u. Beflissene der Land- u. Forstwirtschaft. (64 S.) Lex. 8. Neudamm 908. J. Neumann. 2. —

Franz, J., Anti-Syllabus, der gesunde Menschenverstand gegen die Uebergriffe der Papstherrlichkeit und die Offenbarungs-Religion, als Morgengabe zum öcumenischen Consilium in Rom und als Antwort auf die von liberaler Seite ausgesprochene Behauptung, dass die socialdemokratische Arbeiterpartei ultramontane Tendenzen verfolge. Mit Anmerk. hrsg. 8°. s. l. Druck von Jos. Deschler, s. a.

Franz, J., freymüthige Beantwortung der aus d. Sonnenfelsschen Vorlesungen gezogenen Fragen. 8. Wien 781. (Heubner). 3 gr

Franz, J., Herr Böhmert, Professor der Nationalökonomie am eidgenöss. Polytechnikum in Zürich und seine Fälschungen der Wissenschaft, begangen in seinem neuesten Buche: „Der Socialismus und die Arbeiterfrage". Von einem Arbeiter. 8⁰. Zürich 1873.

Franz, J, Die Didaskalie zu Aeschylos Septem contra Thebas. Pr. 1848. 8 S. 4°. 1.—

Franz J, Eisenbahn- und Dampfschiffsrouten-Karte von Europa. Glogau 1868

Franz, J., Festrede, aus Veranlassg. v. Bessel's 100jähr. Geburtstag geh. in der Sitzg. der physikalisch-ökonom. Gesellschaft zu Königsberg in Pr. am 5. Juni 1884. [Aus: „Schriften d. phys.-ökon. Gesellsch. zu Königsberg".] gr. 4. (24 S.) Königsberg 884. (Berlin, Friedländer & Sohn.) n. 1. —

Franz, J., Ueb. drei Fragmente Hesiods. Pr. 1911. 36 S.

— Zu Hesiods Frauenkatalog. Pr. 1914. 21 S.

—— Gedächtnissrede auf den am 17. Oktbr. 1887 verstorbenen Königsberger Astronomen Eduard Luther. Gelesen in der physikal. Gesellschaft zu Königsberg am 3. Novbr. 1887. gr. 4. (6 S.) Königsberg 888, (Koch.) *
Vorstehende drei Schriften sind aus: Schriften der physikalisch-ökonom. Gesellschaft zu Königsberg, besonders abgedruckt.

Franz, J., Gedichte und Lieder freisinniger u. besonders sozial-demokratischer Tendenz. 8. Zürich, in Commiss. d. Verlags-Magazin. 1872. 1. 20

Franz, J., Berlin's Grabdenkmäler u. Erbbegräbnisse. Photographische Aufnahmen nach der Natur. gr. 4. (32 Lichtdr.-Taf. m. 2 S. Text.) Berlin 877. Polytechn. Buchh. In Mappe. n. 24. —

Franz, J., Caesaris Augusti index rerum a se gestarum sive monumentum Ancyranum. Ex reliquiis Graecae interpretationis restitut. 1845. 120 S. m. 8 Taf. 4°.

— Socialdemokratische Lieder und Declamationen. Mit einem Anhange: Die Prinzipien-Erklärungen der internationalen Arbeiter-Association und der socialdemokratischen Partei, sowie des schweiz. Arbeiterbundes. Hrsg. und verlegt durch das Depot socialdemokratischer Literatur. 8⁰. Hottingen-Zürich s. a.

Franz, J., die Mißhandlung der Beichte durch R. Graßmann u. ‚seine Freunde', s. a **Flugschriften, kathol.** 143.

Die Misshandlung der Beichte durch R. Grassmann und 'seine Freunde'. Von J. Franz *Berlin: Germania [1901].* (51 S.) 8° [5]
-- Flugschriften Katholische, zur Wehr u Lehr No 143

— **Multiplikationstafel,** enth. die Produkte aus den Zahlen 1—50 u. 1—280. Zum Gebrauch bei Verlohngn. u. sonst. Rechenarbeiten. (17 S.) Lex. 8. Ebd. 910. — 80

Franz, J., Post- und Eisenbahn-Reisekarte von Central-Europa nach F. Handtke's Post- und Reisekarte reducirt. Verhältniss 1 : 200000. Glogau, Flemming, 1864 Imp.-Fol Lith. u kolor. . . . .
——, —— Neue Ausg Ebenda 1865.
——, —— Neue Ausg. Ebenda 1867.
——, —— Neue revid Ausg Ebenda 1869
——, —— Ausg. f 1873 Ebenda 1873 24 Aufl.

Franz, J., Post- und Eisenbahn-Reise-Karte von Central-Europa nach F. Handtke's Post- und Reise-Karte reducirt. Ausg. 1868—1875. Fol. Glogau, Flemming. *
aufgez. in Carton *

Franz, J., s. **Richter, Jul.,** des Aeschylos Orestela.

— Die **Verlohnung** der Waldarbeiter bei Benutzung der Arbeiter-Notizbücher Formular 141—143, 151—153, der Zusammenstellungsformulare 144 u. 154 u. des Gesamtlohnzettels Nr. 155. Zugleich Nachtrag zu dessen Buchführg. f. Privat- u. Gemeindewaldgn. (15 S.) Lex. 8. Ebd. 910. — 80

Franz, J. F., Geschichte der Jungfrau von Orleans, s. **Volksbibliothek** 96 u. 116 Bdchn.

Franz, J. F., Geschichte des 30jähr. Kriegs, s. **Volks-Bibliothek.**

— s. **Volks-Bibliothek,** wohlfeilste.

Franz, J. W. T., die Daneiden. Oper nach d. Französ. 8. Frankenthal. (Löffler in Manh.) 6 gr

Franz, Jean, Blüthen aus Rheinbaiern u. Rheinhessen. Eine Samml. lyr. Gedichte u. Poesien. 8. Speyer 829. (Ritter in Zweibr.) 14 gr

Franz, Jean, Monument chrétien à Autun, expliqué. Accomp. d'une planche lith. — A. u. d. T.: Christliches Denkmal von Autun, erklärt. Mit 1 lith. Taf. Lex.-8. Berlin 841, Besser. n. ⅔ ℛ

— d. Triumph d. Reformation, ein lyrisch-didakt. Gedicht, allen Freunden d. Wahrheit u. d. Menschen gewidmet. gr. 8. Speyer 818. (Sauerländer in Frkf. a. M.) 4 gr 2e A. Zweibr., Ritter. 3 gr

Franz, Ignaz, Beantwortung der Frage: Wie läßt sich ein hohes Lebensalter erreichen? Nach physiolog. Grundsätzen mit besond. Rücksicht auf die kathol. Geistlichkeit dargestellt. gr. 8. Tübingen 844, Buchhandlung Zu Guttenberg. n. ½ ℛ

Franz, Ign., († im Aug. 1790.) Beleuchtung des Sendschreibens des Hrn. *** über d. Feier des Frohnleichnamsfestes d. römisch-kathol. Kirche in e. Gegenantwort. 8. ... 750.

— Choralbuch oder Melodien zum Gesangbuche. 4. Bresl. 778. J. F. Korn. 10 gr

— Fastenpredigten auf 5 Jahre. gr. 8. Bresl. 784. J. F. Korn. 1 ℛ 12 gr

— Gebete, Ermahnungen u. Betrachtungen für Sterbende. 8. Bresl. 775.

— Gebete u. Lieder f. Handwerker u. Dienstboten. 12. Bresl. 776.

— allgem. u. vollständ. kathol. Gesangbuch. 8. Bresl. 768. N. A. 792. J. F. Korn. 6 gr

Franz, Ign., allgem. u. vollständ. kathol. Gesangbuch, worin neue geistl. Lieder zu finden sind, welche Morgens u. Abends, in der Kirche bei der heil. Messe, zur Predigt, bei Prozessionen rc., zum Unterricht, Trost u. zur Erbauung frommer Seelen gebraucht werden konnen. Neue Aufl. 8. Breslau 837. W. G. Korn. n. ⅓ ℛ

— acht Gesänge bei d. Frohnleichnamsprocession. 8. ... 770.

— geistreiche, auf d. Sonn- u. Festtage abgefaßte Gesänge zur Predigt, zum Gebrauch d. kathol. Kirchen. 8. Bresl. 771. N. Aufl. 775.

Franz, Ign., populäre Gesundheitslehre, od. treuer Rathgeber f. Alle, die sich einer dauerhaften Gesundheit u. somit auch eines hohen Lebensalters erfreuen wollen. Nach physiolog. Grundsätzen leicht faßl. dargestellt. gr. 8. (122 S.) Tübingen 848, Buchh. Zu-Guttenberg. ½ ℛ

Franz, Ign., Inhalt d. heil. Bücher d. N. Testaments, zum Gebr. in Schulen. 8. Bresl. 785. J. F. Korn. 1 gr

— Lehr- u. Gebetbuch für Frauenzimmer. 8. Bresl. 785. J. F. Korn. 12 gr Schrbp. 16 gr

— d. christkathol. Lehre in Liedern; d. i. katechet. Gesänge zum Gebrauch d. Sagan. Schulen; mit e. Vorrede u. e. Anh. einiger Lieder bei d. heil. Messe rc. 8. Sagan 768.

— Leichen- u. Trauungsreden. 3 Thle. gr. 8. Bresl. 778—80. J. F. Korn. 2 ℛ 14 ℊ

— geistl. Lieder bei Begräbnissen. 8. Bresl. 778. J. F. Korn. 1½ ℊ

— Lobgesänge zu den Tagzeiten von d. Todesangst Christi am Oelberge, in Kern christl. Andachten. 8. Bresl. 770.

— kurze Predigten von d. christl. Lehre, für Kinder u. Erwachsene, nebst 47 Eingängen. 8. Bresl. 784. J. F. Korn. 1 ℛ 12 ℊ

— geistl. Reden an den Feiertagen durchs ganze Jahr, nebst e. Anhang. gr. 8. Bresl. 782. J. F. Korn. 1 ℛ

— geistliche Reden an d. Feyertage rc. gr. 8. Ebendaselbst. 783.

— geistl. Reden über d. Sonntags-Evangelien. 2 Bde. gr. 8. Bresl. 782. J. F. Korn. 1 ℛ 12 ℊ

— Religionspflichten, zum Unterr. u. zur Erbauung heilbegieriger Christen, in Gesängen verfaßt. 8. Bresl. 774.

— Schubert u. Hoffmann, vier Predigten auf d. sel. Laurentius v. Brundisi u. d. heil. Elisabeth. 4. Bresl. 784. J. F. Korn. 6 ℊ

— christl. Sittenlehre in Sonntagspredigten. 2 Bde. gr. 8. Bresl. 786. J. F. Korn. 1 ℛ 12 ℊ

— Tagzeiten, Gebete u. Gesänge. 8. Bresl. 781. J. F. Korn. 2 ℊ

Franz, Johann

Abhandlung über die Frage: Ob im Staate ein Gesetz durch eine entgegengesetzte Gewohnheit aufgehoben werden könne? Nach den Grundsätzen des allgemeinen Staats-Rechts, beantwortet von – Taubstummeninstitut, Wien 1793 1 vol 16 S

Franz, Joan.: De administratione Aegypti Macedonica capita duo. Berolini 1816. (12 S.) 4°
Berlin, Phil. Fak., Antrittsprogr. v. [25. Juli] 1816

FRANZ Johann. Kurze Anmerkungen zu den Anmerkungen über die erste Vorlesung, welche Hr. Hofrath v. Sonnenfels nach dem Tode Marien Theresiens hielt. Von – einem seiner jungen Freunde. Wien 1781 bey A. Graffer 1 vol 46 S

– Freymüthige Beantwortung der wichtigsten, aus der vorgeblichen Rechtfertigung der v. Sonnenfelsisch. Vorlesung gezogenen Fragen. Von – Kurzbeck, Wien 1781 1 vol 37 S

——, **Ludovici Bavarorum regis carmina ad Graecos**, s. a. **Ludovici etc.**

Franz, Joa., s. Corpus inscriptionum graecarum.

Franz, Jo., Dissert. de locis quibusdam Lysiae arte critica persanandis. 4. (3 B.) Monachii 830, [Franz.] Thlr.

— s. Ludwig, König v. Baiern, Gedichte.

Francii, I., Dissert. inaug. de Lysia oratore attico graece scripta. (Φρασιχλεους του εκ Βαυαριας επιδειξις περι Λυσιου του ρητορος.) 4. (2¼ B.) Norimbergae 828, Riegel et Wiessner.

Franz, Joh., deutsch-griech. Wörterbuch, zunächst z. Schulgebr. Möglichst vollständig nach d. besten Quellen bearb. u. mit class. Beispielen attischer Redeweise ausgestattet. 2 Bde. A—Z. gr. 8. (82½ B.) Leipzig 838, Hahn'sche Verlsbuchh.

— Johann Christloph August (Dresden), **Rasorii doctrina. Diss. med. Lpz. (Breitkopf & Härtel) 15. III. 1833. 62 S. (4.50) 9404**
Gew.: Jacob Tommasinius.

Franz, Johann Friedrich

(F[ranz, Johann Friedrich].) Das Engadin und die Engadiner. Mittheilungen an dem Sauerbrunnen bei St. Moritz ... aufgefasst für die, welche sich über dieses schöne Thal ... nähere Kenntnisse verschaffen und das dortige Sauerwasser mit Erfolg gebrauchen wollen. Nebst einem Titelkupfer, 1 Tafel, und 1 Tabelle. 8. Freiburg im Breisgau 1837.

Franz, J[ohann] Fr[iedrich]. (Huldreich) Zwinglis Geburtsort (Wildhaus). Beytrag zur reformat. Jubelfeyer 1819. [Mit 1 Vignette.] 8. St. Gallen [1818].

Franz, J. F., Zwingli's Geburtsort, Beytrag zur Reformationsfeyer 1819. gr. 12. St. Gallen, Huber und C. 819.

— s. Geschenk für junge Christen.

Franz, (J. Fr.,) die schwärmerischen Gräuel-Scenen der St. Galler Wiedertäufer, zu Anfang der Reformation. Ein histor. Beitrag zur Kenntniß dieser Sekte, u. ein Seitenstück zu den Wildenspucher-Unruhen rc. gr. 8. Ebnat 824, Keller. (Leipz. Kayser.)

Franz, Jh. Fr., die schwärmer. Gräuelscenen der St. Galler Wiedertäufer zu Anfang der Reformation. 8. Ebnat 824, jetzt Chur, Grubenmann, u. d. Pr. ⅓ ℛ

– s. a. Leben berühmter Gelehrten, die sich aus d. Staube emporgeschwungen haben.

(Franz, Johann Friedrich.) Leben berühmter Gelehrten, die sich aus dem Staube .. in ehrenvolle Aemter emporgeschwungen haben. Ein nützliches und unterhaltendes Lesebuch.... 2 Bändchen. 8. St. Gallen 1812.
Bändchen 1. Leben Thomas Platers (1499–1582). — A. u. d. T.: Thomas Plater. Versuch einer Darstellung seines Lebens ... zunächst für Teutschlands studierende Jünglinge bearb. von J. F. F. ... Mit Th. Platers Bildniss [Tafel]
Bändchen 2. Leben Jameray) Valentin Duvals (1695–1775). [Mit Porträt-Tafel.]

— Leben Thomas Platers, s. Leben d. Gelehrten, die sich aus dem Staube empor geschwungen. 1r Thl.

— kirchliche Nachrichten über die evangel. Gemeinden Toggenburg's, Kanton St. Gallen. gr. 8. Ebnat 824, Keller (Leipzig, Kayser.)

(Franz, Johann Friedrich.) Der Toggenburger Rudeli, eine biographische Skizze aus den letzt-verflossenen Hungerjahren. Ein Geschenk für die Jugend. 8. Bey Lichtensteig 1823.
(Toggenburger Rudeli ... Rudolf Tischer [Pseudon. für R. Br.].)

Franz, Joh. Friedr., meine Schulen. Zum Besten ders. dargest. 12. (4⅔ B.) St. Gallen 828, Huber u. Comp.

— neuer Tugendspiegel oder Anekdoten u. Charakterzüge aus d. Jugendleben merkw. Personen alter u. neuer Zeit. 8. Chur 827, (Darmst. Heyer.)

—— neuer Tugendspiegel, od. Anecdoten u. Charakterzüge a. d. Jugendleben denkwürd. Personen, alter u. neuer Zeit, mit e. Auswahl verwandter Dichtungen. 1. Aufl. (24 B.) 827., 2., verm. Ausg. M. 4 Kpfr. (25½ B.) 8. Chur 830, Dalp. weiß Pap. à

—— dass. auf ord. Pap. m. 2 Kpfr.

Franz, Johann Friedrich. Neuer Tugendspiegel, oder Anekdoten und Charakterzüge aus dem Jugendleben merkwürdiger Personen alter und neuer Zeit. 2. Ausg. Chur 1831. H: *Dalp, Johann Felix Jacob.* (Ky)

— neuer Tugendspiegel, oder Anekdoten u. Charakterzüge aus dem Jugendleben merkwürd. Personen alter u. neuer Zeit. 8. Chur 827. (Darmst., Heyer). 14 ℊ Ausg. mit 4 Kpf. 8. Chur 827. Dalp. 1 ℛ 2e verm. Ausg., (v. Jh. F. Jak. Dalp). 8. Ebd. 831. Mit 2 Kpf. 16 ℊ Mit 4 Kpf. 1 ℛ Velinp. 1 ℛ 8 ℊ

— interessante Züge aus d. Jugenleben berühmter Künstler, Gelehrten etc. Zur Nacheiferung für d. heranwachsende Jugend. 8. Aarau 826. Sauerländer 16 gr.

— interessante Züge aus d. Jugendleben berühmter Künstler, Gelehrten etc. Zur Nacheiferung f. d. heranwachsende Jugend. 8. Aarau 827, Sauerländer.

— Züge, merkwürdige, aus d. Leben d. Zürcherischen Antistes Heinrich Bullinger, nebst dessen Reiseinstruktionen u. Briefen an seinen Sohn Heinrich etc. gr. 8. Bern 827, Burgdorfer.

— merkwürd. Züge aus d. Leben d. Züricher Antistes Heinr. Bullinger, nebst dessen Reiseinstruktion u. Briefe an seinen ältesten Sohn Heinrich. Mit 1 Steindr. gr. 8. Bern 828. Burgdorfer. 20 gr.

Franz, Johann Georg Friedrich

[Franz, Johann Georg Friedrich.] Abhandlung von dem Einflusse der Musik in die Gesundheit der Menschen. Leipzig 1770.

Franz, Jh. Geo. Fr., († d. 14. April 1789.) archaeologia artis obstetriciae et puerperii. 8. Leipz. 784.

– s. Arzt, d., f. Gottesgelehrte; im Anh. d. Bücher-Lexikons.

– s. Arzt, d. reisende,

— — De asparago ex scriptis medicorum veterum. Diss. med. Lpz. (Sommer) 5. VI. 1778. 42 S. (4.50) **9409**
Gew.: Joh. Friedr. Fischer, Christian Theophil Kuhnoel.

– s. Aufsätze über körperl. Erziehung d. Kinder

– s. Briefe über verschied. Gegenstände d. Arzneikunst

— comment. de coelibatu ecclesiastico. Spec. I, II. 4. Leipz. 761.

– s Cratopuli M. emendationes.

— — (Leipzig), De dispensatione divina ab obligatione legis decalogi quintae. Präs. Johann Friedr. Bahrdt. Lpz. (Langenheim) 19. VI. 1760. 20 S. (4.20) **9406**

– s. v. Ehrenhausen.

– s. Einfluß, von d., d. Musik etc. im Anh. dieses Werkes.

– s Erotiani, Galeni et Herodoti Glossae.

– s I. J. Eoltelen, de lacte humano.

– s. Konr. Gessner, de lacte.

– s. a Handlungsgesch. d. Stadt Leipzig.

(Franz, J. G. F) „Pragmatische Handlungs-Geschichte der Stadt Leipzig, worinnen der Ursprung, das Wachsthum, die Ursachen und die Veränderungen der Handlung aus glaubwürdigen Urkunden und zuverlässigen Zeugnissen beschrieben werden", Leipzig 1772. — Vorh.: Bücherei der Industrie- und Handelskammer Leipzig, Com. Bibl. Hamburg und German. Nat. Mus. Nürnberg.

– s. Ist es rathsam, bejend. Prediger zu beauften etc.

— — Jus eligendi ministros ecclesiae ex antiquitatibus illustrat, simul viro Christian Gottlieb Kühnoehl . . novi muneris auspicia gratul. Lpz. (Loeper) 1764. 30 S. (4.50) **9408**

– s. Kaufmann, d. patriotische.

— über d. Leben u. den Charakter Gellerts. 8 Leipz. 771.

—· Joh. Georg Friedrich, Prolusio de medicorum legibus metricis. Lpz. (Sommer) 23. III. 1782. 24 S. (4.—) **9405**

LEIPZIG, Das nach der Moral beschriebene Galante, in den seltsamen Begebenheiten des Barons von E. . . . (Ehrenhausen) und seines Hofmeisters (von *Joh. Geo. Frdr. Franz*). Vorbericht und 6 Stücke. Eleutheropolis (Leipzig, Kritzinger) 1769. 8°. (In Dresden: Hist. Sax. S. 1379.) (16 Mk. F. Waldau, 1909; 30 Mk. Adolf Weigel, 1906.)

— — u. Johann Wilhelm Linck, Lipsia parturientibus ac puerperis nostris temporibus minus lethifera. Lpz. (Sommer) 27. IX. 1785. 39 S. mit 2 Vign. (4.50) **9410**
Gew.: Christian Gotthelf Frh. v. Gutschmid (Kl.-Wolmsdorf).

– s. Neujahrswünsche, üb. d.

— von d. Nutzen d. schönen Wissenschaften in d. Gottesgelahrtheit. 8. Leipz. 767. Müller. 5 gr.

— — u. Johann Gottlieb Schmid (Guben/Laus.), Philosophiam moralem pravis moribus corrigendis non sufficere. Lpz. (Langenheim) 20. VIII. 1763. 40 S. (5.—) **9407**

– s. Phlegontis, Trall. opuscula.

– s. C. Plinii Sec. historia naturalis.

– s. Prediger, d. rechtschaffene.

– s. a. Predigten f. verheurathete Frauenzimmer.

PREDIGTEN für verheyrathete Frauenzimmer (von *Joh. Georg Friedr. Franz*). Leipzig 1774. 8°. 186 S. (1 Mk. 20 Pfg. Heberle, Cöln, c. 1875; jetzt höher!)
Ehestandsalman. II. p. 291; Anon.-Lex. III. p. 294 (Privatbericht).

— — Dasselbe. 2. Auflage. Ebd. 1776. 8°.

– s. Schädlichkeit, üb. d., d. Federbetten.

– s Schaubühne, worauf d. frank. Zuschauer.

– s. Schlagflüsse, über.

– s Scriptores Physiognomiae.

– s. S. A. D. Tissot, Abhandl. v. d. Kriebelkrankheit, u. dessen Abhandl. v. d. fallenden Sucht.

– s. Al. Trallianus, de dignoscendis.

Franz, Jh. Geo. Fr., von d. Uebereinstimmung geschickter Lehrer in öffentl. Schulen. 8. Leipz. 767. Wißleben. 8 gr.

Orbilius Anthroposcopus (J. G. Fr. Franz), Versuch einer Geschichte der Physiognomik und der damit verbundenen Wissenschaften. Wien u. Leipz. 784. 4.

– s Virgilii opera.

– s Wochenblatt zum Besten d. Kinder.

– s. Xenocrates.

— Johann Gottlob (Beltitz/Saxo), Observationes de legatorum varii generis indole atque effectu. Präs. Georg Friedrich Kraus. Wittbg. (Joh. Sam. Gerdes) 21. X. 1757. 20 S. (4.—) **9411**

Franz, Johann Michael

Franz, Jh. Mch., († d. 11. Sept. 1761.) allgem. Abbild. des Erdbodens in 20 Landkarten, für Anfänger. Götting. 757. Verm. u. mit Text (v. M. F. Cnopf). gr. 4. Ebd. 764. N. Aufl. gr. 4. Nürnb. 796. Homann. 1 Thlr. 8 gr. Dass., mit 21 Karten f. Anfänger. 4. Nürnb. 796. Homann. 20 gr.

Franz, Johann Michael. Allgemeine Abbildung des Erdbodens in 20 Landkarten . . . Göttingen 1764. V (Text): *Cnopf, Matth. Frdr.* (Ky)

— Abbild. des Erdbodens in 20 Landk. f. Anf. gr. 4. Nürnberg. Monath. 796.

— Abhandl. von den Grenzen d. bekannten u. unbekannten Welt alter u. neuer Zeit, mit 1 Karte. gr. 4. (Nürnb.) 762. Monath u. K. 12 gl

Franz, J. Mich., Atlas imperii, od. Einleitungskarten z. deutsch. Staats Erdbeschr. 4. Leipzig. 758.

— Jugend-Atlas, oder allgem. Abbild. d. Erdbodens für d. Anfänger, mit 21 Kärtchen. 4. Nürnb. 790. Homann. 1 ℛ 3 gl

Franz, Joh Mich., Reichsatlas, oder Vorstellungen des Deutschen Reichs auf 21 illum. Kärtchen; nebst einer neu hinzugekommenen geographischen Erklärung derselben zum Gebrauch für Anfänger in der Erdbeschreibung. Nürnberg, Homanns Erben, 1781. gr. 4

– s.a. Staatsgeographus.

[Franz, Joh. Mich.] Der deutsche Staatsgeographus mit allen seinen Fürsten und Ständen nach den Grundsätzen der kosmographischen Gesellschaft vorgeschlagen von den dirigirenden Mitgliedern derselben. Frankfurt u Leipzig 1753 4.
[Anweisung zur geogr. Beschreibung]

— Staatsgeographus. 4. Wien. 753.

Franz, Johannes (Hrsg.), s. Aeschylus: Oresteia

Franz, Johannes, christl. Denkmal von Autun, erklärt. Eine christlich-epigraph. Abhandlung. (Deutsch u. französisch.) Mit 1 Steintaf. gr. 8. Berlin 840. Besser. $^2/_3$ ℛ

Franz, Johs., die Didaskalie zu Aeschylos Septem contra Thebas. Ein Prooemium f. den Lections-Katalog der Universität in Berlin 18^{18}/49. Nebst einem Vorwort, welches ein Document zur Charakteristik des Hrn. Prof. Lachmann enthält. gr. 4. (8 S.) Berlin 848. (Schneider & Co.) n. 6 ngr

— Elementa Epigraphices Graecae. 4 maj. (Mit 1 Holzschnitt u. 1 Kpfrtaf.) Berolini 840. Nicolai. n. 4$^2/_3$ ℛ

—— fünf Inschriften u. fünf Städte in Kleinasien. Eine Abhandl. topograph. Inhaltes. Nebst 1 ill. Karte v. Phrygien (Fol.) u. 1 Entwurfe nach Ptolemaeos, gez. v. H. Kiepert. gr. 4. (5 B.) Berlin 840, Nicolaische Buchh. *

—— Monument chrétien à Autun, expliqué. A. u. d. T.: Christliches Denkmal von Autun, erklaert. M. 1 lith. Taf. Lex.-8. (3¾ B.) Berlin 841, Besser. *

— de musicis graecis commentatio. Inest Fragmentum ineditum ad Cl. Ptolemaei harmonicam pertinens. 4 maj. Berolini 840. Besser. $^1/_8$ ℛ

Franz Josef: De tribus Hesiodi fragmentis nuper inventis.
H. 1909 PN 2692 Diss Wien Univ 1653

Franz, Jos., die Haustaufe u. ihre unkirchliche Vervielfältigung vom kathol. Standpunkt aus in allgemeiner u. besonderer Beziehg. auf die Erzdiöcese Freiburg erörtert. gr. 8. (IV u. 84 S.) Schaffhausen 849, Hurter. ½ ℛ

Franz, Josef [aus Lüssen, Kr. Striegau in Schlesien]: Ueber die Wirkung des Sulfonals bei chirurgischen Kranken. . . . Würzburg, Becker's Univ.-Buchdr., 1888; 46 S. + 1 Bl. 8°
Würzburg, Med. Fak., Inaug.-Diss v 1888

Franz, Jos. Bonavent.: Prodromus Justinianeus seu prima elementa totius legitimae scientiae juxta ordinem Institutionum imperialium. Salisburgi 1700.

Franz, J. Bonav., jurisprudentia elementaris. 4. Salzb. 757. Mayr. 1 ℛ

Franz, Jos. Thdr., die eucharistische Wandlung u. die Epiklese der griechischen u. orientalischen Liturgieen. Zugleich eine Beleuchtung der röm. Meßliturgie im Allgemeinen u. den Canon im Besondern. Eine dogmatisch liturg. Studie. 2. Ausg. gr. 8. (VI, 203 S.) Würzburg 880. Woerl. 3. 60

Franz, Julius

Franz, J., Anleitung zur Beobachtung der totalen Sonnenfinsterniss in Ost- u. Westpreussen am Freitag d. 19 August 1887 früh. Vortrag. [Aus: „Schriften d. physikalisch-ökonom. Gesellsch."] gr. 4. (8 S.) Königsberg 886. (Berlin, Friedländer & Sohn.) n.n. — 30

Franz-Pascha, d. Baukunst d. Islam, s.a. Handbuch d. Architektur.

Die Baukunst des Islam. Von (Julius) Franz-Pascha in Cairo. 2. Aufl. Mit 232 Abb., sowie 4 Taf. Darmstadt: A. Bergstrasser 1896 (VI, 167 S.) 4°(8°)
= Baustile, Die. 3, 2
— Handbuch d. Architektur. 2, 3, 1.

Franz, Jul. Ueber die astronom. Beobachtungen d. Mondes. gr. 4. (1 S. m. 1 Lichtdr.-Taf.) Königsb. i. Pr. 890, (Koch). * — 40
Aus: Sitzungsber d. physik.-ökonom. Gesellschaft, besonders abgedruckt.

— neue Berechnung v. Hartwig's Beobachtgn. der physischen Libration des Mondes. Vortrag. [Aus: „Schriften d. physikalisch-ökonom. Gesellsch."] gr. 4. (8 S.) Königsberg 887. (Berlin, Friedländer & Sohn.) n.n. — 30

Die Figur des Mondes. Von Prof. Dr. Julius Franz, Dir. d. Sternw in Breslau. Mit 1 Taf. *Königsberg i. Pr. 1899. R. Leupold.* (33 S.) 2°
— Beobachtungen, Astronomische, auf d. Kgl. Univ.-Sternwarte zu Königsberg. Abth. 38, 1

— d. Grab-Moschee d. Sultans Kait-Bai, s.a. Baukunst, die.

Die Grab-Moschee des Sultans Kait-Bai (bei Kairo). Von [Julius] Franz Pascha. *Berlin u. Stuttgart: W. Spemann [1898].* (12 S., 8 Taf.) 2°
— Baukunst, Die. [Ser. 1,] II. 3.

Franz-Pascha, Kairo, s. a. Kunststätten, berühmte. Nr. 21.

Kairo. Von Franz Pascha. (Mit 128 Abb.) *Leipzig: E. A. Seemann 1903.* (160 S.) 8° [J]
— Kunststätten, Berühmte. No 21.

Franz, Jul. H. G., s.: Mitteilungen der königl. Universitäts-Sternwarte zu Breslau.

— der Mond, s. a. Aus Natur u. Geisteswelt.

Der Mond. Von Prof. Dr. Julius Franz. Mit 31 Abb. Leipzig: Teubner 1906. 132 S. 8°
(Aus Natur u. Geisteswelt. Bdch 90.)

Franz, Jul., die jährliche Parallaxe d. Sterns Oeltzen 11677, bestimmt m. dem Königsberger Heliometer. [Aus: „Astronom. Beobachtgn. auf der kgl. Universitäts-Sternwarte zu Königsberg".] Fol. (15 S. m. 1 Fig.-Taf.) Königsberg i/Pr. 891. (Gräfe & Unzer) Kart. n. 2. 50

Franz, Julius: Ueber das Foucault'sche Pendel. Halle 1872: o Dr. 28 S. 8° (4°)
Halle-Wittenberg, Phil. Diss. v 26 Okt. 1872
Geb. Rummelsburg (Pomm) 28.6.1847. V.

Franz, Jul, die täglichen Schwankungen d. Temperatur im Erdboden. N. d. Bodenthermometer-Station d. physikal.-ökonom. Gesellschaft. [Aus: „Schriften d. physik.-ökon. Gesellsch. in Königsberg".] gr. 4. (16 S.) Königsberg 896. (W. Koch.) n. — 60

Franz, [Jul.], über die Venusexpedition in Aiken. gr. 4. (10 S. mit eingedr. Fig.) Königsberg 883, (Koch und Reimer.) *
Aus: Schriften der physikalisch-ökonom. Gesellschaft zu Königsberg, besonders abgedruckt.

— die Vertheilung der Meere auf der Mondoberfläche. (9 S. m. 1 Taf.) Lex.-8 Berlin 906. (G. Reimer.) n. — 50
Sonderabdruck aus: „Sitzungsber. d. preuss. Akad. d Wiss."

Franz, Jul., ein Wort über die Erbauung einer Eisenbahn von Bebra über Hersfeld und Fulda nach Hanau, unter Mitberührung der sich daran schließenden weiteren Bahnprojecte. Cassel 863. Krieger. gr. 8. (16 S.) n. 4 ngr

Franz, K., s.: Ergebnisse, praktische, der Geburtshilfe u. Gynäkologie.

— Jahresbericht üb. die Fortschritte auf dem Gebiete der Geburtshilfe u. Gynäkologie, s.: Frommel.

— dasselbe, s.: Jahresbericht.

Franz, K., das Pappatacifieber, s.: Doerr, R.

— u. H. **Kolář,** zur Pathologie u. Therapie des Pappataci-fiebers, s.: Archiv f. Schiffs- u. Tropenhygiene.

Franz, K. W., († d. 18. Dec. 1844.) s. Florian, Estelle.

Franz, K. Wilh., Choralbuch; enth. die bekanntesten und vorzüglichst. Choräle d. protestant. Kirche Deutschlands, m. reinen Melodien u. rein, überall ausgeschrieb. Harmonien. quer 4. Halberst. Büreau f. Lit. u. Kunst. 811.

Franz, K. W., über die ältern Kirchen-Choräle. Durch Beyspiele erläutert. 8. Quedlinburg, Basse. 818.

— über Verbesserung der musikal. Liturgie in den evang. Kirchen. gr. 8. Halberstadt, Vogler. 819.

— Vorschläge zur Verbesserung des musikalischen Theils des Cultus. 8. Quedlinburg, Basse. 817.

Franz, Karl [aus Arnstein]: Ein Beitrag zur Aetiologie der Eiterung ... Würzburg, Druck d. Stahel'schen k. Hof-Buchdr., 1894; 47 S. 8.
Würzburg, Med. Fak., Inaug.-Diss. v. 1894

Franz, Karl, Dr.: Über die hypergeometrische Differentialgleichung mit Nebenpunkten. *Berlin: Weidmann 1903.* (20 S.) 4°
Berlin, Friedrichs-G, OP 1903 (58)

Franz, Karl, Oesterreichs Feind ist Deutschlands Feind. Vaterländische Gedichte. 1. Blatt. Hersfeld 859. (Fulda, Maier.) 16. (14 S.) 2½ ngr

Franz, K(arl), Oberlehrer: Über Kreisschnitte auf Flächen zweiter Ordnung, speziell über Kreisschnitte auf dem Ellipsoid. Hamburg 1907: Lütcke & Wulff. (23 S.) 4°
Hamburg, OR u. R in Eimsbüttel OP 1907 (918)

Franz, Carl, Isola Lunga. Novelle. (124 S.) 8. Leipzig 907. Modernes Verlagsbureau. 2.50

Franz, Carl *August Otto* [pr. Arzt]: Über Luxationen des Hodens ... Königsberg i. Pr., Druck v. M. Liedtke, 1895; 2 Bl., 28 S., 2 Bl. 8.
Königsberg, Med. Fak, Inaug-Diss. v. 6. Juni 1895

Franz, Carl, üb. Luxationen d. Hodens. Diss. gr. 8. (28 S.) Königsberg 895. (W. Koch.) n. — 60

Zur Pathologie und Therapie des Pappatacifiebers. Von Dr. K[arl] **Franz,** Oberstabsarzt, u. Dr H. Kolář, Regimentsarzt. Leipzig: J. A. Barth 1910. 26 S. 8°
(Arch. f Schiffs- u Tropenhygiene Bd 14, Beih 2) [10. 10500

— deutscher Räthselschatz. Münster 859. Brunn. 16. (VIII, 152 S.) n. 10 ngr

— Schicksalswege. Novelle. (110 S.) 8. Baden-Baden 909. E. Sommermeyer. 1.50

Franz, Karl, sonderbar u. dennoch wahr. Kurze Geschichten. (107 S.) 21×11 cm. München (910). L. Joachim. 1.25

Franz, K[arl], Assistenzarzt d. Universitätsfrauenklinik: Bakteriologische und klinische Untersuchungen über leichte Fiebersteigerungen im Wochenbette. *Leipzig: A. Georgi 1900.* (52 S.) 8°
Halle, Med. Hab.-Schr. v. 1900

Franz, C(arl): **Untersuchungen über die lineare homogene Differentialgleichung 2. Ordnung der Fuchs'schen Klasse mit drei im Endlichen gelegenen singulären Stellen.** *Halle 1898: (W. F. Kästner in Göttingen).* (39 S.) 4°
Halle, Phil. Diss. v. 1898

Franz, C., Untersuchungen über die lineare homogene Differentialgleichung, 2. Ordnung der Fuchs'schen Klasse m. 3 im Endlichen gelegenen singulären Stellen. Diss. gr. 4. (39 S.) Halle 898. (Berlin, Mayer & Müller.) n. 2.—

— **Carl Gottlob** (Plauen/Vogtl.), Monographiae de labio leporino spec. I. Diss. med. Präs. Christian Gotthold Eschenbach. Lpz. (Staritz) 29. III. 1825. 40 S. (4.50) 9402

Franz, Karl Wlh., s. 1) G. Pitaval, Rechtsfälle. 2) Versuch zur Verbess. peinl. Gesetze.

Franz, Konstantin, s. Frantz.

Standesehre. Schauspiel in 4 Akten von L. **Franz.** Dresden. E. H. Meyer 1904. (46 S.) 8° [F] [07. 6513

Franz, L., heimliches Walten. (Marinka. Eine Erzählg. Der Jungborn. Dramatisches Märchen.) (195 S.) 8. Dresden 905. E. Pierson. n. 2.50; geb. n. 3.50

Franz, L. G., De nominibus appellativis et propriis Graecis quae e participiis orta sunt. Diss. 8. a. (60) S. — 90

Frantz, Leo Adolph, s. Frantz, Adolph

Franz Ludwig, Fürst-Bischof, Anreden an d. Alumnen des fürstbischöfl. Seminars zu Würzburg, während der vom 9ten bis 16ten April 1783 dauernden Exercitien. 2e unveränd. Aufl. gr. 8. Würzb. 829. Stahel. 2 ℛ

— weibl. Fleiß, oder die thätige Hausfrau und ihre Töchter und Mägde. In 24 Bildern mit Text. gr. 12. Chur 840. Grubenmann. ½ ℛ

Franz, Ldw., weiblicher Fleiß, oder die thätige Hausfrau und ihre Töchter u. Mägde. In 24 (illum.) Bildern mit Text. kl. 8. Chur 841, Grubenmann'sche Buchh. ½ ℛ

Franz, Ldw., die Handwerke u. Künste in 24 (ill.) Bildern. Mit Text. Lithogr. kl. 8. Chur 839. Grubenmann. ½ ℛ

Franz Ludwig, die Pflichten der Aeltern, Kost- und Quartierleute gegen die studirende Jugend. Landesväterlicher Erlaß und Ermahnung. Neu hrsg. und bevorwortet von Frz. Jos. Adph. Schneidawind. 3. Aufl. gr. 8. (VIII und 11 S.) Aschaffenburg 831, Pergay.

Franz, Lucas [Praes.] u. Joh. Gottfried Meier (Bayreuth) [Resp.]
Decas aphorismorum ad jurisprudentiae cameralis, Pars prima.
Giessae Pridie Non. Maji 1715: Joh. Müller. 16 S. 4°

Franz, M. G., Grundriß der Lehre vom Menschen in seinem Einzelleben wie in seinem Gattungs- u. Eheleben. gr. 8. Nordhausen 844, Schmidt'sche Buchh. ⅓ ℛ

Franz, M. S., biblische Militairgeschichte zum gemeinnützigen Gebrauch sowohl für den Wehr- als Nährstand, vorzüglich zur Bildung der Kriegszöglinge. 8. Prag, Widtmann. 817.

Franz, Margarete: Studien über die Wirkung der Einatmung von Dämpfen von Pentachloräthan, Perchloräthylen und Dichloräthylen. Würzburg 1909: Stürtz. 45 S. 8°
Würzburg, Med. Diss. v. 10. Aug. 1909, Ref. Lehmann
[Geb. 22. Jan 83 Buchholz i. S; Wohnort: Würzburg; Staatsangeh: Sachsen; Vorbildung. Gymn. Dresden Reife M. 03; Studium: Heidelberg 2, Leipzig 3, Freiburg i B 1, Würzburg 4 S; Coll. 12. Mai 09; Approb. 27. April 09.] [U 09. 4111

Franz, Marie, Erinnerungen e. Lehrerin. (96 S.) 8. Leipzig 905. F. W. Grunow. n. 1.50

Franz, Max: Beiträge zur Lehre von der Ruptu Uterus.

Franz, Max: Personal- und Realunion. Breslau 1908: F. W. Jungfer. (42 S.) 8° [J.]
Breslau, Jur. Fak., Ref. Brie-Dahn, Diss. v. 27. Juli 1908
[Geb. 31. Aug. 84 Zobten am Berge; Wohnort: Breslau; Staatsangeh.: Preußen; Vorbildung. Realgymn. am Zwinger Breslau O. 04; Studium: Breslau 7 S.; Rig. 29. Mai 08]

Franz, Oskar

Franz, Osk., Handbuch für Musiker und Freunde der Tonkunst. 8. (VIII, 123 S.) Dresden 880, Seeling.

Franz, Osc., Handbuch f. Musiker u. Freunde der Tonkunst. Eine vollständ. Erklärg. der in der Tonkunst gebräuchl. [ungefähr 3000] Fremdwörter, Kunstausdrücke u. Abkürzgn., sowie die Elementar-Lehre der Musik. 12. (VIII, 123 S.) Dresden 884. J. G. Seeling. — 60

Franz, Osc., die Musik-Instrumente der Gegenwart. Mit Illustr. 8. (III, 91 S. m. 1 Tab.) Dresden 884. Seeling. — 60

— Transpositionslehre f. alle Instrumente. 8. (III, 100 S.) Leipzig 886. Merseburger. 1. 20

Franz, Osc., Transpositionslehre f. alle Instrumente. 2. Aufl. (III, 100 S.) kl. 8. Leipzig 905. C. Merseburger. n. 1. 20

Franz, Otto

——s.a Gensichen, O. F.

Franz, Otto, (O F. Gensichen), Gedichte. Berlin 869. Heimann. 26. (VIII, 127 S.) n. 20 ngr.

Gajus Grachus. Trauerspiel. Ebend. 869. gr. 8. (87 S.) n. 15 ngr.

Franz, Otto, (O. F. Gensichen), der Messias. Eine Trilogie. 3 Thle. gr. 8. Berlin 869, Heimann. à Thl. *M 1,50. *

Inhalt:
Thl. 1. Jesus von Nazareth. Schauspiel. (88 S.)
" 2. Judas Ischarioth. Trauerspiel. (III, 74 S.)
" 3. Die Zerstörung Jerusalems. Trauerspiel. (84 S.)

Franz, P., der liebe Ehestand. Humoristisch-declamator. Weheſtandsbetrachtgn. e. hypochondr., alten Junggesellen in e. Strohkranzrede. Mit e. Ehestandsleiter in 14 ergötzl. Darstellgn. (auf e. color. Steintaf. in schmal 8.) 4. Aufl. 16. (23 S.) Leipzig 871. Fr. Voigt. n. — 50

Franz, P, Die soziale Frage und Vorschläge. 2. verb. Aufl. 12°. Mariann-Hill (Wien, H. Kirsch) 1892.

Franz, Abt P., Sammlung von Predigten, Gelegenheitsreden und Ansprachen. 8. (103 S.) Wien: Kirsch 1891. —.60

Franz, Paul [aus Traben]: Der sächsische Prinzenraub im Drama des sechzehnten Jahrhunderts ... [= Progr. d. Realgymn. zu Essen 1892.] Marburg, Druck v. G. D. Baedeker in Essen, 1891; 36 S., 1 Bl. 4.
Marburg, Phil. Fak., Inaug.-Diss. v. [2. Jan] 1892

Franz, Paul [Dr.]: Der sächsische Prinzenraub im Drama des sechzehnten Jahrhunderts. Essen, Druck v. G. D. Baedeker, 1892; 36 S. 4.
Essen, RG u. HB, OP 1892 (481)

Franz, Pepi, der neue Adjunkt, s.: Viktoria-Theater. Nr. 6.

Franz, Pepi, der Stellvertreter, s.a. Apollotheater Nr. 10.

Der Stellvertreter Burleske mit Gesang von Pepi Franz (Regiebuch) Leipzig: Glessenberg [1908]. 22 S 8°
(Apollotheater Nr 10) [09 9161]

Franz, R Die deutschen Banken im Jahre 1905. (Sonderabdruck aus dem »Deutschen Ökonomist«) Berlin 1906 — Dasselbe im Jahre 1906 ff.

Franz, R., Betriebsverhältnisse der deutschen Landwirtschaft, s.: Steinkopff, G.

Franz, R, Thermoelektrische Erscheinungen an gleichartigen Metallen (Aus Poggendorff's Ann, Bd. XCVII)

Franz, R., Leitfaden f. den Unterricht in der Planimetrie, s.: Uth, K.

Franz, R., Planimetrie, s.: Uth, K.

THURNEISSER ZUM THURN, LEONHARD.
FRANZ, R Ueber den Alchemisten L. T. zum T. Berlin, 1875 4to.

Franz, R., neuere Untersuchungen üb. die Identität v. Licht u. strahlender Wärme. [Aus: „Festschrift zur 3. Säcularfeier d. Berl. Gymnasiums zum grauen Kloster."] gr. 8. (14 S.) Berlin 874. Weidmann. n. — 40

Franz, R.: Über die Wärmeleitungsfahigkeit der Metalle, s. Wiedemann, Eilhard

Franz, Reinhold Die Amtshauptmannschaft Annaberg.
42 S 4 Progr. Kgl. Realgymn. *Annaberg* 1904 (638)
I. Lage u Gestalt, Große u. Grenzen II. Entstehung u. Zusammensetzung III Oberflachengestaltung u. Bewasserung. IV. Geologischer Aufbau V Klima. VI. Slavische Spuren. VII Bevolkerung

Franz, Reinhold, Dr.: Die Amtshauptmannschaft Annaberg. Annaberg 1904: C. O. Schreiber. (S. 1—42.) 4°
Annaberg, k. RG OP 1904 (638)

Franz, Reinholdus [Lusatus]: De Callistus fabula capita duo ... (Aus: Leipz. Studien z. class. Phil. Bd. 12.) Lipsiae, typ. I. B. Hirschfeldi, 1890; 3 Bl. + S. 235 - 283 + 1 S. + 1 Bl. 8°
Leipzig, Phil. Fak., Inaug.-Diss. v. 2. Jul. 1890

Franz, Reinhold *(geb Langenbielau in Schles [28 9 1841])*. Ueber die typhoiden Krankheiten und ihre differenzielle Diagnose Breslau (1868). (28 S) 8°
Breslau, Med Diss v 4 Aug. 1868

Franz, Rhold., Predigten. Hrsg. v. J. Fromholz. (XI, 560 S.) gr. 8. Gütersloh 908. C. Bertelsmann. 5.—; geb. 6. —

Franz, Richard [aus Proeculs (Ostpr.)]: Klinische Beiträge zur Friedreich'schen Tabes ... Würzburg, P. Scheiner's Buchdr., 1893; 50 S. 8.
Würzburg, Med. Fak., Inaug.-Diss. v. 1893

Franz, Richard, a. Queckborn, Kr. Gießen (Hessen): Landwirtschaftliche Betriebsverhältnisse der Wetterau. Berlin 1907: Buchdr. „Die Post". (47 S.) 8°
Königsberg, Phil. Fak., Ref. Albert-Mitscherlich, Diss. v. 3. Okt. 1907
[Geb. 25. Juli 77 Queckborn, Kr. Gießen; Wohnort: Königsberg i. Pr.; Staatsangeh.: Hessen; Vorbildung: Gymn. Laubach Reife O. 98; Studium: Theol. Gießen 1, Landw. Hochsch. Bonn-Poppelsdorf, Univ. Halle, zus. 6 S.; Rig. 10. Juli 07.]

Franz, Rich., der erste Liebhaber. Lustspiel in 4 Akten. 8. (III, 136 S.) Dresden (901). E. Pierson. n. 2. —

Franz, Rich., Königin Nitokris. Epische Dichtung. 16. (74 S.) Wien 881. Hölder. n. 2. 40

Franz, Robert

Franz, Rob., offener Brief an Eduard Hanslik. Ueber Bearbeitgn. älterer Tonwerke namentlich Bach'scher u. Händel'scher Vocalmusik. gr. 8. (38 S.) Leipzig 871. Leuckart. n. 1. 20

Robert Franz und Arnold Frh Senfft v. Pilsach. Ein Briefwechsel 1861-1888. (Hrsg.: Wolfgang Golther.) Berlin A Duncker 1907. (x, 367 S.) 8° [07 700 3]

Ueber Dichtung und Musik. 3 Briefe von Robert Franz. Mitgeteilt von Erich Prieger. *[Berlin: Litteraturarchiv-Ges.] 1901.* (13 S) 8°
Aus: Festschrift z 10j Bestehen d Litteraturarchiv-Gesellschaft in Berlin [04-8009]

Franz, Rob., Gespräche aus zehn Jahren, veröffentlicht v. Wilh. Waldmann. 8. (XXIV, 168 S. m. Bildnis.) Leipzig 895. Breitkopf & Härtel. n. 3. —; geb. n. 4. —

Die Landschaftlichen Kreditinstitute in Preussen Ihre rechtl. u finanziellen Verhaltnisse u ihre geschichtl Entwickelung Von Robert Franz *Berlin. F. Schneider & Co 1902* (xvi, 101 S) 8° [03 11644]

Franz', Rob., Lebensbild, s.: Osterwald, W.

Franz, Rob., Mittheilungen uber Johann Sebastian Bach's „Magnificat." Halle 863. Karmrodt. gr. 8. (30 S.) 5 ngr.

Franz, R., Mittheilungen üb. Johann Sebastian Bach's „Magnificat". 2., durchgeseh. Aufl. gr. 8. (26 S.) Leipzig 889. Leuckart. n. — 50

Robert Franz Gesammelte Schriften über die Wiederbelebung Bach'scher und Händel'scher Werke. Mit e. Begleitw. d. Kgl. Univ.-Musikdir. Prof. O(tto) Reubke u. e. Anh. enth. Notenbeisp. hrsg. von Robert Bethge. Leipzig: Leuckart 1910. VIII, 92, 72 S. 8° [11. 8443 S

— die industriellen Syndicate u. Cartelle. gr. 8. (16 S.) Berlin (W. 66, Mauerstr. 86/88) 902. Verlag „Der deutsche Oekonomist". n.n.n. — 50
Sonderabdruck aus: „Deutscher Oekonomist".

Franz, Robert, und das deutsche Volks- und Kirchenlied, s. Saran, Aug.

Franz, Rudolf

Franz, Rud., der Aufbau der Handlung in den klassischen Dramen. Hilfsbuch zur dramat. Lektüre. gr. 8. (IV, 452 S.) Bielefeld 892. Velhagen & Klasing. n. 4. 50

[F.] Der Aufbau der Handlung in den klassischen Dramen. Hilfsb. z. dramat. Lekture v. Dr. Rudolf **Franz**, Gymndir. zu Wandsbeck. 2. Aufl. *Bielefeld & Leipzig: Velhagen & Klasing 1898.* (VI, 446 S.) 1 Bd 8.
196 7316

Franz, Rud., der Aufbau der Handlung in den klassischen Dramen. Hilfsbuch zur dramat. Lektüre. 3. verm. Aufl. (VI, 467 S.) 8. Bielefeld 904. Velhagen & Klasing. n. 4. 80; geb. n. 6. 40

Franz, Rud., der Aufbau der Handlung in den klassischen Dramen. Hilfsbuch zur dramat. Lektüre. 4. Aufl. (VI, 467 S.) 8. Bielefeld 910. Velhagen & Klasing. 4. 80

Franz, Rudolf: [Bericht über die Feier des 25jährigen Bestehens der Anstalt.] *Wandsbek 1898: F. Puvogel.* (21—25 S.) 4°
Wandsbek, Matthias Claudius-G m R u VS, P 1898 (300)

Franz, Rudolph, Ueber die Diathermanität einiger Gasarten und gefärbter Flüssigkeiten (Aus Poggendorff's Ann, Bd XCIV)

— u. Karl **Lindecke**, Dichtungen der neueren Zeit, nebst Lebensabrissen der Dichter. Hilfsbuch f. den deutschen Unterricht in Prima. gr. 8. (X, 402 S.) Berlin 894. G. Grote. n. 2. 60

Franz, Rud, moderne Dramen. gr. 8. (35 S.) Hamburg 899. Herold. n. — 50

Franz, Rudolphus (geb. am 16 Dez. 1826 in Berlin): De lapidum duritate eamque metiendi mova [!] methodo ... Bonnae, form. F. P. Lechneri 1850. 2 Bl., 22 S., 1 Bl., 1 Taf. 8. ¶ In deutscher Übers. in Poggendorffs Ann. d. Phys. u. Chem. LXXX 1850 S. 37 ff: Ueber d Härte d. Mineralien u. ein neues Verfahren dieselbe zu messen.
Bonn, Phil. Fak., Diss v. 5 März 1850

[F.] **Franz,** Rudolf [Dir. Dr.]: Gesichtspunkte und Materialien zur Behandlung von Schillers Demetrius in Prima. (Th. 1.) Halberstadt, Druck v. C. Doelle & Sohn, *1892;* 3—20 S. 4.
Halberstadt, RG, P 1892 (250)

[F.] **Franz,** Rudolf [Dir. Dr.]: Gesichtspunkte und Materialien zur Behandlung von Schillers Demetrius. (Schluss.) [Schluss d. P-Beil. 1892.] Halberstadt, Druck v. C. Doelle & Sohn, *1893;* 3—24 S. 4.
Halberstadt, RG, P 1893 [illegible]

Franz, Rudolf (Hrsg.), s. Grillparzer, Franz: Werke.

Franz, Rudolf: Das Wandsbeker Gymnasium mit Realanstalt in den ersten 25 Jahren. *Wandsbek 1897: F. Puvogel.* (5—32 S.) 4°
Wandsbek, Matthias Claudius-G m. R u. VS, Festschr 1897 (1898 Nr 300)

Franz, Rudolf, Rechtsanwalt in Leipzig: Die Haftung der Gastwirte nach dem Bürgerlichen Gesetzbuch. Augsburg 1908: Gebr. Reichel. (46 S.) 8° [F.]
Leipzig, Jur. Fak., Diss. v. 4. Mai 1908
[Geb. 18. März 80 Sonneberg (Thüringen); Wohnort: Leipzig; Staatsangeh.: Sachsen; Vorbildung: Gymn. Coburg Reife O. 99; Studium: Tübingen 3, Leipzig 5 S.; Rig. 30. Juli 03.]

— Hilfsbuch zu Lessing, s. a. Velhagen & Klasing's Sammlung deutscher Schulausgaben.

Hilfsbuch zu Lessing. Fur d. Schulgebr. ausgew. u. hrsg. von Dr. Rudolf **Franz,** Gymn. Dir. *Bielefeld & Leipzig: Velhagen & Klasing 1901.* (160 S.) 8° [F]
— Sammlung, Velhagen & Klasings, Deutscher Schulausg. Lfg 87. 1on. 1890

— Hilfsbuch zu Schiller, s.: Velhagen & Klasing's Sammlung deutscher Schulausgaben. 98. Lfg.

Franz, Rudolf [Dr., Dir.]: *Direktor u. D. Dr. Hermann Klapp, gest. am 30. Jan. 1895.* Wandsbek, Druck v. F. Puvogel, 1895; 19—22 S. 4.
Wandsbek, Matthias Claudius-G m. R u. VS, OP 1895 (291)

— Der zerbrochene Krug. Ein Lustspiel von Heinrich v. Kleist, s.: Volksbühne, die.

— Herders Leben u. Werke. s.: Velhagen & Klasing's Sammlung deutscher Schulausgaben. 48. Lfg.

Franz, Rudolf: Deutsches Lesebuch ..., s. Frisch, Franz

Franz, Rudolf, a. Dortmund: Der Monolog und Ibsen (Teildruck: 1. Der Monolog vor Ibsen). Marburg 1907 (Halle a. S.: E. Karras). (VI, 95 S.) 8° ¶ (Erscheint vollst. b. M. Niemeyer, Halle a. S.)
Marburg, Phil. Fak., Ref. Elster, Diss. v. 28. Dez. 1907
[Geb. 1. Sept. 82 Cöln a. Rh.; Wohnort: Berlin; Staatsangeh.: Preußen; Vorbildung: Realgymn. Halberstadt, Domgymn. Halberstadt, Matthias-Claudius-Gymn. Wandsbek Reife O. 01; Studium: Bonn 1, Berlin 3, Marburg 6 S.; Rig. 27. Juli 07.]

— Der Monolog u. Ibsen. (VIII, 108 S.) gr. 8. Halle 908. M. Niemeyer. 4. —

Franz, Rud., üb. die diamagnetische Polarität. [Aus: „Nova Acta d. ksl. Leop.-Carol.- deutschen Akad. d. Naturforscher".] gr. 4. (23 S.) Halle 878. Leipzig, Engelmann in Comm. n. — 80

Franz, Rudolf (Hrsg.), s. Schiller, Friedrich: Hilfsbuch.

Franz, Rud., Deutschlands Schlangen mit besonderer Würdigung des Bisses der giftigen Kreuzotter. Nach eigenen Erfahrungen und an der Hand der besten Quellen für Lehrer und Lernende, sowie für Jedermann faßlich bearb. 16. (45 S. mit 2 Abbild.) Erfurt 887, Bartholomäus. *

Franz, Rudolf *Ludwig* Schulnachrichten mit dem ausführlichen Lehrplane der Anstalt 4 (32 S.) Progr Rg *Halberstadt* 1893 (266)

— Rudolf (Herzberg/Prov. Sachs.), Ueber Schwefelsäurevergiftung. Dissert. med. Halle (Wilh. Plötz) 1. V. 1868. 31 S. mit Biogr. (M.: Ehrhardt.) (4.20) 9412
Oppon.: Klipper, Bertuch.

Franz, Rudolf Ueber Schwefelsäurevergiftung. Halle (1868): Plotz 28 S 8°
Halle-Wittenberg. Med. Diss. v. 1. Mai 1868
Geb Herzberg a. d Elster (Kr Schweinitz) 21 7. 1843 V.

—— der Tourist in Thüringen und die Kreuzotter. Nach eigenen Erfahrungen und an der Hand der besten Quellen zur Selbstbelehrung für Jedermann bearb. 16. (31 S. mit 2 Abbild.) Ebendas. 887. *

Franz Rudolf Ueber die Umwandlung der [illegible] S 103 [illegible] vgl
Separatabdruck

Franz, Rvdolfvs (geb. am 18 Nov. 1852 in Traben a. d. Mosel): De verbo apvd Graecos conivncto cvm nevtri generis svbiecto plvrali ... Bonnae, form. C. Georgi (1875). 2 Bl., 55 S. 8.
Bonn, Phil Fak, Diss. v. 14 Aug 1875

-- Ein Volksfeind. Drama v. Henrik Ibsen, s.: Volksbühne, die.

Franz, P. Sebastian s. [Ammann,] Franz Sebastian.

Franz, Th., der eucharistische Consekrationsmoment, s.: Studien, katholische.

Franz, Thdr., Führer durch das Gewerbe-Unfallversicherungs-Gesetz vom 30. VI. 1900 zum praktischen Gebrauche f. Betriebs- u. Ausführungs-Behörden, besonders der Heeresverwaltungen. (XXVIII, 356 S.) 8. München (Linprunstr. 52, II) 903. Intendanturrat Dr. Franz. n.n. 4. —

Franz, Valentin: Kritische Betrachtungen der bisher veröffentlichten Fälle von Gesundheitsschädigungen durch Essigessenz. Nürnberg 1909: Bieling-Dietz. 53 S. 8°
Würzburg, Med. Diss. v. 20. Okt. 1909, Ref. Lehmann
[Geb. 24. Jan. 83 Marktheidenfeld; Wohnort: Würzburg; Staatsangeh.: Bayern; Vorbildung: Neues Gymn. Würzburg Reife Juli 02; Studium: Würzburg 10 S.; Coll. 25. Nov. 08; Approb. 19 Mai 08.] [U 10. 4347

Franz, Viktor: Zur Anatomie, Histologie und funktionellen Gestaltung des Selachierauges. Jena: G. Fischer 1905. (S. 757—801) 8° * (Vollst. in: Jenaische Zeitschr. f. Naturw. Bd 40.)
Breslau, Phil. Fak., Ref. Kükenthal, Diss. v. 2. Nov. 1905
[Geb 5 April 83 Königsberg in Pr. Wohnort: Breslau; Staatsangeh: Preußen. Vorbildung: Gymn Breslau Reife O 02; Studium: Breslau 2, Zürich 1, Breslau 4 S.; Rig 10 Okt. 05]

Die japanischen Knochenfische der Sammlungen Haberer und Doflein. Von Victor **Franz**. Mit 11 Taf. u. 7 Textfig. München: Akademie; Franz in Komm. 1910. 135 S. 4°
(Beiträge z. Naturgeschichte Ostasiens.)
(Abhandlungen d. math.-phys. Klasse d. K. Bayer. Akad. d Wiss. Suppl. Bd 1. Abh 1.) [11. 8701

Franz, Vict., die Scholle e. Nutzfisch der deutschen Meere, s. a. Meereskunde. III, 12.

Franz, Vict., Die Scholle, e Nutzfisch d. deutschen Meere. Berlin 1909. 8°
(Meereskunde, Jg 3, H 12)

Tier- u. Pflanzenwelt auf Helgoland, s.: Lindemann, E., Führer durch das Nordseebad Helgoland.

Die Welt des Lebens in objektiver, nichtanthropozentrischer Betrachtung. Von Viktor **Franz**, Dr., Assist., Helgoland. Leipzig: J. A. Barth 1907. (V, 63 S.) 8° [07 4193

FRANZ, Vincenz (Barnau): Der Schutz des Dammes bei natürlicher und künstlicher Entbindung.- München: Schurich 1854. 16 S.
11.8.1854 - Urk (Titel: De tutela perinaei in partu naturali et artificiali.); P 68
Diss. Ingolst.-Landsh.-Mchn.

Franz, W., de indulgentiis pontificus. Lips 1666; rec. 1702. 4.

Franz, W., die Landwirthschaft u. die Steuern, s. a. Sammlung landwirthschaftl. Vorträge.

Franz, W., Die Landwirthschaft und die Steuern. (Sammlung landwirthschaftl. Vorträge, hrsg. v. F. Felmy u. O. Schönfeld, Nr. 2.) gr. 8°. Wurzen 1874.

Franz, W. J, Katechismus der kathol. Religion f. Schule u. Haus. gr 12. (132 S.) Augsburg 848. (Passau, Ambrosi.) n. 4

Franz, W. J., sechs Predigten über das heil. Sakrament der Buße. Eine Gabe zur heil. Fastenzeit. 8. (112 S) Augsburg, Rieger'sche Buchh.

Franz, Wilhelm

Franz, Wilh., Bilder aus der Geschichte des deutschen Städtewesens, s. a. Vorträge, städtebauliche.

Bilder aus der Geschichte des deutschen Städtebaues. Von W[ilhelm] **Franz**, Prof. Mit 28 Abb. Berlin: Ernst 1909. 28 S. 4°(8°)
(Städtebauliche Vorträge. Bd 2, H. 3) [11. 1857

Bilder aus der Geschichte des deutschen Städtewesens. Von W[ilhelm] **Franz**, Prof. Mit 19 Abb. Berlin: Ernst 1910. 20 S. 4°(8°)
(Städtebauliche Vorträge Bd 3, H 7) [11. 18108

Franz, W. Die Dialektsprache bei Ch. Dickens, s. XVIII. Bd. 2. Abthl. S. 661: Studien, engl., 12. Bd., 2. Heft.

Franz, Wilhelm. Die Druse der Pferde und ihre Behandlung mit Serum nach D. Dr. Jess-Piorkowski (Deutsche Schutz- und Heil-Serum-Gesellschaft). Diss. Vet.-Med. Bern. [Mit Figuren.] 32 S. 8. Leipzig-Gautzsch. Buchdr. »Merkur« (Aug. Haufe), 1908.

Franz, Wilhelm: Die lateinisch-romanischen Elemente im Althochdeutschen Strassburg, Karl J. Trübner, 1883. 8. IV, 79 S.

Franz, Wilh., die lateinisch-romanischen Elemente im Althochdeutschen. gr. 8. (V, 79 S.) Strassburg 884. Trübner. n. 1. 80

Franz, W., die Grundzüge der Sprache Shakespeares. (VIII, 227 S.) gr. 8. Berlin 902. E. Felber. n. 3. —

- Ingenieurstudium u. Verwaltungsreform, s. a. Schriften des Verbandes deutscher Diplom-Ingenieure. I.

Ingenieurstudien und Verwaltungsreform Aufsätze von W[ilhelm] **Franz**, Prof. Berlin: Krayn 1909. 36 S. 8°
(Schriften d. Verbandes Deutscher Dipl.-Ing 1.) [10 ...

Franz, Wilh., die treibenden Kräfte im Werden der englischen Sprache. Rede, geh. am 10. V. 1906 beim Antritt des Ordinariats f. engl. Philologie. (22 S.) gr. 8. Heidelberg 906. C. Winter, Verl. n. — 80

— Die Mitwirkung technischer Intelligenz an der Führung der deutschen Staaten. Vortrag, geh. in der Vereins-Versammlg. des oberschles. Bez.-Vereins deutscher Ingenieure am 21. I. 1909 in Kattowitz. (22 S.) gr. 8. Kattowitz 909. Gebr. Böhm. 50
Sonderabdr. aus „Mitteilgn. d. oberschles. Bez.-Vereins deut. Ingenieure u. d. oberschles. elektrotechn. Vereins".

Franz, W[ilh.], Prof., Charlottenburg, & C. Witzschel, Architekt: Der Neubau des Realprogymnasiums in Dillingen (Saar). Dillingen-Saar 1908: Emmerich. S. 3—6. 4°
Dillingen, RPG P 1908 (625) [S 08. 109

Orthographie, Lautgebung und Wortbildung in den Werken Shakespeares mit Ausspracheproben von Wilhelm **Franz**. Heidelberg: C. Winter 1905. (IV [vielm VI], 125 S.) 8° [05. 14610

Franz, Wilhelm *Julius Ferdinand* [Unterarzt aus Berlin]: Über Sarkome der Hand- und Fusswurzelknochen ... Berlin, Buchdr. v. G. Schade, *1892*; 29 S., 1 Bl. 8.
Berlin, Med. Fak., Inaug.-Diss. v. 22. Nov. 1892

Franz, W., Shakespeare-Grammatik. 1. Hälfte. gr. 8. (XII, 272 S.) Halle 898. M. Niemeyer. n. 5. 40

— Shakespeare-Grammatik. 2. Hälfte. gr. 8. (S. 273—427.) Halle 900. M. Niemeyer. n. 4. 60
1. Hälfte Ebd. 898. n. 5. 40.

Franz, W., Skakespeare-Grammatik. 2. Aufl., wesentlich verm. u. verb. (XXVIII, 602 S.) gr. 8. Heidelberg 909. C. Winter, Verl. 16.—; geb. in Halbfrz. n 18. 50

Verein deutscher Ingenieure. Bezirksver. Rheingau Der Verwaltungs-Ingenieur Vortrag geh 1908 zu Wiesbaden von Wilhelm **Franz**, Prof., Charlottenburg o. O (1908) (12 S.) 4° [Umschlagt.] [08 ... 7

— Der Verwaltungs-Ingenieur. Eine Sammlg. v. Aufsätzen. (IV, 162 S.) gr. 8. München 908. R. Oldenbourg. 3. —

Franz, Carl Alexand (geb. Pasewalk 6. 3. 1816) De signis ex unguibus. Berolini (1840) (36 S.) 8°
Berlin, Med Diss. v 29 Febr 1840

Frans, Wolfg., hist. animalium. c. supplem. I. Cypriani IV. part. 4. Francf. (Gleditsch, Lips.) 712.

Frans, Wolfg., de interpretatione S. Scripturae. Vitteb. 708. Rthlr.

Franz-Ferron, J. Neu-Wien. Ein Rückblick auf die Geschichte der am 21. Decbr. 1891 zur Commune Wien einverleibten Vororte-Gemeinden. 15 Lfgn. gr. 8. (368 S.) Korneuburg 892,93, Kühkopf. à Lfg. — 20; 3 —

Franz-Jentsch, Walter, Kgl. Referendar, Gollnow (Pomm.): Das Stimmrecht des Aktionärs. *Greifswald 1901: J. Abel.* (62 S.) 8°
Greifswald, Jur. Diss. v. [25. Juli] 1902

Franz-Boneisen, Albumblätter. — Junggesellenbrevier. — Liebesbrevier, s. Universal-Bibliothek Nr. 2960, 2707, 2850.

Franz-Boneisen, Kunterbunt, — d. Mutterherz im Spiegel d. Dichtg., } s.: Universal-Bibliothek.

— Nirwana. Perlen der pessimist. Weltanschauung, s.: Universal-Bibliothek.

— Worte der Liebe. Aus dem Schatze der Weltpoesie ausgewählt. 12. (136 S. m z. Tl. farb. Bildern.) Nürnberg 894. Th. Stroefer. Geb. in Leinw. m. Goldschn n. 3. —

Der Ring der Königin. Schauspiel in 5 Aufz. mit geschichtl. Bemerkungen über d. Sage von Anton Ferdinand **Franzberg**. Stuttgart: Franckh [1899] (X, 82 S.) 8° [F.] [07 6314

Franzbranntwein u. Salz od. sichere u. schnelle Selbsthülfe u. Selbstarzt f. die leidende Menschheit bei allen äußeren Verletzungen, Wunden, Ausschlag u. vielen inneren Krankheiten u. Uebeln durch das vom Engländer William Lee entdeckte Universalmittel rc. 8. (23 S.) Pesth 852, Geibel. n. 1/6 ₰

Franzbranntwein und Salz, oder sicherer u. schneller Selbsthelfer u. Selbstarzt für die leidende Menschheit bei allen äußeren Verletzungen, Wunden, Ausschlag und vielen inneren Krankheiten u. Uebeln durch das vom Engländer William Lee entdeckte Universalmittel Franzbranntwein u. Salz rc. 2. u. 3. Aufl. Pesth 853. (Leipzig,) Geibel. gr. 12. (20 S.) 5 ngr

Franzbranntwein und Salz oder sicherer und schneller Selbsthelfer und Selbstarzt für die leidende Menschheit bei allen äußeren Verletzungen, Wunden, Ausschlag u. vielen inneren Krankheiten u. Uebeln durch das vom Engländer William Lee entdeckte Universalmittel Franzbranntwein u. Salz durch deren richtige, in dieser Schrift beschriebene Anwendung schon Tausende von leidenden Menschen geheilt u. von ihren Schmerzen befreit wurden. 4. Aufl. Pesth 860. (Leipzig,) Geibel. 8. (20 S.) n. 5 ngr

Franzburg [Schlagwort]

— s. a.: Deutschland. Kürschner-Peip.

Franzburg. Karte des Kreises Franzburg im Reg.-Bez. Stralsund. Hrsg. v. der kartogr. Abtheilg. der königl. preuss. Landes-Aufnahme. 1 : 100,000. 55×61 cm. Kpfrst. u. kolor. Berlin (901). (R. Eisenschmidt.) n.n. 2. —

Franze, Paul [pr. Arzt aus Fairfield '(Jamaica)']: Ein Beitrag zur Casuistik der tuberculösen Entzündungen der Schleimbeutel ... Würzburg, Druck v. F. Fromme, 1894; 25 S. 8.
Würzburg, Med. Fak., Inaug.-Diss. v. 1894

Franze, Paul C., die Behandlung der Herzkrankheiten mittels kohlensaurer u. elektrischer Bäder, Massage, Gymnastik u. Diätetik. Gemeinverständlich dargestellt. Mit zahlreichen Abbildgn. (63 S.) gr. 8. München 906. Verlag der ärztl. Rundschau. n. 1. 60

Franze, Paul C., ärztlicher Führer durch Bad Nauheims Kurmittel f. Aerzte u. Laien. 8. (V, 56 S) Friedberg 903. C. Bindernagel. n.n. 1. 30

Franze, Paul C., Höherzüchtung des Menschen auf biologischer Grundlage. Vortrag, geh. auf der 81. Versammlg. deutscher Naturforscher u. Ärzte, 1909, bedeutend erweitert u. umgearb. (80 S.) gr. 8. Leipzig 910. E. Demme. 1. 80

— die Physik im Dienste der Medizin, s.: Dessauer, Frdr.

— Orthodiagraphische Praxis. Kurzer Leitfaden der Theorie, Technik u. Methodik der Orthodiagraphie f. Aerzte. (38 S. m. 11 Abbildgn. u. 2 Taf.) 8. Leipzig 906. O. Nemnich. n. 1. 80

— Idealistische Sittenlehre u. ihre Gründung auf Naturwissenschaft. (104 S.) gr. 8. Leipz. 909. Dieterich. 2.—; geb. 2. 50

— Technik, Wirkungen u. Indikationen der Hydro-Elektrotherapie bei Anomalien des Kreislaufs. (72 S.) gr. 8. München 905. Verlag der ärztl. Rundschau. n. 1. 60

Franzek, Karl *Joseph* [aus Leobschütz O/S]: Ueber einige Monosubstitutionsprodukte des Benzils. — Beiträge zur quantitativen Trennung des Mangans von Kobalt, Nickel und Zink ... Leobschütz, Druck v. W. Witke, 1893; 44 S., 1 Bl. 8.
Heidelberg, Naturw.-math. Fak., Inaug.-Diss. v. [28 Juni] 1892

Fränzel, A., die Elemente d. Lesens. Ein naturgemäß. Lese-Lehrgang f. Deutschlands Volks-Schulen. 2. verb. Aufl. gr. 8. Breslau 846, Trewendt. n. 3 ngr geb. n. 4 ngr

Fränzel Anton: Die Konsonantenassimilation in den Denkmälern der lesbisch-aeolischen und dorischen Mundarten. 81. Gablonz. 05.
Progr.

Fränzel, E., u. G. **Helmerdinger**, Aufgaben f. den Unterricht in der Raumlehre, insbesondere f. die ländl. Volksschulen des Herzogt. Sachsen-Altenburg. 8. (20 S.) Altenburg 899. St. Geibel. n. — 20;
Lehrerausg. (28 S.) n. — 50

Fränzel, E., u. G. **Helmerdinger**, Aufgaben f. den Unterricht in der Raumlehre, insbesondere f. die ländlichen Volksschulen des Herzogt. Sachsen-Altenburg. 7.—12. Taus. (20 S.) 8. Altenburg 902. St. Geibel. n. — 20

Fränzel, E., u. G. **Helmerdinger**, Rechenbuch f. Volksschulen, insbes. f. d. ländlichen Volksschulen d. Herzogt. Sachsen-Altenburg. 4 Hfte. gr. 8. Altenburg 898. St. Geibel. n. 1. 05
1. 2. 1.—5. Taus. (44 u. 51 S.) à n. — 25
3. 1.—4. Taus. (58 S.) n. — 25
4. 1.—4. Taus. (64 S.) n. — 30

— — dasselbe. Ausg. f. Lehrer. 4 Hfte. 8. Ebd. 898. Kart. n.n. 4. 90
1. (II, 96 S.) n. 1. 40. — 2. (II, 82 S.) n. 1. 20.
3. (66 S.) n. 1. —. — 4. (88 S.) n.n. 1. 30.

— — Rechenbuch f. Volksschulen, insbesond. f. die ländl. Volksschulen des Herzogt. Sachsen-Altenburg. 1.—4. Hft. gr. 8. Ebd. n. 1. 05
1. 6.—9. Taus. (44 S.) 899. n. — 25
2. 6.—9. Taus. (51 S.) 900. n. — 25
3. 5.—8. Taus. (48 S.) 900. n. — 25
4. 5.—8. Taus. (64 S.) 900. n. — 30

— — Rechenbuch f. Volksschulen, insbesondere f. die ländlichen Volksschulen des Herzogt. Sachsen-Altenburg. 4 Hefte. 8. Ebd. n. 1. 05
I. 18.—21. Taus. (44 S.) 904. n. — 25
II. 14.—17. Taus. (51 S.) 904. n. — 25
III. 13.—16. Taus. (48 S.) 905. n. — 25
IV. 9.—12. Taus. (64 S.) 903 n. — 30

Fränzel, E., u. G. Heimerdinger, Rechenbuch f. Volksschulen, insbesondere f. die ländlichen Volksschulen des Herzogt. Sachsen-Altenburg. 4 Hefte. 8. Altenburg, St. Geibel. 1.05
I. 31—34. Taus. (48 S.) 910. — 25. — II. 22—25. Taus. (51 S.) 908. — 25. — III. 17—20. Taus. (48 S.) 908. — 25. — IV. 17—20. Taus. (64 S.) 909. — 30

— — dasselbe. Ausg. f. Lehrer. 4 Hefte. 8. Ebd. Kart. nn 5.10
I. (104 S. m. Fig.) 907. 1. 50. — II. (88 S.) 908. nn 1. 30. — III. (68 S.) 908. 1. —. — IV. (90 S.) 909. nn 1. 30.

— — dasselbe, insbesondere f. die städtischen Volksschulen des Herzogt. Sachsen-Altenburg. 5 Hefte. 8. Ebd. 907. 1.50; Kartonnagen je — 15
I. 1—5. Taus. (48 S.) — 25. — II—IV. 1—8. Taus. (64, 62 u. 64 S.) à — 30. — V. 1—4. Taus. (76 S.) — 35.

— — dasselbe. Ausg. f. Lehrer. 5 Hefte. 8. Ebd. 907. Kart. 6.60
I. (104 S.) 1.50. — II. (98 S.) 1.40. — III. (78 S.) 1.20. — IV, V. (66 u. 85 S.) à 1.25.

Fränzel, Ernst, a. Altenburg: Der Einfluss der Sommerfrischen auf Volksdichte und Verkehr im nordwestlichen Teile des Thüringer Waldes. Jena 1908: G. Fischer. (IV, 31 S.) 8° ¶ (Aus: Mitteilungen d. Geograph. Ges. zu Jena Bd 26.)
Jena, Phil. Fak., Ref. Dove, Diss. v. 9. März 1908
[Geb. 11. Juli 81 Altenburg; Wohnort: Altenburg; Staatsangeh.: Sachsen-Altenburg; Vorbildung: Gymn Altenburg Reife O. 02; Studium: Jena 6, Berlin 1, Jena 3 S.; Rig. 19. Juli 07.]

Fränzel, Fr. Ldw., hodiernae doctrinae de Nervorum cerebralium spinaliumque functionibus epitome. 8maj. Dresden 833. Walther. 1/3 ℛ

Fränzel, M. J.: „Ueber Zölle, Handelsfreiheit und Handelsvereine, mit Berücksichtigung von Mac Culloch's Abhandlung über Handel und Handelsfreiheit", Wien 1834. — Vorh.: Com. Bibl. Hamburg.

Franzelin J.: Geschichtlich-wirthschaftliche Darstellung d. Gutsbesitzes d. Generalgemeinde Fleims. Wien 1899. 16 S. 3 Tvl. 1 gr. Tvl. 4°.

Franzelin, P. Vital —. Kurzer Unterricht über die neugriechische Sprache. Innsbruck, 1855. Felizian Rauch. (116 S. 8) geh.

Franzem, J. Ludw., der Kreis Creuznach. Heimathskunde für Schule und Haus 8. (112 S. mit 1 lithogr. Karte in qu. 4.) Creuznach 876, Schmithals. *

Franzem, Marie, grüß Gott! Gedichte. gr. 16. (80 S.) Moers 888, Spaarmann. geb. mit Goldschn. *

Franzen's u. Augusten's Lieblingsfibel, mit belehrenden Unterhaltungen über gleichlaut. Worte u. 24 fein ausgemalten Bildertafeln. Ein Geschenk für lernlustige Schüler ꝛc. (Synonymen-ABC-Buch.) 8. Nürnberg 839. Zch. 3/8 ℛ

Franzen's, Meister, (Scharfrichter), all sein Richten am Leben, sowohl seine Leibes Straffen, so Er verricht, alles hierin ordentl. beschrieben u. aus seinem selbst eigenen Buche abgeschrieben. Herausg. v. J. M. F. v. Endter. 8. Nürnb. 801. (v. Ebner). 8 gr. Schrbp. 12 gr.

Franzen, Spruchbuch zur Katechismuslehre für die Oberklassen unserer Schulen. Altona 858. Schlüter in Comm. 8. (1 Bl., 82 S.) n. 5 ngr

Franzen, A. W., Kritische Geschichte der Lehre von der Unsterblichkeit der Seele. Lübeck 747. 8.

Franzen, Adam Wilh., De auditu prolusio. 16 pp. Hal. 4°. 1763

Franzen, Adam Wilhelm (Schwed.-Pommern) u. (Respond.) **Johann Friedrich Fischer** (Coburg), De fine quem sibi deus de mundo proposuit ultimo. Diss. histor.-philos. Lpz. (Langenheim) 25. XI. 1747. 35 S. (4.80) 9413
Gew.: Daniel Haecks (Lübeck).

Franzen, Adm. Wlh., († d. 31. März 1766.), s. Geschichte, allgem., d. Welt u. Natur.

— — De officiorum principio. Lpz. (Langenheim) 20. II. 1762. 15 S. (3.50) 9414

Franzen, Anton [aus Laurensberg (Rheinprovinz)]: Synthese von Pyrrol-Abkömmlingen ... Aachen, Druck v. F. N. Palm, 1886; 39 S. 8°.
Würzburg, Phil. Fak., Inaug.-Diss. v. 1886.

Franzen, Arnold, „Unverhofft kommt oft?" Humoristisches. (Illustriert v. Frz. Jentsch.) (84 S.) 8. Potsdam (906). (E. Stein.) n. 1.50

Franzen, Asmus [app. Arzt aus Hodderup]: Über Leukaemie und perniciöse Anaemie ... Kiel, Druck v. H. Fiencke, 1892; 15 S. 8.
Kiel, Med. Fak., Inaug.-Diss. v. [17. Juni] 1892

Franzen, Balthasar Georg

FRANZEN, B. G., Der Apfel der Eris. Ein mythologisches Gedicht in 4 Gesängen. Friedrichstadt 1813. 8°. (1 Mk. 50 Pfg. Schaper, Hannover, 1904.) Selten!

Franzen, Balth. G., die Auferstehung u. Himmelfahrt d. Herrn. In 4 Gesängen. 8. Tondern 816.

— christl. Denkreime für d. deutsche Schuljugend. 8. Tond. 818.

Frauenspiegel v. Balthasar Georg Franzen. Flensburg 1830 8°.

Gedichte v. Balthasar Georg Franzen. Bd. 1. Friedrichstadt 1812. 8°. A. u. d. T.
Die [!] Danebrog. Ein historisches Gedicht in 3 Gesangen etc.

— Gedichte. 1s u. 2s Bdchen. 8. Friedrichstedt 812, 13. (2s B. A. u. d. T.: d. Danebrog, d. Apfel d. Eris, u. d. Tod d. Harem, lyr.-religiöses Drama in 8 Gesängen.)

— Gedichte für d. Haus- u. Bürgerstand. 8. Altona 825. Hammerich. 14 gr

Gedichte fur den Haus- und Burgerstand. Neue Sammlung v. Balthasar Georg Franzen. Flensburg. 1829. 8°.

— Jesus, der Christ Gottes. In vierzehn Gesängen. Flensburg. 1829.

Das tausendjahrige Jubilaum. Oder wie sich im Jahre 826 die Taufe des Konigs Harald Klack begeben v. B[althasar G[eorg Franzen. Flensburg. 1826 8°

FRANZEN, B[ALTH.] G[EORG], Sörup. U. St. o. A. [Flensburg. 1827]. P. (U. B.).

Franzen, C., s.: Stühlen's, P., Ingenieur-Kalender.

Franzén, Franz Michel

Franzén, F. M., Minnesteckningar ofver utmarkte Svenske Statsman, Hjeltar, Larde, Konstnarer och Skalder. 1. Delen. 8. Stockholm 818. (Leipzig, Brockhaus.) n. n. 2 1/3 ℛ

Franzén, Frz. Mich., der Rabulist und der Landprediger. Gespräch in der Sakristei über Ja und Nein der Gegenwart in Kirche u. Staat. Aus dem Schwed. Emanuel Geibel an den Verfasser der „Gedichte eines Lebendigen." gr. 8. Lübeck 842, von Rohden'sche Buchh. (v. Rohden u. Bruhn.) 1/2 ℛ

— Selma und Fanny. Ein Cyclus von Gedichten. Aus dem Schwed. von Vict. Aug. Altén. 8. Gothenburg 843. (Leipzig, T. O. Weigel.) n. 1/6 ℛ

Franzen, Hartwig, Aldehyde aus grünen Pflanzenteilen, s.: Curtius, Thdr.

— Über die Bildung der Aminosäuren in den Pflanzen u. üb. die Einwirkung v. Formaldehyd auf Cyankalium, s.a. Sitzungsberichte der Heidelberger Akademie der Wissenschaften.

Über die Bildung der Aminosäuren in den Pflanzen und über die Einwirkung von Formaldehyd auf Cyankalium. Von Hartwig Franzen. 1. Heidelberg: Winter 1910. 54 S. 8°
(Sitzungsberichte d. Heidelberger Akad. d. Wiss. Math.-naturw. Kl. Jg 1910, Abh 9)

Franzen, Dr. Hartwig: Ueber den Ersatz der Hydroxylgruppe durch die Hydrazinogruppe. Heidelberg 1904: K. Rössler. (87 S.) 8°
Heidelberg, Naturw.-math. Fak., Hab.-Schrift v. 1904

— Gasanalytische Ubungen. Ein Hilfsbuch f. das gasanalyt. Praktikum. (VIII, 112 S. m. 31 Fig.) 8. Leipzig 907. Veit & Co. Geb. in Leinw. 3.50

Franzen, Hartwig, aus Hamburg: Ueber 2, 4, 5 Trimethyldibenzylamin und 2, 4, 5 Trimethyldibenzylhydrazin. *Heidelberg 1901: K. Rössler.* (45 S.) 8°
Heidelberg, Naturw.-math. Diss. v. 1901

Franzen, Heinrich [aus Horsten in Hannover]: Über die Bewegung eines materiellen Punktes unter der gleichzeitigen Einwirkung einer Newton'schen Centralkraft und der Erdschwere ... Halle a. S., Hofbuchdr. v. C. A. Kaemmerer & C., 1896; 50 S., 1 Bl., 1 Doppeltaf. 8.
Halle, Phil Fak, Inaug.-Diss. v [9 Mai] 1896

L., J. E. F. V., (J. E. Franzen) antiquitates circa funera et ritus Christianorum quovis tempore in ecclesia observatos. Lips. 1713. 4.

Franzen, Jean, Tierarzt in Haaren bei Aachen. Untersuchungen über die Wirkungen von Digipuratum Knoll und seine Verwendbarkeit in der Veterinär-Medizin (Aus dem physiologischen Institut der Kgl. Tierärztlichen Hochschule zu Hannover. Professor Tereg.) Hildesheim 1910. 47 S. und fünf Tafeln. 8°. [5. III. 10.]
Bern. Vet.-med. Diss. 1909/10

Franzen, Jean. Untersuchungen über die Wirkungen von Digipuratum Knoll und seine Verwendbarkeit in der Veterinar-Medizin. Aus dem physiologischen Institut der Koniglich Tierarztlichen Hochschule zu Hannover .... Diss. Vet.-Med. Bern. [Mit Figuren und 5 Tafeln.] 47 S. 8. Hildesheim, August Lax, 1910.

Franzen, Joseph, Referendar: Beiträge zur Lehre von der Genehmigung als Rechtsgeschäft, als Anerkenntnis und als Verpflichtungsgrund. Borna-Leipzig 1908: Noske. VIII, 78 S. 8°
Leipzig, Jur. Diss. v. 22. Dez. 1908
[Geb. 3. Juni 79 Klinkheide; Wohnort: Kohlscheid; Staatsangeh.: Preußen; Vorbildung: Gymn. Kaiser Karls G. 02; Studium: Bonn 1, München 1, Freiburg i. B. 1, Berlin 1, Bonn 3 S.; Rig. 29. Juli 05.] [U 09. 2506

Franzen, Mathias [Gymnasiall. zu Rheinbach]: Ueber den Sprachgebrauch Jean Rotrou's ... [Progr. d. Progymn. zu Rheinbach 1892.] Rheinbach, Druck v. J. Heuser, 1892; 41 S. 4.
Leipzig, Phil Fak, Inaug.-Diss. v [21. März] 1892

Franzen, Th Über den Unterschied des Hexameters bei Vergil und Horaz 16 S Progr. Rg *Crefeld* 1881

Franzen, Thdr., die Juden in Köln. Von den Römerzeiten an bis auf die Gegenwart. 8. (38 S.) Köln 901. Antisemit. Buchh. E. Hensel. n. — 50

Franzen, Walt., angewandte Kunst. In der Ausführg. bewährter Vorlagen aus dem Atelier Fr. Franzen, Halle a. Saale entworfen u. gezeichnet. 1. Folge. 5 Lfgn. gr. Fol. (à 10 Lichtdr.-Taf.) Halle 899. 900. L. Hofstetter. Subskr.-Pr. à n. 6. —

Franzenau Fel. v. Mars im November 1864 (mit 2 Taf.) 8. 51. II. ... — 50
Separatabdruck

v. Franzenau, Fel., Mars im November 1864. Mit 2 (lith.) Taff. [Aus den Sitzungsber. d. k. Akad. d. Wiss.] Wien 865. (Gerold's Sohn.) gr. 8. (2 S.) n. 5 *ngr.*

Franzenburg, Eugen, aus Tempelhof b. Berlin: **Absolutheit, Geistigkeit und Persönlichkeit Gottes bei Schleiermacher.** *Diesdorf b. Gräbersdorf, Kr. Striegau (1902): Buchdr. d. Schreiberhau-Diesdorfer Rettungsanst.* (69 S.) 8°
Erlangen, Phil. Diss. v. 13. Mai 1902

Franzensbad [Sachl. OW]

— s.a. Europe illustrated. — L'Europe illustrée. — Wanderbilder, europäische. — Woerl's Reisehandbücher.

Franzensbad. Haupt-Ansicht im feinsten engl. Stahlst. mit sauber (lithogr. und) ill. Situations-Plan und kurzgefaßten histor., statist.-topograph. und medizin. Notizen von Paul Cartellieri. qu. Fol. (10 S.) Karlsbad 849, Gebr. Franieck. Thlr. *

Franzensbad. (Plan.) qu. Fol. Lith. u. color. Carlsbad 849, Gebr. Franieck. n. ½ *ß*

Franzensbad. Zur Feier des 100jährigen Jubiläums v. Kaiser-Franzensbad. gr. 4. (III, 192 S. m. Abbildgn. u. Fksms.) Franzensbad 893. Selbstverl. des Bürgermeisteramtes. Geb. in Leinw. m. Goldschn. Nicht im Handel.

Franzensbad. (Vorr.: Gustav Wiedermann, Bürgermeister.) *Franzensbad: Kurverwaltung 1902.* (131 S) 4° [03. 4654 4

Franzensbad en Bohême s [Hardmeyer-Jenny, Jacob].

— u. **Eger,** s.: Towns and landscapes of the whole world. — Villes et paysages du monde entier.

Franzensbad, Eger u. Elster, s.a. Grieben's Reise-Bibliothek.

(Deckeltit.: Führer durch) **Franzensbad, Eger** und **Bad Elster.** Prakt. Wegweiser f. Kurgäste u. Lustreisende. 9., neu bearb. Aufl. *Berlin: A. Goldschmidt 1895.* (2 Bl., 55 S., 2 Kt.) 1 Bd 8.
— **Reisebücher, Griebens.** Bd 41. [96. 1634

Franzens-Bad, das, bei Eger u. dessen nächste Umgebungen. Ein Taschenbuch f. die Curgäste dieser Heilquelle. Mit einigen Mittheilungen üb. den Ursprung u. Fortgang der seit 30 Jahren zu Franzensbad bestehenden Sachsenstiftung. 16. (XXII u. 149 S.) Eilenburg 851, Schreiber. ½ *ß*

Franzensbad. Curstadt F. in Böhmen s.a. [Hardmeyer-Jenny, Jacob].

Curstadt Franzensbad in Böhmen Mit 47 Illustrationen von J. Weber nebst einem Situationsplan und einer Umgebungskarte (Europäische Wanderbilder. No. 195—197) Zürich [1891] 82 S 8°

Kurstadt Franzensbad in Böhmen. Saison v. 1. Mai bis 1. Okt. Franzensbad '04. 94 S.

Das erste Moorbad der Welt Franzensbad. Österreichs hervorragendstes Herzheilbad. Prag ('06). 109 S. 4°

Franzensbad und Umgebungen. Prakt. Führer f. Kurgäste u. Vergnügungsreisende. 10 Aufl., neu bearb. v. Dr. med. Gustav Loimann. M 2 Kt. *Berlin: A. Goldschmidt 1899* (2 Bl., 58 S., 1 Bl., 2 Kt.) 1 Bd 8.
— Reisebücher, Griebens. Bd 41. [99. 6474

Franzensbad und Umgebung. Prakt. Führer f. Kurgäste u. Vergnügungsreisende. 11. Aufl. Neu bearb. von Dr. med. Bruno Fellner jun. Mit 3 Karten. Berlin, A. Goldschmidt 1907-08. (IV, 51 S.) 8°
— **Reiseführer,** Griebens. Bd 45 [vielm. 41]. [07. 13601

Franzensbad [Schlagwort]

Franzensbad — Umgebung von — und Eger in Böhmen, dann dem Alexanderbad in Baiern. Vom K. K. milit.-geogr. Inst. Wien 1864. 28,800. 4 Bl.

Franzensbad. Umgebungskarte der Kurstadt Franzensbad. 1 : 25,000. Farbdr. 53,5 × 41 cm. Franzensbad (907). E. A. Götz. 1.70; auf Leinw. n 2.50

v. Franzenshuld, Ernst, Sonnenblumen. Novellen, Poesien u. Reisebilder. Wien 868. Hartleben. gr. 8. (307 S.) n. 1 ₰ 10 ngr.

Franzens-Huld, M. Hartmann Edler v., s. Hartmann v. Franzens-Huld.

Franzer, Berth., Bewerbungs-Schreiben, die Erfolg haben! In deutscher, engl., französ., span. u. italien. Sprache. Ein zuverläss. Ratgeber f. Kaufleute u. Privat-Beamte, die Stellg. suchen od. ihre Stellg. verbessern wollen. 3. Aufl. (64 S.) 8. Hamburg 908. Paustian Gebr. 1. 20

— u. Frz. **Winterstein**, der Korrespondent, wie er sein soll, s.: Bibliothek des jungen Kaufmanns. 15. Bd.

Franzeska und Laura, eine Geschichte d. Vorzeit. 2te Aufl. 8. Ebend. 821.

Franzeska u. Paolo. Trspl. in 5 Aufz. Mit 1 Titelk. 12. Zürich 808. Orell. 1 ₰

Franzesko u. Laura; eine Gesch. d. Vorzeit, (a. unt. d. Tit.: d. Geschlecht d. Grimaldi. 1r Thl.) 8. Berl. Schöne. 798.

FRANZESKO und Laura. Eine Geschichte der Vorzeit. Neue Aufl. Berlin, Schöne, 1821. 8°. (1¹/₆ Rthl.)
Zuerst gedr. 18**?

Franzesko Zabolini, (v. G. M. W. L. Rau). 8. Leipz. 804.

Franzhoff, Ferd., Herr u. Frau Bomrath nebst Tochter! s.: Vereinstheater, neues.

Franzi, die Hauserin, s.: Aus dem Leben u. f. das Leben.

Fränzinger, P., Grundzüge e. juristischen Construction des Völkerrechts. Freiburg im Br. 868. Wagner in Comm. 8. (V, 68 S.) n. 10 ngr.

— der deutsche Zollbund, eine rechtsdogmatische Analyse. Ebend. 868. 8. (38 S.) n. 8 ngr.

Franzion, Traue, Schaue, wem? ein komischer Roman des vorigen Jahrhunderts, noch gültig in diesem. 8. Lpz. Weygand. 782.

Franz-Josefs-Bahn [Schlagwort]

Franz-Josefs-Bahn, s.: Wiener Ausflugskarten.

Franz-Josephs-Universität, die k. k., in Czernowitz im ersten Vierteljahrhundert ihres Bestandes. Festschrift, hrsg. vom akadem. Senat. Lex.-8. (LXXVII, 178 S. m. 5 Taf.) Czernowitz (900). (H. Pardini.) n. 8. —

Franziska Raphael, Mutter, O. S. D. (Augusta Theodosia Drane), der Geist des Dominicaner-Ordens, dargestellt u. erläutert durch Beispiele aus den Lebensbeschreibgn. seiner Heiligen u. Seligen. Autoris. Uebersetzg. aus dem Engl., frei bearb. u. ergänzt v. B. J. O. W. 8. (IV; 382 S.) Dülmen 901. A. Laumann. Geb. in Leinw. n. 3. —

Franzischino, der Eingeweihte. Palermo. Bd 1—2. [Wien: Schaumburg] 1792. 8°
TB. 88.

Franzisci, s. Franziszi

Franzisci-Glocklein, s. St. Franzisci-Glöcklein.

Franziscus, s. Franciscus

Franziska

— od. die Verkettung des Schicksals, von Amalie Clarus. 8. Leipz. Joachim. 814.

Franziska u. Xenneli, von d. Verf. der Marie Müller (Charl. v. Ahlefeld). 8. Altona 813. Hammerich. 1 ₰

FRANZISKA. Gräfin von Vallois (so!). Mit Titelvign. Dresden, bey Pinther, 1805. 8°. Tit. u. 132 S.
Ziemlich zahmer Roman. — Auch eine Ausgabe von „1808" citirt Schlesinger's Berliner Leihbibl.-Cat., S. 140; Kayser. S 41 — „Zwei Bde." verzeichnet Schmidt's Dresdener Leihbibl.-Cat. 1819, S. 281.

Franziska Gräfin v. Valois, 2 Thle. 8. Dresd. ... Neue Aufl. 808. Arnold. 1 ₰

Franziska Raphaela, Mutter, O. S. D., s.: Drane, A. T.

Franziska, G.

Franziska, Eriken, ein Sträuschen. Erzählungen u. Geschichten. 8. Nürnb. 827, Zeh.

Franziska, G., (Padnl), Eriken, ein Sträußchen, Erzählungen u. Geschichten. 8. Nürnb. 828, Zeh. 1 ₰

— Georginen; ein Sträußchen. Erzählungen u. Geschichten. Mit 1 Kpf. 8. Nürnb. 826, Zeh.

Franziska, Mathilde, s. Dumas, A., Michel Angelo.

Franziskaner, d., in M**; e. wahre Gesch. aus d. Französ. d. Sevrin übers. 8. Nürnb. Felsecker. 804.

Die Franziskaner-Missionen. Jahresbericht [1] ff des Franziskaner-Missions-Vereins. — Werl, Kreis Soest (1907—1921: Düsseldorf): Provinzial-Missions-Verwaltung der Franziskaner 1907 ff 4°

Franziskanerweg zum himmlischen Jerusalem. 32. (64 S.) Innsbruck 860, F. Rauch.

Franzisko, (v. Fr. Buchholz). 8. Berl. 802. Unger. 1 ₰

Franziskus, s. Franciscus

Franziskusblüten. Gebetbuch für fromme Christen, namentl. f. Mitglieder d. III. Ordens. Von e. Ordenspriester. 16. (466 S. m. Titelbild.) Neuötting 898. (Ravensburg, H. Kitz.) Geb. in Leinw. n.n. 1. —

Franziskus-Büchlein. Leben des seraph. Ordensvaters St. Franziskus v. Assisi, nebst Andachtsübgn. zu seiner Ehre. Von e. Priester der Diözese Münster. (140 S. m. 7 Abb. u. 1 Farbdr.) 16. M. Gladbach (909). B. Kühlen. — 40; geb. — 60

Franziskuskind, ein, vor und in dem Himmel. Von e. Mitgliede d. Kapuzinerordens. 32. (16 S.) Augsburg 888. Litterar. Institut von Dr. M. Huttler. n. — 10; 100 Stück n. 7. —

Franziß, Frz., Bayern zur Römerzeit. Eine historisch-archäolog. Forschg. (XVI, 487 S. m. Abbildgn., farb. Titelbild u. 1 farb. Karte.) gr. 8. Regensburg 905. F. Pustet. n. 6. —; geb. in Leinw. n. 7. 50

Der deutsche Episkopat in seinem Verhältniß zu Kaiser und Reich unter Heinrich III 1039—1056. — Von Franz Franziß, Stdl. — 1879, Stadtamhof, ibid. S. 3—72*.
Dasselbe. II. Teil. — 1880, Stadtamhof, ibid. — S. 3—63*.
Progr Regensburg, K. Lyzeum

Franziß, Frz., das deutsche Episkopat in seinem Verhältniß zu Kaiser und Reich unter Heinrich III. 1039—1056. (1 Teil.) gr. 8. (72 S.) Stadtamhof 879. (Regensburg, Coppenrath.) *

Franziß, Frz., der deutsche Episkopat in seinem Verhältniß zu Kaiser u. Reich unter Heinrich III. 1039—1056. (1. u. 2. Teil.) gr. 8. (72 u. 63 S.) Stadtamhof 880. (Regensburg, Coppenrath.) à n. 1. 20

Franziß, Frz., Bayerns nationale u. internationale Stellung. Historisch-polit. Studie. 8. (III, 46 S.) München 894. A. Lindauer. n. — 80

Franzik, Frz., s.: Wahrheit, die.

Franziss, Max, appr. Arzt a. Kemnath: Ueber einen Fall von spinaler progressiver Muskelatrophie. München 1904: C. Wolf & Sohn. (13 S.) 8°
München, Med. Fak., Ref. v. Bauer, Diss. v. 24. Jan. 1905
[Geb. 7 März 79 Kemnath (Oberpfalz); Wohnort: Munchen; Staatsangeh.: Bayern; Vorbildung: Luitpoldgymn. München Reife Juli 98; Studium: Munchen 10 S.; Coll. 10. Juni 04; Approb. 27. Juli 03.]

Franzisz, s. F r a n z i ß

Franziszi, Franz

Franziszi, Fr., Kärntner Alpenfahrten. Landschaft u. Leute, Sitten u. Gebräuche in Kärnten. Mit e. Geleitbrief von Amand Frhrn. v. Schweiger-Lerchenfeld. Hrsg. vom Grillparzer-Verein. 8. (VII, 136 S. m. 1 Bildnis.) Wien 892. F. Röhrich. n.n. 2 50

Franziszi, Franz: Horatius als Nachahmer griechischer Lyriker, (hauptsächlich mit Rücksicht auf das I. Buch der Oden). - Passau, F. W. Keppler'sche Buchdr., 1889; 28 S. 8°
Passau, L. StA, P 1889 •

Franziscі, Frz., Cultur-Studien üb. Volksleben, Sitten u. Bräuche in Kärnten. Nebst einem Anh.: Märchen aus Kärnten. Mit einem Geleitbrief von P. K. Rosegger. Hrsg. vom Grillparzer-Literatur-Verein in Wien. gr. 8. (IX, 104 S.) Wien 879. Braumüller. n. 2. —

Franziszi, Frz., Cultur-Studien üb. Volksleben, Sitten u. Bräuche in Kärnten. Nebst Kärntner Märchen im Anh. Mit e. Geleitbrief v. Pet. Rosegger. Hrsg. vom Grillparzer-Verein. 2. verb. Aufl. 8. (XII, 164 S.) Naumburg 902. G. Pätz. n. 2. —

Franzisci, Frz., Märchen aus Kärnten, } s. Volksbücher,
—— Sagen und Märchen aus Kärnten, } Kärntner.

Franzisci, F r a n z. Marchen aus Kärnten. Klgf., Leon, (1884). 64 S. (Kärntner Volksbucher Nr. 1.)

Franzisci, F r a n z. Sagen u. Marchen aus Karnten. Klgft., Leon, (1884). 64 S. (Kärntner Volksbucher Nr. 6.)

Franziszi, Frz., über Volksleben, Sitten u. Bräuche in Kärnten, s. a. Volksbücherei.

(F) **Franziszi**, F, Uber Volksleben, Sitten und Bräuche in Kärnten. [Volksbücherei. Nr. 238--240.] 8°. (174 S.)
Graz: Styria 1909. K — 60, geb. K 1.10

v. F r a n z i u s. Auszug aus seinem Vortrag uber die Stellung der Bauverwaltungen zur Bekampfung der Trunksucht. Kassel. 4 S 4°.

Franzius. v. Fossile Ueberreste von Anthracotherium minimum und einer Antilopen-Art aus Dalmation. (Aus d. Zeitschr. d. deutsch. geol. Gesellsch.) Berlin 1853. 8.

Franzius, Albr., Deutschlands Kolonien. Ein Beitrag zur Kolonisationsfrage. gr. 8. (28 S.) Bremen 884. Kühtmann & Co. n. — 80

Franzius, Albrecht· Deutschlands Kolonien Ein Beitrag zur Kolonisationsfrage 2 Aufl Bremen 1884. 28 S 8°

Franzius, E. L., d. stillen Einsamkeit geweihte Nebenzeit. 8 Aurich, Luschkv. 767.

Franzius, Georg

Franzius, Geo., meine Beobachtungen m. der Wünschelrute. (26 S.) gr. 8. Berlin 907. W. Ernst & Sohn. 80
Erweit. Sonderabdruck aus „Zentralbl. d. Bauverwaltg."

— u. **H. Mönch**, Hafendämme, Ufermauern u. Schiffsbauanstalten, s.: Handbuch der Ingenieurwissenschaften. III.

Franzius, Georg, Kiautschou, Deutschlands Erwerbung in Ostasien (Bilderschmuck unter Leitung des Prof. W Rose) 2 Aufl Berlin [o J]

Franzius, Georg: Kiautschou Deutschlands Erwerbung in Ostasien Bilderschmuck unter Leitung des Prof W Röse 3 Aufl Berlin (1898). 112 S 8°.

— **Kiautschou**. Deutschlands Erwerbung in Ostasien. Bilderschmuck unt. Leitg. v. W. Röse. 5 Aufl. gr. 8. (VIII, 142 S. m. Abb., 25 Taf. u. 4 Karten.) Berlin 898. A. Schall. Geb. in Leinw. 5. —

Franzius, Geo., Kiautschou, Deutschlands Erwerbung in Ostasien. Bilderschmuck unter Leitg. v. W. Röse. 6.—9. Aufl. gr. 8. (à VIII, 142 S. m. Abbildgn., 25 Taf. u. 4 Karten.) Berlin (899). A. Schall. Geb. in Leinw. n. 5. —

Franzius, G: Kiautschou, Deutschlands Erwerbung in Ostasien. 10. Aufl. Berlin (1899)

Kiautschou, Deutschlands Erwerbung in Ostasien, von Georg **Franzius**, Geh. u. Ober-Baurat. Bilderschmuck unter Leitung d. Prof. W. Röse. 10. Aufl. *Berlin: A. Schall [1902?]*. (142 S.) 4°(8°) [F.]
(Verein d. Bücherfreunde.) [02. 1084 10

— Seehäfen, s.: **Franzius**, L.

Franzius, Geo., Seekanäle. Strommündungen. Seehäfen, s.: F r a n z i u s, Ludw.

— s.: Wasserbau, der.

Franzius, Ludwig

Franzius, ein Ausflug n. Kiau-Tschou, s. a. Verhandlungen d. deutschen Kolonial-Gesellschaft

Ein Ausflug nach Kiau-Tschou. Vortrag v. [Ludwig] **Franzius**, Geh. Ober-Baurat. 2. unveränd. Aufl. *(Berlin: D. Reimer 1898.)* (69—100 S., 1 Kt.) 8.
— Deutsche Kolonial-Gesellschaft, Abt: Berlin-Charlottenburg. Verhandlungen 1897/98. H. 3. [98 4409

—— und **F. Lincke**, die Baumaschinen, s. a. Handbuch der Ingenieurwissenschaften.

Franzius, Ludw., Baumaschinen, s. a. Lincke, F.

Franzius, L., und F. Lincke, Die Baumaschinen. 1. Bd. Einleitung, Wasserhebemaschinen, Baggermaschinen, Rammen und zugehörige Hilfsmaschinen. Bearb. von O. Berndt, H. Bücking, R. Graepel und M. Valentin. 2. Aufl. 1897 320 S. mit 144 Abb und 12 Taf.

Franzius, L. und F Lincke. Die Baumaschinen. 2 Bd. Vorrichtungen und Maschinen zur Herstellung von Tiefbohrlöchern Das Abbohren von Schächten. Gesteinsbohrmaschinen. Schräm- und Schlitzmaschinen, Tunnelbohr- und Treibmaschinen Die elektrische Minenzündung. Bearb. von G. Köhler, W. Schulz, Ph Forchheimer, L. Bräuler und K. Zickler 2 Aufl Leipzig, 1903 497 S. mit 367 Abb. und 18 Taf.

— u. **G. de Thierry**, Einwirkung des Meeres auf die Strommündungen u. deren Korrektion. — Seehäfen, s.: Handbuch der Ingenieurwissenschaften. III. 1.

Franzius, L., Einwirkungen des Meeres auf die Küsten. Seeuferbau, s.: Handbuch der Ingenieurwissenschaften. III. 1.

Franzius, L., neue Hafen-Anlagen zu Bremen, eröffnet im J. 1888. Hrsg. auf Veranlassg. der Deputation f. den Zollanschluss v. L. F. unter Mitwirkg. v. A. Hirsch u. H. Hoernecke. W. Sunkel. Fr. Neukirch u. R. Müller. Mit 10 lith. Doppel-Blättern. [Aus: „Zeitschr. d. Architekten- u. Ingenieur-Vereins zu Hannover".] Imp.-4. (III, 94 Sp.) Hannover 889. Schmorl & v. Seefeld. cart. n. 20 —

Franzius, L, s. a. Handbuch d. Ingenieurwissenschaften.

Franzius, Handbuch der Ingenieurwissenschaften, Bd. III: Der Wasserbau 3. Abtheilung 3. Auflage. Leipzig 1900. 8°

— die Korrektion der Unterweser. Auf Veranlassg. der Bremischen Deputation f. d. Unterweserkorrektion dargestellt. Mit 2 Taf. gr. 8. (48 S.) Bremen 888. (Rühle & Schlenker.) geb. n. 4. —

— die Korrektion d. Unter-Weser. Auf Veranlassg. d. v. Senat u. v. d. Bürgerschaft d. freien Hansestadt Bremen niederges. Deputation f. d. Unterweserkorrektion dargest., unt. Mitwirkg. v. H. Bücking. Mit 7 Karten u. 24 Abb. in besond. Atlas (in gr. Fol.). Fol. (IV, 21; IV, 67; 9, 20 u. II, 34 S. m. 62 Tab. u. 5 Formularen.) Leipzig 895. W. Engelmann. Geb. in Leinw., Atlas in Leinw.-Mappe n. 30. —

— Maschinen u. Apparate zum Arbeiten unter Wasser, s.: Handbuch der Ingenieurwissenschaften.

— u. C. Schilling, das Meer u. die Seeschiffahrt, s.: Handbuch der Ingenieurwissenschaften. III. 1.

— Obergutachten üb. die Wasser-Verbindung der Stadt Leipzig. Hrsg. v. der Handelskammer zu Leipzig. gr. 8. (28 S. m. 1 farb. Karte u. farb. Nivellementsplan.) Leipzig 891. J. C. Hinrichs' Verl. n. 2. —

Franzius, L., Projekt zur Korrektion der Unterweser. Auf Veranlassg. der nach Beschluss d. Bundesrats vom 15. Febr. 1874 berufenen Reichs-Kommission in den J. 1879—1881 entworfen u. v. der Reichs-Kommission festgestellt. Mit 6 lith. (u. chromolith.) Taf. u. e. (chromolith.) Karte der Unterweser. hoch 4. (IV, 67 u. Anlagen 47 S.) Leipzig 882. Engelmann. cart. n. 13. —

— G. Franzius u. G. de Thierry, Seehäfen, s.: Handbuch der Ingenieurwissenschaften. III.

— Geo. Franzius u. Rud. Rudloff, Seekanäle. Strommündungen. Seehäfen, s.a. Fortschritte der Ingenieurwissenschaften.

Franzius L u G und R Rudloff, Seekanäle, Strommündungen, Seehäfen (39 S 5 T) (Fortschritte der Ingenieur-Wissenschaften II, 2) Leipzig 1894

— s.a. Wasserbau, der.

— der Wasserbau, s.a. Handbuch der Baukunde.

— A. Frühling, J. Schlichting, Ed. Sonne, der Wasserbau, s.a. Handbuch der Ingenieurwissenschaften.

Franzius, L., und Sonne, Ed., Der Wasserbau Handbuch der Ingenieur-Wissenschaften, III Band III Abth Wasserbau am Meere und in Strommündungen 2. Auflage Leipzig 1884

Franzius, L Der Wasserbau Berlin 1890

Franzius, Otto, s.: Lehrbuch des Tiefbaues.

Franzke, Adolf, aus Köln: Der Begriff des Schatzes nach gemeinem Recht und dem Rechte des Bürgerlichen Gesetzbuches, insbesondere in seinem Verhältnis zu dem Begriff der verlorenen Sache. *Rostock 1901: C. Hinstorf.* (56 S.) 8°
Rostock, Jur. Diss. v. [20. Nov.] 1901

Franzke, *Johannes:* Katalog der Lehrer-Bibliothek des Königl. Kath. Gymnasiums zu Oppeln. 1. Tl. Enthaltend d. altklass. Litteratur u. d. dazu gehörenden philolog. Apparat. Oppeln, Druck v. E. Raabe, 1895; 1 Bl., 52 S., 1 Bl. 8.
Oppeln, k. kath. G, OP 1895 (203)

Franzke, Johannes: Katalog der Lehrer-Bibliothek des Königl. Kath. Gymnasiums zu Oppeln. T. 2. Die gotische u. deutsche Litteratur, die ausserdeutsche, europäische u. oriental. Litteratur u. die vergleichende u. allg. Sprachwissenschaft. *Oppeln 1899: E. Raabe.* (31 S.) 8° ¶ [Forts. d. P-Beil. 1895.]
Oppeln, k. kath. G, OP 1899 (210)

Franzke, Johannes: Katalog der Lehrer-Bibliothek des Königl. Kath. Gymnasiums zu Oppeln. T. 3. Geschichte. *Oppeln 1901: E. Raabe.* (30 S.) 8° ¶ [Forts. d. P-Beil. 1895. 99.]
Oppeln, k. kath. G, OP 1901 (210)

Franzky, Franz Josef Theodor

— s. Briefe zum neuen Jahr.

Franzky, Fr. Jos. Thdr., Bürgertreue, Versuch e. Geschichte d. patriot. Verhältnisse d. Bürger Brünns v. J. 1421, mit ill. Kpf. 8. Brünn 798. Gastl. 12 Kr. Hbg. Pr. 5 Kr.

Franzky, Frz. Jos. Th., ein Schelm thut mehr, als er kann. Lstspl. nach d. Französ. 8. Leipz. 799. Rein. 4 Kr.

Franzky, Hugo Supplemente zu Kambly's Arithmetik und Algebra, für den Unterricht in der Prima. 26 S Progr. *Spandau* 1878.

Franzl, Hans, nationale u. soziale Zustände im deutschen Böhmerwalde. Mit e. Vorworte v. A. H. gr. 8. (79 S.) Stuttgart 891. A. Bonz & Co. n. 1. —

Freiheit: Freiheit. Vierstimmiger Gesang der g∴ u∴ v∴ □ zu den vereinigten Freunden im O∴ zu Mainz, gewidmet von **Fraenzl.** [Mainz] o. J.: [Wirth]. 1 Bl. 8° [Kopftit.]
Ohne Noten: „Freiheit heh'r und milde, . . .“

Fränzl, Mor. (Jul.), Statistik. 1r Bd. Enthalt.: I. Die Theorie d. Staatenkunde, dann II. d. Schilderung Ozeanien's, Afrika's, Asien's u. Amerika's, endlich III. die 1e Abthl. d. Statistik Europa's, oder Land u. Leute der europ. Staaten. gr. 8. Wien 835. Heubner. n. $2^{1}/_{8}$ Thlr.

Fränzl, Moritz, Statistik. 2. Bd. 2. Abthl. u. 3. Bd. in 2 Abthl. gr. 8. Wien 839, 41, Heubner. (II. 1. 2. n. $3^{2}/_{3}$ Thlr. III. 1. 2. $3^{5}/_{6}$ Thlr.) n. $7^{1}/_{2}$ Thlr. — Alle 3 Bde. n. $9^{1}/_{2}$ Thlr.

—— des österreich. Strafgesetzes üb. Gefällsübertretungen allgem. Theil, s. Schnabel, G. N.

— des österreich. Strafgesetzes über Gefällsübertretungen allgem. Theil, oder die §§. 1. — 184. u. §. 466. — 498., nach ihren Gründen u. ihrem Zusammenhange mit den bezügl. §§. sowohl des besondern Theiles dieses Gesetzes, als auch der übrigen vaterland. Gesetzgebung dargestellt. gr. 8. Wien 838. v. Mösle's Wittwe u. Braumüller. $^{2}/_{3}$ Thlr.

Fränzl, Mor. (Jul.), statist. Uebersicht der Eisenbahnen, Canäle u. Dampfschifffahrten Europa's u. Amerika's nach allen einzelnen Staaten zusammengestellt u. verglichen. (Mit einer die Eisenbahnen u. Canäle versinnlich. Karte. gr. 8. Wien 838. Bolle. $^{1}/_{4}$ Thlr.

— s. Zeitschrift für österreich. Rechtsgelehrsamkeit.

Fränzl, Mor. (Jul.). Ueber Zölle, Handelsfreiheit und Handels-Vereine, mit Berücksichtigung von Mac Culloch's Abhandlung über Handel und Handelsfreiheit. gr. 8°. Wien, Gerold, 1834.

Fränzl, Mor. (Jul). Ueber die österr. Zoll- und Staatsmonopolsordnung. Aus der Zeitschrift für österr. Rechtsgelehrsamkeit abgedr. gr. 8°. Wien 1838. (v. Mösle's Ww. u. Braumüller.)

Franzmadhes, Johann Matthias Josef Anton

Franzmades, Joh Jos Ant. (Herausgeber): „Oekonomische Beyträge zu dem Heiligenstadter Intelligenzblatt", Jahrgang 1, Quartal 1, Eisenach 1779 (Wittekind)

FRANZMADHES, Johann Matthias Josef Anton: Betrachtungen über verschiedene Gegenstände des Forstwesens, nach dem Leitfaden der Reisen des Peter Simon Pallas und Iwan Lepechin zum Dienst junger Reisenden, welche sich besagter Wissenschaft widmen. - Frankfurt 1777

Franzmadhes, Mh. Just., Betr. üb. Gegenst. d. Forstwes. 1r Thl. m. K. 8. Frankfurt, Hermann. (Brönner. u Gebhardt u. K.) 777

Franzmadhes, Jh. Matth. Jos. Ant., († d. 10. Jan. 1780.) Betrachtt. über Gegenstände d. Forstwesens. 1r Thl., mit Kpf. 8. Frankf. 778. Brönner; u. Gebhardt u. K. 20 gr

— s. Forstmagazin, neueres. — s. a. Gedanken v. Vermehrung d. Festigkeit d. Erlenholzes.

FRANZMADHES, Johann Matthias Josef Anton: Gedanken von Vermehrung der Festigkeit des Erlenholzes, zum Gebrauch ausser dem Wasser. - Eisenach 1779 1, 5 Bg. - Dass. Leipzig 1798

Franzmann, Albert Felix, aus Bad Kreuznach: Beiträge zur vergleichenden Anatomie und Histologie des Kehlkopfes der Säugetiere mit besonderer Berücksichtigung der Haussäugetiere. [Mit 7 farbigen Tafeln] Bonn 1907. 120 S. 8°. [28. II. 06.]
Bern. Phil. Diss 1907/08.

Franzmann, Alb. Fel., Beiträge z. vergleichenden Anatomie u. Histologie des Kehlkopfes der Säugetiere m. besond. Berücksicht. der Haussäugetiere. (120 S. m. Abb. u. 7 farb. Taf.) Lex. 8. Bonn 907. C. Georgi. 5.

Franzmann, H., Turnreigen u. Aufmärsche f. Volksschulen, Präparandenanstalten, Seminarien u. Turnvereine. Mit 44 Abbildgn. 16 (72 S.) Hannover 886. Meyer. cart. n. — 80

Franzmann, H., Turnreigen u. Aufmärsche f. Schulen, Seminare u. Turnvereine. 2. verm. Aufl. 16. (82 S. m. 44 Abbildgn.) Hannover 902. C. Meyer. Kart. n. — 60

Die Aufgabe der Volksschule und ihrer Lehrer gegenüber den Umsturzbestrebungen Von Rektor H[einrich] Franzmann in Essen. Berlin F. Zillessen [1908]. (32 S.) 8° [F.] 08, 1296

Fransmeyer, Fritz: Studien über den Konsonantismus und Vokalismus der neuenglischen Dialekte auf Grund der Ellis'schen Listen und des Wright'schen Dialect Dictionary. Straßburg 1906: M. DuMont-Schauberg. (VII, 87 S.) 8°
Straßburg, Phil. Fak., Ref. Koeppel, Diss. v. 16 Dez. 1906
[Geb. 19. Juli 84 Neuenrade, Kr. Altena, Westf.; Wohnort: Hagen i. W.; Staatsangeh.: Preußen; Vorbildung: Realgymn. Hagen Reife O. 02; Studium: Berlin 2, University-College London 1, Sorbonne Paris 1, Straßburg 3 S.]

Fransmeyer, Wilhelm, a. Hagen i. Westf.: Kallixenos' Bericht über das Prachtzelt und den Festzug Ptolemaeus II. (Athenaeus V. capp. 25—35.) Straßburg i. E. 1904: M. DuMont Schauberg. (69 S.) 8°
Straßburg, Phil. Fak., Ref. Michaelis, Keil, Diss. v. 2. März 1904
[Geb. 1. Okt. 82 Neuenrade, Kreis Altena i. Westf; Wohnort: Hagen i Westf.; Staatsangeh.: Preußen; Vorbildung: Gymn. Hagen Reife O. 00; Studium: Straßburg 2, München 1, Berlin 2, Straßburg 3 S.; Rig. 2 März 04]

Franzoni, Alb., le piante fanerogame della Svizzera insubrica enumerate secondo il metodo Decandolliano. Opera postuma ordinata e annotata dal Prof. A. Lenticchia, con note ed aggiunte di Prof. L. Favrat. [Aus: „Neue Denkschriften d. allgem. schweizer. Gesellsch. f. d. gesammten Naturwissenschaften".] gr. 4. (256 S.) Basel 890. (Georg.) n.n. 10. —

Franzoni, Alberto. Le piante fanerogame della Svizzera insubrica enumerate secondo il metodo decandolliano per cura di A.' F.' Opera postuma ordinata e annotata dal Dre A[ttilio] Lenticchia..., con note ed aggiunte di L[ouis] Favrat.... (N. Denkschr Schweizer. Ges. fur Naturwiss Band 30.) 4 Zurigo (1890).

Franzos, d. aufrichtige, d. Kunst, in acht Tagen französisch sprechen zu lernen. 8. Münch.... 3e A. 813. Fleischmann. 5 gr

— d. geschwinde, s. auch nouv. *Parlement* français.

— d. geschwinde, oder d. Kunst, mit geringer Mühe u. in wenigen Tagen d. franzöf. Sprache in den nöthigsten Fällen sprechen zu können. 8. Lmg. 810. Cnoch. 6 gr

— d. in Constantinopel, von türk. Sitten rc.; aus d. Französ. 8. Wien 788. Wucherer. 5 gr Dass., bei v. Mösle in Wien. 9 gr

— d. sich selbst lehrende kleine 18. s. der Hauslehrer nach Maiss Lehrart 38.

Franzos, der, in Wien. Lstspl. 8. Wien 776. Kurzböck. 3 gr

— d. zierliche, in welchem die Gründlichkeit rc. d. franz. Spr. rc. v. C. Lunkenbein. 1r Thl. gr. 8. Hamb. Hoffmann. 757.

Aus Anhalt und Thüringen Reise- u. Kulturbilder von Karl Emil **Franzos**. *Berlin: Concordia 1903.* (374 S.) 8° [F.]
— **Franzos** Deutsche Fahrten. Reihe 1. [04 ...]

Aus Anhalt und Thüringen Reise- u Kulturbilder von Karl Emil **Franzos**. 2. Aufl Stuttgart & Berlin. J G. Cotta Nachf. [1905]. (374 S.) 8° [F.]
— **Franzos**: Deutsche Fahrten. Reihe 1. [05. 5106]

Franzos, Karl Emil, s.: Aus dem neunzehnten Jahrhundert.

—— s. Baker, James, die Türken in Europa.

Franzos, Karl Emil, der alte Damian u. andere Geschichten, s. a. Handbibliothek, Cotta'sche. Nr. 100.

Der alte Damian und andere Geschichten von Karl Emil **Franzos**. Stuttgart & Berlin. J. G. Cotta Nachf. [1905]. (76 S.) 8° [F.]
— **Handbibliothek,** Cotta'sche. No 100. [05. 3860]

Franzos, Karl Emil, Deutsches Dichterbuch aus Oesterreich. gr. 8. (338 S.) eleg. brosch. 4 fl. 50 kr.
Dasselbe in Prachtband 5 fl. 80 kr.
Wien: Manz 1882.

Franzos, Karl Emil, deutsches Dichterbuch aus Oesterreich. Lex.-8. (XI, 338 S.) Leipzig 883. Breitkopf & Härtel. n. 7. 50; geb. n. 9. 50

— s.: Dichtung, deutsche.

Deutsche Fahrten. Reise- u Kulturbilder von Karl Emil **Franzos**. Reihe 1. *Berlin: Concordia 1903.* 8° [04 ...]

— deutsche Fahrten. Reise- u. Kulturbilder. 1. u. 2. Reihe. 8. Stuttgart. J. G. Cotta Nachf. n. 6. —; geb. in Leinw. n. 8. —
1. Aus Anhalt u. Thüringen. 2. Aufl. (Neue [Titel-]Ausg.) (VII, 374 S.) [903.] (904.) n. 4. —; geb. n. 5. —
2. Aus den Vogesen. (VII, 172 S.) 905. n. 2. —; geb. n. 3. —

Deutsche Fahrten Reise- u. Kulturbilder von Karl Emil **Franzos** 2. Aufl. Reihe 1. Stuttgart & Berlin: J. G. Cotta Nachf. [1905]. 8° [F.] [05. 5...]

—— über das Feuilleton, s. Groß, Ferd., kleine Münze.

— mein Franz. Novelle in Versen. 12. (48 S.) Ebend. 883. n. 1. 50; geb. n. 2. 50

— mein Franz. Novelle in Versen. 2. [Titel-] Aufl. 12. (48 S.) Berlin (883) 897. Concordia, Deutsche Verlags-Anstalt. n. 1. —; geb. in Leinw. m. Goldschn. n. 1. 50

Heines Geburtstag Von Karl Emil **Franzos**. *Berlin: Concordia 1900* (32 S.) 8° [F.] [00 ...]

— allerlei Geister. Geschichten. 1. u 2. Aufl. 8. (V, 147 S.) Ebd. 897. n. 2. —; geb. in Leinw. n. 3. —

Franzos, Karl Emil, die Geschichte des Erstlingswerks. Selbstbiographische Aufsätze v. Rud. Baumbach, Fel. Dahn, Geo. Ebers, Marie v. Ebner-Eschenbach, Ernst Eckstein, Thdr. Fontane, Karl Emil Franzos, Ludw. Fulda, Paul Heyse, Hans Hopfen, Wilh. Jensen, Herm. Lingg, Conr. Ferd. Meyer, Ossip Schubin, Frdr. Spielhagen, Herm. Sudermann, Rich. Voß, Ernst Wichert, Jul. Wolff. Eingeleitet v. F. Mit den Jugendbildnissen der Dichter. gr. 8. (XVIII, 296 S.) Leipzig 894. A. Titze. n. 6. —; geb. n. 7. 50

— stille Geschichten. 1. u. 2. Aufl. 8. (273 S.) Dresden 881. Minden. n. 5. —; geb. n. 6. 20

Franzos, Karl Emil, stille Geschichten. 3., der Min.-Ausg. 1. Aufl. 12. (VII, 238 S.) Dresden 881. Minden. n. 5. 50; geb. n.n. 7. 50

Franzos, Karl Emil, nach dem höheren Gesetz, s. Novellenschatz, neuer deutscher.

— der Gott d. alten Doktors. Erzählung. 8. (186 S.) Berlin 892. F. Fontane & Co. n. 3. —; geb. n.n. 4. 50

— der Gott des alten Doktors. Erzählung. 2. Aufl. 8. (186 S.) Berlin 901. Concordia. n. 3. —; geb. n. 4. 50

— der Gott des alten Doktors. Erzählung. 2. [Titel-] Aufl. (186 S.) 8. Ebd. [892] (904). n. 2. —; geb. in Leinw. n. 3. —

Der Gott des alten Doktors. Erzählung von Karl Emil Franzos. 2. Aufl. Stuttgart & Berlin: J. G. Cotta Nachf. [1905]. (186 S.) 8° [F.] [05. 18..]

Franzos, Karl Emil, aus Halb-Asien. Culturbilder aus Galizien, der Bukowina, Südrußland u. Rumänien. 2 Bde. gr. 8. (XXXVI, 335 u. 331 S.) Leipzig 876. Duncker & Humblot. n. 10. —

— aus Halb-Asien. Culturbilder aus der Bukowina, Galizien, Südrußland u. Rumänien. 2., rev. Aufl. 2 Bde. 8. (XVII, 365 S.) Leipzig 878. Duncker & Humblot. n. 10. —; geb. n. 12. 60

— Halb-Asien. Land und Leute des östl. Europa. 1., 2., 5. und 6. Bd. gr. 8. Stuttgart, Bonz und Comp. * geb. *

Inhalt:

Bd. 1. 2. Aus Halb-Asien. Kulturbilder aus Galizien, der Bukowina, Südrußland und Rumänien. 3. Aufl. 2 Bde. (LXII, 353; 419 S.) 889. *M 10.—.; geb. *M 12.60.

" 5. 6. Aus der großen Ebene. Neue Kulturbilder aus Halb-Asien. 2 Bde. (XXIII, 336; V, 309 S.) 888. *M 10.—.; geb. *M 12.60.

3. und 4. Bd.: Vom Don zur Donau. 2 Bde. [Leipzig 1877,78, Duncker und Humblot.] Stuttgart, Bonz und Comp. *M 10.—.; geb. *M 12.60.

— Halb-Asien. Land u. Leute d. östl. Europa. 5. u. 6. Bd. Aus d. großen Ebene. Neue Kulturbilder aus Halb-Asien. 2., gänzlich umgearb. Aufl. 2 Bde. 8. (XVII, 251 u. 248 S.) Ebd. 897. n. 6. —; in 1 Leinwbd. n. 7. —

— Halb-Asien. Land u. Leute des östl. Europa. 1. u. 2. Bd. Aus Halb-Asien. Kulturbilder aus Galizien, der Bukowina, Südrußland u. Rumänien. 4. gänzlich umgearb. Aufl. 2 Bde. (XL, 271 u. V, 296 S.) Ebd. 901. n. 10.—; geb. n. 12. —

Franzos, Karl Emil, die Hexe, s.: Reclam's Novellen-Bibliothek.

— die Hexe, s.: Reclam's Unterhaltungs-Bibliothek.

— die Hexe, s. Universal-Bibliothek Nr. 1280.

Franzos, Karl Emil

Professor Hydra. Geschichte aus Oesterreich.
Berlin 1883.

In: Roman-Zeitung, Deutsche. Bd 1.

— die Juden v. Barnow. Novellen. 1. u. 2. Aufl. 8. (XI, 253 S.) Stuttgart 877. 78. Deutsche Verlags-Anstalt. n. 4. —

— dasselbe. Geschichten. 3., verm. Aufl. 8. (XI, 332 S.) Leipzig 880. Duncker & Humblot. n. 5. —

Franzos, Karl Emil, die Juden v. Barnow. Geschichten. 4., stark verm. Aufl. gr. 8. (XIII, 356 S.) Stuttgart 887. Bonz & Co. n. 5. —; geb. n.n. 6. 10

— die Juden v. Barnow. Geschichten. 5., stark verm. Aufl. 8. (XI, 348 S.) Stuttgart 894. A. Bonz & Co. n. 5. —; geb. in Leinw. n. 6. 40

— die Juden v. Barnow. Geschichten. 6. Aufl. 8. (XI, 289 S.) Berlin 899. Concordia. n. 5 —; Geb. in Leinw. n. 6. —

— die Juden v. Barnow. Geschichten. 7. Aufl. (XI, 289 S.) 8. Ebd. 905. n. 3. —; geb. in Leinw. n. 4. —

— ein Kampf um's Recht. Roman. 2 Bde. 1. und 2. Aufl. 8. (V, 387; 372 S.) Breslau 882, Schottländer. * geb. *

— ein Kampf um's Recht. Roman. 2 Bde. 2. Aufl. 8. (387 u. 372 S.) Leipzig 884. Breitkopf & Härtel. n. 10. —; geb. n. 12. —

— e. Kampf um's Recht. 2 Bde. 3. Aufl. 8. (III, 387, 372 S.) Ebd. 893. n. 10. —; geb. in Leinw. n. 12. —

Ein Kampf ums Recht. Roman von Karl Emil Franzos. 4. durchges. Aufl. Bd 1. 2. Berlin: Concordia 1901. 2 Bde 8. [F.] [01. 5..]

— ein Kampf ums Recht. Roman. 5. Aufl. 2 Bde. (284 u. 308 S.) 8. Ebd. 906. n. 6. —; in 1 Leinw.-Bd. n. 7. 50

— Ein Kampf ums Recht. Roman. 6. Aufl. 2 Bde. (284 u. 308 S.) 8. Stuttgart 907. J. G. Cotta Nachf. 6.—; in 1 Leinw.-Bd. 7. 50

— ungeschickte Leute. Geschichten. 1. u. 2. Aufl. 8. (V, 256 S.) Jena 894. H. Costenoble. n. 4.—; geb. n.n. 5. —

— ungeschickte Leute. Geschichten. 3. [Titel-]Aufl. (III, 256 S.) 8. Ebd. [894] (904). n. 2. 50; geb. in Leinw. n. 3. 50

Ungeschickte Leute. Geschichten von Karl Emil Franzos. 3. Aufl. Stuttgart & Berlin: J. G. Cotta Nachf. [1905]. (256 S.) 8° [F.] [05. 18..]

— junge Liebe. Zwei Geschichten. 1. u. 2. Aufl. 8. (163 S.) Ebend. 879. n. 3. 50; geb. n. 4. 50

— junge Liebe. Novellen. 3. Aufl. 12. (VIII, 155 S.) Breslau 883, Schottländer. *

— junge Liebe. Novellen. 4. verm. Aufl. 12. (204 S.) Breslau 884. Trewendt. n. 3. —; geb. n. 4. —

— Mann u. Weib. Novellen. 1. u. 2. Aufl. 8. (à III, 298 S.) Ebd. 900. n. 5. —; geb. in Leinw. n. 6. —

[F.] Der kleine Martin. Erzählg v. Karl Emil Franzos. *Berlin: Concordia Deutsche Verl.-Anst. 1896.* (2 Bl., 152 S.) 1 Bd 8. [96. 16..]

Franzos, Karl Emil

Der kleine Martin. Erzählung. 2. Aufl.
Berlin: Concordia Dt. Verl.-Anst. 1896. 152 S. 8°

— der kleine Martin. Erzählung. 3. [Titel-]Aufl. (152 S.) 8. Ebd. [896] (904). n. 1. —; geb. in Leinw. n 2. —

Der kleine Martin. Erzählung von Karl Emil Franzos. 3. Aufl. Stuttgart & Berlin: J. G. Cotta Nachf. [1905]. (152 S.) 8° [F.] [05. 18..]

— Konrad Ferdinand Meyer. Ein Vortrag. Geh. bei der Erinnerungsfeier f. Konrad Ferdinand Meyer zu Berlin, 25. I. 1899. gr. 8. (44 S. m. Bildnis.) Ebd. 899. n. 1. —

— Moschko von Parma. Geschichte eines jüd. Soldaten. 8. (311 S.) Leipzig 880. Duncker & Humblot. n. 5. —; geb. n. 6. 40

— Moschko v. Parma. Erzählung. 2. rev. Aufl. 8. (303 S.) Stuttgart 885. Bonz & Co. n. 5. —; geb. n. 6. 40

— Moschko v. Parma. Erzählg. 3. Aufl. 8. (244 S.) Ebd. 898. n. 3. —; geb. in Leinw. n. 4. —

Moschko von Parma. Erzählung v. Karl Emil **Franzos** 3. Aufl. *Berlin: Concordia 1899* (244 S.) 8° [F.] [97 6860

— Moschko v. Parma. Erzählung. 4. Aufl. (244 S.) 8. Ebd. 908. 2.—; geb. in Leinw. 3.—

Neue Novellen von Karl Emil **Franzos** Die Schlechteste u. die Beste Ein Feigling. Matthias Zenner. Doktor Ripač. Stuttgart & Berlin: J. G. Cotta Nachf 1905. (180 S.) 8° [F.] [05. 3830

Neue Novellen von Karl Emil **Franzos**. Die Schlechteste u. die Beste. Ein Feigling. Matthias Zenner. Doktor Ripač. 2. Aufl. Stuttgart & Berlin: J. G. Cotta Nachf. 1905. (180 S.) 8° [F.] [06 3119 11

— tragische Novellen. gr. 8. (345 S.) Ebend. 886. n. 6.—; geb. n. 7.20

[F.] Tragische Novellen. Von Karl Emil **Franzos**. 2. Aufl. *Berlin: Concordia [1895].* (3 Bl., 345 S.) 1 Bd 8. [97 6868

— ein Opfer, s. a. Engelhorn's Romanbibliothek.

Ein Opfer. (Landsmann u. Landsmännin. Victorine.) Erzählung von Karl Emil **Franzos**. Stuttgart: Engelhorn [1909]. 158 S. 8°
(Engelhorns Allgemeine Romanbibliothek Jg. 10, Bd 8)
(Bibliothek August Scherl. 516, [1.]) [11. 3141

— der Pojaz. Eine Geschichte aus dem Osten. 1—5. Aufl. (Je 486 S. m. 1 Bildnis.) 8. Ebd. 905. 906. n. 4.50; geb. in Leinw. n 5.50

Der Pojaz. Eine Geschichte aus d. Osten von Karl Emil **Franzos**. Mit 1 Portr 2 Aufl. Stuttgart & Berlin: J. G. Cotta Nachf. 1905. (486 S.) 8° [F.] [06 0436

Der Pojaz. Eine Geschichte aus d. Osten von Karl Emil **Franzos** Mit 1 Portr. 4. Aufl Stuttgart & Berlin J. G Cotta Nachf. 1906 (486 S.) 8° [F.] [07 6578 11

— Der Pojaz. Eine Geschichte aus dem Osten. 6—8. Aufl. (486 S. m. Bildnis.) 8. Ebd. 907. 4.50; geb. in Leinw. 5.50

— der Präsident. Erzählung. 2. Aufl. 8. (363 S.) Breslau 884. Trewendt. n. 6.—; geb. n. 7.20

— d. Präsident. Erzählg. 3., durchgeseh. Aufl. 8. (262 S.) Ebd. 896. n. 3.—; geb. in Leinw. n. 4.—

—— die Reise nach dem Schicksal. Erzählung. 1. und 2. Aufl. gr. 8. (293 S.) Ebendas. 885. * geb. *

Die Reise nach dem Schicksal. Erzählung von Karl Emil **Franzos**. 3. Aufl. Stuttgart & Berlin. Cotta 1909. 223 S. 8° [10. 3711

— die Schatten. Erzählung. 1. u. 2. Aufl. 8. (370 S.) Ebd. 889. n. 6.—; geb. n. 7.20

— die Suggestion u. die Dichtung. Gutachten üb. Hypnose u. Suggestion v. Otto Binswanger, Emil du Bois-Reymond, Alb. Eulenburg 2c. Hrsg. v. K. E. F. 8. (XXX, 129 S.) Berlin 892. F. Fontane & Co. n. 2.—

– s. Tambour, Rud.: Die literarische Hyksosschlacht.

— Judith Trachtenberg. Erzählung. 1. u. 2. Aufl. 8. (339 S.) Breslau 890. Ed. Trewendt. n. 5.—; geb. n. 6.40

— Judith Trachtenberg. Erzählung. 1. u. 2. Aufl. 8. (339 S.) Breslau 891. E. Trewendt. n. 5.—; geb. n. 6.40

— dasselbe. 3. u. 4., durchgeseh. Aufl. 8. (245 S.) Ebd. 893. n. 3.60; geb. n. 5.—

— Judith Trachtenberg. Erzählung. 5. Aufl. (221 S.) 8. Ebd. 906. n. 3.—; geb. in Leinw. n. 4.—
Auch die übrigen Werke dess. Verf. aus d. Verlage d. Concordia in Berlin sind an die J. G. Cotta'sche Buchh. Nachf. übergegangen.

Aus den Vogesen. Reise- u. Kulturbilder von Karl Emil **Franzos**. (Hrsg.: Ottilie Franzos) Stuttgart & Berlin: J. G. Cotta Nachf. 1905. (172 S.) 8° [F.]
— **Franzos**, K. E.: Deutsche Fahrten. Reihe 2. [05. 3857

Franzos, Karl Emil, vom Don zur Donau. Neue Culturbilder aus „Halb-Asien". 2 Bde. gr. 8. (XII, 333 u. 342 S.) Leipzig 878. Duncker & Humblot. n. 10.—; geb. n. 12.—

—— Vom Don zur Donau. Neue Culturbilder aus „Halb-Asien". [Halb-Asien. Land u. Leute d. östl. Europa. 3. u. 4. Bd.] 2. gänzlich umgearb. u. verm. Aufl. 2 Bde. gr. 8. (XIII, 371; V, 293 S.) Stuttg. 890, Bonz u. Comp. * 10 —; geb. * 12 60
Halb-Asien. 1., 2., 5. u. 6. Bd. Ebd. 1888,89. * 20 —; geb. * 25 20.

— der Wahrheitsucher. Roman. 1. u. 2. Aufl. 2 Bde. gr. 8. (V, 346 u. V, 340 S.) Jena 894. H. Costenoble. n. 10.—; geb.: n. 13.—

— d. Wahrheitsucher. Roman. 3. Aufl 2 Bde. 8. (V, 346 u. V, 340 S.) Jena 896. H. Costenoble. n. 10.—; geb n. 13.—

— Leib Weihnachtskuchen u. s. Kind. Erzählg. 1. u. 2. Aufl. 8. (351 S.) Ebd. 896. n. 5.—; geb. in Leinw. n. 6.—

Franzos, Frau Ottilie, s.: Ottmer, F.

Franzose, s.a. Frantzose.

Franzose, s.a. Franzos.—

FRANZOSE, Der, Comödie. Freystadt (Düren in Frankfurt). 1746.
Weller, fing. Dr.

Franzose, der aufrichtige, oder die Kunst, in acht Tagen französisch sprechen zu lernen. 3e verb. Aufl. 8. München 836. Fleischmann. 5 gl — 5e Aufl. 839. 5 gl

Franzose, der aufrichtige, oder die Kunst, in acht Tagen französisch sprechen zu lernen. 6. vielverm. u. verb. Aufl. br. 12. München 841, Fleischmann. 1/6 ℳ — 7. verb. Aufl. 12. Ebend. 842. 1/6 ℳ — 8. verb. Aufl. br. 12. Ebend. 843. 1/6 ℳ — 9. verb. Aufl. 12. Ebend. 843. 1/6 ℳ — 10. Aufl. gr. 12. Ebend. 845. 1/6 ℳ — 11. verb. Aufl. 16. Ebend. 846. 1/6 ℳ

Franzose, d. aufrichtige, od. die Kunst in 8 Tagen französ. zu sprechen. 1—10. Aufl. 12. (à 3 B.) 812—15 u. 11., verb. Aufl. 16. (4½ B.) München 846, Fleischmann. à

Franzose, der aufrichtige, oder die Kunst in erstaunlich kurzer Zeit so viel französisch sprechen zu lernen, daß man sich über das Nöthigste verständlich machen kann. 13. verb. Aufl. gr. 16. (72 S.) München 850, Fleischmann. n. 1/6 ℳ

Franzose, der beredte. Eine Anleitung, in sehr kurzer Zeit, ohne Hülfe eines Lehrers, leicht und richtig französisch sprechen zu lernen. Praktisches Hülfsbuch für Alle, welche in der französ. Umgangssprache schnelle u. sichere Fortschritte machen wollen. 2. Aufl. Bern 857. Heuberger. 12. (96 S.) 6 ngl

Franzose, der beredte. Eine Anleitung, in sehr kurzer Zeit, ohne Hülfe eines Lehrers, leicht und richtig französisch sprechen zu lernen. Praktisches Hülfsbuch für Alle, welche in der französischen Umgangssprache schnelle u. sichere Fortschritte machen wollen. 3. Aufl. 859. — 4., verb. u. verm. Aufl. Bern 860. Heuberger. 12. (120 S.) 6 ngr.

Franzose, der beredte. Eine Anleitung, in sehr kurzer Zeit, ohne Hülfe e. Lehrers, leicht u. richtig französisch sprechen zu lernen. Praktisches Hülfsbuch für Alle, welche in der französ. Umgangssprache schnelle u. sichere Fortschritte machen wollen. 5. Aufl. 865. 6 ngr. — 6. Aufl. Bern 868. Heuberger. 12. (120 S.) 7½ ngr.

Franzose, der beredte. Eine Anleitg. in sehr kurzer Zeit, ohne Hülfe e. Lehrers, leicht u. richtig französisch sprechen zu lernen. Praktisches Hülfsbuch f. Alle, welche in der französ. Umgangssprache schnelle u. sichere Fortschritte machen wollen. 8. Aufl. 16. (119 S.) Bern 871. Heuberger. — 75

Franzose, der beredte. Eine Anleitg., in sehr kurzer Zeit, ohne Hülfe e. Lehrers, leicht u. richtig französisch lesen, schreiben u. sprechen zu lernen. 19., verm. Aufl. 12. (192 S.) Bern 890. Heuberger. n. 1. —

Franzose, der beredte. Eine Anleitg., in sehr kurzer Zeit, ohne Hülfe e. Lehrers, leicht u. richtig französisch lesen, schreiben u. sprechen zu lernen. Praktisches Hülfsbuch f. Alle, welche in der französ. Umgangssprache schnelle u. sichere Fortschritte machen wollen. 25. Aufl. (192 S.) kl. 8. Bern 906. F. Semminger. 1. —

Franzose, Der, zu Frankfurt. A. d. Franz. . . . Frankf. a. M. 1742. V: *Weissmann*. (Mn)

Franzose, d. galante u. verliebte. 8. Frkft. 745.

— der geschickte, oder die Kunst, ohne Lehrer, in 10 Lektionen französisch lesen, schreiben u. sprechen zu lernen. 16. Cöln 843, Lengfeld. 1/6 ℛ — 2. Aufl. 16. Ebend. 845. 1/6 ℛ — 3. Aufl. 16. Ebend. 846. 1/6 ℛ

— der geschickte, od. die Kunst, ohne Lehrer in 10 Lektionen französisch lesen, schreiben u. sprechen zu lernen. Von einem prakt. Schulmanne. 4. Aufl. 16. (63 S.) Cöln 849, Lengfeld. n. 1/6 ℛ

— der geschickte, oder die Kunst, ohne Lehrer, in zehn Lektionen französisch lesen, schreiben u. sprechen zu lernen. Von e. prakt. Schulmanne. 5. Aufl. Cöln 854. Lengfeld. 16. (63 S.) 5 ngr

— der geschickte, oder die Kunst, ohne Lehrer, in zehn Lektionen französisch lesen, schreiben und sprechen zu lernen. Von einem praktischen Schulmanne. 6. Aufl. Leipzig 861. E. H. Mayer. 16. (63 S.) n. 5 ngr

— der geschickte, oder die Kunst ohne Lehrer in 10 Lektionen französisch lesen, schreiben u. sprechen zu lernen. Von e. praktischen Schulmanne. 7. Aufl. 865. — 8. Aufl. Leipzig 869. E. H. Mayer. 16. (63 S.) n. 5 ngr

— der geschickte, oder die Kunst, ohne Lehrer, in 10 Lektionen französisch lesen, schreiben und sprechen zu lernen. Von einem prakt. Schulmanne. 7. Aufl. 16. (68 S.) Leipzig 867, E. H. Mayer. *

— der geschickte, od. die Kunst, ohne Lehrer in 10 Lektionen französisch lesen, schreiben u. sprechen zu lernen. Von e. prakt. Schulmanne. 10. Aufl. 16. (63 S.) Leipzig 871. Mayer. n. — 50

Franzose, der geschickte, oder die Kunst, ohne Lehrer in zehn Lektionen französisch lesen, schreiben und sprechen zu lernen. Von einem prakt. Schulmanne. 11.—13. Aufl. 12. (63 S.) Köln 880—84, Mayer. *

Franzose, Der geschickte, oder die Kunst ohne Lehrer in 10 Lektionen Französisch lesen, schreiben und sprechen zu lernen. Von einem praktischen Schulmanne. 12. Aufl. Köln o. J. V: *Ahn, Franz*. (Russell VI, 571)

Franzose, der geschickte, od. die Kunst, ohne Lehrer in zehn Lektionen französisch lesen, schreiben u. sprechen zu lernen. Von einem prakt. Schulmanne. 12. Aufl. 12. (63 S.) Köln 881. Mayer. n. — 50

Franzose, der geschickte, od. die Kunst, ohne Lehrer in 10 Lektionen französisch lesen, schreiben u. sprechen zu lernen. Von e. prakt. Schulmanne. 14. Aufl. 12. (68 S) Leipzig 885. Mayer. n. — 50

— dasselbe. 2. Tl. 12. Ebend. 884. n. 1. —
Beispiele der beiden Hilfsverben u. der 4 regelmäßigen Konjugationen. Ausführliche Behandlg. d. unregelmäß. Zeitwortes, m. Übersetzungsbeispielen aus dem Französischen ins Deutsche u. umgekehrt. Die übrigen Wortarten. Die unentbehrlichsten Regeln der französ. Syntax. Unterlegte Texte v. Lomier, Le Sage, Voltaire, Molière, La Fontaine, Corneille u. a. m. Leseübungen m. sorgfält. Bezeichng. der Aussprache. Briefe u. Gespräche. (136 S.)

Franzose, der geschickte, od. die Kunst, ohne Lehrer in zehn Lektionen französisch lesen, schreiben u. sprechen zu lernen. Von e. prakt Schulmanne. 15. Aufl. 16. (63 S.) Leipzig 891. E. H. Mayer. n. — 50

Franzose, Der geschwinde, oder leichte Fragen und Gespräche . . . Bern 1799. V: *Heinzmann, Johann Georg*. (MGT) (Ky)

Franzose, Der junge, und das Teutsche Mädchen . . . Hamb. 1810. V: *Unger, Friederike Helene geb. Rothenburg*. (MGT) (Ky)

Franzose, der junge, u. das deutsche Mädchen; (herausgg. v Frdrike. Hel. Unger). 8. Hamb. 810. (Campe). 1 ℛ 16 ß

Franzose, der junge, u. das deutsche Mädchen. Wenn man will ein Roman, von der Verf. Julchen Grünthals. 8. Hamb. Hoffmann u. Campe. 810.

— der kleine, od. die Kunst in kürzester Zeit französisch zu lernen. Nach 20jähr. Erfahrungen bearb. v. e. Schulmanne. 16. (98 S.) Grimma 848, Verlags-Comptoir. — 2. (Titel-)Aufl. gr. 16. (98 S.) Ebd. 851. n. 1/3 ℛ

— der schnelle, od. neuentdeckter Schlüssel, vermittelst dessen man ohne Hilfe e. Lehrers, auf eine sehr leicht faßl., bequeme u. sichere Art d. franz. Sprache in ungewöhnl. kurzer Zeit lesen, verstehen u. sprechen lernt. 1. u. 2. Aufl. 12. (à 3¾ B.) 845 u. (3. Aufl.) 16. (5⅝ B.) Heilbronn 846, Landherr. à

— der schnelle, od. neuentdeckter Schlüssel, vermittelst dessen man ohne Hilfe eines Lehrers, auf eine leicht faßl., bequeme und sichere Art die französ. Sprache in ungewöhnl. kurzer Zeit lesen, verstehen u. sprechen lernt. 4. verb. Aufl. gr. 16. (90 S.) Heilbronn 848, Landherr. — 5. verb. Aufl. 12. (90 S.) Ebd. 850. 6 ngr

— der schnelle, oder neuentdeckter Schlüssel, vermittelst dessen man ohne Hilfe eines Lehrers auf eine sehr leicht faßliche, bequeme u. sichere Art die französ. Sprache in ungewöhnlich kurzer Zeit lesen, verstehen u. sprechen lernt. 7. verb. Aufl. Heilbronn 857. Landherr. gr. 16. (88 S.) 6 ngr

— der, im Tornister od.: so lernt man französisch sprechen u. braucht sich nicht den Kopf zerbrechen. 64. (32 S.) Münster 870. Fahle. n. — 25

— dasselbe. f. die deutschen Soldaten in Frankreich eingerichtete u. m. Aussprache d. Franz. in deutschen Buchstaben versehene Aufl. 64. (32 S.) Münster 871. Fahle. n. — 25

Franzosen

— an d., ein merkwürd. Actenstück; aus d. Französ. übersetzt. 8. Bamb. 814. Drausnik. 2 ℛ

Franzosen, Die, in Aegypten. Berlin 18?? V: *Lenz, Carl Ludwig*. (schr)

§ FRANZOSEN, die alten, in Deutschland, hinter der neufrankischen Maske verschlimmert, oder Custine's Heldenthaten vom 1. Oktob. bis Ende des Jahres 1792, nebst 2 höchst merkwurdigen Nachrichten aus Frankreich, auch ein paar Worte auf Georg Forsters wortreiche Ausfalle geg. die Stadt Frankfurt u. Portr. Cüstine's. Deutschland bei G. Kellermann (Frankfurt a. M., Hermann) 1793. 8°. 348 S. (In München: Gall. rev. 370 s.) (3 Mk. A. Bielefeld, 1896; 6 Mk., mit Lesesp., L. Rosenthal, 1911) Selten!

Weller, fing. Druckorte, hat „Custine's" und „Teutschland".

Franzosen, Die, in Berlin, oder Serene an Clementinen in den Jahren 1806, 1807 und 1808 ... Leipzig, Züllichau und Freystadt 1809. V: *Unger, Friederike Helene geb. Rothenburg.* (Zeitsch. f. Büch. 1923, S. 85)

Franzosen, die, in Berlin. Sittengemälde. 8. Züllichau, Darnmann. 809.

Franzosen, Die, in Biburg, im Jahr 1796 ... Augsburg 1797. V: *Zapf, Georg Wilh.* (Ky)

— die, in Biburg, im J. 1796. An d. Directorium zu Paris. (Von G. W. Zapf.) Augsb. 797. Späth.

* FRANZOSEN, Die, in Bohmen, als eine Theatralische Comödie mit allen zu der Zeit geschehenen Begebenheiten lacherlich vorgestellet von einem dabey gewesenen Teutschen. Nebst einem lustigen Sing-Spiel zu einer Nach-Comodie, genannt: Harlequin, der ungedultig-hernach aber mit Gewalt gedultig gemachte Hahnrey. Mit TKpf. O. O. 1743. 8°.

Titel in Doppelformat u. 120 SS. incl. Anh, S. 101 sq. (4 Mk Scheible.)

— — Dasselbe. Prag und Pilsen 1743. 8°.

Beides sehr rar!

Franzosen, die, in Deutschland, od. Conard u. Auguste. 8. Erfurt, Müller. 812.

Franzosen, die, in Deutschland. 1.—7. Aufl. gr. 8. (60 S.) München 870, Fritsch. *

— die, Deutschlands ewige u. gefährlichste Feinde, wie sie waren, wie sie sind, u. wie sie seyn werden rc. 8. Frankf. 814. Eichenberg. 9 gr. (Leipz., Klein). 6 gr.

Franzosen, die, Deutschlands ewige u. gefährlichste Feinde, wie sie waren, wie sie sind, u. wie sie seyn werden rc. 8. Frankf. Eichenberg. 816.

Franzosen, Die, in Franken 1796. Würzburg 1896. V: *Memminger, Anton.* (BMarsch 261)

J. S. C. C. A. H. A. Die Franzosen im Nürnbergischen Gebiet im Aug. 1796. (55.) 8. Frankfurt u. Leipzig 1797.

FRANZOSEN, Die, im Gedrange, oder Die lastigen Gaste auf dem Schube in ihre Heimath Ein Quodlibet als Singspiel in drey Akten. O. O. u. J (c 1814) 8°. 16 S.

Goedeke VII, 860, 161.

— die, nach d. Wahrheit geschilderten, u. wie sie d. heil. röm. Reich besonders, aber d. Haus Oesterreich seit 300 Jahren zu kränken gesucht haben. (Von Jh. Mch. Atterer.) 8. Ulm 792, Stettin. 9 gr.

Franzosen, Die, in Grätz im Jahre 1797 ... Graz 1859. V: *Mitterbacher, Franz.* (JoanStyrA)

Franzosen, die, in Hamburg, s. Novellen, hamburger.

Franzosen, die, in Hannover. 8. Braunschw. u. Hildesh. 805. 8 gr.

Franzosen, Die internierten, in St. Gall.-Tablat; Gedenkblätter an 1870/71. 2. Aufl. St. Fiden [187?]. V: *Guldin, A.* (Zuwachsverz. der Bibliotheken in Zürich 1898 ff.)

Franzosen, Die, in Ludwigsburg und Giengen a. Br. im Jahr 1805. [Stuttg. 1887.] V: *Jeitter, E.* (Heyd)

Franzosen, Die, in Nürnberg 1796. Lustspiel in drei Aufz. Nürnb. 1861. V: *Lehmann, Friedrich.* (Cat. d. Bibl. Franz Schnitzer. Münster 1902. S. 211).

FRANZOSEN, Die, in Nurnberg als Mitarbeiter an der deutschen Freyheit, 1796. — Auf einem in Segmente geteilten Kreise ist die „Rechnung über die durch die Französische Invasion erwachsene Kosten und Schaden 1796" niedergelegt, im Ganzen uber $1^{1}/_{2}$ Millionen Gulden. Die Mitte des Blattes nimmt ein mit Raub beladener Marodeur ein, in den vier Ecken Darstellungen französischer Greuelthaten. G. P. Zwinger del., J. Kellner sc. Nürnberg. Aus der Zeit. $45^{1}/_{2} \times 44^{1}/_{2}$ cm. Interessantes, gutes Blatt. (42 Mk. Karl W. Hiersemann, 1908.)

Franzosen! packt in Deutschland ein und geht nach London! ... Germanien [Hildburghausen] 1797. V: *Strasser, Ernst August Christian.* (Wr) (Ky) (MGT)

Franzosen! packt in Deutschland ein, u. geht nach London! oder werdet Spartaner! (v. E. A. Chr. Strasser). 8. Germanien, (Hildburgh.) 797. Hanisch.

Franzosen, Die, in Passau ... Salzb. 1802. V: *Durach, Johann Baptist.* (Hr) (MGT) (Kn)

— die, am Rheinstrom. 4 Stücke, mit 2 Portr. 8. Manh. 794—95. Schwan u. G. 1 Rthl 12 gr

Franzosen, Die, in Saarbrücken und den deutschen Reichslanden in Saargau und Westrich ... Frankf. 1796. 1797. V: *Horstmann, Philipp Bernhard.* (Ky) (Dn) (Pr)

— die, in Saarbrücken u. den deutschen Reichslanden, im Saargau u. Westrich, (v. Ph. B. Horstmann). 2 Bdchen. 8. o. O. Auf Kosten d. Verf. (Frankf.) 796, 97. (Marb., Krieger). 1 Rthl 8 gr

Franzosen, Die, in Saarbrücken und den deutschen Reichslanden im Saargau und Westrich (1792—94) ... Saarbrücken 1890. V: *Horstmann, Philipp Bernhard.* (KA)

FRANZOSEN, Die, so wie sie sind, geschildert von ***. Constantinopel (Ulm) 1761. Rar!

Weller, fingierte Druckorte.

die Franzosen in Triest oder Journal aller wichtigen Ereignisse währ. dem Dasein der Franzosen vom 20. März — 24. Mai 1797. 8. Triest.

Franzosen. Die, in Wien, oder wahre Darstellung der Vorfälle, welche sich während des Aufenthaltes der Franzosen, vom 7. November 1805 bis zum 20. Jänner 1806, zugetragen haben.
8. Leipzig 1806.

§ **FRANZOSEN**, Die, zu Wien. Eine historische Skizze nach den Berichten eines Augenzeugen entworfen durch *M. J. C. H.* Photopel (Dresden, Arnold), 1806. 8°. (In München: Gall. rev. 8°. 372.) (9 Kr. Gilhofer & Ranschburg, 1912.)

— die, in Wien, e. histor. Skizze. 8. Wien 806. (Arnold in Dresd.; a. Andrä in Leipz.) 16 gr.

FRANZOSEN, Die, in Wien in den J. 1805 u. 1809. Wien 1846. 8°. (In Wien, Stadtbibl.)

Franzosen, die, der neuesten Zeit. 48 Nrn. (Jede m. 1 großen Holzschn. u. m. mehr. Holzschn.-Vign.) Lex.-8. (à ½ B.) Stuttgart 839, 40, [Scheible, Rieger u. Sattler.] à * ⅛ Thlr. *

Nr. 1. Der Gewürzkrämer, v. M. v. Balzac.
- 2. Die Grisette, v. Jul. Janin.
- 3. Der Rechtsbeflissene, v. E. de la Bedollierre.
- 4. Die polit. Damen, v. Graf Horace v. Viel Castell.
- 5. Der angehende Literat, v. Alberic Second.
- 6. Die Muster-Dame, v. M. v. Balzac.
- 7. Der Doktor, v. L. Roux.
- 8. Die Krankenwärterin, v. Frau v. Baw.
- 9. Der Rapin (Kunstjunge), v. J. Chaudes-Aigues.
- 10. Die Statistin, v. Phil. Audebrand.
- 11. Die Sammler, v. Graf Horace v. Viel Castell.
- 12. Der Anwalt, v. Altaroche.
- 13. Die Herzoginnen, v. M. v. Courchamps.
- 14. Der Assissenhof, v. Timon.
- 15. Ende d. Assissenhofes. Die Mutter d. Schauspielerin, v. F. Couailhac.
- 16. Fortsez. v. der Mutter d. Schauspielerin, v. F. Couailhac.
- 17. Ende d. Mutter d. Schauspielerin. Der Gartenbauer, v. Alphonse Karr.
- 18. Eine Modedame, v. Mad. Ancelot.
- 19. Der Krankenwärter, v. P. Bernard.
- 20. Der Schachspieler, v. M. Méry.
- 21. Der Jäger, v. Elzear Blaze.
- 22. Die große Dame v. 1830, v. Stephanie v. Longueville.
- 23. Der Musikfreund, v. Alb. Cler.
- 24. Die Wirthin d. Table d'Hôte, v. Aug. v. Lacroix.

Nr. 25. Die Hebamme, v. L. Roux.
- 26. Die Kanonissin, v. Elias Regnault.
- 27. Der Beamte, v. Paul Duval.
- 28. Der Canut, v. Joanny Augier.
- 29. Ein Tochterpensionat auf dem Lande, v. Ecarnot.
- 30. Der Lehraufseher (Maitre d'Etudes), v. Eugen Nyon.
- 31. Der Künstlerfreund, v. Francis Wey.
- 32., 33. Ende d. Künstlerfreunds, v. Wey. Das Weib ohne Namen, v. Taxile Delord.
- 34. Die verkannte Seele, v. Frederic Soulié.
- 35. Der Deputirte, v. Eugene Briffault.
- 36. Der Spekulant, v. Vicomte d'Arlincourt.
- 37. Die Kammerjungfer, v. Aug. de Lacroix.
- 38. Der Pair v. Frankreich, v. Marie Ancard.
- 39., 40. Die Schülerin d. Conservatoriums, v. L. Couailhac.
- 41. Die Obsthändlerin, v. François Coquille.
- 42. Der Geistliche, v. A. Della Forest.
- 43. Der Invalide, v. A. Lorentz.
- 44. Der Handelsreisende, v. Raoul Perrin.
- 45. Die Putz-Unterhändlerin, v. Arnould Fremy.
- 46. Der Lebemann, v. Eugène Briffault.
- 47. Die Hausfrau, v. Charles Rouget.
- 48. Die Säugamme, v. Amédée Achard.

FRANZOSEN, Die, der neuesten Zeit. Mit vielen, z. Theil ganzseitigen Illustrationen von Gavarni u. Andern. Stuttgart, Scheible, Rieger u. Sattler, 1841. Gr. 8°. (2 Rthl.) VI — 384 S. Vergriffen.) (12 Mk. Adolf Weigel, 1893.)

Franzosen-Cultus u. Deutschenhass v. XXXX. [Aus: „Spener'sche Zeitung."] 8. (32 S.) Berlin 871. Behr. — 75

Franzosendoktor, oder Anweis., alle vener. Krankheiten zu kuriren. 8. Wien 752. Kraus. 8 gr.

Franzosen-Feldzugs, d., illustrierte Kriegs-Chronik 1870. (Neue Ausg.) 12 Hfte. gr. 4. (IV, 480 S.) Ulm 892. J. Ebner. à — 40 (kplt. geb.: 6. 30)

Franzosen-Feldzug, der. Illustr. Kriegs-Chronik 1870—1871. Jubiläums-Ausg. 12 Hfte. gr. 4. (IV, 480 S.) Ulm 895. J. Ebner. à — 40 (kplt. geb. in Leinw.: n. 6. 30)

Franzosenkrieg, der, von 1870. 1. Buch: Der wahre casus belli oder die Geheimnisse des Unterrocks. Von Homer dem Jüngern. Berlin 870. Thiele. 16. (15 S.) 1 ngr.

Franzosenpeter, der. Lebensgeschichte d. Peter Harres, s. a. Bücherschatz, Barmer.

Franzosenpeter, der. Lebensgeschichte des Peter Harres, eines Veteranen aus den J. 1813, 14 und 15. (3. Aufl. Galvanotyp-Ausg.) 8. (84 S.) Barmen 866. (Berlin, Beck.) *

Franzosenpeter, der. Lebensgeschichte des Peter Harres, e. Veteranen aus den J. 1813, 14 u. 15. Barmen 866. Buchh. der evang. Gesellsch. in Comm. 8. (81 S.) n. 2½ ngr.

Franzosenpeter, der. Lebensgeschichte des Peter Harres, eines Veteranen aus den J. 1813, 14 und 15. 1.—8. Aufl. [Galvanotyp-Ausg.] Hrsg. von der Wupperthaler-Traktat-Gesellschaft. 8. (81 S.) Barmen 870—75, Wiemann. (** 25 Pf.) *

Franzosenpeter, der. Lebensgeschichte d. Peter Harres, e Veteranen aus den J. 1813, 14 u. 15. 8. Aufl. [Galvanotyp.-Ausg.] Hrsg. v. der Wupperthaler Traktat-Gesellschaft. gr. 16. (81 S.) Barmen 875. Wiemann. n. — 40

Franzosenpeter, der. Lebensgeschichte des Peter Harres, eines Veteranen aus den J. 1813, 14 u. 15. gr. 16. (83 S.) Barmen 879. Wiemann in Comm. n. — 40

[F.] Der **Franzosenpeter**. Lebensgesch. des Peter Harres, e. Veteranen aus d. J. 1813, 14 u. 15. *Barmen: Wupperthaler Traktat-Ges. [1897].* (93 S. einschl. Titelb., 2 Taf.) 1 Bd 8.
— **Bücherschatz**, Barmer. Bd 2. [97. 3721

Franzosen-Spiegel. Deutliche Antwort auf tausende französ. Beleidiggn. gegen Deutschland u. andere Völker v. e. Mann aus dem Volke. 8. (62 S.) Wiesbaden 881. (Moritz & Münzel). n. — 80

Franzosen-Spiegel für deutsche Patrioten. Zweibrücken 1815. V: *Marcard, Heinrich Matthias.* (KY)

Franzosen-Spiegel f. deutsche Patrioten, (v. H. M. Marcard). 8. Zweibr. 815. (Pyrmont, Uslar). 10 gr. Schrbp. 12 gr.

Franzosenzeit, Die, im Zugerlande 1798. I. Zug [1899]. V: *Weber, Anton.* (Zuwachsverz. der Bibliotheken in Zürich 1898 ff.)

* **FRANZÖSIN**, Die. Ein poetisches Schauspiel in 3 Aufzügen. Dressden. 1755. 8°. (In Berlin: Yr 2381.)

Franzoesin, Die, in Italien. 2 Theile. Leipzig 1772. V: *Chiari, Pietro.* (BGE II⁸, 406)

Französinnen, d. illustren. 2 Thle. 8. Nürnb. 728. •

Französisch, schnell! Zum Selbststudium und als Reisebegleiter. Kurze Grammatik, Wörtersammlung, Gespräche mit beigefügter Aussprache. Nürnberg 859. Lotzbeck. 12. (144 S. u. 1 lith. Karte in Fol.) 10 ngr.

Französisch, schnell! Zum Selbststudium u. als Reisebegleiter. Enthltd. e. reiche Wörtersammlung mit Aussprache, Reise- u. Hôtelgespräche, kurze Grammatik mit Uebungsstücken. 2., durchgehends verm. u. verb. Aufl. mit 1 (lith.) neuen Eisenbahnkarte von Mitteleuropa (in Fol.). Nürnberg 865. Lotzbeck. 16. (VI, 152 S.) 10 ngr.

Französisch, schnell! Zum Selbststudium u. als Reisebegleiter zur Weltausstellung in Paris. Enth. eine reiche Wörtersammlung mit Aussprache, Reise- u. Hotelgespräche. Kurze Grammatik m. Uebungsstücken. 5., durchgehends verm. u. verb. Aufl. m. Münztab. 16. (VIII, 168 S.) Nürnberg 878. Korn. n. 1. —

Französisch, schnell! Zum Selbststudium u. als Reisebegleiter. Enth. e. reiche Wörtersammlg. m. Aussprache, Reise- u. Hôtelgespräche, kurze Grammatik m. Uebungsstücken. 6., verb. Aufl. m. Münztabellen. gr. 16. (VIII, 168 S.) Nürnberg 892. Fr. Korn. n. 1. —

Französisch zum Vergnügen. Anecdotes, traits d'esprit, de bonté, de naïveté, bons mots, pensées, maximes, jugements, saillies, réparties, traits caractéristiques, énigmes, charades, etc. 8. (159 S.) Leipzig 889. Schorpp. 1. —

Französische Monate, eine Zeitschrift, s. Monate.

Franzotti, Fel., was d. Ballblumen erzählen, s.a Solo-Scenen.

Was die Ballblumen erzahlen. Solo-Scene von Felix Franzotti. *Berlin: E. Bloch (1894).* (14 S.) 8° [F.]
— Solo-Scene. No 13.

Franzz, Amadeus, St. Odilia. Die Legende vom Leben u. Wirken der heil. Patronin d. Elsasses. Nach den zehn Wandgemälden in der St. Odilienkapelle d. Klosters St. Odilien dargestellt. gr. 8. (46 S.) Schlettstadt 880. Buschmann. n. 1. —

Frapan-Akunian, Ilse [Autorname] = Levin, Ilse.

Frapan[-Akunian], Ilse: Abgründe. Novelle. S. 49–75 in: Frapan [-Akunian]: In der Stille. Novellen u. Skizzen. 1897.

Frapan-Akunian, Ilse. Arbeit. Roman. 432 + *Verlags-Verz.* 8 S. 8. Berlin, Gebrüder Paetel, 1903. ([M. 5. —,] geb. M. 6. —)
Schauplatz der Erzählung ist Zürich.

— dasselbe. 2. Aufl. (336 S.) 8. Ebd. 903. n. 5. — geb. in Leinw. n. 6. —

Frapan-[Akunian], Ilse. Armenier und Zarismus. Oeffentlicher Vortrag. Veranstaltet zu Bern, den 4. November 1905 von den Armenischen Studierenden. (Hrg. von der Union der A' Studenten in Europa.) [Mit Vignette.] 23 S. 8. Genf, [J. Studer,] 1906. (fr. —.40)

Frapan, Ilse, die Betrogenen. Roman. 8. (284 S.) Berlin 898. Gebr. Paetel. n. 5. —; geb. in Leinw. n. 6. —

— Hamburger Bilder f. Hamburger Kinder. 8. (IV, 159 S.) Hamburg 899. O. Meißner's Verl. n. 2. —; geb. in Leinw. n. 3. —

— Hamburger Bilder f. Kinder. 2. durchgeseh. Aufl. (154 S.) 8. Hamburg 905. O. Meißner's Verl. Geb. in Leinw. n. 1. —

Hamburger Bilder fur Kinder von Ilse Frapan[-Akunian]. 3. Aufl. Hamburg: O Meissner 1908 (154 S) 8° [F.]

– Hamburger Bilder f. Kinder. 4. Aufl. (154 S.) 8. Hamburg 910. O. Meißner's Verl. Geb. 1. —

Frapan, Ilse, Bittersüß. Novellen. 8. (V, 264 S.) Berlin 891. Gebr. Paetel. n. 4. —; geb. in Leinw. n.n. 5. 50

Frapan, Ilse, zwischen Elbe u. Alster. Hamburger Novellen. 8. (V, 248 S.) Berlin 890. Gebr. Paetel. n. 4. —; geb. n.n. 4. 50

— zwischen Elbe u. Alster. Hamburger Novellen. 2. Aufl. 8. (256 S.) Ebd. 894. n. 4. —; geb. in Leinw. n. 5. 50

Frapan-Akunian, Ilse (Frau Ilse Akunian), zwischen Elbe u. Alster. Hamburger Novellen. 3. Aufl. (256 S.) 8. Berlin 908. Gebr. Paetel. 4. —; geb. in Leinw. 5. –

[F.] 'Flügel auf!' Novellen v. Ilse Frapan. *Berlin: Gebr. Paetel 1895* (4 Bl., 376 S.) 1 Bd 8.

Frapan [-Akunian], Ilse. Die Armenische Frage und das europäische Gewissen. Oeffentlicher Vortrag. Veranstaltet zu Hamburg, den 22. Mai 1903 von der Union der Armenischen Studenten in Europa. (Hrg. von der U' der A' St' in E'.) 32 S. 8. Genf (Fr. Weber) 1903. (fr. —. 40)

— Gedichte. 12. (216 S.) Ebd. 890. n. 3. —; geb. n. 4. 50

— Gedichte. 12. (216 S.) Ebd. 891. * 3 —; geb. m. G. ** 4 50

— bekannte Gesichter. Novellen. 8. (III, 268 S.) Ebd. 893. n. 4. —; geb. in Leinw. n. 5. 50

Frapan-Akunian, Ilse, Phitje Ohrtens Glück. Eine deutsche Komödie in 4 Akten. 8. (110 S.) Berlin 902. Gebr. Paetel. n. 2. —

Erich Hetebrink. Hamburger Roman von Ilse Frapan-Akunian. Bd 1. 2. Berlin. Gebr. Paetel 1907. 8°

Erich Hetebrink. Hamburger Roman von Ilse Frapan-Akunian. 2. Aufl. Bd 1. 2. Berlin: Gebr. Paetel 1907. 2 Bde 8° [F.]

— Jugendzeit. Ausgewählte Erzählgn. (167 S.) 8. Berlin 904. Gebr. Paetel. n. 2. —; geb. in Leinw. n. 3. —

— die Last, s.a. Novellenschatz, neuer deutscher.

Die Last. Von Ilse Frapan [-Akunian]. Um ein Ei. Von Theodor Hermann Patenius [!]. Peerke von Helgoland. Von Hans Hoffmann. Berlin: Globus Verl. [1910]. 247 S. 8°
(Neuer deutscher Novellenschatz. Bd 22)

— Die Last, s.a. Volksbücher der deutschen Dichter-Gedächtnis-Stiftung. 17. Hft.

Ilse Frapan-Akunian: Die Last. Hamburg-Großborstel: Deutsche Dichter-Gedächtnis-Stiftung 1907. (87 S.) 8° [F.]
— Volksbücher d. Deutschen Dichter-Gedächtnis-Stiftung. H. 17.

— altmodische Leute, s.a. Volksbücher, Wiesbadener.

Ilse Frapan-Akunian. Altmodische Leute (Zwischen Elbe und Alster, Ausz.). In vereinf. deutsch. Stenographie (Einigungssystem Stolze-Schrey). Berlin. Stenographenverb. Stolze-Schrey; (Reh) [um 1910]. 32 S. 8°
(Kleine Erzählungen 2.)

— bescheidene Liebesgeschichten. Hamburger Novellen. Neue Folge. 8. (189 S.) Ebd. 888. 2. 40; geb. n. 3. —

— Milch u. Blut, s.a. Verein f. Verbreitung guter Schriften Zürich.

Frapan-Akunian, Ilse. Milch und Blut. Erzählung. Mit Erlaubnis des Verlags der Deutschen Rundschau. [Mit Porträt-Tafel und Titelvignette.] II + 63 S. 8. Zürich, Verein für Verbreitung guter Schriften, Februar 1910. fr. —. 15
Verein für Verbreitung guter Schriften. Zürich, Nr. 77.

[F.] 'Vom ewig Neuen' Novellen von Ilse Frapan. *Berlin: Gebr. Paetel 1896.* (2 Bl., 308 S., 4 Bl.) 1 Bd 8.

— Hamburger Novellen. 8. (III, 142 S.) Hamburg 886. O. Meißner's Verl. n. 1. —

— dasselbe. 2. Aufl. Mit 6 Bildern v. G. Brandt. 8. (161 S.) Ebd. 889. n. 2. —

[F.] Querköpfe. Hamburger Novellen v. Ilse Frapan. *Berlin: Gebr. Paetel 1895.* (4 Bl., 268 S.) 1 Bd 8.

Querköpfe. Hamburger Novellen von Ilse Frapan-Akunian. 2. Aufl. Berlin: Gebr. Paetel 1904. (219 S.) 8° [F.]

— die Retter der Moral, s.a. Universal-Bibliothek.

— Die Retter der Moral. Drama in 3 Aufzügen u. 1 Vorspiel. — Leipzig: Reclam (1905). 75 S. 8° (Universal-Bibliothek. 4664.)

— in der Stille. Novellen u. Skizzen. 8. (257 S.) Ebd. 897. n. 4. —; geb. in Leinw. n. 5. 50

— Schönwettermärchen. Märchen, Erzählgn., Skizzen u. Novellen. (260 S.) 8. Berlin 908. Gebr. Paetel. 4. —; geb. in Leinw. 5. —

— Schreie. Novellen u. Skizzen. 8. (289 S.) Ebd. 901. n. 4. —; geb. in Leinw. n. 5. —

— Sie. Novelle. S. 1-48 in: Frapan [-Akunian]: In der Stille. Novellen u. Skizzen. 1879.

— der Sitter, s. Bücherei, deutsche. 20. Bd.

Der Sitter. Novelle von Ilse Frapan[-Akunian] Berlin H Neelmeyer [1905] (78 S.) 8° [F.]
= Bücherei, Deutsche Bd 20. [1]

Frapan-Akunian, Ilse. Auf der Sonnenseite. Novellen, Erzählungen und Skizzen. 270 S. 8. Berlin, Gebrüder Paetel, 1906. [M. 4. —, geb. 5. —]
Schauplatz der Erzählungen ist zum Teil Zürich.
[1. Aufl.] | 2. Aufl.

[F.] In der Stille. Novellen u. Skizzen v. Ilse Frapan. *Berlin: Gebr. Paetel 1897.* (2 Bl., 255 S., 1 Bl.) 1 Bd 8.

— Vischer-Erinnerungen. Aeußerungen u. Worte. Ein Beitrag zur Biographie Fr. Th. Vischer's. 1. u. 2. Aufl. 8. (VII, 191 S. m. e. Portr. Vischer's.) Stuttgart 889. Göschen. n. 3. —; geb. n. 4. —

— Wandlung. Fräulein Doktor, s.: Frauen-Bibliothek, mod.

Frapan-Akunian, Ilse, was der Alltag dichtet. Novellen. 8. (419 S.) Berlin 899. Gebr. Paetel. n. 5. —; geb. in Leinw. n. 6. —

[F.] Zu Wasser und zu Lande. Novellen v. Ilse Frapan. *Berlin: Gebr. Paetel 1894.* (226 S.) 1 Bd 8.

— Wehrlose. Novellen. 8. (299 S.) Ebd. 900. n. 4. —; geb. n. 5. —

— enge Welt. Novellen. 8. (V, 223 S.) Berlin 890. Gebr. Paetel. n. 4. —; geb. n. 4. 50

Ilse Frapan, Wie stehen wir? Berlin: Romanwelt 1897. (S. 38–44.) 8° [F.]
= Geschichten, Kurze. 1, 3, [2.]

— wir Frauen haben kein Vaterland. Monologe e. Fledermaus. 8. (156 S.) Berlin 899. [F. Fontane & Co.] Gebr. Paetel. n. 2. —; geb. n. 3. —

Frapié, Léon, die Figurantin. Autoris. Uebersetzg. aus dem Franz. v. A. M. de Grazia u. H. Kürenberg. (IV, 139 S. m. Bildnis.) gr. 8. Leipzig (910). R. Sattler. 3. —; geb. 3. 50

Frapié, Léon, die Kinderschule. Roman. Einzige autoris. deutsche Uebersetzg. (297 S.) 8. Berlin 905. E. Fleischel & Co. n. 3. 50; geb. n. 5. —

di Fraporta, J. G., s. *Scelta.*

di Fraporta, Jh. Jos. Ign., Dizionario Italiano e Tedesco, Tedesco e Italiano. 8. Leipz. 771.

— s. 1) Gellert, favole 2) Goldoni, scelta delle comedie.

— Lettere del Peranda, corrette e ristampate. 8. Leipz. 772. Cröker in Jena. 12 ℳ

Frappart, C., und Frz. Gaul, s. Wiener Walzer. (Erklärender Text.)

Frapporti, Gius., studi sopra alcuni luoghi della prima cantica della divina Commedia. gr. 8. (103 S.) Görz 878. (Wokulat.) n. 1. 60

Frary, R., die Tyrannei der toten Sprachen. Ein Mahnwort zu e. zeitgemässen Umgestaltg. d. höheren Schulwesens. Aus dem Franz. „la question du latin" übers. v. A. Rhode. 8. (VII, 311 S.) Hagen i. W. 886. Risel & Co. n. 4 —

Frary, d. Tyrannei der toten Sprachen. Mahnwort zu einer zeitgemässen Umgestaltg. d. höheren Schulwesens. Deut. v. Rhode. Hagen 887.

Frary, Raoul, Handbuch d. Demagogen. Aus dem Franz. übers. v. Bruno Ossmann. 8. (340 S.) Hannover 884. Helwing's Verl. n. 4. —

Frary, Raoul Die National-Gefahr. Preisgekrönt von der Académie française mit dem prix Monthyon. Aus dem Französischen von Scheller, Lieut. im k sächs. 1. Hus-Rgt. Nr. 18.
8. Hannover 1884.

— die National-Gefahr. Preisgekrönt v. der Académie française m. dem Prix Monthyon. Aus dem Franz. v. Scheller. 2. Aufl. 8. (400 S.) Ebend. 884. n. 4. —

FSC
www.fsc.org
MIX
Papier | Fördert gute Waldnutzung
FSC® C083411

Kolibri 360 GmbH
Ferdinand-Jühlke-Straße 7
99095 Erfurt, Deutschland
produktsicherheit@kolibri360.de